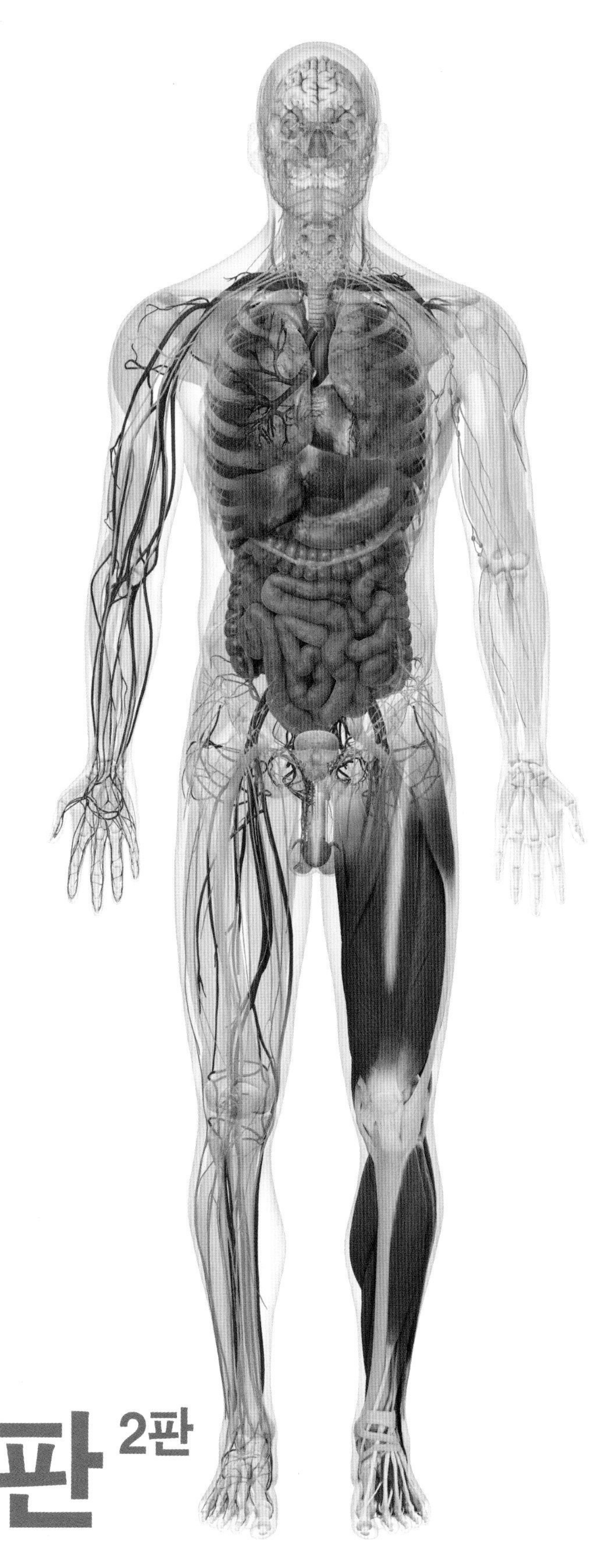

인체 완전판 2판

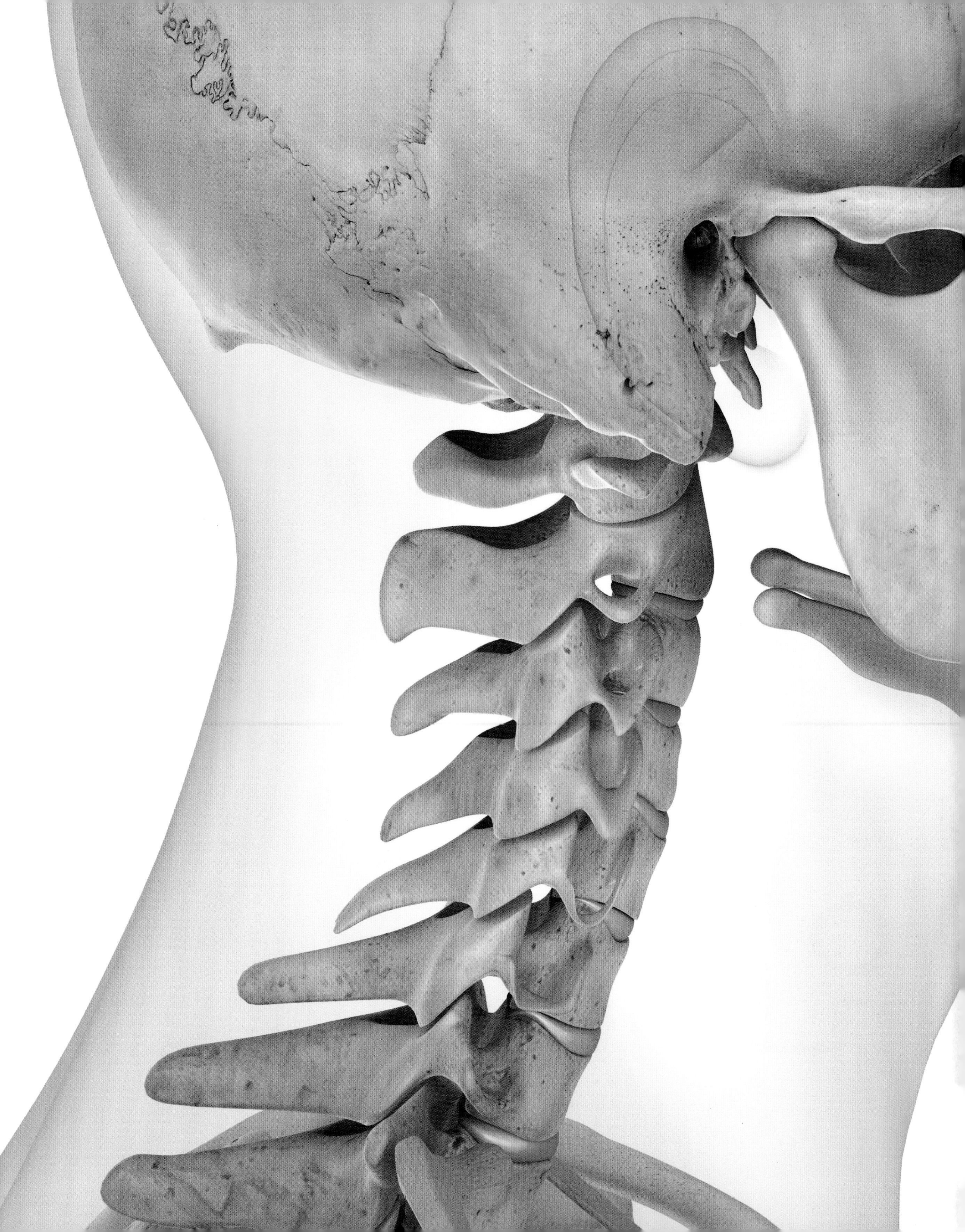

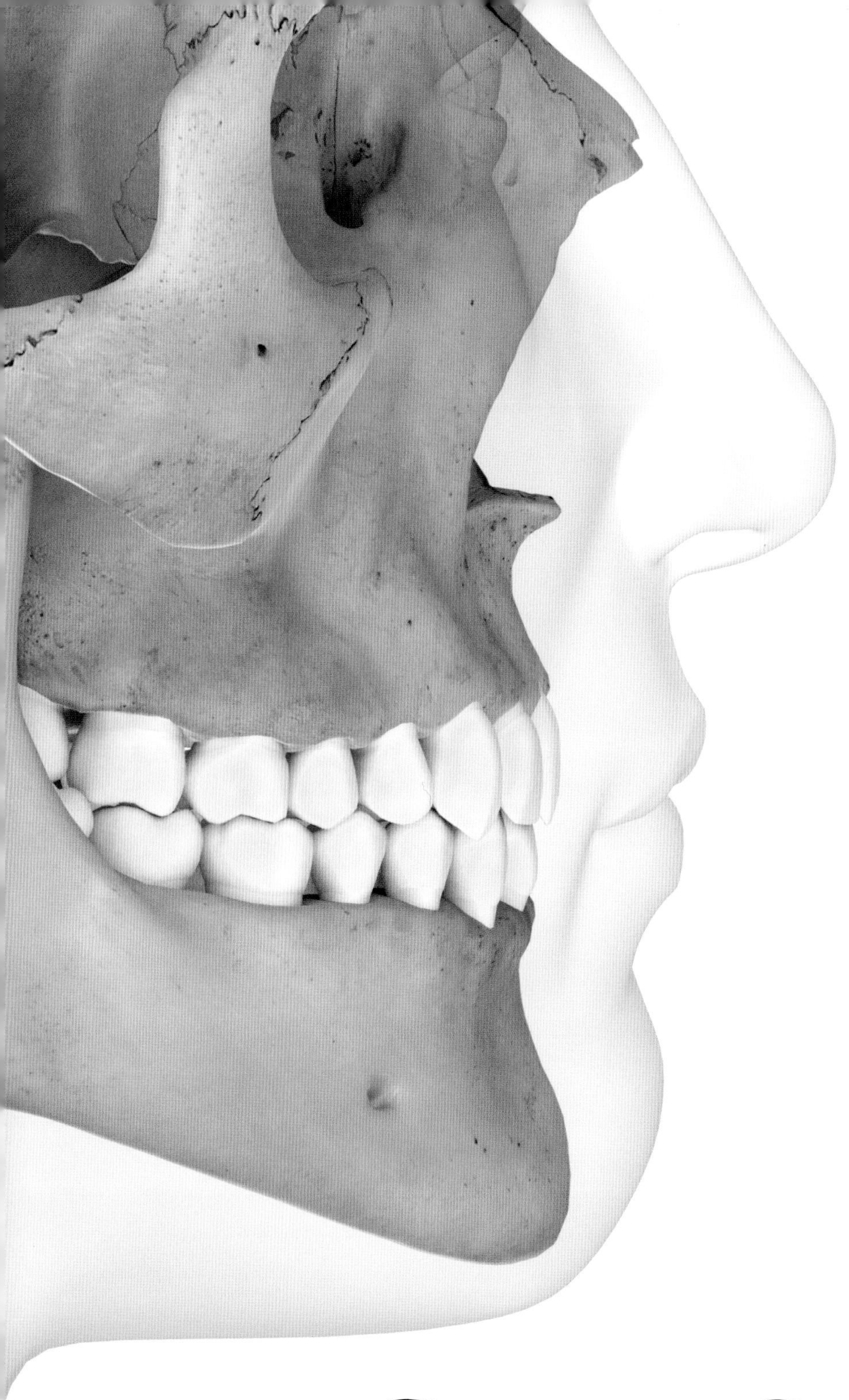

앨리스 로버츠

박경한, 권기호, 김명남 옮김

나성훈, 남우동, 이서영, 조은희, 최대희, 박경한 감수

인체 완전판 2판

몸의 모든 것을 담은 인체 대백과사전

THE COMPLETE HUMAN BODY

THE DEFINITIVE VISUAL GUIDE

사이언스
SCIENCE BOOKS
북스

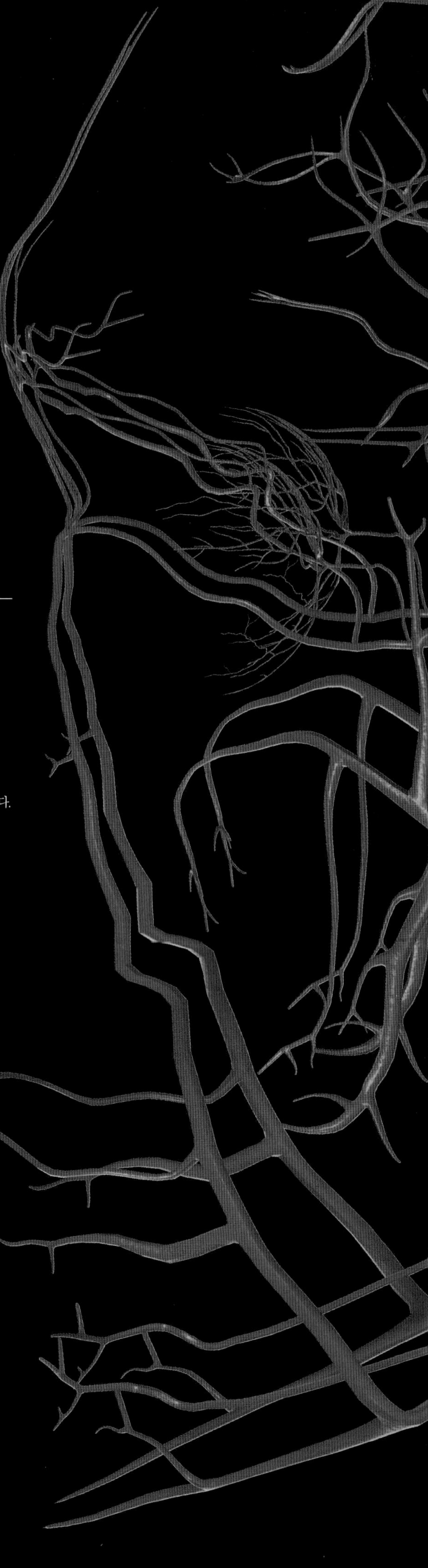

• 옮긴이

박경한 서울대학교 의과대학을 졸업하고 동 대학원에서 신경해부학 전공으로 의학 박사 학위를 받았다. 현재 강원대학교 의과대학 교수로 재직하고 있으며 2019년 강원대 교육상을 수상했다. 『스넬 임상신경해부학』, 『Barr 인체신경해부학』, 『무어 핵심임상해부학』, 『새 의학용어』, 『사람발생학』, 『마티니 핵심해부생리학』 등의 전문 의학 서적과 『인체 완전판』, 『임신과 출산』, 『휴먼 브레인』, 『인체 원리』 등의 교양 과학 서적을 번역했다.

권기호 서울대학교 수의학과를 졸업하고 (주)사이언스북스 편집장을 지냈다. 현재 도서 출판 공존에서 좋은 책을 기획하고 만드는 일을 하고 있다. 『근력 운동의 과학』, 『요가의 과학』, 『포토 아크, 새』, 『포토 아크』, 『생명의 편지』, 『나는 어떻게 만들어졌을까?』, 『현대 과학의 여섯 가지 쟁점』(공역) 등이 있다.

김명남 카이스트 화학과를 졸업하고 서울대학교 환경 대학원에서 환경 정책을 공부했다. 인터넷 서점 알라딘 편집팀장을 지냈고 전문 번역가로 활동하고 있다. 제55회 한국출판문화상 번역 부문을 수상했다. 옮긴 책으로 『지구의 속삭임』, 『암흑 물질과 공룡』, 『우리 본성의 선한 천사』, 『세상을 바꾼 독약 한 방울』, 『인체』(공역), 『버자이너 문화사』, 『남자들은 자꾸 나를 가르치려 든다』 등이 있다.

• 한국어판 감수

나성훈
충남대학교 의과대학 졸업, 의학 박사, 산부인과 전문의, 강원대학교 의과대학 교수, 주임교수 및 임상과장 역임, 강원대학교병원 기조실장 및 어린이병원장 역임.

남우동
서울대학교 의학과 졸업, 의학 박사, 정형외과 전문의, 강원대학교 정형외과 교수, 강원대학교병원 병원장.

이서영
서울대학교 의학과 졸업, 의학 박사, 신경과 전문의, 강원대학교 신경과 교수.

조은희
전북대학교 의학과 졸업, 의학 박사, 내분비내과 전문의, 강원대학교 내분비내과 교수.

최대희
강원대학교 의학과 졸업, 의학 박사, 소화기내과 전문의, 강원대학교 소화기내과 교수.

• 책임 편집자
앨리스 로버츠

• 공동 저자 및 감수자

통합된 몸
린다 게데스(마크 핸슨 감수)

해부학
앨리스 로버츠(해럴드 엘리스, 수전 스탠드링 감수)

인체의 작동 원리
피부, 털, 손발톱 | 리처드 워커(데이비드 거크루저 감수)
근육뼈대계통 | 리처드 워커(크리스토퍼 스미스, 제임스 반스 감수)
신경계통 | 스티브 파커(에이드리언 피니 감수)
호흡계통 | 저스틴 데이비스(세드릭 드메인 감수)
심장혈관계통 | 저스틴 데이비스(세드릭 드메인 감수)
림프계통과 면역계통 | 대니얼 프라이스(린지 니콜슨 감수)
소화계통 | 리처드 워커(리처드 나프탈린 감수)
비뇨계통 | 시나 메레디스(리처드 나프탈린 감수)
생식계통 | 질리언 젠킨스(세드릭 드메인 감수)
내분비계통 | 미미 첸, 앤드리아 백(가레스 윌리엄스, 미미 첸 감수)

생활 주기
질리언 젠킨스, 시나 메리디스(마크 핸슨 감수)

질병과 장애
핀턴 코일(알레르기, 혈액, 소화계통, 털과 손발톱, 호흡계통, 피부)
질리언 젠킨스(심장혈관계통, 내분비계통, 불임, 생식, 성매개감염, 비뇨계통)
메리 셀비(암, 눈과 귀, 감염성 질환, 유전병, 신경, 정신 건강, 근육뼈대계통)
(랍 힉스 감수)

린다 게데스 Linda Geddes
생물학, 공학, 의학 저술가로서 《뉴 사이언티스트》에도 글을 쓰고 있다.

리처드 워커 Richard Walker
인체생물학과 자연사 전문 과학 저술가로서 저서가 100권 이상이며 『DK 인체 안내서』로 2002년 왕립 협회 과학 도서 주니어 상을 수상했다.

스티브 파커 Steve Parker
인체와 건강, 의학을 비롯한 자연과 과학, 생물학 관련 도서 200여 권을 집필했다.

저스틴 데이비스 Dr. Justine Davies
의학 저널 《랜싯》과 웹사이트 www.thelancet.com의 편집국장이다.

대니얼 프라이스 Dr. Daniel Price
영국 면역 학회의 교육 및 홍보 이사이다.

시나 메레디스 Dr. Sheena Meredith
의학 수련의를 거쳐 의학 저술가로 활동 중이며 《의학 뉴스(*Medical News*)》 의학 편집자 및 《컴퍼니(*Company*)》의 건강 담당 편집자를 지냈다.

질리언 젠킨스 Dr. Gillian Jenkins
브리스틀에서 트라우마와 여성 건강, 당뇨, 체중 관리 및 여행 의학을 담당하는 의사이자 의학 저술가 겸 방송 작가이다.

핀턴 코일 Dr. Fintan Coyle
일반의 출신으로 건강 관련 저술 및 의학 편집자, 컬럼니스트, 각본가, 의학 자문 등으로 활동하고 있다.

메리 셀비 Dr. Mary Selby
케임브리지에서 학위를 받고 런던에서 일반의이자 일반의 감독으로 있다. 의학 기사를 써 왔으며 의학 교과서를 냈다.

제임스 반스 Dr. James Barnes
브리스틀 왕립 소아 병원 정형외과 전문의로 있다.

미미 첸 Dr. Mimi Chen
브리스틀 왕립 병원 NHS 재단 트러스트 연구원으로 있다.

FSC
www.fsc.org
MIX
Paper | Supporting responsible forestry
FSC™ C018179

사이언스
SCIENCE BOOKS 북스
DK
Penguin Random House

몸의 모든 것을 담은 인체 대백과사전

인체 완전판

1판 1쇄 펴냄 2012년 9월 30일
1판 6쇄 펴냄 2015년 7월 31일
2판 1쇄 펴냄 2017년 7월 31일
2판 4쇄 펴냄 2023년 10월 31일
지은이 앨리스 로버츠
옮긴이 박경한, 권기호, 김명남
펴낸이 박상준
펴낸곳 (주)사이언스북스
출판등록 1997. 3. 24.(제16-1444호)
(06027) 서울특별시 강남구 도산대로1길 62
대표전화 515-2000, 팩시밀리 515-2007
편집부 517-4263, 팩시밀리 514-2329
www.sciencebooks.co.kr

Printed in China
ISBN 978-89-8371-836-5 04400
ISBN 978-89-8371-410-7 (세트)

THE COMPLETE HUMAN BODY

www.dk.com

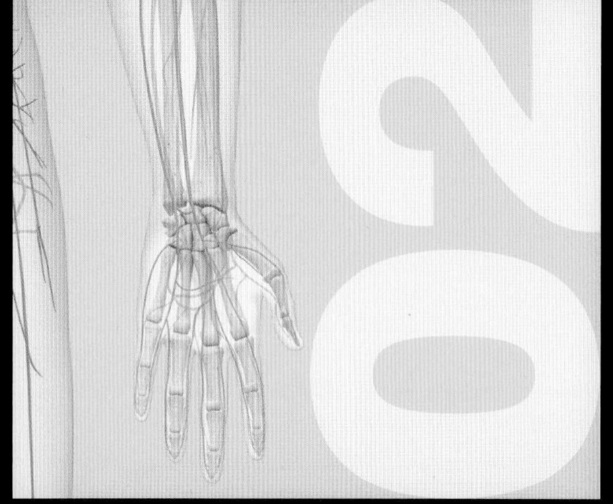

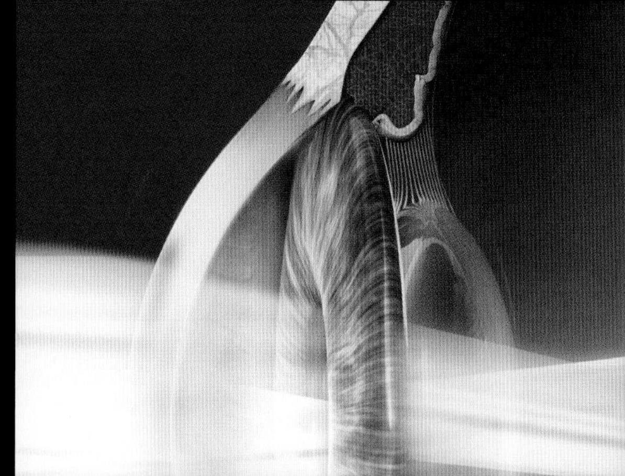

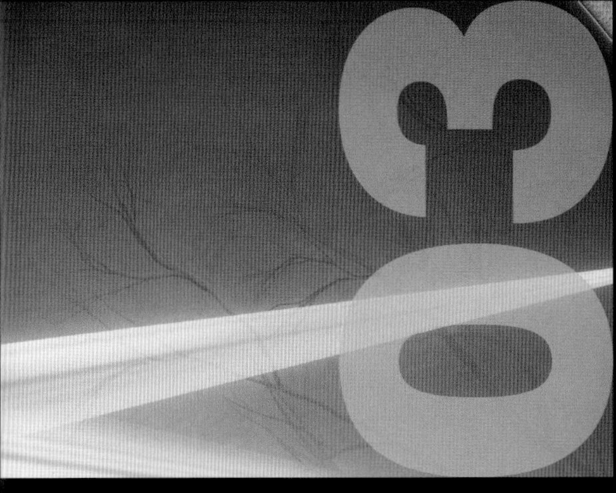

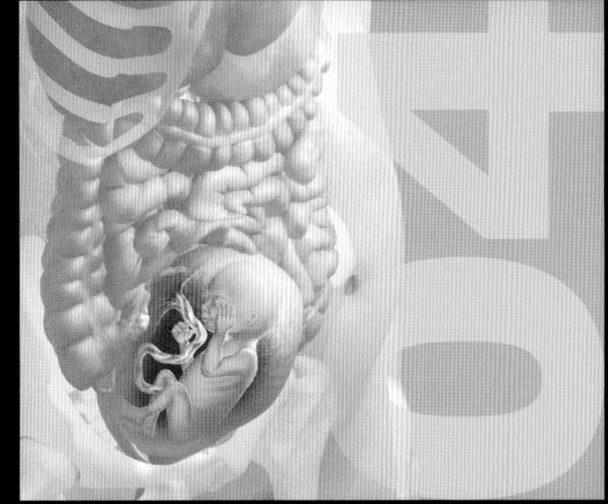

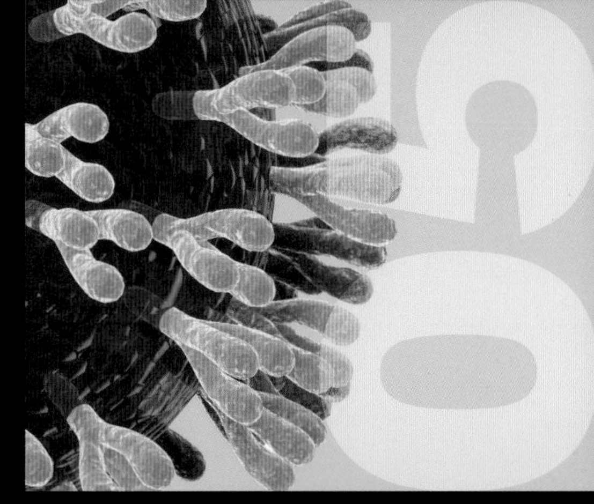

406 생활 주기

428 질병과 장애

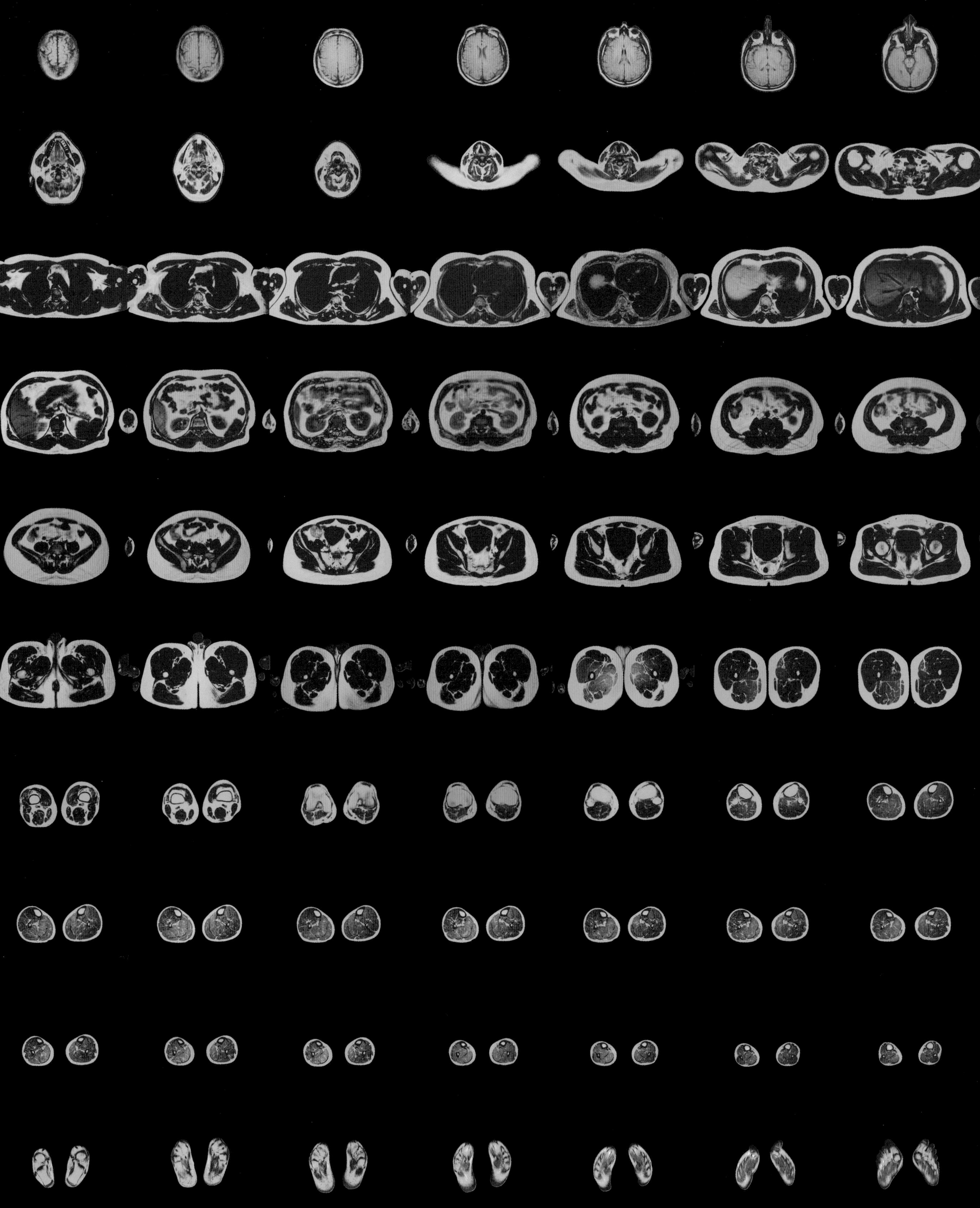

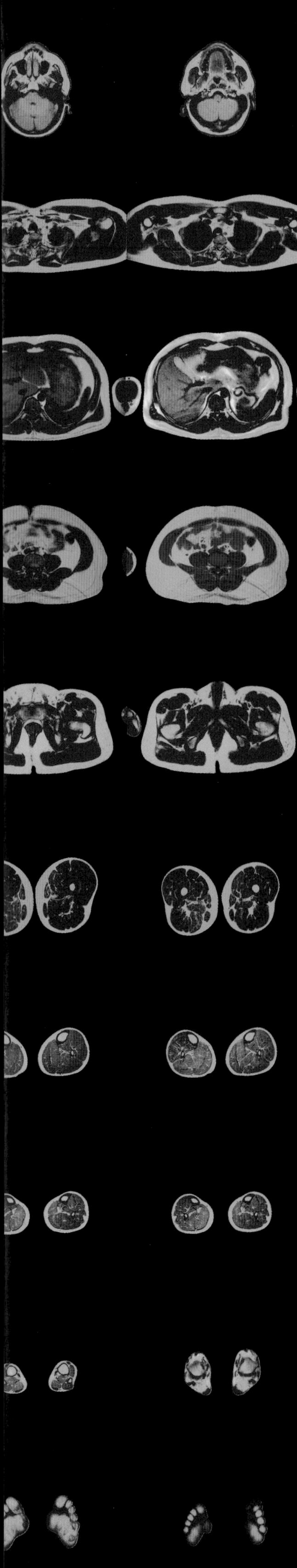

머리말

인체 연구의 역사는 실로 기나길다. 기원전 1600년경에 만들어진 「에드윈 스미스 파피루스(Edwin Smith Papyrus)」는 가장 오래된 의학 문헌이다. 이 오래된 문헌은 일종의 외과 교과서로서 다양한 통증과 그 치료법을 열거하고 있다. 비록 오늘날 권할 만한 치료법은 아니지만, 이 파피루스를 통해 우리는 고대 이집트인들에게 인체의 내부 구조에 대한 약간의 지식이 있었음을 알 수 있다. 그들은 뇌, 심장, 간, 콩팥에 대해 알았다. 물론 이 장기들이 어떻게 기능하는지는 몰랐다.

역사적으로 인체의 구조에 대한 지식 습득은 해부와 관련 있다. '해부(anatomy)'라는 용어는 말 그대로 '잘라내다(to cut up)'를 의미한다. 어쨌든 우리가 기계의 작동 방식을 알아내려고 할 때 기계의 외양만 살펴보거나 기계 내부를 상상만 하는 것은 별 도움이 되지 않는다. 내가 학교 다닐 적에 물리학 실습을 한 기억이 난다. 그때 우리는 토스터가 작동하는 방식을 알아내야 했다. 우리는 그것을 분해해서 알아냈다. 하지만 그것을 원래대로 다시 조립하는 데는 젬병이었음을 인정할 수밖에 없다.(그러니 내가 결국 외과의사가 아니라 해부학자가 된 것은 잘된 일인 셈이다.) 대부분의 의과 대학에는 여전히 해부실이 있어서 의대생들이 인체의 구조에 대해 실질적이고도 실제적인 방식으로 배울 수 있다. 이런 식으로 배울 수 있다는 것은 엄청난 특전이며, 전적으로 의학을 위해 자기 몸을 기증한 분들의 넓은 아량 덕분이다. 또한 이제 해부 실습 외에도 인체의 구조를 탐구할 수 있는 새로운 기술, 즉 엑스선, 컴퓨터 단층 촬영(CT), 자기공명영상(MRI), 그리고 전자현미경을 이용해 인체 구조를 아주 상세하게 속속들이 들여다볼 수 있게 되었다.

이 책의 첫 번째 부분은 인체 해부 도보(圖譜)다. 인체는 아주 복잡한 조각 그림 맞추기와 같아서 기관들이 자기 자리에 서로 조밀하게 들어차 있다. 신경과 혈관은 서로 휘감은 채 기관 안으로 가지를 치거나 근육을 관통한다. 이 모든 요소가 어떻게 조직화되어 있는지 이해하는 것은 매우 어려울 수 있다. 하지만 뛰어난 해부학 삽화가들은 핵심을 추려내서 사실상 해부학 실습실에서는 볼 수 없는 해부 구조, 즉 뼈, 근육, 혈관, 신경, 신체 기관을 차례대로 보여 줄 수 있다.

물론 이것은 생명 없는 조각상이 아니라 작동하는 장치이다. 인체의 기능은 이 책의 두 번째 부분의 주요 주제다. 생리학에 초점을 맞춰 우리는 인체가 어떻게 구성되어 있고, 어떻게 작동하고, 언제 어떤 문제가 생기는지 알려준다. 마지막 부분에서는 우리 몸의 원활한 작동에 방해가 되는 몇 가지 문제를 살펴본다.

약간은 '사용 설명서' 같은 이 책은 남녀노소를 막론하고 인체에 '거주'하는 사람이라면 누구에게나 흥미로울 것이다.

앨리스 로버츠 교수

우리 몸 조각조각

온몸의 연속 자기공명영상(MRI)으로, 머리부터 아래로 목과 팔을 거쳐 다리와 발까지 몸 전체의 수평 단면이 보인다.

통합된 몸

인체는 수십조 개의 세포로 이루어져 있고 각 세포는 자체에서 복잡한 작용이 일어나는 복합적인 구성 단위이다. 세포는 조직, 기관, 그리고 궁극적으로 모든 것이 상호작용하는 통합된 몸을 이루는 구성 단위이다. 덕분에 우리는 신체 기능을 발휘하며 살아갈 수 있다.

010
통합된 몸

인간의 진화

우리는 누구일까? 우리는 어디에서 왔을까? 우리는 인간의 진화를 연구함으로써 이런 질문들의 답을 구해 볼 수 있다. 진화를 공부하면 우리 몸의 구조와 기능, 심지어 우리의 행동 방식과 사고 방식을 이해하는 데 도움이 된다.

두개강이 원숭이류보다 약간 크다.

얼굴이 원숭이류보다 평평하다.

유인원처럼 강한 턱

유력한 조상

프로콘술(*Proconsul*)은 2700만~1700만 년 전에 아프리카에서 살았다. 원시 영장류의 특징을 좀 더 지니고 있기는 하지만, 초기 유인원 내지 인간을 포함한 현존하는 유인원의 공통 조상일 가능성도 있다.

조상의 기원

동물계 안에서 차지하는 위치로 볼 때, 우리가 영장류, 즉 다른 포유동물에 비해 뇌가 크고 시력이 좋으며 대개 다른 손가락과 맞닿을 수 있는 엄지손가락을 지닌 포유동물임은 분명하다. 영장류는 적어도 6500만 년 전에, 멀게는 8500만 년 전에 진화 계통수 상의 다른 포유동물로부터 분화됐다.(아래 참조)

영장류 안에서 우리는 해부학적 특징의 범주로 보아 다른 종, 즉 유인원과 같은 선상에 있다. 몸통이 크고 흉곽이 앞뒤로 평평하다. 흉곽 뒤에 위치한 어깨뼈는 긴 빗장뼈로 지지된다. 팔과 손은 나뭇가지에 매달리기 적합한 구조다. 꼬리가 없다.

최초의 유인원은 약 2000만 년 전에 동부 아프리카에서 등장했고, 이후 1500만 년 동안 많은 유인원들이 아프리카, 아시아, 유럽에 걸쳐 존재했다. 오늘날의 양상은 매우 다르다. 인간은 개체수가 많고 전 세계적으로 분포하는 유일한 종이다. 반면에 개체수가 매우 적은 다른 종들은 서식지를 잃어 멸종될 위기에 처해 있다.

비범한 영장류

갈라고원숭이부터 보노보, 로리스원숭이, 여우원숭이는 물론이고 긴팔원숭이와 고릴라까지, 영장류는 공통 조상(아래 그림 참조)에서 갈라져 나왔고 수상(樹上) 생활을 선호하는 다양한 동물 무리다. 인간은 비범한 영장류로서 새로운 이동 방식, 즉 땅 위를 두 발로 걸어다니는 법을 개발했지만 아직도 폭넓은 영장류 계통수의 다른 동물들과 많은 특징을 공유하고 있다. 다섯 손가락과 다섯 발가락이 있으며, 엄지손가락이 다른 손가락 끝과 맞닿을 수 있다. (다른 영장류들은 엄지발가락도 그러하다.) 커다란 두 눈은 전방을 향하고 있어서 거리 인식력이 뛰어나다. 손가락과 발가락에는 갈고리가 없는 손톱과 발톱이 나 있다. 일 년 내내 임신이 가능하고 임신 기간이 길며 한 번 임신에 자식을 대개 하나 또는 둘밖에 낳지 못한다. 행동 적응성이 뛰어나 학습이 용이하다.

과학

종 분화 연대 측정

역사적으로 현생종 간의 진화 관계를 알아내는 일은 해부 구조와 행동을 비교하는 데 의존했다. 최근에는 과학자들이 종들의 단백질과 DNA를 비교하기 시작했다. 그래서 이 분자들의 차이를 이용해 계통수를 구성하고 있다. 일정한 변화율을 추정하고 화석 연대를 이용해 계통수를 조정하면 각 분지나 계통의 분화 연대를 계산해 낼 수 있다.

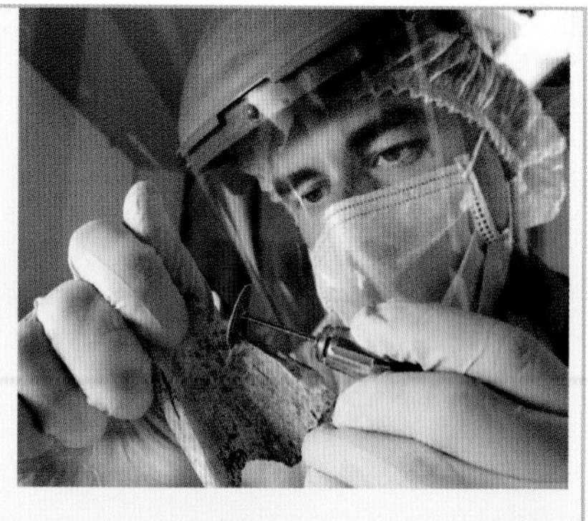

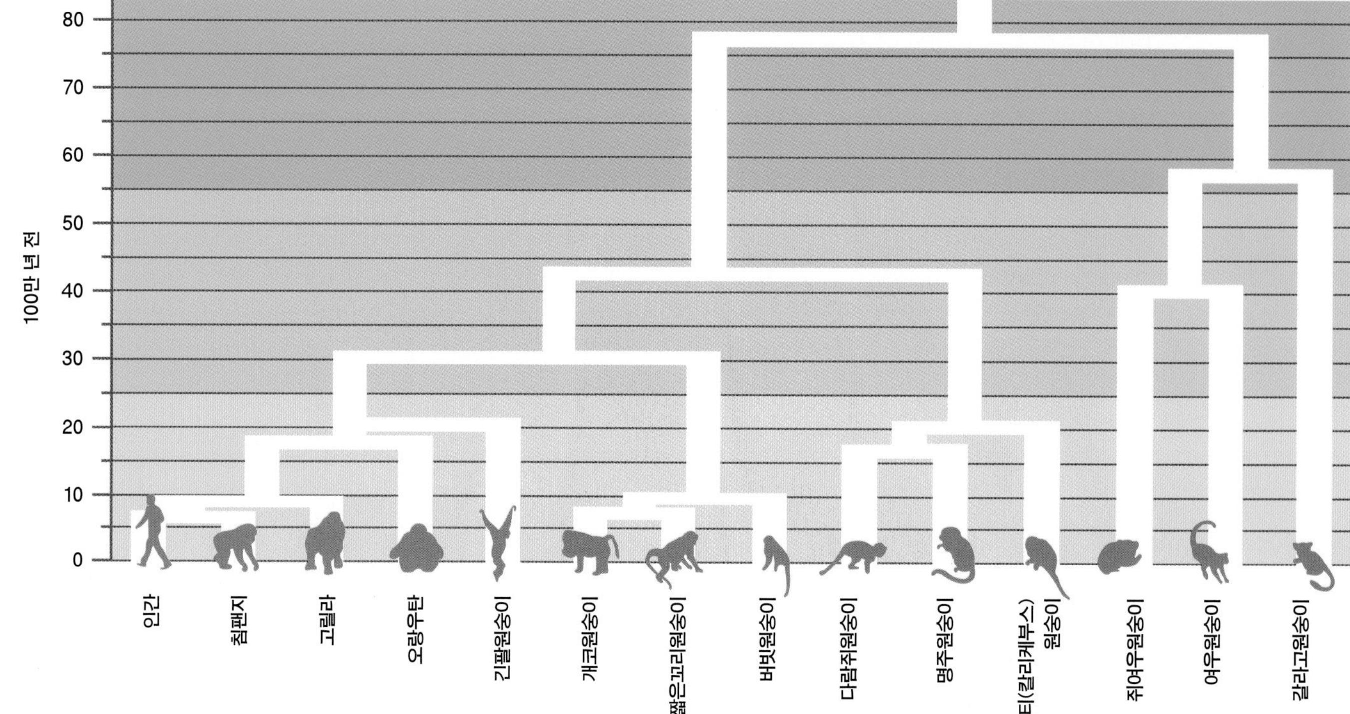
100만 년 전
80
70
60
50
40
30
20
10
0
인간
침팬지
고릴라
오랑우탄
긴팔원숭이
개코원숭이
짧은꼬리원숭이
버빗원숭이
다람쥐원숭이
명주원숭이
티티(칼리케부스) 원숭이
쥐여우원숭이
여우원숭이
갈라고원숭이

영장류 계통수

이 계통도는 현생 영장류 간의 진화 관계를 설명하고 있다. 인간이 침팬지와 얼마나 가까운지 알 수 있다. 유인원이 신세계 원숭이(다람쥐원숭이 등)보다 구세계 원숭이(개코원숭이 등)와 더 가깝다는 사실도 알 수 있다. 모든 원숭이와 유인원은 원원류(여우원숭이, 갈라고원숭이 등)보다 서로에게 더 가깝다.

대형 유인원

스스로를 다른 유인원과 구분하고 싶을 수도 있지만 해부 구조와 유전자 구성을 보면 확실히 우리는 그 부류에 해당한다. 유인원은 소형 유인원(긴팔원숭이와 큰긴팔원숭이)과 대형 유인원(오랑우탄, 고릴라, 침팬지), 그리고 인간과 그 조상이 속한 별도의 부류인 호미니드(hominid)로 분류되었지만 아프리카 유인원들과 인간의 근연 관계 유전 연구로 인간, 침팬지, 고릴라는 함께 호미니드로 묶는 편이 훨씬 타당하다. 이제 인간과 그 조상은 호미닌(hominin)으로 통한다. 그뿐만이 아니다. 유전적으로 인간이나 침팬지가 고릴라에 가까운 것보다 훨씬 더 인간은 침팬지와 가깝다. 인간이 "제3의 침팬지"로 불리는 것이 놀라운 일도 아니다.

인간의 머리뼈
인간의 머리뼈에서는 부피가 1,100~1,700세제곱센티미터(cc)인 큼직한 뇌머리뼈가 가장 큰 비중을 차지한다. 이빨, 턱, 씹기근육 부착 부위는 다른 유인원에 비해 작다. 눈확(안와) 위의 눈확위능선(안와상융기)은 뚜렷하지 않고 얼굴(안면)은 비교적 평평하다.

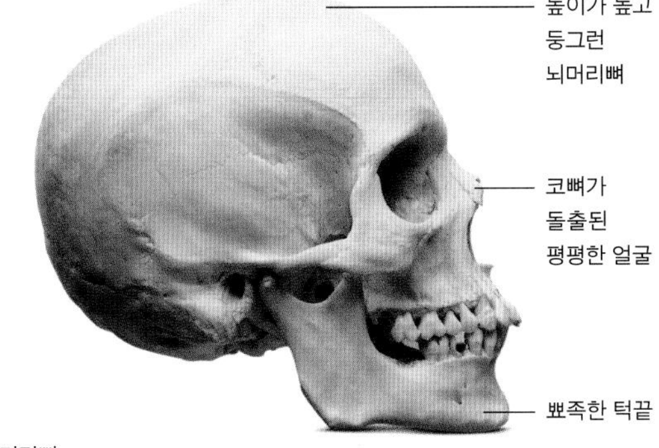
높이가 높고 둥그런 뇌머리뼈
코뼈가 돌출된 평평한 얼굴
뾰족한 턱끝

침팬지의 머리뼈
침팬지는 부피가 300~500 세제곱센티미터인 뇌를 지지하는, 비교적 작고 둥근 뇌머리뼈를 가지고 있다. 얼굴은 상대적으로 크고 눈확위능선은 확연히 융기되어 있으며 턱은 앞으로 돌출되어 있다.

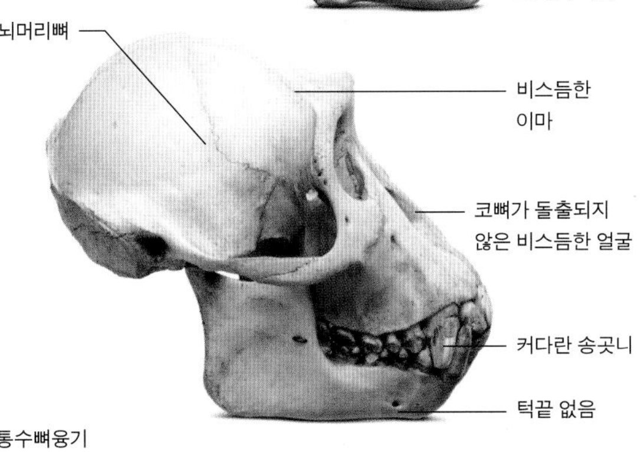
작은 뇌머리뼈
비스듬한 이마
코뼈가 돌출되지 않은 비스듬한 얼굴
커다란 송곳니
턱끝 없음

고릴라의 머리뼈
뒤통수뼈가 높게 융기되어 있고, 그 아래 목근육 부착 부위가 넓다. 수컷 고릴라는 눈확위능선이 크게 발달해 있고 강한 턱근육 부착 부위의 시상능선이 널찍하다. 뇌머리뼈의 부피는 350~700 세제곱센티미터이다.

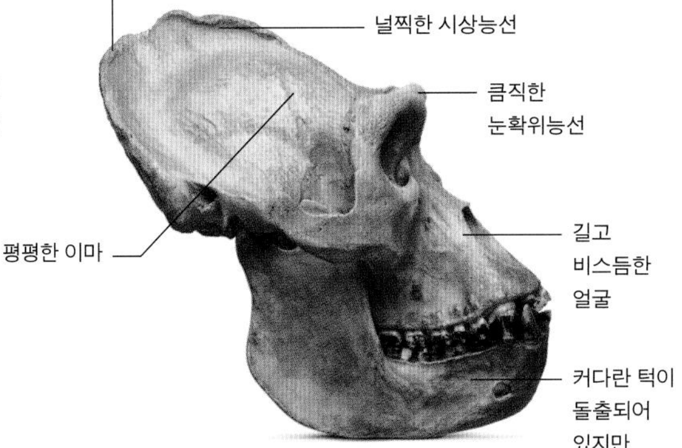
뒤통수뼈융기
널찍한 시상능선
큼직한 눈확위능선
평평한 이마
길고 비스듬한 얼굴
커다란 턱이 돌출되어 있지만 턱끝은 없음

오랑우탄의 머리뼈
침팬지처럼 오랑우탄도 비교적 뇌머리뼈가 작아서 부피가 300~500세제곱센티미터이며 얼굴이 넓다. 머리뼈는 턱이 앞으로 심하게 돌출되어 있다. 눈확위능선은 고릴라나 침팬지보다 상당히 작다.

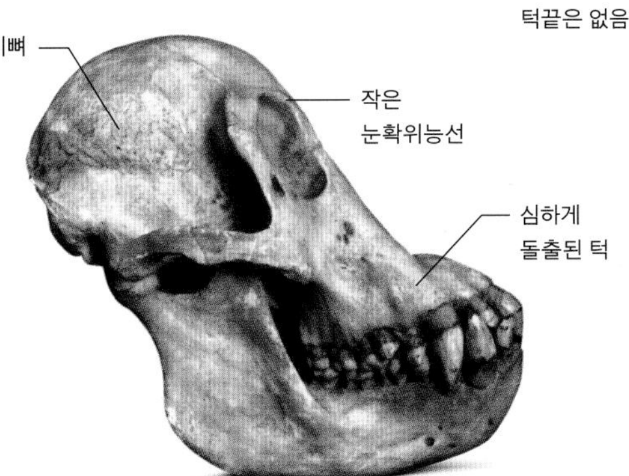
작은 뇌머리뼈
작은 눈확위능선
심하게 돌출된 턱

우리와 가장 가까운 친척

과학 덕분에, 인간과 침팬지가 약 500만~800만 년 전에 공통 조상에서 갈라졌음이 밝혀졌다. 우리는 자신을 가장 가까운 친척과 비교함으로써 우리를 인간으로 만든 고유한 특징들을 확인할 수 있다. 인간은 두 다리로 걷는 직립보행과 큰 두뇌라는 명확한 두 가지 주요 특징을 발달시켰다. 그런데 우리와 침팬지 간에는 다른 많은 차이점도 있다. 인간의 군집은 어마어마해서 전 세계적으로 분포하고 있다. 사실 인간은 침팬지보다 유전적으로 다양하지 않은데 종의 역사가 훨씬 짧기 때문일 것이다. 인간 여성은 사춘기가 늦긴 하지만 번식력은 매우 비슷하며 폐경 이후에 오래 살기도 한다. 인간은 약 80세까지 산다. 반면에 침팬지는 야생에서 40~50년가량 산다. 침팬지는 사회적 그루밍(털고르기와 이잡기)를 통해 강화된 관계로 이루어진 크고 위계적인 사회 집단 속에서 산다. 한편 인간은 훨씬 더 복잡한 사회 조직을 구성한다. 또 침팬지가 신체 언어 사용법을 배울 수 있기는 하지만 복잡한 언어 체계를 통해 생각과 사고방식을 나누는 데 능숙한 것은 인간밖에 없다.

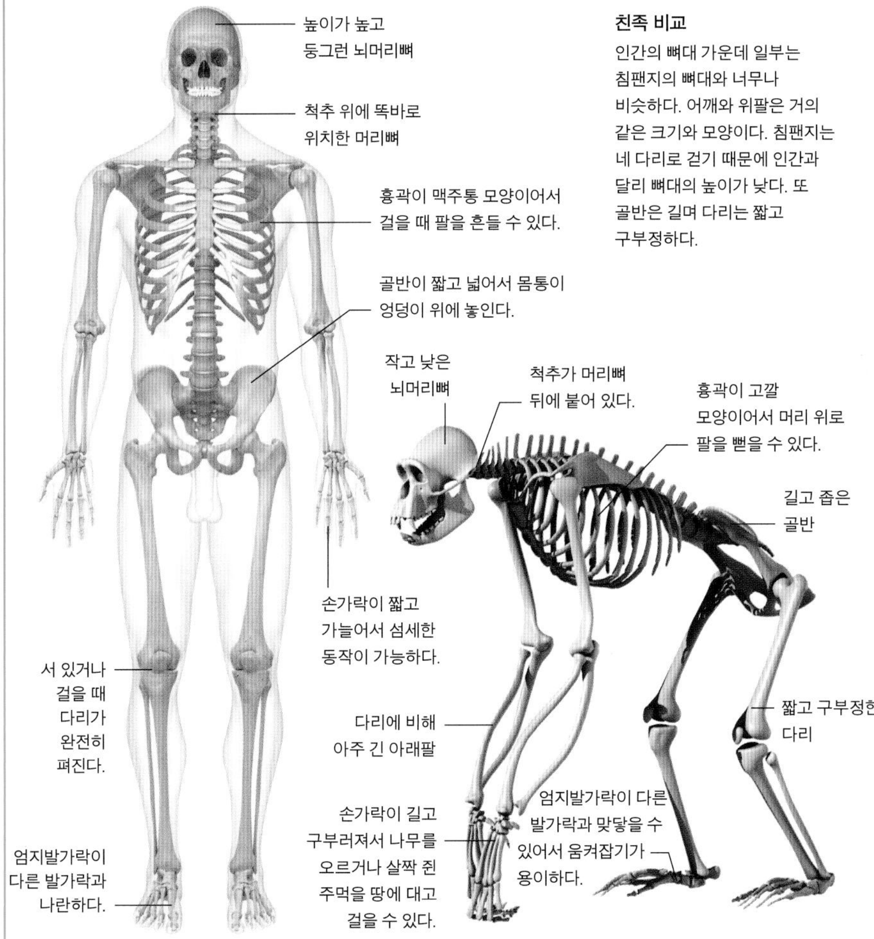
높이가 높고 둥그런 뇌머리뼈
척추 위에 똑바로 위치한 머리뼈
흉곽이 맥주통 모양이어서 걸을 때 팔을 흔들 수 있다.
골반이 짧고 넓어서 몸통이 엉덩이 위에 놓인다.
손가락이 짧고 가늘어서 섬세한 동작이 가능하다.
서 있거나 걸을 때 다리가 완전히 펴진다.
엄지발가락이 다른 발가락과 나란하다.
작고 낮은 뇌머리뼈
척추가 머리뼈 뒤에 붙어 있다.
흉곽이 고깔 모양이어서 머리 위로 팔을 뻗을 수 있다.
길고 좁은 골반
짧고 구부정한 다리
다리에 비해 아주 긴 아래팔
손가락이 길고 구부러져서 나무를 오르거나 살짝 쥔 주먹을 땅에 대고 걸을 수 있다.
엄지발가락이 다른 발가락과 맞닿을 수 있어서 움켜잡기가 용이하다.

친족 비교
인간의 뼈대 가운데 일부는 침팬지의 뼈대와 너무나 비슷하다. 어깨와 위팔은 거의 같은 크기와 모양이다. 침팬지는 네 다리로 걷기 때문에 인간과 달리 뼈대의 높이가 낮다. 또 골반은 길며 다리는 짧고 구부정하다.

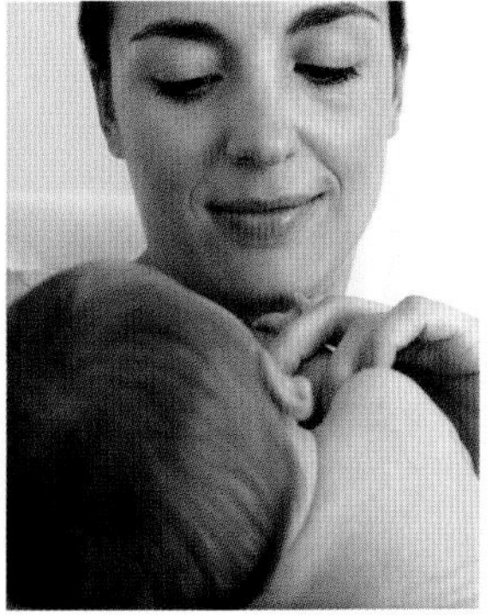

의존적인 어린 시절
인간 아기는 침팬지 아기보다 태어날 때 뇌 발달이 이른 단계여서 자생력이 없고 보살피는 사람에게 의존한다. 게다가 인간 아기의 머리는 태어날 때 상대적으로 커서 분만이 오래 걸리고 훨씬 어렵다.

인간의 조상

인간과 그 조상들은 호미닌으로 알려져 있다. 호미닌(hominin) 화석은 동부 아프리카에서 처음 나타났는데 상당수는 리프트 계곡에서 발견됐다. 초기 종들은 직립 보행을 하긴 했지만 뇌가 커지고 도구를 만들 줄 알게 된 것은 나중에 우리가 속한 호모(*Homo*) 속(屬)이 나타난 뒤부터였다.

화석 기록

최근 20년 동안 흥미진진한 발견 덕분에 최초의 호미닌 조상의 연대가 더 과거로 향하며 인간이 처음 아프리카를 떠난 시점에 대한 논쟁을 불러일으켰다.

초기 호미닌으로 보이는 몇몇 화석들은 동부와 중부 아프리카에서 발견됐고, 연대는 500만여 년 전으로 추정된다. 이 중에서 가장 오래된 화석은 사헬란트로푸스 차덴시스(*Sahelanthropus tchadensis*)의 것이다. 이 종은 머리뼈에 있는 큰구멍(대후두공, 척수가 뻗어나오는 커다란 구멍)의 위치로 볼 때 두 다리로 직립했을 것으로 보인다. 아르디피테쿠스 라미두스(*Ardipithecus ramidus*)는 팔다리뼈 화석으로 볼 때 땅 위에서 두 다리로 걸어다닐 수 있었던 것처럼 나무 위에서도 이리저리 기어서 돌아다녔을 것으로 보인다. 450만 년 전에는 뭉뚱그려 오스트랄로피테쿠스라고 알려진 속 범주의 화석 종들이 나타났다. 이 호미닌들은 직립 보행에 잘 적응하긴 했지만 호모(*Homo*) 속처럼 다리가 길지 않았고 뇌도 크지 않았다. 중국 같은 동쪽에서도 발견된 호모 에렉투스(*Homo erectus*)는 최근까지 아프리카를 떠난 최초의 호미닌으로 여겨졌다. 하지만 인도네시아에서 발견된 작은 호미닌을 보면 그 이전에 이미 아프리카에서 뻗어나왔을 것으로 보인다.

우리는 오늘날 지구상에 존재하는 유일한 호미닌이다. 이것은 이상한 일이다. 인간의 진화사를 보면 대부분의 기간 동안 서로 연대가 겹치게 몇몇 종이 공존했기 때문이다.

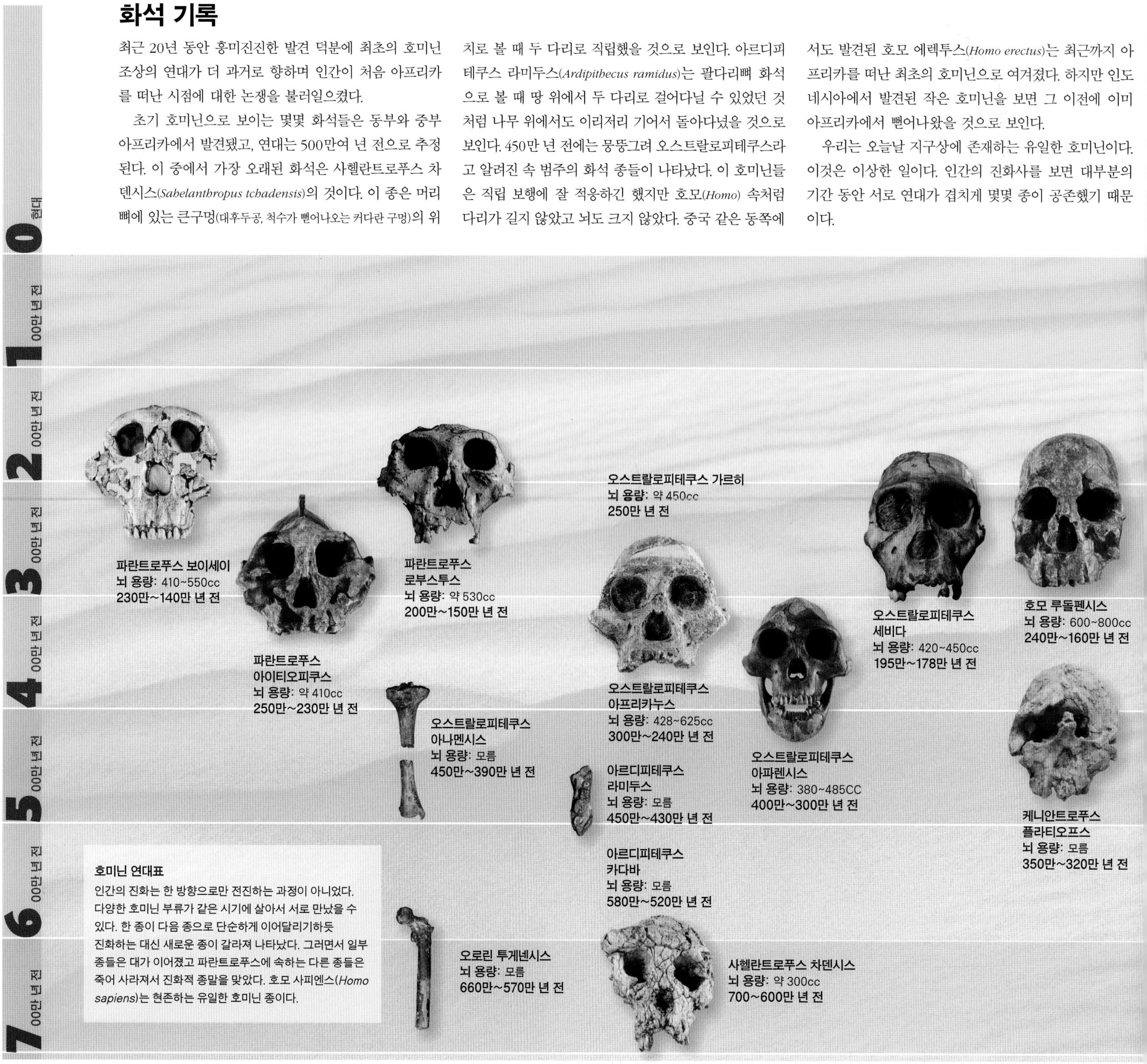

0 현대
100만 년 전
200만 년 전
300만 년 전
400만 년 전
500만 년 전
600만 년 전
700만 년 전

파란트로푸스 보이세이
뇌 용량: 410~550cc
230만~140만 년 전

파란트로푸스 아이티오피쿠스
뇌 용량: 약 410cc
250만~230만 년 전

파란트로푸스 로부스투스
뇌 용량: 약 530cc
200만~150만 년 전

오스트랄로피테쿠스 아나멘시스
뇌 용량: 모름
450만~390만 년 전

오스트랄로피테쿠스 가르히
뇌 용량: 약 450cc
250만 년 전

오스트랄로피테쿠스 아프리카누스
뇌 용량: 428~625cc
300만~240만 년 전

아르디피테쿠스 라미두스
뇌 용량: 모름
450만~430만 년 전

아르디피테쿠스 카다바
뇌 용량: 모름
580만~520만 년 전

오스트랄로피테쿠스 세비다
뇌 용량: 420~450cc
195만~178만 년 전

오스트랄로피테쿠스 아파렌시스
뇌 용량: 380~485CC
400만~300만 년 전

호모 루돌펜시스
뇌 용량: 600~800cc
240만~160만 년 전

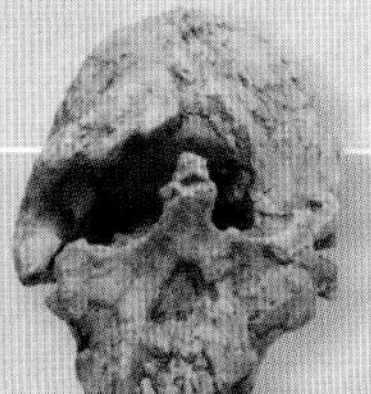

케니안트로푸스 플라티오프스
뇌 용량: 모름
350만~320만 년 전

호미닌 연대표
인간의 진화는 한 방향으로만 전진하는 과정이 아니었다. 다양한 호미닌 부류가 같은 시기에 살아서 서로 만났을 수 있다. 한 종이 다음 종으로 단순하게 이어달리기하듯 진화하는 대신 새로운 종이 갈라져 나타났다. 그러면서 일부 종들은 대가 이어졌고 파란트로푸스에 속하는 다른 종들은 죽어 사라져서 진화적 종말을 맞았다. 호모 사피엔스(*Homo sapiens*)는 현존하는 유일한 호미닌 종이다.

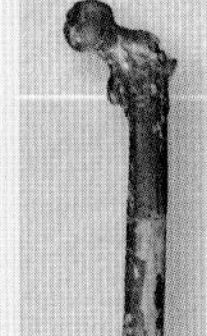

오로린 투게넨시스
뇌 용량: 모름
660만~570만 년 전

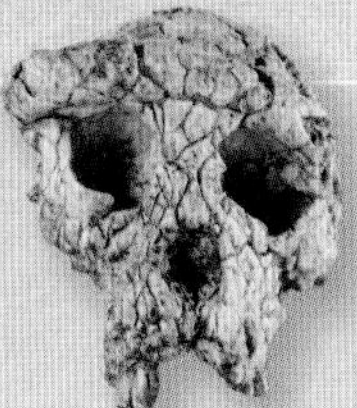

사헬란트로푸스 차덴시스
뇌 용량: 약 300cc
700~600만 년 전

현생 인류

약 60만 년 전부터 호모 하이델베르겐시스(*Homo heidelbergensis*)라고 불리는 종이 아프리카와 유럽에 살았다. 이 조상 종은 약 40만 년 전에 유럽에서 호모 네안데르탈렌시스(*Homo neanderthalensis*, 네안데르탈인)으로 진화하고 해부학적으로 약 20만 년 전에는 아프리카에서 현생 인류(*Homo sapiens*)로 진화했을 것이다. 호모 하이델베르겐시스의 후기 화석과 호모 사피엔스의 초기 화석 구분이 어렵긴 하지만, 아프리카 케냐의 유명한 고인류학자 리처드 리키(Richard Leakey)가 발견해 오늘날 연대가 약 19만 5000년 전으로 추정되는 오모 II(Omo II)의 머리뼈는 많은 학자들이 현생 인류의 초기 화석으로 인정하고 있다. (아래 사진 참조)

화석과 고고학적 증거, 기후상의 증거를 보면 현생 인류는 5만~8만 년 전에 아프리카 밖으로 뻗어나갔다. 아프리카에서 나온 그들은 인도양의 가장자리를 따라 오스트레일리아까지 갔고, 북쪽으로는 유럽과 동북아, 그리고 나중에는 아메리카까지 건너갔다.

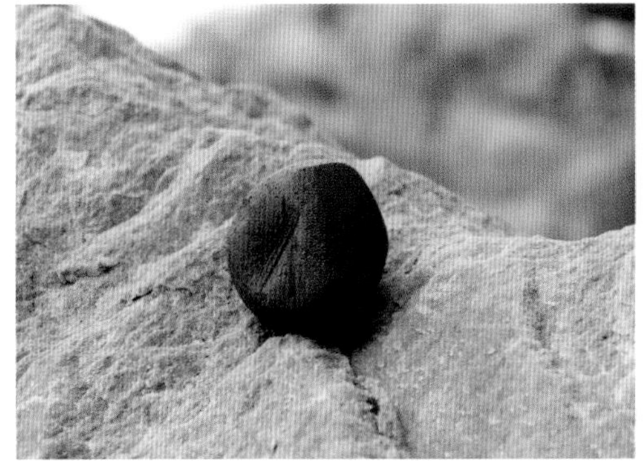

현생 인류의 행동
아프리카 남부 피너클 포인트에서 발견된 이 황토 조각을 보면 인간이 16만여 년 전에 색소를 사용했음을 알 수 있다.

멸종된 근친

네안데르탈인은 4만 년 전에 현생 인류가 등장하기 전 수십만 년 동안 이나 유럽에서 살았다. 네안데르탈인에 관한 가장 최근의 증거는 지브롤터에서 발견된 2만 5000년 전의 것이다. 네안데르탈인과 현생 인류가 만나서 교류했는지는 열띤 논쟁거리이다. 몇몇 인류학자들의 생각에 따르면 일부 화석에서 두 종 모두의 특징이 보인다. 이것은 현생 인류와 네안데르탈인이 서로 교배했을지에 관한 논쟁을 일으키고 있다. 하지만 네안데르탈인 화석에 대한 DNA 분석을 보면 교배를 입증할 유전적 증거는 전혀 없다.

다양한 음식물
지브롤터에서 발견된 고고학적 증거를 보면 현생 인류처럼 네안데르탈인도 조개, 작은 동물과 조류, 심지어 돌고래까지 다양한 음식물을 섭취했다.

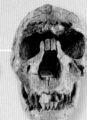

호모 하빌리스
뇌 용량: 500~650cc
240만~140만 년 전

호모 에르가스테르
뇌 용량: 600~910cc
190만~150만 년 전

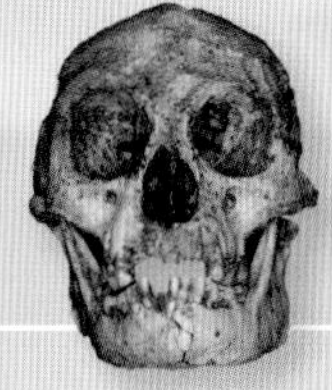

호모 에렉투스
뇌 용량: 750~1,300cc
180만~3만 년 전

호모 플로레시엔시스
뇌 용량: 약 400cc
9만 5000~1만 2000년 전

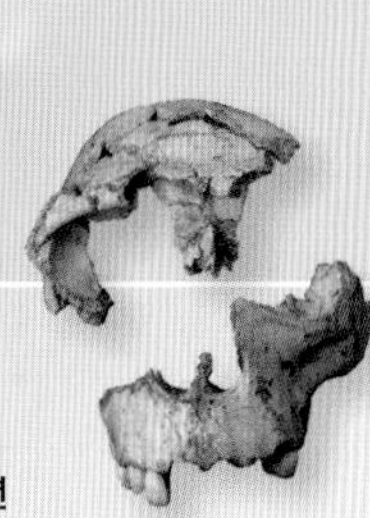

호모 안테체소르
뇌 용량: 약 1,000cc
78만~50만 년 전

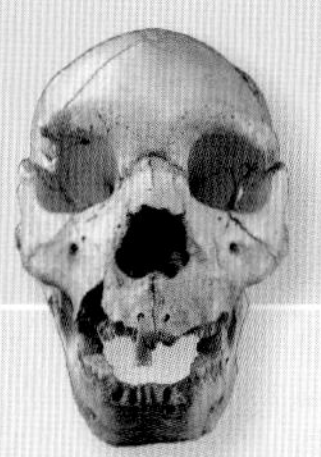

호모 하이델베르겐시스
뇌 용량: 1,100~1,400cc
60만~10만 년 전

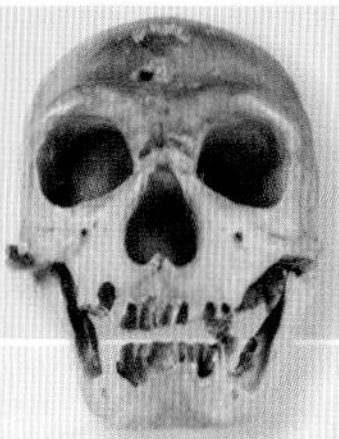

호모 네안데르탈렌시스
뇌 용량: 약 1,412cc
40만~2만 8000년 전

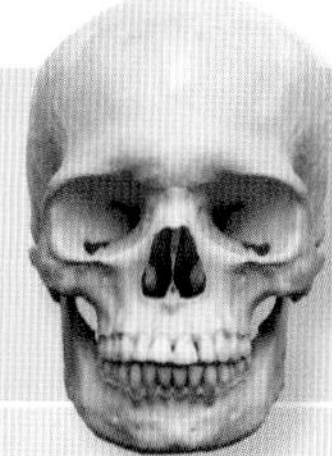

호모 사피엔스
뇌 용량: 1,000~2,000cc
20만 년 전~현재

우리의 가장 오래된 유골

1967년에 고인류학자 리처드 리키가 이끄는 팀이 에티오피아의 오모 강 인근에 위치한 키비시 암석 지대의 모래 언덕에서 우리 종의 화석을 발견했다.(사진 참조) 이 화석은 고대 화산암 퇴적층 속에서 발견됐다. 2005년에 과학자들은 이 화산암 퇴적층에 새로운 연대 측정법을 적용해 화석의 연대를 19만 5000년이나 된 것으로 추정했다. 그래서 이 화석은 세계에서 가장 오래된 호모 사피엔스의 유골이 됐다.

인간의 유전 법칙

DNA(데옥시리보 핵산)는 보잘것없어 보이는 효모부터 인간까지 모든 생명체의 청사진이다. 거기에는 인간을 인간이게 하는 수천 가지 다양한 단백질을 합성하는 방법에 관한 지침이 들어 있다. 또 DNA는 합성된 단백질을 철두철미하게 관리하여 혹시나 통제에서 벗어나지 않는지 확인한다.

생명의 분자

우리 모두는 서로 달라 보이지만 DNA의 기본 구조는 모두 똑같다. DNA는 당, 인산, 염기의 결합체인 뉴클레오티드라는 단위 화학물질로 이루어져 있다. 개인 간에 서로 다른 점은 이 염기들이 쌍으로 결합되는 정확한 순서이다. 염기 쌍들은 실처럼 길게 죽 이어지면 단백질 합성 지침을 자세하게 명시하는 유전자라는 기능 단위를 형성할 수 있다. 각각의 유전자는 단백질 하나씩을 암호화하고 일부 복잡한 단백질은 하나 이상의 유전자로 암호화한다. 단백질은 몸에서 광범위한 생체 기능을 담당한다. 단백질은 피부나 털 같은 구조를 형성하고, 온몸에 신호를 전달하며, 세균 같은 감염원과 싸워 물리친다. 또한 몸의 기본 단위인 세포를 구성하고 생명 유지에 필요한 수천 가지 기본 생화학 과정을 수행한다. 하지만 우리의 DNA 가운데 겨우 1.5퍼센트만이 유전자를 암호화한다. 그 나머지는 조절 염기 순서, 구조 DNA로 이루어져 있거나 아무 목적이 없어 보이는 이른바 '정크 DNA'이다.

DNA 현미경 사진
DNA는 엄청나게 작지만 약 200만 배나 확대할 수 있는 스캐닝 터널링현미경으로 보면 그 구조를 관찰할 수 있다.

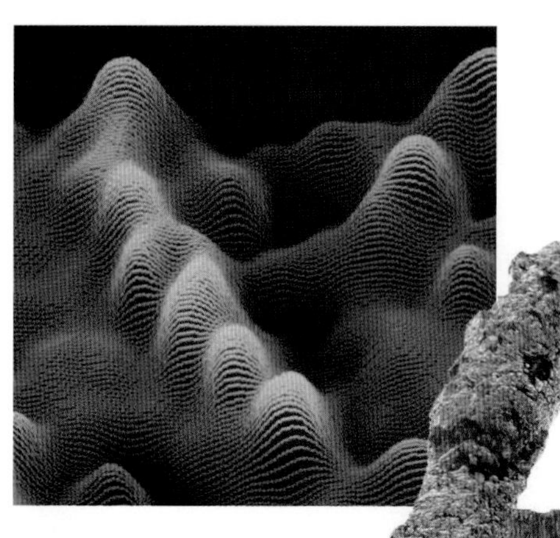

DNA 이중 나선
인간을 포함한 거의 대부분의 생물에서 DNA의 긴 두 가닥은 오른쪽으로 감기는 이중 나선 구조를 이루며 서로 꼬여 있다. 이 나선은 당(데옥시리보스)과 인산이 결합된 뼈대 그리고 이 뼈대 사이에 서로 딱 붙어 있는 염기 쌍으로 이루어져 있다. 한 바퀴 꼬인 나선에는 약 10개의 염기 쌍이 결합되어 있다.

DNA 뼈대
데옥시리보스라는 당과 인산이 번갈아 결합된 단위로 이루어져 있다.

구아닌
시토신
티민
아데닌

염기 쌍

DNA는 뉴클레오티드라는 구성 성분으로 이루어져 있다. 아데닌(A), 티민(T), 시토신(C), 구아닌(G), 네 종류의 염기는 각각 인산 기와 데옥시리보스 당 고리에 붙어서 뉴클레오티드를 형성한다. 인간에서 염기는 쌍을 이뤄 이중으로 꼬인 나선을 형성한다. 여기서는 아데닌이 티민과 쌍을 이루고 시토신이 구아닌과 쌍을 이룬다. 이중 나선의 두 가닥은 서로 '상보적'이다. 설령 풀리거나 분리되더라도 재정렬해서 재결합할 수 있다.

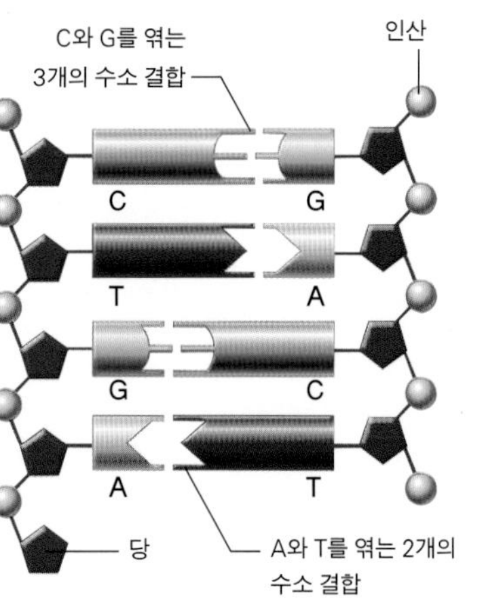
C와 G를 엮는
3개의 수소 결합
인산
C
G
T
A
G
C
A
T
당
A와 T를 엮는 2개의
수소 결합

결합 형성
이중 나선의 두 가닥은 수소 결합을 형성한다. 구아닌이 시토신과 만나면 3개의 수소 결합이 이루어지고 아데닌이 티민과 만나면 2개의 수소 결합이 형성된다.

유전자

유전자는 단백질을 만드는 데 필요한 DNA의 단위로 크기는 염기 쌍 수백 개부터 수백만 개까지 다양하다. 유전자는 우리의 성장을 조절하지만 환경 요인에 반응하여 스위치가 켜지거나(on) 꺼지기도(off) 한다. 면역 세포는 세균과 만나면 유전자가 켜져서 세균을 무찌를 항체를 만든다. 유전자 발현은 각 유전자 안의 조절 서열에 결합하는 단백질로 조절된다. 유전자에는 단백질로 번역되는 부분(엑손)과 암호가 해독되지 않는 부분(인트론)이 있다.

눈동자 색
눈동자 색의 유전적 특성은 너무나 복잡해서 수없이 다양한 유전자가 관련 있다.

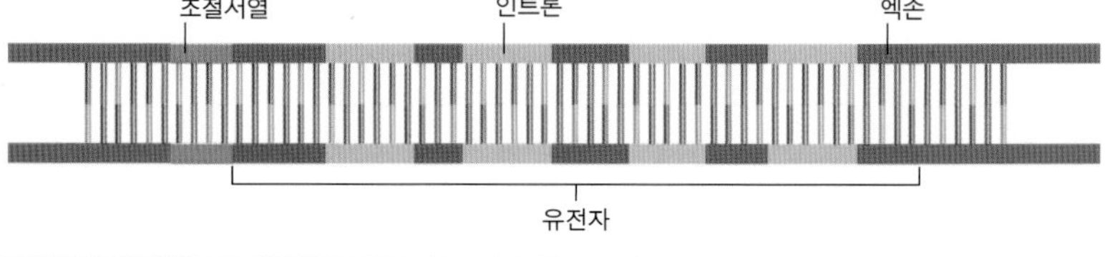
조절서열
인트론
엑손
유전자

DNA 꾸리기

인간의 유전체는 약 30억 개의 DNA 염기로 이루어져 있다. 각 세포의 DNA를 쭉 펼치면 길이가 2미터가량 되며 자그마한 세포 안에 있으려면 차곡차곡 꾸려져야 한다. 다행히 DNA는 염색체라 불리는 조밀한 구조로 밀집되어 있어서 각 세포마다 23쌍의 염색체(총 46개)가 들어 있다. 이중 절반은 어머니, 나머지 절반은 아버지로부터 물려받은 것이다. DNA가 차곡차곡 꾸려지려면 먼저 이중 나선이 히스톤 단백질 주위로 감겨서 실에 꿰인 염주알처럼 보이는 구조를 형성해야 한다. 그러고 나면 이 히스톤 '염주알'이 서로 얽히고설켜서 조밀하게 감긴 '염색질'(염색사)을 이룬다. 염색질은 세포 분열이 시작될 때 훨씬 더 단단하게 감겨서 응축됨으로써 염색체가 된다.

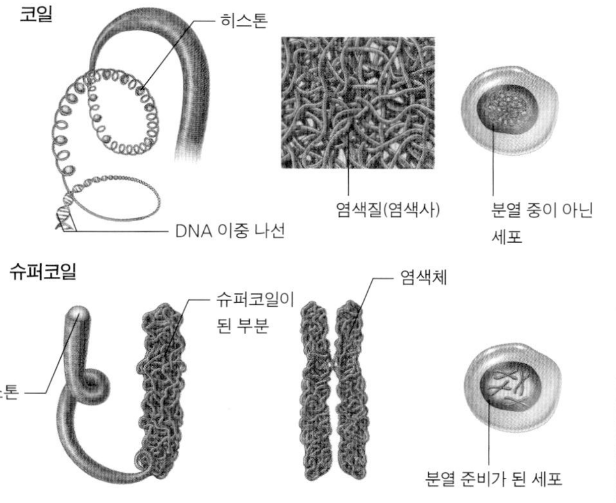

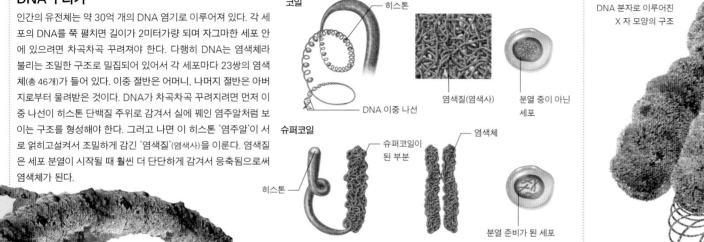

코일
히스톤
DNA 이중 나선
염색질(염색사)
분열 중이 아닌 세포

슈퍼코일
슈퍼코일이 된 부분
염색체
히스톤
분열 준비가 된 세포

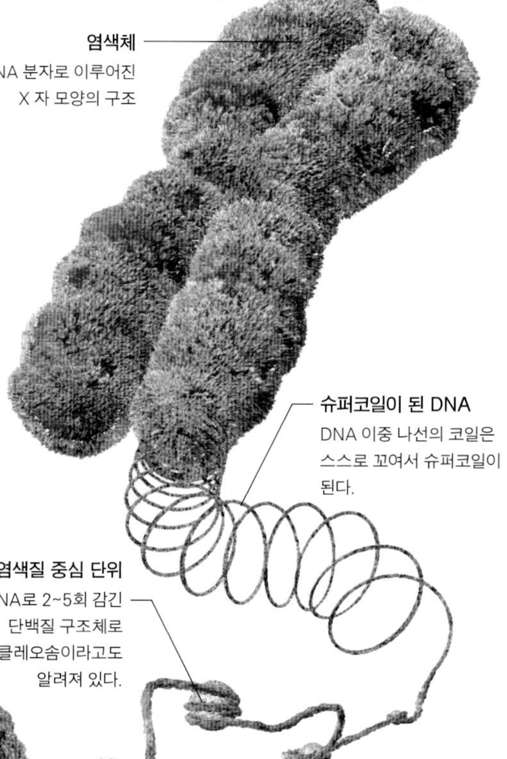

염색체
DNA 분자로 이루어진 X 자 모양의 구조

슈퍼코일이 된 DNA
DNA 이중 나선의 코일은 스스로 꼬여서 슈퍼코일이 된다.

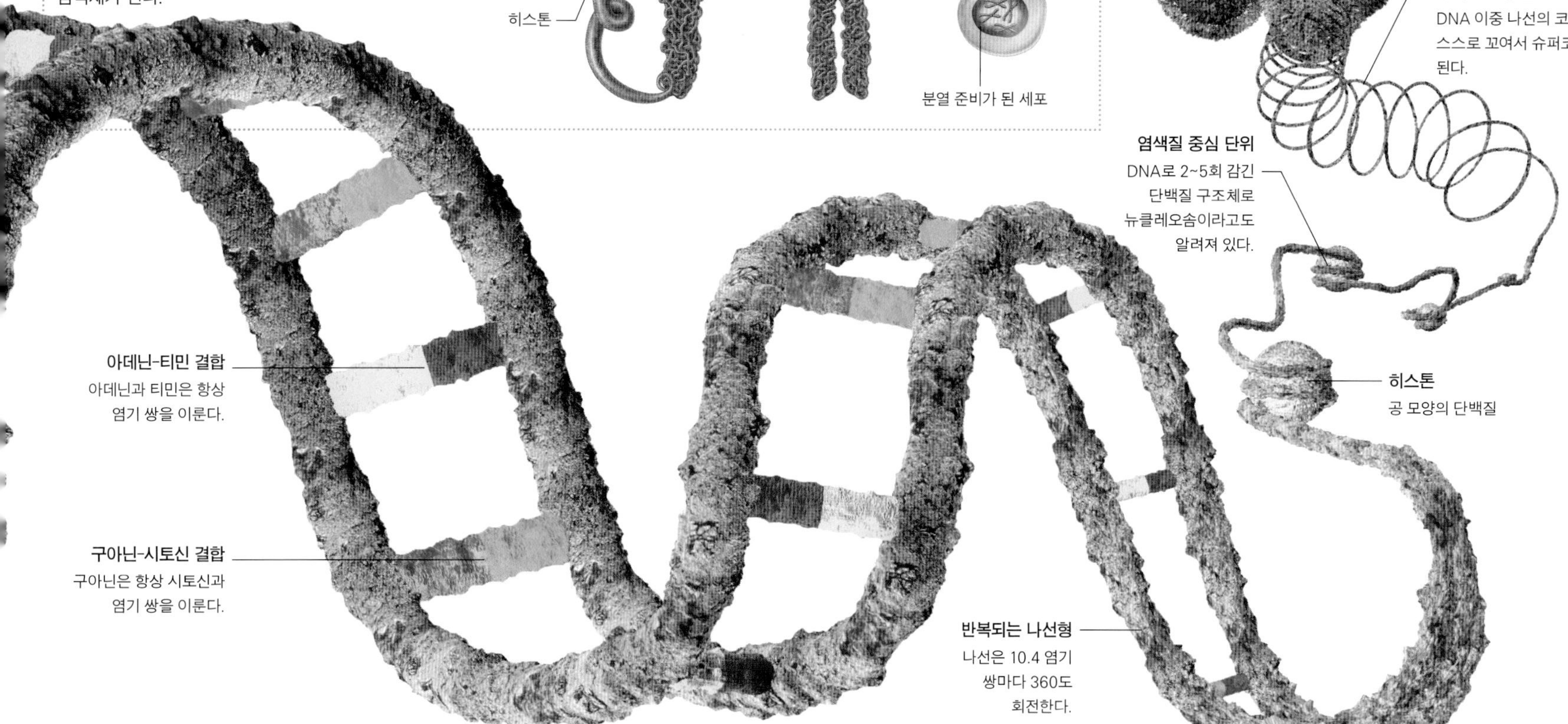

염색질 중심 단위
DNA로 2~5회 감긴 단백질 구조체로 뉴클레오솜이라고도 알려져 있다.

히스톤
공 모양의 단백질

아데닌-티민 결합
아데닌과 티민은 항상 염기 쌍을 이룬다.

구아닌-시토신 결합
구아닌은 항상 시토신과 염기 쌍을 이룬다.

반복되는 나선형
나선은 10.4 염기 쌍마다 360도 회전한다.

단백질 만들기

단백질은 서로 줄줄이 사슬로 이어져 접힌 아미노산이라는 구성 성분으로 이루어진다. DNA 염기 쌍 3개마다 하나의 아미노산을 암호화하고 몸은 20가지의 다양한 아미노산을 만든다. 다른 아미노산들은 음식으로 섭취된다. 단백질 합성은 전사와 번역이라는 2단계로 일어난다. 전사에서는 DNA 이중 나선이 풀려서 DNA가 1가닥이 된다. 그러고 나서 RNA(리보핵산)라는 관련 분자의 상보적 염기 서열에서 단백질로 번역될 수 있는 DNA 염기 서열의 사본이 만들어진다. 이 '전령 RNA'는 리보솜으로 이동해 아미노산 가닥으로 번역된다. 그 다음에 이것이 단백질의 3차원 구조로 접힌다.

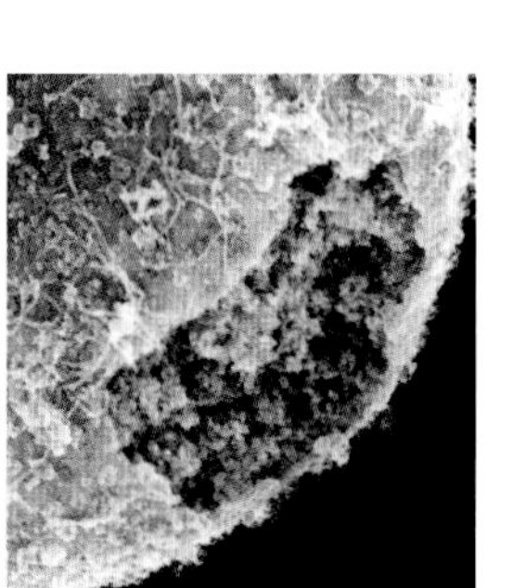

세포핵
DNA는 핵이라 불리는 세포 중심 구조에 들어 있다. 단백질 합성의 첫 단계는 바로 여기서 일어난다.

전사와 번역

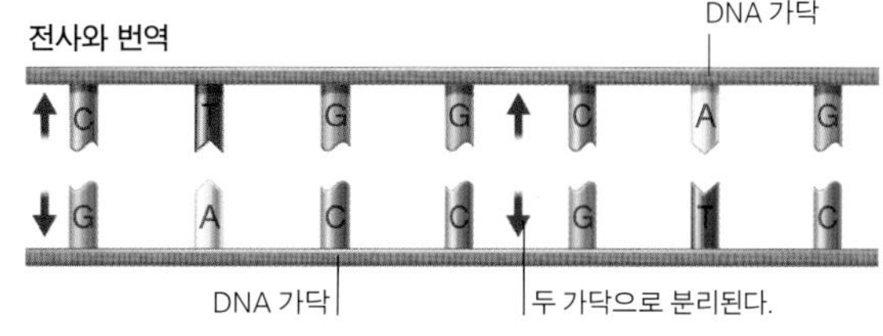
DNA 가닥
C
T
G
G
C
A
G
G
A
C
C
G
T
C
DNA 가닥
두 가닥으로 분리된다.

1 세포핵 안에서 DNA 가닥은 일시적으로 분리된다. 그중 하나는 mRNA(전령 리보핵산) 형성을 위한 주형 역할을 한다.

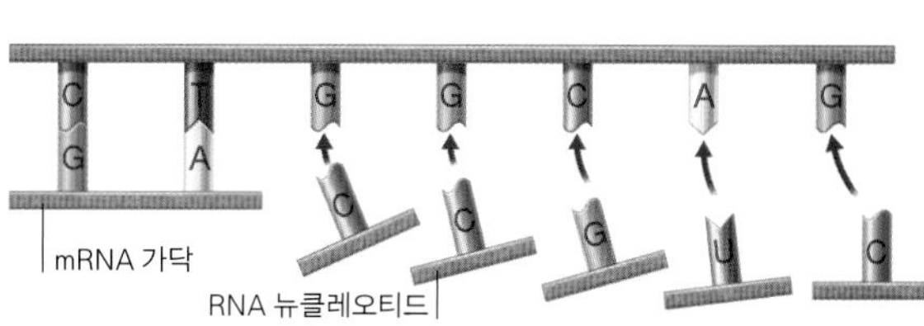
C
T
G
G
C
A
G
G
A
C
C
G
U
C
mRNA 가닥
RNA 뉴클레오티드

2 노출된 DNA 염기를 염기 짝이 맞는 RNA 뉴클레오티드가 찾아가 결합해서 mRNA 가닥을 형성한다. 이 과정에서 티민 염기가 우라실(U) 염기로 대체된다.

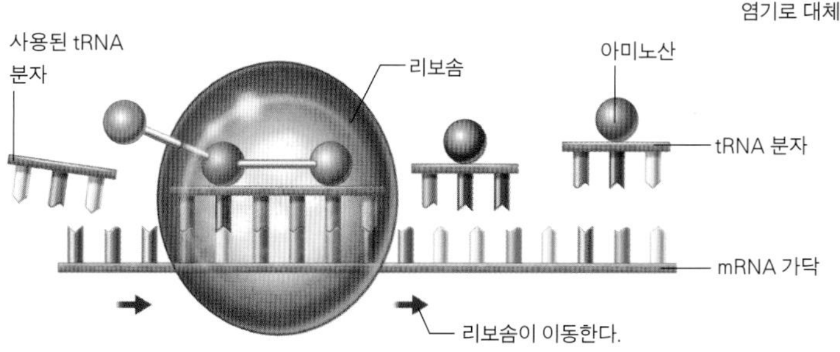
사용된 tRNA 분자
리보솜
아미노산
tRNA 분자
mRNA 가닥
리보솜이 이동한다.

3 mRNA 가닥이 리보솜에 붙으면 리보솜이 가닥을 따라 이동한다. 리보솜 안에서는 각각의 tRNA(전달 리보핵산) 분자가 아미노산을 하나씩 날라다가 mRNA에 끼워맞춘다.

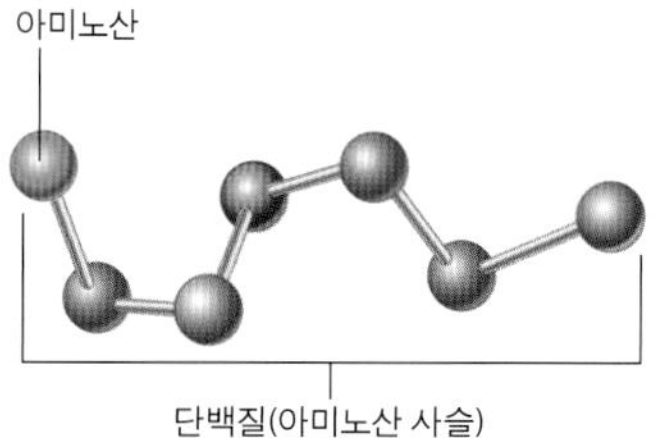
아미노산
단백질(아미노산 사슬)

4 리보솜이 mRNA를 따라 이동하면서 아미노산을 특정 순서대로 만들어 내면 이것들이 서로 결합해서 특정 단백질을 형성한다.

인간의 유전체

서로 다른 생물은 서로 다른 유전자를 갖고 있지만 생물들 간에 유전자는 놀라울 만큼 많은 비율이 서로 같다. 이를테면 인간의 유전자 가운데 절반가량은 바나나에서도 볼 수 있다. 하지만 인간의 유전자를 바나나의 유전자로 대체할 수는 없다. 각 유전자 내 염기 쌍의 특정한 순서에 따라 인간의 특징이 나타나기 때문이다. 인간은 모두 어느 정도 똑같은 유전자를 지니고 있지만 개인들 간의 차이는 대부분 각 유전자 안의 미묘한 변이로 설명할 수 있다. 물론 이런 변이의 폭은 인간과 식물 간의 차이보다는 작다. 인간들 간에는 DNA가 겨우 0.2퍼센트가량 차이난다. 반면에 인간의 DNA는 침팬지의 DNA와 5퍼센트가량 다르다.

인간의 유전자는 23쌍의 염색체 간에 균일하지 않게 분리된다. 각 염색체는 유전자가 많은 부분과 유전자가 적은 부분으로 이루어진다. 염색체를 염색하면 이 부분들의 차이가 밝은 띠와 어두운 띠로 나타나서 염색체에 줄무늬가 보인다. 우리는 아직 인간의 유전체 안에 단백질을 암호화하는 유전자가 얼마나 많이 있는지 모른다. 하지만 요즘 연구자들은 2만~2만 5000개로 추정하고 있다.

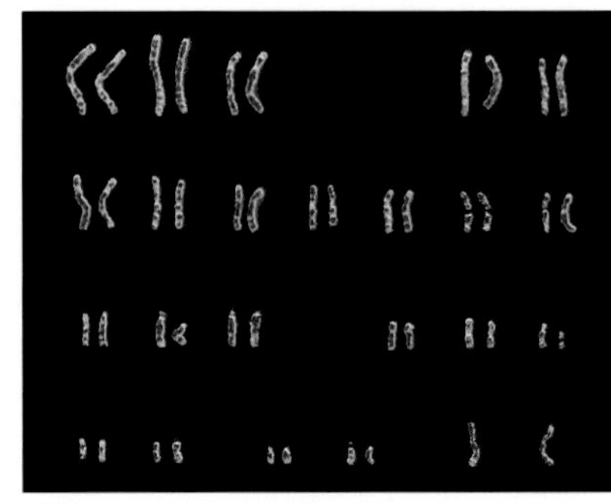

핵형
이것은 누군가의 세포 속에 들어 있는 염색체를 크기에 따라 순서대로 나열한 것이다. 의사는 환자의 핵형을 조사해서 어느 염색체가 빠져 있거나 비정상인지 판단할 수 있다.

유전자 감식

미묘한 유전적 변이와는 별개로 인간은 해독되지 않는 DNA에서도 차이를 보인다. 이른바 '정크 DNA'를 통해 우리는 인간이 지닌 유전 물질의 방대함을 알 수 있다. 아직 이것이 무슨 역할을 하는지 밝혀진 게 거의 없지만 쓸모없는 것은 분명 아니다. 법의학자들은 비암호화 DNA의 변이를 조사해서 현장 감식 결과와 맞는 범죄 용의자를 찾아낸다. 그러기 위해 그들은 비암호화 부분의 DNA에서 짧은연쇄반복(STR)이라는 짧고 반복적인 염기 서열을 분석한다. 그 반복 횟수는 개인마다 차이가 아주 크다. 법의학자는 이 반복하는 부분들 10개를 비교해서 잘게 자른 다음, 크기 별로 분리해 DNA 프로파일 또는 DNA 지문이라 불리는 일련의 띠를 발생시킨다.

M C C F

공통 특징
유전자 감식은 가족 관계를 증명하는 데에도 사용할 수 있다. 여기서 두 아이(가운데 둘)는 엄마(왼쪽), 아빠(오른쪽)와 같은 띠를 가진 것으로 나타나 친족 관계임이 증명됐다.

염색체 분염법
각 염색체에는 2개의 팔이 있어서 염색을 하면 이것들이 띠로 구성된 것이 보인다. 각 띠에는 번호가 매겨져 있어서, 번지수를 알면 특정 유전자의 위치를 확인할 수 있다. 이것은 7번 염색체 상의 띠들이다.

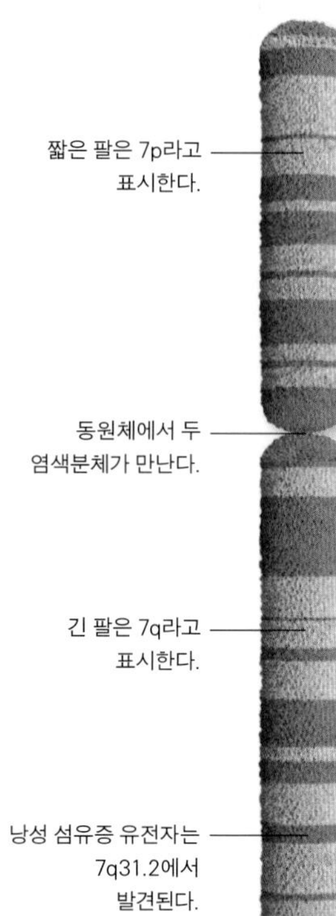
짧은 팔은 7p라고 표시한다.
동원체에서 두 염색분체가 만난다.
긴 팔은 7q라고 표시한다.
낭성 섬유증 유전자는 7q31.2에서 발견된다.

염색체 조성
인간의 유전체는 23쌍, 즉 총 46개의 염색체에 들어 있다. 이 중에서 22쌍은 일반적인 유전 정보를 저장해서 보통염색체라 불린다. 반면에 나머지 1쌍은 우리가 남성인지 여성인지 결정한다. 성염색체는 X와 Y, 두 종류가 있다. 남성은 X 염색체 1개와 Y 염색체 1개를 지니고 있고 여성은 X 염색체만 2개를 지니고 있다.

인간 유전체에서 DNA의 **97퍼센트**를 차지하는 **정크 DNA**는 어떤 기능을 하는지 아직 알려진 바가 없다.

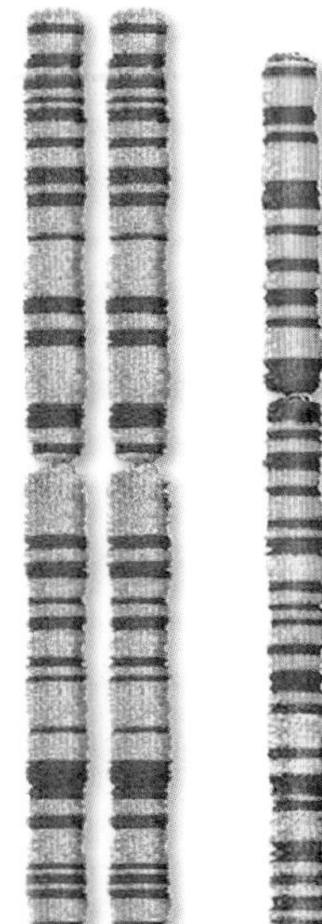

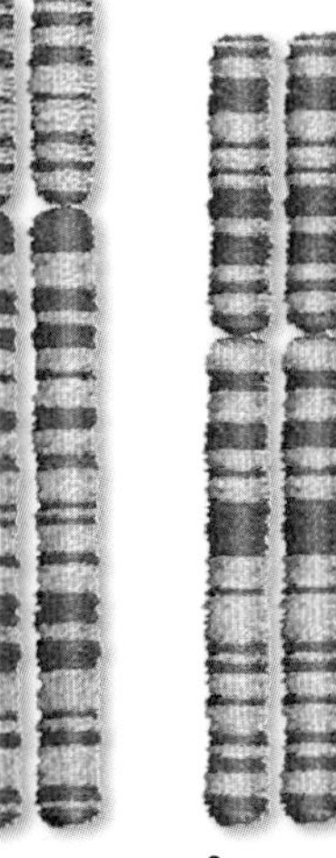
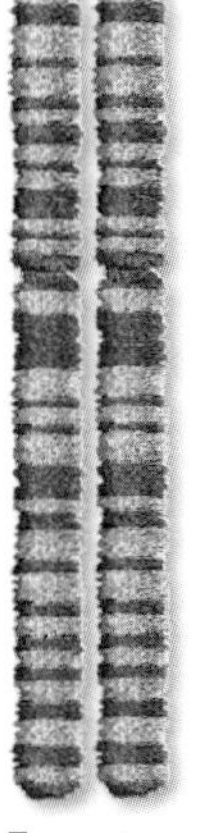
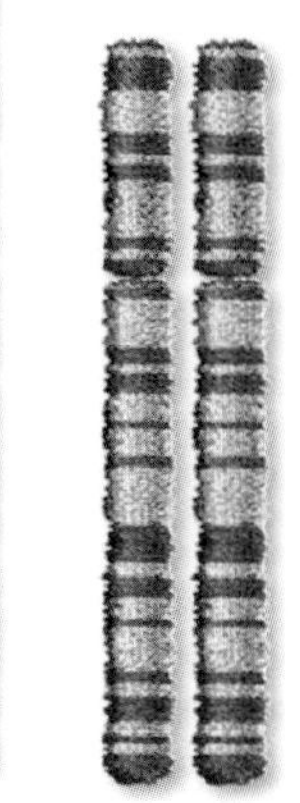
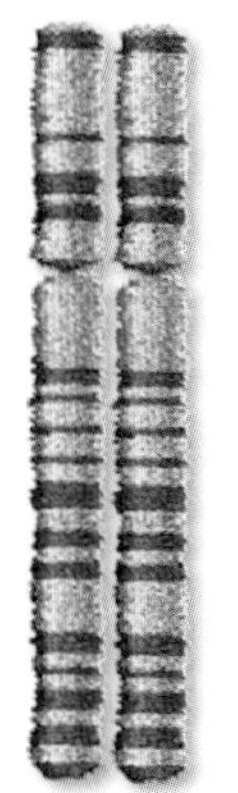
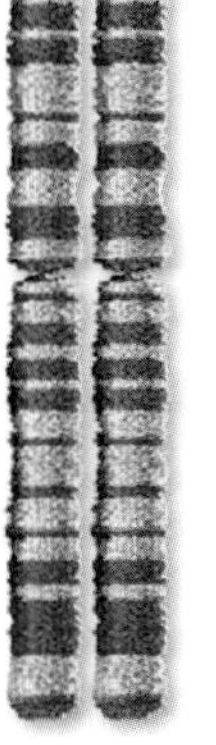
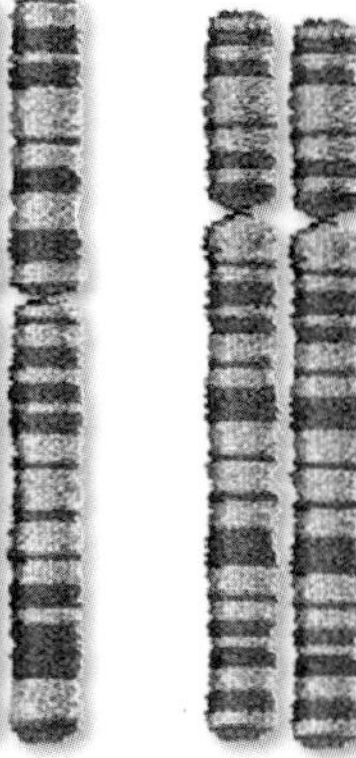

1
유전자 수: 4,234
관련 특성 및 질환: 알츠하이머병, 파킨슨병, 녹내장, 전립샘암, 뇌 크기

2
유전자 수: 3,078
관련 특성 및 질환: 색맹, 붉은 머리, 유방암, 크론병, 근육위축가쪽경화증(루게릭병), 고콜레스테롤

3
유전자 수: 3,723
관련 특성 및 질환: 청각 상실(귀먹음), 자폐증, 백내장, HIV 감염 감수성, 당뇨병, 샤르코 마리 투스병

4
유전자 수: 542
관련 특성 및 질환: 혈관 성장, 면역계 유전자, 방광암, 헌팅톤병, 청각 상실, 혈우병, 파킨슨병

5
유전자 수: 737
관련 특성 및 질환: DNA 복구, 니코틴 중독, 파킨슨병, 고양이울음 증후군, 유방암, 크론병

6
유전자 수: 2,277
관련 특성 및 질환: 대마초 수용체, 연골 강도, 면역계 유전자, 뇌전증(간질), 제1형 당뇨병, 류마티스 관절염

7
유전자 수: 4,171
관련 특성 및 질환: 통증 인식, 근육, 힘줄, 뼈 형성, 낭성섬유증, 정신분열병, 윌리엄스 증후군, 청각 상실, 제2형 당뇨병

8
유전자 수: 1,400
관련 특성 및 질환: 뇌의 발달 및 기능, 입술입천장 갈림증, 정신분열병, 베르너 증후군

9
유전자 수: 1,931
관련 특성 및 질환: 혈액형, 백색증, 방광암, 포르피린증

10
유전자 수: 1,776
관련 특성 및 질환: 염증, DNA 복구, 유방암, 어셔증후군

11
유전자 수: 546
관련 특성 및 질환: 후각, 혈색소 생성, 자폐증, 백색증, 낫적혈구빈혈, 유방암, 방광암

12
유전자 수: 1,698
관련 특성 및 질환: 연골 강도와 근력, 발작수면, 말더듬, 파킨슨병

유전자가 결정한다?

가장 간단한 수준에서 각 유전자는 단백질을 암호화하고 각 단백질은 독특한 형질이나 표현형을 발현한다. 인간에서 이것은 낭성섬유증 같은 유전 질환으로 가장 잘 설명할 수 있다. 점액, 땀, 소화효소를 구성하는 단백질을 만들어 내는 CFTR 유전자에 돌연변이가 생긴 사람은 허파 속에 진한 점액이 축적되어 허파 감염 감수성이 증가한다. 만약 특정 유전자가 건강한 사람에서 어떤 모양이고 이상이 생길 경우 어떤 모양인지 안다면 질병 위험성을 미리 알아내는 유전자 검사를 고안해 낼 수도 있다. 예를 들어 어느 여성의 BRCA1 유전자에 돌연변이가 생기면 한 유형의 유방암에 걸릴 위험이 매우 높다는 것을 예측할 수 있다. 하지만 키, 머리카락 색깔 같은 많은 형질은 함께 작용하는 여러 유전자들의 영향을 받는다. 따라서 유전자는 하나의 결정적 요소일 뿐이다. 성격이나 수명의 경우에는 다양한 유전자가 양육, 섭식 같은 환경 요인과 상호작용해서 현재 및 미래의 우리를 결정한다.(410쪽)

인간의 다양성

모든 인간은 스스로 만들어 내는 단백질을 두고 보면 거의 동일한 유전자를 지니고 있다. 하지만 유전자를 조합할 수 있는 엄청난 경우의 수와 유전자가 발현되는 방식을 보면 세계 인구에 표현된 인체의 무한한 다양성을 이해할 수 있다.

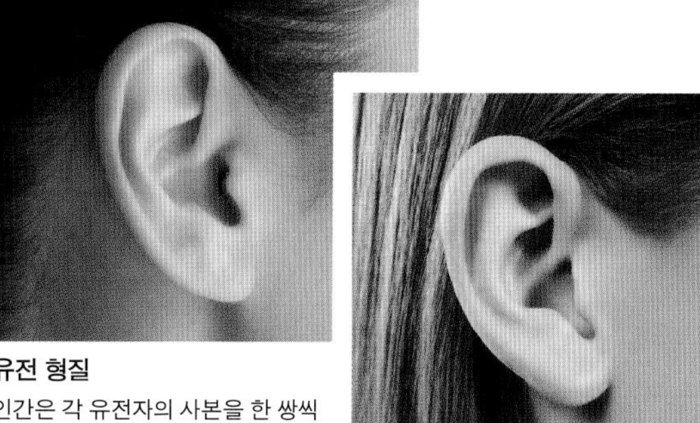

유전 형질

인간은 각 유전자의 사본을 한 쌍씩 지니고 있다. 하지만 모든 유전자가 똑같지는 않다. 우성 유전자는 한 쌍 중에 하나만 있어도 영향력을 발휘하는 반면, 열성 유전자는 둘 다 있어야 한다.(411쪽) 분리형 귓불은 우성 유전자 때문에 생기지만 부착형 귓불은 열성 유전자 때문에 생긴다.

비약적인 발전

유전 공학

이러한 유전자 조작을 이용하면 결함 유전자를 정상 유전자로 대체하거나 새로운 유전자를 삽입할 수 있다. 야광 쥐는 쥐 유전체 안에 형광 단백질을 암호화하는 해파리 유전자를 삽입해서 만들어졌다. 인간의 세포에 정확하게 대체 유전자를 전달할 안전한 방법만 알아낸다면 이른바 유전자 치료를 통해 많은 유형의 유전 질환을 치료할 수 있을 것이다.

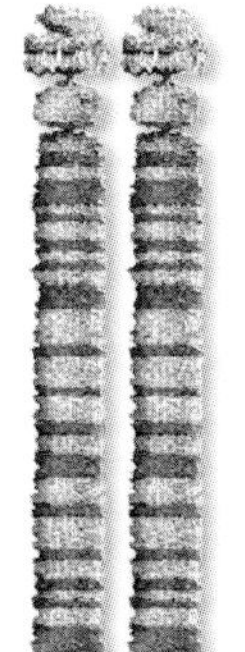

13
유전자 수:
925
관련 특성 및 질환:
LSD(환각제) 수용체, 유방암 (BRCA2 유전자), 방광암, 청각 상실, 윌슨병

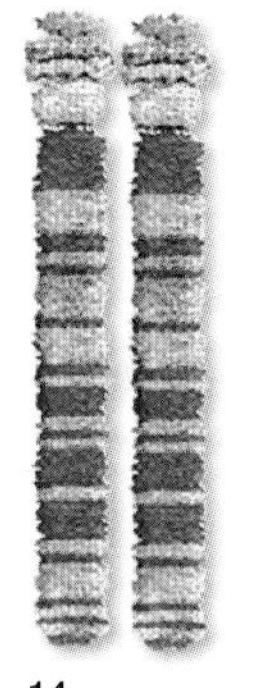

14
유전자 수:
1,887
관련 특성 및 질환:
항체 생성, 알츠하이머병, 근육위축가쪽경화증, 근육디스트로피

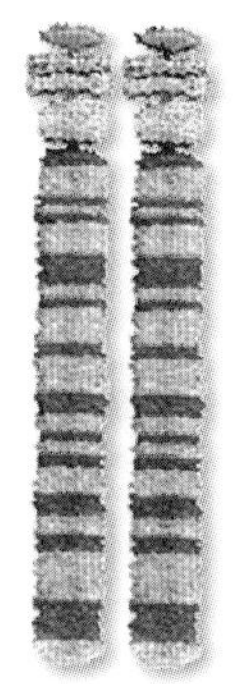

15
유전자 수:
1,377
관련 특성 및 질환:
눈동자색, 피부색, 앙겔만(Angelman) 증후군, 유방암, 테이색스병, 마르팡 증후군

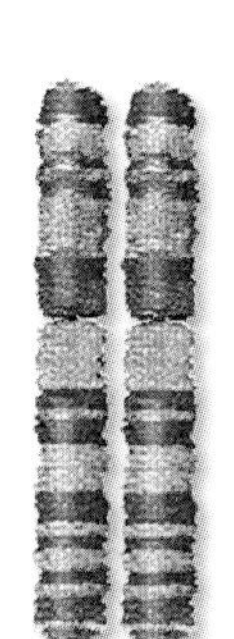

16
유전자 수:
1,561
관련 특성 및 질환:
붉은 머리, 비만, 크론병, 유방암, 삼염색체 16(trisomy 16, (유산의 가장 흔한 염색체성 원인)

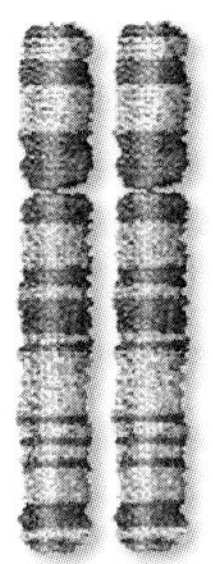

17
유전자 수:
2,417
관련 특성 및 질환:
결합조직 기능, 유방암(BRCA1) 조기 발병, 파골증, 방광암

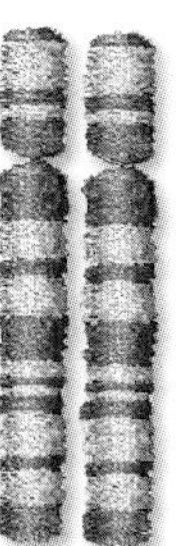

18
유전자 수:
756
관련 특성 및 질환:
에드워드 증후군, 파제트병, 포르피린증, 선택무언증

19
유전자 수:
1,984
관련 특성 및 질환:
인지력, 알츠하이머병, 심장혈관계 질환, 고콜레스테롤, 유전성 뇌졸중

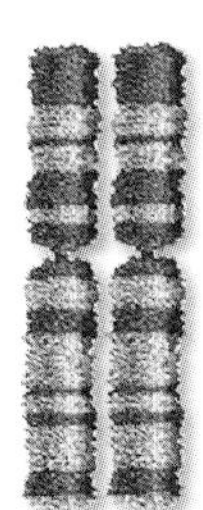

20
유전자 수:
1,019
관련 특성 및 질환:
복강 질환, 제1형 당뇨병, 프리온 감염병

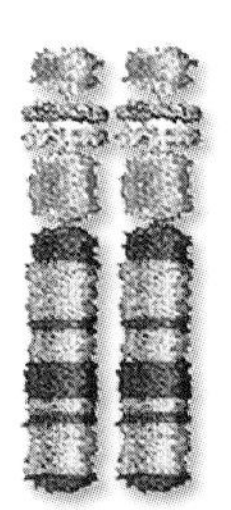

21
유전자 수:
595
관련 특성 및 질환:
다운 증후군, 알츠하이머병, 근육위축가쪽경화증, 청각 상실

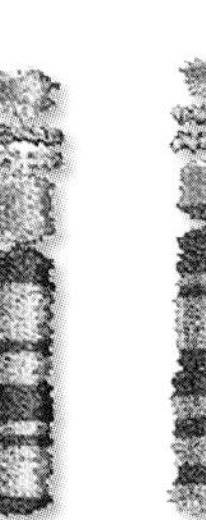

22
유전자 수:
1,841
관련 특성 및 질환:
항체 생성, 유방암, 정신분열병, 근육위축가쪽경화증

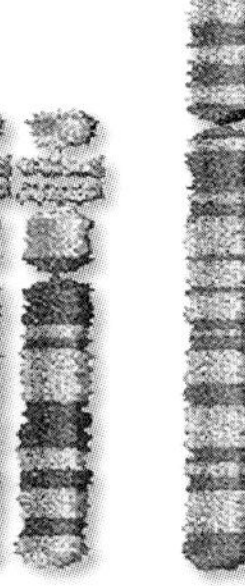

X
유전자 수:
1,860
관련 특성 및 질환:
유방암, 색맹, 혈우병, 유약 X 증후군, 터너 증후군, 클라인펠터 증후군

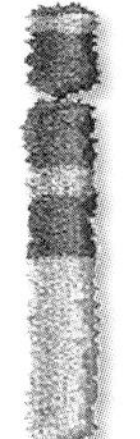

Y
유전자 수:
454
관련 특성 및 질환:
남성 생식 능력 및 고환 발달

세포(CELL)

75조에 이르는 세포들이 어떻게 생겼는지 일일이 파악하기는 어렵다. 하지만 거울에 비친 자기 몸부터 뜯어 보자. 보통 사람의 몸에 존재하는 세포의 수가 바로 75조 개이다. 그중에 수백만 개 이상이 매일 새로운 세포로 교체된다.

세포 구조

세포는 인체의 기본 기능 단위이다. 세포는 매우 작아서 대표적인 세포의 지름은 약 0.01밀리미터에 불과하며, 가장 큰 세포조차 우리 머리카락보다 굵지 않다. 세포는 또한 엄청나게 다재다능해서, 어떤 세포는 피부나 입안 점막같이 모여서 판을 이루며, 어떤 세포는 지방세포나 근육세포처럼 에너지를 저장하거나 생성할 수 있다. 이같이 세포는 놀라우리만큼 다양하지만 공통점도 많다. 공통 특징에는 세포막, 통제사령부인 핵, 작은 발전소인 미토콘드리아(사립체) 등이 있다.

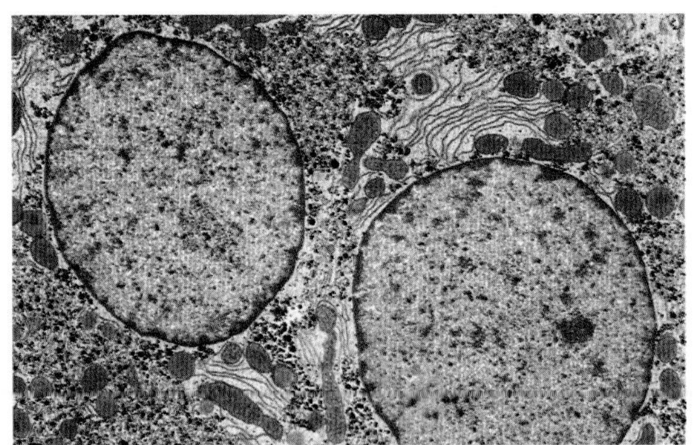

간세포
이 세포들은 단백질과 콜레스테롤과 쓸개즙 등을 만들고 혈액에 포함된 물질을 가져와서 해독하고 가공한다. 이 과정에 에너지가 많이 쓰이기 때문에 간세포에는 미토콘드리아(주황색)가 가득 들어 있다.

세포 대사

세포마다 영양소를 분해하여 새로운 단백질이나 핵산을 합성하는 데 필요한 에너지를 생산하는 과정을 세포 대사라 한다. 세포는 다양한 연료를 사용하여 에너지를 생산하는데, 가장 널리 쓰이는 연료는 포도당이다. 생산된 에너지는 아데노신삼인산(ATP) 형태로 저장된다. 에너지 생산과 ATP 생성은 미토콘드리아(사립체)라는 구조 속에서 세포호흡이라는 과정을 거쳐 일어나는데, 미토콘드리아 내부에 있는 효소가 산소 및 포도당과 반응하여 ATP와 이산화탄소와 물을 생산한다. ATP가 인산기 하나를 잃고 아데노신이인산(ADP)이 되면 에너지가 방출된다.

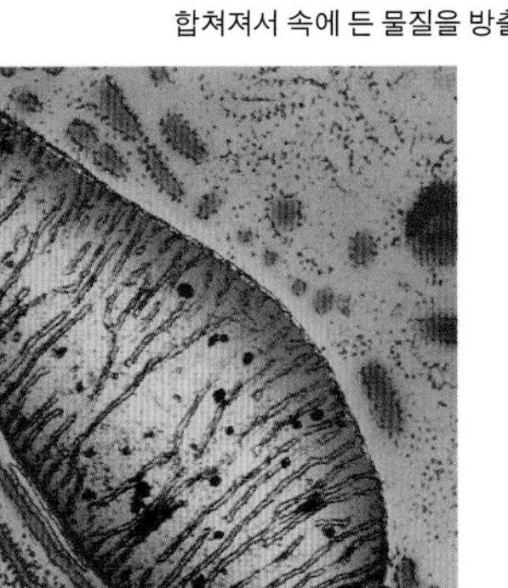

미토콘드리아(mitochondrion)
미토콘드리아의 수는 세포마다 다르지만 기본 구조는 동일하다. 즉 바깥막과 주름이 매우 많이 접힌 속막으로 구성되는데, 실제 에너지 생산 과정은 속막에서 일어난다.

일반 세포
세포의 심장부에 핵이 있다. 핵에는 유전 물질이 저장되어 있으며 단백질 합성의 첫 단계가 일어난다. 세포에는 단백질을 조립하는 데 필요한 구조들도 있다. 그 예로는 리보솜, 세포질그물, 골지장치 등이 있다. 미토콘드리아는 세포가 사용할 에너지를 제공한다.

핵(nucleus)
세포의 통제 중추로, 염색질과 세포의 DNA 중 대부분이 들어 있다.

핵소체(nucleolus)
핵의 중심 부위로, 리보솜 생산에 핵심적인 역할을 한다.

핵막(nuclear membrane)
두 겹의 막으로 구성되며, 물질이 핵을 출입할 수 있는 구멍이 많이 뚫려 있다.

핵질(nucleoplasm)
핵 속 액체 성분으로, 핵소체와 염색체가 떠 있다.

미세관(microtubule)
세포뼈대(세포골격)의 일부로, 세포질 속의 물질 이동을 돕는다.

중심소체(centriole)
미세관으로 이루어진 기둥 구조 둘로 구성되며, 세포분열에 꼭 필요하다.

미세융모(microvilli)
세포 표면적을 넓히는 작은 돌기로, 영양소 흡수를 돕는다.

분비물
분비물이 세포외배출(exocytosis) 과정을 거쳐 세포 밖으로 방출되는데, 세포외배출은 분비소포라는 작은 주머니가 세포막에 합쳐져서 속에 든 물질을 방출하는 과정이다.

분비소포(secretory vesicle)
세포에서 생산된 후 세포막을 거쳐 분비되는 효소 같은 여러 가지 물질을 포함한 주머니

골지장치(Golgi complex)
과립세포질그물에서 생산되어 세포막을 거쳐 분비될 단백질을 가공하고 재포장하는 구조

용해소체(lysosome)
물질과 낡은 소기관을 분해해서 배출하는 데 도움을 주는 강력한 효소들이 들어 있다.

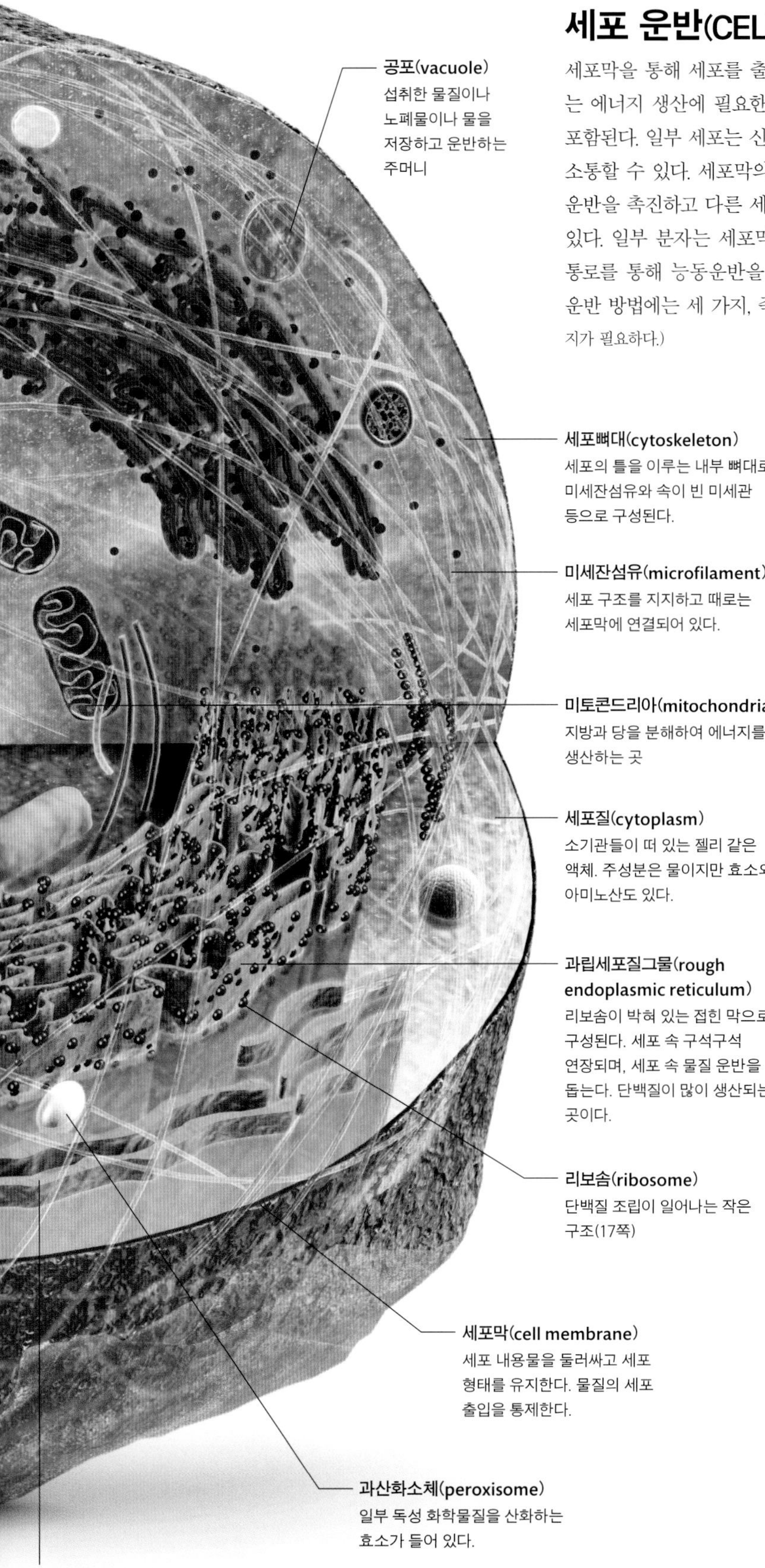
공포(vacuole)
섭취한 물질이나 노폐물이나 물을 저장하고 운반하는 주머니
세포뼈대(cytoskeleton)
세포의 틀을 이루는 내부 뼈대로, 미세잔섬유와 속이 빈 미세관 등으로 구성된다.
미세잔섬유(microfilament)
세포 구조를 지지하고 때로는 세포막에 연결되어 있다.
미토콘드리아(mitochondria)
지방과 당을 분해하여 에너지를 생산하는 곳
세포질(cytoplasm)
소기관들이 떠 있는 젤리 같은 액체. 주성분은 물이지만 효소와 아미노산도 있다.
과립세포질그물(rough endoplasmic reticulum)
리보솜이 박혀 있는 접힌 막으로 구성된다. 세포 속 구석구석 연장되며, 세포 속 물질 운반을 돕는다. 단백질이 많이 생산되는 곳이다.
리보솜(ribosome)
단백질 조립이 일어나는 작은 구조(17쪽)
세포막(cell membrane)
세포 내용물을 둘러싸고 세포 형태를 유지한다. 물질의 세포 출입을 통제한다.
과산화소체(peroxisome)
일부 독성 화학물질을 산화하는 효소가 들어 있다.
무과립세포질그물(smooth endoplasmic reticulum)
대롱 모양 구조와 납작하고 휘어진 주머니 구조의 연결망. 세포 속 물질 운반을 돕는다. 칼슘이 저장되는 곳. 지방 대사가 주로 일어나는 곳이다.

세포 운반(CELL TRANSPORT)

세포막을 통해 세포를 출입하는 물질 운반이 끊임없이 일어난다. 이 물질들에는 에너지 생산에 필요한 연료 물질이나 단백질 합성에 필요한 아미노산 등이 포함된다. 일부 세포는 신호 분자를 분비하여 이웃 세포나 전신 세포와 정보를 소통할 수 있다. 세포막의 주성분은 인지질이지만, 여기에 단백질도 끼어 있어 운반을 촉진하고 다른 세포와 정보를 교환하고 다른 세포의 신원을 확인할 수 있다. 일부 분자는 세포막을 자유로이 통과할 수 있지만, 세포막에 있는 특수 통로를 통해 능동운반을 해야만 세포막을 통과할 수 있는 분자도 있다. 세포 운반 방법에는 세 가지, 즉 확산과 촉진확산과 능동운반이 있다.(능동운반은 에너지가 필요하다.)

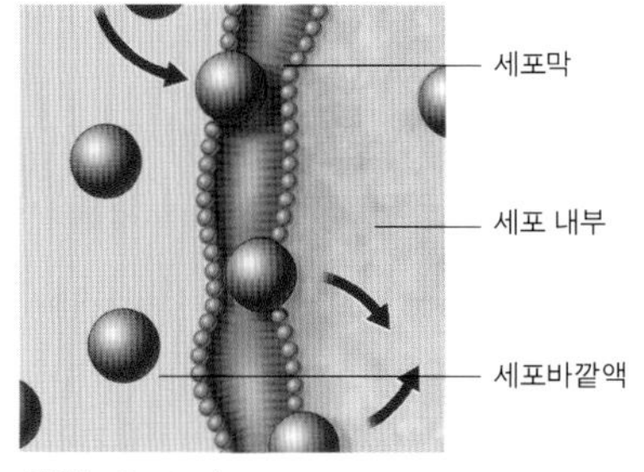
세포막
세포 내부
세포바깥액

확산(diffusion)
분자가 농도가 높은 곳에서 낮은 곳으로 피동적으로 막을 통과한다. 물과 산소는 모두 확산을 통해 막을 통과한다.

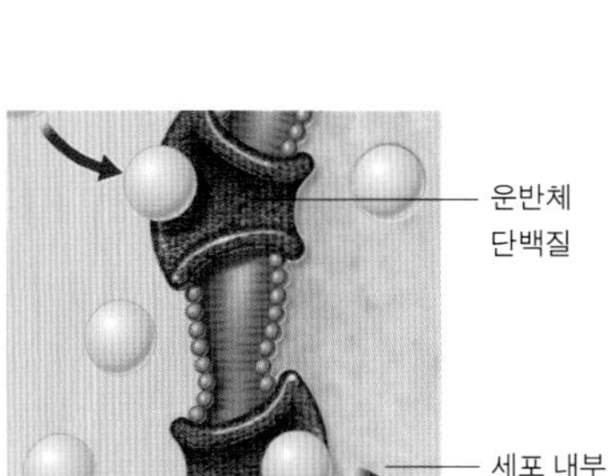
운반체 단백질
세포 내부

촉진확산(facilitated diffusion)
운반체 단백질이나 단백질 통로가 세포 밖 분자와 결합하고, 이어서 모양이 변한 후 분자를 세포 속으로 부린다.

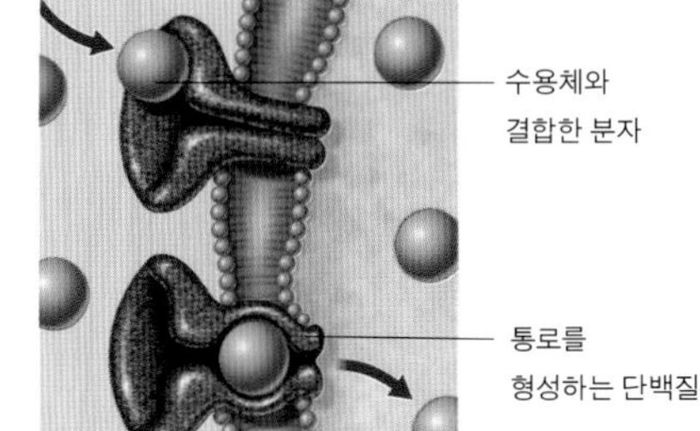
수용체와 결합한 분자
통로를 형성하는 단백질

능동운반(active transport)
분자가 세포막에 있는 수용체 부위와 결합하면 단백질이 통로로 변해서 이 분자를 통과시킨다.

새 몸세포(체세포) 만들기

어떤 세포는 끊임없이 새로운 세포로 교체되지만 어떤 세포는 그 사람과 평생을 해로하기도 한다. 그 예로 입안 속면을 덮고 있는 세포는 이틀에 한번 꼴로 교체되지만 뇌에 있는 신경세포들 대부분은 출생 전부터 자기 자리를 고수한다. 줄기세포는 끊임없이 분열하면서 혈액세포나 면역세포나 지방세포를 생산하는 특수한 세포이다. 세포분열을 완수하려면 세포의 DNA가 정확하게 복제된 후 유사분열 과정을 거쳐 두 딸세포에 균등하게 분배되어야 한다. 염색체는 복제된 후 각각 세포의 반대 방향으로 끌려간다. 이어서 세포 하나가 두 딸세포로 나뉘는데, 세포질과 소기관이 두 세포에 할당된다.

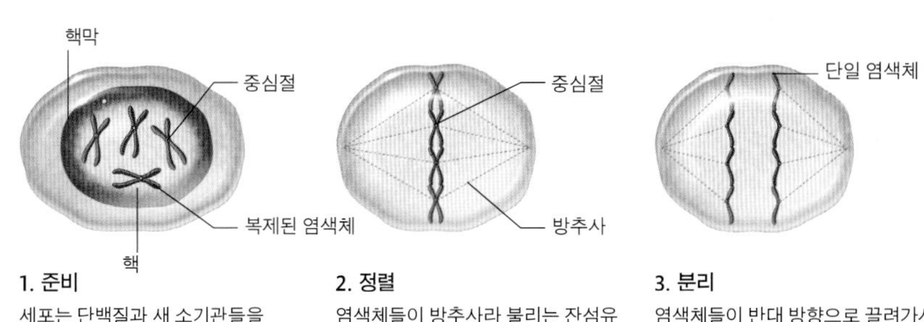
핵막
중심절
복제된 염색체
핵
중심절
방추사
단일 염색체

1. 준비
세포는 단백질과 새 소기관들을 만들고, DNA를 복제한다. DNA가 농축되어 X자처럼 생긴 염색체가 만들어진다.

2. 정렬
염색체들이 방추사라 불리는 잔섬유 얼기를 따라 정렬한다. 방추사는 세포뼈대라 불리는 더 커다란 얼기에 연결된다.

3. 분리
염색체들이 반대 방향으로 끌려가서 분할된다. 세포의 절반마다 염색체들이 한 벌씩 남게 된다.

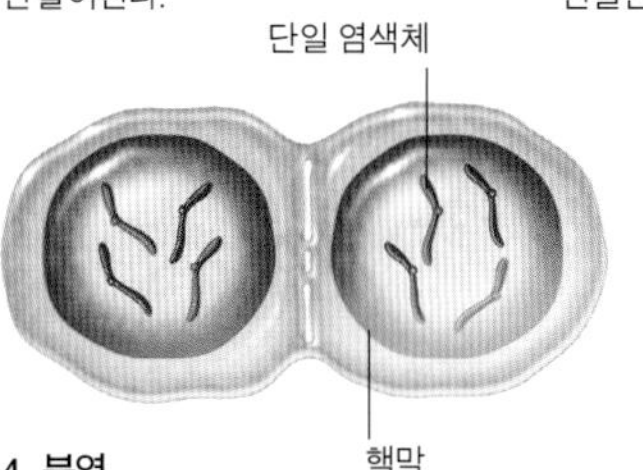
단일 염색체
핵막

4. 분열
이제 세포가 두 딸세포로 갈라지는데, 세포막과 기타 소기관들이 얼추 균등하게 분배된다.

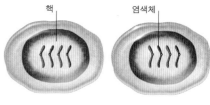

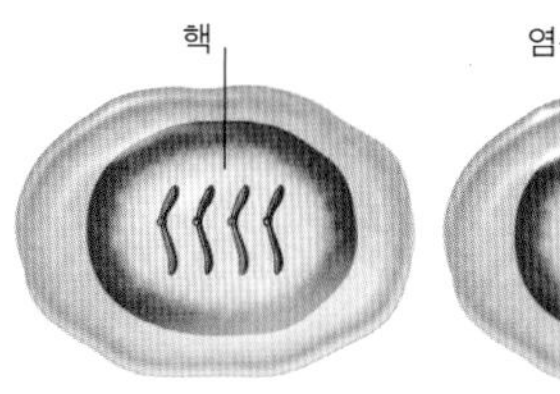
핵
염색체

5. 후손
각 딸세포마다 어미세포를 그대로 복제한 DNA가 들어 있다. 이로 인해 세포가 계속 커지다가 결국 둘로 갈라질 수 있다.

세포와 조직

세포는 인체를 건축하는 벽돌이라 할 수 있다. 온몸에 산소를 운반하는 적혈구나 난자와 수정하는 정자같이 홀로 일하는 세포도 있지만 대부분의 세포는 잘 짜여진 조직을 이룬다. 조직을 이루는 여러 세포들은 저마다 하는 일이 다르지만 서로 협력하여 그 조직에 고유한 기능을 한 가지 이상 수행하며, 그 기능은 조직마다 다르다.

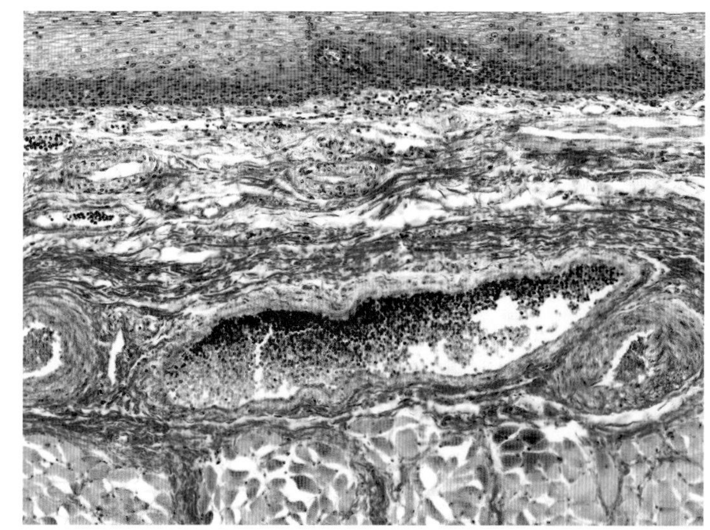

조직 통합
식도 단면의 현미경 사진으로, 상피조직(분홍색, 윗부분)과 아교섬유(콜라겐)를 포함한 결합조직(파란색)과 혈관(원형 구조)과 뼈대근육섬유(보라색, 아랫부분)들이 조합되어 있다.

세포의 종류

우리 몸에 분포하는 세포는 200종류가 넘으며, 정해진 기능을 수행하도록 특별히 분화되어 있다. 이 세포들의 유전 정보는 모두 동일하다. 그런데 각 세포의 유전자 스위치가 모두 켜져 있지는 않다. 세포의 형태와 하는 일과 역할을 결정짓는 것은 이 유전자 발현 패턴이다. 한 세포의 운명은 출생 전에 대부분 결정되는데, 인체에서 이 세포가 차지하는 위치와 그 환경에서 노출되는 화학전령물질이 세포의 운명에 영향을 미친다. 발생 초기에 줄기세포가 분화되기 시작하여 각각 특화된 세포들로 이루어진 세 층(외배엽, 중배엽, 내배엽)을 형성한다. 외배엽은 장차 피부 및 손발톱, 코나 입이나 항문의 속면을 덮고 있는 상피세포, 눈, 뇌 및 척수를 형성한다. 내배엽은 소화관과 호흡기관의 속면을 덮고 있는 세포와 간이나 이자같이 물질을 분비하는 샘기관이 된다. 중배엽은 근육, 순환계통, 콩팥을 포함한 비뇨계통으로 발생한다.

과학
줄기세포(STEM CELLS)

수정 후 며칠이 지난 배아는 공 형태로 모여 있는 '배아줄기세포'들로 이루어져 있다. 배아줄기세포는 인체를 이루는 모든 세포가 될 수 있는 잠재력이 있다. 과학자들은 이 성질을 통제하여 인체의 특정 부분을 대체하도록 시도하고 있다. 배아가 자라면서 줄기세포의 잠재력이 점점 더 제약을 받는다. 대부분의 인체 세포는 태어날 무렵 완전히 분화되어 있지만 소수의 성체줄기세포는 골수 등에 남는다. 성체줄기세포는 잠재력이 배아줄기세포만큼 만능은 아니지만 제법 다양한 세포로 분화할 수 있다. 과학자들은 성체줄기세포도 질병 치료에 이용할 수 있다고 믿고 있다.

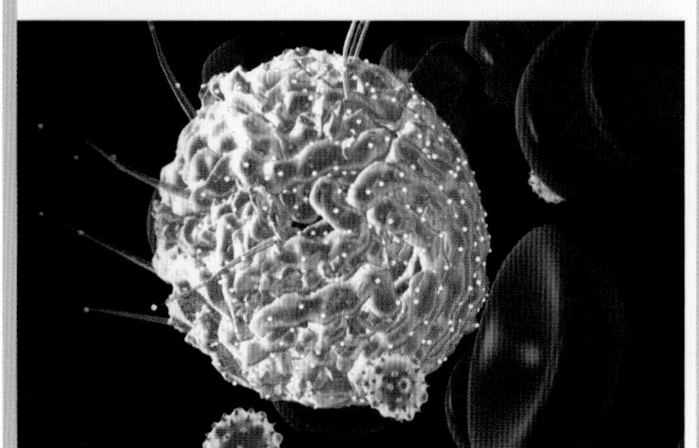

성체줄기세포(adult stem cell)
이 사진에 있는 커다란 흰 세포는 성체줄기세포로, 골수에 분포하면서 증식하여 수많은 혈액세포들을 생산하는데, 그중에는 이 사진에 함께 있는 적혈구도 포함된다.

200

이 숫자는 인체에 존재하는 **세포의 종류**를 뜻한다. 대부분의 세포는 **체계화된 집단**을 형성하여 조직을 이룬다.

적혈구
적혈구는 다른 인체 세포와 달리 핵이 없고 소기관도 거의 없다. 대신 산소 운반 단백질인 헤모글로빈(혈색소)이 가득 들어 있으며, 이 단백질로 인해 혈액이 붉은색을 띤다. 적혈구는 골수에서 만들어진 후 약 120일간 혈관 속을 순환하다가 파괴되고, 분해된 성분은 재활용된다.

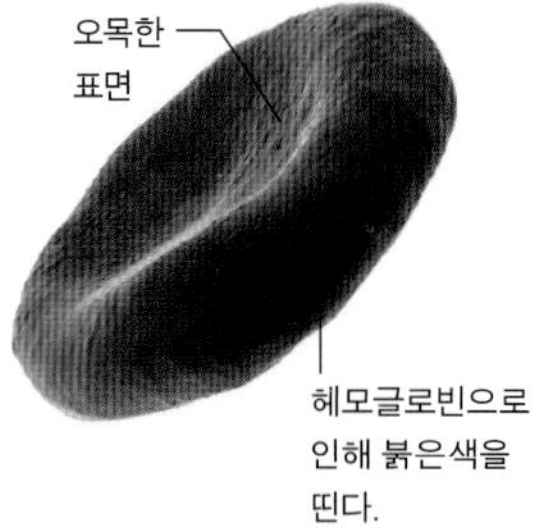
오목한 표면
헤모글로빈으로 인해 붉은색을 띤다.

상피세포
이 세포들은 인체의 공간과 표면을 덮고 있는 벽돌담 같은 방벽을 이룬다. 그 예에는 피부 세포와 허파(폐)나 생식관의 속면을 덮고 있는 세포 등이 있다. 일부 상피세포에는 '섬모'라 불리는 손가락 모양 돌기가 있어서 자궁관(난관)에서 난자를 헹가래치듯 둥둥 띄워 운반하거나 점액을 허파 밖으로 밀어내는 등의 일을 할 수 있다.

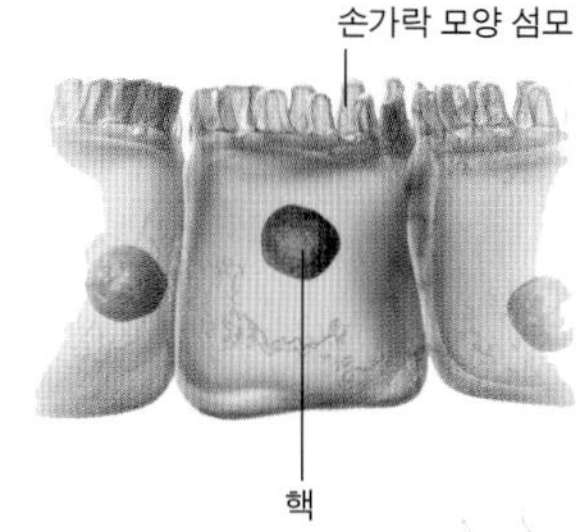
손가락 모양 섬모
핵

지방세포
이 세포는 지방을 저장하는 데 안성맞춤인 형태로 분화되었으며, 그 내부 대부분을 반액체 상태인 커다란 지방 방울이 차지하고 있다. 우리가 체중이 늘 때 지방세포가 부풀어오르면서 지방이 더 많이 저장되다가 결국은 지방세포의 수가 늘어나기 시작한다.

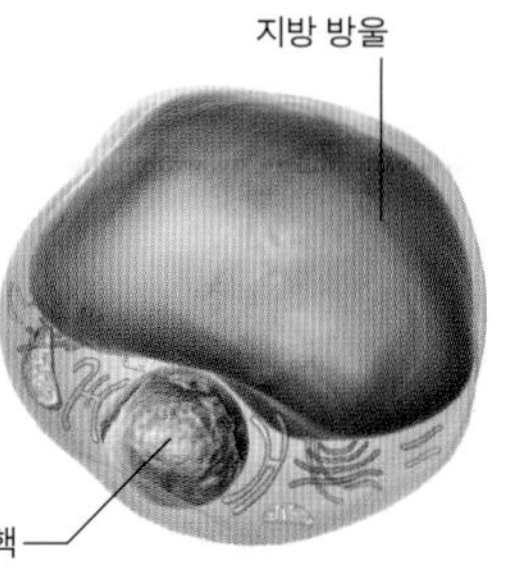
지방 방울
핵

신경세포
전기 흥분이 일어날 수 있는 이 세포는 전기 신호인 '활동전위'를 축삭이라는 길게 연장된 돌기를 따라 전달한다. 신경세포는 인체 곳곳에 분포하며, 운동을 가능하게 하고 통증 같은 감각을 느끼게 한다. 신경세포는 시냅스(연접)라는 연결을 통해 정보를 소통한다.

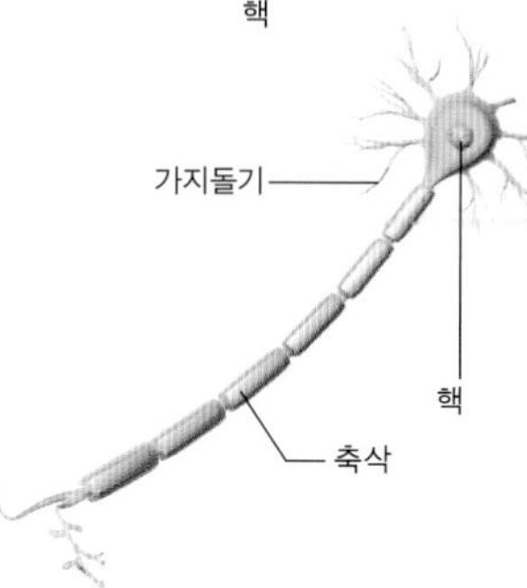
가지돌기
핵
축삭

정자
정자는 남성 생식세포로, 긴 꼬리가 있어 여성 생식관으로 헤엄쳐 들어가서 난자와 수정할 수 있다. 정자는 염색체가 23개뿐이며, 수정이 이루어지면 난자 염색체 23개와 짝을 이루기 때문에 세포당 염색체 수가 46개인 정상 배아가 만들어진다.

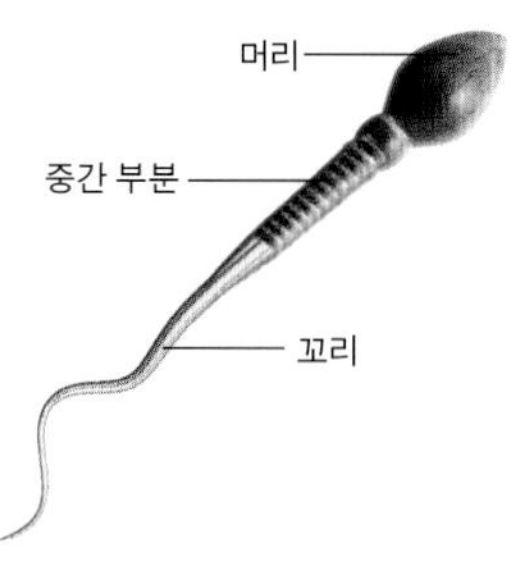
머리
중간 부분
꼬리

난자
난자는 인체에서 가장 큰 세포 중 하나이지만 맨눈에 겨우 보일 정도이다. 난자는 여성 생식세포로, 정자처럼 염색체가 23개뿐이다. 여성 난소에 있는 난자 수는 태어날 때 갖고 있던 것이 전부이며, 배란이나 퇴화 때문에 나이가 듦에 따라 점점 더 줄어든다.

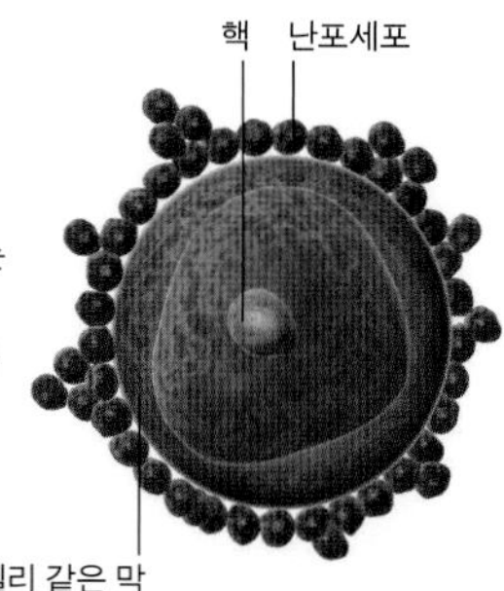
핵
난포세포
젤리 같은 막

빛수용세포
이 세포는 눈의 뒷부분에 있다. 이 세포들은 빛을 감지하는 색소를 갖고 있기 때문에 빛이 도달하면 전기 신호를 생성하여 우리가 볼 수 있다. 빛수용세포는 두 가지로 나뉘는데, 둘 중 막대세포는 흑백을 감지하며 어두울 때 잘 작동한다. 반면에 원뿔세포(아래 그림)는 빛이 밝을 때 더 잘 작동하며, 색채를 감지할 수 있다.

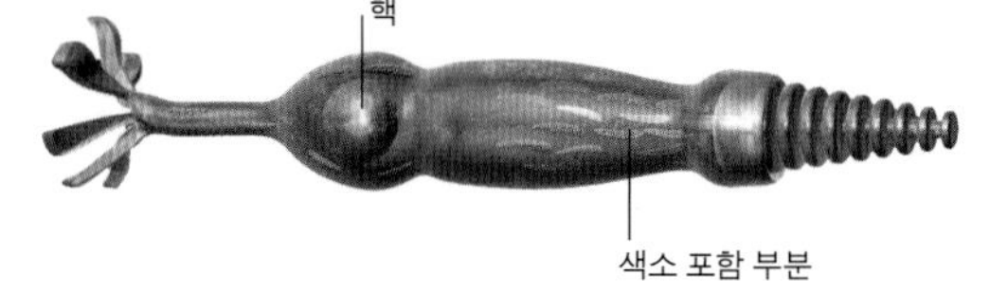
핵
색소 포함 부분

민무늬근육세포(평활근세포)
근육세포의 세 유형 중 하나인 민무늬근육세포는 방추 모양이며, 동맥이나 소화관에 존재하면서 느린 파동처럼 수축한다. 이 세포는 수축 능력이 있는 잔섬유들로 가득 차 있으며, 필요한 에너지를 공급하는 미토콘드리아가 많다.

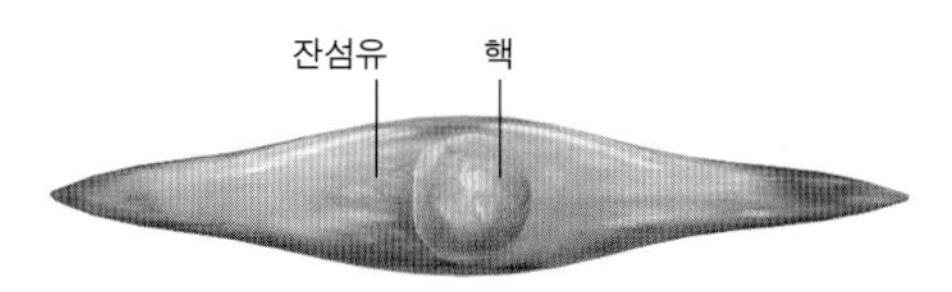
잔섬유
핵

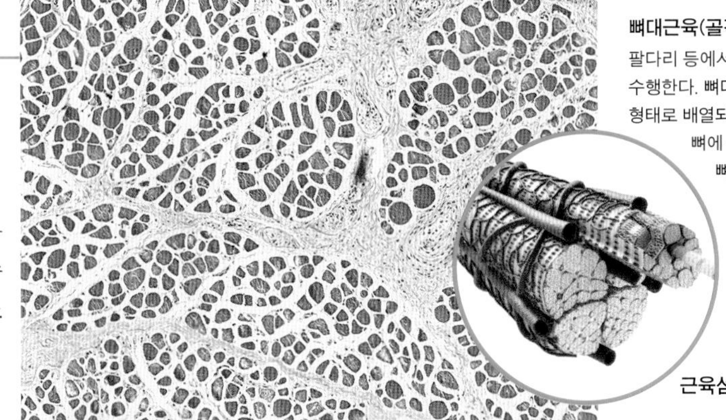

뼈대근육(골격근)
팔다리 등에서 일어나는 수의운동을 수행한다. 뼈대근육 세포는 섬유다발 형태로 배열되며 힘줄(건)을 통해 뼈에 부착한다. 뼈대근육세포 속에는 정교하게 배열된 잔섬유들이 가득 들어 있어 엇갈려 미끄러져 전체 길이가 짧아짐으로써 근육 수축을 유발한다.

근육섬유

조직의 종류

종류가 같은 세포들이 모여서 특정 기능을 수행하는 조직을 이루는 경우가 많다. 그러나 조직 속 모든 세포가 반드시 동일한 것은 아니다. 인체를 구성하는 조직은 크게 4가지, 즉 근육조직과 결합조직과 신경조직과 상피조직으로 나뉜다. 이 네 조직 집단은 각각 다양한 조직들로 구성되는데, 이들은 형태와 기능이 매우 다양하다. 예를 들어 혈액, 뼈, 연골은 모두 결합조직에 속하며, 지방, 힘줄, 인대, 장기와 상피조직을 제자리에 유지하는 섬유조직도 결합조직에 속한다. 심장이나 허파(폐) 같은 장기들은 몇 가지 서로 다른 조직들로 구성된다.

민무늬근육(평활근)
우리 의도와 무관하게 느린 파동처럼 수축할 수 있는 민무늬근육은 혈관, 위, 창자, 방광의 벽에서 납작한 판 모양 조직을 이룬다. 민무늬근육은 혈압을 유지하고 소화관을 따라 음식을 밀어낸다.

작은창자(소장)

해면뼈
뼈세포는 단단한 물질을 분비하기 때문에 뼈가 단단하고 부러지기 쉽다. 해면뼈는 뼈의 가운데부분을 이루며, 치밀뼈에 비해 무르고 약하다. 해면뼈에 있는 격자 모양 공간에는 골수나 결합조직이 들어 있다.

넙다리뼈(대퇴골)의 끝부분

연골
뻣뻣하지만 고무같이 쫀득쫀득한 결합조직인 연골은 겔 같은 바탕질 속에 파묻힌 연골세포들로 구성되는데, 이 바탕질은 연골세포가 분비한 물질이다. 연골은 뼈 사이에 있는 관절이나 귀나 코에 들어 있다. 연골은 물을 많이 포함하기 때문에 질기지만 탄력이 있다.

코 연골

성긴결합조직
이 조직도 섬유모세포를 포함하지만 치밀결합조직과 달리 이 세포가 분비하는 섬유들이 성기게 배열되어 있으며 방향도 일정하지 않기 때문에 조직이 매우 유연하다. 성긴결합조직은 장기를 제 자리에 유지하며, 쿠션으로 작용하고 지지한다.

피부밑조직

치밀결합조직
이 조직은 섬유모세포들과 이들이 분비하는 제1형 아교질(콜라겐)이라는 섬유단백질로 구성된다. 이 섬유들은 규칙적으로 일정하게 배열되기 때문에 조직이 매우 강인해진다.
치밀결합조직은 피부 중 아래층인 진피를 이루며, 인대나 힘줄 같은 구조도 형성한다.

무릎 인대

지방조직
이 결합조직은 지방세포들과 섬유모세포, 면역세포, 혈관으로 구성된다. 주된 기능은 에너지를 저장하고, 인체에 가해지는 충격을 흡수하며 인체를 보호하고 단열하는 것이다.

피부밑지방(피하지방)

상피조직
이 조직은 인체의 겉면과 속면을 덮고 있다. 일부 상피세포는 소화효소 같은 물질을 분비할 수 있고, 다른 상피세포는 영양소나 물 같은 물질을 흡수할 수 있다.

위벽

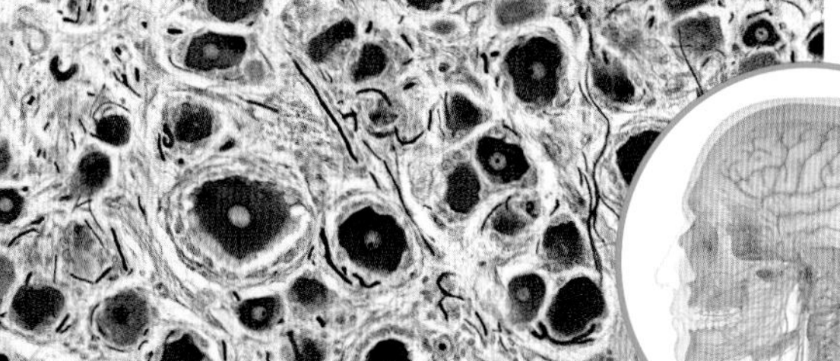

신경조직
신경조직은 운동을 조절하고 감각을 전달하며 여러 신체 기능을 통제하는 뇌와 척수와 신경을 형성한다. 이 조직은 주성분이 신경세포들의 연결망이다.(22쪽)

척수신경절

인체의 구성 성분

인체를 구성하는 75조 개 세포들이 저마다 흩어져서 무질서하게 존재한다면 인체는 형체 없는 덩어리에 불과할 것이다. 그러나 이 세포들은 정교한 질서 체계를 유지하고 있으며, 계층화된 다단계 구조 속에 자리잡고 있는데, 이 체계화된 구조가 바로 활발히 활동하는 인간이다.

구성 단계(수준)

인체의 전반적 구성 체계는 아래 그림과 같이 여러 단계로 이루어진 수직 계층 형태로 조감할 수 있다. 가장 낮은 단계는 기본 화학 성분이다. 상위로 올라갈수록(세포·조직·기관·계통) 구성원 수는 점점 줄고, 정점에 이르면 한 생명체로 귀결된다.

인체를 구성하는 20여 가지 화학 원소 중 단 네 원소(산소, 탄소, 수소, 질소)가 인체 질량의 약 96퍼센트를 차지한다. 각 원소는 원자로 구성되며 원자는 물질이라는 건물을 구성하는 벽돌과 같은 것으로, 인체를 구성하는 원자의 수는 조와 경을 넘어 해 단위에 이른다. 여러 가지 원소의 원자들이 다른 원소의 원자와 결합하여 물 같은 분자(수소와 산소 원자)나 단백질과 DNA 같은 여러 가지 유기분자를 형성한다. 이 유기분자들은 서로 연결된 탄소 원자 '뼈대'를 중심으로 조립되어 있다.

세포는 모든 생명체의 가장 작은 단위다. 세포는 화학물질로부터 탄생하는데, 화학물질은 세포의 외부 방벽과 내부 구조를 만들며, 대사 반응을 일으켜 세포가 생명을 유지하게 한다. 인체를 이루는 세포는 200종류가 넘으며, 각각 정해진 기능을 수행하도록 특화되어 있지만 홀로 살아가지는 않는다.(22쪽) 기능이 같은 세포들은 모여서 무리를 짓고 협력하며 살아가는데, 이 무리를 조직이라 한다. 인체를 구성하는 네 가지 기본 조직은 표면과 속면을 덮고 있는 상피조직, 인체 구조를 지지하고 보호하는 결합조직, 운동을 일으키는 근육조직, 빠른 정보 교환을 촉진하는 신경조직이다.(23쪽)

간이나 뇌나 심장 같은 기관(장기)은 독립된 구조를 형성하며, 두 가지 이상의 조직으로 구성되어 있다. 각 기관마다 한 가지 이상씩 정해진 역할을 수행하며, 이 역할을 다른 기관이 대신할 수 없다. 여러 기관들이 공통 목적을 수행할 때 이 기관들을 꿰어 한 계통으로 정의할 수 있는데, 그 예로는 심장혈관계통이 있다. 이상의 과정은 아래 그림에 정리되어 있다. 서로 영향을 미치는 떼려야 뗄 수 없는 관계이자 통합된 존재인 인체 계통들은 협동하여 한 인간을 완성한다.(26~27쪽)

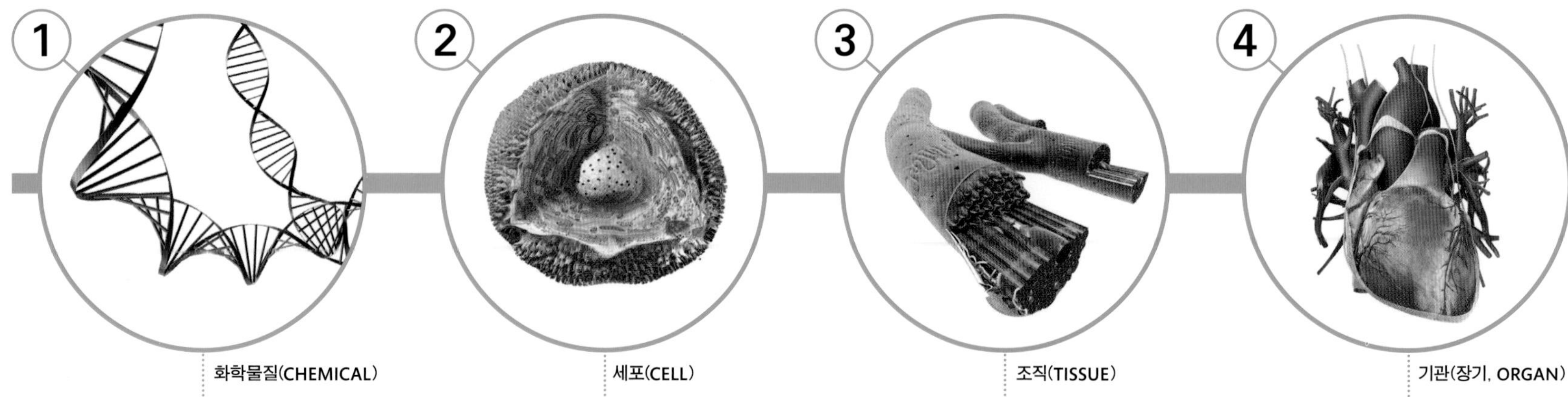
1
2
3
4

화학물질(CHEMICAL) / 세포(CELL) / 조직(TISSUE) / 기관(장기, ORGAN)

화학물질

세포 속 화학물질 중 가장 중요한 것이 DNA다.(16~17쪽) DNA는 긴 분자로, 꽈배기처럼 꼬인 사다리를 닮았다. 사다리의 '가로대'는 단백질 합성 정보를 제공하는 염기들이나. 단백실은 세포 구조 수립에서부터 화학 반응 조절에 이르기까지 여러 임무를 수행한다.

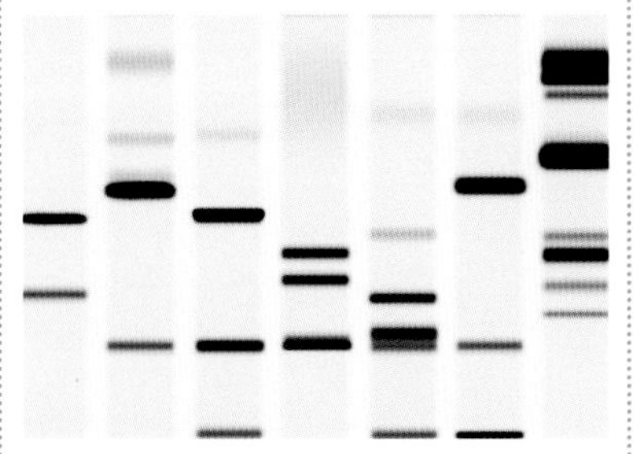

DNA 염기 서열 결정
DNA를 실험실에서 추출하여 염기를 분리할 수 있다. 이렇게 염기 서열을 분석하면 이 분자 속에 숨겨진 암호 지시문을 '해독할' 수 있다.

세포

세포는 기능에 따라 크기와 모양이 다양할 수 있지만(22쪽) 모든 세포가 갖고 있는 공통 분모가 있다. 즉 바깥 경계를 이루는 세포막과 세포질에 떠 있는 소기관과 DNA를 포함한 핵이 있다.(20~21쪽) 세포는 인체의 가장 기본이 되는 생명 성분이다.

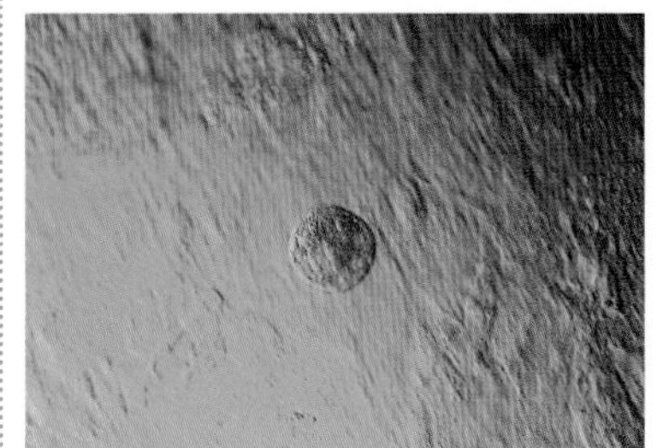

줄기세포
아직 특화되지 않은 이 세포는 근육이나 뇌나 혈액세포 같은 종류가 광범위한 특수 조직 세포로 분화할 수 있는 차별화된 능력을 갖고 있다.

심장조직

심장근육은 심장벽에만 있다. 심장근육조직을 구성하는 세포들은 함께 수축하여 심장이 혈액을 짜내는 펌프로 작용하게 하며, 동시에 신호를 전달하는 연결망으로 활용되어 심장의 펌프 기능을 정교하게 조정한다.

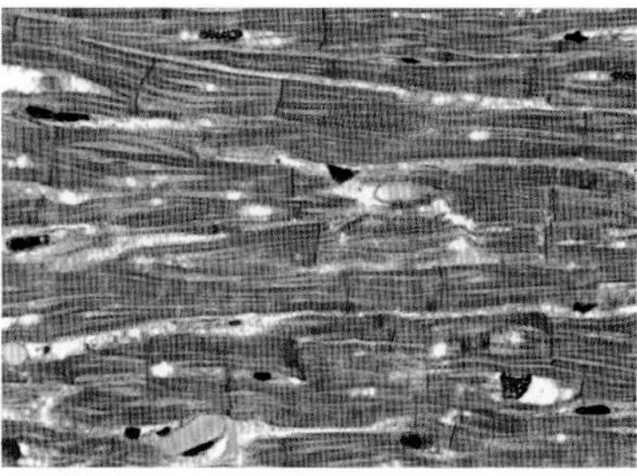

근육섬유
심장근육세포는 긴 원통 구조이기 때문에 심장근육섬유라고도 하며, 가지로 갈라져서 다른 심장근육세포와 연결을 이룬다. 그 결과 서로 연결된 흥분 전달 네트워크가 형성된다.

심장

심장은 다른 기관과 마찬가지로 심장근육조직을 포함한 여러 가지 조직들로 구성된다. 나머지 조직 중에는 심장을 보호하고 다른 조직들을 연결하는 결합조직과 심실 및 심방의 속면과 판막을 덮고 있는 상피조직 등이 있다.

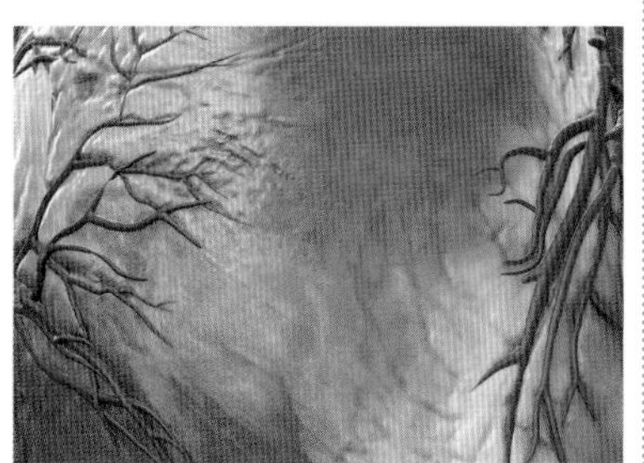

복잡한 구조
심장은 구조가 복잡하다. 그 내부는 네 방으로 구분되는데, 심장의 근육벽이 펌프처럼 혈액을 밀어내기 때문에 혈액이 네 방을 통과할 수 있다. 심장은 광대한 정맥망과 동맥망에 연결된다.

75조

평균적인 인체를 구성하는 전체 세포의 수

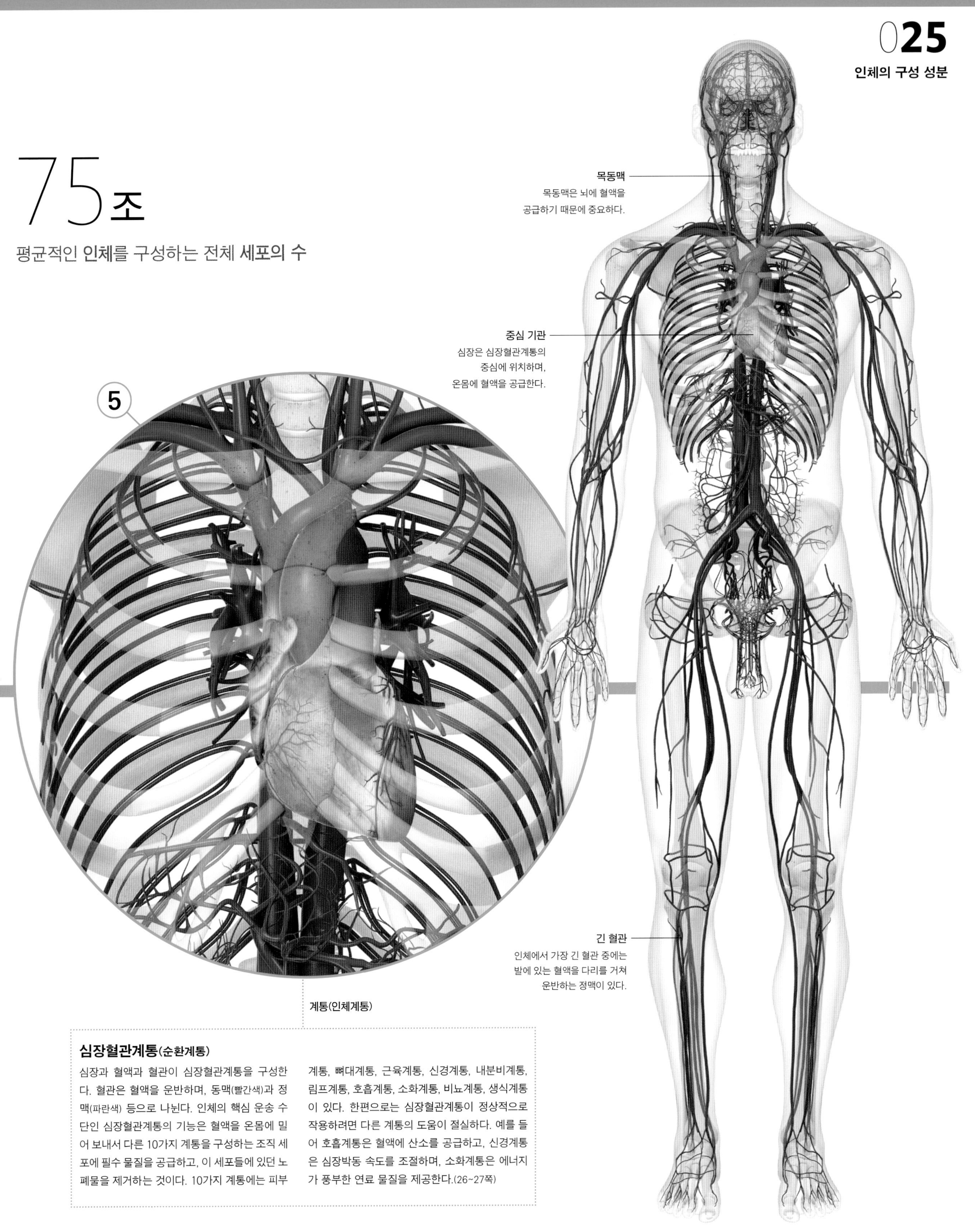
5
목동맥
목동맥은 뇌에 혈액을
공급하기 때문에 중요하다.
중심 기관
심장은 심장혈관계통의
중심에 위치하며,
온몸에 혈액을 공급한다.
긴 혈관
인체에서 가장 긴 혈관 중에는
발에 있는 혈액을 다리를 거쳐
운반하는 정맥이 있다.
계통(인체계통)

심장혈관계통(순환계통)

심장과 혈액과 혈관이 심장혈관계통을 구성한다. 혈관은 혈액을 운반하며, 동맥(빨간색)과 정맥(파란색) 등으로 나뉜다. 인체의 핵심 운송 수단인 심장혈관계통의 기능은 혈액을 온몸에 밀어 보내서 다른 10가지 계통을 구성하는 조직 세포에 필수 물질을 공급하고, 이 세포들에 있던 노폐물을 제거하는 것이다. 10가지 계통에는 피부계통, 뼈대계통, 근육계통, 신경계통, 내분비계통, 림프계통, 호흡계통, 소화계통, 비뇨계통, 생식계통이 있다. 한편으로는 심장혈관계통이 정상적으로 작용하려면 다른 계통의 도움이 절실하다. 예를 들어 호흡계통은 혈액에 산소를 공급하고, 신경계통은 심장박동 속도를 조절하며, 소화계통은 에너지가 풍부한 연료 물질을 제공한다.(26~27쪽)

인체 계통

인체는 여러 가지 많은 일을 할 수 있다. 인체는 음식을 소화할 수 있고, 생각할 수 있으며, 움직일 수 있고, 새로운 생명을 잉태해서 탄생시킬 수 있다. 이 과제들은 각각 서로 다른 한 가지 인체 계통이 수행한다. 계통은 함께 작용하여 그 과제를 완수하는 기관과 조직 집단을 뜻한다. 그러나 우리가 건강을 유지하고 인체가 효율적으로 작용하려면 서로 다른 인체 계통들이 조화를 이루면서 협동해야 한다.

여러 계통들의 상호 작용

자기 몸이 지금 하고 있는 일을 생각해 보자. 숨을 쉬고, 심장이 뛰며, 혈압을 유지하고 있다. 또한 의식이 있는 각성 상태이다. 막 달리기 시작했다면 화학수용기라는 특수 세포들이 체내 대사 상태 변화를 감지한 후 뇌에 신호를 보내서 아드레날린을 분비하게 할 것이다. 아드레날린은 심장에 작용하여 더 빠르게 뛰게 하고, 혈액 순환을 촉진하며, 근육에 더 많은 산소를 공급하게 만든다. 잠시 후 시상하부 세포가 체온 상승을 감지하고 피부에 신호를 보내서 땀을 흘리게 하는데, 땀이 증발하면 체온이 낮아진다.

각각의 인체 계통은 광범위한 양성 되먹임과 음성 되먹임 회로를 통해 서로 연결되어 있다. 되먹임 회로는 호르몬 같은 신호 분자와 신경에서 시작한 전기 자극을 이용하여 정보를 교환하고 평형 상태를 유지한다. 이제 각 계통의 기본 성분과 기능에 대해 간단히 설명하고, 계통들 사이에서 일어나는 상호 작용의 예를 확인해 보겠다.

림프계통

림프계통은 림프관과 림프절로 구성된 연결망으로, 모세혈관에서 빠져나온 조직액을 모아서 정맥으로 되돌려 보낸다. 그 주된 기능은 심장혈관계통 내의 체액 평형을 유지하고 면역계통에서 나온 면역세포들을 온몸에 분배하는 것이다. 근육계통에 속한 뼈대근육이 수축하고 이완하면서 림프 순환을 돕는다.

내분비계통

내분비계통은 신경계통처럼 다른 인체 계통들과 정보를 교환함으로써 인체를 세밀하게 감시하고 조절한다. 내분비계통은 호르몬이라 불리는 화학 전령물질을 이용하는데, 호르몬은 대개 내분비샘이 혈액 속으로 분비한다.

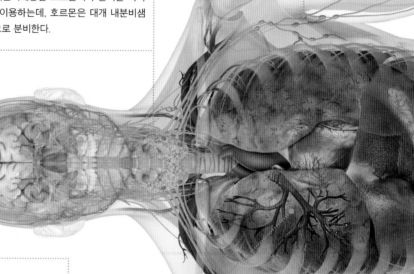

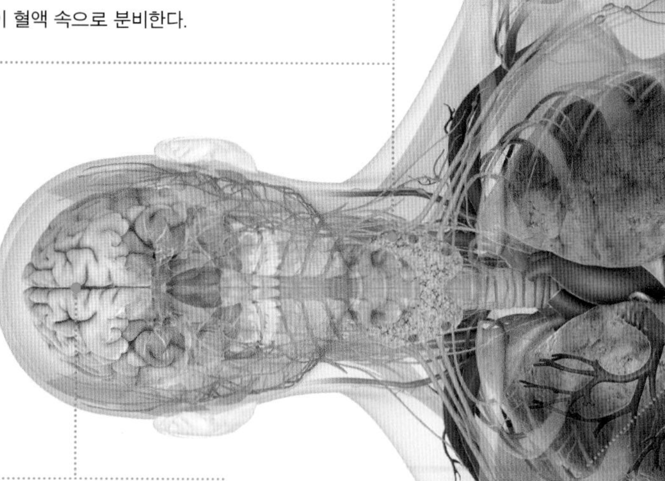

심장 조절

교감신경계통과 부교감신경계통은 함께 작용하여 심장과 심장박출량을 조절한다.(353쪽) 교감신경은 심장박동수와 심장근육의 수축력을 증가시키는 화학물질을 분비한다. 부교감신경인 미주신경은 심장박동을 느리게 하고 심장박출량을 감소시키는 화학물질을 분비한다.

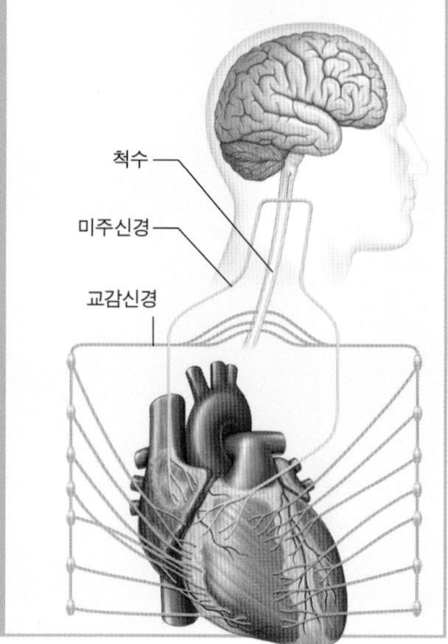
척수
미주신경
교감신경

신경계통

뇌와 척수와 신경은 협동하여 인체의 내부 및 외부 환경의 정보를 모으고, 처리하며, 널리 퍼뜨린다. 신경계통은 신경세포 연결망을 통해 정보를 교환하는데, 이 신경망은 다른 모든 인체 계통에 연결되어 있다. 뇌는 모든 인체 계통을 조절하고 감시함으로써 이들이 정상적으로 작용하도록 돕는다.

호흡계통

어느 인체 계통을 막론하고 세포가 작용하려면 산소를 공급받고 노폐물인 이산화탄소를 제거해야 한다. 이는 호흡계통 덕분에 일어날 수 있는데, 호흡계통은 허파(폐)로 공기를 유입하고, 허파에서는 공기에 있는 산소와 혈액에 있는 이산화탄소가 저절로 교환된다. 심장혈관계통은 세포와 허파 사이에서 산소와 이산화탄소를 운반한다.

들숨과 날숨

호흡을 일으키는 힘은 호흡계통과 근육계통 사이의 상호 작용에 따라 결정된다. 갈비사이근과 가로막은 다른 세 부속 근육과 함께 수축하여 가슴안(흉강)의 용적을 증가시킨다.(342~343쪽) 그 결과 공기가 허파 속으로 빨려 들어간다. 강제 날숨에는 다른 근육들이 작용한다. 그 결과 가슴안 용적이 급격히 감소하여 공기가 허파 밖으로 빠져나간다.

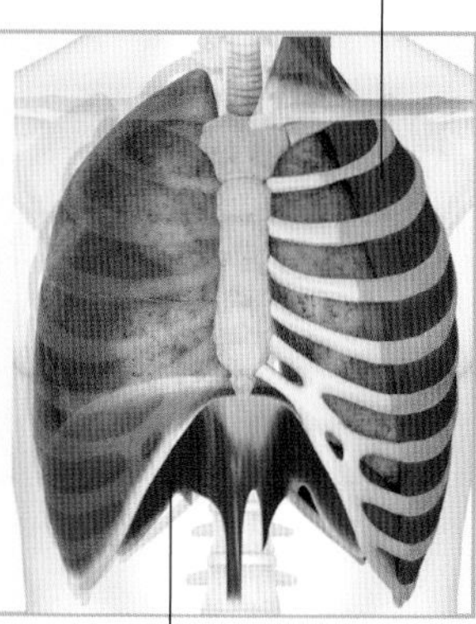
부속 근육과 갈비사이근
가로막(횡격막)

소화계통

모든 세포는 산소 외에 에너지가 있어야 활동할 수 있다. 소화계통은 음식을 가공하고 분해하여 여러 가지 영양소들이 창자에서부터 심장혈관계통으로 흡수되게 한다. 흡수된 영양소는 모든 인체 계통 세포들에 전달되어 에너지를 만드는 데 쓰인다.

근육계통

근육계통은 세 가지 근육, 즉 뼈대근육과 민무늬근육과 심장근육으로 구성된다. 근육계통은 운동을 일으키는데, 팔다리나 다른 인체 계통의 운동이 모두 포함된다. 예를 들어 민무늬근육은 소화계통을 도와서 음식을 식도로 내려 보낸 후 위, 창자, 곧창자를 지나도록 밀어낸다. 호흡계통도 가로막 근육이 수축하여 허파를 공기로 채우지 못한다면 속수무책일 것이다.(26쪽)

혈액 순환

팔다리 말단 정맥에 있는 산소가 고갈된 혈액이 심장으로 돌아가려면 뼈대근육이 작용해야 한다.(355쪽) 그림에서 알 수 있듯이 종아리 근육이 수축하면 근처 정맥이 눌려서 혈액을 밀어 올린다. 이 근육이 이완되어도 혈액이 아래로 뚝 떨어지지 않는데, 정맥에는 혈액을 한 방향으로만 흐르게 하는 판막이 있기 때문이다. 그 결과 정맥은 혈액이 밑에서부터 차오르게 된다. 림프계통에도 동일한 원리가 적용된다. 근육이 수축하면 림프가 림프관을 통해 운반되는 데 도움이 된다.(358쪽 참조)

혈액을 밀어 올린다.

근육이 수축한다.

뼈대계통(골격계통)

뼈대계통은 뼈와 연골과 인대를 이용하여 인체 구조를 지지하고 보호한다. 뼈대계통은 머리뼈와 척추뼈로 신경계통 조직 대부분을 둘러싸서 보호하며, 호흡계통과 심장혈관계통의 장기들을 가슴우리 속에 에워싼다. 뼈대계통은 또한 적혈구와 백혈구를 생산함으로써 심장혈관계통과 면역계통을 돕는다.

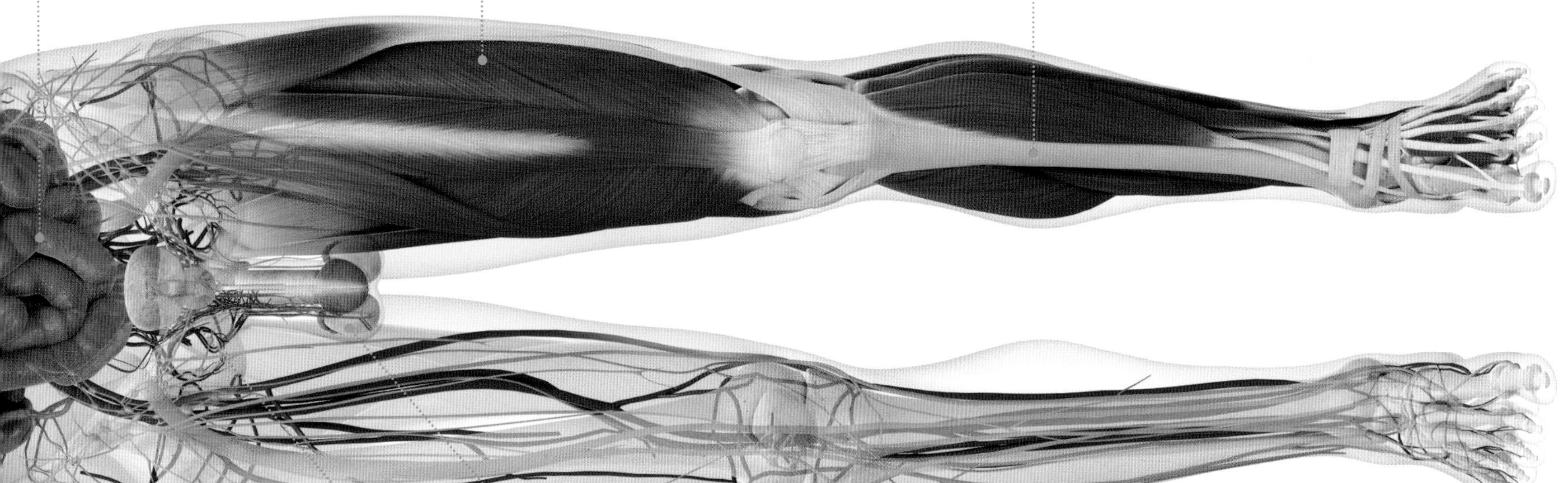

생식계통

생식계통은 그 사람이 생존하는 데 꼭 필요하지는 않지만 '번식'하려면 꼭 필요하다. 남성의 고환과 여성의 난소는 정자와 난자라는 접합자를 생산하는데, 정자와 난자는 합쳐져서 배아가 된다. 고환과 난소는 각각 테스토스테론과 에스트로겐을 포함한 호르몬도 생산하기 때문에 내분비계통에도 속하는 양다리 기관이다.

소변 생성

콩팥은 비뇨계통과 심장혈관계통이 서로 작용하는 곳이다.(381쪽) 소변은 콩팥의 기능 단위인 콩팥단위가 혈액을 여과해서 만든다. 콩팥단위로 들어간 혈액은 모세혈관 뭉치인 토리를 통과하면서 구멍이 숭숭 뚫린 체 같은 막을 통해 여과된다. 걸러진 여과액은 쭉 이어진 구불구불하고 가는 관을 통과하다가 포도당, 염, 물 중 일부가 혈액으로 재흡수된다. 재흡수되고 남은 요소와 노폐물 등이 소변으로 배설된다.

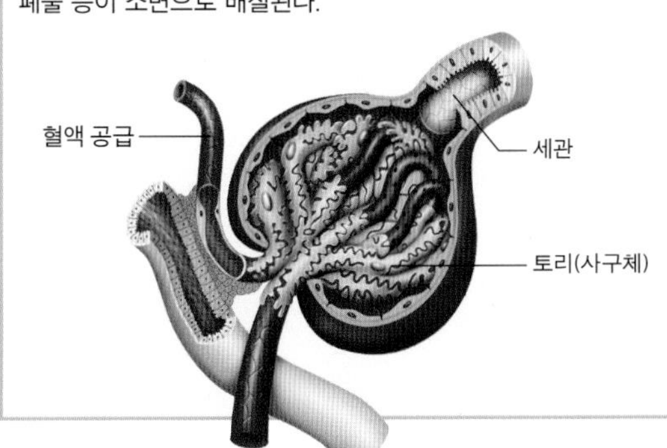
혈액 공급
세관
토리(사구체)

심장혈관계통(순환계통)

심장혈관계통은 혈액을 이용하여 호흡계통으로부터 받은 산소와 소화계통으로부터 받은 영양소를 모든 인체 계통의 세포에 전달한다. 또한 이 세포로부터 노폐물을 받아서 제거한다. 심장혈관계통의 중심에는 근육이 발달한 심장이 있는데, 심장은 혈액을 혈관으로 뿜어낸다.

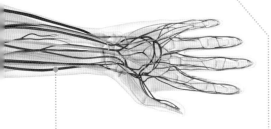

비뇨계통

비뇨계통은 다른 인체계통에서 만들어진 노폐물 중 대부분을 여과하고 제거한다. 비뇨계통은 이 기능을 콩팥이 혈액을 여과하고 소변을 생산함으로써 완수하는데, 생산된 소변은 방광에 저장된 후 요도를 통해 배설된다.(오른쪽 참조) 콩팥은 물을 필요한 만큼만 혈액으로 재흡수함으로써 심장혈관계통이 혈압을 유지하는 데 도움을 준다.

해부학

인체는 수많은 복잡한 부품이 모여 작동하는 '살아 숨쉬는 기계 장치'라 할 수 있다. 우리 몸의 기능을 이해하려면 먼저 부품들이 어떻게 조립되어 있는지를 알아야 한다. 이제 인류는 과학 기술의 발전 덕분에 인체의 거죽을 벗겨내고 경이로운 내부를 들여다볼 수 있게 되었다.

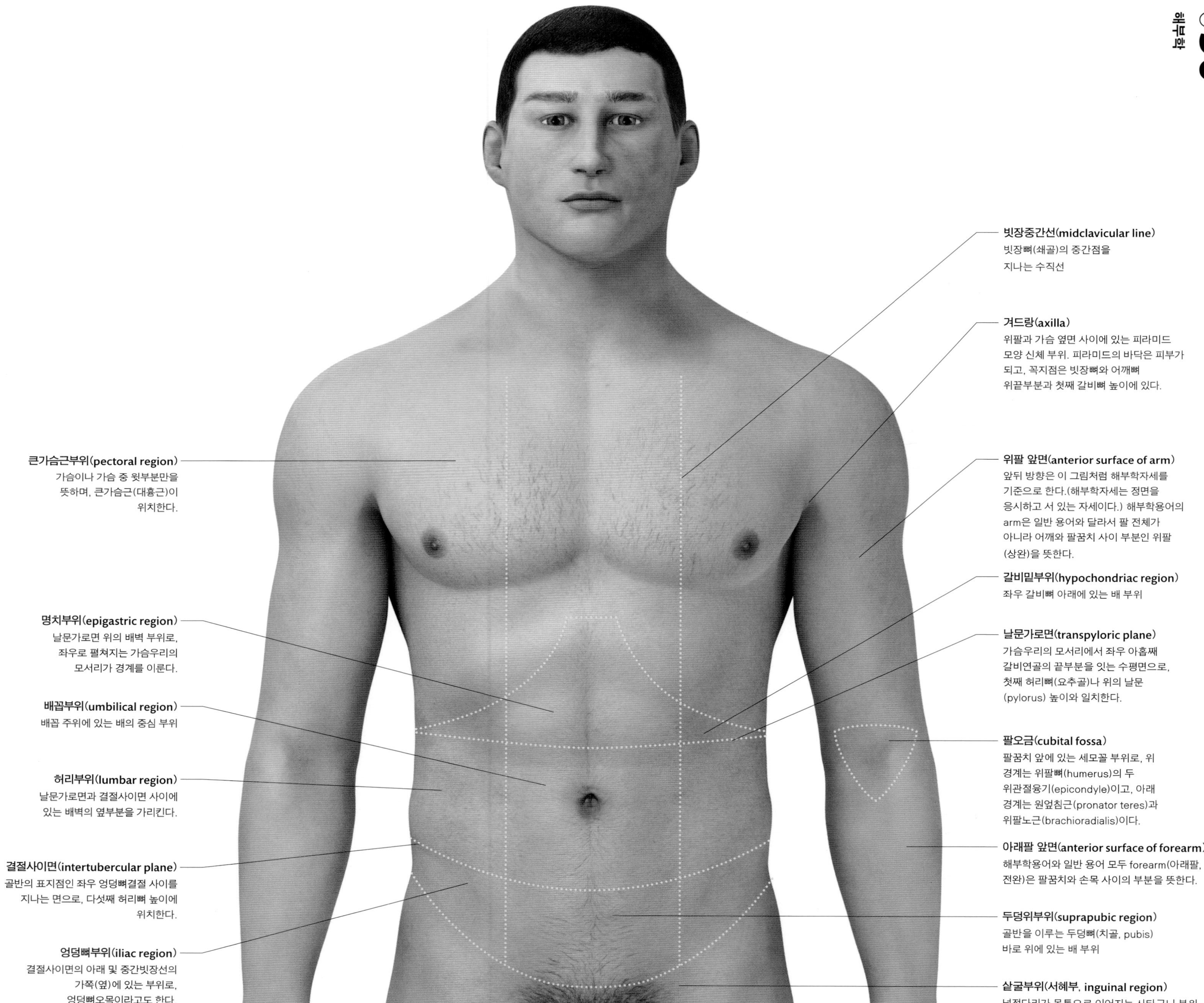
큰가슴근부위(pectoral region)
가슴이나 가슴 중 윗부분만을 뜻하며, 큰가슴근(대흉근)이 위치한다.
명치부위(epigastric region)
날문가로면 위의 배벽 부위로, 좌우로 펼쳐지는 가슴우리의 모서리가 경계를 이룬다.
배꼽부위(umbilical region)
배꼽 주위에 있는 배의 중심 부위
허리부위(lumbar region)
날문가로면과 결절사이면 사이에 있는 배벽의 옆부분을 가리킨다.
결절사이면(intertubercular plane)
골반의 표지점인 좌우 엉덩뼈결절 사이를 지나는 면으로, 다섯째 허리뼈 높이에 위치한다.
엉덩뼈부위(iliac region)
결절사이면의 아래 및 중간빗장선의 가쪽(옆)에 있는 부위로, 엉덩뼈오목이라고도 한다.
빗장중간선(midclavicular line)
빗장뼈(쇄골)의 중간점을 지나는 수직선
겨드랑(axilla)
위팔과 가슴 옆면 사이에 있는 피라미드 모양 신체 부위. 피라미드의 바닥은 피부가 되고, 꼭지점은 빗장뼈와 어깨뼈 위끝부분과 첫째 갈비뼈 높이에 있다.
위팔 앞면(anterior surface of arm)
앞뒤 방향은 이 그림처럼 해부학자세를 기준으로 한다.(해부학자세는 정면을 응시하고 서 있는 자세이다.) 해부학용어의 arm은 일반 용어와 달라서 팔 전체가 아니라 어깨와 팔꿈치 사이 부분인 위팔(상완)을 뜻한다.
갈비밑부위(hypochondriac region)
좌우 갈비뼈 아래에 있는 배 부위
날문가로면(transpyloric plane)
가슴우리의 모서리에서 좌우 아홉째 갈비연골의 끝부분을 잇는 수평면으로, 첫째 허리뼈(요추골)나 위의 날문(pylorus) 높이와 일치한다.
팔오금(cubital fossa)
팔꿈치 앞에 있는 세모꼴 부위로, 위 경계는 위팔뼈(humerus)의 두 위관절융기(epicondyle)이고, 아래 경계는 원엎침근(pronator teres)과 위팔노근(brachioradialis)이다.
아래팔 앞면(anterior surface of forearm)
해부학용어와 일반 용어 모두 forearm(아래팔, 전완)은 팔꿈치와 손목 사이의 부분을 뜻한다.
두덩위부위(suprapubic region)
골반을 이루는 두덩뼈(치골, pubis) 바로 위에 있는 배 부위
샅굴부위(서혜부, inguinal region)
넓적다리가 몸통으로 이어지는 사타구니 부위

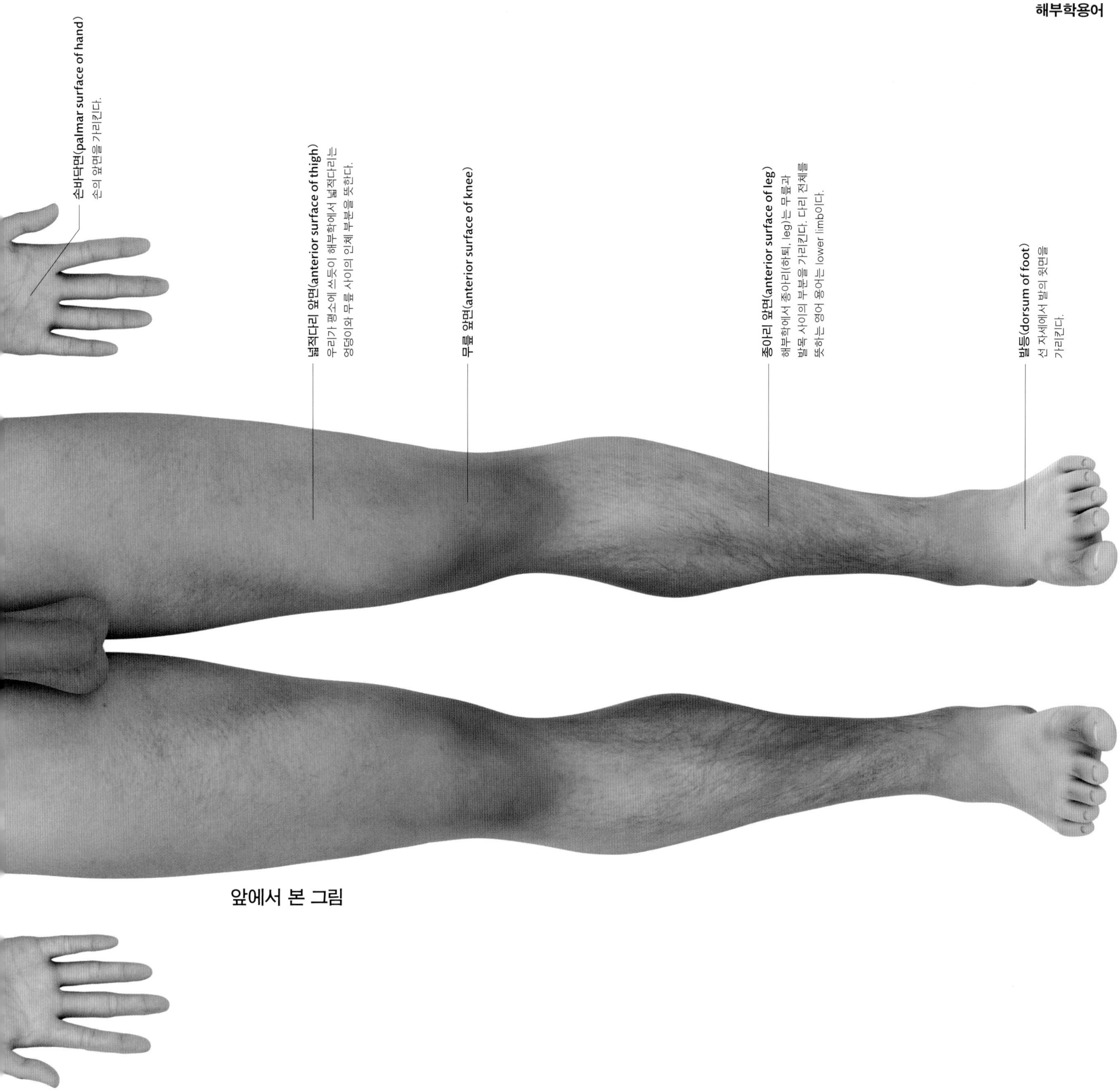

손바닥면(palmar surface of hand)
손의 앞면을 가리킨다.

넙적다리 앞면(anterior surface of thigh)
우리가 평소에 쓰듯이 해부학에서 넓적다리는 엉덩이와 무릎 사이의 인체 부분을 뜻한다.

무릎 앞면(anterior surface of knee)

종아리 앞면(anterior surface of leg)
해부학에서 종아리(하퇴, leg)는 무릎과 발목 사이의 부분을 가리킨다. 다리 전체를 뜻하는 영어 용어는 lower limb이다.

발등(dorsum of foot)
선 자세에서 발의 윗면을 가리킨다.

앞에서 본 그림

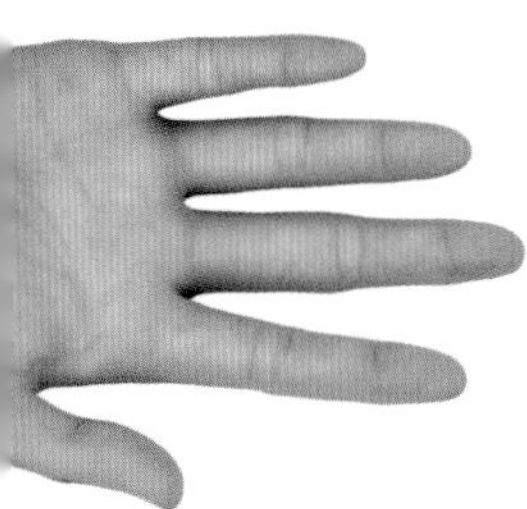

해부학용어

해부학용어를 이용하면 인체 구조를 명확하면서도 자세히 기술할 수 있다. 인체의 부위나 부분은 물론 인체를 정밀하게 표시하는 데 사용되는 면과 선의 의미를 알면 여러모로 편리한데, 구어보다는 정확하고 정밀한 용어가 훨씬 더 좋다. 의사가 환자의 통증 위치를 설명할 때 '왼쪽 배 어딘가에'라고 표현하는 것보다는 '왼쪽 허리부위'라고 보다 정확하게 표현하면 다른 의료인이 그 뜻을 정확히 알게 될 것이다.

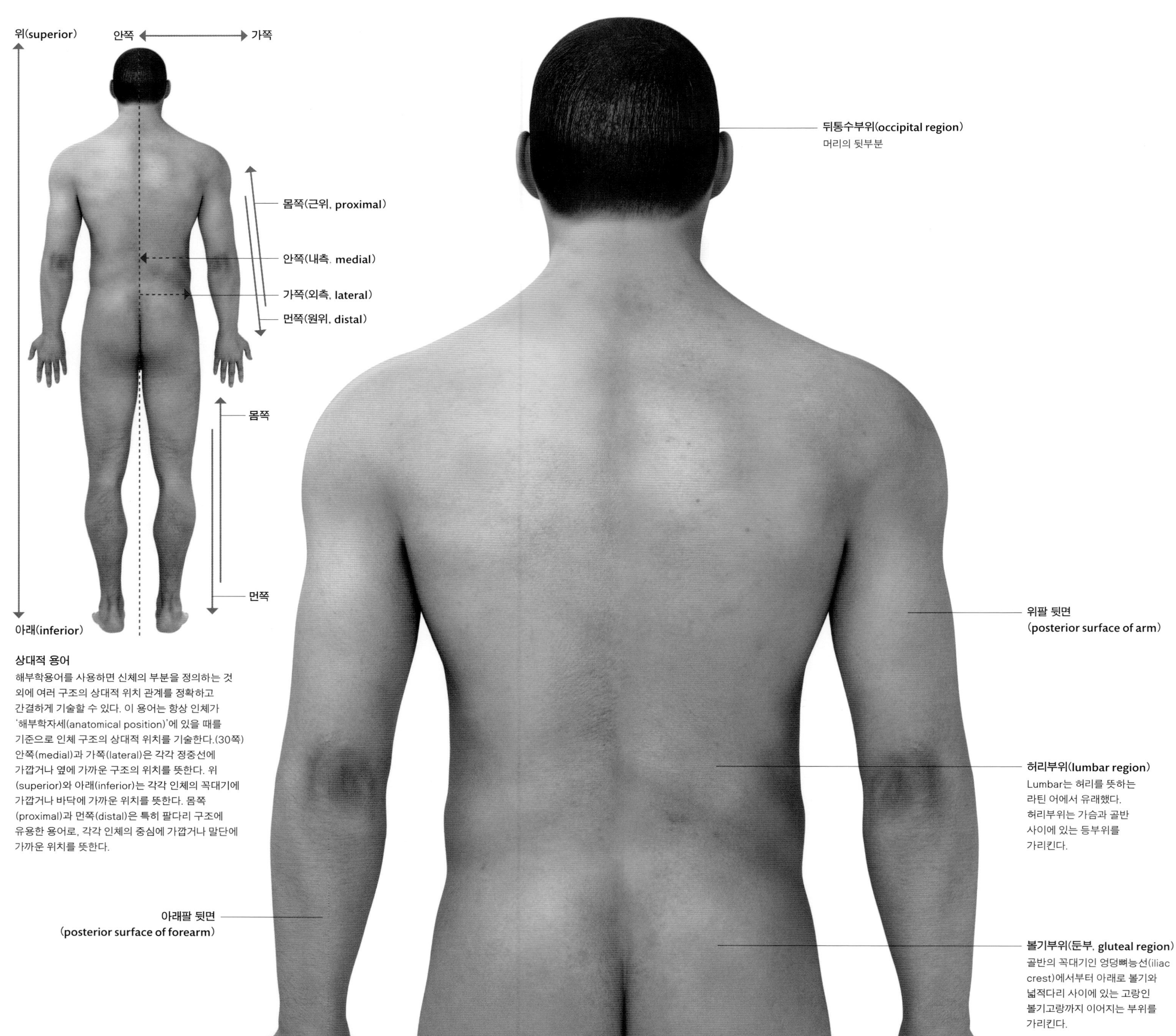
위(superior)
안쪽
가쪽
몸쪽(근위, proximal)
안쪽(내측, medial)
가쪽(외측, lateral)
먼쪽(원위, distal)
몸쪽
먼쪽
아래(inferior)
뒤통수부위(occipital region)
머리의 뒷부분
위팔 뒷면
(posterior surface of arm)
허리부위(lumbar region)
Lumbar는 허리를 뜻하는
라틴 어에서 유래했다.
허리부위는 가슴과 골반
사이에 있는 등부위를
가리킨다.
볼기부위(둔부, gluteal region)
골반의 꼭대기인 엉덩뼈능선(iliac
crest)에서부터 아래로 볼기와
넓적다리 사이에 있는 고랑인
볼기고랑까지 이어지는 부위를
가리킨다.
아래팔 뒷면
(posterior surface of forearm)

상대적 용어

해부학용어를 사용하면 신체의 부분을 정의하는 것 외에 여러 구조의 상대적 위치 관계를 정확하고 간결하게 기술할 수 있다. 이 용어는 항상 인체가 '해부학자세(anatomical position)'에 있을 때를 기준으로 인체 구조의 상대적 위치를 기술한다.(30쪽) 안쪽(medial)과 가쪽(lateral)은 각각 정중선에 가깝거나 옆에 가까운 구조의 위치를 뜻한다. 위(superior)와 아래(inferior)는 각각 인체의 꼭대기에 가깝거나 바닥에 가까운 위치를 뜻한다. 몸쪽(proximal)과 먼쪽(distal)은 특히 팔다리 구조에 유용한 용어로, 각각 인체의 중심에 가깝거나 말단에 가까운 위치를 뜻한다.

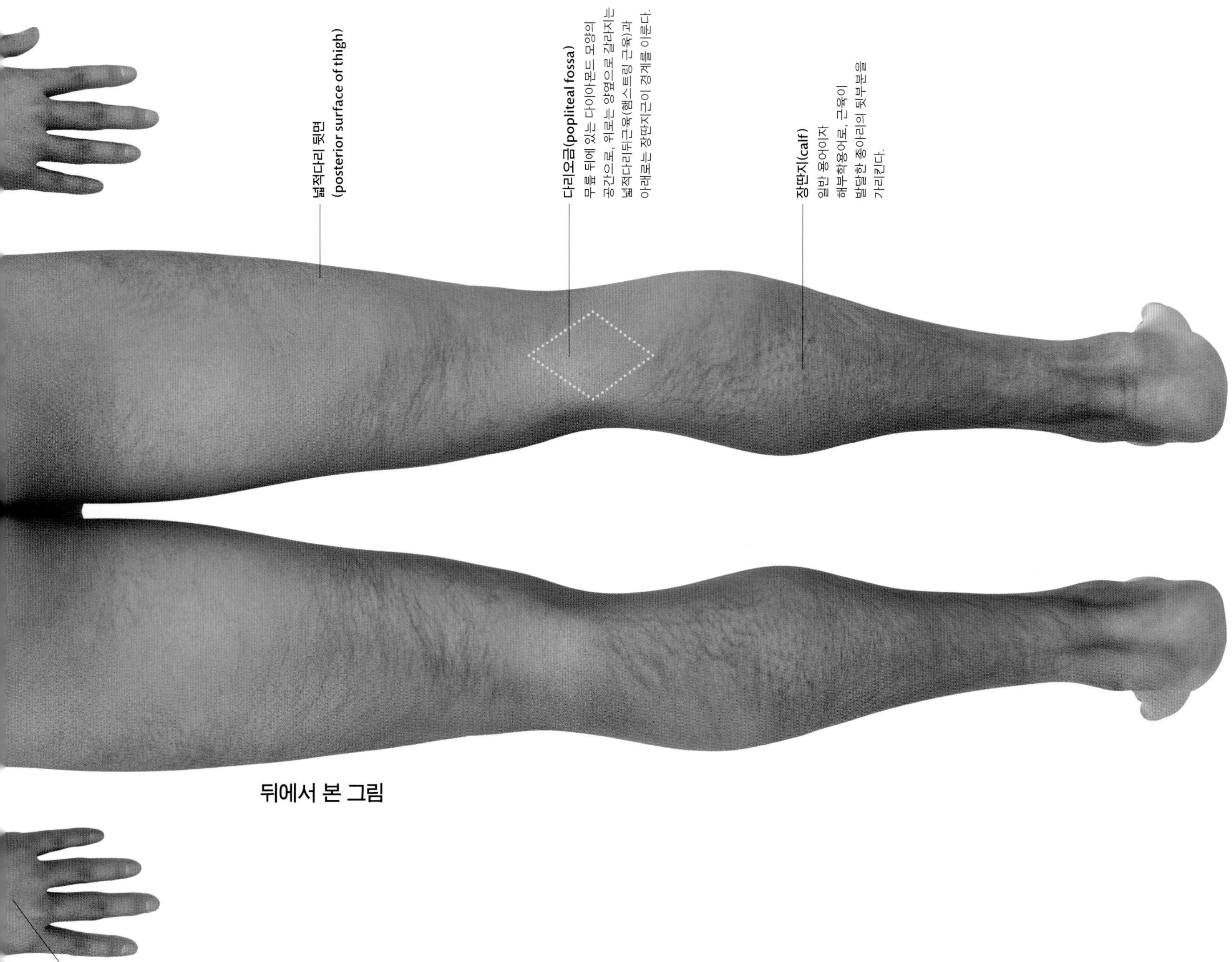

넓적다리 뒷면
(posterior surface of thigh)

다리오금(popliteal fossa)
무릎 뒤에 있는 다이아몬드 모양의 공간으로, 위로는 양옆으로 갈라지는 넓적다리뒤근육(햄스트링 근육)과 아래로는 장딴지근이 경계를 이룬다.

장딴지(calf)
일반 용어이자 해부학용어로, 근육이 발달한 종아리의 뒷부분을 가리킨다.

뒤에서 본 그림

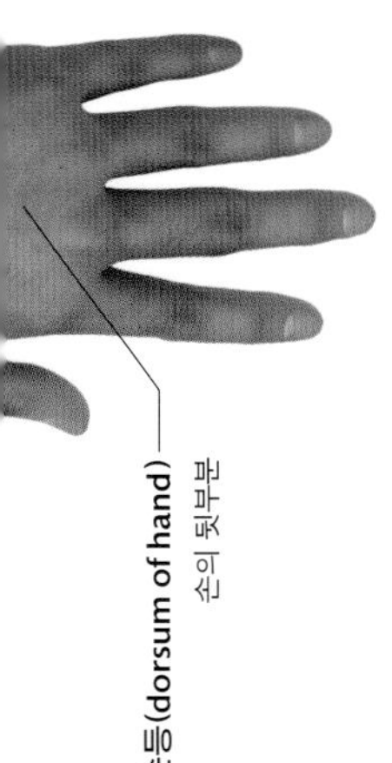
손등(dorsum of hand)
손의 뒷부분

해부학용어

이 그림에는 등에 있는 범위가 넓은 부위를 가리키는 용어 중 일부와 상대적 위치를 기술하는 데 사용되는 용어가 표시되어 있다. 어깨나 엉덩이처럼 큰 구조를 뜻하는 일반 용어가 있기는 하지만 좀 더 자세히 설명해야 할 때는 소용이 없다. 따라서 해부학자들은 특정 구조만 가리키는 용어를 고안했는데, 그 영어 용어는 그리스 어나 라틴 어를 응용한다. 이어서 머리와 목, 가슴, 배, 팔다리의 자세한 구조를 공부하게 될 것이다. 이때 해부학용어는 혼란을 초래하는 것이 아니라 명백히 하기 위해 사용한다. 처음에는 해부학용어가 어색하고 심지어 불필요하다고 여길지 모르지만 이 용어를 사용하면 정확히 설명할 수 있고 명확하게 의사 소통할 수 있다.

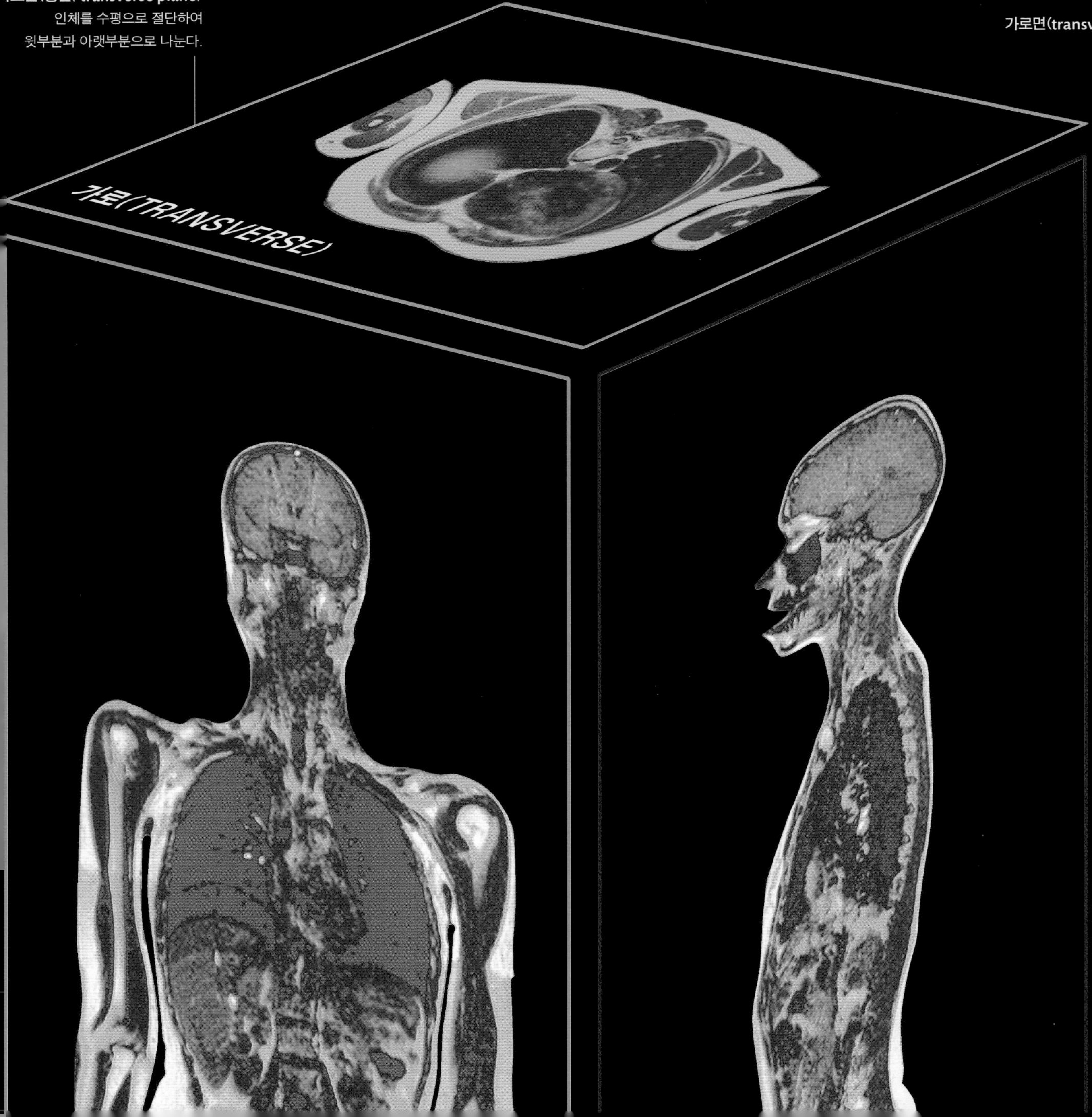

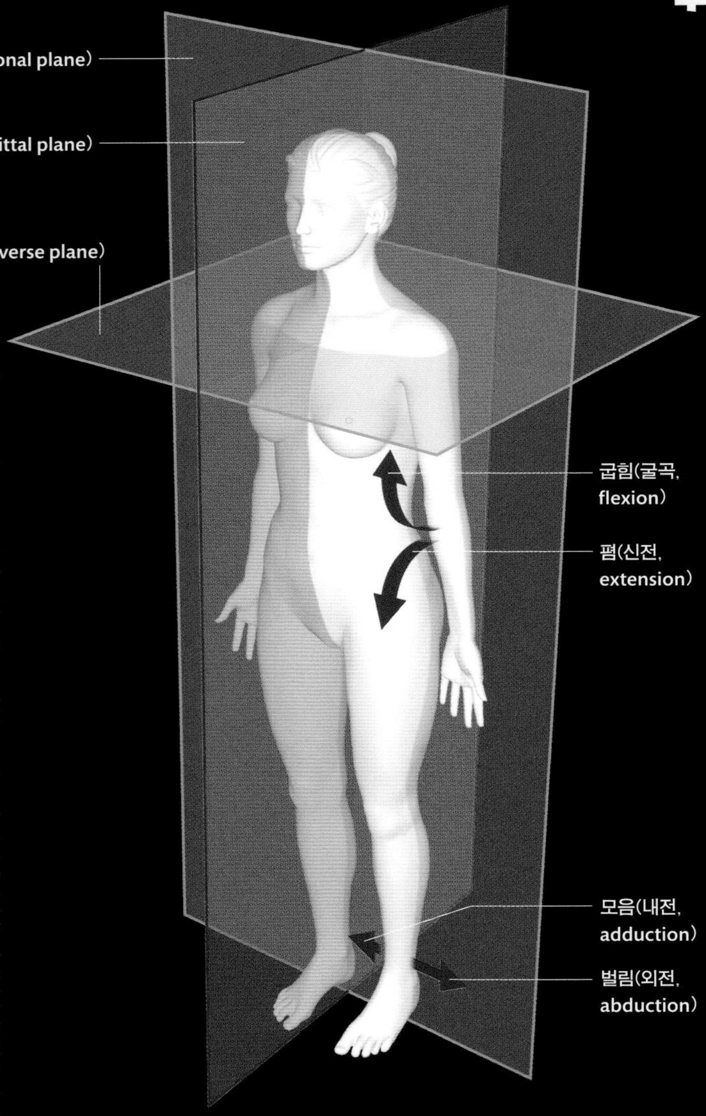

034
해부학

관상면(coronal plane)
시상면(sagittal plane)
가로면(transverse plane)
굽힘(굴곡, flexion)
폄(신전, extension)
모음(내전, adduction)
벌림(외전, abduction)

로면(횡면, transverse plane)
인체를 수평으로 절단하여
윗부분과 아랫부분으로 나눈다.

가로(TRANSVERSE)

운동의 해부학용어

위 그림에서 인체를 관통하는 세 면, 즉 시상면과 관상면과 가로면을 확인할 수 있고, 왼쪽에는 이 세 면을 따른 실제 인체 단면 자기공명영상(MRI) 사진이 있다. 위 그림에는 인체 부분의 특정 운동을 기술하는 데 쓰이는 몇 가지 의학용어도 표시되어 있다. 굽힘은 무릎 같은 관절의 각도를 줄이는 운동을 뜻하며, 폄은 늘이는 운동을 뜻한다. 모음은 팔다리가 정중시상면에 접근하는 운동이며, 벌림은 정중시상면에서 멀어지는 운동이다.

면(PLANE)과 운동(MOVEMENT)

삼차원인 인체를 이차원 단면으로 나누어야 그 구조를 파악하고 이해하기 쉬워지는 경우가 있다. 컴퓨터단층촬영술(CT)이나 자기공명영상(MRI)은 인체 단면을 볼 수 있는 대표적인 의학 영상술이다. 이 단면의 방향은 시상, 관상, 가로로 기술하며, 각각 영상이 제시되어 있다. 인체 구조의 절대적 및 상대적 위치(30~33쪽)를 정의하고, 벌림과 모음, 굽힘과 폄 같은 관절운동(34쪽)을 기술하는 데에도 정확한 해부학용어를 사용한다. 어깨관절이나 엉덩관절(고관절) 같은 일부 관절에서는 팔다리의 회전도 일어난다. 아래팔에 있는 두 뼈 사이에는 특수한 유형의 회전이 일어나서 손바닥이 앞이나 위를 향하는 뒤침(supination)과 손바닥이 뒤나 아래를 향하는 엎침(pronation) 운동, 즉 뒤집어라 엎어라 하는 운동이 가능해진다.

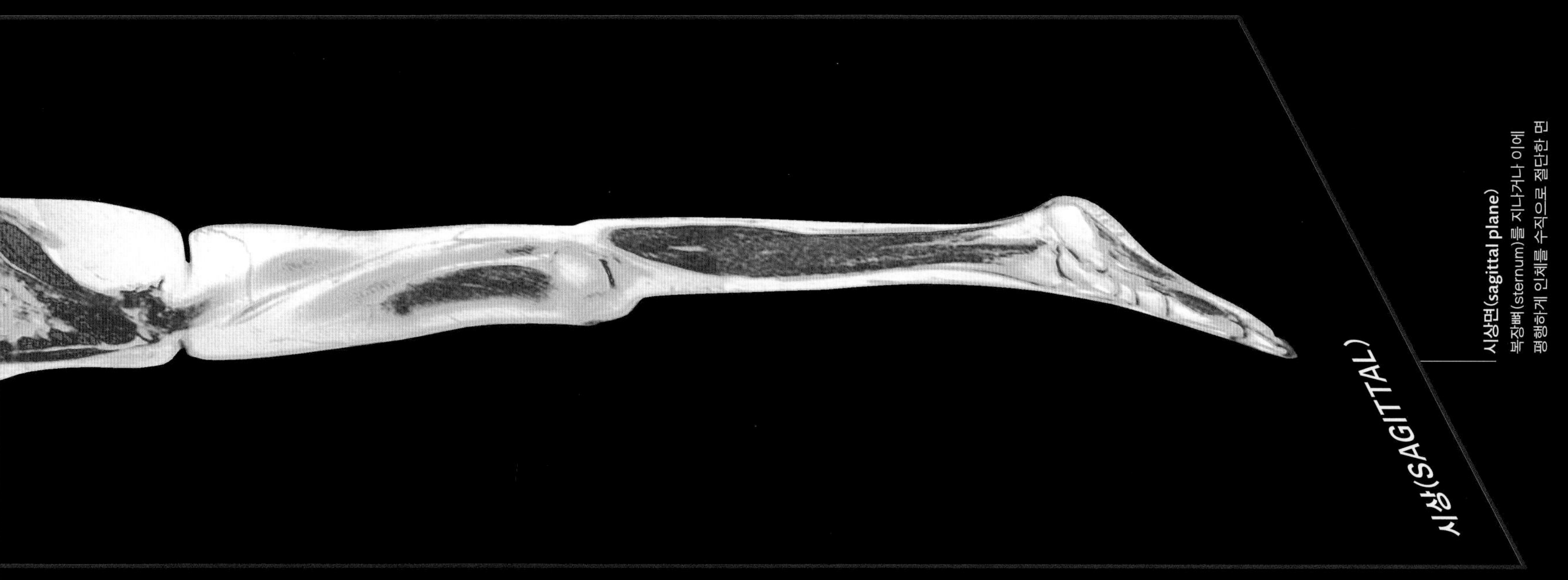
시상(SAGITTAL)

시상면(sagittal plane)
복장뼈(sternum)를 지나거나 이에 평행하게 인체를 수직으로 절단한 면

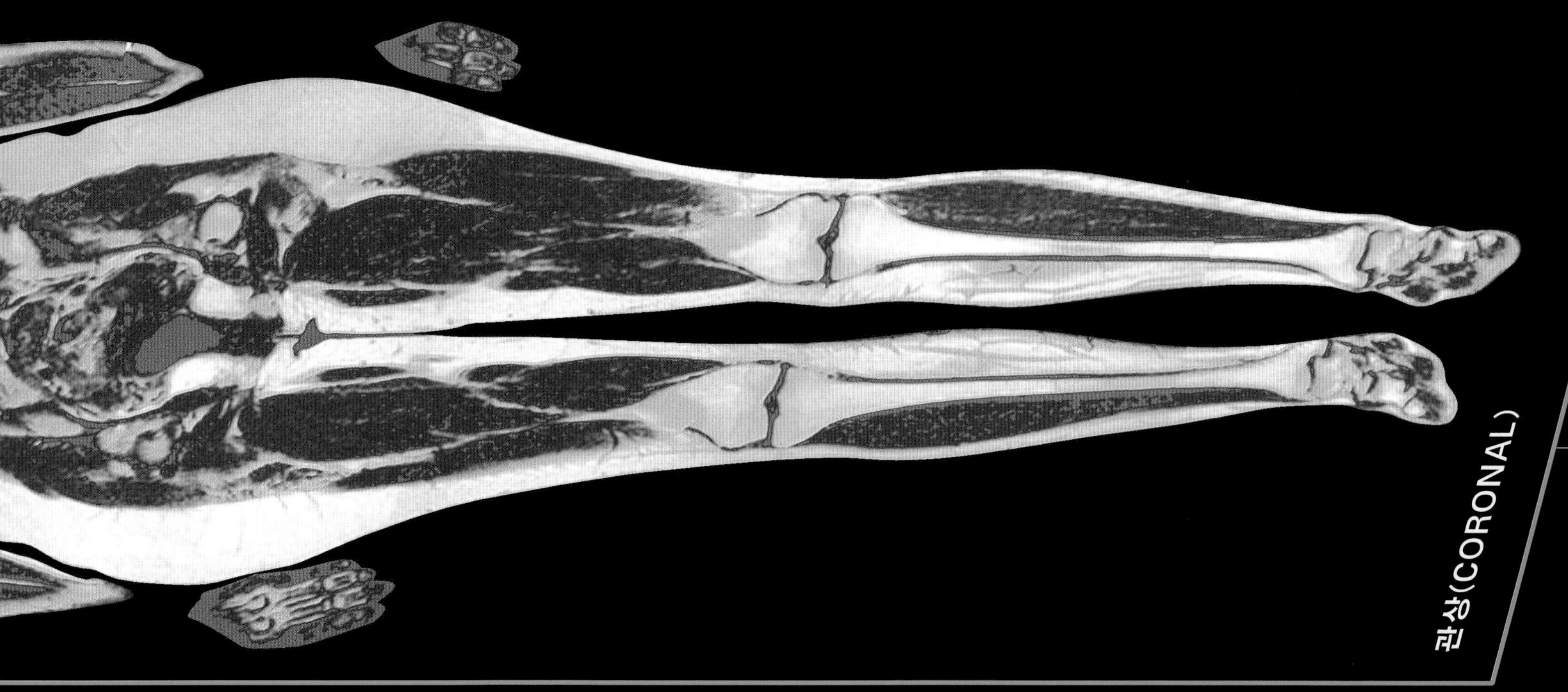
관상(CORONAL)

관상면(coronal plane)
좌우 어깨를 지나거나 이에 평행하게 인체를 수직으로 절단한 면

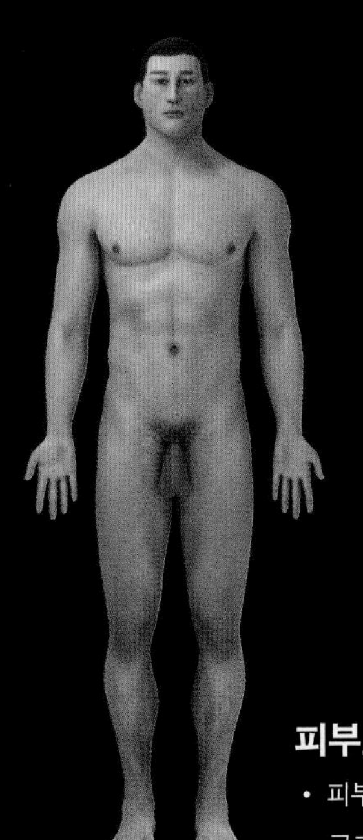

피부, 털, 손발톱

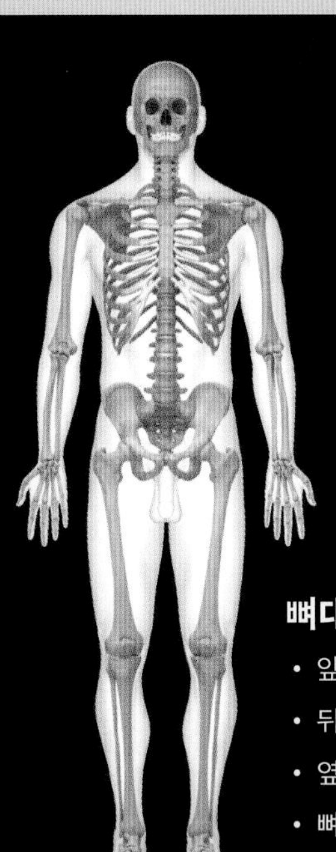

뼈대계통(골격계통)

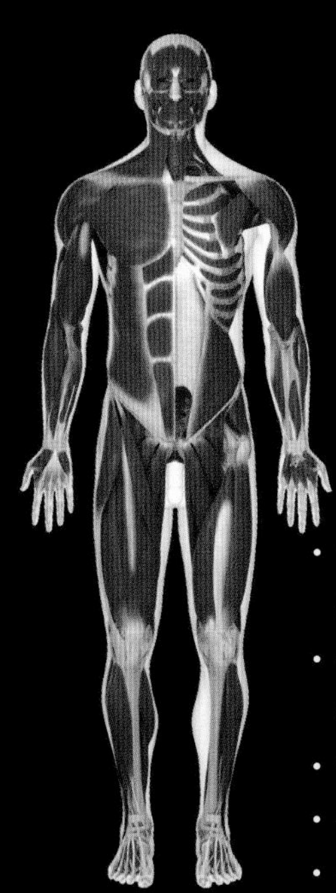

근육계통

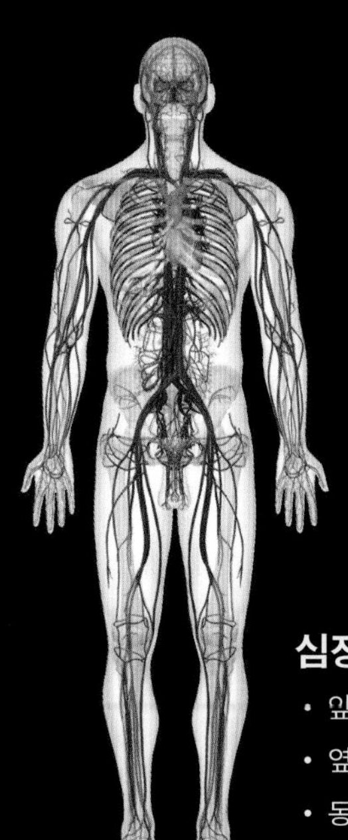

심장혈관계통(순환계통)

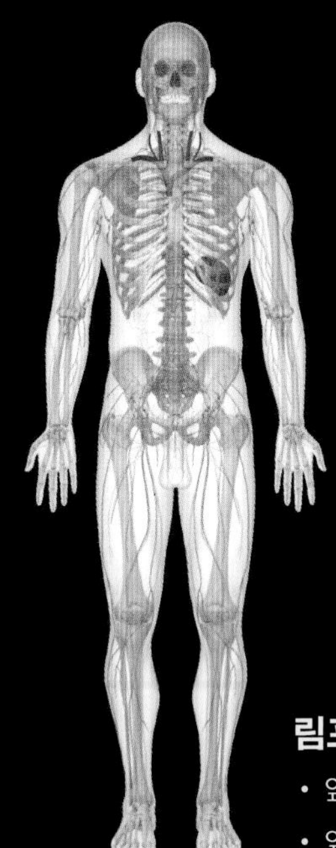

림프계통과 면역계통

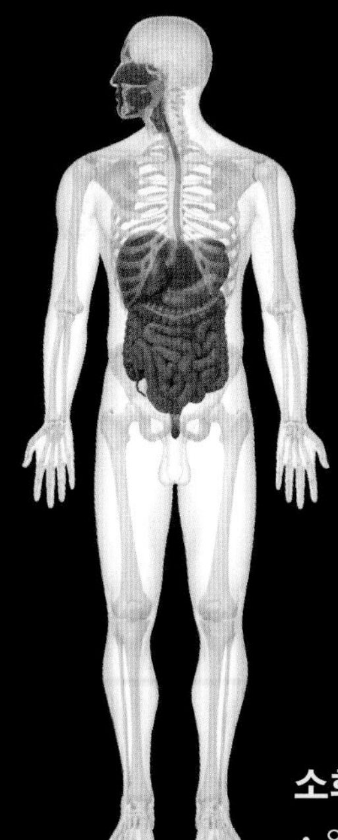

소화계통

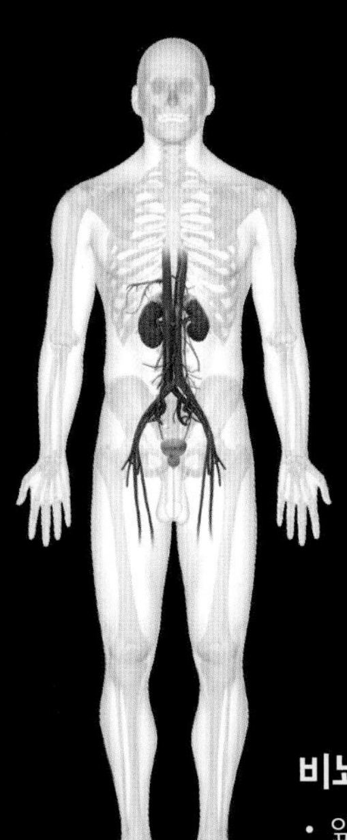

비뇨계통

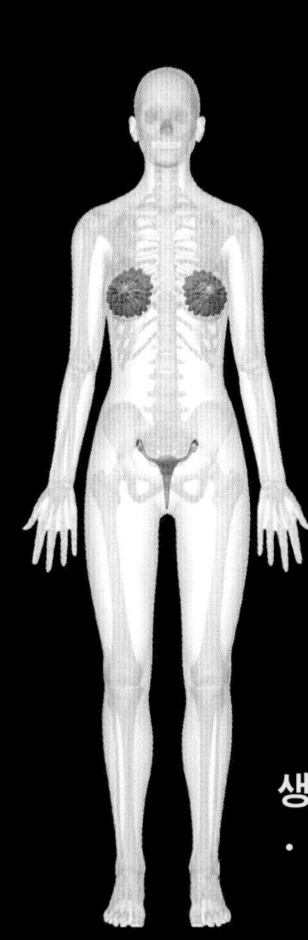

생식계통

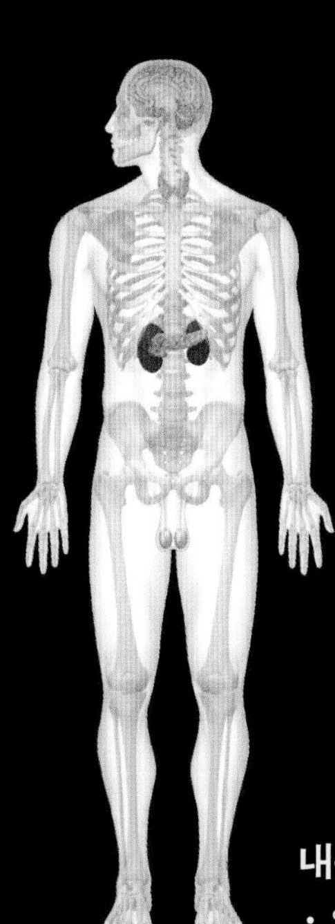

내분비계통

인체 계통

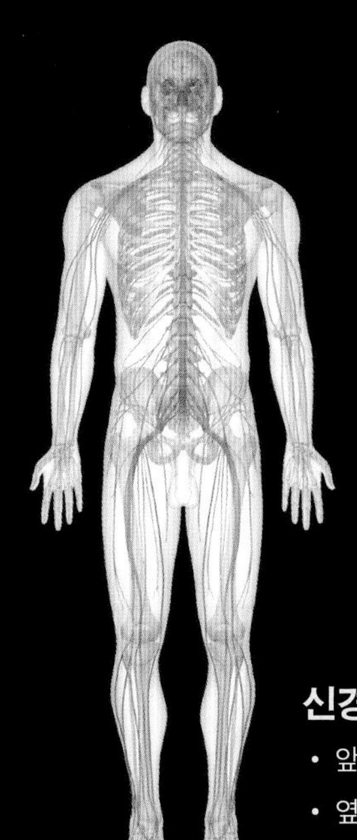

신경계통

- 앞에서 본 그림 60~61쪽
- 옆에서 본 그림 62~63쪽
- 신경의 구조 64~65쪽

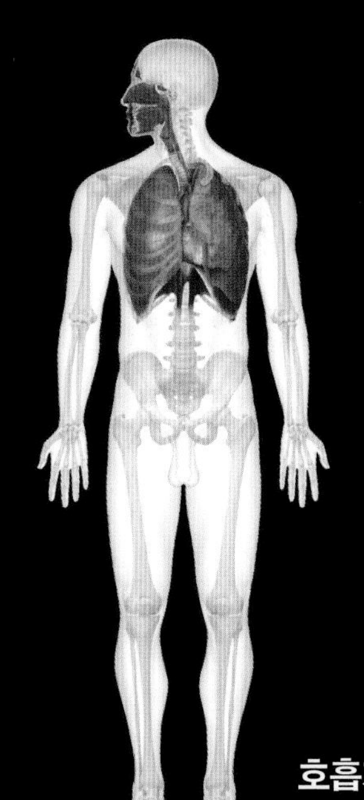

호흡계통

- 앞에서 본 그림 66~67쪽

우리 몸을 구성하는 계통은 크게 열한 가지로 나뉜다. 열한 가지 중에 독불장군으로 작용하는 계통은 하나도 없다. 예를 들어 내분비계통과 신경계통은 긴밀하게 협력하여 작용하고, 호흡계통과 심장혈관계통도 그러하다. 그러나 인체가 어떻게 구성되었는지를 이해하려면 인체를 여러 계통으로 구분하는 것이 도움이 된다. 해부학 장 중 이 단원에서는 열한 가지 계통의 기본 구조를 전체적으로 간단히 살펴볼 것이다. 그러고 나서 해부학 도보 단원에서 더 자세히 파헤칠 것이다.

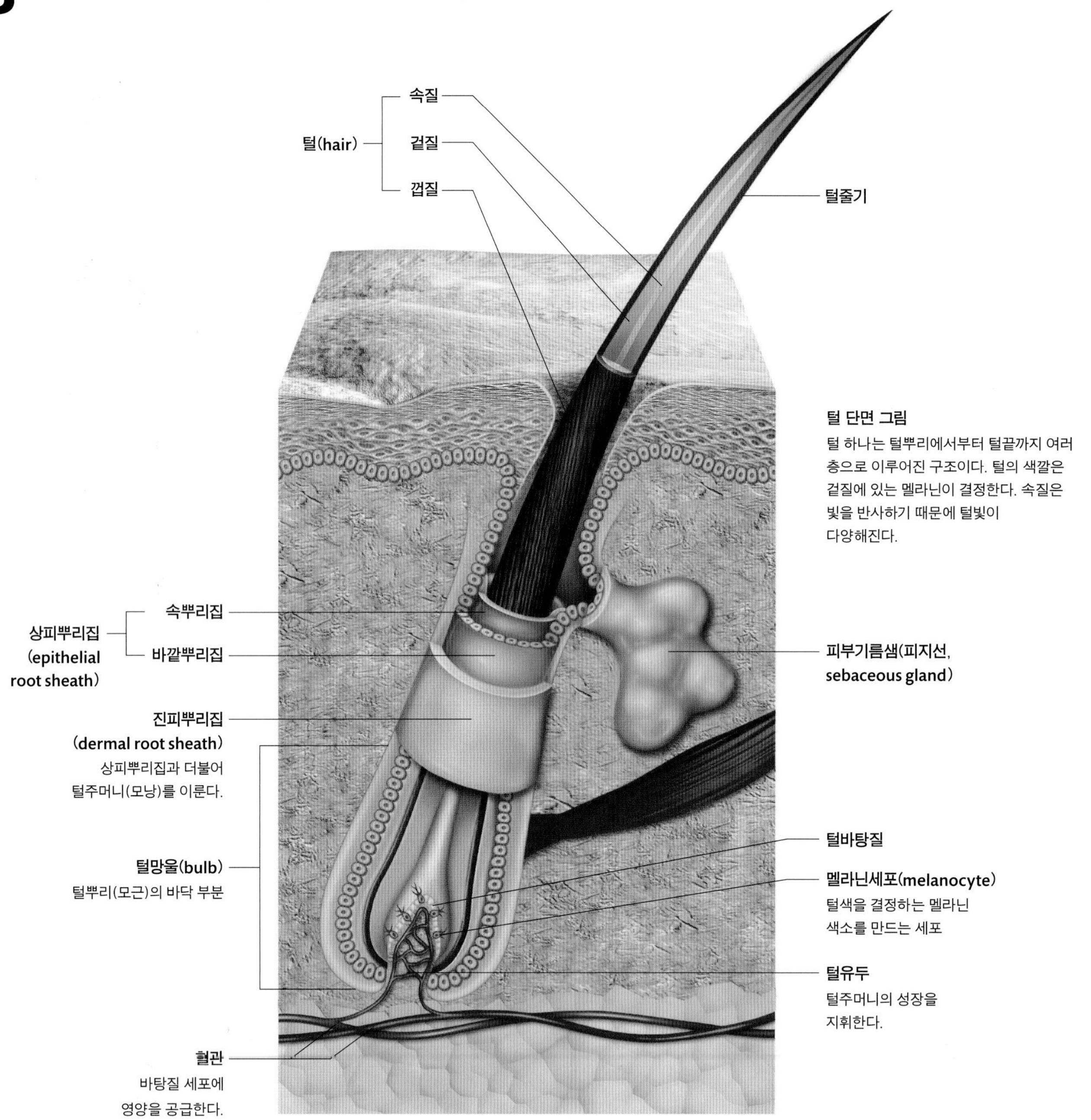

털(hair)
속질
겉질
껍질
털줄기

털 단면 그림

털 하나는 털뿌리에서부터 털끝까지 여러 층으로 이루어진 구조이다. 털의 색깔은 겉질에 있는 멜라닌이 결정한다. 속질은 빛을 반사하기 때문에 털빛이 다양해진다.

상피뿌리집 (epithelial root sheath)
속뿌리집
바깥뿌리집
피부기름샘(피지선, sebaceous gland)
진피뿌리집 (dermal root sheath)
상피뿌리집과 더불어 털주머니(모낭)를 이룬다.
털망울(bulb)
털뿌리(모근)의 바닥 부분
털바탕질
멜라닌세포(melanocyte)
털색을 결정하는 멜라닌 색소를 만드는 세포
털유두
털주머니의 성장을 지휘한다.
혈관
바탕질 세포에 영양을 공급한다.

털 단면 그림

피부, 털, 손발톱 구조

피부는 우리 몸에서 가장 큰 기관으로, 무게는 약 5킬로그램이며, 전체 면적은 약 2제곱미터나 된다. 피부는 튼튼한 방수막을 형성하기 때문에 우리 몸의 구성 성분을 보호할 수 있다. 하지만 그게 전부가 아니다. 피부는 우리로 하여금 주위 환경의 구성과 온도를 감지하게 하고, 체온을 조절하며, 땀을 분비하게 하고, 얼굴을 붉혀서 의사를 소통하며, 손가락 끝에 있는 지문의 능선들을 이용하여 물건을 움켜쥐고, 햇볕을 쪼여서 비타민 D를 합성한다.

굵은 머리카락과 가는 체모는 우리 몸을 따뜻하고 건조하게 유지하는 데 도움이 된다. 겉으로 드러나는 털은 모두 죽은 조직이다. 털은 뿌리 부분에서만 살아 있다. 손톱과 발톱은 끊임없이 자라면서 스스로를 복구하고, 손가락과 발가락을 보호할 뿐 아니라 더욱 민감하게 만든다.

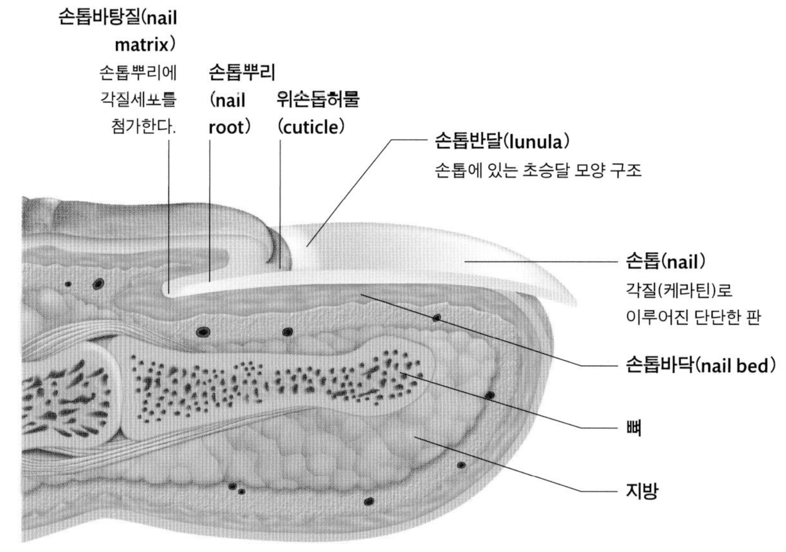
손톱바탕질(nail matrix)
손톱뿌리에 각질세포를 첨가한다.
손톱뿌리 (nail root)
위손톱허물 (cuticle)
손톱반달(lunula)
손톱에 있는 초승달 모양 구조
손톱(nail)
각질(케라틴)로 이루어진 단단한 판
손톱바닥(nail bed)
뼈
지방

손톱 단면

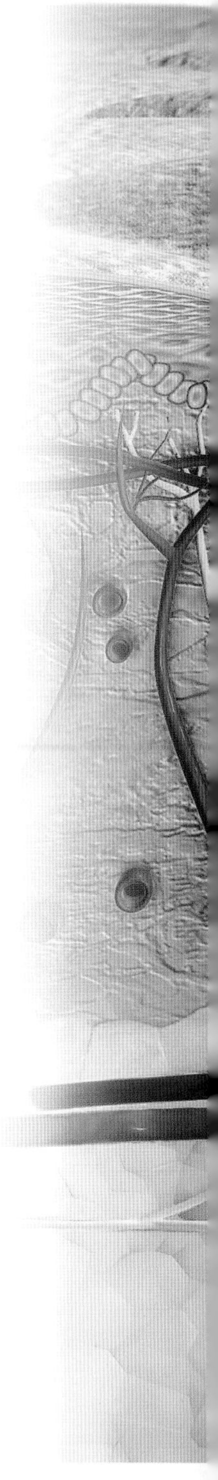

피부 단면

피부 단면
피부 1제곱센티미터에는 신경섬유가 평균 55센티미터, 혈관이 70센티미터, 피부기름샘(피지선)이 15개, 땀샘이 100개, 감각수용기가 200개 이상 있다.

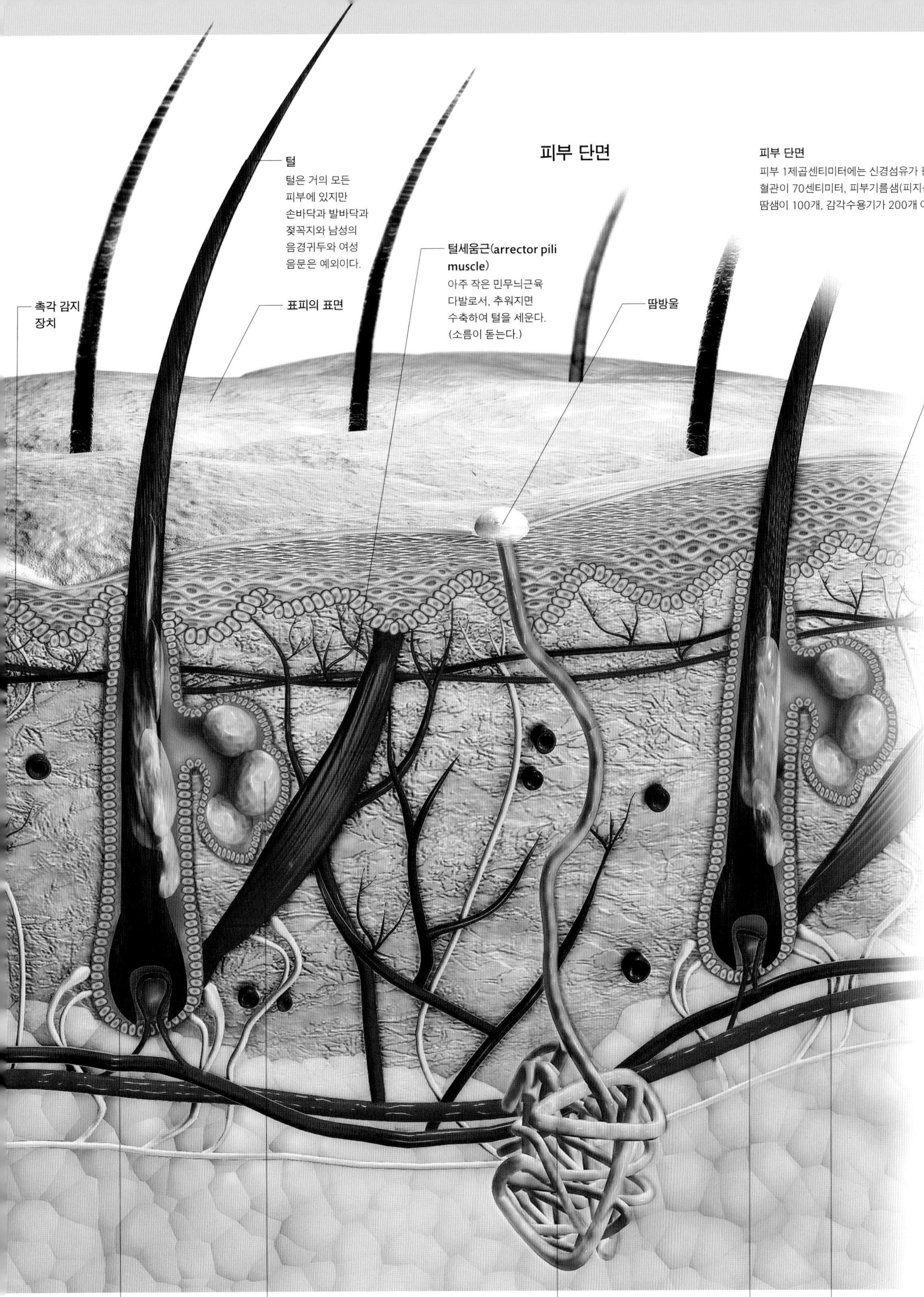

털
털은 거의 모든 피부에 있지만 손바닥과 발바닥과 젖꼭지와 남성의 음경귀두와 여성 음문은 예외이다.
촉각 감지 장치
표피의 표면
털세움근(arrector pili muscle)
아주 작은 민무늬근육 다발로서, 추워지면 수축하여 털을 세운다. (소름이 돋는다.)
땀방울
표피 바닥층(종자층)
새로운 표피세포가 이곳에서 만들어진다.
표피(epidermis)
피부 중 가장 바깥층. 각질세포가 끊임없이 새로 만들어지기 때문에 유지될 수 있다.
진피(dermis)
피부 중 속층. 치밀결합조직으로 구성되며, 피부에 분포하는 신경과 혈관을 포함하고 있다.
피부밑조직(피하조직, hypodermis)
피부 밑에 있는 성긴결합조직으로 이루어진 층. 얕은근막이라고도 한다.
털주머니(모낭, hair follicle)
진피나 피부밑조직에 있는 컵 모양 구조로, 털을 감싸는 오목한 주머니를 형성한다.
피부기름샘(피지선)
피지(피부기름)를 털주머니에 분비한다. 피지는 기름기 있는 분비물로, 피부에 방수층을 이루고 피부를 탄력 있게 유지하는 데 도움을 주며, 항균 작용도 있다.
땀샘(sweat gland)
관이 꼬여 있는 구조로, 진피에서 시작하여 위로 이어지다가 표피 표면에 있는 구멍에서 열린다.
세동맥(arteriole)
세정맥(venule)

앞에서 본 그림

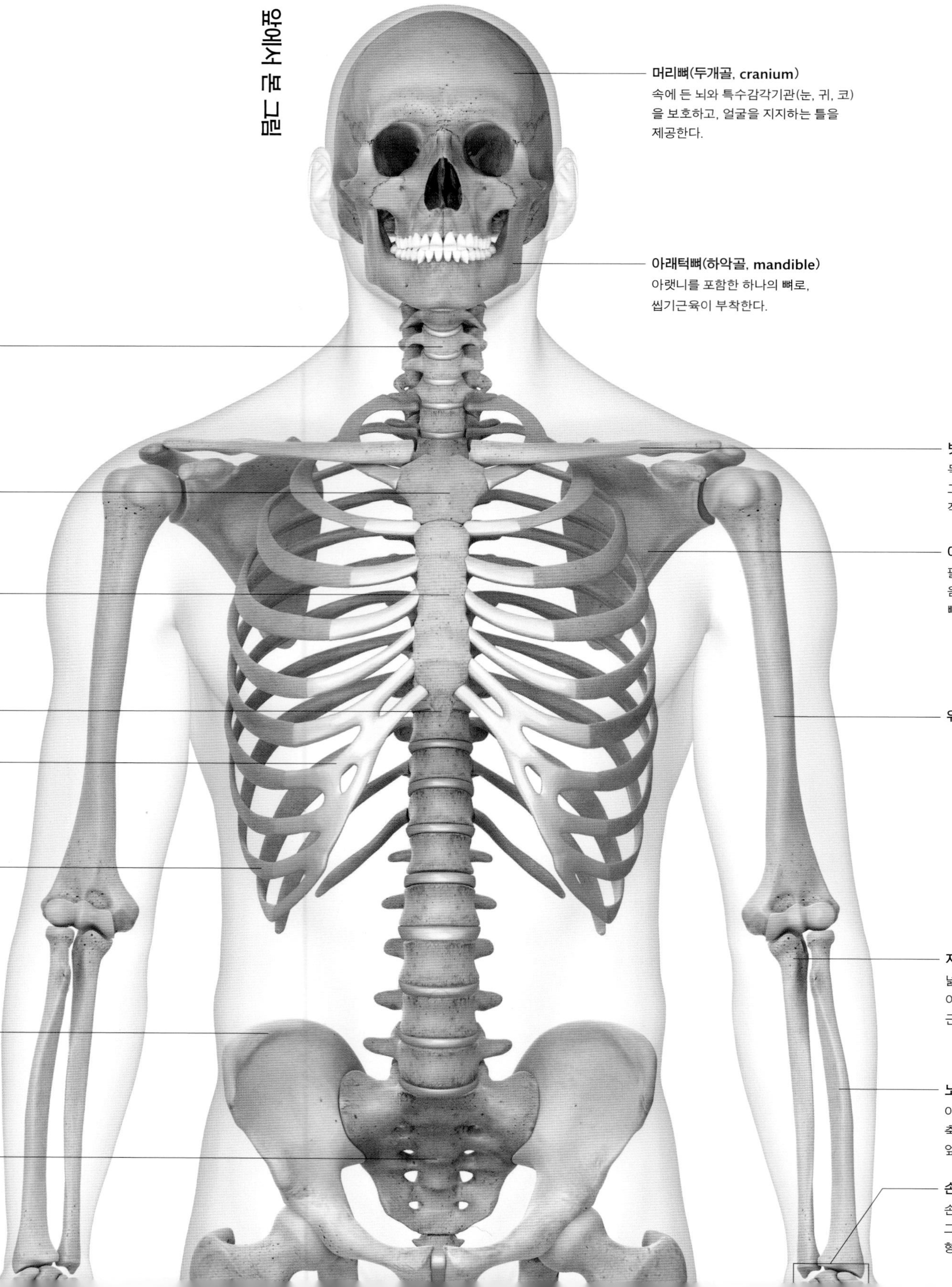

머리뼈(두개골, cranium)
속에 든 뇌와 특수감각기관(눈, 귀, 코)을 보호하고, 얼굴을 지지하는 틀을 제공한다.

아래턱뼈(하악골, mandible)
아랫니를 포함한 하나의 뼈로, 씹기근육이 부착한다.

척주(vertebral column)
척주는 척추뼈들이 차곡차곡 쌓여 형성되며, 튼튼하면서도 유연하기 때문에 전체 뼈대를 지탱한다.

복장뼈(흉골, sternum)
가슴 한복판에 있는 뼈. 자루와 몸통과 칼돌기로 구성된다. 첫째~일곱째 갈비연골이 부착한다.
- 복장뼈자루
- 복장뼈몸통
- 칼돌기

빗장뼈(쇄골, clavicle)
목과 가슴을 연결하는 곳에서 완만한 곡선을 그리며 이어지는 뼈. 어깨를 지지하는 받침대로 작용한다.

어깨뼈(견갑골, scapula)
팔을 몸통에 연결하고, 팔을 보호하면서도 움직임이 가능하게 고정하며, 어깨를 뒤로 빼거나 앞으로 내밀거나 위로 올릴 수 있게 한다.

위팔뼈(상완골, humerus)

갈비연골(늑연골)
상위 갈비뼈들을 복장뼈에 연결하고, 하위 갈비뼈들은 끼리끼리 연결하며, 가슴우리(흉곽)에 유연성을 부여한다.

갈비뼈(늑골, rib)
가슴우리를 구성하는 길게 휘어진 12쌍의 뼈

자뼈(척골, ulna)
넓은 위끝은 위팔뼈와 팔꿉관절(주관절)을 이루고, 아래로 갈수록 가늘어져서 손목 근처에서 뾰족한 붓돌기를 이룬다.

골반(pelvis)
볼기뼈(hip bone) 또는 무명뼈라고도 한다.

노뼈(요골, radius)
아래팔을 이루는 두 뼈 중 하나로, 자뼈를 축으로 회전하여 손바닥을 뒤집었다 엎었다 할 수 있다.

엉치뼈(천골, sacrum)
다섯 엉치척추뼈가 합쳐져서 형성되었다. 골반과 척주 사이를 튼튼히 연결한다.

손목뼈(수근골, carpals)
손이 시작하는 부분에 있는 8개의 뼈. 그중에 둘은 노뼈와 연결되어 손목관절을 형성한다.

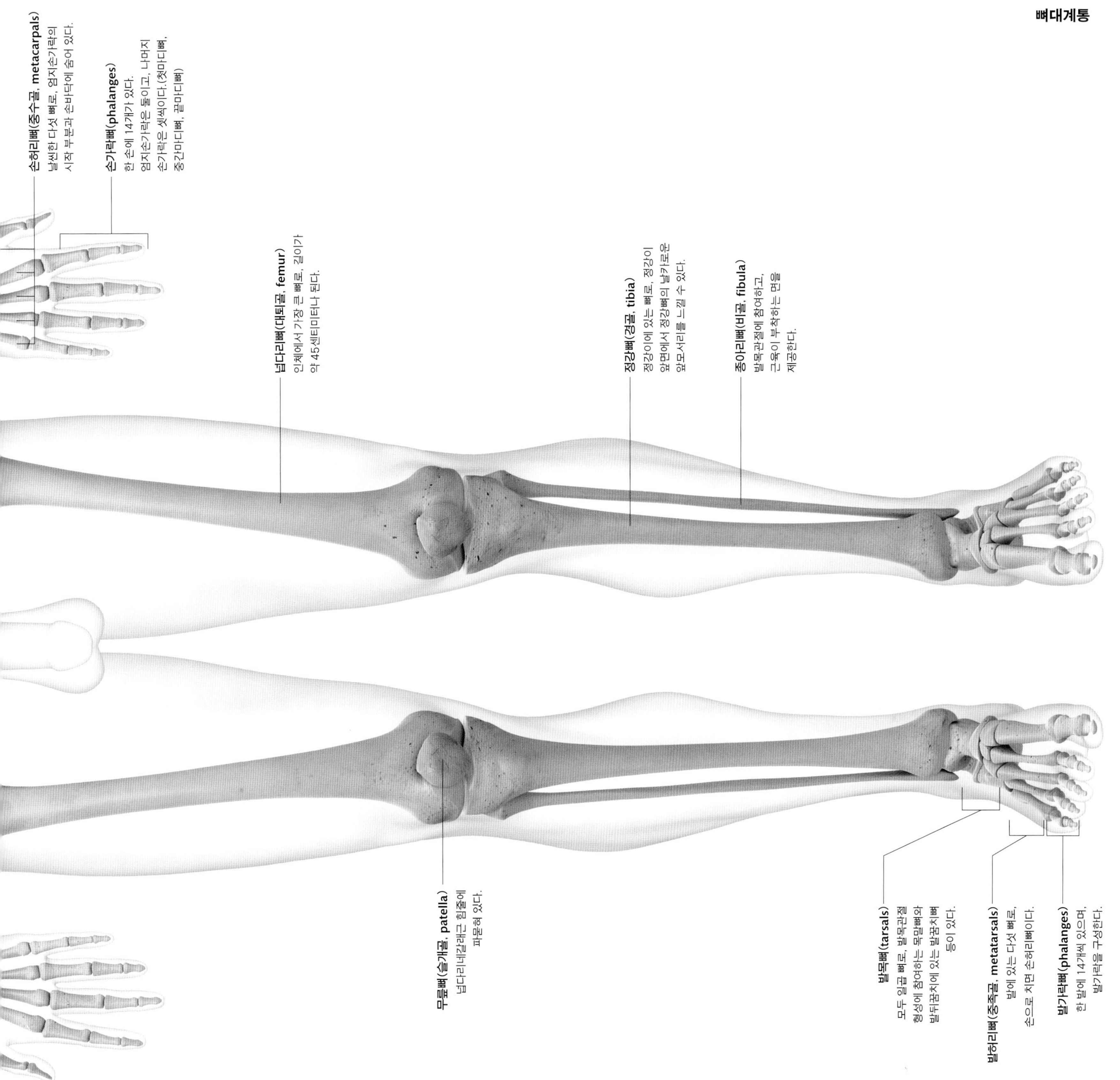
손허리뼈(중수골, metacarpals)
날씬한 다섯 뼈로, 엄지손가락의 시작 부분과 손바닥에 숨어 있다.
손가락뼈(phalanges)
한 손에 14개가 있다. 엄지손가락은 둘이고, 나머지 손가락은 셋씩이다.(첫마디뼈, 중간마디뼈, 끝마디뼈)
넙다리뼈(대퇴골, femur)
인체에서 가장 큰 뼈로, 길이가 약 45센티미터나 된다.
정강뼈(경골, tibia)
정강이에 있는 뼈로, 정강이 앞면에서 정강뼈의 날카로운 앞모서리를 느낄 수 있다.
종아리뼈(비골, fibula)
발목관절에 참여하고, 근육이 부착하는 면을 제공한다.
무릎뼈(슬개골, patella)
넙다리네갈래근 힘줄에 파묻혀 있다.
발목뼈(tarsals)
모두 일곱 뼈로, 발목관절 형성에 참여하는 목말뼈와 발뒤꿈치에 있는 발꿈치뼈 등이 있다.
발허리뼈(중족골, metatarsals)
발에 있는 다섯 뼈로, 손으로 치면 손허리뼈이다.
발가락뼈(phalanges)
한 발에 14개씩 있으며, 발가락을 구성한다.

뼈대계통

(골격계통)

뼈대(골격)는 인체의 기본 형태를 이루며, 우리 몸 모든 조직의 무게를 지탱하고, 근육이 부착할 장소를 제공하며, 근육이 움직일 수 있는 서로 연결된 지레 장치로 작용한다. 뼈대는 섬세한 장기와 조직을 보호하는 중요한 기능도 하는데, 그 예로는 머리뼈 속 뇌와 척추뼈 속 척수와 가슴우리 속 심장과 허파가 있다.

사람의 뼈대는 남녀가 다르다. 특히 골반에서 차이가 뚜렷한데, 여성 골반은 산도를 이루기 때문에 대개 남성 골반에 비해 더 넓다. 머리뼈도 차이를 보인다. 남성 머리뼈는 이마가 더 넓고 뒤통수에 근육이 부착하는 부위가 더 돌출되어 있는 편이다. 전체 뼈대도 남성이 더 크고 튼튼한 편이다.

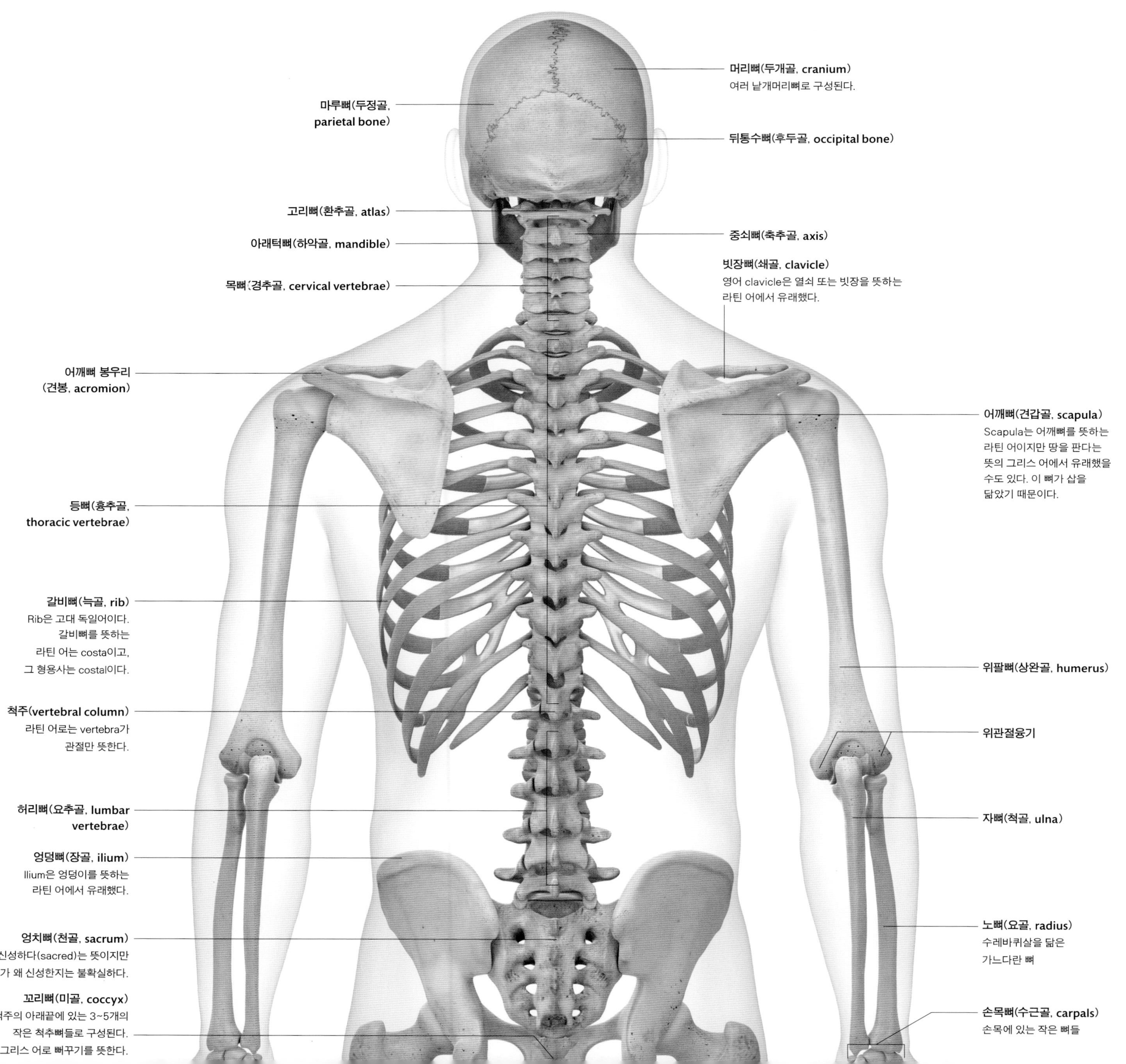
머리뼈(두개골, cranium)
여러 낱개머리뼈로 구성된다.
마루뼈(두정골, parietal bone)
뒤통수뼈(후두골, occipital bone)
고리뼈(환추골, atlas)
중쇠뼈(축추골, axis)
아래턱뼈(하악골, mandible)
빗장뼈(쇄골, clavicle)
영어 clavicle은 열쇠 또는 빗장을 뜻하는 라틴 어에서 유래했다.
목뼈(경추골, cervical vertebrae)
어깨뼈 봉우리 (견봉, acromion)
어깨뼈(견갑골, scapula)
Scapula는 어깨뼈를 뜻하는 라틴 어이지만 땅을 판다는 뜻의 그리스 어에서 유래했을 수도 있다. 이 뼈가 삽을 닮았기 때문이다.
등뼈(흉추골, thoracic vertebrae)
갈비뼈(늑골, rib)
Rib은 고대 독일어이다. 갈비뼈를 뜻하는 라틴 어는 costa이고, 그 형용사는 costal이다.
위팔뼈(상완골, humerus)
척주(vertebral column)
라틴 어로는 vertebra가 관절만 뜻한다.
위관절융기
허리뼈(요추골, lumbar vertebrae)
자뼈(척골, ulna)
엉덩뼈(장골, ilium)
Ilium은 엉덩이를 뜻하는 라틴 어에서 유래했다.
엉치뼈(천골, sacrum)
신성하다(sacred)는 뜻이지만 이 뼈가 왜 신성한지는 불확실하다.
노뼈(요골, radius)
수레바퀴살을 닮은 가느다란 뼈
꼬리뼈(미골, coccyx)
척주의 아래끝에 있는 3~5개의 작은 척추뼈들로 구성된다. 그리스 어로 뻐꾸기를 뜻한다.
손목뼈(수근골, carpals)
손목에 있는 작은 뼈들

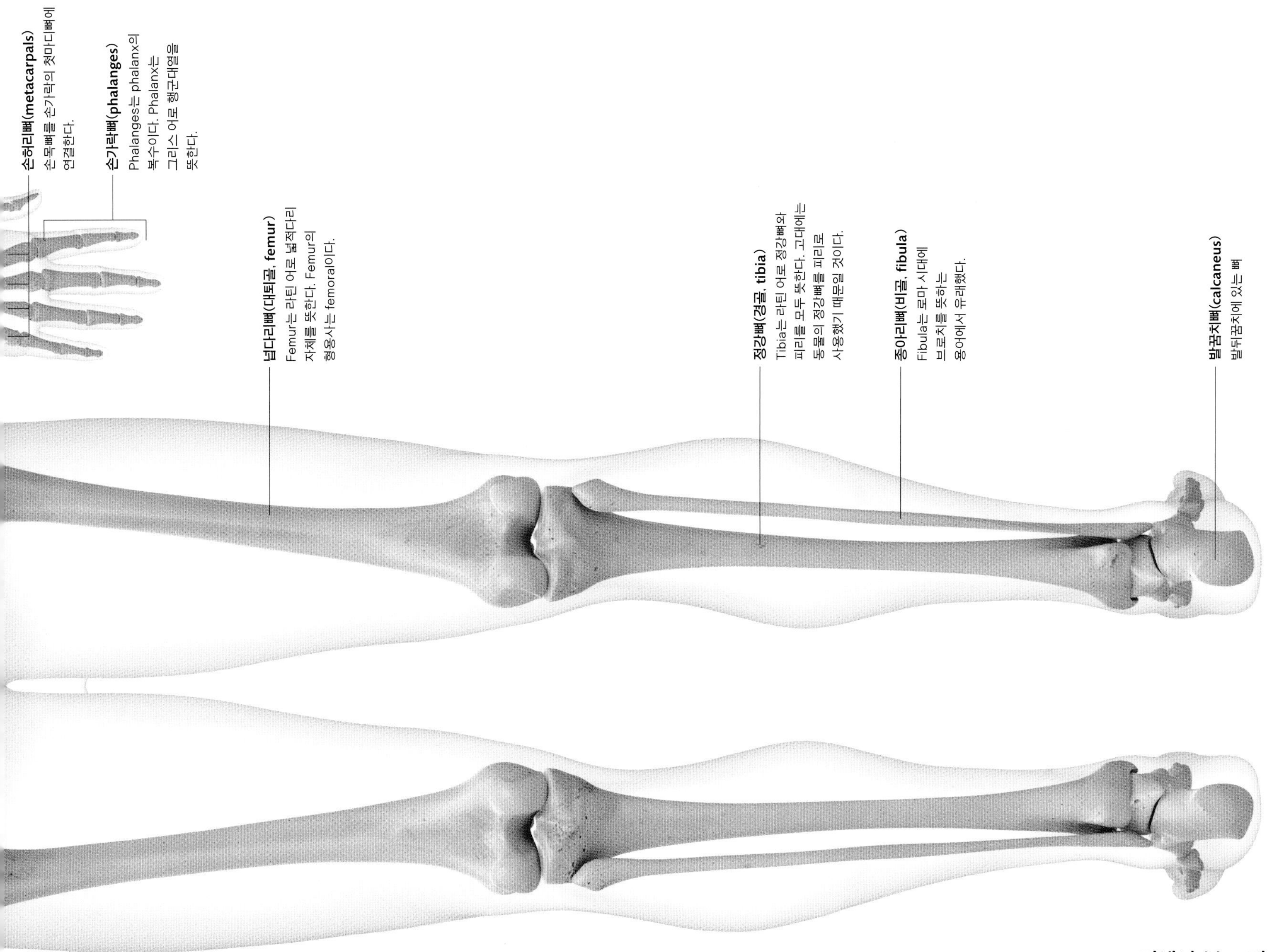
손허리뼈(metacarpals)
손목뼈를 손가락의 첫마디뼈에 연결한다.
손가락뼈(phalanges)
Phalanges는 phalanx의 복수이다. Phalanx는 그리스 어로 행군대열을 뜻한다.
넙다리뼈(대퇴골, femur)
Femur는 라틴 어로 넓적다리 자체를 뜻한다. Femur의 형용사는 femoral이다.
정강뼈(경골, tibia)
Tibia는 라틴 어로 정강뼈와 피리를 모두 뜻한다. 고대에는 동물의 정강뼈를 피리로 사용했기 때문일 것이다.
종아리뼈(비골, fibula)
Fibula는 로마 시대에 브로치를 뜻하는 용어에서 유래했다.
발꿈치뼈(calcaneus)
발뒤꿈치에 있는 뼈

뒤에서 본 그림

뼈대계통

(골격계통)

뼈는 살아 있는 역동적인 조직으로, 기계적인 변화에 대응하여 끊임없이 자신을 개조한다. 누구나 알고 있다시피 체육관 등에서 운동하면 그만큼 근육이 발달한다. 뿐만 아니라 피부 밑 깊숙이 있는 뼈도 변화에 반응하여 내부 구조가 약간 바뀐다. 뼈에는 혈관이 많아서 부러지면 출혈이 심하다. 동맥은 뼈 표면에 있는 작은 구멍을 통해 뼛속으로 들어가는데, 맨눈에도 보이는 이 구멍을 영양구멍이라 한다. 뼈의 표면을 이루는 뼈막에는 감각신경이 많이 분포한다. 따라서 뼈를 다쳤을 때 통증이 심한 것은 놀라운 일이 아니다.

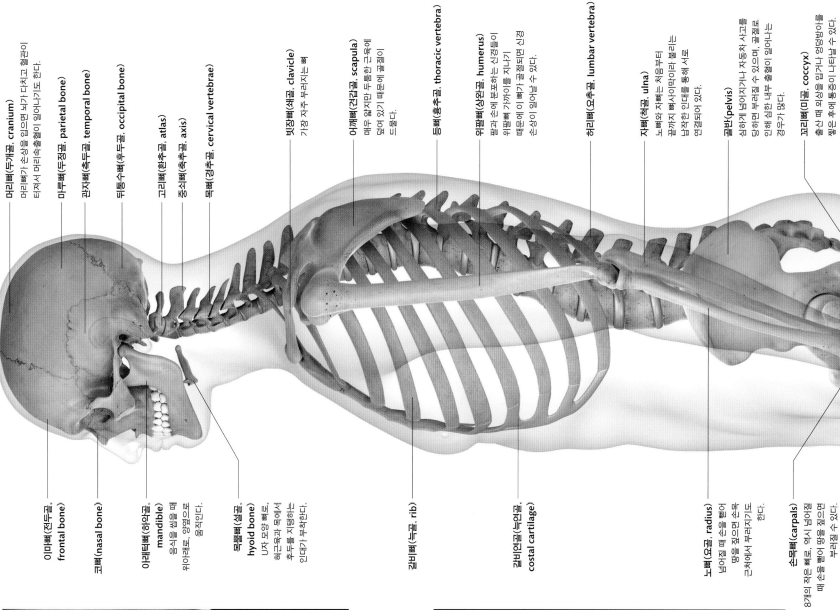

머리뼈(두개골, cranium)
머리뼈가 손상을 입으면 뇌가 다치고 혈관이 터져서 머리속출혈이 일어나기도 한다.

마루뼈(두정골, parietal bone)

관자뼈(측두골, temporal bone)

뒤통수뼈(후두골, occipital bone)

고리뼈(환추골, atlas)

중쇠뼈(축추골, axis)

목뼈(경추골, cervical vertebrae)

빗장뼈(쇄골, clavicle)
가장 자주 부러지는 뼈

어깨뼈(견갑골, scapula)
매우 얇지만 두툼한 근육에 덮여 있기 때문에 골절이 드물다.

등뼈(흉추골, thoracic vertebra)

위팔뼈(상완골, humerus)
팔과 손에 분포하는 신경들이 위팔뼈 가까이를 지나기 때문에 이 뼈가 골절되면 신경 손상이 일어날 수 있다.

허리뼈(요추골, lumbar vertebra)

자뼈(척골, ulna)
노뼈와 자뼈는 처음부터 끝까지 뼈사이막이라 불리는 납작한 인대를 통해 서로 연결되어 있다.

골반(pelvis)
심하게 넘어지거나 자동차 사고를 당하면 부러질 수 있으며, 골절로 인해 심한 내부 출혈이 일어나는 경우가 많다.

꼬리뼈(미골, coccyx)
출산 때 외상을 입거나 엉덩방아를 찧은 후에 통증이 나타날 수 있다.

이마뼈(전두골, frontal bone)

코뼈(nasal bone)

아래턱뼈(하악골, mandible)
음식을 씹을 때 위아래로, 양옆으로 움직인다.

목뿔뼈(설골, hyoid bone)
U자 모양 뼈로, 혀근육과 목에서 후두를 지탱하는 인대가 부착한다.

갈비뼈(늑골, rib)

갈비연골(늑연골, costal cartilage)

노뼈(요골, radius)
넘어질 때 손을 뻗어 땅을 짚으면 손목 근처에서 부러지기도 한다.

손목뼈(carpals)
8개의 작은 뼈로, 역시 넘어질 때 손을 뻗어 땅을 짚으면 부러질 수 있다.

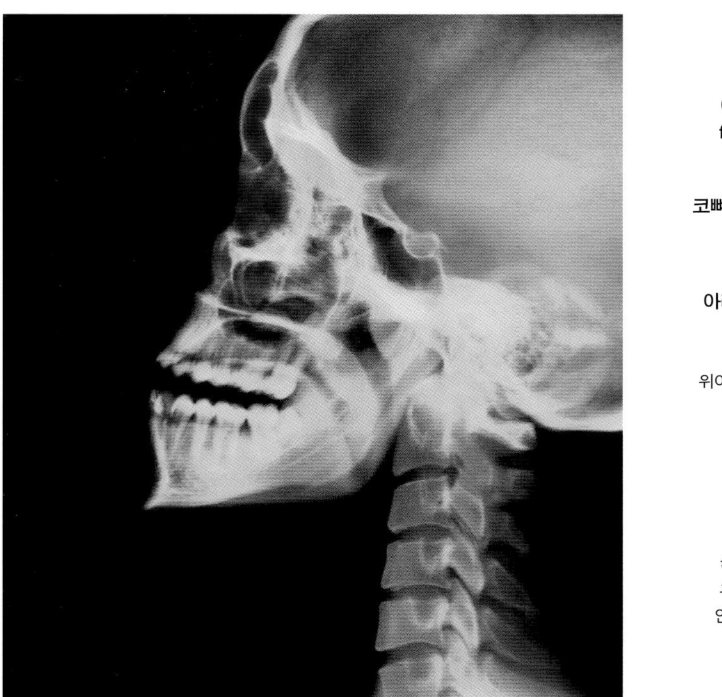

머리뼈와 목뼈를 옆에서 촬영한 엑스선 사진
엑스선을 이용해 촬영한 사진으로, 뼈가 하얗게 보이고, 공기가 있는 곳이 검게 보인다. 머리뼈 중에 척추뼈 바로 위에 있는 부분은 매우 밝게 보이는데, 이곳은 돌처럼 매우 치밀한 관자뼈 바위부분이다.

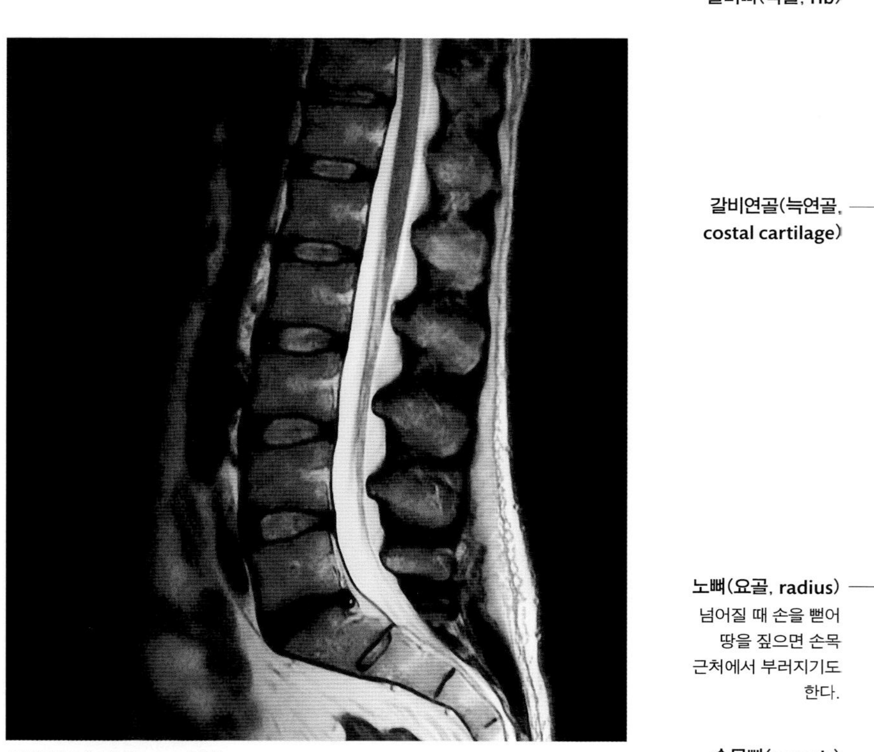

허리뼈(요추골)의 MRI 사진
척주에 둘러싸여 보호를 받고 있으며, 점차 가늘어지는 척수의 아랫부분이 파란색으로 관찰된다. 척수 주위의 뇌척수액과 지방은 하얗게 보인다.

뼈대계통

(골격계통)

뼈는 우리 몸에서 치아 다음으로 단단하다. 뼈는 칼슘과 인산염으로 구성된 무기물 덕분에 단단하고 견고해진다. 뼈는 또한 인체의 칼슘 저장고로 작용한다. 혈액 속 칼슘 농도가 낮아지면 뼈에 있던 칼슘이 방출된다. 연골은 뼈대계통의 또 다른 구성원이다. 많은 뼈가 배아 때 연골 '모형'으로 발생했다가 나중에 뼈로 바뀌는 뼈되기(골화) 과정을 거친다. 그러나 성인이 되어서도 연골로 남아 있는 곳도 있는데, 관절면에 있는 관절연골이나 갈비뼈를 복장뼈에 연결하는 갈비연골이 대표적인 예이다. 연골은 뼈만큼 단단하지 않지만 다른 장점이 많다. 가슴우리(흉곽)는 갈비연골들 덕분에 탄력성이 좀 더 증가하며, 관절면을 덮고 있는 연골은 압박에 잘 견디며 관절면이 매끈하고 마찰이 줄게 만든다.

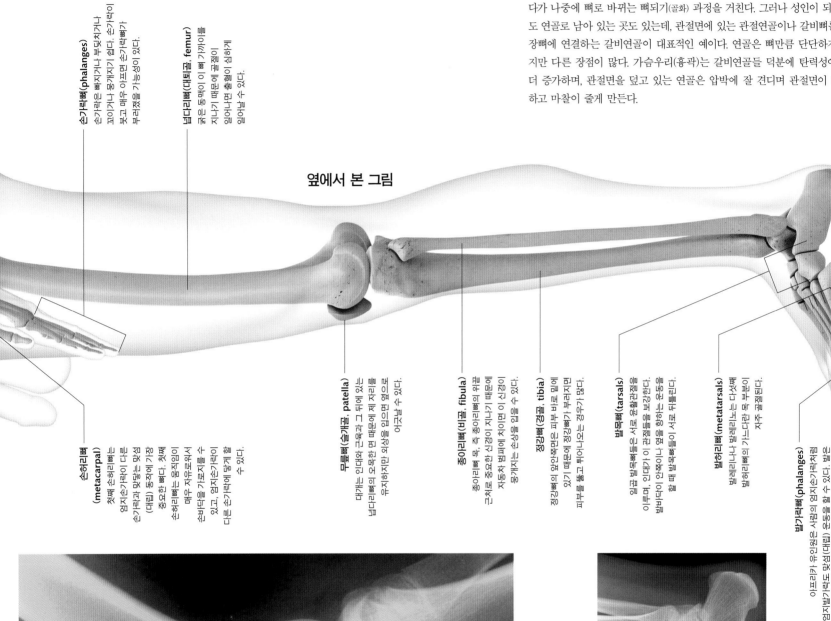

옆에서 본 그림
손가락뼈(phalanges)
손가락은 빠지거나 부딪치거나 꼬이거나 뭉개지기 쉽다. 손가락이 붓고 매우 아프면 손가락뼈가 부러졌을 가능성이 있다.
넙다리뼈(대퇴골, femur)
굵은 동맥이 이 뼈 가까이를 지나기 때문에 골절이 일어나면 출혈이 심하게 일어날 수 있다.
손허리뼈 (metacarpal)
첫째 손허리뼈는 엄지손가락이 다른 손가락과 맞닿는 맞섬(대립) 동작에 가장 중요한 뼈다. 첫째 손허리뼈는 움직임이 매우 자유로워서 손바닥을 가로지를 수 있고, 엄지손가락이 다른 손가락에 닿게 할 수 있다.
무릎뼈(슬개골, patella)
대개는 인대와 근육과 그 뒤에 있는 넙다리뼈의 오목한 면 때문에 제 자리를 유지하지만 외상을 입으면 옆으로 어긋날 수 있다.
종아리뼈(비골, fibula)
종아리뼈 목, 즉 종아리뼈의 위끝 근처로 중요한 신경이 지나기 때문에 자동차 범퍼에 치이면 이 신경이 뭉개지는 손상을 입을 수 있다.
정강뼈(경골, tibia)
정강뼈의 앞안쪽면은 피부 바로 밑에 있기 때문에 정강뼈가 부러지면 피부를 뚫고 튀어나오는 경우가 많다.
발목뼈(tarsals)
일곱 발목뼈들은 서로 윤활관절을 이루며, 인대가 이 관절들을 보강한다. 발바닥이 안쪽이나 옆을 향하는 운동을 할 때 발목뼈들이 서로 뒤틀린다.
발허리뼈(metatarsals)
발레리나나 발레리노는 다섯째 발허리뼈의 가느다란 목 부분이 자주 골절된다.
발가락뼈(phalanges)
아프리카 유인원은 사람의 엄지손가락처럼 엄지발가락도 맞섬(대립) 운동을 할 수 있다. 발은 인류가 진화하면서 물체를 잡는 용도보다는 서고 걷고 뛸 때 신체를 지지하는 받침으로 쓰게 되었기 때문에 맞섬 능력이 사라졌다.

무릎을 옆에서 촬영한 엑스선 사진
무릎이 반쯤 굽혀 있어서 넙다리뼈의 관절융기들이 그 아래에 있는 정강뼈 위에서 회전해 있다. 무릎뼈는 넙다리네갈래근 힘줄 속에 파묻혀 있는데, 이 힘줄은 사진에서 관찰되지 않지만 무릎 앞을 지난다.

발을 옆에서 촬영한 엑스선 사진
발목관절을 이루는 경첩관절이 뚜렷이 관찰된다. 이 관절은 종아리의 정강뼈 및 종아리뼈와 가장 위에 있는 발목뼈인 목말뼈 사이의 관절이다. 발뼈가 이루는 아치 구조(발활, 족궁)도 관찰되는데, 힘줄과 인대가 이 아치를 지탱한다.

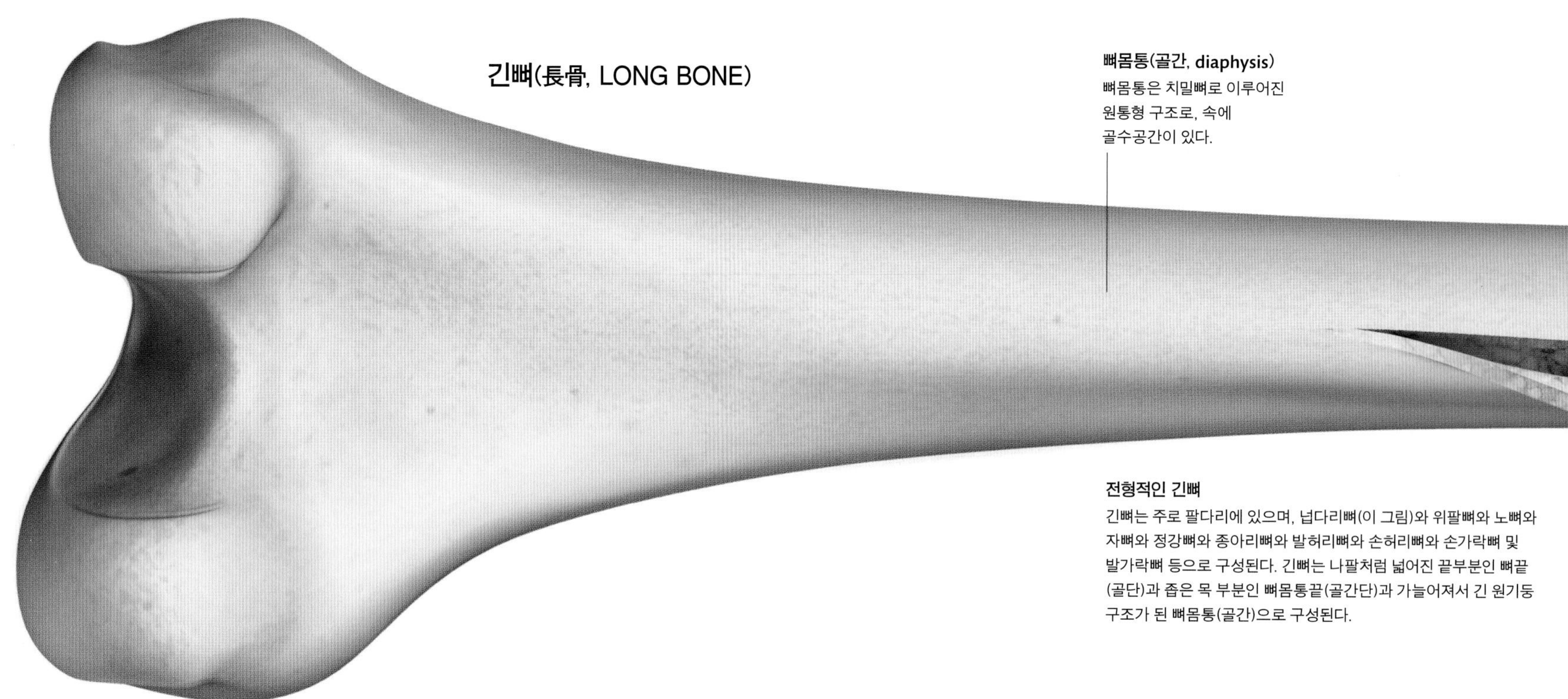
긴뼈(長骨, LONG BONE)

뼈몸통(골간, diaphysis)
뼈몸통은 치밀뼈로 이루어진 원통형 구조로, 속에 골수공간이 있다.

전형적인 긴뼈
긴뼈는 주로 팔다리에 있으며, 넙다리뼈(이 그림)와 위팔뼈와 노뼈와 자뼈와 정강뼈와 종아리뼈와 발허리뼈와 손허리뼈와 손가락뼈 및 발가락뼈 등으로 구성된다. 긴뼈는 나팔처럼 넓어진 끝부분인 뼈끝(골단)과 좁은 목 부분인 뼈몸통끝(골간단)과 가늘어져서 긴 원기둥 구조가 된 뼈몸통(골간)으로 구성된다.

가로단면

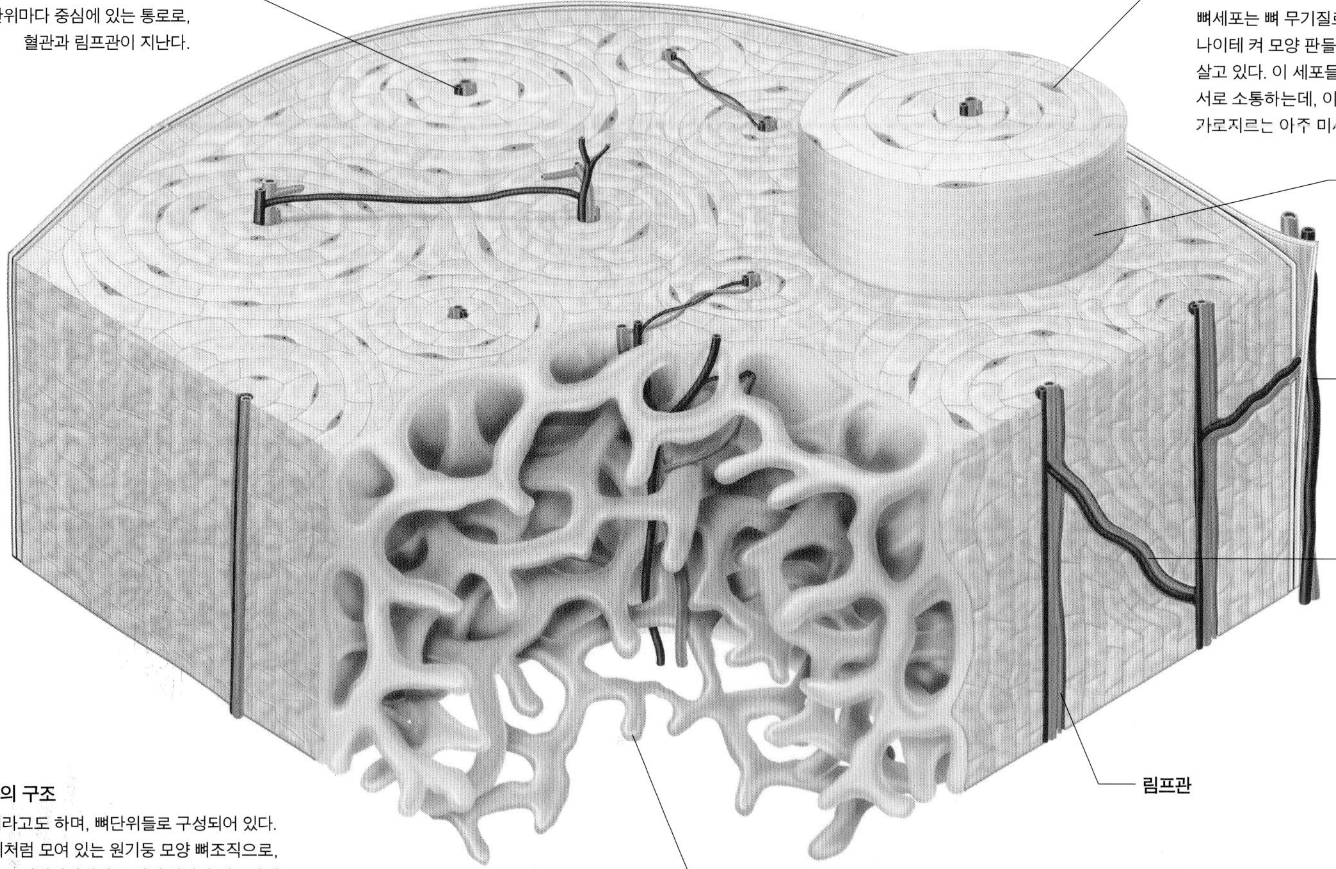

중심관(하버스 관)
뼈단위마다 중심에 있는 통로로, 혈관과 림프관이 지난다.

뼈세포(골세포, osteocyte)
뼈세포는 뼈 무기질로 이루어진 뼈단위의 나이테 켜 모양 판들 사이에 있는 작은 공간에 살고 있다. 이 세포들은 가느다란 돌기를 통해 서로 소통하는데, 이 돌기들은 뼈 무기질 속을 가로지르는 아주 미세한 관 속을 지난다.

뼈단위(오스테온, osteon)
치밀뼈의 기본 단위로, 나이테 모양으로 배열된 층판 구조로 구성된다.

뼈막 혈관
뼈 바깥면을 지나는 혈관

뼛속 혈관
뼛속을 지난다.

림프관

골수공간(골수강, medullary cavity)

치밀뼈(치밀골)의 구조
치밀뼈는 겉질뼈라고도 하며, 뼈단위들로 구성되어 있다. 뼈단위는 나이테처럼 모여 있는 원기둥 모양 뼈조직으로, 지름이 약 0.1~0.4밀리미터이며 중심에 혈관과 림프관이 지나는 중심관이 있다. 뼈에는 혈관이 많은데, 뼈단위에 포함된 혈관은 뼈를 둘러싸는 뼈막에 있는 혈관은 물론 뼛속의 골수공간에 있는 혈관과도 연결된다.

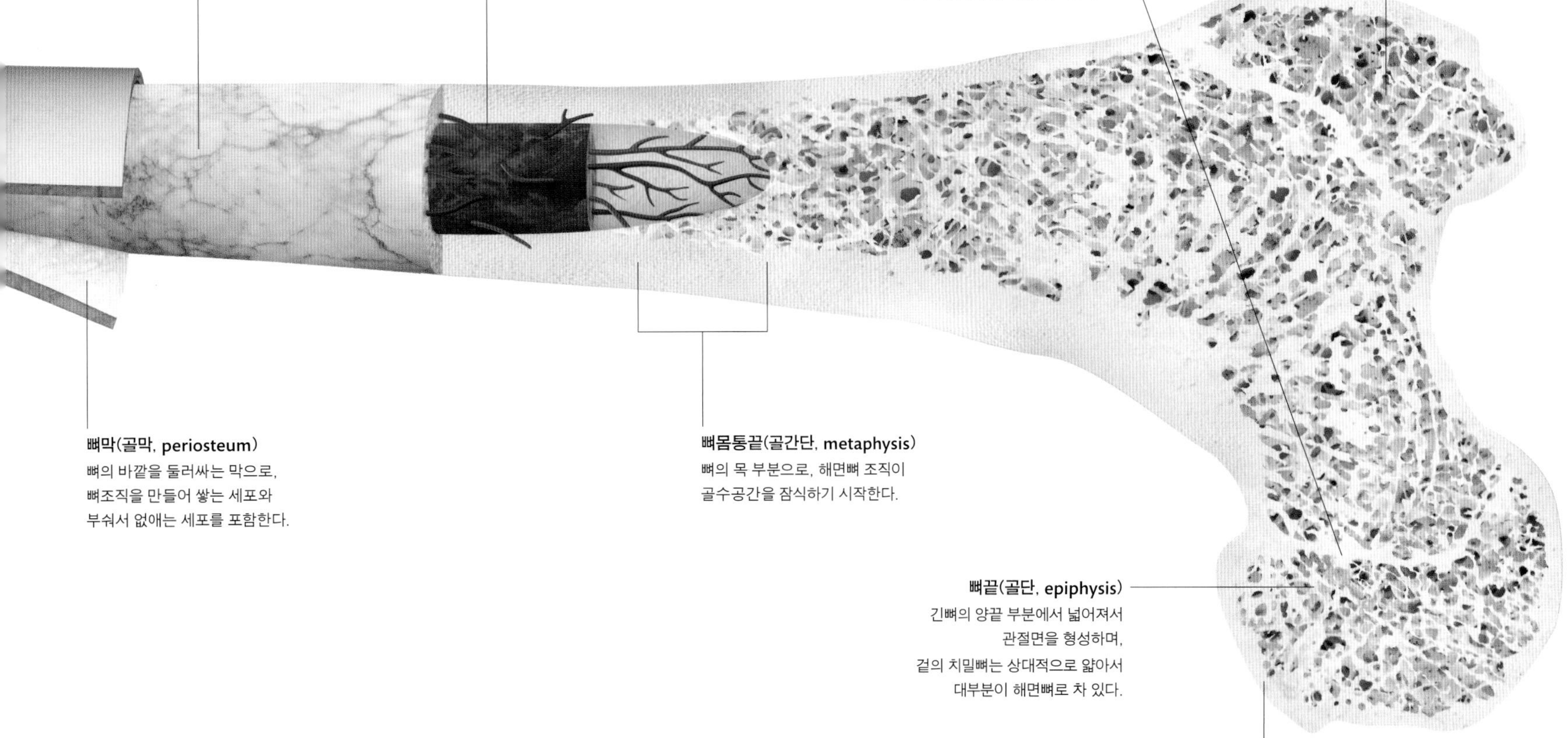

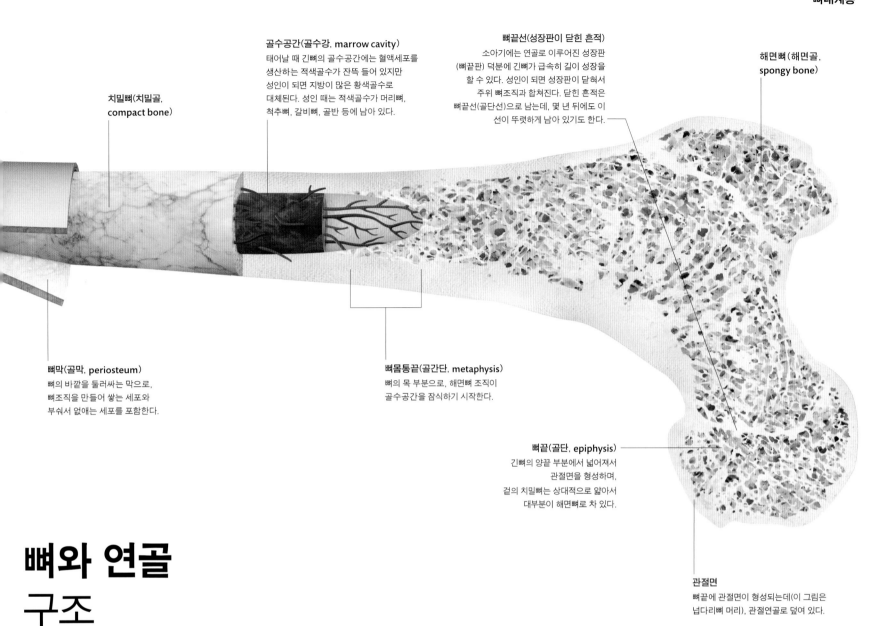

골수공간(골수강, marrow cavity)
태어날 때 긴뼈의 골수공간에는 혈액세포를 생산하는 적색골수가 잔뜩 들어 있지만 성인이 되면 지방이 많은 황색골수로 대체된다. 성인 때는 적색골수가 머리뼈, 척추뼈, 갈비뼈, 골반 등에 남아 있다.

뼈끝선(성장판이 닫힌 흔적)
소아기에는 연골로 이루어진 성장판(뼈끝판) 덕분에 긴뼈가 급속히 길이 성장을 할 수 있다. 성인이 되면 성장판이 닫혀서 주위 뼈조직과 합쳐진다. 닫힌 흔적은 뼈끝선(골단선)으로 남는데, 몇 년 뒤에도 이 선이 뚜렷하게 남아 있기도 한다.

해면뼈(해면골, spongy bone)

치밀뼈(치밀골, compact bone)

뼈막(골막, periosteum)
뼈의 바깥을 둘러싸는 막으로, 뼈조직을 만들어 쌓는 세포와 부숴서 없애는 세포를 포함한다.

뼈몸통끝(골간단, metaphysis)
뼈의 목 부분으로, 해면뼈 조직이 골수공간을 잠식하기 시작한다.

뼈끝(골단, epiphysis)
긴뼈의 양끝 부분에서 넓어져서 관절면을 형성하며, 겉의 치밀뼈는 상대적으로 얇아서 대부분이 해면뼈로 차 있다.

관절면
뼈끝에 관절면이 형성되는데(이 그림은 넙다리뼈 머리), 관절연골로 덮여 있다.

뼈와 연골
구조

성인 뼈대는 뼈가 주성분이며, 연골은 갈비뼈에 연결된 갈비연골을 포함해서 몇 곳에만 조금 남아 있다. 사람 뼈대는 대부분이 연골로 먼저 발생했다가 나중에 뼈로 대체된다(300~301쪽). 태아는 8주가 되면 이미 거의 모든 뼈대의 연골 모형이 존재하는데, 그중 일부는 뼈로 막 바뀌기 시작한다. 연골 모형이 뼈로 바뀌는 과정은 태아기와 소아기에 걸쳐 계속된다. 그러나 청소년 뼈대에 있는 뼈의 끝부분 근처는 여전히 연골판(성장판)이 남아서 뼈가 급속히 길어질 수 있다. 길이 성장이 완전히 끝나면 연골판이 닫히고 뼈로 바뀐다. 뼈와 연골은 둘 다 결합조직에 속하며 세포가 바탕질 속에 파묻혀 있지만 특성이 다르다. 연골은 뻣뻣하지만 유연성이 있는 조직이며 하중이 가해져도 잘 견디기 때문에 관절을 이루는 한 성분이 된다. 그러나 연골은 사실상 혈관이 없기 때문에 자체 복구 능력이 거의 없다. 반면에 뼈는 혈관이 많고 복구가 매우 잘 된다. 뼈세포는 칼슘이 쌓인 바탕질에 둘러싸여 있기 때문에 뼈조직이 매우 단단하고 튼튼해진다.

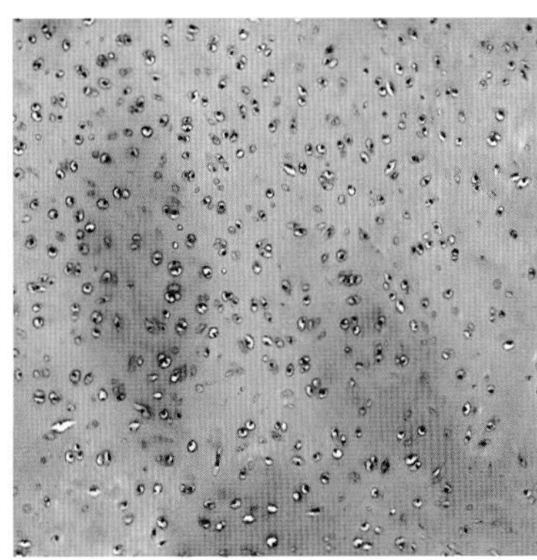

연골(CARTILAGE)
연골은 이 현미경 사진에 잘 드러나 있듯이 겔 비슷한 바탕질에 둘러싸인 연골세포라 불리는 특화된 세포들로 구성되어 있다. 바탕질에는 아교질(콜라겐)이나 탄력섬유소(엘라스틴) 같은 섬유가 포함되어 있다. 연골의 유형에는 유리연골(초자연골), 탄력연골, 섬유연골이 있는데, 저마다 아교질 등의 성분 비율이 다르다.

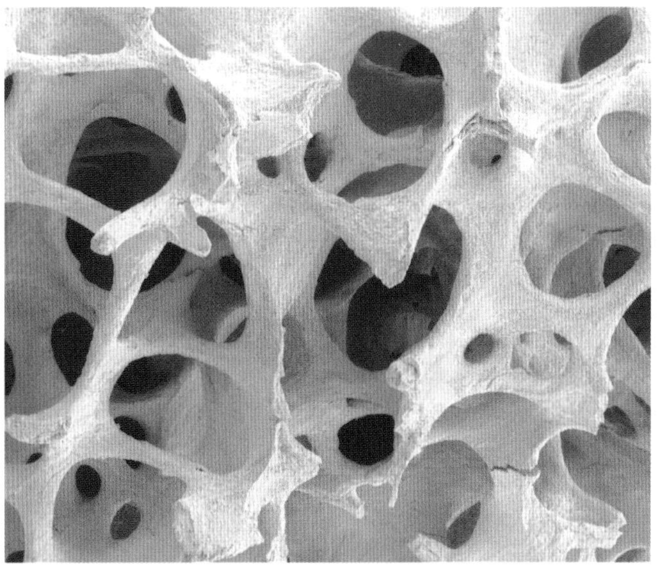

해면뼈(해면골, SPONGY BONE)
해면뼈는 긴뼈(장골)의 뼈끝(골단)에서 관찰되고, 척추뼈나 손목뼈나 발목뼈 같은 뼈의 내부를 완전히 채운다. 해면뼈는 서로 연결된 버팀목같이 생긴 미세한 뼈잔기둥들로 구성되기 때문에(이 확대 사진에서 잘 관찰된다.) 해면(스펀지)처럼 생겼으며, 살아 있는 사람에서는 골수 조직이 뼈잔기둥 사이 공간을 채운다.

관절과 인대 구조

배아 때 발생 중인 두 뼈 사이에 있는 결합조직이 관절을 형성하는데, 결합조직이 그대로 남아서 섬유관절이나 연골관절을 형성하거나 공간이 생겨서 윤활관절을 형성한다. 섬유관절은 아교질(콜라겐)로 구성된 미세한 섬유들로 연결된다. 예로는 머리뼈의 봉합과, 치아확관절과, 정강뼈와 종아리뼈의 아랫부분이 서로 연결된 정강종아리인대결합 등이 있다. 연골관절에는 갈비뼈와 갈비연골 사이 연결과 복장뼈의 구성원들 사이의 관절과 두덩결합이 있다. 척추사이원반(속칭 디스크)도 특수한 연골관절이다. 윤활관절에는 윤활액이 들어 있으며, 관절면이 연골로 덮여 있어 마찰이 적다. 윤활관절은 운동성이 매우 좋은 관절이 많다.(302~303쪽)

종아리뼈(비골)

정강뼈(경골)

정강종아리인대결합
두 뼈가 인대를 통해 결합되어 있다. 두 뼈의 윗부분 사이의 관절인 정강종아리관절은 윤활관절에 속한다.

인대결합(syndesmosis)
정강뼈와 종아리뼈의 아랫부분이 섬유조직을 통해 단단히 결합되어 있다. 아래팔이나 종아리의 두 뼈 사이를 연결하는 뼈사이막도 인대결합으로 간주할 수 있다.

발목관절

섬유관절(FIBROUS JOINT)

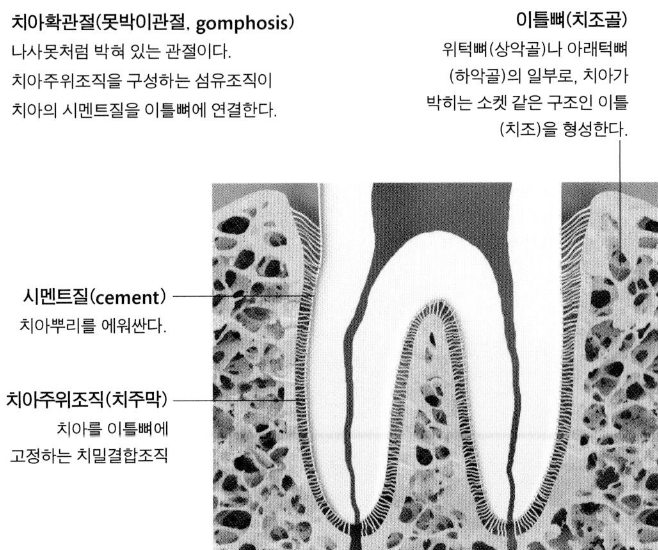
치아확관절(못박이관절, gomphosis)
나사못처럼 박혀 있는 관절이다. 치아주위조직을 구성하는 섬유조직이 치아의 시멘트질을 이틀뼈에 연결한다.
이틀뼈(치조골)
위턱뼈(상악골)나 아래턱뼈(하악골)의 일부로, 치아가 박히는 소켓 같은 구조인 이틀(치조)을 형성한다.
시멘트질(cement)
치아뿌리를 에워싼다.
치아주위조직(치주막)
치아를 이틀뼈에 고정하는 치밀결합조직

치아

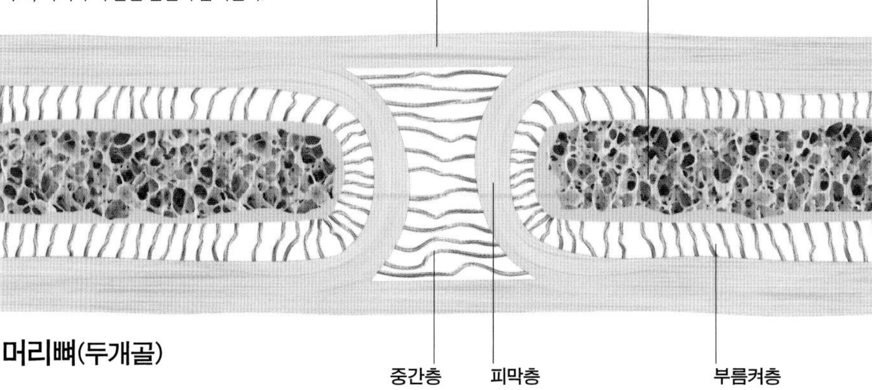
봉합(suture)
이 관절은 납작한 낱개머리뼈를 서로 연결한다. 신생아 머리뼈의 봉합은 유연하기 때문에 소아기 때 머리뼈가 자랄 수 있다. 성인 머리뼈의 봉합은 서로 맞물려서 사실상 움직이지 않는 관절이 되고, 나이가 더 들면 완전히 합쳐진다.
결합층
뼈
중간층
피막층
부름켜층

머리뼈(두개골)

연골관절(CARTILAGINOUS JOINT)

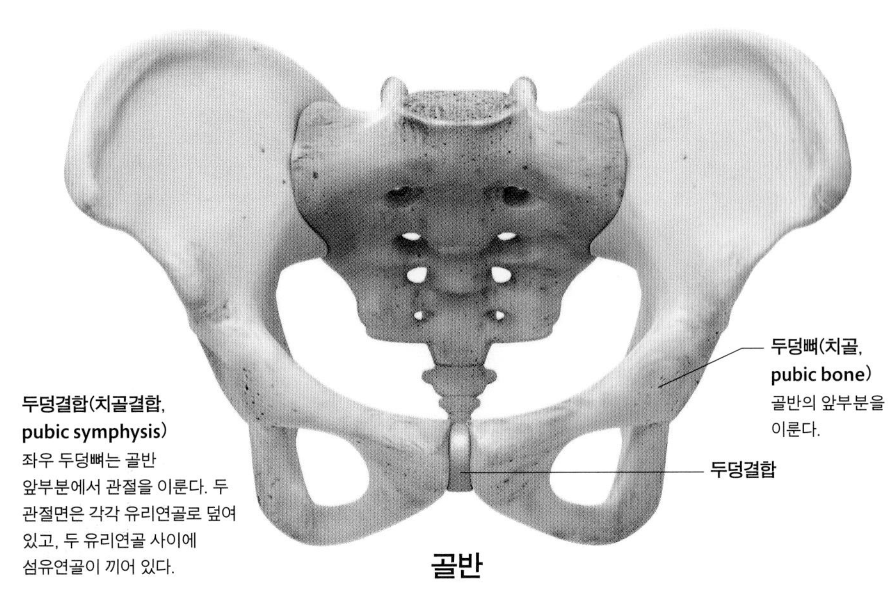
두덩뼈(치골, pubic bone)
골반의 앞부분을 이룬다.
두덩결합
두덩결합(치골결합, pubic symphysis)
좌우 두덩뼈는 골반 앞부분에서 관절을 이룬다. 두 관절면은 각각 유리연골로 덮여 있고, 두 유리연골 사이에 섬유연골이 끼어 있다.

골반

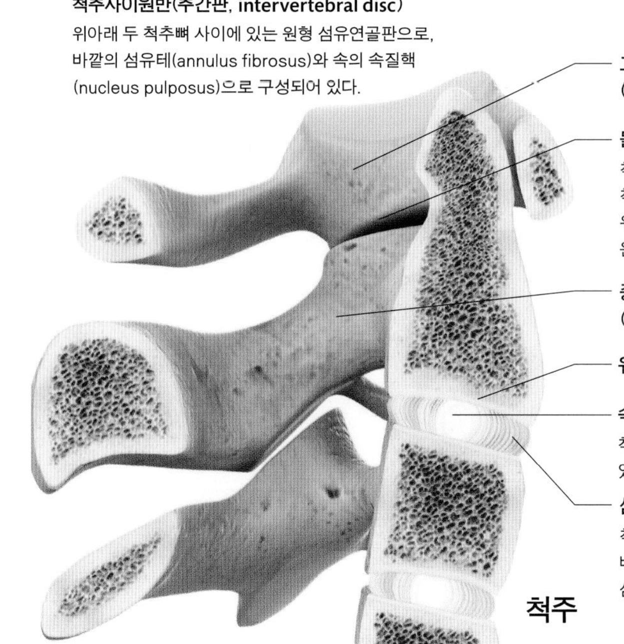
척추사이원반(추간판, intervertebral disc)
위아래 두 척추뼈 사이에 있는 원형 섬유연골판으로, 바깥의 섬유테(annulus fibrosus)와 속의 속질핵(nucleus pulposus)으로 구성되어 있다.
고리뼈
(환추골, 첫째 목뼈)
돌기사이관절
척추뼈 중 뒷부분에 있는 척추뼈고리들끼리 위아래로 연결하는 작은 윤활관절
중쇠뼈
(축추골, 둘째 목뼈)
유리연골(초자연골)
속질핵
척추사이원반의 속에 있는 겔 비슷한 조직
섬유테
척추사이원반의 바깥을 둘러싸는 섬유고리

척주

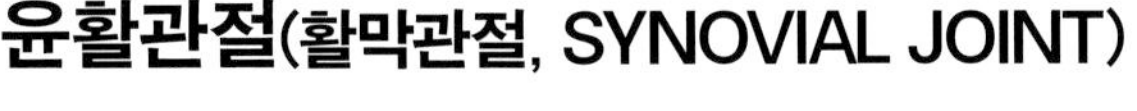

윤활관절(활막관절, SYNOVIAL JOINT)

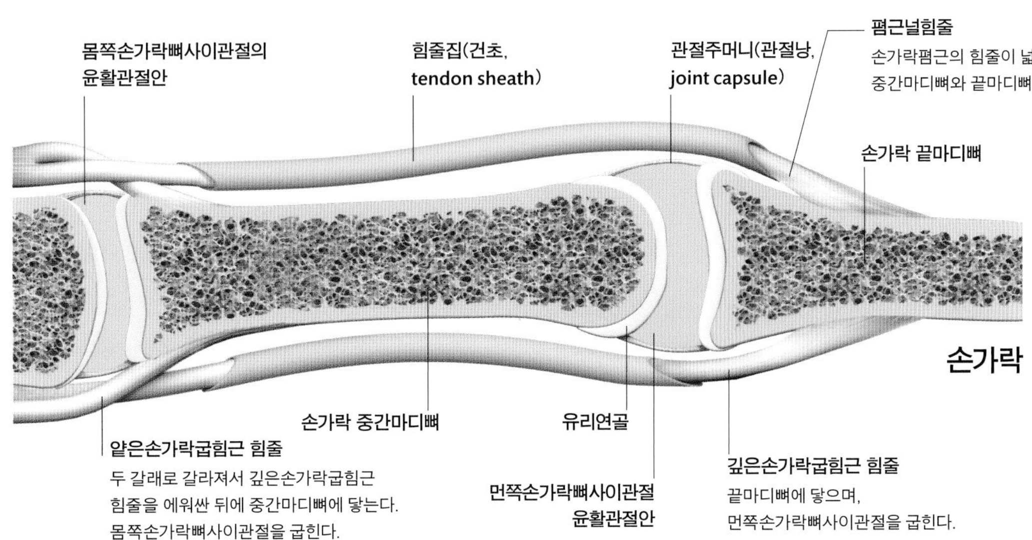
몸쪽손가락뼈사이관절의
윤활관절안
힘줄집(건초,
tendon sheath)
관절주머니(관절낭,
joint capsule)
펌근널힘줄
손가락펌근의 힘줄이 넓어져서 손가락의
중간마디뼈와 끝마디뼈에 닿는다.
손가락 끝마디뼈
손가락
손가락 중간마디뼈
유리연골
얕은손가락굽힘근 힘줄
두 갈래로 갈라져서 깊은손가락굽힘근
힘줄을 에워싼 뒤에 중간마디뼈에 닿는다.
몸쪽손가락뼈사이관절을 굽힌다.
먼쪽손가락뼈사이관절
윤활관절안
깊은손가락굽힘근 힘줄
끝마디뼈에 닿으며,
먼쪽손가락뼈사이관절을 굽힌다.

단순 경첩관절(hinge joint)

손가락 마디뼈를 연결하는 손가락뼈사이관절은 대표적인 단순 경첩관절이다. 이 관절은 한 면에서만 작동하기 때문에 굽힘(굴곡)과 폄(신전) 운동만 일어난다. 이웃한 두 마디뼈의 옆면을 연결하는 곁인대가 있기 때문에 마디뼈가 옆으로 어긋나지 않는다. 두 뼈의 관절면은 다른 모든 윤활관절과 마찬가지로 유리연골(초자연골)에 덮여 있다.

무릎 엑스선 채색 사진

이 무릎 엑스선 사진에서 뼈 조직은 매우 자세히 관찰되지만 물렁조직은 희미한 그림자만 보인다. MRI나 초음파 같은 다른 영상검사법을 이용하면 힘줄이나 인대나 연골 같은 다른 관절 성분도 관찰할 수 있다.

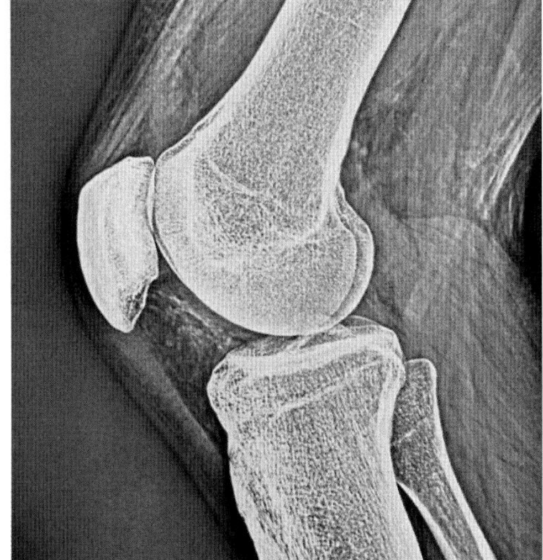

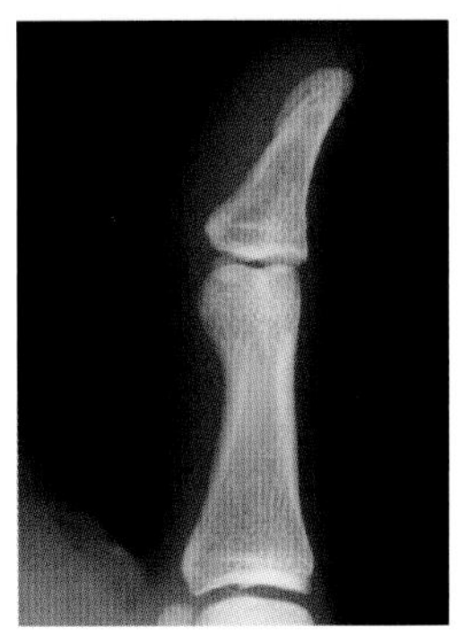

엄지손가락 엑스선 사진

이 사진에는 손허리손가락관절(아래쪽)과 손가락뼈사이관절이 보인다. 둘 다 단순 경첩관절이다.

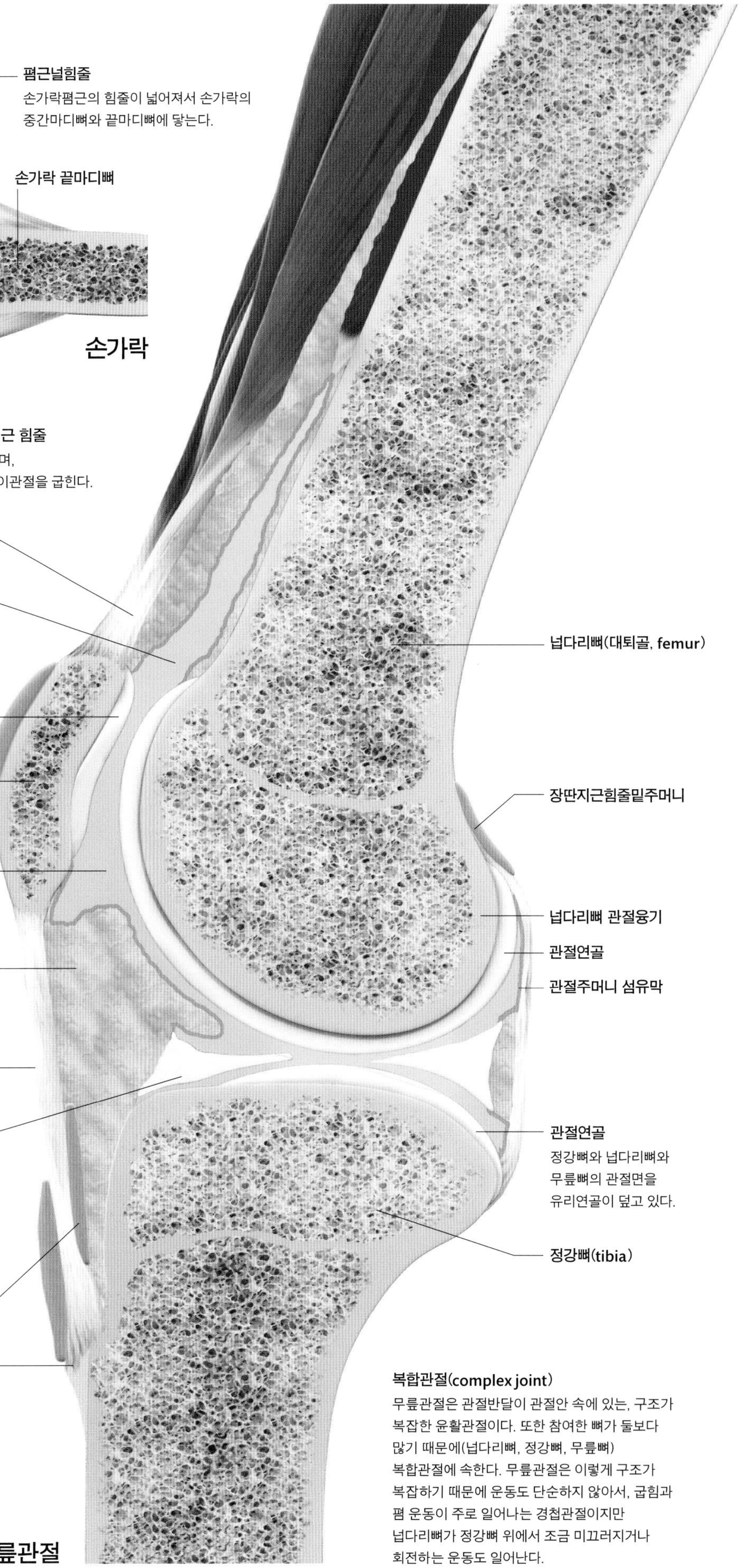

넙다리네갈래근 힘줄

무릎위주머니(suprapatellar bursa)
윤활액이 고여 있는 별도의 주머니인 윤활주머니(활액낭) 덕분에 관절 주위에 있는 힘줄이 매끄럽게 움직일 수 있다.

무릎뼈 관절연골

무릎뼈(patella)

무릎앞주머니

윤활관절안
윤활액이 얇은 막을 이루고 있다.

무릎아래지방체
윤활막 속에 있는 지방조직

무릎인대(무릎힘줄)

관절반달(meniscus)
무릎관절에는 섬유연골로 이루어진 초승달 모양의 관절원반인 관절반달이 한 쌍씩 들어 있는데, 이 관절반달 덕분에 무릎관절이 좀 더 복잡한 운동을 할 수 있다.

무릎아래힘줄밑주머니

정강뼈 거친면

넙다리뼈(대퇴골, femur)

장딴지근힘줄밑주머니

넙다리뼈 관절융기

관절연골

관절주머니 섬유막

관절연골
정강뼈와 넙다리뼈와 무릎뼈의 관절면을 유리연골이 덮고 있다.

정강뼈(tibia)

무릎관절

복합관절(complex joint)

무릎관절은 관절반달이 관절안 속에 있는, 구조가 복잡한 윤활관절이다. 또한 참여한 뼈가 둘보다 많기 때문에(넙다리뼈, 정강뼈, 무릎뼈) 복합관절에 속한다. 무릎관절은 이렇게 구조가 복잡하기 때문에 운동도 단순하지 않아서, 굽힘과 폄 운동이 주로 일어나는 경첩관절이지만 넙다리뼈가 정강뼈 위에서 조금 미끄러지거나 회전하는 운동도 일어난다.

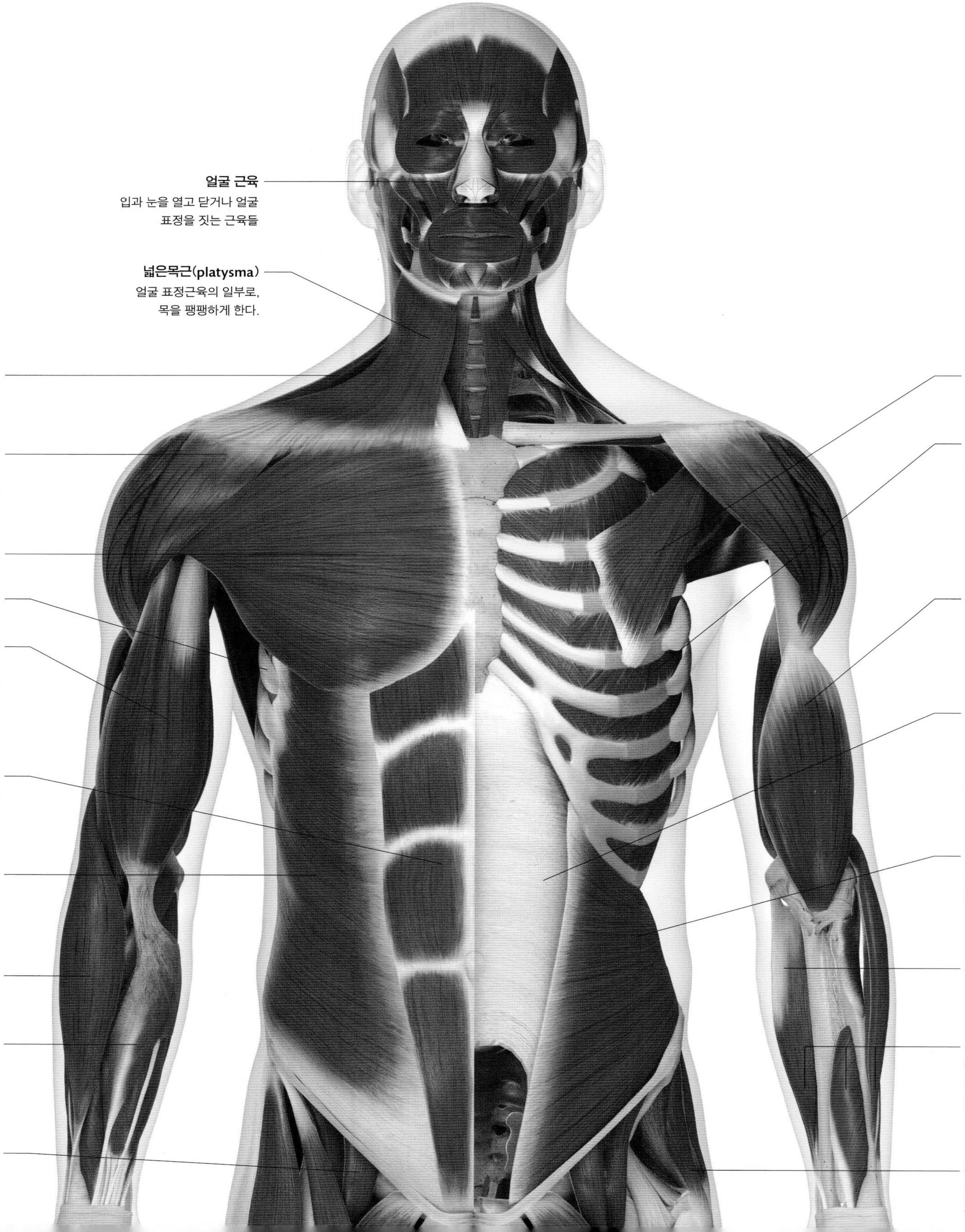

얼굴 근육
입과 눈을 열고 닫거나 얼굴 표정을 짓는 근육들

넓은목근(platysma)
얼굴 표정근육의 일부로, 목을 팽팽하게 한다.

등세모근(승모근, trapezius)

어깨세모근(삼각근, deltoid)
전체가 함께 작용하면 팔을 옆으로 움직이는데, 이 운동을 벌림(외전)이라 한다.

큰가슴근(대흉근, pectoralis major)

앞톱니근(serratus anterior)

위팔(상완) 앞칸(굽힘근칸)
팔꿉관절과 어깨관절을 굽히는 위팔두갈래근(상완이두근)을 포함한다.

배곧은근(복직근, rectus abdominis)
윗몸 일으키기를 할 때 가슴을 골반쪽으로 이동시키는 근육으로, 식스팩이라고도 한다.

배바깥빗근(외복사근, external oblique)
배의 세 겹 근육 중 가장 바깥 근육으로, 배의 옆벽을 이룬다.

위팔노근(brachioradialis)

아래팔 앞칸(굽힘근칸)
손목과 손가락을 굽히는 근육들을 포함한다.

엉덩허리근(장요근, iliopsoas)
넓적다리(대퇴)를 앞 및 위로 올리는 굽힘 운동을 한다.

작은가슴근(소흉근, pectoralis minor)

갈비사이근(intercostal muscle)
호흡할 때 가장 중요한 근육은 가로막(횡격막)이지만 위아래 갈비뼈 사이를 잇는 갈비사이근도 갈비뼈를 위 및 바깥쪽으로 들어올리는 데 도움을 주기 때문에 중요하다.

위팔 앞칸(굽힘근칸)
위팔근(상완근)은 팔꿉관절(주관절)을 굽힌다.

배곧은근집 뒤층
앞가쪽 배벽근육의 넓적한 힘줄인 널힘줄(건막)로 형성되는 배곧은근집은 앞층과 뒤층으로 나뉜다.

배가로근(transversus abdominis)
앞가쪽 배벽근육 세 겹 중 가장 속에 있는 근육

자쪽손목굽힘근(flexor carpi ulnaris)

아래팔 앞칸(굽힘근칸)
엄지손가락이나 나머지 네 손가락을 굽히는 근육들이 들어 있다.

중간볼기근(중둔근, gluteus medius)
넓적다리를 옆으로 움직이는 벌림(외전) 운동을 한다.

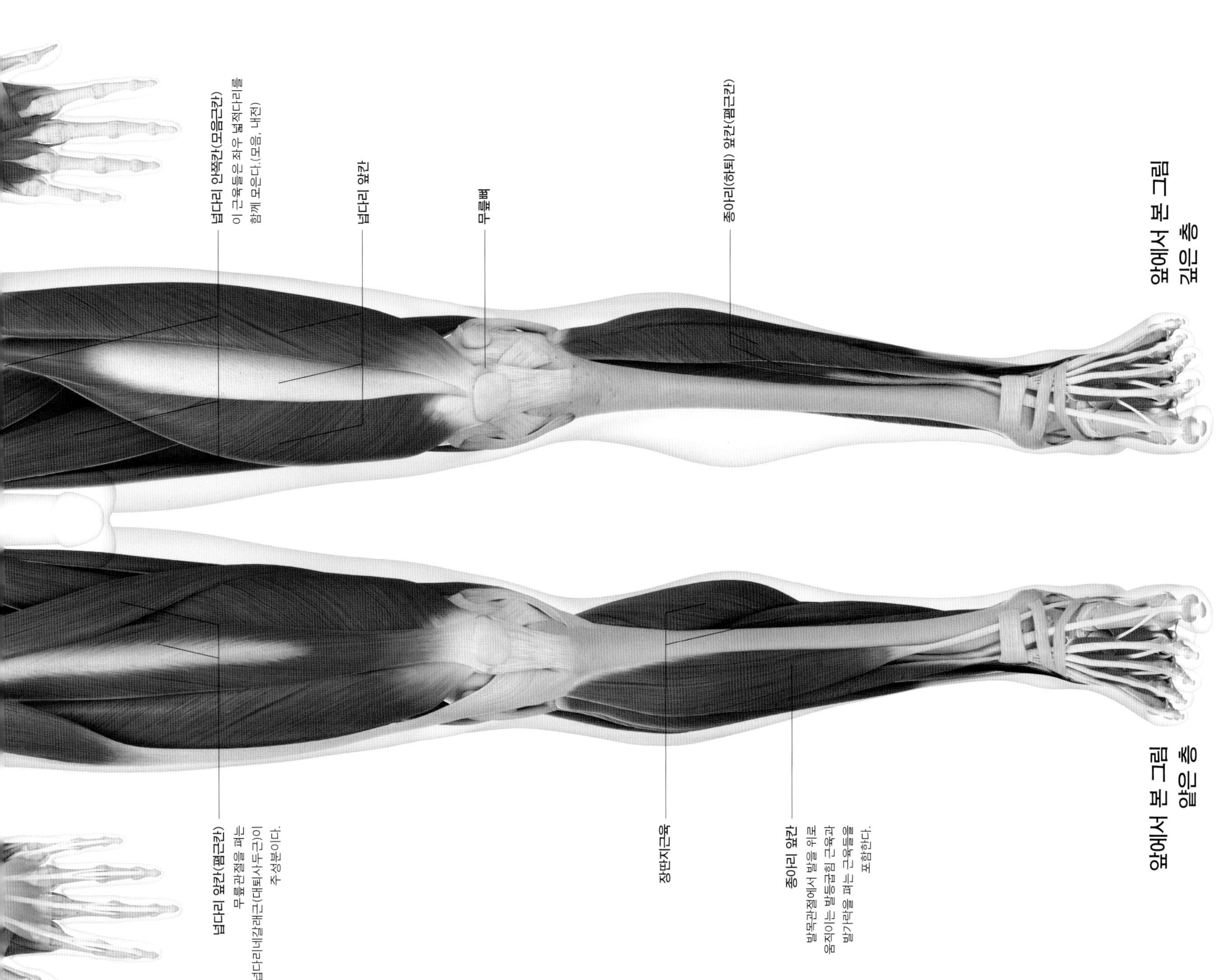
앞에서 본 그림 깊은 층
넙다리 안쪽칸(모음근칸)
이 근육들은 좌우 넓적다리를 함께 모은다(모음, 내전).
넙다리 앞칸
무릎뼈
종아리(하퇴) 앞칸(폄근칸)
앞에서 본 그림 얕은 층
넙다리 앞칸(폄근칸)
무릎관절을 펴는 넙다리네갈래근(대퇴사두근)이 주성분이다.
장딴지근육
종아리 앞칸
발목관절에서 발을 위로 움직이는 발등굽힘 근육과 발가락을 펴는 근육들을 포함한다.

근육계통

근육은 힘줄(건, tendon)이나, 넓적한 판 모양 힘줄인 널힘줄(건막, aponeurosis)이나, 근막(fascia)이라 불리는 결합조직 띠를 통해 뼈대에 부착한다. 근육은 혈관이 많기 때문에 붉은색이며, 힘줄은 혈액 공급이 많지 않기 때문에 흰색이다. 근육이 수축하여 일으키는 운동이 바로 근육의 '작용'이다. 근육 작용은 살아 있는 사람을 관찰하고 한편으로는 시신을 해부하여 근육의 부착 지점을 정확히 확인하는 연구를 통해 밝혀져 왔다. 전극을 이용하여 근육이 수축할 때 일어나는 전기 활동을 감지하는 근전도검사(EMG)도 어느 근육이 작용하여 특정 운동을 일으키는지를 확인할 수 있는 유용한 연구법이다.

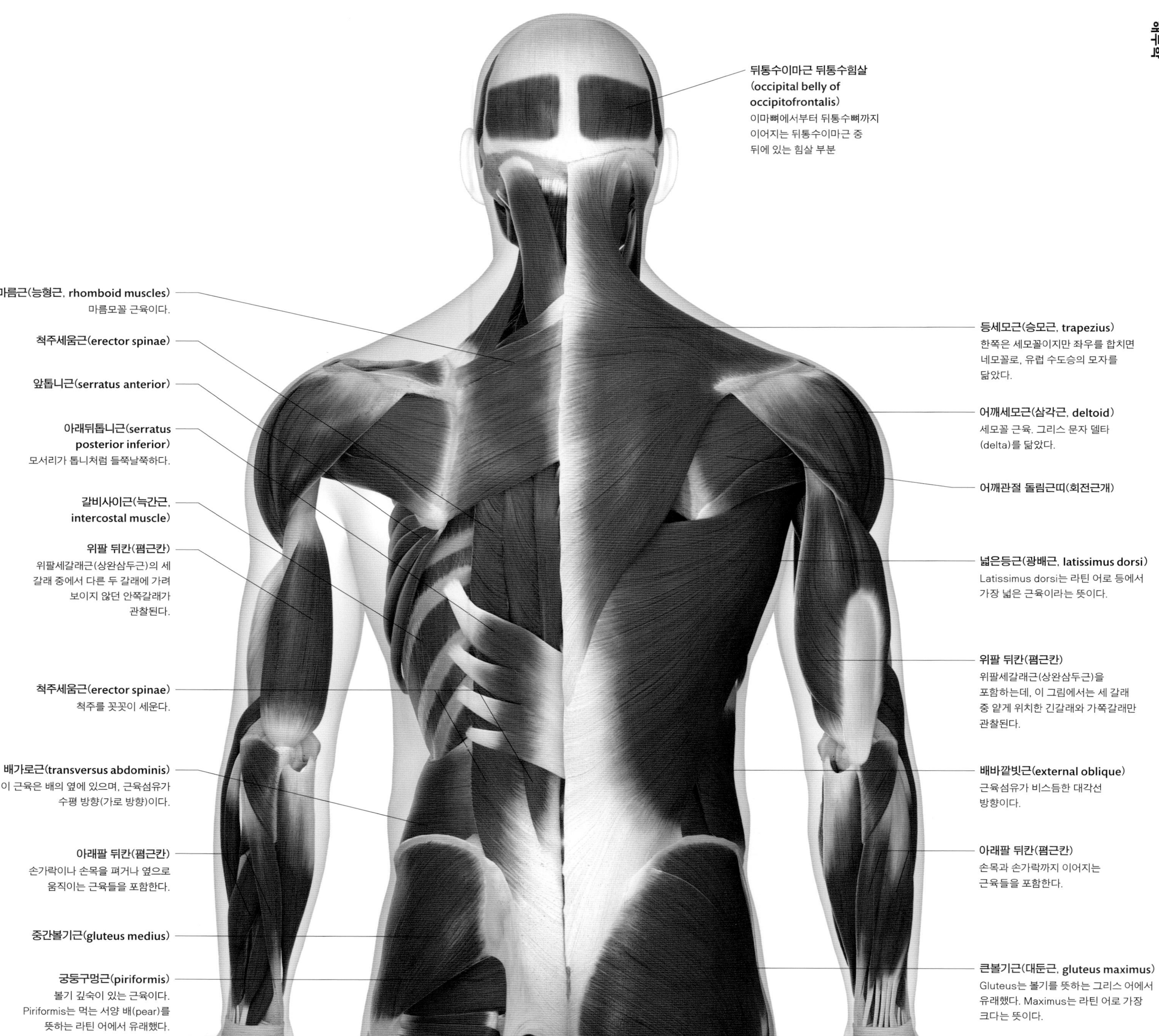
뒤통수이마근 뒤통수힘살 (occipital belly of occipitofrontalis)
이마뼈에서부터 뒤통수뼈까지 이어지는 뒤통수이마근 중 뒤에 있는 힘살 부분
마름근(능형근, rhomboid muscles)
마름모꼴 근육이다.
척주세움근(erector spinae)
앞톱니근(serratus anterior)
아래뒤톱니근(serratus posterior inferior)
모서리가 톱니처럼 들쭉날쭉하다.
갈비사이근(늑간근, intercostal muscle)
위팔 뒤칸(폄근칸)
위팔세갈래근(상완삼두근)의 세 갈래 중에서 다른 두 갈래에 가려 보이지 않던 안쪽갈래가 관찰된다.
척주세움근(erector spinae)
척주를 꼿꼿이 세운다.
배가로근(transversus abdominis)
이 근육은 배의 옆에 있으며, 근육섬유가 수평 방향(가로 방향)이다.
아래팔 뒤칸(폄근칸)
손가락이나 손목을 펴거나 옆으로 움직이는 근육들을 포함한다.
중간볼기근(gluteus medius)
궁둥구멍근(piriformis)
볼기 깊숙이 있는 근육이다. Piriformis는 먹는 서양 배(pear)를 뜻하는 라틴 어에서 유래했다.
등세모근(승모근, trapezius)
한쪽은 세모꼴이지만 좌우를 합치면 네모꼴로, 유럽 수도승의 모자를 닮았다.
어깨세모근(삼각근, deltoid)
세모꼴 근육. 그리스 문자 델타(delta)를 닮았다.
어깨관절 돌림근띠(회전근개)
넓은등근(광배근, latissimus dorsi)
Latissimus dorsi는 라틴 어로 등에서 가장 넓은 근육이라는 뜻이다.
위팔 뒤칸(폄근칸)
위팔세갈래근(상완삼두근)을 포함하는데, 이 그림에서는 세 갈래 중 얕게 위치한 긴갈래와 가쪽갈래만 관찰된다.
배바깥빗근(external oblique)
근육섬유가 비스듬한 대각선 방향이다.
아래팔 뒤칸(폄근칸)
손목과 손가락까지 이어지는 근육들을 포함한다.
큰볼기근(대둔근, gluteus maximus)
Gluteus는 볼기를 뜻하는 그리스 어에서 유래했다. Maximus는 라틴 어로 가장 크다는 뜻이다.

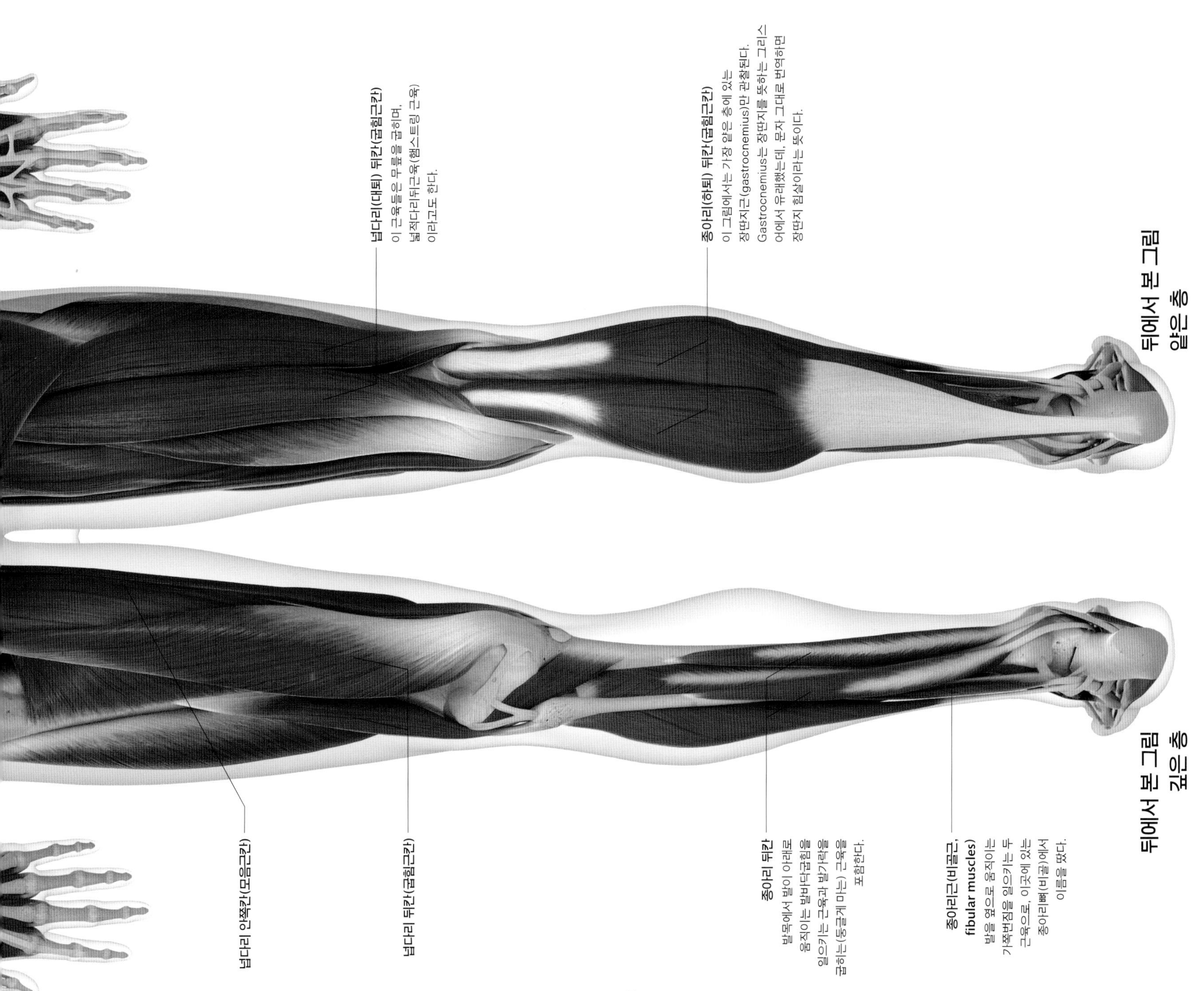
뒤에서 본 그림
얕은 층
넙다리(대퇴) 뒤칸(굽힘근칸)
이 근육들은 무릎을 굽히며,
넓적다리뒤근육(햄스트링 근육)
이라고도 한다.
종아리(하퇴) 뒤칸(굽힘근칸)
이 그림에서는 가장 얕은 층에 있는
장딴지근(gastrocnemius)만 관찰된다.
Gastrocnemius는 장딴지를 뜻하는 그리스
어에서 유래했는데, 문자 그대로 번역하면
장딴지 힘살이라는 뜻이다.
뒤에서 본 그림
깊은 층
넙다리 안쪽칸(모음근칸)
넙다리 뒤칸(굽힘근칸)
종아리 뒤칸
발목에서 발이 아래로
움직이는 발바닥굽힘을
일으키는 근육과 발가락을
굽히는(둥글게 마는) 근육을
포함한다.
종아리근(비골근,
fibular muscles)
발을 옆으로 움직이는
가쪽번짐을 일으키는 두
근육으로, 이곳에 있는
종아리뼈(비골)에서
이름을 땄다.

근육계통

대부분의 영어 근육 이름은 라틴 어나 그리스 어에 기원을 둔다. 이름을 보면 근육의 모양이나, 크기나, 부착 지점이나, 갈래의 수나, 신체 위치 또는 깊이나, 수축하면 일어나는 작용을 짐작할 수 있다. -oid로 끝나는 영어 이름은 근육 모양이 무언가를 닮았음을 뜻한다. 예를 들어 어깨세모근(deltoid)은 세모꼴이며, 마름근(rhomboid)은 다이아몬드(마름모) 모양이다. 두 용어가 합친 근육 이름도 많다. 이 이름은 대개 근육의 특징과 위치를 모두 나타낸다. 예를 들어 배곧은근(rectus abdominis)은 배에 있는 곧은 근육이며, 위팔두갈래근(biceps brachii)은 위팔(상완)에 있는 갈래가 둘인 근육이다. 일부 근육 이름은 작용을 나타내기도 하는데, 그 예로 손가락을 굽히는 손가락굽힘근이 있다.

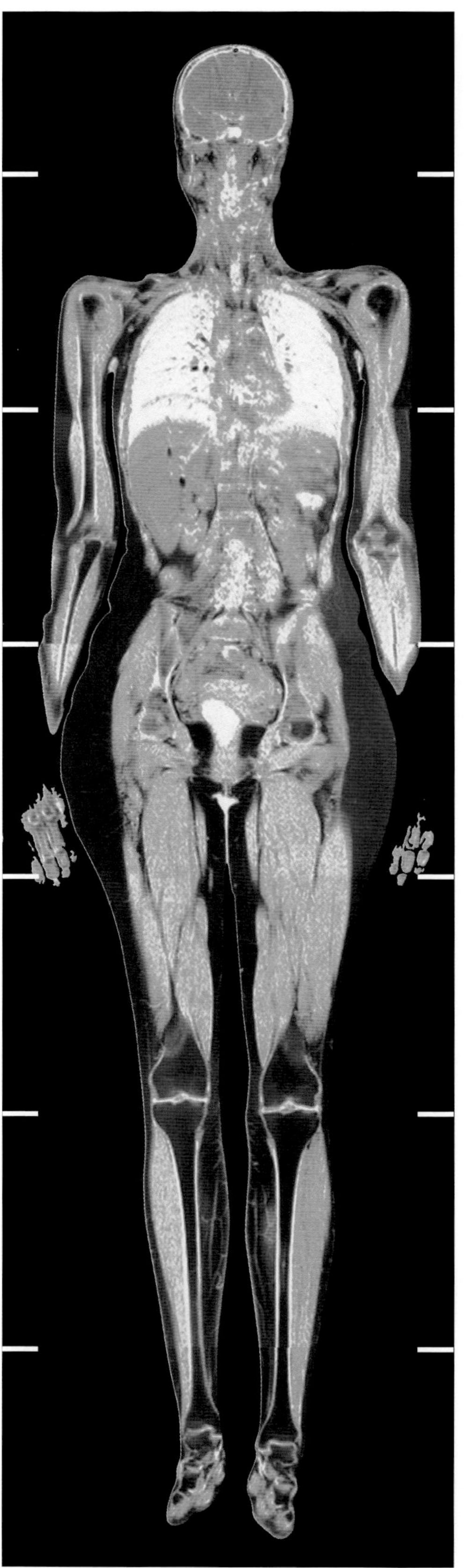

채색 MRI 사진: 관상단면
일반 엑스선 사진과 달리 MRI나 CT를 촬영하면 근육 같은 물렁조직이 잘 보인다. 팔다리에서 뼈와 피부밑지방은 보라색으로 채색했고, 근육은 녹색으로 채색했다.

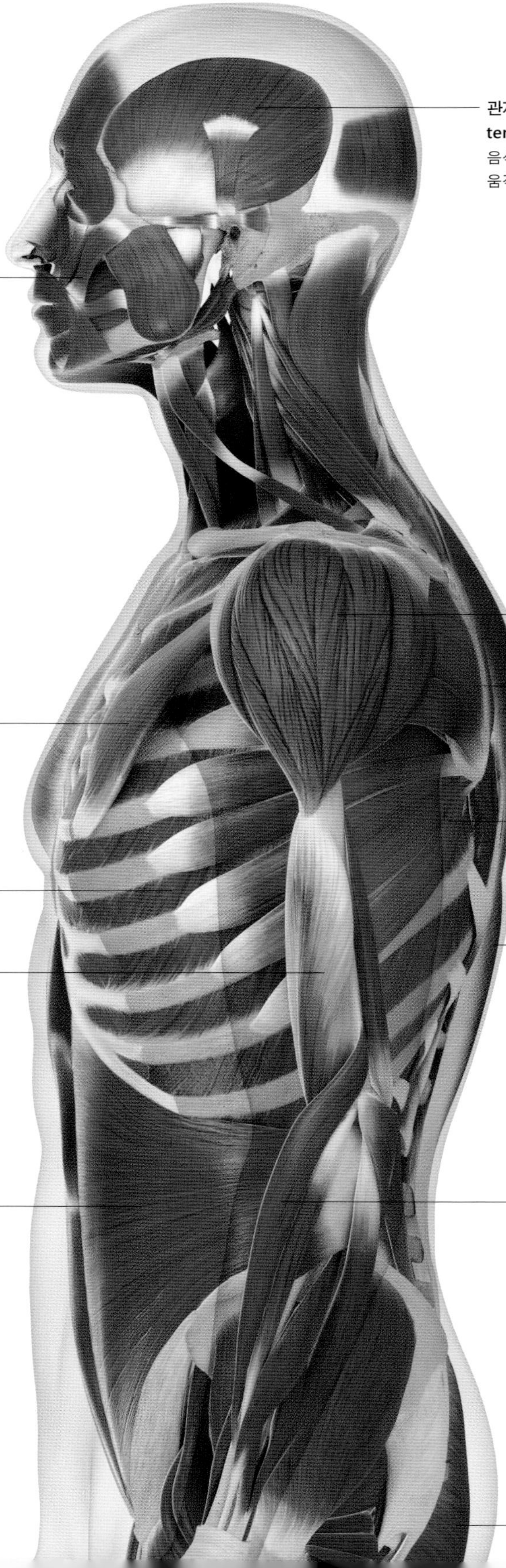

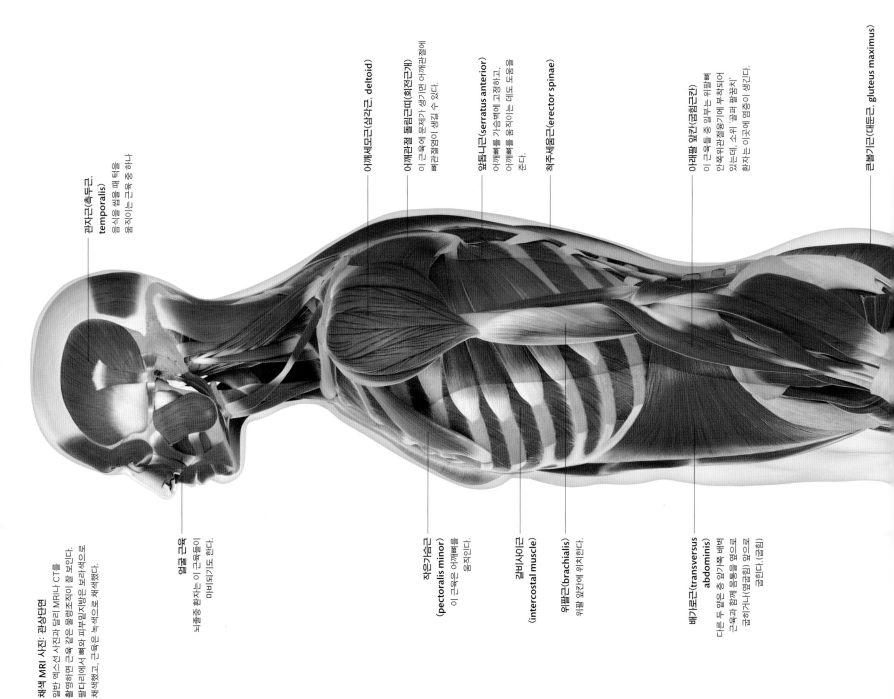

관자근(측두근, temporalis)
음식을 씹을 때 턱을 움직이는 근육 중 하나

얼굴 근육
뇌졸중 환자는 이 근육들이 마비되기도 한다.

어깨세모근(삼각근, deltoid)

어깨관절 돌림근띠(회전근개)
이 근육에 문제가 생기면 어깨관절에 뼈관절염이 생길 수 있다.

작은가슴근(pectoralis minor)
이 근육은 어깨뼈를 움직인다.

앞톱니근(serratus anterior)
어깨뼈를 가슴벽에 고정하고, 어깨뼈를 움직이는 데도 도움을 준다.

갈비사이근(intercostal muscle)

척주세움근(erector spinae)

위팔근(brachialis)
위팔 앞칸에 위치한다.

배가로근(transversus abdominis)
다른 두 얇은 층 앞가쪽 배벽 근육과 함께 몸통을 옆으로 굽히거나(옆굽힘) 앞으로 굽힌다.(굽힘)

아래팔 앞칸(굽힘근칸)
이 근육들 중 일부는 위팔뼈 안쪽위관절융기에 부착되어 있는데, 소위 '골퍼 팔꿈치' 환자는 이곳에 염증이 생긴다.

큰볼기근(대둔근, gluteus maximus)

근육계통

근육이 수축하는 힘은 근육 모양에 따라 다르다. 길고 가는 근육이 수축하면 길이는 많이 짧아지지만 힘은 약한 경향이 있다. 어깨세모근같이 수많은 근육섬유가 힘줄에 비스듬한 각도로 연결되어 있는 근육이 수축하면 길이가 조금만 짧아지지만 수축력은 더 크다. 근육 모양은 다양해도 근육섬유가 수축하여 발생하는 힘의 방향은 힘줄 방향을 따른다는 점이 공통 원칙이다. 근육섬유는 훈련을 열심히 하면 굵어진다. 반대로 근육을 몇 달간 쓰지 않으면 약해지기 시작한다. 따라서 근육 부피를 유지하는 데 신체 활동이 중요함을 알 수 있다.

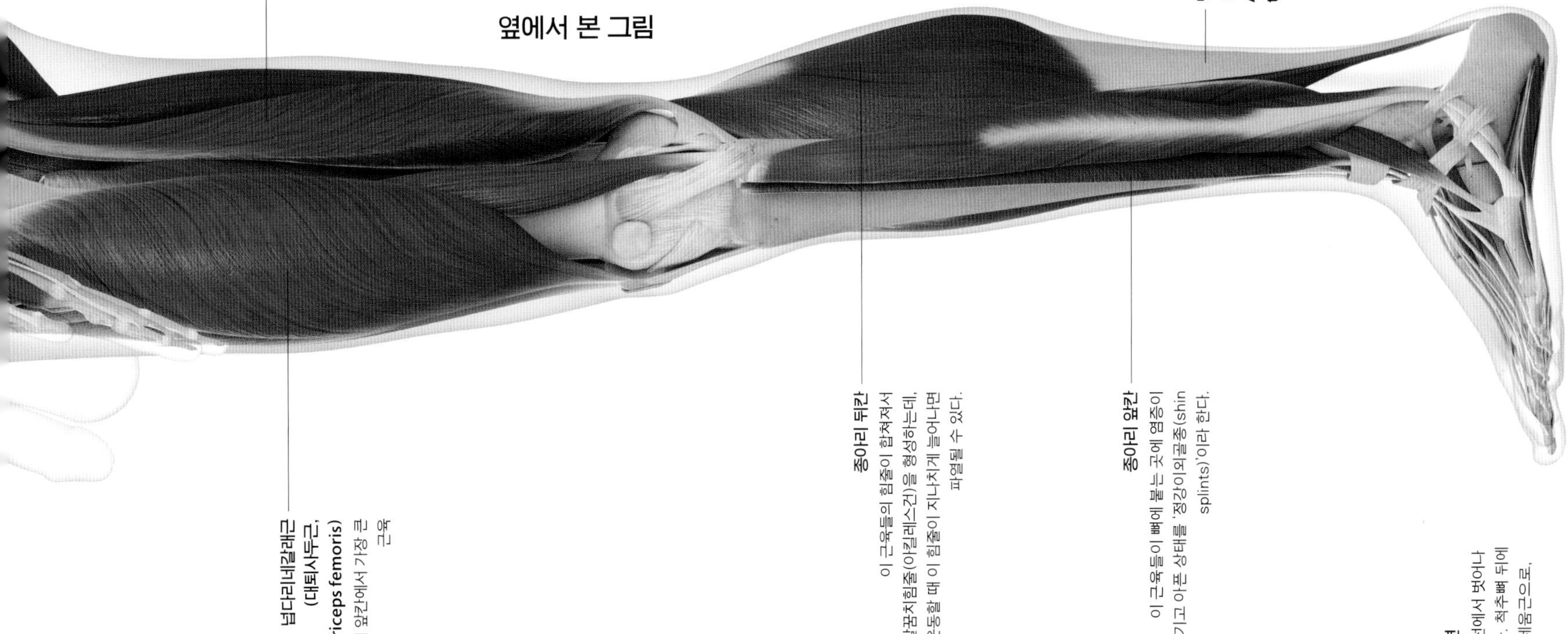

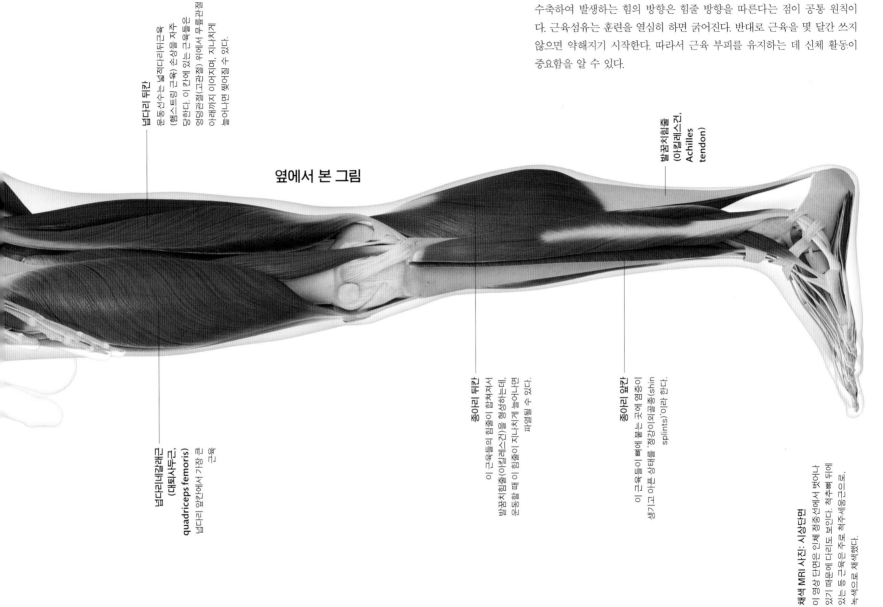

넙다리 뒤칸
운동선수는 넓적다리뒤근육(햄스트링 근육) 손상을 자주 당한다. 이 칸에 있는 근육들은 엉덩관절(고관절) 위에서 무릎관절 아래까지 이어지며, 지나치게 늘어나면 찢어질 수 있다.

옆에서 본 그림

발꿈치힘줄(아킬레스건, Achilles tendon)

넙다리네갈래근(대퇴사두근, quadriceps femoris)
넙다리 앞칸에서 가장 큰 근육

종아리 뒤칸
이 근육들의 힘줄이 합쳐져서 발꿈치힘줄(아킬레스건)을 형성하는데, 운동할 때 이 힘줄이 지나치게 늘어나면 파열될 수 있다.

종아리 앞칸
이 근육들이 뼈에 붙는 곳에 염증이 생기고 아픈 상태를 '정강이외골종(shin splints)'이라 한다.

채색 MRI 사진: 시상단면
이 영상 단면은 인체 정중선에서 벗어나 있기 때문에 다리도 보인다. 척추뼈 뒤에 있는 등 근육은 주로 척추세움근으로, 녹색으로 채색했다.

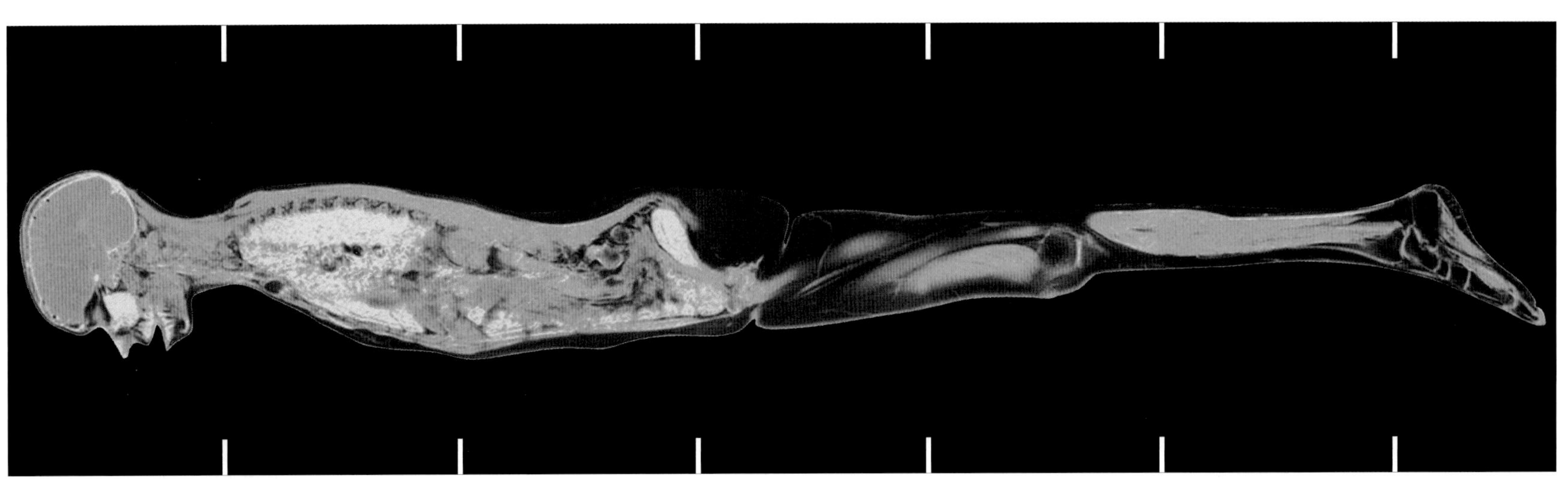

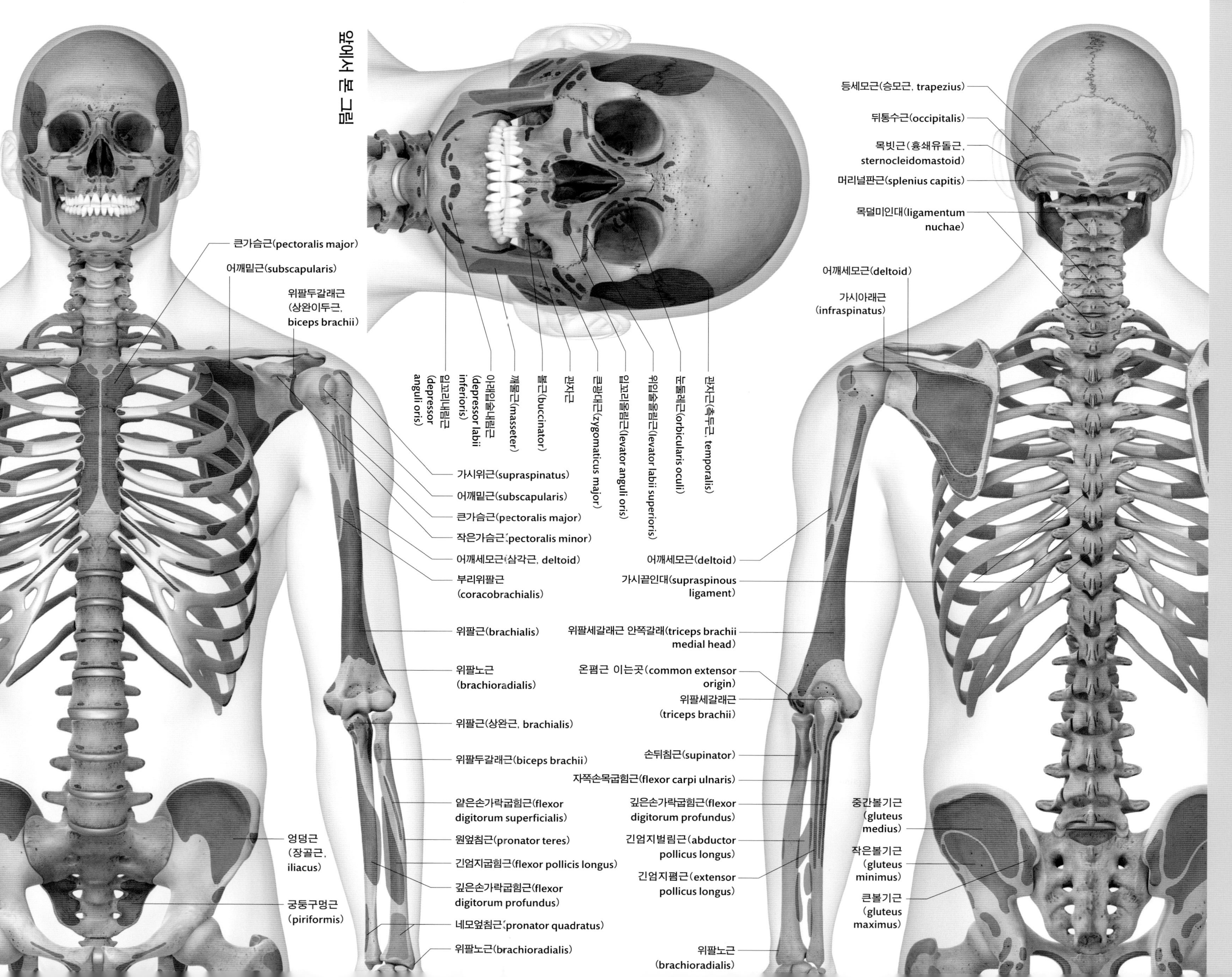

큰가슴근(pectoralis major)
어깨밑근(subscapularis)
위팔두갈래근 (상완이두근, biceps brachii)
가시위근(supraspinatus)
어깨밑근(subscapularis)
큰가슴근(pectoralis major)
작은가슴근(pectoralis minor)
어깨세모근(삼각근, deltoid)
부리위팔근 (coracobrachialis)
위팔근(brachialis)
위팔노근 (brachioradialis)
위팔근(상완근, brachialis)
위팔두갈래근(biceps brachii)
얕은손가락굽힘근(flexor digitorum superficialis)
원엎침근(pronator teres)
긴엄지굽힘근(flexor pollicis longus)
깊은손가락굽힘근(flexor digitorum profundus)
네모엎침근(pronator quadratus)
위팔노근(brachioradialis)
엉덩근 (장골근, iliacus)
궁둥구멍근 (piriformis)
앞에서 본 그림
관자근(측두근, temporalis)
눈둘레근(orbicularis oculi)
위입술올림근(levator labii superioris)
입꼬리올림근(levator anguli oris)
큰광대근(zygomaticus major)
관자근
볼근(buccinator)
깨물근(masseter)
아래입술내림근 (depressor labii inferioris)
입꼬리내림근 (depressor anguli oris)
등세모근(승모근, trapezius)
뒤통수근(occipitalis)
목빗근(흉쇄유돌근, sternocleidomastoid)
머리널판근(splenius capitis)
목덜미인대(ligamentum nuchae)
어깨세모근(deltoid)
가시아래근 (infraspinatus)
어깨세모근(deltoid)
가시끝인대(supraspinous ligament)
위팔세갈래근 안쪽갈래(triceps brachii medial head)
온폄근 이는곳(common extensor origin)
위팔세갈래근 (triceps brachii)
손뒤침근(supinator)
자쪽손목굽힘근(flexor carpi ulnaris)
깊은손가락굽힘근(flexor digitorum profundus)
긴엄지벌림근(abductor pollicus longus)
긴엄지폄근(extensor pollicus longus)
위팔노근 (brachioradialis)
중간볼기근 (gluteus medius)
작은볼기근 (gluteus minimus)
큰볼기근 (gluteus maximus)

근육
부착 지점

근육이 뼈에 부착하는 곳을 이는곳(origin)과 닿는곳(insertion)이라 부른다. 이는곳은 부착 지점 중 대개 근육이 수축했을 때 위치가 바뀌지 않는 곳을 가리키며, 닿는곳은 움직이는 곳을 가리킨다. 하지만 이는 상대적인 구분으로, 근육을 사용하는 방법에 따라 언제든지 달라진다. 뼈대에 근육이 부착하는 곳을 그림으로 표시할 때 통상 이는곳은 빨간색으로, 닿는곳은 파란색으로 표시한다. 부착 지점의 모양은 다양하다. 돌출되어 있는 부착 지점도 있는데, 모양에 따라 돌기, 결절, 융기 등으로 다양하게 표현한다. 근육의 힘줄이 뼈에 있는 오목이나 고랑에 부착하기도 한다.

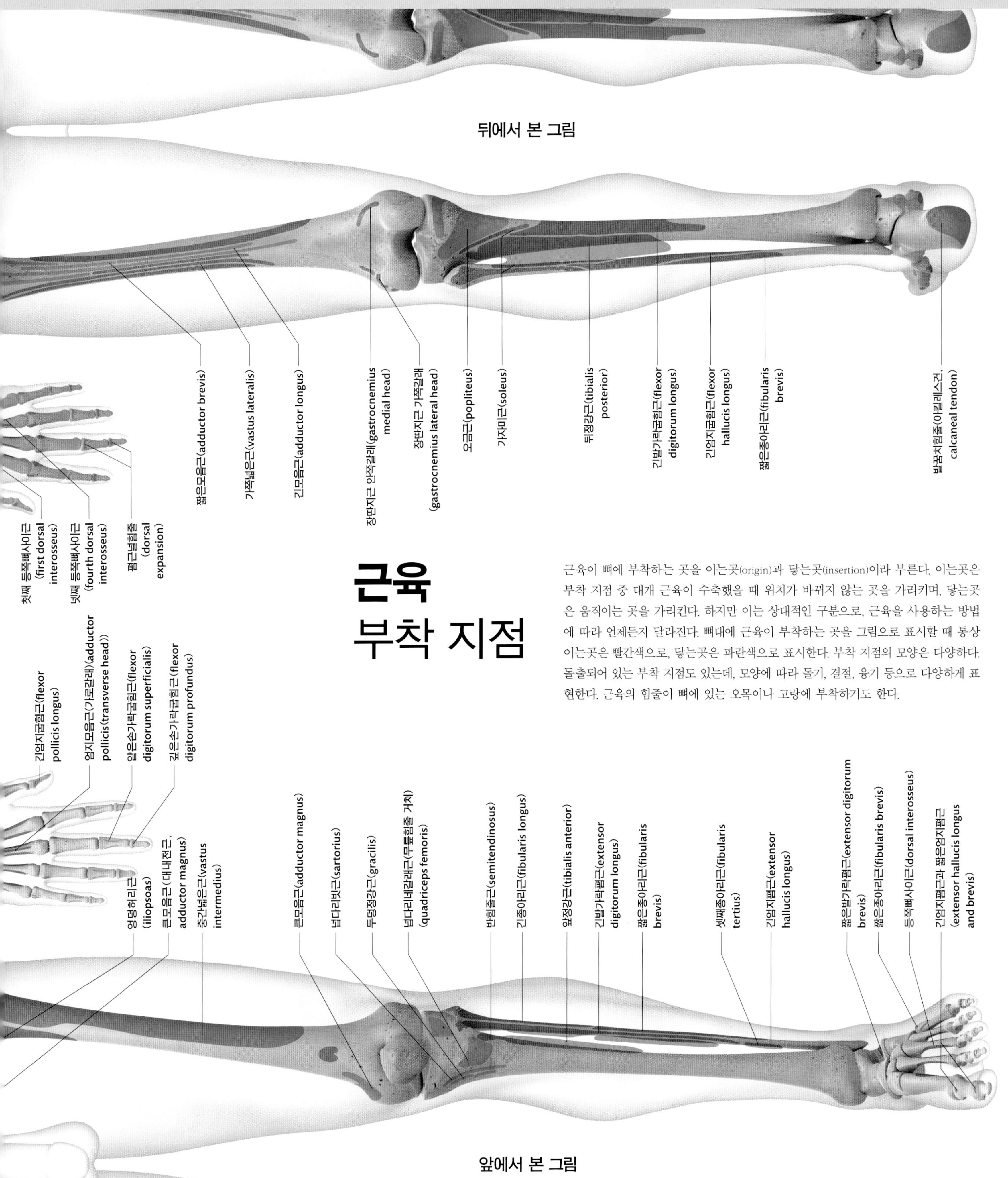

뒤에서 본 그림
짧은모음근(adductor brevis)
가쪽넓은근(vastus lateralis)
긴모음근(adductor longus)
장딴지근 안쪽갈래(gastrocnemius medial head)
장딴지근 가쪽갈래(gastrocnemius lateral head)
오금근(popliteus)
가자미근(soleus)
뒤정강근(tibialis posterior)
긴발가락굽힘근(flexor digitorum longus)
긴엄지굽힘근(flexor hallucis longus)
짧은종아리근(fibularis brevis)
발꿈치힘줄(아킬레스건, calcaneal tendon)
첫째 등쪽뼈사이근(first dorsal interosseus)
넷째 등쪽뼈사이근(fourth dorsal interosseus)
폄근널힘줄(dorsal expansion)
긴엄지굽힘근(flexor pollicis longus)
엄지모음근(가로갈래)(adductor pollicis(transverse head))
얕은손가락굽힘근(flexor digitorum superficialis)
깊은손가락굽힘근(flexor digitorum profundus)
엉덩허리근(iliopsoas)
큰모음근(대내전근, adductor magnus)
중간넓은근(vastus intermedius)
큰모음근(adductor magnus)
넙다리빗근(sartorius)
두덩정강근(gracilis)
넙다리네갈래근(무릎힘줄 거쳐)(quadriceps femoris)
반힘줄근(semitendinosus)
긴종아리근(fibularis longus)
앞정강근(tibialis anterior)
긴발가락폄근(extensor digitorum longus)
짧은종아리근(fibularis brevis)
셋째종아리근(fibularis tertius)
긴엄지폄근(extensor hallucis longus)
짧은발가락폄근(extensor digitorum brevis)
짧은종아리근(fibularis brevis)
등쪽뼈사이근(dorsal interosseus)
긴엄지폄근과 짧은엄지폄근(extensor hallucis longus and brevis)
앞에서 본 그림

058
해부학

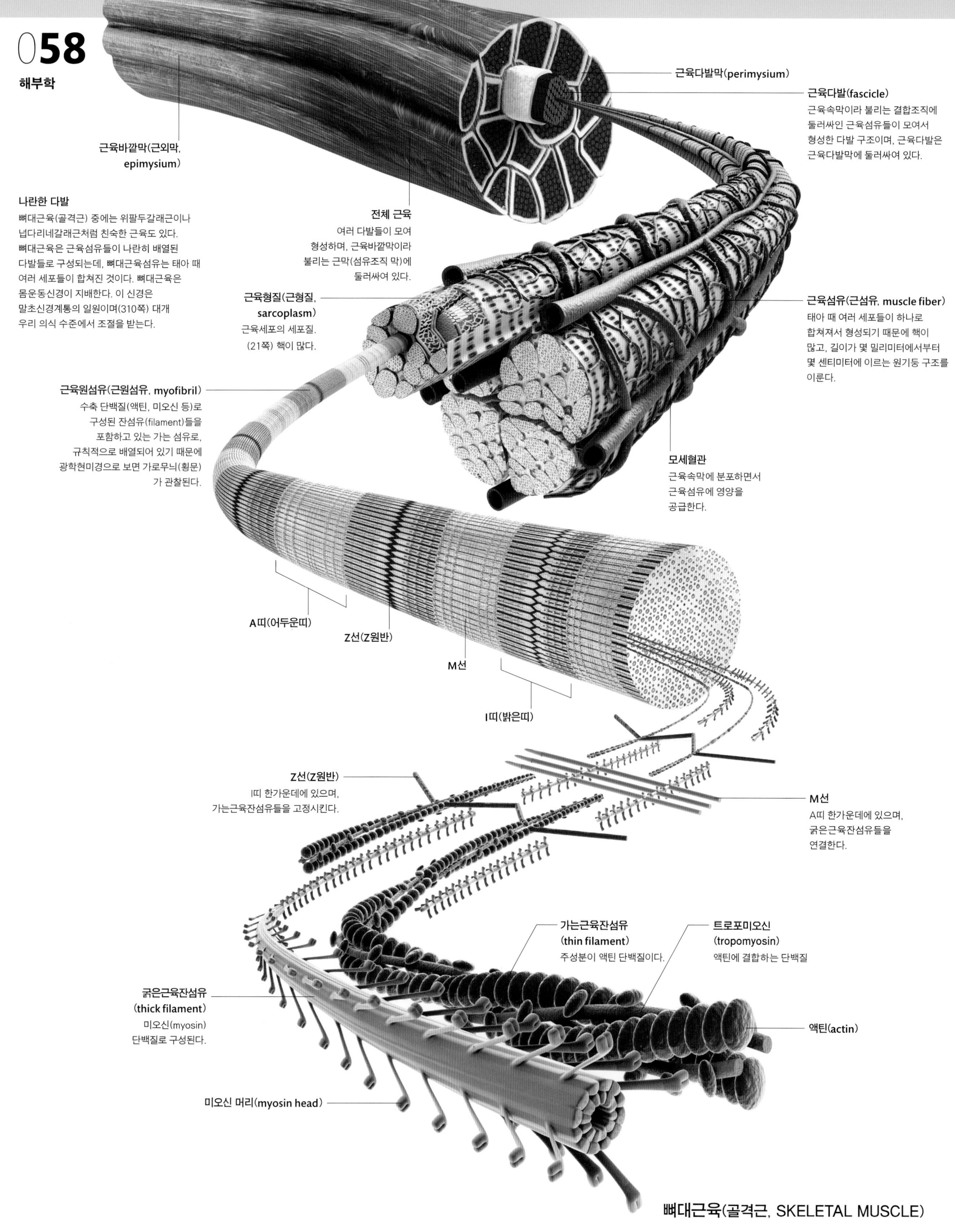

근육다발막(perimysium)
근육다발(fascicle)
근육속막이라 불리는 결합조직에 둘러싸인 근육섬유들이 모여서 형성한 다발 구조이며, 근육다발은 근육다발막에 둘러싸여 있다.
근육바깥막(근외막, epimysium)
나란한 다발
뼈대근육(골격근) 중에는 위팔두갈래근이나 넙다리네갈래근처럼 친숙한 근육도 있다. 뼈대근육은 근육섬유들이 나란히 배열된 다발들로 구성되는데, 뼈대근육섬유는 태아 때 여러 세포들이 합쳐진 것이다. 뼈대근육은 몸운동신경이 지배한다. 이 신경은 말초신경계통의 일원이며(310쪽) 대개 우리 의식 수준에서 조절을 받는다.
전체 근육
여러 다발들이 모여 형성하며, 근육바깥막이라 불리는 근막(섬유조직 막)에 둘러싸여 있다.
근육형질(근형질, sarcoplasm)
근육세포의 세포질. (21쪽) 핵이 많다.
근육섬유(근섬유, muscle fiber)
태아 때 여러 세포들이 하나로 합쳐져서 형성되기 때문에 핵이 많고, 길이가 몇 밀리미터에서부터 몇 센티미터에 이르는 원기둥 구조를 이룬다.
근육원섬유(근원섬유, myofibril)
수축 단백질(액틴, 미오신 등)로 구성된 잔섬유(filament)들을 포함하고 있는 가는 섬유로, 규칙적으로 배열되어 있기 때문에 광학현미경으로 보면 가로무늬(횡문)가 관찰된다.
모세혈관
근육속막에 분포하면서 근육섬유에 영양을 공급한다.
A띠(어두운띠)
Z선(Z원반)
M선
I띠(밝은띠)
Z선(Z원반)
I띠 한가운데에 있으며, 가는근육잔섬유들을 고정시킨다.
M선
A띠 한가운데에 있으며, 굵은근육잔섬유들을 연결한다.
가는근육잔섬유
(thin filament)
주성분이 액틴 단백질이다.
트로포미오신
(tropomyosin)
액틴에 결합하는 단백질
굵은근육잔섬유
(thick filament)
미오신(myosin) 단백질로 구성된다.
액틴(actin)
미오신 머리(myosin head)

뼈대근육(골격근, SKELETAL MUSCLE)

근육 구조

근육세포는 수축할 수 있는 특수한 능력을 보유하고 있다. 근육세포 속에는 액틴과 미오신이라는 길고 가는 섬유 같은 단백질로 가득 차 있는데, 액틴과 미오신은 지네 다리가 실을 붙잡고 있듯이 연결되어 있다. 이 지네 다리가 움직이면 액틴과 미오신이 엇갈려 미끄러지고, 그 결과 근육세포 전체 길이가 변한다.(304쪽) 사람의 근육은 크게 세 가지, 즉 뼈대근육(골격근)과 심장근육(심근)과 민무늬근육(평활근)으로 나뉜다. 뼈대근육은 수의근(맘대로근)이고 심장근육과 민무늬근육은 불수의근(제대로근)이다. 현미경으로 관찰하면 세 근육의 구조가 뚜렷이 다르다. 뼈대근육은 전체적인 모양과 구조도 다양하며, 그에 따라 기능도 다르다.

민무늬근육(평활근, SMOOTH MUSCLE)

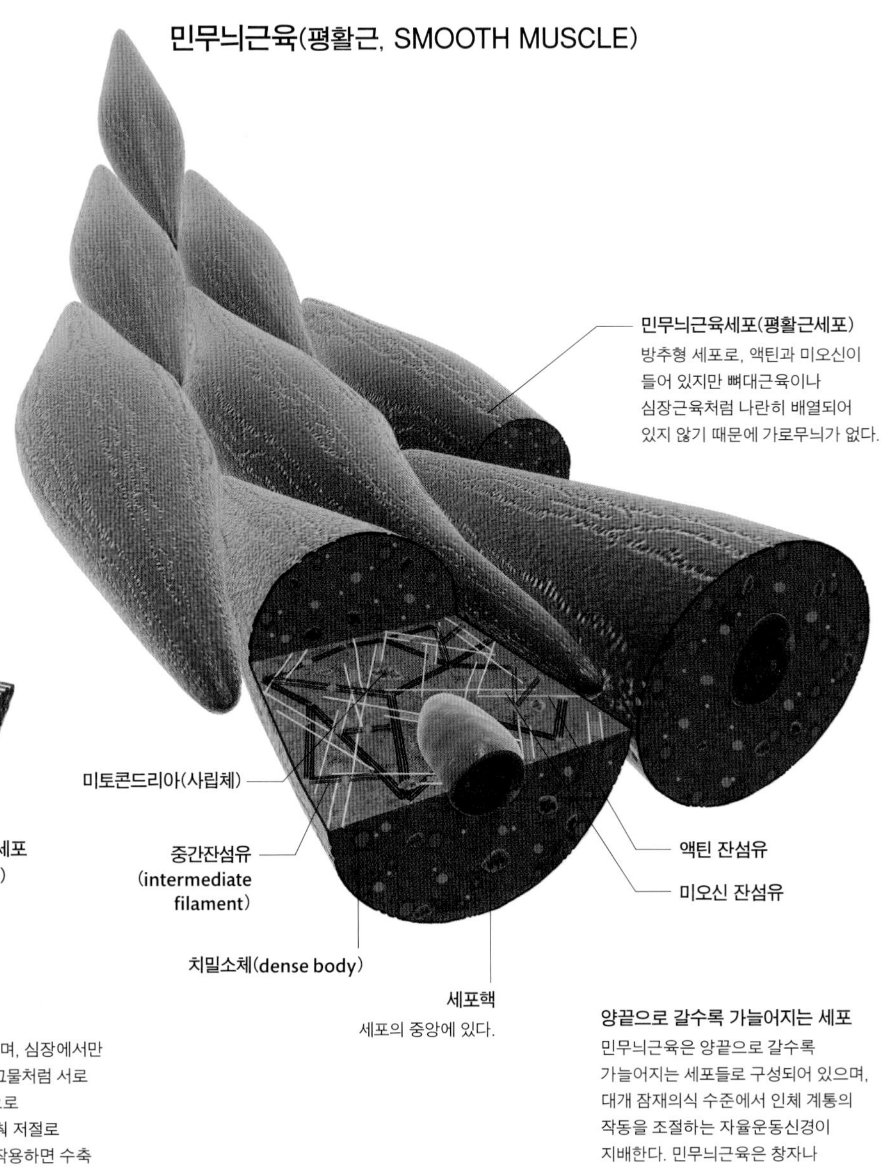
민무늬근육세포(평활근세포)
방추형 세포로, 액틴과 미오신이 들어 있지만 뼈대근육이나 심장근육처럼 나란히 배열되어 있지 않기 때문에 가로무늬가 없다.
미토콘드리아(사립체)
중간잔섬유 (intermediate filament)
치밀소체(dense body)
액틴 잔섬유
미오신 잔섬유
세포핵
세포의 중앙에 있다.

심장근육(심근, CARDIAC MUSCLE)

사이원반(intercalated disk) 이 정교한 이음새는 맞닿아 있는 심장근육세포들을 단단히 결합한다.

세포핵

심장근육세포(심근세포)

미토콘드리아(사립체) 심장근육세포 속에는 에너지를 생산하는 미토콘드리아가 가득 있다.

근육원섬유(myofibril) 심장근육의 근육원섬유는 뼈대근육 근육원섬유와 비슷한 방식으로 배열되어 있기 때문에 광학현미경으로 보면 가로무늬가 관찰된다.

심장근육
심장근육(심근)은 심장근육층이라고도 하며, 심장에서만 발견된다. 심장근육은 그물처럼 서로 연결된 근육섬유 집단으로 존재하는데, 리듬에 맞춰 저절로 수축한다. 자율신경이 작용하면 수축 속도가 빨라지거나 느려져서 신체 요구에 따라 혈액 박출량이 변한다.

양끝으로 갈수록 가늘어지는 세포
민무늬근육은 양끝으로 갈수록 가늘어지는 세포들로 구성되어 있으며, 대개 잠재의식 수준에서 인체 계통의 작동을 조절하는 자율운동신경이 지배한다. 민무늬근육은 창자나 혈관이나 호흡관 같은 대롱 모양 장기의 벽에 특히 많다.

근육의 모양

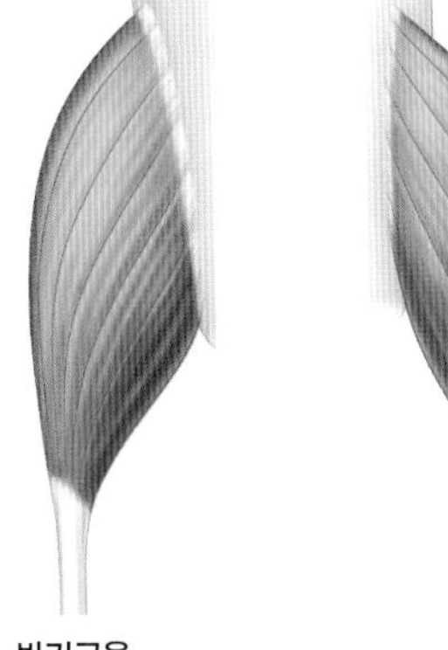
반깃근육

깃근육

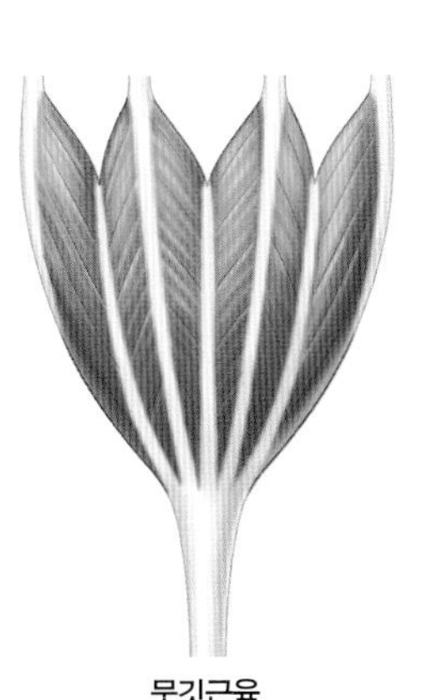
뭇깃근육

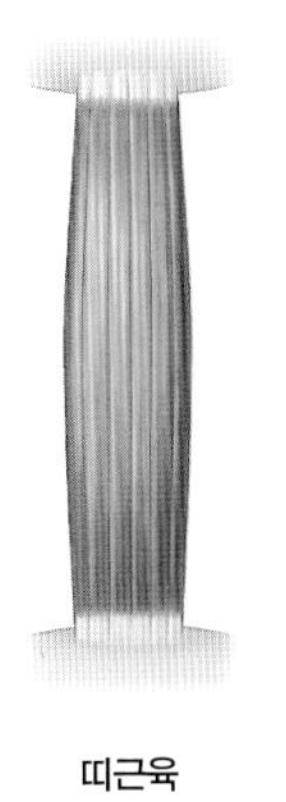
띠근육

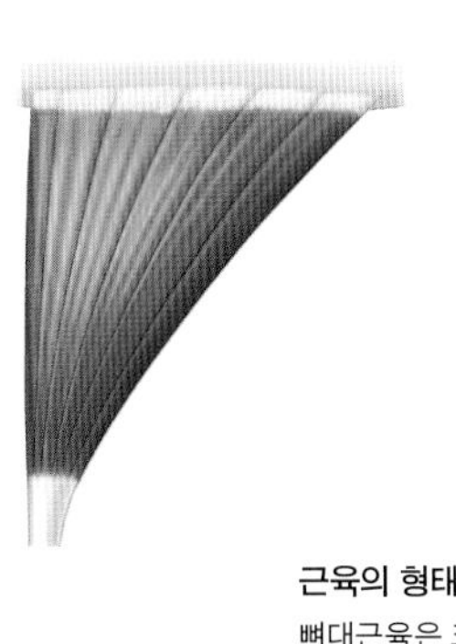
세모근육

네모근육

조임근육(괄약근)
고리 모양 근육

방추근육

근육의 형태 차이
뼈대근육은 크기와 모양이 매우 다양하다. 띠근육이나 네모근육 같은 근육은 근육섬유 방향이 근육이 당기는 방향과 일치한다. 세모근육이나 깃근육 등은 근육섬유가 비스듬히 배열되어 있다.

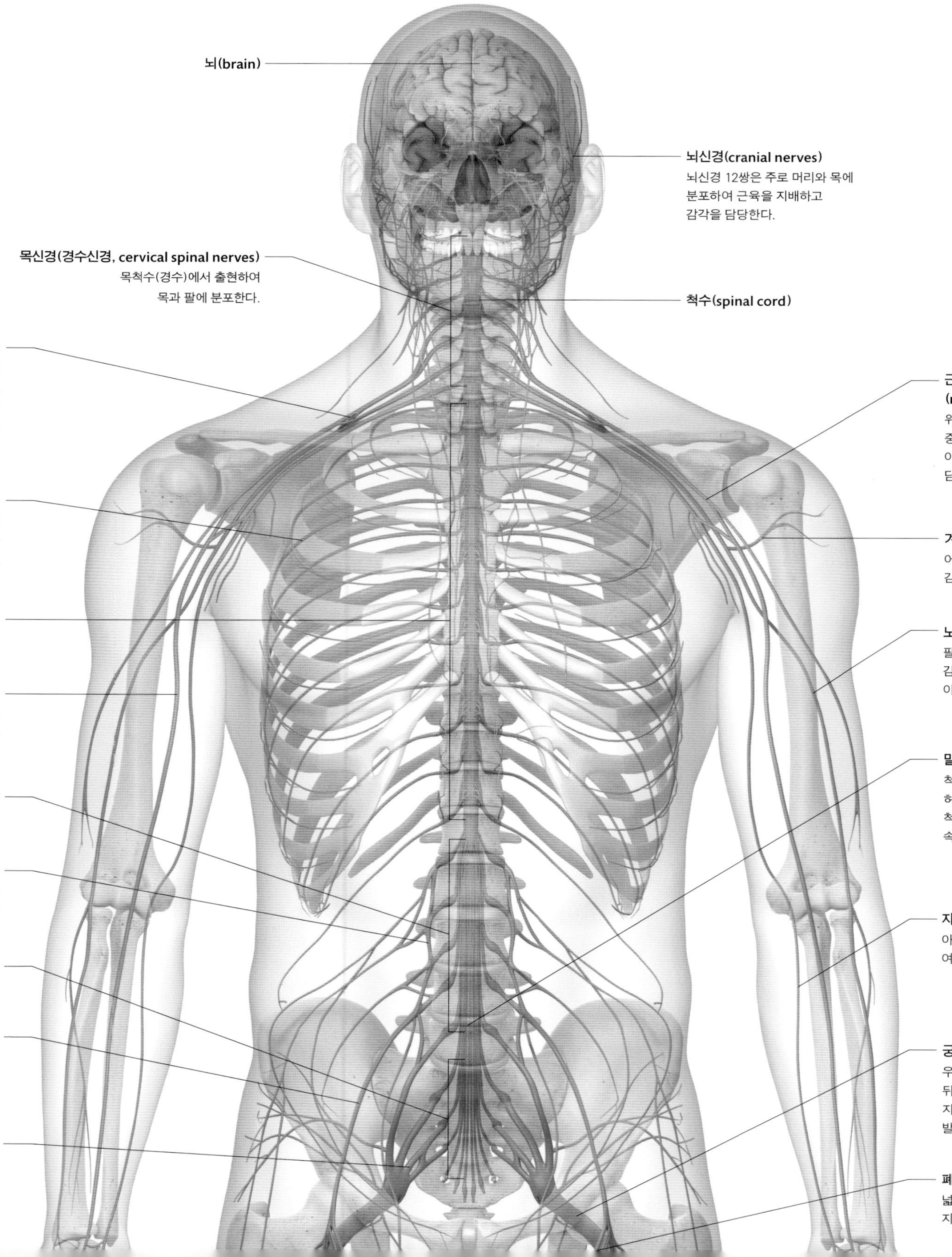

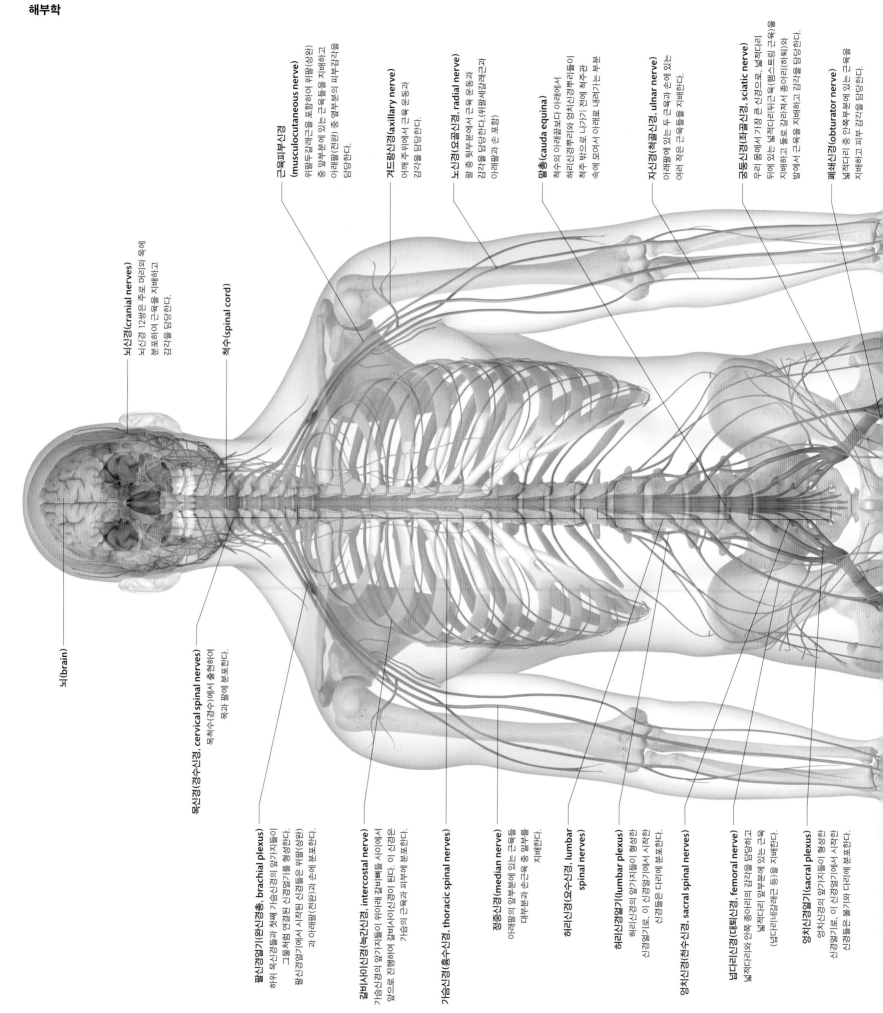

뇌(brain)
뇌신경(cranial nerves)
뇌신경 12쌍은 주로 머리와 목에 분포하여 근육을 지배하고 감각을 담당한다.
목신경(경수신경, cervical spinal nerves)
목척수(경수)에서 출현하여 목과 팔에 분포한다.
척수(spinal cord)
팔신경얼기(완신경총, brachial plexus)
하위 목신경들과 첫째 가슴신경의 앞가지들이 그물처럼 연결된 신경얼기를 형성한다. 팔신경얼기에서 시작된 신경들은 위팔(상완)과 아래팔(전완)과 손에 분포한다.
근육피부신경 (musculocutaneous nerve)
위팔두갈래근을 포함하여 위팔(상완) 중 앞부분에 있는 근육들을 지배하고 아래팔(전완) 중 옆부분의 피부감각을 담당한다.
갈비사이신경(늑간신경, intercostal nerve)
가슴신경의 앞가지들이 위아래 갈비뼈들 사이에서 앞으로 진행하여 갈비사이신경이 된다. 이 신경은 가슴의 근육과 피부에 분포한다.
겨드랑신경(axillary nerve)
어깨 주위에서 근육 운동과 감각을 담당한다.
가슴신경(흉수신경, thoracic spinal nerves)
노신경(요골신경, radial nerve)
팔 중 뒷부분에서 근육 운동과 감각을 담당한다.(위팔세갈래근과 아래팔과 손 포함)
정중신경(median nerve)
아래팔의 앞부분에 있는 근육들 대부분과 손근육 중 일부를 지배한다.
말총(cauda equina)
척수의 아래끝보다 아래에서 허리신경뿌리와 엉치신경뿌리들이 척주 밖으로 나가기 전에 척주관 속에 모여서 아래로 내려가는 부분
허리신경(요수신경, lumbar spinal nerves)
허리신경얼기(lumbar plexus)
허리신경의 앞가지들이 형성한 신경얼기로, 이 신경얼기에서 시작한 신경들은 다리에 분포한다.
자신경(척골신경, ulnar nerve)
아래팔에 있는 두 근육과 손에 있는 여러 작은 근육들을 지배한다.
엉치신경(천수신경, sacral spinal nerves)
넙다리신경(대퇴신경, femoral nerve)
넓적다리와 안쪽 종아리의 감각을 담당하고 넓적다리 앞부분에 있는 근육(넙다리네갈래근 등)을 지배한다.
궁둥신경(좌골신경, sciatic nerve)
우리 몸에서 가장 큰 신경으로, 넓적다리 뒤에 있는 넓적다리뒤근육(햄스트링 근육)을 지배하고 둘로 갈라져서 종아리(하퇴)와 발에서 근육을 지배하고 감각을 담당한다.
엉치신경얼기(sacral plexus)
엉치신경의 앞가지들이 형성한 신경얼기로, 이 신경얼기에서 시작한 신경들은 볼기와 다리에 분포한다.
폐쇄신경(obturator nerve)
넓적다리 중 안쪽부분에 있는 근육을 지배하고 피부 감각을 담당한다.

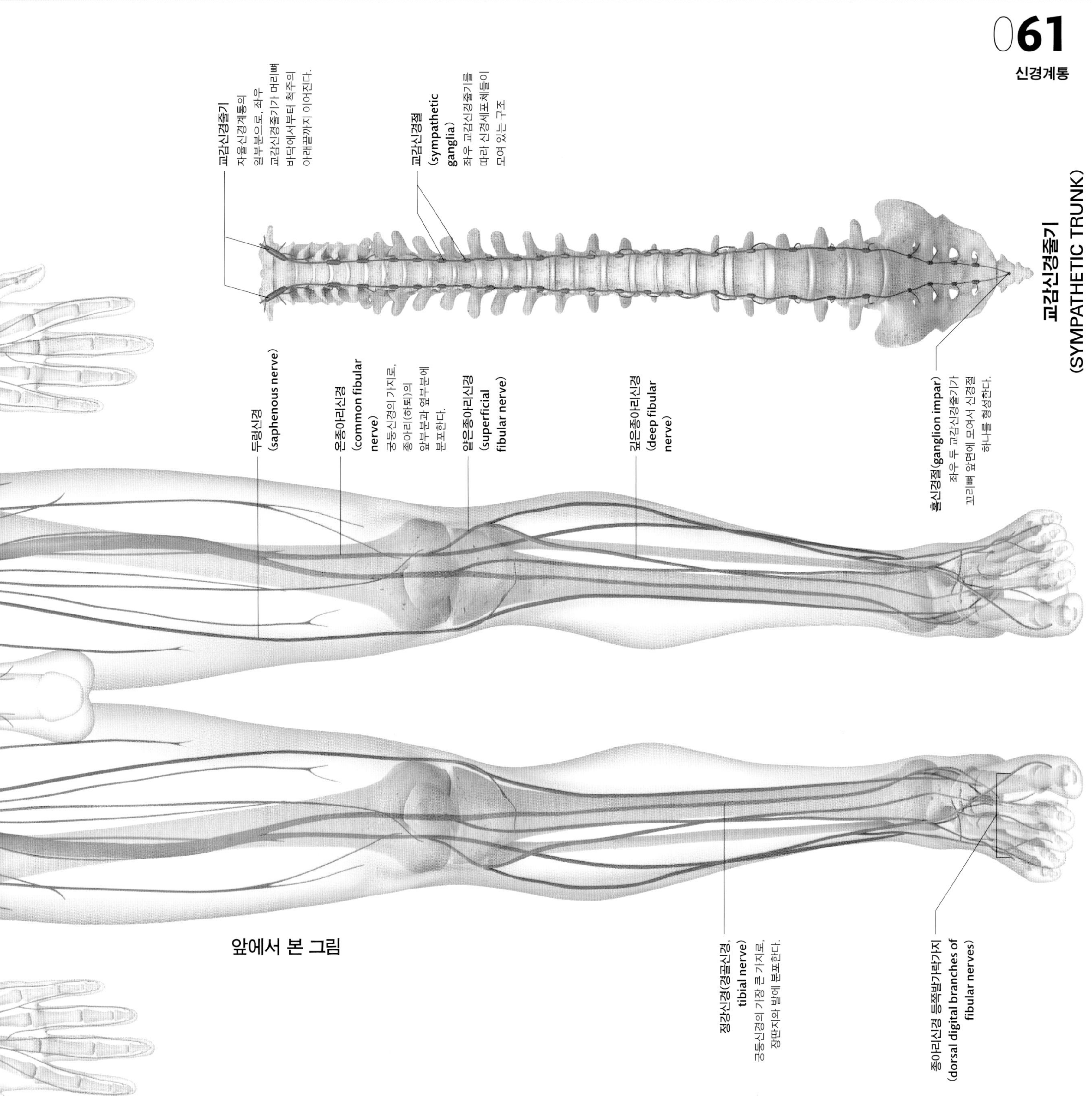
교감신경줄기
자율신경계통의 일부분으로, 좌우 교감신경줄기가 머리뼈 바닥에서부터 척주의 아래끝까지 이어진다.
교감신경절 (sympathetic ganglia)
좌우 교감신경줄기를 따라 신경세포체들이 모여 있는 구조
교감신경줄기
(SYMPATHETIC TRUNK)
홀신경절(ganglion impar)
좌우 두 교감신경줄기가 꼬리뼈 앞면에 모여서 신경절 하나를 형성한다.
두렁신경 (saphenous nerve)
온종아리신경 (common fibular nerve)
궁둥신경의 가지로, 종아리(하퇴)의 앞부분과 옆부분에 분포한다.
얕은종아리신경 (superficial fibular nerve)
깊은종아리신경 (deep fibular nerve)
정강신경(경골신경, tibial nerve)
궁둥신경의 가장 큰 가지로, 장딴지와 발에 분포한다.
종아리신경 등쪽발가락가지 (dorsal digital branches of fibular nerves)

앞에서 본 그림

신경계통

신경계통에는 수백억 개나 되는 신경세포가 서로 연결되어 정보를 주고받는다. 신경계통은 크게 중추신경계통(뇌와 척수)과 말초신경계통(뇌신경 및 척수신경과 그 가지들)으로 나뉜다. 뇌와 척수는 각각 머리뼈와 척주의 보호를 받고 있다. 뇌신경은 머리뼈에 뚫린 구멍들을 통해 나와서 머리와 목에 분포한다. 척수신경은 위아래 척추뼈 사이 틈새를 통해 나와서 머리 외의 신체에 분포한다. 신경계통은 기능을 기준으로 분류할 수도 있다. 주로 주위 환경으로부터 느끼고 주위와 반응을 주고받는 신경계통을 몸신경계통이라 한다. 반면에 우리 내부 환경을 감지하고 조절하는 신경계통을 자율신경계통이라 한다. 자율신경계통의 대표적 기능에는 분비샘 조절이나 심장박동 조절이 있다.

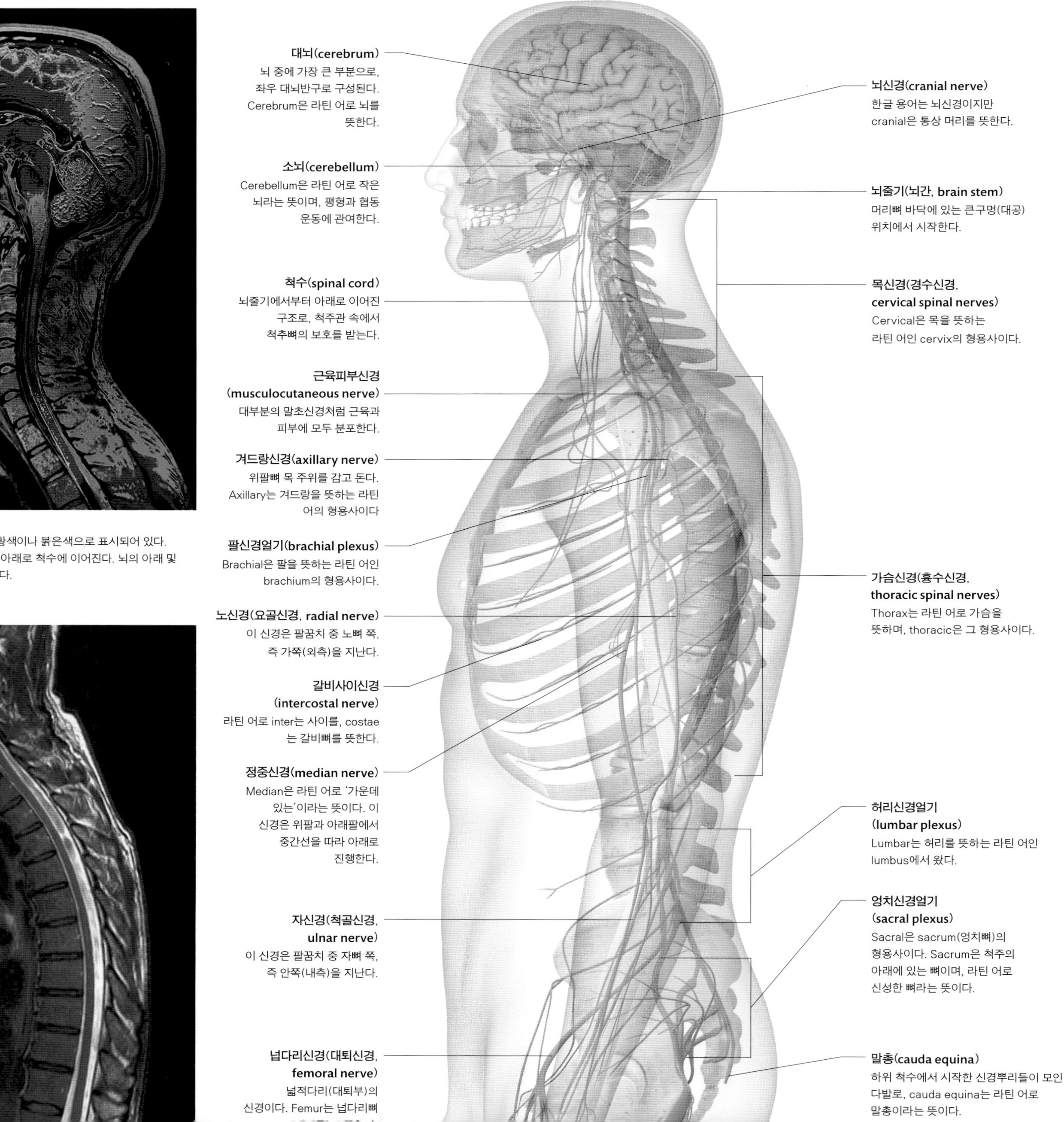
대뇌(cerebrum)
뇌 중에 가장 큰 부분으로, 좌우 대뇌반구로 구성된다. Cerebrum은 라틴 어로 뇌를 뜻한다.
소뇌(cerebellum)
Cerebellum은 라틴 어로 작은 뇌라는 뜻이며, 평형과 협동 운동에 관여한다.
척수(spinal cord)
뇌줄기에서부터 아래로 이어진 구조로, 척주관 속에서 척추뼈의 보호를 받는다.
근육피부신경(musculocutaneous nerve)
대부분의 말초신경처럼 근육과 피부에 모두 분포한다.
겨드랑신경(axillary nerve)
위팔뼈 목 주위를 감고 돈다. Axillary는 겨드랑을 뜻하는 라틴 어의 형용사이다
팔신경얼기(brachial plexus)
Brachial은 팔을 뜻하는 라틴 어인 brachium의 형용사이다.
노신경(요골신경, radial nerve)
이 신경은 팔꿈치 중 노뼈 쪽, 즉 가쪽(외측)을 지난다.
갈비사이신경(intercostal nerve)
라틴 어로 inter는 사이를, costae는 갈비뼈를 뜻한다.
정중신경(median nerve)
Median은 라틴 어로 '가운데 있는'이라는 뜻이다. 이 신경은 위팔과 아래팔에서 중간선을 따라 아래로 진행한다.
자신경(척골신경, ulnar nerve)
이 신경은 팔꿈치 중 자뼈 쪽, 즉 안쪽(내측)을 지난다.
넙다리신경(대퇴신경, femoral nerve)
넓적다리(대퇴부)의 신경이다. Femur는 넙다리뼈
뇌신경(cranial nerve)
한글 용어는 뇌신경이지만 cranial은 통상 머리를 뜻한다.
뇌줄기(뇌간, brain stem)
머리뼈 바닥에 있는 큰구멍(대공) 위치에서 시작한다.
목신경(경수신경, cervical spinal nerves)
Cervical은 목을 뜻하는 라틴 어인 cervix의 형용사이다.
가슴신경(흉수신경, thoracic spinal nerves)
Thorax는 라틴 어로 가슴을 뜻하며, thoracic은 그 형용사이다.
허리신경얼기(lumbar plexus)
Lumbar는 허리를 뜻하는 라틴 어인 lumbus에서 왔다.
엉치신경얼기(sacral plexus)
Sacral은 sacrum(엉치뼈)의 형용사이다. Sacrum은 척주의 아래에 있는 뼈이며, 라틴 어로 신성한 뼈라는 뜻이다.
말총(cauda equina)
하위 척수에서 시작한 신경뿌리들이 모인 다발로, cauda equina는 라틴 어로 말총이라는 뜻이다.

머리와 목
채색 MRI 사진으로, 뇌와 척수가 주황색이나 붉은색으로 표시되어 있다. 뇌의 바닥부분에서 시작한 뇌줄기는 아래로 척수에 이어진다. 뇌의 아래 및 뒤에 나뭇가지처럼 생긴 소뇌가 보인다.

신경계통

뇌신경 12쌍은 뇌(주로 뇌줄기)에서 시작하여 머리와 목에 있는 구조(눈, 귀, 코, 입 등)들에 분포한다. 척수에서 시작한 척수신경은 모두 31쌍으로, 목신경(경수신경) 8쌍, 가슴신경(흉수신경) 12쌍, 허리신경(요수신경) 5쌍, 엉치신경(천골신경) 5쌍, 꼬리신경(미골신경) 1쌍으로 구성된다. 척수신경은 여러 가지로 갈라진 뒤에 척주의 뒤나 앞에 있는 조직에 분포한다. 목신경과 허리신경과 엉치신경은 일부가 함께 모여서 그물처럼 연결된 '신경얼기'를 형성한 뒤에 팔다리에 분포한다. 대부분의 말초신경은 근육에 명령을 전달하는 운동신경섬유와 그와 반대로 감각정보를 중추신경계통에 보내는 감각신경섬유를 모두 포함하고 있다.

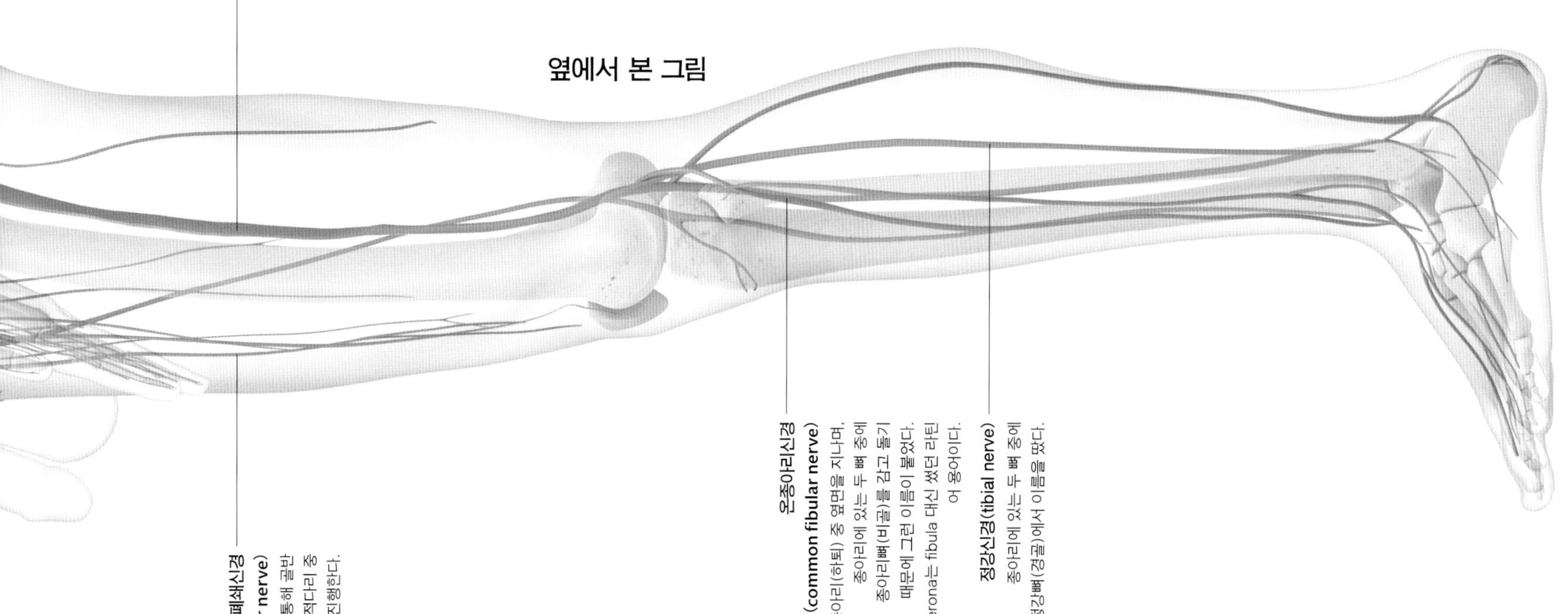
옆에서 본 그림

궁둥신경(좌골신경, sciatic nerve)
Sciatic은 프랑스 어인 sciatique에서 유래했고, sciatique은 궁둥이를 뜻하는 라틴 어인 ischiadicus에서 유래했다.

폐쇄신경 (obturator nerve)
폐쇄구멍을 통해 골반 밖으로 나가서 넓적다리 중 안쪽부분으로 진행한다.

온종아리신경 (common fibular nerve)
종아리(하퇴) 중 옆면을 지나며, 종아리에 있는 두 뼈 중에 종아리뼈(비골)를 감고 돌기 때문에 그런 이름이 붙었다. Perona는 fibula 대신 썼던 라틴 어 용어이다.

정강신경(tibial nerve)
종아리에 있는 두 뼈 중에 정강뼈(경골)에서 이름을 땄다.

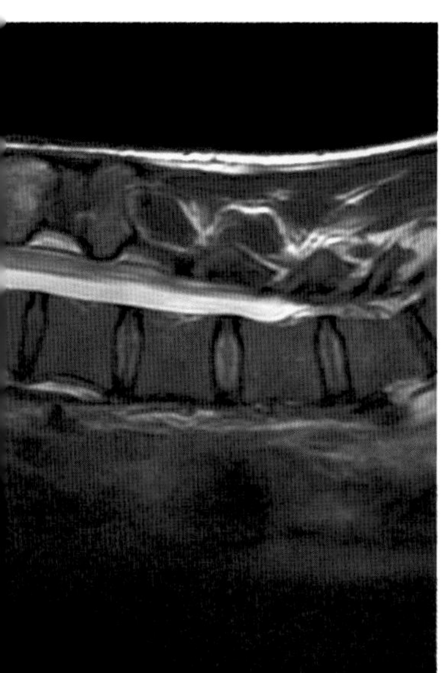

척수(spinal cord)
척주를 찍은 MRI 사진으로, 척수를 둘러싸고 보호하는 척추뼈들이 파란 벽돌처럼 보인다. 연청색으로 보이는 경막 주머니 속에 들어 있는 길쭉한 진청색 물체가 척수 영상이다. 사진 중 오른쪽 아래에 있는 면발 같은 구조가 척수 아래로 이어지는 말총이다.

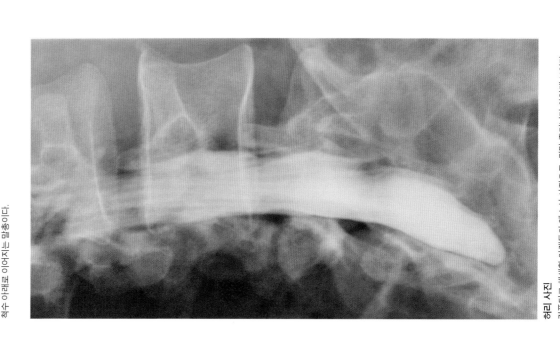

허리 사진
컴퓨터로 채색한 아랫등의 엑스선 사진으로, 경막 주머니가 하얗게 보인다. 경막 주머니 속 연청색 면발처럼 보이는 것이 척수에서 시작한 신경들로 이루어진 말총이다. 노란색으로 보이는 척추의 아랫부분은 엉치뼈이다. 엉치뼈는 척주를 골반에 연결한다.

신경조직 구조

신경계통은 수백억 개나 되는 신경세포(뉴런)들이 서로 연결된 복잡한 구조다. 한 신경세포의 세포체에는 안테나 같은 돌기들이 돋아 있는데, 대부분 가지돌기에 속한다. 돌기 중에 유독 길고 가는 것 하나는 축삭이다. 뇌에 있는 일부 축삭은 길이가 1밀리미터 미만이지만, 대부분은 매우 길다. 척수에서 시작하여 팔다리 근육까지 이어지는 축삭은 길이가 1미터가 넘는다.

신경세포의 세포막에는 전하를 지닌 입자들이 통과할 수 있는 통로가 많다. 전하 입자가 통로를 통해 이동하면 축삭을 따라 전파되는 전기흥분(활동전위)이 일어난다. 절연막 구실을 할 말이집이 없는 축삭에서는 활동전위가 천천히 이동하며, 도중에 새어나가 사라지기도 한다. 말이집이 둘러싼 축삭에서는 말이집이 끊긴 부분(신경섬유마디)의 세포막이 노출된다. 활동전위는 한 신경섬유마디에서 다음 신경섬유마디로 '건너뛰기(도약전도)' 때문에 전도 속도가 빠르다. 전기 신호가 축삭 종말에 도달하면 시냅스(연접)라는 좁은 틈새를 지나 다음 신경세포나 근육세포에 전달되는데, 이 과정을 중계하는 화학물질을 신경전달물질이라 한다.

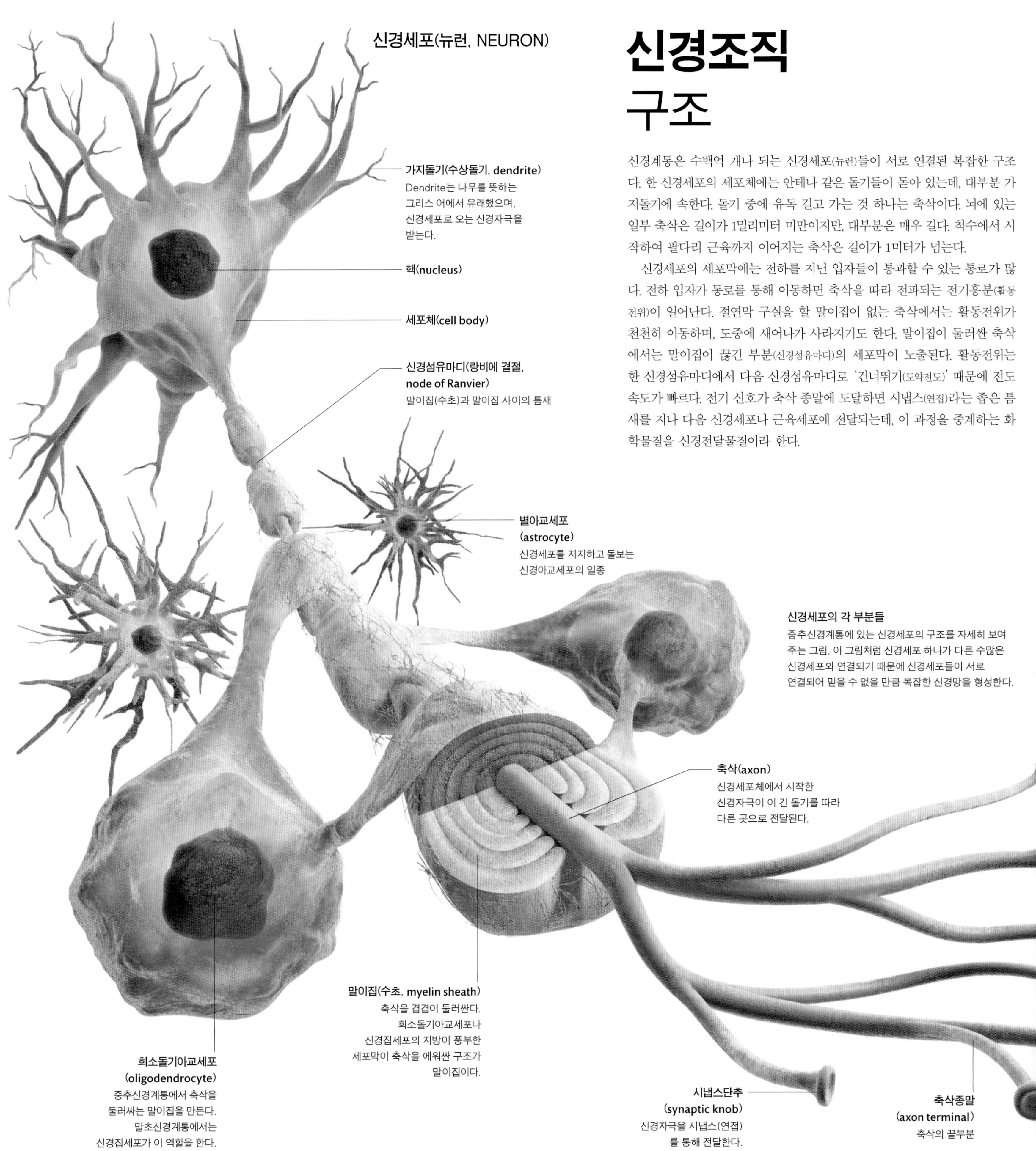
신경세포(뉴런, NEURON)
가지돌기(수상돌기, dendrite)
Dendrite는 나무를 뜻하는 그리스 어에서 유래했으며, 신경세포로 오는 신경자극을 받는다.
핵(nucleus)
세포체(cell body)
신경섬유마디(랑비에 결절, node of Ranvier)
말이집(수초)과 말이집 사이의 틈새
별아교세포 (astrocyte)
신경세포를 지지하고 돌보는 신경아교세포의 일종
축삭(axon)
신경세포체에서 시작한 신경자극이 이 긴 돌기를 따라 다른 곳으로 전달된다.
말이집(수초, myelin sheath)
축삭을 겹겹이 둘러싼다. 희소돌기아교세포나 신경집세포의 지방이 풍부한 세포막이 축삭을 에워싼 구조가 말이집이다.
희소돌기아교세포 (oligodendrocyte)
중추신경계통에서 축삭을 둘러싸는 말이집을 만든다. 말초신경계통에서는 신경집세포가 이 역할을 한다.
시냅스단추 (synaptic knob)
신경자극을 시냅스(연접)를 통해 전달한다.
축삭종말 (axon terminal)
축삭의 끝부분

신경세포의 각 부분들
중추신경계통에 있는 신경세포의 구조를 자세히 보여주는 그림. 이 그림처럼 신경세포 하나가 다른 수많은 신경세포와 연결되기 때문에 신경세포들이 서로 연결되어 믿을 수 없을 만큼 복잡한 신경망을 형성한다.

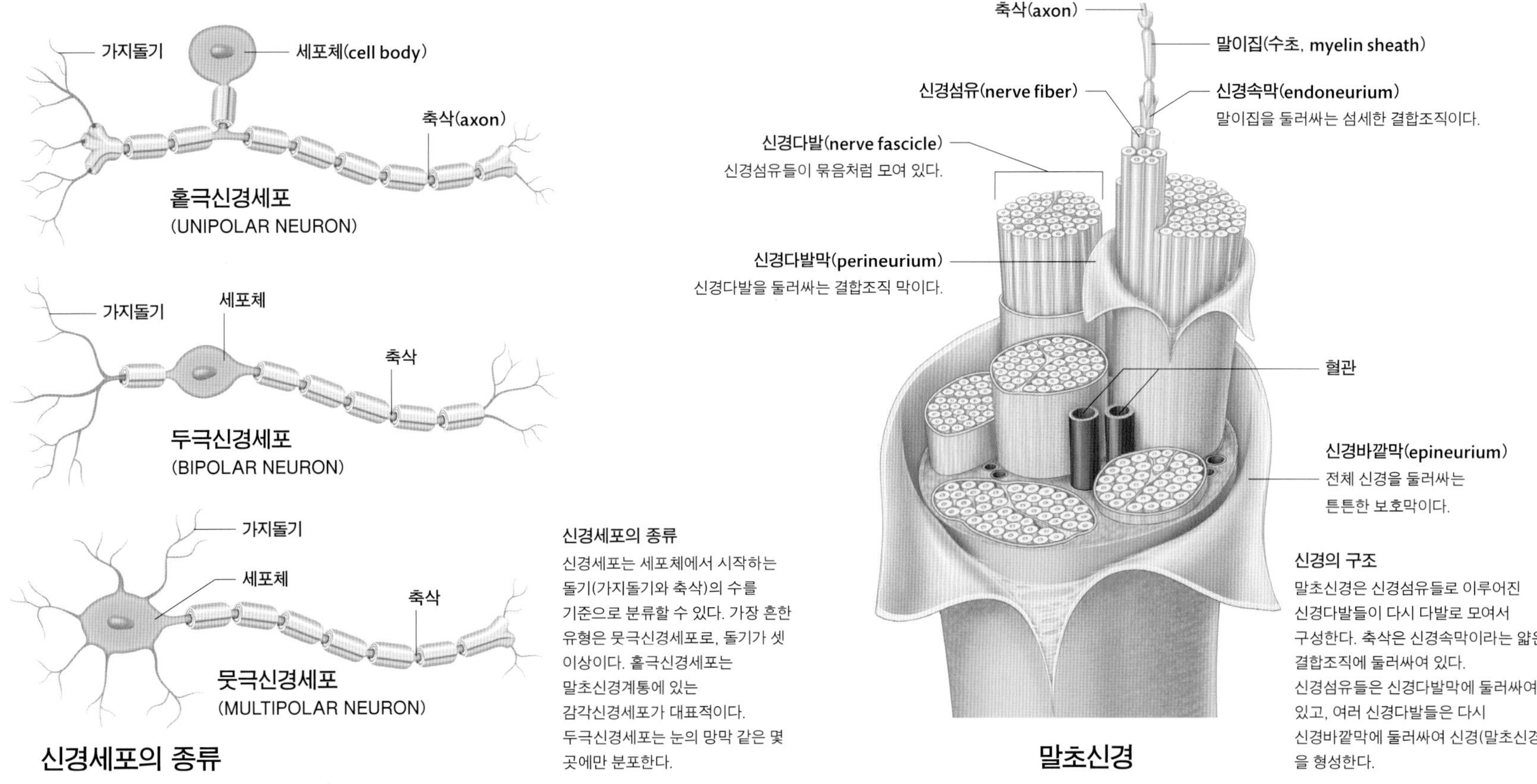
가지돌기
세포체(cell body)
축삭(axon)
홑극신경세포
(UNIPOLAR NEURON)
가지돌기
세포체
축삭
두극신경세포
(BIPOLAR NEURON)
가지돌기
세포체
축삭
뭇극신경세포
(MULTIPOLAR NEURON)
축삭(axon)
말이집(수초, myelin sheath)
신경섬유(nerve fiber)
신경속막(endoneurium)
말이집을 둘러싸는 섬세한 결합조직이다.
신경다발(nerve fascicle)
신경섬유들이 묶음처럼 모여 있다.
신경다발막(perineurium)
신경다발을 둘러싸는 결합조직 막이다.
혈관
신경바깥막(epineurium)
전체 신경을 둘러싸는
튼튼한 보호막이다.

신경세포의 종류

신경세포의 종류

신경세포는 세포체에서 시작하는 돌기(가지돌기와 축삭)의 수를 기준으로 분류할 수 있다. 가장 흔한 유형은 뭇극신경세포로, 돌기가 셋 이상이다. 홑극신경세포는 말초신경계통에 있는 감각신경세포가 대표적이다. 두극신경세포는 눈의 망막 같은 몇 곳에만 분포한다.

말초신경

신경의 구조

말초신경은 신경섬유들로 이루어진 신경다발들이 다시 다발로 모여서 구성한다. 축삭은 신경속막이라는 얇은 결합조직에 둘러싸여 있다. 신경섬유들은 신경다발막에 둘러싸여 있고, 여러 신경다발들은 다시 신경바깥막에 둘러싸여 신경(말초신경)을 형성한다.

척수(spinal cord)의 구조

척수는 뇌처럼 신경세포체들이 주성분인 회색질과 축삭이 주성분인 백색질로 구성되어 있다. 척수는 뇌와 마찬가지로 세 겹의 수막(뇌척수막), 즉 경막과 거미막과 연막에 둘러싸여 있다.(115쪽)

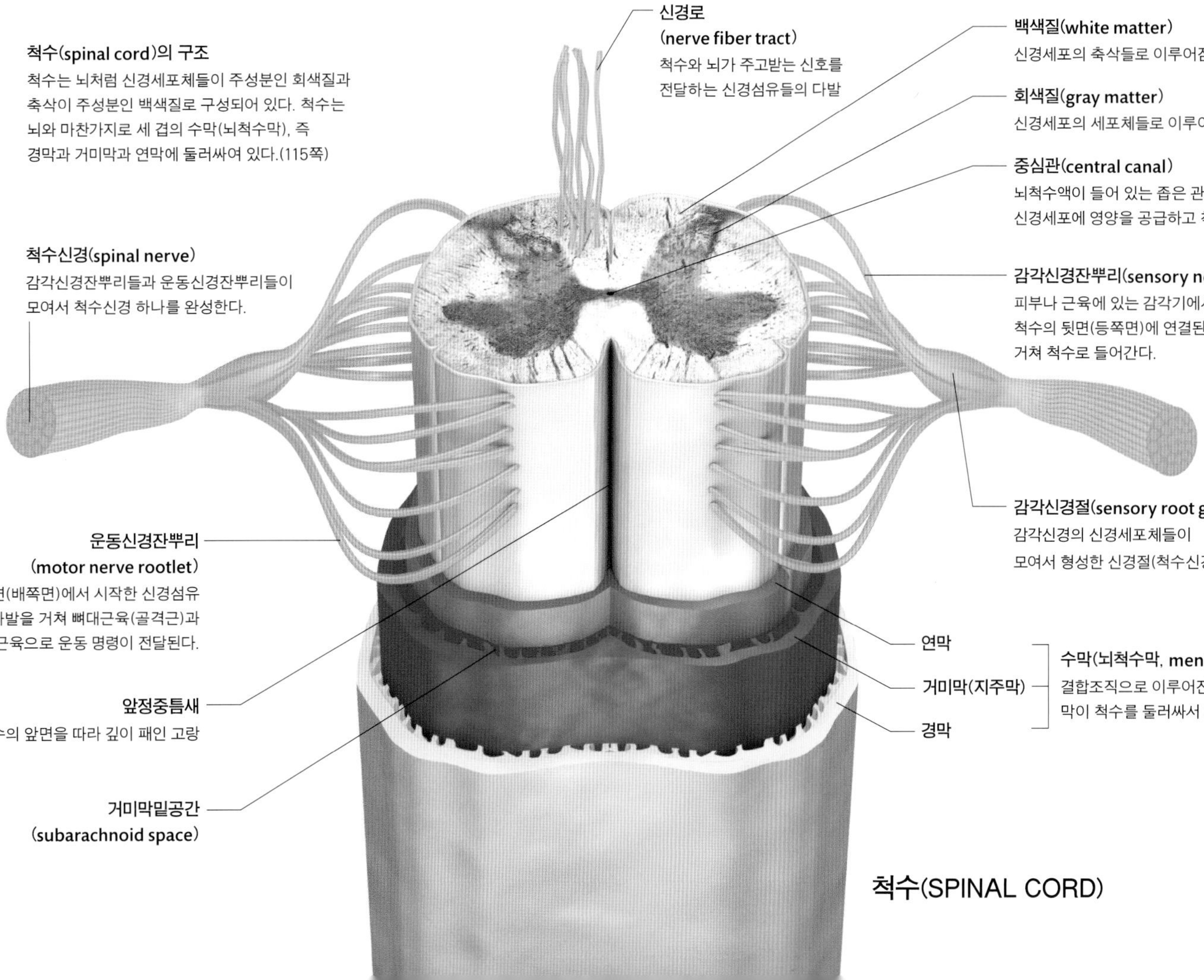

척수신경(spinal nerve)
감각신경잔뿌리들과 운동신경잔뿌리들이 모여서 척수신경 하나를 완성한다.

신경로 (nerve fiber tract)
척수와 뇌가 주고받는 신호를 전달하는 신경섬유들의 다발

백색질(white matter)
신경세포의 축삭들로 이루어짐

회색질(gray matter)
신경세포의 세포체들로 이루어짐

중심관(central canal)
뇌척수액이 들어 있는 좁은 관으로, 뇌척수액은 신경세포에 영양을 공급하고 척수를 보호한다.

감각신경잔뿌리(sensory nerve rootlet)
피부나 근육에 있는 감각기에서 시작된 신호는 척수의 뒷면(등쪽면)에 연결된 신경섬유다발을 거쳐 척수로 들어간다.

감각신경절(sensory root ganglion)
감각신경의 신경세포체들이 모여서 형성한 신경절(척수신경절이라고 한다.)

운동신경잔뿌리 (motor nerve rootlet)
척수의 앞면(배쪽면)에서 시작한 신경섬유 다발을 거쳐 뼈대근육(골격근)과 민무늬근육으로 운동 명령이 전달된다.

앞정중틈새
척수의 앞면을 따라 깊이 패인 고랑

거미막밑공간 (subarachnoid space)

연막
거미막(지주막)
경막

수막(뇌척수막, meninges)
결합조직으로 이루어진 세 겹의 막이 척수를 둘러싸서 보호한다.

척수(SPINAL CORD)

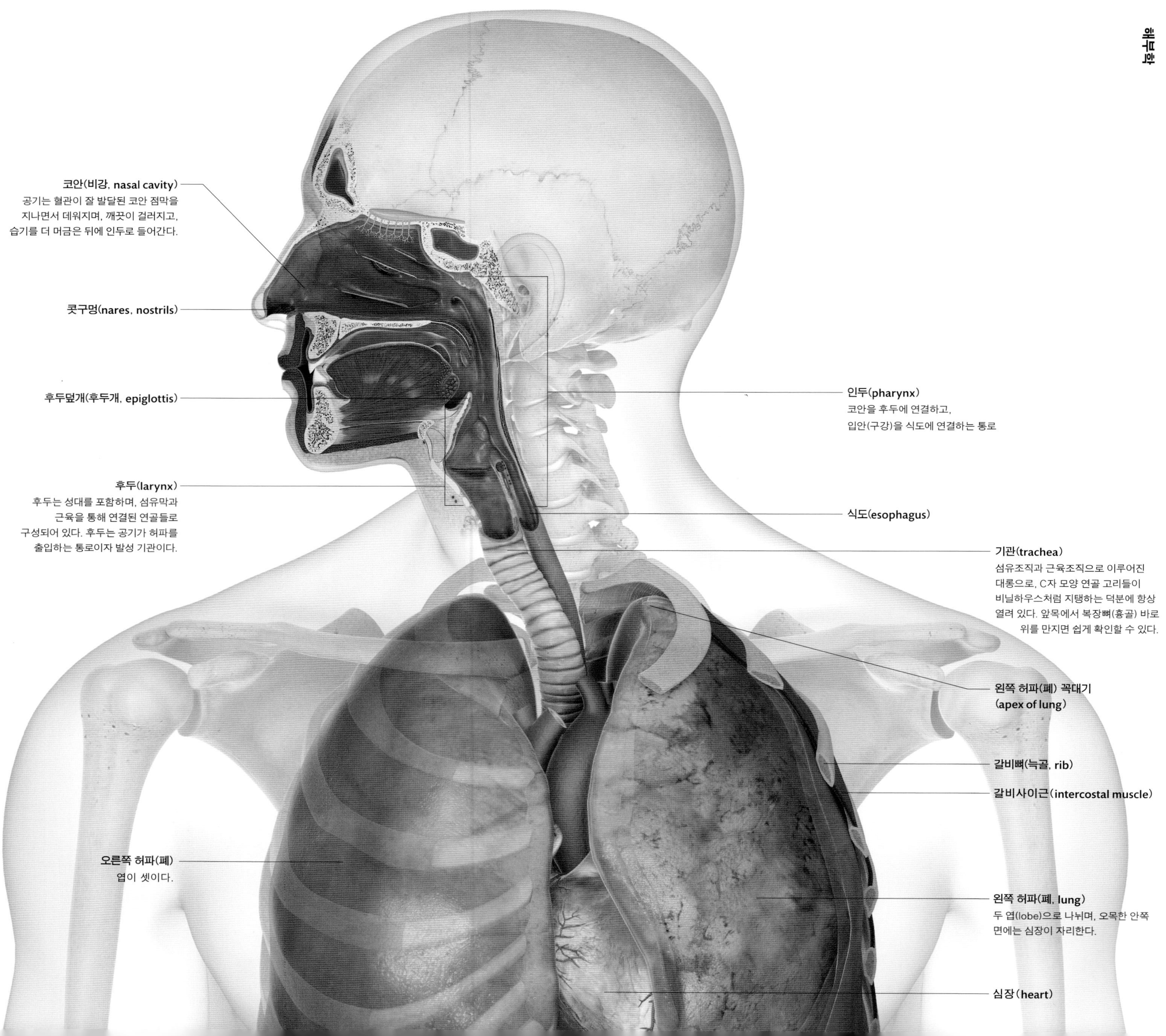

코안(비강, nasal cavity)
공기는 혈관이 잘 발달된 코안 점막을 지나면서 데워지며, 깨끗이 걸러지고, 습기를 더 머금은 뒤에 인두로 들어간다.

콧구멍(nares, nostrils)

후두덮개(후두개, epiglottis)

후두(larynx)
후두는 성대를 포함하며, 섬유막과 근육을 통해 연결된 연골들로 구성되어 있다. 후두는 공기가 허파를 출입하는 통로이자 발성 기관이다.

오른쪽 허파(폐)
엽이 셋이다.

인두(pharynx)
코안을 후두에 연결하고, 입안(구강)을 식도에 연결하는 통로

식도(esophagus)

기관(trachea)
섬유조직과 근육조직으로 이루어진 대롱으로, C자 모양 연골 고리들이 비닐하우스처럼 지탱하는 덕분에 항상 열려 있다. 앞목에서 복장뼈(흉골) 바로 위를 만지면 쉽게 확인할 수 있다.

왼쪽 허파(폐) 꼭대기 (apex of lung)

갈비뼈(늑골, rib)

갈비사이근(intercostal muscle)

왼쪽 허파(폐, lung)
두 엽(lobe)으로 나뉘며, 오목한 안쪽 면에는 심장이 자리한다.

심장(heart)

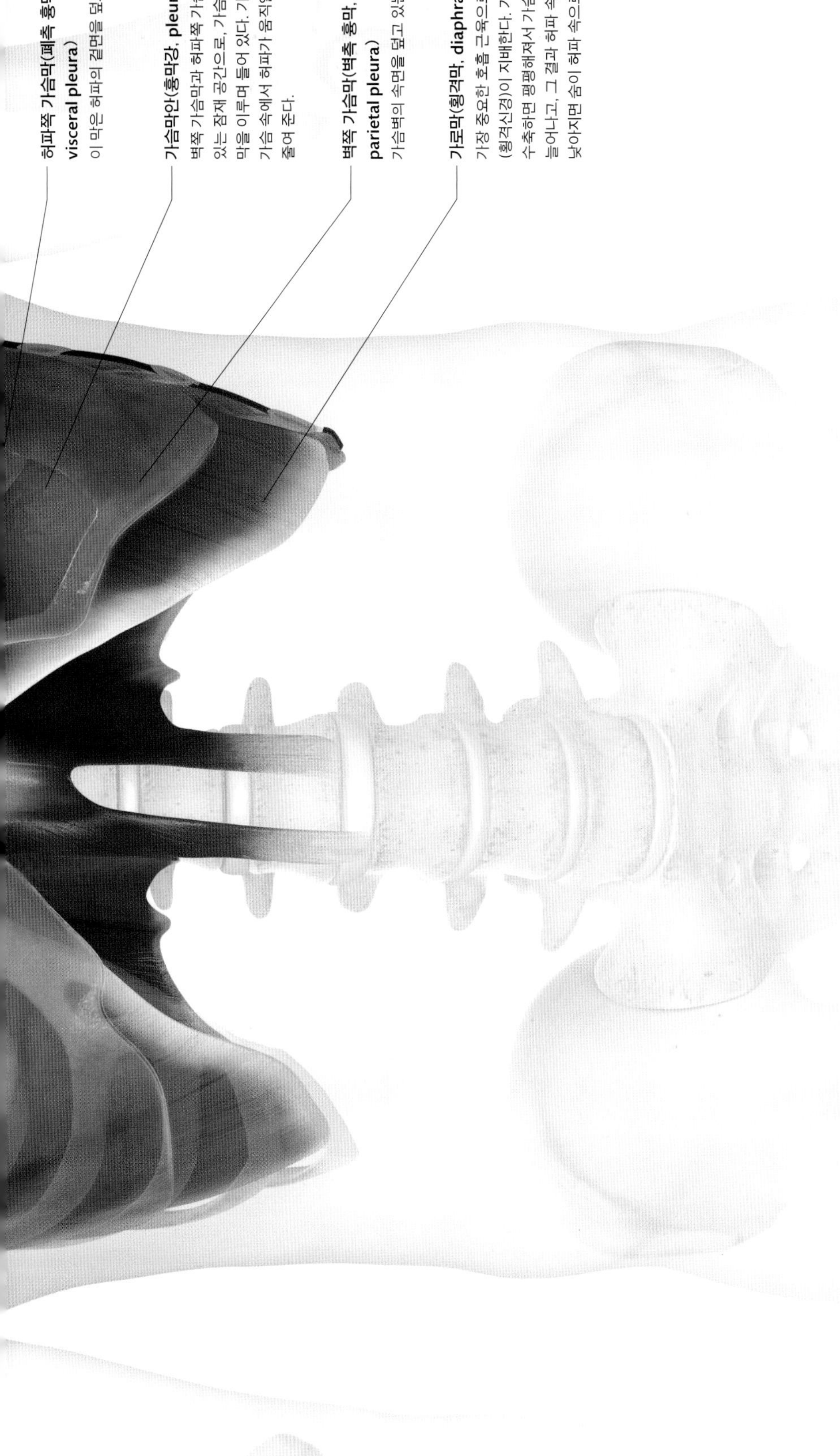
허파쪽 가슴막(폐측 흉막, visceral pleura)
이 막은 허파의 겉면을 덮고 있다.
가슴막안(흉막강, pleural cavity)
벽쪽 가슴막과 허파쪽 가슴막 사이에 있는 잠재 공간으로, 가슴막액이 얇은 막을 이루며 들어 있다. 가슴막액은 가슴 속에서 허파가 움직일 때 마찰을 줄여 준다.
벽쪽 가슴막(벽측 흉막, parietal pleura)
가슴벽의 속면을 덮고 있는 막
가로막(횡격막, diaphragm)
가장 중요한 호흡 근육으로, 가로막신경(횡격신경)이 지배한다. 가로막은 수축하면 평평해져서 가슴 부피가 늘어나고, 그 결과 허파 속 압력이 낮아지면 숨이 허파 속으로 들어간다.

호흡계통

인체의 모든 세포는 산소를 받고 이산화탄소를 제거해야 한다. 산소와 이산화탄소는 혈액에 포함되어 온몸을 순환하지만 공기와 혈액 사이에서 실제 교환이 일어나는 곳은 허파이다. 허파에 있는 막은 매우 얇기 때문에 산소와 이산화탄소가 쉽게 통과할 수 있다. 하지만 그것만으로는 부족하다. 축적된 이산화탄소를 배출하고 신선한 산소를 받아들이도록 공기를 주기적으로 흡입했다가 내보내야 한다. 이 과정을 호흡이라 하는데, 흔히 숨을 쉰다고들 표현한다. 호흡계통은 허파로 이어지는 기도인 코안, 인두의 일부, 후두, 기관, 기관지도 포함한다.(153쪽)

앞에서 본 그림

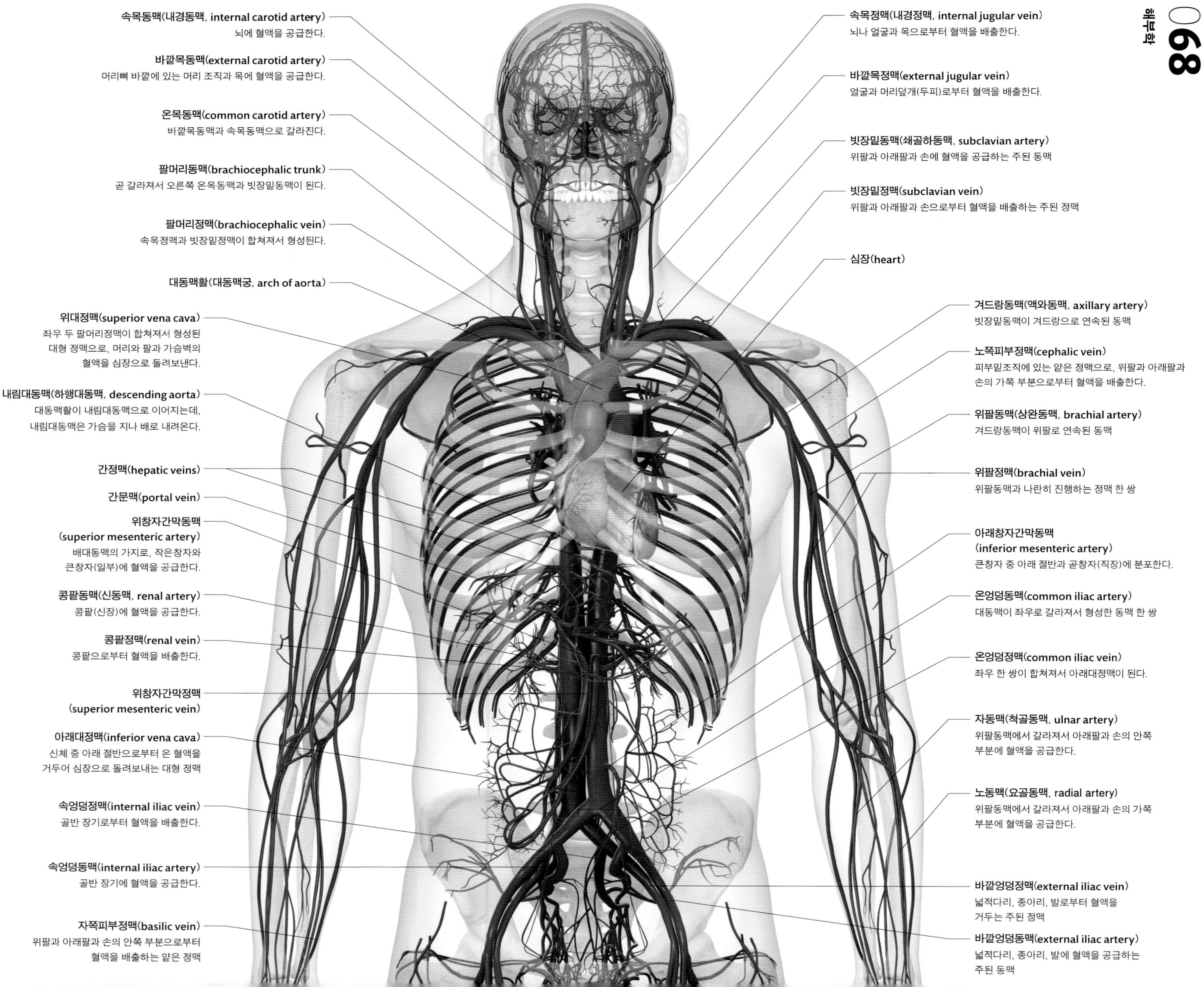

속목동맥(내경동맥, internal carotid artery)
뇌에 혈액을 공급한다.

바깥목동맥(external carotid artery)
머리뼈 바깥에 있는 머리 조직과 목에 혈액을 공급한다.

온목동맥(common carotid artery)
바깥목동맥과 속목동맥으로 갈라진다.

팔머리동맥(brachiocephalic trunk)
곧 갈라져서 오른쪽 온목동맥과 빗장밑동맥이 된다.

팔머리정맥(brachiocephalic vein)
속목정맥과 빗장밑정맥이 합쳐져서 형성된다.

대동맥활(대동맥궁, arch of aorta)

위대정맥(superior vena cava)
좌우 두 팔머리정맥이 합쳐져서 형성된 대형 정맥으로, 머리와 팔과 가슴벽의 혈액을 심장으로 돌려보낸다.

내림대동맥(하행대동맥, descending aorta)
대동맥활이 내림대동맥으로 이어지는데, 내림대동맥은 가슴을 지나 배로 내려온다.

간정맥(hepatic veins)

간문맥(portal vein)

위창자간막동맥 (superior mesenteric artery)
배대동맥의 가지로, 작은창자와 큰창자(일부)에 혈액을 공급한다.

콩팥동맥(신동맥, renal artery)
콩팥(신장)에 혈액을 공급한다.

콩팥정맥(renal vein)
콩팥으로부터 혈액을 배출한다.

위창자간막정맥 (superior mesenteric vein)

아래대정맥(inferior vena cava)
신체 중 아래 절반으로부터 온 혈액을 거두어 심장으로 돌려보내는 대형 정맥

속엉덩정맥(internal iliac vein)
골반 장기로부터 혈액을 배출한다.

속엉덩동맥(internal iliac artery)
골반 장기에 혈액을 공급한다.

자쪽피부정맥(basilic vein)
위팔과 아래팔과 손의 안쪽 부분으로부터 혈액을 배출하는 얕은 정맥

속목정맥(내경정맥, internal jugular vein)
뇌나 얼굴과 목으로부터 혈액을 배출한다.

바깥목정맥(external jugular vein)
얼굴과 머리덮개(두피)로부터 혈액을 배출한다.

빗장밑동맥(쇄골하동맥, subclavian artery)
위팔과 아래팔과 손에 혈액을 공급하는 주된 동맥

빗장밑정맥(subclavian vein)
위팔과 아래팔과 손으로부터 혈액을 배출하는 주된 정맥

심장(heart)

겨드랑동맥(액와동맥, axillary artery)
빗장밑동맥이 겨드랑으로 연속된 동맥

노쪽피부정맥(cephalic vein)
피부밑조직에 있는 얕은 정맥으로, 위팔과 아래팔과 손의 가쪽 부분으로부터 혈액을 배출한다.

위팔동맥(상완동맥, brachial artery)
겨드랑동맥이 위팔로 연속된 동맥

위팔정맥(brachial vein)
위팔동맥과 나란히 진행하는 정맥 한 쌍

아래창자간막동맥 (inferior mesenteric artery)
큰창자 중 아래 절반과 곧창자(직장)에 분포한다.

온엉덩동맥(common iliac artery)
대동맥이 좌우로 갈라져서 형성한 동맥 한 쌍

온엉덩정맥(common iliac vein)
좌우 한 쌍이 합쳐져서 아래대정맥이 된다.

자동맥(척골동맥, ulnar artery)
위팔동맥에서 갈라져서 아래팔과 손의 안쪽 부분에 혈액을 공급한다.

노동맥(요골동맥, radial artery)
위팔동맥에서 갈라져서 아래팔과 손의 가쪽 부분에 혈액을 공급한다.

바깥엉덩정맥(external iliac vein)
넓적다리, 종아리, 발로부터 혈액을 거두는 주된 정맥

바깥엉덩동맥(external iliac artery)
넓적다리, 종아리, 발에 혈액을 공급하는 주된 동맥

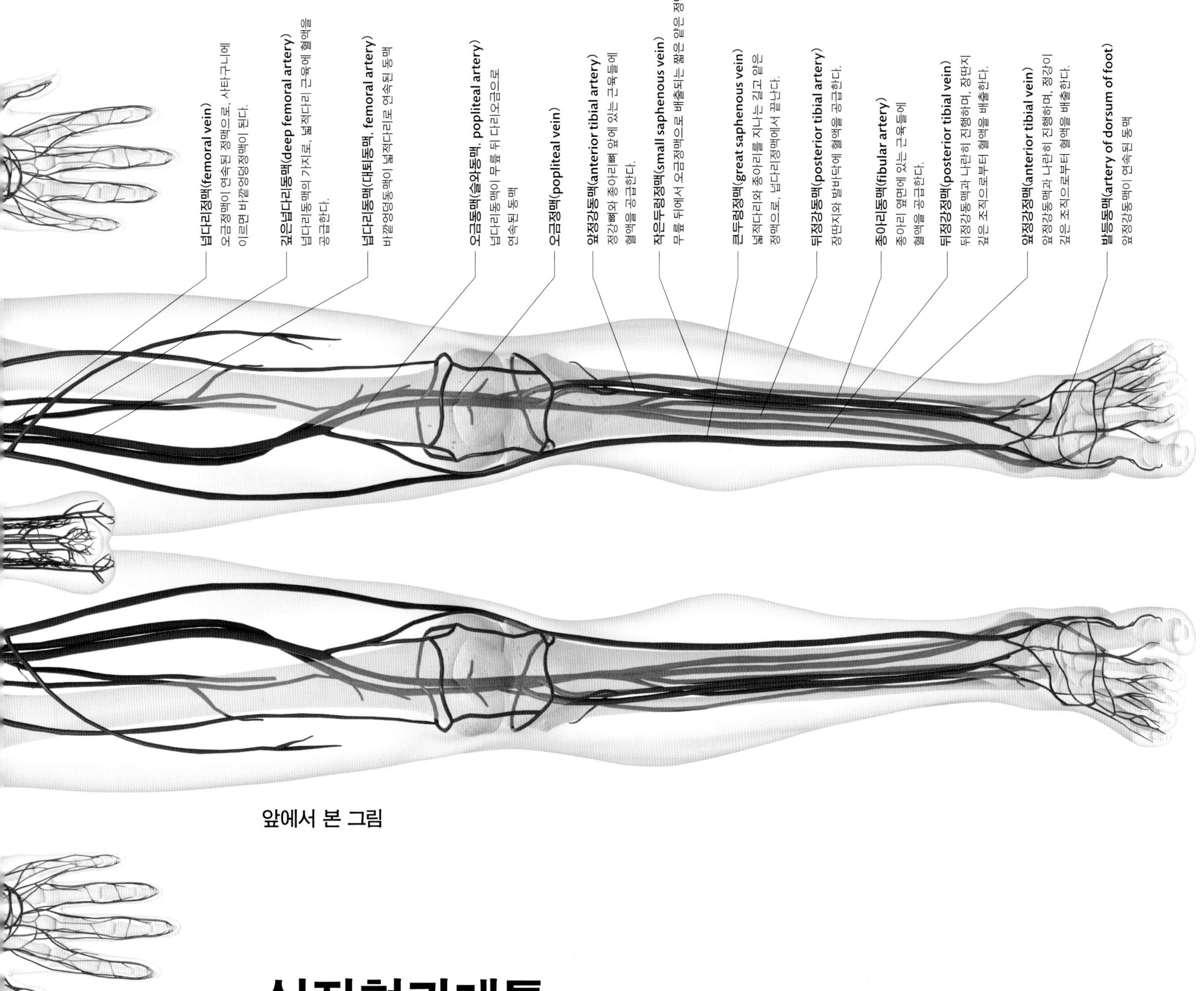

넙다리정맥(femoral vein) 오금정맥이 연속된 정맥으로, 사타구니에 이르면 바깥엉덩정맥이 된다.

깊은넙다리동맥(deep femoral artery) 넙다리동맥의 가지로, 넓적다리 근육에 혈액을 공급한다.

넙다리동맥(대퇴동맥, femoral artery) 바깥엉덩동맥이 넓적다리로 연속된 동맥

오금동맥(슬와동맥, popliteal artery) 넙다리동맥이 무릎 뒤 다리오금으로 연속된 동맥

오금정맥(popliteal vein)

앞정강동맥(anterior tibial artery) 정강뼈와 종아리뼈 앞에 있는 근육들에 혈액을 공급한다.

작은두렁정맥(small saphenous vein) 무릎 뒤에서 오금정맥으로 배출되는 짧은 얕은 정맥

큰두렁정맥(great saphenous vein) 넓적다리와 종아리를 지나는 길고 얕은 정맥으로, 넙다리정맥에서 끝난다.

뒤정강동맥(posterior tibial artery) 장딴지와 발바닥에 혈액을 공급한다.

종아리동맥(fibular artery) 종아리 옆면에 있는 근육들에 혈액을 공급한다.

뒤정강정맥(posterior tibial vein) 뒤정강동맥과 나란히 진행하며, 장딴지 깊은 조직으로부터 혈액을 배출한다.

앞정강정맥(anterior tibial vein) 앞정강동맥과 나란히 진행하며, 정강이 깊은 조직으로부터 혈액을 배출한다.

발등동맥(artery of dorsum of foot) 앞정강동맥이 연속된 동맥

앞에서 본 그림

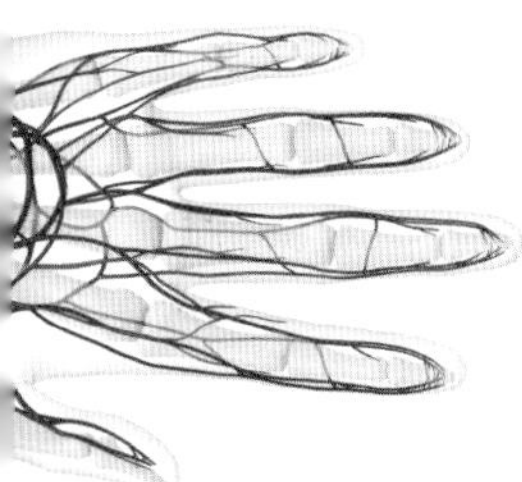

심장혈관계통

(순환계통)

심장과 혈관은 허파에서 받은 산소, 창자에서 받은 영양소, 감염으로부터 보호하는 백혈구, 호르몬 같은 유용한 물질이나 세포를 인체 조직에 일일이 배달한다. 혈액은 세포 노폐물도 제거한다. 노폐물은 다른 장기(주로 간이나 콩팥)에 전달하여 배설하게 한다. 심장은 근육으로 이루어진 펌프 구조로, 수축하면 혈액을 온몸의 혈관망으로 분출한다. 동맥은 혈액을 심장에서 멀리 보내고, 정맥은 혈액을 심장으로 돌려보낸다. 동맥은 여러 번 작은 가지로 갈라지면서 점점 가늘어지다가 결국 모세혈관으로 이어진다. 개울이 모여 강이 되듯이 모세혈관망으로부터 혈액을 받은 가느다란 혈관들은 합쳐져서 정맥을 이룬다.

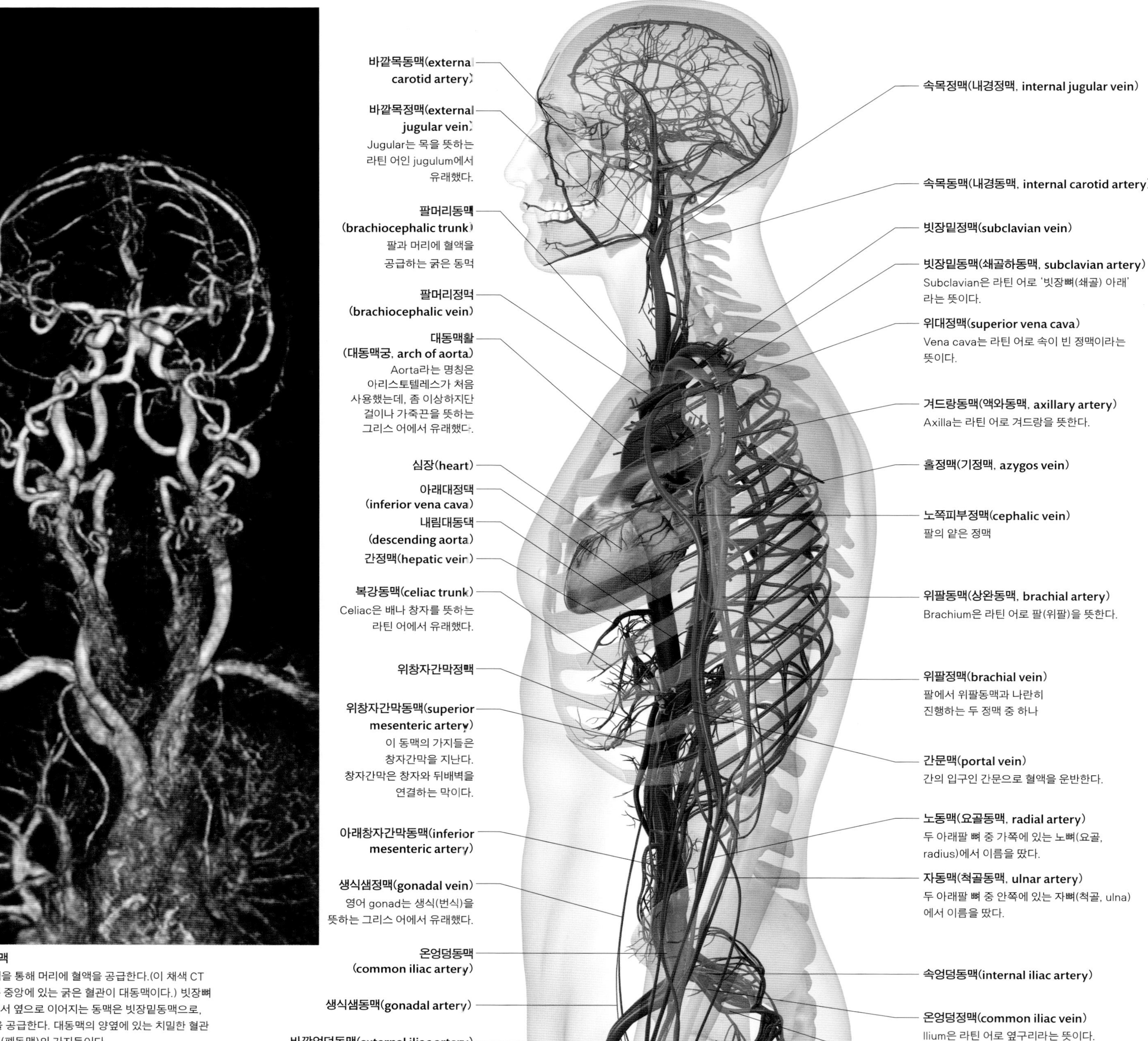
바깥목동맥(external carotid artery)
바깥목정맥(external jugular vein)
Jugular는 목을 뜻하는 라틴 어인 jugulum에서 유래했다.
팔머리동맥(brachiocephalic trunk)
팔과 머리에 혈액을 공급하는 굵은 동맥
팔머리정맥(brachiocephalic vein)
대동맥활(대동맥궁, arch of aorta)
Aorta라는 명칭은 아리스토텔레스가 처음 사용했는데, 좀 이상하지만 걸이나 가죽끈을 뜻하는 그리스 어에서 유래했다.
심장(heart)
아래대정맥(inferior vena cava)
내림대동맥(descending aorta)
간정맥(hepatic vein)
복강동맥(celiac trunk)
Celiac은 배나 창자를 뜻하는 라틴 어에서 유래했다.
위창자간막정맥
위창자간막동맥(superior mesenteric artery)
이 동맥의 가지들은 창자간막을 지난다. 창자간막은 창자와 뒤배벽을 연결하는 막이다.
아래창자간막동맥(inferior mesenteric artery)
생식샘정맥(gonadal vein)
영어 gonad는 생식(번식)을 뜻하는 그리스 어에서 유래했다.
온엉덩동맥(common iliac artery)
생식샘동맥(gonadal artery)
바깥엉덩동맥(external iliac artery)
속목정맥(내경정맥, internal jugular vein)
속목동맥(내경동맥, internal carotid artery)
빗장밑정맥(subclavian vein)
빗장밑동맥(쇄골하동맥, subclavian artery)
Subclavian은 라틴 어로 '빗장뼈(쇄골) 아래'라는 뜻이다.
위대정맥(superior vena cava)
Vena cava는 라틴 어로 속이 빈 정맥이라는 뜻이다.
겨드랑동맥(액와동맥, axillary artery)
Axilla는 라틴 어로 겨드랑을 뜻한다.
홀정맥(기정맥, azygos vein)
노쪽피부정맥(cephalic vein)
팔의 얕은 정맥
위팔동맥(상완동맥, brachial artery)
Brachium은 라틴 어로 팔(위팔)을 뜻한다.
위팔정맥(brachial vein)
팔에서 위팔동맥과 나란히 진행하는 두 정맥 중 하나
간문맥(portal vein)
간의 입구인 간문으로 혈액을 운반한다.
노동맥(요골동맥, radial artery)
두 아래팔 뼈 중 가쪽에 있는 노뼈(요골, radius)에서 이름을 땄다.
자동맥(척골동맥, ulnar artery)
두 아래팔 뼈 중 안쪽에 있는 자뼈(척골, ulna)에서 이름을 땄다.
속엉덩동맥(internal iliac artery)
온엉덩정맥(common iliac vein)
Ilium은 라틴 어로 옆구리라는 뜻이다.
속엉덩정맥(internal iliac vein)

머리와 목의 동맥
대동맥은 목동맥을 통해 머리에 혈액을 공급한다.(이 채색 CT 사진에서 아래쪽 중앙에 있는 굵은 혈관이 대동맥이다.) 빗장뼈 높이에서 갈라져서 옆으로 이어지는 동맥은 빗장밑동맥으로, 주로 팔에 혈액을 공급한다. 대동맥의 양옆에 있는 치밀한 혈관 얼기는 허파동맥(폐동맥)의 가지들이다.

심장혈관계통

(순환계통)

순환은 두 가지로, 즉 오른심실에서 뿜어져 나와서 허파(폐)로 전달된 혈액이 지나는 허파순환(폐순환)과, 더 강력한 왼심실에서 뿜어져 나와서 나머지 온몸으로 순환하는 온몸순환(체순환)으로 나뉜다. 허파순환의 혈압은 비교적 낮기 때문에 모세혈관 피가 허파꽈리(폐포) 속으로 새지 않는다. 온몸순환 혈압은 훨씬 높기 때문에 혈액을 뇌까지 올려 보낼 수 있고 온몸의 장기는 물론 손가락이나 발가락까지 혈액을 보낼 수 있다. 온몸순환의 혈압은 대개 팔에서 측정한다.

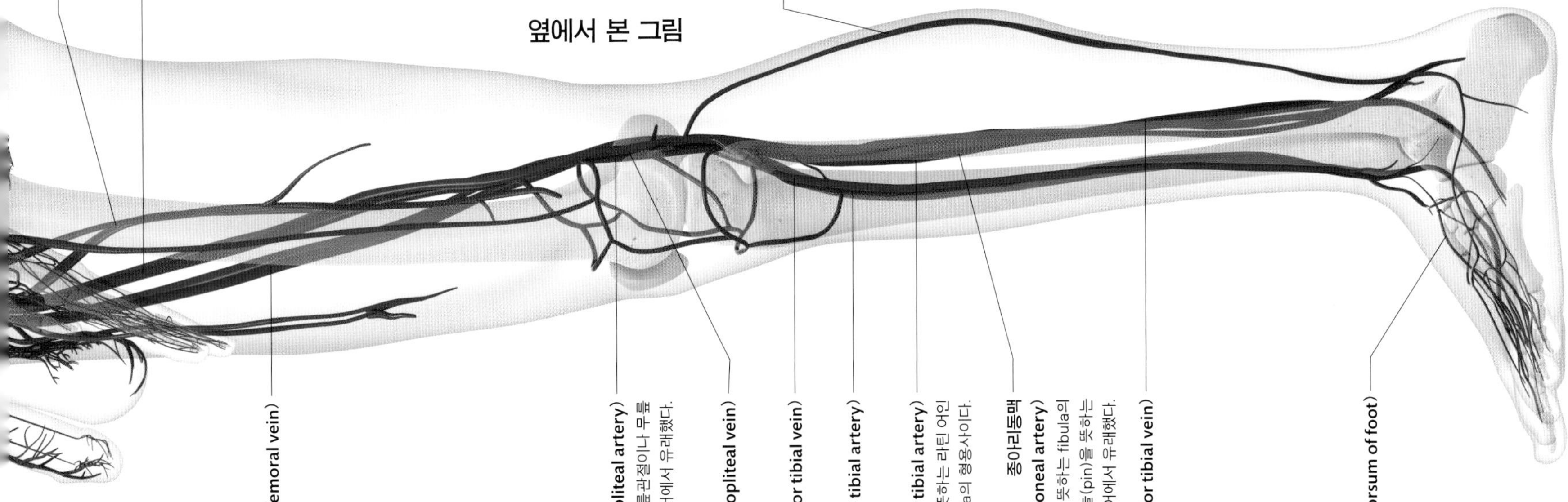

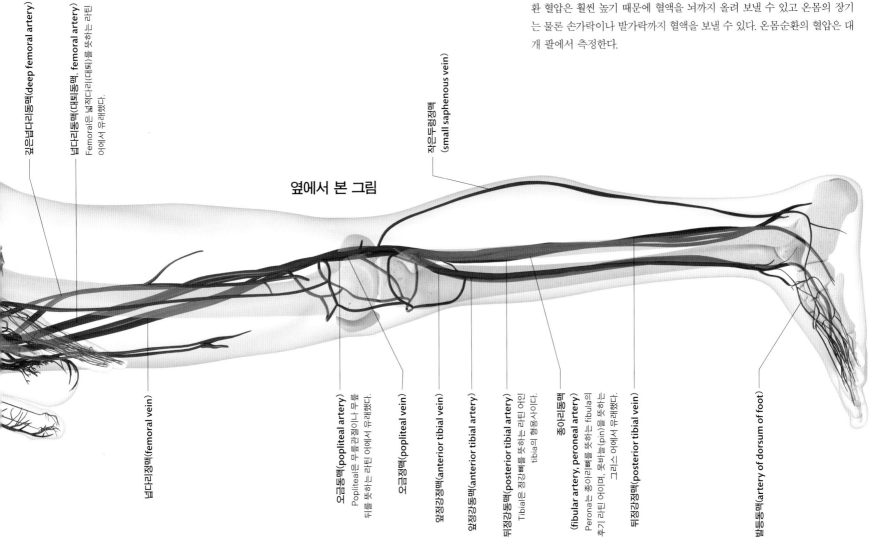

옆에서 본 그림

깊은넙다리동맥(deep femoral artery)

넙다리동맥(대퇴동맥, femoral artery)
Femoral은 넓적다리(대퇴)를 뜻하는 라틴어에서 유래했다.

작은두렁정맥(small saphenous vein)

넙다리정맥(femoral vein)

오금동맥(popliteal artery)
Popliteal은 무릎관절이나 무릎 뒤를 뜻하는 라틴 어에서 유래했다.

오금정맥(popliteal vein)

앞정강정맥(anterior tibial vein)

앞정강동맥(anterior tibial artery)

뒤정강동맥(posterior tibial artery)
Tibial은 정강뼈를 뜻하는 라틴 어인 tibia의 형용사이다.

종아리동맥(fibular artery, peroneal artery)
Perona는 종아리뼈를 뜻하는 fibula의 후기 라틴 어이며, 못바늘(pin)을 뜻하는 그리스 어에서 유래했다.

뒤정강정맥(posterior tibial vein)

발등동맥(artery of dorsum of foot)

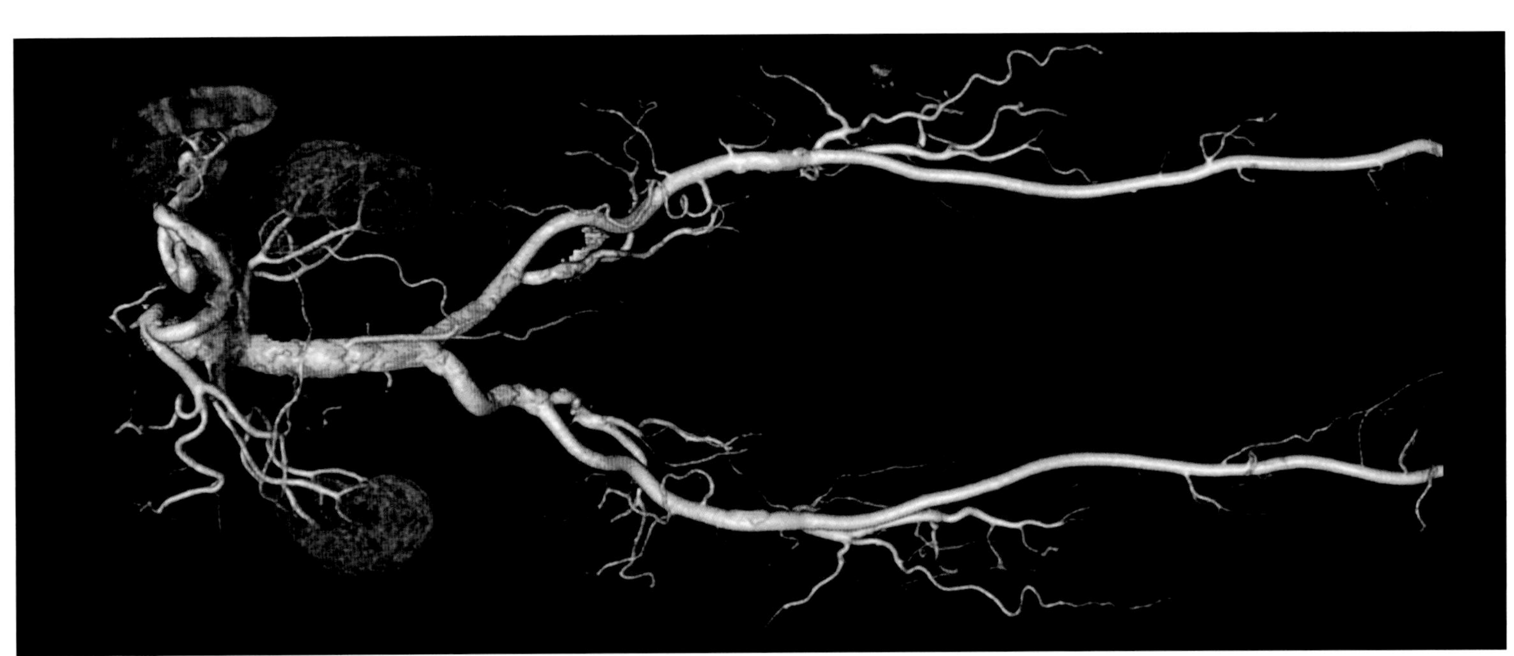

배와 다리의 동맥
색깔을 입힌 CT 혈관조영상으로, 배대동맥과 다리 동맥들이 관찰된다. 콩팥(신장)과 지라(비장)도 보인다. 좌우 넓적다리를 지나는 굵은 동맥은 넙다리동맥인데, 이 동맥은 무릎 뒤에서 오금동맥이 되고, 오금동맥은 종아리에 이르러 앞정강동맥과 뒤정강동맥 등으로 갈라진다.

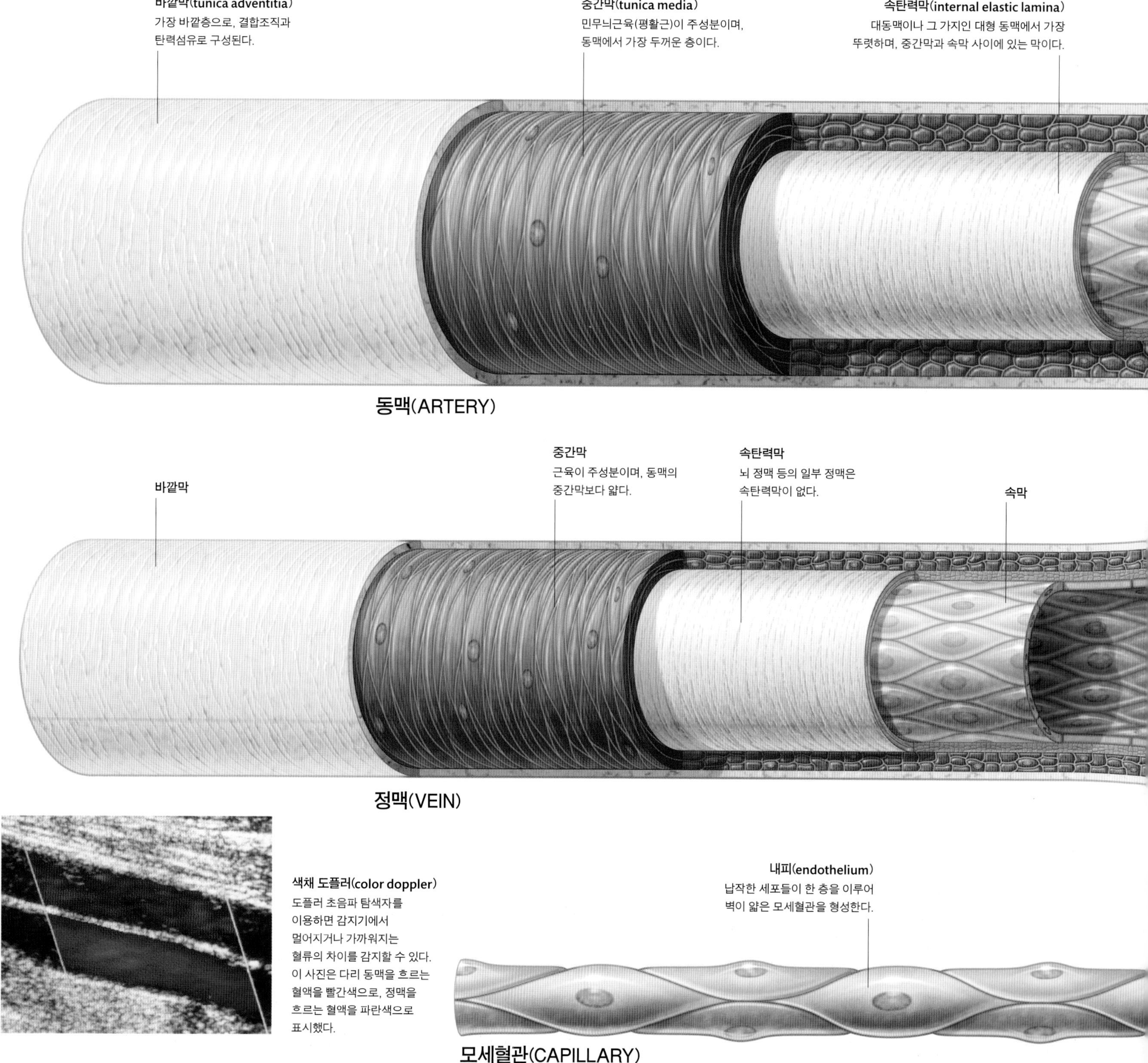
바깥막(tunica adventitia)
가장 바깥층으로, 결합조직과 탄력섬유로 구성된다.
중간막(tunica media)
민무늬근육(평활근)이 주성분이며, 동맥에서 가장 두꺼운 층이다.
속탄력막(internal elastic lamina)
대동맥이나 그 가지인 대형 동맥에서 가장 뚜렷하며, 중간막과 속막 사이에 있는 막이다.
동맥(ARTERY)
바깥막
중간막
근육이 주성분이며, 동맥의 중간막보다 얇다.
속탄력막
뇌 정맥 등의 일부 정맥은 속탄력막이 없다.
속막
정맥(VEIN)
내피(endothelium)
납작한 세포들이 한 층을 이루어 벽이 얇은 모세혈관을 형성한다.
모세혈관(CAPILLARY)

색채 도플러(color doppler) 도플러 초음파 탐색자를 이용하면 감지기에서 멀어지거나 가까워지는 혈류의 차이를 감지할 수 있다. 이 사진은 다리 동맥을 흐르는 혈액을 빨간색으로, 정맥을 흐르는 혈액을 파란색으로 표시했다.

동맥, 정맥, 모세혈관 구조

심장혈관계통은 심장과 혈액과 혈관으로 구성되는데, 혈관은 동맥과 세동맥과 모세혈관과 세정맥과 정맥으로 구분된다.

심장은 수축함으로써 혈액이 방대한 혈관망을 끊임없이 순환할 수 있는 힘을 제공한다. 동맥은 심장에서 시작하여 장기와 조직에 혈액을 운반하고, 정맥은 반대로 혈액을 심장에 되돌려 보낸다. 동맥과 정맥은 둘 다 벽이 세 층, 즉 속막과 중간막과 바깥막으로 구성된다. 동맥은 중간막이 가장 두꺼운 층이지만, 정맥은 중간막이 얇고, 모세혈관은 중간막이 아예 없다. 모세혈관 벽은 내피세포 한 층으로만 이루어져 있다.

심장혈관계통은 허파에서 산소를, 소화관에서 영양소를, 인체 방어계통에서 백혈구를, 그리고 호르몬 등을 받아서 운반한다. 심장혈관계통은 모든 몸조직으로부터 노폐물을 취한 후 적절한 장기로 운반하여 배설하게 한다.

속막(tunica intima)
동맥의 속면을 덮고 있는 가장 속에 있는 층으로, 내피라 불리는 납작한 세포 한 층을 포함하고 있다.

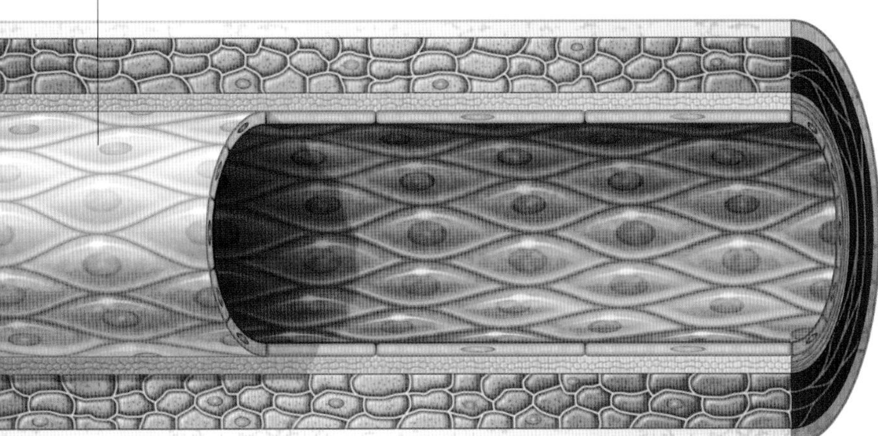

동맥의 가로단면
동맥의 지름은 1밀리미터에서부터 3센티미터에 이른다.

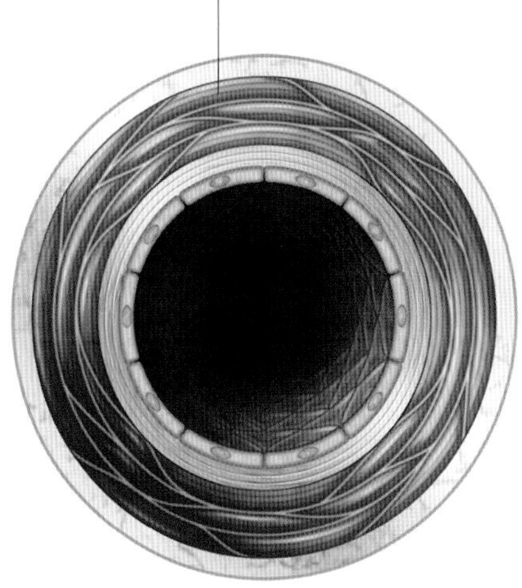

동맥(artery)
가장 굵은 동맥은 속탄력막과 중간막에 탄력조직이 많다. 동맥은 벽이 두껍고 탄력이 있기 때문에 심장이 수축했을 때 가해지는 높은 혈압을 견디는 동시에 심장이 박동한 후 다음 심장 박동 때까지 혈액이 계속 흐를 수 있게 한다. 좀 더 가는 근육형 동맥은 탄력조직이 적고, 가장 가는 동맥인 세동맥은 탄력조직이 훨씬 더 적다.

판막(valve)
혈액이 심장 쪽으로만 흐르게 한다.

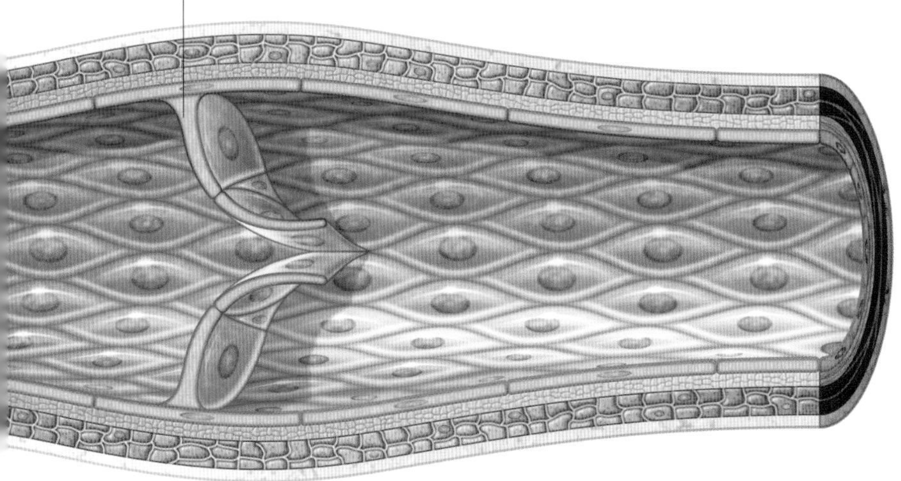

정맥의 가로단면
가장 굵은 정맥은 지름이 최대 3센티미터에 이른다.

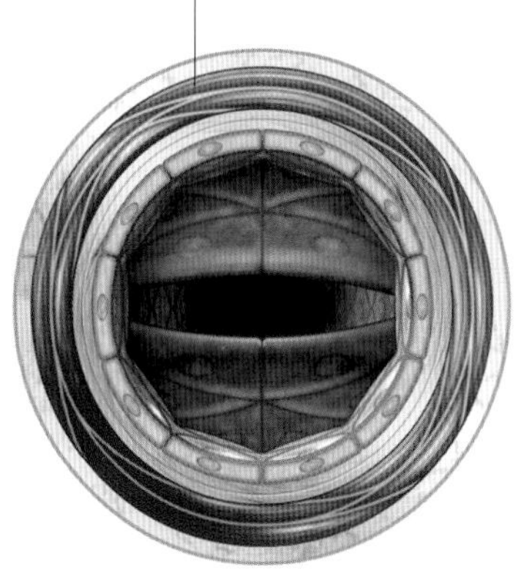

정맥(vein)
정맥은 동맥에 비해 벽이 훨씬 얇으며, 그만큼 근육조직이 적고 결합조직과 탄력조직이 많다. 모세혈관들이 모여서 가장 가는 정맥인 세정맥을 이루고, 이어서 세정맥들이 모여서 더 굵은 정맥을 이룬다. 대부분의 정맥에는 안주머니같이 생긴 판막이 있는데, 이 판막은 혈액이 적절한 방향으로만 흐르도록 돕는다.

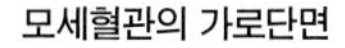

모세혈관의 가로단면
모세혈관은 지름이 0.01밀리미터에 불과하다.(이 모세혈관 그림은 다른 혈관 그림과 크기 비율이 다르다.)

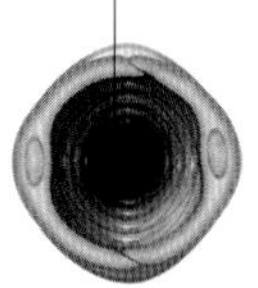

모세혈관(capillary)
모세혈관 벽은 납작한 세포 한 층으로만 되어 있기 때문에 매우 얇다. 따라서 모세혈관 속 혈액과 주위 조직 사이에 물질 이동이 일어날 수 있다. 일부 모세혈관은 벽에 구멍이 있어서 물질 교환이 더 원활히 일어난다.

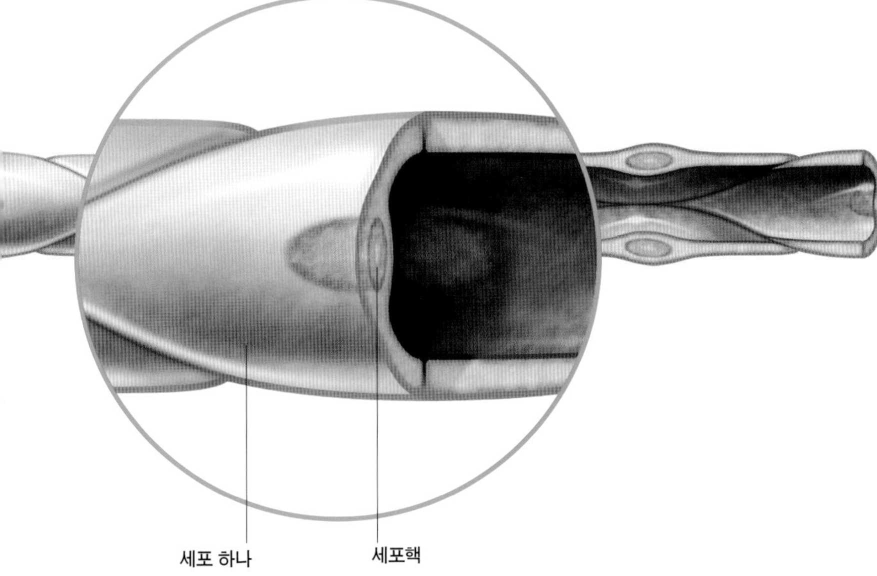

세포 하나
모세혈관은 매우 가늘어서 한 두 세포가 완전히 에워쌀 정도이다.

세포핵

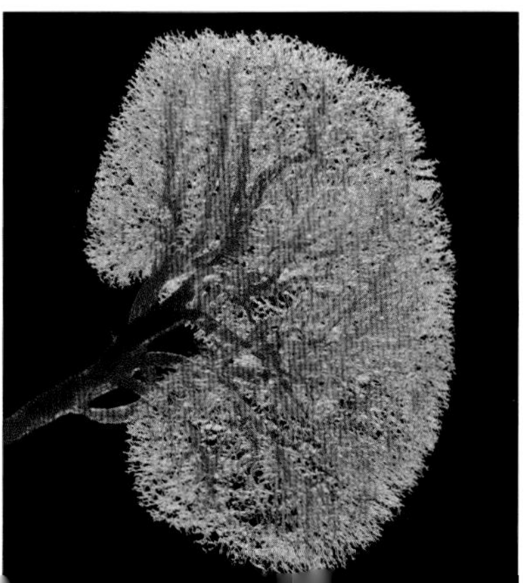

콩팥 모세혈관 주형
콩팥(신장) 속에 있는 모세혈관 망이 얼마나 치밀한지를 보여 주기 위해 콩팥동맥(신동맥)에 수지(레진)를 주입한 후 굳도록 기다렸다가 다 굳은 후에 콩팥 조직만 분해해서 제거했다.

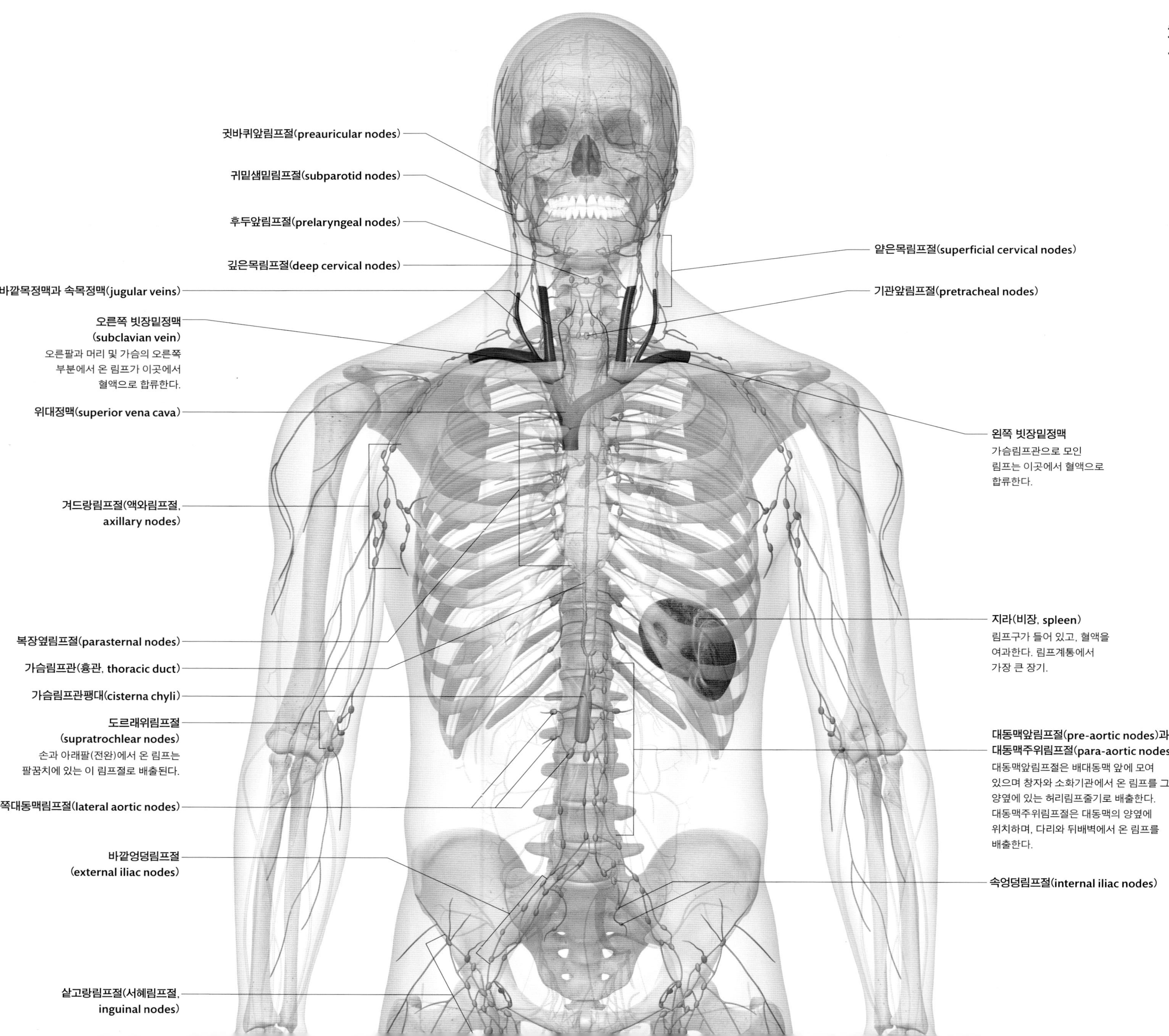
귓바퀴앞림프절(preauricular nodes)
귀밑샘밑림프절(subparotid nodes)
후두앞림프절(prelaryngeal nodes)
깊은목림프절(deep cervical nodes)
바깥목정맥과 속목정맥(jugular veins)
오른쪽 빗장밑정맥
(subclavian vein)
오른팔과 머리 및 가슴의 오른쪽
부분에서 온 림프가 이곳에서
혈액으로 합류한다.
위대정맥(superior vena cava)
겨드랑림프절(액와림프절,
axillary nodes)
복장옆림프절(parasternal nodes)
가슴림프관(흉관, thoracic duct)
가슴림프관팽대(cisterna chyli)
도르래위림프절
(supratrochlear nodes)
손과 아래팔(전완)에서 온 림프는
팔꿈치에 있는 이 림프절로 배출된다.
가쪽대동맥림프절(lateral aortic nodes)
바깥엉덩림프절
(external iliac nodes)
샅고랑림프절(서혜림프절,
inguinal nodes)
얕은목림프절(superficial cervical nodes)
기관앞림프절(pretracheal nodes)
왼쪽 빗장밑정맥
가슴림프관으로 모인
림프는 이곳에서 혈액으로
합류한다.
지라(비장, spleen)
림프구가 들어 있고, 혈액을
여과한다. 림프계통에서
가장 큰 장기.
대동맥앞림프절(pre-aortic nodes)과
대동맥주위림프절(para-aortic nodes)
대동맥앞림프절은 배대동맥 앞에 모여
있으며 창자와 소화기관에서 온 림프를 그
양옆에 있는 허리림프줄기로 배출한다.
대동맥주위림프절은 대동맥의 양옆에
위치하며, 다리와 뒤배벽에서 온 림프를
배출한다.
속엉덩림프절(internal iliac nodes)

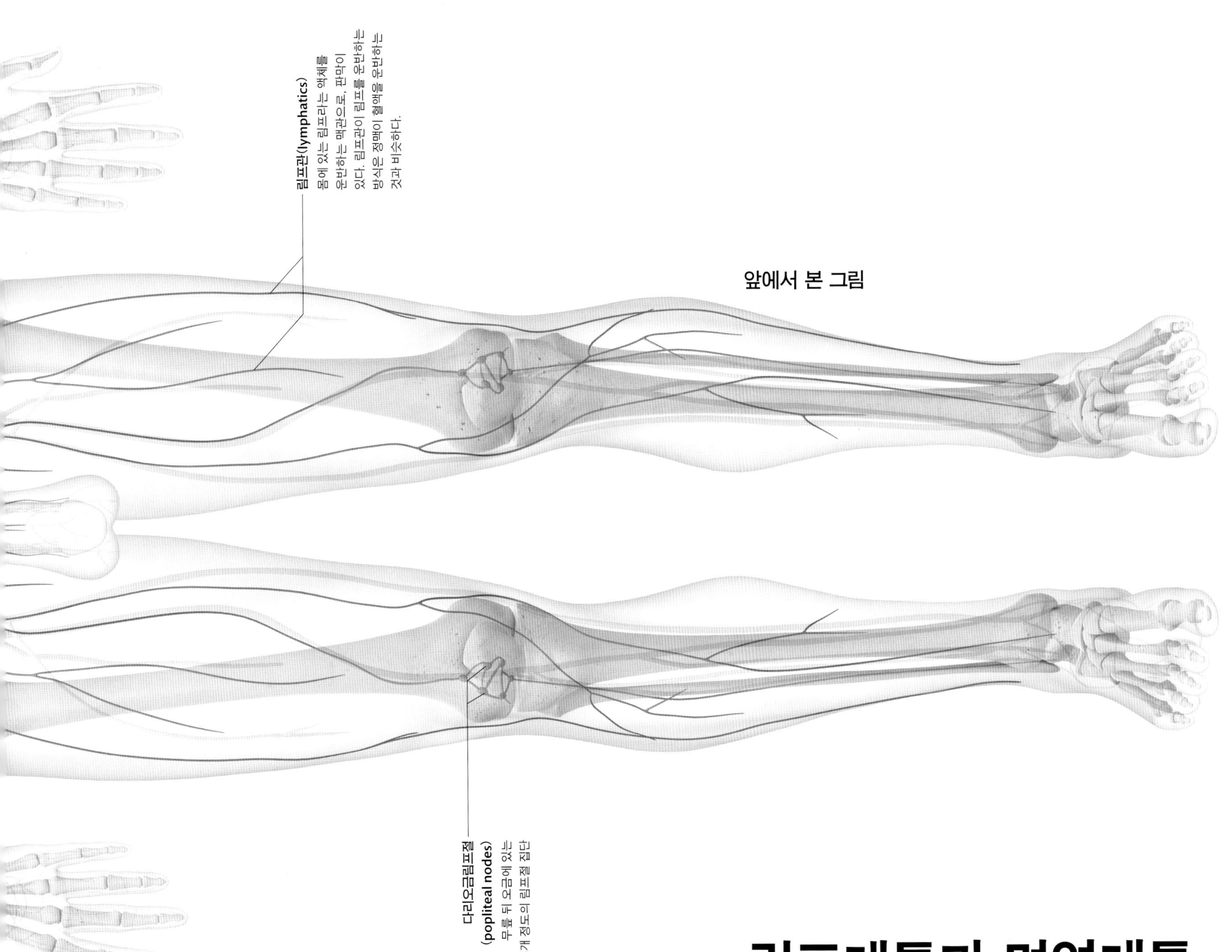
림프관(lymphatics)
몸에 있는 림프라는 액체를 운반하는 맥관으로, 판막이 있다. 림프관이 림프를 운반하는 방식은 정맥이 혈액을 운반하는 것과 비슷하다.
앞에서 본 그림
다리오금림프절 (popliteal nodes)
무릎 뒤 오금에 있는 6개 정도의 림프절 집단

림프계통과 면역계통

림프계통은 심장혈관계통과 밀접한 관련이 있다. 림프계통은 온몸에 있는 림프관들의 연결망으로 구성되는데, 림프관은 세포들 사이 공간에 고인 조직액을 모아서 운반하는 관이다. 림프관은 림프를 곧바로 정맥에 운반하지 않고, 림프절에 먼저 전달한다. 림프절은 편도나 지라나 가슴샘(흉선)처럼 '림프조직'에 속하는데, 이는 이들이 모두 림프구라는 면역세포들을 포함하고 있다는 뜻이다. 따라서 림프절은 면역계통의 일원이다. 기관지나 창자의 벽에도 림프조직이 드문드문 모여 있다. 지라(비장)는 왼쪽 배에서 갈비뼈 속면에 숨어 있으며, 두 가지 중요한 일을 한다. 즉 지라는 림프기관이며, 한편으로는 혈관을 순환하는 낡은 적혈구를 제거한다.

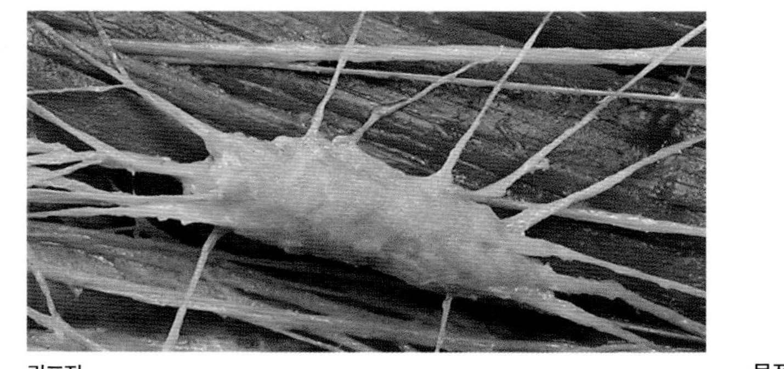

림프절

성인 몸에는 림프절(lymph node)이 약 450개 있다. 림프절은 크기가 다양한데, 길이가 1밀리미터에서부터 2센티미터가 넘는 것까지 있고, 모양은 대개 달걀형에 가깝다. 림프절에 림프를 보내는 림프관은 여러 개이지만 림프절에서 나온 림프를 운반하는 림프관은 하나다.

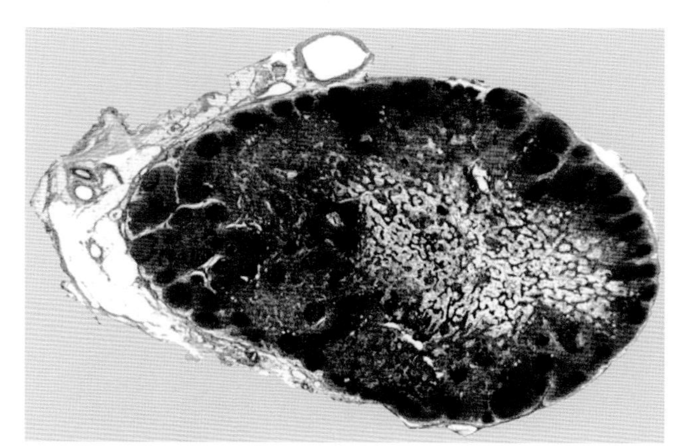

림프절의 가로단면

림프절은 피막에 덮여 있고(이 단면에서 분홍색으로 염색된 부분), 그 속에 있는 바깥 부분인 겉질은 림프구가 가득 들어 있으며(진한 보라색), 속에 있는 속질은 림프통로들로 구성되어 있다.(파란색)

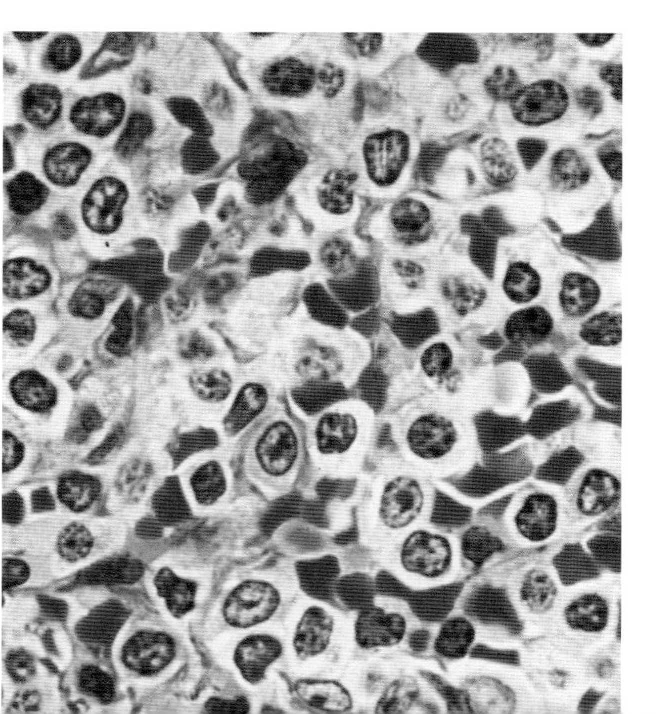

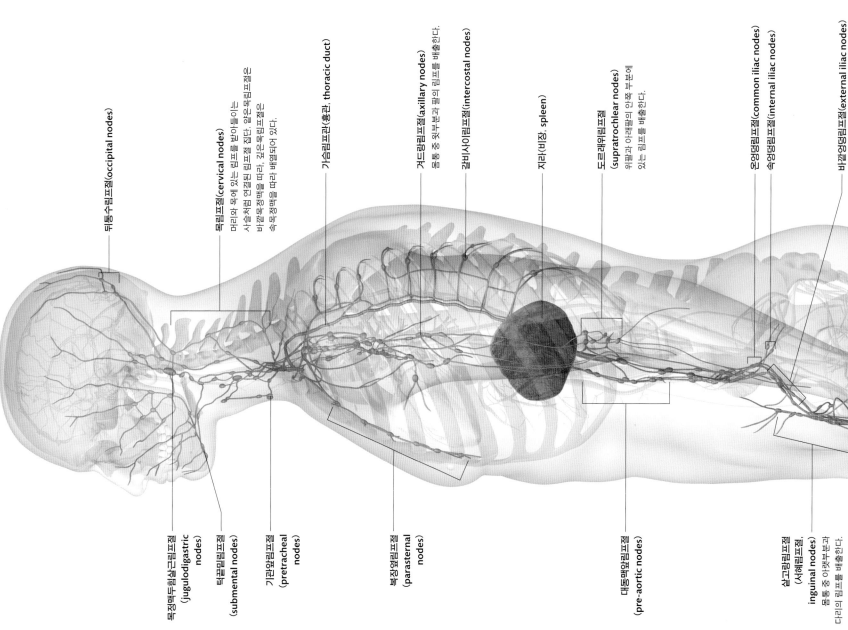

뒤통수림프절(occipital nodes)

목정맥두힘살근림프절 (jugulodigastric nodes)

목림프절(cervical nodes)
머리와 목에 있는 림프를 받아들이는 사슬처럼 연결된 림프절 집단. 얕은목림프절은 바깥목정맥을 따라, 깊은목림프절은 속목정맥을 따라 배열되어 있다.

턱끝밑림프절 (submental nodes)

기관앞림프절 (pretracheal nodes)

가슴림프관(흉관, thoracic duct)

복장옆림프절 (parasternal nodes)

겨드랑림프절(axillary nodes)
몸통 중 윗부분과 팔의 림프를 배출한다.

갈비사이림프절(intercostal nodes)

지라(비장, spleen)

도르래위림프절 (supratrochlear nodes)
위팔과 아래팔의 안쪽 부분에 있는 림프를 배출한다.

대동맥앞림프절 (pre-aortic nodes)

온엉덩림프절(common iliac nodes)

속엉덩림프절(internal iliac nodes)

샅고랑림프절 (서혜림프절, inguinal nodes)
몸통 중 아랫부분과 다리의 림프를 배출한다.

바깥엉덩림프절(external iliac nodes)

림프계통과 면역계통

면역계통은 외부 또는 내부의 적으로부터 우리 몸을 보호하는 방어 장치이다. 피부는 감염을 차단하는 물리적 방벽이며, 피부에 분비되는 항균 기능이 있는 피지(피부기름)는 화학적 방벽이다. 그밖에 매우 중요한 면역 물질인 항체가 있으며, 골수에서 만들어진 림프구 같은 여러 가지 면역세포들이 있다. 림프구 중 일부는 골수에서 성숙하지만 나머지 림프구는 가슴샘(흉선)으로 이주해서 성장한다. 가슴샘은 큰 장기로, 어린이는 목 중 아랫부분에 있지만(163쪽) 성인이 되면 거의 다 사라진다. 성숙한 림프구는 림프절에 거주하는데, 림프절로 유입되는 조직액에 위험한 침입자가 없는지 일일이 감시한다.

옆에서 본 그림

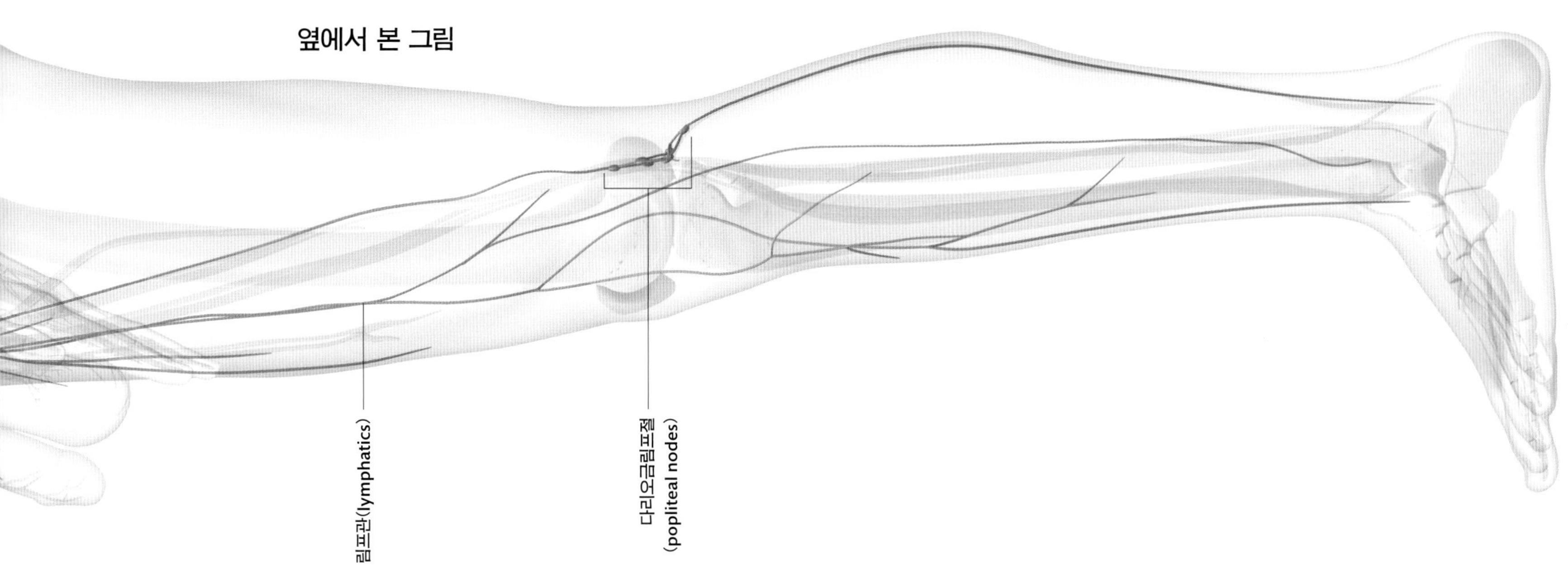
림프관(lymphatics)
다리오금림프절
(popliteal nodes)

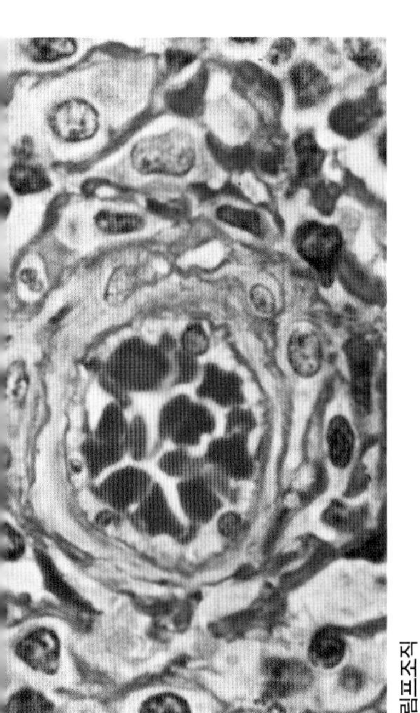

림프조직
이 고배율 현미경 사진에서는 보라색으로 염색된 림프구가 하나씩 구별된다. 파란색 원은 세동맥으로, 속에 분홍색으로 염색된 적혈구가 가득 들어 있다.

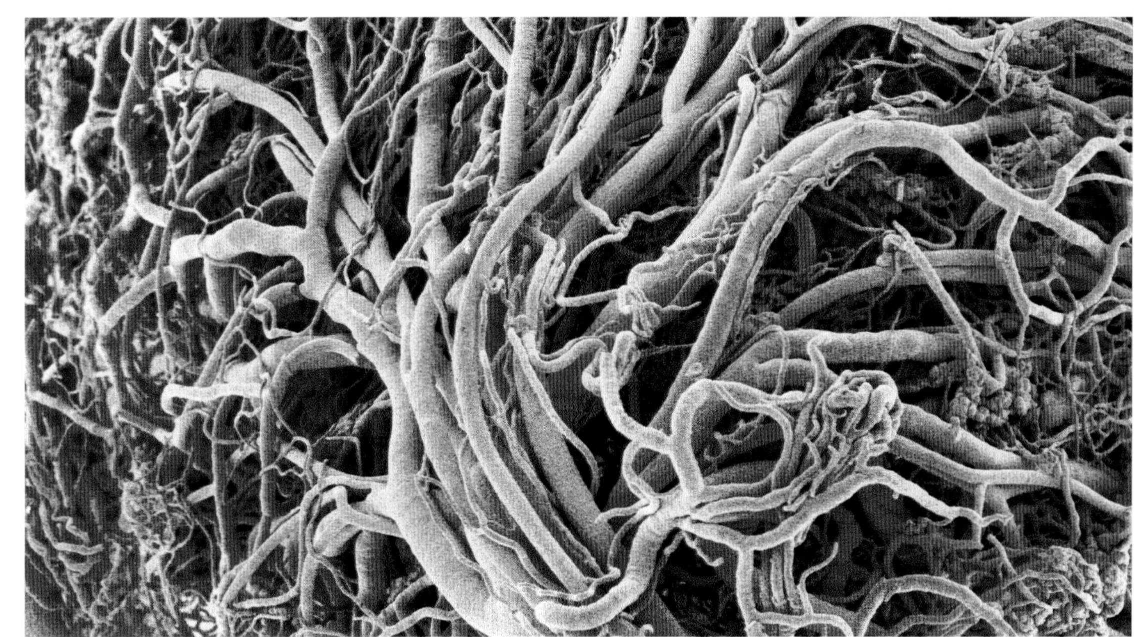

림프절의 혈관
스캐닝 전자현미경 사진으로, 림프절 속에서 치밀한 얼기를 형성하고 있는 작은 혈관들의 레진 주형이 관찰된다.

소화계통

소화계통은 음식을 섭취하고, 잘게 부순 후 작은 화학물질로 분해하고, 음식물에 포함된 유용한 영양소를 흡수하고, 쓸모 없는 것은 배설해 주는 장기들로 구성된다. 이 과정은 입에서 시작되는데, 입에서는 치아와 혀와 침이 협동 작용하여 음식을 삼킬 수 있는 축축한 덩어리로 변신시킨다. 입, 인두, 위, 창자, 곧창자, 항문관 등은 소화관이라 불리는 긴 대롱을 완성한다. 섭취한 음식이 입에서 시작하여 항문에 도달하려면 대개 1~2일이 걸린다. 소화관 외에 침샘이나 간이나 쓸개나 이자 같은 다른 장기들도 소화계통에 포함된다.

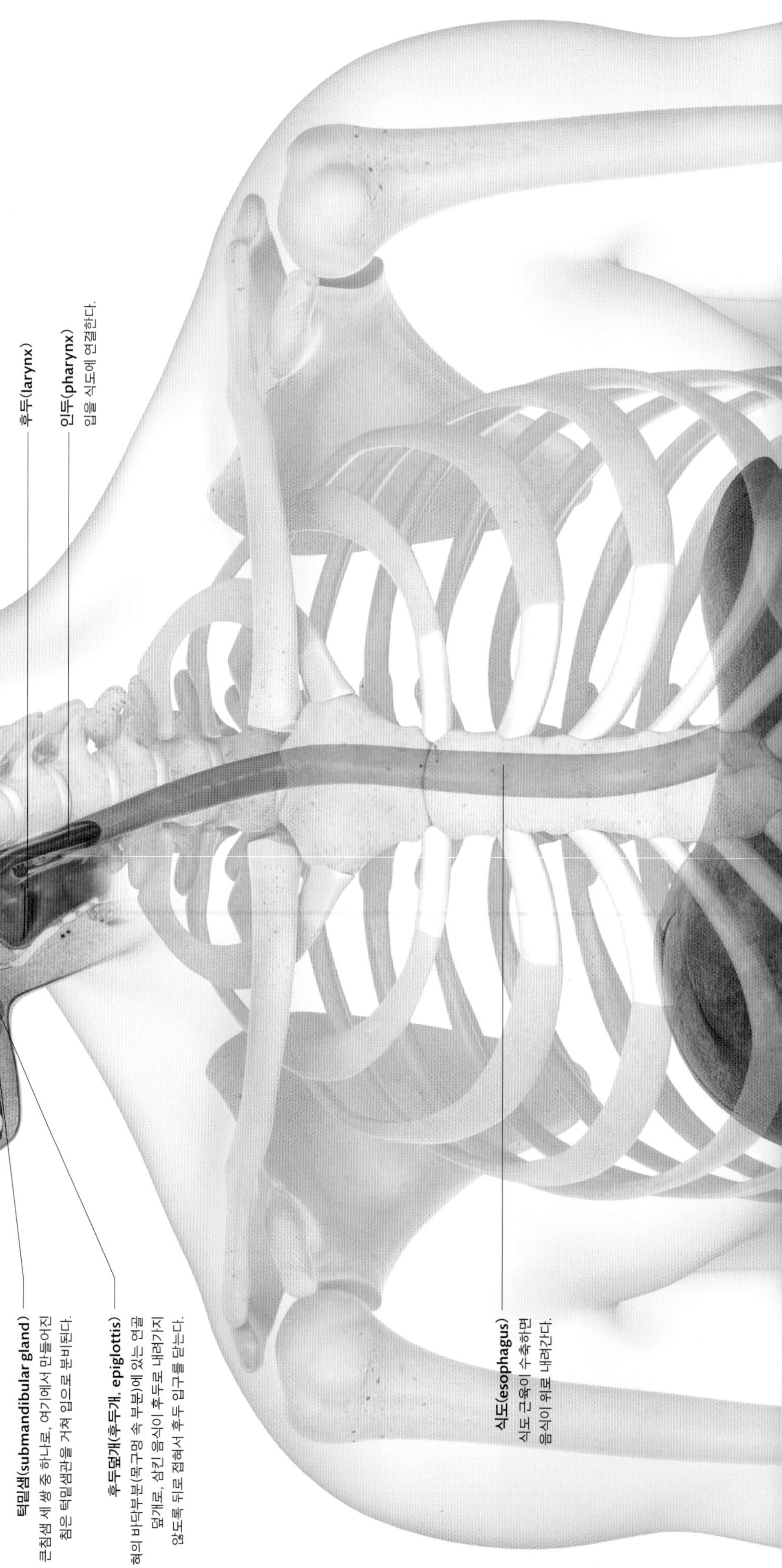
후두(larynx)
인두(pharynx)
입을 식도에 연결한다.
귀밑샘(이하선, parotid gland)
침샘 중에 가장 크다.
입
음식 섭취가 주된 쓰임새이지만 말하고 숨쉴 때도 쓴다.
귀밑샘관(parotid duct)
윗니 중에 둘째 큰어금니(대구치) 맞은편 볼점막으로 열린다.
혀(tongue)
근육 덩어리로, 입 속에서 음식을 휘저으며, 맛봉오리(미뢰)가 있다.
치아(이, teeth)
여러 가지 치아가 있어 입으로 들어오는 음식을 깨물고 자르고 분쇄한다.
혀밑샘(sublingual gland)
턱밑샘관(submandibular duct)
턱밑샘(submandibular gland)
큰침샘 세 쌍 중 하나로, 여기에서 만들어진 침은 턱밑샘관을 거쳐 입으로 분비된다.
후두덮개(후두개, epiglottis)
혀의 바닥부분(목구멍 속 부분)에 있는 연골 덮개로, 삼킨 음식이 후두로 내려가지 않도록 뒤로 접혀서 후두 입구를 닫는다.
식도(esophagus)
식도 근육이 수축하면 음식이 위로 내려간다.

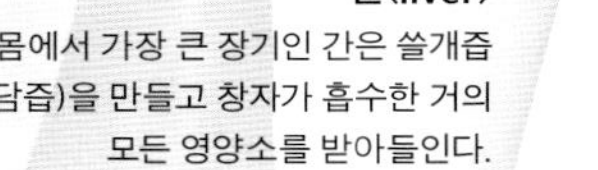

간(liver)
우리 몸에서 가장 큰 장기인 간은 쓸개즙(담즙)을 만들고 창자가 흡수한 거의 모든 영양소를 받아들인다.

쓸개(담낭, gallbladder)
쓸개즙을 저장했다가 필요할 때 작은창자로 분비하는 주머니처럼 생긴 장기이다.

이자(췌장, pancreas)
이자는 일부가 위 뒤에 숨어 있으며, 호르몬(인슐린 등)을 생산하고, 소화를 돕는 효소를 만들어서 작은창자로 분비한다.

충수(막창자꼬리, appendix)
끝이 막힌 작은 대롱으로, 큰창자의 첫 부분인 막창자(맹장)에 붙어 있으며, 현대인에는 별 기능이 없는 것 같다.

항문관(anal canal)
소화관의 마지막 몇 센티미터 부위로, 대변을 곧창자에서부터 항문으로 운반한다. 대변은 항문에서 몸 밖으로 배출된다.

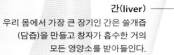

위(stomach)
위는 늘어날 수 있는 주머니로, 음식을 보관했다가 조금씩 작은창자로 내려 보낸다. 섭취한 위험한 세균을 죽이는 염산도 분비한다.

큰창자(대장, large intestine)
막창자(맹장)와 잘록창자(결장)로 이루어진다. 큰창자는 음식에 포함된 물을 흡수한다.

작은창자(소장, small intestine)
샘창자(십이지장)와 빈창자(공장)와 돌창자(회장)로 구성되며, 음식이 주로 분해되고 흡수되는 곳이다.

곧창자(직장, rectum)
소화하고 남은 폐기물인 대변을 배설하기 전에 보관하는 곳이다.

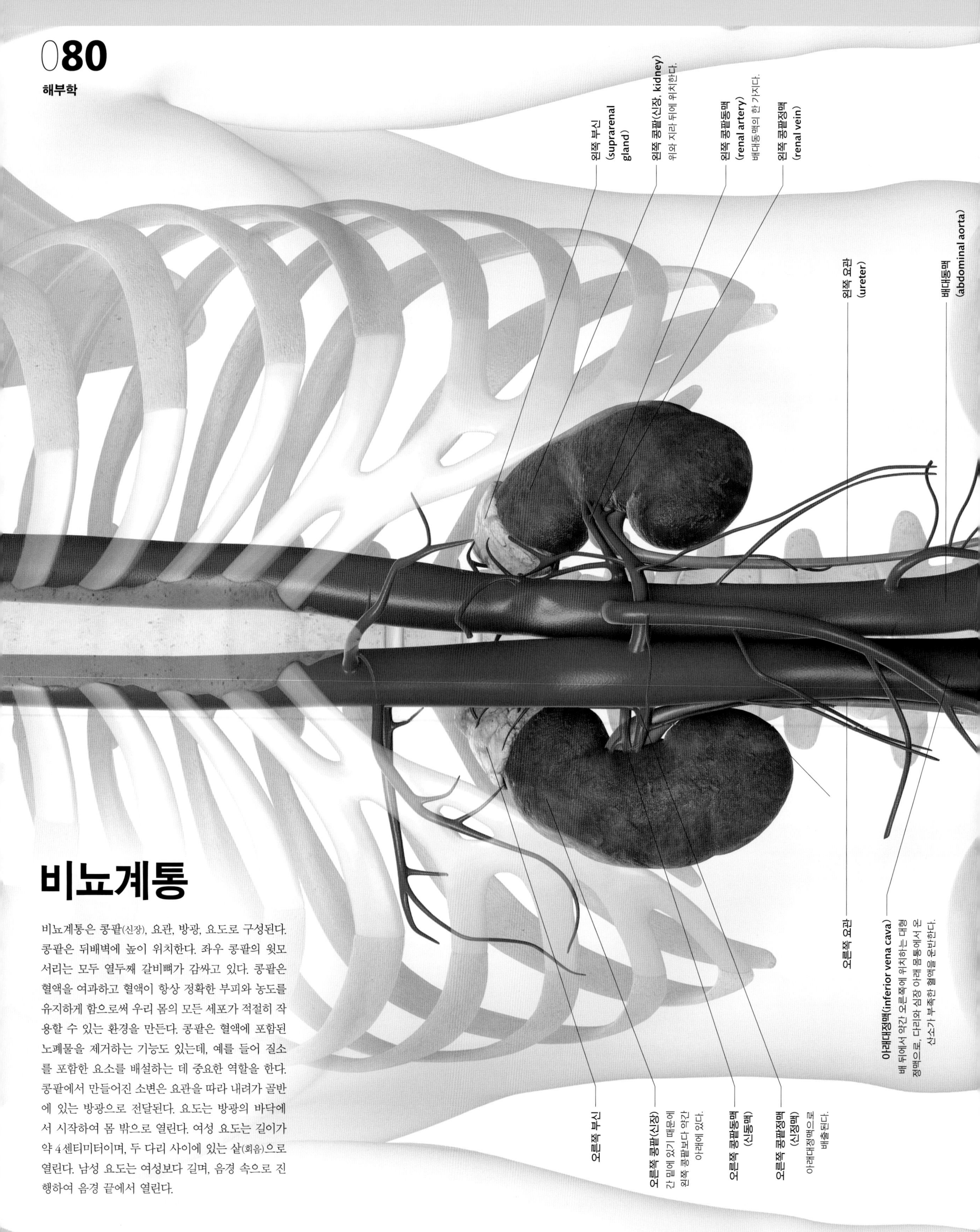
왼쪽 부신 (suprarenal gland)
왼쪽 콩팥(신장, kidney)
위와 지라 뒤에 위치한다.
왼쪽 콩팥동맥 (renal artery)
배대동맥의 한 가지다.
왼쪽 콩팥정맥 (renal vein)
왼쪽 요관 (ureter)
배대동맥 (abdominal aorta)
오른쪽 부신
오른쪽 콩팥(신장)
간 밑에 있기 때문에 왼쪽 콩팥보다 약간 아래에 있다.
오른쪽 콩팥동맥 (신동맥)
오른쪽 콩팥정맥 (신정맥)
아래대정맥으로 배출된다.
오른쪽 요관
아래대정맥(inferior vena cava)
배 뒤에서 약간 오른쪽에 위치하는 대형 정맥으로, 다리와 심장 아래 몸통에서 온 산소가 부족한 혈액을 운반한다.

비뇨계통

비뇨계통은 콩팥(신장), 요관, 방광, 요도로 구성된다. 콩팥은 뒤배벽에 높이 위치한다. 좌우 콩팥의 윗모서리는 모두 열두째 갈비뼈가 감싸고 있다. 콩팥은 혈액을 여과하고 혈액이 항상 정확한 부피와 농도를 유지하게 함으로써 우리 몸의 모든 세포가 적절히 작용할 수 있는 환경을 만든다. 콩팥은 혈액에 포함된 노폐물을 제거하는 기능도 있는데, 예를 들어 질소를 포함한 요소를 배설하는 데 중요한 역할을 한다. 콩팥에서 만들어진 소변은 요관을 따라 내려가 골반에 있는 방광으로 전달된다. 요도는 방광의 바닥에서 시작하여 몸 밖으로 열린다. 여성 요도는 길이가 약 4센티미터이며, 두 다리 사이에 있는 살(회음)으로 열린다. 남성 요도는 여성보다 길며, 음경 속으로 진행하여 음경 끝에서 열린다.

앞에서 본 그림(남성)

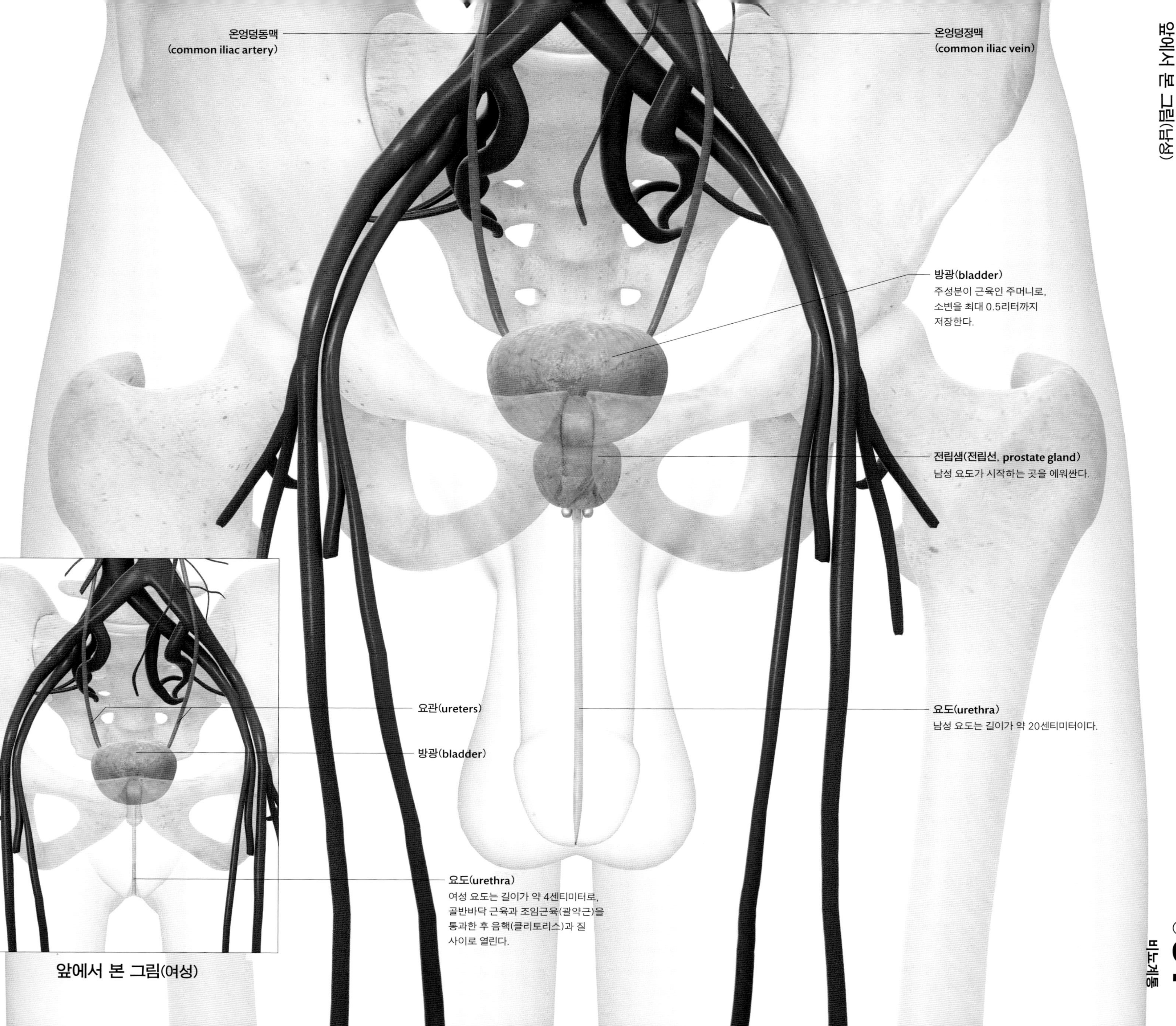
온엉덩동맥
(common iliac artery)
온엉덩정맥
(common iliac vein)
방광(bladder)
주성분이 근육인 주머니로,
소변을 최대 0.5리터까지
저장한다.
전립샘(전립선, prostate gland)
남성 요도가 시작하는 곳을 에워싼다.
요관(ureters)
요도(urethra)
남성 요도는 길이가 약 20센티미터이다.
방광(bladder)
요도(urethra)
여성 요도는 길이가 약 4센티미터로,
골반바닥 근육과 조임근육(괄약근)을
통과한 후 음핵(클리토리스)과 질
사이로 열린다.
앞에서 본 그림(여성)

생식계통

여성

우리 몸의 장기는 대부분 남성과 여성이 비슷하다. 그러나 생식기관만은 차이가 엄청나다. 여성의 난소는 난자와 여성호르몬을 생산하며, 골반 깊숙이 숨어 있다. 골반에는 질, 자궁, 좌우 자궁관(난관, 나팔관)도 있는데, 난소에서 만들어진 난자가 자궁관을 거쳐 자궁으로 운반된다. 여성 생식계통은 젖샘(유선)도 포함하는데, 젖샘은 신생아가 먹을 젖을 생산한다는 점에서 중요하다.

남성

남성은 고환이 정자와 남성호르몬을 생산하는데, 고환은 골반 밖에서 음낭 속에 매달려 있다. 나머지 남성생식계통은 정관 한 쌍과 부속샘인 정낭 및 전립샘(전립선)과 요도 등이 있다.

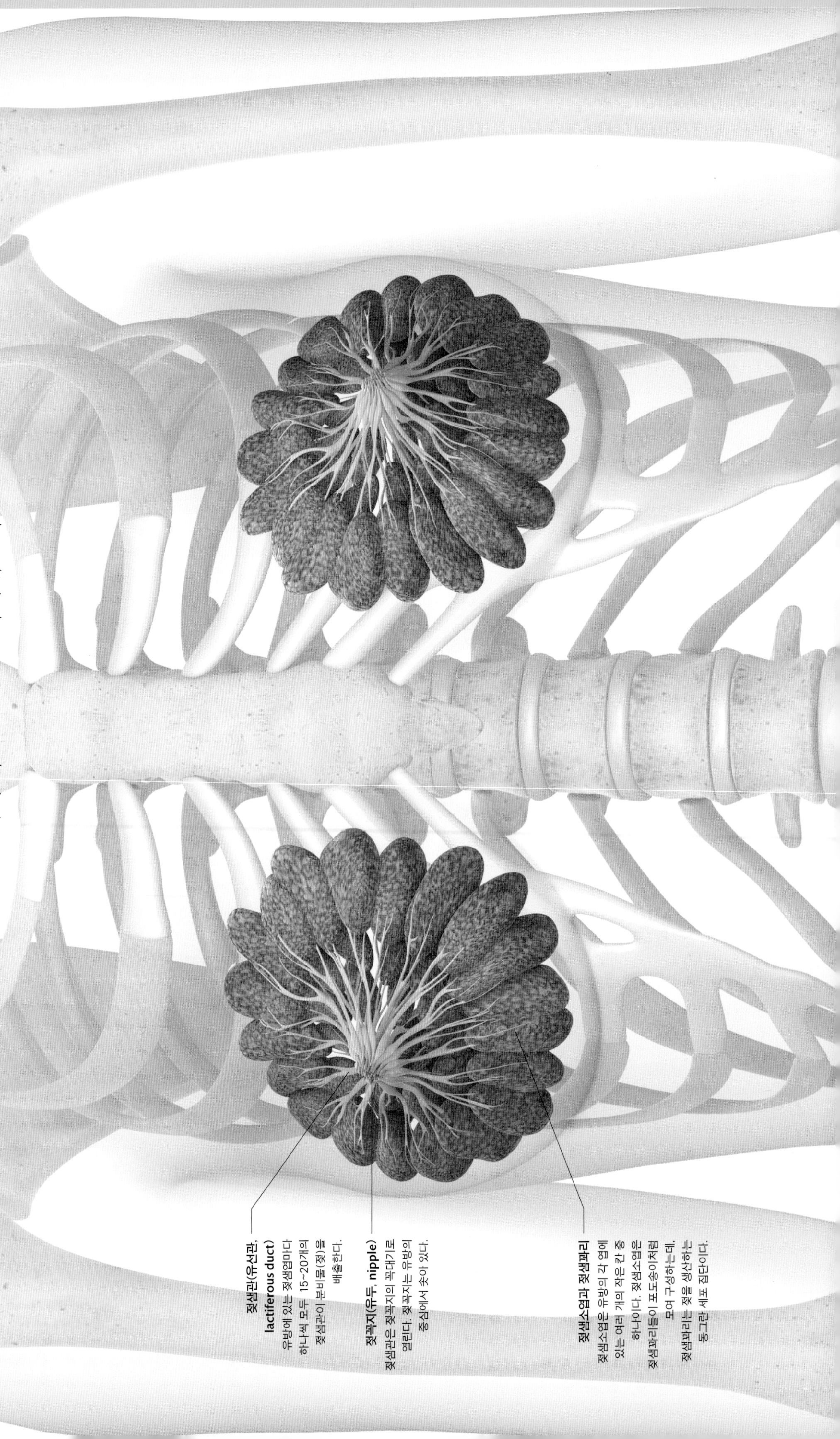

앞에서 본 그림(여성)

젖샘관(유선관, lactiferous duct)
유방에 있는 젖샘엽마다 하나씩 모두 15~20개의 젖샘관이 분비물(젖)을 배출한다.

젖꼭지(유두, nipple)
젖샘관은 젖꼭지의 꼭대기로 열린다. 젖꼭지는 유방의 중심에서 솟아 있다.

젖샘소엽과 젖샘꽈리
젖샘소엽은 유방의 각 엽에 있는 여러 개의 작은 칸 중 하나이다. 젖샘소엽은 젖샘꽈리들이 포도송이처럼 모여 구성하는데, 젖샘꽈리는 젖을 생산하는 동그란 세포 집단이다.

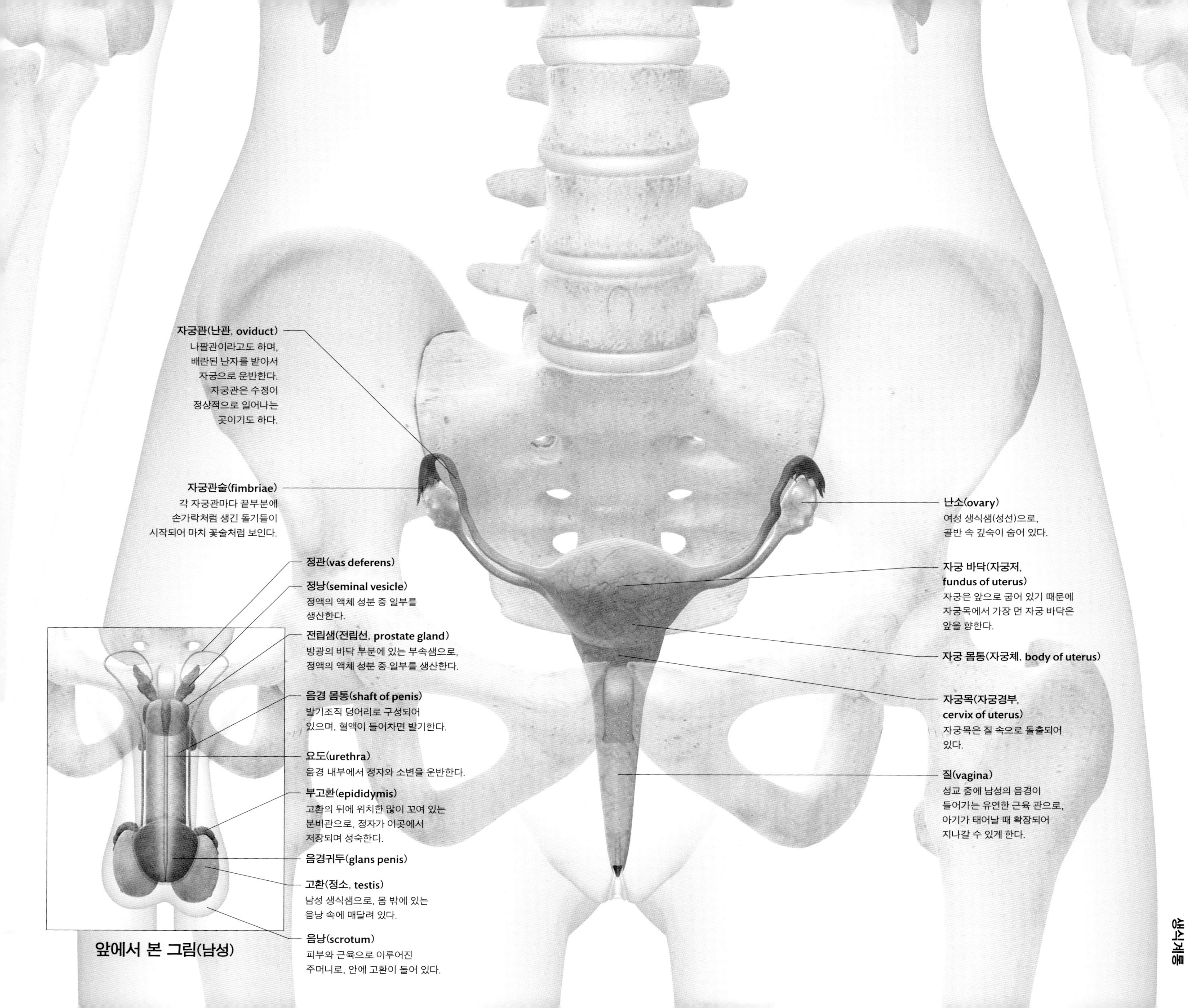

자궁관(난관, oviduct)
나팔관이라고도 하며, 배란된 난자를 받아서 자궁으로 운반한다. 자궁관은 수정이 정상적으로 일어나는 곳이기도 하다.

자궁관술(fimbriae)
각 자궁관마다 끝부분에 손가락처럼 생긴 돌기들이 시작되어 마치 꽃술처럼 보인다.

난소(ovary)
여성 생식샘(성선)으로, 골반 속 깊숙이 숨어 있다.

자궁 바닥(자궁저, fundus of uterus)
자궁은 앞으로 굽어 있기 때문에 자궁목에서 가장 먼 자궁 바닥은 앞을 향한다.

자궁 몸통(자궁체, body of uterus)

자궁목(자궁경부, cervix of uterus)
자궁목은 질 속으로 돌출되어 있다.

질(vagina)
성교 중에 남성의 음경이 들어가는 유연한 근육 관으로, 아기가 태어날 때 확장되어 지나갈 수 있게 한다.

앞에서 본 그림(남성)

정관(vas deferens)

정낭(seminal vesicle)
정액의 액체 성분 중 일부를 생산한다.

전립샘(전립선, prostate gland)
방광의 바닥 부분에 있는 부속샘으로, 정액의 액체 성분 중 일부를 생산한다.

음경 몸통(shaft of penis)
발기조직 덩어리로 구성되어 있으며, 혈액이 들어차면 발기한다.

요도(urethra)
음경 내부에서 정자와 소변을 운반한다.

부고환(epididymis)
고환의 뒤에 위치한 많이 꼬여 있는 분비관으로, 정자가 이곳에서 저장되며 성숙한다.

음경귀두(glans penis)

고환(정소, testis)
남성 생식샘으로, 몸 밖에 있는 음낭 속에 매달려 있다.

음낭(scrotum)
피부와 근육으로 이루어진 주머니로, 안에 고환이 들어 있다.

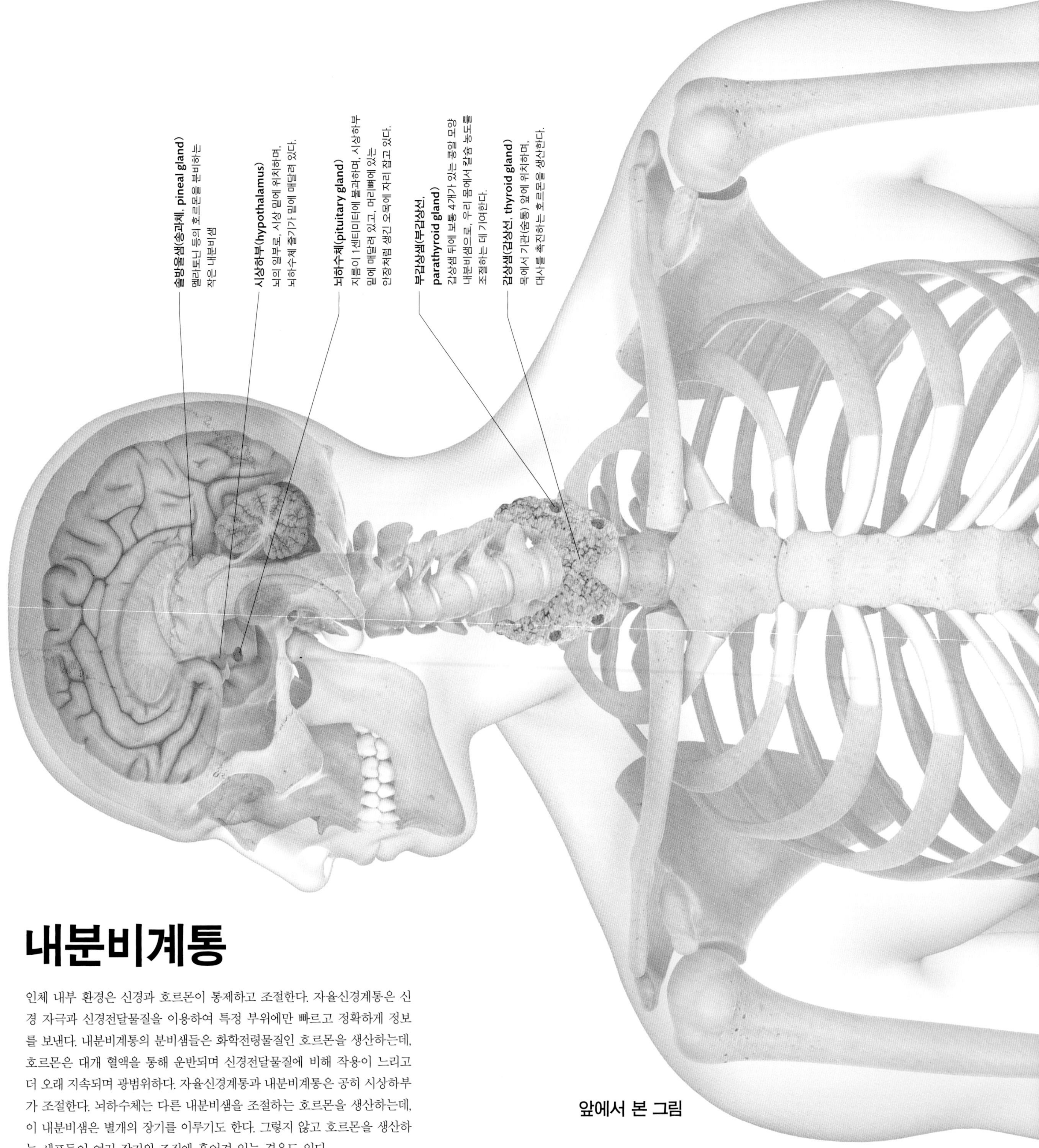
솔방울샘(송과체, pineal gland)
멜라토닌 등의 호르몬을 분비하는
작은 내분비샘
시상하부(hypothalamus)
뇌의 일부로, 시상 밑에 위치하며,
뇌하수체 줄기가 밑에 매달려 있다.
뇌하수체(pituitary gland)
지름이 1센티미터에 불과하며, 시상하부
밑에 매달려 있고, 머리뼈에 있는
안장처럼 생긴 오목에 자리 잡고 있다.
부갑상샘(부갑상선,
parathyroid gland)
갑상샘 뒤에 보통 4개가 있는 콩알 모양
내분비샘으로, 우리 몸에서 칼슘 농도를
조절하는 데 기여한다.
갑상샘(갑상선, thyroid gland)
목에서 기관(숨통) 앞에 위치하며,
대사를 촉진하는 호르몬을 생산한다.

앞에서 본 그림

내분비계통

인체 내부 환경은 신경과 호르몬이 통제하고 조절한다. 자율신경계통은 신경 자극과 신경전달물질을 이용하여 특정 부위에만 빠르고 정확하게 정보를 보낸다. 내분비계통의 분비샘들은 화학전령물질인 호르몬을 생산하는데, 호르몬은 대개 혈액을 통해 운반되며 신경전달물질에 비해 작용이 느리고 더 오래 지속되며 광범위하다. 자율신경계통과 내분비계통은 공히 시상하부가 조절한다. 뇌하수체는 다른 내분비샘을 조절하는 호르몬을 생산하는데, 이 내분비샘은 별개의 장기를 이루기도 한다. 그렇지 않고 호르몬을 생산하는 세포들이 여러 장기의 조직에 흩어져 있는 경우도 있다.

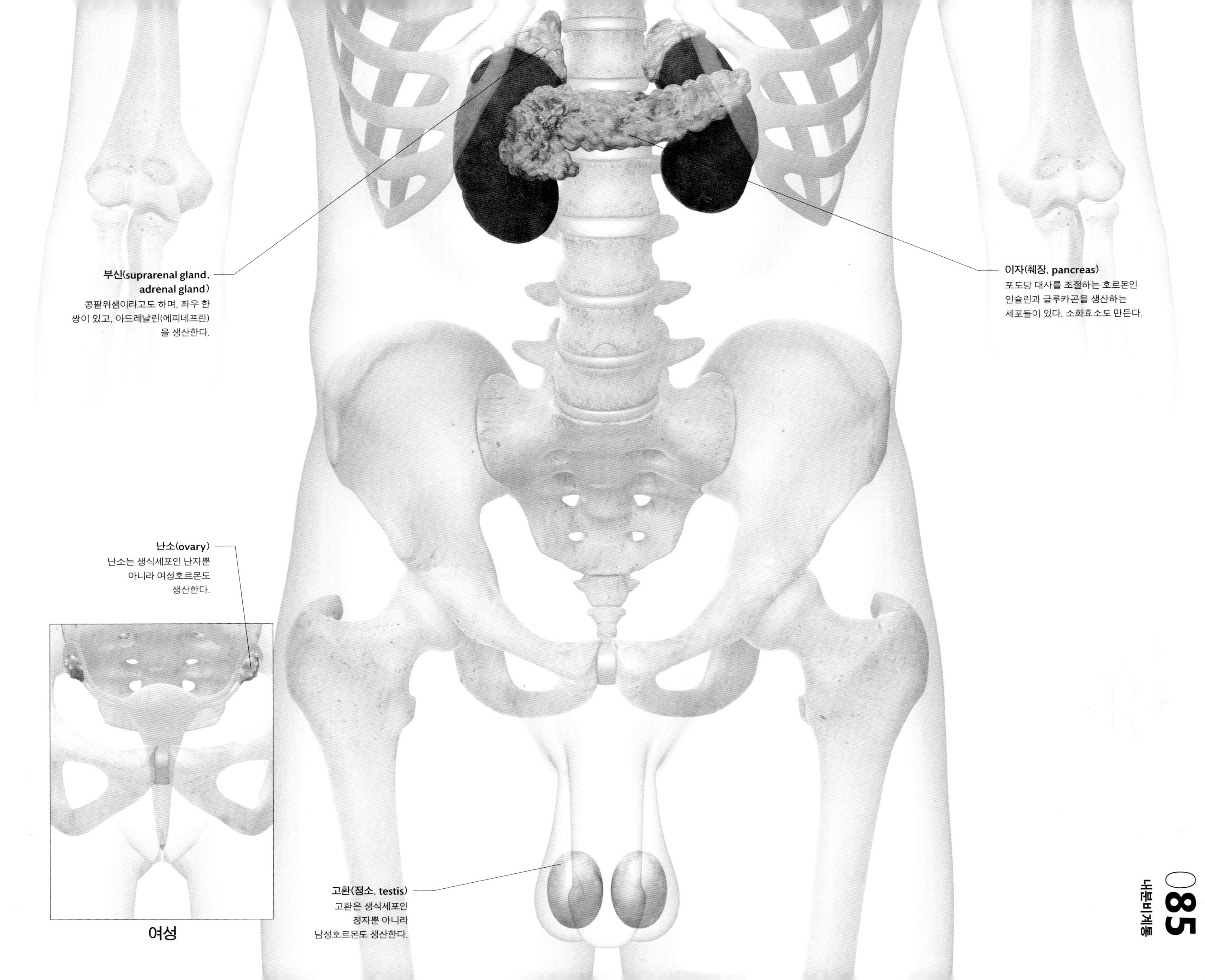

부신(suprarenal gland, adrenal gland)
콩팥위샘이라고도 하며, 좌우 한 쌍이 있고, 아드레날린(에피네프린)을 생산한다.
이자(췌장, pancreas)
포도당 대사를 조절하는 호르몬인 인슐린과 글루카곤을 생산하는 세포들이 있다. 소화효소도 만든다.
난소(ovary)
난소는 생식세포인 난자뿐 아니라 여성호르몬도 생산한다.
여성
고환(정소, testis)
고환은 생식세포인 정자뿐 아니라 남성호르몬도 생산한다.

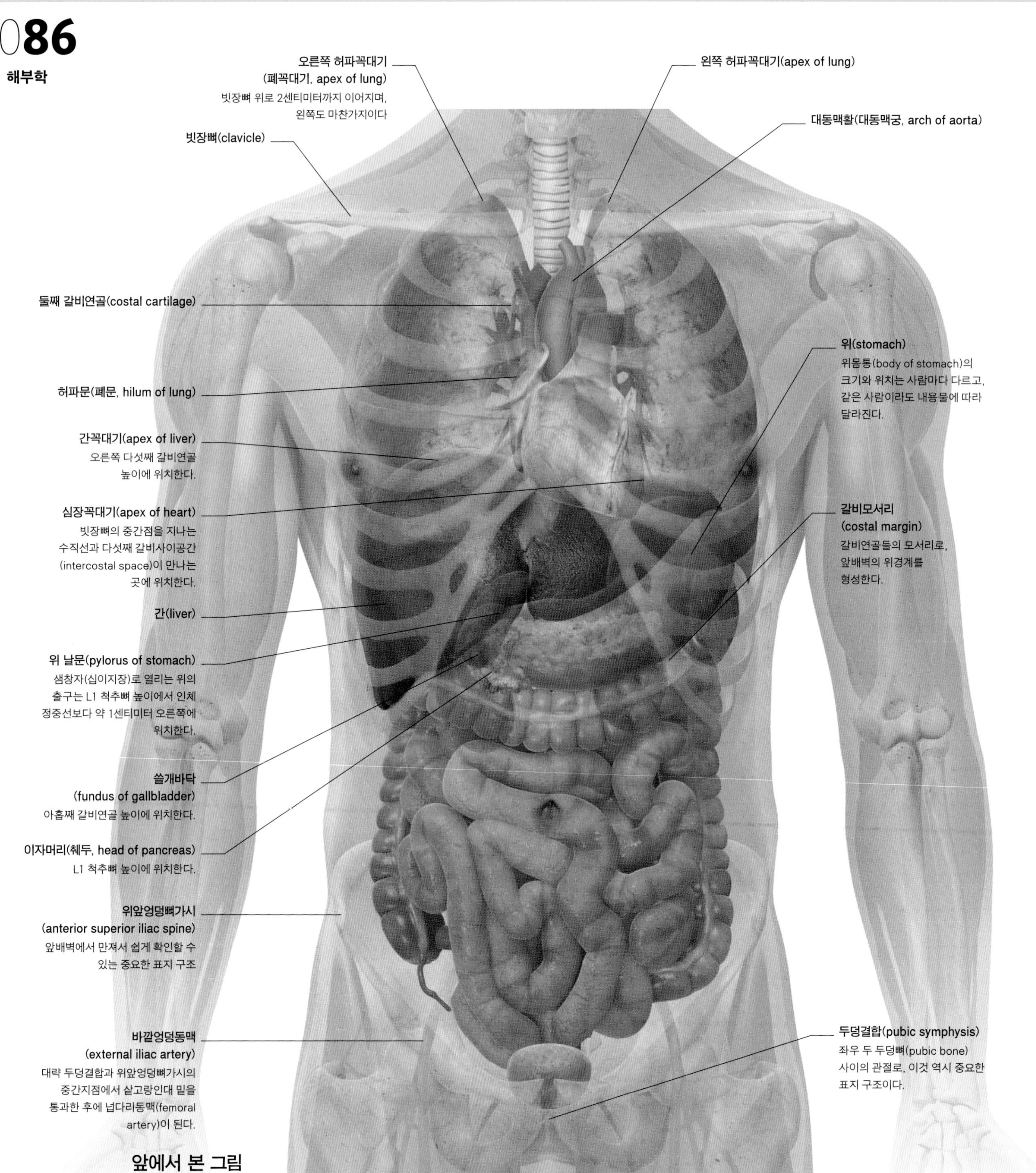
오른쪽 허파꼭대기
(폐꼭대기, apex of lung)
빗장뼈 위로 2센티미터까지 이어지며, 왼쪽도 마찬가지이다
왼쪽 허파꼭대기(apex of lung)
대동맥활(대동맥궁, arch of aorta)
빗장뼈(clavicle)
둘째 갈비연골(costal cartilage)
위(stomach)
위몸통(body of stomach)의 크기와 위치는 사람마다 다르고, 같은 사람이라도 내용물에 따라 달라진다.
허파문(폐문, hilum of lung)
간꼭대기(apex of liver)
오른쪽 다섯째 갈비연골 높이에 위치한다.
심장꼭대기(apex of heart)
빗장뼈의 중간점을 지나는 수직선과 다섯째 갈비사이공간(intercostal space)이 만나는 곳에 위치한다.
갈비모서리
(costal margin)
갈비연골들의 모서리로, 앞배벽의 위경계를 형성한다.
간(liver)
위 날문(pylorus of stomach)
샘창자(십이지장)로 열리는 위의 출구는 L1 척추뼈 높이에서 인체 정중선보다 약 1센티미터 오른쪽에 위치한다.
쓸개바닥
(fundus of gallbladder)
아홉째 갈비연골 높이에 위치한다.
이자머리(췌두, head of pancreas)
L1 척추뼈 높이에 위치한다.
위앞엉덩뼈가시
(anterior superior iliac spine)
앞배벽에서 만져서 쉽게 확인할 수 있는 중요한 표지 구조
바깥엉덩동맥
(external iliac artery)
대략 두덩결합과 위앞엉덩뼈가시의 중간지점에서 샅고랑인대 밑을 통과한 후에 넙다리동맥(femoral artery)이 된다.
두덩결합(pubic symphysis)
좌우 두 두덩뼈(pubic bone) 사이의 관절로, 이것 역시 중요한 표지 구조이다.
앞에서 본 그림

표면 해부학(SURFACE ANATOMY)

임상의사들은 특정 장기와 혈관들이 갈비뼈와 척추뼈 같은 표지 구조가 되는 뼈를 기준으로 어느 인체 부위에 위치하는지를 정확히 알고 있어야 한다. 의사가 표면해부학에 관해 확실히 알고 있으면 이를 바탕으로 임상검사를 해서 특정 장기가 비정상이거나 커졌는지, 또는 어디에서 맥박을 검사할 수 있는지를 알 수 있다. 의사는 청진기 하나만 가지고도 허파의 특정 엽(lobe)이나 심장의 특정 판막에서 나는 소리가 정상인지 비정상인지를 알아낼 수 있어야 한다. 현대의학에서는 의료영상이 진단에 엄청나게 큰 도움을 주고 있기는 하지만 여전히 표면해부학과 임상검사는 의사의 대표적인 필수 지식과 술기로서의 자리를 지키고 있다.

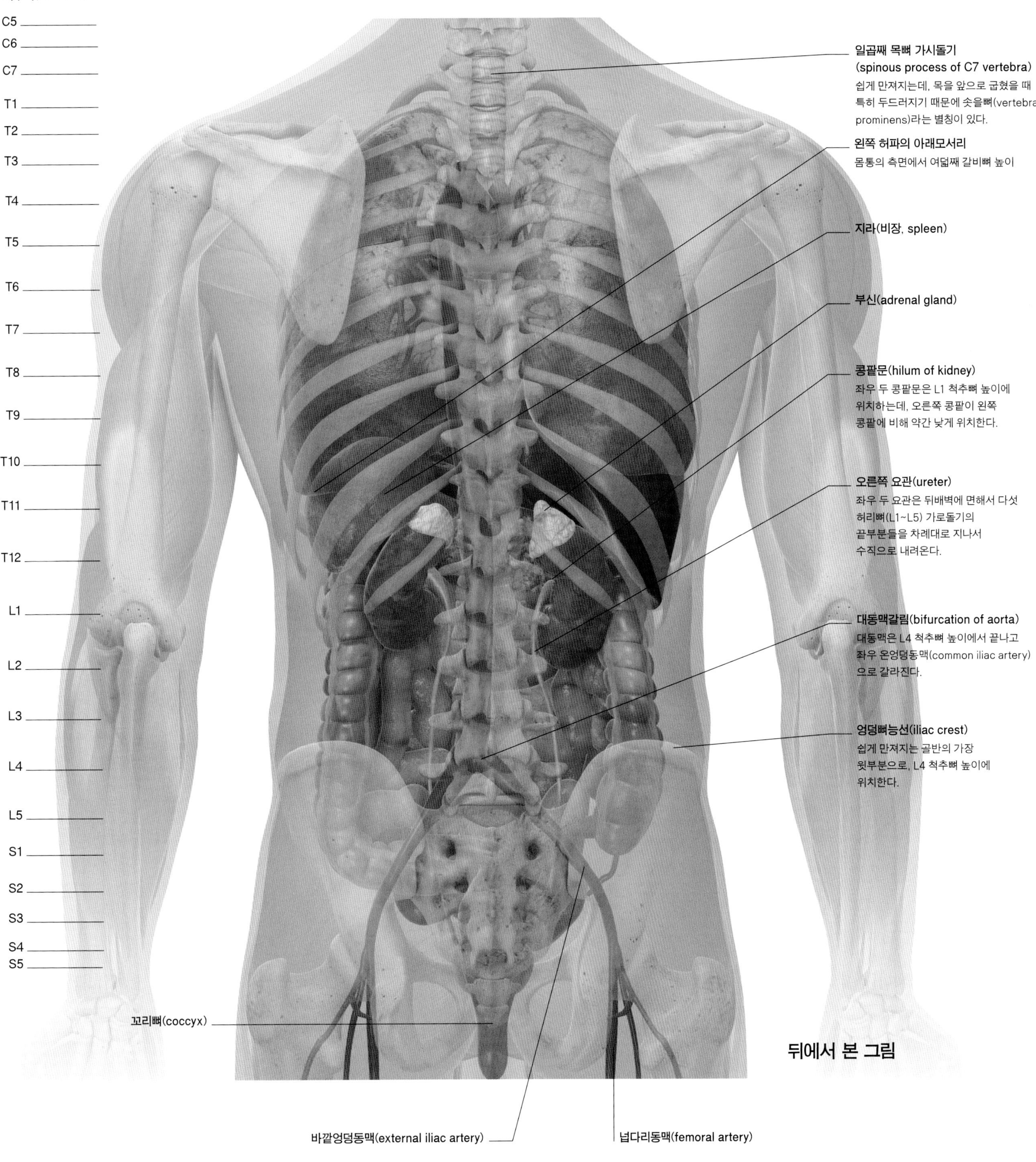
척추뼈(vertebra)
C5
C6
C7
T1
T2
T3
T4
T5
T6
T7
T8
T9
T10
T11
T12
L1
L2
L3
L4
L5
S1
S2
S3
S4
S5
꼬리뼈(coccyx)
일곱째 목뼈 가시돌기
(spinous process of C7 vertebra)
쉽게 만져지는데, 목을 앞으로 굽혔을 때 특히 두드러지기 때문에 솟을뼈(vertebra prominens)라는 별칭이 있다.
왼쪽 허파의 아래모서리
몸통의 측면에서 여덟째 갈비뼈 높이
지라(비장, spleen)
부신(adrenal gland)
콩팥문(hilum of kidney)
좌우 두 콩팥문은 L1 척추뼈 높이에 위치하는데, 오른쪽 콩팥이 왼쪽 콩팥에 비해 약간 낮게 위치한다.
오른쪽 요관(ureter)
좌우 두 요관은 뒤배벽에 면해서 다섯 허리뼈(L1~L5) 가로돌기의 끝부분들을 차례대로 지나서 수직으로 내려온다.
대동맥갈림(bifurcation of aorta)
대동맥은 L4 척추뼈 높이에서 끝나고 좌우 온엉덩동맥(common iliac artery)으로 갈라진다.
엉덩뼈능선(iliac crest)
쉽게 만져지는 골반의 가장 윗부분으로, L4 척추뼈 높이에 위치한다.
바깥엉덩동맥(external iliac artery)
넙다리동맥(femoral artery)

뒤에서 본 그림

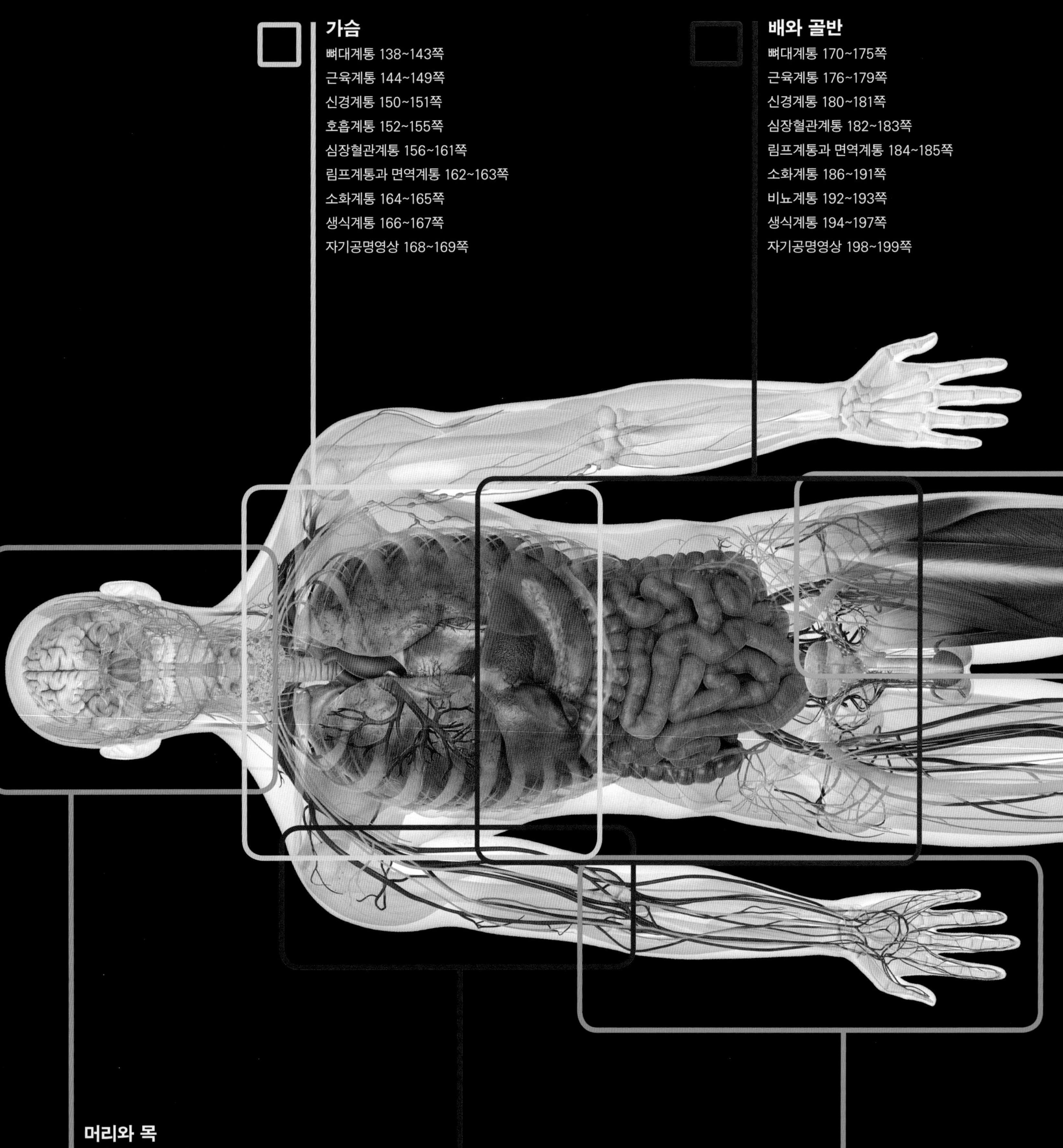

가슴

배와 골반

머리와 목

어깨와 위팔

아래팔과 손

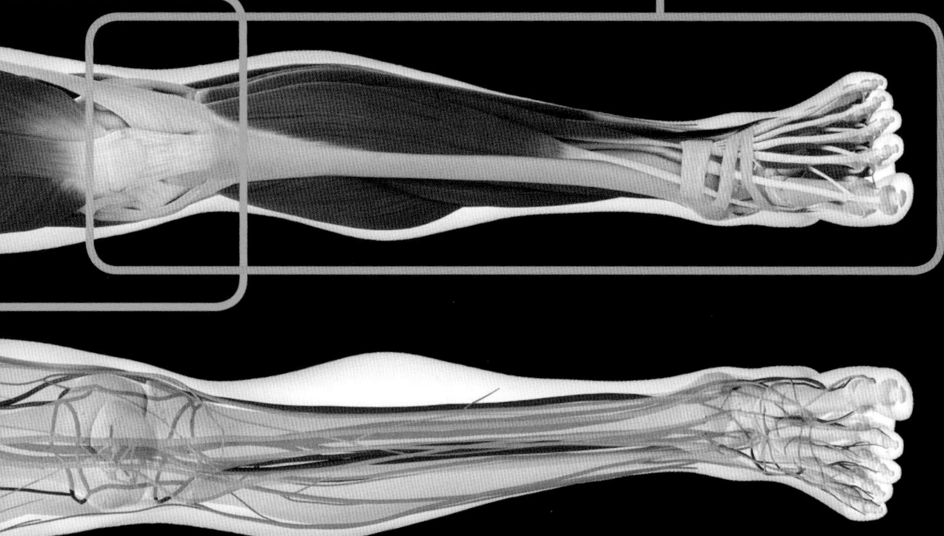

해부학 도보는 머리와 목에서 시작해서 아래로 종아리와 발에 이르기까지 일곱 인체 부위로 구성된다. 각 부위마다 뼈대계통, 근육계통, 신경계통, 호흡계통, 심장혈관계통, 림프계통과 면역계통, 내분비계통, 생식계통 등으로 나눠서 샅샅이 공부하게 된다. 각 부위마다 끝에 있는 자기공명영상(MRI) 단원에서는 살아 있는 인체 부위의 영상들을 접할 수 있다.

머리와 목
뼈대계통(골격계통)

머리뼈(두개골)는 아래턱뼈(하악골)를 포함한 머리 전체 뼈를 가리킨다. 머리뼈는 뇌, 눈, 코, 입을 둘러싸면서 보호하고 기도와 소화관의 첫 부분을 둘러싸고 있으며, 머리와 목 근육이 부착되는 장소다. 아래턱뼈를 제외한 머리뼈는 20개 이상의 낱개머리뼈로 구성되며, 낱개머리뼈들은 봉합이라는 섬유관절을 통해 연결된다. 이 단원에 표시된 낱개머리뼈 외에 봉합을 따라서 작은 봉합뼈가 끼어 있는 경우도 있다. 젊은 성인 머리뼈는 봉합이 낱개머리뼈들 사이에 구불구불하게 이어진 선으로 관찰되는데, 이 선은 나이가 들면서 사라진다. 신생아의 아래턱뼈는 좌우절반이 섬유관절을 통해 서로 연결된다. 이 관절은 초기 영아기에 닫혀 아래턱뼈는 하나가 된다.

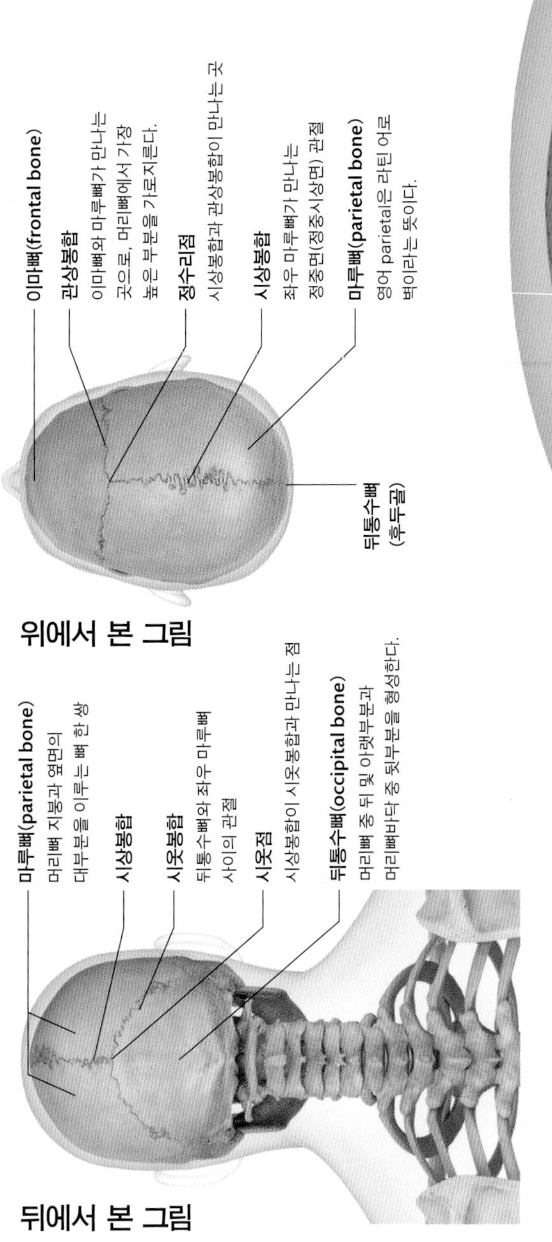
이마뼈(frontal bone)
관상봉합
이마뼈와 마루뼈가 만나는 곳으로, 머리뼈에서 가장 높은 부분을 가로지른다.
정수리점
시상봉합과 관상봉합이 만나는 곳
시상봉합
좌우 마루뼈가 만나는 정중면(정중시상면) 관절
마루뼈(parietal bone)
영어 parietal은 라틴 어로 벽이라는 뜻이다.
뒤통수뼈(후두골)
마루뼈(parietal bone)
머리뼈 지붕과 옆면의 대부분을 이루는 뼈 한 쌍
시상봉합
시옷봉합
뒤통수뼈와 좌우 마루뼈 사이의 관절
시옷점
시상봉합이 시옷봉합과 만나는 점
뒤통수뼈(occipital bone)
머리뼈 중 뒤 및 아랫부분과 머리뼈바닥 중 뒷부분을 형성한다.

위에서 본 그림

뒤에서 본 그림

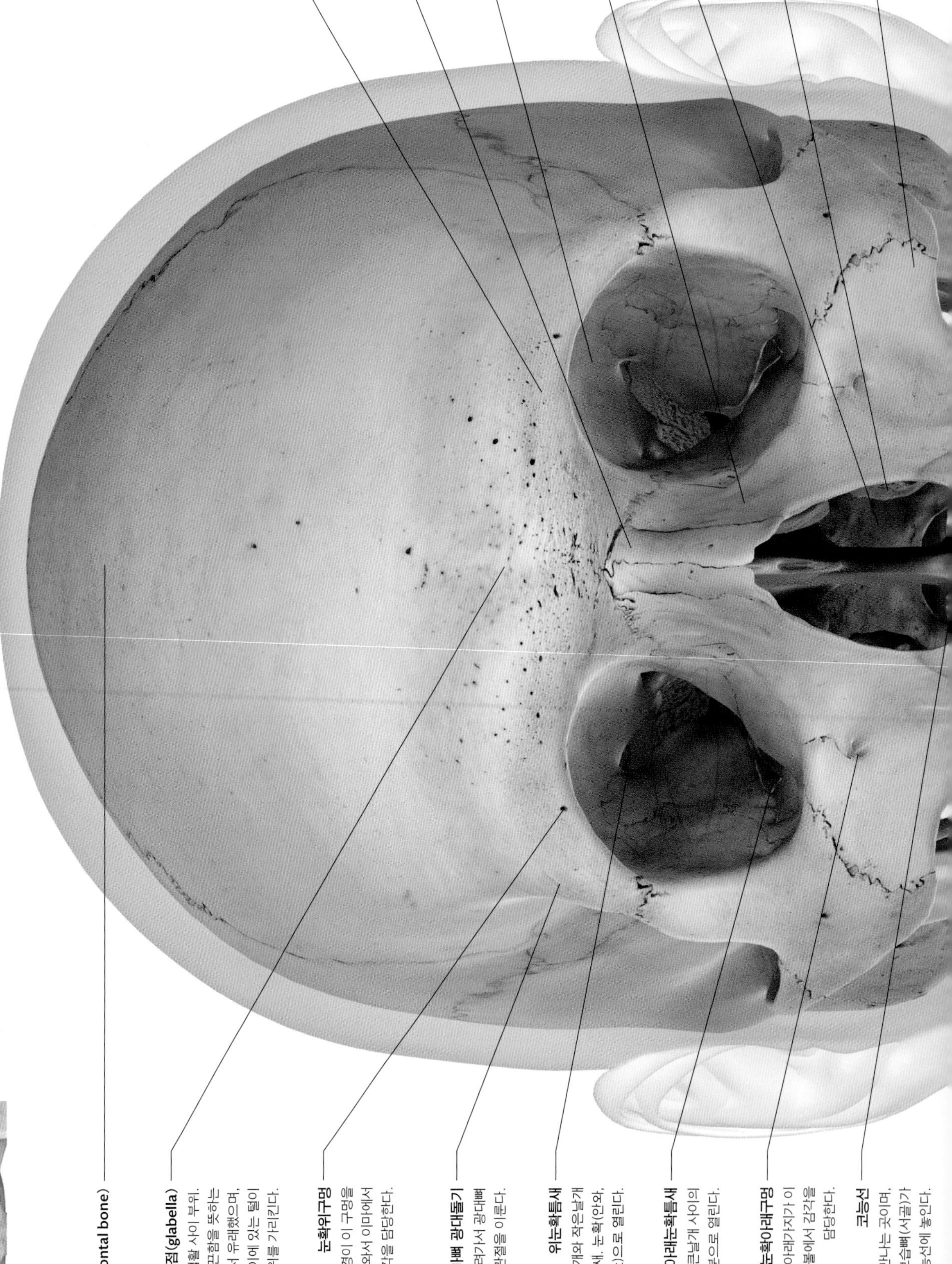

눈썹활(superciliary arch)
눈확 위로 뼈가 융기한 부분. Superciliary는 눈썹을 뜻하는 라틴 어에서 유래했다.

코뼈(비골, nasal bone)
콧마루(콧등)를 이루는 작은 뼈 한 쌍

눈확(안와, orbit)
눈이 들어 있는 소켓 또는 동굴 같은 구조. Orbit는 수레의 두 바퀴 자국을 뜻하는 라틴 어에서 유래했다.

위턱뼈 이마돌기
눈확의 안쪽에서 위로 이어진다.

뼈콧구멍(piriform aperture)
앞콧구멍이라고도 한다. Piriform은 서양 배(pear) 모양이라는 뜻이다.

코선반뼈(하비갑개)
코안(비강)의 옆벽에 돌출된 휘어진 돌기 세 쌍 중 가장 아래에 있는 것

위턱뼈 광대돌기
위턱뼈의 일부분으로, 옆으로 돌출되어 있다.

이마뼈(전두골, frontal bone)

미간점(glabella)
좌우 두 눈썹활 사이 부위. Glabella는 매끈함을 뜻하는 라틴 어에서 유래했으며, 좌우 눈썹 사이에 있는 털이 없는 부위를 가리킨다.

눈확위구멍
눈확위신경이 이 구멍을 통해 나와서 이마에서 감각을 담당한다.

이마뼈 광대돌기
아래로 내려가서 광대뼈 이마돌기와 관절을 이룬다.

위눈확틈새
나비뼈 큰날개와 작은날개 사이에 있는 틈새. 눈확(안와, orbit)으로 열린다.

아래눈확틈새
위턱뼈와 나비뼈 큰날개 사이의 틈새. 눈확의 뒷부분으로 열린다.

눈확아래구멍
위턱신경 눈확아래가지가 이 구멍을 통해 나와서 볼에서 감각을 담당한다.

코능선
좌우 위턱뼈가 만나는 곳이며, 코중격의 일부인 보습뼈(서골)가 코능선에 놓인다.

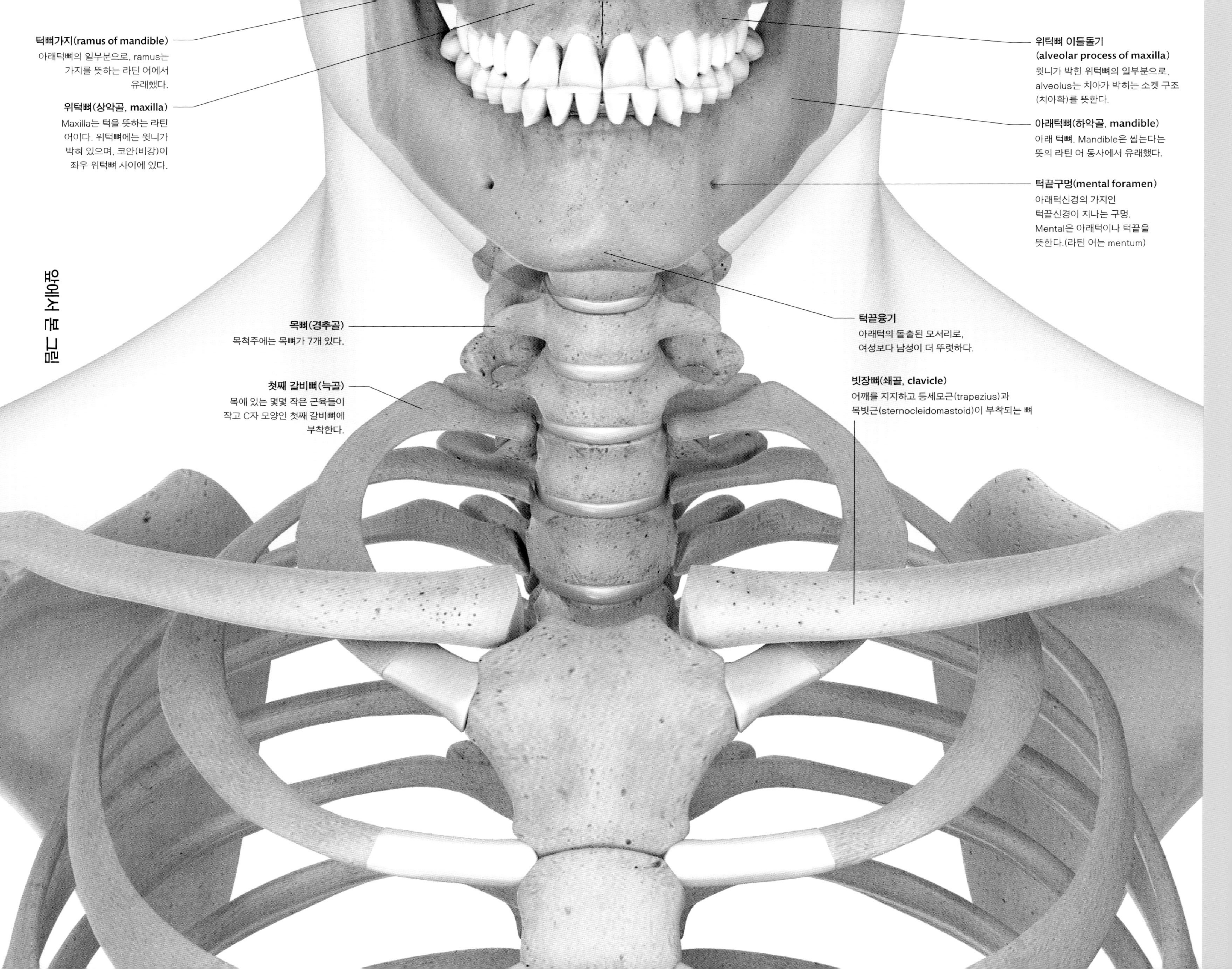

턱뼈가지(ramus of mandible)
아래턱뼈의 일부분으로, ramus는 가지를 뜻하는 라틴 어에서 유래했다.
위턱뼈(상악골, maxilla)
Maxilla는 턱을 뜻하는 라틴 어이다. 위턱뼈에는 윗니가 박혀 있으며, 코안(비강)이 좌우 위턱뼈 사이에 있다.
목뼈(경추골)
목척주에는 목뼈가 7개 있다.
첫째 갈비뼈(늑골)
목에 있는 몇몇 작은 근육들이 작고 C자 모양인 첫째 갈비뼈에 부착한다.
위턱뼈 이틀돌기
(alveolar process of maxilla)
윗니가 박힌 위턱뼈의 일부분으로, alveolus는 치아가 박히는 소켓 구조(치아확)를 뜻한다.
아래턱뼈(하악골, mandible)
아래 턱뼈. Mandible은 씹는다는 뜻의 라틴 어 동사에서 유래했다.
턱끝구멍(mental foramen)
아래턱신경의 가지인 턱끝신경이 지나는 구멍. Mental은 아래턱이나 턱끝을 뜻한다.(라틴 어는 mentum)
턱끝융기
아래턱의 돌출된 모서리로, 여성보다 남성이 더 뚜렷하다.
빗장뼈(쇄골, clavicle)
어깨를 지지하고 등세모근(trapezius)과 목빗근(sternocleidomastoid)이 부착되는 뼈

앞에서 본 그림

092
해부학

머리와 목 뼈대계통(골격계통)

목척주를 이루는 목뼈(경추골)는 모두 7개로 구성되며 그중 위에 있는 둘은 이름이 따로 있다. 머리뼈를 받치는 첫째 목뼈는 고리뼈(환추골, atlas)라고 한다. Atlas는 어깨에 하늘을 이고 있는 고대 그리스 신에서 이름을 땄다. 고개를 끄덕이는 운동은 고리뼈와 머리뼈 사이에서 일어난다. 둘째 목뼈는 중쇠뼈(축추골, axis)로, axis는 axle(굴대, 차축)을 뜻하는 그리스 어에서 유래했다. 고개를 옆으로 돌릴 때 고리뼈가 중쇠뼈를 축으로 회전한다. 이 그림은 옆에서 본 그림으로, 88~89쪽에서 보지 못한 날개머리뼈들과 턱관절을 관찰할 수 있다. 턱관절은 아래턱뼈와 그 위의 관자뼈 사이의 관절이다. 목뿔뼈도 관찰된다. 이 작은 뼈는 혀와 입안 바닥의 근육은 물론 후두와 인두에 부착된 근육들을 고정하는 매우 중요한 뼈다.

이마뼈(전두골, frontal bone)

관자놀이점(pterion)
머리뼈 옆면에서 이마뼈와 마루뼈와 관자뼈와 나비뼈가 모두 가까이 모이는 지점. 이 점의 머리뼈 속에서 중간뇌막동맥이 위로 올라간다. 골절되면 이 동맥이 파열될 수 있기 때문에 수술 때 중요한 표지점이 된다.

나비뼈 큰날개

아래턱뼈 근육돌기(coronoid process of mandible)
까마귀(crow) 부리처럼 휘어 있기 때문에 까마귀를 뜻하는 그리스 어에서 이름을 땄다. 관자근이 부착되는 부분이다.

눈물뼈(lacrimal bone)
Lacrimal은 눈물을 뜻하는 라틴 어에서 유래했다. 눈물은 안구의 겉면을 적신 후에 코눈물관으로 배출되는데, 이 관은 눈물뼈에 있는 고랑에 놓여 있다.

코뼈(비골, nasal bone)

광대뼈(zygomatic bone)
멍에를 뜻하는 그리스 어에서 영어 이름이 유래했다. 광대뼈는 얼굴을 구성하는 뼈들과 머리뼈 옆면 사이를 연결한다.

관상봉합

광대활(zygomatic arch)
관자뼈 광대돌기가 앞으로 돌출되어 광대뼈 관자돌기와 만나서 형성된다.

아래턱뼈 관절돌기
위로 돌출되며, 턱뼈머리라고도 불린다. 턱관절에서 관자뼈와 관절한다.

관자뼈 고막틀부분(측두골 고실부)
바깥귀길의 바닥을 형성한다. 그 속끝 부분에 고막이 위치한다.

마루뼈(두정골, parietal bone)

비늘봉합
관자뼈 비늘 부분과 마루뼈 사이의 관절

마루꼭지봉합
이곳에서 마루뼈가 관자뼈 중 뒷부분인 꼭지 부분과 만난다.

뒤통수꼭지봉합
마루뼈와 관자뼈 꼭지 부분 사이의 섬유관절

시옷봉합

뒤통수뼈(후두골, occipital bone)

별점(asterion)
영어 asterion은 별을 뜻하는 그리스 어에서 유래했다. 시옷봉합과 뒤통수꼭지봉합과 마루꼭지봉합이 만나는 점이다.

관자뼈(측두골, temporal bone)

옆에서 본 그림

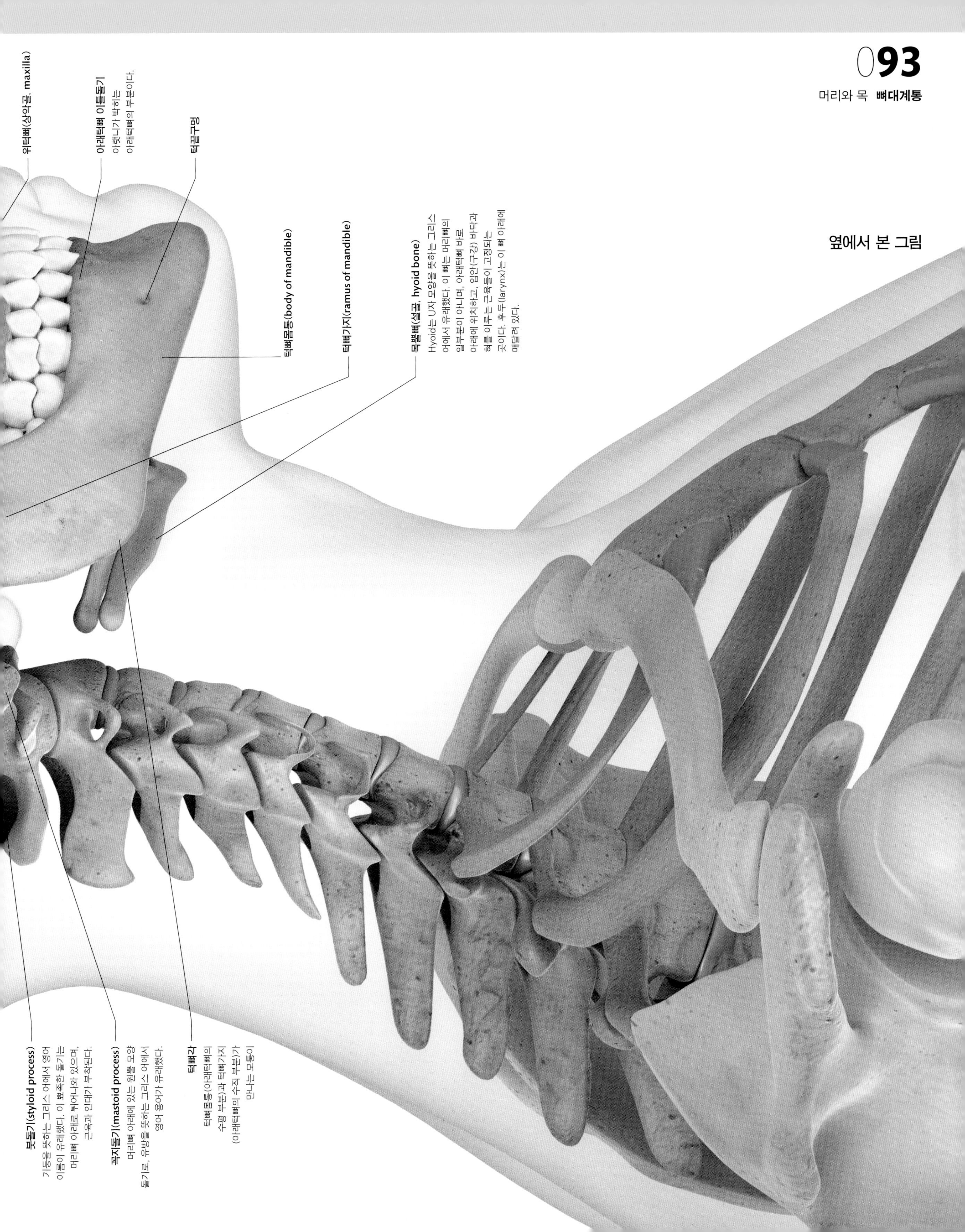

위턱뼈(상악골, maxilla)
아래턱뼈 이틀돌기
아랫니가 박히는 아래턱뼈의 부분이다.
턱끝구멍
턱뼈몸통(body of mandible)
턱뼈가지(ramus of mandible)
목뿔뼈(설골, hyoid bone)
Hyoid는 U자 모양을 뜻하는 그리스 어에서 유래했다. 이 뼈는 머리뼈의 일부분이 아니며, 아래턱뼈 바로 아래에 위치하고, 입안(구강) 바닥과 혀를 이루는 근육들이 고정되는 곳이다. 후두(larynx)는 이 뼈 아래에 매달려 있다.
붓돌기(styloid process)
기둥을 뜻하는 그리스 어에서 영어 이름이 유래했다. 이 뾰족한 돌기는 머리뼈 아래로 튀어나와 있으며, 근육과 인대가 부착된다.
꼭지돌기(mastoid process)
머리뼈 아래에 있는 원뿔 모양 돌기로, 유방을 뜻하는 그리스 어에서 영어 용어가 유래했다.
턱뼈각
턱뼈몸통(아래턱뼈의 수평 부분)과 턱뼈가지(아래턱뼈의 수직 부분)가 만나는 모퉁이

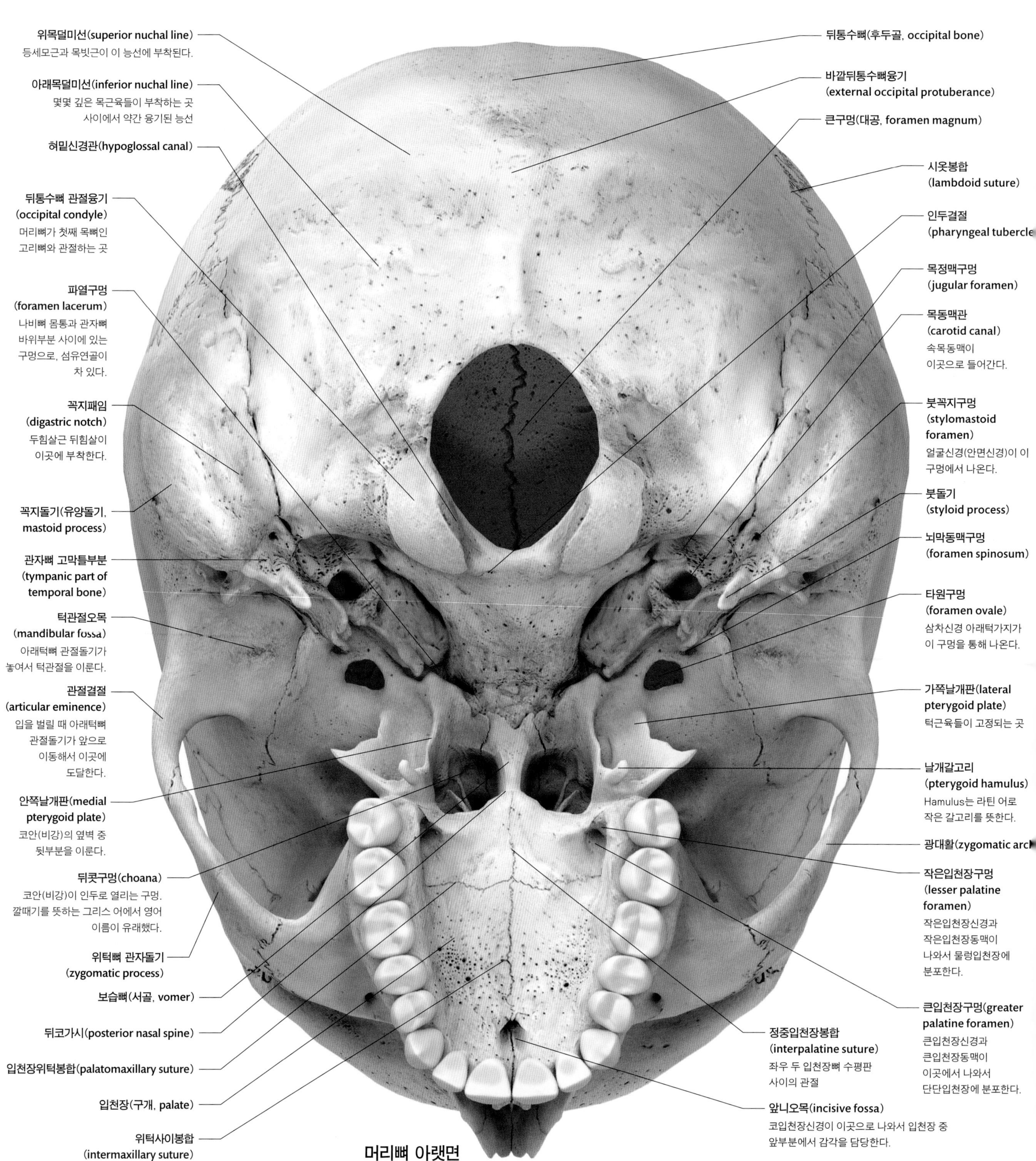
위목덜미선(superior nuchal line)
등세모근과 목빗근이 이 능선에 부착된다.
아래목덜미선(inferior nuchal line)
몇몇 깊은 목근육들이 부착하는 곳 사이에서 약간 융기된 능선
혀밑신경관(hypoglossal canal)
뒤통수뼈 관절융기 (occipital condyle)
머리뼈가 첫째 목뼈인 고리뼈와 관절하는 곳
파열구멍 (foramen lacerum)
나비뼈 몸통과 관자뼈 바위부분 사이에 있는 구멍으로, 섬유연골이 차 있다.
꼭지패임 (digastric notch)
두힘살근 뒤힘살이 이곳에 부착한다.
꼭지돌기(유양돌기, mastoid process)
관자뼈 고막틀부분 (tympanic part of temporal bone)
턱관절오목 (mandibular fossa)
아래턱뼈 관절돌기가 놓여서 턱관절을 이룬다.
관절결절 (articular eminence)
입을 벌릴 때 아래턱뼈 관절돌기가 앞으로 이동해서 이곳에 도달한다.
안쪽날개판(medial pterygoid plate)
코안(비강)의 옆벽 중 뒷부분을 이룬다.
뒤콧구멍(choana)
코안(비강)이 인두로 열리는 구멍. 깔때기를 뜻하는 그리스 어에서 영어 이름이 유래했다.
위턱뼈 관자돌기 (zygomatic process)
보습뼈(서골, vomer)
뒤코가시(posterior nasal spine)
입천장위턱봉합(palatomaxillary suture)
입천장(구개, palate)
위턱사이봉합 (intermaxillary suture)
뒤통수뼈(후두골, occipital bone)
바깥뒤통수뼈융기 (external occipital protuberance)
큰구멍(대공, foramen magnum)
시옷봉합 (lambdoid suture)
인두결절 (pharyngeal tubercle
목정맥구멍 (jugular foramen)
목동맥관 (carotid canal)
속목동맥이 이곳으로 들어간다.
붓꼭지구멍 (stylomastoid foramen)
얼굴신경(안면신경)이 이 구멍에서 나온다.
붓돌기 (styloid process)
뇌막동맥구멍 (foramen spinosum)
타원구멍 (foramen ovale)
삼차신경 아래턱가지가 이 구멍을 통해 나온다.
가쪽날개판(lateral pterygoid plate)
턱근육들이 고정되는 곳
날개갈고리 (pterygoid hamulus)
Hamulus는 라틴 어로 작은 갈고리를 뜻한다.
광대활(zygomatic arc
작은입천장구멍 (lesser palatine foramen)
작은입천장신경과 작은입천장동맥이 나와서 물렁입천장에 분포한다.
큰입천장구멍(greater palatine foramen)
큰입천장신경과 큰입천장동맥이 이곳에서 나와서 단단입천장에 분포한다.
정중입천장봉합 (interpalatine suture)
좌우 두 입천장뼈 수평판 사이의 관절
앞니오목(incisive fossa)
코입천장신경이 이곳으로 나와서 입천장 중 앞부분에서 감각을 담당한다.

머리뼈 아랫면

머리와 목 **뼈대계통**

(골격계통)

이 각도에서 바라본 머리뼈의 가장 큰 특징은 바닥에 있는 구멍들이다. 가운데 하나 있는 커다란 큰구멍(대공)은 뇌줄기가 통과하면서 척수로 이어지는 곳이다. 하지만 그 밖에도 작은 구멍들이 많은데, 대부분은 좌우 쌍으로 존재한다. 뇌에서 시작한 뇌신경들이 이 구멍을 통해 머리뼈 밖으로 나가서 머리와 목에 있는 근육, 피부, 점막, 분비샘 등에 분포한다. 혈관도 이 구멍들 중 일부를 통해 출입한다. 머리뼈 아랫면의 앞부분에는 위턱뼈 이틀돌기에 박혀 있는 윗니들과 뼈로 이루어진 단단입천장이 관찰된다.

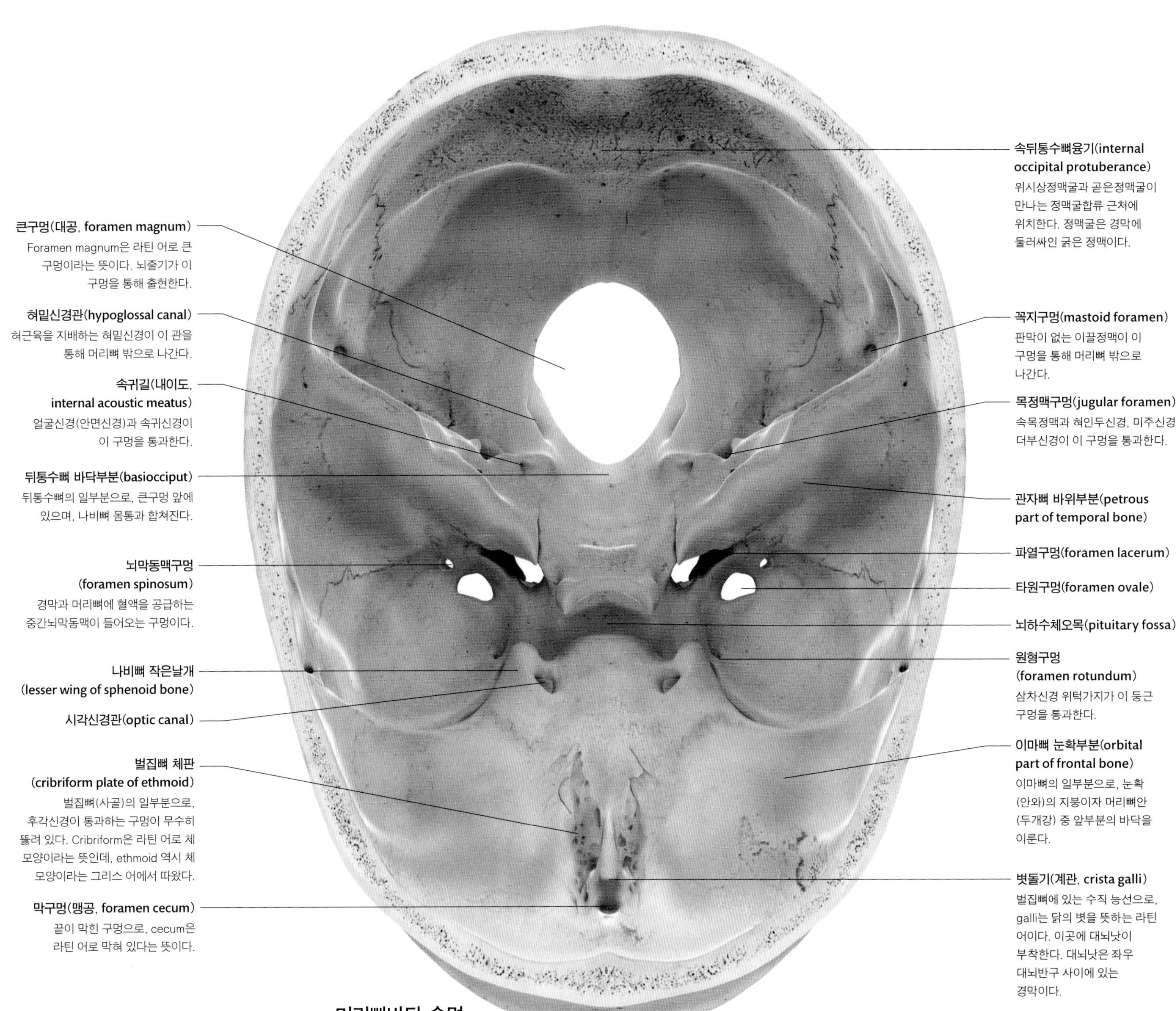
속뒤통수뼈융기(internal occipital protuberance)
위시상정맥굴과 곧은정맥굴이 만나는 정맥굴합류 근처에 위치한다. 정맥굴은 경막에 둘러싸인 굵은 정맥이다.
큰구멍(대공, foramen magnum)
Foramen magnum은 라틴 어로 큰 구멍이라는 뜻이다. 뇌줄기가 이 구멍을 통해 출현한다.
혀밑신경관(hypoglossal canal)
혀근육을 지배하는 혀밑신경이 이 관을 통해 머리뼈 밖으로 나간다.
꼭지구멍(mastoid foramen)
판막이 없는 이끌정맥이 이 구멍을 통해 머리뼈 밖으로 나간다.
속귀길(내이도, internal acoustic meatus)
얼굴신경(안면신경)과 속귀신경이 이 구멍을 통과한다.
목정맥구멍(jugular foramen)
속목정맥과 혀인두신경, 미주신경, 더부신경이 이 구멍을 통과한다.
뒤통수뼈 바닥부분(basiocciput)
뒤통수뼈의 일부분으로, 큰구멍 앞에 있으며, 나비뼈 몸통과 합쳐진다.
관자뼈 바위부분(petrous part of temporal bone)
파열구멍(foramen lacerum)
뇌막동맥구멍 (foramen spinosum)
경막과 머리뼈에 혈액을 공급하는 중간뇌막동맥이 들어오는 구멍이다.
타원구멍(foramen ovale)
뇌하수체오목(pituitary fossa)
나비뼈 작은날개 (lesser wing of sphenoid bone)
원형구멍 (foramen rotundum)
삼차신경 위턱가지가 이 둥근 구멍을 통과한다.
시각신경관(optic canal)
이마뼈 눈확부분(orbital part of frontal bone)
이마뼈의 일부분으로, 눈확(안와)의 지붕이자 머리뼈안(두개강) 중 앞부분의 바닥을 이룬다.
벌집뼈 체판 (cribriform plate of ethmoid)
벌집뼈(사골)의 일부분으로, 후각신경이 통과하는 구멍이 무수히 뚫려 있다. Cribriform은 라틴 어로 체 모양이라는 뜻인데, ethmoid 역시 체 모양이라는 그리스 어에서 따왔다.
볏돌기(계관, crista galli)
벌집뼈에 있는 수직 능선으로, galli는 닭의 볏을 뜻하는 라틴 어이다. 이곳에 대뇌낫이 부착한다. 대뇌낫은 좌우 대뇌반구 사이에 있는 경막이다.
막구멍(맹공, foramen cecum)
끝이 막힌 구멍으로, cecum은 라틴 어로 막혀 있다는 뜻이다.

머리뼈바닥 속면

096
해부학

머리와 목
뼈대계통(골격계통)

이 그림은 머리뼈의 정중단면으로, 내부 비경이 드러난다. 이 그림을 통해 머리뼈안(두개강)이 얼마나 큰지를 실감할 수 있다. 뇌가 이 공간을 거의 완전히 채우고, 자투리 공간은 수막과 뇌척수액과 혈관이 차지한다. 혈관들 중 일부는 머리뼈 속면에 깊이 패인 고랑을 따라 진행하는데, 이 고랑을 따라가 보면 굵은 정맥굴과 중간뇌막동맥의 가지들의 경로를 추적할 수 있다. 또한 머리뼈 속이 꽉 차지 않았음을 알 수 있다. 머리뼈 내부인 판사이층(diploe)은 해면뼈로 구성되어 있으며, 적색골수가 들어 있다. 날개머리뼈 중 일부에는 공기로 찬 공간도 있는데, 이 그림에서는 나비굴과 이마굴이 관찰된다. 또한 머리뼈 속에 숨어 있는 코안(비강)이 얼마나 큰지도 확인할 수 있다.

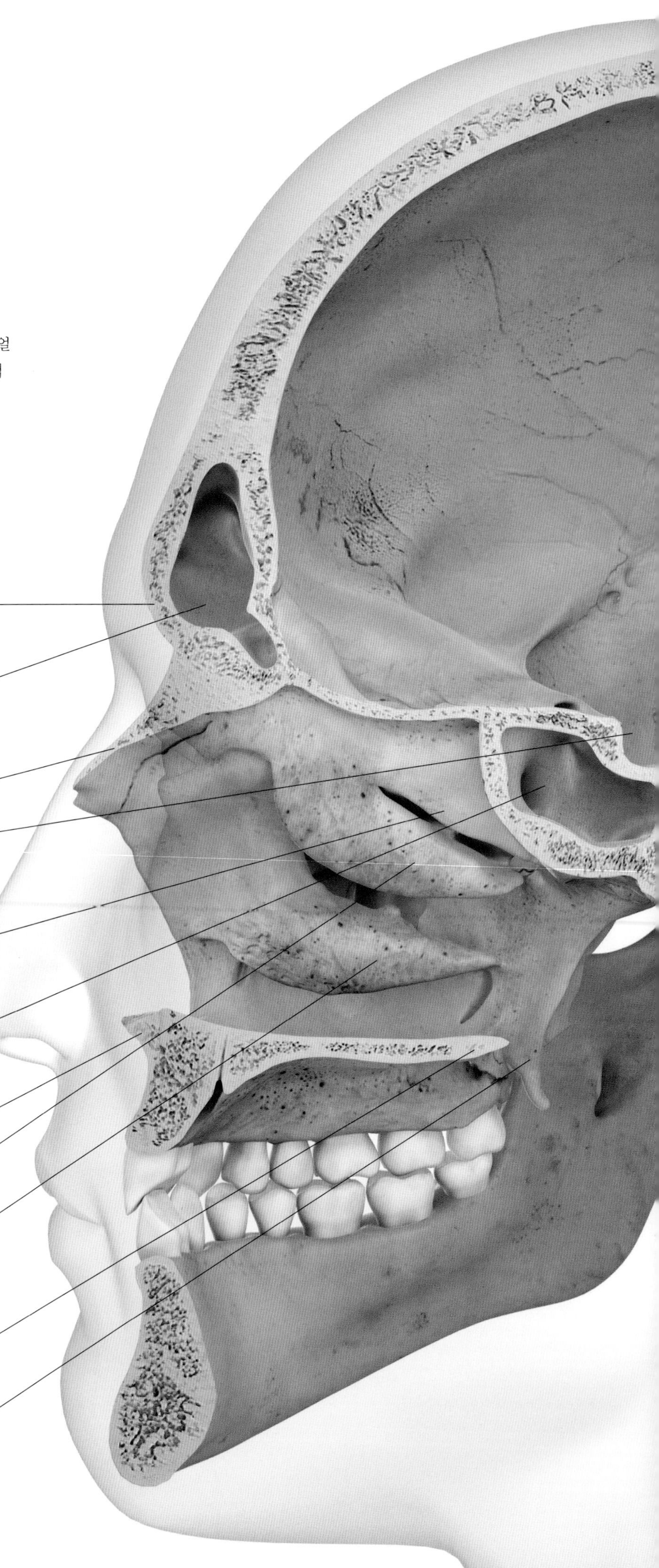

이마뼈(전두골, frontal bone)
머리뼈 속에 앞머리뼈우묵을 형성한다. 이 우묵에는 이마엽(전두엽)이 놓인다.

이마굴(전두동, frontal sinus)
코안(비강)으로 배출되는 코곁굴(부비동) 중 하나로, 이마뼈 속에 공기로 찬 공간이다.

코뼈(비골, nasal bone)

뇌하수체오목(pituitary fossa)
Fossa는 라틴 어로 도랑을 뜻한다. 뇌하수체는 나비뼈 윗면에 있는 작은 공간을 차지한다.

위코선반(superior nasal concha)
벌집뼈의 일부분으로, 코안(비강)의 지붕과 위옆면을 이룬다.

나비굴(접형동, sphenoidal sinus)
또 다른 코곁굴(부비동). 나비뼈 몸통 속에 있다.

코능선(nasal crest)

중간코선반(middle nasal concha)
위코선반처럼 역시 벌집뼈의 일부분이다.

코선반뼈(하비갑개, inferior nasal concha)
독립된 뼈로, 위턱뼈의 안쪽면에 부착되어 아래코선반을 이룬다. 코선반 세 쌍은 코안(비강)의 표면적을 넓힌다.

입천장뼈(구개골, palatine bone)
위턱뼈와 합쳐지고, 단단입천장(경구개) 중 뒷부분을 형성한다.

날개돌기(pterygoid process)
나비뼈 큰날개로부터 아래로 돌출된 날개돌기는 코안(비강) 중 뒷부분의 양옆에 위치하며, 입천장근육과 턱근육이 부착된다.

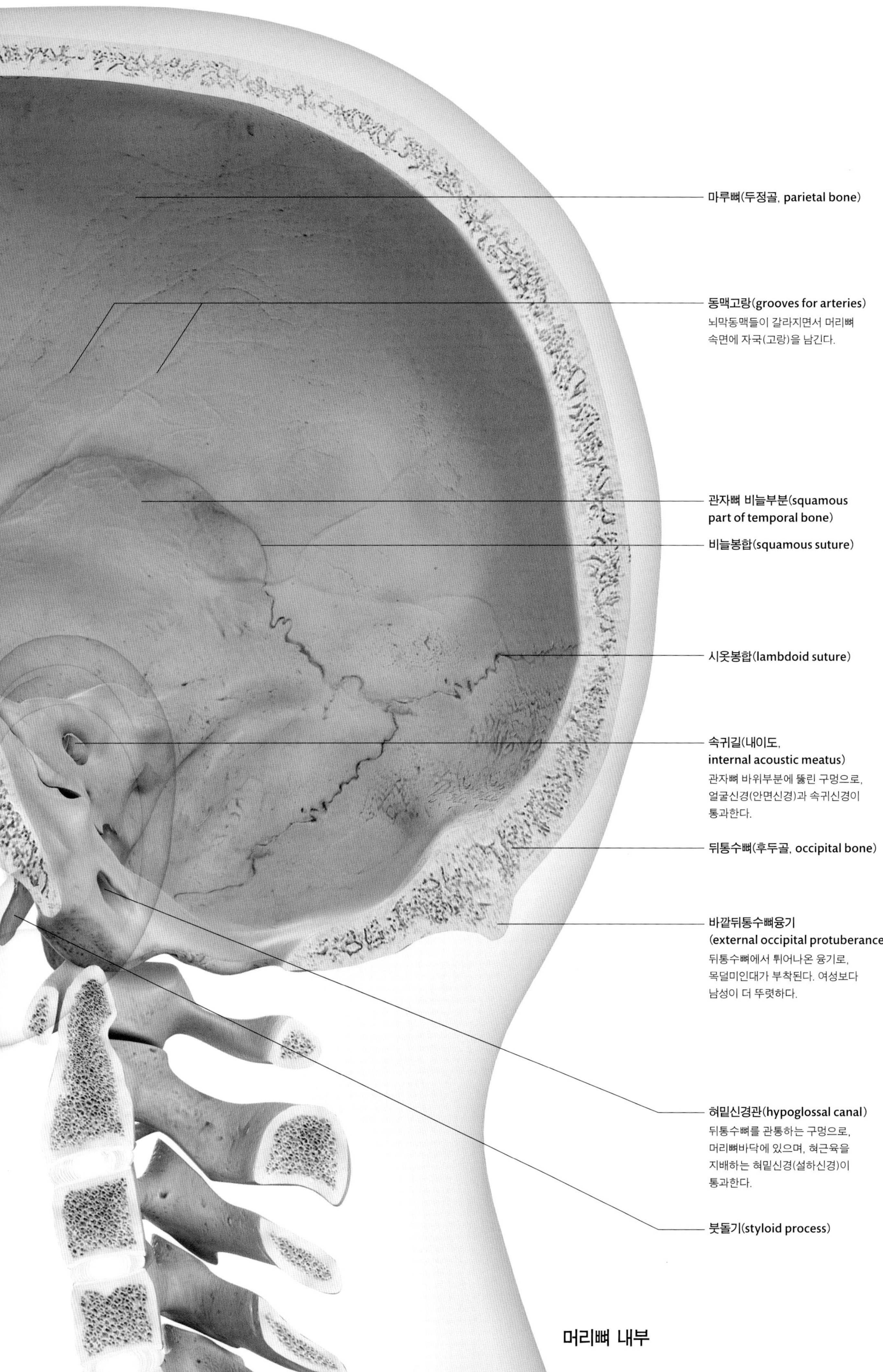
마루뼈(두정골, parietal bone)
동맥고랑(grooves for arteries)
뇌막동맥들이 갈라지면서 머리뼈 속면에 자국(고랑)을 남긴다.
관자뼈 비늘부분(squamous part of temporal bone)
비늘봉합(squamous suture)
시옷봉합(lambdoid suture)
속귀길(내이도, internal acoustic meatus)
관자뼈 바위부분에 뚫린 구멍으로, 얼굴신경(안면신경)과 속귀신경이 통과한다.
뒤통수뼈(후두골, occipital bone)
바깥뒤통수뼈융기 (external occipital protuberance)
뒤통수뼈에서 튀어나온 융기로, 목덜미인대가 부착된다. 여성보다 남성이 더 뚜렷하다.
혀밑신경관(hypoglossal canal)
뒤통수뼈를 관통하는 구멍으로, 머리뼈바닥에 있으며, 혀근육을 지배하는 혀밑신경(설하신경)이 통과한다.
붓돌기(styloid process)

머리뼈 내부

머리와 목
뼈대계통(골격계통)

머리뼈가 실은 한 뼈가 아님을 이 그림을 보면 알 수 있다. 또한 여러 낱개머리뼈들이 서로 조립되어 우리가 잘 알고 있는 머리뼈의 모양을 완성함을 알 수 있다. 나비 모양인 나비뼈(접형골)가 전체 머리뼈 조립의 핵심이다. 즉 나비뼈는 머리뼈 바닥과 눈확(안와)과 머리뼈의 옆벽 중 일부를 이루며, 다른 여러 낱개머리뼈와 관절한다. 관자뼈(측두골)도 머리뼈 바닥과 옆벽의 일부를 이룬다. 관자뼈 바위부분은 매우 단단하기 때문에 속에 든 섬세한 귀 구조를 보호한다. 이 귀 구조에는 고막에서부터 속귀(내이)로 진동을 전달하는 작은 귓속뼈(망치뼈, 모루뼈, 등자뼈)가 포함된다.

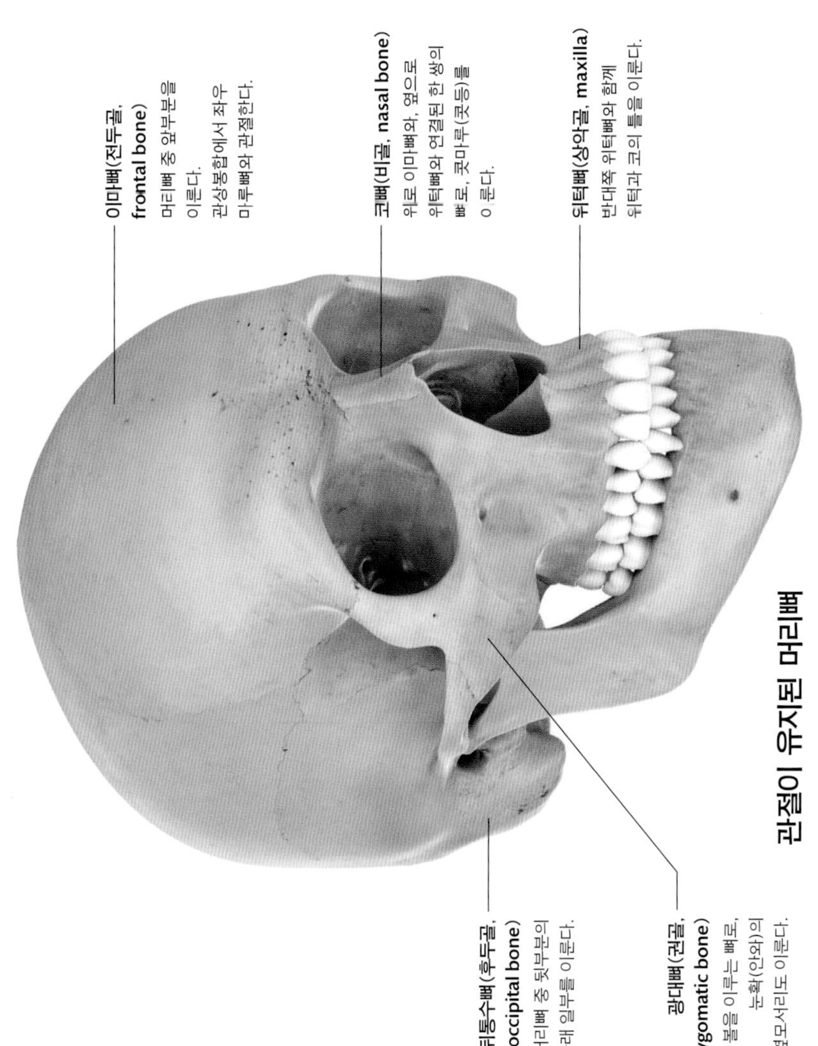
이마뼈(전두골, frontal bone)
머리뼈 중 앞부분을 이룬다. 관상봉합에서 좌우 마루뼈와 관절한다.
코뼈(비골, nasal bone)
위로 이마뼈와, 옆으로 위턱뼈와 연결된 한 쌍의 뼈로, 콧마루(콧등)를 이룬다.
위턱뼈(상악골, maxilla)
반대쪽 위턱뼈와 함께 위턱과 코의 틀을 이룬다.
뒤통수뼈(후두골, occipital bone)
머리뼈 중 뒷부분의 아래 일부를 이룬다.
광대뼈(권골, zygomatic bone)
볼을 이루는 뼈로, 눈확(안와)의 옆모서리도 이룬다.

관절이 유지된 머리뼈

마루뼈
(parietal bone)

이마뼈(전두골, frontal bone)
머리뼈의 위 및 옆에서 마루뼈 및 나비뼈와 관절을 이루고, 아래로 위턱뼈와 코뼈와 눈물뼈와 벌집뼈와 관절을 이룬다.

마루뼈(두정골, parietal bone)
머리뼈의 지붕과 옆부분을 이룬다.

뒤통수뼈(후두골, occipital bone)

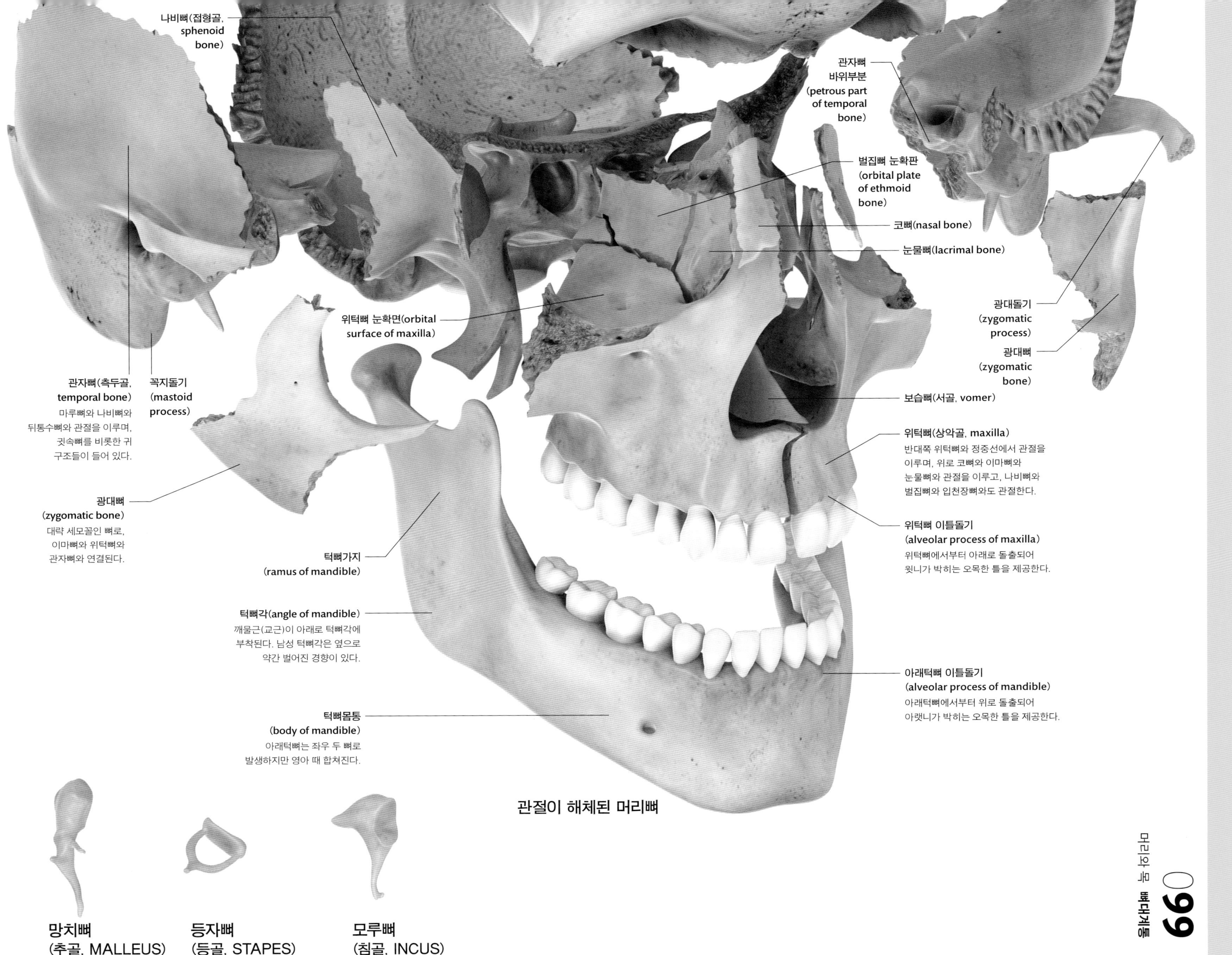
나비뼈(접형골, sphenoid bone)
관자뼈 바위부분 (petrous part of temporal bone)
벌집뼈 눈확판 (orbital plate of ethmoid bone)
코뼈(nasal bone)
눈물뼈(lacrimal bone)
광대돌기 (zygomatic process)
광대뼈 (zygomatic bone)
위턱뼈 눈확면(orbital surface of maxilla)
관자뼈(측두골, temporal bone)
마루뼈와 나비뼈와 뒤통수뼈와 관절을 이루며, 귓속뼈를 비롯한 귀 구조들이 들어 있다.
꼭지돌기 (mastoid process)
보습뼈(서골, vomer)
위턱뼈(상악골, maxilla)
반대쪽 위턱뼈와 정중선에서 관절을 이루며, 위로 코뼈와 이마뼈와 눈물뼈와 관절을 이루고, 나비뼈와 벌집뼈와 입천장뼈와도 관절한다.
광대뼈 (zygomatic bone)
대략 세모꼴인 뼈로, 이마뼈와 위턱뼈와 관자뼈와 연결된다.
위턱뼈 이틀돌기 (alveolar process of maxilla)
위턱뼈에서부터 아래로 돌출되어 윗니가 박히는 오목한 틀을 제공한다.
턱뼈가지 (ramus of mandible)
턱뼈각(angle of mandible)
깨물근(교근)이 아래로 턱뼈각에 부착된다. 남성 턱뼈각은 옆으로 약간 벌어진 경향이 있다.
아래턱뼈 이틀돌기 (alveolar process of mandible)
아래턱뼈에서부터 위로 돌출되어 아랫니가 박히는 오목한 틀을 제공한다.
턱뼈몸통 (body of mandible)
아래턱뼈는 좌우 두 뼈로 발생하지만 영아 때 합쳐진다.
관절이 해체된 머리뼈
망치뼈 (추골, MALLEUS)
등자뼈 (등골, STAPES)
모루뼈 (침골, INCUS)

머리와 목
근육계통

얼굴 근육들은 매우 중요한 기능을 수행한다. 얼굴 근육은 얼굴에 있는 구멍들, 즉 눈과 코와 입을 열고 닫는다. 뿐만 아니라 의사소통에도 매우 중요한 역할을 수행하는데, 이러한 이유 때문에 얼굴 근육을 '표정 근육'이라 총칭하고 있다. 이 근육들은 한쪽 끝은 뼈에 붙어 있지만 반대쪽 끝은 피부에 부착되어 있다. 이 근육들은 우리가 놀랄 때 눈썹을 치켜 올리고, 집중할 때 눈썹을 찌푸리며, 역겨울 때 코를 찡그리고, 인자한 미소를 짓거나 활짝 웃으며, 입을 삐쭉 내밀게 한다. 나이가 들면서 피부에 주름살이 잡히는데, 이는 우리가 살면서 짓는 표정에 따라 결정된다. 주름은 그 밑에 있는 근육섬유 방향에 직각으로 생긴다.

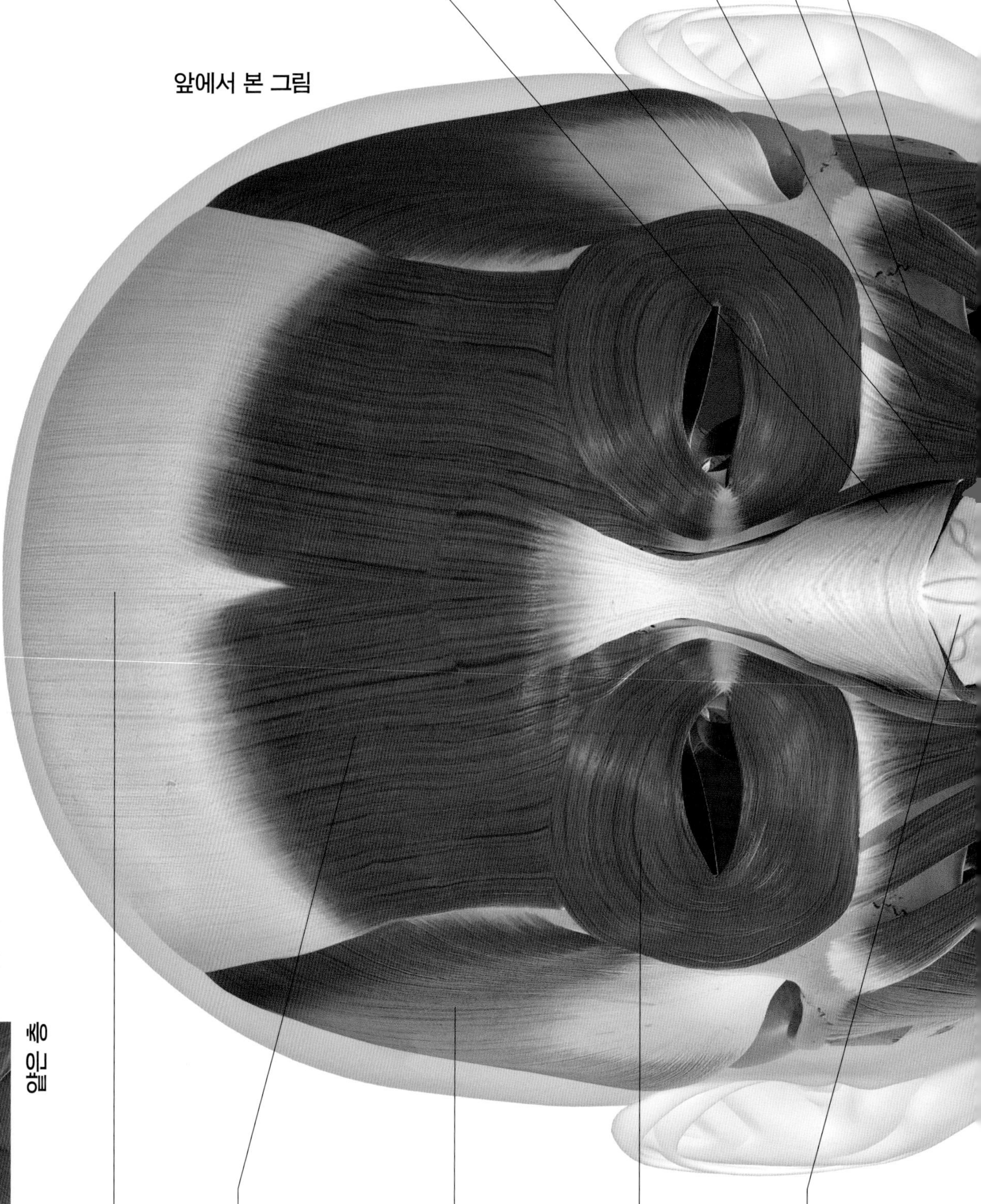

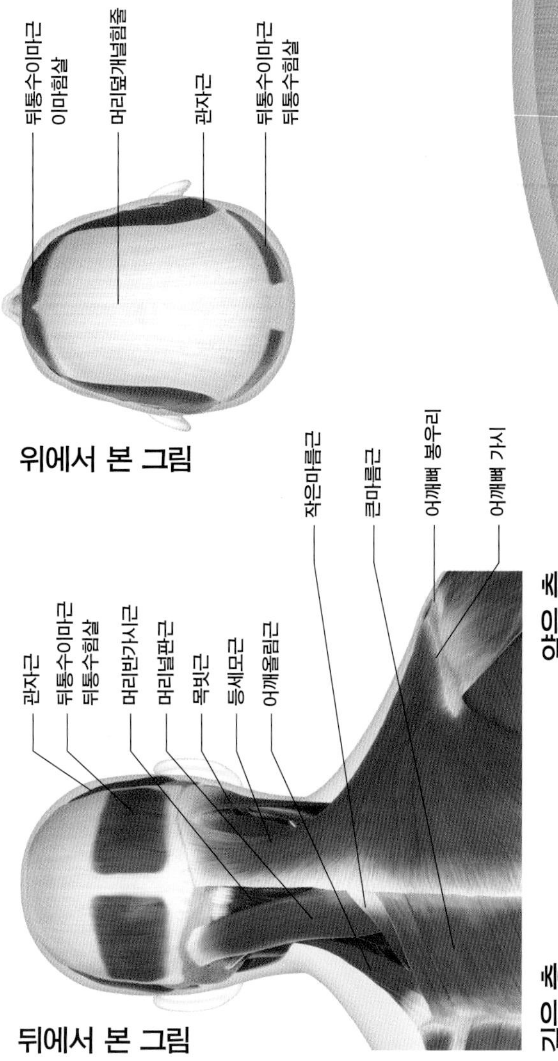
뒤통수이마근 이마힘살
머리덮개널힘줄
관자근
뒤통수이마근 뒤통수힘살
위에서 본 그림
작은마름근
큰마름근
어깨뼈 봉우리
어깨뼈 가시
관자근
뒤통수이마근 뒤통수힘살
머리반가시근
머리널판근
목빗근
등세모근
어깨올림근
얕은 층
깊은 층
뒤에서 본 그림

앞에서 본 그림

코근(nasalis)
코근 중 윗부분은 코를 압박하고, 아랫부분은 콧구멍을 넓힌다.

위입술콧방울올림근 (levator labii superioris alaeque nasi)
이름이 매우 길지만 크기는 작은 근육으로, 윗입술과 콧구멍의 옆부분을 위로 당겨서 기분 나쁘게 비웃는 표정을 만든다.

위입술올림근 (levator labii superioris)
윗입술을 위로 당긴다.

작은광대근 (zygomaticus minor)

큰광대근 (zygomaticus major)
작은광대근과 큰광대근은 모두 광대활과 윗입술 옆부분에 부착되어 있으며, 미소를 지을 때 사용한다.

머리덮개널힘줄 (epicranial aponeurosis)
뒤통수이마근의 이마힘살과 뒤통수힘살을 연결한다.

뒤통수이마근 이마힘살 (frontal belly of occipitofrontalis)
뒤통수이마근은 눈썹에서부터 뒤통수에 있는 위목덜미선까지 이어지고, 눈썹을 치켜 올리고 머리덮개(두피)를 움직인다.

관자근(temporalis)
네 쌍의 씹기근육(저작근) 중 하나로, 입을 다물고 이를 악문다.

눈둘레근 (orbicularis oculi)
이 근육섬유는 눈을 에워싸기 때문에 수축하면 눈이 감긴다.

코연골(cartilage of external nose)

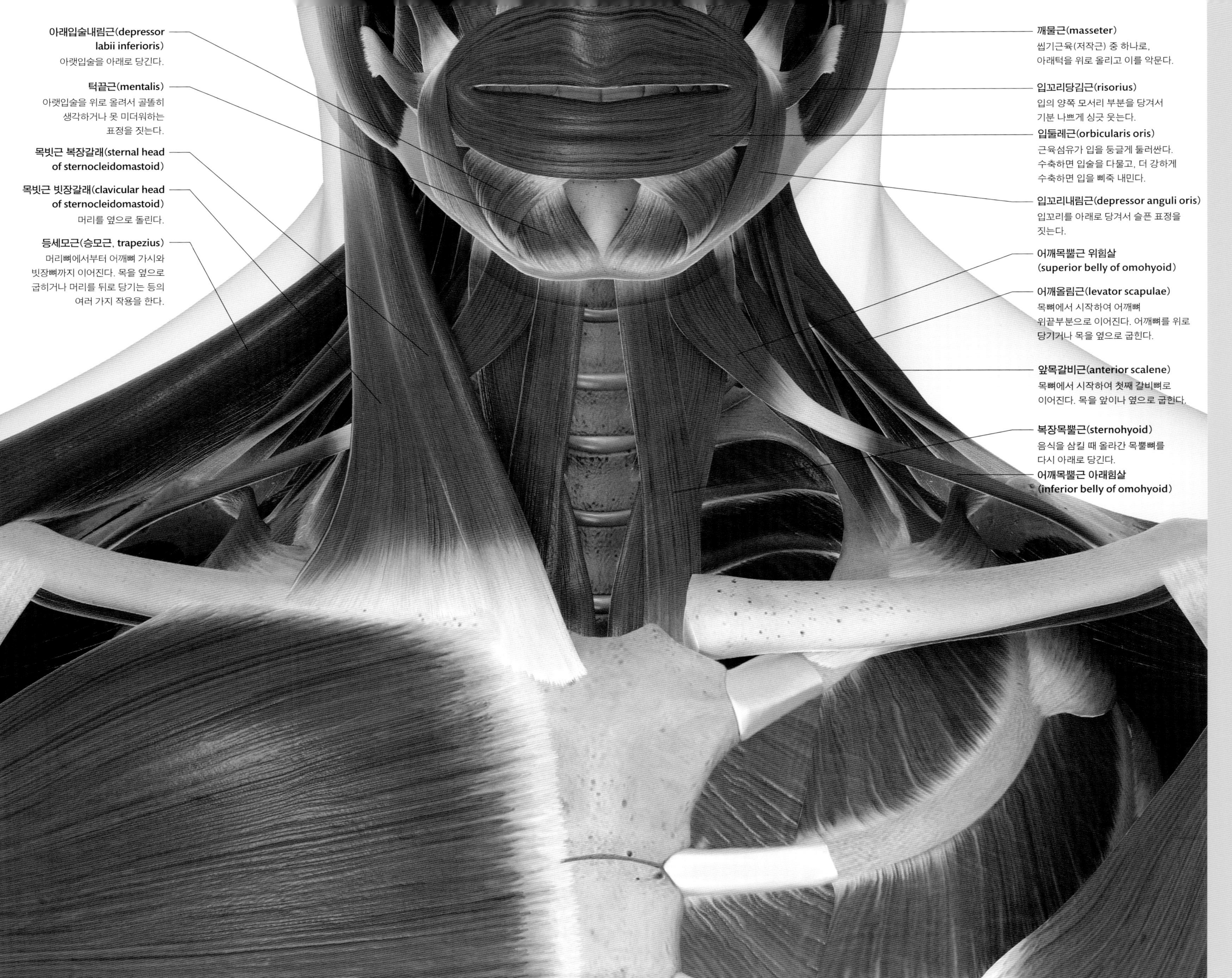
아래입술내림근(depressor labii inferioris)
아랫입술을 아래로 당긴다.
턱끝근(mentalis)
아랫입술을 위로 올려서 골똘히 생각하거나 못 미더워하는 표정을 짓는다.
목빗근 복장갈래(sternal head of sternocleidomastoid)
목빗근 빗장갈래(clavicular head of sternocleidomastoid)
머리를 옆으로 돌린다.
등세모근(승모근, trapezius)
머리뼈에서부터 어깨뼈 가시와 빗장뼈까지 이어진다. 목을 옆으로 굽히거나 머리를 뒤로 당기는 등의 여러 가지 작용을 한다.
깨물근(masseter)
씹기근육(저작근) 중 하나로, 아래턱을 위로 올리고 이를 악문다.
입꼬리당김근(risorius)
입의 양쪽 모서리 부분을 당겨서 기분 나쁘게 싱긋 웃는다.
입둘레근(orbicularis oris)
근육섬유가 입을 둥글게 둘러싼다. 수축하면 입술을 다물고, 더 강하게 수축하면 입을 삐죽 내민다.
입꼬리내림근(depressor anguli oris)
입꼬리를 아래로 당겨서 슬픈 표정을 짓는다.
어깨목뿔근 위힘살 (superior belly of omohyoid)
어깨올림근(levator scapulae)
목뼈에서 시작하여 어깨뼈 위끝부분으로 이어진다. 어깨뼈를 위로 당기거나 목을 옆으로 굽힌다.
앞목갈비근(anterior scalene)
목뼈에서 시작하여 첫째 갈비뼈로 이어진다. 목을 앞이나 옆으로 굽힌다.
복장목뿔근(sternohyoid)
음식을 삼킬 때 올라간 목뿔뼈를 다시 아래로 당긴다.
어깨목뿔근 아래힘살 (inferior belly of omohyoid)

머리와 목 **근육계통**

씹기근육(저작근)은 머리뼈에서 시작하여 아래턱뼈에 부착되며, 입을 여닫고 이를 갈아서 음식을 잘게 부순다. 이 그림은 옆에서 본 모습으로, 두 큰 씹기근육인 관자근과 깨물근을 관찰할 수 있다. 아래턱뼈 속면에는 이보다 작은 두 씹기근육이 숨어 있다. 사람의 턱은 단순히 벌리고 다무는 데 그치지 않고 옆으로도 움직일 수 있으며, 네 근육이 협동 작용하여 복잡한 씹기 운동을 수행한다. 이 그림에서는 뒤통수이마근 이마힘살이 얇고 납작한 힘줄인 널힘줄을 통해 뒤통수힘살에 연결되어 있음을 알 수 있다. 따라서 전체 머리덮개(두피)가 머리뼈 위에서 움직일 수 있다.

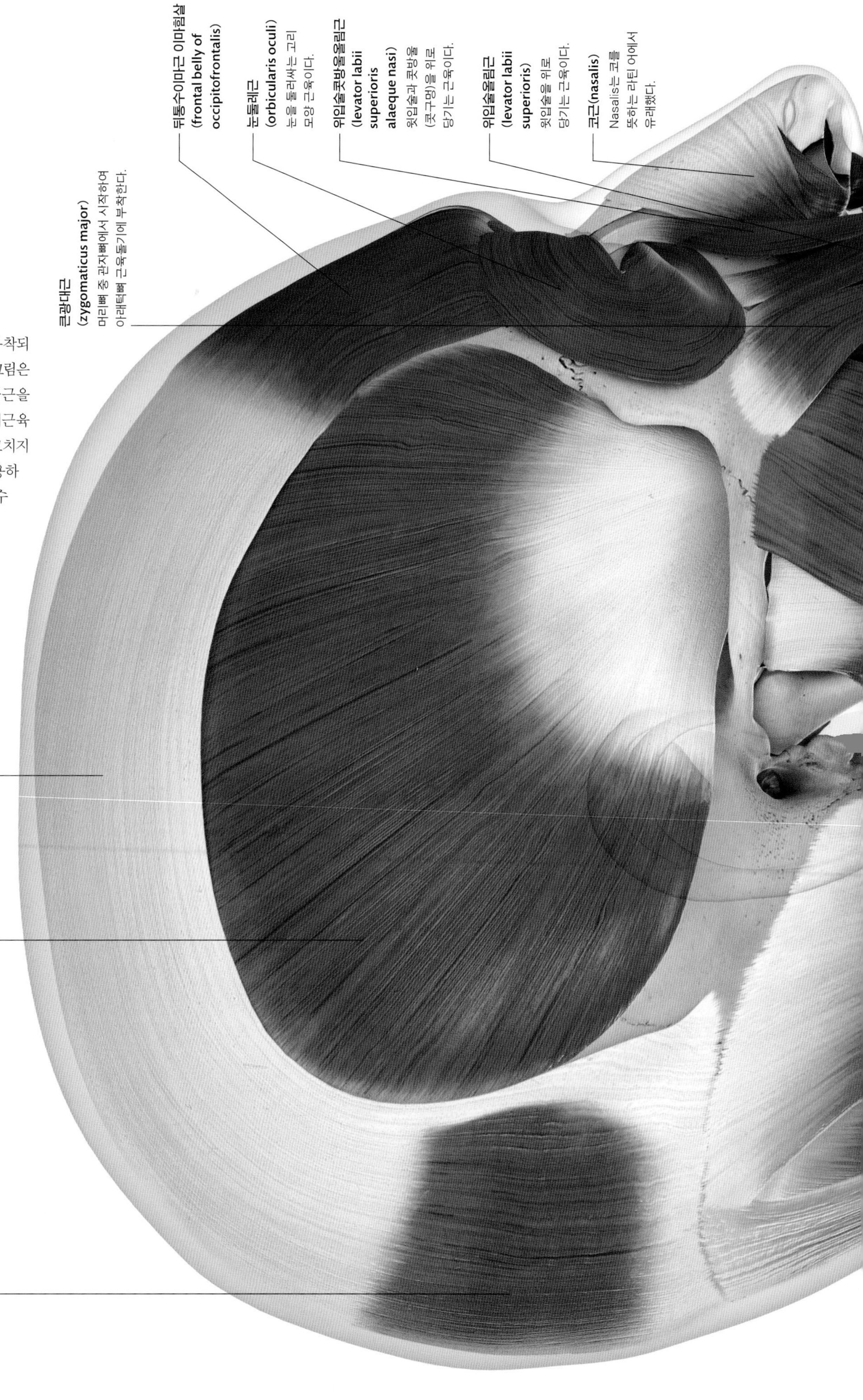
뒤통수이마근 이마힘살 (frontal belly of occipitofrontalis)
눈둘레근 (orbicularis oculi) 눈을 둘러싸는 고리 모양 근육이다.
위입술콧방울올림근 (levator labii superioris alaeque nasi) 윗입술과 콧방울(콧구멍)을 위로 당기는 근육이다.
위입술올림근 (levator labii superioris) 윗입술을 위로 당기는 근육이다.
코근(nasalis) Nasalis는 코를 뜻하는 라틴 어에서 유래했다.
큰광대근 (zygomaticus major) 머리뼈 중 관자뼈에서 시작하여 아래턱뼈 근육돌기에 부착한다.
머리덮개널힘줄 (epicranial aponeurosis)
관자근(temporalis) 머리뼈 중 관자뼈에서 시작하여 아래턱뼈 근육돌기에 부착한다.
뒤통수이마근 뒤통수힘살 (occipital belly of occipitofrontalis)

옆에서 본 그림

머리널판근(splenius capitis)
Splenius capitis는 라틴 어로 머리 붕대라는 뜻이다. 이 근육은 머리를 뒤로 당긴다.
목빗근(sternocleidomastoid)
머리를 옆으로 돌린다.
아래인두수축근(inferior constrictor of pharynx)
등세모근(trapezius)
어깨올림근(levator scapulae)
Levator scapulae는 라틴 어로 어깨뼈를 올리는 것이라는 뜻이다.
중간목갈비근(middle scalene)
앞목갈비근(anterior scalene)
Scalene은 부등변삼각형(두 변의 길이가 다른 삼각형)처럼 생겼다.
뒤목갈비근 (posterior scalene)
입둘레근(orbicularis oris)
입을 둘러싸는 고리 모양 근육이다.
입꼬리당김근(risorius)
Risorius는 웃음을 뜻하는 라틴 어에서 유래했다.
아래입술내림근 (depressor labii inferioris)
아랫입술을 내린다.
턱끝근(mentalis)
Mentalis는 턱(턱끝)을 뜻하는 라틴 어에서 유래했다.
입꼬리내림근 (depressor anguli oris)
입꼬리를 아래로 내리는 근육이다.
깨물근(masseter)
Masseter는 씹는 것이라는 뜻의 그리스 어이다.
두힘살근 앞힘살 (anterior belly of digastric)
두힘살근은 힘살이 둘인 근육이다.
두힘살근 뒤힘살 (posterior belly of digastric)
두힘살근은 아래턱뼈를 아래로 당겨서 입을 벌리고 음식을 삼킬 때 목뿔뼈를 위로 당긴다.
방패목뿔근(thyrohyoid)
목뿔뼈에서 시작하여 후두의 방패연골에 부착한다.
어깨목뿔근 위힘살(superior belly of omohyoid)
Omo는 그리스 어로 어깨를 뜻한다. 이 근육은 목뿔뼈에서 시작하여 어깨뼈에 닿기 때문에 이런 이름이 붙었다.
복장목뿔근(sternohyoid)
복장뼈(흉골)에서 시작하여 목뿔뼈에 부착한다.
복장방패근(sternothyroid)
복장뼈에서 시작하여 방패연골(갑상연골)에 부착한다.
어깨목뿔근 아래힘살 (inferior belly of omohyoid)

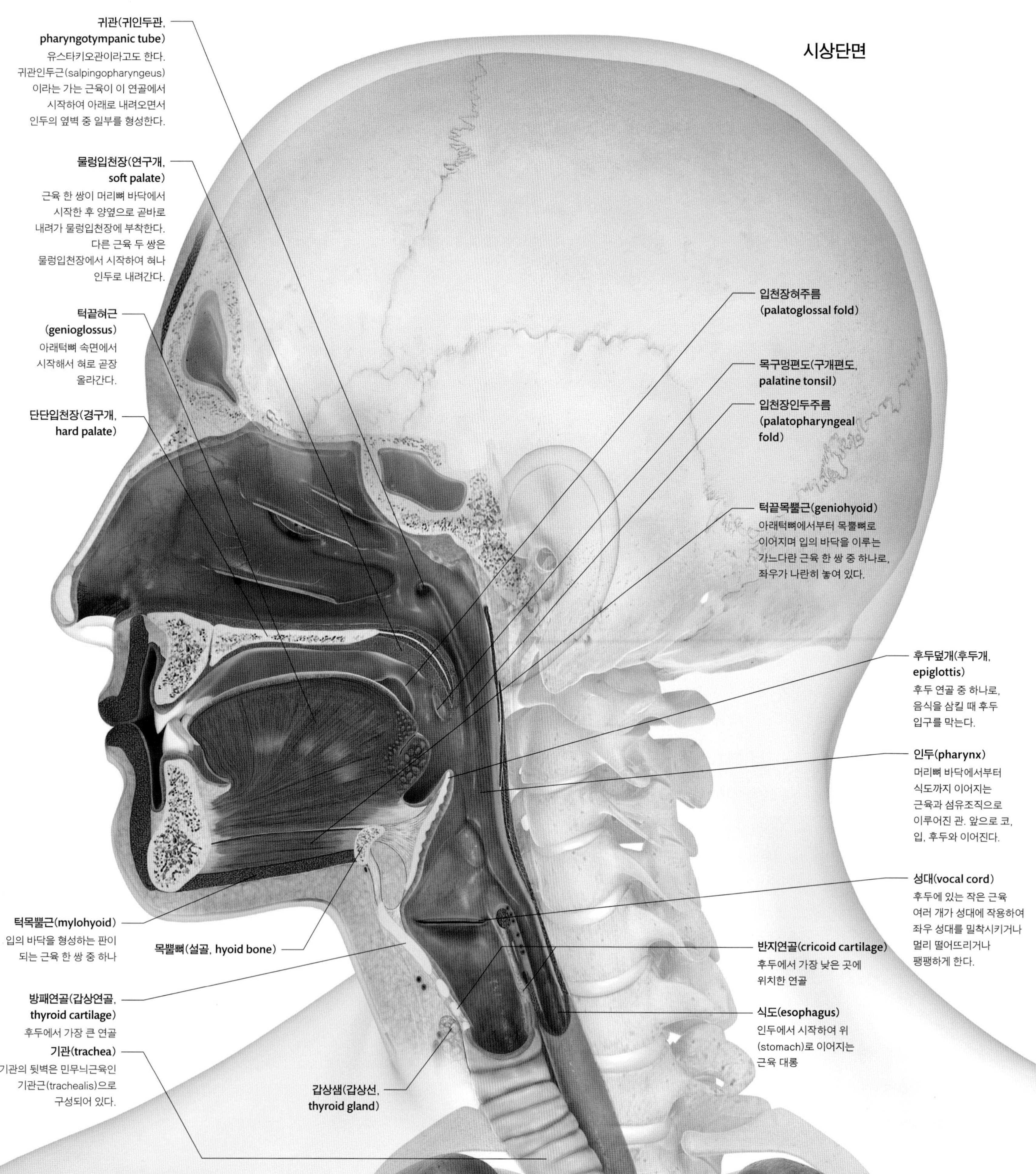
시상단면
귀관(귀인두관,
pharyngotympanic tube)
유스타키오관이라고도 한다.
귀관인두근(salpingopharyngeus)
이라는 가는 근육이 이 연골에서
시작하여 아래로 내려오면서
인두의 옆벽 중 일부를 형성한다.
물렁입천장(연구개,
soft palate)
근육 한 쌍이 머리뼈 바닥에서
시작한 후 양옆으로 곧바로
내려가 물렁입천장에 부착한다.
다른 근육 두 쌍은
물렁입천장에서 시작하여 혀나
인두로 내려간다.
턱끝혀근
(genioglossus)
아래턱뼈 속면에서
시작해서 혀로 곧장
올라간다.
단단입천장(경구개,
hard palate)
입천장혀주름
(palatoglossal fold)
목구멍편도(구개편도,
palatine tonsil)
입천장인두주름
(palatopharyngeal
fold)
턱끝목뿔근(geniohyoid)
아래턱뼈에서부터 목뿔뼈로
이어지며 입의 바닥을 이루는
가느다란 근육 한 쌍 중 하나로,
좌우가 나란히 놓여 있다.
후두덮개(후두개,
epiglottis)
후두 연골 중 하나로,
음식을 삼킬 때 후두
입구를 막는다.
인두(pharynx)
머리뼈 바닥에서부터
식도까지 이어지는
근육과 섬유조직으로
이루어진 관. 앞으로 코,
입, 후두와 이어진다.
성대(vocal cord)
후두에 있는 작은 근육
여러 개가 성대에 작용하여
좌우 성대를 밀착시키거나
멀리 떨어뜨리거나
팽팽하게 한다.
턱목뿔근(mylohyoid)
입의 바닥을 형성하는 판이
되는 근육 한 쌍 중 하나
목뿔뼈(설골, hyoid bone)
반지연골(cricoid cartilage)
후두에서 가장 낮은 곳에
위치한 연골
방패연골(갑상연골,
thyroid cartilage)
후두에서 가장 큰 연골
식도(esophagus)
인두에서 시작하여 위
(stomach)로 이어지는
근육 대롱
기관(trachea)
기관의 뒷벽은 민무늬근육인
기관근(trachealis)으로
구성되어 있다.
갑상샘(갑상선,
thyroid gland)

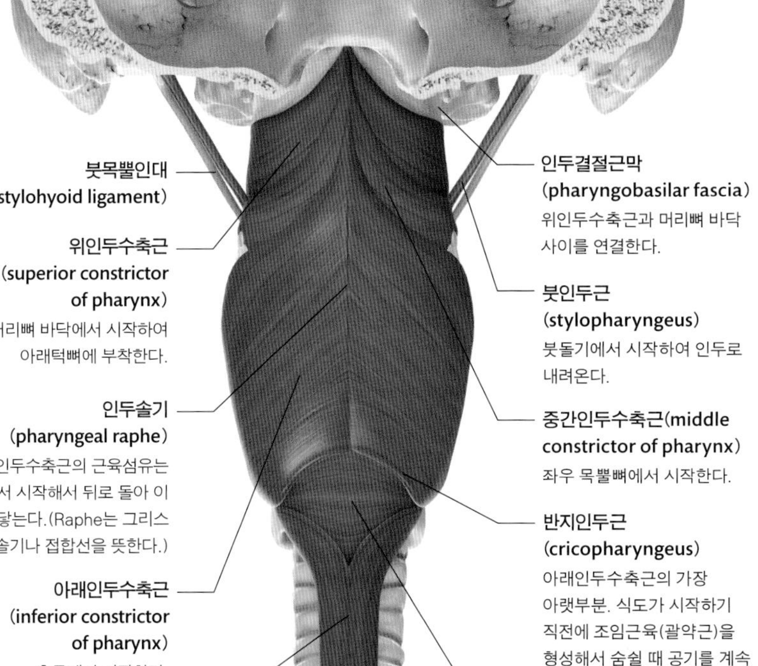
붓목뿔인대
(stylohyoid ligament)
위인두수축근
(superior constrictor of pharynx)
머리뼈 바닥에서 시작하여 아래턱뼈에 부착한다.
인두솔기
(pharyngeal raphe)
세 인두수축근의 근육섬유는 앞에서 시작해서 뒤로 돌아 이 솔기에 닿는다.(Raphe는 그리스어로 솔기나 접합선을 뜻한다.)
아래인두수축근
(inferior constrictor of pharynx)
후두에서 시작한다.
식도 세로근육
(longitudinal muscle of esophagus)
인두결절근막
(pharyngobasilar fascia)
위인두수축근과 머리뼈 바닥 사이를 연결한다.
붓인두근
(stylopharyngeus)
붓돌기에서 시작하여 인두로 내려온다.
중간인두수축근(middle constrictor of pharynx)
좌우 목뿔뼈에서 시작한다.
반지인두근
(cricopharyngeus)
아래인두수축근의 가장 아랫부분. 식도가 시작하기 직전에 조임근육(괄약근)을 형성해서 숨쉴 때 공기를 계속 식도로 삼키지 않도록 막는다.
식도 돌림근육
(circular muscle of esophagus)
인두를 뒤에서 본 그림

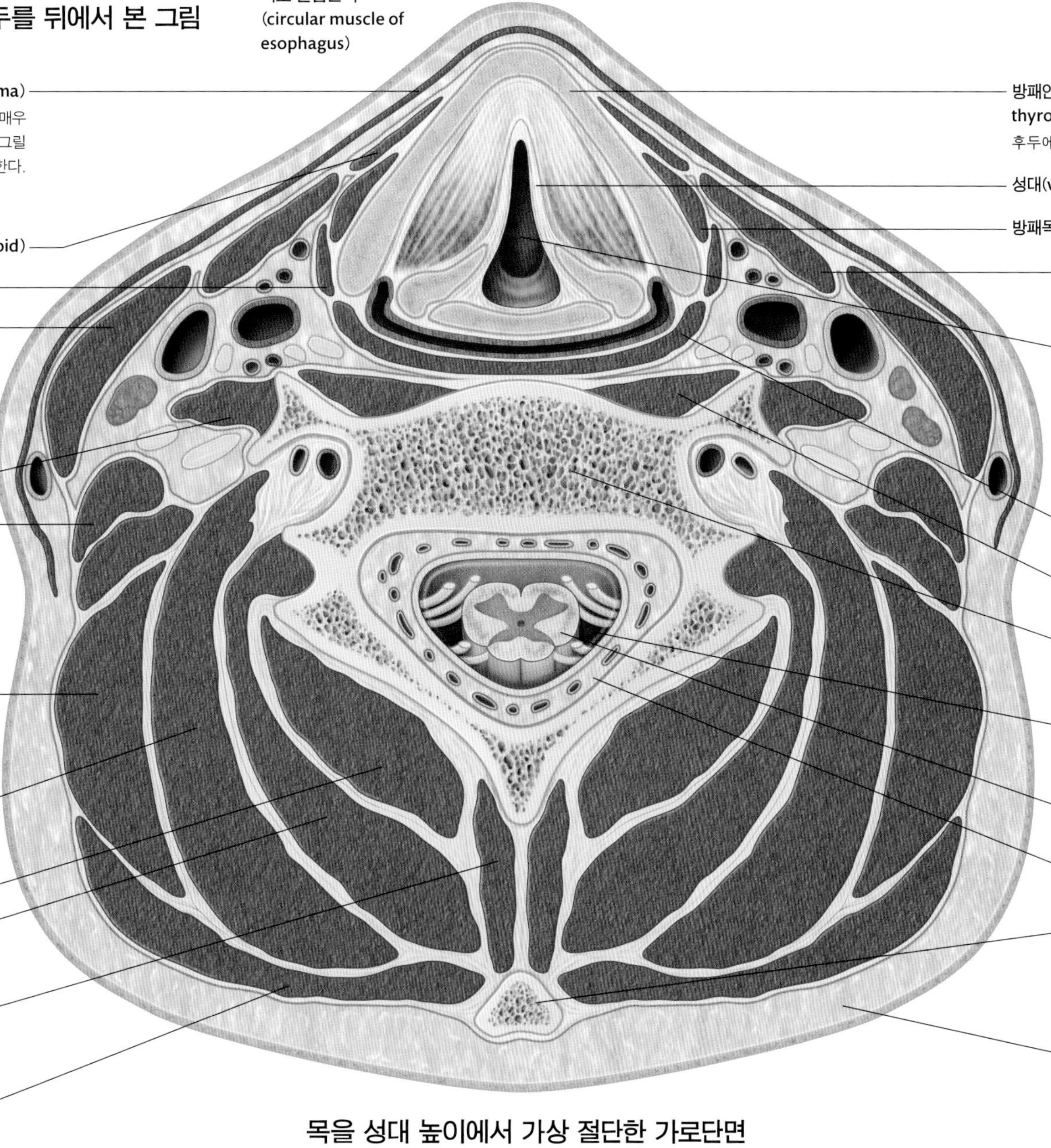

머리와 목 **근육계통**

머리의 시상단면 그림(104쪽)에서 물렁입천장, 혀, 인두, 후두가 모두 근육으로 이루어져 있음을 알 수 있다. 물렁입천장(연구개)은 다섯 쌍의 근육으로 구성된다. 물렁입천장은 이완되면 입의 뒤에서 아래로 처지지만 음식을 삼킬 때는 두꺼워지고 위로 당겨져서 기도를 차단한다. 혀는 점막에 덮여 있는 큰 근육 덩어리라 할 수 있다. 혀 근육들 중 일부는 목뿔뼈나 아래턱뼈에서 일어나서 혀가 이 뼈에 닻을 내리듯 고정된 상태에서 사방으로 움직이게 한다. 나머지 근육섬유들은 혀 밖을 벗어나지 않으면서 혀의 모양을 변화시킨다. 인두근육은 음식을 삼킬 때 중요하며, 후두근육은 성대를 조절한다. 눈을 움직이는 근육은 118쪽에서 설명한다.

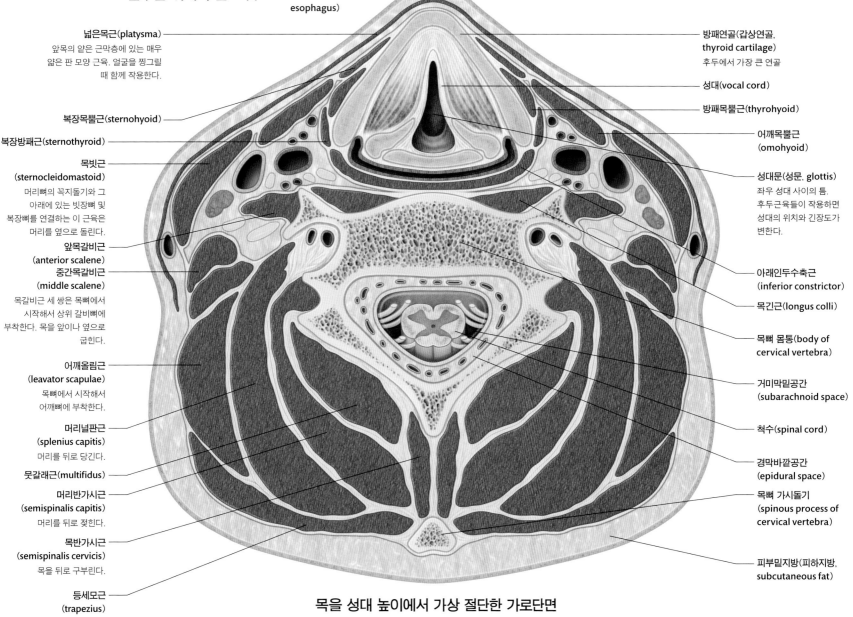

넓은목근(platysma)
앞목의 얕은 근막층에 있는 매우 얇은 판 모양 근육. 얼굴을 찡그릴 때 함께 작용한다.

복장목뿔근(sternohyoid)

복장방패근(sternothyroid)

목빗근
(sternocleidomastoid)
머리뼈의 꼭지돌기와 그 아래에 있는 빗장뼈 및 복장뼈를 연결하는 이 근육은 머리를 옆으로 돌린다.

앞목갈비근
(anterior scalene)

중간목갈비근
(middle scalene)
목갈비근 세 쌍은 목뼈에서 시작해서 상위 갈비뼈에 부착한다. 목을 앞이나 옆으로 굽힌다.

어깨올림근
(leavator scapulae)
목뼈에서 시작해서 어깨뼈에 부착한다.

머리널판근
(splenius capitis)
머리를 뒤로 당긴다.

뭇갈래근(multifidus)

머리반가시근
(semispinalis capitis)
머리를 뒤로 젖힌다.

목반가시근
(semispinalis cervicis)
목을 뒤로 구부린다.

등세모근
(trapezius)

방패연골(갑상연골, thyroid cartilage)
후두에서 가장 큰 연골

성대(vocal cord)

방패목뿔근(thyrohyoid)

어깨목뿔근
(omohyoid)

성대문(성문, glottis)
좌우 성대 사이의 틈. 후두근육들이 작용하면 성대의 위치와 긴장도가 변한다.

아래인두수축근
(inferior constrictor)

목긴근(longus colli)

목뼈 몸통(body of cervical vertebra)

거미막밑공간
(subarachnoid space)

척수(spinal cord)

경막바깥공간
(epidural space)

목뼈 가시돌기
(spinous process of cervical vertebra)

피부밑지방(피하지방, subcutaneous fat)

목을 성대 높이에서 가상 절단한 가로단면

머리와 목
신경계통

사람은 다른 동물과 달리 몸에 비해 뇌가 매우 크다. 사람의 뇌는 진화를 거치면서 점점 더 크게 성장한 결과, 이제는 대뇌 이마엽(전두엽)이 눈확(안와) 바로 위에 놓이게 되었다.(눈확은 안구가 들어 있는 공간이다.) 개나 고양이 같은 다른 포유동물을 떠올려 보라. 그러면 사람 머리가 참 묘하게 생겼다는 사실을 금세 눈치챌 것이다. 사람 머리가 그렇게 된 이유는 주로 엄청나게 큰 뇌 때문이다. 뇌를 옆에서 보면 각 대뇌반구를 구성하는 엽들을 모두 관찰할 수 있다. 대뇌 엽들은 아래 그림에 각기 다른 색으로 표시한 이마엽, 마루엽, 관자엽, 뒤통수엽으로 구분된다. 대뇌반구 아래로 뒤에 있는 뇌는 소뇌(작은골)이다. 뇌줄기(뇌간)는 아래로 이어지다가 머리뼈에 있는 큰구멍(대공)을 지나 척수에 연결된다.

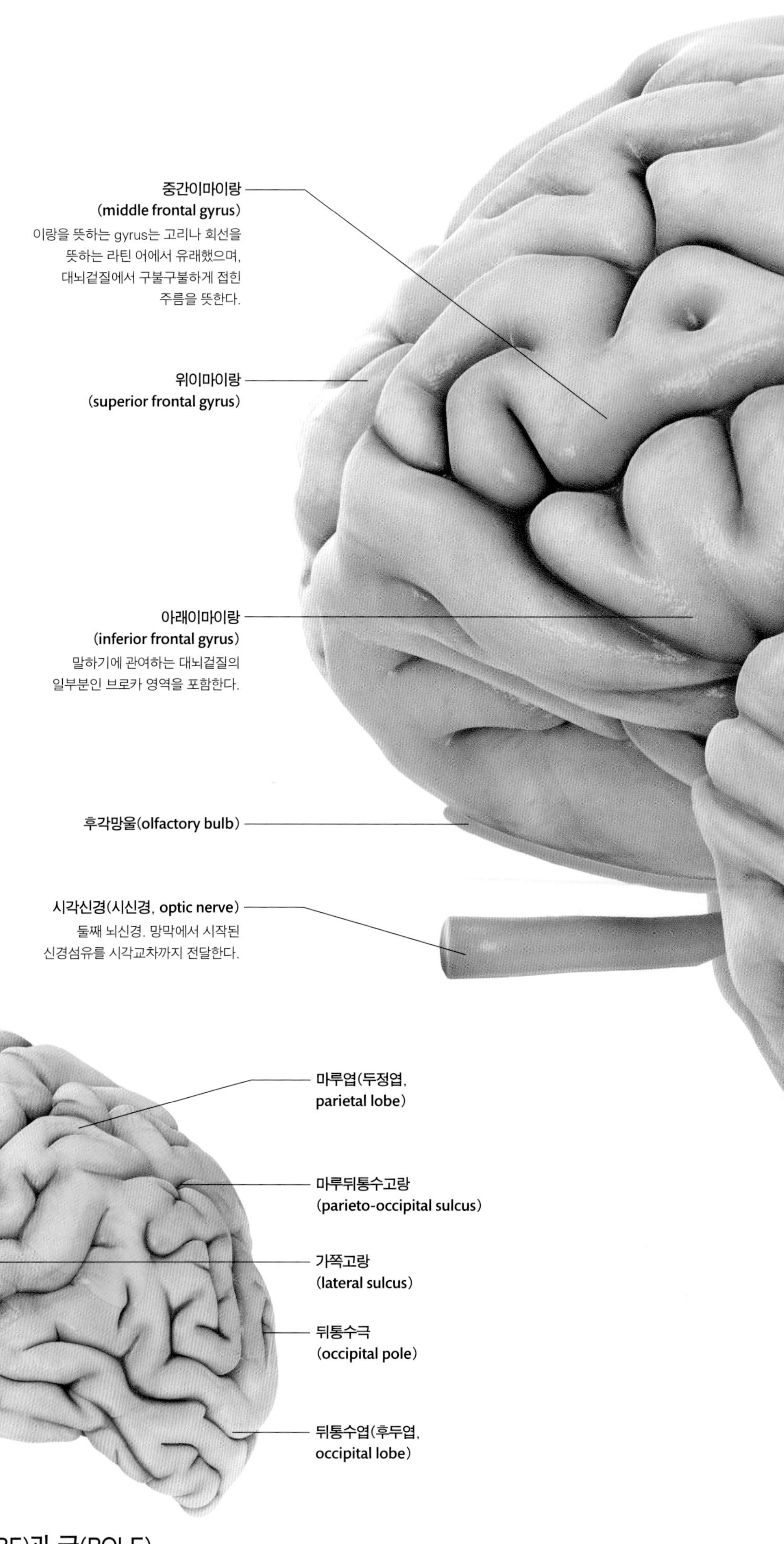
중간이마이랑
(middle frontal gyrus)
이랑을 뜻하는 gyrus는 고리나 회선을 뜻하는 라틴 어에서 유래했으며, 대뇌겉질에서 구불구불하게 접힌 주름을 뜻한다.
위이마이랑
(superior frontal gyrus)
아래이마이랑
(inferior frontal gyrus)
말하기에 관여하는 대뇌겉질의 일부분인 브로카 영역을 포함한다.
후각망울(olfactory bulb)
시각신경(시신경, optic nerve)
둘째 뇌신경. 망막에서 시작된 신경섬유를 시각교차까지 전달한다.
중심고랑
(central sulcus)
이마엽(전두엽,
frontal lobe)
이마극
(frontal pole)
대뇌가쪽오목
(lateral cerebral
fossa)
관자극
(temporal pole)
관자엽(측두엽,
temporal lobe)
마루엽(두정엽,
parietal lobe)
마루뒤통수고랑
(parieto-occipital sulcus)
가쪽고랑
(lateral sulcus)
뒤통수극
(occipital pole)
뒤통수엽(후두엽,
occipital lobe)

대뇌의 엽(LOBE)과 극(POLE)

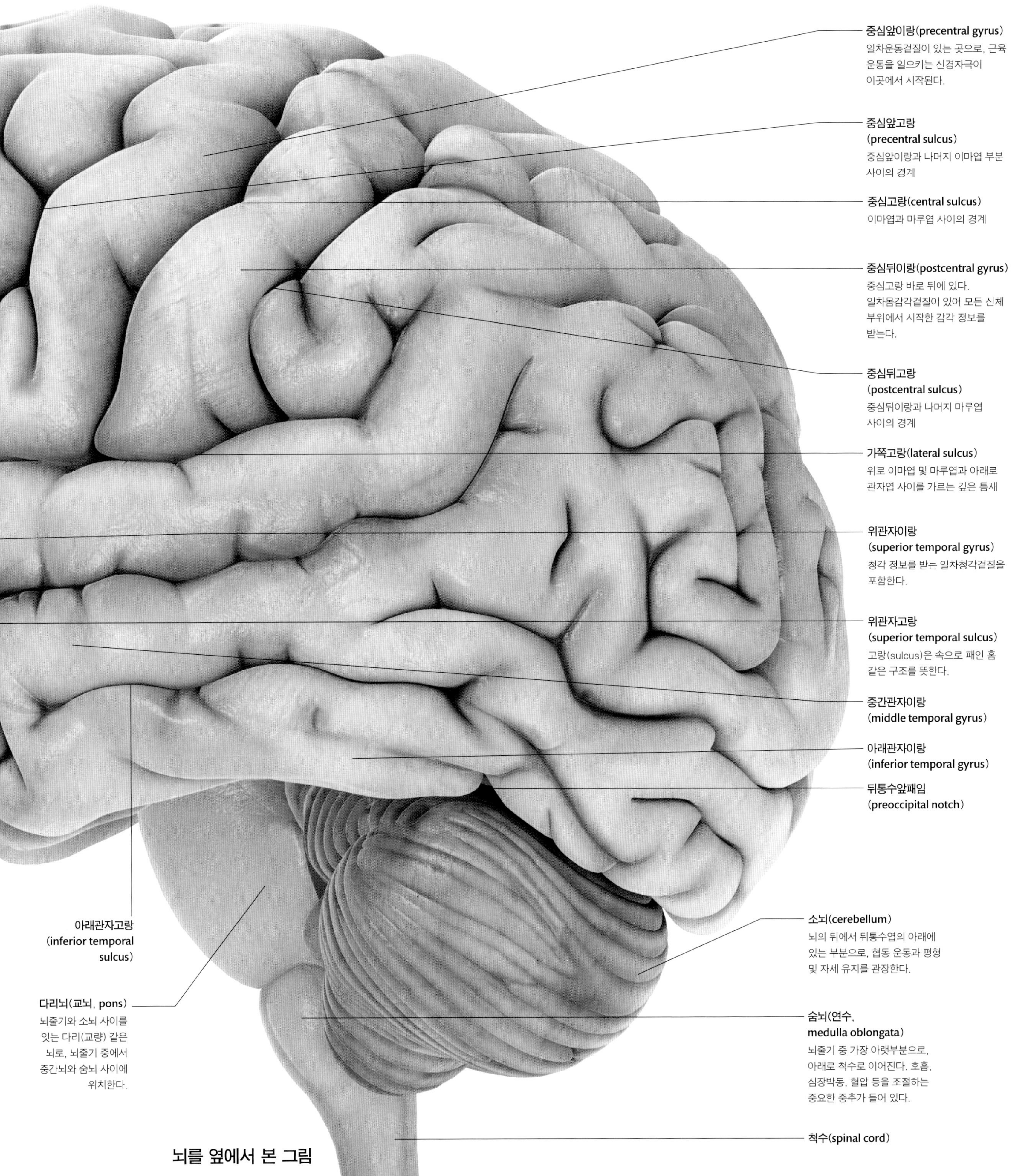
중심앞이랑(precentral gyrus)
일차운동겉질이 있는 곳으로, 근육 운동을 일으키는 신경자극이 이곳에서 시작된다.
중심앞고랑 (precentral sulcus)
중심앞이랑과 나머지 이마엽 부분 사이의 경계
중심고랑(central sulcus)
이마엽과 마루엽 사이의 경계
중심뒤이랑(postcentral gyrus)
중심고랑 바로 뒤에 있다. 일차몸감각겉질이 있어 모든 신체 부위에서 시작한 감각 정보를 받는다.
중심뒤고랑 (postcentral sulcus)
중심뒤이랑과 나머지 마루엽 사이의 경계
가쪽고랑(lateral sulcus)
위로 이마엽 및 마루엽과 아래로 관자엽 사이를 가르는 깊은 틈새
위관자이랑 (superior temporal gyrus)
청각 정보를 받는 일차청각겉질을 포함한다.
위관자고랑 (superior temporal sulcus)
고랑(sulcus)은 속으로 패인 홈 같은 구조를 뜻한다.
중간관자이랑 (middle temporal gyrus)
아래관자이랑 (inferior temporal gyrus)
뒤통수앞패임 (preoccipital notch)
아래관자고랑 (inferior temporal sulcus)
소뇌(cerebellum)
뇌의 뒤에서 뒤통수엽의 아래에 있는 부분으로, 협동 운동과 평형 및 자세 유지를 관장한다.
다리뇌(교뇌, pons)
뇌줄기와 소뇌 사이를 잇는 다리(교량) 같은 뇌로, 뇌줄기 중에서 중간뇌와 숨뇌 사이에 위치한다.
숨뇌(연수, medulla oblongata)
뇌줄기 중 가장 아랫부분으로, 아래로 척수로 이어진다. 호흡, 심장박동, 혈압 등을 조절하는 중요한 중추가 들어 있다.
척수(spinal cord)

뇌를 옆에서 본 그림

머리와 목 **신경계통**

뇌는 아주 못생기고 세련되지 않은 장기라 할 수 있다. 뇌는 약간 불그스름한 회색을 띠고 쭈글쭈글한 호두 알맹이를 닮았다. 회색질로 이루어진 대뇌 바깥층을 겉질(피질)이라 하는데, 겉질은 주름이 많이 접혀 있다. 뇌의 밑면에서는 좀 더 자잘한 구조를 볼 수 있는데, 예를 들어 뇌에서 시작하는 뇌신경들이 있다. 맨눈으로 봐서는 뇌가 인체에서 가장 복잡한 장기라는 사실을 수긍할 수 없다. 뇌의 진정한 복잡성은 현미경을 통해서만 깨달을 수 있다. 서로 연결을 이룸으로써 우리가 느끼고, 행동을 통제하고, 정신이 깃드는 신경회로를 형성하는 수백억 개가 넘는 신경세포들은 현미경으로만 관찰할 수 있다.

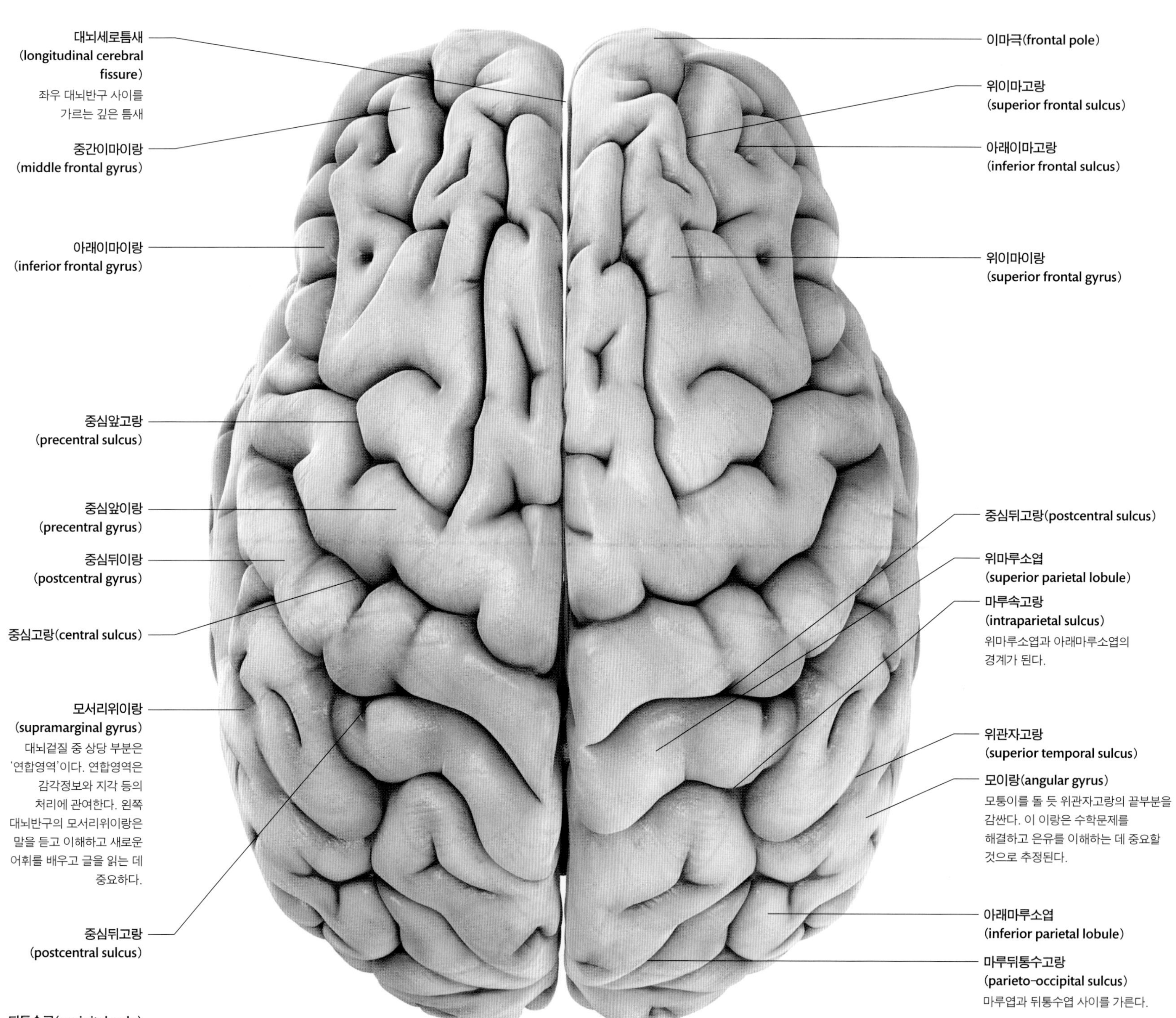
대뇌세로틈새
(longitudinal cerebral fissure)
좌우 대뇌반구 사이를 가르는 깊은 틈새
중간이마이랑
(middle frontal gyrus)
아래이마이랑
(inferior frontal gyrus)
중심앞고랑
(precentral sulcus)
중심앞이랑
(precentral gyrus)
중심뒤이랑
(postcentral gyrus)
중심고랑(central sulcus)
모서리위이랑
(supramarginal gyrus)
대뇌겉질 중 상당 부분은 '연합영역'이다. 연합영역은 감각정보와 지각 등의 처리에 관여한다. 왼쪽 대뇌반구의 모서리위이랑은 말을 듣고 이해하고 새로운 어휘를 배우고 글을 읽는 데 중요하다.
중심뒤고랑
(postcentral sulcus)
뒤통수극(occipital pole)
이마극(frontal pole)
위이마고랑
(superior frontal sulcus)
아래이마고랑
(inferior frontal sulcus)
위이마이랑
(superior frontal gyrus)
중심뒤고랑(postcentral sulcus)
위마루소엽
(superior parietal lobule)
마루속고랑
(intraparietal sulcus)
위마루소엽과 아래마루소엽의 경계가 된다.
위관자고랑
(superior temporal sulcus)
모이랑(angular gyrus)
모퉁이를 돌 듯 위관자고랑의 끝부분을 감싼다. 이 이랑은 수학문제를 해결하고 은유를 이해하는 데 중요할 것으로 추정된다.
아래마루소엽
(inferior parietal lobule)
마루뒤통수고랑
(parieto-occipital sulcus)
마루엽과 뒤통수엽 사이를 가른다.

뇌를 위에서 본 그림

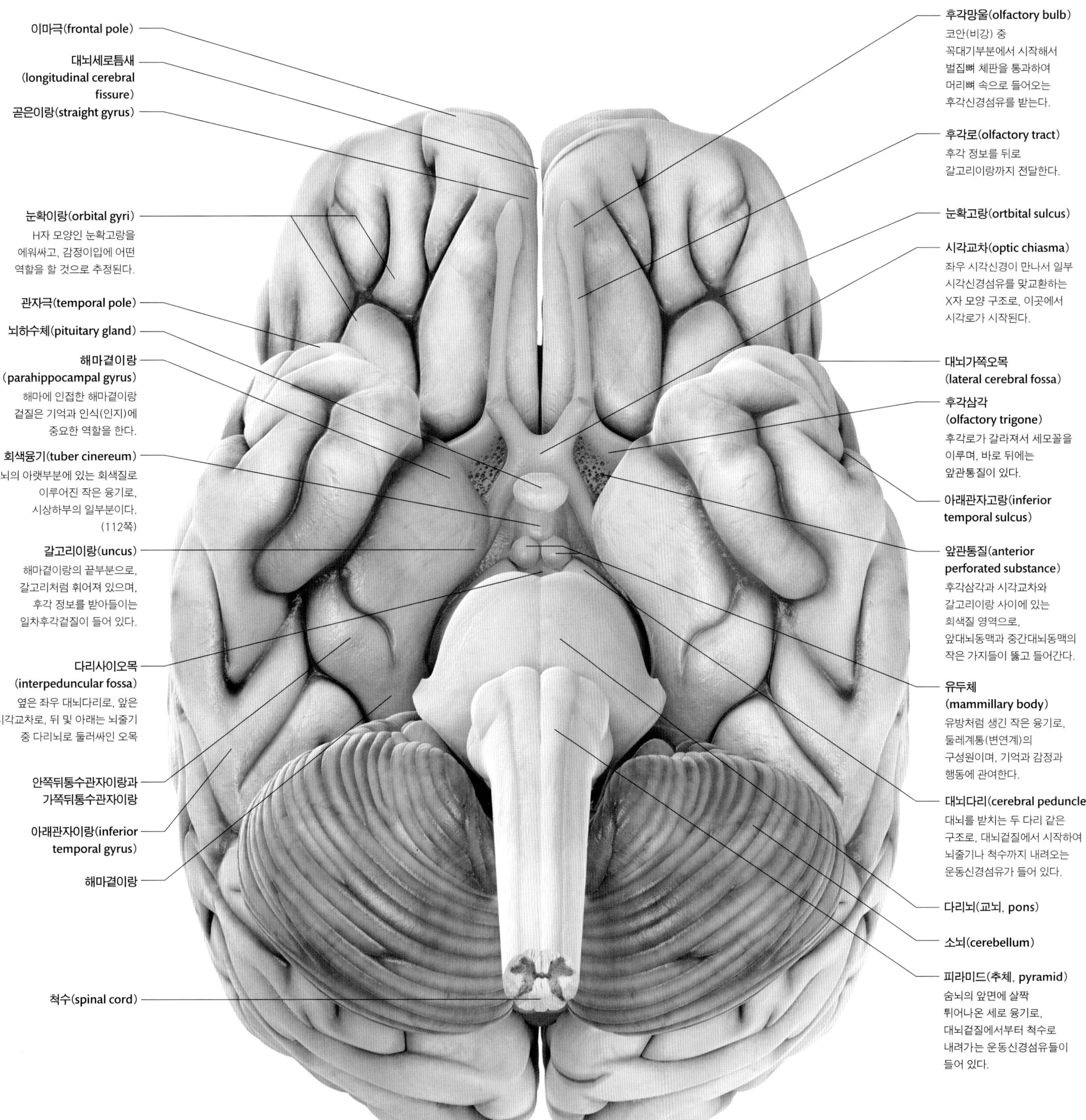
이마극(frontal pole)
대뇌세로틈새 (longitudinal cerebral fissure)
곧은이랑(straight gyrus)
눈확이랑(orbital gyri)
H자 모양인 눈확고랑을 에워싸고, 감정이입에 어떤 역할을 할 것으로 추정된다.
관자극(temporal pole)
뇌하수체(pituitary gland)
해마곁이랑 (parahippocampal gyrus)
해마에 인접한 해마곁이랑 겉질은 기억과 인식(인지)에 중요한 역할을 한다.
회색융기(tuber cinereum)
뇌의 아랫부분에 있는 회색질로 이루어진 작은 융기로, 시상하부의 일부분이다. (112쪽)
갈고리이랑(uncus)
해마곁이랑의 끝부분으로, 갈고리처럼 휘어져 있으며, 후각 정보를 받아들이는 일차후각겉질이 들어 있다.
다리사이오목 (interpeduncular fossa)
옆은 좌우 대뇌다리로, 앞은 시각교차로, 뒤 및 아래는 뇌줄기 중 다리뇌로 둘러싸인 오목
안쪽뒤통수관자이랑과 가쪽뒤통수관자이랑
아래관자이랑(inferior temporal gyrus)
해마곁이랑
척수(spinal cord)
뒤통수극(occipital pole)
후각망울(olfactory bulb)
코안(비강) 중 꼭대기부분에서 시작해서 벌집뼈 체판을 통과하여 머리뼈 속으로 들어오는 후각신경섬유를 받는다.
후각로(olfactory tract)
후각 정보를 뒤로 갈고리이랑까지 전달한다.
눈확고랑(ortbital sulcus)
시각교차(optic chiasma)
좌우 시각신경이 만나서 일부 시각신경섬유를 맞교환하는 X자 모양 구조로, 이곳에서 시각로가 시작된다.
대뇌가쪽오목 (lateral cerebral fossa)
후각삼각 (olfactory trigone)
후각로가 갈라져서 세모꼴을 이루며, 바로 뒤에는 앞관통질이 있다.
아래관자고랑(inferior temporal sulcus)
앞관통질(anterior perforated substance)
후각삼각과 시각교차와 갈고리이랑 사이에 있는 회색질 영역으로, 앞대뇌동맥과 중간대뇌동맥의 작은 가지들이 뚫고 들어간다.
유두체 (mammillary body)
유방처럼 생긴 작은 융기로, 둘레계통(변연계)의 구성원이며, 기억과 감정과 행동에 관여한다.
대뇌다리(cerebral peduncle)
대뇌를 받치는 두 다리 같은 구조로, 대뇌겉질에서 시작하여 뇌줄기나 척수까지 내려오는 운동신경섬유가 들어 있다.
다리뇌(교뇌, pons)
소뇌(cerebellum)
피라미드(추체, pyramid)
숨뇌의 앞면에 살짝 튀어나온 세로 융기로, 대뇌겉질에서부터 척수로 내려가는 운동신경섬유들이 들어 있다.

뇌를 밑에서 본 그림

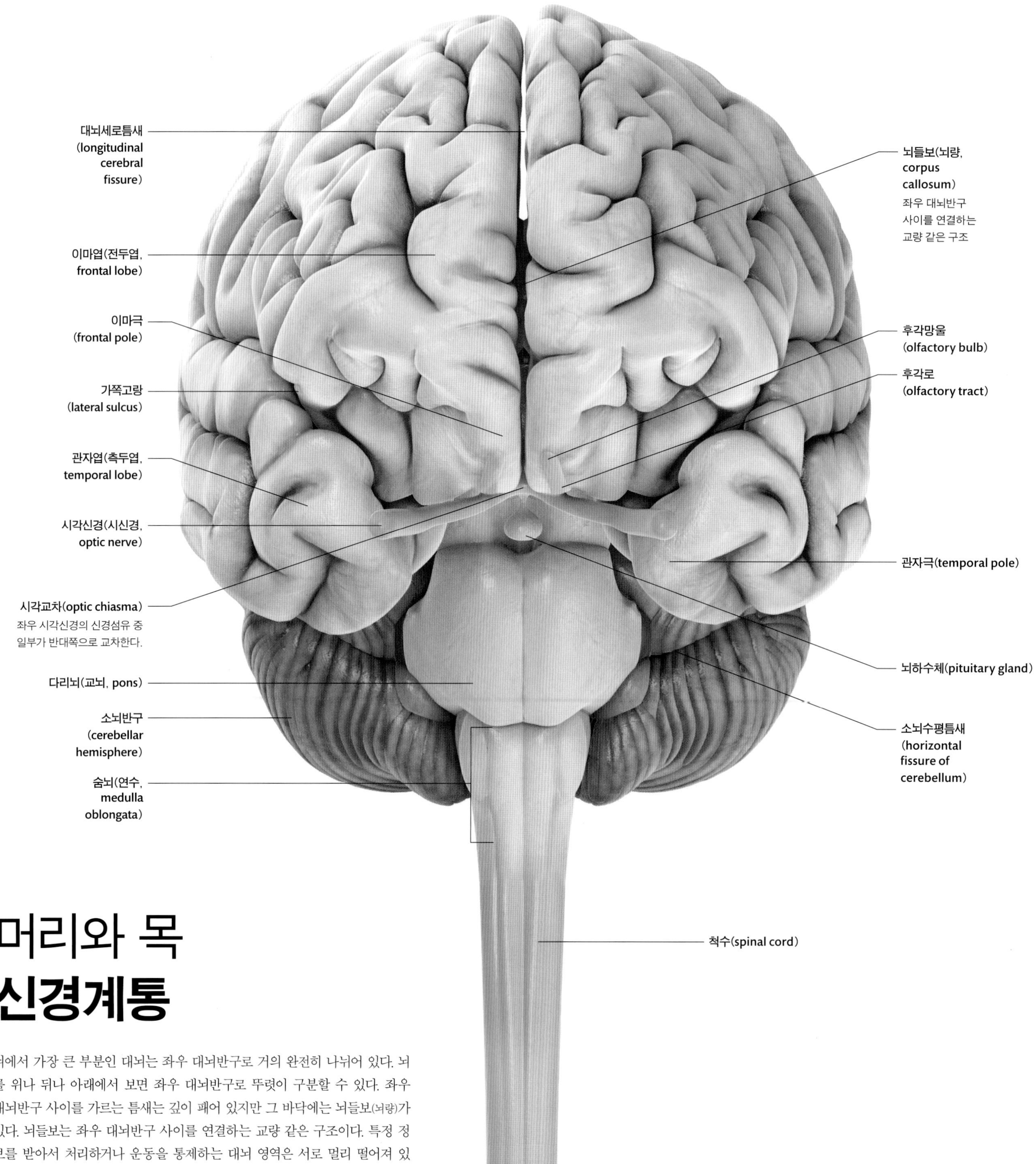
대뇌세로틈새 (longitudinal cerebral fissure)
이마엽(전두엽, frontal lobe)
이마극 (frontal pole)
가쪽고랑 (lateral sulcus)
관자엽(측두엽, temporal lobe)
시각신경(시신경, optic nerve)
시각교차(optic chiasma)
좌우 시각신경의 신경섬유 중 일부가 반대쪽으로 교차한다.
다리뇌(교뇌, pons)
소뇌반구 (cerebellar hemisphere)
숨뇌(연수, medulla oblongata)
뇌들보(뇌량, corpus callosum)
좌우 대뇌반구 사이를 연결하는 교량 같은 구조
후각망울 (olfactory bulb)
후각로 (olfactory tract)
관자극(temporal pole)
뇌하수체(pituitary gland)
소뇌수평틈새 (horizontal fissure of cerebellum)
척수(spinal cord)

머리와 목 **신경계통**

뇌에서 가장 큰 부분인 대뇌는 좌우 대뇌반구로 거의 완전히 나뉘어 있다. 뇌를 위나 뒤나 아래에서 보면 좌우 대뇌반구로 뚜렷이 구분할 수 있다. 좌우 대뇌반구 사이를 가르는 틈새는 깊이 패어 있지만 그 바닥에는 뇌들보(뇌량)가 있다. 뇌들보는 좌우 대뇌반구 사이를 연결하는 교량 같은 구조이다. 특정 정보를 받아서 처리하거나 운동을 통제하는 대뇌 영역은 서로 멀리 떨어져 있다. 눈에서 시작한 시각경로는 대뇌의 뒤끝에 있는 뒤통수엽 겉질에서 끝나고, 시각 정보 처리도 이 엽에서 일어난다. 반면에 결국 눈 근육에 도달하여 눈을 움직이게 하는 신경 자극은 이마엽 대뇌겉질에서 시작한다.

뇌를 앞에서 본 그림

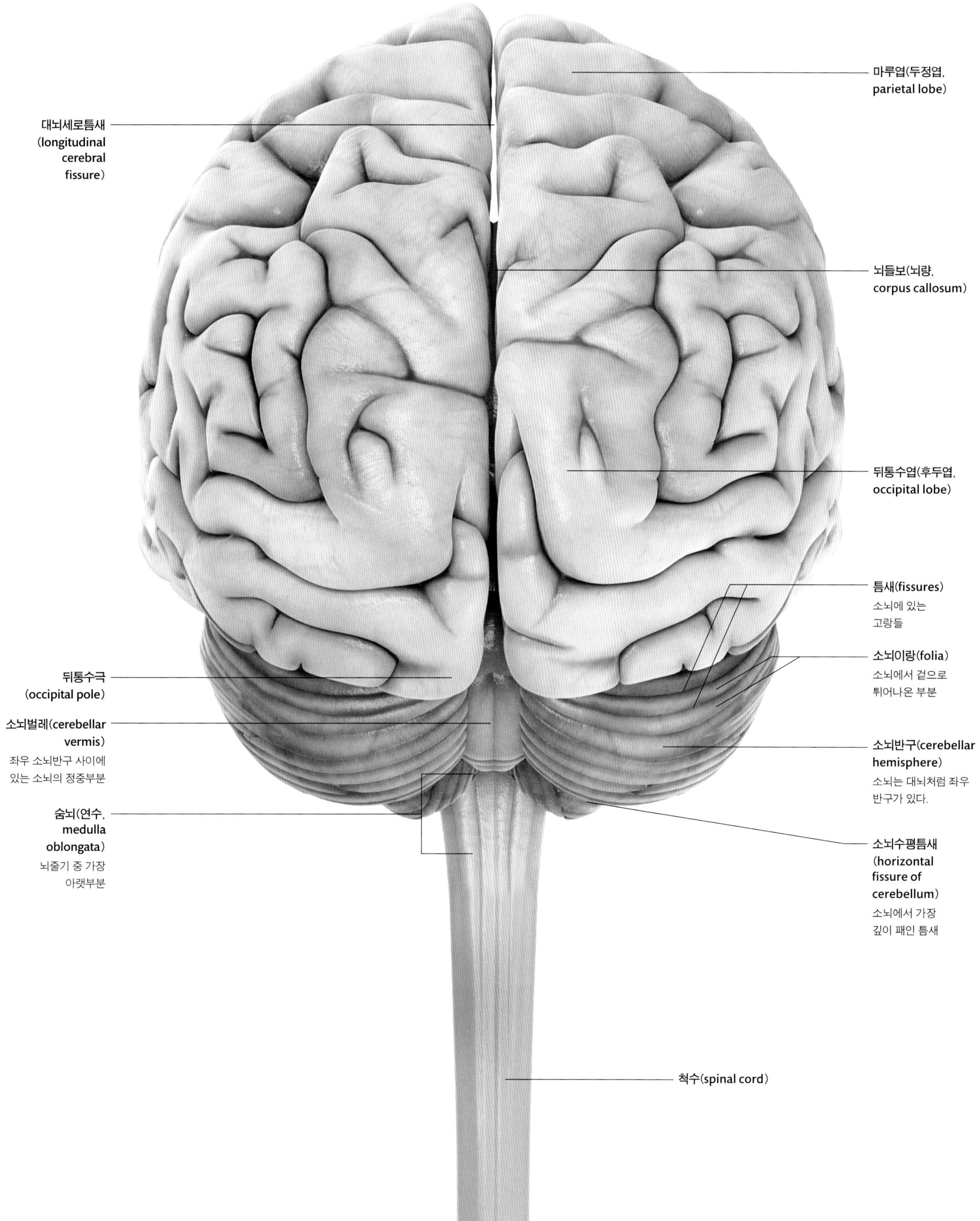
마루엽(두정엽,
parietal lobe)
대뇌세로틈새
(longitudinal
cerebral
fissure)
뇌들보(뇌량,
corpus callosum)
뒤통수엽(후두엽,
occipital lobe)
틈새(fissures)
소뇌에 있는
고랑들
소뇌이랑(folia)
소뇌에서 겉으로
튀어나온 부분
뒤통수극
(occipital pole)
소뇌벌레(cerebellar
vermis)
좌우 소뇌반구 사이에
있는 소뇌의 정중부분
소뇌반구(cerebellar
hemisphere)
소뇌는 대뇌처럼 좌우
반구가 있다.
숨뇌(연수,
medulla
oblongata)
뇌줄기 중 가장
아랫부분
소뇌수평틈새
(horizontal
fissure of
cerebellum)
소뇌에서 가장
깊이 패인 틈새
척수(spinal cord)

뇌를 뒤에서 본 그림

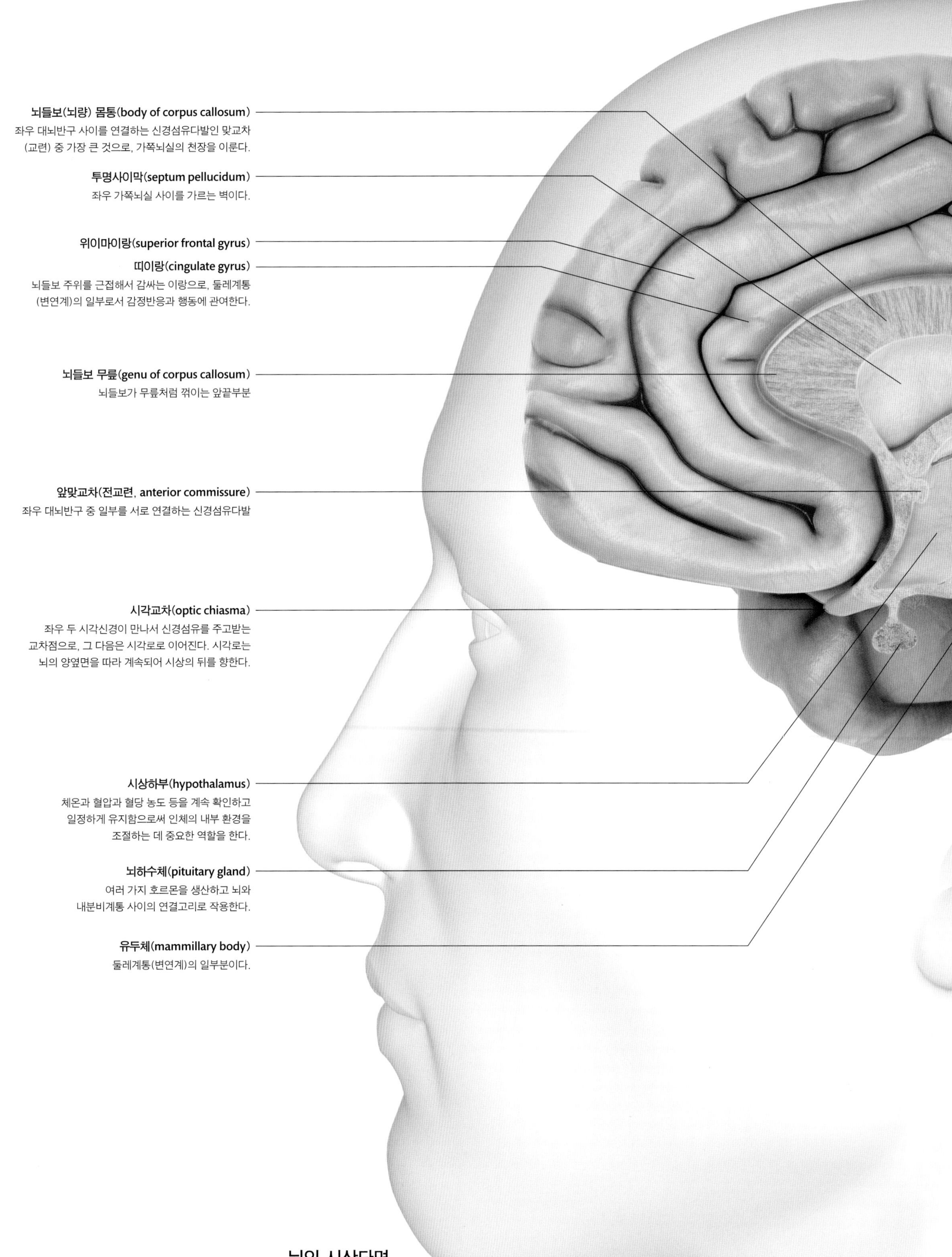
뇌들보(뇌량) 몸통(body of corpus callosum)
좌우 대뇌반구 사이를 연결하는 신경섬유다발인 맞교차(교련) 중 가장 큰 것으로, 가쪽뇌실의 천장을 이룬다.
투명사이막(septum pellucidum)
좌우 가쪽뇌실 사이를 가르는 벽이다.
위이마이랑(superior frontal gyrus)
띠이랑(cingulate gyrus)
뇌들보 주위를 근접해서 감싸는 이랑으로, 둘레계통(변연계)의 일부로서 감정반응과 행동에 관여한다.
뇌들보 무릎(genu of corpus callosum)
뇌들보가 무릎처럼 꺾이는 앞끝부분
앞맞교차(전교련, anterior commissure)
좌우 대뇌반구 중 일부를 서로 연결하는 신경섬유다발
시각교차(optic chiasma)
좌우 두 시각신경이 만나서 신경섬유를 주고받는 교차점으로, 그 다음은 시각로로 이어진다. 시각로는 뇌의 양옆면을 따라 계속되어 시상의 뒤를 향한다.
시상하부(hypothalamus)
체온과 혈압과 혈당 농도 등을 계속 확인하고 일정하게 유지함으로써 인체의 내부 환경을 조절하는 데 중요한 역할을 한다.
뇌하수체(pituitary gland)
여러 가지 호르몬을 생산하고 뇌와 내분비계통 사이의 연결고리로 작용한다.
유두체(mammillary body)
둘레계통(변연계)의 일부분이다.

뇌의 시상단면

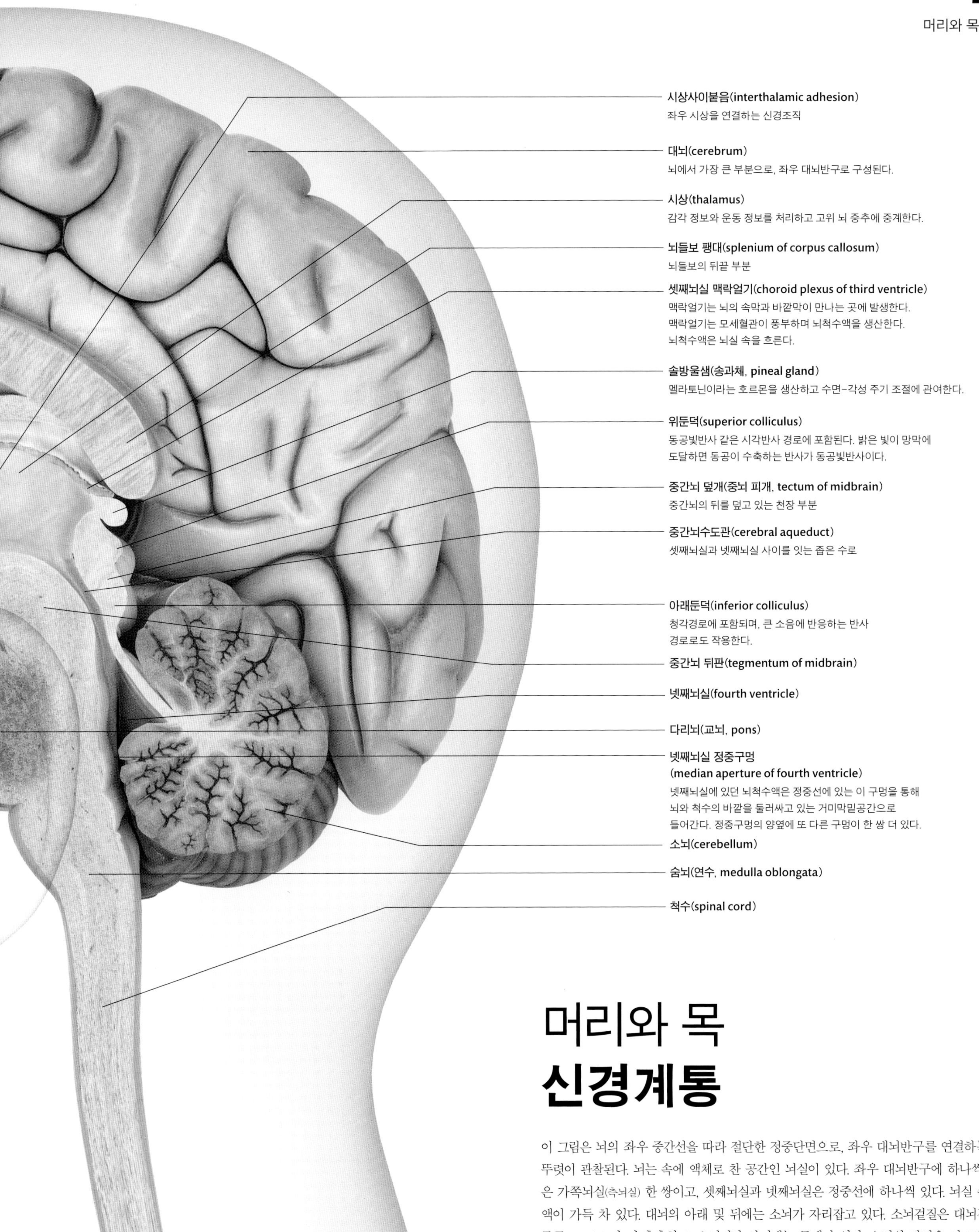
시상사이붙음(interthalamic adhesion)
좌우 시상을 연결하는 신경조직
대뇌(cerebrum)
뇌에서 가장 큰 부분으로, 좌우 대뇌반구로 구성된다.
시상(thalamus)
감각 정보와 운동 정보를 처리하고 고위 뇌 중추에 중계한다.
뇌들보 팽대(splenium of corpus callosum)
뇌들보의 뒤끝 부분
셋째뇌실 맥락얼기(choroid plexus of third ventricle)
맥락얼기는 뇌의 속막과 바깥막이 만나는 곳에 발생한다.
맥락얼기는 모세혈관이 풍부하며 뇌척수액을 생산한다.
뇌척수액은 뇌실 속을 흐른다.
솔방울샘(송과체, pineal gland)
멜라토닌이라는 호르몬을 생산하고 수면-각성 주기 조절에 관여한다.
위둔덕(superior colliculus)
동공빛반사 같은 시각반사 경로에 포함된다. 밝은 빛이 망막에
도달하면 동공이 수축하는 반사가 동공빛반사이다.
중간뇌 덮개(중뇌 피개, tectum of midbrain)
중간뇌의 뒤를 덮고 있는 천장 부분
중간뇌수도관(cerebral aqueduct)
셋째뇌실과 넷째뇌실 사이를 잇는 좁은 수로
아래둔덕(inferior colliculus)
청각경로에 포함되며, 큰 소음에 반응하는 반사
경로로도 작용한다.
중간뇌 뒤판(tegmentum of midbrain)
넷째뇌실(fourth ventricle)
다리뇌(교뇌, pons)
넷째뇌실 정중구멍
(median aperture of fourth ventricle)
넷째뇌실에 있던 뇌척수액은 정중선에 있는 이 구멍을 통해
뇌와 척수의 바깥을 둘러싸고 있는 거미막밑공간으로
들어간다. 정중구멍의 양옆에 또 다른 구멍이 한 쌍 더 있다.
소뇌(cerebellum)
숨뇌(연수, medulla oblongata)
척수(spinal cord)

머리와 목 **신경계통**

이 그림은 뇌의 좌우 중간선을 따라 절단한 정중단면으로, 좌우 대뇌반구를 연결하는 뇌들보가 뚜렷이 관찰된다. 뇌는 속에 액체로 찬 공간인 뇌실이 있다. 좌우 대뇌반구에 하나씩 있는 뇌실은 가쪽뇌실(측뇌실) 한 쌍이고, 셋째뇌실과 넷째뇌실은 정중선에 하나씩 있다. 뇌실 속엔 뇌척수액이 가득 차 있다. 대뇌의 아래 및 뒤에는 소뇌가 자리잡고 있다. 소뇌겉질은 대뇌겉질에 비해 주름(소뇌이랑)이 더 촘촘하고, 소뇌이랑 사이에는 틈새가 있다. 소뇌의 단면은 이 그림처럼 멋진 나무를 닮았다. 그밖에 뇌줄기를 구성하는 중간뇌와 다리뇌와 숨뇌를 모두 볼 수 있다.

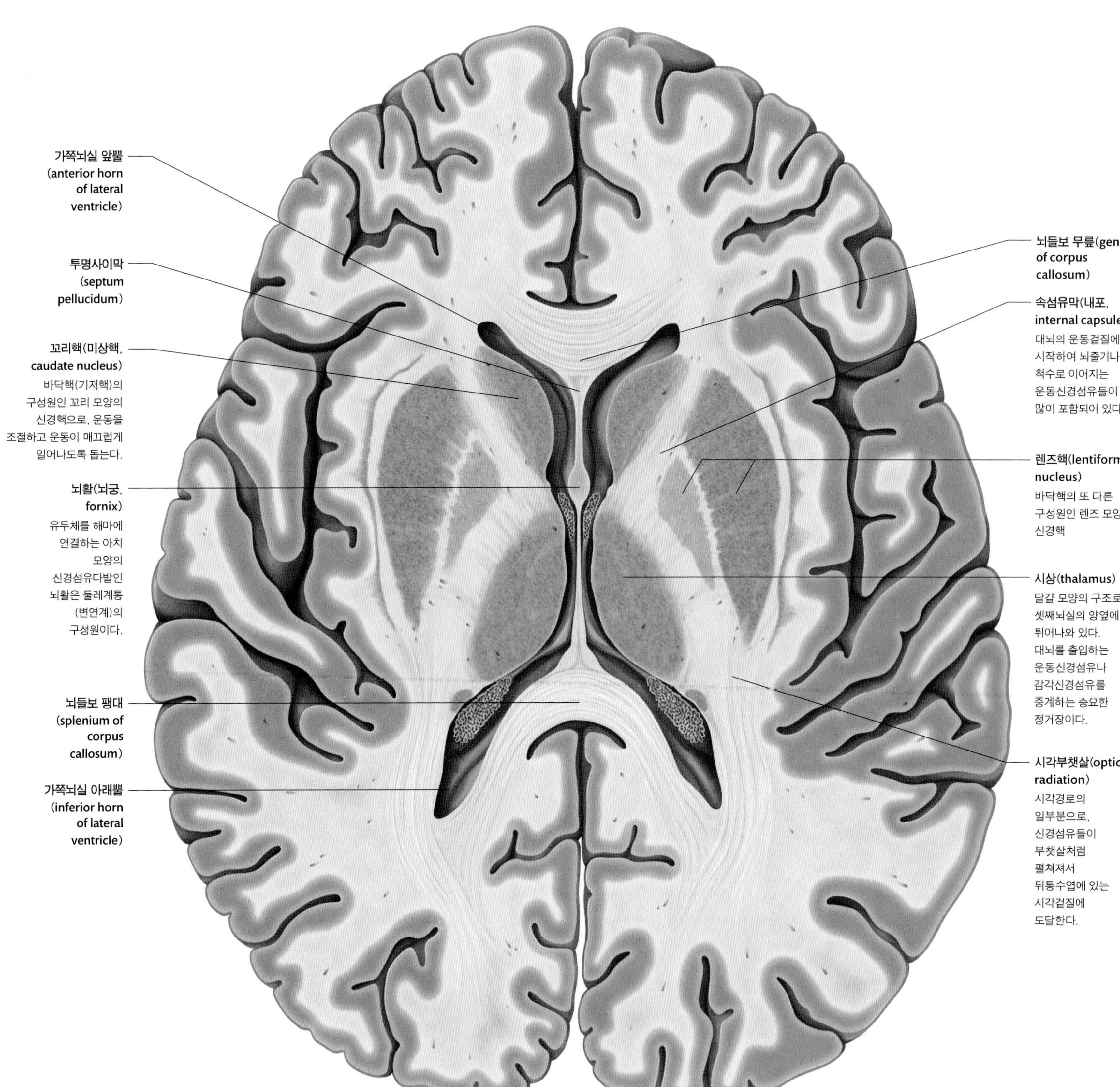
가쪽뇌실 앞뿔 (anterior horn of lateral ventricle)
투명사이막 (septum pellucidum)
꼬리핵(미상핵, caudate nucleus)
바닥핵(기저핵)의 구성원인 꼬리 모양의 신경핵으로, 운동을 조절하고 운동이 매끄럽게 일어나도록 돕는다.
뇌활(뇌궁, fornix)
유두체를 해마에 연결하는 아치 모양의 신경섬유다발인 뇌활은 둘레계통(변연계)의 구성원이다.
뇌들보 팽대 (splenium of corpus callosum)
가쪽뇌실 아래뿔 (inferior horn of lateral ventricle)
뇌들보 무릎(genu of corpus callosum)
속섬유막(내포, internal capsule)
대뇌의 운동겉질에서 시작하여 뇌줄기나 척수로 이어지는 운동신경섬유들이 많이 포함되어 있다.
렌즈핵(lentiform nucleus)
바닥핵의 또 다른 구성원인 렌즈 모양 신경핵
시상(thalamus)
달걀 모양의 구조로 셋째뇌실의 양옆에 튀어나와 있다. 대뇌를 출입하는 운동신경섬유나 감각신경섬유를 중계하는 중요한 정거장이다.
시각부챗살(optic radiation)
시각경로의 일부분으로, 신경섬유들이 부챗살처럼 펼쳐져서 뒤통수엽에 있는 시각겉질에 도달한다.

뇌의 수평단면

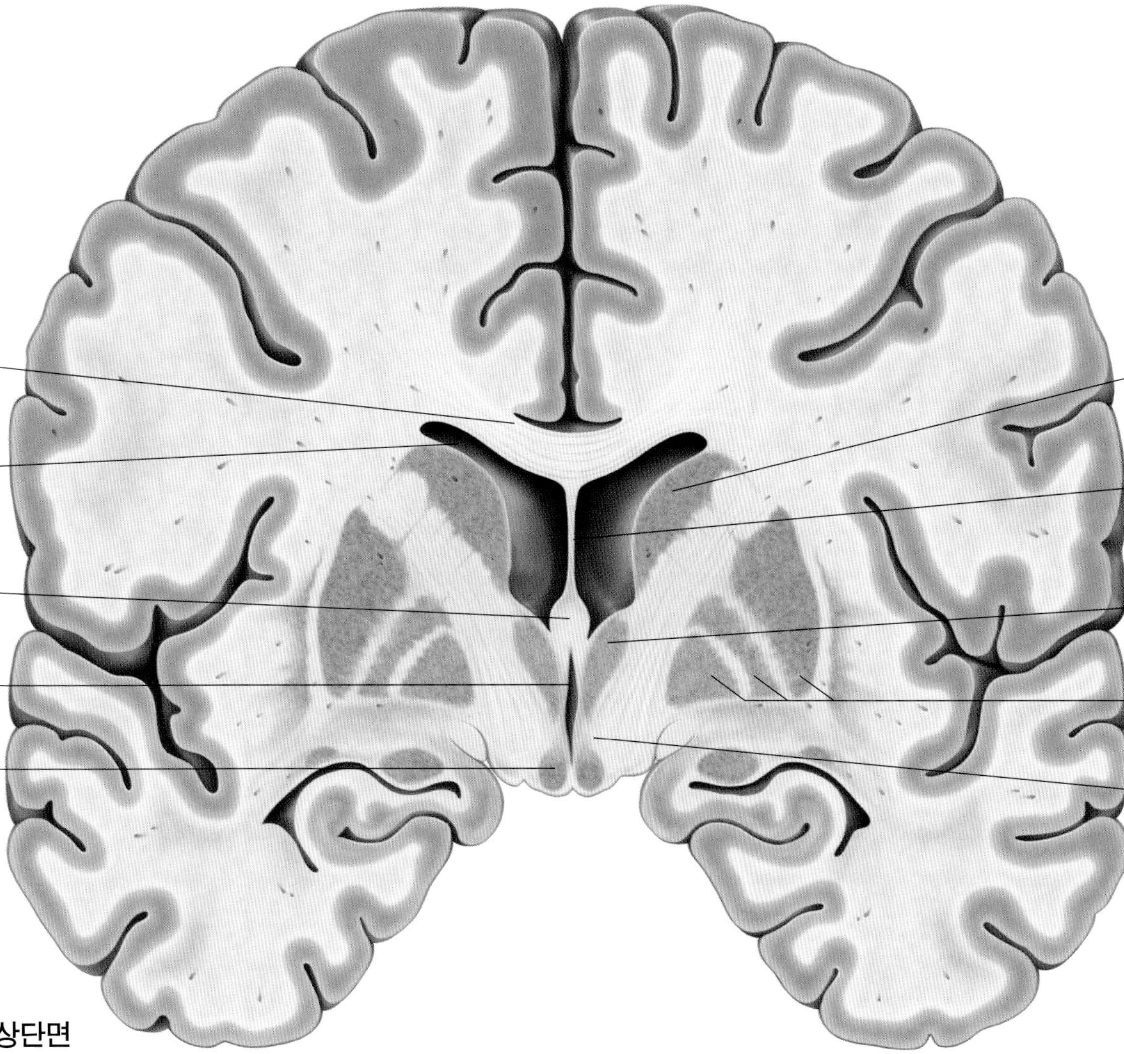

뇌들보 몸통
(body of corpus callosum)

가쪽뇌실 앞뿔
(anterior horn of lateral ventricle)

뇌활(뇌궁, fornix)

셋째뇌실
(third ventricle)

유두체
(mammillary body)

꼬리핵(미상핵, caudate nucleus)

투명사이막
(septum pellucidum)

시상(thalamus)

렌즈핵(lentiform nucleus)

시상하부
(hypothalamus)

뇌의 관상단면

머리와 목 **신경계통**

뇌는 수막(뇌척수막) 세 겹이 둘러싸며 보호한다.(수막에 생긴 염증을 수막염이라 한다.) 질긴 경막이 가장 바깥 수막으로, 뇌와 척수를 모두 둘러싼다. 경막 속에는 거미줄 같은 섬유가 있는 거미막이 있다. 연막은 이름 그대로 보드라우며 뇌 표면을 직접 덮고 있는 얇은 막이다. 연막과 거미막 사이에는 거미막밑공간이라는 얇은 간극이 있다. 이 공간에는 뇌척수액(CSF)이 들어 있다. 뇌척수액은 주로 가쪽뇌실에 있는 맥락얼기에서 만들어지며, 이어서 셋째뇌실을 거쳐 넷째뇌실로 흐른다. 뇌척수액은 넷째뇌실에 있는 작은 구멍들을 통해 거미막밑공간으로 빠져나간다.

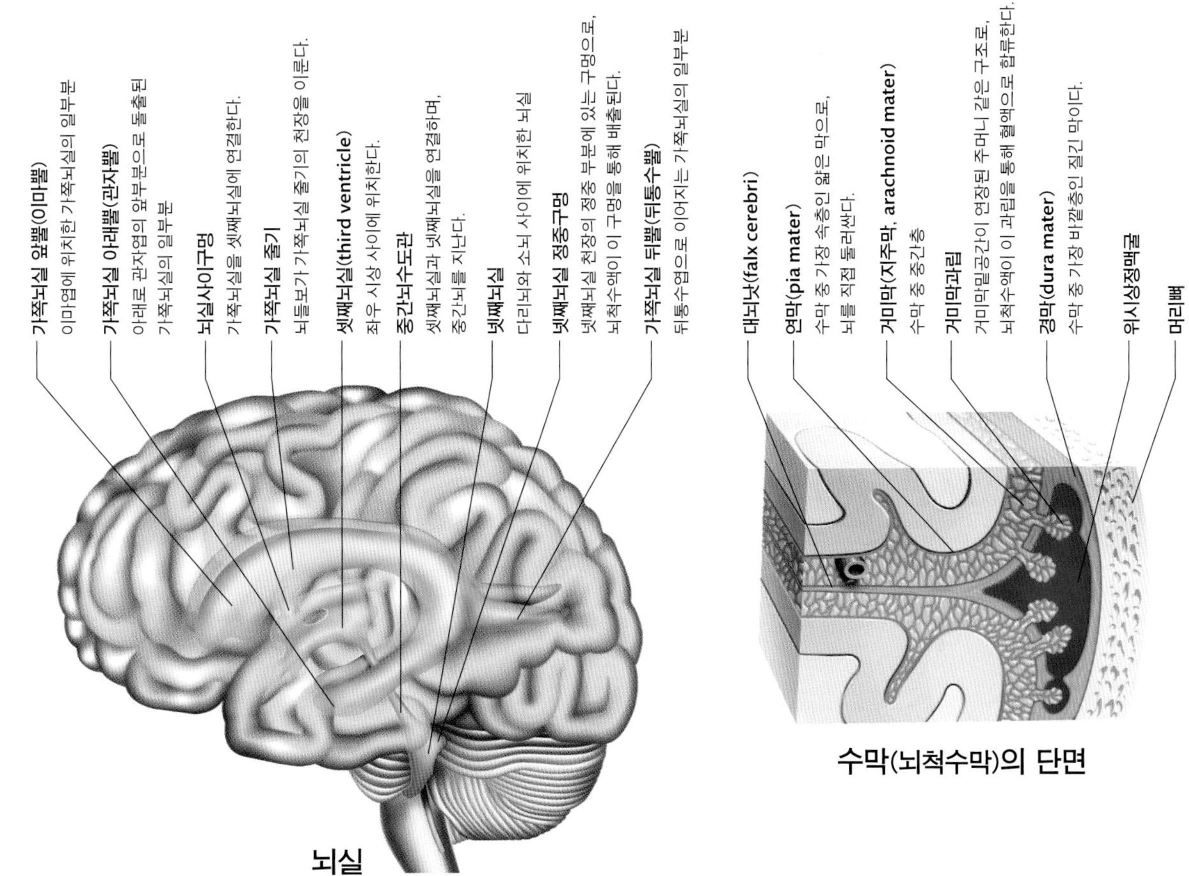
가쪽뇌실 앞뿔(이마뿔)
이마엽에 위치한 가쪽뇌실의 일부분
가쪽뇌실 아래뿔(관자뿔)
아래로 관자엽의 앞부분으로 돌출된 가쪽뇌실의 일부분
뇌실사이구멍
가쪽뇌실을 셋째뇌실에 연결한다.
가쪽뇌실 줄기
뇌들보가 가쪽뇌실 줄기의 천장을 이룬다.
셋째뇌실(third ventricle)
좌우 시상 사이에 위치한다.
중간뇌수도관
셋째뇌실과 넷째뇌실을 연결하며, 중간뇌를 지난다.
넷째뇌실
다리뇌와 소뇌 사이에 위치한 뇌실
넷째뇌실 정중구멍
넷째뇌실 천장의 정중 부분에 있는 구멍으로, 뇌척수액이 이 구멍을 통해 배출된다.
가쪽뇌실 뒤뿔(뒤통수뿔)
뒤통수엽으로 이어지는 가쪽뇌실의 일부분
대뇌낫(falx cerebri)
연막(pia mater)
수막 중 가장 속층인 얇은 막으로, 뇌를 직접 둘러싼다.
거미막(지주막, arachnoid mater)
수막 중 중간층
거미막과립
거미막밑공간이 연장된 주머니 같은 구조로, 뇌척수액이 이 과립을 통해 혈액으로 합류한다.
경막(dura mater)
수막 중 가장 바깥층인 질긴 막이다.
위시상정맥굴
머리뼈

뇌실

수막(뇌척수막)의 단면

머리와 목 신경계통

뇌신경(cranial nerve, 공식 약자는 CN) 12쌍은 뇌(뇌줄기 포함)에서 시작된 후 머리뼈 바닥에 있는 구멍들을 통해 밖으로 나온다. 일부 뇌신경은 순수 감각신경이나 순수 운동신경이지만 대부분은 운동신경섬유와 감각신경섬유를 모두 갖고 있다. 자율신경섬유가 섞여 있는 뇌신경도 몇 개 있다. 후각신경과 시각신경은 뇌줄기가 아닌 상위 뇌에서 직접 시작한다. 나머지 뇌신경 10쌍은 대부분 뇌줄기에서 출현한다. 뇌신경은 모두 머리와 목에 분포하지만 미주신경은 예외이다. 미주신경은 목에서 여러 가지로 갈라진 뒤에 일부 가지가 아래로 내려와서 가슴에 있는 장기나 배에 분포한다. 시력이나 눈과 머리 운동 검사 등을 포함해서 뇌신경을 자세히 검사하면 머리와 목에 일어난 신경질환을 정확히 진단하는 데 도움이 된다.

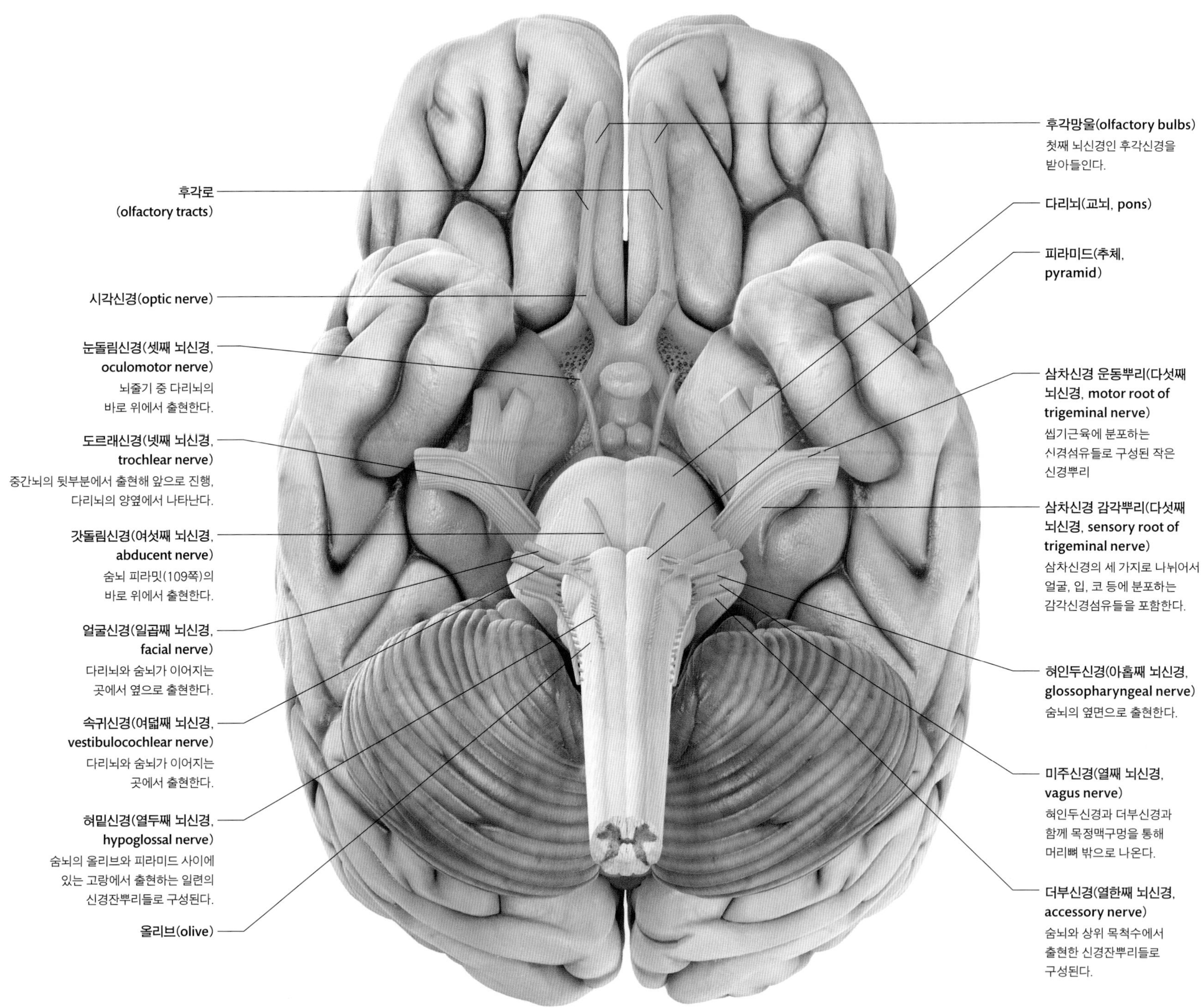
후각로
(olfactory tracts)
시각신경(optic nerve)
눈돌림신경(셋째 뇌신경, oculomotor nerve)
뇌줄기 중 다리뇌의 바로 위에서 출현한다.
도르래신경(넷째 뇌신경, trochlear nerve)
중간뇌의 뒷부분에서 출현해 앞으로 진행, 다리뇌의 양옆에서 나타난다.
갓돌림신경(여섯째 뇌신경, abducent nerve)
숨뇌 피라밋(109쪽)의 바로 위에서 출현한다.
얼굴신경(일곱째 뇌신경, facial nerve)
다리뇌와 숨뇌가 이어지는 곳에서 옆으로 출현한다.
속귀신경(여덟째 뇌신경, vestibulocochlear nerve)
다리뇌와 숨뇌가 이어지는 곳에서 출현한다.
혀밑신경(열두째 뇌신경, hypoglossal nerve)
숨뇌의 올리브와 피라미드 사이에 있는 고랑에서 출현하는 일련의 신경잔뿌리들로 구성된다.
올리브(olive)
후각망울(olfactory bulbs)
첫째 뇌신경인 후각신경을 받아들인다.
다리뇌(교뇌, pons)
피라미드(추체, pyramid)
삼차신경 운동뿌리(다섯째 뇌신경, motor root of trigeminal nerve)
씹기근육에 분포하는 신경섬유들로 구성된 작은 신경뿌리
삼차신경 감각뿌리(다섯째 뇌신경, sensory root of trigeminal nerve)
삼차신경의 세 가지로 나뉘어서 얼굴, 입, 코 등에 분포하는 감각신경섬유들을 포함한다.
혀인두신경(아홉째 뇌신경, glossopharyngeal nerve)
숨뇌의 옆면으로 출현한다.
미주신경(열째 뇌신경, vagus nerve)
혀인두신경과 더부신경과 함께 목정맥구멍을 통해 머리뼈 밖으로 나온다.
더부신경(열한째 뇌신경, accessory nerve)
숨뇌와 상위 목척수에서 출현한 신경잔뿌리들로 구성된다.

뇌신경의 시작 부분(뇌의 아랫면 그림)

머리와 목에 분포하는 뇌신경들(옆에서 본 그림)

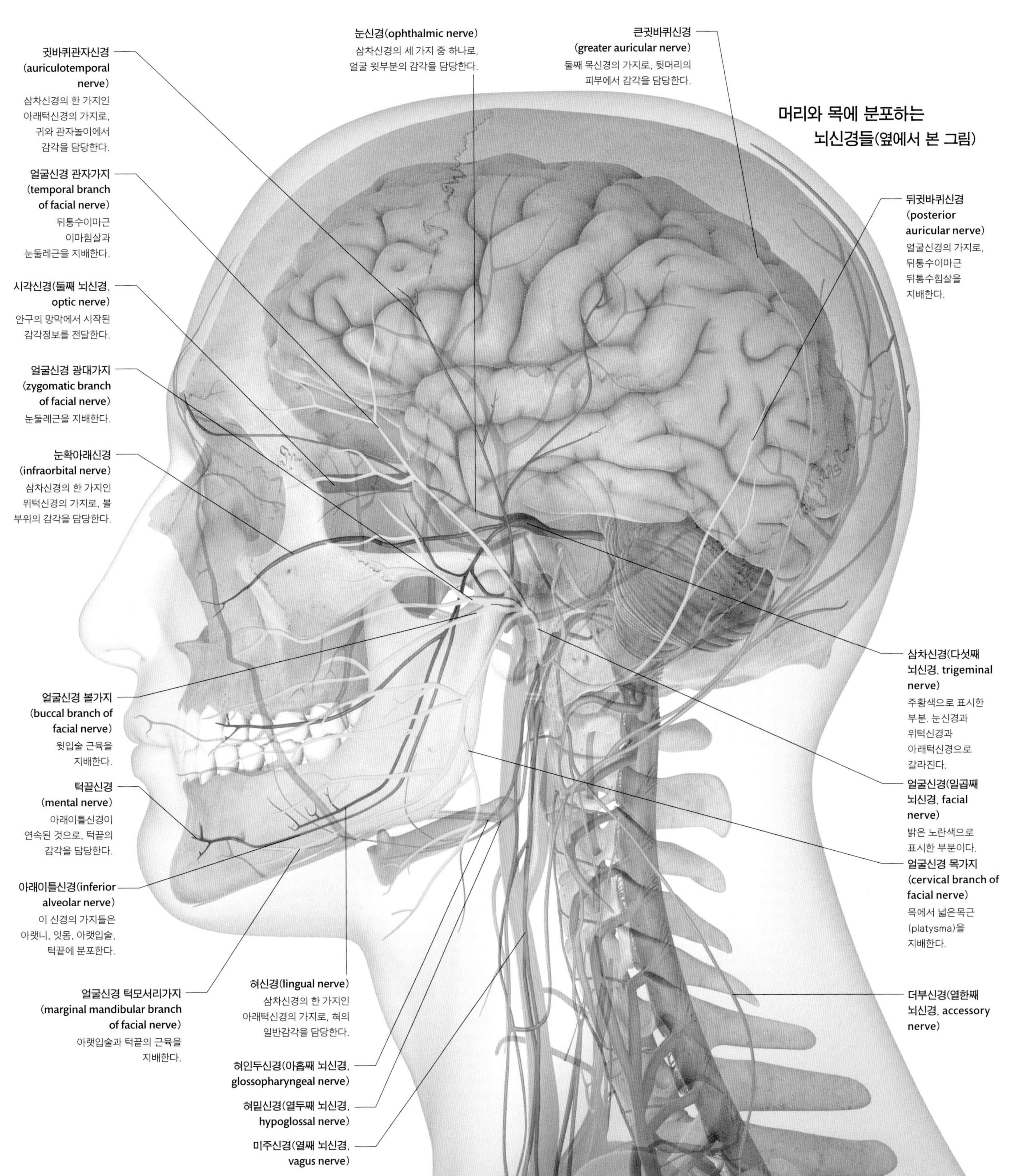
눈신경(ophthalmic nerve)
삼차신경의 세 가지 중 하나로, 얼굴 윗부분의 감각을 담당한다.
큰귓바퀴신경 (greater auricular nerve)
둘째 목신경의 가지로, 뒷머리의 피부에서 감각을 담당한다.
귓바퀴관자신경 (auriculotemporal nerve)
삼차신경의 한 가지인 아래턱신경의 가지로, 귀와 관자놀이에서 감각을 담당한다.
얼굴신경 관자가지 (temporal branch of facial nerve)
뒤통수이마근 이마힘살과 눈둘레근을 지배한다.
시각신경(둘째 뇌신경, optic nerve)
안구의 망막에서 시작된 감각정보를 전달한다.
얼굴신경 광대가지 (zygomatic branch of facial nerve)
눈둘레근을 지배한다.
눈확아래신경 (infraorbital nerve)
삼차신경의 한 가지인 위턱신경의 가지로, 볼 부위의 감각을 담당한다.
뒤귓바퀴신경 (posterior auricular nerve)
얼굴신경의 가지로, 뒤통수이마근 뒤통수힘살을 지배한다.
삼차신경(다섯째 뇌신경, trigeminal nerve)
주황색으로 표시한 부분. 눈신경과 위턱신경과 아래턱신경으로 갈라진다.
얼굴신경(일곱째 뇌신경, facial nerve)
밝은 노란색으로 표시한 부분이다.
얼굴신경 목가지 (cervical branch of facial nerve)
목에서 넓은목근 (platysma)을 지배한다.
얼굴신경 볼가지 (buccal branch of facial nerve)
윗입술 근육을 지배한다.
턱끝신경 (mental nerve)
아래이틀신경이 연속된 것으로, 턱끝의 감각을 담당한다.
아래이틀신경(inferior alveolar nerve)
이 신경의 가지들은 아랫니, 잇몸, 아랫입술, 턱끝에 분포한다.
얼굴신경 턱모서리가지 (marginal mandibular branch of facial nerve)
아랫입술과 턱끝의 근육을 지배한다.
혀신경(lingual nerve)
삼차신경의 한 가지인 아래턱신경의 가지로, 혀의 일반감각을 담당한다.
혀인두신경(아홉째 뇌신경, glossopharyngeal nerve)
혀밑신경(열두째 뇌신경, hypoglossal nerve)
미주신경(열째 뇌신경, vagus nerve)
더부신경(열한째 뇌신경, accessory nerve)

머리와 목
신경계통

눈(EYE)

눈은 소중한 기관이다. 눈은 눈확(안와)이라 불리는 머리뼈로 이루어진 동굴 속에서 보호를 받는다. 눈은 눈꺼풀의 보호도 받으며, 눈물샘이 분비한 눈물로 물청소를 한다. 안구의 지름은 2.5센티미터에 불과하다. 눈확에는 눈을 움직이는 근육들이 부착되어 있으며, 눈과 근육을 제외한 나머지 공간은 주로 지방으로 채워져 있다. 눈확의 뒤에 있는 구멍이나 틈새로는 신경과 혈관들이 출입한다. 대표적인 신경은 시각신경(시신경)으로, 망막에서 시작된 감각정보를 뇌로 전달한다. 그밖에 눈근육이나 눈물샘을 지배하는 신경도 지난다. 심지어 눈확 밖으로 나와서 눈꺼풀이나 이마의 피부에서 감각을 담당하는 신경도 있다.

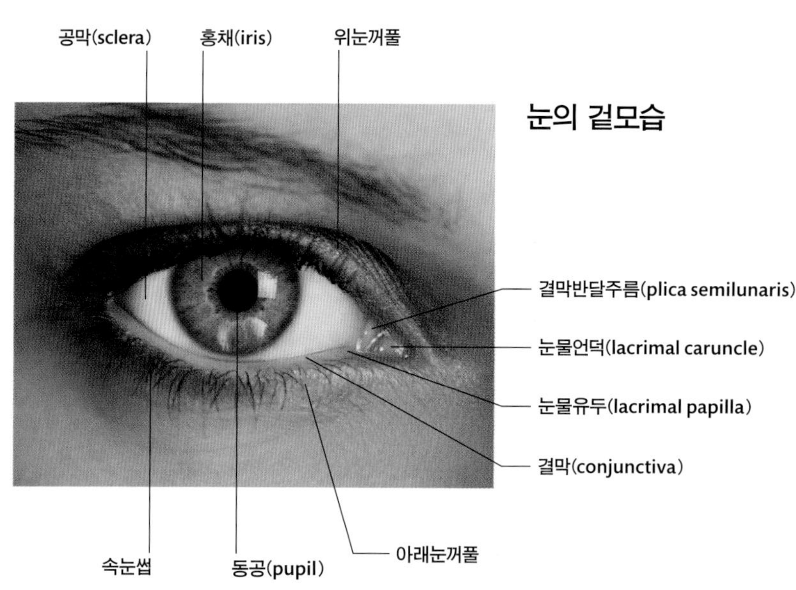
공막(sclera)
홍채(iris)
위눈꺼풀
결막반달주름(plica semilunaris)
눈물언덕(lacrimal caruncle)
눈물유두(lacrimal papilla)
결막(conjunctiva)
속눈썹
동공(pupil)
아래눈꺼풀
눈의 겉모습

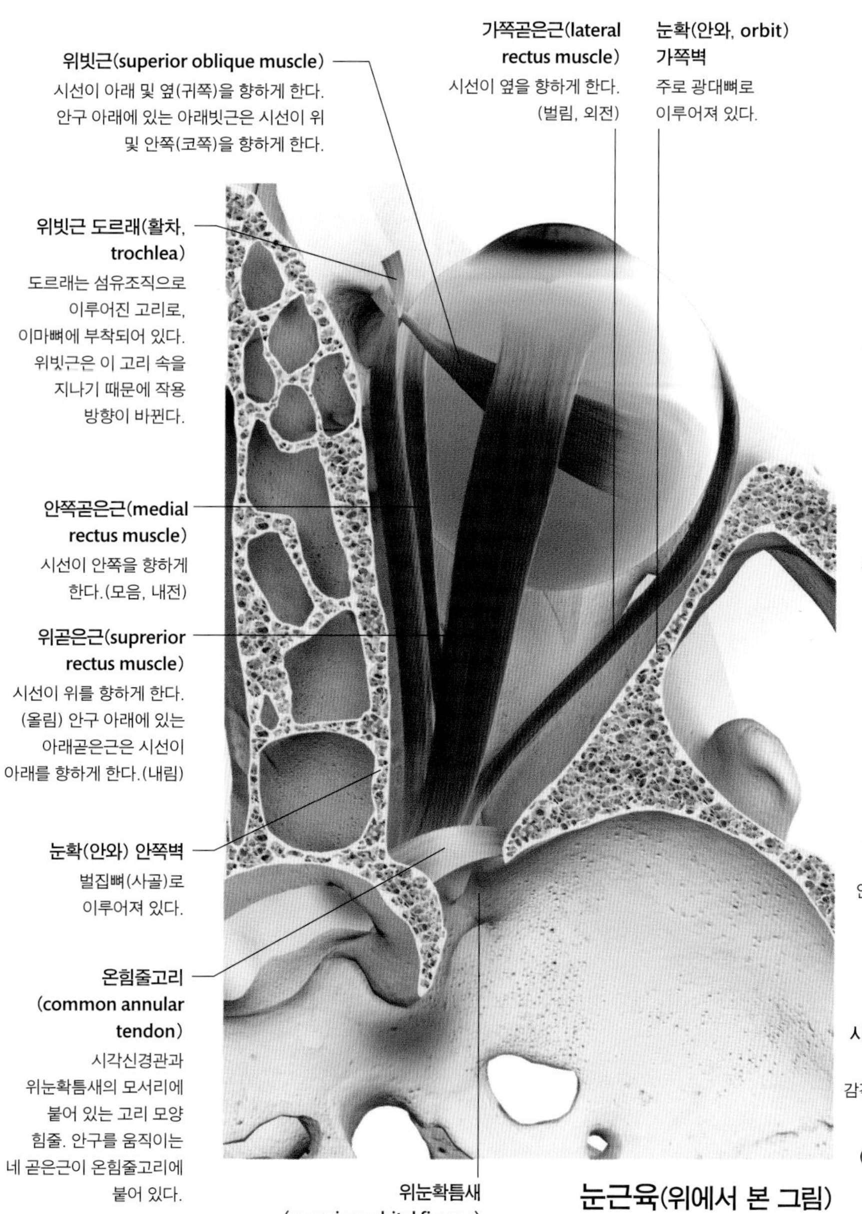
위빗근(superior oblique muscle)
시선이 아래 및 옆(귀쪽)을 향하게 한다. 안구 아래에 있는 아래빗근은 시선이 위 및 안쪽(코쪽)을 향하게 한다.
가쪽곧은근(lateral rectus muscle)
시선이 옆을 향하게 한다. (벌림, 외전)
눈확(안와, orbit) 가쪽벽
주로 광대뼈로 이루어져 있다.
위빗근 도르래(활차, trochlea)
도르래는 섬유조직으로 이루어진 고리로, 이마뼈에 부착되어 있다. 위빗근은 이 고리 속을 지나기 때문에 작용 방향이 바뀐다.
안쪽곧은근(medial rectus muscle)
시선이 안쪽을 향하게 한다.(모음, 내전)
위곧은근(suprerior rectus muscle)
시선이 위를 향하게 한다. (올림) 안구 아래에 있는 아래곧은근은 시선이 아래를 향하게 한다.(내림)
눈확(안와) 안쪽벽
벌집뼈(사골)로 이루어져 있다.
온힘줄고리(common annular tendon)
시각신경관과 위눈확틈새의 모서리에 붙어 있는 고리 모양 힘줄. 안구를 움직이는 네 곧은근이 온힘줄고리에 붙어 있다.
위눈확틈새(superior orbital fissure)
눈확의 뒤에 있는 나비뼈(접형골)에 뚫린 구멍
눈근육(위에서 본 그림)

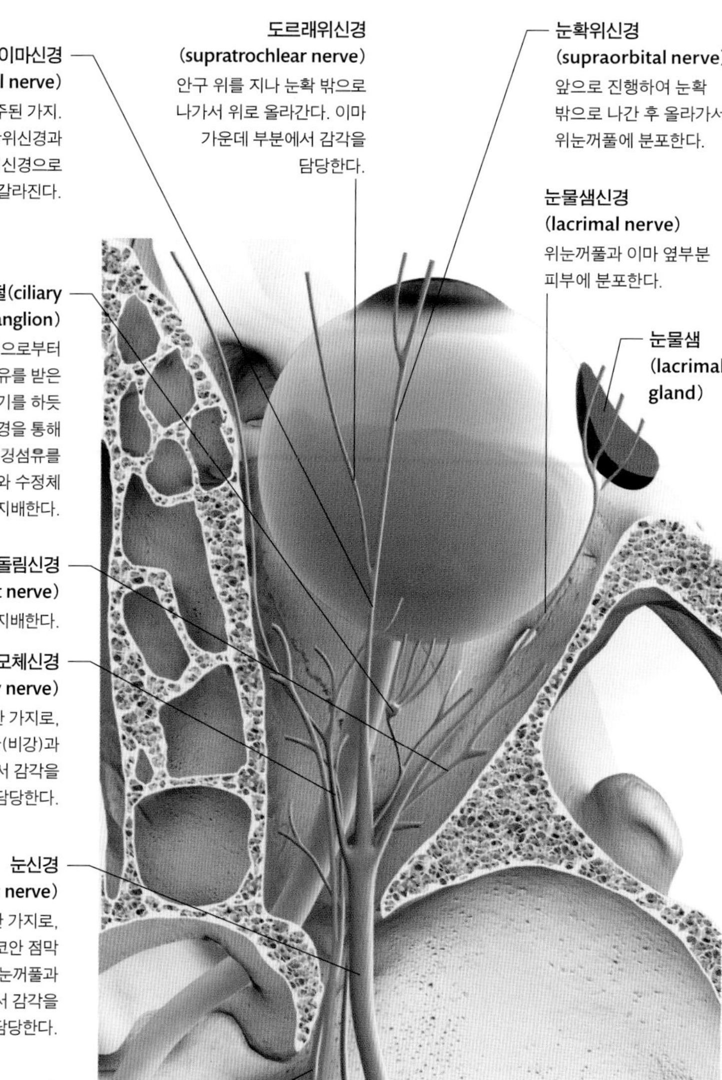
이마신경(frontal nerve)
눈신경의 주된 가지. 눈확위신경과 도르래위신경으로 갈라진다.
도르래위신경(supratrochlear nerve)
안구 위를 지나 눈확 밖으로 나가서 위로 올라간다. 이마 가운데 부분에서 감각을 담당한다.
눈확위신경(supraorbital nerve)
앞으로 진행하여 눈확 밖으로 나간 후 올라가서 위눈꺼풀에 분포한다.
눈물샘신경(lacrimal nerve)
위눈꺼풀과 이마 옆부분 피부에 분포한다.
눈물샘(lacrimal gland)
섬모체신경절(ciliary ganglion)
눈돌림신경으로부터 부교감신경섬유를 받은 후에 이어달리기를 하듯 짧은섬모체신경을 통해 다음 무교감신경섬유를 보내서 홍채와 수정체 조절 근육을 지배한다.
갓돌림신경(abducent nerve)
가쪽곧은근을 지배한다.
코섬모체신경(nasociliary nerve)
눈신경의 한 가지로, 벌집굴과 코안(비강)과 안구에서 감각을 담당한다.
눈신경(ophthalmic nerve)
삼차신경의 한 가지로, 안구와 결막과 코안 점막 중 일부와 눈꺼풀과 이마에서 감각을 담당한다.
시각신경(optic nerve)
망막에서 시작된 감각신경섬유로 구성된다.
눈돌림신경(oculomotor nerve)
눈을 움직이는 모든 근육을 지배한다. (위빗근과 가쪽곧은근 제외)
도르래신경(trochlear nerve)
위빗근을 지배한다.
눈확(ORBIT)의 신경 (위에서 본 그림)

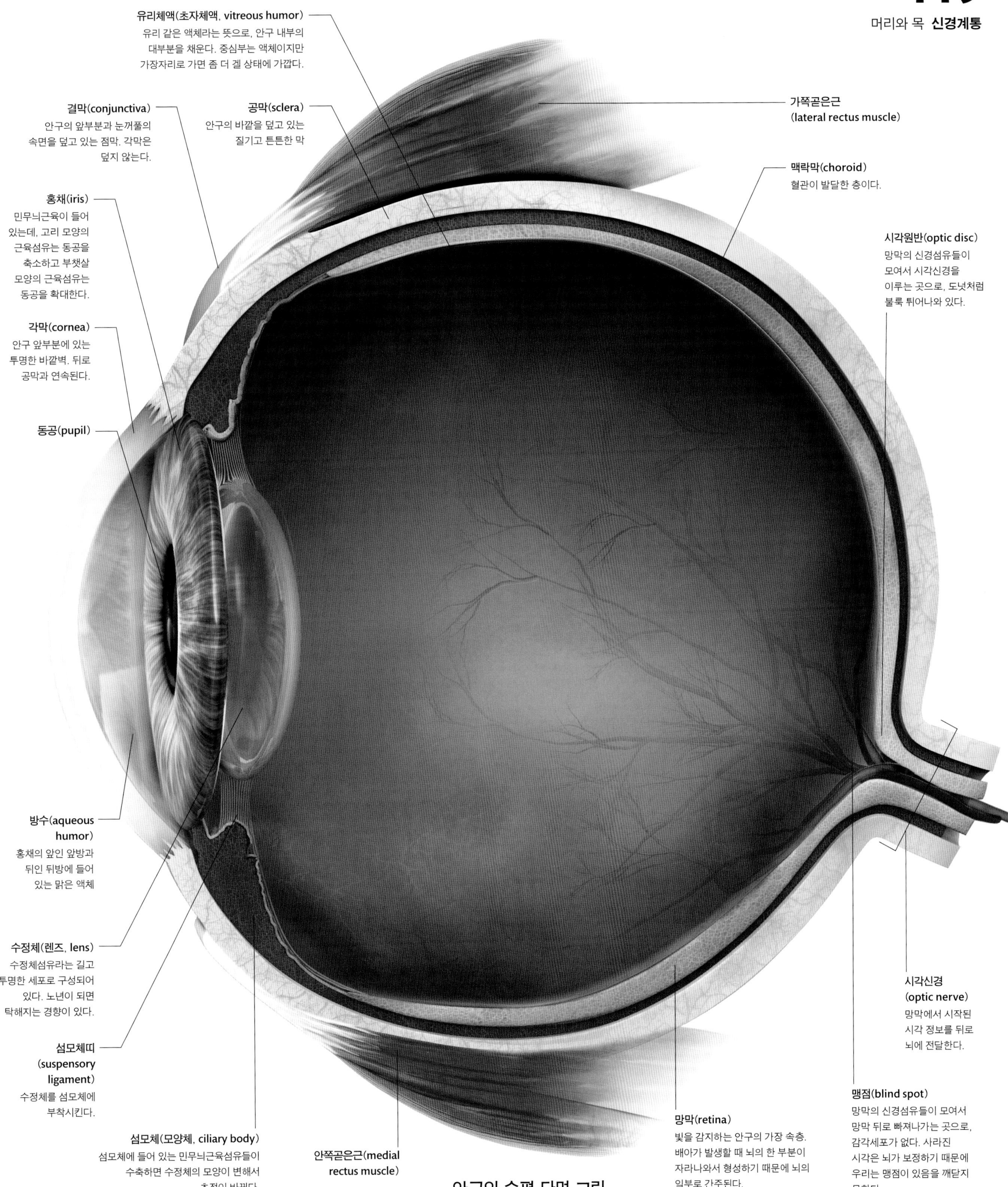
유리체액(초자체액, vitreous humor)
유리 같은 액체라는 뜻으로, 안구 내부의 대부분을 채운다. 중심부는 액체이지만 가장자리로 가면 좀 더 겔 상태에 가깝다.
결막(conjunctiva)
안구의 앞부분과 눈꺼풀의 속면을 덮고 있는 점막. 각막은 덮지 않는다.
공막(sclera)
안구의 바깥을 덮고 있는 질기고 튼튼한 막
가쪽곧은근
(lateral rectus muscle)
맥락막(choroid)
혈관이 발달한 층이다.
홍채(iris)
민무늬근육이 들어 있는데, 고리 모양의 근육섬유는 동공을 축소하고 부챗살 모양의 근육섬유는 동공을 확대한다.
시각원반(optic disc)
망막의 신경섬유들이 모여서 시각신경을 이루는 곳으로, 도넛처럼 불룩 튀어나와 있다.
각막(cornea)
안구 앞부분에 있는 투명한 바깥벽. 뒤로 공막과 연속된다.
동공(pupil)
방수(aqueous humor)
홍채의 앞인 앞방과 뒤인 뒤방에 들어 있는 맑은 액체
수정체(렌즈, lens)
수정체섬유라는 길고 투명한 세포로 구성되어 있다. 노년이 되면 탁해지는 경향이 있다.
시각신경
(optic nerve)
망막에서 시작된 시각 정보를 뒤로 뇌에 전달한다.
섬모체띠
(suspensory ligament)
수정체를 섬모체에 부착시킨다.
맹점(blind spot)
망막의 신경섬유들이 모여서 망막 뒤로 빠져나가는 곳으로, 감각세포가 없다. 사라진 시각은 뇌가 보정하기 때문에 우리는 맹점이 있음을 깨닫지 못한다.
망막(retina)
빛을 감지하는 안구의 가장 속층. 배아가 발생할 때 뇌의 한 부분이 자라나와서 형성하기 때문에 뇌의 일부로 간주된다.
섬모체(모양체, ciliary body)
섬모체에 들어 있는 민무늬근육섬유들이 수축하면 수정체의 모양이 변해서 초점이 바뀐다.
안쪽곧은근(medial rectus muscle)

안구의 수평 단면 그림

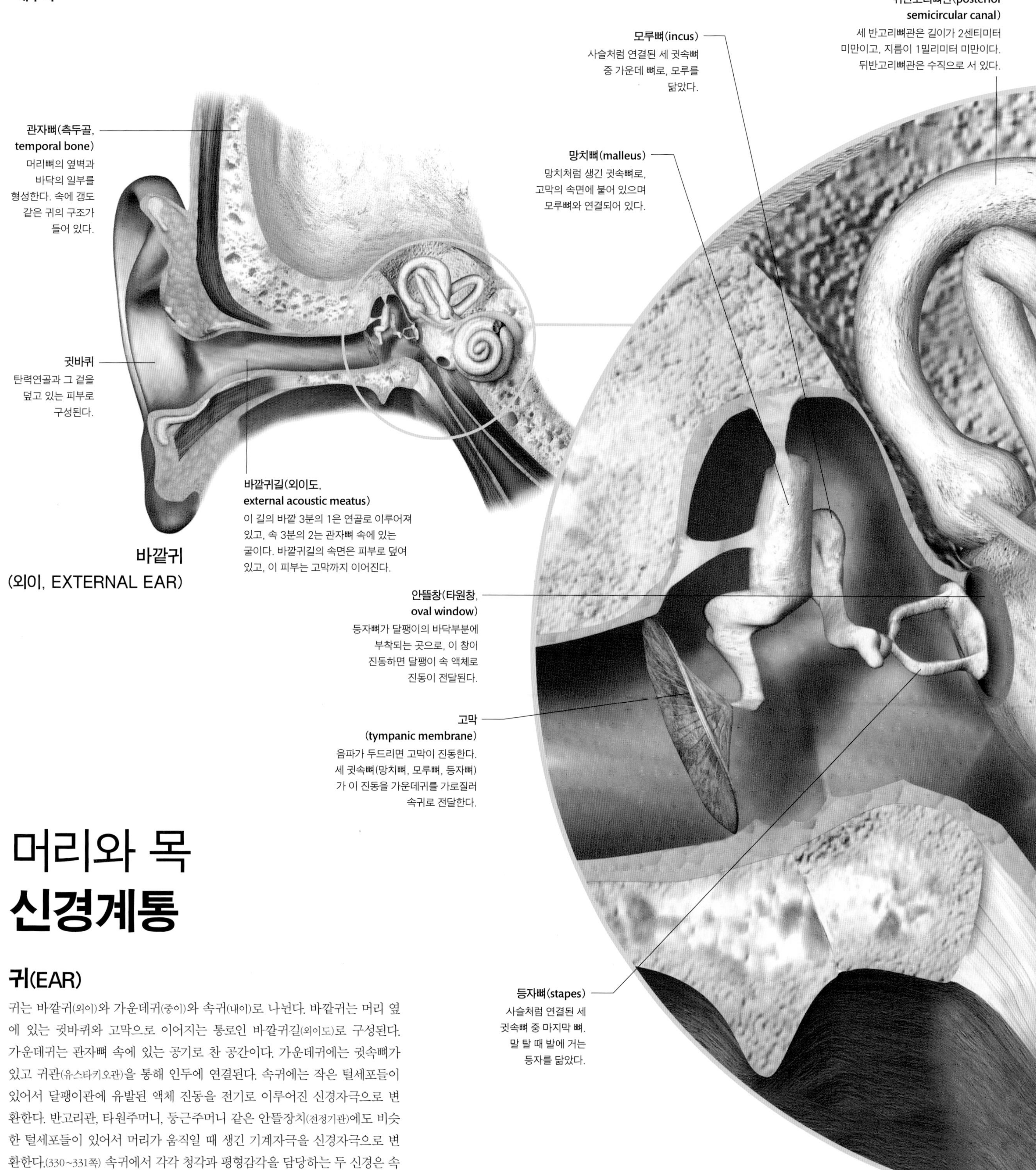
뒤반고리뼈관(posterior semicircular canal)
세 반고리뼈관은 길이가 2센티미터 미만이고, 지름이 1밀리미터 미만이다. 뒤반고리뼈관은 수직으로 서 있다.
모루뼈(incus)
사슬처럼 연결된 세 귓속뼈 중 가운데 뼈로, 모루를 닮았다.
관자뼈(측두골, temporal bone)
머리뼈의 옆벽과 바닥의 일부를 형성한다. 속에 갱도 같은 귀의 구조가 들어 있다.
망치뼈(malleus)
망치처럼 생긴 귓속뼈로, 고막의 속면에 붙어 있으며 모루뼈와 연결되어 있다.
귓바퀴
탄력연골과 그 겉을 덮고 있는 피부로 구성된다.
바깥귀길(외이도, external acoustic meatus)
이 길의 바깥 3분의 1은 연골로 이루어져 있고, 속 3분의 2는 관자뼈 속에 있는 굴이다. 바깥귀길의 속면은 피부로 덮여 있고, 이 피부는 고막까지 이어진다.
바깥귀
(외이, EXTERNAL EAR)
안뜰창(타원창, oval window)
등자뼈가 달팽이의 바닥부분에 부착되는 곳으로, 이 창이 진동하면 달팽이 속 액체로 진동이 전달된다.
고막
(tympanic membrane)
음파가 두드리면 고막이 진동한다. 세 귓속뼈(망치뼈, 모루뼈, 등자뼈)가 이 진동을 가운데귀를 가로질러 속귀로 전달한다.
등자뼈(stapes)
사슬처럼 연결된 세 귓속뼈 중 마지막 뼈. 말 탈 때 발에 거는 등자를 닮았다.
가운데귀(중이, MIDDLE EAR)와 속귀(내이, INNER EAR)

머리와 목
신경계통

귀(EAR)

귀는 바깥귀(외이)와 가운데귀(중이)와 속귀(내이)로 나뉜다. 바깥귀는 머리 옆에 있는 귓바퀴와 고막으로 이어지는 통로인 바깥귀길(외이도)로 구성된다. 가운데귀는 관자뼈 속에 있는 공기로 찬 공간이다. 가운데귀에는 귓속뼈가 있고 귀관(유스타키오관)을 통해 인두에 연결된다. 속귀에는 작은 털세포들이 있어서 달팽이관에 유발된 액체 진동을 전기로 이루어진 신경자극으로 변환한다. 반고리관, 타원주머니, 둥근주머니 같은 안뜰장치(전정기관)에도 비슷한 털세포들이 있어서 머리가 움직일 때 생긴 기계자극을 신경자극으로 변환한다.(330~331쪽) 속귀에서 각각 청각과 평형감각을 담당하는 두 신경은 속귀 밖으로 나온 뒤에 합쳐져서 속귀신경을 이룬다.

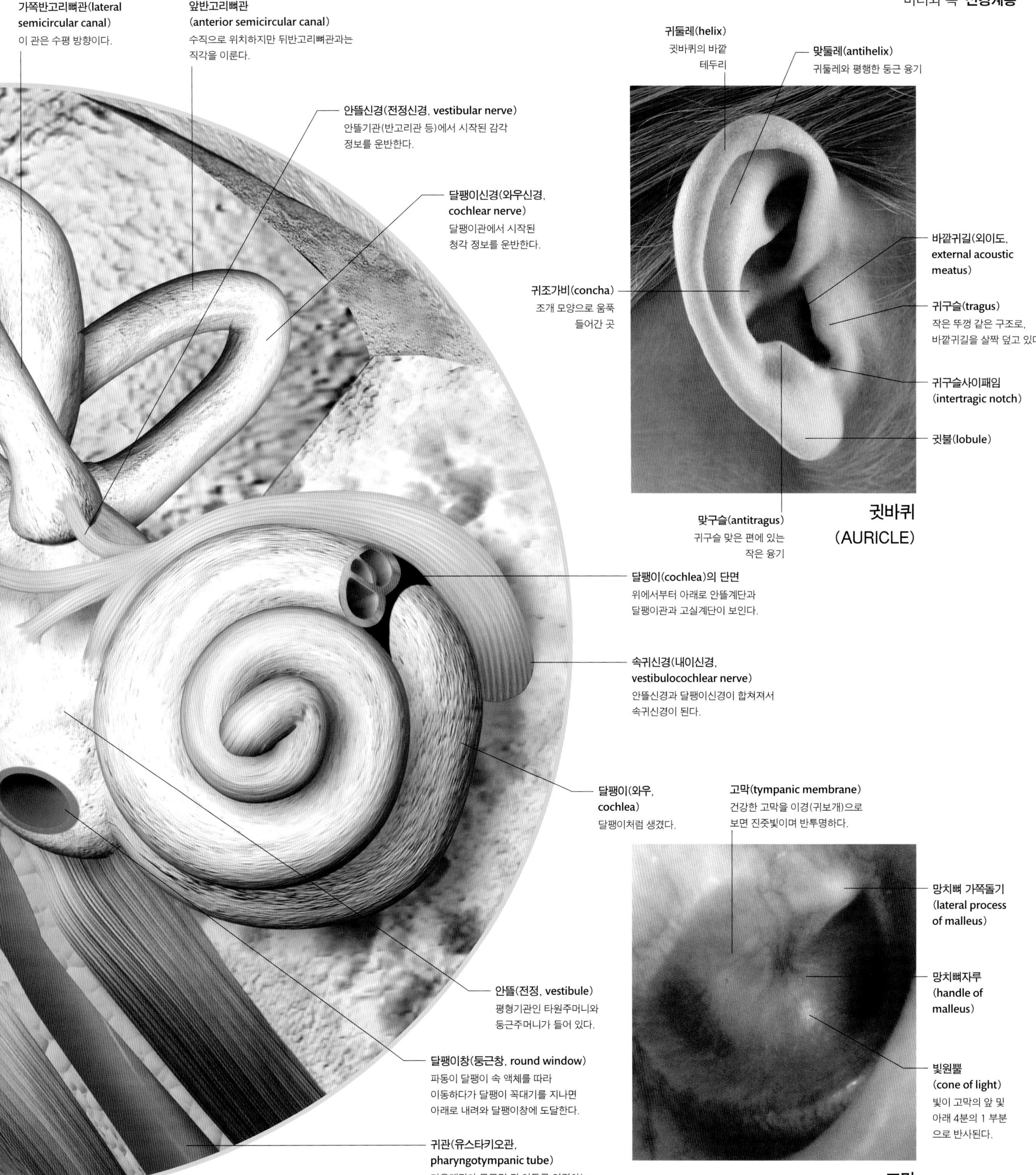
가쪽반고리뼈관(lateral semicircular canal)
이 관은 수평 방향이다.
앞반고리뼈관 (anterior semicircular canal)
수직으로 위치하지만 뒤반고리뼈관과는 직각을 이룬다.
안뜰신경(전정신경, vestibular nerve)
안뜰기관(반고리관 등)에서 시작된 감각 정보를 운반한다.
달팽이신경(와우신경, cochlear nerve)
달팽이관에서 시작된 청각 정보를 운반한다.
달팽이(cochlea)의 단면
위에서부터 아래로 안뜰계단과 달팽이관과 고실계단이 보인다.
속귀신경(내이신경, vestibulocochlear nerve)
안뜰신경과 달팽이신경이 합쳐져서 속귀신경이 된다.
달팽이(와우, cochlea)
달팽이처럼 생겼다.
안뜰(전정, vestibule)
평형기관인 타원주머니와 둥근주머니가 들어 있다.
달팽이창(둥근창, round window)
파동이 달팽이 속 액체를 따라 이동하다가 달팽이 꼭대기를 지나면 아래로 내려와 달팽이창에 도달한다.
귀관(유스타키오관, pharyngotympanic tube)
가운데귀와 목구멍 뒤 인두를 연결하는 통로. 덕분에 고막 안팎의 기압이 같다.
귀둘레(helix)
귓바퀴의 바깥 테두리
맞둘레(antihelix)
귀둘레와 평행한 둥근 융기
바깥귀길(외이도, external acoustic meatus)
귀조가비(concha)
조개 모양으로 움푹 들어간 곳
귀구슬(tragus)
작은 뚜껑 같은 구조로, 바깥귀길을 살짝 덮고 있다.
귀구슬사이패임 (intertragic notch)
귓불(lobule)
맞구슬(antitragus)
귀구슬 맞은 편에 있는 작은 융기
귓바퀴 (AURICLE)
고막(tympanic membrane)
건강한 고막을 이경(귀보개)으로 보면 진줏빛이며 반투명하다.
망치뼈 가쪽돌기 (lateral process of malleus)
망치뼈자루 (handle of malleus)
빛원뿔 (cone of light)
빛이 고막의 앞 및 아래 4분의 1 부분으로 반사된다.
고막

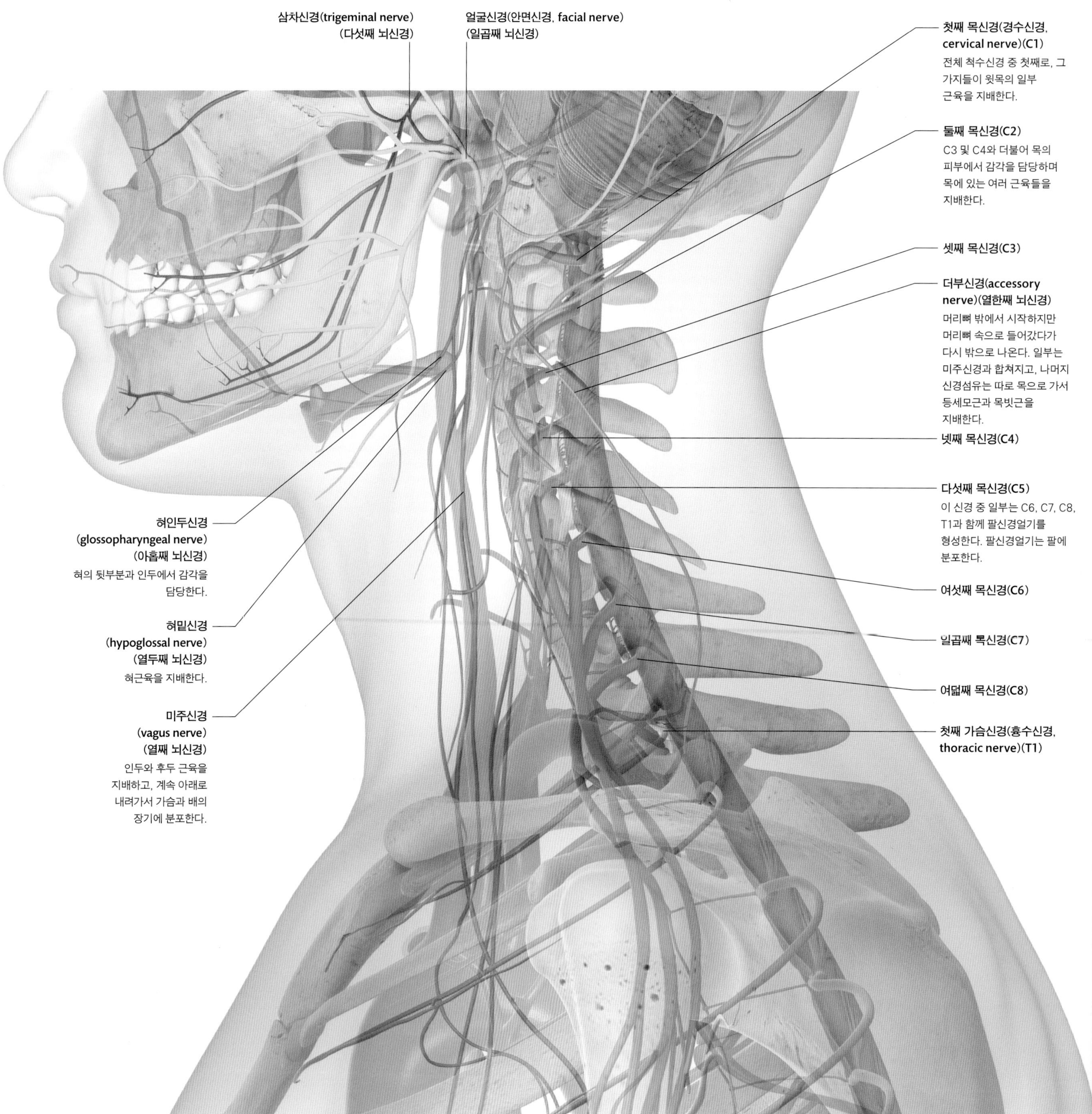
삼차신경(trigeminal nerve)
(다섯째 뇌신경)
얼굴신경(안면신경, facial nerve)
(일곱째 뇌신경)
첫째 목신경(경수신경, cervical nerve)(C1)
전체 척수신경 중 첫째로, 그 가지들이 윗목의 일부 근육을 지배한다.
둘째 목신경(C2)
C3 및 C4와 더불어 목의 피부에서 감각을 담당하며 목에 있는 여러 근육들을 지배한다.
셋째 목신경(C3)
더부신경(accessory nerve)(열한째 뇌신경)
머리뼈 밖에서 시작하지만 머리뼈 속으로 들어갔다가 다시 밖으로 나온다. 일부는 미주신경과 합쳐지고, 나머지 신경섬유는 따로 목으로 가서 등세모근과 목빗근을 지배한다.
넷째 목신경(C4)
다섯째 목신경(C5)
이 신경 중 일부는 C6, C7, C8, T1과 함께 팔신경얼기를 형성한다. 팔신경얼기는 팔에 분포한다.
여섯째 목신경(C6)
일곱째 목신경(C7)
여덟째 목신경(C8)
첫째 가슴신경(흉수신경, thoracic nerve)(T1)
혀인두신경
(glossopharyngeal nerve)
(아홉째 뇌신경)
혀의 뒷부분과 인두에서 감각을 담당한다.
혀밑신경
(hypoglossal nerve)
(열두째 뇌신경)
혀근육을 지배한다.
미주신경
(vagus nerve)
(열째 뇌신경)
인두와 후두 근육을 지배하고, 계속 아래로 내려가서 가슴과 배의 장기에 분포한다.

목에 분포하는 신경들(옆에서 본 그림)

머리와 목 **신경계통**

마지막 네 뇌신경은 목에 출현한다. 그중 혀인두신경은 혀밑샘과 혀(뒷부분)에 분포하고, 이어서 아래로 내려와서 인두에 분포한다. 미주신경은 온목동맥과 속목정맥 사이에 끼인 채로 내려오다가 인두와 후두에 가지를 보낸 뒤에 계속 가슴으로 내려간다. 더부신경은 목에서 목빗근과 등세모근을 지배하고, 마지막 뇌신경인 혀밑신경은 아래턱뼈 밑으로 들어간 뒤에 위로 올라가서 혀근육을 지배한다. 목에는 척수신경도 있다. 목신경 8쌍 중 첫 4쌍은 목에서 근육과 피부에 분포하고, 나머지 4쌍은 팔신경얼기를 형성하는 데 참여하여 팔에 분포하게 된다.

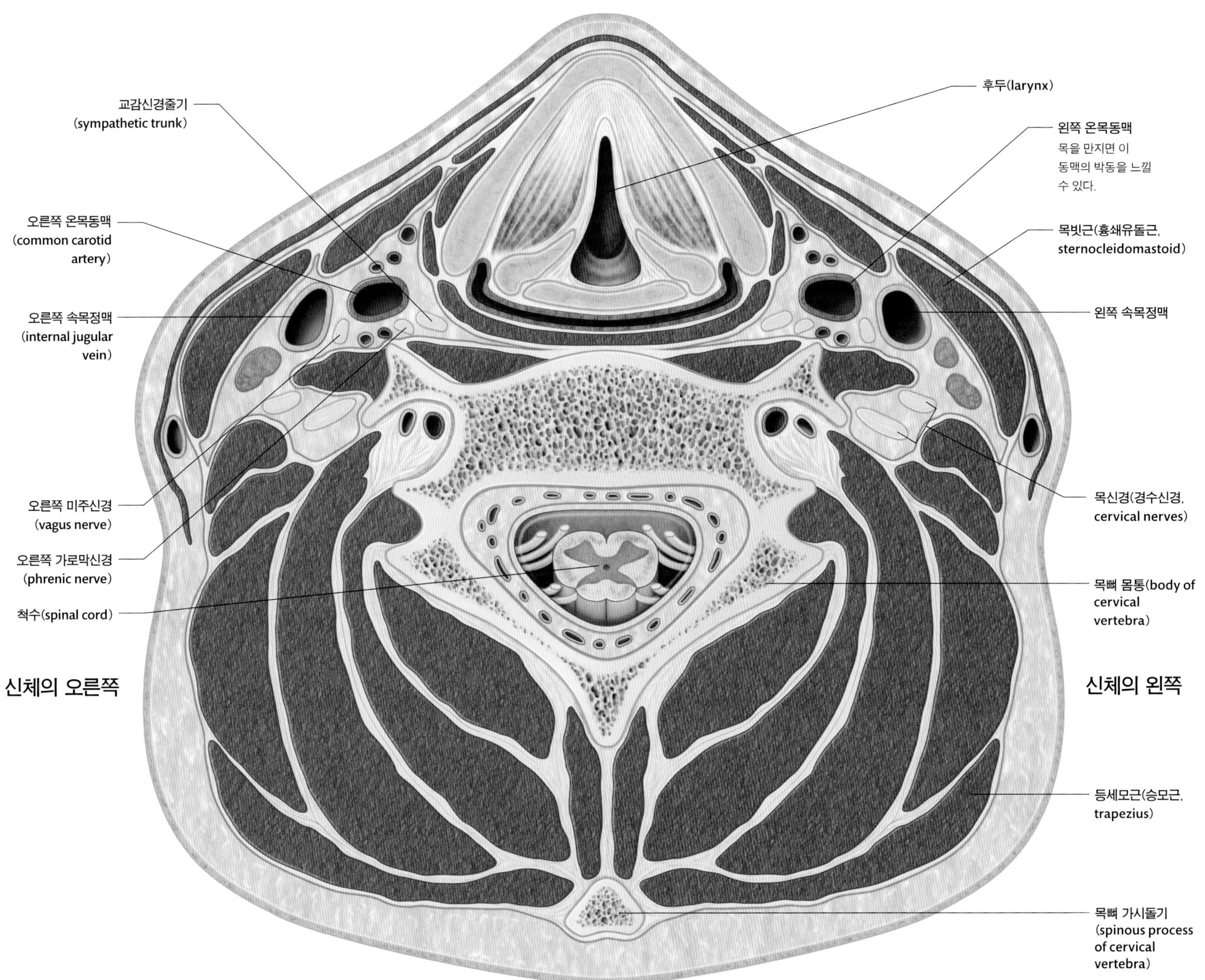
교감신경줄기 (sympathetic trunk)
오른쪽 온목동맥 (common carotid artery)
오른쪽 속목정맥 (internal jugular vein)
오른쪽 미주신경 (vagus nerve)
오른쪽 가로막신경 (phrenic nerve)
척수(spinal cord)
신체의 오른쪽
후두(larynx)
왼쪽 온목동맥
목을 만지면 이 동맥의 박동을 느낄 수 있다.
목빗근(흉쇄유돌근, sternocleidomastoid)
왼쪽 속목정맥
목신경(경수신경, cervical nerves)
목뼈 몸통(body of cervical vertebra)
신체의 왼쪽
등세모근(승모근, trapezius)
목뼈 가시돌기 (spinous process of cervical vertebra)

목의 가상 가로단면

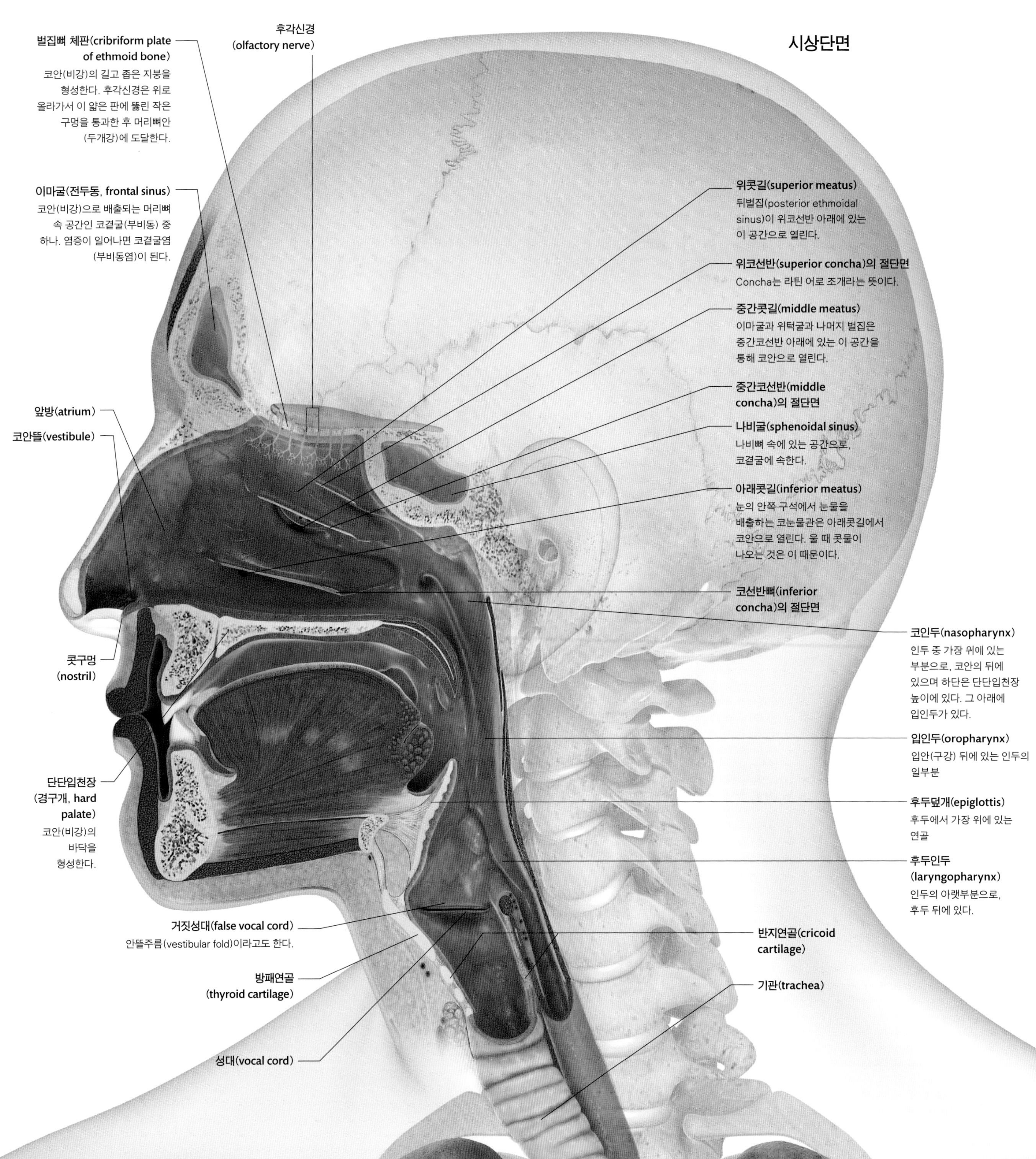
시상단면
벌집뼈 체판(cribriform plate of ethmoid bone)
코안(비강)의 길고 좁은 지붕을 형성한다. 후각신경은 위로 올라가서 이 얇은 판에 뚫린 작은 구멍을 통과한 후 머리뼈안(두개강)에 도달한다.
후각신경 (olfactory nerve)
이마굴(전두동, frontal sinus)
코안(비강)으로 배출되는 머리뼈 속 공간인 코곁굴(부비동) 중 하나. 염증이 일어나면 코곁굴염(부비동염)이 된다.
앞방(atrium)
코안뜰(vestibule)
콧구멍 (nostril)
단단입천장 (경구개, hard palate)
코안(비강)의 바닥을 형성한다.
거짓성대(false vocal cord)
안뜰주름(vestibular fold)이라고도 한다.
방패연골 (thyroid cartilage)
성대(vocal cord)
위콧길(superior meatus)
뒤벌집(posterior ethmoidal sinus)이 위코선반 아래에 있는 이 공간으로 열린다.
위코선반(superior concha)의 절단면
Concha는 라틴 어로 조개라는 뜻이다.
중간콧길(middle meatus)
이마굴과 위턱굴과 나머지 벌집은 중간코선반 아래에 있는 이 공간을 통해 코안으로 열린다.
중간코선반(middle concha)의 절단면
나비굴(sphenoidal sinus)
나비뼈 속에 있는 공간으로, 코곁굴에 속한다.
아래콧길(inferior meatus)
눈의 안쪽 구석에서 눈물을 배출하는 코눈물관은 아래콧길에서 코안으로 열린다. 울 때 콧물이 나오는 것은 이 때문이다.
코선반뼈(inferior concha)의 절단면
코인두(nasopharynx)
인두 중 가장 위에 있는 부분으로, 코안의 뒤에 있으며 하단은 단단입천장 높이에 있다. 그 아래에 입인두가 있다.
입인두(oropharynx)
입안(구강) 뒤에 있는 인두의 일부분
후두덮개(epiglottis)
후두에서 가장 위에 있는 연골
후두인두 (laryngopharynx)
인두의 아랫부분으로, 후두 뒤에 있다.
반지연골(cricoid cartilage)
기관(trachea)

머리와 목
호흡계통(RESPIRATORY SYSTEM)

숨을 쉴 때 공기가 콧구멍을 통해 코안(비강)으로 빨려 들어간다. 이곳에서 공기가 정화되고, 데워지며, 가습이 이루어진 뒤 다음 단계로 진행한다. 연골판과 뼈판으로 이루어진 코중격이라는 얇은 칸막이가 코안을 좌우로 구분한다. 코안의 옆벽은 더 복잡해서, 굽은 뼈로 이루어진 코선반이 돌출되어 공기가 접하는 면적이 넓어진다. 코안 속면은 점액을 분비하는 점막으로 덮여 있다. 점액은 중요성이 저평가되기도 하지만 먼지를 거르고 공기에 습기를 첨가하는 중요한 물질이다. 코곁굴(부비동) 역시 점막으로 덮여 있으며, 작은 구멍을 통해 코안으로 열린다. 인두의 아래 및 앞에 후두가 있는데, 후두는 발성 기관이다. 공기가 후두를 통과하는 과정을 조절함으로써 소리를 낼 수 있다.

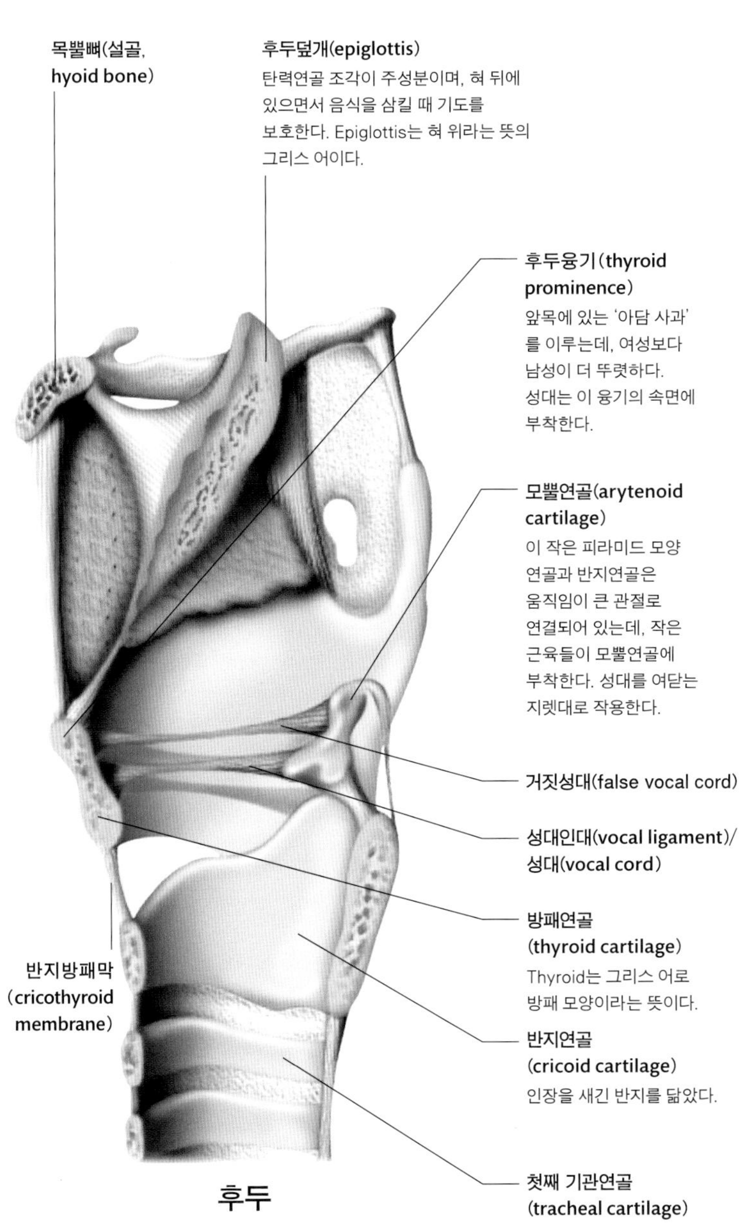
목뿔뼈(설골, hyoid bone)
후두덮개(epiglottis)
탄력연골 조각이 주성분이며, 혀 뒤에 있으면서 음식을 삼킬 때 기도를 보호한다. Epiglottis는 혀 위라는 뜻의 그리스 어이다.
후두융기(thyroid prominence)
앞목에 있는 '아담 사과'를 이루는데, 여성보다 남성이 더 뚜렷하다. 성대는 이 융기의 속면에 부착한다.
모뿔연골(arytenoid cartilage)
이 작은 피라미드 모양 연골과 반지연골은 움직임이 큰 관절로 연결되어 있는데, 작은 근육들이 모뿔연골에 부착한다. 성대를 여닫는 지렛대로 작용한다.
거짓성대(false vocal cord)
성대인대(vocal ligament)/성대(vocal cord)
방패연골(thyroid cartilage)
Thyroid는 그리스 어로 방패 모양이라는 뜻이다.
반지방패막(cricothyroid membrane)
반지연골(cricoid cartilage)
인장을 새긴 반지를 닮았다.
첫째 기관연골(tracheal cartilage)

후두

벌집굴(사골동, ethmoidal sinus)
이마굴(전두동, frontal sinus)
코안(비강, nasal cavity)
코중격(nasal septum)
위턱굴(상악동, maxillary sinus)

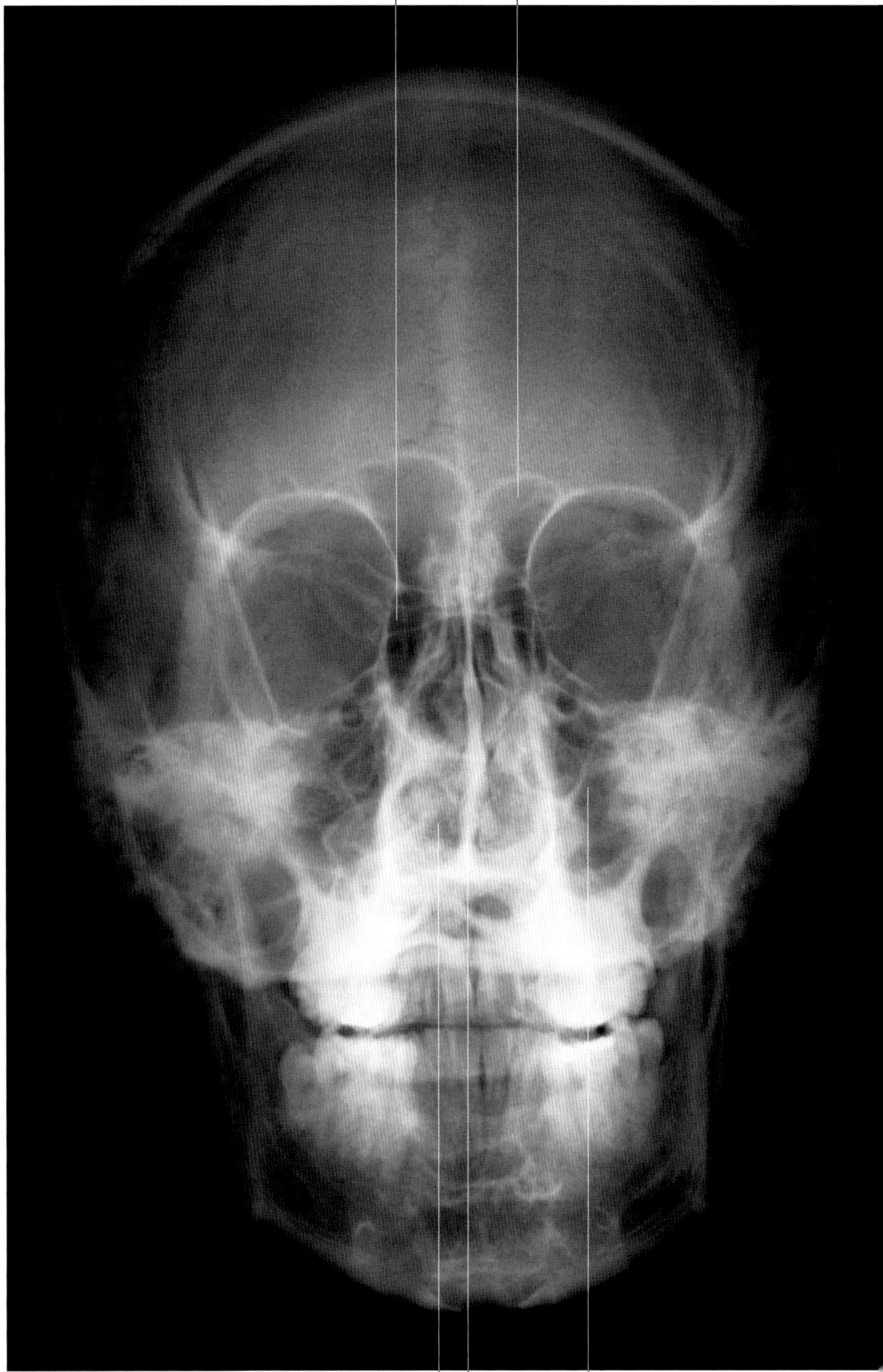

머리 엑스선 사진으로 관찰한 코곁굴 (PARANASAL SINUS)

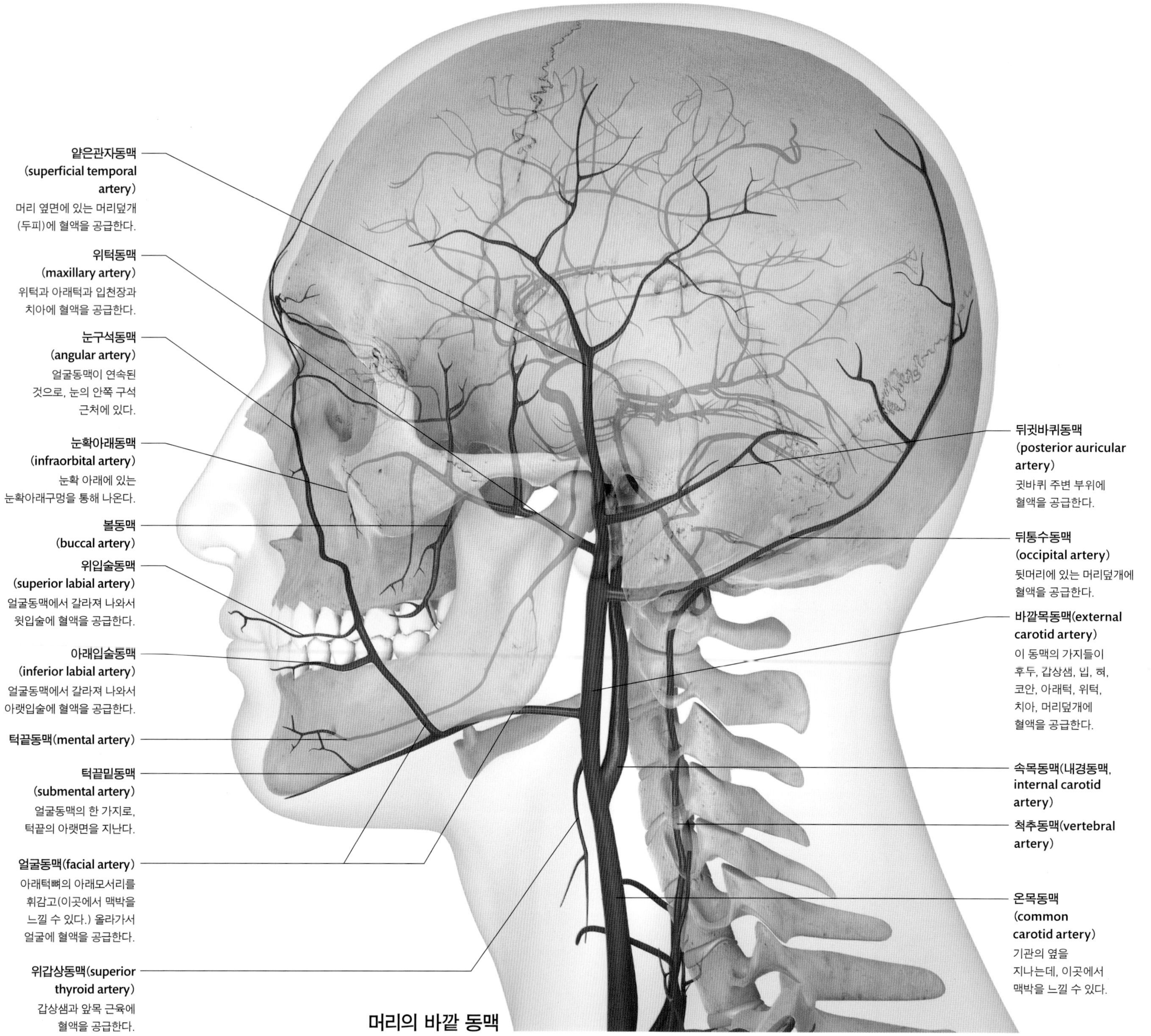

얕은관자동맥(superficial temporal artery)
머리 옆면에 있는 머리덮개(두피)에 혈액을 공급한다.

위턱동맥(maxillary artery)
위턱과 아래턱과 입천장과 치아에 혈액을 공급한다.

눈구석동맥(angular artery)
얼굴동맥이 연속된 것으로, 눈의 안쪽 구석 근처에 있다.

눈확아래동맥(infraorbital artery)
눈확 아래에 있는 눈확아래구멍을 통해 나온다.

볼동맥(buccal artery)

위입술동맥(superior labial artery)
얼굴동맥에서 갈라져 나와서 윗입술에 혈액을 공급한다.

아래입술동맥(inferior labial artery)
얼굴동맥에서 갈라져 나와서 아랫입술에 혈액을 공급한다.

턱끝동맥(mental artery)

턱끝밑동맥(submental artery)
얼굴동맥의 한 가지로, 턱끝의 아랫면을 지난다.

얼굴동맥(facial artery)
아래턱뼈의 아래모서리를 휘감고(이곳에서 맥박을 느낄 수 있다.) 올라가서 얼굴에 혈액을 공급한다.

위갑상동맥(superior thyroid artery)
갑상샘과 앞목 근육에 혈액을 공급한다.

뒤귓바퀴동맥(posterior auricular artery)
귓바퀴 주변 부위에 혈액을 공급한다.

뒤통수동맥(occipital artery)
뒷머리에 있는 머리덮개에 혈액을 공급한다.

바깥목동맥(external carotid artery)
이 동맥의 가지들이 후두, 갑상샘, 입, 혀, 코안, 아래턱, 위턱, 치아, 머리덮개에 혈액을 공급한다.

속목동맥(내경동맥, internal carotid artery)

척추동맥(vertebral artery)

온목동맥(common carotid artery)
기관의 옆을 지나는데, 이곳에서 맥박을 느낄 수 있다.

머리의 바깥 동맥

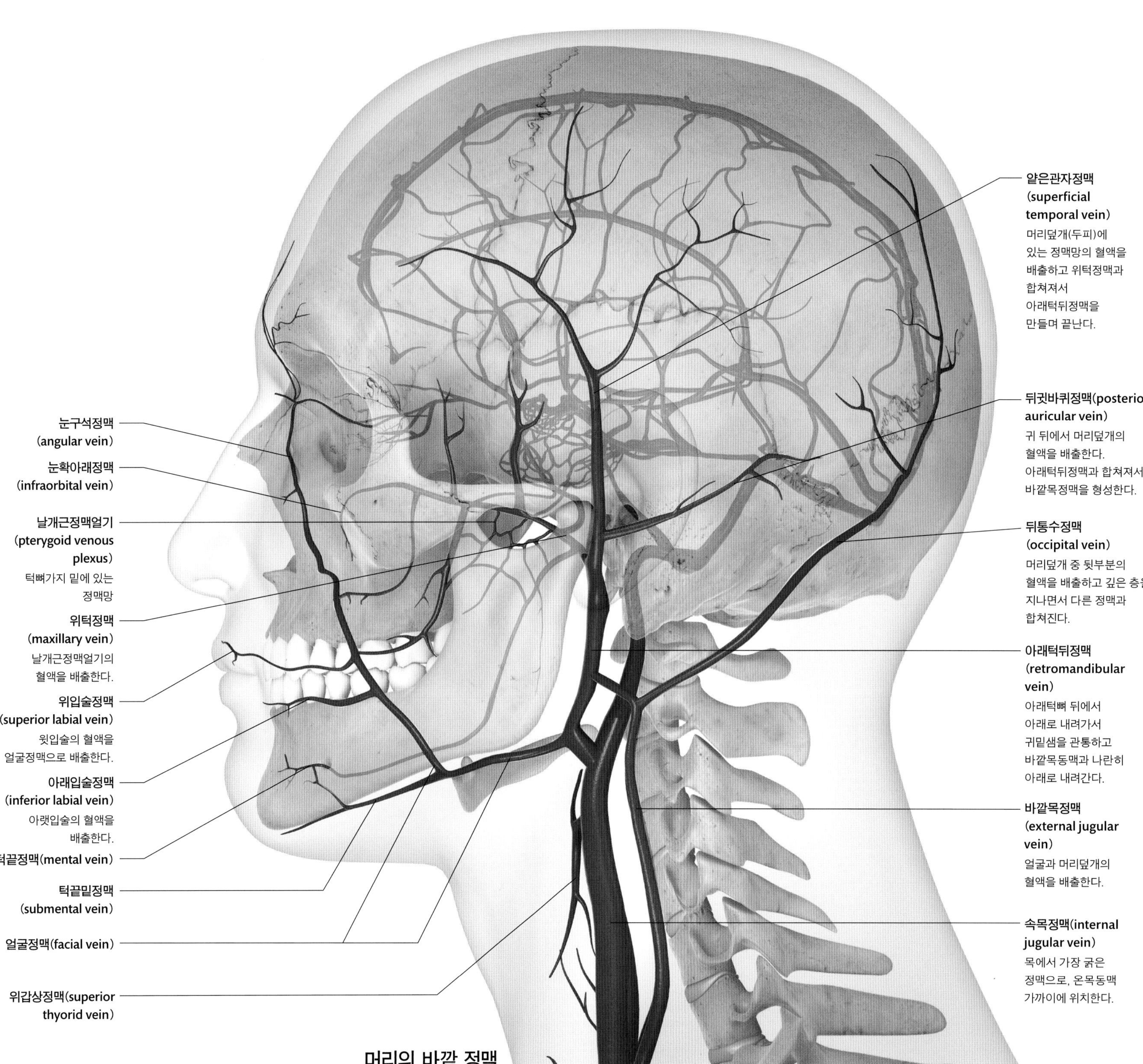
얕은관자정맥
(superficial
temporal vein)
머리덮개(두피)에
있는 정맥망의 혈액을
배출하고 위턱정맥과
합쳐져서
아래턱뒤정맥을
만들며 끝난다.
뒤귓바퀴정맥(posterior
auricular vein)
귀 뒤에서 머리덮개의
혈액을 배출한다.
아래턱뒤정맥과 합쳐져서
바깥목정맥을 형성한다.
뒤통수정맥
(occipital vein)
머리덮개 중 뒷부분의
혈액을 배출하고 깊은 층을
지나면서 다른 정맥과
합쳐진다.
아래턱뒤정맥
(retromandibular
vein)
아래턱뼈 뒤에서
아래로 내려가서
귀밑샘을 관통하고
바깥목동맥과 나란히
아래로 내려간다.
바깥목정맥
(external jugular
vein)
얼굴과 머리덮개의
혈액을 배출한다.
속목정맥(internal
jugular vein)
목에서 가장 굵은
정맥으로, 온목동맥
가까이에 위치한다.
눈구석정맥
(angular vein)
눈확아래정맥
(infraorbital vein)
날개근정맥얼기
(pterygoid venous
plexus)
턱뼈가지 밑에 있는
정맥망
위턱정맥
(maxillary vein)
날개근정맥얼기의
혈액을 배출한다.
위입술정맥
(superior labial vein)
윗입술의 혈액을
얼굴정맥으로 배출한다.
아래입술정맥
(inferior labial vein)
아랫입술의 혈액을
배출한다.
턱끝정맥(mental vein)
턱끝밑정맥
(submental vein)
얼굴정맥(facial vein)
위갑상정맥(superior
thyorid vein)

머리의 바깥 정맥

머리와 목
심장혈관계통(순환계통)

머리와 목에 산소가 풍부한 혈액을 공급하는 주된 혈관은 온목동맥과 척추동맥이다. 척추동맥은 목뼈에 있는 구멍들을 통과한 후에 큰구멍(대공)을 통해 머리뼈 속으로 들어간다. 온목동맥은 목을 따라 올라가다가 두 동맥, 즉 속목동맥과 바깥목동맥으로 갈라진다. 속목동맥은 뇌에 혈액을 공급하고, 바깥목동맥에서부터는 여러 가지들이 시작되는데, 이 가지 중 일부는 갑상샘, 입, 혀, 코안(비강) 등에 혈액을 공급한다. 머리와 목의 정맥들은 강의 지류처럼 함께 모여 목빗근 뒤에 있는 커다란 속목정맥으로 배출되고, 속목정맥은 목 하부의 빗장밑정맥에 합쳐진다.

머리와 목
심장혈관계통(순환계통)

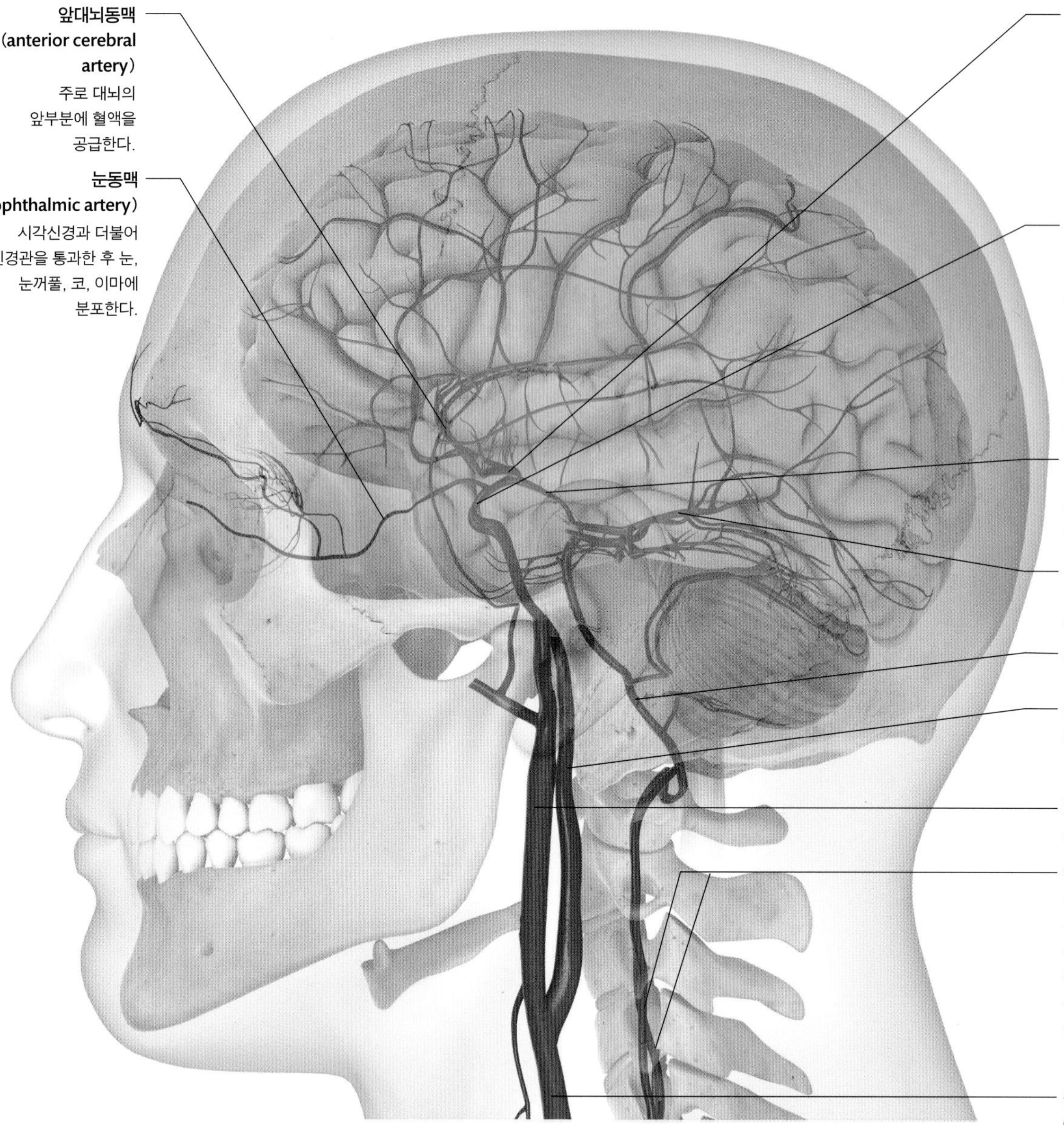

뇌는 혈액을 풍족하게 공급받는데, 혈액은 좌우 속목동맥과 좌우 척추동맥을 통해 뇌에 도달한다. 좌우 척추동맥은 하나로 합쳐져서 뇌바닥동맥을 형성한다. 좌우 속목동맥과 뇌바닥동맥은 뇌의 아랫면에서 연결되어 대뇌동맥고리(윌리스 고리)를 형성한다. 이 고리에서부터 대뇌동맥 세 쌍이 시작되어 뇌에 혈액을 공급한다. 뇌와 머리뼈의 정맥은 정맥굴로 배출되는데, 정맥굴은 경막 속에 들어 있으며(경막은 수막 세 겹 중에 가장 바깥층이다.) 그 흔적이 머리뼈 속면에 고랑으로 나타난다. 정맥굴은 합쳐져서 결국 머리뼈 바닥부분 밖으로 나가서 속목정맥으로 배출된다.

앞대뇌동맥(anterior cerebral artery)
주로 대뇌의 앞부분에 혈액을 공급한다.

눈동맥(ophthalmic artery)
시각신경과 더불어 시각신경관을 통과한 후 눈, 눈꺼풀, 코, 이마에 분포한다.

중간대뇌동맥(middle cerebral artery)
대뇌 이마엽, 마루엽, 관자엽 겉질에 혈액을 공급하는 가지들이 시작된다.

속목동맥 해면굴부분(cavernous part of internal carotid artery)
목동맥관을 통해 머리뼈 내부로 들어간 후 해면정맥굴(cavernous sinus) 속을 통과한다.

뒤교통동맥(posterior communicating artery)

뒤대뇌동맥(posterior cerebral artery)

뇌바닥동맥(basilar artery)

속목동맥(internal carotid artery)

바깥목동맥(external carotid artery)

척추동맥(vertebral artery)
목뼈에 있는 구멍들을 통과하면서 위로 올라가서 큰구멍을 통해 머리뼈 속으로 들어간다.

온목동맥(common carotid artery)

뇌 주위 동맥

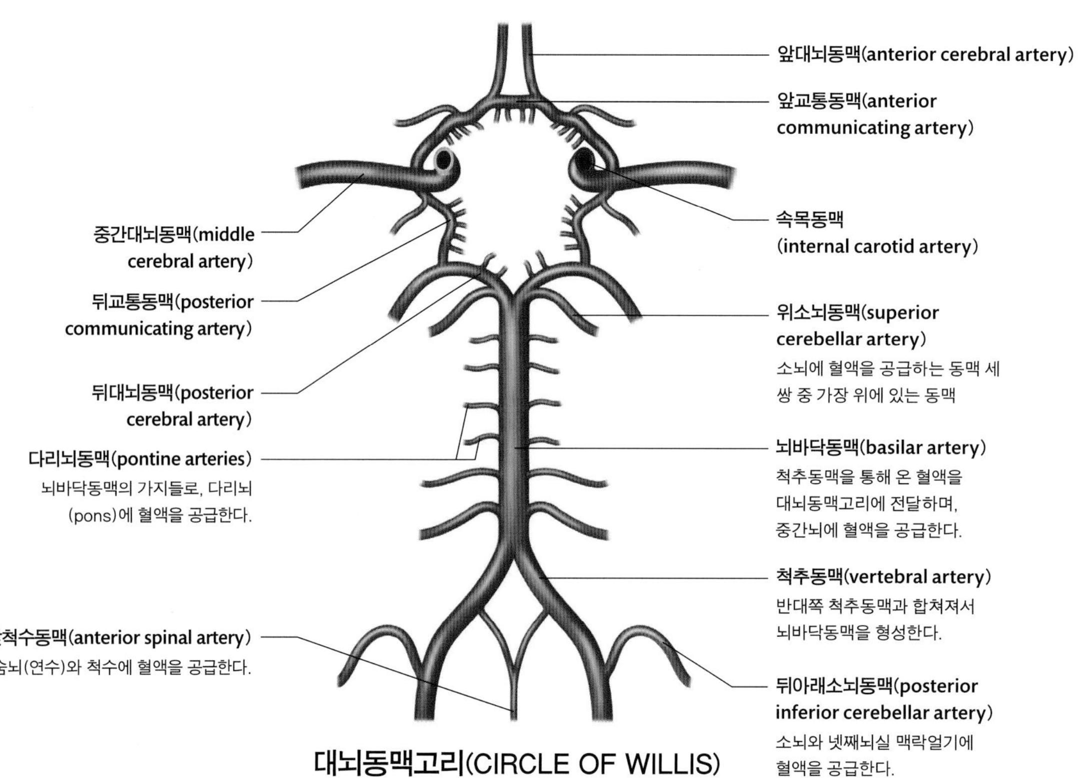
앞대뇌동맥(anterior cerebral artery)
앞교통동맥(anterior communicating artery)
속목동맥(internal carotid artery)
중간대뇌동맥(middle cerebral artery)
뒤교통동맥(posterior communicating artery)
위소뇌동맥(superior cerebellar artery)
소뇌에 혈액을 공급하는 동맥 세 쌍 중 가장 위에 있는 동맥
뒤대뇌동맥(posterior cerebral artery)
다리뇌동맥(pontine arteries)
뇌바닥동맥의 가지들로, 다리뇌(pons)에 혈액을 공급한다.
뇌바닥동맥(basilar artery)
척추동맥을 통해 온 혈액을 대뇌동맥고리에 전달하며, 중간뇌에 혈액을 공급한다.
척추동맥(vertebral artery)
반대쪽 척추동맥과 합쳐져서 뇌바닥동맥을 형성한다.
앞척수동맥(anterior spinal artery)
숨뇌(연수)와 척수에 혈액을 공급한다.
뒤아래소뇌동맥(posterior inferior cerebellar artery)
소뇌와 넷째뇌실 맥락얼기에 혈액을 공급한다.

대뇌동맥고리(CIRCLE OF WILLIS)

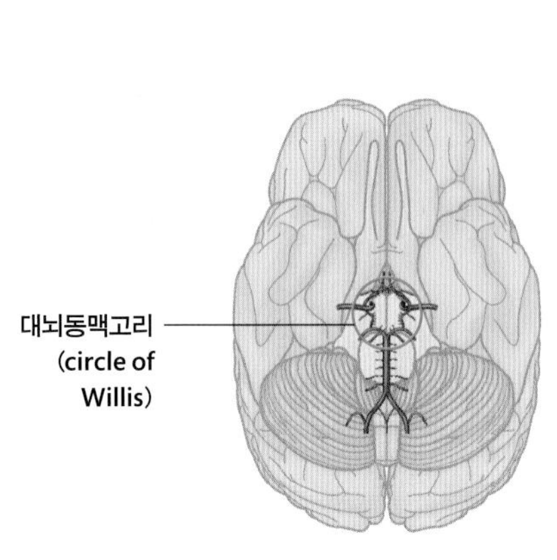
대뇌동맥고리 (circle of Willis)

대뇌동맥고리 위치

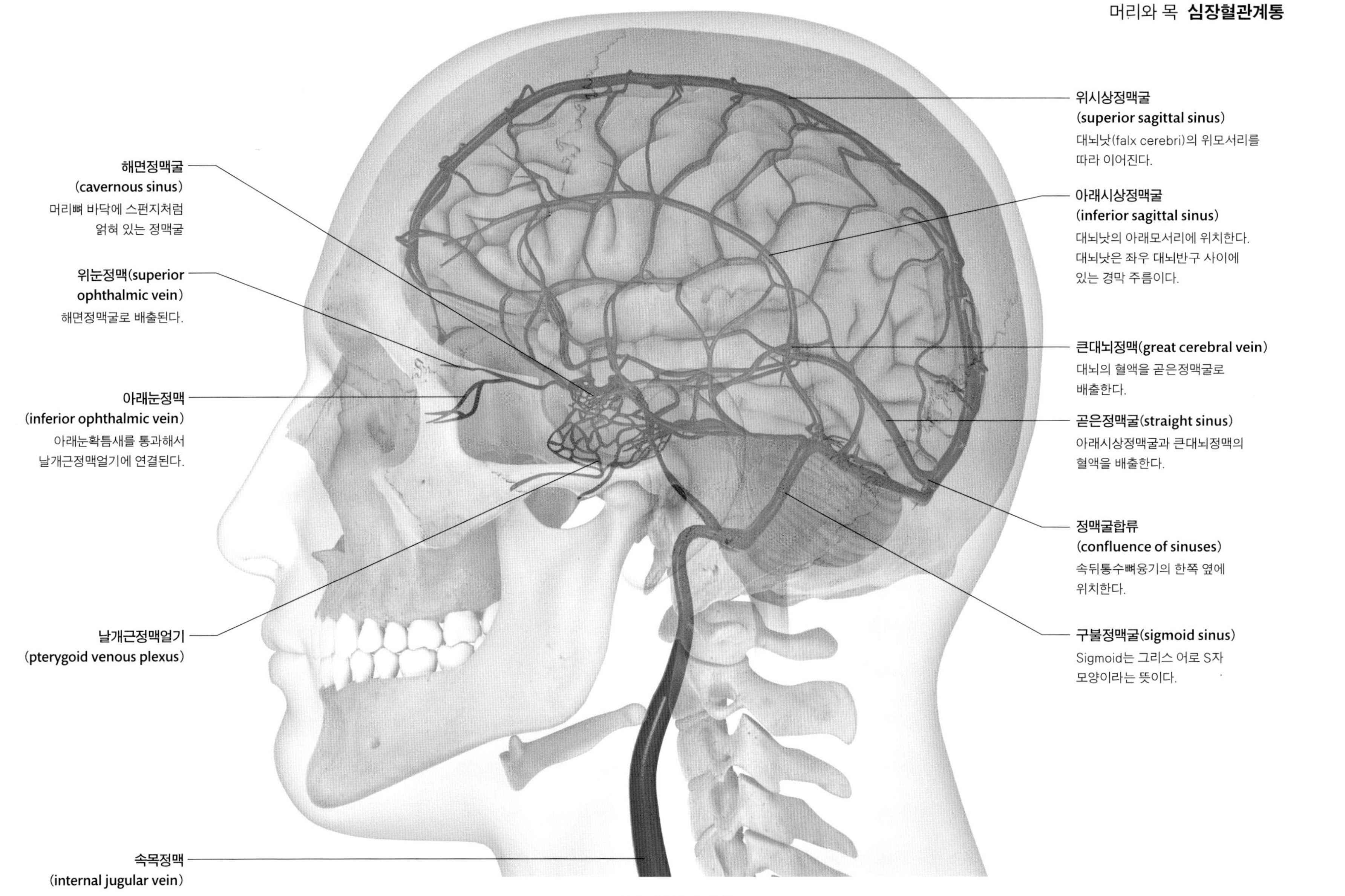

위시상정맥굴
(superior sagittal sinus)
대뇌낫(falx cerebri)의 위모서리를 따라 이어진다.

해면정맥굴
(cavernous sinus)
머리뼈 바닥에 스펀지처럼 얽혀 있는 정맥굴

아래시상정맥굴
(inferior sagittal sinus)
대뇌낫의 아래모서리에 위치한다. 대뇌낫은 좌우 대뇌반구 사이에 있는 경막 주름이다.

위눈정맥(superior ophthalmic vein)
해면정맥굴로 배출된다.

큰대뇌정맥(great cerebral vein)
대뇌의 혈액을 곧은정맥굴로 배출한다.

아래눈정맥
(inferior ophthalmic vein)
아래눈확틈새를 통과해서 날개근정맥얼기에 연결된다.

곧은정맥굴(straight sinus)
아래시상정맥굴과 큰대뇌정맥의 혈액을 배출한다.

정맥굴합류
(confluence of sinuses)
속뒤통수뼈융기의 한쪽 옆에 위치한다.

날개근정맥얼기
(pterygoid venous plexus)

구불정맥굴(sigmoid sinus)
Sigmoid는 그리스 어로 S자 모양이라는 뜻이다.

속목정맥
(internal jugular vein)

뇌 주위 정맥

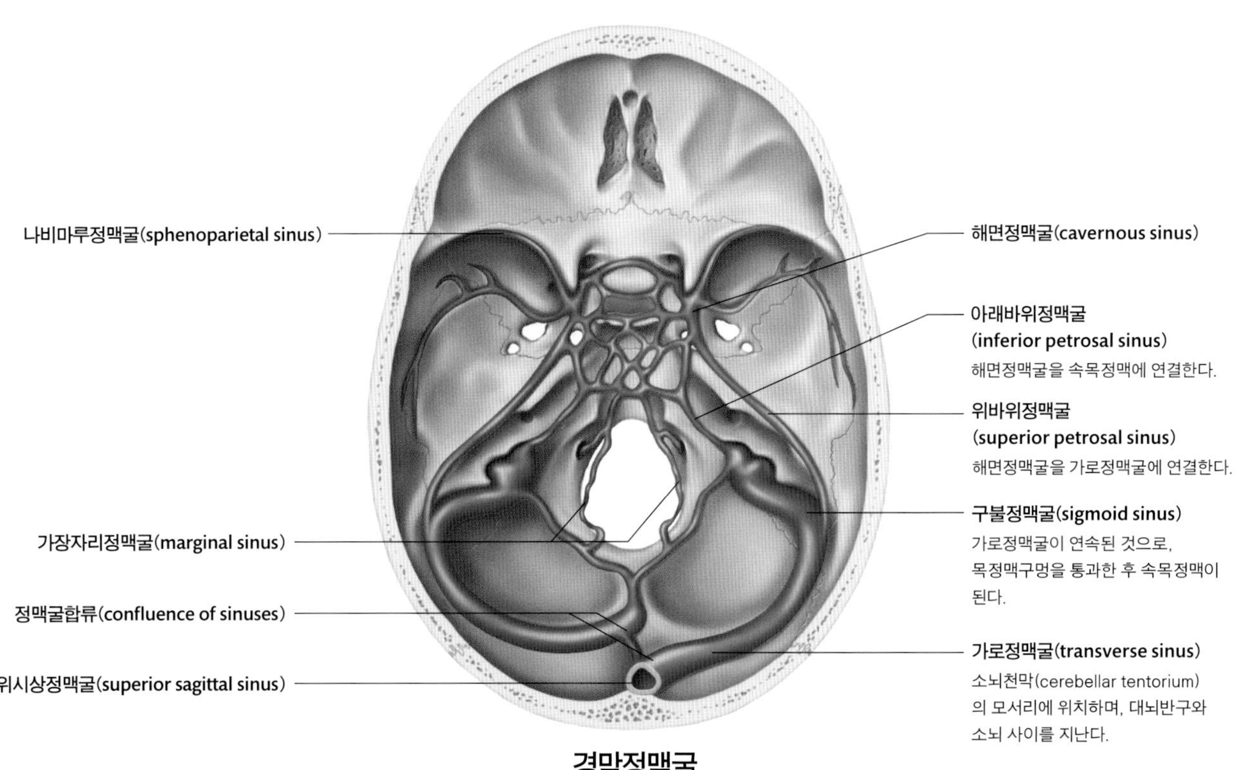
나비마루정맥굴(sphenoparietal sinus)
해면정맥굴(cavernous sinus)
아래바위정맥굴
(inferior petrosal sinus)
해면정맥굴을 속목정맥에 연결한다.
위바위정맥굴
(superior petrosal sinus)
해면정맥굴을 가로정맥굴에 연결한다.
구불정맥굴(sigmoid sinus)
가로정맥굴이 연속된 것으로, 목정맥구멍을 통과한 후 속목정맥이 된다.
가장자리정맥굴(marginal sinus)
정맥굴합류(confluence of sinuses)
위시상정맥굴(superior sagittal sinus)
가로정맥굴(transverse sinus)
소뇌천막(cerebellar tentorium)의 모서리에 위치하며, 대뇌반구와 소뇌 사이를 지난다.

경막정맥굴
(DURAL VENOUS SINUS)

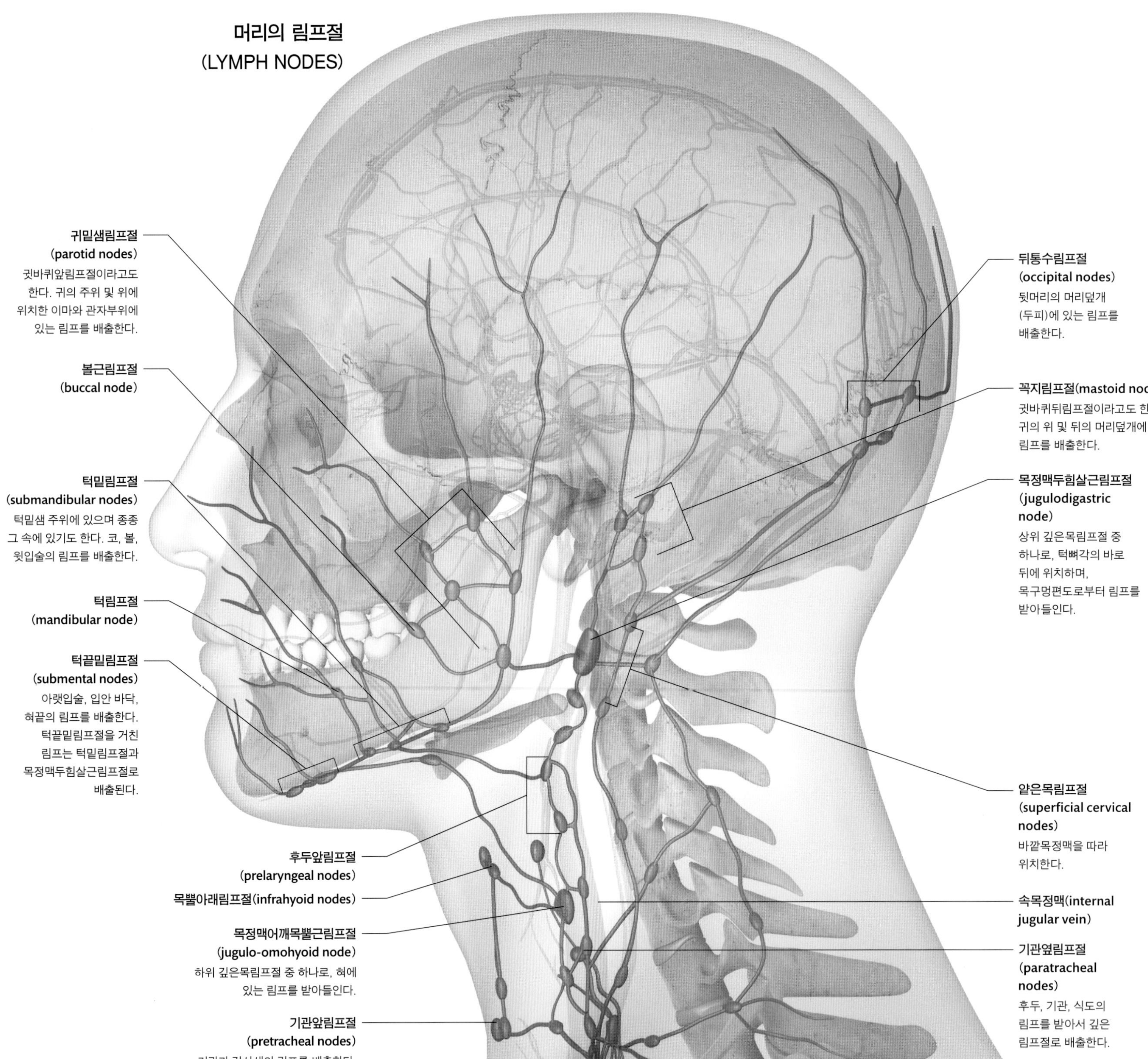
머리의 림프절
(LYMPH NODES)
귀밑샘림프절
(parotid nodes)
귓바퀴앞림프절이라고도 한다. 귀의 주위 및 위에 위치한 이마와 관자부위에 있는 림프를 배출한다.
볼근림프절
(buccal node)
턱밑림프절
(submandibular nodes)
턱밑샘 주위에 있으며 종종 그 속에 있기도 한다. 코, 볼, 윗입술의 림프를 배출한다.
턱림프절
(mandibular node)
턱끝밑림프절
(submental nodes)
아랫입술, 입안 바닥, 혀끝의 림프를 배출한다. 턱끝밑림프절을 거친 림프는 턱밑림프절과 목정맥두힘살근림프절로 배출된다.
후두앞림프절
(prelaryngeal nodes)
목뿔아래림프절(infrahyoid nodes)
목정맥어깨목뿔근림프절
(jugulo-omohyoid node)
하위 깊은목림프절 중 하나로, 혀에 있는 림프를 받아들인다.
기관앞림프절
(pretracheal nodes)
기관과 갑상샘의 림프를 배출한다.
뒤통수림프절
(occipital nodes)
뒷머리의 머리덮개 (두피)에 있는 림프를 배출한다.
꼭지림프절(mastoid nodes)
귓바퀴뒤림프절이라고도 한다. 귀의 위 및 뒤의 머리덮개에 있는 림프를 배출한다.
목정맥두힘살근림프절
(jugulodigastric node)
상위 깊은목림프절 중 하나로, 턱뼈각의 바로 뒤에 위치하며, 목구멍편도로부터 림프를 받아들인다.
얕은목림프절
(superficial cervical nodes)
바깥목정맥을 따라 위치한다.
속목정맥(internal jugular vein)
기관옆림프절
(paratracheal nodes)
후두, 기관, 식도의 림프를 받아서 깊은 림프절로 배출한다.

머리와 목
림프계통과 면역계통

편도(TONSIL)의 위치

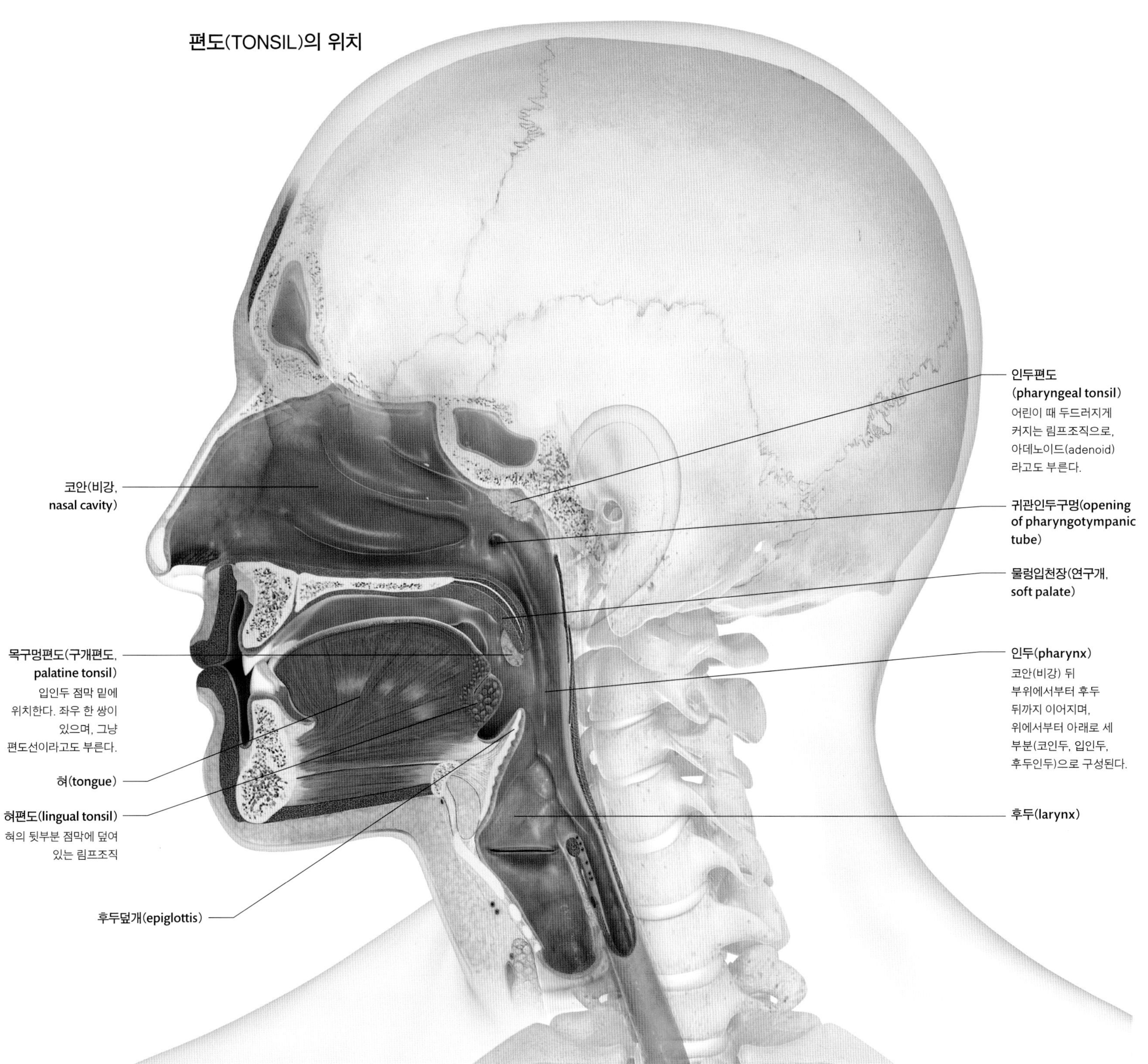
코안(비강, nasal cavity)
목구멍편도(구개편도, palatine tonsil)
입인두 점막 밑에 위치한다. 좌우 한 쌍이 있으며, 그냥 편도선이라고도 부른다.
혀(tongue)
혀편도(lingual tonsil)
혀의 뒷부분 점막에 덮여 있는 림프조직
후두덮개(epiglottis)
인두편도 (pharyngeal tonsil)
어린이 때 두드러지게 커지는 림프조직으로, 아데노이드(adenoid) 라고도 부른다.
귀관인두구멍(opening of pharyngotympanic tube)
물렁입천장(연구개, soft palate)
인두(pharynx)
코안(비강) 뒤 부위에서부터 후두 뒤까지 이어지며, 위에서부터 아래로 세 부분(코인두, 입인두, 후두인두)으로 구성된다.
후두(larynx)

머리와 목이 만나는 곳 피부 근처에 림프절들이 머리뼈 뒷부분에 밀착해 있는 뒤통수림프절에서부터 턱 밑에 숨어 있는 턱밑림프절과 턱끝밑림프절에 이르기까지 고리 모양으로 모여 있다. 얕은 림프절들은 목의 옆 및 앞을 따라 배열되어 있고, 깊은 림프절들은 목빗근에 덮인 채 속목정맥 주위에 모여 있다. 다른 모든 림프절에서 온 림프는 이 깊은 림프절들로 들어가고, 이어서 목림프줄기로 이어졌다가 목의 시작부분에 있는 정맥으로 배출된다. 목구멍편도와 인두편도와 혀편도에도 림프조직이 있는데, 이 편도들은 호흡관과 소화관의 시작 부분 주위에서 고리 모양으로 배열되어 1차 방어선을 형성한다.

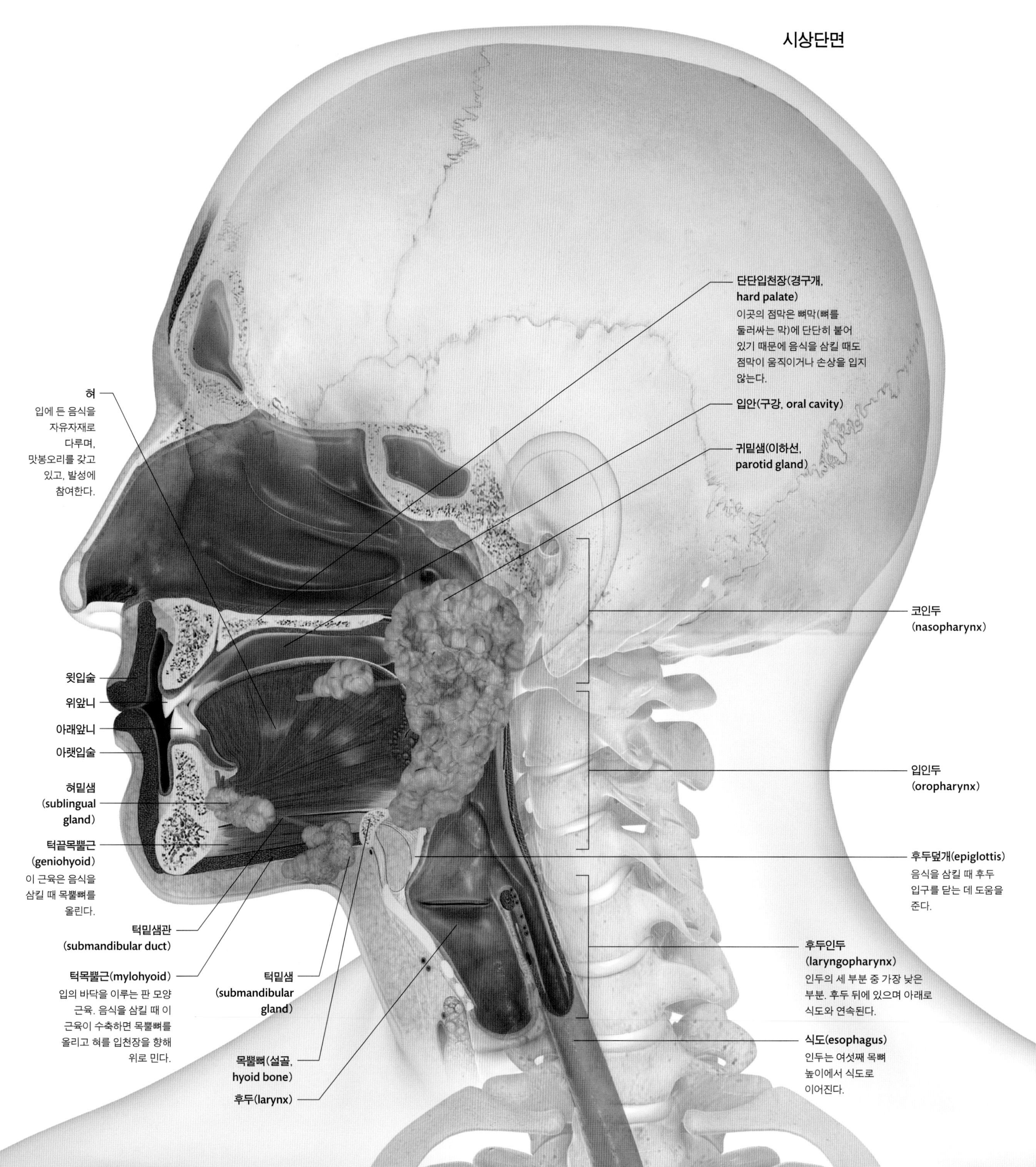
시상단면
단단입천장(경구개, hard palate)
이곳의 점막은 뼈막(뼈를 둘러싸는 막)에 단단히 붙어 있기 때문에 음식을 삼킬 때도 점막이 움직이거나 손상을 입지 않는다.
입안(구강, oral cavity)
귀밑샘(이하선, parotid gland)
혀
입에 든 음식을 자유자재로 다루며, 맛봉오리를 갖고 있고, 발성에 참여한다.
코인두 (nasopharynx)
윗입술
위앞니
아래앞니
아랫입술
입인두 (oropharynx)
혀밑샘 (sublingual gland)
턱끝목뿔근 (geniohyoid)
이 근육은 음식을 삼킬 때 목뿔뼈를 올린다.
후두덮개(epiglottis)
음식을 삼킬 때 후두 입구를 닫는 데 도움을 준다.
턱밑샘관 (submandibular duct)
후두인두 (laryngopharynx)
인두의 세 부분 중 가장 낮은 부분. 후두 뒤에 있으며 아래로 식도와 연속된다.
턱목뿔근(mylohyoid)
입의 바닥을 이루는 판 모양 근육. 음식을 삼킬 때 이 근육이 수축하면 목뿔뼈를 올리고 혀를 입천장을 향해 위로 민다.
턱밑샘 (submandibular gland)
식도(esophagus)
인두는 여섯째 목뼈 높이에서 식도로 이어진다.
목뿔뼈(설골, hyoid bone)
후두(larynx)

머리와 목 소화계통

입은 소화관의 첫 부분으로, 기계적 소화와 화학적 소화가 진행되는 곳이다. 먹은 음식은 치아가 분쇄하고, 큰침샘 세 쌍(귀밑샘, 턱밑샘, 혀밑샘)이 관을 통해 입으로 침을 분비한다. 침에는 소화효소가 들어 있어서 입에서 음식을 화학 분해하기 시작한다. 혀는 음식을 희롱하며, 맛봉오리(taste bud)가 있어 맛있는 음식과 해로울 가능성이 있는 독소를 즉시 구별하는 중요한 일도 할 수 있다. 음식을 삼킬 때 혀는 위로 밀어 올려져서 단단입천장에 닿고, 물렁입천장은 기도를 봉쇄하며, 인두 근육은 물결치듯 수축하여 음식 덩이를 그 아래에 있는 식도로 내려 보내면 다음 여정이 기다리고 있다.

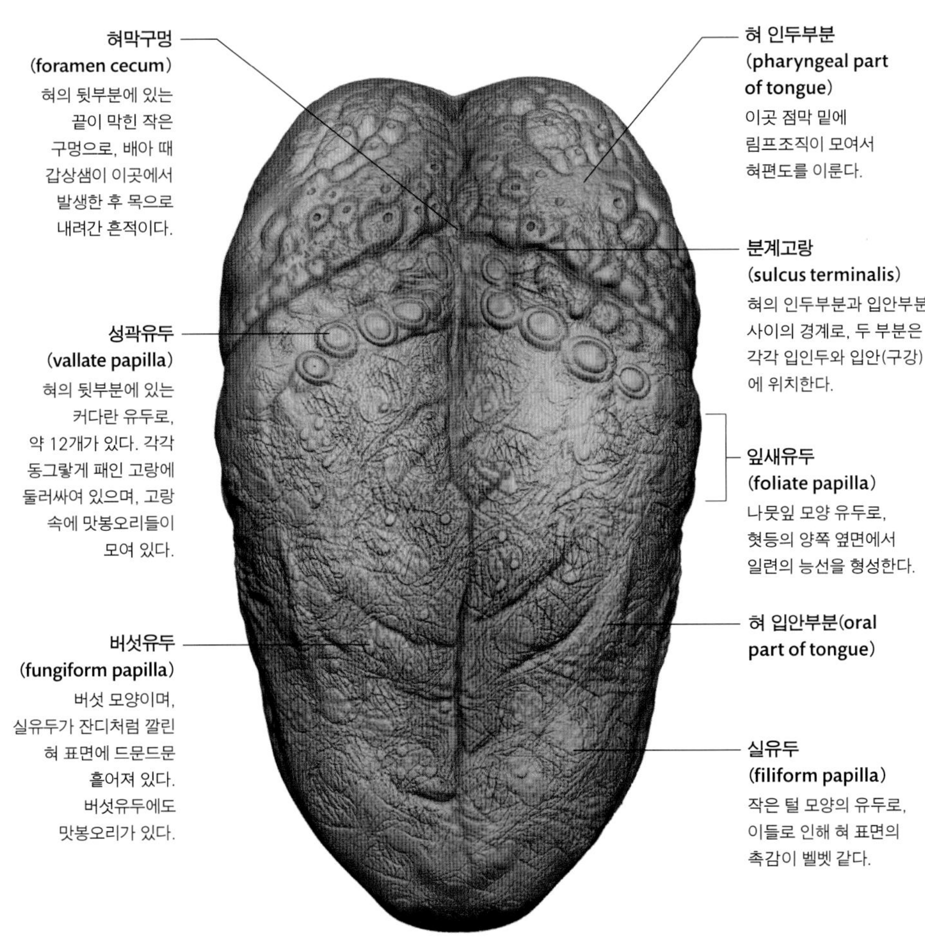
혀막구멍
(foramen cecum)
혀의 뒷부분에 있는 끝이 막힌 작은 구멍으로, 배아 때 갑상샘이 이곳에서 발생한 후 목으로 내려간 흔적이다.
성곽유두
(vallate papilla)
혀의 뒷부분에 있는 커다란 유두로, 약 12개가 있다. 각각 동그랗게 패인 고랑에 둘러싸여 있으며, 고랑 속에 맛봉오리들이 모여 있다.
버섯유두
(fungiform papilla)
버섯 모양이며, 실유두가 잔디처럼 깔린 혀 표면에 드문드문 흩어져 있다. 버섯유두에도 맛봉오리가 있다.
혀 인두부분
(pharyngeal part of tongue)
이곳 점막 밑에 림프조직이 모여서 혀편도를 이룬다.
분계고랑
(sulcus terminalis)
혀의 인두부분과 입안부분 사이의 경계로, 두 부분은 각각 입인두와 입안(구강)에 위치한다.
잎새유두
(foliate papilla)
나뭇잎 모양 유두로, 혓등의 양쪽 옆면에서 일련의 능선을 형성한다.
혀 입안부분(oral part of tongue)
실유두
(filiform papilla)
작은 털 모양의 유두로, 이들로 인해 혀 표면의 촉감이 벨벳 같다.

혀(TONGUE)

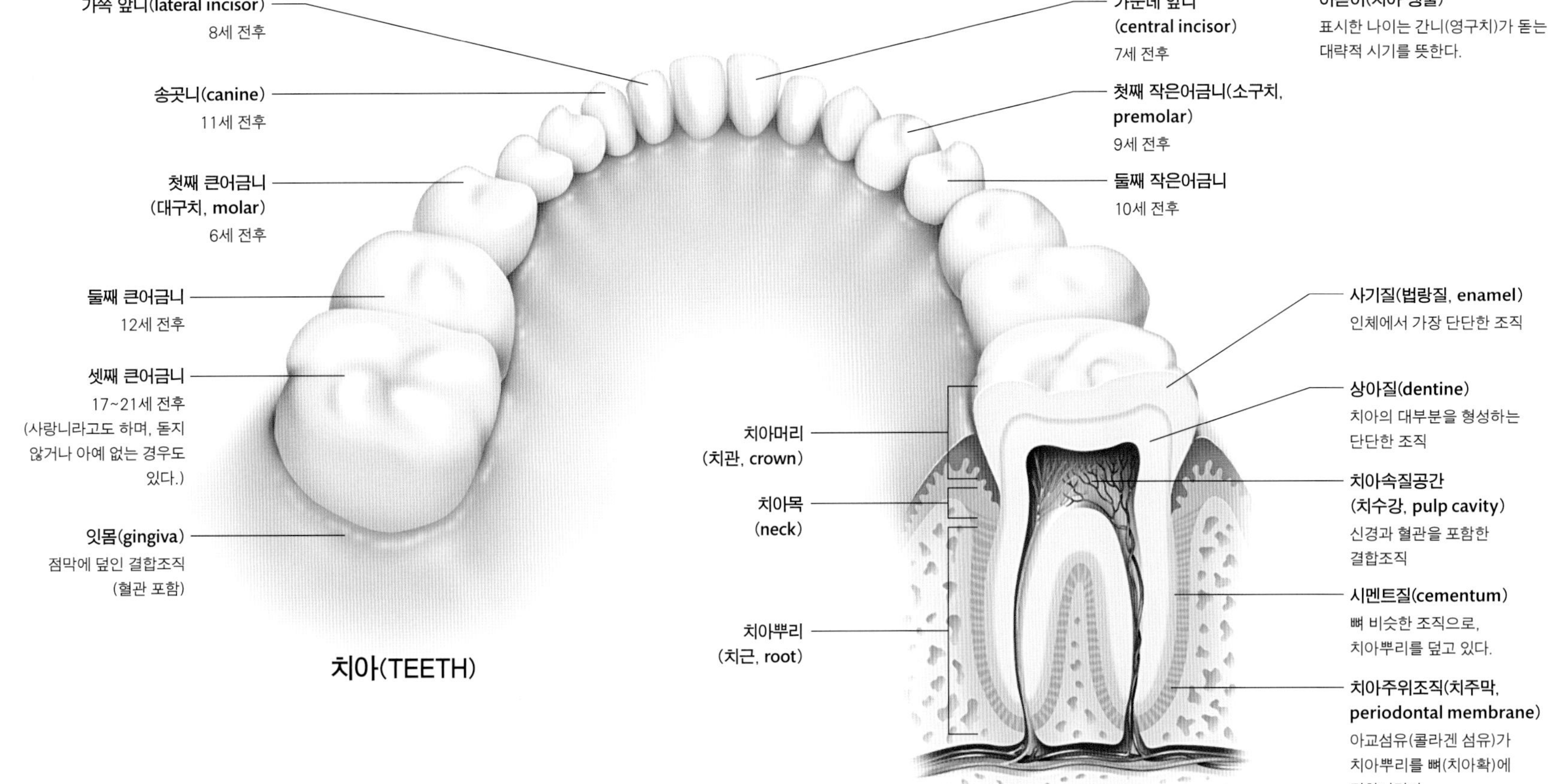
가쪽 앞니(lateral incisor)
8세 전후
송곳니(canine)
11세 전후
첫째 큰어금니
(대구치, molar)
6세 전후
둘째 큰어금니
12세 전후
셋째 큰어금니
17~21세 전후
(사랑니라고도 하며, 돋지 않거나 아예 없는 경우도 있다.)
잇몸(gingiva)
점막에 덮인 결합조직
(혈관 포함)
가운데 앞니
(central incisor)
7세 전후
첫째 작은어금니(소구치, premolar)
9세 전후
둘째 작은어금니
10세 전후
이돋이(치아 맹출)
표시한 나이는 간니(영구치)가 돋는 대략적 시기를 뜻한다.
치아머리
(치관, crown)
치아목
(neck)
치아뿌리
(치근, root)
사기질(법랑질, enamel)
인체에서 가장 단단한 조직
상아질(dentine)
치아의 대부분을 형성하는 단단한 조직
치아속질공간
(치수강, pulp cavity)
신경과 혈관을 포함한 결합조직
시멘트질(cementum)
뼈 비슷한 조직으로, 치아뿌리를 덮고 있다.
치아주위조직(치주막, periodontal membrane)
아교섬유(콜라겐 섬유)가 치아뿌리를 뼈(치아확)에 결합시킨다.

치아(TEETH)

머리와 목 **내분비계통**

인체 내부는 자율신경계통과 내분비계통이 조절한다. 두 계통은 겹치는 부분이 있으며, 뇌의 일부인 시상하부가 두 계통의 기능을 통합하고 조절한다. 뇌하수체는 두 엽, 즉 앞엽과 뒤엽으로 구성되는데, 뒤엽은 시상하부가 직접 연장된 조직이다.(400~401쪽) 두 엽은 시상하부에서 온 신경 신호를 받고 호르몬을 혈액에 분비하거나, 시상하부에서부터 혈관을 통해 온 분비인자에 대한 반응으로 호르몬을 혈액으로 분비한다. 뇌하수체 호르몬들 중 상당수는 목에 있는 갑상샘과 콩팥 위에 있는 부신과 난소나 고환 같은 다른 내분비샘에 작용한다.

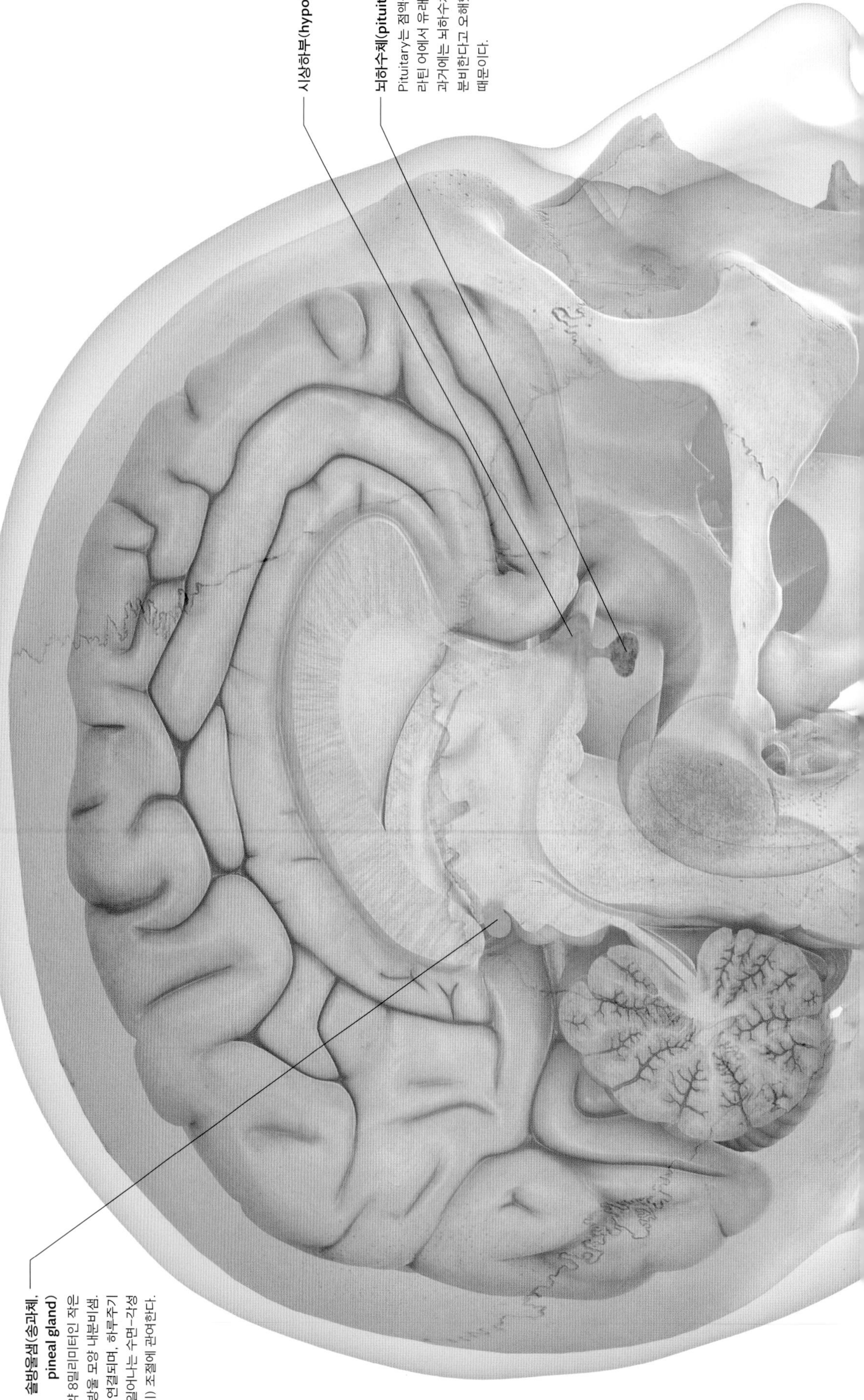

시상하부(hypothalamus)

뇌하수체(pituitary gland)
Pituitary는 점액을 뜻하는 라틴 어에서 유래했다. 과거에는 뇌하수체가 콧물을 분비한다고 오해했기 때문이다.

솔방울샘(송과체, pineal gland)
길이가 약 8밀리미터인 작은 솔방울 모양 내분비샘. 시각경로와 연결되며, 하루주기 리듬(매일 일어나는 수면-각성 주기) 조절에 관여한다.

옆에서 본 그림

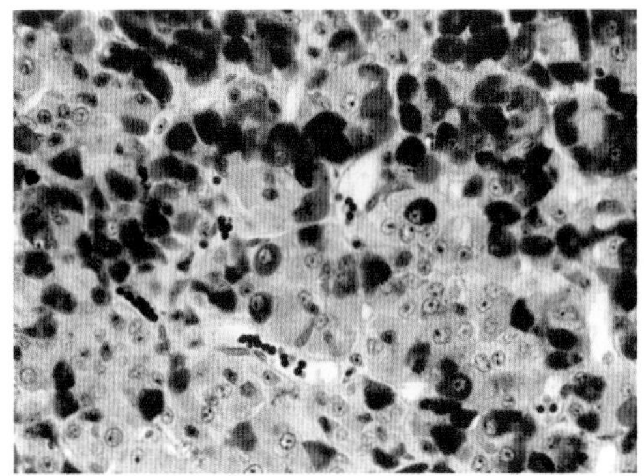

뇌하수체(pituitary gland) 조직
뇌하수체 앞엽에 있는 호르몬 분비 세포들 중 일부가 이 사진에서는 붉은색으로 염색되어 있는데, 여기에는 성장호르몬을 생산하는 세포가 포함되며, 다른 세포들은 푸른색으로 염색되어 있다.

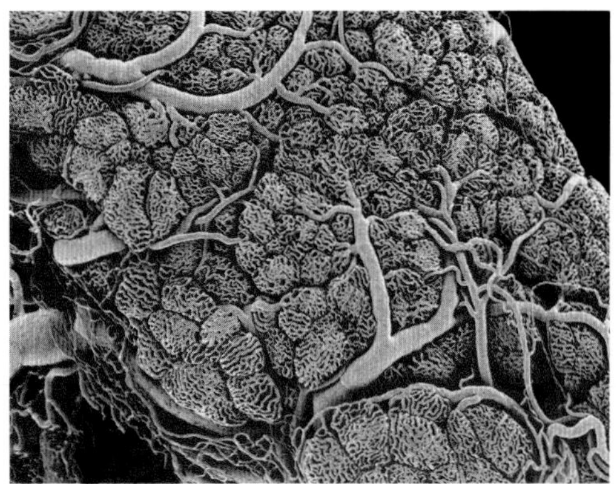

갑상샘(thyroid gland)의 혈관
갑상샘 조직의 수지(레진) 주형 사진으로, 동그랗게 모여 있는 분비세포들과 이를 에워싼 모세혈관이 관찰된다. 이 세포들은 호르몬을 혈류로 분비한다.

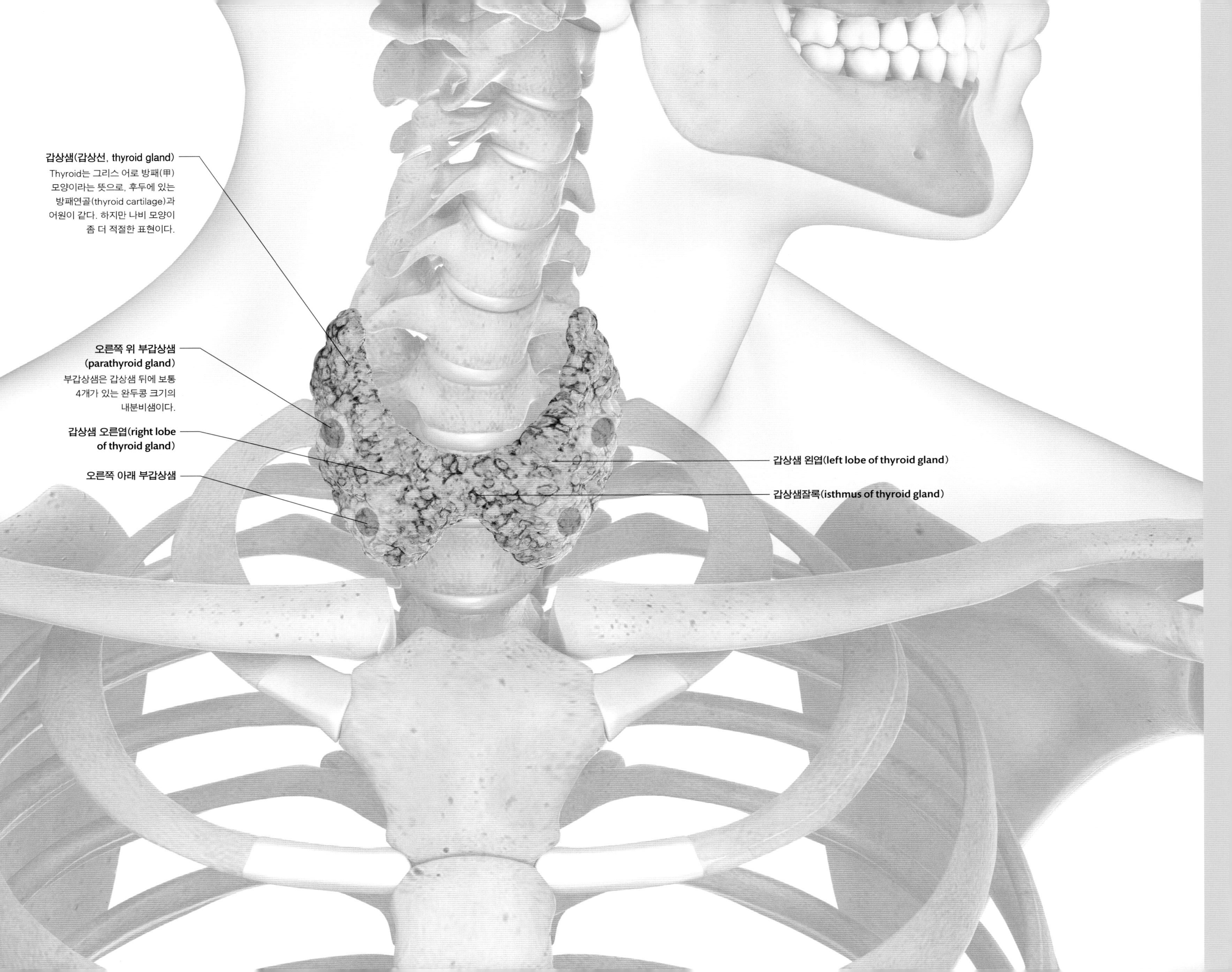

갑상샘(갑상선, thyroid gland)
Thyroid는 그리스 어로 방패(甲) 모양이라는 뜻으로, 후두에 있는 방패연골(thyroid cartilage)과 어원이 같다. 하지만 나비 모양이 좀 더 적절한 표현이다.
오른쪽 위 부갑상샘 (parathyroid gland)
부갑상샘은 갑상샘 뒤에 보통 4개가 있는 완두콩 크기의 내분비샘이다.
갑상샘 오른엽(right lobe of thyroid gland)
오른쪽 아래 부갑상샘
갑상샘 왼엽(left lobe of thyroid gland)
갑상샘잘록(isthmus of thyroid gland)

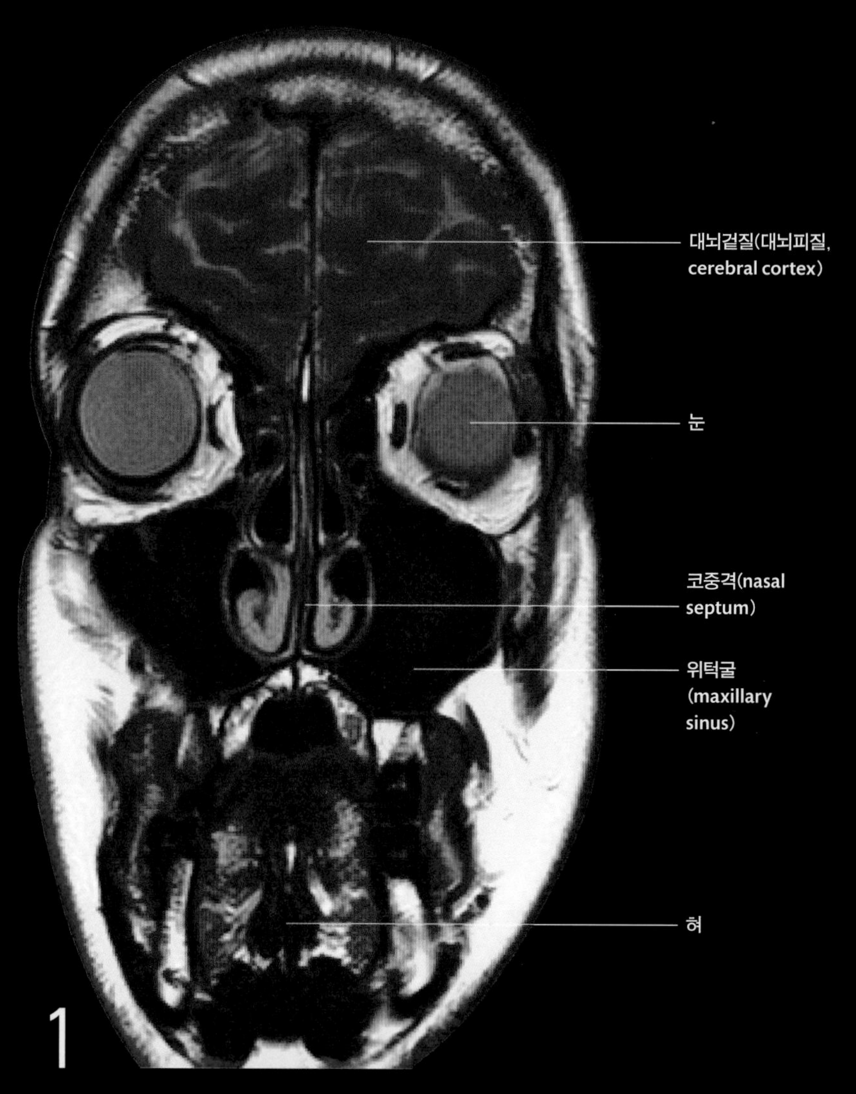
대뇌겉질(대뇌피질, cerebral cortex)
눈
코중격(nasal septum)
위턱굴(maxillary sinus)
혀
1

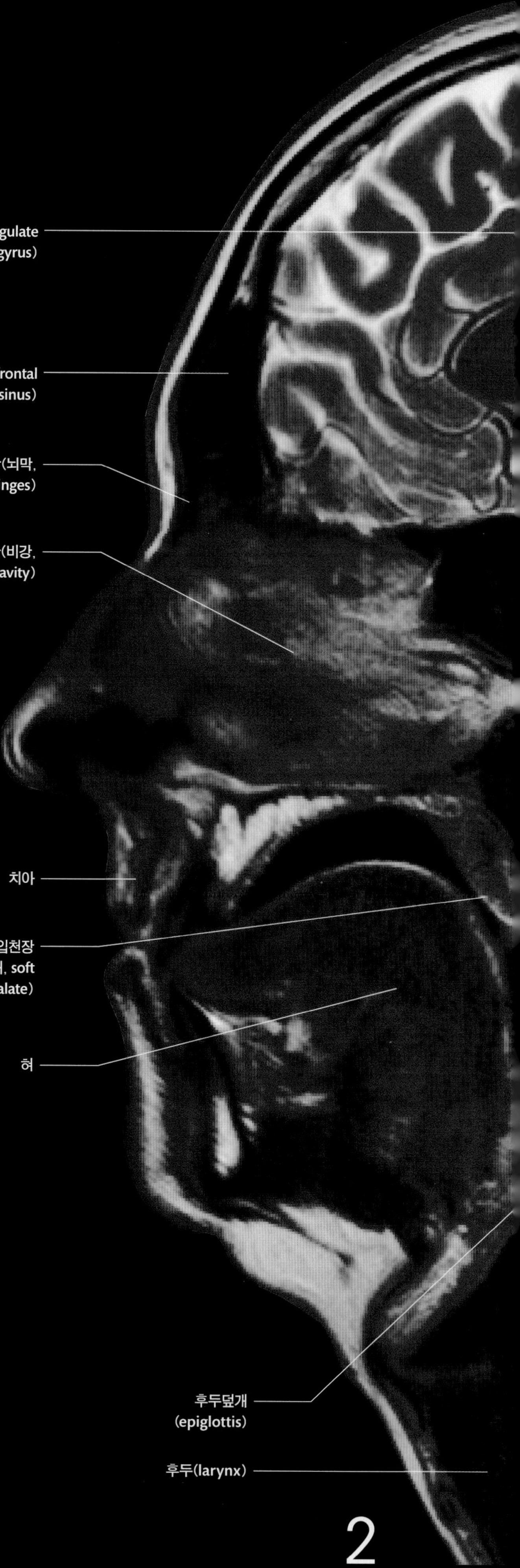

띠이랑(cingulate gyrus)
이마굴(frontal sinus)
수막(뇌막, meninges)
코안(비강, nasal cavity)
치아
물렁입천장(연구개, soft palate)
혀
후두덮개(epiglottis)
후두(larynx)
2

영상 단면 위치

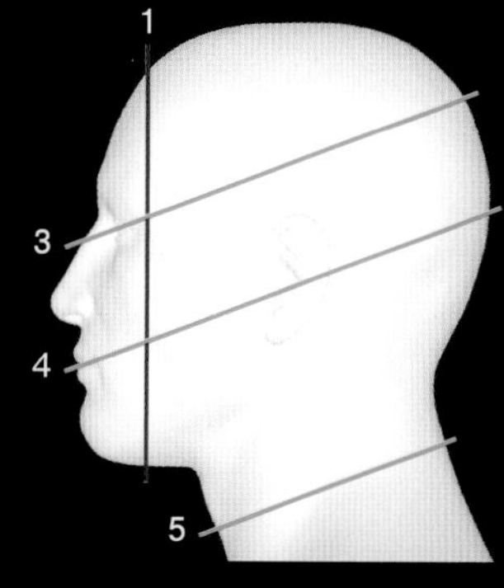
1
3
4
5

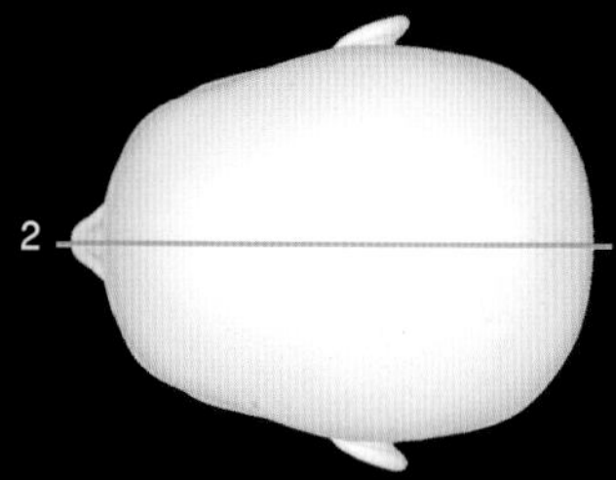
2

머리와 목 **자기공명영상**(MRI)

19세기 말에 엑스선이 발명되면서 인체를 잘라서 열지 않고도 속을 들여다보려는 인류의 꿈이 현실화되기 시작했다. 의학영상은 이제 중요한 진단 도구이자 정상 해부학 및 생리학을 연구하는 수단으로 쓰이고 있다. 컴퓨터단층촬영술(CT)은 엑스선을 이용하여 인체의 가상 단면 영상을 제작하는 검사법이다. 엑스선 대신 자기장을 이용하여 영상을 제작하는 또 다른 검사법이 자기공명영상(MRI)이다. MRI는 근육이나 힘줄이나 뇌 같은 물렁조직을 자세히 관찰하는 데 쓸모가 매우 많다. 여기에 있는 단면 영상에서는 눈(1, 3)과 혀(1, 2)와 후두와 척추뼈와 척수(2, 5)도 뚜렷이 관찰된다.

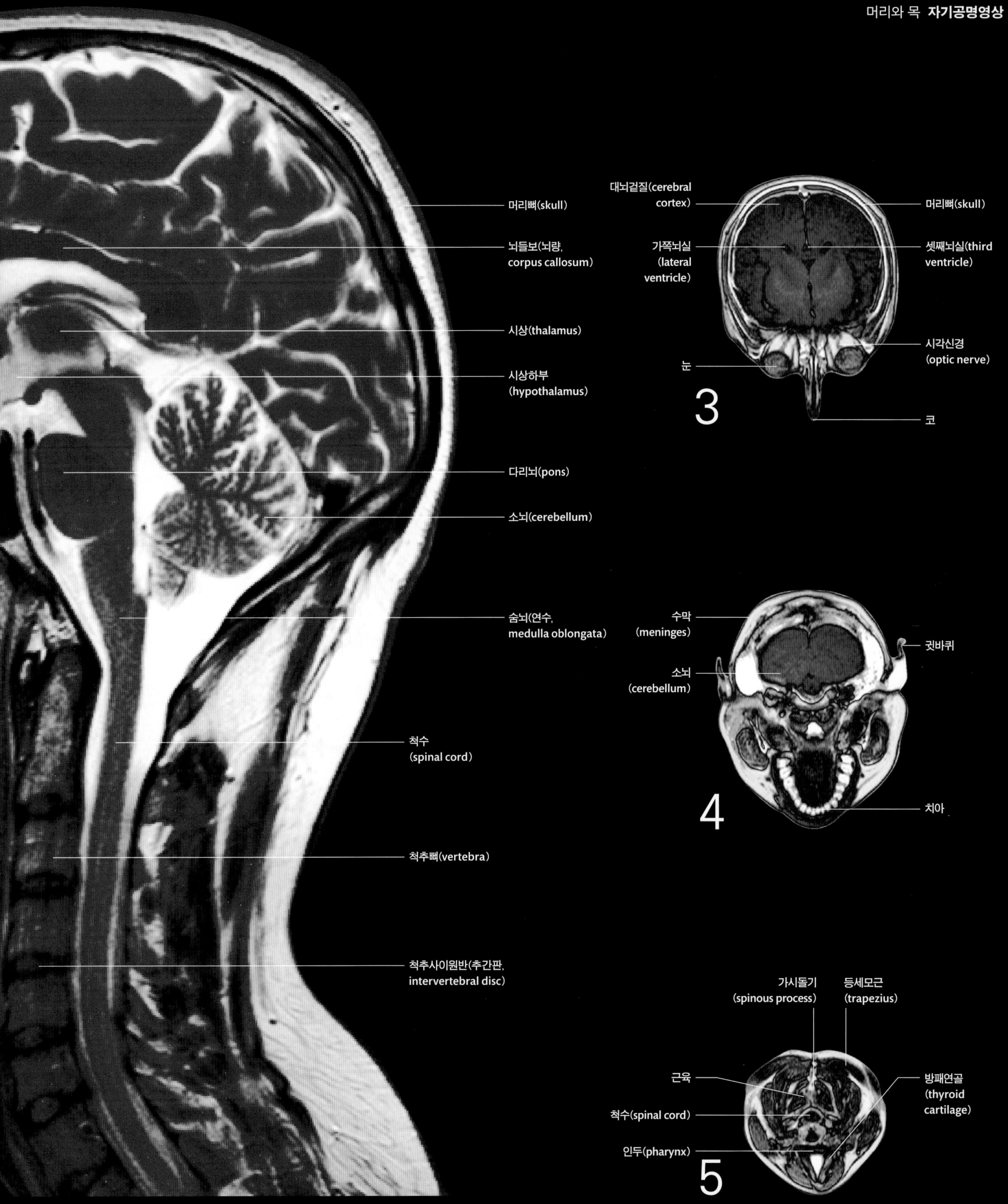
머리뼈(skull)
뇌들보(뇌량, corpus callosum)
시상(thalamus)
시상하부 (hypothalamus)
다리뇌(pons)
소뇌(cerebellum)
숨뇌(연수, medulla oblongata)
척수 (spinal cord)
척추뼈(vertebra)
척추사이원반(추간판, intervertebral disc)
대뇌겉질(cerebral cortex)
머리뼈(skull)
가쪽뇌실 (lateral ventricle)
셋째뇌실(third ventricle)
시각신경 (optic nerve)
눈
코
3
수막 (meninges)
귓바퀴
소뇌 (cerebellum)
치아
4
가시돌기 (spinous process)
등세모근 (trapezius)
근육
방패연골 (thyroid cartilage)
척수(spinal cord)
인두(pharynx)
5

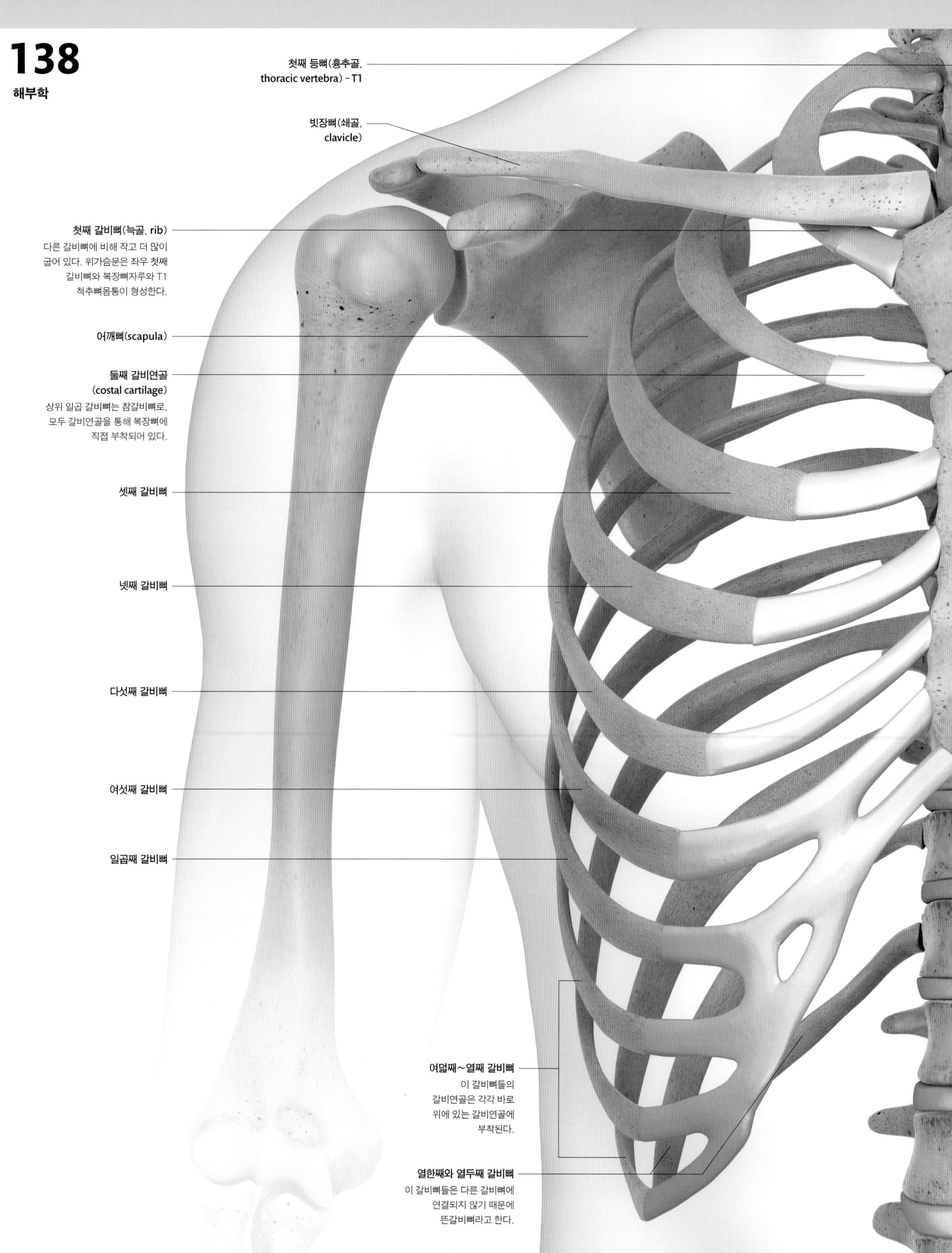
첫째 등뼈(흉추골,
thoracic vertebra) – T1
빗장뼈(쇄골,
clavicle)
첫째 갈비뼈(늑골, rib)
다른 갈비뼈에 비해 작고 더 많이
굽어 있다. 위가슴문은 좌우 첫째
갈비뼈와 복장뼈자루와 T1
척추뼈몸통이 형성한다.
어깨뼈(scapula)
둘째 갈비연골
(costal cartilage)
상위 일곱 갈비뼈는 참갈비뼈로,
모두 갈비연골을 통해 복장뼈에
직접 부착되어 있다.
셋째 갈비뼈
넷째 갈비뼈
다섯째 갈비뼈
여섯째 갈비뼈
일곱째 갈비뼈
여덟째~열째 갈비뼈
이 갈비뼈들의
갈비연골은 각각 바로
위에 있는 갈비연골에
부착된다.
열한째와 열두째 갈비뼈
이 갈비뼈들은 다른 갈비뼈에
연결되지 않기 때문에
뜬갈비뼈라고 한다.

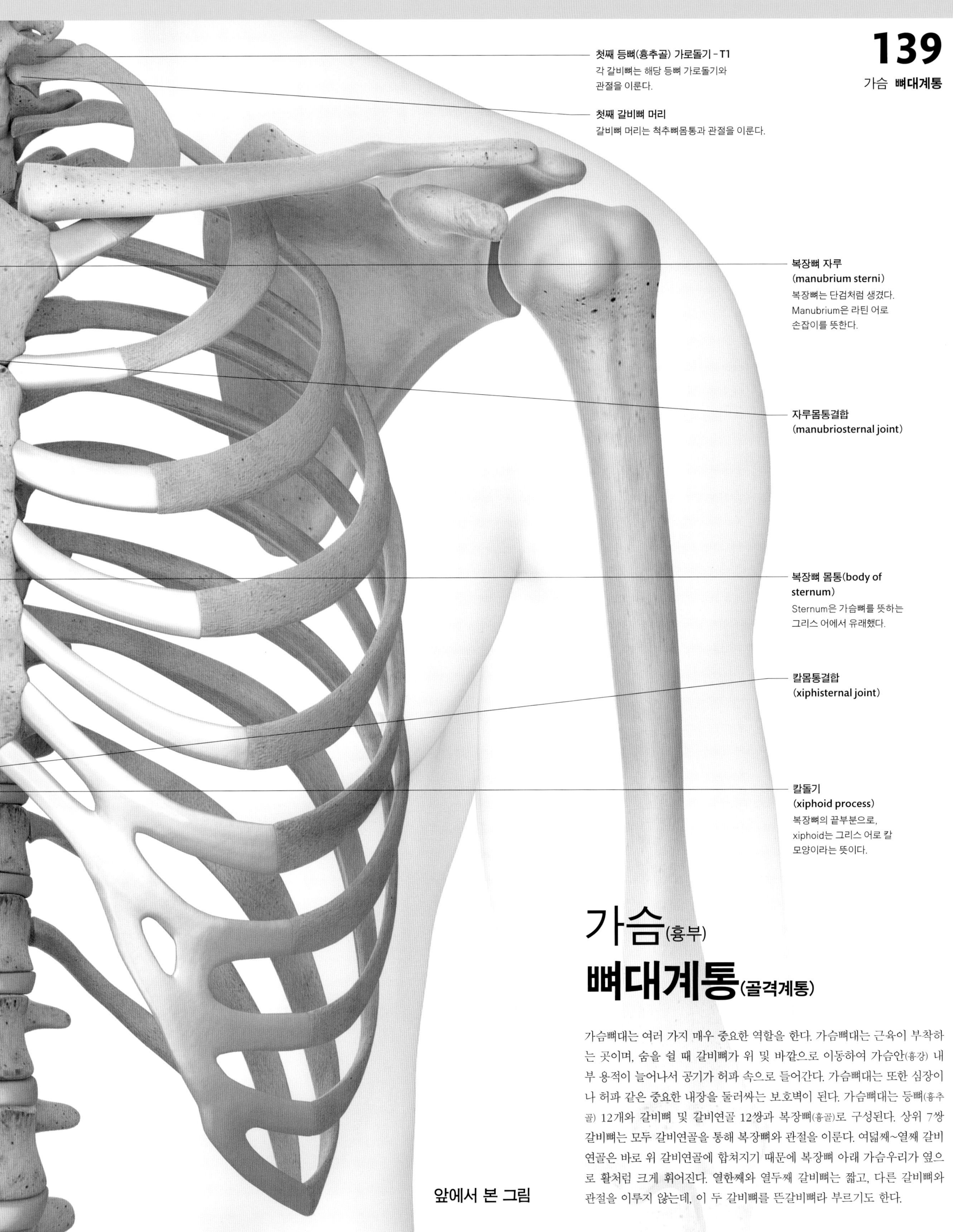
첫째 등뼈(흉추골) 가로돌기 - T1
각 갈비뼈는 해당 등뼈 가로돌기와
관절을 이룬다.
첫째 갈비뼈 머리
갈비뼈 머리는 척추뼈몸통과 관절을 이룬다.
복장뼈 자루
(manubrium sterni)
복장뼈는 단검처럼 생겼다.
Manubrium은 라틴 어로
손잡이를 뜻한다.
자루몸통결합
(manubriosternal joint)
복장뼈 몸통(body of
sternum)
Sternum은 가슴뼈를 뜻하는
그리스 어에서 유래했다.
칼몸통결합
(xiphisternal joint)
칼돌기
(xiphoid process)
복장뼈의 끝부분으로,
xiphoid는 그리스 어로 칼
모양이라는 뜻이다.

앞에서 본 그림

가슴(흉부)
뼈대계통(골격계통)

가슴뼈대는 여러 가지 매우 중요한 역할을 한다. 가슴뼈대는 근육이 부착하는 곳이며, 숨을 쉴 때 갈비뼈가 위 및 바깥으로 이동하여 가슴안(흉강) 내부 용적이 늘어나서 공기가 허파 속으로 들어간다. 가슴뼈대는 또한 심장이나 허파 같은 중요한 내장을 둘러싸는 보호벽이 된다. 가슴뼈대는 등뼈(흉추골) 12개와 갈비뼈 및 갈비연골 12쌍과 복장뼈(흉골)로 구성된다. 상위 7쌍 갈비뼈는 모두 갈비연골을 통해 복장뼈와 관절을 이룬다. 여덟째~열째 갈비연골은 바로 위 갈비연골에 합쳐지기 때문에 복장뼈 아래 가슴우리가 옆으로 활처럼 크게 휘어진다. 열한째와 열두째 갈비뼈는 짧고, 다른 갈비뼈와 관절을 이루지 않는데, 이 두 갈비뼈를 뜬갈비뼈라 부르기도 한다.

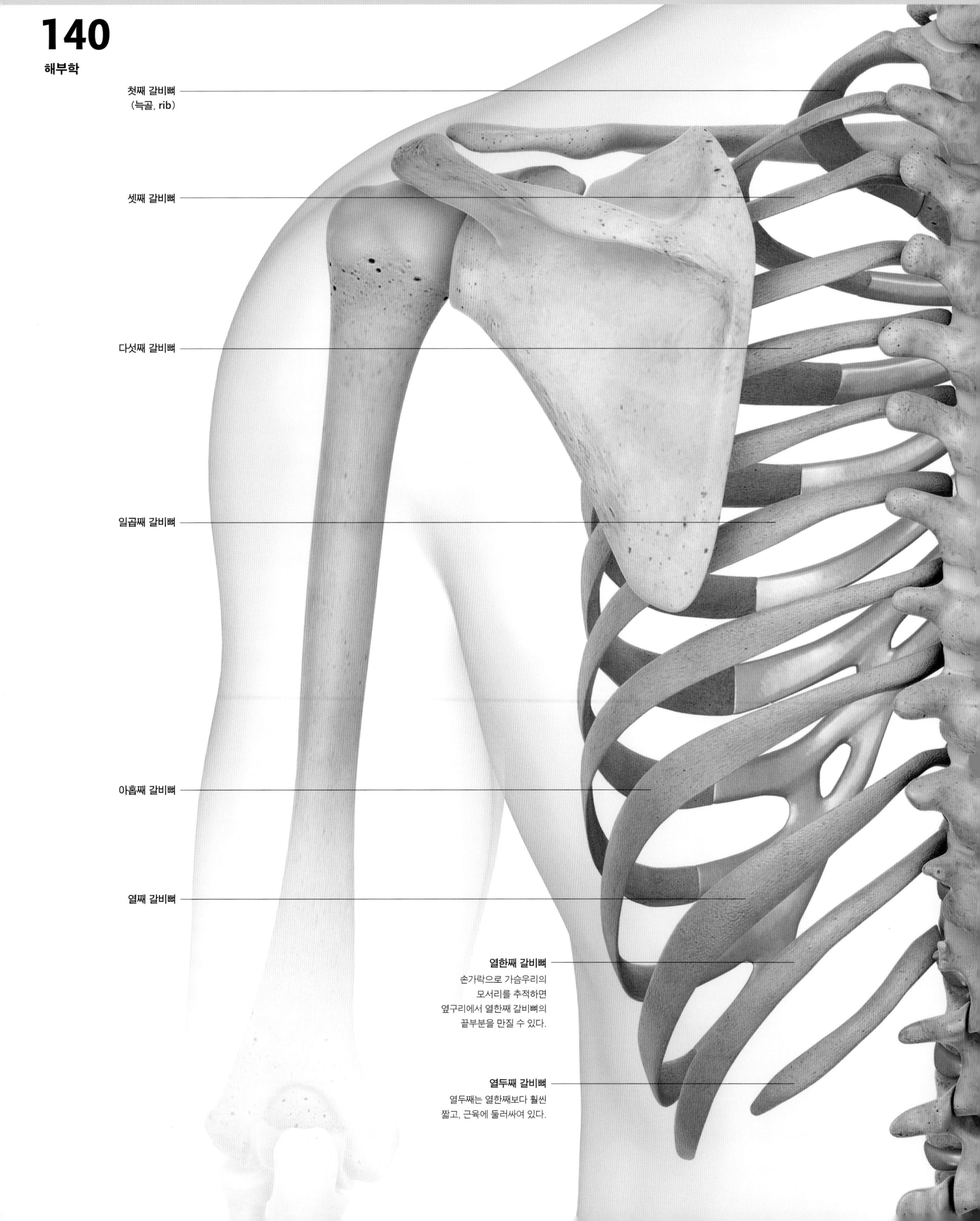

첫째 갈비뼈
(늑골, rib)

셋째 갈비뼈

다섯째 갈비뼈

일곱째 갈비뼈

아홉째 갈비뼈

열째 갈비뼈

열한째 갈비뼈
손가락으로 가슴우리의
모서리를 추적하면
옆구리에서 열한째 갈비뼈의
끝부분을 만질 수 있다.

열두째 갈비뼈
열두째는 열한째보다 훨씬
짧고, 근육에 둘러싸여 있다.

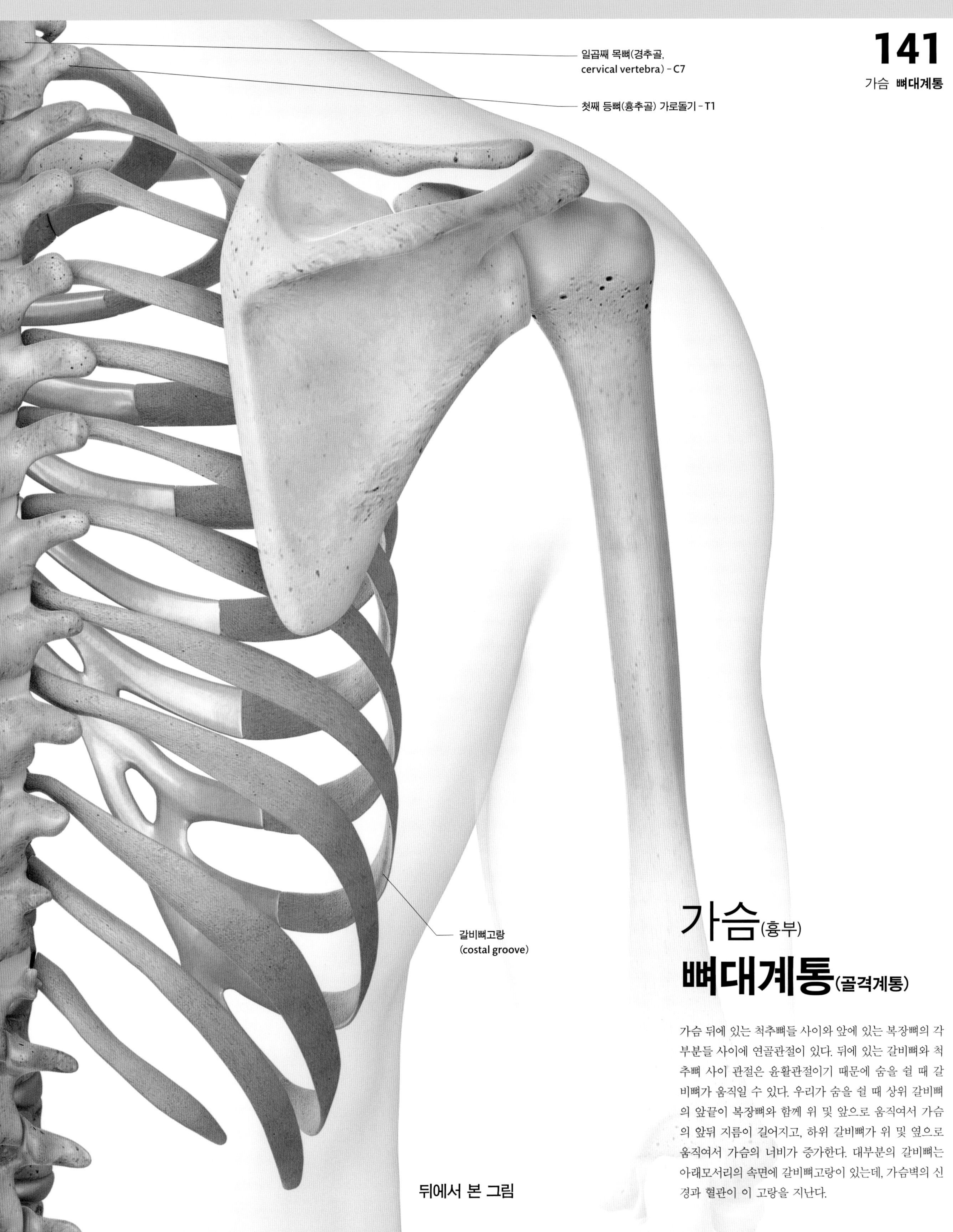
일곱째 목뼈(경추골,
cervical vertebra) - C7
첫째 등뼈(흉추골) 가로돌기 - T1
갈비뼈고랑
(costal groove)

뒤에서 본 그림

가슴(흉부) 뼈대계통(골격계통)

가슴 뒤에 있는 척추뼈들 사이와 앞에 있는 복장뼈의 각 부분들 사이에 연골관절이 있다. 뒤에 있는 갈비뼈와 척추뼈 사이 관절은 윤활관절이기 때문에 숨을 쉴 때 갈비뼈가 움직일 수 있다. 우리가 숨을 쉴 때 상위 갈비뼈의 앞끝이 복장뼈와 함께 위 및 앞으로 움직여서 가슴의 앞뒤 지름이 길어지고, 하위 갈비뼈가 위 및 옆으로 움직여서 가슴의 너비가 증가한다. 대부분의 갈비뼈는 아래모서리의 속면에 갈비뼈고랑이 있는데, 가슴벽의 신경과 혈관이 이 고랑을 지난다.

가슴(흉부)

뼈대계통(골격계통)

척주(SPINE, VERTEBRAL COLUMN)

척주는 인체 뼈대의 중심축을 이루며, 매우 중요한 여러 가지 역할을 수행한다. 예를 들어 척주는 몸통을 지탱하고, 척수를 둘러싸서 보호하며, 근육이 부착하는 장소를 제공하고, 혈액세포를 만드는 골수가 들어 있다. 전체 척주 길이는 남성이 약 70센티미터, 여성이 약 60센티미터이다. 이 길이 중 약 4분의 1은 연골로 이루어진 척추사이원반이 차지한다. 척추뼈 수는 32~35개로 다양한데, 꼬리뼈를 구성하는 작은 척추뼈의 수가 사람마다 다르기 때문이다. 척추뼈는 대부분 공통적으로 몸통 하나, 척추뼈고리 하나, 가시돌기와 가로돌기들로 구성되지만, 오른쪽 그림처럼 부위마다 독특한 특징이 있어 구별할 수 있다.

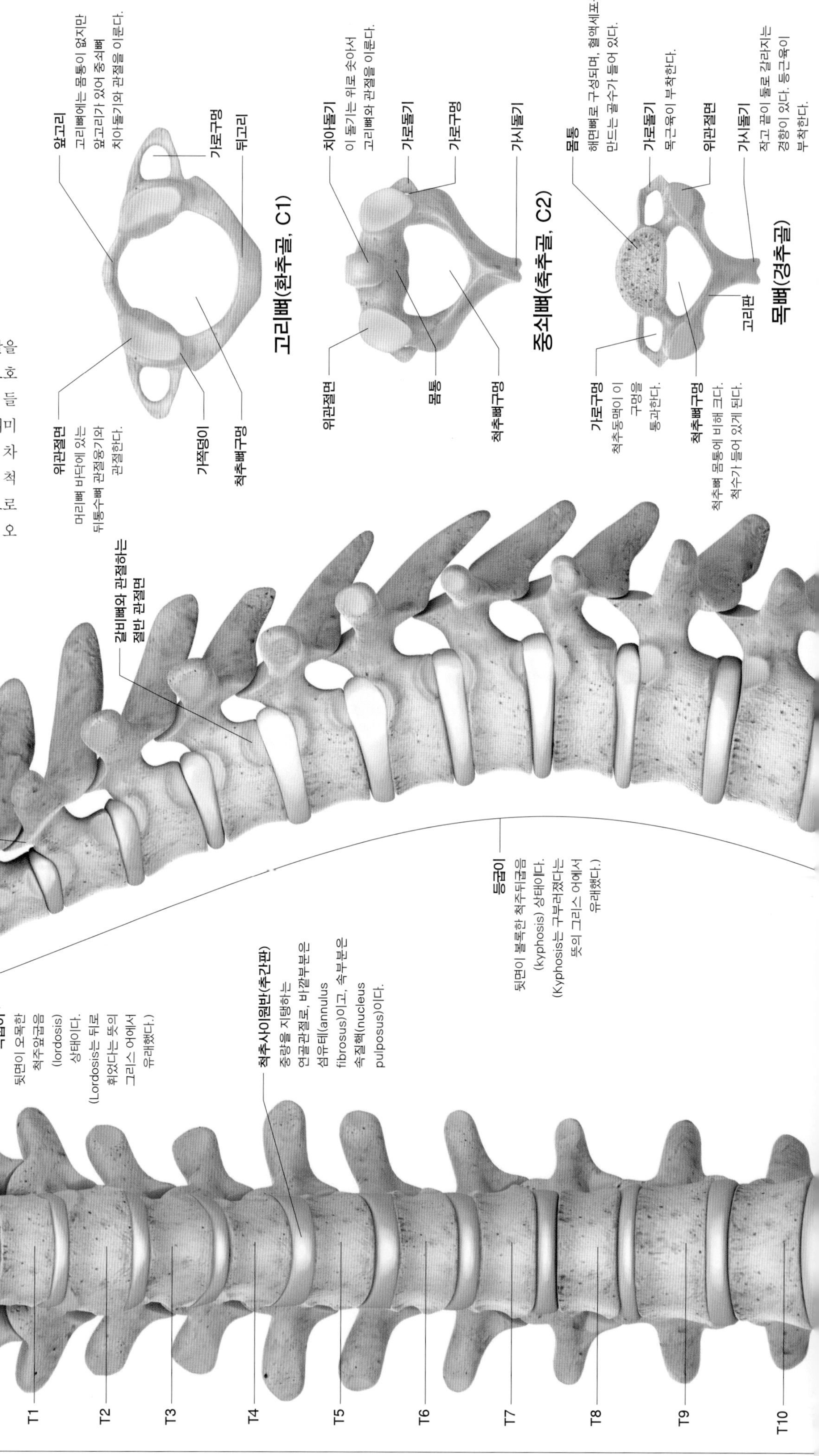
고리뼈(환추골, C1)
앞고리
고리뼈에는 몸통이 없지만 앞고리가 있어 중쇠뼈 치아돌기와 관절을 이룬다.
가로구멍
뒤고리
위관절면
머리뼈 바닥에 있는 뒤통수뼈 관절융기와 관절한다.
가쪽덩이
척추뼈구멍
중쇠뼈(축추골, C2)
치아돌기
이 돌기는 위로 솟아서 고리뼈와 관절을 이룬다.
가로돌기
가로구멍
가시돌기
위관절면
몸통
척추뼈구멍
목뼈(경추골)
몸통
해면뼈로 구성되며, 혈액세포를 만드는 골수가 들어 있다.
가로돌기
목근육이 부착한다.
위관절면
가시돌기
작고 끝이 둘로 갈라지는 경향이 있다. 등근육이 부착한다.
고리판
가로구멍
척추동맥이 이 구멍을 통과한다.
척추뼈구멍
척추뼈 몸통에 비해 크다. 척수가 들어 있게 된다.
갈비뼈와 관절하는 절반 관절면
척추사이구멍
서로 이웃한 위아래 척추뼈 사이에 있는 구멍으로, 척수신경이 이 구멍을 통해 나온다.
위관절돌기
등굽이
뒷면이 볼록한 척추뒤굽음(kyphosis) 상태이다. (Kyphosis는 구부러졌다는 뜻의 그리스 어에서 유래했다.)
목굽이
뒷면이 오목한 척추앞굽음(lordosis) 상태이다. (Lordosis는 뒤로 휘었다는 뜻의 그리스 어에서 유래했다.)
척추사이원반(추간판)
충격을 지탱하는 연골관절로, 바깥부분은 섬유테(annulus fibrosus)이고, 속부분은 속질핵(nucleus pulposus)이다.
C1 (고리뼈)
C2 (중쇠뼈)
C3
C4
C5
C6
C7
T1
T2
T3
T4
T5
T6
T7
T8
T9
T10

목척주(경추)
(목에서는 일곱 척추뼈가 척주를 이룬다.)

등척주(흉추)
(가슴에서는 열두 척추뼈가 척주를 이룬다.)

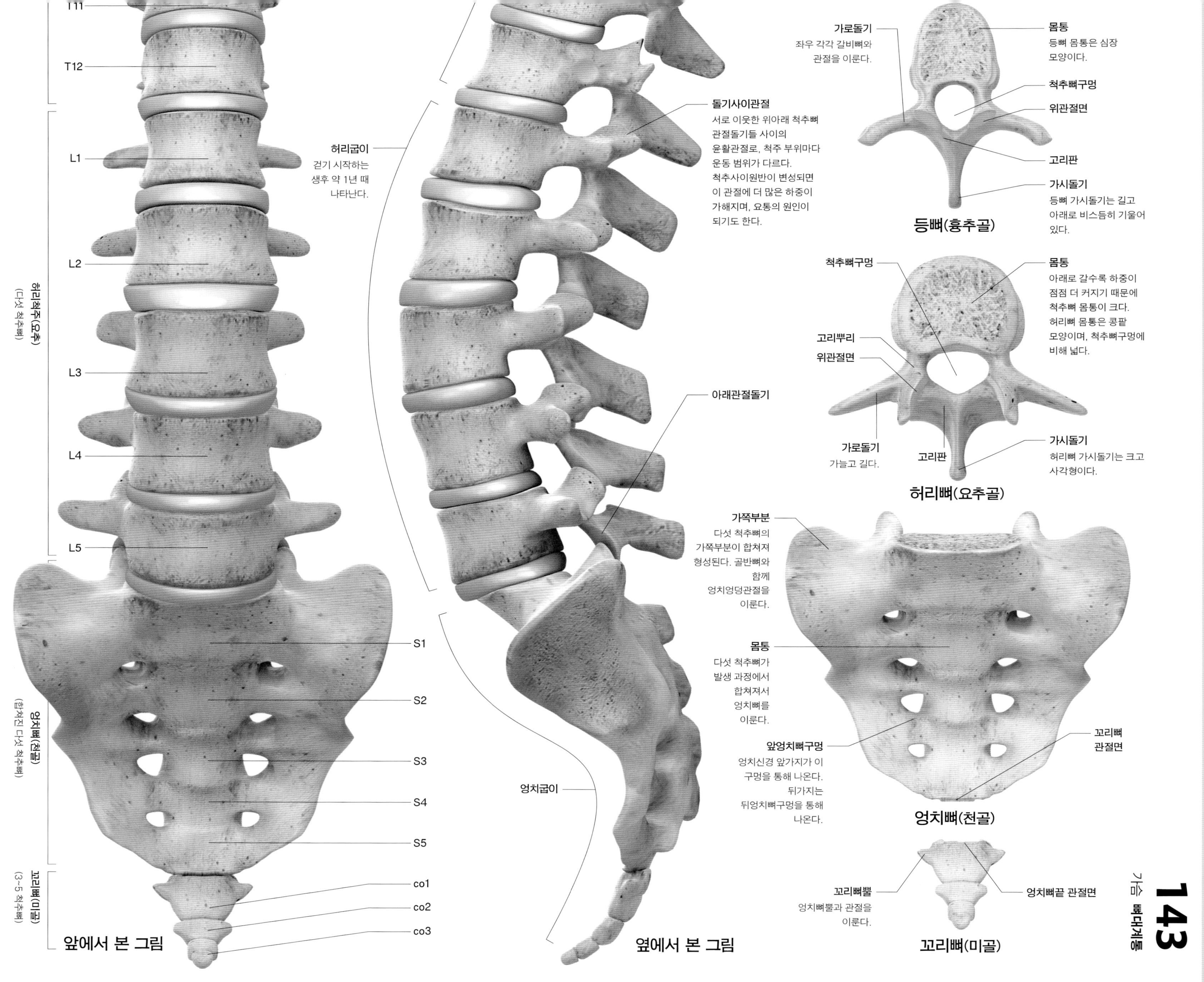
T11
T12
L1
L2
L3
L4
L5
S1
S2
S3
S4
S5
co1
co2
co3
허리척주(요추)
(다섯 척추뼈)
엉치뼈(천골)
(합쳐진 다섯 척추뼈)
꼬리뼈(미골)
(3~5 척추뼈)
앞에서 본 그림
허리굽이
걷기 시작하는 생후 약 1년 때 나타난다.
돌기사이관절
서로 이웃한 위아래 척추뼈 관절돌기들 사이의 윤활관절로, 척주 부위마다 운동 범위가 다르다. 척추사이원반이 변성되면 이 관절에 더 많은 하중이 가해지며, 요통의 원인이 되기도 한다.
아래관절돌기
엉치굽이
옆에서 본 그림
가로돌기
좌우 각각 갈비뼈와 관절을 이룬다.
몸통
등뼈 몸통은 심장 모양이다.
척추뼈구멍
위관절면
고리판
가시돌기
등뼈 가시돌기는 길고 아래로 비스듬히 기울어 있다.
등뼈(흉추골)
척추뼈구멍
몸통
아래로 갈수록 하중이 점점 더 커지기 때문에 척추뼈 몸통이 크다. 허리뼈 몸통은 콩팥 모양이며, 척추뼈구멍에 비해 넓다.
고리뿌리
위관절면
가로돌기
가늘고 길다.
고리판
가시돌기
허리뼈 가시돌기는 크고 사각형이다.
허리뼈(요추골)
가쪽부분
다섯 척추뼈의 가쪽부분이 합쳐져 형성된다. 골반뼈와 함께 엉치엉덩관절을 이룬다.
몸통
다섯 척추뼈가 발생 과정에서 합쳐져서 엉치뼈를 이룬다.
앞엉치뼈구멍
엉치신경 앞가지가 이 구멍을 통해 나온다. 뒤가지는 뒤엉치뼈구멍을 통해 나온다.
꼬리뼈 관절면
엉치뼈(천골)
꼬리뼈뿔
엉치뼈뿔과 관절을 이룬다.
엉치뼈끝 관절면
꼬리뼈(미골)

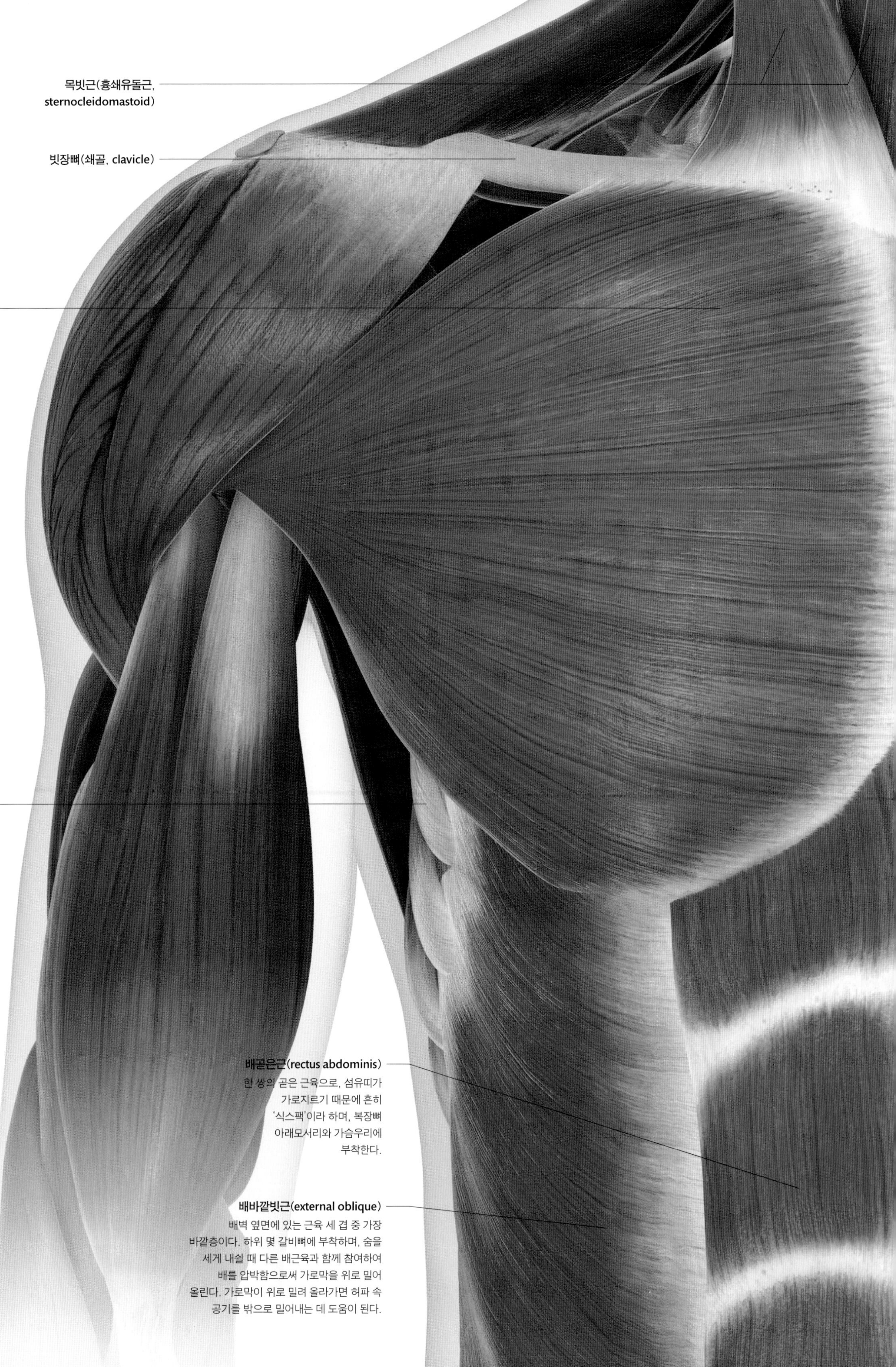
목빗근(흉쇄유돌근,
sternocleidomastoid)
빗장뼈(쇄골, clavicle)
큰가슴근
(대흉근, pectoralis major)
이는곳은 빗장뼈와 복장뼈와
갈비뼈이며, 닿는곳은 위팔뼈의
윗부분이다. 숨을 깊이 들이마실 때
갈비뼈를 위 및 바깥으로 끌어당긴다.
앞톱니근(serratus anterior)
손가락처럼 생긴 부분이 상위
8~9개 갈비뼈에 부착된다.
배곧은근(rectus abdominis)
한 쌍의 곧은 근육으로, 섬유띠가
가로지르기 때문에 흔히
'식스팩'이라 하며, 복장뼈
아래모서리와 가슴우리에
부착한다.
배바깥빗근(external oblique)
배벽 옆면에 있는 근육 세 겹 중 가장
바깥층이다. 하위 몇 갈비뼈에 부착하며, 숨을
세게 내쉴 때 다른 배근육과 함께 참여하여
배를 압박함으로써 가로막을 위로 밀어
올린다. 가로막이 위로 밀려 올라가면 허파 속
공기를 밖으로 밀어내는 데 도움이 된다.

앞에서 본 그림
얕은 층

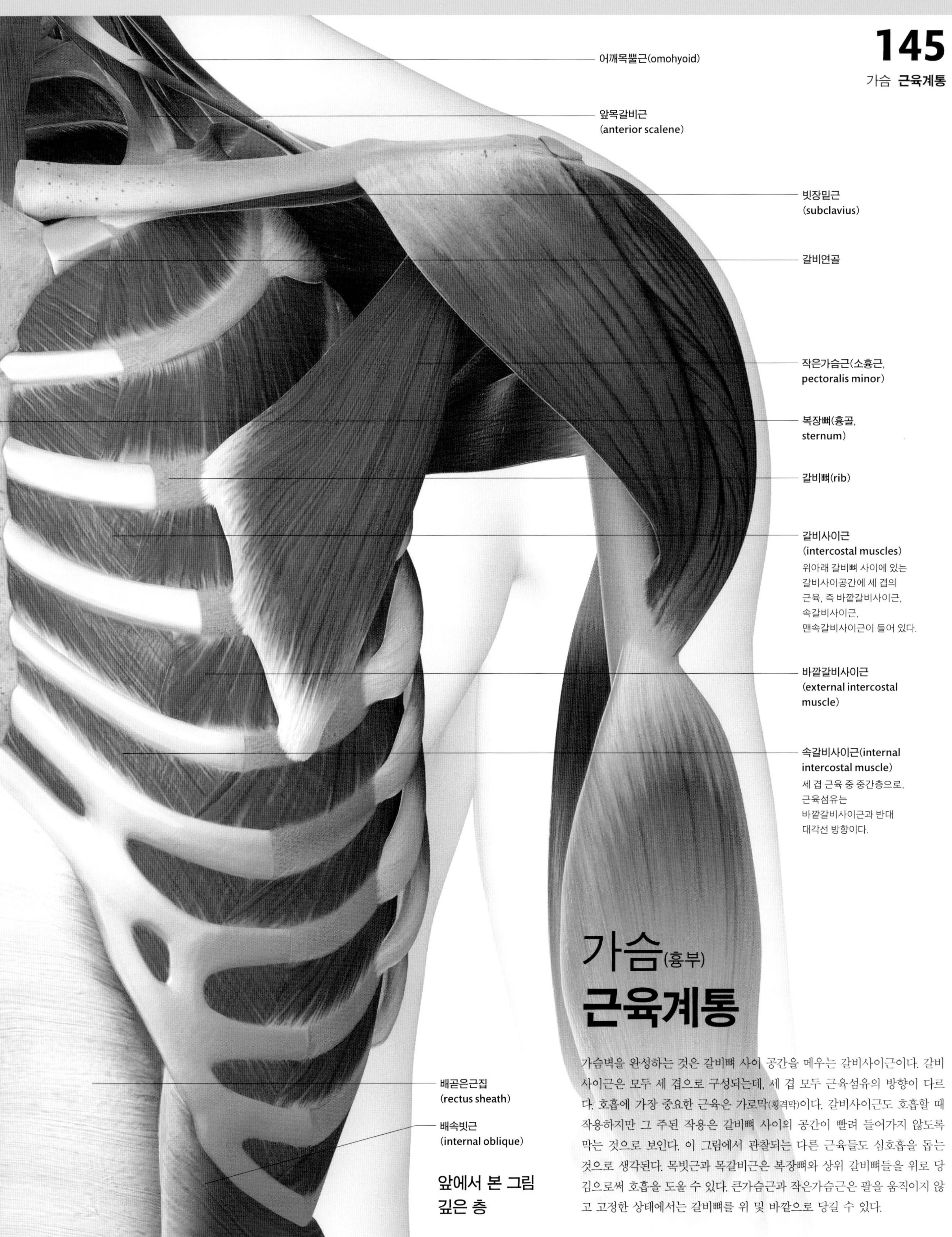
어깨목뿔근(omohyoid)
앞목갈비근
(anterior scalene)
빗장밑근
(subclavius)
갈비연골
작은가슴근(소흉근,
pectoralis minor)
복장뼈(흉골,
sternum)
갈비뼈(rib)
갈비사이근
(intercostal muscles)
위아래 갈비뼈 사이에 있는
갈비사이공간에 세 겹의
근육, 즉 바깥갈비사이근,
속갈비사이근,
맨속갈비사이근이 들어 있다.
바깥갈비사이근
(external intercostal
muscle)
속갈비사이근(internal
intercostal muscle)
세 겹 근육 중 중간층으로,
근육섬유는
바깥갈비사이근과 반대
대각선 방향이다.
배곧은근집
(rectus sheath)
배속빗근
(internal oblique)

앞에서 본 그림
깊은 층

가슴(흉부) 근육계통

가슴벽을 완성하는 것은 갈비뼈 사이 공간을 메우는 갈비사이근이다. 갈비사이근은 모두 세 겹으로 구성되는데, 세 겹 모두 근육섬유의 방향이 다르다. 호흡에 가장 중요한 근육은 가로막(횡격막)이다. 갈비사이근도 호흡할 때 작용하지만 그 주된 작용은 갈비뼈 사이의 공간이 빨려 들어가지 않도록 막는 것으로 보인다. 이 그림에서 관찰되는 다른 근육들도 심호흡을 돕는 것으로 생각된다. 목빗근과 목갈비근은 복장뼈와 상위 갈비뼈들을 위로 당김으로써 호흡을 도울 수 있다. 큰가슴근과 작은가슴근은 팔을 움직이지 않고 고정한 상태에서는 갈비뼈를 위 및 바깥으로 당길 수 있다.

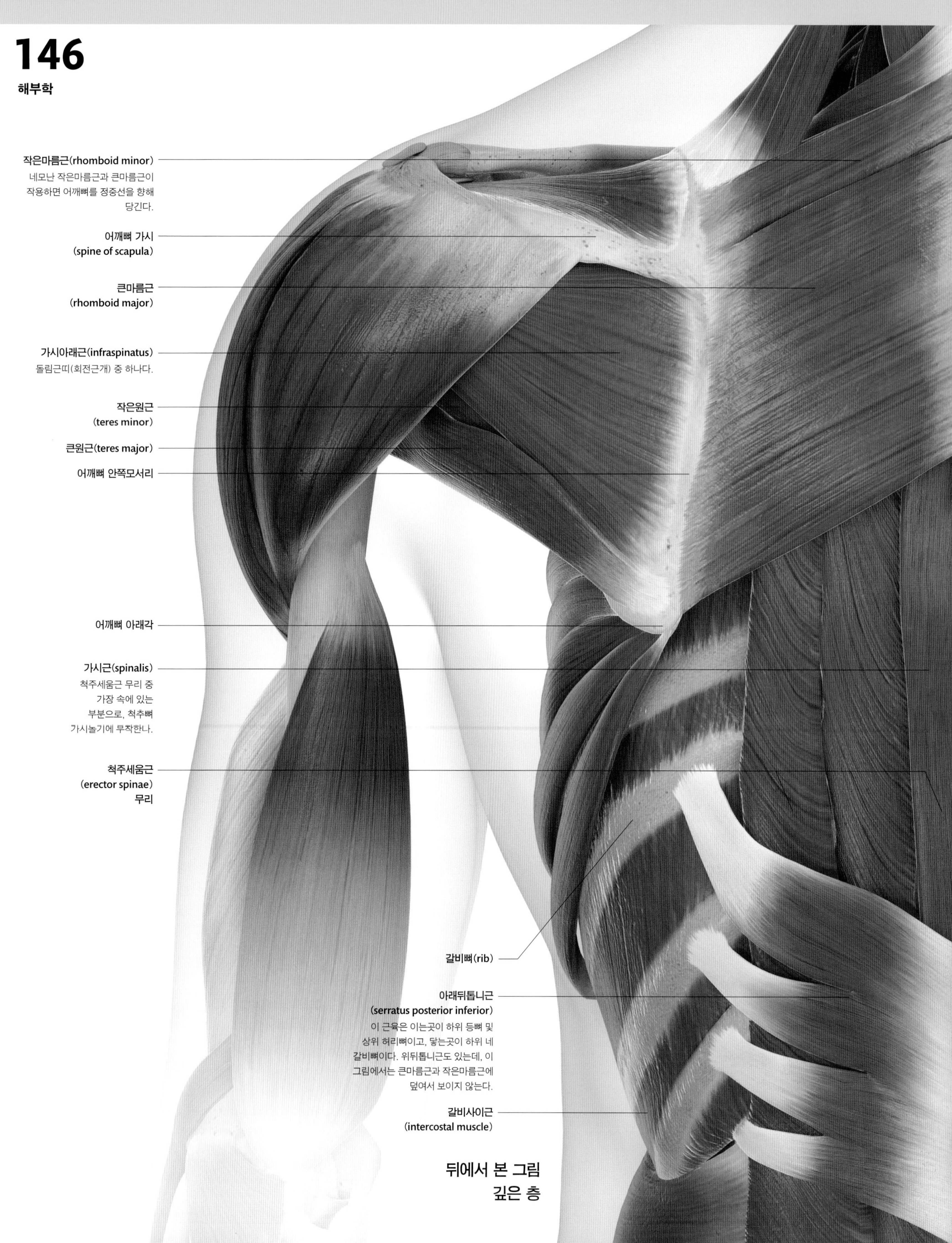
작은마름근(rhomboid minor)
네모난 작은마름근과 큰마름근이 작용하면 어깨뼈를 정중선을 향해 당긴다.
어깨뼈 가시 (spine of scapula)
큰마름근 (rhomboid major)
가시아래근(infraspinatus)
돌림근띠(회전근개) 중 하나다.
작은원근 (teres minor)
큰원근(teres major)
어깨뼈 안쪽모서리
어깨뼈 아래각
가시근(spinalis)
척주세움근 무리 중 가장 속에 있는 부분으로, 척추뼈 가시돌기에 부착한다.
척주세움근 (erector spinae) 무리
갈비뼈(rib)
아래뒤톱니근 (serratus posterior inferior)
이 근육은 이는곳이 하위 등뼈 및 상위 허리뼈이고, 닿는곳이 하위 네 갈비뼈이다. 위뒤톱니근도 있는데, 이 그림에서는 큰마름근과 작은마름근에 덮여서 보이지 않는다.
갈비사이근 (intercostal muscle)
뒤에서 본 그림
깊은 층

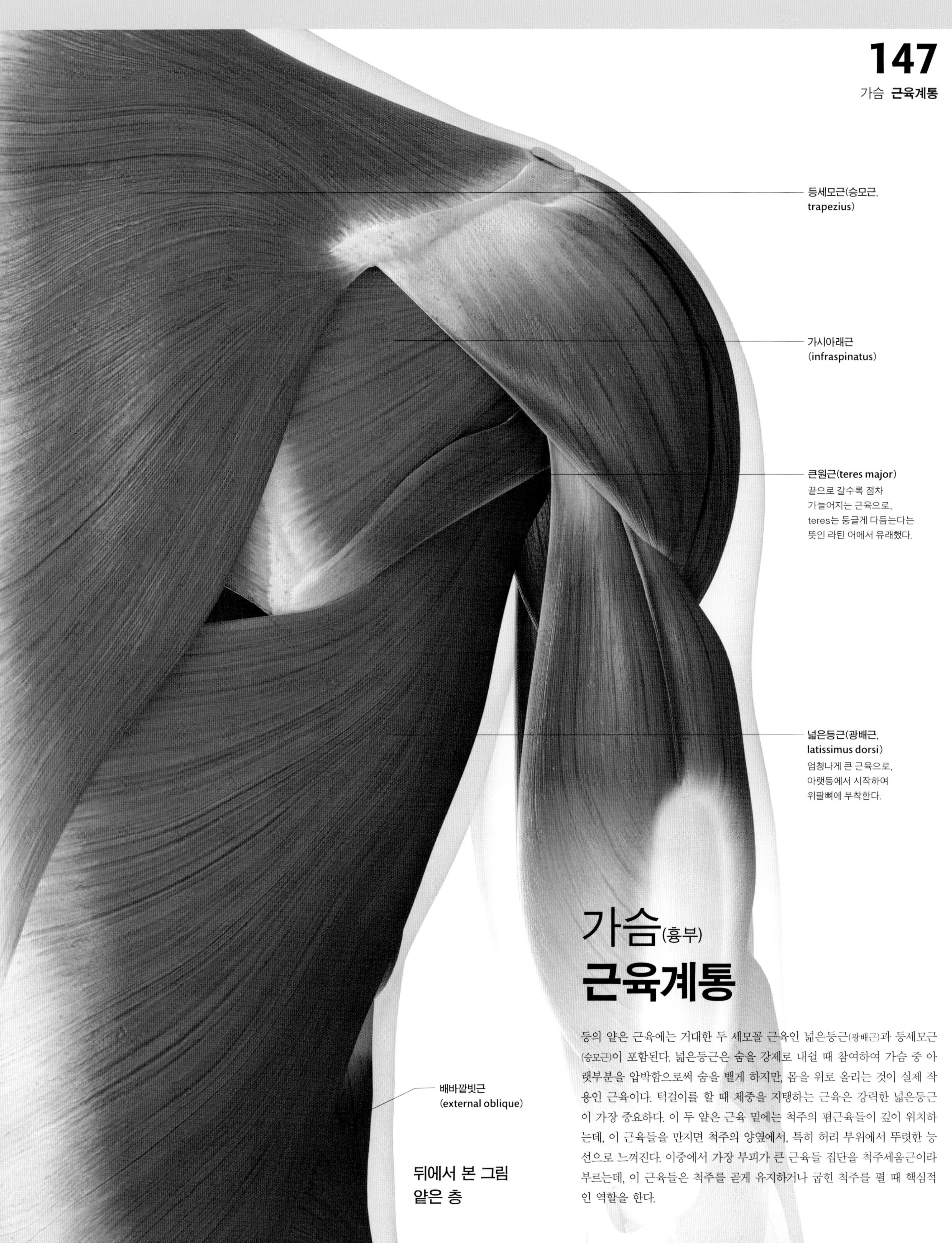
등세모근(승모근, trapezius)
가시아래근 (infraspinatus)
큰원근(teres major)
끝으로 갈수록 점차 가늘어지는 근육으로, teres는 둥글게 다듬는다는 뜻인 라틴 어에서 유래했다.
넓은등근(광배근, latissimus dorsi)
엄청나게 큰 근육으로, 아랫등에서 시작하여 위팔뼈에 부착한다.
배바깥빗근 (external oblique)

뒤에서 본 그림
얕은 층

가슴(흉부) 근육계통

등의 얕은 근육에는 거대한 두 세모꼴 근육인 넓은등근(광배근)과 등세모근(승모근)이 포함된다. 넓은등근은 숨을 강제로 내쉴 때 참여하여 가슴 중 아랫부분을 압박함으로써 숨을 뱉게 하지만, 몸을 위로 올리는 것이 실제 작용인 근육이다. 턱걸이를 할 때 체중을 지탱하는 근육은 강력한 넓은등근이 가장 중요하다. 이 두 얕은 근육 밑에는 척주의 폄근육들이 깊이 위치하는데, 이 근육들을 만지면 척주의 양옆에서, 특히 허리 부위에서 뚜렷한 능선으로 느껴진다. 이중에서 가장 부피가 큰 근육들 집단을 척주세움근이라 부르는데, 이 근육들은 척주를 곧게 유지하거나 굽힌 척주를 펼 때 핵심적인 역할을 한다.

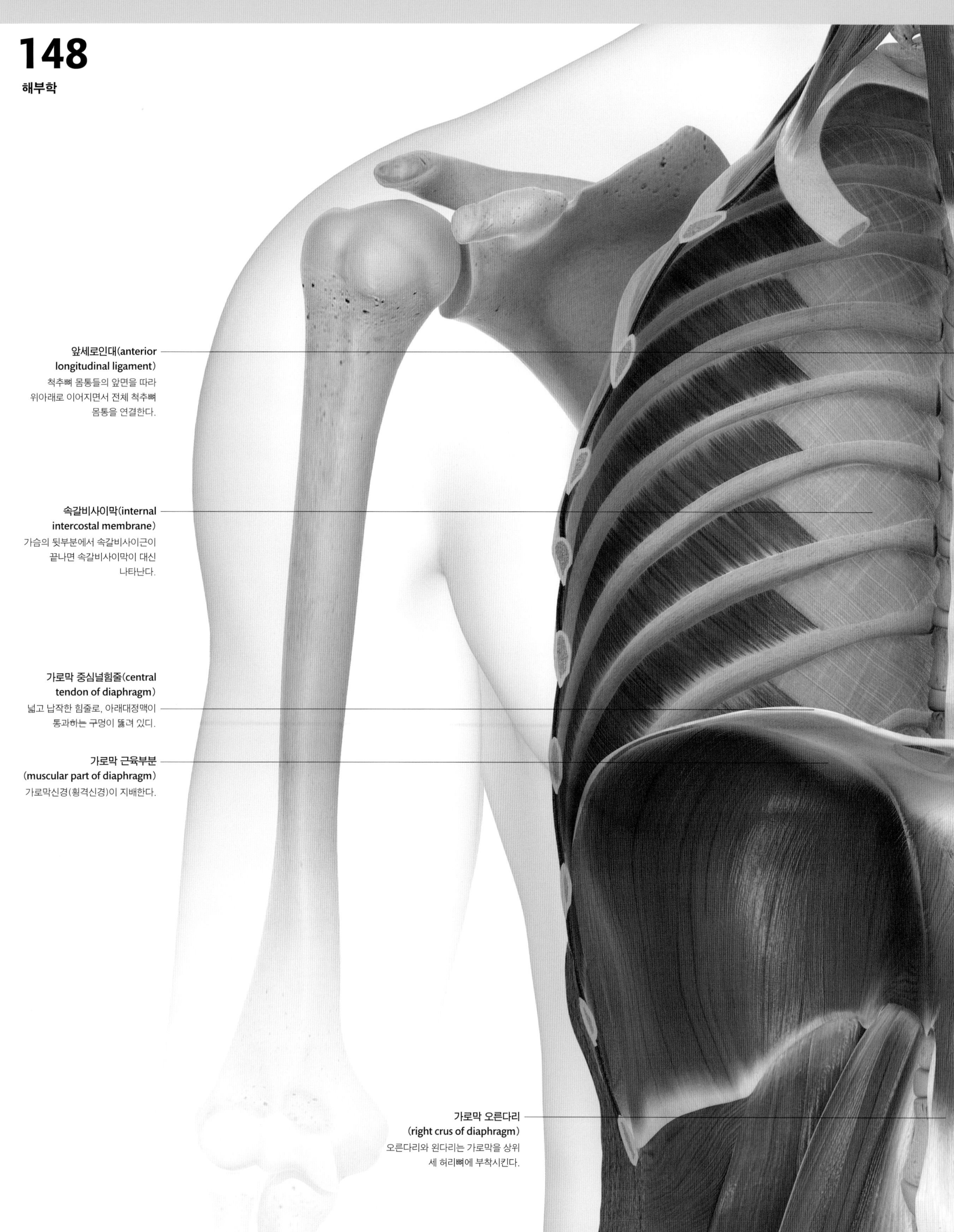
앞세로인대(anterior longitudinal ligament)
척추뼈 몸통들의 앞면을 따라 위아래로 이어지면서 전체 척추뼈 몸통을 연결한다.
속갈비사이막(internal intercostal membrane)
가슴의 뒷부분에서 속갈비사이근이 끝나면 속갈비사이막이 대신 나타난다.
가로막 중심널힘줄(central tendon of diaphragm)
넓고 납작한 힘줄로, 아래대정맥이 통과하는 구멍이 뚫려 있다.
가로막 근육부분 (muscular part of diaphragm)
가로막신경(횡격신경)이 지배한다.
가로막 오른다리 (right crus of diaphragm)
오른다리와 왼다리는 가로막을 상위 세 허리뼈에 부착시킨다.

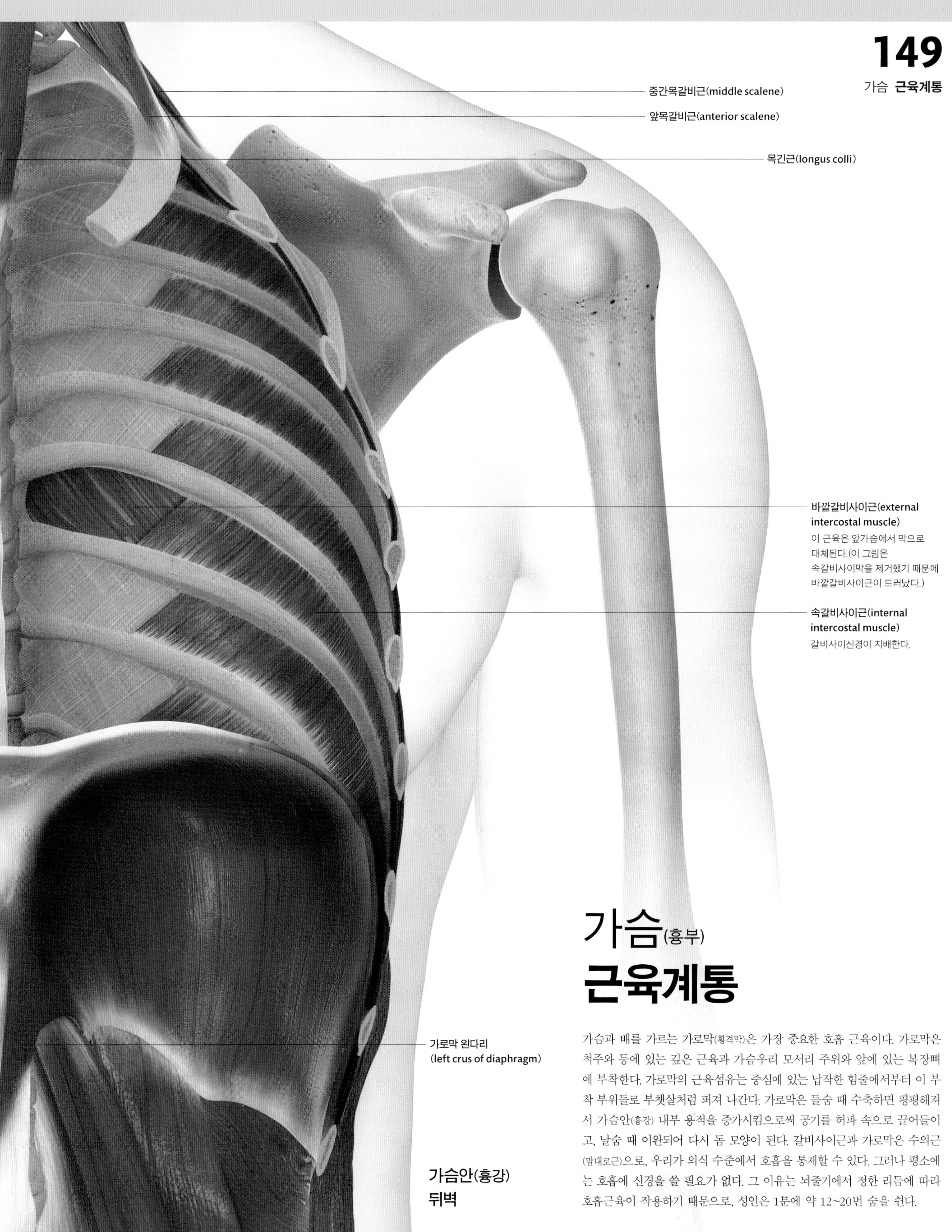
중간목갈비근(middle scalene)
앞목갈비근(anterior scalene)
목긴근(longus colli)
바깥갈비사이근(external intercostal muscle)
이 근육은 앞가슴에서 막으로 대체된다.(이 그림은 속갈비사이막을 제거했기 때문에 바깥갈비사이근이 드러났다.)
속갈비사이근(internal intercostal muscle)
갈비사이신경이 지배한다.
가로막 왼다리 (left crus of diaphragm)

가슴안(흉강) 뒤벽

가슴(흉부) 근육계통

가슴과 배를 가르는 가로막(횡격막)은 가장 중요한 호흡 근육이다. 가로막은 척주와 등에 있는 깊은 근육과 가슴우리 모서리 주위와 앞에 있는 복장뼈에 부착한다. 가로막의 근육섬유는 중심에 있는 납작한 힘줄에서부터 이 부착 부위들로 부챗살처럼 퍼져 나간다. 가로막은 들숨 때 수축하면 평평해져서 가슴안(흉강) 내부 용적을 증가시킴으로써 공기를 허파 속으로 끌어들이고, 날숨 때 이완되어 다시 돔 모양이 된다. 갈비사이근과 가로막은 수의근(맘대로근)으로, 우리가 의식 수준에서 호흡을 통제할 수 있다. 그러나 평소에는 호흡에 신경을 쓸 필요가 없다. 그 이유는 뇌줄기에서 정한 리듬에 따라 호흡근육이 작용하기 때문으로, 성인은 1분에 약 12~20번 숨을 쉰다.

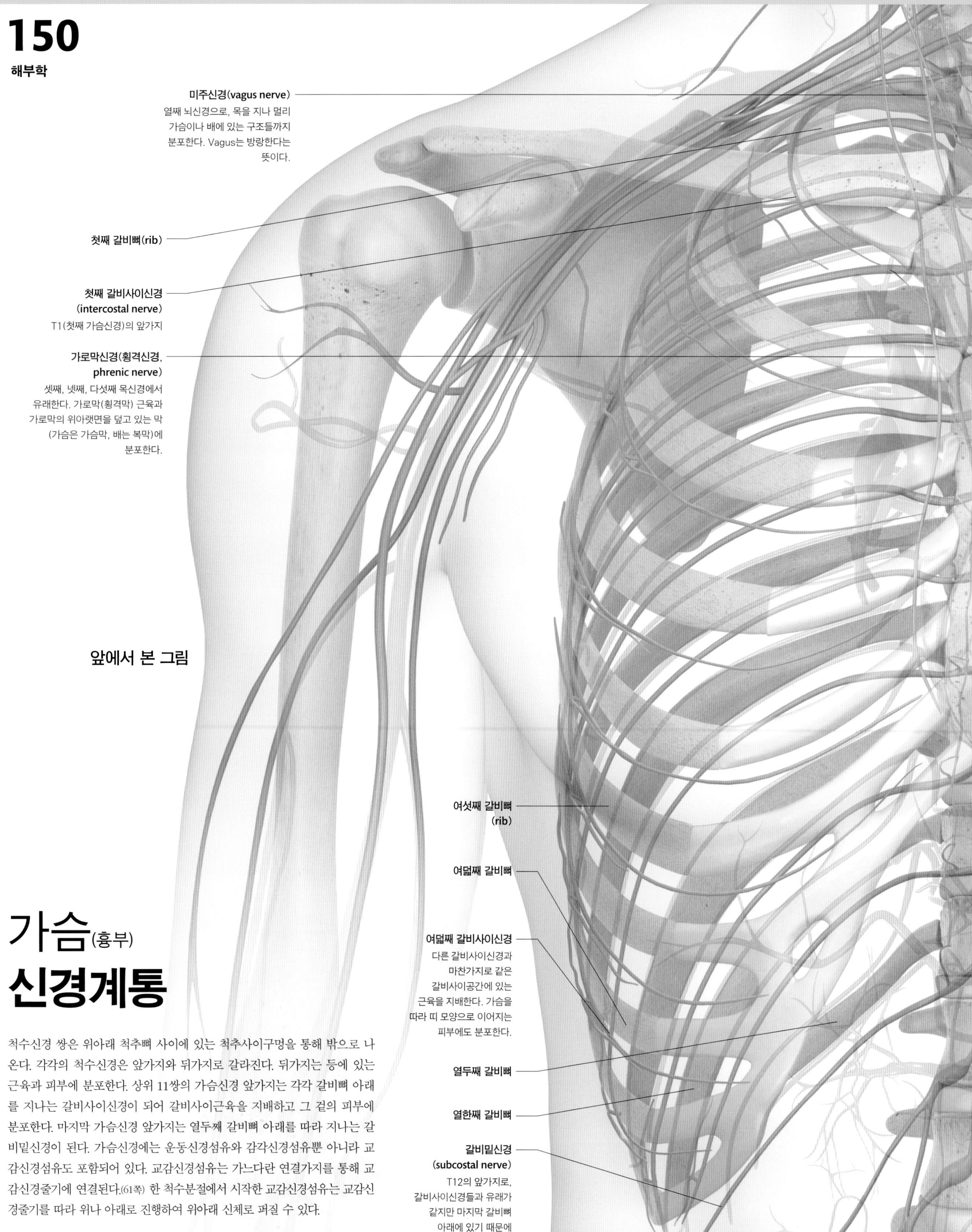
미주신경(vagus nerve)
열째 뇌신경으로, 목을 지나 멀리 가슴이나 배에 있는 구조들까지 분포한다. Vagus는 방랑한다는 뜻이다.
첫째 갈비뼈(rib)
첫째 갈비사이신경 (intercostal nerve)
T1(첫째 가슴신경)의 앞가지
가로막신경(횡격신경, phrenic nerve)
셋째, 넷째, 다섯째 목신경에서 유래한다. 가로막(횡격막) 근육과 가로막의 위아랫면을 덮고 있는 막(가슴은 가슴막, 배는 복막)에 분포한다.
앞에서 본 그림
여섯째 갈비뼈 (rib)
여덟째 갈비뼈
여덟째 갈비사이신경
다른 갈비사이신경과 마찬가지로 같은 갈비사이공간에 있는 근육을 지배한다. 가슴을 따라 띠 모양으로 이어지는 피부에도 분포한다.
열두째 갈비뼈
열한째 갈비뼈
갈비밑신경 (subcostal nerve)
T12의 앞가지로, 갈비사이신경들과 유래가 같지만 마지막 갈비뼈 아래에 있기 때문에 갈비밑신경이라 한다.

가슴(흉부) 신경계통

척수신경 쌍은 위아래 척추뼈 사이에 있는 척추사이구멍을 통해 밖으로 나온다. 각각의 척수신경은 앞가지와 뒤가지로 갈라진다. 뒤가지는 등에 있는 근육과 피부에 분포한다. 상위 11쌍의 가슴신경 앞가지는 각각 갈비뼈 아래를 지나는 갈비사이신경이 되어 갈비사이근육을 지배하고 그 겉의 피부에 분포한다. 마지막 가슴신경 앞가지는 열두째 갈비뼈 아래를 따라 지나는 갈비밑신경이 된다. 가슴신경에는 운동신경섬유와 감각신경섬유뿐 아니라 교감신경섬유도 포함되어 있다. 교감신경섬유는 가느다란 연결가지를 통해 교감신경줄기에 연결된다.(61쪽) 한 척수분절에서 시작한 교감신경섬유는 교감신경줄기를 따라 위나 아래로 진행하여 위아래 신체로 퍼질 수 있다.

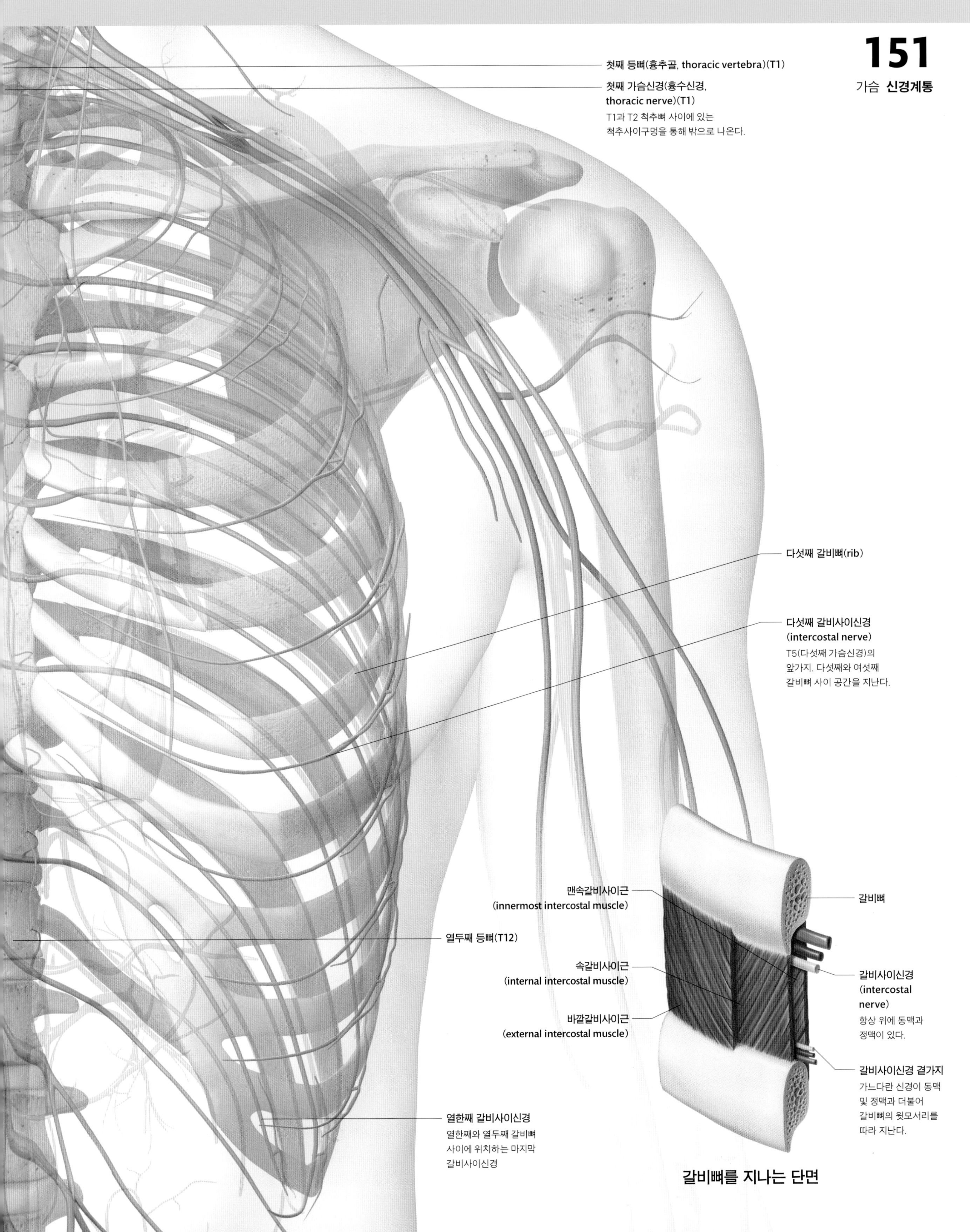
첫째 등뼈(흉추골, thoracic vertebra)(T1)
첫째 가슴신경(흉수신경, thoracic nerve)(T1)
T1과 T2 척추뼈 사이에 있는 척추사이구멍을 통해 밖으로 나온다.
다섯째 갈비뼈(rib)
다섯째 갈비사이신경 (intercostal nerve)
T5(다섯째 가슴신경)의 앞가지. 다섯째와 여섯째 갈비뼈 사이 공간을 지난다.
맨속갈비사이근 (innermost intercostal muscle)
갈비뼈
열두째 등뼈(T12)
속갈비사이근 (internal intercostal muscle)
갈비사이신경 (intercostal nerve)
항상 위에 동맥과 정맥이 있다.
바깥갈비사이근 (external intercostal muscle)
갈비사이신경 곁가지
가느다란 신경이 동맥 및 정맥과 더불어 갈비뼈의 윗모서리를 따라 지난다.
열한째 갈비사이신경
열한째와 열두째 갈비뼈 사이에 위치하는 마지막 갈비사이신경

갈비뼈를 지나는 단면

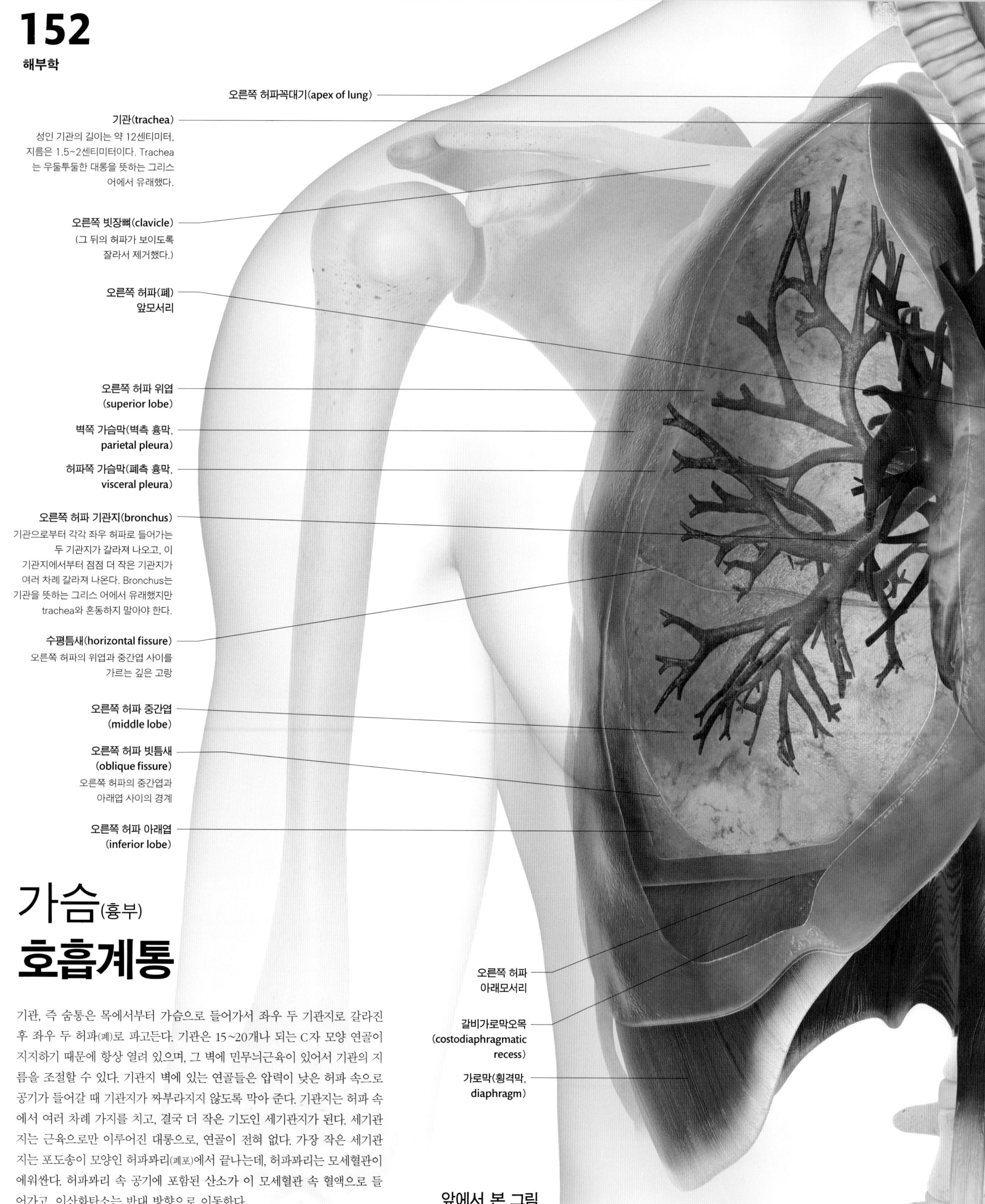
오른쪽 허파꼭대기(apex of lung)
기관(trachea)
성인 기관의 길이는 약 12센티미터, 지름은 1.5~2센티미터이다. Trachea는 우둘투둘한 대롱을 뜻하는 그리스어에서 유래했다.
오른쪽 빗장뼈(clavicle)
(그 뒤의 허파가 보이도록 잘라서 제거했다.)
오른쪽 허파(폐) 앞모서리
오른쪽 허파 위엽 (superior lobe)
벽쪽 가슴막(벽측 흉막, parietal pleura)
허파쪽 가슴막(폐측 흉막, visceral pleura)
오른쪽 허파 기관지(bronchus)
기관으로부터 각각 좌우 허파로 들어가는 두 기관지가 갈라져 나오고, 이 기관지에서부터 점점 더 작은 기관지가 여러 차례 갈라져 나온다. Bronchus는 기관을 뜻하는 그리스 어에서 유래했지만 trachea와 혼동하지 말아야 한다.
수평틈새(horizontal fissure)
오른쪽 허파의 위엽과 중간엽 사이를 가르는 깊은 고랑
오른쪽 허파 중간엽 (middle lobe)
오른쪽 허파 빗틈새 (oblique fissure)
오른쪽 허파의 중간엽과 아래엽 사이의 경계
오른쪽 허파 아래엽 (inferior lobe)
오른쪽 허파 아래모서리
갈비가로막오목 (costodiaphragmatic recess)
가로막(횡격막, diaphragm)

가슴(흉부)
호흡계통

기관, 즉 숨통은 목에서부터 가슴으로 들어가서 좌우 두 기관지로 갈라진 후 좌우 두 허파(폐)로 파고든다. 기관은 15~20개나 되는 C자 모양 연골이 지지하기 때문에 항상 열려 있으며, 그 벽에 민무늬근육이 있어서 기관의 지름을 조절할 수 있다. 기관지 벽에 있는 연골들은 압력이 낮은 허파 속으로 공기가 들어갈 때 기관지가 짜부라지지 않도록 막아 준다. 기관지는 허파 속에서 여러 차례 가지를 치고, 결국 더 작은 기도인 세기관지가 된다. 세기관지는 근육으로만 이루어진 대롱으로, 연골이 전혀 없다. 가장 작은 세기관지는 포도송이 모양인 허파꽈리(폐포)에서 끝나는데, 허파꽈리는 모세혈관이 에워싼다. 허파꽈리 속 공기에 포함된 산소가 이 모세혈관 속 혈액으로 들어가고, 이산화탄소는 반대 방향으로 이동한다.

앞에서 본 그림

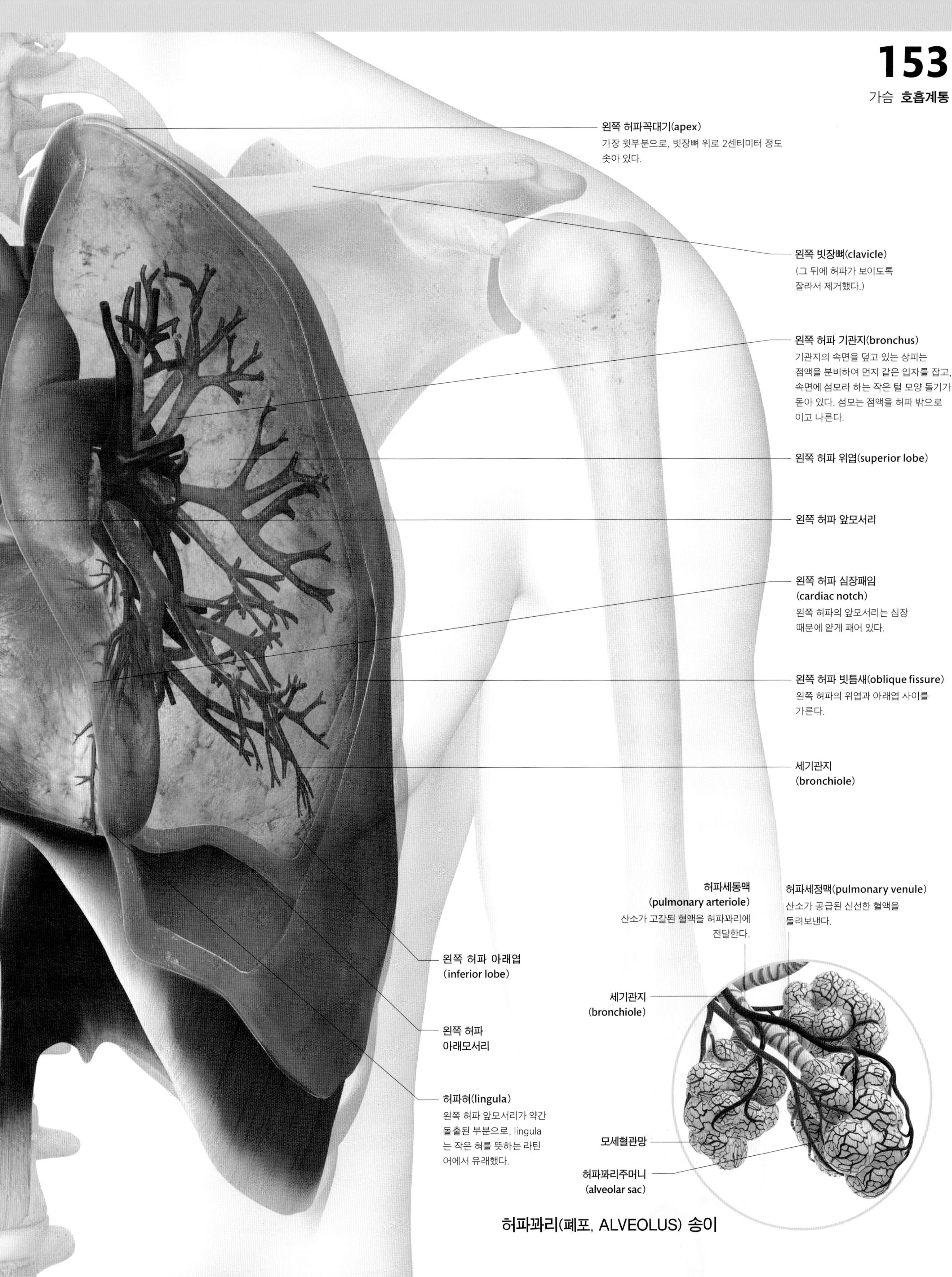
왼쪽 허파꼭대기(apex)
가장 윗부분으로, 빗장뼈 위로 2센티미터 정도 솟아 있다.
왼쪽 빗장뼈(clavicle)
(그 뒤에 허파가 보이도록 잘라서 제거했다.)
왼쪽 허파 기관지(bronchus)
기관지의 속면을 덮고 있는 상피는 점액을 분비하여 먼지 같은 입자를 잡고, 속면에 섬모라 하는 작은 털 모양 돌기가 돋아 있다. 섬모는 점액을 허파 밖으로 이고 나른다.
왼쪽 허파 위엽(superior lobe)
왼쪽 허파 앞모서리
왼쪽 허파 심장패임 (cardiac notch)
왼쪽 허파의 앞모서리는 심장 때문에 얕게 패어 있다.
왼쪽 허파 빗틈새(oblique fissure)
왼쪽 허파의 위엽과 아래엽 사이를 가른다.
세기관지 (bronchiole)
왼쪽 허파 아래엽 (inferior lobe)
왼쪽 허파 아래모서리
허파혀(lingula)
왼쪽 허파 앞모서리가 약간 돌출된 부분으로, lingula는 작은 혀를 뜻하는 라틴어에서 유래했다.
허파세동맥 (pulmonary arteriole)
산소가 고갈된 혈액을 허파꽈리에 전달한다.
허파세정맥(pulmonary venule)
산소가 공급된 신선한 혈액을 돌려보낸다.
세기관지 (bronchiole)
모세혈관망
허파꽈리주머니 (alveolar sac)

허파꽈리(폐포, ALVEOLUS) 송이

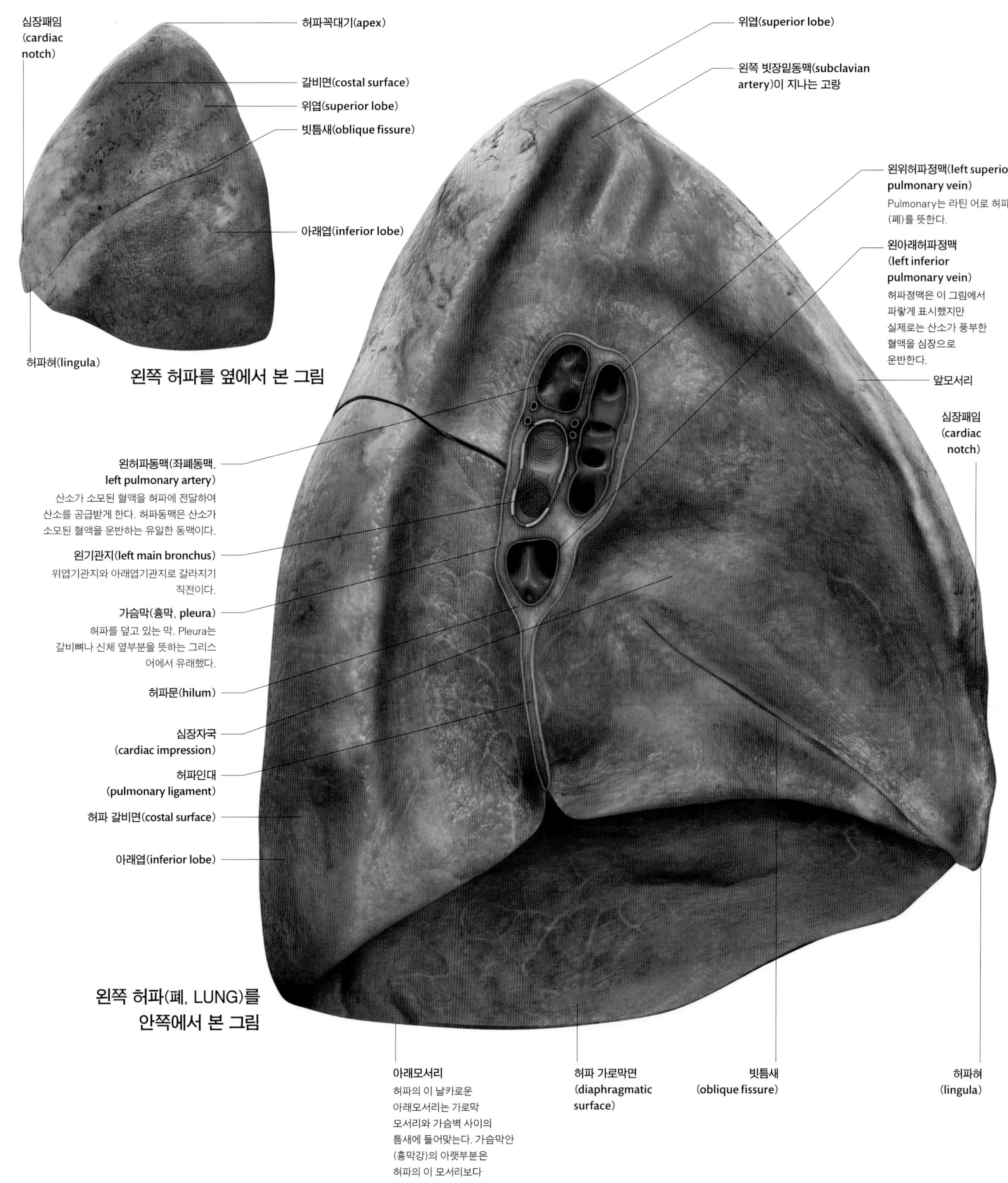
심장패임
(cardiac
notch)
허파꼭대기(apex)
갈비면(costal surface)
위엽(superior lobe)
빗틈새(oblique fissure)
아래엽(inferior lobe)
허파혀(lingula)
위엽(superior lobe)
왼쪽 빗장밑동맥(subclavian
artery)이 지나는 고랑
왼위허파정맥(left superior
pulmonary vein)
Pulmonary는 라틴 어로 허파
(폐)를 뜻한다.
왼아래허파정맥
(left inferior
pulmonary vein)
허파정맥은 이 그림에서
파랗게 표시했지만
실제로는 산소가 풍부한
혈액을 심장으로
운반한다.
앞모서리
심장패임
(cardiac
notch)
왼허파동맥(좌폐동맥,
left pulmonary artery)
산소가 소모된 혈액을 허파에 전달하여
산소를 공급받게 한다. 허파동맥은 산소가
소모된 혈액을 운반하는 유일한 동맥이다.
왼기관지(left main bronchus)
위엽기관지와 아래엽기관지로 갈라지기
직전이다.
가슴막(흉막, pleura)
허파를 덮고 있는 막. Pleura는
갈비뼈나 신체 옆부분을 뜻하는 그리스
어에서 유래했다.
허파문(hilum)
심장자국
(cardiac impression)
허파인대
(pulmonary ligament)
허파 갈비면(costal surface)
아래엽(inferior lobe)
아래모서리
허파의 이 날카로운
아래모서리는 가로막
모서리와 가슴벽 사이의
틈새에 들어맞는다. 가슴막안
(흉막강)의 아랫부분은
허파의 이 모서리보다
약 5센티미터 아래까지
이어진다.
허파 가로막면
(diaphragmatic
surface)
빗틈새
(oblique fissure)
허파혀
(lingula)

왼쪽 허파를 옆에서 본 그림

왼쪽 허파(폐, LUNG)를
안쪽에서 본 그림

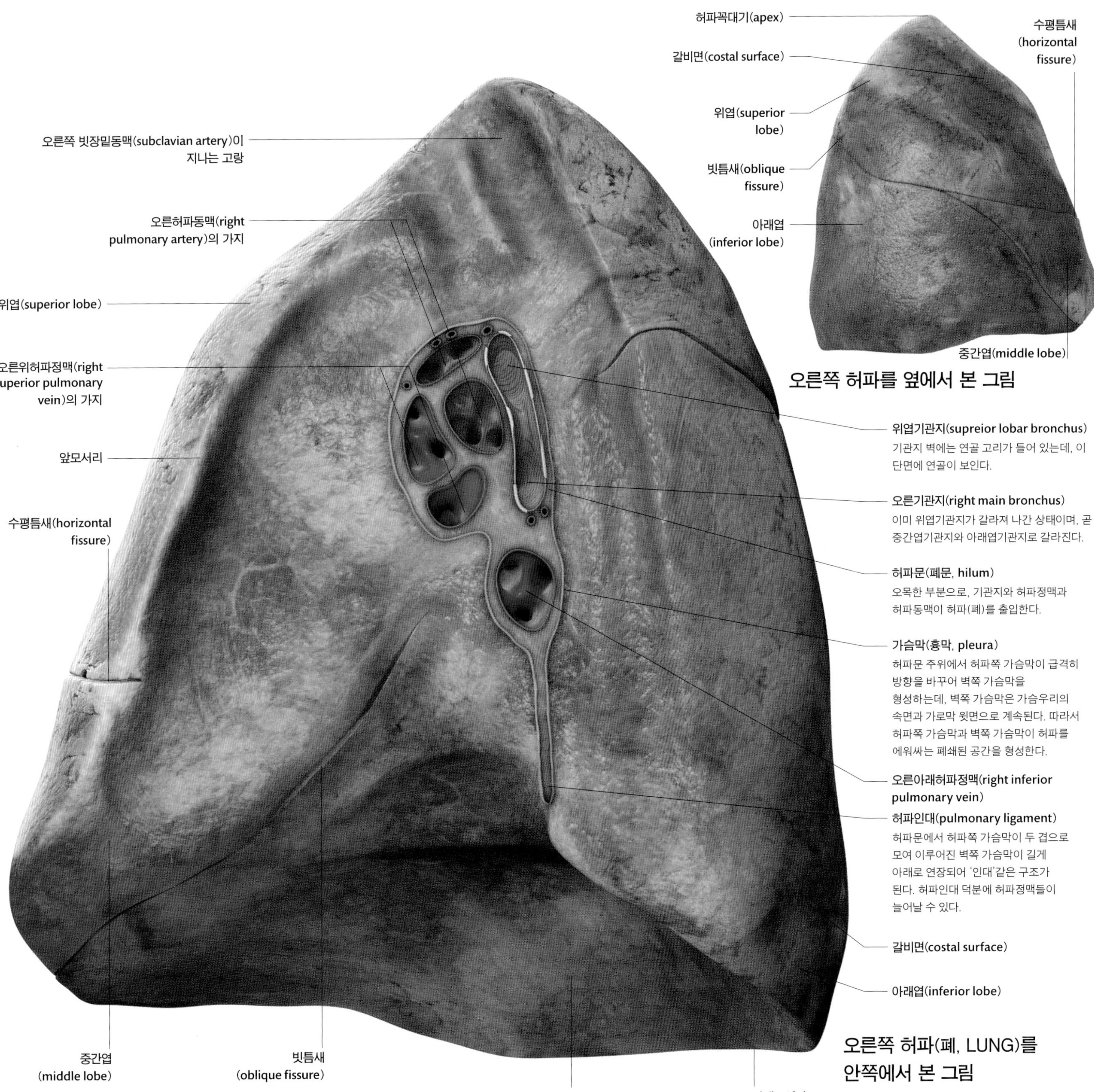
허파꼭대기(apex)
갈비면(costal surface)
수평틈새(horizontal fissure)
위엽(superior lobe)
빗틈새(oblique fissure)
아래엽(inferior lobe)
중간엽(middle lobe)
오른쪽 허파를 옆에서 본 그림
오른쪽 빗장밑동맥(subclavian artery)이 지나는 고랑
오른허파동맥(right pulmonary artery)의 가지
위엽(superior lobe)
오른위허파정맥(right superior pulmonary vein)의 가지
앞모서리
수평틈새(horizontal fissure)
위엽기관지(supreior lobar bronchus)
기관지 벽에는 연골 고리가 들어 있는데, 이 단면에 연골이 보인다.
오른기관지(right main bronchus)
이미 위엽기관지가 갈라져 나간 상태이며, 곧 중간엽기관지와 아래엽기관지로 갈라진다.
허파문(폐문, hilum)
오목한 부분으로, 기관지와 허파정맥과 허파동맥이 허파(폐)를 출입한다.
가슴막(흉막, pleura)
허파문 주위에서 허파쪽 가슴막이 급격히 방향을 바꾸어 벽쪽 가슴막을 형성하는데, 벽쪽 가슴막은 가슴우리의 속면과 가로막 윗면으로 계속된다. 따라서 허파쪽 가슴막과 벽쪽 가슴막이 허파를 에워싸는 폐쇄된 공간을 형성한다.
오른아래허파정맥(right inferior pulmonary vein)
허파인대(pulmonary ligament)
허파문에서 허파쪽 가슴막이 두 겹으로 모여 이루어진 벽쪽 가슴막이 길게 아래로 연장되어 '인대'같은 구조가 된다. 허파인대 덕분에 허파정맥들이 늘어날 수 있다.
갈비면(costal surface)
아래엽(inferior lobe)
중간엽(middle lobe)
빗틈새(oblique fissure)
가로막면(diaphragmatic surface)
아래모서리

오른쪽 허파(폐, LUNG)를 안쪽에서 본 그림

가슴(흉부) 호흡계통

좌우 허파는 가슴안(흉강)의 한쪽 절반에 자리 잡는데, 꼭 끼지는 않고 여유 공간이 있다. 허파의 겉면은 얇은 가슴막(흉막), 즉 허파쪽 가슴막으로 덮여 있으며, 가슴벽 내부는 벽쪽 가슴막으로 덮여 있다. 두 가슴막 사이에는 매끄러운 액체로 이루어진 얇은 막이 있어서 호흡 운동을 할 때 마찰을 줄여 주며, 한편으로는 허파가 갈비뼈와 가로막에 잘 달라붙도록 밀봉하는 봉입액으로 작용한다. 우리가 숨을 들이쉴 때 이 봉입액 덕분에 허파가 모든 방향에 걸쳐 바깥으로 당겨져 늘어나면서 공기가 허파 속으로 빨려 들어간다. 기관지와 혈관은 허파 안쪽면 허파문을 통해 허파로 들어간다. 얼핏 보면 좌우 허파가 비슷하지만 차이가 있다. 왼쪽 허파는 안쪽이 오목하여 심장에 들어맞고, 두 엽뿐이다. 반면에 오른쪽 허파는 엽이 셋이며, 세 엽 사이에 깊은 고랑이 둘 있다.

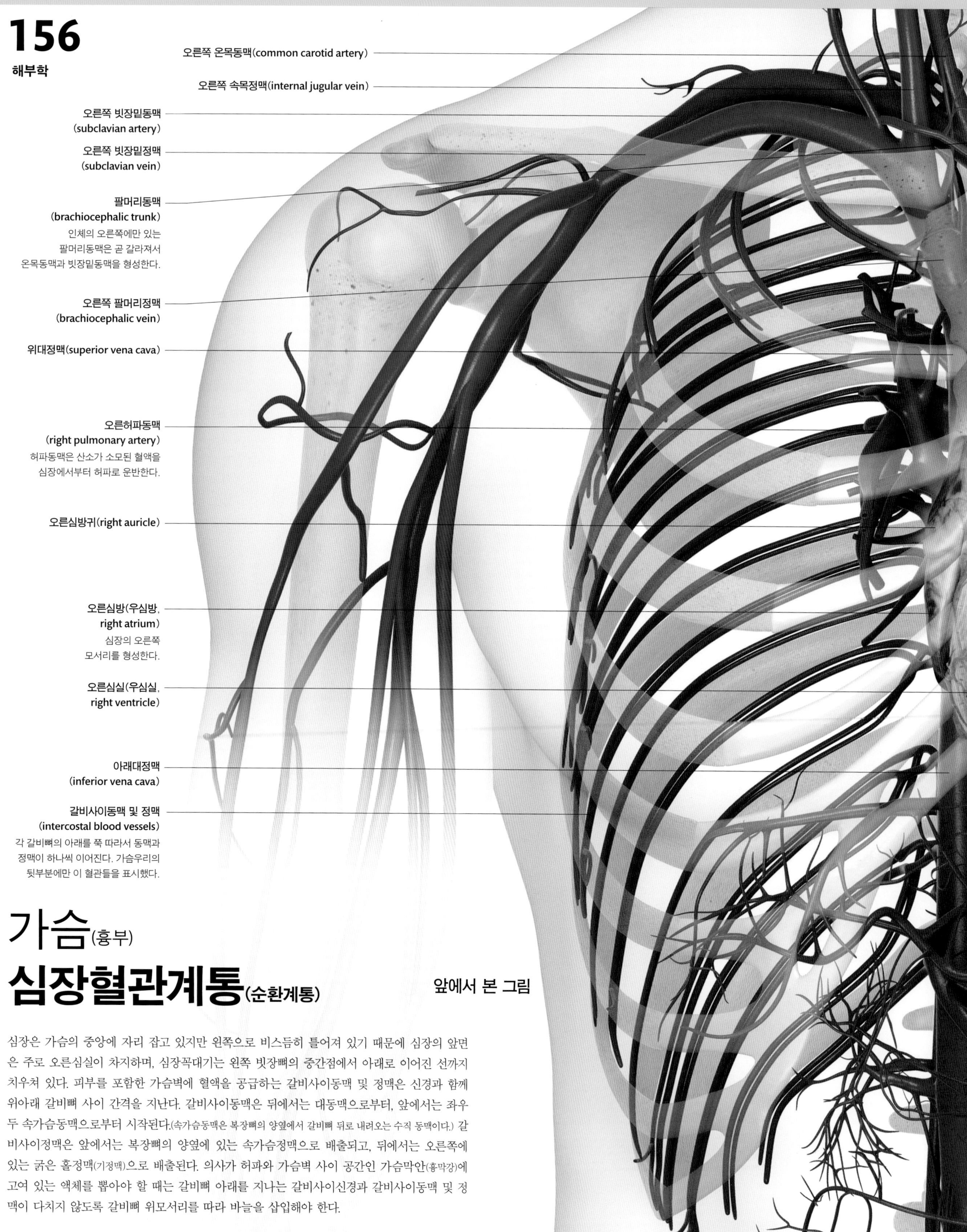
오른쪽 온목동맥(common carotid artery)
오른쪽 속목정맥(internal jugular vein)
오른쪽 빗장밑동맥
(subclavian artery)
오른쪽 빗장밑정맥
(subclavian vein)
팔머리동맥
(brachiocephalic trunk)
인체의 오른쪽에만 있는
팔머리동맥은 곧 갈라져서
온목동맥과 빗장밑동맥을 형성한다.
오른쪽 팔머리정맥
(brachiocephalic vein)
위대정맥(superior vena cava)
오른허파동맥
(right pulmonary artery)
허파동맥은 산소가 소모된 혈액을
심장에서부터 허파로 운반한다.
오른심방귀(right auricle)
오른심방(우심방,
right atrium)
심장의 오른쪽
모서리를 형성한다.
오른심실(우심실,
right ventricle)
아래대정맥
(inferior vena cava)
갈비사이동맥 및 정맥
(intercostal blood vessels)
각 갈비뼈의 아래를 쭉 따라서 동맥과
정맥이 하나씩 이어진다. 가슴우리의
뒷부분에만 이 혈관들을 표시했다.
앞에서 본 그림

가슴(흉부)

심장혈관계통(순환계통)

심장은 가슴의 중앙에 자리 잡고 있지만 왼쪽으로 비스듬히 틀어져 있기 때문에 심장의 앞면은 주로 오른심실이 차지하며, 심장꼭대기는 왼쪽 빗장뼈의 중간점에서 아래로 이어진 선까지 치우쳐 있다. 피부를 포함한 가슴벽에 혈액을 공급하는 갈비사이동맥 및 정맥은 신경과 함께 위아래 갈비뼈 사이 간격을 지난다. 갈비사이동맥은 뒤에서는 대동맥으로부터, 앞에서는 좌우 두 속가슴동맥으로부터 시작된다.(속가슴동맥은 복장뼈의 양옆에서 갈비뼈 뒤로 내려오는 수직 동맥이다.) 갈비사이정맥은 앞에서는 복장뼈의 양옆에 있는 속가슴정맥으로 배출되고, 뒤에서는 오른쪽에 있는 굵은 홀정맥(기정맥)으로 배출된다. 의사가 허파와 가슴벽 사이 공간인 가슴막안(흉막강)에 고여 있는 액체를 뽑아야 할 때는 갈비뼈 아래를 지나는 갈비사이신경과 갈비사이동맥 및 정맥이 다치지 않도록 갈비뼈 위모서리를 따라 바늘을 삽입해야 한다.

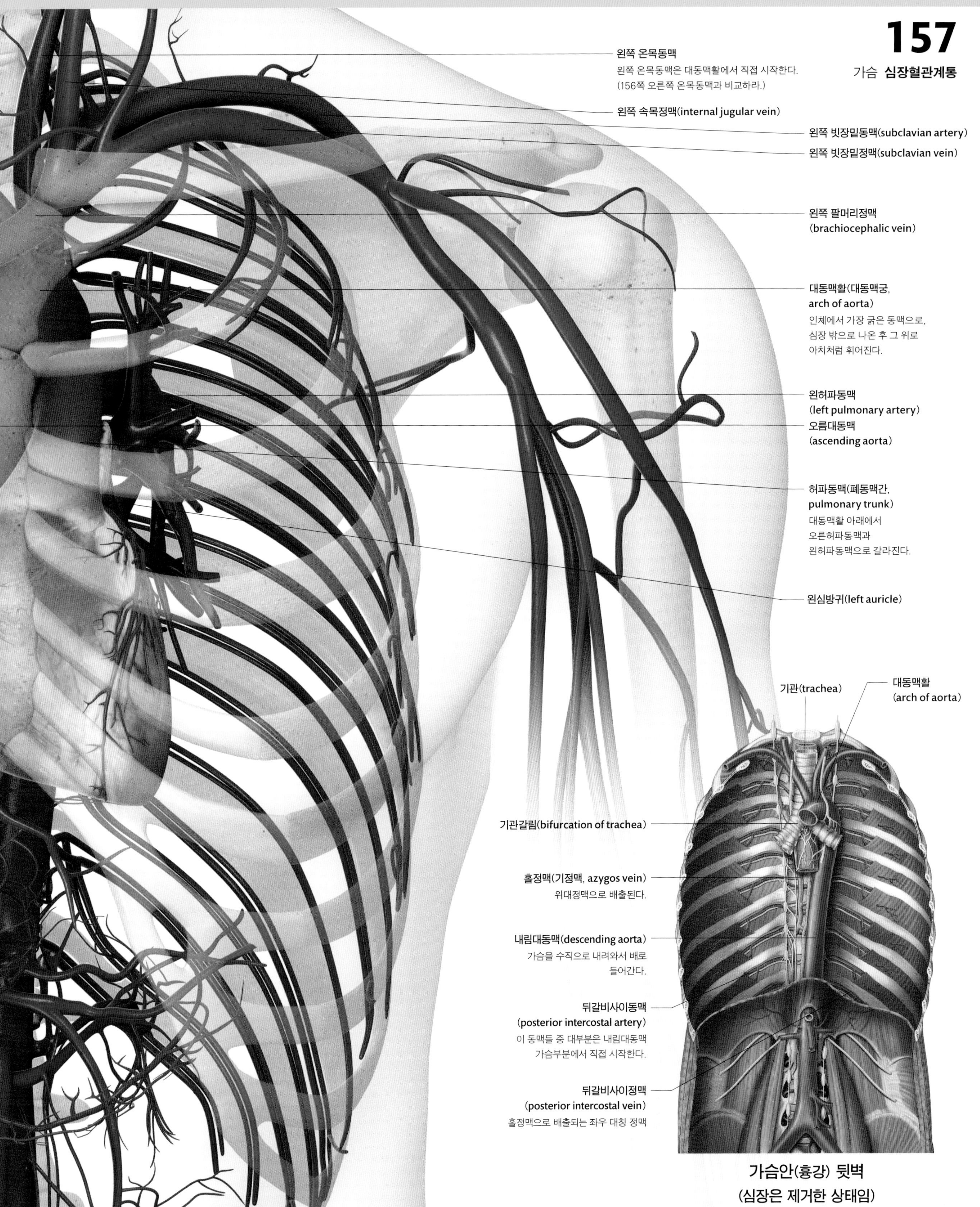
왼쪽 온목동맥
왼쪽 온목동맥은 대동맥활에서 직접 시작한다.
(156쪽 오른쪽 온목동맥과 비교하라.)
왼쪽 속목정맥(internal jugular vein)
왼쪽 빗장밑동맥(subclavian artery)
왼쪽 빗장밑정맥(subclavian vein)
왼쪽 팔머리정맥
(brachiocephalic vein)
대동맥활(대동맥궁,
arch of aorta)
인체에서 가장 굵은 동맥으로,
심장 밖으로 나온 후 그 위로
아치처럼 휘어진다.
왼허파동맥
(left pulmonary artery)
오름대동맥
(ascending aorta)
허파동맥(폐동맥간,
pulmonary trunk)
대동맥활 아래에서
오른허파동맥과
왼허파동맥으로 갈라진다.
왼심방귀(left auricle)
기관(trachea)
대동맥활
(arch of aorta)
기관갈림(bifurcation of trachea)
홀정맥(기정맥, azygos vein)
위대정맥으로 배출된다.
내림대동맥(descending aorta)
가슴을 수직으로 내려와서 배로
들어간다.
뒤갈비사이동맥
(posterior intercostal artery)
이 동맥들 중 대부분은 내림대동맥
가슴부분에서 직접 시작한다.
뒤갈비사이정맥
(posterior intercostal vein)
홀정맥으로 배출되는 좌우 대칭 정맥

가슴안(흉강) 뒷벽
(심장은 제거한 상태임)

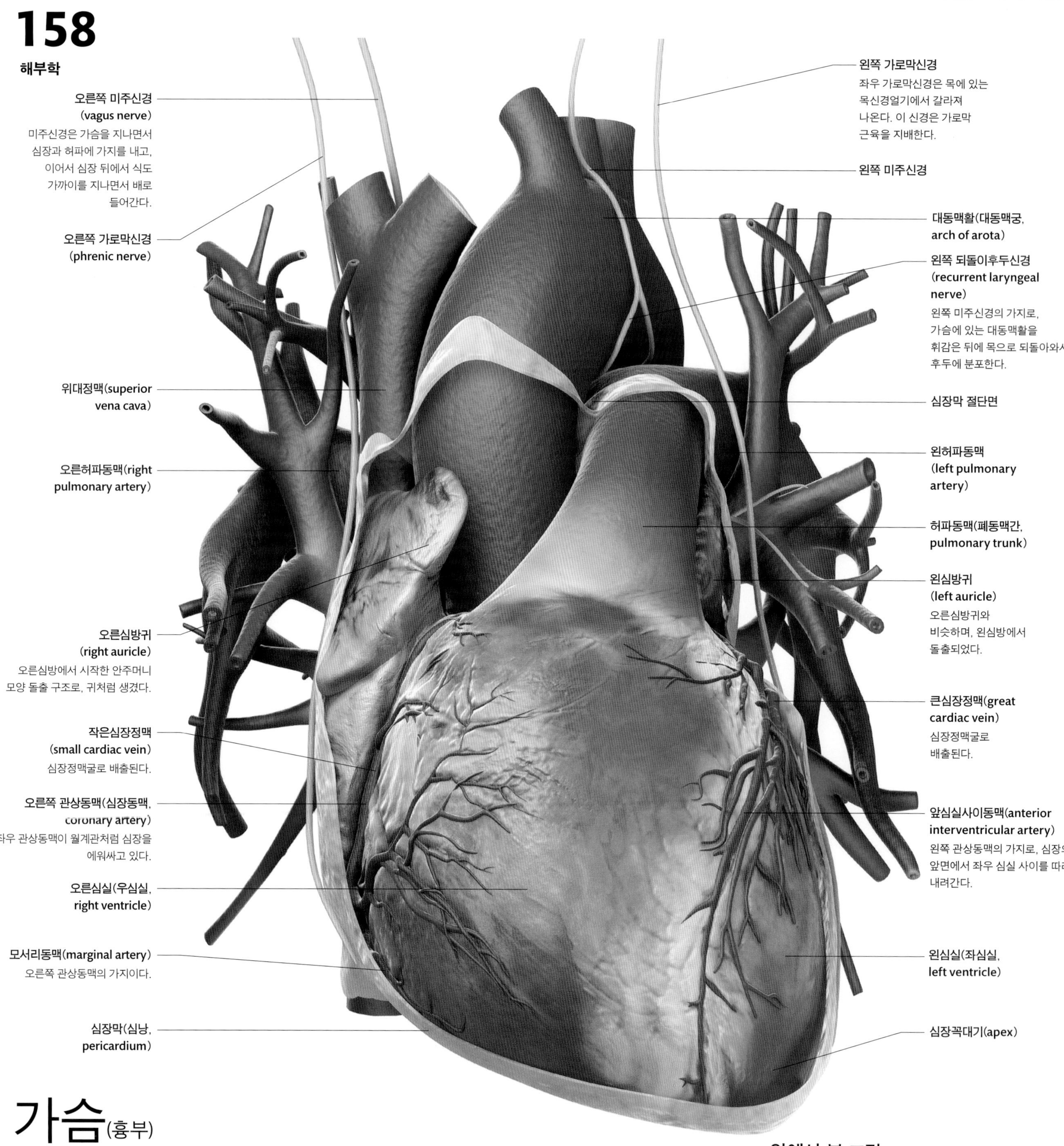
오른쪽 미주신경
(vagus nerve)
미주신경은 가슴을 지나면서 심장과 허파에 가지를 내고, 이어서 심장 뒤에서 식도 가까이를 지나면서 배로 들어간다.
오른쪽 가로막신경
(phrenic nerve)
위대정맥(superior vena cava)
오른허파동맥(right pulmonary artery)
오른심방귀
(right auricle)
오른심방에서 시작한 안주머니 모양 돌출 구조로, 귀처럼 생겼다.
작은심장정맥
(small cardiac vein)
심장정맥굴로 배출된다.
오른쪽 관상동맥(심장동맥, coronary artery)
좌우 관상동맥이 월계관처럼 심장을 에워싸고 있다.
오른심실(우심실, right ventricle)
모서리동맥(marginal artery)
오른쪽 관상동맥의 가지이다.
심장막(심낭, pericardium)
왼쪽 가로막신경
좌우 가로막신경은 목에 있는 목신경얼기에서 갈라져 나온다. 이 신경은 가로막 근육을 지배한다.
왼쪽 미주신경
대동맥활(대동맥궁, arch of arota)
왼쪽 되돌이후두신경
(recurrent laryngeal nerve)
왼쪽 미주신경의 가지로, 가슴에 있는 대동맥활을 휘감은 뒤에 목으로 되돌아와서 후두에 분포한다.
심장막 절단면
왼허파동맥
(left pulmonary artery)
허파동맥(폐동맥간, pulmonary trunk)
왼심방귀
(left auricle)
오른심방귀와 비슷하며, 왼심방에서 돌출되었다.
큰심장정맥(great cardiac vein)
심장정맥굴로 배출된다.
앞심실사이동맥(anterior interventricular artery)
왼쪽 관상동맥의 가지로, 심장의 앞면에서 좌우 심실 사이를 따라 내려간다.
왼심실(좌심실, left ventricle)
심장꼭대기(apex)

앞에서 본 그림

가슴(흉부)

심장혈관계통(순환계통)

심장은 심장막(심낭)에 싸여 있다. 심장막의 질긴 바깥층은 아래로 가로막과 합쳐져 있으며, 위로는 대형 혈관 주위의 결합조직과 혼합되어 있다. 심장막의 속층이자 심장의 겉면은 장액심장막이라 불리는 얇은 막으로 덮여 있다. 이 두 층 사이에는 액체가 얇은 막을 이루고 있어서 심장이 뛸 때 매끄럽게 움직이게 한다. 심장막염(심낭염)은 통증이 매우 심하다. 오름대동맥에서 시작한 좌우 관상동맥이 심장근육 자체에 혈액을 공급한다. 심장벽에 있는 혈액은 심장정맥들을 통해 배출되며, 이 정맥들은 대부분 심장정맥굴로 배출된다.

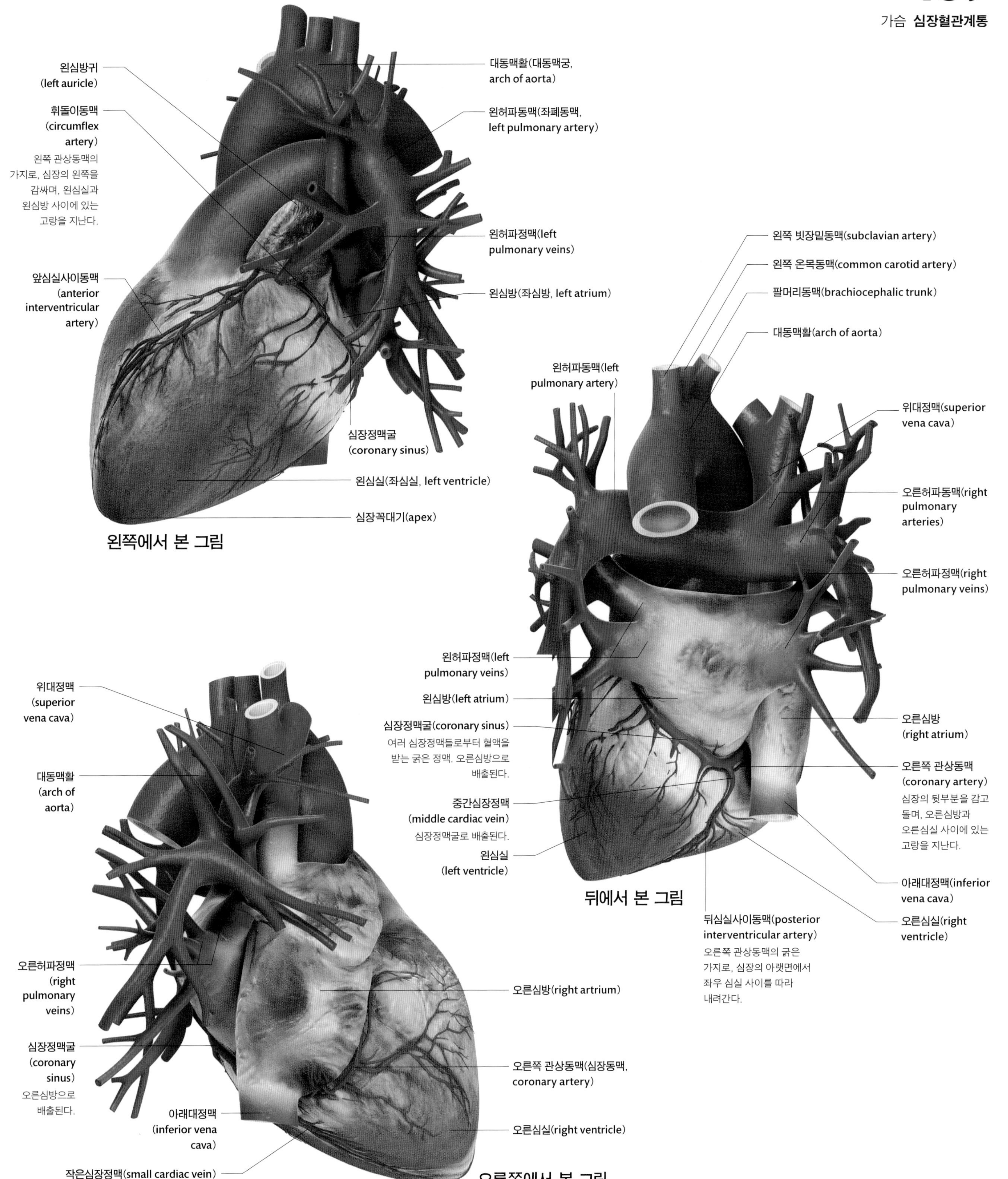
왼심방귀
(left auricle)
휘돌이동맥
(circumflex
artery)
왼쪽 관상동맥의
가지로, 심장의 왼쪽을
감싸며, 왼심실과
왼심방 사이에 있는
고랑을 지난다.
앞심실사이동맥
(anterior
interventricular
artery)
대동맥활(대동맥궁,
arch of aorta)
왼허파동맥(좌폐동맥,
left pulmonary artery)
왼허파정맥(left
pulmonary veins)
왼심방(좌심방, left atrium)
심장정맥굴
(coronary sinus)
왼심실(좌심실, left ventricle)
심장꼭대기(apex)
왼쪽에서 본 그림
왼쪽 빗장밑동맥(subclavian artery)
왼쪽 온목동맥(common carotid artery)
팔머리동맥(brachiocephalic trunk)
대동맥활(arch of aorta)
왼허파동맥(left
pulmonary artery)
위대정맥(superior
vena cava)
오른허파동맥(right
pulmonary
arteries)
오른허파정맥(right
pulmonary veins)
왼허파정맥(left
pulmonary veins)
왼심방(left atrium)
심장정맥굴(coronary sinus)
여러 심장정맥들로부터 혈액을
받는 굵은 정맥. 오른심방으로
배출된다.
중간심장정맥
(middle cardiac vein)
심장정맥굴로 배출된다.
왼심실
(left ventricle)
오른심방
(right atrium)
오른쪽 관상동맥
(coronary artery)
심장의 뒷부분을 감고
돌며, 오른심방과
오른심실 사이에 있는
고랑을 지난다.
아래대정맥(inferior
vena cava)
오른심실(right
ventricle)
뒤에서 본 그림
뒤심실사이동맥(posterior
interventricular artery)
오른쪽 관상동맥의 굵은
가지로, 심장의 아랫면에서
좌우 심실 사이를 따라
내려간다.
위대정맥
(superior
vena cava)
대동맥활
(arch of
aorta)
오른허파정맥
(right
pulmonary
veins)
심장정맥굴
(coronary
sinus)
오른심방으로
배출된다.
아래대정맥
(inferior vena
cava)
작은심장정맥(small cardiac vein)
오른심방(right artrium)
오른쪽 관상동맥(심장동맥,
coronary artery)
오른심실(right ventricle)
오른쪽에서 본 그림

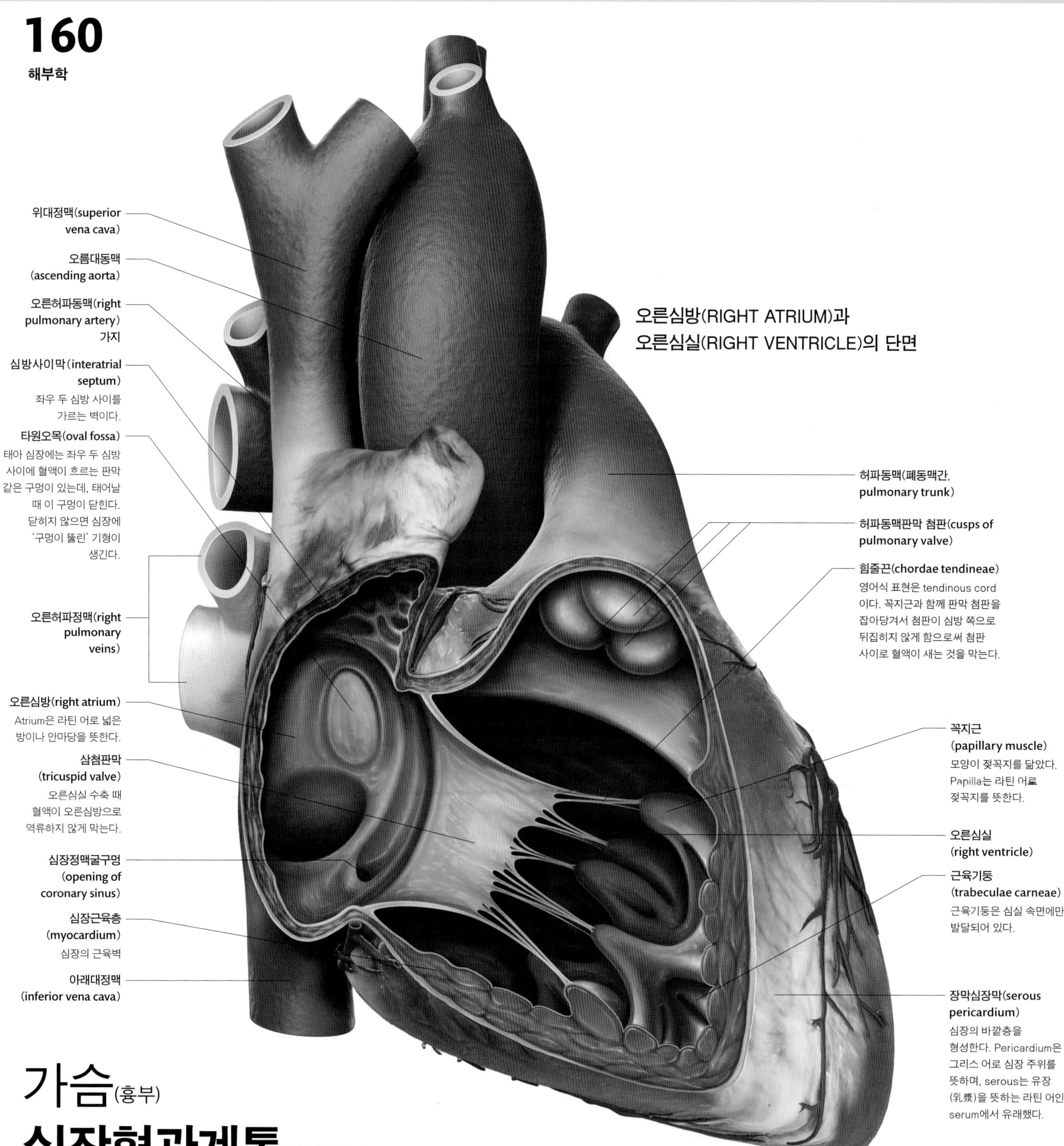
오른심방(RIGHT ATRIUM)과
오른심실(RIGHT VENTRICLE)의 단면
위대정맥(superior vena cava)
오름대동맥 (ascending aorta)
오른허파동맥(right pulmonary artery) 가지
심방사이막(interatrial septum)
좌우 두 심방 사이를 가르는 벽이다.
타원오목(oval fossa)
태아 심장에는 좌우 두 심방 사이에 혈액이 흐르는 판막 같은 구멍이 있는데, 태어날 때 이 구멍이 닫힌다. 닫히지 않으면 심장에 '구멍이 뚫린' 기형이 생긴다.
오른허파정맥(right pulmonary veins)
오른심방(right atrium)
Atrium은 라틴 어로 넓은 방이나 안마당을 뜻한다.
삼첨판막 (tricuspid valve)
오른심실 수축 때 혈액이 오른심방으로 역류하지 않게 막는다.
심장정맥굴구멍 (opening of coronary sinus)
심장근육층 (myocardium)
심장의 근육벽
아래대정맥 (inferior vena cava)
허파동맥(폐동맥간, pulmonary trunk)
허파동맥판막 첨판(cusps of pulmonary valve)
힘줄끈(chordae tendineae)
영어식 표현은 tendinous cord이다. 꼭지근과 함께 판막 첨판을 잡아당겨서 첨판이 심방 쪽으로 뒤집히지 않게 함으로써 첨판 사이로 혈액이 새는 것을 막는다.
꼭지근 (papillary muscle)
모양이 젖꼭지를 닮았다. Papilla는 라틴 어로 젖꼭지를 뜻한다.
오른심실 (right ventricle)
근육기둥 (trabeculae carneae)
근육기둥은 심실 속면에만 발달되어 있다.
장막심장막(serous pericardium)
심장의 바깥층을 형성한다. Pericardium은 그리스 어로 심장 주위를 뜻하며, serous는 유장(乳漿)을 뜻하는 라틴 어인 serum에서 유래했다.

가슴(흉부)

심장혈관계통(순환계통)

심장은 정맥으로부터 받은 혈액을 동맥으로 분출한다. 심장은 속에 방이 4개 있는데, 심방과 심실이 둘씩이다. 심장은 좌우가 격리되어 있다. 오른쪽 심장은 몸을 순환하면서 산소가 고갈된 혈액을 위대정맥과 아래대정맥을 통해 받은 후에 허파동맥을 통해 허파(폐)로 분출한다. 왼쪽 심장은 허파에서 산소가 공급된 혈액을 허파정맥을 통해 받은 후에 대동맥으로 분출하여 온몸에 공급한다. 좌우 심방은 각각 판막을 통해 좌우 심실로 열리는데(오른쪽 방실판막은 삼첨판막이고, 왼쪽 방실판막은 이첨판막이다.), 이 판막은 심실이 수축할 때 닫혀서 혈액이 심방으로 역류하지 못하도록 막는다. 대동맥과 허파동맥에도 판막이 있다.

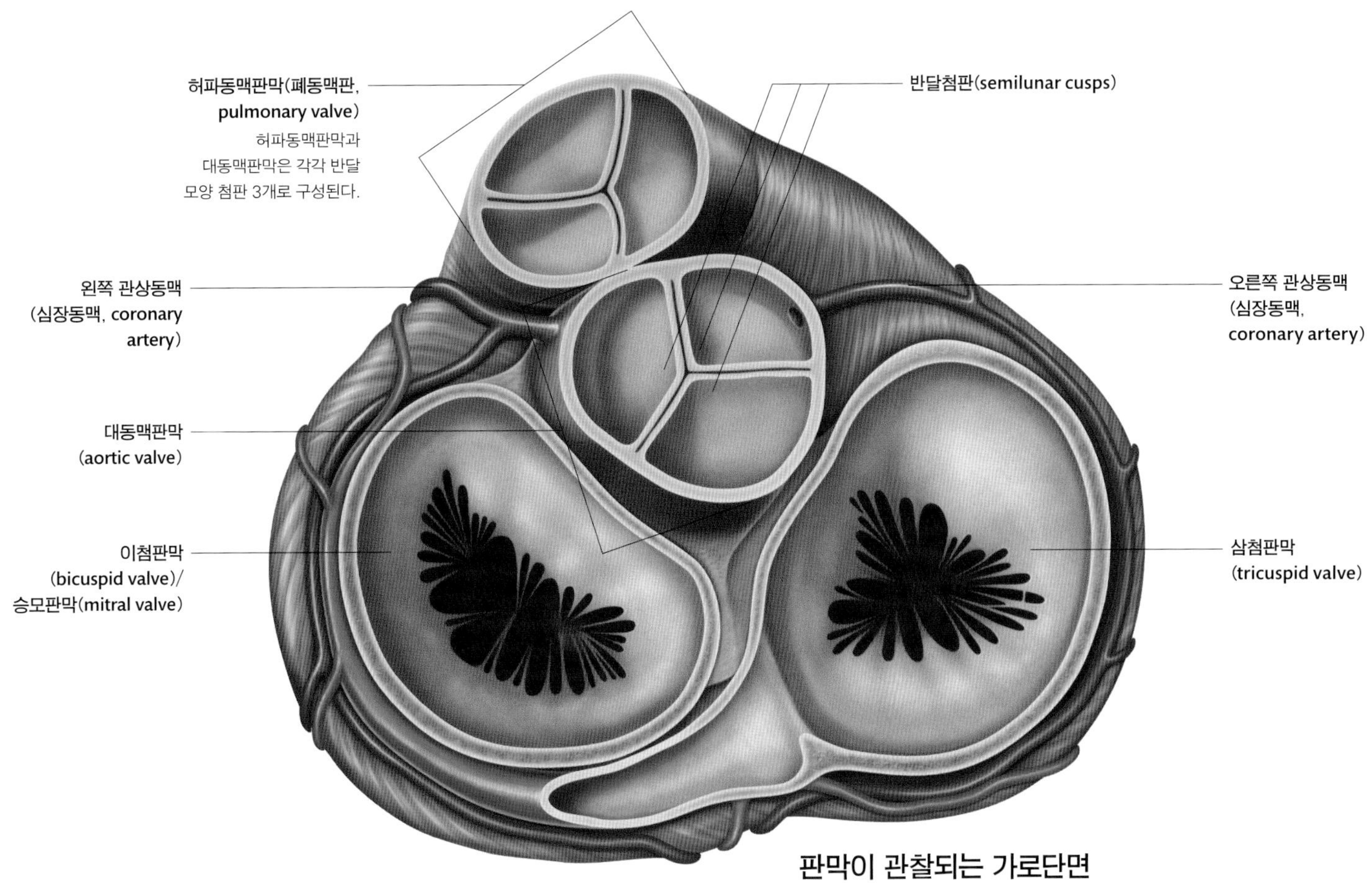
허파동맥판막(폐동맥판,
pulmonary valve)
허파동맥판막과
대동맥판막은 각각 반달
모양 첨판 3개로 구성된다.
반달첨판(semilunar cusps)
왼쪽 관상동맥
(심장동맥, coronary
artery)
오른쪽 관상동맥
(심장동맥,
coronary artery)
대동맥판막
(aortic valve)
이첨판막
(bicuspid valve)/
승모판막(mitral valve)
삼첨판막
(tricuspid valve)

판막이 관찰되는 가로단면

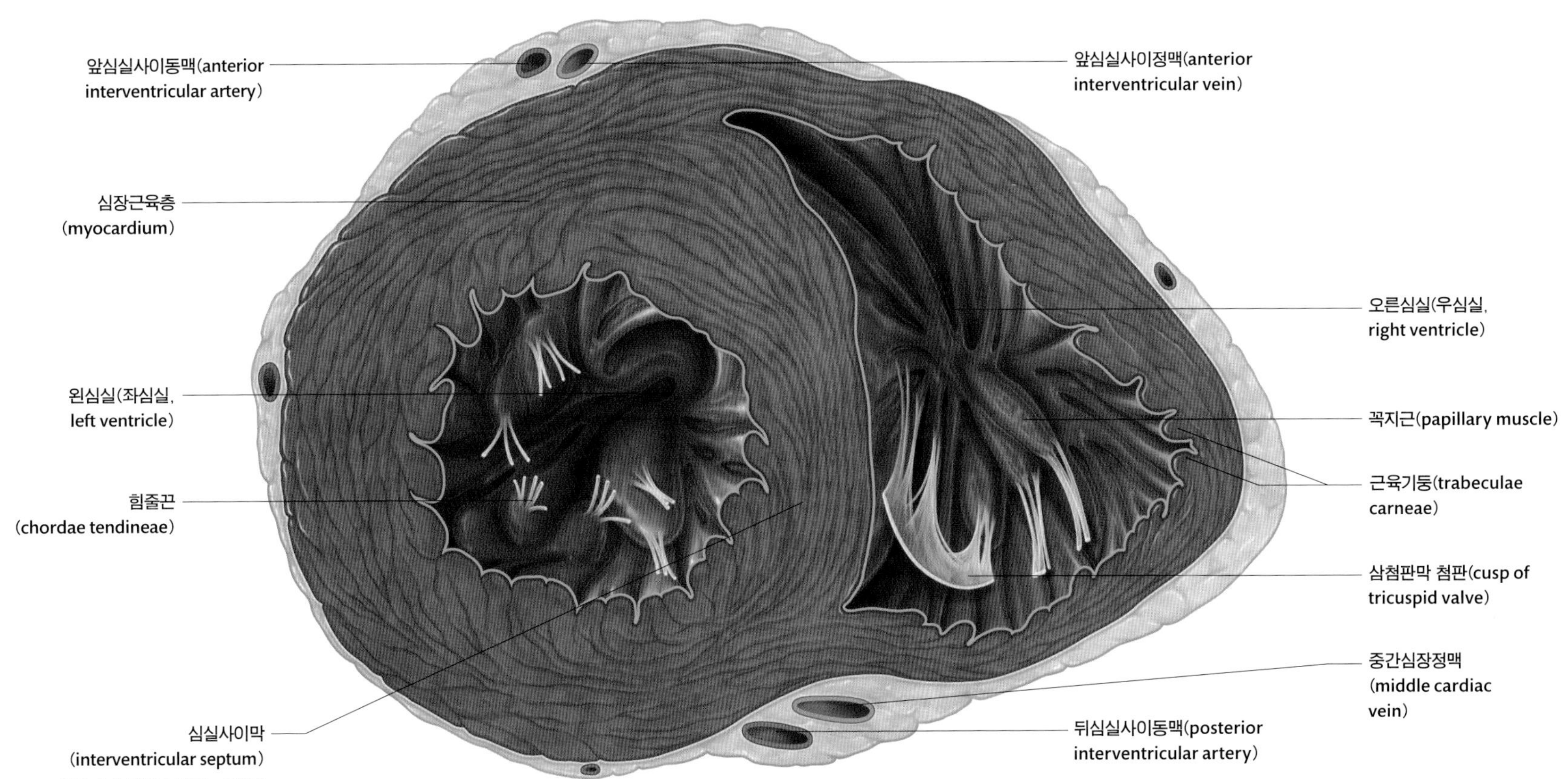
앞심실사이동맥(anterior
interventricular artery)
앞심실사이정맥(anterior
interventricular vein)
심장근육층
(myocardium)
오른심실(우심실,
right ventricle)
왼심실(좌심실,
left ventricle)
꼭지근(papillary muscle)
힘줄끈
(chordae tendineae)
근육기둥(trabeculae
carneae)
삼첨판막 첨판(cusp of
tricuspid valve)
중간심장정맥
(middle cardiac
vein)
심실사이막
(interventricular septum)
좌우 심실 사이를 가르는 근육벽
뒤심실사이동맥(posterior
interventricular artery)

두 심실을 지나는 가로단면

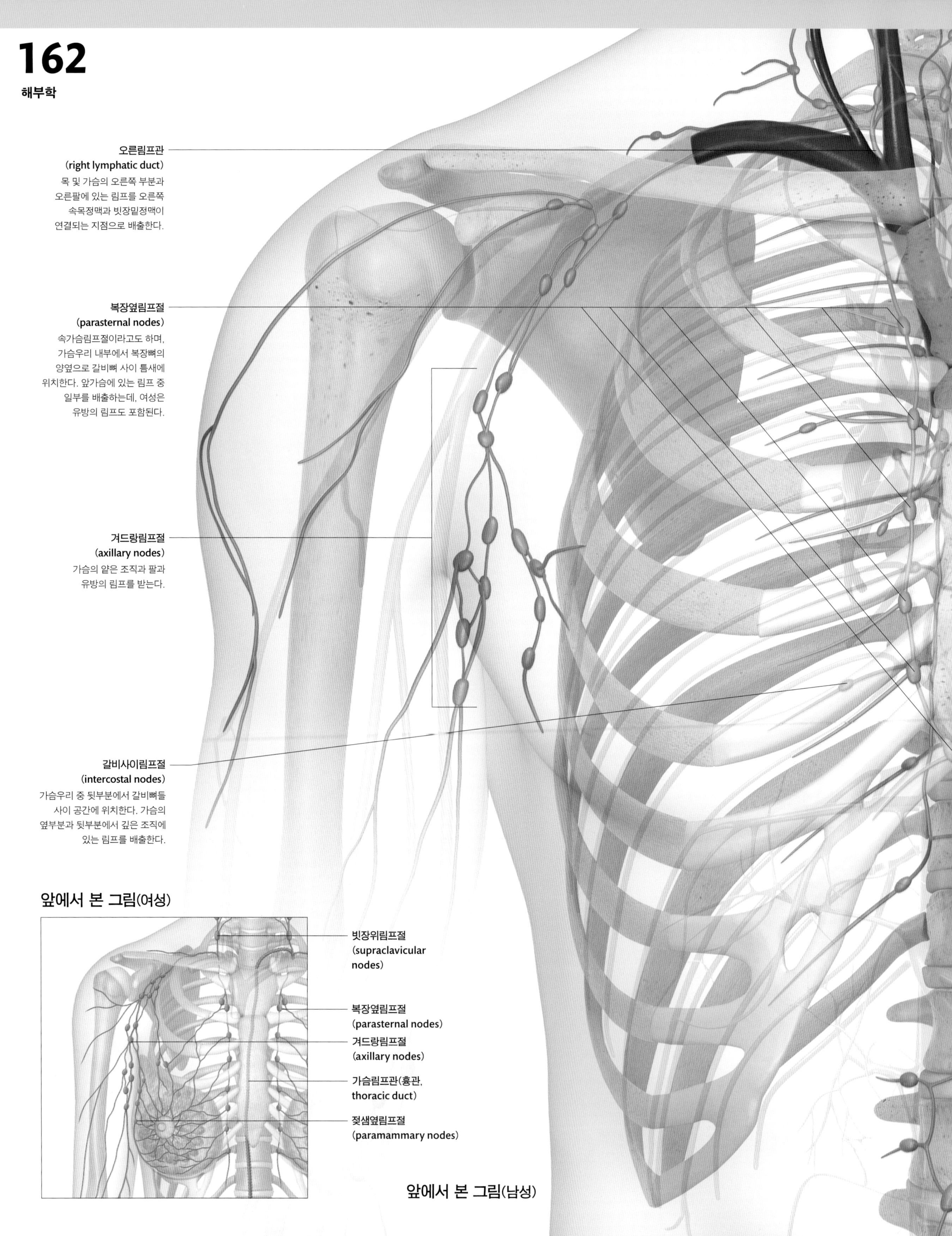
오른림프관
(right lymphatic duct)
목 및 가슴의 오른쪽 부분과 오른팔에 있는 림프를 오른쪽 속목정맥과 빗장밑정맥이 연결되는 지점으로 배출한다.
복장옆림프절
(parasternal nodes)
속가슴림프절이라고도 하며, 가슴우리 내부에서 복장뼈의 양옆으로 갈비뼈 사이 틈새에 위치한다. 앞가슴에 있는 림프 중 일부를 배출하는데, 여성은 유방의 림프도 포함된다.
겨드랑림프절
(axillary nodes)
가슴의 얕은 조직과 팔과 유방의 림프를 받는다.
갈비사이림프절
(intercostal nodes)
가슴우리 중 뒷부분에서 갈비뼈들 사이 공간에 위치한다. 가슴의 옆부분과 뒷부분에서 깊은 조직에 있는 림프를 배출한다.
앞에서 본 그림(여성)
빗장위림프절
(supraclavicular nodes)
복장옆림프절
(parasternal nodes)
겨드랑림프절
(axillary nodes)
가슴림프관(흉관, thoracic duct)
젖샘옆림프절
(paramammary nodes)
앞에서 본 그림(남성)

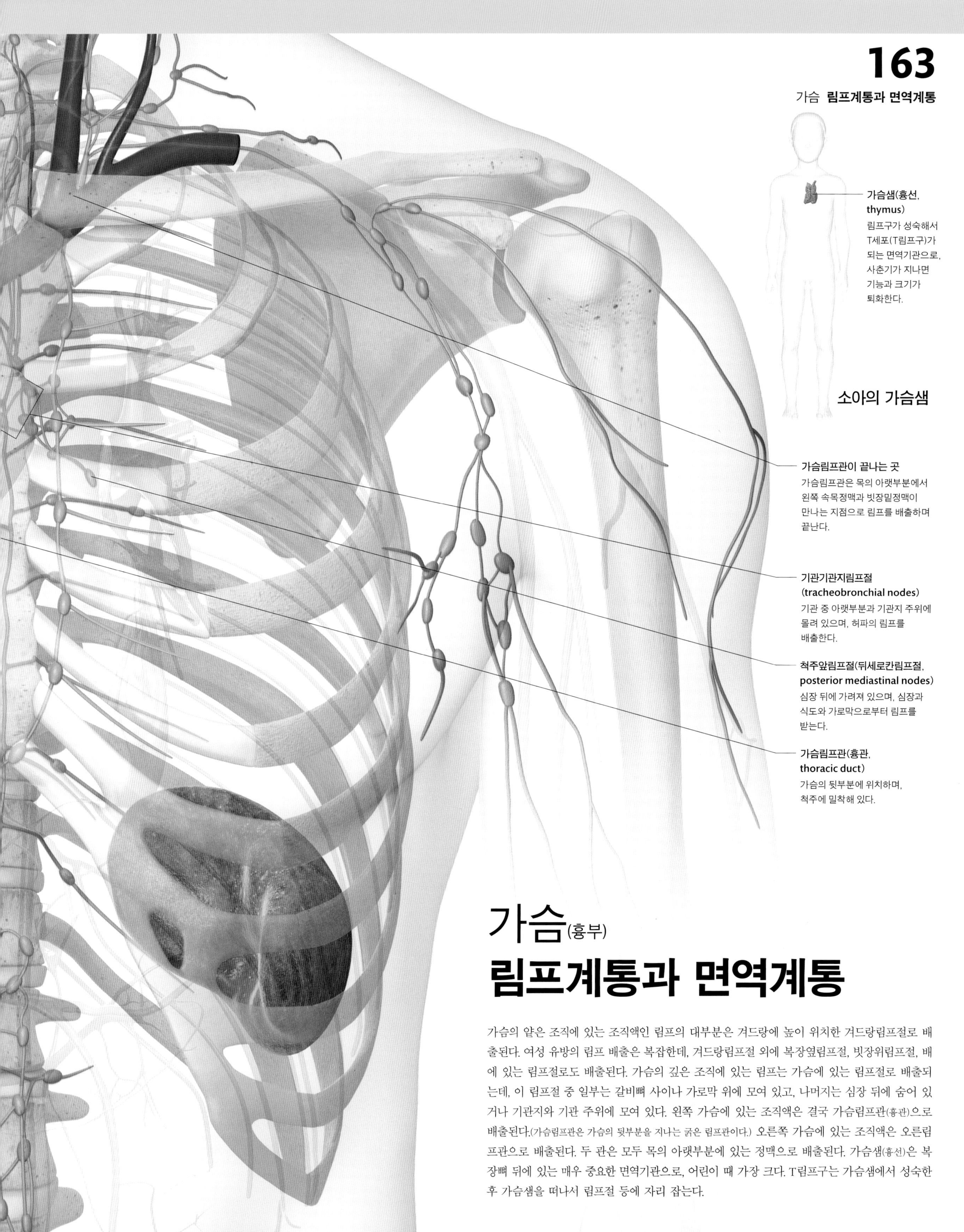
가슴샘(흉선, thymus)
림프구가 성숙해서 T세포(T림프구)가 되는 면역기관으로, 사춘기가 지나면 기능과 크기가 퇴화한다.
소아의 가슴샘
가슴림프관이 끝나는 곳
가슴림프관은 목의 아랫부분에서 왼쪽 속목정맥과 빗장밑정맥이 만나는 지점으로 림프를 배출하며 끝난다.
기관기관지림프절 (tracheobronchial nodes)
기관 중 아랫부분과 기관지 주위에 몰려 있으며, 허파의 림프를 배출한다.
척주앞림프절(뒤세로칸림프절, posterior mediastinal nodes)
심장 뒤에 가려져 있으며, 심장과 식도와 가로막으로부터 림프를 받는다.
가슴림프관(흉관, thoracic duct)
가슴의 뒷부분에 위치하며, 척주에 밀착해 있다.

가슴(흉부)
림프계통과 면역계통

가슴의 얕은 조직에 있는 조직액인 림프의 대부분은 겨드랑에 높이 위치한 겨드랑림프절로 배출된다. 여성 유방의 림프 배출은 복잡한데, 겨드랑림프절 외에 복장옆림프절, 빗장위림프절, 배에 있는 림프절로도 배출된다. 가슴의 깊은 조직에 있는 림프는 가슴에 있는 림프절로 배출되는데, 이 림프절 중 일부는 갈비뼈 사이나 가로막 위에 모여 있고, 나머지는 심장 뒤에 숨어 있거나 기관지와 기관 주위에 모여 있다. 왼쪽 가슴에 있는 조직액은 결국 가슴림프관(흉관)으로 배출된다.(가슴림프관은 가슴의 뒷부분을 지나는 굵은 림프관이다.) 오른쪽 가슴에 있는 조직액은 오른림프관으로 배출된다. 두 관은 모두 목의 아랫부분에 있는 정맥으로 배출된다. 가슴샘(흉선)은 복장뼈 뒤에 있는 매우 중요한 면역기관으로, 어린이 때 가장 크다. T림프구는 가슴샘에서 성숙한 후 가슴샘을 떠나서 림프절 등에 자리 잡는다.

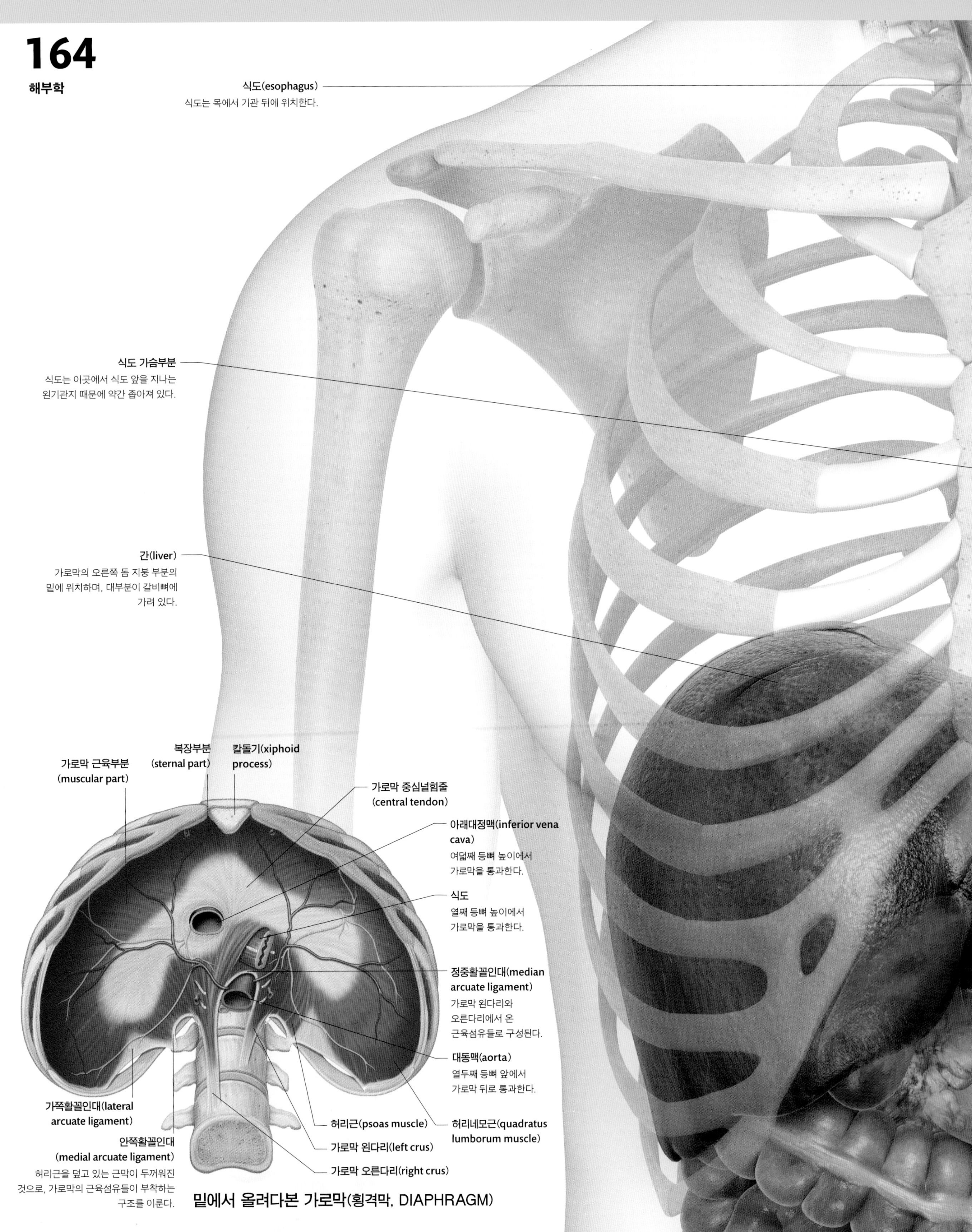
식도(esophagus)
식도는 목에서 기관 뒤에 위치한다.
식도 가슴부분
식도는 이곳에서 식도 앞을 지나는 왼기관지 때문에 약간 좁아져 있다.
간(liver)
가로막의 오른쪽 돔 지붕 부분의 밑에 위치하며, 대부분이 갈비뼈에 가려 있다.
가로막 근육부분 (muscular part)
복장부분 (sternal part)
칼돌기(xiphoid process)
가로막 중심널힘줄 (central tendon)
아래대정맥(inferior vena cava)
여덟째 등뼈 높이에서 가로막을 통과한다.
식도
열째 등뼈 높이에서 가로막을 통과한다.
정중활꼴인대(median arcuate ligament)
가로막 왼다리와 오른다리에서 온 근육섬유들로 구성된다.
대동맥(aorta)
열두째 등뼈 앞에서 가로막 뒤로 통과한다.
가쪽활꼴인대(lateral arcuate ligament)
안쪽활꼴인대 (medial arcuate ligament)
허리근을 덮고 있는 근막이 두꺼워진 것으로, 가로막의 근육섬유들이 부착하는 구조를 이룬다.
허리근(psoas muscle)
허리네모근(quadratus lumborum muscle)
가로막 왼다리(left crus)
가로막 오른다리(right crus)

밑에서 올려다본 가로막(횡격막, DIAPHRAGM)

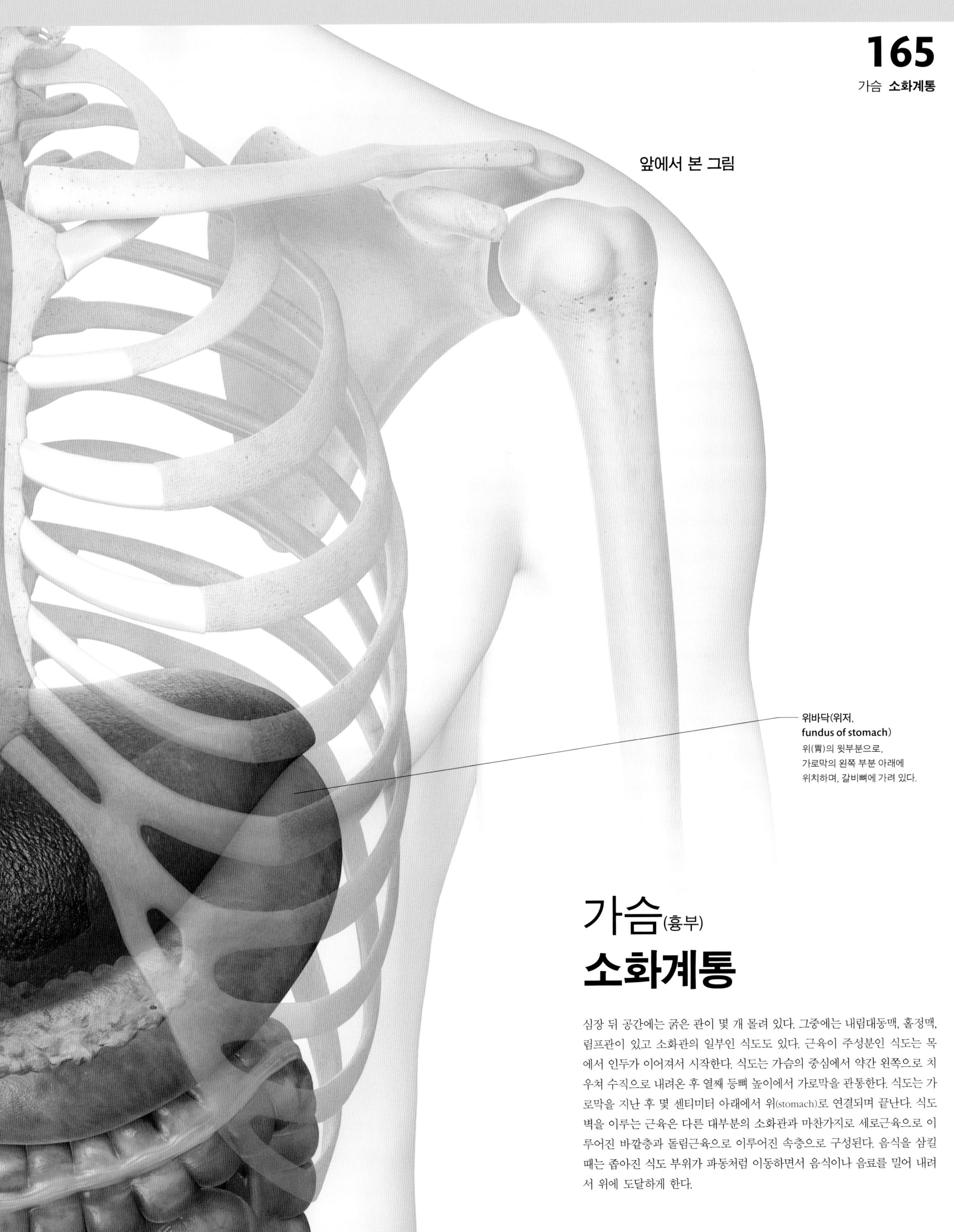
앞에서 본 그림
위바닥(위저,
fundus of stomach)
위(胃)의 윗부분으로,
가로막의 왼쪽 부분 아래에
위치하며, 갈비뼈에 가려 있다.

가슴(흉부)
소화계통

심장 뒤 공간에는 굵은 관이 몇 개 몰려 있다. 그중에는 내림대동맥, 홀정맥, 림프관이 있고 소화관의 일부인 식도도 있다. 근육이 주성분인 식도는 목에서 인두가 이어져서 시작한다. 식도는 가슴의 중심에서 약간 왼쪽으로 치우쳐 수직으로 내려온 후 열째 등뼈 높이에서 가로막을 관통한다. 식도는 가로막을 지난 후 몇 센티미터 아래에서 위(stomach)로 연결되며 끝난다. 식도벽을 이루는 근육은 다른 대부분의 소화관과 마찬가지로 세로근육으로 이루어진 바깥층과 돌림근육으로 이루어진 속층으로 구성된다. 음식을 삼킬 때는 좁아진 식도 부위가 파동처럼 이동하면서 음식이나 음료를 밀어 내려서 위에 도달하게 한다.

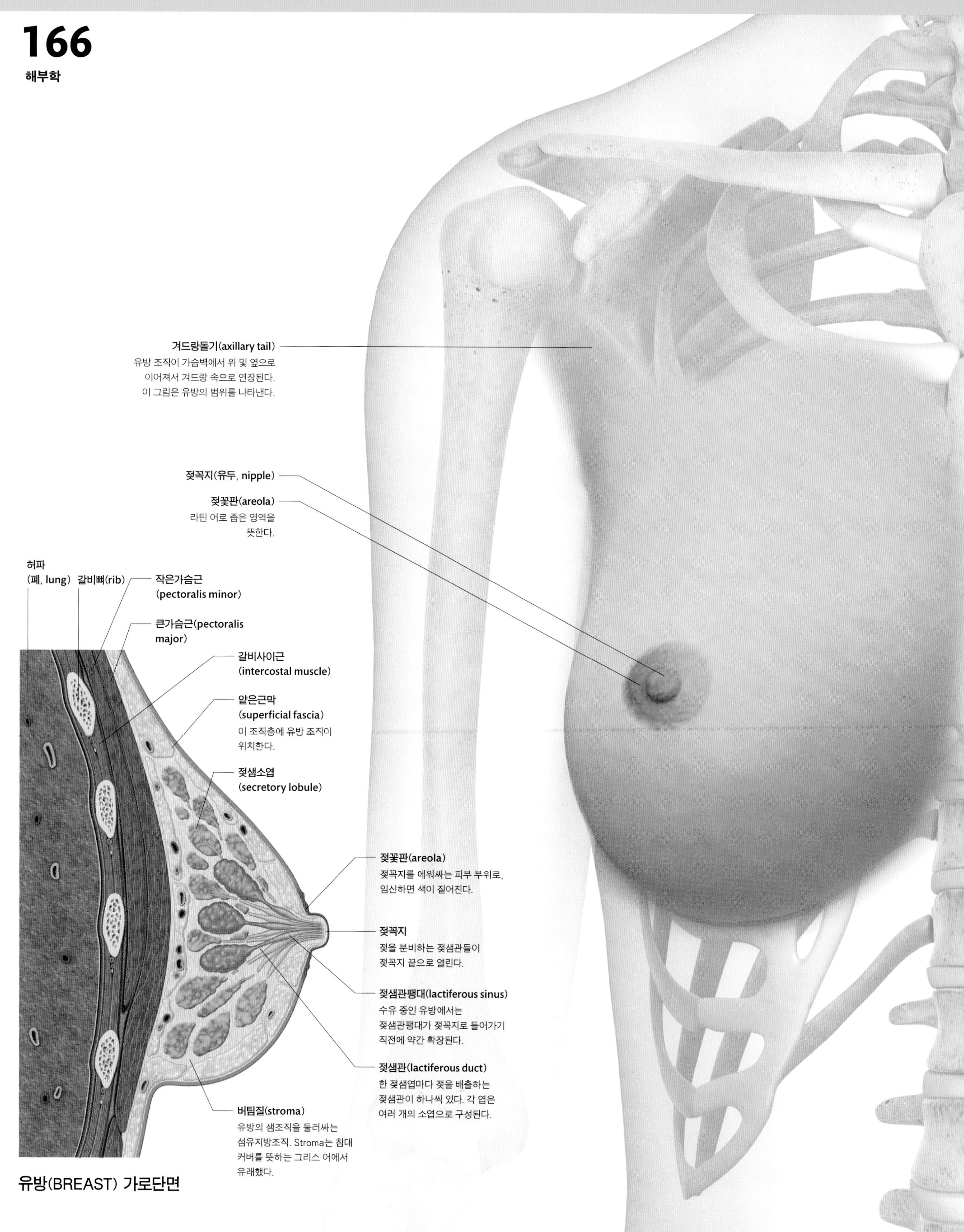
겨드랑돌기(axillary tail)
유방 조직이 가슴벽에서 위 및 옆으로 이어져서 겨드랑 속으로 연장된다. 이 그림은 유방의 범위를 나타낸다.
젖꼭지(유두, nipple)
젖꽃판(areola)
라틴 어로 좁은 영역을 뜻한다.
허파 (폐, lung)
갈비뼈(rib)
작은가슴근 (pectoralis minor)
큰가슴근(pectoralis major)
갈비사이근 (intercostal muscle)
얕은근막 (superficial fascia)
이 조직층에 유방 조직이 위치한다.
젖샘소엽 (secretory lobule)
젖꽃판(areola)
젖꼭지를 에워싸는 피부 부위로, 임신하면 색이 짙어진다.
젖꼭지
젖을 분비하는 젖샘관들이 젖꼭지 끝으로 열린다.
젖샘관팽대(lactiferous sinus)
수유 중인 유방에서는 젖샘관팽대가 젖꼭지로 들어가기 직전에 약간 확장된다.
젖샘관(lactiferous duct)
한 젖샘엽마다 젖을 배출하는 젖샘관이 하나씩 있다. 각 엽은 여러 개의 소엽으로 구성된다.
버팀질(stroma)
유방의 샘조직을 둘러싸는 섬유지방조직. Stroma는 침대 커버를 뜻하는 그리스 어에서 유래했다.

유방(BREAST) 가로단면

앞에서 본 그림(여성)

젖샘관(lactiferous duct)
Lactiferous duct는 라틴 어로 젖을 운반하는 관이라는 뜻이다.

젖샘소엽(secretory lobule)
젖샘관은 사춘기 때 여러 가지로 갈라져서 젖샘소엽을 형성하며, 젖은 젖샘소엽에서 생산된 후 분비된다.

가슴(흉부)
생식계통

유방과 젖샘은 여성 생식계통의 중요한 구성원이다. 여인은 젖샘이 있어서 아기에게 젖을 먹인다. 다른 포유동물은 젖샘이 여러 개 있지만 사람과 기타 영장류는 앞가슴에 2개만 있다. 유방은 사춘기 때 발달하며 젖샘 조직과 지방이 많이 만들어지면서 커진다. 유방은 좌우 큰가슴근 앞에 하나씩 위치한다. 각 유방에는 젖샘엽이 15~20개씩 있는데, 각 젖샘엽은 젖샘관을 통해 젖꼭지에 연결된다. 배아가 발생할 때는 남녀를 불문하고 기본 계획이 실행되는 것으로 보인다. 그래서 남성도 젖꼭지가 형성된다.(유방은 발달하지 않는다.)

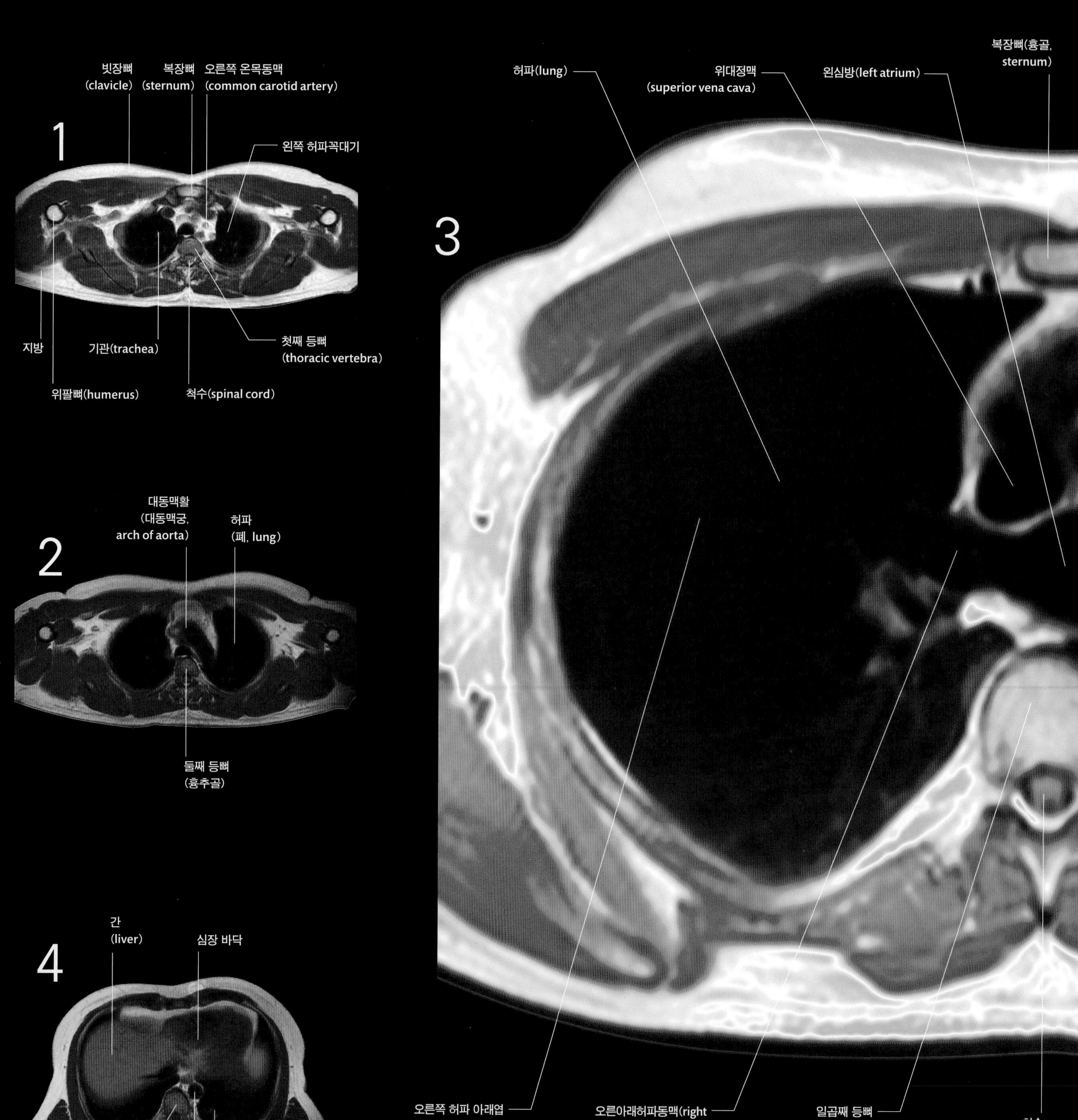
1
빗장뼈
(clavicle)
복장뼈
(sternum)
오른쪽 온목동맥
(common carotid artery)
왼쪽 허파꼭대기
지방
기관(trachea)
첫째 등뼈
(thoracic vertebra)
위팔뼈(humerus)
척수(spinal cord)
2
대동맥활
(대동맥궁,
arch of aorta)
허파
(폐, lung)
둘째 등뼈
(흉추골)
4
간
(liver)
심장 바닥
열째 등뼈
대동맥
(aorta)
왼쪽 허파 아래엽
3
허파(lung)
위대정맥
(superior vena cava)
왼심방(left atrium)
복장뼈(흉골,
sternum)
오른쪽 허파 아래엽
(inferior lobe)
오른아래허파동맥(right
inferior pulmonary artery)
일곱째 등뼈
척수
(spinal cord)

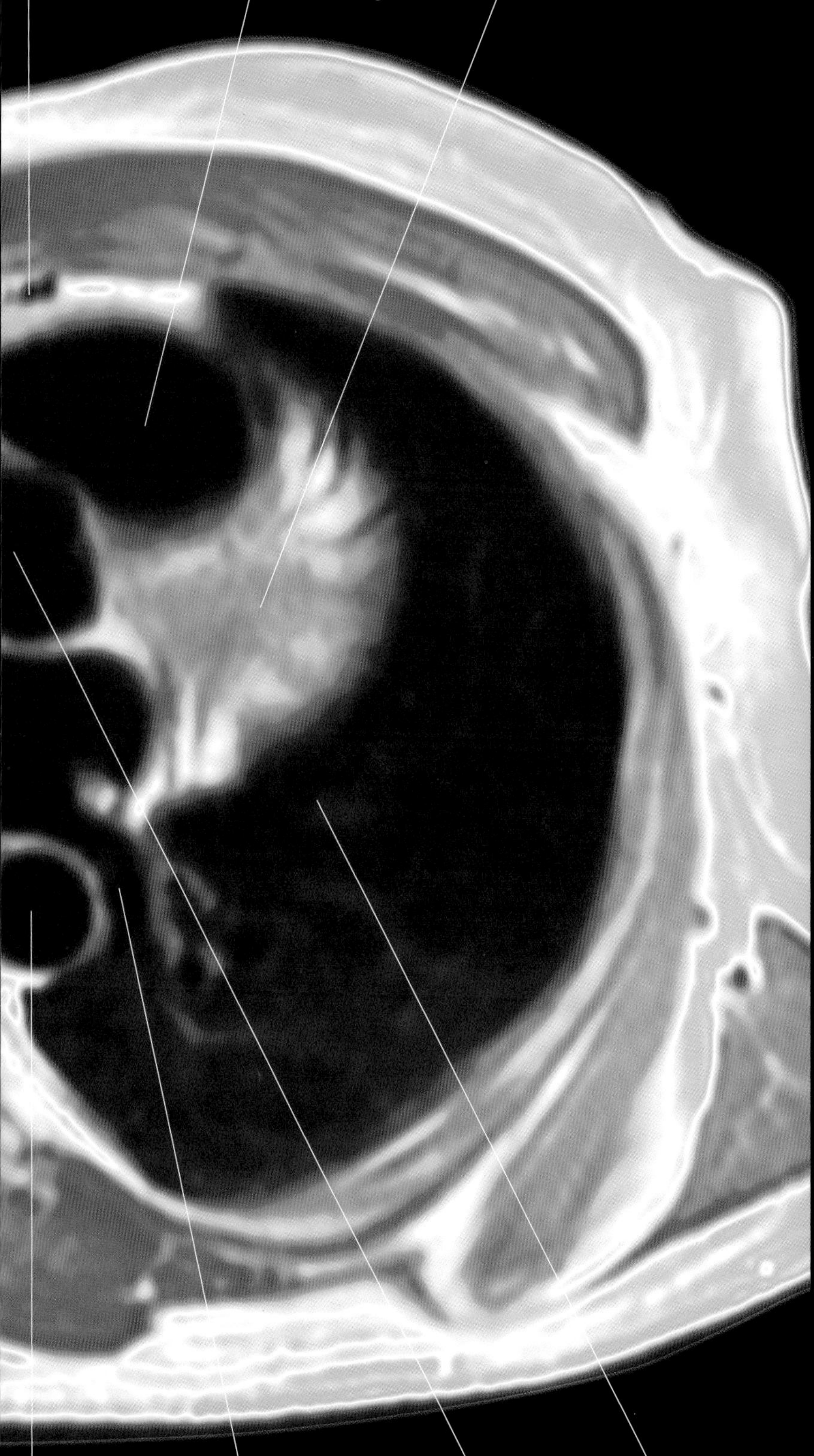

속가슴동맥 및 정맥
(internal thoracic vessels)

오른심실(right ventricle)

왼심실(left ventricle) 근육

내림대동맥
(descending aorta)

왼아래허파동맥(left
inferior pulmonary
artery)

오름대동맥
(ascending aorta)

왼쪽 허파 아래엽
(inferior lobe)

단면 높이

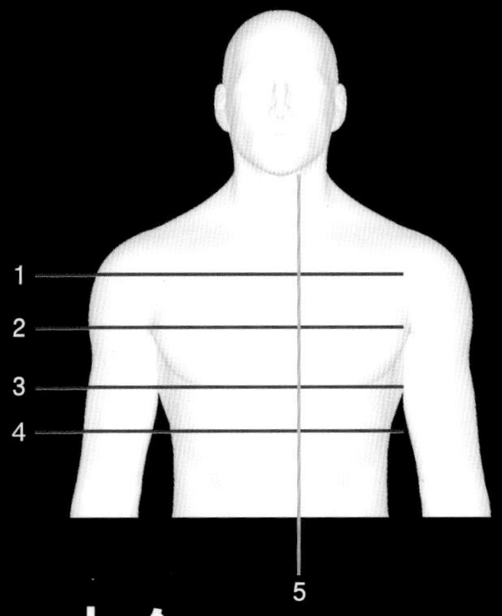

1
2
3
4
5

가슴(흉부) 자기공명영상(MRI)

가슴의 축단면(가로단면) 영상(1~4)에서 심장 및 대형혈관과 그 양옆에 위치한 좌우 허파가 뼈로 이루어진 가슴우리에 둘러싸여 보호를 받고 있다. 1번 단면에서는 앞에서 복장뼈에 연결되는 빗장뼈와 허파꼭대기와 목과 가슴 사이를 지나는 굵은 혈관이 관찰된다. 2번은 1번보다 아래 단면으로, 심장의 바로 위를 지난다. 3번 단면에서는 심장과 그 내부의 심실 또는 심방이 잘 관찰된다. 이 영상에서 대동맥은 척추뼈의 오른쪽에 있는 것 같지만 실은 왼쪽에 있다. 단면 영상을 보는 방법은 병상에 누워 있는 환자의 발치에 선 채로 환자를 내려다보고 있는 관찰자를 상상해야 한다. 즉 이 영상의 오른쪽이 환자 신체의 왼쪽 부분이라는 뜻이다. 4번 단면에서는 심장의 맨 아랫부분과 허파 아래엽이 관찰된다.

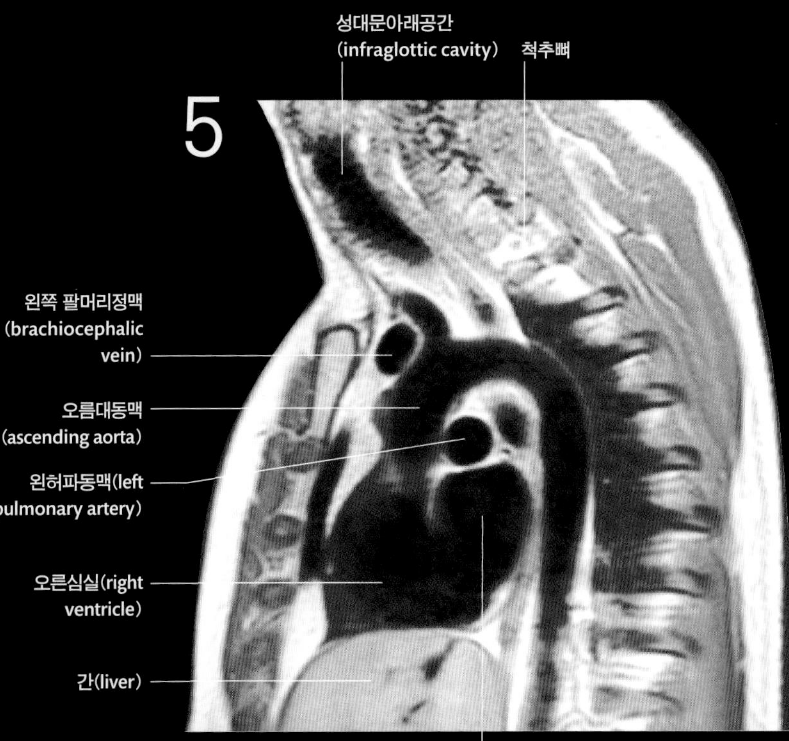
5
성대문아래공간
(infraglottic cavity)
척추뼈
왼쪽 팔머리정맥
(brachiocephalic
vein)
오름대동맥
(ascending aorta)
왼허파동맥(left
pulmonary artery)
오른심실(right
ventricle)
간(liver)
왼심방(left atrium)

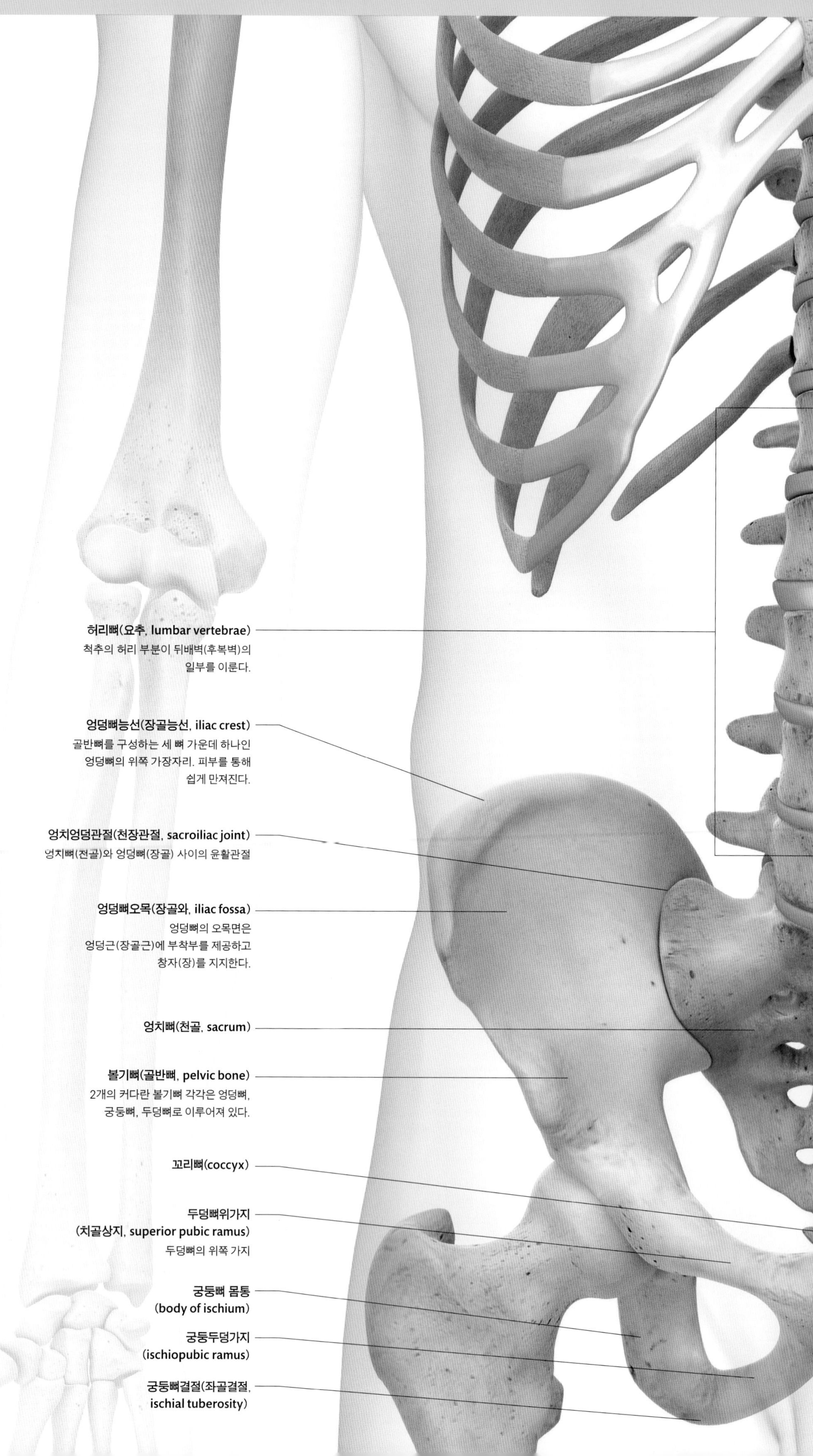
허리뼈(요추, lumbar vertebrae)
척추의 허리 부분이 뒤배벽(후복벽)의 일부를 이룬다.
엉덩뼈능선(장골능선, iliac crest)
골반뼈를 구성하는 세 뼈 가운데 하나인 엉덩뼈의 위쪽 가장자리. 피부를 통해 쉽게 만져진다.
엉치엉덩관절(천장관절, sacroiliac joint)
엉치뼈(천골)와 엉덩뼈(장골) 사이의 윤활관절
엉덩뼈오목(장골와, iliac fossa)
엉덩뼈의 오목면은 엉덩근(장골근)에 부착부를 제공하고 창자(장)를 지지한다.
엉치뼈(천골, sacrum)
볼기뼈(골반뼈, pelvic bone)
2개의 커다란 볼기뼈 각각은 엉덩뼈, 궁둥뼈, 두덩뼈로 이루어져 있다.
꼬리뼈(coccyx)
두덩뼈위가지
(치골상지, superior pubic ramus)
두덩뼈의 위쪽 가지
궁둥뼈 몸통
(body of ischium)
궁둥두덩가지
(ischiopubic ramus)
궁둥뼈결절(좌골결절,
ischial tuberosity)

배와 골반
뼈대계통

복부(배)의 뼈 경계에는 등쪽으로 5개의 허리뼈(요추), 위쪽으로 갈비뼈의 아래쪽 가장자리, 그리고 아래쪽으로 볼기뼈 중 두덩뼈(치골)와 엉덩뼈능선(장골능선)이 포함된다. 복강은 돔 모양의 가로막(횡격막) 때문에 흉곽 아래까지, 즉 다섯째 갈비뼈와 여섯째 갈비뼈 사이의 공간 높이까지 뻗어 있다. 이것은 간, 위, 지라(비장) 같은 몇몇 복부 장기가 대부분 갈비뼈 아래로 밀려올라가 있다는 것을 의미한다. 골반은 대야 모양이며, 앞과 옆이 2개의 볼기뼈(골반뼈)로, 뒤가 엉치뼈(천골)로 둘러싸여 있다. 각각의 볼기뼈는 서로 붙어 있는 3개의 뼈, 즉 뒤쪽의 엉덩뼈(장골), 앞쪽 아래의 궁둥뼈(좌골), 그리고 그 위의 두덩뼈로 이루어져 있다.

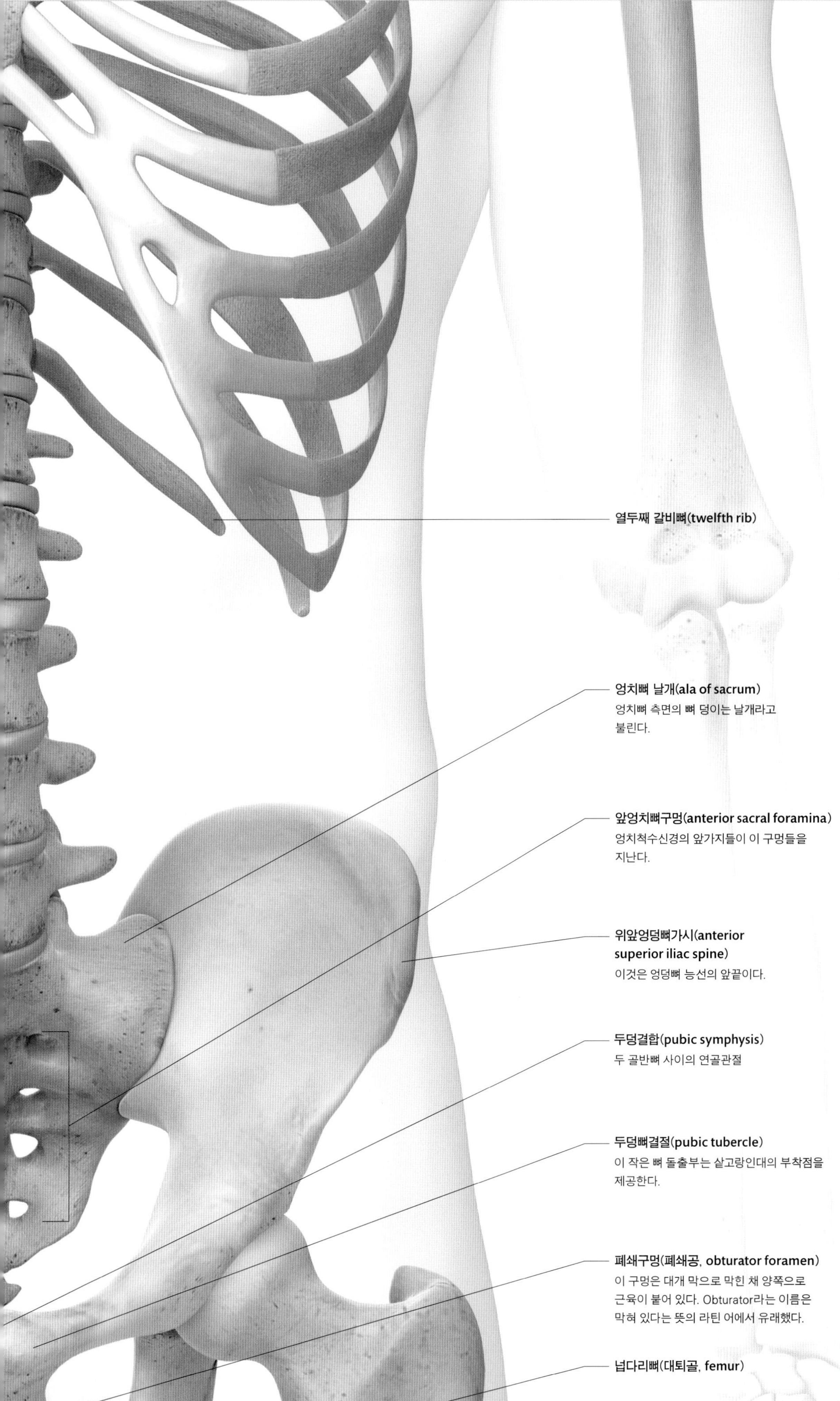
열두째 갈비뼈(twelfth rib)
엉치뼈 날개(ala of sacrum)
엉치뼈 측면의 뼈 덩이는 날개라고 불린다.
앞엉치뼈구멍(anterior sacral foramina)
엉치척수신경의 앞가지들이 이 구멍들을 지난다.
위앞엉덩뼈가시(anterior superior iliac spine)
이것은 엉덩뼈 능선의 앞끝이다.
두덩결합(pubic symphysis)
두 골반뼈 사이의 연골관절
두덩뼈결절(pubic tubercle)
이 작은 뼈 돌출부는 샅고랑인대의 부착점을 제공한다.
폐쇄구멍(폐쇄공, obturator foramen)
이 구멍은 대개 막으로 막힌 채 양쪽으로 근육이 붙어 있다. Obturator라는 이름은 막혀 있다는 뜻의 라틴 어에서 유래했다.
넙다리뼈(대퇴골, femur)

앞에서 본 그림

배와 골반
뼈대계통

허리척주(요추)에서 허리뼈들 사이에 형성된 돌기사이관절의 관절면 방향을 살펴보면 허리척주의 회전이 제한되어 있지만 굽히기와 펴기는 자유롭다. 그래도 허리엉치관절에서는 회전이 가능하기 때문에 걸을 때 골반이 흔들린다. 엉치엉덩관절은 윤활관절이라는 점에서 특이하다. 윤활관절은 대개 운동성이 좋지만 엉치엉덩관절은 운동에 제한이 있다. 이것은 관절 주변의 강한 엉치엉덩인대가 (볼기뼈의 일부인) 엉덩뼈를 엉치뼈 양쪽에 꽉 붙잡아매고 있기 때문이다. 아래쪽으로는, 엉치뼈와 꼬리뼈부터 엉덩뼈까지 뻗어 있는 엉치가시인대와 엉치결절인대가 추가적인 지지와 안정성을 제공한다.

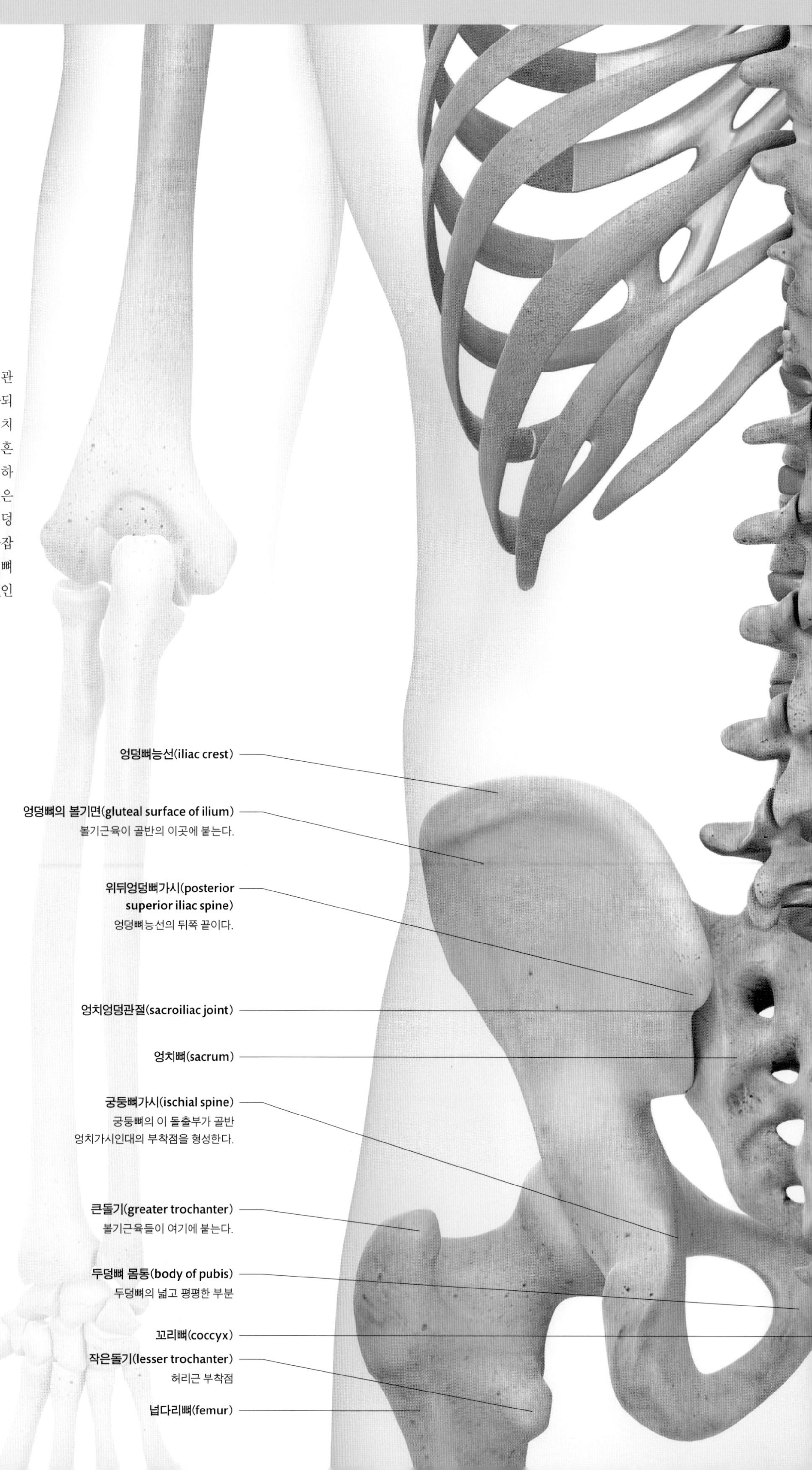
엉덩뼈능선(iliac crest)
엉덩뼈의 볼기면(gluteal surface of ilium)
볼기근육이 골반의 이곳에 붙는다.
위뒤엉덩뼈가시(posterior superior iliac spine)
엉덩뼈능선의 뒤쪽 끝이다.
엉치엉덩관절(sacroiliac joint)
엉치뼈(sacrum)
궁둥뼈가시(ischial spine)
궁둥뼈의 이 돌출부가 골반 엉치가시인대의 부착점을 형성한다.
큰돌기(greater trochanter)
볼기근육들이 여기에 붙는다.
두덩뼈 몸통(body of pubis)
두덩뼈의 넓고 평평한 부분
꼬리뼈(coccyx)
작은돌기(lesser trochanter)
허리근 부착점
넙다리뼈(femur)

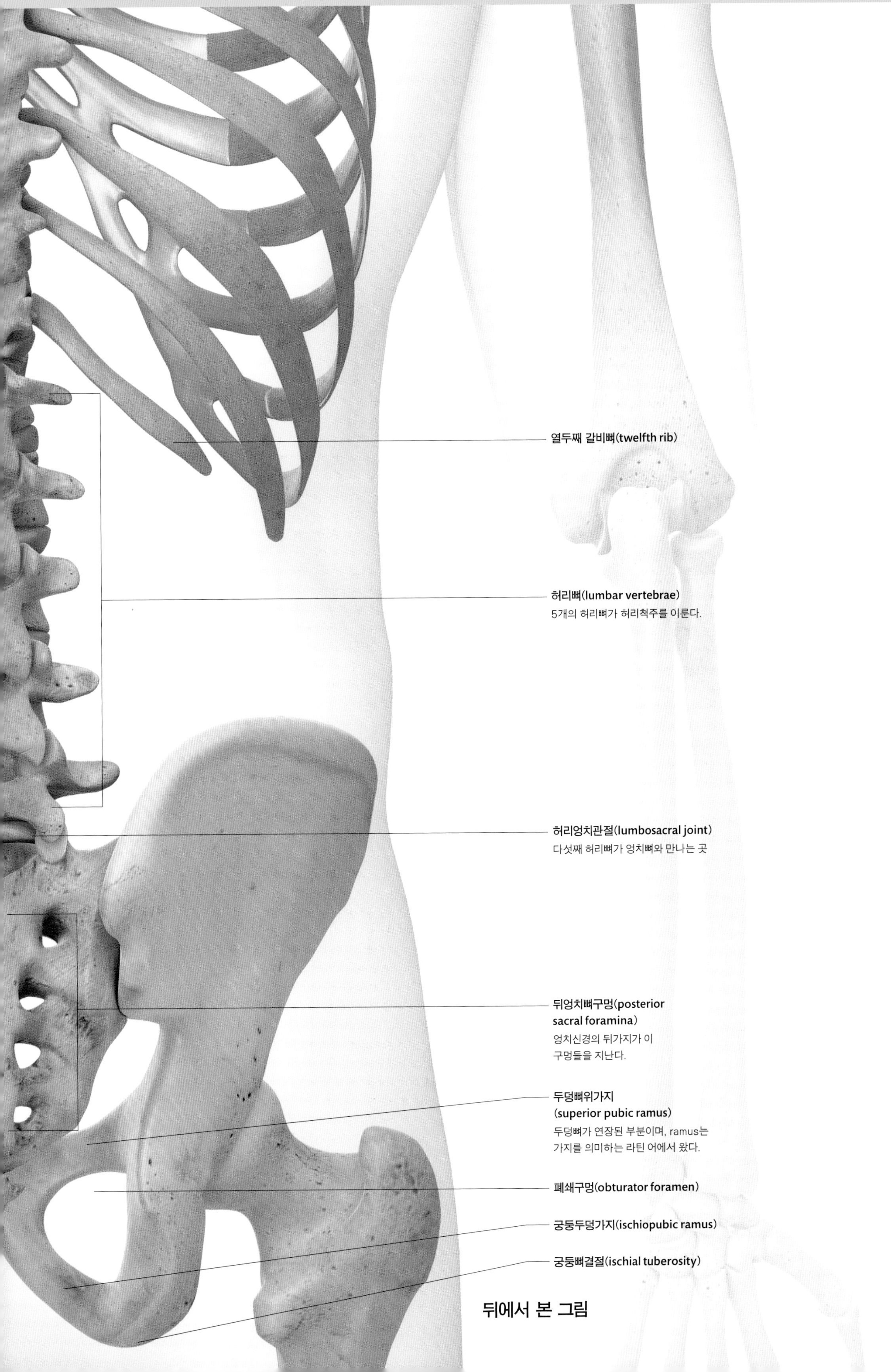

열두째 갈비뼈(twelfth rib)

허리뼈(lumbar vertebrae)
5개의 허리뼈가 허리척주를 이룬다.

허리엉치관절(lumbosacral joint)
다섯째 허리뼈가 엉치뼈와 만나는 곳

뒤엉치뼈구멍(posterior sacral foramina)
엉치신경의 뒤가지가 이 구멍들을 지난다.

두덩뼈위가지 (superior pubic ramus)
두덩뼈가 연장된 부분이며, ramus는 가지를 의미하는 라틴 어에서 왔다.

폐쇄구멍(obturator foramen)

궁둥두덩가지(ischiopubic ramus)

궁둥뼈결절(ischial tuberosity)

뒤에서 본 그림

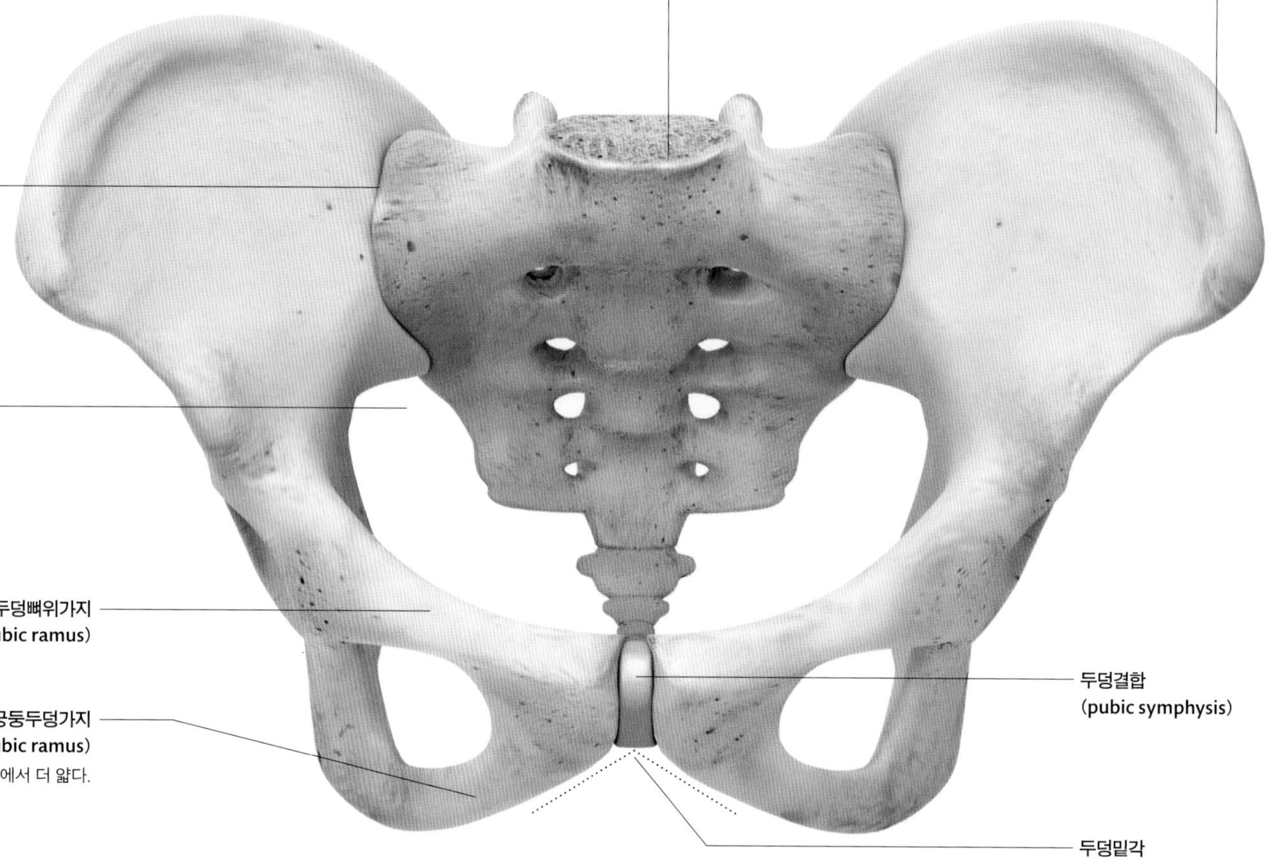

엉치뼈곶
(sacral promontory)
엉치뼈의 위쪽 가장자리가 여성에서는 앞으로 덜 튀어나와 있다.

엉덩뼈능선
(iliac crest)

엉치엉덩관절(sacroiliac joint)
여성의 골반에서 더 작다.

큰궁둥패임
(greater sciatic notch)

두덩뼈위가지
(superior pubic ramus)

두덩결합
(pubic symphysis)

궁둥두덩가지
(ischiopubic ramus)
여성의 골반에서 더 얇다.

두덩밑각
(subpubic angle)
여성의 골반에서 훨씬 더 넓다.

앞에서 본 여성 골반

배와 골반
뼈대계통

골반은 남녀 간에 가장 차이가 심한 뼈대에 해당한다. 남성의 골반과 달리 여성의 골반은 산도(출산길)를 포함하고 있기 때문이다. 남성과 여성의 볼기뼈를 비교해 보면 둘 간에 확실한 차이가 있다. 엉치뼈와 두 볼기뼈로 이루어진 고리 모양 입구인 위골반문둘레는 대체로 여성에서는 넓은 타원형이고 남성에서는 그보다 좁은 하트 모양이다. 두 골반뼈가 이루는 관절 아래쪽의 두덩밑각은 여성에 비해 남성이 훨씬 작다. 다른 뼈대처럼 남성의 골반뼈가 대개 더 두껍고 튼튼하며 근육이 붙는 능선이 더 분명하다.

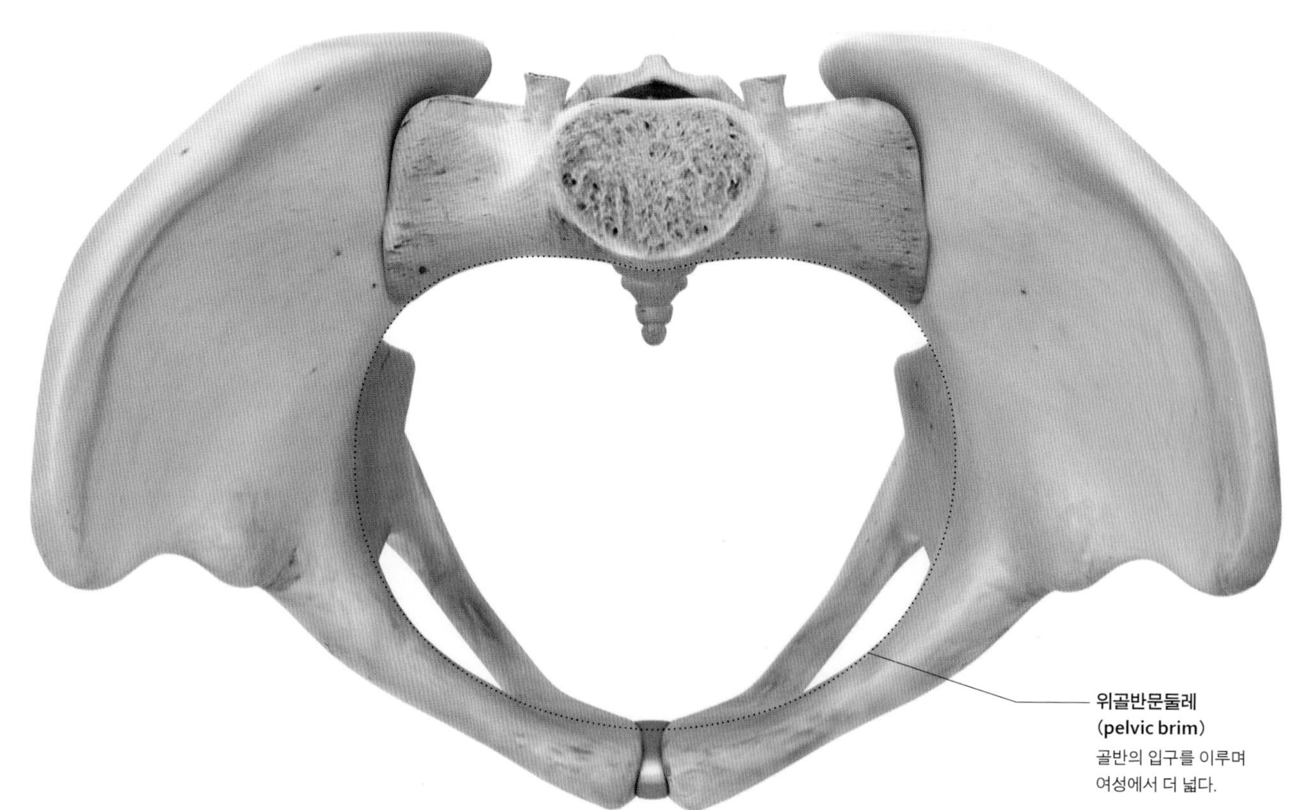
위골반문둘레
(pelvic brim)
골반의 입구를 이루며
여성에서 더 넓다.

위에서 본 여성 골반

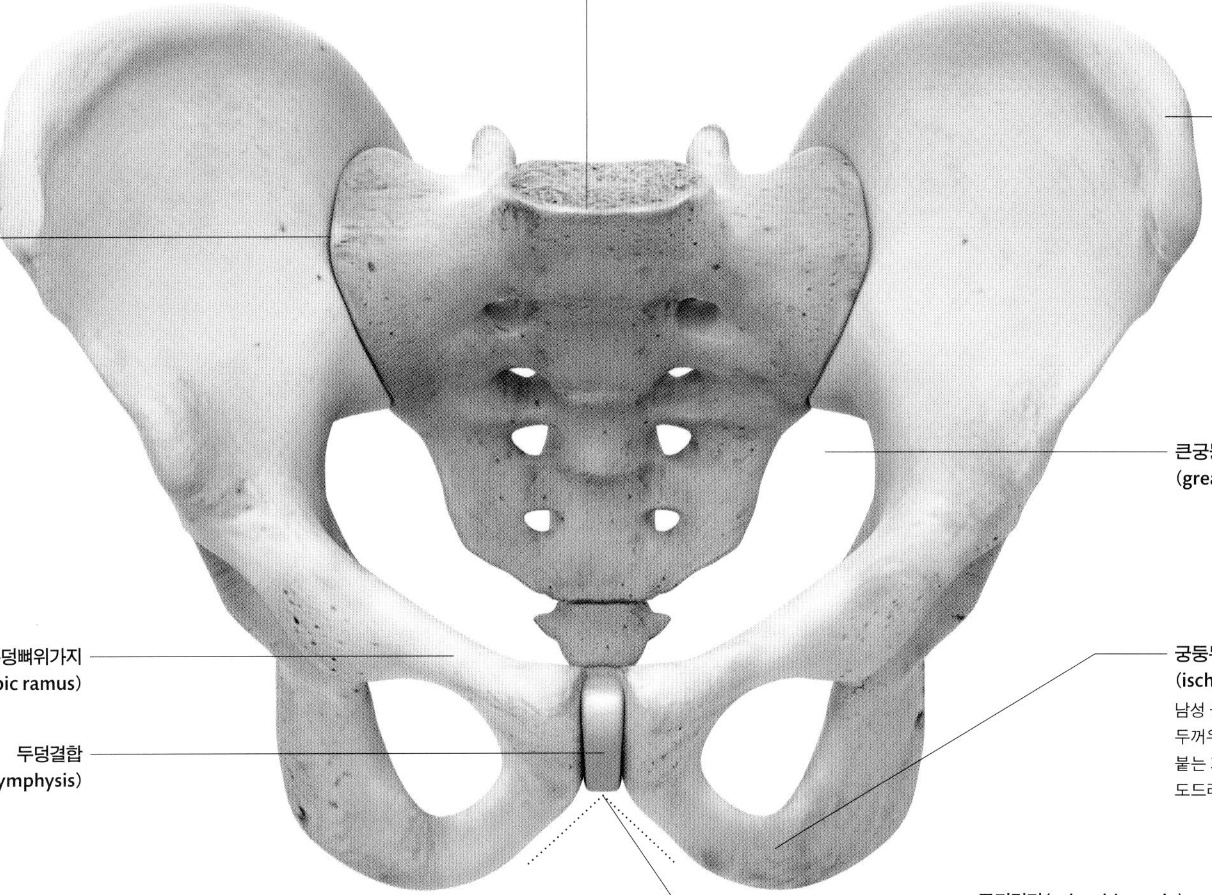

엉치뼈곶
(sacral promontory)
엉치뼈의 위쪽 가장자리가 하트 모양의 위골반문둘레 쪽으로 돌출되어 있다.

엉덩뼈능선
(iliac crest)
배벽의 근육들이 붙는 부착부를 제공하며 남성에서 더 짧고 튼튼하다.

엉치엉덩관절
(sacroiliac joint)
남성의 관절은 대체로 여성의 관절보다 큰데, 이것도 예외가 아니다.

큰궁둥패임
(greater sciatic notch)

두덩뼈위가지
(superior pubic ramus)

궁둥두덩가지
(ischiopubic ramus)
남성 골반에서 더 두꺼우며, 음경다리가 붙는 가장자리가 도드라져 있다.

두덩결합
(pubic symphysis)

두덩밑각(subpubic angle)

앞에서 본 남성 골반

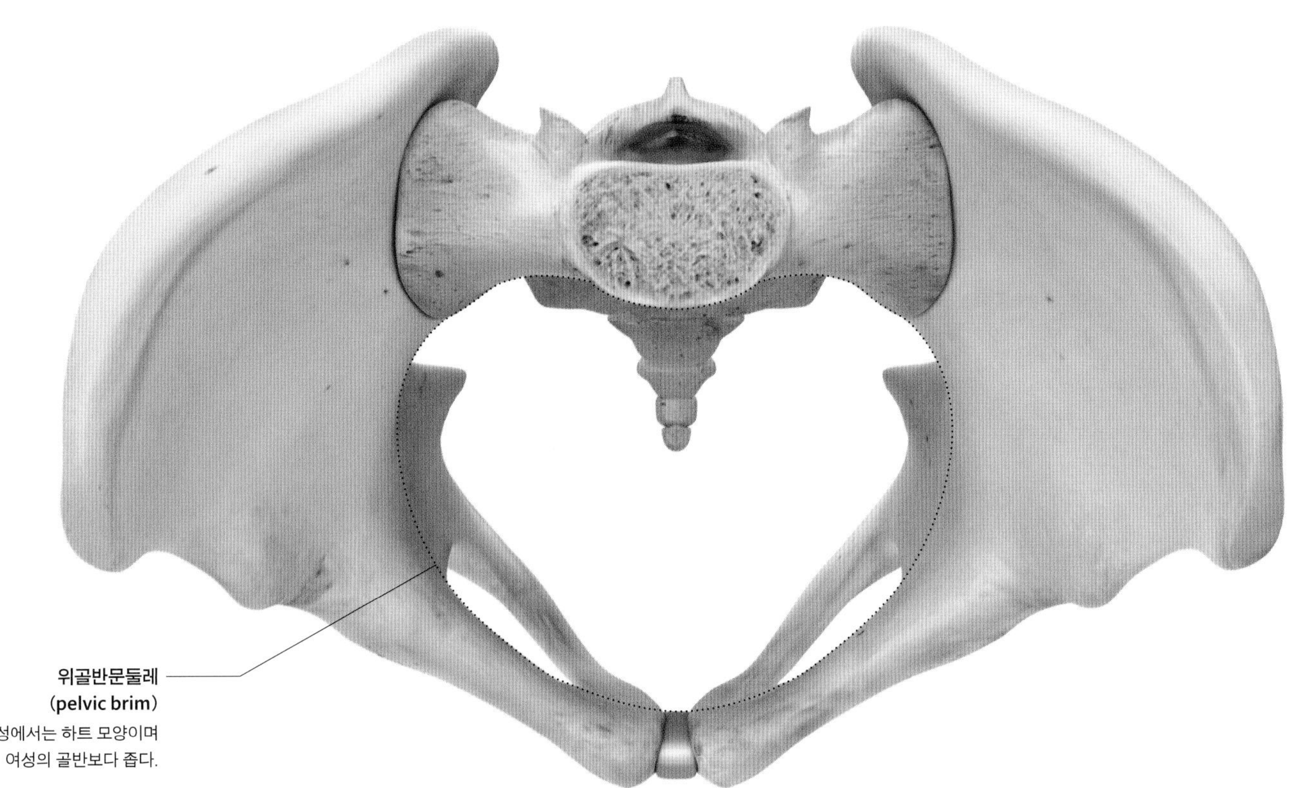
위골반문둘레
(pelvic brim)
남성에서는 하트 모양이며 여성의 골반보다 좁다.

위에서 본 남성 골반

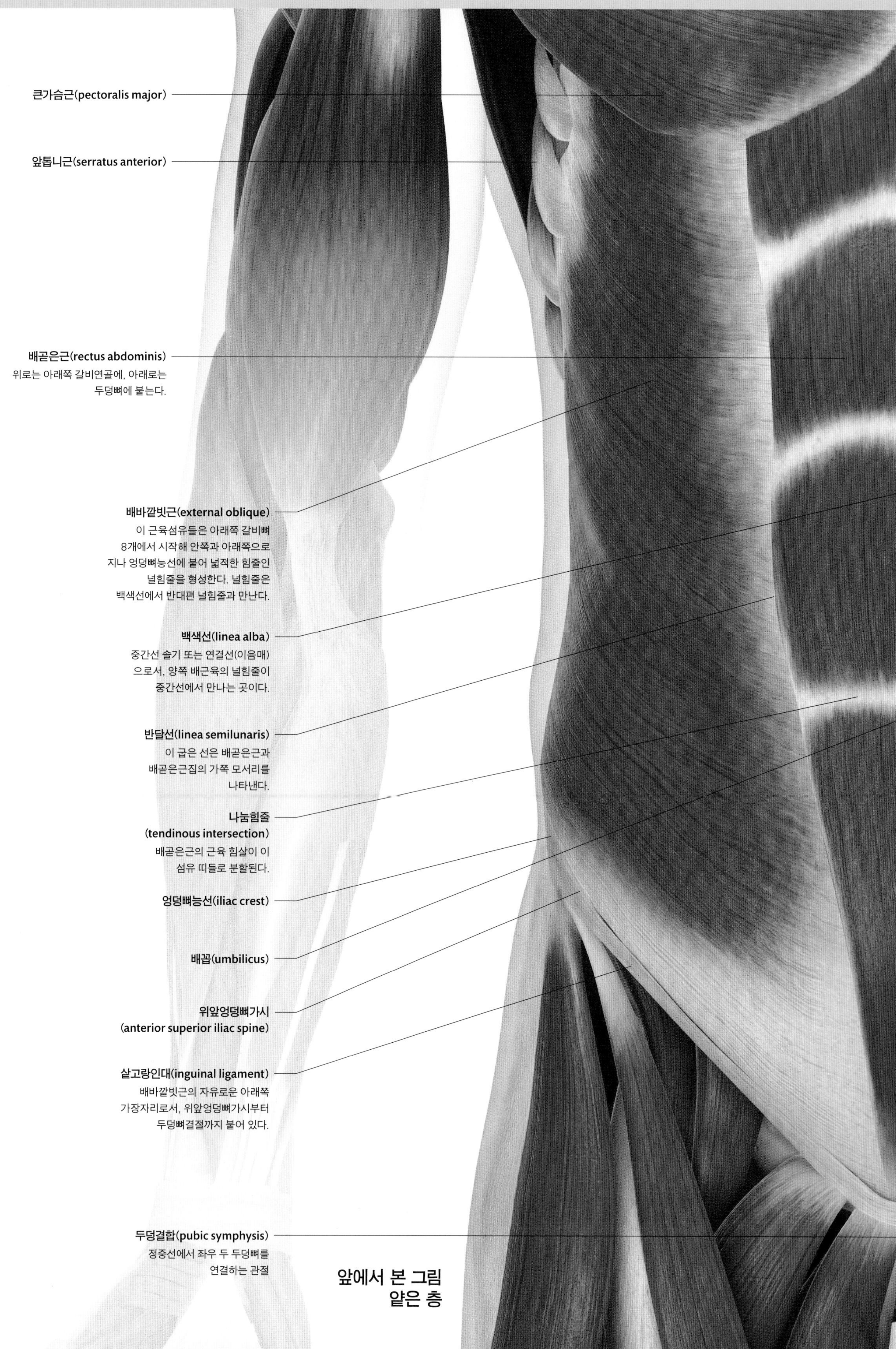
큰가슴근(pectoralis major)
앞톱니근(serratus anterior)
배곧은근(rectus abdominis)
위로는 아래쪽 갈비연골에, 아래로는 두덩뼈에 붙는다.
배바깥빗근(external oblique)
이 근육섬유들은 아래쪽 갈비뼈 8개에서 시작해 안쪽과 아래쪽으로 지나 엉덩뼈능선에 붙어 넓적한 힘줄인 널힘줄을 형성한다. 널힘줄은 백색선에서 반대편 널힘줄과 만난다.
백색선(linea alba)
중간선 솔기 또는 연결선(이음매)으로서, 양쪽 배근육의 널힘줄이 중간선에서 만나는 곳이다.
반달선(linea semilunaris)
이 굽은 선은 배곧은근과 배곧은근집의 가쪽 모서리를 나타낸다.
나눔힘줄 (tendinous intersection)
배곧은근의 근육 힘살이 이 섬유 띠들로 분할된다.
엉덩뼈능선(iliac crest)
배꼽(umbilicus)
위앞엉덩뼈가시 (anterior superior iliac spine)
샅고랑인대(inguinal ligament)
배바깥빗근의 자유로운 아래쪽 가장자리로서, 위앞엉덩뼈가시부터 두덩뼈결절까지 붙어 있다.
두덩결합(pubic symphysis)
정중선에서 좌우 두 두덩뼈를 연결하는 관절
앞에서 본 그림
얕은 층

배와 골반 **근육계통**

배근육은 몸통을 움직일 수 있다. 척주를 앞이나 옆으로 굽힐 수 있고 배를 좌우로 뒤틀 수도 있다. 그리고 자세를 잡는 데도 매우 중요하다. 서 있거나 앉아 있을 때 곧추선 척주를 지지하고 무거운 물건을 들 때에도 동원된다. 또 복부를 압박해 복압을 높이기 때문에 배변, 배뇨(방광 비우기), 허파의 강제날숨과 관련 있다. 가장 앞쪽에는 중간선의 양쪽으로 2개의 곧고 가죽끈처럼 생긴 배곧은근이 있다. 이 근육은 가로 힘줄들로 제각각 나뉘어 있다. 근육이 단련된 날씬한 사람에서는 이 근육이 선망의 대상인 '식스팩(six pack)'으로 보인다. 배곧은근의 양쪽 바깥에는 넓고 편평한 근육들이 세 겹을 이루고 있다.

배곧은근집의 뒤층
(posterior layer of rectus sheath)
배곧은근집은 옆구리 쪽의 근육들, 즉 배바깥빗근, 배속빗근, 배가로근의 널힘줄로 이루어진다.

배속빗근의 널힘줄
(aponeurosis of internal oblique)

배속빗근(internal oblique)
배바깥빗근 밑에 위치한 이 근섬유들은 샅고랑인대와 엉덩뼈능선에서 기시하며 안쪽과 위쪽으로 펼쳐져 아래쪽 갈비뼈들에 붙어 있고 중간선에서는 서로 만난다.

활꼴선(arcuate line)
이 지점에서 가쪽 근육들의 모든 널힘줄이 배곧은근 앞으로 나오고, 배곧은근 뒤에는 근막 한 층만 남는다.

두덩뼈결절
(pubic tubercle)

앞에서 본 그림
깊은 층

배와 골반 근육계통

허리의 얕은 근육 대부분은 굉장히 널찍한 넓은등근(latissimus dorsi)이다. 이 근육 밑에는 척주를 따라 양쪽으로 커다란 근육 덩어리가 있는데, 이것은 근육이 단련된 사람에서 허리 부분의 두 능선을 형성한다. 이 근육 덩어리는 뭉뚱그려 척주세움근(erector spinae)이라고 하며, 이름에서 알 수 있듯이 척주를 곧추세우는 데 중요한 역할을 한다. 척주가 앞으로 굽을 때는 척주세움근이 척주를 뒤로 잡아당겨 곧게 만든다. 척주를 더 잡아당기면 쭉 펴지기도(젖혀지기도) 한다. 이 근육은 양쪽으로 3개의 중요한 근육띠로 나눌 수 있다. 엉덩갈비근(iliocostalis), 가장긴근(longissimus), 가시근(spinalis). 볼기의 근육 덩어리 가운데 대부분은 단 하나의 근육, 즉 엉덩관절까지 뻗어 있는 살집 좋은 큰볼기근(gluteus maximus)으로 이어진다. 큰볼기근 밑에는 엉덩관절을 움직이는 일련의 작은 근육들이 숨어 있다.

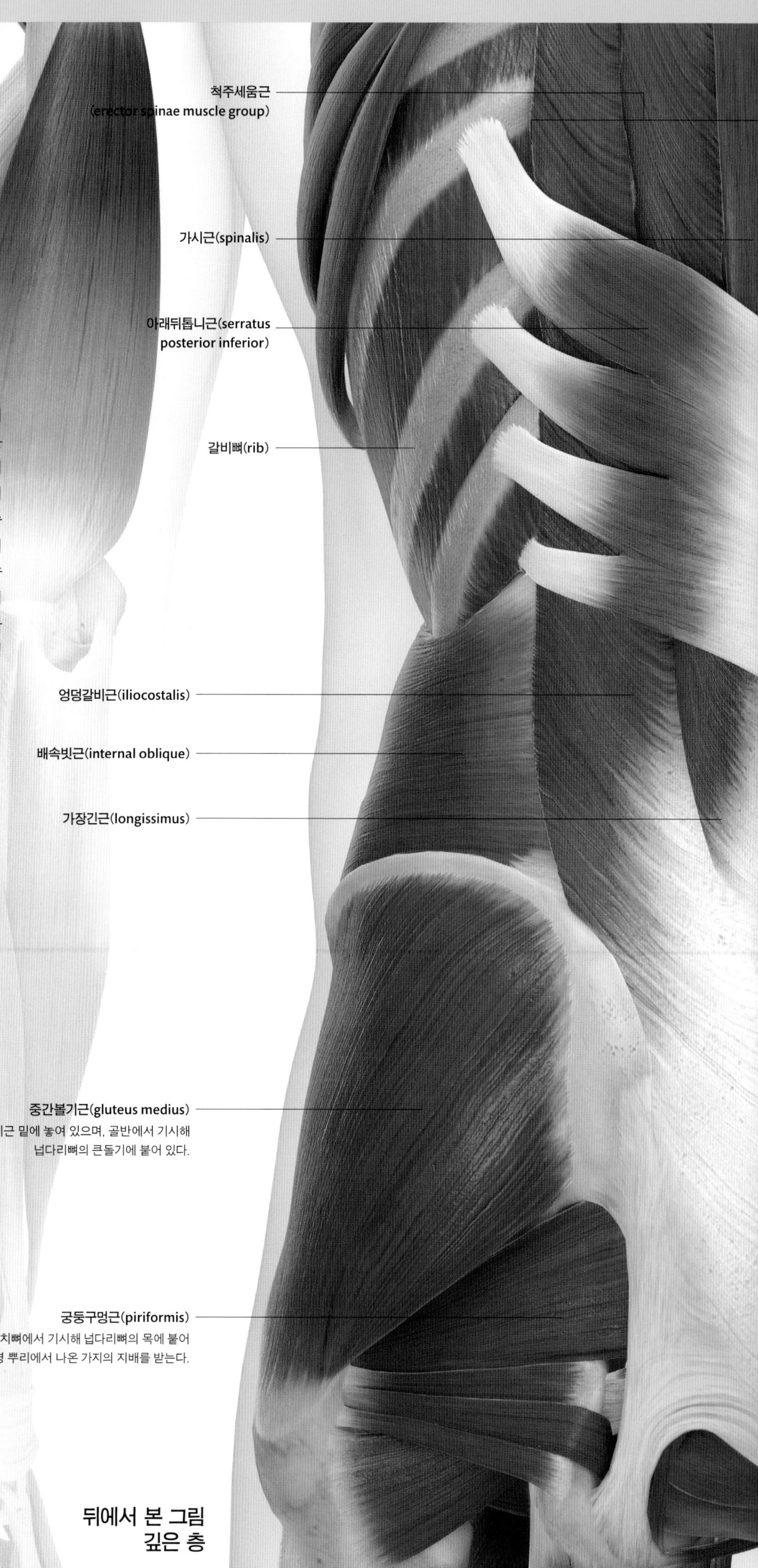
척주세움근
(erector spinae muscle group)
가시근(spinalis)
아래뒤톱니근(serratus
posterior inferior)
갈비뼈(rib)
엉덩갈비근(iliocostalis)
배속빗근(internal oblique)
가장긴근(longissimus)
중간볼기근(gluteus medius)
큰볼기근 밑에 놓여 있으며, 골반에서 기시해
넙다리뼈의 큰돌기에 붙어 있다.
궁둥구멍근(piriformis)
이 근육은 엉치뼈에서 기시해 넙다리뼈의 목에 붙어
있다. 엉치신경 뿌리에서 나온 가지의 지배를 받는다.

뒤에서 본 그림
깊은 층

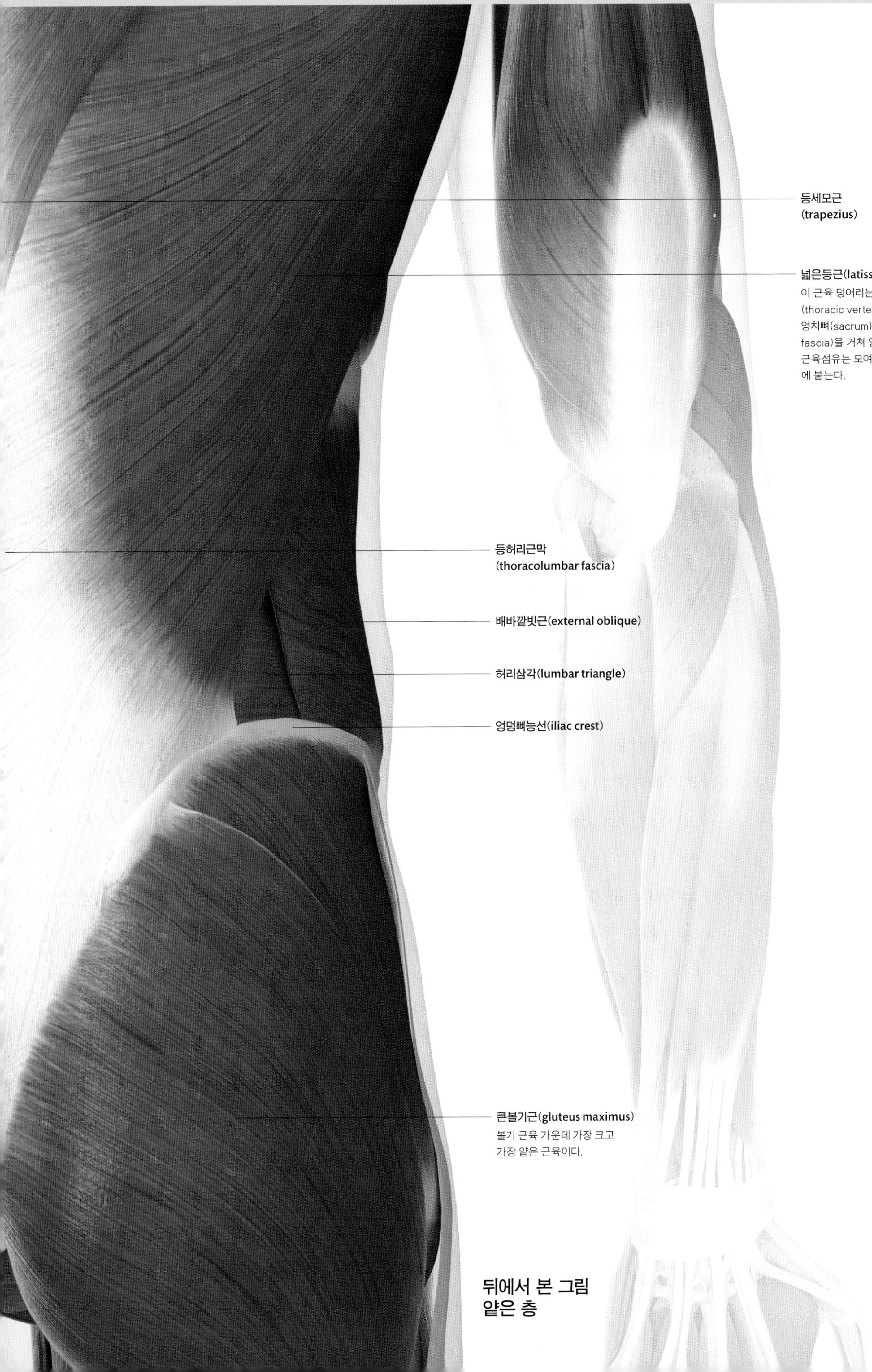

등세모근
(trapezius)

넓은등근(latissimus dorsi)
이 근육 덩어리는 붙는 부위가 넓다. 아래쪽 등뼈(thoracic vertebrae), 허리뼈(lumbar vertebrae), 엉치뼈(sacrum)에 붙고, 등허리근막(thoracolumbar fascia)을 거쳐 엉덩뼈능선(iliac crest)까지 붙는다. 이 근육섬유는 모여서 가는 힘줄이 되어 위팔뼈(humerus)에 붙는다.

등허리근막
(thoracolumbar fascia)

배바깥빗근(external oblique)

허리삼각(lumbar triangle)

엉덩뼈능선(iliac crest)

큰볼기근(gluteus maximus)
볼기 근육 가운데 가장 크고
가장 얕은 근육이다.

뒤에서 본 그림
얕은 층

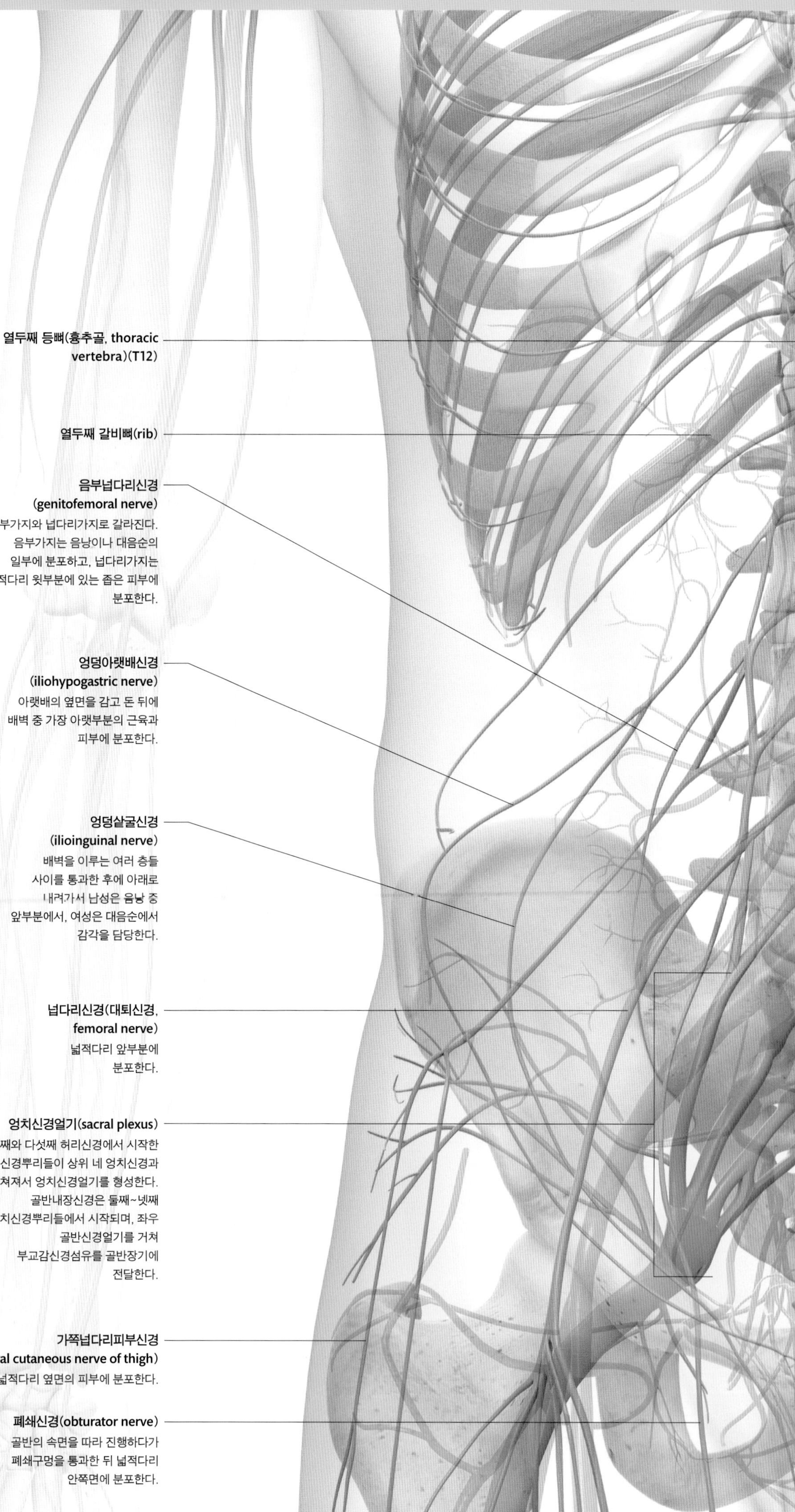

열두째 등뼈(흉추골, thoracic vertebra)(T12)

열두째 갈비뼈(rib)

음부넙다리신경 (genitofemoral nerve)
음부가지와 넙다리가지로 갈라진다. 음부가지는 음낭이나 대음순의 일부에 분포하고, 넙다리가지는 넓적다리 윗부분에 있는 좁은 피부에 분포한다.

엉덩아랫배신경 (iliohypogastric nerve)
아랫배의 옆면을 감고 돈 뒤에 배벽 중 가장 아랫부분의 근육과 피부에 분포한다.

엉덩샅굴신경 (ilioinguinal nerve)
배벽을 이루는 여러 층들 사이를 통과한 후에 아래로 내려가서 남성은 음낭 중 앞부분에서, 여성은 대음순에서 감각을 담당한다.

넙다리신경(대퇴신경, femoral nerve)
넓적다리 앞부분에 분포한다.

엉치신경얼기(sacral plexus)
넷째와 다섯째 허리신경에서 시작한 신경뿌리들이 상위 네 엉치신경과 합쳐져서 엉치신경얼기를 형성한다. 골반내장신경은 둘째~넷째 엉치신경뿌리들에서 시작되며, 좌우 골반신경얼기를 거쳐 부교감신경섬유를 골반장기에 전달한다.

가쪽넙다리피부신경 (lateral cutaneous nerve of thigh)
넓적다리 옆면의 피부에 분포한다.

폐쇄신경(obturator nerve)
골반의 속면을 따라 진행하다가 폐쇄구멍을 통과한 뒤 넓적다리 안쪽면에 분포한다.

배와 골반 **신경계통**

하위 갈비사이신경들은 가슴우리의 아래모서리를 지나서 앞배벽의 근육과 피부에 분포한다. 아랫배에는 갈비밑신경과 엉덩아랫배신경이 분포한다. 교감신경줄기 중 배부분은 가슴신경과 첫째와 둘째 허리신경에서 시작한 교감신경섬유를 받은 뒤에 다시 모든 척수신경에 전달한다. 허리신경들은 척추뼈에서 나온 후에 뒤배벽에 있는 큰허리근으로 들어간다. 허리신경들은 이 근육 속에서 합쳐지고 신경섬유를 주고받음으로써 그물처럼 얽힌 신경얼기를 형성한다. 허리신경얼기에서 시작한 가지들은 큰허리근을 관통하거나 우회하여 넓적다리로 진행한다. 그 아래에 있는 엉치신경얼기의 가지들은 골반장기에 분포하고 볼기로 들어간다. 그중 한 가지인 궁둥신경(좌골신경)은 인체에서 가장 큰 신경이다. 궁둥신경은 넓적다리 중 뒷부분과 종아리 및 발에 분포한다.

갈비사이신경
(늑간신경,
intercostal nerve)

갈비밑신경(subcostal nerve)

허리신경얼기(lumbar plexus)

엉덩뼈능선(iliac crest)

허리엉치신경줄기
(lumbosacral trunk)
넷째와 다섯째 허리신경에서 시작한 신경섬유들이 아래로 내려가서 엉치신경얼기와 합쳐진다.

위볼기신경
(superior gluteal nerve)
엉치신경얼기의 가지로, 볼기의 근육과 피부에 분포한다.

앞엉치뼈구멍(anterior sacral foramen)

궁둥신경(좌골신경,
sciatic nerve)

앞에서 본 그림

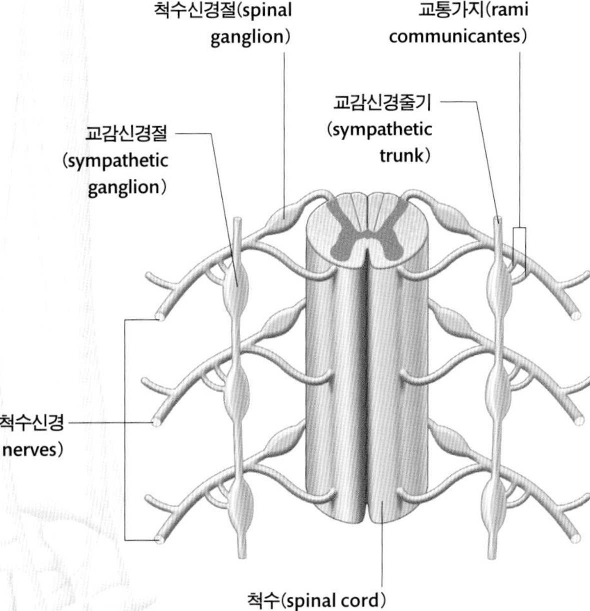
척수신경절(spinal ganglion)
교통가지(rami communicantes)
교감신경줄기 (sympathetic trunk)
교감신경절 (sympathetic ganglion)
척수신경 (spinal nerves)
척수(spinal cord)

교감신경줄기와 척수의 단면

배와 골반
심장혈관계통

대동맥은 열두째 등뼈와 같은 높이에서 가로막 뒤부분을 지나 배로 들어간다. 동맥 쌍들은 대동맥 옆으로 갈라져나와 배벽, 콩팥, 콩팥위샘(부신), 고환이나 난소에 산소가 풍부한 혈액을 공급한다. 일련의 동맥 가지들은 배대동맥(abdominal aorta)에서 갈라져나와 배 장기에 혈액을 공급한다. 복강동맥(celiac trunk)은 간, 위, 이자(췌장), 지라로 가는 가지로 분지되고, 창자간막동맥(mesenteric arteries)은 창자에 혈액을 공급한다. 배대동맥은 둘로 갈라져 끝나면서 온엉덩동맥(common iliac arteries)을 형성한다. 이번에는 각 온엉덩동맥이 갈라져서 골반 장기에 혈액을 공급하는 속엉덩동맥(internal iliac artery)과, 넓적다리로 이어져 넙다리동맥(femoral artery)이 되는 바깥엉덩동맥(external iliac artery)을 형성한다. 대동맥의 오른쪽에는 배의 주요 동맥인 아래대정맥(inferior vena cava)이 위치한다.

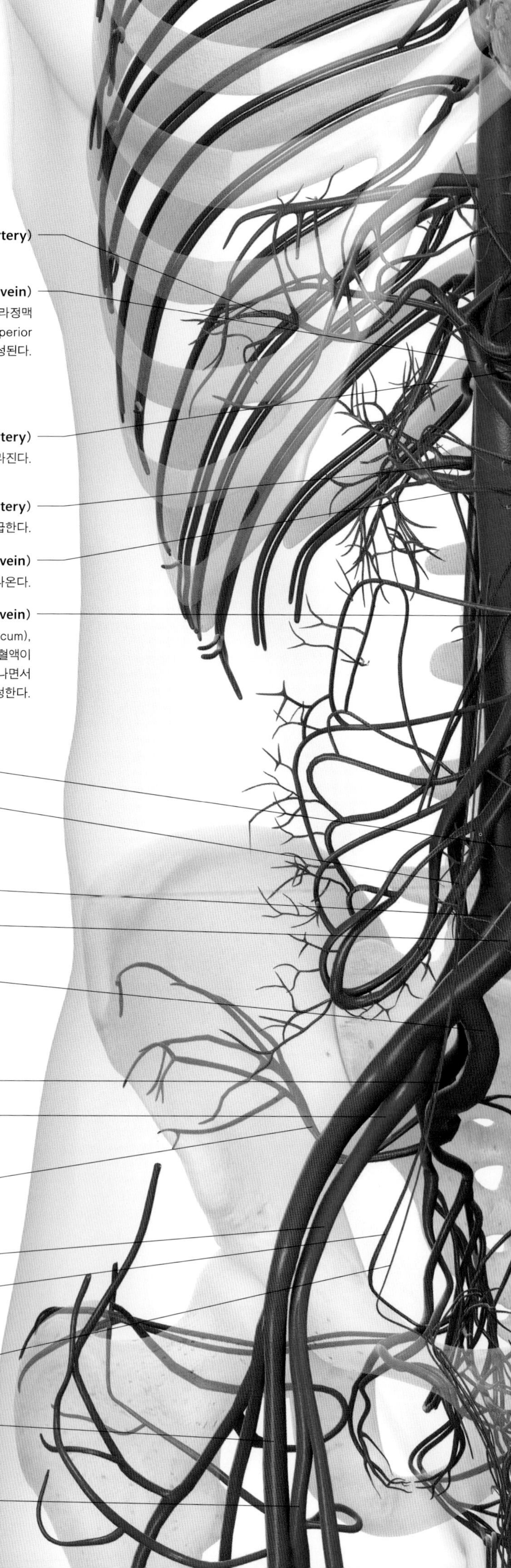
오른간동맥(right hepatic artery)
간문맥(portal vein)
혈액을 창자에서 간으로 운반한다. 지라정맥(splenic vein)과 위창자간막정맥(superior mesenteric vein)이 결합해서 형성된다.
온간동맥(common hepatic artery)
좌우 간동맥으로 갈라진다.
오른콩팥동맥(right renal artery)
오른쪽 콩팥에 혈액을 공급한다.
오른콩팥정맥(right renal vein)
오른쪽 콩팥에서 혈액이 흘러나온다.
위창자간막정맥(superior mesenteric vein)
작은창자(small intestine), 막창자(cecum), 그리고 잘록창자(colon)의 절반에서 혈액이 흘러나온다. 지라정맥과 결합해 끝나면서 간문맥을 형성한다.
아래대정맥(inferior vena cava)
돌잘록창자동맥(ileocolic artery)
위창자간막동맥의 가지로서 돌창자(ileum)의 끝부분, 막창자, 오름잘록창자(ascending colon)의 시작 부분, 그리고 막창자꼬리(appendix)에 혈액을 공급한다.
오른온엉덩정맥(right common iliac vein)
오른온엉덩동맥(right common iliac artery)
오른바깥엉덩동맥과 오른속엉덩동맥으로 나눠진다.
오른속엉덩동맥(right internal iliac artery)
방광(bladder), 곧창자(rectum), 샅(perineum), 바깥생식기관(external genitals), 넓적다리 안쪽의 근육들, 엉덩뼈와 엉치뼈, 그리고 볼기(buttock), 아울러 여성의 자궁과 질에 동맥 가지를 제공한다.
오른속엉덩정맥(right internal iliac vein)
오른바깥엉덩동맥(right external iliac artery)
앞배벽 아래쪽으로 가지를 뻗어 두덩뼈 위, 샅고랑인대 아래를 지나 넙다리동맥이 된다.
오른위볼기동맥(right superior gluteal artery)
속엉덩동맥의 가장 큰 가지로서 골반 뒷부분을 통과해서 위볼기에 혈액을 공급한다.
오른바깥엉덩정맥(right external iliac vein)
오른생식샘동맥(right gonadal artery)
여성에서 난소에 혈액을 공급한다. 남성에서는 음낭까지 뻗어 있어 고환에 혈액을 공급한다.
오른생식샘정맥(right gonadal vein)
난소나 고환에서 나와 아래대정맥과 합쳐지면서 끝난다.
오른넙다리동맥(right femoral artery)
다리의 주요 동맥으로서 바깥엉덩동맥이 넓적다리로 이어진 것이다.
오른넙다리정맥(right femoral vein)

앞에서 본 그림

복강동맥(celiac trunk)
겨우 1센티미터 남짓한 길이밖에 되지 않으며, 곧바로 왼위동맥, 지라동맥, 온간동맥으로 갈라진다.

지라동맥(splenic artery)
지라뿐만 아니라 이자의 대부분과 위 윗부분에 혈액을 공급한다.

지라정맥(splenic vein)
지라에서 나오며, 위와 이자로부터 나오는 다른 정맥들은 물론이고 아래창자간막정맥과 합쳐진다.

왼콩팥동맥(left renal artery)
오른콩팥동맥보다 짧으며 왼콩팥에 혈액을 공급한다.

왼콩팥정맥(left renal vein)
오른콩팥정맥보다 길며, 왼콩팥에서 나와 왼생식샘정맥과 합쳐진다.

아래창자간막정맥(inferior mesenteric vein)
잘록창자(colon)와 곧창자(rectum)에서 나와 지라정맥으로 흘러들면서 끝난다.

위창자간막동맥(superior mesenteric artery)
창자간막(mesentery) 안에서 여러 가지로 갈라져서 빈창자(jejunum)와 돌창자(ileum) 그리고 잘록창자의 절반을 포함한 창자 대부분에 혈액을 공급한다.

배대동맥(abdominal aorta)
가슴대동맥(thoracic aorta)이 열두째 등뼈와 같은 높이에서 가로막 뒷부분을 지나며 배대동맥이 된다.

아래창자간막동맥(inferior mesenteric artery)
가로잘록창자의 마지막 3분의 1, 내림잘록창자, 구불잘록창자, 그리고 곧창자에 혈액을 공급한다.

대동맥 갈림(bifurcation of aorta)
배대동맥은 네 번째 허리뼈 앞에서 갈라진다.

위곧창자동맥(superior rectal artery)
아래창자간막동맥의 마지막 가지로서 골반 속으로 내려가 곧창자에 혈액을 공급한다.

왼온엉덩동맥(left common iliac artery)

왼온엉덩정맥(left common iliac vein)
바깥엉덩정맥과 속엉덩정맥이 합쳐져서 형성된다.

왼바깥엉덩정맥(left external iliac vein)
넙다리정맥이 골반 속으로 이어진 부분이다.

왼속엉덩동맥(left internal iliac artery)

왼바깥엉덩동맥(left external iliac artery)

왼속엉덩정맥(left internal iliac vein)
골반 장기, 샅(perineum), 볼기에서 혈액이 흘러나온다.

왼생식샘동맥(left gonadal artery)
생식샘동맥은 콩팥동맥 밑에서 대동맥으로부터 갈라져나온다.

왼생식샘정맥(left gonadal vein)
난소나 고환에서 나와 왼콩팥정맥으로 흘러들면서 끝난다.

왼넙다리동맥(left femoral artery)

왼넙다리정맥(left femoral vein)
다리로부터 올라오는 주요 정맥으로서 바깥엉덩정맥이 된다.

배와 골반
림프계통과 면역계통

복부의 깊은 림프절(림프샘)들은 동맥 주변에 무리지어 있다. 대동맥 양쪽을 따라 분포하는 림프절들은 배벽 근육, 콩팥과 콩팥위샘(부신) 그리고 고환과 난소처럼 쌍을 이룬 구조들로부터 림프(림프액)가 들어온다. 엉덩림프절(iliac node)들은 다리와 골반에서 되돌아오는 림프가 모인다. 대동맥 앞으로 난 동맥 가지들 주변에 무리지은 림프절들은 창자(gut)와 복부 장기들에서 오는 림프가 모인다. 다리, 골반, 복부로부터 온 이 모든 림프는 나중에 가슴림프관팽대(cisterna chyli)라고 불리는 팽창된 림프관(lymphatic vessel) 속으로 들어간다. 가슴림프관팽대는 점점 더 가늘어져서 가슴림프관(thoracic duct)이 되고, 이것은 위로 달리면서 가슴 속으로 들어간다. 대부분의 림프절은 작고 콩만 한 크기의 구조지만, 복부에는 크고 중요한 면역계통 장기인 지라도 있다.

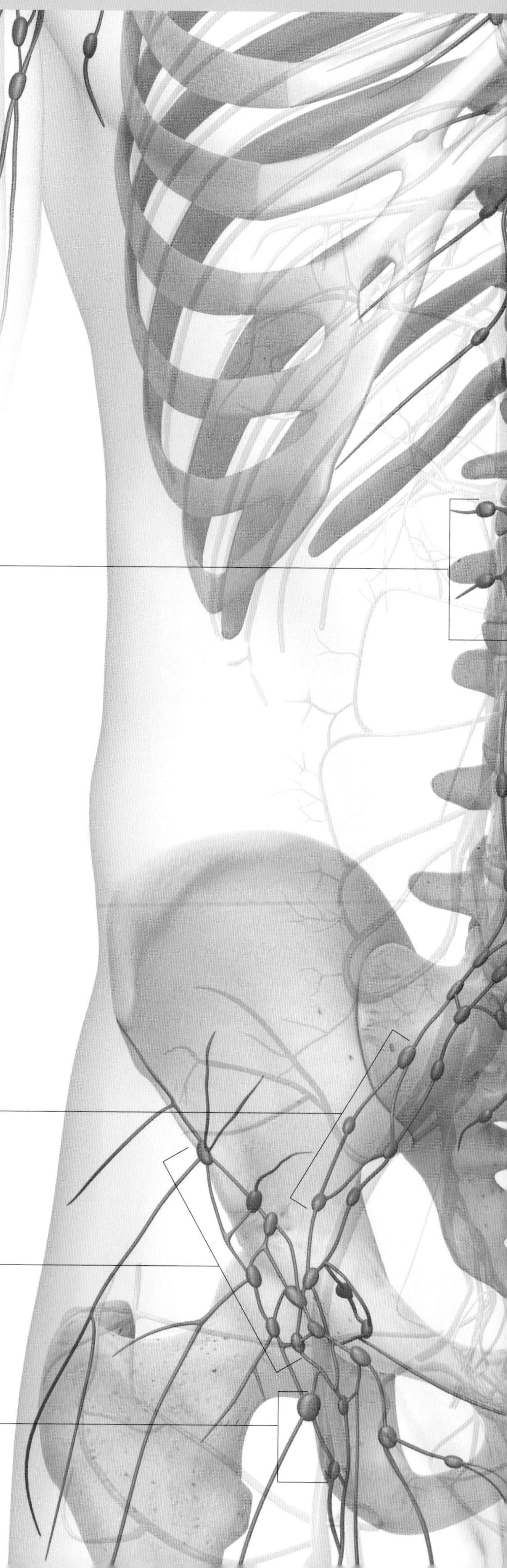
가쪽대동맥림프절
(lateral aortic nodes)
대동맥 양쪽에 위치한 이 림프절들에는 콩팥, 뒤배벽, 골반내장(pelvic viscera)에서 오는 림프가 모인다. 이 림프절들은 오른·왼창자림프줄기(intestinal trunks)로 들어간다.
바깥엉덩림프절(external iliac nodes)
샅굴부위(groin), 샅(perineum), 넓적다리 안쪽 등의 샅고랑림프절(inguinal nodes)들로부터 오는 림프가 모인다.
몸쪽얕은샅고랑림프절
(proximal superficial inguinal nodes)
샅고랑인대 바로 밑에 위치한 이 림프절들은 얕은샅고랑림프절 가운데 위쪽 무리로서 배꼽 밑 아래배벽(lower abdominal wall)과 바깥생식기관에서 오는 림프를 수용한다.
먼쪽얕은샅고랑림프절
(distal superficial inguinal nodes)
샅굴부위의 아래쪽 림프절들로서 넓적다리와 종아리의 얕은 림프관들 대부분이 여기서 갈라져나온다.

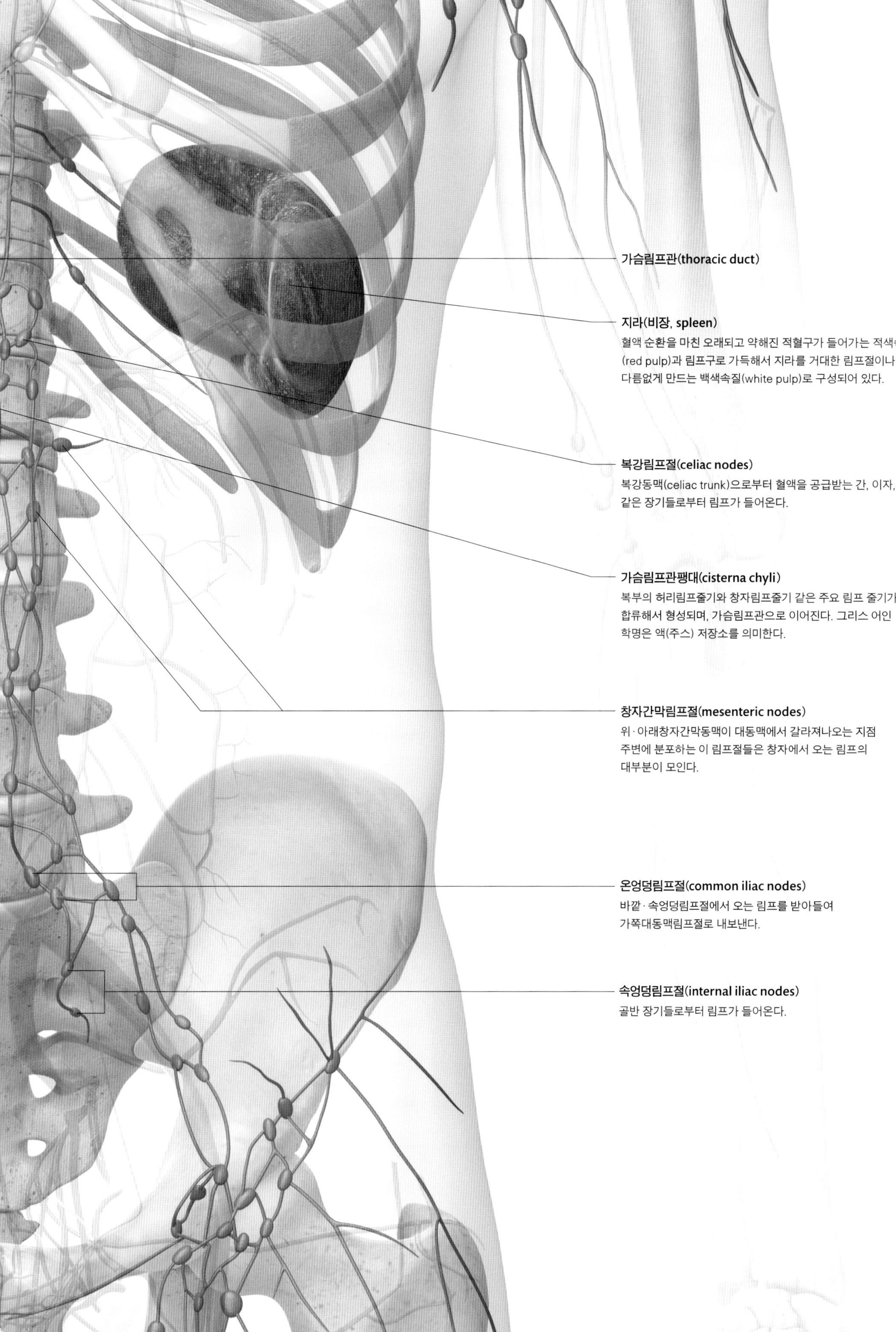
가슴림프관(thoracic duct)

지라(비장, spleen)
혈액 순환을 마친 오래되고 약해진 적혈구가 들어가는 적색속질 (red pulp)과 림프구로 가득해서 지라를 거대한 림프절이나 다름없게 만드는 백색속질(white pulp)로 구성되어 있다.

복강림프절(celiac nodes)
복강동맥(celiac trunk)으로부터 혈액을 공급받는 간, 이자, 위 같은 장기들로부터 림프가 들어온다.

가슴림프관팽대(cisterna chyli)
복부의 허리림프줄기와 창자림프줄기 같은 주요 림프 줄기가 합류해서 형성되며, 가슴림프관으로 이어진다. 그리스 어인 학명은 액(주스) 저장소를 의미한다.

창자간막림프절(mesenteric nodes)
위·아래창자간막동맥이 대동맥에서 갈라져나오는 지점 주변에 분포하는 이 림프절들은 창자에서 오는 림프의 대부분이 모인다.

온엉덩림프절(common iliac nodes)
바깥·속엉덩림프절에서 오는 림프를 받아들여 가쪽대동맥림프절로 내보낸다.

속엉덩림프절(internal iliac nodes)
골반 장기들로부터 림프가 들어온다.

앞에서 본 그림

간 오른엽(right lobe of liver)

쓸개바닥(fundus of gallbladder)
주머니처럼 생긴 쓸개의 기저부로서 간 아래로 뾰족하게 뻗어 있다.

가로잘록창자(transverse colon)
간과 위 아래로 걸쳐 있는 이 잘록창자 부분에는 혈관과 신경이 지나는 창자간막이 있다. 창자간막은 창자를 등쪽배벽에 연결하는 배막 주름이다.

간굽이(오름잘록창자굽이, hepatic flexure of colon)
오름잘록창자와 가로잘록창자가 만나는 곳으로, 간 밑으로 들어가 있다.

오름잘록창자(ascending colon)
큰창자의 이 부분은 뒤배벽에 튼튼하게 고정되어 있다.

돌창자(ileum)
주로 배의 두덩위 영역에 위치한 이 작은창자 부분은 길이가 약 4미터다. 라틴 어 ileum은 내장을 의미한다.

막창자(맹장, cecum)
큰창자의 첫 부분으로서 배의 오른엉덩뼈오목에 위치한다.

막창자꼬리(충수, appendix)
정식 영어 명칭은 vermiform appendix이며, vermiform은 '벌레 모양'이라는 뜻이다. 대개 몇 센티미터 길이이며, 림프 조직으로 가득 차 있어서 창자 면역계통의 일부를 이룬다.

곧창자(직장, rectum)
창자 끝에서 두 번째 부분으로 약 12센티미터이고 신축성이 있다. 그래서 팽창이 가능하므로 적당한 배출 시간이 되기 전까지 대변을 저장할 수 있다.

항문관(anal canal)
항문관 안과 주위의 조임근 덕분에 평소에는 닫혀 있다. 배변 동안에는 조임근이 이완되고 가로막과 배벽 근육이 수축해 배 안의 압력을 높임으로써 대변을 밀어낸다.

간 왼엽(left lobe of liver)

이자(pancreas)

지라굽이(왼잘록창자굽이, splenic flexure of colon)
가로잘록창자와 내림잘록창자가 만나는 곳으로 지라와 접해 있다.(지라는 여기에 보이지 않는다.)

위(stomach)
이 이름은 원래 식도를 뜻하는 그리스 어에서 왔지만 소화계통에서 주머니 모양의 이 부분을 의미하게 됐다. 위는 가로막 바로 밑에 있다.

빈창자(jejunum)
작은창자의 이 부분은 길이가 약 2미터이고 돌창자보다 혈관 분포가 많아서 약간 더 붉은색을 띠며, 주로 배의 배꼽 부분에 위치한다. 이 이름은 비어 있다는 의미의 라틴 어에서 왔다. 아마도 음식물이 이곳을 빨리 지나가기 때문인 듯하다.

내림잘록창자(descending colon)
큰창자에서 오름잘록창자처럼 이 부분도 창자간막이 없으며, 뒤배벽에 튼튼하게 고정되어 있다.

구불잘록창자(sigmoid colon)
S자 모양의 이 잘록창자 부분에는 창자간막이 있다.

앞에서 본 그림

배와 골반 **소화계통**

장기들이 제 위치에 있는 상태에서 보면 복강이 갈비뼈 아래로 얼마나 많이 확장되어 있는지 명확히 알 수 있다. 간, 위, 지라 같은 위쪽 복부 장기들은 흉곽 아래의 대부분을 덮고 있다. 그래서 어느 정도의 보호는 되지만 아래쪽 갈비뼈가 골절될 경우 이 뼈에 찔려서 손상을 입기 쉽다. 큰창자는 복부에서 M자 모양을 이루는데, 오른쪽 아래의 막창자로 시작해 오름잘록창자가 오른쪽 옆구리 위로 달리다가 간 아래로 들어간다. 가로잘록창자는 간과 위 아래로 걸쳐 있고, 내림잘록창자는 복부 왼쪽 아래로 달린다. 그리고 나서는 S자 모양의 구불잘록창자가 되어 골반 속으로 내려가 곧창자가 된다. 돌돌 말린 작은창자는 복부의 중간에 위치한다.

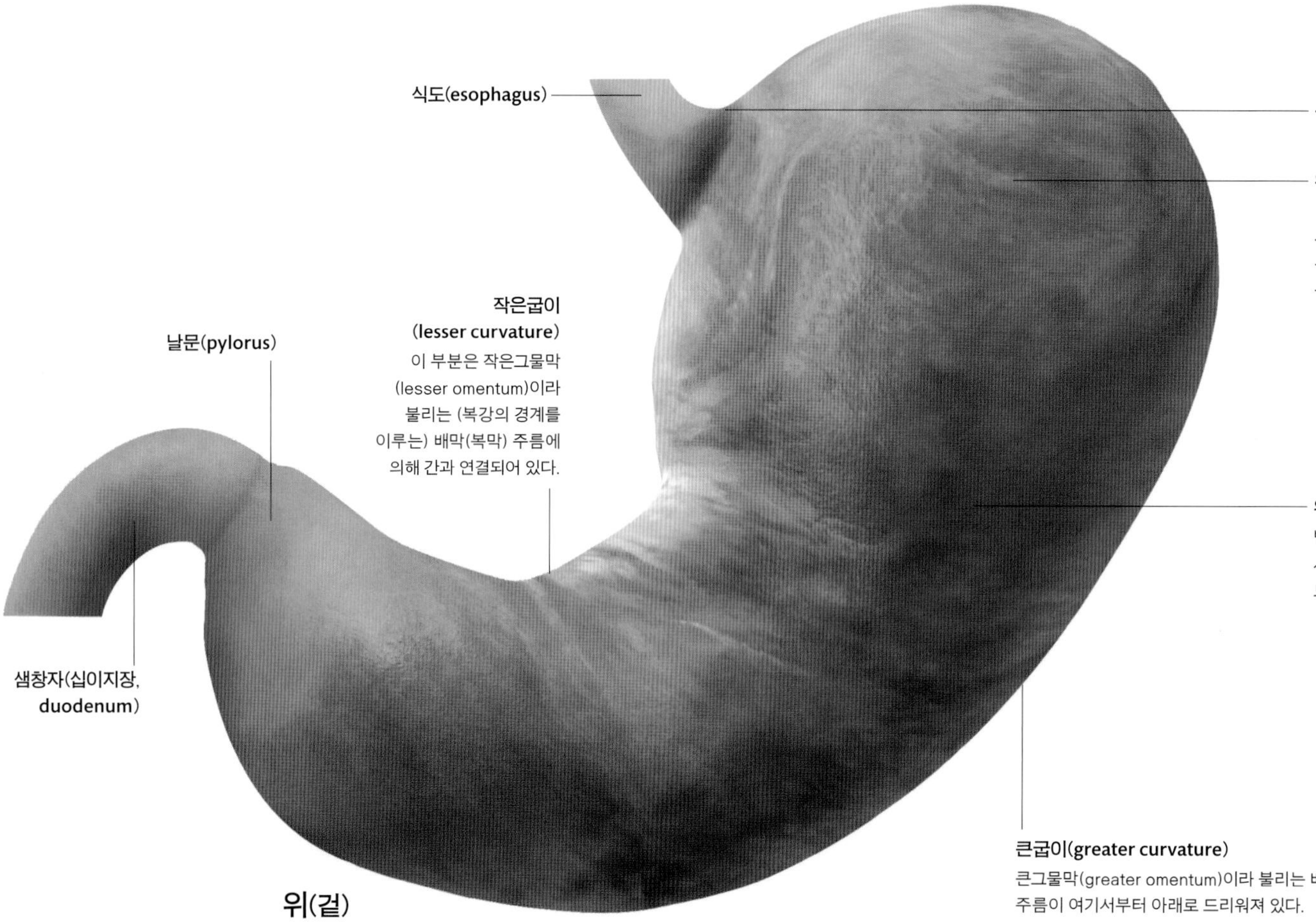

식도(esophagus)
들문패임(cardiac notch)
위바닥
(fundus of stomach)
서 있거나 앉아 있는 자세에서
위의 가장 윗부분으로 대개는
공기가 들어 있다.
작은굽이
(lesser curvature)
이 부분은 작은그물막
(lesser omentum)이라
불리는 (복강의 경계를
이루는) 배막(복막) 주름에
의해 간과 연결되어 있다.
날문(pylorus)
위몸통(body of stomach)
발생 과정에서 위는 하나의 관으로
시작한다. 이 관이 확장되어 주머니
모양의 구조를 이룬다.
샘창자(십이지장,
duodenum)
큰굽이(greater curvature)
큰그물막(greater omentum)이라 불리는 배막
주름이 여기서부터 아래로 드리워져 있다.

위(겉)

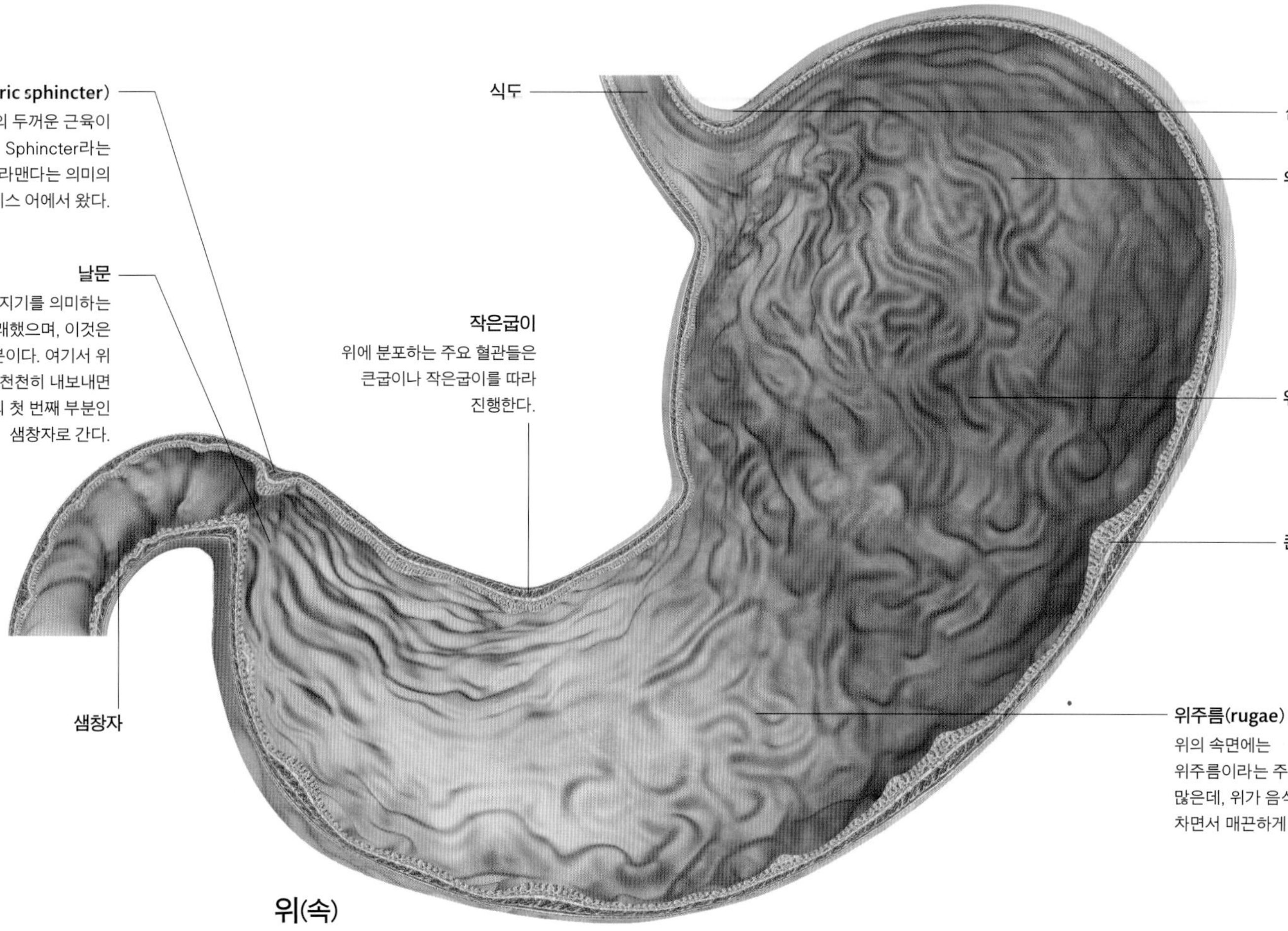

날문조임근(pyloric sphincter)
날문 끝 주위의 두꺼운 근육이
조임근을 이룬다. Sphincter라는
이름은 졸라맨다는 의미의
그리스 어에서 왔다.
식도
심장패임
위바닥
날문
Pylorus는 문지기를 의미하는
그리스 어에서 유래했으며, 이것은
위의 마지막 부분이다. 여기서 위
내용물을 천천히 내보내면
작은창자의 첫 번째 부분인
샘창자로 간다.
작은굽이
위에 분포하는 주요 혈관들은
큰굽이나 작은굽이를 따라
진행한다.
위몸통
큰굽이
샘창자
위주름(rugae)
위의 속면에는
위주름이라는 주름이
많은데, 위가 음식물로
차면서 매끈하게 펴진다.

위(속)

배와 골반
소화계통

위는 음식물이 창자로 이동하기 전에 머무는 근육 주머니다. 위 속에서 음식물은 세균을 죽이는 염산(hydrochloric acid)과 단백질 소화 효소의 혼합액과 만나게 된다. 여러 층으로 구성된 위벽 근육이 수축하면 위 내용물이 뒤섞인다. 어느 정도 소화된 음식물은 위에서 작은창자 첫 부분인 샘창자(십이지장)로 내보내진다. 샘창자에서는 쓸개즙과 이자액이 분비된다. 그러고 나서 창자벽이 수축하면 액상 음식물이 빈창자와 돌창자로 밀려가서 계속 소화된다. 이 과정에서 남은 음식물은 큰창자의 시작부인 막창자로 들어간다. 큰창자의 다음 부위인 잘록창자에서는 물이 흡수되어 창자 내용물이 약간 고형이 된다. 그 결과물인 대변은 곧창자로 가서 배출되기 전까지 저장된다.

바륨 조영제
채색한 엑스선 사진에 바륨 조영제(barium meal)를 사용한 결과가 보인다. 바륨 조영제는 위의 구조를 돋보이게 해서 소화관의 이상을 알아내는 데 이용된다.

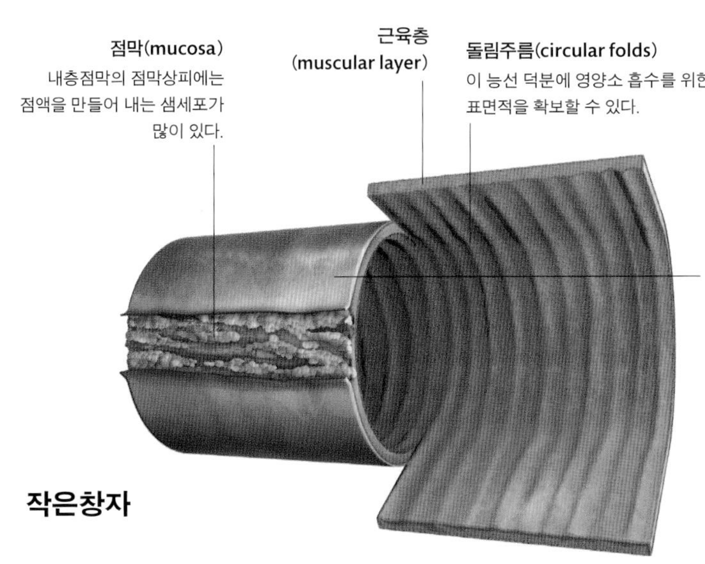
점막(mucosa)
내층점막의 점막상피에는 점액을 만들어 내는 샘세포가 많이 있다.
근육층 (muscular layer)
돌림주름(circular folds)
이 능선 덕분에 영양소 흡수를 위한 넓은 표면적을 확보할 수 있다.
작은창자의 장막 (serous lining of the small intestine)
이것은 창자관을 감싸고 있는 창자간막으로 형성된다. 창자간막은 두 겹으로 접힌 배막(복막)이다.

작은창자

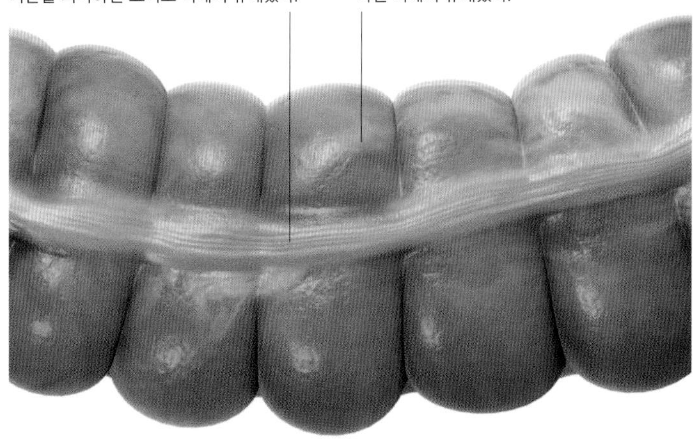
잘록창자띠(taenia coli)
세로근육 층이 넓게 분포하지 않고 세 갈래의 띠로만 나눠져 있다. 이 이름은 리본을 의미하는 그리스 어에서 유래했다.
잘록창자팽대(haustra)
이것은 큰창자에 있는 오목한 공간을 일컫는 이름이다. 주걱을 의미하는 라틴 어에서 유래했다.

큰창자

돌창자(ileum)

잘록창자띠(taenia coli)
리본 모양의 이 세 세로근육 띠는 막창자꼬리의 기저부에서 서로 만난다.

오름잘록창자 (ascending colon)

막창자꼬리간막(mesoappendix)

막창자꼬리(충수, appendix)
대개 6~9센티미터이고 입구가 막창자 뒷벽 쪽으로 나 있다.

막창자(맹장)와 막창자꼬리(충수)

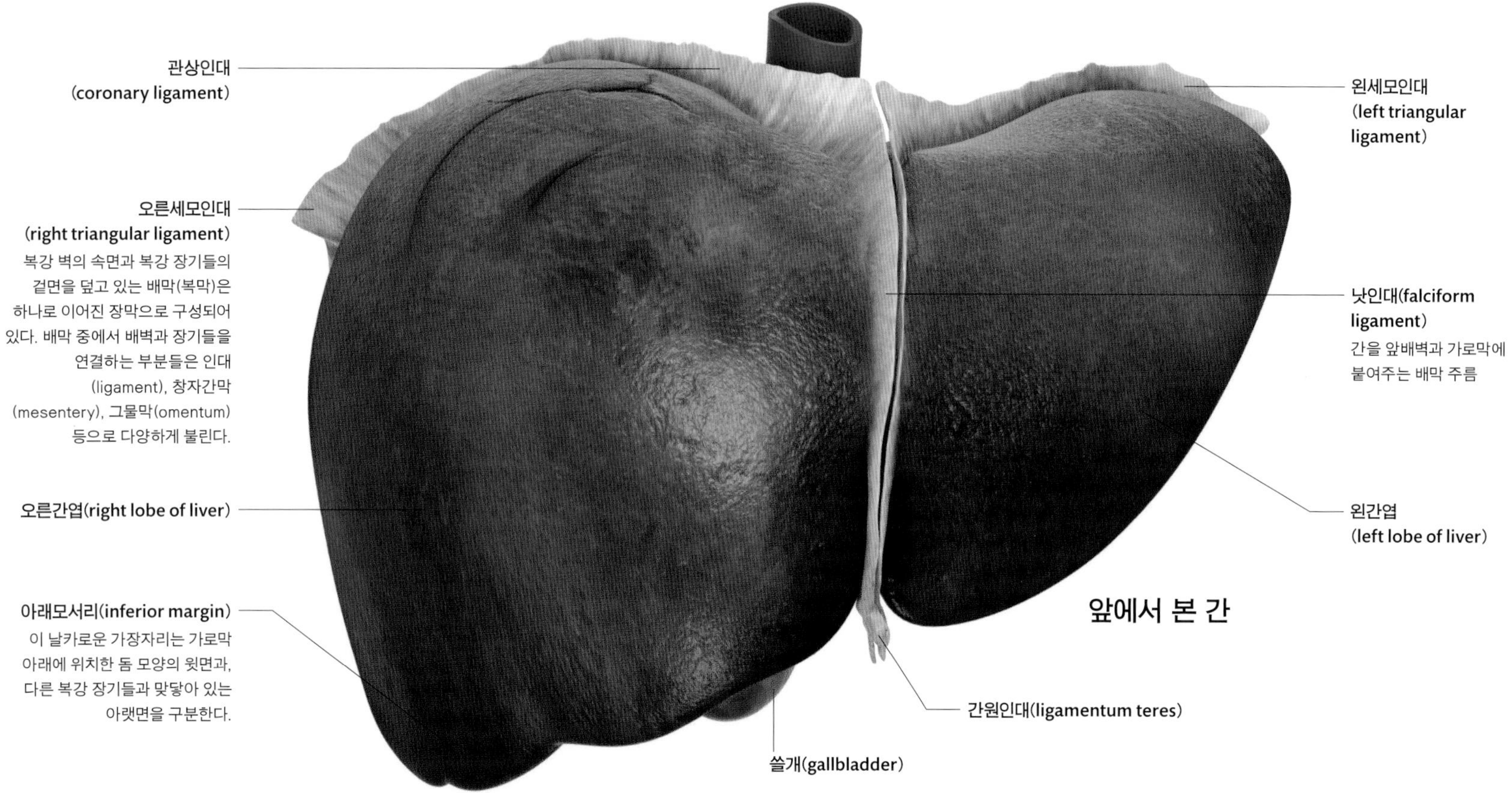
관상인대
(coronary ligament)
오른세모인대
(right triangular ligament)
복강 벽의 속면과 복강 장기들의 겉면을 덮고 있는 배막(복막)은 하나로 이어진 장막으로 구성되어 있다. 배막 중에서 배벽과 장기들을 연결하는 부분들은 인대(ligament), 창자간막(mesentery), 그물막(omentum) 등으로 다양하게 불린다.
오른간엽(right lobe of liver)
아래모서리(inferior margin)
이 날카로운 가장자리는 가로막 아래에 위치한 돔 모양의 윗면과, 다른 복강 장기들과 맞닿아 있는 아랫면을 구분한다.
쓸개(gallbladder)
간원인대(ligamentum teres)
왼세모인대
(left triangular ligament)
낫인대(falciform ligament)
간을 앞배벽과 가로막에 붙여주는 배막 주름
왼간엽
(left lobe of liver)

앞에서 본 간

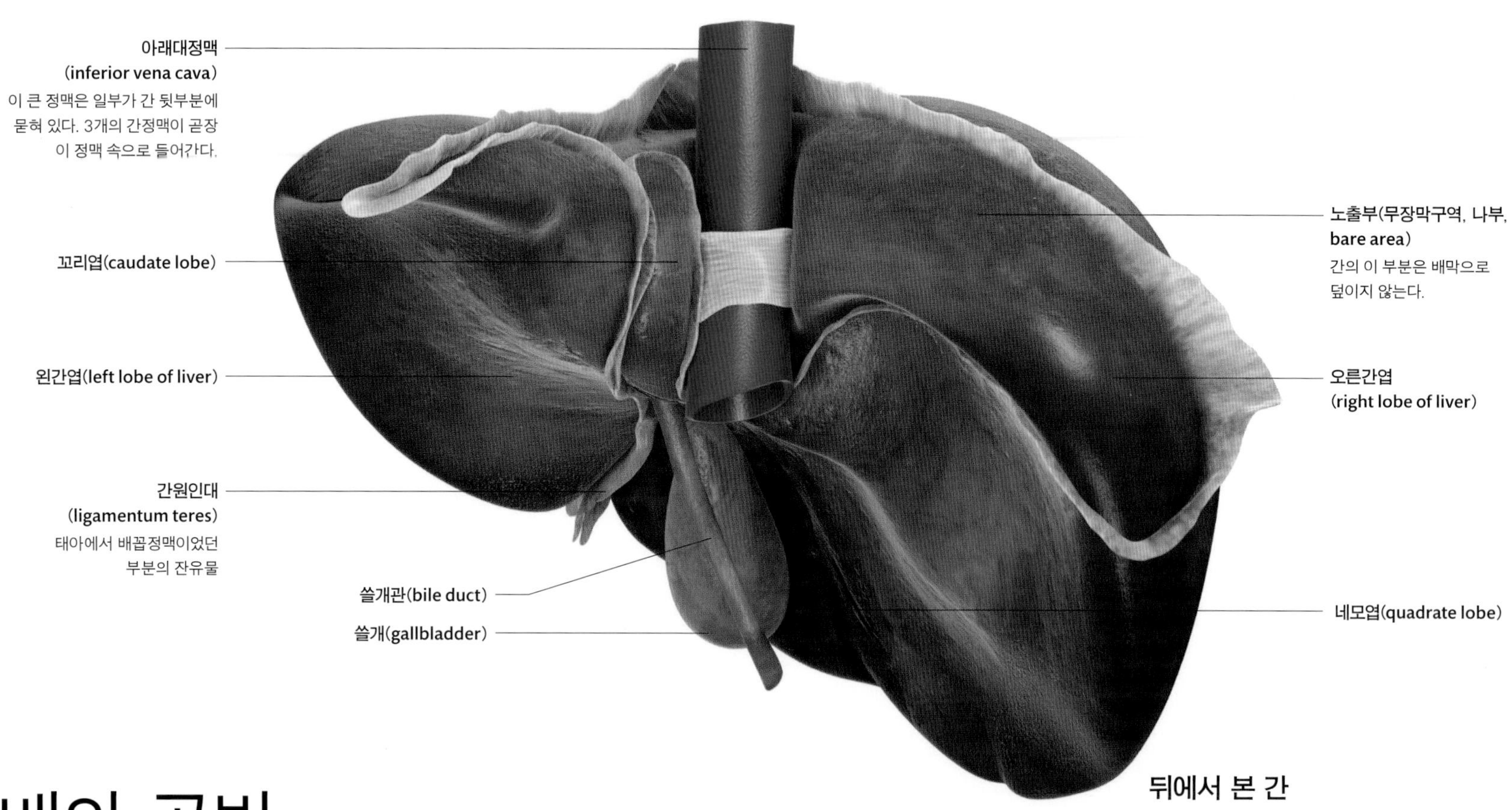
아래대정맥
(inferior vena cava)
이 큰 정맥은 일부가 간 뒷부분에 묻혀 있다. 3개의 간정맥이 곧장 이 정맥 속으로 들어간다.
꼬리엽(caudate lobe)
왼간엽(left lobe of liver)
간원인대
(ligamentum teres)
태아에서 배꼽정맥이었던 부분의 잔유물
쓸개관(bile duct)
쓸개(gallbladder)
노출부(무장막구역, 나부, bare area)
간의 이 부분은 배막으로 덮이지 않는다.
오른간엽
(right lobe of liver)
네모엽(quadrate lobe)

뒤에서 본 간

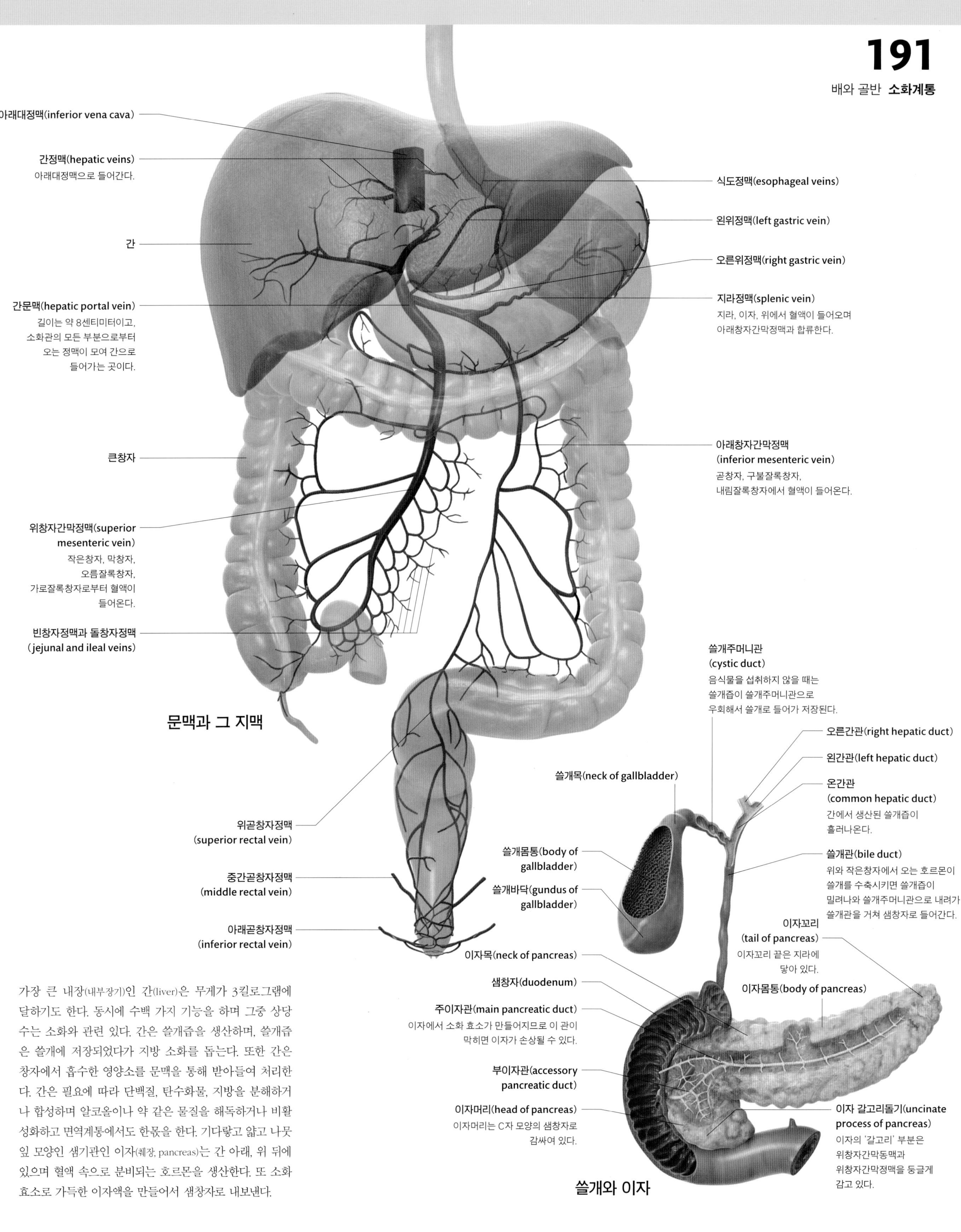
아래대정맥(inferior vena cava)
간정맥(hepatic veins)
아래대정맥으로 들어간다.
간
간문맥(hepatic portal vein)
길이는 약 8센티미터이고, 소화관의 모든 부분으로부터 오는 정맥이 모여 간으로 들어가는 곳이다.
큰창자
위창자간막정맥(superior mesenteric vein)
작은창자, 막창자, 오름잘록창자, 가로잘록창자로부터 혈액이 들어온다.
빈창자정맥과 돌창자정맥 (jejunal and ileal veins)
식도정맥(esophageal veins)
왼위정맥(left gastric vein)
오른위정맥(right gastric vein)
지라정맥(splenic vein)
지라, 이자, 위에서 혈액이 들어오며 아래창자간막정맥과 합류한다.
아래창자간막정맥 (inferior mesenteric vein)
곧창자, 구불잘록창자, 내림잘록창자에서 혈액이 들어온다.
문맥과 그 지맥
위곧창자정맥 (superior rectal vein)
중간곧창자정맥 (middle rectal vein)
아래곧창자정맥 (inferior rectal vein)
쓸개주머니관 (cystic duct)
음식물을 섭취하지 않을 때는 쓸개즙이 쓸개주머니관으로 우회해서 쓸개로 들어가 저장된다.
오른간관(right hepatic duct)
왼간관(left hepatic duct)
온간관 (common hepatic duct)
간에서 생산된 쓸개즙이 흘러나온다.
쓸개목(neck of gallbladder)
쓸개몸통(body of gallbladder)
쓸개바닥(gundus of gallbladder)
쓸개관(bile duct)
위와 작은창자에서 오는 호르몬이 쓸개를 수축시키면 쓸개즙이 밀려나와 쓸개주머니관으로 내려가 쓸개관을 거쳐 샘창자로 들어간다.
이자꼬리 (tail of pancreas)
이자꼬리 끝은 지라에 닿아 있다.
이자목(neck of pancreas)
샘창자(duodenum)
이자몸통(body of pancreas)
주이자관(main pancreatic duct)
이자에서 소화 효소가 만들어지므로 이 관이 막히면 이자가 손상될 수 있다.
부이자관(accessory pancreatic duct)
이자머리(head of pancreas)
이자머리는 C자 모양의 샘창자로 감싸여 있다.
이자 갈고리돌기(uncinate process of pancreas)
이자의 '갈고리' 부분은 위창자간막동맥과 위창자간막정맥을 둥글게 감고 있다.
쓸개와 이자

가장 큰 내장(내부장기)인 간(liver)은 무게가 3킬로그램에 달하기도 한다. 동시에 수백 가지 기능을 하며 그중 상당수는 소화와 관련 있다. 간은 쓸개즙을 생산하며, 쓸개즙은 쓸개에 저장되었다가 지방 소화를 돕는다. 또한 간은 창자에서 흡수한 영양소를 문맥을 통해 받아들여 처리한다. 간은 필요에 따라 단백질, 탄수화물, 지방을 분해하거나 합성하며 알코올이나 약 같은 물질을 해독하거나 비활성화하고 면역계통에서도 한몫을 한다. 기다랗고 얇고 나뭇잎 모양인 샘기관인 이자(췌장, pancreas)는 간 아래, 위 뒤에 있으며 혈액 속으로 분비되는 호르몬을 생산한다. 또 소화 효소로 가득한 이자액을 만들어서 샘창자로 내보낸다.

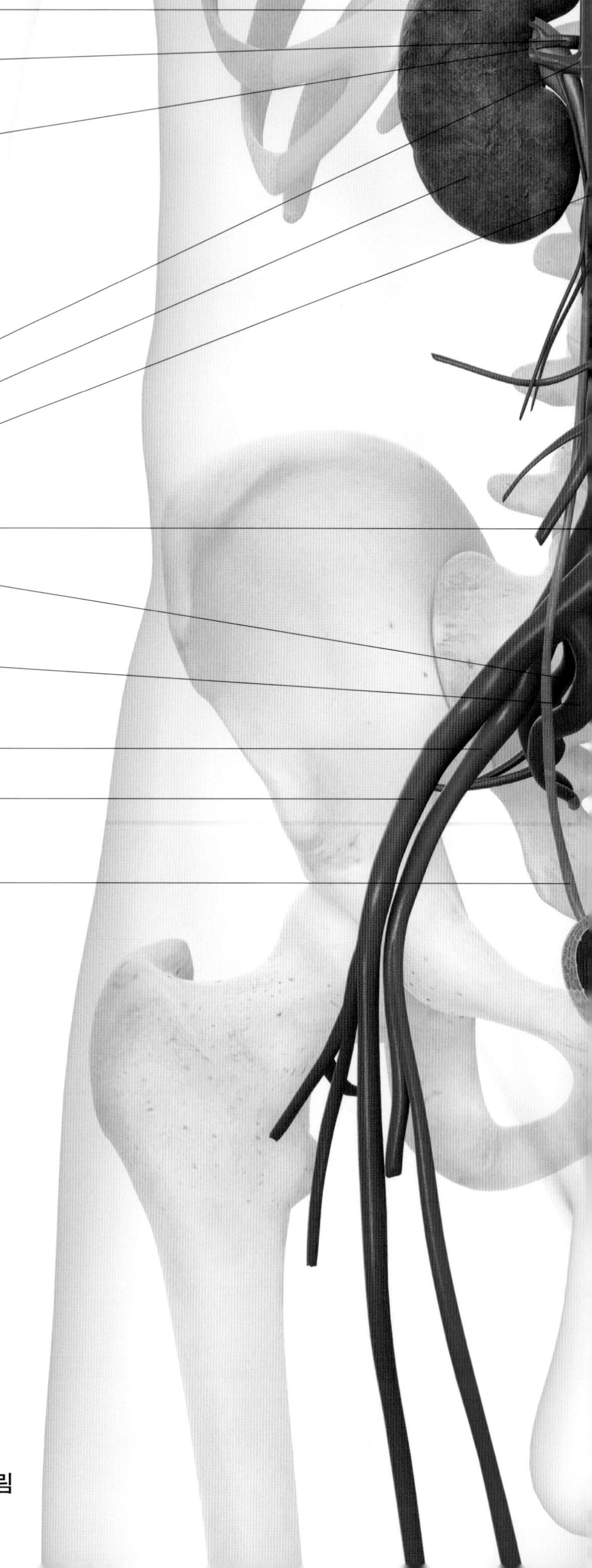
콩팥위샘(부신, suprarenal gland)
상극(upper pole)
오른콩팥(right kidney)
오른콩팥동맥(right renal artery)
Renal은 콩팥을 의미하는 라틴 어에서 왔다.
콩팥문(hilum)
동맥이 들어가고 정맥과 요관이 나오는 곳으로 hilum은 라틴 어로 작은 것을 의미한다.
식물에서는 씨앗과 씨방을 잇는 주병(탯줄)이 붙어 있던 자리인 씨눈 부위(배꼽)를 일컫는다.
오른콩팥정맥(right renal vein)
하극(lower pole)
아래대정맥(inferior vena cava)
오른온엉덩정맥(right common iliac vein)
오른속엉덩정맥(right internal iliac vein)
방광에서 오는 정맥들은 나중에 속엉덩정맥으로 들어간다.
오른속엉덩동맥(right internal iliac artery)
속엉덩동맥의 방광 가지가 방광에 혈액을 공급한다.
오른바깥엉덩정맥(right external iliac vein)
오른바깥엉덩동맥(right external iliac artery)
오른요관(right ureter)
두 요관은 근육 관이다. (물결 같은) 꿈틀운동 수축이 일어나면 (심지어 물구나무를 서도) 소변이 밀려나와 방광으로 내려간다. 각 요관의 길이는 약 25센티미터이다.

앞에서 본 그림

배와 골반
비뇨계통

콩팥은 뒤배벽 윗부분에 접해 있으며 열두째 갈비뼈 밑에 들어가 있다. 두꺼운 콩팥지방피막(perinephric fat) 층이 각각의 콩팥을 감싸서 보호하고 있다. 콩팥은 콩팥동맥을 통해 들어온 혈액을 거른다. 콩팥은 혈액에서 찌꺼기를 제거하며 혈액량과 혈액 농도를 항상 엄격하게 점검한다. 콩팥에서 만들어진 소변은 처음에 컵 모양의 콩팥잔(calyx)에 모인다. 이 콩팥잔들이 서로 합쳐져서 콩팥깔때기(renal pelvis)를 형성한다. 그러고 나서 소변은 콩팥 밖으로 흘러나와 요관(ureter)이라 불리는 좁은 근육 관을 따라 내려가 골반 속의 방광(bladder)에 이른다. 방광은 근육 주머니라서 팽창하면 소변을 0.5리터까지 담을 수 있으며, 개인의 의지에 따라 소변을 내보낼 수 있다. 소변은 마지막으로 요도(urethra)를 거쳐 외부로 배출된다.

콩팥겉질(renal cortex)
Cortex는 껍질을 의미한다. 이것은 콩팥의 바깥 조직이다.

콩팥속질피라미드(renal medullary pyramid)
Medulla는 속을 의미한다. 콩팥의 이 중심 조직은 피라미드처럼 배열되어 가로단면에서 삼각형으로 보인다.

왼콩팥(left kidney)

콩팥깔때기(renal pelvis)
콩팥에서 모든 소변을 모아 요관으로 내보낸다. Pelvis는 라틴 어로 대야를 의미한다. Renal pelvis(콩팥깔때기)를 큰 대야 모양의 bony pelvis(골반뼈)와 혼동해서는 안 된다.

왼콩팥동맥(left renal artery)

큰콩팥잔(major calyx)
큰콩팥잔은 작은콩팥잔에서 오는 소변을 모은다. 큰콩팥잔들이 서로 합쳐져서 콩팥깔때기를 형성한다.

작은콩팥잔(minor calyx)
Calyx는 원래 그리스 어로 꽃으로 덮여 있다는 의미였다. 하지만 cup에 해당하는 라틴 어 단어와 비슷해서 생물학에서는 컵 모양의 구조를 기술할 때 사용되곤 한다. 콩팥의 미세한 집합세관에서 소변이 흘러나와 작은콩팥잔으로 들어간다.

왼콩팥정맥(left renal vein)

배대동맥(abdominal aorta)

왼온엉덩동맥(left common iliac artery)

왼요관(left ureter)
Ureter라는 이름은 '소변보다.'를 의미하는 그리스 어에서 왔다. 두 요관은 소변을 콩팥에서 방광으로 나른다.

방광(bladder)
빈 방광은 두덩결합 뒤쪽 작은골반 위치에서 아래로 축 가라앉아 있다. 소변이 들어오면 방광은 배쪽으로 확장된다.

방광배뇨근(detrusor muscle)
방광벽의 십자형 민무늬근육 다발이 방광 내면을 그물 모양으로 만든다.

요관구멍(ureteric orifice)

방광삼각(trigone)
뒤방광벽의 삼각형 모양 부분으로, 좌우 요관구멍과 속요도구멍 사이에 위치한다.

속요도구멍(internal urethral orifice)
방광이 요도로 통하는 곳이다.

요도(urethra)
Urethra는 '소변보다.'를 의미하는 그리스 어에서 왔다. 이 관은 소변을 방광에서 외부로 나른다. 여성에서는 약 4센티미터이고 남성에서는 (음경을 지나기 때문에) 약 20센티미터다.

바깥요도구멍(external urethral orifice)
요도가 외부로 통하는 곳이다.

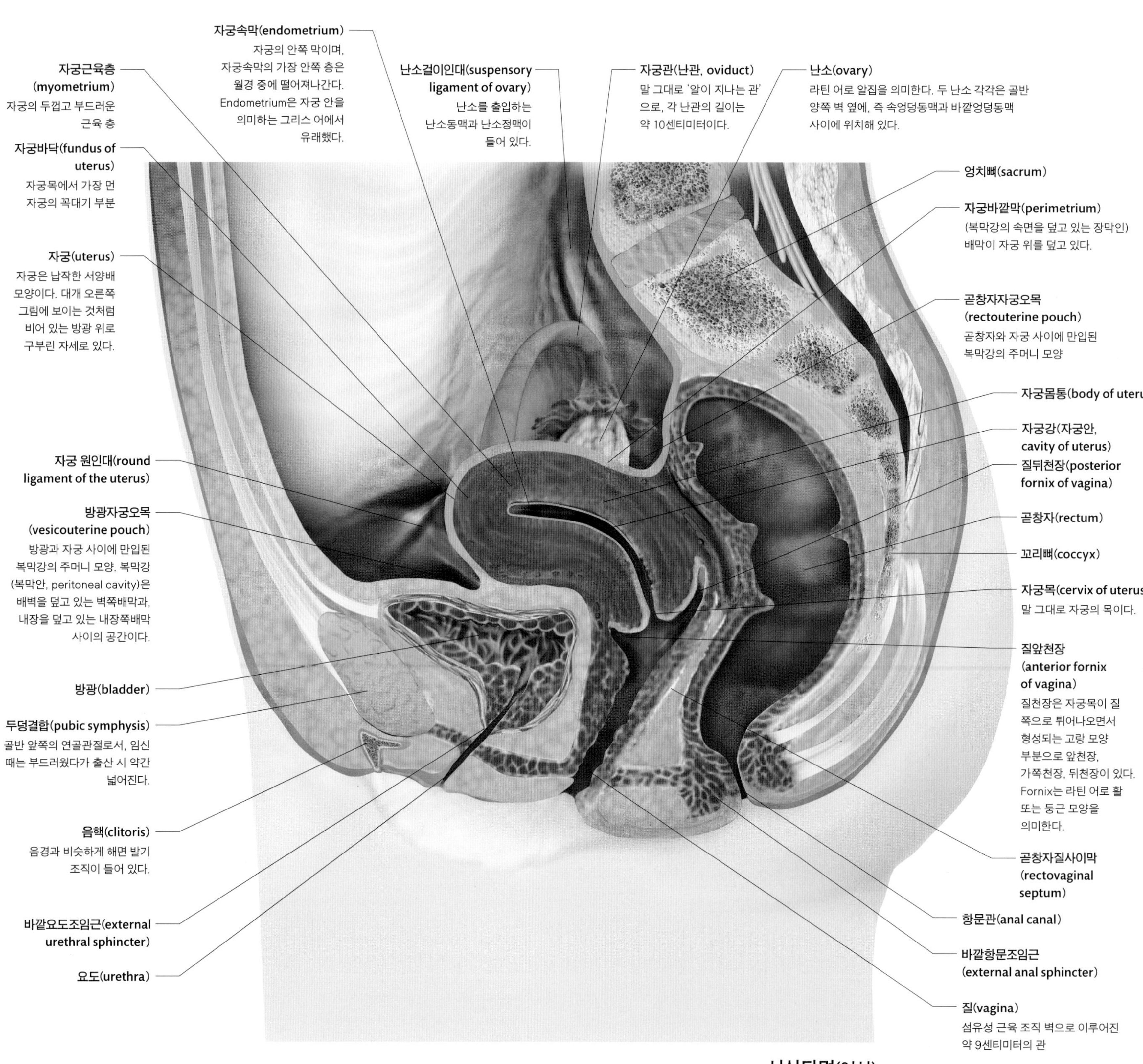
자궁속막(endometrium)
자궁의 안쪽 막이며, 자궁속막의 가장 안쪽 층은 월경 중에 떨어져나간다. Endometrium은 자궁 안을 의미하는 그리스 어에서 유래했다.
자궁근육층 (myometrium)
자궁의 두껍고 부드러운 근육 층
자궁바닥(fundus of uterus)
자궁목에서 가장 먼 자궁의 꼭대기 부분
자궁(uterus)
자궁은 납작한 서양배 모양이다. 대개 오른쪽 그림에 보이는 것처럼 비어 있는 방광 위로 구부린 자세로 있다.
난소걸이인대(suspensory ligament of ovary)
난소를 출입하는 난소동맥과 난소정맥이 들어 있다.
자궁관(난관, oviduct)
말 그대로 '알이 지나는 관'으로, 각 난관의 길이는 약 10센티미터이다.
난소(ovary)
라틴 어로 알집을 의미한다. 두 난소 각각은 골반 양쪽 벽 옆에, 즉 속엉덩동맥과 바깥엉덩동맥 사이에 위치해 있다.
엉치뼈(sacrum)
자궁바깥막(perimetrium)
(복막강의 속면을 덮고 있는 장막인) 배막이 자궁 위를 덮고 있다.
곧창자자궁오목 (rectouterine pouch)
곧창자와 자궁 사이에 만입된 복막강의 주머니 모양
자궁몸통(body of uterus
자궁강(자궁안, cavity of uterus)
질뒤천장(posterior fornix of vagina)
곧창자(rectum)
꼬리뼈(coccyx)
자궁목(cervix of uterus)
말 그대로 자궁의 목이다.
자궁 원인대(round ligament of the uterus)
방광자궁오목 (vesicouterine pouch)
방광과 자궁 사이에 만입된 복막강의 주머니 모양. 복막강(복막안, peritoneal cavity)은 배벽을 덮고 있는 벽쪽배막과, 내장을 덮고 있는 내장쪽배막 사이의 공간이다.
방광(bladder)
두덩결합(pubic symphysis)
골반 앞쪽의 연골관절로서, 임신 때는 부드러워졌다가 출산 시 약간 넓어진다.
음핵(clitoris)
음경과 비슷하게 해면 발기 조직이 들어 있다.
바깥요도조임근(external urethral sphincter)
요도(urethra)
질앞천장 (anterior fornix of vagina)
질천장은 자궁목이 질 쪽으로 튀어나오면서 형성되는 고랑 모양 부분으로 앞천장, 가쪽천장, 뒤천장이 있다. Fornix는 라틴 어로 활 또는 둥근 모양을 의미한다.
곧창자질사이막 (rectovaginal septum)
항문관(anal canal)
바깥항문조임근 (external anal sphincter)
질(vagina)
섬유성 근육 조직 벽으로 이루어진 약 9센티미터의 관

시상단면(여성)

배와 골반
생식계통

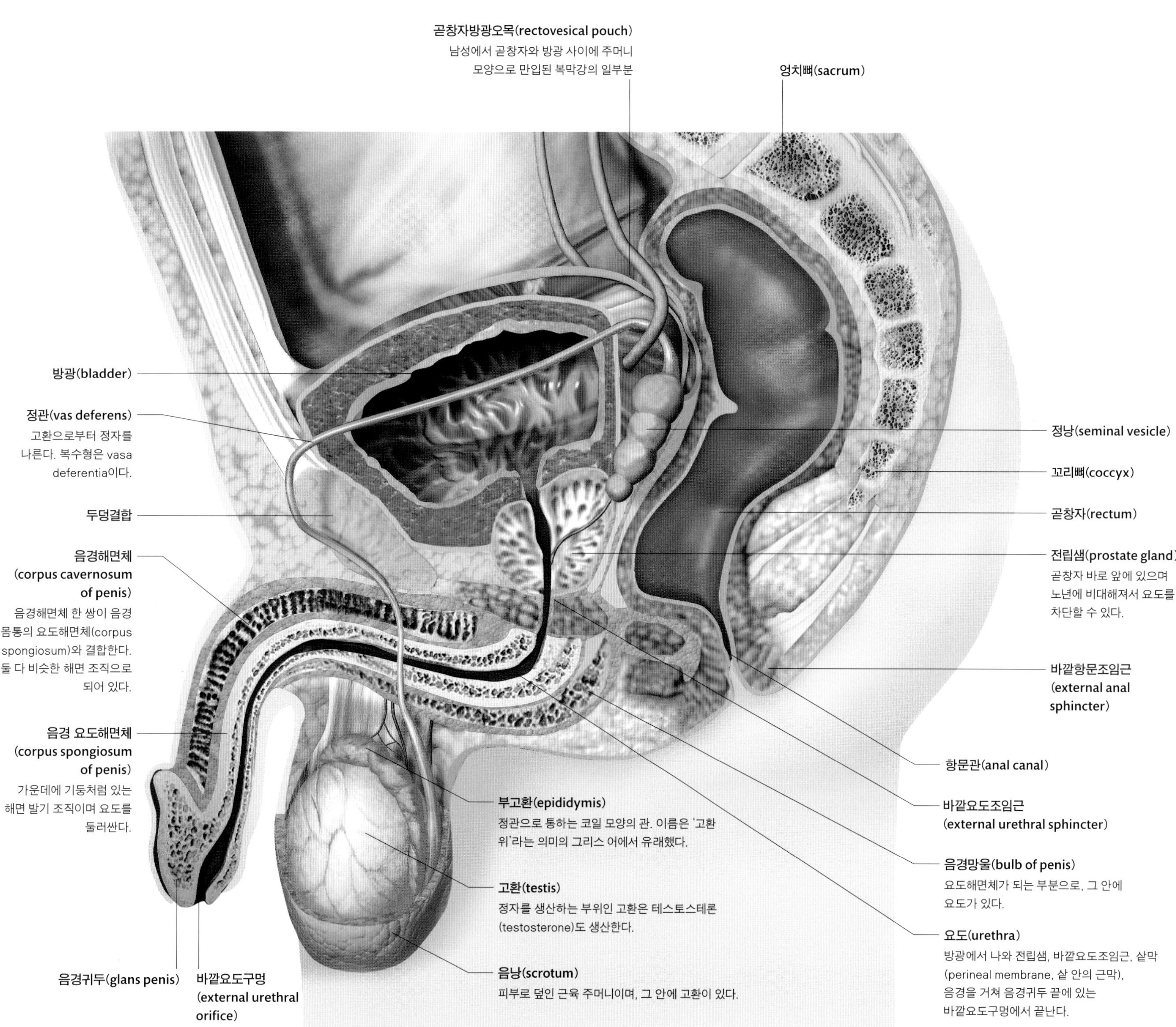
곧창자방광오목(rectovesical pouch)
남성에서 곧창자와 방광 사이에 주머니 모양으로 만입된 복막강의 일부분
엉치뼈(sacrum)
방광(bladder)
정관(vas deferens)
고환으로부터 정자를 나른다. 복수형은 vasa deferentia이다.
두덩결합
음경해면체 (corpus cavernosum of penis)
음경해면체 한 쌍이 음경 몸통의 요도해면체(corpus spongiosum)와 결합한다. 둘 다 비슷한 해면 조직으로 되어 있다.
음경 요도해면체 (corpus spongiosum of penis)
가운데에 기둥처럼 있는 해면 발기 조직이며 요도를 둘러싼다.
음경귀두(glans penis)
바깥요도구멍 (external urethral orifice)
부고환(epididymis)
정관으로 통하는 코일 모양의 관. 이름은 '고환 위'라는 의미의 그리스 어에서 유래했다.
고환(testis)
정자를 생산하는 부위인 고환은 테스토스테론 (testosterone)도 생산한다.
음낭(scrotum)
피부로 덮인 근육 주머니이며, 그 안에 고환이 있다.
정낭(seminal vesicle)
꼬리뼈(coccyx)
곧창자(rectum)
전립샘(prostate gland)
곧창자 바로 앞에 있으며 노년에 비대해져서 요도를 차단할 수 있다.
바깥항문조임근 (external anal sphincter)
항문관(anal canal)
바깥요도조임근 (external urethral sphincter)
음경망울(bulb of penis)
요도해면체가 되는 부분으로, 그 안에 요도가 있다.
요도(urethra)
방광에서 나와 전립샘, 바깥요도조임근, 샅막 (perineal membrane, 샅 안의 근막), 음경을 거쳐 음경귀두 끝에 있는 바깥요도구멍에서 끝난다.

시상단면(남성)

남성과 여성의 생식계통은 구조적으로 아주 다르지만 둘 다 일련의 속생식기관과 바깥생식기관으로 이루어져 있다. 모두 생식샘(gonad, 여성에서 난소, 남성에서 고환), 생식관(genital tract 또는 gonaduct)이 있지만 비슷한 점은 이게 전부다. 남녀 골반 해부 구조를 자세히 들여다보면 차이가 확연하다. 남성의 골반에는 곧창자와 방광을 포함한 소화관과 요로의 아랫부분, 생식관의 일부밖에 없다. 방광 아래의 전립샘(prostate gland)은 정관(vas deferens)을 통해 고환으로부터 정자를 받아들여 요도로 내보낸다. 여성의 골반강에는 남성보다 많은 생식관이 있다. 질(vagina)과 자궁(uterus)은 골반에서 방광과 곧창자 사이에 있다.

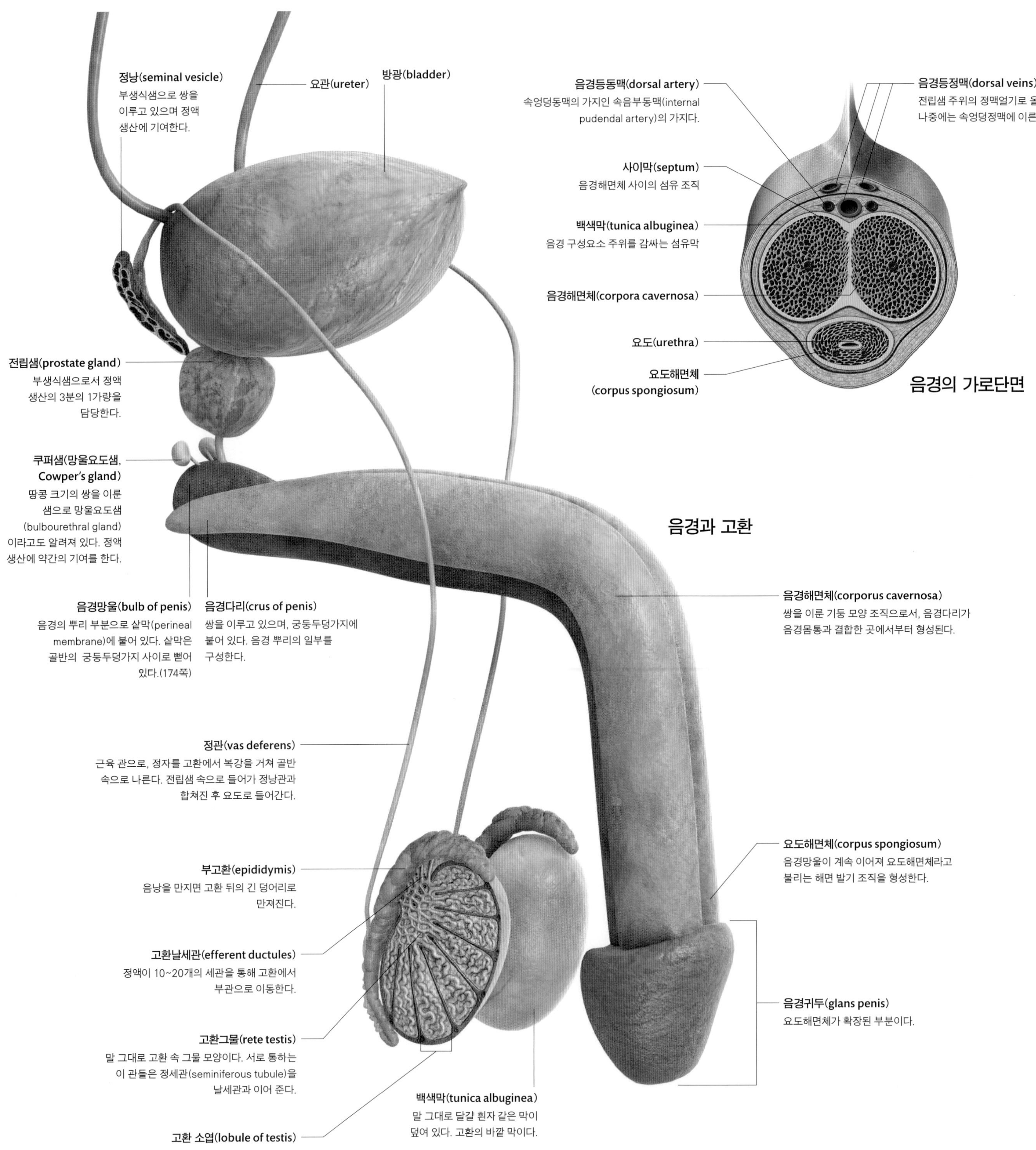
정낭(seminal vesicle)
부생식샘으로 쌍을 이루고 있으며 정액 생산에 기여한다.
요관(ureter)
방광(bladder)
전립샘(prostate gland)
부생식샘으로서 정액 생산의 3분의 1가량을 담당한다.
쿠퍼샘(망울요도샘, Cowper's gland)
땅콩 크기의 쌍을 이룬 샘으로 망울요도샘 (bulbourethral gland) 이라고도 알려져 있다. 정액 생산에 약간의 기여를 한다.
음경망울(bulb of penis)
음경의 뿌리 부분으로 샅막(perineal membrane)에 붙어 있다. 샅막은 골반의 궁둥두덩가지 사이로 뻗어 있다.(174쪽)
음경다리(crus of penis)
쌍을 이루고 있으며, 궁둥두덩가지에 붙어 있다. 음경 뿌리의 일부를 구성한다.
정관(vas deferens)
근육 관으로, 정자를 고환에서 복강을 거쳐 골반 속으로 나른다. 전립샘 속으로 들어가 정낭관과 합쳐진 후 요도로 들어간다.
부고환(epididymis)
음낭을 만지면 고환 뒤의 긴 덩어리로 만져진다.
고환날세관(efferent ductules)
정액이 10~20개의 세관을 통해 고환에서 부관으로 이동한다.
고환그물(rete testis)
말 그대로 고환 속 그물 모양이다. 서로 통하는 이 관들은 정세관(seminiferous tubule)을 날세관과 이어 준다.
고환 소엽(lobule of testis)
각 고환 안에는 200~300개의 소엽이 있다. 각 소엽에는 1~3개의 정세관이 촘촘하게 있으며, 그 안에서 정자가 만들어진다.
백색막(tunica albuginea)
말 그대로 달걀 흰자 같은 막이 덮여 있다. 고환의 바깥 막이다.
음경과 고환
음경해면체(corporus cavernosa)
쌍을 이룬 기둥 모양 조직으로서, 음경다리가 음경몸통과 결합한 곳에서부터 형성된다.
요도해면체(corpus spongiosum)
음경망울이 계속 이어져 요도해면체라고 불리는 해면 발기 조직을 형성한다.
음경귀두(glans penis)
요도해면체가 확장된 부분이다.
음경등동맥(dorsal artery)
속엉덩동맥의 가지인 속음부동맥(internal pudendal artery)의 가지다.
음경등정맥(dorsal veins)
전립샘 주위의 정맥얼기로 올라가 나중에는 속엉덩정맥에 이른다.
사이막(septum)
음경해면체 사이의 섬유 조직
백색막(tunica albuginea)
음경 구성요소 주위를 감싸는 섬유막
음경해면체(corpora cavernosa)
요도(urethra)
요도해면체 (corpus spongiosum)
음경의 가로단면

자궁관잘록(난관협부, isthmus of oviduct)
자궁관의 마지막 3분의 1을 가리키며, 자궁관팽대(난관팽대)보다 좁다. Isthmus는 목 또는 좁은 통로라는 의미의 그리스 어에서 유래했다.

자궁몸통(Body of uterus)

이차난포(secondary follicle)
난포액을 축적하기 시작하는 난포

자궁관술(fimbriae)
손가락 모양의 돌출부로서 배란된 난자 채집을 돕는다. '술(장식)'을 의미하는 라틴 어에서 유래했다.

성숙난포(mature follicle)
난포액으로 가득하며 배란 때 터져서 난자를 방출한다.

자궁관팽대(난관팽대, ampulla of oviduct)
수정이 일어나는 자궁관의 약간 넓은 부분

자궁관깔때기
깔때기처럼 생긴 자궁관의 끝 부분으로 난소에 가장 가까운 부분이다.

난소(ovary)
부피가 약 11세제곱센티미터인 난소에는 다양한 난소주기 단계의 난포들이 있다.

일차난포(primary follicle)
발생 중인 난자(난모세포)가 들어 있으며, 난자는 난포세포로 둘러싸여 있다.

백색체(corpus albicans)
배란된 난자가 수정되지 않으면 황체(corpus luteum)가 쭈그러들어 흉터 같은 구조가 된다.

황체(corpus luteum)
배란 뒤에 남은 난포(여포)를 가리키며 말 그대로 노란색 구조이다.

자궁강(자궁안, cavity of uterus)

자궁목관(cervical canal)

자궁목(자궁경부, cervix of uterus)
길이가 약 2.5센티미터이다.

질가쪽천장(lateral fornix of vagina)
자궁목 주위로 질이 우묵하게 들어간 곳으로 '천장'이라 불린다. 자궁목 양쪽에 가쪽천장이 있다.

질(vagina)
질 전체에 형성된 이랑 진 통로로서 H자 모양으로 주름져 있어서 확장이 가능하다.

자궁

음핵몸통을 감싸고 있는 음핵꺼풀(prepuce)

음핵귀두(glans of clitoris)
음경에 상응하는 발기 조직이며, 음핵몸통은 2개의 음핵해면체로 구성된다.

바깥요도구멍(external urethral orifice)

궁둥해면체근(ischiocavernosus)
음핵다리를 덮고 있는 근육

질구멍(vaginal orifice)

음핵다리(crus of clitoris)
음경다리보다 크기가 작고 골반뼈의 궁둥두덩가지에 붙어 있다.

질어귀망울(bulb of vestibule)
쌍을 이룬 구조로서 음경망울에 상응한다. 해면 발기 조직으로 되어 있다.

소음순(labia minora)
질어귀 양쪽의 주름

질어귀(vestibule)
소음순 사이의 영역. 입구뜰을 의미하는 라틴 어에서 유래했다.

대음순(labia majora)
지방조직을 덮고 있는 피부 주름

망울해면체근(bulbospongiosus)
질어귀망울을 덮고 있는 근육으로서 질어귀망울 해면조직의 내부 압력을 높이는 것을 돕는다.

항문

여성의 바깥생식기관

배와 골반
생식계통

아주 기초적인 수준에서 볼 때 남성과 여성의 생식계통은 함께 작용해야 난자와 정자가 만나게 할 수 있다. 여기서 각각 분리된 장기와 생식관을 살펴보면 해부학이 그런 입장을 얼마나 잘 반영하고 있는지 확실히 알 수 있다. 난자가 생산되는 난소는 여성의 골반 안쪽 깊은 곳에 있다. 난자는 한 쌍의 관인 자궁관(난관)을 통해 난소에서 채집된다. 대개 수정이 이루어지는 곳도 바로 이곳이다. 그러고 나서 수정란은 세포 분열을 해서 할구를 이루며 자궁관을 따라 이동한다. 마침내 배아가 자궁에 도착하면 자궁은 태아 성장에 적합한 환경으로 바뀐다. 질(vagina)은 정자가 들어오는 길일 뿐만 아니라 출산 때 태아가 나가는 통로이기도 하다.

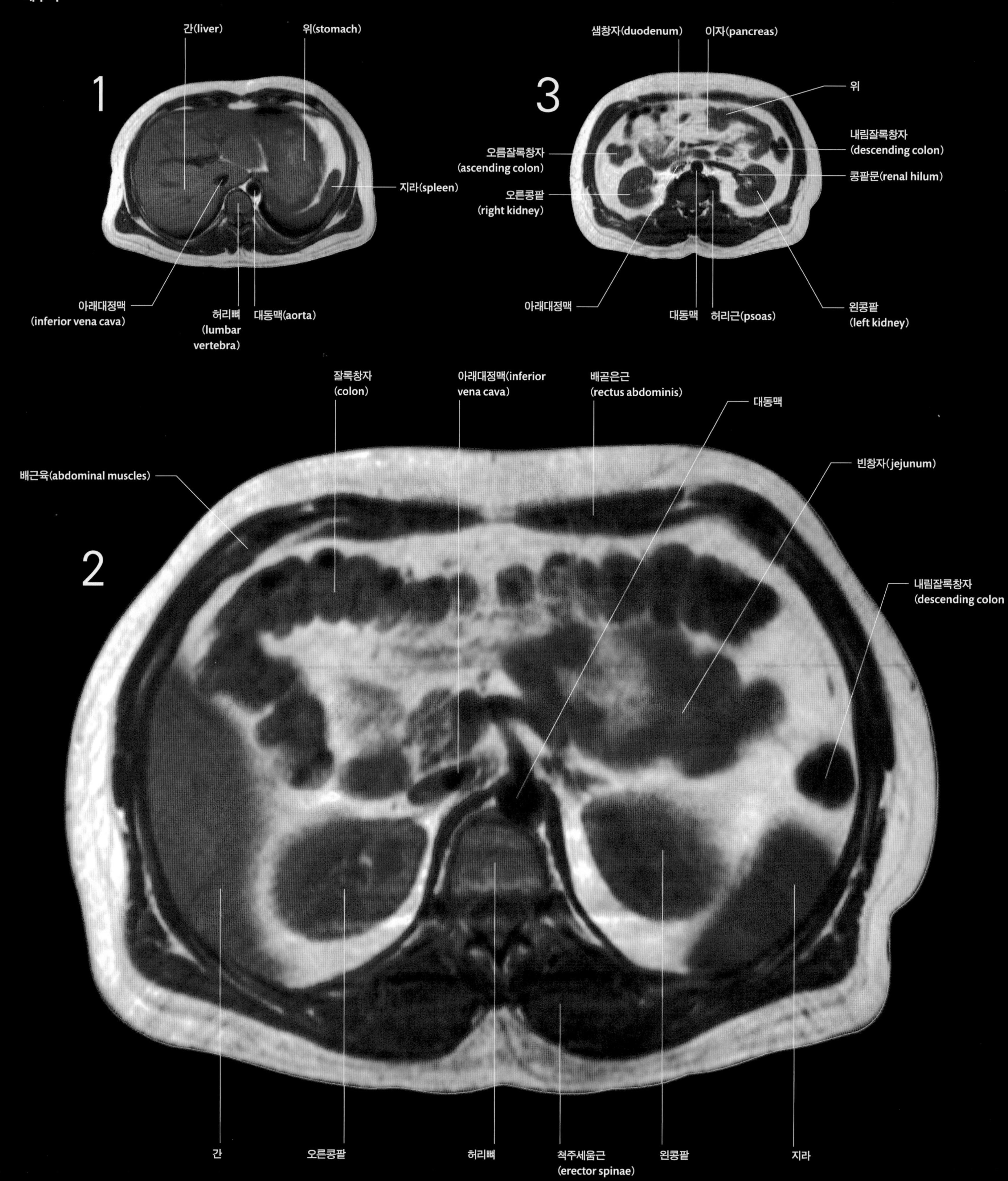
1
간(liver)
위(stomach)
지라(spleen)
아래대정맥 (inferior vena cava)
허리뼈 (lumbar vertebra)
대동맥(aorta)
3
샘창자(duodenum)
이자(pancreas)
위
내림잘록창자 (descending colon)
오름잘록창자 (ascending colon)
콩팥문(renal hilum)
오른콩팥 (right kidney)
아래대정맥
대동맥
허리근(psoas)
왼콩팥 (left kidney)
2
잘록창자 (colon)
아래대정맥(inferior vena cava)
배곧은근 (rectus abdominis)
대동맥
배근육(abdominal muscles)
빈창자(jejunum)
내림잘록창자 (descending colon
간
오른콩팥
허리뼈
척주세움근 (erector spinae)
왼콩팥
지라

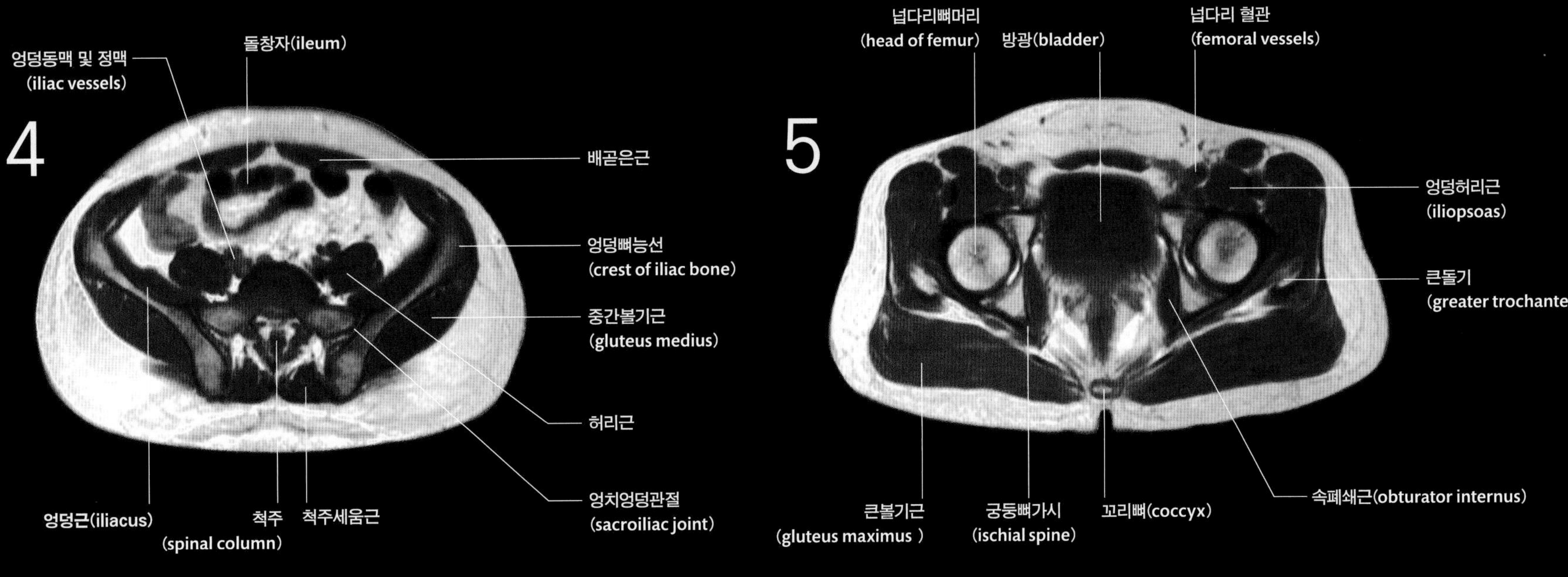
4
엉덩동맥 및 정맥 (iliac vessels)
돌창자(ileum)
배곧은근
엉덩뼈능선 (crest of iliac bone)
중간볼기근 (gluteus medius)
허리근
엉치엉덩관절 (sacroiliac joint)
엉덩근(iliacus)
척주 (spinal column)
척주세움근
5
넙다리뼈머리 (head of femur)
방광(bladder)
넙다리 혈관 (femoral vessels)
엉덩허리근 (iliopsoas)
큰돌기 (greater trochanter)
속폐쇄근(obturator internus)
큰볼기근 (gluteus maximus)
궁둥뼈가시 (ischial spine)
꼬리뼈(coccyx)

배와 골반 **자기공명영상**(MRI)

MRI는 물렁조직(연조직)을 살펴보는 데 유용한 방법이다. 또한 복부와 골반의 장기들을 시각화하는 데도 유용한데, 이 장기와 조직은 일반방사선사진에서는 희미한 음영으로만 나타난다. 복부와 골반을 일련의 가로단면과 세로단면으로 촬영하면 치밀한 간과 그 안에 가지친 혈관들을 선명하게 볼 수 있다.(단면 1) 간과 인접한 오른콩팥 그리고 지라와 인접한 왼콩팥도 볼 수 있다.(단면 2) 콩팥은 그 안으로 들어가는 콩팥동맥과 같은 높이에서 보인다.(단면 3) 아울러 콩팥 앞의 위와 이자도 볼 수 있고, 복부 아랫부분 엉덩뼈 위에 놓인 돌돌 말린 작은창자인, 돌창자도 볼 수 있다.(단면 4) 그리고 엉덩관절과 같은 높이에서 골반 장기들을 볼 수 있다.(단면 5) 시상단면(단면 6)에서는 허리뼈 앞의 복강이 얼마나 놀랍도록 얇은지 알 수 있다. 그래서 날씬한 사람의 아랫배를 누르면 배 뒤쪽을 지나는 내림대동맥의 맥박을 느낄 수 있다.

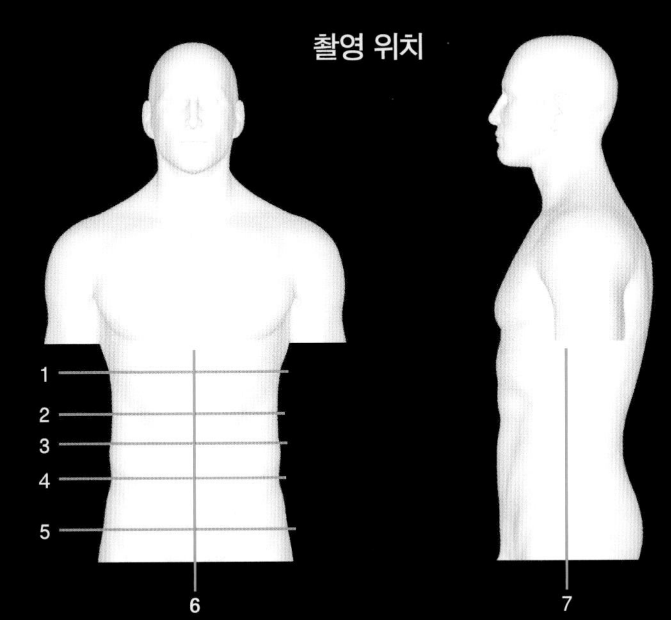
촬영 위치
1
2
3
4
5
6
7

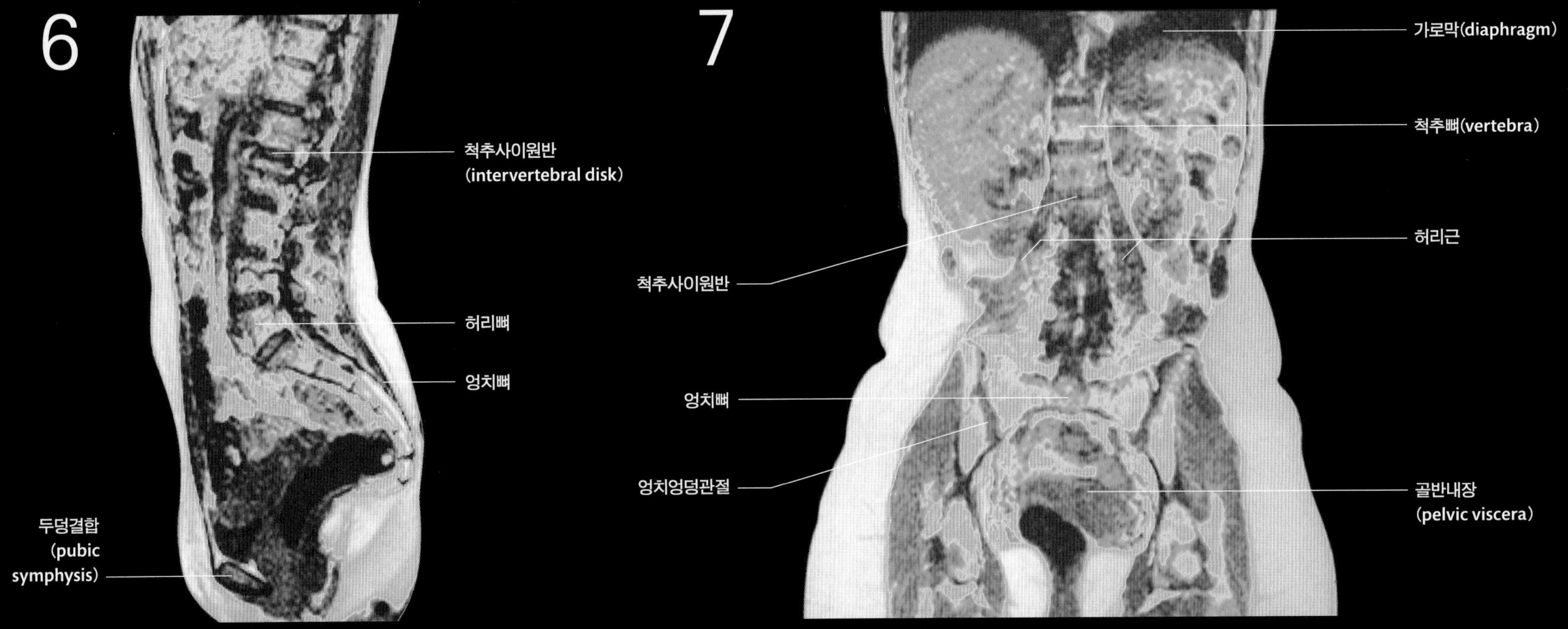
6
척추사이원반 (intervertebral disk)
허리뼈
엉치뼈
두덩결합 (pubic symphysis)
7
가로막(diaphragm)
척추뼈(vertebra)
허리근
척추사이원반
엉치뼈
엉치엉덩관절
골반내장 (pelvic viscera)

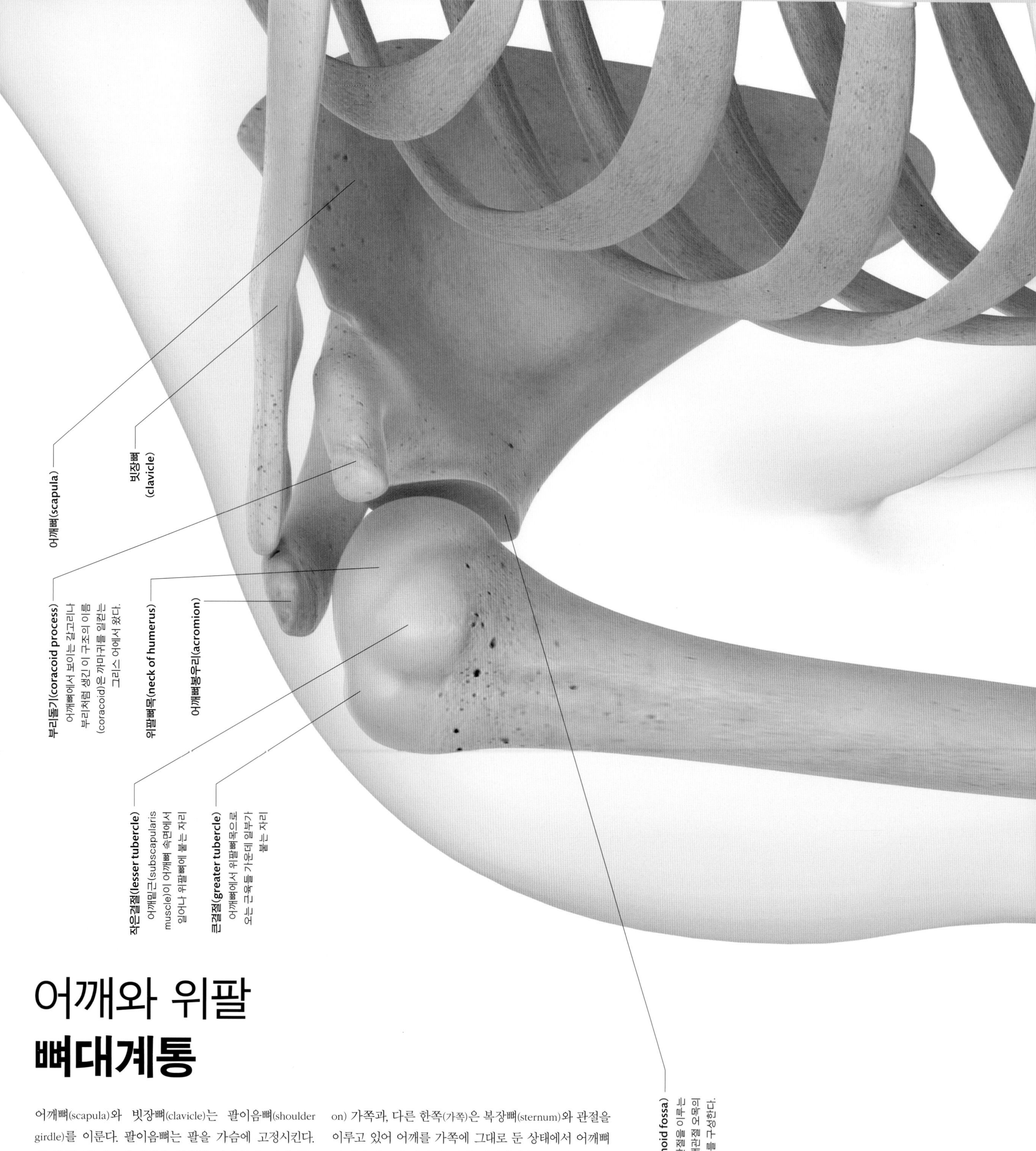

어깨뼈(scapula)
빗장뼈
(clavicle)
부리돌기(coracoid process)
어깨뼈에서 보이는 갈고리나 부리처럼 생긴 이 구조의 이름 (coracoid)은 까마귀를 일컫는 그리스 어에서 왔다.
위팔뼈목(neck of humerus)
어깨뼈봉우리(acromion)
작은결절(lesser tubercle)
어깨밑근(subscapularis muscle)이 어깨뼈 속면에서 일어나 위팔뼈에 붙는 자리
큰결절(greater tubercle)
어깨뼈에서 위팔뼈목으로 오는 근육들 가운데 일부가 붙는 자리
접시오목(glenoid fossa)
위팔뼈머리와 관절을 이루는 얕은 부위로서 어깨관절 오목의 일부를 구성한다.

어깨와 위팔
뼈대계통

어깨뼈(scapula)와 빗장뼈(clavicle)는 팔이음뼈(shoulder girdle)를 이룬다. 팔이음뼈는 팔을 가슴에 고정시킨다. 이 부착 구조는 움직임이 상당히 자유롭다. 어깨뼈는 흉곽 위에 (진짜 관절이 아니라) 근육으로만 붙은 채 '떠 있어서' 이 근육으로 어깨뼈를 당겨서 흉곽 위로 이동하게 하면 어깨관절(shoulder joint)의 위치가 변한다. 빗장뼈는 진짜 관절을 이루고 있다. 한쪽은 어깨뼈봉우리(acromion) 가쪽과, 다른 한쪽(가쪽)은 복장뼈(sternum)와 관절을 이루고 있어 어깨를 가쪽에 그대로 둔 상태에서 어깨뼈를 마음대로 움직일 수 있다. 어깨관절은 몸에서 움직임이 가장 자유로운 관절로서 절구관절(ball-and-socket joint)이다. 그런데 관절오목(절구)이 작고 얕기 때문에 절구공이 모양의 위팔뼈 머리가 자유롭게 움직일 수 있다.

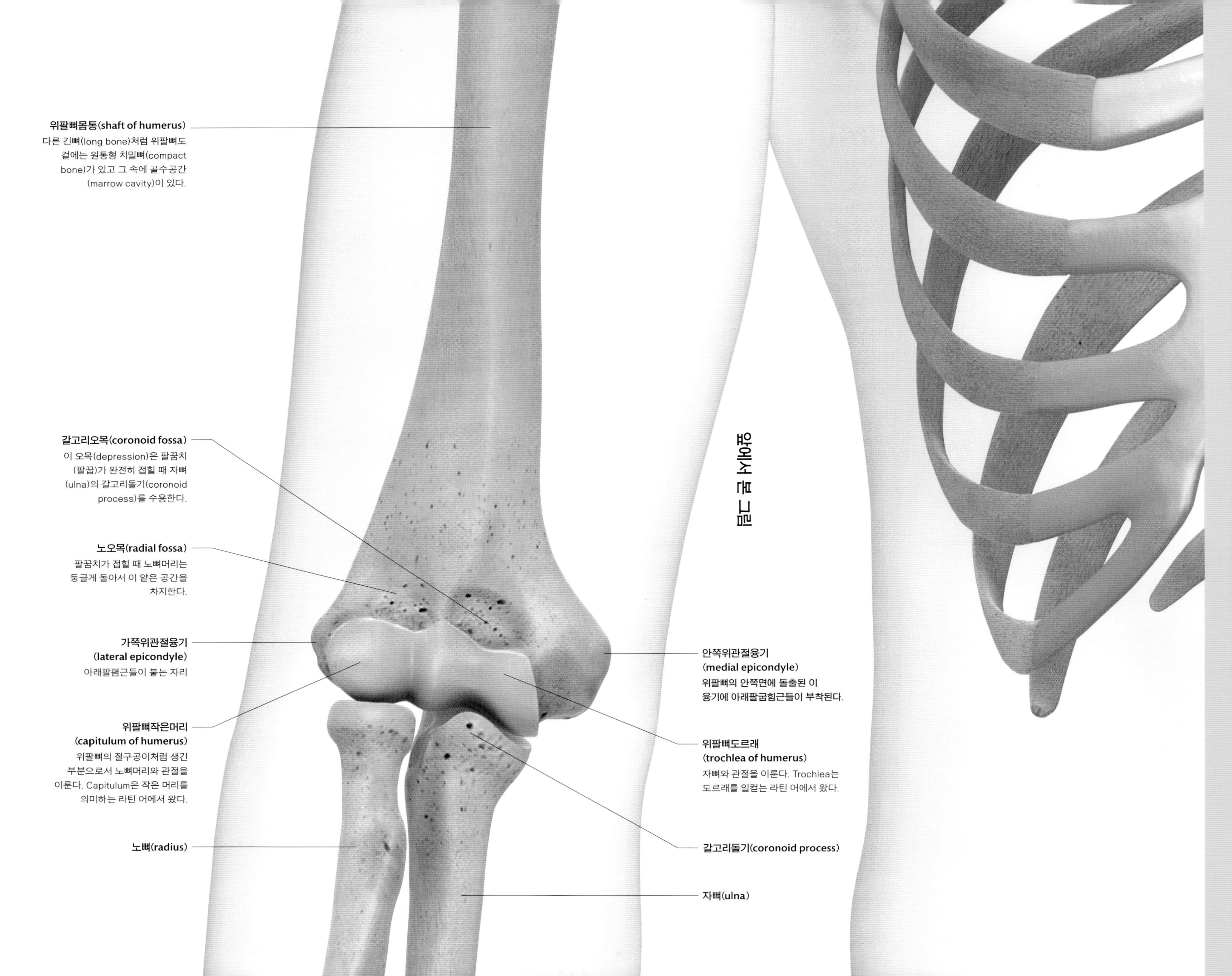
앞에서 본 그림
위팔뼈몸통(shaft of humerus)
다른 긴뼈(long bone)처럼 위팔뼈도 겉에는 원통형 치밀뼈(compact bone)가 있고 그 속에 골수공간(marrow cavity)이 있다.
갈고리오목(coronoid fossa)
이 오목(depression)은 팔꿈치(팔꿉)가 완전히 접힐 때 자뼈(ulna)의 갈고리돌기(coronoid process)를 수용한다.
노오목(radial fossa)
팔꿈치가 접힐 때 노뼈머리는 둥글게 돌아서 이 얕은 공간을 차지한다.
가쪽위관절융기
(lateral epicondyle)
아래팔폄근들이 붙는 자리
위팔뼈작은머리
(capitulum of humerus)
위팔뼈의 절구공이처럼 생긴 부분으로서 노뼈머리와 관절을 이룬다. Capitulum은 작은 머리를 의미하는 라틴 어에서 왔다.
노뼈(radius)
안쪽위관절융기
(medial epicondyle)
위팔뼈의 안쪽면에 돌출된 이 융기에 아래팔굽힘근들이 부착된다.
위팔뼈도르래
(trochlea of humerus)
자뼈와 관절을 이룬다. Trochlea는 도르래를 일컫는 라틴 어에서 왔다.
갈고리돌기(coronoid process)
자뼈(ulna)

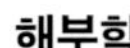

어깨와 위팔
뼈대계통

어깨뼈의 뒷면은 어깨뼈가시를 기준으로 두 부분으로 나뉜다. 이 어깨뼈가시 위에 붙는 근육은 가시위근(supraspinatus)이고, 아래에 붙는 근육은 가시아래근(infraspinatus)이다. 이 근육들은 돌림근띠(회전근개, rotator cuff) 근육 무리의 일부로서 어깨 움직임이 가능하게 하고 어깨관절을 안정시킨다. 어깨뼈가시는 옆쪽으로 달리다가 어깨관절 위로 튀어나와 어깨뼈봉우리를 이루며, 어깨뼈봉우리는 어깨 윗부분에서 쉽게 만져 볼 수 있다. 어깨뼈는 팔을 몸 옆으로 늘어뜨리고 있을 때 그림과 같은 위치에 있다. 팔을 벌리면(옆으로 올리면) 어깨뼈 전체도 따라서 회전하므로 접시오목이 위를 향하고 아래각(inferior angle)이 바깥쪽으로 움직인다.

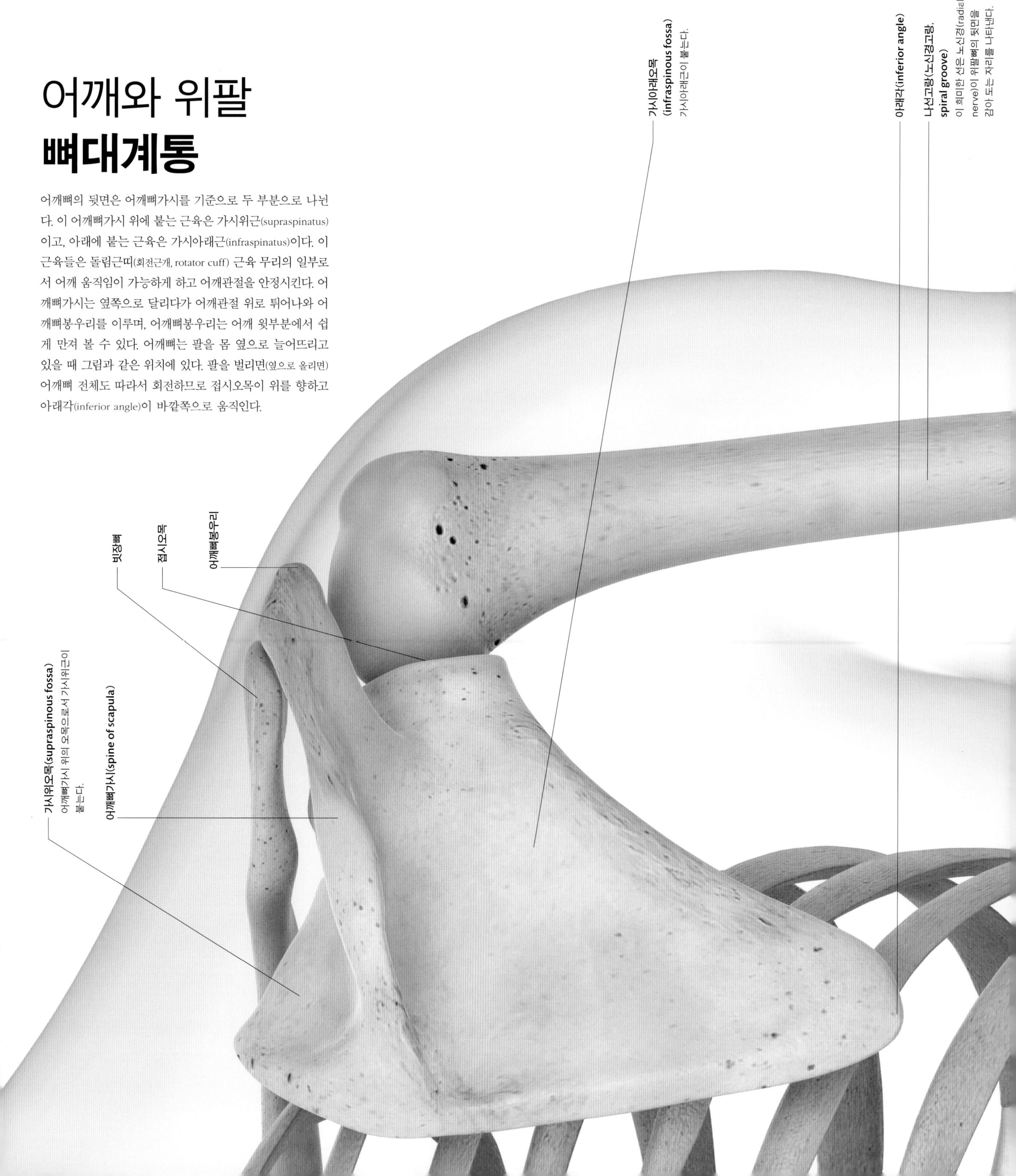

가시아래오목
(infraspinous fossa)
가시아래근이 붙는다.
아래각(inferior angle)
나선고랑(노신경고랑,
spiral groove)
이 희미한 선은 노신경(radial
nerve)이 위팔뼈의 뒷면을
감아 도는 자리를 나타낸다.
빗장뼈
접시오목
어깨뼈봉우리
가시위오목(supraspinous fossa)
어깨뼈가시 위의 오목으로서 가시위근이
붙는다.
어깨뼈가시(spine of scapula)

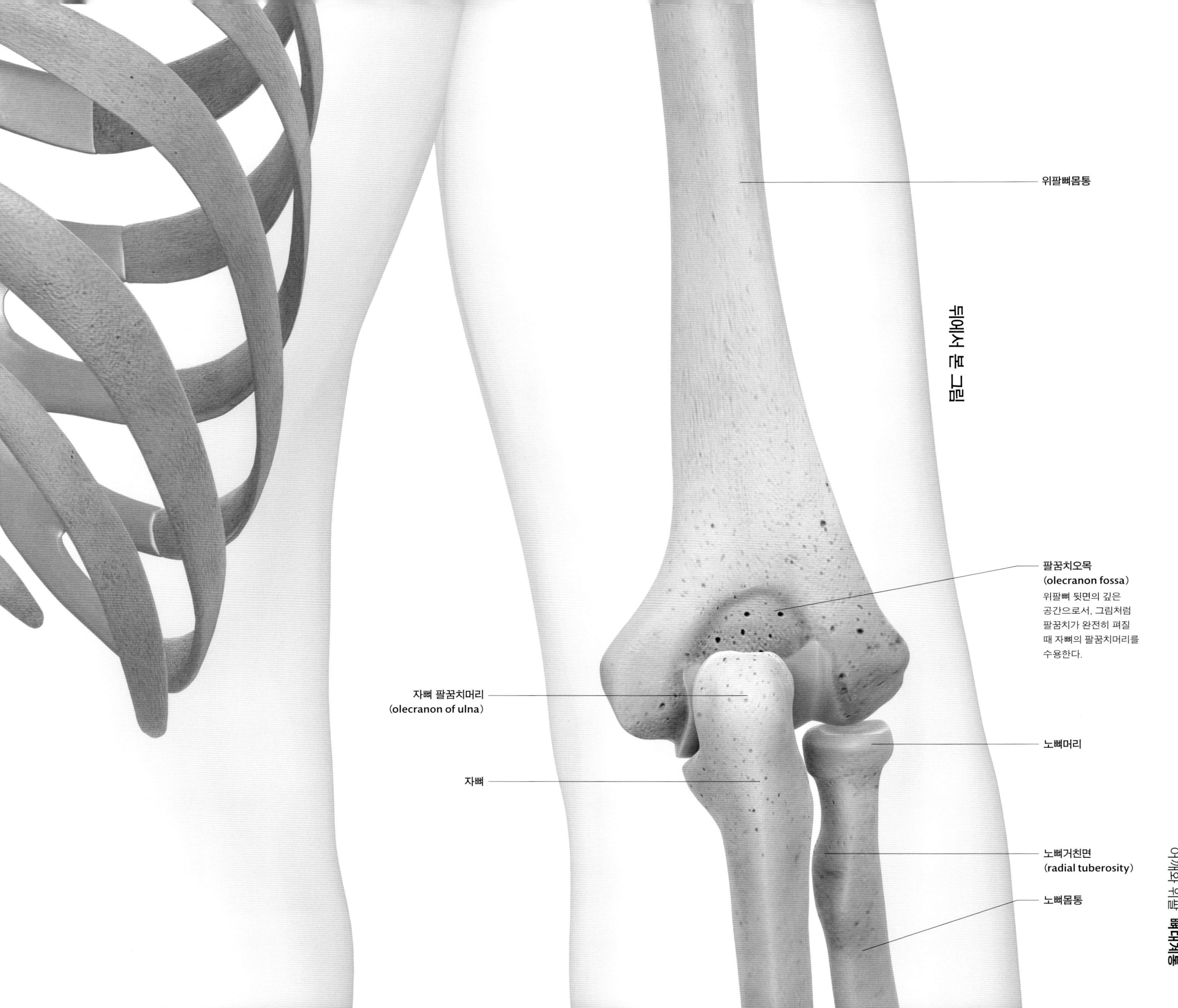
위팔뼈몸통
뒤에서 본 그림
팔꿈치오목
(olecranon fossa)
위팔뼈 뒷면의 깊은 공간으로서, 그림처럼 팔꿈치가 완전히 펴질 때 자뼈의 팔꿈치머리를 수용한다.
자뼈 팔꿈치머리
(olecranon of ulna)
노뼈머리
자뼈
노뼈거친면
(radial tuberosity)
노뼈몸통

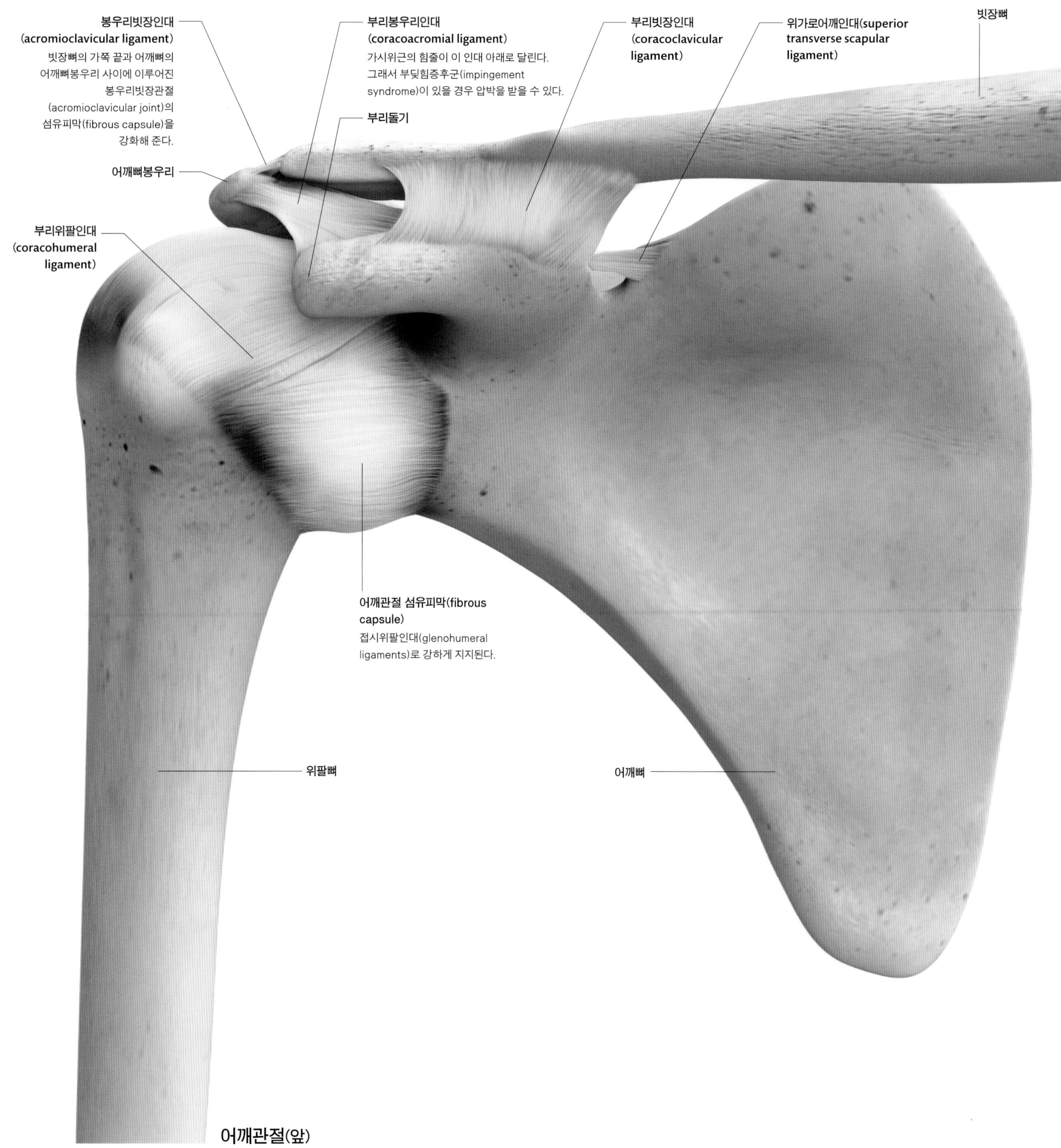
봉우리빗장인대
(acromioclavicular ligament)
빗장뼈의 가쪽 끝과 어깨뼈의 어깨뼈봉우리 사이에 이루어진 봉우리빗장관절 (acromioclavicular joint)의 섬유피막(fibrous capsule)을 강화해 준다.
부리봉우리인대
(coracoacromial ligament)
가시위근의 힘줄이 이 인대 아래로 달린다. 그래서 부딪힘증후군(impingement syndrome)이 있을 경우 압박을 받을 수 있다.
부리빗장인대
(coracoclavicular ligament)
위가로어깨인대(superior transverse scapular ligament)
빗장뼈
부리돌기
어깨뼈봉우리
부리위팔인대
(coracohumeral ligament)
어깨관절 섬유피막(fibrous capsule)
접시위팔인대(glenohumeral ligaments)로 강하게 지지된다.
위팔뼈
어깨뼈

어깨관절(앞)

어깨와 위팔 **뼈대계통**

어느 관절이든 운동성과 안정성이 상충하는 면이 있게 마련이다. 운동성이 매우 뛰어난 어깨관절은 불안정하기 때문에 이 관절에서 탈구가 가장 흔하게 일어난다는 사실은 당연할 수밖에 없다. 튼튼한 부리봉우리인대(coracoacromial ligament)로 서로 매인 어깨뼈봉우리와 어깨뼈 부리돌기로 이루어진 부리봉우리궁(coracoacromial arch)은 위쪽로의 탈구를 막아 준다. 그래서 위팔뼈머리가 탈구될 경우 대개 아래쪽으로 탈구가 일어난다. 팔꿉관절(elbow joint)은 위팔뼈와 아래팔뼈들 간에 이루어진 관절이다. 위팔뼈도르래는 자뼈와 관절을 이루고 위팔뼈작은머리는 노뼈머리와 관절을 이룬다. 팔꿉관절은 경첩관절(hinge joint)이며 양옆에 있는 두 곁인대(collateral ligaments)가 이 관절을 안정시킨다.

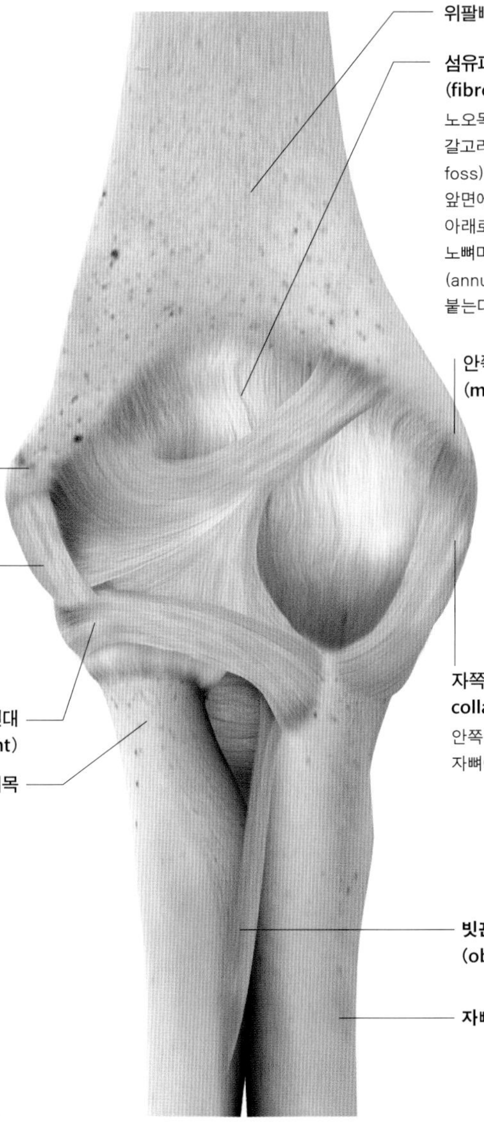

위팔뼈
섬유피막
(fibrous capsule)
노오목(radial fossa)과 갈고리오목(coronoid foss) 위의 위팔뼈 앞면에 붙는다. 그리고 아래로는 자뼈와 노뼈머리띠인대 (annular ligament)에 붙는다.
안쪽위관절융기
(medial epicondyle)
가쪽위관절융기
(lateral epicondyle)
노쪽곁인대
(radial collateral ligament)
가쪽위관절융기에서 일어나 노뼈머리띠인대에 붙는다.
자쪽곁인대(ulnar collateral ligament)
안쪽위관절융기에서 일어나 자뼈에 붙는다.
노뼈머리띠인대
(annular ligament)
노뼈목
빗끈
(oblique cord)
자뼈

팔꿉관절(앞)

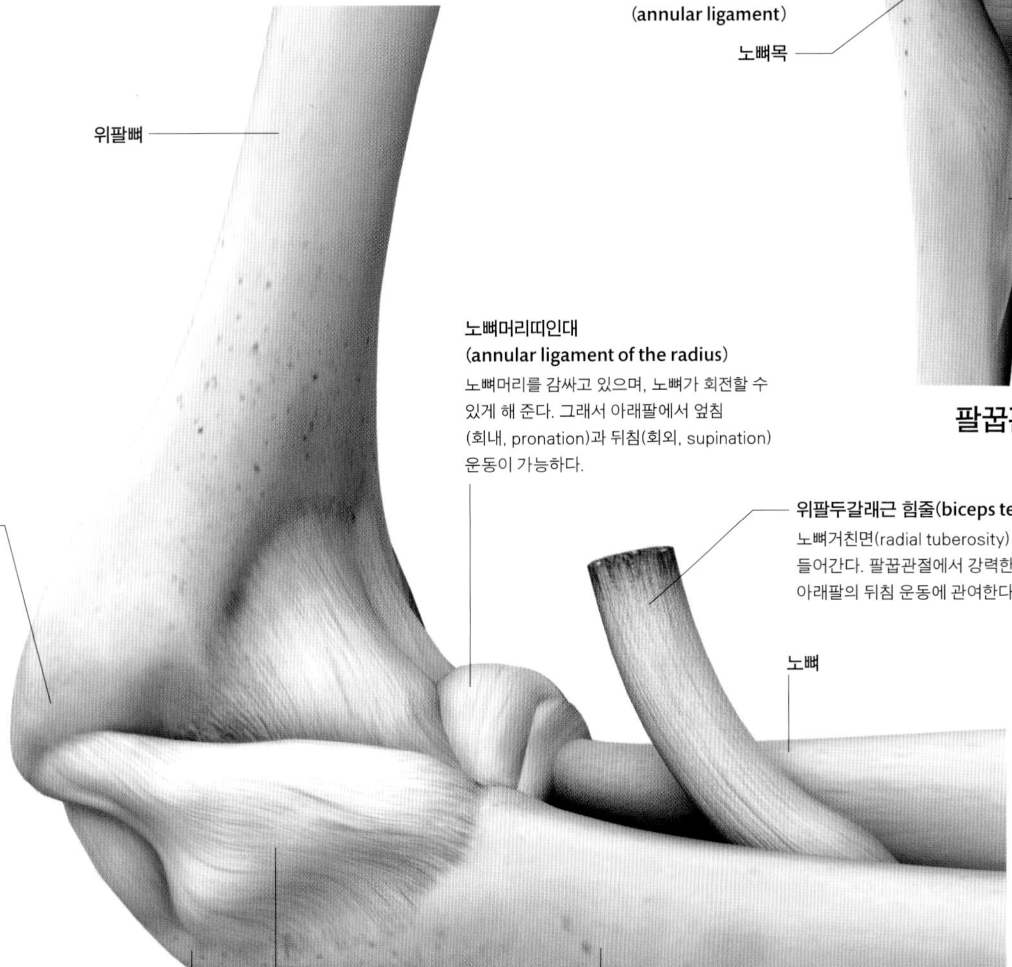

위팔뼈
노뼈머리띠인대
(annular ligament of the radius)
노뼈머리를 감싸고 있으며, 노뼈가 회전할 수 있게 해 준다. 그래서 아래팔에서 엎침(회내, pronation)과 뒤침(회외, supination) 운동이 가능하다.
안쪽위관절융기
(medial epicondyle)
온굽힘근이는곳(common flexor origin)을 이룬다. 상당수의 아래팔굽힘근(forearm flexor muscles)이 붙는 곳이다.
위팔두갈래근 힘줄(biceps tendon)
노뼈거친면(radial tuberosity) 위로 들어간다. 팔꿉관절에서 강력한 굽힘근이며 아래팔의 뒤침 운동에 관여한다.
노뼈
자뼈 팔꿈치머리
(olecranon of ulna)
자쪽곁인대
(ulnar collateral ligament)
자뼈

팔꿉관절(가쪽/옆)

등세모근(trapezius)
빗장뼈
어깨뼈봉우리
큰가슴근
(pectoralis major)
가슴에서 일어나 위팔뼈 몸통 윗부분에 붙는다. 가슴근신경(pectoral nerves)의 지배를 받는다.
어깨세모근(deltoid)
이 강력한 근육은 빗장뼈, 어깨뼈봉우리, 어깨뼈가시에서 일어나 위팔뼈 가쪽의 세모근거친면(deltoid tuberosity)에 붙는다.
위팔두갈래근 긴갈래
(long head of biceps)
이 힘줄은 짧은갈래보다 먼저 어깨세모근 밑으로 사라진다. 그래서 짧은갈래보다 짧아보이지만 위팔뼈머리 바로 위로 이어지다가 접시오목 위 어깨뼈에 붙는다.
위팔두갈래근 짧은갈래
(short head of biceps)
어깨뼈의 부리돌기에 붙는다.

어깨와 위팔 **근육계통**

얕은 근육

삼각형인 어깨세모근(deltoid muscle)은 어깨 위에 걸쳐 있다. 이 근육은 전체가 작동해서 팔을 옆으로 들어올린다.(벌림) 빗장뼈 앞면에 붙어 있는 어깨세모근 근섬유는 팔을 앞으로 움직일 수도 있다. 큰가슴근(pectoralis major muscle)도 어깨관절에 작용해서 팔을 앞으로 굽히거나 가슴 옆으로 끌어당길 수 있다.(모음)

팔 앞쪽 근육 덩어리 가운데 대부분을 차지하는 위팔두갈래근(biceps brachii muscle)의 힘줄은 노뼈 앞으로 들어가 아래팔 근육들 위로 부채처럼 펼쳐진 널힘줄(aponeurosis, 편평한 힘줄)이 된다. 위팔두갈래근은 팔꿈치를 접는 강력한 굽힘근이며, 노뼈를 회전시켜 아래팔의 자세를 바꿔 손바닥이 위로 향하게 만들 수도 있다.(뒤침)

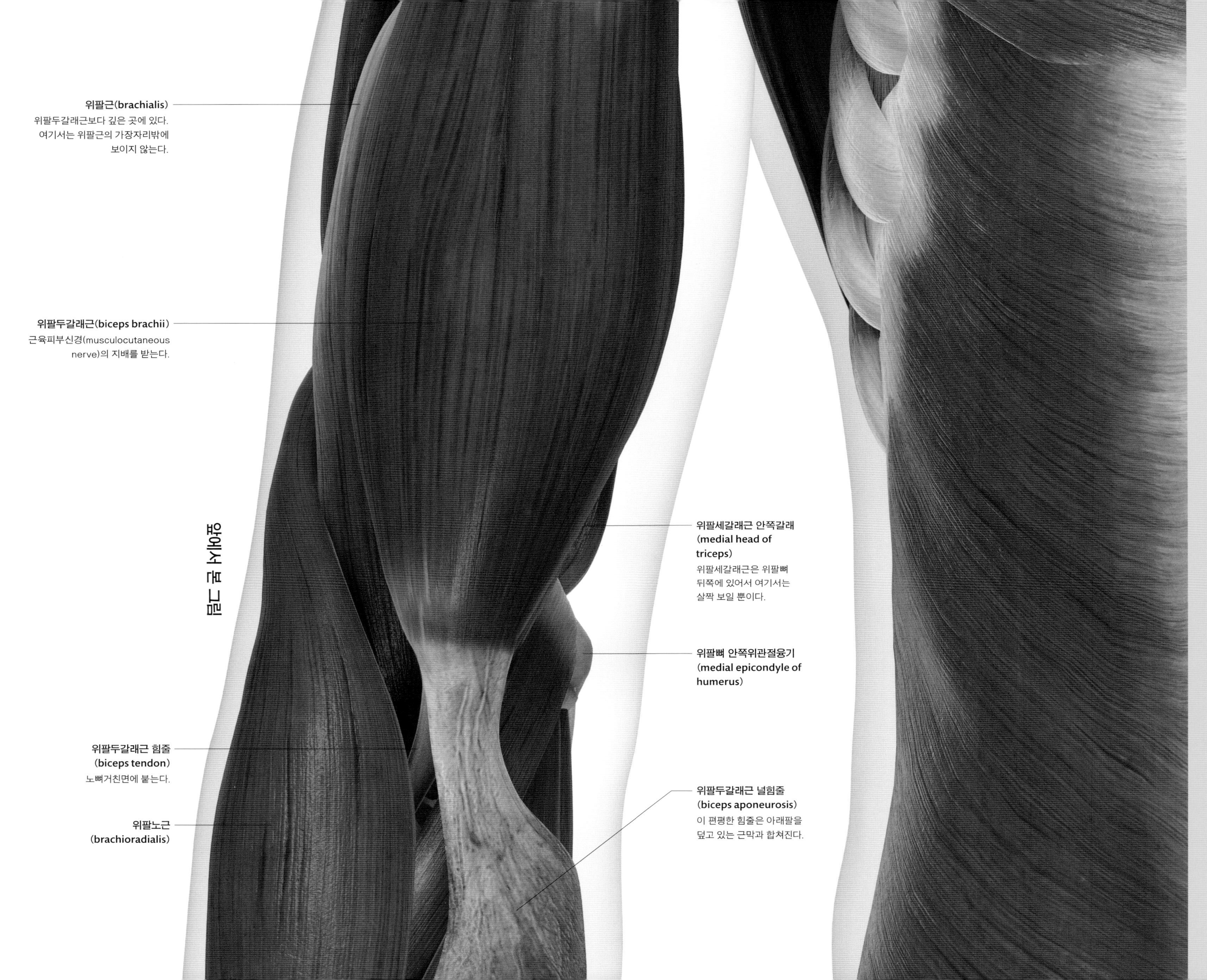

위팔근(brachialis)
위팔두갈래근보다 깊은 곳에 있다. 여기서는 위팔근의 가장자리밖에 보이지 않는다.
위팔두갈래근(biceps brachii)
근육피부신경(musculocutaneous nerve)의 지배를 받는다.
위팔두갈래근 힘줄 (biceps tendon)
노뼈거친면에 붙는다.
위팔노근 (brachioradialis)
위팔세갈래근 안쪽갈래 (medial head of triceps)
위팔세갈래근은 위팔뼈 뒤쪽에 있어서 여기서는 살짝 보일 뿐이다.
위팔뼈 안쪽위관절융기 (medial epicondyle of humerus)
위팔두갈래근 널힘줄 (biceps aponeurosis)
이 편평한 힘줄은 아래팔을 덮고 있는 근막과 합쳐진다.

앞에서 본 그림

어깨와 위팔 **근육계통**

얕은 근육

어깨세모근의 뒤쪽 근섬유들은 어깨뼈가시에서 일어나 위팔뼈에 붙는다. 어깨세모근의 이 부분은 팔을 뒤로 끌어당기거나 펼 수 있다. 넓은등근(latissimus dorsi, 몸통 뒤에서 일어나 가는 힘줄로 끝나면서 위팔뼈에 붙는 널찍한 근육)도 팔을 펼 수 있다. 위팔세갈래근(triceps brachii muscle)은 팔꿈치를 펴는 유일한 폄근이다. (이 그림처럼) 얕게 해부한 상태에서는 위팔세갈래근의 세 갈래 가운데 둘, 즉 긴갈래와 가쪽갈래밖에 볼 수 없다. 위팔세갈래근 힘줄은 지렛대처럼 생긴 자뼈 팔꿈치머리에 붙는다. 팔꿈치머리는 팔꿈치 뒤에 혹같이 튀어나온 뼈를 형성한다.

어깨세모근
가시아래근(infraspinatus)
가시아래오목에서 일어나 어깨뼈가시 아래를 지나 위팔뼈목 뒤쪽에 붙는다. 위팔뼈를 그 세로축을 따라 가쪽으로(바깥으로) 돌릴 수 있다.
큰원근(teres major)
어깨뼈에서 일어나 위팔뼈목 앞쪽에 붙는다. 위팔뼈를 안쪽으로 돌린다.
등세모근
어깨뼈가시

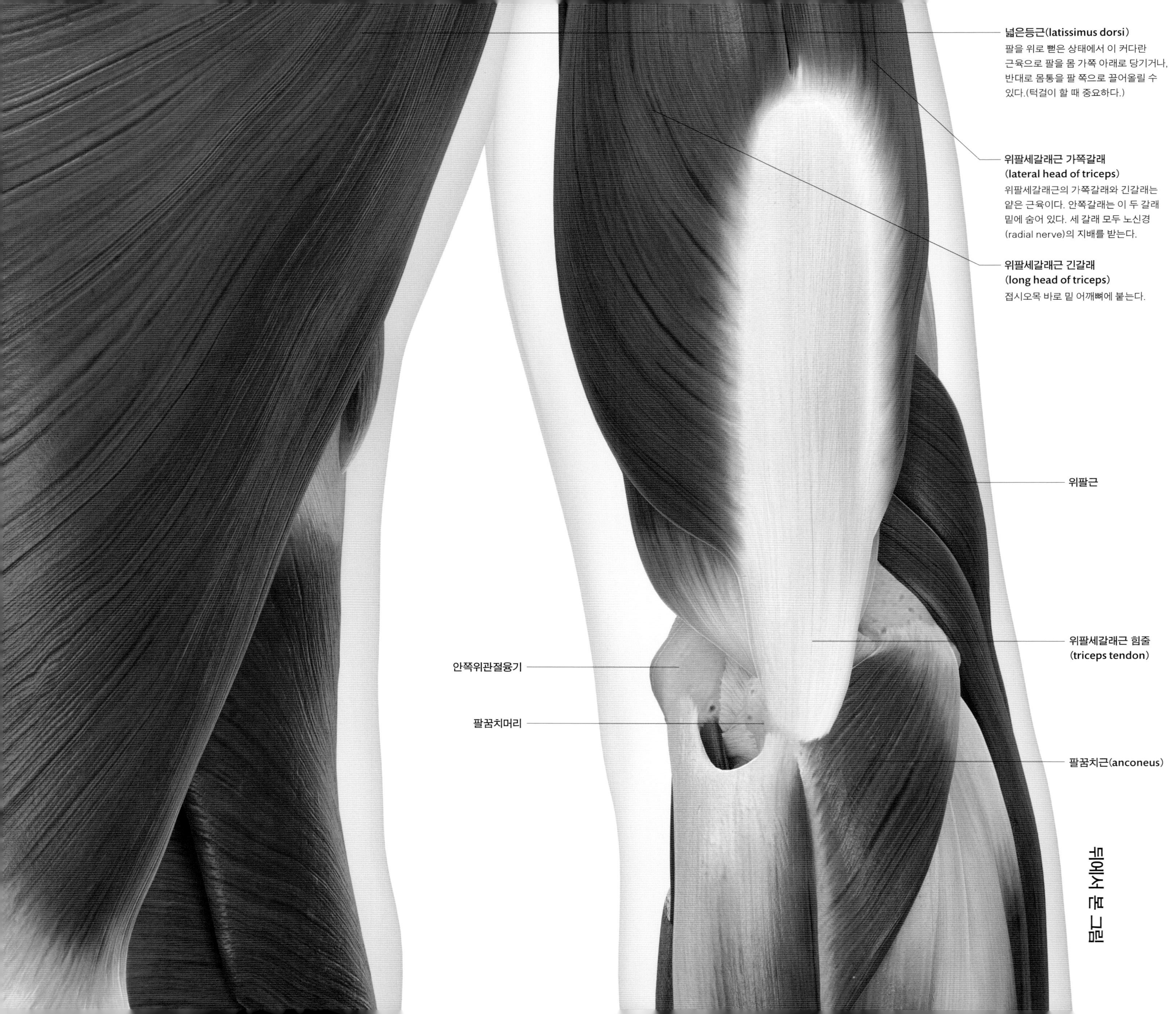

뒤에서 본 그림

넓은등근(latissimus dorsi)
팔을 위로 뻗은 상태에서 이 커다란 근육으로 팔을 몸 가쪽 아래로 당기거나, 반대로 몸통을 팔 쪽으로 끌어올릴 수 있다.(턱걸이 할 때 중요하다.)

위팔세갈래근 가쪽갈래 (lateral head of triceps)
위팔세갈래근의 가쪽갈래와 긴갈래는 얕은 근육이다. 안쪽갈래는 이 두 갈래 밑에 숨어 있다. 세 갈래 모두 노신경(radial nerve)의 지배를 받는다.

위팔세갈래근 긴갈래 (long head of triceps)
접시오목 바로 밑 어깨뼈에 붙는다.

위팔근

위팔세갈래근 힘줄 (triceps tendon)

팔꿈치근(anconeus)

안쪽위관절융기

팔꿈치머리

빗장밑근(subclavius)
어깨밑근
(subscapularis)
위팔뼈를 세로축을 중심으로 안쪽으로 돌린다. 돌림근띠 근육들 가운데 하나로서 어깨관절을 안정시키는 데 중요한 역할을 한다.
어깨세모근 중간근육섬유 (middle fibers of deltoid)
어깨세모근 앞근육섬유 (anterior fibers of deltoid)
넓은등근
큰원근
작은가슴근 (pectoralis minor)

어깨와 위팔 **근육계통**

깊은 근육

어깨 주위의 깊은 근육들 중에는 이른바 '돌림근띠 근육 무리(rotator cuff)'가 있다. 이 그림에는 그중 2개인 (어깨뼈의 오목한 속면에서 일어나는) 어깨밑근(subscapularis)과 (어깨뼈에서 일어나 어깨관절 위를 달리나가 위팔뼈에 붙는) 가시위근이 있다. 가시위근의 힘줄은 위팔뼈머리와 어깨뼈봉우리 사이의 좁은 틈을 지나기 때문에 부딪힘증후군이 있을 경우 압박받아 손상될 수 있다. 위팔뼈 앞쪽에 있는 위팔두갈래근(207쪽)은 위팔뼈 아래쪽에서 일어나 자뼈로 내려가는 위팔근을 드러내기 위해 제거했다. 위팔두갈래근처럼 위팔근도 팔꿈치 굽힘근이다.

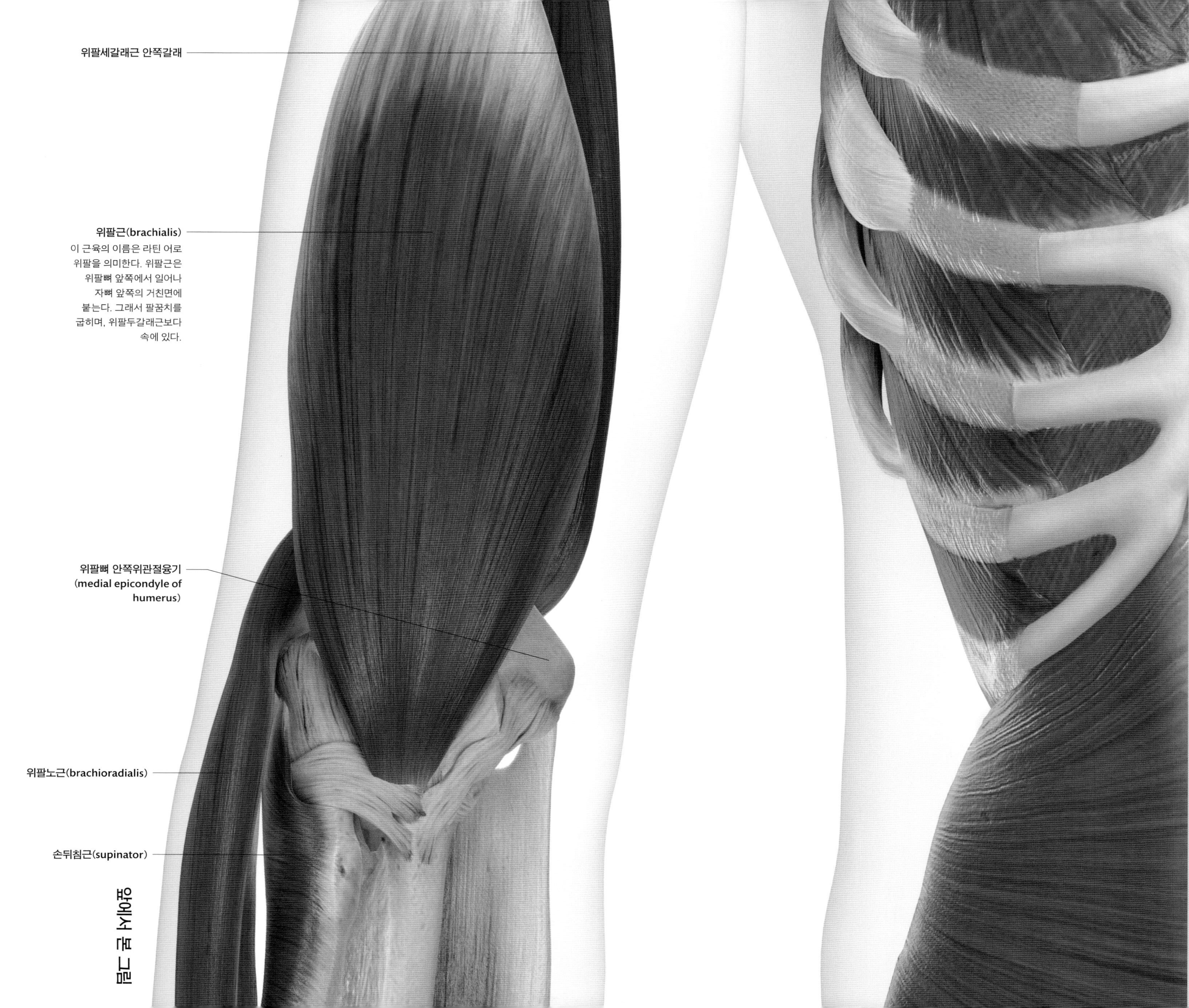
위팔세갈래근 안쪽갈래
위팔근(brachialis)
이 근육의 이름은 라틴 어로 위팔을 의미한다. 위팔근은 위팔뼈 앞쪽에서 일어나 자뼈 앞쪽의 거친면에 붙는다. 그래서 팔꿈치를 굽히며, 위팔두갈래근보다 속에 있다.
위팔뼈 안쪽위관절융기 (medial epicondyle of humerus)
위팔노근(brachioradialis)
손뒤침근(supinator)
앞에서 본 그림

어깨와 위팔
근육계통

깊은 근육

나머지 돌림근띠 근육들인 가시위근, 가시아래근, 작은원근(teres minor)은 등쪽에서 볼 수 있다. 이 근육들은 회전을 포함한 다양한 방향으로의 어깨관절 운동과, 어깨관절 안정화에 중요한 역할을 한다. 어깨가 움직이는 동안 위팔뼈머리를 품어 접시오목에서 벗어나지 않게 한다. 팔 뒤쪽을 더 깊이 들어가보면 위팔세갈래근의 안쪽갈래가 드러난다. 이것은 위팔뼈 뒤쪽에서 일어나며, 가쪽갈래 및 긴갈래와 합쳐져 위팔세갈래근 힘줄을 이루면서 팔꿈치머리에 붙는다. 아래팔근육 대부분은 팔꿈치 바로 위의 위팔뼈 위관절융기에서 일어나지만, 위팔노근과 긴노쪽손목폄근(extensor carpi radialis longus)이 위팔뼈 가쪽에서 이는 곳은 그림처럼 더 높다.

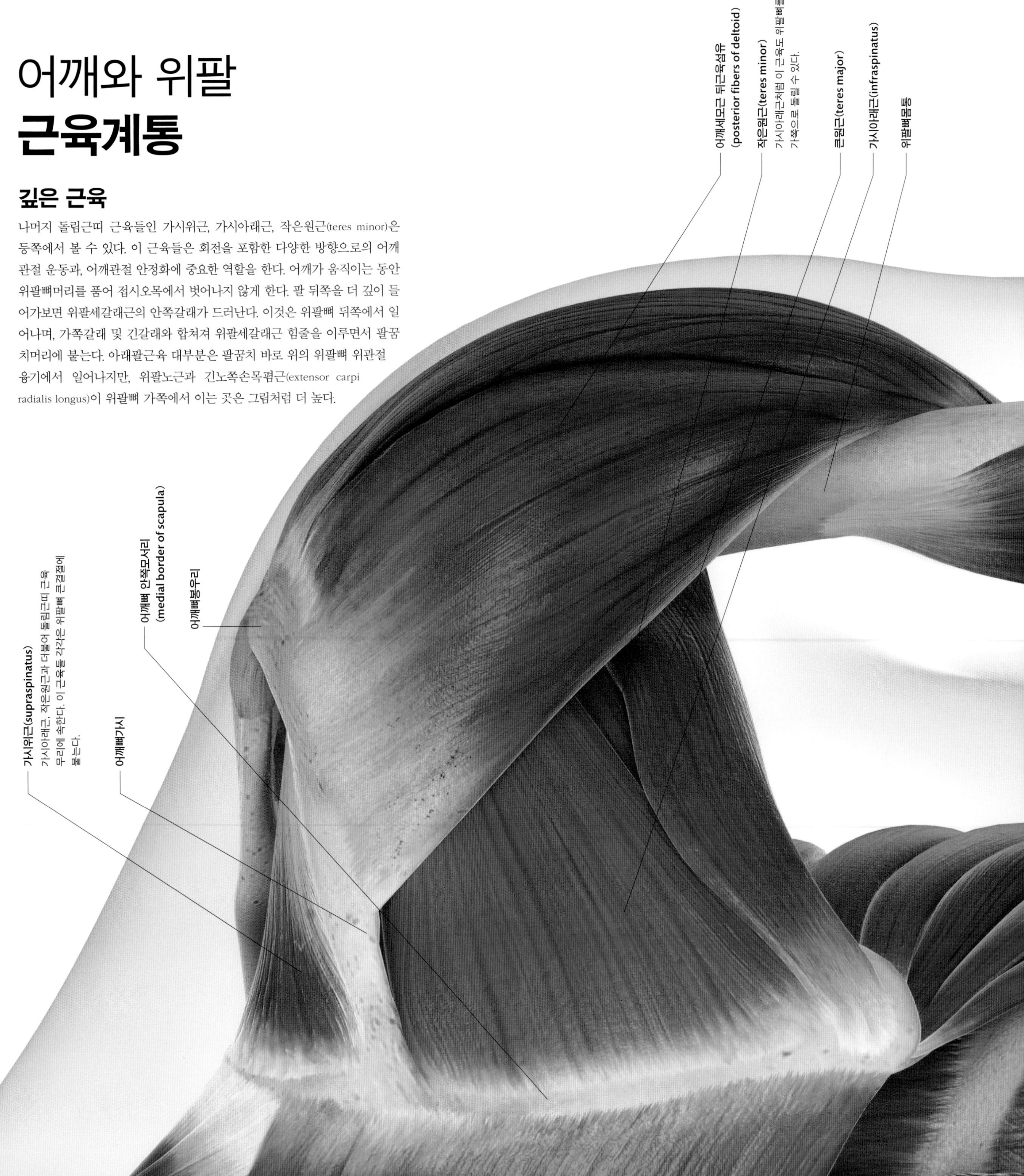
어깨세모근 뒤근육섬유
(posterior fibers of deltoid)
작은원근(teres minor)
가시아래근처럼 이 근육도 위팔뼈를 가쪽으로 돌릴 수 있다.
큰원근(teres major)
가시아래근(infraspinatus)
위팔뼈몸통
가시위근(supraspinatus)
가시아래근, 작은원근과 더불어 돌림근띠 근육 무리에 속한다. 이 근육들 각각은 위팔뼈 큰결절에 붙는다.
어깨뼈가시
어깨뼈 안쪽모서리
(medial border of scapula)
어깨뼈봉우리

뒤에서 본 그림

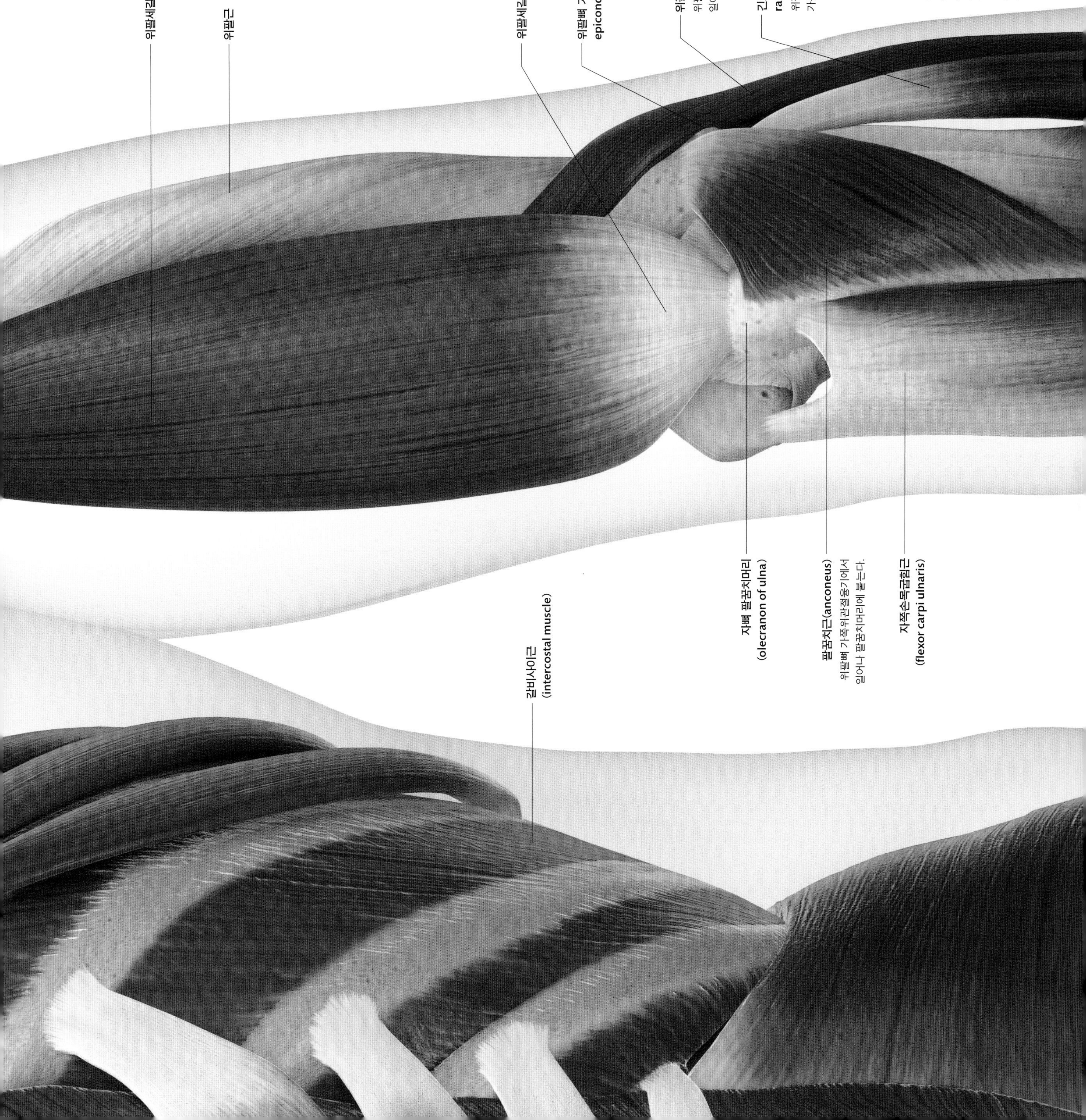

위팔세갈래근 안쪽갈래

위팔근

위팔세갈래근 힘줄(triceps tendon)

위팔뼈 가쪽위관절융기(lateral epicondyle of humerus)

위팔노근
위팔뼈의 가쪽관절융기위능선에서 일어난다.

긴노쪽손목폄근(extensor carpi radialis longus)
위팔뼈의 가쪽관절융기위능선과 가쪽위관절융기에서 일어난다.

자뼈 팔꿈치머리 (olecranon of ulna)

팔꿈치근(anconeus)
위팔뼈 가쪽위관절융기에서 일어나 팔꿈치머리에 붙는다.

자쪽손목굽힘근 (flexor carpi ulnaris)

갈비사이근 (intercostal muscle)

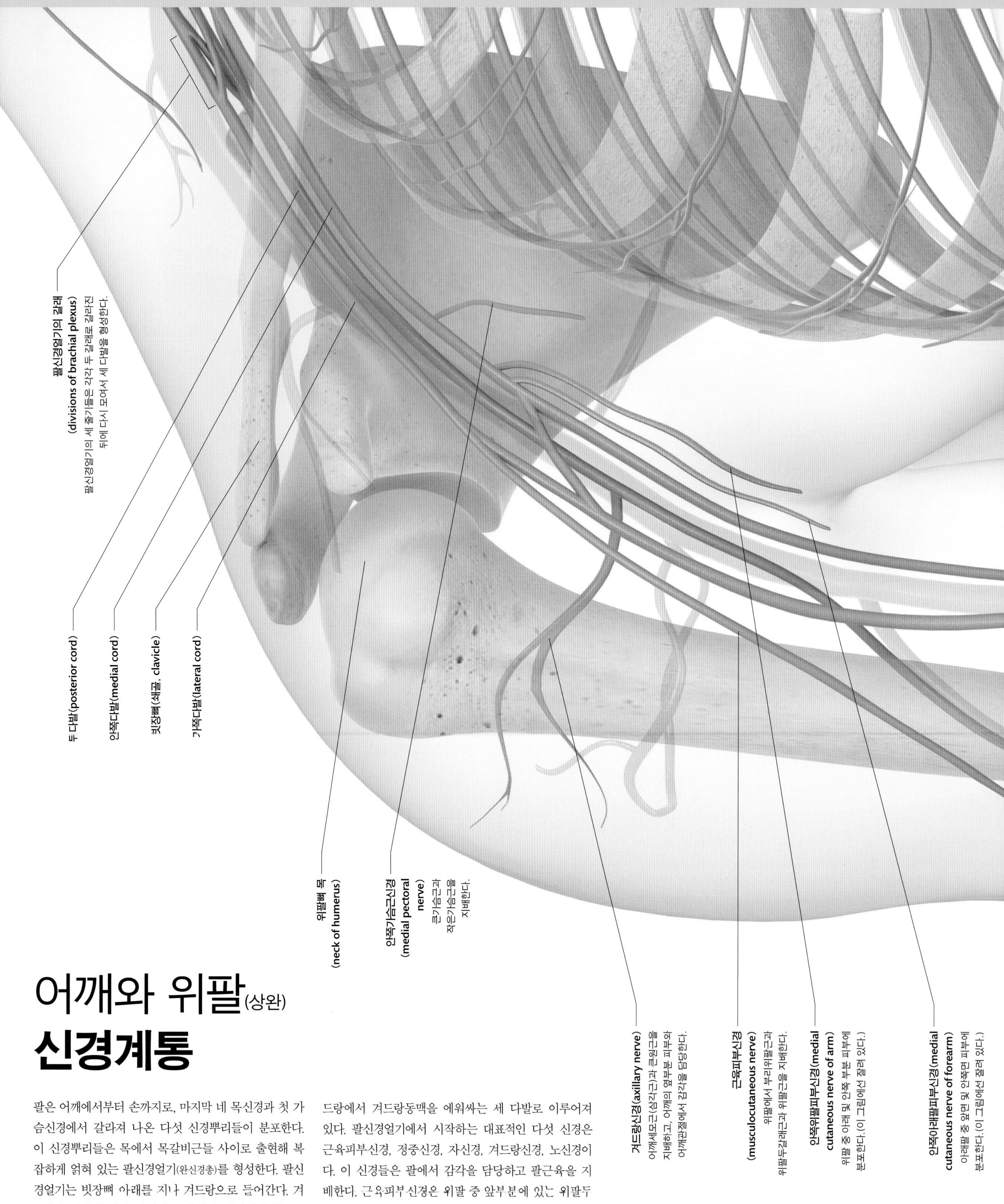
팔신경얼기의 갈래
(divisions of brachial plexus)
팔신경얼기의 세 줄기들은 각각 두 갈래로 갈라진 뒤에 다시 모여서 세 다발을 형성한다.
뒤다발(posterior cord)
안쪽다발(medial cord)
빗장뼈(쇄골, clavicle)
가쪽다발(lateral cord)
위팔뼈 목
(neck of humerus)
안쪽가슴근신경
(medial pectoral nerve)
큰가슴근과 작은가슴근을 지배한다.
겨드랑신경(axillary nerve)
어깨세모근(삼각근)과 큰원근을 지배하고, 어깨의 옆부분 피부와 어깨관절에서 감각을 담당한다.
근육피부신경
(musculocutaneous nerve)
위팔에서 부리위팔근과 위팔두갈래근과 위팔근을 지배한다.
안쪽위팔피부신경(medial cutaneous nerve of arm)
위팔 중 아래 및 안쪽 부분 피부에 분포한다.(이 그림에선 잘려 있다.)
안쪽아래팔피부신경(medial cutaneous nerve of forearm)
아래팔 중 앞면 및 안쪽면 피부에 분포한다.(이 그림에선 잘려 있다.)

어깨와 위팔(상완) 신경계통

팔은 어깨에서부터 손까지로, 마지막 네 목신경과 첫 가슴신경에서 갈라져 나온 다섯 신경뿌리들이 분포한다. 이 신경뿌리들은 목에서 목갈비근들 사이로 출현해 복잡하게 얽혀 있는 팔신경얼기(완신경총)를 형성한다. 팔신경얼기는 빗장뼈 아래를 지나 겨드랑으로 들어간다. 겨드랑은 위팔과 가슴 사이의 공간이다. 팔신경얼기는 겨드랑에서 겨드랑동맥을 에워싸는 세 다발로 이루어져 있다. 팔신경얼기에서 시작하는 대표적인 다섯 신경은 근육피부신경, 정중신경, 자신경, 겨드랑신경, 노신경이다. 이 신경들은 팔에서 감각을 담당하고 팔근육을 지배한다. 근육피부신경은 위팔 중 앞부분에 있는 위팔두갈래근과 위팔근과 부리위팔근을 지배한다.

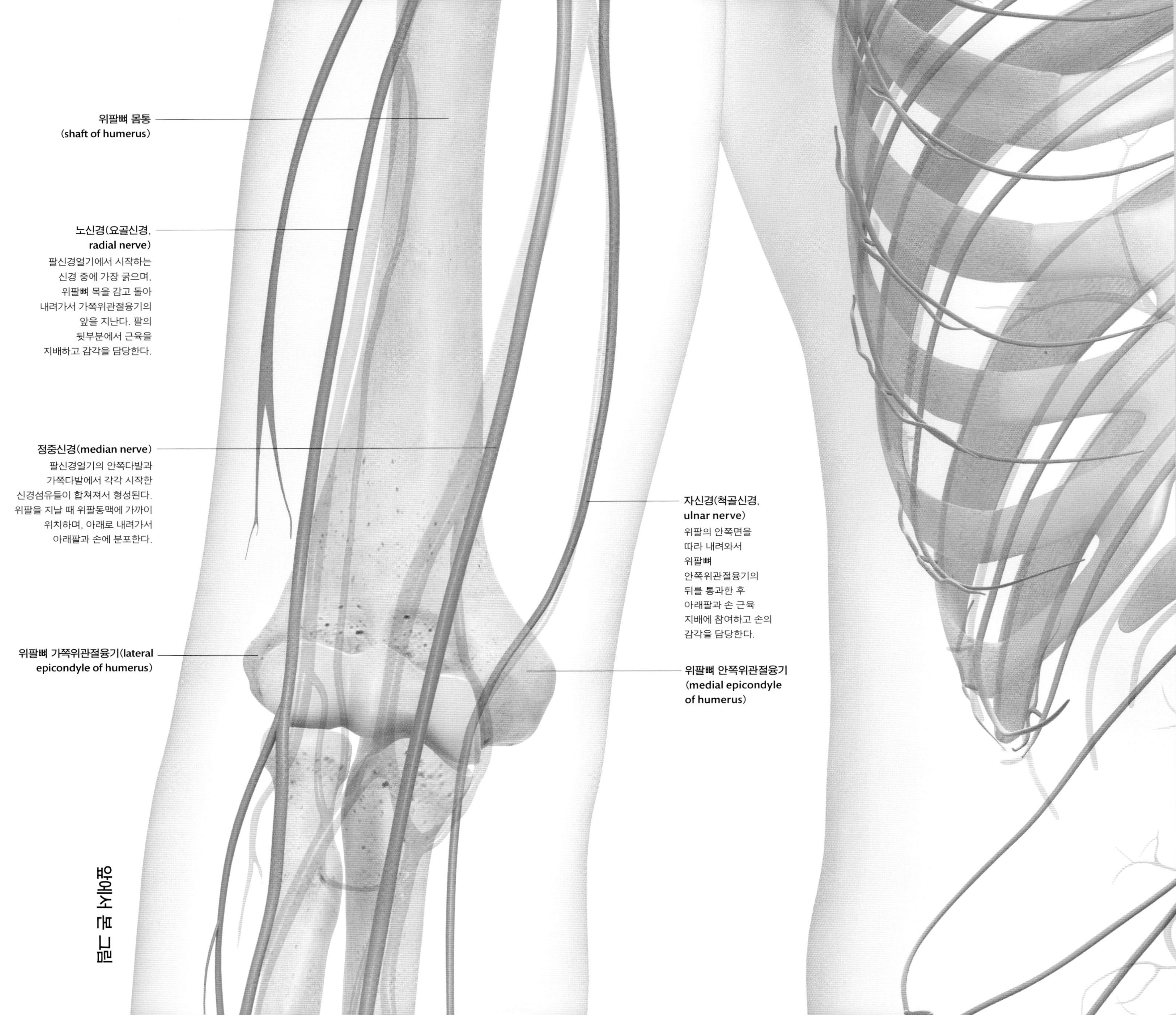

위팔뼈 몸통
(shaft of humerus)
노신경(요골신경,
radial nerve)
팔신경얼기에서 시작하는
신경 중에 가장 굵으며,
위팔뼈 목을 감고 돌아
내려가서 가쪽위관절융기의
앞을 지난다. 팔의
뒷부분에서 근육을
지배하고 감각을 담당한다.
정중신경(median nerve)
팔신경얼기의 안쪽다발과
가쪽다발에서 각각 시작한
신경섬유들이 합쳐져서 형성된다.
위팔을 지날 때 위팔동맥에 가까이
위치하며, 아래로 내려가서
아래팔과 손에 분포한다.
위팔뼈 가쪽위관절융기(lateral
epicondyle of humerus)
자신경(척골신경,
ulnar nerve)
위팔의 안쪽면을
따라 내려와서
위팔뼈
안쪽위관절융기의
뒤를 통과한 후
아래팔과 손 근육
지배에 참여하고 손의
감각을 담당한다.
위팔뼈 안쪽위관절융기
(medial epicondyle
of humerus)

앞에서 본 그림

어깨와 위팔(상완) 신경계통

겨드랑신경과 노신경은 팔신경얼기의 뒷부분에서 나와서 위팔뼈 뒤를 지난다. 겨드랑신경은 어깨관절 바로 밑에서 위팔뼈목을 감고 돌아 어깨세모근(삼각근)을 지배한다. 노신경은 팔신경얼기에서 시작한 신경 중에 가장 굵은 신경으로, 위팔과 아래팔의 모든 폄근육(신전근)을 지배한다. 노신경은 위팔뼈의 뒷부분에 근접해서 휘감은 뒤에 가지를 내어 위팔세갈래근을 지배한다. 노신경은 계속해서 앞으로 휘감고 돌아서 팔꿈치에 이르면 위팔뼈 가쪽위관절융기의 바로 앞을 지난다.

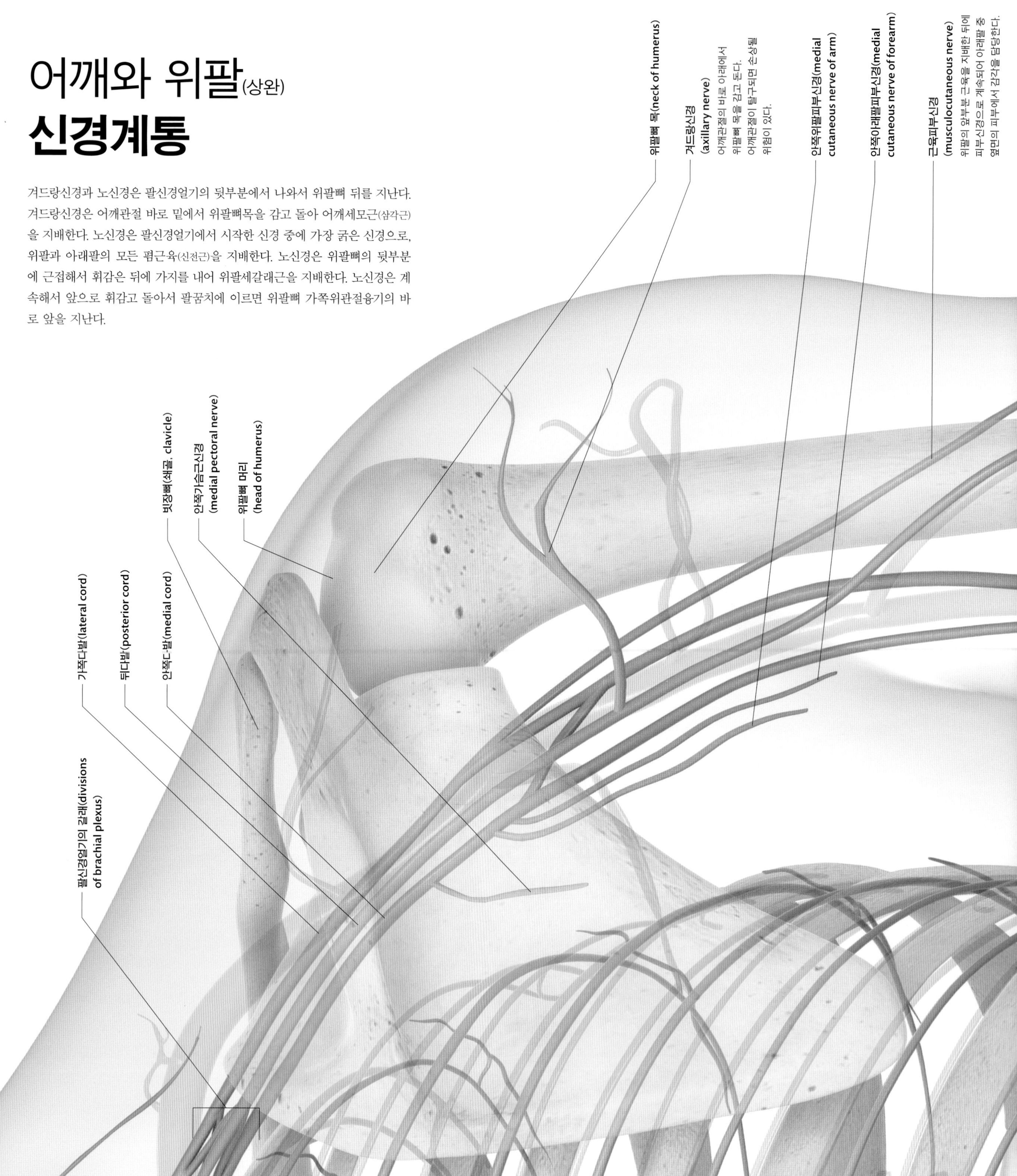
위팔뼈 목(neck of humerus)
겨드랑신경
(axillary nerve)
어깨관절의 바로 아래에서
위팔뼈 목을 감고 돈다.
어깨관절이 탈구되면 손상될
위험이 있다.
안쪽위팔피부신경(medial
cutaneous nerve of arm)
안쪽아래팔피부신경(medial
cutaneous nerve of forearm)
근육피부신경
(musculocutaneous nerve)
위팔의 앞부분 근육을 지배한 뒤에
피부신경으로 계속되어 아래팔 중
옆면의 피부에서 감각을 담당한다.
빗장뼈(쇄골, clavicle)
안쪽가슴근신경
(medial pectoral nerve)
위팔뼈 머리
(head of humerus)
가쪽다발(lateral cord)
뒤다발(posterior cord)
안쪽다발(medial cord)
팔신경얼기의 갈래(divisions
of brachial plexus)

뒤에서 본 그림

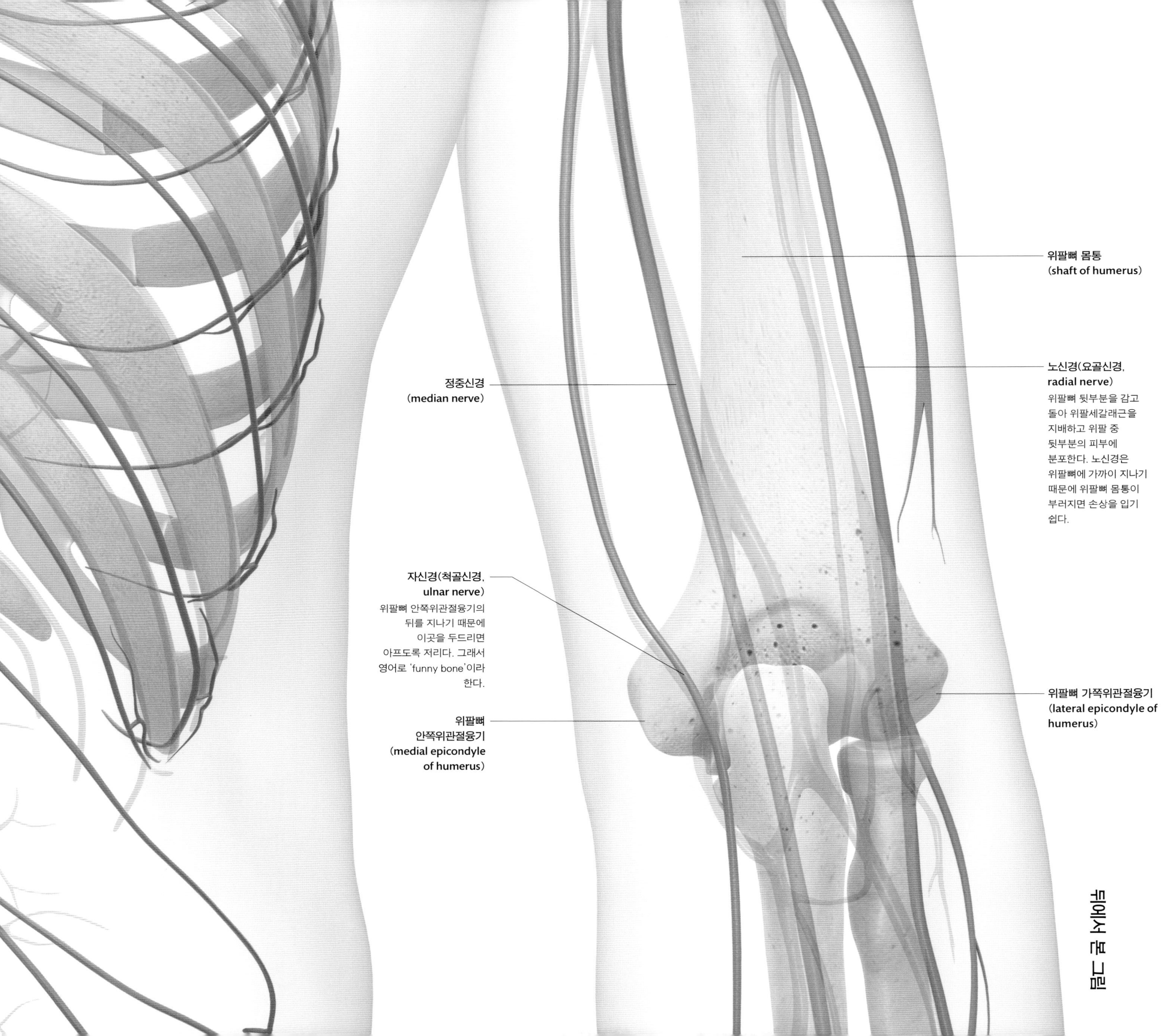
위팔뼈 몸통
(shaft of humerus)
노신경(요골신경,
radial nerve)
위팔뼈 뒷부분을 감고 돌아 위팔세갈래근을 지배하고 위팔 중 뒷부분의 피부에 분포한다. 노신경은 위팔뼈에 가까이 지나기 때문에 위팔뼈 몸통이 부러지면 손상을 입기 쉽다.
위팔뼈 가쪽위관절융기
(lateral epicondyle of humerus)
정중신경
(median nerve)
자신경(척골신경,
ulnar nerve)
위팔뼈 안쪽위관절융기의 뒤를 지나기 때문에 이곳을 두드리면 아프도록 저리다. 그래서 영어로 'funny bone'이라 한다.
위팔뼈
안쪽위관절융기
(medial epicondyle of humerus)

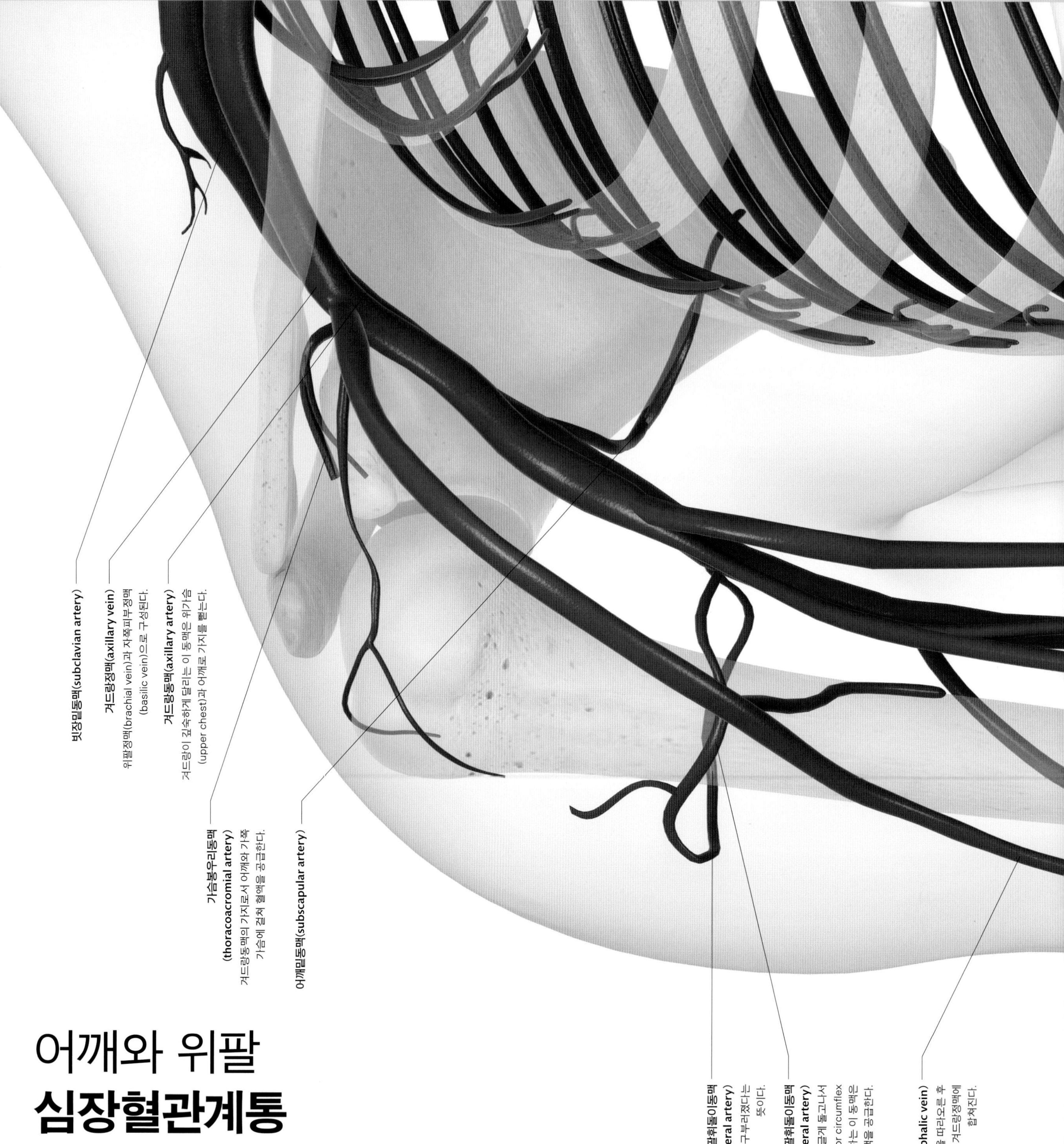

빗장밑동맥(subclavian artery)
겨드랑정맥(axillary vein)
위팔정맥(brachial vein)과 자쪽피부정맥 (basilic vein)으로 구성된다.
겨드랑동맥(axillary artery)
겨드랑이 깊숙하게 달리는 이 동맥은 위가슴 (upper chest)과 어깨로 가지를 뻗는다.
가슴봉우리동맥 (thoracoacromial artery)
겨드랑동맥의 가지로서 어깨와 가쪽 가슴에 걸쳐 혈액을 공급한다.
어깨밑동맥(subscapular artery)
뒤위팔휘돌이동맥 (posterior circumflex humeral artery)
Circumflex는 라틴 어로 둥글게 구부러졌다는 뜻이다.
앞위팔휘돌이동맥 (anterior circumflex humeral artery)
위팔뼈목 앞에서 둥글게 돌고나서 뒤위팔휘돌이동맥(posterior circumflex humeral artery)과 결합하는 이 동맥은 어깨관절과 어깨 근육에 혈액을 공급한다.
노쪽피부정맥(cephalic vein)
피부 바로 밑에서 위팔 바깥쪽을 따라오른 후 빗장뼈 밑으로 깊숙이 들어가 겨드랑정맥에 합쳐진다.

어깨와 위팔
심장혈관계통

빗장밑동맥(subclavian artery)은 팔(upper limb)에 혈액을 공급하는 주요 동맥으로서, 빗장뼈 밑을 지나 겨드랑(axilla)으로 들어가면서 겨드랑동맥(axillary artery)이 된다. 여기서 여러 가지로 갈라져 어깨뼈 앞뒤로 해서 어깨까지 가서는 위팔뼈 주위로 달린다. 겨드랑동맥은 겨드랑이를 벗어나면서 이름이 위팔동맥(brachial artery)으로 바뀐다. 위팔동맥은 팔 앞쪽 아래로 달리며 대개 정맥들과 쌍을 이룬다. 손등에서 혈액이 들어오는 두 얕은 정맥들은 깊은 정맥들로 혈액을 내보내면서 끝난다. 자쪽피부정맥(basilic vein)은 위팔정맥(brachial vein)으로 들어가고 노쪽피부정맥(cephalic vein)은 어깨까지 올라간 뒤 깊이 들어가서는 겨드랑정맥(axillary vein)에 합쳐진다.

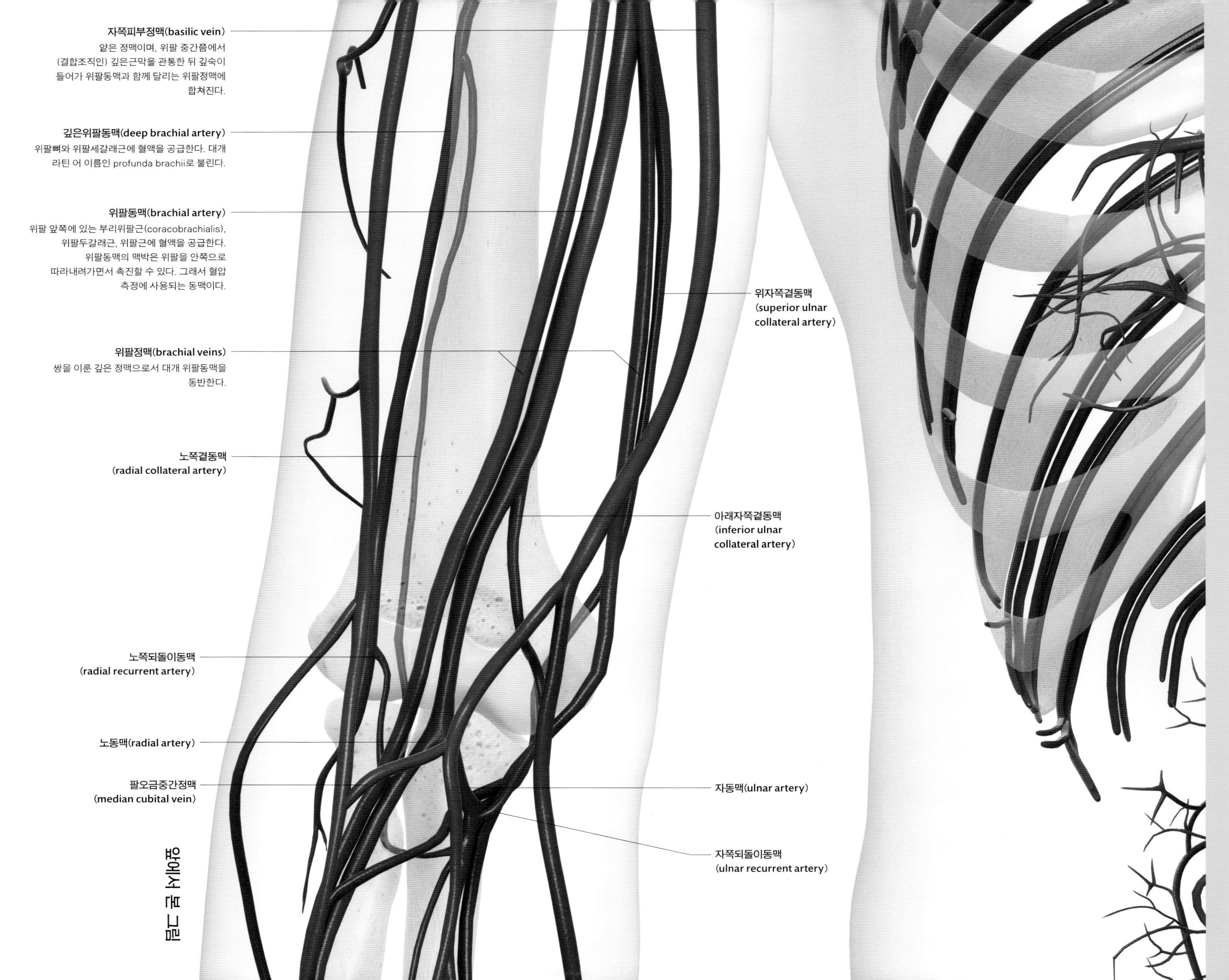

자쪽피부정맥(basilic vein)
얕은 정맥이며, 위팔 중간쯤에서 (결합조직인) 깊은근막을 관통한 뒤 깊숙이 들어가 위팔동맥과 함께 달리는 위팔정맥에 합쳐진다.
깊은위팔동맥(deep brachial artery)
위팔뼈와 위팔세갈래근에 혈액을 공급한다. 대개 라틴 어 이름인 profunda brachii로 불린다.
위팔동맥(brachial artery)
위팔 앞쪽에 있는 부리위팔근(coracobrachialis), 위팔두갈래근, 위팔근에 혈액을 공급한다. 위팔동맥의 맥박은 위팔을 안쪽으로 따라내려가면서 촉진할 수 있다. 그래서 혈압 측정에 사용되는 동맥이다.
위팔정맥(brachial veins)
쌍을 이룬 깊은 정맥으로서 대개 위팔동맥을 동반한다.
노쪽곁동맥 (radial collateral artery)
노쪽되돌이동맥 (radial recurrent artery)
노동맥(radial artery)
팔오금중간정맥 (median cubital vein)
위자쪽곁동맥 (superior ulnar collateral artery)
아래자쪽곁동맥 (inferior ulnar collateral artery)
자동맥(ulnar artery)
자쪽되돌이동맥 (ulnar recurrent artery)

앞에서 본 그림

어깨와 위팔
심장혈관계통

겨드랑동맥과 위팔동맥에서 갈라지는 여러 가지들은 어깨 뒷면과 위팔에 혈액을 공급한다. 겨드랑신경과 함께 달리는 뒤위팔휘돌이동맥(posterior circumflex humeral artery)은 위팔뼈 위쪽 끝 주변에서 둥글게 돈다. 깊은위팔동맥(deep brachial artery)은 노신경(radial nerve)과 함께 달리면서 위팔뼈 뒤쪽에서 나선형을 그린다. 이 동맥과 위팔동맥 자체에서 나온 곁동맥들은 팔 아래로 달리다가, 아래팔 노동맥과 자동맥에서 나와 거꾸로 달리는 되돌이동맥들과 연결된다.(문합) 어깨 주변에서는 빗장밑동맥과 겨드랑동맥의 가지들 간에 이루어지는 문합(anastomosis)도 있다. 서로 다른 부분에서 나온 가지들이 연결되는 덕분에, 주된 혈관이 짓눌리거나 막히더라도 혈액이 흐를 수 있는 대체 경로가 가능하다.

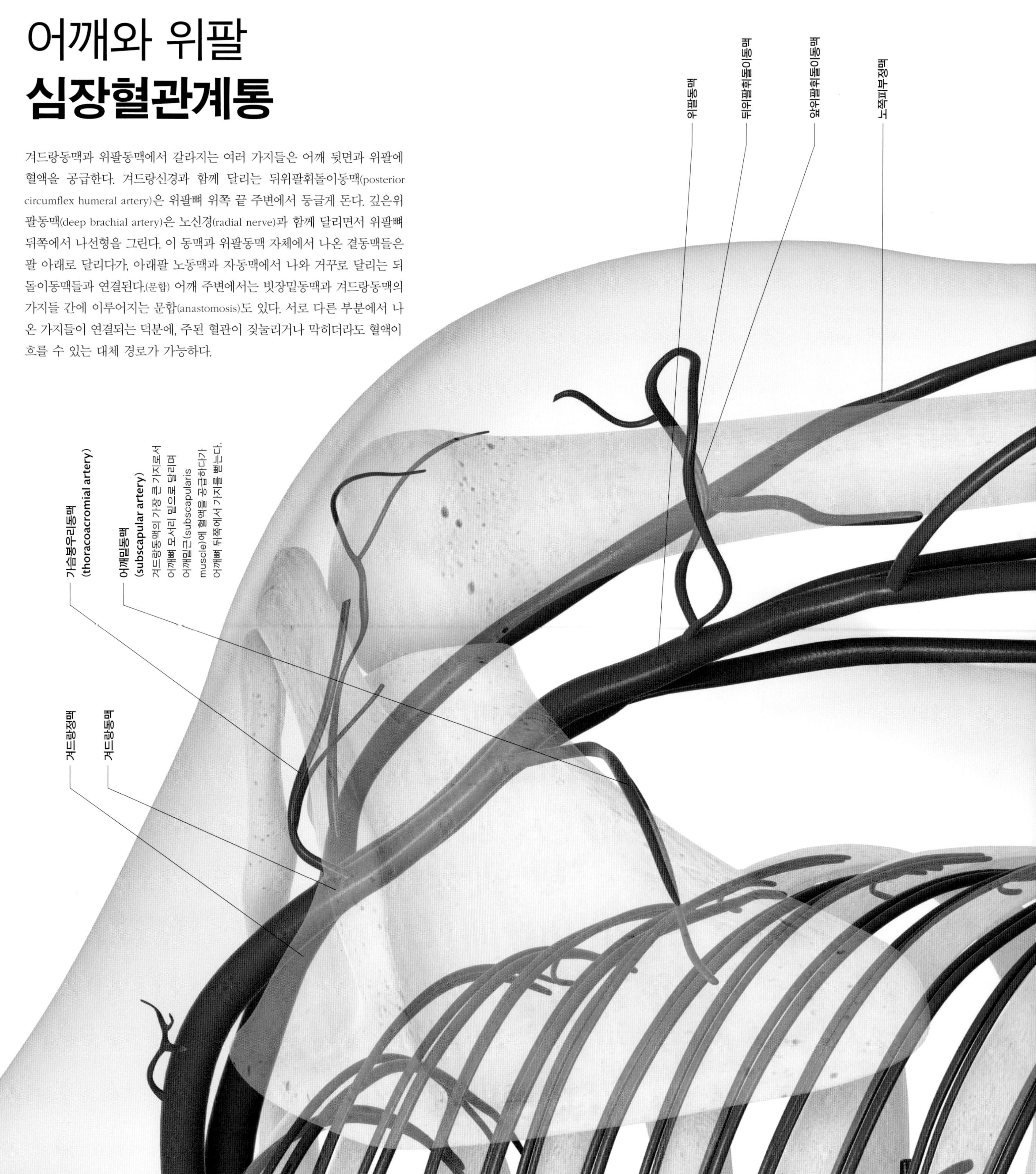

위팔동맥
뒤위팔휘돌이동맥
앞위팔휘돌이동맥
노쪽피부정맥
가슴봉우리동맥
(thoracoacromial artery)
어깨밑동맥
(subscapular artery)
겨드랑동맥의 가장 큰 가지로서 어깨뼈 모서리 밑으로 달리며 어깨밑근(subscapularis muscle)에 혈액을 공급하다가 어깨뼈 뒤쪽에서 가지를 뻗는다.
겨드랑정맥
겨드랑동맥

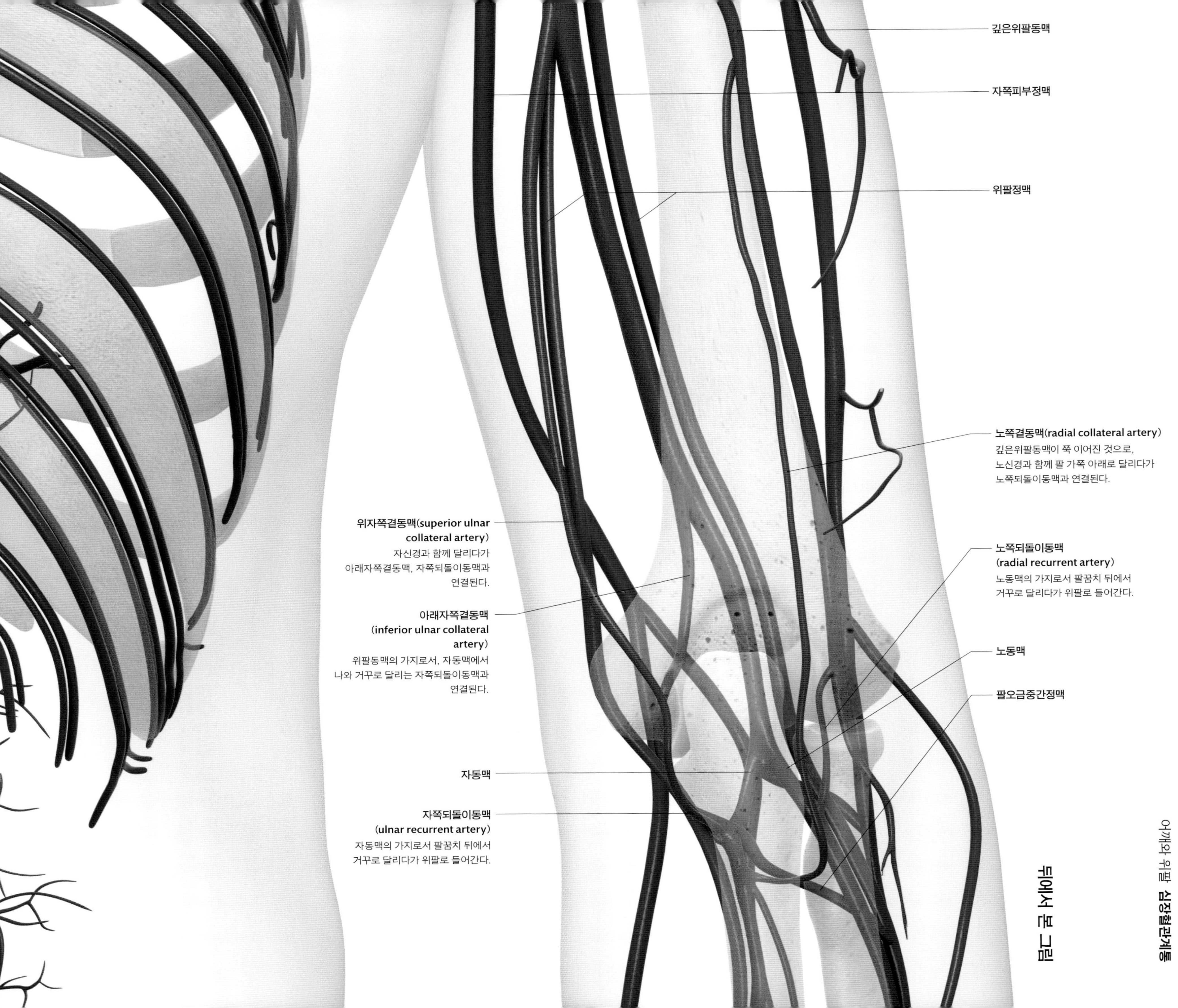
뒤에서 본 그림
깊은위팔동맥
자쪽피부정맥
위팔정맥
노쪽곁동맥(radial collateral artery)
깊은위팔동맥이 쭉 이어진 것으로, 노신경과 함께 팔 가쪽 아래로 달리다가 노쪽되돌이동맥과 연결된다.
노쪽되돌이동맥 (radial recurrent artery)
노동맥의 가지로서 팔꿈치 뒤에서 거꾸로 달리다가 위팔로 들어간다.
노동맥
팔오금중간정맥
위자쪽곁동맥(superior ulnar collateral artery)
자신경과 함께 달리다가 아래자쪽곁동맥, 자쪽되돌이동맥과 연결된다.
아래자쪽곁동맥 (inferior ulnar collateral artery)
위팔동맥의 가지로서, 자동맥에서 나와 거꾸로 달리는 자쪽되돌이동맥과 연결된다.
자동맥
자쪽되돌이동맥 (ulnar recurrent artery)
자동맥의 가지로서 팔꿈치 뒤에서 거꾸로 달리다가 위팔로 들어간다.

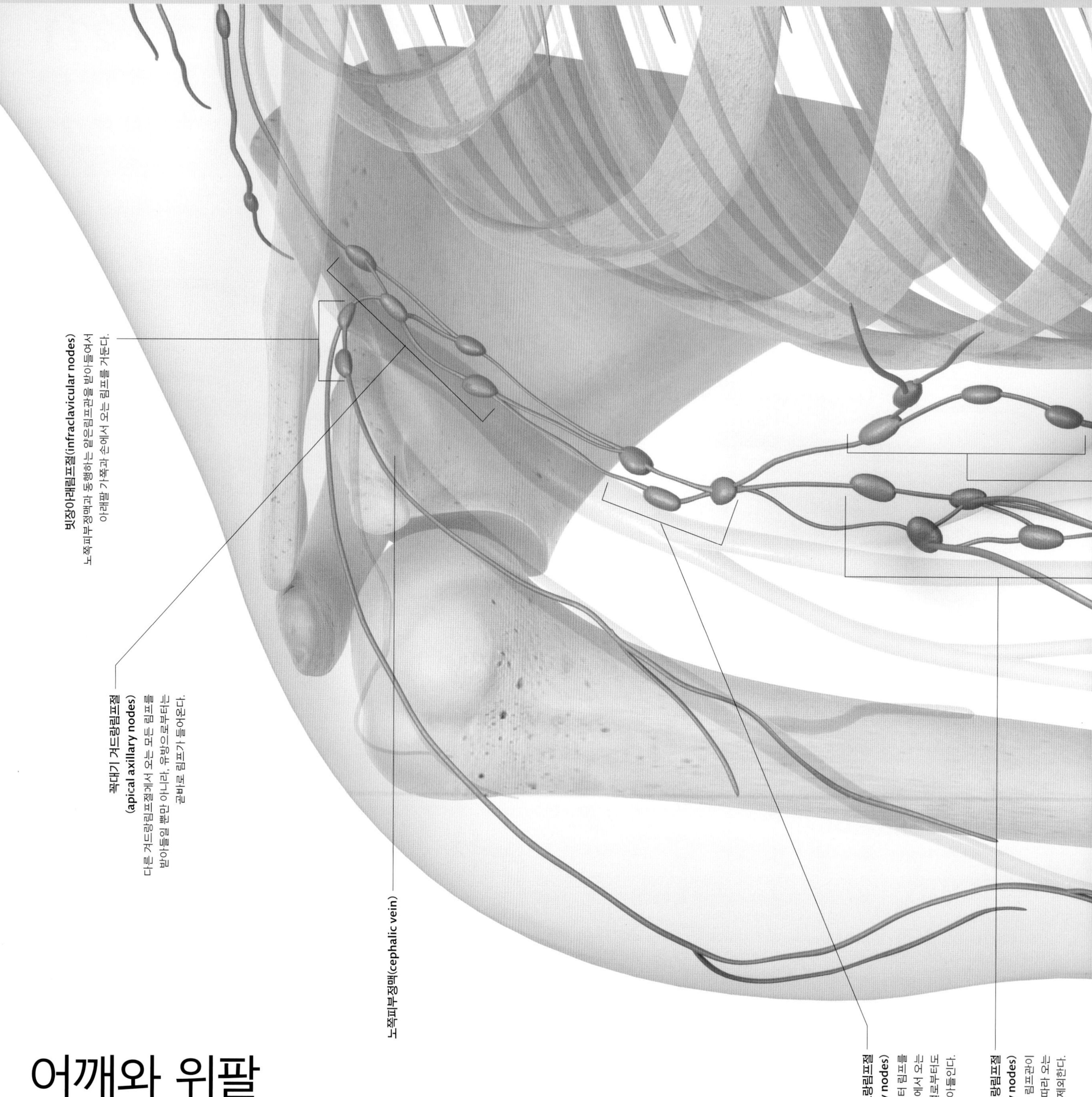
빗장아래림프절(infraclavicular nodes)
노쪽피부정맥과 동행하는 얕은림프관을 받아들여서
아래팔 가쪽과 손에서 오는 림프를 거둔다.
꼭대기 겨드랑림프절
(apical axillary nodes)
다른 겨드랑림프절에서 오는 모든 림프를
받아들일 뿐만 아니라, 유방으로부터는
곧바로 림프가 들어온다.
노쪽피부정맥(cephalic vein)
중심 겨드랑림프절
(central axillary nodes)
앞 및 가쪽 겨드랑림프절로부터 림프를
받아들인다. 또한 목과 몸통 뒤쪽에서 오는
림프가 모이는 뒤 겨드랑림프절로부터도
림프를 받아들인다.
가쪽 겨드랑림프절
(lateral axillary nodes)
팔에서 오는 대부분의 깊고 얕은 림프관이
합류한다. 단 노쪽피부정맥을 따라 오는
림프관은 제외한다.

어깨와 위팔
림프계통과 면역계통

손, 아래팔, 위팔에서 오는 모든 림프는 최종적으로 겨드랑이 안에 있는 겨드랑림프절(axillary nodes)로 들어간다. 그런데 위팔 아래쪽에도 림프절이 몇 개 있어서 림프가 겨드랑림프절로 가는 길에 이곳을 통과하기도 한다. 도르래위림프절(supratrochlear nodes)은 위팔 안쪽, 팔꿈치 위의 피부밑지방(subcutaneous fat) 속에 있다. 이 림프절은 손과 아래팔 안쪽에서 오는 림프를 모아들인다. 빗장뼈 아래로 노쪽피부정맥을 따라 위치하는 빗장아래림프절(infraclavicular nodes)은 엄지와, 아래팔 및 위팔 가쪽에서 오는 림프관을 받아들인다. 겨드랑림프절에는 위팔과 가슴벽에서 오는 림프가 모인다. 그래서 전이된 유방암 세포가 침투할 수 있다.

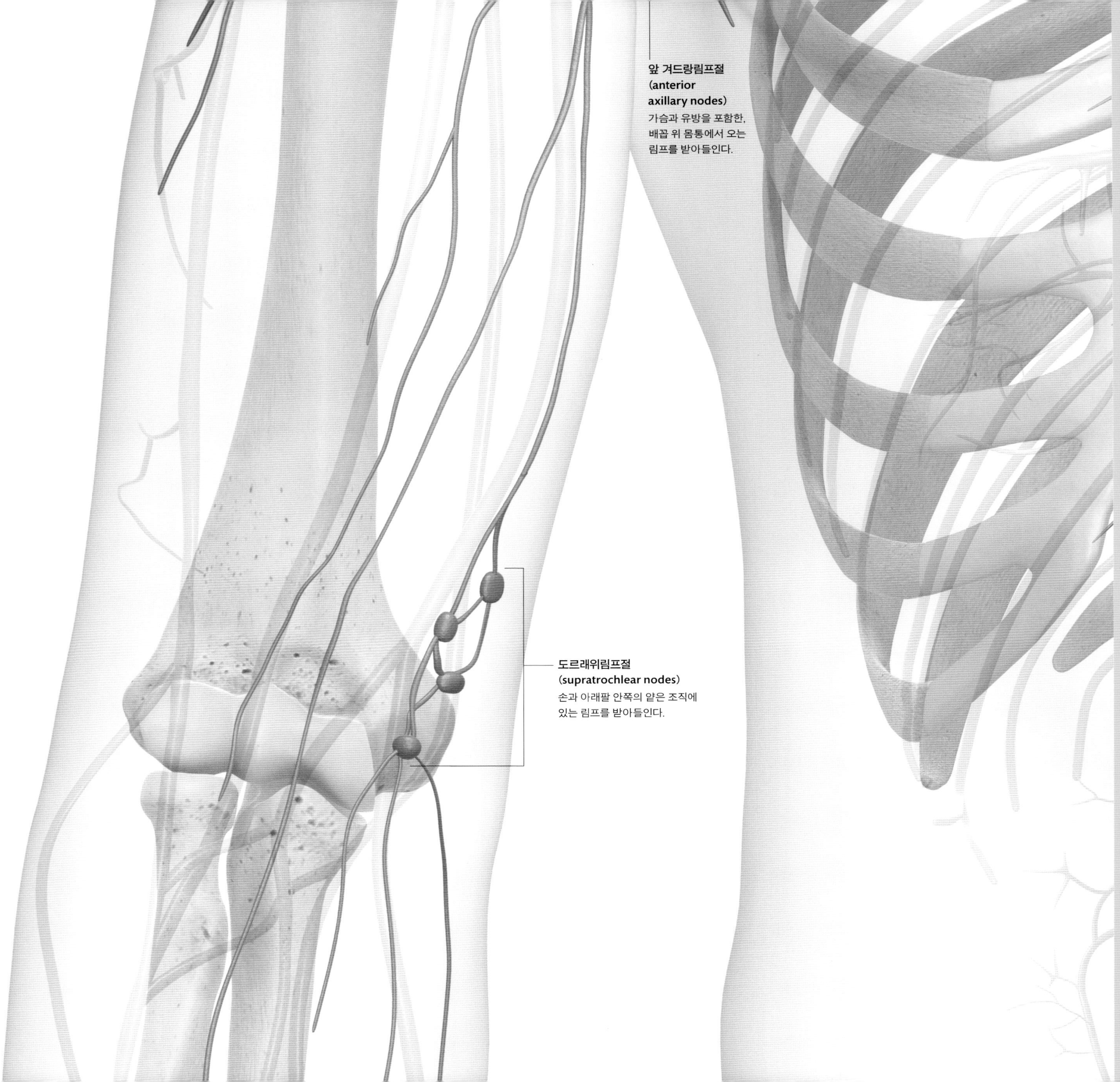
앞 겨드랑림프절 (anterior axillary nodes)
가슴과 유방을 포함한, 배꼽 위 몸통에서 오는 림프를 받아들인다.
도르래위림프절 (supratrochlear nodes)
손과 아래팔 안쪽의 얕은 조직에 있는 림프를 받아들인다.

앞에서 본 그림

어깨와 위팔
어깨

어깨관절(shoulder joint)은 움직임이 매우 자유로워서 팔을 넓은 각도로 움직일 수 있다. 이러한 움직임 능력은 고대 조상들로부터 물려받은 것인데, 나무 위에서 살던 유인원은 나무를 타고 이리저리 돌아다니자면 팔을 유연하게 놀릴 수 있어야 했다. 사실 현대의 인간들도 여전히 나무 따위를 잘 탈 수 있으며, 팔을 어깨 위로 올릴 수 있는 능력은 던지기나 수영을 하는 데 매우 유용하다. 하지만 이러한 움직임에는 대가가 따른다. 탈구(dislocation)가 흔하게 일어날 뿐만 아니라, 퇴행성 변화도 빈번하게 발생한다. 어깨 통증의 가장 흔한 원인은 돌림근띠(rotator cuff) 질환이며, 어깨관절 주위의 근육과 힘줄이 압박을 받거나, 해지거나, 찢어질 수 있다. 어깨뼈봉우리(acromion) 아래의 윤활주머니(bursa)에도 문제가 생길 수 있다.

('겨드랑이armpit'를 의미하는 라틴 어에서 유래한) 겨드랑(axilla)은 위팔뼈 윗부분과 가슴 옆쪽 가장자리 사이에 위치한 피라미드 모양의 공간이다. 여기에는 목에서 뻗어 나와 빗장뼈(clavicle) 아래를 지나 팔로 내려가는 중요한 신경과 동맥이 있다.

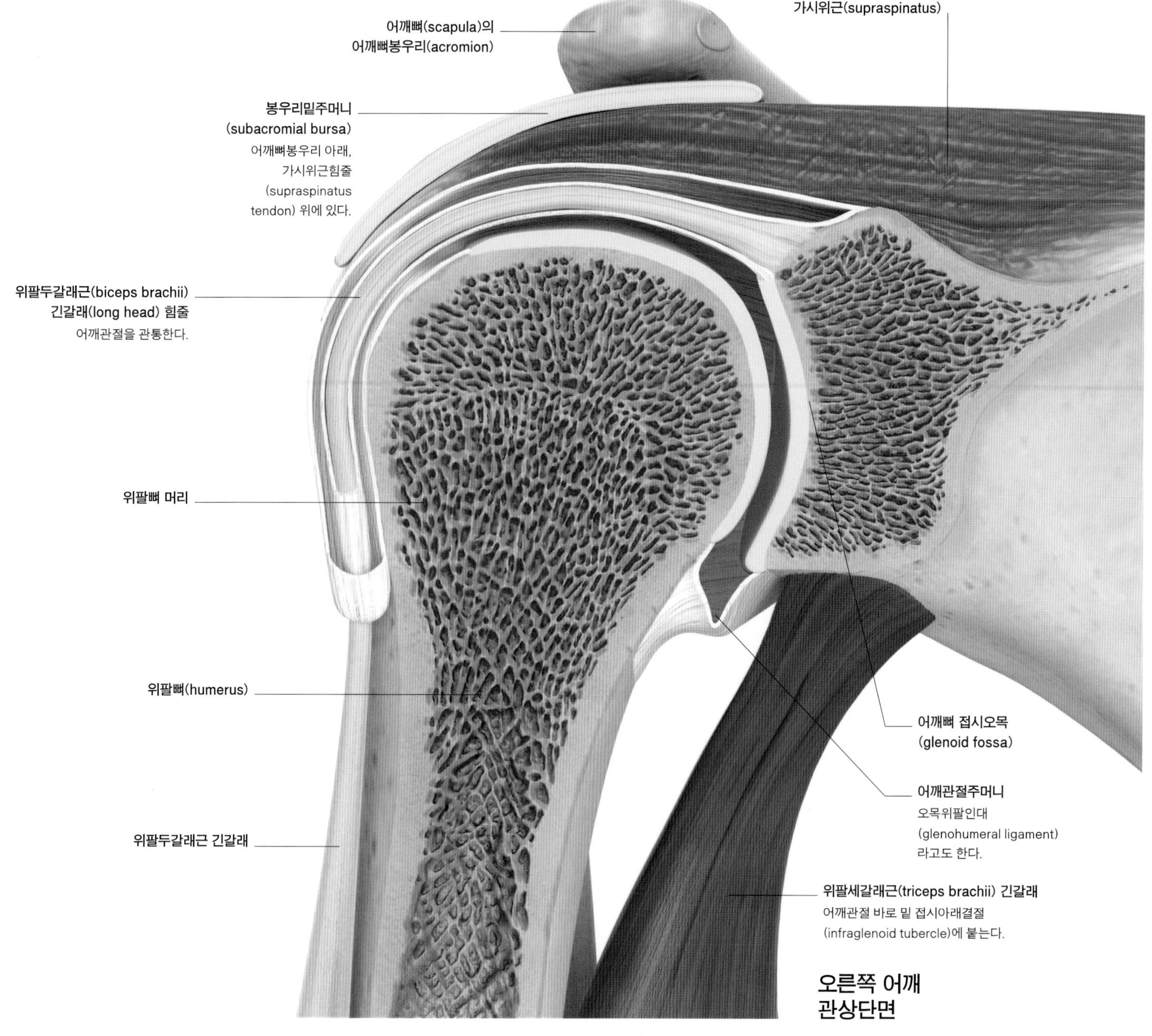
어깨뼈(scapula)의
어깨뼈봉우리(acromion)
가시위근(supraspinatus)
봉우리밑주머니
(subacromial bursa)
어깨뼈봉우리 아래,
가시위근힘줄
(supraspinatus
tendon) 위에 있다.
위팔두갈래근(biceps brachii)
긴갈래(long head) 힘줄
어깨관절을 관통한다.
위팔뼈 머리
위팔뼈(humerus)
위팔두갈래근 긴갈래
어깨뼈 접시오목
(glenoid fossa)
어깨관절주머니
오목위팔인대
(glenohumeral ligament)
라고도 한다.
위팔세갈래근(triceps brachii) 긴갈래
어깨관절 바로 밑 접시아래결절
(infraglenoid tubercle)에 붙는다.

오른쪽 어깨
관상단면

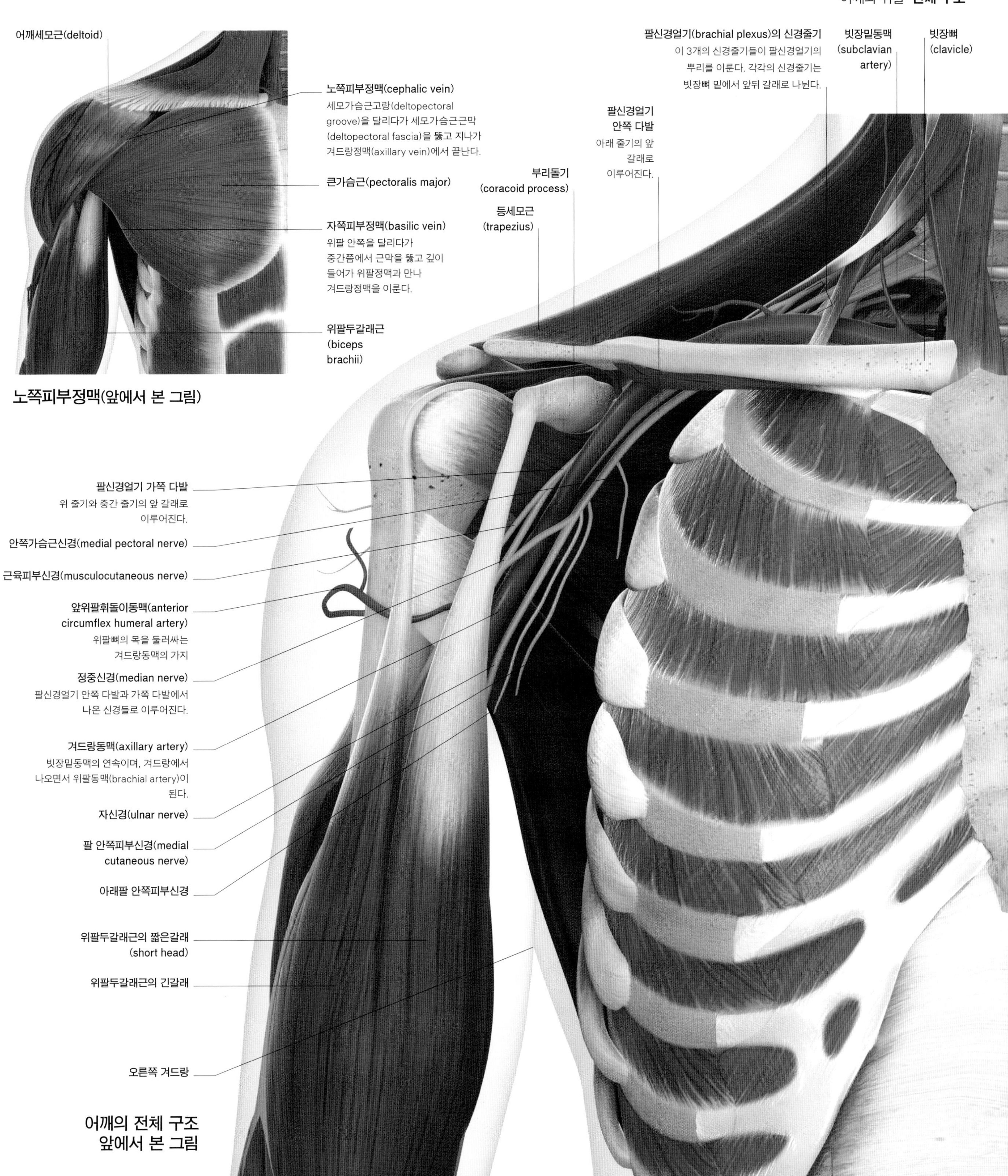
어깨세모근(deltoid)
노쪽피부정맥(cephalic vein)
세모가슴근고랑(deltopectoral groove)을 달리다가 세모가슴근근막(deltopectoral fascia)을 뚫고 지나가 겨드랑정맥(axillary vein)에서 끝난다.
큰가슴근(pectoralis major)
자쪽피부정맥(basilic vein)
위팔 안쪽을 달리다가 중간쯤에서 근막을 뚫고 깊이 들어가 위팔정맥과 만나 겨드랑정맥을 이룬다.
위팔두갈래근(biceps brachii)
노쪽피부정맥(앞에서 본 그림)
팔신경얼기(brachial plexus)의 신경줄기
이 3개의 신경줄기들이 팔신경얼기의 뿌리를 이룬다. 각각의 신경줄기는 빗장뼈 밑에서 앞뒤 갈래로 나뉜다.
빗장밑동맥(subclavian artery)
빗장뼈(clavicle)
팔신경얼기 안쪽 다발
아래 줄기의 앞 갈래로 이루어진다.
부리돌기(coracoid process)
등세모근(trapezius)
팔신경얼기 가쪽 다발
위 줄기와 중간 줄기의 앞 갈래로 이루어진다.
안쪽가슴근신경(medial pectoral nerve)
근육피부신경(musculocutaneous nerve)
앞위팔휘돌이동맥(anterior circumflex humeral artery)
위팔뼈의 목을 둘러싸는 겨드랑동맥의 가지
정중신경(median nerve)
팔신경얼기 안쪽 다발과 가쪽 다발에서 나온 신경들로 이루어진다.
겨드랑동맥(axillary artery)
빗장밑동맥의 연속이며, 겨드랑에서 나오면서 위팔동맥(brachial artery)이 된다.
자신경(ulnar nerve)
팔 안쪽피부신경(medial cutaneous nerve)
아래팔 안쪽피부신경
위팔두갈래근의 짧은갈래(short head)
위팔두갈래근의 긴갈래
오른쪽 겨드랑

어깨의 전체 구조
앞에서 본 그림

어깨와 위팔
팔꿉

팔꿉 부위의 해부학적 구조는 임상에서 매우 중요하다. 여기에는 압박을 받아 아래팔과 손에 문제를 일으킬 수 있는 중요한 신경들이 있다. 자신경(ulnar nerve)은 팔꿉굴(cubital tunnel) 안에서 압박을 받을 수 있다. 팔꿉굴은 위팔뼈의 위관절융기(epicondyle) 뒤에 위치하며, 여기서 자신경은 자쪽손목굽힘근(flexor carpi ulnaris)의 위팔갈래와 자갈래 사이를 지난다. 드물게, 정중신경이 팔꿉 앞쪽에서 압박을 받을 수도 있다. 여기서 정중신경은 원엎침근(pronator teres muscle)의 두 갈래 사이를 지난다.

팔오금(cubital fossa)이라는 부위에 위치한 팔꿉 앞쪽 얕은 정맥들은 정맥천자(venipuncture), 즉 채혈에 흔히 이용된다. 팔꿉에서 위팔두갈래근 힘줄 방향으로 안쪽에 위치한 위팔동맥(brachial artery)은 맥박이 감지되므로 혈압 측정에 이용된다.

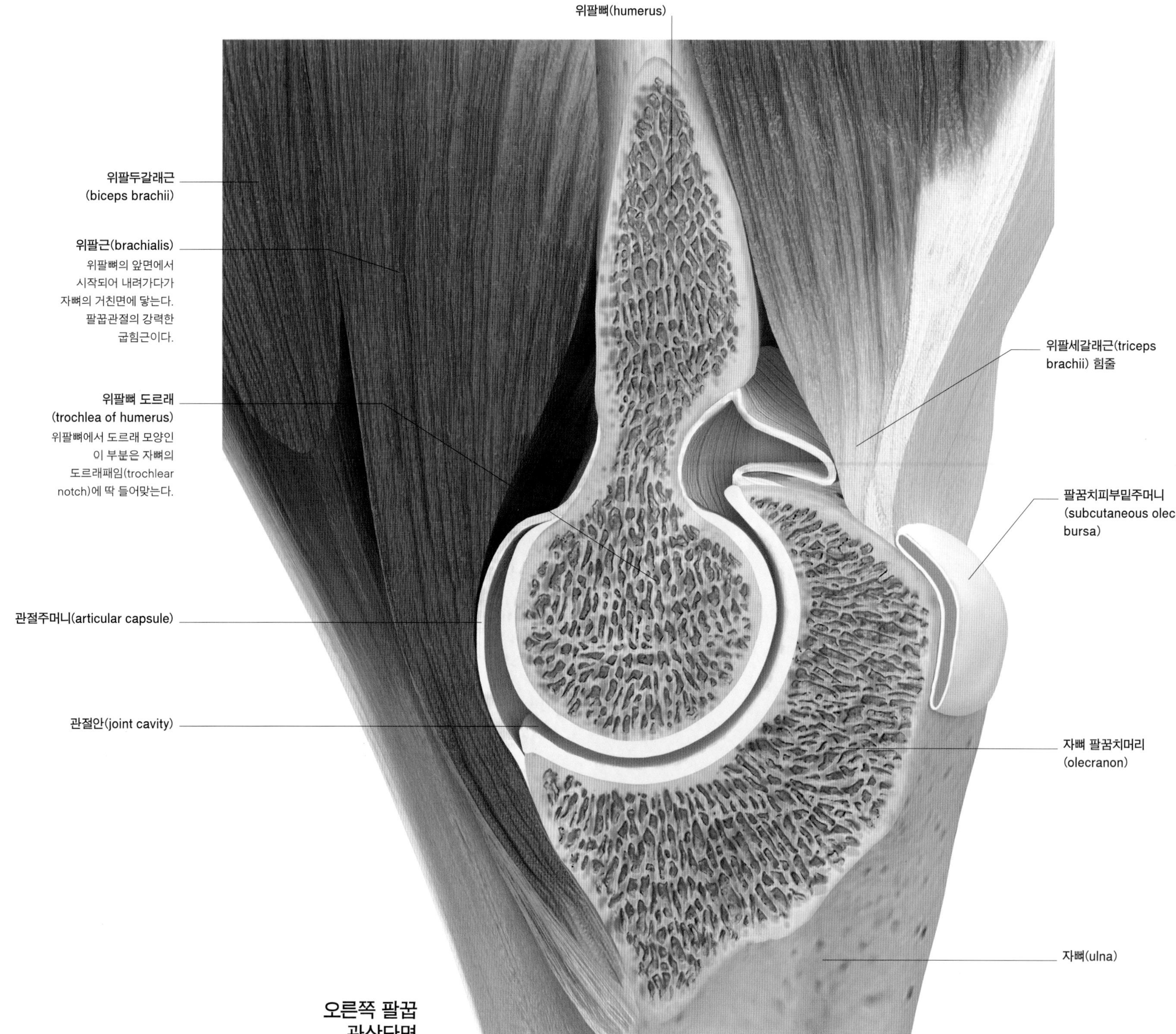
위팔뼈(humerus)
위팔두갈래근
(biceps brachii)
위팔근(brachialis)
위팔뼈의 앞면에서
시작되어 내려가다가
자뼈의 거친면에 닿는다.
팔꿉관절의 강력한
굽힘근이다.
위팔뼈 도르래
(trochlea of humerus)
위팔뼈에서 도르래 모양인
이 부분은 자뼈의
도르래패임(trochlear
notch)에 딱 들어맞는다.
관절주머니(articular capsule)
관절안(joint cavity)
위팔세갈래근(triceps
brachii) 힘줄
팔꿈치피부밑주머니
(subcutaneous olecr
bursa)
자뼈 팔꿈치머리
(olecranon)
자뼈(ulna)

오른쪽 팔꿉
관상단면

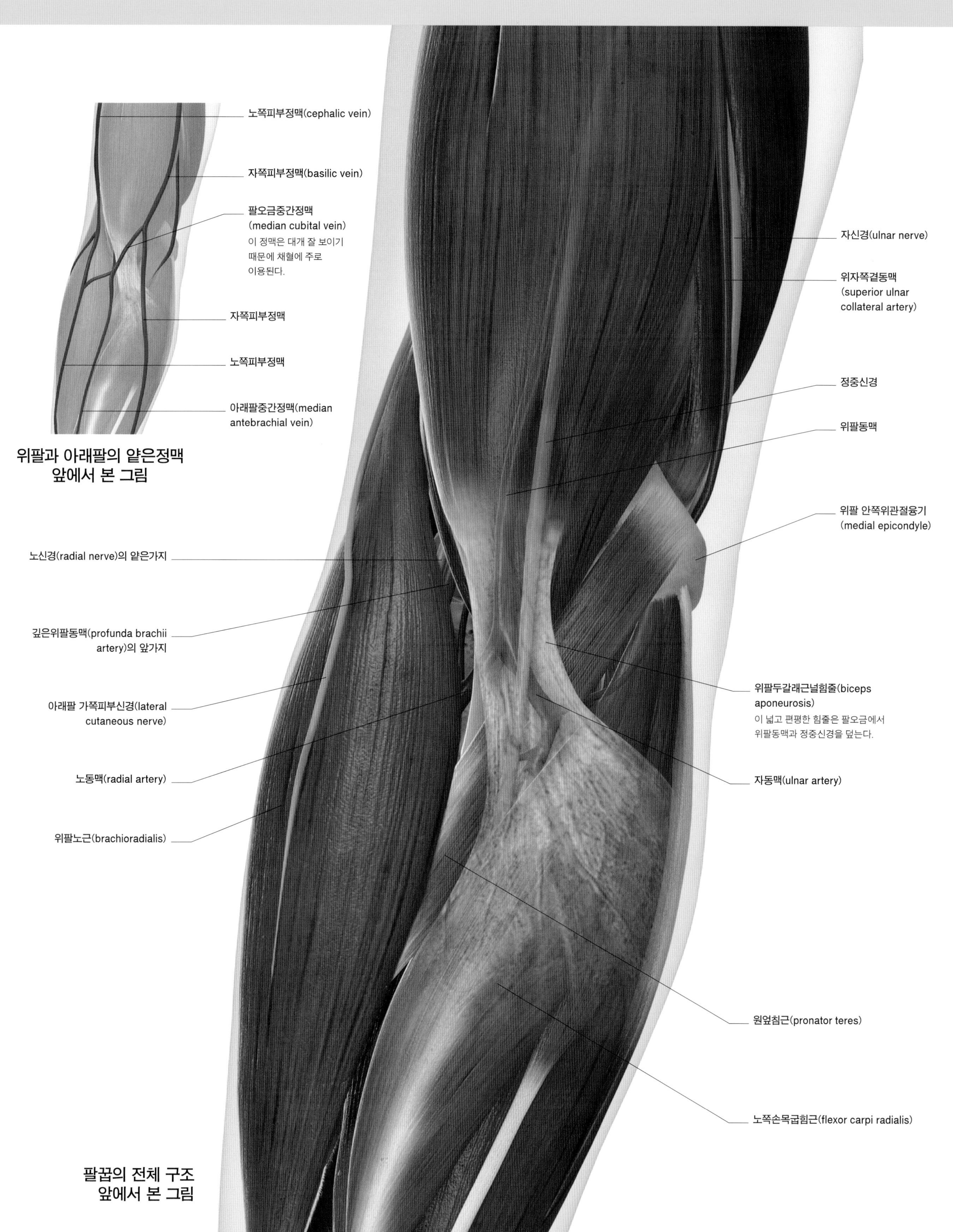

노쪽피부정맥(cephalic vein)
자쪽피부정맥(basilic vein)
팔오금중간정맥
(median cubital vein)
이 정맥은 대개 잘 보이기
때문에 채혈에 주로
이용된다.
자쪽피부정맥
노쪽피부정맥
아래팔중간정맥(median
antebrachial vein)
자신경(ulnar nerve)
위자쪽곁동맥
(superior ulnar
collateral artery)
정중신경
위팔동맥
위팔 안쪽위관절융기
(medial epicondyle)
노신경(radial nerve)의 얕은가지
깊은위팔동맥(profunda brachii
artery)의 앞가지
아래팔 가쪽피부신경(lateral
cutaneous nerve)
노동맥(radial artery)
위팔노근(brachioradialis)
위팔두갈래근널힘줄(biceps
aponeurosis)
이 넓고 편평한 힘줄은 팔오금에서
위팔동맥과 정중신경을 덮는다.
자동맥(ulnar artery)
원엎침근(pronator teres)
노쪽손목굽힘근(flexor carpi radialis)

위팔과 아래팔의 얕은정맥
앞에서 본 그림

팔꿉의 전체 구조
앞에서 본 그림

아래팔과 손 **뼈대계통**

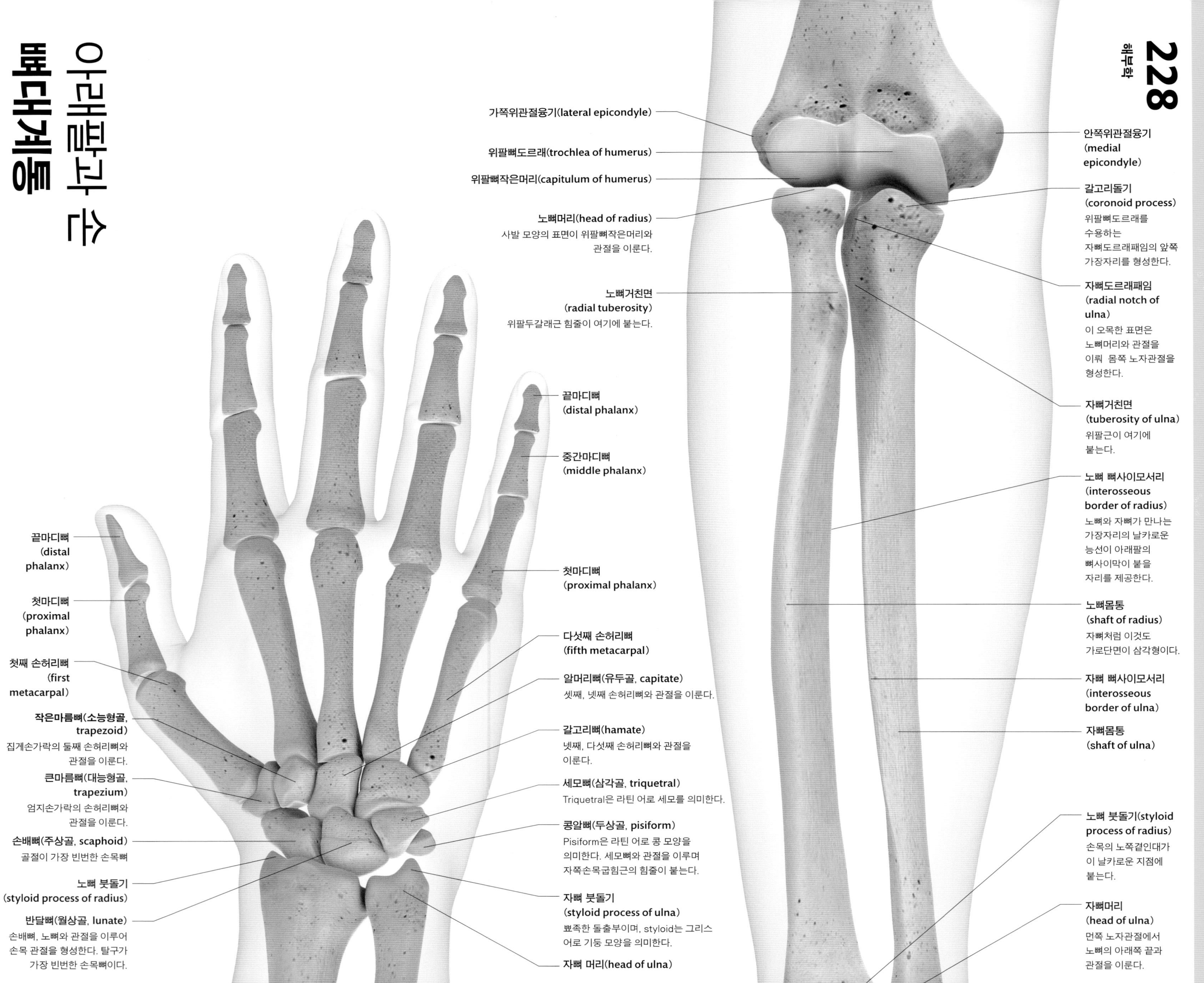
가쪽위관절융기(lateral epicondyle)
위팔뼈도르래(trochlea of humerus)
위팔뼈작은머리(capitulum of humerus)
노뼈머리(head of radius)
사발 모양의 표면이 위팔뼈작은머리와
관절을 이룬다.
노뼈거친면
(radial tuberosity)
위팔두갈래근 힘줄이 여기에 붙는다.
안쪽위관절융기
(medial
epicondyle)
갈고리돌기
(coronoid process)
위팔뼈도르래를
수용하는
자뼈도르래패임의 앞쪽
가장자리를 형성한다.
자뼈도르래패임
(radial notch of
ulna)
이 오목한 표면은
노뼈머리와 관절을
이뤄 몸쪽 노자관절을
형성한다.
자뼈거친면
(tuberosity of ulna)
위팔근이 여기에
붙는다.
노뼈 뼈사이모서리
(interosseous
border of radius)
노뼈와 자뼈가 만나는
가장자리의 날카로운
능선이 아래팔의
뼈사이막이 붙을
자리를 제공한다.
노뼈몸통
(shaft of radius)
자뼈처럼 이것도
가로단면이 삼각형이다.
자뼈 뼈사이모서리
(interosseous
border of ulna)
자뼈몸통
(shaft of ulna)
노뼈 붓돌기(styloid
process of radius)
손목의 노쪽곁인대가
이 날카로운 지점에
붙는다.
자뼈머리
(head of ulna)
먼쪽 노자관절에서
노뼈의 아래쪽 끝과
관절을 이룬다.
끝마디뼈
(distal phalanx)
중간마디뼈
(middle phalanx)
첫마디뼈
(proximal phalanx)
다섯째 손허리뼈
(fifth metacarpal)
알머리뼈(유두골, capitate)
셋째, 넷째 손허리뼈와 관절을 이룬다.
갈고리뼈(hamate)
넷째, 다섯째 손허리뼈와 관절을
이룬다.
세모뼈(삼각골, triquetral)
Triquetral은 라틴 어로 세모를 의미한다.
콩알뼈(두상골, pisiform)
Pisiform은 라틴 어로 콩 모양을
의미한다. 세모뼈와 관절을 이루며
자쪽손목굽힘근의 힘줄이 붙는다.
자뼈 붓돌기
(styloid process of ulna)
뾰족한 돌출부이며, styloid는 그리스
어로 기둥 모양을 의미한다.
자뼈 머리(head of ulna)
끝마디뼈
(distal
phalanx)
첫마디뼈
(proximal
phalanx)
첫째 손허리뼈
(first
metacarpal)
작은마름뼈(소능형골,
trapezoid)
집게손가락의 둘째 손허리뼈와
관절을 이룬다.
큰마름뼈(대능형골,
trapezium)
엄지손가락의 손허리뼈와
관절을 이룬다.
손배뼈(주상골, scaphoid)
골절이 가장 빈번한 손목뼈
노뼈 붓돌기
(styloid process of radius)
반달뼈(월상골, lunate)
손배뼈, 노뼈와 관절을 이루어
손목 관절을 형성한다. 탈구가
가장 빈번한 손목뼈이다.

두 아래팔뼈인 노뼈와 자뼈는 뼈사이막(interosseous membrane)이라는 편평한 인대와, 두 뼈 끝 사이의 윤활관절(synovial joint)로 결합돼 있다. 이 노자관절(radioulnar joint) 덕분에 노뼈는 자뼈 주위로 움직일 수 있다. 손바닥이 위를 향하게 손을 뻗어 보라. 그러고 나서 손바닥이 아래로 향하게 손을 돌려 보라. 이 움직임을 엎침(pronation, 회내)이라고 하며, 이때 노뼈는 자뼈를 중심으로 돌아서 넘어간다. 손을 돌려 손바닥이 다시 위를 향하게 하는 움직임은 뒤침(회외, supination)이라고 한다. 아래팔뼈는 인대, 관절, 근육으로 서로 결합돼 있어서 심각한 팔 손상을 입을 경우 두 아래팔뼈 모두 손상된다. 대개 한 뼈는 골절되고 다른 한 뼈는 탈구된다. 손의 뼈대는 8개의 손목뼈, 5개의 손허리뼈(metacarpal), 14개의 손가락뼈(phalanges)로 구성된다.

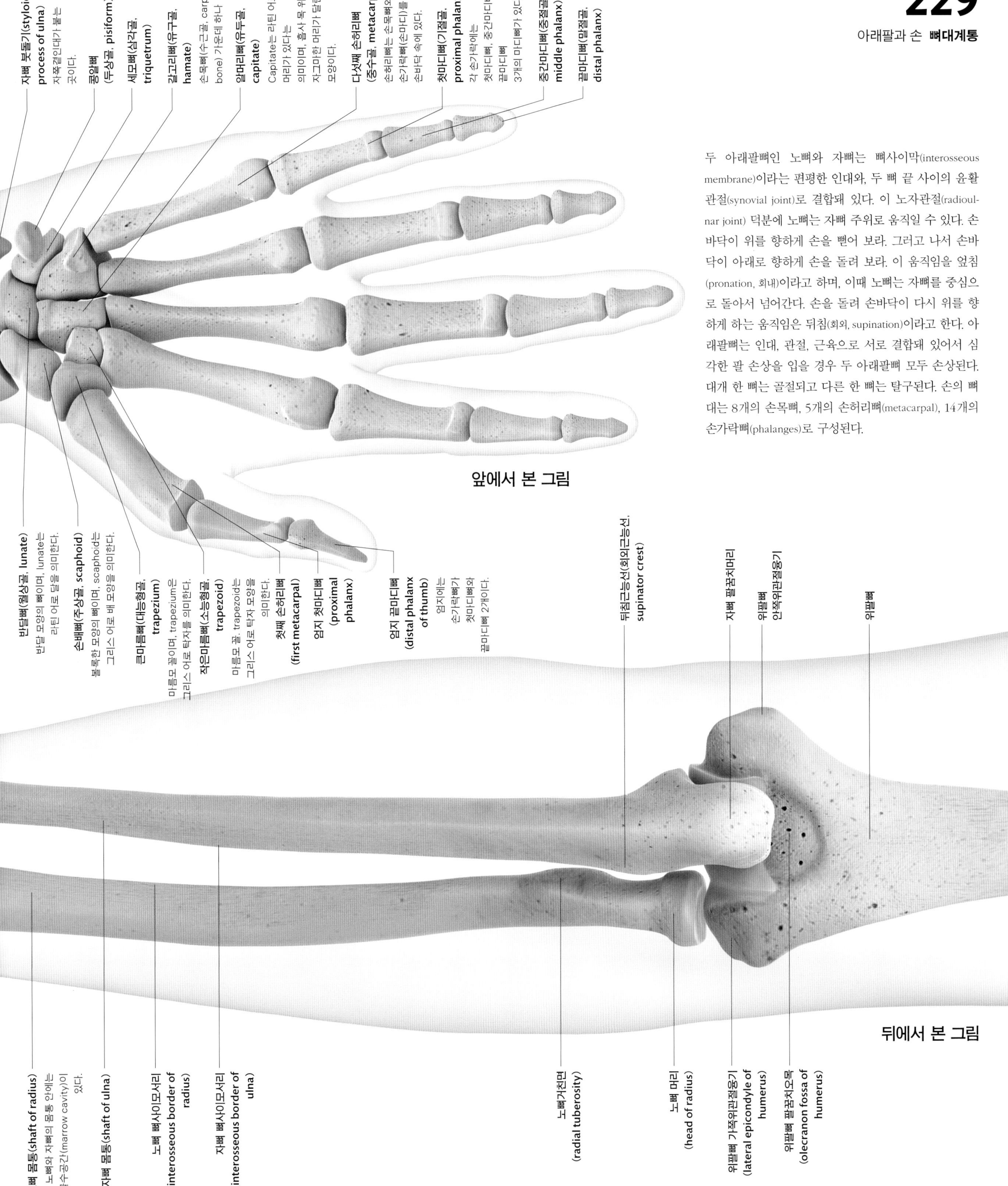
자뼈 붓돌기(styloid process of ulna)
자쪽곁인대가 붙는 곳이다.
콩알뼈 (두상골, pisiform)
세모뼈(삼각골, triquetrum)
갈고리뼈(유구골, hamate)
손목뼈(수근골, carpal bone) 가운데 하나
알머리뼈(유두골, capitate)
Capitate는 라틴 어로 머리가 있다는 의미이며, 흡사 목 위에 자그마한 머리가 달린 모양이다.
다섯째 손허리뼈 (중수골, metacarpal)
손허리뼈는 손목뼈와 손가락뼈(손마디)를 잇는 손바닥 속에 있다.
첫마디뼈(기절골, proximal phalanx)
각 손가락에는 첫마디뼈, 중간마디뼈, 끝마디뼈 3개의 마디뼈가 있다.
중간마디뼈(중절골, middle phalanx)
끝마디뼈(말절골, distal phalanx)
반달뼈(월상골, lunate)
반달 모양의 뼈이며, lunate는 라틴 어로 달을 의미한다.
손배뼈(주상골, scaphoid)
불룩한 모양의 뼈이며, scaphoid는 그리스 어로 배 모양을 의미한다.
큰마름뼈(대능형골, trapezium)
마름모 꼴이며, trapezium은 그리스 어로 탁자를 의미한다.
작은마름뼈(소능형골, trapezoid)
마름모 꼴. trapezoid는 그리스 어로 탁자 모양을 의미한다.
첫째 손허리뼈 (first metacarpal)
엄지 첫마디뼈 (proximal phalanx)
엄지 끝마디뼈 (distal phalanx of thumb)
엄지에는 손가락뼈가 첫마디뼈와 끝마디뼈 2개이다.
앞에서 본 그림
뒤침근능선(회외근능선, supinator crest)
자뼈 팔꿈치머리
위팔뼈 안쪽위관절융기
위팔뼈
노뼈 몸통(shaft of radius)
노뼈와 자뼈의 몸통 안에는 골수공간(marrow cavity)이 있다.
자뼈 몸통(shaft of ulna)
노뼈 뼈사이모서리 (interosseous border of radius)
자뼈 뼈사이모서리 (interosseous border of ulna)
노뼈거친면 (radial tuberosity)
노뼈 머리 (head of radius)
위팔뼈 가쪽위관절융기 (lateral epicondyle of humerus)
위팔뼈 팔꿈치오목 (olecranon fossa of humerus)
뒤에서 본 그림

아래팔과 손 **뼈대계통**

손관절과 손목관절

노뼈는 (아래쪽) 끝이 넓어서 가까이 있는 두 손목뼈(반달뼈, 손배뼈)와 손목관절을 이룬다. 이 관절은 굽힘(flexion), 폄(extension), 모음(adduction, 내전), 벌림(abduction, 외전)이 가능하다.(34쪽) 손목뼈 사이에는 윤활관절(49쪽)도 있어서 손목을 굽히거나 펼 때 운동 범위를 늘릴 수 있다. 손허리뼈와 손가락마디뼈 사이에는 윤활관절이 있어서 손가락 전체를 펴거나 굽힐 수 있을 뿐만 아니라 손가락 사이를 벌리거나 모을 수도 있다. 각 손가락마디뼈 사이에도 관절이 있어서 손가락을 굽히거나 펼 수 있다.

다른 많은 영장류와 마찬가지로 인간도 엄지손가락이 다른 손가락들과 맞닿을 수 있다. 엄지손가락 기저부의 관절은 다른 손가락들과 모양이 다르다. 엄지손가락 손허리뼈와 손목뼈 사이의 관절은 특히 운동성이 뛰어나 엄지손가락이 손바닥을 넘나들 수 있다. 그래서 엄지손가락 끝이 다른 손가락 끝과 맞닿을 수 있다.

관절주머니
(joint capsule)
손허리손가락관절
(metacarpophalangeal joint)
몸쪽 손가락뼈사이관절
(proximal interphalangeal joint)
먼쪽 손가락뼈사이관절
(distal interphalangeal joint)

손가락의 시상단면

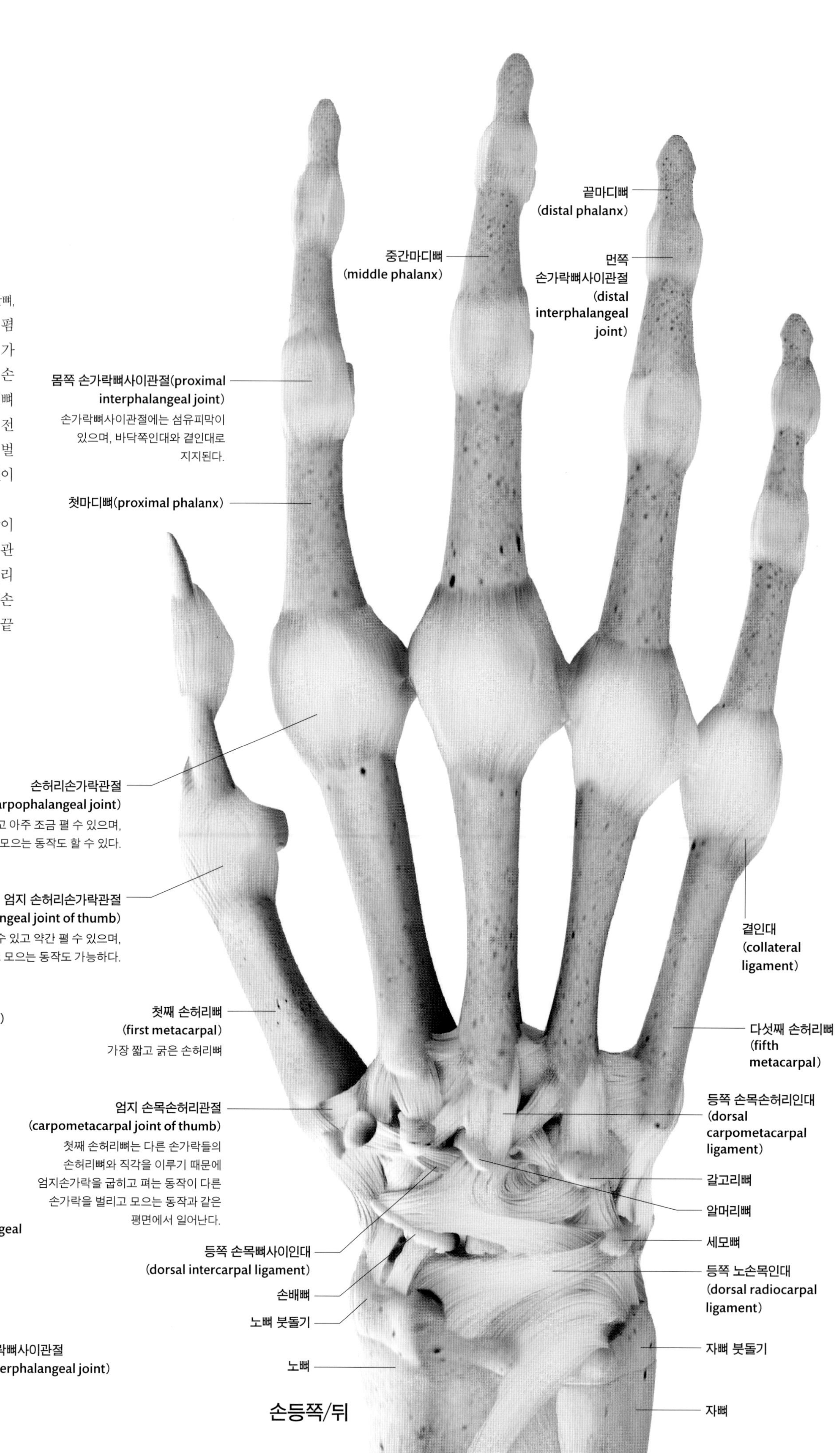
끝마디뼈
(distal phalanx)
중간마디뼈
(middle phalanx)
먼쪽
손가락뼈사이관절
(distal
interphalangeal
joint)
몸쪽 손가락뼈사이관절(proximal
interphalangeal joint)
손가락뼈사이관절에는 섬유피막이
있으며, 바닥쪽인대와 곁인대로
지지된다.
첫마디뼈(proximal phalanx)
손허리손가락관절
(metacarpophalangeal joint)
90도 정도 굽힐 수 있고 아주 조금 펼 수 있으며,
30도 정도 벌리고 모으는 동작도 할 수 있다.
엄지 손허리손가락관절
(metacarpophalangeal joint of thumb)
60도 정도 굽힐 수 있고 약간 펼 수 있으며,
벌리고 모으는 동작도 가능하다.
곁인대
(collateral
ligament)
첫째 손허리뼈
(first metacarpal)
가장 짧고 굵은 손허리뼈
다섯째 손허리뼈
(fifth
metacarpal)
엄지 손목손허리관절
(carpometacarpal joint of thumb)
첫째 손허리뼈는 다른 손가락들의
손허리뼈와 직각을 이루기 때문에
엄지손가락을 굽히고 펴는 동작이 다른
손가락을 벌리고 모으는 동작과 같은
평면에서 일어난다.
등쪽 손목손허리인대
(dorsal
carpometacarpal
ligament)
갈고리뼈
알머리뼈
세모뼈
등쪽 손목뼈사이인대
(dorsal intercarpal ligament)
등쪽 노손목인대
(dorsal radiocarpal
ligament)
손배뼈
노뼈 붓돌기
자뼈 붓돌기
노뼈
자뼈

손등쪽/뒤

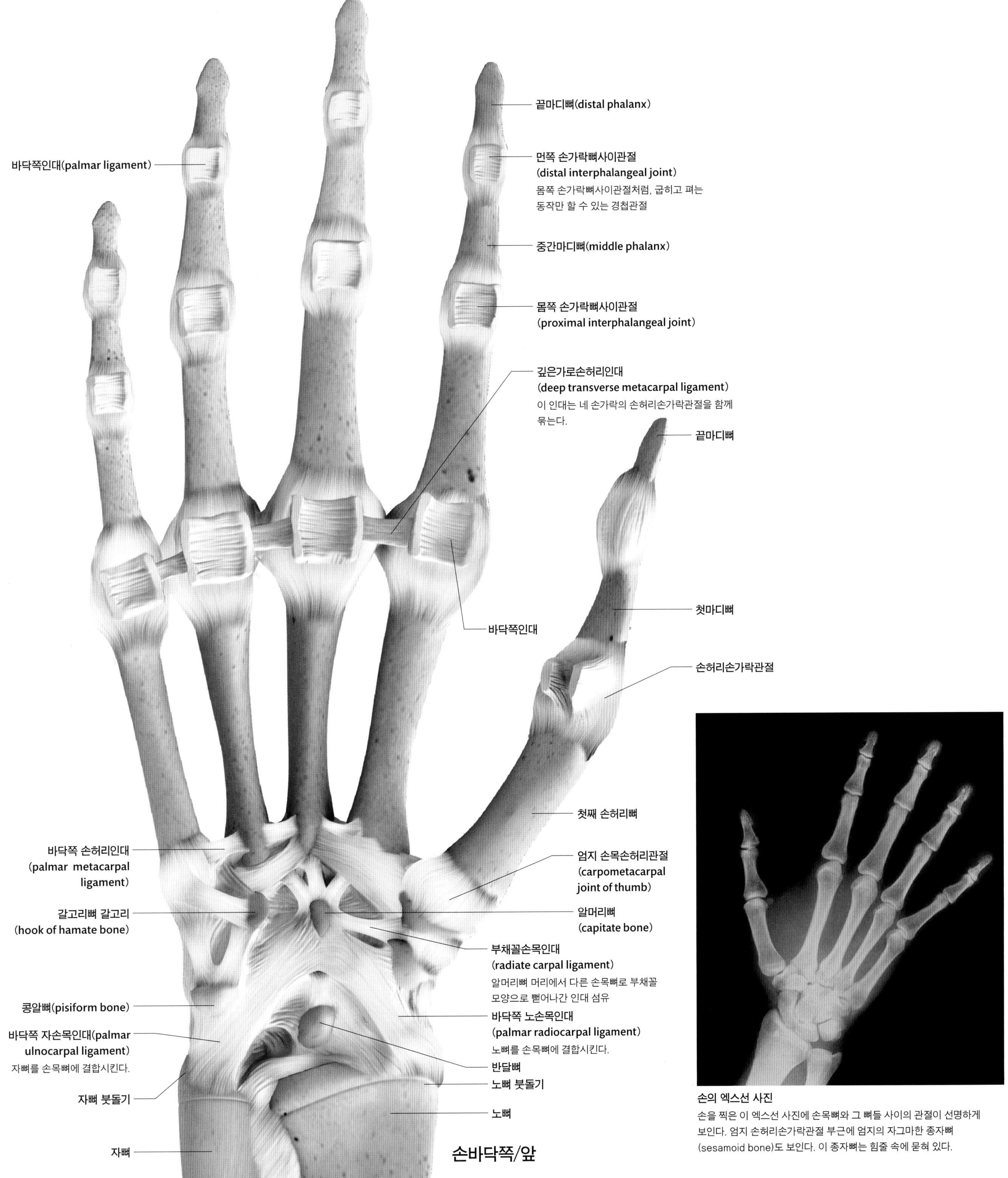
끝마디뼈(distal phalanx)
바닥쪽인대(palmar ligament)
먼쪽 손가락뼈사이관절
(distal interphalangeal joint)
몸쪽 손가락뼈사이관절처럼, 굽히고 펴는 동작만 할 수 있는 경첩관절
중간마디뼈(middle phalanx)
몸쪽 손가락뼈사이관절
(proximal interphalangeal joint)
깊은가로손허리인대
(deep transverse metacarpal ligament)
이 인대는 네 손가락의 손허리손가락관절을 함께 묶는다.
끝마디뼈
첫마디뼈
바닥쪽인대
손허리손가락관절
첫째 손허리뼈
바닥쪽 손허리인대
(palmar metacarpal ligament)
엄지 손목손허리관절
(carpometacarpal joint of thumb)
갈고리뼈 갈고리
(hook of hamate bone)
알머리뼈
(capitate bone)
부채꼴손목인대
(radiate carpal ligament)
알머리뼈 머리에서 다른 손목뼈로 부채꼴 모양으로 뻗어나간 인대 섬유
콩알뼈(pisiform bone)
바닥쪽 노손목인대
(palmar radiocarpal ligament)
노뼈를 손목뼈에 결합시킨다.
바닥쪽 자손목인대(palmar ulnocarpal ligament)
자뼈를 손목뼈에 결합시킨다.
반달뼈
노뼈 붓돌기
자뼈 붓돌기
노뼈
자뼈

손바닥쪽/앞

손의 엑스선 사진

손을 찍은 이 엑스선 사진에 손목뼈와 그 뼈들 사이의 관절이 선명하게 보인다. 엄지 손허리손가락관절 부근에 엄지의 자그마한 종자뼈(sesamoid bone)도 보인다. 이 종자뼈는 힘줄 속에 묻혀 있다.

아래팔과 손
근육계통

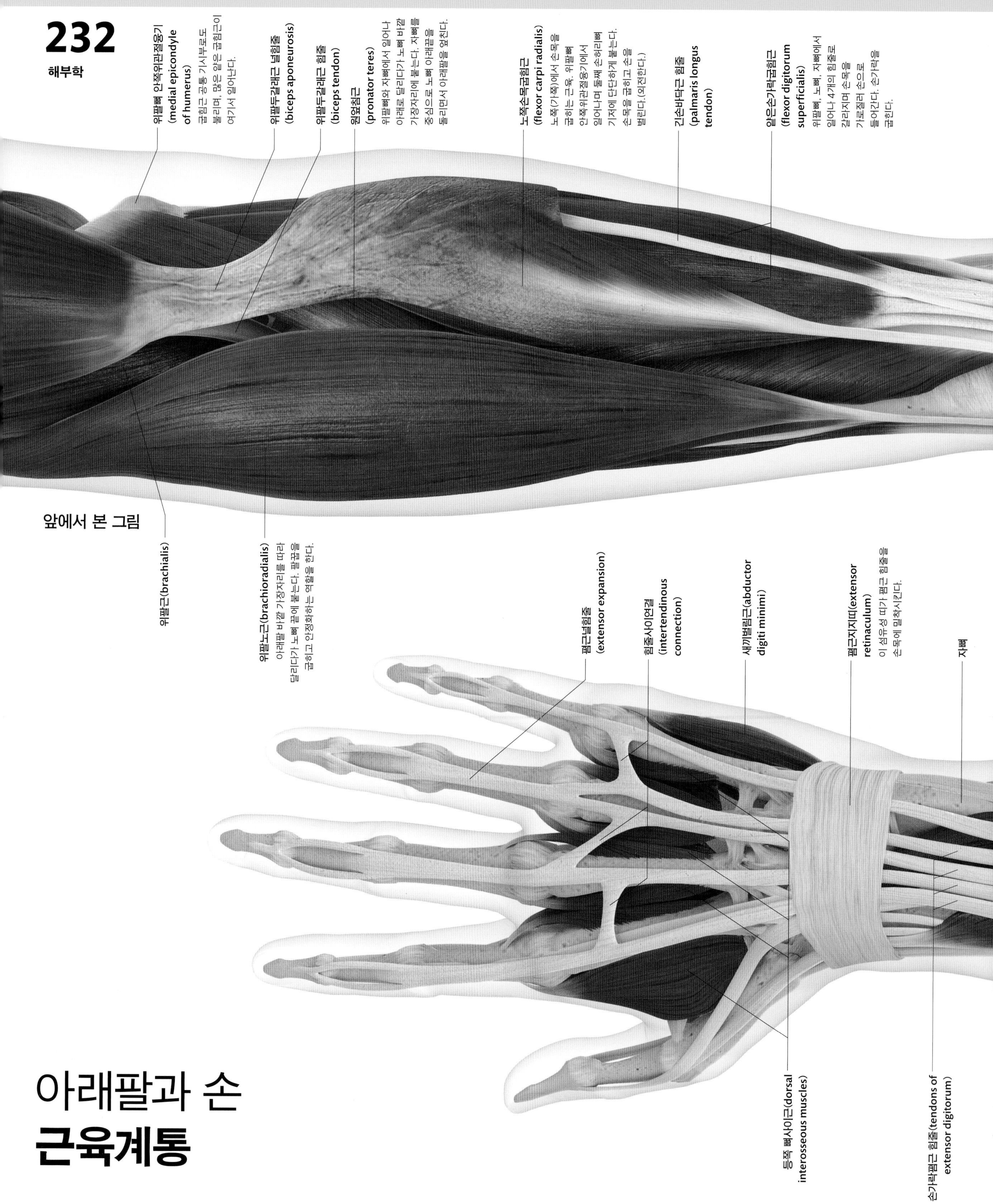
위팔뼈 안쪽위관절융기 (medial epicondyle of humerus)
굽힘근 공통 기시부로도 불리며, 많은 앞쪽 굽힘근이 여기서 일어난다.
위팔두갈래근 널힘줄 (biceps aponeurosis)
위팔두갈래근 힘줄 (biceps tendon)
원엎침근 (pronator teres)
위팔뼈와 자뼈에서 일어나 아래로 달리다가 노뼈 바깥 가장자리에 붙는다. 자뼈를 중심으로 노뼈 아래끝을 돌리면서 아래팔을 엎친다.
노쪽손목굽힘근 (flexor carpi radialis)
노쪽(가쪽)에서 손목을 굽히는 근육. 위팔뼈 안쪽위관절융기에서 일어나며 둘째 손허리뼈 기저에 단단하게 붙는다. 손목을 굽히고 손을 벌린다.(외전한다.)
긴손바닥근 힘줄 (palmaris longus tendon)
얕은손가락굽힘근 (flexor digitorum superficialis)
위팔뼈, 노뼈, 자뼈에서 일어나 4개의 힘줄로 갈라지며 손목을 가로질러 손으로 들어간다. 손가락을 굽힌다.
앞에서 본 그림
위팔근(brachialis)
위팔노근(brachioradialis)
아래팔 바깥 가장자리를 따라 달리다가 노뼈 끝에 붙는다. 팔꿉을 굽히고 안정화하는 역할을 한다.
폄근널힘줄 (extensor expansion)
힘줄사이연결 (intertendinous connection)
새끼벌림근(abductor digiti minimi)
폄근지지띠(extensor retinaculum)
이 섬유성 띠가 폄근 힘줄을 손목에 밀착시킨다.
자뼈
등쪽 뼈사이근(dorsal interosseous muscles)
손가락폄근 힘줄(tendons of extensor digitorum)

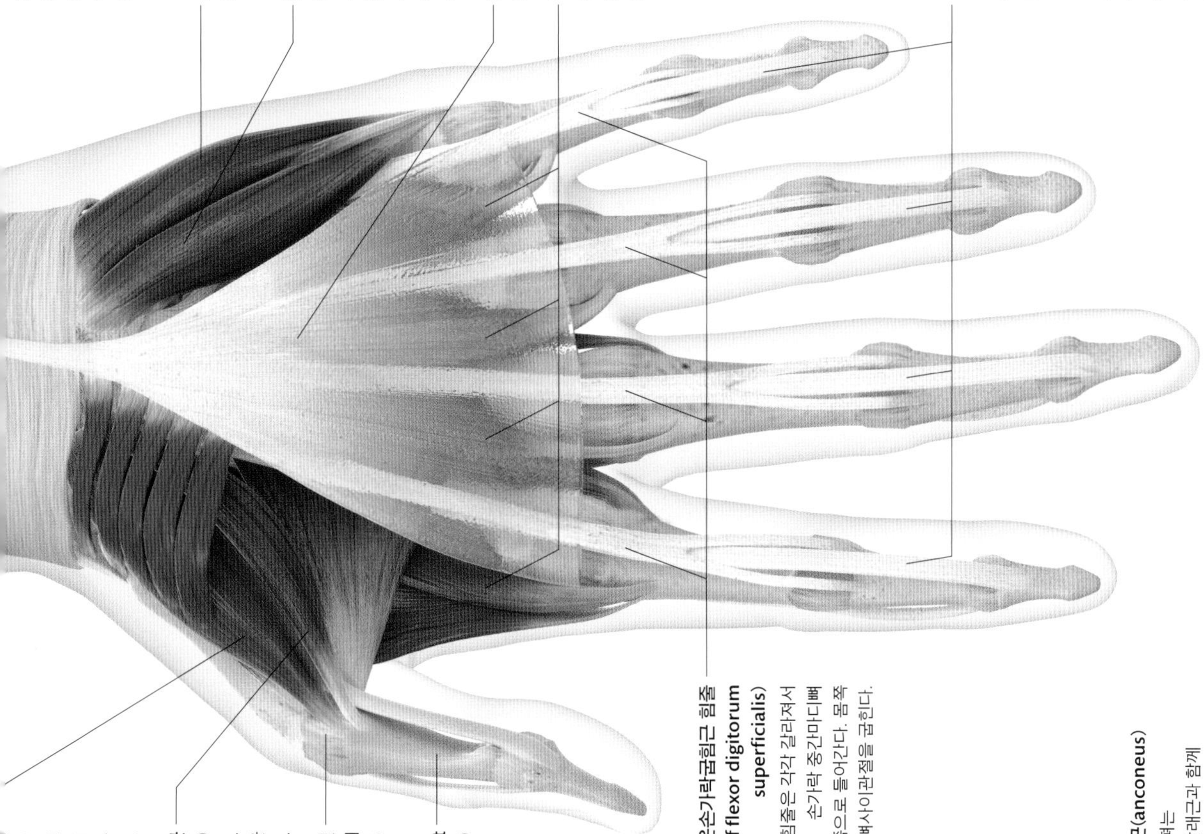

retinaculum) 이 섬유띠는 굽힘근 힘줄들을 손목에 밀착시켜서 활시위처럼 튀어나오지 않게 한다.

새끼벌림근(abductor digiti minimi)

짧은새끼굽힘근(flexor digiti minimi brevis) 새끼손가락의 짧은굽힘근. 새끼손가락의 손허리손가락관절을 굽힌다.

손바닥널힘줄(palmar aponeurosis)

벌레근(lumbricals) 이 작은 근육들의 이름은 벌레를 의미하는 라틴 어에서 왔다.

깊은손가락굽힘근 힘줄 (tendons of flexor digitorum profundus) 이 힘줄은 얕은손가락굽힘근을 관통한 후 계속되다가 끝마디뼈에 붙는다. 손가락의 먼쪽 손가락뼈사이관절을 굽힌다.

얕은 근육

아래팔 앞면에는 모두 위팔뼈 안쪽위관절융기에 붙는 5개의 얕은 근육이 있다. 원엎침근(pronator teres)은 아래팔을 가로질러 노뼈에 붙기 때문에 (손바닥이 아래로 향하게) 노뼈를 엎칠 수 있다. 다른 근육들은 아래팔을 따라 아래로 쭉 달리다가 가느다란 힘줄이 돼서 손목 주변에 붙거나 손까지 이어진다. 얕은손가락굽힘근(flexor digitorum superficialis)은 엄지를 제외한 각 손가락당 하나씩 4개의 힘줄로 갈라진다. 아래팔 뒤쪽에는 7개의 얕은 폄근이 위팔뼈 가쪽위관절융기에 붙어 있다. 이 힘줄들은 아래로 손목까지 달리거나 손까지 이어진다.

(abductor pollicis brevis) 엄지 첫마디뼈 기저의 바깥쪽에 붙는다. 손바닥을 위로 한 상태에서 엄지를 일으켜 세워 손바닥과 다른 손가락으로부터 멀어지게 한다.

짧은엄지굽힘근 (flexor pollicis brevis) 엄지 첫마디뼈 기저에 붙는다. 엄지의 손허리손가락관절을 굽힌다.

손허리손가락관절 (metacarpophalangeal joint)

엄지 첫마디뼈(first proximal phalanx)

얕은손가락굽힘근 힘줄 (tendons of flexor digitorum superficialis) 이 4개의 힘줄은 각각 갈라져서 손가락 중간마디뼈 양쪽으로 들어간다. 몸쪽 손가락뼈사이관절을 굽힌다.

팔꿈치근(anconeus) 팔꿉을 펴는 위팔세갈래근과 함께 작동한다.

팔꿈치머리 (olecranon)

위팔세갈래근 (triceps)

뒤에서 본 그림

새끼폄근 (extensor digiti minimi) 새끼손가락으로 가는 이 폄근의 힘줄은 새끼손가락 등쪽에서 손가락폄근 힘줄과 결합한다.

손가락폄근 (extensor digitorum) (엄지를 제외한) 손가락을 펴는 근육. 가쪽위관절융기에서 일어나며 4개의 힘줄로 갈라져서 손가락 등쪽으로 뻗어내려가 폄근널힘줄을 형성한다.

자쪽손목폄근 (extensor carpi ulnaris) 손목의 자쪽 폄근. 가쪽위관절융기에서 일어나며 다섯째 손허리뼈의 기저에 붙는다. 손목을 뻗고 손을 모으는 (내전) 기능을 한다.

짧은노쪽손목폄근 (extensor carpi radialis brevis) 손목의 짧은 폄근. 가쪽위관절융기에서 일어나 손의 셋째 손허리뼈에 붙는다.

긴노쪽손목폄근(extensor carpi radialis longus) 손목의 긴 폄근. 가쪽관절융기위능선에서 일어나 아래로 쭉 달리다가 둘째 손허리뼈의 기저에 붙는다.

위팔뼈 가쪽위관절융기 (lateral epicondyle of humerus) 폄근 공통 기시부이며, 많은 손목과 손가락의 폄근이 여기서 일어난다.

위팔노근 (brachioradialis)

아래팔과 손 **근육계통**

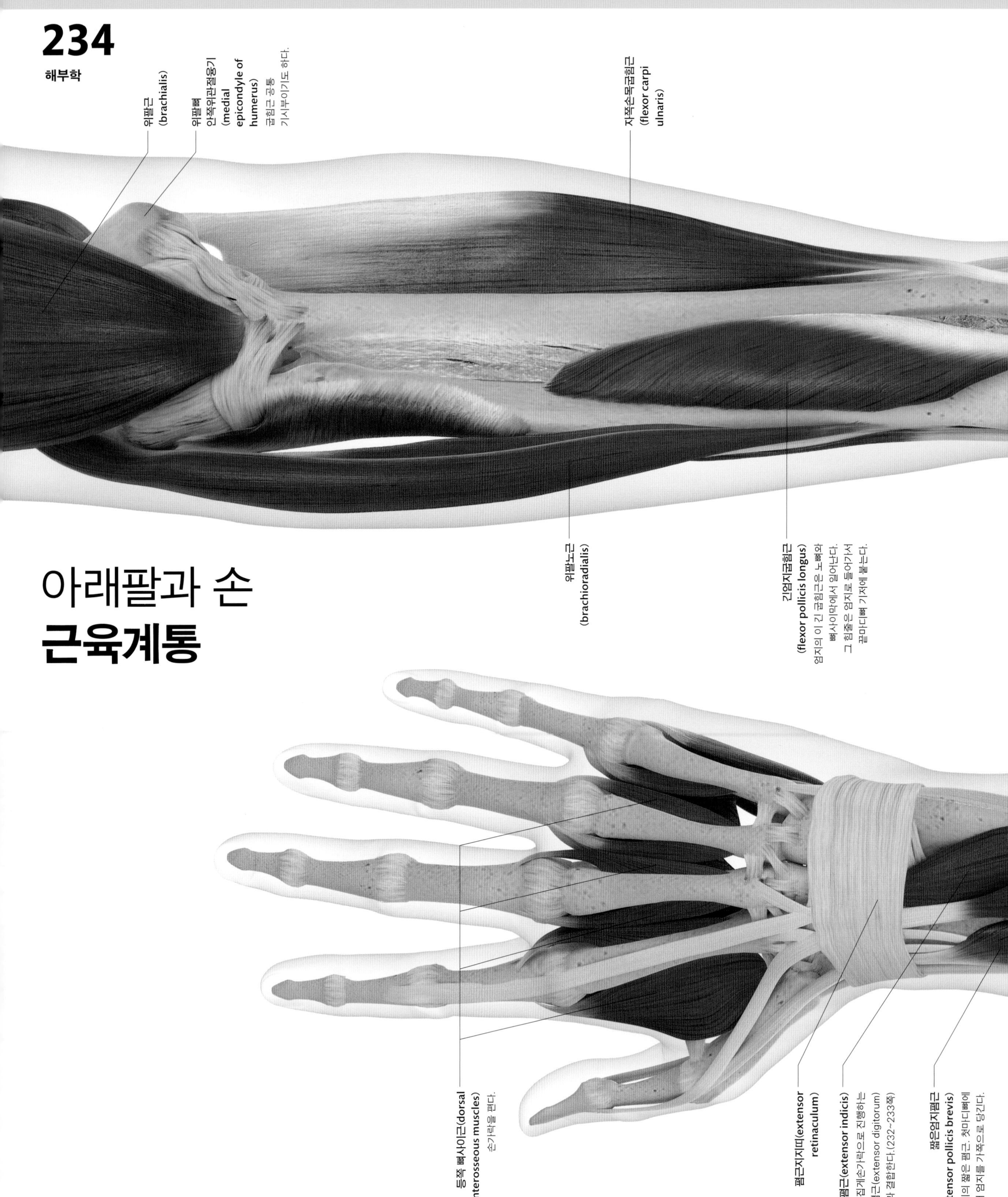
위팔근 (brachialis)
위팔뼈 안쪽위관절융기 (medial epicondyle of humerus)
굽힘근 공통 기시부이기도 하다.
자쪽손목굽힘근 (flexor carpi ulnaris)
위팔노근 (brachioradialis)
긴엄지굽힘근 (flexor pollicis longus)
엄지의 이 긴 굽힘근은 노뼈와 뼈사이막에서 일어난다. 그 힘줄은 엄지로 들어가서 끝마디뼈 기저에 붙는다.
등쪽 뼈사이근(dorsal interosseous muscles)
손가락을 편다.
폄근지지띠(extensor retinaculum)
집게폄근(extensor indicis)
집게손가락으로 진행하는 손가락폄근(extensor digitorum) 힘줄과 결합한다.(232~233쪽)
짧은엄지폄근 (extensor pollicis brevis)
엄지의 짧은 폄근. 첫마디뼈에 붙어서 엄지를 가쪽으로 당긴다.

깊은 근육

아래팔 앞면의 얕은 근육들은 제거하면 노뼈와 자뼈 그리고 아래팔뼈사이막에 붙어 있는 더 깊은 근육층이 드러난다. 엄지의 길고 깃털처럼 생긴 굽힘근(긴엄지굽힘근)을 선명하게 볼 수 있다. 아래팔 뒤쪽의 깊은 근육들로는 긴엄지평근과 집게폄근 그리고 노뼈를 끌어당겨 엎쳐진 팔(손바닥이 아래를 향한다.)을 돌려 뒤치는(손바닥이 위를 향한다.) 손뒤침근(supinator)이 포함된다. 손을 깊이 절개하면 뼈사이근들이 드러난다. 이 근육들은 손허리손가락관절에 작용해 손가락을 벌리거나 모은다.

굽힘근지지띠 (flexor retinaculum)

새끼맞섬근 (opponens digiti minimi) 새끼손가락의 맞섬근. 새끼손가락의 손허리뼈를 손바닥 쪽으로 끌어당긴다.

새끼손가락 손허리뼈

바닥쪽 뼈사이근 (palmar interosseous muscles) Interosseous는 뼈 사이를 의미한다. 이 근육들은 손허리뼈 사이 틈에 놓여 있다. 네 손가락을 밀착시킨다.

엄지맞섬근(opponens pollicis) 엄지의 맞섬근. 엄지 손허리뼈의 바깥 가장자리에 붙어서 손바닥을 가로지르는 손허리뼈를 당긴다. 이것이 맞섬(opposition)이라는 동작이다.

엄지 손허리뼈 (metacarpal of thumb)

엄지 첫마디뼈(first proximal phalanx)

엄지모음근 (adductor pollicis) 엄지 첫마디뼈에 붙어서 벌려진(바깥쪽으로 굽은) 엄지를 손바닥 쪽으로 끌어당긴다.

앞에서 본 그림

뒤에서 본 그림

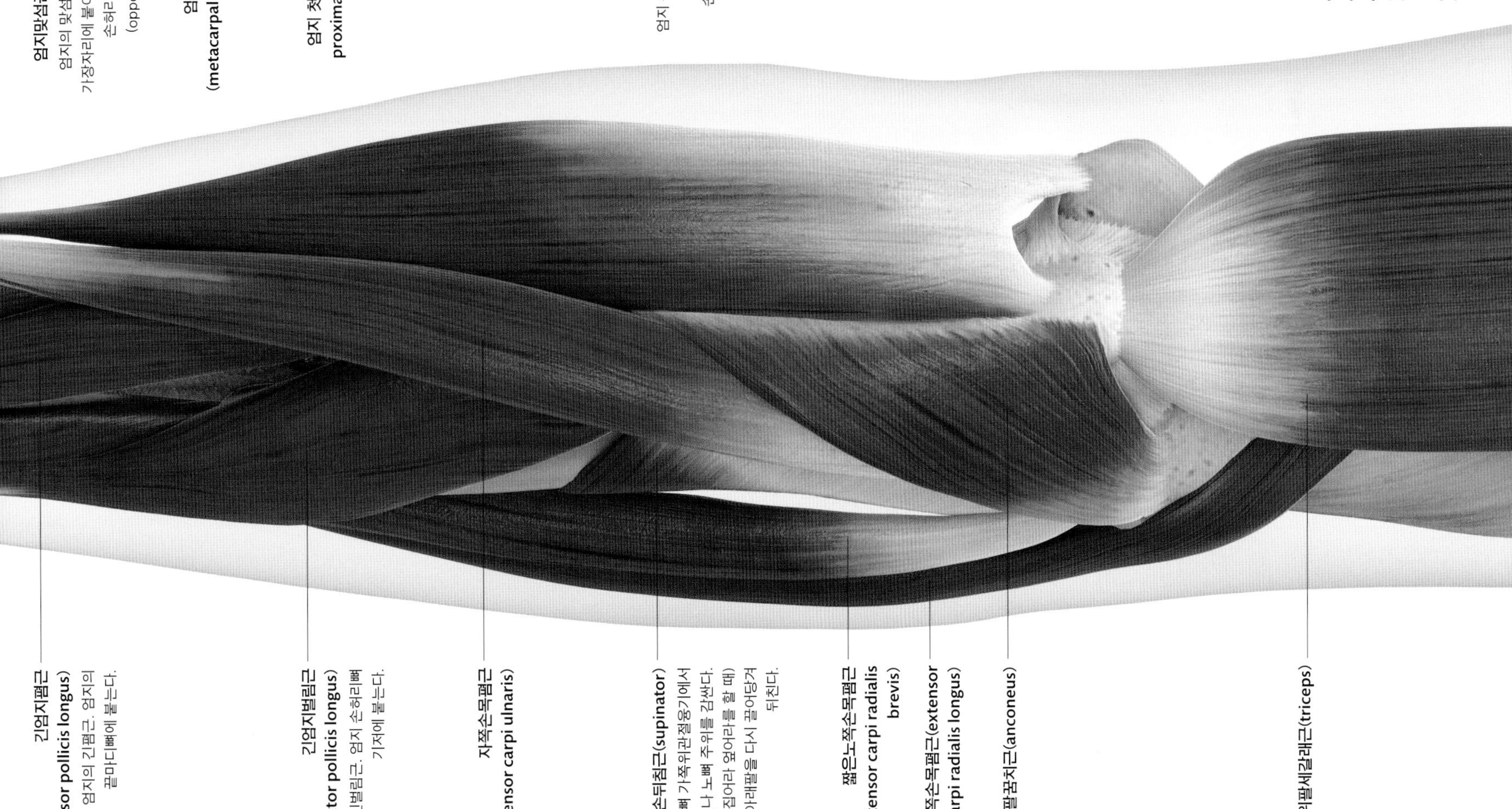
긴엄지폄근 (extensor pollicis longus) 엄지의 긴폄근. 엄지의 끝마디뼈에 붙는다.
긴엄지벌림근 (abductor pollicis longus) 엄지의 긴벌림근. 엄지 손허리뼈 기저에 붙는다.
자쪽손목폄근 (extensor carpi ulnaris)
손뒤침근(supinator) 위팔뼈 가쪽위관절융기에서 일어나 노뼈 주위를 감싼다. (뒤집어라 엎어라를 할 때) 엎쳐진 아래팔을 다시 끌어당겨 뒤친다.
짧은노쪽손목폄근 (extensor carpi radialis brevis)
긴노쪽손목폄근(extensor carpi radialis longus)
팔꿈치근(anconeus)
위팔세갈래근(triceps)

아래팔과 손
신경계통

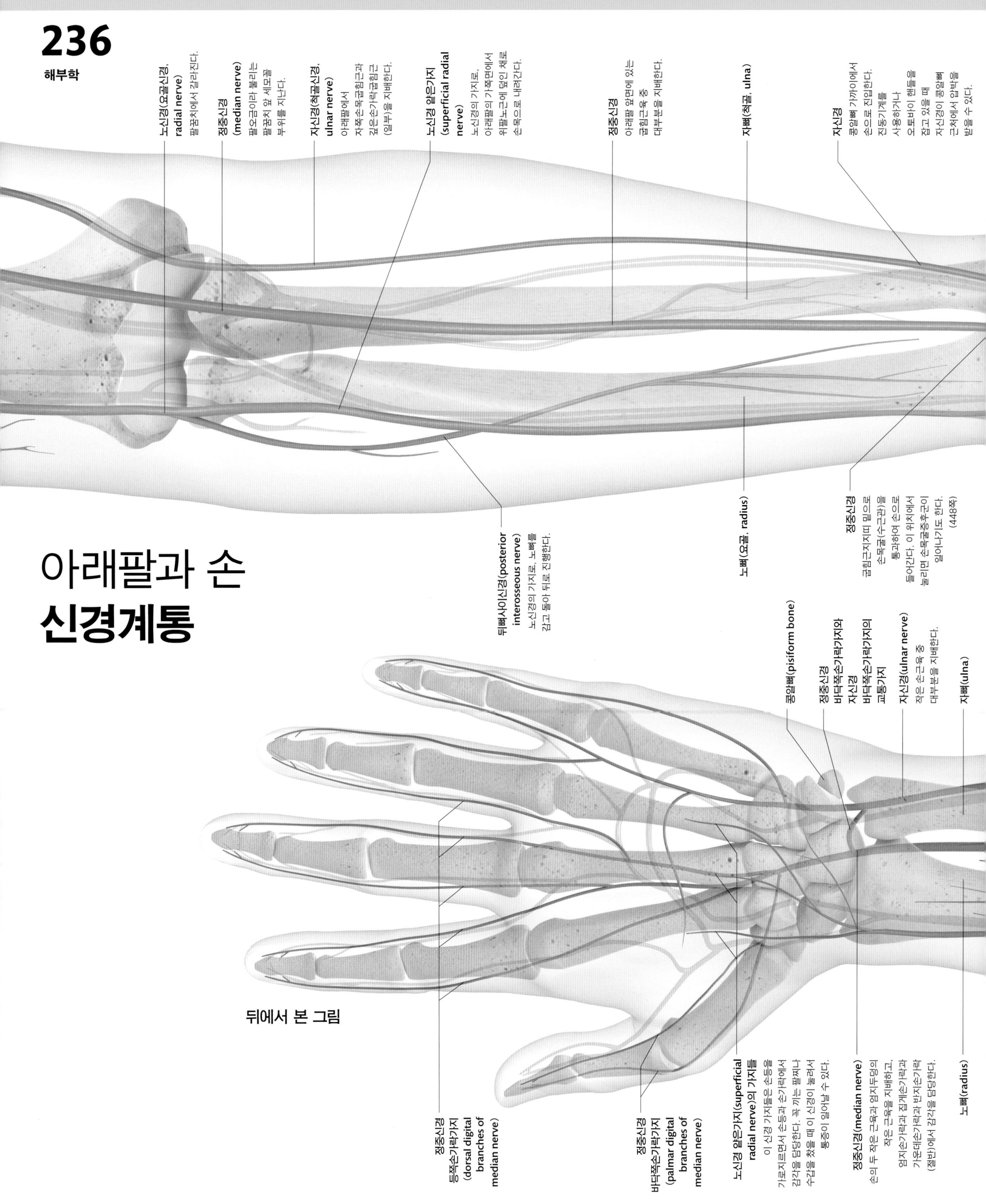
노신경(요골신경, radial nerve) 팔꿈치에서 갈라진다.
정중신경 (median nerve) 팔오금이라 불리는 팔꿈치 앞 세모꼴 부위를 지난다.
자신경(척골신경, ulnar nerve) 아래팔에서 자쪽손목굽힘근과 깊은손가락굽힘근 (일부)을 지배한다.
노신경 얕은가지 (superficial radial nerve) 노신경의 가지로, 아래팔의 가쪽면에서 위팔노근에 덮인 채로 손목으로 내려간다.
정중신경 아래팔 앞면에 있는 굽힘근육 중 대부분을 지배한다.
자뼈(척골, ulna)
자신경 콩알뼈 가까이에서 손으로 진입한다. 진동기계를 사용하거나 오토바이 핸들을 잡고 있을 때 자신경이 콩알뼈 근처에서 압박을 받을 수 있다.
뒤뼈사이신경(posterior interosseous nerve) 노신경의 가지로, 노뼈를 감고 돌아 뒤로 진행한다.
노뼈(요골, radius)
정중신경 굽힘근지지띠 밑으로 손목굴(수근관)을 통과하여 손으로 들어간다. 이 위치에서 눌리면 손목굴증후군이 일어나기도 한다. (448쪽)
콩알뼈(pisiform bone)
정중신경 바닥쪽손가락가지와 자신경 바닥쪽손가락가지의 교통가지
자신경(ulnar nerve) 작은 손근육 중 대부분을 지배한다.
자뼈(ulna)
정중신경 등쪽손가락가지 (dorsal digital branches of median nerve)
정중신경 바닥쪽손가락가지 (palmar digital branches of median nerve)
노신경 얕은가지(superficial radial nerve)의 가지들 이 신경 가지들은 손등을 가로지르면서 손등과 손가락에서 감각을 담당한다. 꼭 끼는 팔찌나 수갑을 찼을 때 이 신경이 눌려서 통증이 일어날 수 있다.
정중신경(median nerve) 손의 두 작은 근육과 엄지두덩의 작은 근육을 지배하고, 엄지손가락과 집게손가락과 가운데손가락과 반지손가락 (절반)에서 감각을 담당한다.
노뼈(radius)

뒤에서 본 그림

아래팔 앞부분에는 근육피부신경과 정중신경과 자신경이 분포한다. 근육피부신경(musculocutaneous nerve)은 아래팔 옆면에서 감각을 담당한다. 정중신경(median nerve)은 아래팔 중간부분을 따라 내려가면서 굽힘근육들 대부분을 지배한다. 정중신경은 이어서 손목을 지나 손에 도달해서 엄지손가락 근육들 중 일부를 지배하고, 손바닥과 엄지손가락과 몇몇 손가락에서 감각을 담당한다. 자신경(ulnar nerve)은 아래팔 안쪽면을 따라 내려오면서 단 두 근육만 지배한다. 그리고 손에 있는 작은 근육들 대부분을 지배하고, 반지손가락의 안쪽면과 새끼손가락에서 감각을 담당한다. 노신경(radial nerve)과 그 가지들은 아래팔 뒷면에 있는 폄근육을 모두 지배한다. 노신경의 가지들은 손등에서 부챗살처럼 퍼져서 감각을 담당한다.

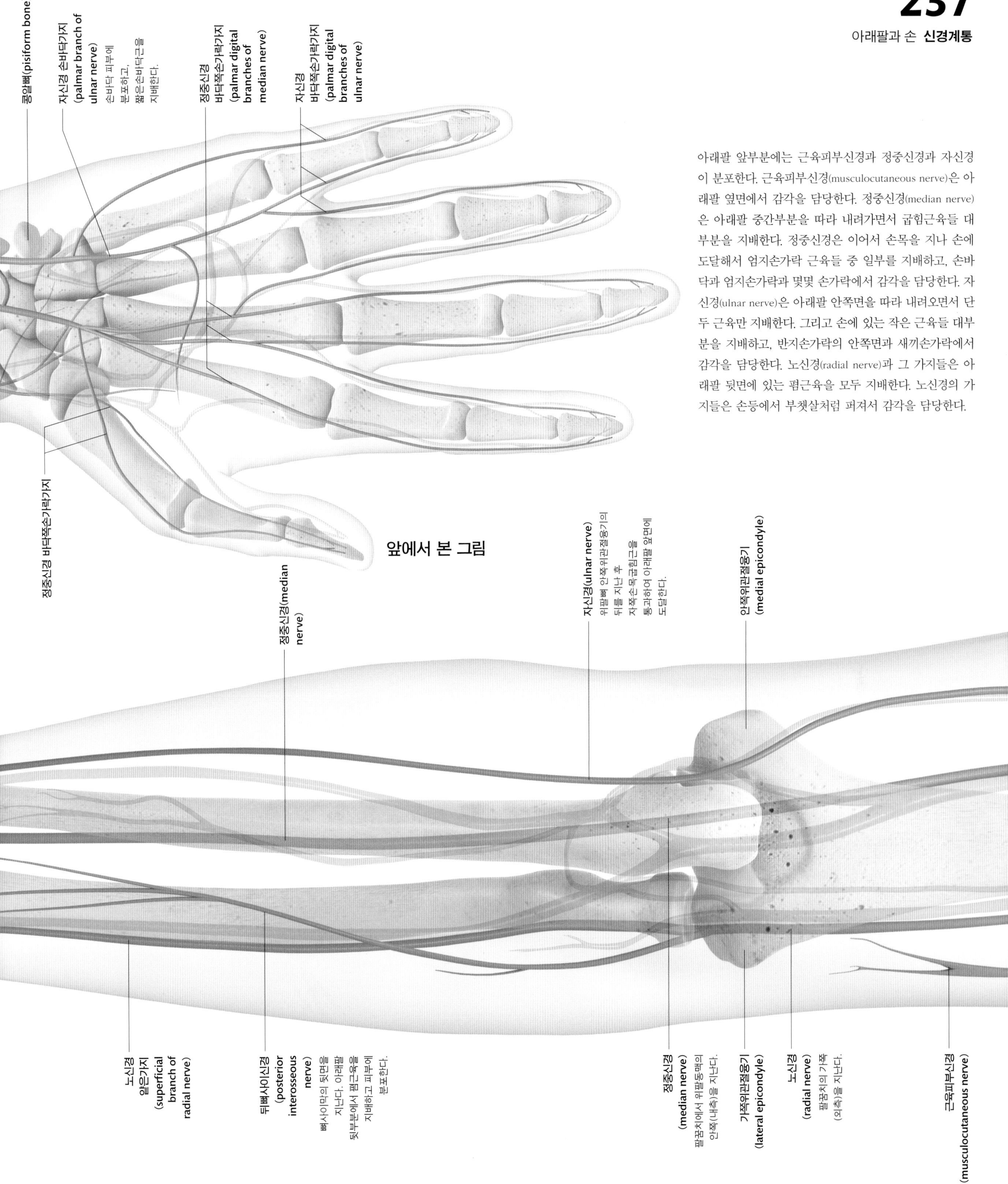
콩알뼈(pisiform bone)
자신경 손바닥가지 (palmar branch of ulnar nerve)
손바닥 피부에 분포하고, 짧은손바닥근을 지배한다.
정중신경 바닥쪽손가락가지 (palmar digital branches of median nerve)
자신경 바닥쪽손가락가지 (palmar digital branches of ulnar nerve)
정중신경 바닥쪽손가락가지
앞에서 본 그림
정중신경(median nerve)
자신경(ulnar nerve)
위팔뼈 안쪽위관절융기의 뒤를 지난 후 자쪽손목굽힘근을 통과하여 아래팔 앞면에 도달한다.
안쪽위관절융기 (medial epicondyle)
노신경 얕은가지 (superficial branch of radial nerve)
뒤뼈사이신경 (posterior interosseous nerve)
뼈사이막의 뒷면을 지난다. 아래팔 뒷부분에서 폄근육을 지배하고 피부에 분포한다.
정중신경 (median nerve)
팔꿉치에서 위팔동맥의 안쪽(내측)을 지난다.
가쪽위관절융기 (lateral epicondyle)
노신경 (radial nerve)
팔꿉치의 가쪽(외측)을 지난다.
근육피부신경 (musculocutaneous nerve)

아래팔과 손
심장혈관계통

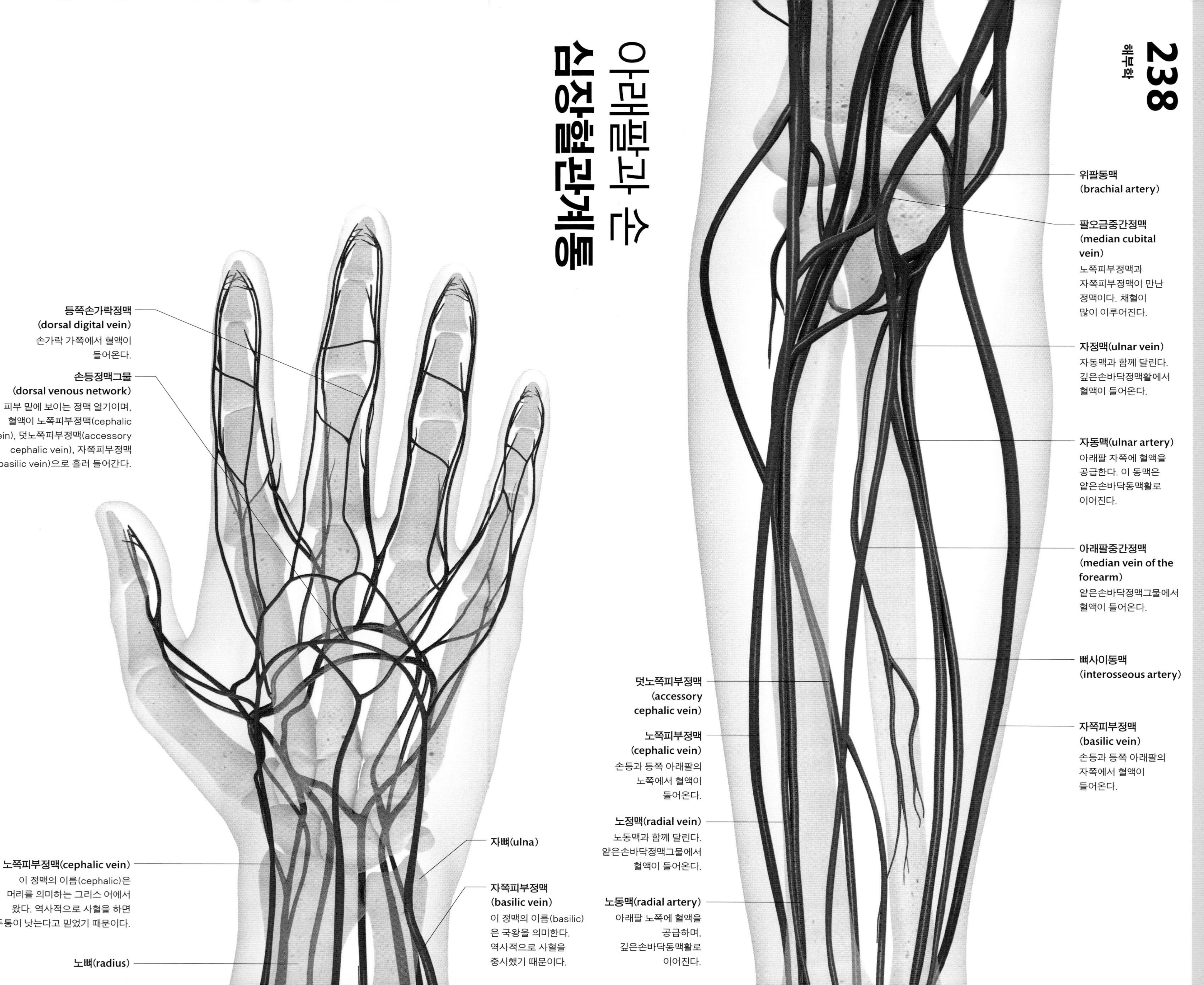
위팔동맥 (brachial artery)
팔오금중간정맥 (median cubital vein) 노쪽피부정맥과 자쪽피부정맥이 만난 정맥이다. 채혈이 많이 이루어진다.
자정맥(ulnar vein) 자동맥과 함께 달린다. 깊은손바닥정맥활에서 혈액이 들어온다.
자동맥(ulnar artery) 아래팔 자쪽에 혈액을 공급한다. 이 동맥은 얕은손바닥동맥활로 이어진다.
아래팔중간정맥 (median vein of the forearm) 얕은손바닥정맥그물에서 혈액이 들어온다.
뼈사이동맥 (interosseous artery)
자쪽피부정맥 (basilic vein) 손등과 등쪽 아래팔의 자쪽에서 혈액이 들어온다.
덧노쪽피부정맥 (accessory cephalic vein)
노쪽피부정맥 (cephalic vein) 손등과 등쪽 아래팔의 노쪽에서 혈액이 들어온다.
노정맥(radial vein) 노동맥과 함께 달린다. 얕은손바닥정맥그물에서 혈액이 들어온다.
노동맥(radial artery) 아래팔 노쪽에 혈액을 공급하며, 깊은손바닥동맥활로 이어진다.
등쪽손가락정맥 (dorsal digital vein) 손가락 가쪽에서 혈액이 들어온다.
손등정맥그물 (dorsal venous network) 피부 밑에 보이는 정맥 얼기이며, 혈액이 노쪽피부정맥(cephalic vein), 덧노쪽피부정맥(accessory cephalic vein), 자쪽피부정맥(basilic vein)으로 흘러 들어간다.
노쪽피부정맥(cephalic vein) 이 정맥의 이름(cephalic)은 머리를 의미하는 그리스 어에서 왔다. 역사적으로 사혈을 하면 두통이 낫는다고 믿었기 때문이다.
노뼈(radius)
자뼈(ulna)
자쪽피부정맥 (basilic vein) 이 정맥의 이름(basilic)은 국왕을 의미한다. 역사적으로 사혈을 중시했기 때문이다.

위팔동맥(brachial artery)은 아래팔 뼈 이름을 따라 노동맥(radial artery)과 자동맥 2개로 나뉜다. 노동맥은 손목에서 감지할 수 있으며, 뼈에 대고 눌러서 강한 맥박을 느낄 수 있는 가장 일반적인 부위이다. 게다가 맥박을 느끼는 데 어떤 절제나 박리도 필요치 않다. 노동맥과 자동맥은 서로 결합해 손목과 손바닥에서 동맥활(arterial arch)을 형성하며 끝난다. 손가락에만 분포하는 손가락동맥(digital arteries)은 손바닥동맥활에서 뻗어나온다. 얕은정맥은 손바닥보다 손등에 집중되어 있다. 만일 그렇지 않다면 벽이 얇은 이 혈관들은 손으로 사물을 움켜쥘 때마다 눌릴 것이다. 손등정맥그물(dorsal venous network of hand)은 두 주요 정맥인 자쪽피부정맥(basilic vein)과 노쪽피부정맥(cephalic vein)으로 배출된다.

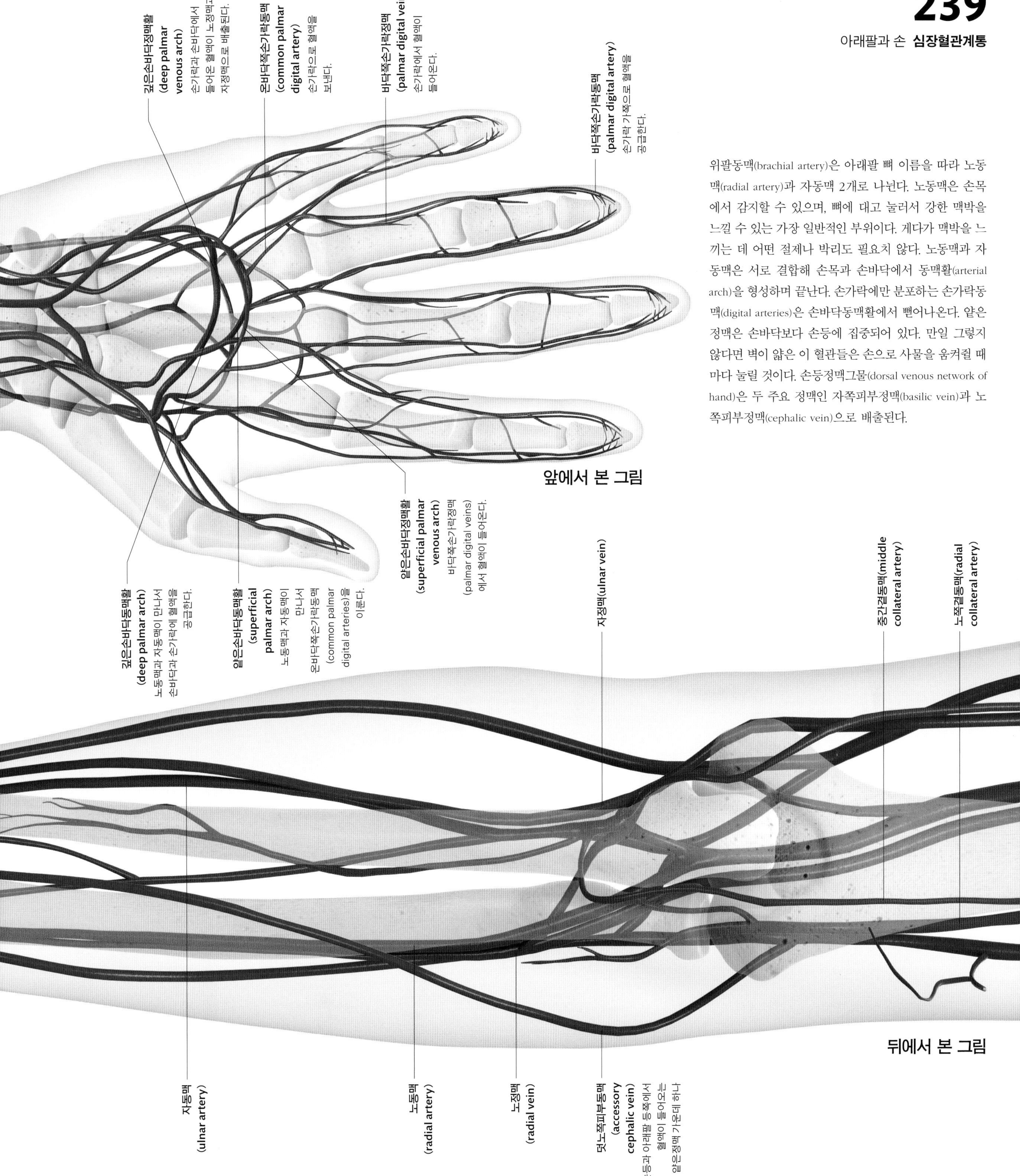
깊은손바닥정맥활 (deep palmar venous arch)
손가락과 손바닥에서 들어온 혈액이 노정맥과 자정맥으로 배출된다.
온바닥쪽손가락동맥 (common palmar digital artery)
손가락으로 혈액을 보낸다.
바닥쪽손가락정맥 (palmar digital vein)
손가락에서 혈액이 들어온다.
바닥쪽손가락동맥 (palmar digital artery)
손가락 가쪽으로 혈액을 공급한다.
앞에서 본 그림
깊은손바닥동맥활 (deep palmar arch)
노동맥과 자동맥이 만나서 손바닥과 손가락에 혈액을 공급한다.
얕은손바닥동맥활 (superficial palmar arch)
노동맥과 자동맥이 만나서 온바닥쪽손가락동맥 (common palmar digital arteries)을 이룬다.
얕은손바닥정맥활 (superficial palmar venous arch)
바닥쪽손가락정맥 (palmar digital veins)에서 혈액이 들어온다.
자정맥(ulnar vein)
중간곁동맥(middle collateral artery)
노쪽곁동맥(radial collateral artery)
뒤에서 본 그림
자동맥 (ulnar artery)
노동맥 (radial artery)
노정맥 (radial vein)
덧노쪽피부정맥 (accessory cephalic vein)
손등과 아래팔 등쪽에서 혈액이 들어오는 얕은정맥 가운데 하나

아래팔과 손
손

손등에서 등쪽정맥얼기(dorsal venous plexus)를 이루는 얕은정맥들은 관 삽입(cannulation)에 흔히 이용된다. 가는 플라스틱 관을 정맥에 삽입해서 액상 물질을 순환계통에 직접 투입한다.

손바닥 피부 밑에는 아래팔 근육에서 손가락까지 달리는 긴 굽힘근힘줄(flexor tendon)들이 있으며, 손목 근처와 손바닥 깊은 곳에서 시작되어 손가락으로 들어가는 짧은 근육들도 있다. 엄지손가락 기저 주위의 짧은 근육들은 엄지두덩(thenar eminence)이라는 도드라진 팽창부를 이루고, 새끼손가락으로 달리는 작은 근육들은 새끼두덩(hypothenar eminence)을 이룬다. 자동맥과 노동맥은 손바닥 안에서 서로 연결되는데, 여기서 손가락에 혈액을 공급하는 손가락동맥(palmar digital artery)이 순서대로 뻗어 나온다.

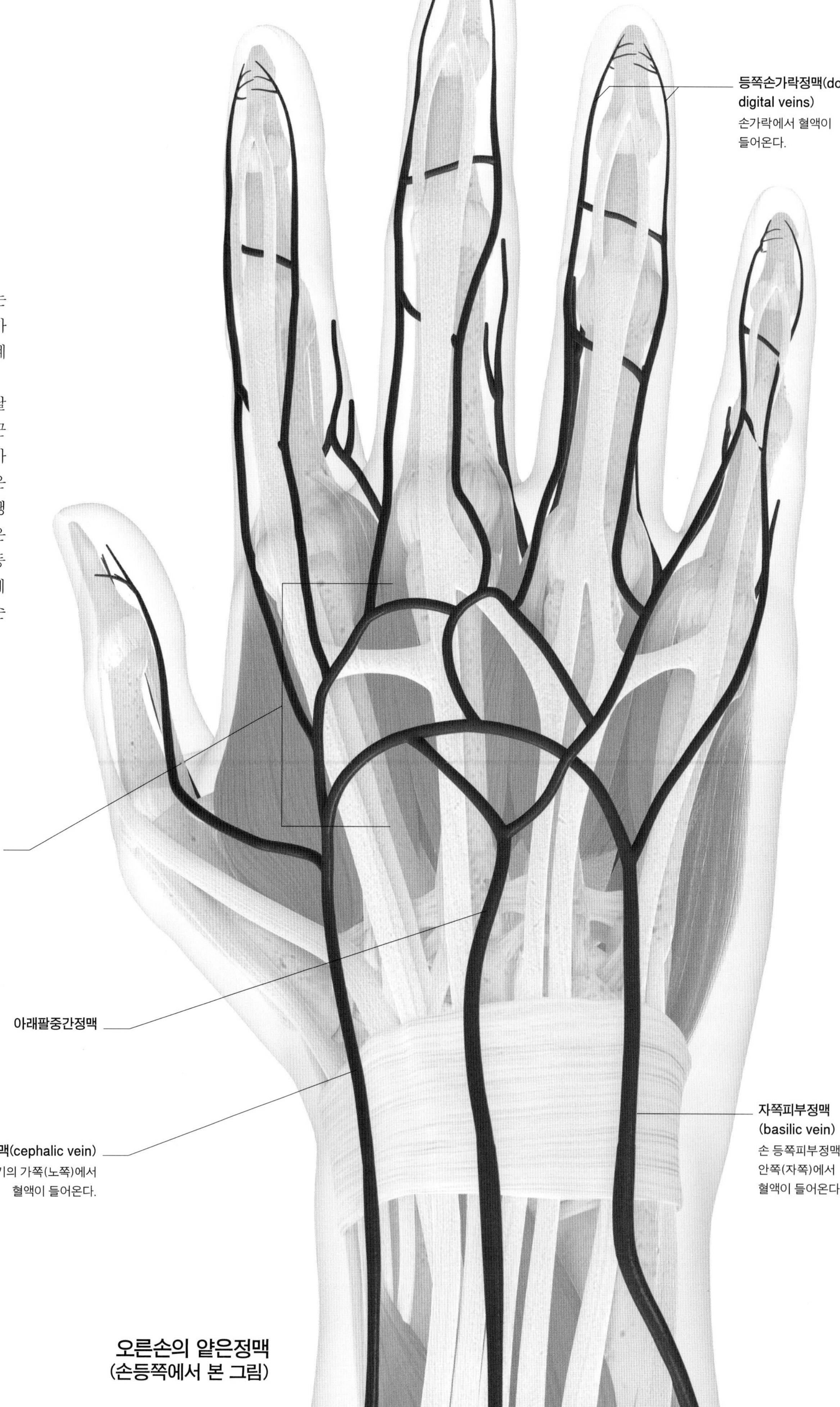

등쪽손가락정맥(dorsal digital veins)
손가락에서 혈액이 들어온다.
등쪽정맥얼기(dorsal venous plexus)
이 얕은정맥들은 대체로 잘 보이므로 관삽입에 주로 이용된다.(관을 삽입해서 액상 물질이나 약을 투여한다.)
아래팔중간정맥
노쪽피부정맥(cephalic vein)
손 등쪽정맥얼기의 가쪽(노쪽)에서 혈액이 들어온다.
자쪽피부정맥(basilic vein)
손 등쪽피부정맥의 안쪽(자쪽)에서 혈액이 들어온다.

오른손의 얕은정맥
(손등쪽에서 본 그림)

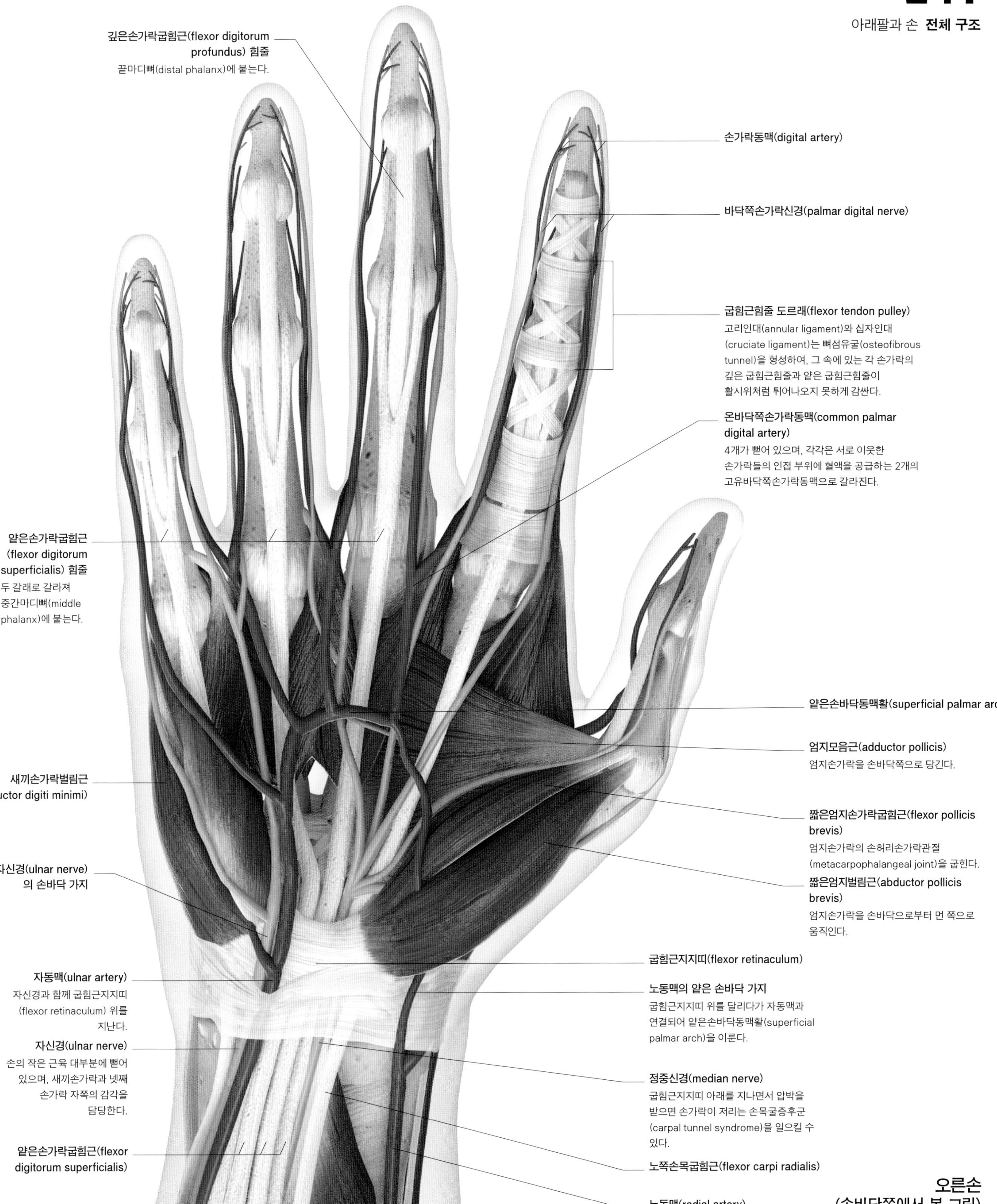
깊은손가락굽힘근(flexor digitorum profundus) 힘줄
끝마디뼈(distal phalanx)에 붙는다.
손가락동맥(digital artery)
바닥쪽손가락신경(palmar digital nerve)
굽힘근힘줄 도르래(flexor tendon pulley)
고리인대(annular ligament)와 십자인대(cruciate ligament)는 뼈섬유굴(osteofibrous tunnel)을 형성하여, 그 속에 있는 각 손가락의 깊은 굽힘근힘줄과 얕은 굽힘근힘줄이 활시위처럼 튀어나오지 못하게 감싼다.
온바닥쪽손가락동맥(common palmar digital artery)
4개가 뻗어 있으며, 각각은 서로 이웃한 손가락들의 인접 부위에 혈액을 공급하는 2개의 고유바닥쪽손가락동맥으로 갈라진다.
얕은손가락굽힘근(flexor digitorum superficialis) 힘줄
두 갈래로 갈라져 중간마디뼈(middle phalanx)에 붙는다.
얕은손바닥동맥활(superficial palmar arch)
엄지모음근(adductor pollicis)
엄지손가락을 손바닥쪽으로 당긴다.
새끼손가락벌림근(abductor digiti minimi)
짧은엄지손가락굽힘근(flexor pollicis brevis)
엄지손가락의 손허리손가락관절(metacarpophalangeal joint)을 굽힌다.
자신경(ulnar nerve)의 손바닥 가지
짧은엄지벌림근(abductor pollicis brevis)
엄지손가락을 손바닥으로부터 먼 쪽으로 움직인다.
굽힘근지지띠(flexor retinaculum)
자동맥(ulnar artery)
자신경과 함께 굽힘근지지띠(flexor retinaculum) 위를 지난다.
노동맥의 얕은 손바닥 가지
굽힘근지지띠 위를 달리다가 자동맥과 연결되어 얕은손바닥동맥활(superficial palmar arch)을 이룬다.
자신경(ulnar nerve)
손의 작은 근육 대부분에 뻗어 있으며, 새끼손가락과 넷째 손가락 자쪽의 감각을 담당한다.
정중신경(median nerve)
굽힘근지지띠 아래를 지나면서 압박을 받으면 손가락이 저리는 손목굴증후군(carpal tunnel syndrome)을 일으킬 수 있다.
얕은손가락굽힘근(flexor digitorum superficialis)
노쪽손목굽힘근(flexor carpi radialis)
노동맥(radial artery)

오른손
(손바닥쪽에서 본 그림)

아래팔과 손
자기공명영상(MRI)

위팔, 아래팔, 손을 촬영한 이 영상들을 보면 이 구조들이 얼마나 조밀하게 구성되어 있는지 알 수 있다. 단면 1에는 그림 퍼즐처럼 맞물려 있는 손목뼈가 보인다. 손목관절은 노뼈, 손배뼈(scaphoid), 반달뼈(lunate bone) 사이에 이루어진 관절이다. 단면 2에서는 팔꿉관절(elbow joint)이 보인다. 그릇 모양의 자뼈머리가 위팔뼈의 둥근 끝을 덮고 있다. 아래팔의 근육들은 아래팔뼈와 뼈사이막 앞쪽의 굽힘근과 뒤쪽의 폄근 두 그룹으로 나눈다. 단면 3에서 단면 8까지를 다리의 단면(286~287쪽)과 비교하라. 팔다리의 윗부분은 하나의 뼈(위팔뼈 또는 넙다리뼈)이고, 아랫부분은 2개의 뼈(아래팔의 노뼈와 자뼈, 종아리(하퇴)의 정강뼈와 종아리뼈)이며, 손목과 발목은 한 세트의 뼈(손목뼈와 발목뼈)이고, 팔다리 끝에는 5개의 손가락과 발가락이 뻗어나와 있다. 진화론적으로 이 부위들은 어류의 지느러미 줄기가 발달한 것들이다.

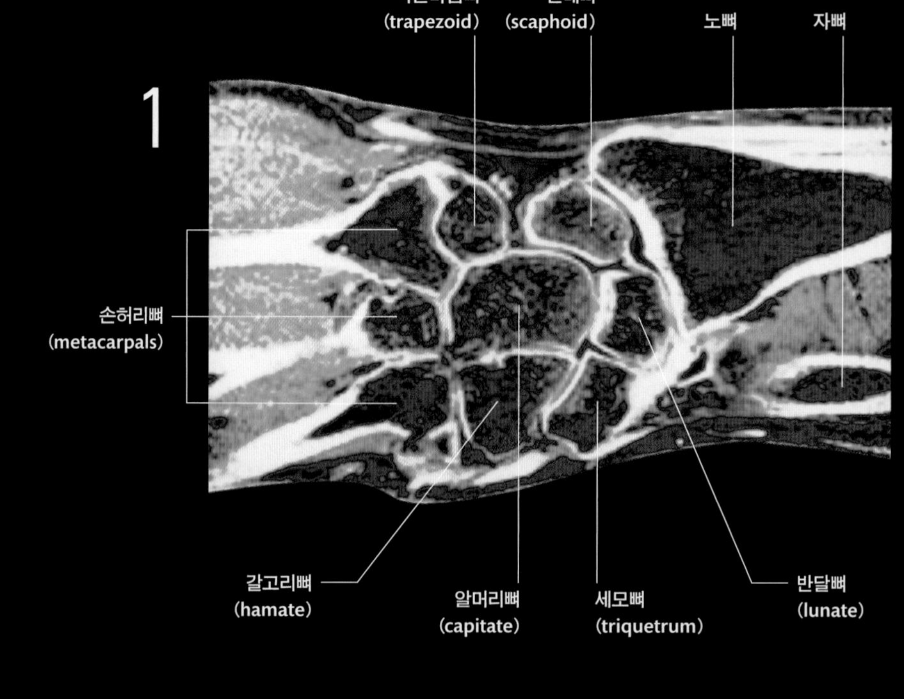
1
작은마름뼈 (trapezoid)
손배뼈 (scaphoid)
노뼈
자뼈
손허리뼈 (metacarpals)
갈고리뼈 (hamate)
알머리뼈 (capitate)
세모뼈 (triquetrum)
반달뼈 (lunate)

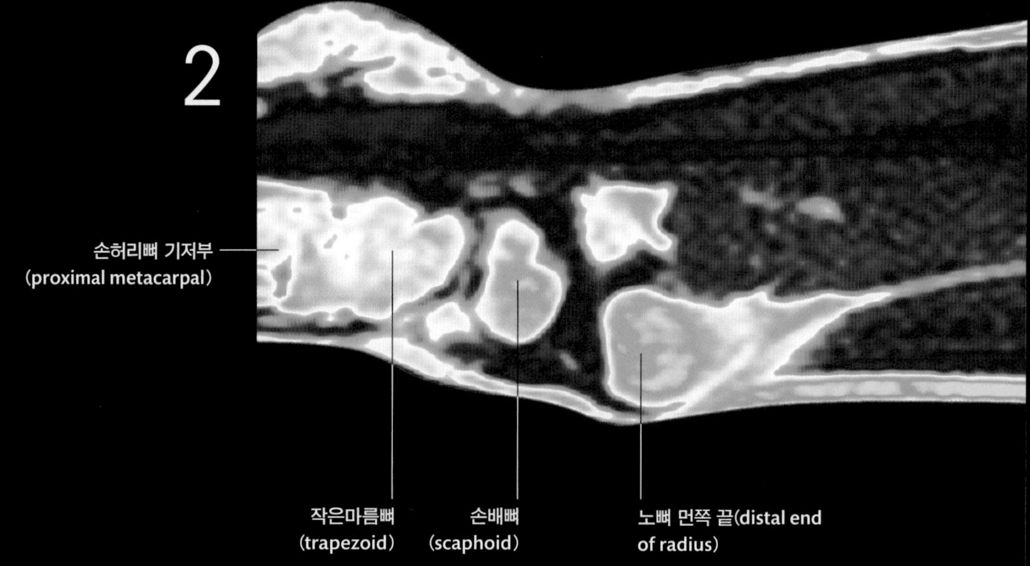
2
손허리뼈 기저부 (proximal metacarpal)
작은마름뼈 (trapezoid)
손배뼈 (scaphoid)
노뼈 먼쪽 끝(distal end of radius)

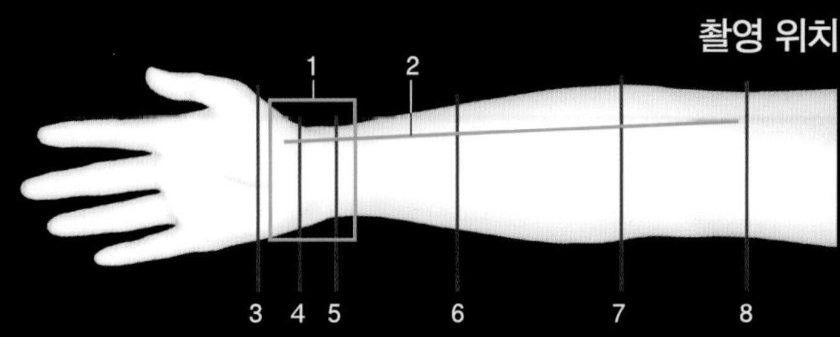
촬영 위치
1
2
3 4 5 6 7 8

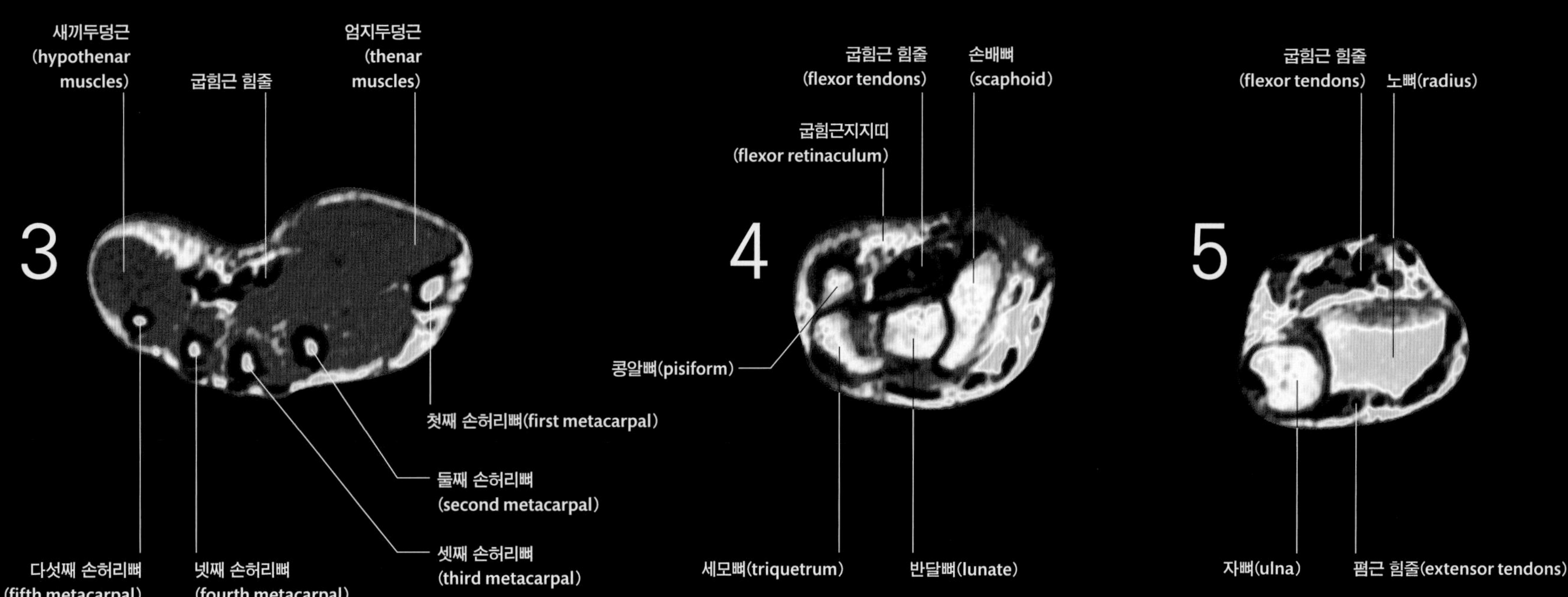
3
새끼두덩근 (hypothenar muscles)
굽힘근 힘줄
엄지두덩근 (thenar muscles)
첫째 손허리뼈(first metacarpal)
둘째 손허리뼈 (second metacarpal)
셋째 손허리뼈 (third metacarpal)
다섯째 손허리뼈 (fifth metacarpal)
넷째 손허리뼈 (fourth metacarpal)
4
굽힘근 힘줄 (flexor tendons)
손배뼈 (scaphoid)
굽힘근지지띠 (flexor retinaculum)
콩알뼈(pisiform)
세모뼈(triquetrum)
반달뼈(lunate)
5
굽힘근 힘줄 (flexor tendons)
노뼈(radius)
자뼈(ulna)
폄근 힘줄(extensor tendons)

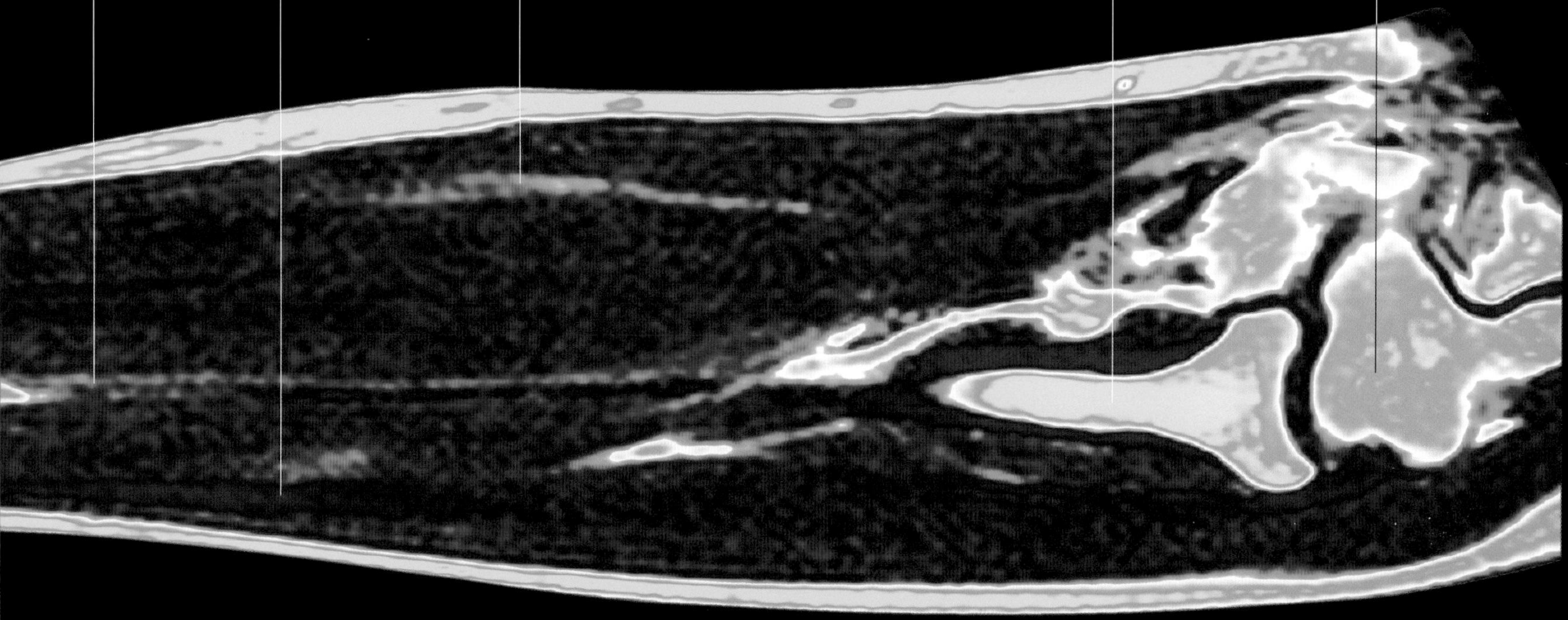

뼈사이막(interosseous membrane)

아래팔의 폄근칸(extensor compartment of forearm)

아래팔의 굽힘근칸(flexor compartment of forearm)

노뼈

위팔뼈

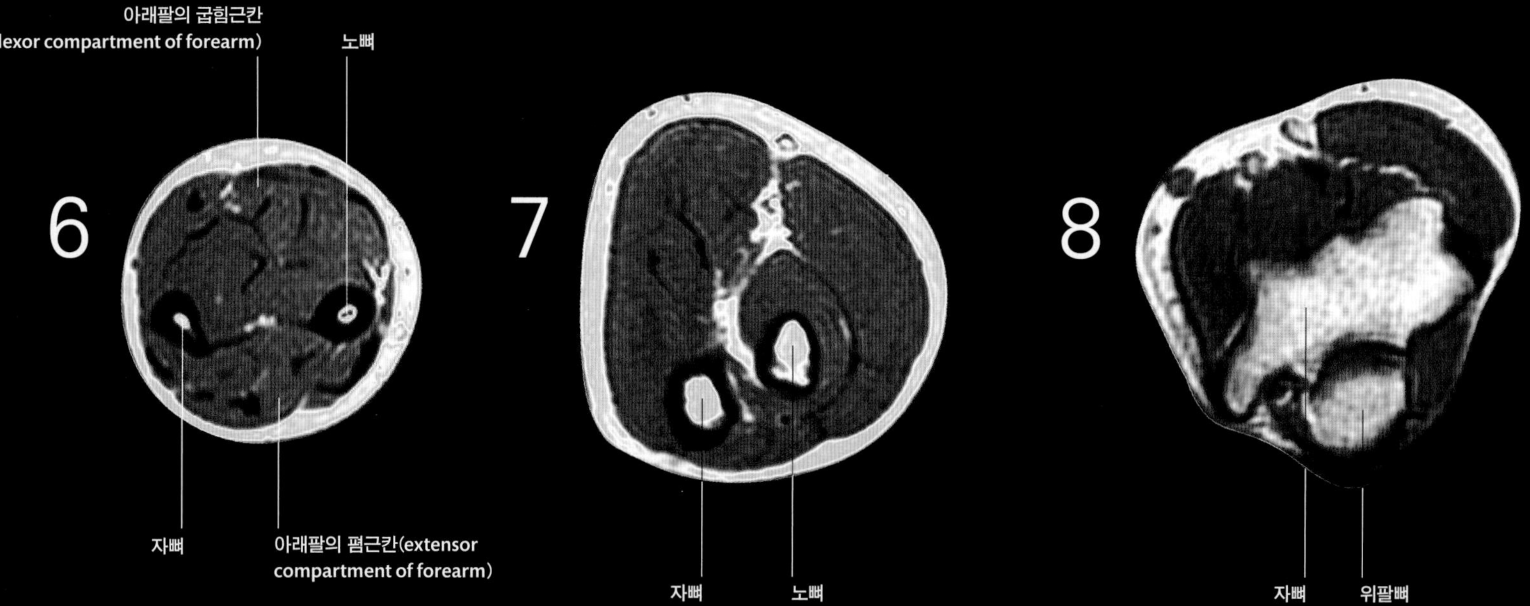
6
아래팔의 굽힘근칸
(flexor compartment of forearm)
노뼈
자뼈
아래팔의 폄근칸(extensor
compartment of forearm)
7
자뼈
노뼈
8
자뼈
위팔뼈

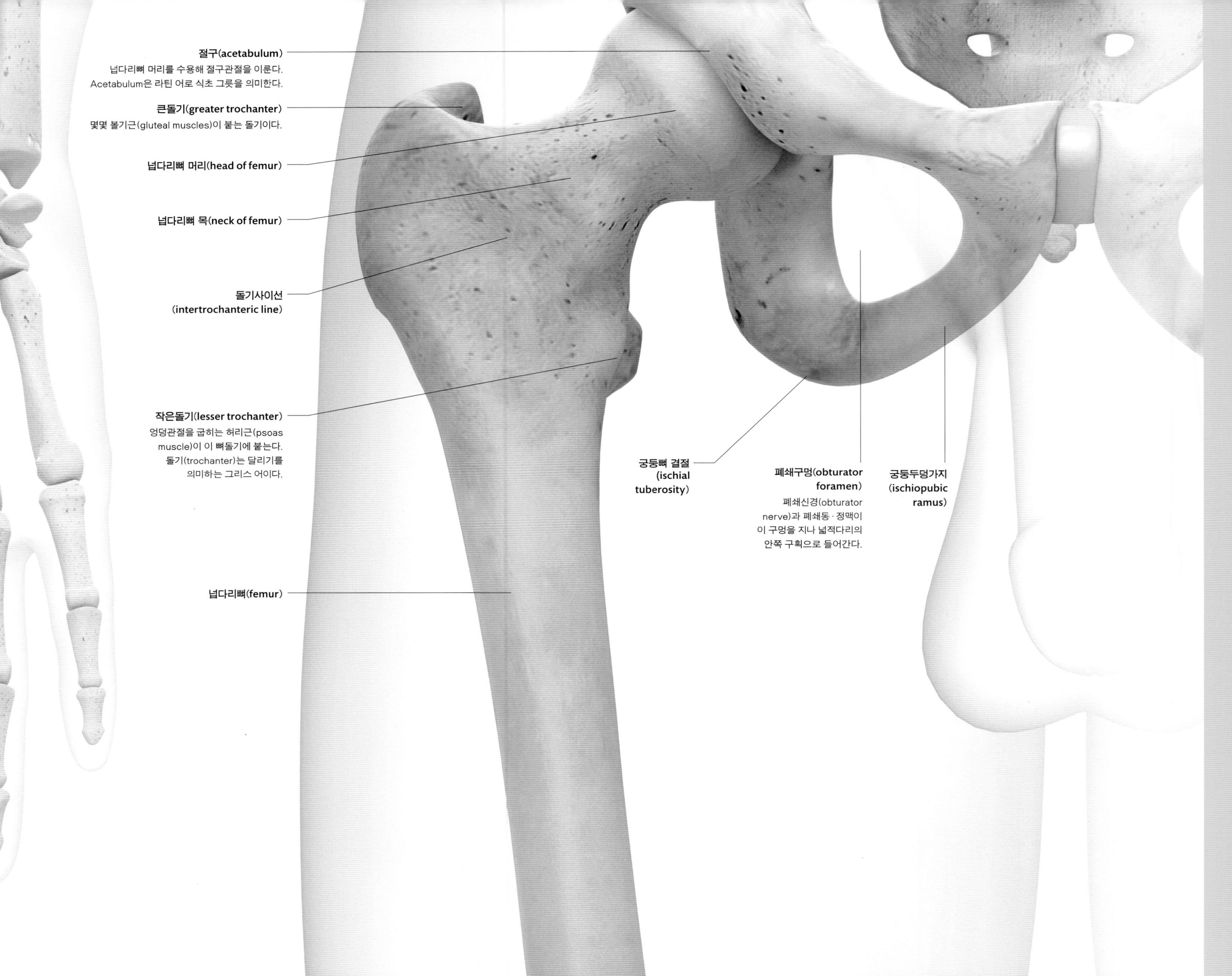

절구(acetabulum)
넙다리뼈 머리를 수용해 절구관절을 이룬다. Acetabulum은 라틴 어로 식초 그릇을 의미한다.
큰돌기(greater trochanter)
몇몇 볼기근(gluteal muscles)이 붙는 돌기이다.
넙다리뼈 머리(head of femur)
넙다리뼈 목(neck of femur)
돌기사이선 (intertrochanteric line)
작은돌기(lesser trochanter)
엉덩관절을 굽히는 허리근(psoas muscle)이 이 뼈돌기에 붙는다. 돌기(trochanter)는 달리기를 의미하는 그리스 어이다.
넙다리뼈(femur)
궁둥뼈 결절 (ischial tuberosity)
폐쇄구멍(obturator foramen)
폐쇄신경(obturator nerve)과 폐쇄동 · 정맥이 이 구멍을 지나 넓적다리의 안쪽 구획으로 들어간다.
궁둥두덩가지 (ischiopubic ramus)

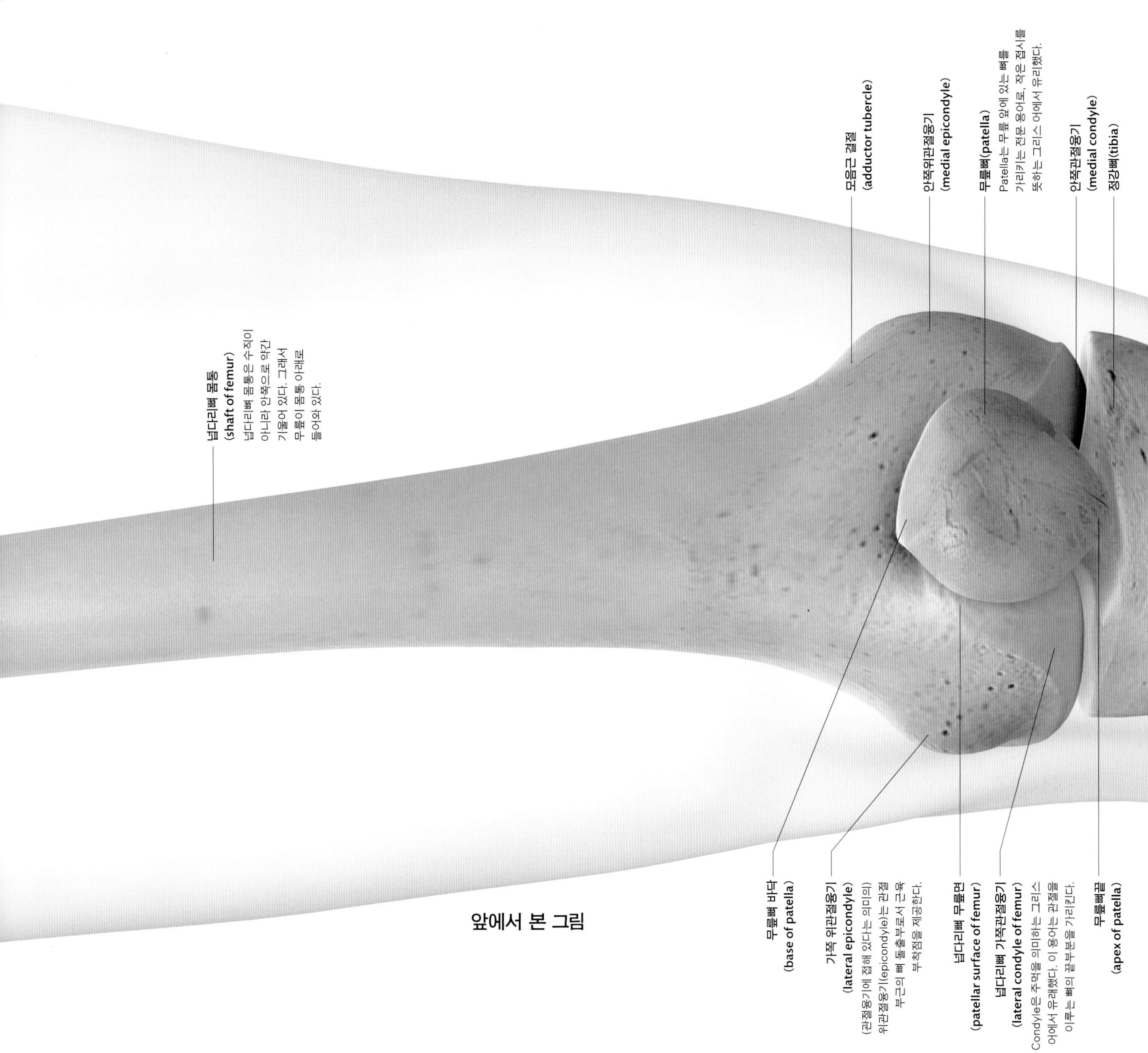
모음근 결절
(adductor tubercle)
안쪽위관절융기
(medial epicondyle)
무릎뼈(patella)
Patella는 무릎 앞에 있는 뼈를 가리키는 전문 용어로, 작은 접시를 뜻하는 그리스 어에서 유래했다.
안쪽관절융기
(medial condyle)
정강뼈(tibia)
넙다리뼈 몸통
(shaft of femur)
넙다리뼈 몸통은 수직이 아니라 안쪽으로 약간 기울어 있다. 그래서 무릎이 몸통 아래로 들어와 있다.
무릎뼈 바닥
(base of patella)
가쪽 위관절융기
(lateral epicondyle)
(관절융기에 접해 있다는 의미의 위관절융기(epicondyle)는 관절 부근의 뼈 돌출부로서 근육 부착점을 제공한다.
넙다리뼈 무릎면
(patellar surface of femur)
넙다리뼈 가쪽관절융기
(lateral condyle of femur)
Condyle은 주먹을 의미하는 그리스 어에서 유래했다. 이 용어는 관절을 이루는 뼈의 끝부분을 가리킨다.
무릎뼈끝
(apex of patella)

앞에서 본 그림

엉덩부위와 넓적다리 **뼈대계통**

다리(하지)는 골반뼈를 통해 척주와 연결되어 있다. 말하자면 이것은 팔을 고정하는 팔이음뼈(shoulder girdle)의 배열보다 훨씬 더 안정된 배열이다. 다리와 골반은 우리가 서 있거나 돌아다닐 때 몸무게를 잘 지탱해야 하기 때문이다. 엉치엉덩관절(sacroiliac joint)은 엉치뼈와 골반 엉덩뼈 사이의 강력한 결합이다. 엉덩관절(hip joint)은 팔이음관절보다 더 깊고 더 안정적인 절구관절(ball-and-socket joint)이다. 넙다리뼈(femur) 목은 넙다리뼈 머리와 둔각을 이루고 있다. 목 앞의 약간 비스듬한 선인 돌기사이선(intertrochanteric line)은 엉덩관절의 섬유피막(fibrous capsule)이 넙다리뼈에 붙는 곳이다.

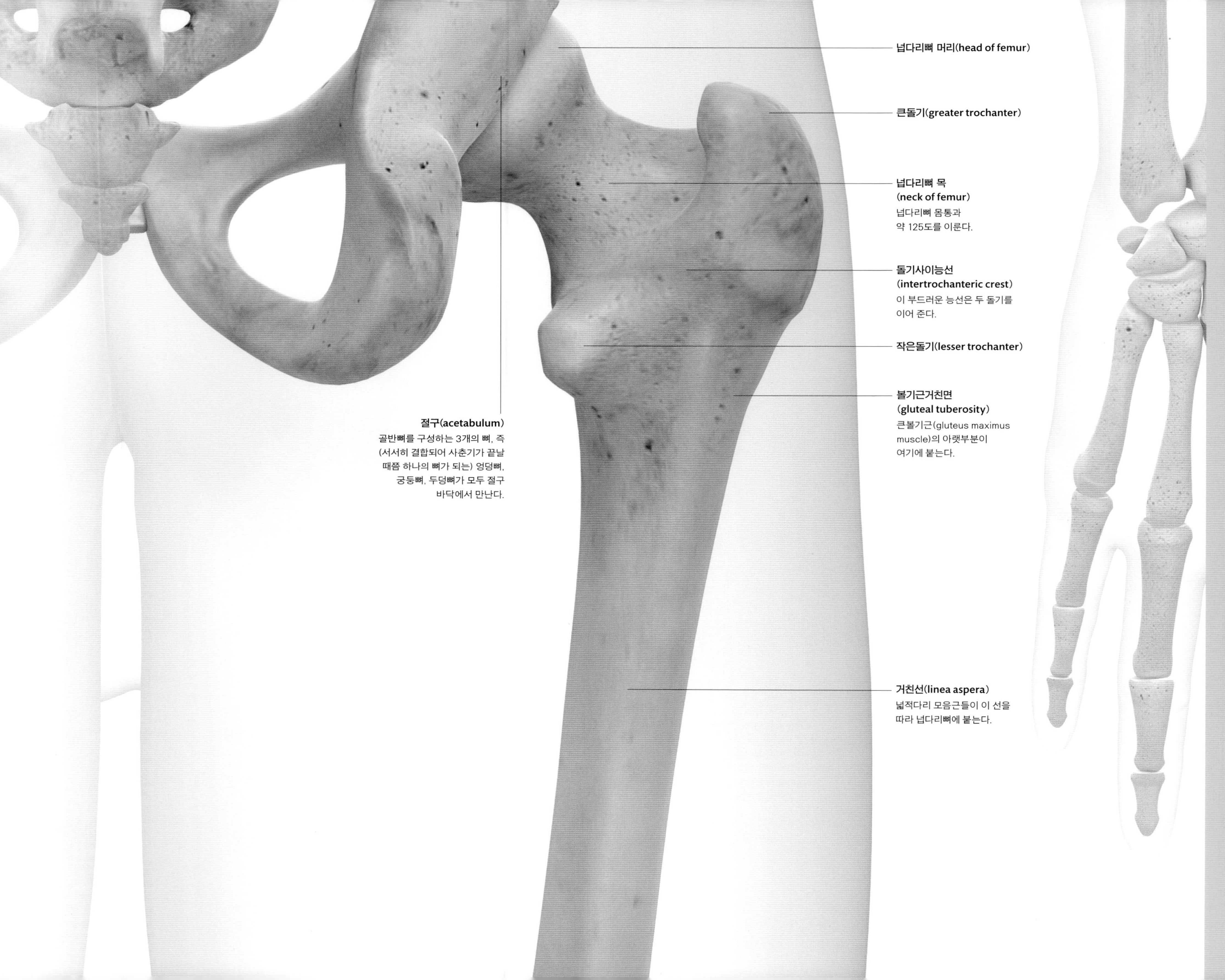
넙다리뼈 머리(head of femur)
큰돌기(greater trochanter)
넙다리뼈 목
(neck of femur)
넙다리뼈 몸통과
약 125도를 이룬다.
돌기사이능선
(intertrochanteric crest)
이 부드러운 능선은 두 돌기를
이어 준다.
작은돌기(lesser trochanter)
볼기근거친면
(gluteal tuberosity)
큰볼기근(gluteus maximus
muscle)의 아랫부분이
여기에 붙는다.
거친선(linea aspera)
넓적다리 모음근들이 이 선을
따라 넙다리뼈에 붙는다.
절구(acetabulum)
골반뼈를 구성하는 3개의 뼈, 즉
(서서히 결합되어 사춘기가 끝날
때쯤 하나의 뼈가 되는) 엉덩뼈,
궁둥뼈, 두덩뼈가 모두 절구
바닥에서 만난다.

엉덩부위와 넓적다리 **뼈대계통**

넙다리뼈 몸통은 원통 모양이고 안에 골수공간(marrow cavity)이 있다. 거친선(linea aspera)은 넙다리뼈 몸통 뒤쪽에서 아래로 달린다. 이 선은 넓적다리 안쪽 모음근들이 넙다리뼈에 붙는 곳이다. 넙다리네갈래근(quadriceps muscle)의 일부도 넙다리뼈 바로 뒤를 감싸고 돌아 거친선에 붙는다. 넙다리뼈는 무릎 쪽 먼 끝이 넓어지면서 정강뼈, 무릎뼈와 함께 무릎관절(knee joint)을 이룬다. 넙다리뼈 먼 끝의 뒤쪽에는 무릎 관절돌기 2개가 두드러져 보인다. 즉 둥근 관절융기 2개가 정강뼈와 관절을 이루고 있다.

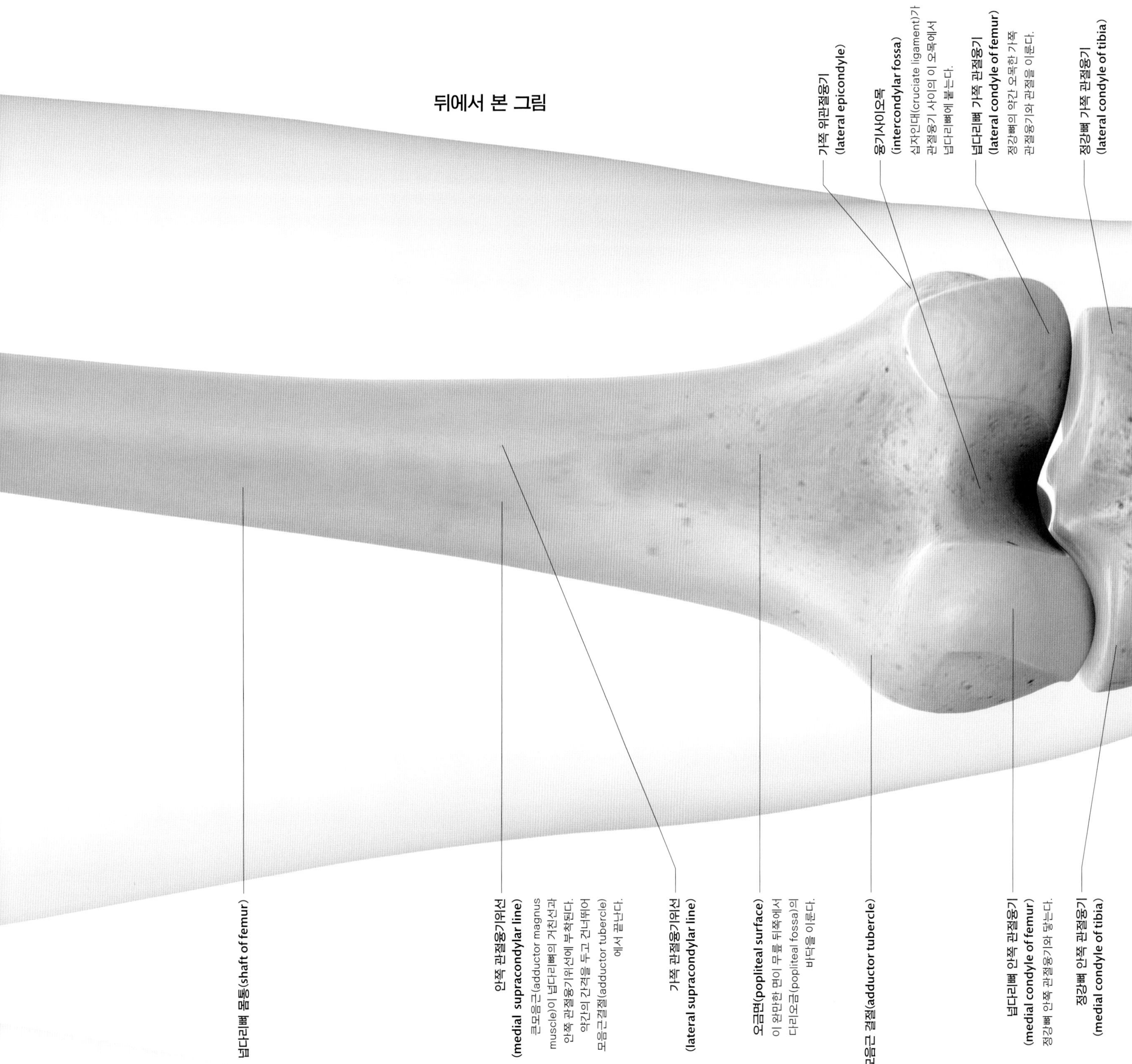
뒤에서 본 그림
가쪽 위관절융기 (lateral epicondyle)
융기사이오목 (intercondylar fossa)
십자인대(cruciate ligament)가 관절융기 사이의 이 오목에서 넙다리뼈에 붙는다.
넙다리뼈 가쪽 관절융기 (lateral condyle of femur)
정강뼈의 약간 오목한 가쪽 관절융기와 관절을 이룬다.
정강뼈 가쪽 관절융기 (lateral condyle of tibia)
넙다리뼈 몸통(shaft of femur)
안쪽 관절융기위선 (medial supracondylar line)
큰모음근(adductor magnus muscle)이 넙다리뼈의 거친선과 안쪽 관절융기위선에 부착된다. 약간의 간격을 두고 건너뛰어 모음근결절(adductor tubercle)에서 끝난다.
가쪽 관절융기위선 (lateral supracondylar line)
오금면(popliteal surface)
이 완만한 면이 무릎 뒤쪽에서 다리오금(popliteal fossa)의 바닥을 이룬다.
모음근 결절(adductor tubercle)
넙다리뼈 안쪽 관절융기 (medial condyle of femur)
정강뼈 안쪽 관절융기와 닿는다.
정강뼈 안쪽 관절융기 (medial condyle of tibia)

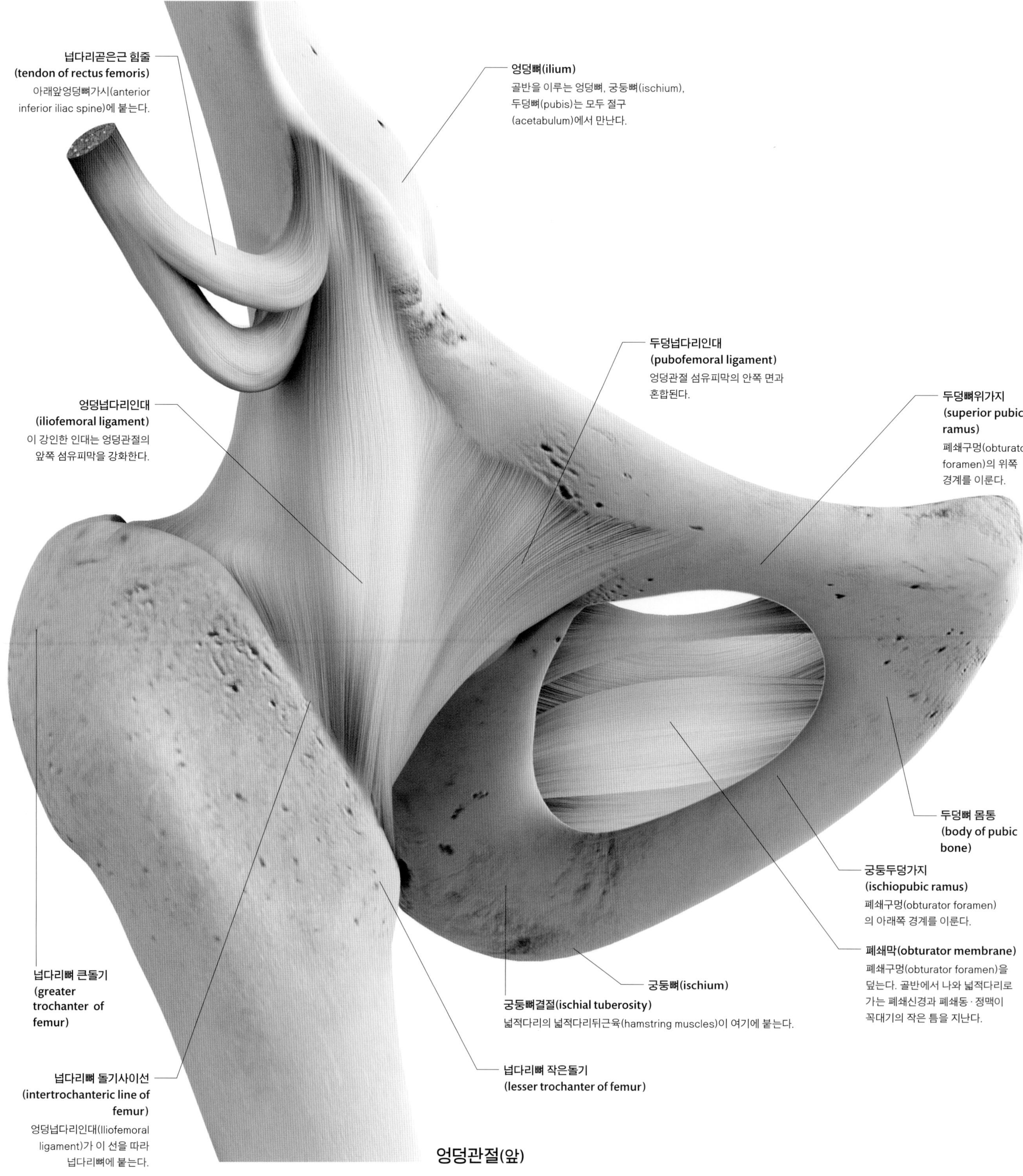
넙다리곧은근 힘줄
(tendon of rectus femoris)
아래앞엉덩뼈가시(anterior inferior iliac spine)에 붙는다.
엉덩뼈(ilium)
골반을 이루는 엉덩뼈, 궁둥뼈(ischium), 두덩뼈(pubis)는 모두 절구 (acetabulum)에서 만난다.
두덩넙다리인대
(pubofemoral ligament)
엉덩관절 섬유피막의 안쪽 면과 혼합된다.
두덩뼈위가지
(superior pubic ramus)
폐쇄구멍(obturator foramen)의 위쪽 경계를 이룬다.
엉덩넙다리인대
(iliofemoral ligament)
이 강인한 인대는 엉덩관절의 앞쪽 섬유피막을 강화한다.
두덩뼈 몸통
(body of pubic bone)
궁둥두덩가지
(ischiopubic ramus)
폐쇄구멍(obturator foramen)의 아래쪽 경계를 이룬다.
폐쇄막(obturator membrane)
폐쇄구멍(obturator foramen)을 덮는다. 골반에서 나와 넓적다리로 가는 폐쇄신경과 폐쇄동·정맥이 꼭대기의 작은 틈을 지난다.
넙다리뼈 큰돌기
(greater trochanter of femur)
궁둥뼈(ischium)
궁둥뼈결절(ischial tuberosity)
넓적다리의 넓적다리뒤근육(hamstring muscles)이 여기에 붙는다.
넙다리뼈 돌기사이선
(intertrochanteric line of femur)
엉덩넙다리인대(Iliofemoral ligament)가 이 선을 따라 넙다리뼈에 붙는다.
넙다리뼈 작은돌기
(lesser trochanter of femur)

엉덩관절(앞)

엉덩부위와 넓적다리 **뼈대계통**

엉덩관절(hip joint)은 매우 안정적이다. 엉덩관절의 오목한 관절면은 절구(acetabulum)로 이루어져 있다. 이 절구는 절구테두리(acetabular labrum)와 가로돌기인대(transverse ligament)가 덧붙어서 관절면이 깊다. 엉덩관절의 섬유피막은 절구테두리에서 일어나 넙다리뼈 목에 가서 붙는다. 이것은 넙다리뼈 목에서 일어나 골반에 붙는 인대들에 의해 보강된다. 앞쪽에 엉덩넙다리인대(iliofemoral ligament)와 두덩넙다리인대(pubofemoral ligament)가 있고, 뒤쪽에 궁둥넙다리인대(ischiofemoral ligament)가 있다. 관절주머니 안의 작은 인대는 볼기뼈 절구의 가장자리에서 일어나 넙다리뼈 머리에 붙는다.

엉덩관절은 체중 부하가 많이 걸리는 큰 관절이어서 뼈관절염(osteoarthritis)이 흔하게 일어난다. 엉덩관절은 안정된 관절이어서 탈구되는 경우는 드물다. 엉덩관절 탈구는 상당한 힘이 가해져야만 일어나기 때문에 대개 골반골절을 동반한다.

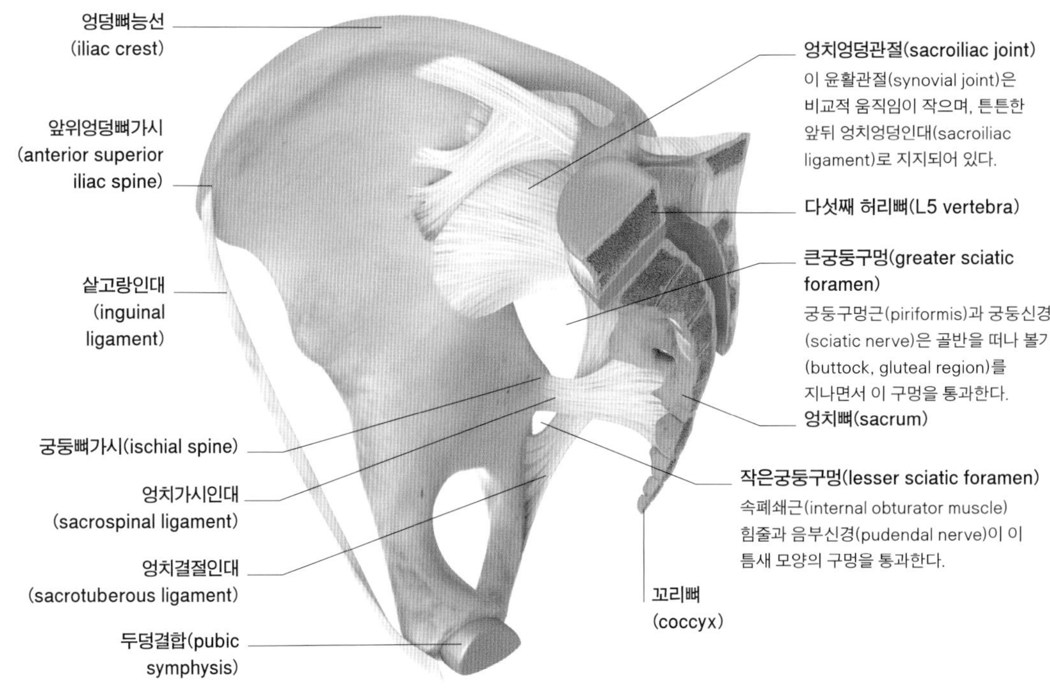
엉덩뼈능선 (iliac crest)
앞위엉덩뼈가시 (anterior superior iliac spine)
샅고랑인대 (inguinal ligament)
궁둥뼈가시(ischial spine)
엉치가시인대 (sacrospinal ligament)
엉치결절인대 (sacrotuberous ligament)
두덩결합(pubic symphysis)
엉치엉덩관절(sacroiliac joint)
이 윤활관절(synovial joint)은 비교적 움직임이 작으며, 튼튼한 앞뒤 엉치엉덩인대(sacroiliac ligament)로 지지되어 있다.
다섯째 허리뼈(L5 vertebra)
큰궁둥구멍(greater sciatic foramen)
궁둥구멍근(piriformis)과 궁둥신경(sciatic nerve)은 골반을 떠나 볼기(buttock, gluteal region)를 지나면서 이 구멍을 통과한다.
엉치뼈(sacrum)
작은궁둥구멍(lesser sciatic foramen)
속폐쇄근(internal obturator muscle) 힘줄과 음부신경(pudendal nerve)이 이 틈새 모양의 구멍을 통과한다.
꼬리뼈 (coccyx)
다리이음뼈(pelvic girdle)

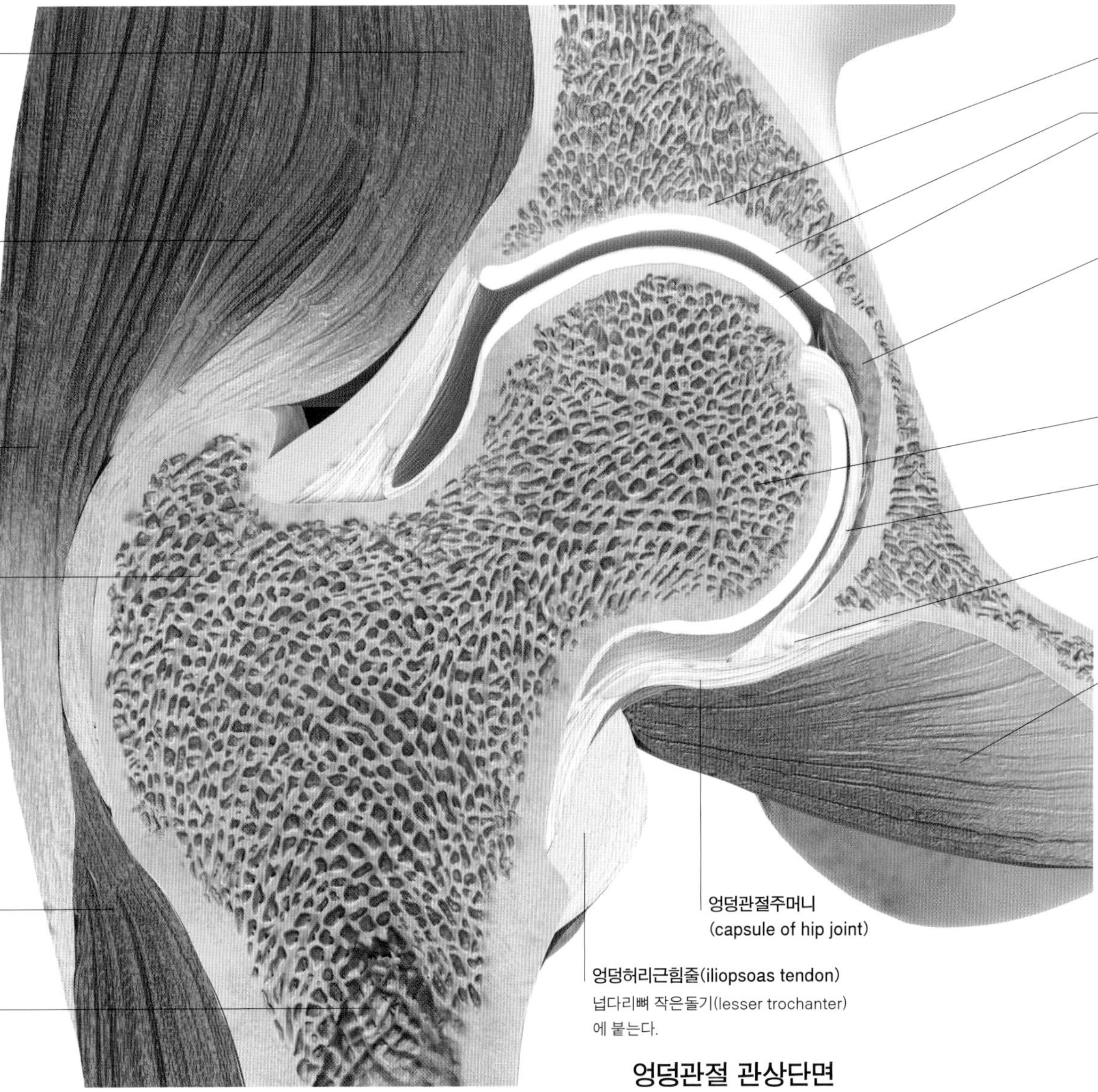

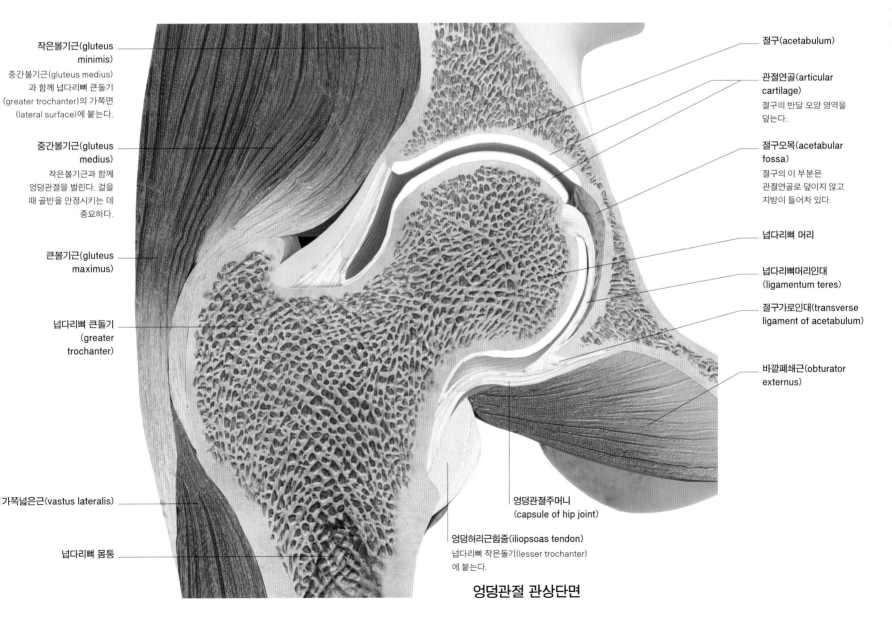

작은볼기근(gluteus minimis)
중간볼기근(gluteus medius)과 함께 넙다리뼈 큰돌기(greater trochanter)의 가쪽면(lateral surface)에 붙는다.

중간볼기근(gluteus medius)
작은볼기근과 함께 엉덩관절을 벌린다. 걸을 때 골반을 안정시키는 데 중요하다.

큰볼기근(gluteus maximus)

넙다리뼈 큰돌기 (greater trochanter)

가쪽넓은근(vastus lateralis)

넙다리뼈 몸통

절구(acetabulum)

관절연골(articular cartilage)
절구의 반달 모양 영역을 덮는다.

절구오목(acetabular fossa)
절구의 이 부분은 관절연골로 덮이지 않고 지방이 들어차 있다.

넙다리뼈 머리

넙다리뼈머리인대 (ligamentum teres)

절구가로인대(transverse ligament of acetabulum)

바깥폐쇄근(obturator externus)

엉덩관절주머니 (capsule of hip joint)

엉덩허리근힘줄(iliopsoas tendon)
넙다리뼈 작은돌기(lesser trochanter)에 붙는다.

엉덩관절 관상단면

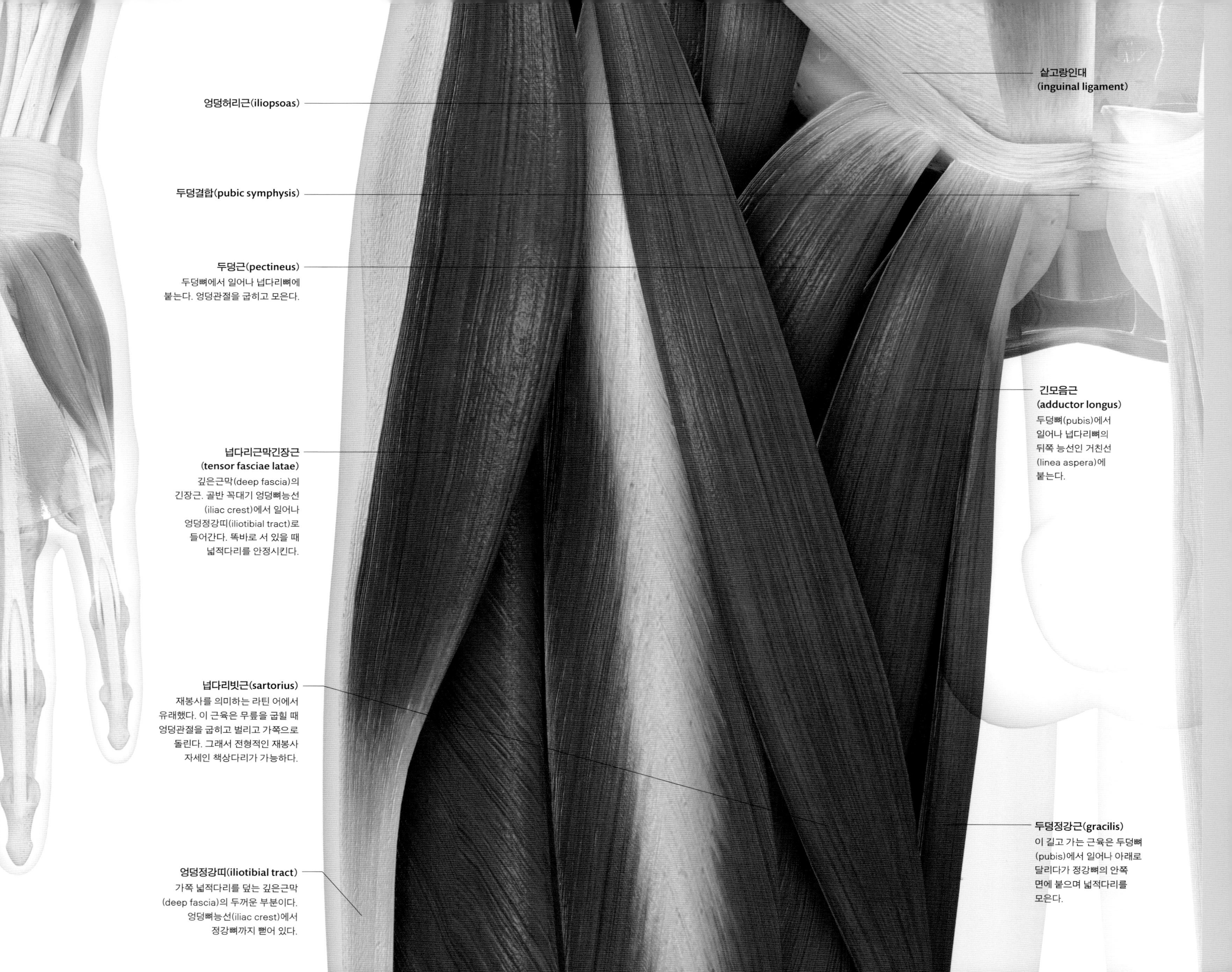
엉덩허리근(iliopsoas)
두덩결합(pubic symphysis)
두덩근(pectineus)
두덩뼈에서 일어나 넙다리뼈에 붙는다. 엉덩관절을 굽히고 모은다.
넙다리근막긴장근
(tensor fasciae latae)
깊은근막(deep fascia)의 긴장근. 골반 꼭대기 엉덩뼈능선(iliac crest)에서 일어나 엉덩정강띠(iliotibial tract)로 들어간다. 똑바로 서 있을 때 넓적다리를 안정시킨다.
넙다리빗근(sartorius)
재봉사를 의미하는 라틴 어에서 유래했다. 이 근육은 무릎을 굽힐 때 엉덩관절을 굽히고 벌리고 가쪽으로 돌린다. 그래서 전형적인 재봉사 자세인 책상다리가 가능하다.
엉덩정강띠(iliotibial tract)
가쪽 넓적다리를 덮는 깊은근막(deep fascia)의 두꺼운 부분이다. 엉덩뼈능선(iliac crest)에서 정강뼈까지 뻗어 있다.
샅고랑인대
(inguinal ligament)
긴모음근
(adductor longus)
두덩뼈(pubis)에서 일어나 넙다리뼈의 뒤쪽 능선인 거친선(linea aspera)에 붙는다.
두덩정강근(gracilis)
이 길고 가는 근육은 두덩뼈(pubis)에서 일어나 아래로 달리다가 정강뼈의 안쪽 면에 붙으며 넓적다리를 모은다.

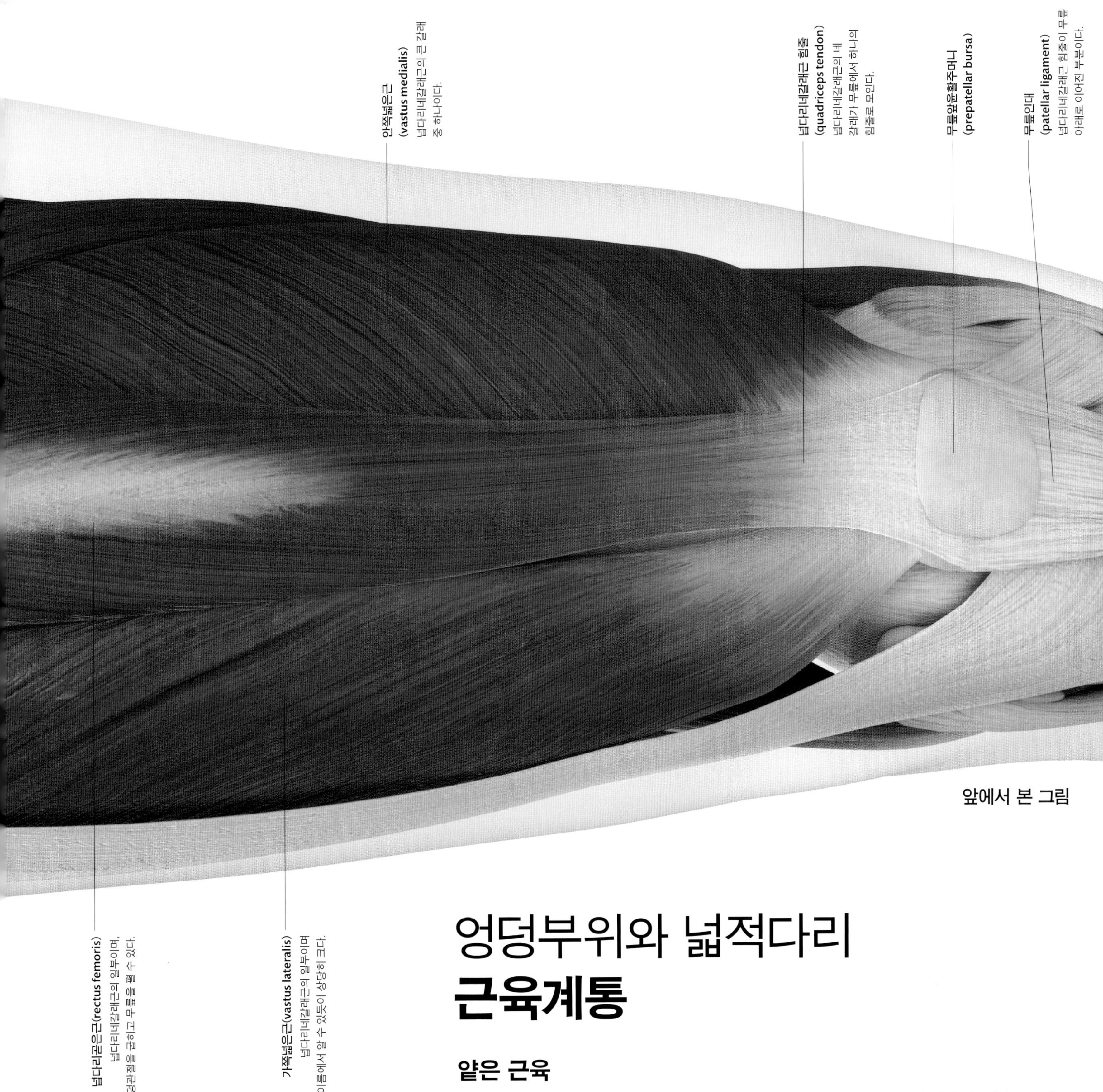
안쪽넓은근
(vastus medialis)
넙다리네갈래근의 큰 갈래
중 하나이다.
넙다리네갈래근 힘줄
(quadriceps tendon)
넙다리네갈래근의 네
갈래가 무릎에서 하나의
힘줄로 모인다.
무릎앞윤활주머니
(prepatellar bursa)
무릎인대
(patellar ligament)
넙다리네갈래근 힘줄이 무릎
아래로 이어진 부분이다.
넙다리곧은근(rectus femoris)
넙다리네갈래근의 일부이며,
엉덩관절을 굽히고 무릎을 펼 수 있다.
가쪽넓은근(vastus lateralis)
넙다리네갈래근의 일부이며
이름에서 알 수 있듯이 상당히 크다.

앞에서 본 그림

엉덩부위와 넓적다리 **근육계통**

얕은 근육

다리 앞쪽의 근육 덩어리 대부분은 넙다리네갈래근(quadriceps femoris)이다. 네 갈래 가운데 세 갈래, 즉 넙다리곧은근(rectus femoris), 가쪽넓은근(vastus lateralis), 안쪽넓은근(vastus medialis)은 넓적다리를 얕게 해부했을 때 볼 수 있다. 넙다리네갈래근은 무릎을 펼 수 있을 뿐만 아니라, 엉덩관절도 굽힐 수 있다. 넙다리네갈래근이 엉덩관절 위 골반에 붙어 있기 때문이다. 무릎뼈는 넙다리네갈래근 힘줄 속에 들어 있어서 이 힘줄이 손상되지 않게 보호하며 무릎을 펼 때 이 근육의 지레 역할도 한다. 무릎뼈 아래로 뻗은 네갈래근 힘줄 가운데 일부는 흔히 무릎인대로 불린다. 반사망치로 이 인대를 두드리면 '무릎 반사'라는 넙다리네갈래근 수축이 일어난다.

큰볼기근
(gluteus maximus)
이 커다란 근육은 엉덩뼈 뒤쪽에서 일어나 엉덩정강띠(iliotibial tract)와 넙다리뼈 볼기근거친면(gluteal tuberosity)에 붙는다. 엉관절을 펴고 굽히는 역할을 한다.
엉덩정강띠(iliotibial tract)
결합조직으로 이루어진 이 질긴 막은 엉덩뼈능선(iliac crest)에서 일어나 정강뼈 윗부분까지 뻗어 있다. 서 있는 자세일 때 큰볼기근(gluteus maximus)이 이 띠를 잡아당겨 엉덩관절과 무릎을 긴장시킨다.
가쪽넓은근
(vastus lateralis)
넙다리두갈래근(biceps femoris) 긴 갈래
이 두 갈래 근육은 넓적다리뒤근육 가운데 하나이다. 다른 넓적다리뒤근육으로는 반막근(semimembranosus)과 반힘줄근(semitendinosus)이 있다.
반힘줄근(semitendinosus)
이 근육은 힘줄이 길어서 전체 길이의 대략 절반이나 된다. 넓적다리뒤근육 가운데 하나이다.
큰모음근
(adductor magnus)
두덩정강근(gracilis)

엉덩부위와 넓적다리 **근육계통**

얕은 근육

엉덩부위와 넓적다리의 뒤쪽을 얇게 해부하면 큰볼기근(gluteus maximus), 엉덩관절 폄근(extensor of hip joint), 3개의 넓적다리뒤근육(hamstring muscles)이 드러난다. 큰볼기근은 다리를 뒤로 돌리면서 엉덩관절을 편다. 일반적인 걸음걸이로 걸을 때에는 사실상 관여하지 않지만, 달릴 때 매우 중요한 역할을 한다. 바닥에 앉았다 일어서거나 계단을 오를 때처럼 엉덩관절이 굽혀진 자세에서 엉덩부위가 펴질 때도 중요한 역할을 한다. 넓적다리뒤근육인 반막근(semimembranosus), 반힘줄근(semitendinosus), 그리고 넙다리두갈래근(biceps femoris muscles)은 골반 궁둥뼈결절(ischial tuberosity)에서 일어나 넓적다리 뒤쪽으로 내려가 정강뼈와 종아리뼈에 붙는다. 이들은 무릎의 주요 폄근이다.

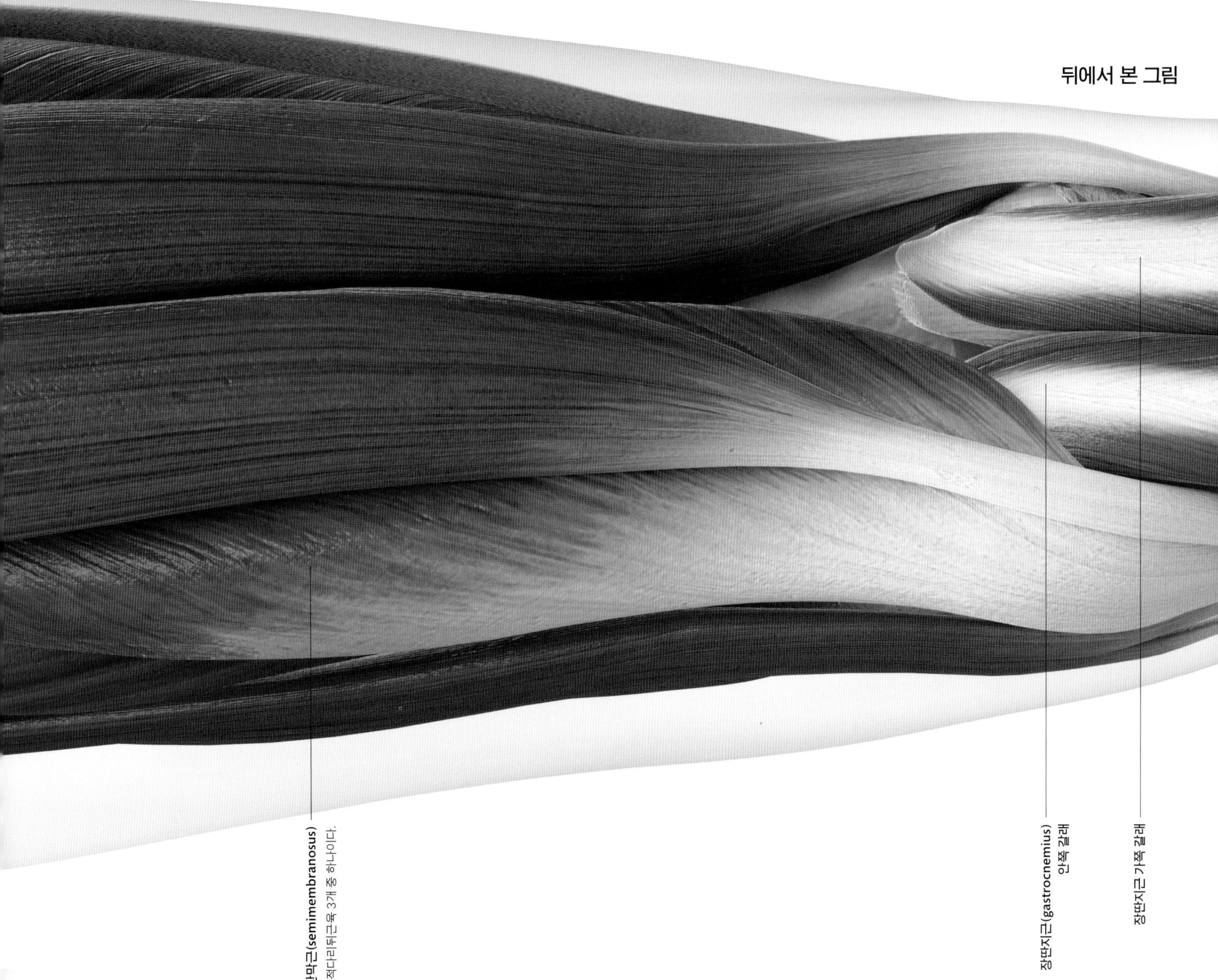
뒤에서 본 그림
반막근(semimembranosus)
넓적다리뒤근육 3개 중 하나이다.
장딴지근(gastrocnemius)
안쪽 갈래
장딴지근 가쪽 갈래

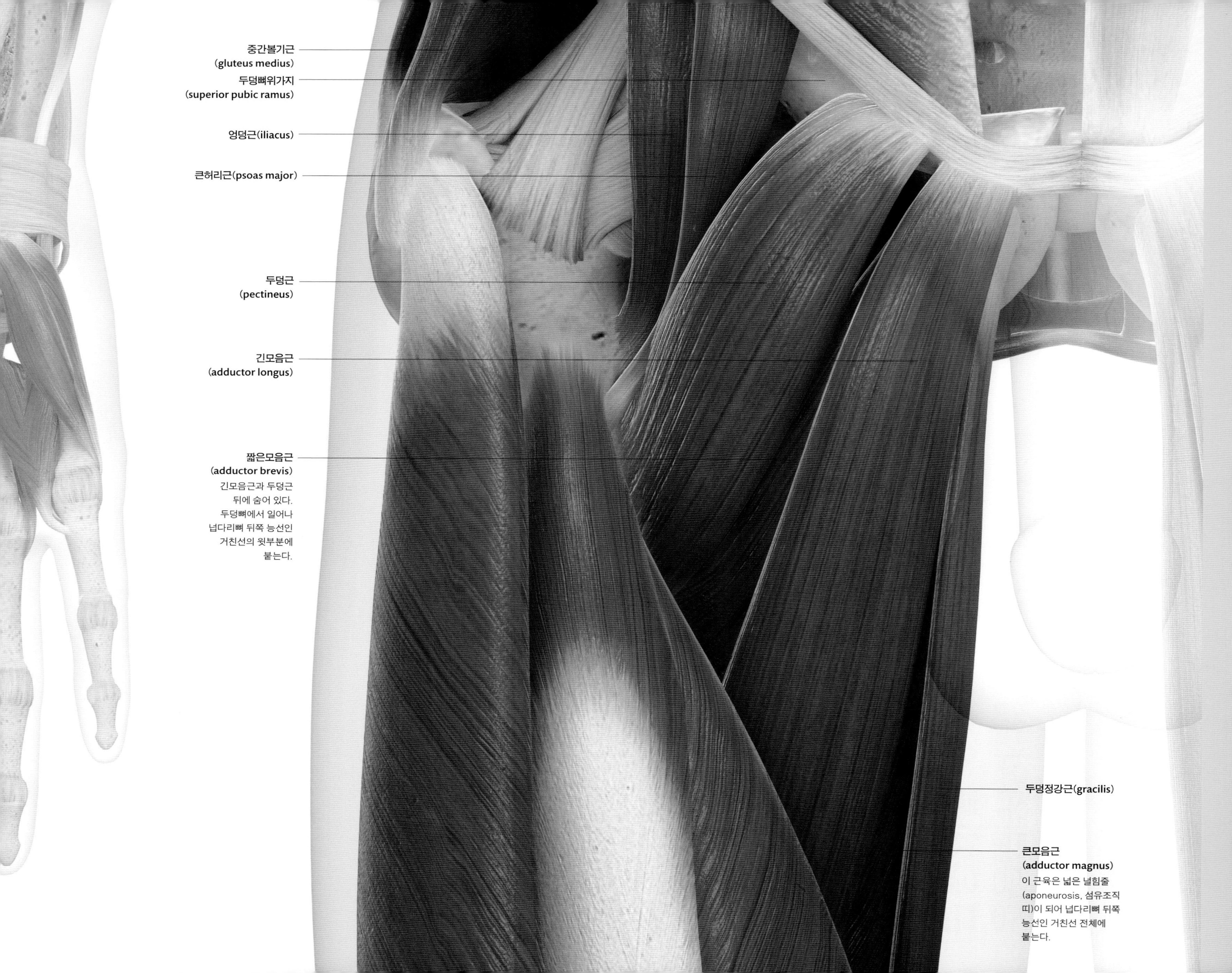

중간볼기근
(gluteus medius)
두덩뼈위가지
(superior pubic ramus)
엉덩근(iliacus)
큰허리근(psoas major)
두덩근
(pectineus)
긴모음근
(adductor longus)
짧은모음근
(adductor brevis)
긴모음근과 두덩근 뒤에 숨어 있다. 두덩뼈에서 일어나 넙다리뼈 뒤쪽 능선인 거친선의 윗부분에 붙는다.
두덩정강근(gracilis)
큰모음근
(adductor magnus)
이 근육은 넓은 널힘줄(aponeurosis, 섬유조직 띠)이 되어 넙다리뼈 뒤쪽 능선인 거친선 전체에 붙는다.

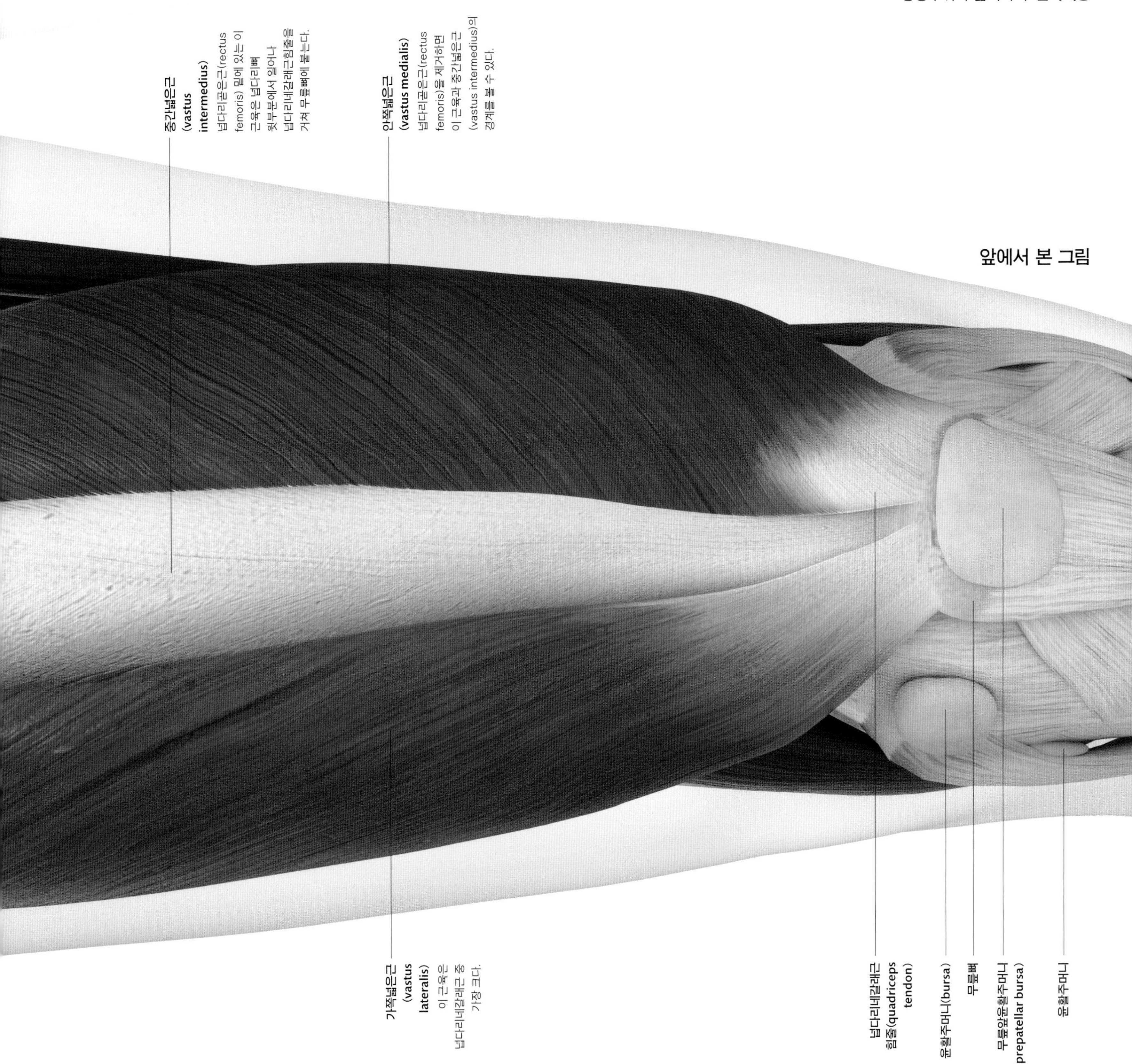
중간넓은근
(vastus
intermedius)
넙다리곧은근(rectus femoris) 밑에 있는 이 근육은 넙다리뼈 윗부분에서 일어나 넙다리네갈래근힘줄을 거쳐 무릎뼈에 붙는다.
안쪽넓은근
(vastus medialis)
넙다리곧은근(rectus femoris)을 제거하면 이 근육과 중간넓은근(vastus intermedius)의 경계를 볼 수 있다.
앞에서 본 그림
가쪽넓은근
(vastus
lateralis)
이 근육은 넙다리네갈래근 중 가장 크다.
넙다리네갈래근
힘줄(quadriceps
tendon)
윤활주머니(bursa)
무릎뼈
무릎앞윤활주머니
(prepatellar bursa)
윤활주머니

엉덩부위와 넓적다리 **근육계통**

깊은 근육

넙다리곧은근(rectus femoris muscle)과 넙다리빗근(sartorius muscle)을 벗겨내면 넙다리네갈래근의 깊은 넷째 갈래인 중간넓은근(vastus intermedius)을 볼 수 있다. 길고 가는 두덩정강근(gracilis)을 비롯해 넓적다리를 모으는 모음근도 선명하게 볼 수 있다. 가장 커다란 모음근인 큰모음근(adductor magnus)은 힘줄에 구멍이 나 있다. 그 구멍으로 다리의 주요 동맥인 넙다리동맥(femoral artery)이 지나간다. 큰모음근 힘줄은 골반의 두덩뼈와 궁둥뼈에서 일어난다. '샅굴부위 당김(groin pulls)'이라는 운동 손상은 대개 이 힘줄이 째지는 부상이다.

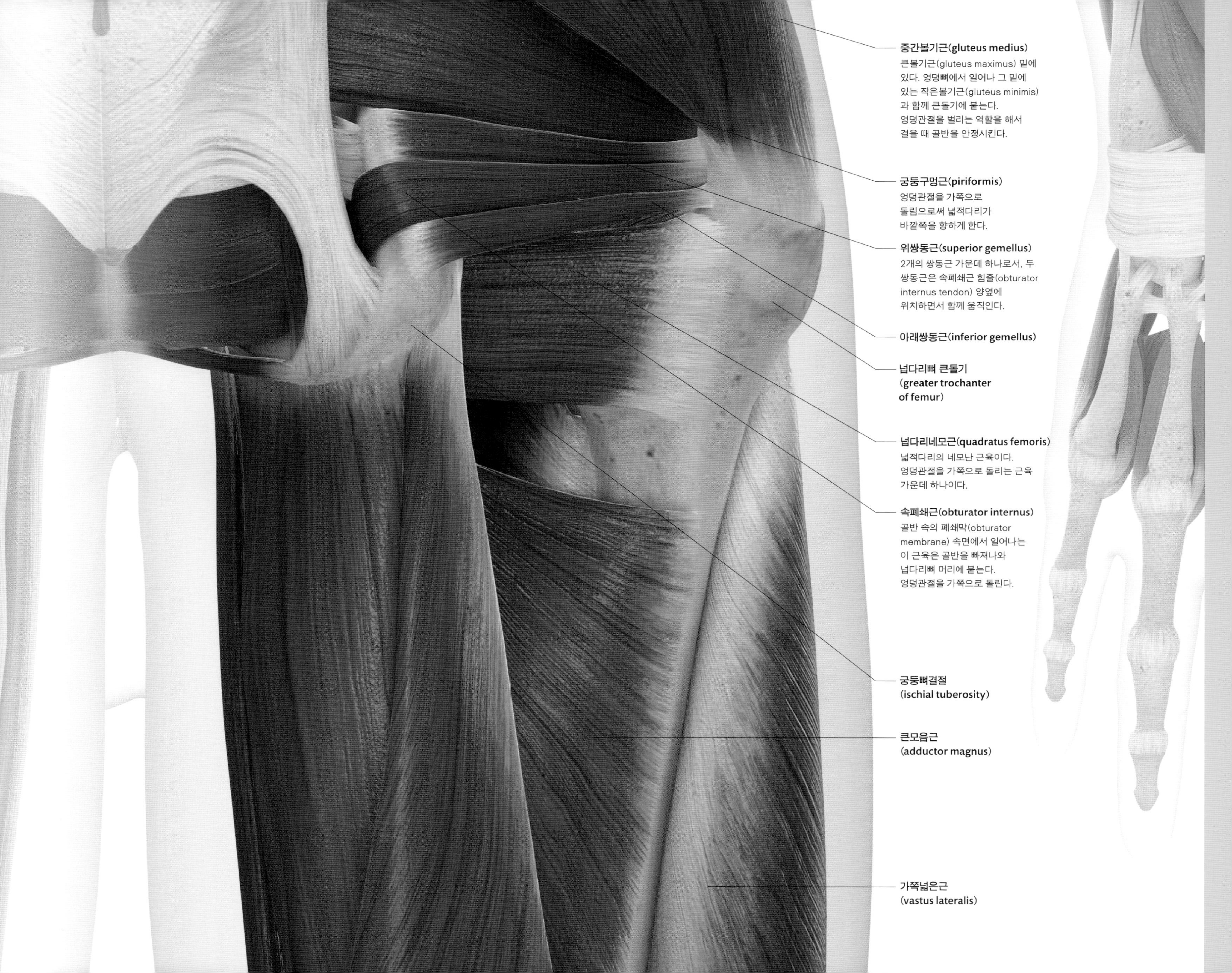

중간볼기근(gluteus medius)
큰볼기근(gluteus maximus) 밑에 있다. 엉덩뼈에서 일어나 그 밑에 있는 작은볼기근(gluteus minimis)과 함께 큰돌기에 붙는다. 엉덩관절을 벌리는 역할을 해서 걸을 때 골반을 안정시킨다.
궁둥구멍근(piriformis)
엉덩관절을 가쪽으로 돌림으로써 넓적다리가 바깥쪽을 향하게 한다.
위쌍동근(superior gemellus)
2개의 쌍동근 가운데 하나로서, 두 쌍동근은 속폐쇄근 힘줄(obturator internus tendon) 양옆에 위치하면서 함께 움직인다.
아래쌍동근(inferior gemellus)
넙다리뼈 큰돌기 (greater trochanter of femur)
넙다리네모근(quadratus femoris)
넓적다리의 네모난 근육이다. 엉덩관절을 가쪽으로 돌리는 근육 가운데 하나이다.
속폐쇄근(obturator internus)
골반 속의 폐쇄막(obturator membrane) 속면에서 일어나는 이 근육은 골반을 빠져나와 넙다리뼈 머리에 붙는다. 엉덩관절을 가쪽으로 돌린다.
궁둥뼈결절 (ischial tuberosity)
큰모음근 (adductor magnus)
가쪽넓은근 (vastus lateralis)

엉덩부위와 넓적다리 **근육계통**

깊은 근육

엉덩이 뒤쪽에서 큰볼기근(gluteus maximus)을 제거하면 엉덩이를 가쪽으로 돌리는 짧은 근육들이 선명하게 드러난다. 궁둥구멍근(piriformis muscle), 속폐쇄근(obturator internus muscle)과 넙다리네모근(quadratus femoris muscle)이 거기에 해당한다. 넙다리두갈래근(biceps femoris)의 긴 갈래를 제거하면 넙다리뼈 뒤쪽 거친선에 붙어 있는 짧은 갈래를 볼 수 있다. 반힘줄근(semitendinosus muscle)을 제거하면 그 밑에 윗부분이 넓적한 막처럼 생긴 반막근(semimembranosus)이 나타난다. 오금근(popliteus muscle)도 무릎관절 뒤쪽에서 보인다. 무릎 주변의 많은 윤활주머니 가운데 하나도 함께 보인다.

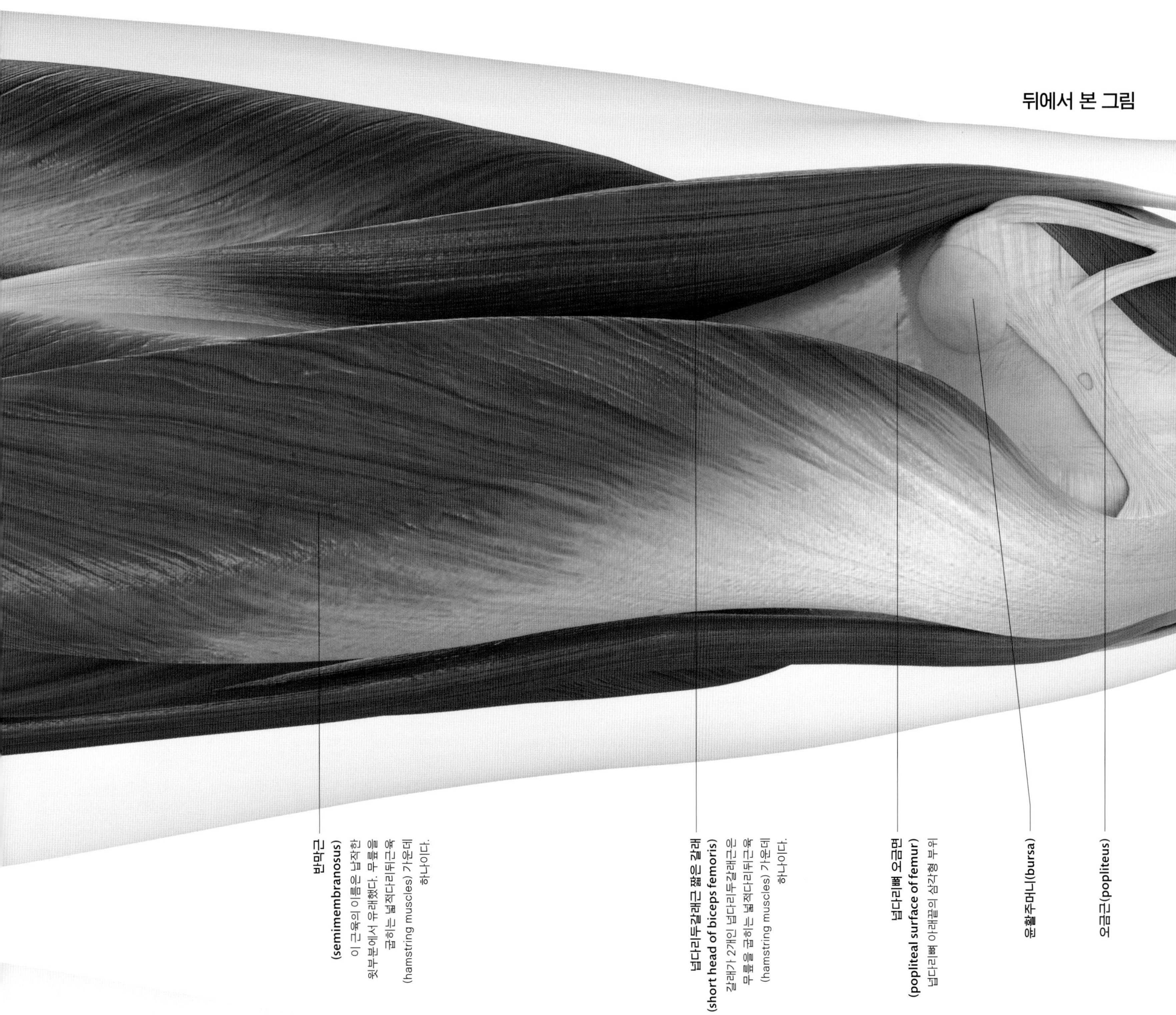
뒤에서 본 그림
반막근
(semimembranosus)
이 근육의 이름은 납작한 윗부분에서 유래했다. 무릎을 굽히는 넓적다리뒤근육(hamstring muscles) 가운데 하나이다.
넙다리두갈래근 짧은 갈래
(short head of biceps femoris)
갈래가 2개인 넙다리두갈래근은 무릎을 굽히는 넓적다리뒤근육(hamstring muscles) 가운데 하나이다.
넙다리뼈 오금면
(popliteal surface of femur)
넙다리뼈 아래끝의 삼각형 부위
윤활주머니(bursa)
오금근(popliteus)

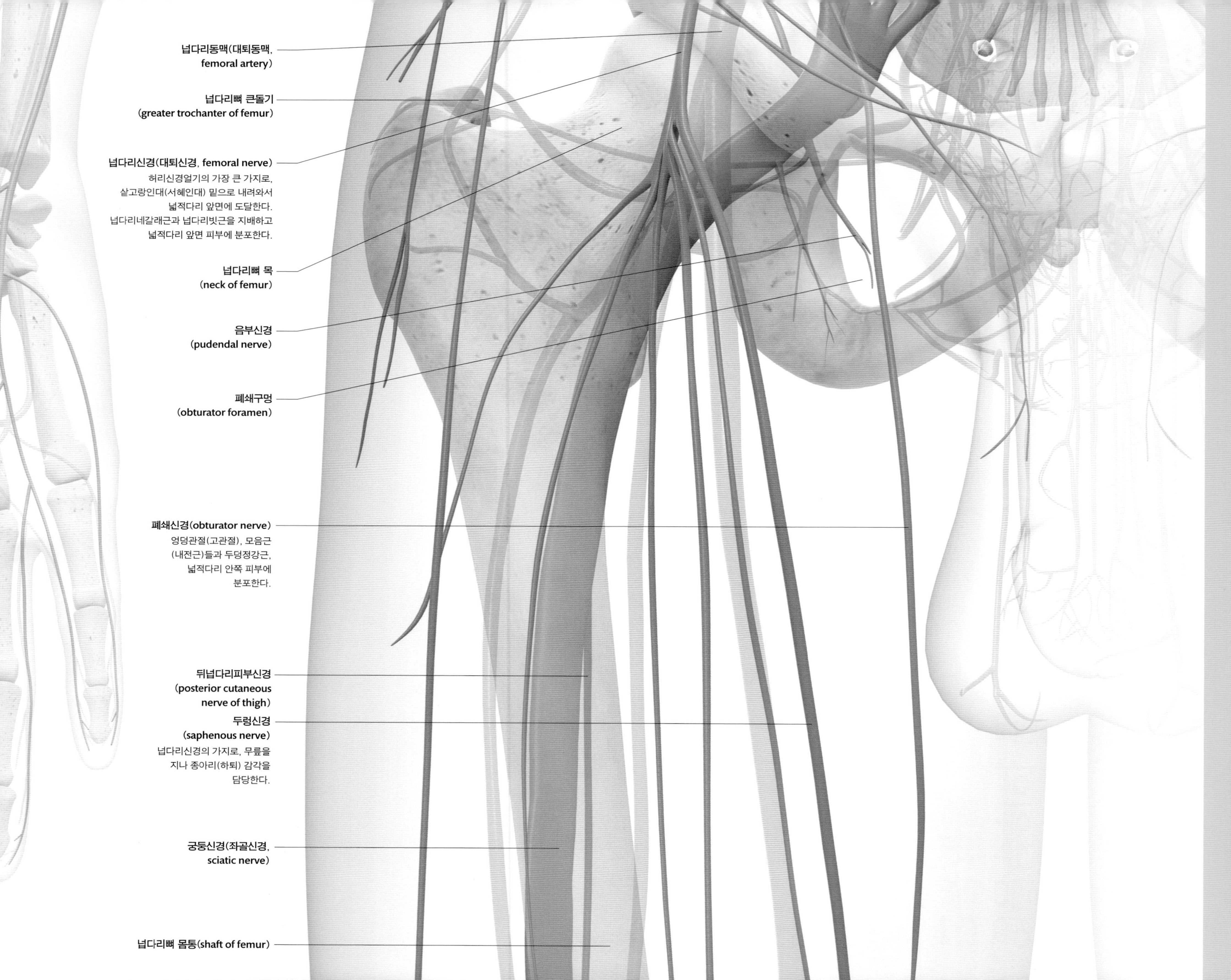
넙다리동맥(대퇴동맥,
femoral artery)
넙다리뼈 큰돌기
(greater trochanter of femur)
넙다리신경(대퇴신경, femoral nerve)
허리신경얼기의 가장 큰 가지로,
샅고랑인대(서혜인대) 밑으로 내려와서
넓적다리 앞면에 도달한다.
넙다리네갈래근과 넙다리빗근을 지배하고
넓적다리 앞면 피부에 분포한다.
넙다리뼈 목
(neck of femur)
음부신경
(pudendal nerve)
폐쇄구멍
(obturator foramen)
폐쇄신경(obturator nerve)
엉덩관절(고관절), 모음근
(내전근)들과 두덩정강근,
넓적다리 안쪽 피부에
분포한다.
뒤넙다리피부신경
(posterior cutaneous
nerve of thigh)
두렁신경
(saphenous nerve)
넙다리신경의 가지로, 무릎을
지나 종아리(하퇴) 감각을
담당한다.
궁둥신경(좌골신경,
sciatic nerve)
넙다리뼈 몸통(shaft of femur)

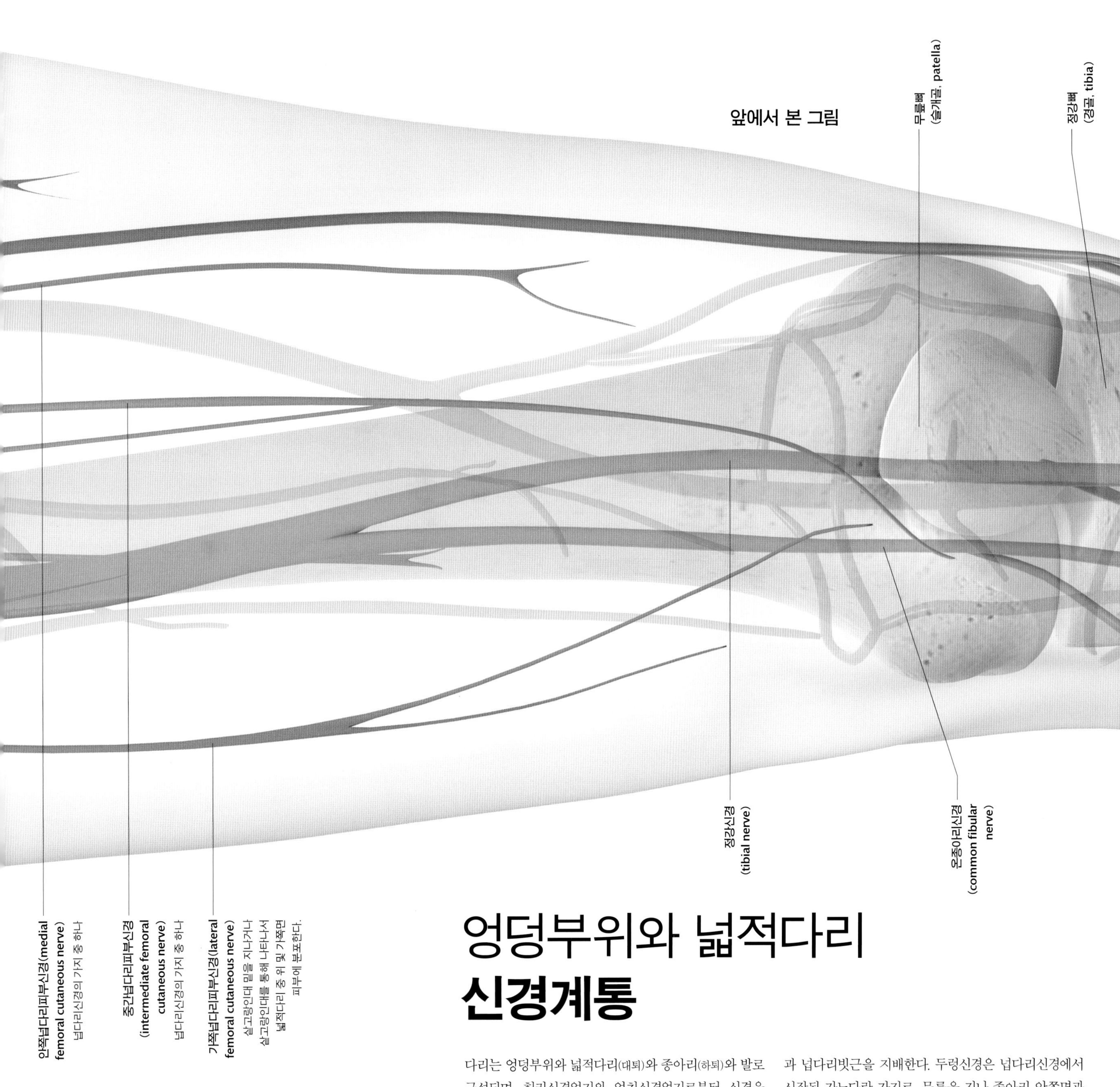
앞에서 본 그림
무릎뼈 (슬개골, patella)
정강뼈 (경골, tibia)
정강신경 (tibial nerve)
온종아리신경 (common fibular nerve)
안쪽넙다리피부신경(medial femoral cutaneous nerve)
넙다리신경의 가지 중 하나
중간넙다리피부신경 (intermediate femoral cutaneous nerve)
넙다리신경의 가지 중 하나
가쪽넙다리피부신경(lateral femoral cutaneous nerve)
샅고랑인대 밑을 지나거나 샅고랑인대를 통해 나타나서 넓적다리 중 위 및 가쪽면 피부에 분포한다.

엉덩부위와 넓적다리 **신경계통**

다리는 엉덩부위와 넓적다리(대퇴)와 종아리(하퇴)와 발로 구성되며, 허리신경얼기와 엉치신경얼기로부터 신경을 받는다. 넓적다리 근육을 지배하는 세 주요 신경은 넙다리신경(대퇴신경), 폐쇄신경, 궁둥신경(좌골신경)이다.(궁둥신경은 넓적다리 뒷부분의 근육을 지배한다.) 넙다리신경은 두덩뼈 너머로 내려와서 넓적다리 앞면에서 넙다리네갈래근과 넙다리빗근을 지배한다. 두렁신경은 넙다리신경에서 시작된 가느다란 가지로, 무릎을 지나 종아리 안쪽면과 발 안쪽면 피부에 분포한다. 폐쇄신경은 볼기뼈의 폐쇄구멍을 통과한 뒤에 넓적다리 안쪽 부위의 모음근들을 지배하고 이 부위의 피부 감각을 담당한다. 몇몇 작은 넙다리피부신경들은 피부 감각만 담당한다.

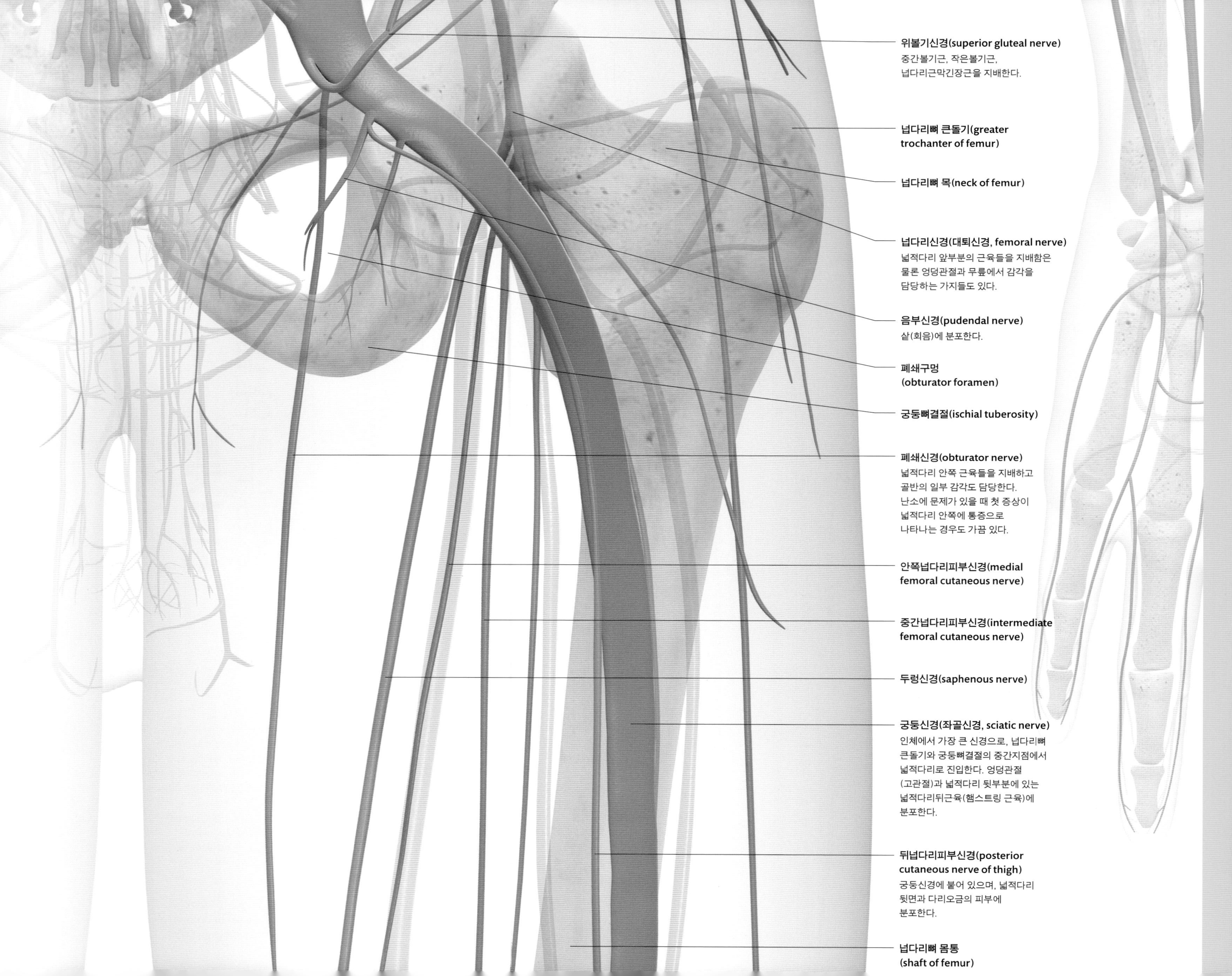

위볼기신경(superior gluteal nerve)
중간볼기근, 작은볼기근,
넙다리근막긴장근을 지배한다.
넙다리뼈 큰돌기(greater
trochanter of femur)
넙다리뼈 목(neck of femur)
넙다리신경(대퇴신경, femoral nerve)
넓적다리 앞부분의 근육들을 지배함은
물론 엉덩관절과 무릎에서 감각을
담당하는 가지들도 있다.
음부신경(pudendal nerve)
샅(회음)에 분포한다.
폐쇄구멍
(obturator foramen)
궁둥뼈결절(ischial tuberosity)
폐쇄신경(obturator nerve)
넓적다리 안쪽 근육들을 지배하고
골반의 일부 감각도 담당한다.
난소에 문제가 있을 때 첫 증상이
넓적다리 안쪽에 통증으로
나타나는 경우도 가끔 있다.
안쪽넙다리피부신경(medial
femoral cutaneous nerve)
중간넙다리피부신경(intermediate
femoral cutaneous nerve)
두렁신경(saphenous nerve)
궁둥신경(좌골신경, sciatic nerve)
인체에서 가장 큰 신경으로, 넙다리뼈
큰돌기와 궁둥뼈결절의 중간지점에서
넓적다리로 진입한다. 엉덩관절
(고관절)과 넓적다리 뒷부분에 있는
넓적다리뒤근육(햄스트링 근육)에
분포한다.
뒤넙다리피부신경(posterior
cutaneous nerve of thigh)
궁둥신경에 붙어 있으며, 넓적다리
뒷면과 다리오금의 피부에
분포한다.
넙다리뼈 몸통
(shaft of femur)

엉덩부위와 넓적다리 **신경계통**

엉치신경얼기에서 시작된 볼기신경들은 골반의 뒤에 있는 큰궁둥구멍을 통해 골반 밖으로 나온 뒤에 볼기에 있는 근육과 피부에 분포한다. 궁둥신경도 큰궁둥구멍을 통해 볼기로 진입한다. 큰볼기근은 주사하기 좋은 곳이지만 꼭 볼기 중 위 및 가쪽 부분에 주사해야 한다. 궁둥신경이 다치면 안 되기 때문이다. 궁둥신경은 넙다리 뒤칸으로 내려가면서 넓적다리뒤근육(햄스트링 근육)들을 지배한다. 궁둥신경은 넓적다리 중간쯤에서 정강신경과 온종아리신경으로 갈라진다. 두 신경은 계속 내려와서 무릎 뒤에 있는 다리오금으로 진입한 후 종아리로 계속된다.

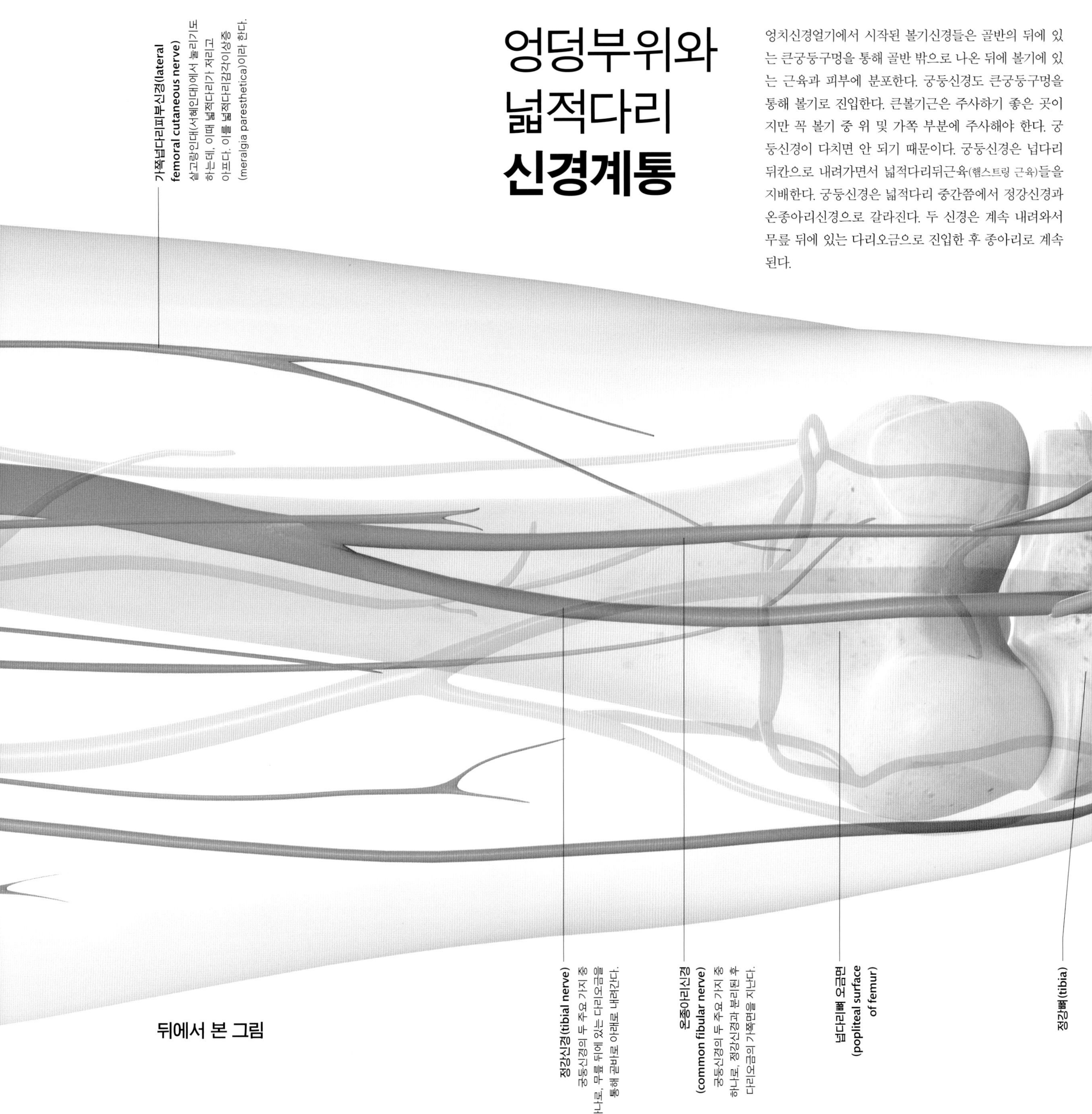
가쪽넓다리피부신경(lateral femoral cutaneous nerve)
샅고랑인대(서혜인대)에서 눌리기도 하는데, 이때 넓적다리가 저리고 아프다. 이를 넓적다리감각이상증(meralgia paresthetica)이라 한다.
정강신경(tibial nerve)
궁둥신경의 두 주요 가지 중 하나로, 무릎 뒤에 있는 다리오금을 통해 곧바로 아래로 내려간다.
온종아리신경(common fibular nerve)
궁둥신경의 두 주요 가지 중 하나로, 정강신경과 분리된 후 다리오금의 가쪽면을 지난다.
넙다리뼈 오금면 (popliteal surface of femur)
정강뼈(tibia)

뒤에서 본 그림

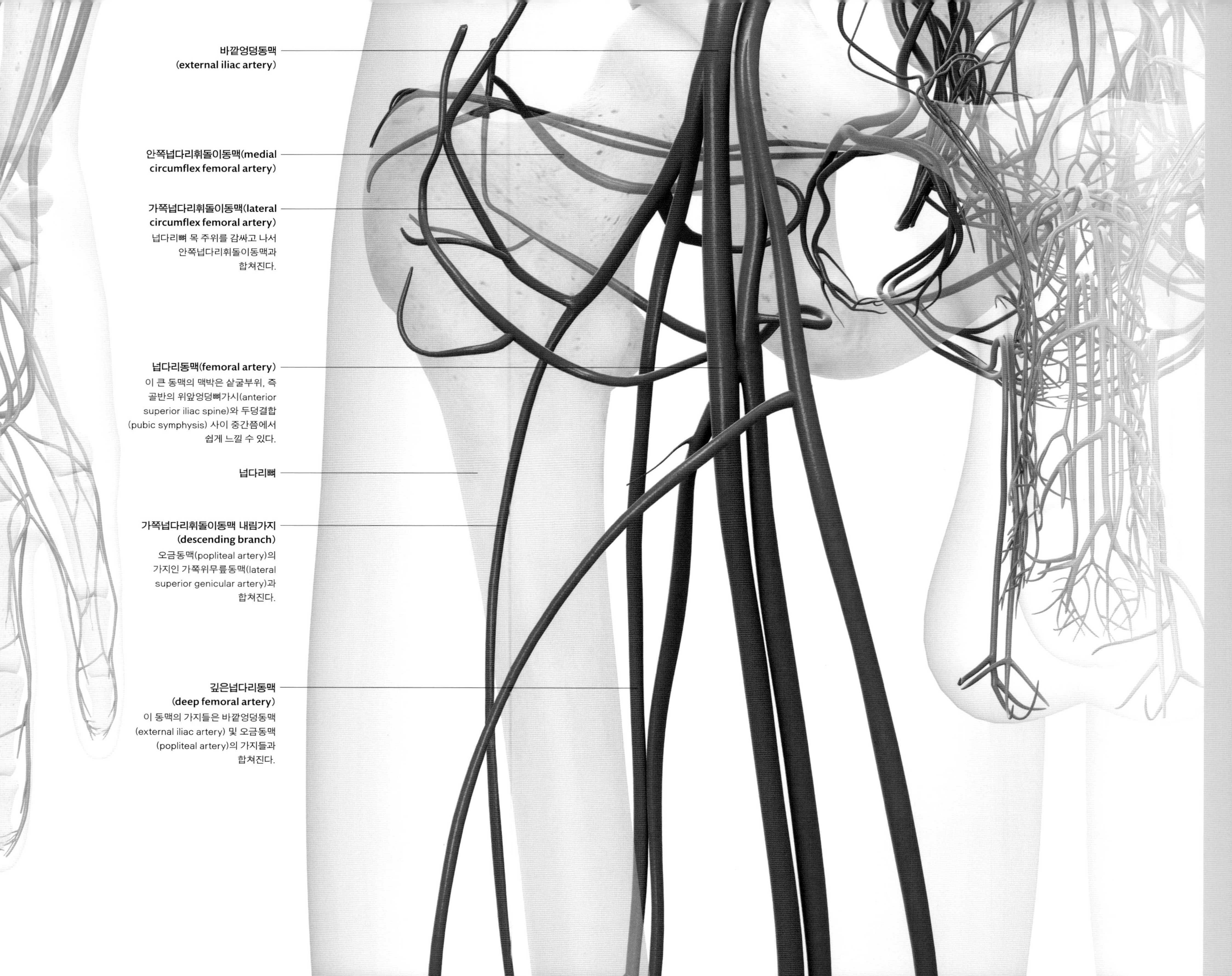
바깥엉덩동맥
(external iliac artery)
안쪽넙다리휘돌이동맥(medial
circumflex femoral artery)
가쪽넙다리휘돌이동맥(lateral
circumflex femoral artery)
넙다리뼈 목 주위를 감싸고 나서
안쪽넙다리휘돌이동맥과
합쳐진다.
넙다리동맥(femoral artery)
이 큰 동맥의 맥박은 샅굴부위, 즉
골반의 위앞엉덩뼈가시(anterior
superior iliac spine)와 두덩결합
(pubic symphysis) 사이 중간쯤에서
쉽게 느낄 수 있다.
넙다리뼈
가쪽넙다리휘돌이동맥 내림가지
(descending branch)
오금동맥(popliteal artery)의
가지인 가쪽위무릎동맥(lateral
superior genicular artery)과
합쳐진다.
깊은넙다리동맥
(deep femoral artery)
이 동맥의 가지들은 바깥엉덩동맥
(external iliac artery) 및 오금동맥
(popliteal artery)의 가지들과
합쳐진다.

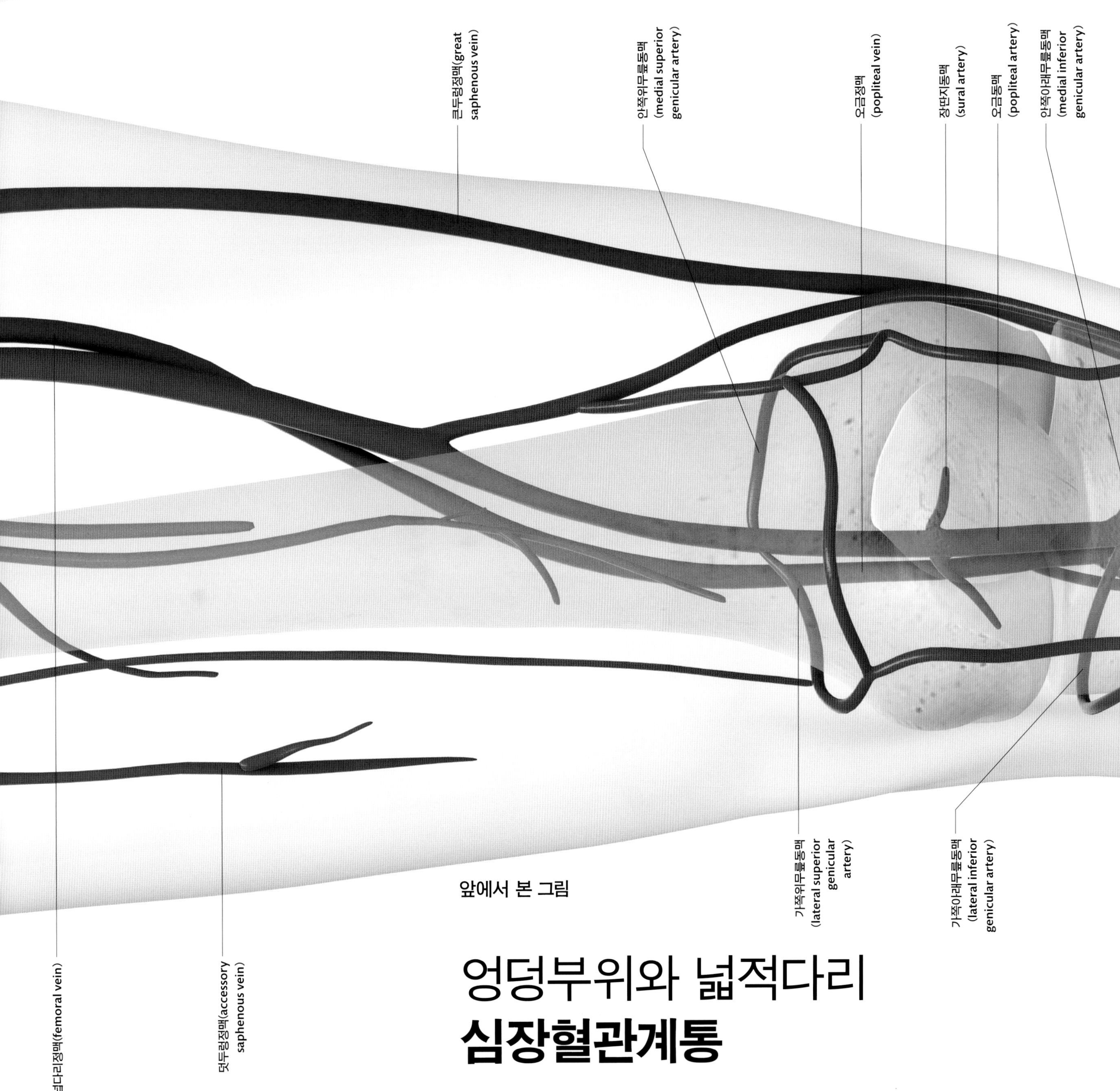
큰두렁정맥(great saphenous vein)
안쪽위무릎동맥 (medial superior genicular artery)
오금정맥 (popliteal vein)
장딴지동맥 (sural artery)
오금동맥 (popliteal artery)
안쪽아래무릎동맥 (medial inferior genicular artery)
가쪽위무릎동맥 (lateral superior genicular artery)
가쪽아래무릎동맥 (lateral inferior genicular artery)
넙다리정맥(femoral vein)
덧두렁정맥(accessory saphenous vein)

앞에서 본 그림

엉덩부위와 넓적다리 **심장혈관계통**

바깥엉덩동맥(external iliac artery)은 두덩뼈 위로 달리다가 샅고랑인대 밑으로 들어가면서 넙다리동맥(femoral artery)이 된다. 넙다리동맥은 다리에 혈액을 공급하는 주 혈관으로서 골반 위앞엉덩뼈가시와 두덩결합 사이의 선에서 정확히 중간 지점에 위치해 있다. 넙다리동맥에서는 넓적다리 근육들에 혈액을 공급하는 큰 가지, 즉 깊은넙다리동맥(deep femoral artery)이 뻗어나온다. 넙다리동맥은 넓적다리 안쪽으로 달리다가 큰모음근 힘줄의 구멍을 지나면서 오금동맥(popliteal artery)이 된다. 깊은 정맥은 동맥과 함께 달리지만 팔에서처럼 얕은 정맥도 있다. 큰두렁정맥은 다리와 넓적다리 안쪽에서 위로 계속 진행하다가 엉덩관절 부근에서 넙다리정맥과 만나면서 끝난다.

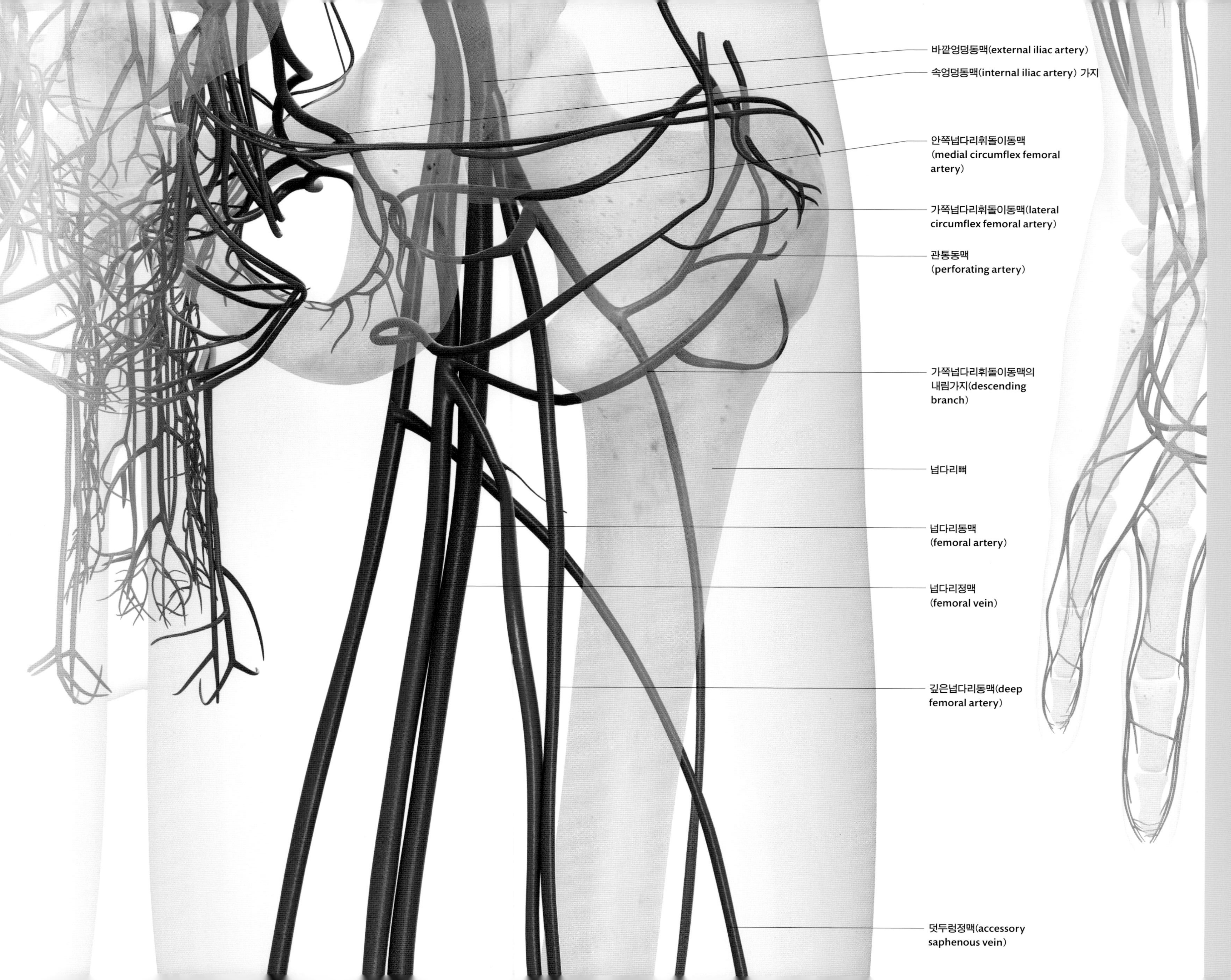
바깥엉덩동맥(external iliac artery)
속엉덩동맥(internal iliac artery) 가지
안쪽넙다리휘돌이동맥
(medial circumflex femoral
artery)
가쪽넙다리휘돌이동맥(lateral
circumflex femoral artery)
관통동맥
(perforating artery)
가쪽넙다리휘돌이동맥의
내림가지(descending
branch)
넙다리뼈
넙다리동맥
(femoral artery)
넙다리정맥
(femoral vein)
깊은넙다리동맥(deep
femoral artery)
덧두렁정맥(accessory
saphenous vein)

엉덩부위와 넓적다리 **심장혈관계통**

뒤에서 본 그림에 선명하게 보이는 속엉덩동맥(internal iliac artery) 볼기쪽 가지들은 큰궁둥구멍(greater sciatic foramen)으로 나와 볼기에 혈액을 공급한다. 넓적다리 안쪽과 뒤쪽의 근육과 피부는 깊은넙다리동맥(deep femoral artery)의 가지들로부터 혈액을 공급받는다. 이들은 큰모음근을 뚫고 지나서 관통동맥이라고 불린다. 그 위쪽에서는 두 넙다리휘돌이동맥(circumflex femoral arteries)이 넙다리뼈를 둘러싼다. 넙다리동맥이 큰모음근의 구멍을 지나면 오금동맥(popliteal artery)이 되어 오금정맥(popliteal vein)과 함께 넙다리뼈 뒤쪽 깊숙이 위치한다.

뒤에서 본 그림

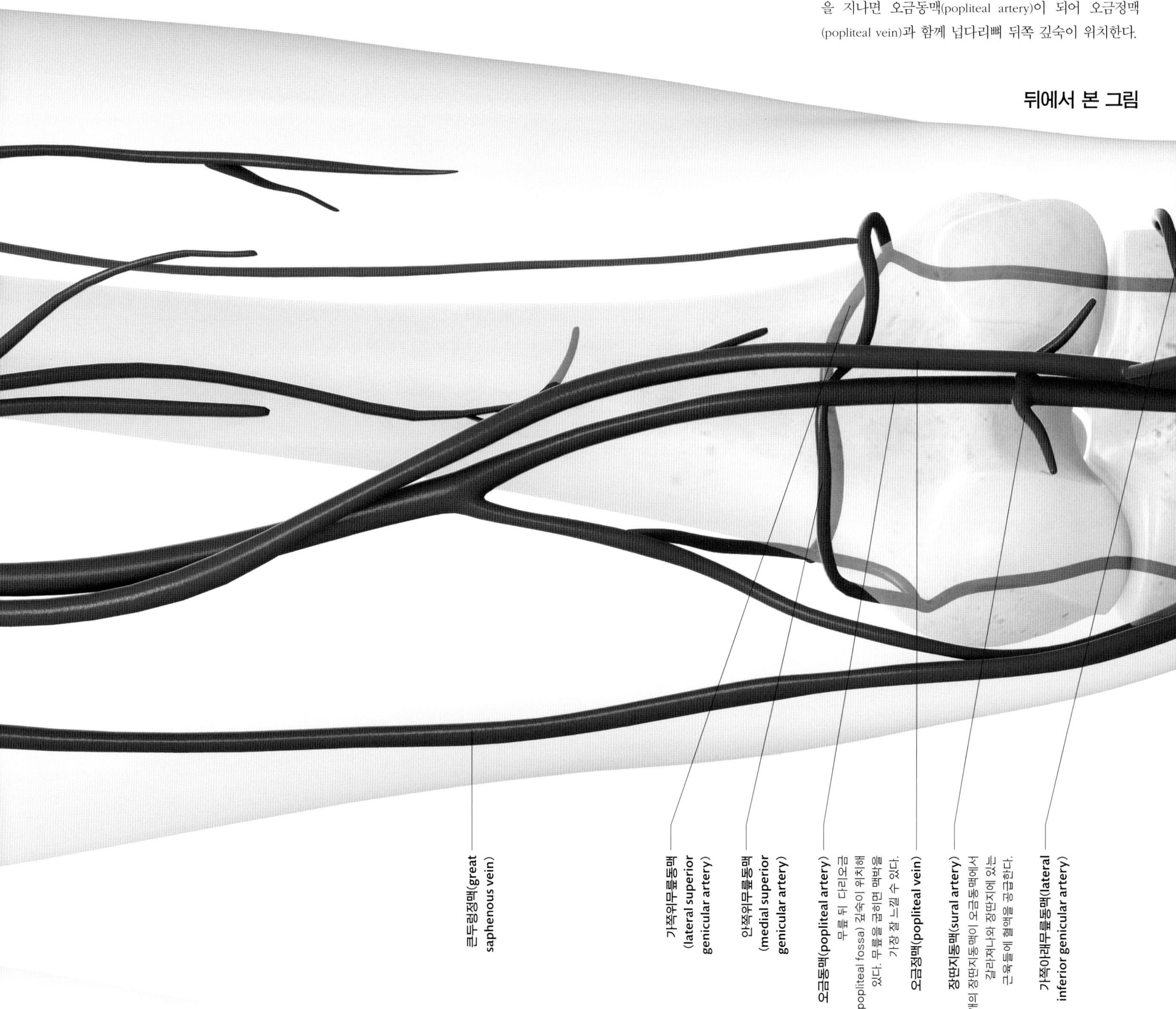
큰두렁정맥(great saphenous vein)
가쪽위무릎동맥 (lateral superior genicular artery)
안쪽위무릎동맥 (medial superior genicular artery)
오금동맥(popliteal artery)
무릎 뒤 다리오금 (popliteal fossa) 깊숙이 위치해 있다. 무릎을 굽히면 맥박을 가장 잘 느낄 수 있다.
오금정맥(popliteal vein)
장딴지동맥(sural artery)
2개의 장딴지동맥이 오금동맥에서 갈라져나와 장딴지에 있는 근육들에 혈액을 공급한다.
가쪽아래무릎동맥(lateral inferior genicular artery)

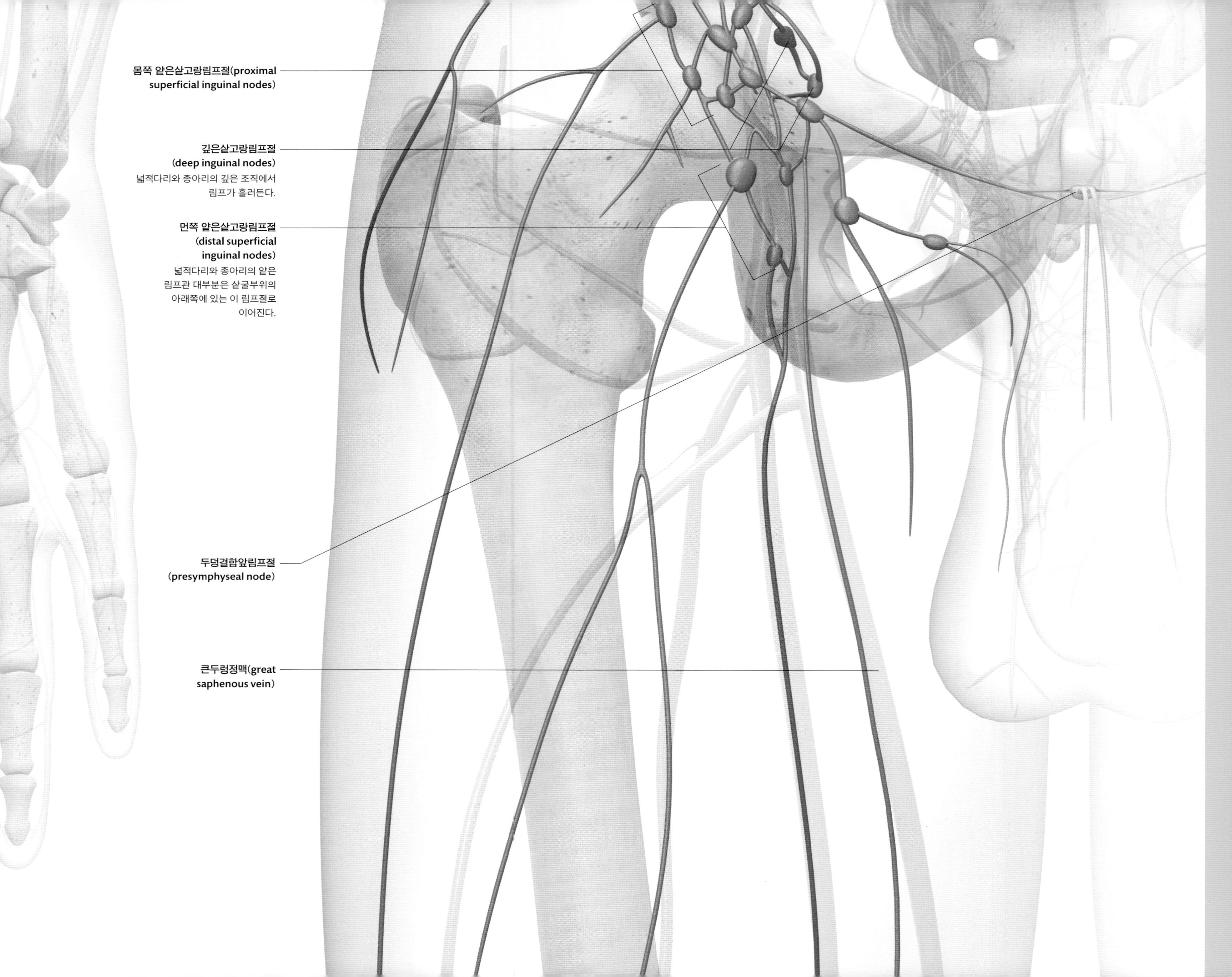

몸쪽 얕은샅고랑림프절(proximal superficial inguinal nodes)
깊은샅고랑림프절 (deep inguinal nodes)
넓적다리와 종아리의 깊은 조직에서 림프가 흘러든다.
먼쪽 얕은샅고랑림프절 (distal superficial inguinal nodes)
넓적다리와 종아리의 얕은 림프관 대부분은 샅굴부위의 아래쪽에 있는 이 림프절로 이어진다.
두덩결합앞림프절 (presymphyseal node)
큰두렁정맥(great saphenous vein)

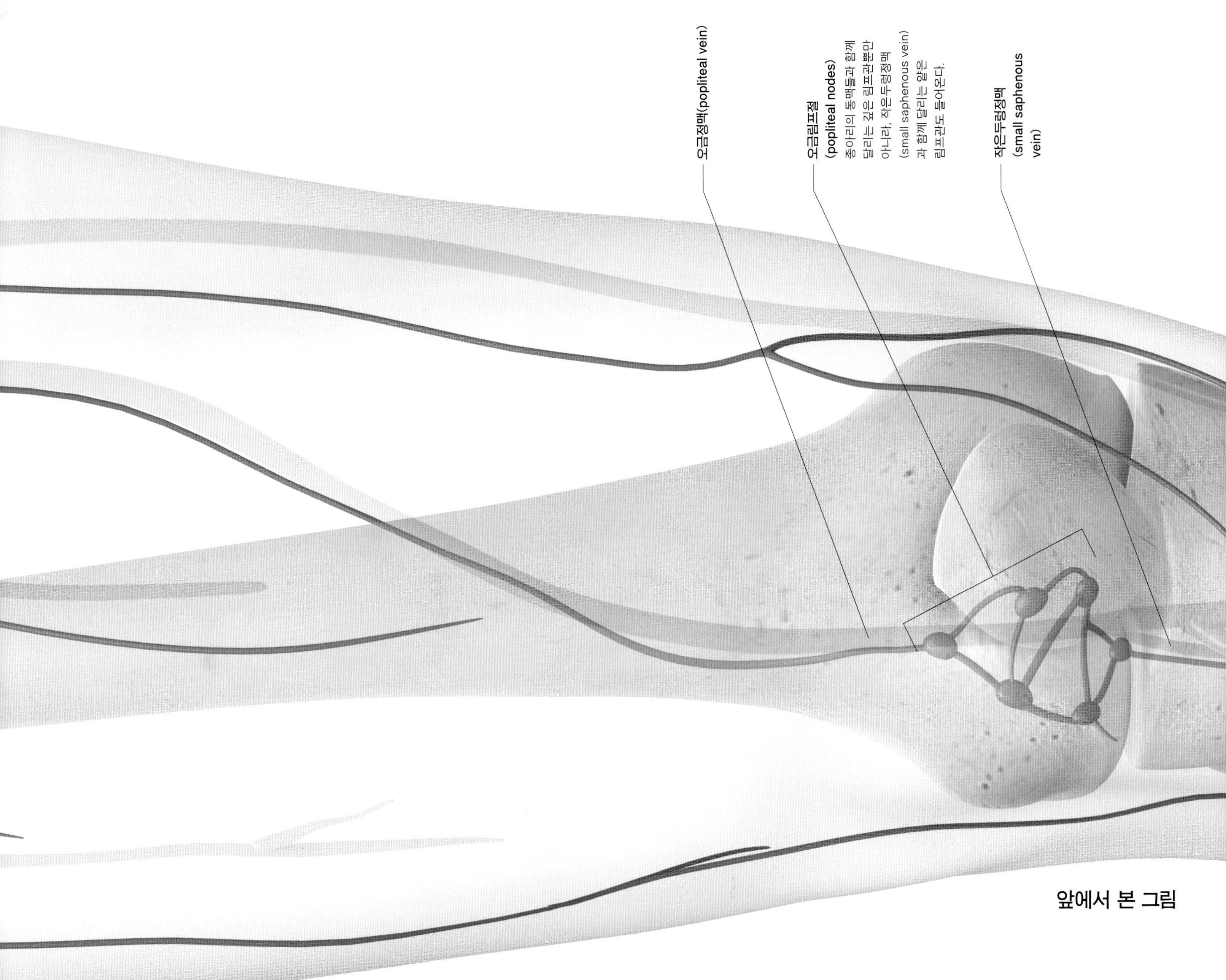
오금정맥(popliteal vein)
오금림프절
(popliteal nodes)
종아리의 동맥들과 함께 달리는 깊은 림프관뿐만 아니라, 작은두렁정맥 (small saphenous vein) 과 함께 달리는 얕은 림프관도 들어온다.
작은두렁정맥
(small saphenous vein)

앞에서 본 그림

엉덩부위와 넓적다리 **림프계통과 면역계통**

넓적다리, 종아리, 발에서 올라오는 림프는 대부분 샅굴부위의 샅고랑림프절(inguinal nodes)을 거쳐온다. 하지만 볼기의 깊은 조직에서 오는 림프는 속엉덩동맥(internal iliac artery), 온엉덩동맥(common iliac artery)과 더불어 곧장 골반 속 림프절로 들어간다.(184쪽) 다리에서 오는 모든 림프는 뒤배벽 앞의 가쪽대동맥림프절(lateral aortic nodes)에 도달한다. 팔에서처럼 다리에서도 얕은 정맥이 깊은 정맥으로 들어가는 지점에 림프절들이 모여 있다. 무릎 뒤 오금에 있는 오금림프절(popliteal nodes)은 작은두렁정맥(small saphenous vein)이 오금정맥으로 들어가는 지점, 얕은샅고랑림프절(superficial inguinal nodes)은 큰두렁정맥(great saphenous vein)이 넙다리정맥(femoral vein)에 합류하는 지점 근처에 위치한다.

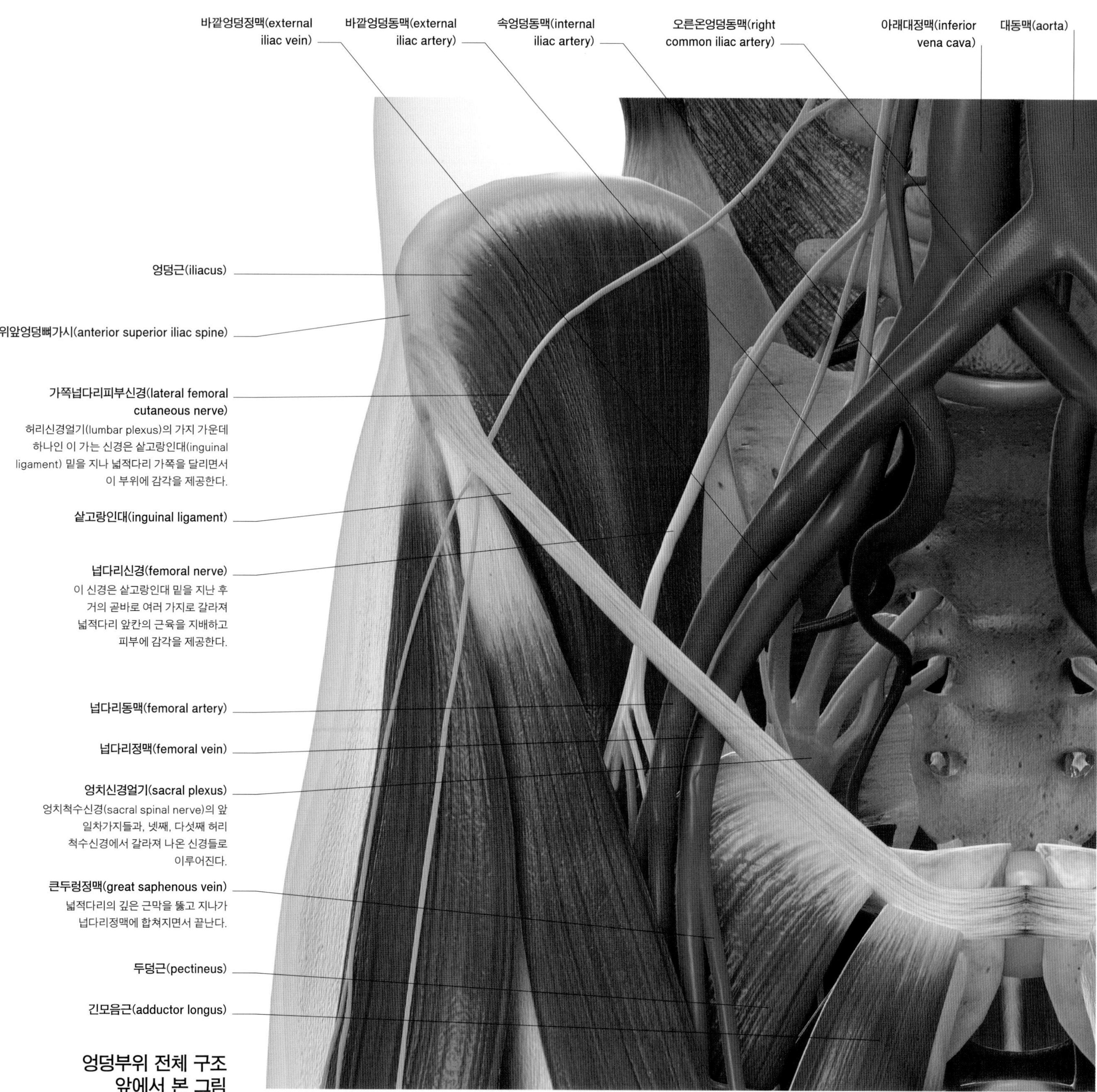
바깥엉덩정맥(external iliac vein)
바깥엉덩동맥(external iliac artery)
속엉덩동맥(internal iliac artery)
오른온엉덩동맥(right common iliac artery)
아래대정맥(inferior vena cava)
대동맥(aorta)
엉덩근(iliacus)
위앞엉덩뼈가시(anterior superior iliac spine)
가쪽넙다리피부신경(lateral femoral cutaneous nerve)
허리신경얼기(lumbar plexus)의 가지 가운데 하나인 이 가는 신경은 샅고랑인대(inguinal ligament) 밑을 지나 넓적다리 가쪽을 달리면서 이 부위에 감각을 제공한다.
샅고랑인대(inguinal ligament)
넙다리신경(femoral nerve)
이 신경은 샅고랑인대 밑을 지난 후 거의 곧바로 여러 가지로 갈라져 넓적다리 앞칸의 근육을 지배하고 피부에 감각을 제공한다.
넙다리동맥(femoral artery)
넙다리정맥(femoral vein)
엉치신경얼기(sacral plexus)
엉치척수신경(sacral spinal nerve)의 앞 일차가지들과, 넷째, 다섯째 허리 척수신경에서 갈라져 나온 신경들로 이루어진다.
큰두렁정맥(great saphenous vein)
넓적다리의 깊은 근막을 뚫고 지나가 넙다리정맥에 합쳐지면서 끝난다.
두덩근(pectineus)
긴모음근(adductor longus)
엉덩부위 전체 구조
앞에서 본 그림

엉덩부위와 넓적다리
엉덩부위

엉덩부위에는 임상에서 중요한 신경과 혈관이 많다. 넙다리빗근(sartorius), 긴모음근(adductor longus), 샅고랑인대(inguinal ligament)로 둘러싸여 만들어진 넙다리삼각(femoral triangle)에는 넙다리신경(femoral nerve), 넙다리동맥(femoral artery), 넙다리정맥(femoral vein)이 들어 있다. 넙다리동맥의 맥박은 이 부위에서 쉽게 감지할 수 있다. 큰두렁정맥(great saphenous vein)은 다리의 안쪽면(속면)을 달리다가 넙다리삼각에서 넙다리정맥에 합쳐지면서 끝난다.

볼기(buttock 또는 gluteal region)는 엉덩뼈능선(iliac crest) 밑에서 시작해 볼기주름(gluteal fold)까지 뻗어 있다. 큰볼기근(gluteus maximus) 밑에서는 여러 신경과 동맥들이 골반에서 나와 볼기로 들어간다. 개중에는 궁둥구멍근(piriformis) 아래서 나타나는 궁둥신경(sciatic nerve)도 있다.

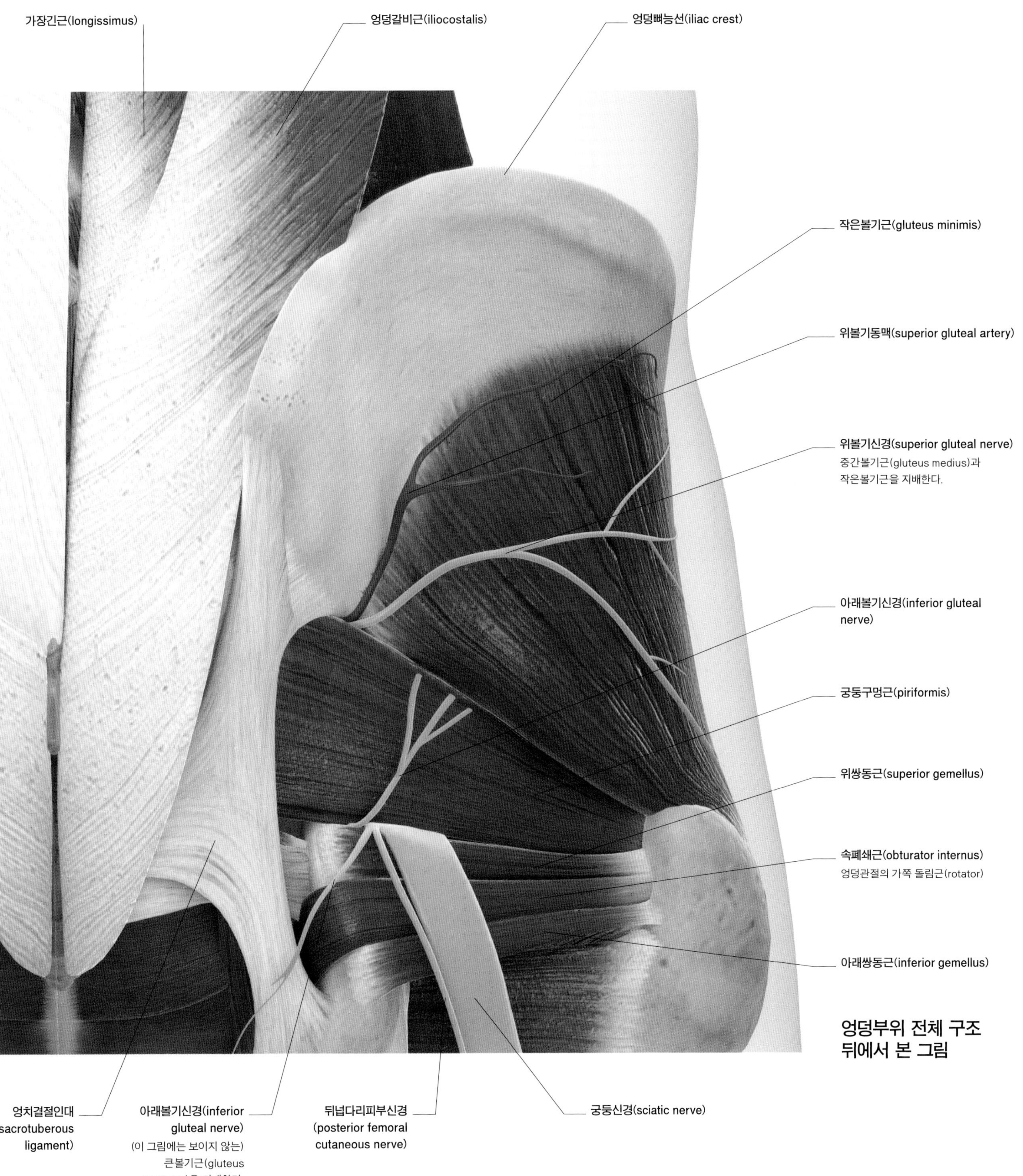
가장긴근(longissimus)
엉덩갈비근(iliocostalis)
엉덩뼈능선(iliac crest)
작은볼기근(gluteus minimis)
위볼기동맥(superior gluteal artery)
위볼기신경(superior gluteal nerve)
중간볼기근(gluteus medius)과
작은볼기근을 지배한다.
아래볼기신경(inferior gluteal nerve)
궁둥구멍근(piriformis)
위쌍동근(superior gemellus)
속폐쇄근(obturator internus)
엉덩관절의 가쪽 돌림근(rotator)
아래쌍동근(inferior gemellus)
엉치결절인대 (sacrotuberous ligament)
아래볼기신경(inferior gluteal nerve)
(이 그림에는 보이지 않는) 큰볼기근(gluteus maximus)을 지배한다.
뒤넙다리피부신경 (posterior femoral cutaneous nerve)
궁둥신경(sciatic nerve)

엉덩부위 전체 구조
뒤에서 본 그림

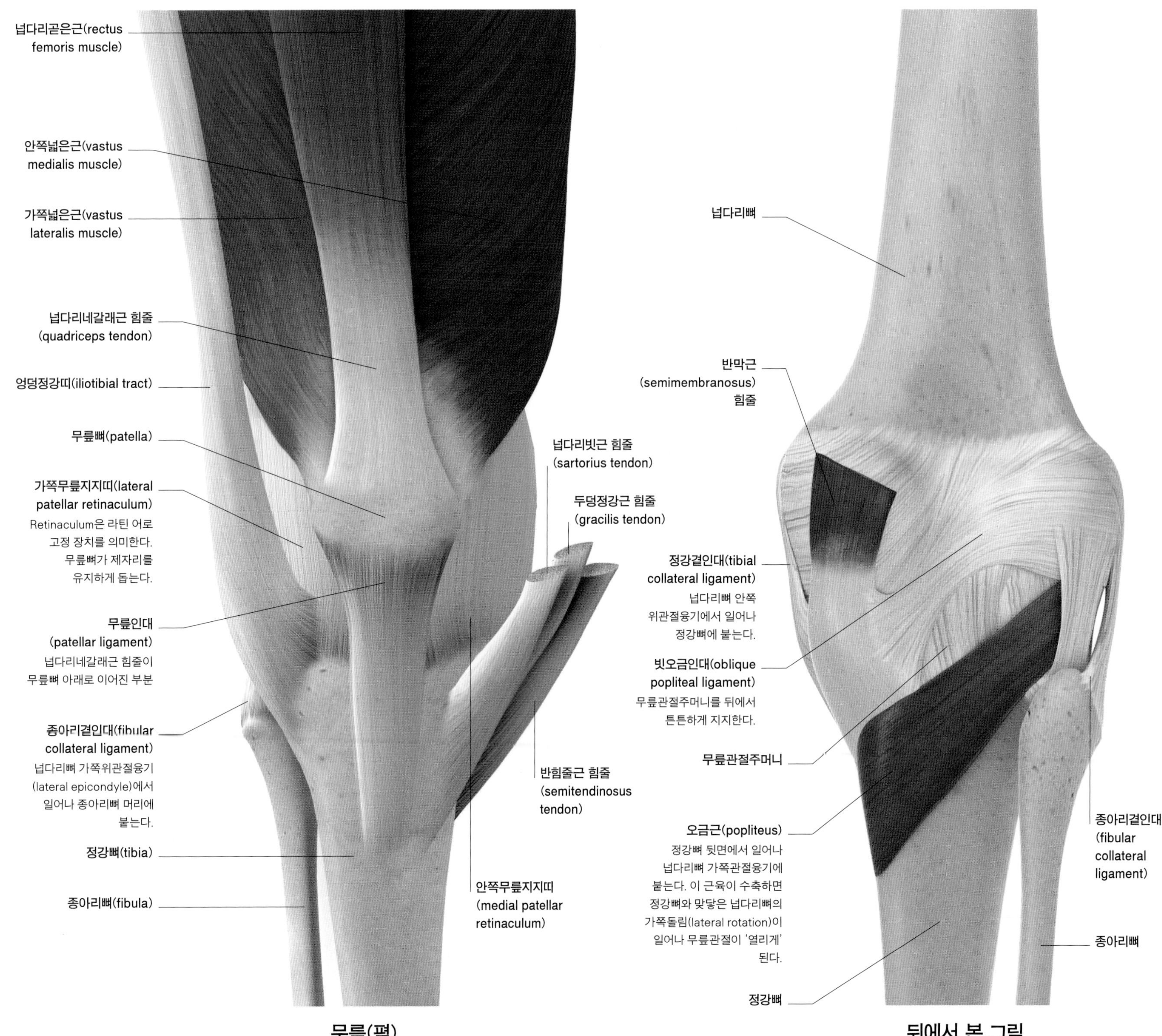
넙다리곧은근(rectus femoris muscle)
안쪽넓은근(vastus medialis muscle)
가쪽넓은근(vastus lateralis muscle)
넙다리네갈래근 힘줄 (quadriceps tendon)
엉덩정강띠(iliotibial tract)
무릎뼈(patella)
가쪽무릎지지띠(lateral patellar retinaculum)
Retinaculum은 라틴 어로 고정 장치를 의미한다. 무릎뼈가 제자리를 유지하게 돕는다.
무릎인대 (patellar ligament)
넙다리네갈래근 힘줄이 무릎뼈 아래로 이어진 부분
종아리곁인대(fibular collateral ligament)
넙다리뼈 가쪽위관절융기 (lateral epicondyle)에서 일어나 종아리뼈 머리에 붙는다.
정강뼈(tibia)
종아리뼈(fibula)
넙다리빗근 힘줄 (sartorius tendon)
두덩정강근 힘줄 (gracilis tendon)
반힘줄근 힘줄 (semitendinosus tendon)
안쪽무릎지지띠 (medial patellar retinaculum)
넙다리뼈
반막근 (semimembranosus) 힘줄
정강곁인대(tibial collateral ligament)
넙다리뼈 안쪽 위관절융기에서 일어나 정강뼈에 붙는다.
빗오금인대(oblique popliteal ligament)
무릎관절주머니를 뒤에서 튼튼하게 지지한다.
무릎관절주머니
오금근(popliteus)
정강뼈 뒷면에서 일어나 넙다리뼈 가쪽관절융기에 붙는다. 이 근육이 수축하면 정강뼈와 맞닿은 넙다리뼈의 가쪽돌림(lateral rotation)이 일어나 무릎관절이 '열리게' 된다.
정강뼈
종아리곁인대 (fibular collateral ligament)
종아리뼈
무릎(폄)
뒤에서 본 그림

엉덩부위와 넓적다리
무릎

무릎관절(knee joint)은 넙다리뼈가 정강뼈(tibia), 무릎뼈(patella)와 이루는 관절이다. 기본적으로 경첩관절(hinge joint)이긴 하지만, 굽히고(flexion) 펴는(extension) 경첩 같은 주된 동작과 더불어 약간의 미끄럼(sliding)과 축회전(axial rotation)도 가능하다. 이런 복잡한 움직임에서 이 관절이 복잡하다는 것을 알 수 있다. 무릎관절 안에는 넙다리뼈와 정강뼈를 결합하는 십자인대(cruciate ligament)가 있는데, 이 인대는 이름처럼 두 인대가 교차하는 모양을 하고 있다. 정강뼈의 관절면(articular facet)에는 초승달 모양의 섬유연골(fibrocartilage) 덩이인 가쪽반달(lateral meniscus)과 안쪽반달(medial meniscus)이 있다. 뼈와 인대와 힘줄로 둘러싸인 무릎관절 주위에는 작은 윤활주머니가 많다. 이것은 관절이 부드럽게 움직이도록 도와주는 윤활액(synovial fluid) 주머니이다.

무릎관절 뒷부분인 다리오금(popliteal fossa)에는 많은 지방이 있으며, 넓적다리와 종아리 사이를 달리는 중요한 신경과 혈관도 있다.

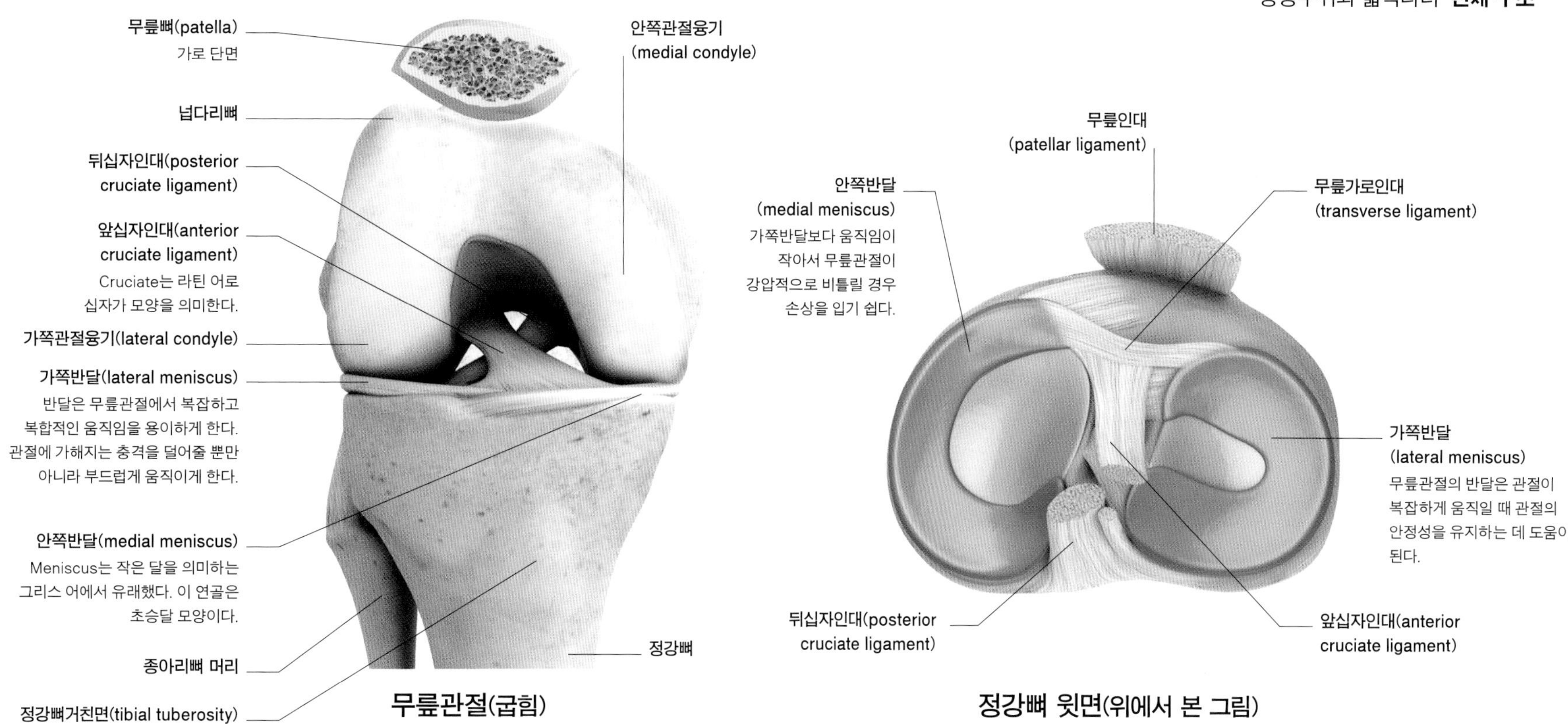
무릎뼈(patella)
가로 단면
넙다리뼈
뒤십자인대(posterior cruciate ligament)
앞십자인대(anterior cruciate ligament)
Cruciate는 라틴 어로 십자가 모양을 의미한다.
가쪽관절융기(lateral condyle)
가쪽반달(lateral meniscus)
반달은 무릎관절에서 복잡하고 복합적인 움직임을 용이하게 한다. 관절에 가해지는 충격을 덜어줄 뿐만 아니라 부드럽게 움직이게 한다.
안쪽반달(medial meniscus)
Meniscus는 작은 달을 의미하는 그리스 어에서 유래했다. 이 연골은 초승달 모양이다.
종아리뼈 머리
정강뼈거친면(tibial tuberosity)
안쪽관절융기
(medial condyle)
정강뼈
무릎인대
(patellar ligament)
안쪽반달
(medial meniscus)
가쪽반달보다 움직임이 작아서 무릎관절이 강압적으로 비틀릴 경우 손상을 입기 쉽다.
무릎가로인대
(transverse ligament)
가쪽반달
(lateral meniscus)
무릎관절의 반달은 관절이 복잡하게 움직일 때 관절의 안정성을 유지하는 데 도움이 된다.
뒤십자인대(posterior cruciate ligament)
앞십자인대(anterior cruciate ligament)

무릎관절(굽힘)

정강뼈 윗면(위에서 본 그림)

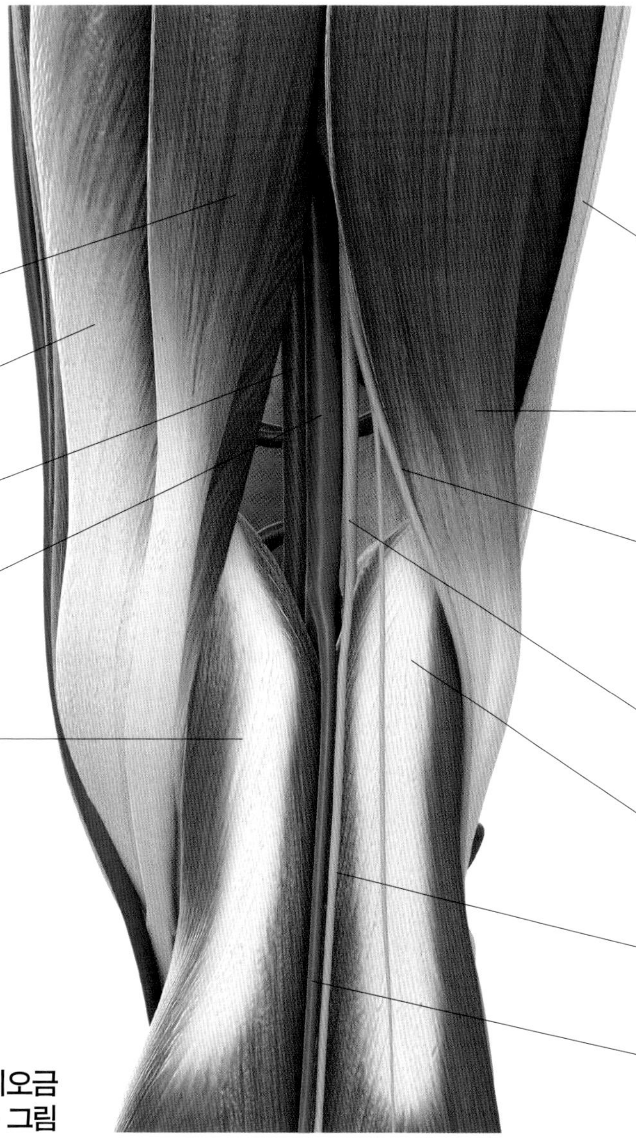

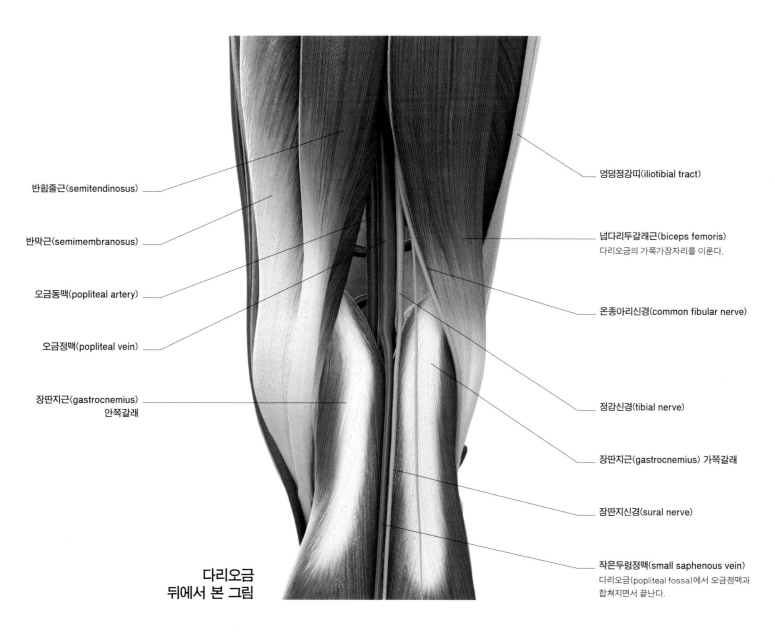

반힘줄근(semitendinosus)

반막근(semimembranosus)

오금동맥(popliteal artery)

오금정맥(popliteal vein)

장딴지근(gastrocnemius) 안쪽갈래

엉덩정강띠(iliotibial tract)

넙다리두갈래근(biceps femoris)
다리오금의 가쪽가장자리를 이룬다.

온종아리신경(common fibular nerve)

정강신경(tibial nerve)

장딴지근(gastrocnemius) 가쪽갈래

장딴지신경(sural nerve)

작은두렁정맥(small saphenous vein)
다리오금(popliteal fossa)에서 오금정맥과 합쳐지면서 끝난다.

다리오금
뒤에서 본 그림

종아리와 발
뼈대계통

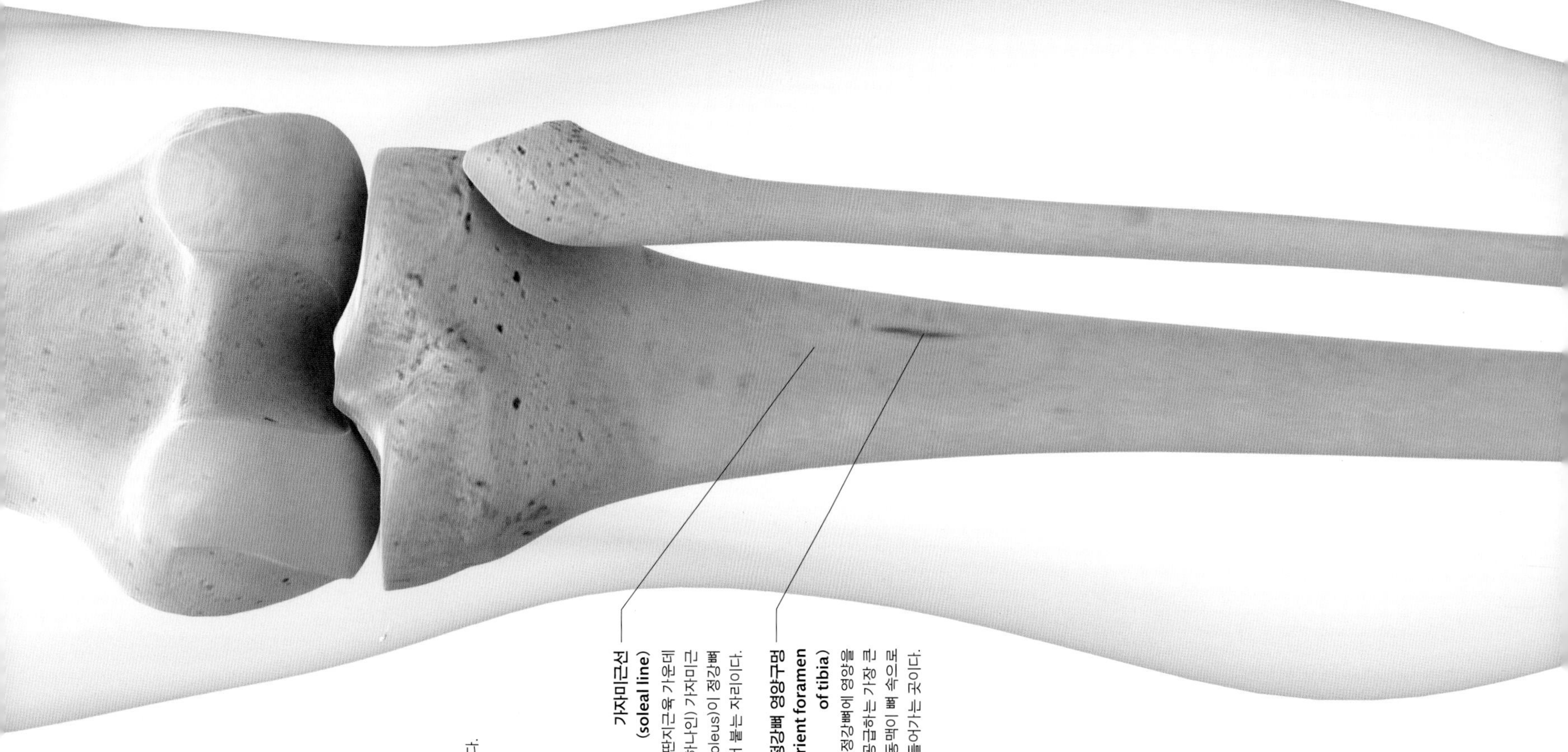

뒤에서 본 그림

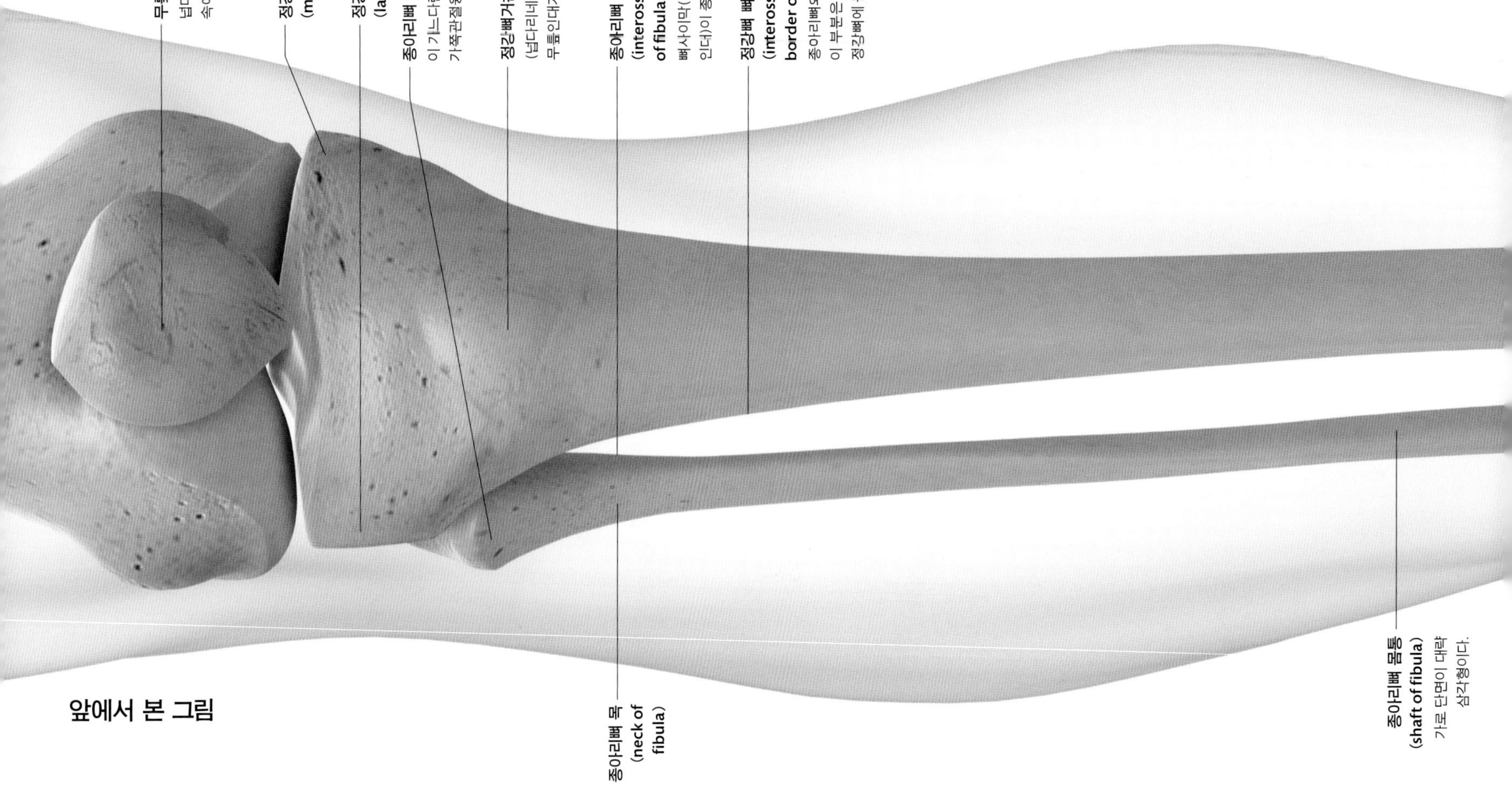

가자미근선(soleal line)
(장딴지근육 가운데 하나인) 가자미근(soleus)이 정강뼈 뒤쪽에서 붙는 자리이다.

정강뼈 영양구멍(nutrient foramen of tibia)
정강뼈에 영양을 공급하는 가장 큰 동맥이 뼈 속으로 들어가는 곳이다.

앞에서 본 그림

무릎뼈(patella)
넙다리네갈래근 힘줄 속에 들어 있다.

정강뼈 안쪽관절융기(medial condyle of tibia)

정강뼈 가쪽관절융기(lateral condyle of tibia)

종아리뼈 머리(head of fibula)
이 가느다란 뼈의 머리는 정강뼈 가쪽관절융기의 옆면과 윤활관절을 이룬다.

정강뼈거친면(tibial tuberosity)
(넙다리네갈래근 힘줄이 연장된) 무릎인대가 정강뼈에 붙는다.

종아리뼈 뼈사이모서리(interosseous border of fibula)
뼈사이막(막처럼 생긴 인대)이 종아리뼈에 붙는다.

정강뼈 뼈사이모서리(interosseous border of tibia)
종아리뼈와 접해 있는 이 부분은 뼈사이막이 정강뼈에 붙는 곳이다.

종아리뼈 목(neck of fibula)

종아리뼈 몸통(shaft of fibula)
가로 단면이 대략 삼각형이다.

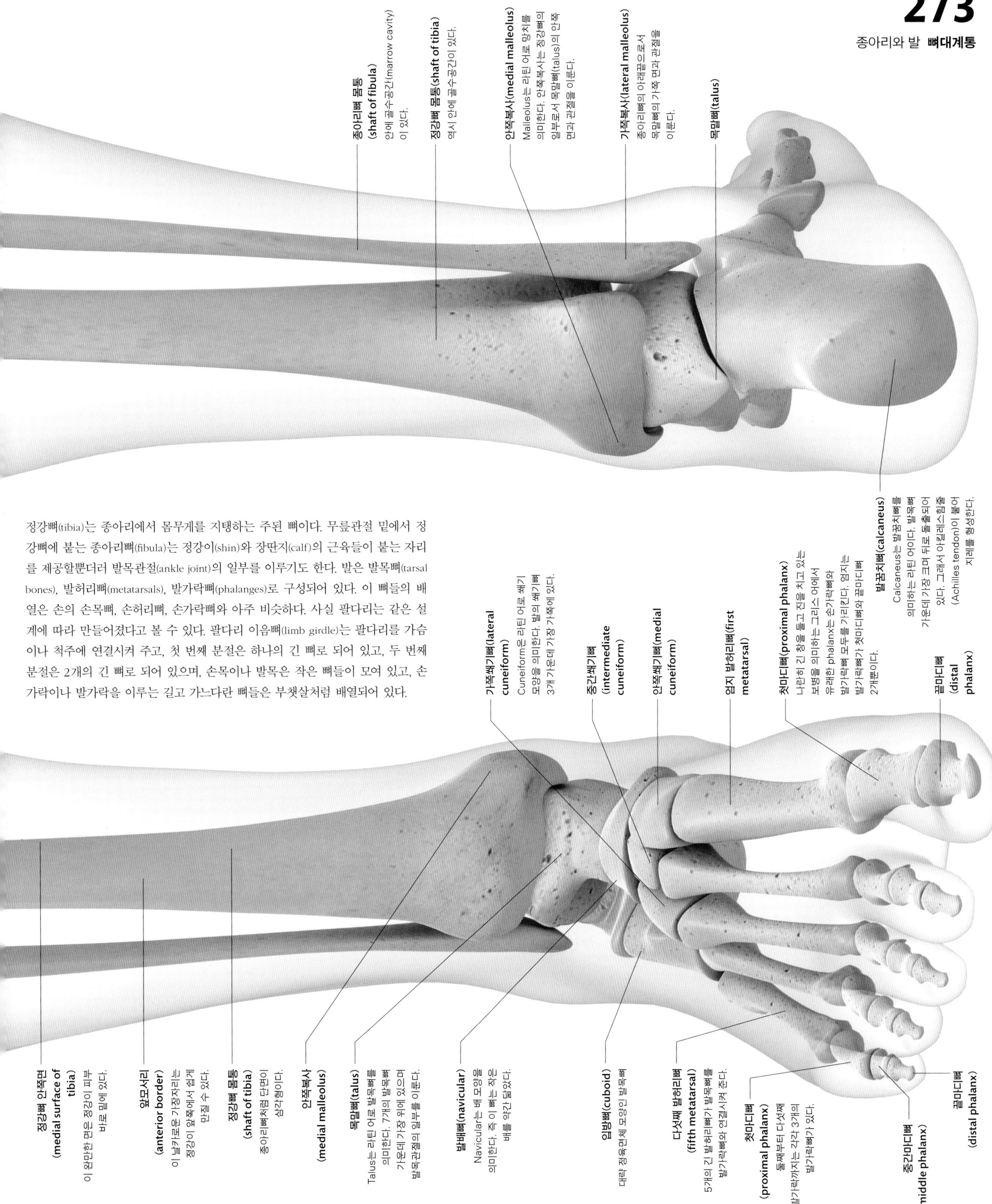
종아리뼈 몸통 (shaft of fibula)
안에 골수공간(marrow cavity)이 있다.
정강뼈 몸통(shaft of tibia)
역시 안에 골수공간이 있다.
안쪽복사(medial malleolus)
Malleolus는 라틴 어로 망치를 의미한다. 안쪽복사는 정강뼈의 일부로서 목말뼈(talus)의 안쪽 면과 관절을 이룬다.
가쪽복사(lateral malleolus)
종아리뼈의 아래끝으로서 목말뼈의 가쪽 면과 관절을 이룬다.
목말뼈(talus)
발꿈치뼈(calcaneus)
Calcaneus는 발꿈치뼈를 의미하는 라틴 어이다. 발목뼈 가운데 가장 크며 뒤로 돌출되어 있다. 그래서 아킬레스힘줄(Achilles tendon)이 붙어 지레를 형성한다.
가쪽쐐기뼈(lateral cuneiform)
Cuneiform은 라틴 어로 쐐기 모양을 의미한다. 발의 쐐기뼈 3개 가운데 가장 가쪽에 있다.
중간쐐기뼈 (intermediate cuneiform)
안쪽쐐기뼈(medial cuneiform)
엄지 발허리뼈(first metatarsal)
첫마디뼈(proximal phalanx)
나란히 긴 창을 들고 진을 치고 있는 보병을 의미하는 그리스 어에서 유래한 phalanx는 손가락뼈와 발가락뼈 모두를 가리킨다. 엄지는 발가락뼈가 첫마디뼈와 끝마디뼈 2개뿐이다.
끝마디뼈 (distal phalanx)
정강뼈 안쪽면 (medial surface of tibia)
이 완만한 면은 정강이 피부 바로 밑에 있다.
앞모서리 (anterior border)
이 날카로운 가장자리는 정강이 앞쪽에서 쉽게 만질 수 있다.
정강뼈 몸통 (shaft of tibia)
종아리뼈처럼 단면이 삼각형이다.
안쪽복사 (medial malleolus)
목말뼈(talus)
Talus는 라틴 어로 발목뼈를 의미한다. 7개의 발목뼈 가운데 가장 위에 있으며 발목관절의 일부를 이룬다.
발배뼈(navicular)
Navicular는 배 모양을 의미한다. 즉 이 뼈는 작은 배를 약간 닮았다.
입방뼈(cuboid)
대략 정육면체 모양인 발목뼈
다섯째 발허리뼈 (fifth metatarsal)
5개의 긴 발허리뼈가 발목뼈를 발가락뼈와 연결시켜 준다.
첫마디뼈 (proximal phalanx)
둘째부터 다섯째 발가락까지는 각각 3개의 발가락뼈가 있다.
중간마디뼈 (middle phalanx)
끝마디뼈 (distal phalanx)

정강뼈(tibia)는 종아리에서 몸무게를 지탱하는 주된 뼈이다. 무릎관절 밑에서 정강뼈에 붙는 종아리뼈(fibula)는 정강이(shin)와 장딴지(calf)의 근육들이 붙는 자리를 제공할뿐더러 발목관절(ankle joint)의 일부를 이루기도 한다. 발은 발목뼈(tarsal bones), 발허리뼈(metatarsals), 발가락뼈(phalanges)로 구성되어 있다. 이 뼈들의 배열은 손의 손목뼈, 손허리뼈, 손가락뼈와 아주 비슷하다. 사실 팔다리는 같은 설계에 따라 만들어졌다고 볼 수 있다. 팔다리 이음뼈(limb girdle)는 팔다리를 가슴이나 척주에 연결시켜 주고, 첫 번째 분절은 하나의 긴 뼈로 되어 있고, 두 번째 분절은 2개의 긴 뼈로 되어 있으며, 손목이나 발목은 작은 뼈들이 모여 있고, 손가락이나 발가락을 이루는 길고 가느다란 뼈들은 부챗살처럼 배열되어 있다.

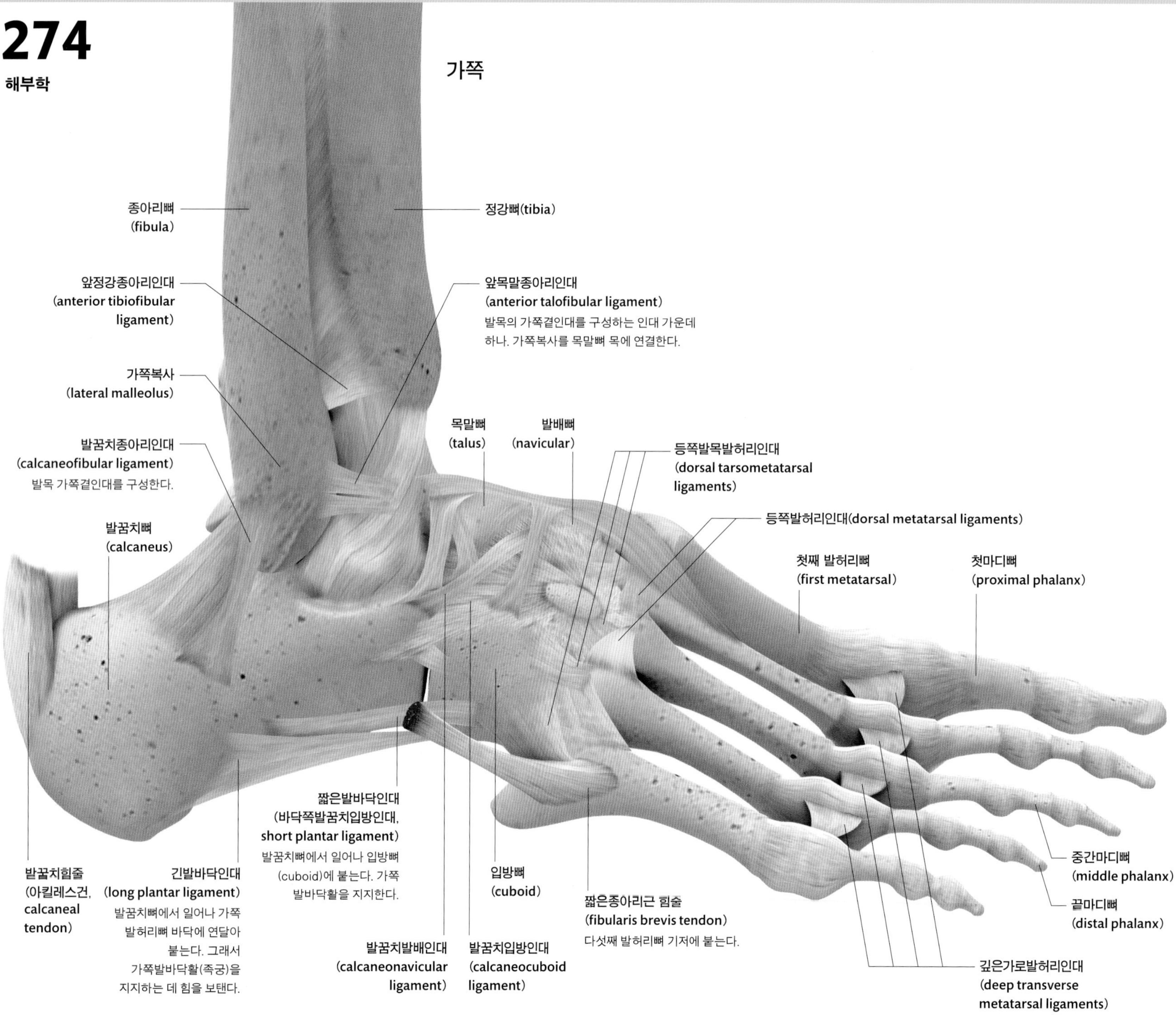

가쪽

종아리뼈 (fibula)

정강뼈(tibia)

앞정강종아리인대 (anterior tibiofibular ligament)

앞목말종아리인대 (anterior talofibular ligament)
발목의 가쪽곁인대를 구성하는 인대 가운데 하나. 가쪽복사를 목말뼈 목에 연결한다.

가쪽복사 (lateral malleolus)

목말뼈 (talus)

발배뼈 (navicular)

발꿈치종아리인대 (calcaneofibular ligament)
발목 가쪽곁인대를 구성한다.

등쪽발목발허리인대 (dorsal tarsometatarsal ligaments)

등쪽발허리인대(dorsal metatarsal ligaments)

발꿈치뼈 (calcaneus)

첫째 발허리뼈 (first metatarsal)

첫마디뼈 (proximal phalanx)

짧은발바닥인대 (바닥쪽발꿈치입방인대, short plantar ligament)
발꿈치뼈에서 일어나 입방뼈(cuboid)에 붙는다. 가쪽 발바닥활을 지지한다.

중간마디뼈 (middle phalanx)

발꿈치힘줄 (아킬레스건, calcaneal tendon)

긴발바닥인대 (long plantar ligament)
발꿈치뼈에서 일어나 가쪽 발허리뼈 바닥에 연달아 붙는다. 그래서 가쪽발바닥활(족궁)을 지지하는 데 힘을 보탠다.

입방뼈 (cuboid)

짧은종아리근 힘줄 (fibularis brevis tendon)
다섯째 발허리뼈 기저에 붙는다.

끝마디뼈 (distal phalanx)

발꿈치발배인대 (calcaneonavicular ligament)

발꿈치입방인대 (calcaneocuboid ligament)

깊은가로발허리인대 (deep transverse metatarsal ligaments)

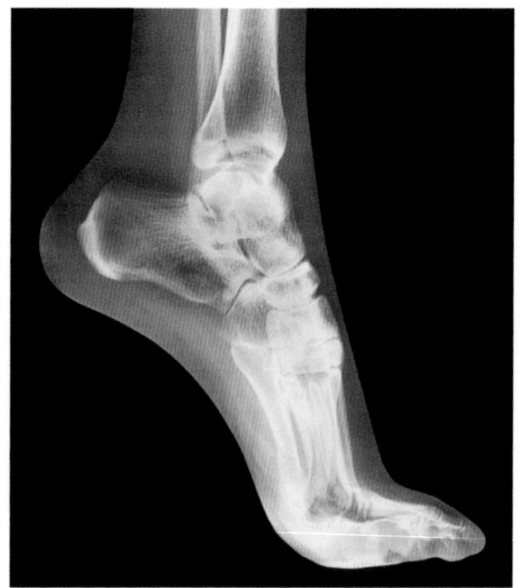

움직이는 발끝을 찍은 엑스선 사진
장딴지 근육들(calf muscles)이 발꿈치뼈의 지레(레버)를 끌어당기면 발목이 아래로 굽는 발바닥굽힘(plantarflexion)이 일어난다. 한편 이때 발허리발가락관절(metatarsophalangeal joints)은 펴진다.

종아리와 발 **뼈대계통**

발목관절(ankle joint)은 간단한 경첩관절(hinge joint)이다. 정강뼈와 종아리뼈의 아래끝은 인대로 단단하게 결합되어 강력한 섬유관절(fibrous joint)을 이루며, 목말뼈(talus)라는 '너트'에 꼭 들어맞는 '스패너'처럼 생겼다. 이 관절은 양옆의 튼튼한 곁인대의 지지를 받아 안정된다. 목말뼈는 그 아래의 발꿈치뼈(calcaneus) 및 그 앞의 발배뼈(navicular bone)와 윤활관절(49쪽)을 형성한다. 목말뼈와 발배뼈 사이의 관절은 발꿈치뼈와 입방뼈(cuboid) 사이의 관절과 같다. 이 관절들 덕분에 발은 안쪽이나 가쪽으로 움직이며 이들 운동은 각각 안쪽번짐(내번, inversion), 가쪽번짐(외번, eversion)이라 불린다. 발의 뼈대는 인대로 결합되고 힘줄의 지지를 받아 활처럼 위로 휜 구조를 이룬다.

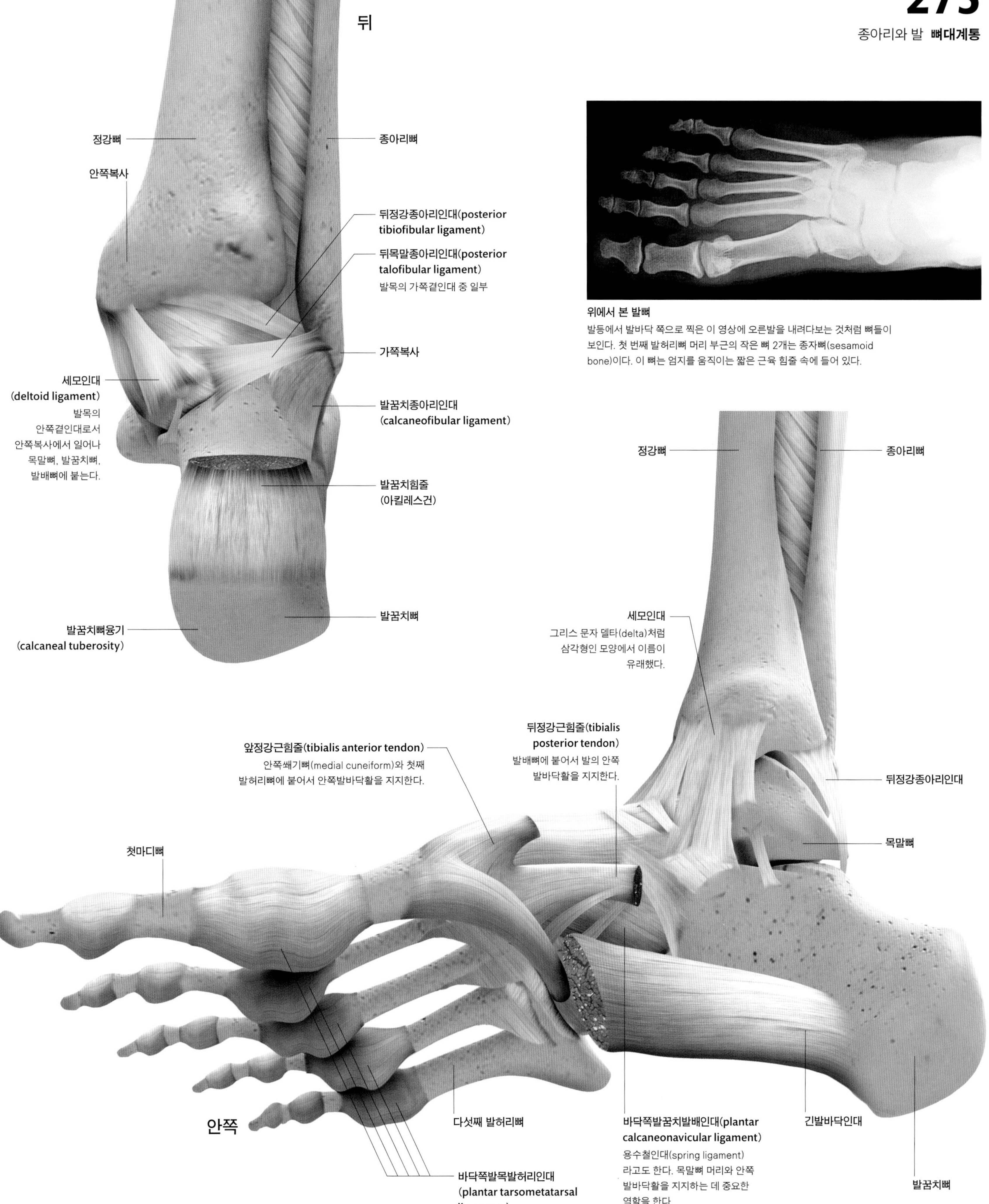
뒤
정강뼈
안쪽복사
종아리뼈
뒤정강종아리인대(posterior tibiofibular ligament)
뒤목말종아리인대(posterior talofibular ligament)
발목의 가쪽곁인대 중 일부
가쪽복사
세모인대
(deltoid ligament)
발목의 안쪽곁인대로서 안쪽복사에서 일어나 목말뼈, 발꿈치뼈, 발배뼈에 붙는다.
발꿈치종아리인대
(calcaneofibular ligament)
발꿈치힘줄
(아킬레스건)
발꿈치뼈융기
(calcaneal tuberosity)
발꿈치뼈
정강뼈
종아리뼈
세모인대
그리스 문자 델타(delta)처럼 삼각형인 모양에서 이름이 유래했다.
뒤정강근힘줄(tibialis posterior tendon)
발배뼈에 붙어서 발의 안쪽 발바닥활을 지지한다.
앞정강근힘줄(tibialis anterior tendon)
안쪽쐐기뼈(medial cuneiform)와 첫째 발허리뼈에 붙어서 안쪽발바닥활을 지지한다.
뒤정강종아리인대
목말뼈
첫마디뼈
안쪽
다섯째 발허리뼈
바닥쪽발목발허리인대
(plantar tarsometatarsal ligaments)
바닥쪽발꿈치발배인대(plantar calcaneonavicular ligament)
용수철인대(spring ligament)라고도 한다. 목말뼈 머리와 안쪽 발바닥활을 지지하는 데 중요한 역할을 한다.
긴발바닥인대
발꿈치뼈

위에서 본 발뼈

발등에서 발바닥 쪽으로 찍은 이 영상에 오른발을 내려다보는 것처럼 뼈들이 보인다. 첫 번째 발허리뼈 머리 부근의 작은 뼈 2개는 종자뼈(sesamoid bone)이다. 이 뼈는 엄지를 움직이는 짧은 근육 힘줄 속에 들어 있다.

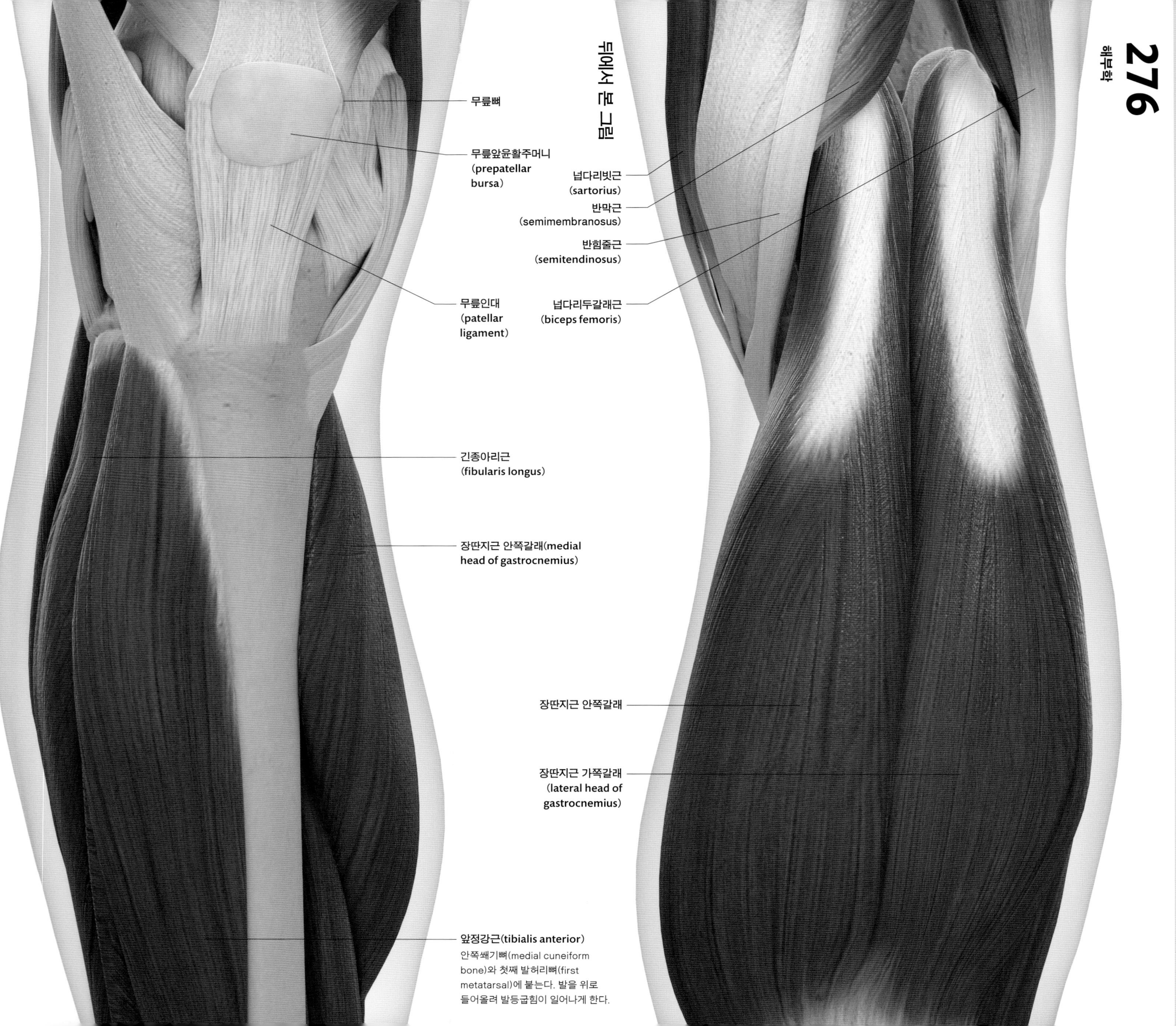

뒤에서 본 그림
무릎뼈
무릎앞윤활주머니 (prepatellar bursa)
넙다리빗근 (sartorius)
반막근 (semimembranosus)
반힘줄근 (semitendinosus)
무릎인대 (patellar ligament)
넙다리두갈래근 (biceps femoris)
긴종아리근 (fibularis longus)
장딴지근 안쪽갈래(medial head of gastrocnemius)
장딴지근 안쪽갈래
장딴지근 가쪽갈래 (lateral head of gastrocnemius)
앞정강근(tibialis anterior)
안쪽쐐기뼈(medial cuneiform bone)와 첫째 발허리뼈(first metatarsal)에 붙는다. 발을 위로 들어올려 발등굽힘이 일어나게 한다.

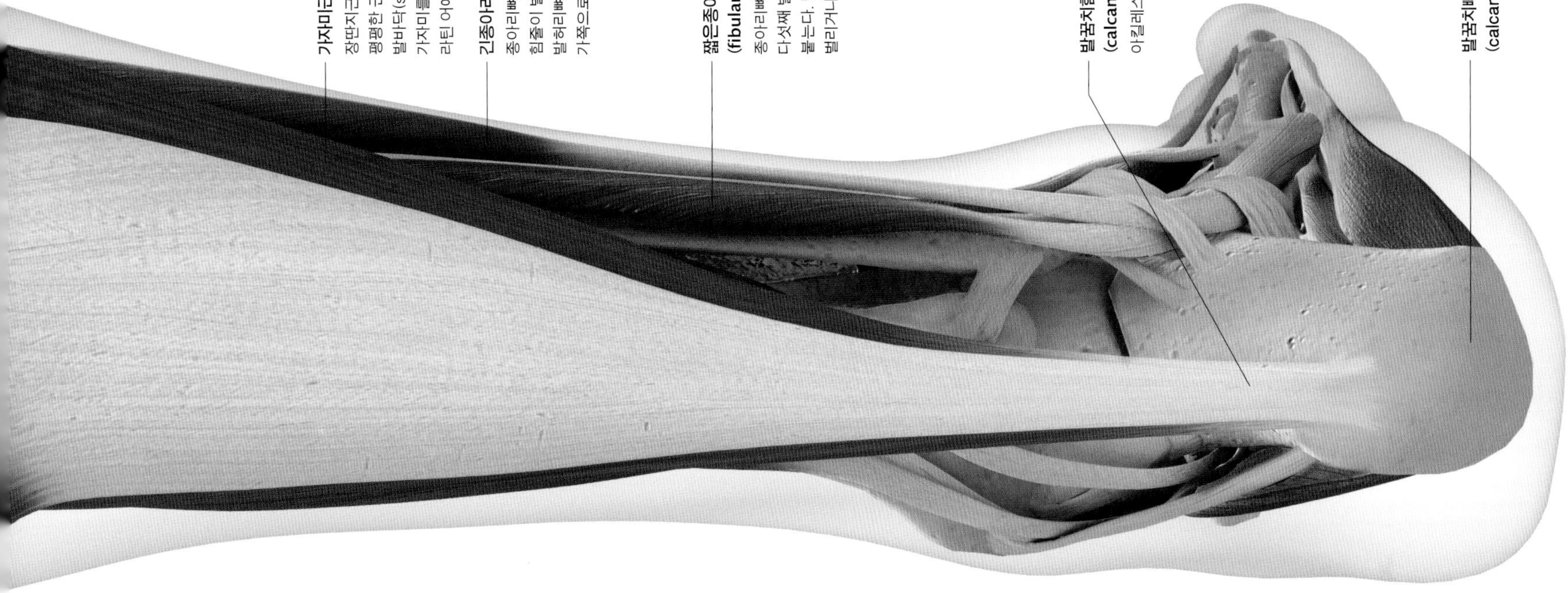

가자미근(soleus)
장딴지근 밑에 있는 크고 평평한 근육. 이름은 발바닥(sole) 또는 가자미를 의미하는 라틴 어에서 유래했다.

긴종아리근(fibularis longus)
종아리뼈에서 일어나며 그 힘줄이 발 아래를 감싸 첫째 발허리뼈 기저에 붙는다. 발을 가쪽으로 벌리거나 돌린다.

짧은종아리근
(fibularis brevis)
종아리뼈에서 일어나며 다섯째 발허리뼈 기저에 붙는다. 발을 가쪽으로 벌리거나 돌린다.

발꿈치힘줄
(calcaneal tendon)
아킬레스건이라고도 한다.

발꿈치뼈
(calcaneus)

종아리와 발 **근육계통**

얕은 근육

정강뼈 안쪽면은 종아리 앞 피부 밑으로 쉽게 만질 수 있다. 손가락을 바깥쪽으로 움직이면 정강뼈의 날카로운 모서리를 만질 수 있고 모서리와 함께 달리며 완만하게 솟아오른 근육들도 만질 수 있다. 이 근육들의 힘줄은 아래로 발까지 달리며, 발목에서 발을 위로 끌어당긴다. 이 운동을 발등굽힘(dorsiflexion)이라고 한다. 몇몇 폄근 힘줄은 발가락까지 계속 이어진다. 다리 뒤쪽에서는 훨씬 더 덩어리진 근육들이 모여 장딴지를 형성한다. 장딴지근(gastrocnemius)과 그 밑(속)에 있는 가자미근(soleus)은 서로 결합해서 발꿈치힘줄을 이루는 커다란 근육으로서 발꿈치뼈의 지레를 끌어올려서 발가락 쪽이 아래로 내려가게 한다. 걷거나 뛸 때 발로 바닥을 디뎌 몸을 앞으로 밀어내는 데 관여하기도 한다.

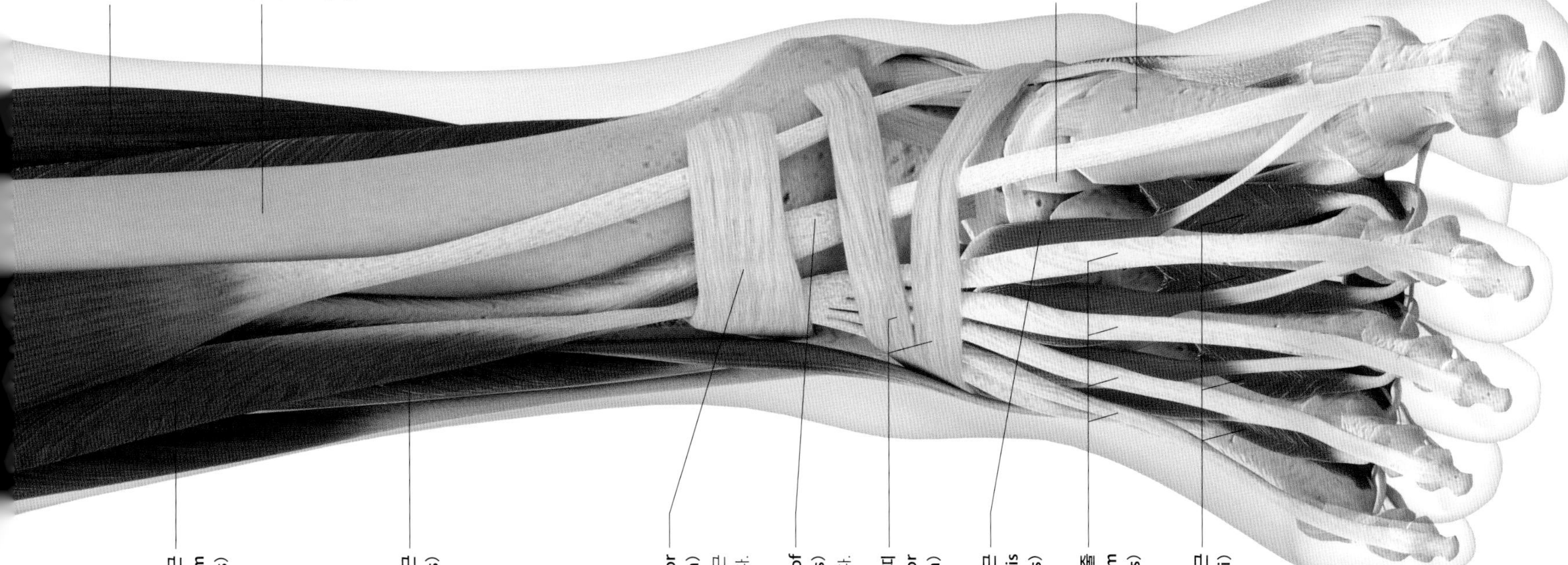

가자미근
(soleus)

정강뼈
안쪽면
(medial
surface of
the tibia)

안쪽쐐기뼈
(medial
cuneiform)

첫째 발허리뼈
(first
metatarsal)

긴발가락폄근
(extensor digitorum
longus)

짧은종아리근
(fibularis brevis)

위폄근지지띠(superior
extensor retinaculum)
폄근 힘줄이 발목 부근 제자리에 있게 한다.

긴엄지폄근 힘줄(tendon of
extensor hallucis longus)
엄지를 편다.

아래폄근지지띠
(inferior extensor
retinaculum)

짧은엄지폄근
(extensor hallucis
brevis)

긴발가락폄근힘줄
(extensor digitorum
longus tendons)

등쪽뼈사이근
(dorsal interossei)

앞에서 본 그림

종아리와 발 **근육계통**

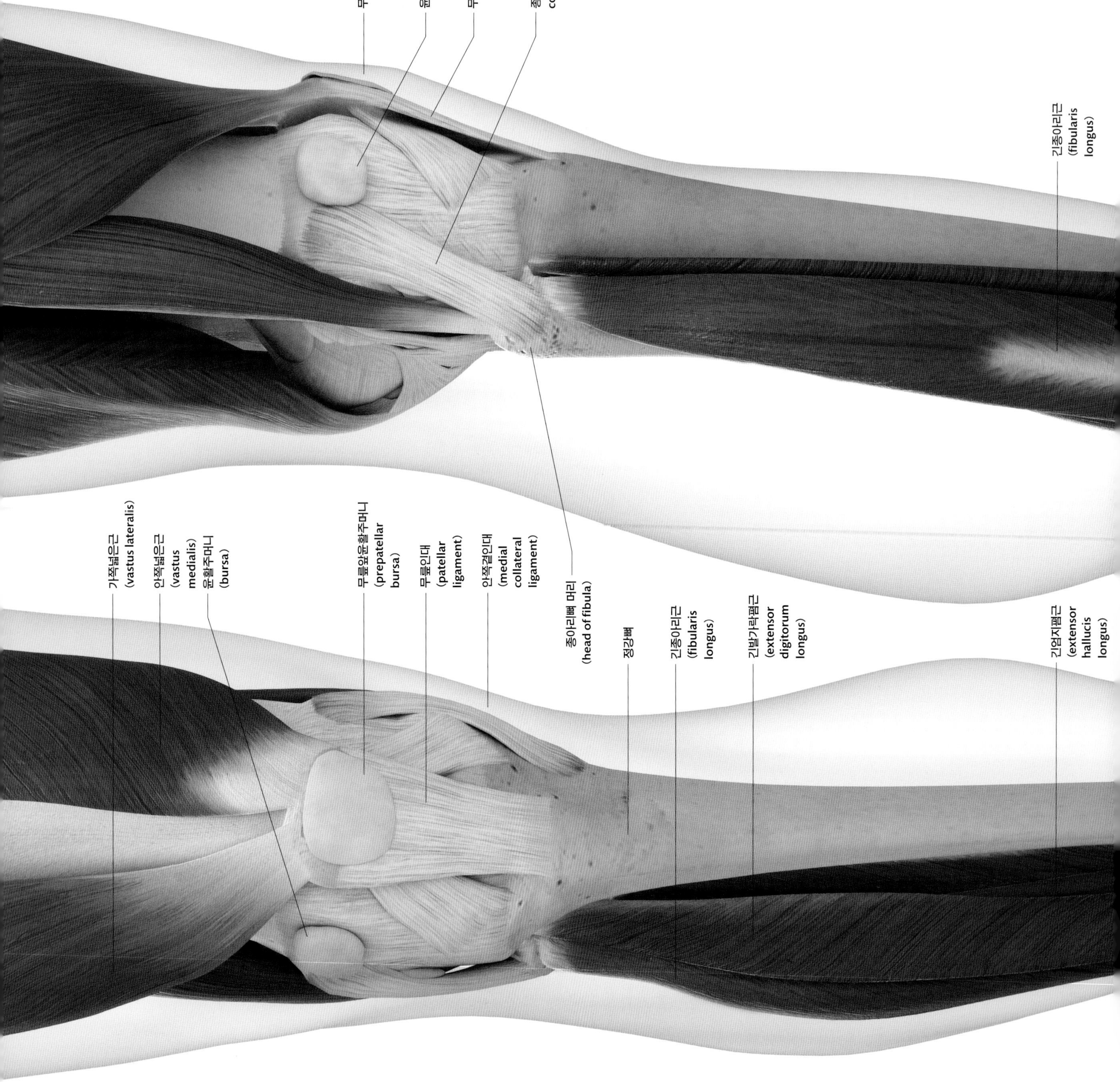

무릎앞윤활주머니
윤활주머니
무릎인대
종아리쪽 곁인대(fibular collateral ligament)
긴종아리근 (fibularis longus)

가쪽넓은근 (vastus lateralis)
안쪽넓은근 (vastus medialis)
윤활주머니 (bursa)
무릎앞윤활주머니 (prepatellar bursa)
무릎인대 (patellar ligament)
안쪽곁인대 (medial collateral ligament)
종아리뼈 머리 (head of fibula)
정강뼈
긴종아리근 (fibularis longus)
긴발가락폄근 (extensor digitorum longus)
긴엄지폄근 (extensor hallucis longus)

깊은 근육

2개의 근육, 즉 긴종아리근(fibularis longus)과 짧은종아리근(fibularis brevis)이 다리 가쪽면을 따라 아래로 달리며 발까지 내려간다.(277쪽) 이 근육들은 발 가쪽을 위로 끌어당기는 가쪽번짐(eversion)이라는 운동에 관여한다. 긴종아리근 힘줄은 발바닥을 가로질러서 안쪽면에 붙어 가로발바닥활(transverse arch of foot)을 지지한다. 긴엄지굽힘근(flexor hallucis longus)은 종아리뼈와 뼈사이막(interosseous membrane)에서 일어난다. 그 힘줄은 쭉 내려가 안쪽복사 밑과 발바닥 속을 지나 엄지 끝마디뼈에 붙는다.

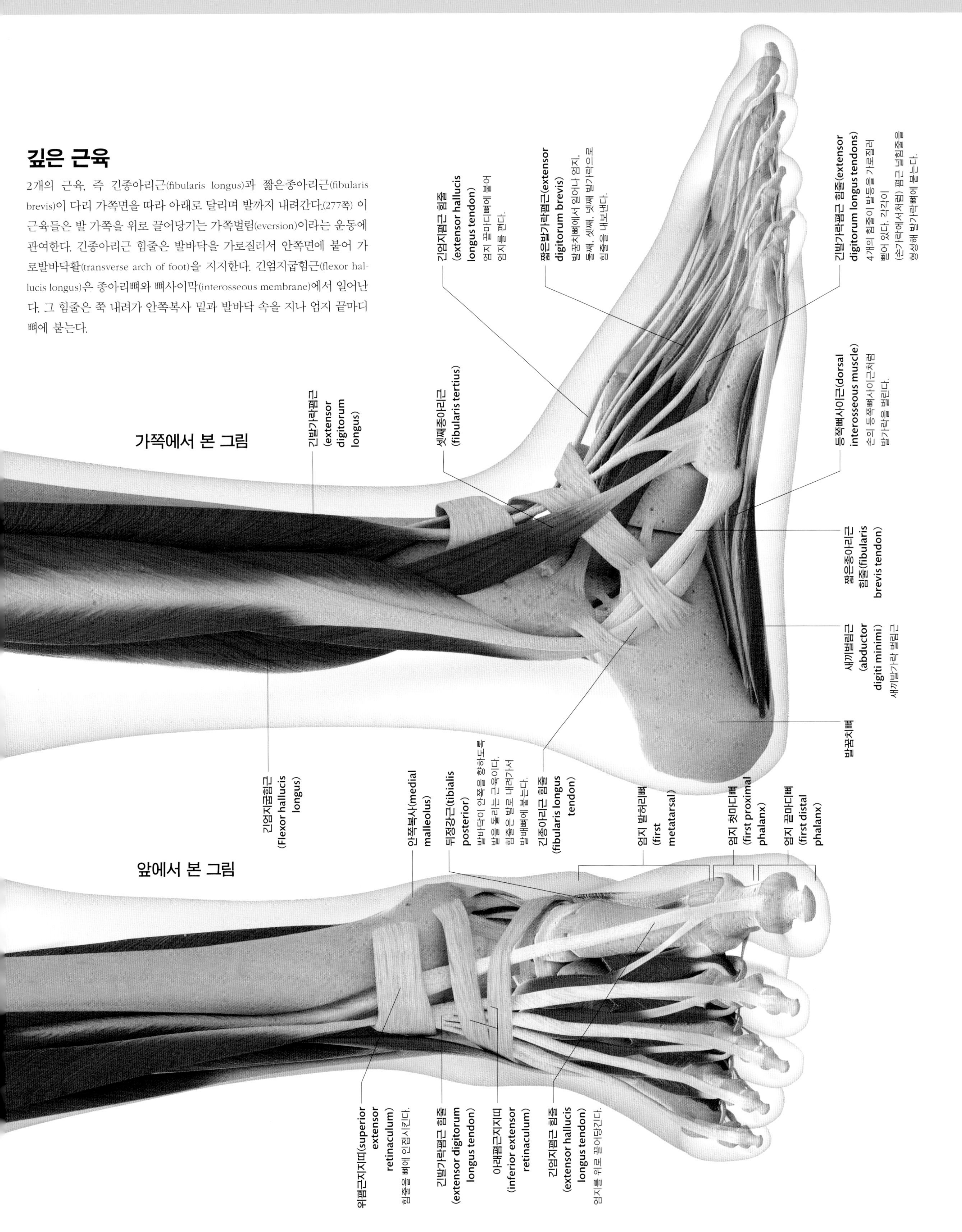
가쪽에서 본 그림
긴엄지폄근 힘줄 (extensor hallucis longus tendon)
엄지 끝마디뼈에 붙어 엄지를 편다.
짧은발가락폄근(extensor digitorum brevis)
발꿈치뼈에서 일어나 엄지, 둘째, 셋째, 넷째 발가락으로 힘줄을 내보낸다.
긴발가락폄근 힘줄(extensor digitorum longus tendons)
4개의 힘줄이 발등을 가로질러 뻗어 있다. 각각이 (손가락에서처럼) 폄근 널힘줄을 형성해 발가락뼈에 붙는다.
등쪽뼈사이근(dorsal interosseous muscle)
손의 등쪽뼈사이근처럼 발가락을 벌린다.
긴발가락폄근 (extensor digitorum longus)
셋째종아리근 (fibularis tertius)
짧은종아리근 힘줄(fibularis brevis tendon)
새끼벌림근 (abductor digiti minimi)
새끼발가락 벌림근
발꿈치뼈
긴엄지굽힘근 (Flexor hallucis longus)
긴종아리근 힘줄 (fibularis longus tendon)
앞에서 본 그림
안쪽복사(medial malleolus)
뒤정강근(tibialis posterior)
발바닥이 안쪽을 향하도록 발을 돌리는 근육이다. 힘줄은 발로 내려가서 발배뼈에 붙는다.
엄지 발허리뼈 (first metatarsal)
엄지 첫마디뼈 (first proximal phalanx)
엄지 끝마디뼈 (first distal phalanx)
위폄근지지띠(superior extensor retinaculum)
힘줄을 뼈에 인접시킨다.
긴발가락폄근 힘줄 (extensor digitorum longus tendon)
아래폄근지지띠 (inferior extensor retinaculum)
긴엄지폄근 힘줄 (extensor hallucis longus tendon)
엄지를 위로 끌어당긴다.

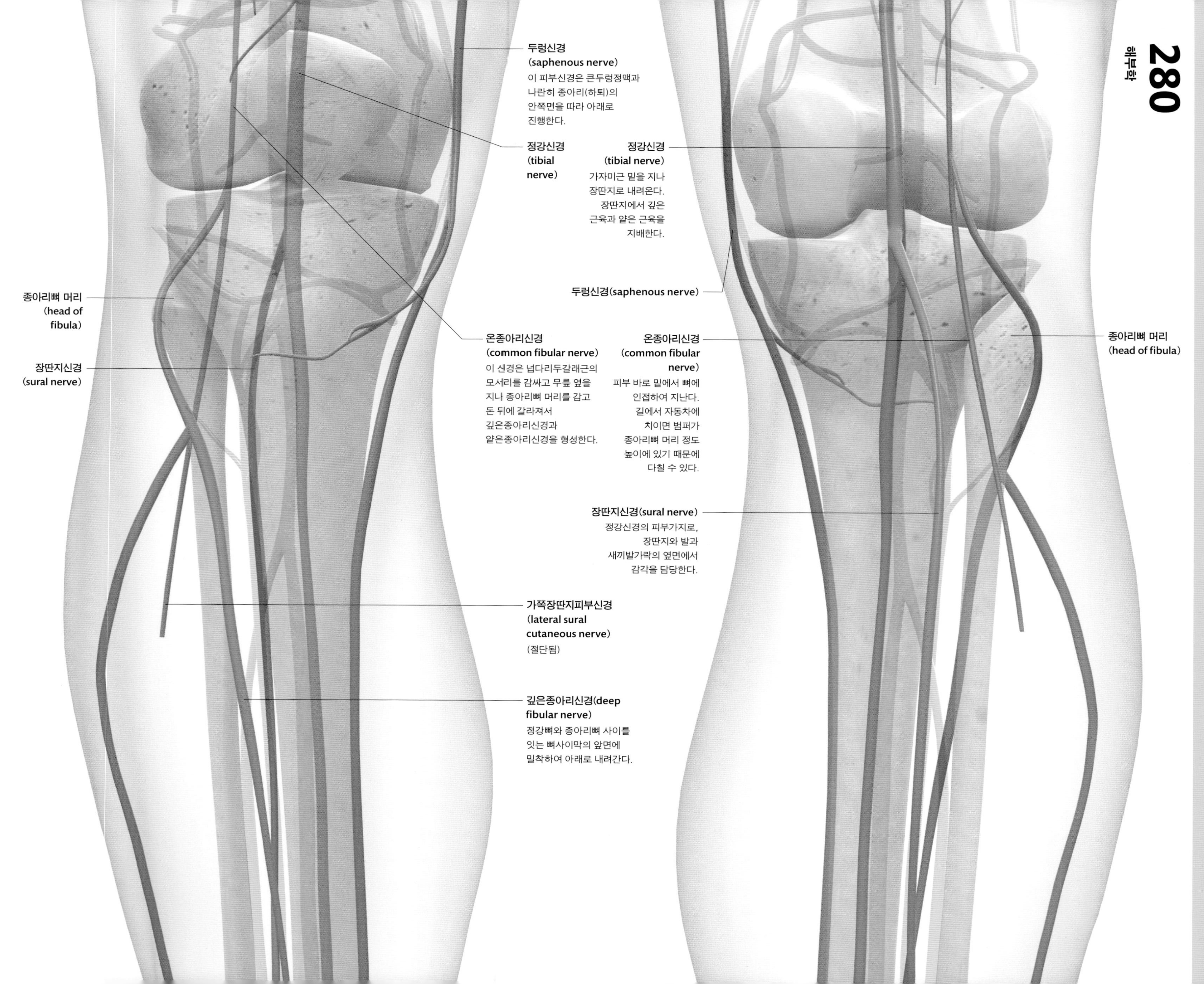
두렁신경
(saphenous nerve)
이 피부신경은 큰두렁정맥과 나란히 종아리(하퇴)의 안쪽면을 따라 아래로 진행한다.
정강신경
(tibial nerve)
종아리뼈 머리
(head of fibula)
장딴지신경
(sural nerve)
온종아리신경
(common fibular nerve)
이 신경은 넙다리두갈래근의 모서리를 감싸고 무릎 옆을 지나 종아리뼈 머리를 감고 돈 뒤에 갈라져서 깊은종아리신경과 얕은종아리신경을 형성한다.
가쪽장딴지피부신경
(lateral sural cutaneous nerve)
(절단됨)
깊은종아리신경(deep fibular nerve)
정강뼈와 종아리뼈 사이를 잇는 뼈사이막의 앞면에 밀착하여 아래로 내려간다.
정강신경
(tibial nerve)
가자미근 밑을 지나 장딴지로 내려온다. 장딴지에서 깊은 근육과 얕은 근육을 지배한다.
두렁신경(saphenous nerve)
온종아리신경
(common fibular nerve)
피부 바로 밑에서 뼈에 인접하여 지난다. 길에서 자동차에 치이면 범퍼가 종아리뼈 머리 정도 높이에 있기 때문에 다칠 수 있다.
장딴지신경(sural nerve)
정강신경의 피부가지로, 장딴지와 발과 새끼발가락의 옆면에서 감각을 담당한다.
종아리뼈 머리
(head of fibula)

종아리(하퇴)와 발 **신경계통**

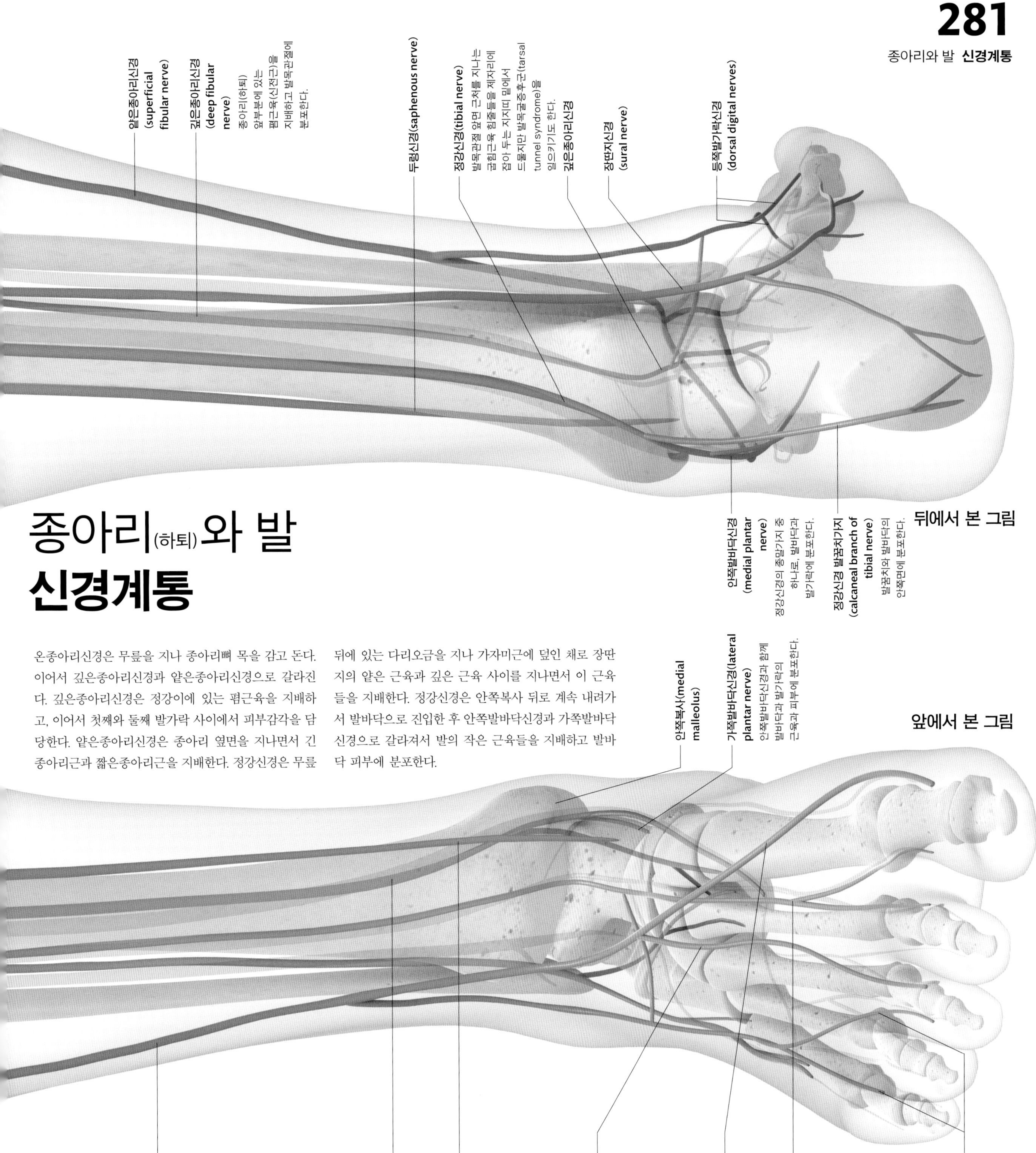
얕은종아리신경 (superficial fibular nerve)
깊은종아리신경 (deep fibular nerve) 종아리(하퇴) 앞부분에 있는 폄근육(신전근)을 지배하고 발목관절에 분포한다.
두렁신경(saphenous nerve)
정강신경(tibial nerve) 발목관절 앞면 근처를 지나는 굽힘근육 힘줄들을 제자리에 잡아 두는 지지띠 밑에서 드물지만 발목굴증후군(tarsal tunnel syndrome)을 일으키기도 한다.
깊은종아리신경
장딴지신경 (sural nerve)
등쪽발가락신경 (dorsal digital nerves)
안쪽발바닥신경 (medial plantar nerve) 정강신경의 종말가지 중 하나로, 발바닥과 발가락에 분포한다.
정강신경 발꿈치가지 (calcaneal branch of tibial nerve) 발꿈치와 발바닥의 안쪽면에 분포한다.
뒤에서 본 그림
안쪽복사(medial malleolus)
가쪽발바닥신경(lateral plantar nerve) 안쪽발바닥신경과 함께 발바닥과 발가락의 근육과 피부에 분포한다.
앞에서 본 그림
얕은종아리신경 (superficial fibular nerve)에 종아리(하퇴)에 있는 긴종아리근과 짧은종아리근을 지배한다.
정강신경 (tibial nerve) 안쪽복사 뒤를 지난다.
두렁신경 (saphenous nerve) 안쪽복사 앞을 지난 뒤 발의 안쪽면에서 피부에 분포한다.
얕은종아리신경 가쪽가지(lateral branch of superficial fibular nerve) 안쪽가지와 함께 발과 발가락 윗면 피부에 분포한다.
얕은종아리신경 안쪽가지(medial branch of superficial fibular nerve)
깊은종아리신경 (deep fibular nerve) 발등동맥과 함께 진행하며, 첫째와 둘째 발가락 사이에 있는 물갈퀴 모양 피부에 분포한다.
등쪽발가락신경 (dorsal digital nerves) 얕은종아리신경에서 시작된 가지들이다.

온종아리신경은 무릎을 지나 종아리뼈 목을 감고 돈다. 이어서 깊은종아리신경과 얕은종아리신경으로 갈라진다. 깊은종아리신경은 정강이에 있는 폄근육을 지배하고, 이어서 첫째와 둘째 발가락 사이에서 피부감각을 담당한다. 얕은종아리신경은 종아리 옆면을 지나면서 긴종아리근과 짧은종아리근을 지배한다. 정강신경은 무릎 뒤에 있는 다리오금을 지나 가자미근에 덮인 채로 장딴지의 얕은 근육과 깊은 근육 사이를 지나면서 이 근육들을 지배한다. 정강신경은 안쪽복사 뒤로 계속 내려가서 발바닥으로 진입한 후 안쪽발바닥신경과 가쪽발바닥신경으로 갈라져서 발의 작은 근육들을 지배하고 발바닥 피부에 분포한다.

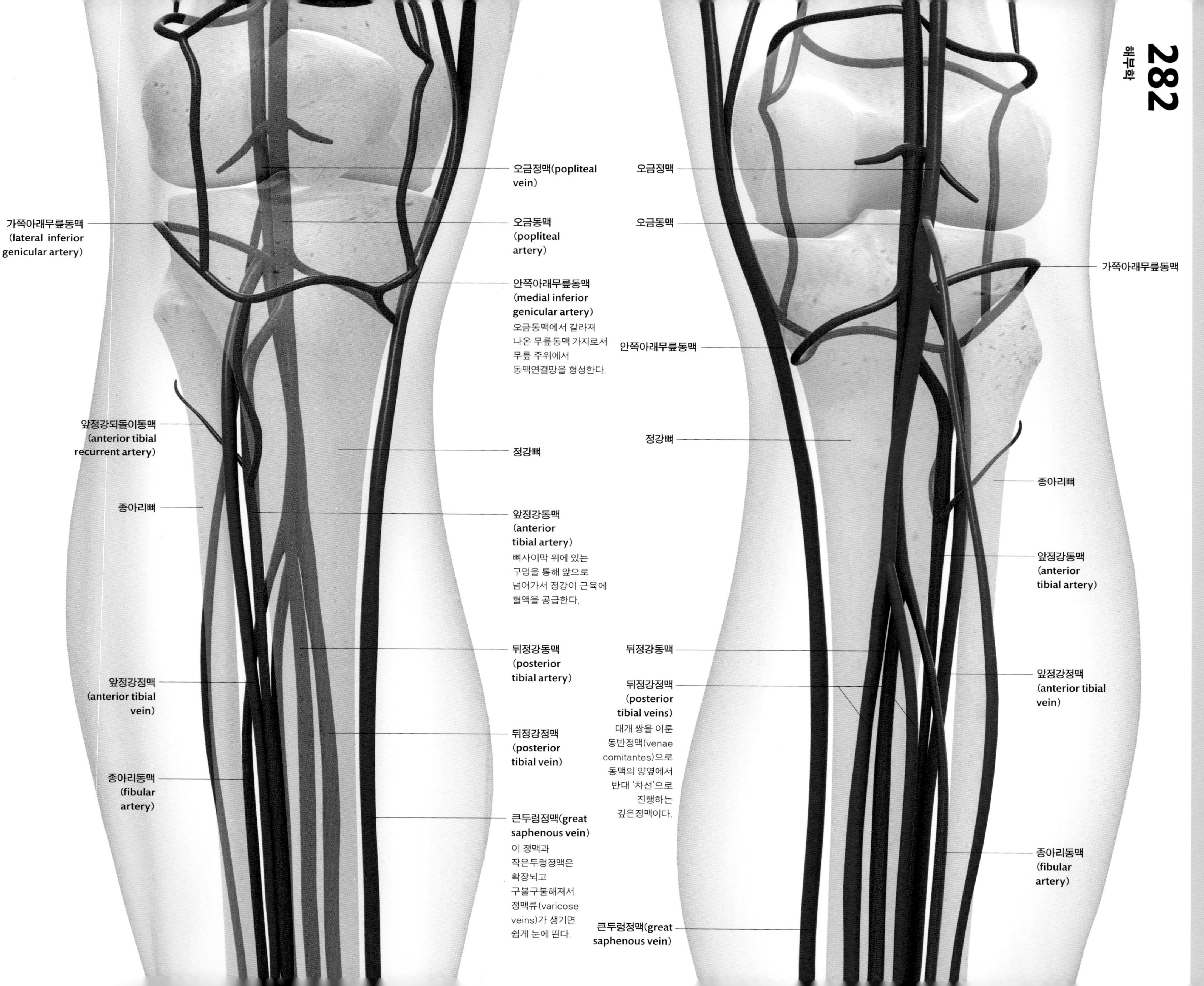
오금정맥(popliteal vein)
가쪽아래무릎동맥 (lateral inferior genicular artery)
오금동맥 (popliteal artery)
안쪽아래무릎동맥 (medial inferior genicular artery)
오금동맥에서 갈라져 나온 무릎동맥 가지로서 무릎 주위에서 동맥연결망을 형성한다.
앞정강되돌이동맥 (anterior tibial recurrent artery)
정강뼈
종아리뼈
앞정강동맥 (anterior tibial artery)
뼈사이막 위에 있는 구멍을 통해 앞으로 넘어가서 정강이 근육에 혈액을 공급한다.
뒤정강동맥 (posterior tibial artery)
앞정강정맥 (anterior tibial vein)
뒤정강정맥 (posterior tibial vein)
종아리동맥 (fibular artery)
큰두렁정맥(great saphenous vein)
이 정맥과 작은두렁정맥은 확장되고 구불구불해져서 정맥류(varicose veins)가 생기면 쉽게 눈에 띈다.
오금정맥
오금동맥
가쪽아래무릎동맥
안쪽아래무릎동맥
정강뼈
종아리뼈
앞정강동맥 (anterior tibial artery)
뒤정강동맥
뒤정강정맥 (posterior tibial veins)
대개 쌍을 이룬 동반정맥(venae comitantes)으로 동맥의 양옆에서 반대 '차선'으로 진행하는 깊은정맥이다.
앞정강정맥 (anterior tibial vein)
종아리동맥 (fibular artery)
큰두렁정맥(great saphenous vein)

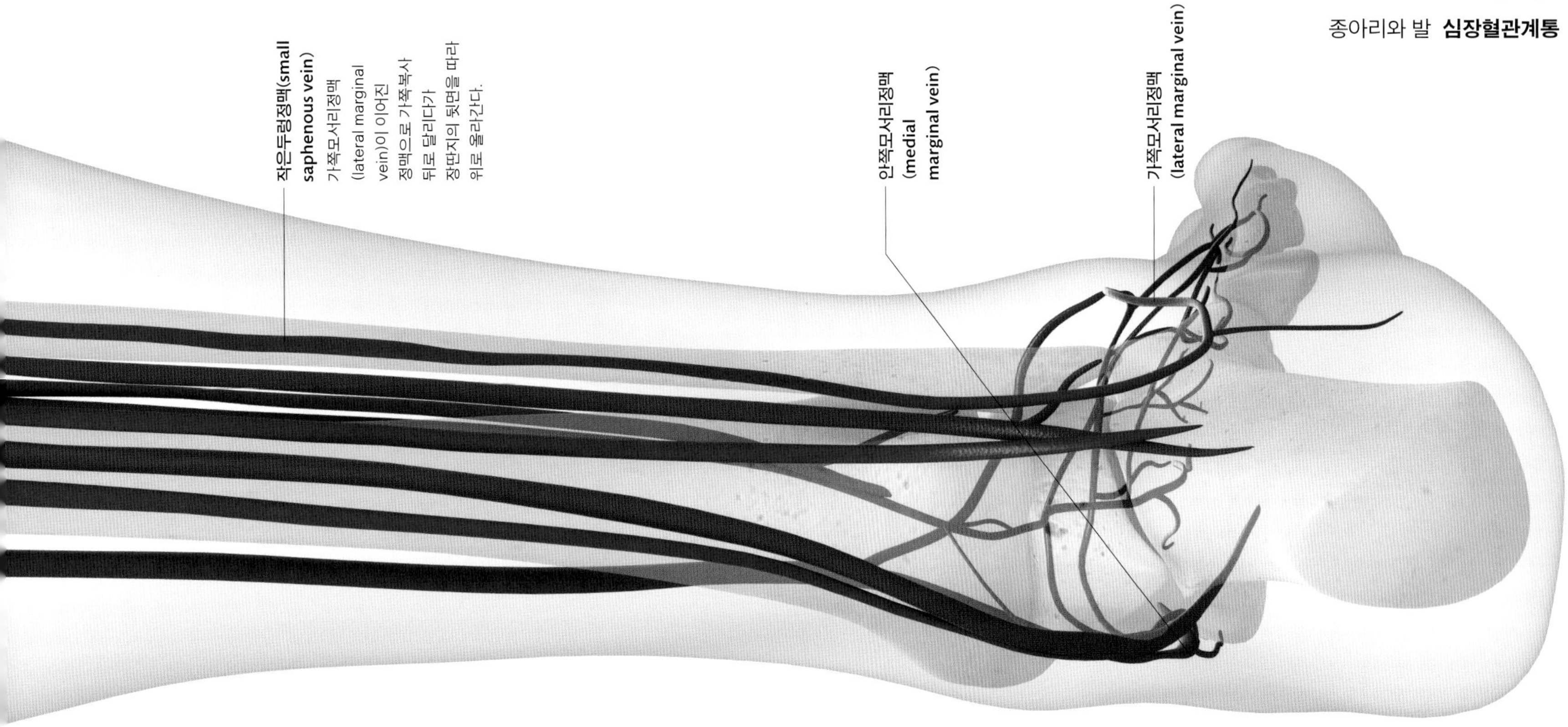

작은두렁정맥(small saphenous vein) 가쪽모서리정맥(lateral marginal vein)이 이어진 정맥으로 가쪽복사 뒤로 달리다가 장딴지의 뒷면을 따라 위로 올라간다.

안쪽모서리정맥(medial marginal vein)

가쪽모서리정맥(lateral marginal vein)

뒤에서 본 그림

종아리와 발 **심장혈관계통**

오금동맥(popliteal artery)은 무릎 뒤로 깊숙이 달리다가 앞정강동맥(anterior tibial artery)과 뒤정강동맥(posterior tibial artery) 2개의 가지로 갈라진다. 앞정강동맥은 정강뼈와 종아리뼈 사이 뼈사이막을 뚫고 앞으로 넘어가서 정강이의 폄근들에 혈액을 공급한 다음 아래로 달려 발목을 지나 발등에서 발등동맥(dorsalis pedis artery)이 된다. 뒤정강동맥은 종아리동맥을 내는데, 이 동맥은 종아리 가쪽의 근육과 피부에 혈액을 공급한다. 뒤정강동맥은 정강신경(tibial nerve)과 함께 장딴지 속을 달리다가 정강신경처럼 가쪽발바닥동맥과 안쪽발바닥동맥으로 갈라져서 발바닥에 혈액을 공급한다. 발등 얕은정맥 그물의 혈액은 두 두렁정맥으로 배출된다.

앞에서 본 그림

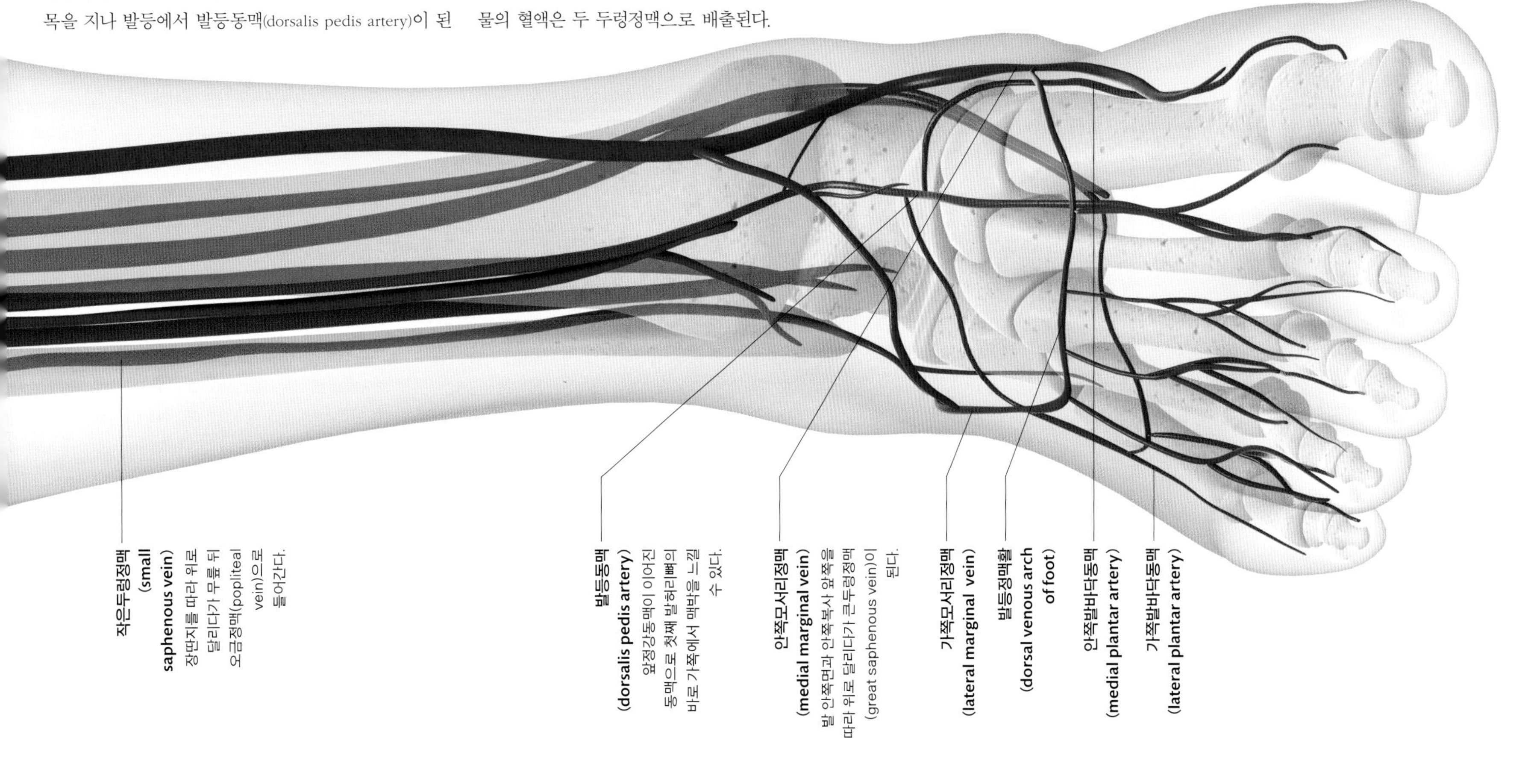

작은두렁정맥(small saphenous vein) 장딴지를 따라 위로 달리다가 무릎 뒤 오금정맥(popliteal vein)으로 들어간다.

발등동맥(dorsalis pedis artery) 앞정강동맥이 이어진 동맥으로 첫째 발허리뼈의 바로 가쪽에서 맥박을 느낄 수 있다.

안쪽모서리정맥(medial marginal vein) 발 안쪽면과 안쪽복사 앞쪽을 따라 위로 달리다가 큰두렁정맥(great saphenous vein)이 된다.

가쪽모서리정맥(lateral marginal vein)

발등정맥활(dorsal venous arch of foot)

안쪽발바닥동맥(medial plantar artery)

가쪽발바닥동맥(lateral plantar artery)

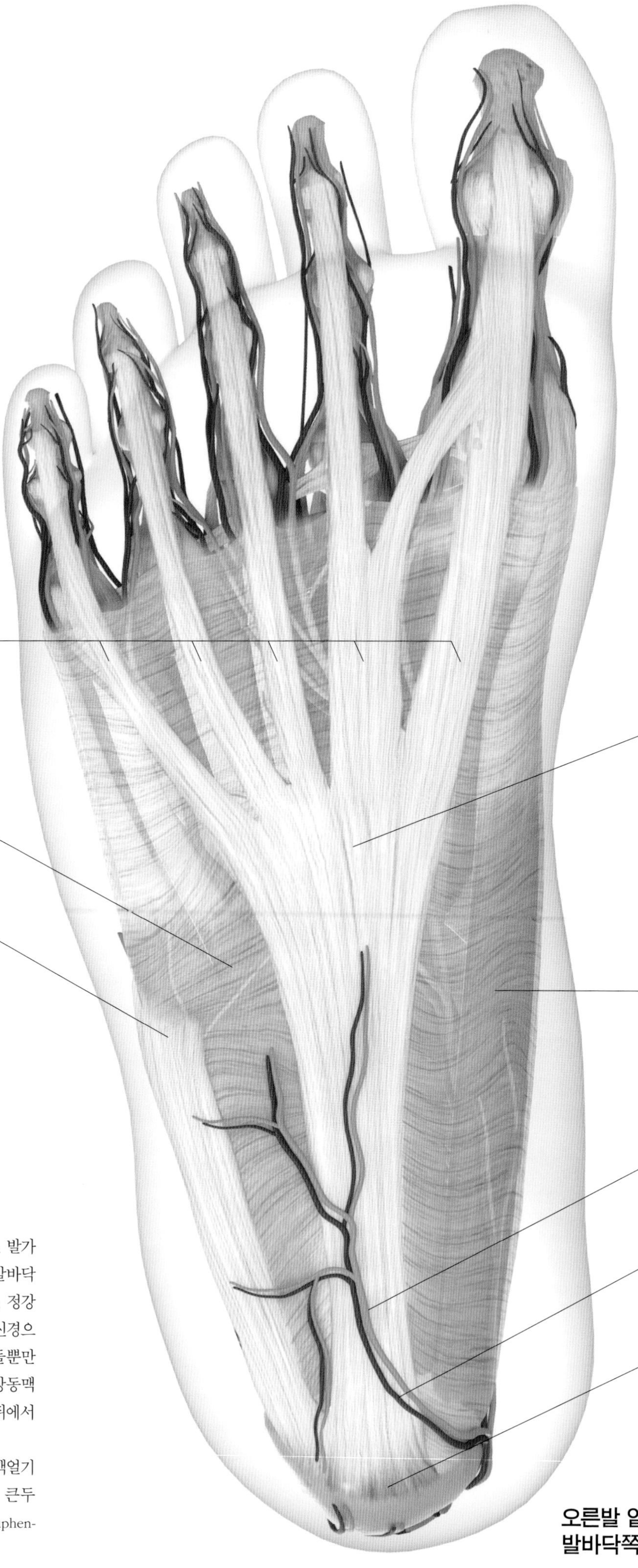

발바닥널힘줄(plantar aponeurosis)
발가락갈래(digital slips)

발바닥널힘줄(plantar aponeurosis)
발바닥근막(plantar fascia)이라고도 하는 이 두꺼운 결합조직 층은 발의 세로활(longitudinal arch)을 지지한다. 젊은 사람들은 이 근막이 아킬레스힘줄(Achilles tendon)과 이어져 있다.

가쪽발바닥근막(lateral plantar fascia)

발바닥널힘줄 가쪽띠
(lateral band)

안쪽발바닥근막(medial plantar fascia)

종아리와 발
발

안쪽발꿈치신경(medial calcaneal nerve)

안쪽발꿈치동맥(medial calcaneal artery)

발꿈치결절(calcaneal tubercle)

발바닥의 해부학적 구조는 손바닥과 매우 비슷하다. 발가락을 움직이는 온갖 짧은 근육들이 있고, 아울러 발바닥 속을 달리는 긴 굽힘근힘줄(flexor tendon)들이 있다. 정강신경(tibial nerve)은 가쪽발바닥신경과 안쪽발바닥신경으로 갈라지면서 끝난다. 두 발바닥신경은 짧은 근육들뿐만 아니라 발바닥 피부에도 감각을 제공한다. 뒤정강동맥(posterior tibial artery)은 발목의 정강뼈 안쪽복사 뒤에서 맥박이 감지된다.

발등에는 손의 얕은 정맥들과 비슷한 패턴의 정맥얼기가 있다. 이 발등정맥그물(dorsal venous plexus)에서 큰두렁정맥(great saphenous vein)과 작은두렁정맥(small saphenous vein)으로 혈액이 배출된다.

오른발 얕은 부위
발바닥쪽에서 본 그림

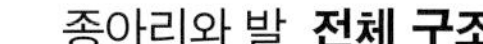

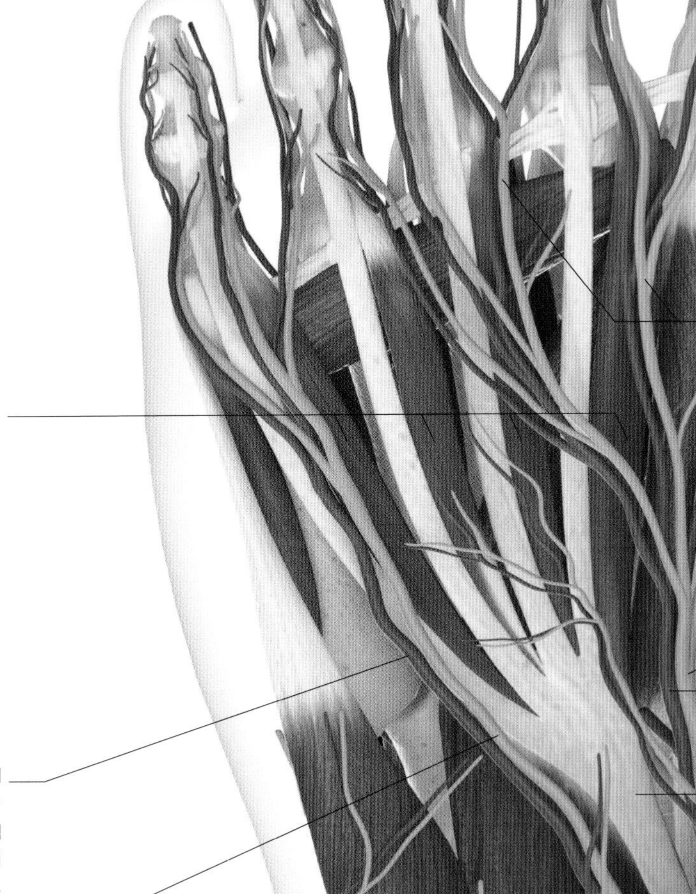
고유바닥쪽발가락동맥(proper plantar digital artery)
고유바닥쪽발가락신경(proper plantar digital nerve)
온바닥쪽발가락신경(common plantar digital nerves)
벌레근(lumbrical muscles)
안쪽발바닥신경(medial plantar nerve)
발바닥신경은 정강신경의 마지막 가지이며, 발바닥의 작은 근육들과 피부에 감각을 제공한다.
안쪽발바닥동맥(medial plantar artery)
엄지벌림근(abductor hallucis)
긴발가락굽힘근(flexor digitorum longus)
가쪽발바닥동맥(lateral plantar artery)
발바닥동맥은 뒤정강동맥(posterior tibial artery)에서 갈라져 나온 가지이다.
가쪽발바닥신경(lateral plantar nerve)
새끼벌림근(abductor digiti minimi)
발바닥네모근(quadratus plantae)
발꿈치뼈(calcaneus)에서 일어나 긴발가락굽힘근(flexor digitorum longus) 힘줄에 붙는 이 근육은 굽힘근힘줄들이 당기는 방향을 바꾸어 준다.

오른발 깊은 부위
발바닥쪽에서 본 그림

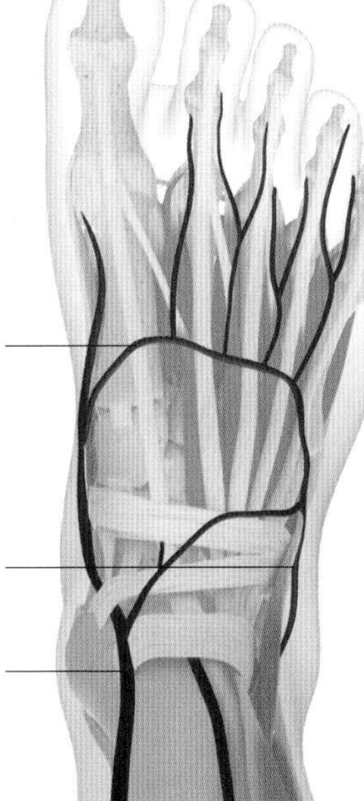
등쪽정맥활(dorsal venous arch)
작은두렁정맥(small saphenous vein)
큰두렁정맥(great saphenous vein)

오른발 정맥
발등쪽에서 본 그림

1

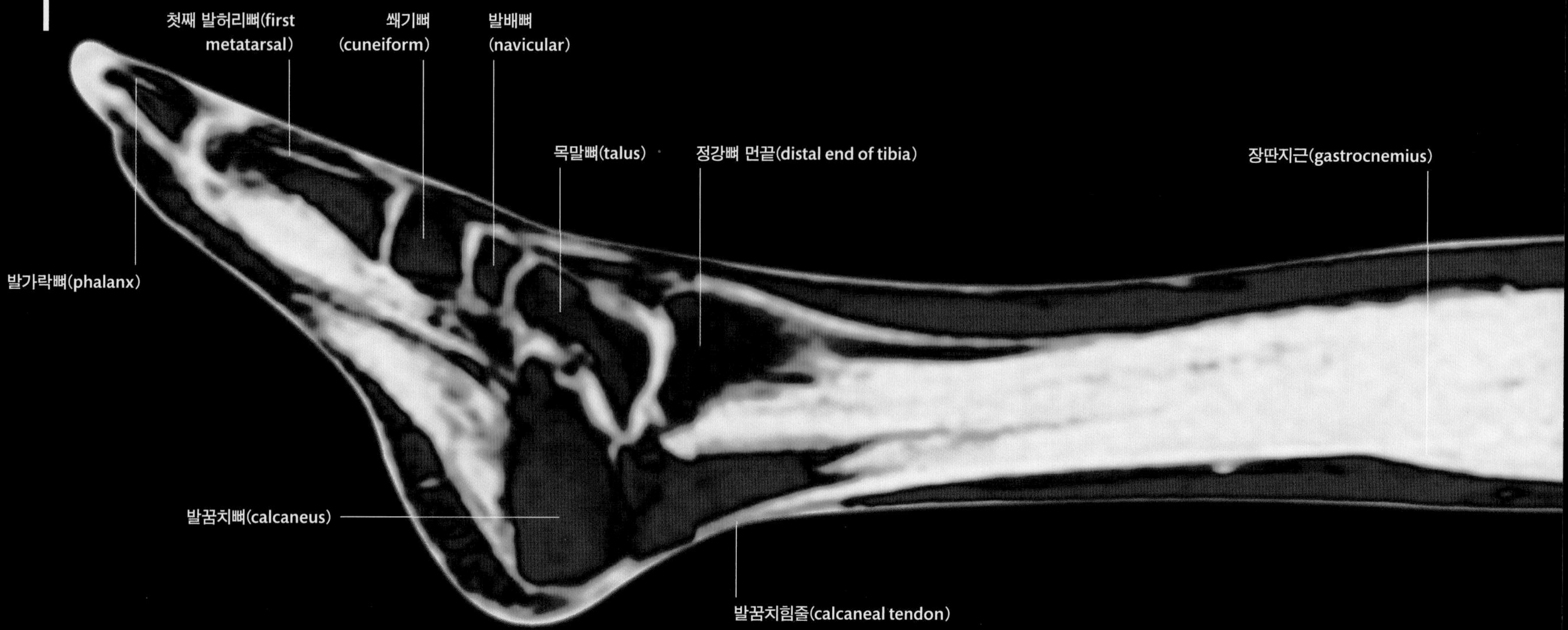

첫째 발허리뼈(first metatarsal)
쐐기뼈(cuneiform)
발배뼈(navicular)
목말뼈(talus)
정강뼈 먼끝(distal end of tibia)
장딴지근(gastrocnemius)
발가락뼈(phalanx)
발꿈치뼈(calcaneus)
발꿈치힘줄(calcaneal tendon)

2

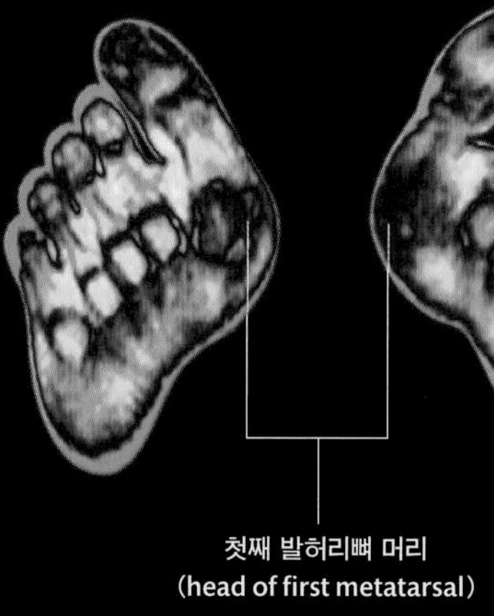

첫째 발허리뼈 머리(head of first metatarsal)

3

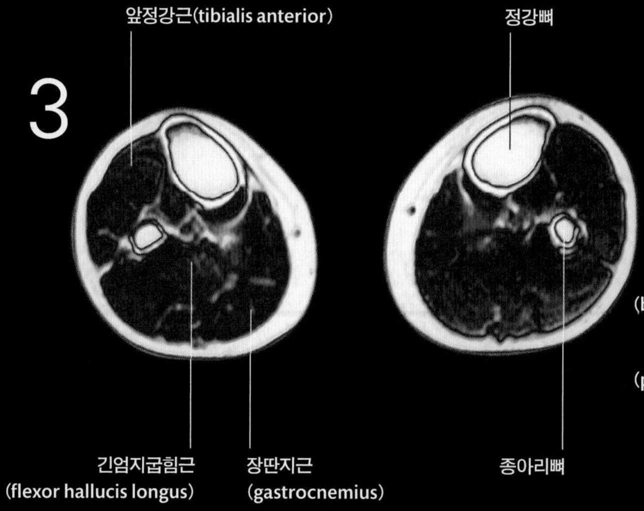

앞정강근(tibialis anterior)
정강뼈
긴엄지굽힘근(flexor hallucis longus)
장딴지근(gastrocnemius)
종아리뼈

4

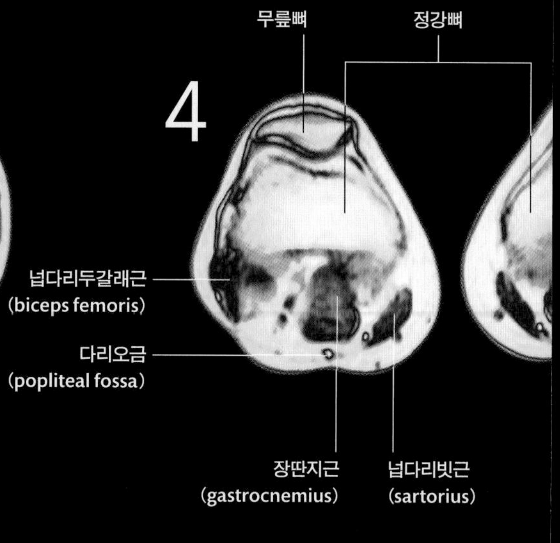

무릎뼈
정강뼈
넙다리두갈래근(biceps femoris)
다리오금(popliteal fossa)
장딴지근(gastrocnemius)
넙다리빗근(sartorius)

종아리와 발 **자기공명영상**(MRI)

넓적다리와 종아리의 세로 및 가로 단면을 보면 근육이 뼈 주위에 어떻게 배열되어 있는지 알 수 있다. 근육군들은 근막(fascia), 즉 근육을 포장하는 섬유 조직으로 한데 엮여 넓적다리에서 3개 칸(굽힘근, 폄근, 모음근), 종아리에서 3개 칸(굽힘근, 폄근, 종아리근)을 이룬다. 신경과 깊은 혈관도 근막집(sheaths of fascia)에 함께 싸여서 신경혈관다발(neurovascular bundles)을 형성한다. 단면 2에는 발 앞부분(forefoot)의 뼈가 보인다. 종아리의 정강뼈와 종아리뼈를 둘러싼 조밀한 근육들은 단면 3에 보인다. 단면 4에 보이는 무릎관절에서는 넙다리 관절융기와 서로 꼭 들어맞는 무릎뼈를 볼 수 있다. 신경혈관다발은 무릎 뒤 공간 다리오금(popliteal fossa)에서 양쪽 넓적다리뒤근육(hamstring muscles)과 함께 선명하게 볼 수 있다. 중간 및 위쪽 넓적다리를 찍은 단면 5와 6에서는 넙다리뼈 주위로 튼튼한 넙다리네갈래근과 넓적다리뒤근육이 보인다.

촬영 위치

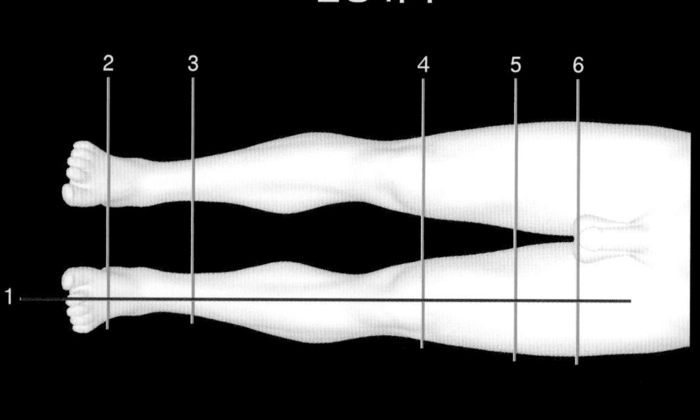
2
3
4
5
6
1

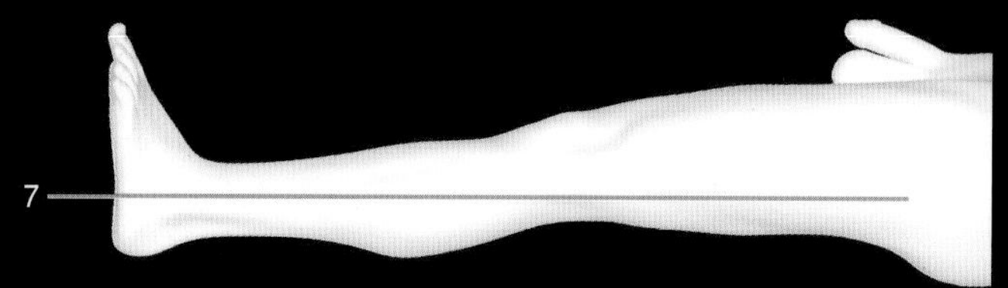
7

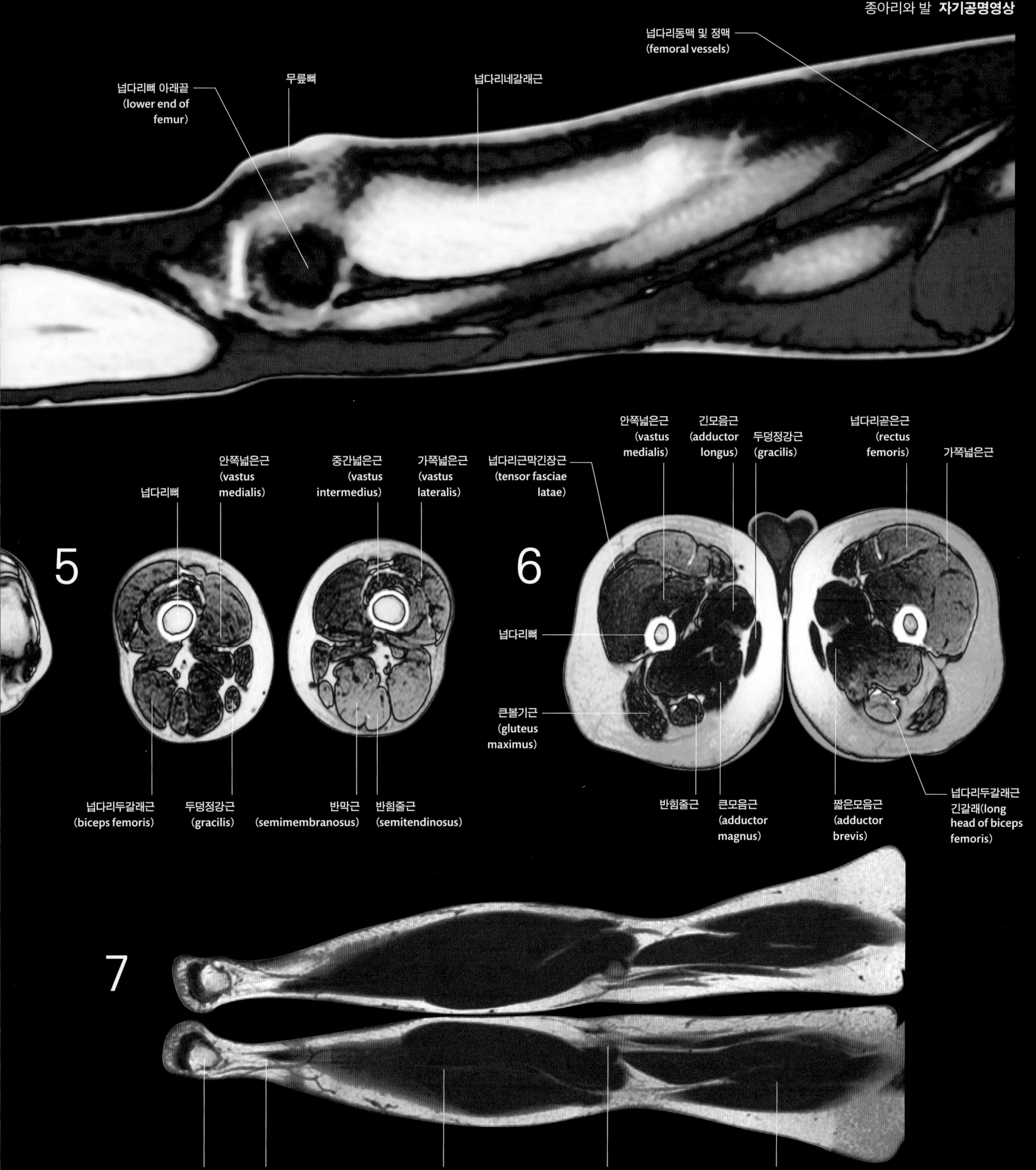
넙다리동맥 및 정맥 (femoral vessels)
넙다리뼈 아래끝 (lower end of femur)
무릎뼈
넙다리네갈래근
5
넙다리뼈
안쪽넓은근 (vastus medialis)
중간넓은근 (vastus intermedius)
가쪽넓은근 (vastus lateralis)
넙다리두갈래근 (biceps femoris)
두덩정강근 (gracilis)
반막근 (semimembranosus)
반힘줄근 (semitendinosus)
6
넙다리근막긴장근 (tensor fasciae latae)
안쪽넓은근 (vastus medialis)
긴모음근 (adductor longus)
두덩정강근 (gracilis)
넙다리곧은근 (rectus femoris)
가쪽넓은근
넙다리뼈
큰볼기근 (gluteus maximus)
반힘줄근
큰모음근 (adductor magnus)
짧은모음근 (adductor brevis)
넙다리두갈래근 긴갈래(long head of biceps femoris)
7
발꿈치뼈 (calcaneus)
발꿈치 힘줄 (calcaneal tendon)
장딴지근
정강뼈
넓적다리뒤근육 (hamstring muscles)

인체의 작동 원리

인체의 작동은 분자 수준에서 시작된다. 우리의 의식적 인식조차도 기원을 거슬러 올라가면 세포벽의 미시적 생화학 반응들로 귀결한다. 인체에서는 생명을 유지하는 기본적인 불수의 반응부터 의도적인 활동까지 무수히 많은 과정들이 늘 벌어지고 있다.

03

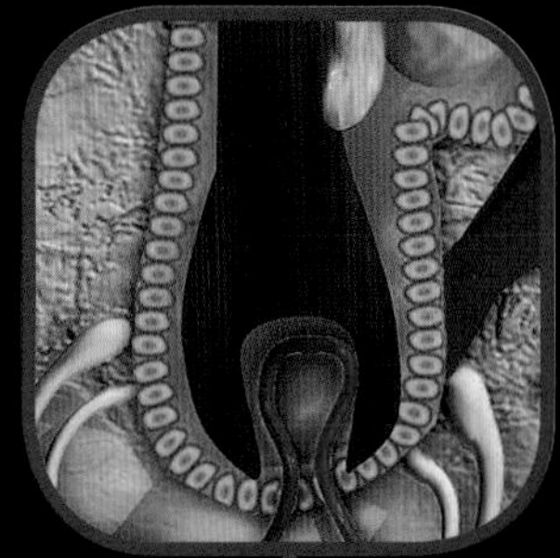

털

굵은 머리카락들은 머리를 따뜻하게 덮어 준다. 몸의 가느다란 털들은 피부를 민감하게 만들어 준다. 우리 눈에 보이는 털은 사실 죽은 것이다. 털은 뿌리에서 자라나는 단계일 때만 살아 있기 때문이다. 털은 지속적으로 자라는 게 아니라 성장과 휴식의 주기를 따른다.

피부

피부의 바깥층은 한 달에 한 번씩 완전히 새로 만들어진다. 피부의 결은 사람마다 다르다. 지문이 서로 다른 것은 그 때문이다.

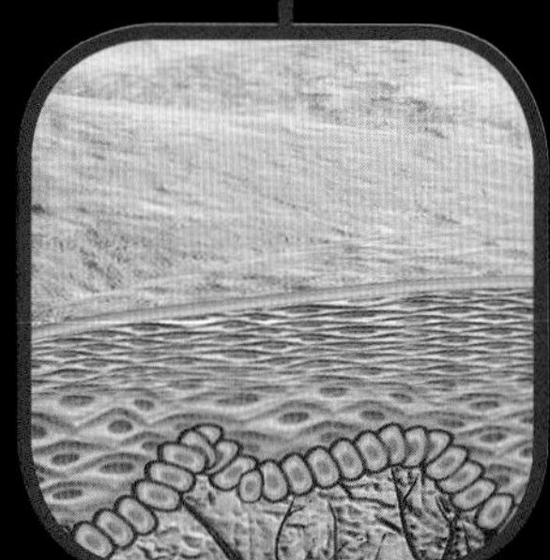

피부, 털, 손발톱

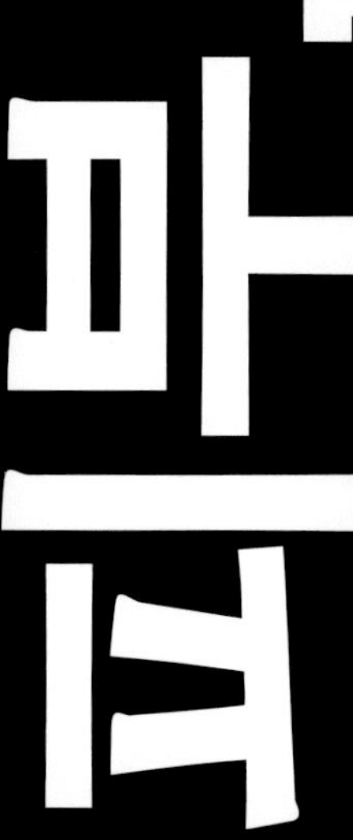

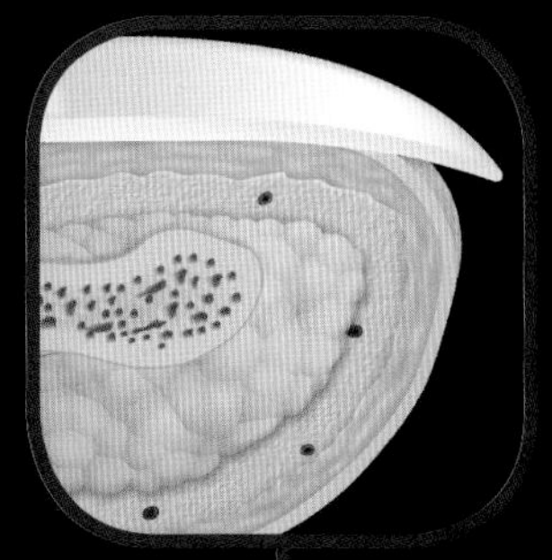

손발톱
손발톱은 끊임없이 자라고 스스로 재생한다. 손발톱은 손발가락을 보호할 뿐만 아니라 손발가락의 민감성을 높인다.

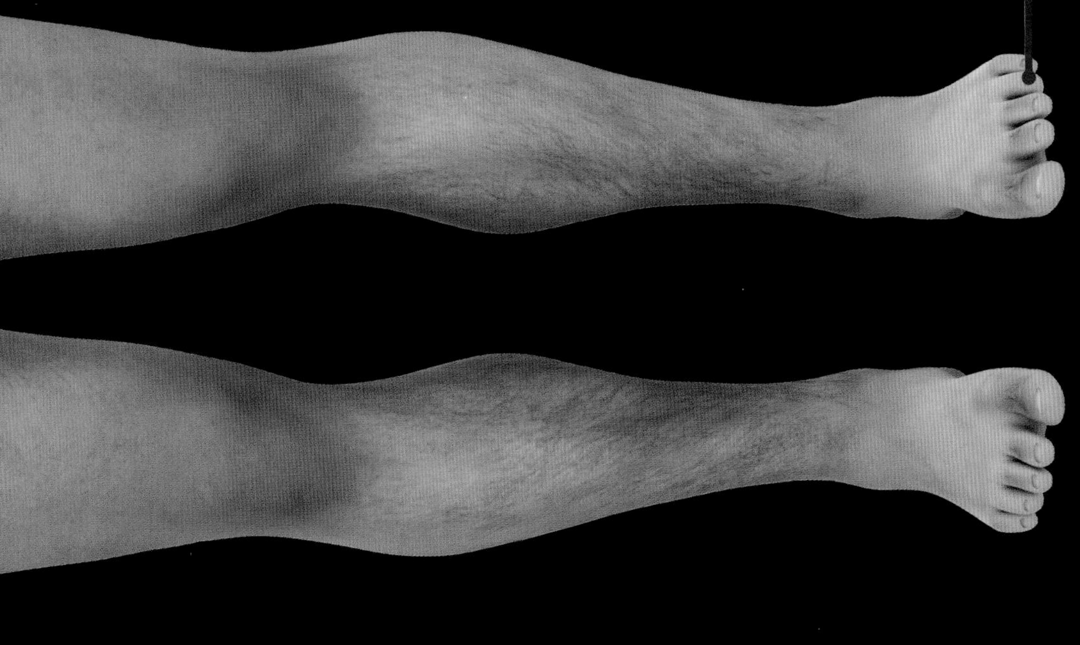

인체는 피부, 털, 손발톱이라는 외피로 보호된다. 이것들은 케라틴이라는 섬유성 단백질 덕분에 질기고 튼튼하다. 털의 윤기나 피부의 광택에서는 그 사람의 식습관 같은 건강상 특징 혹은 생활 습관상 특징이 드러난다.

피부, 털, 손발톱

피부와 피부에서 유래한 털, 손발톱을 아울러 피부계통(integumentary system)이라고 부른다.

피부계통은 인체의 외피를 구성한다. 특히 피부는 감각, 온도 조절, 비타민 D 생성, 인체 내부 조직 보호 등 여러 기능을 수행한다.

보호

피부는 살아 있는 외투처럼 몸을 감싸는 장기로, 갖가지 보호 기능을 담당한다. 그 역할은 피부의 맨 위층인 표피(epidermis)가 주로 수행한다. 표피의 윗부분은 납작한 죽은 세포들로 이뤄져 있는데, 그 속에는 질기고 방수 기능이 있는 케라틴(각질, keratin) 단백질이 들어 있다. 물리적 장벽인 표피는 스스로 치유하고, 내부 조직이 다치지 않게 막아 주며, 내부 조직으로 물이 스미거나 조직에서 물이 새어 나오는 것을 방지한다. 또한 해로운 태양광선을 걸러 준다.

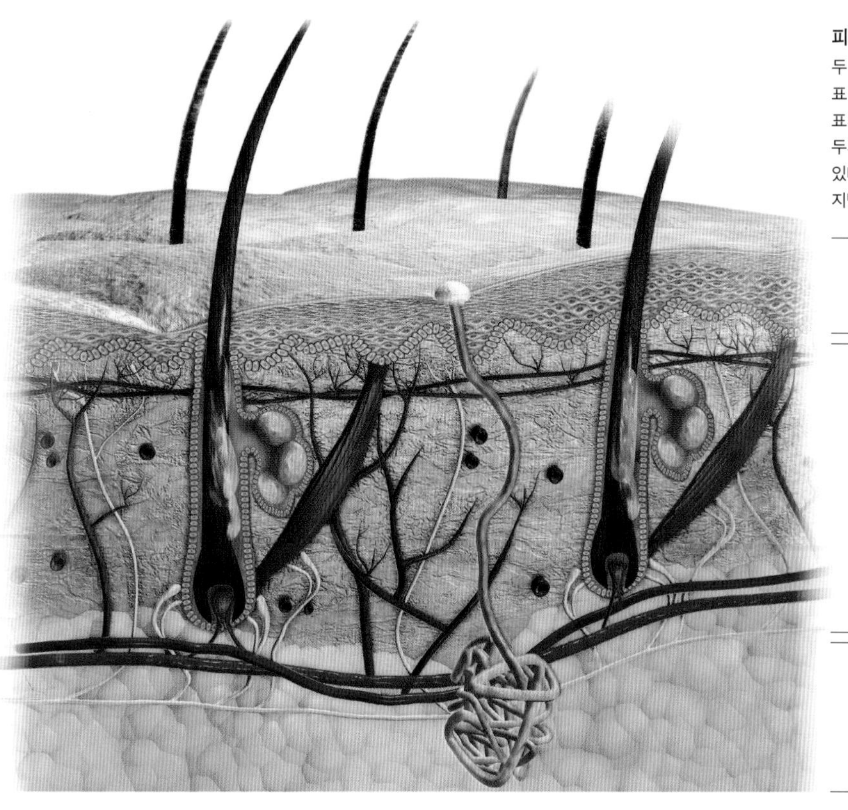

피부의 구조
두 층으로 구성된 피부의 단면. 위에는 표피세포(epithelial cell)로 구성된 얇은 표피가 있고, 아래에는 진피(dermis)라는 두꺼운 결합조직(connective tissue)이 있다. 진피 밑에는 단열 작용을 하는 지방층이 있다.

표피
맨 위의 보호층. 주로 납작하고 질긴 세포들로 구성된다.

진피
혈관, 땀샘, 감각수용체가 담겨 있다.

피부밑지방(subcutaneous fat)
단열 작용을 할 뿐 아니라 충격을 흡수하고 에너지를 저장한다.

피부 재생

피부는 인체 표면에 노출되어 있어 손상되기 쉽다. 하지만 긁히거나 베일 때는 피부의 자기 치유 메커니즘이 얼른 그곳을 메워서 먼지나 병원체(pathogen)가 못 들어오게 막는다. 손상된 피부세포들에서 화학물질이 배출되어 피떡(clot) 응고를 일으키는 혈소판(platelet), 병원체를 먹어 치우는 중성구(neutrophil), 결합조직을 수리하는 섬유모세포(fibroblast)를 불러들인다.

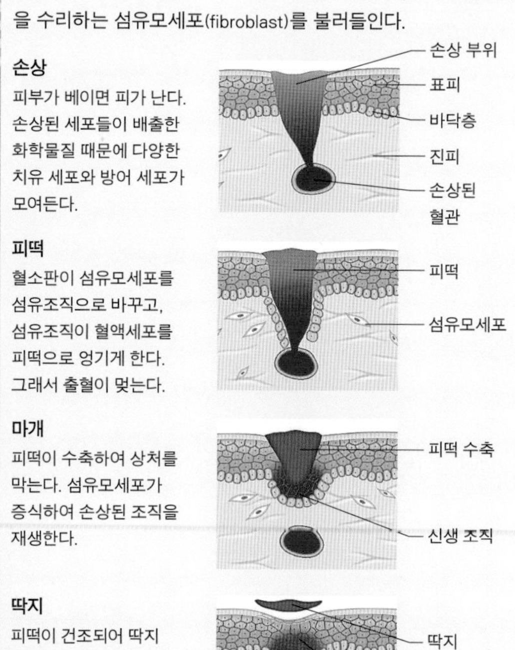
손상 부위
표피
바닥층
진피
손상된 혈관
피떡
섬유모세포
피떡 수축
신생 조직
딱지
흉터

손상
피부가 베이면 피가 난다. 손상된 세포들이 배출한 화학물질 때문에 다양한 치유 세포와 방어 세포가 모여든다.

피떡
혈소판이 섬유모세포를 섬유조직으로 바꾸고, 섬유조직이 혈액세포를 피떡으로 엉기게 한다. 그래서 출혈이 멎는다.

마개
피떡이 수축하여 상처를 막는다. 섬유모세포가 증식하여 손상된 조직을 재생한다.

딱지
피떡이 건조되어 딱지(scab)가 됨으로써 치유 중인 조직을 보호한다. 딱지는 결국 떨어져 나간다.

자외선 차단

태양광선은 가시광선, 적외선, 자외선(UV) 등 다양한 종류의 복사선으로 구성되어 있다. 그 중 중파장 자외선(B파장 자외선, UVB)은 바닥층 세포의 DNA를 손상시켜 피부암을 일으킬 수도 있다. 피부는 중파장 자외선을 흡수하고 걸러내는 멜라닌(melanin)이라는 흑갈색 색소를 생성하여 자외선 손상에서 세포를 보호한다. 표피 바닥의 '정상' 세포들과 각질형성세포(keratinocyte)들 사이에 섞여 있는 멜라닌세포(melanocyte)들이 멜라닌을 생산한다.

멜라닌 생산
멜라닌은 막으로 둘러싸인 멜라닌소체(melanosome)에서 만들어진다. 멜라닌소체는 멜라닌세포의 가지돌기를 따라 주변 세포로 확산해 들어가고, 위로 올라가면서 멜라닌과립(melanin granule)을 배출한다.

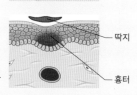

표면
납작한 죽은 세포들

멜라닌과립
각질형성세포로 확산한다.

각질형성세포
표피세포

가지돌기(dendrite)
멜라닌소체를 각질형성세포로 퍼뜨린다.

멜라닌세포
멜라닌소체를 만드는 세포

두께

피부의 두께는 부위에 따라 다르다. 눈꺼풀이나 입술처럼 섬세한 부위는 0.5밀리미터 정도로 얇고, 발바닥처럼 마모가 심한 부위는 4밀리미터 정도로 두껍다.(늘 맨발로 다니는 사람은 이보다 더 두껍다.) 표피보다 진피가 훨씬 더 두껍지만, 마찰이 심한 부위라면 각질이 생기면서 표피가 두꺼워진다.

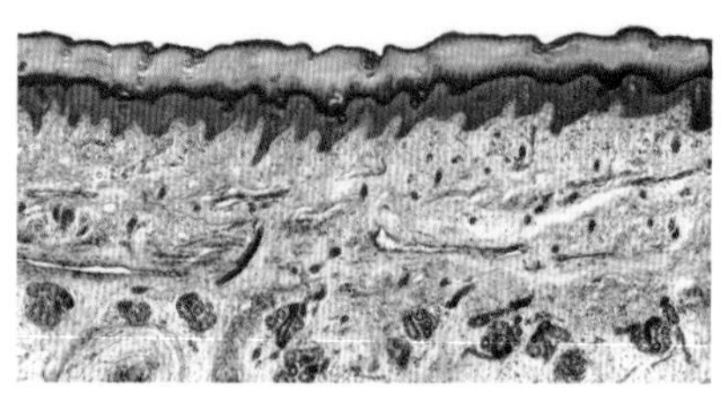

얇은 피부
눈꺼풀의 단면. 자주색 부분 아래의 깔쭉깔쭉한 선이 표피 경계선이다. 표피가 진피보다 훨씬 얇음을 알 수 있다.

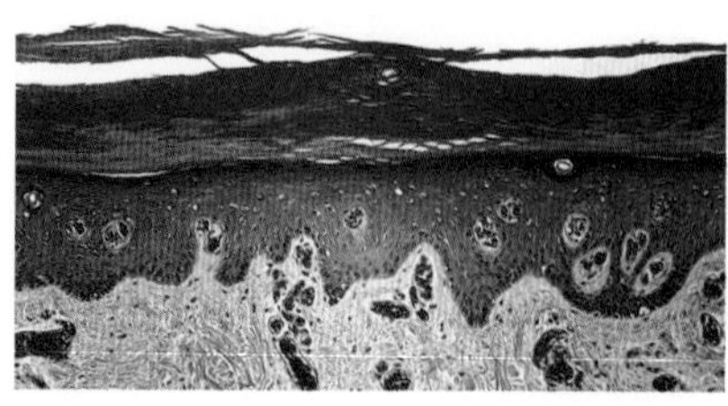

두꺼운 피부
발바닥 피부의 단면. 표피층(보라색)이 두꺼워져서 보호 기능이 강화되었다.

감각

피부는 다양한 '촉감(touch)'을 감지하는 감각기관이다. 외부 자극에 반응하여 감각신호를 뇌의 해당 영역으로 보내(335쪽) 우리로 하여금 주변 환경을 '묘사'하게 해 준다. 피부는 특수감각기관(specific sense organ)이 아니라 일반감각기관(general sense organ)이다. 눈 같은 특수감각기관에서는 감각수용기들이 특정 장소에 몰려 있지만, 피부는 일반감각기관이라 수용기들이 전체에 흩어져 있다. 손가락 끝이나 입술은 다리 뒤쪽에 비해 수용기가 더 많아 더 민감하다. 대부분의 수용기는 물리적 압력을 받았을 때 뇌로 신경 자극을 보내는 기계수용기(mechanoreceptor)이지만, 일부는 온도 변화를 감지하는 온도수용기(thermoreceptor)이다. 통각수용기(nociceptor)는 손상된 피부에서 생성되는 화학물질을 감지한다.(325쪽)

피부 수용기들

여러 종류의 수용기들은 각자 역할에 맞도록 진피의 서로 다른 위치에 존재한다. 큰 수용기는 진피 깊은 곳에서 압력을 감지하고, 작은 수용기는 표면 근처에서 살짝 닿는 접촉을 담당한다. 수용기는 신경종말로 이뤄지는데, 결합조직(피막)으로 감싸인 것도 있고 감싸이지 않은 자유신경종말(free nerve ending)도 있다.

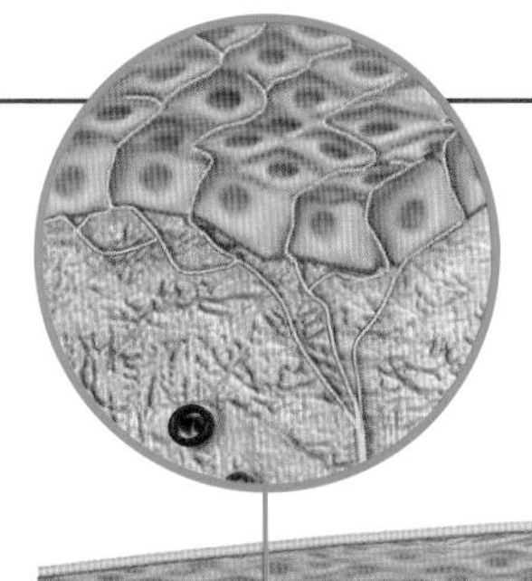

자유신경종말

피막에 감싸이지 않은 채 사방으로 갈라져 있다. 일부는 뜨거움과 차가움에 반응하여 온도 변화를 감지하는 온도수용기이고, 나머지는 통증을 감지하는 통각수용기이다.

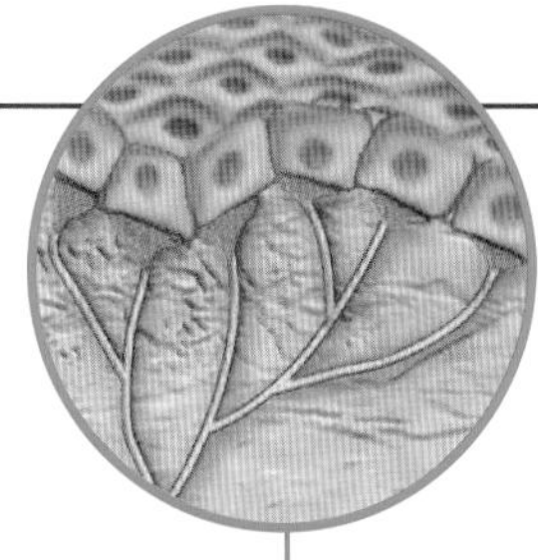

촉각원반(Merkel's disc)

피막에 감싸이지 않은 자유신경종말. 원반 모양의 표피세포와 결합해 있다. 진피와 표피의 경계에 위치하며, 미세한 촉각과 가벼운 압력을 감지한다.

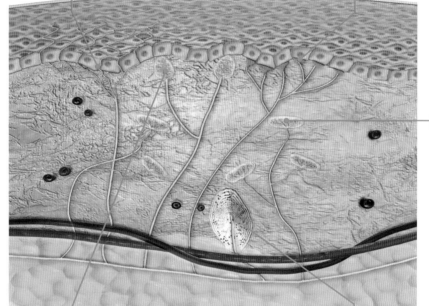

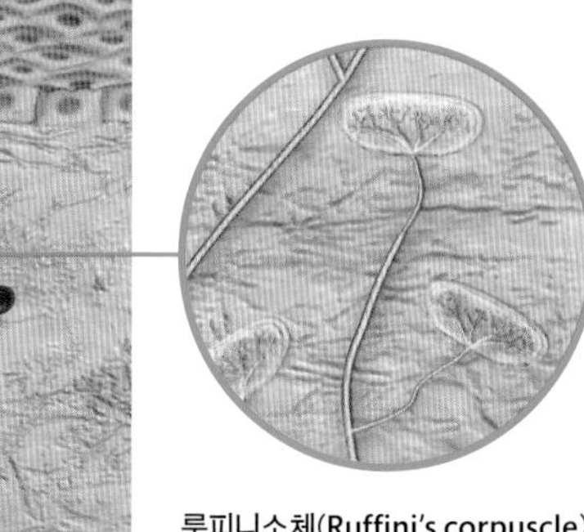

루피니소체(Ruffini's corpuscle)

피막에 감싸인 신경종말. 피부에 지속적으로 가해지는 깊은 압력과 피부가 당겨지는 감각을 감지한다. 손가락 끝에서는 미끄러짐을 감지함으로써 손가락이 물체를 잘 잡도록 한다.

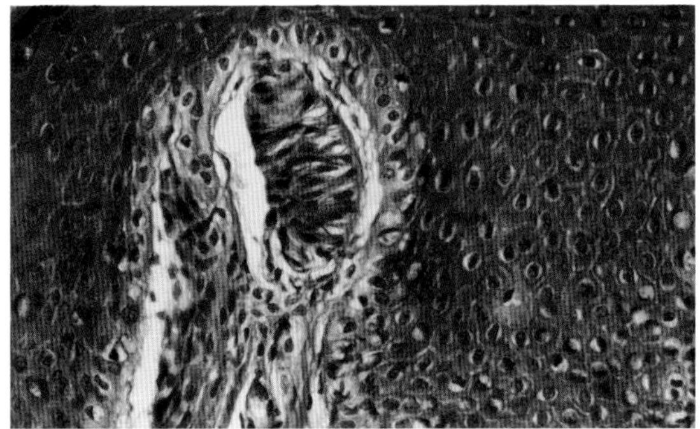

손가락 끝의 수용기

손가락 끝의 촉각소체를 현미경으로 촬영한 사진. 감각수용기의 한 종류인 촉각소체가 표피로 밀고 올라와 조밀한 표피세포들에 둘러싸여 있다.

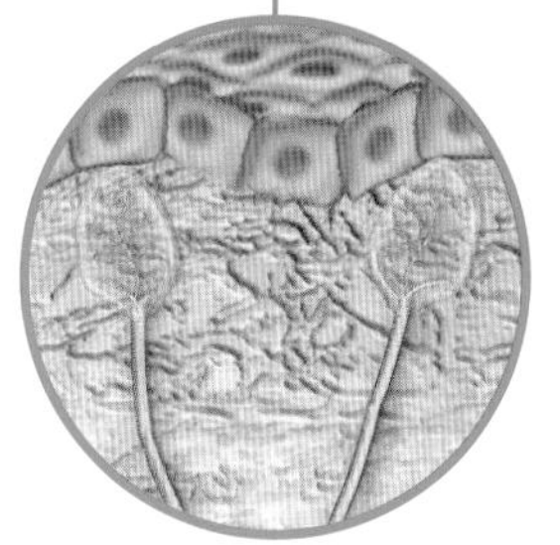

촉각소체(Meissner's corpuscle)

피막에 감싸인 수용기. 손가락 끝, 손바닥, 발바닥, 눈꺼풀, 젖꼭지, 입술처럼 털이 없고 민감한 부분에 많이 있다. 가벼운 촉각과 압력에 민감하다.

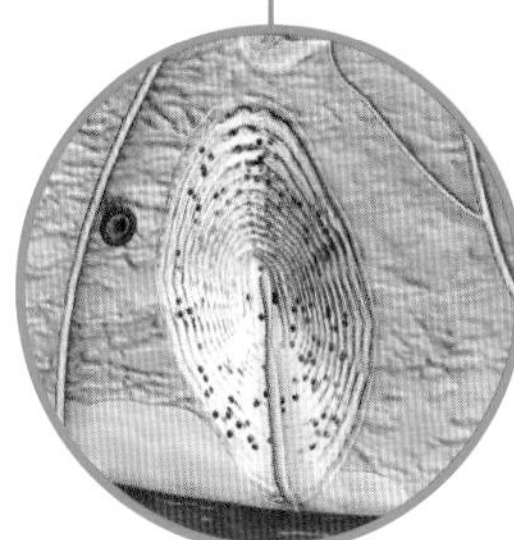

층판소체(Pacinian corpuscle)

여러 겹의 피막이 신경종말을 감싸서 마치 양파처럼 보이는 커다란 달걀형 수용기. 진피 깊숙이 위치하며, 강하게 오래 지속되는 압력과 진동을 감지한다.

온도 조절

피부는 자율신경계통(311쪽)의 통제에 따라 온도를 조절해 체온을 세포 활동에 알맞은 섭씨 37도로 유지하는 일에도 중요하게 관여한다. 피부는 크게 두 가지 방법으로 기여한다. 진피의 혈관을 수축 또는 확장시키는 방법과 땀을 흘리는 방법이다. 또한 모든 포유류에게는 털을 세우고 눕히는 능력이 있지만, 사람은 소름(닭살, goosebump) 외에 다른 용도는 없다.

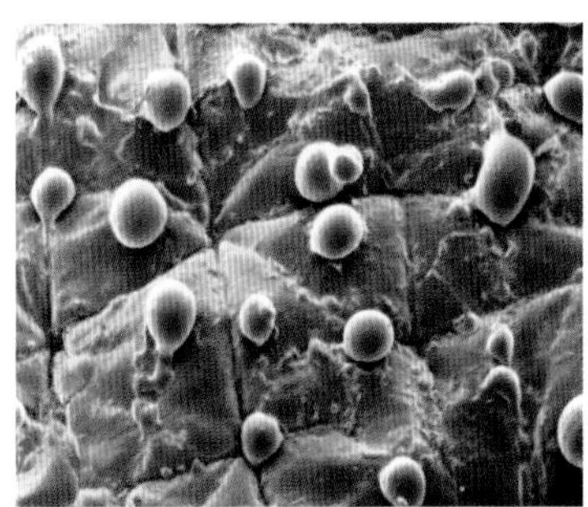

땀

땀샘이 피부 표면으로 내놓은 작은 땀방울들. 땀방울이 증발하면서 열을 방출시켜 몸이 식는다.

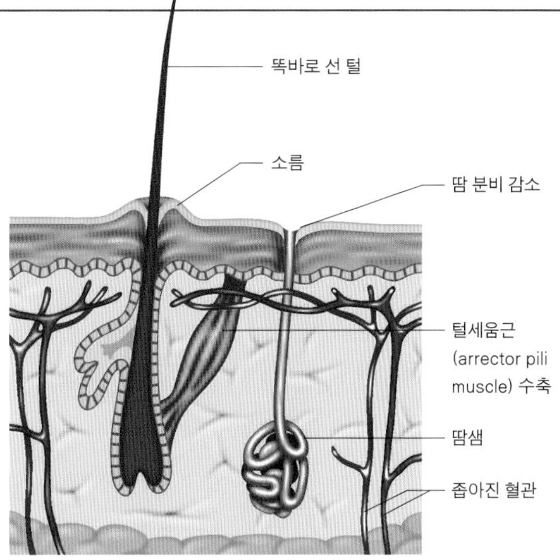
똑바로 선 털
소름
땀 분비 감소
털세움근 (arrector pili muscle) 수축
땀샘
좁아진 혈관

추울 때

혈관이 수축해(좁아져) 혈액량이 줄기 때문에 열이 덜 빠져나간다. 땀샘이 땀을 적게 분비하기 때문에 열이 체내에 간직된다.

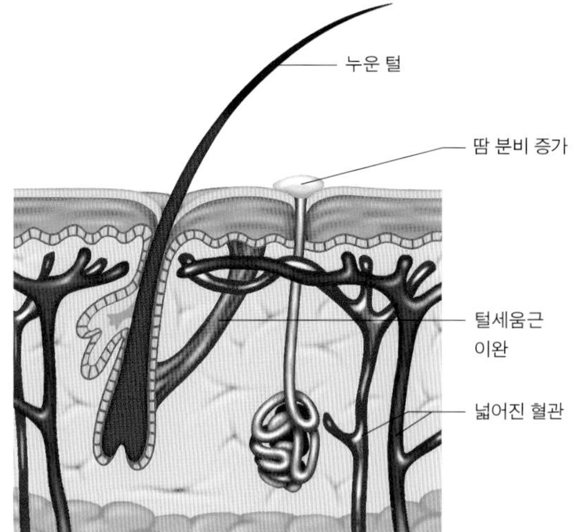
누운 털
땀 분비 증가
털세움근 이완
넓어진 혈관

더울 때

혈관이 확장되어(넓어져) 피부로 오는 혈액량이 늘기 때문에 열이 표면으로 더 많이 배출된다. 땀이 많이 흘러 몸을 식힌다.

잡기

손바닥이나 발바닥은 피부에서 유일하게 표피에 평행한 능선(ridge)들과 고랑(groove)들이 나 있는 부위이다. 능선과 고랑의 굴곡진 형태는 사람마다 다르다. 표피 능선은 마찰을 높임으로써 손발로 물체 표면을 더 잘 잡도록 해준다. 능선에는 땀샘이 많이 분포해 있다. 특히 손가락에 많다. 그 땀샘들이 남기는 자취가 바로 사람을 구별할 때 쓰이는 지문이다.

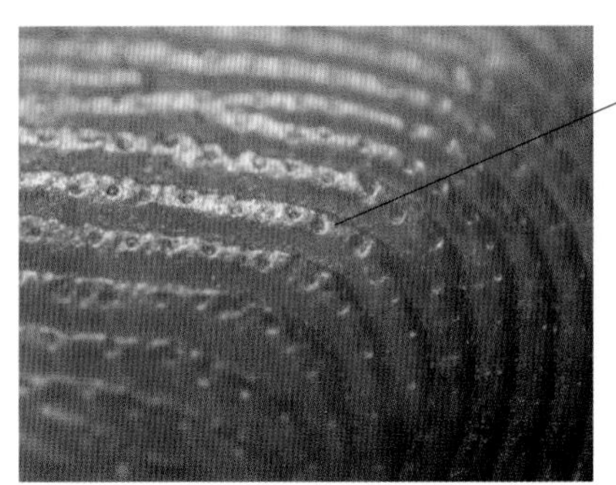
땀구멍
(sweat pore)
표피 능선에는 땀샘이 많다.

표피 능선
손가락 끝에 빽빽하게 들어찬 표피 능선을 확대한 모습

피부 재생

표피의 바깥쪽은 납작한 죽은 세포들로 이뤄져 있는데, 이 세포들은 각질이 된 뒤에 계속 마모되다가 결국 벗겨져 나간다. 1분에 수천 개씩 그렇게 세포들이 떨어져 나가고, 새로운 세포들이 그 자리를 메운다. 활발하게 유사분열(mitosis, 21쪽)하는 표피 바닥층에서 만들어진 새 세포들은 피부 표면을 향해 밀고 올라오면서 서로 단단히 결합하고, 속에는 케라틴이 채워진다. 결국 세포들은 죽어 납작해지고, 비늘처럼 서로 얽혀 장벽을 형성한다. 이 과정에는 한 달쯤 걸린다.

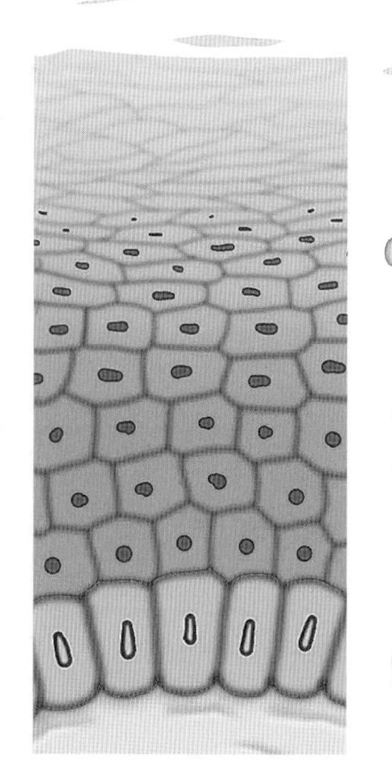

표면층 세포
속이 완전히 케라틴으로 채워진 납작한 죽은 세포
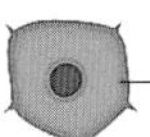
과립세포
(granular cell)
케라틴 단백질 과립이 담겨 있는 세포
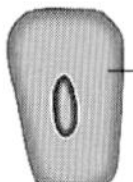
가시세포
(극세포, prickle cell)
이웃 세포들과 단단히 결합한 다각형 세포
바닥세포(기저세포, basal cell)
지속적으로 분열하는 줄기세포

표피의 여러 층들
표피는 상자 모양의 바닥세포, 뾰족뾰족 가시가 난 가시세포, 짓눌린 과립세포, 죽은 표면층 세포의 네 층으로 이뤄져 있다.

피부색

사람의 피부색은 피부 속 멜라닌 색소의 양과 분포에 따라 달라진다. 멜라닌은 멜라닌세포에서 만들어진 뒤, 멜라닌소체 형태로 포장된다. 멜라닌세포의 나뭇가지처럼 돌출된 가지돌기들은 주변의 각질형성세포들과 접촉해 있어서, 멜라닌소체가 가지돌기를 통해 주변 세포로 방출된다. 피부색이 짙으면 멜라닌세포가 더 크다.(더 많은 것은 아니다.) 그것들이 멜라닌소체를 더 많이 생성하여 각질형성세포로 광범위하게 멜라닌을 퍼뜨린다. 반면 피부색이 옅으면 멜라닌세포가 더 작고, 멜라닌이 더 좁은 영역에만 퍼진다. 어떤 피부이든 자외선에 노출되면 멜라닌 생성이 자극되어 피부가 그을린다.

짙고 옅은 피부색
피부색이 다양한 것은 멜라닌세포의 크기, 멜라닌소체와 멜라닌의 분포에 차이가 있기 때문이다.

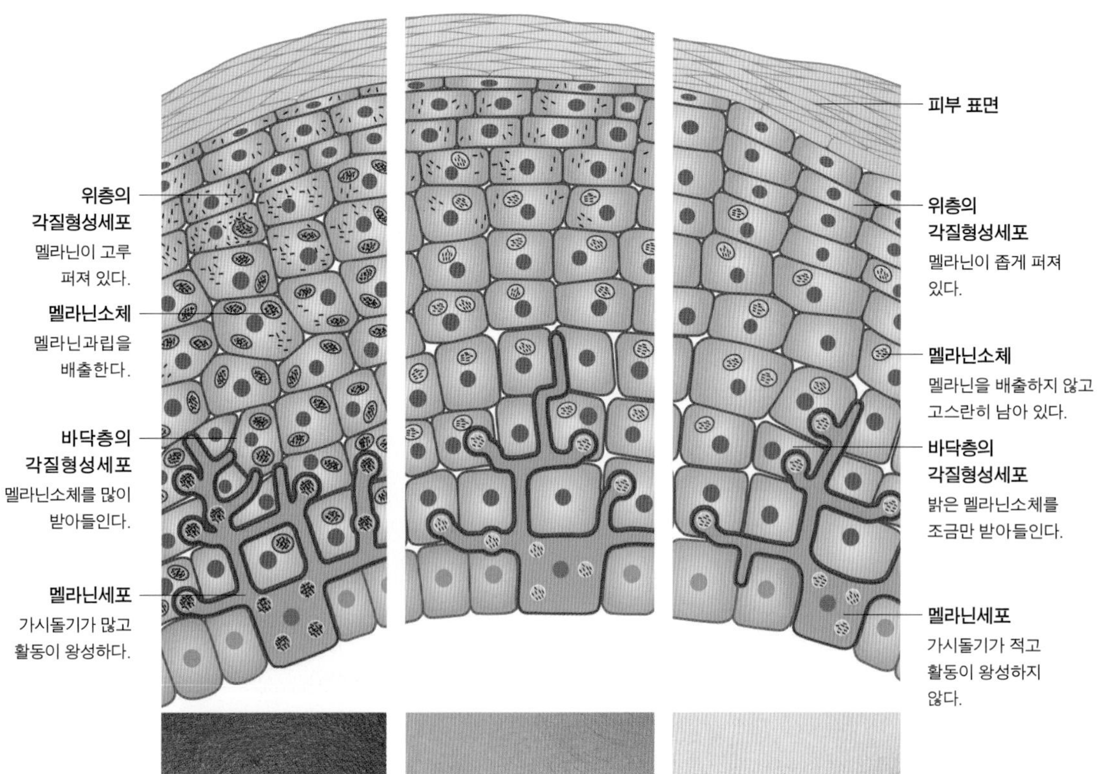
위층의
각질형성세포
멜라닌이 고루 퍼져 있다.
멜라닌소체
멜라닌과립을 배출한다.
바닥층의
각질형성세포
멜라닌소체를 많이 받아들인다.
멜라닌세포
가시돌기가 많고 활동이 왕성하다.
피부 표면
위층의
각질형성세포
멜라닌이 좁게 퍼져 있다.
멜라닌소체
멜라닌을 배출하지 않고 고스란히 남아 있다.
바닥층의
각질형성세포
밝은 멜라닌소체를 조금만 받아들인다.
멜라닌세포
가시돌기가 적고 활동이 왕성하지 않다.
짙은 색
중간 색
옅은 색

4 킬로그램

성인의 평균적인 피부 무게.
피부는 인체에서 **가장 무거운 장기**이다.

비타민 D 합성

비타민 D는 음식에서 섭취되거나 햇빛으로 피부에서 합성된다. 중파장 자외선은 표피를 통과, 7-콜레스테롤(7-cholesterol)을 비타민 D의 비활성 형태인 콜레칼시페롤(cholecalciferol)로 바꾼다. 콜레칼시페롤은 혈관을 타고 콩팥으로 들어가 비타민 D_3의 활성 형태인 칼시트리올(calcitriol)로 바뀐다. 멜라닌은 자외선을 차단하므로, 피부가 짙으면 비타민 D를 얻기 위해 자외선을 더 많이 쬐어야 한다. 자외선 복사량은 아래 지수로 알아볼 수 있다.

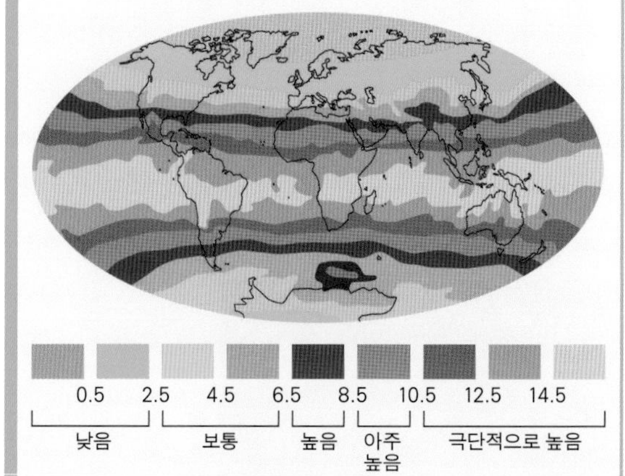
0.5
2.5
4.5
6.5
8.5
10.5
12.5
14.5
낮음
보통
높음
아주 높음
극단적으로 높음

자외선 지수에 따른 복사량
지역마다 매일 태양에서 받는 자외선 복사량이 다르다. 피부가 짙은 사람이 자외선 지수가 낮은 곳에 살면서 식단도 부실하면 비타민 D가 결핍될 수 있다.

털의 기능

인체에는 수백만 가닥의 털이 나 있다. 머리덮개(두피, scalp)에만 난 것만 해도 10만 가닥이 넘는다. 털이 없는 부위는 입술, 젖꼭지, 손발바닥, 생식기 일부뿐이다. 우리보다 털이 많았던 선조는 털이 단열을 했지만, 요즘은 옷이 대신한다. 털에는 두 종류가 있다. 모든 사람들의 머리와 콧구멍에 난 털, 혹은 성인의 겨드랑털이나 거웃처럼 굵은 종말털(terminal hair)이 있고, 아이와 여성의 몸 대부분을 덮는 짧고 가느다란 솜털(vellus hair)이 있다. 털은 부위에 따라 기능이 다르다.

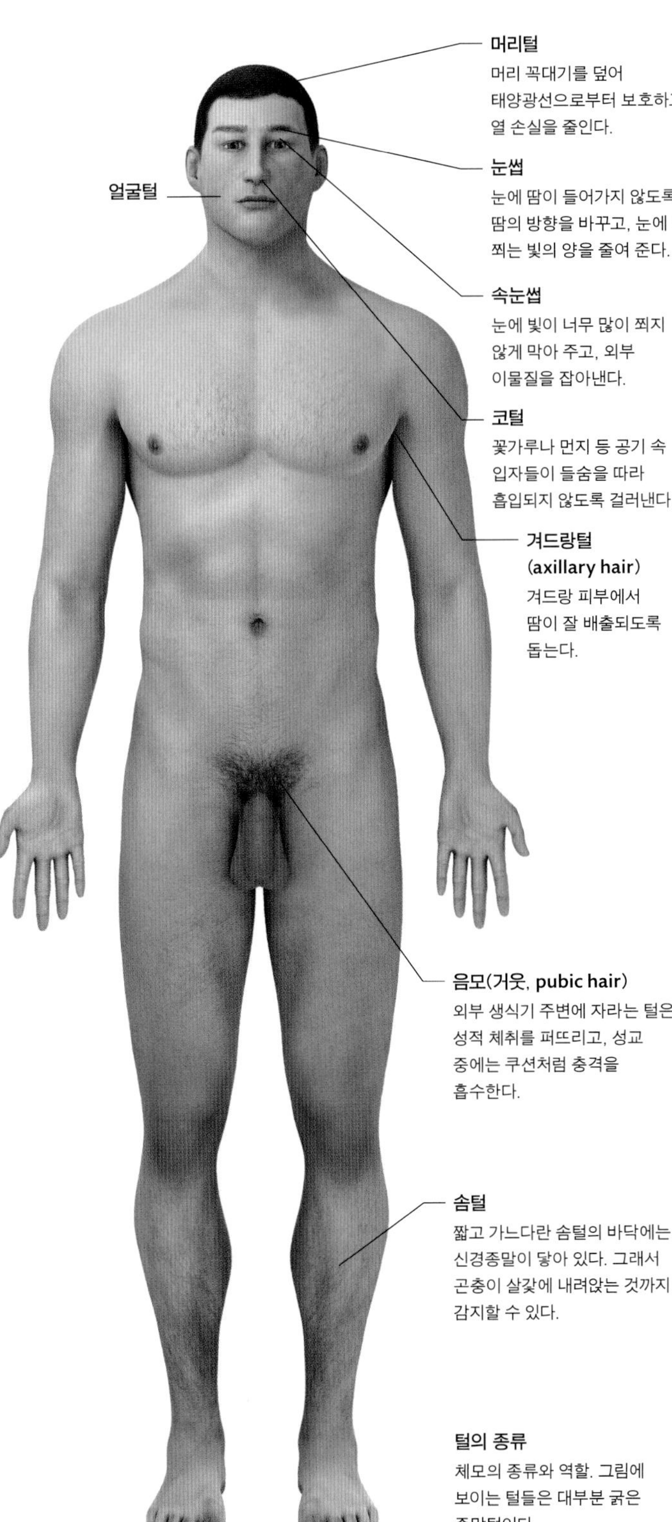
머리털
머리 꼭대기를 덮어 태양광선으로부터 보호하고 열 손실을 줄인다.
얼굴털
눈썹
눈에 땀이 들어가지 않도록 땀의 방향을 바꾸고, 눈에 직접 쬐는 빛의 양을 줄여 준다.
속눈썹
눈에 빛이 너무 많이 쬐지 않게 막아 주고, 외부 이물질을 잡아낸다.
코털
꽃가루나 먼지 등 공기 속 입자들이 들숨을 따라 흡입되지 않도록 걸러낸다.
겨드랑털 (axillary hair)
겨드랑 피부에서 땀이 잘 배출되도록 돕는다.
음모(거웃, pubic hair)
외부 생식기 주변에 자라는 털은 성적 체취를 퍼뜨리고, 성교 중에는 쿠션처럼 충격을 흡수한다.
솜털
짧고 가느다란 솜털의 바닥에는 신경종말이 닿아 있다. 그래서 곤충이 살갗에 내려앉는 것까지 감지할 수 있다.

털의 종류
체모의 종류와 역할. 그림에 보이는 털들은 대부분 굵은 종말털이다.

털의 성장

털은 진피의 깊숙한 구멍인 털주머니(follicle)에서 자란 세포들이 죽고 각질화하여 막대기 모양을 이룬 것이다. 털줄기(hair shaft)는 피부 위로 자라고, 털뿌리(모근, hair root)는 표면 아래에 묻혀 있다. 털뿌리 바닥의 불룩한 털망울(hair bulb)에서는 세포들이 왕성하게 분열한다. 새로 만들어진 세포들이 위로 밀고 올라가면서 털이 점차 길어진다. 털은 증식기(growth phase)와 휴식기(resting phase)를 번갈아 겪는다. 머리털은 증식기에 매달 약 1센티미터씩 자라고, 3~5년 뒤 휴식기를 맞는다. 휴식기에는 성장이 멈춰, 결국 털이 바닥에서 떨어져 나간다. 머리털은 하루에 약 100가닥씩 빠지고 그만큼 새 털이 난다.

극한의 인간
엄청나게 긴 털

간혹 머리카락이 엄청나게 길게 자라는 사람들이 있다. 극단적인 경우에는 5.5미터가 넘게 자란다. 그런 사람은 털이 활발하게 자라는 증식기가 남들보다 훨씬 길다. 덕분에 털이 휴식기에 접어들어 빠지기 전에 엄청나게 길게 자랄 시간이 있다.

대단한 길이
이 인도 승려의 머리카락은 4.5미터가 넘는다.

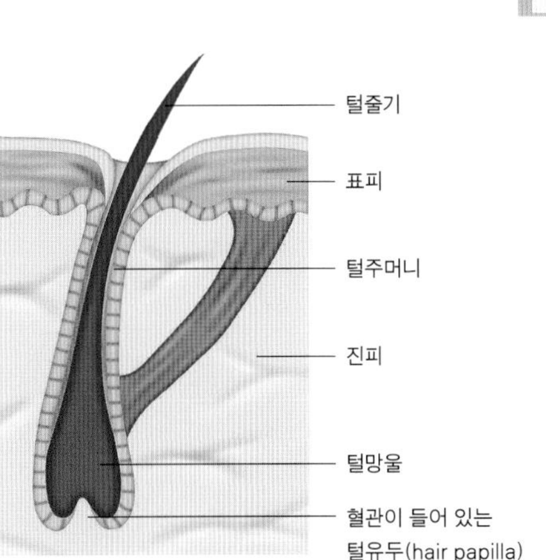
털줄기
표피
털주머니
진피
털망울
혈관이 들어 있는 털유두(hair papilla)

휴식기
털이 최대 길이로 자라면 이후 몇 달 동안 휴식기가 이어진다. 털뿌리의 세포들이 더 이상 분열하지 않고, 털뿌리가 수축하며, 털줄기가 더 이상 길어지지 않는다.

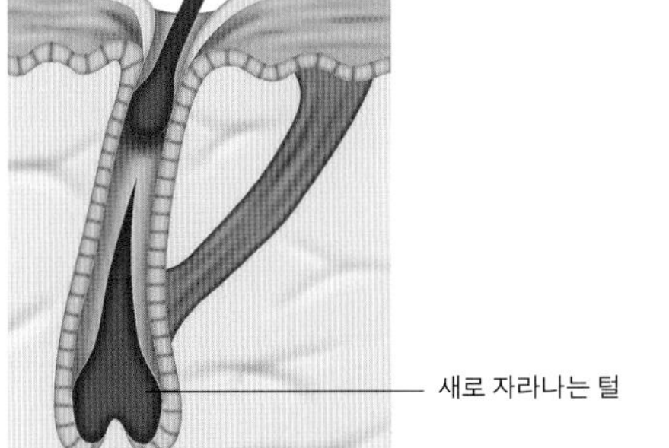
오래된 털이 새 털에 밀려 털주머니에서 빠진다.
새로 자라나는 털

증식기
휴식기가 끝나면 털주머니 바닥의 세포들이 다시 분열하기 시작하여 새 털이 솟는다. 털줄기가 빠르게 길어지면서 오래된 털을 털주머니에서 밀어낸다.

손발톱

민감한 손발가락 끝을 덮어 보호하는 단단한 판으로 피부에 묻힌 손발톱뿌리, 손발톱몸통, 노출된 손발톱모서리로 구성된다. 손발톱바탕질에서 생성된 세포들이 각질화하면서 앞으로 움직여, 손발톱이 손발톱바닥을 따라 밀려난다. 손톱은 손가락으로 작은 물체를 집거나 긁을 때도 쓰이며 발톱보다 3배 빨리 자라고, 겨울보다 여름에 더 빨리 자란다.

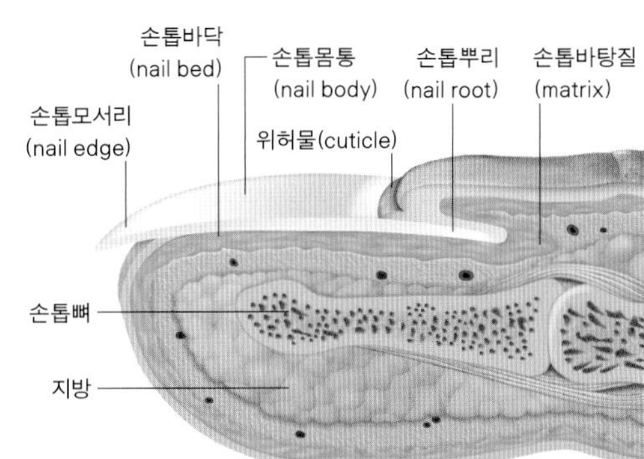
손톱바닥 (nail bed)
손톱몸통 (nail body)
손톱뿌리 (nail root)
손톱바탕질 (matrix)
손톱모서리 (nail edge)
위허물(cuticle)
손톱뼈
지방

케라틴(각질)

손발톱을 구성하는 납작한 죽은 세포들 속에는 케라틴이라는 질긴 구조 단백질이 들어 있다. 현미경으로 보면 납작한 세포들이 기왓장처럼 얇게 겹쳐진 것을 알 수 있다. 덕분에 손발톱은 단단하면서도 투명하여, 아래 분홍색 진피가 비친다. 케라틴은 털줄기와 표피세포에도 들어 있다. 손발톱과 털은 모두 표피세포에서 유래했다.

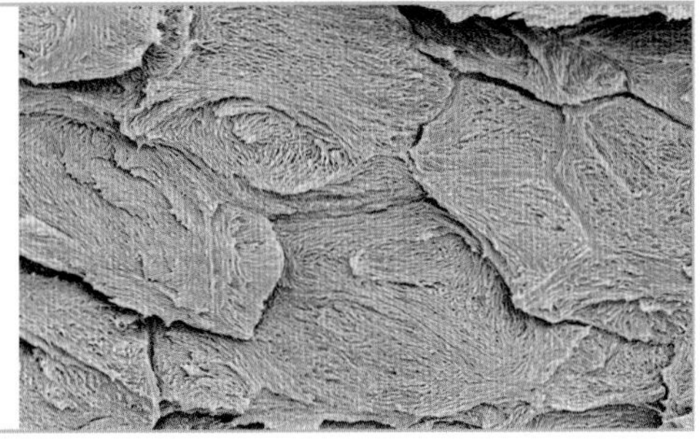

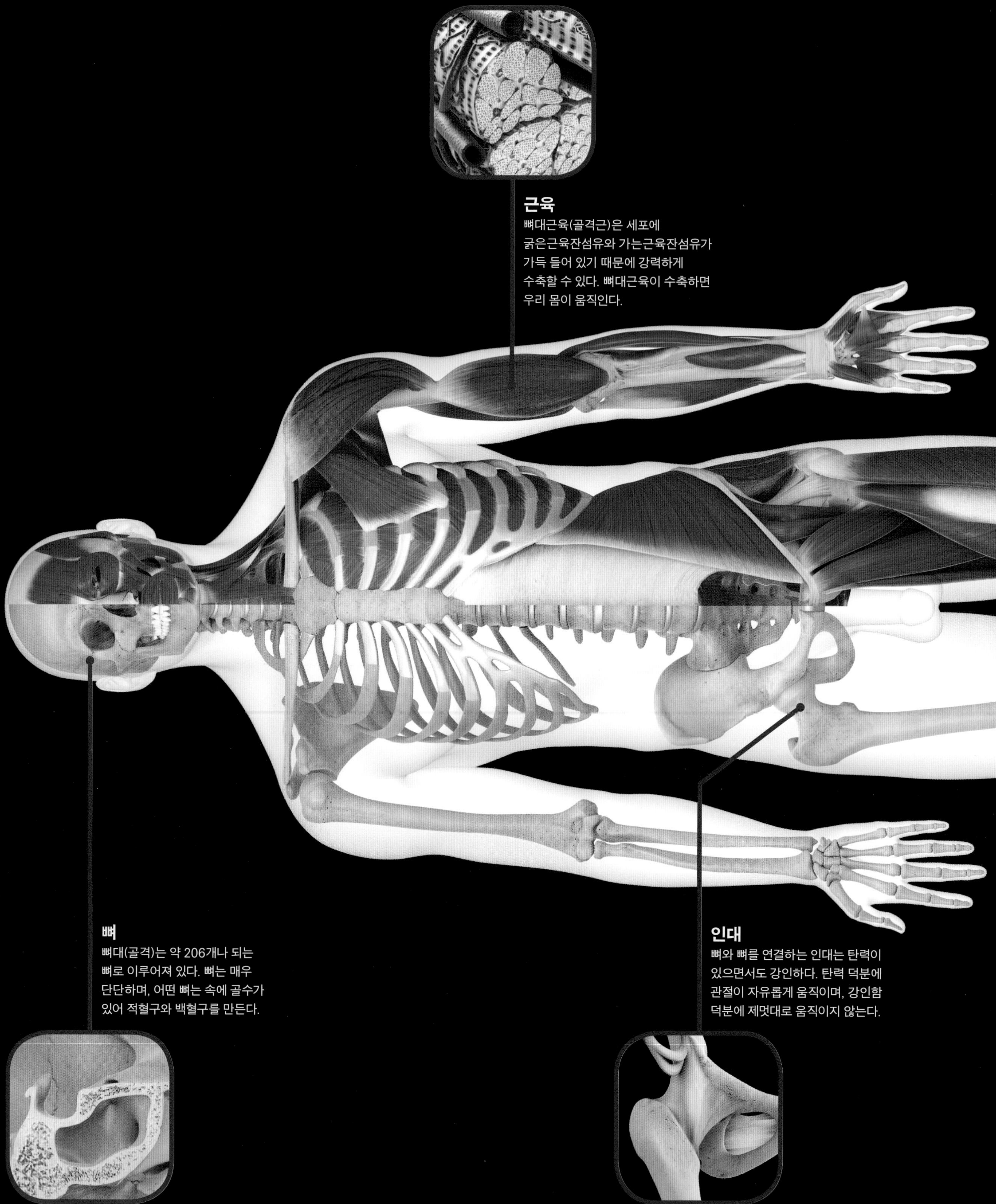

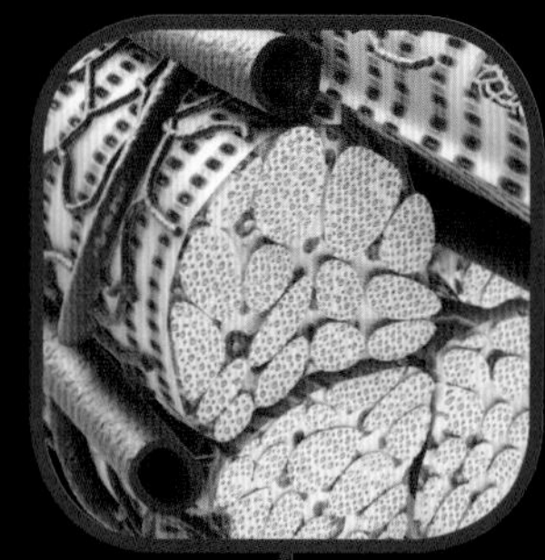

근육

뼈대근육(골격근)은 세포에 굵은근육잔섬유와 가는근육잔섬유가 가득 들어 있기 때문에 강력하게 수축할 수 있다. 뼈대근육이 수축하면 우리 몸이 움직인다.

뼈

뼈대(골격)는 약 206개나 되는 뼈로 이루어져 있다. 뼈는 매우 단단하며, 어떤 뼈는 속에 골수가 있어 적혈구와 백혈구를 만든다.

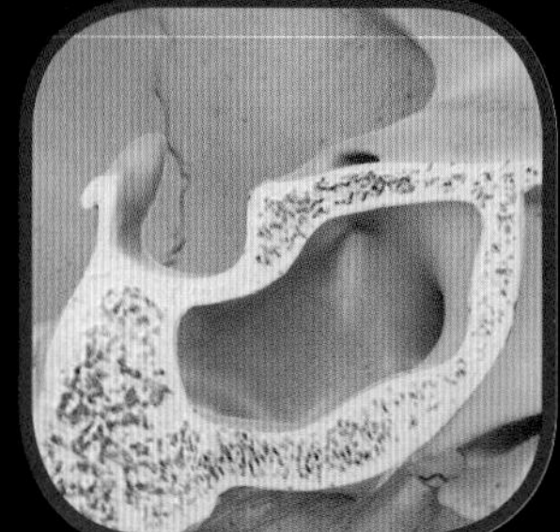

인대

뼈와 뼈를 연결하는 인대는 탄력이 있으면서도 강인하다. 탄력 덕분에 관절이 자유롭게 움직이며, 강인함 덕분에 제멋대로 움직이지 않는다.

근육뼈대계통

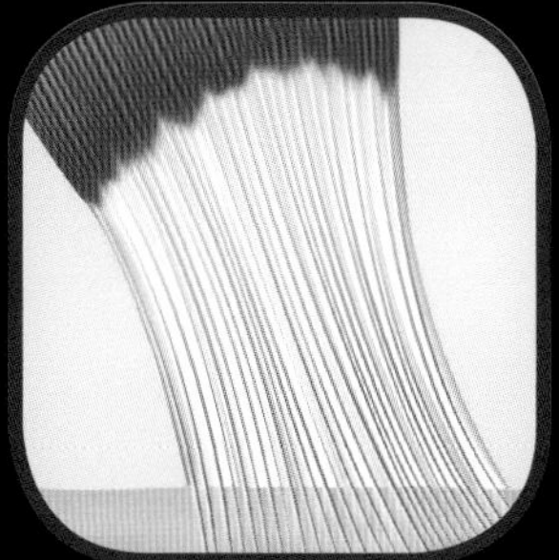

힘줄(건)
질기면서도 탄력이 있는 힘줄은 근육을 뼈에 연결한다. 힘줄은 질기기 때문에 근육이 당기는 힘을 견딜 수 있으며, 뼈에 단단히 부착되어 있다.

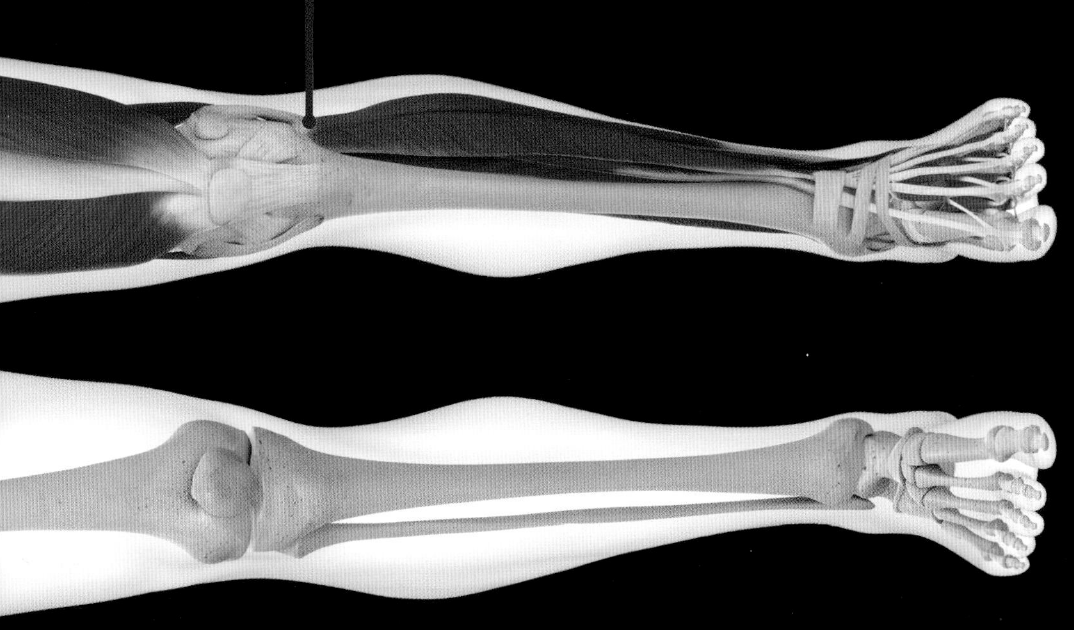

뼈와 근육과 힘줄과 인대는 함께 협력하여 우리 몸이 운동을 할 수 있게 만든다. 그 운동은 걷기처럼 온몸이 움직이는 운동에서부터 키보드를 두드리는 손가락의 섬세한 움직임에 이르기까지 다양하다.

살아 있는 뼈대 (SKELETON)

뼈대(골격)는 무기력한 죽은 구조와 거리가 먼, 강하면서도 가볍고 유연하며 살아 있는 틀을 이룬다. 뼈대는 인체를 지지하고, 취약한 내장을 보호하며, 운동이 일어나게 한다. 뼈는 그 밖에도 미네랄을 저장하고, 적색골수가 혈액세포를 생산한다.

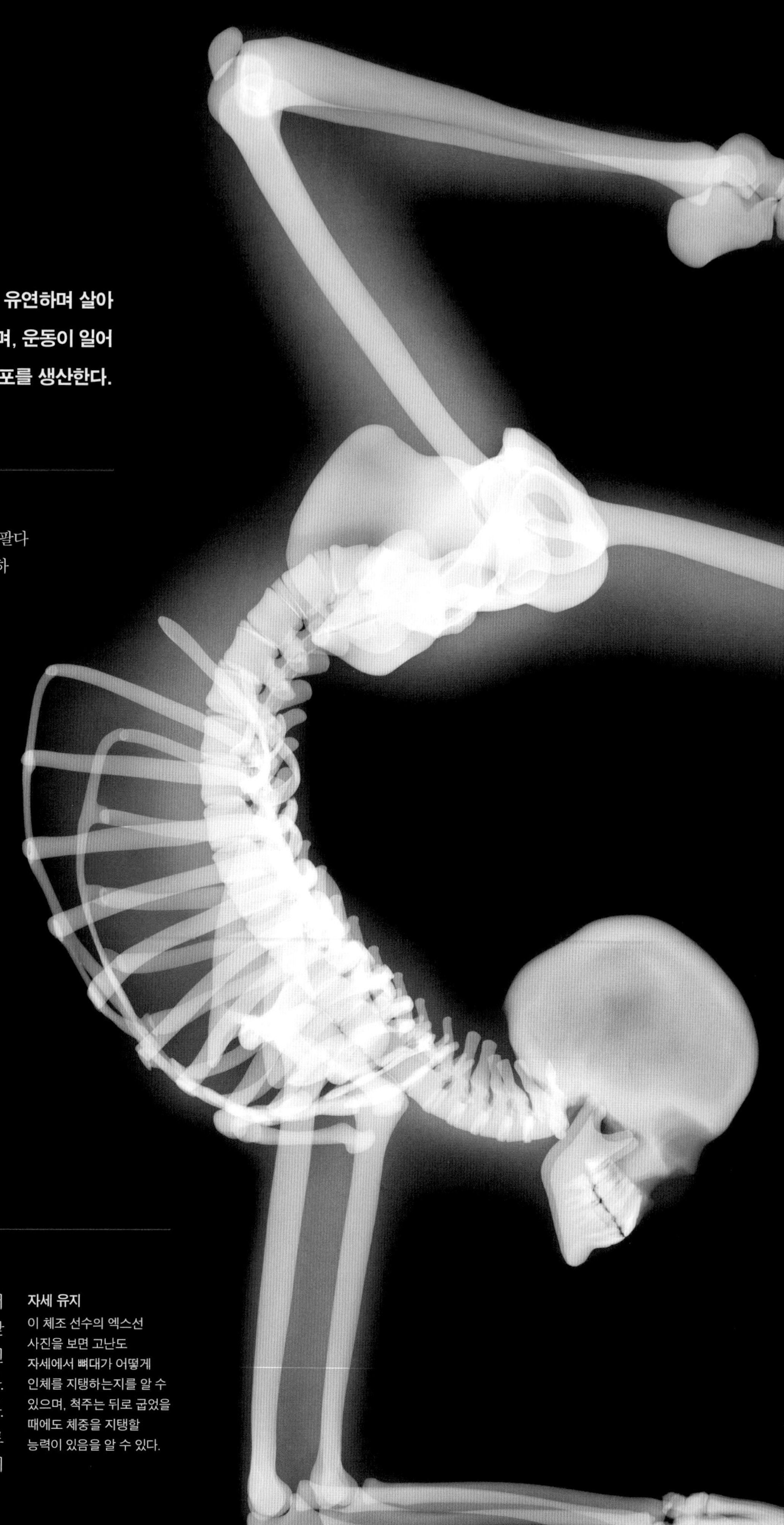

뼈대의 구분

뼈대는 그 구성과 기능을 좀 더 쉽게 설명하기 위해 두 부분, 즉 몸통뼈대와 팔다리뼈대로 구분할 수 있다. 몸통뼈대는 사람의 전체 뼈 206개 중 80개를 포함하며, 인체 중심에서 세로로 이어지는 축을 이루고, 보호와 지지 기능이 있다. 몸통뼈대는 머리뼈, 척추뼈, 갈비뼈, 복장뼈로 구성된다. 팔다리뼈대는 나머지 뼈 126개를 포함하는데, 우리는 이 뼈대 덕분에 이곳 저곳을 다닐 수 있고 사물을 손으로 조작할 수 있다. 팔다리뼈대는 팔뼈 및 다리뼈와 이들을 각각 몸통뼈대에 부착시키는 팔이음뼈와 다리이음뼈로 구성된다. 팔이음뼈는 어깨뼈와 빗장뼈로 구성되며, 위팔뼈를 몸통뼈대에 부착시킨다. 팔이음뼈보다 튼튼한 다리이음뼈는 좌우 볼기뼈와 엉치뼈가 연결되어 이루어지며 넙다리뼈를 고정시킨다.

중심축과 부착 뼈대
색깔로 구분한 뼈대 그림으로, 뼈대의 중심축을 이루는 몸통뼈대와 여기에 매달린 팔다리뼈대를 쉽게 구분할 수 있다.

색깔 표시
팔다리뼈대
몸통뼈대

지지

뼈대가 지지하지 않으면 우리 몸은 와르르 무너질 것이다. 우리가 앉아 있든 서 있든 또는 다른 자세를 취하고 있든(오른쪽 참조) 뼈대는 인체 형태를 만들고 받치는 토대를 제공한다. 뼈대도 부위에 따라 지지 양상이 다르다. 인체의 주축인 척주는 몸통을 지지하고, 척주의 가장 윗부분인 목뼈는 무거운 머리를 받친다. 척주는 갈비뼈가 부착하는데, 갈비뼈는 가슴우리를 이루어 가슴벽을 지지한다. 척주는 위로 머리와 몸통이 자리를 잡게 하며, 그 중량을 골반을 통해 다리로 전달하고, 다리는 우리가 서 있을 때 체중을 지탱하는 기둥이 된다. 골반 자체는 방광이나 창자 같은 아랫배 내장을 지지한다.

자세 유지
이 체조 선수의 엑스선 사진을 보면 고난도 자세에서 뼈대가 어떻게 인체를 지탱하는지를 알 수 있으며, 척주는 뒤로 굽었을 때에도 체중을 지탱할 능력이 있음을 알 수 있다.

운동

사람 뼈대는 움직임과 유연성이 없는 구조가 아니다. 뼈와 뼈가 서로 만나는 곳에서 관절이 형성되는데, 관절 중 대부분은 유연하며 움직임이 일어난다. 한 관절에서 일어나는 운동의 범위는 관절 형태에 따라 다르고, 인대와 뼈대근육이 관절을 얼마나 단단히 연결하고 있는지에 따라서도 다르다. 각 뼈마다 뼈대근육이 힘줄을 통해 부착하는 지점이 있다. 근육은 수축하여 뼈를 당기고, 그 결과 달리거나 물체를 손에 잡거나 숨을 쉬는 것 같은 다양한 운동이 연속해서 일어난다.

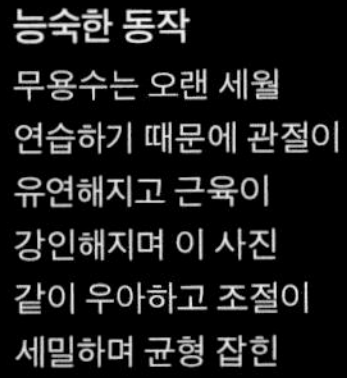

능숙한 동작
무용수는 오랜 세월 연습하기 때문에 관절이 유연해지고 근육이 강인해지며 이 사진같이 우아하고 조절이 세밀하며 균형 잡힌 동작을 할 수 있다.

보호

뇌나 심장 같은 인체 기관은 뼈대, 그중에서도 특히 머리뼈나 갈비뼈가 보호하지 않는다면 쉽게 손상을 입고 말 것이다. 머리뼈는 서로 맞물린 낱개머리뼈들로 구성되는데, 그중 8개가 헬멧 같은 뇌머리뼈를 형성한다. 뇌머리뼈는 튼튼한 자체 보강 구조로, 뇌를 에워싼다. 뇌머리뼈는 뼛속에 속귀가 들어 있으며, 얼굴머리뼈와 함께 눈확(안와)을 형성하여 속에 든 안구를 보호한다. 갈비뼈를 포함한 가슴우리는 고깔이나 새장 모양의 보호 장치로, 가슴의 모양을 이루고 가슴안(흉강)에 있는 심장과 허파는 물론 대동맥이나 위대정맥 및 아래대정맥 같은 대형 혈관을 보호한다. 가슴우리는 간과 위와 상복부 내장도 어느 정도 보호한다.

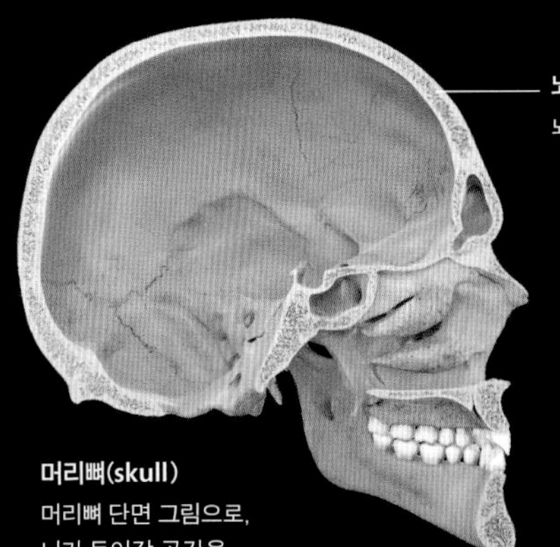

뇌머리뼈
뇌를 둘러싼다.

머리뼈(skull)
머리뼈 단면 그림으로, 뇌가 들어갈 공간을 둘러싸고 있는 뇌머리뼈와 얼굴의 기본 골조를 이루는 얼굴머리뼈 중 일부가 관찰된다.

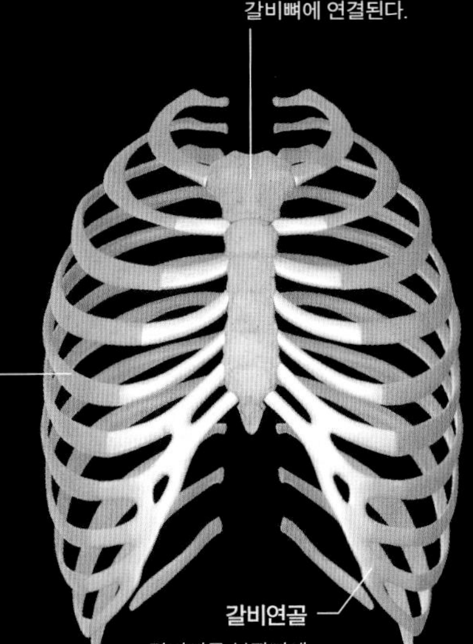

복장뼈(sternum)
탄력성 있는 긴 막대 같은 갈비연골을 통해 갈비뼈에 연결된다.

갈비뼈(rib)
척추뼈에서부터 앞으로 휘어져서 복장뼈와 만난다.

갈비연골
갈비뼈를 복장뼈에 연결한다.

가슴우리(흉곽)
가슴우리는 복장뼈, 갈비연골, 갈비뼈 12쌍, 등뼈(흉추골) 12개로 구성된다. 등뼈는 척주의 중간 부분이다.(이 그림에는 표시하지 않았다.)

혈액세포(혈구) 생산

뼛속에 있는 적색골수는 매일 수십억 개가 넘는 혈액 세포를 새로 생산한다. 성인은 몸통뼈대와 팔이음뼈 및 다리이음뼈와 위팔뼈 및 넙다리뼈의 위끝 부분에 적색골수가 있다. 적색골수에 있는 혈구모세포라 불리는 아직 분화되지 않은 줄기세포로부터 혈액세포가 발생한다. 혈구모세포는 계속 분열하고, 그 후손 세포들은 다양한 성숙 경로를 거쳐 적혈구나 백혈구가 된다. 적혈구가 되는 혈구모세포는 여러 차례 세포 분열을 거쳐 후대로 갈수록 핵이 사라지고 헤모글로빈(혈색소)이 가득 차서(341쪽) 마침내 적혈구가 된다.

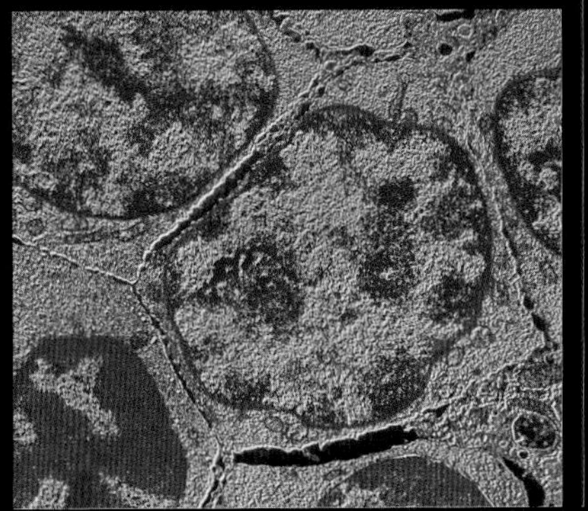

적혈모구(erythroblast)
적혈구 생산 초기 단계인 적혈모구는 핵(이 그림에서 붉은색)이 크고 빠른 속도로 분열한다.

무기질(미네랄) 저장

뼈에는 인체의 칼슘 중 99퍼센트와 기타 무기질들이 저장되어 있다. 칼슘과 인산 이온은 필요에 따라 혈류로 방출되거나 혈류로부터 받아들인다. 칼슘 이온은 근육 수축, 신경 자극 전달, 혈액 응고에 꼭 필요하다. 칼슘염은 치아와 뼈를 단단하게 만든다. 뼈는 스트레스에 대응하여, 또는 서로 반대로 작용하는 두 호르몬인 칼시토닌과 부갑상샘호르몬의 균형에 따라 끊임없이 내부수리를 한다.(칼시토닌은 뼈에 칼슘이 침착되도록 자극하고 부갑상샘호르몬은 뼈에 있는 칼슘이 혈액으로 방출되도록 자극한다.) 이 다양한 영향들 덕분에 뼈에 저장된 칼슘이 방출되거나 칼슘이 뼈로 침착되는 균형 작용이 일어나서 혈액의 칼슘 농도가 일정하게 유지된다.

뼈(BONE)

뼈는 생명이 없는 기관처럼 보일지 모르지만 활발히 작용하는 세포와 조직으로 구성되어 있기 때문에 태아 때나 아동기에 뼈가 성장할 수 있다. 완전히 성장한 뼈도 일생에 걸쳐 재형성되기 때문에 뼈가 튼튼해지며 매일 가해지는 스트레스에 견딜 수 있다.

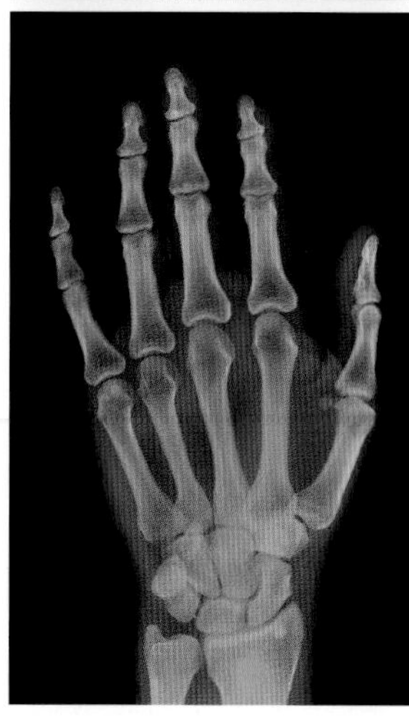

뼈는 어떻게 성장하는가

뼈대 성장과 발생은 초기 배아 때 시작해서 십대 후반까지 계속된다. 처음 배아 뼈대는 유연한 결합조직으로 구성되는데, 섬유막이나 유리연골(초자연골) 중 하나로 시작한다. 배아가 수정 후 8주에 이르면, 뼈되기(골화) 과정이 개시되어 기존 구조(섬유막이나 유리연골)를 단단한 뼈조직으로 대체하기 시작하고, 그 후 몇 달에서 몇 년에 걸쳐 뼈가 성장하고 발달한다. 처음 결합조직을 뼈 바탕질로 대체하는 뼈되기 방식에는 두 가지가 있다. 막속뼈되기 방식은 섬유막에서 시작하여 머리뼈를 형성한다. (아래 참조) 연골속뼈되기 방식은 유리연골을 뼈로 바꾸는 과정으로, 머리뼈를 제외한 대부분의 뼈가 이 방식으로 만들어진다. 오른쪽 그림은 긴뼈(長骨)가 거치는 연골속뼈되기 과정인데, 초기 배아의 연골 모형에서 시작해서 길이와 폭이 엄청나게 증가하여 6세 아동의 체중을 지탱할 수 있는 단단한 뼈가 되기까지의 과정을 차례대로 보여 주고 있다. 뼈가 이 과정을 거치기 때문에 아이들이 성장할 수 있다.

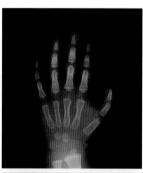

뼈되기(골화)
위 사진은 3세 아기의 손을 촬영한 엑스선 영상으로, 손가락 관절과 손목 중 상당 부분이 아직 연골로 되어 있고, 뼈되기가 서서히 진행되고 있음을 알 수 있다. 아래 사진은 성인 손으로, 손목뼈가 모두 관찰되며 관절도 완성되어 있다.(뼈는 엑스선 사진에서 하얗게 보이며, 연골은 좀 더 어둡게 보인다.—옮긴이)

머리뼈(두개골)

머리뼈에 있는 납작뼈는 막속뼈되기 과정을 거쳐 성장하는데, 이 과정은 수정 후 약 2개월이 지나 시작한다.(413쪽) 이때 섬유결합조직 막이 뼈 모형을 이룬다. 막 내부에 뼈되기중심이 발생하여 주위에 뼈바탕질을 쌓으면 치밀뼈에 둘러싸인 해면뼈가 만들어진다. 갓난아기는 뼈되기 과정이 완성되지 않았기 때문에 머리뼈를 이루는 납작뼈들은 숫구멍에서 아직 뼈가 되지 않은 섬유조직을 통해 서로 연결되어 있다.(418쪽) 숫구멍(fontanelle)은 만 2세 전후에 닫힌다. 이렇게 유연한 섬유관절로 인해 머리뼈 모양이 변할 수 있다. 아기가 태어날 때 어머니의 산도를 쉽게 통과할 수 있는 것도 머리뼈 모양이 변할 수 있기 때문이다.

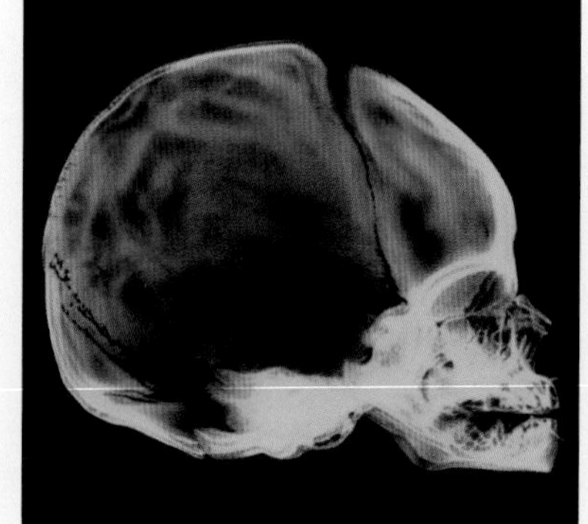

아기 머리뼈
이 엑스선 사진에서 뇌를 둘러싸는 두 날개머리뼈 사이에 앞숫구멍(대천문)이 까맣게 보인다. 숫구멍 덕분에 뇌가 커지고 성장할 수 있다.

7주 배아
연골세포들이 뭉쳐서 장차 긴뼈가 될 모형을 형성한다. 모형에는 뚜렷한 몸통 부분이 있고 양끝에 조금 확장된 끝 부분이 있다. 연골세포들은 계속 분열하고 바탕질을 더 많이 쌓아서 뼈 모형이 점차 길어지고 굵어진다.

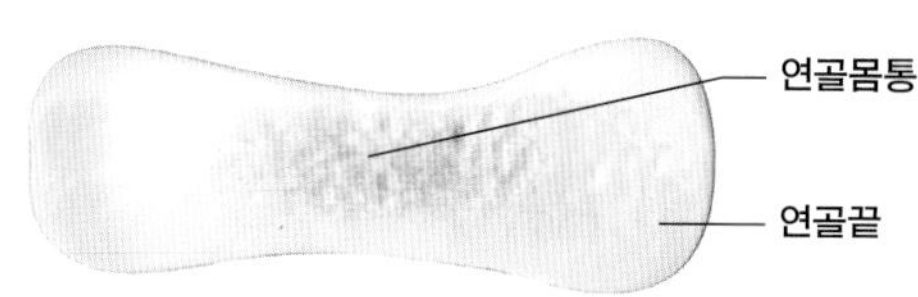
연골몸통
연골끝

10주 태아
연골의 몸통 부분 중앙에 있는 연골세포들이 주위 바탕질에 칼슘을 침착해서 단단해지기 시작한다. 그 결과, 작은 공간이 열려서 영양소를 운반할 혈관과 뼈를 만드는 세포인 뼈모세포가 침투한다. 침투한 뼈모세포가 해면뼈 조직을 만들면서 일차뼈되기중심이 나타난다.

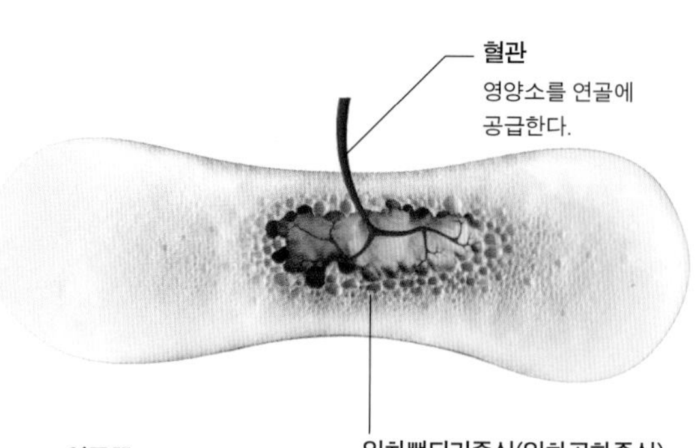
혈관
영양소를 연골에 공급한다.
일차뼈되기중심(일차골화중심)

12주 태아
이제 뼈 조직으로 바뀐 확장된 뼈몸통의 대부분을 일차뼈되기중심이 차지한다. 뼈몸통의 중앙에서 뼈를 파괴하는 뼈파괴세포들이 새로 형성된 해면뼈를 해체하여 골수공간을 만든다. 모형의 양끝 부분에 있는 연골세포들은 계속 분열하기 때문에 뼈가 점점 더 길어진다. 한편으로는 뼈몸통에 인접한 연골세포들이 계속해서 뼈로 대체된다.

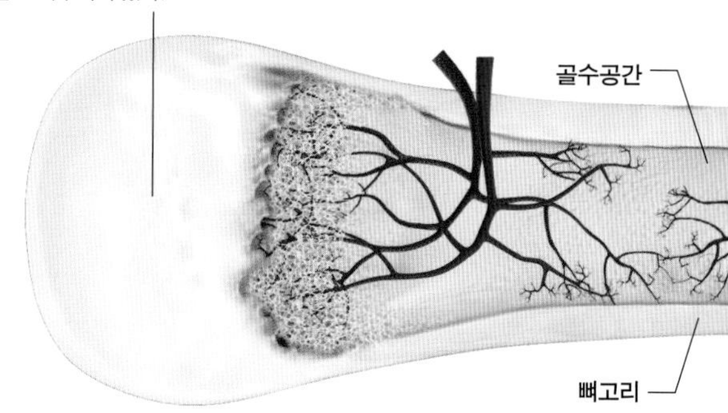
연골끝
아직 연골로 이루어져 있다.
골수공간
뼈고리
치밀뼈로 이루어져 있다.

신생아
일차뼈되기중심이 계속 작용하기 때문에 뼈가 계속 길어진다. 양끝에 있는 연골끝의 중심에 이차뼈되기중심과 이곳에 혈액을 공급하는 혈관이 발생한다. 해면뼈가 이곳의 연골을 대체하고 남게 된다. 이제 뼈로 바뀌고 있는 뼈끝에는 골수공간이 만들어지지 않는다. 뼈몸통에 있는 골수공간에는 적색골수가 들어차고, 적색골수에서 혈액세포가 만들어진다.

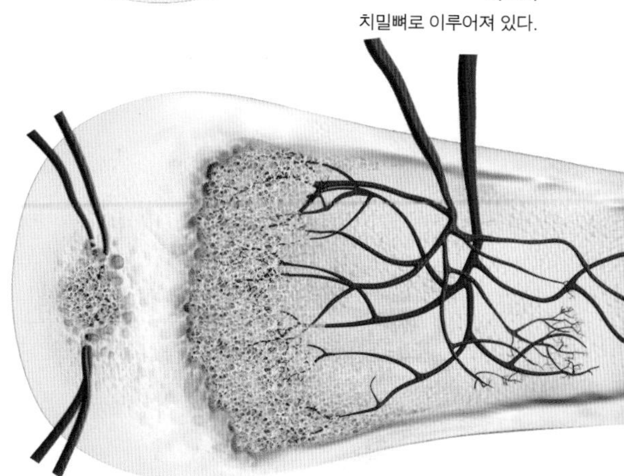

소아기
이제 유리연골은 두 곳에만, 즉 뼈끝을 덮고 있는 관절연골과 뼈끝과 뼈몸통 사이에 있는 뼈끝판(성장판)에만 남게 된다. 뼈끝판에 있는 연골세포들은 계속 분열하여 뼈끝이 뼈몸통에서부터 점차 멀리 밀려나게 하고, 그 결과 뼈가 길어진다. 동시에 뼈몸통에 인접한 뼈끝판 연골이 뼈로 대체된다. 이 과정은 10대 후반까지 계속되는데, 이 나이가 되면 뼈끝판이 사라지고 뼈끝과 뼈몸통이 합쳐져서 뼈의 길이 성장이 끝난다.

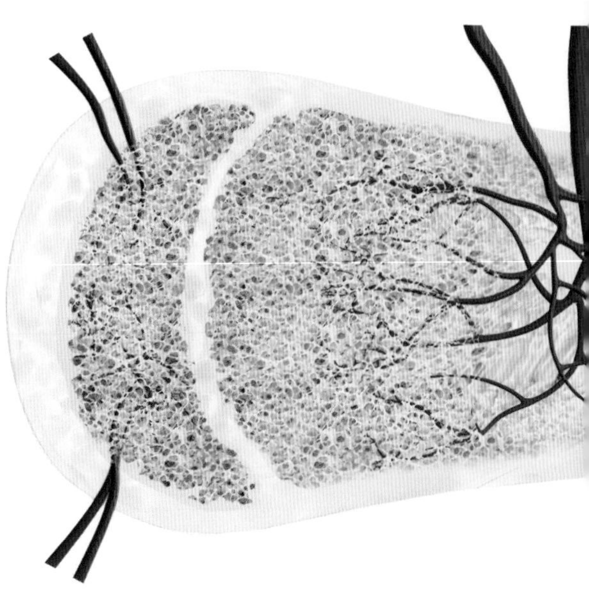

뼈 재형성(개조)

뼈는 일생 동안 재형성되는데, 재형성은 낡은 뼈조직을 제거하고 새 뼈조직을 추가하는 개조 과정이다. 뼈는 가해지는 물리력이 변화함에 따라 그에 대한 반응으로 재형성이 일어나서 더욱 강해진다. 성인 뼈대 중 최대 10퍼센트가 매년 재형성된다. 뼈 재형성 과정은 확실히 구분되는 두 단계, 즉 뼈 흡수와 뼈 침착 단계를 거친다. 흡수와 침착을 각각 주관하는 세포는 뼈파괴세포와 뼈모세포로, 두 세포는 서로 반대로 작용한다. 뼈파괴세포들이 낡은 뼈바탕질을 분해하고 제거하면 뼈모세포들이 새로운 뼈바탕질을 쌓는다. 재형성 과정을 조절하는 기전은 두 가지가 있다. 첫째, 뼈파괴세포와 뼈모세포는 중력과 근육 긴장으로 인해 뼈에 가해지는 물리적 스트레스에 반응한다. 둘째, 부갑상샘호르몬과 칼시토닌은 각각 뼈파괴세포를 촉진하거나 억제함으로써 뼈바탕질에서 칼슘 이온이 방출되거나 침착되는 과정을 조절한다. 그 결과 근육 수축 등에 필요한 칼슘의 혈중 농도가 일정하게 유지된다.

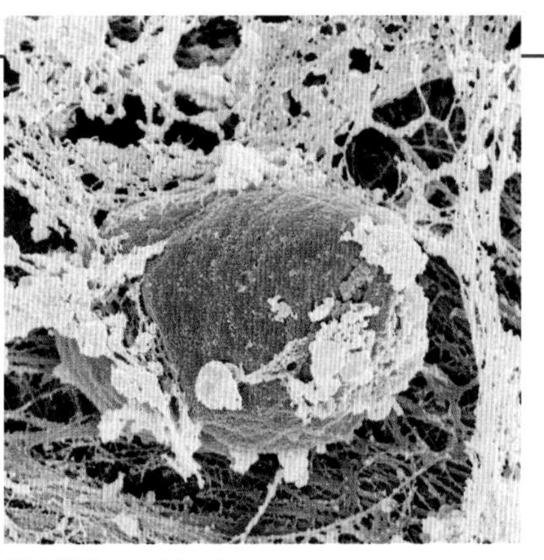

뼈모세포(osteoblast)
뼈모세포(붉은색)는 뼈바탕질의 유기질 성분을 주위에 분비한 후 스스로 둘러싸인다. 이어서 유기질인 뼈바탕질에 칼슘염이 침착하면 단단한 뼈바탕질이 형성된다.

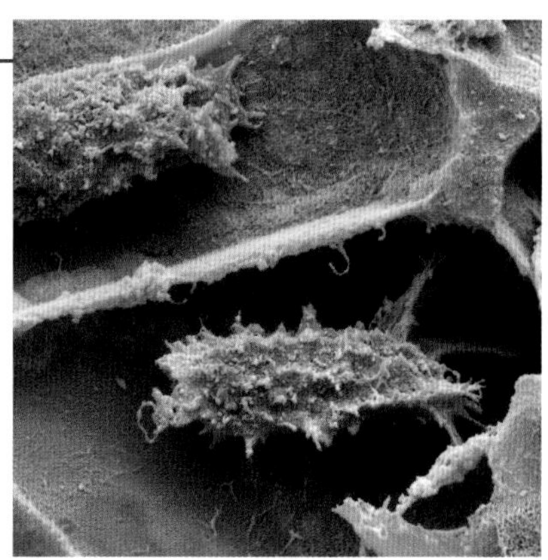

뼈파괴세포(osteoclast)
뼈파괴세포(보라색)는 뼈의 표면을 따라 이동하면서 효소와 산을 이용하여 유기질 바탕질과 무기질 바탕질을 모두 분해함으로써 뼈 표면에 구덩이를 판다.

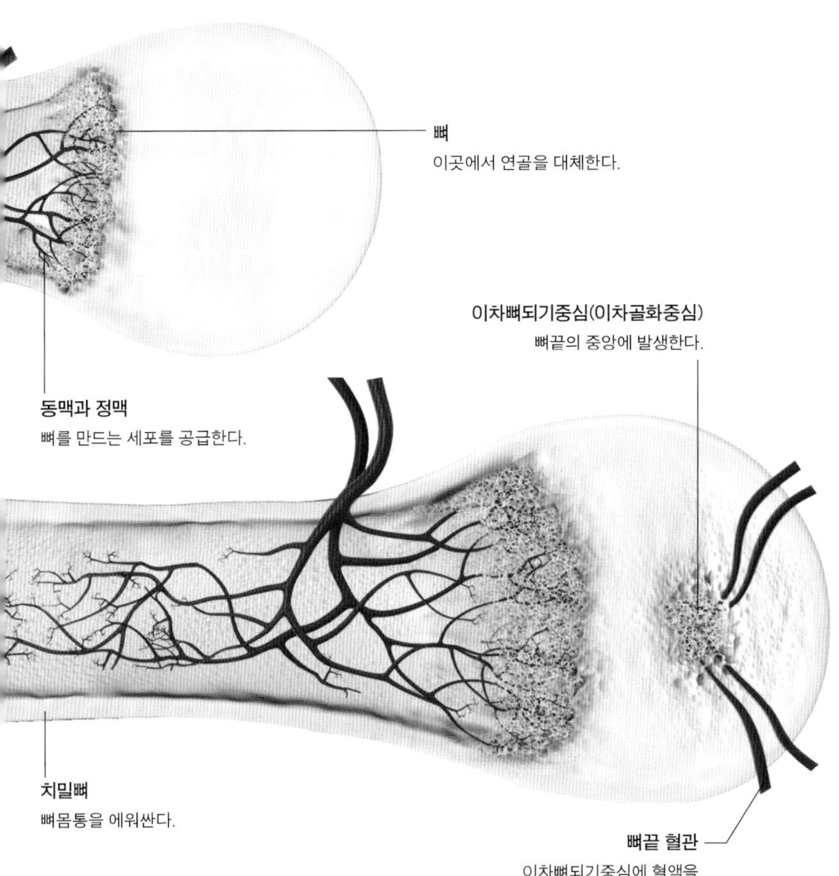
뼈
이곳에서 연골을 대체한다.
이차뼈되기중심(이차골화중심)
뼈끝의 중앙에 발생한다.
동맥과 정맥
뼈를 만드는 세포를 공급한다.
치밀뼈
뼈몸통을 에워싼다.
뼈끝 혈관
이차뼈되기중심에 혈액을
공급한다.

운동의 중요성

뼈가 받는 물리적 스트레스는 크게 둘로 나뉜다. 즉 중력이 잡아당기기 때문에 뼈에 가해지는 중량과 근육이 뼈를 움직일 때 가하는 긴장력이다. 이 스트레스는 걷기, 달리기, 무용, 테니스 같은 중량 부하 운동을 할 때 증가한다. 자주 운동하는 사람은 뼈세포가 자극을 받아서 뼈가 개조되고 뼈의 강도와 중량이 운동을 않는 사람에 비해 현저히 커진다.

뼈 중량은 20~30대에 최고를 이루는데, 이때는 규칙적으로 운동하고 균형 잡힌 식사를 하면 효과가 나타나는 시기다. 40세가 지나면 뼈의 강도와 중량이 감소하지만, 젊었을 때 규칙적으로 운동해서 뼈 강도와 중량이 증가했다면 나이가 들어도 뼈 감소 속도가 느려진다. 나이든 사람도 중량 부하 운동을 하면 뼈 강도와 중량 감소가 회복될 수 있고 뼈엉성증에 걸릴 위험도가 낮아진다.(441쪽)

극한의 인간

우주 공간에서의 운동

우주왕복선에 탑승한 우주비행사는 노젓는 기구로 운동해서 무중력 상태의 악영향을 극복해야 한다. 지상에서는 중력이 아래로 당기는 힘으로 인해 생기는 체중을 뼈가 저항함으로써 뼈의 강도와 중량을 유지할 수 있다. 우주에서는 뼈에 가해지는 중력이 거의 없기 때문에 뼈가 약해지고 뼈 중량이 매달 최대 1퍼센트씩 감소한다. 우주에서 운동을 하면 뼈 중량 감소를 늦출 수 있지만 막을 수는 없다.

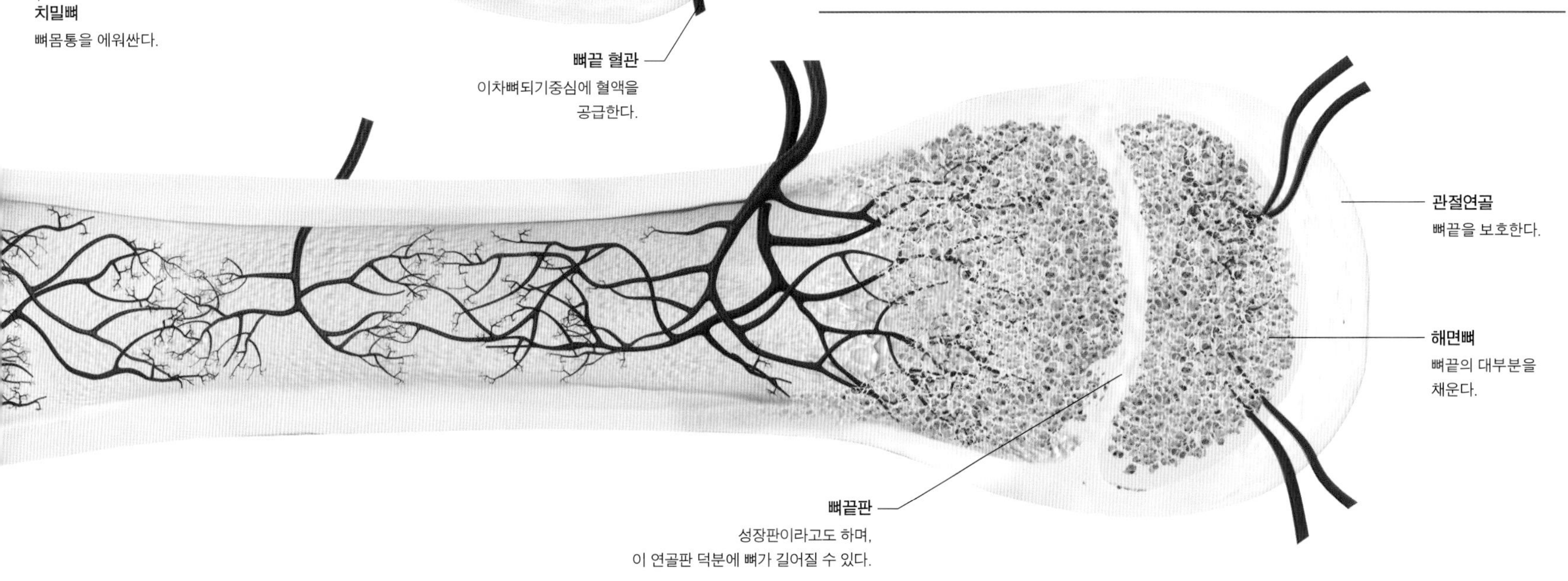
관절연골
뼈끝을 보호한다.
해면뼈
뼈끝의 대부분을
채운다.
뼈끝판
성장판이라고도 하며,
이 연골판 덕분에 뼈가 길어질 수 있다.

관절(JOINT)

뼈대 내에서 2개 이상의 뼈가 만나는 곳은 어디나 관절이 형성된다. 뼈대는 관절 덕분에 유연해지며, 관절을 가로지르는 근육이 뼈를 당기면 운동이 일어날 수 있다. 관절은 그 구조와 운동 가능 범위에 따라 분류된다.

관절의 작동 방식

320개쯤 되는 인체 관절은 무릎이나 어깨처럼 움직임이 자유로운 윤활관절(synovial joint)이 대부분이다. 우리는 윤활관절 덕분에 걷고 썹고 글을 쓰는 것을 포함한 다양한 운동을 할 수 있다. 윤활관절은 뼈의 끝부분이 매끈한 유리연골로 이루어진 관절연골에 덮여 보호를 받고 있다. 우리 몸에 있는 연골 종류 중에 가장 많은 유리연골은 튼튼하면서도 압축 가능하다. 관절연골은 뼈가 움직일 때 뼈 사이에 일어나는 마찰을 줄이고, 운동 중에 발생하는 충격을 흡수함으로써 삐걱거림을 막는다. 관절을 둘러싸는 관절주머니는 섬유조직을 포함하고 있어서 뼈와 뼈를 결합하는 데 도움을 주며, 인대가 이를 보강한다. 관절주머니의 가장 속층인 윤활막은 기름 같은 윤활액을 관절연골 사이에 있는 공간인 관절안으로 분비한다. 그러면 관절은 한결 매끄러워지며, 얼음덩이 2개가 서로 미끄러질 때보다도 마찰이 적게 움직일 수 있다. 윤활관절은 여섯 종류로 나뉘며(오른쪽 참조), 관절면 모양에 따라 운동 범위가 다르다.

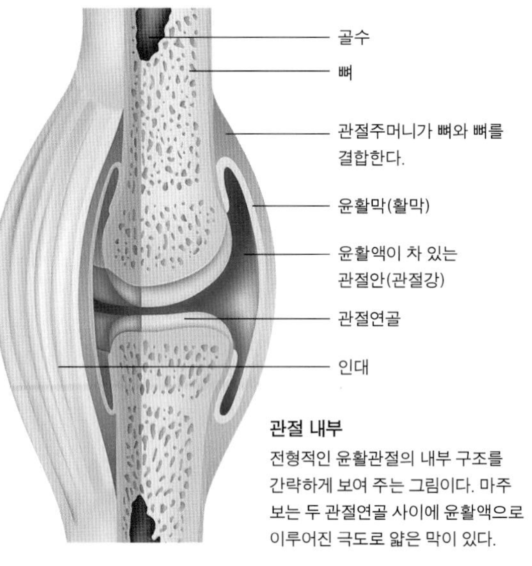
골수
뼈
관절주머니가 뼈와 뼈를 결합한다.
윤활막(활막)
윤활액이 차 있는 관절안(관절강)
관절연골
인대

관절 내부
전형적인 윤활관절의 내부 구조를 간략하게 보여 주는 그림이다. 마주 보는 두 관절연골 사이에 윤활액으로 이루어진 극도로 얇은 막이 있다.

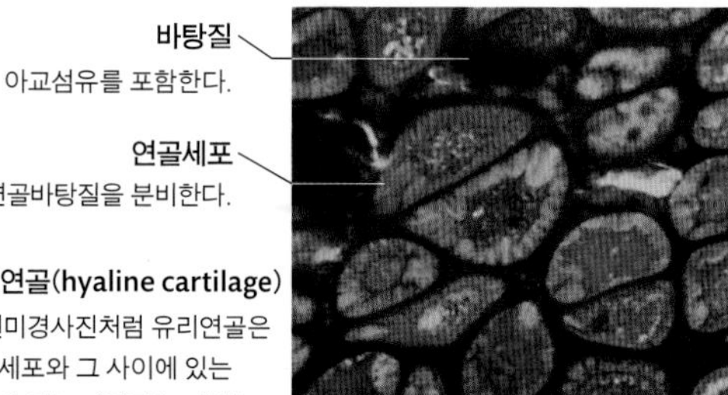
바탕질
아교섬유를 포함한다.
연골세포
연골바탕질을 분비한다.

유리연골(hyaline cartilage)
이 현미경사진처럼 유리연골은 연골세포와 그 사이에 있는 생명이 없는 바탕질(보라색)로 구성된다.

① 타원관절
한쪽 뼈의 달걀 모양 끝부분이 다른 뼈에 있는 달걀판 모양 오목 속에서 움직이는 관절이다. 손목에서 노뼈와 손목뼈 사이가 타원관절인데, 굽힘 및 폄과 양옆으로의 운동이 가능하다.

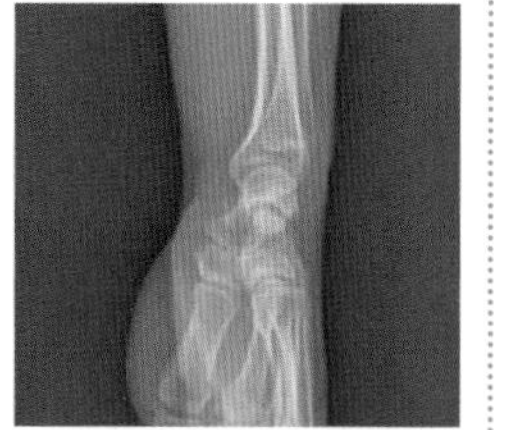

손목

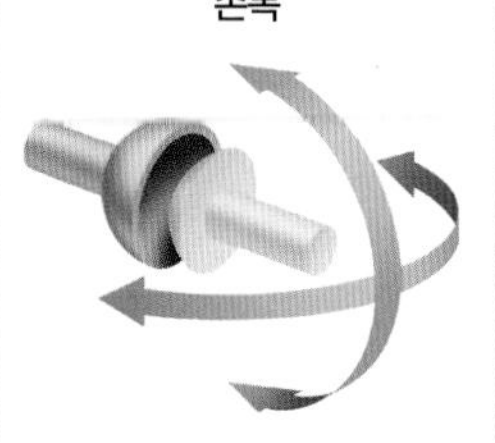

② 미끄럼관절
이 관절은 뼈의 관절면이 거의 평평하고, 짧게 미끄러지는 운동만 가능하며, 더 이상의 운동은 강력한 인대 때문에 제한을 받는다. 미끄럼관절은 발목뼈 사이나(아래 사진) 손목뼈 사이에 있다.

발

좀움직관절과 못움직관절(부동관절)

일부 관절은 운동성이 적거나 고정되어 있다. 이 관절은 윤활관절에 비해 운동성은 적지만 대신 더 튼튼하고 안정성이 있다. 골반에 있는 두덩결합 같은 좀움직관절은 두 뼈 사이에 섬유연골로 이루어진 원반이 끼어 있다. 이 원반은 탄성과 압축성이 있기 때문에 제한되나마 관절 운동이 가능해진다. 못움직관절은 머리뼈 봉합이 가장 대표적으로, 서로 이웃한 뼈의 톱니 같은 가장자리 부분을 섬유조직이 고정시켜 꼭 맞물리게 한다. 성인이 되기 전에는 날개머리뼈 가장자리에서도 성장이 일어날 수 있다.

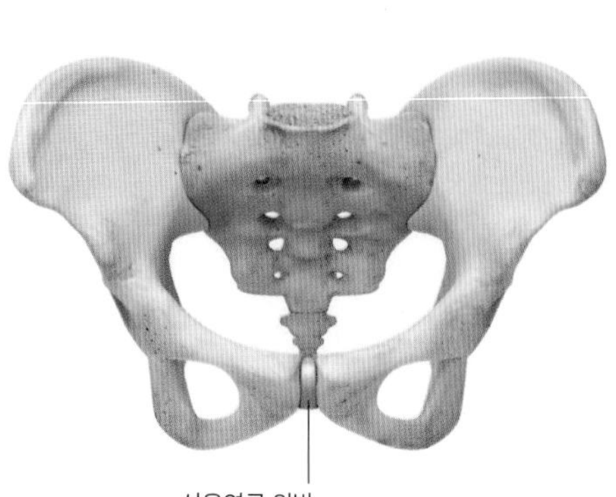
섬유연골 원반

두덩결합(pubic symphysis)
이 좀움직관절은 좌우 두 두덩뼈(치골) 사이의 관절이다.
두덩뼈는 엉치뼈와 함께 골반을 완성하는 볼기뼈의 앞부분이다.

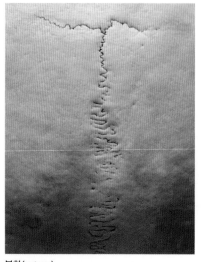

봉합(suture)
성인 머리뼈 사진으로, 날개머리뼈 사이에 있는 봉합이 관찰된다. 중년이 되면 봉합 속 섬유조직이 뼈로 바뀌기 때문에 서로 이웃한 두 뼈가 합쳐진다.

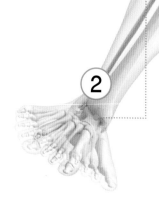

움직관절(윤활관절)
윤활관절의 대표적인 여섯 유형과 각각의 운동범위와 그 관절이 있는 대표적인 인체 부위가 표시되어 있다.

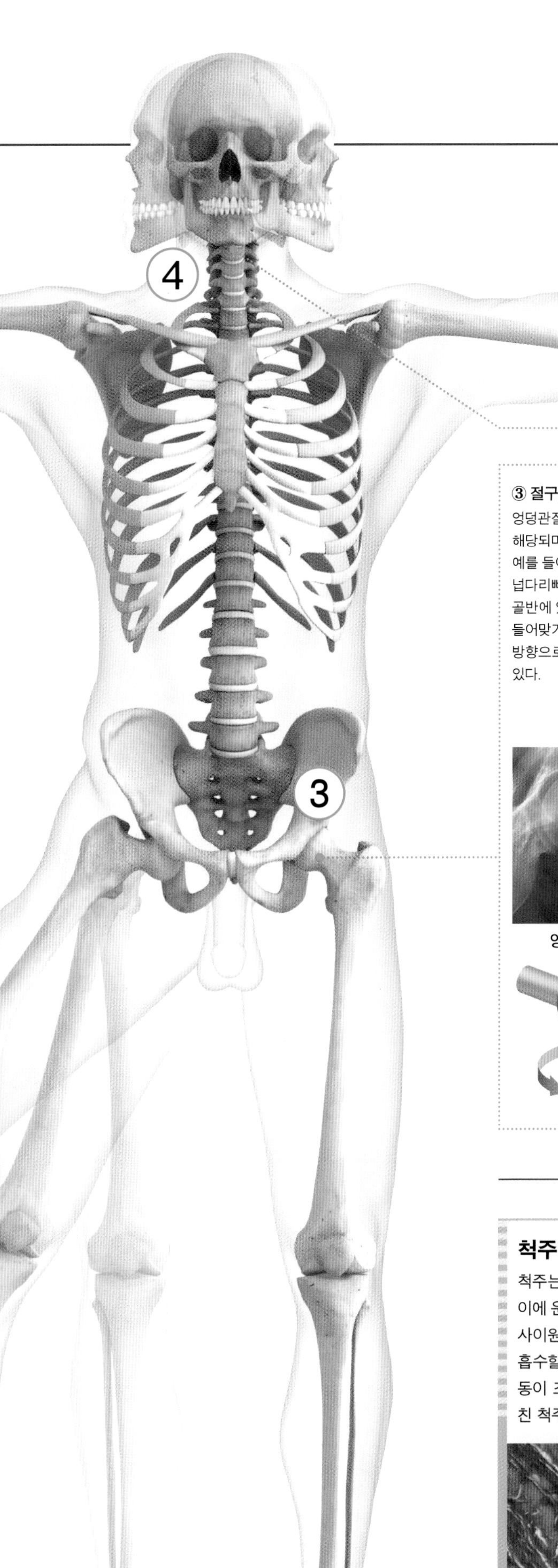
4
5
6
3

③ 절구관절(구관절)

엉덩관절과 어깨관절이 해당되며, 운동성이 가장 크다. 예를 들어 엉덩관절은 넙다리뼈의 둥근 머리 부분이 골반에 있는 술잔 모양의 오목에 들어맞기 때문에 어느 방향으로든 움직임이 일어날 수 있다.

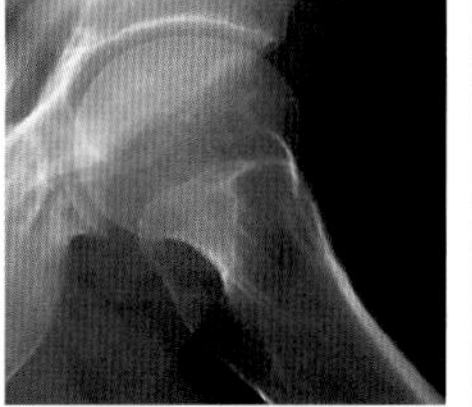
엉덩관절(고관절)

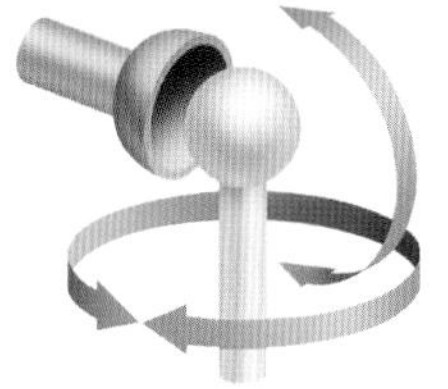

④ 중쇠관절(차축관절)

한쪽 뼈 전체나 그 돌기가 다른 뼈의 둥근 공간 속을 선회하면 회전 운동이 일어난다. 예를 들어 목에서(아래 사진) 상위 두 목뼈 사이에 있는 중쇠관절 덕분에 우리가 머리를 좌우로 회전할 수 있다.('아니오'라는 몸짓)

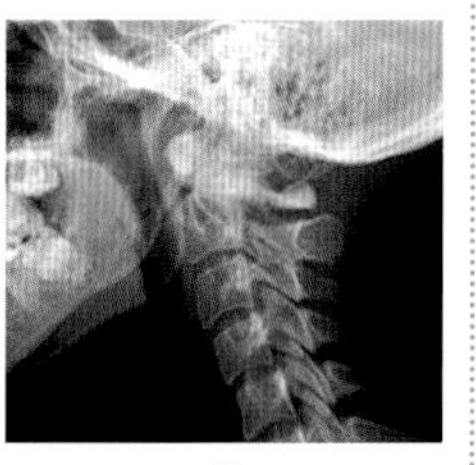
목

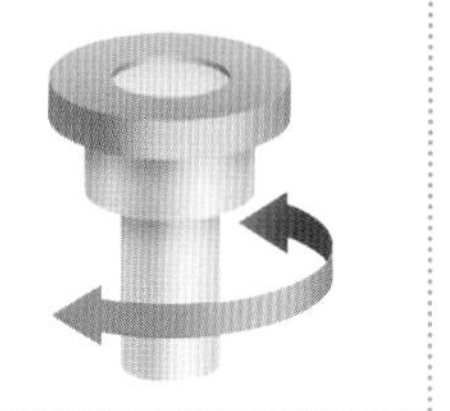

⑤ 경첩관절

한쪽 뼈의 원통형 끝부분이 다른 뼈의 굽은 오목에 들어맞으면 경첩으로 고정한 문짝처럼 한 평면에서 앞뒤로 움직이는 운동이 일어난다. 무릎관절과 팔꿉관절이 경첩관절에 속한다. 후자는 두 아래팔뼈 사이의 회전도 조금 일어난다.

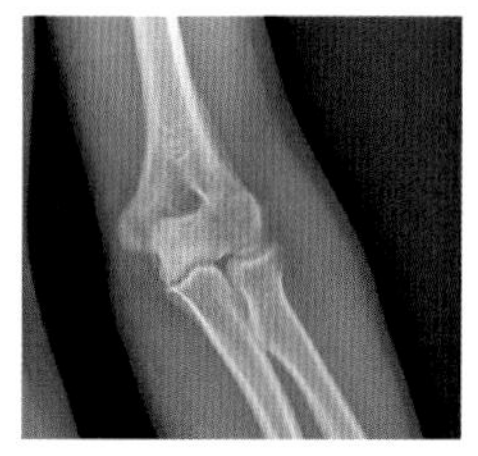
팔꿉관절(주관절)

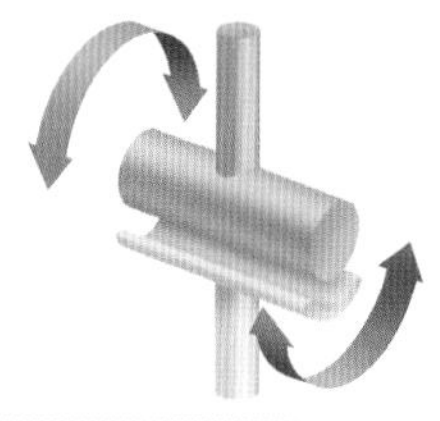

⑥ 안장관절

관절을 이루는 두 관절면이 U자 모양으로, 엄지손가락의 바닥부분에만 존재한다.(아래 사진) 이 관절은 두 평면에서 운동이 일어나는데, 엄지손가락이 손바닥을 가로질러 다른 손가락의 끝부분에 닿을 수 있다.

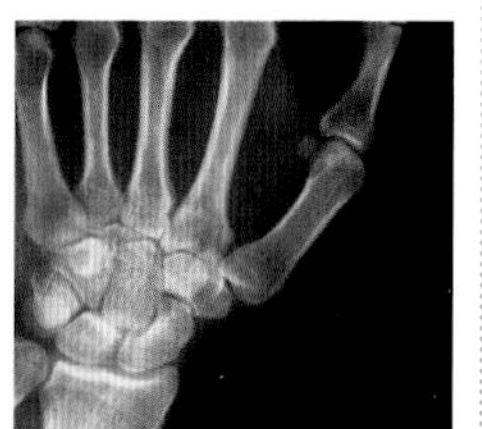
엄지손가락

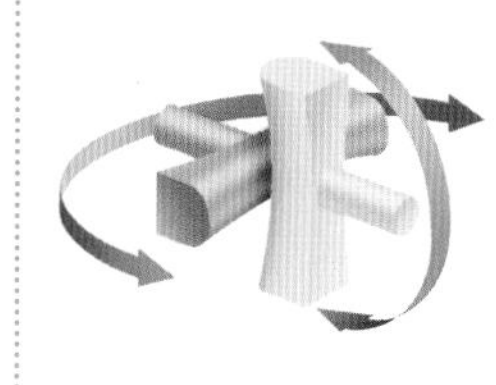

척주의 유연성

척주는 두 종류의 관절이 있기 때문에 이웃한 두 척추뼈 사이에 운동이 조금 일어날 수 있다. 섬유연골로 이루어진 척추사이원반은 굽힘과 비틀림 운동이 일어날 수 있으며, 충격을 흡수할 수 있다. 관절돌기 사이의 윤활관절에서는 미끄럼 운동이 조금씩 일어난다. 그러나 전체 척추뼈 사이 관절을 합친 척주의 움직임은 상당히 유연하다.

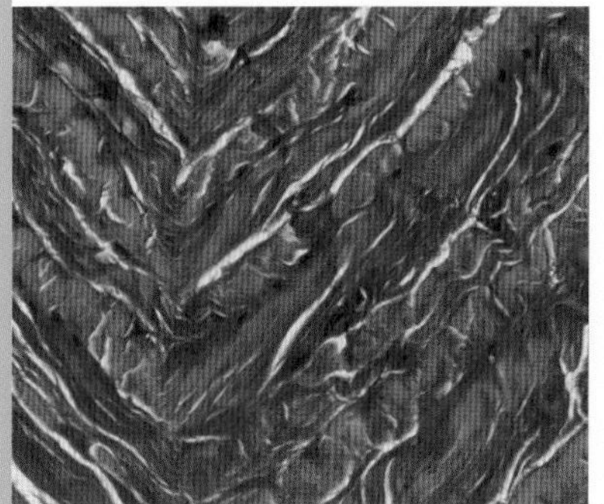

섬유연골(fibrocartilage)
섬유연골은 연골바탕질층과 아교섬유층(분홍색)이 교대로 배열되어 있으며, 긴장과 강한 압력을 견딘다.

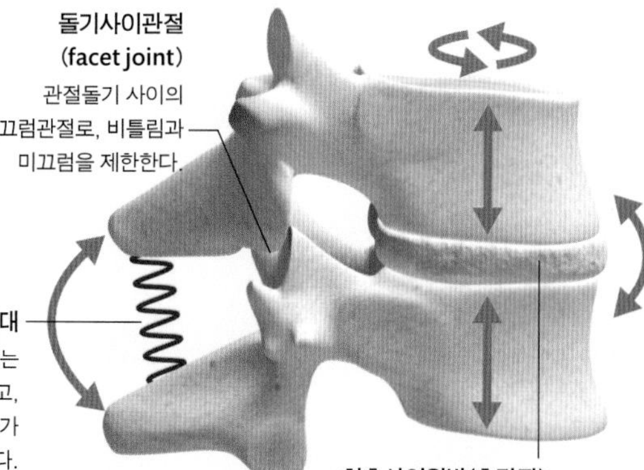
돌기사이관절
(facet joint)
관절돌기 사이의 미끄럼관절로, 비틀림과 미끄럼을 제한한다.
용수철 같은 인대
가시돌기들 사이를 잇는 인대는 운동을 제한하고, 에너지를 축적했다가 반동할 때 이용한다.
척추사이원반(추간판)
겉은 질기고 탄력 있는 섬유연골로, 속은 젤리 같은 물질로 구성되어 있다.

척주관절
두 척추뼈 사이 관절은 인대가 제한하기 때문에 운동이 조금만 일어나지만 다른 척추뼈들 사이의 관절을 모두 합하면 척주를 굽히거나 비틀 수 있다.

근육의 작용 방식

근육은 수축이라는 다른 조직에는 없는 능력을 갖고 있어서 무언가를 당길 수 있다. 근육은 음식에서 얻은 화학에너지를 저장했다가 근육세포 속에 있는 단백질 잔섬유들 사이의 상호작용을 일으키는 데 사용함으로써 운동을 일으킨다. 우리가 운동을 일으키고자 하는 결정을 의도적으로 내릴 때 뇌에서 시작한 신경 자극이 뼈대근육에 도달하면 근육 수축이 개시된다.

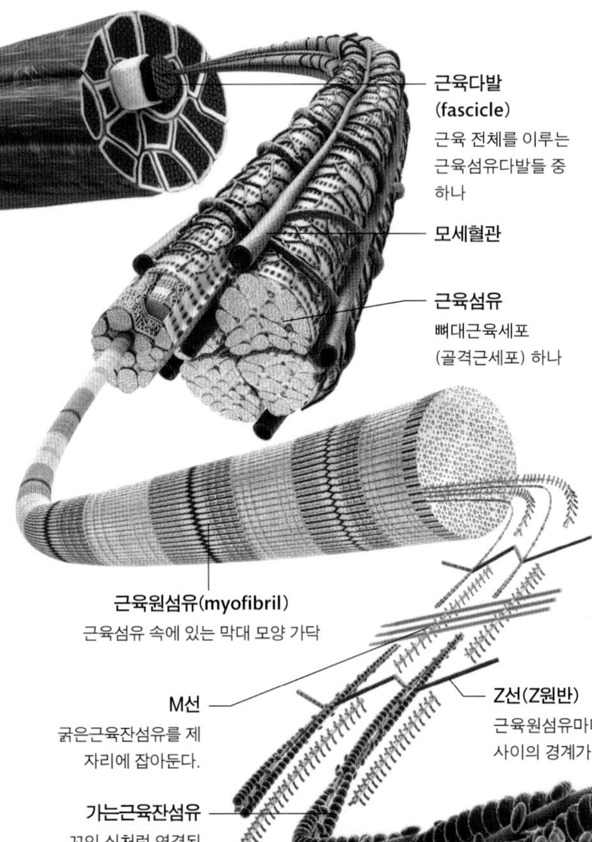
근육다발
(fascicle)
근육 전체를 이루는 근육섬유다발들 중 하나
모세혈관
근육섬유
뼈대근육세포 (골격근세포) 하나
근육원섬유(myofibril)
근육섬유 속에 있는 막대 모양 가닥
M선
굵은근육잔섬유를 제자리에 잡아둔다.
Z선(Z원반)
근육원섬유마디들 사이의 경계가 된다.
트로포미오신
(tropomyosin)
가는근육잔섬유
꼬인 실처럼 연결된 액틴 단백질이 주성분이다.
미오신 머리
(myosin head)
수축할 때 액틴과 연결되는 구름다리 구조를 이룬다.
굵은근육잔섬유
미오신 단백질로 구성되어 있다.

근육 수축

뼈대근육은 구조를 알아야 수축 과정을 이해할 수 있다. 근육은 근육섬유라 불리는 원통형 세포들로 구성되는데, 이 세포들은 나란히 모여서 근육다발을 이룬다. 근육섬유는 미오신과 액틴이라는 두 가지 잔섬유를 포함하고 있는 가느다란 막대 모양인 근육원섬유들이 들어 있다. 이 잔섬유들은 근육원섬유만큼 길지 않으며, 근육원섬유마디라 불리는 '토막' 구조로 반복 배열되기 때문에 근육원섬유와 근육섬유에 가로무늬가 나타난다. 액틴으로 구성된 가는근육잔섬유는 Z선에서부터 속으로 연장되며, 각 근육원섬유마디의 중심에서 미오신으로 이루어진 굵은근육잔섬유들에 둘러싸여 있다. Z선은 두 근육원섬유마디 사이의 경계가 된다. 근육이 수축할 때, 각 미오신 잔섬유로부터 연장된 작은 '머리' 부분이 액틴 잔섬유와 상호 작용하면 근육원섬유가 짧아진다.

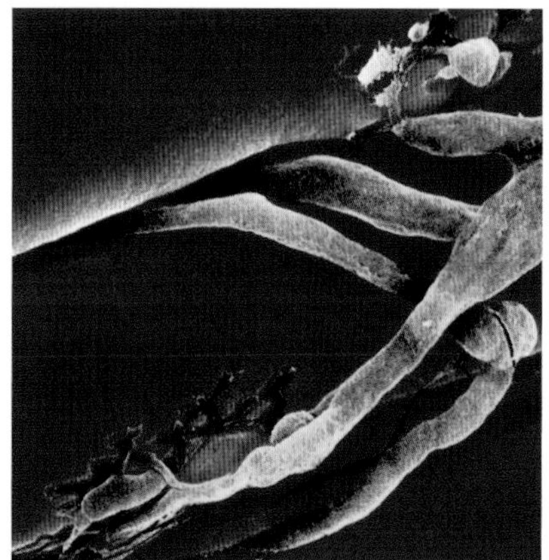

신경근육이음부(신경근육시냅스)
운동신경세포(초록색)에서 시작된 신경 자극은 근육섬유(빨간색)에 도달하자마자 근육섬유가 수축하도록 지시를 내린다. 신경세포는 축삭종말에서 끝나면서 근육섬유와 신경근육이음부를 형성한다.

수축 주기

신경 자극이 도달하면 근육섬유 내부에서 수축을 촉발하는 일련의 작용이 반복해서 일어나게 된다. 즉 액틴 잔섬유에 있는 결합 부위가 노출되고, 에너지 분자인 ATP에 의해 이미 활성화된 미오신 머리가 이 부위에 부착하고, 굽히고, 분리되고, 다시 부착하는 주기를 반복한다. 그 결과 가는근육잔섬유가 근육원섬유마디의 중심을 향해 끌려가면 근육섬유 수축이 일어난다.

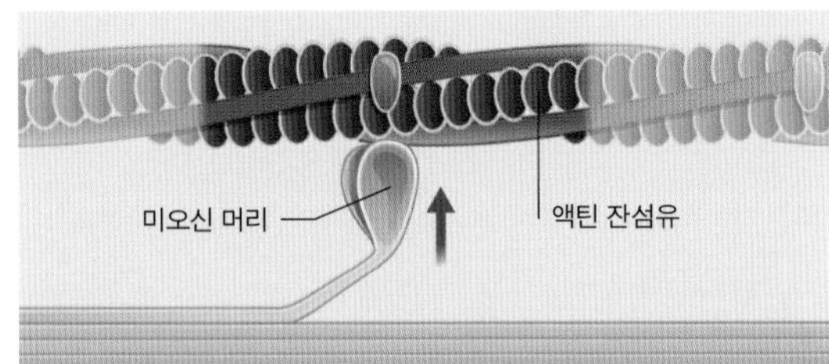
미오신 머리
액틴 잔섬유

1 부착
고에너지 상태로 활성화된 미오신 머리가 액틴 잔섬유에 있는 노출된 결합 부위에 부착하면 두 잔섬유 사이에 구름다리 구조가 만들어진다.

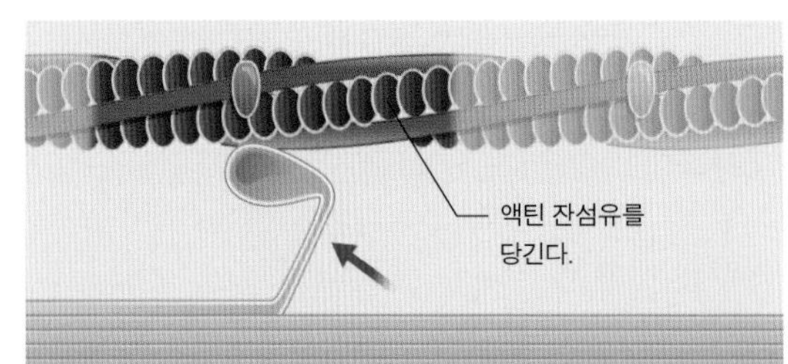
액틴 잔섬유를 당긴다.

2 강력 노 젓기(동력행정)
소위 '강력 노 젓기'는 마치 노를 젓듯이 미오신 머리가 회전하면서 굽혀져서 액틴 잔섬유를 근육원섬유마디의 중심을 향해 당기는 과정이다.

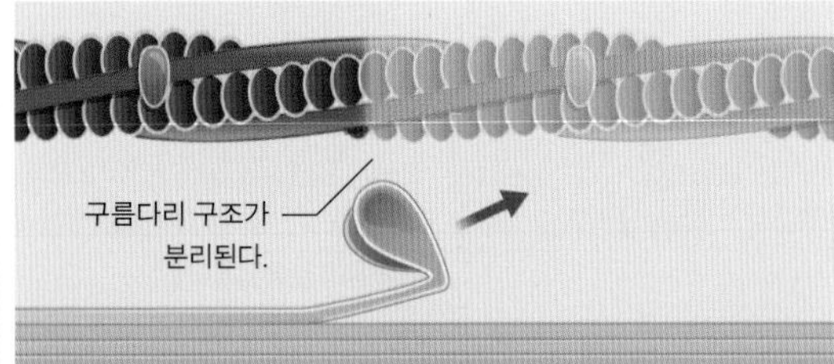
구름다리 구조가 분리된다.

3 분리
ATP 분자가 미오신 머리에 결합하면 액틴 잔섬유와의 결합 상태가 느슨해져서 구름다리 구조가 분리된다.

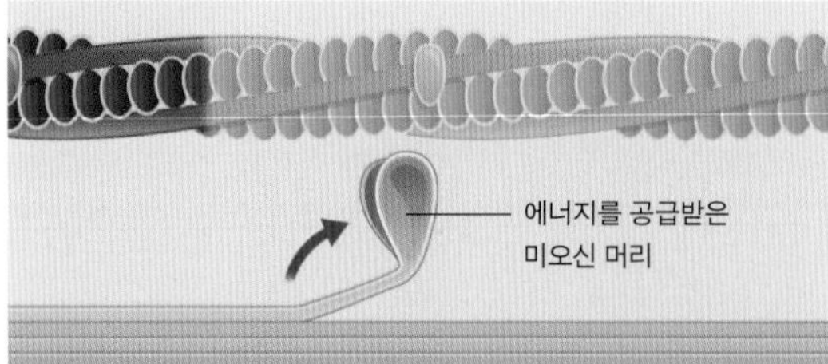
에너지를 공급받은 미오신 머리

4 에너지 방출
ATP가 에너지를 방출하여 미오신 머리가 굽혀진 저에너지 상태에서 고에너지 상태로 변환되면 이제 다음 주기가 시작할 준비가 끝난다.

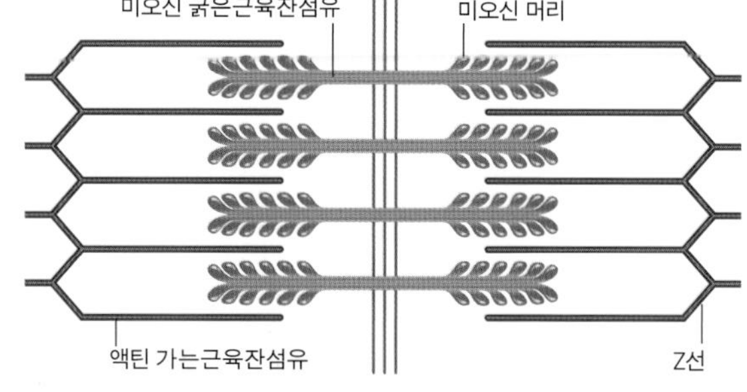
미오신 굵은근육잔섬유
미오신 머리
액틴 가는근육잔섬유
Z선

이완된 근육
이완된 근육의 한 근육원섬유마디(sarcomere; 두 Z선 사이 부분)의 세로 단면이다. 굵은근육잔섬유와 가는근육잔섬유가 조금만 겹쳐 있다. 미오신 머리는 에너지가 충만한 활동 준비 상태이지만 액틴 잔섬유와 상호작용을 하지는 않고 있다.

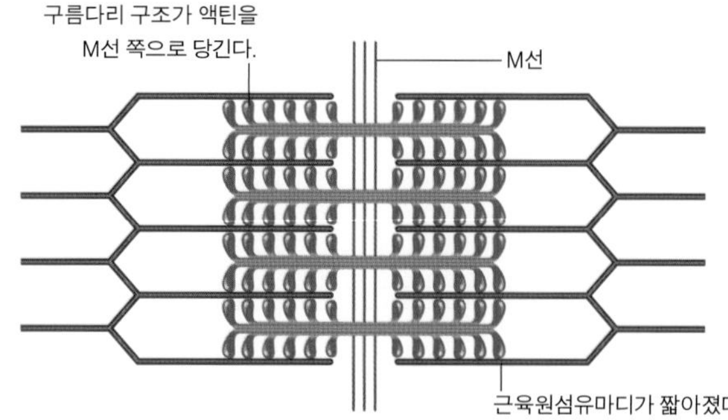
구름다리 구조가 액틴을 M선 쪽으로 당긴다.
M선
근육원섬유마디가 짧아졌다.

수축한 근육
근육이 수축할 때 구름다리 구조가 붙었다 떨어졌다를 반복하면 액틴 잔섬유들이 속으로 당겨져서 굵은근육잔섬유 위로 미끄러지고, 근육원섬유마디가 짧아져서 굵은근육잔섬유와 가는근육잔섬유가 더 많이 겹친다. 그 결과 근육이 휴식 상태일 때에 비해 상당히 짧아진다.

수축의 종류

한 근육이 작용하여 움직이거나 지지하는 물체에 가하는 힘을 장력이라 한다. 근육 장력이 하중과 일치하면 근육 길이가 짧아지지 않기 때문에 '등척수축'이라 하는데(등척은 길이가 같다는 뜻임), 그 예로는 책을 가만히 들고 읽는 동작이 있다. 우리는 목, 등, 다리의 근육들의 등척수축 덕분에 똑바로 서 있을 수 있다. 근육의 힘이 하중보다 크면 운동이 일어난다. 운동 속도가 일정하게 유지되려면 장력이 일정하게 유지되는 등장력수축이 일어나야 한다. 책을 집는 것 같은 생활 동작은 가속수축과 등척수축과 등장력수축이 복잡하게 섞인 결과로 나타난다.

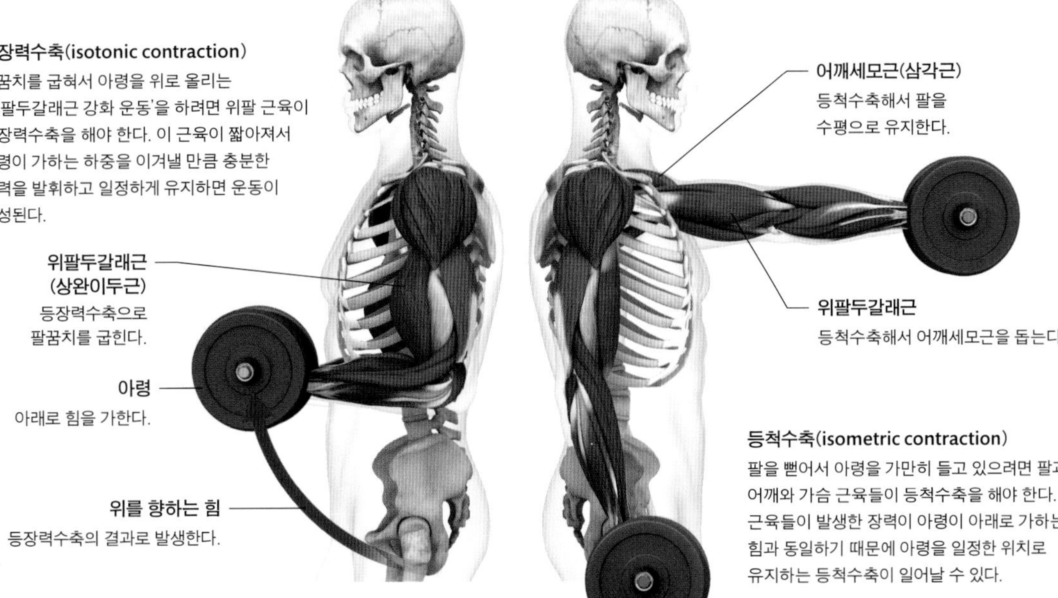
등장력수축(isotonic contraction)
팔꿈치를 굽혀서 아령을 위로 올리는 '위팔두갈래근 강화 운동'을 하려면 위팔 근육이 등장력수축을 해야 한다. 이 근육이 짧아져서 아령이 가하는 하중을 이겨낼 만큼 충분한 장력을 발휘하고 일정하게 유지하면 운동이 완성된다.
위팔두갈래근 (상완이두근)
등장력수축으로 팔꿈치를 굽힌다.
아령
아래로 힘을 가한다.
위를 향하는 힘
등장력수축의 결과로 발생한다.
어깨세모근(삼각근)
등척수축해서 팔을 수평으로 유지한다.
위팔두갈래근
등척수축해서 어깨세모근을 돕는다.
등척수축(isometric contraction)
팔을 뻗어서 아령을 가만히 들고 있으려면 팔과 어깨와 가슴 근육들이 등척수축을 해야 한다. 이 근육들이 발생한 장력이 아령이 아래로 가하는 힘과 동일하기 때문에 아령을 일정한 위치로 유지하는 등척수축이 일어날 수 있다.

극한의 인간
보디빌더

역도 선수는 근육섬유 속에 든 근육원섬유의 수를 늘이는 운동을 함으로써 근육 크기를 키워서 힘을 증강한다. 그러나 보디빌더는 근육원섬유뿐 아니라 근육섬유 속에 있는 액체인 근육형질의 양을 증가시키는 방법을 통해서도 근육을 키운다. 단백질이 풍부한 식사와 유산소운동을 하면 체지방이 감소하고, 그 결과 보디빌더의 독특한 체격이 완성된다.

고도로 발달된 근육들
여성 보디빌더가 근육들을 수축시켜서 윤곽이 매우 선명한 근육을 과시하고 있다.

근육의 성장과 복구

뼈대근육섬유는 세포분열을 통해 수가 늘지는 않지만 어릴 때는 성장 능력을, 성인 때는 비대(hypertrophy) 능력을 간직하고 있다. 근육 비대란 강화 훈련을 통해 근육섬유의 크기가 느는 것으로, 수가 느는 것은 아니다. 근육 비대의 원인 중 하나가 미세외상(microtrauma, 격렬한 운동 때문에 근육이 조금 찢어진 상처)이다. 근육에 있는 위성세포(satellite cell)가 찢어진 조직을 복구하고, 그 결과 근육섬유가 커져서 근육 자체가 커진다.

근육 대사

포도당처럼 에너지가 풍부한 '연료'는 근육 수축에 직접 사용할 수 없고 먼저 ATP로 '환전'해야 한다. ATP는 에너지를 저장하고 운반하며 방출하는 물질이다. 수축이 일어나는 동안 ATP 덕분에 미오신과 액틴이 상호 작용할 수 있다.(304쪽) ATP는 근육섬유 속에서 두 가지 세포호흡 과정, 즉 산소호흡과 무산소호흡을 거쳐 생성된다. 근육섬유는 겨우 몇 초 동안 수축하는 데 필요한 만큼만 ATP를 갖고 있다. 그래서 그 뒤로도 ATP 농도를 일정하게 유지할 필요성이 있다.

장거리 경주 선수
장거리 달리기 같이 오랫동안 유산소운동을 하면 충분한 양의 산소가 혈액을 통해 근육에 공급된다. 근육세포는 포도당과 지방산을 분해하여 ATP를 만드는데, 두 물질 중에 지방산이 더 많이 쓰인다.

아미노산
지방산
산소

포도당 → 해당작용 → 피루브산 → 미토콘드리아 내 산소호흡 → ATP 36 분자

ATP 2 분자
이 단계는 산소호흡 초기로, 세포질에서 일어난다. 포도당은 피루브산으로 분해되어 ATP가 조금 생성된다. 피루브산은 미토콘드리아 속으로 이동하여 산소호흡의 그 다음 단계가 일어난다.

이산화탄소
물

노폐물
미토콘드리아 내에서 일어나는 호흡 반응의 결과로 노폐물인 이산화탄소가 방출되는데, 이 물질은 허파(폐)에서 배출된다.

ATP 36 분자
피루브산은 미토콘드리아 속으로 들어간 후 일련의 화학반응을 거친다. 그 결과 이산화탄소와 수소가 방출되는데, 이산화탄소는 결국 제거된다. 수소는 전자수송사슬을 거치면서 갖고 있던 에너지를 방출하여 포도당 한 분자당 ATP 분자가 36개씩 만들어진다. 이 과정이 끝날 때 수소가 산소와 결합하여 물이 만들어진다.

산소호흡
쉬고 있거나 가벼운 운동이나 보통 수준의 운동을 하고 있을 때는 산소호흡만으로도 근육 수축에 필요한 ATP 중 대부분을 만들 수 있다. 산소호흡이 일어나는 동안 포도당이나 지방산과 아미노산 같은 기타 연료물질들이 미토콘드리아 내에서 일어나는 일련의 반응을 거쳐 물과 이산화탄소로 완전히 분해된다. 이 과정에는 산소 공급이 필요하다.

포도당 → 해당작용 → 피루브산 → 발효(분해) → 젖산(유산)

ATP 2 분자
무산소호흡 때 해당작용은 산소호흡 때와 동일하며, 포도당 한 분자가 분해될 때마다 ATP 두 분자가 방출된다. 무산소호흡이 생성하는 에너지는 이것뿐이다.

근육 피로
피루브산이 분해되어 만들어지는 젖산은 근육 피로를 유발하고, 축적되면 근육 경련이 일어날 수 있다. 따라서 젖산을 피루브산으로 변환하여 재사용한다.

무산소호흡
근육이 최대한으로 수축하는 폭발적이고 격렬한 운동을 할 때는 근육섬유에 혈액을 공급하는 혈관이 짓눌리기 때문에 산소 공급이 제한을 받는다. 이 상황에서는 근육섬유가 산소가 필요 없는 무산소호흡으로 전환해서 에너지 수요를 충족시켜야 한다. 무산소호흡은 유산소호흡에 비해 방출하는 에너지가 훨씬 적지만 훨씬 더 빨리 일어난다는 장점이 있다.

단거리 경주 선수
단거리 경주는 몇 초면 끝난다. 폭발적으로 격렬하게 운동하기 때문에 무산소호흡을 통해 산소가 없이도 포도당을 엄청나게 많이 '태워서' 근육 수축에 필요한 ATP를 공급해야 한다.

근육 역학

근육은 효율적으로 작용하기 위해 매우 독특하고 체계적인 방식으로 구성되어 있다. 근육은 질기고 치밀한 힘줄(건)을 통해 뼈에 부착한다. 근육은 지레 장치를 작동하여 인체의 일부를 능률적으로 움직인다. 그리고 근육은 반대 효과를 내는 대항근으로도 작용하기 때문에 다양하고 정교한 운동을 일으킬 수 있다.

근육 부착

질긴 끈 모양인 힘줄(tendon)은 근육을 뼈에 부착시키며, 근육이 수축하는 힘을 뼈에 전달한다. 힘줄은 질긴 아교섬유(콜라겐섬유)들이 나란히 배열된 다발을 이뤄 인장 강도가 엄청나게 크다. 아교섬유는 뼈를 둘러싸는 뼈막을 뚫고 파고들기 때문에 힘줄이 뼈의 바깥층에 단단히 고정된다. 근육은 한쪽 끝이 힘줄을 통해 한 뼈에 부착하고, 관절을 가로질러 반대쪽 끝이 다른 뼈에 부착한다. 근육이 수축할 때 근육이 부착한 한쪽 뼈는 움직이고 반대쪽 뼈는 움직이지 않는다. 이때 움직이지 않는 뼈에 근육이 부착하는 곳을 이는곳(origin), 움직이는 뼈에 부착하는 곳을 닿는곳(insertion)이라 한다.(56~57쪽)

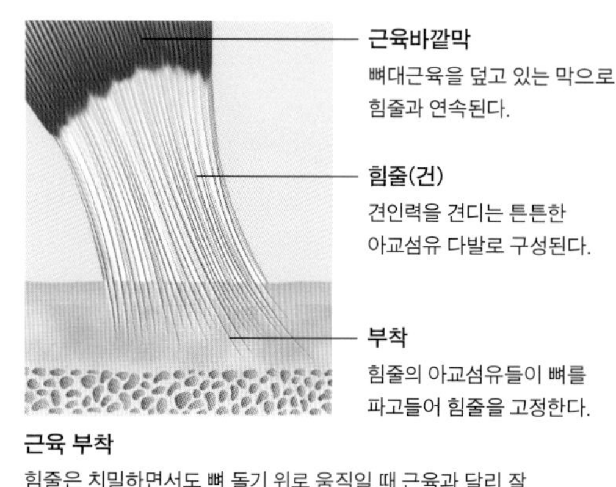
근육바깥막
뼈대근육을 덮고 있는 막으로, 힘줄과 연속된다.
힘줄(건)
견인력을 견디는 튼튼한 아교섬유 다발로 구성된다.
부착
힘줄의 아교섬유들이 뼈를 파고들어 힘줄을 고정한다.

근육 부착
힘줄은 치밀하면서도 뼈 돌기 위로 움직일 때 근육과 달리 잘 찢어지지 않으며, 근육과 뼈 사이의 강력한 연결 장치가 된다.

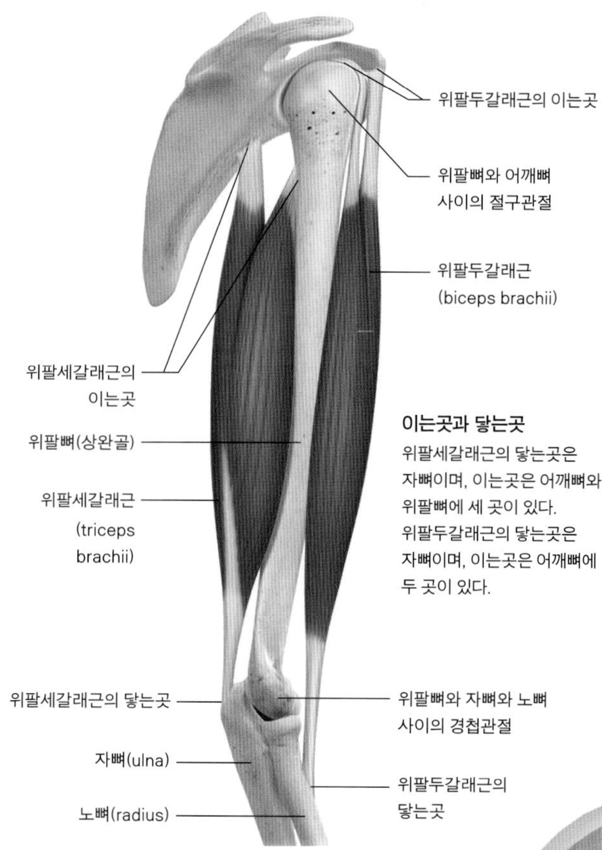
위팔두갈래근의 이는곳
위팔뼈와 어깨뼈 사이의 절구관절
위팔두갈래근 (biceps brachii)
위팔세갈래근의 이는곳
위팔뼈(상완골)
위팔세갈래근 (triceps brachii)
위팔세갈래근의 닿는곳
위팔뼈와 자뼈와 노뼈 사이의 경첩관절
자뼈(ulna)
노뼈(radius)
위팔두갈래근의 닿는곳

이는곳과 닿는곳
위팔세갈래근의 닿는곳은 자뼈이며, 이는곳은 어깨뼈와 위팔뼈에 세 곳이 있다. 위팔두갈래근의 닿는곳은 자뼈이며, 이는곳은 어깨뼈에 두 곳이 있다.

대항근(길항근)

근육은 길이가 짧아져서(수축해서) 작용하기 때문에 당길 수는 있지만 밀지는 못한다. 근육이 길어지고 이완하는 것은 수동 과정이다. 주작용근(prime mover), 즉 작용근(agonist)은 특정 운동을 일으키는 힘 중 대부분을 제공하는 근육으로, 반대로 작용하는 짝인 대항근(antagonist)이 존재한다. 대항근은 위팔에 있는 두 근육인 위팔두갈래근과 위팔세갈래근 사이에 벌어지는 공동작용을 생각하면 쉽게 이해할 수 있다. 작용근과 그 대항근은 서로 반대로 작동하면서도 함께 작용하기 때문에 물건을 드는 것 같은 운동이 세밀하게 조절되며 정교하게 일어날 수 있다.

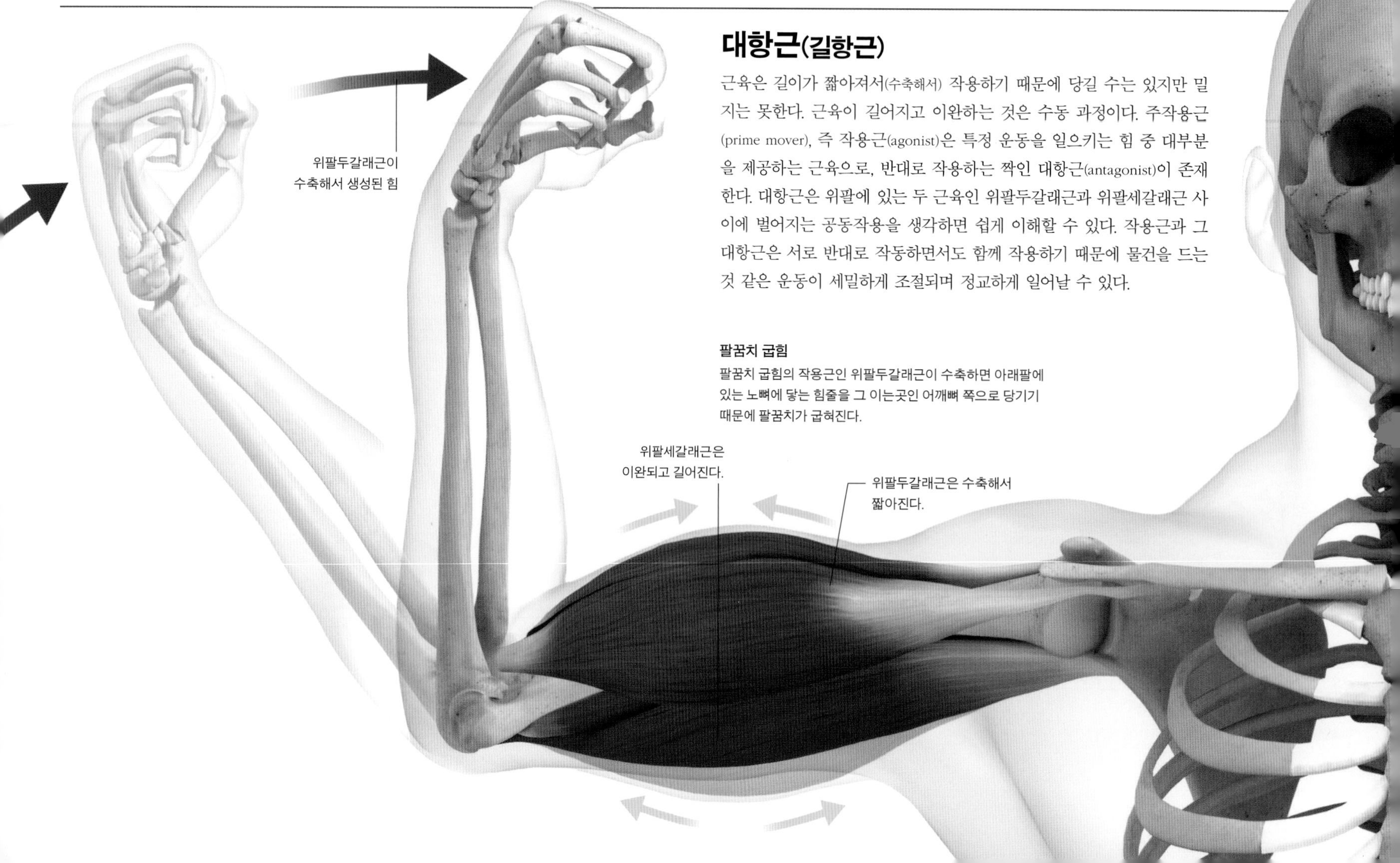

위팔두갈래근이 수축해서 생성된 힘

팔꿈치 굽힘
팔꿈치 굽힘의 작용근인 위팔두갈래근이 수축하면 아래팔에 있는 노뼈에 닿는 힘줄을 그 이는곳인 어깨뼈 쪽으로 당기기 때문에 팔꿈치가 굽혀진다.

위팔세갈래근은 이완되고 길어진다.

위팔두갈래근은 수축해서 짧아진다.

인체 지레

가장 간단한 기계인 지레는 중심축이 되는 받침점에 올려 놓고 상하로 움직이는 막대다. 한 지점에 힘을 가하면 막대가 받침점을 중심으로 회전하여 또 다른 지점에 있는 하중을 움직이는 일을 하는 원리는 가위나 쇠지렛대처럼 일상에서 자주 쓰인다. 지레와 정확히 일치하는 기계 원리가 뼈와 관절과 근육이 상호작용하여 운동을 일으키는 데 적용된다. 뼈는 지렛대, 관절은 받침점, 근육은 수축하여 하중에 해당하는 인체 부분을 움직이는 힘으로 작용한다. 인체가 활용하는 지레 장치는 매우 다양해서 물건을 들거나 운반하는 등 광범위한 운동이 일어날 수 있다. 인체 지레는 일반 지레와 마찬가지로 힘과 받침점과 하중의 상대적 위치에 따라 세 종류로 나뉜다. 빨간색 화살표는 힘의 방향을, 파란색 화살표는 하중의 움직임을 가리킨다.

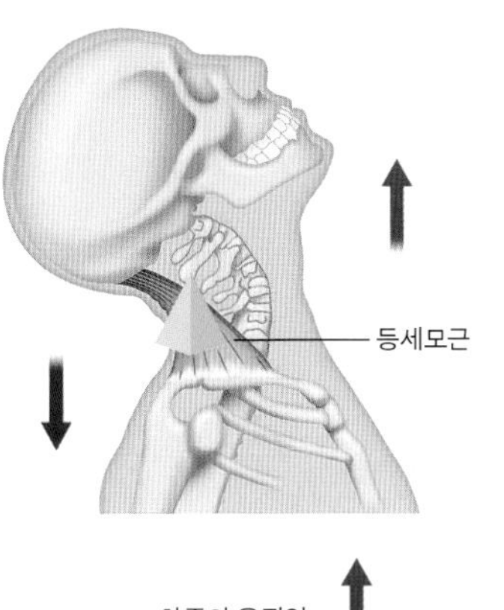
등세모근

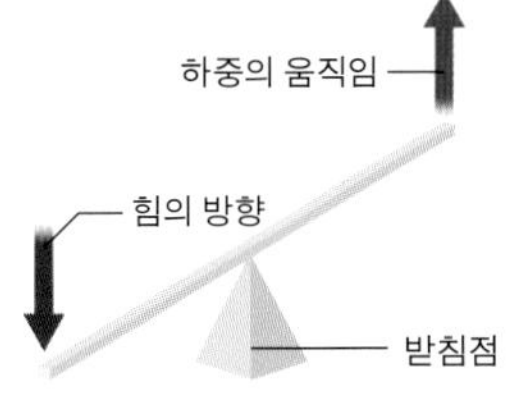
하중의 움직임
힘의 방향
받침점

1종 지레
놀이터의 시소처럼 받침점이 힘과 하중 사이에 위치한다. 예를 들어 목덜미와 어깨에 있는 근육이 목뼈를 받침점으로 삼고 뒤통수를 잡아당기면 얼굴이 위를 보게 된다.

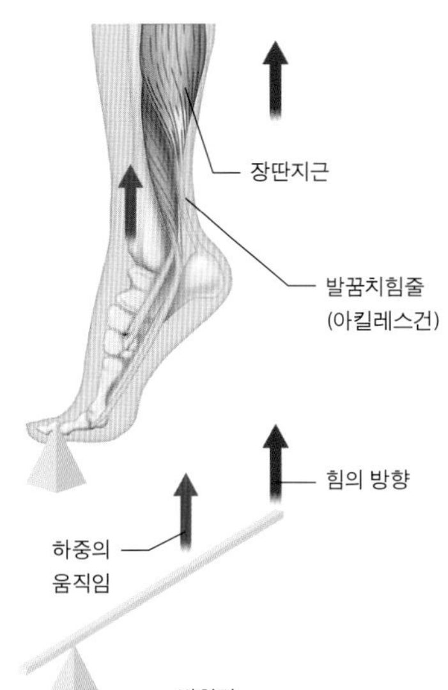
장딴지근
발꿈치힘줄
(아킬레스건)
힘의 방향
하중의
움직임
받침점

2종 지레
외바퀴 손수레처럼 하중이 받침점과 힘 사이에 있다. 예를 들어 발가락을 받침점으로 삼고 장딴지 근육을 수축하면 발꿈치와 몸이 위로 올라간다.

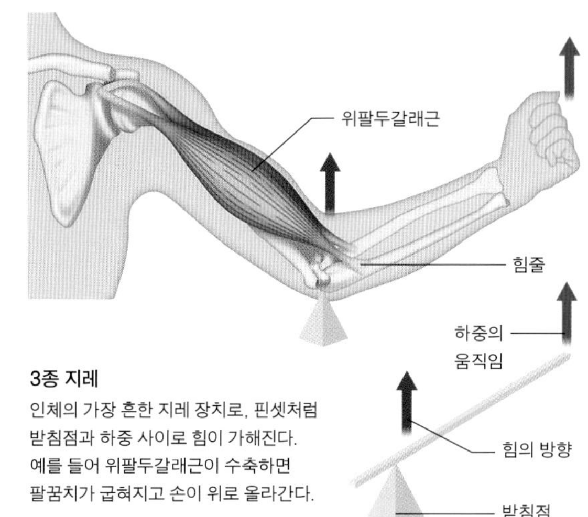
위팔두갈래근
힘줄
하중의
움직임
힘의 방향
받침점

3종 지레
인체의 가장 흔한 지레 장치로, 핀셋처럼 받침점과 하중 사이로 힘이 가해진다. 예를 들어 위팔두갈래근이 수축하면 팔꿈치가 굽혀지고 손이 위로 올라간다.

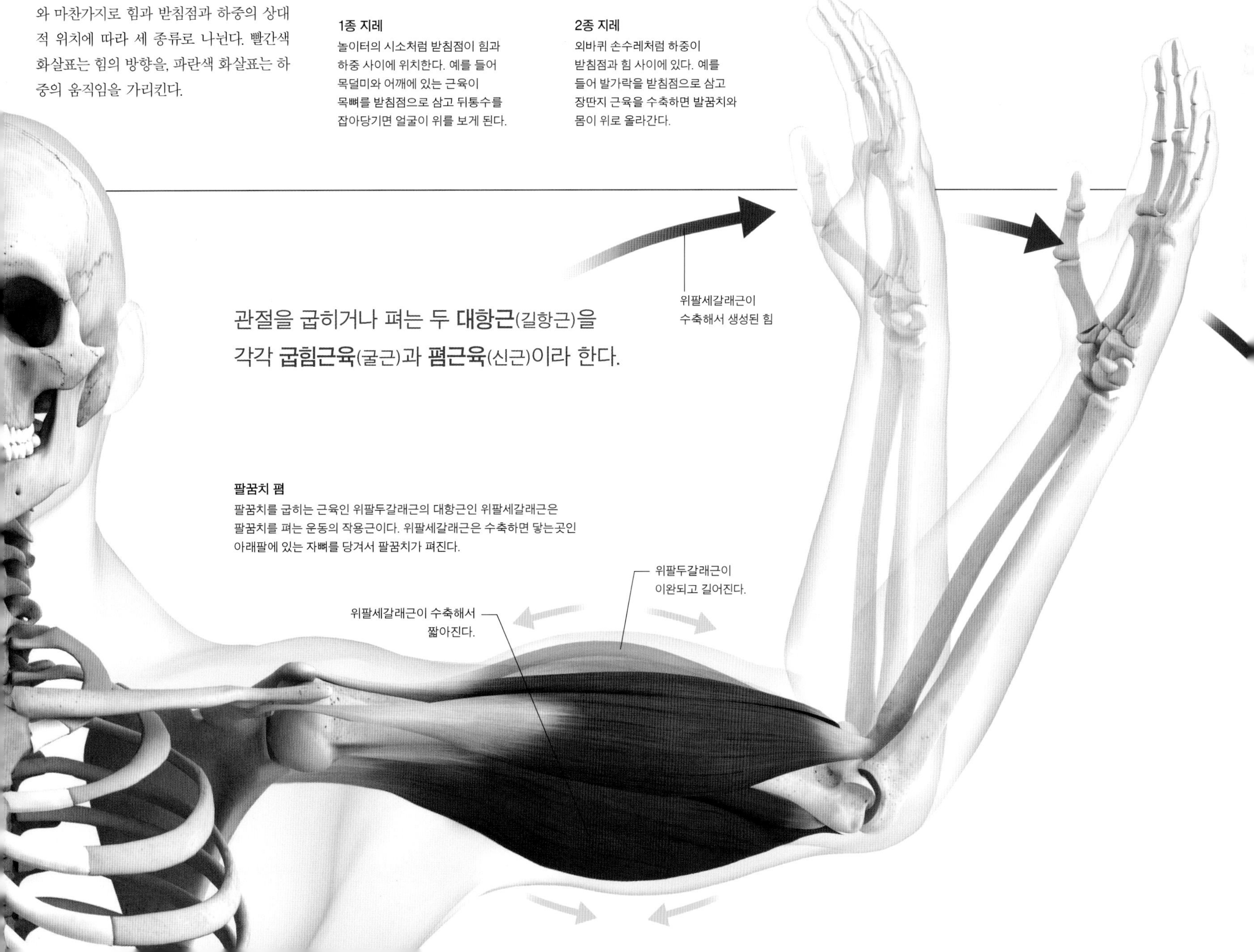

관절을 굽히거나 펴는 두 **대항근**(길항근)을 각각 **굽힘근육**(굴근)과 **폄근육**(신근)이라 한다.

위팔세갈래근이 수축해서 생성된 힘

팔꿈치 폄
팔꿈치를 굽히는 근육인 위팔두갈래근의 대항근인 위팔세갈래근은 팔꿈치를 펴는 운동의 작용근이다. 위팔세갈래근은 수축하면 닿는곳인 아래팔에 있는 자뼈를 당겨서 팔꿈치가 펴진다.

위팔두갈래근이 이완되고 길어진다.

위팔세갈래근이 수축해서 짧아진다.

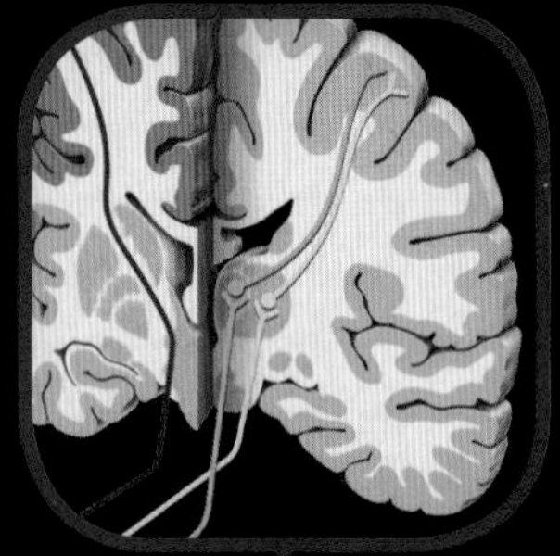

뇌

1000억 개에 달하는 신경세포가 촘촘히 모여 있는 뇌는 척수와 더불어 우리가 느끼고 행하는 모든 것을 조절하고 통제한다.

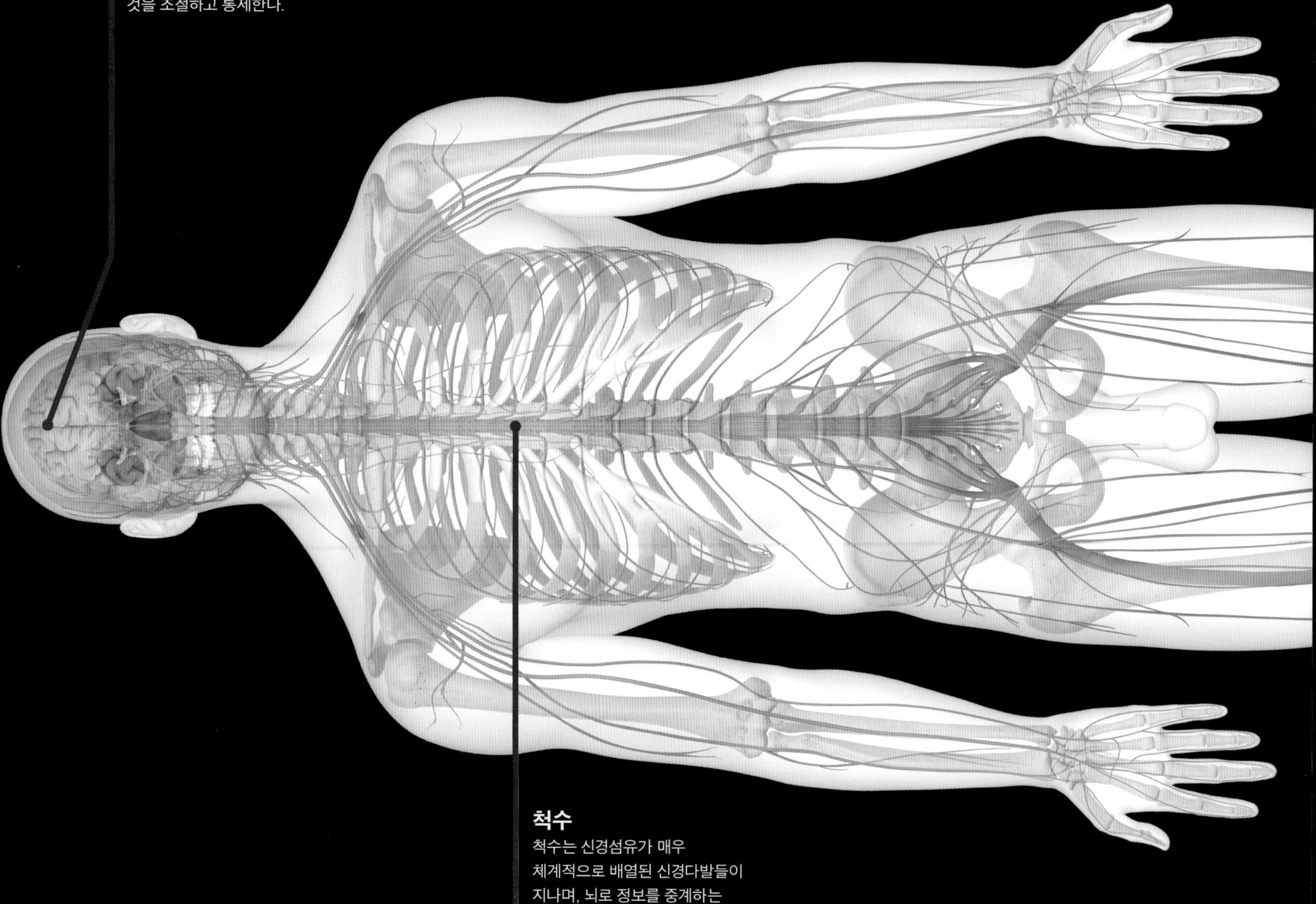

척수

척수는 신경섬유가 매우 체계적으로 배열된 신경다발들이 지나며, 뇌로 정보를 중계하는 동시에 기본적인 정보 처리를 진행한다.

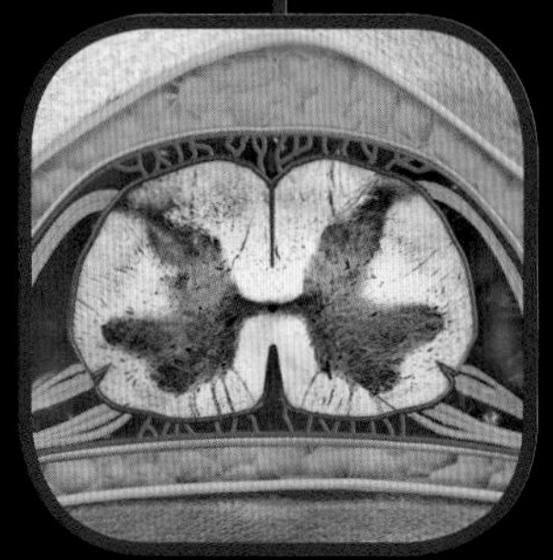

신경계통

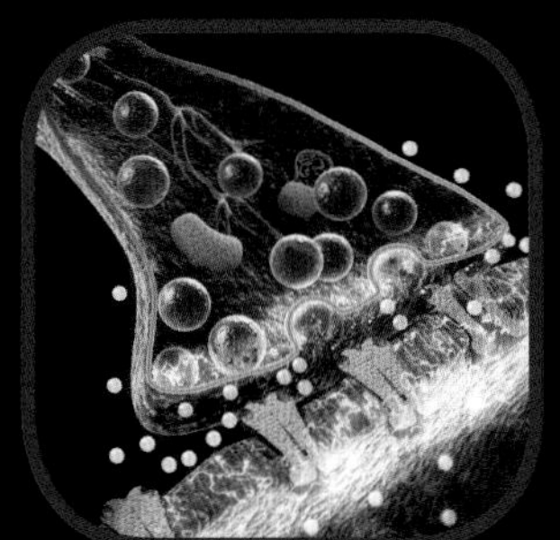

신경
신경을 거쳐 뇌와 척수를 출입하는 정보는 미세한 전기자극을 '언어'로 사용한다.

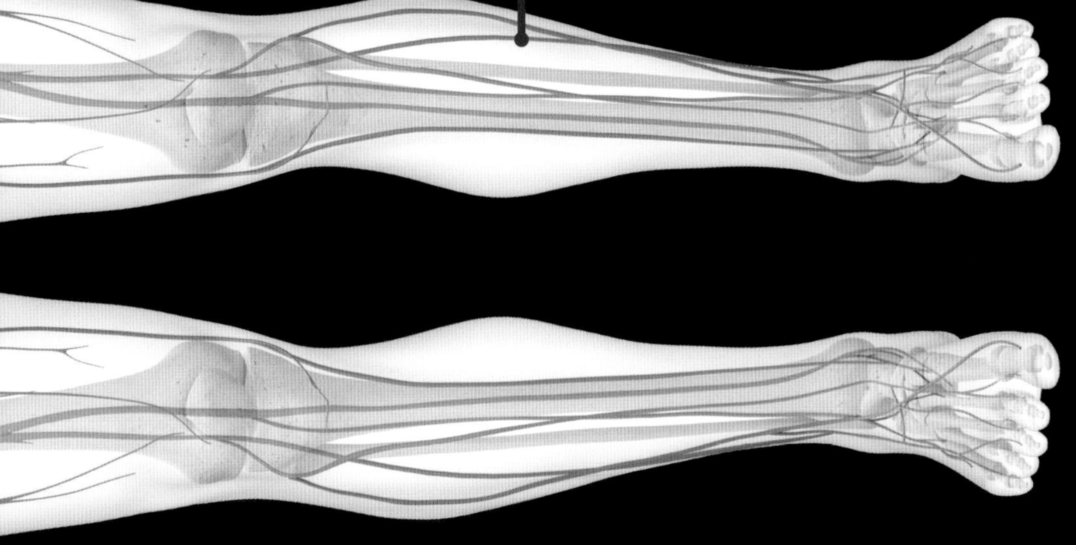

명령과 조절과 협동을 주관하는 신경계통은 인간 생존의 가장 핵심에 있다. 신경계통은 우리가 주위 세계를 감지하는 동시에 그에 따라 적응할 수 있게 하며, 주위 세계와 적절히 어울리게 한다

우리 몸의 통신망

사람의 신경계통은 구조와 기능을 기준으로 크게 세 부분, 즉 중추신경계통과 말초신경계통과 자율신경계통으로 나뉜다. 신경계통 중 일부는 의식 수준에서 조절을 받지만 나머지 신경계통은 자동으로 작용하면서 우리 몸의 상태를 일정하게 유지한다.

신경계통의 구분

중추신경계통(CNS)은 머리뼈 속에 있는 뇌와, 뇌에서 아래로 이어지며 척추뼈 속에 들어 있는 척수로 구성된다. 말초신경계통(PNS)은 중추신경계통에서 갈라져 나온 모든 신경들, 즉 뇌에서 시작한 뇌신경 12쌍과 척수에서 시작한 척수신경 31쌍을 포함한다. 셋째 신경계통은 자율신경계통(ANS)으로, 중추신경계통 및 말초신경계통과 일부 구조를 공유하지만 다른 신경계통에는 없는 독특한 특징도 갖고 있다.

몸신경계통(SOMATIC DIVISION)

말초신경계통 중 몸신경계통 부분은 수의운동, 즉 우리 의도에 따라 선택 조절하는 의식 수준의 작용에 관여한다. 뇌는 뼈대근육(골격근)에 운동 정보를 포함한 명령을 하달하여 근육이 정교하게 수축하고 이완하도록 조절한다. 몸신경계통은 운동뿐 아니라 피부나 기타 감각 기관에서 시작한 모든 데이터(감각 정보)를 받아들이고 처리한다.

접촉의 힘
말초신경계통 중 몸신경계통은 접촉에서 비롯된 친밀감을 중계할 뿐 아니라 정교한 손가락 운동도 조정한다.

창자신경계통(ENTERIC DIVISION)

말초신경계통 중 창자신경계통은 배안 기관 중 대부분을 조절하는데, 그중에서도 위와 창자를 포함한 위창자관을 주로 조절한다. 그밖에 비뇨계통도 어느 정도 조절한다. 위창자관 벽에 있는 근육은 수축 과정을 세밀하게 조절해야만 소화 중인 음식이 적절한 시기에 올바른 순서로 위창자관을 따라 이동할 수 있다. 창자신경계통은 자신만의 감각신경세포와 운동신경세포가 있으며 두 신경세포 사이를 연결하며 정보를 처리하는 사이신경세포도 있다. 창자신경계통 중 일부는 자율신경계통과 함께 작용한다.(311쪽)

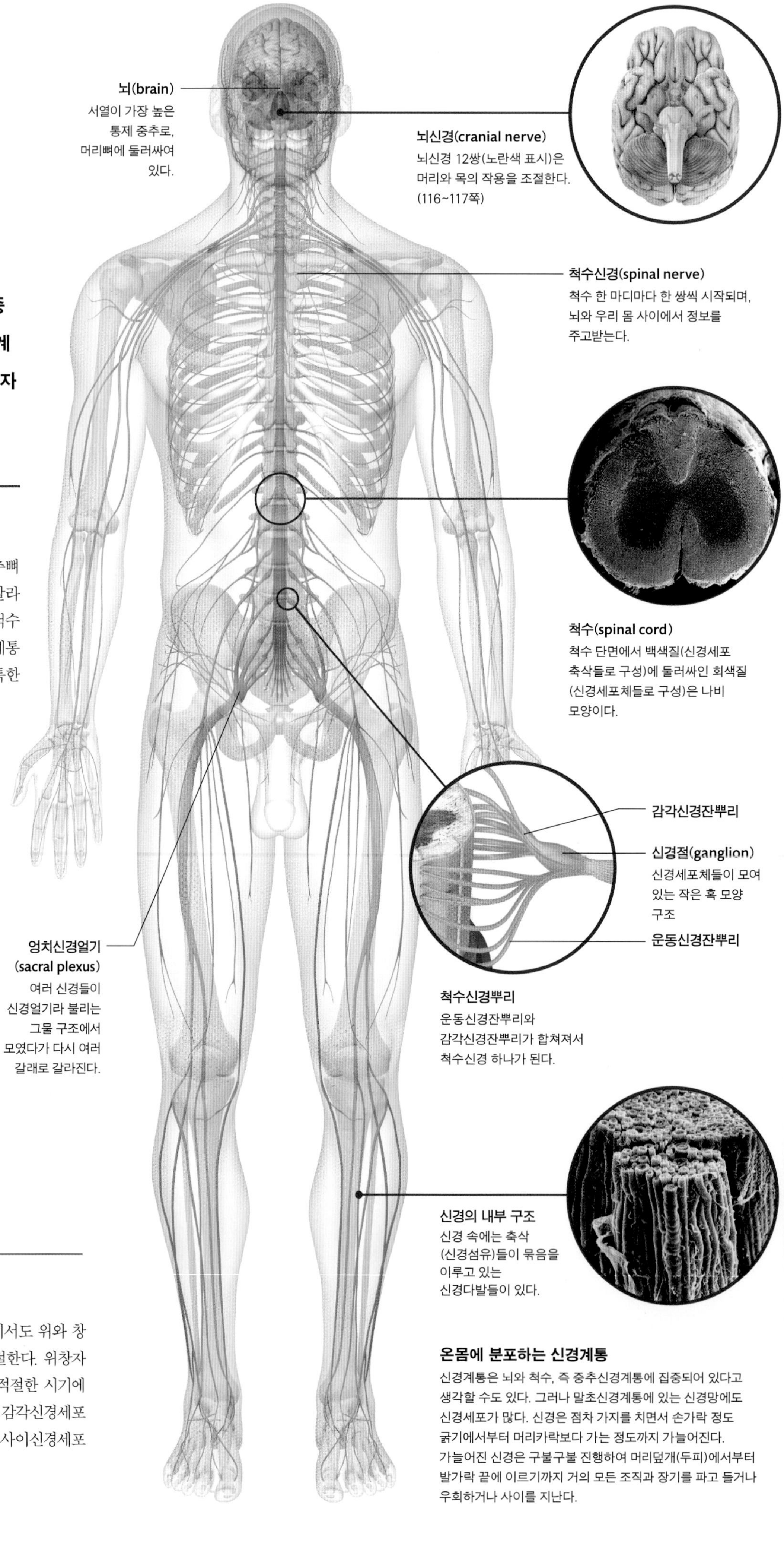

뇌(brain)
서열이 가장 높은 통제 중추로, 머리뼈에 둘러싸여 있다.

뇌신경(cranial nerve)
뇌신경 12쌍(노란색 표시)은 머리와 목의 작용을 조절한다. (116~117쪽)

척수신경(spinal nerve)
척수 한 마디마다 한 쌍씩 시작되며, 뇌와 우리 몸 사이에서 정보를 주고받는다.

척수(spinal cord)
척수 단면에서 백색질(신경세포 축삭들로 구성)에 둘러싸인 회색질(신경세포체들로 구성)은 나비 모양이다.

감각신경잔뿌리

신경절(ganglion)
신경세포체들이 모여 있는 작은 혹 모양 구조

운동신경잔뿌리

척수신경뿌리
운동신경잔뿌리와 감각신경잔뿌리가 합쳐져서 척수신경 하나가 된다.

엉치신경얼기(sacral plexus)
여러 신경들이 신경얼기라 불리는 그물 구조에서 모였다가 다시 여러 갈래로 갈라진다.

신경의 내부 구조
신경 속에는 축삭(신경섬유)들이 묶음을 이루고 있는 신경다발들이 있다.

온몸에 분포하는 신경계통
신경계통은 뇌와 척수, 즉 중추신경계통에 집중되어 있다고 생각할 수도 있다. 그러나 말초신경계통에 있는 신경망에도 신경세포가 많다. 신경은 점차 가지를 치면서 손가락 정도 굵기에서부터 머리카락보다 가는 정도까지 가늘어진다. 가늘어진 신경은 구불구불 진행하여 머리덮개(두피)에서부터 발가락 끝에 이르기까지 거의 모든 조직과 장기를 파고 들거나 우회하거나 사이를 지난다.

과학적 돌파구
존 뉴포트 랭글리

1921년 『자율신경계통』이라는 의학에 큰 영향을 미칠 책이 출간되었다. 저자인 존 뉴포트 랭글리는 과거 '식물신경계통'이라 불렸던 개념을 기술하기 위해 '자율신경계통'이라는 용어를 고안했다. 그는 이 책에서 자율신경계통은 서로 반대로 작용하는 두 부분으로 구성되어 있으며, 말초신경계통 성분과 중추신경계통 성분이 모두 있음을 밝혔고, 분비샘이나 민무늬근육에 시냅스함을 시사했다.

자율신경계통

우리는 의식 수준 이하에서 일어나는 신경계통의 작용들을 대부분 알아채지 못한다. 이러한 작용은 주로 자율신경계통의 영역이며, 창자신경계통도 관여한다.(310쪽) 자율신경계통은 '자동조종장치'에 비유된다. 자율신경계통은 체온이나 화학물질 농도 같은 내부 조건을 감시하고, 이를 큰 변동 없이 일정하게 유지하며, 심장박동이나 호흡이나 소화나 배설 같이 평소에 우리가 의식하지 않는 과정을 근육이 수축하고 분비샘이 뭔가를 만들어 분비하도록 자극함으로써 조절한다. 자율신경계통은 교감신경계통과 부교감신경계통으로 나뉘며, 두 계통이 서로 반대로 작용하는 예는 아래 그림에 요약했다.

주체할 수 없는
갑작스러운 슬픔 같은 감정이 북받쳐 오를 때 일어나는 현상은 대부분이 자율신경계통의 작용이다. 뇌가 의식적 조절을 재개해서 감정을 통제하려면 시간이 좀 걸리고 정신을 집중해서 노력해야 한다.

교감신경계통

자율신경계통 중 교감신경계통은 주로 자극 반응을 일으킨다. 즉 표적 조직이나 기관의 작용을 항상시킨다. 심장박동과 호흡이 빨라지고 여러 호르몬 농도가 상승하며, 인체로 하여금 스트레스 상황에 대비하도록 한다.('맞서 싸우거나 도피하는' 반응) 정보는 뇌에서 시작하여 척수로 전달되고, 이어서 척주의 양옆을 따라 세로로 이어지는 좌우 교감신경줄기 신경절에 전달되었다가 결국 음식을 휘젓는 위 등에 있는 근육이나 아드레날린을 분비하는 부신 같은 분비샘에 전달된다.

부교감신경계통

부교감신경계통에서는 정보가 뇌와 척수에서 시작하여 주요 신경을 거쳐 직접 표적에 전달되는데, 표적 속에 신경세포들이 신경절 비슷하게 모여서 작용을 통합한다. 부교감신경계통은 표적 조직이나 장기의 활성을 저하하여 진정시킴으로써('쉬면서 소화한다'고 표현한다.) 교감신경계통의 자극작용에 반대로 작용한다. 예를 들어 심장이 격렬하게 박동한 뒤에 부교감신경계통이 작용하여 서서히 정상 상태를 회복한다. 교감신경계통과 부교감신경계통은 인체를 세밀하게 조절함으로써 서로 '밀고 당기며' 평형을 유지한다.

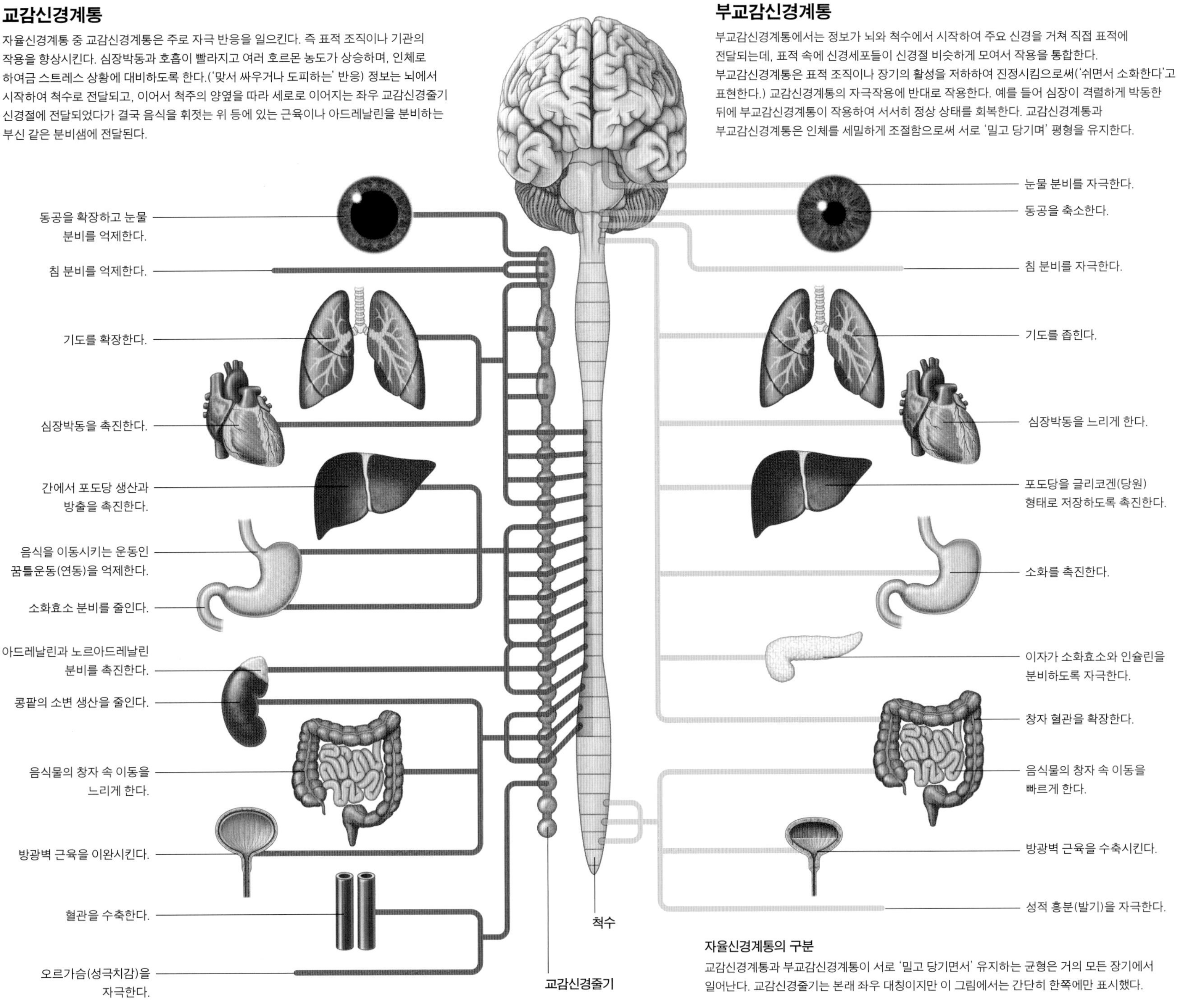

동공을 확장하고 눈물 분비를 억제한다.
침 분비를 억제한다.
기도를 확장한다.
심장박동을 촉진한다.
간에서 포도당 생산과 방출을 촉진한다.
음식을 이동시키는 운동인 꿈틀운동(연동)을 억제한다.
소화효소 분비를 줄인다.
아드레날린과 노르아드레날린 분비를 촉진한다.
콩팥의 소변 생산을 줄인다.
음식물의 창자 속 이동을 느리게 한다.
방광벽 근육을 이완시킨다.
혈관을 수축한다.
오르가슴(성극치감)을 자극한다.

눈물 분비를 자극한다.
동공을 축소한다.
침 분비를 자극한다.
기도를 좁힌다.
심장박동을 느리게 한다.
포도당을 글리코겐(당원) 형태로 저장하도록 촉진한다.
소화를 촉진한다.
이자가 소화효소와 인슐린을 분비하도록 자극한다.
창자 혈관을 확장한다.
음식물의 창자 속 이동을 빠르게 한다.
방광벽 근육을 수축시킨다.
성적 흥분(발기)을 자극한다.

척수
교감신경줄기

자율신경계통의 구분
교감신경계통과 부교감신경계통이 서로 '밀고 당기면서' 유지하는 균형은 거의 모든 장기에서 일어난다. 교감신경줄기는 본래 좌우 대칭이지만 이 그림에서는 간단히 한쪽에만 표시했다.

신경계통을 구성하는 세포

인체의 모든 조직과 장기는 세포로 이루어져 있다. 신경계통의 주연 세포는 신경세포(뉴런)이다. 뇌를 구성하는 신경세포는 1000억 개에 달하며, 미세한 전기 파동으로 이루어진 신경신호를 이용하여 정보를 주고받는다.

신경세포(NEURON)는 어떤 일을 하는가

신경세포의 내부 구조는 다른 세포와 비슷하다.(20~21쪽) 인체에서 신경세포가 가장 정교하고 특화된 세포로 꼽히는 이유는 모양이 독특하고 세포막을 따라 신경 신호가 전파되기 때문이다. 신경 신호 하나하나는 세포막을 따라 전기 파동처럼 이동하는데, 이 전류는 이온이라는 전하를 띤 입자가 이동함으로써 생성된다.(313쪽) 신경세포는 저마다 모양이 다르지만 대개 가지돌기라 불리는 나뭇가지처럼 생긴 짧은 돌기들이 많이 있고 더 길고 가늘며 통신선처럼 연장된 축삭 하나가 있다.(64~65쪽) 가지돌기는 다른 신경세포들이 보낸 신호를 받아들인다. 세포체는 이 신호를 합치고 통합한 후 새로운 신호를 만들어 축삭을 따라 보내어 다른 신경세포나 근육세포 또는 분비샘세포에 전달한다.

도우미 세포

뇌에 분포하는 전체 세포 중 신경세포의 비율은 절반이 안 된다. 나머지 대부분은 여러 가지 신경아교세포들이 차지한다. 신경아교세포들은 신경세포를 지지하고 돌보며 유지하고 보수한다. 별아교세포는 신경세포의 가지돌기와 축삭이 성장하고 새로이 뻗어나갈 때 둘러싸여 의지할 수 있는 틀을 만든다. 별아교세포는 뇌나 척수가 손상되었을 때 손상을 복구하는 데에도 중요하다. 희소돌기아교세포는 중추신경계통의 일부 축삭을 둘러싸는 말이집을 만든다. 말초신경계통의 말이집은 신경집세포가 만든다. 뇌실막세포는 뇌실의 속면을 덮고 뇌척수액을 생산한다.(316~317쪽)

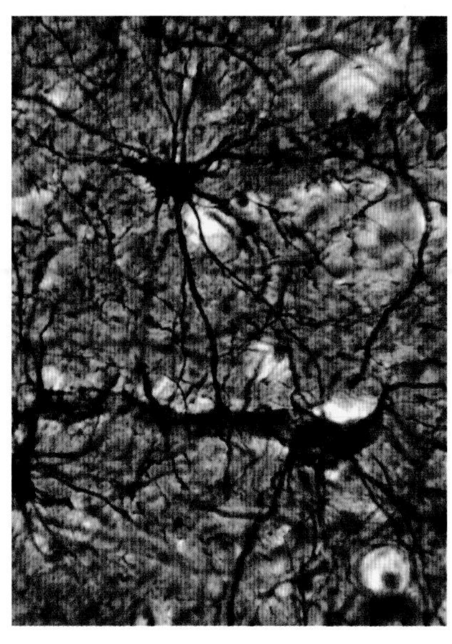

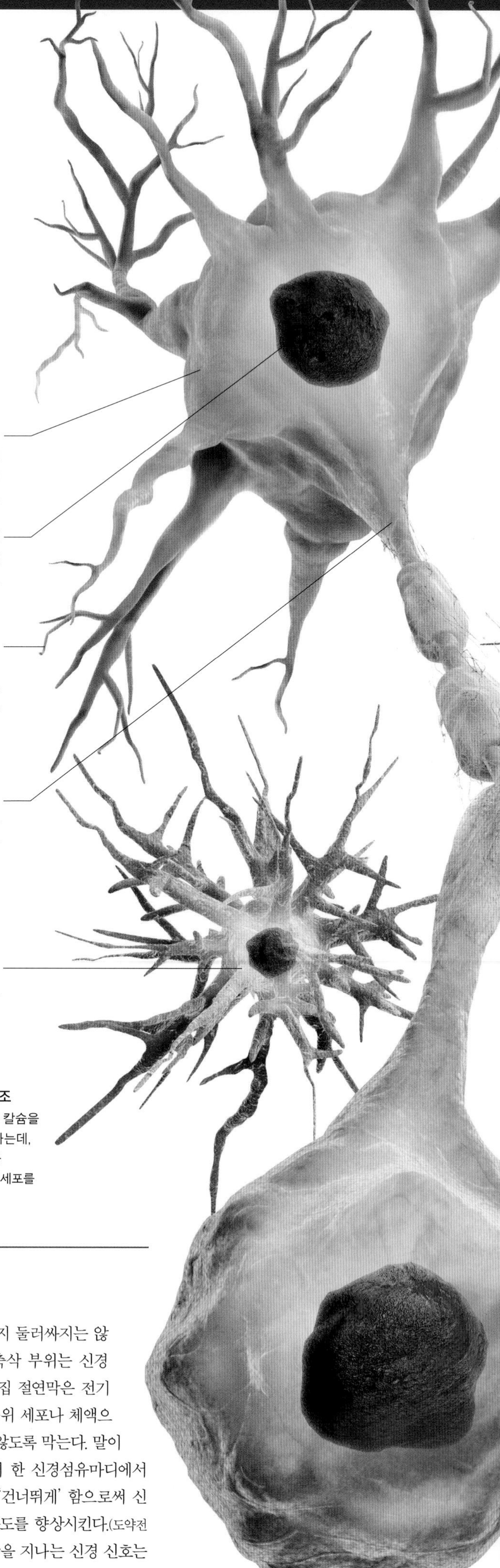
세포체(cell body, soma)
주성분은 국물 같은 액체인 세포질이며, 다른 부분들이 세포질에 떠 있거나 움직인다.
핵
세포의 통제 중추로, 유전 정보인 DNA가 들어 있다.
가지돌기(dendrite)
세포질이 나뭇가지처럼 연장된 구조로, 다른 신경세포가 보낸 신호를 받아들인다.
축삭둔덕(axon hillock)
세포체가 좁아져서 축삭을 형성하는 곳. 신경 신호가 이곳에서 생성된다.
별아교세포(astrocyte)
신경세포를 물리적으로 지지하고 돌본다.

별아교세포로 이루어진 골조
별처럼 생긴 별아교세포들은 칼슘을 이용하여 서로 신호를 교환하는데, 칼슘은 별아교세포의 성장을 조정하고 별아교세포가 신경세포를 지지하도록 돕는다.

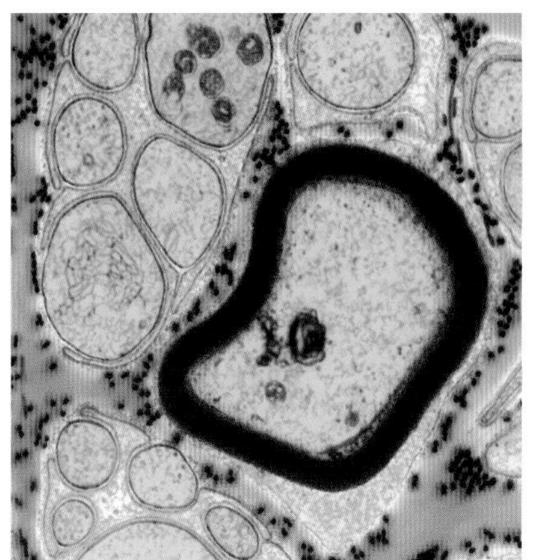

특수 절연막

지방이 주성분인 말이집은 전기 임펄스를 차단하고 화학물질의 이동을 막는 방벽을 형성한다. 뇌와 척수에서는 희소돌기아교세포가 말이집을 만든다. 이 세포는 자신의 세포막을 뻗어서 일부 신경세포의 축삭 주위를 두루마리 휴지처럼 여러 겹 감쌈으로써 말이집을 형성한다. 말이집 하나는 길이가 약 1밀리미터로, 축삭을 처음부터 끝까지 둘러싸지는 않는다. 말이집이 없는 축삭 부위는 신경섬유마디라 한다. 말이집 절연막은 전기 파동인 신경 신호가 주위 세포나 체액으로 누전되듯 새나가지 않도록 막는다. 말이집은 또한 신경 자극이 한 신경섬유마디에서 다음 신경섬유마디로 '건너뛰게' 함으로써 신경 신호가 전달되는 속도를 향상시킨다.(도약전도) 말이집이 있는 축삭을 지나는 신경 신호는 말이집이 없는 축삭에 비해 빠르고 강력하다.

초고속 신호 전달
절연막인 말이집(갈색)이 에워싼 축삭은 말이집이 없는 축삭(초록색)에 비해 신호전달 속도가 매우 빠르다.

신경 신호의 본질은 전기 신호다

신경 신호는 이온이라 불리는 작은 입자들이 떼를 지어 이동하기 때문에 생기는 전기 파동이다. 전하는 물질의 기본 성질이다. 칼륨이나 나트륨 같은 미네랄은 체액에 녹아서 이온이 되는데, 두 이온 모두 양전하를 띤다. 어떤 장소에 이온이 많이 모여 있을수록 전하도 커진다. 세포 속 체액과 세포 밖 체액은 전기적으로 중성이지만 모든 세포막은 극성이 서로 반대인 전하가 각각 안과 밖을 덮고 있다. 그 결과 안정막전위가 만들어진다. 이온이 세포막을 통해 이동할 때 전하도 더불어 이동하기 때문에 활동전위라는 전기 파동이 생성된다. 활동전위는 최고치와 최저치 차이가 약 100밀리볼트이며 250분의 1초 동안 지속된다.

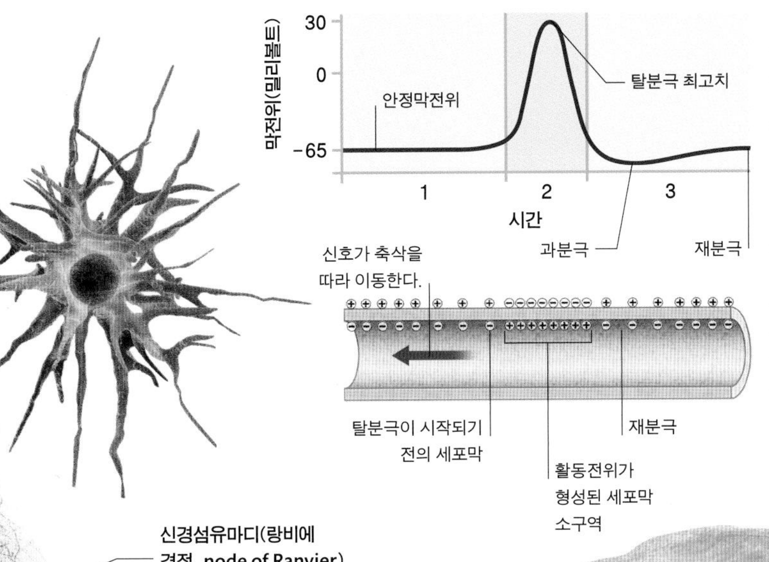
막전위(밀리볼트)
30
0
-65
안정막전위
탈분극 최고치
1
2
3
시간
과분극
재분극
신호가 축삭을 따라 이동한다.
탈분극이 시작되기 전의 세포막
재분극
활동전위가 형성된 세포막 소구역

활동전위
이온들이 축삭의 세포막 소구역을 출입하여 세포 전위(전압)을 바꿈으로써 활동전위를 일으킨다.

신호 이동
도화선에 붙은 불이 '치직' 소리를 내며 이동하듯 + - 전하가 거꾸로 바뀐 부위가 축삭을 따라 이동한 뒤에 시냅스에 정보를 전달한다. (314쪽) 탈분극이 끝난 후와 탈분극이 일어나기 전에는 막 안팎전하가 역전되지 않는다.

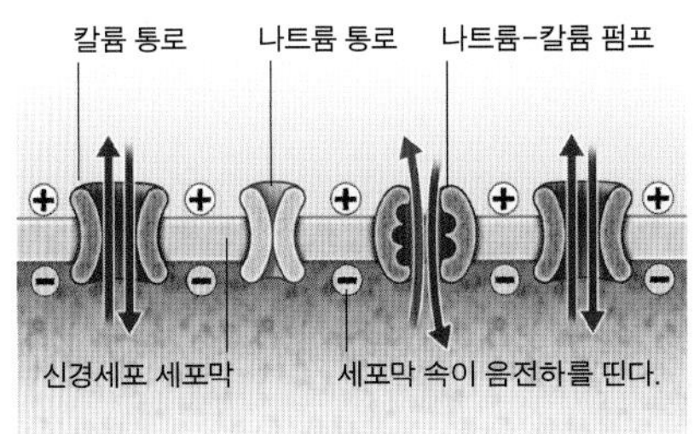
칼륨 통로
나트륨 통로
나트륨-칼륨 펌프
신경세포 세포막
세포막 속이 음전하를 띤다.

1 안정막전위
모든 신경세포에 나트륨-칼륨 펌프가 있고, 이 펌프는 나트륨과 칼륨 이온을 세포막 안팎에 분배한다. 그 결과 세포막 안팎에서 전하 농도와 극성이 차이를 보이는 안정막전위가 형성되는데, 이때 세포 속이 음전하를 띤다.

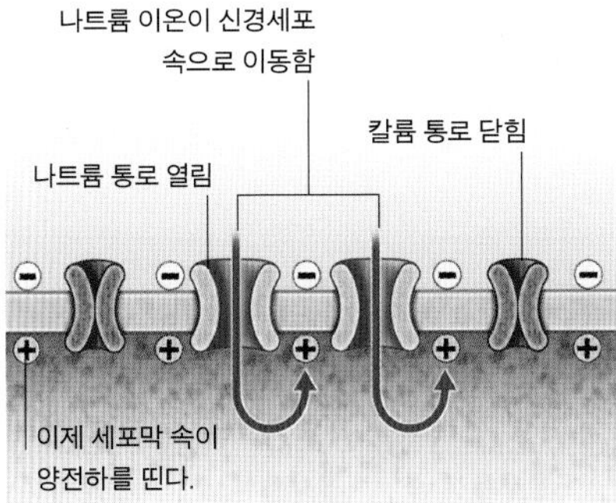
나트륨 이온이 신경세포 속으로 이동함
칼륨 통로 닫힘
나트륨 통로 열림
이제 세포막 속이 양전하를 띤다.

2 탈분극
자극이 도달하면 전압작동 나트륨 통로가 열리도록 촉발한다. 나트륨 이온이 신경세포 속으로 유입되기 때문에 양전하가 이동한다. 이 탈분극이 문턱값(역치)이라 부르는 임계점에 도달하면 세포막에 활동전위가 생성된다. 탈분극은 세포막의 극성이 거꾸로 바뀌는 현상이다.

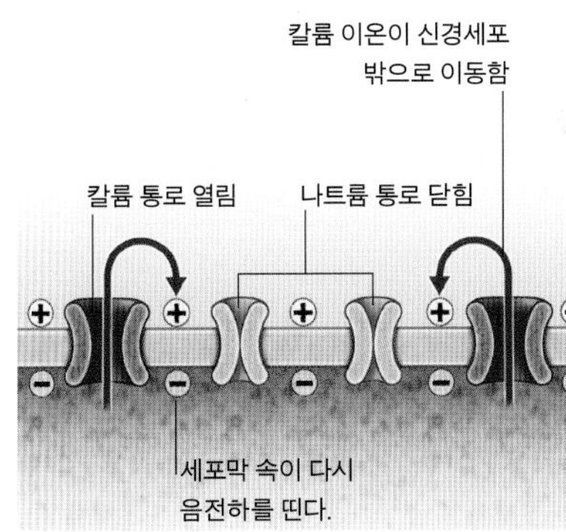
칼륨 이온이 신경세포 밖으로 이동함
칼륨 통로 열림
나트륨 통로 닫힘
세포막 속이 다시 음전하를 띤다.

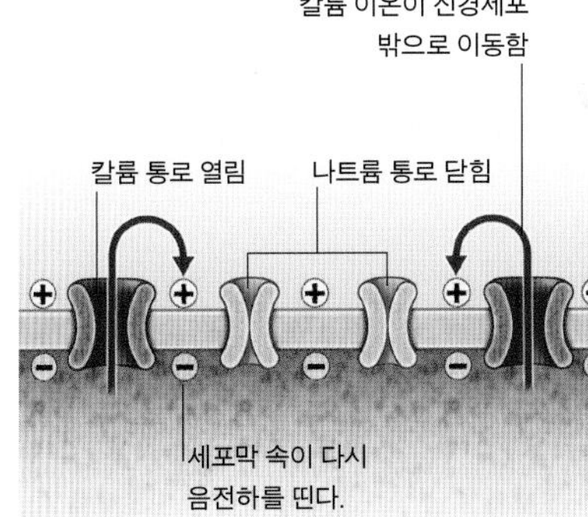

3 재분극
전위가 거꾸로 바뀌는 탈분극이 일어나면 나트륨 통로가 닫히고 전압작동 칼륨 통로가 열린다. 이어서 칼륨 이온이 신경세포 밖으로 빠져나가서 나트륨 이온이 만들었던 양전하가 사라진다. 실제로는 안정막전위로 돌아가기 전에 과분극(세포 속이 훨씬 더 음전하를 띠는 상태)이 잠깐 일어난다.

신경섬유마디(랑비에 결절, node of Ranvier)
서로 이웃한 말이집 사이의 틈새

희소돌기아교세포(oligodendrocyte)
중추신경계통에서 말이집을 만든다. 돌기들이 팔을 뻗듯이 연장되어 30개 이상 신경세포에 연결된다.

연접단추(synaptic knob)
신경 신호를 시냅스틈새라는 작은 간격을 지나 다음 세포에 전달한다. (314~315쪽)

말이집(수초, myelin sheath)
축삭을 두루마리 휴지처럼 둘러싸서 신호 전달을 촉진하는 절연막

축삭종말(axon terminal)
축삭의 끝부분으로, 여러 갈래로 갈라지기도 하고 갈라지지 않기도 한다.

축삭
신경세포 돌기 중 가장 길고 가는 것. 신경 신호는 세포체에서 시작해서 축삭을 따라 시냅스 부위까지 전달된다.

대표적인 신경세포
신경세포는 어느 신경계통에 있든 기본 구조가 비슷하다. 즉 핵과 미토콘드리아 등을 포함한 둥근 세포체가 있고 세포체에서 시작한 가지돌기 여러 개와 긴 축삭 하나가 있다. 이 신경세포 그림은 책 크기에 맞도록 길이를 줄였음을 감안하기 바란다. 사람의 실제 신경세포는 길이가 1미터에 이르는 것도 있다.

메시지를 전달한다

신경 신호에 포함된 정보는 신경세포를 따라서 아주 작은 전기 파동 형태로 이동한다. 그러고는 화학물질인 신경 전달물질 분자로 탈바꿈한 뒤에 신경세포들 사이에 있는 시냅스(연접)라는 작은 간격을 건너 이동한다.

시냅스(연접)에서

시냅스는 신경세포들 사이에 정보 교환이 일어나는 곳이다. 하지만 신경세포와 신경세포가 시냅스에서 직접 맞닿아 있지는 않다. 두 신경세포의 세포막 사이에는 너비가 약 20나노미터인 시냅스틈새(연접틈새)가 있다. 자극을 보내는 신경세포에서 신경 자극이 시냅스에 도달하면 신경전달물질이 방출된다. 신경전달물질은 '간격(시냅스틈새)을 뛰어넘어' 자극을 받는 신경세포에 새로운 신경 자극이 일어나게 한다.

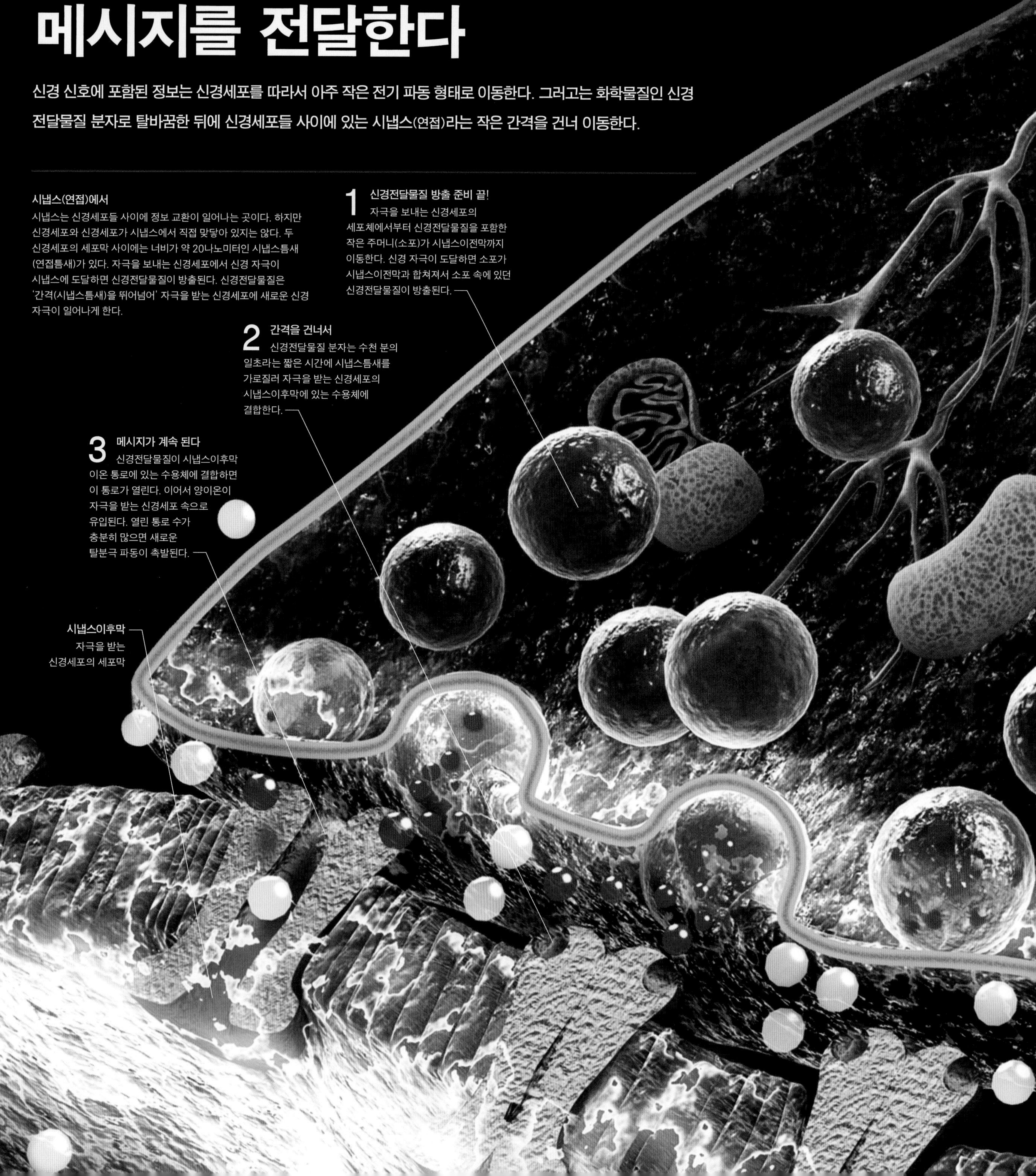

1 신경전달물질 방출 준비 끝!
자극을 보내는 신경세포의 세포체에서부터 신경전달물질을 포함한 작은 주머니(소포)가 시냅스이전막까지 이동한다. 신경 자극이 도달하면 소포가 시냅스이전막과 합쳐져서 소포 속에 있던 신경전달물질이 방출된다.

2 간격을 건너서
신경전달물질 분자는 수천 분의 일초라는 짧은 시간에 시냅스틈새를 가로질러 자극을 받는 신경세포의 시냅스이후막에 있는 수용체에 결합한다.

3 메시지가 계속 된다
신경전달물질이 시냅스이후막 이온 통로에 있는 수용체에 결합하면 이 통로가 열린다. 이어서 양이온이 자극을 받는 신경세포 속으로 유입된다. 열린 통로 수가 충분히 많으면 새로운 탈분극 파동이 촉발된다.

시냅스이후막
자극을 받는 신경세포의 세포막

신경세포의 정보 교환 방식

신경계통의 '공용어'는 신경 신호, 즉 신경 자극이다. 이 공용어는 빈도(진동수)에 근거한다. 즉 디지털 언어로 대화한다. 신경이 전달하는 정확한 정보는 신경 자극이 얼마나 많고 잦은지, 어디에서 와서 어디로 가는지 등에 따라 결정된다.

예를 들어 조용히 쉬고 있는 신경세포는 일 초에 한두 번 신경 자극을 보내기도 한다. 강한 자극을 받은 신경세포는 신경 자극을 초당 50회 보내기도 한다. 이 신호는 이 신경세포와 시냅스로 연결된 다른 신경세포에 전달된다. 신경세포들 사이에 형성된 연결 패턴은 인체 발생 과정이나 학습 과정에서처럼 시간이 흐르면서 변한다.(321쪽)

대뇌겉질에서는 한 신경세포가 20만 개 이상 신경세포와 시냅스로 연결되기도 한다. 따라서 'o' 글자만 한 면적의 대뇌겉질에는 시냅스가 1000억 개 넘게 있다.

미세관(micortubule)
아주 작은 컨베이어 벨트로, 소포를 시냅스가 있는 곳으로 운반한다.

신경세포 축삭
신경 자극이 축삭을 따라 이동하여 축삭 끝에 있는 시냅스에 도달한다.

소포
막으로 둘러싸인 주머니로, 신경전달물질들이 가득 들어 있다.

이온
전하를 띤 입자로, 세포막 안팎에 있는 체액 속을 떠다닌다.

신경전달물질 분자
비교적 큰 화합물인 전령 물질. GABA, 아세틸콜린, 도파민 등 여러 가지가 있다.

시냅스이전막
자극을 보내는 신경세포의 끝부분

시냅스틈새
사람 머리카락 굵기의 5000분의 1보다 가는 작은 틈새로, 액체가 차 있다.

다중 신호를 다룬다

시냅스에 도달하는 신경 자극 중 일부는 흥분성으로, 탈분극을 유발함으로써 전달받는 신경세포에도 유사한 신경 자극이 생성되어 메시지가 전달되도록 기여한다. 다른 일부는 억제성으로, 과분극을 유발함으로써 전달 받는 신경세포에서 신경 자극이 생성되지 못하도록 막는다. 자극을 전달받는 신경세포가 새로이 활동전위를, 즉 새 신경 자극을 생성할지 여부는 이 신경세포가 받는 흥분 자극과 억제 자극의 합이 결정한다. 시냅스에 작용하는 신경전달물질이 무엇인가도 중요하며, 신경전달물질 수용체의 구조도 중요하다.

신호 가중
신경세포가 받는 신호의 수와 종류의 '총합'과 신호가 가지돌기나 세포체 중 어디로 가해지는지에 따라 이 세포의 활성이 끊임없이 변한다.(축삭에서도 신호를 받는 신경세포가 있다.)

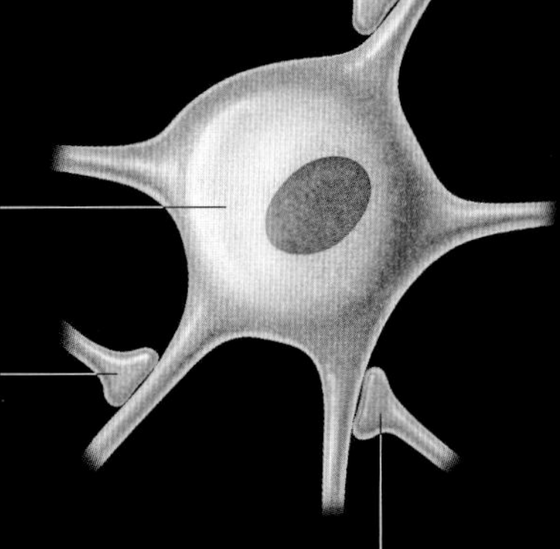
흥분 신호 입력(A)
이 축삭 종말은 가까운 이웃 신경세포에서 왔다.
신경세포체
세포체도 가지돌기처럼 신경 신호를 받는다.
흥분 신호 입력(B)
이 축삭종말은 수십 센티미터 떨어져 있는 신경세포에서 왔다.
억제 신호 입력(C)
이리로 들어오는 정보는 흥분 신호 입력에 반대로 작용한다.

보내느냐 마느냐?
각 신경세포가 받아들이는 자극(A, B, C)은 도달하는 신호의 빈도가 얼마나 잦은지, 시냅스가 어디에 위치하는지, 시냅스가 흥분성인지 억제성인지에 따라 다르다. 이렇게 신경세포의 세포막 주위에 형성된 전기 회로는 복잡하기 때문에 이 신경세포가 신호를 스스로 만들어 보내기도 하고 보내지 않기도 한다.

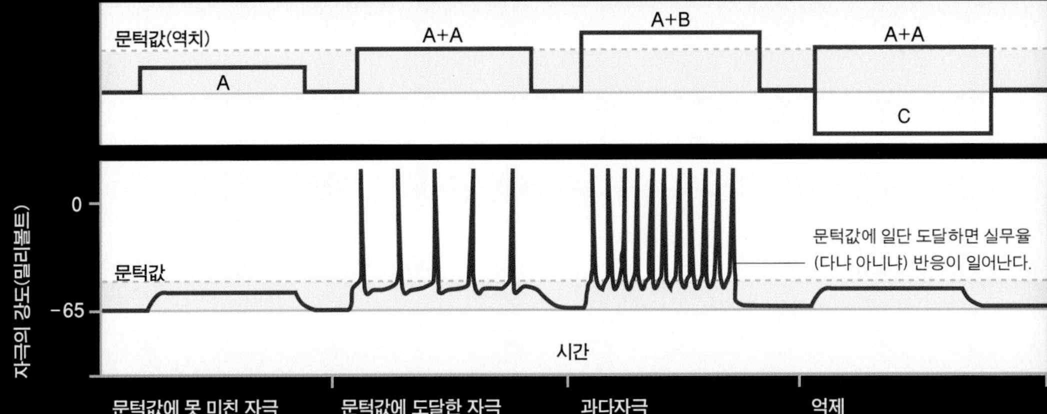
문턱값(역치)
A
A+A
A+B
A+A
C
0
문턱값
-65
자극의 강도(밀리볼트)
시간
문턱값에 일단 도달하면 실무율 (다냐 아니냐) 반응이 일어난다.

문턱값에 못 미친 자극
이 흥분 신호 입력(A)이 유발하는 탈분극은 너무 작아서 문턱값에 미치지 않기 때문에 신경세포에서 활동전위가 생성되지 않는다.

문턱값에 도달한 자극
흥분 신호 입력(A+A)이 클수록 문턱값을 초과할 가능성이 높아진다. 이 일련의 활동전위가 흥분 자극이 가해지는 동안 일어난다.

과다자극
훨씬 큰 자극 신호가 도달하면(A+B) 문턱값을 훨씬 초과하게 되고, 그 결과 빈도가 높은 일련의 활동전위가 생성된다.

억제
억제 신호(C)가 들어오면 문턱값까지 탈분극을 일으킬 수 있는 흥분 자극(A+A)이 무효가 되기 때문에 활동전위가 생성되지 않는다.

뇌(BRAIN)와 척수 (SPINAL CORD)

중추신경계통을 이루는 뇌와 척수는 온몸에서 시작된 정보를 받아들이고 모든 조직과 장기에 지시를 내림으로써 응답한다. 수막(뇌척수막)과 뇌척수액과 혈액으로 이루어진 정교한 체계가 뇌와 척수를 보호하고 영양을 공급한다.

정보 처리

척수는 몸통과 팔다리에서 시작된 메시지를 모아서 뇌에 중계한다. 그러나 척수는 단순히 신호를 전달만 하는 통로가 아니다. 척수는 뇌와 무관하게 메시지를 받고 보내는 우리 몸의 기본 '관리'도 맡아서 한다. 일반적으로 정보가 '고위' 중추로 갈수록, 즉 상위 뇌로 향할수록 더 또렷하게 의식 수준에서 인식하게 된다. 척수 바로 위에 있는 뇌를 뇌줄기(뇌간)라 하는데, 심장박동이나 호흡 같은 생명 기능을 상위 뇌와 무관하게 독립적으로 감시하고 조정하는 중추가 뇌줄기에 있다. 뇌줄기 위에 있는 시상은 최상위 뇌인 대뇌겉질에 도달할 정보를 선별하는 '문지기' 노릇을 한다. 생각, 상상, 학습, 의도적 결정 같은 최고 고등 정신 기능 중 대부분이 대뇌겉질에서 일어난다.

뇌 보호

뇌 겉은 단단하고 둥근 머리뼈(두개골)가 둘러싸고 있다. 뼈와 뇌 사이에는 수막(뇌척수막) 세 겹과 체액 두 층이 있다. 수막 세 겹 중에 가장 바깥층은 머리뼈의 속면을 덮고 있는 튼튼한 경막이다. 그 다음은 혈관이 많고 스펀지 같은 거미막(지주막)이다. 경막 중간에 있는 정맥굴이라 불리는 공간에는 뇌에서 받은 정맥 혈액(체액 두 층 중 바깥층)이 서서히 심장으로 돌아가고 있다. 거미막 밑에는 뇌척수액이라는 쿠션 층(체액 두 층 중 속층)이 있다.(317쪽) 그 밑에는 수막 세 겹 중 가장 속층이자 가장 얇은 층인 연막이 뇌의 겉면을 밀착해서 둘러싸고 있다.

뇌와 머리뼈 사이

거미막과 연막 사이에 있는 좁은 간격인 거미막밑공간(317쪽)에 뇌척수액이 흐른다. 수막과 뇌척수액은 뇌에 가해진 강한 충격을 흡수하고 분산시킴으로써 뇌가 손상되지 않게 한다. 이것은 포장두부의 포장과 간수가 두부를 보호하는 원리와 같다.

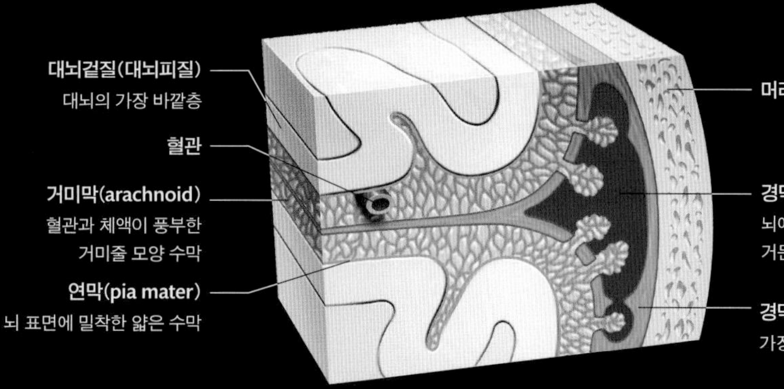
대뇌겉질(대뇌피질)
대뇌의 가장 바깥층
혈관
거미막(arachnoid)
혈관과 체액이 풍부한 거미줄 모양 수막
연막(pia mater)
뇌 표면에 밀착한 얇은 수막
머리뼈
경막정맥굴
뇌에서 정맥 혈액을 거둔다.
경막(dura mater)
가장 바깥에 있는 튼튼한 수막

대뇌(cerebrum)
좌우 대뇌반구로 구성된 가장 위에 위치한 큰 뇌로, 표면에 주름이 많은 대뇌겉질이 있다.

소뇌(cerebellum)
뒤에 위치한 작고 쭈글쭈글한 뇌로, 근육운동을 조정한다.

시상(thalamus)
한 쌍의 달걀처럼 생긴 중앙모니터실이다.

숨뇌(연수, medulla)
뇌줄기 중 가장 아랫부분으로, 아래로 갈수록 가늘어진다.

척수(spinal cord)
뇌와 신체를 연결하는 대표 고속도로로, 자신의 손가락 정도 굵기이다.

목뼈(경추골)

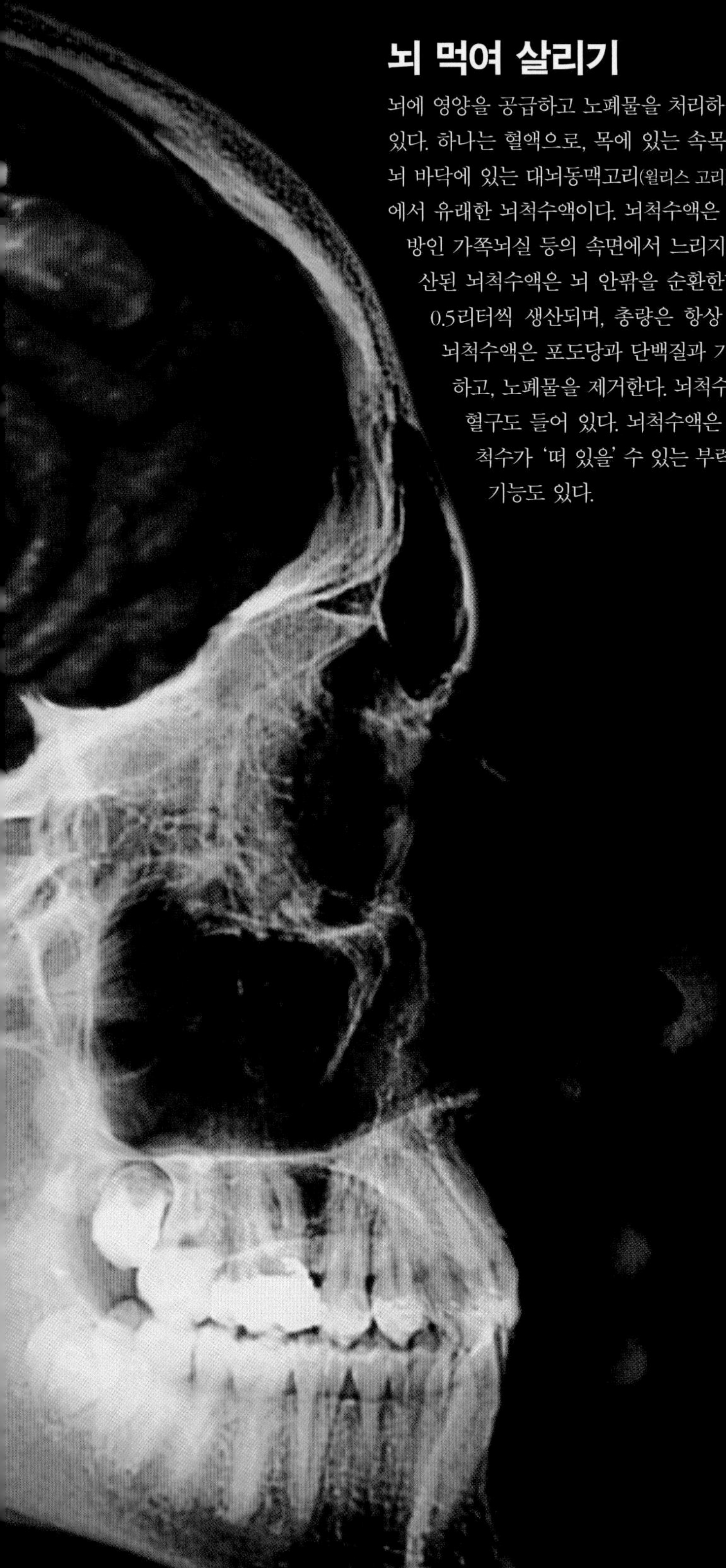

뇌 먹여 살리기

뇌에 영양을 공급하고 노폐물을 처리하는 방법은 크게 두 가지가 있다. 하나는 혈액으로, 목에 있는 속목동맥과 척추동맥에서부터 뇌 바닥에 있는 대뇌동맥고리(윌리스 고리)로 공급된다. 둘째는 혈액에서 유래한 뇌척수액이다. 뇌척수액은 좌우 대뇌반구 속에 있는 방인 가쪽뇌실 등의 속면에서 느리지만 꾸준히 만들어진다. 생산된 뇌척수액은 뇌 안팎을 순환한다. 뇌척수액은 하루에 약 0.5리터씩 생산되며, 총량은 항상 150밀리리터로 유지한다. 뇌척수액은 포도당과 단백질과 기타 물질을 뇌조직에 운반하고, 노폐물을 제거한다. 뇌척수액에는 감염과 싸우는 백혈구도 들어 있다. 뇌척수액은 대사 기능뿐 아니라 뇌와 척수가 '떠 있을' 수 있는 부력을 제공하는 물리적 안정 기능도 있다.

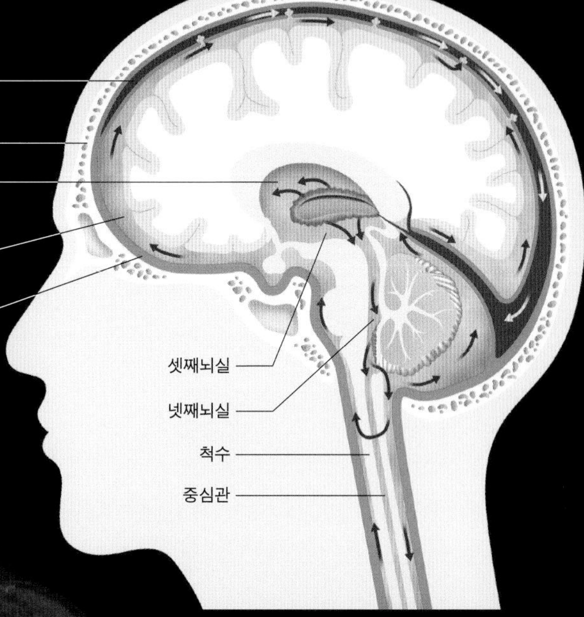

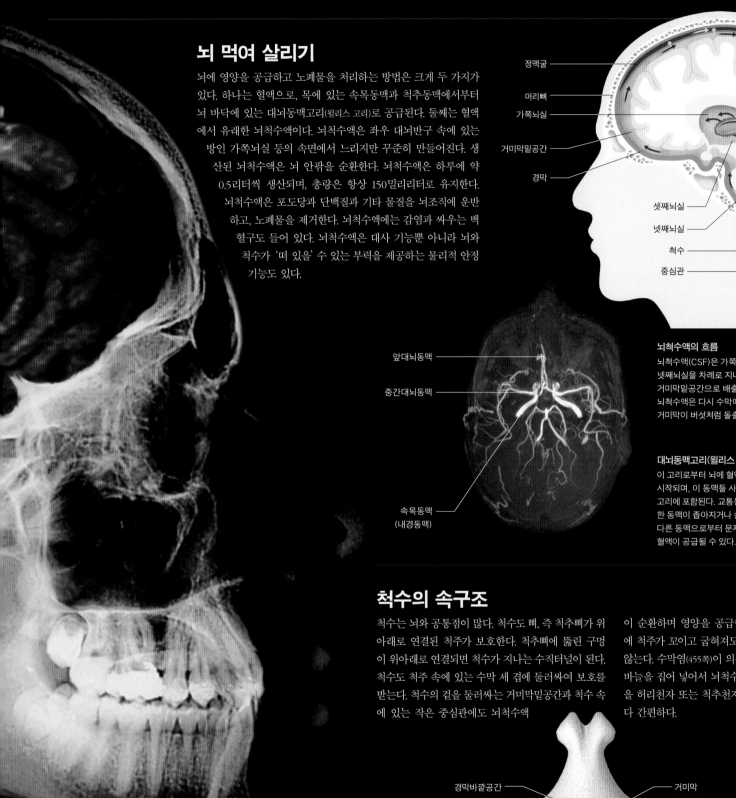

정맥굴
머리뼈
가쪽뇌실
거미막밑공간
경막
셋째뇌실
넷째뇌실
척수
중심관

뇌척수액의 흐름
뇌척수액(CSF)은 가쪽뇌실에서부터 셋째뇌실과 넷째뇌실을 차례로 지나 뇌와 척수를 에워싸고 있는 거미막밑공간으로 배출된다. 뇌와 척수를 에워싸는 뇌척수액은 다시 수막에 둘러싸여 있다. 뇌척수액은 거미막이 버섯처럼 돌출된 작은 구조를 통해 흡수된다.

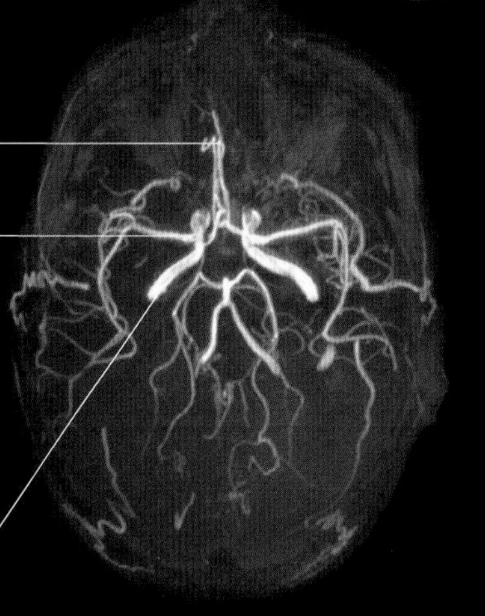

앞대뇌동맥
중간대뇌동맥
속목동맥
(내경동맥)

대뇌동맥고리(윌리스 고리)
이 고리로부터 뇌에 혈액을 공급하는 여러 동맥들이 시작되며, 이 동맥들 사이를 연결하는 교통동맥들도 고리에 포함된다. 교통동맥은 우회통로로 작용하여 만일 한 동맥이 좁아지거나 손상을 입어도 대뇌동맥고리의 다른 동맥으로부터 문제 동맥이 담당하던 뇌 부위로 혈액이 공급될 수 있다.

척수의 속구조

척수는 뇌와 공통점이 많다. 척수도 뼈, 즉 척추뼈가 위아래로 연결된 척주가 보호한다. 척추뼈에 뚫린 구멍이 위아래로 연결되면 척수가 지나는 수직터널이 된다. 척수도 척주 속에 있는 수막 세 겹에 둘러싸여 보호를 받는다. 척수의 겉을 둘러싸는 거미막밑공간과 척수 속에 있는 작은 중심관에도 뇌척수액이 순환하며 영양을 공급한다. 수막과 뇌척수액 덕분에 척주가 꼬이고 굽혀져도 척수가 부러지거나 꺾이지 않는다. 수막염(455쪽)이 의심되면 척수 아래로 속이 빈 바늘을 집어 넣어서 뇌척수액을 뽑을 수 있다. 이 방법을 허리천자 또는 척추천자라 하며, 뇌에서 뽑는 것보다 간편하다.

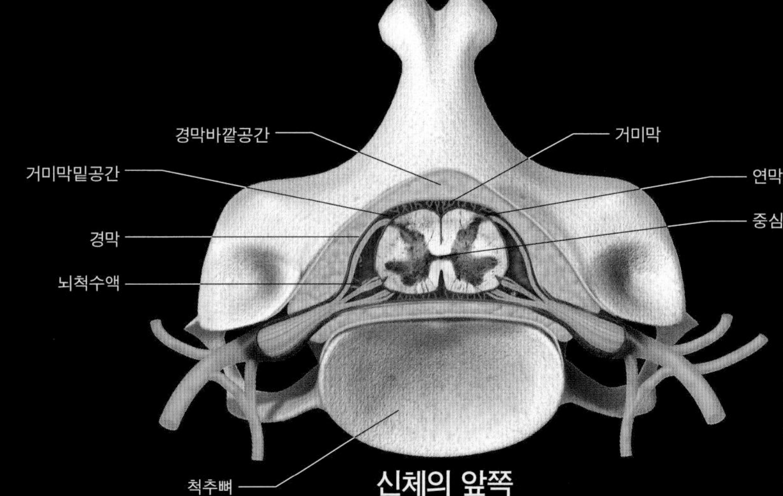
경막바깥공간
거미막밑공간
경막
뇌척수액
척추뼈
거미막
연막
중심관
신체의 앞쪽

척수 단면
척수는 척주의 중앙 공간에 자리잡고 있다. 척수에서 시작한 신경뿌리(노란색)들은 서로 이웃한 위아래 척추뼈들 사이 틈새를 통해 척주 밖으로 나온다.

뇌 단면
이 MRI 사진은 뇌와 척수의 한가운데를 앞에서부터 뒤로 지나는 단면 영상으로, 뇌와 척수의 주요 구조가 관찰된다. 뇌에서 검게 보이는 부분은 액체가 차 있는 속공간인 뇌실이다. 뇌 주위의 파란 구조는 뇌를 둘러싸는 머리뼈이며, 척수 앞뒤에 있는 파란 구조는 목뼈(경추골)이다.

끊임없이 활동하는 중추신경계통

뇌와 척수는 항상 활동한다. 즉 끊임없이 정보를 주고받으면서 다른 신체 부위와도 소통한다. 말초신경계통에서 시작된 정보가 중추신경계통으로 모이면 중추신경계통은 이를 처리한 뒤 말초신경계통으로 명령을 보낸다.

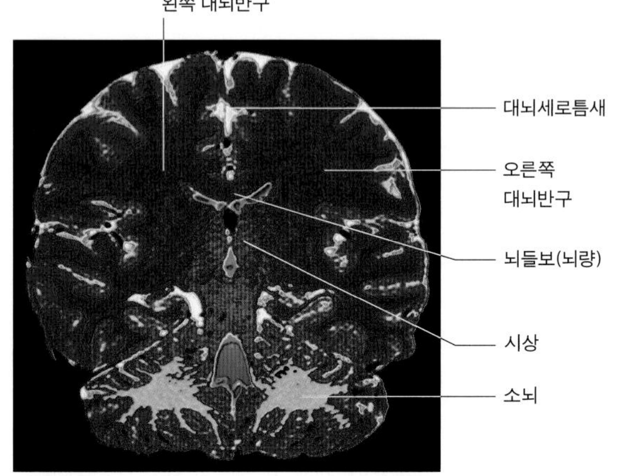
왼쪽 대뇌반구
대뇌세로틈새
오른쪽 대뇌반구
뇌들보(뇌량)
시상
소뇌

좌우 합작
뇌의 수직 단면 사진으로, 좌우 대뇌반구 사이에 있는 깊은 고랑인 대뇌세로틈새가 관찰된다. 이 틈새의 바닥에는 뇌들보가 있다. 뇌들보는 좌우 대뇌반구를 연결하는 2억 개가 넘는 신경섬유들로 구성된 교량이다.

오른쪽이 한 일을 왼쪽이 안다

신경계통은 구조가 좌우 대칭이다.(60~63쪽) 하지만 기능을 고려하면 간단하지 않다. 주름이 많은 대뇌는 앞뒤로 깊이 패인 고랑을 기준으로 좌우 대뇌반구로 거의 완전히 나뉜다. 좌우 대뇌반구는 겉모습은 비슷하지만 대뇌반구마다 주로 다루는 신경 기능이 다르다.(오른쪽 표 참조) 좌우 대뇌반구는 뇌들보라는 납작한 신경섬유 집단을 통해 서로 끊임없이 정보를 교환한다.

몸에서 시작한 정보는 뇌로 전달되는 과정에서 반대쪽으로 위치를 바꾼다. 신경 신호는 신경로라 불리는 잘 정돈된 신경섬유 다발을 통해 전달된다. 왼쪽 몸에서 시작한 정보를 전달하는 신경로는 오른쪽으로 넘어가며, 오른쪽 몸에서 시작한 정보를 전달하는 신경로는 왼쪽으로 넘어간다. 예를 들면 왼쪽 몸의 감각 정보는 오른쪽 대뇌반구에서 끝나며, 왼쪽 대뇌반구에서 보낸 운동 명령은 오른쪽 몸 근육을 조절한다.

왼쪽 대뇌반구	오른쪽 대뇌반구
전체를 구성 성분으로 분해한다.	구성 성분을 직관적으로 결합하여 전체를 만든다.
분석과 단계적 정리	무작위로 비약하고 연결하는 경향이 있다.
객관적이고 공평하고 얽매이지 않은 경향이 있다.	더 주관적이고 개인주의적이다.
단어와 숫자에 더 능하다.	소리와 시각과 공간 인식에 더 능하다.
논리와 함축성을 우선한다.	아이디어와 창의성을 우선한다.
합리적 문제 해결을 주도한다.	비약해서 해답을 간파한다.
말하고 언어를 이해하는 중추가 있다.	말하고 언어를 이해하는 중추가 있는 경우가 드물다.
단어의 글자 그대로의 의미와 문법을 저장한다.	언어에 맥락을 부여하고 강조한다.
이름 회상에 더 주도적이다.	얼굴 인식에 더 주도적이다.
오른쪽 신체를 조절한다.	왼쪽 신체를 조절한다.

어느 쪽이 담당하는가?
뇌 스캔을 관찰하고 뇌 손상이나 질환을 연구한 결과, '분석' 성향인 왼쪽 대뇌반구는 논리나 추론과 더 관련이 있으며, '종합' 성향인 오른쪽 대뇌반구는 직관 및 전체와 더 관련이 있다.

뇌를 향하여, 그리고 다시 반대 방향으로

주위 세상에서 오는 정보는 주요 감각기관을 거쳐 뇌에 도달한다.(324쪽) 외부 자극은 특수하게 분화된 수용기 세포를 거치면서 신경 자극으로 변환된다. 신경 자극은 말초신경계통 중 감각신경을 통해 여정을 시작한 뒤 뇌의 고위 중추에 도달한다. 신경 자극이 대뇌겉질에 도달하려면 시냅스를 통해 연결된 최대 10개 신경세포들을 차례로 거쳐야 한다.(314쪽) 이 연결 경로의 각 단계마다 또 다른 메시지가 별도 경로를 따라 전달되는데, 이는 나무 줄기에서 갈라지는 가지를 닮았다. 대뇌겉질에 이르면 우리가 자극을 인식하고 행동을 결정하게 된다. 그 결과 시작된 운동 명령은 반대 방향으로 방출되어 여러 근육이나 분비샘에 전달된다.

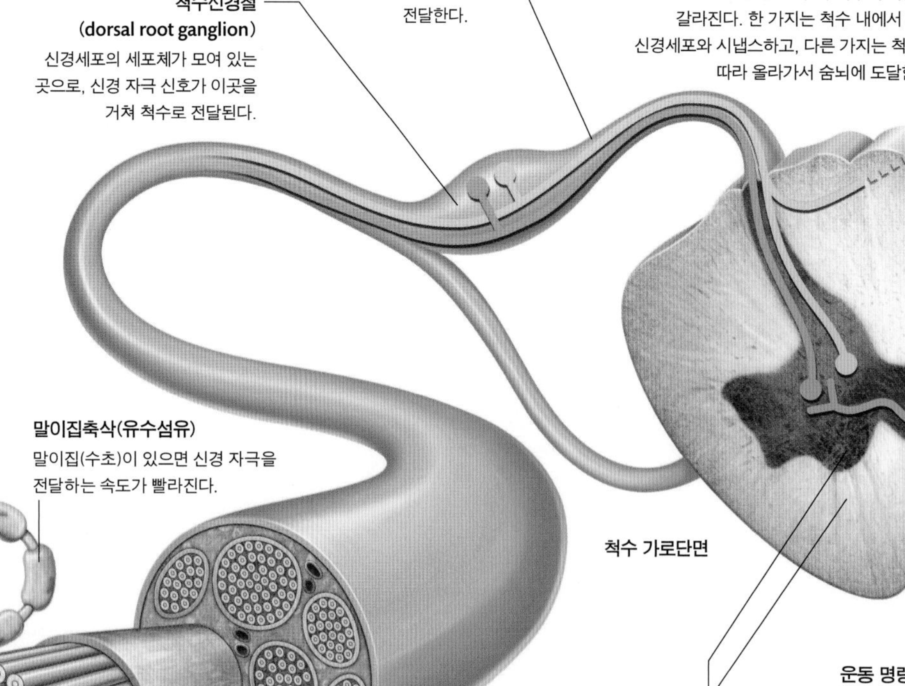
뒤뿌리(dorsal root)
감각신경을 척수로 전달한다.
척수신경절 (dorsal root ganglion)
신경세포의 세포체가 모여 있는 곳으로, 신경 자극 신호가 이곳을 거쳐 척수로 전달된다.
뒤백색질기둥-안쪽섬유띠 신경로
감각 정보(통증 제외)가 척수에 이른 후 갈라진다. 한 가지는 척수 내에서 다른 신경세포와 시냅스하고, 다른 가지는 척수를 따라 올라가서 숨뇌에 도달한다.
말이집축삭(유수섬유)
말이집(수초)이 있으면 신경 자극을 전달하는 속도가 빨라진다.
척수 가로단면
감각수용기
활성화되면 반응하여 축삭을 따라 신경 자극을 보낸다.
백색질과 회색질
축삭들로 이루어진 백색질은 중심에 있는 회색질을 에워싼다. 회색질에는 신경세포의 세포체와 가지돌기가 있고 시냅스가 많다.
운동 명령
대뇌겉질에서 시작된 운동 명령은 겉질척수로를 따라 아래로 내려온 뒤 한두 신경세포를 거쳐 팔이나 손 근육 등에 전달된다.
척수시상로 (spinothalamic tract)
통증 정보는 다음 신경세포와 시냅스한 후 그 척수 높이에서 반대쪽으로 넘어가고, 이어서 위로 올라가서 뇌에 도달한다.

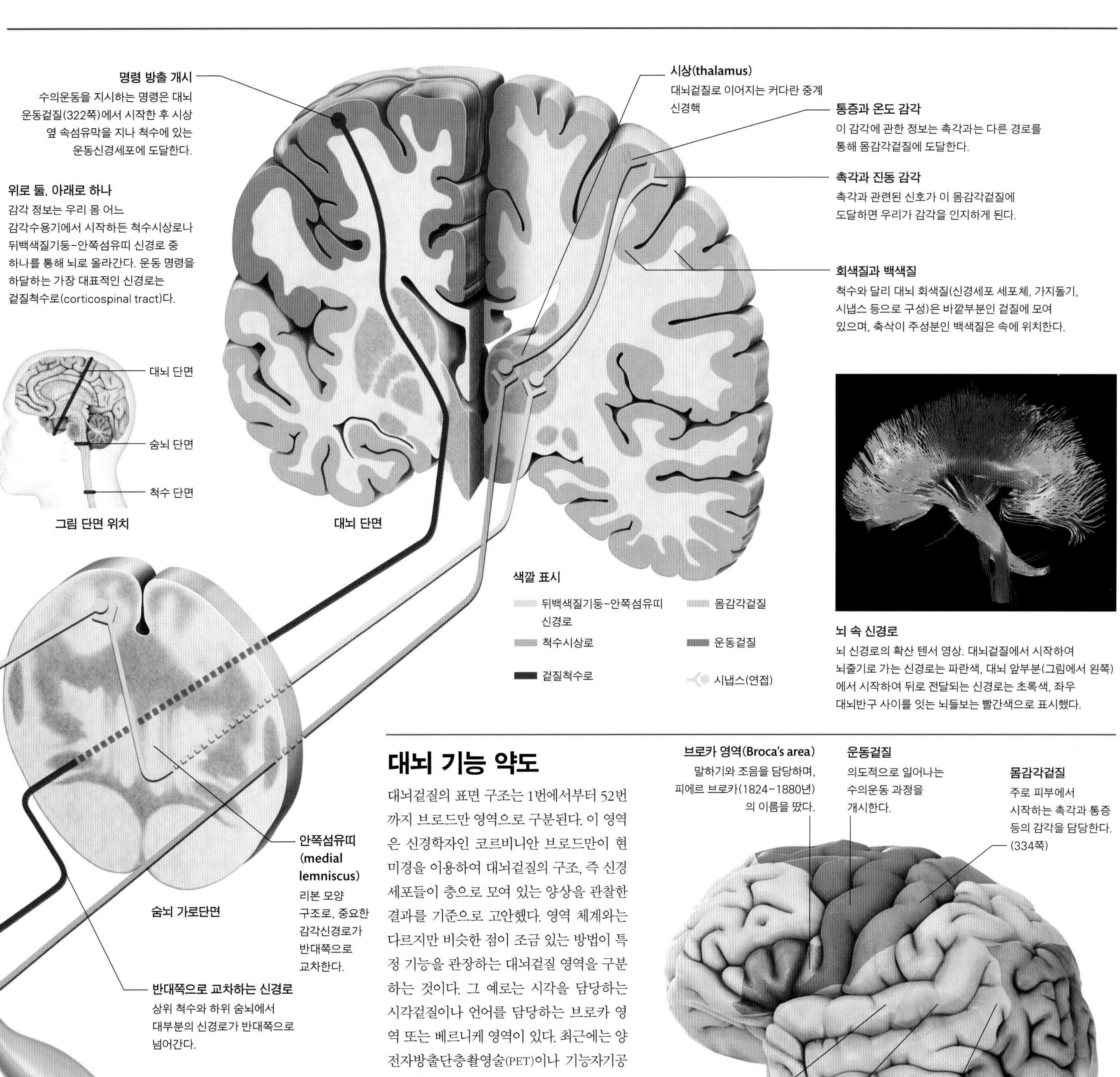
명령 방출 개시
수의운동을 지시하는 명령은 대뇌 운동겉질(322쪽)에서 시작한 후 시상 옆 속섬유막을 지나 척수에 있는 운동신경세포에 도달한다.
위로 둘, 아래로 하나
감각 정보는 우리 몸 어느 감각수용기에서 시작하든 척수시상로나 뒤백색질기둥-안쪽섬유띠 신경로 중 하나를 통해 뇌로 올라간다. 운동 명령을 하달하는 가장 대표적인 신경로는 겉질척수로(corticospinal tract)다.
대뇌 단면
숨뇌 단면
척수 단면
그림 단면 위치
대뇌 단면
시상(thalamus)
대뇌겉질로 이어지는 커다란 중계 신경핵
통증과 온도 감각
이 감각에 관한 정보는 촉각과는 다른 경로를 통해 몸감각겉질에 도달한다.
촉각과 진동 감각
촉각과 관련된 신호가 이 몸감각겉질에 도달하면 우리가 감각을 인지하게 된다.
회색질과 백색질
척수와 달리 대뇌 회색질(신경세포 세포체, 가지돌기, 시냅스 등으로 구성)은 바깥부분인 겉질에 모여 있으며, 축삭이 주성분인 백색질은 속에 위치한다.
색깔 표시
뒤백색질기둥-안쪽섬유띠 신경로
척수시상로
겉질척수로
몸감각겉질
운동겉질
시냅스(연접)
안쪽섬유띠 (medial lemniscus)
리본 모양 구조로, 중요한 감각신경로가 반대쪽으로 교차한다.
숨뇌 가로단면
반대쪽으로 교차하는 신경로
상위 척수와 하위 숨뇌에서 대부분의 신경로가 반대쪽으로 넘어간다.

뇌 속 신경로

뇌 신경로의 확산 텐서 영상. 대뇌겉질에서 시작하여 뇌줄기로 가는 신경로는 파란색, 대뇌 앞부분(그림에서 왼쪽)에서 시작하여 뒤로 전달되는 신경로는 초록색, 좌우 대뇌반구 사이를 잇는 뇌들보는 빨간색으로 표시했다.

대뇌 기능 약도

대뇌겉질의 표면 구조는 1번에서부터 52번까지 브로드만 영역으로 구분된다. 이 영역은 신경학자인 코르비니안 브로드만이 현미경을 이용하여 대뇌겉질의 구조, 즉 신경세포들이 층으로 모여 있는 양상을 관찰한 결과를 기준으로 고안했다. 영역 체계와는 다르지만 비슷한 점이 조금 있는 방법이 특정 기능을 관장하는 대뇌겉질 영역을 구분하는 것이다. 그 예로는 시각을 담당하는 시각겉질이나 언어를 담당하는 브로카 영역 또는 베르니케 영역이 있다. 최근에는 양전자방출단층촬영술(PET)이나 기능자기공명영상(fMRI) 등의 검사법을 이용한 생체 뇌 스캔이 널리 이용되고 있다.

브로카 영역(Broca's area)
말하기와 조음을 담당하며, 피에르 브로카(1824~1880년)의 이름을 땄다.
운동겉질
의도적으로 일어나는 수의운동 과정을 개시한다.
몸감각겉질
주로 피부에서 시작하는 촉각과 통증 등의 감각을 담당한다. (334쪽)
청각겉질
소리 정보를 처리한다. (330쪽)
베르니케 영역 (Wernicke's area)
말을 이해하는 영역이며, 카를 베르니케(1848~1905년)의 이름을 땄다.
게쉬윈드 영역 (Geschwind's territory)
베르니케 영역과 브로카 영역을 연결하며, 노먼 게쉬윈드(1926~1984년)의 이름을 땄다.
시각겉질
본 바를 분석한다. (329쪽)
앞뿌리(ventral root)
운동 정보를 전달하는 축삭은 앞뿌리를 통해 척수 밖으로 나와서 근육에 명령을 전달한다.

대뇌 겉질 지도

주요 정신 기능은 대뇌겉질의 특정 영역에서 일어난다. 이 영역은 단독으로 작용하지 않으며, 다른 영역이나 뇌의 내부와 끊임없이 소통하고 있다. 일부 영역의 이름은 기능을 뜻하지만, 나머지 영역은 기능을 발견한 과학자의 이름을 따서 정했다.

기억(MEMORY)과 감정(EMOTION)

기억은 단순히 사실을 저장하고 회상하는 데 그치지 않는다. 기억은 모든 종류의 정보와 사건과 경험과 전후관계(이름에서부터 얼굴과 장소까지)를 망라하며, 당시 우리 감정 상태를 반영한다.

기억에 관여하는 뇌 영역
기억을 독점하는 '기억 중추'는 없다. 정보는 여러 뇌 부위에서 처리되고 선별 기억되며 저장된다. 예를 들어 롤러코스터를 탔던 기억을 떠올려 보자. 본 것은 시각영역에, 소리는 청각영역에 저장되는 식으로 기억이 이루어진다. 전체 경험을 다시 생각해 내려면 이 정보들을 모두 끌어모으면 된다.

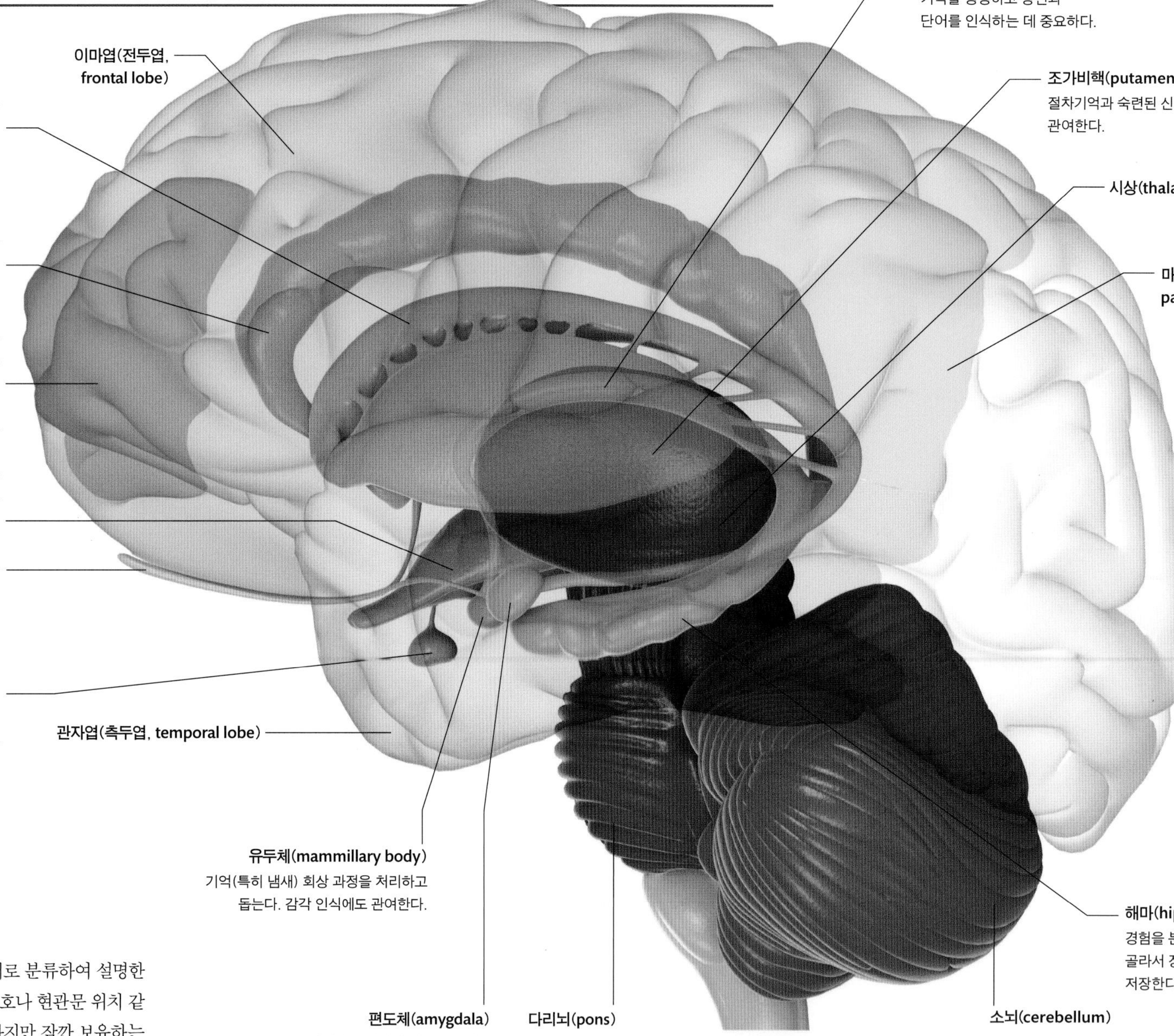

꼬리핵(caudate nucleus)
학습에 관여하고, 특히 어떤 행동에 관한 절차기억을 수정하는 피드백에 관여한다.

이마엽(전두엽, frontal lobe)

띠이랑(cingulate gyrus)
학습과 기억 처리에 관여한다. 지나치게 강력한 반응과 행동을 억제한다.

중앙관리자(central executive)
다른 부위들로부터 정보를 소집하고 행동 계획을 짜는 조정 영역

시상하부
뇌를 내분비계통에 연결한다. 주요 욕구와 본능과 감정반응과 느낌을 관장하는 중추이다.

후각망울
후각 정보가 대뇌 후각영역에 도달하기 전에 처리한다. (후각은 감정과 밀접하다.)

뇌하수체
우두머리 내분비샘으로, 바로 위에 있는 시상하부가 내리는 지시에 반응한다.

관자엽(측두엽, temporal lobe)

뇌활(뇌궁, fornix)
기억을 형성하고 장면과 단어를 인식하는 데 중요하다.

조가비핵(putamen)
절차기억과 숙련된 신체 기능에 관여한다.

시상(thalamus)

마루엽(두정엽, parietal lobe)

유두체(mammillary body)
기억(특히 냄새) 회상 과정을 처리하고 돕는다. 감각 인식에도 관여한다.

편도체(amygdala)
기억의 감정적 측면을 처리하고 회상하는 데 가장 중요한 뇌 부위

다리뇌(pons)
대뇌겉질과 소뇌를 연결하는 정보 교환 장치라 할 수 있다.

해마(hippocampus)
경험을 분류하고 골라서 장기기억에 저장한다.

소뇌(cerebellum)

기억의 종류

기억은 크게 다섯 가지로 분류하여 설명한다. 작업기억은 전화번호나 현관문 위치 같은 정보를 필요할 때까지만 잠깐 보유하는 것이고, 금세 사라진다. 말뜻기억(어의기억)은 중요한 역사 기념일같이 개인과 무관한 객관적 사실에 관한 기억이다. 일화기억은 생일 축하파티같이 감각과 감정을 포함한 개인적 에피소드와 사건을 생각해 내는 기억이다. 절차기억은 걷거나 자전거 타기나 구두끈을 매는 행위처럼 학습을 거쳐 숙련된 신체 기능에 관한 기억이다. 암묵기억은 전에 들은 적이 있으면 진실이라고 믿을 가능성이 높아지는 것처럼 우리 자신도 모르게 영향을 미친다.

기억 처리 영역
가장 잘 알려진 네 가지 기억마다 여러 뇌 영역이 협동 작용한다. 시상은 모든 기억 유형에 문지기 노릇을 하며, 이마엽은 특히 대부분의 기억 유형에서 학습하고 회상하는 과정을 CEO처럼 전체적으로 집행하는 중앙관리자 기능이 있다.

기억의 종류	시상	마루엽	꼬리핵	유두체	이마엽	조가비핵	편도체	관자엽	해마	소뇌	띠이랑	후각망울	뇌활	중앙관리자
작업기억	■	■	■		■	■			■		■		■	■
말뜻기억	■				■		■	■	■				■	
일화기억	■			■	■		■	■	■		■	■	■	
절차기억	■		■			■			■	■				

감정은 어떻게 기억에 영향을 미치는가

둘레계통(변연계)을 '감정의 뇌'라 칭하는 경우가 많다. 둘레계통은 뇌줄기 위와, 맨 위에 둥근 돔 같은 대뇌의 아래 및 내부에 위치한 뇌 부위 집단을 가리킨다. 즉 편도체와 시상과 시상하부와 뇌활과 유두체뿐 아니라(320쪽) 그 주위를 C자 모양으로 에워싸는 대뇌겉질의 안쪽면과 띠이랑이 둘레계통에 속한다.

둘레계통은 깊숙이 자리했던 정서와 본능 반응이 감정이 격해질 때 우리 내부에서 솟아오르도록 이끌며, 뇌에서 합리적 사고를 담당하는 부분이 이를 통제하기 힘들어지기도 한다. 특히 손가락 끝부분만 한 시상하부는 배고픔이나 갈증이나 성행위나 이에 동반될 수 있는 강한 감정(분노나 황홀감 등)같이 생존에 필요한 강력한 기본적 욕구를 실행하는 데 매우 중요한 역할을 수행한다. 시상하부는 여러 뇌 부위에 신경 신호를 보내고, 이 부위들은 자신의 신경 신호를 주로 자율신경계통을 통해서 여러 근육 등에 보낸다.(311쪽) 예를 들면 공포에 대한 반응으로 시상하부가 심장이 더 빨리 뛰고 뼈대근육이 팽팽하게 긴장하도록 하며 부신이 아드레날린을 분비하여 소위 '맞서 싸우거나 도피하는' 반응이 일어나도록 조절한다. 시상하부는 가는 줄기를 통해 그 아래에 있는 뇌하수체에 연결된다.(400쪽) 뇌하수체는 여러 가지 호르몬들을 분비하여 다른 내분비샘에 영향을 미치고 신경계통의 작용을 보충하고 강화하는 분비샘이다.

둘레계통의 여러 구성원들은 기억 형성에 밀접하게 관련되어 있으며, 특히 일화기억에 중요하다.(320쪽) 감정이 고양되면 강렬한 기억이 형성되는 데 도움이 되고 기억을 회상할 때 당시 느낀 감정을 다시 느끼는 이유가 바로 여기에 있다.

평균적으로 단어 다섯 개와 글자 여섯 개와 숫자 일곱 자리를 **작업기억으로 유지**할 수 있다. 되새김을 통해 뜻을 파악할 때처럼 **기억 훈련**을 하면 대개 그 **두 배**를 기억할 수 있다.

오래 가는 기억
처음 학교 간 날, 처음 자전거를 탄 순간, 내 결혼식 같은 중요한 경험은 노심초사 끝에 얻은 성취감처럼 강한 감정을 내포하고 있기 때문에 오래 기억하고 언제나 눈앞에 '생생'하다.

기억 형성

각각의 기억은 여러 뇌 부위, 특히 대뇌겉질에 산재한 수많은 신경세포들 사이에 이루어진 서로 다른 연결 패턴을 바탕으로 형성된다. 기억해야 할 사건은 처음 경험이 일어날 동안 특정 신경세포 집단이 서로에게 신경 자극을 보내는 반응으로 일어난다. 경험한 바를 되새김으로써 이 신호들을 다시 활성화시키면 연결 패턴이 강화되기 때문에 함께 일어날 가능성이 높아진다. 이 과정을 강화라 한다. 몇 번 활성화를 거치면 이 패턴이 반영구화된다. 새로운 생각이나 경험을 함으로써 연결 패턴 중 일부를 촉발하면 그 전체 회로가 활성화되고 기억을 회상한다.

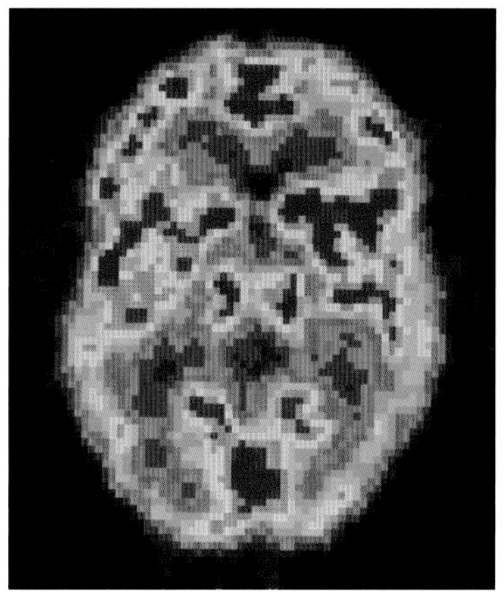

수면과 기억
뇌파나 스캔 검사를 해 보면 잠잘 때도 뇌는 매우 활발하게 작용함을 알 수 있다. 우리가 의식이 있는 상태에서 생각하듯이 잠잘 때 기억 회로는 최근 사건들을 엄밀히 조사하고, 일부 사건은 장기 저장하며, 이미 확립된 기억은 강화한다.

색깔 표시
포도당 섭취량을 기준으로 분류한 뇌 활성 단계

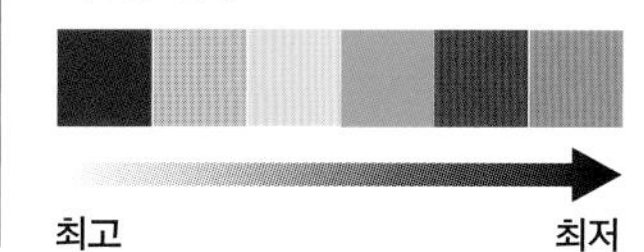
최고
최저

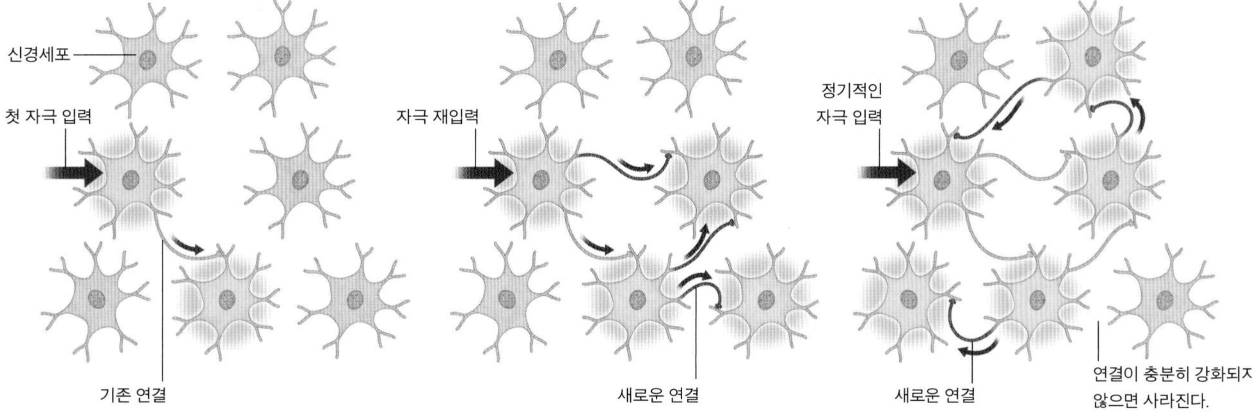
신경세포
첫 자극 입력
기존 연결
자극 재입력
새로운 연결
정기적인
자극 입력
새로운 연결
연결이 충분히 강화되지
않으면 사라진다.

1 첫 경험
자극이 가해지면 한 신경세포가 '흥분'하여 특별한 일련의 신경 신호를 다음 신경세포에 보낸다. 이는 생각, 사실 인지, 경험, 기능 습득이 일어나는 과정의 일부이다.

2 더 큰 변화
반복해서 자극하면 처음 연결, 즉 시냅스를 통한 정보 교환이 강화되고 다른 신경세포들도 신경회로에 동참한다. 실제로는 수천 개 이상의 신경세포에서 이 과정이 일어난다.

3 강화되지 않으면 사라진다
연결 회로는 규칙적으로 사용하면 구조가 유지되고 신경세포들 사이에 시냅스를 통한 신호 전달이 더 강력해진다. 연결 회로는 정기적으로 재사용하지 않으면 약해지다가 사라진다.

극한의 인간

잊지 못하는 사람들

완전 기억 능력, 일명 초기억증후군은 드문 현상으로, 수십 년에 걸친 방대한 정보를 대단히 중요한 것에서부터 어이없을 정도로 시시한 것까지 기억할 수 있음을 뜻한다. 이들은 잊으려 노력해도 잊을 수 없다. 하지만 이들에게 과거 사건을 물어 보면 날짜나 장소나 대화는 기억하지만 입은 옷은 기억하지 못하기도 하기 때문에 기억이 '완벽'하지 못한 경향이 있다. 마찬가지로 그들이 가진 기억 중 대부분은 개인 생활과 경험에 집중되어 있으며, 더 넓은 세상에서 벌어지는 일에 집중하지 않는다. 초기억증후군인 사람은 기념품을 수집하고 일기를 쓰는 것처럼 강박적 성향이 있다.

초기억증후군(hyperthymestic syndrome)
미국 과학자들이 최초로 연구한 초기억증후군 사례 중 한 사람인 질 프라이스는 14세 이후로 하루도 빠짐없이 기억해 낼 수 있다.

우리는 어떻게 움직이는가?

뇌는 온몸에 분포하는 600개가 넘는 근육들이 전력 질주에서부터 한쪽 눈을 잠깐 깜박이기에 이르기까지 긴장도를 정밀하게 조절하고 정확히 수축하도록 시시각각 조정한다. 이 엄청난 일은 만일 우리가 모든 근육을 의식 수준에서 조절한다면 절대 할 수 없기 때문에 뇌는 여러 단계에 걸쳐 기능을 위임하고 있다.

수의운동(맘대로운동)

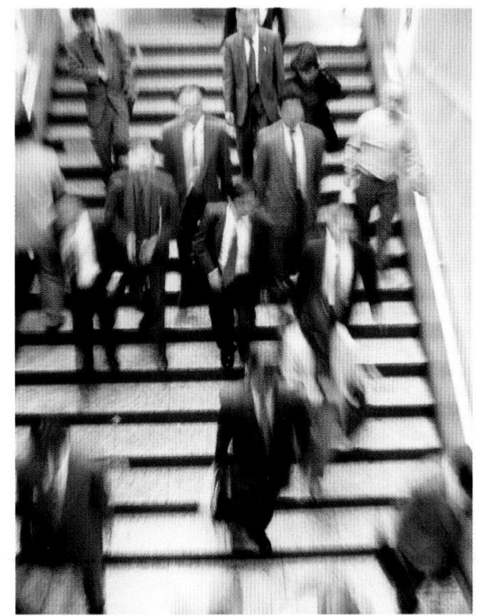

움직임, 일상 생활의 일부
대뇌 운동겉질은 소뇌(323쪽) 같은 다른 뇌 부위와 긴밀한 관계를 유지하면서 작용하기 때문에 우리는 일일이 신경 쓰지 않고서도 여기저기 돌아다닐 수 있다.

수의행동은 스스로 계획을 인지하고 목적한 바를 수행하는 행동이다. 책을 읽을 때 무심코 책장을 넘기거나 반대로 책의 모든 내용에 집중하기도 한다. 그런데 둘다 의도적인 행동이다. 수의운동에 중심이 되는 존재는 운동겉질이다. 운동겉질은 대뇌 겉면에서 헤드폰을 쓴 것처럼 이어지는 회색질이다.(319쪽) 운동겉질은 초당 몇 백만 번이 넘는 신경 자극을 보내고 받는데, 우리가 움직이지 않고 있을 때도 마찬가지다. 자세를 유지하려면 근육이 작용해야 하기 때문이다.

운동겉질은 부위마다 다른 신체 부위에 지시를 내린다. 이 양상은 몸감각겉질에 있는 신체 부위마다 크기가 다른 '약도'와 비슷하다.(335쪽) 손가락처럼 정교하게 조절하는 부분은 운동겉질 영역이 넓다. 넓적다리처럼 정교하게 조절할 필요성이 적은 부위의 운동겉질과 비교하면 쉽게 알 수 있다.

운동 실행
이 그림은 '제자리에, 준비, 출발!'처럼 간단한 순서를 따라 행동할 때 뇌의 여러 부분들이 '서로 대화'하는 과정을 화살표를 통해 나타내고 있다.

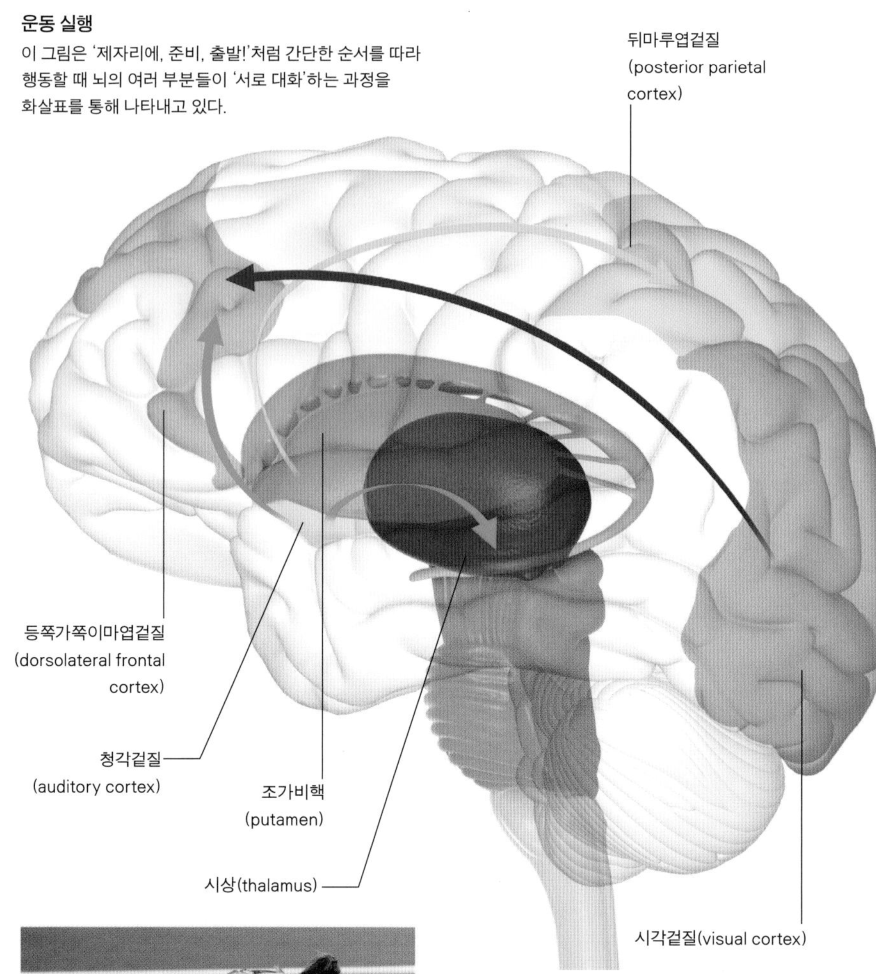
뒤마루엽겉질
(posterior parietal cortex)
등쪽가쪽이마엽겉질
(dorsolateral frontal cortex)
청각겉질
(auditory cortex)
조가비핵
(putamen)
시상(thalamus)
시각겉질(visual cortex)

제자리에……
시각중추와 청각중추에서 중계된 감각 정보는 등쪽가쪽이마엽겉질로 전달되고, 이 겉질은 계속해서 언제 출발할지를 계산한다. 조가비핵에 저장된 숙련된 운동 패턴에 관한 기억과 준비사항은 뒤마루엽겉질로 전달되는데, 뒤마루엽겉질에서의 작용은 대부분 잠재 의식에서 일어난다.

불수의운동 - 반사(REFLEX)

불수의운동은 의식 수준에서 시작하지 않고 부지불식간에 시작하며, 자동적으로 일어나지만 일단 시작하면 알아차릴 수 있으며 수정하려 시도할 수도 있다. 불수의운동 중 상당수는 반사 운동이다. 반사는 특정 상황이나 자극에 대한 반응으로 일어나는 일정한 운동 패턴을 뜻한다. 못을 밟자마자 발을 드는 것처럼 생존에 중요한 반사도 있다. 반사는 주의를 집중하지 않고 있을 때에도 위험이 있으면 재빨리 반응함으로써 인체를 보호한다. 반사는 자극에 관한 감각 정보를 받고, 이 정보를 대뇌로 보내는 대신 지름길인 척수나 잠재 의식을 관할하는 뇌 부위를 통해 전달하고, 이어서 운동 신호를 보내서 의식의 '허락' 없이 근육 작용을 일으킨다. 이 신경 회로에서 신경 자극이 속사포처럼 발사되면 대뇌로도 신호가 보내져서 몇 분의 1초 후에 알아차리게 된다. 그다음부터는 의식적 조절이 가능해진다.

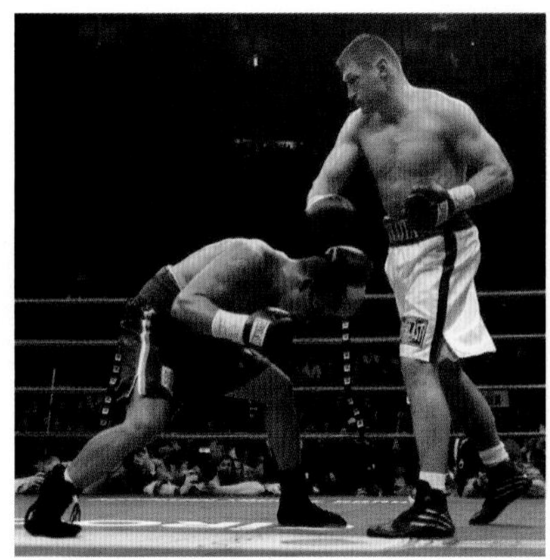

고개를 숙이고 몸을 낮춘다
빠르게 접근하는 물체를 피하기 위해 머리를 숙이는 더킹 같은 보호 반사는 인류 진화 과정에 뿌리를 깊게 두고 있다. 더킹은 네 반사가 차례대로 일어나는 현상으로 (오른쪽 참조), 네 과정이 한번에 일어나도록 '학습'되어 있다.

위험 감지
오랫동안 훈련을 한 뒤 실전에서 맞닥뜨리면 주먹이 머리를 향해 날아오고 있음을 알고 경고를 보낸다.

잠재 의식 수준의 처리
감각 정보는 낮은 단계의 의식에, 특히 시상에 경고를 보낸다.

운동 명령 하달 개시
의식 수준에서 알아차리기 직전에 운동영역이 운동의 모든 측면을 치밀하게 계획한다.

눈을 깜박이고
반사 1: 눈꺼풀을 깜박이고 질끈 감아서 안구를 보호한다.

얼굴을 돌리고
반사 2: 목 근육이 수축하여 머리를 옆으로 돌린다.

머리를 재빨리 뒤로 젖히고
반사 3: 윗몸 근육이 수축하여 머리를 뒤로 당긴다.

두 손을 위로 올린다.
반사 4: 팔근육을 수축시켜 두 손을 올려서 머리 보호를 강화한다.

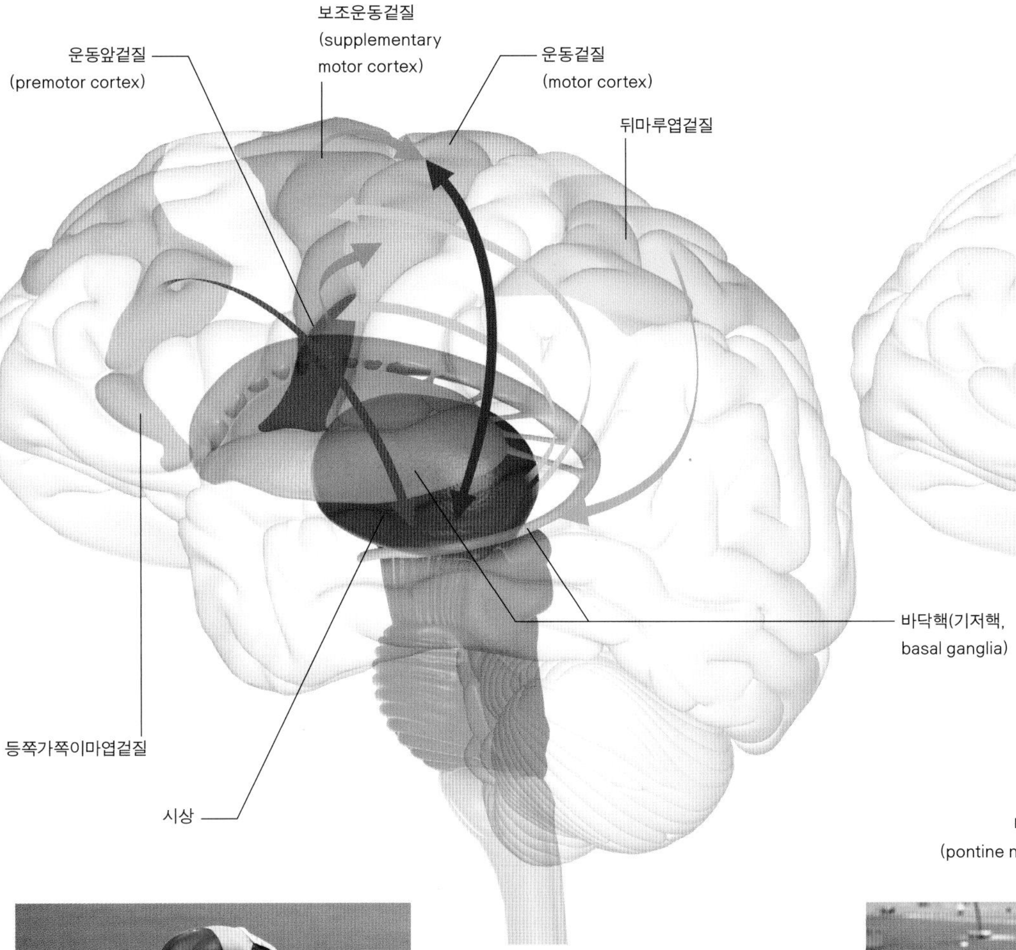

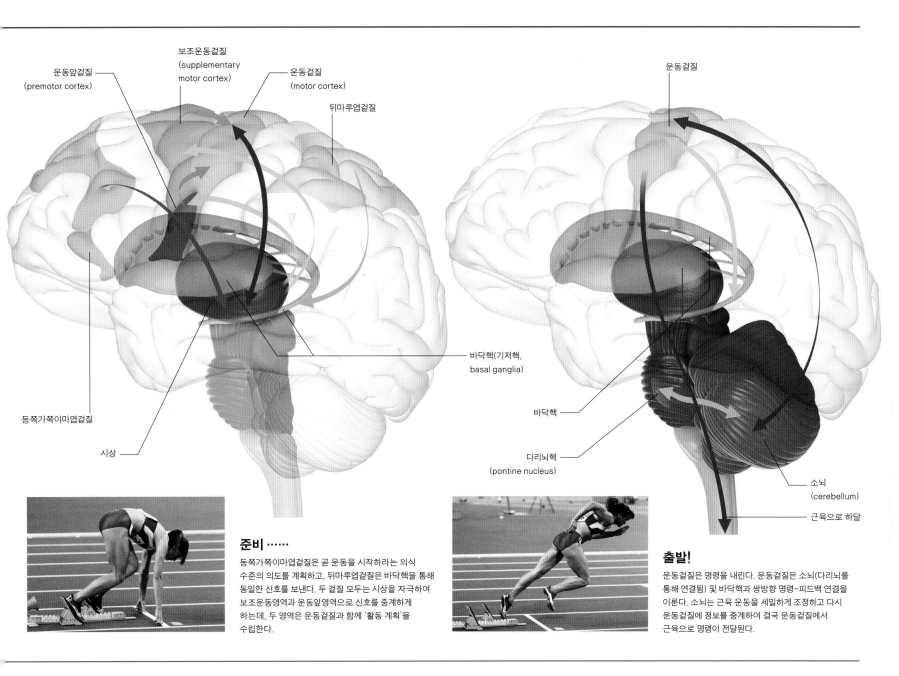

보조운동겉질 (supplementary motor cortex)
운동앞겉질 (premotor cortex)
운동겉질 (motor cortex)
뒤마루엽겉질
바닥핵(기저핵, basal ganglia)
등쪽가쪽이마엽겉질
시상

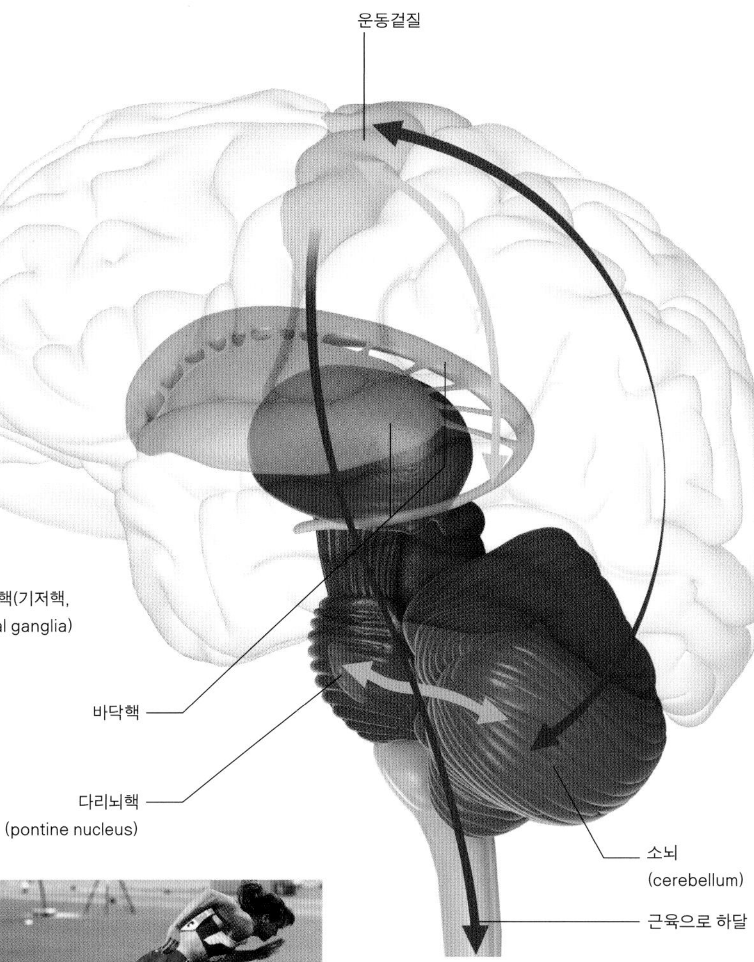

운동겉질
바닥핵
다리뇌핵 (pontine nucleus)
소뇌 (cerebellum)
근육으로 하달

준비……

등쪽가쪽이마엽겉질은 곧 운동을 시작하라는 의식 수준의 의도를 계획하고, 뒤마루엽겉질은 바닥핵을 통해 동일한 신호를 보낸다. 두 겉질 모두는 시상을 자극하여 보조운동영역과 운동앞영역으로 신호를 중계하게 하는데, 두 영역은 운동겉질과 함께 '활동 계획'을 수립한다.

출발!

운동겉질은 명령을 내린다. 운동겉질은 소뇌(다리뇌를 통해 연결됨) 및 바닥핵과 쌍방향 명령-피드백 연결을 이룬다. 소뇌는 근육 운동을 세밀하게 조정하고 다시 운동겉질에 정보를 중계하여 결국 운동겉질에서 근육으로 명령이 전달된다.

'작은 뇌'

뇌 중에서 뒤 및 아래에 위치한 둥글고 주름이 많은 소뇌는 그 위에 있는 커다란 돔 지붕 같은 대뇌와 닮은 점이 몇 가지 있다. 소뇌는 대뇌처럼 신경세포의 세포체와 가지돌기와 시냅스로 구성된 회색질이 바깥층인 겉질에 있고, 신경섬유(축삭)가 주 성분인 백색질은 속질에 있다. 소뇌 백색질은 다른 여러 뇌 부위로 연결된 신경로, 즉 신경섬유다발을 이룬다. 소뇌겉질은 대뇌겉질에 비해 주름이 훨씬 더 촘촘하다.

소뇌는 뒤 및 아래에 있기 때문에 대뇌로 전달되는 모든 감각 정보뿐 아니라 뇌에서 시작하여 척수를 거쳐 몸에 전달되는 운동 명령을 모두 감시할 수 있다. 소뇌는 또한 바닥핵 같은 다른 운동 조절 뇌영역과 밀접하게 연결되어 있다. 소뇌의 주된 역할은 운동겉질에서 시작한 개괄적인 운동 명령을 세밀하게 보완하고 다시 운동겉질에 돌려보내서 자세한 운동 명령이 근육에 전달되게 하고, 모든 운동이 매끄럽고 능숙하게 협동해서 일어나도록 피드백 정보를 감시하는 것이다.

최근 연구 결과에 따르면 소뇌는 어떤 상황에 집중하고 언어를 말하고 이해하는 데에도 활발하게 작용한다고 한다.

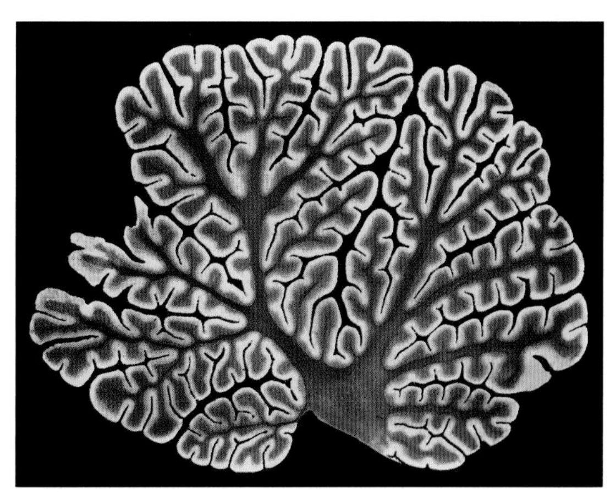

소뇌(cerebellum)의 단면

주름이 매우 촘촘한 소뇌겉질(연노랑색)은 나뭇가지처럼 갈라진 신경로(빨간색)들을 둘러싸고 있다. 가장 굵은 '나무줄기'에는 신경세포가 모여 있는 회색질인 소뇌핵이 있다. 소뇌핵은 대규모 운동 명령이 소뇌 밖으로 나가는 조정 중추로 작용한다.

소뇌는 뇌 전체 부피의 **10퍼센트**에 불과하지만 나머지 **90퍼센트** 뇌에 있는 신경세포에 비해 **두 배가 넘는 수의 신경세포**가 분포한다.

우리는 어떻게 세상을 느끼는가

놀랍게도 뇌 자체는 감각을 못 느낀다. 뇌에는 감각신경 수용기가 없으며, 어디에 닿거나 손상을 입어도 느끼지 못한다. 그러나 뇌는 여러 가지 자극에 반응하는 감각기관의 작용을 통해 뇌 이외의 신체 부위나 우리 주위 환경에서 어떤 일이 일어나는지를 알 수 있도록 예민하게 조율되어 있다.

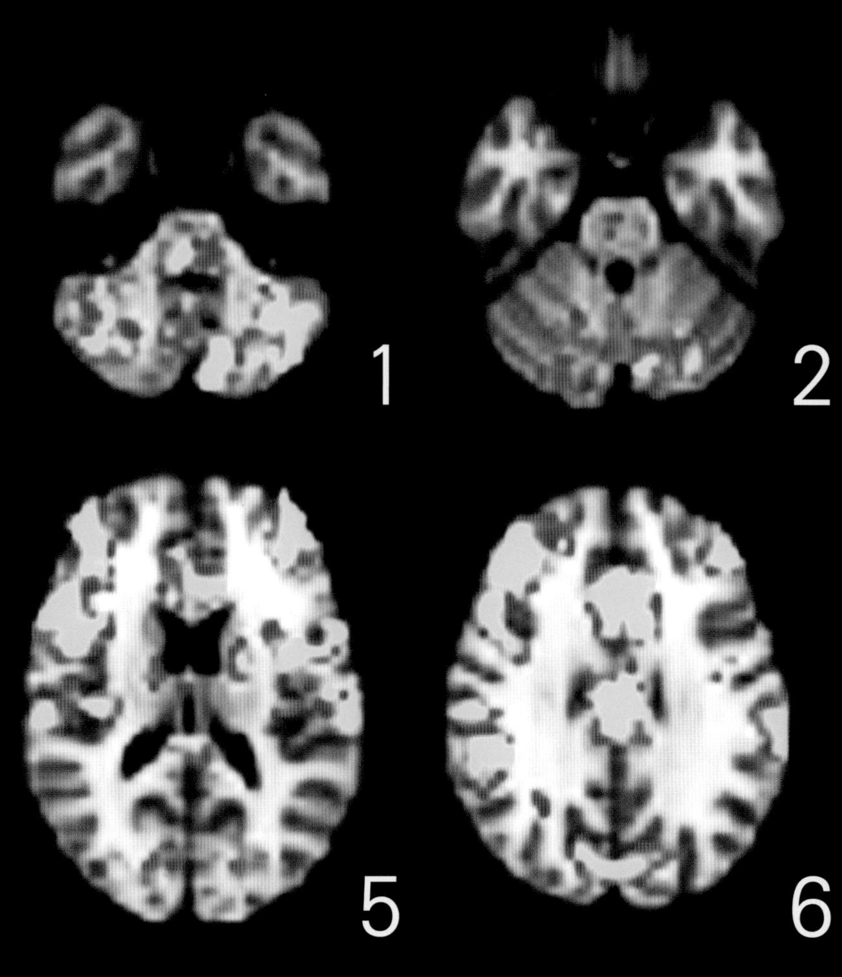
1
2
5
6

인간의 주요 감각

오감은 지나치게 단순화한 개념으로, 그중 네 감각과 유발 자극은 정의하기 쉽다. 시각은 가시광선을(326쪽), 청각은 음파를(330쪽), 후각은 냄새 분자를(332쪽), 미각은 맛 분자를 감지한다.(332쪽)

하지만 나머지 감각은 더 복잡하다. 평형(330쪽)은 독립된 감각이라기보다는 여러 가지 감각과 더불어 근육계통까지 동시에 관여하는 진행 과정에 가깝다. 촉각은 피부에 근거를 두지만 모두 그렇지는 않으며, 물리적 접촉뿐 아니라 진동이나 온도자극에도 반응하는 다중 감각이다.(334쪽) 통증 감각은 신경계통에서 다른 감각과는 다른 방식으로 처리된다.(325쪽)

인체에는 근육이나 관절 등에 분포하는 내부수용기도 있다.(325쪽 내부 감각 참조) 그러나 기본 원리 측면에서 보면 어느 감각기관이나 하는 일은 모두 같다. 감각기관은 작동 원리로 볼 때 모두 변환장치에 해당되며, 저마다 받는 자극의 유형은 다르지만 자극에서 비롯된 에너지를 신경계통의 '공용어'인 신경 자극으로 변환한다.

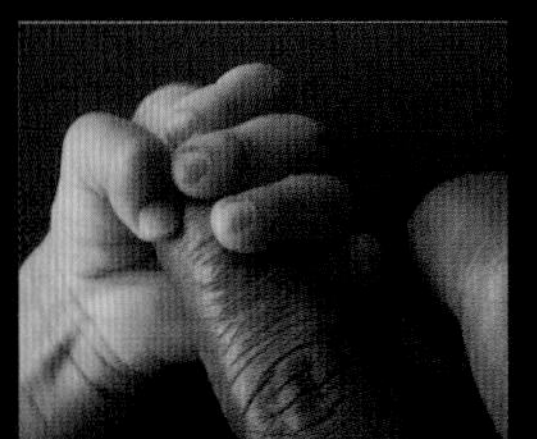

놀라운 세상
각각의 상황에서 가장 중요한 감각이 무엇인지 상상해 보자.(왼쪽 위 사진에서부터 시계방향으로 귀, 평형, 혀, 고, 피부, 눈 순이다.) 하지만 이 사진이 주는 실제 자극은 시각을 일으키는 빛뿐이다.

동반감각(공감각, SYNESTHESIA)

정상 신경 경로에서는 감각기관에서 시작된 정보가 특정 뇌 부위에, 특히 대뇌겉질로 전달되는데, 이곳에서 감각 정보가 의식 수준에서 인지되기 시작한다. 예를 들어 눈에서 시작된 신호는 시각겉질에서 끝나는 식이다. 드물지만 각 경로가 다른 경로로 갈라져서 다른 뇌 부위로 전달되기도 한다. 이 경우 한 가지 자극만 가해져도 여러 가지 감각을 경험할 수 있다. 파란색을 볼 때 치즈 맛을 느끼기도 하며, 음악을 들을 때 정어리 맛을 느끼기도 한다. 이를 동반감각이라 하며, 사람마다 정도는 다르지만 약 25명당 1명꼴로 일어난다. 동반감각은 특정 화학물질 때문에도 일어날 수 있다. 지각 능력을 변화시키는 약물이나 환각제 등이 특히 그러하다.

음악이 그린 그림
동반감각을 느끼는 화가인 데이비드 호크니는 LA 오페라 무대를 디자인할 때 음악을 듣고 있으면 색깔과 모양이 "그냥 저절로" 그려졌다고 말한 바 있다.

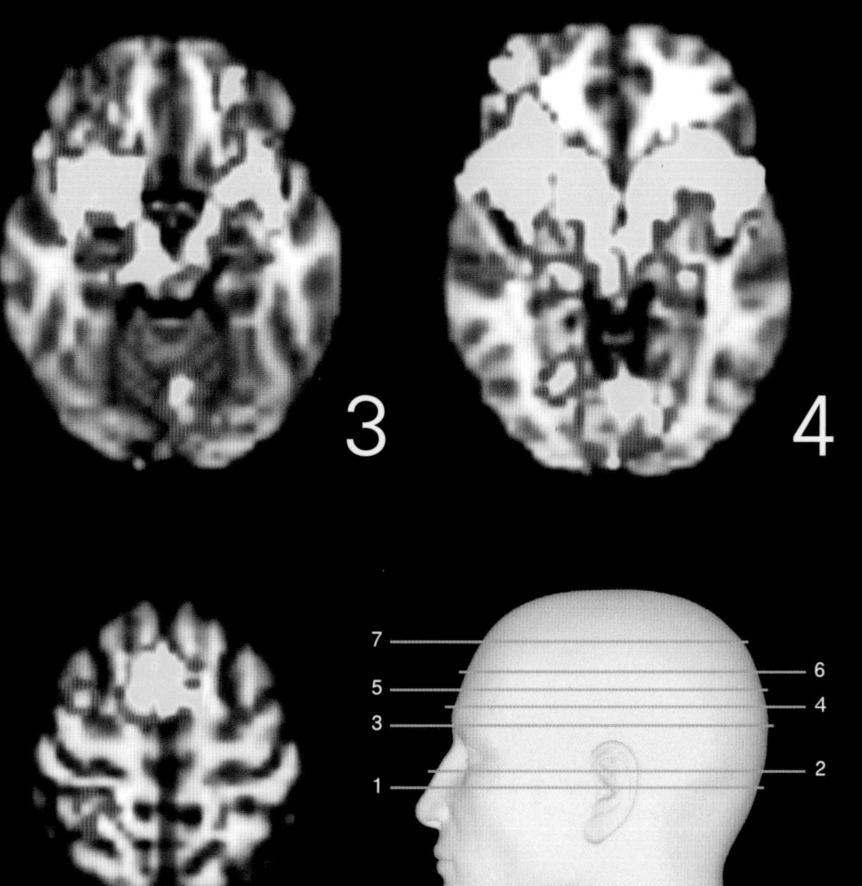
3
4
7
7
6
5
4
3
2
1

어떻게 통증을 느끼는가

통증은 객관적 측정이 어렵다. 통증을 묘사하는 표현은 많다. 쑤시듯, 칼로 찌르듯, 쓰라리게, 으깨지는 듯 아픈 것 등이다. 통증은 피부와 기타 여러 신체 부위에 있는 신경종말인 통각수용기에서 시작된다. 통각수용기나 조직은 손상을 입으면 프로스타글란딘이나 ATP나 브라디키닌 같은 물질을 방출한다. 이들은 통각수용기를 자극하여 통증 신호가 전달되게 한다. 이 신호는 촉각 등의 감각과는 다른 경로를 지나는데(318쪽), 특히 척수를 지날 때 차이가 뚜렷하다. 통증 정보는 대부분 대뇌겉질에서 끝난다. 이 단계에 이르면 특정 신체 부위에서 일어난 통증으로 인식한다.

통증은 뇌 전체로
왼쪽: 이 기능자기공명영상(fMRI)은 건강한 사람에게 아픈 자극을 가했을 때 촬영한 뇌의 수평단면을 순서대로 배열한 것이다. 노란 부위는 뇌 활성을 나타내는데, 광범위한 뇌 부위가 통증에 관여함을 알 수 있다.

통증 감각 경로
오른쪽: 어느 감각이든 신경 신호가 수용기에서부터 뇌에 도달하고 의식 수준에서 인식하려면 시간이 좀 걸린다. 1초만 지나도 이미 손상이 진행되었을 수 있다.

통증 시작
손상을 입으면 프로스타글란딘이나 브라디키닌 같은 화학물질이 방출되고, 이 물질들은 통각수용기에서 통증 신호가 시작되도록 자극한다.

척수
신경 신호는 통증 자극과 관련된 축삭(신경섬유)을 타고 척수의 뒤뿔로 들어간 후 그 다음 단계로 진행한다.

뇌줄기(뇌간)
신경 신호가 숨뇌를 통과하면서 자율신경계통 중 교감신경계통을 활성화시킨다.(311쪽)

중간뇌
통증이 도달하는 부위는 통증 신호를 감시하고, 우리 몸 속에 있는 진통물질을 뇌줄기와 척수에 방출하도록 촉발한다.

대뇌겉질
대뇌겉질의 여러 영역에 신호가 도달한다. 이제 통증을 의식 수준에서 느끼며, 어느 신체 부위에서 일어났는지 알 수 있다.

내부감각

우리는 보거나 만지지 않아도 우리 팔다리가 어디에 있는지, 서 있는지 누워 있는지, 어떤 자세를 취하고 있는지, 어디를 돌아다니고 있는지 알 수 있다. 이 감각을 고유감각(proprioception)이라 한다. 우리는 고유감각 덕분에 우리 자세와 움직임을 알 수 있다.

고유감각은 내부 기관에서 시작되는데, 이들은 대부분이 현미경을 통해서만 볼 수 있을 정도로 작으며 고유감각기라 불린다. 고유감각기는 온몸에 무수히 분포하는데, 특히 근육과 힘줄, 인대와 관절주머니에 많다. 이들은 분포한 곳에서 긴장이나 길이나 압력이 변할 때 반응하는데, 예를 들어 이완된 근육이 늘어날 때 반응한다. 이 정보들은 속귀의 안뜰이나 반고리관에 있는 털세포 등이 감지하는 방향과 위치 변화에 관한 신호와 통합된다.(330쪽)

고유감각기는 자극을 받으면 말초신경계통을 통해 신경 신호를 뇌로 보낸다. 예를 들어 위팔두갈래근에 있는 고유감각기에서 시작된 정보가 이 근육이 압박을 받고 있고 수축했음을 뇌에 알려 주면 우리는 팔꿉관절이 굽혀져 있음을 알게 된다.

통증과 감각 차단

통증은 우리가 원하지는 않지만 신체 일부에 문제가 생겼으니 원인을 찾아서 제거하라고 우리에게 경고하기 때문에 생존에 중요하다. 인체 내부에는 통증을 낮추는 진통물질이 존재하는데, 뇌의 일부인 시상하부와 뇌하수체에서 분비된 후 혈액과 신경계통을 통해 퍼지는 엔도르핀 계열이 대표적이다. 이 물질은 예를 들어 특정 신경전달물질 생산을 막거나 수용체를 차단함으로써 자극을 받는 신경세포에 새로운 신경 자극이 만들어지지 않도록 시냅스 단계에서 억제함으로써(314쪽) 통증 정보를 전달하는 신경 신호가 전파되는 과정에 영향을 미친다.

통증을 완화할 수 있는 단계
통증 정보는 일련의 신경세포와 시냅스를 차례로 거쳐 고위 뇌 중추에 전달된다. 따라서 이 경로를 차단하고 통증을 덜 느끼도록 할 수 있는 기회가 여러 번 있는 셈이다.

진통제	작용 원리
아편유사제(모르핀 등)	엔도르핀처럼 주로 중추신경계통 내에서 작용하며 뇌가 통증을 의식적으로 인식할 수 있는 능력을 억제한다.
아세트아미노펜	이 진통제는 효과가 약한 아편유사물질과 비슷하다. 주로 중추신경계통 내에서 프로스타글란딘 생성을 억제하며, 신경전달물질인 아난다마이드(AEA)에도 영향을 미친다.
비스테로이드 소염제(NSAID)	NSAID(이부프로펜 등)는 통증을 일으킬 수 있는 특정 프로스타글란딘이 생성되지 못하도록 억제한다. 주로 말초신경계통에서 작용한다.

마취제	작용 원리
전신마취제	주로 뇌에 작용하지만 척수에도 영향을 미쳐서 근육을 이완시키고 의식을 상실시킨다. 정확한 기전은 불명확하다.
국소마취제	특정 부위에서 말초신경을 통한 신경 자극을 방해한다. 예를 들어 신경세포막에서 나트륨 통로를 차단함으로써(313쪽) 모든 감각 정보를 감소시킨다.
경막바깥마취제	척수를 둘러싸는 수막 중 가장 바깥층인 경막 주위 공간에 주입해서 주입 부위 아래에서 느끼던 모든 감각을 억제한다.

우리는 어떻게 보는가

대다수 사람에서 시각은 가장 중요한 감각이다. 뇌는 두 눈에 모은 가시광선 형태의 정보를 이용하여 세상의 영상을 또렷이 창조함으로써 우리로 하여금 주위 세계를 경험하게 한다.

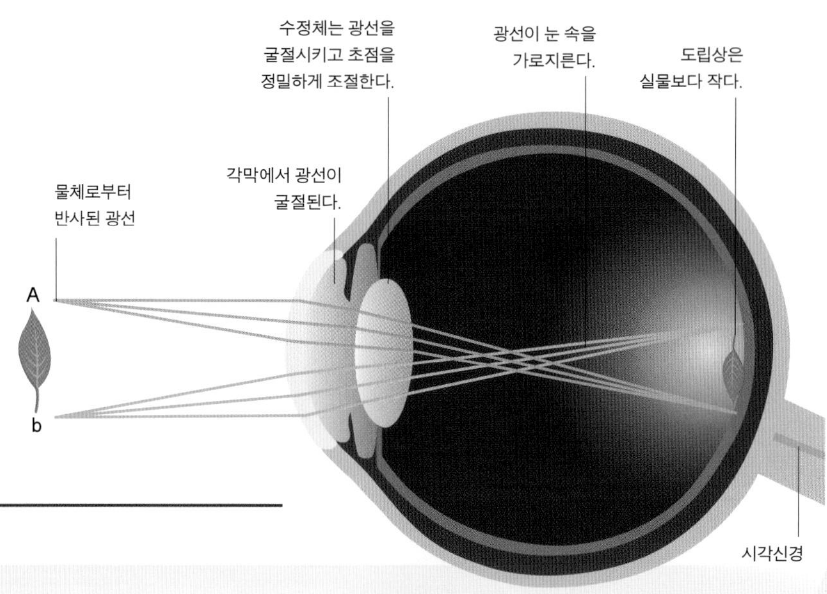
수정체는 광선을 굴절시키고 초점을 정밀하게 조절한다.
광선이 눈 속을 가로지른다.
도립상은 실물보다 작다.
각막에서 광선이 굴절된다.
물체로부터 반사된 광선
A
b
시각신경

영상 제작
각막과 수정체에서 굴절된 광선은 안구 속을 가로질러 망막에서 초점이 정확한 영상을 생성한다. 이 영상을 실물과 비교하면 위아래와 앞뒤가 바뀌어 있다.

시각계통

눈은 머리뼈에 있는 눈확이라는 소켓 속에서 지방조직이 보호하고 있으며, 눈의 표면은 눈물이 씻어내면서 눈을 깜박일 때 깨끗이 닦인다. 눈은 시야에 포함된 물체가 반사하거나 이 물체에서 시작된 광선을 모은다. 이 광선은 투명한 각막을 통해 눈 속으로 들어온다. 각막은 바로 뒤에 있는 수정체의 도움을 받아서 광선이 망막에 초점이 맞게 만든다. 수정체는 초점 조절이 가능하며, 망막은 안구 뒷부분의 속면을 덮고 있는 빛에 민감한 수용기들이 모여 있는 얇은 막이다. 초점은 자동 조절되며, 홍채 크기도 자동 조절되기 때문에 눈으로 들어오는 빛의 양을 조절한다. 빛이 망막의 빛수용세포를 두드릴 때 이 세포들에서 엄청나게 많은 신경 자극이 시작된다. 이 자극은 시각신경을 따라 전달되어 결국 대뇌 뒷부분에 있는 시각영역에 도달한다. 이곳에서 신호를 분석해서 우리가 보고 있는 것이 무엇인지, 어디에 있는지, 움직이는지 아닌지를 깨닫는다.

빛 꺾기

광선은 대개 물체 사이를 직선으로 이동한다. 광선은 각막과 수정체를 모두 통과한 후 방향이 꺾이는데, 이를 굴절이라 한다. 그 결과 바깥 세계가 망막에 투사되어 선명한 영상이 만들어진다. 빛 굴절은 대부분 각막에서 일어나지만 각막은 모양이 일정하기 때문에 굴절률이 변하지 않는다. 모양이 변해서 정밀하게 초점을 조절하는 것은 탄성이 있는 수정체다(327쪽).

각막(cornea)
안구의 앞면을 덮고 있으며 빛을 굴절하는 둥글고 투명한 막

빛 굴절

광선은 투명한 한 매질에서 다른 매질로 넘어갈 때 방향이 꺾이는 굴절이 일어난다. 빛이 수정체로 들어간 뒤 벗어날 때에도 굴절이 일어난다. 수정체는 앞뒷면이 모두 볼록하다. 빛이 볼록렌즈의 표면에 닿는 각이 클수록 안쪽으로 더 크게 굴절된다.

볼록렌즈
볼록렌즈에서 굴절된 광선은 한 점으로 모아진다. 볼록렌즈가 두꺼울수록 광선이 더 크게 굴절된다.

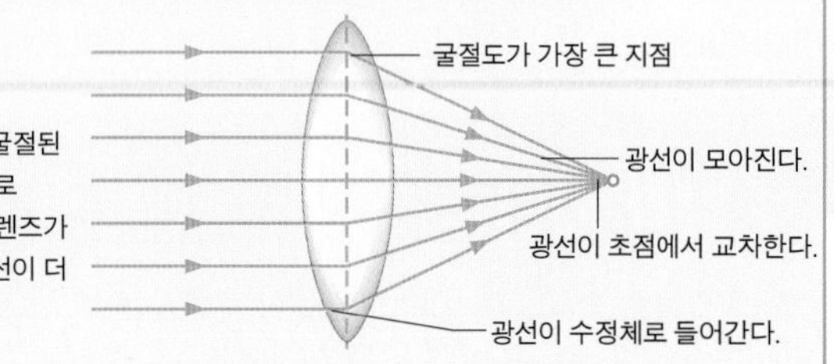
굴절도가 가장 큰 지점
광선이 모아진다.
광선이 초점에서 교차한다.
광선이 수정체로 들어간다.

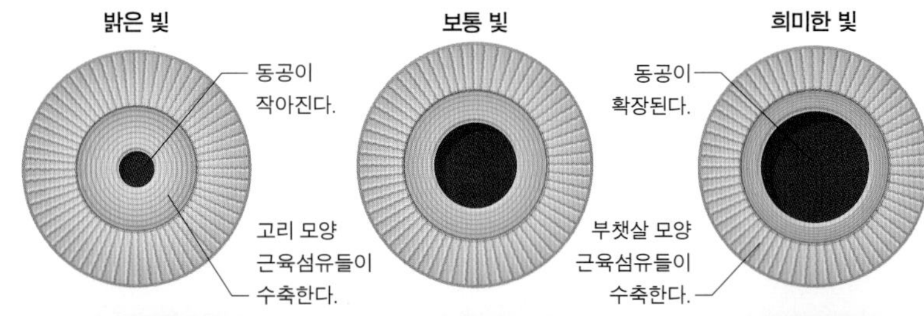
밝은 빛
보통 빛
희미한 빛
동공이 작아진다.
동공이 확장된다.
고리 모양 근육섬유들이 수축한다.
부챗살 모양 근육섬유들이 수축한다.

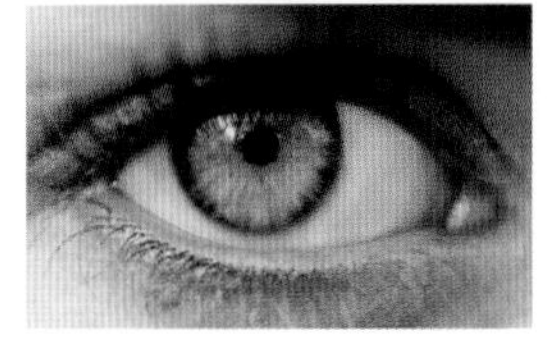

작은 동공
부교감신경이 자극하면 홍채에 있는 고리 모양 근육섬유들이 수축하여 동공이 작아지고, 빛이 눈 속으로 덜 들어온다.

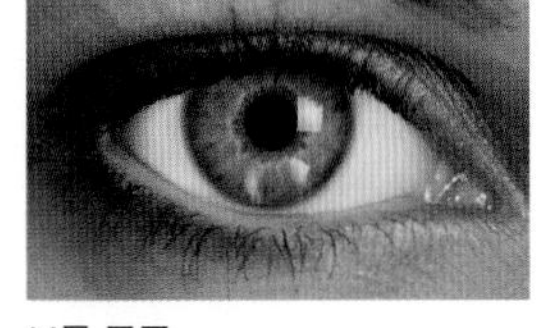

보통 동공
빛 밝기가 보통인 상황에서는 고리 모양 근육섬유와 부챗살 모양 근육섬유가 모두 조금씩 수축한다. 이때 동공은 너무 크지도 않고 너무 작지도 않다.

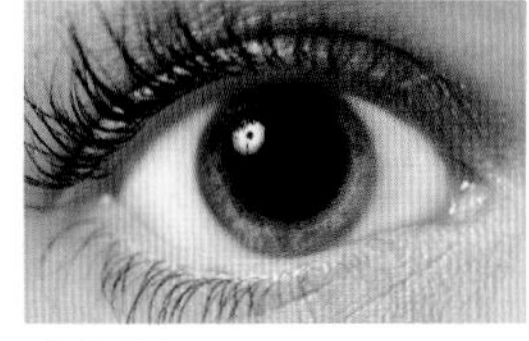

커진 동공
교감신경이 자극하면 홍채에 있는 부챗살 모양 근육섬유들이 수축하여 동공이 커지고, 빛이 눈 속으로 더 많이 들어온다.

빛 조절

주위가 밝거나 어두워도 큰 어려움 없이 볼 수 있다. 눈에는 홍채 중앙에 있는 동공을 통해 들어오는 빛의 양을 무의식적으로 자동 조절하는 장치가 있기 때문이다. 홍채는 검은자위 부분으로, 두 근육섬유층, 즉 나이테 모양으로 배열된 근육섬유와 부챗살 방향 근육섬유를 포함하고 있다. 이 근육들은 자율신경계통의 지시에 따라 수축한다(311쪽) 서로 반대로 작용하는 부교감신경계통과 교감신경계통 덕분에 빛이 밝으면 동공이 작아져서 눈부심을 막을 수 있고, 빛이 희미하면 동공이 커져서 눈으로 빛이 많이 들어오기 때문에 어두워도 볼 수 있다.

홍채의 속면
색깔을 입힌 전자현미경 사진으로, 홍채의 속면이 분홍색으로 관찰된다. 사진 오른쪽에 있는 군청색 부분은 동공의 가장자리이고, 중앙에 있는 빨간색 주름들은 섬모체돌기들이다.

정상 상황에서는 **어느 쪽 눈이든지** 한쪽 눈이 빛 자극을 받으면 두 눈의 동공이 **동일하게 반응한다.**

초점 조절

보고자 하는 대상이 멀거나 가까워도 우리 눈은 초점을 자동 조절함으로써 선명한 상을 망막에 맺는다. 이 과정을 초점 조절이라 한다. 초점 조절은 수정체의 모양이 변함으로써 빛 굴절력이 변하는 과정이며, 각막의 굴절력은 일정하다. 가까이 볼 때는 수정체를 둘러싸는 섬모체근 고리가 수축하고 움츠러든다. 그 결과 수정체를 매달고 있는 인대인 섬모체띠가 느슨해지고, 수정체는 자체 탄력이 있기 때문에 더 볼록해진다. 멀리 볼 때는 섬모체근 고리가 이완되고 넓어진다. 그 결과 섬모체근 고리가 섬모체띠를 팽팽히 잡아당기기 때문에 수정체가 늘어나서 얇아진다.

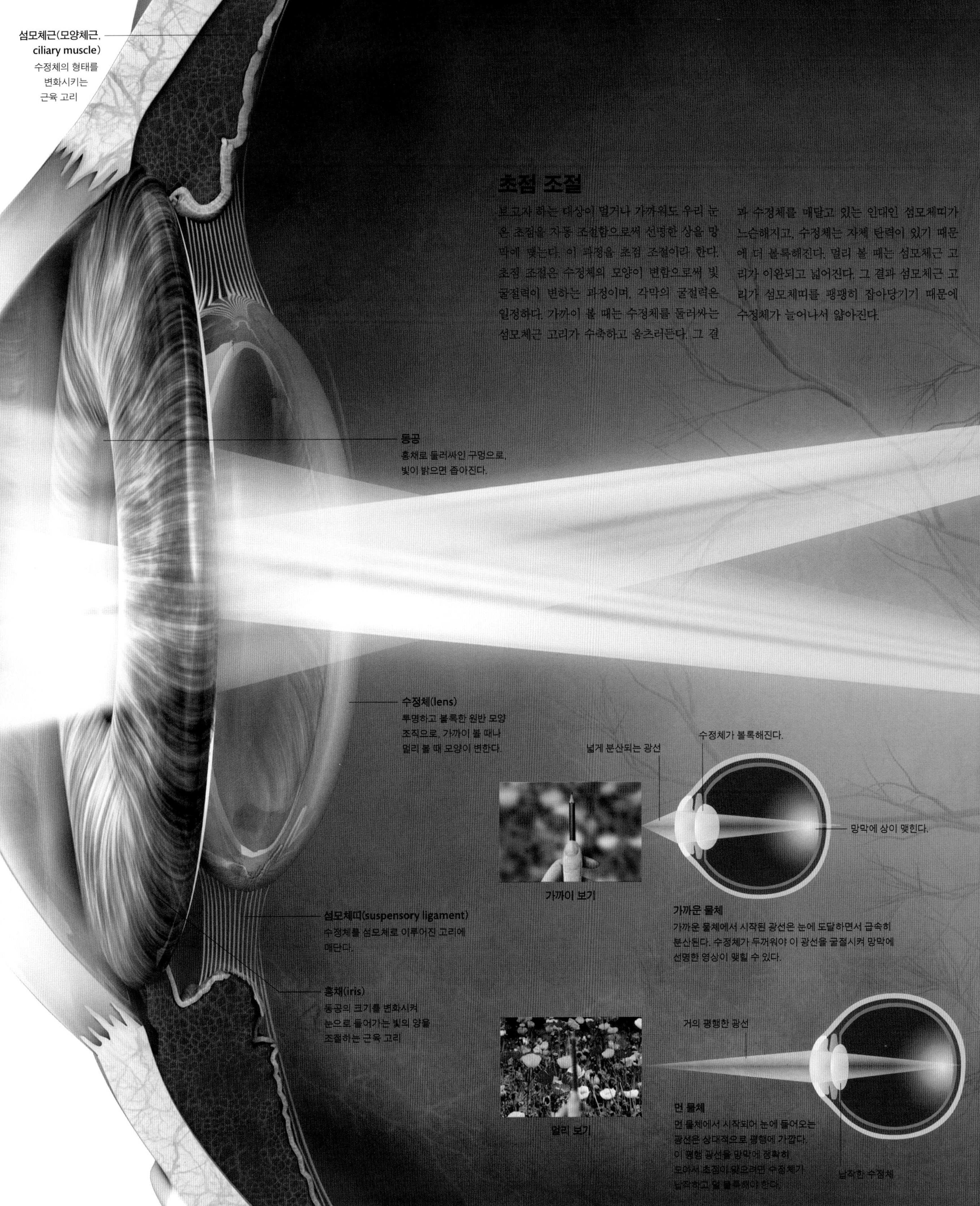

섬모체근(모양체근, ciliary muscle)
수정체의 형태를 변화시키는 근육 고리
동공
홍채로 둘러싸인 구멍으로, 빛이 밝으면 좁아진다.
수정체(lens)
투명하고 볼록한 원반 모양 조직으로, 가까이 볼 때나 멀리 볼 때 모양이 변한다.
섬모체띠(suspensory ligament)
수정체를 섬모체로 이루어진 고리에 매단다.
홍채(iris)
동공의 크기를 변화시켜 눈으로 들어가는 빛의 양을 조절하는 근육 고리
넓게 분산되는 광선
수정체가 볼록해진다.
망막에 상이 맺힌다.
가까이 보기
가까운 물체
가까운 물체에서 시작된 광선은 눈에 도달하면서 급속히 분산된다. 수정체가 두꺼워야 이 광선을 굴절시켜 망막에 선명한 영상이 맺힐 수 있다.
거의 평행한 광선
멀리 보기
먼 물체
먼 물체에서 시작되어 눈에 들어오는 광선은 상대적으로 평행에 가깝다. 이 평행 광선을 망막에 정확히 모아서 초점이 맞으려면 수정체가 납작하고 덜 볼록해야 한다.
납작한 수정체

망막과 중심오목

망막 덕분에 선명한 총천연색 세상을 볼 수 있다. 망막은 여러 층으로 구성되어 있는데, 가장 바깥층에는 빛수용세포가 모여 있다. 이 세포들은 빛 에너지를 받으면 신경 신호를 방출한다. 그중 막대세포는 1억 2000만 개 정도며 주로 망막의 앞부분에 분포한다. 원뿔세포는 약 500만 개며 대부분 망막 중 뒷부분에 있다. 원뿔세포는 황반에 있는 중심오목에 집중 분포하는데, 중심오목은 좁지만 가장 자세히 보고자 하는 상이 맺히는 곳이다. 원뿔세포는 적, 녹, 청의 세 유형이 있는데, 덕분에 총천연색으로 볼 수 있다. 세 원뿔세포는 저마다 특정 색깔 빛에 반응하고, 통합된 신경 신호가 뇌에서 분석되어 수많은 색채가 구현된다. 원뿔세포가 반응하려면 막대세포에 비해 강한 빛이 필요하다. 빛이 희미해지면 원뿔세포는 작동이 줄어들고, 막대세포가 시각 정보 중 대부분을 제공한다.

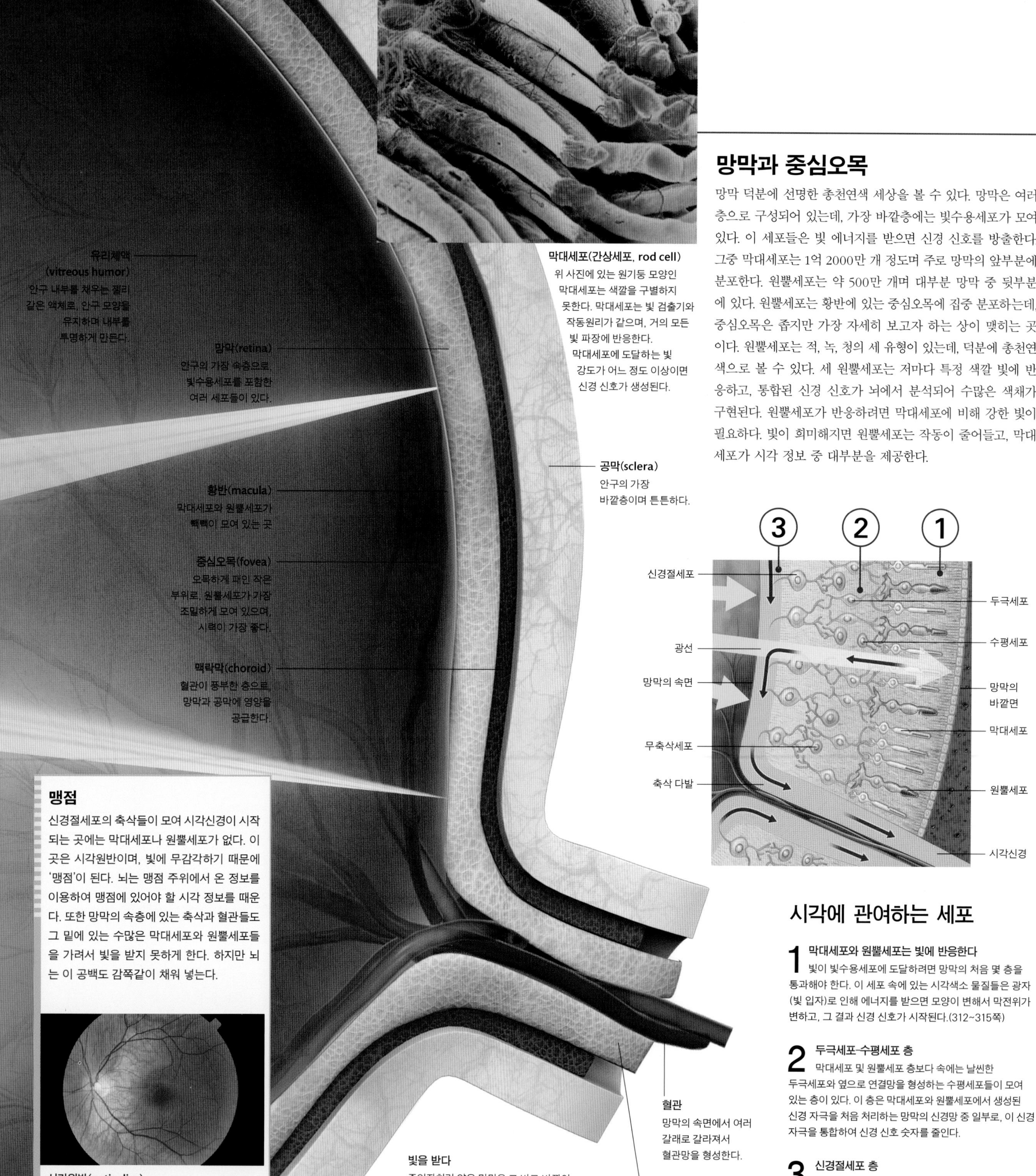

유리체액
(vitreous humor)
안구 내부를 채우는 젤리 같은 액체로, 안구 모양을 유지하며 내부를 투명하게 만든다.
망막(retina)
안구의 가장 속층으로, 빛수용세포를 포함한 여러 세포들이 있다.
황반(macula)
막대세포와 원뿔세포가 빽빽이 모여 있는 곳
중심오목(fovea)
오목하게 패인 작은 부위로, 원뿔세포가 가장 조밀하게 모여 있으며, 시력이 가장 좋다.
맥락막(choroid)
혈관이 풍부한 층으로, 망막과 공막에 영양을 공급한다.
막대세포(간상세포, rod cell)
위 사진에 있는 원기둥 모양인 막대세포는 색깔을 구별하지 못한다. 막대세포는 빛 검출기와 작동원리가 같으며, 거의 모든 빛 파장에 반응한다. 막대세포에 도달하는 빛 강도가 어느 정도 이상이면 신경 신호가 생성된다.
공막(sclera)
안구의 가장 바깥층이며 튼튼하다.
3
2
1
신경절세포
두극세포
광선
수평세포
망막의 속면
망막의 바깥면
막대세포
무축삭세포
축삭 다발
원뿔세포
시각신경
혈관
망막의 속면에서 여러 갈래로 갈라져서 혈관망을 형성한다.
시각신경(시신경, optic nerve)
약 100만 개나 되는 신경섬유(축삭)들이 모인 다발로서, 시각 정보를 뇌로 전달한다.

빛을 받다

종잇장처럼 얇은 망막은 그 바로 바깥인 맥락막에 밀착해 있다. 광선은 안구 속을 채우는 매우 투명하며 젤리 같은 액체인 유리체액을 쉽게 통과한 후 망막에 정확히 초점이 모아지는데, 영상의 중심부분은 망막의 중심오목에 형성된다.

맹점

신경절세포의 축삭들이 모여 시각신경이 시작되는 곳에는 막대세포나 원뿔세포가 없다. 이 곳은 시각원반이며, 빛에 무감각하기 때문에 '맹점'이 된다. 뇌는 맹점 주위에서 온 정보를 이용하여 맹점에 있어야 할 시각 정보를 때운다. 또한 망막의 속층에 있는 축삭과 혈관들도 그 밑에 있는 수많은 막대세포와 원뿔세포들을 가려서 빛을 받지 못하게 한다. 하지만 뇌는 이 공백도 감쪽같이 채워 넣는다.

시각원반(optic disc)

왼쪽에 있는 희미한 원이 시각원반이다. 중심오목은 사진 한가운데 진한 붉은색 부위인 황반의 중심에 있다. 혈관도 붉은색으로 관찰된다. 시야에 빈 곳이 있으면 안 되기 때문에 잽싸게 살펴본 후 시각원반 자리에 무엇이 있는지를 뇌가 추정하여 채워 넣는다.

시각에 관여하는 세포

1 막대세포와 원뿔세포는 빛에 반응한다

빛이 빛수용세포에 도달하려면 망막의 처음 몇 층을 통과해야 한다. 이 세포 속에 있는 시각색소 물질들은 광자(빛 입자)로 인해 에너지를 받으면 모양이 변해서 막전위가 변하고, 그 결과 신경 신호가 시작된다.(312~315쪽)

2 두극세포-수평세포 층

막대세포 및 원뿔세포 층보다 속에는 날씬한 두극세포와 옆으로 연결망을 형성하는 수평세포들이 모여 있는 층이 있다. 이 층은 막대세포와 원뿔세포에서 생성된 신경 자극을 처음 처리하는 망막의 신경망 중 일부로, 이 신경 자극을 통합하여 신경 신호 숫자를 줄인다.

3 신경절세포 층

두극세포 층보다 속에는 신경절세포 층이 있다. 무축삭세포는 두극세포와 신경절세포에 동시에 연결된다. 신경절세포는 막대세포와 원뿔세포에서 시작된 신경 자극을 더욱 단순화시키고, 이 신호를 축삭, 즉 신경섬유를 따라 밖으로 보낸다. 이 신경섬유들은 망막의 가장 속층에 모여서 다발을 이루는데, 이 다발이 시각신경이 된다.

시각경로

두 눈은 뇌 앞에 있지만 시각 정보를 처리하는 대뇌 부위는 뒤통수에 있다. 눈에서 시작한 신경 자극은 좌우 시각신경의 100만 개가 넘는 축삭을 따라 전달된다. 두 신경은 뇌 밑면에 있는 시각교차에서 모이는데, 한쪽 시각신경의 신경섬유들 중 절반 정도가 시각교차에서 반대쪽으로 넘어간다. 이어서 각 시각로의 신경섬유는 시상에 있는 가쪽무릎핵이라 불리는 시각 전용 영역에 전달된다.(316쪽) 가쪽무릎핵은 우리 의식과 관련 있는 정보와 다른 감각에 연결할 정보를 선별한다. 가쪽무릎핵에서 시작된 축삭은 대뇌 속에서 시각부챗살을 이루고, 결국 대뇌 뒤통수엽에 있는 일차시각겉질에 도달한다. 시각 정보는 일차시각겉질에서 처리와 선별을 먼저 거친 후에 다른 대뇌 영역으로 분배된다. 다른 대뇌 영역 중에 일차시각겉질을 둘러싸고 있는 이차시각겉질은 선이나 모서리나 색깔이나 모양이나 움직임 같은 특징을 구별하며, 대뇌 옆면에 있는 관자엽에서는 익숙한 대상을 인식하는 작용이 일어난다.

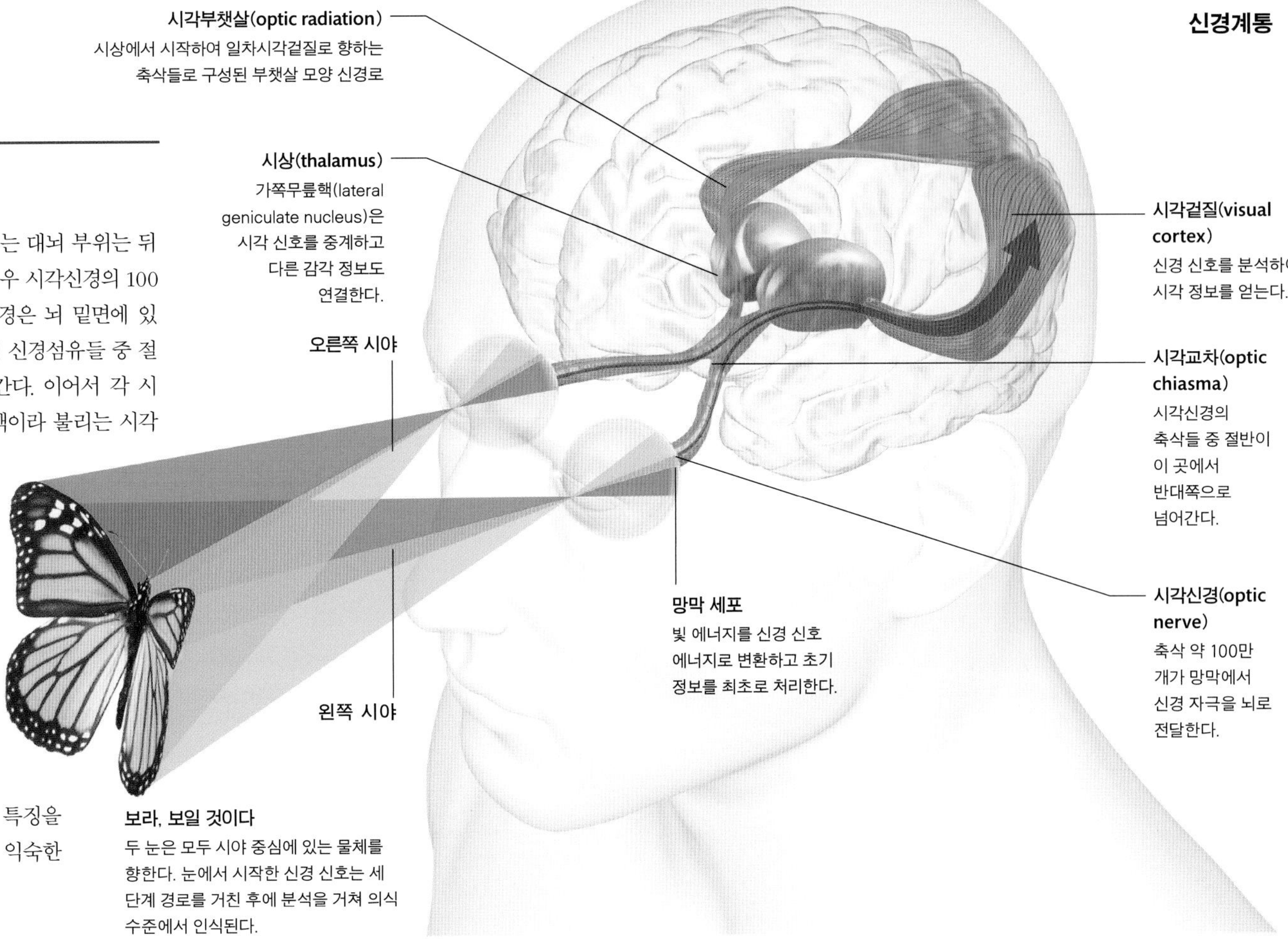

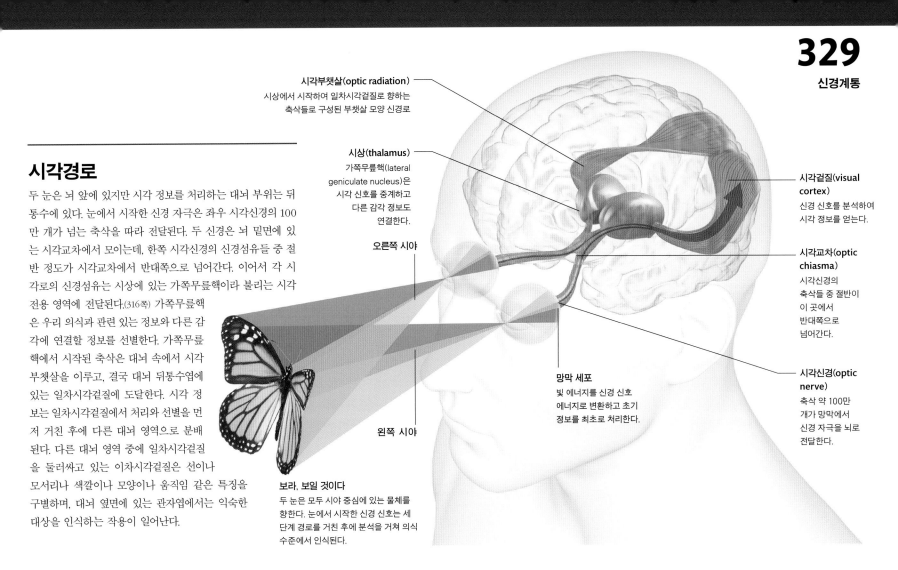

시각부챗살(optic radiation)
시상에서 시작하여 일차시각겉질로 향하는 축삭들로 구성된 부챗살 모양 신경로

시상(thalamus)
가쪽무릎핵(lateral geniculate nucleus)은 시각 신호를 중계하고 다른 감각 정보도 연결한다.

오른쪽 시야

왼쪽 시야

시각겉질(visual cortex)
신경 신호를 분석하여 시각 정보를 얻는다.

시각교차(optic chiasma)
시각신경의 축삭들 중 절반이 이 곳에서 반대쪽으로 넘어간다.

망막 세포
빛 에너지를 신경 신호 에너지로 변환하고 초기 정보를 최초로 처리한다.

시각신경(optic nerve)
축삭 약 100만 개가 망막에서 신경 자극을 뇌로 전달한다.

보라, 보일 것이다
두 눈은 모두 시야 중심에 있는 물체를 향한다. 눈에서 시작한 신경 신호는 세 단계 경로를 거친 후에 분석을 거쳐 의식 수준에서 인식된다.

원근과 입체감

시야는 입체감과 원근이 있기 때문에 어떤 물체가 다른 물체보다 가까운지 먼지를 판별할 수 있다. 뇌는 여러 곳에서 수집한 정보를 종합함으로써 이 기능을 완수한다.

이때 기억이 중요하다. 우리는 생쥐는 작고 코끼리는 크다는 사실을 이미 알고 있다. 이 사실을 시야에 있는 크고 작은 물체와 연결 지음으로써 크게 보이는 생쥐는 작게 보이는 코끼리보다 가까이 있다고 판단한다. 물체를 볼 때 두 눈이 움직이는 정도에서도 거리에 관한 정보를 얻을 수 있다.

인간은 눈이 둘이고, 시각경로를 거치면서 두 눈에서 시작한 시각 정보 중 일부를 맞교환한다는 사실도 원근감과 입체감에 일부 기여한다. 두 눈은 각각 자신의 시야가 있으며, 두 시야는 가운데에서 겹쳐서 두 눈 시야를 형성한다. 시각교차에서 일부 신경섬유가 반대쪽으로 넘어가기 때문에 각 눈의 시야 중 왼쪽은 오른쪽 시각겉질에서, 오른쪽 시야는 왼쪽 시각겉질에서 끝난다. 뇌는 두 눈의 시야 차이를 비교하는데, 이를 공간 두 눈 시차(공간양안시차)라 한다.

17,000

사람이 **하루에 눈을 깜박이는** 평균 횟수다.
즉 **5초에 한 번씩** 깜박인다.

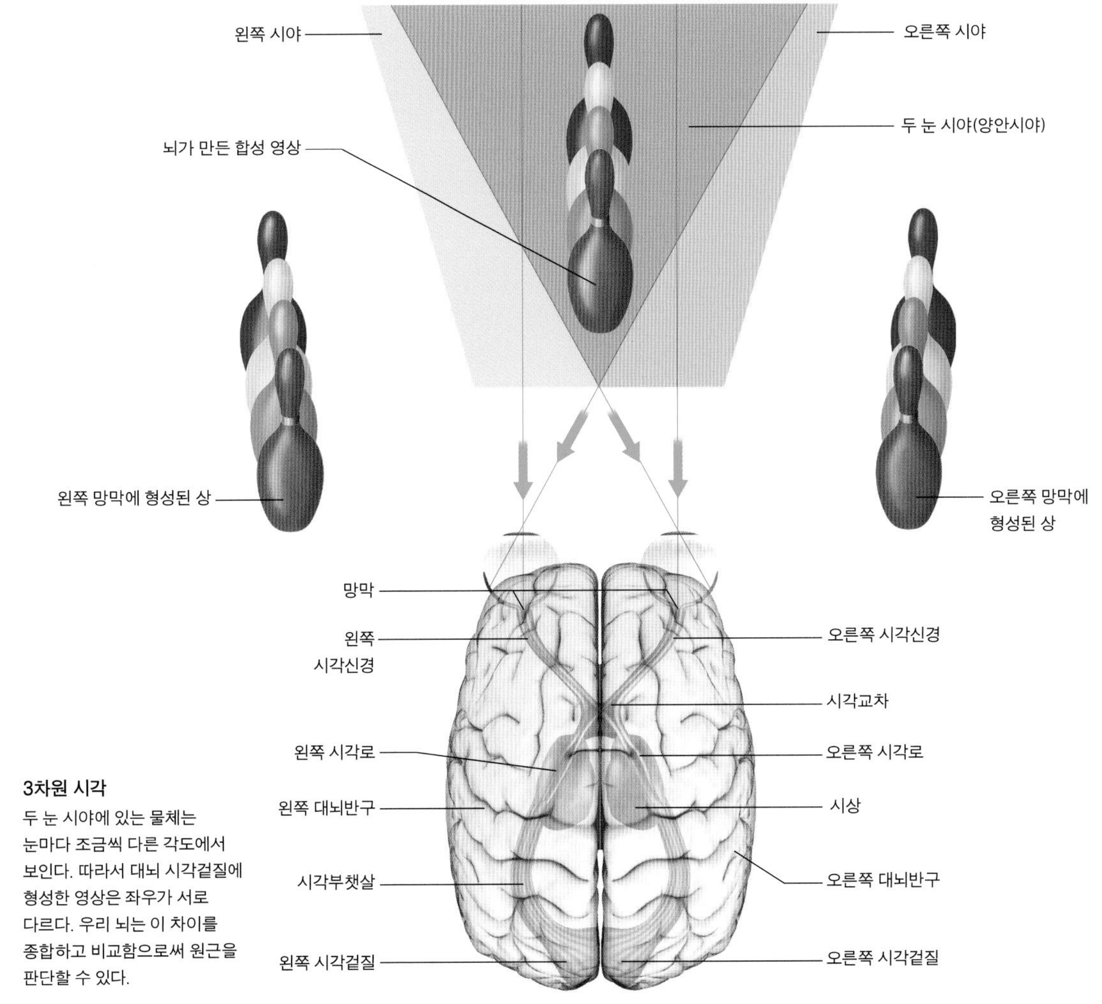
왼쪽 시야
오른쪽 시야
두 눈 시야(양안시야)
뇌가 만든 합성 영상
왼쪽 망막에 형성된 상
오른쪽 망막에 형성된 상
망막
왼쪽 시각신경
오른쪽 시각신경
시각교차
왼쪽 시각로
오른쪽 시각로
왼쪽 대뇌반구
시상
시각부챗살
오른쪽 대뇌반구
왼쪽 시각겉질
오른쪽 시각겉질

3차원 시각
두 눈 시야에 있는 물체는 눈마다 조금씩 다른 각도에서 보인다. 따라서 대뇌 시각겉질에 형성한 영상은 좌우가 서로 다르다. 우리 뇌는 이 차이를 종합하고 비교함으로써 원근을 판단할 수 있다.

청각과 평형

사람의 귀는 눈을 보완해서 우리 주위 세상에 관한 방대한 양의 정보를 들려준다. 세상에는 보이지 않지만 들을 수 있는 것도 있음은 엄연한 사실이다. 평형은 청각 기관에 이웃한 구조가 담당하며 작동 원리도 비슷하지만 직접적인 관련은 없다.

달팽이(와우, cochlea)
나선형으로 꼬인 달팽이 속에는 액체가 차 있는 관이 셋 있는데, 이 관들을 통해 소리 진동이 전달된다. 세 관 중 바깥에 있는 안뜰계단과 고실계단은 나선의 꼭대기에서 통해 있다. 안뜰계단과 고실계단 사이에는 달팽이관이 있는데, 달팽이관은 바닥판을 경계로 고실계단과 완전히 분리되어 있다. 바닥판에는 나선기관(코티 기관)이 놓여 있다.

우리는 어떻게 듣는가

소리는 고압과 저압이 교대로 반복하는 음파로 구성되며, 공기를 통해 퍼진다. 소리를 몇 차례 변환 과정을 거쳐 인식하는 과정이 청각이다. 첫 변환 과정은 소리가 고막을 두드릴 때 일어난다. 이 압력파는 고막에서 시작하여 가운데귀(중이)를 지나는데, 이때 우리 몸에서 가장 작은 뼈인 사슬처럼 연결된 세 귓속뼈를 따라 진동이 일어난다. 셋 중에 마지막 뼈는 또 다른 유연한 막인 안뜰창(타원창)에 밀착해 있으며, 안뜰창 속에는 액체가 차 있는 공간인 속귀가 있다. 이제 진동은 달팽이관 속에 퍼지는 유압 파동으로 변환된다. 달팽이관 속에는 털세포와 그 털이 파묻혀 있는 미세한 막을 포함한 나선기관(코티 기관)이 있다. 진동 때문에 털세포의 털이 뒤틀리면 신경 신호가 발생한다. 이 신호는 달팽이신경을 따라 전달되는데, 달팽이신경은 속귀신경에 합류하고, 결국 대뇌 청각겉질에 도달한다. 청각겉질은 좌우 귓바퀴 가까이에 있다. 청각겉질에서 신경 자극이 분석되어 본래 음파(공기 압력파)의 진동수(음의 높낮이)와 강도(음량)가 측정된다. 그 결과 우리가 듣게 된다.

음파가 도달한다
기압 파동인 음파는 귓바퀴에 모아진 후 날씬한 ∫자 모양인 바깥귀길로 들어간다. 이어서 음파가 새끼손가락 손톱 정도 크기인 고막을 두드리면 고막이 진동한다.

고막
음파
바깥귀길(외이도)
진동

가운데귀(중이) 진동
고막은 첫째 귓속뼈인 망치뼈에 연결되어 있다. 진동은 망치뼈를 시작으로 공기가 차 있는 가운데귀를 지나는데, 망치뼈 다음에 모루뼈와 등자뼈를 차례로 거친다. 등자뼈 바닥은 안뜰창 막에 밀착해 있는데, 등자뼈가 진동하면 등자뼈 바닥이 안뜰창을 밀고 당긴다.

걸이인대
망치뼈
모루뼈
고막
음파
진동
등자뼈
안뜰창(타원창)

평형

평형은 여러 감각이 협동 작용하는 동적 과정이다. 주로 잠재의식 수준에서 일어나며, 온몸의 근육으로 명령이 전달되기 때문에 우리가 평형을 유지하고 자세를 조절할 수 있다. 예를 들어 시각을 통해 수평면과 머리의 각도를 모니터하고, 피부를 통해 기댈 때 생기는 압력을 감지하며, 근육과 관절은 힘을 얼마나 받고 있는지를 감지한다.(325쪽 고유감각 참조) 평형 정보는 속귀에 있는 기관에서 시작하여 안뜰신경을 거쳐 뇌로 전달된다.

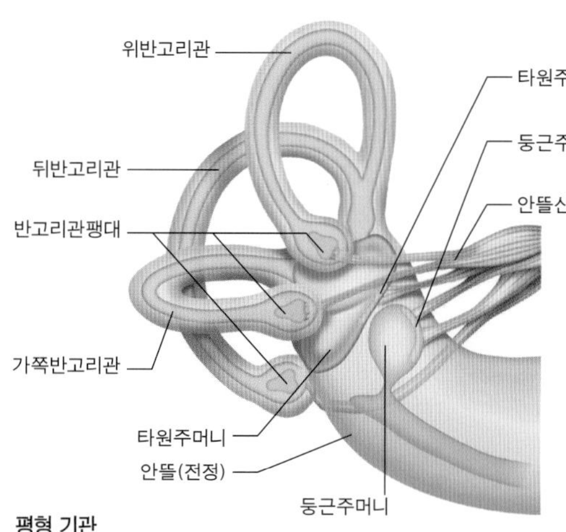
위반고리관
뒤반고리관
반고리관팽대
가쪽반고리관
타원주머니
안뜰(전정)
둥근주머니
타원주머니 평형반
둥근주머니 평형반
안뜰신경(전정신경)

평형 기관
세 반고리관은 서로 직각을 이루며, 머리의 움직임을 감지한다. 서로 이웃한 작은 두 물주머니인 타원주머니와 둥근주머니는 머리의 움직임보다는 머리의 정적인 자세를 전문적으로 감지한다.

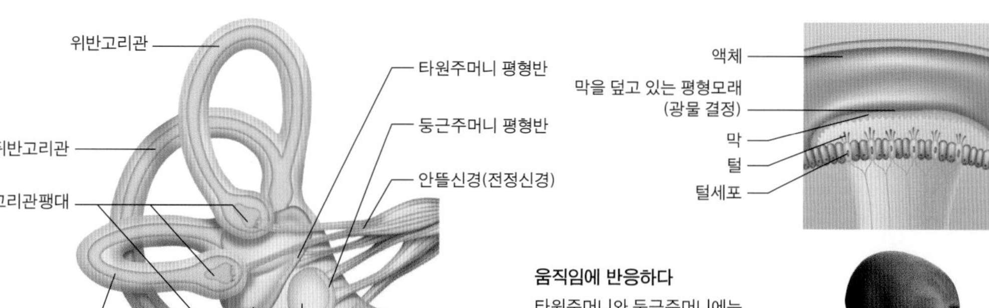
액체
막을 덮고 있는 평형모래
(광물 결정)
막
털
털세포
구부러진 털
90도 회전한 평형반
중력이 막을 당긴다.
반고리관팽대
팽대마루
털
소용돌이
팽대마루가 휘어진다.

움직임에 반응하다
타원주머니와 둥근주머니에는 털세포들로 이루어진 작은 천 조각 같이 생긴 평형반이 하나씩 있다. 털세포의 털끝은 광물 결정을 포함한 막에 박혀 있다. 중력이 막을 당기는 정도는 머리 자세에 따라 다르다. 각 반고리관마다 한쪽 끝에는 확장된 부분인 반고리관팽대가 하나씩 있는데, 이곳에 있는 털세포들은 팽대마루에 파묻혀 있다.

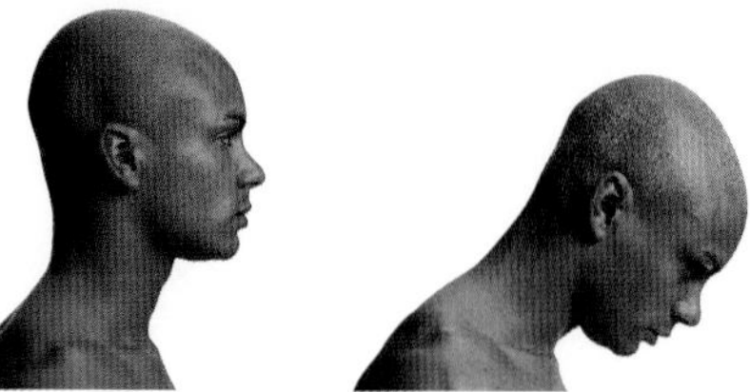

타원주머니(utricle)와 둥근주머니(saccule)
머리가 수평이면 평형반의 막이 균등하게 중력의 작용을 받는다. 머리를 앞으로 굽히면 중력 때문에 막이 당겨지고 털이 뒤틀린다. 그 결과 털세포에서 신경 자극이 발생한다.

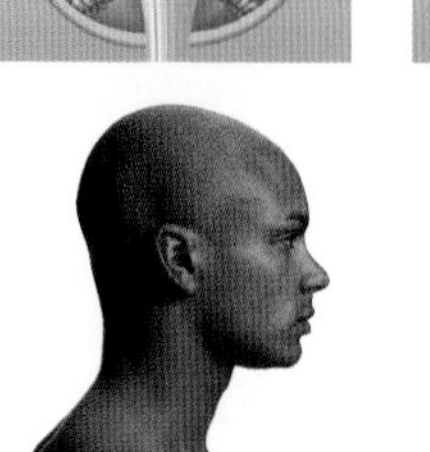

반고리관(semicircular duct)
머리가 움직이면 최소한 반고리관 하나에서 액체가 소용돌이친다. 그 결과 팽대마루가 뒤틀리고 털세포가 굽혀져서 신경 자극이 발생한다.

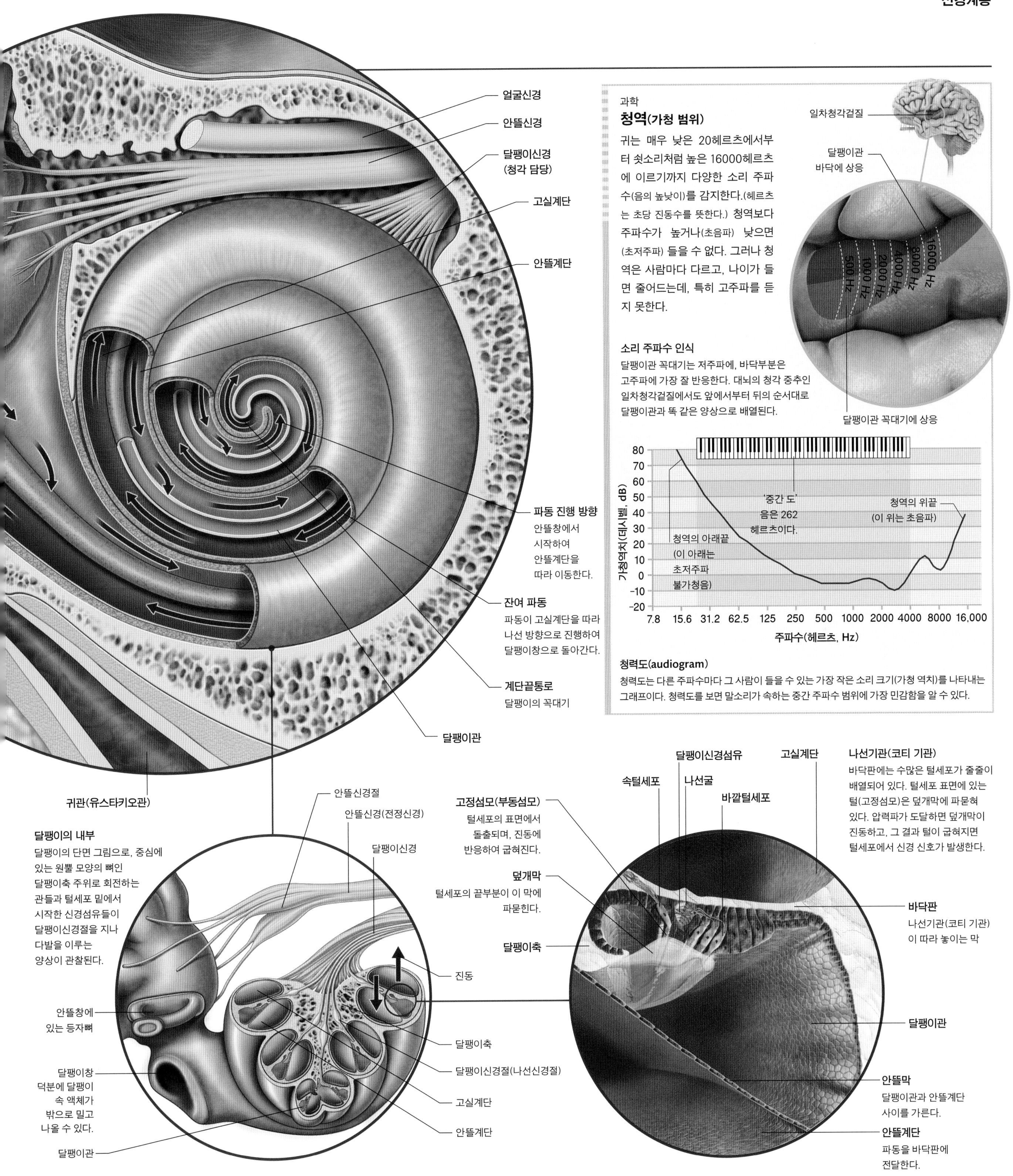
얼굴신경
안뜰신경
달팽이신경
(청각 담당)
고실계단
안뜰계단
파동 진행 방향
안뜰창에서
시작하여
안뜰계단을
따라 이동한다.
잔여 파동
파동이 고실계단을 따라
나선 방향으로 진행하여
달팽이창으로 돌아간다.
계단끝통로
달팽이의 꼭대기
달팽이관
귀관(유스타키오관)
일차청각겉질
달팽이관
바닥에 상응
16000 Hz
8000 Hz
4000 Hz
2000 Hz
1000 Hz
500 Hz
달팽이관 꼭대기에 상응
80
70
60
50
40
30
20
10
0
-10
-20
가청역치(데시벨, dB)
'중간 도'
음은 262
헤르츠이다.
청역의 위끝
(이 위는 초음파)
청역의 아래끝
(이 아래는
초저주파
불가청음)
7.8
15.6
31.2
62.5
125
250
500
1000
2000
4000
8000
16,000
주파수(헤르츠, Hz)
안뜰신경절
안뜰신경(전정신경)
달팽이신경
진동
달팽이축
달팽이신경절(나선신경절)
고실계단
안뜰계단
안뜰창에
있는 등자뼈
달팽이창
덕분에 달팽이
속 액체가
밖으로 밀고
나올 수 있다.
달팽이관
달팽이신경섬유
고실계단
속털세포
나선굴
바깥털세포
고정섬모(부동섬모)
털세포의 표면에서
돌출되며, 진동에
반응하여 굽혀진다.
덮개막
털세포의 끝부분이 이 막에
파묻힌다.
달팽이축
바닥판
나선기관(코티 기관)
이 따라 놓이는 막
달팽이관
안뜰막
달팽이관과 안뜰계단
사이를 가른다.
안뜰계단
파동을 바닥판에
전달한다.

과학

청역(가청 범위)

귀는 매우 낮은 20헤르츠에서부터 쇳소리처럼 높은 16000헤르츠에 이르기까지 다양한 소리 주파수(음의 높낮이)를 감지한다.(헤르츠는 초당 진동수를 뜻한다.) 청역보다 주파수가 높거나(초음파) 낮으면(초저주파) 들을 수 없다. 그러나 청역은 사람마다 다르고, 나이가 들면 줄어드는데, 특히 고주파를 듣지 못한다.

소리 주파수 인식

달팽이관 꼭대기는 저주파에, 바닥부분은 고주파에 가장 잘 반응한다. 대뇌의 청각 중추인 일차청각겉질에서도 앞에서부터 뒤의 순서대로 달팽이관과 똑 같은 양상으로 배열된다.

청력도(audiogram)

청력도는 다른 주파수마다 그 사람이 들을 수 있는 가장 작은 소리 크기(가청 역치)를 나타내는 그래프이다. 청력도를 보면 말소리가 속하는 중간 주파수 범위에 가장 민감함을 알 수 있다.

달팽이의 내부

달팽이의 단면 그림으로, 중심에 있는 원뿔 모양의 뼈인 달팽이축 주위로 회전하는 관들과 털세포 밑에서 시작한 신경섬유들이 달팽이신경절을 지나 다발을 이루는 양상이 관찰된다.

나선기관(코티 기관)

바닥판에는 수많은 털세포가 줄줄이 배열되어 있다. 털세포 표면에 있는 털(고정섬모)은 덮개막에 파묻혀 있다. 압력파가 도달하면 덮개막이 진동하고, 그 결과 털이 굽혀지면 털세포에서 신경 신호가 발생한다.

바닥판

나선기관(코티 기관)이 따라 놓이는 막

미각과 후각

미각과 후각은 모두 화학물질을 감지하며, 이웃한 곳에서 일어나고, 비슷한 방식으로 작용하며, 생존을 위해 정교하게 조율되어 있고, 식사를 할 때는 불가분의 관계에 있는 것으로 보인다. 하지만 미각과 후각은 뇌에 도달한 후에야 비로소 직접 연결된다.

우리는 어떻게 냄새를 맡는가

냄새 입자는 후각상피에서 감지된다. 후각상피는 엄지손가락 지문 넓이의 천조각 같은 구조로, 좌우 코안(비강)의 천장에 하나씩 2개가 있다. 이 상피에는 수백만 개나 되는 후각수용세포들이 있는데, 이 세포의 아래끝에서는 섬모가 코안의 속면을 덮고 있는 점액 속으로 돌출되어 있다. 섬모의 표면에는 수용체가 있다. 적당한 냄새 분자가 점액에 녹아 있고 수용체를 자극하면 후각수용세포에서 신경 자극이 시작된다. 이 과정은 냄새 분자가 자물쇠에 꽂힌 열쇠처럼 수용체에 꼭 들어맞을 때 일어날 수 있다. 그러나 각 냄새로 인해 패턴이나 특성의 변동이 심한 신경자극이 발생하는, 아직은 완전히 밝혀지지 않은 불분명한 후각 신호 생성 요소도 있다. 후각 정보는 대뇌 후각겉질이 분석하는데, 후각겉질은 감정 반응을 포함한 둘레계통과 밀접한 관련이 있다. 냄새를 맡으면 추억과 감정이 강렬하게 떠오르는 이유도 바로 이 때문이다.(321쪽)

상피세포
표면이 매끈한 도우미 세포들 사이로 섬모가 덤불처럼 관찰된다. 섬모는 후각수용세포에 돋아 있고, 후각상피의 표면에서 넘실거린다.

섬모

경막
점액 분비샘
후각토리
후각망울
벌집뼈
신경섬유(축삭)
바닥세포
후각수용세포
도우미 세포
섬모
공기 흐름
냄새 분자
점액

후각상피
후각수용세포의 축삭은 머리뼈 중 벌집뼈에 있는 작은 구멍들을 통과한다. 후각수용세포에서 시작한 신호는 축삭을 따라 전달되어 후각망울에 도달한다. 후각망울은 뇌의 일부가 자라나온 구조로, 신경섬유 종말들이 공 모양으로 모여 있는 후각토리에서 신경 신호를 처리한 뒤에 후각로를 따라 전달한다.

우리는 어떻게 맛을 느끼는가

미각은 후각처럼 화학감각에 속한다. 미각을 자극하는 것은 화학 물질인데, 맛 분자는 혀와 입안 속면을 덮고 있는 음식의 즙과 침에 녹아 있다. 주된 미각 기관은 혀다. 혀에는 수천 개가 넘는 맛봉오리(미뢰)라는 작고 동그란 세포 집단이 있는데, 주로 혀끝과 혀의 윗면과 뒷부분에 분포한다. 맛봉오리에서는 다섯 가지 주된 맛, 즉 단맛과 짠맛과 감칠맛(우마미)과 신맛과 쓴맛이 서로 달리 조합되어 감지된다. 다섯 가지 맛 중 대부분은 맛봉오리가 있는 혀의 모든 부분에서 골고루 감지된다. 미각은 후각과 비슷하게 '자물쇠와 열쇠' 방식으로 작동하는 것으로 생각된다. 즉 맛봉오리마다 맛수용세포의 털처럼 생긴 돌기에 서로 다른 맛 분자와 결합하는 수용체가 있다.

미각이라고 여기는 것 중에 **최대 4분의 3은 미각과 후각이 동시에** 인식된 결과다. 그래서 코를 막고 음식을 먹으면 맛이 매우 밍밍하다.

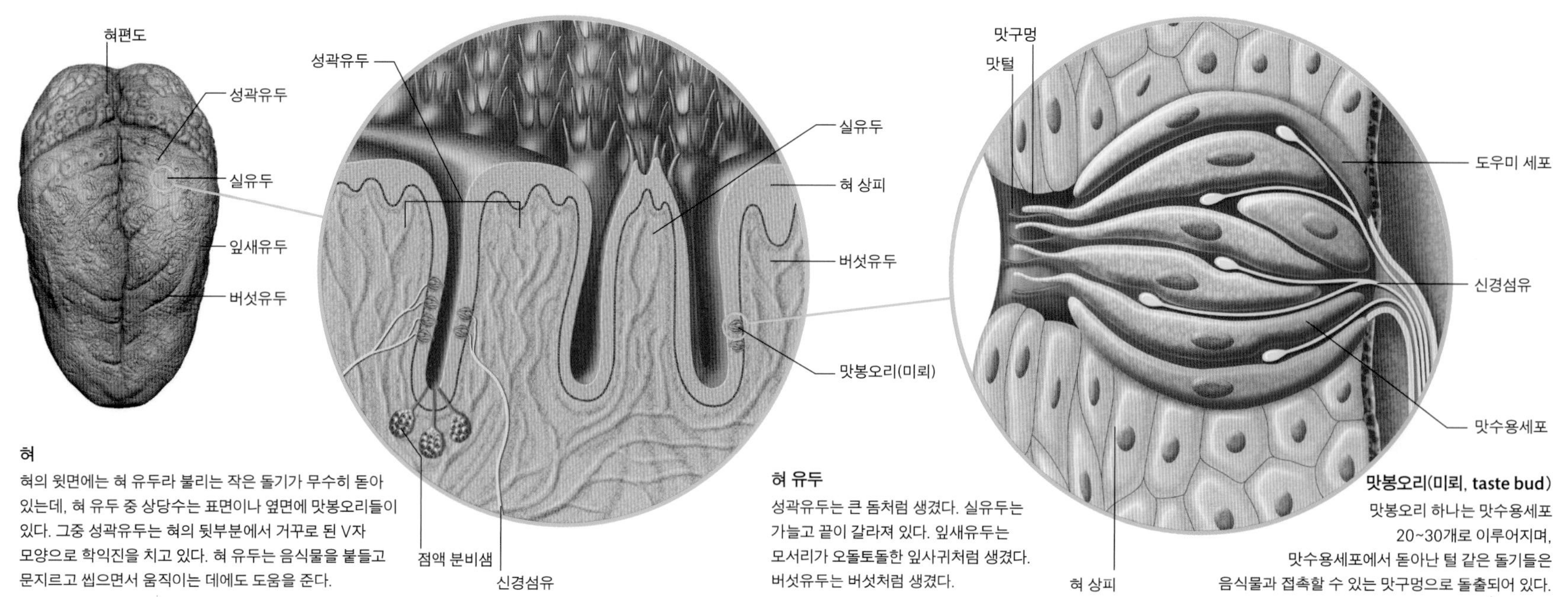
혀편도
성곽유두
실유두
잎새유두
버섯유두
성곽유두
실유두
혀 상피
버섯유두
맛봉오리(미뢰)
점액 분비샘
신경섬유
맛구멍
맛털
도우미 세포
신경섬유
맛수용세포
혀 상피

혀
혀의 윗면에는 혀 유두라 불리는 작은 돌기가 무수히 돋아 있는데, 혀 유두 중 상당수는 표면이나 옆면에 맛봉오리들이 있다. 그중 성곽유두는 혀의 뒷부분에서 거꾸로 된 V자 모양으로 학익진을 치고 있다. 혀 유두는 음식물을 붙들고 문지르고 씹으면서 움직이는 데에도 도움을 준다.

혀 유두
성곽유두는 큰 돔처럼 생겼다. 실유두는 가늘고 끝이 갈라져 있다. 잎새유두는 모서리가 오돌토돌한 잎사귀처럼 생겼다. 버섯유두는 버섯처럼 생겼다.

맛봉오리(미뢰, taste bud)
맛봉오리 하나는 맛수용세포 20~30개로 이루어지며, 맛수용세포에서 돋아난 털 같은 돌기들은 음식물과 접촉할 수 있는 맛구멍으로 돌출되어 있다.

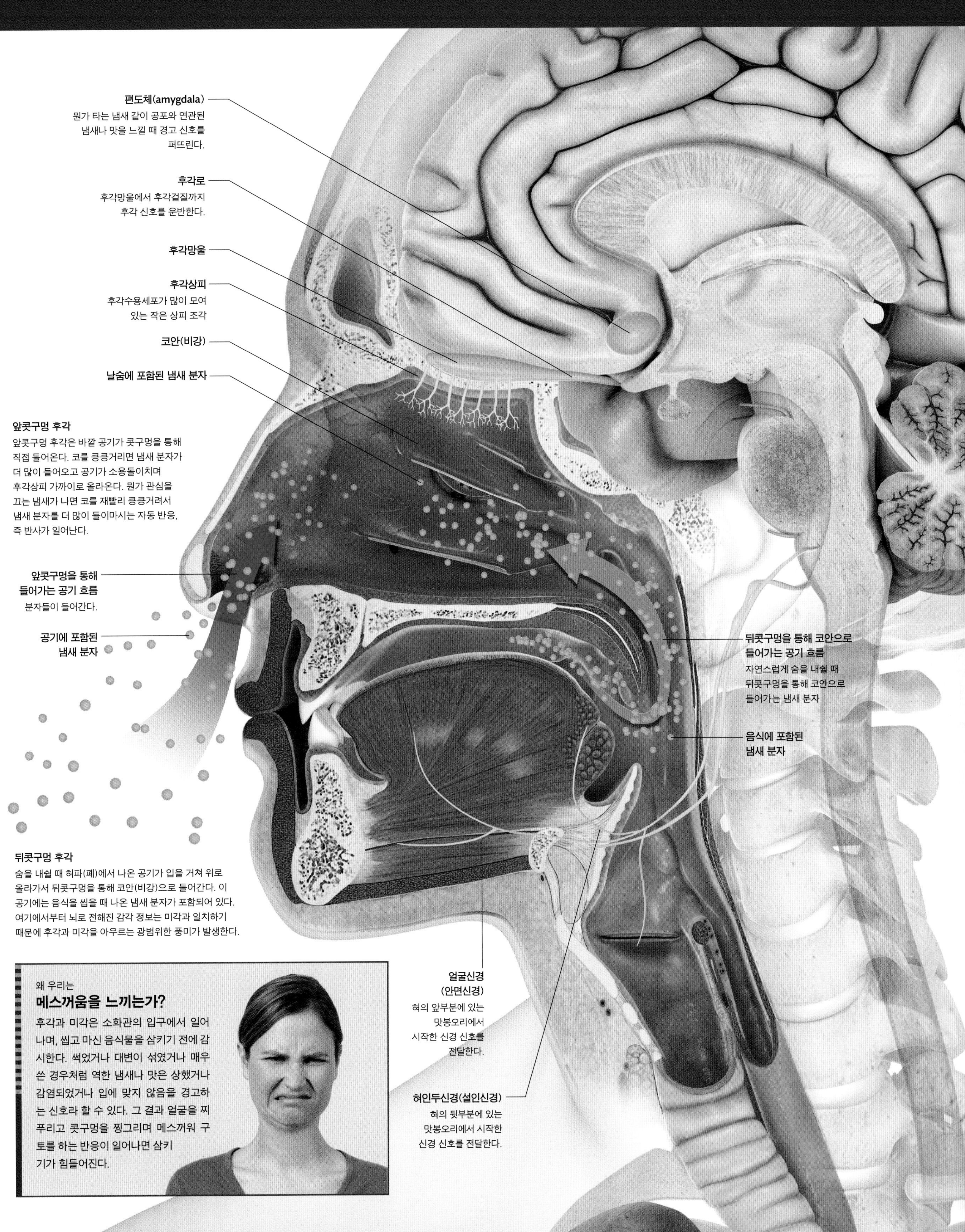

편도체(amygdala)
뭔가 타는 냄새 같이 공포와 연관된 냄새나 맛을 느낄 때 경고 신호를 퍼뜨린다.
후각로
후각망울에서 후각겉질까지 후각 신호를 운반한다.
후각망울
후각상피
후각수용세포가 많이 모여 있는 작은 상피 조각
코안(비강)
날숨에 포함된 냄새 분자
앞콧구멍 후각
앞콧구멍 후각은 바깥 공기가 콧구멍을 통해 직접 들어온다. 코를 킁킁거리면 냄새 분자가 더 많이 들어오고 공기가 소용돌이치며 후각상피 가까이로 올라온다. 뭔가 관심을 끄는 냄새가 나면 코를 재빨리 킁킁거려서 냄새 분자를 더 많이 들이마시는 자동 반응, 즉 반사가 일어난다.
앞콧구멍을 통해 들어가는 공기 흐름
분자들이 들어간다.
공기에 포함된 냄새 분자
뒤콧구멍을 통해 코안으로 들어가는 공기 흐름
자연스럽게 숨을 내쉴 때 뒤콧구멍을 통해 코안으로 들어가는 냄새 분자
음식에 포함된 냄새 분자
뒤콧구멍 후각
숨을 내쉴 때 허파(폐)에서 나온 공기가 입을 거쳐 위로 올라가서 뒤콧구멍을 통해 코안(비강)으로 들어간다. 이 공기에는 음식을 씹을 때 나온 냄새 분자가 포함되어 있다. 여기에서부터 뇌로 전해진 감각 정보는 미각과 일치하기 때문에 후각과 미각을 아우르는 광범위한 풍미가 발생한다.
얼굴신경 (안면신경)
혀의 앞부분에 있는 맛봉오리에서 시작한 신경 신호를 전달한다.
혀인두신경(설인신경)
혀의 뒷부분에 있는 맛봉오리에서 시작한 신경 신호를 전달한다.
왜 우리는
메스꺼움을 느끼는가?
후각과 미각은 소화관의 입구에서 일어나며, 씹고 마신 음식물을 삼키기 전에 감시한다. 썩었거나 대변이 섞였거나 매우 쓴 경우처럼 역한 냄새나 맛은 상했거나 감염되었거나 입에 맞지 않음을 경고하는 신호라 할 수 있다. 그 결과 얼굴을 찌푸리고 콧구멍을 찡그리며 메스꺼워 구토를 하는 반응이 일어나면 삼키기가 힘들어진다.

촉각

촉각은 단순한 신체 접촉을 훨씬 뛰어넘는 일을 한다. 촉각은 우리로 하여금 온도와 압력과 질감과 움직임과 신체 위치를 알게 한다. 통증은 촉각의 일부같이 보이지만 전용 수용체와 감각 경로가 따로 있다.

몸감각겉질
왼쪽 몸감각겉질은 오른쪽 신체에서 시작한 촉각 신호를 받는다.

안쪽섬유띠
신경섬유들이 이 지점에서 반대쪽으로 넘어간다.

척수(spinal cord)
뇌줄기로 올라가는 신경로를 따라 신호를 운반한다.

발끝에서 뇌까지
발에 뭔가 닿으면 신경 신호가 다리에 있는 말초신경을 따라 척수로 전달되고, 이어서 뇌줄기로 올라간다. 뇌줄기에서 안쪽섬유띠 신경섬유는 좌우 반대쪽으로 넘어가고, 계속 위로 올라가서 시상을 거쳐 대뇌 몸감각겉질에 도달한다.(335쪽)

신경절(ganglion)
신경세포의 세포체들이 모여 있는 곳

엉치신경얼기 (sacral plexus)
말초신경들이 엮여 있는 곳으로, 정보를 공유하고 조정한다.

정강신경 가쪽발꿈치가지
신경 자극을 다리를 따라 위로 전달한다.

자극
발뒤꿈치 옆면을 가볍게 접촉한다.

촉각 경로

피부에는 촉각원반, 마이스너 소체, 층판소체, 자유신경종말 등과 같이 종류가 다양한 촉각 수용기가 많다.(293쪽) 대부분의 수용기는 모든 유형의 촉각에 어느 정도 이상 반응하지만, 종류에 따라 특정 촉각에 반응하도록 특화되어 있다. 예를 들어 마이스너 소체는 살짝 닿는 접촉에 강하게 반응한다. 수용기가 더 많이 자극 받을수록 신경 자극 발생 속도가 빨라진다. 신경 자극은 말초신경을 따라 이동하여 척수로 들어가고, 이어서 뒤백색질기둥-안쪽섬유띠 신경로를 따라 결국 대뇌에 전달된다.(318쪽) 대뇌는 도달한 신경 자극의 양상이 어떠한지를 기준으로 촉각의 유형을 판별한다.

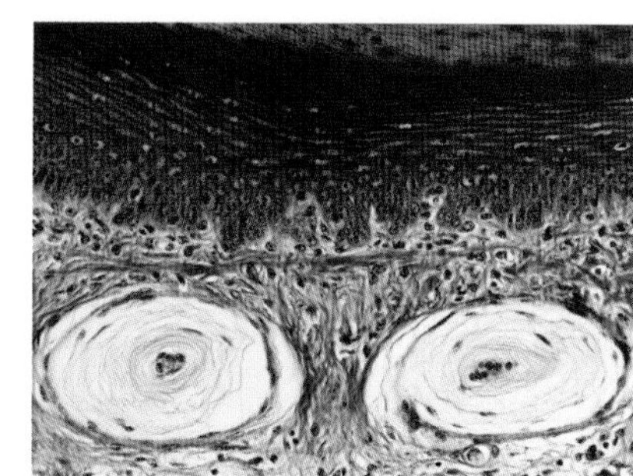

압력 수용기
가장 큰 피부 수용기는 층판소체(파치니 소체)로, 지름이 약 1밀리미터나 된다. 층판소체는 압력이나 빠른 진동변화를 주로 감지한다.

척수신경(SPINAL NERVES)

척수신경 31쌍이 척수에서 시작한 후 서로 이웃한 위아래 척추뼈들 사이에 있는 좁은 틈새를 통해 밖으로 나온다.(150~151, 180~181쪽) 척수신경은 더 작은 말초신경들로 갈라지고, 각 말초신경은 피부를 포함한 모든 기관과 조직으로 이어진다. 이 신경들 중 대부분은 피부 촉각에 관한 감각 정보와 척수에서 근육으로 하달되는 운동 정보를 모두 운반한다.

피부분절(dermatome)
각각의 척수신경은 특정 피부 영역, 즉 피부분절의 감각 정보를 척수신경 뒤뿌리를 통해 척수로 전달한다. 얼굴 피부는 뇌신경 중 삼차신경(V1~3)이 주로 담당한다.(116쪽)

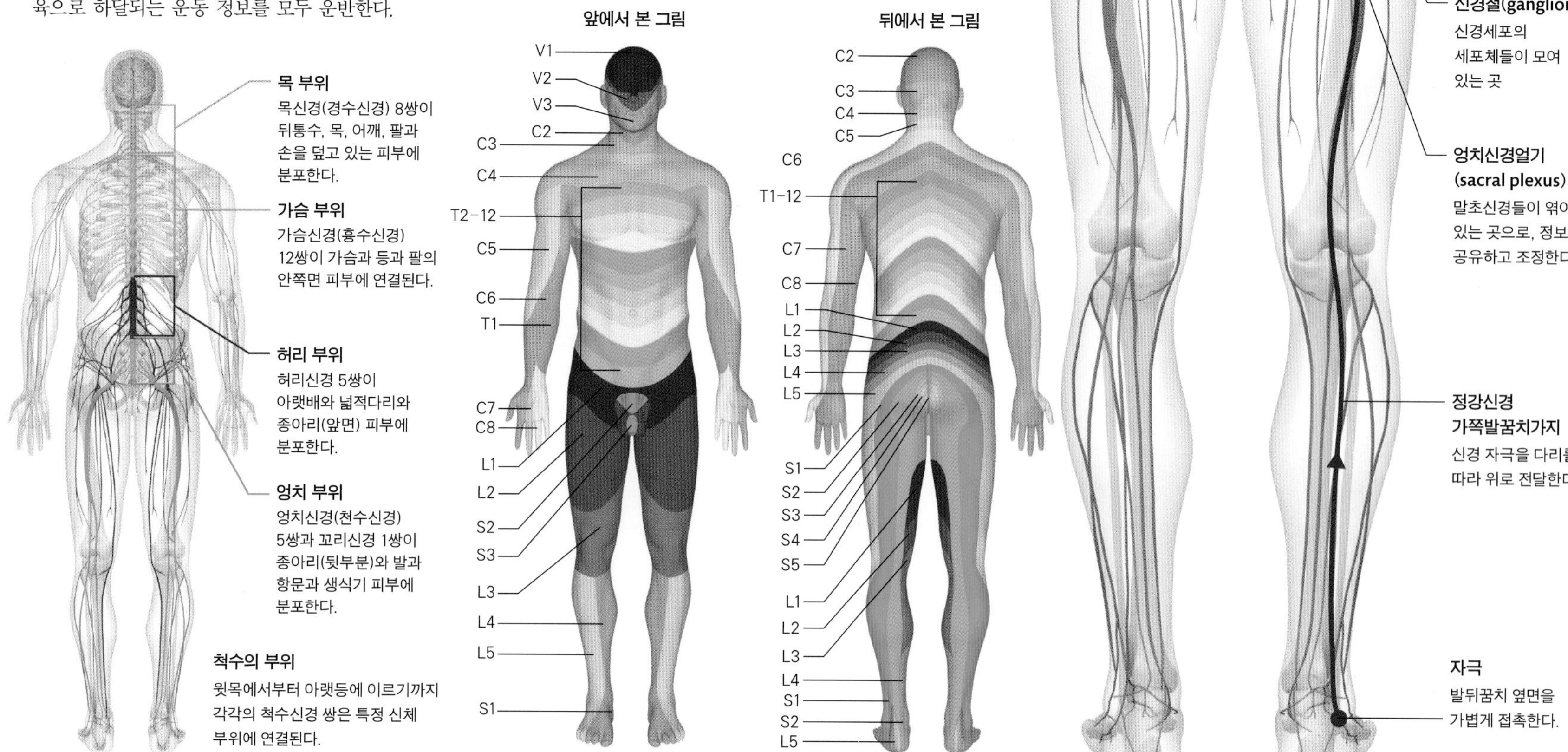
앞에서 본 그림
V1
V2
V3
C2
C3
C4
T2–12
C5
C6
T1
C7
C8
L1
L2
S2
S3
L3
L4
L5
S1
뒤에서 본 그림
C2
C3
C4
C5
C6
T1–12
C7
C8
L1
L2
L3
L4
L5
S1
S2
S3
S4
S5
L1
L2
L3
L4
S1
S2
L5

목 부위
목신경(경수신경) 8쌍이 뒤통수, 목, 어깨, 팔과 손을 덮고 있는 피부에 분포한다.

가슴 부위
가슴신경(흉수신경) 12쌍이 가슴과 등과 팔의 안쪽면 피부에 연결된다.

허리 부위
허리신경 5쌍이 아랫배와 넓적다리와 종아리(앞면) 피부에 분포한다.

엉치 부위
엉치신경(천수신경) 5쌍과 꼬리신경 1쌍이 종아리(뒷부분)와 발과 항문과 생식기 피부에 분포한다.

척수의 부위
윗목에서부터 아랫등에 이르기까지 각각의 척수신경 쌍은 특정 신체 부위에 연결된다.

뇌가 느낀다

뇌의 가장 중요한 '촉각 중추'는 일차몸감각겉질이다. 일차몸감각겉질은 운동겉질의 바로 뒤에서 마루엽의 겉면을 따라 아치 모양으로 휘어 있다. 신경섬유가 뇌줄기에서 반대쪽으로 교차하기 때문에(334쪽) 왼쪽 일차몸감각겉질은 오른쪽 신체의 피부와 눈 등에서 촉각 정보를 받으며, 오른쪽 일차몸감각겉질은 왼쪽 신체로부터 촉각 정보를 받는다. 손가락 같은 특정 신체 부위에서 신경 신호로 시작한 촉각 정보는 항상 일차몸감각겉질 중 이미 정해진 부위로 전달된다. 촉각 수용기가 조밀하게 모여 있는 피부일수록 감각이 예민하고, 일차몸감각겉질에서 차지하는 면적도 넓다. 예로는 손가락이 있다.

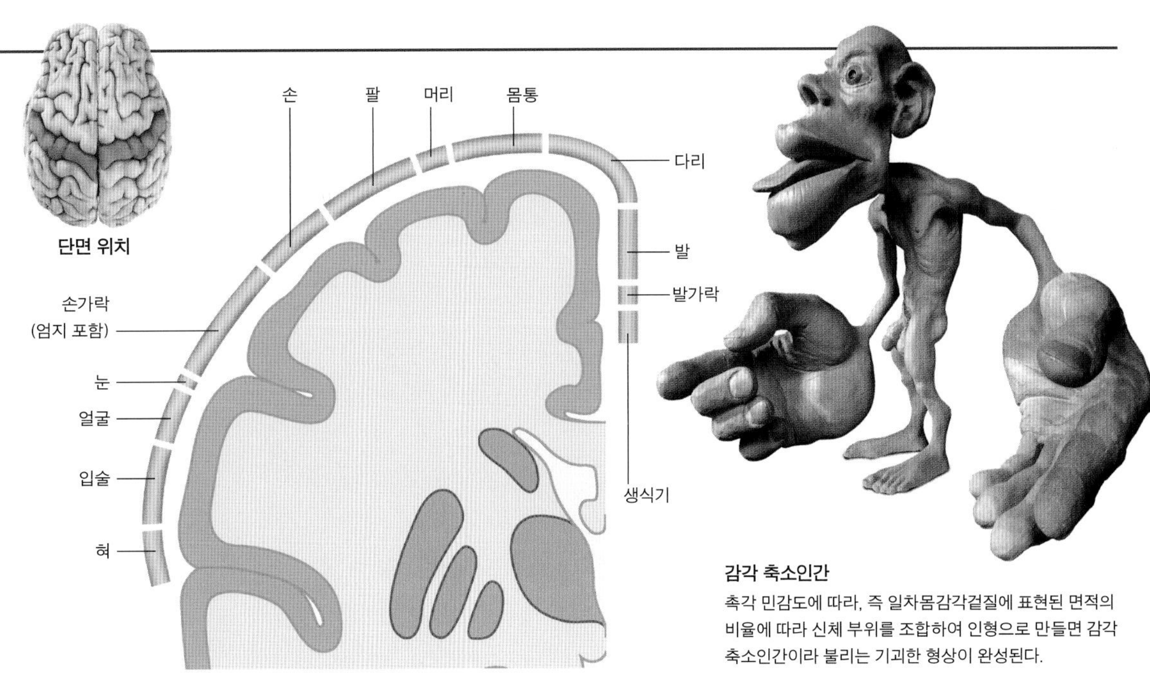
단면 위치
손
팔
머리
몸통
다리
발
발가락
생식기
손가락
(엄지 포함)
눈
얼굴
입술
혀

촉각 약도
몸감각겉질의 표면에 피부 영역이 표시되어 있다. 머리에서 발끝까지 신체 부위가 일차몸감각겉질의 아래 바깥면에서 시작하여 위끝 너머로 속면(안쪽면)까지 순서대로 이어진다.

감각 축소인간
촉각 민감도에 따라, 즉 일차몸감각겉질에 표현된 면적의 비율에 따라 신체 부위를 조합하여 인형으로 만들면 감각 축소인간이라 불리는 기괴한 형상이 완성된다.

통증 앓이

통증 정보는 통각수용기라 불리는 수용기 집단에서 시작하는데, 통각수용기는 피부에만 있지 않고 온몸에 널리 분포한다. 그러나 피부에 가장 많기 때문에 손가락끝 같은 피부에서 발생한 통증이 위치를 확인하기가 가장 쉽고, 장기나 조직에서 발생한 통증은 희미해서 위치를 정확히 지적하기 힘들다. 통각수용기는 여러 가지 자극에 반응하는데, 예로는 지나치게 낮거나 높은 온도, 압력, 긴장, 특정 화학물질 등이 있다. 화학물질 중에는 신체가 손상을 입었을 때나 미생물에 감염되었을 때 세포에서 방출하는 물질이 대표적이다.(325쪽) 통각수용기에서 시작한 신경 신호는 주로 두 가지 신경섬유, 즉 A 델타 신경섬유나 C 신경섬유를 따라 진행하여 척수로 전달된다. 위로 올라간 후 뇌줄기에서 반대쪽으로 넘어가는 촉각 정보와 달리(334쪽) 통증 정보는 척수로 들어간 후 곧 반대쪽으로 넘어간다.(318~319쪽) 이어서 척수를 따라 위로 올라가서 숨뇌를 거쳐 시상에 도달한다.

C 신경섬유
말이집이 없기 때문에 신경 자극이 전달되는 속도가 느리다.

A 델타 신경섬유
말이집이 있어서 신경 신호 전달 속도가 빨라진다.

통증 신경섬유
전용 감각신경섬유들이 통증 정보를 뇌로 전달한다. A 델타 신경섬유는 말이집(수초)에 둘러싸여 있으며, 신경 자극을 전달하는 속도가 빠르고, 대개 1제곱밀리미터 미만의 좁은 피부 영역을 담당한다. C 신경섬유는 더 널리 산만하게 분포하며, 신경 자극을 전달하는 속도가 느리다.

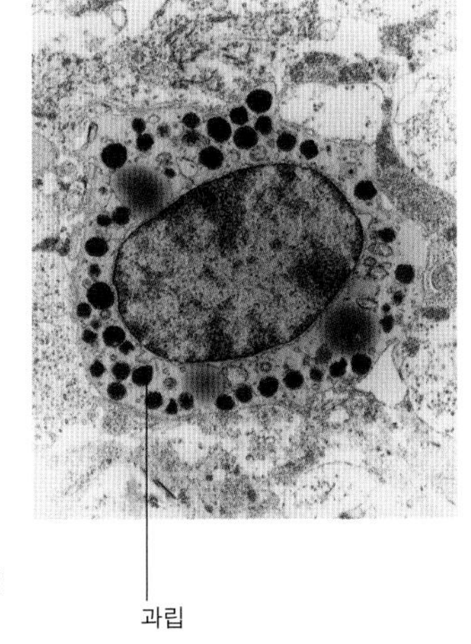
과립

히스타민을 함유한 비만세포
비만세포(mast cell)는 조직에 널리 분포하며, 손상 후에 일어나는 염증과 알레르기 반응에 관여한다. 비만세포는 손상을 입거나 미생물과 싸울 때 헤파린과 히스타민을 함유한 과립을 분비한다.(진한 보라색 입자가 과립이다.) 헤파린은 혈액이 굳지 않도록 막으며, 히스타민은 혈액이 더 많이 몰리고 조직이 붓게 만든다.

염증 '수프'
위해 자극이 신체에 가해지면 조직이 부서지고 세포가 손상된다. 그리고 세포에서 여러 가지 물질이 세포바깥액으로 방출되어 염증이 초래되고, 이어서 조직 복구가 시작된다. 이 물질들 중에 브라디키닌이나 프로스타글란딘이나 ATP 등은 통각수용기를 자극한다.

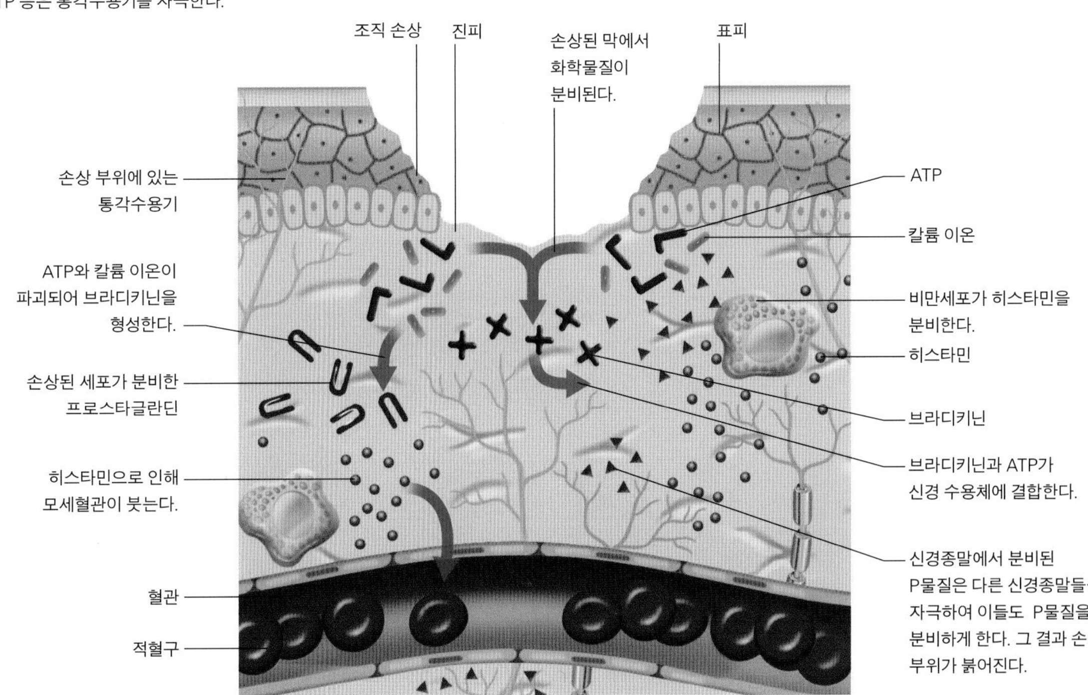
조직 손상
진피
손상된 막에서
화학물질이
분비된다.
표피
손상 부위에 있는
통각수용기
ATP와 칼륨 이온이
파괴되어 브라디키닌을
형성한다.
손상된 세포가 분비한
프로스타글란딘
히스타민으로 인해
모세혈관이 붓는다.
혈관
적혈구
ATP
칼륨 이온
비만세포가 히스타민을
분비한다.
히스타민
브라디키닌
브라디키닌과 ATP가
신경 수용체에 결합한다.
신경종말에서 분비된
P물질은 다른 신경종말들을
자극하여 이들도 P물질을
분비하게 한다. 그 결과 손상
부위가 붉어진다.

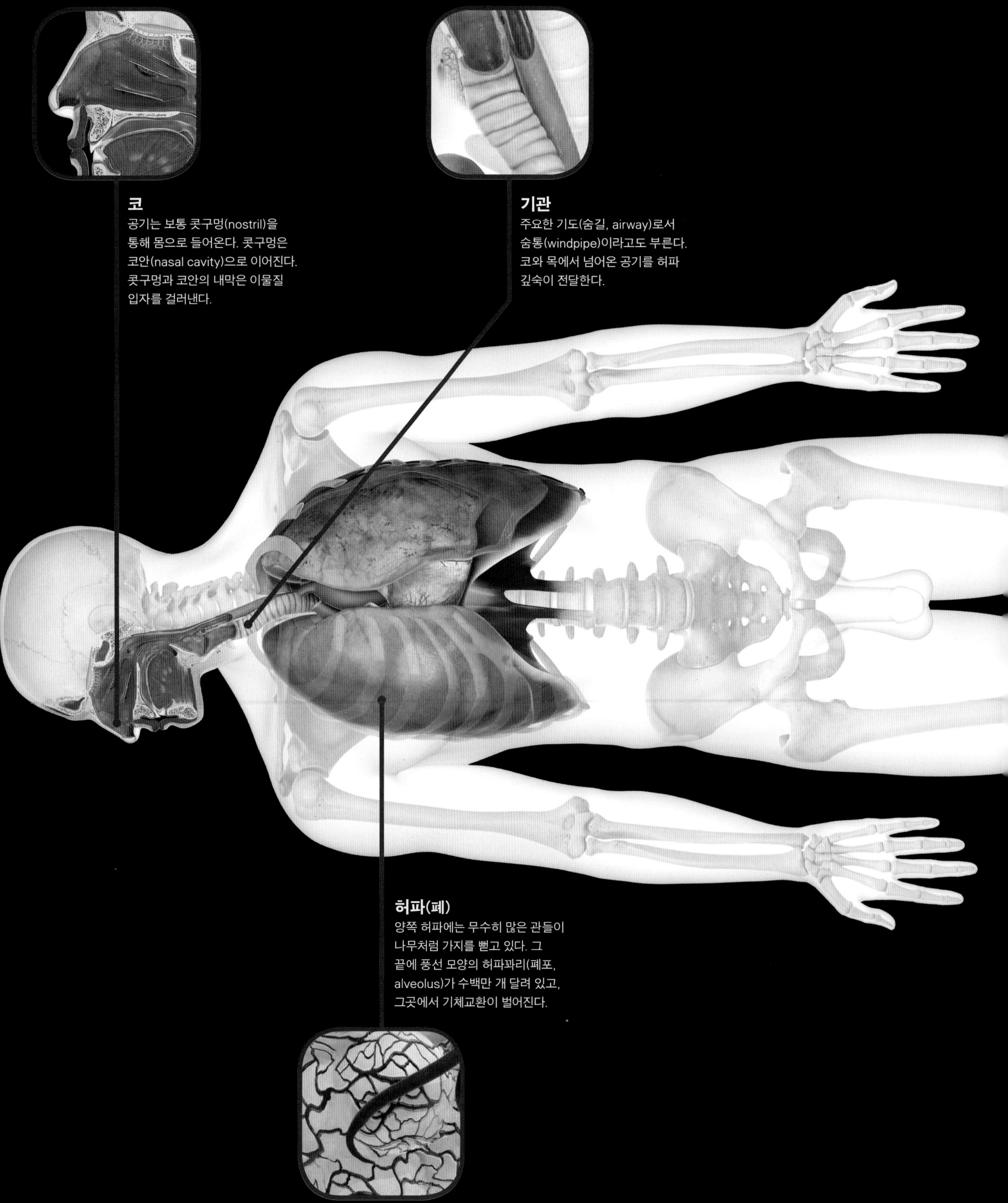

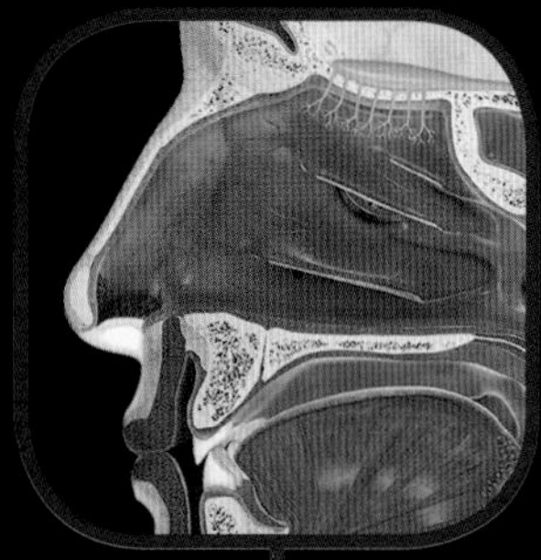

코
공기는 보통 콧구멍(nostril)을 통해 몸으로 들어온다. 콧구멍은 코안(nasal cavity)으로 이어진다. 콧구멍과 코안의 내막은 이물질 입자를 걸러낸다.

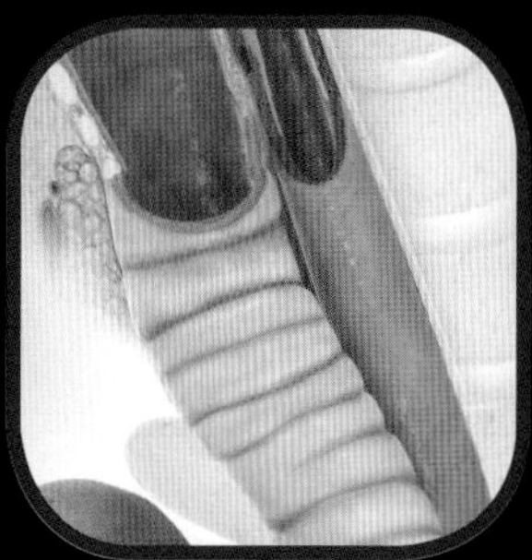

기관
주요한 기도(숨길, airway)로서 숨통(windpipe)이라고도 부른다. 코와 목에서 넘어온 공기를 허파 깊숙이 전달한다.

허파(폐)
양쪽 허파에는 무수히 많은 관들이 나무처럼 가지를 뻗고 있다. 그 끝에 풍선 모양의 허파꽈리(폐포, alveolus)가 수백만 개 달려 있고, 그곳에서 기체교환이 벌어진다.

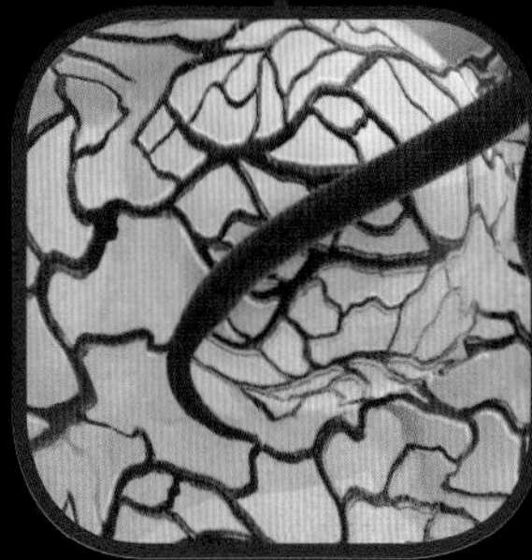

호흡계통

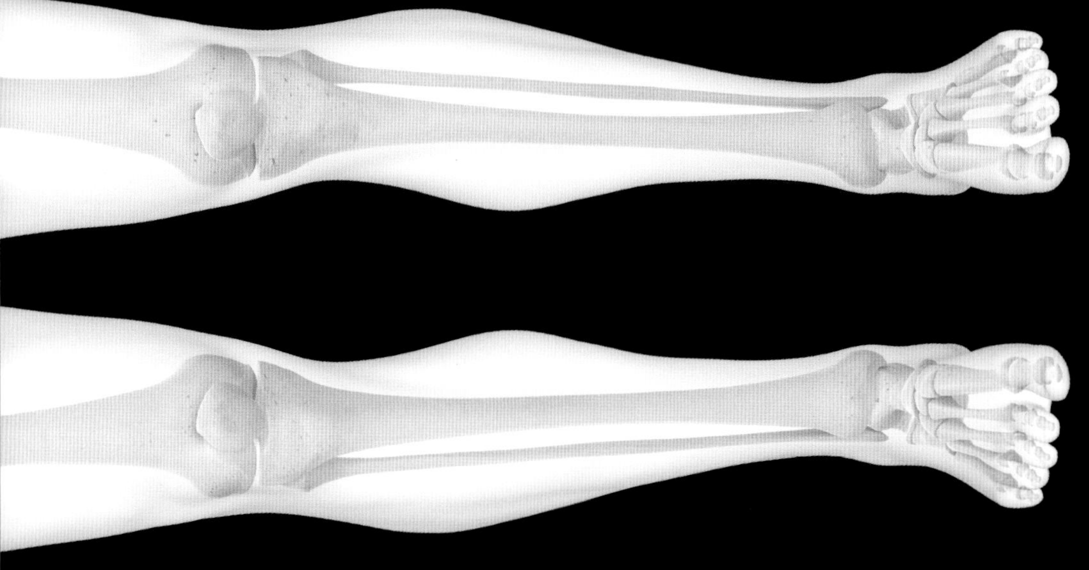

인체의 살아 있는 세포들은 모두 지속적으로 산소를 공급받아야 하고, 노폐물인 이산화탄소를 제거해야 한다.
호흡계통(respiratory system)은 공기를 몸속으로 끌어들여 이 긴요한 기체교환(gas exchange)을 일으킨다.

들숨과 날숨

기도는 허파 안팎으로 공기를 전달하고, 허파 속 공기와 혈관 사이에 산소와 이산화탄소 교환을 일으킨다. 또한 해로울지도 모르는 이물질 흡입을 막음으로써 인체를 방어하는 저지선으로 기능한다.

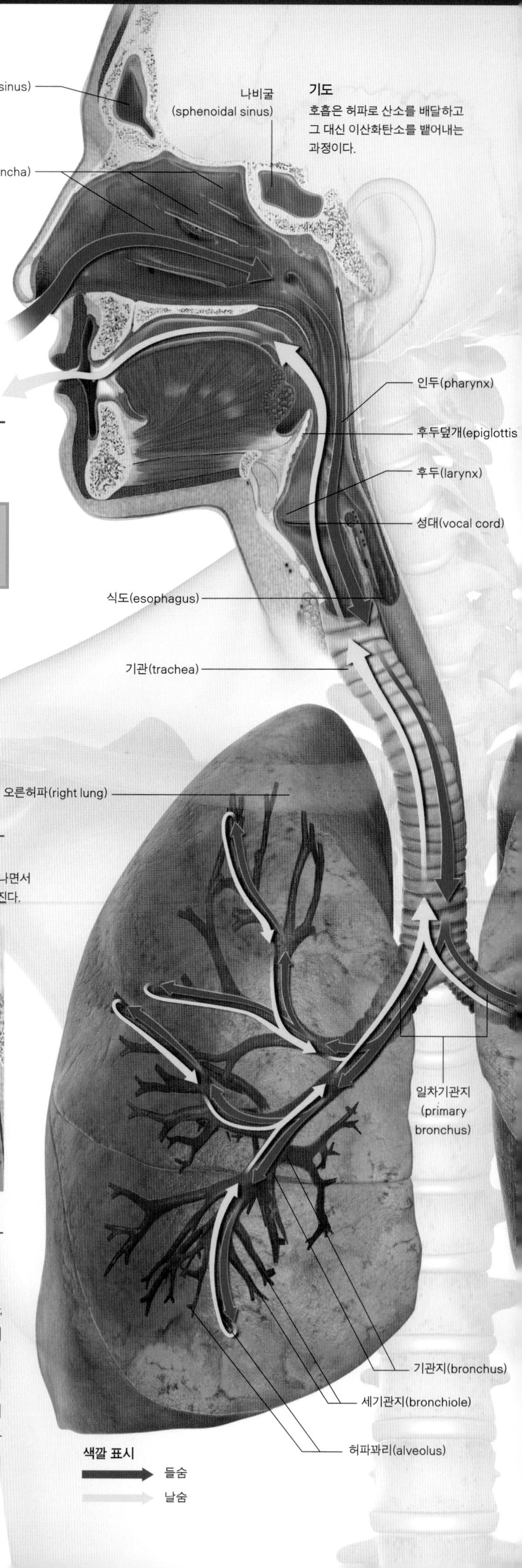

이마굴(frontal sinus)
나비굴 (sphenoidal sinus)
코선반(concha)

기도
호흡은 허파로 산소를 배달하고 그 대신 이산화탄소를 뱉어내는 과정이다.

인두(pharynx)
후두덮개(epiglottis
후두(larynx)
성대(vocal cord)
식도(esophagus)
기관(trachea)
오른허파(right lung)
일차기관지 (primary bronchus)
기관지(bronchus)
세기관지(bronchiole)
허파꽈리(alveolus)

공기 흐름

우리가 숨을 쉴 때마다 공기가 기도를 통해 허파 속 꽈리들로 들어간다. 공기는 코나 목으로 들어와 인두(pharynx)를 지나고, 후두(larynx)를 거쳐, 기관으로 들어간다. 기관은 그보다 작은 일차기관지(primary bronchus) 2개로 갈라져 양쪽 허파로 들어가고, 일차기관지는 점점 더 작게 갈라져 세기관지(bronchiole)가 되어 꽈리(작은 공기 주머니)에 이어진다. 공기는 긴 여정을 거치는 동안 따뜻해져서 온도가 체온과 같아지고, 이물질 입자가 걸러진다. 다 쓴 공기는 이 여정을 거꾸로 밟고, 그때 후두를 지나면서 발성을 일으킨다.

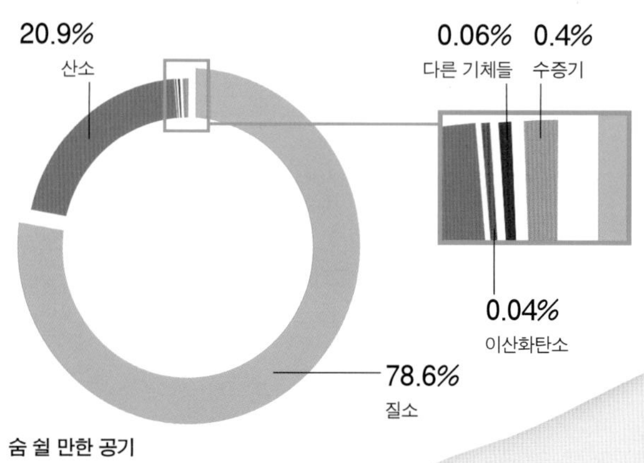
20.9%
산소
0.06%
다른 기체들
0.4%
수증기
0.04%
이산화탄소
78.6%
질소
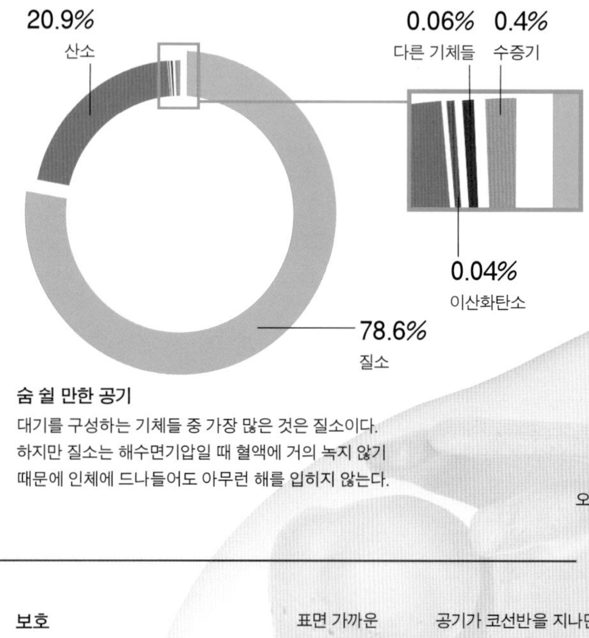

숨 쉴 만한 공기
대기를 구성하는 기체들 중 가장 많은 것은 질소이다. 하지만 질소는 해수면기압일 때 혈액에 거의 녹지 않기 때문에 인체에 드나들어도 아무런 해를 입히지 않는다.

코선반

코안에 있는 선반 모양의 세 코선반(concha)은 들숨의 길을 막아 코선반 표면을 넓게 훑고 지나가도록 한다. 여기에는 여러 기능이 있다. 점액이 덮여 축축한 코선반들은 공기에 습기를 제공하고, 이물질 입자를 흡착하며, 풍부한 모세혈관망으로 공기를 체온에 가깝게 데워 허파로 보낸다. 코선반 속 신경들은 공기 상태를 감지하고, 필요에 따라 코선반을 팽창시킨다. 공기가 찰 때는 표면적이 넓어야 공기를 더 효율적으로 데울 수 있기 때문이다. 코선반이 팽창하면 코가 막힌 느낌이 든다.

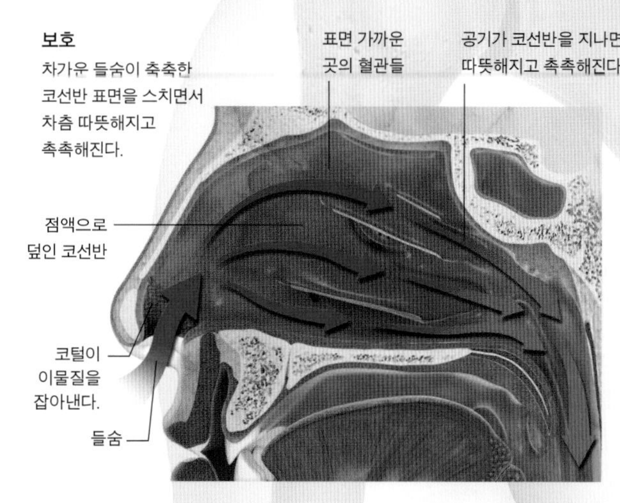
보호
차가운 들숨이 축축한 코선반 표면을 스치면서 차츰 따뜻해지고 촉촉해진다.
표면 가까운 곳의 혈관들
공기가 코선반을 지나면서 따뜻해지고 촉촉해진다.
점액으로 덮인 코선반
코털이 이물질을 잡아낸다.
들숨

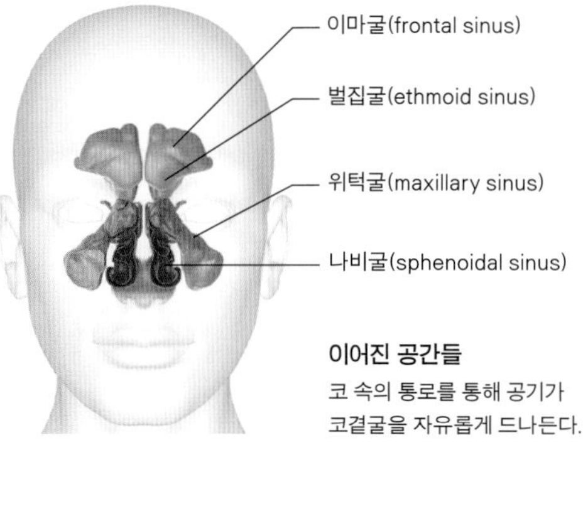

이마굴(frontal sinus)
벌집굴(ethmoid sinus)
위턱굴(maxillary sinus)
나비굴(sphenoidal sinus)

이어진 공간들
코 속의 통로를 통해 공기가 코곁굴을 자유롭게 드나든다.

코곁굴

얼굴머리뼈 속에는 공기가 든 구멍인 코곁굴(부비동, paranasal sinus)이 네 쌍 있으며 그 내막에는 미세한 구멍을 통과하여 코 통로로 나오는 점액을 분비하는 세포들이 있다. 코곁굴은 머리뼈 무게를 줄여 주고, 반향실처럼 기능하여 목소리가 더 잘 울리게 한다. 감기에 걸리면 코곁굴에서 코로 뚫린 작은 구멍들이 막혀 코맹맹이 소리가 나므로, 코곁굴의 역할을 실감할 수 있다.

색깔 표시
들숨
날숨

기관

기관은 후두에서 허파까지 공기가 지나는 통로이다. C자 모양의 연골고리들이 일정한 간격을 두고 기관을 둘러싸서 기관이 막히지 않게 한다. 기침을 하면 연골고리 끝에 붙어 있는 근육들이 수축, 공기를 더 빨리 배출시킨다. 음식을 삼킬 때는 연골로 된 판인 후두덮개가 기관을 막고, 성대도 빈틈없이 닫힌다. 기관 내막의 세포들은 점액 분비 세포들이거나 점액을 입 쪽으로 운반하는 섬모(아래 참조)가 난 세포들이다.

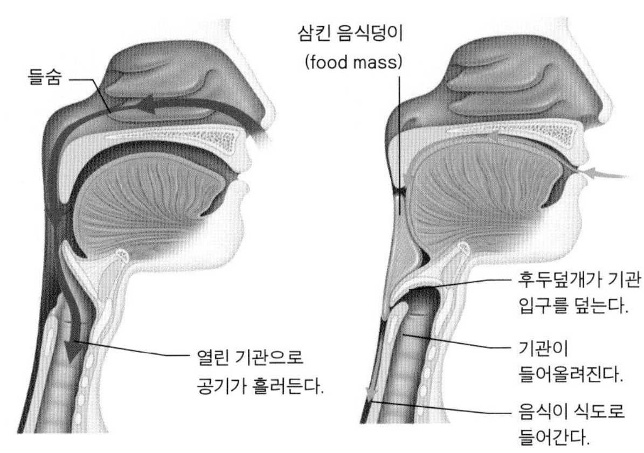
들숨
삼킨 음식덩이
(food mass)
후두덮개가 기관
입구를 덮는다.
열린 기관으로
공기가 흘러든다.
기관이
들어올려진다.
음식이 식도로
들어간다.

숨을 쉴 때
기관이 계속 열려 있어서 공기가 허파로 자유롭게 드나든다.

음식을 삼킬 때
기관이 끌려 올라가서 후두덮개로 잘 닫힌다. 음식은 식도로 넘어간다.

코골이(SNORING)

사람들의 3분의 1 이상이 코를 곤다. 특히 노인이나 과체중인 사람이 코를 골기 쉽다. 코골이는 공기가 기도를 드나들면서 물렁조직(연조직, soft tissue)을 진동시켜 소리가 나는 것이다. 깨어 있을 때는 기도를 둘러싼 근육들이 긴장한 상태라 목 안쪽 물렁조직이 기도를 막지 않지만, 잘 때는 근육들이 이완하기 때문에 물렁조직이 공기 흐름을 교란하고 진동을 일으켜 소리가 난다.

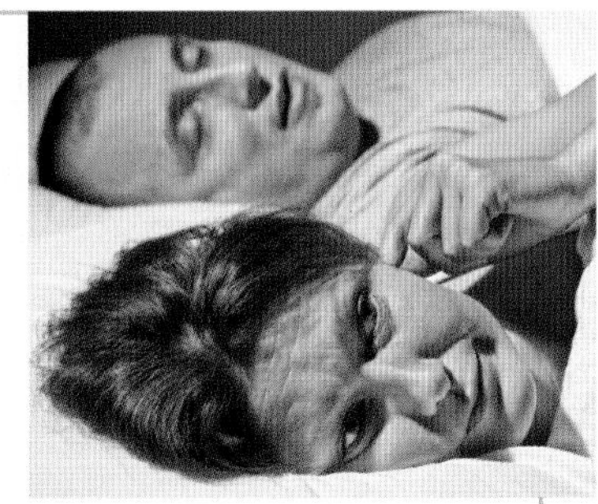

잠 못 드는 밤
코골이가 심하면 잘 때 일시적으로 호흡이 멎는 폐쇄수면무호흡증(obstructive sleep apnea)이 생길 수 있다.

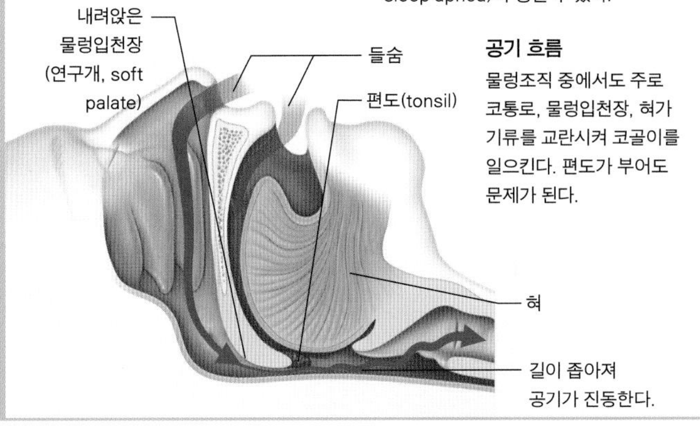
내려앉은
물렁입천장
(연구개, soft
palate)
들숨
편도(tonsil)
혀
길이 좁아져
공기가 진동한다.

공기 흐름
물렁조직 중에서도 주로 코통로, 물렁입천장, 혀가 기류를 교란시켜 코골이를 일으킨다. 편도가 부어도 문제가 된다.

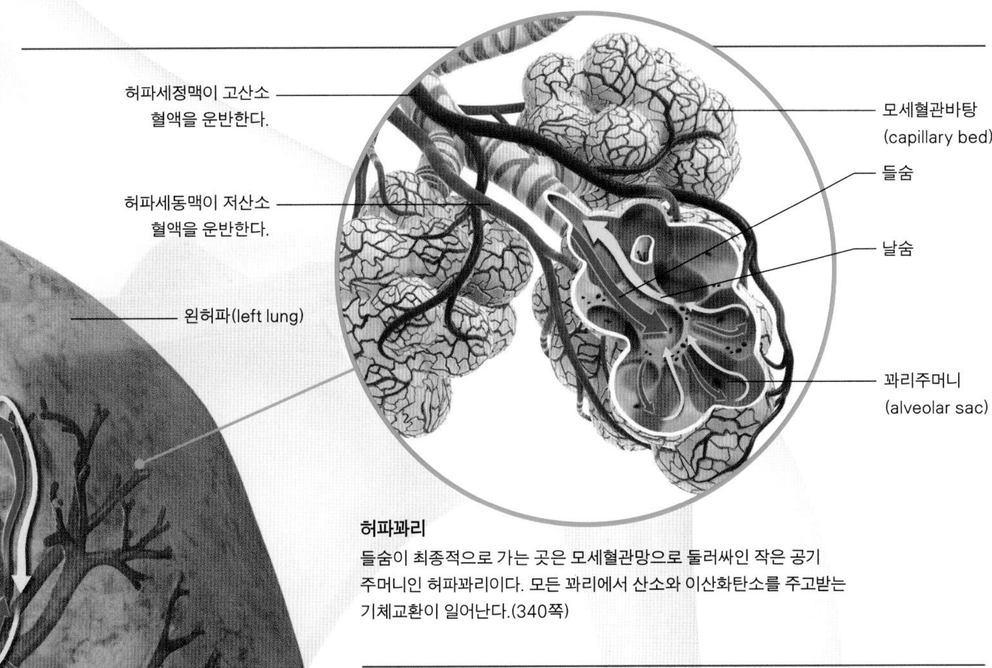
허파세정맥이 고산소
혈액을 운반한다.
허파세동맥이 저산소
혈액을 운반한다.
왼허파(left lung)
모세혈관바탕
(capillary bed)
들숨
날숨
꽈리주머니
(alveolar sac)

허파꽈리
들숨이 최종적으로 가는 곳은 모세혈관망으로 둘러싸인 작은 공기 주머니인 허파꽈리이다. 모든 꽈리에서 산소와 이산화탄소를 주고받는 기체교환이 일어난다.(340쪽)

먼지 흡입

다양한 크기의 입자들이 들숨과 함께 들어와 기도의 여러 지점에 내려앉는다. 이물질의 내막 손상과 감염을 막기 위해서 점액과 섬모(오른쪽 참조)라는 방어체계가 존재한다. 이물질이 미립자라면 큰포식세포(대식세포, macrophage)라는 백혈구가 꽈리를 순찰하다가 그것을 파괴한다.

입자 크기
- 큼: 6마이크로미터 이상
- 작음: 1~5마이크로미터
- 아주 작음: 1마이크로미터 미만

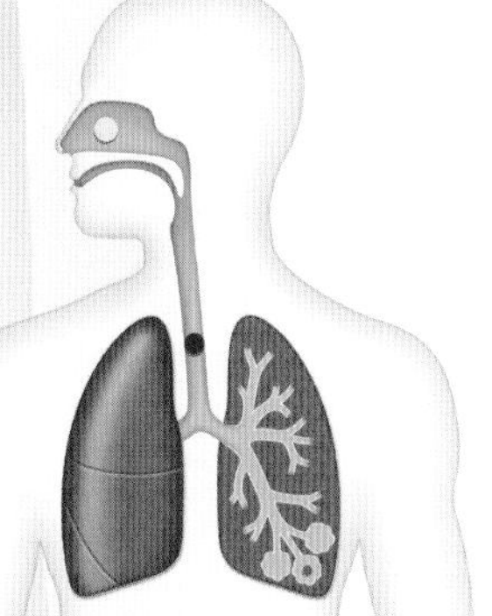

여과기
먼지 같은 큰 입자는 코안에 머물고, 석탄가루 같은 작은 입자는 기관에 머물며, 담배연기 같은 미립자는 꽈리까지 들어간다.

최종 방어선
큰포식세포(초록색)가 허파세포에서 외부 입자를 확인하고 있다. 침입자를 파괴한 큰포식세포는 세기관지로 이동한 후 점액을 통해 기도로 배출된다.

섬모

코에서 기관지로 이어지는 통로 내막은 상피세포와 술잔세포(goblet cell)로 이뤄져 있다. 수가 더 많은 상피세포들의 표면에는 섬모(cilia)라는 작은 털이 나 있다. 섬모는 쉴 새 없이 박자를 맞춰 기도 위쪽을 향해 율동한다. 술잔세포는 점액을 생성하고, 점액은 기도 내막으로 분비되어 먼지 등 이물질을 잡아낸다. 그러면 섬모들이 마치 컨베이어벨트처럼 점액과 그 속에 갇힌 입자를 허파에서 위쪽 기도로 운반한다. 올라온 점액은 기침 혹은 날숨을 통해 밖으로 배출되거나 식도로 삼켜진다.

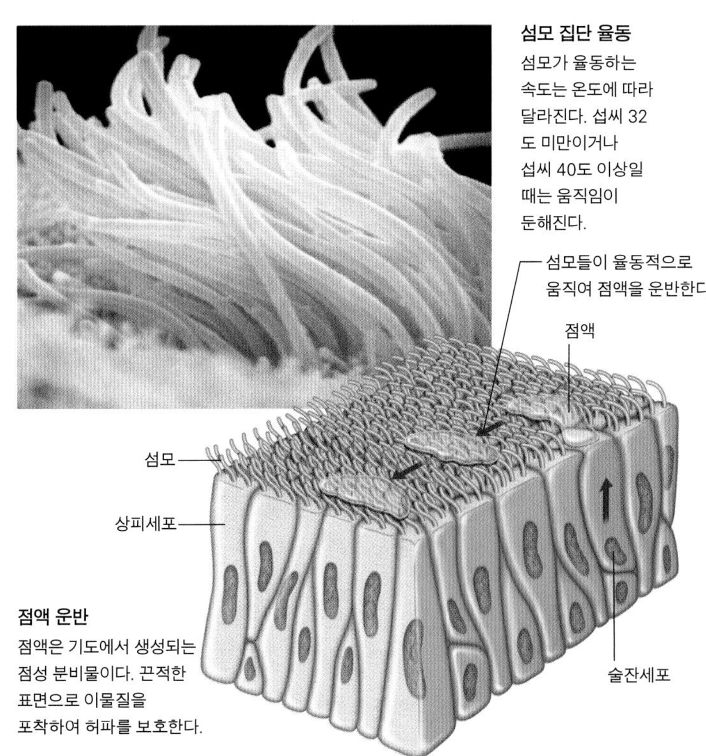
섬모들이 율동적으로
움직여 점액을 운반한다.
점액
섬모
상피세포
술잔세포

섬모 집단 율동
섬모가 율동하는 속도는 온도에 따라 달라진다. 섭씨 32도 미만이거나 섭씨 40도 이상일 때는 움직임이 둔해진다.

점액 운반
점액은 기도에서 생성되는 점성 분비물이다. 끈적한 표면으로 이물질을 포착하여 허파를 보호한다.

산소와 이산화탄소 교환

세포는 산소와 포도당(글루코스, glucose)을 결합하여 에너지를 내므로, 지속적으로 산소를 공급받아야 한다. 그 과정에서 노폐물로 만들어진 이산화탄소는 허파로 가서 유용한 산소와 교환된다.

수많은 꽈리들의 표면적을 다 더하면 무려 70제곱미터이다. 그 넓은 표면에서 기체교환이 이뤄진다.

기체교환 과정

기도는 허파 속 수많은 작은 공기 주머니(꽈리)들에게 공기를 운반한다. 꽈리들은 공기 속의 산소를 혈액 속의 이산화탄소와 교환한다. 기체교환은 오로지 꽈리에서만 벌어진다. 그런데 보통의 호흡에서는 공기가 세기관지까지만 드나들기 때문에, 꽈리까지 신선한 공기가 들어가지는 않는다. 따라서 꽈리에는 이산화탄소가 풍부하고 산소가 부족한 공기가 채워져 있다. 그 때문에 꽈리에서는 이산화탄소와 산소가 농도기울기(concentration gradient)에 의해 움직인다. 산소 분자들은 산소가 희박한 곳으로 저절로 이동하고 이산화탄소 분자들은 이산화탄소가 희박한 곳으로 저절로 이동한다는 뜻이다. 이런 과정을 확산(diffusion)이라고 부른다.(아래 참조) 산소는 우선 꽈리로 들어간 뒤 혈액으로 확산되고, 이산화탄소는 꽈리에서 세기관지로 나온 뒤 날숨을 통해 밖으로 나간다.

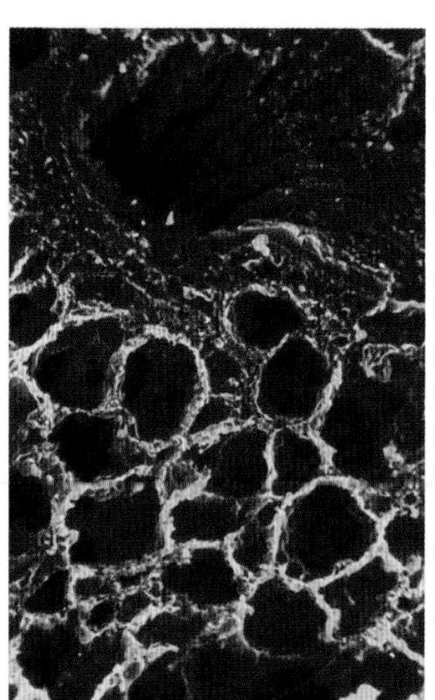

허파세포
사람의 허파 단면을 보여 주는 채색 현미경 사진. 기체교환이 벌어지는 장소인 꽈리가 많이 보인다.

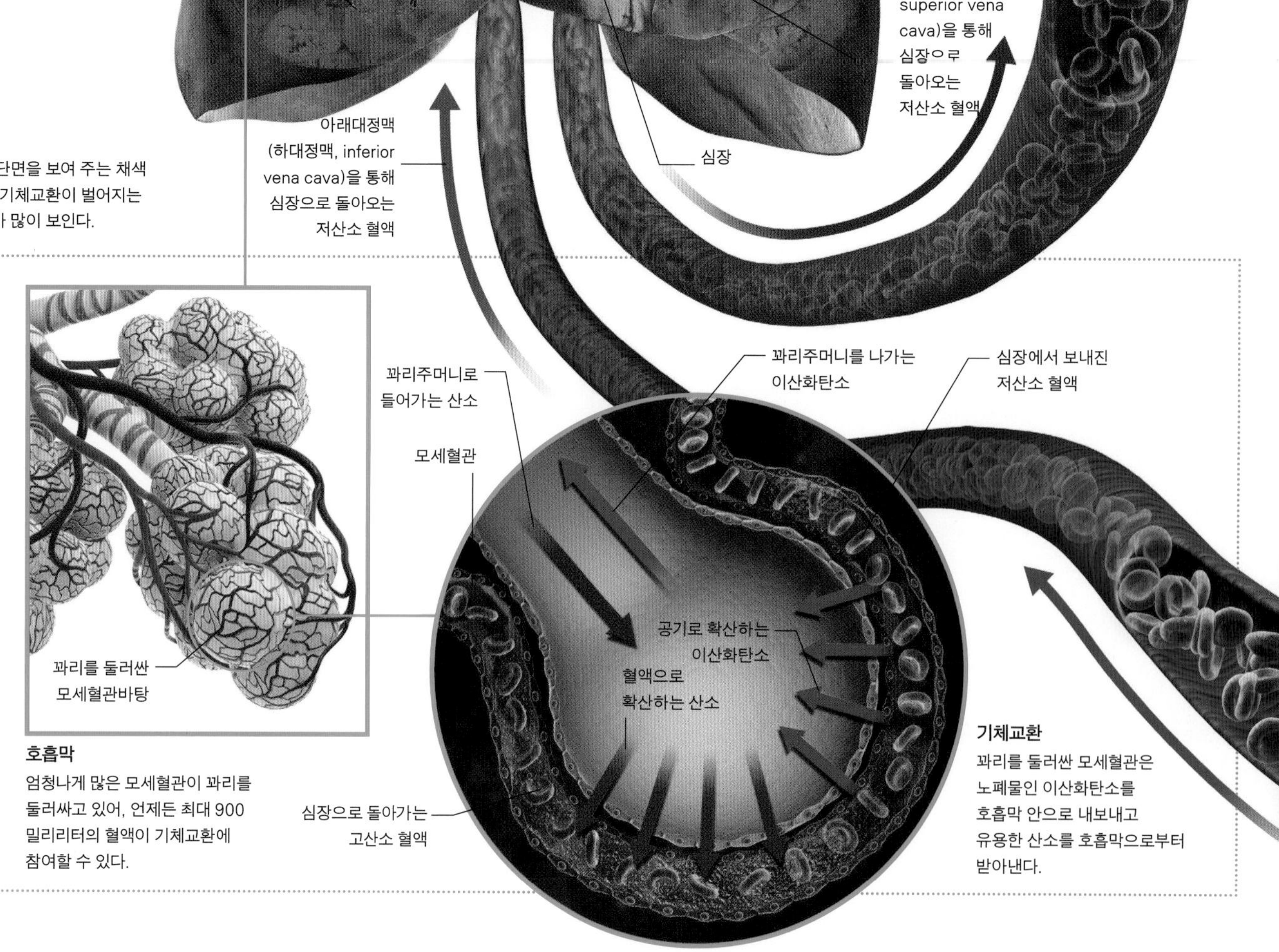
오른허파동맥을 통해 오른허파로 들어가는 저산소 혈액
기관
대동맥(aorta)
대동맥을 통해 심장을 나가는 고산소 혈액
체세포로 펌프질되는 고산소 혈액
왼허파동맥을 통해 왼허파로 들어가는 저산소 혈액
허파정맥을 통해 심장으로 돌아가는 고산소 혈액
위대정맥 (상대정맥, superior vena cava)을 통해 심장으로 돌아오는 저산소 혈액
아래대정맥 (하대정맥, inferior vena cava)을 통해 심장으로 돌아오는 저산소 혈액
심장
꽈리를 둘러싼 모세혈관바탕
꽈리주머니로 들어가는 산소
꽈리주머니를 나가는 이산화탄소
심장에서 보내진 저산소 혈액
모세혈관
공기로 확산하는 이산화탄소
혈액으로 확산하는 산소
심장으로 돌아가는 고산소 혈액

꽈리로부터의 확산

사람의 허파에는 꽈리가 5억 개 가까이 있다. 꽈리 하나의 지름은 불과 0.2밀리미터 정도이지만 꽈리들의 총 표면적이 아주 넓기 때문에 기체교환이 잘 일어난다. 산소와 이산화탄소는 꽈리 벽과 꽈리를 둘러싼 모세혈관으로 구성되는 호흡막(respiratory membrane)을 건너야만 공기와 혈액을 오갈 수 있는데, 꽈리 벽이든 모세혈관이든 고작 세포 하나 두께이기 때문에 기체 분자들의 이동 거리는 얼마 되지 않는다. 호흡막을 통과하는 기체교환 과정은 기체가 고농도에서 저농도로 저절로 이동하는 확산 현상을 통해 수동적으로 이뤄진다. 산소는 꽈리의 표면활성제(surfactant, 343쪽)와 액체층에 녹아 든 뒤 혈액으로 들어가고, 이산화탄소는 거꾸로 혈액에서 꽈리 속 공기로 확산한다.

호흡막
엄청나게 많은 모세혈관이 꽈리를 둘러싸고 있어, 언제든 최대 900밀리리터의 혈액이 기체교환에 참여할 수 있다.

기체교환
꽈리를 둘러싼 모세혈관은 노폐물인 이산화탄소를 호흡막 안으로 내보내고 유용한 산소를 호흡막으로부터 받아낸다.

혈색소

적혈구에 들어 있는 혈색소(헤모글로빈, hemoglobin)는 산소 운반을 전문으로 하는 분자이다. 혈색소는 리본처럼 생긴 단백질 단위 4개로 이뤄지고, 단위마다 헴(heme) 분자가 하나씩 들어있다. 헴 분자 속의 철분이 산소와 결합하기 때문에 적혈구가 산소를 나를 수 있다.(혈액 산화) 허파처럼 산소 농도가 높은 곳에서는 산소가 혈색소와 결합하고, 작동하는 근육처럼 산소 농도가 낮은 곳에서는 산소 분자가 혈색소에서 떨어져 체세포로 들어간다.

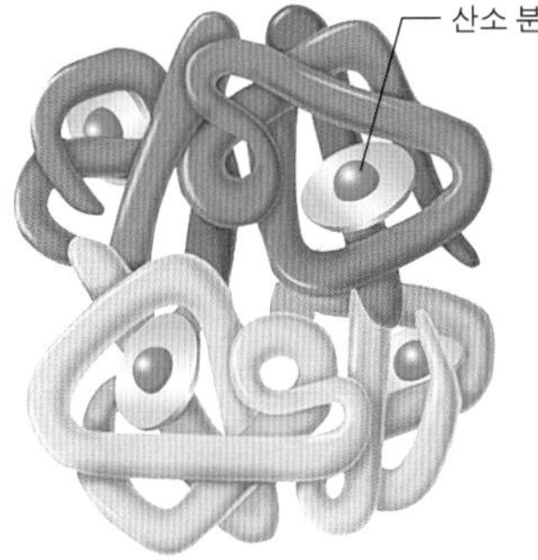
산소 분자가 없다.

탈산소혈색소
탈산소혈색소(deoxyhemoglobin)는 산소가 없는 혈색소이다. 일단 산소 분자가 하나 떨어져 나가면 혈색소의 형태가 바뀌어 남은 산소들도 더 쉽게 풀려난다.

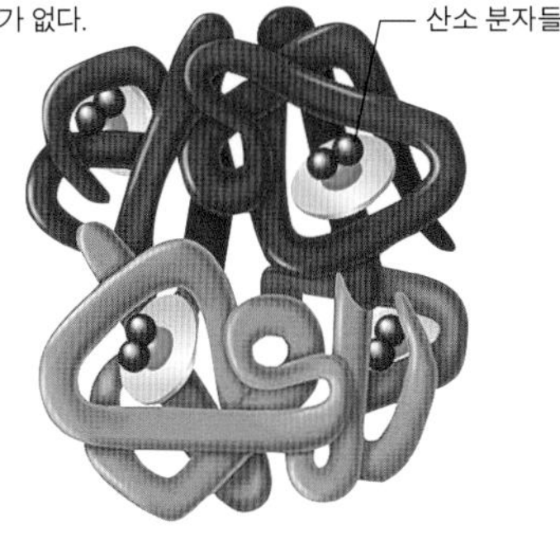
산소 분자들

산소혈색소
탈산소혈색소가 허파에서 산소와 결합하여 산소혈색소(oxyhemoglobin)가 된다. 일단 산소가 하나 붙으면 혈색소의 구조가 바뀌어 다른 산소들이 더 빨리 붙는다.

세포조직으로의 확산

체세포는 끊임없이 혈색소(왼쪽 참조)에서 산소를 받아들이고 혈류로 노폐물을 배출한다. 그 결과 모세혈관에는 산소 농도가 낮고 노폐물 농도가 높은 환경이 조성되므로, 혈색소가 그곳에서 산소를 내놓게 된다. 자유 산소는 세포로 확산해 들어가서 에너지 생산에 쓰이고, 이산화탄소는 세포에서 혈액으로 확산해 나온다. 혈색소가 이산화탄소의 약 20퍼센트를 받아들이지만, 나머지 대부분은 혈장(plasma)에 녹아 허파로 돌아온다.

모세혈관으로 들어가는 산소적혈구

이산화탄소가 조직세포를 빠져나와 모세혈관벽을 통과한 뒤 혈장으로 확산해 들어간다.

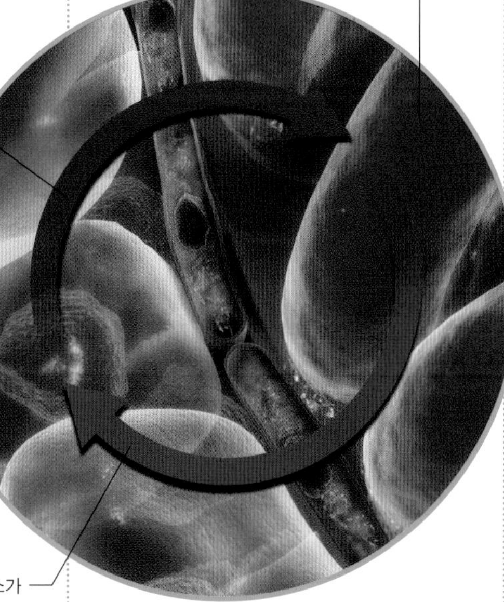

적혈구 속 혈색소가 산소를 내놓는다.

모세혈관에서의 기체교환
혈액이 모세혈관을 흐를 때 혈색소가 산소를 내놓고, 이산화탄소가 혈장에 녹아 허파로 보내진다.

산소적혈구(oxygenated red blood cell)

필수적인 공급
허파에서 흡수된 산소는 혈관을 통해 왼심장으로 들어가 온몸으로 펌프질된다. 모세혈관에 다다른 산소는 이산화탄소와 교환된다. 이산화탄소는 혈관을 통해 오른심장으로 운반된 뒤, 허파로 펌프질되어 몸 밖으로 배출된다.

체세포

모세혈관바탕

담배연기 흡입
담배연기를 마시면 입자가 허파 깊숙이 들어간다. 연기입자는 꽈리 벽을 손상시켜 더 얇게 늘이므로, 서로 떨어져 있던 공기주머니들이 붙어버릴지도 모른다. 그러면 기체교환에 필요한 표면적이 줄고, 나중에 호흡질환이 생길 수 있다.

탈산소적혈구(deoxygenated red blood cell)

심장으로 돌아가는 저산소 혈액

잠수병통증

잠수부가 압축공기를 마시면 평소보다 질소가 더 많이 혈액에 녹아 든다.(338쪽) 그런 상태에서 너무 빨리 상승하면 질소가 피 속에서 기포가 되어 혈관을 막아 광범위한 손상을 입힌다. 이러한 잠수병통증(bends)을 치료하려면 기포가 재흡수될 때까지 감압실에 머물며 질소 농도를 정상으로 돌려놓아야 한다.

호흡의 원리

호흡이란 공기가 허파를 드나드는 활동이다. 목, 가슴(chest), 배(abdomen)의 근육들이 일제히 움직여 가슴안(chest cavity)의 부피를 바꿈으로써 호흡이 일어난다. 숨을 마실 때는 신선한 공기가 허파로 밀려 들고, 숨을 뱉을 때는 퀴퀴한 공기가 몸 밖으로 밀려 나간다.

호흡에 쓰이는 근육들

호흡에 주로 쓰이는 근육은 가로막(횡격막, diaphragm)이다. 가로막은 가슴안과 배안(abdomen cavity)을 나누는 둥근 지붕 모양의 근육막으로, 가슴 앞쪽으로는 복장뼈(흉골, sternum)에 붙어 있고 가슴 뒤쪽으로는 척추뼈(vertebra)와 맨 아래 갈비뼈 6개에 붙어 있다. 가슴우리(ribcage), 목, 배에도 여러 보조 근육들이 있지만 이것들은 일부러 심호흡을 할 때만 쓰인다. 정상적으로 가만히 들숨을 쉴 때는 가로막이 수축하면서 평평해져 가슴안이 깊어짐으로써 공기가 허파로 밀려든다. 정상적으로 가만히 날숨을 쉴 때는 가로막이 이완하고 허파가 탄성 반동을 함으로써 수동적으로 공기가 나간다. 운동을 할 때처럼 산소가 더 많이 공급되어야 세포가 효율적으로 기능하는 경우에는 심호흡을 해야 하는데, 이때는 보조 근육들이 수축하여 가로막의 활동을 보강한다. 들숨과 날숨에는 서로 다른 보조 근육들이 쓰인다.

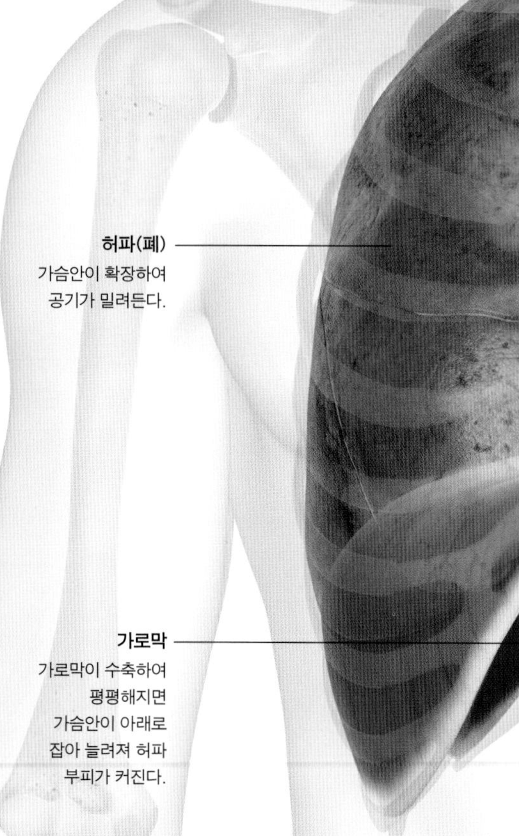
숨을 마실 때
숨을 힘껏 마실 때는 가로막은 물론이고 세 중요한 보조 근육들인 바깥갈비사이근(external intercostal muscle), 목갈비근(scalene), 목빗근(sternocleidomastoid)이 일제히 수축한다. 그래서 가슴안 부피가 엄청나게 늘어난다.
허파(폐)
가슴안이 확장하여 공기가 밀려든다.
가로막
가로막이 수축하여 평평해지면 가슴안이 아래로 잡아 늘려져 허파 부피가 커진다.

가슴막안

가슴막안(흉막안, pleural cavity)은 허파와 가슴벽(chest wall) 사이의 좁은 공간이다. 가슴막안에는 소량의 윤활액(가슴막액, pleural fluid)이 들어 있어 허파가 가슴안 속에서 부드럽게 수축하고 팽창하도록 마찰을 줄여 준다. 가슴막액은 약한 음압(negative pressure)을 받는다. 그 때문에 허파와 가슴벽 사이에 흡인력이 작용하여, 허파꽈리들이 날숨을 쉰 뒤 오그라들지 않도록 막는다. 꽈리들이 완전히 오그라든다면 들숨을 쉴 때 다시 부풀리느라 에너지가 많이 들 것이다.

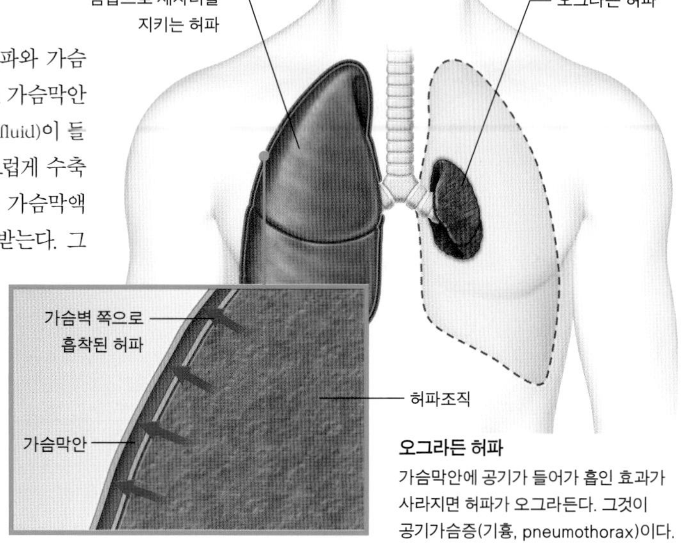
음압으로 제자리를 지키는 허파
오그라든 허파
가슴벽 쪽으로 흡착된 허파
허파조직
가슴막안

오그라든 허파
가슴막안에 공기가 들어가 흡인 효과가 사라지면 허파가 오그라든다. 그것이 공기가슴증(기흉, pneumothorax)이다.

순환호흡(circular breathing)은 공기를 마시는 동시에 볼에 저장된 공기를 뱉음으로써 지속적으로 **길게 날숨을 쉬는 것**이다. 최장 시간 날숨 기록은 **1시간**이 넘는다.

음압과 양압

공기가 허파를 드나드는 것은 압력기울기(pressure gradient) 때문이다. 들숨 근육들이 수축하여 가슴안 부피가 커지면 가슴막액 때문에 가슴벽에 흡착된 허파가 가슴벽을 따라서 확장한다. 그러면 허파 속 기압이 대기압에 비해 낮아지고, 그 압력기울기 때문에 공기가 허파로 밀려든다. 날숨을 쉴 때는 허파의 탄성 반동이 허파 속 공기를 압축함으로써 몸 밖으로 밀어낸다.

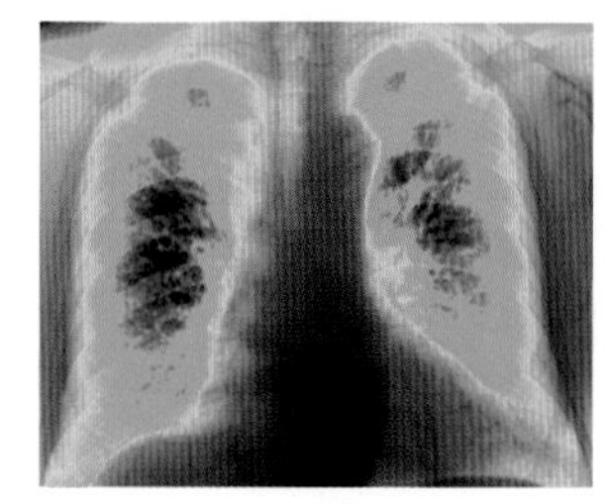

들숨
가슴안이 넓어지면 허파에 음압이 형성되어 공기가 빨려 든다.

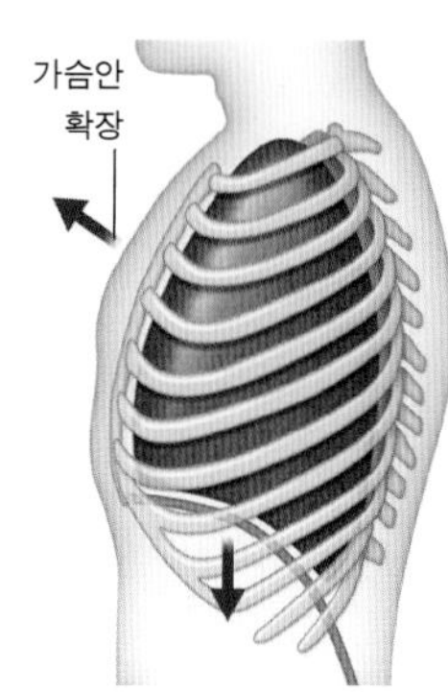
가슴안 확장

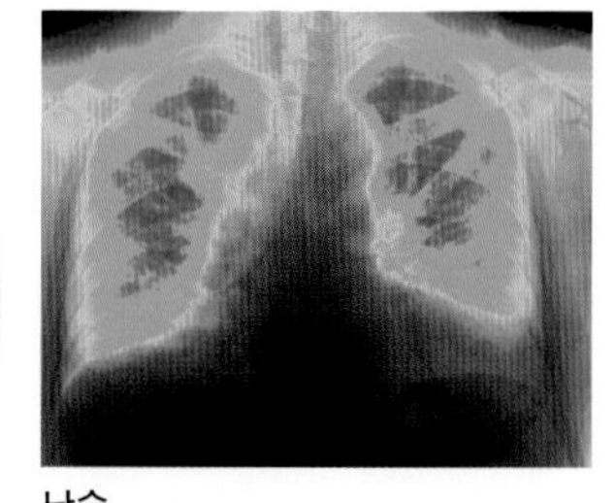

날숨
가슴안 부피가 줄면 허파조직이 양압(positive pressure)을 받아 공기가 밀려난다.

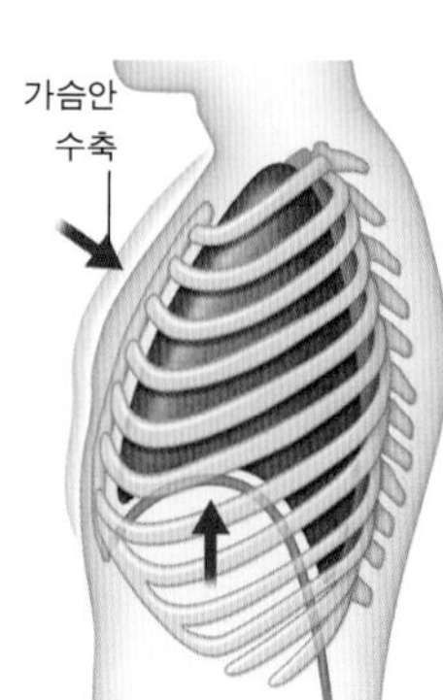
가슴안 수축

숨을 뱉을 때

숨을 힘껏 뱉을 때는 가로막과 허파가 수동적으로 반동하는 것만으로는 충분하지 않다. 속갈비사이근(internal intercostal muscle), 배바깥빗근(external oblique), 배곧은근(rectus abdominis) 같은 보조 근육들까지 수축하여 가슴안 부피를 최대한 줄인다.

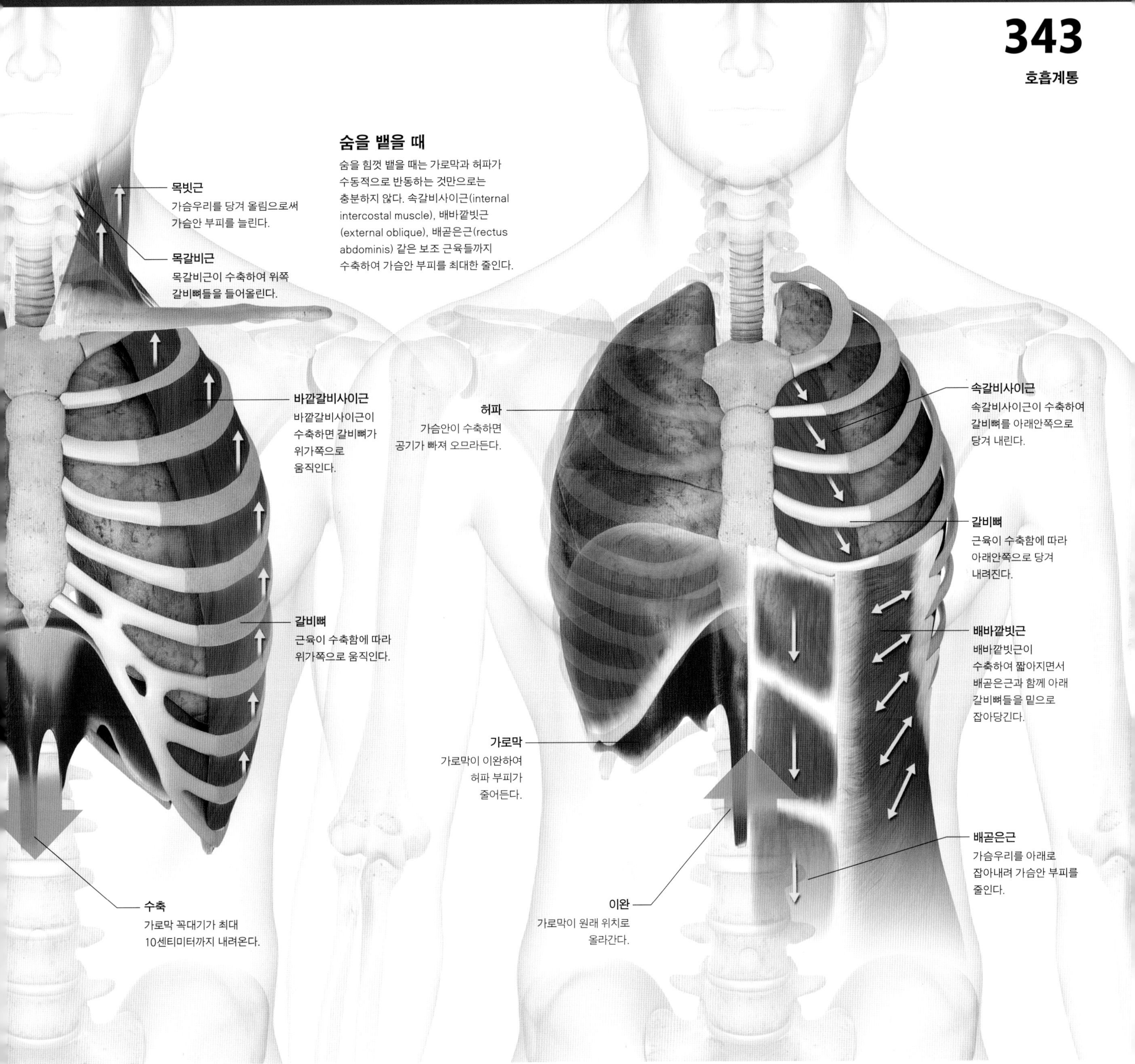

목빗근
가슴우리를 당겨 올림으로써 가슴안 부피를 늘린다.

목갈비근
목갈비근이 수축하여 위쪽 갈비뼈들을 들어올린다.

바깥갈비사이근
바깥갈비사이근이 수축하면 갈비뼈가 위가쪽으로 움직인다.

갈비뼈
근육이 수축함에 따라 위가쪽으로 움직인다.

수축
가로막 꼭대기가 최대 10센티미터까지 내려온다.

허파
가슴안이 수축하면 공기가 빠져 오므라든다.

가로막
가로막이 이완하여 허파 부피가 줄어든다.

이완
가로막이 원래 위치로 올라간다.

속갈비사이근
속갈비사이근이 수축하여 갈비뼈를 아래안쪽으로 당겨 내린다.

갈비뼈
근육이 수축함에 따라 아래안쪽으로 당겨 내려진다.

배바깥빗근
배바깥빗근이 수축하여 짧아지면서 배곧은근과 함께 아래 갈비뼈들을 밑으로 잡아당긴다.

배곧은근
가슴우리를 아래로 잡아내려 가슴안 부피를 줄인다.

표면활성제

허파꽈리 안쪽에는 물 분자 층이 덮여 있다. 물 분자들은 친화성(affinity)이 강해 서로 끌어당기므로 흡사 주머니 끈이 졸리듯이 허파꽈리 세포들도 따라서 오그라들기 쉽지만, 물 표면을 덮고 있는 표면활성제 덕분에 이 압력에도 불구하고 허파꽈리가 오그라들지 않는다. 기름이 주 성분인 표면활성제 분자들은 친화성이 낮아서 물 분자들이 끌어당기는 힘을 약화시키고, 허파꽈리가 그대로 유지된다. 허파꽈리는 두 종류의 세포로 이뤄진다. I형 세포는 허파꽈리 벽을 형성하고, II형 세포는 표면활성제를 배출한다.

기름층
표면활성제 분자의 한쪽 끝은 친수성이라 물에 녹고, 반대쪽 끝은 소수성이라 공기 쪽에서 경계를 이룬다.

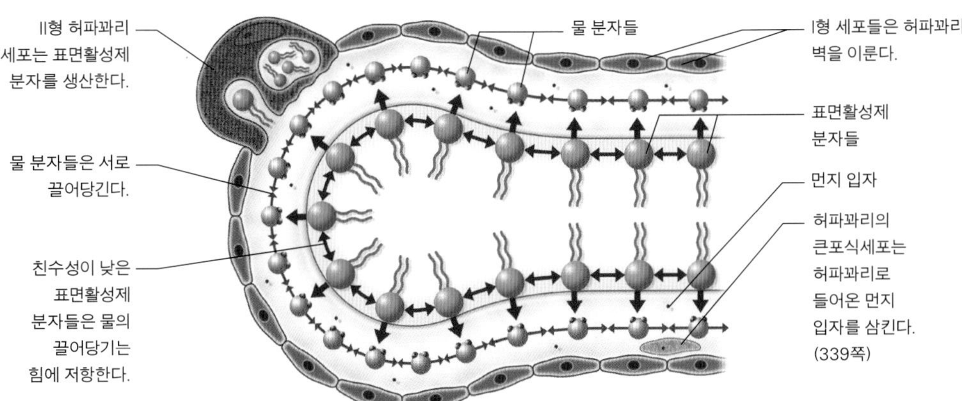
II형 허파꽈리 세포는 표면활성제 분자를 생산한다.
물 분자들은 서로 끌어당긴다.
친수성이 낮은 표면활성제 분자들은 물의 끌어당기는 힘에 저항한다.
물 분자들
I형 세포들은 허파꽈리 벽을 이룬다.
표면활성제 분자들
먼지 입자
허파꽈리의 큰포식세포는 허파꽈리로 들어온 먼지 입자를 삼킨다. (339쪽)

무의식적인 호흡

호흡의 목적은 혈중 산소 및 이산화탄소 농도를 활동 수준에 맞게 유지하는 것이다. 호흡 유발 기제와 호흡 자체는 무의식적이지만, 우리가 의식적으로 호흡의 속도와 세기를 조절할 수도 있다.

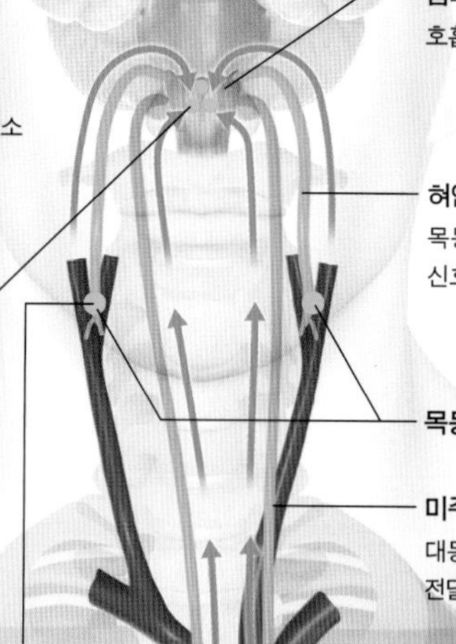
호흡 유발
화학수용기라는 특수 세포 무더기가 대동맥토리(aortic body)와 목동맥토리(carotid body)에 있고(말초화학수용기, peripheral chemoreceptor), 뇌줄기에도 있다.(중추화학수용기, central chemoreceptor) 이것들은 혈중 이산화탄소 및 산소 농도를 감시하다가 필요할 때 뇌로 신호를 보내어 반응을 유발한다.
숨뇌
호흡중추가 있다.
혀인두신경
목동맥토리들의 신호를 전달한다.
중추화학수용기
뇌줄기 속 숨뇌의 중추화학수용기들은 뇌척수액(cerebrospinal fluid)의 화학적 변화에 민감하다. 뇌척수액은 혈중 이산화탄소 증가에 반응하여 산성도를 변화시킨다.
목동맥토리
미주신경
대동맥토리들의 신호를 전달한다.
대동맥토리
말초화학수용기
대동맥활(aortic arch)에 붙어 있는 대동맥토리들과 목동맥(carotid artery)에 붙어 있는 목동맥토리들에도 화학수용기가 있어, 혈중 이산화탄소 농도 상승이나 산소 농도 감소를 감지한다. 미주신경(vagus nerve)과 혀인두신경(glossopharyngeal nerve)을 통해 숨뇌의 호흡중추로 신호가 전달된다.
심장
대동맥토리
화학수용기가 들어 있다.
대동맥활
혈액 검사
대동맥활 위에 있는 대동맥토리들은 목동맥토리들처럼 별도의 혈관으로 혈액을 공급받아 기체와 산 농도를 검사한다.

호흡 유도

산소는 세포의 기능에 꼭 필요한 물질이지만, 사실 호흡을 유도하는 것은 주로 혈중 이산화탄소 농도이다. 산소를 나르는 혈색소(341쪽)는 예비분을 갖고 있으므로 혈중 산소 농도가 낮을 때도 세포들에게 계속 산소를 제공할 수 있다. 하지만 이산화탄소가 혈장에 녹아 탄산(carbonic acid)으로 바뀌면 금세 세포 기능이 망가지므로, 이산화탄소나 탄산 농도가 높으면 즉각 호흡이 유도된다. 산소가 호흡을 자극하는 것은 농도가 극히 낮을 때뿐이다.

화학수용기(chemoreceptor)라는 특수 세포들이 혈중 기체 농도를 측정하여 뇌줄기(brain stem) 속 숨뇌(medulla oblongata)의 호흡중추(respiratory center)로 신경 자극을 보낸다. 그러면 뇌가 호흡 근육들로 적절한 신호를 보낸다.

호흡의 패턴

평소 숨을 쉴 때는 허파를 드나드는 공기의 양이 500밀리리터에 지나지 않는다. 이것이 일회호흡량(tidal volume)이다. 허파는 들숨도 날숨도 추가의 예비능력이 있기 때문에(폐활량, vital capacity), 운동할 때 호흡량을 늘릴 수 있다.

허파가 담을 수 있는 최대 공기량은 약 5,800밀리리터이지만, 이중 약 1,000밀리리터는 숨을 뱉은 뒤에도 호흡관에 남아 있는 양이다. 남은공기량(residual volume)이라고 불리는 이 공기는 우리가 자의로 몸 밖으로 내보낼 수 없다.

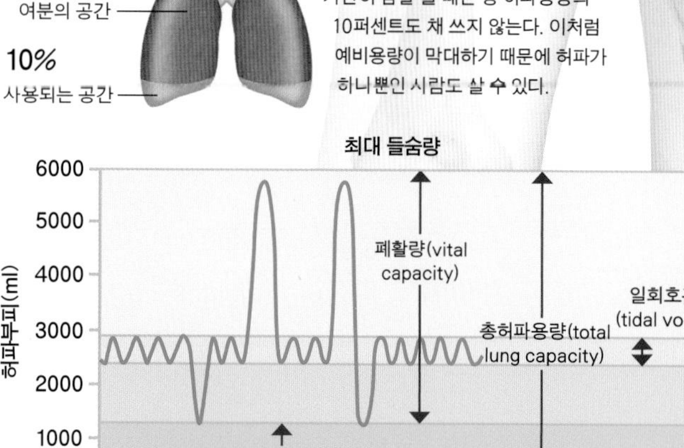
90%
여분의 공간
10%
사용되는 공간
최대 들숨량
6000
5000
4000
3000
2000
1000
0
허파부피(ml)
폐활량(vital capacity)
총허파용량(total lung capacity)
일회호흡량(tidal volume)
남은공기량(residual volume)

여유 있는 구조
가만히 숨을 쉴 때는 총 허파용량의 10퍼센트도 채 쓰지 않는다. 이처럼 예비용량이 막대하기 때문에 허파가 하나뿐인 사람도 살 수 있다.

폐활량계 읽기
허파에 담기는 공기량을 측정하려면 폐활량계(spirometer)라는 기계에 숨을 내쉰다. 그 결과는 그래프로 기록된다.(왼쪽)

잠수부들은 몇 분 동안 **숨을 참으면서** 100미터 **이상** 깊이 잠수한다.

극한의 인간
맨몸잠수

호흡 장비 없이 누가 더 깊이 내려가나 경쟁하는 사람들은 지상에서 숨을 참은 채 운동하는 방법으로 근육을 무산소 운동에 단련시킨다. 혈중 이산화탄소를 최대한 낮추기 위해 잠수 전 일부러 과다호흡(hyperventilation)을 하는 경우도 있다. 이산화탄소 농도가 높으면 뇌가 자극되어 숨을 마시고 싶어지기 때문이다. 과다호흡을 해두면 들숨을 쉬고 싶은 기분 없이 더 오래 잠수할 수 있지만, 뇌가 호흡의 필요성을 미처 깨닫기 전에 산소가 바닥 날 가능성 때문에 위험천만하다. 물속에서 기절하여 익사할 위험이 있는 것이다.

더 깊은 바다로
사진처럼 오리발을 달고 들어가면 추가의 추진력이 생겨 평소보다 더 깊이 잠수할 수 있다.

반응

이산화탄소 농도가 높아지거나 산소 농도가 낮아지면 호흡중추가 신경을 통해 호흡 근육들로 신호를 보내 호흡을 유발하므로, 호흡이 빨라지고 깊어진다. 신호는 연속적으로 전달되기 때문에 호흡은 어느 시점이든 몸의 요구에 잘 반응한다.

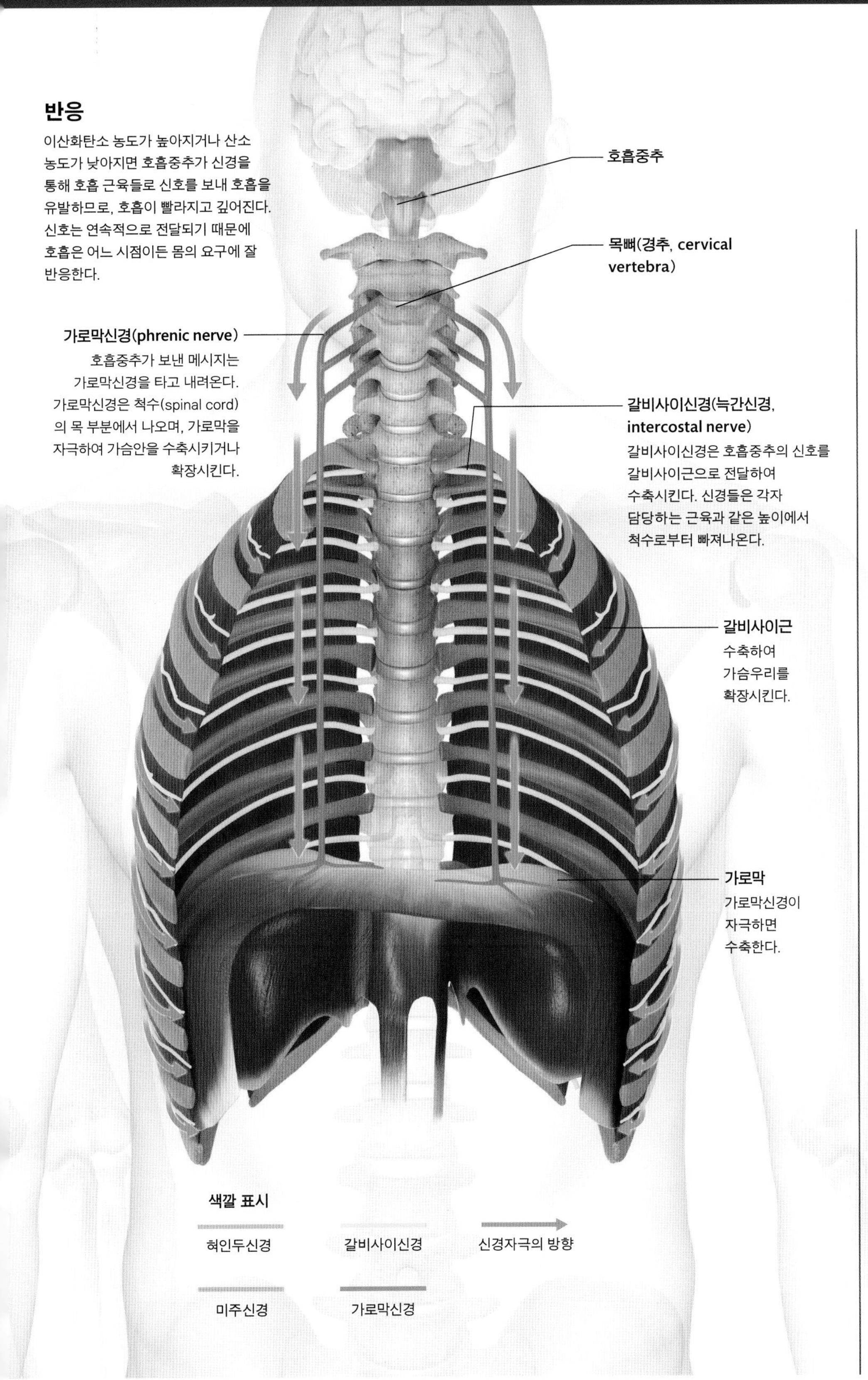

호흡중추

목뼈(경추, cervical vertebra)

가로막신경(phrenic nerve)
호흡중추가 보낸 메시지는 가로막신경을 타고 내려온다. 가로막신경은 척수(spinal cord)의 목 부분에서 나오며, 가로막을 자극하여 가슴안을 수축시키거나 확장시킨다.

갈비사이신경(늑간신경, intercostal nerve)
갈비사이신경은 호흡중추의 신호를 갈비사이근으로 전달하여 수축시킨다. 신경들은 각자 담당하는 근육과 같은 높이에서 척수로부터 빠져나온다.

갈비사이근
수축하여 가슴우리를 확장시킨다.

가로막
가로막신경이 자극하면 수축한다.

색깔 표시
혀인두신경
갈비사이신경
신경자극의 방향
미주신경
가로막신경

호흡반사

허파 표면을 손상시키거나 기능을 약화시킬지도 모르는 먼지 입자나 부식성 화학물질이 들숨에 포함되어 있을 때가 있다. 기침(cough)과 재채기(sneeze)는 자극물질이 허파꽈리에 들어오지 못하도록 쫓아내는 반사(reflex) 반응이다. 호흡관의 신경종말들은 촉각과 화학 자극에 민감해 자극을 받는 즉시 뇌로 신호를 보낸다. 그러면 뇌가 일련의 활동을 일으켜 이물질을 기침이나 재채기로 내보낸다.

강제분출
밀도 차이를 기록하는 슐리렌(Schlieren) 사진으로 기침이 일으킨 난기류를 촬영했다.

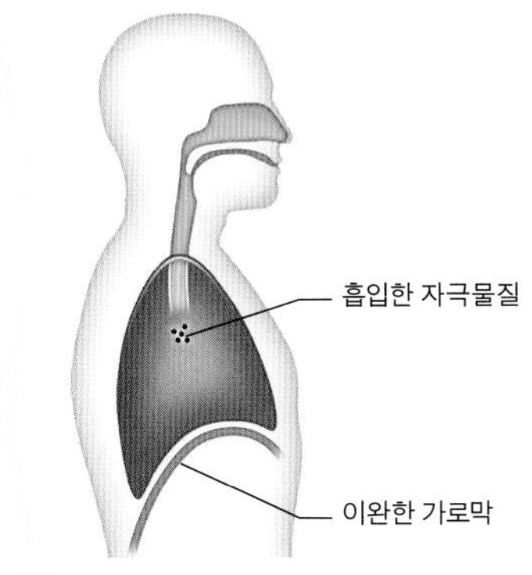
흡입한 자극물질
이완한 가로막
1. 자극
들이마신 입자나 화학물질이 민감한 신경종말을 자극하면, 침입을 알리는 신호가 뇌로 전달된다.

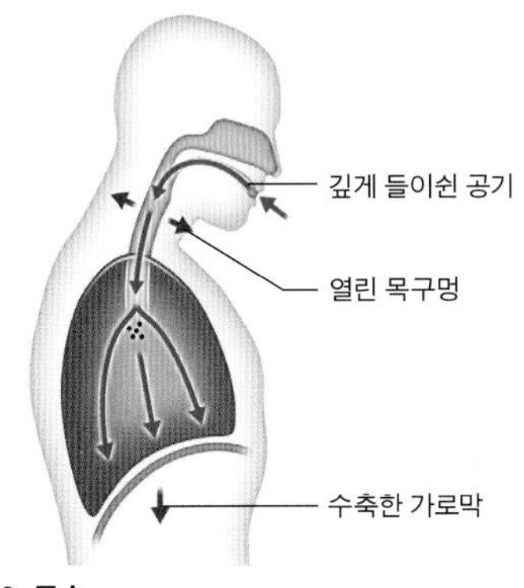
깊게 들이쉰 공기
열린 목구멍
수축한 가로막
2. 들숨
뇌가 호흡 근육들에게 수축 신호를 보내어, 갑자기 깊게 숨을 마시게 한다. (2,500밀리리터)

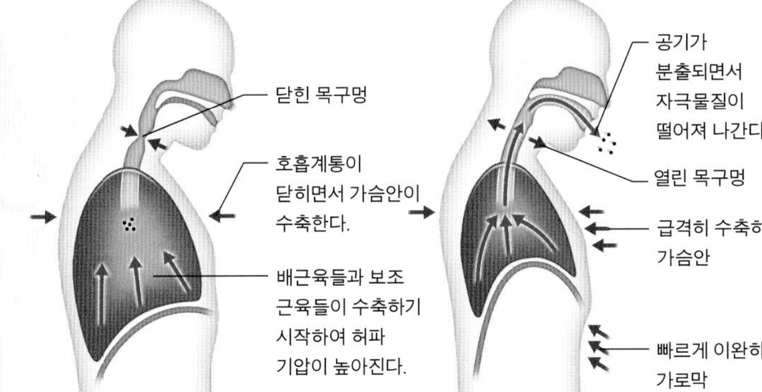
닫힌 목구멍
호흡계통이 닫히면서 가슴안이 수축한다.
배근육들과 보조 근육들이 수축하기 시작하여 허파 기압이 높아진다.
공기가 분출되면서 자극물질이 떨어져 나간다.
열린 목구멍
급격히 수축하는 가슴안
빠르게 이완하는 가로막
3. 압축
성대와 후두덮개가 단단히 닫히고 배근육들이 수축해 허파의 기압이 높아진다.

4. 분출
후두덮개와 성대가 갑자기 열리고 공기가 고속으로 분출되면서 자극물질도 따라 나간다.

발성

발성은 뇌, 한 쌍의 성대, 물렁입천장, 혀, 입술이 복잡하게 상호작용하여 일으키는 활동이다. 공기가 성대에 부딪치면 성대가 진동하여 소리를 낸다. 성대와 후두를 잇는 근육들은 우리가 호흡만 할 때는 성대를 벌려 주고, 소리를 낼 때는 성대를 모아 주며, 높은 소리를 낼 때는 성대를 더 팽팽하게 만든다. 물렁입천장, 입술, 혀가 그 진동을 다듬어 정확한 발음으로 바꾼다. 성대 아래쪽 기압이 높으면 소리가 커진다. 코곁굴은 목소리를 공명시킨다.(338쪽)

성대의 진동 속도는 성대가 팽팽한 정도에 따라 다양하다. 빠르게 진동할수록 높은 소리가 난다. 베이스 가수의 성대는 1초에 약 60회 진동하는 반면, 소프라노 가수의 성대는 최대 2,000회 진동한다.

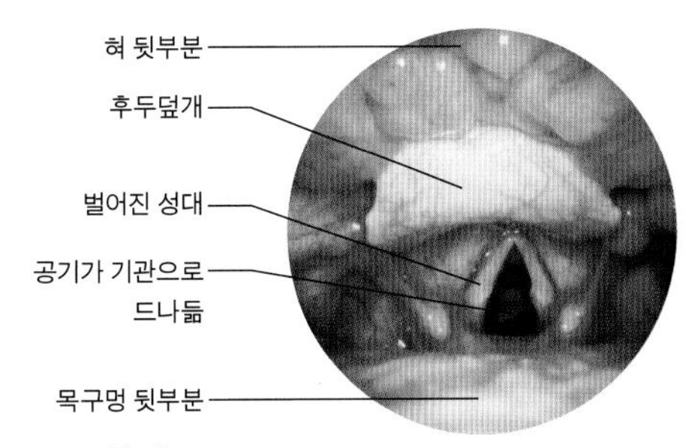
혀 뒷부분
후두덮개
벌어진 성대
공기가 기관으로 드나듦
목구멍 뒷부분
호흡할 때
호흡할 때는 성대가 완전히 열린 상태이다. 공기가 진동을 일으키지 않고 자유롭게 성대 틈을 드나들기 때문에 아무런 소리가 나지 않는다.

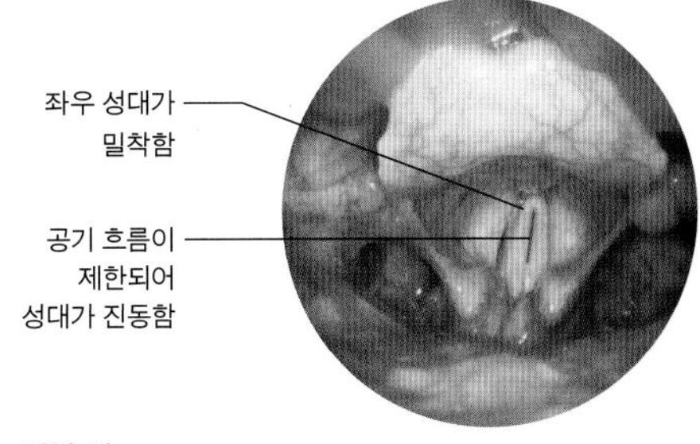
좌우 성대가 밀착함
공기 흐름이 제한되어 성대가 진동함
말할 때
말을 할 때는 후두 근육들이 좌우 성대를 가깝게 밀착시키므로, 공기가 그 틈을 지나면서 성대를 쉽게 진동시킨다.

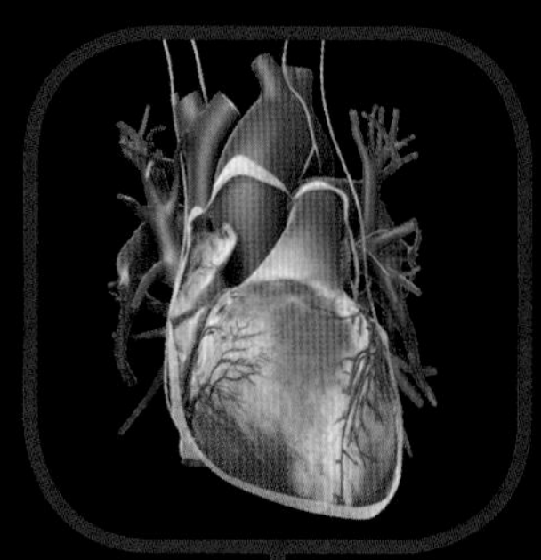

심장

근육질의 심장은 순환계통의 핵심이다. 심장은 몸속의 모든 혈액을 1분에 한 번씩 순환시킨다.

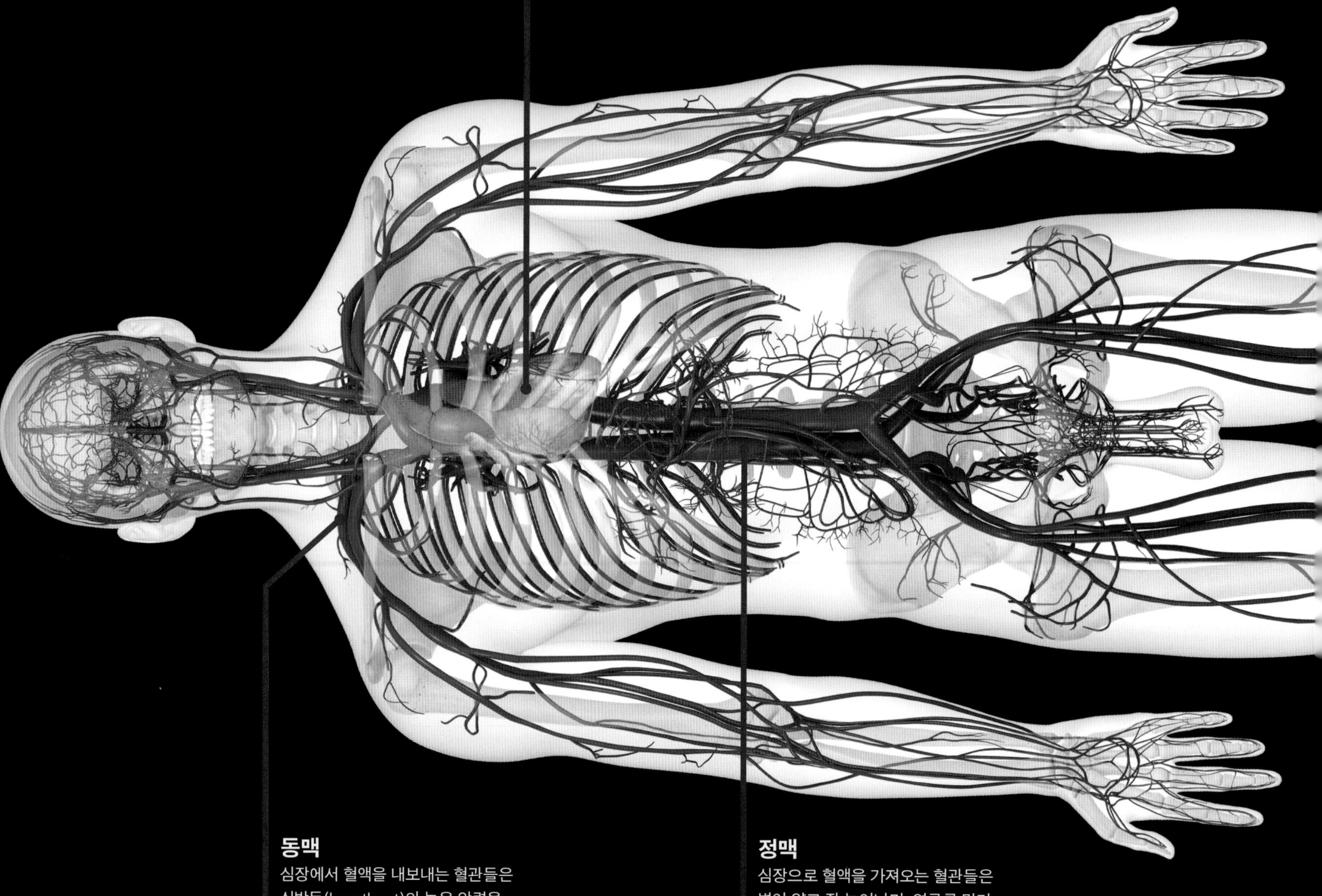

동맥

심장에서 혈액을 내보내는 혈관들은 심박동(heartbeat)의 높은 압력을 견뎌야 하기 때문에 벽이 두껍고, 근육질이고, 탄력적이다.

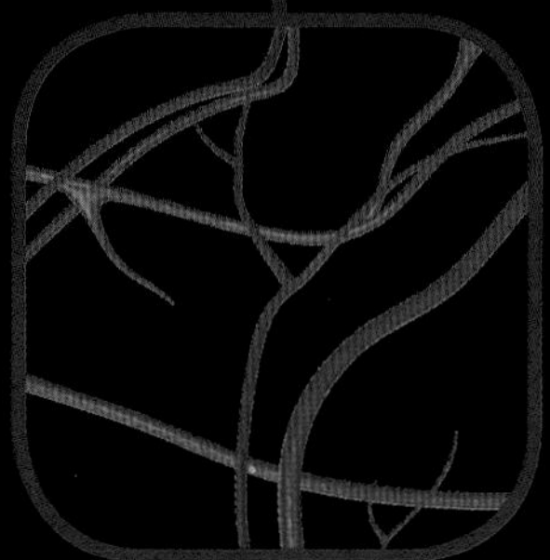

정맥

심장으로 혈액을 가져오는 혈관들은 벽이 얇고 잘 늘어나며, 역류를 막기 위해서 한 방향으로만 열리는 판막(valve)이 나 있다.

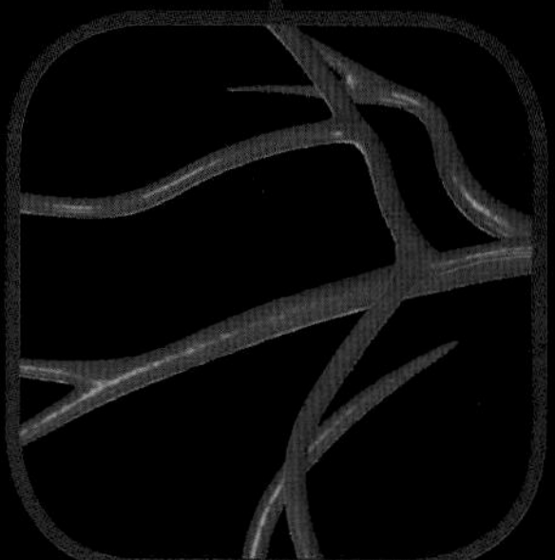

심장혈관계통

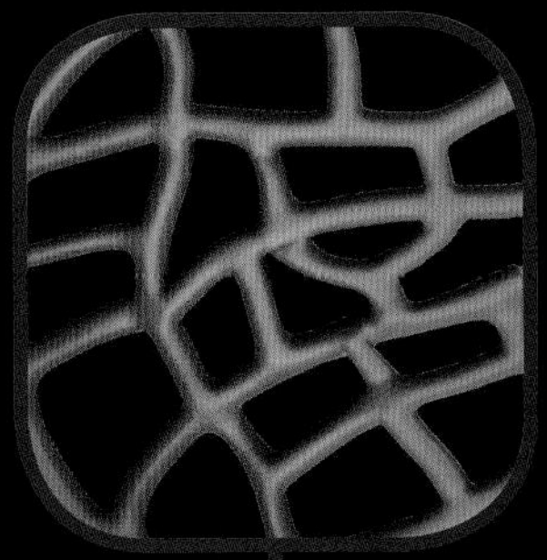

모세혈관
가늘고 벽이 얇은 이 혈관들에서 산소가 체세포로 확산해 나가고, 거꾸로 이산화탄소는 체세포로부터 혈관으로 확산해 들어온다.

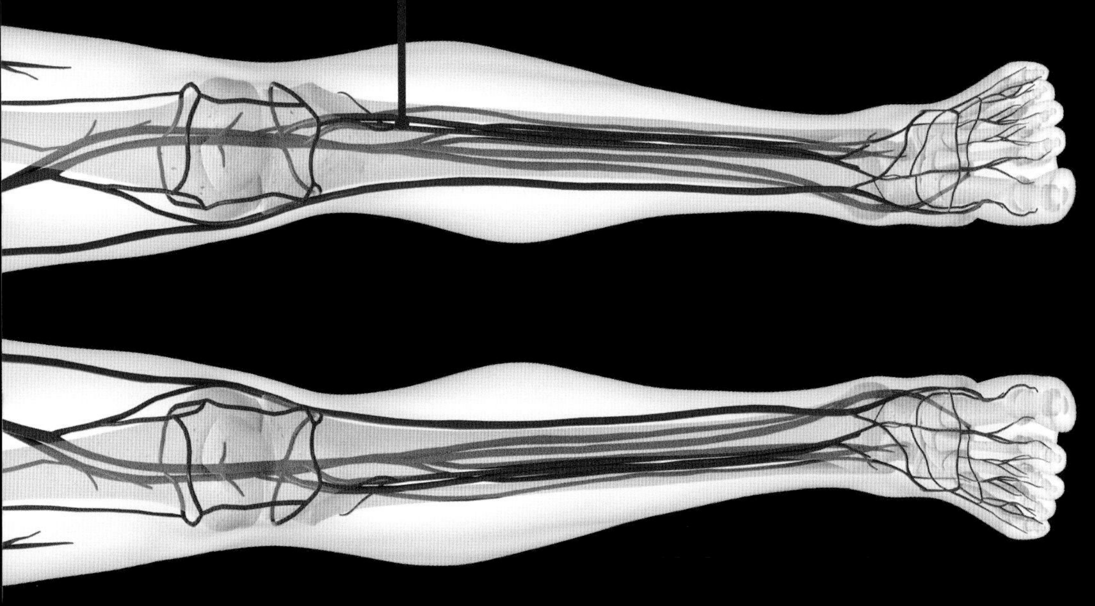

심장은 혈액을 온몸으로 운반하여 생명을 불어넣는 펌프 엔진이다. 혈액은 동맥을 통해 산소, 영양소, 면역세포를 몸 구석구석에 전달하고, 정맥을 통해 노폐물을 수거한다.

혈액

성인의 몸에는 혈액이 5리터쯤 들어 있다. 혈액은 혈장이라는 액체에 특수한 세포들이 떠 있는 것이다. 혈액은 세포들에게 영양소와 산소를 공급하고, 노폐물을 거둬 들인다. 또한 호르몬, 항체(antibody), 감염에 맞서는 세포들을 운반한다.

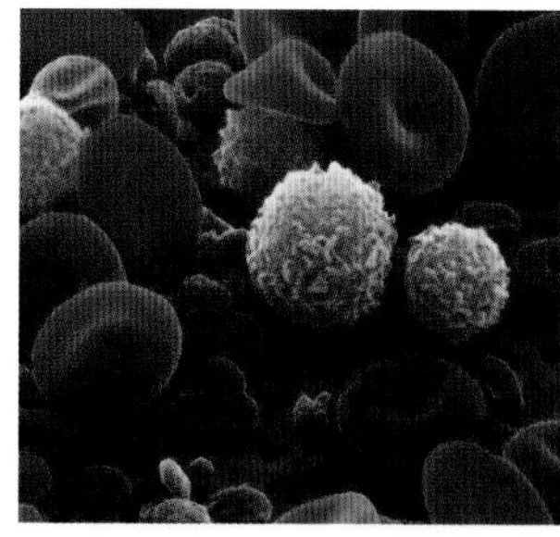

혈류 속으로
확대 이미지에 적혈구, 백혈구, 혈소판이 보인다.

운반을 담당하는 혈액

혈액은 인체의 주요한 운반체계이다. 가만히 있는 성인의 몸에서는 심장이 5리터의 혈액 전체를 1분에 한 번씩 순환시킨다. 혈액의 구성 요소들은 장에서 영양소를, 허파에서 산소를 흡수하여 체세포들에게 전달한다. 또 요소(urea)나 젖산(유산, lactic acid)처럼 세포가 노폐물로 내놓은 화합물을 거둬 간이나 콩팥으로 보내 그곳에서 분해되거나 몸 밖으로 배출되게 만든다. 세포에서 거둬 들인 이산화탄소는 허파에서 배출된다.

혈액은 또 내분비샘(398쪽)으로부터 호르몬을 받아 표적 세포에게 나른다. 감염에 대항하고 치유하는 세포들과 그 밖의 물질들도 혈액을 따라 순환하다가 필요할 때 활동한다.

지속적인 공급
혈액은 인체의 모든 세포들로 흘러간다. 세포들은 지속적으로 화학물질을 분비하여 혈액을 충분히 공급받는다. 혈액 공급이 충분해야 영양소를 받을 수 있고 노폐물을 제거할 수 있다.

혈관(blood vessel)

혈액의 구성 요소

혈액의 구성 요소 중 액체(혈장)는 92퍼센트가 물이지만, 포도당, 무기질(mineral), 효소(enzyme), 호르몬, 그리고 이산화탄소나 요소나 젖산 같은 노폐물도 포함한다. 이산화탄소를 비롯한 몇몇 구성 요소들은 혈장에 직접 녹아 있는 반면, 철이나 구리 같은 무기질은 특수한 혈장운반단백질과 결합해 있다. 혈장에는 감염을 물리치는 항체도 들어 있다.

대부분이 물
혈액의 46퍼센트는 고형 성분(세포)이고 54퍼센트는 액체 혈장이다.

54%
혈장
옅은 노란색 액체인 혈장은 혈액에서 가장 많은 부분을 차지한다.

1%
백혈구와 혈소판(platelet)
면역과 응혈에 핵심적인 역할을 하는 세포들이다.

45%
적혈구
혈액 1밀리미터당 적혈구가 약 50억 개씩 들어 있다.

모세혈관망
(capillary network)

혈액응고

혈관이 손상되면 혈소판들이 손상 부위로 몰려가 틈을 메운다. 혈소판들이 손상 부위에서 화학물질을 배출함과 동시에 일련의 혈액응고(응혈, clotting 혹은 coagulation) 과정이 전개된다. 그 결과 섬유소(fibrin)라는 단백질 가닥들이 형성되고, 이것들이 얼기설기 얽혀 튼튼한 마개 같은 피떡을 형성한다. 피떡 속에는 혈소판과 적혈구가 갇혀 있다.

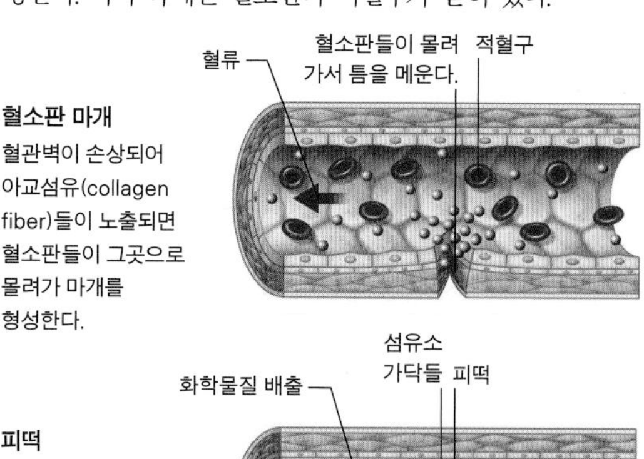
혈류
혈소판들이 몰려 가서 틈을 메운다.
적혈구
화학물질 배출
섬유소 가닥들
피떡

혈소판 마개
혈관벽이 손상되어 아교섬유(collagen fiber)들이 노출되면 혈소판들이 그곳으로 몰려가 마개를 형성한다.

피떡
화학물질 때문에 섬유소 가닥이 형성되기 시작한다. 섬유소는 혈소판과 적혈구를 한데 엉키게 한다.

세포 생산

적혈구, 백혈구, 혈소판은 모두 골수(bone marrow)에서 만들어져 순환계통으로 들어온다. 면역에 관여하는 백혈구는 림프계통(358~363쪽)으로도 건너가지만, 핵이 없는 적혈구는 혈액 순환계통에만 남아서 최장 120일을 산다.

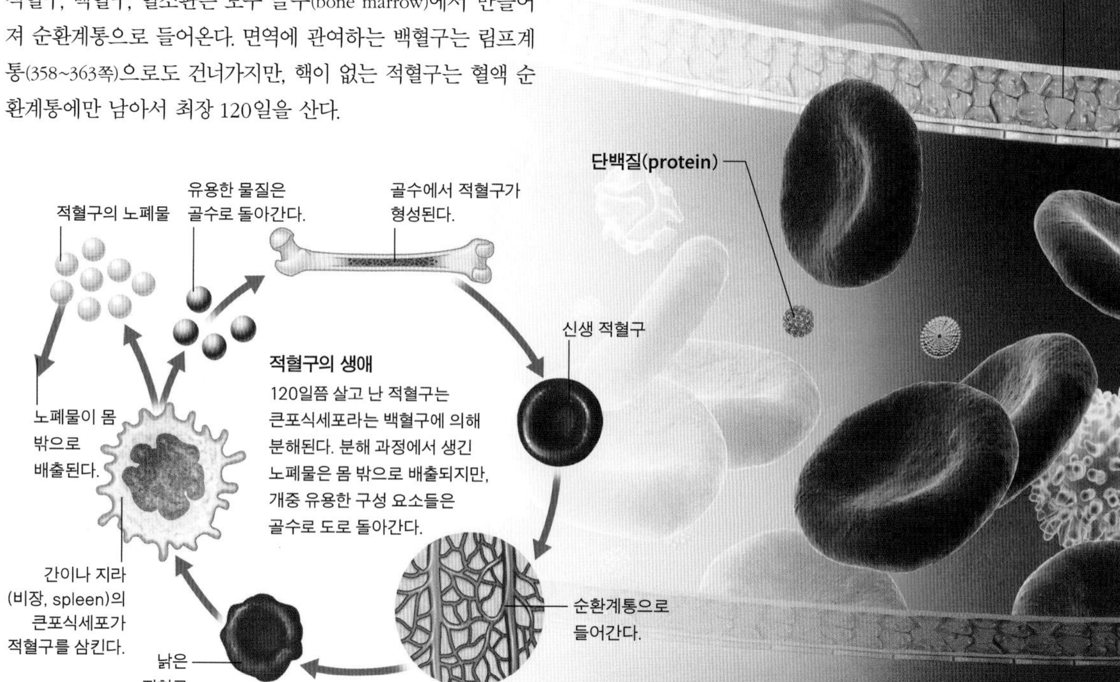
적혈구의 노폐물
유용한 물질은 골수로 돌아간다.
골수에서 적혈구가 형성된다.
신생 적혈구
순환계통으로 들어간다.
낡은 적혈구
간이나 지라(비장, spleen)의 큰포식세포가 적혈구를 삼킨다.
노폐물이 몸 밖으로 배출된다.
혈관벽(blood vessel wall)
단백질(protein)

적혈구의 생애
120일쯤 살고 난 적혈구는 큰포식세포라는 백혈구에 의해 분해된다. 분해 과정에서 생긴 노폐물은 몸 밖으로 배출되지만, 개중 유용한 구성 요소들은 골수로 도로 돌아간다.

혈액형

혈액형은 유전으로 정해진다. 적혈구 표면에 드러난 항원이라는 표지 단백질에 의해 결정되는데, 주요 항원으로 A항원과 B항원이 있다. 적혈구에 A항원만 있을 수도(A형), B항원만 있을 수도(B형), 둘 다 있을 수도(AB형), 둘 다 없을 수도(O형) 있다. 항원은 면역계통의 활동을 일으키는 물질이다. 면역계통은 자기 적혈구의 항원은 무시하되 낯선 항원은 인식하여 파괴하는 항체를 생산한다. 가령 A형의 적혈구에는 A항원이 있어 면역계통이 A항원을 무시하지만 B항원에 대해서는 항체를 만들어 B항원을 지닌 외래 세포는 파괴한다.

항원(antigen)
적혈구가 지닌 항원의 종류는 30종이지만, 도표에 표시된 ABO항원들이 제일 유명하다.

	A형	B형	AB형	O형
혈액형				
항원	A항원	B항원	A항원과 B항원	없음
항체	항B항체	항A항체	없음	항A항체와 항B항체

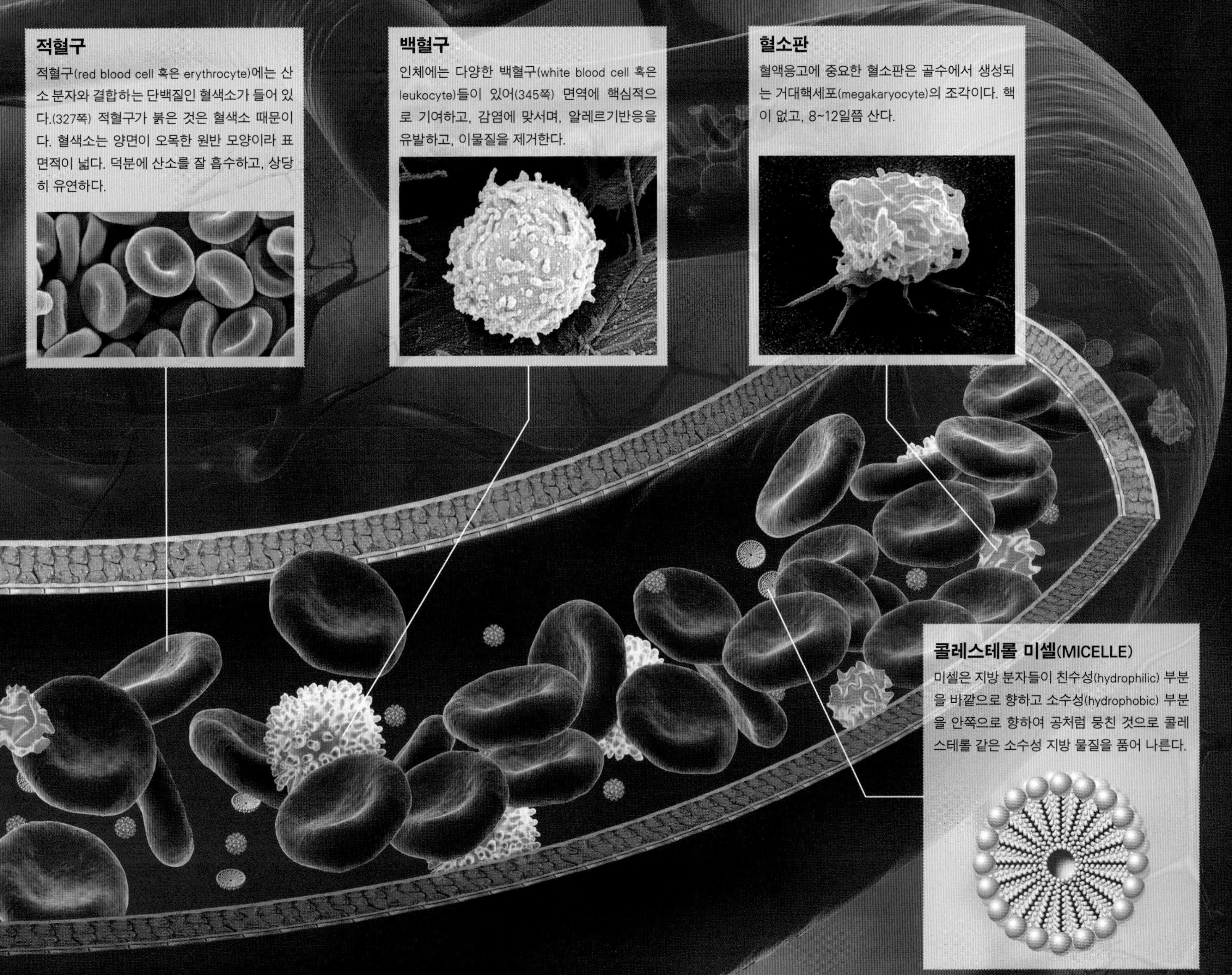

적혈구

적혈구(red blood cell 혹은 erythrocyte)에는 산소 분자와 결합하는 단백질인 혈색소가 들어 있다.(327쪽) 적혈구가 붉은 것은 혈색소 때문이다. 혈색소는 양면이 오목한 원반 모양이라 표면적이 넓다. 덕분에 산소를 잘 흡수하고, 상당히 유연하다.

백혈구

인체에는 다양한 백혈구(white blood cell 혹은 leukocyte)들이 있어(345쪽) 면역에 핵심적으로 기여하고, 감염에 맞서며, 알레르기반응을 유발하고, 이물질을 제거한다.

혈소판

혈액응고에 중요한 혈소판은 골수에서 생성되는 거대핵세포(megakaryocyte)의 조각이다. 핵이 없고, 8~12일쯤 산다.

콜레스테롤 미셀(MICELLE)

미셀은 지방 분자들이 친수성(hydrophilic) 부분을 바깥으로 향하고 소수성(hydrophobic) 부분을 안쪽으로 향하여 공처럼 뭉친 것으로 콜레스테롤 같은 소수성 지방 물질을 품어 나른다.

심장 박동

심장은 좌우 양쪽으로 나뉜 근육 펌프이다. 심장의 오른쪽은 온몸에서 오는 저산소 혈액을 받아들인 뒤 허파로 펌프질하여 산소를 보충한다. 심장의 왼쪽은 허파에서 오는 고산소 혈액을 받아들인 뒤 온몸으로 펌프질한다.

두근거리는 심장

심장은 2개의 펌프가 하나의 장기로 결합한 구조이다. 한쪽은 고산소 혈액용이고(왼심장) 다른 쪽은 저산소 혈액용이다.(오른심장) 우리가 가만히 쉴 때 심장은 매일 평균 10만 번 박동한다. 심장이 한 번 뛸 때마다 네 공간들이 조화롭게 움직여 수축기(systole)와 이완기(diastole)를 겪는다. 잘 조절된 근육 박동 덕분에 혈액이 위쪽의 두 심방(atrium)에서 판막(valve)을 거쳐 아래쪽의 두 심실(ventricle)로 전달되고, 이어 대동맥이나 허파동맥을 통해 심장 밖으로 분출된다. 심장주기(cardiac cycle)는 크게 다섯 단계로 나뉜다.(오른쪽 참조)

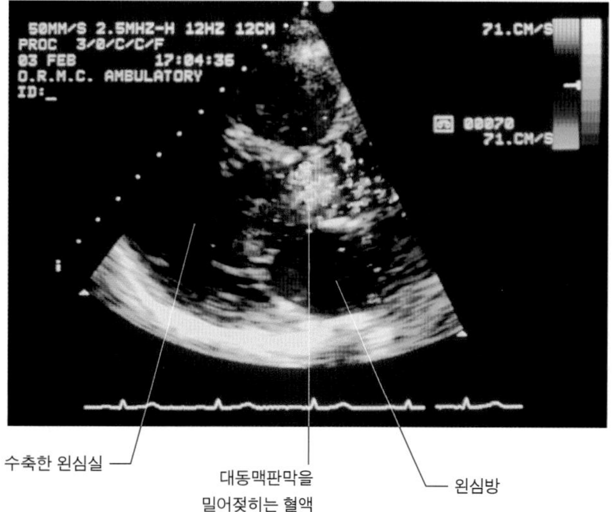
50MM/S 2.5MHZ-H 12HZ 12CM
PROC 3/0/C/C/F
03 FEB 17:04:36
O.R.M.C. AMBULATORY
ID:_
71.CM/S
71.CM/S
수축한 왼심실
대동맥판막을 밀어젖히는 혈액
왼심방

심장의 메아리
심장초음파검사(echocardiography)는 초음파를 사용하여 심장의 네 방실에 드나드는 혈액의 영상을 실시간으로 기록하는 기술이다. 심장에서 반사되어 돌아온 초음파로 판막이나 펌프 능력의 이상을 감지할 수 있다.

심장근육

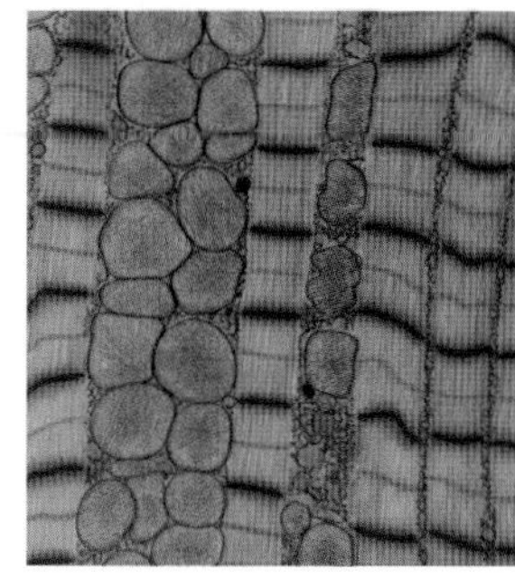

가로무늬근육 (striated muscle)
분홍색 근육원섬유와 타원형 사립체가 잘 드러난 채색 현미경 사진

심장근육(심근, cardiac muscle 혹은 myocardium)은 뼈대근(골격근, skeletal muscle)이나 민무늬근(smooth muscle)과는 생김새도 행동도 다르다. 심근은 가지가 나 있다는 점 외에는 뼈대근과 비슷하게 생겼지만, 행동은 전혀 다르다. 심근 세포들 사이의 틈은 투과성이 높기 때문에 전기자극(활동전위, action potential)이 쉽고 빠르게 세포들 사이로 흐른다. 그래서 특정 지역의 세포들이 모두 동시에 수축할 수 있다. 또 심근에는 에너지 생산 소기관인 사립체(미토콘드리아, mitochondria)가 많기 때문에 뼈대근과 달리 전혀 지치지 않는다.

심장 판막

심장에는 심방의 출구에 2개, 심실의 출구에 2개, 총 4개의 판막이 있다. 판막은 방실에서 혈액이 거꾸로 흐르는 것을 막아 주며, 주변 혈액이 가하는 압력에 따라 수동적으로 열리거나 닫힌다. 판막 이전의 혈압이 이후보다 높으면 판막이 열리고, 이후가 이전보다 높으면 판막이 닫힌다. 심박동 특유의 '쿵쾅' 소리는 바로 판막이 닫히는 소리이다. 심방과 심실 사이에 있는 왼방실판막(승모판, mitral valve)과 오른방실판막(삼첨판, tricuspid valve)에는 꼭지근(papillary muscle)과 힘줄끈(chordae tendineae)이 붙어 있어, 심실의 압력이 높아질 때 판막이 심방 쪽으로 뒤집히지 않도록 잡아 준다.

심장

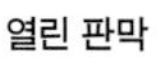

열린 판막

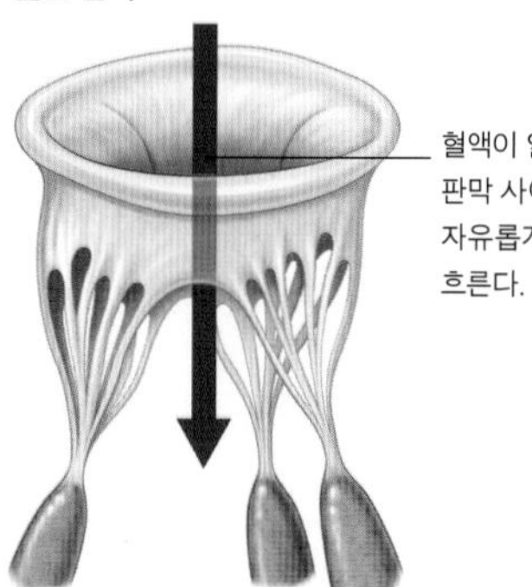
혈액이 열린 판막 사이로 자유롭게 흐른다.

닫힌 판막

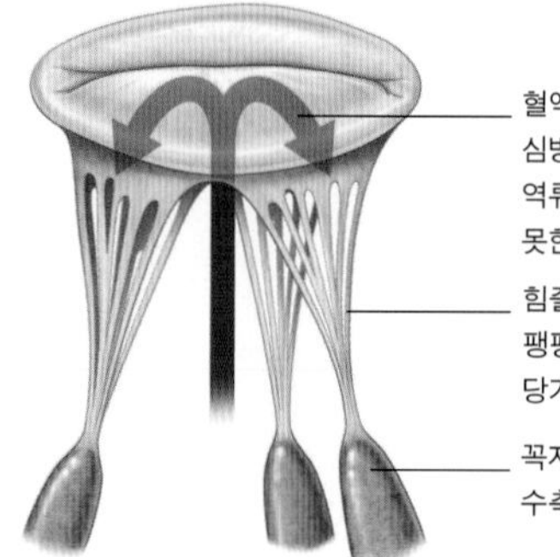
혈액이 심방으로 역류하지 못한다.
힘줄끈이 팽팽히 당겨진다.
꼭지근이 수축한다.

단단히 붙잡기
꼭지근은 심실과 함께 수축하여 (판막에 연결된) 힘줄끈을 세게 잡아당김으로써 판막이 꼭 닫혀 있게끔 한다.

허파정맥이 허파에서 심장으로 혈액을 보낸다.

심장주기
심장근육의 수축은 심장전도계통(352쪽)의 전기활동에 반응하여 벌어진다. 정상적인 상황에서는 전기활동이 엄격한 패턴을 따라 진행되고, 심방과 심실의 수축도 그에 따라 엄격하게 진행된다. 그럼에도 심장은 수축의 속도뿐만 아니라 강도까지 자유자재로 바꿈으로써 몸의 요구에 적절히 대응할 줄 안다.

왼심방에 혈액이 채워져 압력이 높아진다.
대동맥판막이 닫힌다.
오른심방에 혈액이 채워져 압력이 높아진다.
허파동맥판막이 닫힌다.
오른방실판막은 계속 닫힌 상태이다.
심실벽이 이완한다.
왼방실판막은 계속 닫힌 상태이다.

5 등용적 이완기(isovolumic relaxation phase)

초기 이완기 단계이다. 심실들이 이완하기 시작하여 심실의 혈압이 대동맥과 허파동맥의 혈압보다 낮아지므로, 대동맥판막과 허파동맥판막이 닫힌다. 하지만 아직은 심실 압력이 높은 편이라 왼방실판막과 오른방실판막이 열리지 않는다.

판막과 압력
심실의 압력이 낮아져서 허파동맥판막과 대동맥판막이 닫히지만, 아직 왼방실판막과 오른방실판막이 열릴 정도는 아니다.

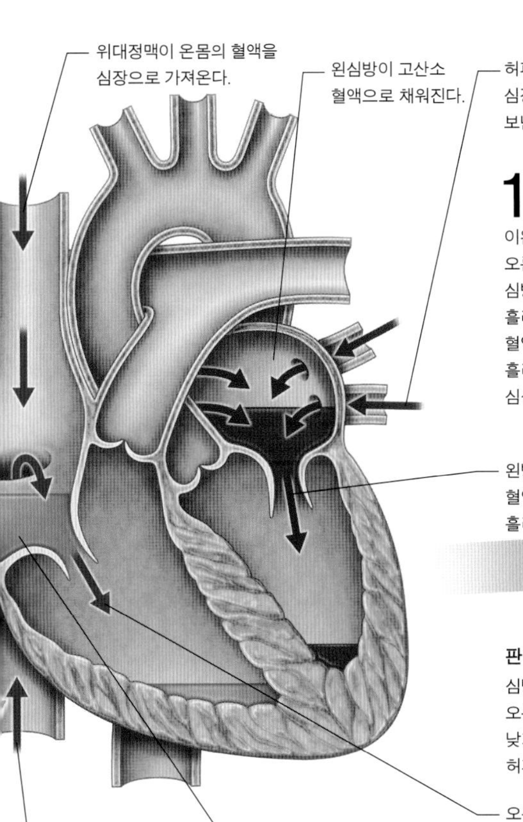
위대정맥이 온몸의 혈액을 심장으로 가져온다.
왼심방이 고산소 혈액으로 채워진다.
허파정맥이 허파에서 심장으로 혈액을 보낸다.
왼방실판막이 열리고, 혈액이 저절로 왼심실로 흘러든다.
오른방실판막이 열리고, 혈액이 저절로 오른심실로 흘러든다.
아래대정맥이 온몸의 혈액을 심장으로 가져온다.
오른심방이 저산소 혈액으로 채워진다.

1 이완기

심실들이 이완하는 단계이다. 이완기 초기에는 왼방실판막과 오른방실판막이 열려 수축기 동안 심방에 채워졌던 혈액이 빠르게 심실로 흘러든다. 그러면 심장으로 돌아오는 혈액도 그 뒤를 따라 심방에서 심실로 흘러 내린다. 이 과정이 끝나면 심실들은 75퍼센트쯤 채워진다.

판막과 압력

심방의 압력이 높아서 왼방실판막과 오른방실판막이 열린다. 심실의 압력이 낮기 때문에 대동맥판막과 허파동맥판막은 닫힌 상태이다.

오른심방이 수축한다.

왼심방이 수축한다.

심방에 남은 혈액이 오른심실로 밀려난다.

심방에 남은 혈액이 왼심실로 밀려난다.

2 심방수축기

두 심방이 동시에 수축하여 남은 혈액을 모조리 심실로 보낸다. 심실들은 여전히 이완한 상태이고, 열린 왼방실판막과 오른방실판막을 통해 혈액이 흐른다. 심방수축기가 끝나면 심실들은 가득 찬다. 하지만 심방들이 수축하여 보낸 혈액의 양은 전체의 25퍼센트에 지나지 않는다.

판막과 압력

심방들이 수축하여 심방 압력이 한층 높아졌기 때문에 왼방실판막과 오른방실판막이 계속 열린 상태이다. 대동맥판막과 허파동맥판막은 계속 닫힌 상태이다.

성인의 심장은 매일 평균 7,200리터의 혈액을 온몸으로 순환시킨다.

3 등용적 수축기 (isovolumic contraction phase)

심실 근육들이 수축하여 심실 혈압이 높아지기 시작하는 초기 수축기 단계이다. 높아진 압력 때문에 왼방실판막과 오른방실판막이 닫히지만, 아직 대동맥판막과 허파동맥판막이 열릴 정도는 아니다. 따라서 이 단계에서는 심실들이 닫힌계(closed system)로서 수축한다.

판막과 압력

심실 압력이 높아져 왼방실판막과 오른방실판막이 닫히지만, 아직 허파동맥판막과 대동맥판막이 열릴 정도는 아니다.

허파동맥판막은 계속 닫힌 상태이다.

왼심방에 계속 혈액이 채워진다.

오른심방에 계속 혈액이 채워진다.

오른방실판막이 닫힌다.

왼방실판막이 닫힌다.

대동맥판막이 계속 닫힌 상태이다.

오른심실이 수축하기 시작한다.

왼심실이 수축하기 시작한다.

4 박출기(ejection phase)

심실 수축 때문에 결국 심실의 혈압이 대동맥과 허파동맥의 혈압을 넘어선다. 그러면 대동맥판막과 허파동맥판막이 열리고, 혈액이 강력하게 심실에서 뿜어져 나간다. 꼭지근은 왼방실판막과 오른방실판막이 열리지 않도록 단단히 붙잡는다.

판막과 압력

수축하는 심실의 압력 때문에 대동맥판막과 허파동맥판막이 활짝 열린다. 왼방실판막과 오른방실판막은 계속 닫힌 상태이다.

오른심실에서 허파동맥으로 혈액이 분출된다.

대동맥은 더 작은 동맥들로 갈라져 온몸으로 혈액을 나른다.

왼심실에서 대동맥으로 혈액이 분출된다.

허파동맥이 혈액을 허파로 나른다.

허파동맥이 허파로 혈액을 나른다.

왼심방에 계속 혈액이 채워진다.

오른심방에 계속 혈액이 채워진다.

허파동맥판막이 열린다.

왼심실이 완전히 수축한다.

대동맥판막이 열린다.

오른심실이 완전히 수축한다.

아래로 내려가는 대동맥

과학

인공심장

조건이 맞는 기증자가 없어서 심장 이식을 기다리다가 죽는 환자가 많다. 인공심장은 그런 사람들이 적절한 심장을 구할 때까지 생존할 수 있도록 개발되었다. 언젠가 인공심장이 이식을 완전히 대체하여 더 많은 환자가 정상적으로 살게 될지도 모른다.

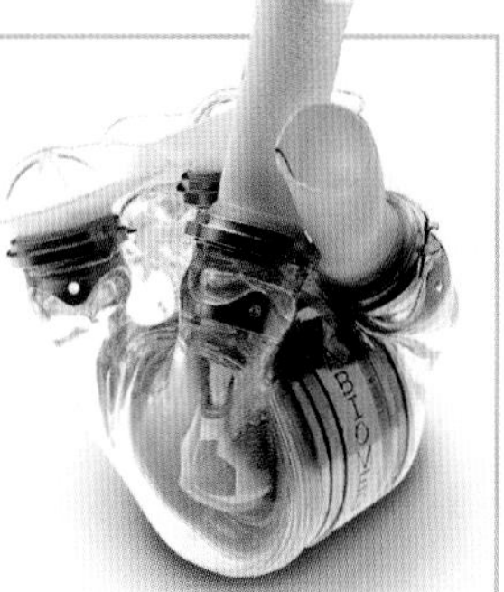

심장 조절

심장은 1분에 약 70회 박동한다. 하지만 상황에 따라 박동수가 크게 달라지곤 한다. 신경과 호르몬이 심박동을 정밀하게 조율하여, 모든 체세포들이 필요한 만큼 혈액을 공급받도록 적당한 속도를 유지한다.

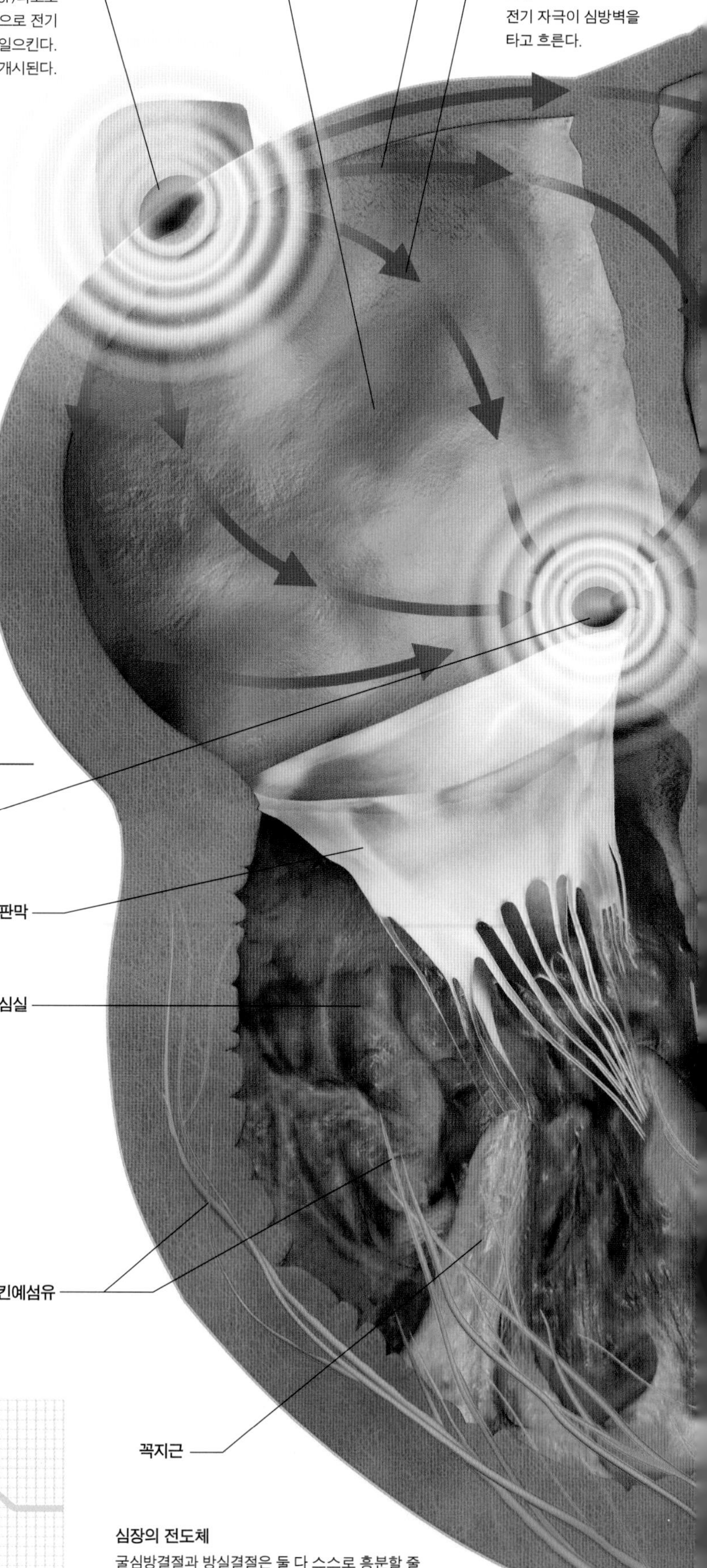

심장전도계통

심장전도계통은 심근들에게 전기 자극을 전달하여 수축을 일으키는 특수한 세포들이다. 심박동을 일으키는 자극은 오른심방에 위치한 굴심방결절(sinoatrial node)에서 시작된 뒤, 빠르게 온 심방으로 퍼져 심방을 수축시킨다.(심방수축기) 하지만 전기 자극이 심방에서 심실로 직접 넘어가지는 못한다. 대신에 자극은 방실결절(atrioventricular node)로 중계되고, 심방수축이 다 끝난 뒤 심실수축을 일으키기 위해서 그곳에서 약간 지체된다. 이윽고 방실결절을 나온 전기 자극은 심실벽을 따라 난 히스섬유(His fiber)와 푸르킨예섬유(Purkinje fiber) 다발로 전도되어 좌우 심실을 수축시킨다.

전기활동

심전도(electrocardiogram, ECG)는 심장의 전기 활동을 기록한 것이다. 심장의 전류 흐름을 속속들이 관찰할 수 있도록 가슴과 팔다리의 적절한 위치에 전극들을 부착한 뒤, 한 쌍의 전극 사이에 형성된 전압을 기록한다. 보통 심전도에서는 심장이 한 번 박동할 때마다 세 가지 특징적인 파장(맥박파, QRS복합, 진행파)이 생성된다. 심전도는 심장 리듬을 기록할 뿐만 아니라 전류 흐름이 교란되어 파장이 비정상적인 패턴을 띠는 손상 부위를 짚어낸다.

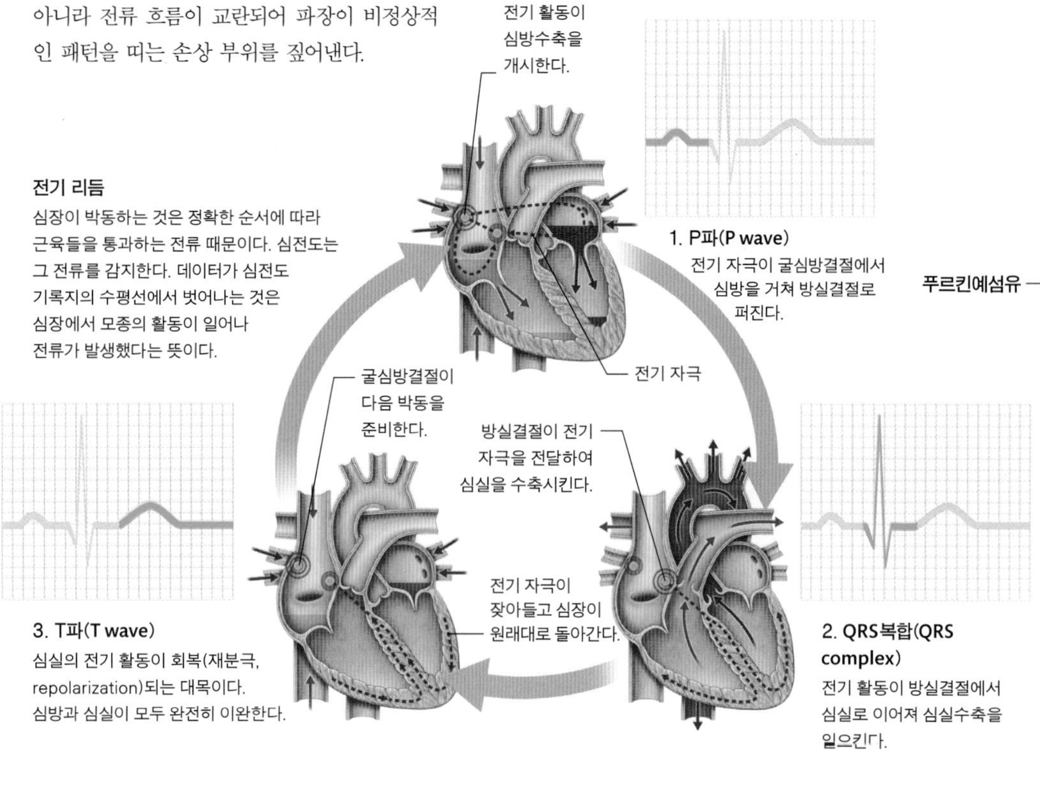

전기 리듬
심장이 박동하는 것은 정확한 순서에 따라 근육들을 통과하는 전류 때문이다. 심전도는 그 전류를 감지한다. 데이터가 심전도 기록지의 수평선에서 벗어나는 것은 심장에서 모종의 활동이 일어나 전류가 발생했다는 뜻이다.

굴심방결절의 전기 활동이 심방수축을 개시한다.

1. P파(P wave)
전기 자극이 굴심방결절에서 심방을 거쳐 방실결절로 퍼진다.

전기 자극

굴심방결절이 다음 박동을 준비한다.

방실결절이 전기 자극을 전달하여 심실을 수축시킨다.

전기 자극이 잦아들고 심장이 원래대로 돌아간다.

2. QRS복합(QRS complex)
전기 활동이 방실결절에서 심실로 이어져 심실수축을 일으킨다.

3. T파(T wave)
심실의 전기 활동이 회복(재분극, repolarization)되는 대목이다. 심방과 심실이 모두 완전히 이완한다.

굴심방결절
심장의 박동조율기(pacemaker)라고도 불리는 굴심방결절은 심방벽으로 전기 자극을 보내어 심방수축을 일으킨다. 그러면 심박동이 개시된다.

오른심방

전류
전기 자극이 심방벽을 타고 흐른다.

방실결절
전류는 심방과 심실을 나누는 섬유조직을 넘지 못한다. 대신에 방실결절로 들어가서 0.13초 지체된 뒤, 곧 심실벽으로 전달된다.

오른방실판막

오른심실

푸르킨예섬유

꼭지근

심장의 전도체
굴심방결절과 방실결절은 둘 다 스스로 흥분할 줄 안다.(self-excitation) 신경계통이 따로 정보를 보내지 않아도 심장 스스로 박동할 줄 안다는 뜻이다. 신경은 심박동을 일으키는 것이 아니라 조절할 따름이다.(오른쪽 참조) 심장 리듬 설정은 굴심방결절의 몫이지만, 만약에 심방에서 오는 자극이 막히면 방실결절이 스스로 자극을 내어 심실을 수축시킬 수 있다.

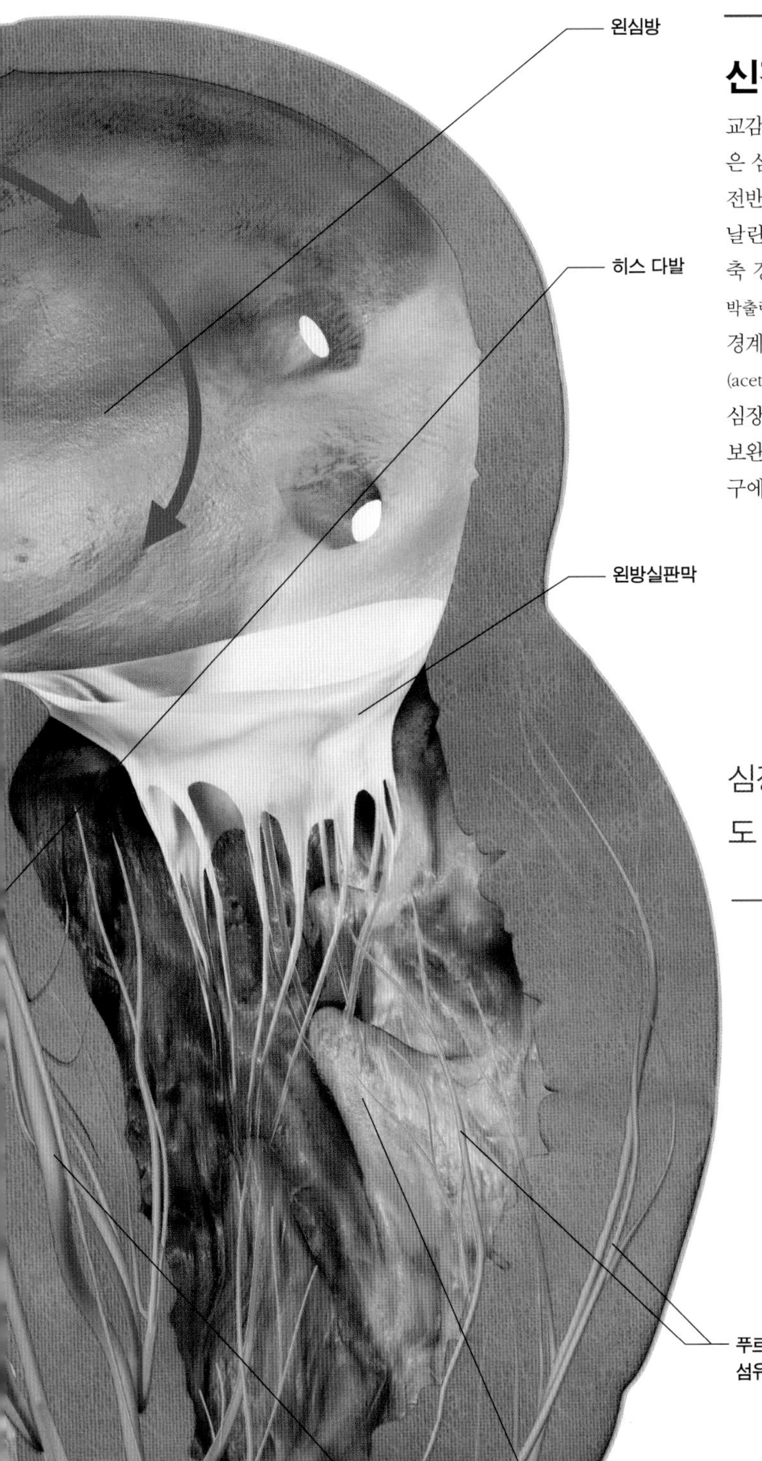
왼심방
히스 다발
왼방실판막
푸르킨예 섬유
꼭지근
히스 다발과 푸르킨예섬유
왼심실

히스 다발과 푸르킨예섬유
이 특수한 전도섬유들은 전기 자극을 엄청나게 빠른 속도로 심실벽에 전달함으로써 심실의 모든 근육세포들이 거의 동시에 수축하게끔 만든다.

신경과 뇌의 조절

교감신경계통과 부교감신경계통(311쪽)의 신경들은 심장전도계통에 이어져 있을 뿐만 아니라 심근 전반에도 분포해 있다. 교감신경들은 노르아드레날린(noradrenaline)을 분비하여 박동수와 근육수축 강도를 높임으로써 심장이 내뿜는 혈액량(심장박출량, cardiac output)을 상당히 늘린다. 부교감신경계통의 일환인 미주신경은 반대로 아세틸콜린(acetylcholine)을 분비하여 박동수를 낮춤으로써 심장박출량을 줄인다. 대조적인 두 계통이 적절히 보완하며 심근을 조절하기 때문에 언제나 몸의 요구에 맞게 충분히 혈액이 공급된다.

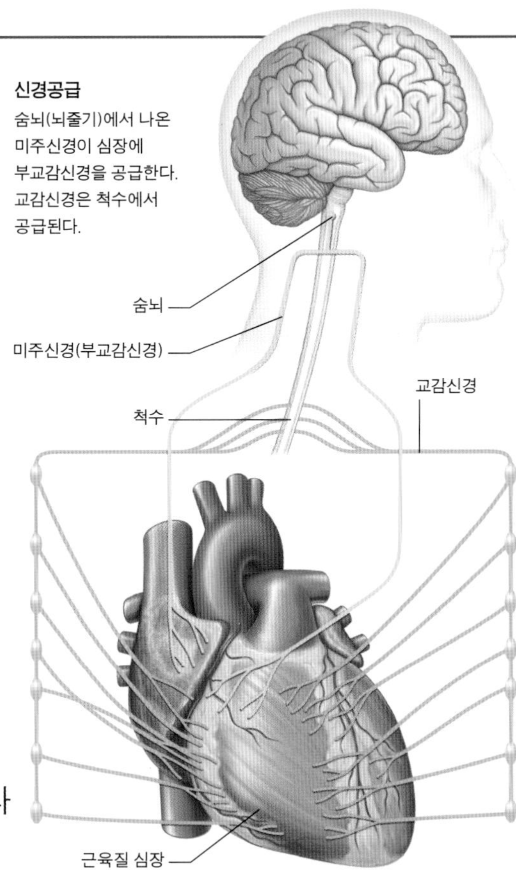
숨뇌
미주신경(부교감신경)
척수
교감신경
근육질 심장

신경공급
숨뇌(뇌줄기)에서 나온 미주신경이 심장에 부교감신경을 공급한다. 교감신경은 척수에서 공급된다.

심장은 신경공급이 완전히 **차단**되더라도 **스스로 흥분**하여 **계속 박동**한다.

혈액공급

심장은 인체에서 가장 활동이 많은 근육이라, 심장세포들이 산소와 영양소를 충분히 전달받고 노폐물을 잘 내보내려면 끊임없이 혈액을 공급받아야 한다. 방실에 늘 혈액이 있어도 두꺼운 심장벽 세포들에게 속속들이 전달되지는 못하므로 별도의 심장순환계통(관상순환계통, coronary circulation system)이 존재한다. 심장에 혈액을 공급하는 심장동맥(관상동맥, coronaty artery)은 근육 수축 시 압력 때문에 막히므로 이완기에만 혈액이 채워진다.

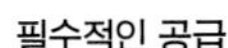

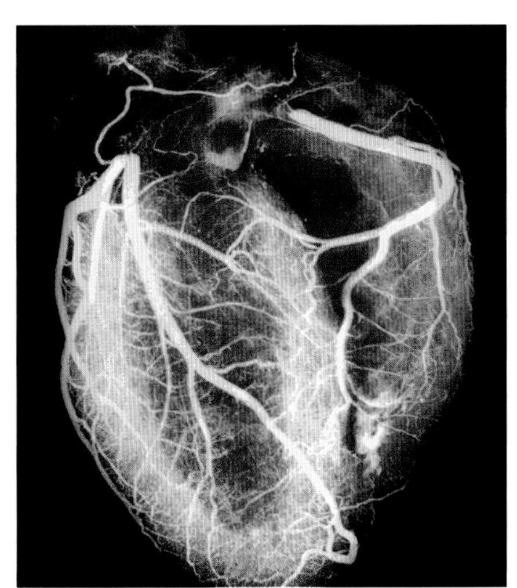

필수적인 공급
굵은 관상동맥이 작은 동맥들로 갈라져서 심장에 혈액을 공급하는 모습이 드러난 채색 혈관조영상 사진

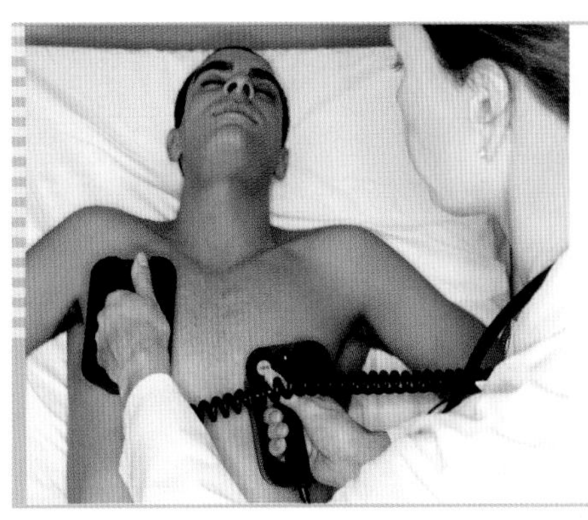

과학
잔떨림제거기

박동을 멈춘 심장에 전기 충격을 가해 심장을 다시 뛰게 만드는 기구다. 심장세포들이 비정상적인 리듬으로 제멋대로 수축할 때도 잔떨림제거기(제세동기, defibrillator)로 치료한다. 외부에서 일정량 전기를 가하면 모든 심장세포가 동시에 수축하므로 세포가 맨 처음 상태로 돌아가 다시 조화롭게 활동하게 되는 원리다. 사진에서처럼 외부에서 적용할 수도 있고, 심박동에 이상이 있는 환자의 몸에 이식할 수도 있다.

혈관

순환계통의 일부인 혈관은 나뭇가지처럼 연속해서 갈라지는 관들로 구성된 망이다. 혈관은 확장하거나 수축하여 혈류를 조절함으로써 장기로 가는 혈액공급을 세밀하게 조절하고, 온도 조절에도 관여한다.

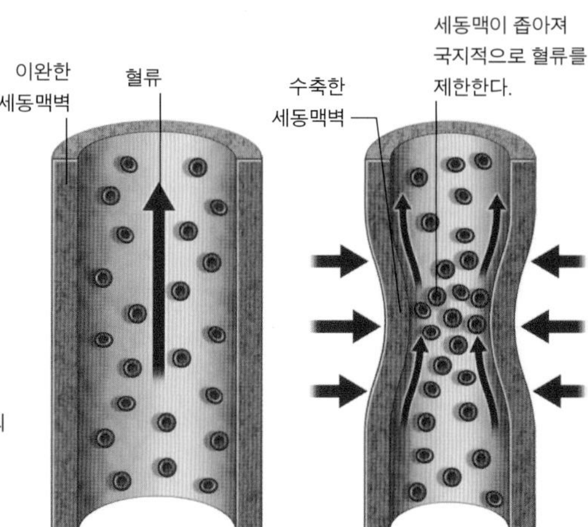
이완한
세동맥벽
혈류
수축한
세동맥벽
세동맥이 좁아져
국지적으로 혈류를
제한한다.

세동맥의 지름
세동맥(arteriole)벽의 근육이 혈관의 굵기를 조정하여 주변 세포들의 요구에 맞게끔 혈류를 조절한다.

혈관

크기와 구조가 엄청나게 다양한 혈관들은 각자 특수한 임무를 맡는다. 가장 굵은 동맥은 고산소 혈액을 심장 밖으로 나른다. 동맥은 늘어나서 속을 혈액으로 채운 뒤, 원래의 굵기로 돌아가면서 혈액을 앞으로 밀어낸다. 동맥보다 근육이 적은 정맥은 여러 개의 판막을 거쳐서 저산소 혈액을 심장으로 돌려보낸다. 가장 가는 모세혈관은 기체교환(340~341쪽)이 일어나는 장소이다. 모세혈관벽은 고작 세포 하나만 한 두께라서 기체가 쉽게 확산한다. 가장 가는 혈관의 지름은 겨우 7마이크로미터인 반면, 대동맥(가장 큰 동맥)의 지름은 무려 2.5센티미터이다. 대동맥벽은 워낙 두꺼워서 혈액을 공급하는 혈관이 따로 있을 정도이다.

바깥막
(adventitia)

근육층

탄력섬유층

속막(내피, endothelium)

동맥
심장으로부터 혈액을 나른다.

혈관망
심장에서 혈액을 가지고 나오는 동맥은 점점 더 가늘게 갈라지면서 끝내 세동맥이 되어 인체 기관들에 혈액을 공급한다. 세동맥은 모세혈관계로 혈액을 흘리고, 모세혈관계는 도로 뭉쳐 세정맥이 된 뒤 그 기관을 떠난다. 세정맥은 점점 더 굵은 정맥으로 뭉쳐져 심장으로 혈액을 돌려보낸다.

세동맥
작은 동맥에서 뻗어나온 세동맥이 모세혈관바탕으로 혈액을 흘린다.

모세혈관계
미세혈관들의 망으로, 세동맥과 세정맥을 이어 준다.

이중순환

순환계통은 크게 허파순환(pulmonary circulation)과 온몸순환(systemic circulation)의 두 부분으로 나뉜다. 허파순환은 오른심장에서 허파로 혈액을 운반하여 산소를 보충하고 이산화탄소를 방출한 뒤 왼심장으로 돌려보낸다. 온몸순환은 고산소 혈액을 체세포들에게 운반한 뒤 이산화탄소와 노폐물을 받아 오른심장으로 돌아온다.

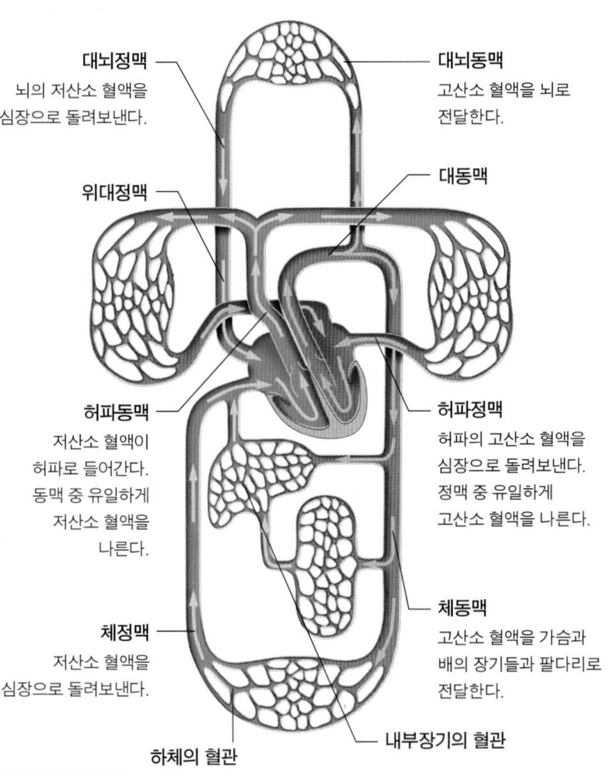
대뇌정맥
뇌의 저산소 혈액을
심장으로 돌려보낸다.
대뇌동맥
고산소 혈액을 뇌로
전달한다.
위대정맥
대동맥
허파동맥
저산소 혈액이
허파로 들어간다.
동맥 중 유일하게
저산소 혈액을
나른다.
허파정맥
허파의 고산소 혈액을
심장으로 돌려보낸다.
정맥 중 유일하게
고산소 혈액을 나른다.
체동맥
고산소 혈액을 가슴과
배의 장기들과 팔다리로
전달한다.
체정맥
저산소 혈액을
심장으로 돌려보낸다.
하체의 혈관
내부장기의 혈관

다중적 혈액공급
허파순환과 온몸순환 덕분에 허파와 온몸에 지속적으로 혈액이 공급된다. 제3의 순환 계통인 심장순환은 심장 스스로에게 혈액을 공급하는 체계이다.(353쪽)

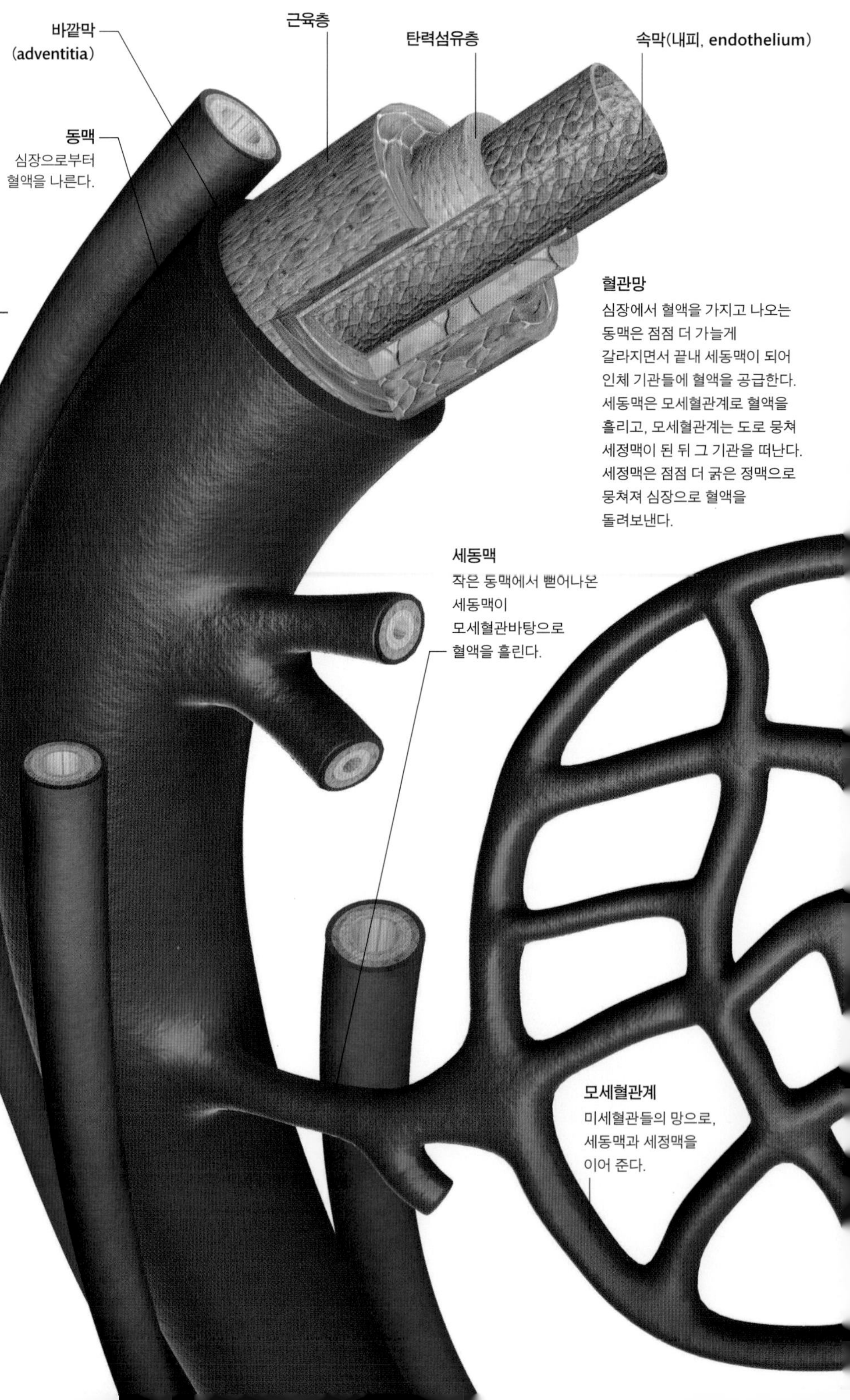

온도 조절

기온이 높을 때는 인체를 순환하던 화학물질들이 피부 혈관을 자극하여 확장시킨다.(넓힌다.) 그러면 따뜻한 혈액이 피부로 쏠려서 주변 공기로 열을 내놓고, 몸이 식는다. 기온이 낮을 때는 혈관들이 수축한다. 그러면 피부가 열을 덜 빼앗기므로, 중요한 장기들이 있는 인체의 중심부분이 따뜻하게 유지된다. 이 메커니즘 덕분에 체온은 늘 섭씨 37도 정도로 유지된다.

열영상(thermal imaging)
옆의 두 그림 중 오른쪽은 따뜻한 손을 촬영한 것이다. 혈관을 흐르는 따뜻한 혈액에서 열이 복사되어 빨갛게 보인다. 왼쪽은 차가운 손이다. 혈액량이 줄어 열이 덜 복사되므로 파랗게 보인다.

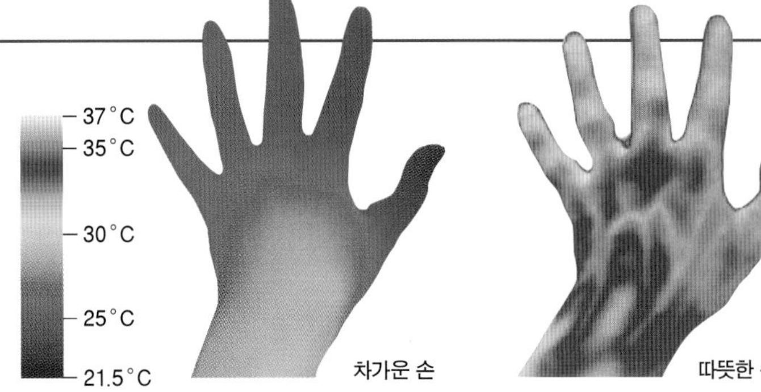
37°C
35°C
30°C
25°C
21.5°C
차가운 손
따뜻한 손

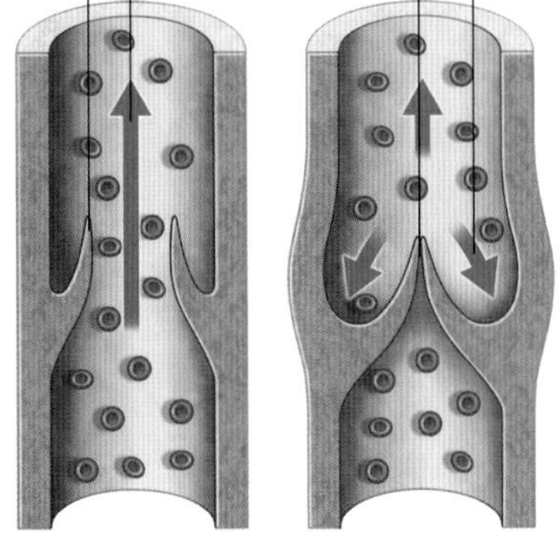

닫힌 판막 혈액이 역류하지 못한다.
열린 판막 혈액이 위로 흐른다.

정맥 판막
정맥의 압력은 5~8밀리미터수은(mmHg)에 지나지 않으므로, 한 방향으로만 열리는 판막들이 군데군데 있어서 중력 때문에 혈액이 거꾸로 흐르는 것을 막아 주어야 한다.

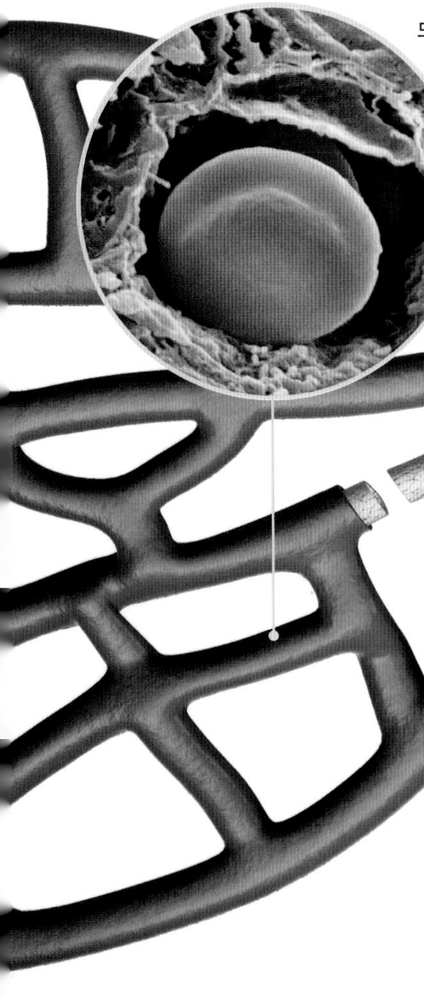

속막
탄력섬유층
근육층
바깥막
판막

정맥
혈액을 심장으로 돌려보낸다.

모세혈관
모세혈관 중에서도 가는 것은 워낙 좁아서 적혈구들이 한 줄로 늘어서야 겨우 지나갈 수 있다. 덕분에 적혈구가 체세포와 가까이 접해, 체세포에게 산소를 공급하는 기체교환이 쉽게 일어난다.

세정맥
모세혈관계의 혈액을 정맥으로 전달한다.

세포벽
모세혈관벽은 내피세포 한 층으로만 이뤄진다.

뼈대근육 펌프

정맥은 압력이 무척 낮아 펌프질로 혈액을 밀어올리지 못한다. 중력을 극복하지 못하는 것이다. 대신 주변 조직의 압력에 의존해, 주변 조직이 혈액을 쥐어짜서 심장으로 올려보낸다. 가슴과 배에서는 간 같은 장기들이 이 역할을 맡고, 팔다리에서는 근육의 수축과 이완이 펌프처럼 기능하여 효과적으로 혈액을 밀어올린다.

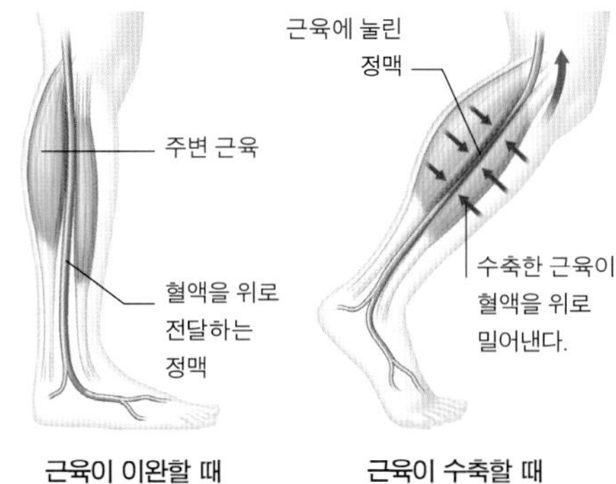
근육에 눌린 정맥
주변 근육
혈액을 위로 전달하는 정맥
수축한 근육이 혈액을 위로 밀어낸다.
근육이 이완할 때
근육이 수축할 때

펌프질하는 근육
근육이 수축하면 정맥이 눌려 혈액이 위로 밀린다. 정맥에는 한 방향으로만 열리는 판막들이 있어, 근육이 이완할 때 혈액이 아래로 흘러내리는 것을 막는다.

혈압

동맥 속 압력을 가리키는 혈압은 밀리미터수은 단위로 측정한다. 혈압은 심장이 혈액을 펌프질하여 동맥으로 뿜어낼 때(수축기압) 제일 높다. 이완기에는 혈압이 낮아지지만(이완기압), 동맥벽이 늘 긴장을 유지하고 있기 때문에 혈압이 0으로 떨어지지는 않는다.

최고점과 최저점
심장이 한 차례 박동할 때마다 수축기압(최고)과 이완기압(최저)이 반복된다.

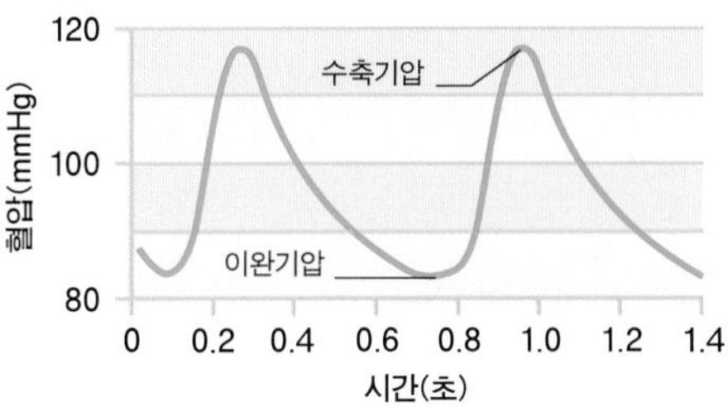
120
100
80
혈압(mmHg)
수축기압
이완기압
0 0.2 0.4 0.6 0.8 1.0 1.2 1.4
시간(초)

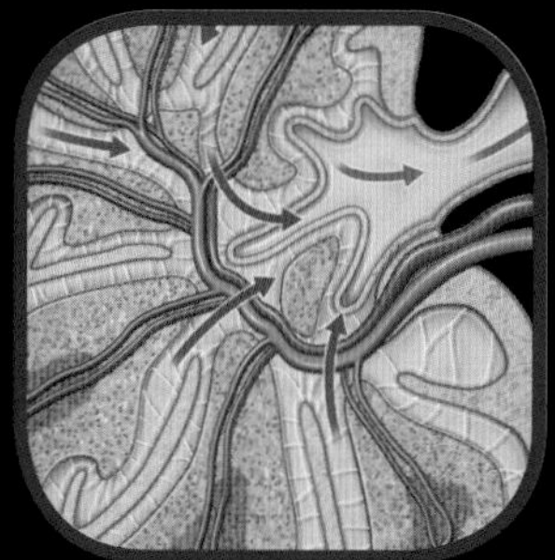

림프절

림프(lymph)는 림프절(lymph node) 속을 천천히 흘러가며 여과된다. 림프절에서 항체도 만들어진다. 인체가 감염되면 림프절이 붓는다.

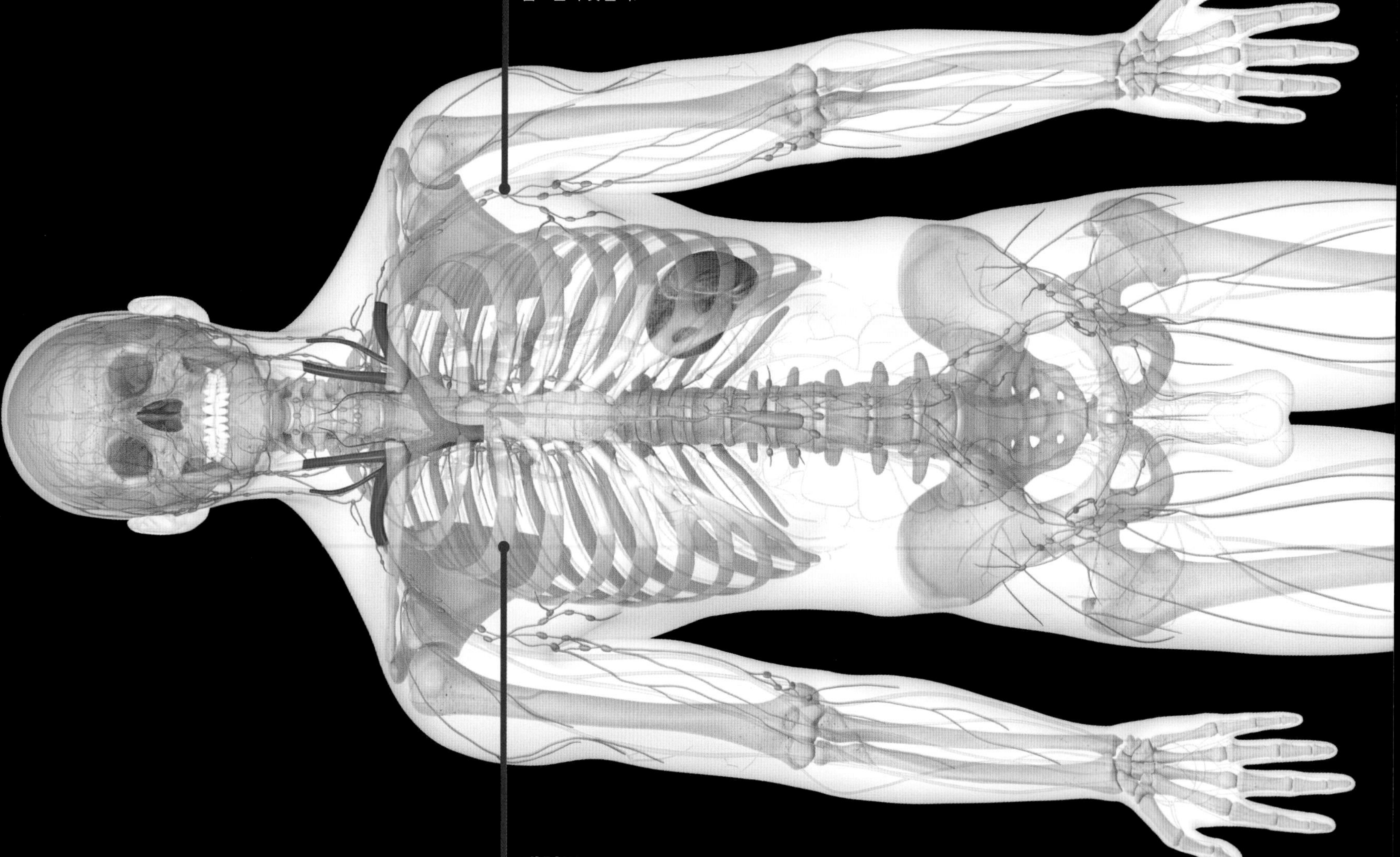

백혈구

백혈구는 골수에서 만들어진다. 핵심적인 면역세포인 림프구(lymphocyte)는 지라와 림프절에 저장된다.

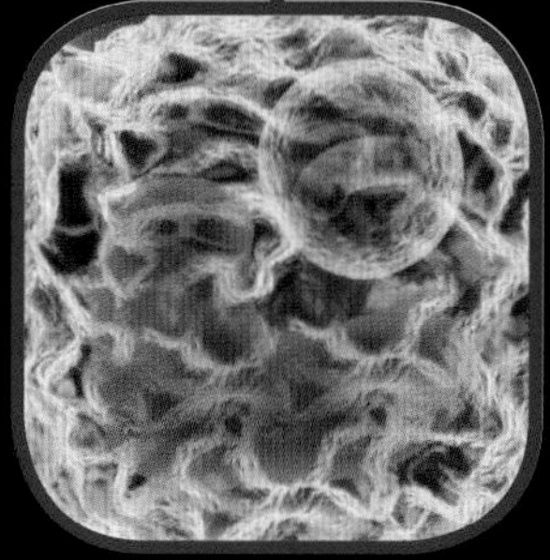

림프계통과 면역계통

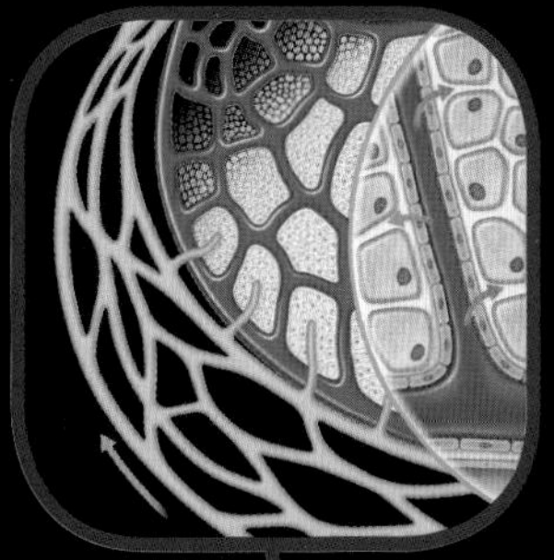

림프관
림프관은 벽이 얇고 판막이 있으며, 정맥과 비슷하게 기능한다. 투명한 림프액을 온몸으로 전달하는 역할을 맡는다.

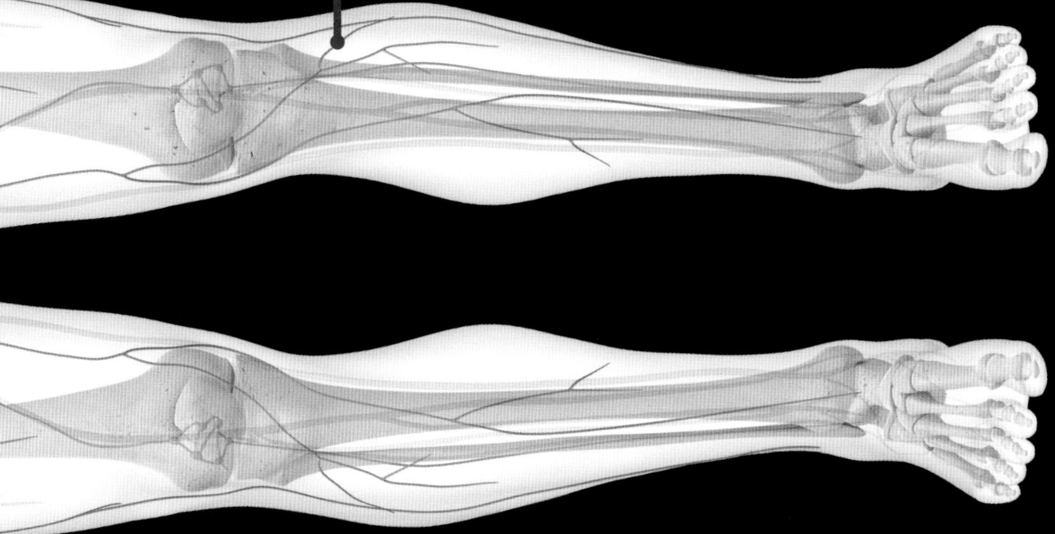

혈액순환과 나란히 달리는 림프계통은 몸에서 남아도는 조직액을 수거하여 (림프절과 림프관을 통해) 혈액으로 돌려보낸다. 림프계통은 중요한 면역 기능도 수행한다.

림프계통

림프계통은 림프관들의 연결망과 그것에 연결된 림프절들로 구성된다. 림프계통은 체조직의 조직액(tissue fluid)을 수거하여 배출한다. 조직액의 평형을 유지하고, 식이 지방을 흡수하고, 면역계통으로 기능하는 등 중요한 역할들을 한다.

림프순환

림프순환은 혈액순환과 긴밀하게 연결되어 있으며, 체조직에서 조직액을 배출시키는 역할을 중추적으로 맡는다. 혈액은 체세포에게 영양소를 전달하고 노폐물을 제거할 때 직접 접촉하지 않고 사이질액(interstitial fluid)을 활용한다. 혈장에서 유래한 사이질액이 조직세포들을 감싸서 적시는 것이다. (아래 참조) 림프계통은 이 액체가 지나치게 축적되지 않도록 적절히 수거한 뒤, 온몸에 이어진 관들을 통해 혈액으로 돌려보낸다. 림프순환으로 들어간 조직액은 '림프'라고 부른다. 림프는 좌우 빗장밑정맥(subclavian vein)으로 이어진 도관들을 통해 혈액으로 돌아간다.(오른쪽 참조)

림프계통은 또한 조직에서 감염의 징후를 살피는 면역세포(백혈구)들의 감시망을 뒷받침한다. 면역세포들은 림프를 타고 온몸의 림프절로 이동한다(오른쪽 참조)

오른림프관
오른쪽 속목정맥과 빗장밑정맥이 만나는 지점에서 림프를 혈액으로 배출한다.

가슴림프관
왼쪽 속목정맥과 빗장밑정맥이 만나는 지점에서 림프를 혈액으로 배출한다.

체액 배출
오른림프관(right lymphatic duct)은 오른쪽 머리와 목, 오른팔, 가슴 일부에서 체액을 받아낸다. 인체의 나머지 부분은 가슴림프관(thoracic duct)으로 체액을 배출한다. 가슴림프관은 왼림프관(left lymphatic duct)이라고도 부른다.

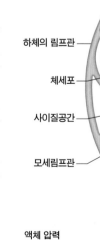

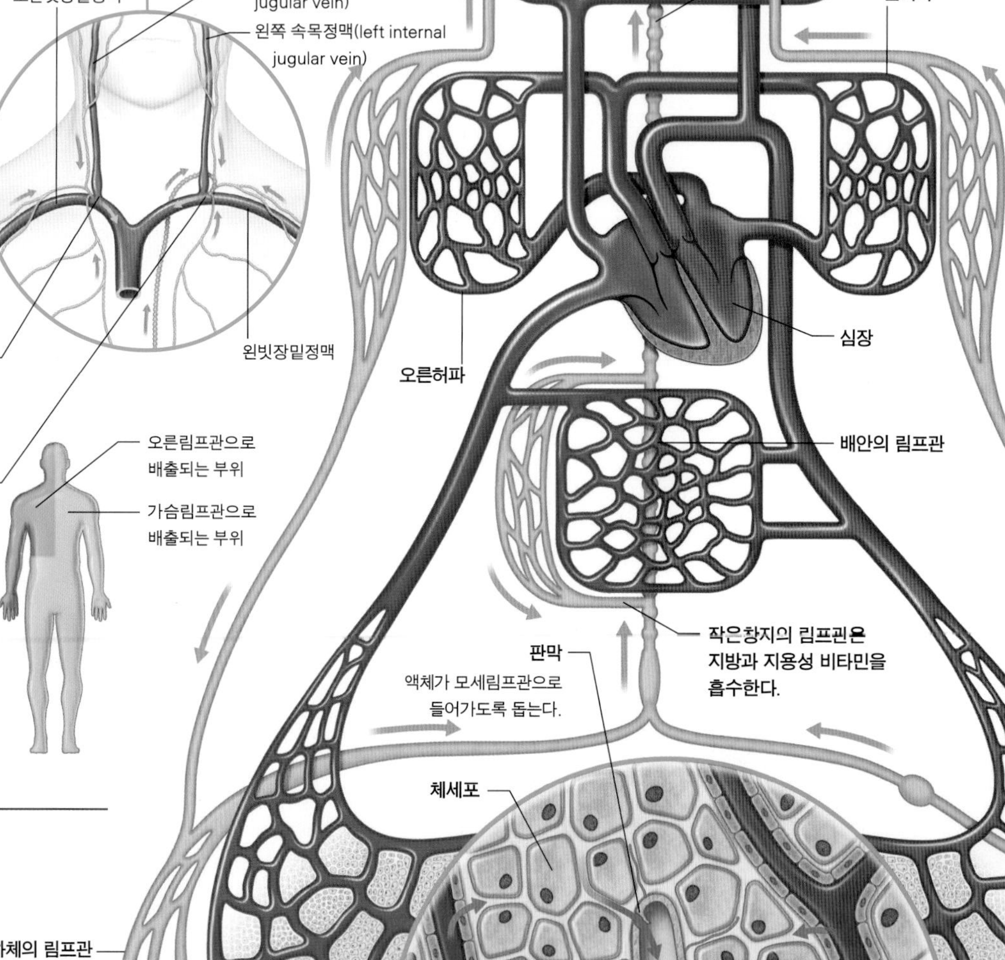
오른빗장밑정맥
오른쪽 속목정맥(right internal jugular vein)
왼쪽 속목정맥(left internal jugular vein)
왼빗장밑정맥
오른림프관으로 배출되는 부위
가슴림프관으로 배출되는 부위
머리와 상체의 림프관
오른림프관
가슴림프관 (왼림프관)
왼허파
심장
오른허파
배안의 림프관
작은창자의 림프관은 지방과 지용성 비타민을 흡수한다.
판막
액체가 모세림프관으로 들어가도록 돕는다.
체세포
하체의 림프관
체세포
사이질공간
모세림프관
혈장이 모세혈관에서 비어져 나온다.
모세림프관
림프가 림프계통으로 진입하는 지점이다.
림프순환으로 이동하는 림프
사이질액이 백혈구와 함께 모세림프관으로 들어온다.

혈액과 림프
아래 계통도를 보면 체조직의 조직액을 혈관으로 배출하는 림프관들과 혈관들이 얼마나 긴밀하게 연계되어 있는지 알 수 있다.

림프의 이동

혈액의 액체 성분으로서 영양소, 호르몬, 아미노산 등을 담은 혈장은 모세혈관벽을 통해 혈액에서 나와 체조직의 사이질공간으로 들어간다. 사이질액은 재흡수 속도보다 분출 속도가 더 빨라, 한쪽 끝이 막힌 모세림프관들이 잉여의 사이질액을 받아들인 뒤 판막을 거쳐 림프계통으로 배출한다. 그것이 림프이다. 이때 백혈구들도 함께 림프계통으로 이동한다. 모세림프관이 더 큰 림프관들로 림프를 배출하면, 림프관들은 온몸에서 림프를 나른다. 림프관벽은 수축성이 있어서 림프를 앞으로 밀어 주고, 첨판이 두 개인 판막은 역류를 막는다.

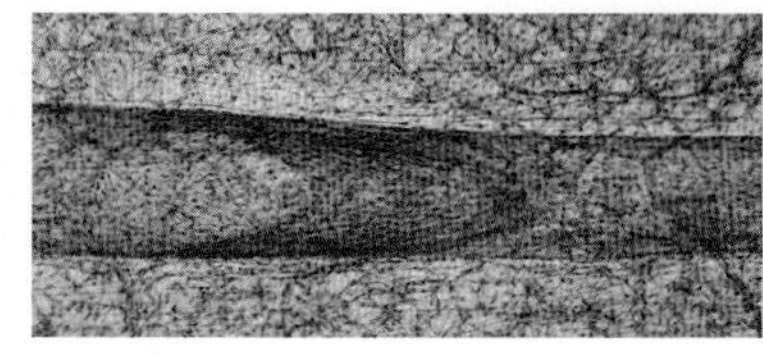

림프관 판막
첨판이 두 개인 판막 덕분에 림프가 한 방향으로만 흐른다. 거꾸로 흐르려고 하면 판막이 닫힌다.

액체 압력
초기림프관 밖의 액체 압력이 내부의 압력보다 크면 림프관벽의 판막이 열려 사이질액이 쏟아져 들어옴으로써 림프가 형성된다.

림프조직과 장기

일차림프조직은 가슴샘(thymus)과 골수를 말한다. 둘 다 면역세포 생성과 성숙에 관여한다. 이차림프조직은 림프절, 지라, 아데노이드(인두편도, adenoid), 편도, 창자연관림프조직(gut-associated lymphoid tissue, GALT)으로, 이곳에서 후천면역반응이 일어난다.(362~363쪽) 림프절은 림프계통과 통합되어 있는 반면, 지라는 혈액에 대해 마치 림프절처럼 기능한다. 아데노이드, 편도, 창자연관림프조직은 점막 표면의 면역반응에 기여한다.

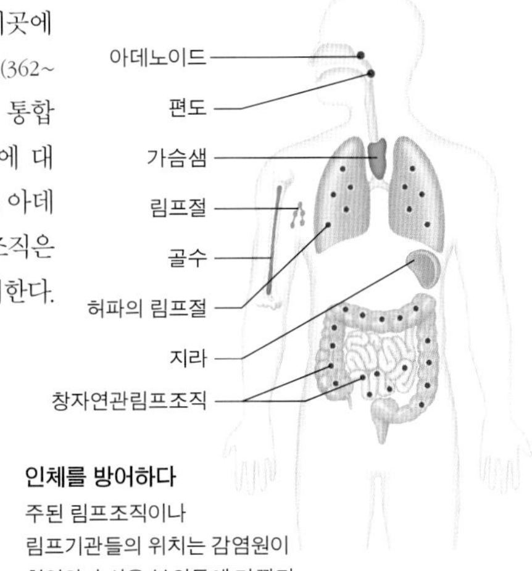
아데노이드
편도
가슴샘
림프절
골수
허파의 림프절
지라
창자연관림프조직

색깔 표시
- 일차림프조직
- 림프절과 지라
- 점막연관림프조직(mucosa-associated lymphoid tissue)

인체를 방어하다
주된 림프조직이나 림프기관들의 위치는 감염원이 침입하기 쉬운 부위들에 가깝다.

면역세포 생성

백혈구 혹은 면역세포(아래 참고)는 모두 골수에서 만들어진다. 선천면역(360~361쪽)에 관여하는 세포들은 골수에서 성숙한 뒤 혈액과 조직으로 이동한다. 후천면역에는 T림프구와 B림프구가 관여하는데, T세포는 가슴샘에서 성숙하고 B세포는 골수에서 성숙한다. 성숙한 세포들이 힘을 합치면 엄청나게 많은 종류의 병원체들을 인식할 줄 안다.(362~363쪽) 성숙한 림프구들은 이차면역조직으로 이동하여 순환하면서 감염을 감시한다.

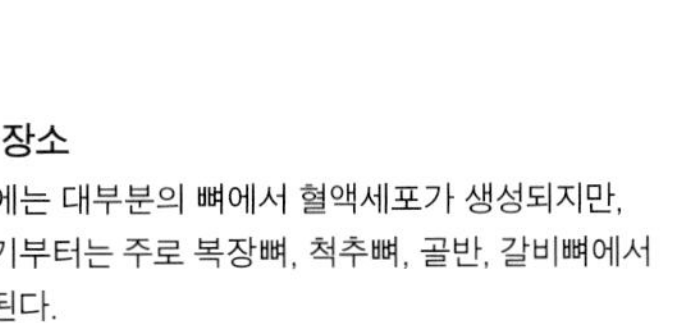

생산 장소
처음에는 대부분의 뼈에서 혈액세포가 생성되지만, 사춘기부터는 주로 복장뼈, 척추뼈, 골반, 갈비뼈에서 생성된다.

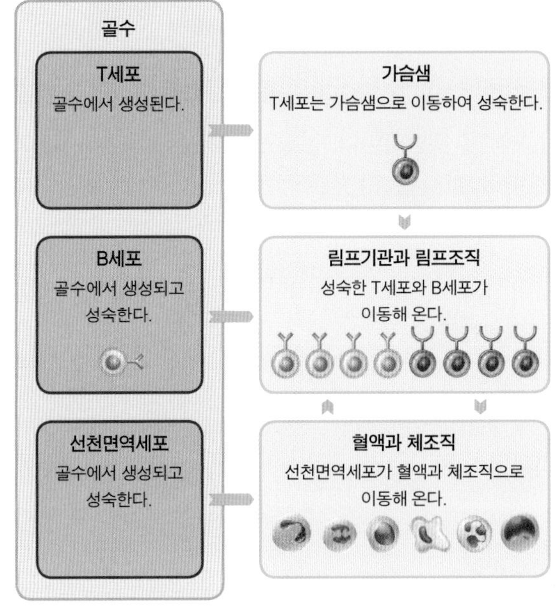
골수
T세포
골수에서 생성된다.
B세포
골수에서 생성되고 성숙한다.
선천면역세포
골수에서 생성되고 성숙한다.
가슴샘
T세포는 가슴샘으로 이동하여 성숙한다.
림프기관과 림프조직
성숙한 T세포와 B세포가 이동해 온다.
혈액과 체조직
선천면역세포가 혈액과 체조직으로 이동해 온다.

림프 여과

림프절은 피막에 감싸인 작은 덩어리로, 그 속을 흘러가는 림프를 여과한다. 림프절에는 면역계통 세포들이 들어 있다. T림프구와 B림프구가 많지만 가지세포 등도 있다. B세포는 바깥겉질에, T세포는 곁겉질(paracortical)이라고도 하는 속겉질에 몰려 있다. 림프는 들림프관(afferent lymphatic vessel)을 통해 림프절로 들어와서 날림프관(efferent lymphatic vessel)을 통해 나간다. 림프절의 면역세포들은 림프의 감염 징후를 검사한다. 병원체는 림프를 타고 들어올 수도 있고, 림프구들에게 병원체를 가져다주는 다른 면역세포들이 운반할 수도 있다. 면역세포들이 감염을 인식하면 후천면역반응(362~363쪽)이 개시된다. 림프관에는 일정한 간격마다 림프절들이 존재하여 인체의 해당 부위를 감시한다.

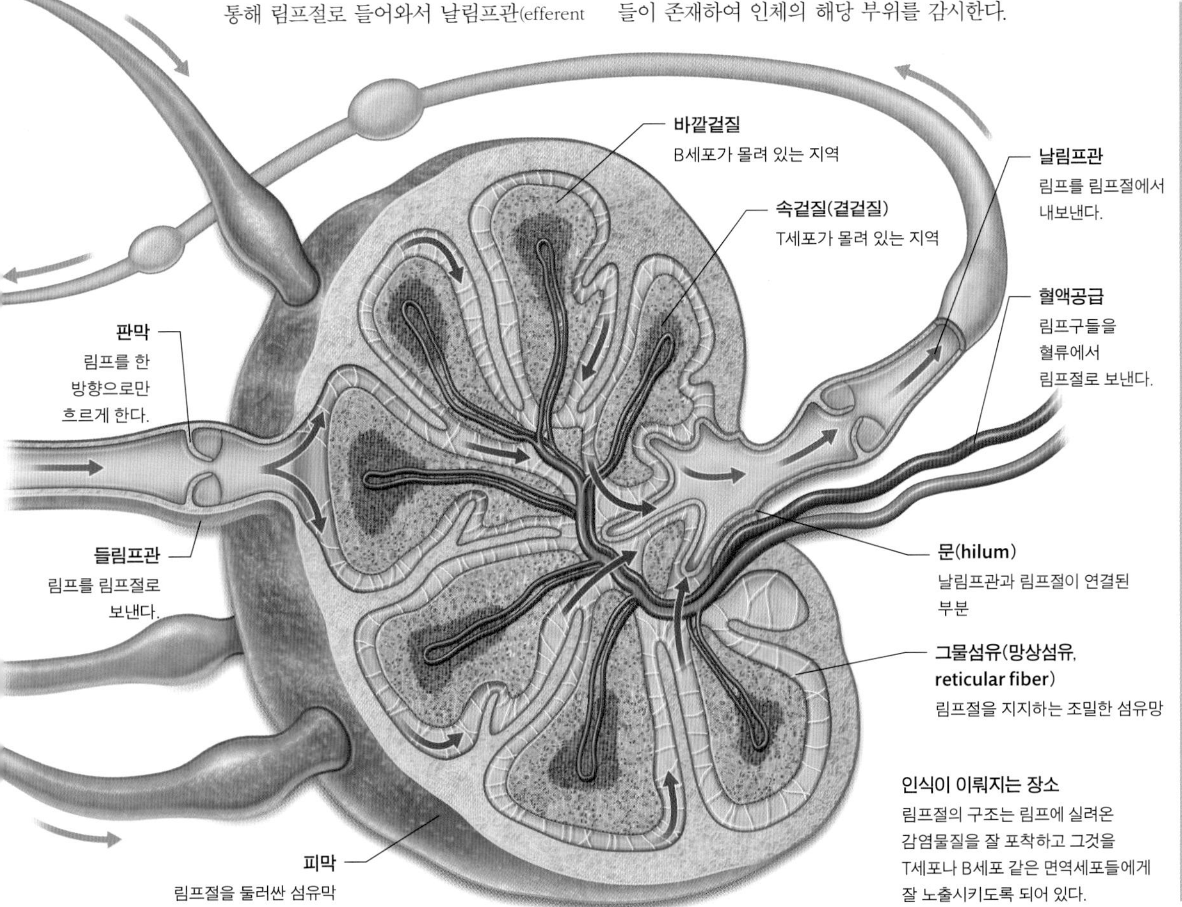
바깥겉질
B세포가 몰려 있는 지역
속겉질(곁겉질)
T세포가 몰려 있는 지역
날림프관
림프를 림프절에서 내보낸다.
혈액공급
림프구들을 혈류에서 림프절로 보낸다.
판막
림프를 한 방향으로만 흐르게 한다.
들림프관
림프를 림프절로 보낸다.
문(hilum)
날림프관과 림프절이 연결된 부분
그물섬유(망상섬유, reticular fiber)
림프절을 지지하는 조밀한 섬유망
피막
림프절을 둘러싼 섬유막

인식이 이뤄지는 장소
림프절의 구조는 림프에 실려온 감염물질을 잘 포착하고 그것을 T세포나 B세포 같은 면역세포들에게 잘 노출시키도록 되어 있다.

면역세포

면역반응을 수행하는 여러 종류의 백혈구는 감염에 맞설 때 서로 다른 역할을 맡는다. 면역세포는 크게 두 집단으로 나뉜다. 선천면역세포는 모든 감염에 비슷하게 대응한다. 반면 후천면역세포는 특정 병원체에만 면역력을 발휘한다.

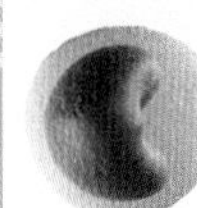

단핵구(단핵세포, monocyte) (선천)
전구 면역세포로, 혈액에 들어 있다. 조직으로 이동하여 큰포식세포와 가지세포로 분화한다.

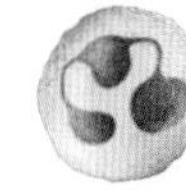

중성구(호중구, neutrophil) (선천)
포식세포(phagocytic cell). 면역세포들 중 감염 부위에 최초로 도착할 때가 많다. 수명이 짧고, 포식작용(361쪽)으로 미생물을 삼킨다.

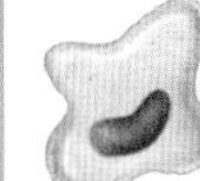

큰포식세포 (선천)
포식세포. 조직에 머물 때가 많다. 림프구들과 상호작용하여 후천면역반응을 촉진한다.

자연살해세포(natural killer cell) (선천)
세포독성세포(cytotoxic cell). 세포내 병원체나 악성종양세포를 표적으로 삼는다.

비만세포(mast cell) / 호염기구(호염구, basophil) (선천)
염증세포. 활성화하면 염증인자를 분비함으로써 면역반응을 촉진한다. 알레르기반응에도 관여한다.

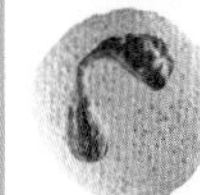

호산구(eosinophil) (선천)
염증세포. 기생충 같은 큰 병원체를 표적으로 삼는다. 알레르기반응에 관여한다.

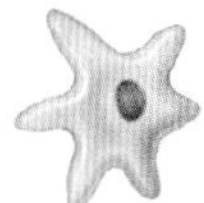

가지세포(dendritic cell) (선천)
일차항원제시세포.(362쪽) 감염에 관련된 물질을 림프구에게 제시하여 적응면역반응을 촉진한다.

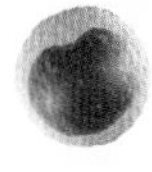

T림프구와 B림프구 (후천)
후천면역계통의 핵심 세포들. T세포는 특정 병원체에 감염된 체세포를 표적으로 삼고, B세포는 파괴할 미생물에 표시하는 항체를 분비한다.

선천성 면역

선천면역계통의 특수 세포들과 분자들은 병원체가 몸에 침입했을 때 드러나는 전형적인 감염 징후에 재빨리 반응한다. 장벽면역도 선천면역을 뒷받침한다. 선천면역이 굉장히 효과적이기는 하지만, 병원체의 보편적인 특징을 인식하는 데 그치기 때문에 모든 감염에 효과가 있는 것은 아니다.

장벽면역

인체를 감염으로부터 보호하는 핵심 전략은 애초에 해로운 유기체의 침입을 막는 것이다. 장벽면역(barrier immunity), 혹은 수동면역(passive immunity)은 몸의 여러 표면들이 물리적, 화학적 장벽이 되어 병원체의 침입을 막음으로써 제일선에서 몸을 보호하는 것이다. 피부처럼 외부에 노출된 표면도 있고, 기도나 창자의 내막처럼 내부의 점막도 있다.

우리 몸의 표면은 그 자체가 감염에 맞서는 다양한 항균물질을 분비한다. 가령 세균을 분해하는 효소를 분비한다. 기침, 땀, 오줌 등의 메커니즘도 미생물을 몸에서 씻어내는 데 일조한다.

눈물
눈 표면과 주변의 막들을 씻어낸다. 세균의 세포벽을 파열시키는 리소자임(lysozyme) 효소가 들어 있다.

침
입안(oral cavity)을 씻어내고, 미생물을 포획한다. 리소자임, 항균물질 락토페린(lactoferrin)이 들어 있다.

점막
점액을 분비하여 미생물을 포획한다. 기도의 섬모(339쪽)들은 미생물을 입으로 올려보낸다.

피부
병원체를 물리적으로 막는다. 피지(피부기름)에는 미생물의 막을 파열시키는 지방산(fatty acid)이 들어 있다.

위산
위는 강산성 위산을 생산하여 음식에 든 미생물을 (전부는 아니지만) 많이 죽인다.

오줌
비뇨생식계통(genitourinary system)의 관들을 씻어내어 감염으로부터 보호한다.

방어의 제일선
인체는 물리적, 화학적, 기계적 장벽들을 지속적으로 관리하여 수동적인 방어도구로 활용한다. 여기에서 몰아내지 못한 병원체가 있다면 능동면역반응이 넘겨받는다.

능동면역

장벽면역이 뚫리면, 가령 피부에 상처가 생겨 병원체가 들어오면, 선천면역반응이 능동적으로 관여하기 시작한다. 이 과정의 핵심은 염증반응(inflammatory response) 활성화와 면역세포 투입이다.(359쪽)

조직이 손상되면 염증이 생겨 병원체 확산을 저지한다. 손상 부위는 모세혈관벽의 투과성이 높아져, 면역세포들이 사이질액을 통해서 감염 조직으로 쉽게 접근한다. 손상된 세포들은 화학물질을 배출하여 혈류의 면역세포들을 불러 모은다. 처음 도착하는 세포는 보통 포식세포(대개 중성구)들이지만, 자연살해세포(아래 참고)나 도움체계통(보체계, complement system, 오른쪽 참조)일 수도 있다. 선천면역반응으로도 감염이 해결되지 않으면 후천면역계통이 나선다.(362~363쪽)

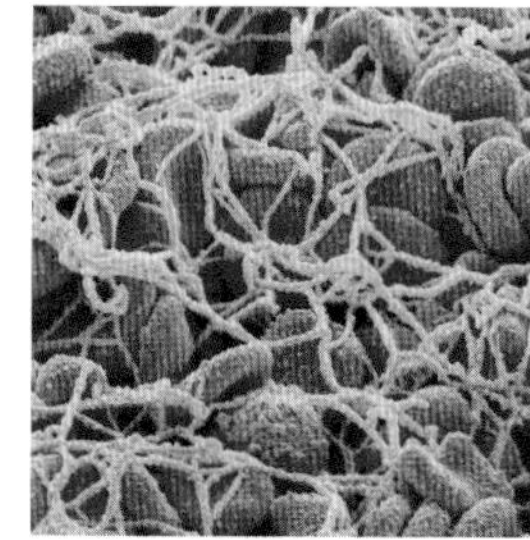
피떡의 현미경 사진
피떡(348쪽)은 손상된 조직을 밀봉하여 해로운 미생물의 침입을 막는다.

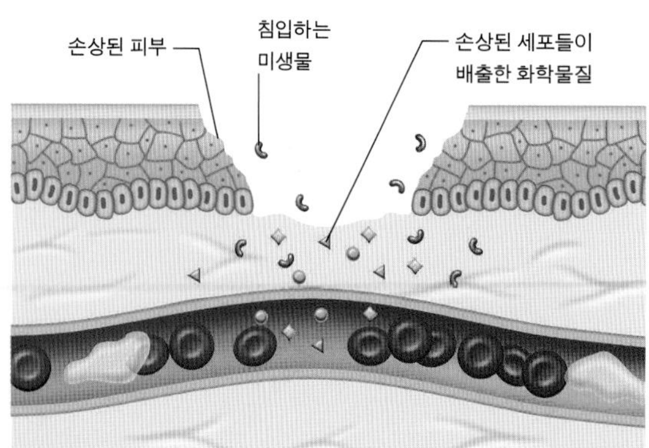
손상된 피부
침입하는 미생물
손상된 세포들이 배출한 화학물질
장벽이 뚫렸을 때
인체 표면에 손상이 생기면 세균이 몸으로 들어온다. 그러면 손상을 최소화하기 위해서 즉각 염증반응이 방어에 나선다. 손상된 세포들이 화학물질을 배출하여 포식세포들을 현장으로 끌어들이는 것이다. 체조직 염증의 네 가지 주요 증상은 부기(종창, swelling), 열감(heat), 통증(pain), 발적(redness)이다.

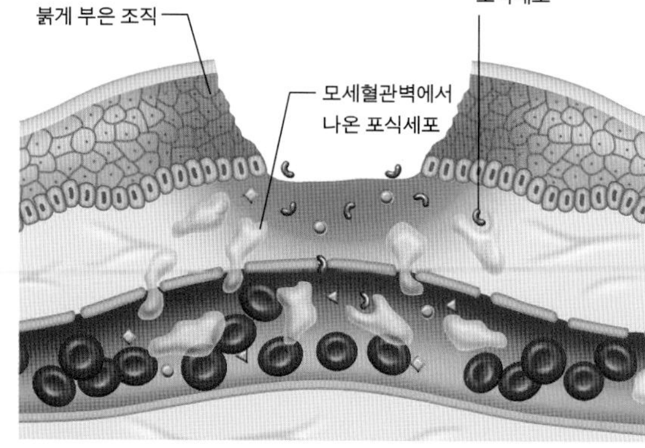
미생물을 공격하는 포식세포
붉게 부은 조직
모세혈관벽에서 나온 포식세포
염증반응
해당 부위의 혈관이 팽창하여 혈액을 더 많이 흘린다. 조직이 혈장을 더 많이 받아들이고, 모세혈관벽의 투과성이 높아져 포식세포들이 쉽게 사이질액으로 들어간다. 포식세포들은 손상 조직이 배출한 '화학적 자취'에 이끌려 감염 부위로 이동한 뒤, 침입한 미생물을 공격한다.

세포내 감염

자연살해세포는 병원체에 감염된 체세포를 표적으로 삼는다. 체세포에는 주조직적합복합체(major histocompatibility complex, MHC)라는 표면 수용체가 있어, 면역세포들에게 세포내 환경의 정보를 제공하며 감염 여부를 알려 준다. 자연살해세포는 이 수용체를 면밀하게 감시한다. 감염된 체세포가 감지를 피하고자 수용체를 드러내지 않더라도 세포 표면에서 주조직적합복합체의 개수가 줄어들면 활성화하여 세포를 파괴한다.

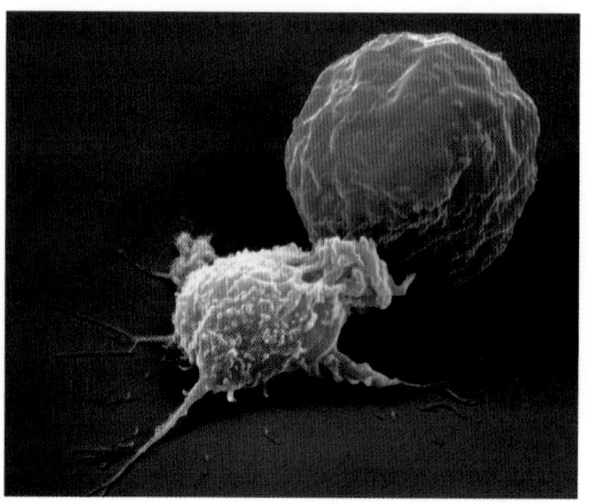
악성 표적
자연살해세포는 악성종양세포를 인식하고 공격한다. 자연살해세포(흰색)가 긴 돌기를 뻗어 암세포(분홍색)를 감싸는 장면을 포착한 전자현미경 사진이다.

세포바깥(세포외) 감염

선천면역반응의 주역은 포식세포들(큰포식세포와 중성구)이다. 이들은 조직액으로 들어온 미생물을 꿀꺽 '먹어 버린다'. 이것이 포식작용(phagocytosis)이다. 세균의 표면은 인체 조직과는 다른 물질로 구성되어 있는데, 이 점을 이용해서 접촉인식(contact recognition) 체계가 진화했다. 포식세포는 세균을 인식하는 즉시 둘러싸고 삼켜서 소화한다.

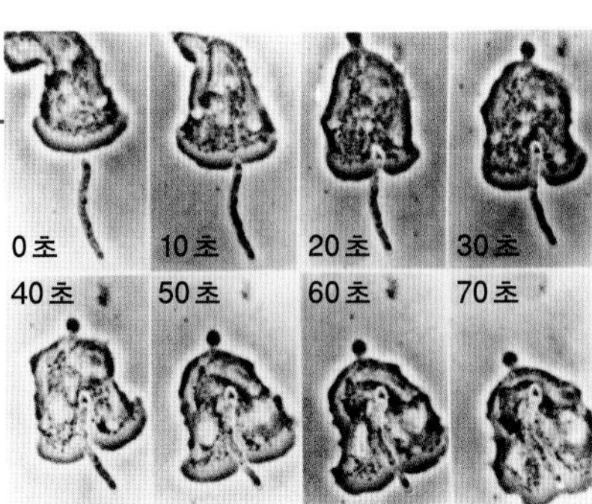
0초
10초
20초
30초
40초
50초
60초
70초

포식작용
포식작용 과정을 보여 주는 저속 촬영 현미경 사진. 포식세포(붉은색)가 표면 접촉을 통해 세균(초록색)을 확인한 뒤 70초 안에 완전히 소화한다.

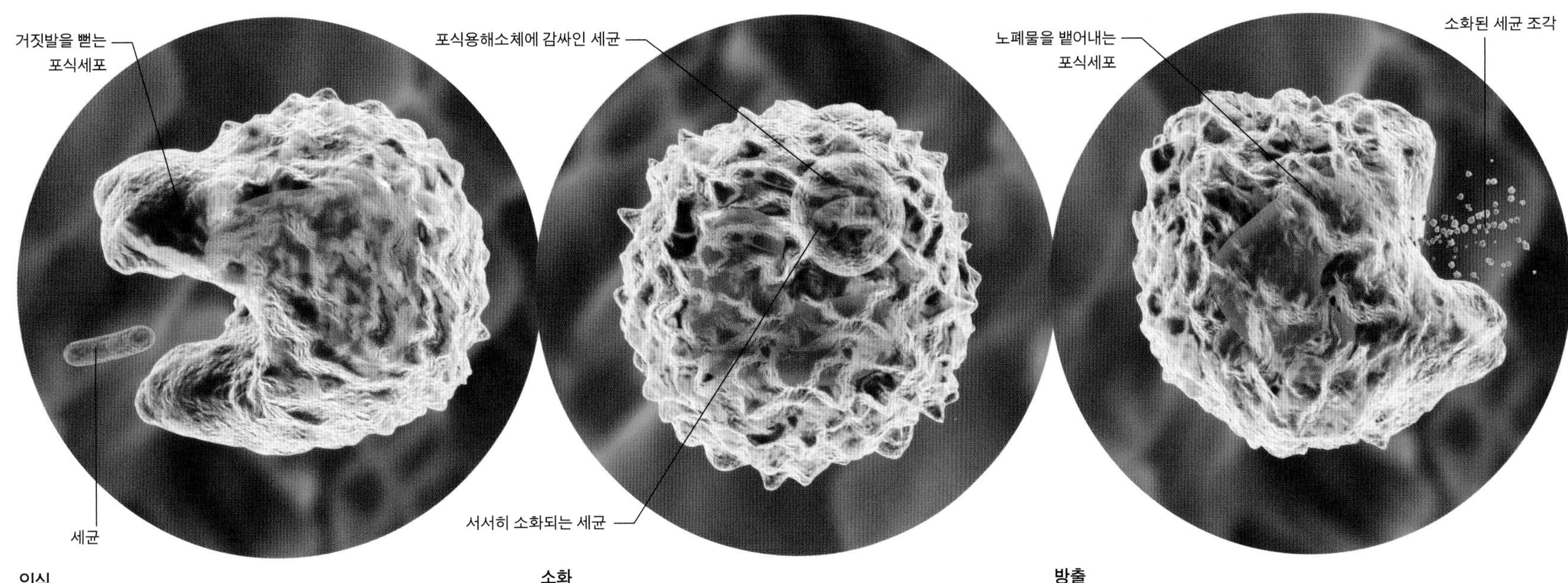
거짓발을 뻗는 포식세포
세균
포식용해소체에 감싸인 세균
서서히 소화되는 세균
노폐물을 뱉어내는 포식세포
소화된 세균 조각

인식
포식세포는 세균 표면에 접촉함으로써 표적을 인식한다. 그리고 거짓발(위족, pseudopod)이라는 돌기를 뻗어서 세균을 삼킨다.

소화
세균은 포식용해소체(포식리소좀, phagolysosome)라는 특수한 주머니에 감싸인다. 포식세포의 내부 살해 메커니즘이 그 속에서 세균을 중화하고 분해한다.

방출
격렬한 화학반응이 벌어져 금세 세균이 죽는다. 포식세포는 더 이상 잘게 분해되지 않는 세균 조각을 뱉어낸다.

도움체계통

도움체계통(보체계, complement system)이라는 특수한 단백질들은 혈장을 자유롭게 돌아다니면서 미생물 표적을 찾는다. 단백질은 보통 낱낱의 분자로 떨어져 있지만, 일단 활성화되면 함께 상보적 연쇄반응을 일으킴으로써 미생물을 공격하고 파괴한다. 도움체 단백질들도 포식세포처럼 세균의 표면 특징에 반응하여 활성화한다. 도움체계통은 온몸에서 감염에 대응하며, 염증반응을 통해 조직으로도 접근한다.(왼쪽 참조) 또한 항체에 속박된 병원체에게도 대응한다.(363쪽)

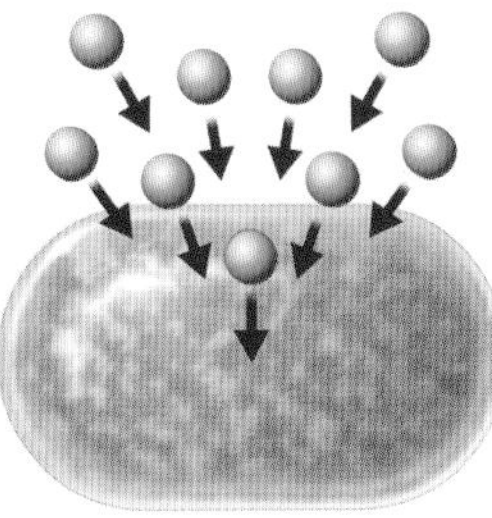

접근
세균의 표면 단백질이 도움체계통을 활성화하여, 낱낱으로 떨어져 있던 도움체 단백질들이 세포 표면에 모인다.

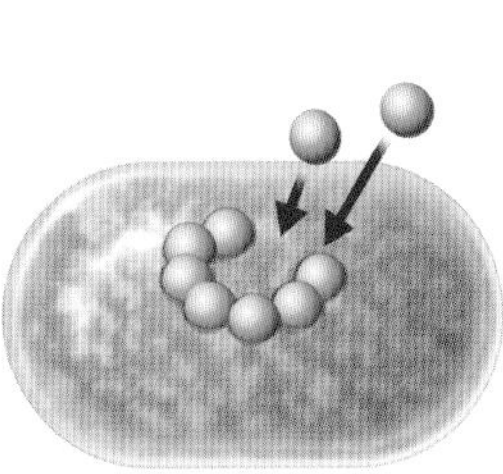

막 공격
단백질들이 막공격복합체(membrane attack complex)를 형성하여 세균 표면에 구멍을 낸다.

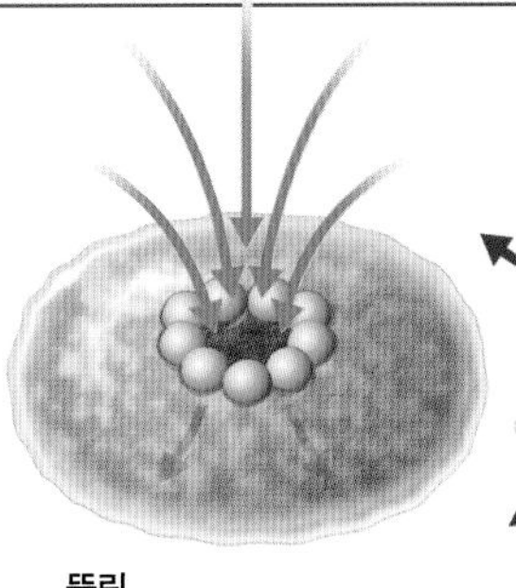

뚫림
구멍이 뚫리면 세포 밖 액체가 세균으로 들어간다. 세균 표면 여기저기에서 이 일이 벌어진다.

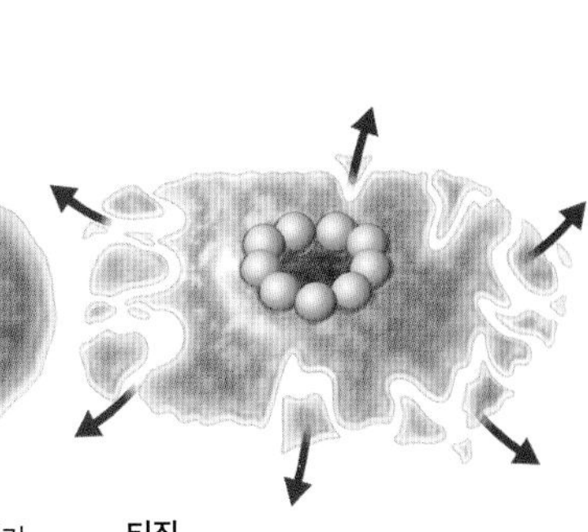

터짐
여러 구멍에서 액체가 유입된 결과, 세균은 부풀다가 끝내 터진다.

감염체

감염과 질병의 원인은 미생물일 때가 많다. 감염체는 크게 다섯 종류로, 세균과 바이러스는 제일 작고 널리 퍼진 감염체로서, 잘 알려진 여러 질병을 일으킨다. 곰팡이는 피부와 내부 점막을 감염시켜 면역력이 약화된 사람에게 전신성(systemic) 질병을 일으킬 수 있다. 핵이 있는 단세포동물인 원생동물은 말라리아 같은 심각한 질환을 일으킨다. 기생충은 창자 등을 감염시켜 몸을 쇠약하게 만들고, 때로는 치명적인 병을 일으킨다.

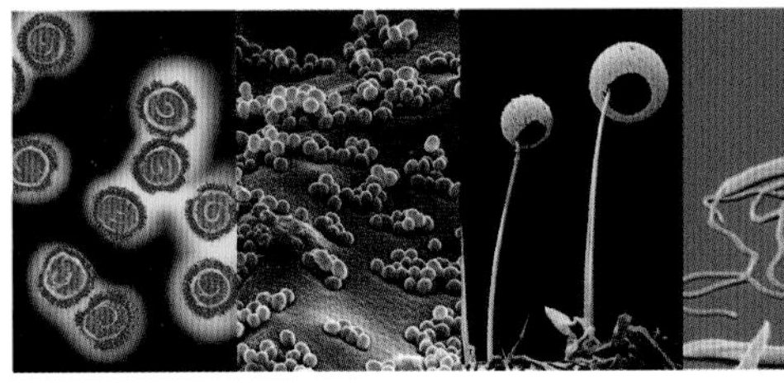
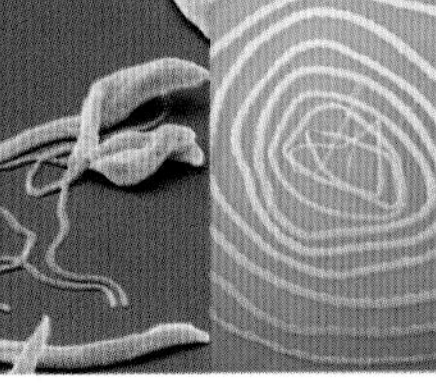

바이러스 세균 곰팡이 원생동물 기생충

우호적 세균

창자는 표면적이 엄청나게 넓기 때문에 감염에 취약한데, 창자벽에서 군락을 이뤄 살아가는 무해한 세균들이 또 하나의 중요한 장벽으로 기능한다. 이 '우호적' 세균들은 해로운 세균이 창자벽에 자리 잡아 감염을 일으키는 것을 막는다.

후천성 면역

후천면역계통은 인체가 살면서 마주치는 여러 병원체들에 대해 고도로 전문적인 특이면역반응(specific immune response)을 일으키도록 해 준다. 게다가 나중에 다시 그 병원체에 감염될 때는 해당 면역반응을 신속히 다시 전개시킨다.

특이반응 인자

T림프구와 B림프구는 후천면역반응의 핵심이다. 선천면역세포와 달리 이들은 몸에 들어온 특정 병원체를 인식하여 표적으로 삼고, 기억을 했다가 다시 침입하면 신속히 제거한다. T세포와 B세포가 특정 병원체만 공격하는 까닭은 항원이라는 이질성 특이분자표지를 인식하기 때문이다. 림프구는 표면 수용체를 통해 항원을 인식하는데, 수용체는 특정 항원만 인식하도록 개별적으로 프로그램되어 있다.

감염에 반응하는 T세포는 두 종류다. 세포독성세포라고도 하는 살해 T세포(공격세포)와 도움 T세포(helper T cell)다.(협조세포) B세포는 조직액 감염에 반응한다.(오른쪽 참조) 이들은 이차 림프조직을 통해 온몸을 순환하면서 표적 항원을 수색한다.

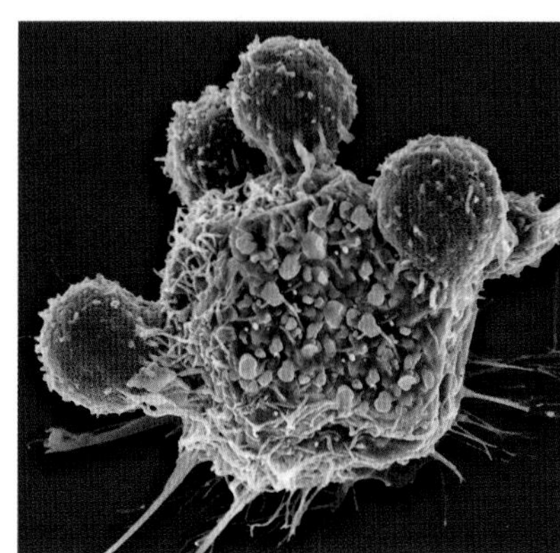

동시다발 공격
T세포는 악성으로 변한 체세포를 표적으로 삼을 수 있다. 이 현미경 사진에서는 4개의 T세포(붉은색)가 하나의 암세포(회색)를 공격하고 있다.

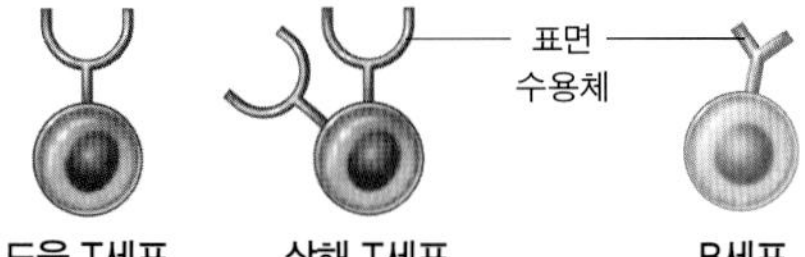
표면
수용체
도움 T세포
살해 T세포
B세포

T세포와 B세포의 성숙
T세포와 B세포가 성숙하면 표면 수용체가 생긴다. 이 세포들이 엄청나게 다양한 특이항원을 인식할 수 있는 것은 그 수용체 덕분이다. 혹 체조직을 인식하는 세포가 있다면, 세포가 성숙하는 동안 모두 제거된다. 그런 세포는 나중에 체조직을 공격할지도 모르기 때문이다. 그래서 정상적인 경우에는 이 세포들이 외부에서 들이온 항원만을 인식한다.

항원 제시

T세포는 다른 면역세포가 '제시한' 항원을 인식한다. 항원을 제시하는 것은 주로 가지세포이지만 포식세포일 때도 있다. 이런 항원제시세포(antigen-presenting cell, APC)들은 체조직에 널리 퍼져 있다가, 감염이 발생하면 항원 조각을 흡수한 뒤 림프관을 통해 가까운 림프절로 이동하여 그곳의 T세포에게 내놓는다. 이때 그 항원에 상응하는 수용체를 지닌 T세포가 있다면 항원을 인식하여 바로 공격을 개시한다.(오른쪽 참조) B세포는 림프로 운반된 항원과 직접 상호작용하기 때문에 항원제시세포가 없어도 된다. 림프계통은 후천면역세포들을 위해 온몸에 광범위한 감시망을 구축해 둔 셈이다.

항원 섭취
바이러스에 감염된 체세포가 터지면서 미생물의 항원을 분출한다. 항원제시세포가 이것을 섭취하여 림프절의 T세포에게 가져다 준다.

파열한 체세포
미생물 항원 분출
항원제시세포 (가지세포)

항원제시세포가 항원 조각을 제시한다.
T세포 수용체가 항원과 상호작용한다.
항원
T세포 수용체
주조직적합복합체
T세포

항원 제시
항원제시세포가 주조직적합복합체라는 수용체를 통해 T세포에게 항원을 제시한다. T세포는 항원을 인식하고 활성화한다.(오른쪽 참조)

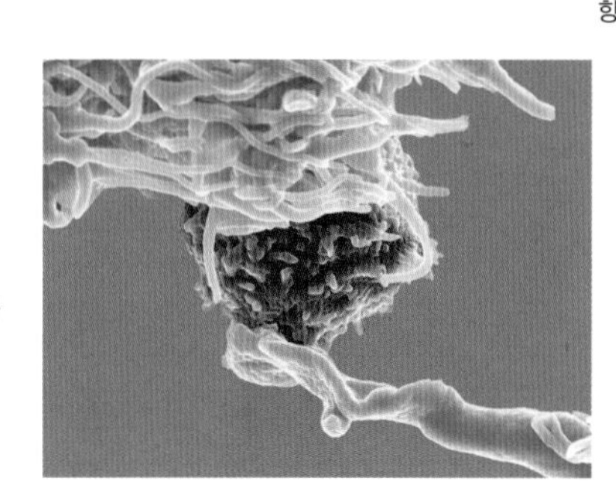

상호작용
T세포(분홍색)와 가지세포(초록색)가 항원 제시 과정에서 상호작용하는 모습을 보여 주는 전자현미경 사진

세포매개반응(CELL-MEDIATED RESPONSE)

이 면역반응은 바이러스처럼 체세포를 감염시키는 병원체를 표적으로 삼는다. 감염 조직에서 나온 미생물 항원을 항원제시세포가 림프절로 가져가서 T세포에게 제시하면 반응이 시작된다. 항원을 인식한 T세포는 활성화하여 일련의 반응을 일으킴으로써 신속하고 조화롭게 공격을 펼친다. 살해 T세포는 감염된 체세포를 찾아가고, 도움 T세포는 면역반응에 중요한 신호분자를 생성한다. 특정한 특이성(specificity)을 보이는 T세포의 수는 많지 않지만, 그것들이 몸 속을 빠르게 순환하기 때문에 표적 항원과 만날 가능성이 높다.

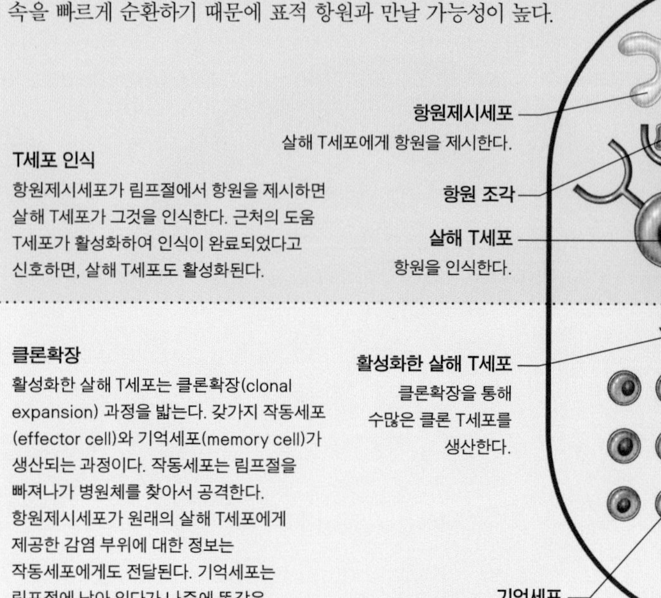
항원제시세포
살해 T세포에게 항원을 제시한다.
항원 조각
살해 T세포
항원을 인식한다.
활성화한 살해 T세포
클론확장을 통해 수많은 클론 T세포를 생산한다.
기억세포
미래의 감염에 대비하여 림프절에 남는다.

T세포 인식
항원제시세포가 림프절에서 항원을 제시하면 살해 T세포가 그것을 인식한다. 근처의 도움 T세포가 활성화하여 인식이 완료되었다고 신호하면, 살해 T세포도 활성화된다.

클론확장
활성화한 살해 T세포는 클론확장(clonal expansion) 과정을 밟는다. 갖가지 작동세포(effector cell)와 기억세포(memory cell)가 생산되는 과정이다. 작동세포는 림프절을 빠져나가 병원체를 찾아서 공격한다. 항원제시세포가 원래의 살해 T세포에게 제공한 감염 부위에 대한 정보는 작동세포에게도 전달된다. 기억세포는 림프절에 남아 있다가 나중에 똑같은 병원체가 다시 침입하면 얼른 활성화하여 재빨리 반응하게끔 한다.

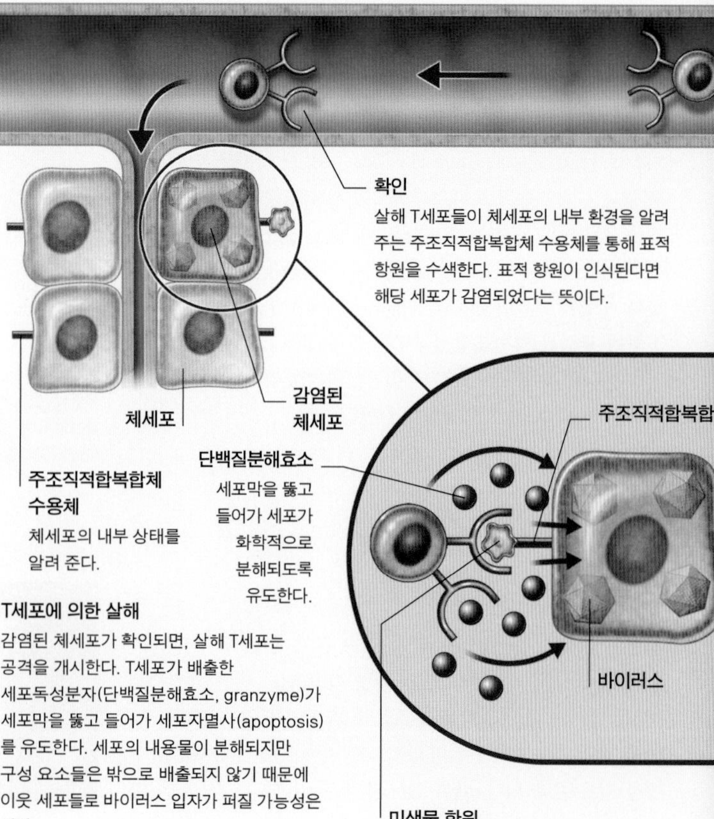
감염된 체세포
체세포
주조직적합복합체 수용체
체세포의 내부 상태를 알려 준다.
단백질분해효소
세포막을 뚫고 들어가 세포가 화학적으로 분해되도록 유도한다.
주조직적합복합체
바이러스

확인
살해 T세포들이 체세포의 내부 환경을 알려 주는 주조직적합복합체 수용체를 통해 표적 항원을 수색한다. 표적 항원이 인식된다면 해당 세포가 감염되었다는 뜻이다.

T세포에 의한 살해
감염된 체세포가 확인되면, 살해 T세포는 공격을 개시한다. T세포가 배출한 세포독성분자(단백질분해효소, granzyme)가 세포막을 뚫고 들어가 세포자멸사(apoptosis)를 유도한다. 세포의 내용물이 분해되지만 구성 요소들은 밖으로 배출되지 않기 때문에 이웃 세포들로 바이러스 입자가 퍼질 가능성은 없다.

미생물 항원
주조직적합복합체를 통해 세포 표면에 드러남으로써 세포가 감염되었음을 알린다.

항원제시세포
항원조각을
림프절로 가져온다.

침입한 세균
림프절로 다가온다.

항체매개반응

세균처럼 조직액이나 혈액을 감염시킨 세포바깥 병원체를 겨냥한 면역반응이다. 병원체가 림프에 실려 림프절로 전달되면(또는 혈액을 통해 지라로 전달되면) B세포가 인식하여 면역반응을 일으킨다. B세포는 스스로 수용체를 통해 항원을 인식하므로 항원제시세포가 필요 없다. 도움 T세포의 보조로 인식이 완료되면, B세포가 활성화하여 항체들이 배치된다.

림프절

혈관

세균 표면의 항원

도움 T세포
신호를 보내 B세포를
활성화시킨다.

B세포 인식
림프절로 들어온 세균은 B세포와 마주친다. 항원이 인식되면, 도움 T세포가 인식이 완료되었음을 확인한 뒤 B세포로 신호를 보내어 활성화시킨다.

도움 T세포
항원 인식을
승인하는 신호를
내어 살해
T세포를
활성화한다.

B세포가 항원을 인식한다.

작동 T세포
살해 T세포의
클론들이
바이러스를
인식하고
공격한다.

활성화된 B세포

클론선택
활성화한 B세포는 작동 B세포를 생산한다. 이들이 항체를 배출하는데, 작동 B 전구세포의 특이성을 간직하고 있기에 특정 감염만을 표적으로 삼는다. 나중에 같은 병원체에 재빨리 반응하기 위해서 기억세포도 생산된다.

이동
작동세포들이
림프관과 혈관을 통해
감염 부위로 이동한다.

항체

작동 B세포
항체를 생산한다.

기억세포
림프절에 남는다.

항체
림프액이나 혈액을 타고 감염
부위를 찾아간다.

도움체 단백질
결합항체에 의해 활성화되어 표적을
공격하기 시작한다.

추적
살해 T세포들이 조직 인식을
통해 감염 부위를 찾아낸다.
그리고 세포 손상으로 인해
국지적으로 투과성이 높아진
조직을 통과해 들어간다.

부착
항체가 세균
표면에 붙는다.

제거
도움체계통이나
포식작용에 의해 침입자
세균이 파괴된다.

바이러스 입자가
분해된다.

세포막이
오그라든다.

결합항체
포식세포를 끌어들여
포식작용을 촉진한다.

세포자멸사
세포가 변성되어 죽는다. 하지만 감염된
내용물은 막 안에 간직된다.

항체의 표적작용(targeting)
감염 부위를 찾아낸 항체들이 직접 표적세포를 제거하는 것은 아니다. 항체들이 표적세포 표면에 단단히 결합하면, 선천면역계통의 공격 메커니즘이 그 지점에 집중하여 문제를 처리한다. 결합항체(bound antobody)는 도움체계통(361쪽)을 활성화함으로써, 하마터면 항체로는 감지되지 않았을지도 모르는 세균까지 죽인다. 또한 포식세포를 끌어들임으로써, 포식작용으로 세균을 제거하게 한다.(361쪽)

포식세포
포식작용을 수행하여
표적 세균을 죽인다.

면역 기억

T세포와 B세포가 면역 기억(immunological memory)을 발달시킬 수 있는 까닭은 적응면역반응 과정에서 기억세포가 유지되기 때문이다. 림프구들이 병원체에게 최초로 반응할 때는 다소 불리하다. 림프구가 증식하고 작동세포나 기억세포로 분화하는 데 시간이 걸려 비교적 속도가 느리기 때문이다. 일차감염일 때는 주로 선천면역이 핵심적인 역할을 맡는다. 하지만 동일한 병원체가 다시 침입한 이차감염일 때는 이미 형성되어 있던 특이세포(기억세포) 집단이 활성화하여 훨씬 빠르게 이차반응을 드러낸다.

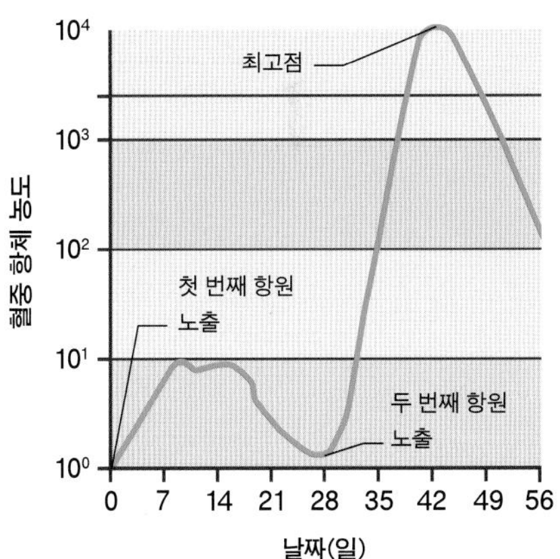
10^4
최고점
10^3
10^2
첫 번째 항원
노출
10^1
두 번째 항원
노출
10^0
0 7 14 21 28 35 42 49 56
날짜(일)
혈중 항체 농도

일차면역반응과 이차면역반응
어떤 병원체에 처음 노출되었을 때와 다시 노출되었을 때의 차이를 보여 주는 그래프. 이차반응은 일차반응보다 현격히 빠르게 진행되고, 강도도 훨씬 세다.

예방접종

백신(vaccine)을 접종하면 아직 겪지 않은 병에 대해서도 면역력을 얻을 수 있다. 백신 접종은 감염과 비슷하지만 더 안전하며, 특이성이 있는 기억세포를 생성하는 것이 목적이다. 죽은 미생물이나 약화한 (무해하게 만든) 미생물을 쓸 때도 있고, 병원체에서 얻은 항원을 쓸 때도 있다. 여기에 보강제(adjuvant)라는 화학물질을 섞음으로써 면역반응을 더 강하게 일으키기도 한다. 그러면 자연적인 감염에 따르는 부작용 없이 일차면역반응이 전개된다. 나중에 병원체가 몸에 들어오면, 이미 갖춰진 기억반응이 이차면역반응처럼 전개되어 증상이 채 발달하기도 전에 감염을 신속히 처리한다.

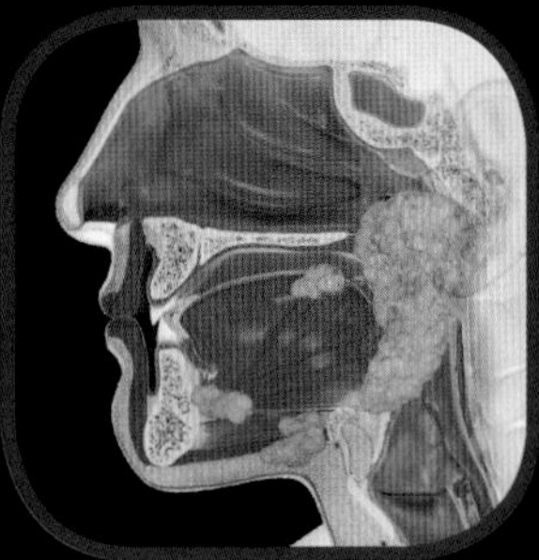

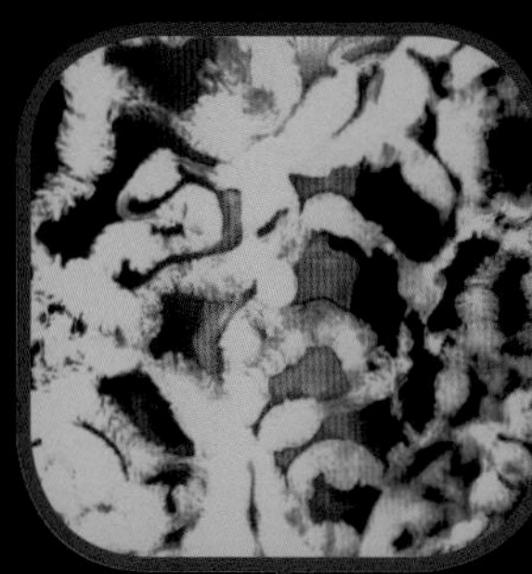

입
세 쌍의 침샘이 하루에 1.5리터씩 침을 분비한다. 침은 음식을 적셔서 더 삼키기 쉽게 만든다.

위
위산과 소화효소가 많아, 세균에게는 위협적이지만 음식을 물리적, 화학적으로 부수기에는 완벽한 환경이다.

작은창자
내부에 주름이 엄청나게 많이 잡힌 이 관은 표면적이 무려 290 제곱미터나 되어 영양소 흡수에 알맞다.

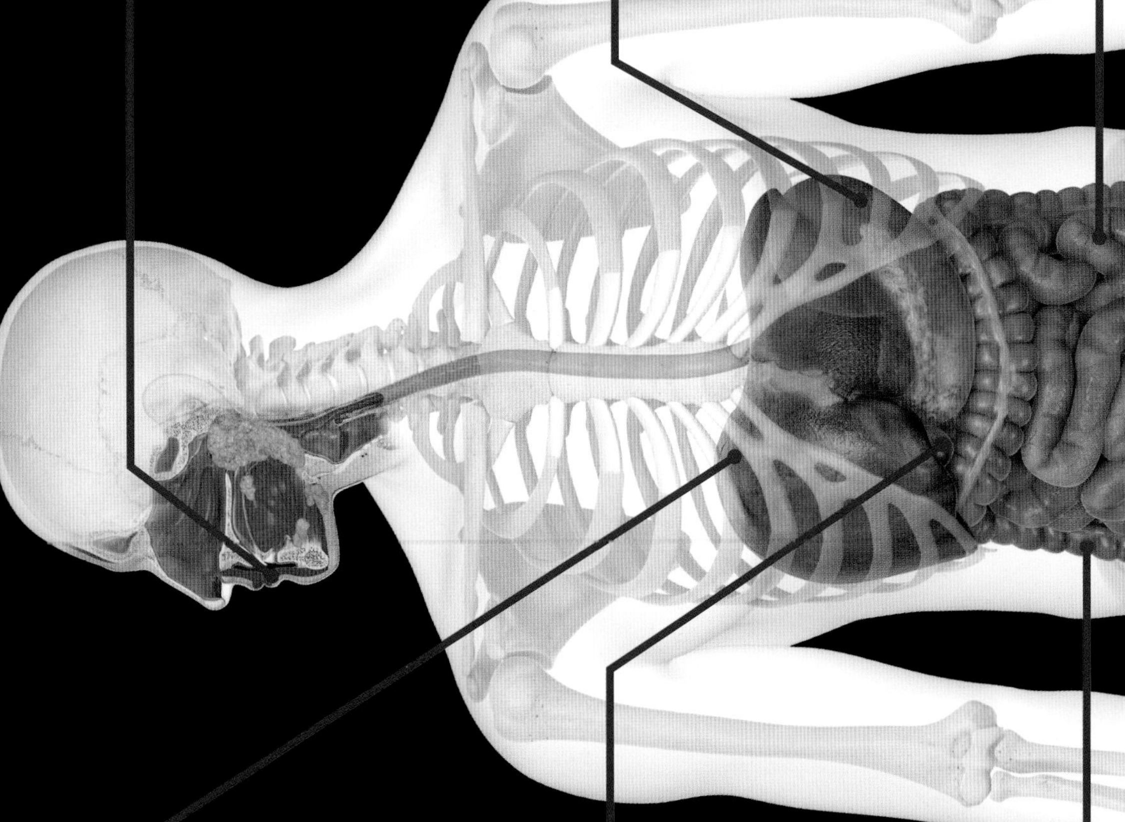

간
쐐기 모양의 이 장기는 몇몇 영양소를 저장하고 혈중 영양소 농도를 조절함으로써 세포들에게 끊임없이 영양소가 공급되도록 한다.

쓸개와 이자
이 장기들이 내놓는 분비물은 작은창자의 소화 첫 단계에서 음식물 분해를 돕는다.

큰창자
잘록창자는 작은창자가 채 소화하지 못한 노폐물을 곧창자로 보내어 배변시키고, 그렇게 보내는 과정에서 물과 염을 제거한다.

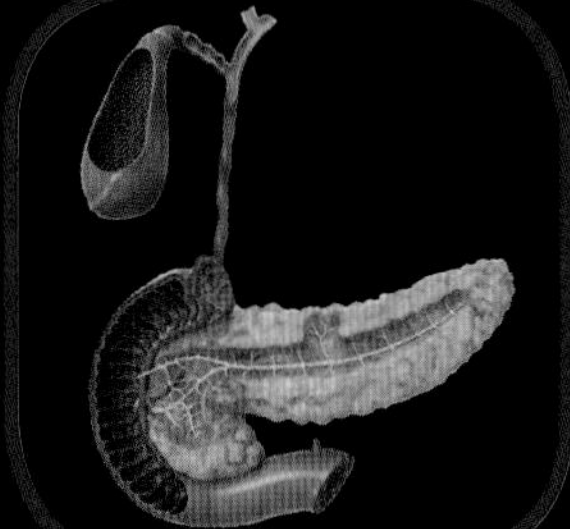

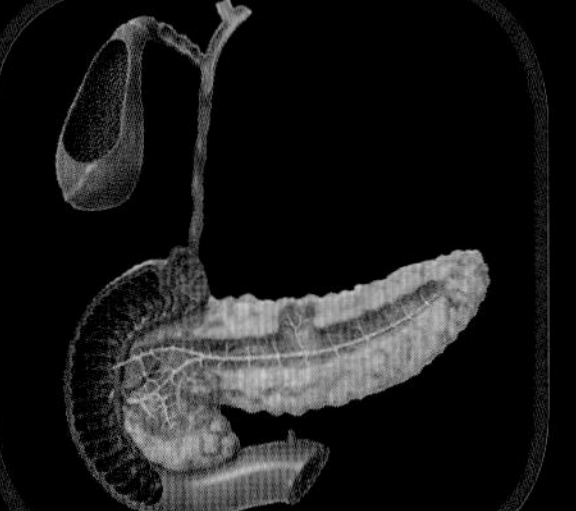

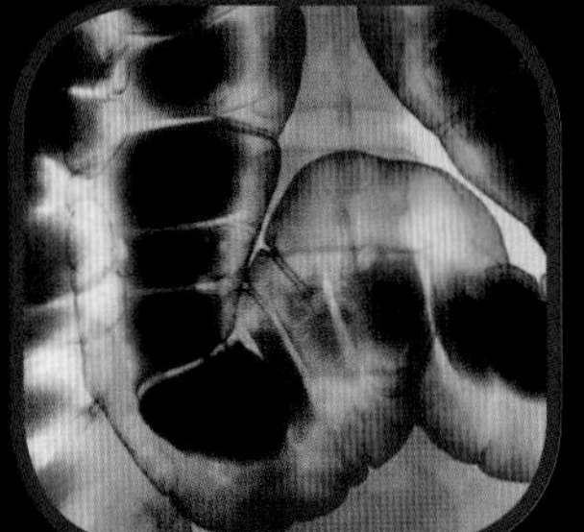

소화계통

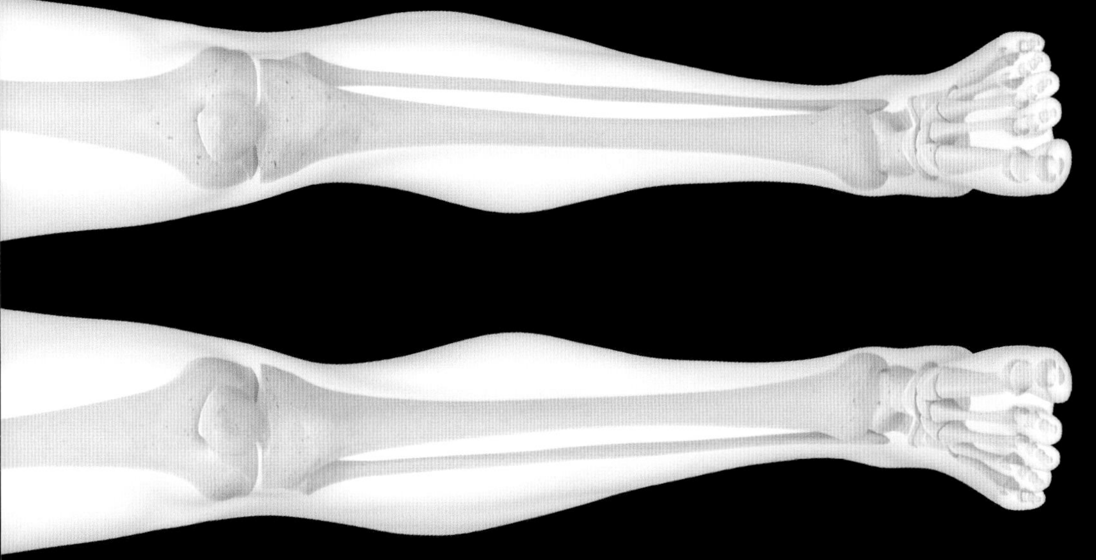

우리는 배고픔과 목마름을 느끼면 먹고 마신다. 그 다음에는 몸의 소화 계통이 모든 것을 알아서 자동으로 처리해 준다. 음식은 최장 이틀 동안 소화기를 여행하면서 잘게 분해되어 필수 영양소를 내놓는다.

입과 목

몇몇 동물들과 달리 사람은 큰 음식 덩어리를 삼키지 못해서 음식을 씹어 잘게 찢어야 하는데, 그 활동이 벌어지는 곳이 입이다. 입은 음식을 씹어서 미끈미끈한 덩어리로 바꾼 뒤, 목구멍으로 밀어 넘긴다. 삼킨 음식은 위로 들어간다.

뜯고 씹기

위턱과 아래턱의 이틀(치조와, dental socket)에 담긴 네 종류의 치아는 음식을 잡아 뜯고, 잘게 씹은 뒤, 삼킨다. 끌 모양의 앞니(절치, incisor)는 뜯고 자른다. 더 뾰족한 송곳니(견치, canine)는 잡고 찢는다. 치아머리(치관, crown)가 평평한 작은어금니(소구치, premolar)는 씹고 으깬다. 네 군데에 융기(cusp)가 솟은 넓은 큰어금니(대구치, molar)는 강하게 갈아 으스러뜨린다. 아래턱을 들어올리는 강한 근육들이 윗니와 아랫니를 각각 맞닿게 해 뜯고 씹을 수 있다.

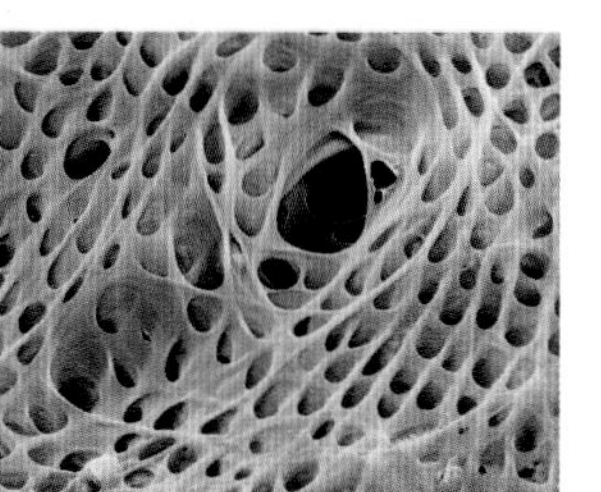

상아질(dentine)
뼈를 닮은 이 조직은 치아의 안쪽과 뿌리를 이루고, 바깥의 사기질(법랑질, enamel)을 지지한다.

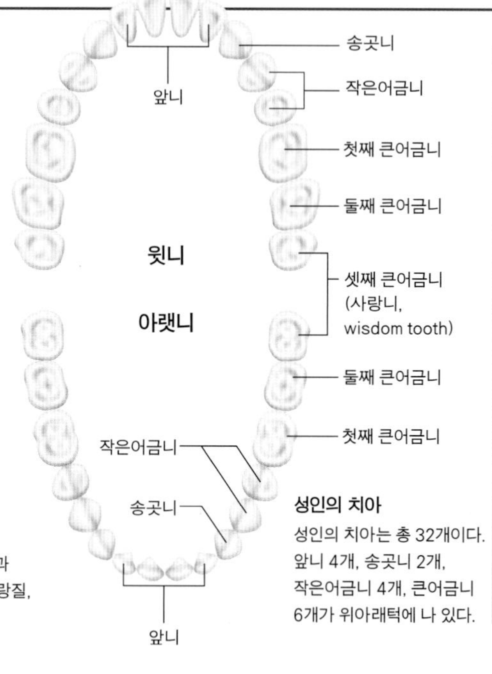
송곳니
앞니
작은어금니
첫째 큰어금니
둘째 큰어금니
윗니
아랫니
셋째 큰어금니
(사랑니,
wisdom tooth)
둘째 큰어금니
첫째 큰어금니
작은어금니
송곳니
앞니

성인의 치아
성인의 치아는 총 32개이다. 앞니 4개, 송곳니 2개, 작은어금니 4개, 큰어금니 6개가 위아래턱에 나 있다.

음식 조작하기

입 바닥에 놓인 혀는 대단히 유연한 근육질 장기이다. 모양을 이리저리 바꿀 수 있고, 앞으로 내밀고 뒤로 끌어들이고 옆으로 움직일 수 있다. 씹는 동안 혀는 음식을 치아에 치대면서 침과 섞는다. 그러면서도 혀가 스스로를 씹는 일은 드물다. 혀 윗면에는 유두(papilla)라는 작은 돌기들이 돋아 있다. 혀유두는 음식을 잘 붙잡아 주고, 그 속의 수용기들은 맛과 온도와 촉감을 감지한다. 음식이 잘 씹히면 혀는 그것을 입천장에 대고 뭉쳐서 덩어리(food mass, 혹은 bolus)로 만든 뒤, 뒤쪽 목구멍으로 밀어 삼키기 시작한다.

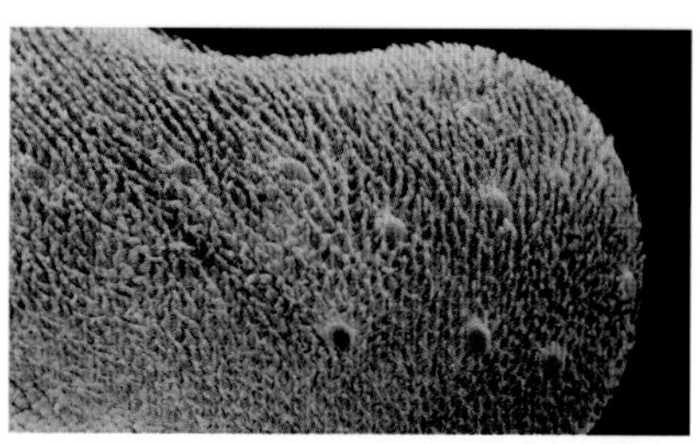

혀의 표면
뾰족한 유두는 음식을 붙잡고, 둥근 유두는 속에 든 맛봉오리(taste bud)로 단맛, 신맛, 짠맛, 쓴맛, 감칠맛을 느낀다.

10

음식이 입에서 위까지 이동하는 데 10초가 걸린다.

극한의 인간

칼 삼키기

적어도 40센티미터쯤 되는 긴 칼을 위쪽 소화관으로 집어넣는 이 행위예술은 오랜 연습이 필요하다. 칼은 음식이 입에서 위로 내려가는 길을 똑같이 지나가지만, 칼을 삼키는 것은 음식을 삼키는 것과는 다르다. 이 기술을 구사하려면 음식 외의 물질이 목구멍으로 들어갈 때 자연적으로 일어나는 구역반사(gag reflex)를 억누르도록 훈련해야 한다. 또한 음식을 목구멍에서 식도로 밀어주는 불수의적 근육 수축을 억제하는 법, 목을 늘려서 입, 목구멍, 식도, 위 입구를 일렬로 정렬하는 법을 익혀야 한다.

칼 삼키기 기술
상체를 찍은 엑스선 사진. 제대로 된 칼 삼키기 기술에는 아무런 속임수가 없음을 알 수 있다. 머리가 뒤로 기울어졌고, 칼이 목구멍과 식도를 지난다.

침샘

세 쌍의 침샘(salivary gland)인 귀밑샘(parotid gland)과 혀밑샘(sublingual gland), 턱밑샘(submandibular gland)이 침을 생산하여 관을 통해서 입안으로 내놓는다. 입 내막의 작은 분비샘들에서도 침이 약간 생산된다. 침은 99.5퍼센트가 물이지만 점액, 소화효소인 아밀라아제(amylase), 세균을 죽이는 용균효소(리소자임) 등도 있다. 침은 입과 치아를 적시고 씻기기 충분한 양이 지속적으로 분비된다. 배가 고프면 음식의 맛, 냄새, 모습, 심지어 생각만으로도 침이 분비된다. 침 속 물과 점액은 음식을 적시고 윤활하여 씹고 삼키기 쉽게 하며 아밀라아제는 음식 속 녹말을 말토스(맥아당, maltose)로 분해한다.

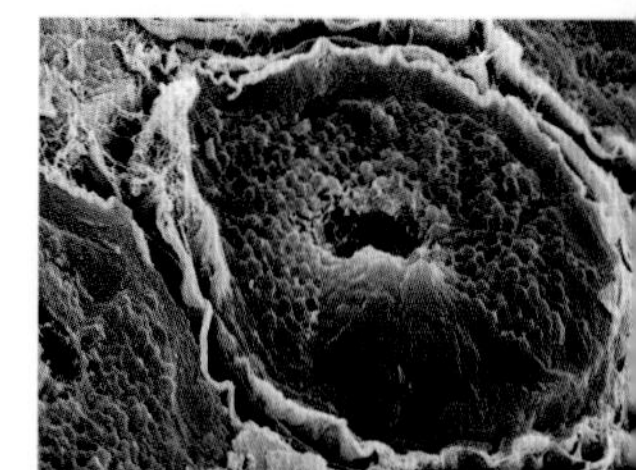

침샘 속
침샘 속 샘꽈리(acinus)에는 중앙의 관으로 침을 분비하는 샘세포(glandular cell)들이 모여 있다.

꿈틀운동

삼키기 마지막 단계에서는 근육들이 파도처럼 수축하는 꿈틀운동(연동, peristalsis)이 일어나 음식을 식도로 밀어 넣어 목구멍에서 위로 보낸다. 소화관은 주로 이런 꿈틀운동으로 음식을 추진한다. 식도벽에는 불수의적 민무늬근들이 층을 이루고 있다가 식도의 길이를 따라 번갈아 수축하고 이완하면서 음식덩이를 쥐어짜 목적지로 보낸다. 물구나무 서기를 하고 있어도 음식이 위로 전달될 정도로 꿈틀운동은 강력하다. 음식이 식도 끝에 다다르면, 보통 조여진 채 음식의 역류를 막는 아래식도조임근(lower esophageal sphincter)이 이완하여 음식을 위로 들여보낸다.

음식의 이동
식도벽의 민무늬근은 음식덩이 뒤에서는 수축하여 음식덩이를 아래로 밀고, 음식덩이 주변과 앞에서는 이완하여 쉽게 지나가게 한다.

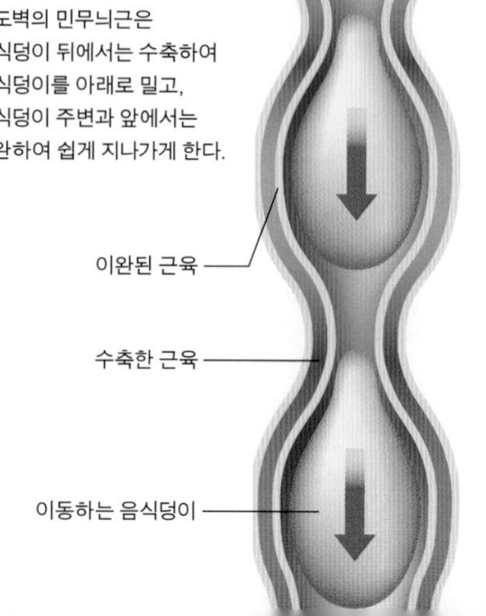
이완된 근육
수축한 근육
이동하는 음식덩이

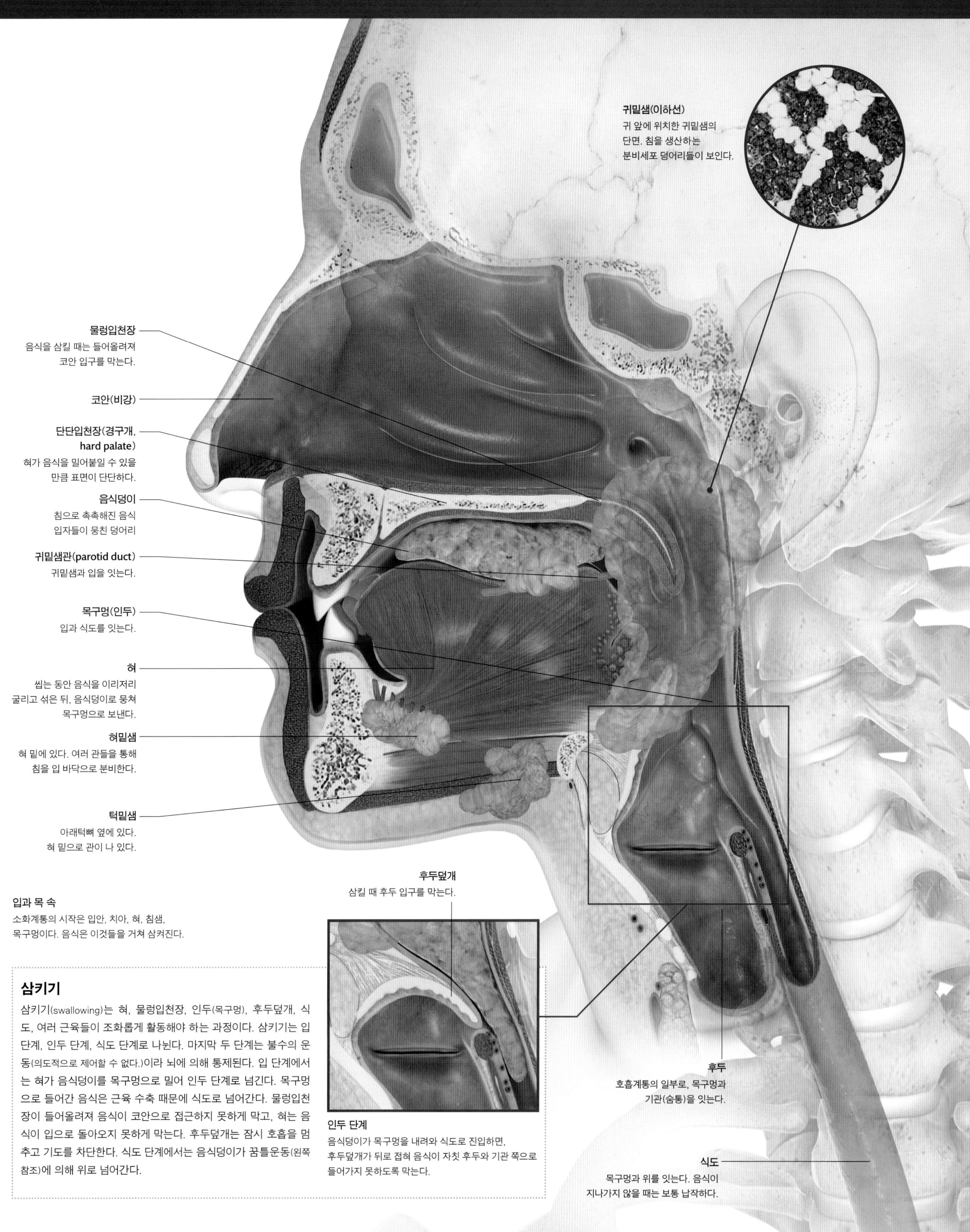

귀밑샘(이하선)
귀 앞에 위치한 귀밑샘의
단면. 침을 생산하는
분비세포 덩어리들이 보인다.
물렁입천장
음식을 삼킬 때는 들어올려져
코안 입구를 막는다.
코안(비강)
단단입천장(경구개,
hard palate)
혀가 음식을 밀어붙일 수 있을
만큼 표면이 단단하다.
음식덩이
침으로 촉촉해진 음식
입자들이 뭉친 덩어리
귀밑샘관(parotid duct)
귀밑샘과 입을 잇는다.
목구멍(인두)
입과 식도를 잇는다.
혀
씹는 동안 음식을 이리저리
굴리고 섞은 뒤, 음식덩이로 뭉쳐
목구멍으로 보낸다.
혀밑샘
혀 밑에 있다. 여러 관들을 통해
침을 입 바닥으로 분비한다.
턱밑샘
아래턱뼈 옆에 있다.
혀 밑으로 관이 나 있다.
후두덮개
삼킬 때 후두 입구를 막는다.
후두
호흡계통의 일부로, 목구멍과
기관(숨통)을 잇는다.
식도
목구멍과 위를 잇는다. 음식이
지나가지 않을 때는 보통 납작하다.

입과 목 속
소화계통의 시작은 입안, 치아, 혀, 침샘, 목구멍이다. 음식은 이것들을 거쳐 삼켜진다.

인두 단계
음식덩이가 목구멍을 내려와 식도로 진입하면, 후두덮개가 뒤로 접혀 음식이 자칫 후두와 기관 쪽으로 들어가지 못하도록 막는다.

삼키기

삼키기(swallowing)는 혀, 물렁입천장, 인두(목구멍), 후두덮개, 식도, 여러 근육들이 조화롭게 활동해야 하는 과정이다. 삼키기는 입 단계, 인두 단계, 식도 단계로 나뉜다. 마지막 두 단계는 불수의 운동(의도적으로 제어할 수 없다.)이라 뇌에 의해 통제된다. 입 단계에서는 혀가 음식덩이를 목구멍으로 밀어 인두 단계로 넘긴다. 목구멍으로 들어간 음식은 근육 수축 때문에 식도로 넘어간다. 물렁입천장이 들어올려져 음식이 코안으로 접근하지 못하게 막고, 혀는 음식이 입으로 돌아오지 못하게 막는다. 후두덮개는 잠시 호흡을 멈추고 기도를 차단한다. 식도 단계에서는 음식덩이가 꿈틀운동(왼쪽 참조)에 의해 위로 넘어간다.

위

소화관(alimentary canal)에서 폭이 가장 넓은 위는 식도와 작은창자 첫 부분을 잇는 J자 모양의 주머니이다. 위는 음식을 휘젓고 단백질 소화효소가 든 위액(gastric juice)에 적심으로써 소화 과정을 시작한다.

위의 기능

위는 음식이 들어오자마자 크게 확장된다. 위에서는 두 종류의 소화가 동시에 펼쳐져 음식을 부분적으로 소화된 미즙(chyme)이라는 걸쭉한 유동물질로 바꾼다. 화학적 소화를 담당하는 것은 산성 위액에 든 펩신(pepsin) 효소이다. 이것이 단백질을 분해하기 시작한다. 기계적 소화를 담당하는 것은 위벽에 있는 세 층의 민무늬근들이다. 이것들이 파도처럼 수축하여 꿈틀운동(오른쪽 참조)을 하는 과정에서 음식이 위액과 섞이고, 한데 휘저어져 액체가 되며, 위의 끝부분에 있는 날문조임근(pyloric sphincter)으로 밀려난다. 위는 또 음식을 저장해둔다. 미즙을 조금씩만 날문조임근으로 내보냄으로써 작은창자가 소화에 벅차지 않도록 조절한다.(370~371쪽)

위액

위점막(gastric mucos, stomach lining)에는 위샘(gastric gland)으로 통하는 깊은 위오목(gastric pit)이 수백만 개 흩어져 있다. 위샘 속 다양한 세포들은 위액의 구성 요소들을 분비한다. 벽세포(parietal cell)가 분비하는 염산은 위의 내용물을 강산성으로 만들고, 펩신을 활성화하고, 음식과 함께 섭취된 세균을 죽인다. 점액세포(mucous cell)는 점액을, 으뜸세포(zymogenic cell)는 펩신의 비활성 형태인 펩시노겐(pepsinogen)을, 장내분비세포(enteroendocrine cell)는 위액 분비와 수축을 제어하는 호르몬을 분비한다.

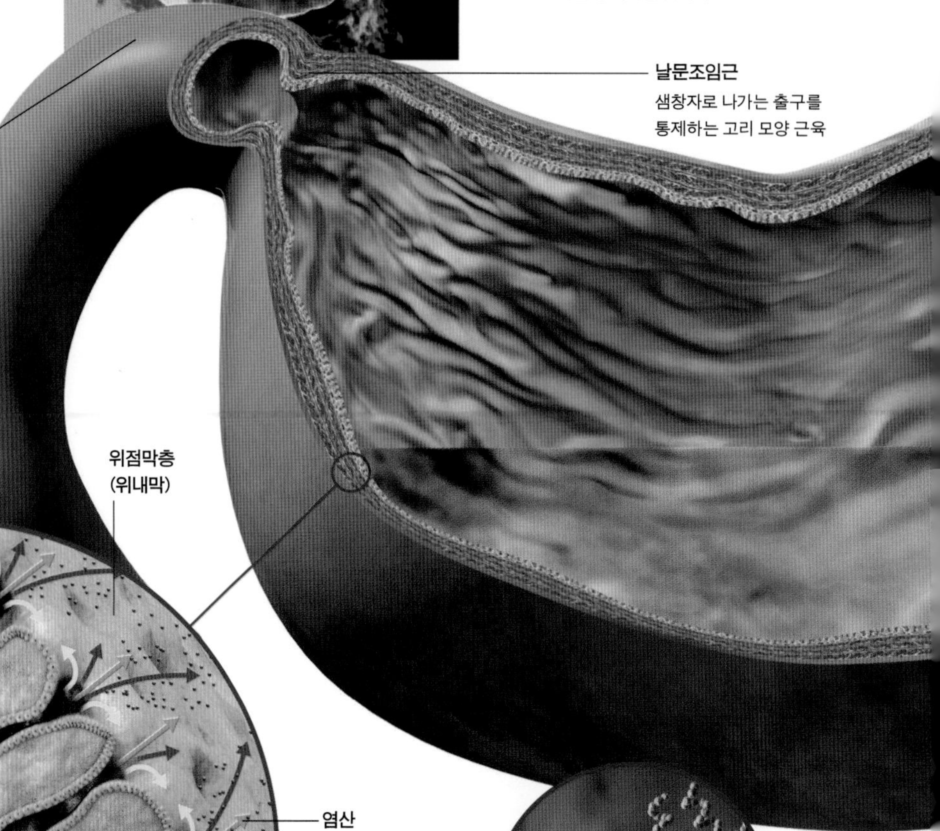

건강한 위
채색 조영 엑스선 사진. 위의 위굽이, 아래굽이와 샘창자(십이지장)가 보인다.(사진에서 왼쪽 위)

위 속(아래)
대단히 탄력적인 위벽에는 세 층의 근육들이 서로 엇갈린 각도로 둘러져 있다. 내막에 깊게 주름이 잡힌 것은 위가 비어 쪼그라든 상태라는 뜻이다.

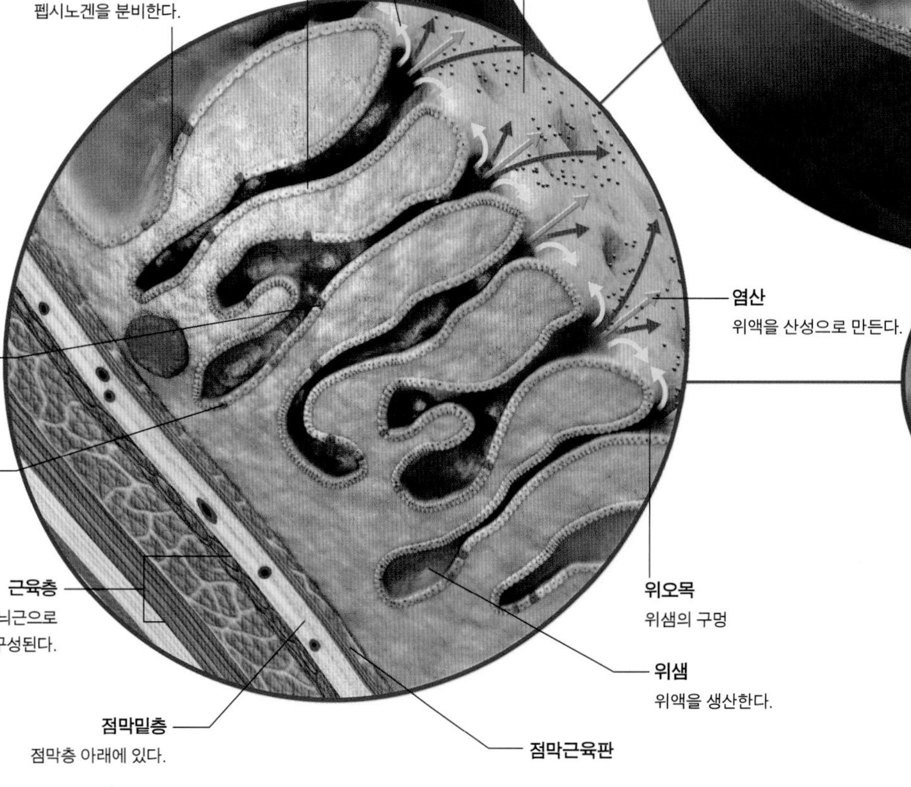

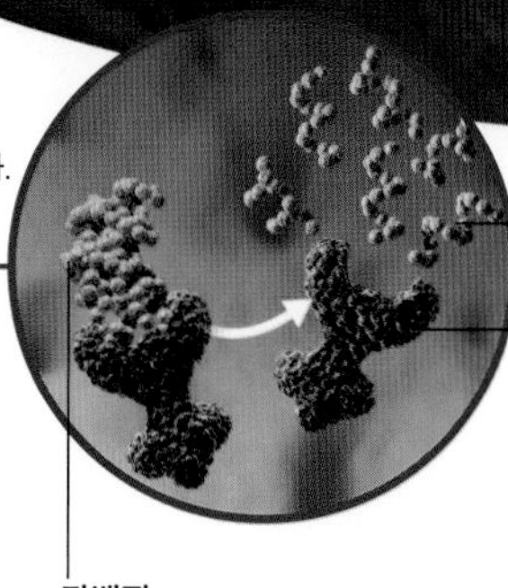

날문조임근
샘창자로 나가는 출구를 통제하는 고리 모양 근육
샘창자(십이지장, duodenum)
작은창자의 첫 부분으로, 짧다.
점액
점막을 덮어 산성 위액에 손상되지 않도록 한다.
점액세포
점액을 분비한다.
위점막층 (위내막)
으뜸세포(효소원세포)
펩시노겐을 분비한다.
벽세포
염산을 분비한다.
창자내분비세포
호르몬을 분비한다.
근육층
세 층의 민무늬근으로 구성된다.
점막밑층
점막층 아래에 있다.
점막근육판
위샘
위액을 생산한다.
위오목
위샘의 구멍
염산
위액을 산성으로 만든다.
펩티드
펩신 효소
단백질

위내막
위내막(위점막)을 확대한 사진. 빽빽한 상피세포들과 위샘으로 이어지는 위오목들이 보인다.(검은 구멍들)

위샘
위벽의 단면. 점막층에 깊이 묻힌 위샘들과 그 속의 다양한 분비세포들이 보인다. 점막밑층(submucosa)은 세 층으로 구성된 근육층(muscularis)을 점막층에 이어 준다.

펩신의 단백질 소화
위점막 자체가 소화되는 것을 막기 위해서 펩신은 우선 비활성 펩시노겐 형태로 분비된다. 이후 염산에 의해 활성화되어, 단백질을 펩티드(peptide)라는 짧은 아미노산 사슬로 쪼갠다.

들문조임근
(cardiac sphincter)
위액이 식도로 역류하는 것을 막는다.
세로근육층(longitudinal muscle layer)
위를 세로로 덮는다.
돌림근육층(circular muscle layer)
위를 둥글게 감싼다.
빗근육층(oblique muscle layer)
위를 사선으로 덮는다.
위주름(rugae)
음식이 들어와 위가 늘어나면 주름이 사라진다.
미즙
위에서 음식이 소화되어 생긴 걸쭉한 액체

채우고 비우고

입에서 씹힌 음식이 식도를 통해 위에 도착하면, 위는 아주 크게 확장한다. 위벽의 세 민무늬 근육층이 수축하여 꿈틀운동을 함으로써 음식과 위액을 섞는다. 파도처럼 수축하는 힘은 꽉 조인 날문조임근을 향할수록 점점 강해져, 날문조임근에서는 음식이 걸쭉한 미즙으로 바뀐다. 덩어리가 모두 사라져 액체가 된 미즙은 날문조임근이 이완할 때마다 조금씩 창자로 분출된다.

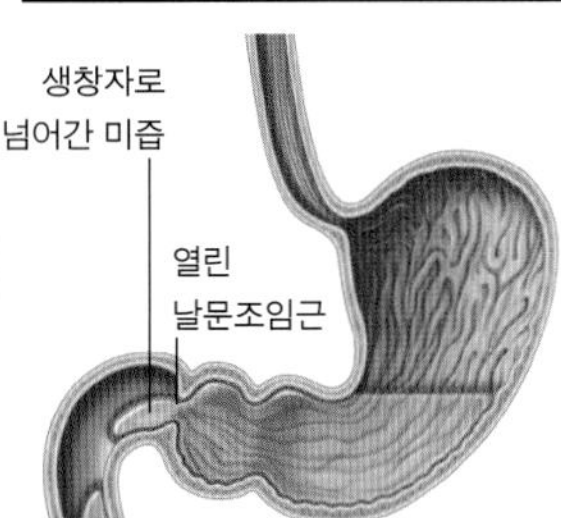

조인 날문조임근
꽉 닫힌 날문조임근을 보여 주는 내시경 사진. 위에서 소화가 이뤄지는 동안 음식이 샘창자로 넘어가지 않도록 꽉 닫혔다.

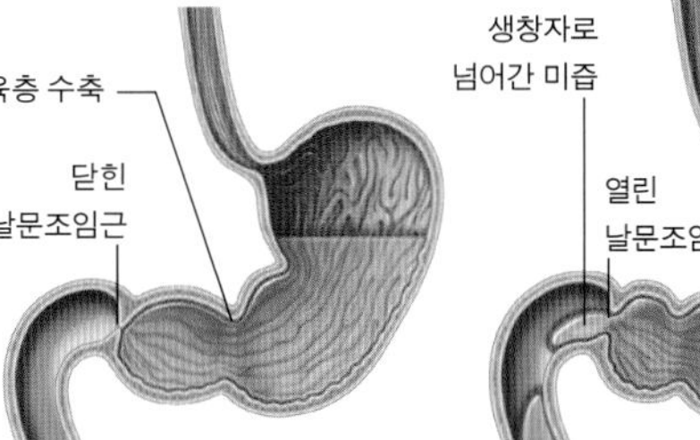

위액과 섞인 음식
근육층 수축
닫힌 날문조임근
샘창자로 넘어간 미즙
열린 날문조임근

1 식사 중
위가 채워지면, 근육층이 파도처럼 수축하여 위샘에서 분비된 위액을 음식과 섞는다.

2 식사 1~2시간 뒤
음식이 강한 근육 수축으로 휘저어지고 위액으로 반쯤 소화되어 미즙으로 바뀐다.

3 식사 3~4시간 뒤
날문조임근이 시간 간격을 두고 조금씩 열려 소량의 미즙을 샘창자로 흘려보낸다.

조절

자율신경계통, 그리고 소화관에서 분비된 호르몬들이 위액 분비와 위벽 수축을 조절한다. 서로 겹치는 세 단계로 진행되는데, 머리기(cephalic phase), 위기(gastric phase), 창자기(intestinal phase)이다. 머리기는 먹기 전이나 씹을 때다. 위에 곧 음식이 내려간다고 미리 경고하는 단계이다. 음식의 모습, 생각, 냄새, 맛이 위샘을 자극하여 위액을 분비시키고, 꿈틀운동을 유발한다. 음식이 위에 도착하면 위기가 시작된다. 위액 분비가 현격히 늘고 꿈틀운동이 현격히 강해진다. 반쯤 소화된 음식이 샘창자로 배출되면 창자기가 시작되어, 이제 위액 분비와 위벽 수축을 억제한다.

3

음식은 **위**에서 **3시간**을 머문 뒤 **작은창자**로 넘어간다.

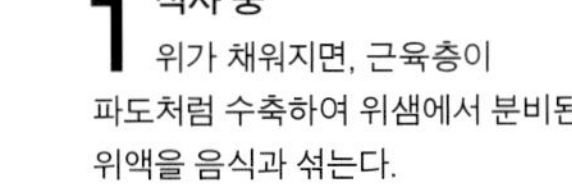

왜 그럴까?

구토는 왜 할까?

구토(vomit)를 일으키는 요인은 여러 가지이지만, 세균 독소가 위를 자극해서 일어나는 경우가 많다. 위점막의 수용체들이 자극물질을 감지하여 뇌줄기의 구토중추(vomit center)로 신호를 보내면, 자극물질을 억지로 내보내기 위해서 구토반사(vomit reflex)가 유발된다. 구토 중에는 가로막과 배근육이 수축해 위를 압박함으로써 반쯤 소화된 음식을 식도와 목구멍으로 올려보내고, 이어 입으로 내보낸다.

뇌의 구토중추
물렁입천장이 코로 들어가는 입구를 막는다.
후두덮개가 후두 입구를 막는다.
식도
가로막 수축
조인 날문조임근
배근육 수축
작은창자

구토반사
날문조임근, 물렁입천장, 후두덮개가 꽉 닫혀 음식이 입으로 올라올 뿐 식도나 작은창자로 들어가지 못하게 막는다.

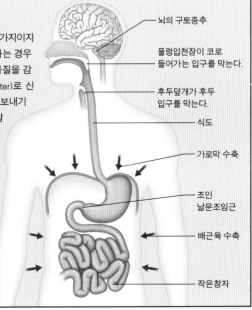

작은창자

작은창자(소장)는 소화계통에서 가장 길고 중요한 부분으로, 돌돌 감긴 관처럼 배에 들어 있다. 작은창자는 이자와 쓸개의 도움을 받아 소화를 마무리한다. 단순한 영양소들은 이곳에서 모두 흡수되어 혈류로 들어간다.

작은창자의 작동방식

위와 큰창자를 잇는 작은창자는 세 부분으로 나뉜다. 짧은 샘창자(십이지장)는 위에서 음식을 받는다. 작은창자 길이의 대부분인 빈창자(공장, jejunum)와 돌창자(회장, ileum)에서 소화의 마지막 단계가 벌어져 음식이 흡수된다. 작은창자의 소화는 두 단계로 진행된다. 우선 이자 효소들이 활약하여 영양소 분자를 분해하고, 창자벽근육들이 수축하여 꿈틀운동을 해 음식을 앞으로 민다. 창자내막에 손가락처럼 튀어나온 근육층 융모들(villi) 표면의 효소가 소화를 마무리 지어, 영양소를 흡수한다.

쓸개와 이자

두 장기는 반쯤 소화된 미즙이 위를 지나 작은창자의 첫 부분인 샘창자로 들어왔을 때 중요한 역할을 한다. 쓸개(담낭)는 훨씬 더 큰 간 밑에 박혀 있는 듯한 작은 근육질 주머니로, 간이 생산한 쓸개즙(담즙, bile)을 저장하고 농축했다가 쓸개관(담관, bile duct)을 통해 샘창자로 내보내 지방 소화를 돕는다. 이자(췌장)는 다양한 소화효소들이 든 이자액(pancreatic juice)을 생산하여 이자관(pancreatic duct)으로 내보낸다. 이자관은 쓸개관과 합쳐진 뒤 샘창자로 이어진다.

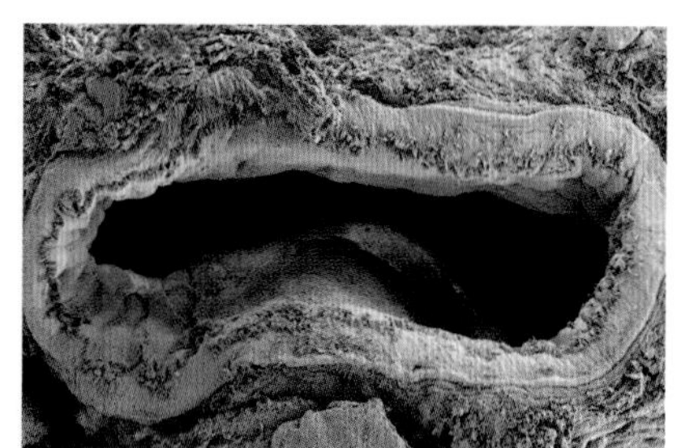

쓸개관
쓸개관의 단면을 보여 주는 현미경 사진. 쓸개에서 샘창자로 쓸개즙을 나르고, 도중에 쓸개즙의 물을 흡수한다.

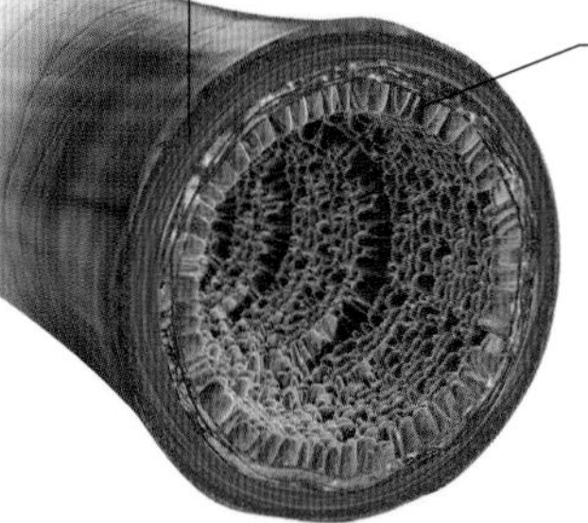

점막근육층
두 겹의 근육층

점막층
작은창자의 내막

작은창자벽
두 층의 근육으로 이뤄진 작은창자벽이 음식을 밀고 섞는다. 점막에는 작은 손가락 모양의 융모들이 나 있다.

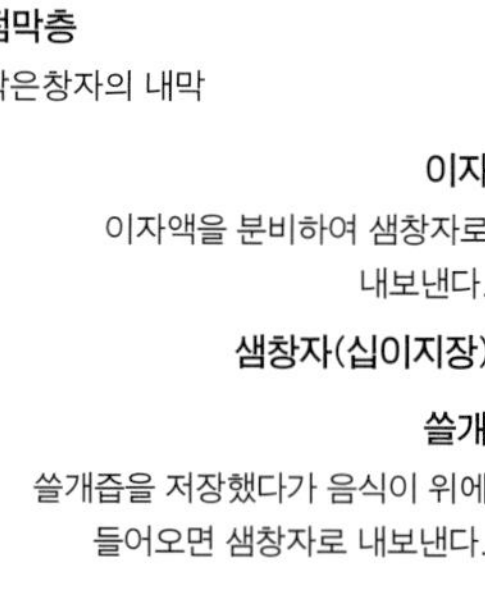

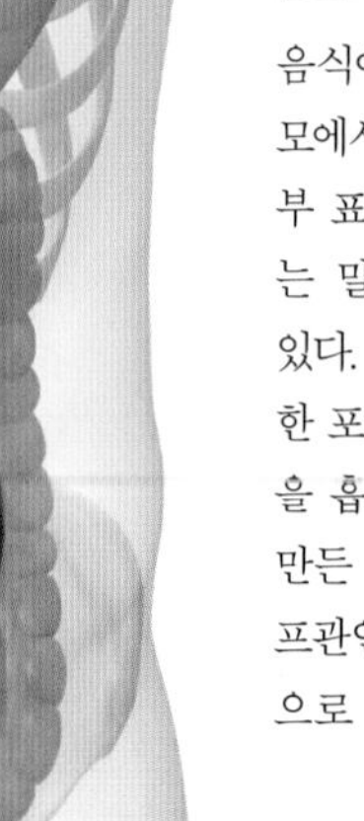

이자
이자액을 분비하여 샘창자로 내보낸다.

샘창자(십이지장)

쓸개
쓸개즙을 저장했다가 음식이 위에 들어오면 샘창자로 내보낸다.

빈창자
작은창자의 중간 부분으로, 샘창자와 돌창자를 잇는다.

돌창자
작은창자에서 가장 길다.

중간소화관(중장)
작은창자, 이자, 쓸개는 소화관의 가운데 부분인 중간소화관(middle digestive tract)을 이룬다.

7 미터
작은창자의 길이

소화와 흡수

음식이 빈창자와 돌창자로 넘어가면, 창자 내막에 튀어나온 융모에서 효소들이 계속 소화활동을 한다. 융모는 작은창자의 내부 표면적을 수천 배로 넓혀서 소화와 흡수를 돕는다. 융모에는 말타아제(maltase)와 펩티드분해효소(peptidase) 등이 묻혀 있다. 이 효소들이 각각 말토스와 펩티드를 분해하여 더 단순한 포도당과 아미노산으로 바꾸면 융모 속의 모세혈관이 이것을 흡수하여 간으로 나른다. 한편 이자효소가 지방을 소화해 만든 지방산과 모노글리세리드(monoglyceride)는 우선 모세림프관인 유미관으로 들어간 뒤 림프관이나 순환계통을 통해 간으로 이동한다.

이자효소

반쯤 소화된 산성 미즙이 샘창자에 다다르면, 창자벽이 호르몬을 분비하여 도착을 알린다. 그러면 이자액과 쓸개즙이 분비되어 같은 구멍을 통해 샘창자로 배출된다. 알칼리성 이자액에 든 지질분해효소(lipase), 아밀라아제, 단백분해효소(protease) 등 15종이 넘는 효소들은 다양한 음식 분자의 분해를 촉매한다. 한편 쓸개즙의 쓸개즙염(담즙산염, bile salt)은 큰 지방 분자를 유화시켜 작게 쪼개 표면적을 넓혀 지방분해효소 작동을 돕는다. 영양소들은 융모 표면으로 이동, 더 소화된 뒤 흡수된다.

지방분해효소
지방산
모노글리세리드

지방 분해
쓸개즙염으로 '처리된' 지방(트리글리세리드)에 이자액의 지방분해효소들이 작용해 자유 지방산과 모노글리세리드(글리세롤에 결합한 지방산)로 분해한다.

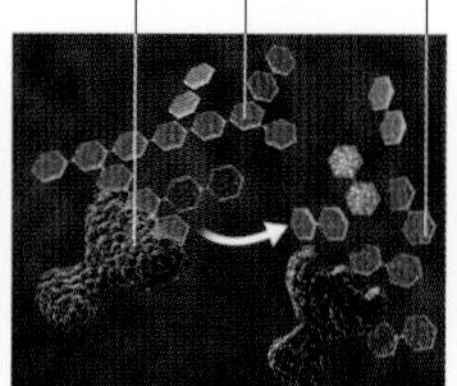
아밀라아제
녹말
말토스

탄수화물 분해
이자액의 아밀라아제는 녹말처럼 긴 복합탄수화물(complex carbohydrate)을 말토스(포도당 분자가 두 개 연결된 구조) 같은 이당류(disaccharide)로 분해한다.

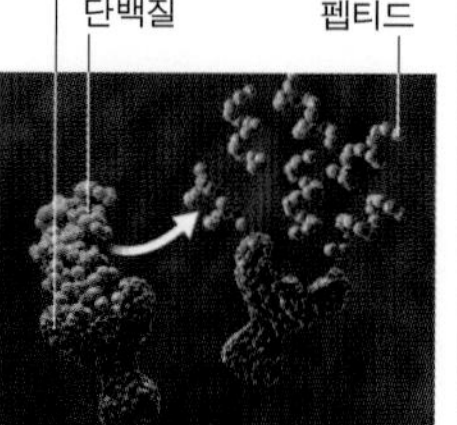
단백분해효소
단백질
펩티드

단백질 분해
이자액의 단백분해효소는 단백질을 펩티드라는 짧은 아미노산 사슬로 분해하고, 펩티드분해효소는 펩티드를 개별 아미노산으로 분해한다.

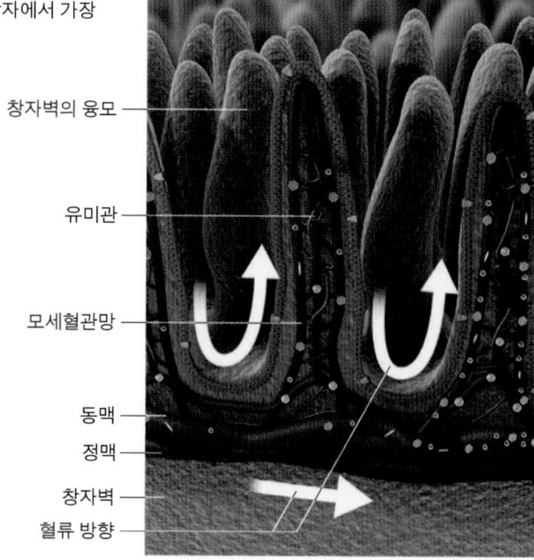
창자벽의 융모
유미관
모세혈관망
동맥
정맥
창자벽
혈류 방향

융모에서의 흡수
작은창자의 융모들은 흡수와 소화에 사용할 넓은 표면적을 제공한다. 왼쪽에서 오른쪽으로 갈수록 혈액 속 영양소가 더 많은 것을 볼 수 있다.

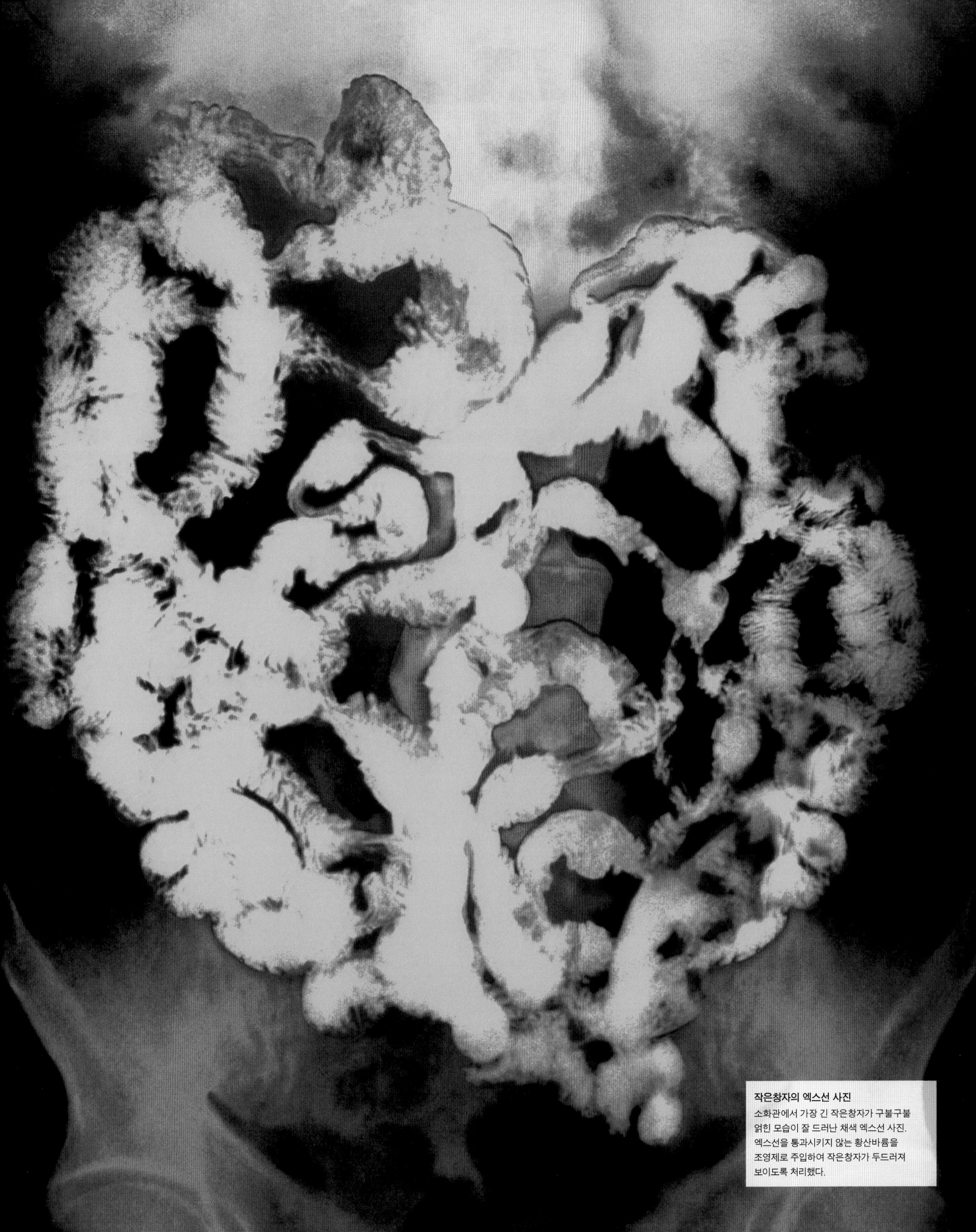

작은창자의 엑스선 사진

소화관에서 가장 긴 작은창자가 구불구불 얽힌 모습이 잘 드러난 채색 엑스선 사진. 엑스선을 통과시키지 않는 황산바륨을 조영제로 주입하여 작은창자가 두드러져 보이도록 처리했다.

간

간(liver)은 인체에서 가장 큰 내부 장기이다. 간은 갖가지 대사 및 조절 기능을 수행하여 혈액 조성을 일정하게 유지함으로써 항상성(homeostasis, 인체 내부의 환경 안정성)을 지킨다.

간의 기능

간이 붉다는 것만 보아도 역할이 짐작된다. 간은 다량의 혈액을 처리해 화학적 조성을 조절한다. 세포 파편을 제거하는 별큰포식세포(쿠퍼세포, Kupffer cell)도 있지만, 간 기능은 대부분 수십억 개의 간세포(hepatocyte)가 담당한다. 간의 일꾼인 간세포는 근처를 지나는 혈액에서 영양소 등을 붙잡아 저장한 뒤 대사에 쓰이도록 전달하거나 분해하고, 저장했던 분비물질이나 영양소를 혈액으로 내보낸다. 간이 소화에 직접 관여하는 일은 쓸개즙 생산뿐으로, 쓸개즙은 쓸개에 저장되었다가 샘창자로 배출된다. 일단 소화가 완료되면, 창자에서 온 영양소를 몽땅 간이 '가로채어' 처리한다.

간의 몇몇 기능

간은 쓸개즙을 만들고, 음식에서 온 탄수화물, 지방, 단백질의 대사를 제어하고, 무기질과 비타민을 저장한다. 그 밖에도 역할이 많다. 가령 혈장에 담겨 순환되는 다양한 단백질을 생산하고, 혈류에 든 약물 등 위험한 화학물질을 분해하고, 낡은 적혈구를 파괴하여 그 속의 철을 재활용하며(348쪽), 혈액에서 병원체와 세포 파편을 제거한다.

쓸개즙 생산
간세포는 초록색 쓸개즙을 하루에 최대 1리터씩 만든다. 쓸개즙에는 갖가지 쓸개즙염이 들어 있고, 빌리루빈(bilirubin, 혈색소가 분해되어 생기는 물질) 같은 노폐물도 담겨 있다. 노폐물은 대변으로 배출되고, 쓸개즙염은 샘창자에서 지방 소화를 도운 뒤 간으로 돌아와 다시 쓸개즙으로 배출된다.

단백질 합성
간은 소화된 음식이나 간세포에서 공급된 아미노산을 써서 대부분의 혈장단백질(plasma protein)을 합성한다. 혈액의 수분 평형을 유지하는 알부민(albumin), 지질(lipid)과 지용성 비타민을 운반하는 운반단백질(transport protein), 응혈에 관여하는 섬유소원 등이다.

호르몬 생산
인체의 화학적 전령인 호르몬은 표적 조직의 활동을 바꾸는 방식으로 작용한다. 효력을 다 발휘한 호르몬은 파괴된다. 그러지 않고 계속 효력을 발휘하면 제어가 불가능할지도 모르기 때문이다. 많은 호르몬이 간세포에서 파괴되며, 그 산물은 보통 콩팥을 통해 소변으로 방출된다.

열 생성
간세포에서는 늘 엄청나게 많은 대사과정이 진행되고 있으므로, 부산물로 상당한 열이 난다. 간과 작동 근육들이 내는 열은 혈액을 통해 온몸으로 퍼져 몸을 덥히고, 체온을 일정하게 유지한다.

구조와 혈액공급

간의 기능단위인 간세포들은 간소엽(lobule)이라는 질서정연한 기능단위를 이루어 배열되어 있다. 깨알만 한 간소엽 속에서 간세포들은 중심정맥(central vein)을 둘러싼 판들을 이루고 있다. 간은 특이하게 두 가지 경로로 혈액을 공급받는다. 간동맥(hepatic artery)이 나르는 고산소 혈액은 전체 혈액공급의 약 20퍼센트를 차지한다. 나머지는 간문맥(hepatic portal vein)이 나르는 저산소 혈액으로, 소화로 흡수한 영양소와 약물 등이 풍부하게 담긴 혈액이다. 두 혈액은 간소엽에서 섞이고, 간세포들을 스쳐 흐르면서 처리된다.

별큰포식세포
세균, 세포 파편, 낡은 적혈구를 혈액에서 제거한다.
간 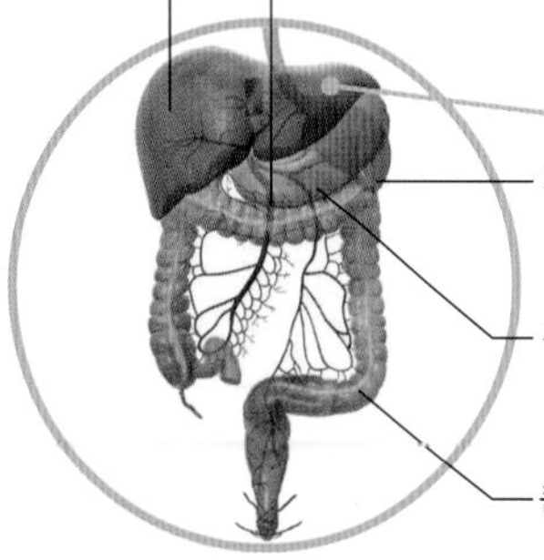
간문맥
지라
위
큰창자
중심정맥
간소엽의 겉
간소엽의 가로절단면
쓸개관
동맥
정맥

간문맥계통
문맥계통(portal system)은 양끝에 모세혈관망이 달린 혈관을 말한다. 위 그림에서는 창자와 위 등 소화기관에서 나온 정맥들이 하나로 모여 간문맥을 이룬 뒤 간으로 들어간다.

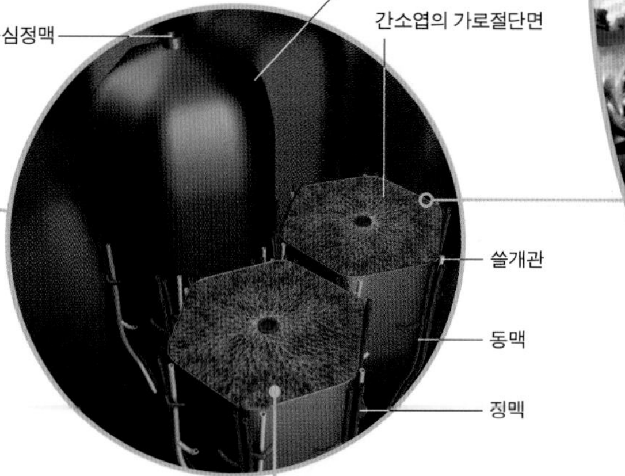

간소엽의 구조
작은 간소엽의 가로절단면은 육각형이다. 여섯 귀퉁이마다 미세한 정맥, 동맥, 쓸개관이 수직으로 나 있다. 이들은 간소엽으로 혈액을 운반하거나 간소엽으로부터 쓸개즙을 받아간다.

간소엽의 내부
혈액은 굴모세혈관(sinusoid)을 통해 간세포를 통과하여 중심정맥으로 들어간다. 쓸개즙은 반대 방향으로 흐른다.

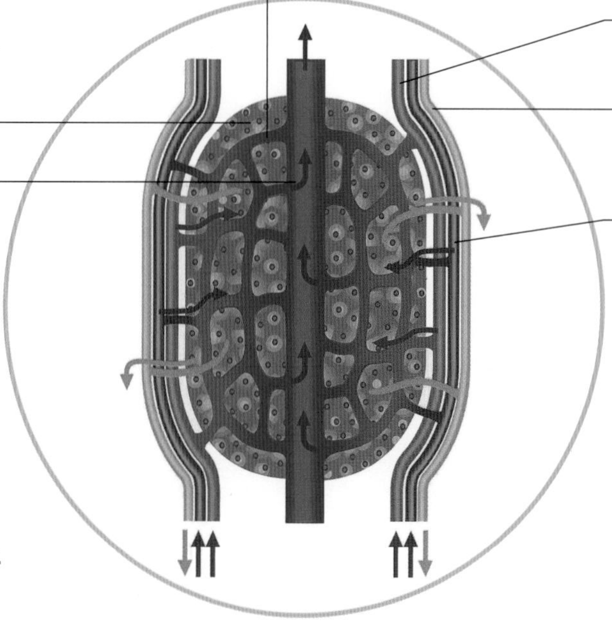

굴모세혈관
간문맥과 간동맥의 혈액을 받아들인다.
간세포
혈액을 처리하고 쓸개즙을 만든다.
중심정맥
처리된 혈액을 심장으로 돌려보낸다.
문맥의 가지
영양소가 풍부한 혈액을 간소엽에 공급한다.
쓸개관의 가지
간세포가 만든 쓸개즙을 밖으로 나른다.
간동맥의 가지
산소가 풍부한 혈액을 간소엽에 공급한다.
색깔 표시
영양소가 풍부한 혈액의 이동 방향
산소가 풍부한 혈액의 이동 방향
쓸개즙의 이동 방향

500

간은 500여 가지 화학적 기능을 수행한다.

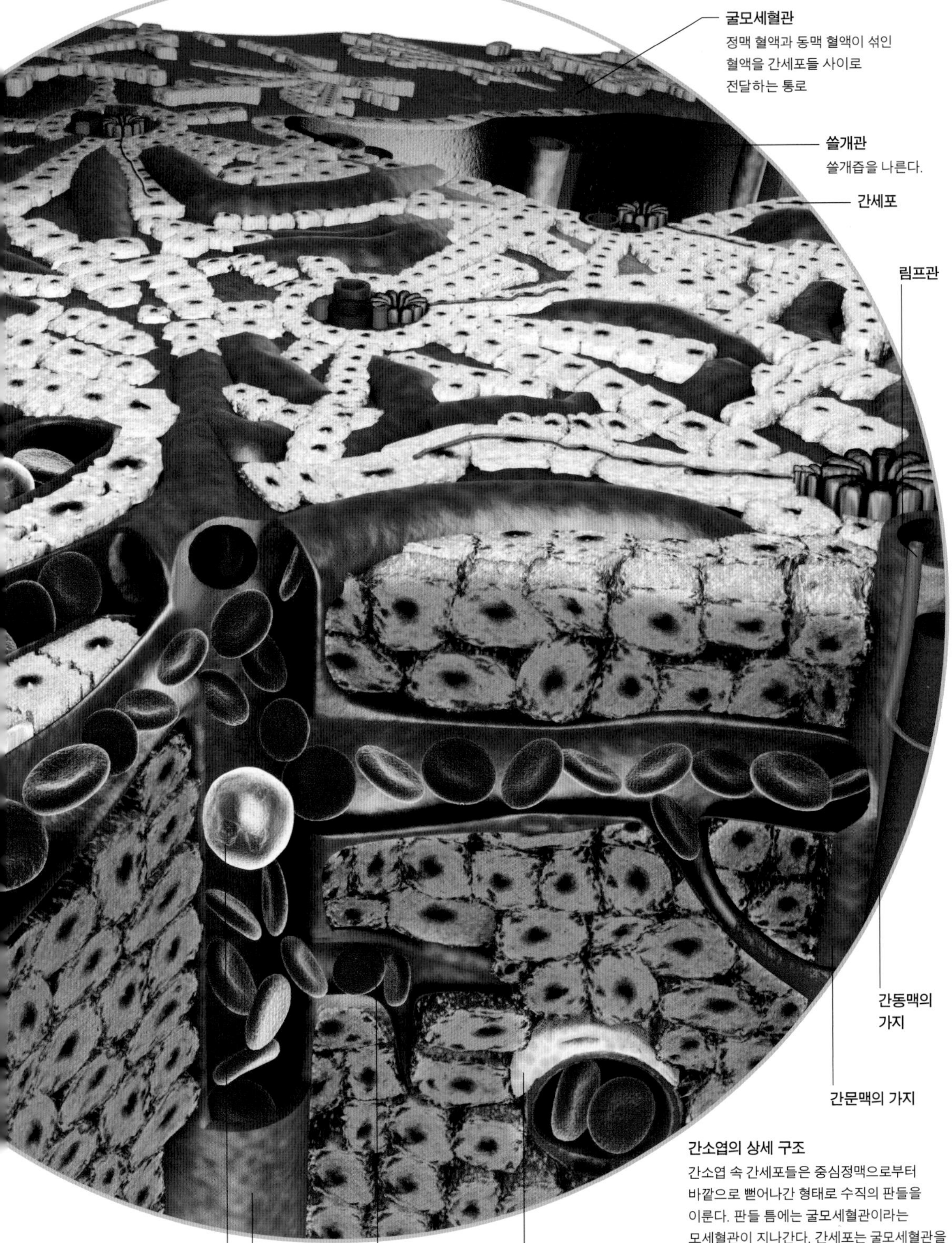

굴모세혈관
정맥 혈액과 동맥 혈액이 섞인 혈액을 간세포들 사이로 전달하는 통로

쓸개관
쓸개즙을 나른다.

간세포

림프관

간동맥의 가지

간문맥의 가지

간소엽의 상세 구조
간소엽 속 간세포들은 중심정맥으로부터 바깥으로 뻗어나간 형태로 수직의 판들을 이룬다. 판들 틈에는 굴모세혈관이라는 모세혈관이 지나간다. 간세포는 굴모세혈관을 흐르는 혈액에서 물질을 흡수하여 처리하고, 굴모세혈관으로 물질을 내놓는다.

별세포(stellate cell)
비타민 A를 저장한다.

백혈구
병원체를 파괴한다.

중심정맥
처리된 혈액을 굴모세혈관으로부터 받아들인다.

적혈구
산소를 나른다.

영양소 처리

포도당, 지방산, 아미노산 등 영양소가 소화되어 혈류로 들어가면, 간이 그것을 처리한다. 포도당은 인체의 주 연료이기 때문에 혈중 포도당 농도는 늘 일정하게 유지되어야 한다. 간세포는 포도당을 모은 뒤 혈중 포도당 농도가 높아지면 그것을 글리코겐(glycogen)으로 저장하고, 농도가 낮아지면 저장했던 것을 내놓는다. 잉여의 포도당을 지방으로 전환하기도 한다. 간은 또 지방산을 분해해 에너지를 낸다. 혹은 지방으로 저장하는데, 지질단백질(lipoprotein)이라는 꾸러미로 만들어 체세포와 주고받는다. 그리고 간은 잉여의 아미노산을 분해해 에너지를 내며, 아미노산 속의 질소는 노폐물인 요소로 변환해 소변으로 보낸다.

비타민과 무기질 저장

간은 여러 비타민을 보관했다가 필요할 때 배출한다. 특히 비타민 B_{12}와 지용성 비타민 A, D, E, K가 그렇다. 간은 비타민 A를 무려 2년치 저장할 수 있고, 비타민 D와 B_{12}를 4개월치 저장한다. 비타민은 여분이 많더라도 저장되기만 할 뿐 방출되지 않으므로, 비타민 보조제를 남용해서는 안 된다. 지용성 비타민이 지나치게 많으면 간이 손상되기 때문이다. 간은 또 혈색소 제작에 필요한 철을 저장하고(341쪽) 여러 대사반응에 관여하는 구리도 저장한다.

비타민 D 결정
간세포에 저장되는 비타민 중 하나는 비타민 D이다. 비타민 D는 작은창자가 칼슘을 정상적으로 흡수하는 데 꼭 필요한 비타민이다. 칼슘 이온은 뼈 형성을 비롯한 각종 기능들에 꼭 필요하다.

적혈구 제거

굴모세혈관의 내막에 있는 별큰포식세포들은 기능을 다한 적혈구를 파괴한다.(지라도 적혈구를 파괴한다.) 이때 적혈구의 혈색소 분자에 들어 있는 철을 수거해 간세포에 저장했다가 나중에 재활용한다. 혈색소 분자의 나머지 부분은 분해되어 빌리루빈이라는 쓸개즙 색소가 되고, 쓸개즙을 통해 방출된다.(왼쪽 참조) 별큰포식세포는 또 혈액에서 세균과 세포 파편을 제거하고 몇몇 독소들을 차단한다.

별큰포식세포
별큰포식세포(노란색)가 간세포들(갈색) 틈을 흐르는 혈액(푸른색)에서 낡은 적혈구(붉은색)를 '잡아먹는다'.

해독

약물을 섭취 혹은 주입하면 단기간은 몸에 좋겠지만, 그것이 장기간 혈류에 남아 있으면 해로울지도 모른다. 간은 약물, 세균의 독소, 인공 독소, 오염물질을 해독하는 중요한 역할을 맡는다. 간세포들은 그런 유해물질을 더 안전한 화합물로 바꾼 뒤 내보낸다. 그러나 알코올을 지나치게 섭취한 경우처럼 해독작용이 오랫동안 지나치게 많이 벌어진 경우에는 간에 섬유조직이 발달하여 제대로 기능하지 못하게 된다.

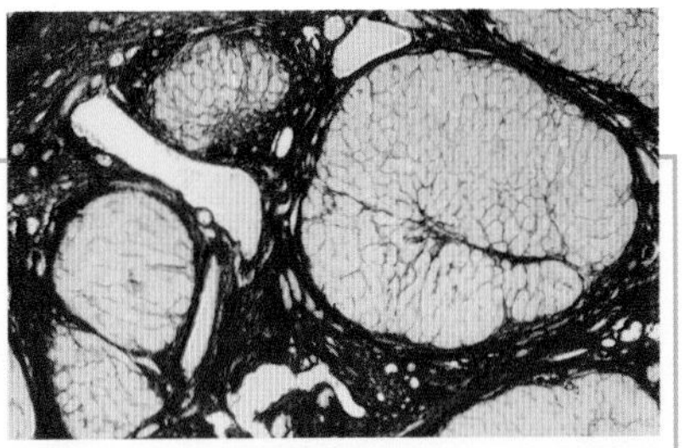

간경화
간경화(liver cirrhosis)에 걸린 알코올 중독자의 간 단면. 간소엽(흰색) 주변에 지나친 해독 활동으로 생긴 섬유성 흉터조직(붉은색)이 있다.

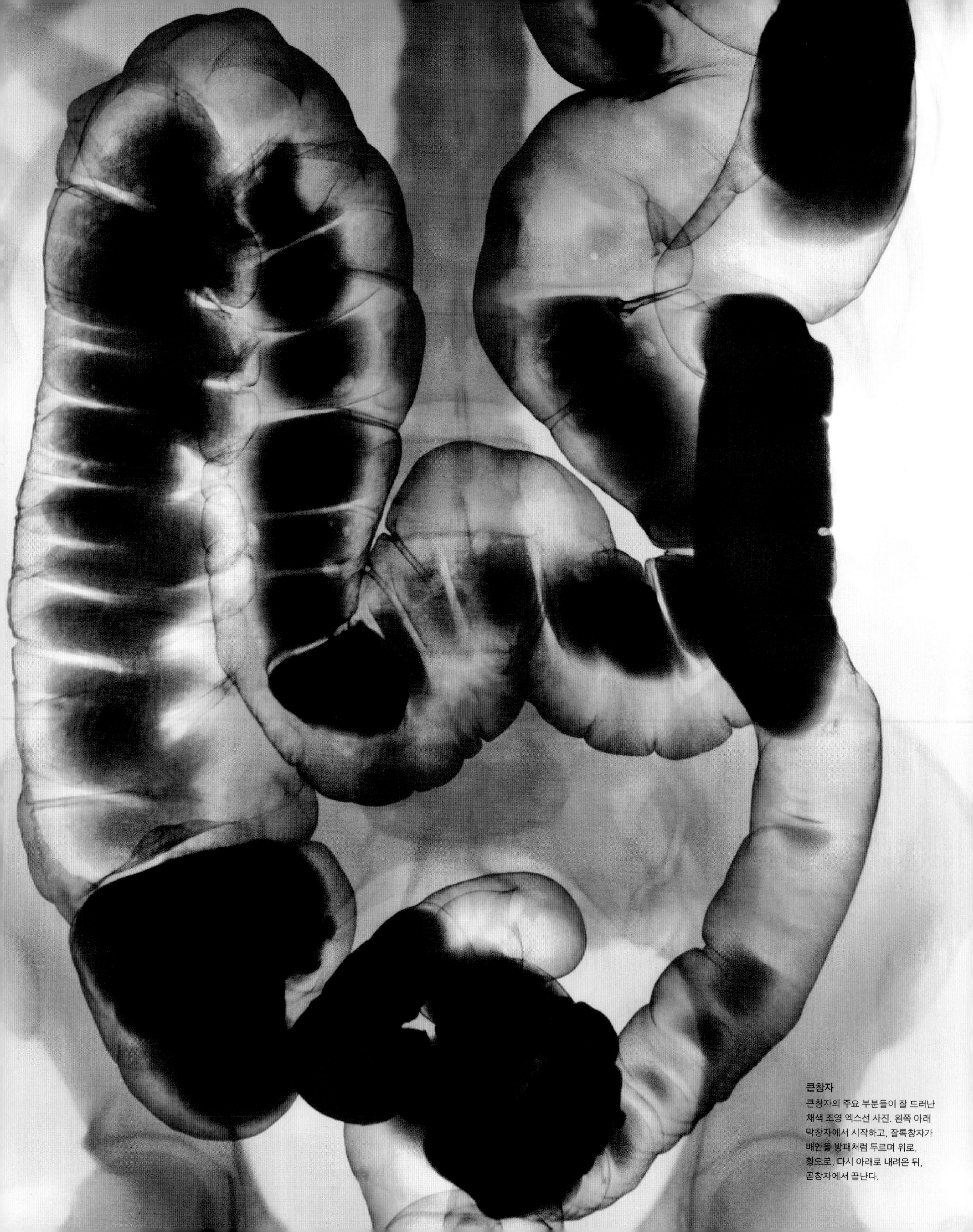

큰창자

큰창자의 주요 부분들이 잘 드러난 채색 조영 엑스선 사진. 왼쪽 아래 막창자에서 시작하고, 잘록창자가 배안을 방패처럼 두르며 위로, 횡으로, 다시 아래로 내려온 뒤, 곧창자에서 끝난다.

큰창자

소화관의 마지막 부분인 큰창자(대장)는 굵기가 작은창자의 두 배이지만, 길이는 4분의 1이다. 막창자, 잘록창자, 곧창자로 구성된 큰창자는 더 이상 소화되지 않는 노폐물을 처리해 대변으로 만든다.

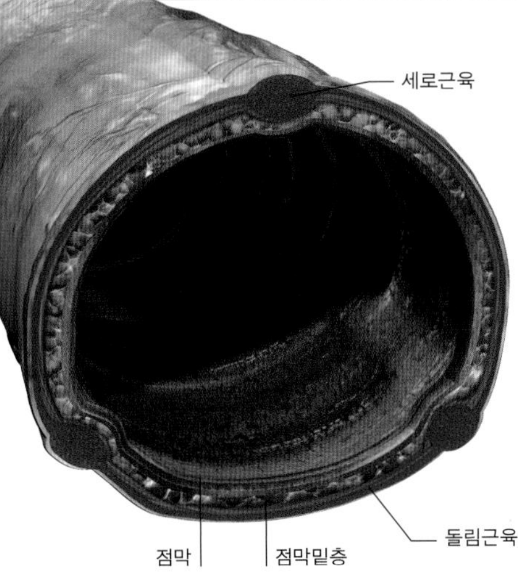
세로근육
점막
점막밑층
돌림근육

잘록창자와 곧창자의 기능

잘록창자(결장, colon)는 길이가 1.5미터로 큰창자에서 제일 길다. 잘록창자는 작은창자로부터 하루에 1.5리터씩 더 이상 소화되지 않는 물기 많은 노폐물을 받는다. 잘록창자의 주된 기능은 이것을 움직여 몸 밖으로 내보내는 동시에 점막을 통해 노폐물의 물과 염을 재흡수하는 것이다. 주로 나트륨과 염소 이온을 재흡수한다. 잘록창자가 물을 재흡수하기에 인체의 정상적인 수분 함량이 유지되어 탈수가 방지되고, 물기 많은 노폐물이 단단한 대변으로 바뀌어 이동과 처분이 쉬워진다. 대변에는 음식 찌꺼기 외에도 창자내막에서 떨어진 죽은 세포와 세균이 포함되어 있는데, 이것이 무게의 최대 50퍼센트를 차지한다. 잘록창자에 이어진 곧창자(직장, rectum)는 대변을 저장했다가 나중에 수축하며 밀어내 항문(anus)으로 보낸다.

잘록창자벽의 층들
창자운동을 일으키는 세로근육과 돌림근육 층들을 보여주는 단면도. 점막층은 점막을 분비해 대변이 매끄럽게 지나가도록 돕는다.

왜 그럴까?

충수는 왜 있을까?

벌레처럼 생긴 충수(막창자꼬리, appendix)는 막창자에서 튀어나온 주머니로 작은창자와 큰창자가 만나는 곳에 매달려 있다. 오랫동안 충수는 퇴화된 기관으로 여겨졌다. 선조에서는 기능이 있었으나 오늘날은 염증에 걸려 충수염(appendicitis)을 일으키는 것 외에 딱히 기능이 없는 기관이라고 보았다. 그러나 최근 연구에 따르면 충수에는 면역계통의 일부인 림프조직이 들어 있다. 더구나 '좋은' 세균들이 저장되어 있어서, 잘록창자의 균무리가 쓸려나가거나 파괴될 때 균무리 재구축을 돕는다.

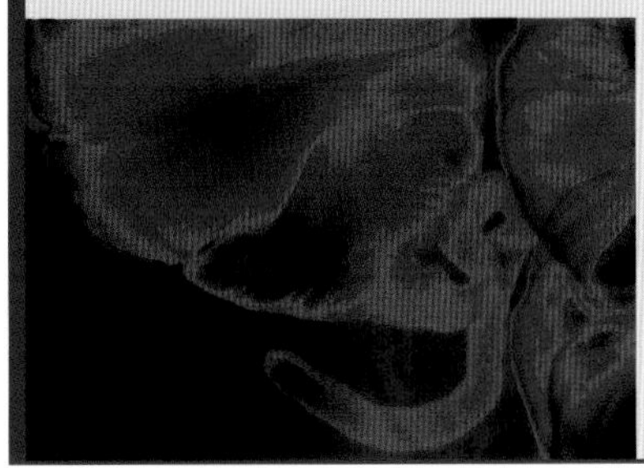

큰창자 운동

큰창자가 작은창자로부터 더 이상 소화되지 않는 노폐물을 받아 곧창자로 보내는 12~36시간 동안 분절운동(segmentation), 꿈틀운동, 덩이운동(mass movement)이라는 세 가지 큰창자 운동이 펼쳐진다. 돌림근육층과 세 줄의 세로근육띠들이 수축해 일으키는 운동이다. 큰창자 운동은 다른 소화관 운동보다 일반적으로 훨씬 더 느리고 짧기에, 물이 재흡수될 시간이 충분하다. 식단에 섬유소나 불소화식품(거친식품, roughage)이 많이 함유되어 있으면 잘록창자가 더 효과적으로 강하게 수축한다.

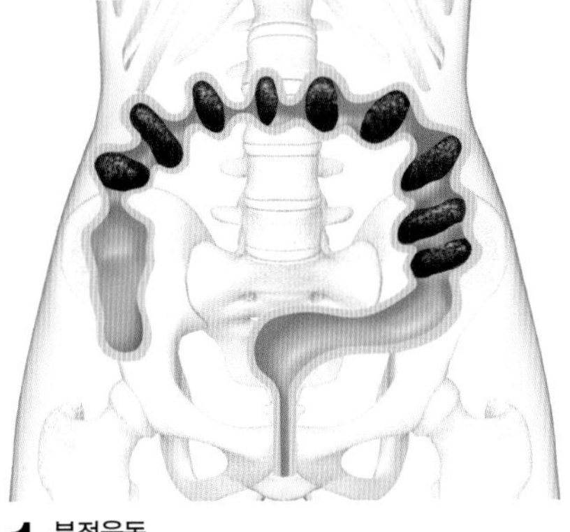

1 분절운동
세로근육띠들이 수축하면 잘록창자에 불룩한 주머니들이 잡힌다. 그래서 대변 물질이 잘 휘저어지고 섞이지만, 추진력은 거의 없다. 분절운동은 약 30분마다 한 번씩 벌어진다.

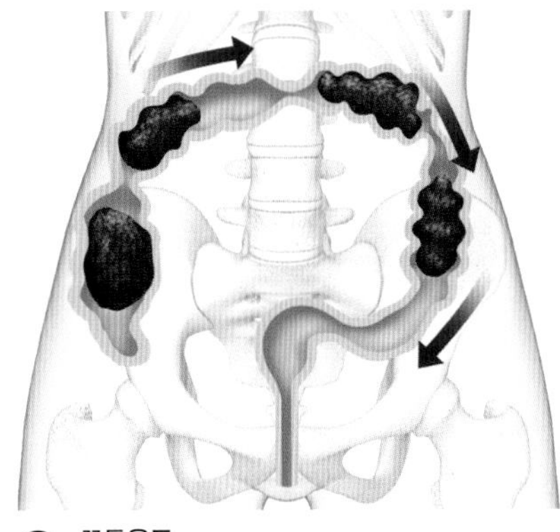

2 꿈틀운동
다른 소화관에서 벌어지는 꿈틀운동과 비슷한 수축이다. 근육의 수축과 이완이 잘록창자를 따라서 잔물결처럼 진행되어, 대변을 곧창자로 밀어낸다.

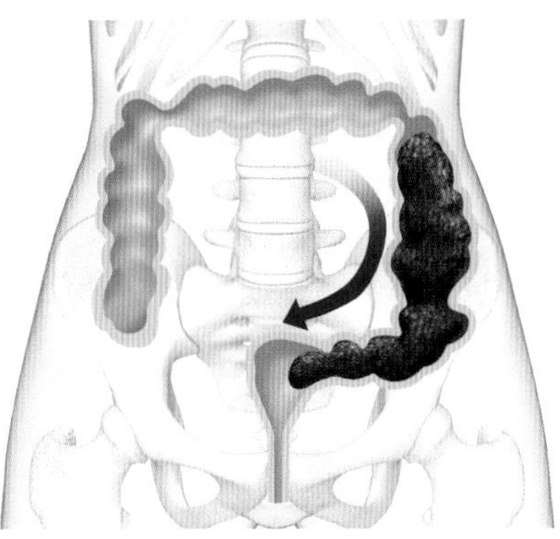

3 덩이운동
하루에 약 세 번, 위에 음식이 도착해 자극이 올 때마다 꿈틀운동과 비슷하되 느리고 강한 힘이 대변을 가로잘록창자(transverse colon)에서 내림잘록창자(descending colon)로 밀어 곧창자로 보낸다.

세균의 역할

잘록창자에는 미생물이 산다. 주로 세균인데, 이들을 창자균무리(장내세균총, gut flora)라고 부른다. 이들은 몸 다른 부위로 번지지 않는 이상 무해하다. 세균은 식물성 섬유 속의 셀룰로오스(cellulose)처럼 사람의 효소가 소화하지 못하는 영양소를 소화하여 지방산, 비타민 B군, 비타민 K를 내놓는데, 이것들은 잘록창자벽에서 흡수되어 인체에 쓰인다. 균무리는 또 기체 노폐물을 낸다. 수소, 메탄, 이산화탄소처럼 냄새가 없는 기체는 물론, 냄새가 있는 황화수소도 낸다. 큰창자의 세균은 병원균이 증식하지 못하게 막고, 병원체에 대한 항체 생산과 창자내막의 림프조직 형성을 촉진하여 면역계통을 돕는다.

배변

보통은 곧창자가 비어 있고, 불수의적으로 제어되는 속항문조임근(internal anal sphincter)과 수의적으로 제어되는 바깥항문조임근(external anal sphincter)이 수축해 항문을 닫아 둔 상태이다. 그러다가 덩이운동으로 대변이 넘어오면, 뻗침수용기(stretch receptor)들이 곧창자벽이 늘어난 것을 감지한다. 이 수용기에서 시작된 신호가 감각신경섬유를 타고 척수로 전달되면 배변반사(defecation reflex)가 시작된다. 이어서 척수가 운동신호를 보내어 속항문조임근을 이완시키고 곧창자벽을 수축시키면 곧창자 내부의 압력이 높아진다. 감각신호가 뇌에 도달하면 우리가 배변 욕구를 느낀다. 우리가 바깥항문조임근을 의식적으로 이완시키기로 하면, 열린 항문으로 대변이 빠져나간다.

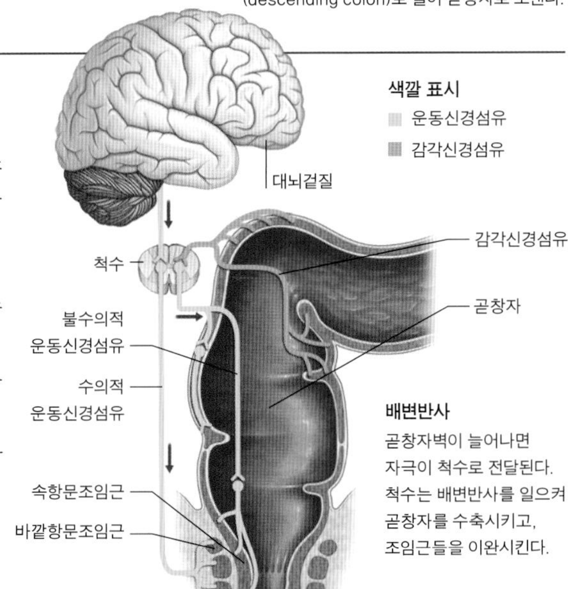
색깔 표시
운동신경섬유
감각신경섬유
대뇌겉질
척수
불수의적
운동신경섬유
수의적
운동신경섬유
속항문조임근
바깥항문조임근
감각신경섬유
곧창자

배변반사
곧창자벽이 늘어나면 자극이 척수로 전달된다. 척수는 배변반사를 일으켜 곧창자를 수축시키고, 조임근들을 이완시킨다.

영양과 대사

소화 과정에서는 다양한 종류의 단순한 영양소들이 생성된다. 이것이 대사(metabolism)의 원재료이다. 대사란 세포를 살아 있게 해 주는 갖가지 화학반응을 통틀어 부르는 말이다. 대부분의 영양소는 사용되기 전에 우선 간에서 처리되어야 한다.

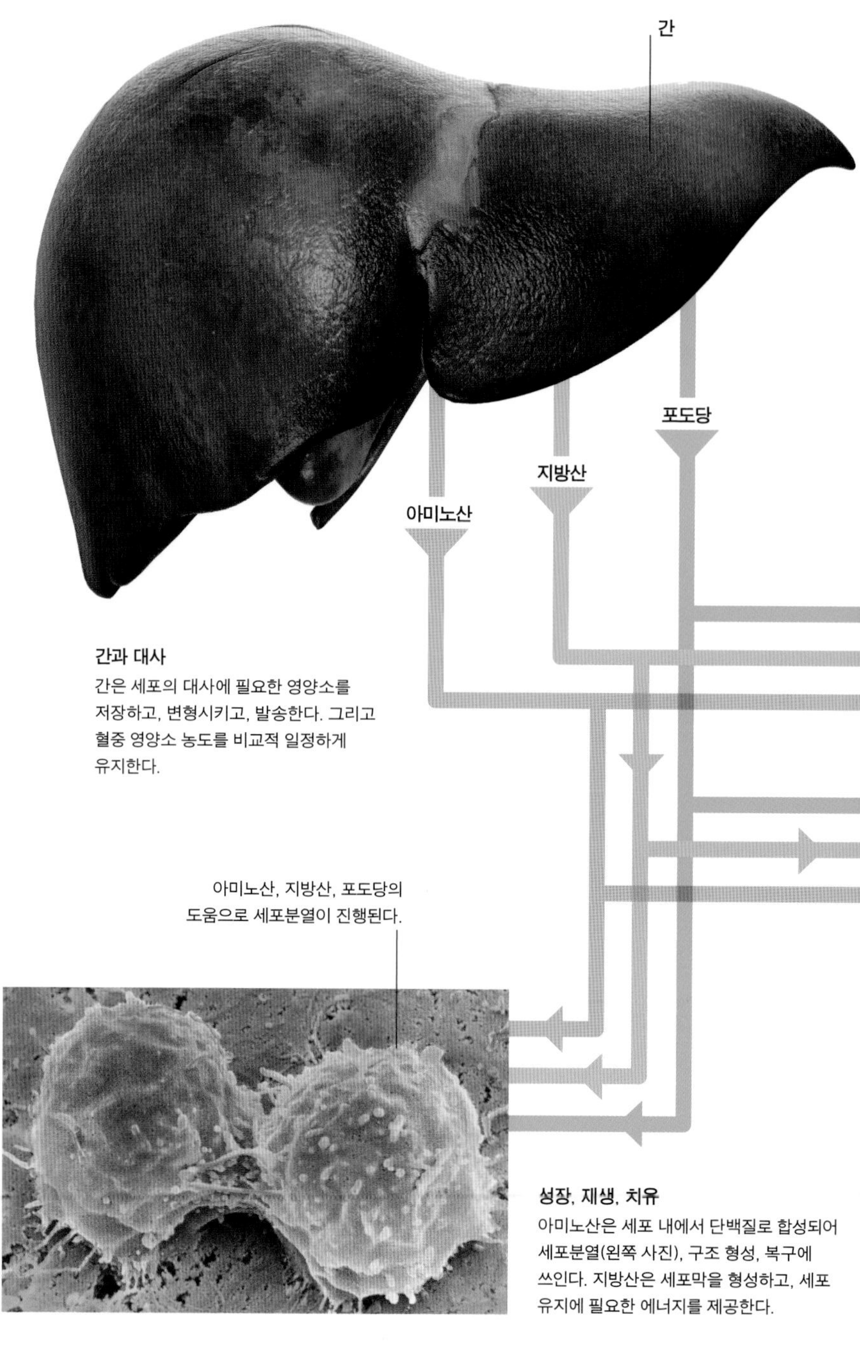
간
포도당
지방산
아미노산

간과 대사
간은 세포의 대사에 필요한 영양소를 저장하고, 변형시키고, 발송한다. 그리고 혈중 영양소 농도를 비교적 일정하게 유지한다.

아미노산, 지방산, 포도당의 도움으로 세포분열이 진행된다.

성장, 재생, 치유
아미노산은 세포 내에서 단백질로 합성되어 세포분열(왼쪽 사진), 구조 형성, 복구에 쓰인다. 지방산은 세포막을 형성하고, 세포 유지에 필요한 에너지를 제공한다.

영양소의 운명

소화 과정에서 효소가 분해한 복합탄수화물, 지방, 단백질은 각각 포도당, 지방산, 아미노산이 된다. 이 단순한 분자들, 그리고 비타민과 무기질이 인체의 영양소(nutrient)이다. 영양소는 인체에 에너지를 제공하고, 구조물질로 쓰이며, 효율적인 대사에 꼭 필요하다. 영양소는 작은창자에서 흡수된 뒤 대부분 간문맥을 통해 간으로 들어간다. 지방산은 림프계통을 통해 간으로 갔다가 혈액으로 들어간다. 간은 인체의 시급한 요구를 충족시키고 혈중 영양소 농도를 일정하게 유지하기 위해서 영양소의 일부를 저장하고, 일부를 분해하며, 또 일부는 체세포들이 바로 쓸 수 있도록 곧장 다른 곳으로 보낸다.

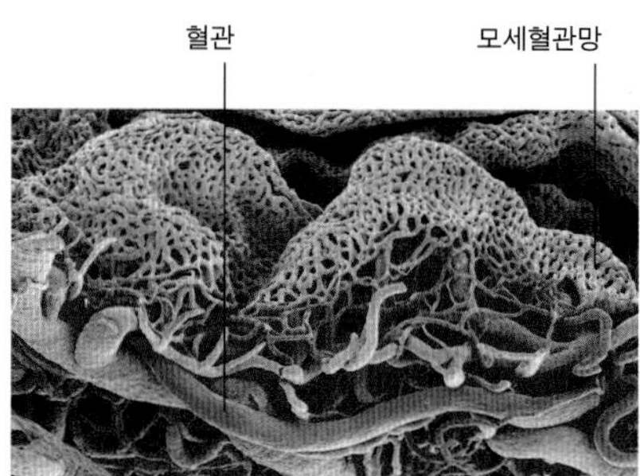
혈관
모세혈관망

작은창자의 혈관
작은창자벽에 분포한 미세한 모세혈관망이 갓 흡수된 영양소를 수거한다.

분해대사와 합성대사

모든 체세포 속에서는 늘 수천 가지 화학반응들이 벌어지는데, 대부분 효소가 촉매하는 반응이다. 인체의 대사는 이런 반응들로 이루어진다. 대사에는 긴밀하게 얽힌 두 요소가 있는데 분해대사(이화작용, catabolism)와 합성대사(동화작용, anabolism)이다. 분해대사는 복잡한 분자를 단순한 분자로 쪼개어 에너지를 내는 과정으로, 소화관에서 음식을 분해하는 것이 바로 분해반응이다. 합성대사는 분해대사의 반대로, 작은 분자들을 써서 큰 분자를 만드는 과정이다. 가령 아미노산들을 이어서 단백질을 만드는 것이다.

쪼개고 만들고
소화 과정에서 흡수된 포도당, 아미노산, 지방산 같은 영양소들은 대사 과정에서 더 분해되거나 쪼개진다.

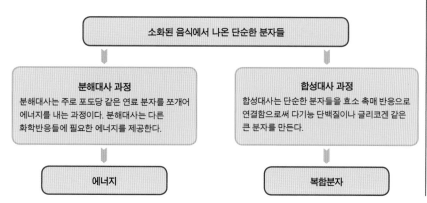

소화된 음식에서 나온 단순한 분자들

분해대사 과정
분해대사는 주로 포도당 같은 연료 분자를 쪼개어 에너지를 내는 과정이다. 분해대사는 다른 화학반응들에 필요한 에너지를 제공한다.

에너지

합성대사 과정
합성대사는 단순한 분자들을 효소 촉매 반응으로 연결함으로써 다기능 단백질이나 글리코겐 같은 큰 분자를 만든다.

복합분자

에너지 평형

아래의 표는 나이, 성별, 활동수준이 서로 다른 사람들에게 필요한 에너지량을 킬로칼로리(kcal)와 킬로줄(kJ)로 표시한 것이다. 필수 에너지량은 나이, 성별, 활동 수준에 따라 달라진다. 일례로 10대 소년은 몸이 쑥쑥 자라기 때문에 에너지가 많이 필요하다. 음식으로 섭취한 에너지는 소비한 에너지와 평형을 이뤄야 한다. 섭취한 에너지가 남으면 몸에 지방으로 저장되기 때문이다.

평균 일일 에너지 요구량

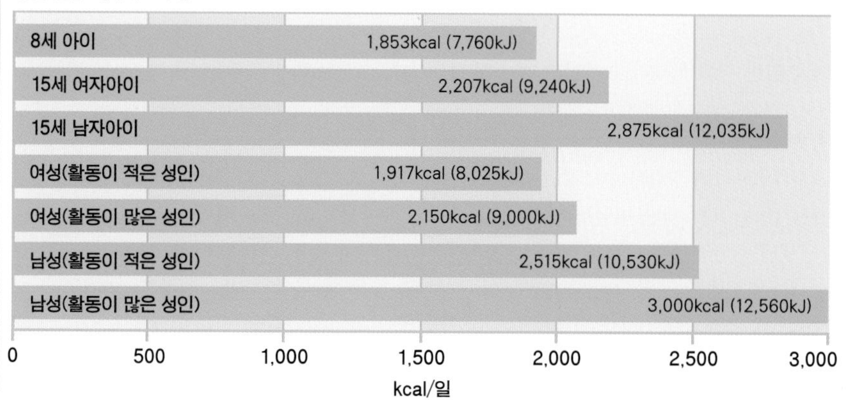
8세 아이 1,853kcal (7,760kJ)
15세 여자아이 2,207kcal (9,240kJ)
15세 남자아이 2,875kcal (12,035kJ)
여성(활동이 적은 성인) 1,917kcal (8,025kJ)
여성(활동이 많은 성인) 2,150kcal (9,000kJ)
남성(활동이 적은 성인) 2,515kcal (10,530kJ)
남성(활동이 많은 성인) 3,000kcal (12,560kJ)
0
500
1,000
1,500
2,000
2,500
3,000
kcal/일

인체가 음식을 활용하는 방법

포도당은 간으로 가서 간세포에게 쓰이거나 복합탄수화물인 글리코겐으로 바뀌어 저장된다(372~373쪽) 혹은 혈류에 남아, 체세포들에게 즉시 에너지를 제공하는 에너지 공급원으로 기능한다. 지방산도 간에 저장되거나, 간세포와 근육세포에게 에너지를 공급하거나, 세포 안팎의 막을 구축하는 데 쓰일 수 있다. 하지만 대부분의 지방산은 지방조직(체지방)으로 보내져 지방으로 저장됨으로써 에너지 저장과 단열에 쓰인다. 아미노산은 간으로 가서 간세포에 의해 분해되거나, 응혈에 관여하는 섬유소원 같은 혈장단백질을 제작하는 데 쓰인다. 하지만 대부분의 아미노산은 혈류에 남아, 온몸의 세포들이 성장과 유지에 필요한 다양한 단백질을 제작할 때 사용된다. 아미노산은 남는 양이 있어도 저장되지 않고, 간세포에서 포도당이나 지방산으로 전환된다.

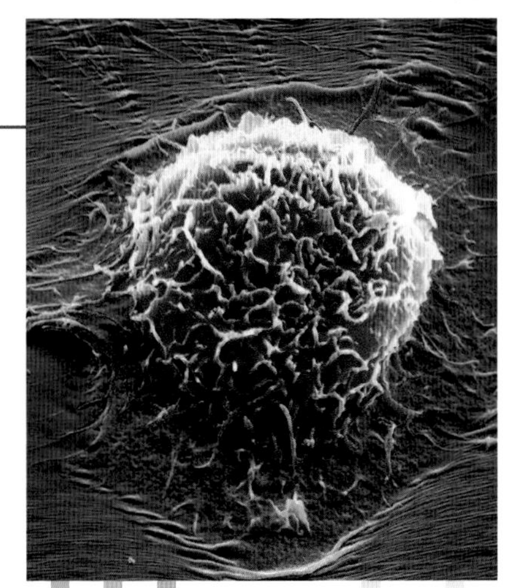

에너지 방출
사진에 보이는 피부세포도 여느 체세포처럼 에너지가 있어야 작동한다. 주 에너지 공급원은 포도당이지만, 근육섬유나 간세포는 지방산도 활용한다. 굶주리는 환경일 때는 아미노산도 쓴다.

색깔 표시
- 포도당이 간에서 나와 사용되는 과정
- 저장되었던 포도당이 배출되는 과정
- 지방산이 간에서 나와 저장되는 과정
- 저장되었던 지방산이 배출되는 과정
- 아미노산이 간에서 나와 사용되는 과정

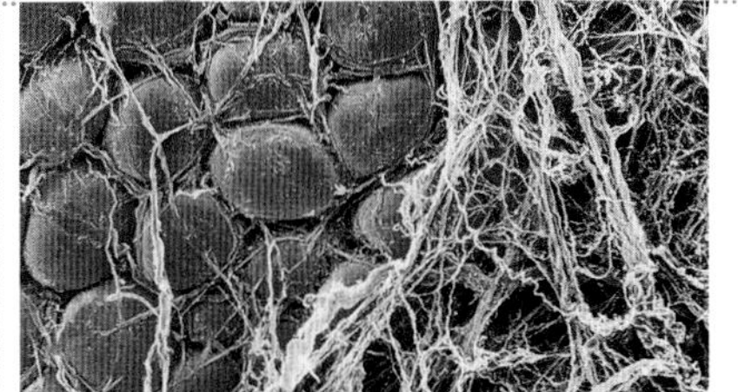

지방세포
에너지가 풍부한 지방산은 지방세포(fat cell) 속에 지방으로 저장되었다가, 필요할 때 혈류로 배출되어 일부 세포들에서 에너지원으로 쓰인다. 남아도는 포도당도 지방으로 전환된다.

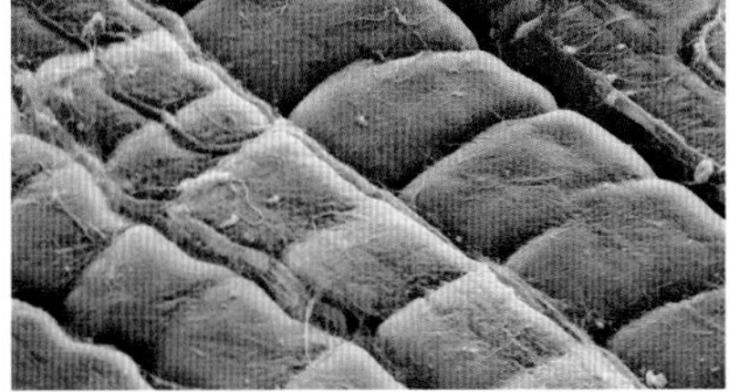

근육세포
근육세포도 간세포처럼 포도당을 글리코겐 형태로 저장할 수 있고, 나중에 근육이 수축할 때 저장했던 포도당을 방출해 에너지를 공급한다. 혹은 혈중 포도당 농도가 낮을 때 혈류로 방출한다.

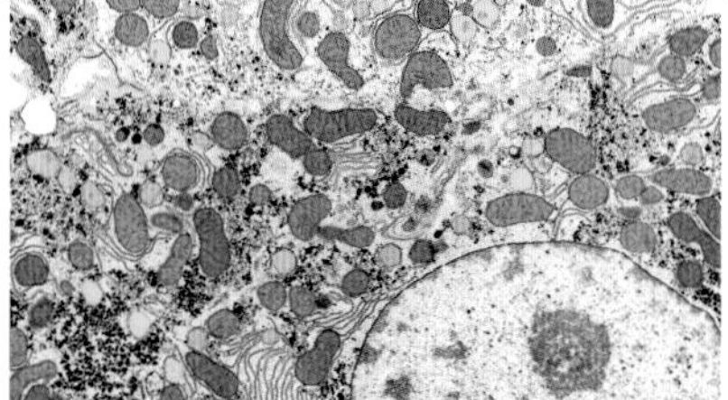

간세포
간세포는 남아도는 포도당을 글리코겐 과립(갈색)으로 바꾸어 내부에 저장했다가 필요에 따라 방출한다. 세포 기능에 필요한 에너지를 생산하는 사립체(초록색)가 많이 보인다.

비타민과 무기질

인체의 정상적인 기능에 꼭 필요한 대부분의 비타민과 모든 무기질은 음식에서만 얻을 수 있다. 유기물(탄소를 함유한 물질)인 비타민은 효소를 돕는 보조효소(조효소, co-enzyme)로 활동하여 대사를 제어한다. 비타민은 크게 지방에 녹느냐(A, D, E, K) 물에 녹느냐(B군, C)에 따라 나뉜다. 무기물인 무기질은 효소 기능이나 뼈 형성 등에 필요하다. 칼슘이나 마그네슘 등 일부 무기질은 많은 양이 필요하지만, 철이나 아연 등은 아주 조금만 필요하다.

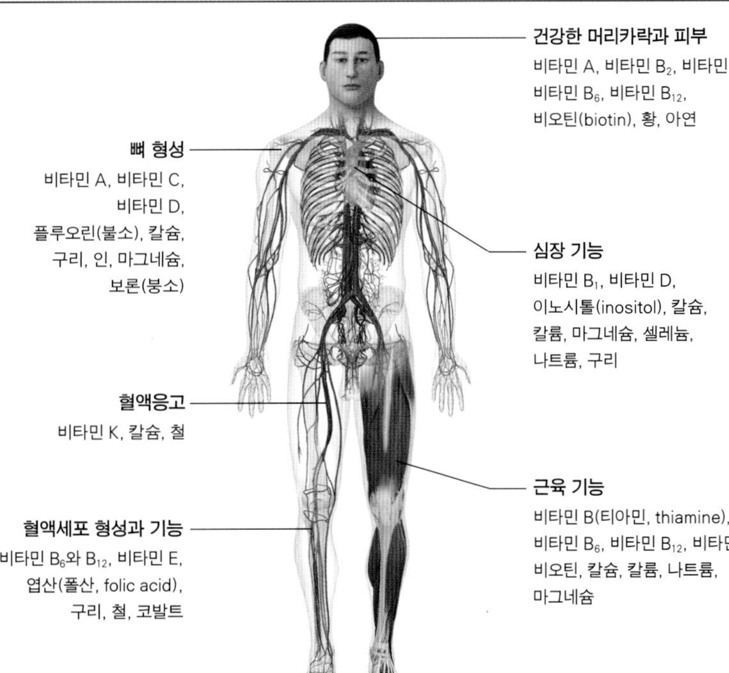
건강한 머리카락과 피부
비타민 A, 비타민 B_2, 비타민 B_3, 비타민 B_6, 비타민 B_{12}, 비오틴(biotin), 황, 아연
뼈 형성
비타민 A, 비타민 C, 비타민 D, 플루오린(불소), 칼슘, 구리, 인, 마그네슘, 보론(붕소)
심장 기능
비타민 B_1, 비타민 D, 이노시톨(inositol), 칼슘, 칼륨, 마그네슘, 셀레늄, 나트륨, 구리
혈액응고
비타민 K, 칼슘, 철
근육 기능
비타민 B(티아민, thiamine), 비타민 B_6, 비타민 B_{12}, 비타민 E, 비오틴, 칼슘, 칼륨, 나트륨, 마그네슘
혈액세포 형성과 기능
비타민 B_6와 B_{12}, 비타민 E, 엽산(폴산, folic acid), 구리, 철, 코발트

비타민과 무기질의 사용
비타민과 무기질이 수행하는 핵심적인 몇몇 역할을 보여주는 그림이다. 식단에 특정 비타민이나 무기질이 지속적으로 부족하면 인체 기능이 훼손되어 결핍병(deficiency disease)에 걸린다.

왜 그럴까?
왜 배가 고플까?

배고픔은 뇌의 시상하부가 일으키는 감각이다. 우리는 배고픔을 느끼면 먹고 싶어진다. 이 감각은 다양한 호르몬 자극을 비롯하여 인체의 갖가지 신호들에 대한 반응이다. 가령 텅 빈 위는 그렐린(ghrelin)이라는 호르몬을 분비해 시상하부의 일부를 자극함으로써 허기를 느끼게 만든다. 반면에 인체에 축적된 지방이 식사 후 배출하는 호르몬 렙틴(leptin)은 시상하부로 하여금 허기를 억제하고 포만감(satiety)을 느끼도록 만든다.

시상하부

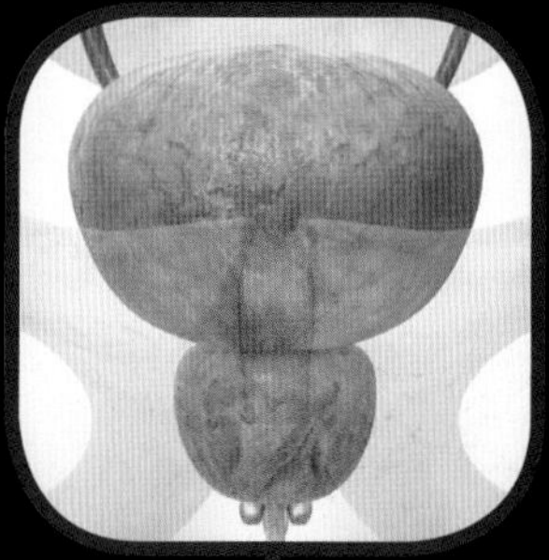

콩팥

강낭콩처럼 생긴 이 장기는 25분마다 한 번씩 몸속의 혈액 전체를 여과하고 청소한다. 이때 생긴 노폐물은 소변으로 방출된다.

방광

방광은 탄력적인 근육 주머니이다. 소변이 채워지면 방광이 늘어나 확장되고, 배뇨(urination)할 때는 방광벽의 근육들이 수축한다.

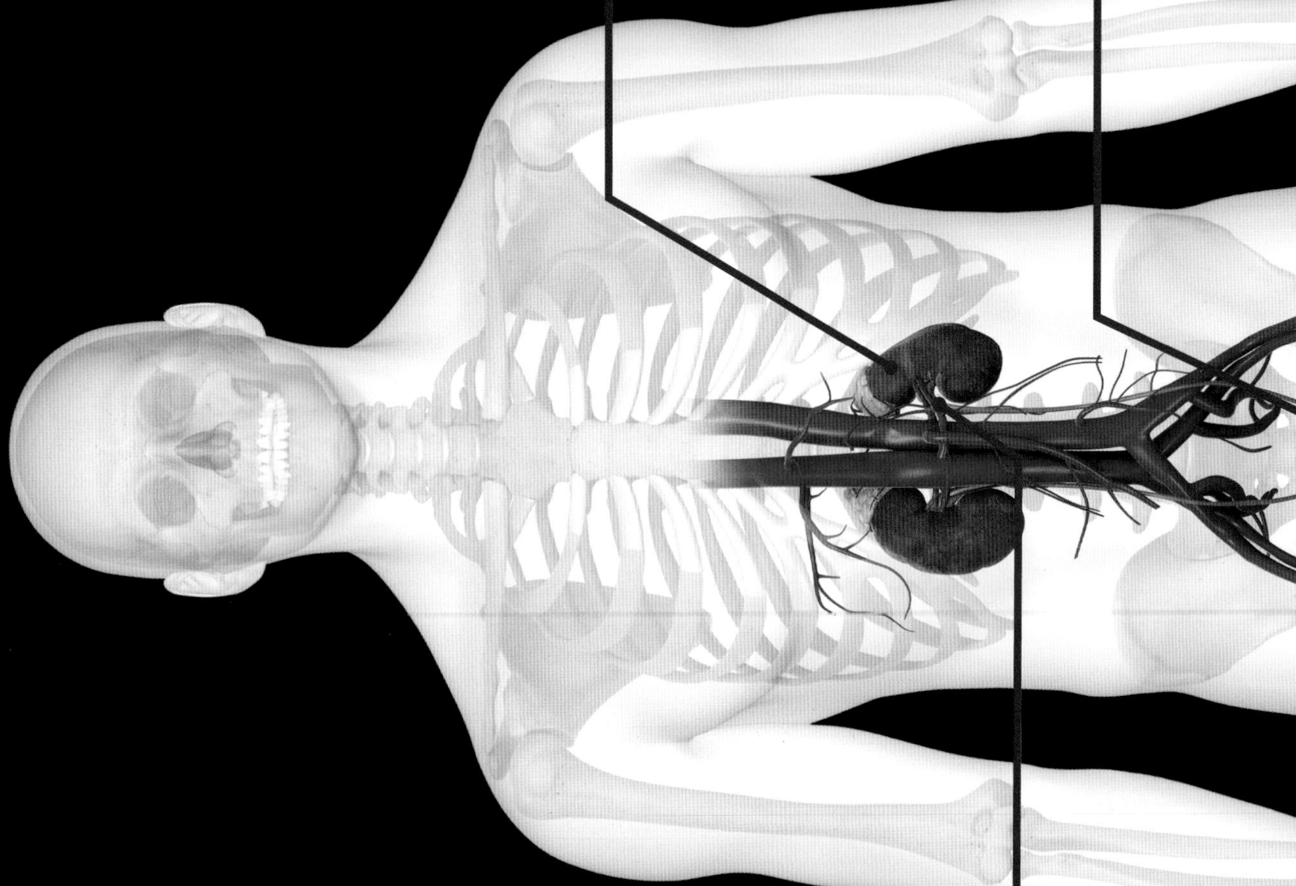

요관

콩팥에서 방광까지 소변을 나르는 관이다. 소변을 잠시 저장하기도 한다.

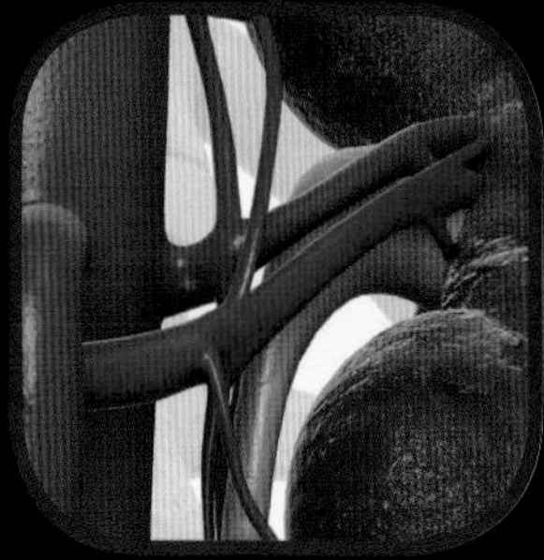

비뇨계통

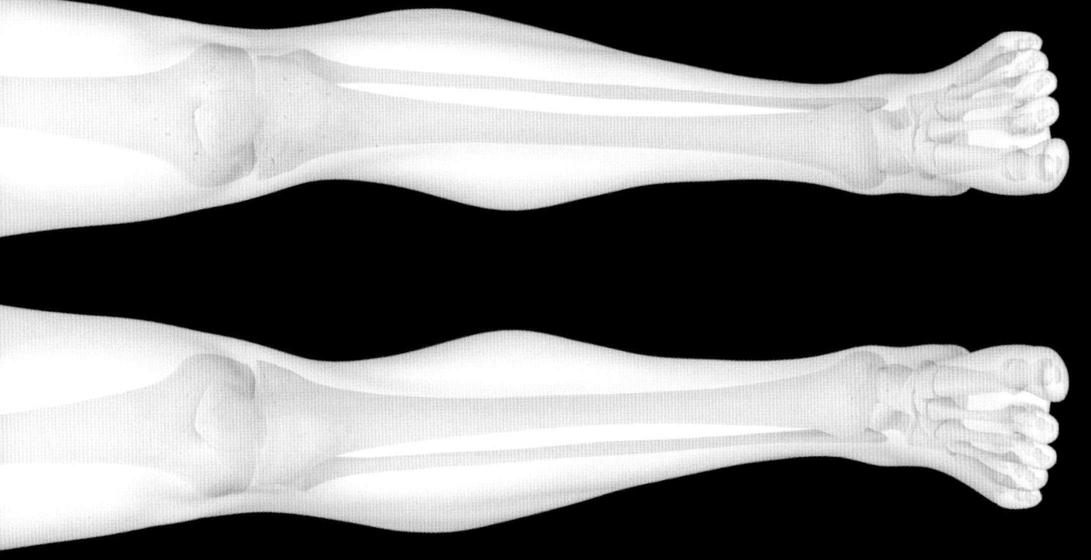

비뇨계통(urinary system)은 체세포에서 생성된 노폐물을 제거하고 인체의 화학적 평형을 유지한다. 콩팥은 혈액을 걸러 독소와 잉여 물질을 제거한 뒤, 그것을 소변으로 내보낸다.

콩팥의 기능

비뇨계통은 체액과 화학적 조성을 평형 상태로 유지하고 혈액을 해독하는 데 중요한 역할을 한다. 콩팥(신장, kidney)은 체액 평형을 통제하고, 혈액을 '헹궈' 노폐물과 독소를 제거하며, 혈액의 산도(pH)를 조절한다. 콩팥은 호르몬을 만드는 기능도 한다.

콩팥의 내부

콩팥 겉질(cortex, 바깥층)에 백만 개쯤 든 콩팥단위(nephron)는 여과의 기능단위로, 각각 토리(사구체, glomerulus) 하나와 콩팥세관(tubule) 하나로 이뤄진다. 보우만주머니(Bowman's capsule), 즉 토리주머니가 모세혈관망을 감싸고, 돌돌 말린 콩팥세관이 토리에 연결되어 있다. 이것들이 매일 180리터씩 혈장을 여과하고, 여과된 액체에서 물과 귀한 화합물들을 대부분 재흡수해 최종 산물로 소변을 1~2리터 생성한다. 콩팥단위의 고리는 속질(콩팥의 안쪽) 깊숙한 곳까지 들어가 소변의 염분과 수분 함량을 제어한다. 전체 콩팥단위의 약 85퍼센트는 고리가 짧은 겉질콩팥단위(cortical nephron)이고, 나머지는 고리가 긴 속질곁콩팥단위(juxtamedullary nephron)이다. 콩팥단위에서 나온 유출액은 집합관(collecting duct)을 통해 콩팥깔때기(renal pelvis)로 가고, 다시 요도(ureter)와 방광으로 흘러가서 소변으로 방출된다.(405쪽)

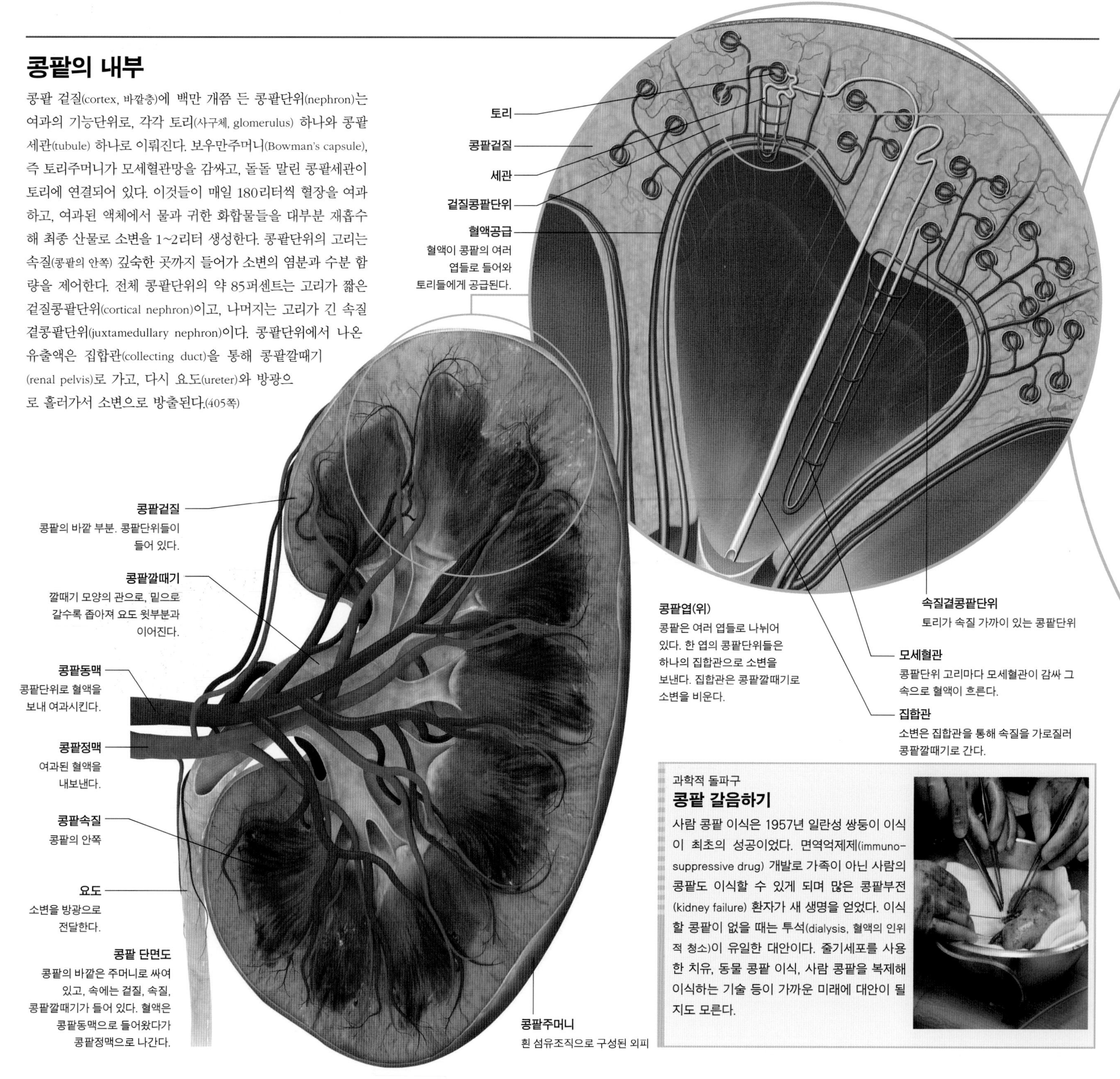
토리
콩팥겉질
세관
겉질콩팥단위
혈액공급
혈액이 콩팥의 여러 엽들로 들어와 토리들에게 공급된다.
콩팥엽(위)
콩팥은 여러 엽들로 나뉘어 있다. 한 엽의 콩팥단위들은 하나의 집합관으로 소변을 보낸다. 집합관은 콩팥깔때기로 소변을 비운다.
속질곁콩팥단위
토리가 속질 가까이 있는 콩팥단위
모세혈관
콩팥단위 고리마다 모세혈관이 감싸 그 속으로 혈액이 흐른다.
집합관
소변은 집합관을 통해 속질을 가로질러 콩팥깔때기로 간다.
콩팥겉질
콩팥의 바깥 부분. 콩팥단위들이 들어 있다.
콩팥깔때기
깔때기 모양의 관으로, 밑으로 갈수록 좁아져 요도 윗부분과 이어진다.
콩팥동맥
콩팥단위로 혈액을 보내 여과시킨다.
콩팥정맥
여과된 혈액을 내보낸다.
콩팥속질
콩팥의 안쪽
요도
소변을 방광으로 전달한다.
콩팥주머니
흰 섬유조직으로 구성된 외피

콩팥 단면도
콩팥의 바깥은 주머니로 싸여 있고, 속에는 겉질, 속질, 콩팥깔때기가 들어 있다. 혈액은 콩팥동맥으로 들어왔다가 콩팥정맥으로 나간다.

과학적 돌파구

콩팥 갈음하기

사람 콩팥 이식은 1957년 일란성 쌍둥이 이식이 최초의 성공이었다. 면역억제제(immuno-suppressive drug) 개발로 가족이 아닌 사람의 콩팥도 이식할 수 있게 되며 많은 콩팥부전(kidney failure) 환자가 새 생명을 얻었다. 이식할 콩팥이 없을 때는 투석(dialysis, 혈액의 인위적 청소)이 유일한 대안이다. 줄기세포를 사용한 치유, 동물 콩팥 이식, 사람 콩팥을 복제해 이식하는 기술 등이 가까운 미래에 대안이 될지도 모른다.

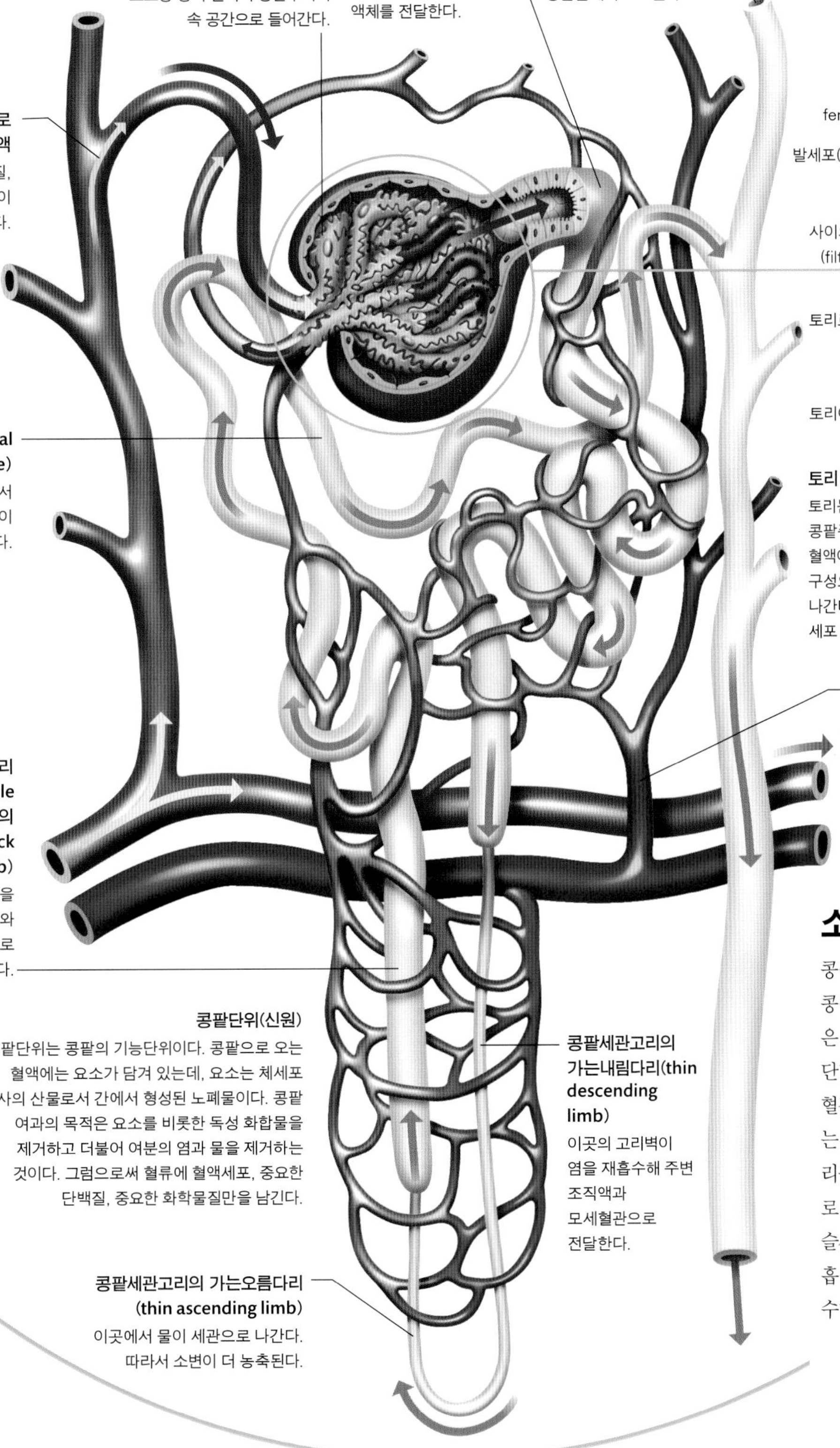

토리(사구체)
이곳에서 염, 물에 녹은 요소, 포도당 등이 걸러져 콩팥주머니 속 공간으로 들어간다.

토리쪽곱슬세관(proximal convoluted tubule)
토리에서 나온 액체를 전달한다.

집합관
많은 콩팥단위가 내놓은 소변을 모아 콩팥깔때기로 보낸다.

콩팥단위로 들어가는 혈액
포도당, 염, 단백질, 요소를 함유한 혈액이 콩팥단위로 들어간다.

먼쪽곱슬세관(distal convoluted tubule)
이곳과 집합관에서 소변의 수분 함량이 미세하게 조절된다.

콩팥세관고리(헨레고리, Henle loop)의 굵은오름다리(thick ascending limb)
이곳의 고리벽이 염을 재흡수해 주변 액체와 모세혈관으로 전달한다.

여과되어 콩팥단위를 나가는 혈액
여과를 마친 혈액은 콩팥단위를 벗어나 콩팥정맥으로 합류한다.

콩팥단위(신원)
콩팥단위는 콩팥의 기능단위이다. 콩팥으로 오는 혈액에는 요소가 담겨 있는데, 요소는 체세포 대사의 산물로서 간에서 형성된 노폐물이다. 콩팥 여과의 목적은 요소를 비롯한 독성 화합물을 제거하고 더불어 여분의 염과 물을 제거하는 것이다. 그럼으로써 혈류에 혈액세포, 중요한 단백질, 중요한 화학물질만을 남긴다.

콩팥세관고리의 가는내림다리(thin descending limb)
이곳의 고리벽이 염을 재흡수해 주변 조직액과 모세혈관으로 전달한다.

콩팥세관고리의 가는오름다리(thin ascending limb)
이곳에서 물이 세관으로 나간다. 따라서 소변이 더 농축된다.

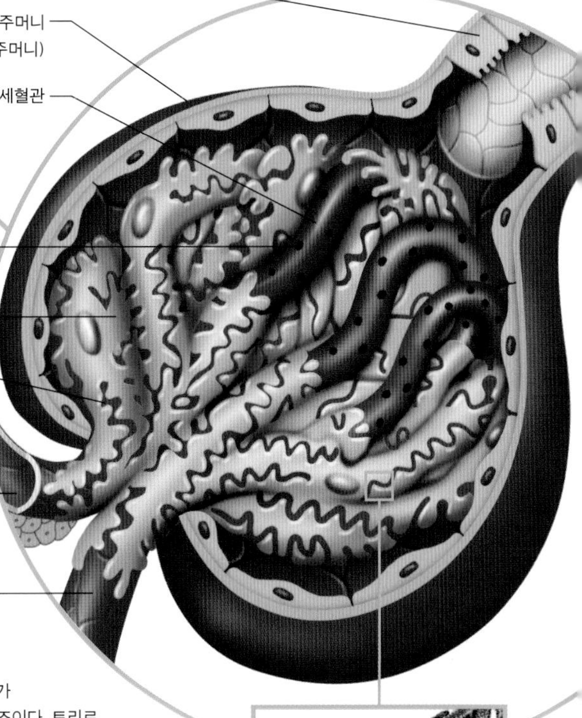

토리쪽곱슬세관

콩팥주머니(보우만주머니)

토리모세혈관

창(구멍, fenestration)

발세포(podocyte)

발세포들 사이의 여과틈새(filtration slit)

토리로 들어가는 들세동맥

토리에서 나오는 날세동맥

토리
토리는 모세혈관 덩어리가 콩팥주머니에 감싸인 구조이다. 토리로 혈액이 들어오면, 높은 압력 때문에 혈액의 구성요소 중에서 액체만 여과틈새로 빠져나간다. 따라서 콩팥요세관(renal tubule)에는 세포 성분이 없는 액체만 수집된다.

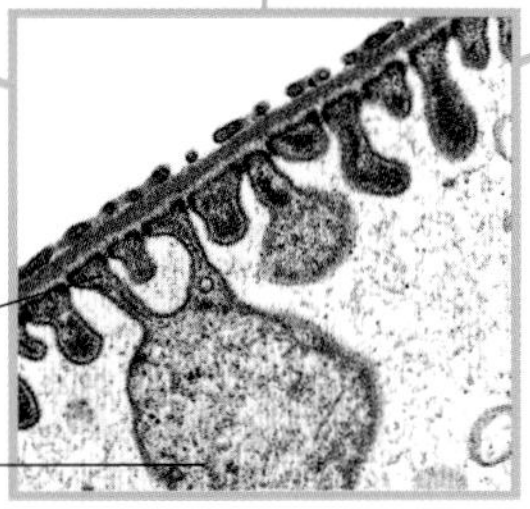

발돌기(세포발, foot process)

발세포

토리의 단면
발세포에서 튀어나온 발돌기가 토리모세혈관을 감싼다. 발돌기들 사이에 여과틈새가 있다.

소변이 만들어지는 과정

콩팥단위마다 하나씩 들어 있는 토리는 공처럼 뭉쳐진 모세혈관 덩어리로서 콩팥동맥으로부터 압력이 높은 혈액을 공급받는다. 압력을 받은 혈액은 체 같은 막을 통해 비어져 나가는데, 물이나 작은 분자는 통과할 수 있지만 세포나 단백질은 크기 때문에 혈액에 남는다. 콩팥주머니 속 토리는 이렇게 여과한 혈장을 토리쪽곱슬세관으로 흘려보낸다. 이 세관은 속질 깊숙이 파고 들어가는 구불구불한 고리 모양 관(콩팥세관고리, 혹은 헨레고리)의 첫 부분이다. 세관고리는 다시 표면으로 올라와서 먼쪽곱슬세관으로 이어지고, 이것은 집합관으로 이어져 주변 콩팥단위들이 내보낸 여과액을 집합관으로 비운다. 토리쪽곱슬세관은 포도당을 재흡수해 혈류로 돌려보내고, 세관고리는 물을 대부분 재흡수하여 주변 모세혈관으로 돌려보내며, 먼쪽곱슬세관은 염을 대부분 재흡수한다. 남는 것은 요소를 비롯한 노폐물이 들어 있는 농축된 소변뿐이다.

1,700

콩팥은 24시간마다 1,700리터씩 혈액을 받아들인다.

소변의 구성성분 함량
물, 요소, 기타 노폐물이 소변의 주된 구성성분이다. 정확한 함량은 액체와 염의 섭취량, 환경 조건, 건강 상태에 따라 달라진다.

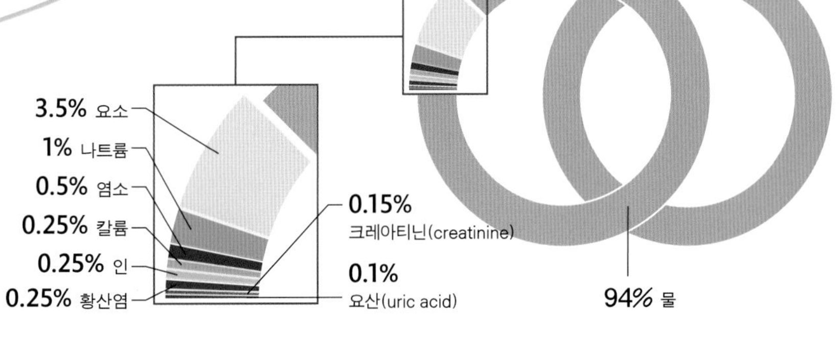
3.5% 요소
1% 나트륨
0.5% 염소
0.25% 칼륨
0.25% 인
0.25% 황산염
0.15% 크레아티닌(creatinine)
0.1% 요산(uric acid)
94% 물

방광 조절

방광은 팽창하여 소변을 저장했다가 수축하여 소변을 내보내는 근육 주머니이다. 우리는 자연적 배뇨를 참는 능력, 즉 배뇨자제(urinary continence)를 어릴 때 익힌다. 골반바닥(pelvic floor)이나 골반바닥 신경이 손상되면 배뇨자제가 어려울 수 있다.

방광 속면
빈 방광의 속면에 잡힌 주름을 보여 주는 채색 현미경 사진. 방광은 차면 팽창하고, 비면 수축한다.

소변 방출

요관벽의 근육들이 파도처럼 수축해 소변을 콩팥에서 방광으로 밀어낸다. 소변이 방광에 들어가는 지점에는 판막이 있어, 요관으로의 역류를 막는다. 미생물이 요관을 타고 올라가 콩팥을 감염시키지 못하게 막는 것도 중요하다. 방광 출구에는 소변이 요도로 흘러내리는 것을 막는 조임근이 2개 있다. 방광목에 있는 속조임근은 자동으로 열리고 닫히는 반면, 그보다 더 밑에 있는 바깥조임근은 수의적으로 제어된다. 방광이 비었을 때는 방광벽의 배뇨근(detrusor muscle)은 이완하고 두 조임근은 닫힌 상태이다. 방광이 차면 벽이 점점 늘어나 얇아지고, 배뇨근에 반사적으로 미세한 수축이 일어나 배뇨 욕구를 일으킨다. 우리는 적절한 시기가 될 때까지 바깥조임근을 닫아 둠으로써 욕구에 저항한다. 마침내 배뇨하기 알맞은 시점이 되면, 우리가 바깥조임근과 골반바닥근육을 의도적으로 이완시키고 배뇨근을 수축시켜 소변을 방광 밖으로 밀어낸다.

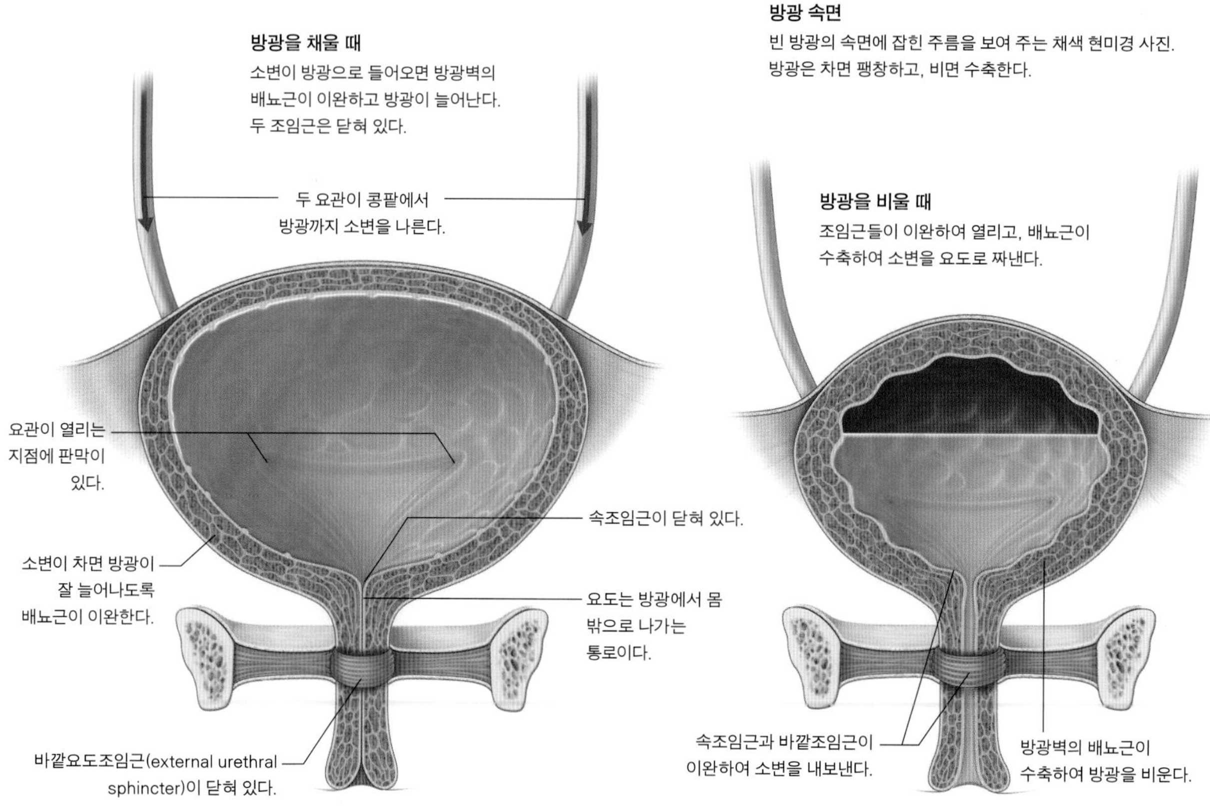
방광을 채울 때
소변이 방광으로 들어오면 방광벽의 배뇨근이 이완하고 방광이 늘어난다. 두 조임근은 닫혀 있다.
두 요관이 콩팥에서 방광까지 소변을 나른다.
요관이 열리는 지점에 판막이 있다.
소변이 차면 방광이 잘 늘어나도록 배뇨근이 이완한다.
속조임근이 닫혀 있다.
요도는 방광에서 몸 밖으로 나가는 통로이다.
바깥요도조임근(external urethral sphincter)이 닫혀 있다.
방광을 비울 때
조임근들이 이완하여 열리고, 배뇨근이 수축하여 소변을 요도로 짜낸다.
속조임근과 바깥조임근이 이완하여 소변을 내보낸다.
방광벽의 배뇨근이 수축하여 방광을 비운다.

방광의 크기

방광의 크기와 모양은 소변이 찬 양에 따라 다르다. 텅 빈 방광은 삼각형 모양으로 납작하게 눌린 상태이다. 소변이 차면 벽이 점차 얇아지면서 방광이 차차 팽창해 더 둥글어지고, 방광이 골반에서 배안으로 튀어나온다. 길이는 5센티미터였던 것이 12센티미터 이상으로 늘어난다.

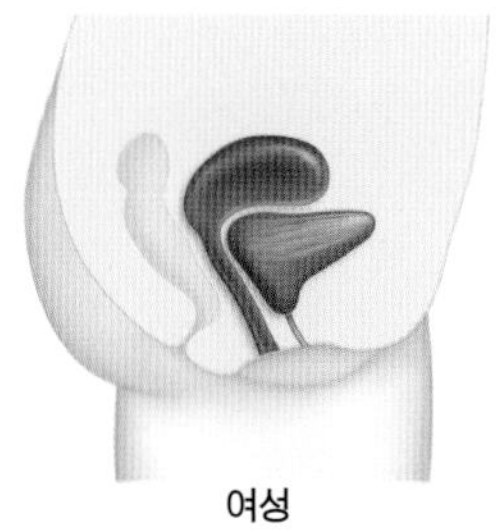
여성

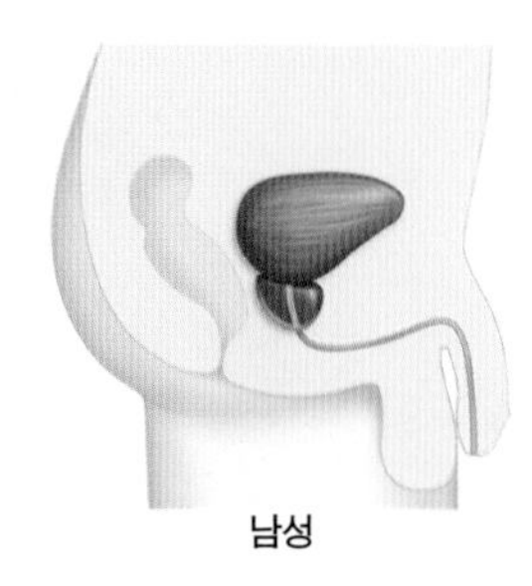
남성

방광의 크기 차이
일반적으로 여성이 남성보다 방광이 작고, 소변이 찰 때 방광이 팽창할 여유 공간도 더 좁다.

색깔 표시
방광
요도
전립샘
자궁

신경 신호

배뇨(micturition, 혹은 urination) 제어에는 뇌의 신경중추, 척수의 신경중추, 방광, 조임근, 골반바닥의 말초신경들이 관여한다. 방광이 차면 내부 압력이 높아져서 방광벽의 뻗침수용체들이 척수분절(spinal cord segment) S2~S4에 있는 엉치배뇨중추(sacral micturition center)로 신호를 보내고, 엉치배뇨중추는 배뇨근에 자극을 보내 수축반사를 일으킨다. 반면에 뇌의 배뇨중추로 전달된 신호는 수의적 제어를 가능케 하므로, 우리는 배뇨 욕구를 의식하면서도 엉치반사를 억제할 수 있다. 이윽고 우리가 배뇨하기로 결정하면 방광벽의 배뇨근이 수축하고, 속조임근이 이완하고, 바깥조임근이 수의적으로 이완된다. 배뇨가 시작되면 요도에서도 반사반응이 일어나 방광배뇨근을 수축시키고 조임근을 이완시킨다.

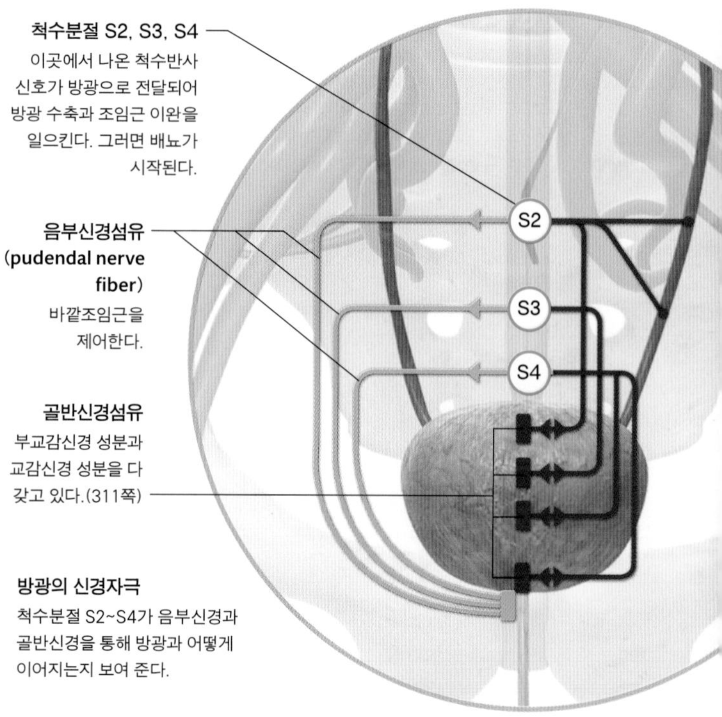
척수분절 S2, S3, S4
이곳에서 나온 척수반사 신호가 방광으로 전달되어 방광 수축과 조임근 이완을 일으킨다. 그러면 배뇨가 시작된다.
S2
S3
S4
음부신경섬유 (pudendal nerve fiber)
바깥조임근을 제어한다.
골반신경섬유
부교감신경 성분과 교감신경 성분을 다 갖고 있다.(311쪽)

방광의 신경자극
척수분절 S2~S4가 음부신경과 골반신경을 통해 방광과 어떻게 이어지는지 보여 준다.

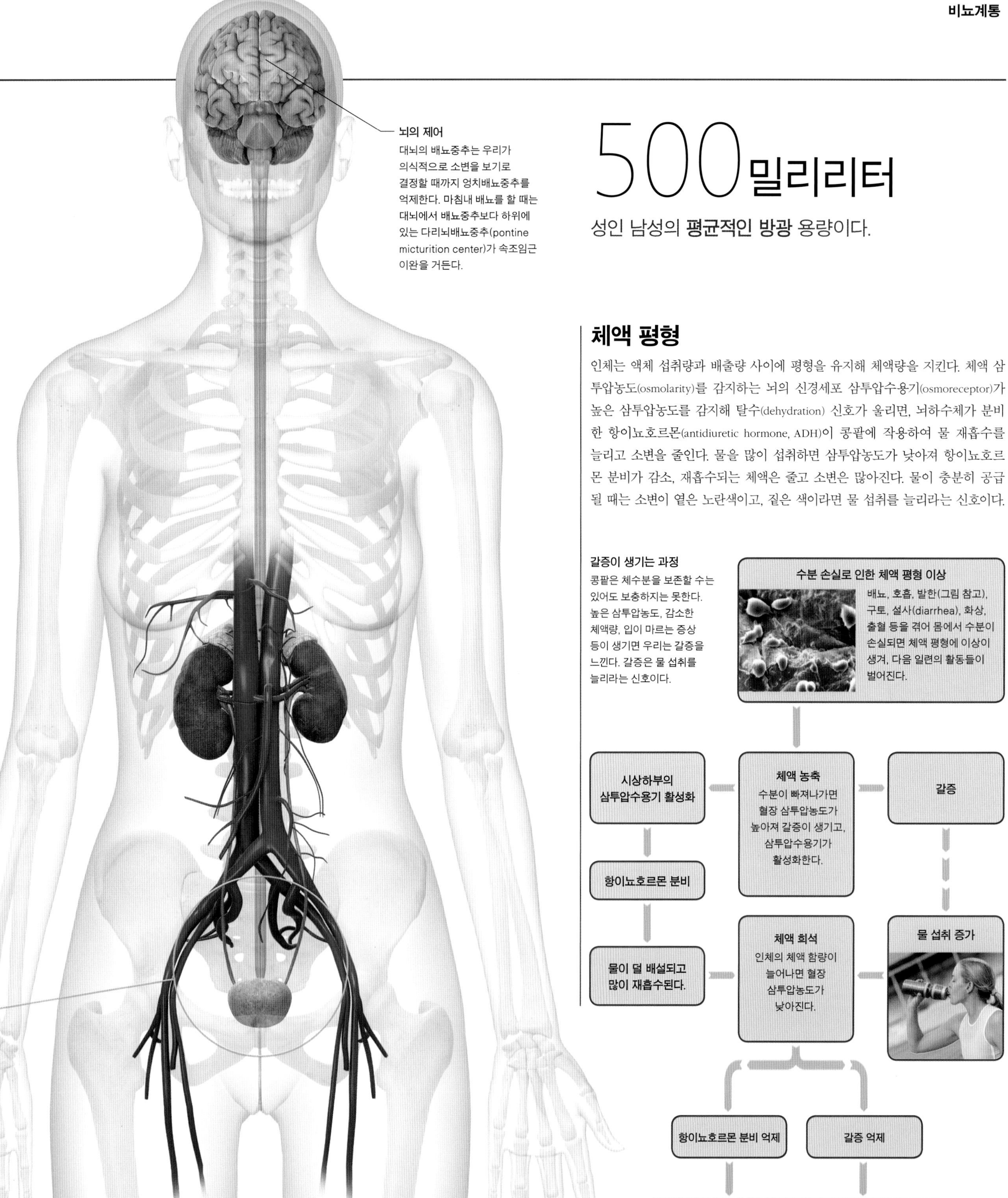

뇌의 제어
대뇌의 배뇨중추는 우리가 의식적으로 소변을 보기로 결정할 때까지 엉치배뇨중추를 억제한다. 마침내 배뇨를 할 때는 대뇌에서 배뇨중추보다 하위에 있는 다리뇌배뇨중추(pontine micturition center)가 속조임근 이완을 거든다.

500 밀리리터

성인 남성의 **평균적인 방광** 용량이다.

체액 평형

인체는 액체 섭취량과 배출량 사이에 평형을 유지해 체액량을 지킨다. 체액 삼투압농도(osmolarity)를 감지하는 뇌의 신경세포 삼투압수용기(osmoreceptor)가 높은 삼투압농도를 감지해 탈수(dehydration) 신호가 울리면, 뇌하수체가 분비한 항이뇨호르몬(antidiuretic hormone, ADH)이 콩팥에 작용하여 물 재흡수를 늘리고 소변을 줄인다. 물을 많이 섭취하면 삼투압농도가 낮아져 항이뇨호르몬 분비가 감소, 재흡수되는 체액은 줄고 소변은 많아진다. 물이 충분히 공급될 때는 소변이 옅은 노란색이고, 짙은 색이라면 물 섭취를 늘리라는 신호이다.

갈증이 생기는 과정
콩팥은 체수분을 보존할 수는 있어도 보충하지는 못한다. 높은 삼투압농도, 감소한 체액량, 입이 마르는 증상 등이 생기면 우리는 갈증을 느낀다. 갈증은 물 섭취를 늘리라는 신호이다.

수분 손실로 인한 체액 평형 이상
배뇨, 호흡, 발한(그림 참고), 구토, 설사(diarrhea), 화상, 출혈 등을 겪어 몸에서 수분이 손실되면 체액 평형에 이상이 생겨, 다음 일련의 활동들이 벌어진다.
체액 농축
수분이 빠져나가면 혈장 삼투압농도가 높아져 갈증이 생기고, 삼투압수용기가 활성화한다.
시상하부의 삼투압수용기 활성화
갈증
항이뇨호르몬 분비
물이 덜 배설되고 많이 재흡수된다.
체액 희석
인체의 체액 함량이 늘어나면 혈장 삼투압농도가 낮아진다.
물 섭취 증가
항이뇨호르몬 분비 억제
갈증 억제
물이 손실되어 체액 평형이 맞춰진다.

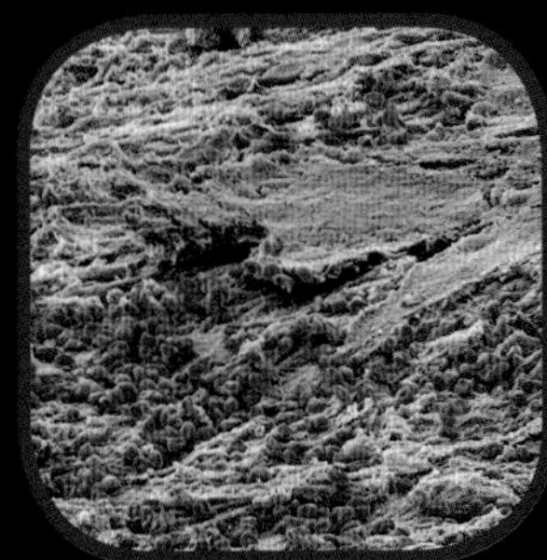

유방(젖, 가슴)
여성뿐 아니라 남성의 가슴에도 젖샘이 있다. 하지만 여성의 가슴이 더 크고, 출산 후에 젖을 분비할 수 있다.

자궁
자궁은 근육으로 만들어진 주머니이다. 그 내막은 월경 중에 떨어져 몸 밖으로 나간다. 자궁 속에서 수정란이 태아로 발달한다.

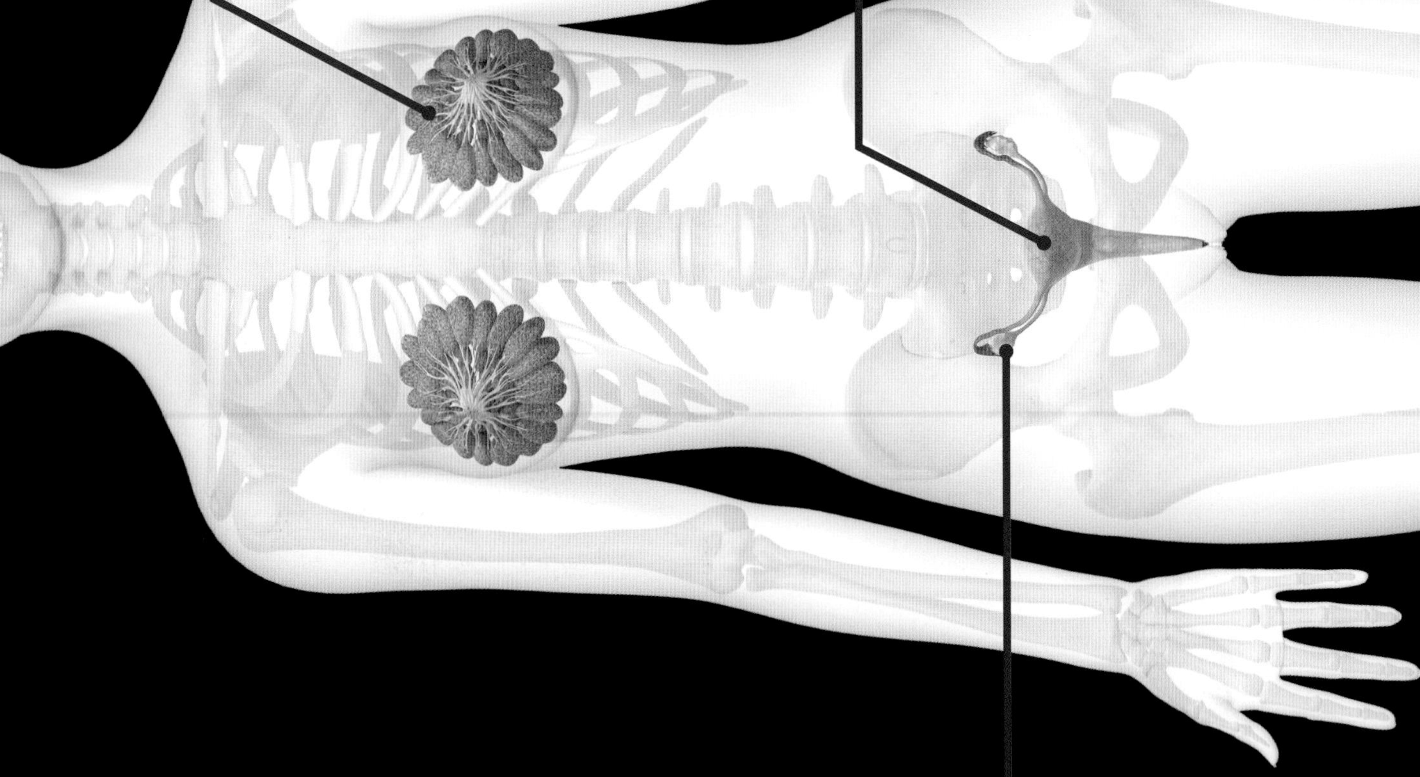

난소
자궁 양쪽에 하나씩 있는 난소 2개에는 난자들이 들어 있다. 난소에서 성숙한 난자들은 한 달에 하나씩 배란기에 배출된다.

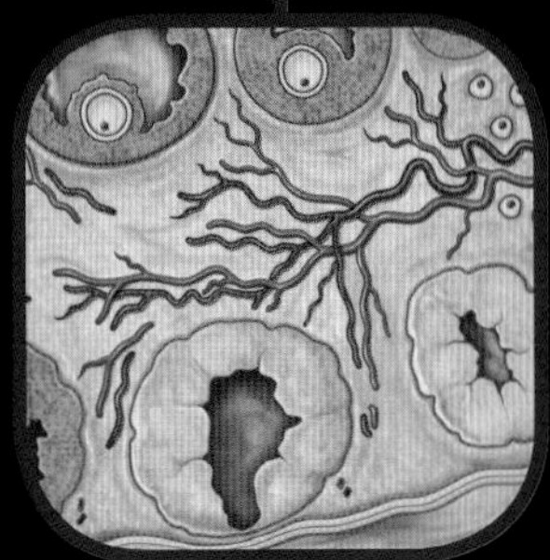

생식계통

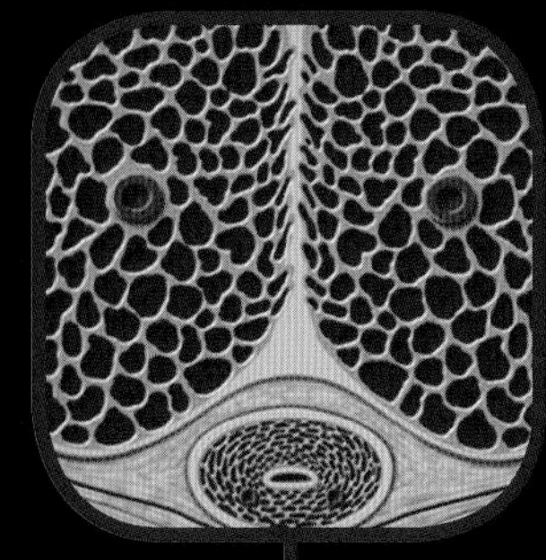

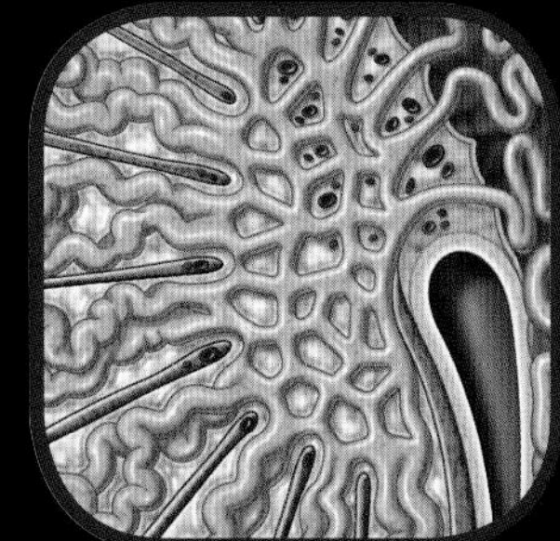

음경

음경은 구조와 혈관이 독특하기 때문에 혈액이 가득 차면 딱딱하게 발기하고, 덕분에 성교 중에 정자를 전달한다.

고환

남성의 두 고환에 든 미로 같은 정세관에서 정자들이 자라고, 발달하고, 성숙한다. 정자들은 그후 사정할 때 음경으로 이동해 몸 밖으로 분출된다.

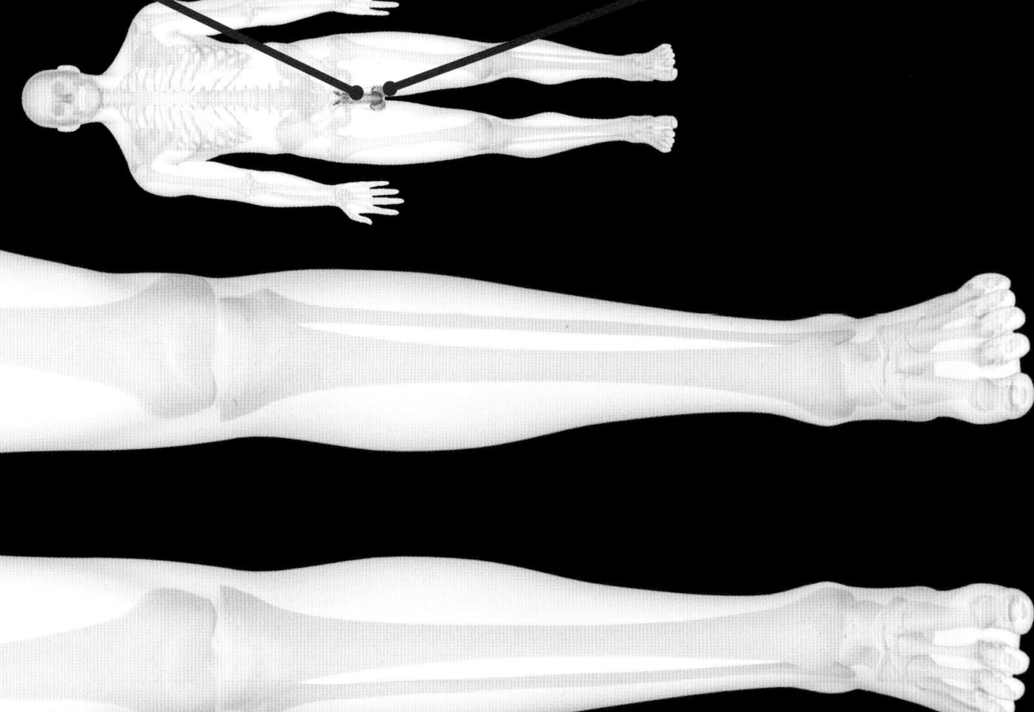

생식계통은 남성과 여성이 차이가 많은 유일한 계통이다. 생식계통은 인체의 궁극적인 생물학적 목표이자 모든 생물들의 목표인 자손 생산을 수행하도록 만들어져 있다.

남성 생식계통

성인 남성의 생식기관은 정자(sperm, 혹은 spermatozoa)를 만들고 공급한다. 여러 분비샘이 배출한 물질이 정자와 섞여 정액을 이룬 뒤, 몸 밖으로 사정된다. 정자를 생산하고 저장하는 장소인 두 고환에서는 남성호르몬인 테스토스테론도 생산된다.

정자 생산

고환에서 정자가 생산되는 과정이 정자발생(spermatogenesis)이다. 두 고환에는 정세관(seminiferous tubule)이 각각 500개쯤 빽빽하게 들었고, 정세관에는 정조세포(spermatogonium)라는 미성숙한 남성생식세포들이 담겨 있다. 생식세포가 정상적인 세포분열인 유사분열(21쪽)로 만든 정모세포(spermatocyte)는 감수분열(meiosis)이라는 특수한 분열을 거치는 과정(410쪽)에서 염색체 수가 46개에서 23개로 반감된다. 한 사람을 만드는 데 필요한 유전물질의 절반만을 담은 이 홑배수체(haploid cell, 다른 체세포들은 모두 두배수체(diploid))가 더 분열하여 정자의 전 단계인 정자세포(spermatid)가 되고, 더 성숙하여 정자가 된다. 남성은 사춘기부터 노년기까지 하루에 수억 개씩 정자를 생산한다.

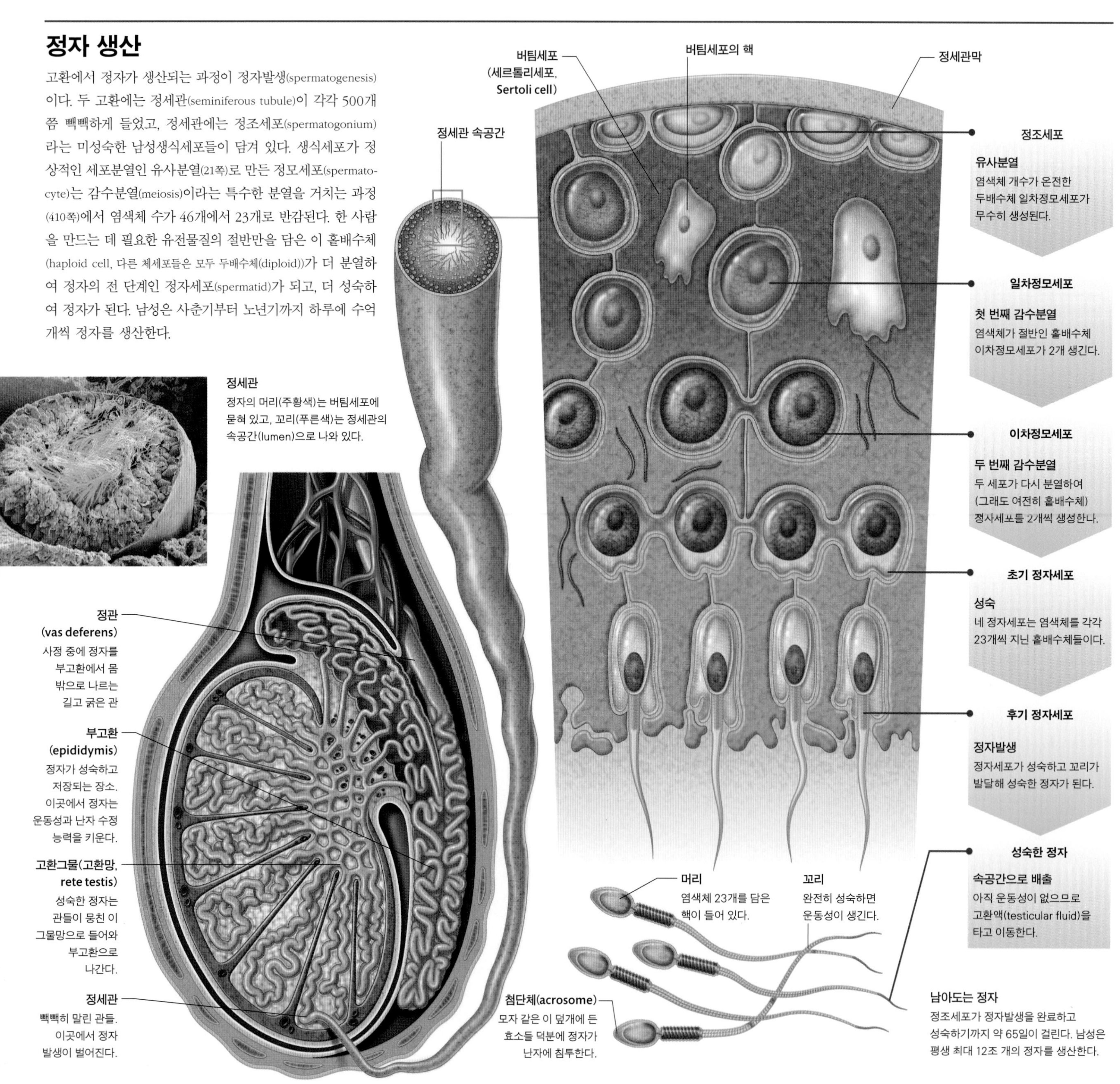
정세관
정자의 머리(주황색)는 버팀세포에 묻혀 있고, 꼬리(푸른색)는 정세관의 속공간(lumen)으로 나와 있다.
정관 (vas deferens)
사정 중에 정자를 부고환에서 몸 밖으로 나르는 길고 굵은 관
부고환 (epididymis)
정자가 성숙하고 저장되는 장소. 이곳에서 정자는 운동성과 난자 수정 능력을 키운다.
고환그물(고환망, rete testis)
성숙한 정자는 관들이 뭉친 이 그물망으로 들어와 부고환으로 나간다.
정세관
빽빽히 말린 관들. 이곳에서 정자 발생이 벌어진다.
버팀세포 (세르톨리세포, Sertoli cell)
버팀세포의 핵
정세관막
정세관 속공간
정조세포
유사분열
염색체 개수가 온전한 두배수체 일차정모세포가 무수히 생성된다.
일차정모세포
첫 번째 감수분열
염색체가 절반인 홑배수체 이차정모세포가 2개 생긴다.
이차정모세포
두 번째 감수분열
두 세포가 다시 분열하여 (그래도 여전히 홑배수체) 정사세포를 2개씩 생성한다.
초기 정자세포
성숙
네 정자세포는 염색체를 각각 23개씩 지닌 홑배수체들이다.
후기 정자세포
정자발생
정자세포가 성숙하고 꼬리가 발달해 성숙한 정자가 된다.
성숙한 정자
속공간으로 배출
아직 운동성이 없으므로 고환액(testicular fluid)을 타고 이동한다.
머리
염색체 23개를 담은 핵이 들어 있다.
꼬리
완전히 성숙하면 운동성이 생긴다.
첨단체(acrosome)
모자 같은 이 덮개에 든 효소들 덕분에 정자가 난자에 침투한다.
남아도는 정자
정조세포가 정자발생을 완료하고 성숙하기까지 약 65일이 걸린다. 남성은 평생 최대 12조 개의 정자를 생산한다.

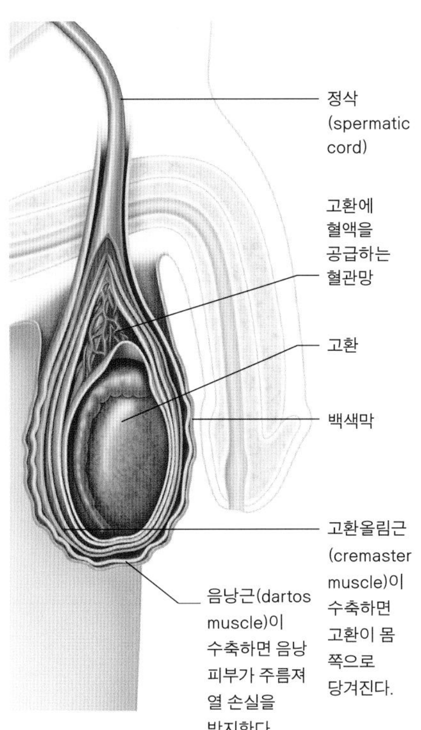
정삭
(spermatic
cord)
고환에
혈액을
공급하는
혈관망
고환
백색막
고환올림근
(cremaster
muscle)이
수축하면
고환이 몸
쪽으로
당겨진다.
음낭근(dartos
muscle)이
수축하면 음낭
피부가 주름져
열 손실을
방지한다.

고환과 음낭

정세관은 고환 부피의 약 95퍼센트를 차지한다. 정세관 속에서 남성생식세포가 발달하여 정자가 되고, 역시 정세관 속 버팀세포는 발달하는 정자에게 영양을 제공한다. 세관들 사이의 섬유조직에는 테스토스테론을 생산하는 사이질세포(Leydig cell)가 들어 있다. 고환은 백색막이라는 질긴 막으로 덮여 있고, 피부와 근육으로 이뤄진 주머니인 음낭(scrotum)에 담겨 있다. 음낭근은 정자의 온도 조절에 중요하다. 정자는 신체 중심부의 체온보다 2~3도 낮은 온도일 때 잘 생존한다. 생식력 증진을 위해, 음낭은 바깥 온도에 따라 고환을 몸 쪽으로 당기거나 멀리 늘어뜨린다.

온도 조절
추울 때는 음낭근이 수축한다. 그러면 음낭 피부가 쪼글쪼글해져 고환이 당겨 올려지고, 체온이 보존된다. 따뜻할 때는 근육이 이완한다. 그러면 피부가 매끈해지면서 고환이 하강하여 시원하게 유지된다.

정자 보호

정세관의 버팀세포들은 서로 단단히 결합해 혈액고환장벽(blood-testis barrier)을 형성한다. 혈관 속의 해로운 물질이 정세관으로 들어와 발달 중인 정자에게 해를 끼치는 것을 막는 장벽이다. 장벽이 뚫리면 정자세포가 혈관으로 흘러갈 수 있는데, 만약에 인체가 그것을 외부 침입자로 오해하면 자가면역반응이 촉발된다. 그러면 항체가 정세관으로 들어와 정자를 공격함으로써 생식력이 훼손된다.

버팀세포
버팀세포(푸른색)는 돌돌 말린 정세관에서 발달 중인 정자에게 영양을 제공하고, 혈액고환장벽을 형성해 정자를 든든하게 보호한다.

호르몬 제어

생식샘자극호르몬방출호르몬(gonadotropic-releasing hormone, GnRH)이 시상하부(뇌에 있는 분비샘)에서 분비되면, 뇌에 있는 뇌하수체가 자극 받아 황체형성호르몬(luteinizing hormone, LH)과 난포자극호르몬(follicle-stimulating hormone, FSH)을 분비한다. 둘 다 고환에 작용한다. 황체형성호르몬은 사이질세포를 자극해 테스토스테론(정자발생과 남성의 이차성징 발현을 촉진한다.)을 생산하게 하고, 난포자극호르몬은 버팀세포로 하여금 정자 발달을 지원하게 한다. 테스토스테론 농도가 높아지면 그에 대응하는 되먹임(feedback) 고리가 작동하여 생식샘자극호르몬방출호르몬의 분비가 줄어든다.

테스토스테론의 현미경 사진
테스토스테론은 고환에서 정자발생을 자극한다. 또한 굵은 목소리, 수염, 몸의 털 같은 남성 성징을 발현시킨다.

정낭
(seminal
vesicle)
방광
정관
망울요도샘
(쿠퍼샘,
Cowper's
gland)
전립샘
부고환을
나서는 정자
요도

사정되기까지
정자는 정관에서 밀려나 사정관(ejaculatory duct)으로 들어간 뒤 다른 분비물과 합쳐져 정액이 된다. 정액은 전립샘 근육의 수축력에 힘입어 요도로 나아간다.

정자의 이동 경로

정자가 정액에서 차지하는 부피는 5퍼센트도 채 되지 않는다. 정자는 정세관을 나와 부고환이라는 긴 관으로 들어간 뒤 그곳에서 더욱 성숙하며 운동성과 생식력을 갖추고, 다음에 정관으로 이동한다. 정관은 (방광 뒤에 있는) 정낭의 관과 이어져 사정관을 이룬다. 정낭은 과당이 풍부한 용액을 공급하여 정자에게 에너지와 영양을 제공하는데, 이 용액이 정액 부피의 3분의 2쯤을 차지한다. 정액은 강알칼리성이고(질의 산성을 중화하기 위해서다.) 정액에 대한 질의 면역반응을 누그러뜨리는 프로스타글란딘(prostaglandin)을 함유하고 있다. 정액이 요도로 들어가면 전립샘에서 나온 약알칼리성 용액이 더해지는데, 이 용액이 차지하는 부피가 4분의 1쯤이다. 망울요도샘은 사정 전에 요도를 윤활하고 요도에 남은 소변을 씻어내리는 용액을 분비한다. (이 용액이 차지하는 부피는 1퍼센트 미만이다.)

발기 기능

음경은 요도 속에서 소변과 정액을 둘 다 나르기 때문에 비뇨계통과 생식계통 양쪽에 해당한다. 요도는 요도해면체(corpus spongiosum)라는 관에 들어 있고, 그 양옆에는 음경해면체(corpora cavernosa)라는 더 큰 관들이 있다. 음경해면체 중앙에는 큰 동맥이 하나 있고, 주변을 팽창성 해면조직이 감싼다. 남성이 발기하면 혈관들이 신경자극을 받아 확장함으로써 해면조직에 혈액이 찬다. 성적으로 흥분했을 때 그렇게 되지만, 자발적으로 이 현상을 일으킬 수도 있다. 사정 직전에는 모든 관들이 수축하여 정액을 요도로 보낸다. 이후 남성이 극치감(오르가슴, orgasm)을 느낄 때 샅근육(회음근, perineal muscle)이 부르르 떨리듯 수축하여 정액을 몸 밖으로 분출한다.

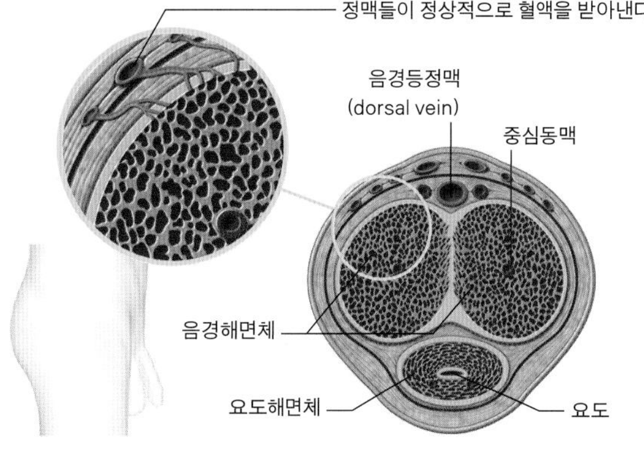
정맥들이 정상적으로 혈액을 받아낸다.
음경등정맥
(dorsal vein)
중심동맥
음경해면체
요도해면체
요도

늘어진 음경
음경이 발기하지 않았을 때는 음경해면체 속을 지나는 혈액량이 적고, 활짝 열린 음경 정맥들 속에 혈액이 차 있다. 음경은 앞으로 늘어져 있고, 부드럽고 유연하다.

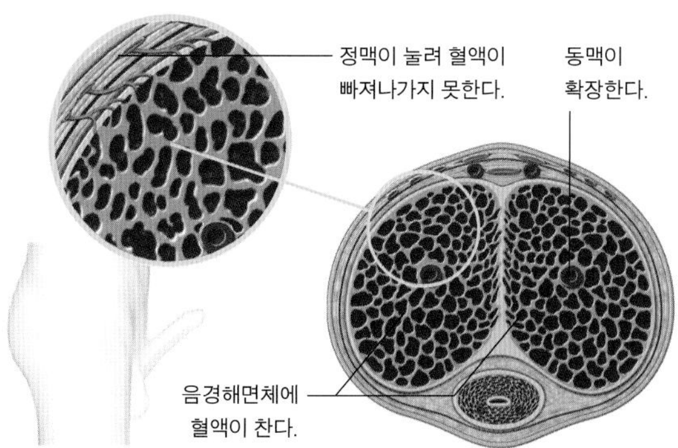
정맥이 눌려 혈액이
빠져나가지 못한다.
동맥이
확장한다.
음경해면체에
혈액이 찬다.

발기한 음경
음경이 발기할 때는 음경해면체에 혈액이 차고, 그 결과 정맥들이 눌려서 혈액이 빠져나가지 못한다. 충혈 때문에 음경이 커지고, 위로 솟는다.

여성 생식계통

여성의 생식기관은 저장된 난자를 다달이 내보낸다. 그 결과는 둘 중 하나다. 월경이 일어나 자궁내막이 출혈로 떨어져 나가는 것, 아니면 수정과 착상이 진행되어 배아를 발달시키는 것이다.

자궁관으로 내려가는 난자

자궁관
자궁으로 이어진 10센티미터의 통로

난자가 자궁으로 가기까지
난자는 생식주기(reproductive cycle)의 중반쯤에 난소에서 배출되고, 그로부터 6~12일 뒤에 자궁에 다다른다. 배란된 난자의 극소수만이 수정된다.

배란된 난자

자궁관술
난자를 자궁관으로 안내한다.

배란

난소는 두 자궁관(fallopian tube) 끝에 하나씩 놓인 아몬드만 한 타원형 장기이다. 여성의 생식세포(난자)는 난소에서 성숙한 뒤 배란(ovulation) 과정을 거쳐 규칙적으로 배출된다.

난자는 난포라는 보호용 덮개에 감싸여 있는데(아래 참조), 한 달에 10여 개씩 난포들이 성숙하기 시작한다. 보통은 그중 하나만이 오른쪽이나 왼쪽 난소 중 한쪽에서 난자를 내놓는다. 오른쪽 난소에서 배란되는 확률이 60퍼센트쯤이다. 난자는 자궁관을 내려와 자궁으로 들어가고, 다음 월경기에 자궁내막과 함께 떨어져 나간다. 하지만 만약에 난자가 자궁관에서 수정된다면 그 결과 수정란에서 시작된 배아세포 덩어리가 자궁벽에 착상할 가능성도 있다.

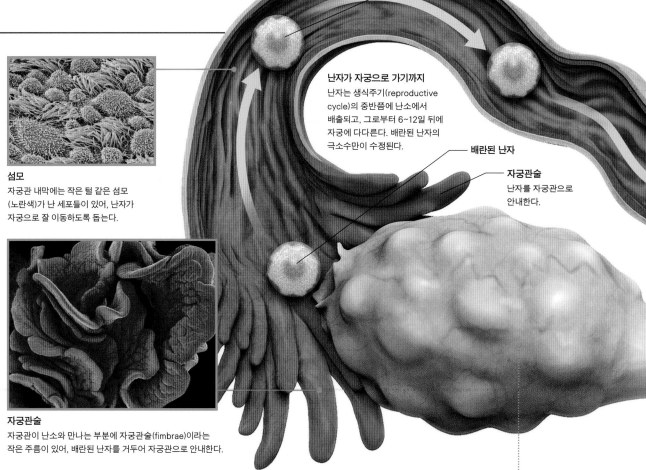

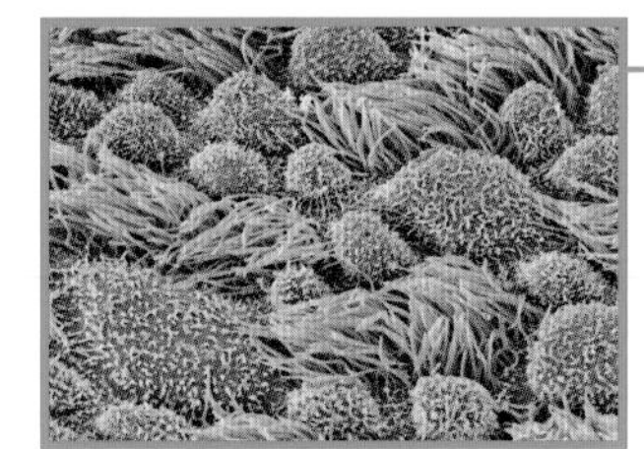

섬모
자궁관 내막에는 작은 털 같은 섬모(노란색)가 난 세포들이 있어, 난자가 자궁으로 잘 이동하도록 돕는다.

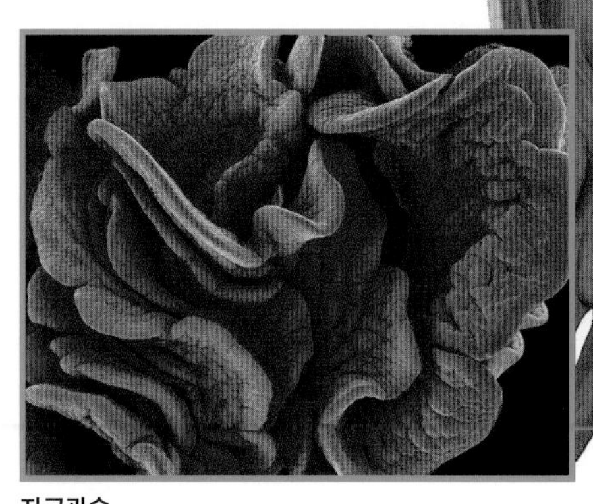

자궁관술
자궁관이 난소와 만나는 부분에 자궁관술(fimbrae)이라는 작은 주름이 있어, 배란된 난자를 거두어 자궁관으로 안내한다.

수정되지 않은 난자는 배란 후 12~24시간쯤 생식관에 머문다.

난포 발달

미성숙한 난자는 난포라는 세포층에 감싸여 보호된다. 가장 작은 원시난포는 단 한 겹의 세포층으로 이뤄진다. 원시난포들 중 일부가 매달 발달하여 성숙난포가 되고, 그중 하나가 배란 직전에 난소 표면으로 이동해 터져서 난자를 내놓는다. 남은 난포는 황체가 되고, 난자가 수정되지 않으면 황체는 더 오그라들어 백색체로 변한다. 여성은 출생 시에 이미 난소 하나당 약 100만 개씩 난포를 갖고 있다. 이것들은 점차 퇴화하여 사춘기에는 약 35만 개가 남고, 폐경기에는 약 1,500개만이 남는다.

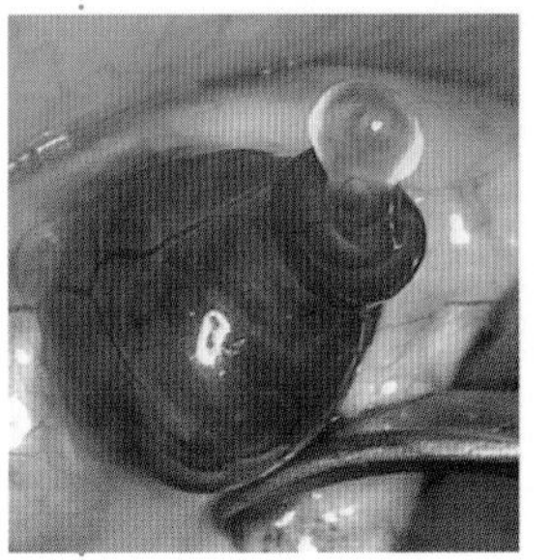

배란
난포에서 배출되는 난자(실제 크기는 마침표만 하다.)를 확대한 영상

주기적 발달
매달 원시난포들 중 일부가 일차난포, 이차난포를 거쳐 온전히 성숙한다. 난포들은 두 난소에서 계속 이렇게 발달한다.

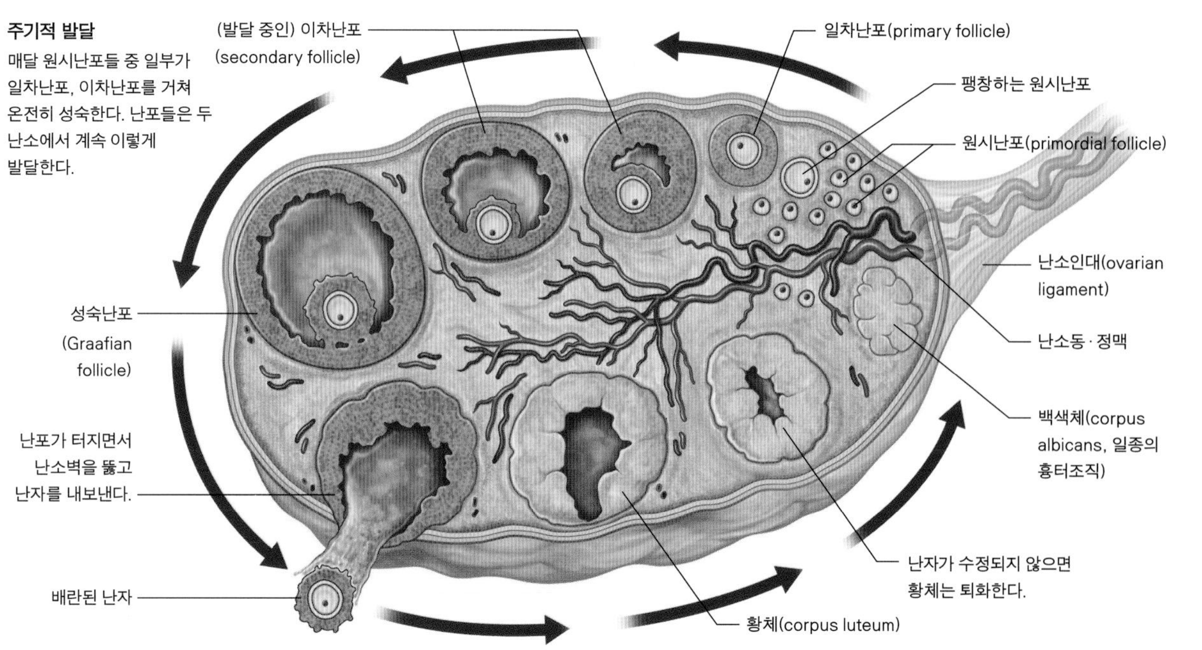
(발달 중인) 이차난포 (secondary follicle)
일차난포(primary follicle)
팽창하는 원시난포
원시난포(primordial follicle)
난소인대(ovarian ligament)
난소동·정맥
백색체(corpus albicans, 일종의 흉터조직)
난자가 수정되지 않으면 황체는 퇴화한다.
황체(corpus luteum)
배란된 난자
난포가 터지면서 난소벽을 뚫고 난자를 내보낸다.
성숙난포 (Graafian follicle)

자궁과 월경

월경주기(menstrual cycle)는 월경 첫날부터 헤아려 28~32일가량이다. 보통 14일째에 일어나는 배란 직전에 자궁내막(자궁속막, endometrium)은 임신 가능성에 대비하여 차차 두꺼워진다. 수정이 일어나지 않으면 자궁내막 겉층(외층, functionalis)은 월경혈(menstrual blood)로 떨어져 나가고, 속층(바닥층, basalis)은 자궁에 남아 다음 주기가 시작될 때 겉층을 재생시킨다. 만약에 난자가 수정되면, 자궁내막 전체가 남아 배아를 보호한다.

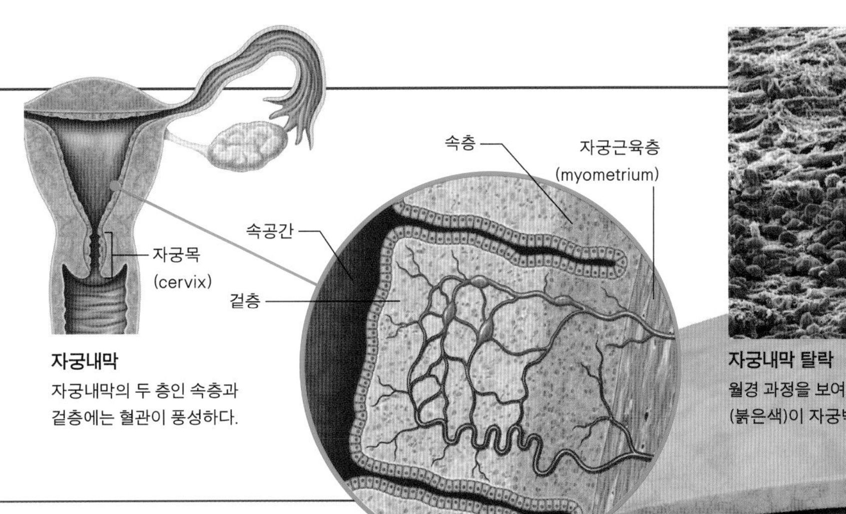
자궁목
(cervix)
속층
자궁근육층
(myometrium)
속공간
겉층

자궁내막
자궁내막의 두 층인 속층과 겉층에는 혈관이 풍성하다.

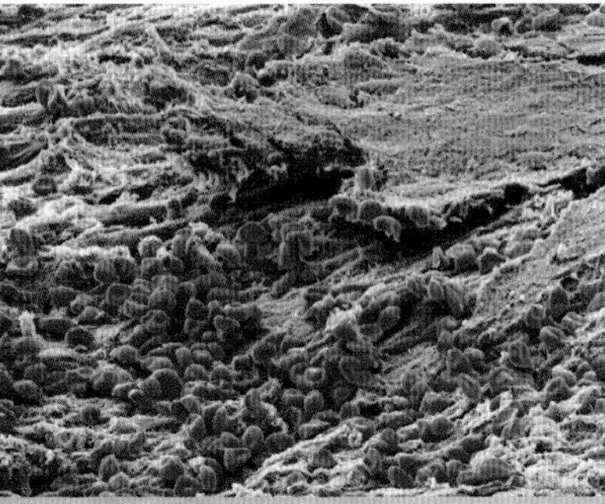

자궁내막 탈락
월경 과정을 보여 주는 전자현미경 사진. 자궁내막(붉은색)이 자궁벽에서 분리되어 월경혈로 배출된다.

자궁입구에 도착한 난자

난소인대

자궁근육층
자궁의 근육벽

자궁내막
월경기 때 일부가 떨어져 나간다.

난자의 경로
수정되지 않은 난자는 월경기 때 자궁에서 몸 밖으로 배출된다.

호르몬 제어

생식주기를 제어하는 것은 뇌하수체에서 분비되는 두 호르몬이다.(386쪽) 난포자극호르몬은 난포를 성숙시켜 에스트로겐(estrogen)을 생산하게 한다. 에스트로겐 농도가 충분히 높으면, 역시 뇌하수체에서 분비된 황체형성호르몬이 난자를 최종적으로 성숙시켜 난소에서 배란되게 한다. 배란 후에 에스트로겐 농도가 떨어지면 다시 난포자극호르몬이 분비되어 주기가 반복된다.

자궁내막의 반응
에스트로겐은 자궁내막을 자극하여 두껍게 만든다. 황체에서 분비된 프로게스테론이 자궁내막의 두께를 일시적으로 유지하지만, 프로게스테론 농도가 낮아지면 자궁내막도 곧 떨어져 나간다.

월경주기 동안의 변화

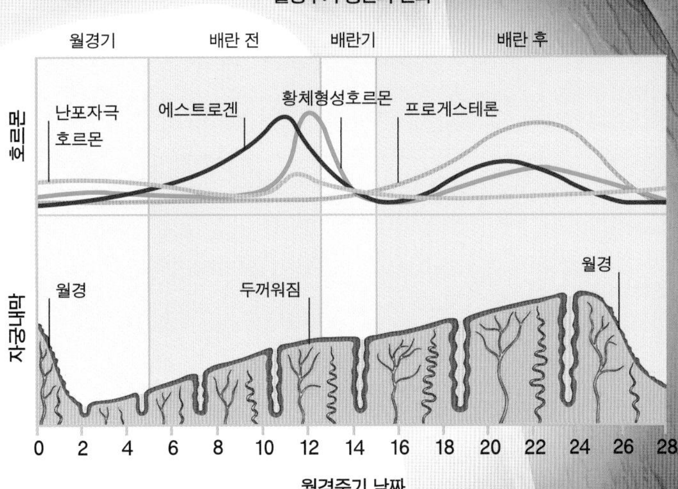
월경기
배란 전
배란기
배란 후
호르몬
난포자극
호르몬
에스트로겐
황체형성호르몬
프로게스테론
자궁내막
월경
두꺼워짐
월경
0 2 4 6 8 10 12 14 16 18 20 22 24 26 28
월경주기 날짜

자궁목의 기능

자궁목(자궁경부)은 자궁과 질을 잇는 통로이자 외부로부터 자궁을 차단하는 장벽이다. 자궁목이 분비하는 점액은 생식주기에서 어느 단계이냐 따라 형태와 기능이 다르다. 생식주기의 대부분과 임신 중에는 점액이 진하고 끈끈하여 자궁을 감염으로부터 보호하고, 정자를 통과시키지 않는 장벽을 형성한다. 가임기일 때는 에스트로겐 농도가 높아져 점액이 묽어지고 잘 늘어나므로(날달걀 흰자와 약간 비슷하다.) 정자가 자궁목을 통과하여 배란된 난자로 다가갈 수 있다.

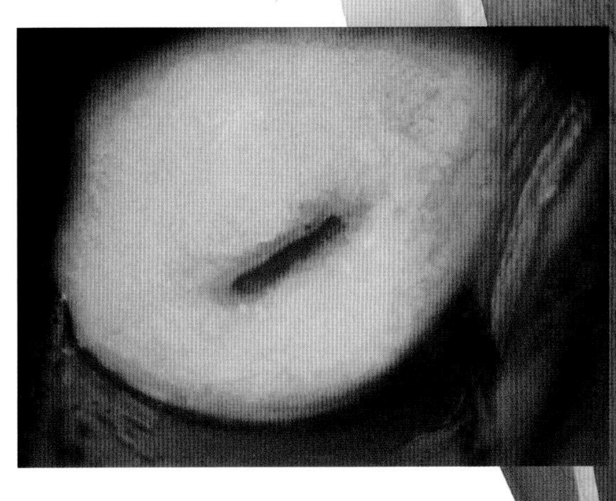

건강한 자궁목
단단하게 조여진 자궁입구가 선명하게 보인다. 가임기에는 자궁목 점액이 질의 산성으로부터 정자를 보호한다.

생명 창조

사람이 번식하려면 남성생식세포(정자)와 여성생식세포(난자)가 결합해야 한다. 두 세포는 태아 형성에 필요한 유전 정보를 절반씩 갖고 있다. 그렇게 만들어진 태아가 발달하여 새로운 사람이 된다.

섹스

남녀 모두 성적으로 흥분(sexual arousal)하면 생식기에 혈액이 몰려 점차 충혈되고, 근육 긴장, 심박동 상승, 혈압 상승이 뒤따른다. 남성의 음경이 발기하고, 여성의 음핵(clitoris)과 음순(labia)이 커진다. 질이 길어지고, 질벽에서 윤활액이 분비된다. 덕분에 음경이 질 꼭대기까지 깊이 삽입되고, 자궁목 구멍 근처에서 정액을 사정하게 된다.

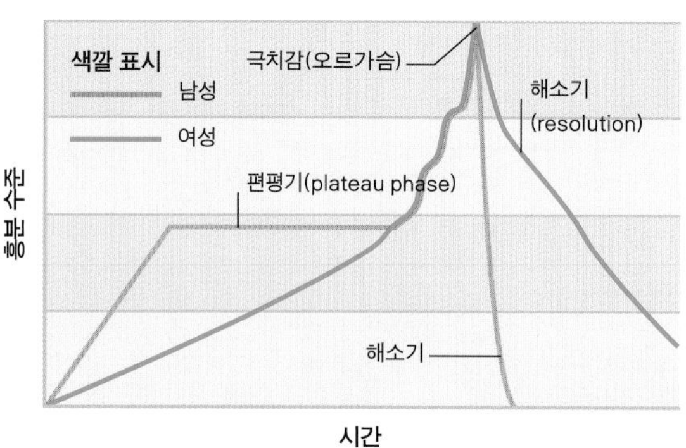
색깔 표시
남성
여성
극치감(오르가슴)
해소기
(resolution)
편평기(plateau phase)
흥분 수준
해소기
시간

흥분
성적 반응은 다양한 단계들을 거치는데, 그 발생 시점은 남녀가 다르다.

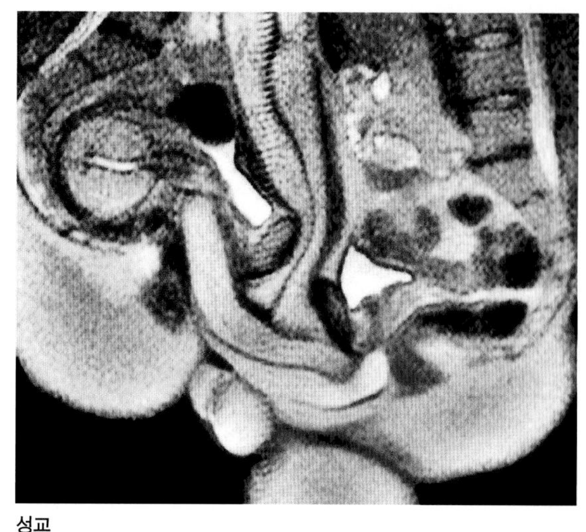

성교
성교(sexual intercourse) 중인 남녀를 보여 주는 놀라운 자기공명영상 사진. 음경(푸른색)이 부메랑처럼 굽었다. 노란색이 자궁이다.

섹스 후에 남성은 **불응기**(refractory period)를 겪는다. 불응기에는 다시 극치감을 느낄 수 없다. 반면에 여성은 **여러 번 극치감**을 경험할 수 있다.

정자들의 경쟁

남성의 생식력(fertility)은 정자를 많이 생산하는 데 달렸다. 난자 수정에 필요한 정자는 하나뿐이지만, 남성은 정자를 엄청나게 과잉생산한다. 평균적인 사정에서는 정액 2~5밀리리터당 정자가 2억 8000만 개쯤 담겨 있다. 정자들은 여성이 배란기일 때만 질의 산성과 자궁목 점액 장벽을 뚫고 살아남아, 배란된 난자에 서로 가 닿으려고 경쟁을 펼친다.

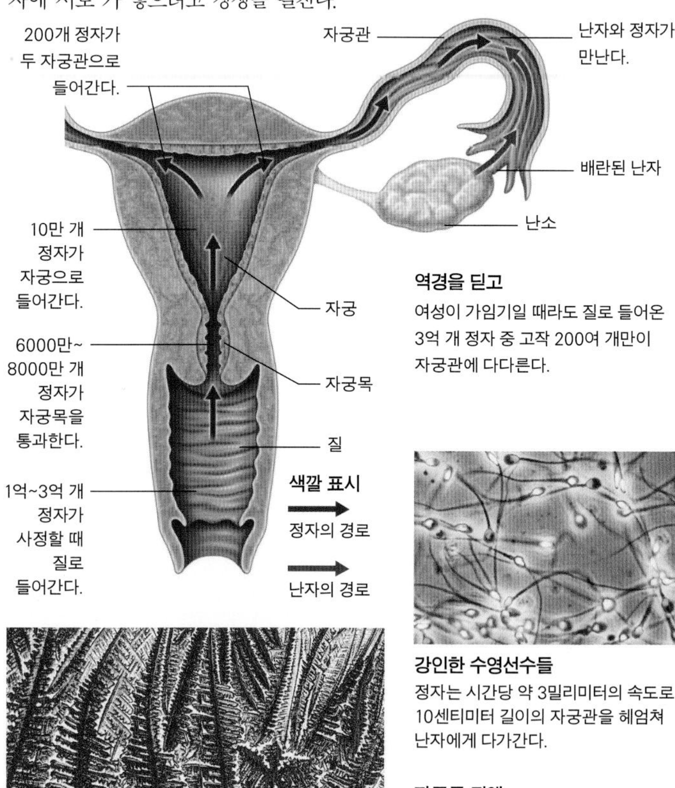
200개 정자가
두 자궁관으로
들어간다.
자궁관
난자와 정자가
만난다.
배란된 난자
난소
10만 개
정자가
자궁으로
들어간다.
자궁
6000만~
8000만 개
정자가
자궁목을
통과한다.
자궁목
질
1억~3억 개
정자가
사정할 때
질로
들어간다.
색깔 표시
정자의 경로
난자의 경로

역경을 딛고
여성이 가임기일 때라도 질로 들어온 3억 개 정자 중 고작 200여 개만이 자궁관에 다다른다.

강인한 수영선수들
정자는 시간당 약 3밀리미터의 속도로 10센티미터 길이의 자궁관을 헤엄쳐 난자에게 다가간다.

자궁목 점액
배란기에 자궁목 점액은 투명해지고, 미끄러워지고, 잘 늘어나서 정자가 쉽게 통과한다. 이 시기의 점액은 마르면 '양치류의 잎사귀' 같은 모양이 된다.

수정과 착상

자궁관 속 난자에 최초로 도달한 정자는 난자 표면에 달라붙은 뒤, 제 머리를 감싼 첨단체(acrosome)에서 난자의 보호막을 뚫는 효소들을 분비한다.(386쪽) 난자 역시 효소들을 분비해 다른 정자가 들어오지 못하게 막으므로, 나머지 정자들은 떨어져 나간다. 결합에 성공한 정자는 난자로 흡수되면서 꼬리가 떨어져 나간다. 난자와 정자의 핵이 융합하여 양쪽의 유전물질이 합쳐지면 수태(conception)가 된 것이다. 수정란(fertilized egg)은 자궁관을 마저 내려가면서 세포분열 단계를 밟아 공처럼 둥근 세포뭉치인 주머니배(blastocyst)가 되고, 결국 자궁에 착상한다.

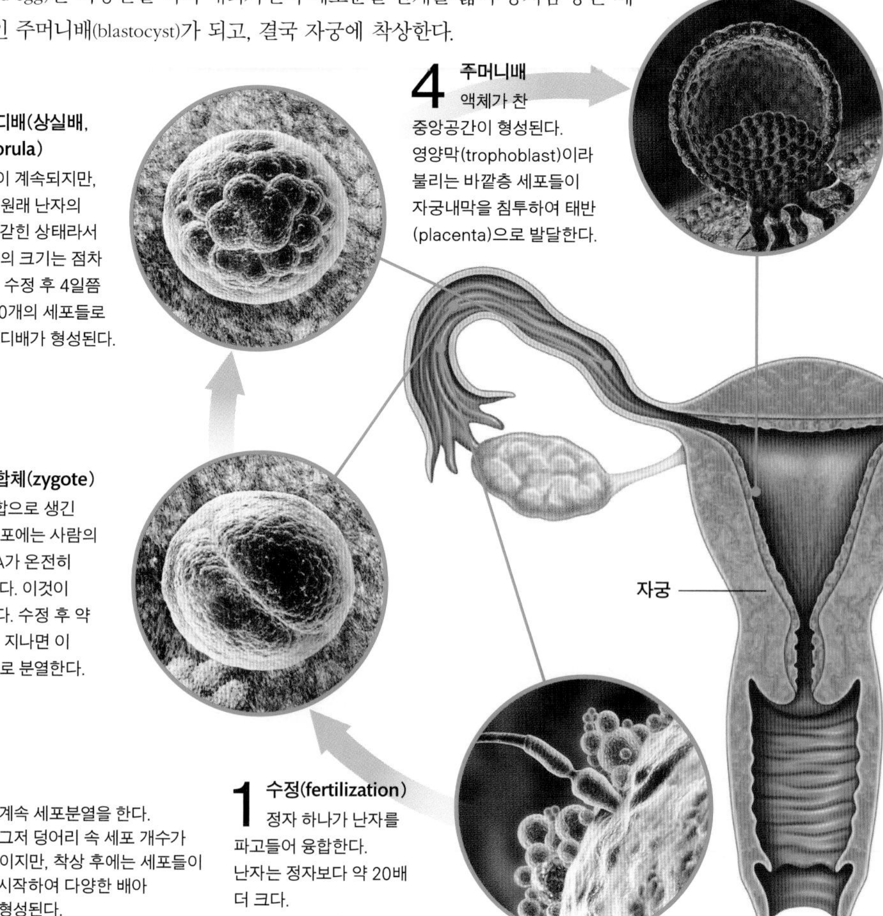
자궁

1 수정(fertilization)
정자 하나가 난자를 파고들어 융합한다. 난자는 정자보다 약 20배 더 크다.

2 접합체(zygote)
융합으로 생긴 하나의 세포에는 사람의 전체 DNA가 온전히 갖춰져 있다. 이것이 접합체이다. 수정 후 약 24시간이 지나면 이 세포가 둘로 분열한다.

3 오디배(상실배, morula)
세포분열이 계속되지만, 세포들은 원래 난자의 세포막에 갇힌 상태라서 세포 하나의 크기는 점차 작아진다. 수정 후 4일쯤 되면 약 30개의 세포들로 구성된 오디배가 형성된다.

4 주머니배
액체가 찬 중앙공간이 형성된다. 영양막(trophoblast)이라 불리는 바깥층 세포들이 자궁내막을 침투하여 태반(placenta)으로 발달한다.

여정
수정란은 계속 세포분열을 한다. 처음에는 그저 덩어리 속 세포 개수가 많아질 뿐이지만, 착상 후에는 세포들이 분화하기 시작하여 다양한 배아 조직들이 형성된다.

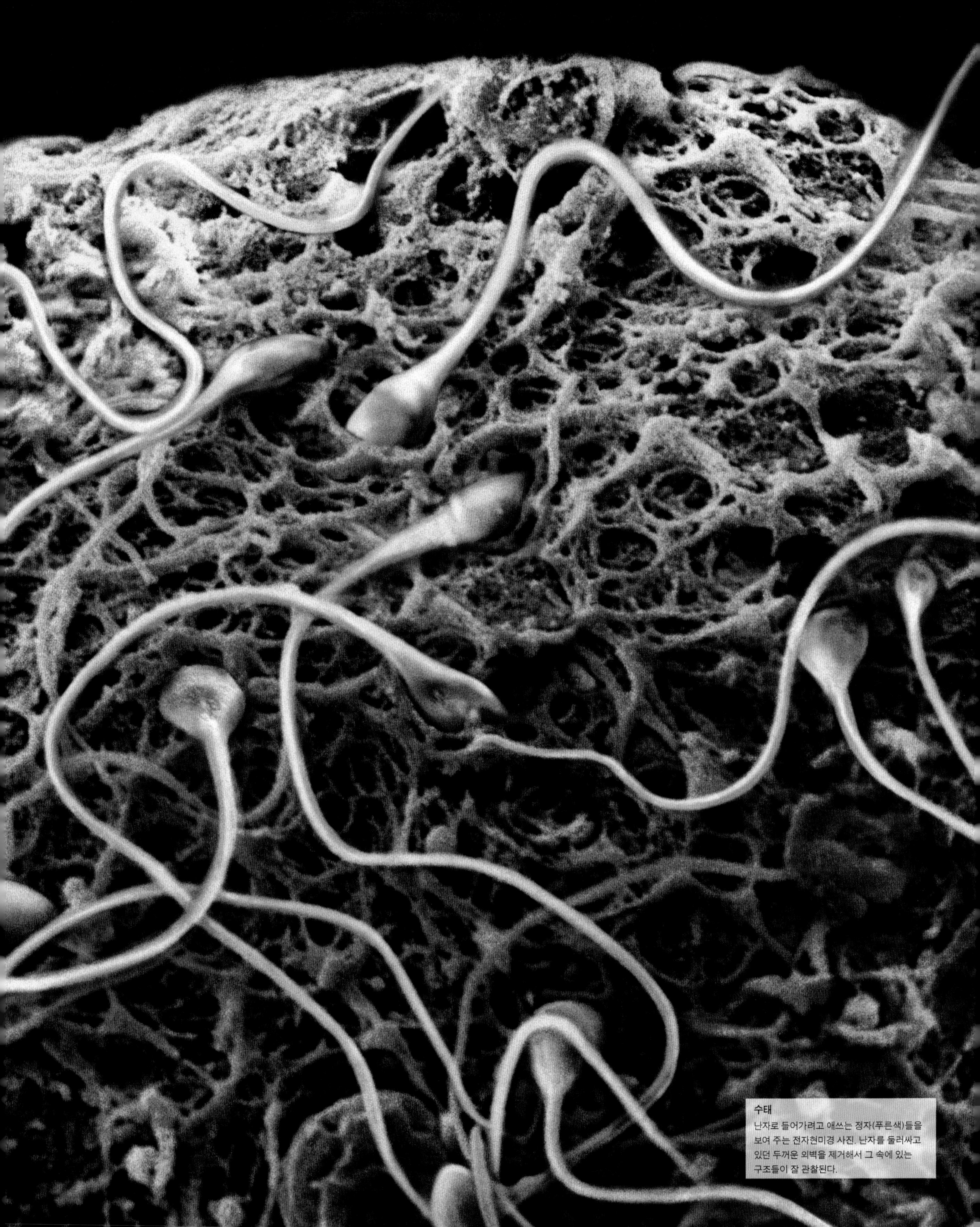

수태

난자로 들어가려고 애쓰는 정자(푸른색)들을 보여 주는 전자현미경 사진. 난자를 둘러싸고 있던 두꺼운 외벽을 제거해서 그 속에 있는 구조들이 잘 관찰된다.

임신부의 몸

임신을 하면 몸에 놀라운 변화가 벌어진다. 호르몬이 분출하고, 자궁뿐만 아니라 온몸의 조직과 장기에 대사 요구가 전달된다. 혈액, 심장혈관계통, 호흡계통, 소화기관, 콩팥이 모두 이 과정에 관여한다.

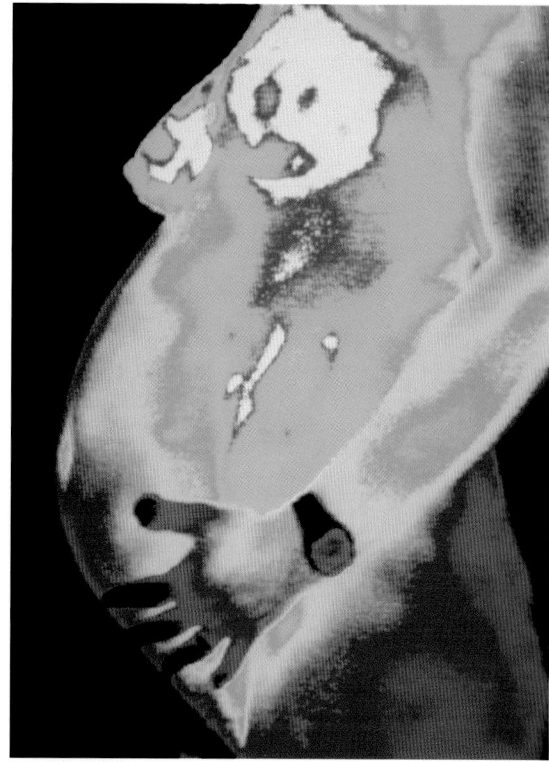

임신부의 자세
커진 자궁 무게 때문에 무게중심이 앞으로 쏠려, 몸통이 뒤로 젖혀지고 등이 굽는다. 요통이 흔히 발생한다.

임신 측정하기

임신 몇 주째냐 하는 것은 마지막 월경 첫 날부터 헤아린다. 정확한 수태 날짜를 아는 경우는 드물기 때문이다. 임신은 보통 40주 지속되는데, 이 기간을 임의로 12주씩 나눠 제1석달(trimester), 제2석달, 제3석달이라고 부른다. 임신의 첫 징후는 월경 중단(때로는 불규칙 출혈), 구역질이나 구토, 부드러워진 가슴, 잦은 배뇨, 피로 등이다. 임신이 진행되면 자궁이 점차 높아져 골반 위로 나온다. 자궁 꼭대기가 어느 높이에서 느껴지느냐 하는 것(자궁바닥 높이, fundal height)은 태아 성장과 발달에 중요한 지침이다.

체중 증가(오른쪽 표)
건강한 여성은 임신 중에 11~16킬로그램이 는다. 증가량의 4분의 1만이 아기의 무게이다.

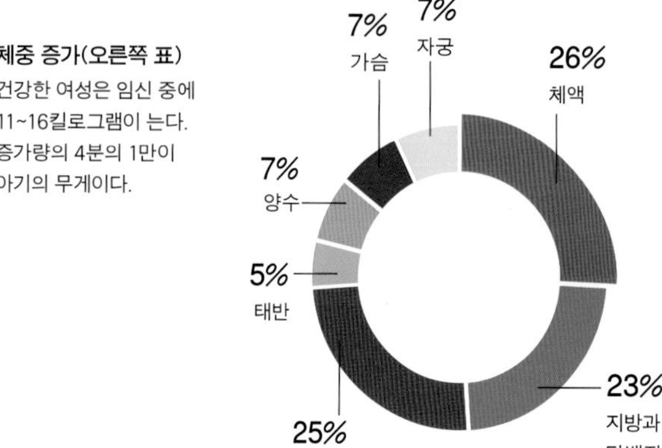
7%
가슴
7%
자궁
26%
체액
7%
양수
5%
태반
23%
지방과
단백질
25%
아기

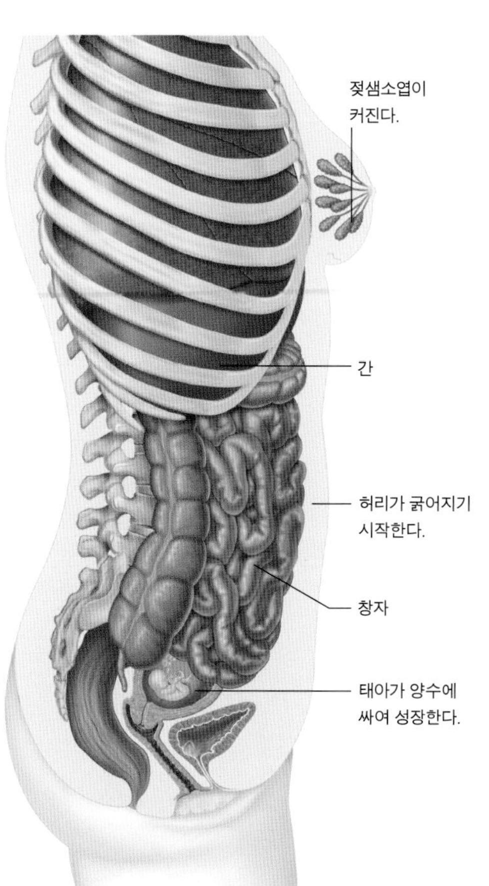
젖샘소엽이
커진다.
간
허리가 굵어지기
시작한다.
창자
태아가 양수에
싸여 성장한다.

제1석달
입덧이 흔하고, 가슴이 커지며 부드러워진다. 배뇨 욕구가 잦아진다. 심박동이 높아지고, 전에 없이 피로하다고 느낄 때가 많다. 창자를 통과하는 음식 흐름이 늦어지고, 속쓰림(heartburn)이나 변비가 생기기도 한다. 젖샘소엽이 커진다.

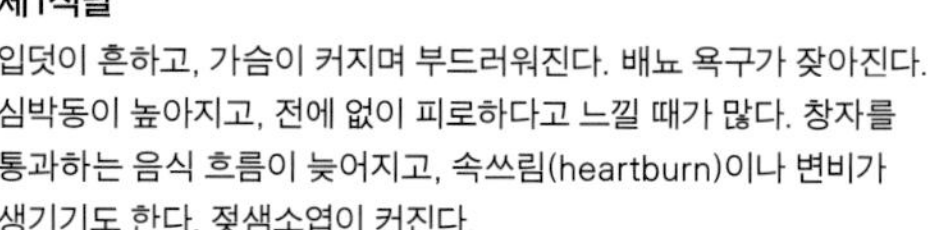

0~12주

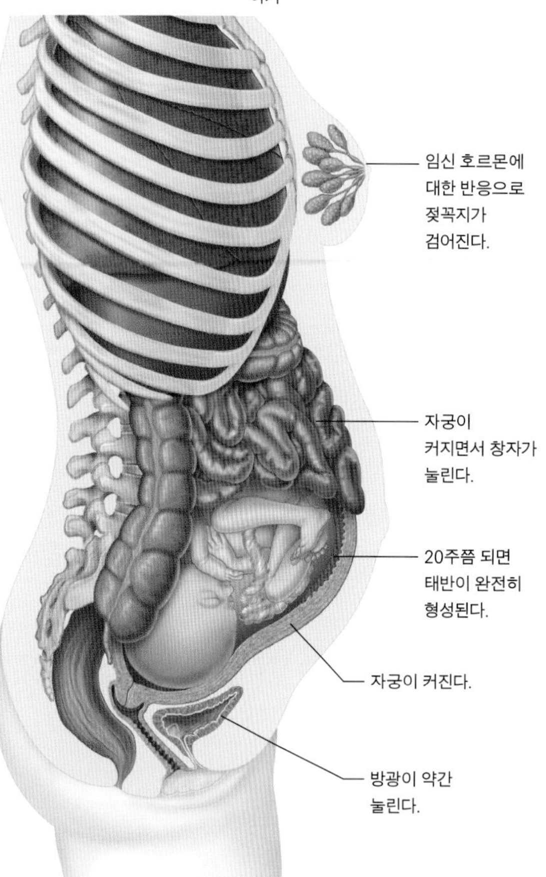
임신 호르몬에
대한 반응으로
젖꼭지가
검어진다.
자궁이
커지면서 창자가
눌린다.
20주쯤 되면
태반이 완전히
형성된다.
자궁이 커진다.
방광이 약간
눌린다.

제2석달
입덧이 대체로 가라앉고, 식탐이 생기곤 한다. 체중이 빠르게 증가한다. 요통이 잦고, 배에 임신선(stretch marks)이 생기는 경우도 많다. 혈류가 늘어 코피나 잇몸 출혈이 생길 수 있다.

13~24주

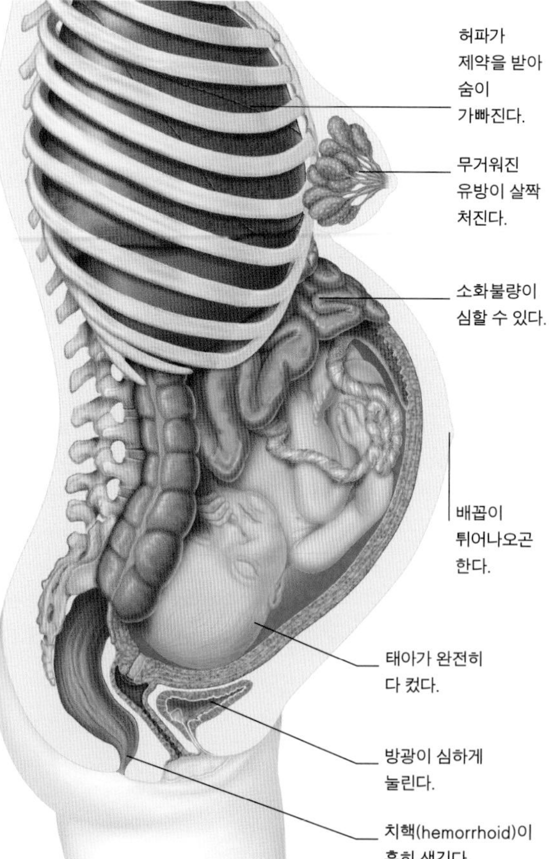
허파가
제약을 받아
숨이
가빠진다.
무거워진
유방이 살짝
처진다.
소화불량이
심할 수 있다.
배꼽이
튀어나오곤
한다.
태아가 완전히
다 컸다.
방광이 심하게
눌린다.
치핵(hemorrhoid)이
흔히 생긴다.

제3석달
배가 최대로 튀어나오고, 배꼽이 겉으로 돌출되는 경우도 있다. 다리가 저리고 손발이 붓는다. 출산이 가까워지면 가진통 혹은 거짓진통(false labor)이라고도 하는 불규칙한 브랙스턴-힉스 수축(Braxton-Hicks contractions)이 일어나기도 한다.

25~40주

태아 부양

태반은 영양막(주머니배 바깥층 세포들, 390쪽)에서 발달한다. 태반은 자궁내막에서 혈액을 끌어들임으로써 발달하는 태아에게 영양을 공급하고, 노폐물을 처분하고, 미생물로부터 보호한다. 태아를 감싼 투명한 양수(amniotic fluid)가 태아를 보호하고, 태아가 움직일 수 있게 하며, 허파 발달을 돕는다. 태아가 자람에 따라 자궁의 혈류가 많아지고, 걸이인대(suspensory ligament)가 늘어난다. 출산과 수유에 대비하여 산모의 온몸에서 혈액, 체액, 지방이 늘어난다. 칼슘, 철, 비타민, 무기질을 함유한 건강한 식단이 중요하다.

생명유지계통(life support system)
태반에 풍부하게 나 있는 혈관은 태아에게 꼭 필요한 산소와 영양소를 전달한다.

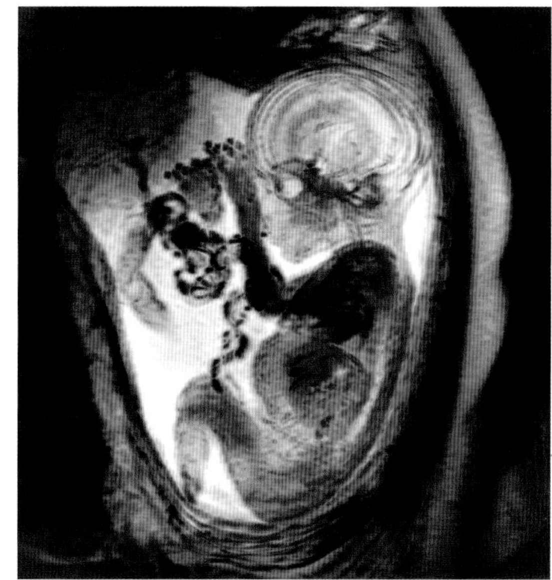

안전한 은신처
태아는 따뜻한 양수가 든 주머니 속에서 보호 받고, 탯줄(umbilical cord)을 통해 태반으로부터 영양을 공급받는다.

임신하지 않았을 때	서양배
8주	오렌지
14주	캔털룹멜론
20주	허니듀멜론
만삭 (full term)	수박

자궁의 상대적 크기
임신 중에 자궁이 커지는 정도를 묘사한 그림. 어마어마한 변화가 일어남을 알 수 있다. 자궁은 영원히 예전 크기로 돌아가지 못할 수도 있다.

호르몬 변화

수정이 된 후, 난소의 황체에서 분비된 프로게스테론이 자궁내막을 자극하여 수정란에 대비해 두꺼워지게 만든다. 착상 후 며칠이 지나면 영양막에서 사람융모생식샘자극호르몬(human chorionic gonadotropin, hCG)이 분비되어 황체로 하여금 프로게스테론과 에스트로겐을 더 많이 분비하도록 자극한다. 에스트로겐은 자궁을 계속 키우고, 태아 발달과 유방 확대를 촉진하며, 혈류를 늘리고, 자궁 수축과 옥시토신(oxytocin) 분비를 촉진한다. 한편 프로게스테론은 자궁내막과 태반을 유지하는 호르몬으로, 자궁을 이완시키는 경향이 있다. 제2석달에는 태반이 분비한 프로게스테론이 릴랙신 호르몬과 함께 작용하여 연골을 부드럽게 하고 관절과 인대를 느슨하게 함으로써, 출산에 대비해 골반 확장을 돕는다. 사람태반젖샘자극호르몬(human placental lactogen, HPL)과 프로락틴(prolactin)은 젖 생산을 촉진한다.

호르몬 급상승
임신 테스트가 양성으로 나오는 것은 임신 초기에 엄청나게 많이 분비되는 사람융모생식샘자극호르몬(hCG) 때문이다.

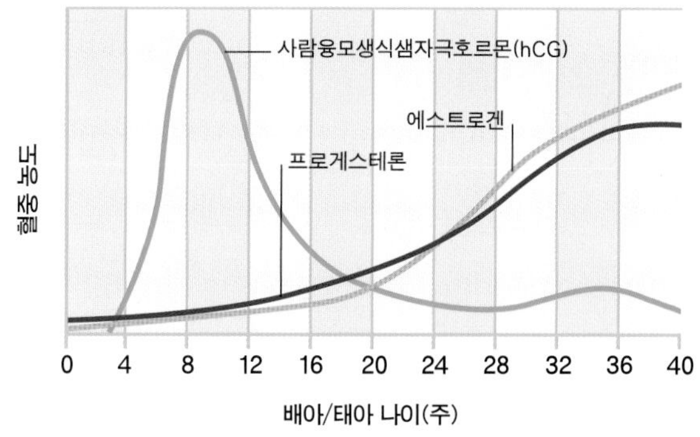
사람융모생식샘자극호르몬(hCG)
에스트로겐
프로게스테론
혈중 농도
0 4 8 12 16 20 24 28 32 36 40
배아/태아 나이(주)

자궁목의 변화

분만 시 근육질의 자궁목이 제대로 확장하려면 미리 자궁목이 부드러워지고 얇아져야 한다. 이 소실 과정에서 자궁목 조직이 얇아진다. 임신 중에는 자궁목이 점액을 두껍게 분비해 통로를 마개처럼 막아, 태아를 감염으로부터 지켜준다.

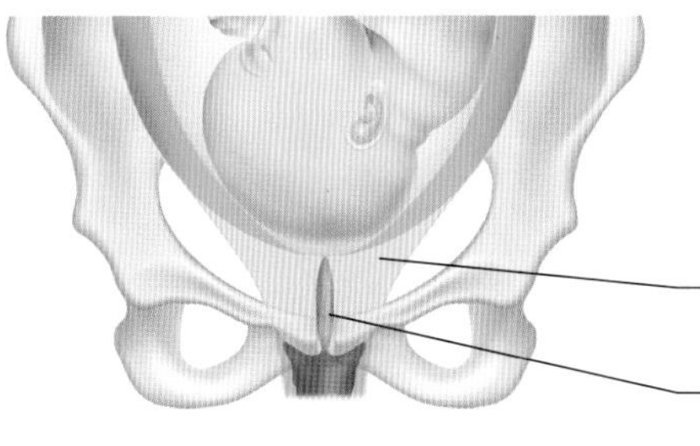

자궁목 연화(softening)
임신 말기가 되면, 혈중 프로스타글란딘이 자궁목 조직을 부드럽게 만들고 (입술처럼) 잘 늘어나게 만든다.

자궁목 조직이 병목처럼 생긴 통로를 형성하고 있다.

점액 마개

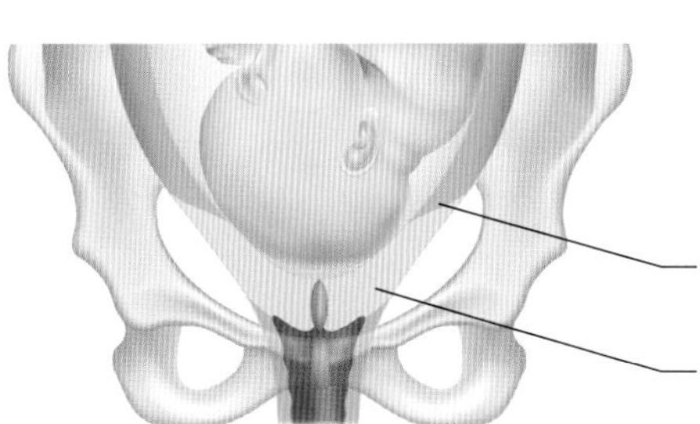

자궁목 소실(effacement)
부드러워진 자궁목이 점차 얇아져 자궁 아랫부분으로 끌려든다.

자궁목이 점차 안으로 끌려들어 자궁과 융합한다.

부드러워진 자궁목 조직이 얇아지기 시작한다.(소실)

유방의 변화

임신하면 유방이 커지고 부드러워진다. 임신 호르몬 때문에 젖꼭지와 주변 젖꽃판이 커지고 짙어지며, 몽고메리결절(Montgomery's tubercle)이라는 좁쌀 같은 돌기들이 젖꽃판 주변에 생긴다. 혈액 공급이 늘어 피부 밑 정맥이 두드러져 보일지도 모른다. 분만이 다가오면 젖꼭지에서 첫젖(초유, colostrum 혹은 pre-milk)이라는 노르께한 액체가 흘러나올 수도 있다. 첫젖은 무기질과 항체가 많아 아기에게 영양과 면역을 공급한다. 출산 후 아기가 젖을 빨면 옥시토신 분비가 촉진되어 자궁 수축과 태반 분만을 거든다.

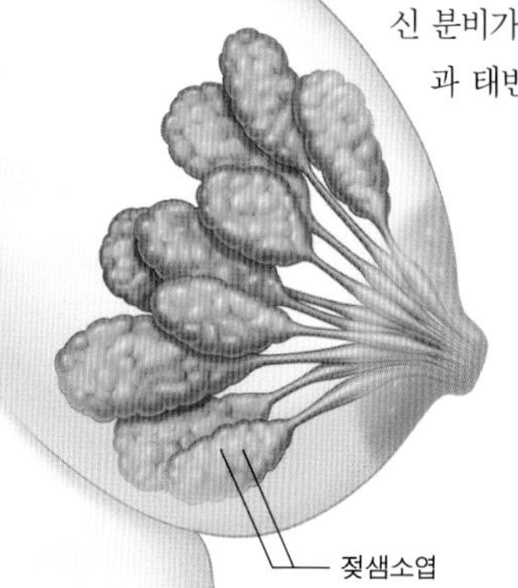
젖샘소엽

젖 생산
젖샘과 젖샘관은 임신 초기부터 증식하고 커지며, 제2석달부터 이미 젖을 생산할 수 있다.

다태임신 (뭇임신, MULTIPLE PREGNANCY)

하나의 수정란이 세포분열 초기에 둘로 갈라지면 일란성쌍둥이(monozygotic twin 혹은 identical twin)가 된다. 두 태아는 DNA가 같아 유전적으로 동일하다. 그보다 흔한 이란성쌍둥이(dizygotic twin 혹은 non-identical twin)는 두 난자가 두 정자에 의해 수정된 경우이다. 두 태아는 형제자매 정도로만 닮는다. 다태임신은 여성의 몸에 더 큰 긴장을 유발하고, 결과가 나쁠 확률도 더 높다.

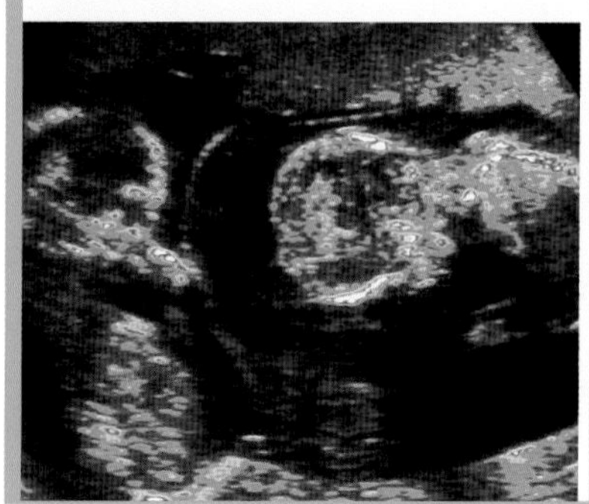

분만과 출산

아기가 밖으로 나오는 분만 과정은 기쁘면서도 고통스러운 경험이다. 산모는 잠재기의 첫 수축부터 태반 분만까지 전 과정에서 생리적, 감정적으로 엄청난 스트레스를 겪는다.

옥시토신
뇌하수체에서 분비되는 옥시토신 결정의 광학현미경 사진. 옥시토신은 분만을 개시하는 호르몬인데, 그 분비 유발 기제는 아직 알려지지 않았다.

수축

분만(labor)은 자궁근육이 수축하여 자궁목이 열리고 아기가 산도(출산길, birth canal)로 밀려나는 과정이다. 임신부는 한참 이전부터 브랙스턴-힉스 수축이라는 짧고 불규칙한 '조임'을 느낄지도 모른다. 분만이 개시되면 수축이 더 강해지고, 더 오래 지속되고, 점점 더 짧은 간격으로 규칙적으로 발생한다. 대부분의 여성들에게 무통증(analgesia) 처치가 필요하다. 의료진은 산모의 배와 열린 자궁목으로 나온 아기 머리에 감지기를 부착하여 분만태아심장묘사법으로 자궁 수축과 태아 반응을 감시한다.

분만태아심장묘사법(cardiotocography, CTG)
분만태아심장묘사법은 서로 상응하는 두 선을 보여 준다. 한 선은 자궁의 수축 강도를 보여 주고, 다른 선은 수축에 대한 태아의 심박동을 보여 준다. 태아의 정상 심박동은 분당 110~160회이다. 그보다 느리다거나 하는 비정상적 패턴은 태아가 수축 시 곤란을 느낀다는 뜻이다.

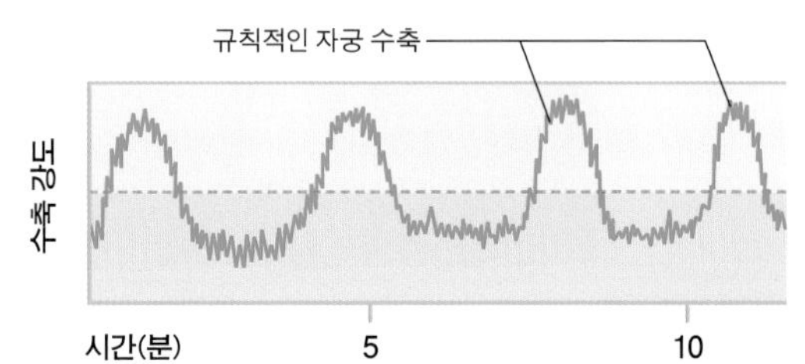
규칙적인 자궁 수축
수축 강도
시간(분)
5
10

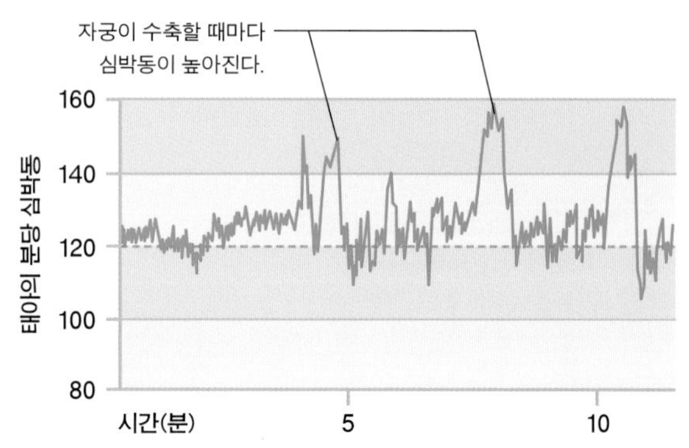
자궁이 수축할 때마다 심박동이 높아진다.
태아의 분당 심박동
160
140
120
100
80
시간(분)
5
10

분만의 단계

자궁 수축을 일으키는 옥시토신 호르몬이 분비되면 분만이 시작된다. 분만은 세 단계로 나뉜다. 그에 앞서 펼쳐지는 잠재기는 자궁목이 확장하기 시작하는 단계이다. 1단계는 자궁목이 4~10센티미터 확장된 시기로 규정되고, 2단계는 자궁목이 완전히 확장해 태아가 나오는 시기, 3단계는 태반까지 다 나오는 시기이다. 2단계에서 산모는 자궁 수축에 맞춰 자발적으로 힘을 줌으로써 아기를 내보낸다. 진통은 2단계와 3단계에 심한데, 구강이나 주사로 진통제를 투여하거나 흡입 마취제 혹은 경막 바깥 마취로 다스린다. 흔히 발생하는 문제로는 분만 진행 이상, 볼기태위 같은 비정상적 태아위치(태위, presentation), 산도나 샅(perineum) 찢어짐, 태반 분만 이상 등이 있다(492~493쪽). 집게(겸자, forceps)나 흡입기(ventouse suction)로 아기를 끌어내는 경우도 있고, 아기나 산모가 위험할 때에는 제왕절개(cesarean section)를 한다.

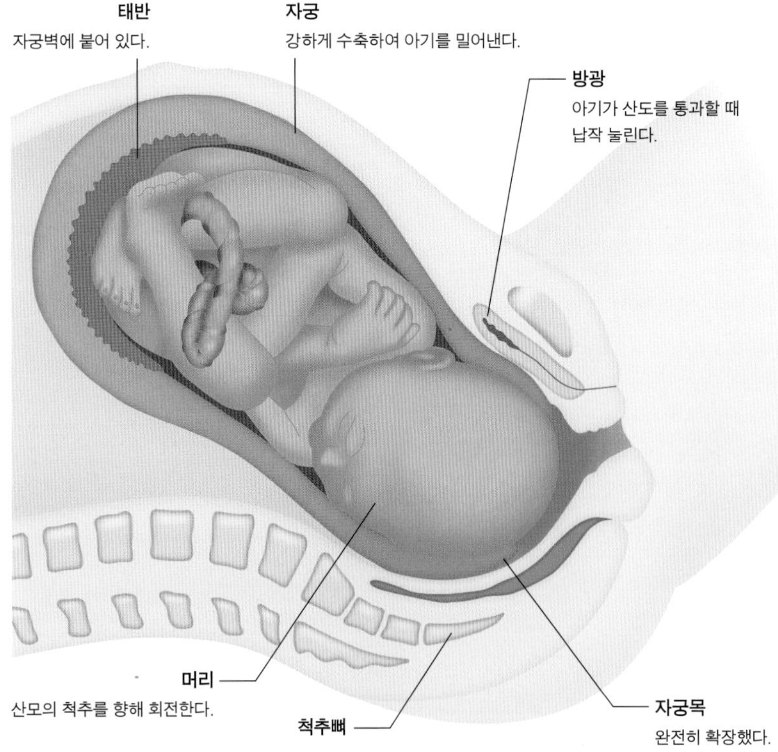
태반
자궁벽에 붙어 있다.
자궁
강하게 수축하여 아기를 밀어낸다.
방광
아기가 산도를 통과할 때 납작 눌린다.
머리
산모의 척추를 향해 회전한다.
척추뼈
자궁목
완전히 확장했다.

1 자궁목 확장
분만의 첫 단계는 자궁목이 4~10센티미터 확장된 시기이다. 그렇게 확장되기까지 몇 시간이 걸린다. 자궁목이 완전히 확장해야 아기가 나오기 시작하는데, 아기는 보통 산모의 등을 바라보는 자세이므로 머리에서 가장 폭이 넓은 부분이 골반에서 가장 폭넓은 축을 통과해 밖으로 나온다.

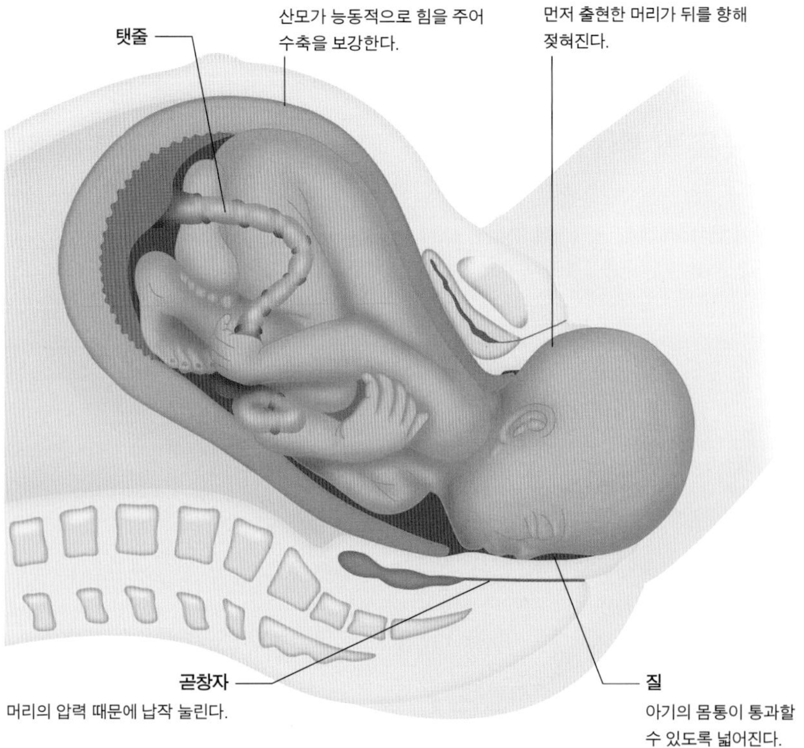
탯줄
수축하는 자궁
산모가 능동적으로 힘을 주어 수축을 보강한다.
선진부
먼저 출현한 머리가 뒤를 향해 젖혀진다.
곧창자
머리의 압력 때문에 납작 눌린다.
질
아기의 몸통이 통과할 수 있도록 넓어진다.

2 산도로의 하강
먼저 나오는 선진부(presenting part)는 보통 머리이다. 반복된 자궁 수축과 밀어냄으로 선진부가 밀려 나온다. 아기의 머리가 열린 자궁목과 질을 지나 샅에 도달하면 밖에서도 보인다. (머리 출현, crowning) 아기는 몸통도 밖으로 나가려고 몸을 뒤로 젖히기 시작한다.

자궁목 확장

분만이 시작되면 자궁목 소실(393쪽)이 자궁목 확장으로 이어진다. 아기가 나올 수 있도록 자궁목이 열리는 것이다. 확장은 보통 잠재기에 시작된다. 자궁 윗부분이 수축하여 짧고 팽팽해짐에 따라 아랫부분이 위로 당겨지고, 자궁목이 안쪽으로 끌려 들어간다. 잠재기에는 확장 폭이 4센티미터 미만이지만, 불규칙 수축이 이어지면서 잠재기가 불편하게 길어질 수도 있다.

자궁이 계속 활동하다가 실제 분만이 개시되면, 규칙적인 수축이 점점 너 강해져 자궁목이 점차 확장된다. 자궁목은 최대 10센티미터까지 열리는데, 그 단계가 되면 아기가 충분히 빠져나온다. 자궁목은 뒤쪽에 있다가 앞쪽으로 이동한다. 자궁목이 완전히 확장되면 아기의 머리가 회전하고, 젖혀지고, 일그러져 산도로 하강한다.

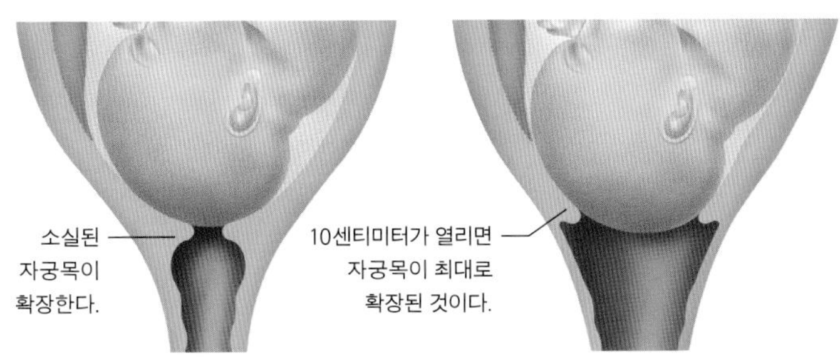
소실된
자궁목이
확장한다.
10센티미터가 열리면
자궁목이 최대로
확장된 것이다.

확장이 시작된 상태
소실된 자궁목이 자궁 수축에 따라 확장되기 시작한다. 초산일 때는 자궁목이 시간당 평균 1센티미터씩 확장하고, 초산이 아닐 때는 더 빠르다.

완전히 확장된 상태
수축이 강해지고 고통스러워지며, 더 자주 규칙적으로 발생한다. 수축의 긴장과 더불어 태아 머리의 압력까지 더해져 자궁목이 더욱 확장된다.

양막 파열

분만 직전, 태아를 둘러싼 양막(amniotic sac 혹은 amnion)이 찢어져 양수가 산도로 흘러나온다. 이것을 '양수가 터졌다(water breaking)'라고 표현하며, 대부분 이후 24시간 내에 자발적으로 분만이 시작된다. 임신 37주 이전에 양수가 터지면 조기파열로 간주하며, 태아가 감염되거나 미숙아분만(premature delivery)이 될 수도 있다. 양막이 자연적으로 파열되지 않거나 유도분만(induced labor) 시에는 양막을 인위적으로 파열시킨다. 분만을 앞당기고, 아기의 머리덮개에 태아감시기(fetal monior)를 부착하기 위해서다.

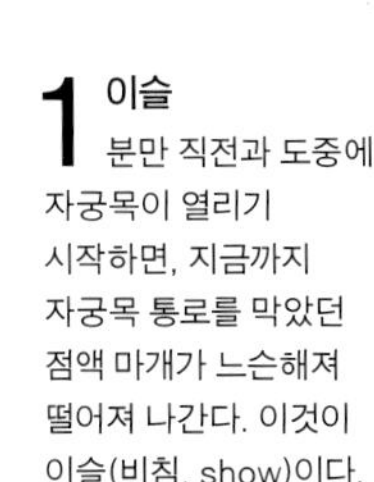

1 이슬
분만 직전과 도중에 자궁목이 열리기 시작하면, 지금까지 자궁목 통로를 막았던 점액 마개가 느슨해져 떨어져 나간다. 이것이 이슬(비침, show)이다.

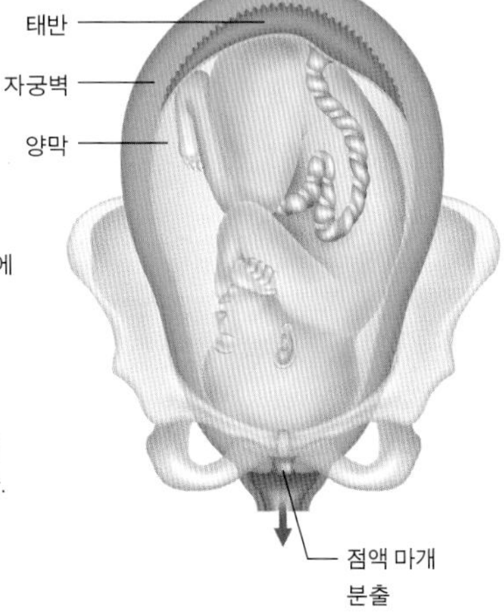
태반
자궁벽
양막
점액 마개
분출

2 수축
자궁 윗부분(자궁바닥, fundus)의 근육들이 수축하기 시작하여 자궁목이 얇아지고, 늘어나고, 확장한다. 태아가 지나갈 길을 열어 주는 것이다.

자궁바닥 수축
확장하는 자궁목
불룩 튀어나온 양막

3 양수 터짐
양막이 늘어나다가 결국 수축 압력을 못 이겨 터진다. 양수가 흘러나오고, 이어 태아의 머리가 하강한다.

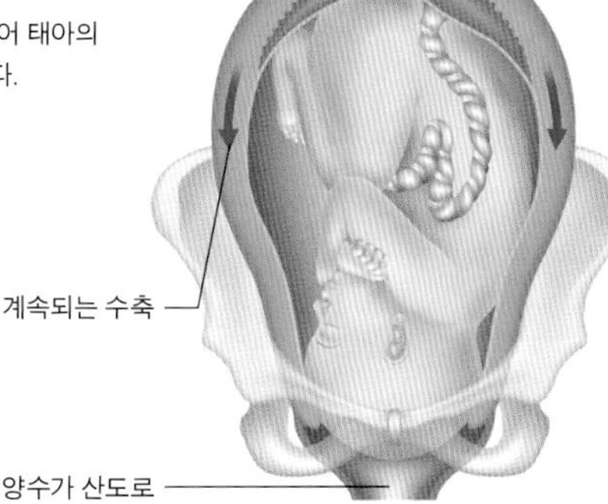
계속되는 수축
양수가 산도로
흘러나온다.

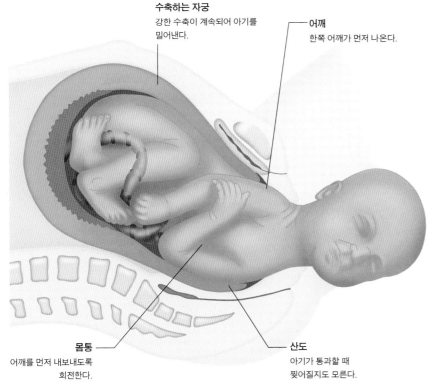

수축하는 자궁
강한 수축이 계속되어 아기를 밀어낸다.

어깨
한쪽 어깨가 먼저 나온다.

몸통
어깨를 먼저 내보내도록 회전한다.

산도
아기가 통과할 때 찢어질지도 모른다.

3 아기 분만
머리가 나오면, 산파는 아기의 기도에서 점액을 닦아내고 태반이 목에 감기지 않았는지 확인한다. 아기는 산도에서 몸을 틀어 먼저 어깨를 밖으로 내민다. 그러면 나머지 몸통이 한결 쉽게 미끄러져 나온다.

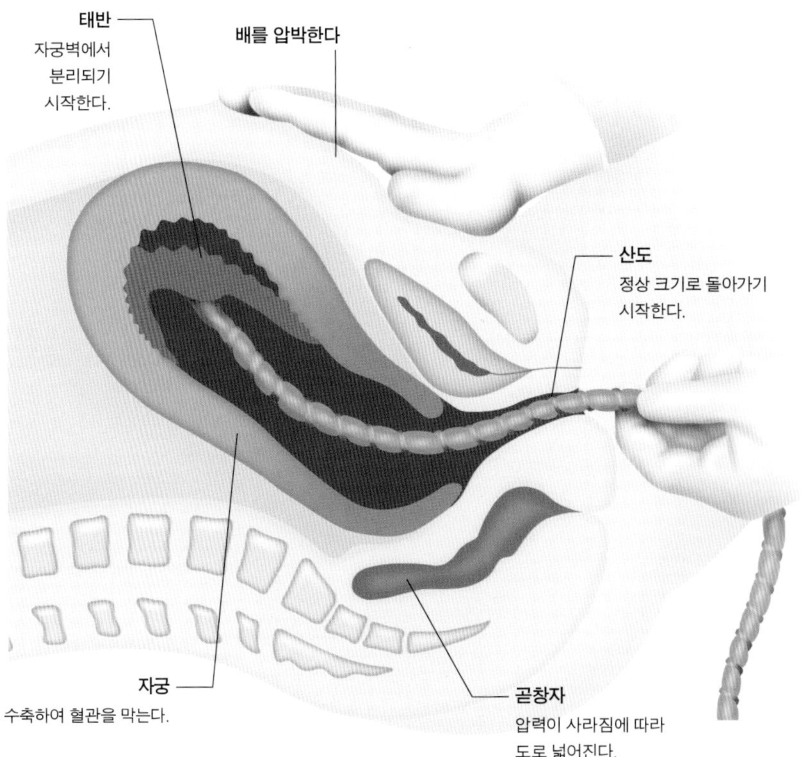
태반
자궁벽에서
분리되기
시작한다.
배를 압박한다
산도
정상 크기로 돌아가기
시작한다.
자궁
수축하여 혈관을 막는다.
곧창자
압력이 사라짐에 따라
도로 넓어진다.

4 태반 분만
수축이 계속 진행되어 자궁 혈관을 압박함으로써 출혈을 방지한다. 산파는 산모의 아랫배를 지그시 누르면서 탯줄을 잡아당겨 태반 분만을 돕는다. 옥시토신 호르몬을 주사하여 태반 분만을 유도할 수도 있다.

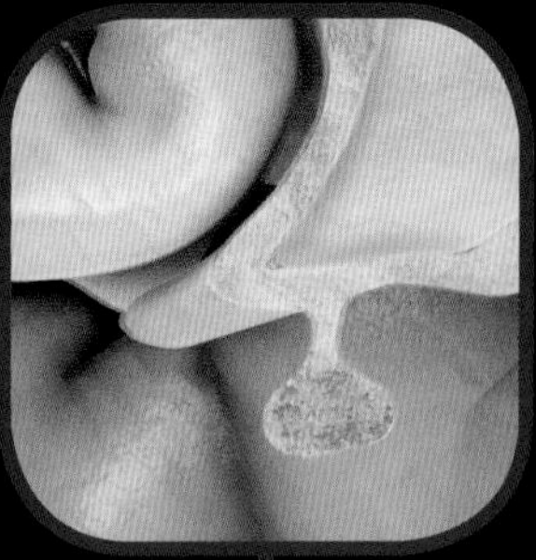

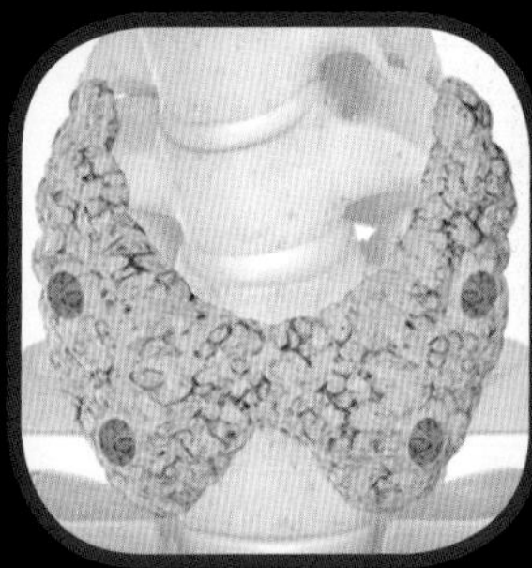

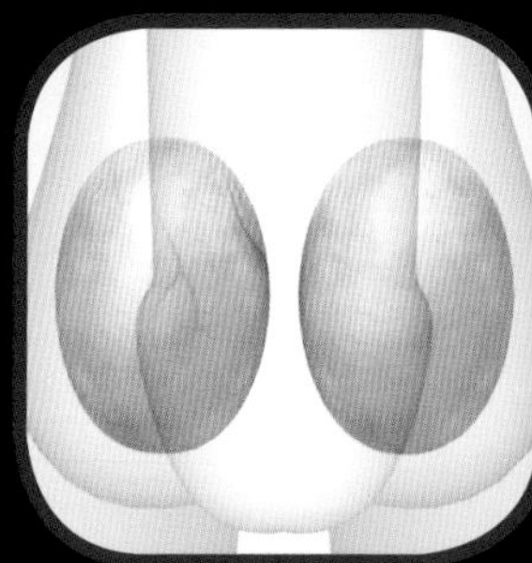

시상하부
신경계통과 내분비계통을 잇는다. 뇌하수체의 활동을 자극하는 호르몬들을 분비한다.

갑상샘
나비 모양의 갑상샘은 인체의 대사와 심박동을 조절하는 호르몬들을 생산한다.

고환
성적 발달과 정자 생산을 자극하는 성호르몬들을 생산한다.

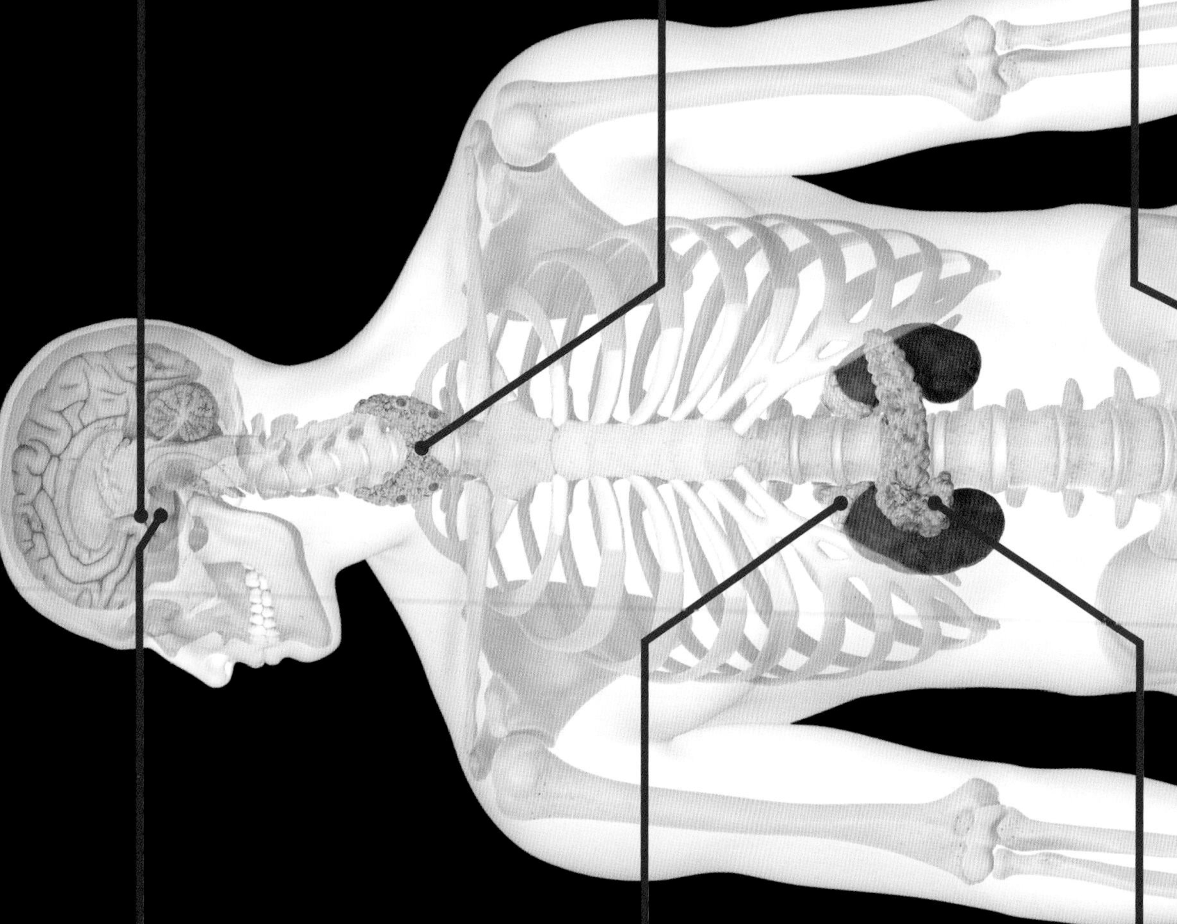

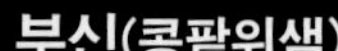

뇌하수체
흔히 우두머리 분비샘(master gland)이라고 불리는 뇌하수체는 다른 많은 분비샘들의 활동을 통제한다. 시상하부와 긴밀하게 연결되어 있다.

부신(콩팥위샘)
이 분비샘의 서로 다른 부분들(속질과 겉질)은 각기 스트레스 대처와 항상성 유지에 도움이 되는 호르몬을 생산한다.

이자(췌장)
이 분비샘은 이중의 기능을 수행한다. 인슐린과 글루카곤 호르몬을 분비하는 것, 그리고 소화효소를 분비하는 것이다.

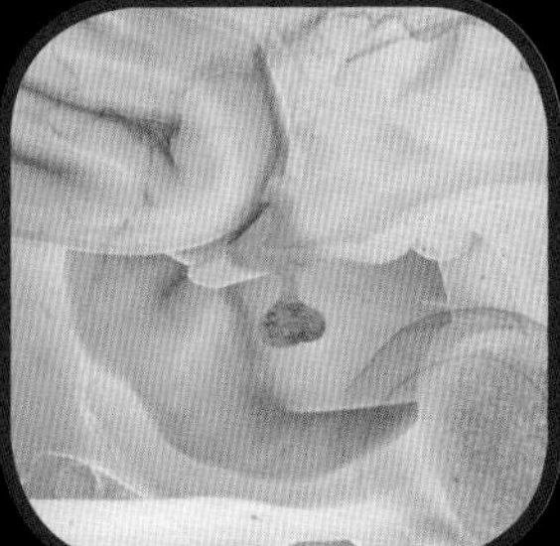

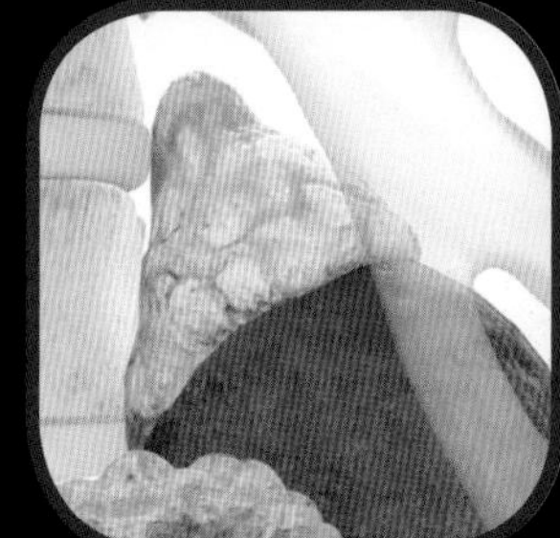

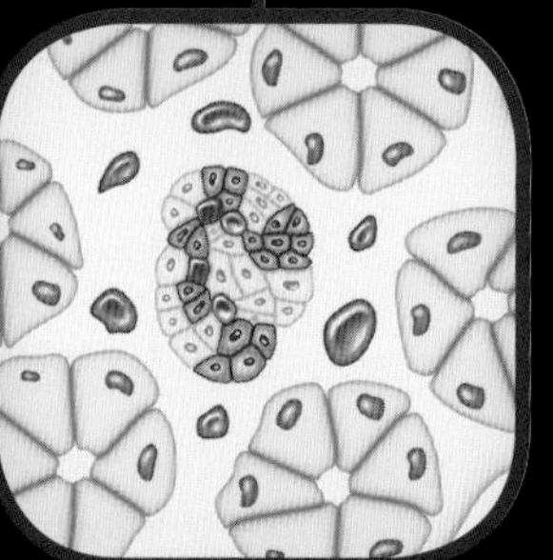

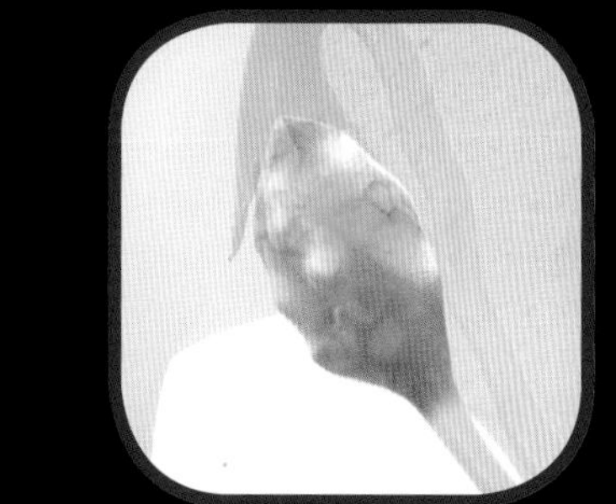

난소
자궁벽을 두껍게 하는 프로게스테론과 난자를 성숙시키는 에스트로겐을 생산한다.

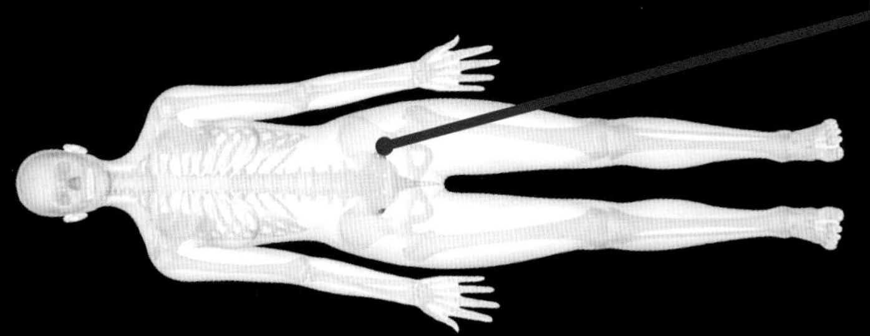

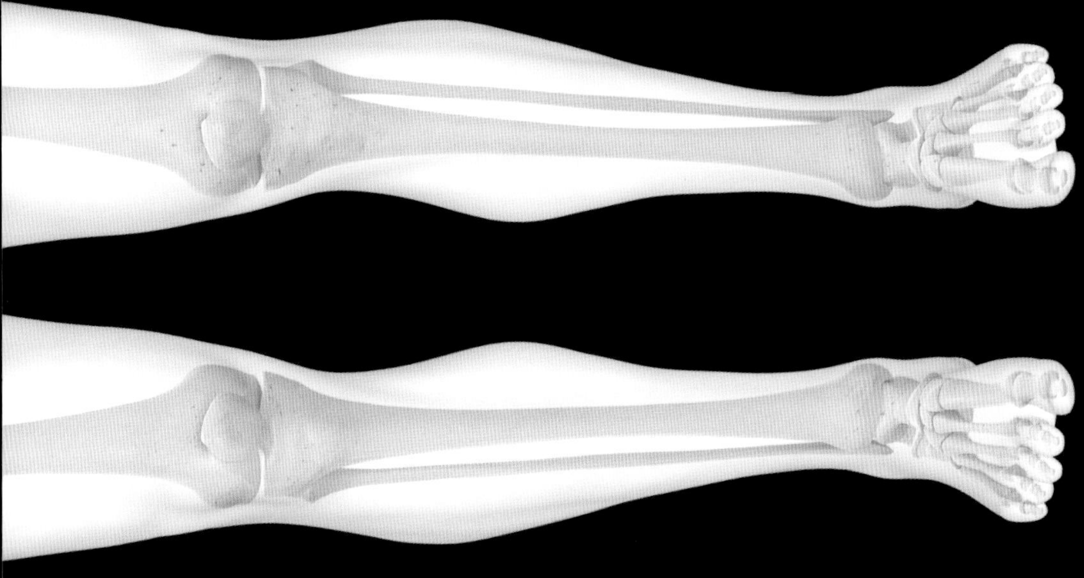

내분비계통

화학물질들의 소통망이 인체 내부의 환경을 감시하고 규제한다. 내분비샘들은 신경계통과 힘을 합쳐 일하며, 인체의 많은 기능을 제어하고 조절하는 호르몬들을 생산한다.

호르몬의 작용

호르몬은 표적세포(target cell)의 활동을 바꿈으로써 영향을 미치는 강력한 화학물질이다. 호르몬은 세포의 생화학 반응을 직접 개시하는 것이 아니라 반응 속도를 조절할 뿐이다. 내분비세포들은 주변 체액으로 호르몬을 분비하고, 호르몬은 혈류를 타고 이동하여 멀리 있는 세포와 조직에 영향을 미친다.

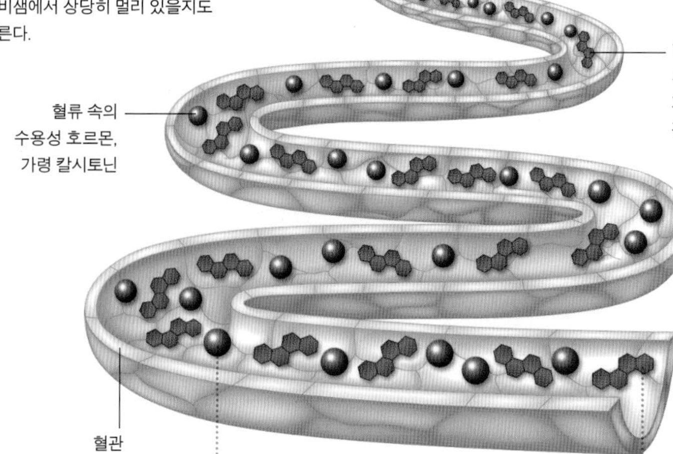
내분비조직
갑상샘
혈류 속의
지용성 호르몬,
가령
갑상샘호르몬
혈류 속의
수용성 호르몬,
가령 칼시토닌
혈관

호르몬의 이동
내분비샘은 혈류로 호르몬을 배출한다. 그림에서는 갑상샘이 분비한 호르몬이 표적세포로 이동하고 있다. 표적세포는 분비샘에서 상당히 멀리 있을지도 모른다.

호르몬의 작동방식

호르몬은 사실상 인체의 모든 세포들과 접촉할 수 있지만, 각자 특정 표적세포에게만 영향을 끼친다. 표적세포란 호르몬이 인식하고 결합할 수 있는 수용체를 지닌 세포로, 그들이 결합하면 세포 내부에서 반응이 촉발된다. 가령 갑상샘자극호르몬은 갑상샘에 있는 세포들의 수용체하고만 결합한다. 수신 범위에 있는 모든 사람들에게 전파 신호가 가 닿지만, 적절한 주파수에 맞춰야만 비로소 그 방송을 들을 수 있는 라디오 방송의 원리와 같다.

한 호르몬의 표적세포가 여러 종류인 경우도 있지만, 다 같은 방식으로 반응하는 것은 아니다. 일례로 간세포는 인슐린의 자극을 받으면 포도당을 저장하는 반면, 비만세포는 지방산을 저장한다. 일단 호르몬이 표적세포에 도착하면, 호르몬이 수용성이냐 지용성이냐에 따라서(오른쪽 참조) 세포 수용체와 결합하여 반응을 일으키는 방식이 다르다. 수용성 호르몬은 아미노산(단백질의 구성 단위)으로 만들어진 반면, 지용성 호르몬은 대개 콜레스테롤로 만들어져 있다.

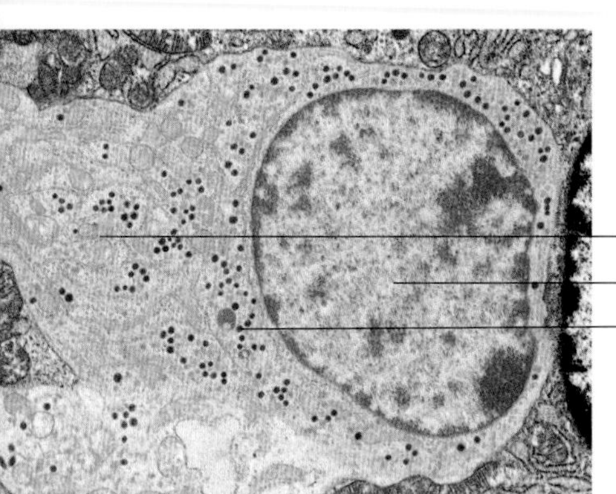
세포질(cytoplasm)
세포핵
분비과립(secretory granule)

내분비세포
갑상샘의 소포곁세포(parafollicular cell)를 보여 주는 현미경 사진. 칼시토닌 호르몬을 생산하고 분비하는 세포이다. 세포질의 붉은 점들은 칼시토닌을 저장하는 분비과립이다.

과학
프로스타글란딘
프로스타글란딘이라는 화합물들은 표적세포의 활성을 자극해 호르몬과 비슷하게 작용한다. 그러나 혈액을 타고 멀리 이동하기보다는 생산된 곳 근처에서 국소적으로 작용하는 점이 다르다. 프로스타글란딘은 거의 모든 세포막에서 분비되며, 혈압을 낮추고 분만 시 자궁 수축을 촉진하는 등 여러 영향을 미친다. 또한 염증 반응에 관여하고, 통증 감각에 기여한다.

프로스타글란딘 결정
프로스타글란딘 BI의 결정을 찍은 편광 현미경 사진. 프로스타글란딘의 종류는 20가지가 넘는다.

수용성 호르몬
수용성 호르몬은 지방층이 있는 세포막을 통과하지 못하므로, 표적세포 표면에 있는 수용체들과 결합하여 영향을 미친다. 대부분의 호르몬이 수용성이다.

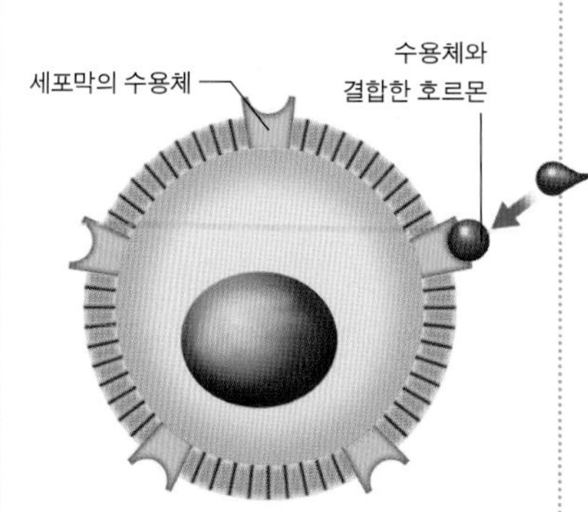
세포막의 수용체
수용체와
결합한 호르몬

1 수용체 결합
호르몬이 표적세포 표면에 튀어나온 수용체를 인식하고 결합한다. 열쇠가 자물쇠에 끼워지는 것과 비슷하다.

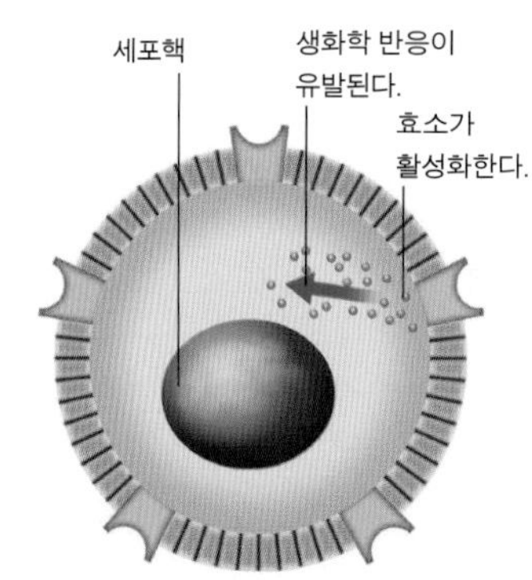
세포핵
생화학 반응이
유발된다.
효소가
활성화한다.

2 활성화
세포 속 효소들이 활성화하여 정상적인 세포 과정의 속도를 빠르게 하거나 느리게 함으로써 세포의 생화학적 활동을 바꾼다.

지용성 호르몬
지용성 호르몬은 세포막을 통과할 수 있으므로, 세포 내부의 수용체들과 결합하여 영향을 미친다. 성호르몬과 갑상샘호르몬 등은 지용성 호르몬이다.

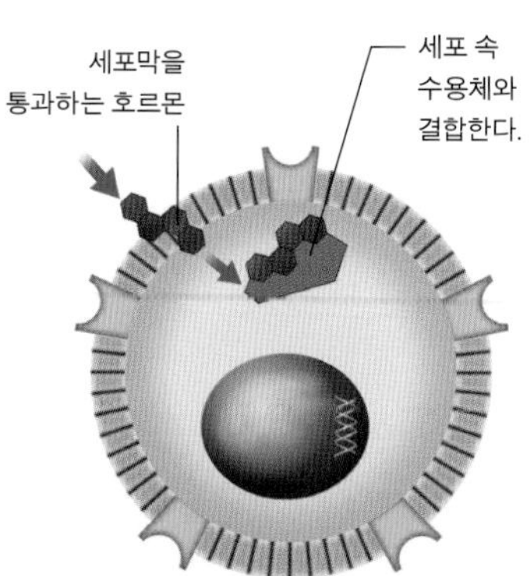
세포막을
통과하는 호르몬
세포 속
수용체와
결합한다.

1 세포 속에서의 결합
호르몬이 세포막으로 확산해 들어가 세포 속의 이동성 수용체와 결합한다. 결합이 완료되면 호르몬-수용체 복합체가 활성화한다.

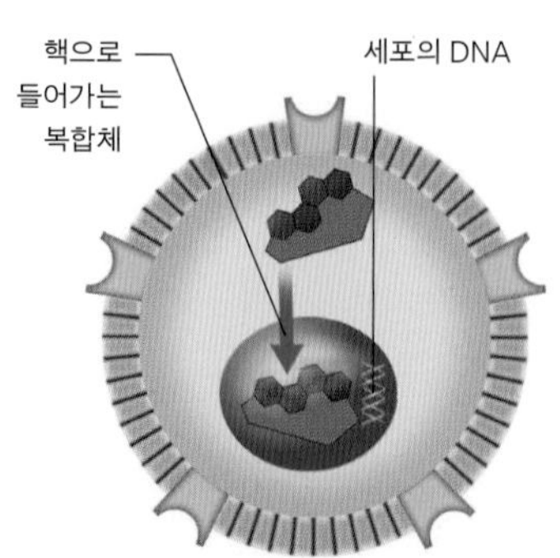
핵으로
들어가는
복합체
세포의 DNA

2 유전자 활동 유발
호르몬-수용체 복합체는 핵으로 들어가 DNA의 특정 부분과 결합한다. 그러면 특정 유전자가 작동해서, 세포의 생화학적 활동을 바꾸는 효소들의 작용이 시작되거나 중단된다.

호르몬 분비의 유발기제

호르몬 생산과 배출을 자극하는 요인은 다양하다. 어떤 내분비샘은 혈액에 특정 무기질이나 영양소가 있느냐 없느냐에 따라 자극을 받는다. 가령 혈중 칼슘 농도가 낮으면 부갑상샘(402쪽)이 자극되어 부갑상샘호르몬이 분비되고, 혈중 포도당 농도가 높으면 이자에서 인슐린이 분비된다.

어떤 내분비샘들은 다른 내분비샘이 생산한 호르몬에 반응한다. 시상하부가 생산한 호르몬들은 뇌하수체 앞엽의 분비샘을 자극하여 호르몬을 생산하게 하고, 뇌하수체 호르몬들이 또 다른 분비샘들을 자극한다. 일례로 부신겉질자극호르몬(adrenocorticotropic hormone)은 부신(콩팥위샘, suprarenal gland, 혹은 adrenal gland) 겉질(바깥층)을 자극하여 코르티코스테로이드(corticosteroid) 호르몬을 생산하게 한다.

호르몬 자극을 받을 때는 호르몬 분비가 일정한 패턴에 따라 많아졌다 적어졌다 하면서 리듬감 있게 변화한다. 그런데 드물지만 신경계통의 신호로 호르몬이 분비되는 경우도 있다. 일례로 교감신경계통의 신경섬유가 부신속질(안쪽 부분)을 자극하면 에피네프린(아드레날린이라고도 부른다.)이 분비된다. 이런 종류의 자극에서는 호르몬이 폭발적으로 분출된다.

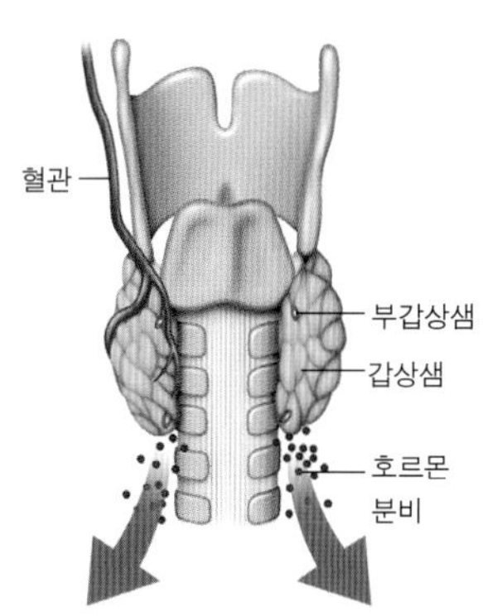
혈관
부갑상샘
갑상샘
호르몬
분비

혈중 농도에 대한 반응
혈중 칼슘 농도가 낮으면 부갑상샘이 그 반응으로 부갑상샘호르몬을 분비하고, 이것이 칼슘 농도를 높인다. 갑상샘의 칼시토닌 분비도 억제된다.

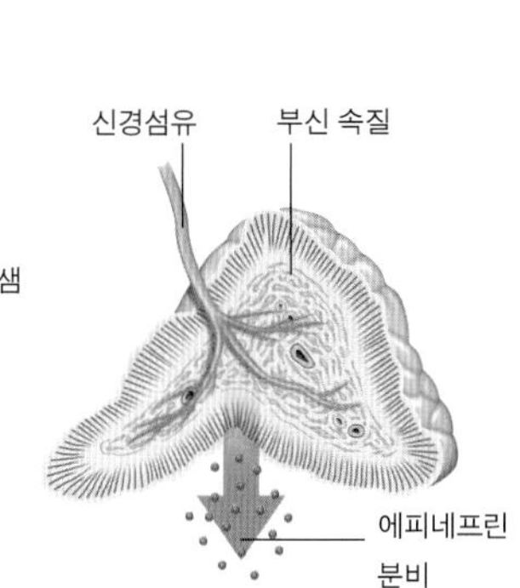
신경섬유
부신 속질
에피네프린
분비

신경 자극에 대한 반응
교감신경계통의 신경섬유는 시상하부의 신호를 받아 부신 속질을 자극함으로써 스트레스 상황에서 에피네프린 분비를 촉진한다.

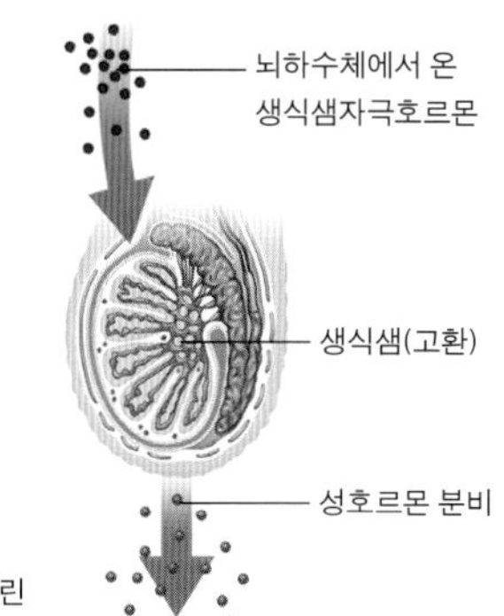
뇌하수체에서 온
생식샘자극호르몬
생식샘(고환)
성호르몬 분비

호르몬에 대한 반응
뇌하수체에서 나온 생식샘자극호르몬은 생식샘(sex gland), 즉 난소와 고환을 자극하여 성호르몬을 더 분비하게 한다. 고환이라면 테스토스테론을 분비한다.

호르몬 조절

호르몬은 낮은 농도에도 표적세포에게 영향을 미치는 강력한 물질이다. 하지만 활동의 지속 시간이 몇 초에서 몇 시간쯤으로 제한되므로, 혈중 호르몬 농도가 이 범위 내에서 잘 조절되어야만 특정 호르몬과 인체의 요구에 부응할 수 있다. 호르몬 농도는 주로 음성 되먹임(negative feedback) 메커니즘으로 조절된다. 이것은 설정된 온도를 기준으로 지속적으로 실온을 감시하는 실내 자동온도조절 장치와 비슷하다. 실온이 희망 온도 아래로 떨어지면 통제 장치가 작동해 보일러를 틀고, 희망 온도에 도달하면 통제 장치가 보일러를 끄는 것이다. 호르몬 되먹임 체계에서는 혈중 호르몬(또는 화학물질) 농도가 실온에 해당하고, 시상하부 및 뇌하수체가 자동온도조절 장치에 해당한다. 혈중 호르몬(또는 화학물질) 농도가 최적보다 낮아지면 시상하부 및 뇌하수체가 내분비샘을 '켜서' 호르몬을 분비하게 하고, 혈중 농도가 높아지면 내분비샘을 '끈다'.

호르몬 분비
뇌하수체에서 온 호르몬들의 자극을 받아 갑상샘이 갑상샘호르몬(노란색)을 분비한다. 호르몬은 모세혈관(푸른색)으로 들어가 혈류를 타고 이동한다.

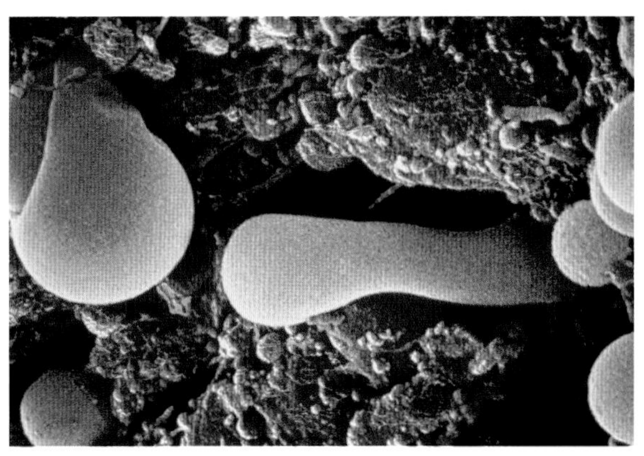

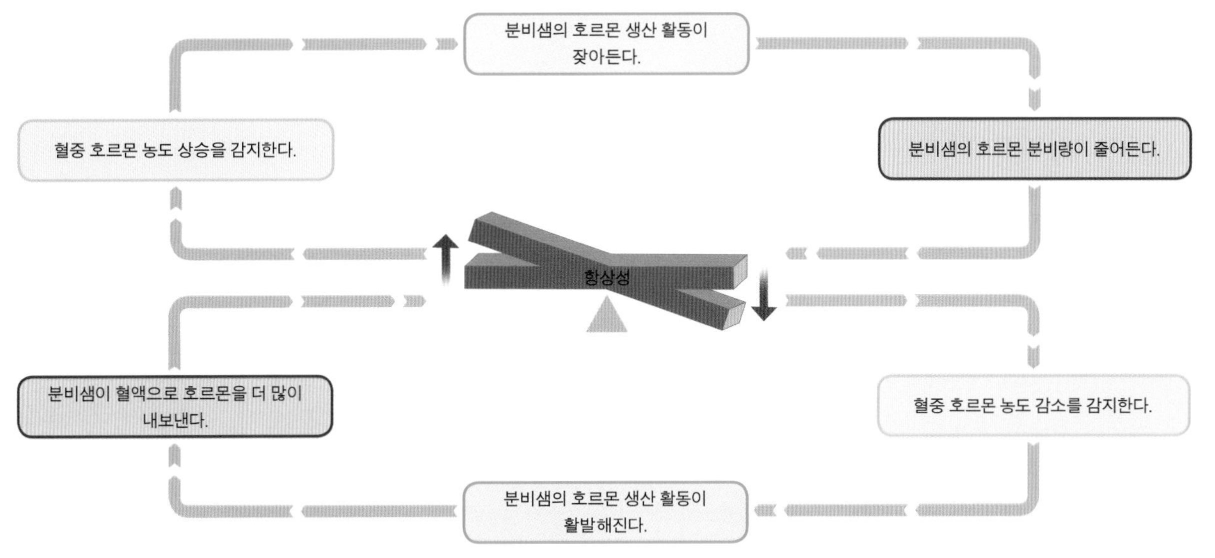
분비샘의 호르몬 생산 활동이 잦아든다.
분비샘의 호르몬 분비량이 줄어든다.
혈중 호르몬 농도 감소를 감지한다.
분비샘의 호르몬 생산 활동이 활발해진다.
분비샘이 혈액으로 호르몬을 더 많이 내보낸다.
혈중 호르몬 농도 상승을 감지한다.
항상성

음성 되먹임 고리
혈중 호르몬 농도는 음성 되먹임 메커니즘을 통해서 최적의 범위로 유지된다.(이것이 항상성이다.) 농도를 줄곧 감시하다가 너무 높거나 낮아지면 생산 스위치를 끄거나 켜는 것이다.

호르몬의 리듬

어떤 호르몬들은 한 달이나 하루를 주기로 혈중 농도가 달라진다. 월 주기를 따르는(389쪽) 여성의 성호르몬 농도는 시상하부에서 분비되는 생식샘자극호르몬방출호르몬(GnRH)의 리듬에 따른다. GnRH가 뇌하수체 호르몬 분비를 조절하고, 뇌하수체는 난포를 발달시키는 난포자극호르몬과 배란을 유발하는 황체형성호르몬을 배출한다. 성장호르몬, 부신의 코티솔, 솔방울샘의 멜라토닌은 일 주기를 따른다. 성장호르몬과 멜라토닌은 밤에 최고이고, 코티솔은 오전에 최고이다. 일 주기는 수면이나 밤낮 주기와 관련된다.

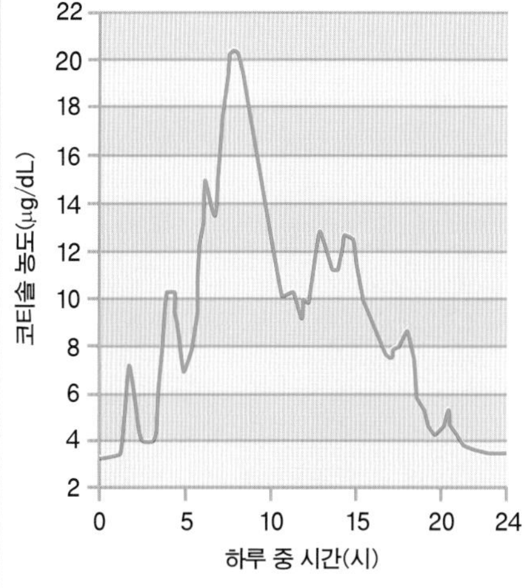
코티솔 농도(μg/dL)
22
20
18
16
14
12
10
8
6
4
2
0
5
10
15
20
24
하루 중 시간(시)

코티솔(cortisol) 농도
대사에 영향을 미치는 코티솔은 24시간 주기로 제어된다. 오전 7~8시가 최고 농도이고, 자정쯤이 최저이다.

뇌하수체

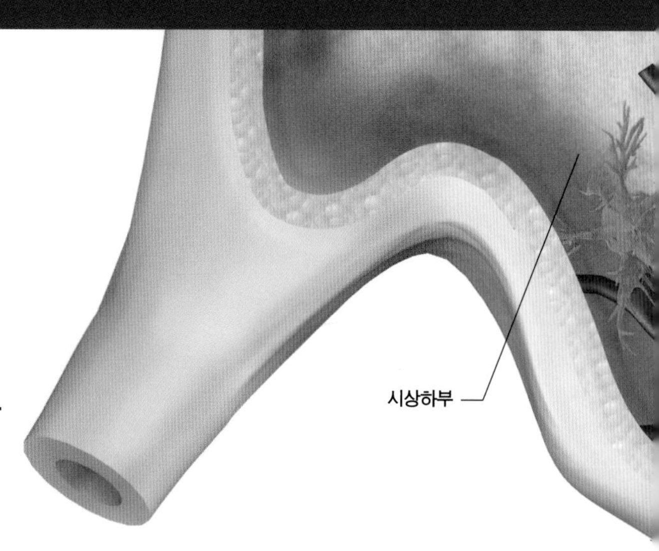
시상하부

뇌 밑에 있는 작은 뇌하수체가 분비하는 조절 호르몬들은 다른 분비샘들을 자극하여 그들로 하여금 호르몬을 생산하게 한다. 뇌하수체는 광범위하게 영향을 미치기 때문에 '우두머리 분비샘'이라고도 불리는데, 사실 진정한 우두머리 분비샘은 내분비계통과 신경계통을 이어 주는 시상하부이다.

호르몬 통제자들

뇌하수체는 구조나 기능에서 전혀 다른 두 부분으로 구성된다. 뇌하수체 앞엽(anterior lobe)은 뇌하수체 부피의 대부분을 차지하며, 호르몬을 생산하는 분비샘 조직으로 만들어져 있다. 뒤엽(posterior lobe)은 사실 시상하부 조직에서 유래한 뇌의 일부로서, 시상하부가 만든 호르몬을 저장했다가 배출한다.

앞엽과 뒤엽은 다른 방식으로 시상하부와 이어져 있다. 앞엽은 문맥계통(portal system)이라는 복잡한 혈관망을 통해 시상하부와 이어진다. 문맥계통에서는 동맥과 정맥의 혈액이 직접 이어지는데, 혈액이 심장을 거쳤다가 오는 게 아니어서 시상하부 호르몬들이 뇌하수체 앞엽으로 그만큼 빨리 전달된다. 뒤엽은 신경다발을 통해 시상하부와 이어진다. 시상하부에서 유래한 이 신경세포(뉴런)들은 호르몬을 생산하고, 뇌하수체 뒤엽까지 축삭을 뻗어서 그곳에 호르몬을 저장한다. 뒤엽은 뉴런들의 신경 신호에 반응하여 저장된 호르몬을 요구대로 배출한다.

앞엽

오른쪽 채색 전자현미경 사진을 보면, 가장자리에 호르몬을 제조하는 분비세포들이 있다. 시상하부가 분비한 조절 호르몬은 모세혈관을 타고 분비세포로 전달되는데, 사진 중앙에 있는 공간이 확장된 모세혈관이다. 모세혈관 속에는 감염에 맞서는 큰포식세포가 들어 있다.

9

콩알만 한 뇌하수체가 만드는 호르몬의 종류

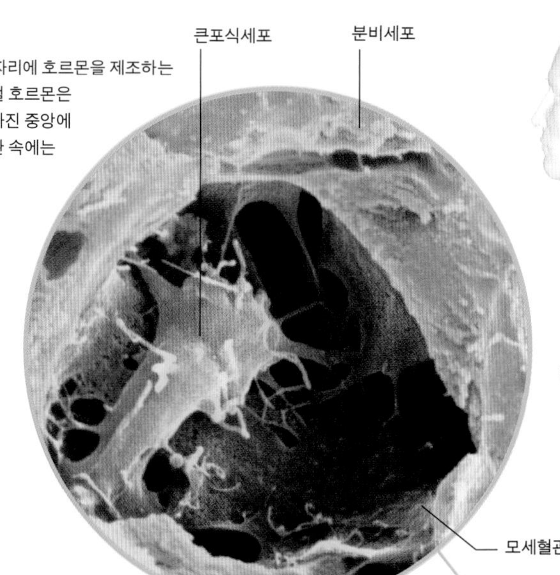
큰포식세포
분비세포
모세혈관 벽

뇌하수체

위치 보기

문맥계통
시상하부가 분비한 조절 호르몬을 뇌하수체 앞엽으로 전달하는 혈관 체계

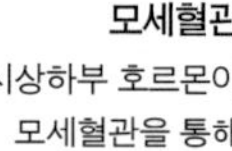

앞엽 호르몬

뇌하수체 앞엽에서 생산되는 7가지 호르몬 중 4가지 자극호르몬(tropic hormone)은 다른 분비샘들을 표적으로 삼아 각자 호르몬을 분비하게끔 재촉한다. 갑상샘자극호르몬(TSH), 부신겉질자극호르몬(ACTH), 난포자극호르몬, 황체형성호르몬이다. 반면 성장호르몬, 프로락틴, 멜라닌세포자극호르몬(MSH)은 표적 장기에 직접 작용한다. 앞엽의 호르몬 분비는 시상하부 호르몬에 따라 조절된다. 시상하부에서 앞엽으로 전달되는 호르몬은 여러 종류이지만, 앞엽의 분비세포들은 자신을 겨냥한 호르몬을 잘 인식하여 특정 호르몬을 생산하거나 배출한다. 호르몬은 모세혈관으로 배출되고, 다시 정맥을 타고 순환계통으로 들어가 표적 장기에 도달한다.

모세혈관
시상하부 호르몬이 모세혈관을 통해 앞엽으로 들어온다.

분비세포
앞엽 세포들은 호르몬을 만들고 배출한다.

앞엽

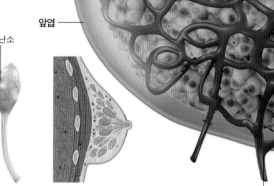

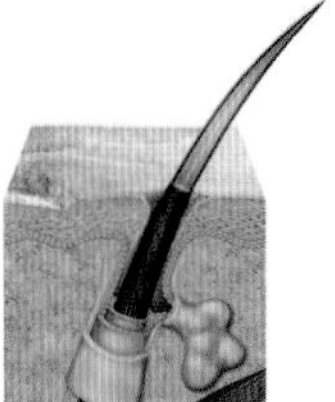

피부
멜라닌세포자극호르몬은 피부에서 멜라닌을 생산하는 멜라닌세포를 자극한다. 멜라닌세포자극호르몬이 과잉생산되면 피부가 검어진다.

부신

부신
부신겉질자극호르몬은 부신 겉질을 자극하여 스트레스 극복에 도움이 되는 스테로이드 호르몬을 분비하게 한다. 이 호르몬들은 대사에도 영향을 미친다.

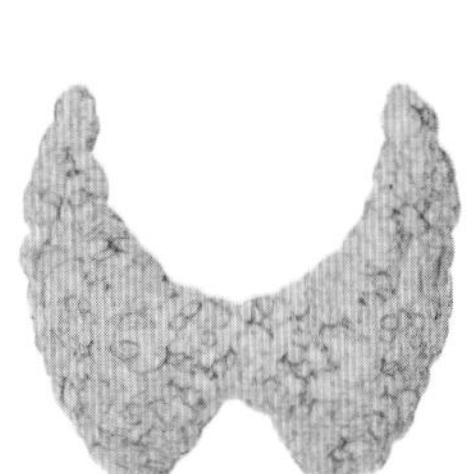

갑상샘
갑상샘자극호르몬은 갑상샘을 자극하여 호르몬을 분비하게 한다. 그 호르몬들은 대사와 열 생산에 영향을 미치고, 여러 인체 계통의 정상적인 발달을 촉진한다.

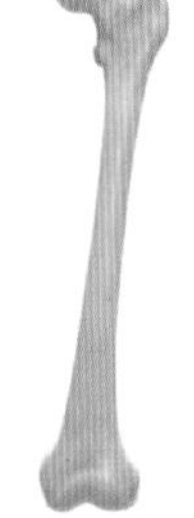

뼈, 뼈대근육, 간
성장호르몬은 뼈 성장, 근육량 증가, 조직 형성 및 재생을 촉진한다.

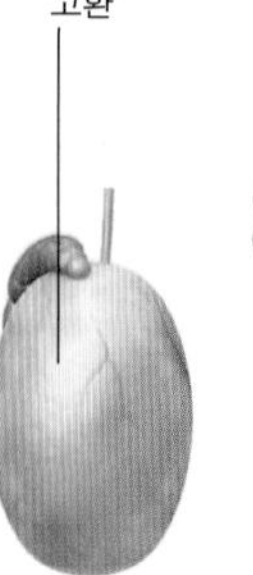
고환

난소

생식샘
황체형성호르몬과 난포자극호르몬은 생식샘을 자극하여 호르몬을 분비하게 한다. 여성은 난자를 성숙시켜 배란을 촉진하고, 남성은 정자 생산을 촉진한다.

유방
프로락틴은 젖샘의 젖 생산을 촉진한다. 월경 전에 가슴이 약간 부드러워지는 것은 프로락틴 농도가 높아지기 때문일지도 모른다.

세정맥
세정맥이라 불리는 작은 정맥들이 뇌하수체 앞엽과 뒤엽의 호르몬을 혈류로 나른다.

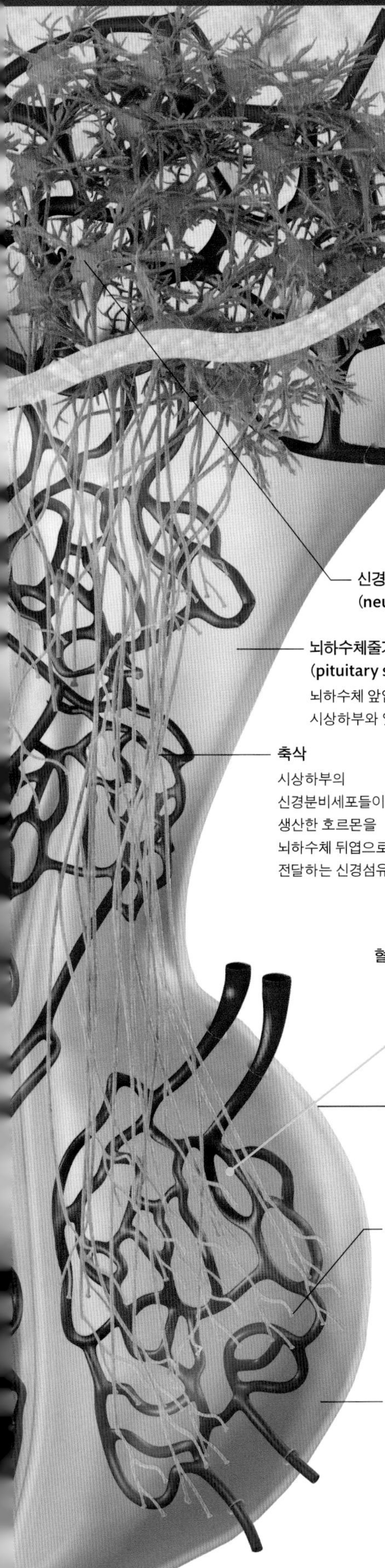

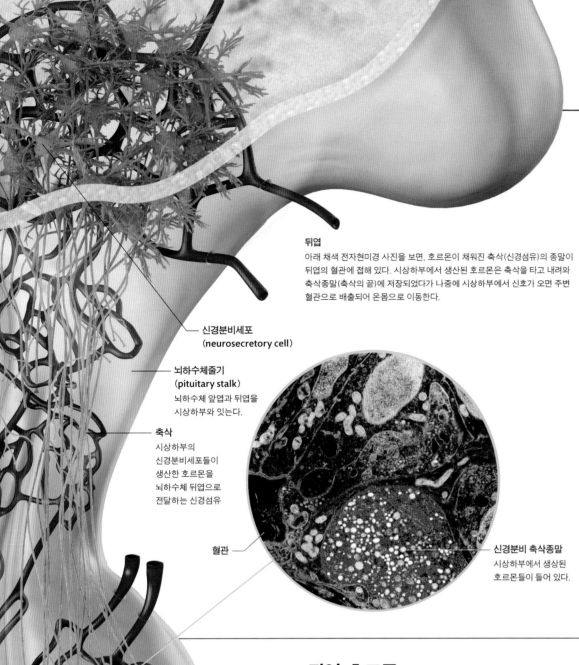

뒤엽
아래 채색 전자현미경 사진을 보면, 호르몬이 채워진 축삭(신경섬유)의 종말이 뒤엽의 혈관에 접해 있다. 시상하부에서 생산된 호르몬은 축삭을 타고 내려와 축삭종말(축삭의 끝)에 저장되었다가 나중에 시상하부에서 신호가 오면 주변 혈관으로 배출되어 온몸으로 이동한다.

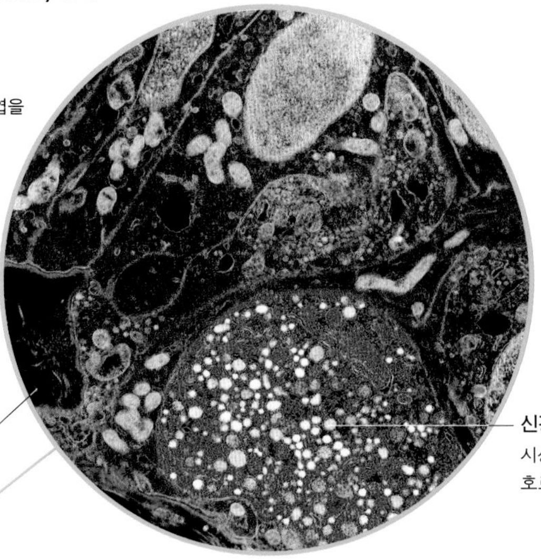

신경분비세포 (neurosecretory cell)

뇌하수체줄기 (pituitary stalk)
뇌하수체 앞엽과 뒤엽을 시상하부와 잇는다.

축삭
시상하부의 신경분비세포들이 생산한 호르몬을 뇌하수체 뒤엽으로 전달하는 신경섬유

혈관

신경분비 축삭종말
시상하부에서 생상된 호르몬들이 들어 있다.

축삭종말
시상하부에서 만들어진 호르몬이 이곳에 저장되었다가 배출된다.

뒤엽

건강
성장호르몬

아동과 십대는 정상적으로 성장하기 위해, 성인은 근육 유지, 뼈 유지, 조직 재생을 위해 성장호르몬이 필요하다. 어릴 때 성장호르몬이 너무 많이 생산되면 긴뼈들이 활발하게 성장하여 키가 비정상적으로 자라지만, 인체의 상대적 비율은 정상을 벗어나지 않는다. 거꾸로 어릴 때 성장호르몬이 너무 적으면 긴뼈들이 느리게 성장하여 키가 많이 크지 않는다. 한편 긴뼈의 성장이 완료된 뒤에 성장호르몬이 과다하게 분비되면 손, 발, 얼굴 등 인체의 말단이 확대된다. 말단만이 여전히 성장호르몬에 반응하기 때문이다. 성인기에 성장호르몬이 너무 적은 것은 보통 아무런 문제도 일으키지 않는다. 사춘기 이전에 아이의 성장호르몬 부족이 감지되면 합성성장호르몬을 처방하면 된다. 그러면 키가 거의 정상으로 자란다.

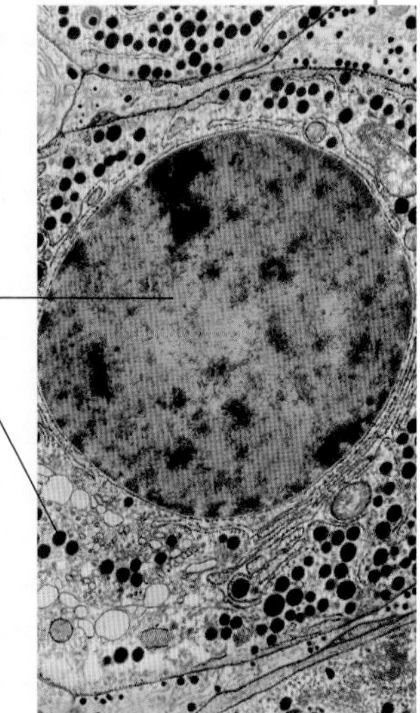
핵
과립

성장호르몬분비세포
성장호르몬은 뇌하수체 앞엽의 성장호르몬분비세포 (somatotroph)들에서 생산된다. 오른쪽 채색 전자현미경 사진을 보면, 호르몬을 담은 과립이 세포질에 무수히 많이 들어 있다.

뒤엽 호르몬

뇌하수체 뒤엽은 옥시토신과 항이뇨호르몬(ADH)을 저장한다. 이 호르몬들은 분비샘에서 만들어진 게 아니라, 시상하부의 두 영역에 있는 뉴런(신경세포)들이 생산한 것이다. 시상하부에서 생산된 호르몬은 작은 꾸러미로 포장된 뒤 뉴런의 축삭(신경섬유)을 타고 축삭종말로 내려와 필요할 때까지 그곳에 저장된다. 나중에 해당 호르몬을 생산했던 시상하부 뉴런들이 신경자극을 보내 뇌하수체 뒤엽이 해당 호르몬을 모세혈관으로 배출하면 호르몬은 이후 정맥으로 들어가 표적세포로 이동한다. 옥시토신과 항이뇨호르몬은 구조가 거의 같다. 둘 다 아미노산 9개로 이뤄졌는데, 그중 2개만 다르다. 하지만 효과는 전혀 다르다. 옥시토신은 민무늬근 수축을 촉진한다. 특히 자궁, 자궁목, 유방에 영향을 미친다. 항이뇨호르몬은 인체의 수분 평형에 영향을 미친다.(383쪽)

뇌하수체의 구조
뇌하수체는 두 엽과 하나의 줄기로 구성된다. 깔때기(infundibulum)라고도 불리는 줄기는 두 엽을 시상하부와 이어 준다. 줄기 속을 달리는 혈관들과 신경섬유들은 시상하부의 호르몬을 뇌하수체로 운반한다.

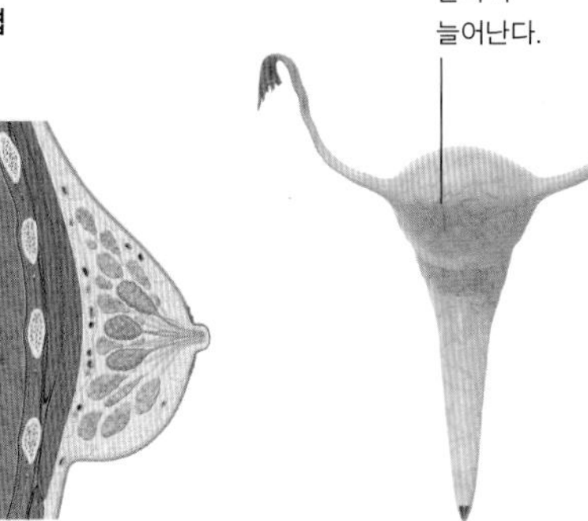
근육이
늘어난다.

유방
옥시토신은 수유할 때 젖샘의 젖 분비를 촉진한다. 아기가 젖을 빨면 이 호르몬 반응이 유발된다.

자궁
옥시토신은 분만할 때 자궁 수축을 촉진한다. 자궁이 늘어나면 시상하부가 자극되어 옥시토신이 생산되고, 뇌하수체 뒤엽이 그것을 받아 배출한다.

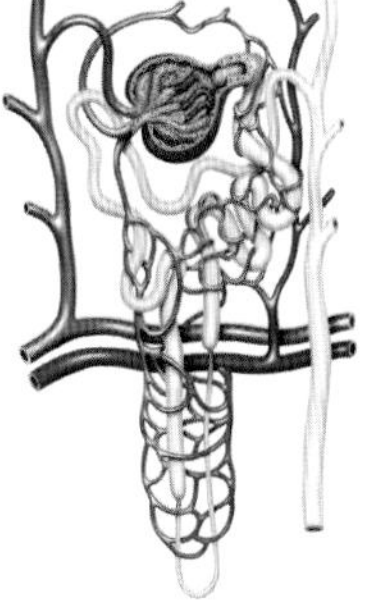

콩팥요세관
항이뇨호르몬은 콩팥의 여과관에서 물이 재흡수되어 혈액으로 돌아가도록 함으로써 소변을 농축한다. 혈압에도 영향을 미친다.

포옹 호르몬
옥시토신은 출산할 때 자연적으로 생산되는데, 어쩌면 엄마가 아기를 돌보는 행동을 하도록 촉진하는 데 중요한 역할을 하는지도 모른다. 우리가 성교 후 만족감을 느끼는 것도 옥시토신 때문일 수 있다.

호르몬 생산

갑상샘(thyroid gland), 부갑상샘(parathyroid gland), 부신(suprarenal gland), 솔방울샘(송과체, pineal gland) 등은 호르몬 생산에만 전념하는 내분비계통 장기들이다. 반면에 내분비계통의 일부이면서도 전적으로 내분비계통만은 아닌 장기와 조직도 있다. 그것들은 404~405쪽에서 다룬다.

갑상샘

나비 모양의 갑상샘은 주로 갑상샘소포(thyroid follicle)라는 둥근 주머니들로 이뤄진다. 소포들의 벽에서 생산되는 두 가지 중요한 호르몬 T3(삼요드티로닌, triiodothyronine)와 T4(티록신, thyroxine)를 갑상샘호르몬이라고 통칭한다. 거의 모든 체세포들에게 갑상샘호르몬 수용체가 있으므로, 갑상샘호르몬은 온몸에 광범위하게 영향을 미친다. 갑상샘은 다량(100일치)의 호르몬을 저장할 수 있다는 점에서 다른 내분비샘들과 다르다. 갑상샘은 또 소포들 사이의 소포곁세포들에서 칼시토닌을 생산한다. 뼈에서 혈액으로 칼슘이 빠져나오는 것을 억제하는 칼시토닌은 뼈대가 급속히 성장하는 소아기에 특히 중요하다.

갑상샘호르몬이 관여하는 과정	효과
기초대사율(basal metabolic rate, BMR)	세포들이 연료(포도당과 지방)를 에너지로 전환하도록 촉진함으로써 기초대사율을 높인다. 기초대사율이 높으면 탄수화물, 지방, 단백질 대사가 활발해진다.
체온 조절(칼로리 생산, calorigenesis)	세포들을 자극하여 에너지를 더 많이 만들고 쓰게 한다. 그래서 열이 나고, 체온이 높아진다.
탄수화물과 지방 대사	포도당과 지방이 에너지로 전환되도록 촉진한다. 콜레스테롤 전환(turnover)을 촉진함으로써 혈중 콜레스테롤을 낮춘다.
성장과 발달	성장호르몬, 인슐린과 함께 태아와 아동의 신경계통을 정상적으로 발달시키고, 뼈대를 정상적으로 성장시키고 성숙시킨다.
생식	남성 생식계통이 정상적으로 발달하는 데 꼭 필요하다. 여성의 생식력에도 중요하고, 젖 분비를 돕는다.
심장 기능	심박동과 심근의 수축 강도를 높인다. 심장혈관계통이 교감신경계통으로 보내는 신호의 민감도를 향상시킨다.(311쪽)

갑상샘호르몬 조절
시상하부에서 나온 갑상샘호르몬분비호르몬(TRH)과 뇌하수체 앞엽에서 나온 갑상샘자극호르몬(TSH)이 갑상샘호르몬의 생산과 분비를 촉진한다. 혈중 갑상샘호르몬 농도가 뇌하수체와 시상하부에 되먹임되어, 그 활동을 촉진하거나 억제한다.

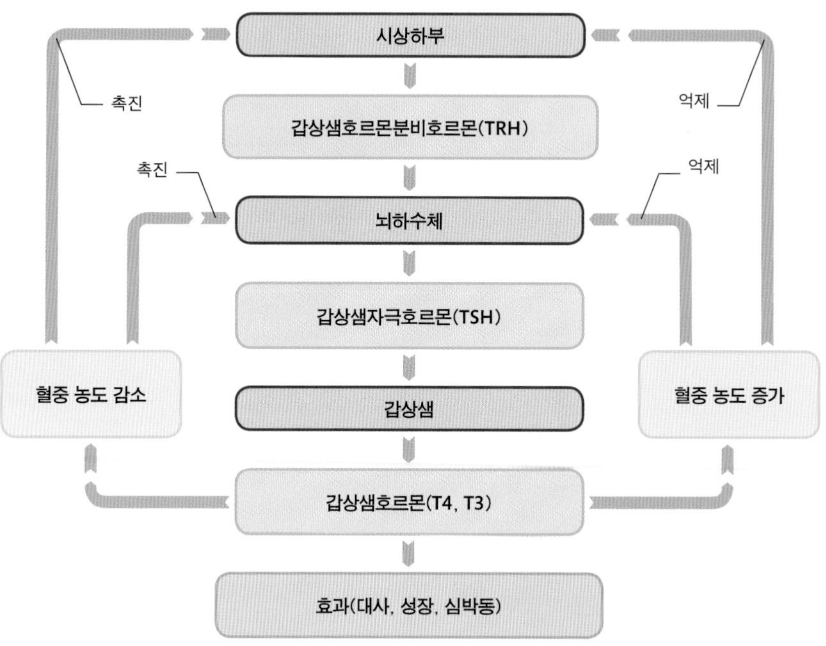
시상하부
갑상샘호르몬분비호르몬(TRH)
뇌하수체
갑상샘자극호르몬(TSH)
갑상샘
갑상샘호르몬(T4, T3)
효과(대사, 성장, 심박동)
촉진
촉진
억제
억제
혈중 농도 감소
혈중 농도 증가

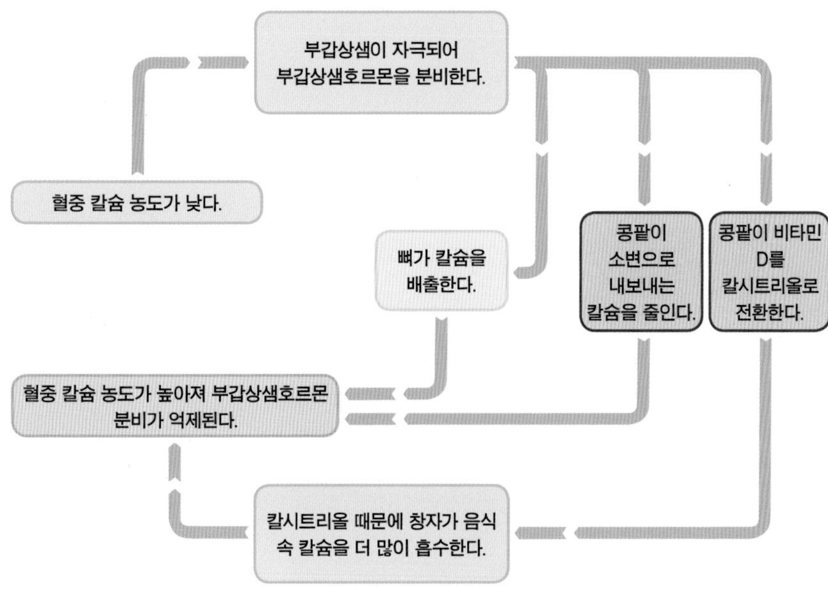
부갑상샘이 자극되어 부갑상샘호르몬을 분비한다.
혈중 칼슘 농도가 낮다.
뼈가 칼슘을 배출한다.
콩팥이 소변으로 내보내는 칼슘을 줄인다.
콩팥이 비타민 D를 칼시트리올로 전환한다.
혈중 칼슘 농도가 높아져 부갑상샘호르몬 분비가 억제된다.
칼시트리올 때문에 창자가 음식 속 칼슘을 더 많이 흡수한다.

부갑상샘

갑상샘 뒤쪽에 있는 4개의 자그만 부갑상샘들은 혈중 칼슘 농도를 주도적으로 조절하는 부갑상샘호르몬(parathyroid hormone, PTH)을 생산한다. 칼슘 평형은 근육수축이나 신경자극 전달 등 인체의 여러 기능에 중요하기 때문에 정확하게 제어되어야 한다. 혈중 칼슘 농도가 너무 낮으면, 부갑상샘호르몬은 뼈에 저장된 칼슘을 혈액으로 내보내고 콩팥에서 소변으로 손실되는 칼슘을 줄인다. 또한 간접적인 경로로 작은창자를 자극함으로써 음식 속 칼슘을 더 많이 흡수하게 한다. 창자가 칼슘을 흡수하려면 비타민 D가 필요한데, 우리가 음식으로 섭취하는 비타민 D는 비활성 상태이다. 부갑상샘호르몬은 콩팥을 자극함으로써 전구물질 상태의 비타민 D를 활성 상태인 칼시트리올로 전환시킨다.

부갑상샘호르몬의 효과
부갑상샘호르몬은 뼈, 콩팥, (간접적으로) 작은창자에 작용하여 혈중 칼슘을 늘린다.

부갑상샘호르몬은 혈류에서의 **수명이 짧은 편**이다. **4분마다 50퍼센트씩** 혈중 농도가 떨어진다.

부신

부신의 겉과 속은 구조와 생산 호르몬이 다르다. 부신겉질(suprarenal cortex)은 분비샘조직인 반면, 속질(medulla)은 교감신경계통의 일부로 신경섬유다발을 품고 있다.

부신겉질은 세 종류의 호르몬을 생산한다. 광물부신겉질호르몬(mineralocorticoid), 코르티코스테로이드(corticosteroid), 남성호르몬(안드로겐, androgen)이다. 광물부신겉질호르몬 중에는 인체의 나트륨-칼륨 평형을 조절하고 혈압과 혈액량 조절을 돕는 알도스테론(aldosterone, 405쪽)이 중요하다. 당질코르티코스테로이드(glucocorticosteroid) 중에서 대표적인 것은 인체의 지방, 단백질, 탄수화물, 무기질 사용을 제어하는 코티솔로서 운동, 감염, 극한의 온도, 출혈 등 인체가 겪는 스트레스에 저항하도록 돕기도 한다. 부신에서 생산되는 남성호르몬은 사춘기 후기와 성인기에 난소나 고환에서 생산되는 남성호르몬에 비하면 효과가 약하지만, 남녀 모두에게서 겨드랑털과 음모가 돋는 데 영향을 미치는 듯하다. 성인 여성에게서는 성욕과도 관련이 있다. 부신속질은 에피네프린과 노르에피네프린을 생산한다. 인체가 스트레스를 받아 교감신경계통이 활성화하면, 시상하부가 부신속질을 자극하여 이 호르몬들을 분비시킴으로써 스트레스 반응을 증강한다(오른쪽 참조)

부신겉질
부신속질
혈관

부신의 구조
부신은 콩팥을 덮은 지방조직 위에 앉아 있다. 겉질은 분비샘 덩어리들로 이뤄져 있고, 속질에는 신경섬유와 혈관이 들어 있다.

부신겉질의 세 층
부신겉질은 세 층 혹은 구역으로 구성된다. 층마다 서로 다른 세포들이 있고, 그것들이 서로 다른 호르몬을 생산한다. 바깥층인 토리층(zona glomerulosa)은 부신을 감싼 섬유피막 바로 밑에 있다. 중간의 다발층(zona fasciculata)은 폭이 가장 넓고, 원주세포(columnar cell)들을 갖고 있다. 속층인 그물층(zona reticularis)의 세포들은 끈 모양이다.

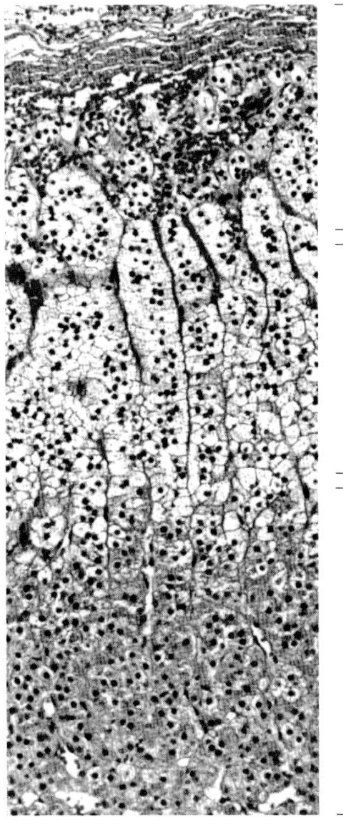

토리층
광물부신겉질호르몬 중에서도 주로 알도스테론을 분비한다. 알도스테론은 무기질 평형과 혈압 조절에 중요하다.

다발층
코르티코스테로이드 중에서도 주로 코티솔을 분비한다. 코티솔은 대사를 조절하고 스트레스 대처를 돕는다.

그물층
약한 남성호르몬을 분비한다. 이 호르몬은 사춘기에 음모와 겨드랑털의 성장을 촉진하고, 여성의 성욕에 관여한다.

스트레스 반응

스트레스가 감지되면, 시상하부가 신경자극을 보내 부신속질을 비롯한 교감신경계통을 활성화한다. 교감신경들은 맞서 싸우거나 도피하는 반응을 개시하여 인체가 활동에 대비하게 하며, 부신속질 호르몬들은 반응을 오래 지속시킨다. 인체는 이어 응급 상황에 반응하려고 노력한다. 시상하부 호르몬들이 반응을 개시해 뇌하수체 앞엽을 자극하고, 뇌하수체는 갑상샘과 부신겉질을 자극하는 호르몬, 성장호르몬을 내놓으며, 갑상샘과 부신겉질도 각자 호르몬을 분비한다. 이 호르몬들이 포도당과 단백질을 동원해 에너지 생산과 재생을 한다.

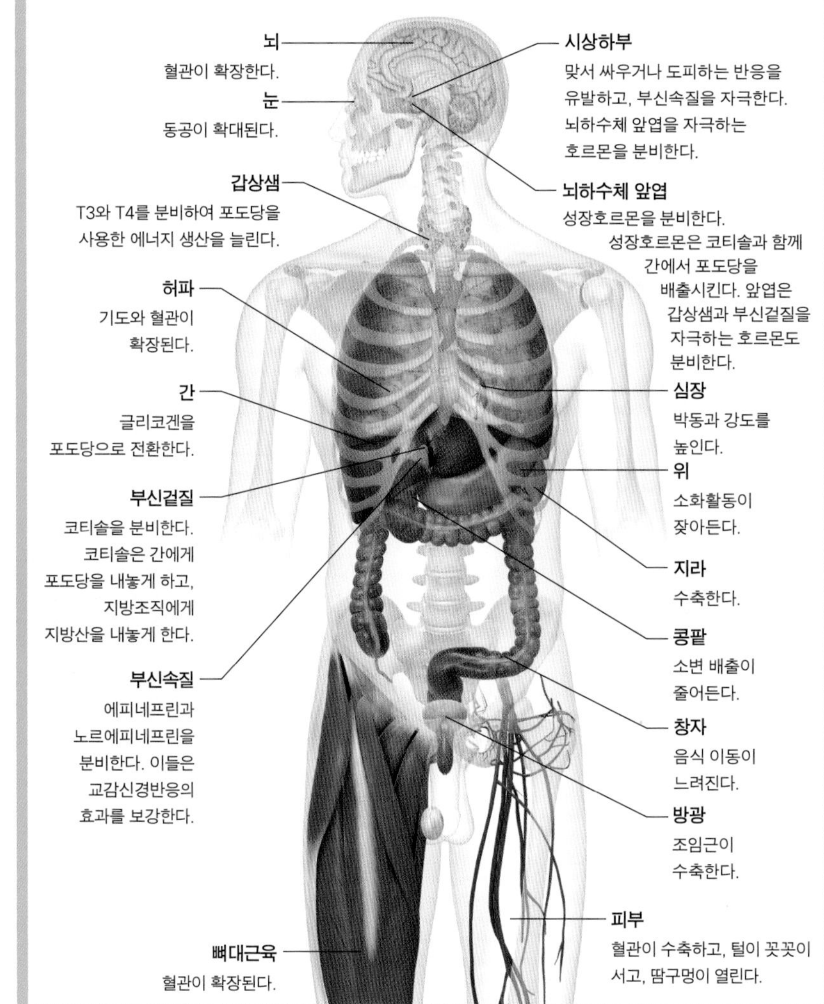
뇌
혈관이 확장한다.
눈
동공이 확대된다.
갑상샘
T3와 T4를 분비하여 포도당을 사용한 에너지 생산을 늘린다.
허파
기도와 혈관이 확장된다.
간
글리코겐을 포도당으로 전환한다.
부신겉질
코티솔을 분비한다. 코티솔은 간에게 포도당을 내놓게 하고, 지방조직에게 지방산을 내놓게 한다.
부신속질
에피네프린과 노르에피네프린을 분비한다. 이들은 교감신경반응의 효과를 보강한다.
뼈대근육
혈관이 확장된다.
시상하부
맞서 싸우거나 도피하는 반응을 유발하고, 부신속질을 자극한다. 뇌하수체 앞엽을 자극하는 호르몬을 분비한다.
뇌하수체 앞엽
성장호르몬을 분비한다. 성장호르몬은 코티솔과 함께 간에서 포도당을 배출시킨다. 앞엽은 갑상샘과 부신겉질을 자극하는 호르몬도 분비한다.
심장
박동과 강도를 높인다.
위
소화활동이 잦아든다.
지라
수축한다.
콩팥
소변 배출이 줄어든다.
창자
음식 이동이 느려진다.
방광
조임근이 수축한다.
피부
혈관이 수축하고, 털이 꼿꼿이 서고, 땀구멍이 열린다.

솔방울샘

솔방울처럼 생긴 이 작은 분비샘은 뇌의 중심 근처, 시상 뒤에 있다. 솔방울샘은 인체의 수면-각성 주기에 관여하는 멜라토닌을 분비한다. 솔방울샘은 밝을 때 활동이 잦아들기 때문에 낮에는 멜라토닌 농도가 낮다. 그러다가 밤이 되면 멜라토닌 농도가 열 배 가까이 높아져서 잠이 오게 만든다. 솔방울샘이 환한 빛의 영향을 직접 받는 것은 아니다. 시각경로(visual pathway)에서 들어온 정보가 (시상하부의 일부인) 시각교차위핵(suprachiasmatic nucleus)를 자극하여, 척수 근처의 신경을 통해 솔방울샘으로 신호를 보내도록 한다. 시각교차위핵은 체온이나 식욕 등 다른 생물학적 일 주기 활동들도 제어하는데, 멜라토닌 주기는 그런 과정들에도 영향을 미치는 듯하다. 또한 멜라토닌은 자유라디칼에 의한 손상을 막아 주는 항산화제(antioxidant)이다. 특정 계절에만 번식하는 동물들에게서는 멜라토닌이 생식 기능을 억제하는데, 사람도 멜라토닌이 생식에 영향을 미치는지 여부는 알려지지 않았다.

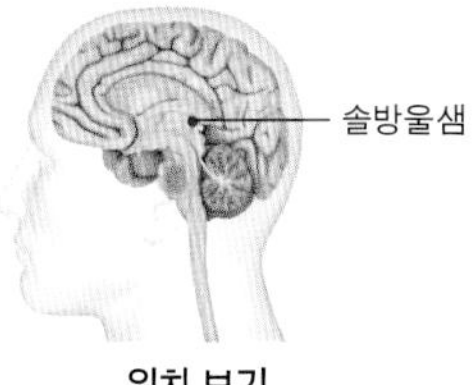
솔방울샘

위치 보기

멜라토닌 농도
인체의 멜라토닌 농도는 밤이나 어두울 때 높아진다. 하루 주기로 농도가 오르내린다.

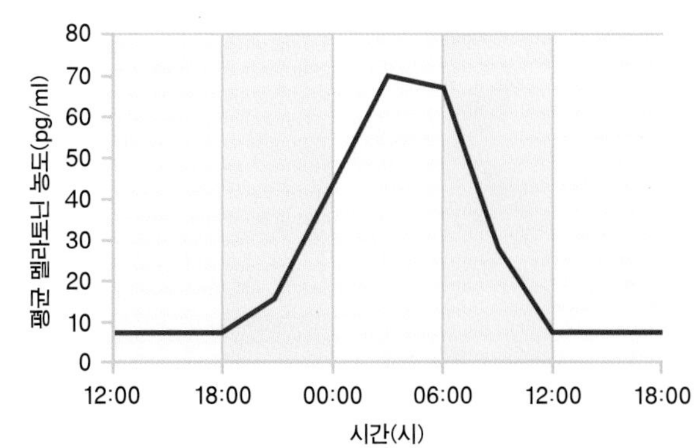
평균 멜라토닌 농도(pg/ml)
80
70
60
50
40
30
20
10
0
12:00
18:00
00:00
06:00
12:00
18:00
시간(시)

이자(췌장)

이자는 소화와 내분비 기능을 이중으로 수행하는 장기이다. 소화효소를 생산하는 샘꽈리세포들이 분비샘 덩어리를 이루고(376~377쪽), 이 세포들 사이에 이자섬이라는 세포군이 100만 개쯤 흩어져 있다. 랑게르한스섬(islet of Langerhans)이라고도 하는 이 세포군들이 이자호르몬을 생산한다. 이자섬의 호르몬 생산 세포는 4종류이다. 베타세포(beta cell)는 포도당을 세포 내부로 전달해 에너지로 쓰이거나 글리코겐으로 저장되도록 하는 인슐린을 만든다. 베타세포는 그런 방식으로 혈당을 낮춘다. 알파세포(alpha cell)가 분비하는 글루카곤은 효과가 인슐린과 반대로, 간에 저장된 포도당 배출을 촉진하여 혈당을 높인다. 델타세포(delta cell)가 분비하는 성장호르몬억제인자(소마토스타틴, somatostatin)는 알파세포와 베타세포를 조절한다. 수가 적은 F세포는 쓸개즙과 이자 소화효소 분비를 억제한다.

이자섬(pancreatic islet)
이자섬은 소화효소를 생산하는 샘꽈리세포들에 둘러싸여 있으며, 알파세포, 베타세포, 델타세포, F세포의 4가지 세포를 갖고 있다.

베타세포
델타세포
F세포
알파세포
샘꽈리세포 (acinar cell)

혈중 포도당 농도(혈당, blood sugar) 조절
세포들의 요구에 맞춰 충분히 에너지를 제공하려면 혈당이 잘 조절되어야 한다. 인체의 주 연료원은 포도당이다. 포도당은 혈액을 통해 배달되고, 여분은 간, 근육, 지방세포에 저장된다. 이자호르몬인 인슐린과 글루카곤(glucagon)은 세포에서 포도당이 저장되거나 배출되는 과정을 촉진함으로써 혈당 유지를 돕는다.

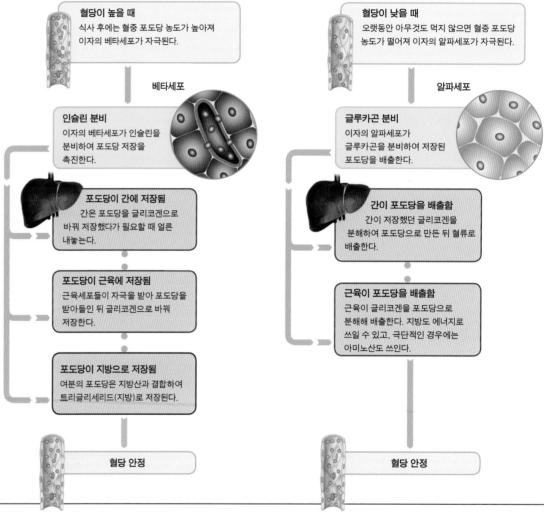

혈당이 높을 때
식사 후에는 혈중 포도당 농도가 높아져 이자의 베타세포가 자극된다.

베타세포

인슐린 분비
이자의 베타세포가 인슐린을 분비하여 포도당 저장을 촉진한다.

포도당이 간에 저장됨
간은 포도당을 글리코겐으로 바꿔 저장했다가 필요할 때 얼른 내놓는다.

포도당이 근육에 저장됨
근육세포들이 자극을 받아 포도당을 받아들인 뒤 글리코겐으로 바꿔 저장한다.

포도당이 지방으로 저장됨
여분의 포도당은 지방산과 결합하여 트리글리세리드(지방)로 저장된다.

혈당 안정

혈당이 낮을 때
오랫동안 아무것도 먹지 않으면 혈중 포도당 농도가 떨어져 이자의 알파세포가 자극된다.

알파세포

글루카곤 분비
이자의 알파세포가 글루카곤을 분비하여 저장된 포도당을 배출한다.

간이 포도당을 배출함
간이 저장했던 글리코겐을 분해하여 포도당으로 만든 뒤 혈류로 배출한다.

근육이 포도당을 배출함
근육이 글리코겐을 포도당으로 분해해 배출한다. 지방도 에너지로 쓰일 수 있고, 극단적인 경우에는 아미노산도 쓰인다.

혈당 안정

난소와 고환

생식샘(gonad)이라고 통칭되는 여성 난소와 남성 고환은 각각 난자와 정자를 만드는 한편, 성호르몬도 생산한다. 성호르몬 중에서 제일 중요한 것은 여성의 경우 에스트로겐과 프로게스테론이고, 남성의 경우 테스토스테론이다. 뇌하수체 앞엽이 내놓는 난포자극호르몬과 황체형성호르몬이 성호르몬들의 분비를 촉진한다. 사춘기 전에는 혈류에 난포자극호르몬과 황체형성호르몬이 거의 없다시피 하지만, 사춘기를 거치며 농도가 높아져 난소와 고환이 성호르몬을 더 많이 만든 결과 이차성징이 발달하고 몸이 생식에 대비한다. 인히빈(inhibin)은 난포자극호르몬과 황체형성호르몬의 분비를 억제하여 남성의 정자 생산을 조절하고, 여성의 월경주기에 관여한다. 난소는 출산에 대비하는 호르몬인 릴랙신(relaxin)도 분비한다.

난소 호르몬	고환 호르몬
에스트로겐과 프로게스테론 난자 생산을 자극한다. 월경주기를 조절한다. 임신을 유지한다. 수유에 대비한다. 사춘기에 이차성징 발달을 촉진한다.	**테스토스테론** 태아의 뇌에서 '성'(sex)을 결정한다. 출생 전에 고환하강을 촉진한다. 정자생산을 조절한다. 사춘기에 이차성징 발달을 촉진한다.
릴랙신 임신 중에 두덩결합(치골결합, pubic symphysis)을 더 유연하게 만든다. 분만 중에 자궁목을 넓힌다.	**인히빈** 뇌하수체 앞엽의 난포자극호르몬 분비를 억제한다.
인히빈 뇌하수체 앞엽의 난포자극호르몬 분비를 억제한다.	

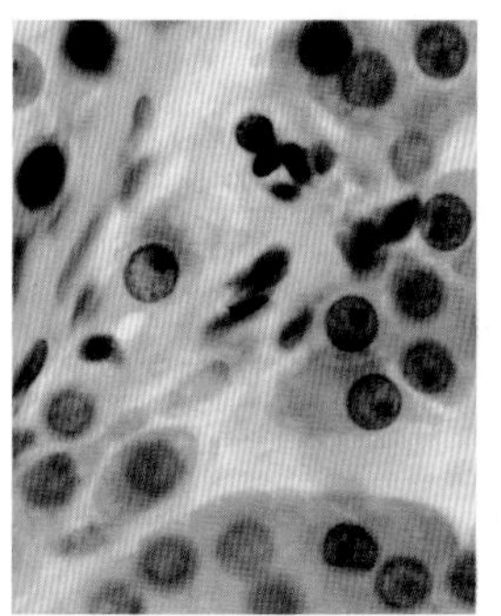

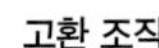
고환 조직

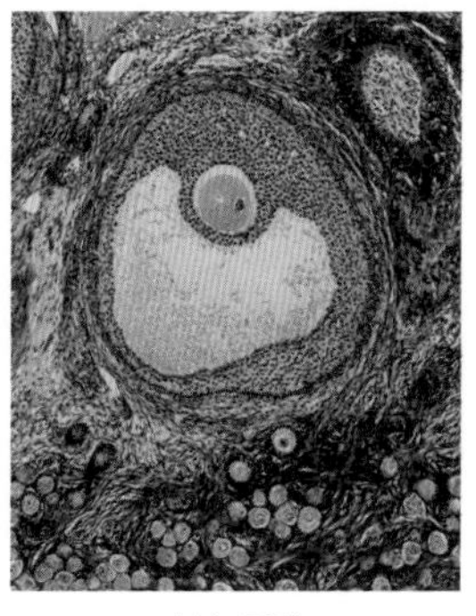
난소 조직

호르몬 생산세포
고환의 사이질세포(짙은 색깔의 원)들이 테스토스테론을 분비한다. 난소에서는 과립층세포(granulosa cell, 난포를 둘러싼 짙은 보라색 점)들이 에스트로겐을 생산한다.

그 밖의 호르몬 생산 장기들

인체의 많은 장기가 주로 다른 기능을 수행하면서도 호르몬을 생산한다. 콩팥, 심장, 피부, 지방조직, 위창자관 등이 그렇다. 이런 호르몬은 갑상샘 같은 오로지 내분비 기능만 있는 장기들이 내놓는 호르몬만큼 잘 알려지지는 않았지만, 생명의 긴요한 기능들을 제어하는 데 중요하다. 콩팥과 심장이 내놓는 호르몬은 혈압을 조절하고 적혈구 생산을 촉진한다. 피부는 비타민 D의 전구물질인 콜레칼시페롤을 생산하여 인체의 비타민 D 요구량을 대부분 충족시킨다. 위창자관 점막의 내분비세포들은 갖가지 다양한 호르몬을 분비하는데, 대부분 소화에 관여하는 호르몬들이다. 연구자들은 인크레틴(incretin)에 특히 관심을 쏟고 있다. 체조직에 무척 광범위하게 영향을 미치는 인크레틴은 이자의 인슐린 생산을 촉진하고, 뼈 형성을 강화하고, 에너지 저장을 거들고, 뇌에 작용하여 식욕을 억제한다. 연구자들은 인크레틴을 활용하여 인슐린의존당뇨병과 비만을 치료하기를 기대한다. 지방조직이 내놓는 렙틴(leptin) 호르몬도 식욕에 영향을 미치므로, 역시 체중 조절에 도움이 될지도 모른다는 기대를 모으고 있다.

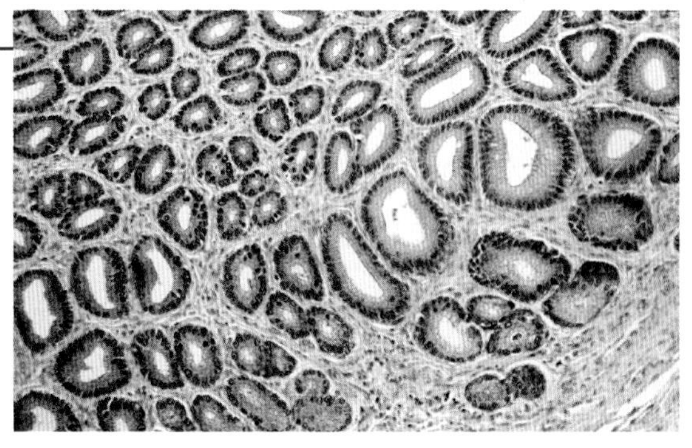

위날문샘(stomach pylorus gland)
위샘(분홍색)의 단면을 보여 주는 현미경 사진. 위날문샘에는 가스트린(gastrin)을 분비하는 내분비세포들이 포함되어 있다.

지방조직은 수동적인 에너지 저장고가 아니다. **비만과 그 악영향을 통제하는** 데 열쇠가 될지도 모르는 능동적인 내분비기관이다.

호르몬 생산 조직
내분비샘으로 분류되지 않는 장기들 중에서도 내부에 포함된 고립된 세포군에서 호르몬을 분비하는 것이 많다. 이런 호르몬들은 인체의 각종 중요한 과정들을 조절한다.

콩팥
- 호르몬: 적혈구 생성소(erythropoietin)
- 유발인자: 혈중 산소 농도 감소
- 효과: 골수를 자극하여 적혈구 생산을 늘린다.

- 호르몬: 레닌(renin)
- 유발인자: 혈압이나 혈액량 감소
- 효과: 부신겉질에서 알도스테론 분비 메커니즘을 개시하여, 혈압을 정상으로 돌려놓는다.

위
- 호르몬: 가스트린(gastrin)
- 유발인자: 음식에 대한 반응
- 효과: 위산 분비를 촉진한다.

- 호르몬: 그렐린(ghrelin)
- 유발인자: 오랜 단식
- 효과: 식욕을 촉진하여 음식을 먹게 만드는 듯하다. 성장호르몬 분비를 촉진한다.

샘창자(십이지장)
- 호르몬: 창자 가스트린(intestinal gastrin)
- 유발인자: 음식에 대한 반응
- 효과: 위산 분비와 위창자관 운동을 촉진한다.

- 호르몬: 세크레틴(secretin)
- 유발인자: 산성 환경
- 효과: 이자와 쓸개관에서 중탄산염(bicarbonate)이 풍부한 액체를 분비시킨다. 위에서 위산 생성을 억제한다.

- 호르몬: 콜레시스토키닌(cholecystokinin)
- 유발인자: 음식 속 지방에 대한 반응
- 효과: 이자에서 효소 분비를 촉진하고, 쓸개를 수축시켜 쓸개즙과 이자효소가 샘창자로 분비되게 한다.

피부
- 호르몬: 자외선에 노출되면 콜레칼시페롤(비활성 상태의 비타민 D)이 생성된다.
- 유발인자: 부갑상샘호르몬에 대한 반응으로, 콩팥이 콜레칼시페롤을 비타민 D의 활성형태(칼시트리올)로 변환한다.
- 효과: 활성화한 비타민 D는 창자에서 음식 속 칼슘 흡수를 돕는다.

심장
- 호르몬: 심방나트륨이뇨인자(atrial natriuretic factor)
- 유발인자: 심장의 높은 압력
- 효과: 콩팥에 신호를 주어 소변 생산을 늘리고, 알도스테론 분비를 억제하여 혈압을 낮춘다.

위, 샘창자, 잘록창자
- 호르몬: 모틸린(motilin)
- 유발인자: 굶는 것과 관련이 있다.
- 효과: 위와 작은창자의 운동을 촉진한다.

- 호르몬: 인크레틴
- 유발인자: 작은창자의 지방과 포도당
- 효과: 인슐린 분비를 촉진한다. 뼈 형성을 강화한다. 에너지 저장을 촉진한다. 식욕을 억제한다.

지방조직
- 호르몬: 렙틴
- 유발인자: 영양소 섭취에 뒤이어 분비된다.
- 효과: 식욕, 에너지 소모(energy expenditure), 음식 섭취를 통제한다.

건강

호르몬을 통한 혈압 제어

갑작스러운 혈압 변화에는 신경계통이 반응하지만, 장기적으로 제어하는 것은 호르몬이다. 혈압이 낮으면 콩팥이 레닌을 분비하고, 레닌은 앤지오텐신(angiotensin)을 생성하여 동맥을 수축시킴으로써 혈압을 높인다. 부신, 뇌하수체, 심장도 고혈압이나 저혈압에 반응하여 각각 알도스테론, 항이뇨호르몬(ADH), 나트륨이뇨호르몬(natriuretic hormone)을 분비한다. 이 호르몬들은 콩팥에서 배출되는 액체량을 조절하고, 그 배출량이 몸의 혈액량에 영향을 미치므로 자연히 혈압이 조절된다.

뇌하수체
시상하부의 항이뇨호르몬이 이곳에 저장되었다가 혈압이 떨어지면 배출된다.

항이뇨호르몬
콩팥으로 하여금 물을 재흡수하도록 하여 혈압을 높인다.

나트륨이뇨호르몬
콩팥에 작용하여 레닌 분비를 억제하고, 나트륨과 물 배출을 촉진함으로써 혈압을 낮춘다.

심장
혈압이 높아지면 심방이 확장하고, 그 때문에 심방내분비세포들이 자극되어 나트륨이뇨호르몬을 생산한다.

부신
앤지오텐신의 자극을 받으면 알도스테론을 생산한다. 앤지오텐신은 콩팥이 분비하는 레닌에 의해 활성화한다.

콩팥
혈압이 낮으면 콩팥을 통과하는 혈액량이 감소하고, 그러면 콩팥은 레닌을 생산하기 시작한다.

알도스테론
콩팥으로 하여금 나트륨과 물을 보유하게 하여 체액량을 늘리고 혈압을 높인다.

레닌
동맥에서 앤지오텐신을 활성화한다.

호르몬의 작용
혈압을 높이거나 낮추는 호르몬들은 보통 몇 시간쯤 영향력을 발휘한다. 영향력이 며칠 지속되는 경우도 있다.

생활주기

사람은 누구나 독특하다. 저마다 유전 조성이 다르다. 이번 장은 사람의 전체 생활주기 (life cycle)에서 벌어지는 변화를 따라가 본다. 부모로부터 물려받은 특징들이 소아기, 사춘기, 노년기를 거치며 어떻게 변하여 결국 죽음에 이르는지 살펴보자.

인생이라는 여정

여느 생물과 마찬가지로 사람은 각자의 부모에게서 물려받은 요소로부터 만들어진다. 사람은 영아기에서 자라기 시작하여 완전히 성숙하면 생식을 통해 다음 세대를 만들 수 있고, 이후 노화가 진행되어 쇠퇴하다가 결국 죽음을 맞는다.

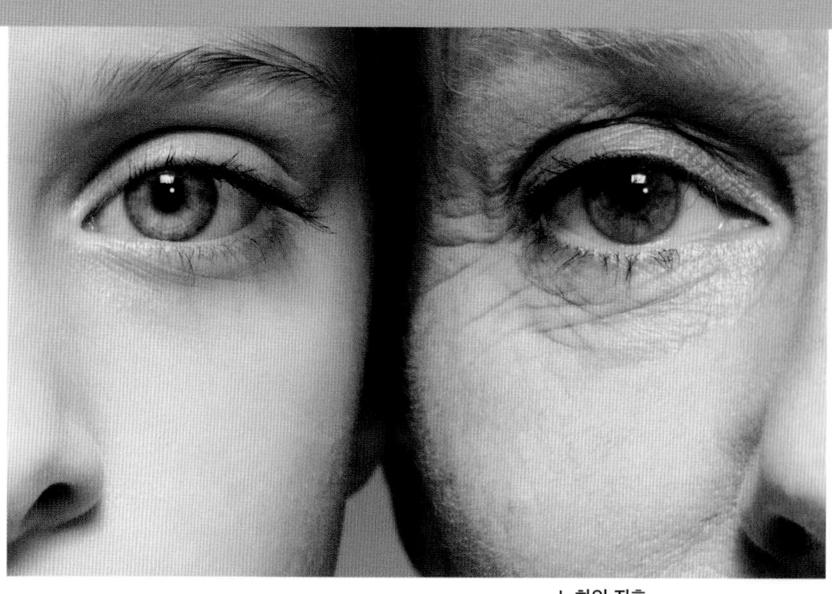

노화의 징후
나이가 들면 주름(wrinkle)이 생긴다. 피부가 건조해지고, 얇아지고, 늘어지고, 탄력이 떨어지기 때문이다.

수태에서 죽음까지

사람 태아는 새로운 조합의 유전 물질(genetic material)을 간직한 세포 덩어리로 탄생했던 수정 순간부터 갈수록 더 커지고 복잡해진다. 모든 인체 장기들은 출생 시점부터 기능하지만, 그 크기와 비율은 아이가 자람에 따라 계속 변한다. 그러다가 사춘기가 되면 새로운 호르몬들의 영향으로 굵직한 변화가 벌어진다. 이차 성징이 발달하여 몸을 생식에 대비시키는 것이다. 여성의 생식력은 한시적이다. 여성생식계통은 폐경(menopause) 이후 호르몬 자극에 덜 민감해지고 결국 배란이 멎는다. 반면에 남성은 죽을 때까지 정자를 생산하는데, 물론 나이가 들수록 효율은 떨어진다. 나이가 들면 조직의 치유 및 재생 능력이 떨어지고, 질병이 발생한다. 그러다가 죽음을 맞는다.

2020년이 되면 인류 역사상 최초로 전 세계에서 65세 이상 인구가 5세 미만 인구보다 많아질 것이다.

발달과 노화

노화가 왜, 어떻게 일어나는지에 대해서는 밝혀진 것이 거의 없다. 다만 발달 과정에서 퇴행성 변화가 일어나 세포의 여러 구성 요소들이 영향을 받는다는 증거가 있다. 세포는 장기를 구성하는 기본 구조이다. 그러므로 자유라디칼이나 자외선처럼 세포의 기능, 분열, 치유에 영향을 미치는 인자들은 세포 수명을 줄임으로써 장기 기능도 함께 약화시킨다고 알려져 있다. 거시적인 수준에서 보면 질병은 어린 시절부터 시작되는 셈이다. 예를 들어 어려서부터 혈관벽에 침착된 지방이 나중에 죽경화증(atherosclerosis)을 일으킬 수 있다. 세포의 증식, 재생, 죽음은 생명의 필수 요소이지만, 간혹 세포의 재생 능력이 훼손되는 경우가 있다. 세포 재생이 통제를 벗어나 세포가 비정상적으로 빠르게 증식하면 암(cancer)이 발생하고, 세포가 아예 재생하지 못하면 장기 기능이 상실된다. 사람의 사망률은 30세 이후 높아진다. 여성이 남성보다 장수할 때가 많은데, 아마도 폐경 전까지 여성호르몬이 보호 효과를 발휘하기 때문일 것이다. 노화성 세포 기능 퇴화에는 다양한 인자들이 관여하지만, 결국에는 장기 기능 상실로 죽음이 찾아오기 마련이다.

젊은이와 늙은이
아기 손과 어른 손은 형태와 구조가 비슷하다. 하지만 크기, 근육량, 피부색, 질감, 피부 모양 등으로 나이를 짐작할 수 있다.

사람의 여러 단계
인체의 모든 장기와 조직은 사춘기 말까지 꾸준히 자란다. 뇌가 발달하면서 걷는 능력이나 손으로 도구를 쓰는 능력 같은 초기 운동 기술이 생기고, 언어나 논리적 사고 같은 고차원적 기능도 생긴다. 중년 이후에는 이런 기술들이 쇠퇴한다. 뇌가 퇴화하고, 근육을 비롯한 인체 조직이 약해지고, 대뇌 명령에 대한 반응성이 감퇴하기 때문이다.

영아기(infancy)
첫 해에 아기는 이동 능력을 비롯하여 갖가지 운동 기술을 발달시킨다. 처음에는 기다가, 아장아장 걷다가, 이윽고 제대로 걷는다.

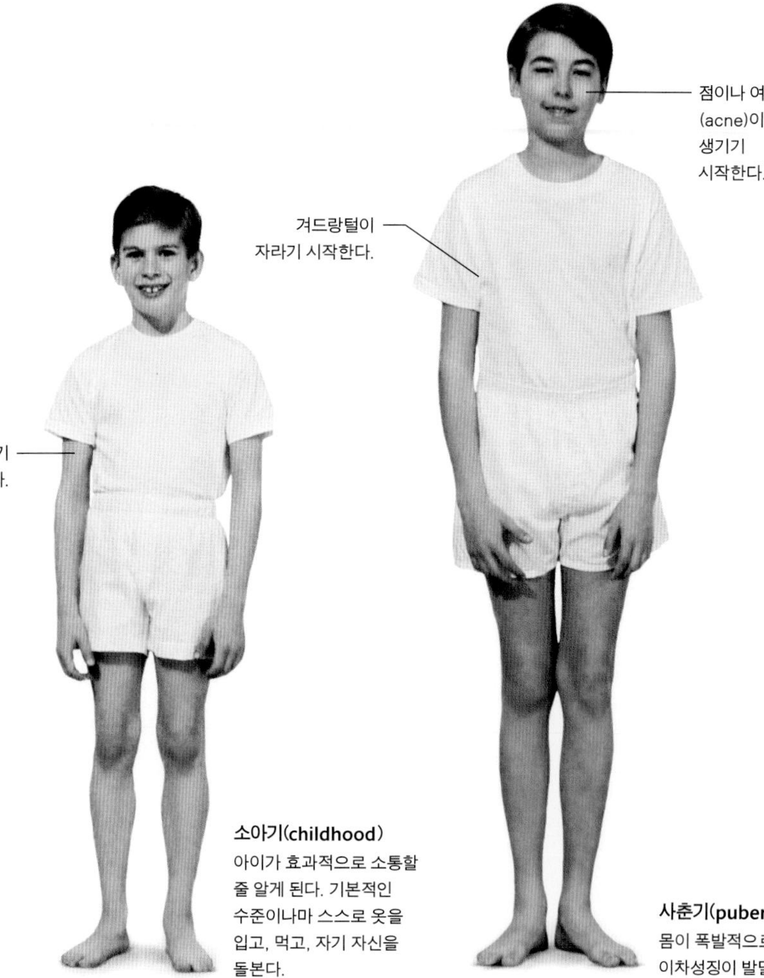
뼈대와 근육의 비율이 변하기 시작한다.
팔다리가 길어지기 시작한다.
겨드랑털이 자라기 시작한다.
점이나 여드름(acne)이 생기기 시작한다.

초기 소아기(early childhood)
제대로 걸을 줄 알게 된 아이는 팔다리의 긴뼈가 길어지면서 키가 자란다. 손재주(dexterity)와 언어가 발달한다.

소아기(childhood)
아이가 효과적으로 소통할 줄 알게 된다. 기본적인 수준이나마 스스로 옷을 입고, 먹고, 자기 자신을 돌본다.

사춘기(puberty)
몸이 폭발적으로 자라고 이차성징이 발달한다.

기대수명

기대수명에 영향을 미치는 요인은 여러 가지다. 보통 여성이 남성보다 오래 사는데, 아마 폐경 전에 분비되는 호르몬의 보호 효과 덕분일 것이다. 세계적으로 평균 기대수명은 편차가 있어, 아프리카 일부 지역은 50세가 못 되는 데 비해 일본, 캐나다, 오스트레일리아, 유럽 일부 지역은 80세가 넘는다. 유전적 성향, 생활방식, 위생 상태, 감염병의 만연 같은 요인들 때문이다. 역사적으로는 여러 요인 중에서도 특히 위생 상태, 건강 관리, 영양 상태가 개선되면서 기대수명이 점차 길어졌다.

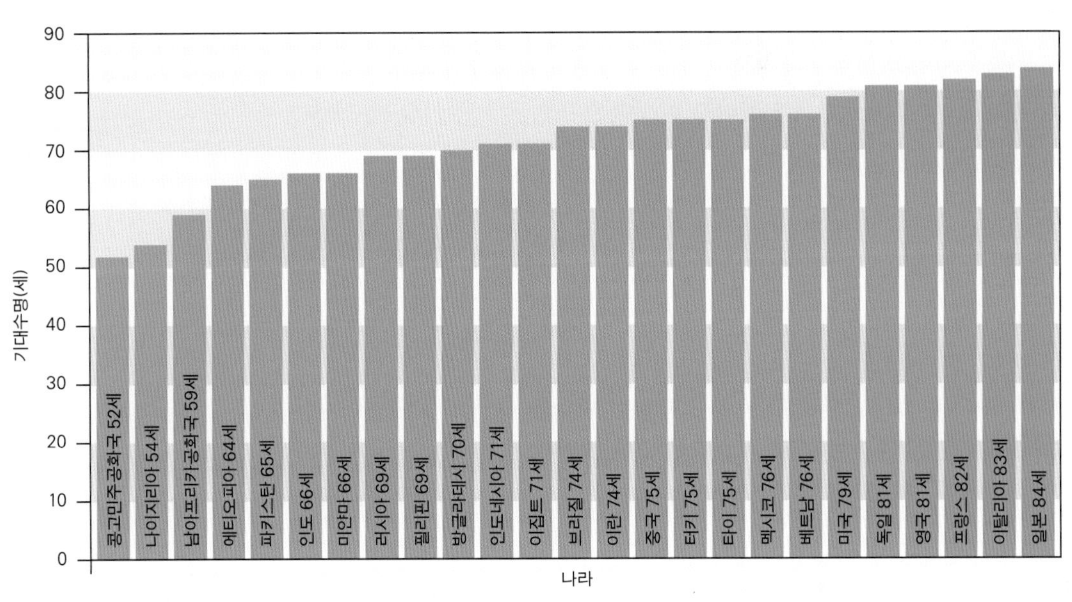
90
80
70
60
50
40
30
20
10
0
기대수명(세)
콩고민주공화국 52세
나이지리아 54세
남아프리카공화국 59세
에티오피아 64세
파키스탄 65세
인도 66세
미얀마 66세
러시아 69세
필리핀 69세
방글라데시 70세
인도네시아 71세
이집트 71세
브라질 74세
이란 74세
중국 75세
터키 75세
타이 75세
멕시코 76세
베트남 76세
미국 79세
독일 81세
영국 81세
프랑스 82세
이탈리아 83세
일본 84세
나라

세계의 기대수명
세계에서 인구가 가장 많은 25개국 사람들의 기대수명을 보여주는 도표. 기대수명은 가난하거나 전쟁을 겪은 나라에서 제일 낮고, 개발된 선진국에서 제일 높다.

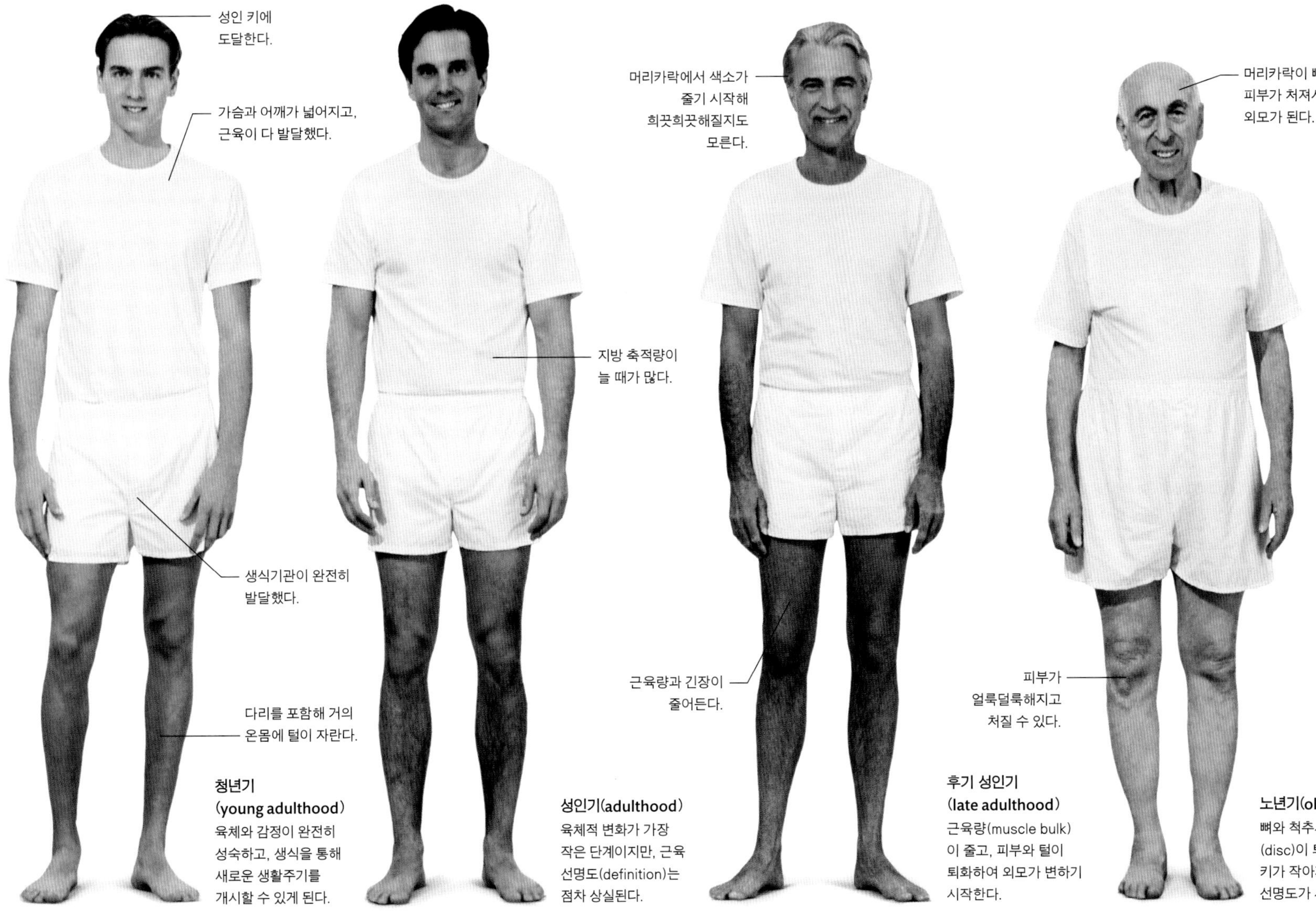

성인 키에 도달한다.

가슴과 어깨가 넓어지고, 근육이 다 발달했다.

생식기관이 완전히 발달했다.

다리를 포함해 거의 온몸에 털이 자란다.

청년기 (young adulthood)
육체와 감정이 완전히 성숙하고, 생식을 통해 새로운 생활주기를 개시할 수 있게 된다.

지방 축적량이 늘 때가 많다.

성인기(adulthood)
육체적 변화가 가장 작은 단계이지만, 근육 선명도(definition)는 점차 상실된다.

머리카락에서 색소가 줄기 시작해 희끗희끗해질지도 모른다.

근육량과 긴장이 줄어든다.

후기 성인기 (late adulthood)
근육량(muscle bulk)이 줄고, 피부와 털이 퇴화하여 외모가 변하기 시작한다.

머리카락이 빠지고 피부가 처져서 노인의 외모가 된다.

피부가 얼룩덜룩해지고 처질 수 있다.

노년기(old age)
뼈와 척추사이원반(disc)이 퇴화하여 키가 작아지고, 근육 선명도가 사라진다.

유전

유전의 기본 데이터는 우리 세포 속 염색체들의 독특한 유전자 조합이다. 수태 순간에 부모의 유전자들로부터 만들어진 이 독특한 조합은 모든 인체 세포들의 형태와 기능을 결정하는 주형이다.

세대에서 세대로

부모의 염색체는 독특하게 조합되어 후손에게 전수된다. 대부분의 인체 조직은 염색체 23개를 두 벌씩 가진 세포(두배수체, diploid)들로 만들어져 있다. 이 세포들은 유사분열하여(21쪽) 염색체 수가 자신과 같은 복제 세포를 생성한다. 그런데 성세포(난자나 정자), 즉 생식세포(gamete)는 염색체가 한 벌뿐이다. 난자와 정자가 수태 시 융합해 생성된 배아세포는 다시 두 벌을 갖는다. 어머니와 아버지로부터 23개씩 물려받은 염색체들이 합쳐졌기 때문이다. 어떤 유전자를 물려받았나, 물려받은 유전자가 열성인가 우성인가에 따라(오른쪽 참조) 부모의 특질(trait)이 발현(express)될 수 있다. 머리카락 색깔처럼 유전자의 물리적 발현(표현형, phenotype)이 겉으로 드러날 수도 있지만, 질병 소인처럼 눈에 띄지 않는 특질도 유전된다. 세포분열 시 발생한 돌연변이가 후세대에게 전달될 수도 있다.

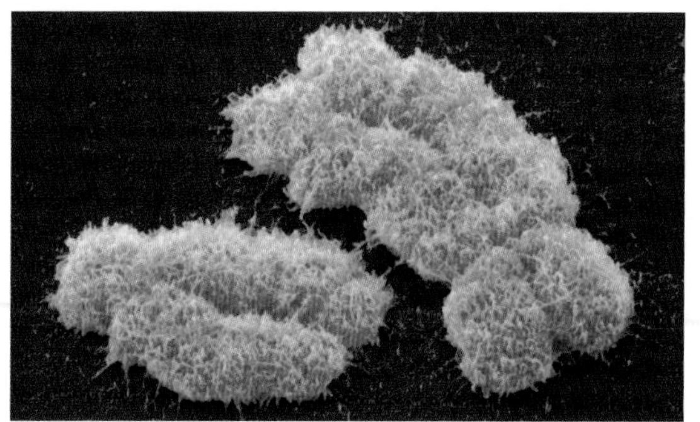

X염색체와 Y염색체
성염색체는 성적 발달과 기능에 필요한 데이터를 제공한다. 여성은 세포마다 X염색체가 2개씩 있고 (오른쪽), 남성은 X염색체 하나와 Y염색체 하나가 있다.(왼쪽) 이들의 이름은 기본적인 생김새를 따서 지어졌다.

성세포 만들기

성세포는 정상적인 유사분열(21쪽)과는 다른 방식으로 분열한다. 감수분열(meiosis)이라는 이 과정은 유사분열보다 한 단계 더 분열하므로, 감수분열로 만들어진 생식세포는 염색체 수가 반감된다. 또한 그 과정에서 염색체들이 뒤섞인다.

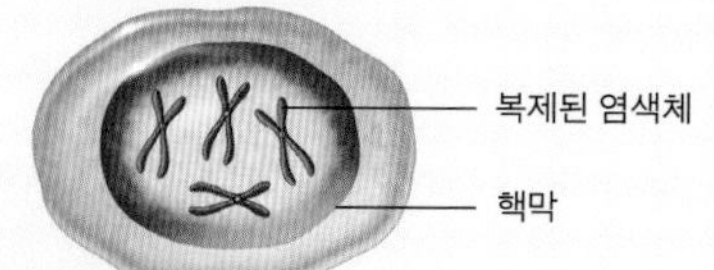
복제된 염색체
핵막

1 준비
세포의 DNA 가닥들이 분열하여 서로 같은 두 벌의 염색체 쌍들이 생긴다. 핵막이 사라지기 시작한다.

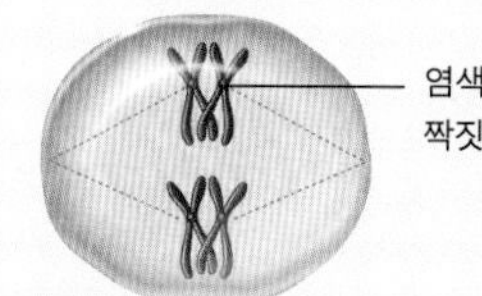
염색체 쌍들의 짝짓기

2 짝짓기(pairing)
두 벌의 염색체들이 짝 지은 뒤, 다시 갈라진다. 짝 사이에 유전물질이 교차되어 딸세포(daughter cell)는 새롭게 섞인 유전물질을 갖게 될 수 있다.

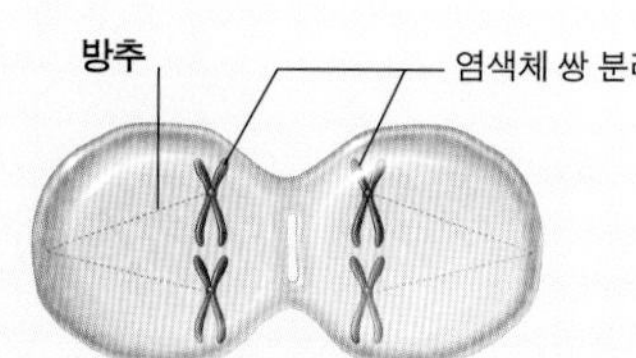
방추
염색체 쌍 분리

3 첫 번째 분리(separation)
방추(spindle)가 염색체들을 잡아당겨, 새로 형성되는 두 세포에 염색체가 하나씩만 들어가게 한다.

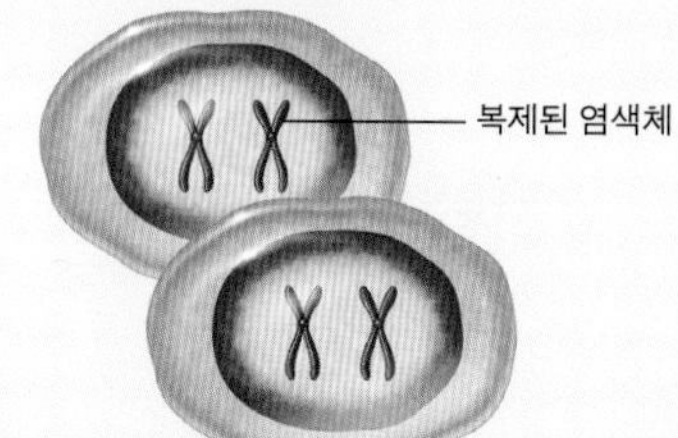
복제된 염색체

4 2개의 자손세포
23개 염색체를 한 쌍씩 가진 딸세포가 2개 생긴다.(이 염색체들은 원래 염색체들과는 내용이 조금 다르다.)

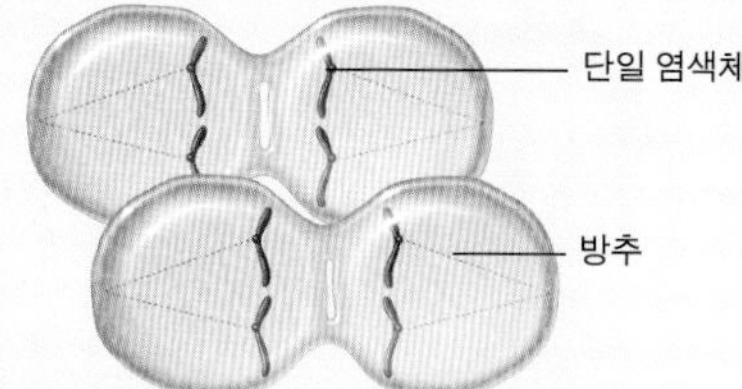
단일 염색체
방추

5 두 번째 분리
염색체들이 다시 갈라져, 세포마다 23개 염색체를 한 벌씩만 갖게 된다.

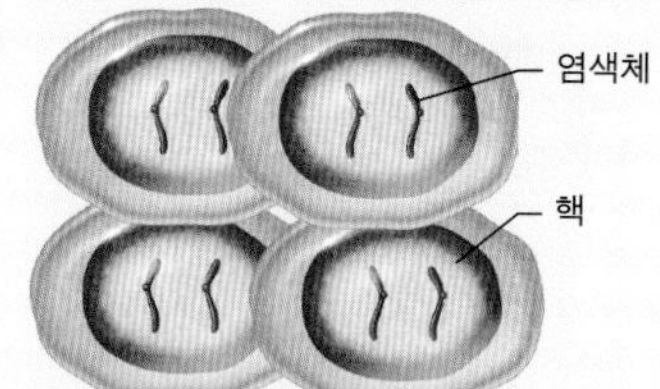
염색체
핵

6 4개의 자손세포
최종적으로 만들어진 4개의 세포들은 모두 23개 염색체를 한 벌씩만 갖고 있다. 각 벌의 내용은 원래 염색체 쌍의 유전자들이 뒤섞인 것이다.

과학

후성유전적 과정

사람의 유전체(게놈, genome)는 이미 지도로 작성되었다. 유전체가 질병 유전 패턴을 부분적으로 설명하지만, 환경적 요인도 영향을 미친다. 후성유전학(epigenetics)은 DNA 서열의 변화를 제외한 다른 형태의 유전자 변화를 연구한다. 후성유전적 과정이라는 다양한 세포 내부 변화들이 유전자 활동을 바꿔 특정 유전자를 끄고 켠다. 모든 세포에 전체 DNA가 온전히 갖춰져 있지만, 각 세포가 후성유전학적으로 일부 유전자를 침묵(silence)시켜 특수한 기능에 필요한 유전자들만을 활성화한다. 이때 외부적, 환경적 요인들이 영향을 미친다면, 비정상적으로 발달한 세포가 통제 불능의 종양으로 자랄지도 모른다. 과학자들은 환경이 유전자에 얼마나 영향을 미치는지, 그로 인한 문제를 어떻게 예방하거나 치료하면 좋은지 점점 더 알아가고 있다.

쌍둥이 연구
유전자가 같은 (일란성) 쌍둥이를 연구한 결과, 충분한 시간이 흐르면 환경적 인자들도 유전자 발현에 영향을 미치는 것으로 드러났다.

유전자 섞임

발전된 기술 덕분에 요즘은 한 가계의 여러 세대에 대해서 유전자 서열을 분석할 수 있다. 덕분에 과학자들은 특정 유전자의 기원을 이해할 수 있고, 그 유전자에 연관된 어떤 속성이나 질병이 현 세대나 미래 세대에 발달할 위험이 얼마나 되는지도 예측할 수 있다. 아이의 유전물질은 부모에게서 물려받은 것이고, 부모도 자신의 부모로부터 물려받았으며, 그 전 세대도 모두 마찬가지다.

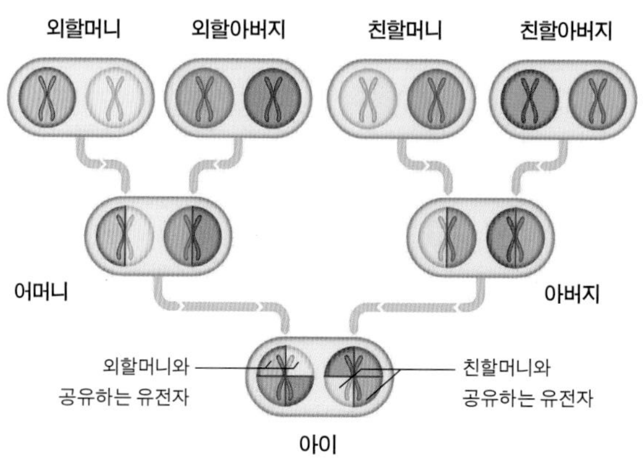
외할머니
외할아버지
친할머니
친할아버지
어머니
아버지
외할머니와 공유하는 유전자
친할머니와 공유하는 유전자
아이

유전단위
유전자가 세대에서 세대로 전수되며 어떻게 뒤섞여 (이때 섞임은 혼합(blend)이 아니라 재조합(shuffle) 이다.) 새로운 조합을 만드는지 보여 준다.

열성유전자와 우성유전자

염색체 쌍 중 한쪽 염색체의 유전자에 담긴 메시지가 발현되느냐의 여부는 유전자가 열성(recessive)이냐 우성(dominant)이냐에 달렸다. 염색체 쌍의 두 유전자가 같으면 동형접합(homozygote), 두 유전자가 다르면 이형접합(heterozygote)이다. 우성유전자는 열성유전자를 압도하므로, 두 유전자 중 하나만 우성이라도 효과가 드러난다. 열성은 두 유전자가 모두 열성일 때는 효과가 드러나지만, 하나만 열성일 때는 우성유전자로 인해 효과가 억제된다.

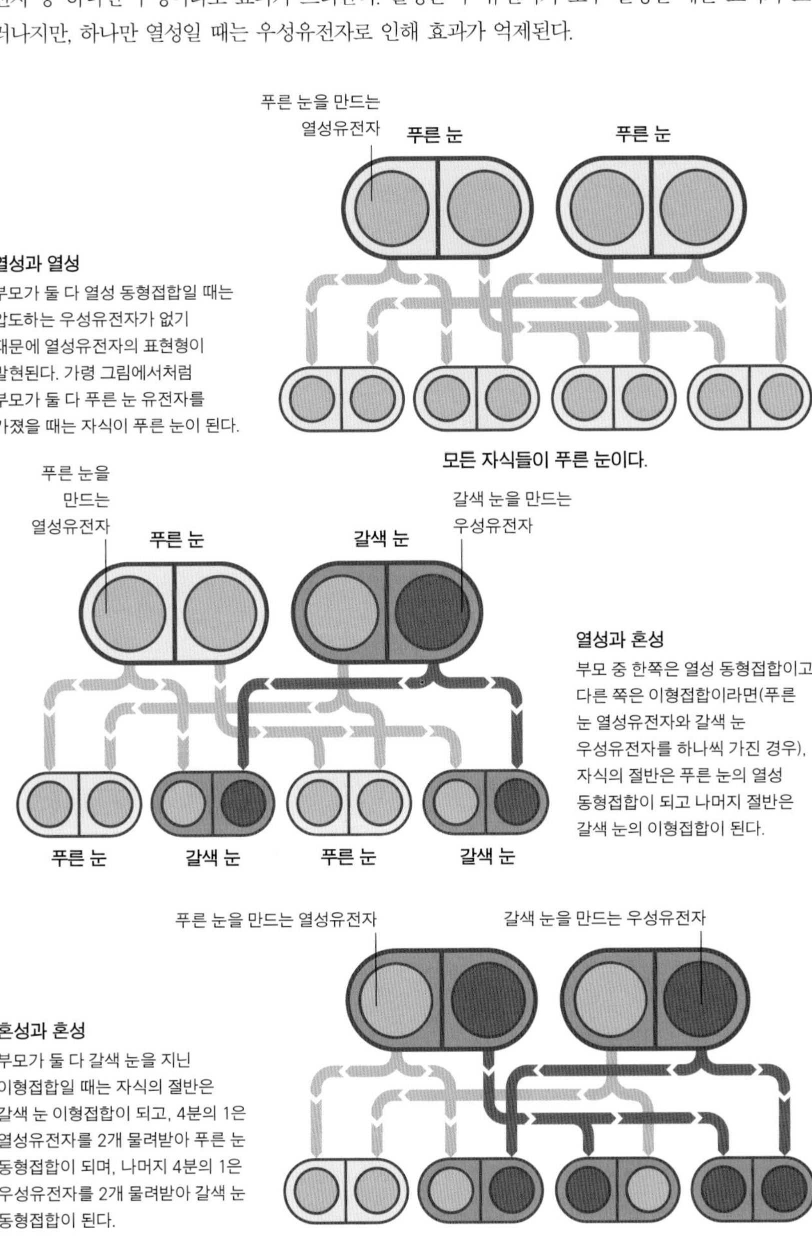
푸른 눈을 만드는
열성유전자
푸른 눈
푸른 눈
모든 자식들이 푸른 눈이다.
푸른 눈을
만드는
열성유전자
푸른 눈
갈색 눈
갈색 눈을 만드는
우성유전자
푸른 눈
갈색 눈
푸른 눈
갈색 눈
푸른 눈을 만드는 열성유전자
갈색 눈을 만드는 우성유전자
푸른 눈
갈색 눈
갈색 눈
갈색 눈

열성과 열성
부모가 둘 다 열성 동형접합일 때는 압도하는 우성유전자가 없기 때문에 열성유전자의 표현형이 발현된다. 가령 그림에서처럼 부모가 둘 다 푸른 눈 유전자를 가졌을 때는 자식이 푸른 눈이 된다.

열성과 혼성
부모 중 한쪽은 열성 동형접합이고 다른 쪽은 이형접합이라면(푸른 눈 열성유전자와 갈색 눈 우성유전자를 하나씩 가진 경우), 자식의 절반은 푸른 눈의 열성 동형접합이 되고 나머지 절반은 갈색 눈의 이형접합이 된다.

혼성과 혼성
부모가 둘 다 갈색 눈을 지닌 이형접합일 때는 자식의 절반은 갈색 눈 이형접합이 되고, 4분의 1은 열성유전자를 2개 물려받아 푸른 눈 동형접합이 되며, 나머지 4분의 1은 우성유전자를 2개 물려받아 갈색 눈 동형접합이 된다.

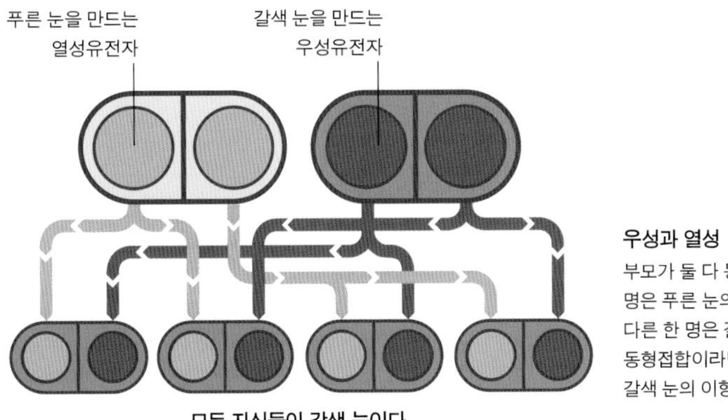
푸른 눈을 만드는
열성유전자
갈색 눈을 만드는
우성유전자
모든 자식들이 갈색 눈이다.

우성과 열성
부모가 둘 다 동형접합이지만 한 명은 푸른 눈의 열성 동형접합이고 다른 한 명은 갈색 눈의 우성 동형접합이라면, 자식들은 모두 갈색 눈의 이형접합이 된다.

성연관 유전

남성은 X염색체가 하나뿐이므로, 성염색체가 열성유전자 표현형을 갖고 있을 때는 성연관 유전(반성유전, sex-linked inheritance)이 일어난다. 여성은 X염색체가 2개이므로 한 쪽에 열성 표현형이 있더라도 다른 쪽의 우성 표현형이 그것을 감춘다. 이런 여성을 보인자(carrier)라고 부른다. 대조적으로 남성은 하나뿐인 X염색체에 있는 표현형이 열성이든 우성이든 무조건 발현된다.

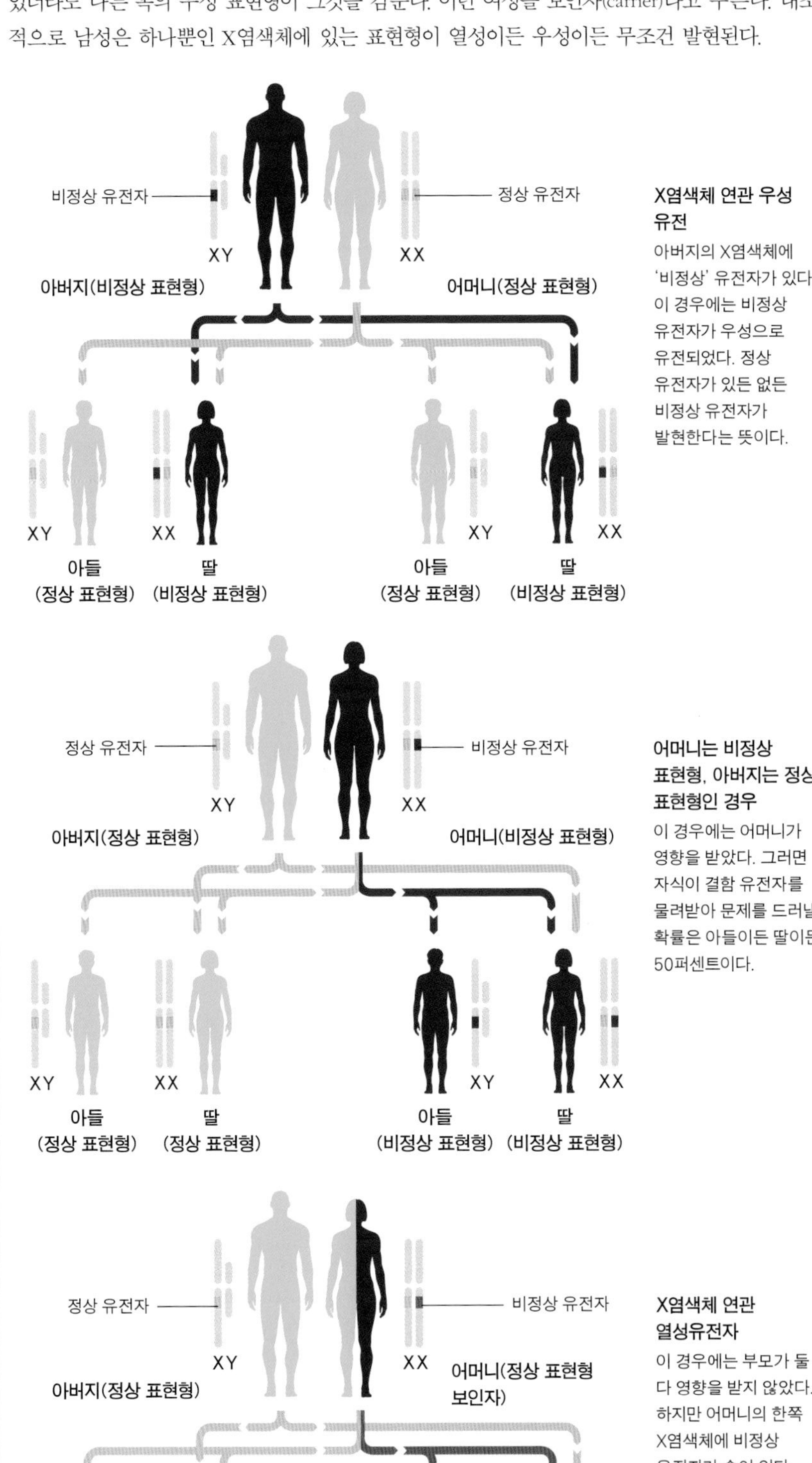
비정상 유전자
정상 유전자
XY
XX
아버지(비정상 표현형)
어머니(정상 표현형)
XY
XX
XY
XX
아들
(정상 표현형)
딸
(비정상 표현형)
아들
(정상 표현형)
딸
(비정상 표현형)
정상 유전자
비정상 유전자
XY
XX
아버지(정상 표현형)
어머니(비정상 표현형)
아들
(정상 표현형)
딸
(정상 표현형)
아들
(비정상 표현형)
딸
(비정상 표현형)
정상 유전자
비정상 유전자
XY
XX
아버지(정상 표현형)
어머니(정상 표현형
보인자)
이 남성은
정상 유전자
짝이 없기
때문에
영향을
받는다.
아들
(정상 표현형)
딸
(정상 표현형)
아들
(비정상 표현형)
딸
(정상 표현형 보인자)

X염색체 연관 우성 유전
아버지의 X염색체에 '비정상' 유전자가 있다. 이 경우에는 비정상 유전자가 우성으로 유전되었다. 정상 유전자가 있든 없든 비정상 유전자가 발현한다는 뜻이다.

어머니는 비정상 표현형, 아버지는 정상 표현형인 경우
이 경우에는 어머니가 영향을 받았다. 그러면 자식이 결함 유전자를 물려받아 문제를 드러낼 확률은 아들이든 딸이든 50퍼센트이다.

X염색체 연관 열성유전자
이 경우에는 부모가 둘 다 영향을 받지 않았다. 하지만 어머니의 한쪽 X염색체에 비정상 유전자가 숨어 있다. 그러면 아들의 절반은 영향을 받고, 나머지 절반은 정상 X염색체를 물려받는다. 딸의 절반은 비정상 염색체를 물려받아 보인자가 된다.

배아 발달

수정에서 임신 8주 말까지, 배아(embryo)는 공처럼 둥글게 뭉친 세포들에서 시작해 다양한 조직과 구조를 빠르게 발달시킨다. 이것이 더 발달하여 여러 장기들이 됨으로써 비로소 사람의 꼴이 갖춰진다.

서서히 생겨나는 인체 구조

수정으로 생겨난 세포덩이(cell mass), 즉 배아는 24~36시간 내에 세포분열(분할, cleavage)을 한 번 겪어 세포 2개가 되고, 다시 12시간쯤 지나면 한 번 더 분열하여 세포 4개가 된다. 계속 분열한 다음 세포 16~32개로 구성된 공을 오디배(상실배, morula)라고 한다. 배아는 세포분열을 하면서 자궁관을 내려와 자궁안(uterine cavity)으로 들어간다. 6일쯤 되면 오디배 중심에 속이 빈 공간이 생기고, 이후에는 주머니배(blastocyst)라고 불린다. 주머니배는 혈관이 풍부한 자궁내막(endometrium)에 착상한다.

수정
정자들이 투명층(난자를 둘러싼 바깥층 혹은 껍데기, zona pellucida)으로 접근하고 있다. 정자 하나가 이 층을 뚫고 들어가야 난자가 수정된다.

이제 배아세포 속 염색체의 유전자들이 켜지고 꺼짐에 따라 여러 전문적인 세포들로 분화하기 시작한다. 주머니배의 속세포덩이에는 배아원반(embryonic disc)이 형성된다. 배아원반은 내배엽(endoderm), 외배엽(ectoderm), 중배엽(mesoderm)의 세 배엽층(germ layer)으로 구성되는데, 이것이 모든 인체 구조들의 기원이다. 내배엽 세포들은 위창자관, 호흡관, 비뇨관 등 여러 계통 관들의 내막을 형성하고, 일부 분비샘이나 간 같은 장기의 관들도 형성한다. 외배엽 세포들은 피부 표피, 치아 사기질, 감각기관 수용기, 그 밖의 신경계통을 이룬다. 중배엽 세포들은 피부 진피, 근육 결합조직, 연골과 뼈, 혈액과 림프계통, 일부 분비샘을 형성한다.

5주째의 배아
눈, 척수, 팔다리싹(limb bud)을 비롯한 배아의 외부적 속성들이 벌써 뚜렷이 보인다. 탯줄도 보인다. 검사를 해 보면 배아의 심박동이 감지된다. 주요 장기들이 완전히 발달한 형태는 아니지만 기본적인 형태로나마 모두 자리 잡았다.

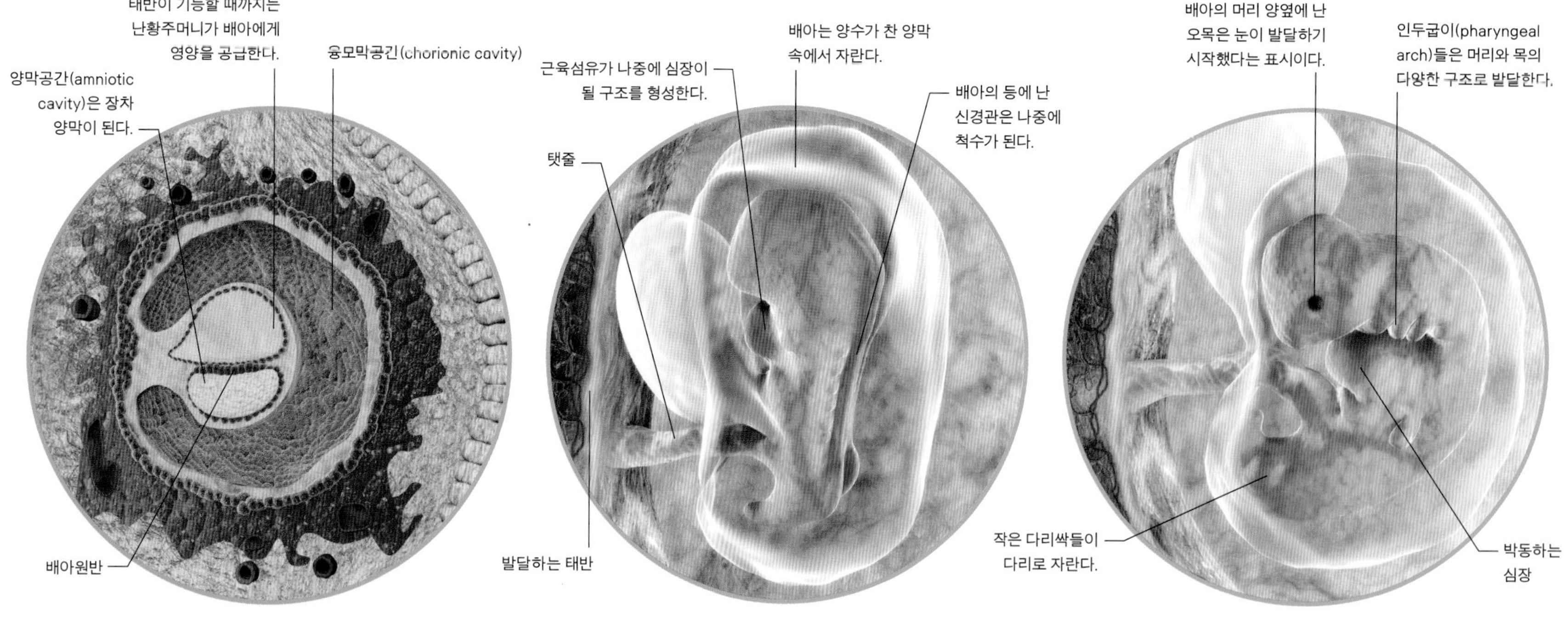
태반이 기능할 때까지는
난황주머니가 배아에게
영양을 공급한다.
융모막공간(chorionic cavity)
양막공간(amniotic
cavity)은 장차
양막이 된다.
배아원반
근육섬유가 나중에 심장이
될 구조를 형성한다.
배아는 양수가 찬 양막
속에서 자란다.
배아의 등에 난
신경관은 나중에
척수가 된다.
탯줄
발달하는 태반
배아의 머리 양옆에 난
오목은 눈이 발달하기
시작했다는 표시이다.
인두굽이(pharyngeal
arch)들은 머리와 목의
다양한 구조로 발달한다.
작은 다리싹들이
다리로 자란다.
박동하는
심장

분화
산모의 자궁내막에 파고 든 배아는 2주째부터 다양한 종류의 세포들로 분화하기 시작한다. 바깥층은 태반을 형성하여 산모 혈액을 통해 영양을 공급한다. 하지만 아직은 주 에너지원이 난황주머니(난황낭, yolk sac)이다. 난황주머니는 빠르게 성장하는 배아와 함께 발달했다.

신경관 형성
탯줄로 태반과 연결된 채 양막 속 양수에 떠 있는 배아는 길이가 3밀리미터이다. 척수의 전신인 신경관(neural tube)이 이미 형성되었다. 신경관의 한쪽 끝은 크게 부풀어 있는데, 그것이 나중에 뇌가 된다. 반대쪽 끝은 꼬리처럼 아래로 말려 있다. 심장의 근육섬유가 대롱 모양으로 발달하여 박동하기 시작한다.

주요 장기들의 형성
길이가 5밀리미터인 4주째 배아는 주요 장기들이 기본적인 형태이나마 모두 형성된 상태이다. 심장은 4개의 방으로 재조직되어 기본적인 혈관계통으로 혈액을 펌프질한다. 허파, 위창자계통, 콩팥, 간, 이자가 생겨났고, 기본적인 연골뼈대계통이 발달하여 지지 구조를 이룬다.

2주

3주

4주

태반 발달

태반은 정자가 난자를 수정시켜 만들어진 세포 덩어리, 즉 주머니배의 바깥층에서 발달한다. 태반은 여러 기능이 있다. 아기에게 해로운 물질이나 산모의 혈액 속 세균 등 외부 물질을 차단하는 장벽이자, 산모 혈액의 영양소와 산소를 안으로 전달하고 노폐물을 밖으로 배출하는 막이다. 태반은 또 임신 지속에 필요한 호르몬들을 생산한다.

1 영양막 증식
주머니배 바깥층 세포들이 영양막(trophoblast)이 되고, 영양막은 자궁내막 혈관들로 뻗어가서 태반바닥(placental bed)이 된다. 이것을 통해서 산모의 영양소와 산소가 태아의 혈액으로 전달되고, 태아의 노폐물도 이곳으로 흘러나온다.

2 융모막융모 형성
납작한 영양막에서 손가락 모양의 융모막융모들이 돋아나 산모의 혈액굴 조직으로 뻗어 들어간다. 융모막융모들은 표면적을 넓힘으로써 영양소 전달을 강화한다. 융모막융모가 구축되면 태아의 혈관이 그 속으로 뻗어 들어간다.

3 태반 확립
임신 5개월째에 태반이 확립된다. 산모의 혈액이 채워진 혈액방(lacuna) 속 깊숙이 융모들이 침투하여 광범위한 망을 형성한다. 착상 후에 태반에서는 사람융모생식샘자극호르몬(human chorionic gonadotropin, hCG)이 생산된다.

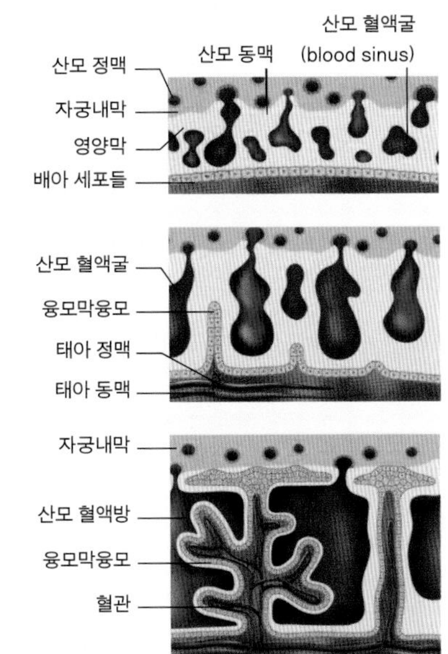
산모 혈액굴 (blood sinus)
산모 정맥
산모 동맥
자궁내막
영양막
배아 세포들
산모 혈액굴
융모막융모
태아 정맥
태아 동맥
자궁내막
산모 혈액방
융모막융모
혈관

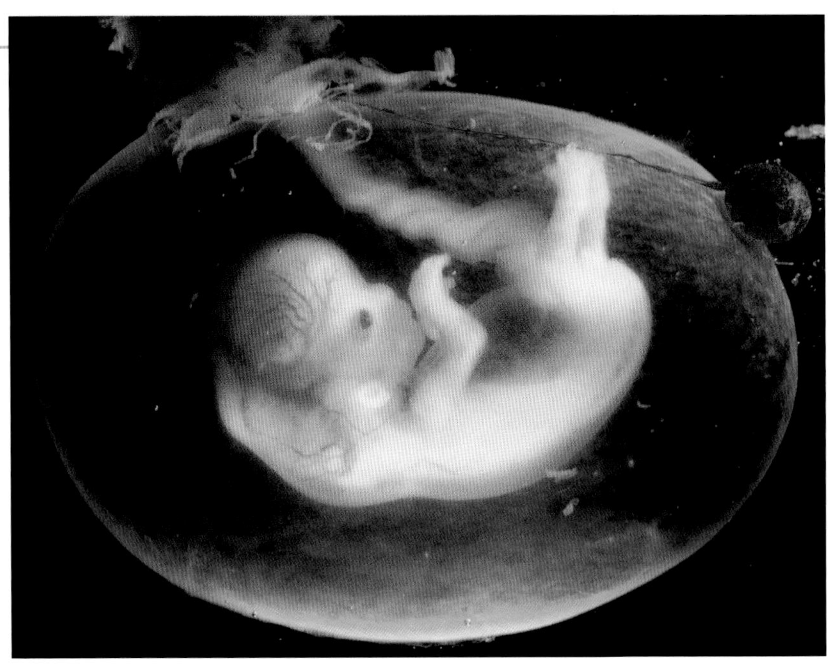

기본적인 **장기**들이 모두 형성되고, **뼈대의 연골**이 단단한 **뼈**로 바뀌기 시작한다. 태아가 자발적으로 **움직인다.**

고치처럼 감싸인 태아
8주째의 태아. 탯줄에 매달린 채 양막에 담겨 있다. 오른쪽에 쪼그라든 채 탯줄의 태반 쪽 뿌리에 매달려 따로 떨어진 난황주머니(붉은색)가 보인다.

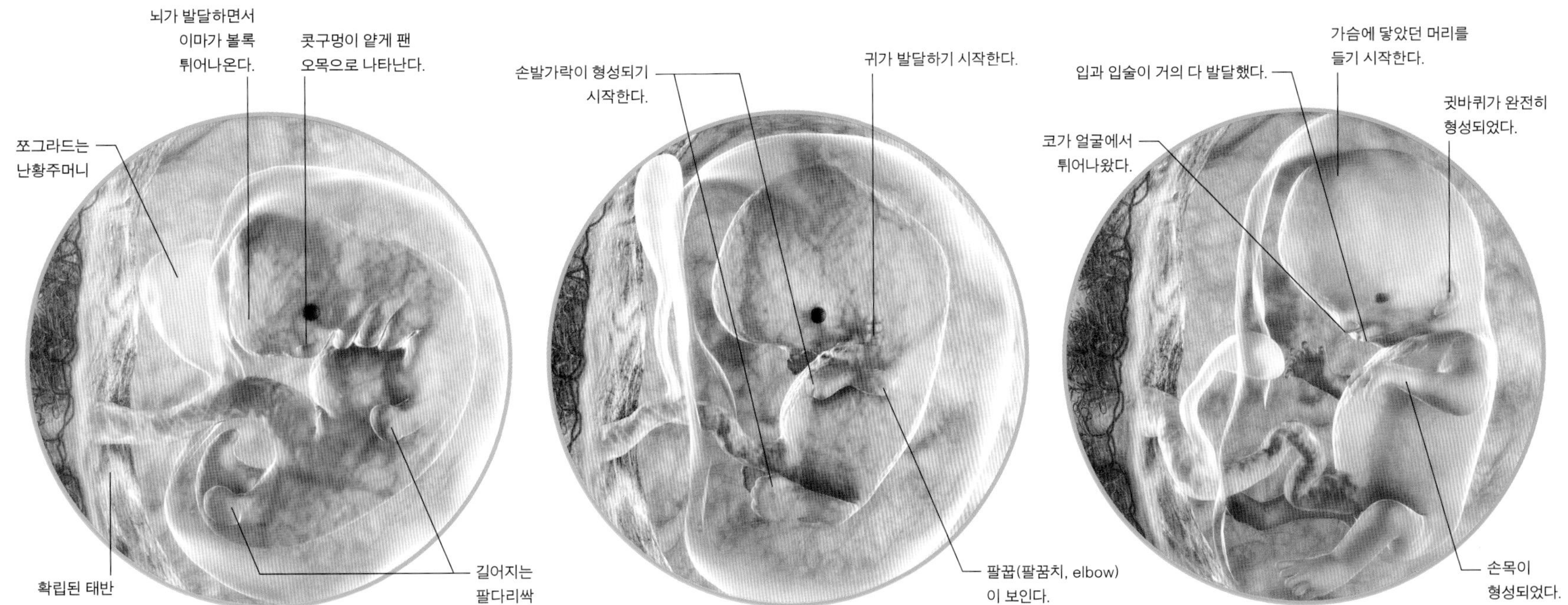
뇌가 발달하면서 이마가 불룩 튀어나온다.
콧구멍이 얕게 팬 오목으로 나타난다.
쪼그라드는 난황주머니
확립된 태반
길어지는 팔다리싹
손발가락이 형성되기 시작한다.
귀가 발달하기 시작한다.
팔꿉(팔꿈치, elbow)이 보인다.
입과 입술이 거의 다 발달했다.
가슴에 닿았던 머리를 들기 시작한다.
귓바퀴가 완전히 형성되었다.
코가 얼굴에서 튀어나왔다.
손목이 형성되었다.

팔다리 발달
팔다리싹들이 발달하여 점차 길어지고, 원래 있던 '꼬리'가 흡수된다. 덕분에 배아가 사람다운 꼴을 갖추기 시작한다. 신경조직이 빠르게 진화하여 눈이나 속귀의 달팽이 구조 같은 특수한 감각 영역들이 생긴다. 난황주머니가 쪼그라들기 시작하고, 대신 태반에서 영양소가 더 많이 유입된다.

세부구조 발달
23밀리미터 길이의 배아가 빠르게 성장하면서 세부구조들이 형성된다. 6주째에는 벌써 손발에 손발가락이 생기고, 눈이 분화하여 수정체, 망막, 눈꺼풀 등 여러 구조가 생긴다. 뇌에서 전기적 활동이 발생하고, 감각신경이 발달한다.

기본적인 인체 형태
길이가 40밀리미터인 배아는 확연히 인체의 형태를 갖춘다. 얼굴을 알아볼 수 있고, 지문이 생기는 조짐도 보인다. 기본적인 내부 장기들은 모두 형성되었고, 뼈대연골이 뼈로 발달하기 시작한다. 배아가 자발적으로 움직인다. 8주가 지나면 이제 배아가 아니라 태아라고 부른다.

5주 **6주** **8주**

태아 발달

태아는 8주째부터 출산까지 키와 몸무게가 빠르게 자란다. 이 시기에 인체 계통들이 부쩍 발달하여, 출생 후 어머니와 분리되어도 스스로 살아갈 수 있을 정도로 성숙한다.

아기의 성장

배아가 아니라 태아로 불리기 시작하는 시점에는 이미 사람다운 형태가 갖춰졌다. 이때 태아의 길이는 약 2.5센티미터로, 대충 포도알만 하다. 태아는 이후 32주 동안 더 자라 선진국에서는 평균 3~4킬로그램의 몸무게로 태어난다.(산모의 건강에 문제가 있기 쉬운 개발도상국에서는 태아가 출생 시 이보다 더 가볍다.) 성장은 여러 요인들에 달려 있다. 산모의 건강, 태아와 태반의 질병이나 이상, 인종이나 가계의 키와 몸무게 경향도 영향을 준다. 산모에게 사소하거나 일시적인 질병만 있다면 태아가 안전할 확률이 높지만, 심각한 질병이라면 태아 성장에 지장을 준다. 처음에 태아는 양수 속에 자유롭게 떠 있다. 하지만 태아가 자라면서 갈수록 움직임이 제약되고, 결국 한껏 늘어난 자궁안을 태아가 꽉 채운다. 초기에는 장기들의 크기, 몸 길이, 몸 구조에 성장이 집중되지만, 나중에는 지방 축적에 집중된다. 긴뼈 양끝의 성장판에서 세포분열이 일어나 뼈가 자란다. 망막세포 같은 신경계통의 특수 세포들이 점차 다듬어지고, 감각신호가 많이 입력됨에 따라 뇌세포가 더욱 상세한 정보를 얻는다.

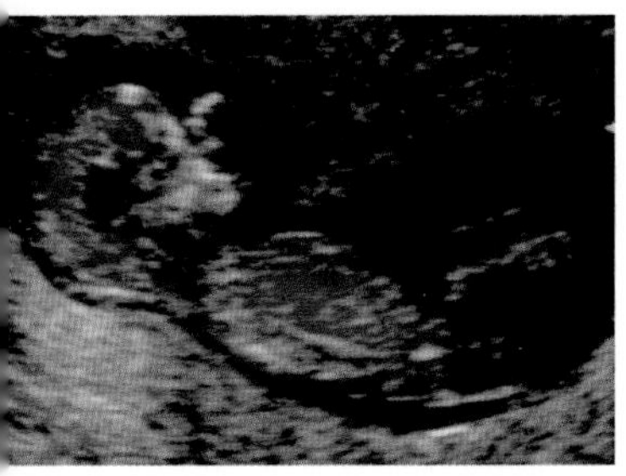

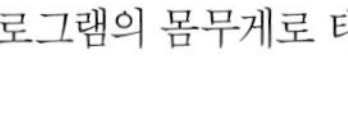

12주째의 태아
초음파 영상으로 태아의 심박동, 척추, 팔다리, 심지어 얼굴 윤곽까지 확인할 수 있다.

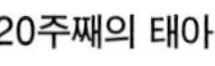

20주째의 태아
태아기름막(vernix)이라는 끈적끈적한 물질이 피부를 덮고 있다. 양수와 오래 접촉하는 태아를 보호해 주는 물질이다.

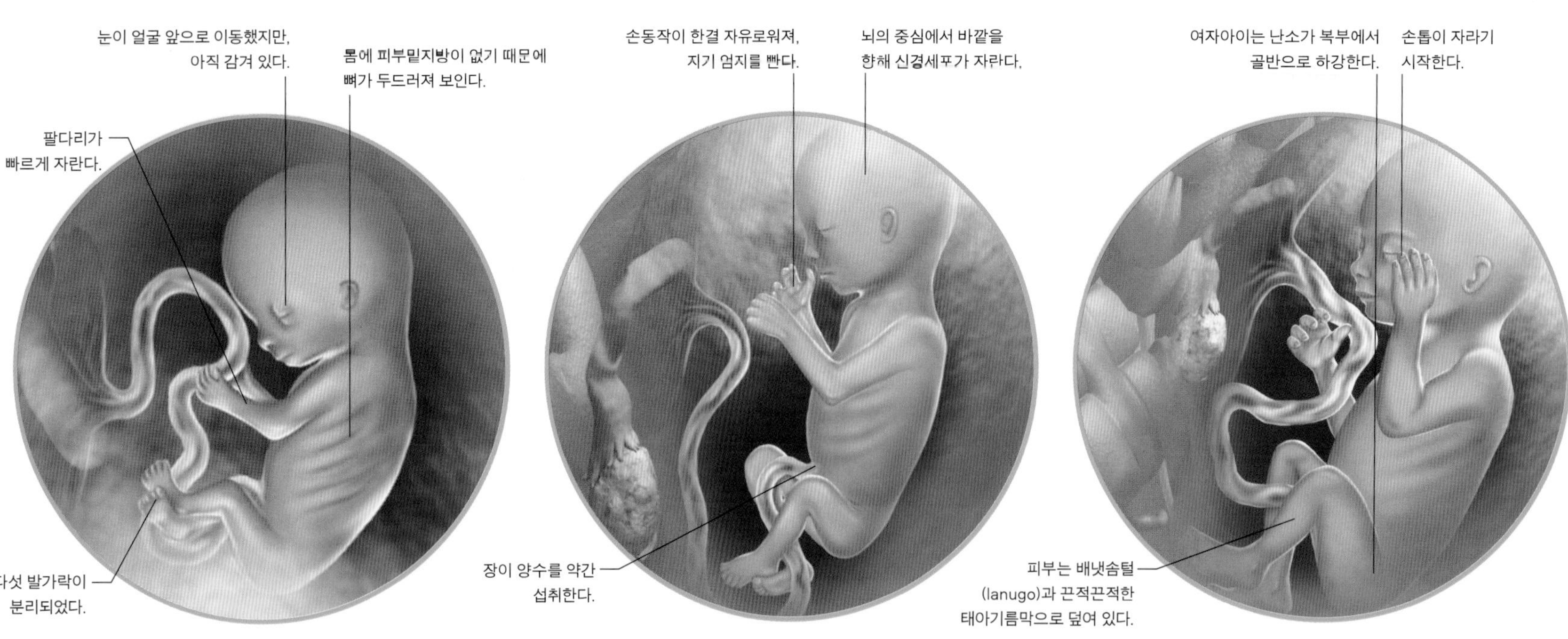
눈이 얼굴 앞으로 이동했지만, 아직 감겨 있다.
몸에 피부밑지방이 없기 때문에 뼈가 두드러져 보인다.
팔다리가 빠르게 자란다.
다섯 발가락이 분리되었다.
손동작이 한결 자유로워져, 지기 엄지를 빤다.
뇌의 중심에서 바깥을 향해 신경세포가 자란다.
장이 양수를 약간 섭취한다.
여자아이는 난소가 복부에서 골반으로 하강한다.
손톱이 자라기 시작한다.
피부는 배냇솜털(lanugo)과 끈적끈적한 태아기름막으로 덮여 있다.

감각 발달
무게가 약 45그램이고 길이가 약 9센티미터인 태아는 이제 활발하게 움직인다. 태아는 몸을 뻗으면서 근육을 시험한다. 눈은 닫혀 있지만 뇌와 신경계통이 충분히 발달했기 때문에 손발에 가해지는 압력을 느끼고, 자극에 반응하여 주먹을 쥐었다 폈다 하거나 발가락을 굽힌다.

빨기, 숨쉬기, 삼키기
이 단계에서 태아는 삼키는 능력을 발달시킨다. 그래서 간혹 양수를 마시는데, 섭취한 양수는 태아의 몸에 흡수된다. 콩팥이 기능하기 시작하여 혈액을 청소하고, 방광과 요도를 통해 소변을 양수로 내보낸다. 호흡 활동이 일어난다. 태아는 손으로 제 입을 만지고, 손가락을 빨기도 한다.

존재를 알림
길이가 15센티미터에 몸무게가 300~400그램인 태아는 아주 활동적이다. 산모는 자궁벽을 통해 실룩거리는 감각을 느끼기 시작한다. (두덩뼈 위로 자궁 꼭대기가 느껴지기 시작한다.) 태아의 손발가락에 독특한 지문이 완전히 형성되었고, 심장과 혈관계통이 완전히 발달했다.

11주

14주

19주

태반의 작동방식

태반은 가까이 닿은 산모 혈류와 태아 혈류 사이에서 장벽처럼 기능한다. 자라는 태아에게 포도당, 아미노산, 무기질, 산소 등 영양소를 공급하고, 이산화탄소 같은 노폐물을 제거한다. 이런 분자들은 통과시키되, 산모의 노폐물이나 대사 변화, 세균 등은 태아에게 영향을 주지 못하게 막는다. 태반은 또 에스트로겐, 프로게스테론, 사람융모생식샘자극호르몬을 분비한다. 임신 후기에는 산모의 항체가 태반을 통과하여 태아에게 전달됨으로써 면역력을 약간 제공한다. 하지만 태반에는 산모의 면역계통이 태아를 외부 물질로 인식해 공격하는 것을 막는 보호 메커니즘도 갖춰져 있다.

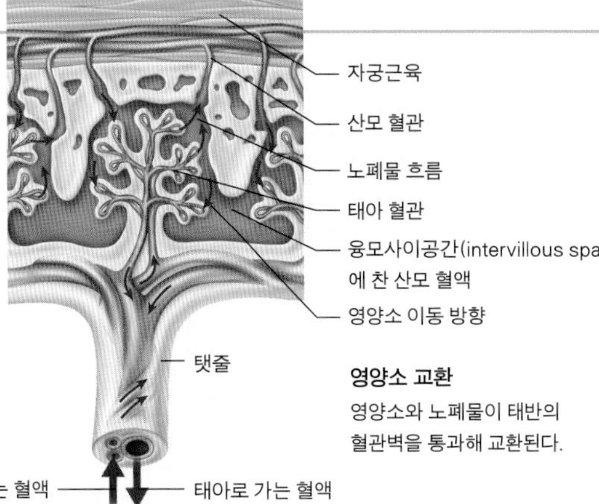
자궁근육
산모 혈관
노폐물 흐름
태아 혈관
융모사이공간(intervillous space)에 찬 산모 혈액
영양소 이동 방향
탯줄
태아에서 오는 혈액
태아로 가는 혈액

영양소 교환
영양소와 노폐물이 태반의 혈관벽을 통과해 교환된다.

이어 주고 먹여 주고

길이 15센티미터의 탯줄은 태반 혈관을 태아의 혈관계통과 연결함으로써 영양소가 흘러 들어가고 노폐물이 흘러 나오도록 한다. 대부분의 성인 정맥과는 달리 탯줄에 있는 정맥은 산소와 영양소가 풍부한 혈액을 공급하고, 탯줄의 두 동맥은 산소가 부족하고 노폐물이 많은 혈액을 태반으로 나른다. 탯줄이 비정상적으로 짧거나, 길거나, 동맥이 하나이면, 갖가지 태아 기형이 유발될 수 있다. 탯줄에는 감각신경이 거의 없다. 그래서 출생 후에 집게로 조인 뒤 잘라도 된다.

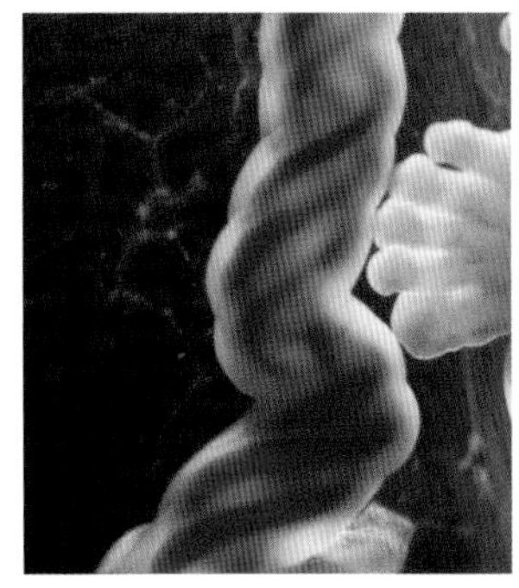

생명줄인 탯줄
와튼젤리(Wharton's jelly)라는 젤라틴 같은 물질이 탯줄 혈관을 덮어 보호하고 분리한다.

미숙아로 태어났을 때 **생존할 확률**은 비록 낮기는 하지만 **22주**부터 점점 높아진다.

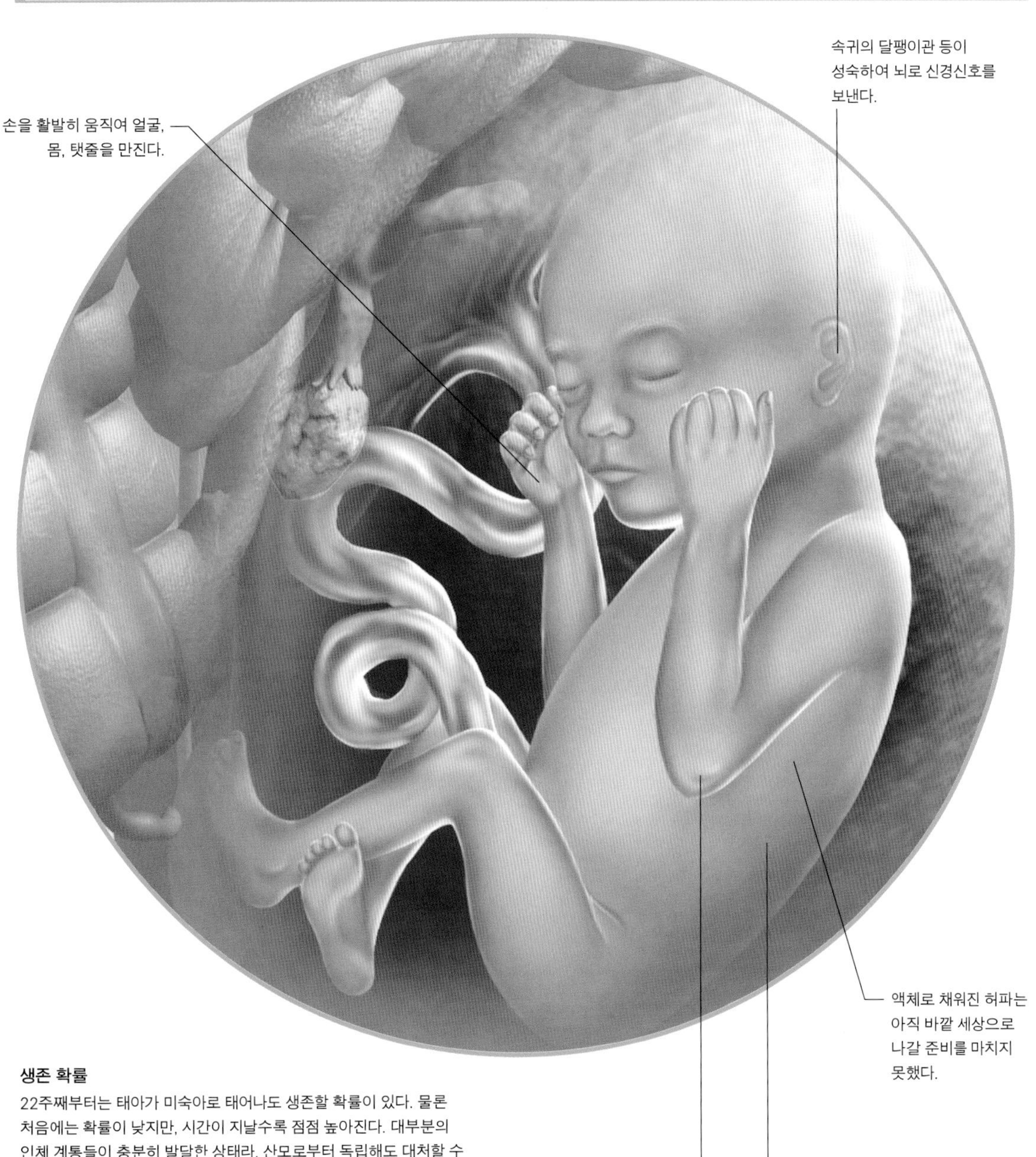
손을 활발히 움직여 얼굴, 몸, 탯줄을 만진다.
속귀의 달팽이관 등이 성숙하여 뇌로 신경신호를 보낸다.
액체로 채워진 허파는 아직 바깥 세상으로 나갈 준비를 마치지 못했다.
모든 뼈 속에 골수가 들어 있고, 그곳에서 적혈구가 생산된다.
피부 밑에 지방층이 저장되기 시작한다. 지방은 신경계통의 발달에 기여한다.

생존 확률
22주째부터는 태아가 미숙아로 태어나도 생존할 확률이 있다. 물론 처음에는 확률이 낮지만, 시간이 지날수록 점점 높아진다. 대부분의 인체 계통들이 충분히 발달한 상태라, 산모로부터 독립해도 대처할 수 있다. 이 단계에서 가장 문제가 되는 것은 미성숙한 호흡계통이다. 호흡반사는 존재하지만, 허파가 폐쇄되지 않도록 유지하는 데 꼭 필요한 표면활성제가 아직 허파에서 분비되지 않는다.

22주

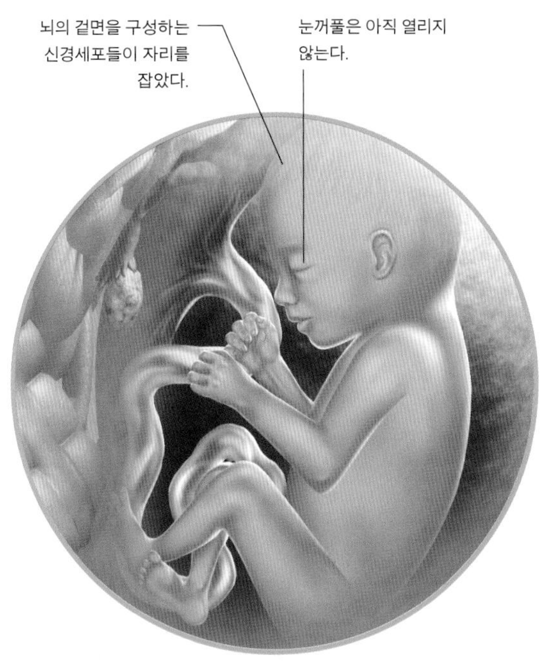
뇌의 겉면을 구성하는 신경세포들이 자리를 잡았다.
눈꺼풀은 아직 열리지 않는다.

소리와 움직임에 반응함
산모의 심박동, 혈류, 창자의 꼬르륵거림 등 산모 내부의 소음을 끊임없이 접하는 태아는 이제 외부의 소음이나 움직임에 반응한다. 그에 따라 태아의 심박동이 빨라지거나 움직임이 많아진다.(산모는 태아가 '발로 찬다'고 느낀다.) 태아가 안정을 느낄 때는 움직임이 잦아든다. 평형 감각이 발달하여, 태아가 위치 변화를 인식한다.

25주

만삭을 향해

마지막 3개월 동안의 발달은 주로 강화 과정이다. 장기가 모두 형성되었지만 더 성숙해야 하기 때문이다. 태아는 움직임, 호흡, 삼키기, 배뇨 등 다양한 활동과 기능을 계속 다듬어간다. 창자가 꿈틀거리기는 하지만 배내똥(태변, meconium)이라는 무균의 내용물이 마개처럼 막고 있다.(배내똥은 양수, 피부세포, 배냇솜털, 태아기름막으로 구성된다.) 배내똥은 보통 출생할 때 빠져 나온다. 태아는 지방 저장량이 빠르게 늘고, 허파가 충분히 성숙하여 설령 미숙아로 태어나더라도 호흡이 가능할지도 모른다.

태아는 감각도 예민해진다. 눈이 열리고(단순하게나마 빛의 세기를 감지한다.) 귀는 익숙한 소리를 알아차린다. 주변 환경과 산모의 상태를 감각하고 반응을 드러낸다. 산모가 긴장을 풀면 태아도 느긋해지고, 산모가 초조하거나 불안하면 태아도 그렇게 반응한다.

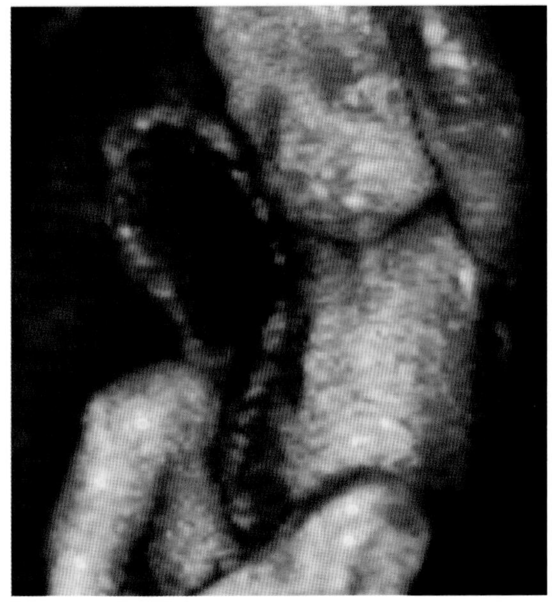

26주째의 태아
4차원 초음파 영상으로 태아의 머리, 몸통, 팔다리는 물론이고 탯줄과 태반까지 전방위로 볼 수 있다. 아기가 움직이면(시간이 4번째 차원이다.) 움직임과 구조 발달 상태도 평가할 수 있다.

뇌파(brain wave)를 구성하는 전기 활동은 6주째부터 감지되고, 26주째에는 **빠른눈 운동수면**(rapid eye movement sleep, REM 수면)이 발생한다. 이것은 보통 **꿈**과 연관이 있다.

과학적 돌파구

기적의 아기들

미숙하거나, 작거나, 병이 있는 신생아에 대해 수준 높은 의료 행위가 가능해짐에 따라, 신생아 생존률은 극적으로 높아졌다. 요즘은 22~23주째 태어난 아기도 건강하게 살아갈 가능성이 있다. 의료진은 호흡 보조, 정맥주사와 약물, 관을 통한 영양 공급 등 여러 측면에서 신생아를 관리하여 정상적인 아기처럼 다뤄도 될 만큼 건강해질 때까지 돌본다. 심전도, 산소측정기(혈중 산소 농도를 잰다.), 혈액 채취를 위한 정맥이나 동맥 접근 등은 아기의 상태를 안정시키는 데 중요한 도구들이다.

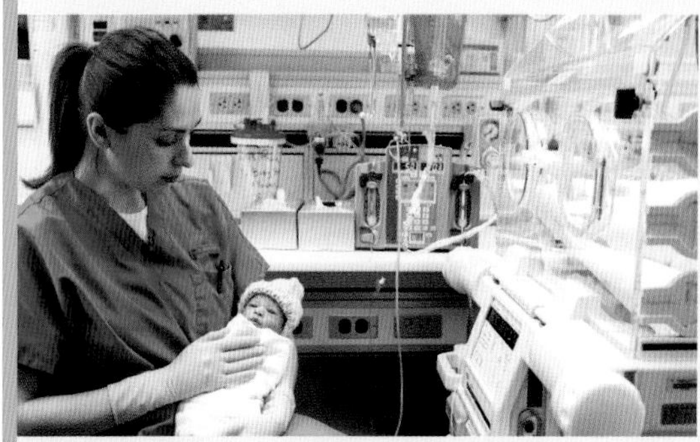

신생아 집중치료실
자동온도조절 장치가 딸린 보육기(인큐베이터, incubator)에는 미숙아나 저체중아나 아픈 아기의 심박동, 혈압, 체액과 산소 농도, 호흡, 그 밖의 인체 기능을 감시하는 각종 장치들이 갖춰져 있다.

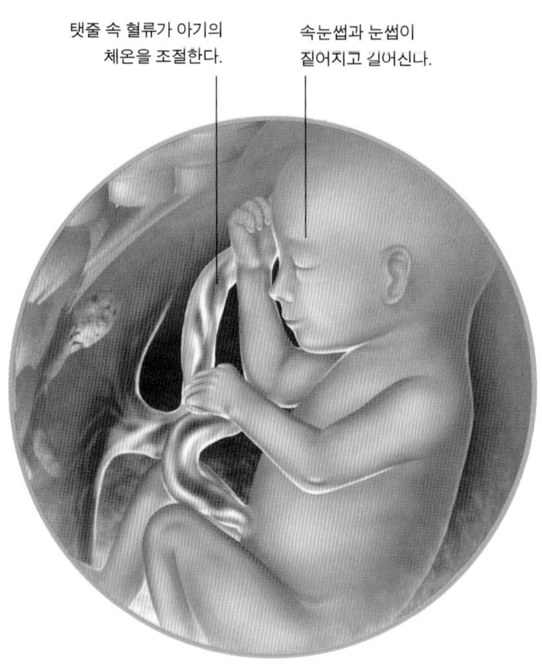
탯줄 속 혈류가 아기의 체온을 조절한다.
속눈썹과 눈썹이 짙어지고 길어신나.

눈의 변화
길이가 33센티미터에 무게가 약 850그램인 태아는 속눈썹과 눈썹을 온전히 갖췄다. 하지만 한두 주가 더 지나야 위눈꺼풀과 아래눈꺼풀이 떨어지면서 태아가 눈을 뜬다. 눈동자는 처음에는 푸른색이다. 진짜 색소는 나중에 생기기 때문이다. 색소가 출생 후에 생기는 경우도 있다.

26주

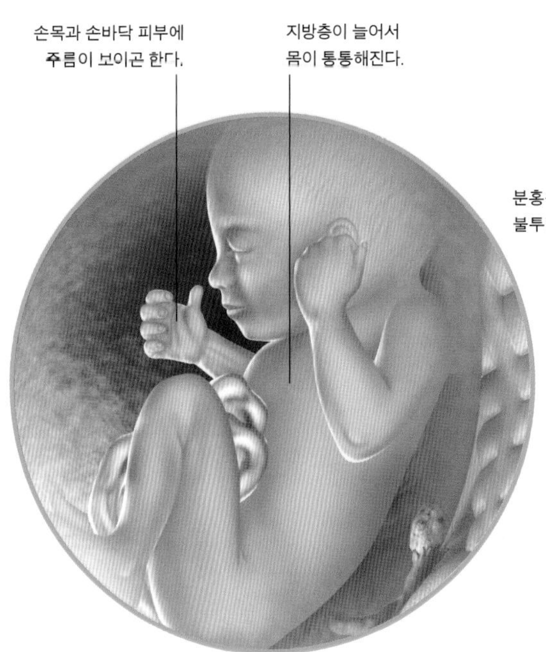
손목과 손바닥 피부에 주름이 보이곤 한다.
지방층이 늘어서 목이 통통해진다.

허파 성숙
처음에 분당 160회였던 심박동이 110~150회로 약간 느려진다. 허파 꽈리의 세포들이 표면활성제를 분비하여, 아기가 처음으로 숨을 쉴 때 허파가 팽창하게 해 준다. 남자아이는 고환이 복부에서 음낭으로 하강한다.

30주

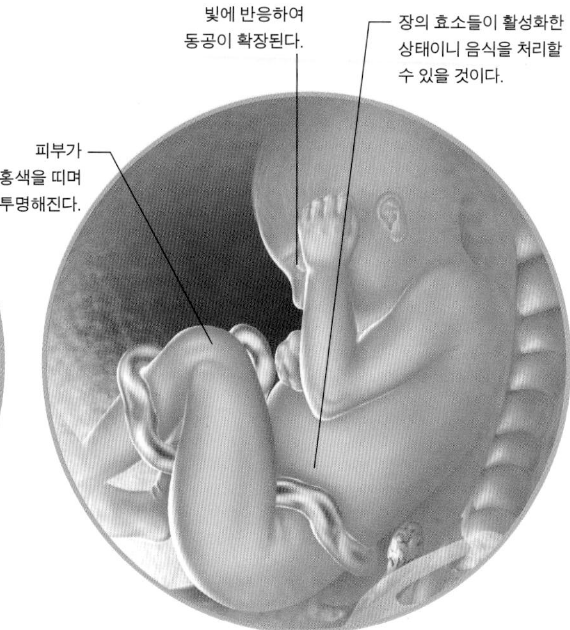
자궁 속까지 가 닿은 빛에 반응하여 동공이 확장된다.
장의 효소들이 활성화한 상태이니 음식을 처리할 수 있을 것이다.
피부가 분홍색을 띠며 불투명해진다.

피부 변화와 공간의 제약
몸무게가 약 1.9킬로그램으로, 지방량이 늘었기 때문에 처음에 많았던 주름이 다 펴진다. 태아기름막과 배냇솜털이 사라지기 시작하고, 피부가 불투명해진다. 태아가 자주 꿈틀대지만, 격렬하게 움직일 공간은 없다. 눈이 깜박인다. 호흡 활동을 하면 딸꾹질이 일어난다. 딸꾹질은 가로막이 경련을 일으키는 것으로 전혀 해롭지 않다.

35주

출생을 기다리며
40주째는 아기의 장기들이 완전히 성숙했고, 아기가 자궁공간을 꽉 채운다. 아기는 자궁을 떠나 바깥 세상을 만날 준비를 마쳤다.

신생아

아기의 생애 첫 4주를 신생아기(neonatal period)라고 부른다. 이때는 엄청난 변화와 적응이 일어나는 시기로, 인생에서 가장 위험한 시기이기도 하다. 은퇴 연령까지의 인생에서 신생아기의 사망률이 제일 높다.

세상에 나오다

출생 당시에는 아기의 머리가 몸에 비해 상대적으로 크다. 산도를 빠져나오면서 머리뼈가 눌려 변형된 사례도 많다. 배는 상대적으로 크고 올챙이배처럼 튀어나온 반면, 가슴은 종 모양에 폭이 배와 거의 같아서 상대적으로 작아 보인다. 산모의 호르몬 영향으로 아기의 젖가슴이 약간 부풀었을 수도 있고, 가끔은 옅은 우윳빛 액체가 흘러 나온다. 대부분 피부가 푸르스름하지만, 호흡을 시작하면 곧 분홍색을 띤다. 간혹 온몸에 가늘고 부드럽고 색깔이 옅은 배냇솜털이 난 신생아도 있는데, 이것은 생후 몇 주나 몇 달 안에 전부 사라진다. 아기의 80퍼센트 이상은 피부 일부에 색소가 침착된 출생점(모반, birthmark)을 갖고 태어난다. 출생점은 크면 보통 옅어지거나 사라진다.

피부 보호
출생 시, 아기의 연약한 새 피부에는 밀랍이나 치즈와 느낌이 비슷한 태아기름막(vernix caseosa)이 덮여 있다. 태아기름막은 피부기름과 죽은 세포로 구성된 물질이다.

증상	점수: 0	점수: 1	점수: 2
심박동	없음	100 미만	100 이상
호흡	없음	느리거나 불규칙하다. 울음이 약하다.	규칙적이다. 울음이 강하다.
근육긴장	흐느적거린다.	팔다리가 약간 굽었다.	활동적으로 움직인다.
반사반응	없음	찡그리거나 끙끙거린다.	울고, 재채기하고, 기침한다.
색깔	창백하거나 푸르스름하다.	말단이 푸르스름하다.	분홍색

아프가 점수(Apgar score)
의료진은 아기가 태어나고 1분이 지났을 때와 5분이 지났을 때, 5가지 특징을 기준으로 하여 아기의 건강을 평가한다. 만점은 10점이다. 3점 이하라면 신속히 소생술(resuscitation)을 실시해야 한다.

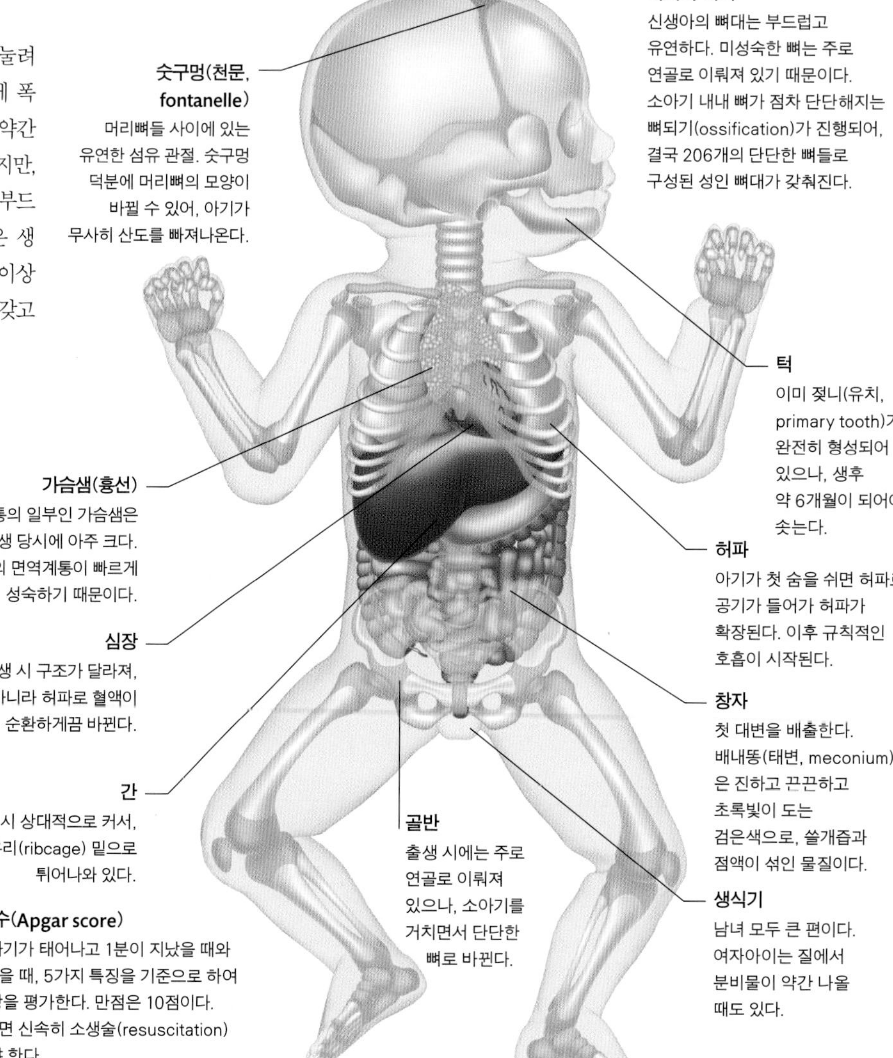
아기의 뼈대
신생아의 뼈대는 부드럽고 유연하다. 미성숙한 뼈는 주로 연골로 이뤄져 있기 때문이다. 소아기 내내 뼈가 점차 단단해지는 뼈되기(ossification)가 진행되어, 결국 206개의 단단한 뼈들로 구성된 성인 뼈대가 갖춰진다.
숫구멍(천문, fontanelle)
머리뼈들 사이에 있는 유연한 섬유 관절. 숫구멍 덕분에 머리뼈의 모양이 바뀔 수 있어, 아기가 무사히 산도를 빠져나온다.
턱
이미 젖니(유치, primary tooth)가 완전히 형성되어 있으나, 생후 약 6개월이 되어야 솟는다.
가슴샘(흉선)
면역계통의 일부인 가슴샘은 출생 당시에 아주 크다. 아기의 면역계통이 빠르게 성숙하기 때문이다.
허파
아기가 첫 숨을 쉬면 허파로 공기가 들어가 허파가 확장된다. 이후 규칙적인 호흡이 시작된다.
심장
출생 시 구조가 달라져, 태반이 아니라 허파로 혈액이 순환하게끔 바뀐다.
창자
첫 대변을 배출한다. 배내똥(태변, meconium)은 진하고 끈끈하고 초록빛이 도는 검은색으로, 쓸개즙과 점액이 섞인 물질이다.
간
출생 시 상대적으로 커서, 가슴우리(ribcage) 밑으로 튀어나와 있다.
골반
출생 시에는 주로 연골로 이뤄져 있으나, 소아기를 거치면서 단단한 뼈로 바뀐다.
생식기
남녀 모두 큰 편이다. 여자아이는 질에서 분비물이 약간 나올 때도 있다.

방금 태어났어요
선진국의 신생아 평균 몸무게는 3.4킬로그램이고, 머리에서 발꿈치까지의 길이는 50센티미터이다.

순환의 변화

태아는 자궁에 들어 있어 스스로 호흡하거나 먹을 수 없으므로, 탯줄을 통해 태반의 혈류에 든 영양소와 산소를 제공받고 역시 탯줄을 통해 이산화탄소를 비롯한 노폐물을 태반의 혈류로 내보낸다. 이런 구조가 가능한 것은 태아의 순환계통에 탯줄과 혈액을 주고받는 특수한 혈관들이 있기 때문이다. 혈액순환이 미성숙한 간과 허파를 건너뛰는 셈이다. 출생 후 아기가 처음으로 숨을 쉬면 허파가 팽창한다. 그 압력 변화로 인해 허파를 통과하는 혈류량이 늘고, 태아 때 있던 특수 통로들은 닫힌다. 아기가 공기호흡으로 구조를 전환한 것이다.

태아의 순환
태반으로부터 산소와 영양소가 풍부한 혈액이 제공되고, 노폐물을 담은 저산소 혈액은 태반으로 돌아가 다시 산소와 영양소를 공급받는다.

상체에서 오는 혈액
허파동맥
좌우 심방 사이에 뚫린 타원구멍(foramen ovale)은 태반에서 태아로 가는 혈액이 통과하는 지름길이다.
정맥관(ductus venosus)은 배꼽정맥(umbilical vein)과 아래대정맥을 잇는다.
배꼽정맥은 혈액에 녹은 영양소와 기체를 전달한다.
태반은 산모와 아기의 혈액공급을 이어 준다.
상체로 가는 혈액
동맥관(ductus arteriosus)이 있어, 탯줄의 혈액이 허파를 건너뛴다.
왼심방
왼허파
심장
내림대동맥(descending aorta)
아래대정맥
배꼽동맥(umbilical artery)은 노폐물과 저산소 혈액을 태반으로 돌려보낸다.
하체로 가는 혈액

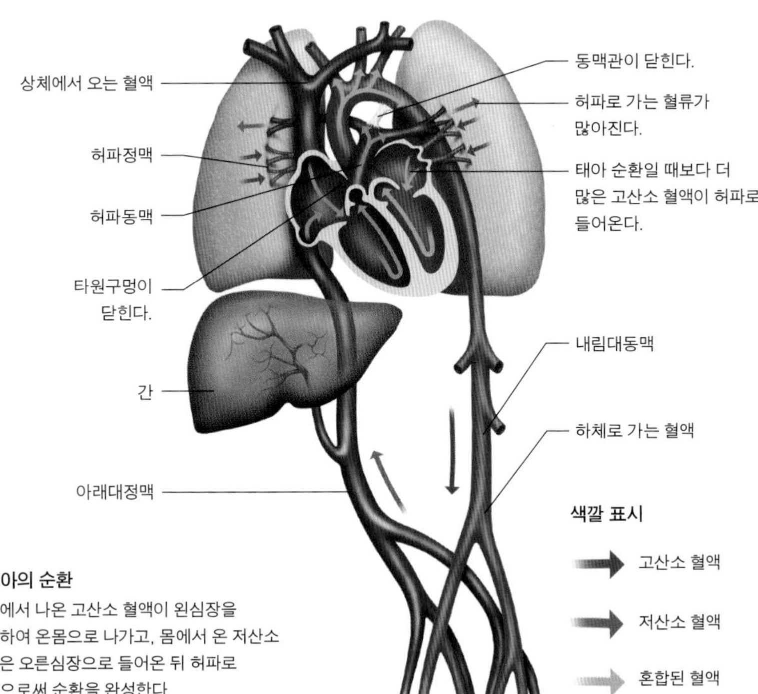
상체에서 오는 혈액
허파정맥
허파동맥
타원구멍이 닫힌다.
간
아래대정맥
동맥관이 닫힌다.
허파로 가는 혈류가 많아진다.
태아 순환일 때보다 더 많은 고산소 혈액이 허파로 들어온다.
내림대동맥
하체로 가는 혈액
색깔 표시
고산소 혈액
저산소 혈액
혼합된 혈액

신생아의 순환
허파에서 나온 고산소 혈액이 왼심장을 통과하여 온몸으로 나가고, 몸에서 온 저산소 혈액은 오른심장으로 들어온 뒤 허파로 나감으로써 순환을 완성한다.

탯줄 자르기

탯줄을 자르지 않고 놓아두면, 아기가 태어난 뒤에도 최장 20분 동안 탯줄이 박동하면서 아기에게 산소를 공급하고 태반을 통한 혈액 공급을 유지한다. 이 기능이 더 이상 필요하지 않은 시점이 오면, 탯줄을 집게로 안전하게 조인 뒤 묶거나 잘라낸다. 탯줄에는 신경이 거의 없어 아기는 아픔을 느끼지 않는다. 출생 시 탯줄 길이는 평균 약 50센티미터인데, 아기의 배꼽(umbilicus)에 보통 2~3센티미터쯤 밑동을 남긴다. 태반은 아기가 나온 지 20분에서 1시간쯤 뒤 자연적으로 배출된다. 분만 시 약물을 주입하여 태반 배출을 가속할 수도 있다. 그 동안 아기는 어머니의 가슴에 안겨 둔다.

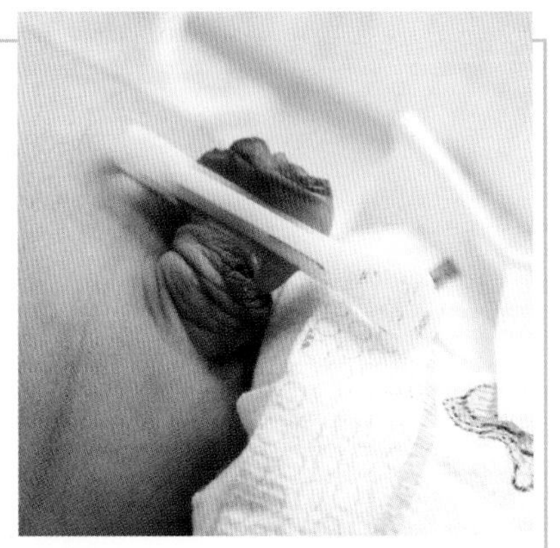

탯줄밑동
탯줄밑동(umbilical stump)은 점차 말라 비틀어진다. 1~3주가 지나면 저절로 떨어져 나가고, 아기의 배에는 움푹 파이거나 볼록 튀어나온 배꼽이 남는다.

생명의 음식

신생아는 본능적으로 어머니 젖을 찾아 빨려 한다. 먹이찾기반사(rooting reflex)라는 자동적인 반응 덕분에, 뺨이나 입술에 감촉을 느끼면 반사적으로 그 쪽으로 고개를 돌려 빨려 든다. 아기를 어머니의 가슴에 안기면 자동적으로 입을 열어 젖을 물고, 젖꽃판을 몽땅 입에 넣은 뒤 빨기 시작한다. 몇 초가 지나면 어머니의 젖배출반사(사출반사, let-down reflex)가 작동하여 젖이 흐르기 시작한다. 보통 젖에 앞서 나오는 달콤한 첫젖(초유, colostrum)은 아기의 감염을 막아 주며, 미성숙한 장을 보호하는 "좋은 세균"들을 담고 있다. 정상적인 젖은 영양학적으로 이상적일 뿐만 아니라 감염을 막는 항체를 포함해, 모유를 먹은 아기들은 나중에 알레르기(allergy)를 덜 겪는 경향이 있다.

젖빨기 본능
젖빨기 본능(suckling instinct)은 생후 30분에서 1시간 뒤에 가장 강하다. 이때 아기가 젖을 빨면 어머니의 몸에서 호르몬들이 분비되는데, 이 호르몬들은 자궁이 원래 크기로 줄어들고 태반이 배출되는 것을 돕는다.

자궁 밖의 삶

신생아는 대부분 밤낮 없이 자다가 몇 시간에 한 번씩 깨어 젖을 먹는다. 아기는 평균적으로 하루에 1~3시간씩 운다. 생후 첫 24시간 안에 소변을 눠야 하고 최초의 장 운동을 해야 하는데, 첫 며칠은 녹색이 감도는 검은 배내똥이 나온다. 태아일 때 장에 들어 있던 끈적한 물질이 배출되는 것이다. 아기가 젖을 잘 빨게 되면 똥이 점차 뭉쳐지고, 갈색이 되었다가 황금색으로 바뀐다. 생후 첫 1~2주에 아기는 출생 당시 몸무게의 최대 10퍼센트까지 빠지지만, 다시 착실히 몸무게가 는다.

보고 만지고
아기는 금세 보고 만지면서 세상을 탐험하기 시작한다. 갓 태어난 아기는 물체에서 약 20~35센티미터 떨어져 있을 때 눈의 초점이 잘 맞는다. 아기는 사람들의 얼굴을 응시하기를 좋아한다. 아기의 입과 손은 촉감을 느끼는 데 중요하다.

소아기

소아기는 육체적 변화와 발달이 끊임없이 벌어지는 시기이다. 이후에는 다시는 이런 대대적인 변화가 일어나지 않는다. 아이는 키가 크고 몸무게가 늘며, 동시에 육체적 기술과 정신적 기술, 사회적 이해, 감정적 성숙을 습득한다.

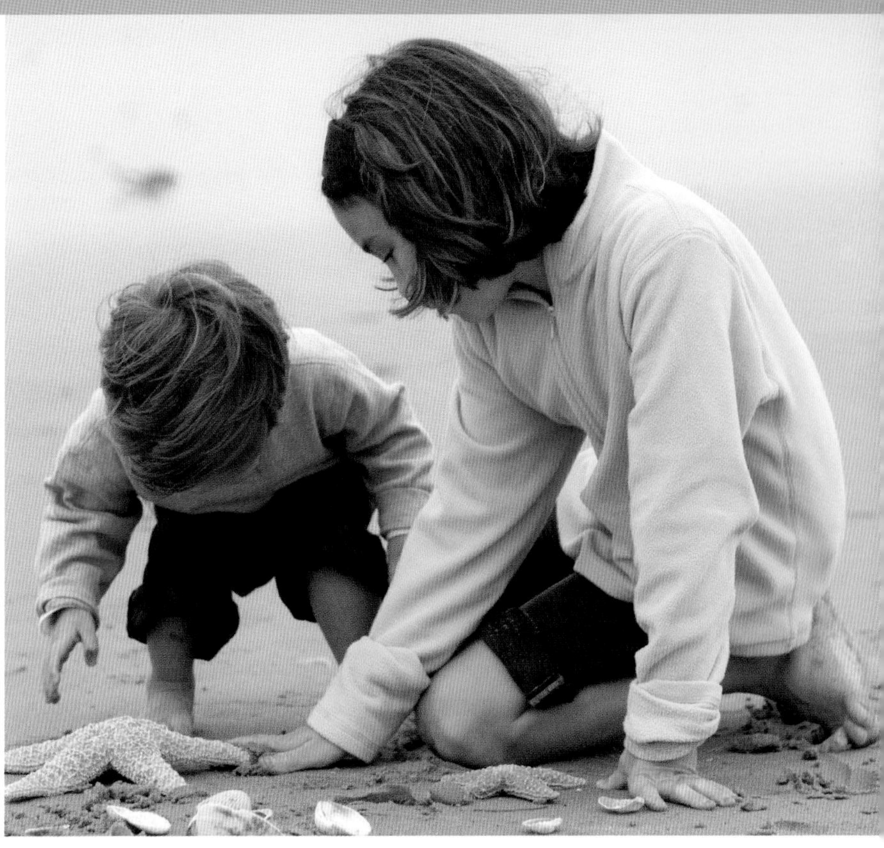

아이가 **특정한 발달이정표**에 도달하면, 연습과 열의가 **발달에 박차를 가하여** 다음 이정표로 진행하게 한다.

세상을 탐사하기
모든 아이들은 세상에 대한 호기심을 타고나며, 무엇이든 자신의 주의를 사로잡는 것으로부터 배운다.

성장과 발달

소아기에서도 첫 2년 동안 육체적 성장이 제일 빠르다. 이후에는 속도가 약간 느려져 사춘기까지 지속된다. 소아기에는 온몸의 조직과 장기의 크기와 무게가 증가하는데, 한 가지 예외는 림프조직이다. 림프조직은 오히려 축소된다. 성장 속도와 최종적인 체구는 둘 다 주로 유전적 소인에 따라 결정되므로, 부모의 키를 알면 아이의 키를 어느 정도 예측할 수 있다. 하지만 환경도 아이의 성장과 발달에 영향을 미친다. 건강과 질병, 영양, 지적 자극, 감정적 지지 등이 육체적, 정신적 성장 결과에 기여한다.

아기의 머리뼈에는 연골관절들이 있어서 뇌가 빠르게 자랄 수 있다. 신생아의 뇌는 성인이 되었을 때 도달할 크기의 4분의 1쯤인데, 생후 3년째에 벌써 최종 크기의 80퍼센트까지 사란다. 뇌는 출생 시 이미 뉴런(신경세포)들을 거의 다 갖고 있지만, 연결이 빈약한 상태이다. 뉴런 연결은 성인이 될 때까지 계속 발달한다. 소아기에는 젖니(milk tooth)라고도 하는 일차치아가 났다가, 그 밑에서 잇몸을 뚫고 영구치아(간니, permanent tooth)가 난다.

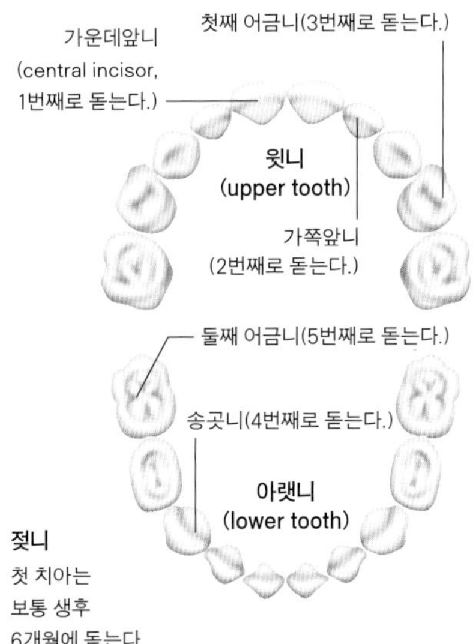
첫째 어금니(3번째로 돋는다.)
가운데앞니
(central incisor,
1번째로 돋는다.)
윗니
(upper tooth)
가쪽앞니
(2번째로 돋는다.)
둘째 어금니(5번째로 돋는다.)
송곳니(4번째로 돋는다.)
아랫니
(lower tooth)

젖니
첫 치아는 보통 생후 6개월에 돋는다.

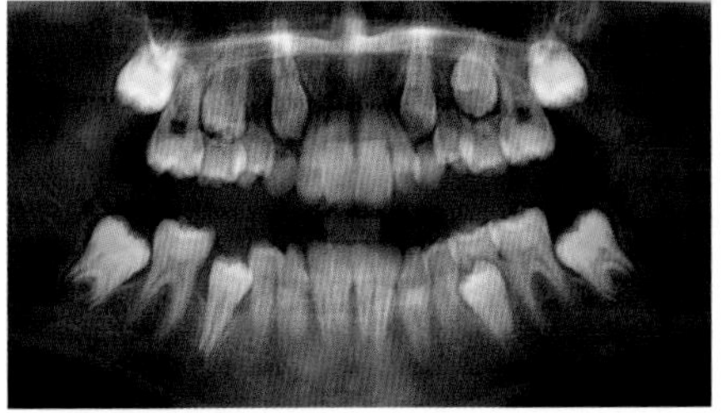

솟아나는 치아
약 6세부터 영구치아가 돋고 젖니가 빠지기 시작한다. 13세 무렵에는 사랑니(wisdom tooth)를 제외한 영구치아가 완전히 다 난다.

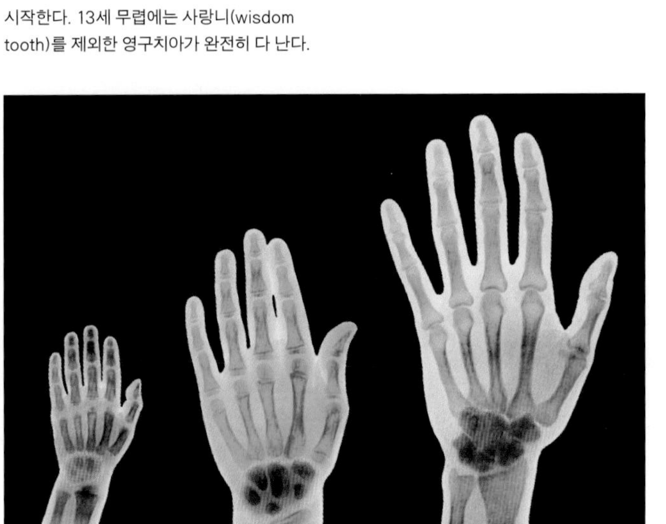
2세
7세
성인

뼈 발달
아이가 자라면서 뼈대의 연골들이 점차 뼈로 바뀐다. 성인의 손목은 8개의 작은 뼈들로 이뤄지는데, 모두 소아기의 연골이 점차 뼈로 바뀐 것이다.

비율 변화

출생 당시에는 머리가 상대적으로 커서, 전체 몸 길이의 4분의 1에서 3분의 1을 차지한다. 이에 비해 성인의 머리는 키의 8분의 1에 불과하다. 더구나 아기는 얼굴에 비해 머리뼈가 크다. 몸통 길이는 키의 8분의 3쯤이라 성인과 거의 같지만, 어깨와 엉덩이가 상당히 좁고 팔다리가 상대적으로 짧다. 따라서 아이가 자라면 키와 몸무게가 증가함과 동시에 비율도 뚜렷이 변한다. 몸통은 소아기에 꾸준히 자라지만 머리는 그다지 많이 커지지 않는다. 다만 머리뼈에 대한 얼굴의 상대적 크기가 커지고, 팔다리의 비율이 아주 커진다. 키가 폭발적으로 자라는 경우도 많다. 이때의 키 성장은 주로 다리의 긴뼈들이 자란 결과이다. 성장은 생후 첫 2년이 가장 빠르다. 영아는 첫 해에 키가 평균 25센티미터쯤 자라고, 몸무게는 세 배로 증가한다. 하지만 2세가 넘으면 성장 속도가 연간 6센티미터 정도로 안정되고, 그 상태로 사춘기까지 이어진다(422쪽) 그러다가 18~20세가 되면 성장이 멈춘다.

몸-머리 비율
신생아의 머리는 이미 성인의 크기에 거의 도달했지만, 팔다리는 상대적으로 짧다. 아이의 키와 몸무게가 자라면 인체 비율도 따라서 변한다.

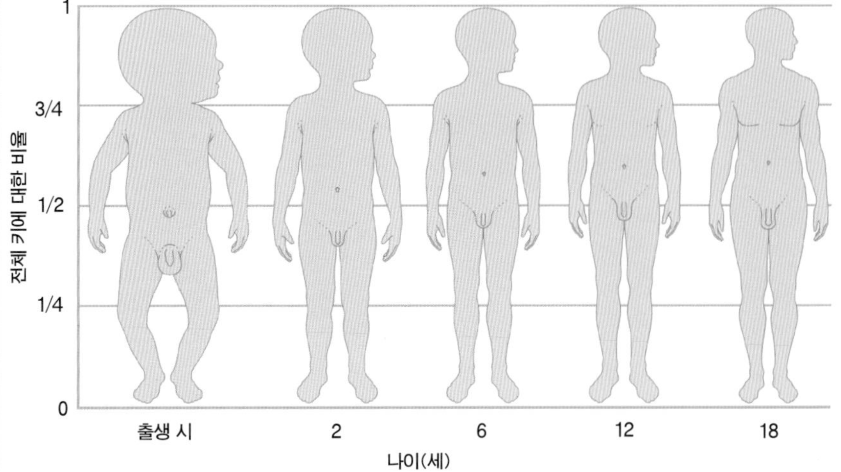
1
3/4
1/2
1/4
0
전체 키에 대한 비율
출생 시
2
6
12
18
나이(세)

발달의 단계

아이가 여러 분야의 기술과 능력을 습득하는 과정에서, 몇몇 성취들은 발달이정표(developmental milestone)라는 지표로 불린다. 발달이정표는 미래의 발달을 위한 징검돌이다. 아이는 걷는 법을 배운 다음에야 달릴 수 있고, 간단한 단어를 이해하고 말할 수 있게 된 다음에야 문장을 구성할 수 있다. 아이가 특정 이정표에 도달하면, 연습과 열의가 발달에 박차를 가하여 다음 단계로 가게 한다. 아이들은 저마다 다른 개체라 발달 속도가 다르다. 형제자매라도 특정 단계를 통과하거나 특정 기술을 익히는 나이가 크게 다를 수 있다. 어떤 아이는 특정 단계를 건너뛴 채 곧장 다음 단계로 가고, 한 영역에서 '앞선' 아이가 다른 영역에서는 뒤질 수도 있다. 아이가 환경 변화, 특히 가정에서의 스트레스나 혼란을 겪으면 (동생이 태어나거나 이사를 하면) 이정표 성취가 늦어지곤 하지만, 시간과 지원이 주어진다면 대부분 금세 적응한다. 아래는 아이들이 발달이정표에 도달하는 평균 연령이다.

놀이의 중요성

놀이(play)는 시시한 활동이 아니다. 놀이는 육체적, 정신적, 사회적 기술 습득에 결정적이다. 수동적인 오락과는 달리 놀이는 관여하고, 상상하고, 융통성을 발휘해야 하는 활동이다. 흉내내기는 창의성과 이해를 촉진하며, 다른 아이들과 어울려 노는 것은 소통과 사회적 기술을 북돋운다. 아이 눈높이에 맞춰 놀아 주는 것이야말로 감정적 안정을 제공하고 부모와의 유대를 굳히는 최고의 방법이다.

손재주
아이들은 손으로 물체를 쥐고 조작하는 능력을 일찍부터 발달시킨다. 그러다가 점점 더 복잡한 운동을 수행할 수 있게 된다.

나이(세): 0 · 1 · 2 · 3 · 4 · 5

육체적 능력

아기가 태어날 때부터 갖고 있는 육체적 반응은 불수의적이고 대체로 반사적인 활동일 때가 많다. 가령 젖빨기반사가 그렇다. 하지만 아이는 점차 더 의도적이고 능동적인 운동으로 꾸준히 이행한다. 아이는 머리 가누기, 몸 뒤집기, 기기, 서기, 걷기를 차례로 익힌다. 평형 능력과 조정 능력이 나란히 발달하고, 결국 자전거 타기나 글 쓰기 같은 복잡한 활동에 필요한 고도의 운동 기술까지 익힌다.

- 머리와 가슴을 든다.
- 손을 입으로 가져간다.
- 물체를 손으로 쥔다.

- 물체를 향해 손을 뻗는다.
- 뒤집는다.
- 제 발로 몸무게를 지탱한다.

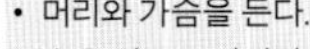

- 긴다.
- 가구를 잡고 걷는다.
- 물체를 맞부딪뜨린다.
- 손에 쥘 만한 음식을 스스로 먹는다.

- 계단을 기어 오른다.
- 쪼그려 앉아 물체를 줍는다.
- 두 발로 점프한다.

- 도움 없이 걷는다.
- 장난감을 들거나 끌고 다닌다.
- 달리기 시작한다.
- 공을 찬다.
- 계단을 걸어서 오르내린다.
- 연필을 쥐고 사용한다.
- 오른손잡이인지 왼손잡이인지 드러난다.
- 장 활동을 제어할 줄 안다.

- 잘 달린다.
- 세발자전거를 타고, 균형을 유지한다.
- 책장을 넘긴다.
- 낮에는 소변을 가린다.

- 손잡이나 병뚜껑을 돌린다.
- 직선과 원을 그린다.
- 블록 6개로 탑을 쌓는다.

- 껑충 뛴다.
- 스스로 옷을 입고 벗는다.
- 도움 없이 계단을 오르내린다.
- 튀어온 공을 붙잡고 도로 던진다.
- 기본적인 도형과 형상을 그린다.
- 가위를 쓴다.

- 연필을 정교하게 쥔다.
- 몇몇 단어를 쓴다.
- 수저 등을 써서 스스로 먹는다.
- 도움 없이 화장실을 이용한다.

사고와 언어 기술

언어 발달은 아이가 주변과 상호작용하는 데 결정적이다. 유아는 말을 하기 한참 전부터 기본적인 단어나 명령을 이해하고, 모방을 통해 말하는 기술을 쉽게 익힌다. 부모나 다른 보호자가 아이에게 말을 많이 걸수록 아이는 더 쉽게 소리를 내고 말을 한다. 언어는 세상을 이해하게 할 뿐만 아니라 사고 능력, 추론 능력, 문제 해결 기술을 발달시킨다.

- 부모 목소리에 웃는다.
- 소리를 모방하기 시작한다.

- 옹알이를 한다.
- 손과 입으로 검사한다.
- 멀리 떨어진 물체를 향해 손을 뻗는다.
- '안돼', '위', '아래' 등을 이해한다.

- 자기 이름을 인식한다.
- 간단한 명령에 반응한다.
- 단어를 사용하기 시작한다.
- 행동을 모방한다.

- 컵으로 마시기 시작한다.

- 이름이 불린 물체를 가리킨다.
- 형태와 색을 분류한다.
- 단순한 구절을 말한다.
- 간단한 지침을 따를 줄 안다.
- 상상 놀이를 한다.

- 단순한 문장을 사용한다.
- 이름, 나이, 성별을 댈 줄 안다.
- 대명사('나', '너', '우리', '그', '그들')를 사용한다.
- 공간적 위치를 이해한다.('속에', '위에', '아래에')
- 수를 이해하기 시작한다.

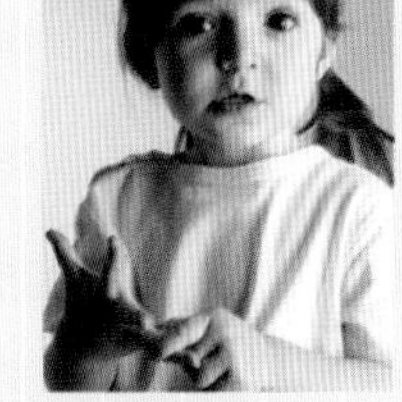

- 기초적 문법을 이해한다.
- 수를 세기 시작한다.
- 시간을 이해하기 시작한다.
- 이야기를 말한다.
- 3단계로 구성된 명령을 따를 줄 안다.

- 미래시제를 이해한다.
- 이름과 주소를 댈 줄 안다.
- 색깔을 4가지 이상 말할 줄 안다.
- 형태에 색을 칠할 줄 안다.
- 물체를 10개 이상 센다.
- 현실과 환상을 구별한다.
- 돈의 개념을 이해한다.
- 성별을 의식한다.

사회적, 감정적 발달

아기는 거의 태어나는 순간부터 어머니를 인식하고, 다른 사람보다 어머니를 눈에 띄게 선호한다. 많은 아이가 낯선 사람 앞에서 부끄러움을 타는 단계를 거치지만, 대부분은 타인과의 상호작용을 무척 좋아한다. 아이는 곧 독립심을 발달시킨다. 자신의 행동을 제어하고, 사회적 규칙을 이해하고, 협력하고, 타인을 공감할 줄 알게 된다.

- 시선을 접촉한다.
- 친숙한 사람을 알아본다.
- 관심 받고 싶을 때 운다.
- 엄마와 사람들에게 웃는다.
- 사람들의 얼굴을 열심히 바라본다.
- 부모의 목소리를 인식한다.

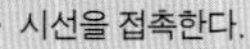

- 자기 이름에 반응한다.

- 부모가 떠나면 운다.
- 사람과 물체에 대한 선호를 드러낸다.

- 남들의 행동을 모방한다.
- 다른 아이들과 함께 있는 것을 즐긴다.
- 반항적인 태도를 보인다.

- 분리불안(separation anxiety)이 심하다.

- 다른 아이들에게 애정을 드러낸다.
- 놀이를 할 때 순서대로 행동한다.
- 소유를 이해한다.('내 것', '네 것')

- 새로운 경험에 흥미를 보인다.
- 다른 아이들과 협력하고 타협한다.
- '괴물' 같은 위협적인 존재를 상상한다.

- 친구를 기쁘게 해 주거나 닮고 싶어한다.
- 독립성이 커진다.
- 노래, 춤, 연기 같은 기술을 보여 주기를 좋아한다.
- 타인에게 공감한다.

0 2 4 6 8 10 12 14 16 18 20 22 24 26 28 30 32 34 36 38 40 42 44 46 48 50 52 54 56 58 60
나이(개월)

청소년기와 사춘기

청소년기(adolescence)는 소아기에서 성인기로 전이하는 시기이다. 청소년기 중에서도 사춘기는 소년소녀가 육체적으로 큰 변화를 겪으면서 성적으로 성숙하는 시기를 말한다.

폭발적 성장
사춘기에는 호르몬 분출로 인해 육체가 급격히 자란다. 남자아이들은 보통 여자아이들보다 사춘기가 늦게 시작되지만, 성장기의 최고점에 다다랐을 때 여자아이들보다 더 많이 자란다.

소년소녀
평균적으로 여자아이가 남자아이보다 2년 앞서 사춘기를 맞는다. 성적 성숙뿐만 아니라 육체적, 정신적 발달도 비슷한 정도로 차이가 난다.

성숙하는 과정

청소년기에는 육체적 성숙과 더불어 아이의 성장을 알리는 행동 변화가 따른다. 십대는 자신의 정체성을 발달시키려 하기 때문에, 친구나 동료 집단(peer group)과의 상호작용이 점점 더 중요해진다. 아이의 사회적 기술도 발전한다. 청소년은 음악이나 패션 같은 동료 집단의 관심사에 끌리고, 부모와는 점차 멀어지곤 한다. 자신의 개성을 발견하길 원하고 사고나 행동 면에서 독립성을 입증하려 하므로, 부모보다 동료 집단에게서 가치를 취하기 시작한다. 따라서 이 시기에는 동료 집단의 압력에 취약하다. 굳은 정체성과 자신감이 없다면 알코올, 마약, 담배, 성관계 등의 경험으로 인해 위험에 처할지도 모른다. 많은 십대가 자신의 가치를 구축하는 과정에서 복잡한 감정을 느끼며, 그 때문에 가족의 불화, 학교 성적 하락, 윗사람과의 갈등 등 반항적이고 부정적인 효과가 발생할 가능성이 있다. 십대들은 사춘기의 육체적 변화와 호르몬 분출에 대처해야 하고, 육체적 발달, 외모 변화, 이성에 대한 끌림 등을 고민한다. 그래서 신체상(body image) 문제가 생길 수 있고, 이것이 식이장애(eating disorder)로 이어질 수도 있다. 이런 압력에 더해 공부와 진로에 관한 압력까지 받으니, 청소년이 감정 기복이 심하고 변덕스러운 것도 무리가 아니다.

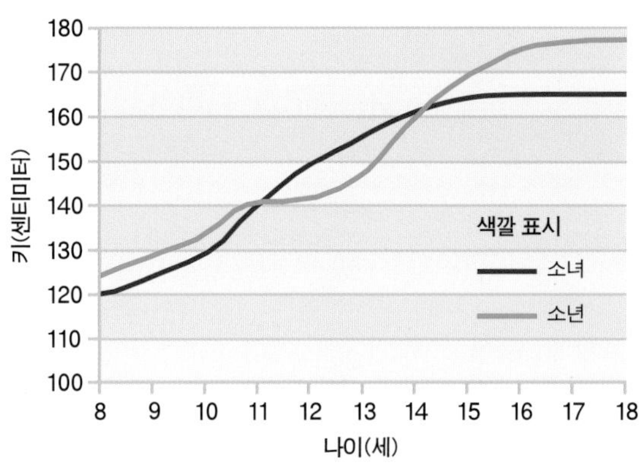
키(센티미터)
180
170
160
150
140
130
120
110
100
8
9
10
11
12
13
14
15
16
17
18
나이(세)
색깔 표시
소녀
소년

날뛰는 호르몬

사춘기에는 호르몬이 급격히 분출되어, 인체가 평생 겪는 변화 중에서 가장 극적인 변화들이 발생한다. 남녀 모두 뇌의 시상하부가 생식샘자극호르몬방출호르몬(GnRH)을 분비하는 시점이 곧 사춘기의 시작이다. 이 호르몬이 근처 뇌하수체를 자극하여 황체형성호르몬과 난포자극호르몬을 내놓고, 이것들은 혈류를 타고 이동하여 성호르몬 생산을 촉진한다. 여자아이의 난소에서는 주로 에스트로겐과 프로게스테론이, 남자아이의 고환에서는 테스토스테론이 생산된다. 사춘기 남녀의 발달을 일으키는 것은 이 성호르몬들이다. 여성호르몬은 난소를 자극하여 배란을 촉진하고, 임신에 대비하게 한다. 남성호르몬은 고환을 자극하여 정자를 생산하게 한다.

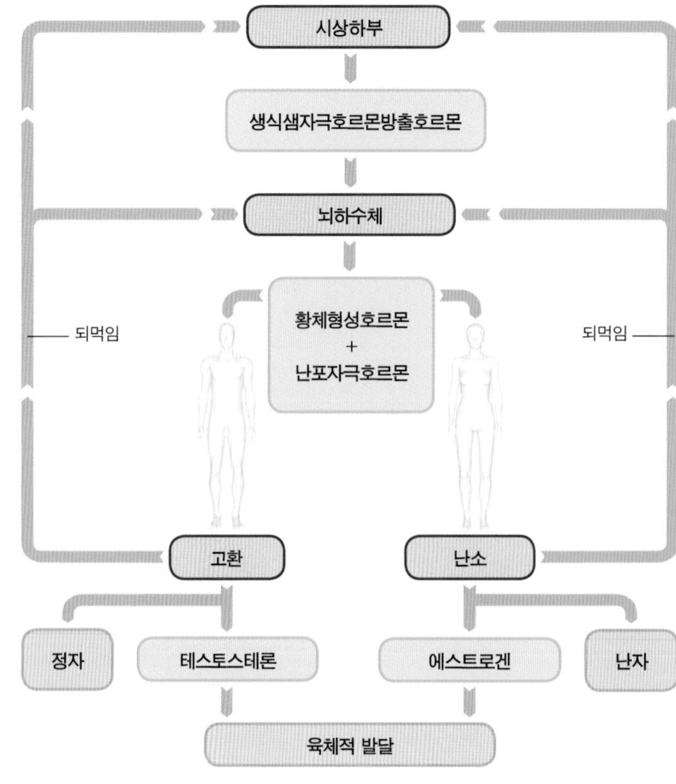
시상하부
생식샘자극호르몬방출호르몬
뇌하수체
황체형성호르몬
+
난포자극호르몬
되먹임
되먹임
고환
난소
정자
테스토스테론
에스트로겐
난자
육체적 발달

되먹임 고리
호르몬 생산은 되먹임 과정을 통해 통제된다. 어떤 계통 속에 존재하는 특정 물질의 양에 따라 그 물질의 생산량이 조절되는 것이다.

사춘기 **육체적 변화**의 방아쇠를 당기는 것은 **뇌에서 분비된 호르몬**들이다.

복합적인 감정

사춘기에 호르몬 농도가 급상승해서 기분이나 감정 기복이 발생한다는 것이 전통적인 시각이었다. 하지만 요즘은 성호르몬이 제일 중요한 것은 아니라는 시각도 있다. 성숙하는 뇌의 물리적 변화와 더불어 사회적, 환경적 영향이 감정에 더 큰 영향을 미친다고 본다.

외모 불안(appearance anxiety)
사춘기의 육체적 변화 때문에 자신의 외모에 대한 불안과 다른 청소년들에 대한 애착이 생기곤 한다.

육체적 발달

사춘기의 시작을 알리는 육체적 변화가 등장하는 나이는 사람에 따라 차이가 크다. 하지만 대체로 동성의 부모가 그런 변화를 겪었던 나이와 비슷하다. 보통 여자아이는 8~13세에, 남자아이는 10~15세에 사춘기가 시작된다. 남녀 모두 일련의 신체적 변화를 겪으며 육체적으로 완전히 성숙하는 과정에 2~5년이 걸린다. 여자아이는 보통 15세에 변화가 마무리되고, 남자아이는 17세까지 진행된다.

남녀 모두 사춘기를 맞아 키가 눈에 띄게 자란다. 최고점에 다다랐을 때 남자아이는 일 년에 최대 9센티미터, 여자아이는 최대 8센티미터가 자란다.(왼쪽 사진 참조) 사춘기에 진입할 때는 남자아이가 여자아이보다 보통 2센티미터쯤 더 작지만, 성인 키에 도달한 시점에서는 평균적으로 13센티미터 더 크다.

사춘기에는 키가 자랄 뿐 아니라 성적 발달이 개시된다. 생식기관(고환과 난소)이 성장하고 성숙하여 생식력이 갖춰지고, 생식기가 커지며, 겨드랑털과 음모, 피부 변화에 따른 여드름 등 이차성징이 발달한다. 여자아이들은 유방이 발달하고, 엉덩이가 넓어지고, 단열 효과가 있는 체지방층이 두꺼워지며, 월경이 시작된다. 먼저 월경이 시작된 뒤에 뒤늦게 배란이 되는 경우도 있다. 남자아이들은 후두융기(Adam's apple)가 커지고, 성대가 늘어나 목소리가 낮아지고, 근육이 늘고, 몸과 얼굴에 털이 난다. 대부분 사춘기 이후에 자연적으로 몽정(nocturnal ejaculation 혹은 wet dream)을 경험한다.

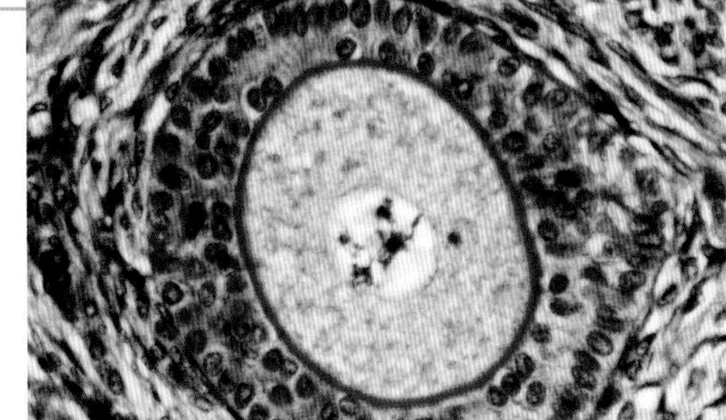

성숙하는 난자
여자아이는 난소에 약 50만 개의 난자를 갖춘 채 태어난다. 사춘기가 되면 매달 그중 몇몇이 성숙하기 시작하고, 그중에서도 하나만 배란된다.

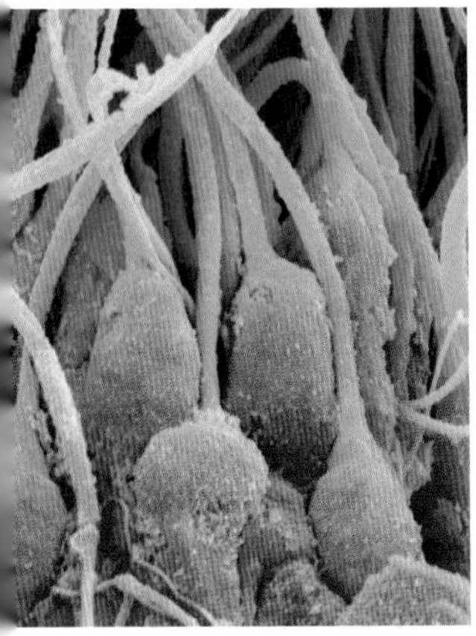

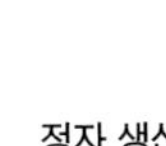

정자 생산
사춘기가 되면 고환에서 정자가 생산된다. 정자가 성숙하여 운동성을 갖추는 데는 72일이 걸린다.

사춘기는 성적 발달이 개시되는 시기이다. 생식기관(고환과 난소)이 성장하고 성숙하여 생식력이 생긴다.

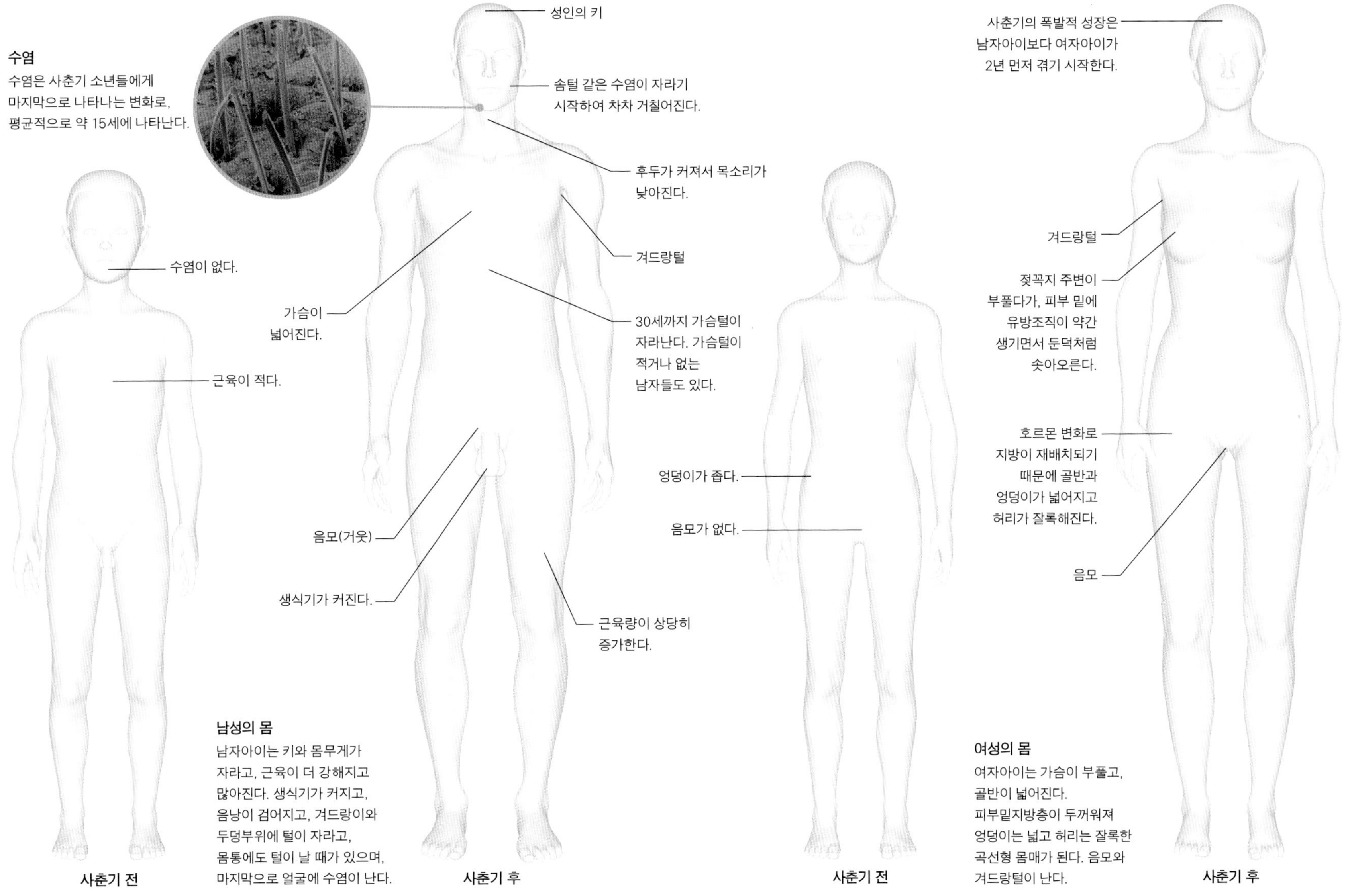

수염
수염은 사춘기 소년들에게 마지막으로 나타나는 변화로, 평균적으로 약 15세에 나타난다.

수염이 없다.
근육이 적다.
성인의 키
솜털 같은 수염이 자라기 시작하여 차차 거칠어진다.
후두가 커져서 목소리가 낮아진다.
겨드랑털
가슴이 넓어진다.
30세까지 가슴털이 자라난다. 가슴털이 적거나 없는 남자들도 있다.
음모(거웃)
생식기가 커진다.
근육량이 상당히 증가한다.

남성의 몸
남자아이는 키와 몸무게가 자라고, 근육이 더 강해지고 많아진다. 생식기가 커지고, 음낭이 검어지고, 겨드랑이와 두덩부위에 털이 자라고, 몸통에도 털이 날 때가 있으며, 마지막으로 얼굴에 수염이 난다.

사춘기 전
사춘기 후

엉덩이가 좁다.
음모가 없다.
사춘기의 폭발적 성장은 남자아이보다 여자아이가 2년 먼저 겪기 시작한다.
겨드랑털
젖꼭지 주변이 부풀다가, 피부 밑에 유방조직이 약간 생기면서 둔덕처럼 솟아오른다.
호르몬 변화로 지방이 재배치되기 때문에 골반과 엉덩이가 넓어지고 허리가 잘록해진다.
음모

여성의 몸
여자아이는 가슴이 부풀고, 골반이 넓어진다. 피부밑지방층이 두꺼워져 엉덩이는 넓고 허리는 잘록한 곡선형 몸매가 된다. 음모와 겨드랑털이 난다.

사춘기 전
사춘기 후

성인기와 노년기

사람은 누구나 반드시 성인기와 중년기를 거쳐 노년기가 된다. 이 과정에서 온몸의 계통들이 점진적인 변화를 겪는다. 노화에 기여하는 인자는 아주 많겠지만, 과학자들은 아직 왜 우리가 이런 방식으로 늙는지 완전히 이해하지 못했다.

노화의 징후
겉으로 드러난 노화의 징후들 중 가장 뚜렷한 것은 주름, 피부 변색, 색소 감소로 인한 흰머리이다.

노화 과정

나이가 들면 온몸의 세포들에서 변화가 진행된다. 세포들로 구성된 조직과 장기도 당연히 영향을 받는다. 살아 있는 세포는 나이가 들수록 내부에 쓰레기가 쌓이고, 덩치가 커지고, 효율이 점차 떨어진다. 필수 영양소와 산소를 받아들이거나 대사 노폐물을 제거하는 능력이 떨어진다. 세포 기능이 훼손되면 스스로 재생산하여 교체하는 능력도 감퇴한다. 결합조직이 뻣뻣해져 동맥 벽의 탄성이 떨어진다. 더불어 피부가 얇아지고, 면역력이 낮아지고, 장기들의 기능이 상실된다.

나이가 들수록 육체적 요구가 증가했을 때 대처하는 능력이 떨어진다. 가령 심장근육이 노화하면, 심장은 운동할 때나 스트레스를 받았을 때 펌프질 용량을 쉽게 늘리지 못한다. 마찬가지로 허파와 콩팥의 처리 용량도 점차 작아진다. 게다가 유해물질의 독성을 제거하는 능력이 떨어지므로, 노인들은 약물 부작용을 겪을 위험이 높다.

면역 기능이 약해져 질병에 취약해지고, 대처 능력이 감소한다. 인체의 치유 및 재생 기능이 점차 약해져, 결국 질병이나 이상이 발생해도 회복하지 못하는 수준이 된다.

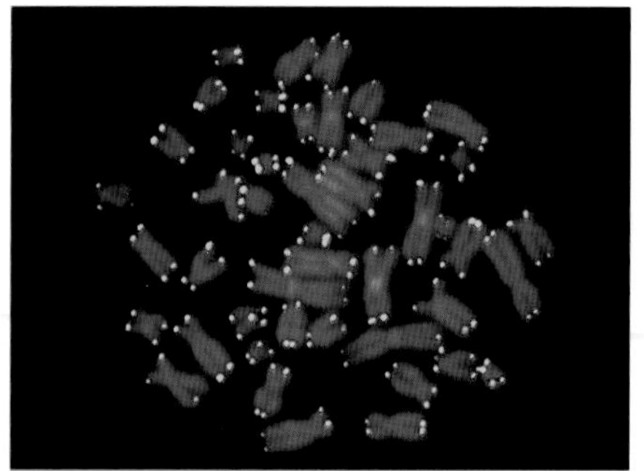

끝분절(텔로미어, telomere)
염색체 DNA 가닥에서 양끝의 일부분을 끝분절이라고 부른다. 끝분절은 세포가 분열을 거듭할수록 짧아지므로, 분열 횟수에 제한이 있다. 어쩌면 이 현상이 노화 메커니즘의 단서일지도 모른다.

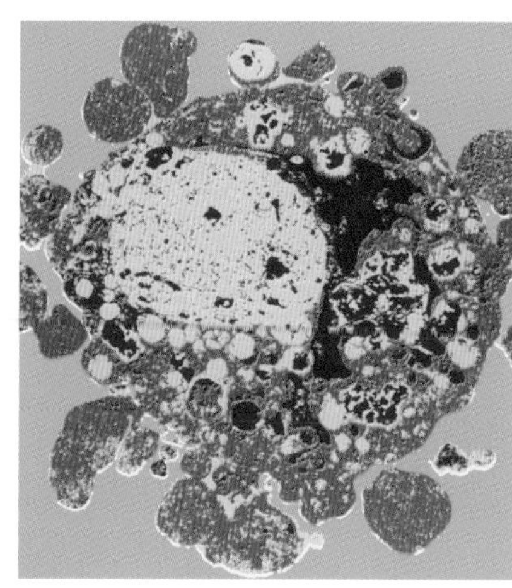

죽어가는 세포
조직의 치유와 재생은 세포자멸사(apoptosis)라고도 하는 세포예정사(programmed cell death) 과정에 달려 있다. 정상 세포는 통제된 방식으로 죽고, 새 세포가 그 자리를 대신한다. 그런데 나이가 들면 세포자멸사가 제대로 조절되지 않아서 질병을 거든다.

20~35

인체의 **생물학적 기능**과 **육체적 수행 능력**은 이 나이에 최고조에 이른다.

대사와 호르몬

노화는 호르몬의 생산, 호르몬에 대한 표적기관의 반응에 모두 영향을 미친다. 대사를 제어하는 갑상샘호르몬들의 생산과 반응이 저하되고, 근육조직이 상실된다. 근육은 지방보다 에너지를 많이 쓰기에, 자연히 대사율이 나이에 비례하여 감소한다. 몸이 음식의 칼로리를 덜 연소하는 것이다. 노인은 운동으로 근육량을 늘려 대처하지 않는 한 체지방률이 쉽게 높아진다는 말이다. 중년이 되면 이자에서 생산되는 인슐린에 대한 체세포들의 반응성이 낮아져 혈당이 차츰 높아지는 경향이 있으므로, 노인은 당뇨에 걸리기 쉽다. 부갑상샘호르몬 분비가 줄어 인체의 칼슘 평형이 영향을 받으므로, 뼈가 가늘어지거나 뼈엉성증이 올 수 있다. 부신에서 분비되는 알도스테론 농도도 떨어지는데, 이 호르몬은 체액과 화학물질 평형을 유지하기에 혈압 조절에 이상이 올지도 모른다. 스트레스에 대한 반응으로 역시 부신에서 분비되는 코티솔도 나이가 들면 농도가 높아져서, 여러 노화성 변화를 가속하는 듯하다. 여성은 폐경 후 에스트로겐 농도가 현저히 낮아지지만, 남성은 테스토스테론 농도가 서서히 낮아지기 때문에 노년기까지 생식력을 유지한다.

폐경

난소에서 에스트로겐 생산이 줄면 결국 배란이 멎어 생식력이 상실되고, 더불어 월경이 사라진다. 이것이 폐경(menopause)이다. 폐경으로 가는 과정에 몇 년이 걸릴 때도 있다. 선진국에서는 마지막으로 월경을 하는 나이가 평균 51세이다. 폐경 후 여성은 뼈엉성증, 심장혈관질환, 유방암, 자궁내막암에 더 취약하다.

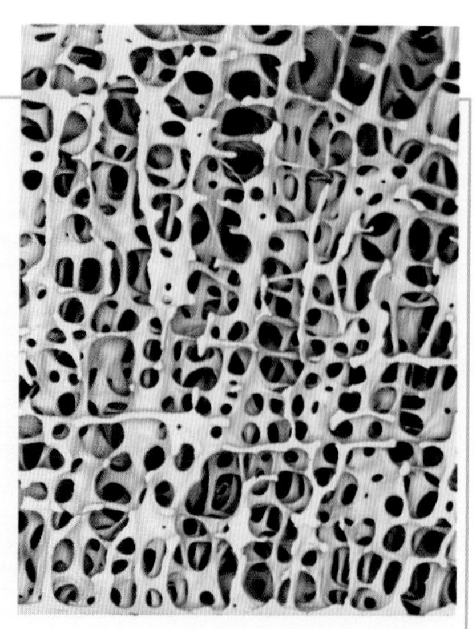

뼈엉성증
뼈엉성증(골다공증, osteoporosis)이라는 취약뼈(brittle bone) 질환에 걸리면 뼈의 밀도와 강도가 점차 낮아진다. 약해진 뼈는 쉽게 부러진다. 특히 엉덩관절이나 척추가 자주 골절된다.(441쪽)

피부

나이가 들면 피부의 바깥층이 얇아지고, 피부밑지방층도 얇아진다. 노화한 피부는 탄성이 떨어지고, 연약하고, 민감성이 떨어진다. 그래서 늘어질 뿐만 아니라 더 쉽게 손상된다. 피부밑조직의 혈관들이 약해져 피부가 쉽게 멍든다. 피부기름샘이 피지를 적게 생산하기 때문에 피부가 쉽게 건조해지고 가렵다.

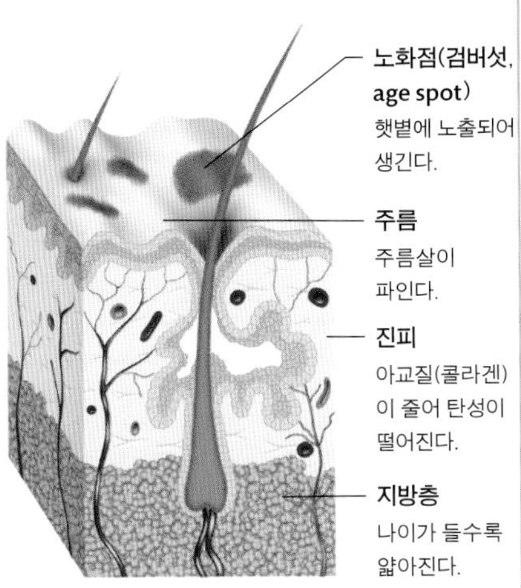
노화점(검버섯, age spot)
햇볕에 노출되어 생긴다.
주름
주름살이 파인다.
진피
아교질(콜라겐)이 줄어 탄성이 떨어진다.
지방층
나이가 들수록 얇아진다.

노화하는 피부
나이 든 피부는 피부밑지방과 탄력조직이 줄고 분비샘에서 기름이 적게 생산된다. 색소세포 개수가 줄되 세포 자체는 커진다. 피부색은 옅어지지만 노화점이 생긴다.

근육뼈대와 장기의 변화

나이가 들면 근육뼈대계통에도 여러 가지 변화가 생긴다. 뼈밀도가 줄고, 관절이 굳고, 근육량과 긴장이 감퇴한다. 뼈대에서 칼슘을 비롯한 중요 무기질이 사라지는 뼈엉성증에 걸릴 위험이 커진다. 그러면 뼈에 구멍이 많이 뚫리고 취약해져 강도가 낮아지므로, 골절되기 쉽다. 이런 변화를 보완하려면 칼슘과 비타민 D를 충분히 섭취하고, 하중이 가해지는 운동을 하여 뼈를 강화해야 한다. 운동은 노화에 따른 근육량 감소를 완화해 주고, 관절이 굳는 증상이나 여러 노화 관련 관절염 증상이 나타나는 것을 부분적으로나마 막아 준다. 그래도 나이가 들면 어쩔 수 없이 자세가 구부정해지고, 근육이 약해지고, 민첩성이 떨어지고, 움직임이 느려져, 걸음걸이마저 변한다. 감각과 평형 능력이 손상되기 때문에 더 그렇다. 나이가 들면 심장의 펌프 능력이 점차 감소하고, 동맥의 탄성이 사라진다. 그 때문에 혈압이 높아져, 가뜩이나 약해진 심장에 더욱 부담이 된다. 심장의 전기전도계통이 망가져서 심박동이상이 오는 경우도 흔하다. 또한 기도의 탄력적인 지지구조가 약화되어 허파용량이 줄어든다. 특히 65세 이후에 심하다. 이 때문에 조직이 쓸 수 있는 산소량이 줄어든다.

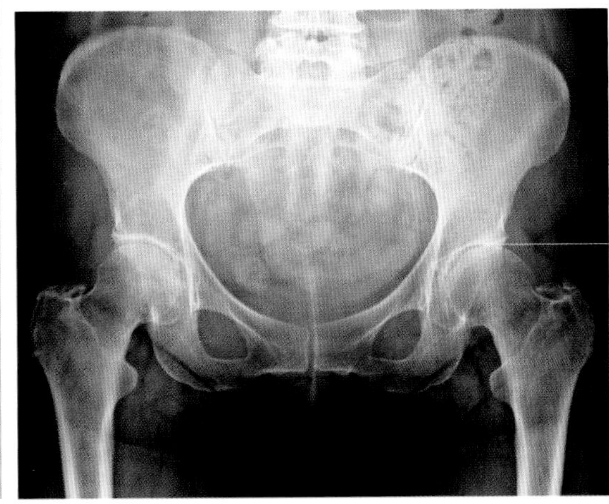
엉덩관절의 연골 상실

뼈관절염(osteoarthritis)
관절의 연골이 마모되어 점차 닳는다. 그러면 관절 표면끼리 마찰하는 지점에서 뼈관절염이 생길 수 있다. 나이가 들면 관절 통증이 심해지고 점차 뻣뻣해진다.

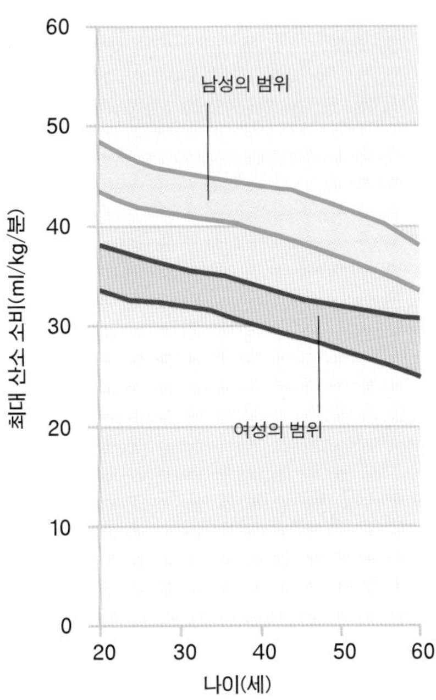
최대 산소 소비(ml/kg/분)
60
50
40
30
20
10
0
남성의 범위
여성의 범위
20
30
40
50
60
나이(세)

심장과 허파의 수행능력
나이가 들수록 심장과 허파의 기능이 나빠져, 추가의 요구에 대처할 예비용량이 줄어든다.

운동은 **근육량** 손실을 완화한다. 관절이 뻣뻣해지는 증상이나 그 밖의 노화 관련 **관절염 증상**들도 다소 완화해 준다.

뇌, 신경, 감각

체세포와 마찬가지로 신경계통 세포들도 나이가 들면 기능이 떨어진다. 뇌와 척수에서 신경세포가 사라진다. 남은 세포들에는 노폐물이 쌓여 신경자극이 늦어지고, 반사와 감각 능력이 감퇴하고, 인지 능력이 둔해진다. 시각과 청각이 덜 민감해지는 경향이 있고, 촉각, 미각, 후각, 평형, 고유감각(proprioception)도 손상될 수 있다. 충분한 영양, 육체 운동, 정신적 자극을 유지하며 건강한 생활을 고수하면 변화를 많이 완화할 수 있지만, 그래도 나이가 들면 사고, 기억상실, 식사장애, 그 밖에도 전반적인 삶의 질 하락을 겪기 마련이다. 노쇠(senility)나 치매(dementia)는 정상적인 현상도 아니고 필연적인 현상도 아니지만, 나이가 들수록 알츠하이머병을 발달시킬 가능성이 높은 것은 사실이다. 대부분의 노인들은 원시(long-sighted)가 되어 돋보기가 필요하다. 시각과 색각의 또렷함이 사라지고 백내장(cataract)이 발생하는 등 눈에 갖가지 문제가 생긴다. 미각과 후각이 떨어져 식사의 즐거움이 사라짐으로써 영양실조가 올 수도 있다.

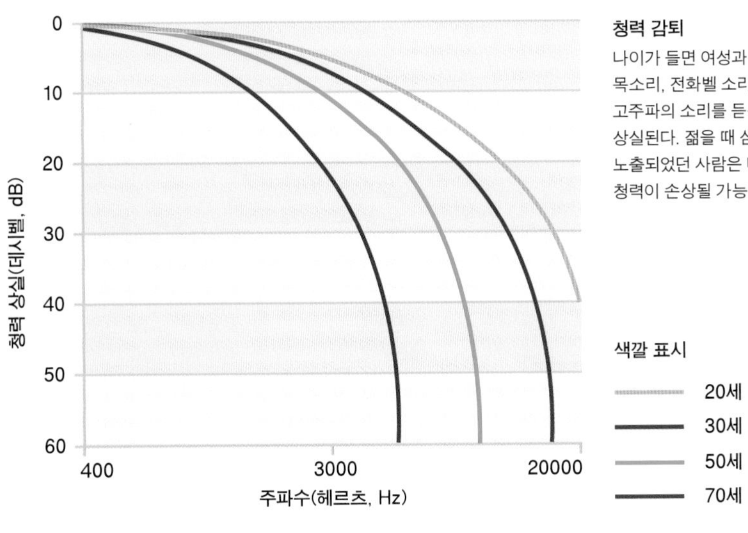
청력 상실(데시벨, dB)
0
10
20
30
40
50
60
400
3000
20000
주파수(헤르츠, Hz)
색깔 표시
20세
30세
50세
70세

청력 감퇴
나이가 들면 여성과 아이의 목소리, 전화벨 소리 등 특히 고주파의 소리를 듣는 능력이 상실된다. 젊을 때 심한 소음에 노출되었던 사람은 나이 들어 청력이 손상될 가능성이 높다.

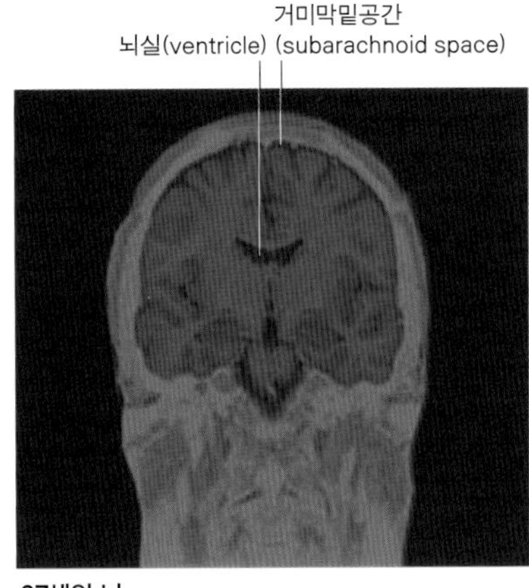
뇌실(ventricle)
거미막밑공간 (subarachnoid space)

27세의 뇌
젊은이의 뇌를 찍은 이 사진에서는 위축이 거의 보이지 않는다. 위축이란 노화에 따라 뇌세포가 상실되어 뇌가 쪼그라드는 것을 말한다. 뇌실과 거미막밑공간의 크기가 정상이다.

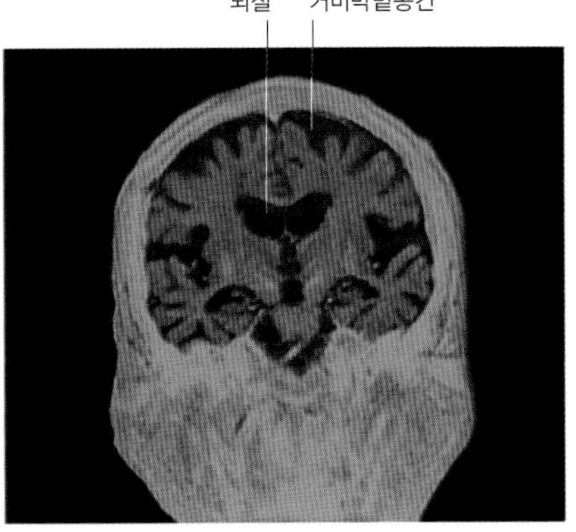
뇌실
거미막밑공간

87세의 뇌
위축과 뇌조직 상실이 상당히 진행되었고, 뇌실과 거미막밑공간도 확장되었다. 기억을 처리하는 부위인 해마의 세포 개수도 줄었다.

삶의 마감

죽음은 모든 생물학적 기능이 멈추는 순간이다. 질병, 외상(trauma), 필수 영양 부족 등이 죽음을 일으킨다. 이런 사건을 전혀 겪지 않은 사람이라도 결국에는 노화(노쇠, senescence)로 죽을 수밖에 없다.

데스마스크
과거에는 죽은 사람의 모습을 기록할 요량으로 데스마스크(death mask)를 뜨곤 했다. 이목구비가 달라지지 않도록 사망 직후에 밀랍이나 석고로 마스크를 떴다. 사진은 오스트리아 작가 아달베르트 슈티프터(Adalbert Stifter)의 데스마스크이다.

죽음의 정의

전통적으로 죽음은 심박동이나 호흡이 멎는 것을 뜻했다. 그 뒤에는 거의 반드시 인체가 돌이킬 수 없도록 망가지고 부패하기 때문이다. 그러나 현대 의료 기술 덕분에 인체의 핵심 기능을 인위적으로 지속시킬 수 있으므로, 삶과 죽음의 경계는 갈수록 흐릿해진다. 심폐정지처럼 과거에는 돌이킬 수 없었던 사건에도 요즘은 개입할 수 있다. 따라서 죽음은 사건이 아니라 과정으로 간주되고, 여러 가지로 정의된다. 임상적 사망은 심박동이나 호흡 같은 생명의 핵심 징후가 사라진 상태를 말한다. 하지만 간혹 그런 상태에서 소생하는 사람도 있다. 뇌사(brain death)는 이식 가능한 장기를 가진 사람에게 적용하려고 만든 기준으로, 심장과 허파 기능이 인위적으로 유지되더라도 뇌 기능 상실은 영구적이고 돌이킬 수 없다고 판단될 때를 말한다. 뇌줄기 사망(brainstem death)은 뇌사와 비슷한데, 뇌가 핵심 기능을 지속할 수 없다고 판단되는 경우이다. 법적 사망(legal death)은 그저 의사가 사망을 선고한 상황으로서, 뇌사 선언일 수도 있고 임상적 사망 후 얼마쯤 시간이 흐른 때일 수도 있다.

122

최장수 기록을 보유한 장 칼망은 122세까지 살았다.

임사체험

임상적 사망(clinical death)이 선언된 뒤에 다시 살아난 사람들, 혹은 심장정지(cardiac arrest) 후에 소생한 사람들 중에는 놀라울 만큼 비슷한 임사체험(near-death experience)을 보고한 이들이 있다. 자신이 자기 몸에서 빠져나간 느낌, 터널을 통과해 환한 빛으로 나아가는 기분, 옛날에 친했던 사람들을 만나는 경험 등이다. 대부분은 이것을 긍정적인 감각으로 경험한다. 어떤 사람들은 죽어 가는 뇌에서 생리적 변화가 일어나 이런 현상이 생긴다고 믿는 반면, 어떤 사람들은 우리가 환생이나 다른 영적 현상을 통해 사후세계를 살게 된다는 증거라고 믿는다.

흔한 시각적 체험
임사체험자들은 자신이 몸에서 빠져나가 둥둥 떠다니는 느낌, 터널을 통과해 환한 빛으로 나아가는 느낌을 자주 보고한다.

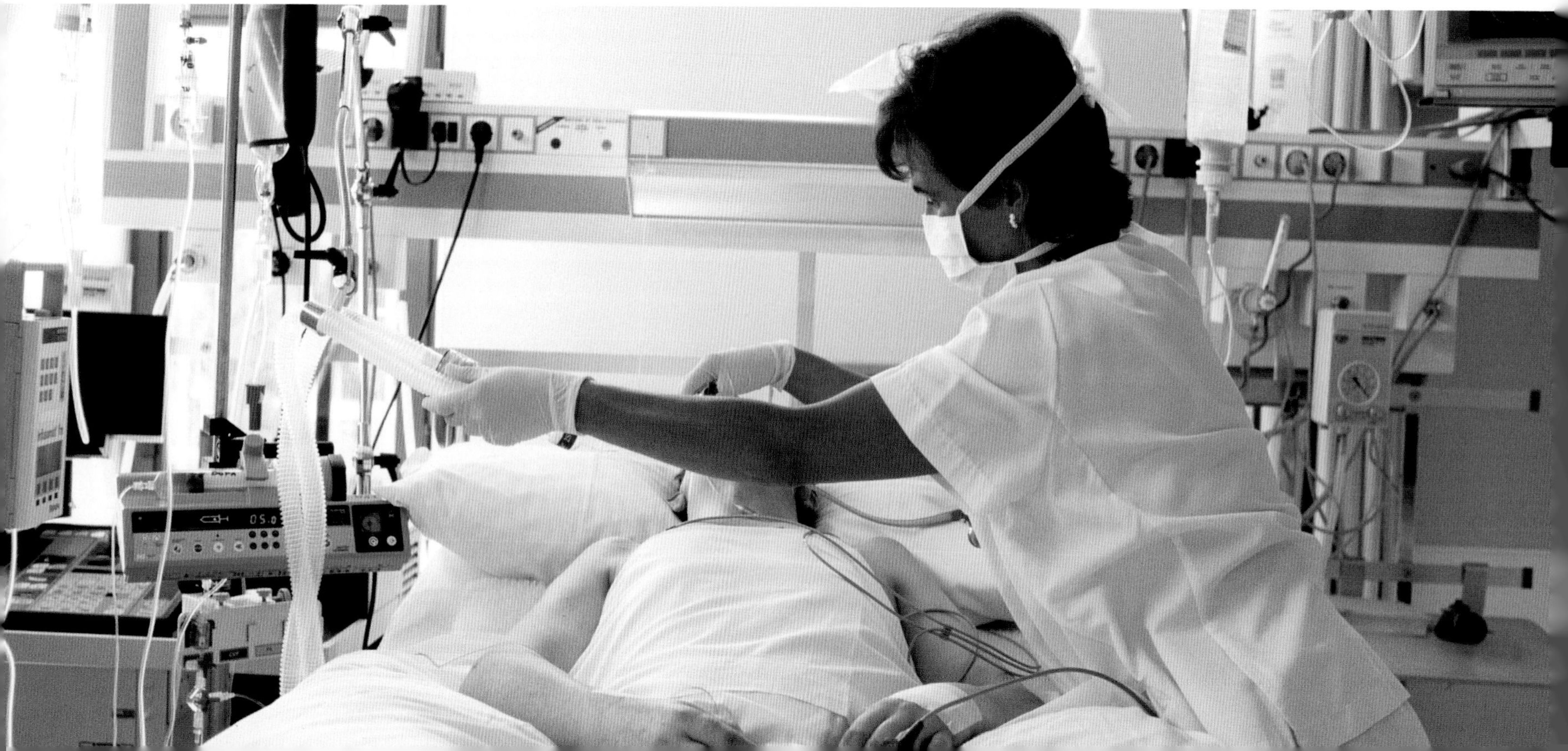

집중치료
의료 기술이 발전함에 따라, 요즘은 인체의 핵심 기능이 상실되어도 인위적으로 환자의 생명을 부지할 수 있다. 특히 '생명 유지' 기계라고도 불리는 인공호흡기(ventilator)를 많이 쓴다.

전 세계	저소득 국가	고소득 국가
심장동맥질환 12.2%	하부 호흡기 감염 11.2%	심장동맥질환 16.3%
뇌졸중 등 뇌혈관질환 9.7%	심장동맥질환 9.4%	뇌졸중 등 뇌혈관질환 9.3%
하부 호흡기 감염 7.1%	설사병 6.9%	기관, 기관지, 허파암 5.9%
만성 폐쇄폐질환 5.1%	HIV/AIDS 5.7%	하부 호흡기 감염 3.8%
설사병 3.7%	뇌졸중 등 뇌혈관질환 5.6%	만성 폐쇄폐질환 3.5%
HIV/AIDS 3.5%	만성 폐쇄폐질환 3.6%	알츠하이머병 등 치매 3.4%
결핵 2.5%	결핵 3.5%	잘록창자암과 곧창자암 3.3%
기관, 기관지, 허파암 2.3%	신생아 감염 3.4%	당뇨병 2.8%
교통사고 2.2%	말라리아 3.3%	유방암 2.0%
미숙아나 저체중아 출생 2.0%	미숙아나 저체중아 출생 3.2%	위암 1.8%

사망 원인

세계적으로 가장 흔한 사망 원인은 심장혈관 질환이다. 이것은 어느 정도 예방할 수 있다. 과학자들에 따르면 흡연과 비만 등 충분히 변화시킬 수 있는 9가지 생활 습관 요인들이 심장발작 위험의 90퍼센트 이상을 차지한다. 소득이 낮은 나라는 소득이 높은 나라에 비해 감염성 질병으로 인한 사망 비율이 훨씬 높다. 이것은 영양 부실, 나쁜 위생, 의료 서비스 부재 등 대체로 빈곤의 영향이다.

흔한 사망 원인
왼쪽 표는 세계적 사망 원인 중 상위 10위를 보여 준다. 선진국과 개발도상국의 주요 사망 원인도 비교해 보여 준다.

사망 후

사망 후 인체에는 많은 변화가 벌어진다. 정확한 사망시간을 모를 때는 이런 변화들을 활용해 시점을 추정할 수 있다. 체온은 보통 30분~3시간의 지연기(lag period)가 지난 뒤 시간당 평균 1.5도씩 떨어져 기온과 같아진다. 근육들은 화학적 변화를 겪어 뻣뻣해진다. 시체굳음(사후경직, rigor mortis)이라 불리는 이 과정은 얼굴의 작은 근육들에서 시작하여 몸통으로 내려간 뒤, 팔다리의 큰 근육들에까지 미친다. 시체굳음은 기온이 높을수록, 마른 사람일수록 빠르다. 8~12시간쯤 지나면 시신은 사망 당시의 자세로 고정된 채 뻣뻣해진다. 그러나 이후 조직이 분해되기 시작하여, 다음 48시간 동안 경직이 도로 풀린다. 흐르던 혈액이 멈춰 여기저기 고임으로써 시체얼룩(시반, lividity)이라는 보라색 멍이 생긴다. 처음에는 시신을 옮기면 얼룩 위치가 바뀌지만, 6~8시간이 지난 뒤에는 얼룩이 고정된다. 마지막으로 세균과 효소가 조직을 분해하기 시작하여, 24~36시간 뒤에는 악취가 난다. 피부는 적녹색을 띠고, 구멍들에서 체액이 흘러나오며, 부패하는 살이나 체강(body cavity) 속에 형성된 기체가 빠져나오면서 피부가 갈라질 수 있다. 영안실에서 시신에게 취하는 다양한 조치들은 장례식까지 이런 과정을 막기 위한 것이다.

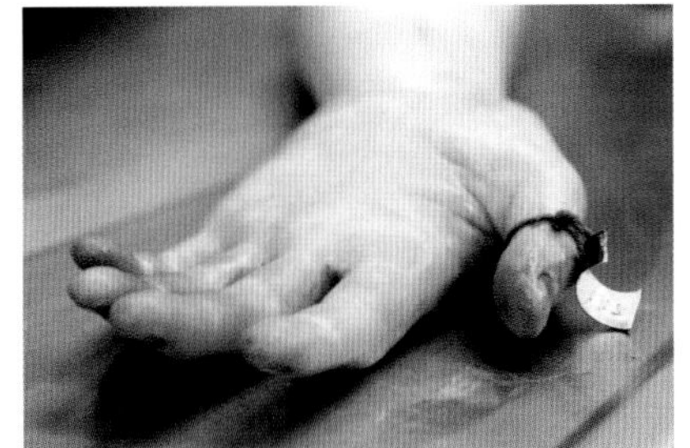

신체 변화
사망 후, 인체는 서서히 식어서 체온이 기온과 같아진다. 관절들이 사망 당시의 위치로 고정되기 때문에 몸이 일시적으로 뻣뻣하게 굳는다.

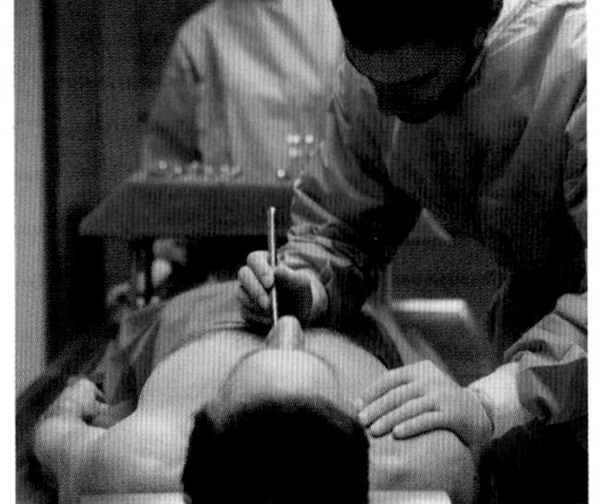

사망 후 **땅에 묻힌** 인체는 대략 **10년** 안에 다 썩어 뼈대만 남는다.

검시(부검, post mortem)
사망 원인을 밝히거나 더 깊이 조사하기 위해서 병리학자(pathologist)가 시신에 의학적 검사를 실시하는 경우도 있다.

저승사자 속이기

미래에는 노화로 손상된 부분을 치유하는 신기술이 생겨나 건강하게 수명을 연장할 수 있을지도 모른다. 그중에서도 유망한 기술은 줄기세포 이용이다. 줄기세포는 무한히 재생산할 수 있고, 어떤 종류의 체세포로도 발달할 수 있다. 낡았거나 병에 걸린 장기를 줄기세포로 재생함으로써 갖가지 주요 사망 원인을 차단하거나 늦출 수 있을지 모른다. 자신의 줄기세포를 사용할 수도 있고, 다른 곳에서 가져온 세포를 이식할 수도 있을 것이다. 응용 가능성이 있는 분야로는 손상된 심장근육이나 신경 치유, 시력이나 청력 상실 회복, 암이나 알츠하이머병 같은 질환 치료이다. 재생의학(regenerative medicine)은 줄기세포 외에도 여러 접근법을 취한다. 노화나 노화성 주요 질병들에 영향을 주는 유전자 조작, 대사나 호르몬을 표적으로 삼는 노화성 변화 조절, 자연적인 장수에 기여하는 인자 연구 등이다. 가령 100세 인구의 생활 습관을 연구하면 좀 더 오래 살 방법을 알 수 있을지도 모른다.

세계 최고의 장수 지역은?
일본 여성은 세계에서 기대수명이 가장 높은 인구집단이다.(87세) 연구에 따르면 좋은 식단, 낮은 스트레스, 활발한 신체 활동이 장수 비결이다.

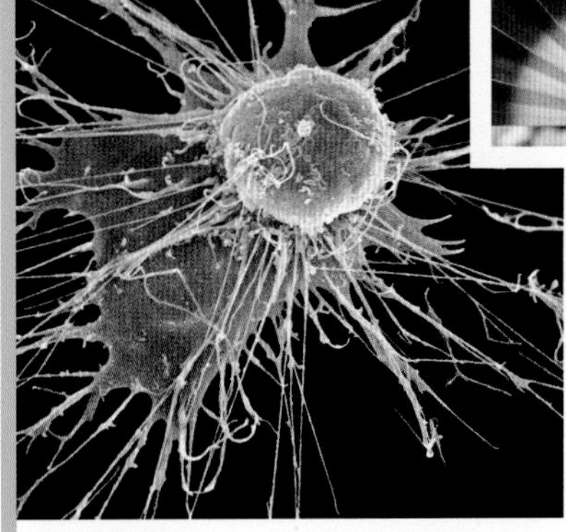

줄기세포 연구
성인의 줄기세포(stem cell)는 나이가 들수록 효율이 떨어진다. 과학자들은 줄기세포를 교체하거나 다시 젊어지게 만듦으로써 낡은 장기와 조직의 노화 관련 손상을 수리하는 방법을 찾고 있다.

개인의 예상수명은 **가족력**(family history)의 영향을 받지만, **수명에 영향**을 미치는 인자들 중에는 **개인이 통제**할 수 있는 요소도 많다.

질병과 장애

몸은 복잡한 구조물로, 질병(disease)과 기능장애(malfunction)에 취약하다. 5장은 주요 질병과 장애(disorder)를 나열하여 소개한다. 우선 특정 계통에만 국한되지 않는 질환, 가령 감염 질환이나 암을 살펴보고, 다음으로 각각의 계통을 차례대로 살펴보자.

428
질병과 장애

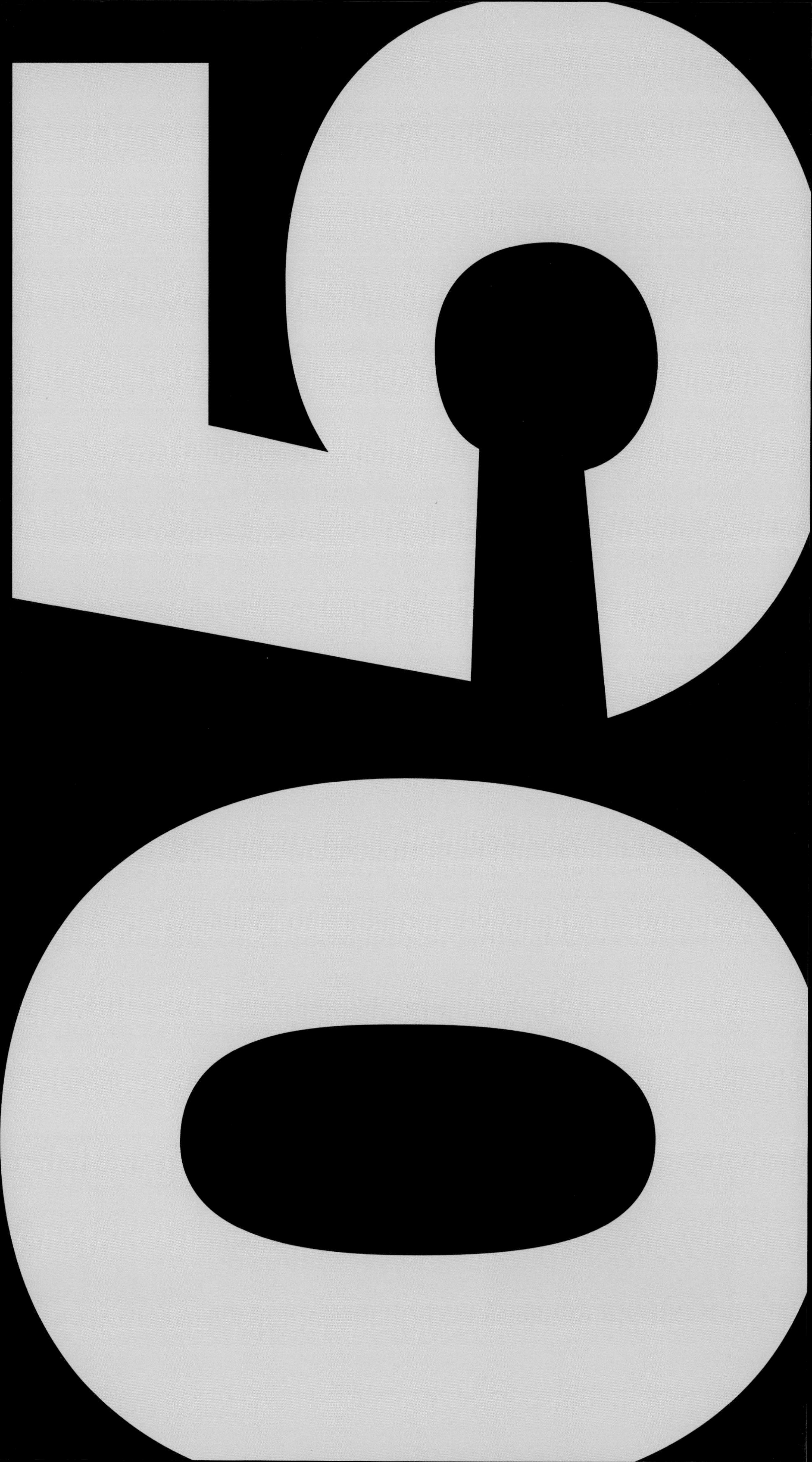

유전병

유전자 결함이나 염색체 이상은 보통 부모로부터 아이에게 전달된다. 염색체 이상은 염색체의 개수나 구조에 문제가 있다. 유전자 이상은 염색체의 유전자들 중 하나 이상에 흠이 있다.

염색체 이상

염색체는 DNA가 돌돌 말린 것이다. DNA는 온몸의 세포들에게 성장과 행동의 지침을 제공하는 유전물질이다. 사람은 염색체가 23쌍 있고, 각 쌍에서 하나는 아버지로부터 다른 하나는 어머니로부터 받는다. 염색체 이상이 있으면 심각한 결함이나 질환이 생긴다. 어느 염색체든 손상, 조각 누락, 여분의 조각, 전위(조각의 부정확한 교환) 등 실수가 있을 수 있다. 보통 감수분열(난자나 정자를 형성하는 분열) 도중의 실수 때문이다.

다운증후군

21번 염색체가 부분적으로, 혹은 온전히 하나 더 있으면 다운증후군에 걸린다. 잉여의 유전물질 때문에 여러 계통들에 이상이 온다.

다운증후군(Down syndrome)은 태아가 생존하는 염색체 이상 현상 중 가장 흔하다. 이것은 부모의 생식자발생(정자나 난자 생산)에 문제가 있어 잉여의 유전물질을 담은 정자나 난자가 만들어진 탓이다. 오래 된 난자에서 문제가 일어날 확률이 높으므로, 고령의 산모의 자식에게서 흔하다. 하지만 전체 사례의 약 3퍼센트는 부모 한쪽의 염색체에서 전위가 일어나 21번 염색체의 한 조각이 다른 염색체에 붙었기 때문이다. 이런 패턴은 부모의 나이가 많다고 더 자주 일어나지는 않는다.

임신 초기에 검사로 감지되고 출생 후에는 혈액 검사로 확인한다. 학습장애가 생기고, 늘어진 팔다리, 둥근 얼굴, 치켜 올라간 눈 등의 외모적 특징이 있다. 보통 장기적 의료 지원을 받아야 한다.

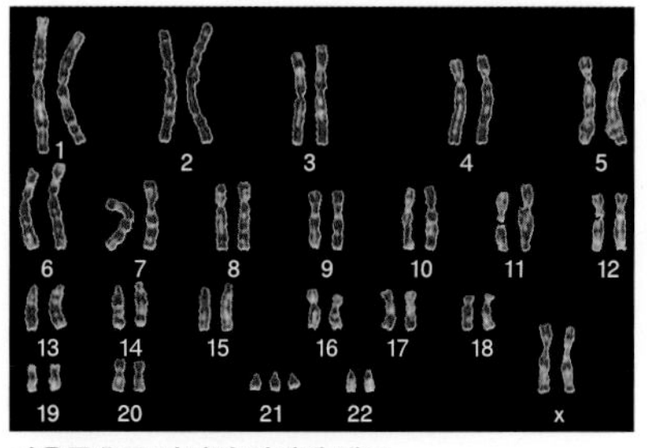
1
2
3
4
5
6
7
8
9
10
11
12
13
14
15
16
17
18
19
20
21
22
x

다운증후군 아이의 염색체 세트
증후군을 일으키는 잉여의 21번 염색체가 보인다.

터너증후군

터너증후군에 걸린 여자아이의 세포에는 X염색체가 둘이 아니라 하나만 있다. 남자는 걸리지 않는다.

터너증후군에 걸린 여자아이는 키가 작고, 자궁과 난소가 비정상적이거나 아예 없으며, 불임이다. 심장, 갑상샘, 콩팥 같은 장기도 문제일 수 있는데, 정도는 사람마다 다르다. 사춘기에 들어설 나이가 되었는데도 좀처럼 사춘기를 겪지 않을 때 비로소 감지되곤 한다. 문제는 난자나 정자가 생성될 때 생기는 듯하다. 섞임증(모자이크현상, mosaicism)이 발생하는 경우도 있다.(일부 세포들은 X염색체가 둘이지만 다른 세포들은 그렇지 않다.) 태아의 약 98퍼센트는 생존이 불가능해 유산된다. 생존출생 2,500건당 1건꼴로 나타나는데 치명적이진 않지만 여러 문제를 일으킬 수 있다. 생식력이 없기 때문에 유전되지는 않는다.

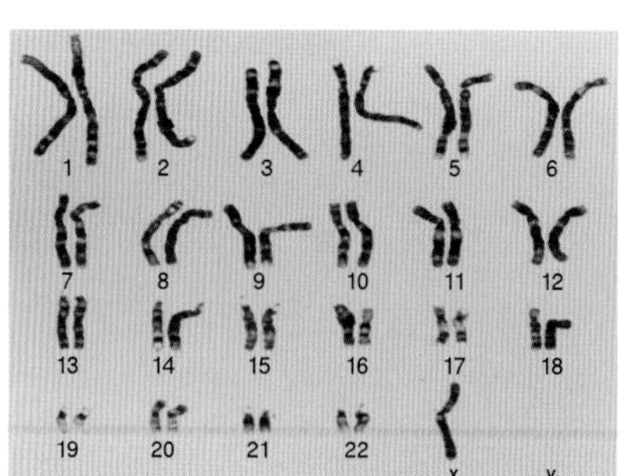
1
2
3
4
5
6
7
8
9
10
11
12
13
14
15
16
17
18
19
20
21
22
x
y

터너증후군 염색체
터너증후군에 걸린 여성의 염색체 세트. 보통 2개 있어야 할 X염색체가 하나뿐이다.

양수천자

유전병을 감지하기 위해 양수천자(양막천자, amniocentesis)를 할 수 있다. 임신 16~18주쯤, 초음파의 안내를 받아 긴 바늘을 자궁에 삽입함으로써 아기를 둘러싼 양수를 조금 뽑아낸다. 양수에 포함된 아기의 세포를 조사하여 염색체가 너무 많은가 적은가 하는 간단한 유전 정보를 확인할 수 있다.

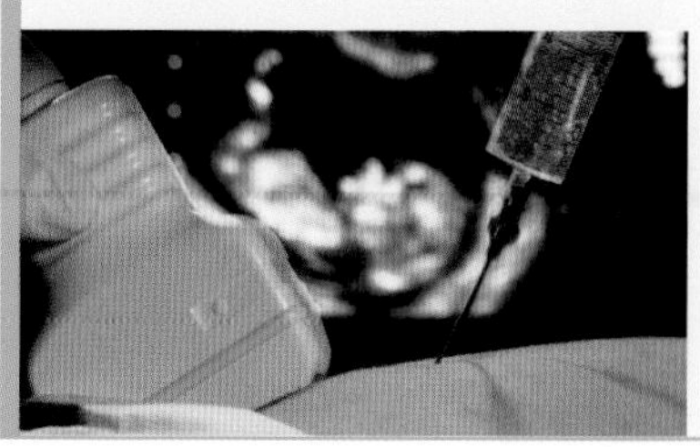

클라인펠터증후군

남자아이만 겪는 클라인펠터증후군은 모든 세포들이 정상적인 X염색체와 Y염색체 외에 X염색체를 하나 더 갖고 있는 경우이다.

클라인펠터증후군에 걸린 사람은 Y염색체가 있어서 육체적으로 남성이다. 남성 500명 중 1명 꼴로 XXY 상태가 된다. 생식세포 분열에 이상이 생겨 정자나 난자가 X염색체를 하나 더 갖게 되고, 그래서 X염색체가 하나 있어야 정상인 남자아이가 2개를 갖고 태어난다. Y염색체가 있기에, 잉여 X염색체 유전자들은 일부만 발현한다. 이런 세배수체(triploid) 유전자 때문에 증후군이 드러난다고 알려져 있다. 정자가 생산되지 않아 불임이 되는 등 여러 육체적, 행동적 특징이 있다. 테스토스테론 농도가 낮고, 수줍음을 많이 타거나 남성성이 부족한 경우도 있지만 감지되지 않는 경우도 많다. 정자를 생산하는 경우도 있어 보조수태가 가능할 수도 있다.

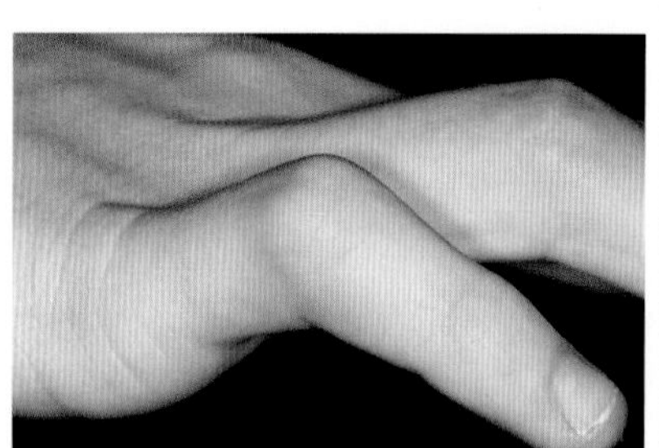

새끼손가락의 손가락옆굽음증(clinodactyly)
클라인펠터증후군이 있으면 흔히 새끼손가락이 넷째손가락 쪽으로 비정상적으로 굽는다. 하지만 이 현상은 유전적 이상이 없어도 생길 수 있다.

출산장애

유전자나 염색체 이상은 사소할 때도 있지만, 성공적인 발달과 양립할 수 없어서 태아가 출생하지 못할 때도 있다.

출산장애(birth defect)는 흔치 않은 편으로 유전인자나 행동적 요인 때문일 수 있다. 출산장애가 있는 태아는 염색체 이상이 성공적인 성장 및 발달과 양립할 수 없어 초기에 유산된다. 유산은 아주 흔하다. 적어도 수정란 넷 중 하나는 유산되는 듯하고, 초기 단계에서는 더 될지도 모른다. 수정 시 벌어져야 할 복잡한 유전적 조작들이 중단되거나 잘못된 탓으로 보인다. 이처럼 난자-정자 상호작용이 잘못되는 비율이 얼마인지는 알기 힘들 것이다.

유전자 이상

염색체는 유전자 수천 개로 구성된다. 유전자는 인체 기능에 필요한 특정 단백질을 만드는 청사진이다. 유전자에 이상이 생기면 분열하는 세포들에게 잘못된 지침이 내려진다. 유전자 이상은 후손에게 전달되기도 한다.

유전자 하나에 결함이 있어 초래되는 유전병은 약 4,000종류가 알려져 있다. 부모 둘 다 잘못된 유전자를 물려줘야 생기는 유전병은 열성질환이고, 우성질환은 비정상 유전자가 하나만 전달되어도 드러나는 병이다.

헌팅톤병

4번 염색체의 한 유전자에 이상이 있는 헌팅톤병은 성격 변화, 불수의 운동, 치매를 유발하는 뇌 질환이다.

우성 유전병으로 부모 중 한쪽으로부터만 비정상 유전자를 물려받아도 발병한다. 헌팅톤병 부모에게서 태어난 아이는 물려받을 확률이 50퍼센트인데, 보통 40대가 되어야 드러난다. 퇴행성 뇌질환으로 뇌 기능의 점진적 상실, 비정상적 움직임과 치매가 동반된다.

컴퓨터단층촬영(CT)과 진찰(신체검사)로 진단한다. 치료는 증상 완화만 가능하다. 위험한 사람은 미리 검사를 받아 알아볼 수 있지만, 일부러 안 받는 사람이 많다. 치료법이 없고, 발병하더라도 먼 미래의 일이기 때문이다.

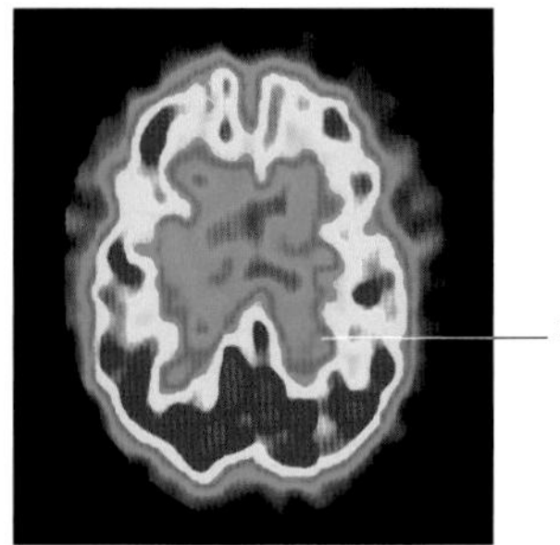
확장된 뇌실

헌팅톤병 환자의 뇌 영상
가쪽뇌실이 확장된 뇌의 단층영상. 헌팅턴병 환자의 전형적인 특징으로, 뇌 기능상실로 이어진다.

백색증

유전자 이상으로 피부, 눈, 머리카락에 색소가 부족한 증상이다.

백색증(albinism)은 부모 양쪽으로부터 문제 유전자를 물려받아야 증상이 드러나는 열성 질환이다. 부모가 보인자이면 증상을 물려받을 확률은 25퍼센트, 보인자가 될 확률은 50퍼센트이다. 출생 전 검사는 불가능하지만, 부모에게 이미 백색증 자식이 있다면 어떤 유전자 이상인지 확인할 수 있다. 보통 색소 생성을 지시하는 유전자에 이상이 있다. 시력이 나쁘고, 눈, 피부, 머리카락에 색소가 아예 없거나 부족해서 피부가 창백하고, 머리카락이 옅고(흴 때도 있다.) 눈은 보통 푸른색이나 보라색이되 홍채가 옅어 환한 빛에 붉게 반사된다.

열성유전
부모가 둘 다 백색증 유전자를 지니고 있지만 증상을 드러내지 않는 경우, 자식이 잘못된 유전자를 2개 다 물려받을 확률은 4분의 1이다.

치료법은 없고, 태양을 피하는 게 좋다. 시력은 어느 정도 교정된다.

색맹

유전적으로 색깔을 잘 구분하지 못하는 색맹(color blindness)은 남성에 흔하다.

색맹은 대부분 X염색체에 비정상 유전자가 있고(X염색체에는 색각과 관련된 유전자가 많다.), Y염색체에는 상응하는 짝이 없어 다채로운 색깔에 반응하는 눈 속의 원뿔세포(cone cell)들에 결함이 생긴다. 비정상 유전자가 열성이라면, 여성은 비정상 유전자를 2개 물려받아야 (색맹인 아버지와 보인자 어머니) 증상을 드러낸다. 남성은 어머니로부터 비정상 유전자 하나만 물려받아도 아버지가 물려 준 Y염색체에는 짝이 되는 유전자가 없어 증상이 나타난다. 이것이 X염색체 연관 열성유전이다.

남성의 약 8퍼센트, 여성의 0.5퍼센트가 색맹이다. 적록색맹이 흔하지만, 다른 패턴도 많다. 갈수록 심해질 수도 있고, 계속 안정적인 경우도 있다.

낭성섬유증

허파와 이자에 분비물이 두껍게 덮히는 낭성섬유증(cystic fibrosis)에 대한 유전자는 25명 중 1명꼴로 갖고 있다.

서양에서 흔한 치명적 유전병이다. 보인자의 자녀가 질환을 물려받을 확률은 25퍼센트, 보인자일 확률은 50퍼센트이다. 보인자 여부를 검사할 수 있고, 태아 검사도 가능하다.

문제는 땀, 소화액, 점액 조절에 중요한 낭성섬유증 막횡단 조절단백질(transmembrane regulator protein)을 만드는 유전자이다. 허파에 건조한 점액이 두껍게 쌓여 쉽게 감염됨으로써 영구손상을 일으키고, 이자액 분비도 영향을 받아 영양 섭취에 지장이 생긴다. 증상은 개인차가 크다. 의술 발전으로 건강과 기대수명이 굉장히 개선되었다.

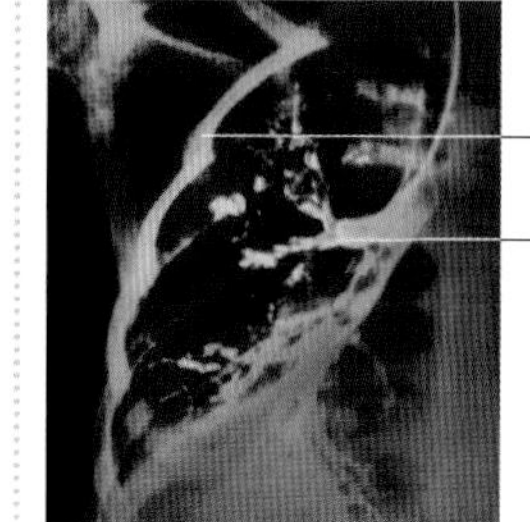
가슴우리
기관지 점액

낭성섬유증에 걸린 허파
낭성섬유증 환자의 허파를 찍은 채색 엑스선 사진. 기관지에 찬 점액이 반복적으로 감염을 일으킨다.

연골무형성증

유전자 이상으로 인한 뼈 성장 결함으로, 왜소증(dwarfism)이나 극단적으로 작은 키를 일으키는 여러 요인 중 가장 흔하다.

인구 2만 5000명 중 1명꼴인 연골무형성증은 뼈 성장에 관여하는 유전자에 돌연변이가 일어나, 키가 보통 131센티미터에 못 미치고 신체 비율도 달라진다. 비정상 유전자가 하나뿐이고, 짝 유전자(맞섬유전자)는 정상이다. 둘 다 비정상이면 출생 전후에 죽는다. 부모가 연골무형성증이면 태아가 생존하지 못할 확률이 4분의 1, 생존한 자식이 왜소증일 확률은 2분의 1, 정상일 확률이 4분의 1이다. 그러나 자식의 유전자에 새로 돌연변이가 발생한 경우가 대부분이다. 비정상 유전자가 하나라도 있으면 반드시 증상이 드러난다. 치료법은 없지만, 치료가 별로 필요하지 않다.

다인자 유전

대부분의 유전질환은 유전 요인과 환경 요인이 결합하여 빚어지는 다인자 유전(multifactorial inheritance)이다. 유전자가 질환의 발달 가능성을 제공하거나 확률을 높이되, 증상의 편차는 상황에 따라 아주 클 수 있다. 그런 유전은 가계도로 추적하기가 어렵다. 좋은 예가 자폐증(autism)이다. 자폐증은 수많은 유전자들에 의해 복합적으로 생기는 것으로 보인다.

자폐증 아이
자폐증은 보통 소아기에 진단된다. 일반적으로 사회적 기술과 소통 기술이 특이하거나 문제적이고, 간혹 특이한 능력을 지닌 사람도 있다.

암

암은 일부 세포들이 비정상적으로 증식하여 자연적으로 주어진 공간 너머로 퍼짐으로써 덩어리로 자라는 현상이다. 암은 하나의 질환이 아니라 다양한 증상을 보이는 여러 질환들의 묶음이다. 유전자 결함, 노화, 그 밖에도 정체 모를 여러 발암물질들이 암을 일으킨다.

양성종양과 악성종양

종양(tumor)은 세포 덩어리를 말한다. 악성(malignant)종양은 정상 조직을 침투하여 다른 부위로 퍼지고, 양성(benign)종양은 확산하지 않는다.

종양은 세포 덩이가 비정상적으로 빨리 분열하여 정상 기능을 수행하지 못하는 것으로 세포들의 행동에 따라서 양성(암종이 아님)일 수도 있고, 악성(암종)일 수도 있다. 일반적으로 악성종양은 피해를 끼치지만, 늘 그런 것은 아니다. 세포 성장과 분열이 빠를수록, 세포 구조가 비정상일수록, 널리 확산될수록 악성이 심하다. 양성종양도 비정상적 세포 증식으로 기능을 적절히 수행하지 못하지만, 성장이 느리고 보통 확산하지 않는다. 출혈이 있거나 중요 구조를 압박하면 치료해야 하지만, 일반적으로 더 진행하거나 해를 끼치지 않는다. 따라서 양성인지 악성인지 진단하는 것이 중요하다. 검사는 보통 종양조직 표본을 채취해 세포 활동을 현미경으로 확인한다. 특수한 화학물질을 생산하는 암이라면 그 물질의 농도가 진단을 돕는다.

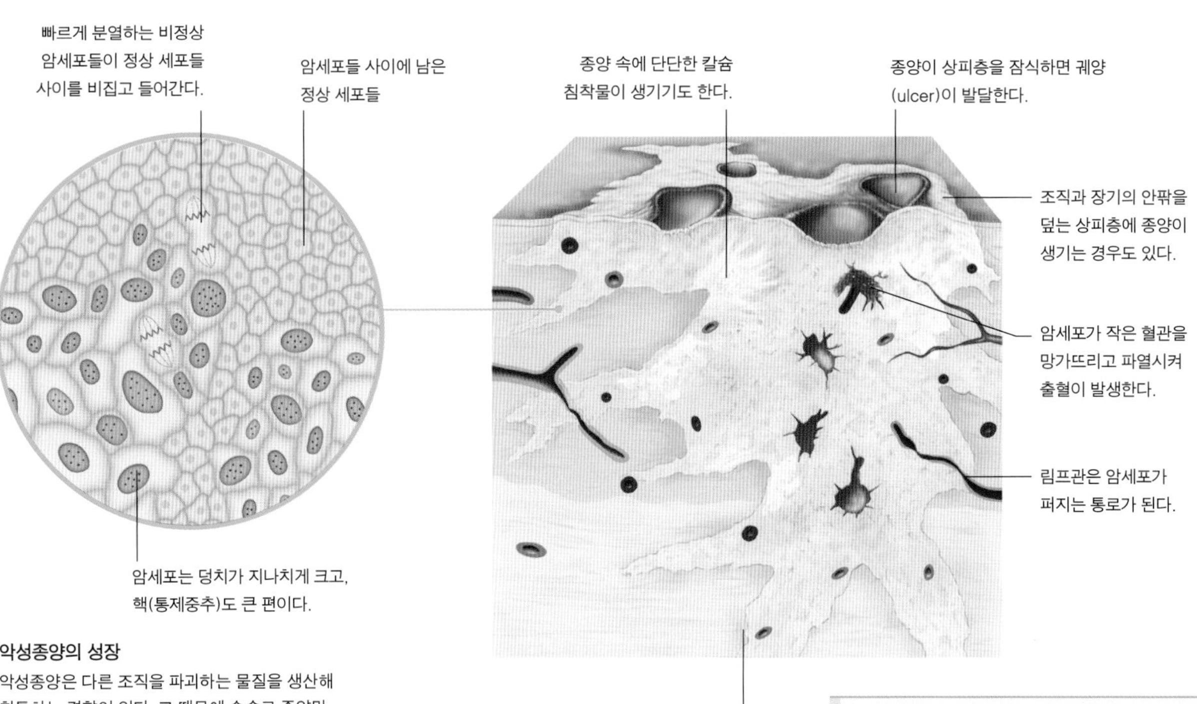
빠르게 분열하는 비정상 암세포들이 정상 세포들 사이를 비집고 들어간다.
암세포들 사이에 남은 정상 세포들
종양 속에 단단한 칼슘 침착물이 생기기도 한다.
종양이 상피층을 잠식하면 궤양(ulcer)이 발달한다.
조직과 장기의 안팎을 덮는 상피층에 종양이 생기는 경우도 있다.
암세포가 작은 혈관을 망가뜨리고 파열시켜 출혈이 발생한다.
림프관은 암세포가 퍼지는 통로가 된다.
암세포는 덩치가 지나치게 크고, 핵(통제중추)도 큰 편이다.
암세포가 촉수처럼 생긴 투사체를 뻗어서 주변 조직으로 침투한다.

악성종양의 성장
악성종양은 다른 조직을 파괴하는 물질을 생산해 침투하는 경향이 있다. 그 때문에 수술로 종양만 잘라내기가 어렵다. 악성종양은 또 혈관과 림프관을 뚫고 들어가, 암세포를 멀리 퍼뜨린다.

정상 세포들

종양을 감싸 가두는 섬유피막

양성종양 세포들은 형태와 크기가 규칙적이다.

종양 몸통의 성장 속도는 세포들의 유전적 변화에 따라 느릴 수도, 빠를 수도 있다.

섬유피막이 경계가 되어 종양세포의 확산을 막는다.

종양에 접한 혈관계통이 종양에 산소와 영양을 공급한다.

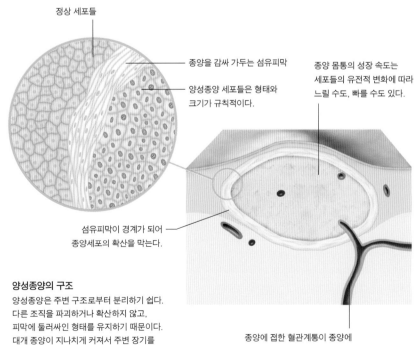

양성종양의 구조
양성종양은 주변 구조로부터 분리하기 쉽다. 다른 조직을 파괴하거나 확산하지 않고, 피막에 둘러싸인 형태를 유지하기 때문이다. 대개 종양이 지나치게 커져서 주변 장기를 압박할 때만 문제가 된다.

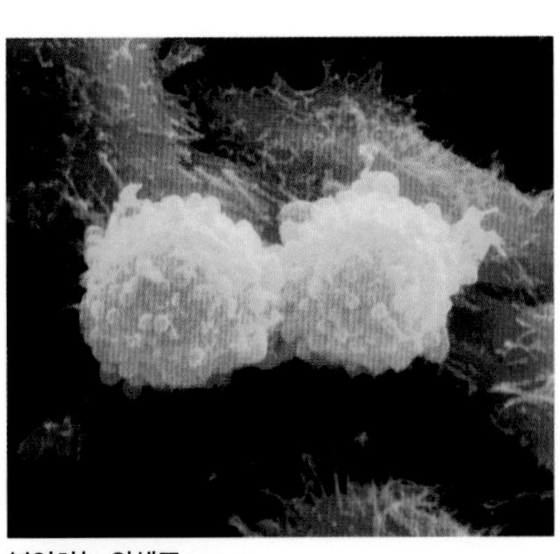

분열하는 암세포
손상된 유전물질을 담은 암세포가 2개의 세포로 분열하는 모습. 암세포를 치료하지 않고 두면 통제불능으로 증식하여 온몸에 퍼진다.

암 검사

암 검사(screening 혹은 testing)에는 두 종류가 있다. 하나는 세포가 암세포가 되기 전에 변화를 알아채는 것이다.(자궁목암 검사가 그렇다.) 아직 암이 되지 않았지만 암으로 진행할지도 모르는 상태를 감지하여 미리 개입하고 예방하는 것이다. 다른 방법은 증상이 없을지도 모르는 초기 단계에 암을 감지하는 것이다. 유방암이 보통 그렇다. 암을 일찍 발견할수록 치료해서 나을 가능성이 높다.

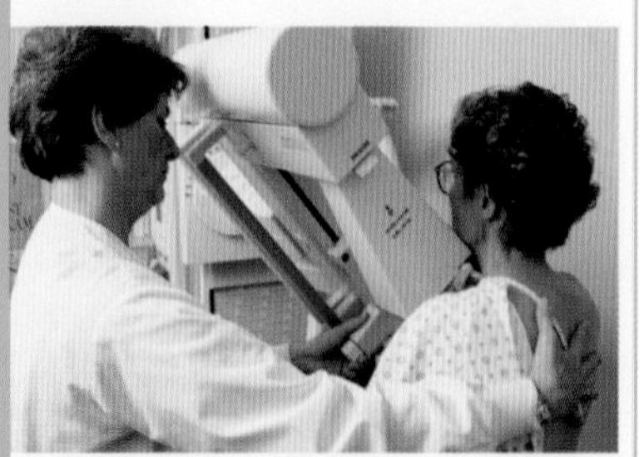

유방촬영사진
유방암 검사는 유방촬영사진(mammogram)을 활용한다. 유방조직을 촬영하여 초기에 암을 감지하는 특수 엑스선 기술이다.

암의 발생

암은 담배연기 같은 발암물질 때문에 촉발되곤 한다. 유전자 결함이 발생 위험을 높일 수도 있다.

암은 여러 사건들이 함께 발생하여 시작된다. 최초의 유발인자는 보통 세포 행동을 규정하는 종양유전자(oncogene) DNA가 손상되는 사건이다. 그 DNA에 돌연변이가 생기거나 손상되면, 정상적인 세포자멸사 과정이 차단되어 세포들이 끝없이 분열한다.

DNA를 손상시키는 발암인자는 햇빛을 비롯한 복사선, 흡연할 때 생기는 산물이나 알코올 같은 독성 화학물질 등 다양하다. 성호르몬도 세포 성장을 지나치게 촉진할 수 있고, 화학요법은 세포 DNA를 손상시켜 실제로 암을 일으키곤 한다. C형간염바이러스 같은 바이러스도 DNA를 훼손한다. 세포는 늘 손상되기 마련이지만, 보통은 DNA가 스스로 치유한다. 면역계통이 제대로 기능해야 자가치유가 가능하므로, AIDS 환자처럼 면역이 약화된 사람은 암 발생 위험이 높다. DNA 손상이 반복되거나 극심하거나 지속될 경우나 결함 있는 종양유전자를 물려받은 경우에도 발생 확률이 높다. 손상이 영구화되어서 세포의 핵심 기능이 돌이킬 수 없이 망가지기 때문이다.

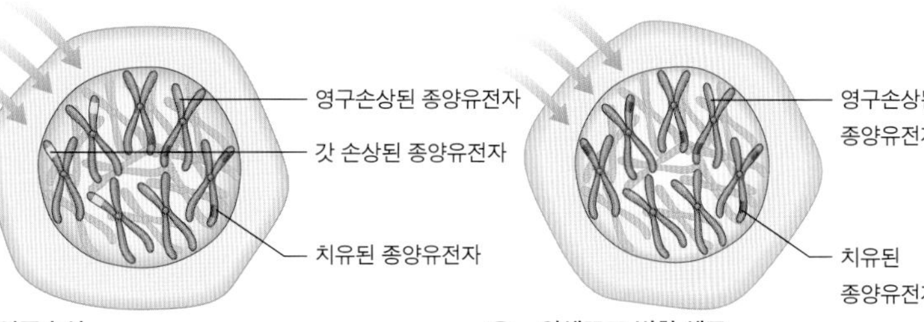
발암물질
정상 유전자
갓 손상된 종양유전자
핵
염색체
영구손상된 종양유전자
갓 손상된 종양유전자
치유된 종양유전자
영구손상된 종양유전자
치유된 종양유전자

1 발암물질(carcinogen)에 의해 손상된 세포
발암물질은 세포 성장을 제약하고 관리하는 종양유전자 DNA에 손상을 입힌다. 독성물질, 방사선, 바이러스 등이 DNA를 손상시킨다. DNA는 쉴 새 없이 그런 공격을 받는다.

2 영구손상
DNA는 스스로 치유할 줄 알지만, 손상이 심하거나 지속될 경우, 치유에 실패한 경우에는 종양유전자가 영구적으로 손상되어 암 예방 기능이 사라진다.

3 암세포로 변한 세포
종양유전자가 영구손상되면 세포들이 비정상적으로 자라기 시작한다. 종양이 악성이냐 양성이냐 하는 것은 암에 걸린 세포들의 속성과 성장 방식에 달려 있다.

암의 확산

암은 국소적으로 성장할 수도 있고, 종양에서 떨어져 나온 세포들이 혈관이나 림프계통을 타고 다른 부위로 퍼질 수도 있다.

국소암(local cancer)은 암세포들이 원래 위치에서 성장하고 증식한 것이다. 세포 모양과 행동이 정상이고 확산이 깔끔해 주변 조직을 침범하지 않고 압박만 하는 암은 빠르게 성장하더라도 양성이다. 악성 암세포들은 다른 구조를 파괴하는 물질을 생산하여 주변으로 파고든다.(국소 침입) 혈관이나 림프관 등 중요 구조들의 벽을 뚫을지도 모른다.

주된 확산 경로는 영양소 분배와 노폐물 수거를 담당하는 혈액계통과 림프계통으로, 혈관이나 림프관 벽이 뚫리면 암세포들은 관으로 들어가서 다른 부위로 이동한다. 주로 간, 뇌, 허파, 뼈로 간다. 암세포들이 다른 부위에 정착하면 독자적으로 더 공격적인 암이 자랄지도 모른다. 이것이 전이(metastasis)이고, 이런 암이 전이암이다. 암은 종류마다 특정 위치로 확산되는데, 가령 창자의 혈관들이 소화물질 처리를 위해 간으로 이동하기 때문에 창자암은 보통 간으로 확산된다.

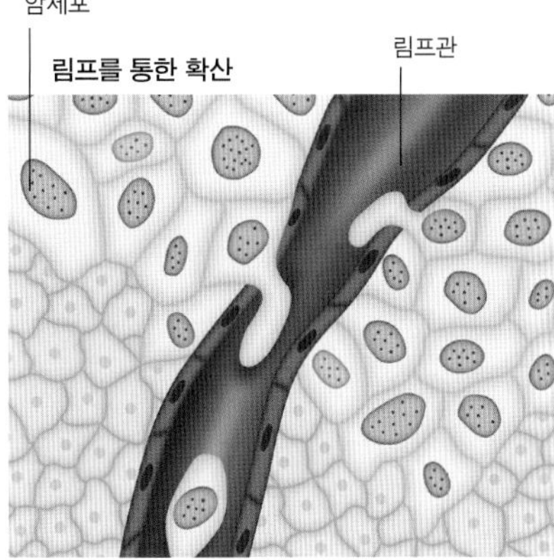
암세포
림프를 통한 확산
림프관

1 림프관 파괴
원발종양(primary tumor) 세포들이 인접 조직을 침입한다. 림프관은 비정상 세포들을 온몸으로 운반하기에 안성맞춤이다.

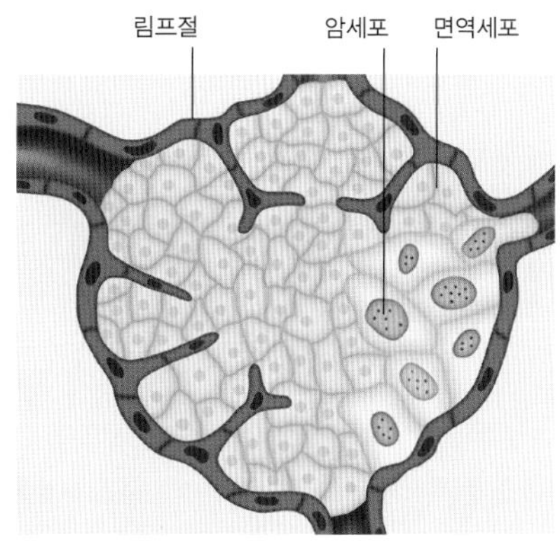
림프절
암세포
면역세포

2 림프절에서 자란 종양
국소 림프절로 들어간 암세포들은 그곳에서 분열하여 속발종양(secondary tumor)을 형성하기 시작한다. 림프절의 면역세포들이 확산을 일시적으로 막기도 한다.

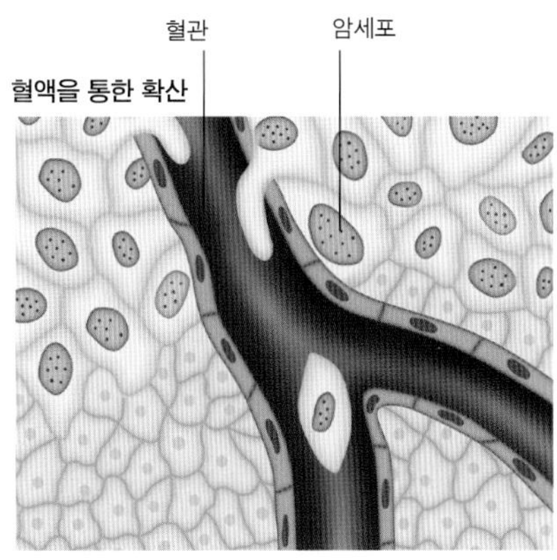
혈관
암세포
혈액을 통한 확산

1 혈관벽 파열
종양이 확장하여 혈관벽이 파열되면 출혈이 생기고, 종양세포들이 혈관으로 들어간다. 암세포들은 이런 식으로 사실상 온몸으로 이동할 수 있다.

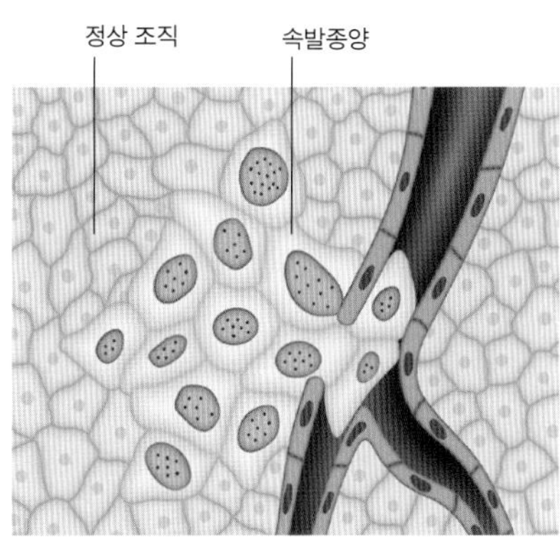
정상 조직
속발종양

2 속발종양 형성
적혈구보다 큰 암세포는 좁은 혈관을 흐르다가 걸려서 그 자리에 멈춘다. 암세포는 분열하면서 주변 조직으로 밀고 들어가고, 속발종양이 형성된다.

암의 치료

암 치료법은 종양 제거 수술, 방사선치료, 암세포를 죽이는 항암제(anticancer drug)를 동원한 화학요법 등이 있다.

특히 초기 암이나 양성종양은 수술로 종양을 제거해 치료한다. 다른 치료에 앞서 종양 크기를 줄이거나 종양이 주변 조직을 해치지 못하도록 막을 때도 수술한다. 강력한 방사선으로 암세포를 파괴하는 방사선치료는 암을 치료할 수도 있고, 종양 성장을 늦추거나 예방할 수도 있다. 물리적 접근이 어려운 종양에 정확하게 집중할 수 있는 것도 장점이다. 부작용은 피로, 식욕 감퇴, 구역질과 구토, 치료 부위의 피부 통증 등이다. 다른 치료법과 함께 쓰기도 한다. 화학요법(chemotherapy)은 손상 혹은 돌연변이 종양유전자, 성장 인자들, 분열하는 암세포 등을 표적으로 삼는 다양한 화학약제를 적용한다. 분열하는 모든 세포를 억제하는 약물도 있고, 특정 암의 특징을 인식하여 표적으로 삼는 약물도 있다. 약물은 먹어서 섭취하거나 혈액이나 척수로 주입한다. 강한 독성 물질을 쓰므로 피로, 탈모 등 불쾌한 부작용이 따른다. 성공 여부는 나이와 건강 상태, 암 종류에 달렸다.

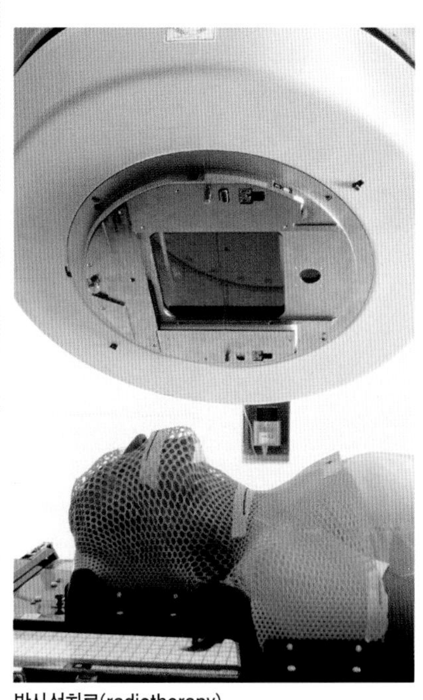

방사선치료(radiotherapy)
강도가 센 방사선을 암 부위에 조심스레 집중시켜 암세포를 파괴하거나 성장을 늦춘다.

감염 질환

감염은 해로운 미생물인 병원체가 몸에 침입하여 체조직에서 증식하는 현상이다. 감염 질환을 일으킬 수 있는 유기체로는 바이러스, 세균, 곰팡이(진균류), 원생동물, 기생충, 비정상 단백질인 프리온이 있다.

감염 경로

몸은 끊임없이 감염에 노출되지만 면역계통이 늘 감염을 극복하려고 노력하므로, 병원체가 방어벽을 뛰어넘을 때만 질병이 발생한다.

감염성 병원체는 인체의 방어체계가 뚫린 곳이라면 어디로든 들어온다. 피부를 뚫거나, 피부의 구멍이나 상처로 들어온다. 호흡, 흡수, 섭취 과정에서 눈, 코, 귀, 소화관, 허파, 생식기 등의 점막으로 들어온다. 들어온 병원체는 혈류로 확산되거나(HIV), 신경으로 전달되거나(광견병), 체조직을 침범한다.(침습성 위창자염) 프리온(prion)을 제외한 대부분의 병원체는 생물이므로, 면역계통이 그것에 반응하여 쫓아내려고 열, 염증, 점액 분비 같은 증상을 보인다. 병원체의 수와 강도, 면역 반응 강도에 따라 질병 심각도가 다르다. 숙주의 방어체계가 금세 병원체를 쫓아내거나 숙주가 금세 죽으면 감염이 짧게 지속된다. 그렇지 않으면 만성 감염이 되거나 다른 숙주에게 확산된다.

공기매개감염(airborne infection)
바이러스와 세균은 공기 중의 작은방울(비말, droplet)을 통해 확산되곤 한다. 우리가 기침이나 재채기를 할 때 코와 입에서 분출된 작은방울을 타고 다른 숙주의 점막으로 들어가는 것이다.

바이러스 감염

병원성 바이러스는 사마귀나 감기 바이러스처럼 비교적 무해한 것부터 AIDS를 일으키는 HIV처럼 치명적인 것까지 다양하다.

감염성 병원체 중 가장 작은 바이러스는 단백질 껍질에 유전물질이 들어 있는 구조이다. 독자적으로 증식하지 못하고 세포로 침입하여 세포의 복제 장치를 빌려 증식한다. 새 바이러스 입자들은 세포를 죽이면서 뚫고 나가거나 세포 표면에서 싹처럼 돋아 나간 뒤, 다른 세포들을 감염시킨다. 몸의 여러 부분이 동시에 감염되는 전신 감염이 흔하다.

분비샘이 붓고 코가 막히는 등 일부 증상은 부분적으로는 면역계통이 활성화하여 맞서 싸우는 현상이다. 면역반응은 보통 열이 나면서 시작된다. 열은 바이러스 복제에 알맞은 온도보다 체온을 높임으로써 복제를 늦추려는 시도이다. 질병에 맞서는 백혈구나 화학물질이 감염 부위로 가면 염증반응이 일어난다. 바이러스는 모든 장기와 계통에 영향을 미친다. 흔히 발진이 따르지만, 통증은 없다. 단 입술헤르페스(입술포진, cold sore), 생식기헤르페스(genital herpes), 수두(chicken pox)나 대상포진(shingles)을 일으키는 헤르페스(포진, herpes) 바이러스들은 예외이다.

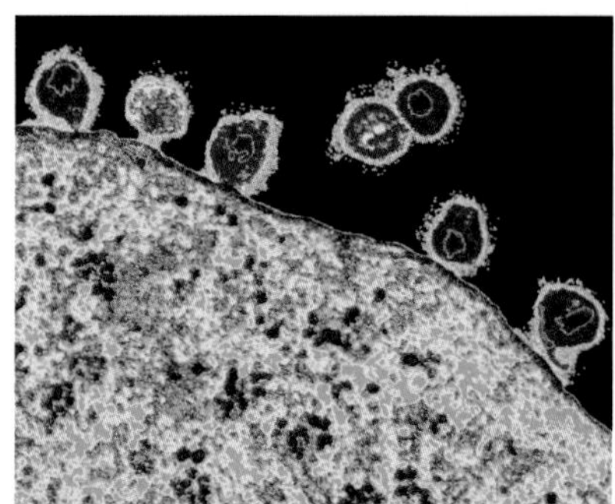

세포에서 돋아나오는 HIV 바이러스
바이러스는 인체 세포의 DNA와 복제 장치를 이용하여 스스로를 복제한다. 새로 만들어진 바이러스들은 세포에서 빠져나온 뒤 다른 세포들을 감염시킨다.

세균 감염

세균은 면역계통이 통제할 수 없을 정도로 빠르게 증식하거나 체조직을 손상시키는 독소를 배출하여 질병을 일으킨다.

세균은 바이러스보다 훨씬 크고 독자적으로 증식하는 단세포생물이다. 우리 주변 어디에나 있고 인체에도 여러 종류가 있는데, 피부와 장에 많다. 대체로 아무런 해를 끼치지 않고 공존하며 유용한 것도 많지만, 우리가 화상 같은 상처를 입거나 병에 걸려 면역계통이 약해지면 일부 세균들이 감염성을 띤다. 황색포도알균은 평소 우리 피부에 살지만, 면역이 약화되면 그 때문에 종기가 난다.

병원성 세균이 인체로 침입해 혈류, 체액, 조직에 퍼져 질병이 생길 수도 있다. 수막염(meningitis, 뇌척수막 감염)처럼 특정 부위를 감염시키거나, 패혈증(septicemia, 혈액 오염)처럼 온몸을 감염시킨다. 증상은 부위에 따라 다양한데 통증, 열, 목앓이(sore throat), 구토나 설사(몸이 감염물질을 배출하려는 것), 염증, 고름(pus, 백혈구와 죽은 물질이 쌓인 것) 등이다. 바이러스에 감염되면 염증 조직에서 세균이 쉽게 증식한다. 항생제로 많은 감염이 치료되지만, 내성을 진화시킨 세균도 있다.(오른쪽 참조)

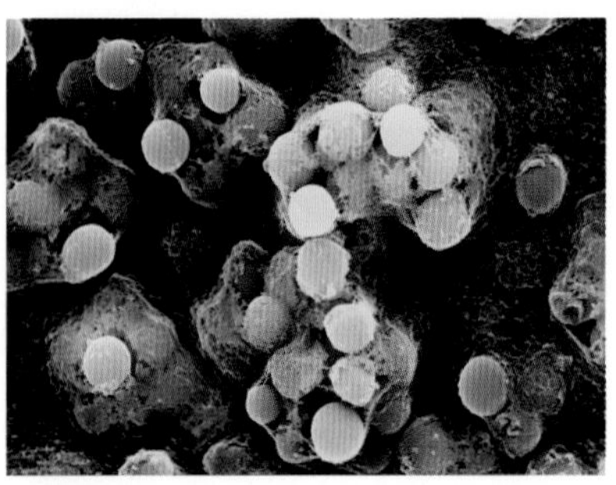

사슬알균
성홍열을 일으키는 고름사슬알균(화농연쇄구균)의 전자현미경 사진. 감염되면 인두에 고름이 생기고, 혀가 붉어지고(적설), 발열, 진홍색 발진이 난다.

항생제 내성(저항)

모든 유기체는 환경 변화에 적응한다. 사람이 항생제(antibiotics)를 사용한 이래, 세균은 항생제에 저항하는 메커니즘을 진화시켰다. 무수히 많은 세균 중 하나에서 우연히 저항력이 나타나면, 플라스미드(plasmid)라는 유전물질 조각에 내성이 암호화되어 다른 세균으로 전달된다. 따라서 항생제가 쓸모 없어진다.

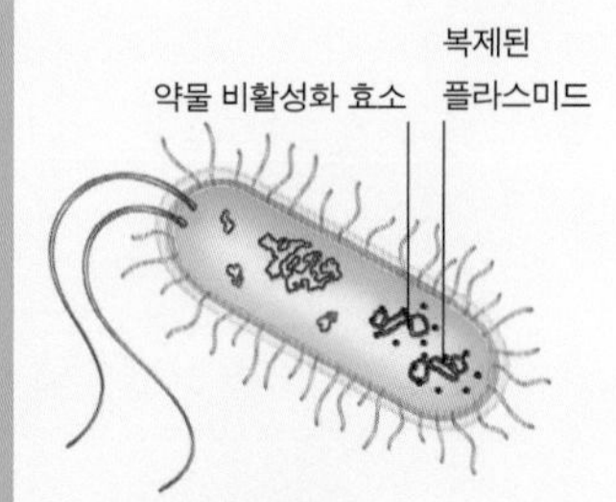
약물 비활성화 효소
복제된 플라스미드

1 플라스미드 활동
플라스미드는 세균으로 하여금 항생제를 무력화하는 효소를 만들게 하거나, 항생제가 결합하는 표면수용체를 바꾸게 한다. 플라스미드는 스스로 복제한다.

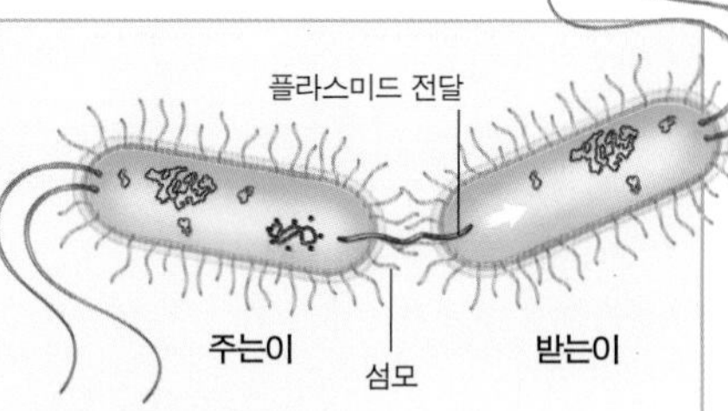
플라스미드 전달
주는이
섬모
받는이

2 플라스미드 확산
플라스미드는 접합(conjugation) 과정 중에 다른 세균에게 전달된다. 섬모(pilus)라는 관을 통해서 주는이(제공자, donor)가 받는이(수용자, recipient)에게 플라스미드 사본을 전달한다.

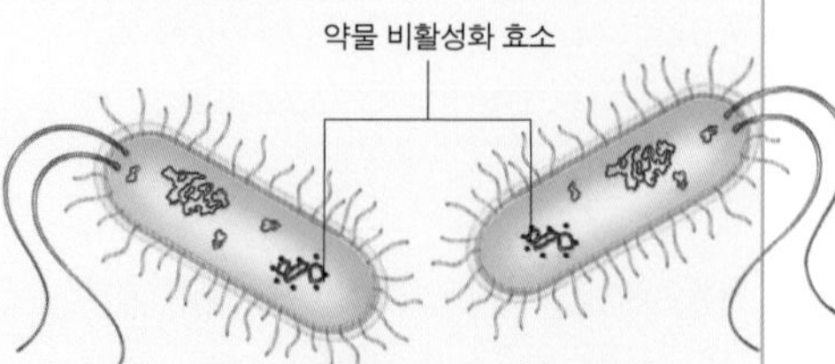
약물 비활성화 효소

3 약물 내성 균주(drug-resistant strain)
군집 전체가 다양한 항생제에 내성을 띠게 된다. 메티실린 내성 황색포도알균(methicillin-resistant *Staphylococcus aureus*, MRSA) 같은 일부 내성 세균은 심각한 질병을 일으킨다.

곰팡이 감염

곰팡이(fungus)나 효모(yeast) 감염은 거의 해롭지 않다. 단 면역계통이 약화된 상황이라면 감염이 본격적으로 전개될 수도 있다.

효모와 곰팡이는 둥근 단세포가 군락을 이루거나(효모) 긴 실처럼 자란(실모양곰팡이 혹은 사상진균, filamentous fungus) 단순한 유기체들로 피부의 축축한 부위에 많은데, 피부 벗겨짐이나 발진 같은 사소한 증상을 일으킨다. 목구멍이나 질 내막 같은 점막에도 서식한다. 감염성 곰팡이는 흙이나 썩은 식물 등을 매개로 인체에 들어온다. 피부 감염을 일으키는 스포로트릭스증(sporotrichosis)처럼 손상된 피부로 들어오거나, 아스페르길루스증(aspergillosis)처럼 호흡을 통해 허파로 들어와 온몸으로 퍼지기도 한다. 건강한 사람에게는 별 해가 없고 항곰팡이제(항진균제, antifungal drug)로 대부분 치료되지만, AIDS 환자처럼 면역계통이 약화된 사람은 심각한 질병에 걸릴 수 있다.

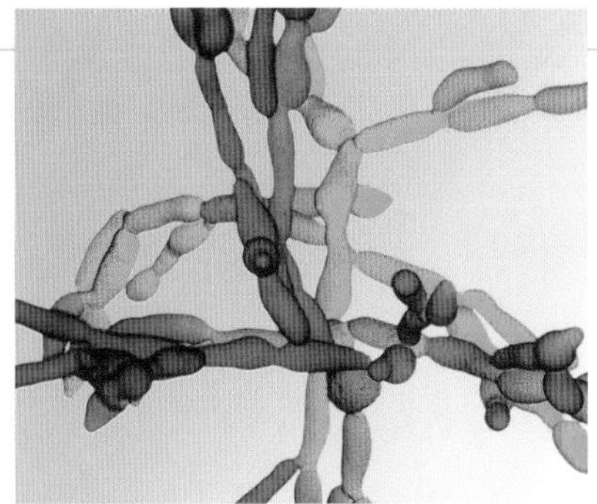
칸디다균
칸디다 알비칸스(*Candida albicans*)는 감염성 효모다. 건강한 사람의 장에 자연적으로 서식하지만, 면역이 약화되면 다른 부위에서 기회감염을 일으키기도 한다. 아구창을 일으켜 가려움, 쓰라림, 질 분비물 등이 나타난다.

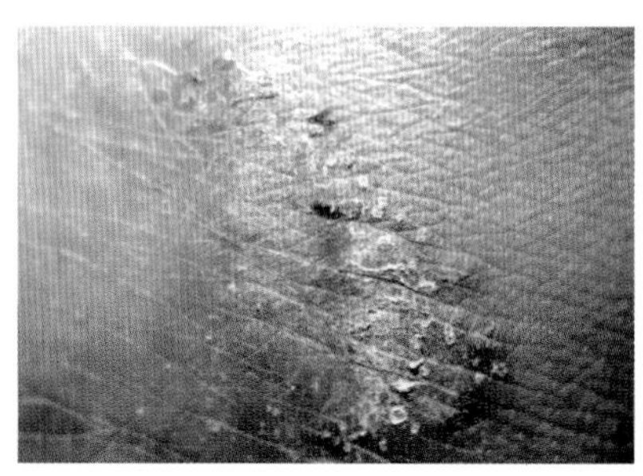
무좀
무좀이라고도 하는 발백선증(tinea pedis)은 발 피부에 곰팡이가 감염된 것으로 보통 발가락 사이가 감염된다. 백선균은 따뜻하고 축축한 곳을 좋아한다. 두피나 사타구니에 발생할 때도 있다.

원생동물 감염

열대, 위생이 불량한 지역에서 흔하다. 모기 같은 매개동물(vector), 음식, 물을 통해 몸으로 들어온다.

원생동물은 단세포생물로 물 같은 액체에 많이 서식하고, 따뜻한 기후에서 잘 번식한다. 예를 들어 기생충인 열원충 감염으로 인한 말라리아로 전 세계에서 수백만 명이 죽어가는데, 기생충은 모기 속에서 생활주기의 몇 단계를 밟은 뒤 모기가 사람을 물 때 혈류로 들어가 간에서 증식한 다음 적혈구로 들어간다. 적혈구가 파괴되고, 고열, 오한, 두통, 착란을 동반하는 말라리아 발작이 일어난다.

백신은 없지만 모기 통제, 모기장, 모기 퇴치제로 확산을 줄일 수 있다. 아메바증, 편모충증 등은 오염된 음식이나 물을 통해 번지고, 복통과 설사 등 소화관 증상을 일으킨다. 세계적으로 흔한 톡소포자충증은 고양이 똥이나 덜 익은 고기와의 접촉으로 감염된다.

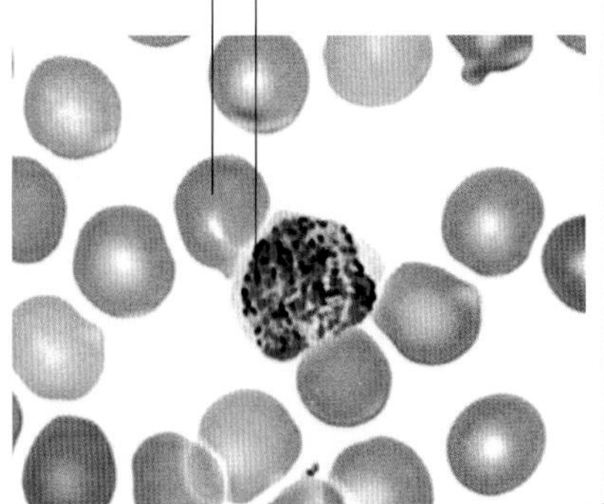
적혈구
삼일열원충(삼일열 말라리아 원충, *Plasmodium* vivax protozoan)
말라리아원충(열원충, *Plasmodim*)
기생충인 열원충은 생활주기의 일부를 사람의 적혈구 속에서 보낸다. 적혈구 속에서 증식하다가 결국 적혈구를 터뜨리고 나와 다른 세포로 침입한다.

벌레(기생충) 감염

기생충은 인체의 영양 공급을 가로채 이용한다. 덜 익힌 음식, 물, 대변을 통해 들어온다.

연충(helminth)이라고도 부르는 기생충은 살아 있는 숙주에 깃들여 먹고 산다. 보통은 입으로 숙주의 장에 붙어서 혈액을 빨아 마신다. 순차적 암수한몸(자웅동체, sequential hermaphrodite)으로 때에 따라 수컷도 되고 암컷도 된다. 우리 입을 통해 몸으로 들어와서 소화관에서 번식한 뒤, 항문으로 나가 알을 낳는다. 그 알이 새 숙주에게 전달된다. 세계적으로 수백만 명 이상이 감염된다. 개발도상국에서는 연충 감염으로 인한 빈혈이, 서양에서는 선충(threadworm) 감염이 흔하다.

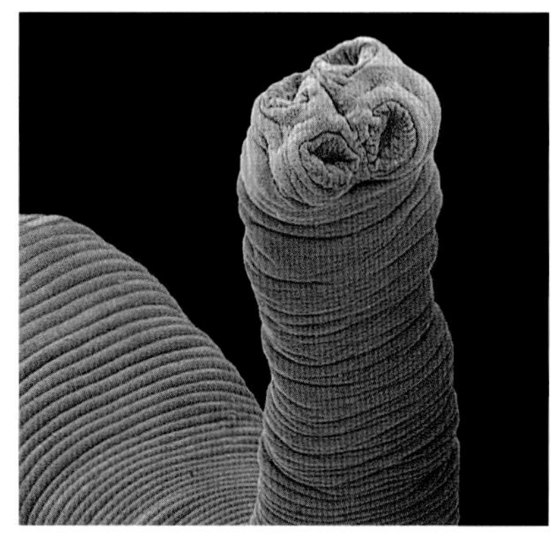
촌충
촌충(tapeworm)은 숙주의 장에 서식한다. 음식 섭취를 늘리는 데도 몸무게가 줄 때는 촌충 탓이기 쉽다. 오염된 고기나 대변을 조금만 섭취해도 감염된다.

동물사람공통감염증

동물사람공통감염증(인수전염병, zoonosis)은 다른 동물종으로부터 옮은 질병이다. 심각한 질환이 많고, 널리 전염되는 것도 있다.

병원체가 진화하다 돌연변이를 일으켜 종 장벽을 넘을 때가 있다. 세균(페스트), 바이러스(광견병), 원생동물(톡소포자충), 비정상 단백질(크로이츠펠트-야콥병), 기생충이 그렇다. 독감, 홍역, 천연두, HIV 등 사람의 많은 질병이 동물사람공통감염증으로 시작했다. 감기는 조류에서, 결핵도 동물에서 온 듯하다. 접촉 초기 단계에는 병원체가 새 숙주에 적응하지 못했고 숙주도 면역반응을 제대로 일으키지 못해, 감염이 파국적으로 진행되어 숙주가 금세 죽곤 한다.

병원체는 자신이 오래 생존하며 번식하기 위해서라도 숙주를 오래 살게 해야 한다. 특히 심각한 몇몇 질병들에서 사람은 우연히 감염된 종말숙주(dead-end host)이다. 탄저병, 광견병, HIV 등은 진화 역사에서 비교적 최근에 종 도약(species leap)을 했다. 시간이 흐르면 병원체가 새 숙주에 적응하고 숙주도 면역을 획득하여, 갈수록 질병이 약해진다.

라임병
북아메리카와 유럽에 서식하는 진드기(tick)는 라임병(Lyme disease)을 일으키는 세균을 퍼뜨린다. 독감과 비슷한 증상, 발진이 일어난다.

예방접종

원래 인체는 어떤 감염을 극복한 뒤에야 그 감염에 대한 면역을 발달시킨다. 하지만 예방접종(immunization)을 쓰면 질병에 노출되지 않고도 면역을 발달시킬 수 있다. 예방접종은 대개 백신접종(vaccination)이다. 질병을 유발하는 병원체의 약화(attenuated) 형태나 (살아 있지만 위험하지 않은 형태이다.) 죽은 백신을 (병원체의 단백질 껍질에서 얻는다.) 주입하여 면역계통으로 하여금 병원체를 공격하게 하는 것이다. 혹은 다른 사람이나 동물에서 얻은 항체(면역계통 단백질)를 주입한다. 파상풍(tetanus), 디프테리아(diphtheria), 회색질척수염(소아마비, polio), C형 수막염, 계절성 독감(seasonal flu) 등 여러 세균성, 바이러스성 질병에 예방접종이 가능하다. 덕분에 천연두는 세계적으로 거의 근절되었다. HIV처럼 예방접종이 좀 더 어려운 경우도 있다. 병원체가 자주, 빠르게 모습을 바꾸기 때문이다.

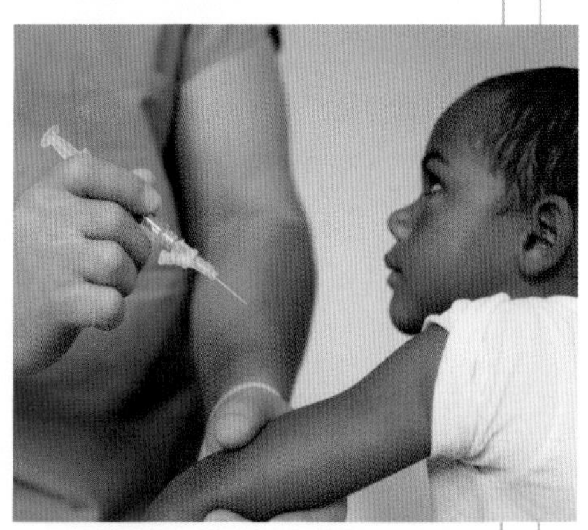
홍역 예방접종
홍역은 과거에 아이들이 흔히 걸리는 감염 질환이었지만 서양에서는 전체 아동 인구에게 예방접종함으로써 이 질병을 비교적 잘 통제하게 되었다.

피부, 털, 손발톱 질환

피부는 자극물질과 미생물에 자주 노출되므로, 쉽게 염증을 일으키거나 감염된다. 피부암은 보통 태양광선에 지나치게 노출되어서 생긴다. 손발톱과 털 이상은 국소 질병이나 전반적인 건강 문제로 생기기도 한다.

아토피습진

습진은 가려움, 발적, 건조, 피부 갈라짐을 동반하는 장기적 상태를 통칭하는 말로, 알레르기가 있는 아이들에게 흔하다.

어린아이의 5분의 1가량이 습진을 겪지만, 대부분 성인이 되면 낫는다. 성인기에 시작되는 사례는 극히 드물다. 가족력을 보이며, 건초열이나 천식과 함께 오곤 한다. 남녀 구별 없이 걸린다. 생겼다 사라졌다 하고, 유제품이나 밀 같은 알레르기항원을 섭취하면 재발한다. 집먼지진드기, 꽃가루, 애완동물 털과의 접촉, 스트레스, 피로도 알레르기항원으로 작용한다. 증상은 주로 팔꿈, 무릎, 발목, 손목, 목 주변 주름진 피부에 나타난다. 먼저 피부에 붉고 가려운 반점이 나타나고, 건조하게 일어나고 갈라지다 피부가 두꺼워져 주름지고, 마르고 갈라지고 쪼개진다. 치료법이 없어 심리적인 스트레스가 크다. 처방으로 유발물질 회피, 가려움 방지 약물, 건조를 완화하는 국소 연화제 등이 있다. 심각하면 발병했을 때나 정기적으로 국소 코르티코스테로이드를 쓴다. 감염성 습진에는 항생제를 처방한다.

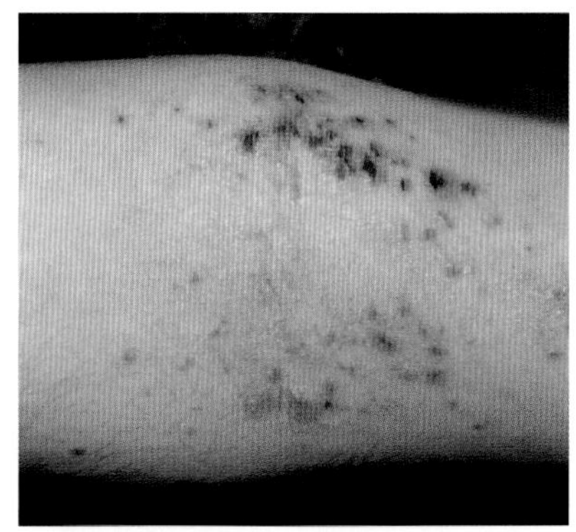

팔의 습진(eczema)
피부가 붉어지고 두꺼워진다. 피부주름이 두드러지고, 자국, 딱지, 갈라진 데가 보인다. 몹시 가렵고, 아플 수도 있다.

출생점

출생 전이나 직후에 피부에 드러나는 색깔 있는 점이다. 담갈색반점(café au lait spot, 타원형 연갈색 영구 반점)이나 포도주색반점(port wine stain, 붉거나 보라색 영구 반점) 등이 있다. 딸기모반(strawberry nevus, 아래 사진)은 혈관의 비정상적 분포로, 생후 6년쯤에 사라진다. 분홍색 황새반점(stork mark), 크고 푸른 멍처럼 보이는 몽골반점(Mongolian blue spot)도 있다.

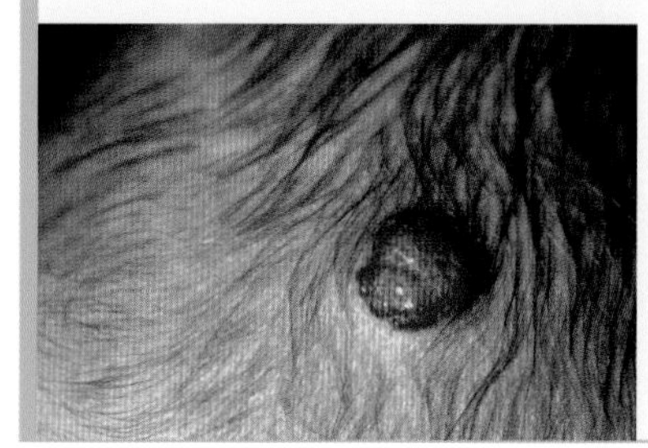

접촉피부염

알레르기반응이나 피부에 직접 가해진 자극으로 피부에 염증이 생긴 것이다.

알레르기성보다는 자극성 접촉피부염이 더 흔하다. 갖가지 화학적, 물리적 자극 물질이 원인이다. 용매, 연마제, 산과 알칼리, 비누 등 화학적 요인과 옷이나 특정 식물과의 오랜 마찰 등 물리적 요인이 있다. 알레르기성은 주로 금속(니켈 장신구), 접착제, 화장품, 고무 때문에 생긴다. 증상은 작열감, 가려움, 붉고 아픈 발진, 물집, 두드러기 등이다. 알레르기성이라면 최대 3일 안에 증상이 나타나고, 자극성이라면 즉각 염증이 일어난다. 시간이 흐르면 피부가 건조해지고, 두꺼워지고, 갈라진다. 처방으로 유발인자를 피하고 연화제와 국소 코르티코스테로이드를 적용한다.

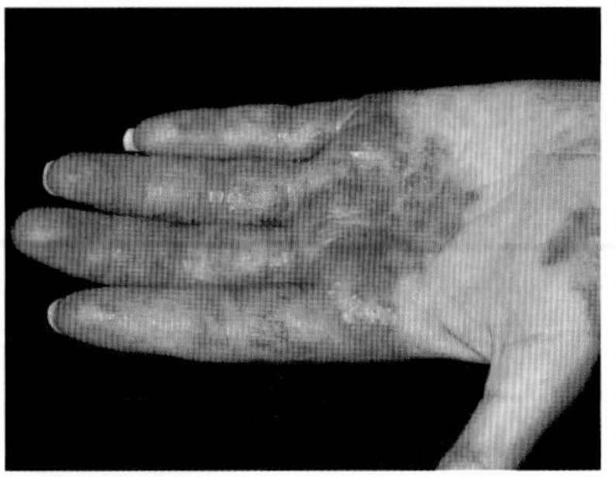

피부염에 걸린 피부
업무상 접촉피부염(contact dermatitis)이 흔한 직업이 있다. 가령 미용사는 샴푸 속 순한 화학물질들에 손이 반복적으로 노출된다.

고름딱지증

피부 표면, 주로 얼굴에 세균이 감염된다. 전염성이 높지만 합병증은 거의 없다.

대수포(bulla)라고 하는 큰 물집이 생기느냐 아니냐에 따라 두 종류로 나눈다. 비물집(non-bullous)고름딱지증이 더 흔하다. 아프지 않고 액체가 찬 붉은 물집이 나타나 금세 터지고, 액체가 흘러나오며 딱지가 진다. 주로 입과 코 주변에 생긴다. 물집고름딱지증은 물집이 더 크고, 며칠 뒤에야 터져 딱지가 진다. 주로 팔, 몸통, 다리에 생긴다. 며칠 만에 흉터 없이 낫는다. 아이들, 폐쇄 공간에서 지내는 사람들, 접촉 스포츠 선수들이 흔히 걸린다. 치료와 확산 방지에는 국소(외용)나 구강 항생제를 쓴다. 병터(병변, lesion)에 직접 접촉하거나 수건 등을 함께 쓰면 쉽게 옮는다. 드물게 합병증으로 물렁조직염이나 패혈증이 온다.

고름딱지증(농가진, impetigo) 감염
액체가 찬 잔물집이나 고름물집(농포, pustule)이 터져서 황금색 딱지가 앉는다. 해당 부위를 만지면 다른 부위나 다른 사람에게 전염될 수 있다.

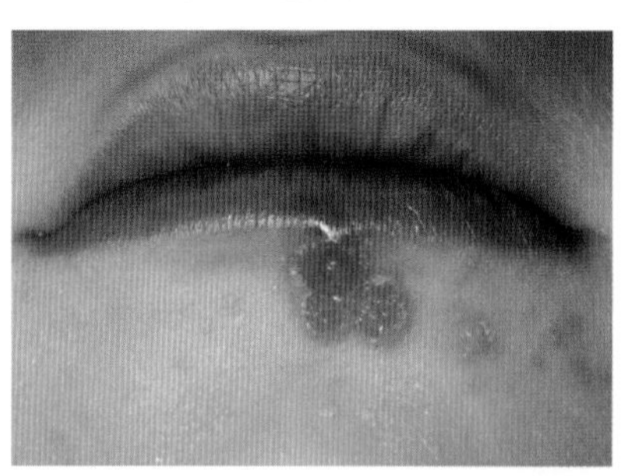

건선

피부세포들이 너무 빨리 재생산되어 가렵고 비늘이 일어나는 만성적 피부 이상이다.

건선(마른비늘병, psoriasis)은 50명 중 1명꼴로 걸린다. 남녀를 가리지 않고, 가족력이 있다. 10~45세에 시작되는데 목구멍 감염, 피부 상처, 약물, 물리적, 감정적인 스트레스가 유발인자이다. 약 80퍼센트는 판건선(plaque psoriasis)이다. 보통 팔꿈, 무릎, 두피에 붉은 반점(판)이 생기면서 은색 비늘이 위를 덮는데, 가렵고 쓰리다. 굽힘쪽건선(flexural psoriasis)은 사타구니나 겨드랑이처럼 접힌 곳에 비늘이 별로 없는 반점이 생긴다. 방울건선(guttate psoriasis)은 젊은 사람의 온몸에 작고 붉은 비늘 반점이 나고, 목구멍 감염이 따른다. 보통 완전히 낫고, 건선이 두피에만 생길 수도 있다. 상태는 외양으로 진단한다. 자외선을 쓰는 광선요법(phototherapy)에 잘 반응하지만, 보통 만성 질환이다. 연화제, 콜타르(coal tar) 제제, 코르티코스테로이드, 디트라놀(dithranol), 비타민 D와 A 유사물질 등을 국소(외용) 처방한다.

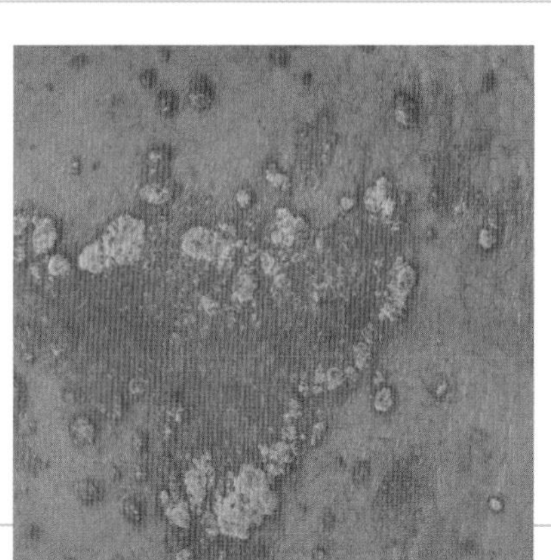

판건선
피부 반점이 두꺼워지고, 붉어지고, 건조해지고, 은백색 비늘이 덮인다. 경계가 분명하다. 가렵고 쓰리다.

백선증

백선증(버짐, ringworm)은 손발톱, 두피, 피부에 발생하는 여러 곰팡이 감염을 통칭한다.

백선(tinea)은 감염 부위에 따라 분류된다. 곰팡이가 잘 자라는 따뜻하고 축축한 부위에 감염된다. 몸백선증은 노출된 부위(얼굴이나 팔다리)에 붉고 가렵고 약간 도드라진 고리 모양 발진이 생겨 점점 커진다. 직접 접촉이나 옷, 동물, 카펫, 수영장 표면 같은 오염 물질 간접 접촉으로 전염된다. 머리백선증(tinea capitis)은 어린아이가 주로 걸리는데, 두피에 비늘 같은 반점이 생기고 국소적으로 머리가 빠진다.

샅백선증(tinea cruris)은 사타구니에 생긴 가렵고 붉고 도드라진 발진이 점차 커지면서 더 붉어지고 가장자리가 도드라진다. 발백선증(무좀)은 주로 발가락 사이에 건조하고 가려운 비늘이 생긴다. 손발톱곰팡이병(onychomycosis)은 손발톱이 두꺼워지고 누레지고 무르고 변형된다. 외양으로 진단하거나, 피부 각질이나 손발톱 조각을 현미경으로 검사한다. 부위와 정도에 따라 구강 혹은 국소 항진균제를 처방한다.

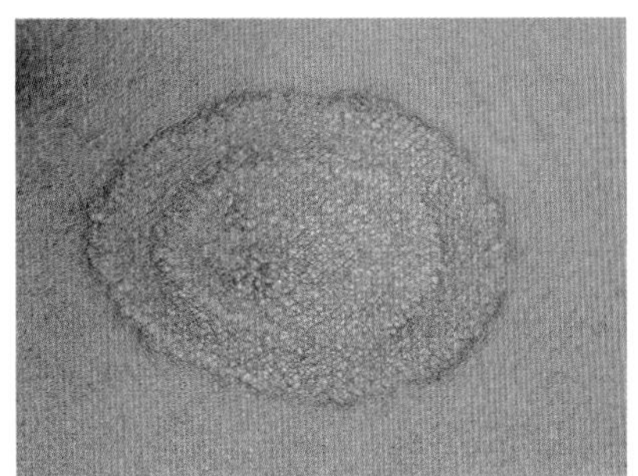

몸백선증(tinea corporis)의 고리 모양 발진
백선의 특징은 고리 모양 발진이다. 가장자리는 붉게 도드라졌고, 속은 서서히 낫고 있다. 점차 커지는 가장자리 부분에 비늘, 딱지, 구진(papule)이 생기곤 한다. 아이들에게 흔하다.

두드러기

두드러기(urticaria, hives)는 피부에 가렵고 붉은 덩어리들이 솟는 것이다. 흔히 알레르기반응으로 나타나, 몇 시간 지속된다.

피부세포에서 히스타민 같은 염증 물질이 분비되면 피부 아래층의 작은 혈관들에서 체액이 새어나온다. 4명 중 1명꼴로 평생 한 번은 두드러기를 겪는데, 아이나 젊은이에게 흔하고 남성보다 여성에게 흔하다. 급성 두드러기는 6주 미만 지속되는 것으로, 대부분 몇 시간 만에 가라앉는다.

알레르기성 두드러기는 음식이나 약물에 대한 알레르기, 혹은 직접 접촉으로 발생한다. 다른 요인으로는 특정 음식(썩은 생선), 스트레스, 급성 바이러스 질병 등이 있다. 압력, 운동, 열과 추위, 진동, 햇빛 등에 의한 물리적 두드러기는 더 드물다. 만성 두드러기는 6주 이상(때로는 몇 년) 지속되는 것을 말한다. 대체로 원인을 찾을 수 없어서 치료가 어렵지만, 알레르기 검사를 하거나 유발인자를 조사해 볼 수 있다. 처방은 유발인자 회피, 재발했을 때나 평소에 예방 차원에서 경구 항히스타민제 복용이다. 만성에는 경구 코르티코스테로이드도 처방한다.

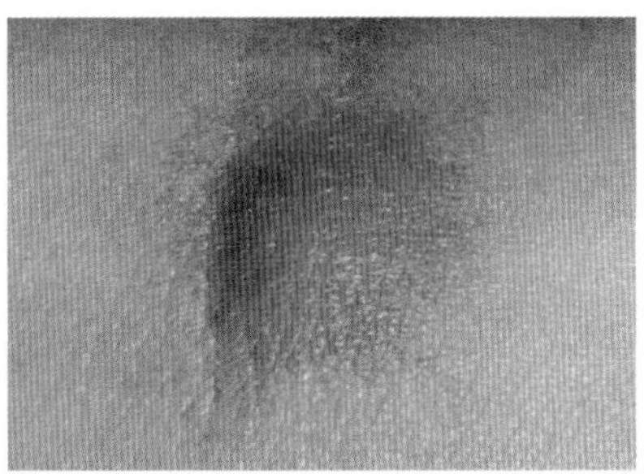

붉게 부어오른 두드러기
붉고 가렵고 도드라진 두드러기는 형태와 크기가 다양하다. 보통 둥근데 고리나 큰 반점 모양일 때도 있다.

여드름

피부기름샘이 막히거나 염증이 생기면 얼굴, 가슴, 등에 여드름(acne)이 난다. 거의 모든 십대들이 여드름을 경험한다.

여드름은 반복적으로 생겼다 사라졌다 하면서 몇 년 지속되지만, 대개 25세 무렵 사라진다. 남자아이들에게 흔하고, 가족력이 있다. 성인 여드름은 주로 여성에게 나타나고, 월경 며칠 전이나 임신 중에 악화된다. 코르티코스테로이드나 페니토인(phenytoin) 같은 약물이 일으킬 수도 있다. 감염이나 불결한 위생 상태 탓이 아닌데도, 심리적으로 극심한 스트레스가 된다. 여드름이 나면 피부도 기름져 보인다. 여드름의 종류에는 흑색면포라고도 하는 개방여드름집(open comedo), 백색면포(whitehead)라고도 하는 폐쇄여드름집(closed comedo), 구진(붉게 솟은 융기), 고름물집 등이 있다. 결절이나 낭이 생길 때도 있는데, 터지면 송곳으로 찍어 구멍을 낸 듯한 흉터나 붉게 덩어리진 켈로이드(keloid) 흉터가 남는다. 흉을 막으려면 짜거나 터뜨리지 않는 게 중요하다. 보통 외양으로 진단한다. 처방은 정도에 따라 다른데, 경구 항생제를 몇 달 복용하면서 벤조일과산화물(benzoyl peroxide), 레티노이드(retinoid), 외용 항생제, 아젤라인산(azelaic acid) 등 국소 처방을 병행한다. 겉으로 개선이 드러나는 데 2~3개월 걸릴 수도 있다. 심하면 강력한 전문 약물인 경구 레티노이드를 4~6개월 처방한다. 흉터는 박피(dermabrasion)나 레이저로 치료한다.

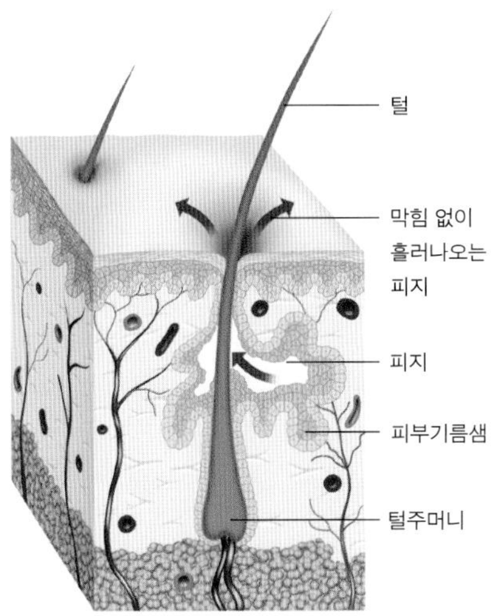
털
막힘 없이
흘러나오는
피지
피지
피부기름샘
털주머니

정상 털주머니(모낭)
털피지 단위(pilosebaceous unit)는 털주머니(모낭), 피부기름샘, 피지관(sebaceous duct)으로 구성된다. 분비샘은 피부기름(피지, sebum)을 생산하여 구멍으로 내보냄으로써 피부와 털을 매끄럽게 만든다.

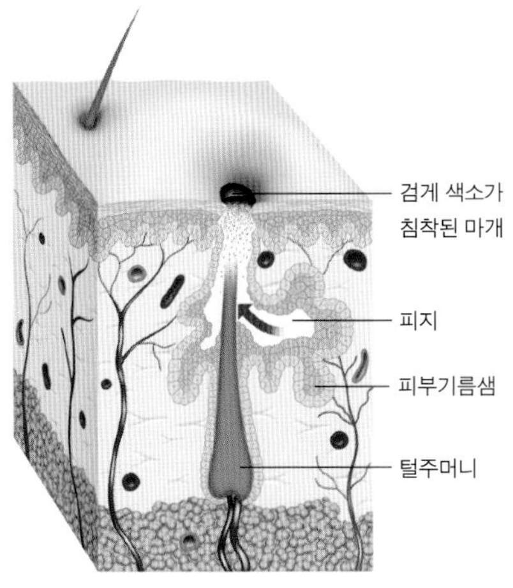
검게 색소가
침착된 마개
피지
피부기름샘
털주머니

흑색면포(블랙헤드, blackhead)
피지가 과잉생산되어, 피지와 죽은 피부세포로 만들어진 마개가 털주머니를 막아 흑색면포(여드름집)를 형성한다. 마개는 색소가 침착된 탓에 검다.

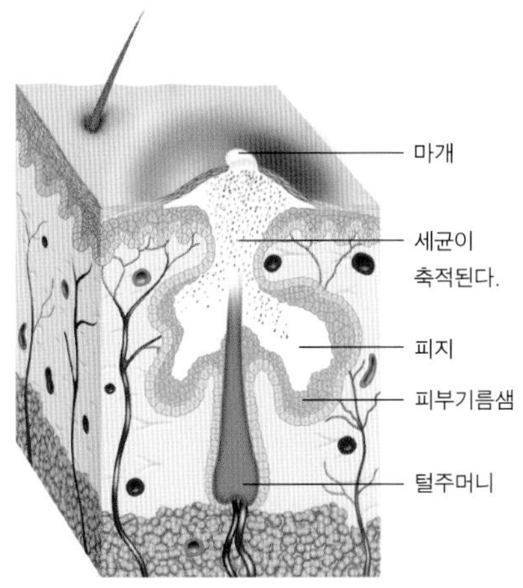
마개
세균이
축적된다.
피지
피부기름샘
털주머니

감염된 털주머니
피부에 사는 무해한 세균이 막힌 털주머니를 오염시켜 염증과 감염을 일으킨다. 구진, 감염된 고름물집, 결절(아프고, 깊고, 크고, 단단한 덩어리, nodule), 낭(아프고, 크고, 고름이 차 종기처럼 보이는 덩어리, cyst) 등이 형성된다.

장미증

흰 얼굴에 홍조와 발적이 일어나는 장기적인 피부 이상이다.

남성보다 여성이 두 배 많이 걸리고, 30세 이후 시작된다. 얼굴에 홍조가 떠올라 목과 가슴까지 번지고, 몇 분쯤 지속된다. 유발인자는 카페인, 알코올, 햇빛, 바람, 향신료, 스트레스 등 다양하다. 뺨, 코, 이마, 턱의 지속적 발적, 점이나 고름물집, 피부 밑에 작고 붉은 혈관들이 두드러지거나(모세혈관확장증, telangiectasia) 피부가 두꺼워지고, 드물게 코가 주먹코로 변해서 딸기코종(rhinophyma)이 생긴다. 장미증은 특징적인 외양으로 진단된다. 처방은 유발인자 회피, 심할 때는 국소 항생제나 경구 항생제이다. 위장크림(camouflage cream)을 발라 발진을 가리기도 한다. 모세혈관확장증은 레이저로 치료되고, 딸기코종은 미용 수술을 할 때도 있다.

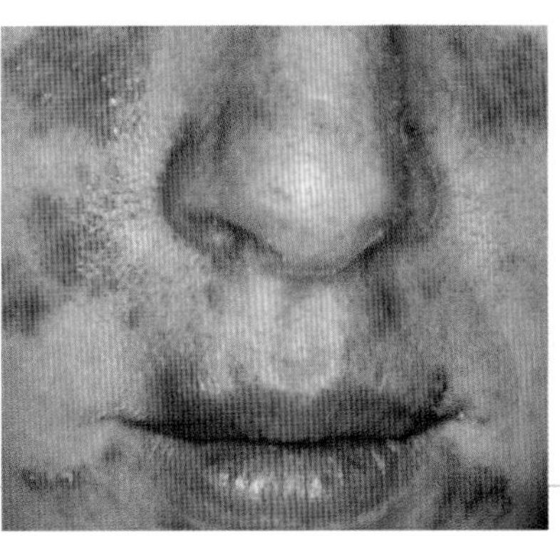

장미증(rosacea)으로 인한 얼굴 발적
얼굴이 붉어지고, 쉽게 홍조가 떠오른다. 붉은 구진과 고름물집이 잡혀 여드름으로 착각되곤 한다.

화상과 멍

화상은 열, 추위, 전기, 마찰, 화학물질, 빛, 방사선으로 인한 피부 손상이다. 멍은 모세혈관에서 조직으로 내부 출혈이 있을 때 생긴다.

얕은 화상은 표피에만 영향을 미치고, 가벼운 부기, 발적, 통증을 일으키며 흉터는 거의 남지 않는다. 얕은 부분층 화상은 표피와 얕은 진피까지 영향이 미쳐 통증, 검붉거나 보랏빛 착색, 두드러진 부기, 물집, 투명한 액체 삼출(weeping)이 생긴다. 깊은 부분층 화상은 표피와 진피 전체가 영향을 받아 희거나 얼룩덜룩하고, 신경이 손상되었기 때문에 덜 아프다. 전층 화상은 표피, 진피, 피부밑지방층까지 영향을 받아 통증이 없거나 적다. 화상은 검거나, 갈색 또는 옅고 희다. 피부밑 화상은 피부 아래 조직과 구조까지 내려간 것이다. 치료는 부위, 깊이, 넓이에 따라 달라 전층 화상과 피부밑 화상은 이식이 필요할 때도 있다. 광범위하면 감염되기 쉽고, 체액이 심하게 손실된다. 큰 멍은 얼룩출혈(반출혈, ecchymosis), 붉거나 보라색이고 크기가 3~10밀리미터인 멍은 자색반(purpura), 더 작은 멍은 출혈점(petechia)이라고 부른다. 멍은 진통제와 보호, 휴식, 얼음, 압박, 부위 높이기로 치료한다. 영문 모를 멍은 응혈 이상, 패혈증, 백혈병 같은 질환 탓일 수 있다.

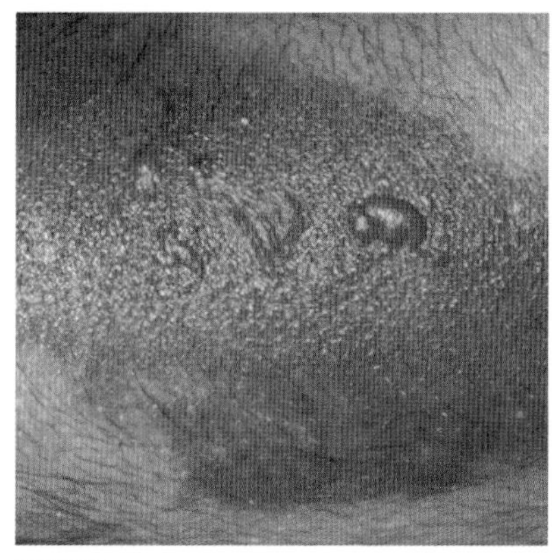

열탕화상
뜨거운 액체나 증기, 특히 수도꼭지에서 흐르는 뜨거운 물 때문에 열탕화상(scald)을 입곤 한다. 사진에서 보듯이 부기와 발적의 경계가 분명하고, 물집이 약간 잡힌다.

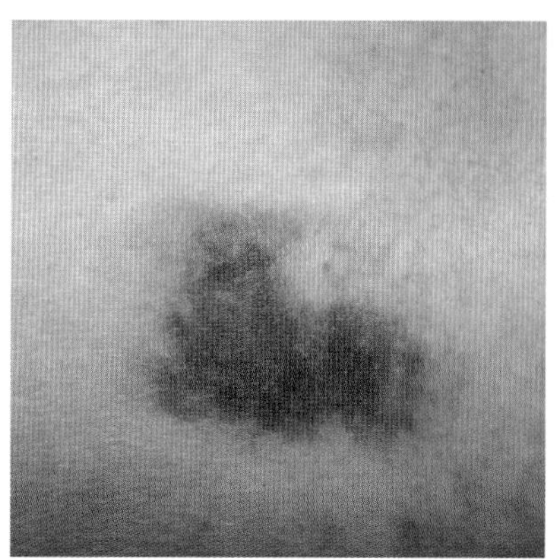

멍(타박상)
멍의 색깔이 갈수록 바뀌는 것은 적혈구 속 혈색소가 분해되어 초록색, 노란색, 금갈색 등 다양한 색을 띠는 화학 물질을 형성하기 때문이다.

피부암

세계적으로 가장 많이 진단되는 암이다. 바닥세포암종, 편평세포암종, 악성흑색종이 제일 흔하다.

바닥세포암종(basal cell carcinoma)과 편평세포암종(squamous cell carcinoma)은 보통 누적된 자외선 노출로(주로 태양 광선이나 일광욕 기계) 생긴다. 복사량이 많은 지역에서 살고 피부가 옅은 사람들이 흔히 걸린다. 남성이 더 많이 걸리는데, 평생 햇볕에 노출되는 양이 더 많아서일지도 모른다.

바닥세포암종은 바닥세포층에 생기는데, 40세 이전 발병은 드물다. 전체 피부암의 약 80퍼센트를 차지한다. 병터에는 도드라지고, 매끄럽고, 분홍색이거나 회갈색이고, 가장자리가 진주빛인 덩어리가 생기는데, 혈관이 보일 때도 있다. 통증이나 가려움은 없다. 중앙에 색소가 침착되거나 궤양이 생기곤 한다. 천천히 자라며 전이는 극히 드물다. 피부 생검으로 진단하고 수술로 절제하면 대개 치료된다.

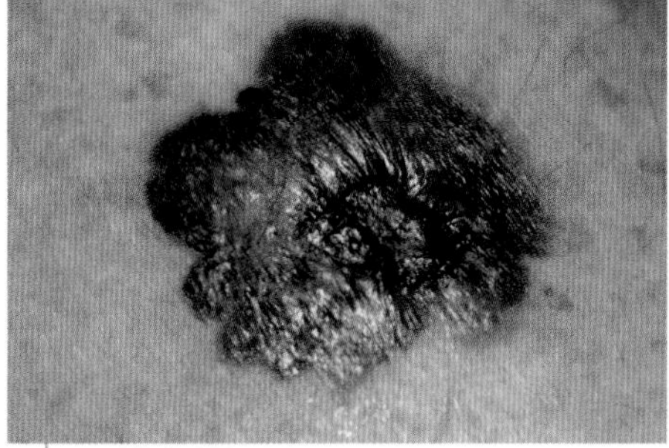

피부의 흑색종
모반이 악성으로 변한다는 것을 알려 주는 경고 신호로는 크기, 형태, 색깔, 높이의 변화, 그리고 출혈, 가려움, 궤양, 불규칙한 형태, 자꾸 달라지는 색깔, 비대칭적인 가장자리 경계 등이 있다.

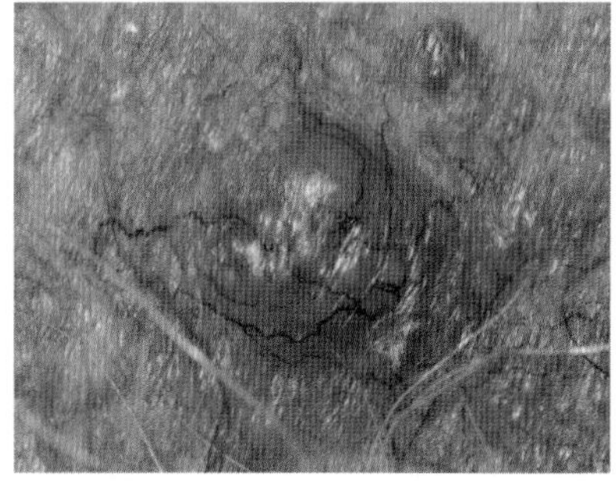

바닥세포암종
매끄러운 분홍색 덩어리는 바닥세포암종의 전형적인 증상이다. 가운데에 딱지가 앉거나 출혈이 날 수 있다. 좀처럼 낫지 않는 궤양으로 묘사될 때가 많다.

편평세포암종은 편평세포층에서 발생한다. 드물게 화학적 발암물질(타르)이나 자외선을 비롯한 이온화 방사선에 노출되어 생긴다. 보통 60세부터 발병하지만, 사람에 따라 다르다. 전체의 약 16퍼센트를 차지한다. 도드라지고, 단단하고, 분홍빛이 감돌고, 비늘이 덮인 반점이 생기며 궤양, 출혈, 딱지가 발생할 수 있다. 반점은 천천히 커지고, 가끔 큼직한 덩어리로 발달한다. 전이는 거의 없다. 생검으로 진단하고, 절제하면 대개 낫는다.

악성흑색종(malignant melanoma)은 피부의 멜라닌세포에서 발생한다. 태양광선 노출(특히 소아기), 일광화상 물집, 일광욕기계, 가족력이 위험을 높인다. 피부가 옅고 모반이 많은 사람들이 잘 걸린다. 흑색종은 기존 모반에서 발생하거나, 새로 검거나 갈색 모반이 나타나 확장된다. 치료하려면 수술로 절제해야 한다. 예후는 종양의 깊이와 확산 정도에 따라 다르다. 전이가 잦고, 5명 중 1명꼴로 치명적이다. 피부암이 있는 사람들은 정기적으로 암 추가 발생을 검사해야 하고, 태양을 피해야(긴 옷, 선글라스, 자외선차단제, 한낮에 해를 쬐지 않기) 한다.

피부 생검

병터에서 표본을 조금 채취하여 현미경으로 검사하는 것이다. 감염, 피부암, 여타 피부 상태 진단에 활용한다. 절제생검(excisional biopsy)은 병터와 주변의 정상 피부 경계까지 철저히 제거한다. 찍어냄생검(펀치생검, punch biopsy)은 병터의 핵심만 작게 원통형으로 잘라내고 나머지는 내버려 둔다. 표층생검(shave biopsy)은 병터의 꼭대기 부분만 얇게 떠낸다. 병터가 얕다면 그것만으로도 완전히 제거된다.

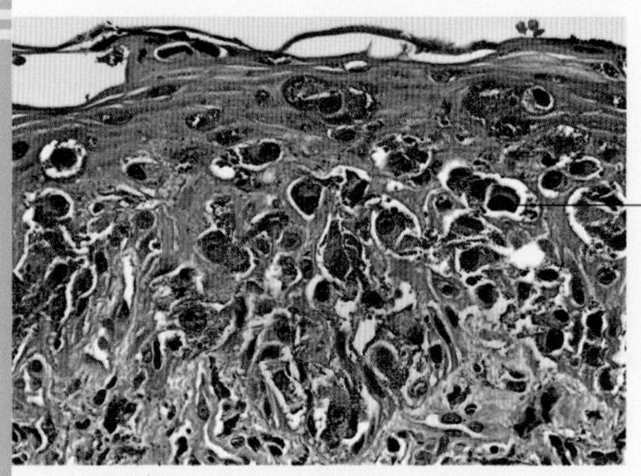
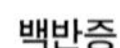
멜라닌세포

흑색종 피부 생검
현미경으로 본 조직 표본. 갈색 멜라닌 색소를 담은 악성 멜라닌세포가 표피층(최상층)을 침입했다.

색소 이상

정상 피부색이 사라지는 것은 보통 피부가 멜라닌 색소를 생산하지 못하기 때문이다. 유전일 수도 있고, 생애 후반에 일어날 수도 있다.

백색증(albinism)이나 백반증(vitiligo) 등 여러 문제들이 멜라닌 색소침착 이상을 일으킨다. 백색증(431쪽)은 멜라닌 색소가 부족한 유전병이다. 눈에만 드러나는 눈백색증(ocular albinism)과 눈, 피부, 머리카락에 드러나는 눈피부백색증(oculocutaneous albinism)이 있다.

최대 50명 중 1명꼴로 걸리는 백반증은 면역계통 항체들이 자신의 조직에 반응하여 멜라닌 합성세포를 파괴하는 자가면역질환이다. 주로 얼굴과 손에 희거나 창백한 반점이 생겨나 커진다. 이후의 새 반점들은 온몸에 난다. 치료법은 없지만, 광선요법이나 레이저요법으로 해당 부위의 색소 재침착을 돕는다.

백반증
탈색 반점은 주로 몸 말단에 대칭적으로 나타난다. 대체로 소아기 이후, 30세 이전에 나타난다. 심리적 스트레스가 되며, 다른 자가면역질환과 관련이 있을 때도 있다.

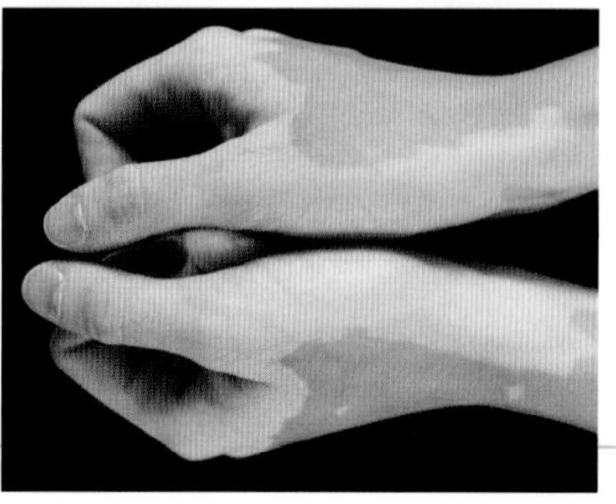

모반, 사마귀, 낭, 종기

피부세포의 일부가 국소적으로 과잉증식하면 모반이나 사마귀가 생긴다. 피지낭이나 종기는 피부에 덩어리가 생긴 것이다.

보통사마귀는 주로 손과 무릎에 작고 볼록하고 거친 덩어리가 생기며, 발바닥사마귀(plantar wart, verrucae)는 발바닥에서도 압력을 받는 부분에 단단하고 아픈 덩어리가 생긴다. 외양으로 진단한다. 저절로 사라질 때도 있지만, 냉동요법이나 살리실산 포함 국소 제제를 처방할 때도 있다.

피지낭은 크기가 다양하고, 매끄럽고, 둥글고, 피부 밑에서 자유롭게 움직이고, 천천히 자라며, 감염되지 않는 한 아프지 않다. 대체로 무해하고, 외양으로 진단한다. 그냥 둬도 되지만, 스트레스가 되거나 감염되면 제거한다. 종기는 따뜻하고 부드럽고 아픈 덩어리이다. 중앙에 노랗거나 흰 고름 꼭지가 생겼다가 고름이 배출되면서 낫는다. 종기가 연결되어 큰종기(carbuncle)가 되면 절제하여 고름을 배출시킬 때도 있다. 당뇨 환자나 면역계통이 약화된 사람은 재발성 종기가 생긴다.

모반은 검게 색소가 침착된 병터로 도드라질 수도 있다. 크기가 다양하고, 어디에나 생긴다. 대부분 20세 전에 생기고 중년 이후 사라진다. 흑색종(왼쪽 참조)이나 악성으로 변화가 의심되면 제거한다. 경고 신호는 크기와 형태 변화, 출혈, 가려움, 궤양, 불규칙한 형태, 색깔 변화 등이다. 유전적으로 모반이 많아 흑색종 위험이 높은 사람도 있다. 작은 모반은 위장 화장품으로 가려진다. 국소 제제도 적용한다.

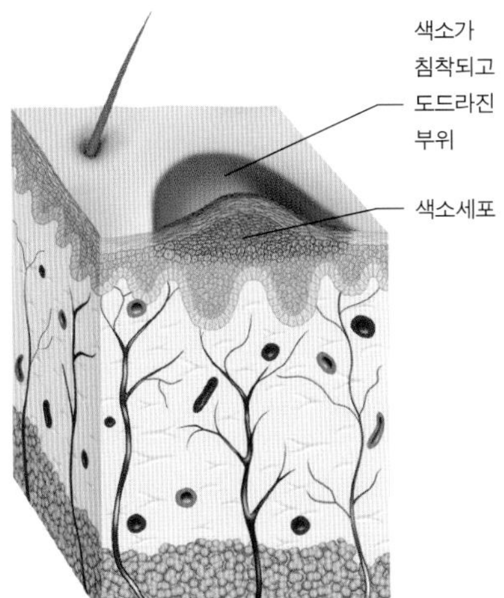
색소가 침착되고 도드라진 부위
색소세포
모반(mole)
멜라닌세포가 국소적으로 과잉생산되고 축적되어 색소가 침착한다.(때로는 볼록 솟는다.) 암세포가 아니기 때문에 표피 밑으로 침입하지는 않는다.

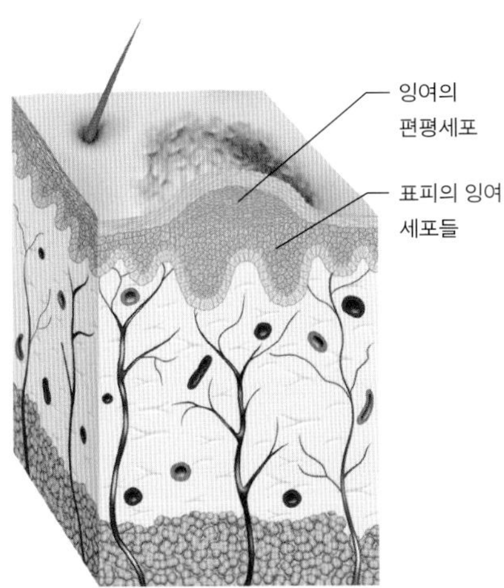
잉여의 편평세포
표피의 잉여 세포들
사마귀(wart)
표피세포들이 좁은 부위에서 과잉성장한 것으로 사람유두종바이러스(human papilloma virus, HPV)에 의해 생긴다. 직접 접촉이나 사마귀가 난 사람이 썼던 물체와의 접촉으로 전염된다.

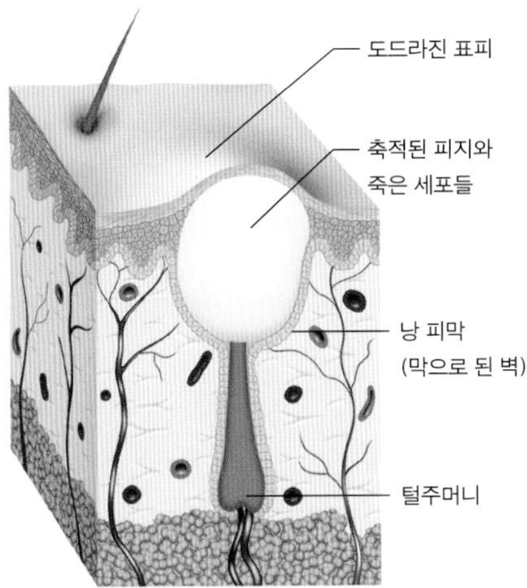
도드라진 표피
축적된 피지와 죽은 세포들
낭 피막 (막으로 된 벽)
털주머니
피지낭(sebaceous cyst)
표피 아래 닫힌 주머니에 피지와 죽은 세포가 축적된 것으로 두피, 얼굴, 몸통, 생식기의 털 난 부위에 흔히 생긴다.

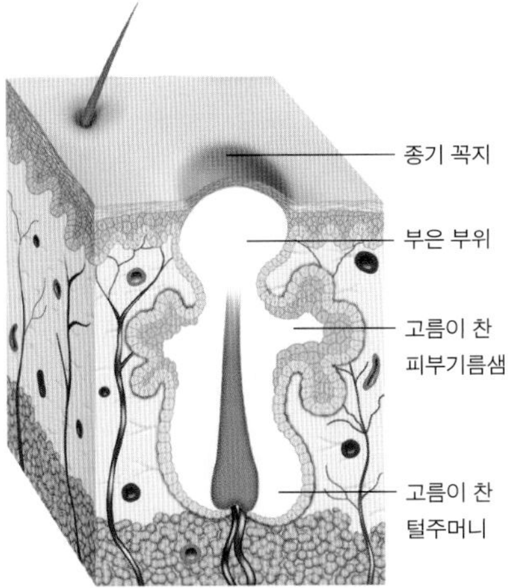
종기 꼭지
부은 부위
고름이 찬 피부기름샘
고름이 찬 털주머니
종기(boil)
털주머니에 고름이 찬 것으로 이따금 피부기름샘에도 고름이 찬다. 주로 포도알균 감염이고, 2주 안에 낫는다.

손발톱 이상

손발톱에 국소 감염, 염증, 기형이 흔히 발생한다. 다른 부위 질병이 손발톱에 증상으로 드러날 수 있다.

손발톱박리증(onycholysis, 손발톱이 손발톱바닥에서 떨어지는 것)은 감염, 약물, 외상으로 생긴다. 손발톱 밑에 혈액이 고여서 외상이 생기면 아프고, 결국 손발톱에 구멍이 나면서 혈액이 배출된다. 손발톱곰팡이병(onychomycosis)은 손발톱이 두꺼워지고, 무르고, 변색된다. 손발톱 조각에서 곰팡이를 검사하여 진단하고, 국소 혹은 경구 항진균제를 처방한다.

손발톱주위염(paronychia, 피부에 접한 가장자리 부분의 세균 감염)은 해당 부위가 아프고 박동하고 붉어지고 뜨겁게 붓는다. 항생제에 반응하지만 고름은 빼내야 한다. 숟가락손발톱(koilonychias)은 손발톱이 위로 굽는 현상으로 철결핍빈혈(472쪽)이 있으면 흔히 생긴다. 빈혈이 아니라 콩팥이나 간질환 때문에 창백해질 때도 있다. 피부의 건선(436쪽)으로 오목손발톱(pitted nail)이 될 수 있다. 손발톱 백색점(leukonychia punctata)도 흔한데 주로 손발톱 바닥의 상처 때문에 생기고, 손발톱이 자라면 사라진다. 손발톱을 방치하면 두꺼워지고 골이 파이며 변색된다.(손발톱구만증, onychogryphosis) 손발톱이 굽으면서 불룩해지고 손발가락 끝도 두꺼워지는 곤봉손발톱(clubbed nail)은 만성 심장질환이나 허파질환, 흡수장애, 염증성 장질환, 간경화 때문일 수 있다.

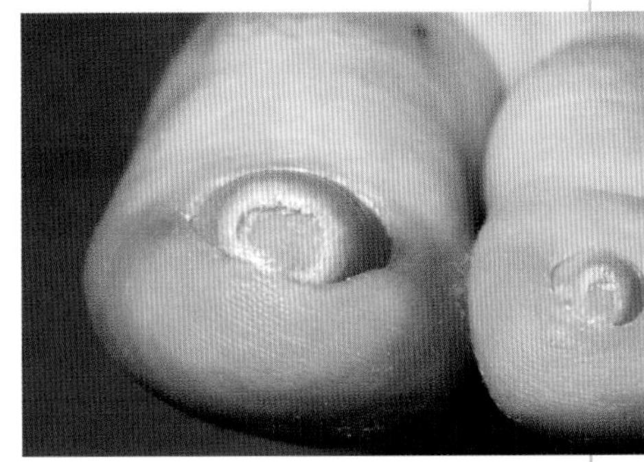
발톱 내성장(ingrown nail)
발톱이 발톱바닥 옆으로 파고들어 국소적으로 붉어지고, 붓고, 뜨겁고, 아프다. 고름과 출혈이 날 때도 있다. 가벼운 수술이 필요할 때도 있다.

남성형 털과다증

남성형 털과다증(hirsutism)은 대개 털이 나지 않거나 적게 나는 부위에 지나치게 많이 자라는 현상이다. 스트레스가 되며, 심각한 원인이 있을 때도 있다.

여성 10명 중 1명꼴로 턱, 윗입술, 가슴, 젖꼭지 주변, 등, 배, 넓적다리에 굵고 검은 털이 난다. 대부분 원인 질환이 없지만 뭇주머니난소증후군(다낭난소증후군), 갑상샘저하증, 쿠싱증후군, 합성대사스테로이드 사용, 종양에 의한 남성호르몬 생산 등 심각한 원인이 있을 때도 있다. 호르몬 농도나 월경주기로 진단한다. 경구 피임제를 혼합 처방하기도 한다.

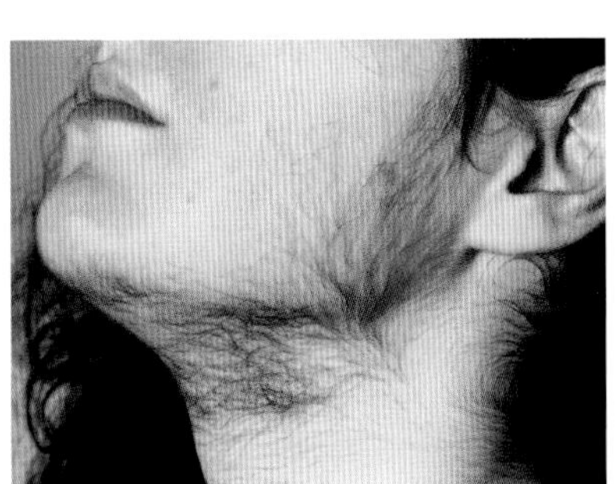
지나친 털 성장
면도, 왁스, 뽑기, 전기분해, 제모크림, 표백 등으로 털이 지나치게 자란 부위, 특히 얼굴을 개선한다.

탈모

머리나 몸에서 일시적 혹은 영구적으로 털이 빠지는 탈모(alopecia)는 한 부위에 집중되거나 전신에 일어난다. 다른 의학적 원인이 있을 때도 있다.

머리카락이 앞부터 빠지는 안드로겐성탈모(남성형탈모)는 남성에게 흔하다. 원형탈모는 털주머니에 자가면역 공격이 일어나는 현상이다. 백선증, 화상, 화학물질로 인한 두피 이상도 탈모를 일으킨다. 철결핍과 갑상샘저하증은 전신 탈모를 일으킨다. 물리적, 심리적 스트레스가 털의 생활주기를 방해하여 휴지기탈모(telogen effluvium, 광범위하고 일반적인 탈모)를 일으킬 수 있다. 화학요법을 받아도 온몸의 털이 빠진다.

원형탈모(alopecia areata)
국소적으로 빠졌던 머리털은 보통 몇 달 후 다시 자라지만 영구적이거나 온몸에 미치는 경우도 있다.

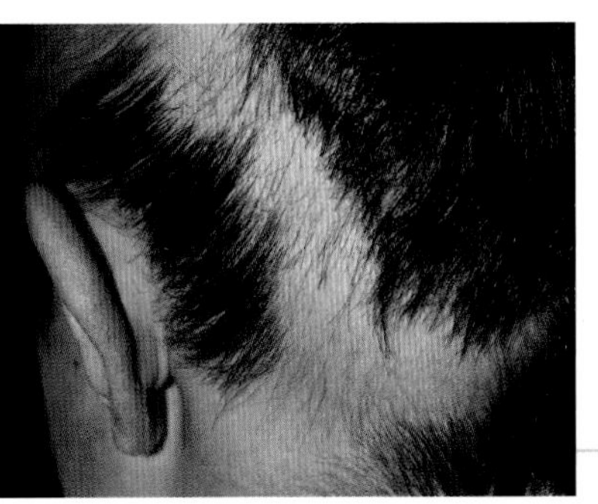

뼈와 관절 질환

뼈와 관절은 부상과 질병으로 손상될 수 있다. 나이가 들면 뼈가 약해지기 때문에, 나이가 들수록 자주 발생하는 문제가 많다. 유전도 있고, 부실한 영양 상태나 생활방식에 결부된 질병도 있다.

골절

뼈가 완전히 부러진 것일 수도 있고, 균열이 간 것일 수도 있고, 일부가 다른 뼈와 분리된 것일 수도 있다. 몸 어디에나 생길 수 있다.

정상 뼈는 강한 충격도 대부분 견디지만, 지나치게 강한 힘에는 부러진다. 지속적 혹은 반복적으로 힘을 받아도 골절되는데, 장거리 주자들이 자주 겪는다. 뼈엉성증(오른쪽 참조) 같은 질환에 걸리면 뼈가 약해져서 충격을 견디는 능력이 감소한다. 단순골절(폐쇄골절)은 뼈가 깨끗하게 잘려 양끝이 피부 밑에 그대로 있는 경우이다. 복합골절(개방골절)은 뼈가 피부를 뚫고 나오고, 출혈과 감염 위험이 크다. 뼈가 쪼개지지 않고 균열만 가는 경우는 가는선골절이다. 두 조각 이상으로 나뉘면 분쇄골절이다.

어린이와 청소년은 뼈끝의 성장판이 자라면서 팔다리의 긴뼈가 길어지는데, 골절로 성장판이 손상되면 발달에 지장이 온다. 아이의 뼈는 성인보다 유연하기 때문에, 때로는 부러지지 않고 휘다가 균열이 가서 생나무골절(불완전굴곡골절)이 된다. 부러진 부분이 제 위치를 벗어나거나 각도가 비정상적이지 않고 조각들이 제 자리에 있다면, 보통 잘 낫는다. 아니면 먼저 조각들을 제자리에 맞춰야 한다. 골절은 몹시 아프다. 출혈이 많이 발생할 수도 있다. 움직이면 더 아프다. 보통 통증을 덜고 치유를 돕고자 석고붕대를 한다. 낫는 시간은 나이, 골절 종류, 뼈를 맞췄는지 여부 등에 따라 몇 주에서 몇 달까지 폭이 넓다.

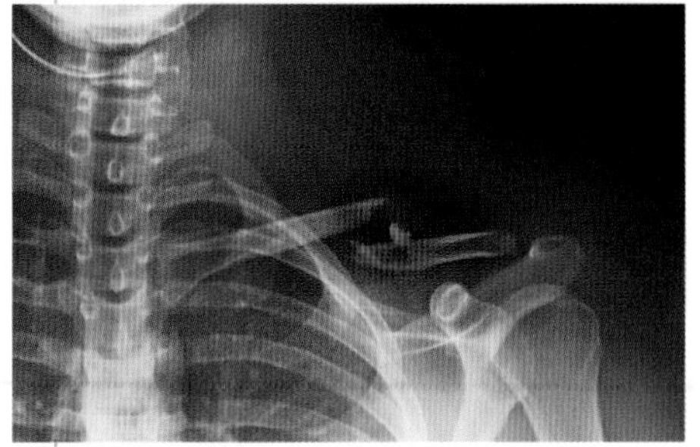
골절된 빗장뼈
세 조각으로 골절된 빗장뼈의 채색 엑스선 사진. 치유 과정이 시작되기 전에 우선 조각들을 다시 맞춰 줘야 한다.

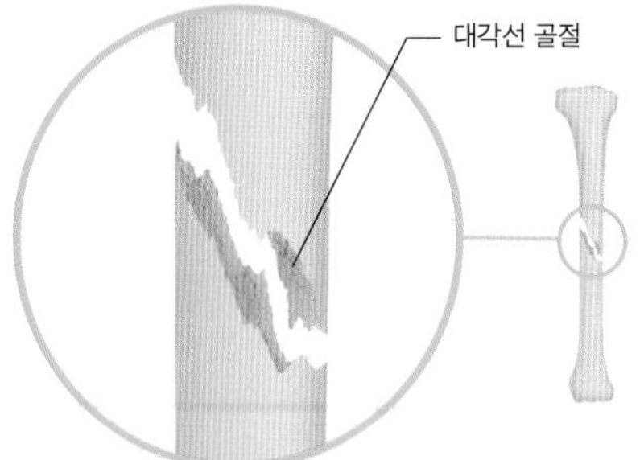
대각선 골절
나선골절(spiral fracture)
갑자기 비트는 힘이 가해지면 긴뼈의 뼈몸통이 대각선으로 부러진다. 절단면이 거칠어 조립하기가 힘들다.

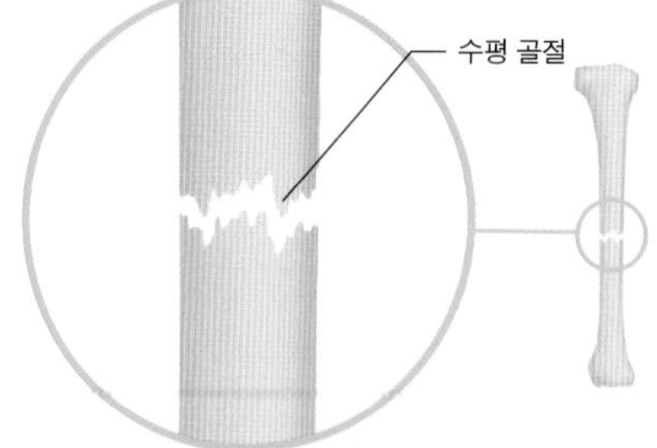
수평 골절
가로골절(transverse fracture)
강력한 힘에 뼈가 가로로 부러지면 절단면이 움직일 가능성이 적어 대체로 안정적이다.

뼈의 치유 과정

뼈에는 자가 치유 과정이 있다. 골절 직후, 잘린 혈관에서 흘러나온 혈액이 응고하면서 치유가 시작된다. 이후 몇 주 동안 부러진 뼈끝에서 새 조직이 생성된다. 석고붕대나 덧대(부목, splint)를 대어 뼈가 움직이지 않게 하면 뼈끝이 정렬된 상태를 잘 유지한다.

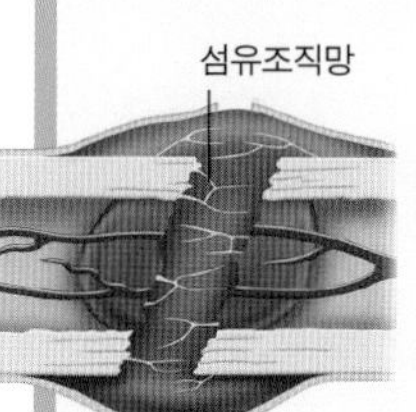
섬유조직망

처음 며칠
섬유모세포(fibroblast)라는 특수한 세포들이 골절 부위에 섬유망을 형성한다. 백혈구들이 손상된 세포와 파편을 파괴하고, 뼈파괴세포(osteoclast)들이 손상된 뼈를 흡수한다.

1~2주 뒤
뼈모세포(osteoblast)들이 증식하여 무층뼈(woven bone) 조직인 애벌뼈(callus)를 만든다. 애벌뼈는 양쪽 뼈끝에서 자라나 빈틈을 메운다.

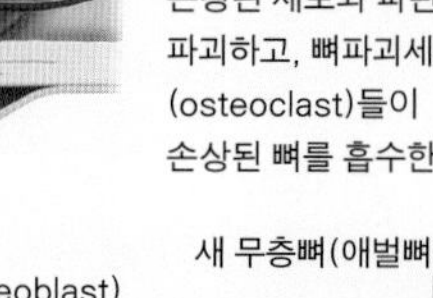
새 무층뼈(애벌뼈)

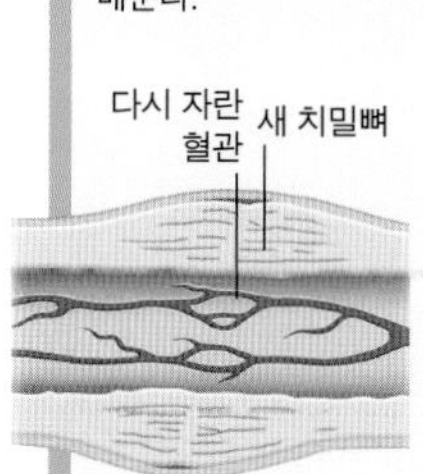
다시 자란 혈관
새 치밀뼈

2~4개월 뒤
시간이 지나면 혈관이 골절 부위를 가로질러 다시 이어진다. 애벌뼈가 점차 형태를 바꾸어 새 뼈조직이 단단한 치밀뼈로 바뀐다.

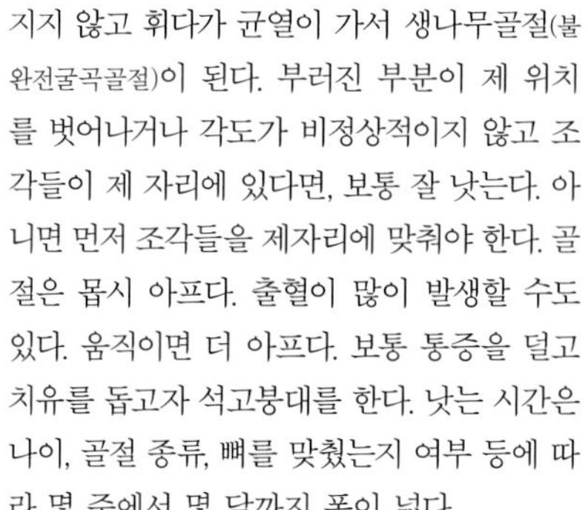

파제트병

뼈 성장에 영향을 미쳐, 뼈가 기형이 되고 정상보다 약해진다.

뼈는 끊임없이 파괴되고 새 뼈로 교체되는 과정을 통해 강인함을 유지하는데, 파제트병에 걸리면 뼈를 파괴하는 세포(뼈파괴세포)들이 지나치게 활발해서 새 뼈를 만드는 세포(뼈모세포)들도 비정상적으로 빠르게 일한다. 그렇게 만들어진 뼈는 약하고 부실하다. 가족력이 있을 때가 많지만, 원인은 밝혀지지 않았다. 머리뼈, 척주, 골반, 다리에 잘 걸리지만 어떤 뼈든 영향을 받을 수 있다. 흔히 통증을 유발하기 때문에 관절염으로 자주 착각한다. 긴뼈가 자주 골절되며, 머리뼈에 이상이 있으면 두통과 치통이 생기고, 작은 귀뼈들이 청각 신경을 눌러서 귀가 멀 수 있다. 목과 척주에서 신경이 압박될 수도 있다. 암으로 발전하는 경우는 드물다. 치료가 불가능하지만, 약물로 조절 가능하다.

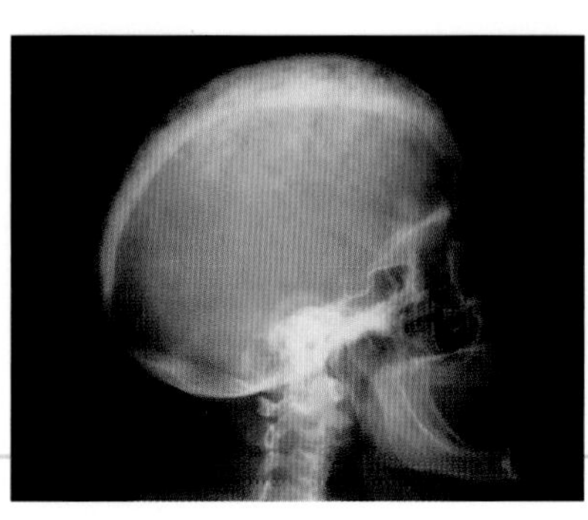
파제트병으로 두꺼워진 머리뼈
이상이 생긴 머리뼈의 채색 엑스선 사진. 뼈가 지나치게 두껍고 치밀하며(흰 부분), 머리뼈가 커 보인다.

비정상 척주굽이

척주는 원래 부드러운 곡선을 이루지만 질병이나 나쁜 자세 때문에 지나치게 굽을 수 있다.

척주에는 가슴 부분의 등굽이(thoracic curve)와 허리 부분의 허리굽이(lumbar curve)라는 두 군데 큰 굴곡이 있다. 등굽이 굴곡이 지나치면 척주뒤굽음증이다. 허리굽이가 지나치면 척주앞굽음증이다. 아이들, 특히 여자아이들에게 흔한데 대부분 뚜렷한 원인이 없지만 가족력이 많다. 성인은 척추뼈 약화, 비만, 나쁜 자세로 굽음증이 생긴다. 아이들은 보통 자라면서 저절로 바로잡히지만, 심한 경우 영구 기형을 방지하기 위해서 교정용 고정기를 착용하거나 수술을 한다. 성인에게는 물리치료를 권한다.

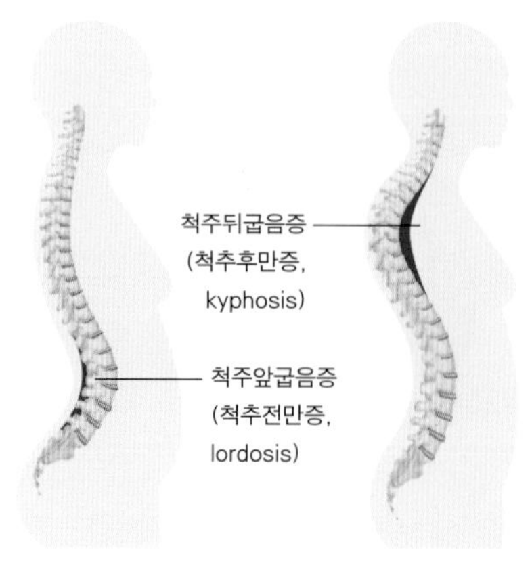
척주뒤굽음증
(척추후만증,
kyphosis)
척주앞굽음증
(척추전만증,
lordosis)
비정상 척주굽이의 종류
등 위쪽이 지나치게 튀어나온 것이 척주뒤굽음증이고, 등 아래쪽이 지나치게 쑥 들어간 것이 척주앞굽음증이다.

뼈엉성증(골다공증)

노인들에게 흔한 뼈엉성증은 뼈가 손실되거나 얇아지는 것으로, 골절 위험이 높다.

뼈는 새 뼈를 형성하는 세포(뼈모세포)들과 낡거나 손상된 뼈를 교체하는 세포(뼈파괴세포)들이 균형을 맞춰 일할 때 건강하다. 나이가 들면 균형이 점차 깨진다. 새 뼈가 덜 형성되기 때문에 밀도가 낮아지고, 약해지며, 약한 힘에도 쉽게 부러진다.

뼈엉성증은 노인에게 흔하지만, 훨씬 일찍 시작되는 경우도 있다. 유전, 부실한 식사, 운동 부족, 흡연, 지나친 알코올 섭취가 중요한 위험인자이다. 호르몬도 중요하다. 특히 에스트로겐(뼈 교체에 쓰이는 무기질을 공급하는 데 필요하다.)이 부족하거나 갑상샘호르몬이 지나치게 많으면 뼈 손실이 빨라진다.

여성은 폐경 후 에스트로겐 농도가 급격히 떨어져 뼈엉성증이 생기기 쉽다. 코르티코스테로이드 장기 복용자, 만성 콩팥기능상실이나 류마티스관절염 환자도 위험하다. 가장 흔한 문제는 약해진 뼈가 부러지는 것인데 손목의 노뼈, 넙다리뼈목(엉덩관절), 허리뼈가 자주 부러진다. 허리뼈에 으깸골절(crush fracture)이 생기면 척주가 약해진다. 뼈밀도검사로 진단하며(오른쪽 참조), 약물로 진행을 늦출 수 있다. 칼슘과 비타민 D가 풍부한 건강한 식사, 규칙적인 하중 운동, 금연, 알코올 섭취 제한으로 예방한다.

정상 뼈
뼈의 속층은 해면뼈이다. 해면뼈 중심에 뼈속질공간이라는 통로가 있는 경우도 있다. 뼈의 겉층은 단단한 겉질뼈로, 뼈단위(골원, osteon)들이 층판이라는 층을 이뤄 빽빽하게 들어 있다.

뼈막(외막, periosteum)
겉질뼈
갯솜뼈(해면뼈, cancellous bone)
뼈속질공간
뼈세포(osteocyte)
층판
정상 뼈단위

겉질뼈(cortical bone)
해면뼈(spongy bone)
넓어진 뼈속질공간(medullary canal)
층판(lamella)
틈
뼈엉성증 뼈단위

뼈엉성증에 걸린 뼈
뼈밀도가 낮아지고, 중심의 뼈속질공간이 넓어진다. 층판들 사이에 틈이 생겨, 뼈가 약해진다.

뼈밀도측정

뼈밀도검사(DEXA 검사, dual energy X-ray absorptiometry)는 엑스선으로 뼈밀도를 재는 것이다. 뼈 손실 확인이나 뼈엉성증 진단에 쓴다. 인체는 부위에 따라 엑스선을 흡수하는 정도가 다르다. 컴퓨터는 그 흡수도를 해석하여 영상으로 표시하고, 평균 뼈밀도를 계산하여 피검사자의 나이와 성별에서 정상으로 간주되는 범위의 값과 비교한다. 보통 아래 척주나 엉덩관절에 실시한다.

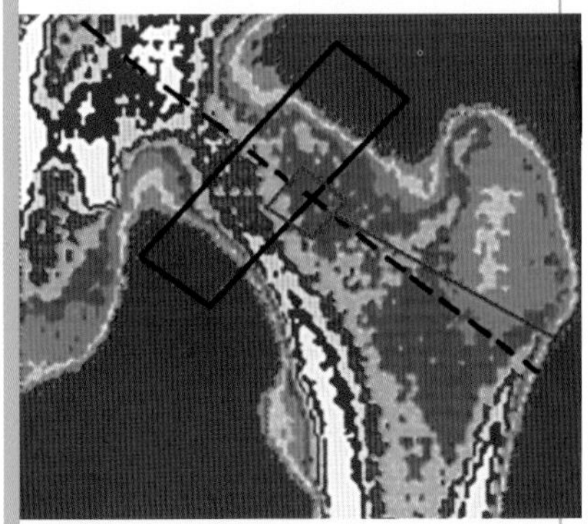

뼈밀도측정(bone densitometry)
엉덩관절을 찍은 위 사진에서 보듯이, 뼈밀도는 색깔로 표시된다. 밀도가 가장 낮은 부분은 푸른색이나 초록색이고, 가장 높은 부분은 흰색이다.

뼈연화증

아이에게서는 구루병이라고도 하는 고통스러운 병으로, 뼈가 물러져서 굽거나 균열이 생긴다.

뼈연화증(osteomalacia)은 뼈의 강도와 밀도 유지에 꼭 필요한 칼슘과 인을 흡수하는 데 필요한 비타민 D가 결핍되어 생긴다. 건강한 사람은 피부에서 비타민 D가 생성되고, 기름진 생선, 달걀, 채소, 강화 저지방 스프레드, 우유에서도 조금 공급된다. 제한된 식단을 섭취하거나 피부를 가리면 비타민 D 결핍이 발생한다. 피부가 검을수록 비타민 D 흡수가 어렵다. 뼈 통증과 누름통증, 가벼운 손상에 골절되거나 계단을 오르기 힘든 증상이 있다. 원인에 따라 치료가 다른데, 칼슘과 비타민 D 보충제를 처방한다.

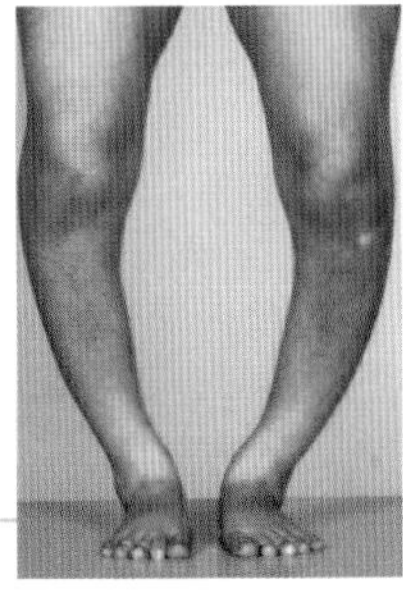

구루병(rickets)
이 아이는 비타민 D 결핍으로 구루병에 걸렸다. 뼈가 물러지고 약해져, 통증과 기형을 부른다.

아이의 엉덩관절 장애

가장 흔한 것은 주로 바이러스 감염 때문에 발생하는 과민성 엉덩이(irritable hip)이지만 간혹 더 심각한 문제도 있다.

심각한 문제로는 선천성 엉덩관절형성이상이 있다. 넙다리뼈 머리가 볼기뼈 절구와 제대로 맞물리지 못하는 현상이다. 출생 시 드러나며, 가벼운 결함부터 완전한 탈구까지 다양하다. 의료진은 신생아의 엉덩관절을 확인해 보는데, 생후 12개월 안에 치료가 쉽기 때문이다. 방치하면 엉덩관절에 조기 관절염이 온다. 넙다리뼈머리끝분리증은 급속히 성장하는 아이들에게 발생하고, 남자 청소년들에게 흔하다. 넙다리뼈 성장판과 뼈몸통 사이가 미끄러지는 현상으로, 대개 가벼운 외상 때문이다. 엉덩관절이나 무릎에 나타나며 가벼운 불편에서 거동 불가능한 통증까지 다양하다. 보통 외과적 처치로 바로잡는다. 페르테스병은 엉덩관절로 가는 혈류가 줄어 넙다리뼈 머리가 죽는 현상이다. 원인은 밝혀지지 않았다. 엉덩관절, 무릎, 사타구니에 통증이 생긴다. 남자 아이에게 흔하고, 주로 사춘기에 나타난다.

골반
연골
뼈끝
성장판
미끄러지는 방향
넙다리뼈

넙다리뼈머리끝분리증 (slipped upper femoral epiphysis)
아이들은 긴뼈의 뼈끝과 뼈몸통이 성장판을 사이에 두고 떨어져 있다. 넙다리뼈 머리쪽의 성장판이 약화되면 뼈끝이 엉덩관절에서 미끄러진다.

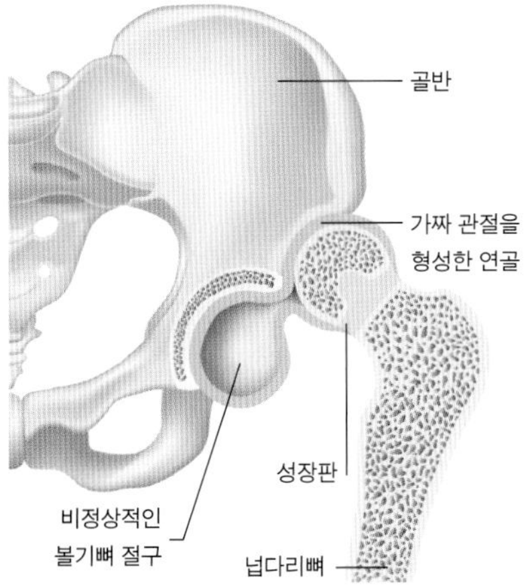
골반
가짜 관절을
형성한 연골
성장판
비정상적인
볼기뼈 절구
넙다리뼈

선천성 엉덩관절형성이상(hip dysplasia)
심각한 엉덩관절형성이상 사례를 보여 준다. 볼기뼈 절구가 너무 얕아 넙다리뼈 머리가 제대로 맞물리지 못하고, 대신 골반과 가짜 관절을 형성했다.

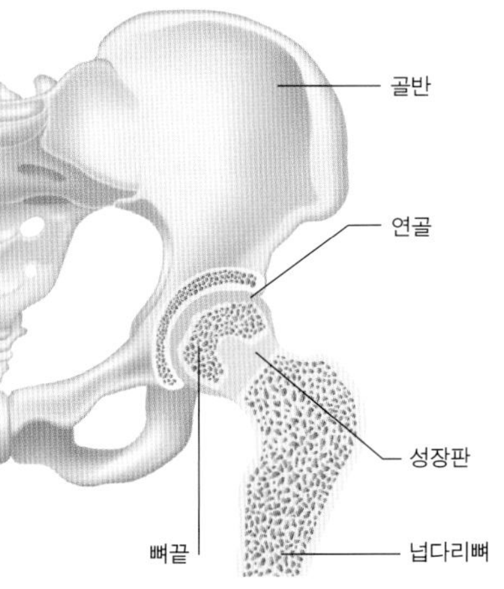
골반
연골
성장판
뼈끝
넙다리뼈

페르테스병(Perthes' disease)
넙다리뼈 뼈끝(머리)으로 가는 혈액 공급이 부족한 병이다. 그래서 뼈가 부러지고, 볼기뼈 절구와 적절히 맞물리지 못하며, 움직임이 제약된다.

뼈관절염(골관절염)

관절염 중 가장 흔한 퇴행성 질환으로, 보통 50세 이상에서 관절 노화 때문에 생긴다.

뼈관절염은 엉덩관절, 무릎, 손, 허리에 자주 일어난다. 정상적인 관절은 뼈끝에 매끄럽고 평평한 연골층이 덮여 있고, 관절주머니(관절낭)의 안쪽을 덮은 윤활막에서 윤활액이 분비되어 뼈가 자유롭게 움직이도록 돕는다.

뼈관절염에 걸리면 이 연골이 닳거나 찢어져 마찰 때문에 막에 염증이 생기고 열, 통증, 지나친 윤활액 생산이 따른다. 관절 모서리 주변에 뼈곁돌기가 증식해 마찰이 더 심해지고 운동 범위가 더 제약된다. 염증은 생겼다 사라졌다 하지만, 결국 연골이 해져서 뼈들이 직접 맞부딪는다. 연골이나 뼈곁돌기 조각이 관절 속을 돌아다니다가 관절면에 끼면 관절이 갑자기 움직이지 못하게 될 수 있다. 평소에 운동을 해서 관절이 받는 압력을 줄이고 근육긴장을 높여야 한다. 심하면 수술로 파편을 제거하고 뼈끝을 다시 감싸거나 아예 관절을 교체한다.

관절 교체(JOINT REPLACEMENT)

질병이나 손상으로 심하게 망가진 관절을 수술로 교체할 수 있다. 관절성형(arthroplasty)이라는 이 시술은 관절 표면의 전체 혹은 일부와 손상된 뼈 부위를 제거한 뒤 인공기구로 교체하는 것이다. 인공 기구는 금속에 질긴 플라스틱이나 세라믹을 더해 만든다. 모든 관절이 교체 가능한 것은 아니다. 많이 교체하는 부위는 무릎관절과 엉덩관절이다. 관절성형은 통증이나 기능 제약이 심해 생활이 몹시 불편할 때만 써야 하는 최후의 보루이다. 수술을 하면 통증이 경감되고 훨씬 자유롭게 움직일 수 있지만, 새 관절의 수명도 10~20년에 불과해 또 다시 대치해야 할 수 있다.

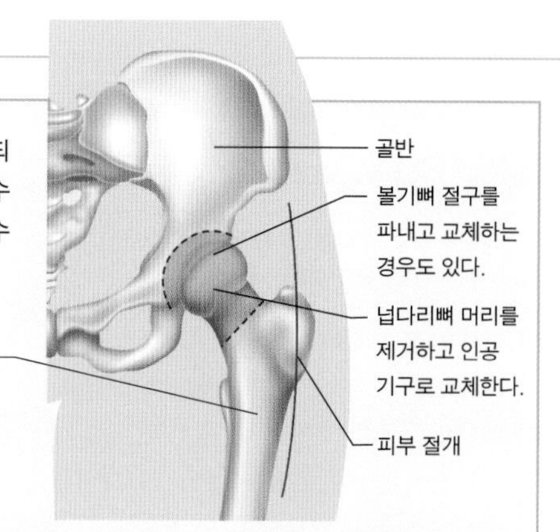
골반
볼기뼈 절구를 파내고 교체하는 경우도 있다.
넙다리뼈 머리를 제거하고 인공 기구로 교체한다.
넙다리뼈 몸통
피부 절개

엉덩관절 교체
넙다리뼈 윗부분을 제거하고 볼기뼈 절구를 파낸다. 넙다리뼈 몸통에 인공기구를 삽입하고, 새 절구를 골반에 끼워 맞춘다.

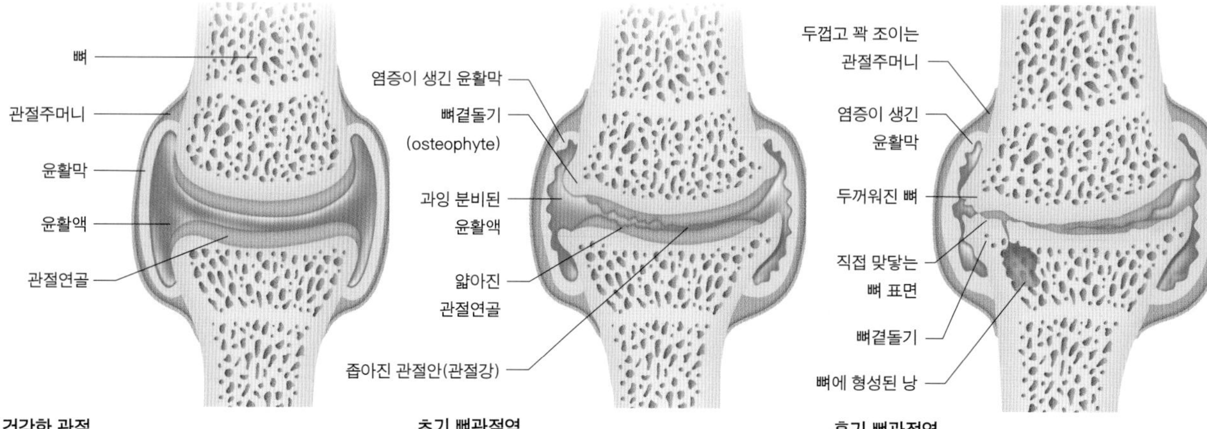
뼈
관절주머니
윤활막
윤활액
관절연골
염증이 생긴 윤활막
뼈곁돌기 (osteophyte)
과잉 분비된 윤활액
얇아진 관절연골
좁아진 관절안(관절강)
두껍고 꽉 조이는 관절주머니
염증이 생긴 윤활막
두꺼워진 뼈
직접 맞닿는 뼈 표면
뼈곁돌기
뼈에 형성된 낭

건강한 관절
건강한 뼈 표면은 매끄럽고 온전한 연골로 덮여 있다. 관절주머니(관절을 감싼 조직) 안쪽에 대어진 윤활막에서 윤활액이 생산된다.

초기 뼈관절염
연골이 손상되고 퇴행하면서 변화가 시작된다. 관절안이 좁아지고, 마찰이 늘고, 윤활액이 과잉 생산된다. 부기, 발열, 통증이 따른다.

후기 뼈관절염
연골이 군데군데 해지고, 뼈끝이 손상된다. 뼈곁돌기와 낭이 형성되고, 윤활막이 만성적으로 두꺼워지며, 관절이 더 이상 자유롭게 움직이지 못한다.

강직척추염

주로 척추뼈와 골반에 영향을 미치는 염증성 관절염으로, 통증을 일으키고 뻣뻣해진다. 심하면 뼈와 뼈가 붙는다.

강직척추염은 자가면역질환으로, 관절병증(arthropathy)이라 불리는 염증 질환의 일종이다. 관절 결합조직에 이상이 생기는 관절병증은 방치하면 돌이킬 수 없도록 손상이 진행된다. 강직척추염은 주로 척추와 골반이 손상된다. 증상이 심하면 척추 관절들이 융합하여 척추 유연성이 사라져 걸음이 뻣뻣해지고, 움직임이 영구적으로 제약된다.

강직척추염 발생 경향은 유전된다. 주로 남성이 걸리고, 20대에 허리와 엉덩이에 통증이 생기면서 시작된다. 통증은 밤에 심하고 걸어 다니면 덜하다. 환자의 절반쯤은 대개 홍채염이 생겨 통증, 발적, 일시적 시력 감퇴가 따른다. 건선, 크론병도 같은 유전자에 소인이 있다. 완치는 되지 않지만, 물리치료와 운동으로 진행을 통제할 수 있다. 비스테로이드계 소염제를 처방하여 통증을 덜고, 면역조절제로 염증을 줄인다.

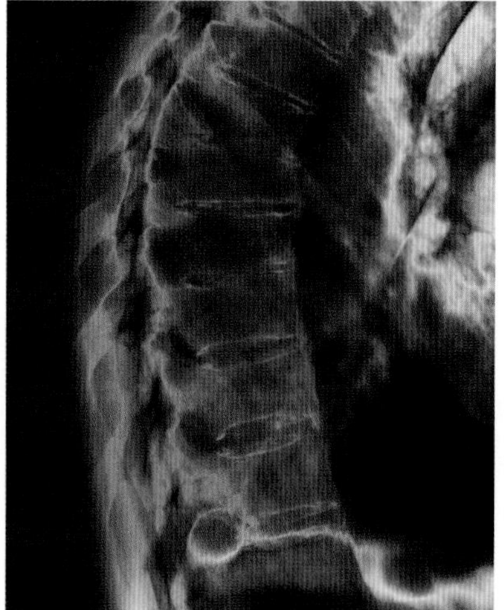

강직척추염(ankylosing spondylitis) 엑스선 사진
척추에 염증이 생기고, 관절안이 파괴되고, 관절들이 융합하여 등이 기형적으로 굽었다. 강직척추염 후기의 척추를 '대나무 척추'(bamboo spine)라고도 부른다.

골수염과 화농성관절염

골수염은 뼈가 감염되어 주변 조직이 손상되는 질환이다. 화농성관절염은 관절주머니 속이 감염되어 관절이 상하는 것이다.

뼈나 관절은 손상이나 수술 때문에 감염되거나, 주변 피부나 물렁조직이나 다른 부위의 감염이 혈액을 통해 옮겨질 수 있다. 선진국에서는 황색포도알균을 비롯한 세균 감염이 골수염(뼈속질염, osteomyelitis)의 원인일 때가 많지만, 세계적으로는 결핵도 흔한 원인이다.

급성(2주 안에)일 수도 있고 만성(몇 달 뒤)일 수도 있다. 통증, 부기, 발열이 일어난다. 만성이라면 감염 때문에 죽은 뼈조직을 수술로 제거해야 한다. 골수도 감염될 수 있다. 화농성관절염(septic arthritis)은 보통 황색포도알균 때문에 생긴다. 대체로 급성이고, 관절의 통증과 발열, 움직임 제약이 따른다. 관절주머니에 액체와 고름이 차면 관절이 영구적으로 손상된다. 두 질환 모두 항생제로 치료한다.

건선관절염

피부의 염증성 건선과 관계가 있는 관절염으로, 방치하면 상태가 몹시 나빠질지도 모른다.

건선(436쪽)이 있는 사람들의 30퍼센트가 건선관절염(psoriatic arthritis)에 걸린다. 대부분 손, 등, 목, 혹은 여러 관절들에서 복합적으로 나타난다. 증상이 가벼우면 관절 몇 개(주로 손발가락 끝 관절)만, 심각하면 척추를 포함하여 많은 관절들이 영향을 받는다. 피부에 건선 증상이 드러남과 동시에 나타날 경우가 많고, 방치하면 관절 마모가 심해 아예 완전히 파괴되는 절단관절염(arthritis mutilans)으로 이어진다.

문제 관절에서는 뼈가 불완전탈구(subluxation, 이웃 관절 밑으로 미끄러져 들어가는 것)되거나 감입(telescoping, 접혀 들어가는 것)되어 움직이지 못한다. 손발가락에 흔하다. 통증을 덜고 염증을 줄이는 약물과 진행을 늦추는 약제를 처방한다.

류마티스관절염

이 결합조직 질환은 많은 인체 계통에 염증을 일으키지만, 주로 관절 내막을 공격하여 진행성 손상을 입힌다.

류마티스관절염(rheumatoid arthritis)은 면역계통이 결합조직(인체 구조를 지지하고 연결하는 섬유조직)을 공격하는 자가면역질환이다. 대체로 가족력이 있고, 남성보다 여성이 많이 걸린다. 40대 발병이 전형적이지만, 언제든 시작될 수 있다. 첫 증상은 작은 손발가락 관절들의 통증, 발열, 부기, 경직이다. 보통 오전에 심하다. 대개 예측할 수 없는 간헐적인 간격으로 재발하며, 움직이지 못할 정도로 괴로운 고통이 며칠에서 몇 달 지속된다. 재발기 사이에는 오랫동안 증상이 없을 때도 있다. 방치하면 문제가 다른 부위로 퍼진다. 윤활막염(관절주머니 내막의 염증)이 생겨 관절이 손상되고 관절 표면이 침식된다. 힘줄집(건초)에 염증이 생기고 손가락이 영구적으로 변형될 수도 있다. 피부와 관절 위에 부드러운 결절이 발달하기도 한다. 심장, 허파, 혈관, 콩팥, 눈에도 증상이 드러난다. 피로, 열, 체중 감소를 겪고, 빈혈도 흔하다. 뼈엉성증이나 심장질환 위험도 높다. 혈액에 류마티스관절염 '표지자'가 있는지 확인해 쉽게 진단한다. 완치는 불가능하다. 증상을 통제하고, '조절' 약물로 진행을 늦출 뿐이다.

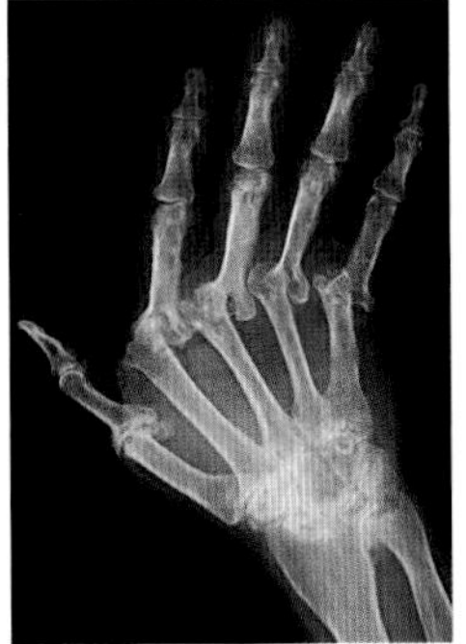

류마티스관절염
류마티스관절염이 걸린 손목과 손의 관절들을 보여 주는 엑스선 사진. 손목과 손가락 관절들이 기형적으로 변형되었다.

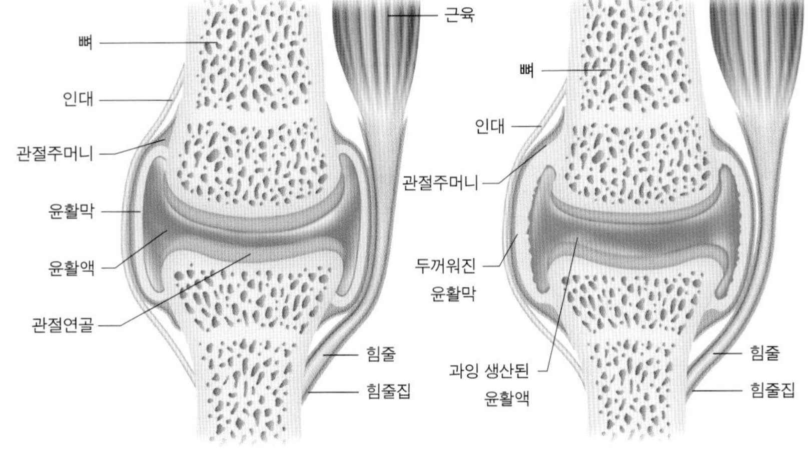
뼈
인대
관절주머니
윤활막
윤활액
관절연골
근육
힘줄
힘줄집
뼈
인대
관절주머니
두꺼워진 윤활막
과잉 생산된 윤활액
힘줄
힘줄집

건강한 관절
뼈끝에 매끄럽고 온전한 연골층이 덮여 있다. 관절주머니 안쪽을 덮은 윤활막에서 윤활액이 생성되어 관절이 자유롭게 움직이게 해 준다.

초기 류마티스관절염
윤활막에 염증이 생기고 윤활액이 과잉 생산된다. 윤활액에 들어 있는 조직을 파괴하는 면역세포들이 연골을 공격하고, 관절안을 변형시킨다.

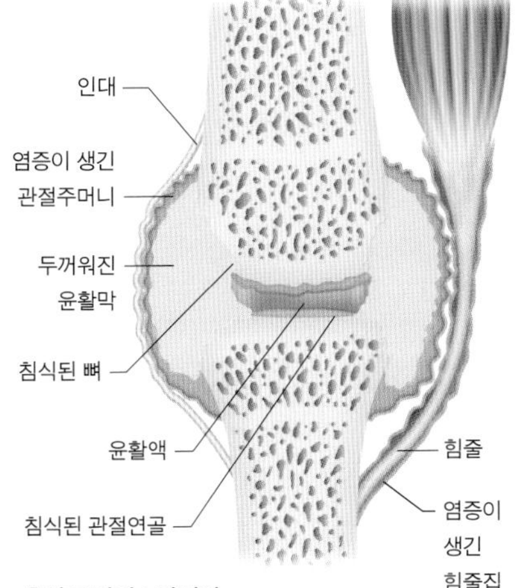
인대
염증이 생긴 관절주머니
두꺼워진 윤활막
침식된 뼈
윤활액
침식된 관절연골
힘줄
염증이 생긴 힘줄집

후기 류마티스관절염
윤활액과 면역계통 세포들이 쌓여 파누스(pannus)가 형성된다. 파누스란 두꺼워진 윤활조직이 유해 효소를 생산하는 것이다. 이것이 남은 연골과 뼈를 급속히 파괴하고, 다른 조직들을 공격한다.

뼈종양

뼈에는 다양한 종양이 생긴다. 뼈조직 자체에도 생기고, 골수나 관절에도 생긴다.

뼈종양은 양성 혹은 악성(암성)이다. 상당히 흔한 양성 뼈종양은 아이들과 청소년들에게 자주 발생한다. 뼈연골종(osteochondroma), 뼈종(osteoma), 뼈낭종(bone cyst, 주로 성장 중인 뼈에 구멍이 생김), 섬유형성이상(fibroid dysplasia) 등이다. 악성 원발종양(뼈 자체에서 생긴 암)은 뼈 자체에서 발달하는 뼈육종(osteosarcoma)과 유잉육종(Ewings' tumor), 관절연골에서 발달하는 연골육종(chondrosarcoma), 골수에서 발달하는 골수종(myeloma)이 있다.

다른 부위의 암이 혈액을 통해 전이된 속발 뼈종양은 특히 유방암, 허파암, 전립샘암과 관련이 있다. 원발 뼈종양보다 더 흔하다. 물렁조직의 종양도 주변 뼈로 전이된다. 뼈종양의 특징적 증상인 쪼는 듯한 지속적인 통증은 움직일 때 심하고 소염진통제를 쓰면 완화된다. 종양 부위가 물러질 때도 있는데, 골절되면 비정상적으로 부러져 낫지 않는다.

종양은 엑스선, 컴퓨터단층촬영(CT), 자기공명영상(MRI), 생검, 동위원소 스캔으로 확인한다. 양성종양은 대개 치료하지 않아도 되지만, 종양이 자라 신경을 누르거나 움직임을 제약하면 제거한다. 원발 암 중 골수종은 화학요법으로 치료하지만, 다른 암들은 수술도 필요하다. 속발 암은 성질이나 기원한 부위에 따라 화학요법과 방사선요법으로 치료한다.

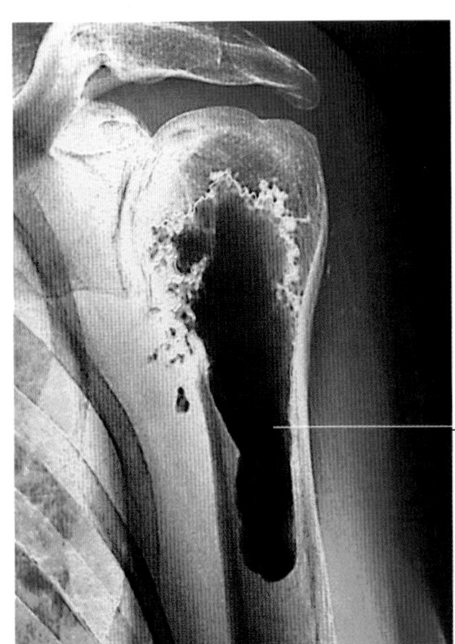
악성종양

악성종양
뼈대의 어느 부위에든 전이암이 생길 수 있지만, 머리뼈, 가슴, 골반, 척추뼈 등 인체의 축이 되는 뼈대에 생길 때가 많다.

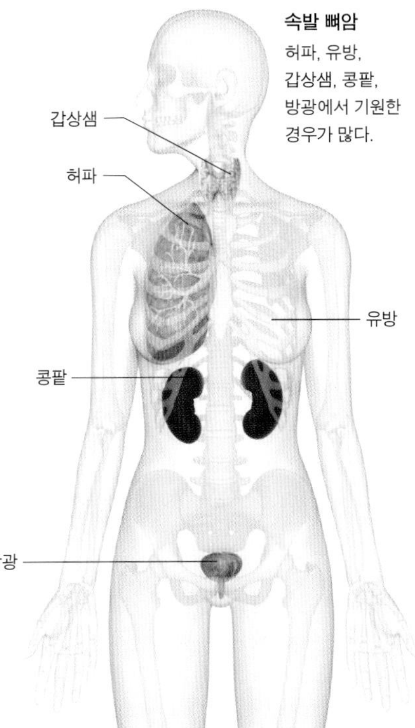
속발 뼈암
허파, 유방, 갑상샘, 콩팥, 방광에서 기원한 경우가 많다.
갑상샘
허파
유방
콩팥
방광

통풍과 거짓통풍

화학물질에서 형성된 결정이 관절에 쌓여 염증과 심한 통증을 일으키는 질환이다.

통풍(gout)은 혈중 요산 농도가 높아서 생긴다. 요산이 관절안에 결정으로 침착하여 염증과 심한 통증을 일으킨다. 퓨린(purine)이 함유된 동물내장, 기름진 생선, 맥주, 몇몇 약물 등이 초래하고, 보통 중년 남성에 발병하고, 일주일쯤 지속된다. 유발인자를 피하고 혈중 요산 농도를 낮추는 약제를 복용해야 한다. 거짓통풍(pseudogout)은 피로인산칼슘이 침착하여 생기고, 관절이나 콩팥질환이 있는 노인에게 자주 발병한다. 둘 다 보통 한 관절에만 영향을 미치고, 심한 통증, 발열, 부기를 일으킨다.

발의 초기 통풍
엄지발가락 몸쪽 관절에서 새하얀 부분이 통풍 부위이다. 통풍이 가장 자주 발생하는 부위이다.

근육, 힘줄, 인대 질환

근육은 뼈대와 장기를 움직인다. 힘줄은 뼈대근육과 뼈를 잇고, 인대는 뼈와 뼈를 잇는다. 이런 구조들에 장애가 생기면 의도적 운동을 비롯한 근육 기능이 훼손된다.

근육병증

근육섬유에 이상이 생긴 것이다. 경련, 근육통, 뻣뻣함, 약화, 근육 소모가 따를 수 있다.

단순한 근육경련부터 근육퇴행위축(근육디스트로피, muscular dystrophy)까지 다양하다. 퇴행위축(근육 약화)이나 근육긴장증(myotonia, 비정상적인 긴 수축)처럼 유전병도 있고, 여러근육염(다발근육염, polymyositis)처럼 자가면역염증으로 후천적으로 생기는 병도 있다. 당뇨병이나 콩팥질환 진행과 관련이 있는 경우도 있다. 갈수록 심해지다가 호흡근육이 영향을 받으면 치명적이다. 처방은 원인마다 다르지만 대부분 보조 조치만 가능하다.

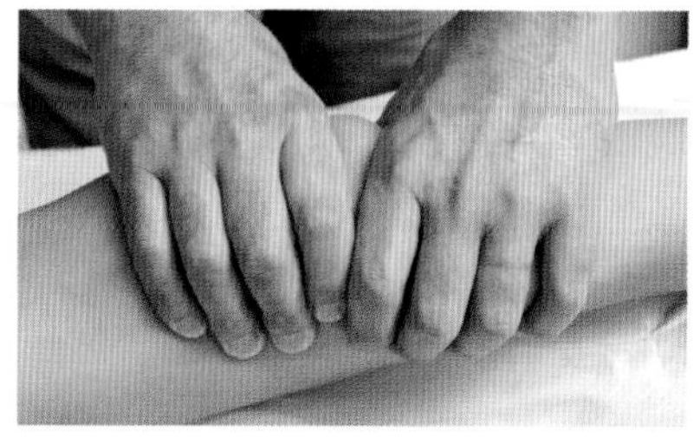

근육병증(myopathy) 치료
물리치료, 힘과 운동성을 높이는 운동 프로그램, 진통제 등 대체로 증상 완화에 국한된다.

중증근육무력증

중증근육무력증은 비교적 드문 자가면역질환으로, 수의적(의도적) 제어를 받는 근육들이 피로해지고 약해지는 현상이다.

면역계통 항체들이 근육에서 신경신호를 받는 수용체들을 공격하여 생긴다. 그 때문에 근육이 신경자극에 약하게 반응하거나 아예 반응하지 않는다. 원인은 알려지지 않았지만, 환자 중에는 가슴샘종(thymoma, 가슴샘의 종양)이 있는 경우가 많다. 보통 서서히 발달하고, 항체 양에 따라 정도가 변한다. 발병한 근육들도 어느 정도 기능할 수 있으나 쉽게 지친다. 휴식을 취하면 다시 회복되기도 한다. 특히 눈과 눈꺼풀 근육에 영향을 미치며, 삼키고 호흡하기가 어려워지고, 팔다리 힘이 떨어진다. 근육무력증 위기가 오면 호흡근육이 마비될 수도 있다. 치료법은 없지만, 가슴샘절제와 약물로 증상이 완화되곤 한다.

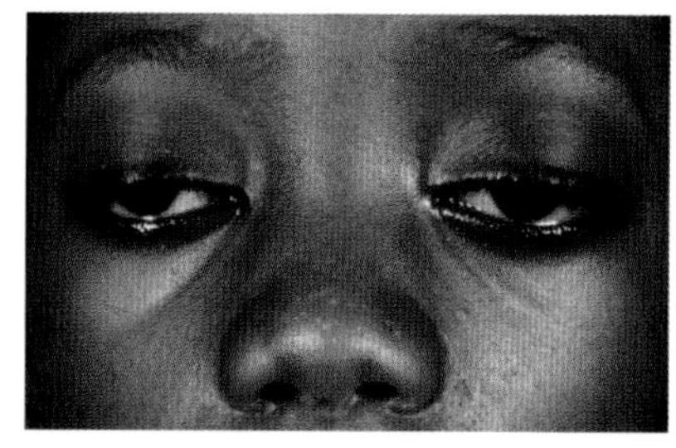

중증근육무력증(myasthenia gravis)에 걸린 눈
근육무력증이 눈꺼풀 제어 근육에 영향을 미쳐 눈꺼풀이 축 늘어졌다. 몸의 다른 부위도 영향을 받는다.

섬유근육통

원인불명의 질환으로 주로 근육통과 피로를 일으키고, 몇 달이나 몇 년 지속된다.

섬유근육통(fibromyalgia)은 오랜 시간 점진적으로 발달하고, 근육에 광범위하게 통증과 누름통증을 일으킨다. 근육의 생김새와 기능은 정상인데 피로, 수면과 기억 장애, 혼합 감각증후군, 불안과 우울을 겪는다. 구체적인 원인은 밝혀지지 않았지만, 뇌가 통증 신호를 받아들이는 방식에 문제가 생긴 탓으로 짐작된다. 몇몇 뇌 이상과 관련된다는 연구도 있다. 스트레스와 육체적 활동부족은 증상을 악화시키고, 통증 경감, 운동, 인지행동치료, 교육이 도움이 된다.

뒤시엔느 근육퇴행위축

근육퇴행위축 중 가장 흔한 형태로, 주로 남자아이들에게 발병한다. 심각한 진행성 근육 약화로 일찍 죽는다.

근육 질환의 일종인 뒤시엔느 근육퇴행위축(Duchenne muscular dystrophy)은 X염색체 연관 유전병이다. 여성은 두 X염색체 중 하나에 인자가 있어도 다른 쪽이 정상이면 문제가 없지만 남자아이가 보인자 어머니로부터 문제 유전자를 물려받으면 병이 나타난다.

병에 걸린 아기는 걸음이 늦고, 3~4세에 벌써 움직임이 어색해지고 약해지며, 12세쯤에는 걸을 수 없게 된다. 뼈대근육이 점차 약화하고 퇴행하여 기형이 됨으로써 척주와 호흡에 문제가 생길 수 있다. 현대의 수술 및 교정 치료로 20~30대나 그 이상 생존하는 것도 가능하다.

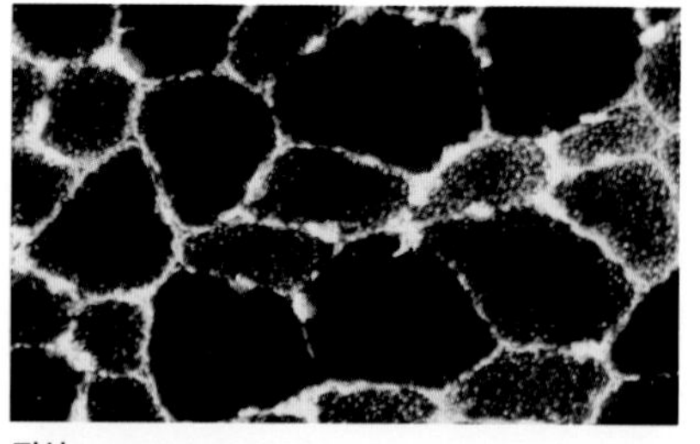
정상
지방
손상된 막
비정상

근육퇴행위축의 영향
근육의 진행성 파괴는 세포 차원에서도 드러난다. 근육세포들의 외막이 손상되고, 결합조직과 지방이 그 자리를 대신한다.

만성팔증후군

만성팔증후군(chronic upper limb syndrome)은 손과 팔에 영향을 미치는 장애들을 통칭하는 용어이다.

과다한 팔 사용이 원인으로 짐작되고, 몇몇 염증 질환도 포함된다. 손목에서 신경이 눌려 손과 아래팔이 영향을 받는 손목굴증후군(448쪽)과 반복 사용으로 힘줄에 염증이 생기는 테니스팔꿉증(tennis elbow), 골퍼팔꿉증(golfer's elbow), 드퀘르뱅힘줄윤활막염(de Quervain's tenosynovitis) 등이다. 반복사용긴장성손상(repetitive strain injury, RSI)은 직업적 반복사용이 원인일 때가 많다. 점차 심해지는 통증이 증상인데, 한 부위로 짚어 말하기 어렵다. 붓는 느낌이 들지만 부기가 실제로 보이거나 느껴지지는 않는다. 얼얼하고 저려 잠을 설친다. 휴식, 가벼운 운동, 증상을 야기한 활동에 변화를 주면 낫곤 한다.

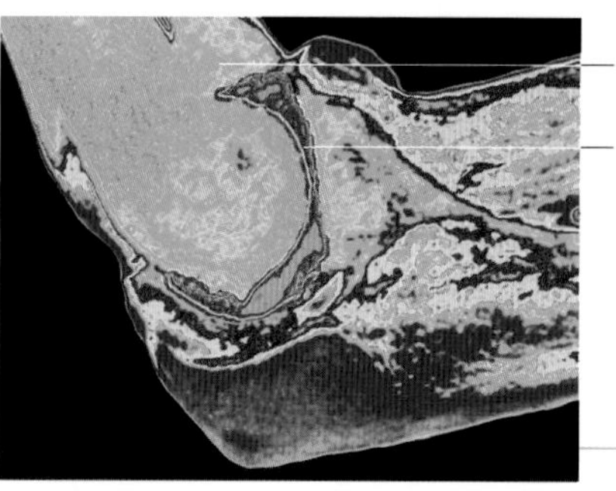
위팔뼈의 가쪽 끝
관절 표면의 손상 부위

팔꿉의 뼈관절염
관절에 비정상적인 압력이 가해지면 뼈관절염이 생길지도 모른다. 사진의 환자는 압축공기드릴 작업 때문에 팔꿉에 압력이 가해져 관절연골과 그 아래 뼈가 손상되었다.

힘줄염과 힘줄윤활막염

손상이나 과다한 사용으로 근육과 뼈를 잇는 조직에 염증이 생기는 현상이다.

힘줄은 근육과 뼈를 잇는 섬유조직으로, 근육 수축 시 뼈가 함께 움직이게 한다. 이 힘줄에 염증이 생기는 힘줄염은 힘줄을 감싼 힘줄집 조직에 염증이 생기는 힘줄윤활막염과 함께 발생할 때가 많다. 어느 쪽이든 움직이면 아프다. 때로 팔다리가 '걸리는' 것처럼 느껴지는데, 문제의 힘줄이 움직일 때 그런 것이다.

어떤 힘줄은 도르래 모양인데, 일례로 관절 위의 홈을 지나가는 어깨의 가시위근 힘줄에 염증이 생겨 걸리면 팔을 돌릴 때 아프다. 보통 부위에 따라 지칭한다. 가령 아킬레스힘줄염은 발꿈치 뒤쪽 힘줄이 문제로, 발을 바닥에 대면 아프다.

힘줄윤활막염(건초염)은 퇴행성 질환이나 결합조직 질환, 관절염, 과다사용 손상, 힘줄염 등으로 생긴다. 흔한 사례는 엄지를 바깥쪽으로 돌려주는 두 힘줄을 덮은 힘줄집에 염증이 생긴 드퀘르뱅힘줄윤활막염으로, 통증, 부기, 누름통증이 있고 쥐기가 어렵다. 손가락이 펴지지 않는 '방아쇠 손가락'(trigger finger)처럼 관절이 고정될 수도 있다. 휴식하고, 고정기나 부목, 받침대를 대어 힘줄 사용을 조절한다. 진통제와 소염제를 처방하고, 차차 다시 움직이도록 권한다.

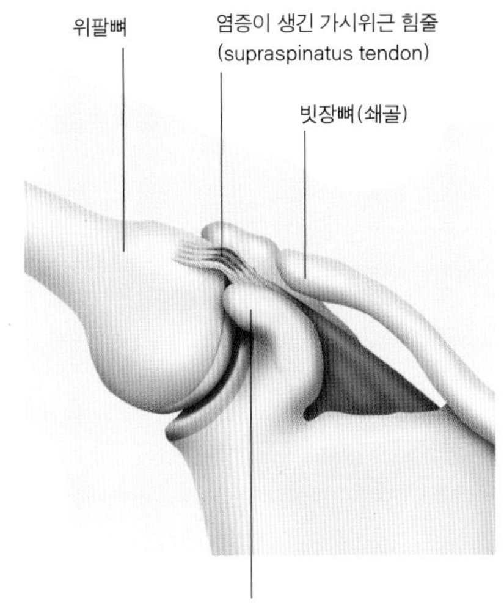
위팔뼈
염증이 생긴 가시위근 힘줄
(supraspinatus tendon)
빗장뼈(쇄골)
어깨뼈 봉우리(acromion)

힘줄염(tendinitis)
힘줄은 근육이 당기는 힘을 뼈로 전달한다. 손상이나 과다사용으로 조직에 염증이 생기거나 째지면 통증이 발생한다. 팔다리를 움직일 때 관절 잡음(crackling)이 들리기도 한다.

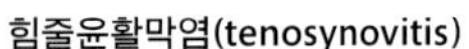
염증
힘줄집
힘줄들
힘줄집

힘줄윤활막염(tenosynovitis)
힘줄을 덮어 보호하는 조직인 윤활막은 윤활액을 생산하여 힘줄이 부드럽게 움직이도록 돕는다. 이 조직에 염증이 생기면 통증과 누름통증이 발생한다.

응급처치

사고 등으로 인해 근육, 힘줄, 인대가 손상되면 보호(Protection), 휴식(Rest), 얼음(Ice), 압박(Compression), 높이기(Elevation)의 머릿글자를 딴 'PRICE' 기법으로 쉽고 빠르게 처치하면 된다. 보호는 더 이상 손상을 입지 않도록 하는 것, 휴식은 손상 부위를 쉬게 하는 것이다. 몇 시간마다 얼음을 바꿔 찜질하면 통증, 염증, 멍이 완화된다. 탄력붕대로 압박하면 덜 붓고, 팔다리를 높이면 인체의 치유 과정에서 생긴 여분의 체액과 노폐물이 잘 확산되어 역시 덜 붓는다. 이 5가지 원칙을 지키면 출혈, 멍, 부기가 감소한다.

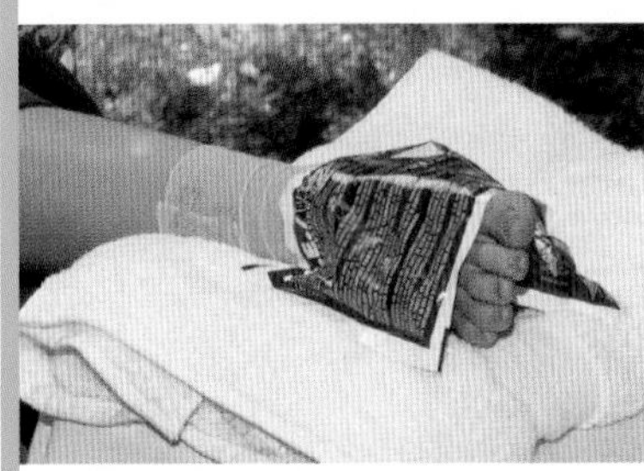

긴장했거나 삐었을 때의 처치
'PRICE' 기법에 따라 얼음찜질을 하고, 해당 부위를 심장보다 높이 올린다.

인대 삠과 째짐

인대는 뼈와 뼈를 잡아 주는 띠 모양 결합조직이다. 질기고 두껍지만 아주 잘 늘어나지는 않아서 째지기 쉽다.

인대는 장력을 받으면 점차 늘어난다. 체조선수나 발레리나가 훈련을 통해 인대를 늘리면서 극단적인 자세를 취하는 것을 보면 알 수 있다. 인대는 임신 중에도 잘 늘어나 분만 중에 골반이 유연해지도록 한다. 준비운동을 권하는 것도 인대를 보호하기 위해서다. 인대조직은 스스로의 힘으로 찢어지는 경우는 거의 없지만, 추락하거나 갑자기 비틀리거나 꼬이면 손상된다. 삠(염좌, sprain, 살짝 째진 것)에서 파열(rupture, 완전히 찢어진 것)까지 정도는 다양하다. 자주 다치는 부위는 손발목이다. 증상이 갑작스럽고 통증, 부기, 관절 움직임 제약이 동반된다. 인대는 근육에 비해 혈액 공급이 적어 회복이 느리다. 가볍게 삔 것은 'PRICE' 기법을 적용하면 낫지만, 움직이지 못할 정도로 심하게 다치면 관절탈구를 막기 위해서 의료 처치가 필요하다.

발목 삠
발을 갑자기 비틀면 발목이 삐기 쉽다. 발을 안쪽으로 틀면 가쪽인대가 삐기 쉽고, 바깥쪽으로 틀면 안쪽인대가 삐기 쉽다.

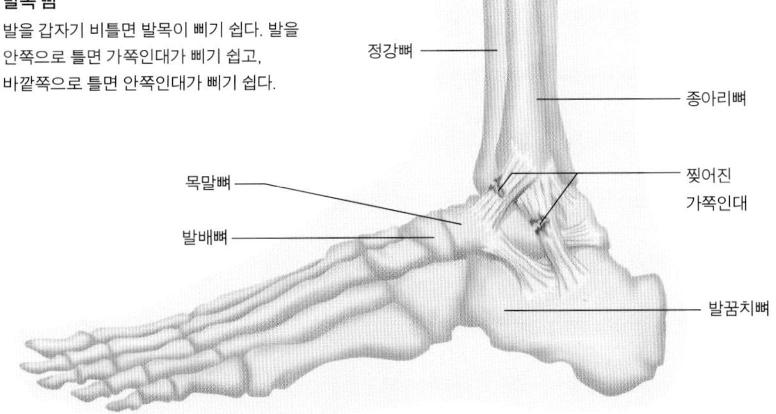
정강뼈
종아리뼈
목말뼈
찢어진
가쪽인대
발배뼈
발꿈치뼈

근육 과도긴장과 째짐

근육에 지나친 긴장이 가해지면 삘 수 있고 ("근육이 당긴다."라고 한다.) 찢어질 수도 있다.

근육은 수축하여 관절을 움직인다. 근육 구성 섬유들은 평행하게 배열되어 있고, 미끄러지듯 움직이면서도 맞물리듯 서로 붙잡는다. 흔한 근육 손상은 근육 섬유들이 잡아당겨졌지만 찢어지지는 않아 가볍게 늘어난 상태부터 완전히 찢어져 통증, 출혈, 극적인 부기가 따르는 상태까지 다양하다. 운동이나 힘든 육체 활동으로 근육을 과하게 늘리거나 수축시키면 근육이 과도긴장한다. 반복적으로 긴장을 가하면 만성적으로 과도긴장한 상태가 된다. 특히 달리다가 방향을 틀 때, 추락할 때, 무거운 물체를 들 때처럼 불시에 힘의 방향이 바뀔 때 손상을 입는다. 손상 근육은 'PRICE' 기법으로 처치하고, 며칠 동안 쉬게 한다. 근육은 혈액 공급이 풍부해 빨리 낫는 편이지만 손상 정도, 타고난 회복력, 근육이 기본적으로 감당하는 활동 수준에 따라 회복 기간은 달라진다.

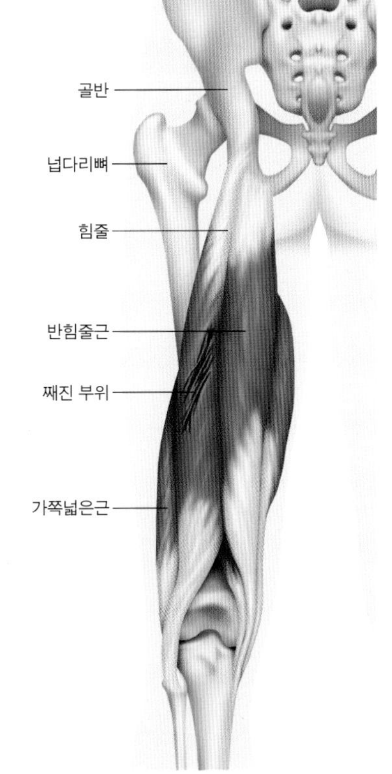
골반
넙다리뼈
힘줄
반힘줄근
째진 부위
가쪽넓은근

찢어진 넓적다리뒤근육
넓적다리뒤근육(hamstring muscles)은 무릎을 구부리고 다리를 뒤로 끌어올리는 근육이다. 단거리질주나 점프를 많이 하는 운동선수들이 이 근육을 자주 다친다.

등, 목, 어깨 문제

척주와 어깨에는 흔히 문제가 발생하고, 아예 불구가 되는 경우도 있다. 등은 몸무게의 대부분을 지탱하는 데다가 굽히고 비트는 움직임으로 인해 지속적으로 압력을 받아 손상을 입기 쉽다. 어깨도 몸에서 가장 운동성이 큰 관절이라 문제가 잘 생긴다.

채찍질손상

목이 갑자기 앞뒤로 혹은 옆으로 움직임으로써 손상을 입는 경우를 통칭한다.

채찍질손상(whiplash)은 교통사고 시 급격한 감속을 겪었을 때 흔히 발생한다. 갑작스러운 충격에 머리가 앞으로 내동댕이쳐져 목이 힘차게 굽었다가, 앞으로 쏠리는 머리를 몸통이 저지하여 머리가 뒤로 반동함에 따라 이번에는 목이 뒤로 힘차게 늘어난다. 근육섬유가 몇 개 찢어져 가볍게 삔 상태부터 목인대가 찢어진 큰 외상까지 정도는 다양하다. 근육과 힘줄이 뼈를 잡아당겨 척추뼈 끝 조각들이 떨어질 수도 있다. 신경이 손상되어 목, 어깨, 팔에 통증이 오거나 어지럼증과 시각 혼란, 기억 이상이나 우울을 겪기도 한다. 몇 시간 안에 조직에 출혈이 발생하고, 부기와 근육 연축(spasm)이 따른다. 손상은 사건 발생 후 48시간쯤에 최고조에 달하며, 낫는 데 몇 주나 몇 달이 걸릴 수도 있다. 소염제와 물리치료 등을 처방한다.

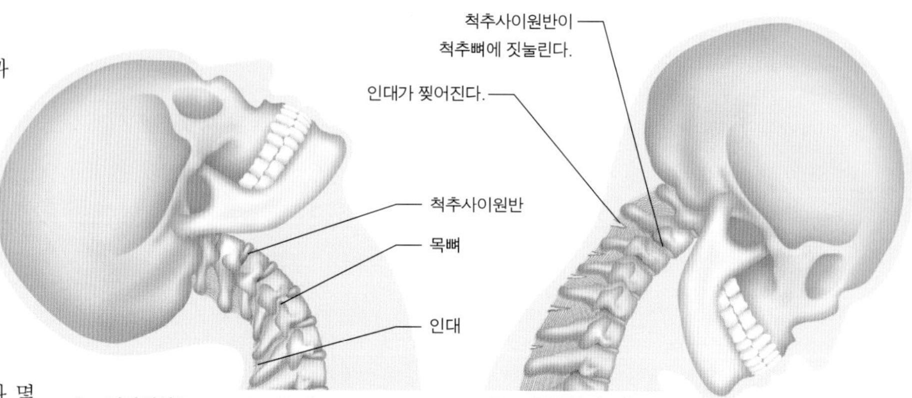
척추사이원반이 척추뼈에 짓눌린다.
인대가 찢어진다.
척추사이원반
목뼈
인대

1 과다젖힘(hyperextension) 뒤에서 들이받히면, 머리가 빠르게 뒤로 움직였다가 앞으로 떨어진다. 뒤로 채찍질하는 듯한 움직임 때문에 목뼈가 지나치게 젖혀진다.

2 굽힘(flexion) 머리가 반동을 받아 앞으로 숙여지면서 턱이 아래로 당겨지면, 뒤로 지나치게 젖혀졌던 척추뼈가 앞으로 굽는다.

기운목

목 근육들에 연축이 일어나 머리를 한쪽으로 당김으로써 통증과 경직이 오는 것이다.

기운목은 목의 깊은 인대들이 잡아당겨 근육 연축이 일어난 것으로 생각된다. 난산이었거나 자궁에서 불편한 위치를 취했던 아기에게도 발생한다. 성인은 머리뼈 바닥의 관절 손상이나 신경이상 때문에, 혹은 불편한 위치로 자다가 생기곤 한다. 보통 2~3일이면 낫는데, 소염제나 항연축제, 마사지, 휴식이 도움이 된다. 더 오래 지속되면 추가 처치가 필요하다.

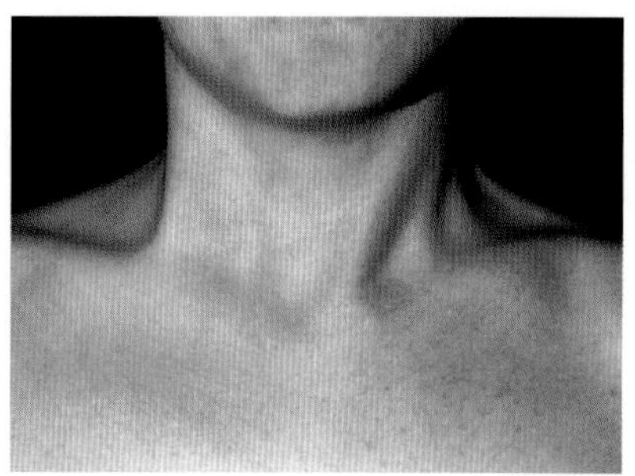

기운목(torticollis, wry neck)
목 옆의 큰 근육들이 연축하여 머리가 한쪽으로 기울었다.

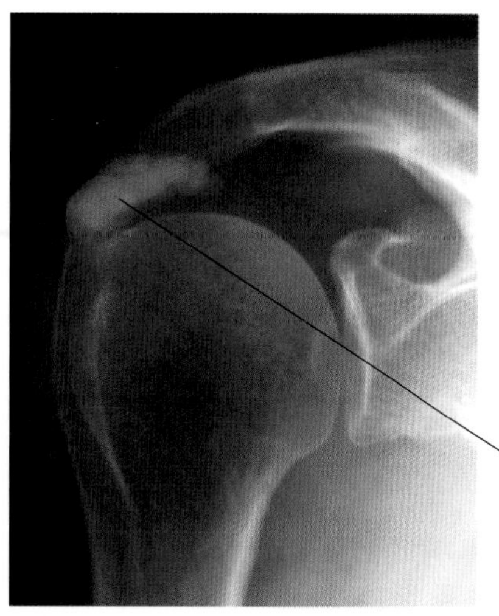
돌림근띠(rotator cuff)의 석회화(calcification)

어깨관절의 염증
어깨관절 주변 조직에 만성염증이 있으면 조직 속에 칼슘 침착물이 형성될 수 있다. 엑스선 사진에서 하얗게 보이는 부분이다.

굳은어깨(동결견)

어깨관절 주변의 조직에 염증, 경직, 통증이 생겨 움직임이 심하게 제약되는 상태이다.

어깨관절은 위팔뼈와 어깨뼈 끝이 섬유조직 주머니에 감싸여 있고, 그 속에 윤활액이 있어 자유롭게 움직인다. 섬유조직에 염증이 생기면 유착관절낭염이라고도 하는 굳은어깨(frozen shoulder)가 생긴다. 원인은 모르지만, 다른 관절이나 근육에 염증이 있거나 당뇨 환자라면 흔하다. 증상은 서서히 나타나 처음에는 한 부위나 근육 무리에만 통증과 염증이 생기다, 관절 주변으로 진행되어 조직 사이에 유착(adhesion, 한데 붙어 주는 흉너소식)이 형성된다. 통증으로 잠을 설치고 움직임이 제약된다. 보통 세 단계를 거친다. 몇 주나 몇 달 어깨가 천천히 '굳으면서' 아픈 1단계, 다음 몇 달은 통증은 덜하지만 경직이 심한 '굳은' 2단계, 몇 주에 걸쳐 '녹는' 3단계이다. 물리치료와 진통제를 처방하고, 어깨에 코르티코스테로이드를 주사할 때도 있다.

어깨 탈구

탈구는 관절이 정상 위치에서 벗어난 것이다. 어깨가 유독 취약하다. 갑작스러운 충격을 받아 탈구되는 경우가 대부분이다.

어깨는 위팔뼈 머리가 어깨뼈 끝의 얕은 접시 오목에 쏙 들어간 절구관절이다. 팔은 돌림근띠라는 강한 근육들이 관절을 둘러싸서 뼈를 잡아 주는 구조 덕분에 여러 방향으로 움직일 수 있지만, 관절이 불안정하고 압력에 쉽게 탈구되는 단점이 있다. 추락하거나 럭비 같은 운동에서 충격을 받았을 때 흔히 탈구된다. 탈구된 어깨는 붓고 아프다. 기형처럼 보이는 경우도 있다. 손상을 확인하고 진단하려면 엑스선 사진을 찍어야 한다. 치료할 때는 우선 뼈를 제자리로 맞춘다.

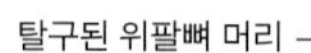
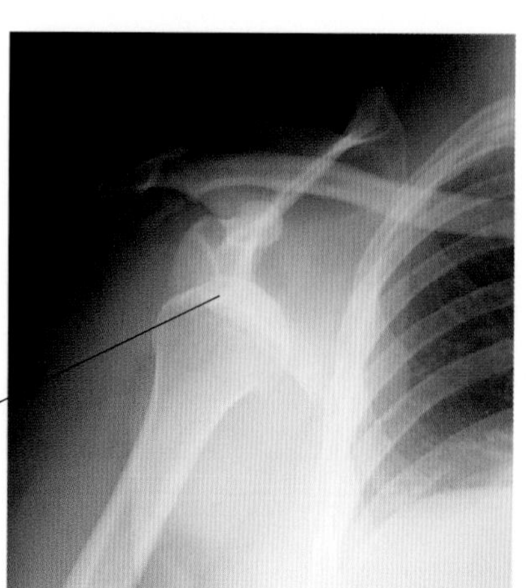
탈구된 위팔뼈 머리

탈구된 어깨의 엑스선 사진
앞탈구(anterior dislocation)된 어깨의 엑스선 사진. 돌림근띠가 가장 약한 부분이 앞쪽이기 때문에 대부분 이처럼 앞으로 탈구된다.

기계적 요통

대부분의 사람들이 살면서 한 번쯤은 근육이나 인대 긴장으로 인한 요통을 겪는다. 가장 많이 겪는 부위는 허리이다.

기계적 요통(mechanical back pain)은 척주와 등에 지나친 긴장이 가해져 구조가 손상되었을 때 생긴다. 보통 틀거나, 숙이거나, 들어올리는 동작이 원인이다. 평소 몸무게의 대부분을 지탱하는 허리 아랫부분이 제일 취약하다. 앉거나 선 자세가 나쁜 사람, 등을 보호하지 않은 자세로 무거운 물체를 들어올리는 사람은 허리 근육을 과다사용하거나 잘못된 방식으로 사용하기 쉽다. 통증은 근육, 인대, 척추뼈, 척추사이원반, 신경 등 어디에서나 발생할 수 있지만, 근육긴장이 가장 흔하다.

만성 요통은 오래 나쁜 자세를 취한 탓이기 쉬우므로, 흔히 노인들이 겪는다. 손상, 비만, 퇴행성관절염, 기타 척주질환, 기본 활동량 감소로도 올 수 있다. 열 찜질, 소염진통제, 가벼운 운동으로 통증이 완화되지만, 통증이 심하거나 며칠 이상 지속되면 의료 처치나 물리치료가 필요하다.

요통 관리

등을 다쳤더라도 몸을 계속 움직여야 하고, 가급적 빨리 정상 활동으로 돌아와야 한다. 요통은 운동과 통증 완화 조치를 취하면 일반적으로 2~3주 내에 나아진다. 하지만 만성 요통에 시달리는 사람은 진통제에 더해 물리치료를 받고, 재활 프로그램에 참가해야 한다. 몸무게를 줄이는 것처럼 생활방식을 바꾸는 것, 알렉산더기법(Alexander technique)처럼 안전한 등근육 사용법을 배우는 것도 통증 완화와 재발 방지에 좋다.

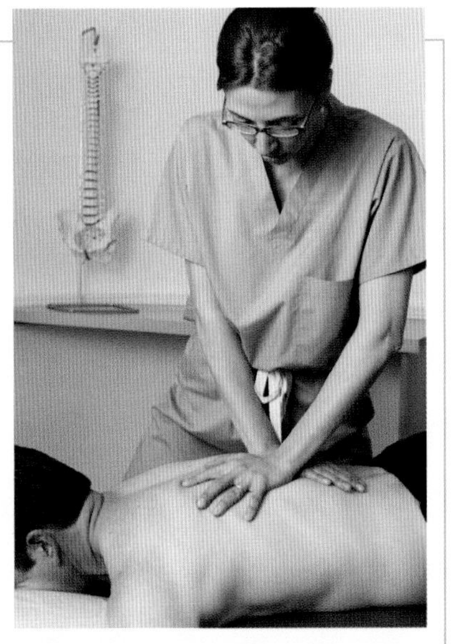

요통 치료
진통제와 항연축제, 등을 강화하는 물리치료, 등 건강에 대한 조언 등이 요통의 치료법이다.

원반탈출증과 궁둥신경통(좌골신경통)

척추뼈 사이사이에 끼워진 물렁조직으로 된 원반이 제자리를 벗어나거나 파열되면 신경을 눌러서 통증을 일으킨다.

척추사이원반(disc)은 부드럽고 젤리 같은 핵이 중심에 있고 질긴 섬유조직이 겉에서 감싼 구조이다. 등에 지나친 압력이 가해지면 이따금 원반이 제 위치에서 밀려 나온다. 원반이 눌려 외막이 파열되면 부드러운 핵이 탈출해 원반이탈(slipped disc)이 된다. 자주 문제가 생기는 부위는 힘을 많이 받는 허리다. 나이가 들어 원반이 퇴행하면 문제가 더 잦아진다. 원반탈출증은 급성일 수도 있고 서서히 나타날 수도 있다. 급성은 물건을 들거나 손상을 입어 생기고, 움직이기 힘들고 아프다.

탈출한 원반이 척수에서 나온 신경을 누르면 궁둥신경통이 온다. 척수에서 나와 볼기와 다리 뒤쪽을 거쳐 발까지 이어지는 궁둥신경에 작열감과 저림이 느껴진다. 가벼운 운동, 진통제로 6~8주 내에 회복되지만 심하면 물리치료를 받거나 수술로 원반을 복구한다.

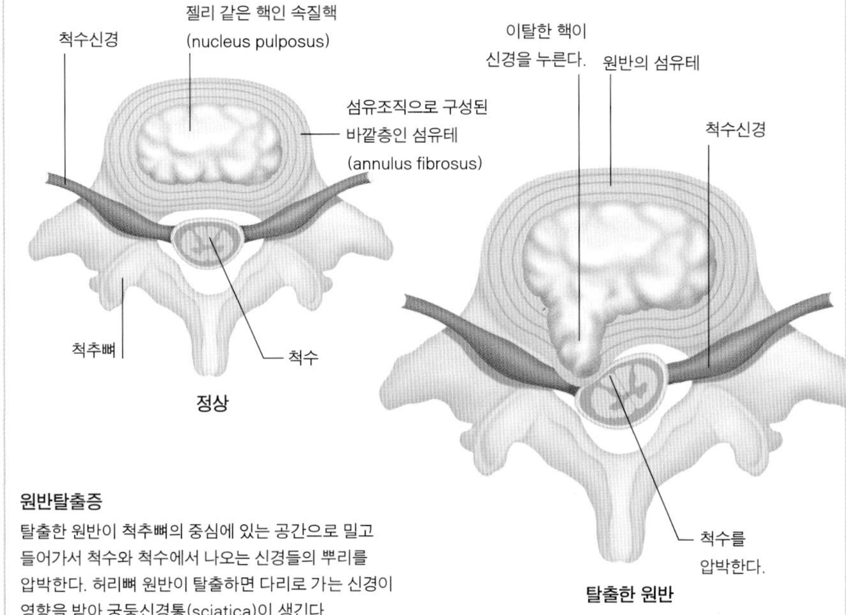
척수신경
젤리 같은 핵인 속질핵
(nucleus pulposus)
섬유조직으로 구성된
바깥층인 섬유테
(annulus fibrosus)
척추뼈
척수
정상
이탈한 핵이
신경을 누른다.
원반의 섬유테
척수신경
척수를
압박한다.
탈출한 원반

원반탈출증
탈출한 원반이 척추뼈의 중심에 있는 공간으로 밀고 들어가서 척수와 척수에서 나오는 신경들의 뿌리를 압박한다. 허리뼈 원반이 탈출하면 다리로 가는 신경이 영향을 받아 궁둥신경통(sciatica)이 생긴다.

척추관협착

척추관협착이 일어나면 척수나 척수 신경뿌리가 눌린다. 보통 노화로 인한 현상이다.

30대 중반부터 이미 척주에 노화 관련 변화가 일어나지만, 60세 이전에 뚜렷한 증상이 드러나는 경우는 드물다. 척추관협착은 척추뼈 사이 관절이 뻣뻣해지고 그 위에 뼈곁돌기가 형성되면서 시작된다. 뼈곁돌기가 척추관(척주관)과 척추사이구멍으로 침입해 들어가서 척추관이 좁아진다. 협착은 척주의 어디에나 생길 수 있다. 통증과 경련이 일어나고, 다리, 등, 목, 어깨, 팔이 약해진다. 소염제와 물리치료를 처방하지만, 심하면 뼈나 조직을 제거하여 척수의 압력을 더는 감압수술(decompression surgery)을 한다.

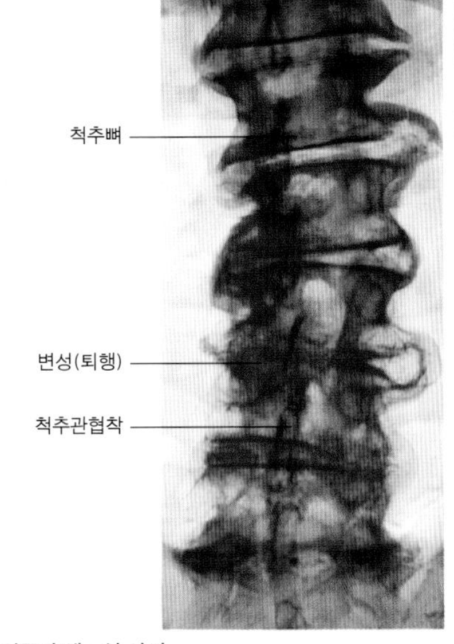
척추뼈
변성(퇴행)
척추관협착

척주의 엑스선 사진
변성이 심해 척추관협착(spinal stenosis)이 일어난 척주의 채색 엑스선 사진. 붉은색은 뼈곁돌기가 형성되어 뼈가 변형된 부위이고, 초록색은 척추관이다.

척추전방전위증

척추뼈 하나가 다른 척추뼈보다 앞으로 미끄러져 나온 것이다. 보통 증상이 없지만 심하면 척수를 압박한다.

척추전방전위증은 선천적 척추변형 때문일 수도 있고, 소아기 중기에서 후기 사이에 성장과 더불어 발생할 수도 있다. 하지만 대부분 성인에게 발생하며, 척추뼈 사이 관절의 퇴행으로 척추뼈 각도가 달라져 위쪽 척추뼈가 아래쪽 척추뼈보다 앞으로 미끄러진다. 대부분 증상이 없지만, 통증, 경직, 궁둥신경통(위 참조)이 올 때도 있다. 척추관협착(왼쪽 참조)이 함께 있으면 증상이 더 심하다. 심한 경우 (위쪽 척추뼈가 50퍼센트 이상 어긋난 경우) 척수에 상당한 압력이 가해지므로 감압수술을 한다.

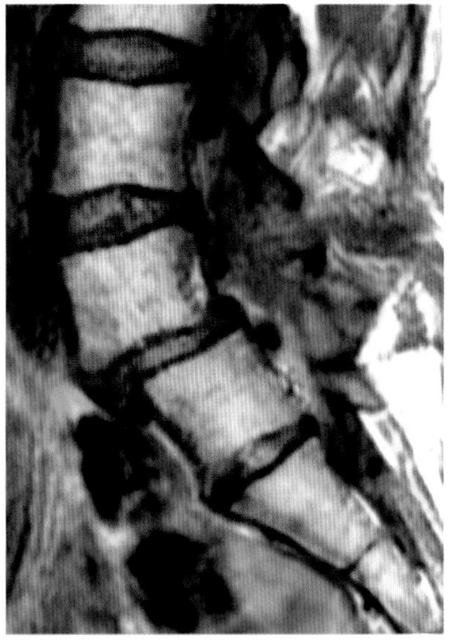

척추전방전위증(spondylolisthesis)이 일어난 척추
사진에서 보듯이 척추전방전위증은 허리뼈에 흔히 발생한다. 위쪽 척추뼈가 미끄러져 톡 튀어나온 것이 똑똑히 보인다.

팔다리 관절 질환

우리가 관절을 사용하는 방식 때문에 근육, 힘줄, 그 밖의 관절 주변 물렁조직에 문제가 생길 수 있다. 상당히 아플 때도 있지만, 대부분 저절로 낫거나 집에서 휴식하고 치료하는 것만으로 쉽게 낫는다.

위관절융기염

테니스팔꿉증과 골퍼팔꿉증이 포함된다. 팔꿉관절 양옆에 튀어나온 위관절융기에 염증이 생기는 현상이다.

가쪽위관절융기가 문제인 테니스팔꿉증과 안쪽위관절융기가 문제인 골퍼팔꿉증은 보통 융기에 부착된 근육을 과하게 썼을 때 생기지만, 간혹 직접적인 손상으로도 생긴다. 위관절융기와 근육을 잇는 힘줄에 염증이 생기는 것이다. 테니스팔꿉증은 서브를 반복할 때, 골퍼팔꿉증은 스윙을 반복할 때 생긴다고 흔히 말하지만, 다른 활동으로 손상을 입을 때가 훨씬 많다. 누름통증이 있고, 움직이면 통증이 심하다. 골퍼팔꿉증은 손바닥을 위로 해서 팔을 들 때, 테니스팔꿉증은 손바닥을 아래로 해서 팔을 들 때 통증이 심해진다.

통증은 팔의 한쪽 면을 따라 내려가서 손에도 미친다. 아래팔이 저리고, 위관절융기에 열, 통증, 부기가 발생한다. 처방은 팔 휴식과 진통제 복용이다. 부목이 도움이 되고, 고정기로 근육 긴장을 던다. 물리치료도 권하고, 통증이 심하면 코르티코스테로이드 주사를 놓는다.

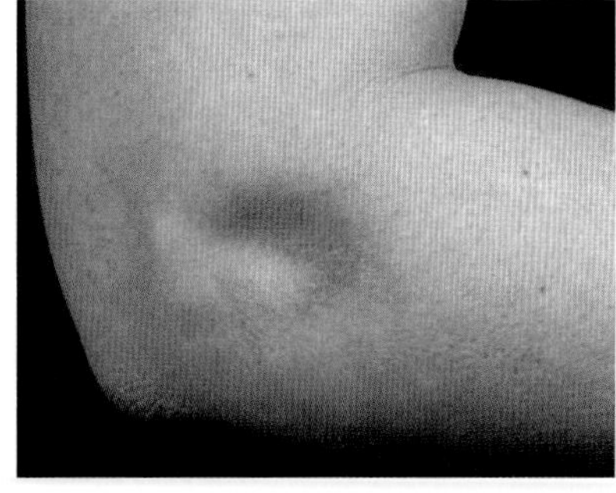

테니스팔꿉증
팔꿉 양쪽에서 동시에 위관절융기염(epicondylitis)이 생길 수도 있다. 증상은 관절 주변의 통증과 발적이다.

결절종

해당 부위가 부드럽게 부풀어오르는 결절종은 해롭지 않고, 저절로 사라지곤 한다.

결절종은 피부 밑, 힘줄집 위에 생긴 물주머니다. 관절 가까이 생길 때는 결국 관절에 이어지곤 한다. 발, 손목과 손, 특히 손목 윗면 폄근 쪽에 많이 생긴다. 관절에서 나온 짙고 투명한 겔 같은 윤활액이 찬다. 다른 증상이 없으면 내버려둬도 저절로 사라진다. 통증이 있거나 움직임에 방해가 되면 윤활액을 뽑아내거나 결절종을 제거할 수 있다.

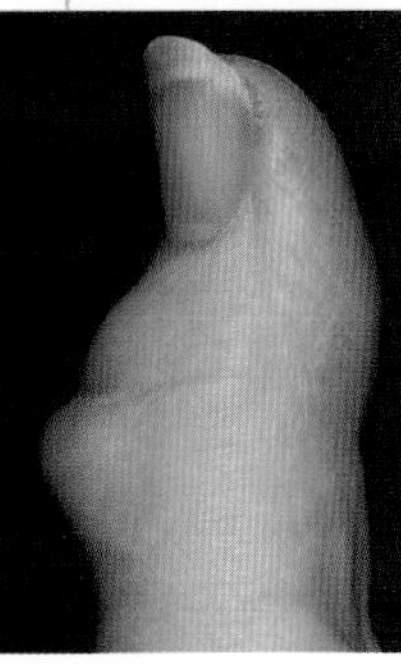

결절종(ganglion)
대부분의 결정종이 그렇듯이, 이 사진에서도 엄지관절의 폄근 쪽 표면이 부어올랐다.

무릎관절 삼출

"무릎에 물이 찼다."라고 하는 현상으로 무릎이 붓고, 뻣뻣해져 관절을 제대로 못쓴다.

관절은 윤활막 속에 뼈끝이 들어 있는 구조이고, 윤활막이 윤활액을 생성하여 관절을 부드럽게 만든다. 때로 관절 주변에 여분의 윤활액이 고이는 것이 삼출(effusion)이다. 손상, 감염, 염증 질환(뼈관절염이나 통풍)으로 막에서 윤활액이 지나치게 많이 생성된 것이 원인이다. 무릎이 특히 취약하다. 늘 아래를 향한 힘과 회전력을 견뎌야 해서 마모와 손상을 입기 때문이다. 무릎이 크고 부드럽게 부풀고, 아프고, 다리에 무게를 싣기 힘들다. 원인에 따라 여분의 액체를 뽑아내고, 그와 병행 혹은 단독으로 코르티코스테로이드를 처방하거나 소염제로 염증을 줄인다.

손목굴증후군

손목굴증후군은 손목굴을 통과하는 정중신경이 압박을 받아 생긴다.

정중신경은 아래팔을 내려가 손으로 들어가서 엄지 두덩의 근육들을 조작하고, 엄지와 손바닥 절반의 감각을 통제한다. 정중신경은 손목굴을 통과해서 손으로 들어간다. 손목굴이란 인대로 둘러싸인 손목뼈들 사이에 뚫린 공간인데, 정중신경 외에도 힘줄 10개가 통과한다. 손목굴증후군은 이곳 신경이 압박될 때 생긴다. 원인은 힘줄이 부어서, 혹은 손목관절염, 호르몬 수치 변화, 갑상샘 문제, 당뇨, 손목 과다사용으로 손목굴에 체액이 고여서이다. 압박 때문에 아프고 쥐기가 어렵고 엄지, 둘째손가락, 셋째손가락, 그리고 넷째손가락의 절반이 저리며, 심하면 엄지 근육이 위축된다. 증상이 가벼우면 휴식, 통증 경감, 부목으로 치료한다. 코르티코스테로이드 주사로 염증을 덜 때도 있다. 심하면 손목인대를 갈라 압박을 더는 감압수술을 한다.

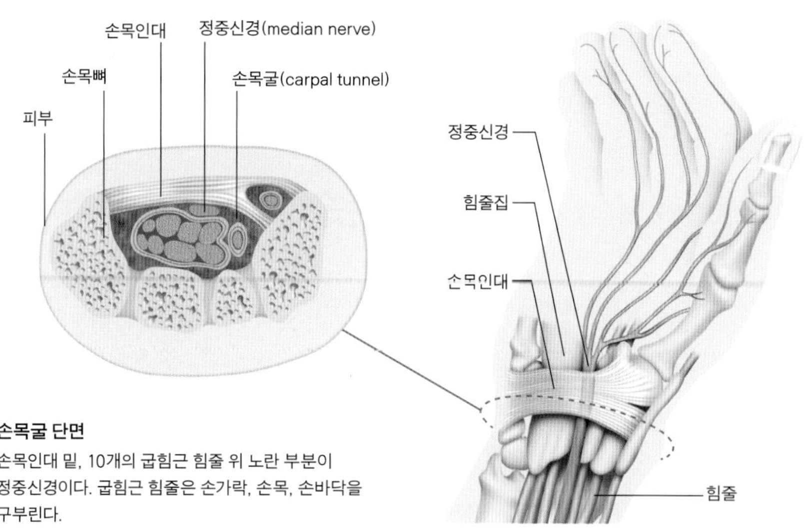
손목인대
정중신경(median nerve)
손목뼈
손목굴(carpal tunnel)
피부
정중신경
힘줄집
손목인대
힘줄

손목굴 단면
손목인대 밑, 10개의 굽힘근 힘줄 위 노란 부분이 정중신경이다. 굽힘근 힘줄은 손가락, 손목, 손바닥을 구부린다.

윤활주머니염

관절 완충재로 기능하는 윤활주머니에 염증이 생기면 눈에 띄게 붓고 아프다.

윤활주머니(윤활낭, bursa)는 내막이 윤활막이고 속에 젤리 같은 윤활액이 채워진 주머니이다. 대부분의 관절에 들어 있고 관절 가동부 사이에서 완충재로 기능한다. 손상되거나 감염되면 윤활막에서 윤활액이 지나치게 생성되고 고여 발적, 부기, 통증이 따른다. 무릎과 팔꿉 주변이 흔한데, 자주 손상되는 관절들이라 그럴 것이다. 팔꿉 뒤쪽의 팔꿈치머리윤활주머니는 피부가 느슨하기 때문에 크게 팽창하곤 한다. 대개 저절로 가라앉고, 액체를 뽑아내도 다시 찬다.

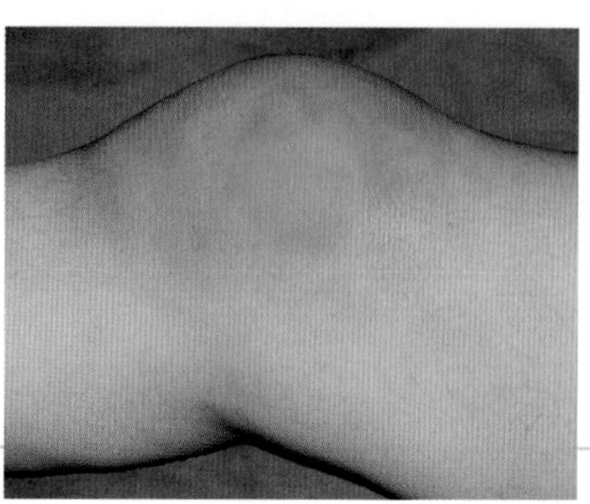

가정부무릎
가정부무릎(housemaid's knee)이라고도 하는 무릎앞윤활주머니염(prepatellar bursitis)은 정원사처럼 오래 무릎을 꿇고 일하는 사람들에게 흔히 발생한다.

연골연화증

무릎 앞쪽이 아픈 무릎뼈 연골연화증은 과다 사용과 관련이 있는 듯하며, 활동적인 청소년들에게 흔히 발생한다.

무릎뼈 연골연화증(chondromalacia patellae)은 청소년의 무릎관절이 자주 굽고 펴지면서 관절 위 무릎뼈가 만성적으로 앞뒤로 마찰하여 아픈 현상이다. 기본적으로 무해하지만, 아주 아플 수 있다. 대개 두어 해 뒤 증상이 사라진다. 휴식과 물리치료로 통증이 완화되지만, 활발한 십대라면 통증을 감수하고 운동하느냐 활동을 포기하느냐 선택해야 할지도 모른다. 과거에는 수술로 무릎뼈 뒤를 '청소'했지만, 보통 저절로 낫는데다가 수술로 관절에 흉이 질 수 있어 요즘은 수술을 꺼린다.

오스굿-슐라터병

활동적인 십대에게 흔히 발생하며 정강뼈 앞쪽, 무릎 바로 밑에 염증이 생긴다.

주로 폭발적으로 성장하는 청소년기에 생긴다. 운동을 많이 하는 십대가 자주 경험한다. 정강뼈 꼭대기의 융기인 정강뼈거친면(tibial tuberosity), 즉 넙다리네갈래근이 무릎인대를 거쳐 정강뼈에 붙는 지점이 문제 부위이다. 근육이 길어지는 속도보다 긴뼈가 길어지는 속도가 더 빨라 정강뼈거친면에 지나친 긴장이 가해져 생긴다.

늘어난 네갈래근이 수축할 때 정강뼈거친면에 반복적으로 긴장이 전달되어 아프고 붓는다. 정강뼈 끝 성장판이 긴장골절(피로골절)되는 정강이외골종(shin splint) 현상이 발생할 수도 있다. 인체가 골절을 치유하려고 거친면에 새 뼈를 형성해 융기가 솟는 것이다. 누름 통증이 있고, 운동할 수 없을 정도로 아프다. 정강이외골종이 이제 막 형성되었다면 더 심하다. 두어 해가 지나면 증상이 사라지고, 휴식과 진통제 외에는 별다른 처방이 필요 없다.

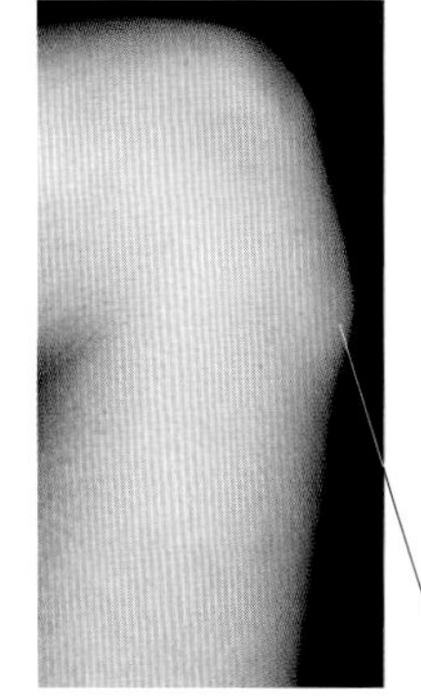
뼈 융기
(bony prominencs)

오스굿-슐라터병
오스굿-슐라터병(Osgood-Schlatter disease)에 걸린 사람의 정강뼈거친면이 툭 튀어나왔다. 가벼운 골절이 반복되어 뼈가 융기한 것으로, 두드리면 몹시 아프다.

아킬레스힘줄염

운동선수나 달리기 주자는 장딴지 근육들을 발목과 이어 주는 아킬레스힘줄에 염증이 생기곤 한다.

아킬레스힘줄염은 발이 지나친 힘으로 바닥을 구를 때 조직이 작게 째져 생긴다. 딱딱하거나 울퉁불퉁한 땅에서 달릴 때 그러기 쉽다. 발목 뒤쪽이 아프고 붓고, 발목 자체가 붓기도 한다. 힘줄을 뻗을 때(성큼 걸으면서 발로 땅을 '밀려고' 발꿈치를 굽힐 때) 특히 아프다. 휴식, 얼음찜질, 진통제로 대부분 낫지만, 지속되면 물리치료를 받거나 신발에 일시적으로 보조기를 끼운다. 발꿈치에 패드나 컵 모양 기구를 대어 발이 바닥에 닿을 때 힘줄이 긴장을 덜 받도록 하는 것이다. 아킬레스힘줄은 혈액 공급을 적게 받는 편이라 치유가 느리다.

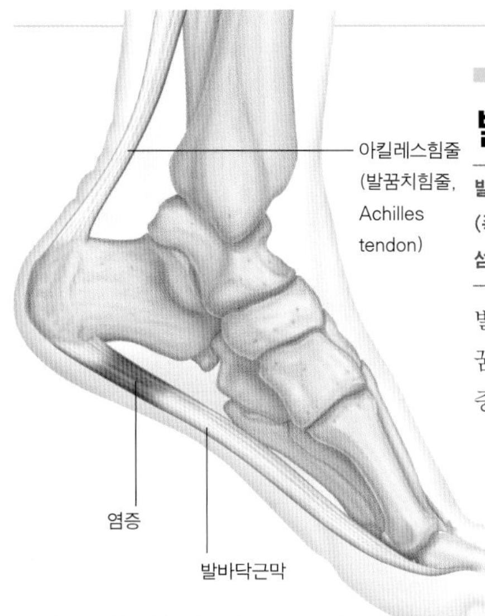
아킬레스힘줄
(발꿈치힘줄,
Achilles
tendon)
염증
발바닥근막

발바닥근막염

발바닥근막은 발바닥 아래를 길게 지나면서 발바닥활(족궁)을 지탱하는 질기고 두꺼운 띠 모양 섬유조직으로, 염증이 생기면 통증이 심하다.

발바닥근막은 아킬레스힘줄의 연장으로, 발꿈치뼈와 발가락 바닥을 잇는다. 이 조직에 염증이 생기는 원인은 아킬레스힘줄염과 마찬가지로 반복된 과다 신장 때문이다. 울퉁불퉁한 땅에서 걷거나 달리는 사람이 흔히 걸리지만, 염증성관절염, 비만, 뼈관절염, 당뇨 환자에게 퇴행성으로 발생할 때도 있다. 발바닥을 뻗으면 아프다. 보통 발꿈치 밑이 제일 아프고, 아침에 처음 몇 걸음을 걸을 때가 제일 아프다.

초기 치료법은 휴식, 얼음찜질, 진통제이다. 조직을 부드럽게 늘리기 위해서 운동을 처방하거나 신발에 보조기를 깔아서 발을 쓸 때 근막이 덜 늘어나게 할 수도 있다. 심하면 코르티코스테로이드 주사와 국소 마취제를 처방한다.

발바닥근막염(plantar fasciitis)
발바닥근막염의 통증은 발꿈치뼈에 근막이 붙은 지점인 발바닥 뒤쪽이 제일 심하다.

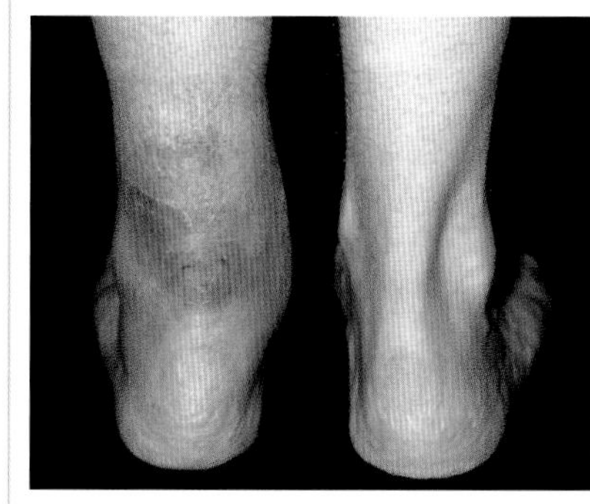

아킬레스힘줄염(Achilles tendinitis)
사진에서 보듯이, 아킬레스힘줄에 염증이 심하면 잉여의 조직액이 중력에 의해 아래로 처져 발목과 발꿈치가 붓는다.

발 변형

발의 뼈, 근육, 인대에 이상이 생겨 발 모양이 틀어지고 기능에 장애가 올 수 있다.

발은 성장하면서 점차 모양이 달라져 성인이 되면 뼈, 인대, 근막(결합조직)이 발바닥에서 아치(활) 모양이 된다. 유연성을 높이고 충격을 흡수하는 활 구조에 이상이 생기면 편평발이나 오목발이 된다. 활이 아예 발달하지 않았거나 무너진 편평발은 발바닥활을 받치는 깔창을 쓰면 도움이 된다. 오목발(high-arched foot, pes cavus)은 활이 비정상적으로 높은 것이다. 유전이거나, 근육이나 신경질환으로 인한 후천적 현상이다. 대체로 증상이 없지만 신발을 신을 때 문제가 될 수 있다. 한 발이나 두 발 모두 안쪽으로 휜 곤봉발(club foot)은 태어났을 때부터 드러나지만, 원인은 알 수 없다. 발을 부드럽게 늘리면서 만져 주고 특수 신발을 신으면 치료될 수도 있다.

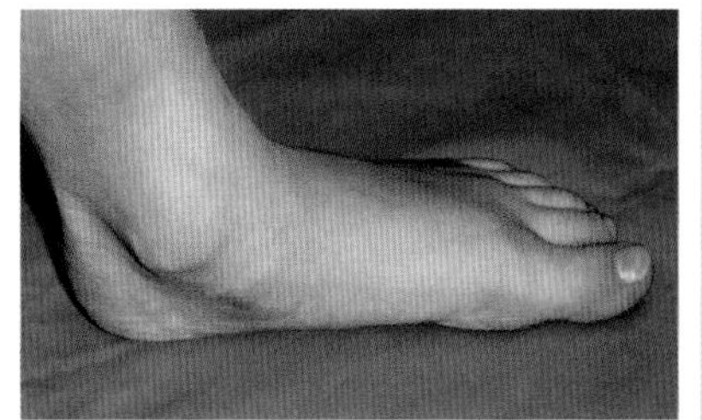

편평발(평발, flat foot, pes planus)
몸무게 때문에 뼈 구조가 무너져 활이 편평해졌다. 걸을 때 발바닥 전체가 땅과 접촉하고, 아플 수도 있다.

엄지발가락가쪽휨증

엄지발가락 바닥쪽 관절이 구조적으로 변형되어 엄지건막류(bunion)가 생기곤 한다.

엄지발가락가쪽휨증(hallux valgus)은 엄지발가락이 안을 향해 돌면서 시작된다. 다른 발가락들이 따라서 휠 때도 있다. 엄지발가락이 정상 위치를 벗어나면, 엄지 바닥과 첫째 발허리뼈 사이 관절이 노출되어 아프고 붓는다. 관절 위 윤활주머니에 염증이 생기면 부기가 심해져 압력이 커지고, 뼈가 융기한다. 이 건막류는 대체로 가족력이 있다. 원인은 복합적이지만, 비정상적인 움직임과 관련이 있다. 뾰족하고 꽉 죄는 신발을 오래 신어서 압박된 탓일 수도 있다. 문제의 발가락에 관절염이 발달할 수 있고, 커진 건막류 때문에 맞는 신발을 구하기 어려울 수도 있다. 패드, 보조기(교정기), 편한 신발로 압박을 덜지만, 심하면 수술로 돌출된 뼈를 제거하고 발가락을 재정렬한다.

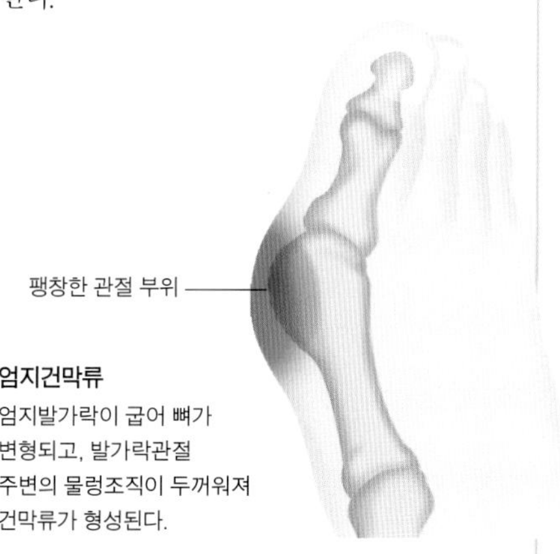
팽창한 관절 부위

엄지건막류
엄지발가락이 굽어 뼈가 변형되고, 발가락관절 주변의 물렁조직이 두꺼워져 건막류가 형성된다.

뇌혈관질환

뇌혈관은 뇌에 혈액을 공급하는 혈관을 망라한다. 뇌혈관은 피덩이(혈병)나 죽경화증처럼 다른 곳의 혈관에도 생기는 질병에 걸리기 쉽지만 이 질병이 뇌에 미치는 영향은 다른 곳과 큰 차이를 보이며 때로는 치명적이다.

뇌졸중(STROKE)

뇌졸중은 혈액 공급 장애로 인해 특정 뇌조직 부위에 돌이킬 수 없는 손상이 갑자기 나타나는 병이다. 심장으로 치면 심근경색증과 비슷하다.

뇌는 혈액을 통해 산소와 영양소를 공급받아야만 활동할 수 있다. 혈액 공급이 중단되면 뇌 세포는 작동을 중단하고 죽게 되어 뇌와 정신 기능에 장애가 일어난다. 이를 뇌경색증이라 한다. 대부분의 뇌졸중은 죽경화증으로 인해 일어난다. 즉 심장이나 큰 뇌동맥에 생긴 혈전이 떨어져 나와 혈액을 따라 흐르다가 이미 죽경화증 때문에 좁아진 뇌동맥에 걸릴 때 일어난다. 그밖에 종양이나 혈관 기형으로 인한 출혈 때문에도 뇌졸중이 일어날 수 있다.

뇌졸중은 뇌에서 좁은 부위를 침범할 수도 있고 넓은 부위를 침범할 수도 있는데, 반신마비(편마비)가 흔히 일어난다. 말하기나 삼키기나 시각도 영향을 받을 수 있으며, 성격이나 기억이나 기분도 변할 수 있다. 손상된 뇌가 부은 후 부기가 빠지려면 몇 주 또는 몇 달이 걸리기도 한다. 이 동안 뇌 기능이 점차 돌아오기도 하고 재활 치료를 받으면 신체 기능을 다시 익힐 수 있다. 담배를 끊고 혈압과 콜레스테롤 농도를 낮추면 뇌졸중이 일어날 가능성이 낮아진다. 혈전을 녹이는 약으로 조기 치료하면 손상을 최소화하거나 원상태로 되돌릴 수 있다.

출혈
혈관

뇌 속에 일어난 출혈
뇌혈관 파열을 뇌내출혈(뇌속출혈)이라 한다. 이는 뇌졸중 중 가장 드문 유형인데, 대개 종양이나 기존의 혈관 이상으로 인해 일어난다.

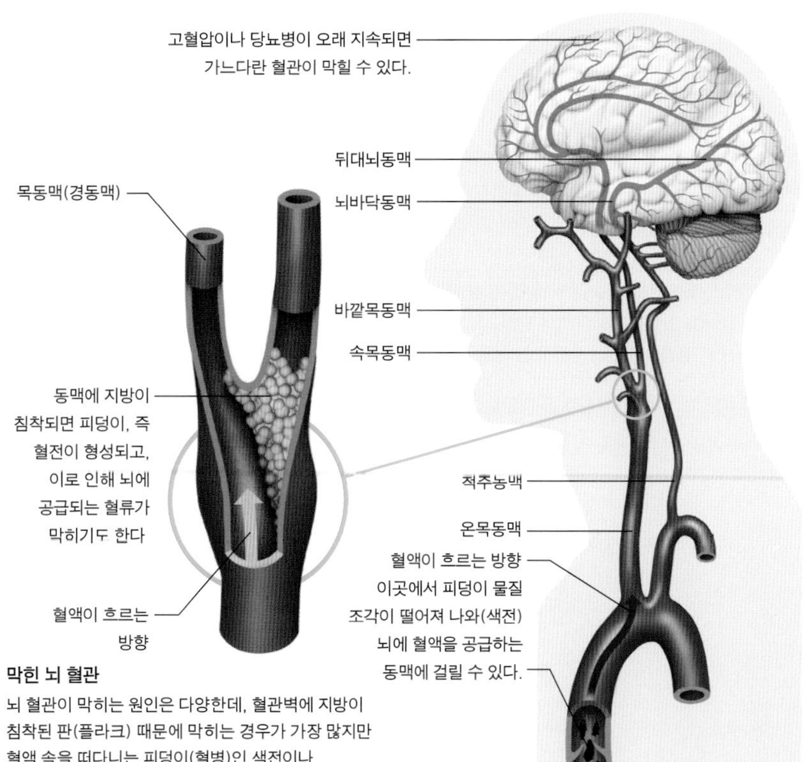
고혈압이나 당뇨병이 오래 지속되면 가느다란 혈관이 막힐 수 있다.
뒤대뇌동맥
목동맥(경동맥)
뇌바닥동맥
바깥목동맥
속목동맥
동맥에 지방이 침착되면 피덩이, 즉 혈전이 형성되고, 이로 인해 뇌에 공급되는 혈류가 막히기도 한다
척추동맥
온목동맥
혈액이 흐르는 방향
이곳에서 피덩이 물질 조각이 떨어져 나와(색전) 뇌에 혈액을 공급하는 동맥에 걸릴 수 있다.
혈액이 흐르는 방향

막힌 뇌 혈관
뇌 혈관이 막히는 원인은 다양한데, 혈관벽에 지방이 침착된 판(플라크) 때문에 막히는 경우가 가장 많지만 혈액 속을 떠다니는 피덩이(혈병)인 색전이나 질병으로 인해 혈관이 좁아지는 것도 원인이 된다.

뇌졸중의 장기적 영향

장기적으로 어떤 영향을 미치는지는 어느 뇌 부위가 손상을 입는지, 손상이 영구적인지 아닌지, 뇌가 얼마나 잘 새로운 신경로를 학습하여 과제를 수행하는지에 따라 결정된다. 심한 뇌졸중이라도 극적으로 회복되기도 한다. 언어 기능 장애가 흔한데, 단어를 고르고 만드는 데 장애가 잘 생긴다. 성격 변화가 일어나기도 하며, 감정 표현이 어려워지고 우울증이 나타나는 것도 흔한 후유증이다.

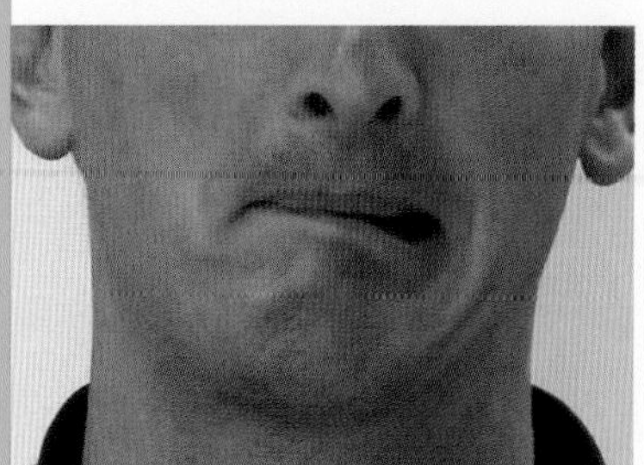

얼굴마비(안면마비)
얼굴마비는 뇌졸중이 한쪽만 침범했을 때 가끔 일어나는데, 눈을 완전히 감지 못하고 입을 완전히 다물지 못한다.

일과성허혈발작

정상 뇌 혈류가 잠깐 차단되어 뇌 기능을 갑자기 일시적으로 잃는 것이 일과성허혈발작(TIA)이다.

뇌졸중이 심근경색증과 비슷하듯이 일과성허혈발작은 협심증(앙기나)과 비슷하다. TIA가 일어나는 과정은 피덩이가 관련된 혈전 뇌졸중과 같은데, TIA는 혈관이 일시적이고 부분적으로 막히며 뇌조직에 영구적인 손상이 발생하기 전에 치유된다는 점이 다르다. TIA는 몇 초에서 몇 시간 동안 지속된다. TIA는 뇌졸중을 경고하는 징후라 할 수 있는데, 오래 지속되거나 자주 일어날수록 뇌졸중이 일어날 위험성이 높다. 따라서 TIA가 나타나면 응급 검사를 해야 하며, 뇌에 혈액을 공급하는 목동맥과 심장을 촬영해서 뇌혈관을 막을 수 있는 물질이 어디에서 비롯되는지를 밝혀내야 한다.

TIA가 일어나기 쉬운 위험인자로는 고혈압, 흡연, 당뇨병, 높은 콜레스테롤 수치 등이 있다.

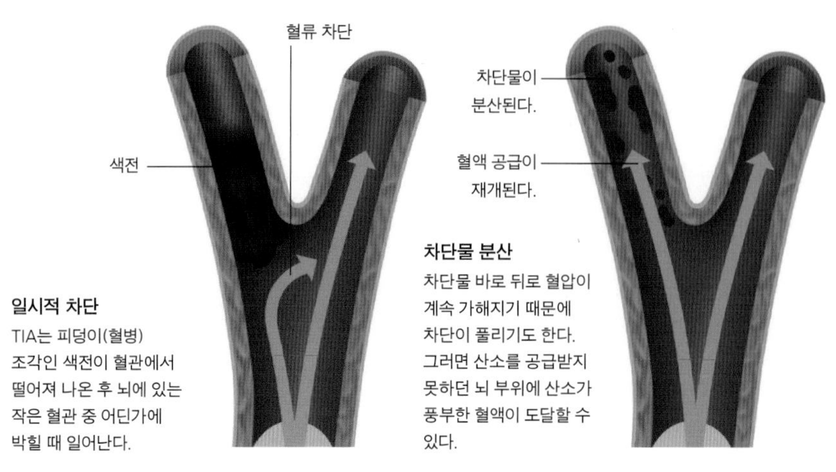
혈류 차단
색전
차단물이 분산된다.
혈액 공급이 재개된다.

일시적 차단
TIA는 피덩이(혈병) 조각인 색전이 혈관에서 떨어져 나온 후 뇌에 있는 작은 혈관 중 어딘가에 박힐 때 일어난다.

차단물 분산
차단물 바로 뒤로 혈압이 계속 가해지기 때문에 차단이 풀리기도 한다. 그러면 산소를 공급받지 못하던 뇌 부위에 산소가 풍부한 혈액이 도달할 수 있다.

거미막밑출혈

뇌를 둘러싸는 수막 세 겹 중 속에 있는 두 층 사이로 혈액이 새는 매우 위험한 질환이다.

거미막밑출혈은 뇌 표면 근처에 있는 동맥이 갑자기 터져서 혈액이 수막 중 속에 있는 두 층인 거미막과 연막 사이로 누출될 때 일어난다. 원인은 대부분 딸기동맥자루나 기형혈관 파열이며, 외상으로 인해 혈관이 손상되어 출혈이 일어날 수도 있다. 출혈이 일어나면 갑자기 '벼락에 맞은 것 같이 심한 두통'을 경험하며, 구토와 혼란이 나타나고 빛을 못 견더 한다. 심하면 혼수상태에 빠져서 죽기도 한다. 혈관이 터지기 전에 경고성 두통이 나타나기도 한다. CT 촬영을 해서 출혈이 일어나는 곳을 찾고, 손상된 혈관을 수술로 복구해야 한다. 그러나 환자 중 거의 절반이 사망한다.

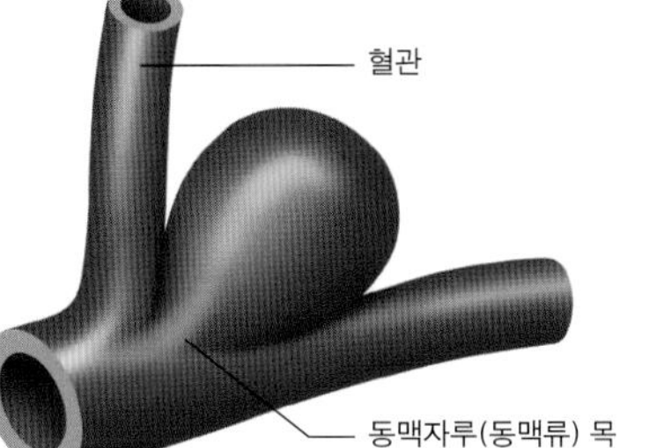
혈관
동맥자루(동맥류) 목

딸기동맥자루(딸기동맥류, berry aneurysm)
딸기동맥자루는 두 동맥 사이의 이음부에 있는 약한 곳이 팽창해서 일어난다. 뇌 바닥에 있는 동맥에서 자주 발생한다.

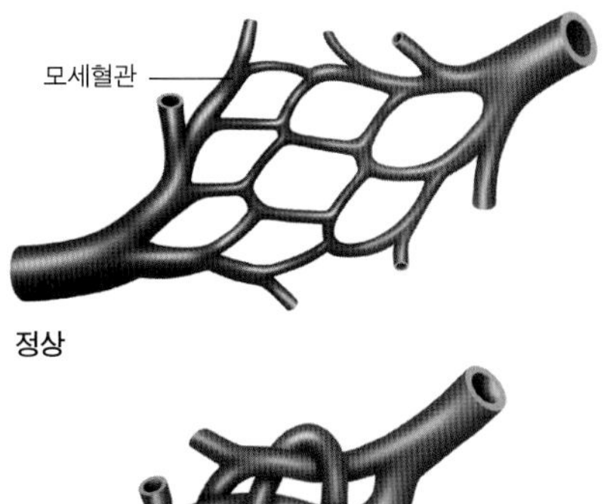
모세혈관
정상

비정상 혈관 매듭
비정상

동정맥기형
동맥과 정맥이 얽힌 실타래처럼 연결되어 있는 선천 기형이다. 이 지점에서 혈압이 높은 동맥 혈액이 혈압이 낮은 정맥 혈액과 만나기 때문에 출혈이 일어나기 쉽다.

경막밑출혈(경막하출혈)

수막 세 겹 중 바깥에 있는 두 층 사이로 혈액이 누출될 때 일어난다.

경막밑출혈은 대개 경막밑공간을 지나는 정맥이 찢어져서 일어난다. 그 결과 심한 급성 출혈이 일어나거나 만성 출혈이 서서히 일어난다. 출혈이 일어나면 혈종이라 불리는 혈액 주머니가 형성되어 뇌를 압박한다. 출혈이 심하면 뇌가 눌려서 의식을 급속히 상실한다.

급성 경막밑출혈은 대개 머리를 심하게 다쳤을 때 일어나는데, 젊은이나 아기 환자가 많다. 아기는 소위 '흔들린 아기 증후군'일 가능성이 있다. 만성 경막밑출혈 환자는 서서히 정신혼동이 일어나고 의식이 저하되는데, 대개 노인 환자가 많아서 치매로 오인하기도 하며, 알코올 중독자에도 많다. 늙거나 알코올을 섭취하면 뇌가 오그라드는 특성이 있고, 그 결과 수막 사이를 가로지르는 정맥이 늘어나서 파열될 가능성이 높아지기 때문일 것이다.

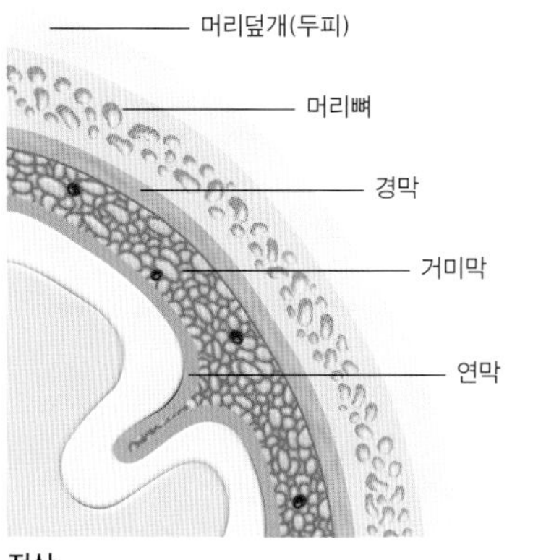
머리덮개(두피)
머리뼈
경막
거미막
연막

정상
뇌는 수막(뇌척수막) 세 겹, 즉 경막과 거미막과 연막에 둘러싸여 있다. 수막에는 민감한 신경이 분포하고, 뇌의 겉면 위를 지나는 혈관이 존재한다.

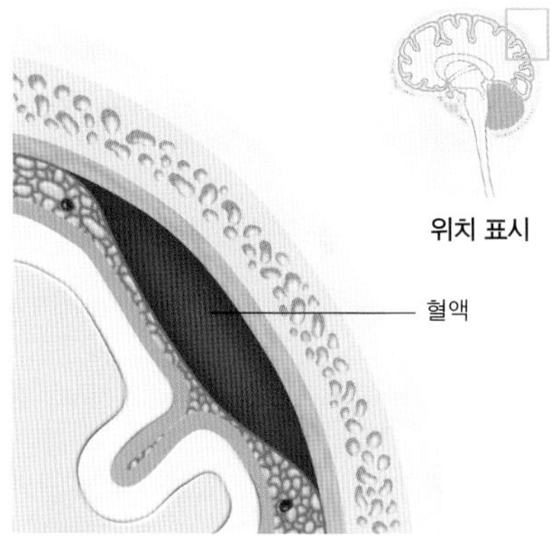
위치 표시
혈액

경막밑출혈
혈종은 혈액이 모인 덩어리로, 수막 세 겹 중 바깥 두 층 사이에 생기면 뇌를 압박한다. 경막밑혈종은 몇 시간 내에 급속히 성장하기도 하며, 커지는 데 몇 주 또는 몇 달이 걸리기도 한다.

편두통(MIGRANE)

심한 경우가 많고 재발하는 두통으로, 대개 한쪽 머리에만 일어나며, 시각 장애와 구역질과 기타 비정상 감각이 함께 일어난다.

편두통은 여성이 더 많고, 집안 내력인 경향이 있다. 어느 연령대에서나 처음 발병할 수 있지만 50세가 넘어 시작하는 경우는 드물다.

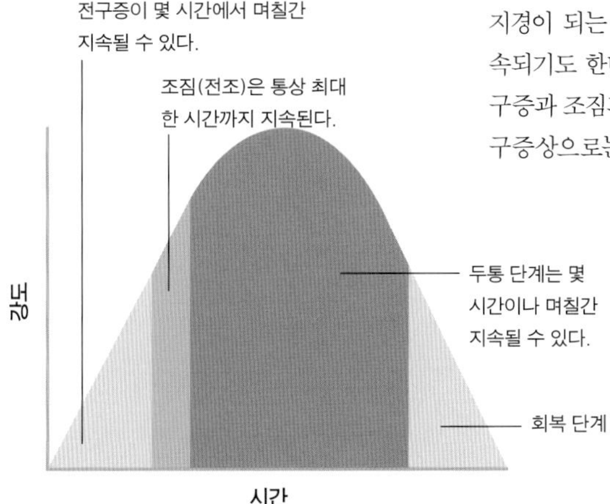
전구증이 몇 시간에서 며칠간 지속될 수 있다.
조짐(전조)은 통상 최대 한 시간까지 지속된다.
두통 단계는 몇 시간이나 며칠간 지속될 수 있다.
회복 단계
강도
시간

편두통 발작 경과
전형적인 편두통 발작은 네 단계로 이루어지는데, 강도와 지속 기간은 상황에 따라 다르다.

원인은 수막 혈관이 갑자기 수축하여 경미한 허혈이 잠깐 발생하고, 이어서 혈관이 확장하여 혈액이 '왈칵' 쏟아져 들어감으로써 민감한 정맥과 신경이 늘어나서 통증이 나타날 가능성이 있다.(과거 학설임. — 옮긴이) 스트레스나 배고픔이나 피로나 특정 음식(초콜릿, 적포도주, 카페인 등) 같은 요인이 촉발하는 경우가 많다. 여성은 호르몬 변동과 관련이 있으며, 월경주기 전에 일어나는 경우가 많다.

편두통 발작이 일어나면 아무 일도 못하는 지경이 되는 경우가 많으며, 최대 3일까지 지속되기도 한다. 편두통은 대개 네 단계, 즉 전구증과 조짐과 두통과 회복 단계를 거친다. 전구증상으로는 식욕 감퇴와 기분이나 행동 변화 등이 있다. 조짐이 있는 경우는 사물이 흐리게 보이거나 섬광이 보이는 시각장애, 무감각하거나 바늘로 찌르는 것 같은 비정상 감각, 평형이나 조정 상실, 말하기 힘든 것 등이 나타난다. 두통은 전형적으로 한쪽(偏) 머리에서 박동하는 듯한 통증으로 나타나는데, 구역질 및 구토가 일어나고 빛과 소음을 못 참고 머리덮개 감각이 변하는 증상이 동반된다.

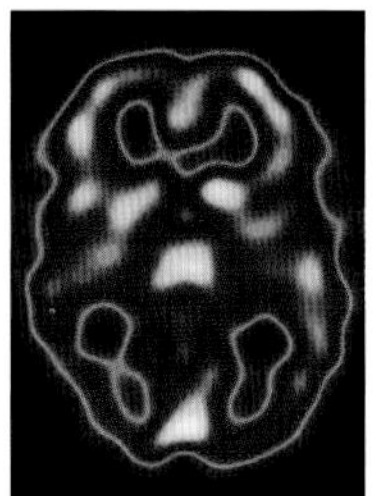

편두통 발작
이 스캔 사진은 편두통이 일어나는 동안 뇌 활성 수준이 부위에 따라 다름을 보여 준다. 빨간색 및 노란색 부위는 활성이 높고, 회색 및 파란색 부위는 활성이 낮음을 뜻한다.

환자 중 약 15퍼센트는 편두통에 앞서 조짐이 나타난다(과거에는 전형적 편두통이라 칭했다). 조짐이 없는 편두통은 일반 편두통이라 한다.

두통

대부분 긴장두통으로, 스트레스가 원인이다. 더 심한 두통은 군발두통으로, 발작이 하루에도 여러 번 잠깐씩 일어난다.

긴장두통은 이마가 조이는 듯한 느낌이 드는데, 머리덮개와 목 근육이 긴장하기 때문에 일어난다. 해가 질 무렵 악화되는 경우가 많으며, 피곤하거나 스트레스가 있을 때 심해진다. 진통제를 복용하고 휴식하면 완화된다.

군발두통은 남성에 더 많으며, 한쪽 눈이나 관자놀이 주변에 극심한 통증이 나타나는데, 동반 증상으로 눈이 충혈되면서 눈물이 나고 코가 막힌다. 통증은 혈관이 확장되기 때문에 일어나지만 근본 원인은 알지 못한다. 온도 변화나 음주가 발작을 촉발하기도 한다. 발작이 일어나는 속도가 빠르며, 두통은 시뻘겋게 달군 부지깽이로 눈을 찌르는 것 같다는 표현을 쓸 정도로 심하다.

뇌와 척수 질환

뇌와 척수는 감각신경을 통해 온 정보와 혈액을 통해 전달된 화학물질로부터 온 정보를 처리하고 인체 조직으로 보낼 반응을 수립한다. 뇌나 척수가 손상을 입으면 뇌와 신체 기능에 심각한 장애가 일어날 수 있다.

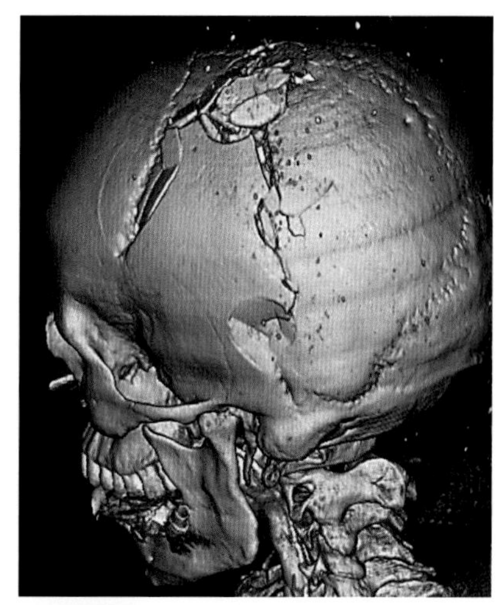

머리뼈 골절
머리뼈의 삼차원 CT 사진으로, 심한 골절이 여럿 관찰된다. 이 정도 손상을 입으면 뇌가 손상되거나 사망할 수 있다.

머리 손상

혹이나 멍 정도는 대부분 별 문제가 없지만 머리를 심하게 타격하거나 기타 상해를 가하면 뇌조직이 심한 손상을 입을 위험성이 높아진다.

심한 머리 손상에는 뇌조직이 노출되는 개방 손상이나 머리뼈 속에서 뇌가 흔들리는 폐쇄 손상이 있다. 머리뼈 개방골절은 머리를 강타하거나 심한 충격을 줄 때 일어난다. 머리뼈는 튼튼하기 때문에 강력한 힘을 가해야만 부러진다. 머리뼈가 골절되면 뇌 조직과 뇌척수액이 외상을 입거나 감염에 노출될 수 있다. 머리뼈 바닥부분이 골절되면 뇌척수액이 코나 귀로 새기도 한다. 반대로 병원체가 들어와서 감염이 일어날 수도 있다. 머리뼈 속에서 뇌가 흔들리면 출혈이 일어날 수 있으며, 피가 고여서 혈종을 형성하기도 한다. 혈액이 축적되면서 뇌를 압박하고, 두통이 생기고 의식이 변한다.

교통사고 때 나타나듯이 인체가 빠르게 움직이다가 갑자기 정지하는 감속 손상 때도 뇌가 타박상을 입을 수 있다. 흔들린 뇌는 머리뼈 속면에 부딪히는데, 충격 지점은 물론 반동해서 부딪히는 반대 지점도 타박상을 입는다. 그 결과 뇌진탕이 일어나서 구토와 겹보임과 두통이 나타날 수 있다.

뇌가 부으면 혼동, 발작, 의식상실 같은 증상이 일어나고, 때로는 사망에 이르기도 한다. 응급치료를 해서 뇌에 가해지는 압력을 줄이고 출혈을 처치해야 한다.

움직임
뇌
머리뼈

1 빠른 속도로 움직인다
차를 타고 가는 사람 같이 빠른 속도로 움직이는 사람은 머리뼈와 뇌가 신체 및 차량과 같은 속도로 이동한다.

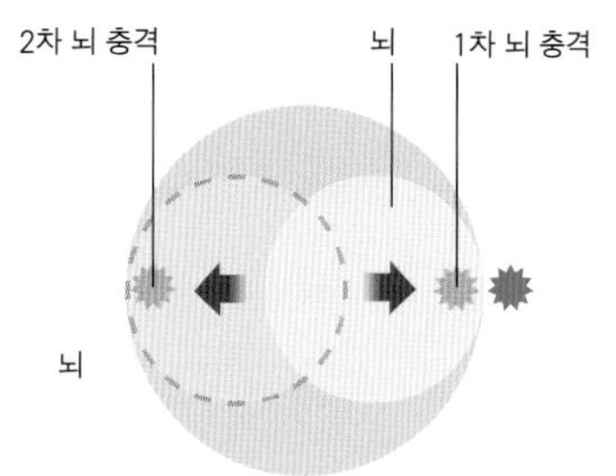
2차 뇌 충격
뇌
1차 뇌 충격
뇌

2 충격
전진하다가 갑자기 정지하면 뇌가 머리뼈 앞부분에 부딪히고, 이어서 반동 작용으로 뒷부분에 부딪히는 '맞충격손상(반충손상)'이 일어난다.

혈종
이 CT 사진에서 파란색 부위가 머리뼈 밖에 혈액이 축적된 주머니, 즉 혈종이다. 뇌 속에 일어난 심한 출혈은 주황색으로 강조했다.

뇌성마비

뇌 손상으로 인해 자세와 운동에 장애가 생기는 질환군을 가리킨다.

발생 중인 뇌에 가해지는 손상은 출생 전에 일어나는 경우가 많다. 한편으로는 출산 직전 또는 도중이나 직후에 뇌에 산소가 부족한 경우도 있다. 대뇌 운동겉질이 손상된 환자는 서 있거나 움직일 때 장애를 겪는다. 장애가 심각하면 팔다리가 뻣뻣해지는 강직 증상이 나타난다. 손상이 심하지 않으면 경미한 강직과 두 다리가 꼬이고 걸음걸이가 약간 변하는 증상만 보이기도 한다. 그렇다고 해서 인지 사고 과정과 지능까지 반드시 변하는 것은 아니다. 물리치료를 해서 근육을 유연하게 유지하고, 말하기와 언어를 익히도록 도와주어야 한다.

물뇌증(수두증)

뇌척수액이 지나치게 많기 때문에 생기며, 그 결과 뇌조직이 눌려서 손상을 입을 수 있다.

뇌척수액은 뇌와 척수를 둘러싸고 뇌 속에 있는 뇌실을 채운다. 정상 상황에서는 뇌를 쿠션처럼 보호하고 뇌에 영양을 공급하며, 결국 혈액으로 흡수된다. 과잉 생산되거나 통로가 막히거나 비정상 구조 등으로 인해 배출에 장애가 생기면 지나치게 많이 축적되기도 한다. 아기들은 뇌척수액이 많아지면 낱개머리뼈가 분리되기 때문에 머리뼈가 커진다.

성인 환자는 두통이 끊이지 않으며 아침에 악화되는 경향을 보이고, 시각과 걸음걸이에 문제가 생기며, 졸음증에 빠진다. 배출관 역할을 하는 지름길(션트) 관을 설치해서 뇌척수액을 다른 신체 부위로 빼내면 치료할 수 있다.

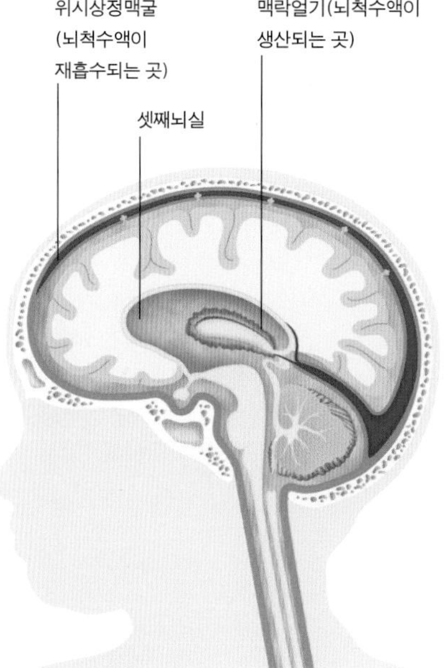
위시상정맥굴
(뇌척수액이
재흡수되는 곳)
맥락얼기(뇌척수액이
생산되는 곳)
셋째뇌실

뇌 안팎의 체액
뇌척수액은 뇌 속에 있는 뇌실에서 맥락얼기가 생산하며, 뇌와 척수는 뇌척수액에 잠겨 있다. 뇌척수액은 거미막을 거쳐 꾸준히 재흡수되기 때문에 일정한 양을 유지한다.

뇌와 척수의 고름집(농양)

고름집은 고름이 찬 혹이다. 뇌나 척수에 생기면 심각한 손상이 일어나고 사망할 수 있다.

감염원이 손상 부위로부터 직접, 또는 귀와 눈확 주위 뼈에 있는 코곁굴 감염으로부터, 또는 혈류를 통해 뇌와 척수에 도달할 수 있다. 뇌나 척수의 고름집은 드물지만 증상은 심각하다. 뇌에서는 고름집으로 인한 압박 때문에 혼동과 두통과 열이 발생할 수 있으며, 감염이 심각하면 완전 탈진할 수도 있다. 척추뼈 주위에 고름집이 생기면 통증과 마비가 일어나고, 뇌척수액이 수막으로 감염원을 운반하기 때문에 수막염으로 발전하기도 한다.(455쪽) 고름집을 배출하려면 수술이 필요하기도 하며, 감염원을 죽이고 발작을 예방하기 위해 약물을 투여한다.

치매(DEMENTIA)

인지 능력, 즉 이해력과 추론과 기억 능력이 서서히 사라짐을 뜻한다.

치매는 노인에서 가장 자주 일어난다. 원인은 대개 뇌나 뇌혈관의 질환이다. 가장 흔한 치매는 알츠하이머병인데, 이 병에 걸리면 신경세포가 변성되고 뇌 조직에 단백질 침착물이 쌓인다. 또 다른 형태는 혈관치매로, 뇌에 혈액을 공급하던 가는 혈관이 피덩이에 막혀서 작은 뇌 손상 부위가 여러 군데 생긴다. 레비소체 치매는 레비 소체(Lewy body)라 불리는 작고 둥근 결절이 뇌에 많아지고 기능 장애를 초래하여 환각 같은 증상이 일어나는 치매다.

가끔은 젊은 사람도 치매에 걸리는데, 원인은 만성 뇌 손상, 파킨슨병, 헌팅톤병 등이다. 치매는 시간이 지날수록 악화된다. 건망증이 심해지고 최근 사건은 기억하지 못하지만 오래 전 사건 기억은 멀쩡한 특징을 보이는데, 처음 알아채는 사람은 대개 가족이다. 처음에는 정상 노화 과정과 치매를 구별하기 어렵다. 그러나 결국 증상이 악화되어 집주소 같은 기본 정보까지 잊기 시작한다. 언어 장애나 실금이나 성격 변화 등의 문제도 발생할 수 있다. 심한 치매 환자는 사랑하는 이들과 친구에 관한 기억을 모두 잊고 항상 간호를 받는 처지가 되기도 한다.

정신 활동을 활발히 하면 치매 위험도가 줄어드는데, 특히 새로운 것을 배울 기회를 만들면 좋다.

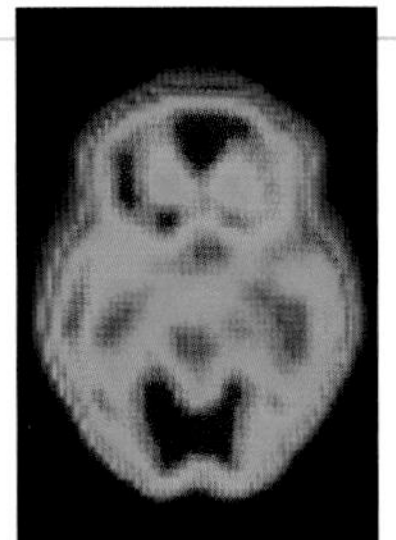

정상

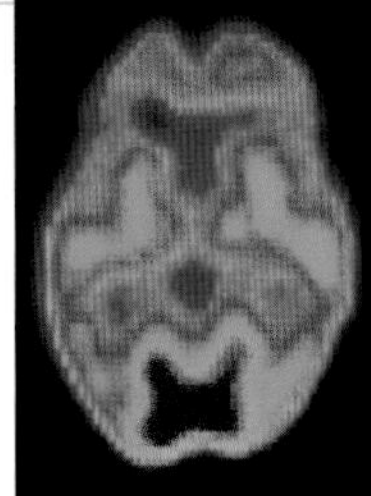

알츠하이머병

뇌 활성
양전자방출단층촬영술(PET) 사진으로, 뇌를 자극한 후 촬영한 검사 결과다. 파란색 부위는 환자의 뇌 활성이 저하되었음을 뜻한다.

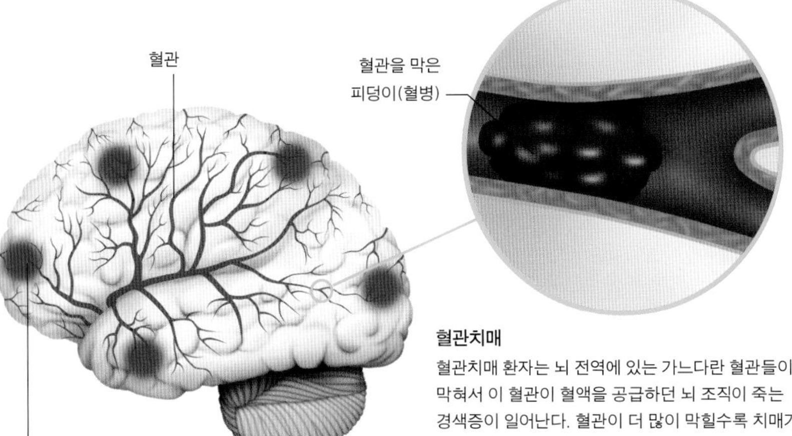
혈관
혈관을 막은 피덩이(혈병)
조직이 죽은 부위

혈관치매
혈관치매 환자는 뇌 전역에 있는 가느다란 혈관들이 막혀서 이 혈관이 혈액을 공급하던 뇌 조직이 죽는 경색증이 일어난다. 혈관이 더 많이 막힐수록 치매가 악화된다.

뇌전증(간질, EPILEPSY)

뇌에 비정상적인 전기 활성이 일어나기 때문에 발작이 반복 발생하는 질환이다.

뇌 신경세포는 전기 신호를 서로 주고받으며, 뇌 이외의 신경계통에도 신호를 보낸다. 발작은 이 신호가 일시적인 혼란을 겪을 때 일어난다. 뇌전증 환자는 비정상적 뇌 활성이 특별한 자극이 없는 상태에서 반복해서 일어난다. 비정상적 뇌 활성은 저절로, 또는 뇌 질환이나 뇌 손상으로 인해 일어날 수 있다.

발작은 스트레스를 받거나 음식이나 잠이 모자라면 촉발될 수 있다. 증상은 어디에서 비정상 활성이 나타나는지에 따라 다르다. 부분발작은 한쪽 뇌만 침범한다. 단순부분발작은 좁은 부위에 국한하며, 신체 한 부위가 씰룩거리는 정도의 증상만 일어나기도 하지만, 복합부분발작은 장애가 이웃 부위로 전파되어 기괴한 운동과 혼동과 의식상실이 일어난다.

전신발작(대발작)은 뇌 전체를 침범하며, 의식상실과 탈진과 심한 근육 연축(경련)을 초래한다.

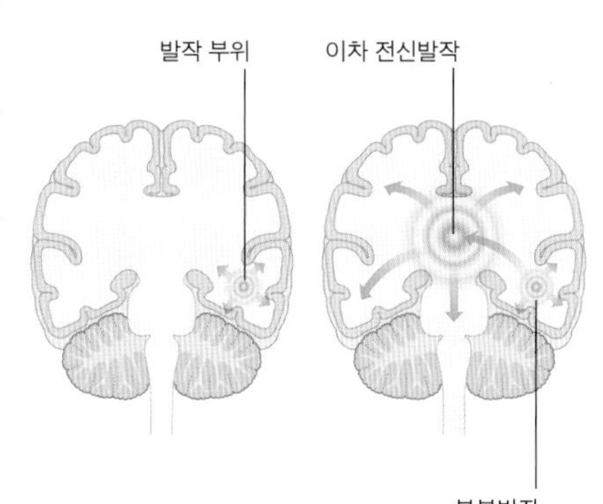
발작 부위
이차 전신발작
부분발작

부분발작
비정상 활성이 한 대뇌엽에서 일어나서 그 부위에 국한된 채 남아 있다. 일부 부분발작은 전신발작이 되어 다른 부위로 퍼지기도 한다.(오른쪽 그림)

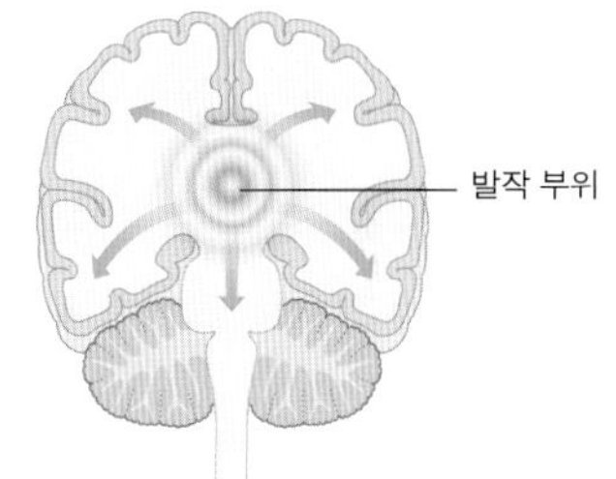
발작 부위

전신발작(대발작)
비정상 활성이 뇌 전체로 퍼진다. 증상은 다양하지만 전신에 걷잡을 수 없는 운동이 일어나고 1분에서 몇 분 동안 의식상실이 지속되는 것이 가장 대표적인 증상이다.

뇌파검사(EEG)

뇌 속에 일어나는 전기 활성을 기록하는 검사다. 작은 전극을 머리덮개(두피)에 고정하고 뇌 활성을 기록한다. 결과는 검사 용지에 기록하거나 컴퓨터에 저장한다. 뇌파검사는 종종 잠을 안 재우고 시행하는데, 이때 비정상 뇌파가 나타날 가능성이 높기 때문이다. 뇌전증 발작이 일어나고 있을 때 뇌파검사를 시행하면 비정상 활성 부위들이 나타나며, 발작이 없을 때도 비정상 활성이 나타날 수 있다.

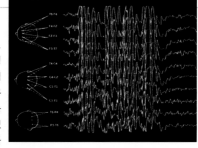

전신발작이 일어날 때 기록한 뇌파검사 소견
뇌의 모든 부위에서 비정상 전기 활성이 나타나고 있다. 이 결과를 바탕으로 전신뇌전증 발작으로 진단할 수 있다.

뇌종양

뇌종양은 양성종양이나 암(악성종양) 중 하나로, 모두 뇌 기능에 심한 장애가 일어난다.

뇌종양은 대부분 전이 종양으로, 다른 신체 부위에서부터 혈액을 거쳐 전파된 암세포가 성장한 종양이다. 특히 유방암과 폐암이 뇌로 잘 전이되는데, 이는 유방암이나 폐암이 급격히 악화되고 있다는 징후인 경우가 많다. 원발 뇌종양은 뇌에서 직접 발생한 종양으로, 훨씬 드물다. 악성종양은 빠르게 성장하고 다른 뇌 부위로 퍼지는 것이 특징이다. 양성종양은 서서히 자라고 한 부위에 남아 있는 경향이 있다. 뇌종양은 종류를 막론하고 뇌에 손상을 입힐 수 있는데, 이는 머리뼈 속에는 종양이 자랄 공간이 없어서 뇌조직을 압박하기 때문이다. 증상은 어느 뇌 부위가 침범되었는지에 따라 다르며, 심한 두통이나 혼동이 일어나거나 시야가 흐려지거나 한 신체 부위가 마비되거나 말하기나 말을 이해하는 데 장애가 있거나 성격이 변하는 것 등이 있다.

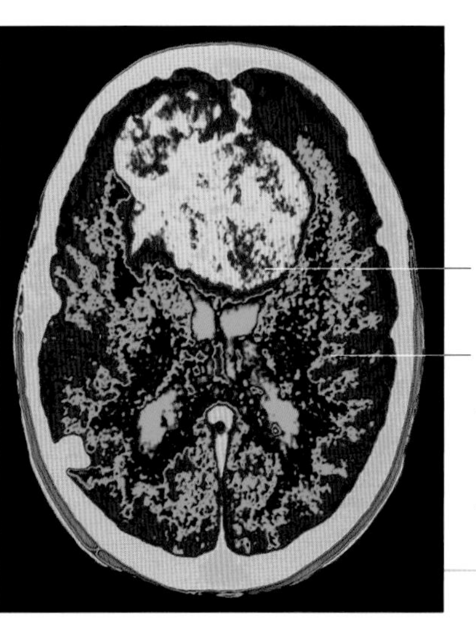
종양 부위
대뇌반구

수막종(meningioma)
이 사진을 보면 이마엽(전두엽)에 커다란 종양이 정상 뇌조직을 밀어내고 있음을 알 수 있다. 이마엽은 성격을 관장하기 때문에 이 부위가 변하면 기분과 행동이 이상해진다.

일반 신경계통 질환

신경계통은 신체 조직에서부터 뇌로, 그리고 뇌에서 시작하여 신체로 되돌아가는 반응이라는 쌍방향 신호를 끊임없이 전달한다. 그러나 어떤 질환들은 뇌와 신경조직을 변성시켜 이 신호 전달을 방해하거나 멈추게 한다.

다발경화증

뇌와 척수에 있는 신경 조직의 손상이 점점 더 심해져서 광범위한 신체 기능에 장애가 일어난다.

뇌와 척수에 있는 건강한 신경섬유는 말이집이라는 지방질 보호막에 둘러싸여 있는데, 말이집은 신경 신호가 더 빠르고 매끄럽게 진행할 수 있도록 만든다. 다발경화증 환자는 말이집이 점점 더 파괴된다. 이 병은 자가면역질환으로, 자신의 면역계통이 말이집을 공격한다. 원인은 불명확하지만 유전 및 환경 요인이 모두 작용하는 것으로 보인다.

전형적인 다발경화증은 20~40세에 처음 나타난다. 증상으로는 시각이나 말하기 장애, 평형 및 조정 장애, 무감각이나 저림, 쇠약, 근육 연축(경련), 근육통이나 신경통, 피로, 실금, 기분 변화 등이 있다. 증상이 오락가락하지만 증상이 나타난 뒤마다 더 악화되는 환자도 있고, 증상이 일정한 속도로 점점 더 악화되는 환자도 있다.

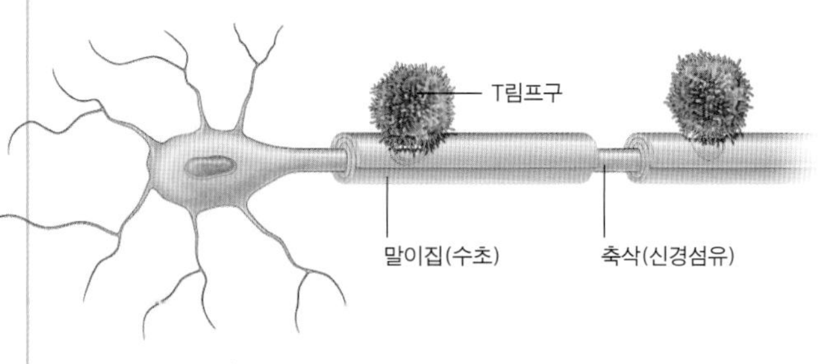
T림프구
말이집(수초)
축삭(신경섬유)

초기
T림프구와 큰포식세포가 신경섬유의 말이집을 공격한다. 초기에는 약간의 복구가 일어날 수 있다

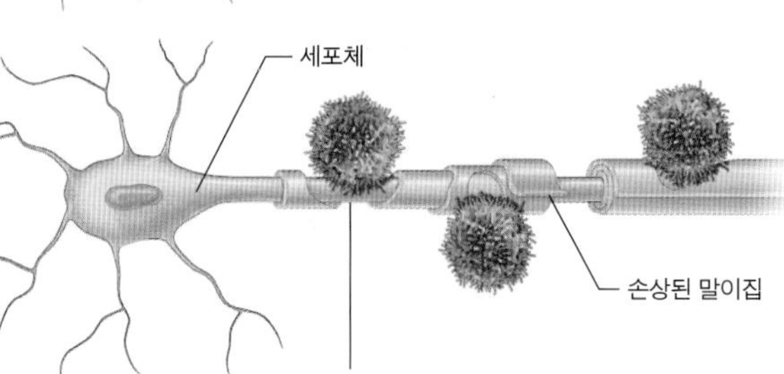
세포체
손상된 말이집
말이집이 탈락한 부위

후기
큰 신경 손상은 다발경화증 초기에 일어난다. 후기에 이르면 신경섬유가 죽고 손상된 신경조직에 흉터와 부종이 생겨서 돌이킬 수 없는 상태가 된다.

파킨슨병

만성 진행성 질환으로, 떨림이 일어나고, 운동이 느려지고 경직과 운동 장애가 유발된다.

운동 개시에 관여하는 뇌의 일부인 바닥핵(기저핵) 신경세포가 변성되기 때문에 일어난다. 원래 이 세포는 도파민이라는 신경전달물질을 생산하는데, 도파민은 근육들의 협동 작용을 조정하는 데 도움을 준다. 파킨슨병에 걸리면 이 세포들이 도파민을 훨씬 적게 생산하며, 그 결과 근육에 전달되는 신호가 느리고 부적절해진다.

이 병은 노인에게 가장 많지만 젊은 성인도 발병할 수 있으며, 드물지만 아동 환자도 있다. 대부분은 명백한 원인이 없지만 유전자가 관여함을 시사하는 약간의 증거가 있다. 그밖에 뇌염으로 인해, 또는 특정 약물이나 반복된 머리 외상에 의해 바닥핵이 손상되면 발병할 수 있다. 대표 증상은 쉬고 있을 때 한쪽 손과 팔과 다리를 떠는 것인데, 이 증상이 진행되어 반대쪽 팔다리까지 침범하기도 한다. 그밖에 운동을 시작하기가 어려워지고 운동이 느려지는 근육 경직, 평형 장애도 대표적인 증상이다. 비정상적인 머리 움직임도 흔하며, 얼굴 근육을 움직이기 어려워짐에 따라 표정이 사라지기도 한다. 기분 장애, 우울증, 발을 질질 끌며 걷기, 언어 및 인지 장애, 수면 장애 등의 증상이 나타나기도 한다.

도파민과 유사한 약물을 투여하기도 하지만 시간이 지나면서 약효가 떨어질 수 있다.

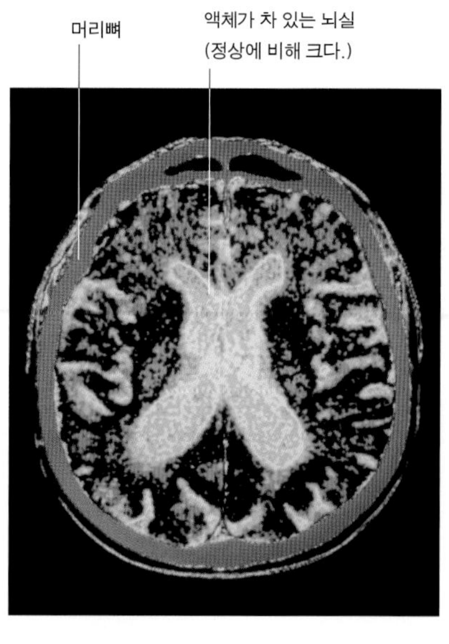
머리뼈
액체가 차 있는 뇌실
(정상에 비해 크다.)

파킨슨병 환자의 뇌
채색 MRI 사진으로, 뇌조직이 전반적으로 쭈그러든 위축 상태이다. 나머지 변화는 너무 작아서 보이지 않는다.

운동신경세포병

치료가 불가능하며, 뇌에서부터 척수로 수의운동을 일으키는 신호를 전달하는 운동신경로의 기능이 점차 사라진다.

전형적인 운동신경세포병(MND)은 50~70세에 발병한다. 이 질환은 신경과 근육을 둘 다 손상시키는데, 운동신경이 근육 활동을 자극할 수 있는 능력을 상실함에 따라 근육이 약화되고 앙상해진다. 원인은 불명확하지만 유전적으로 이 병에 걸리기 쉬운 사람들이 있다. 근육 약화는 손과 팔과 다리에 처음 나타난다. 근육 경련이나 씰룩거리는 단일수축이나 경직 등도 나타날 수 있다. 물건을 잡거나 계단을 올라가는 일상 활동까지 어려워질 수 있으며, 걸을 때 비틀거리기 시작한다. 악화되면 심한 근육 경련인 강직 상태가 되며, 발음이 불분명해지고, 음식을 삼키기 힘들어진다. 정신 기능은 대개 문제가 없다.

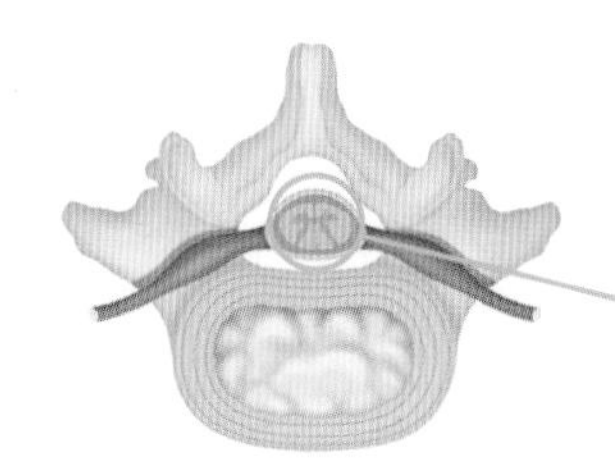

척수 운동신경세포
운동신경세포병 환자는 척수 앞뿔로 전달되는 운동신경로가 파괴된다. 가장 흔한 유형의 운동신경세포병은 이 신경로를 먼저 침범하고, 이어서 손과 발과 입의 근육이 약화된다.

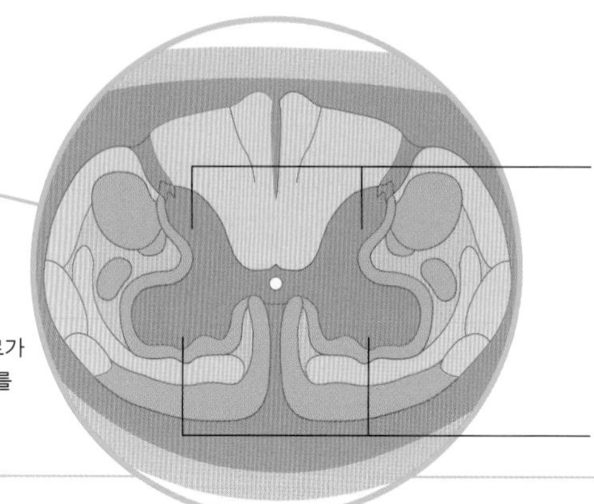
뒤뿔(후각)에 있는 신경세포는 우리 몸에서 시작한 감각 정보를 받는다.
앞뿔(전각)에 있는 신경세포에서 시작한 운동신경섬유는 뼈대근육에 전달되어 수축하게 만든다.

신경계통 감염

뇌와 척수는 감염이 일어나지 않도록 철저히 보호를 받고 있다. 그러나 어떤 생명체든지 일단 보호막을 뚫고 뇌와 척수를 감염시키면 염증이나 조직 이상 같은 문제를 초래할 수 있으며, 결국 심각한 결과를 초래하거나 심하면 생명을 위협할 수도 있다.

수막염(MENINGITIS)

뇌와 척수를 둘러싸는 수막에 염증이 일어나는 병으로, 대개 감염으로 인해 일어난다.

가장 흔한 수막염은 세균 수막염과 바이러스 수막염이다. 바이러스 수막염은 엔테로바이러스 같은 바이러스 감염으로 인해 일어나며, 더 흔하지만 상대적으로 경미하다. 세균 수막염은 원인균이 대개 수막염균이나 폐렴사슬알균 등이며, 훨씬 더 중증이다. 특정 약물 반응이나 뇌출혈로 인해 수막염이 일어나기도 한다. 바이러스 수막염의 증상은 서서히 나타나며, 세균 수막염의 증상은 몇 시간 이내에 나타난다. 염증이 혈관이나 뇌조직으로 전파되기도 한다. 수막염의 증상으로는 열, 빛에 대한 과민성을 동반한 두통, 목 경직, 구토, 의식 변화 등이 있다. 심하면 생명을 위협하기도 하며, 뇌 손상을 일으킬 수 있다. 수막염은 응급 치료를 해야 하는데, 병원체를 죽이는 약을 투여하기도 한다.

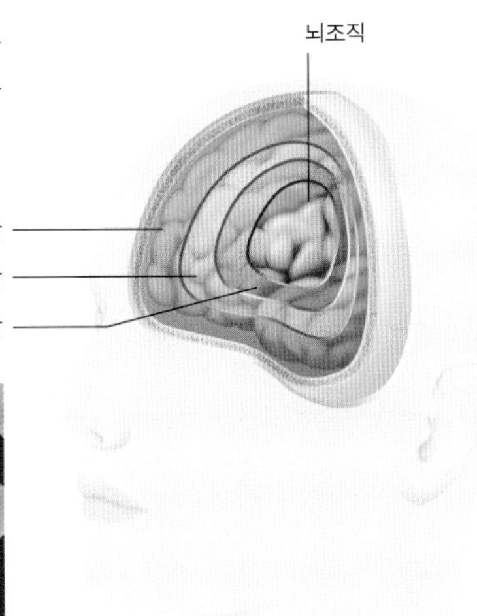
뇌조직
경막
거미막
연막

수막(뇌척수막)
수막은 경막(가장 바깥층)과 거미막(중간층)과 연막(속층)으로 구성된다.

감염 부위
세균 수막염은 대부분 혈액을 통해 들어온 세균으로 인해 일어난다. 그밖에 머리나 척추 외상, 뇌고름집, 수술 등으로 인해 세균이 뇌나 척수로 직접 유입될 수 있다.

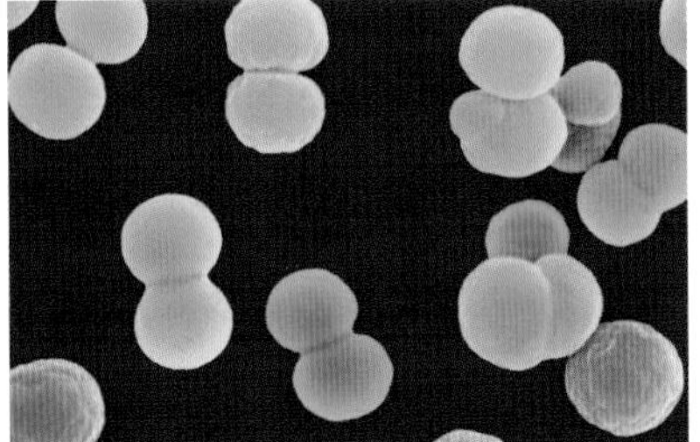

수막염의 원인 세균
수막염을 가장 흔히 일으키는 세균은 수막알균(수막구균, 위 사진), 헤모필루스, 폐렴알균(폐렴구균)이지만 모든 세균은 수막염을 일으킬 잠재력이 있다.

허리천자(LUMBAR PUNCTURE)

척주에 바늘을 찔러서 뇌척수액 표본을 뽑아내는 시술이다. 허리천자는 주로 수막염을 진단하는 데 쓰이는데, 뇌척수액에서 감염을 일으키는 미생물을 확인하고 감염과 싸우는 백혈구가 많아졌음을 증명하면 진단을 내릴 수 있다. 그밖에 다발경화증이 의심되거나 뇌출혈이나 뇌종양을 확인하고자 할 때 비정상 단백질을 검출하고 항체 농도를 조사하는 데 이용하기도 한다. 뇌척수액이 뇌에 가하는 압력이 지나치게 높을 때 허리천자를 해서 뇌척수액을 뽑아내기도 한다.

시술 절차
환자가 옆으로 누운 채로 최대한 몸을 둥글게 굽힌 상태에서 바늘을 두 허리뼈(요추골) 사이로 찔러 넣어 척수 하단보다 아래에 있는 거미막밑공간으로 삽입한다.

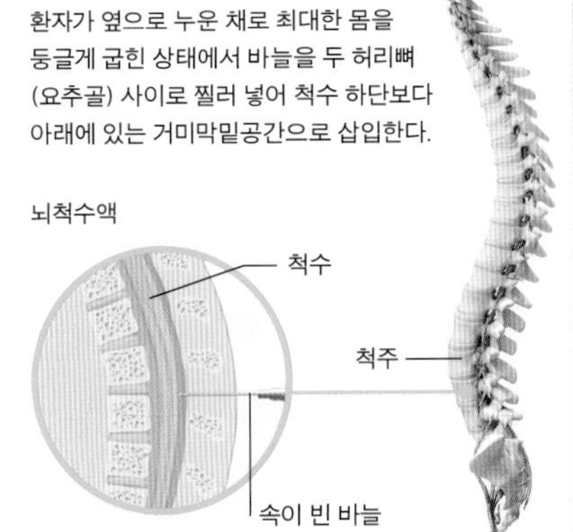
뇌척수액
척수
척주
속이 빈 바늘

뇌염(ENCEPHALITIS)

뇌에 생긴 염증으로, 대개 감염으로 인해 일어나지만 자가면역반응 때문에 일어날 수도 있다. 드물지만 생명을 위협하는 응급 질환이다.

대부분의 뇌염은 바이러스 때문에 일어나지만 세균이나 기타 미생물도 뇌염을 일으킬 수 있다. 가장 흔한 원인 바이러스는 단순포진 바이러스, 홍역 바이러스, 볼거리 바이러스 등이다. 어린이 발생률은 예방접종이 널리 보급되면서 많이 낮아졌다. 뇌염은 대개 전신 감염이 뇌의 방어막을 뚫고 들어간 결과로 일어나지만, 수막염(왼쪽 참조)이나 뇌고름집(438쪽)으로 인해 일어날 수도 있다. 뇌염은 인플루엔자 비슷한 증상과 열과 두통을 일으킨다. 더 중증 뇌염은 급격하게 혼동, 발작, 의식상실, 혼수 상태로 진행한다. 언어 장애나 신체 일부 마비 등이 나타나기도 한다. 이 병은 드물며, 노인과 7세 미만 아동에 가장 자주 일어난다.

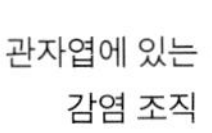
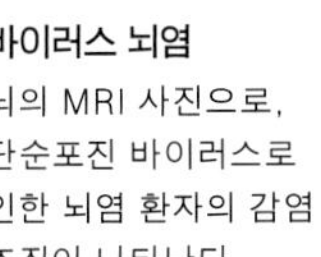
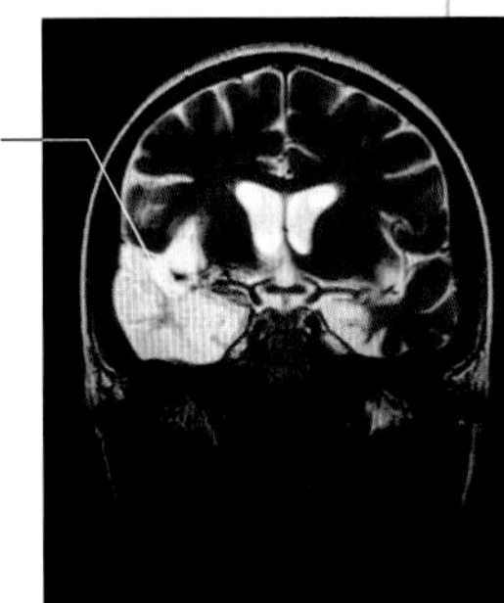
관자엽에 있는 감염 조직

바이러스 뇌염
뇌의 MRI 사진으로, 단순포진 바이러스로 인한 뇌염 환자의 감염 조직이 나타난다.

대상포진

수두를 일으켰던 바이러스가 다시 활성화되어 생기는 신경 감염이다.

수두는 물집이 생기는 피부 발진이 나타나는 경미한 질환으로, 약 한 주일 앓는다. 그러나 어린이 때 수두를 앓지 않은 성인과 청소년, 임산부, 면역 기능이 약해진 사람은 심각해질 수 있다. 수두를 앓고 난 뒤에 바이러스가 잠복해 있다가 다시 활성화되어 대상포진을 일으킬 수 있다. 환자는 신경 경로를 따라서 가렵고, 물집이 생기는 발진이 나타나며, 쓰라리거나 칼로 찌르는 듯한 통증을 호소한다. 뇌가 감염되면 협동 운동이 사라지고, 언어 장애가 일어나며, 뇌염으로 발전해서 목숨이 위험할 수 있다. 항바이러스제, 스테로이드, 진통제 등을 투여한다.

크로이츠펠트-야콥병

드문 뇌질환으로, 소의 광우병(BSE)이나 양의 면양떨림병(스크래피)과 비슷하며, 오염된 고기를 먹어서 걸리거나 유전할 수 있다.

크로이츠펠트-야콥병(CJD)은 프라이온(프리온)이 원인인데, 이 물질은 감염원으로 작용하는 비정상 단백질로서 신경조직에 친화성을 보인다. 이 병의 변종은 1996년에 처음 진단된 바 있으며, 프라이온에 오염된 고기를 섭취하면 발병한다. 프라이온 단백질은 뇌에서 정상 단백질이 접히는 과정에 오류가 일어나도록 촉발한다. 그 결과 신경세포가 죽고 프라이온 찌꺼기로 대체된다. 결국 신체 기능이 급격히 상실되며, 치매가 일어나고, 뇌 기능이 점점 더 상실된다.

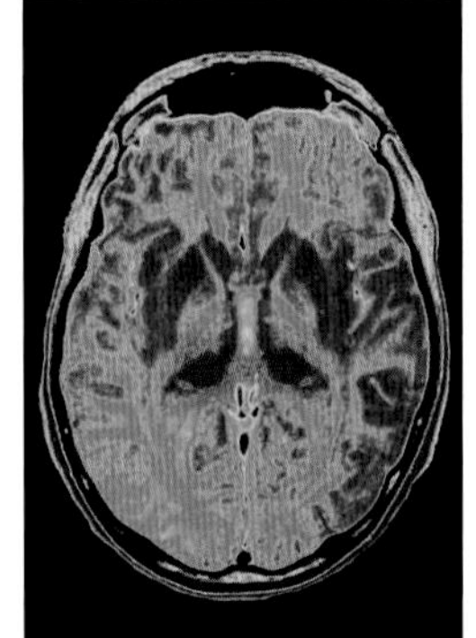

크로이츠펠트-야콥병 환자의 뇌
MRI 사진으로, 빨간색 부위는 이 병 때문에 조직이 변성된 시상이다.

정신건강 질환

정신 질환은 우울증처럼 기분(무드)에 문제가 있거나, 강박장애처럼 사고(생각)에 문제가 있거나, 심각한 뇌 기능 장애를 보인다. 상담 치료와 약물 치료를 하면 증상을 개선하는 데 도움을 줄 수 있지만 자주 재발하는 중증 질환은 완치가 불가능하다.

우울증(DEPRESSION)

넓은 의미로 기분이 저하되고 슬퍼지는 상태를 뜻하지만 사람마다 양상이 다르다.

우울증은 기분과 의욕과 즐거움을 저하시켜 슬픔과 절망감을 느끼게 한다. 우울증은 흔하지만 진단을 받지 못해 치료하지 않는 경우가 많다. 우울증은 일시적인 슬픔 이상이며, 뇌의 화학물질 대사에 이상이 생겨서 생활에 큰 혼란을 초래할 수 있는 엄연한 질병이다. 환자는 자신을 포함한 전체 세상을 무의미하고 쓸모 없는 존재로 비하한다. 일부 환자는 기가 죽어서 활기가 부족하며, 과식하고 잠을 많이 잔다. 나머지 환자는 걱정이 많아지면서 초조해지고 잠을 설치며 식욕을 잃는다. 심한 환자는 자살을 고려하거나 시도하고, 망상에 빠지기도 한다. 우울증은 만성 질환으로, 치료하지 않으면 여러 달 지속하는 경우가 일반적이고, 대부분 재발한다.

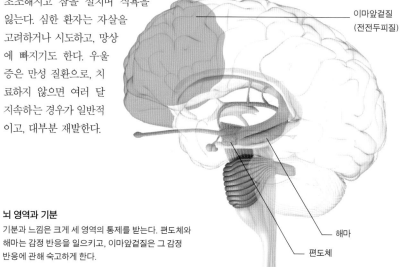

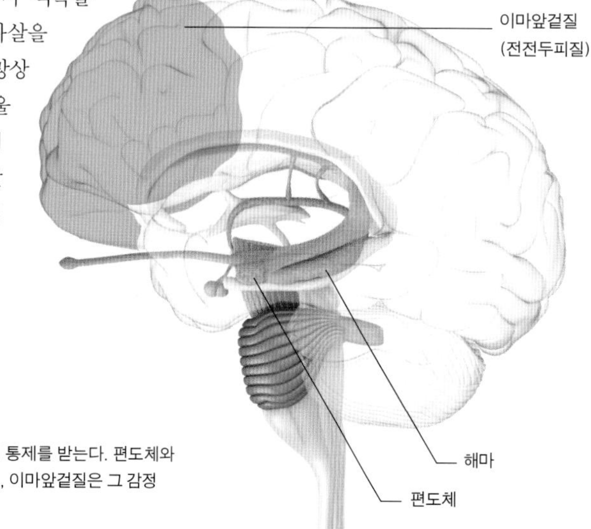
이마앞겉질
(전전두피질)
해마
편도체

뇌 영역과 기분
기분과 느낌은 크게 세 영역의 통제를 받는다. 편도체와 해마는 감정 반응을 일으키고, 이마앞겉질은 그 감정 반응에 관해 숙고하게 한다.

약물 남용

대표적인 남용 물질은 알코올과 담배나 헤로인, 암페타민, 코카인, 대마초, 벤조디아제핀, LSD 같은 불법 약물 또는 사용이 제한된 약물이다. 이 약물들은 뇌의 '보상 체계'에 작용하는데, 본래 이 보상 체계는 쾌락 자극에 반응함으로써 우리가 그 활동을 반복하기를 원하도록 만든다. 이 약물들을 복용하면 이 체계를 지나치게 자극하여 '고조된' 느낌이 들게 한다. 뇌는 이 약물에 의존하게 되고, 약물을 끊으면 불쾌한 금단증상을 경험하기도 한다.

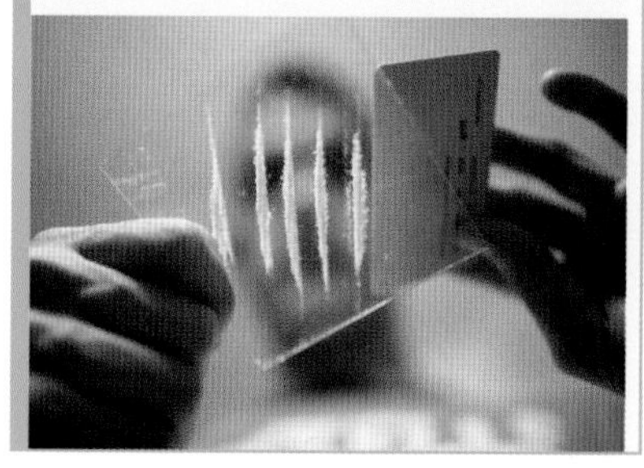

불안장애

불안은 두려움, 초조, 걱정, 불면, 식욕 상실, 신체 증상 등을 일으키는 질병이다.

불안은 스트레스에 대한 자연 반응으로, 편도체와 해마에서 시작된다. 편도체와 해마는 뇌에서 가장 원시적인 부분에 속한다. 이들은 스트레스에 '맞서 싸우거나 도피하는' 반응을 일으키는데, 덕분에 먼 조상들은 물리적 위협으로부터 자신을 보호했을 것이다. 이 원시적이지만 생명 유지에 꼭 필요한 반응들은 오늘날에도 작동하고 있다. 오늘날에는 스트레스가 이 반응을 유발한다. 스트레스에 대한 반응이 비상식적으로 강한 사람들이 있는데, 이는 유전한 것일 수 있다. 그렇지 않다면 힘든 인생사 때문에 불안이 일어날 수 있다. 만성 불안은 빠른 심장박동수, 땀 분비, 두근거림, 속쓰림 같은 신체 증상을 유발할 수 있다. 그밖에 초조감, 분노, 불면, 집중 장애 등이 나타나고, 단순한 스트레스를 받았을 때 쉽게 대처하지 못하고 당황한다. 최악의 경우, 불안이 공황발작으로 발전하고, 벌벌 떨며, 땀을 흘리고, 심장박동이 빨라지며, 곧 죽을 것 같은 느낌이 들기도 한다. 치료법에는 정신긴장 해소, 인지행동요법, 항우울제 등이 있다.

강박장애(OCD)

이 장애의 주된 특징은 일상 생활이 불가능할 정도의 반복 행동과 강박 관념이다.

조금이라도 강박적인 경향을 보이는 사람은 많다. 그러나 강박장애 환자는 특정 행위를 수행하려는 압박감이 끊임없이 지속되고, 그 행위를 할 수 없게 되면 매우 불안해하기도 한다. 환자는 그 행위를 하지 않으면 사랑하는 이들이 죽는다는 두려움 같은 언짢은 기분이나 울분을 느끼기도 한다. 환자들이 이러한 행동에 내재한 두려움을 직면하고 이겨내도록 도움을 주는 치료를 하거나 항불안제를 투여하면 호전될 수 있다.

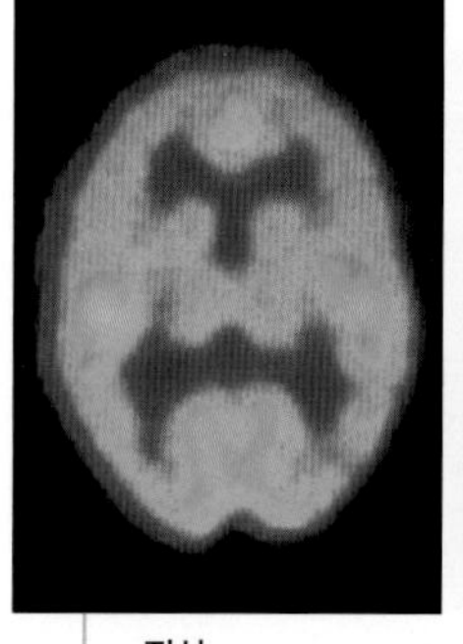
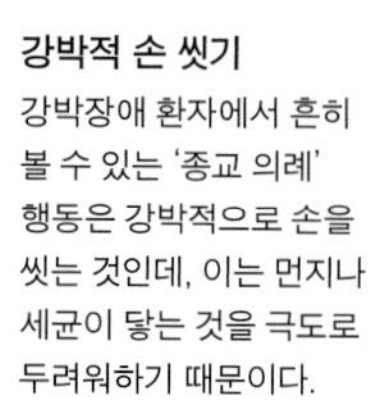

정상　　조증(MANIA)

뇌 활성 촬영 사진
양극성장애 중 조증기(들뜸기) 때 뇌는 이 사진처럼 활성이 높아진다. 흔한 증상으로는 활력이 넘치고 수면 욕구가 적어지는 것 등이 있다.

양극성장애

이 질환은 기분이 심하게 요동하는데, 기분이 급격히 상승하는 경조증 및 조증과 우울증이 교대로 반복된다.

양극성장애는 조울병 또는 정동장애라고도 하며, 기분이 고조된 도취감이 우울증과 교대로 일어난다. 조증기에는 의기양양하며, 자신만만하고, 활력이 넘치며, 매우 창조적이다. 그러나 기분이 고양되면 과소비나 난잡한 성교 같은 위험한 행동을 할 수도 있으며, 자신을 불사조라 착각하기도 하고, 사고가 혼란해지며, 자신이나 타인에게 위해를 가할 수 있는 그릇된 신념에 빠질 수 있다. 최악의 경우, 정신병이나 지각 장애나 환각으로 발전할 수 있다. 반면에 우울증 상태가 되면 삶에 대한 흥미와 미래에 대한 희망을 모두 잃어서 자살을 고려할 정도로 우울해지기도 한다.

대부분의 환자는 우울증 기간이 더 길고 조증 기간이 짧으며, 간간이 기분이 정상인 시기가 있다. 이 병은 만성이며, 여러 해에 걸쳐 재발한다. 치료는 뇌 화학물질 장애를 교정하는 약을 장기간 복용하여 기분을 안정시키면서, 심리적 지지요법을 집중 시행하는 것이다.

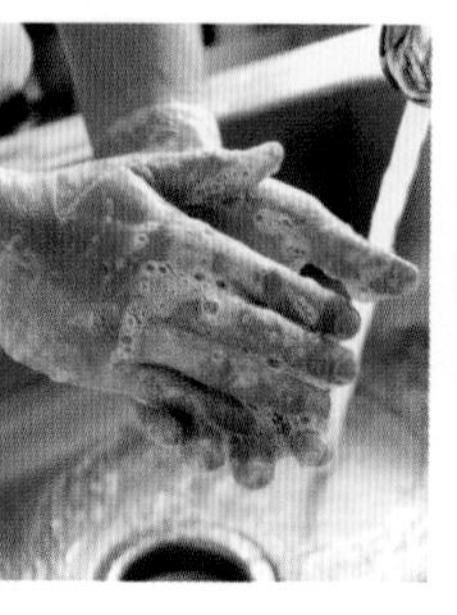

강박적 손 씻기
강박장애 환자에서 흔히 볼 수 있는 '종교 의례' 행동은 강박적으로 손을 씻는 것인데, 이는 먼지나 세균이 닿는 것을 극도로 두려워하기 때문이다.

조현병(정신분열병)

현실과 동떨어지고 환각과 망상이 나타난다.

질병 초기에 주로 나타나는 경향이 있는 환각 같은 '양성' 증상과, 양성 증상이 사라지면서 나중에 주로 나타나는 삶의 기쁨 결여 같은 '음성' 증상이 섞여서 나타난다. 환각 증상은 누군가 환자 자신에 대해 하는 말이나 자신에게 하는 말을 듣는 환청이 가장 흔하다. 텔레비전에 출연한 사람들이 자신에게 직접 말을 한다고 믿는다든지, 또는 현실을 구별하지 못하는 것 같은 망상도 나타난다. 기타 증상으로는 사고 혼란이나 기이한 반복 동작이 있다.

음성 증상에는 감정 표현 상실과 사회적 위축 등이 있다. 조현병의 원인 중 일부는 유전과 관련이 있으며 10대 말이나 20대 초에 발병하는 경향이 있다. 살아가며 겪는 스트레스가 발병을 촉발하거나 갑자기 악화시킬 수 있다. 정신병약, 사회적 지원, 정신요법, 재활 등의 장기 치료를 요하며, 한편으로는 신체 질병, 불안, 우울증이 나타나는 비율이 높다.

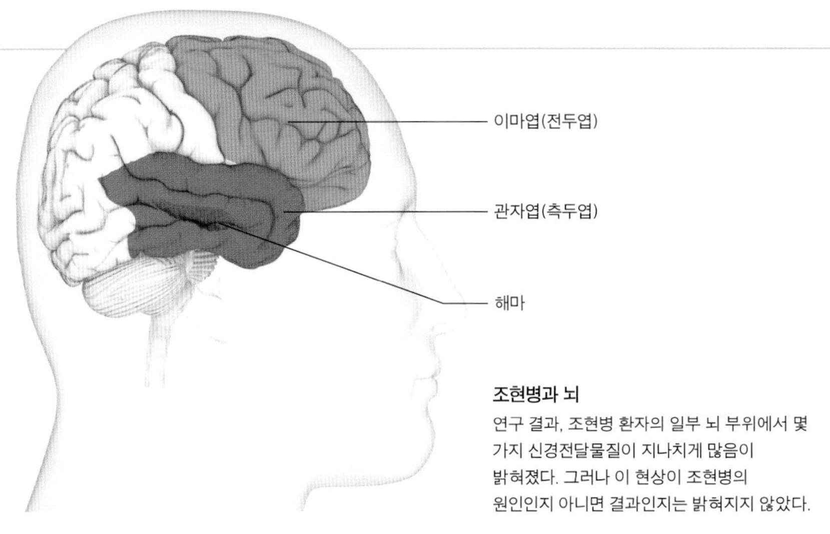
이마엽(전두엽)
관자엽(측두엽)
해마

조현병과 뇌
연구 결과, 조현병 환자의 일부 뇌 부위에서 몇 가지 신경전달물질이 지나치게 많음이 밝혀졌다. 그러나 이 현상이 조현병의 원인인지 아니면 결과인지는 밝혀지지 않았다.

식사 장애

식사와 관련 있는 정신 질환 환자는 음식을 꺼리고 일부러 구토하거나, 반대로 강박적으로 폭식한다.

신경성 식욕부진과 신경성 폭식증은 가장 흔한 식사 장애로, 환자 중 상당수는 두 병을 모두 앓고 있다. 식욕부진 환자는 심한 저체중일 때도 자신이 비만이라 생각한다. 이 병은 처음에는 칼로리를 심하게 제한하다가 모든 음식과 음료를 거부하는 것으로 발전하기도 한다. 월경이 중단되거나, 솜털이 몸에 자라기도 한다. 신경성 식욕부진의 사망률은 10퍼센트다. 신경성 폭식증 환자는 자신에 대한 태도가 신경성 식욕부진과 일부 동일하지만 잠깐 굶고 폭식하기를 반복하는데, 고열량 '금기' 음식을 먹고는 일부러 구토하는 경우가 많다. 설사제를 복용하기도 한다. 폭식증 환자는 체중이 정상인 경우도 있지만 전해질 불균형, 치아 우식, 위 파열 등이 일어날 위험성이 크다.

그밖의 질환으로는 강박적 과식과 화장지 같은 못 먹는 물건을 먹는 행동 등이 있다.

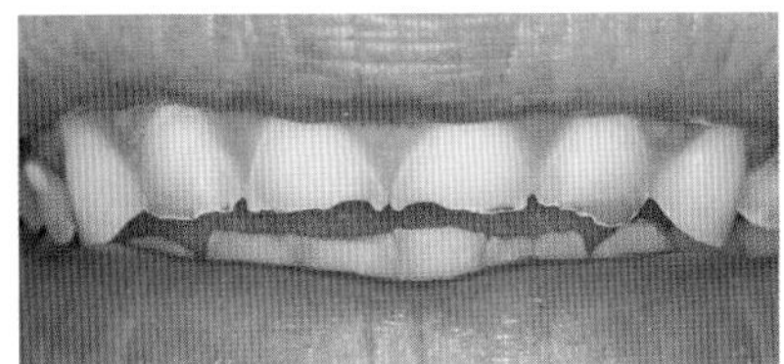

위산에 부식된 폭식증 환자의 치아
구토를 반복하기 때문에 치아가 계속 위산에 노출된다. 위산은 치아를 덮고 있는 사기질(법랑질)을 녹이고, 결국 사기질이 벗겨져서 치아 우식이 일어난다.

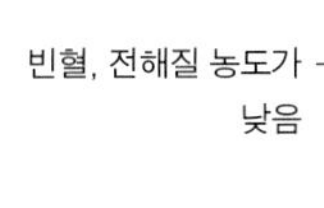
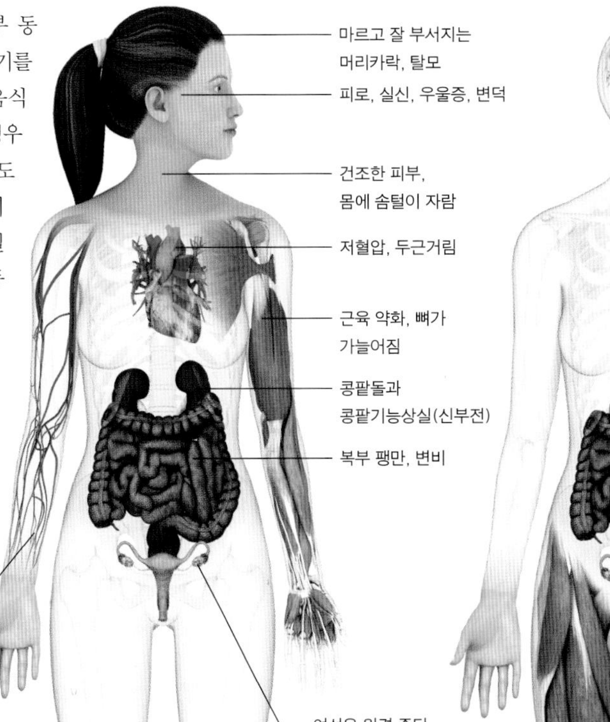
마르고 잘 부서지는 머리카락, 탈모
피로, 실신, 우울증, 변덕
건조한 피부, 몸에 솜털이 자람
저혈압, 두근거림
근육 약화, 뼈가 가늘어짐
콩팥돌과 콩팥기능상실(신부전)
복부 팽만, 변비
빈혈, 전해질 농도가 낮음
여성은 월경 중단, 불임
신경성 식욕부진(ANOREXIA NERVOSA)

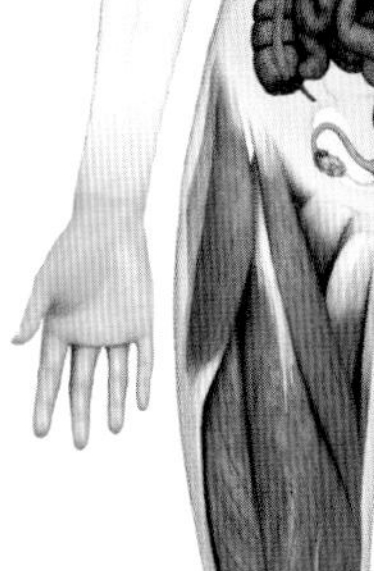
어지러움, 우울증, 낮은 자긍심
잇몸질환, 민감한 치아, 치아 부식과 우식
목앓이(인두통), 식도염
저혈압, 심장근육 질환
위통, 복부 팽만, 궤양
빈혈, 전해질 농도가 낮음
불규칙 월경이나 무월경
근육 약화
신경성 폭식증(BULIMIA NERVOSA)

인체에 미치는 영향
식욕부진과 폭식증은 모두 우리 몸에 광범위한 영향을 미치기 때문에 거의 모든 계통이 영향을 받는다.

인격장애

이 질환은 개인의 인식 과정과 다른 사람을 대하는 방식에 기능 장애가 지속적으로 일어나고, 이 장애가 고착되는 병이다.

개인의 인격(성격)은 성인기에 이를 때 대부분 완성된다. 대부분의 사람은 새로운 경험을 쌓으면서 그에 대한 반응으로 인격이 성장한다. 그러나 인격장애가 있는 사람들은 융통성 없고 바람직하지 않은 행동 방식을 보여서 스스로와 타인에게 문제를 일으킨다. 이 질환은 크게 세 부류로 나뉜다. 첫째 부류인 편집인격, 분열인격, 분열성인격은 사고방식이 특이하고 기이하다. 둘째 부류인 연극적성격과 경계인격장애와 자기애성인격과 반사회적인격은 특징이 감정적이고 충동적이며 관심을 구하거나 잔인한 행동이다. 셋째 부류인 회피인격장애와 의존인격장애와 강박인격장애는 불안해하고 걱정하는 생각이 특징이다.

공포증(PHOBIA)

특정 대상이나 사람이나 동물이나 상황을 항상 극심하게 두려워하기 때문에 강제로 맞닥뜨리면 심한 불안을 느끼는 질환이다.

맹수나 높은 곳을 무서워하는 공포는 정상 생존술이다. 공포증은 위험하지 않은 동물이나 대상이나 상황에 대한 공포를 뜻하거나 공포가 너무 심해서 생활에 지장을 줄 정도를 뜻한다. 상당수 사람은 단순히 회피함으로써 공포증을 효과적으로 관리한다. 그러나 외출을 두려워하는 광장공포증 등은 속수무책일 수 있으며, 거스르면 심한 불안을 야기할 수 있다. 공포증은 두려움의 근원에 단계적으로 노출되면 치료할 수 있는데, 때로는 진정제를 투여하는 보조치료를 병행한다. 대신에 화끈하게 노출시켜 공포의 대상이나 상황이 무해함을 입증하는 '홍수요법'을 시행하기도 한다. 셋째 치료법은 소위 '역조건화'로, 환자가 정신 긴장 해소법을 배워서 공포 반응을 예방한다.

귀 질환

귀는 구조가 복잡하며, 하는 역할은 진폭과 진동수가 서로 다른 음파를 신경 자극으로 변환한 후 청각겉질로 전달하고, 소리가 나는 위치를 파악하며, 평형과 몸의 자세를 감지하는 것 등이다.

바깥귀(외이) 질환

바깥귀는 귓바퀴와, 고막으로 이어지는 바깥귀길로 구성된다. 바깥귀에 문제가 생기면 불편하지만 대개 쉽게 치료할 수 있다.

바깥귀길에서 분비되는 귀지는 바깥귀길을 깨끗이 유지하고 매끄럽게 한다. 귀지가 많아지면 대부분 저절로 빠져 나온다. 너무 많이 쌓이면 따뜻한 올리브유나 물약을 떨어뜨려 제거한다. 그러면 귀지가 녹고 막힌 느낌이 해소된다. 면봉을 써서 청소하면 귀지가 흘러나오는 길을 막게 되며, 귀지를 반대방향으로 압박하여 고막이 눌리고 바깥귀길이 손상을 입을 수 있다. 바깥귀길 감염은 바깥귀길의 섬세한 피부가 손상되면 일어날 수 있는데, 물건으로 바깥귀길을 찌르거나 샴푸나 염소 처리한 물로 자극하거나 가운데귀 감염이 바깥으로 전파되었을 때 자주 발생한다.

감염된 바깥귀길(외이도)
바깥귀길 감염이 일어나면 분비물이 흘러나오기 쉬운데, 분비물은 염증 조직에서 스며 나온 연노랑 액체와 감염 때문에 온도가 높아져서 녹은 귀지가 합쳐진 것이다.

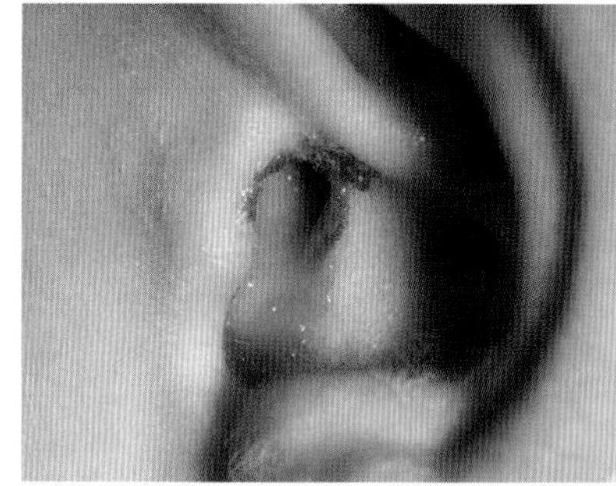

가운데귀 감염(중이염)

고막과 그 배후 공간은 매우 민감하기 때문에 감염이 일어나면 통증이 심하다.

정상 가운데귀 공간은 공기로 차 있는데, 공기는 귀관(유스타키오관)을 통해 들어온다. 가운데귀 감염은 감기 같은 감염병에 걸렸을 때 점액이 가운데귀에 축적되어 공기가 더 이상 들어오지 못하면 일어날 수 있다. 쌓인 점액은 농도가 진해지고 바이러스에 감염되는데, 세균에 감염되기도 한다. 그 결과 아프고 청력이 저하된다. 때로는 점액이 고막에 가하는 압력이 너무 크기 때문에 고막이 파열되어 점액이 바깥귀길로 흘러나오기도 한다. 가운데귀 감염은 6세 미만 어린이에 더 흔한데, 어린이는 성인에 비해 귀관이 짧고 곧기 때문에 세균이 인두에서 가운데귀로 금세 올라오기 때문이다.

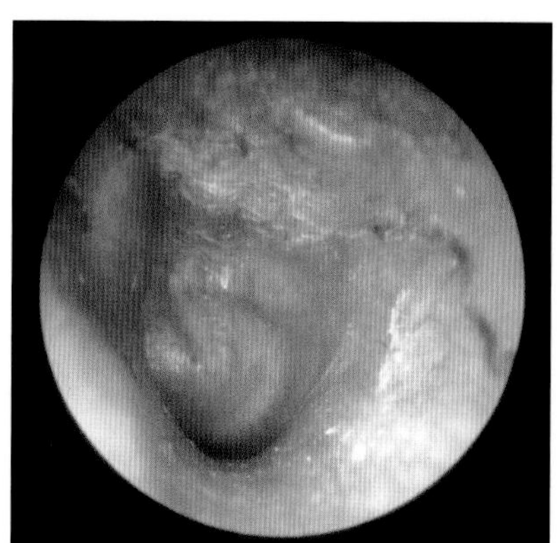
가운데귀 감염(중이염)
가운데귀에 감염이 일어나면 본래 반투명하던 고막이 뿌옇게 변하고 압력 때문에 튀어나오기도 한다.

고막 파열

고막은 바깥귀길과 가운데귀 사이에 있다. 고막은 소리를 증폭하고 가운데귀에 부스러기가 들어가지 못하도록 막는다.

바깥귀나 가운데귀에 감염이 일어나면 고막에도 염증이 일어날 수 있다. 가운데귀에 고인 액체가 가하는 압력 때문에 고막이 터질 수 있다. 고막이 터지면 피가 섞인 액체가 배출되지만 통증이 줄어드는 경우가 많다. 귀를 후비다가도 고막에 구멍이 뚫릴 수 있다.

파열된 고막은 대부분 2주 정도 지나면 저절로 아무는데, 그동안 바깥귀길과 고막을 건조하게 유지해야 한다.

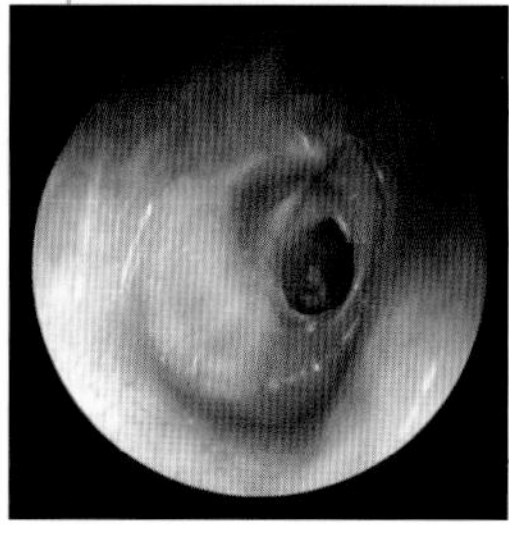
구멍이 뚫린 고막 사진
고막이 터져서 그 속에 있던 고름이 빠져나왔다.

만성 중이염

어린이에 흔하며, 본래 공기가 차 있던 가운데귀 공간에 점액이 축적되기 때문에 일어난다.

성인의 만성 중이염은 대개 귀관이 오랫동안 막혀서 일어난다. 귀관이 막히면 코곁굴에도 문제가 생기는 경우가 많다. 귀관은 가운데귀 공간을 목구멍의 뒷부분에 연결하며, 가운데귀 공간을 환기시키고 적정 압력을 유지하도록 만든다. 만일 귀관이 막히면 공기가 가운데귀로 들어갈 수 없게 된다. 끈끈한 점액이 가운데귀에 대신 들어차서 갇히게 되면 가운데귀에 있는 작은 뼈인 귓속뼈가 소리를 전달하는 능력이 감퇴된다. 결국 청각이 저하되고, 귀가 막힌 느낌이 든다. 귀관이 간헐적으로 열려서 공기가 유입될 때마다 귀에서 뻥 하는 소리가 나기도 한다.

어린이의 만성 중이염은 귀 감염이 있은 후 점액이 늦게 제거될 때 흔히 나타난다. 여러 차례 연속해서 귀 감염을 앓게 되면 점액이 계속 남아 있게 되어 청력 저하가 오래 지속되기 때문에 학업이나 언어 발달에 지장이 생길 수 있다. 이렇게 되면 그로멧이라는 작은 환기관을 고막에 꽂아 넣어 공기가 가운데귀로 유입될 수 있게 한다. 만성 중이염은 5세 미만에 가장 많은데, 이때는 귀관이 짧고 곧다. 그 뒤에 턱이 커지고 영구치가 돋음에 따라 귀관이 길어지면서 휘어진다.

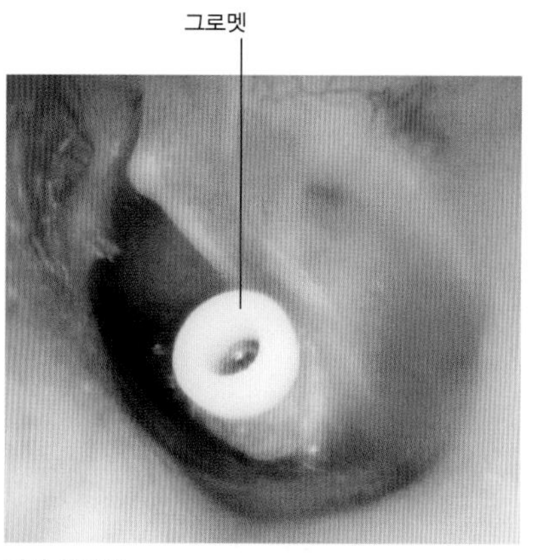
그로멧
만성 중이염
그로멧을 고막에 삽입하여 가운데귀 공간으로 공기가 유입되도록 함으로써 만성 중이염 발생을 막는다. 이 병은 흔히 세균이나 바이러스 때문에 생긴다.

미로염(내이염)

어지럽고 구역질이 나는 흔한 질환으로, 속귀에 생긴 염증 때문에 발생한다. 통증은 없지만 증상들 때문에 불편을 호소하는 경우가 많다.

미로, 즉 속귀는 말 그대로 미로처럼 꼬여 있고 액체로 차 있는 구조로, 청각 기관인 달팽이와 평형 기관인 안뜰장치로 구성된다. 속귀에 염증이 생기면 평형 장치가 망가져서 현기증과 구역질과 방향감각 상실(지남력장애)이 일어난다. 좌우 속귀가 모두 침범되면 증상이 매우 심할 수 있다.

속귀에 문제가 생기면 뇌가 이를 보상할 수 있지만 큰 소리를 듣거나 갑자기 머리를 움직이면 속귀가 자극을 받아서 증상이 악화된다. 바이러스 미로염은 가장 흔한 유형이며, 며칠에서 몇 주까지 지속될 수 있다. 세균 미로염은 덜 흔하지만 치료하지 않으면 악화되어 청력을 영원히 상실할 수 있다.

성인 난청(청력소실)

어느 정도의 청력 소실은 노화 과정의 일부로 누구든지 일어날 수 있지만 큰 소음과 손상이나 질병 때문에 청력 장애가 일어날 수도 있다.

난청은 음파 전도가 제대로 되지 않는 전음난청과 신경 손상으로 인한 감각신경난청으로 나뉜다. 전자의 원인은 귀지가 막혀서 일어나는 경우가 많은데, 대개 일시적이다. 어린이는 만성 중이염에 걸려서 삼출물이 있을 때 전음난청이 유발될 수 있다(458쪽). 감각신경난청은 노화가 일어나면서 달팽이관이 망가지기 때문에 일어나는 경우가 가장 흔하다. 이 노년난청은 50세가 넘으면 많이 일어난다. 큰 소음에 계속 노출되어도 감각신경난청이 일어날 수 있는데, 이는 신경을 더 빨리 손상시키기 때문이다. 메니에르병(오른쪽 참조)이나 달팽이관 손상 환자에서 감각신경난청이 일어나기도 한다. 고주파 소리(고음)를 듣는 능력이 먼저 저하되는데, 말 소리의 주파수를 구별하기가 어려워질 때 청력에 문제가 있음을 처음 발견하기도 한다.

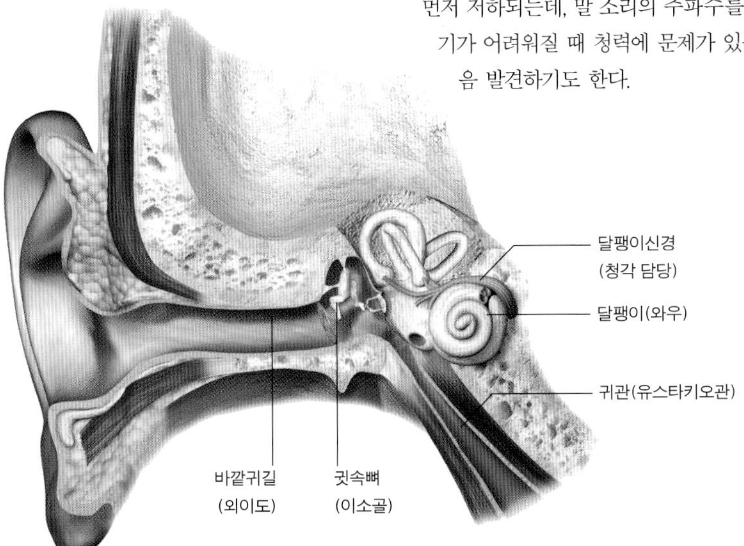
달팽이신경
(청각 담당)
달팽이(와우)
귀관(유스타키오관)
바깥귀길
(외이도)
귓속뼈
(이소골)

귀의 구조
귀를 구성하는 여러 구조마다 각각 다른 문제를 야기하여 청력에 영향을 미치는데, 그 결과로 부분 난청이나 완전 난청이 일어날 수 있다. 성인 난청은 대부분 노화와 관련이 있다.

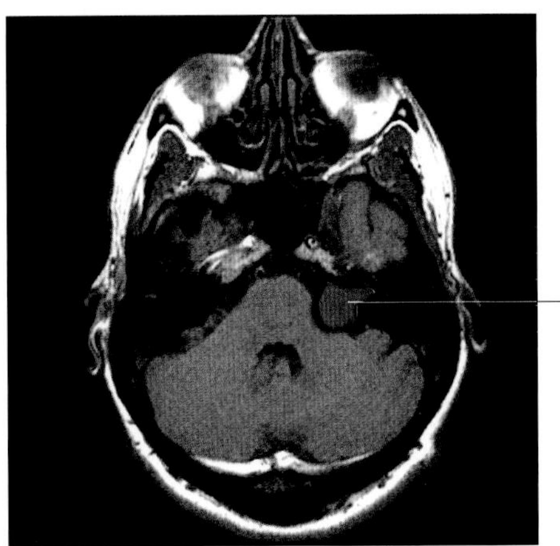
종양

왼쪽 속귀길(내이도)에 발생한 종양
이 종양은 속귀신경집종(청신경집종)으로, 달팽이신경에서 발생한다. 이 종양은 양성이지만 난청이 더 심해지면서 현기증과 귀울림(이명)이 나타나기 때문에 대개 수술을 요한다.

보청기

보청기는 속귀에 도달하는 소리를 증폭하기 위해 사용한다. 이 장치는 일종의 전기 음향 증폭기로, 마이크와 증폭기와 스피커로 구성되어 있다. 보청기의 한계는 소리를 증폭만 하고 명확하게 만들지 못한다는 것이다. 대개 난청이 심해지면 자음 같은 고주파 소리가 또렷해지지 않는다. 그 결과로 말소리가 작은 것보다는 명확하지 않다는 게 문제가 될 수 있다. 이 문제를 해결하기 위해 보청기와 무선 수신기를 통합한 FM 청취 장치를 개발하고 있다.

보청기 착용
보청기는 한쪽 또는 양쪽 귀 속이나 뒤에 착용한다. 일부 보청기는 증폭기를 귀 뒤에, 수신기를 바깥귀길 속에 설치한다. 수술로 보청기를 이식하기도 한다.

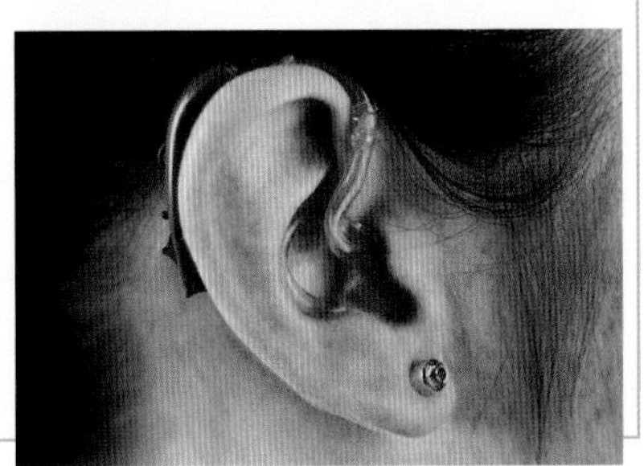

귀울림(이명, TINNITUS)

청각 장치가 손상되면 나지도 않은 소리를 인지하는 귀울림 현상이 일어날 수 있다.

귀울림과 관련된 소리는 간헐적이면서 조용한 소리에서부터 끊임없이 시끄러운 소음에 이르기까지 다양하며, 한쪽 또는 양쪽 귀에서 들릴 수 있다. 휙, 쉿 하는 소리나 음악 소리, 딸각하는 소리, 윙윙거리는 소리 등이 들린다. 귀울림의 근원지는 박동하는 혈관일 수도 있고, 손상된 신경에서 시작된 잘못된 신경 신호일 수도 있다. 일시적 귀울림의 원인은 귀지, 중이염, 귀길 감염, 소음 노출 등이다. 영구적 귀울림은 대개 달팽이신경 손상 때문에 일어나는데, 노화와 관련된 난청 등이 포함된다. 이 병은 환자가 소리를 무시하거나 차폐하는 전략을 개발해야 할 만큼 참기 힘들 수 있다.

메니에르병

흔하지만 장기간 지속되며 치료가 어렵고 아무 일도 못하게 될 수 있다.

이 병은 청각과 평형 기관인 속귀에 들어 있는 체액의 질환이다. 대표적 증상으로는 귀울림(위 참조), 난청, 현기증(아래 참조), 귀가 꽉 찬 느낌 등이 있고, 한쪽 또는 양쪽 귀에 일어날 수 있다. 근본 원인은 평형 기관인 안뜰 장치에 들어 있는 체액이 배출되는데 장애가 생기는 것이다. 그 결과 체액의 압력이 높아져서 민감한 감각장치가 손상을 입는다. 대개 서서히 시작되지만 심한 현기증이 발작처럼 일어나서 24시간 미만 지속되는 경우가 흔하며, 환자가 쓰러질 수도 있다. 체액 배출에 장애가 일어나는 이유는 불확실하지만 포진(헤르페스) 바이러스 감염 때문이라는 설이 제기된 바 있다.

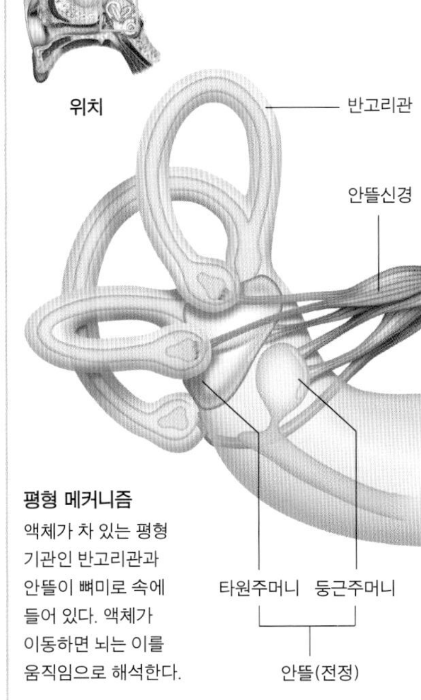
위치
반고리관
안뜰신경
타원주머니
둥근주머니
안뜰(전정)

평형 메커니즘
액체가 차 있는 평형 기관인 반고리관과 안뜰이 뼈미로 속에 들어 있다. 액체가 이동하면 뇌는 이를 움직임으로 해석한다.

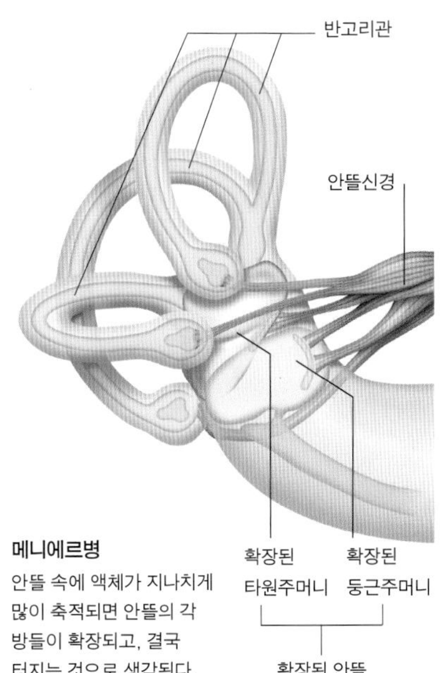
반고리관
안뜰신경
확장된
타원주머니
확장된
둥근주머니
확장된 안뜰

메니에르병
안뜰 속에 액체가 지나치게 많이 축적되면 안뜰의 각 방들이 확장되고, 결국 터지는 것으로 생각된다.

현기증(VERTIGO)

평형이 무너져서 생긴 불안정한 느낌인 현기증은 시각 자극을 받거나 맴맴을 돌면 일어날 수 있다. 평형 장애의 증상일 수도 있다.

현기증은 빙글빙글 돌거나 기울어진 느낌을 주면서 때로는 구역질이나 구토도 한다. 어떤 이들은 높이 올라가면 현기증이 생긴다. 양성 발작위치현기증(BPPV) 같은 속귀 질환 때도 현기증이 일어날 수 있는데, 이 병은 평형 장치에 있는 작은 결정들이 다른 곳으로 밀려나면 일어난다. 평형 장치에 공급되는 혈액이 모자라거나 메니에르병 또는 귀에 감염이 일어난 환자도 현기증이 일어날 수 있는데, 혈액 공급 부족 원인이 죽경화증인 경우가 많다.

눈 질환

눈은 빛을 모아 초점을 맞춘 후 빛 신호를 일련의 신경 정보로 변환한다. 이 정보는 뇌에서 정확한 총천연색 영상으로 재현된다. 눈은 의외로 튼튼한 구조지만 질병이 어느 부분에든 일어날 수 있다.

눈꺼풀 질환

눈꺼풀은 겉면이나 모서리나 내부 구조가 자극이나 감염 때문에 영향을 받을 수 있다.

눈꺼풀에 자주 생기는 질환은 눈꺼풀 가장자리에 생기는 염증으로, 눈꺼풀염, 다래끼, 콩다래끼 등이다.

눈꺼풀염은 속눈썹 뿌리에 있는 털주머니가 감염되면 일어나는데, 대개 포도알균이나 곰팡이가 원인이다. 포도알균은 결막염을 자주 일으키는 세균이고, 곰팡이는 습진의 일종인 지루피부염을 동반하는 경우가 많다. 눈에 먼지가 낀 것 같고 따끔따끔한 느낌이 들지만 눈꺼풀을 깨끗이 씻고(아기 샴푸를 희석해서 쓰면 좋다.) 눈꺼풀 가장자리를 따뜻이 데워서 막힌 피지를 녹여 내보내면 완화된다.

장미증(주사)은 나이 많은 여성에 흔한 피부염인데, 눈꺼풀 분비샘을 막아서 눈꺼풀염과 비슷한 결과를 일으키기도 한다. 다래끼와 콩다래끼는 눈꺼풀 분비샘이 감염되어 빨갛고 아픈 혹이 생기는 병이다. 다래끼는 눈꺼풀 모서리에 있는 피부기름샘에 생긴다. 콩다래끼는 눈꺼풀판샘에 생기며 다래끼에 비해 더 크고 눈꺼풀 모서리에서 멀리 떨어져 있다.

눈 표면의 염증

결막은 공막(흰자)과 눈꺼풀 속면과 각막을 덮고 있는 세포들로 구성된 민감한 막으로, 여러 가지 이유로 인해 손상을 입는다.

감염 결막염의 원인은 세균(대개 포도알균)이나 바이러스(아데노바이러스)다. 콘택트 렌즈를 낀 사람이 특히 잘 걸린다. 화학 결막염은 눈 표면에 자극물질이 닿으면 일어난다. 자극 화학물질은 여러 가지가 있는데, 수영장에 사용하는 염소와 양파를 자를 때 나오는 피루브산이 대표적이다. 알레르기 결막염은 꽃가루가 많이 유발하는데, 이 경우는 건초열처럼 계절에 따라 일어나지만, 다른 형태의 알레르기가 원인이라면 사시사철 일어나기도 한다.

바람, 열, 태양광선, 자외선, 먼지 같은 환경 자극으로 인해 각막 손상이 더 심해지기도 하는데, 결국 각막이 두꺼워지고 변성된다. 이로 인해 노랗게 두꺼워진 부위가 생기는 결막황반이나 눈의 표면에 덩어리 같은 것이 자라는 군날개(익상편)가 나타나기도 한다.

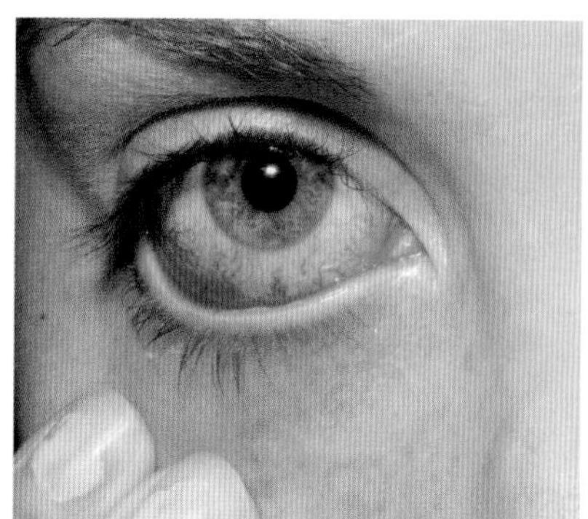

결막염(conjunctivitis)
결막은 염증이 자주 생기며, 그 결과 눈이 아프고 가려우며 빨개지는데, 끈적끈적하거나 부스럼 같은 분비물이 나오는 경우가 많다. 하지만 시력이나 초점 조절 능력에는 별 지장이 없다.

녹내장(GLAUCOMA)

실명의 흔한 원인 중 하나인 녹내장은 환자 가족도 같은 병에 걸리는 경우가 많으며, 일반적으로 나이가 들수록 흔해진다.

녹내장 환자는 방수 배출 장치가 막혀 있다. 안압 상승은 녹내장의 가장 흔한 위험요인이다. 그러나 안압이 높은 사람들 중 대부분은 녹내장으로 진행하지 않는다. 녹내장은 만성일 수도 있고 급성일 수도 있다. 만성 녹내장은 통증이 없으며 여러 해 동안 모를 수 있다. 안압이 높아지면 시각신경과 망막에 공급되는 혈액이 줄고, 그 결과 시각신경과 망막 손상이 심해져서 결국 실명하는 부위가 생긴다.

급성 녹내장은 안압이 급격히 상승하는데, 그 이유는 홍채가 앞으로 튀어나와서 유출각을 차단하기 때문이다. 급성 녹내장은 통증이 심하며 갑자기 시력을 잃는 응급 상황이지만 간단한 수술을 하면 회복될 수 있다. 급성 녹내장은 원시인 사람에 더 많은데, 그 이유는 안구가 작고 구조 및 기능 장애가 일어나기 쉽기 때문이다.

수정체 이상

가장 흔한 수정체 질환은 백내장으로, 수정체가 뿌옇게 변하고 초점이 정확히 맺히지 않는다.

백내장은 투명했던 수정체가 혼탁해져서 하얗게 바뀌는 병이다. 시야가 흐려지거나 왜곡되며 빛을 보면 눈부신 증상이 나타나고, 치료하지 않으면 실명한다. 백내장은 안구를 다치거나 코르티코스테로이드 등을 장기 복용하거나 자외선이나 햇빛 같은 환경 자극에 지나치게 많이 노출되거나 노화에 따른 변화로 인해 발생할 수 있다. 대부분의 백내장은 수정체의 중심 부분을 해체하고 제거한 후에 플라스틱 렌즈로 대체하는 수술로 치료한다.

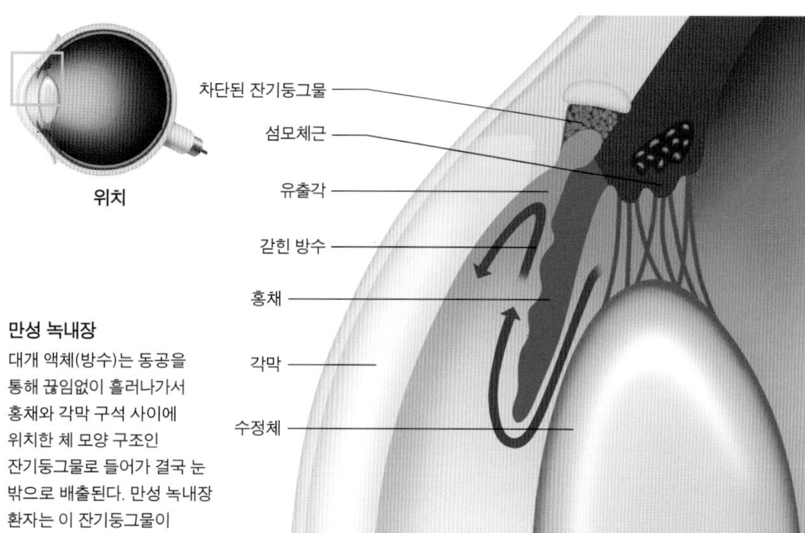
위치
차단된 잔기둥그물
섬모체근
유출각
갇힌 방수
홍채
각막
수정체

만성 녹내장
대개 액체(방수)는 동공을 통해 끊임없이 흘러나가서 홍채와 각막 구석 사이에 위치한 체 모양 구조인 잔기둥그물로 들어가 결국 눈 밖으로 배출된다. 만성 녹내장 환자는 이 잔기둥그물이 막혀서 안압이 오른다.

눈꺼풀에 생긴 다래끼(stye)
흔한 눈꺼풀 질환인 다래끼는 눈을 깜박일 때 아프며, 때때로 분비물이 흘러나온다. 다래끼는 습진의 일종인 지루피부염 환자에 많다.

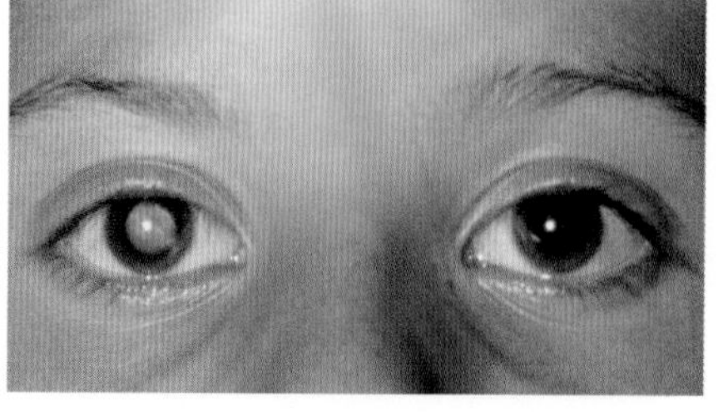

백내장(cataract)
백내장은 한쪽 눈에 생길 수도 있고, 양쪽 눈에 생기되 둘 중 한쪽 눈이 더 심할 수도 있다. 이 사진은 오른쪽 눈에 심한 백내장이 생겨서 동공 전체가 뿌옇게 보인다.

초점 조절 장애

가장 흔한 시각 장애는 굴절 이상으로, 안경을 착용하면 교정이 가능한 경우가 많다.

빛을 모으는 데 수정체가 가장 중요하지만 각막과 눈 속 액체도 일부 관여한다.

수정체가 모양을 바꾸는 능력은 나이가 들면서 감퇴하는데, 수정체 탄력이 떨어지고 섬모체근의 힘이 줄기 때문이다. 대개 60세가 되면 돋보기나 콘택트 렌즈를 착용하지 않고서는 가까운 곳에 초점을 맺을 수 없어 책을 읽을 수 없다. 이를 노안이라 한다. 노안은 근시나 원시와 다르다. 근시와 원시는 시각의 모든 면에 영향을 미친다. 원시는 안구가 너무 짧거나, 수정체가 덜 둥글거나, 각막이 덜 볼록하기 때문에 일어난다. 그 결과 초점이 눈 뒤에 맺히기 때문에 물체가 흐리게 보인다. 근시는 반대로 안구가 너무 길거나 각막이 너무 볼록하거나 수정체가 안구 길이에 비해 도수가 너무 세기 때문에 광선이 망막 앞에 초점을 맺는다.

근시 정도는 교정에 필요한 안경 렌즈의 도수로 측정한다. 근시가 심하면 망막박리가 일어날 위험성이 높다. 수정체나 각막 형태가 불규칙한 난시도 초점 조절에 지장을 초래한다. 이 문제는 안경이나 콘택트 렌즈를 착용하거나 레이저 눈 수술을 하면 대개 교정된다.

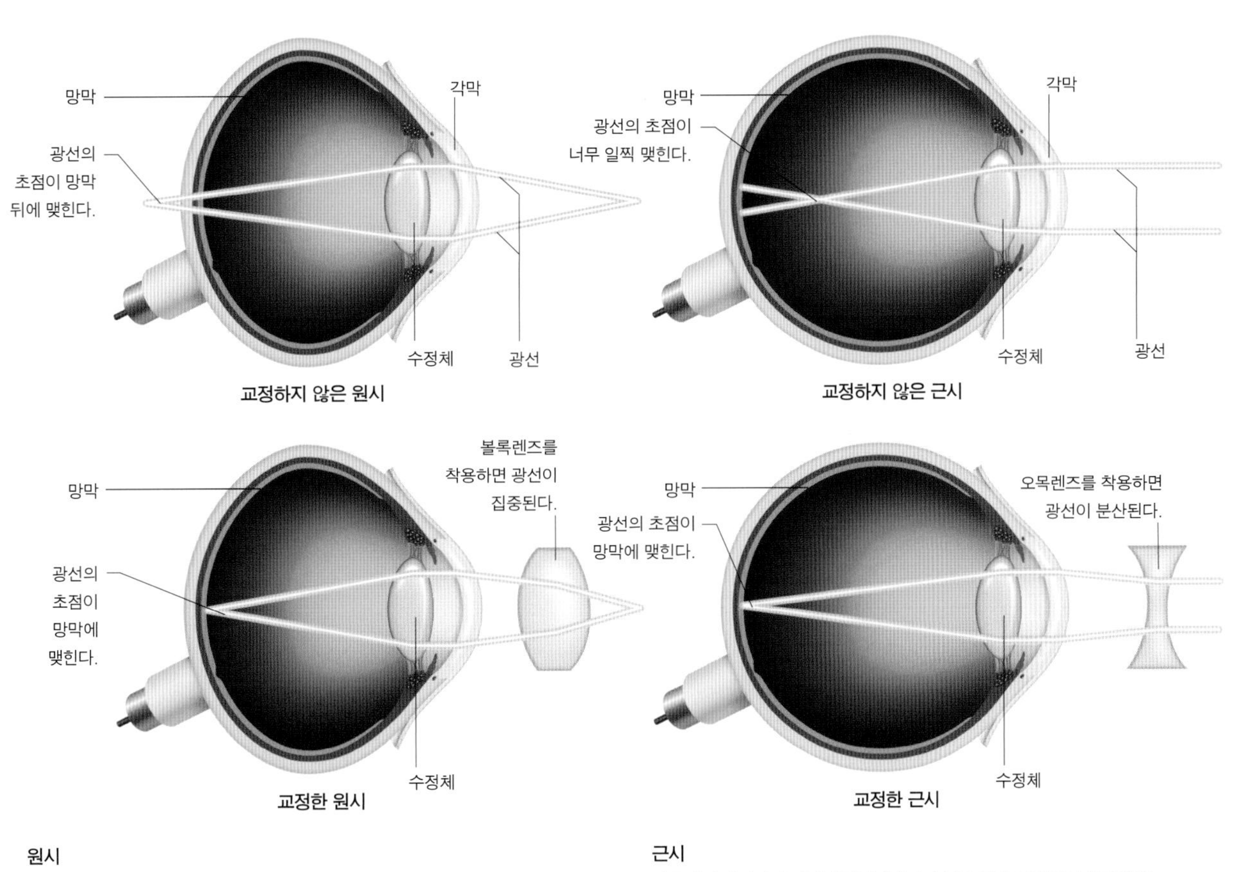
망막
광선의 초점이 망막 뒤에 맺힌다.
각막
수정체
광선
교정하지 않은 원시
망막
광선의 초점이 너무 일찍 맺힌다.
각막
수정체
광선
교정하지 않은 근시
망막
광선의 초점이 망막에 맺힌다.
볼록렌즈를 착용하면 광선이 집중된다.
수정체
교정한 원시
망막
광선의 초점이 망막에 맺힌다.
오목렌즈를 착용하면 광선이 분산된다.
수정체
교정한 근시

원시
안구의 앞뒤 거리가 각막의 굴절력에 비해 너무 짧다. 따라서 광선이 망막 뒤에 초점을 맺는다. 볼록렌즈를 착용하면 광선이 집중되어 망막에 초점을 맺는다.

근시
안구의 앞뒤 거리가 각막의 굴절력에 비해 너무 길다. 따라서 광선이 망막 앞에 초점을 맺는다. 오목렌즈를 착용하면 광선이 분산되어 망막에 초점을 맺는다.

레이저 치료

근시나 원시나 난시를 교정하기 위해 고안되었다. 안경을 쓰지 않도록 레이저를 이용하여 각막 모양을 고치는 수술이다. 전에는 레이저 교정을 해도 나이가 들면 책을 읽을 때 돋보기를 써야 했는데, 노화에 따라 초점 조절 능력을 상실하는 현상은 수정체나 각막의 만곡도와 무관하기 때문이다. 하지만 수술법이 발전하면서 이 문제도 해결되고 있다.

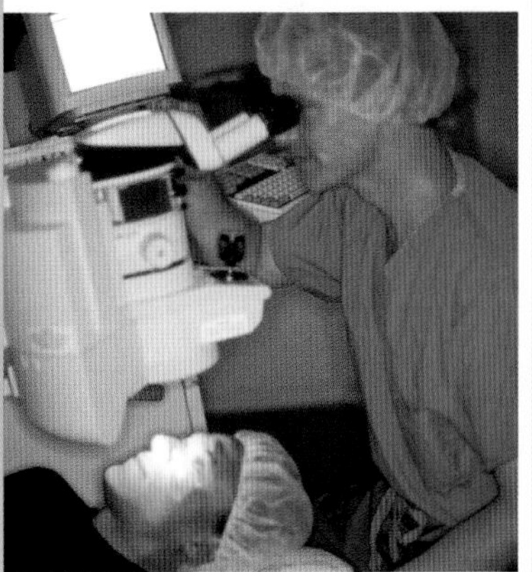

레이저 눈 치료
이 수술법은 각막 표면 조직판을 열고 그 속의 조직 중 일부를 제거하거나 바깥층 중 일부를 제거함으로써 각막을 좀 더 평평하게 만드는 수술이다.

포도막염과 홍채염

눈을 구성하는 구조인 포도막이나 검은자 부분인 홍채에 생긴 염증이다.

두 염증 모두 통증과 시력 저하를 유발한다. 원인 질환은 많은데, 가장 흔한 것은 크론병 같은 염증 질환과 감염이다.(특히 대상포진을 포함한 헤르페스 바이러스 감염) 류마티스 관절염 같은 관절 염증 질환도 눈을 침범할 수 있다. 눈이 빨개지고 시야가 흐려지며 눈이 아픈 증상을 보인다. 눈의 구조들에 흉터가 생기게 하고 서로 달라붙게 함으로써 시력을 영구히 저하시킬 수 있다.

망막 질환

망막은 빛을 감지하는 섬세한 구조로, 안구 뒷부분의 속면을 덮고 있다. 망막은 다양한 질환과 손상으로 인해 망가질 수 있다.

망막에는 빛을 감지하는 세포들과 이들에 영양을 공급하는 혈관망이 존재한다. 망막에 문제가 발생하면 손상된 부위가 어디인가에 따라 시각 장애를 초래할 가능성이 있다. 망막 일부에 영구 손상이 일어나면 해당 시야가 실명된다. 손상의 원인 중 하나가 혈관 폐쇄나 출혈로 인한 혈류 장애이다. 이 질환은 대개 망막병증이라 부르는데, 당뇨병이나 고혈압 때 가장 자주 나타난다.

만성 녹내장 환자도 혈관이 눌려서 망막이 상할 수 있는데, 결국 망막 혈관이 좁아진다. 황반변성은 실명의 흔한 원인으로, 시각의 중심점인 황반을 에워싼 망막 부위가 변성되기 때문에 일어난다. 망막은 외상 등 때문에 안구의 뒷부분으로부터 떨어져 나와서 혈류 공급이 끊기기도 하는데, 그 결과 시력이 상실된다. 박리된 망막을 몇 시간 내에 레이저로 다시 부착시키면 시력을 회복할 수도 있다.

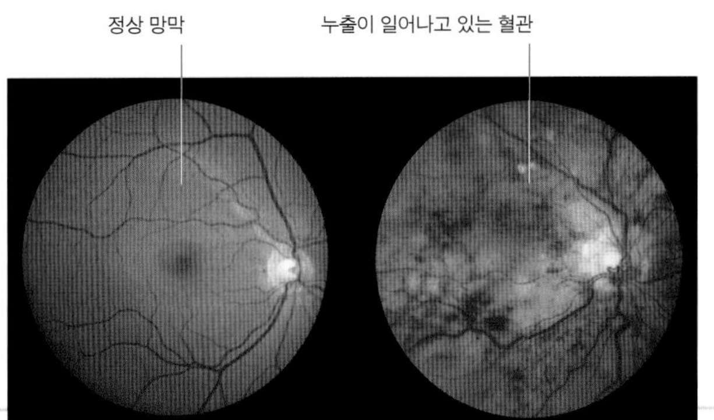
정상 망막
누출이 일어나고 있는 혈관

망막병증
건강한 망막(왼쪽 사진)과 당뇨병 환자 망막(오른쪽 사진)을 확대한 사진이다. 당뇨병은 망막병증의 흔한 원인 중 하나다. 환자의 망막에서 혈관 누출과 폐쇄가 뚜렷이 관찰된다.

호흡질환

상기도(upper respiratory tract)는 흡입된 미생물과 끊임없이 접촉하기 때문에 감염이 자주 일어난다. 하기도(lower respiratory tract)는 흡입된 물질, 특히 폐암(lung cancer)과 만성폐쇄폐질환(chronic obstructive pulmonary disease)의 주요 원인인 담배 연기에 자극되고 손상될 수 있다.

감기와 인플루엔자

상기도 바이러스 감염은 겨울에 가장 흔하다. 감기는 가볍고 일시적이지만 인플루엔자는 심각한 합병증을 일으킬 수 있다.

감기와 인플루엔자를 일으키는 바이러스는 공기로 매개된다. 기침이나 재채기에서 나오는 비말로 퍼지거나, 물건을 함께 쓰거나 악수를 하는 긴밀한 접촉 시 수분막으로 전파된다. 성인은 1년에 4번 정도, 아이는 그보다 자주 걸린다. 감기는 200종이 넘는 바이러스 때문에 발생하지만 예방 백신은 없다. 재채기와 콧물(처음에는 맑지만 나중에 진해지고 탁해진다.)로 시작해 목앓이(인두통), 기침이 나고 눈이 쓰라리고 붉어지면서 두통과 미열을 동반하기도 한다. 수분을 규칙적으로 섭취하고 휴식을 취하면 완화된다.

인플루엔자는 주로 A, B, C 3가지 유형의 인플루엔자 바이러스에 의해 흔히 발생한다. 고열, 근육통, 기침, 재채기, 땀, 떨림, 탈진 등의 증상이 1주일가량 지속된다. 피로감은 더 오래갈 수도 있다. 합병증으로 폐렴, 기관지염, 수막염, 뇌염이 있다. 치료법으로 수분 섭취, 휴식이 있으나 65세 이상이거나 다른 건강 문제가 있는 위험군에게는 항바이러스제를 투여한다. 동물들만 감염되는 인플루엔자 바이러스 균주가 드물게 사람에게 전파되기도 한다. 최근의 예로 조류인플루엔자(bird flu)가 있다.

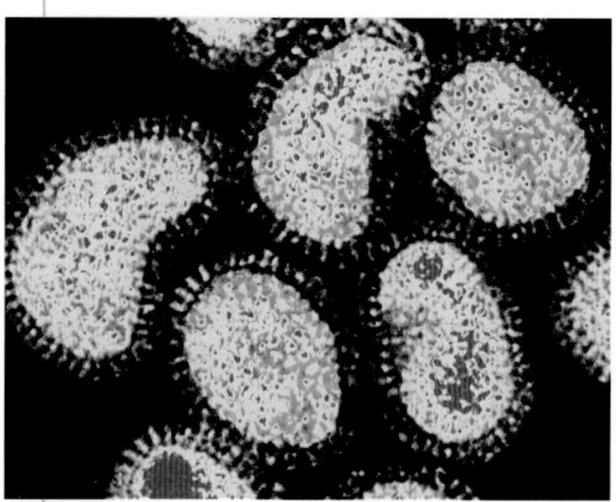

인플루엔자 바이러스
인플루엔자 바이러스의 색 보정 현미경 사진. RNA 유전물질로 구성된 중심 부분(빨간색)이 가시가 돋친 단백질막(노란색)에 둘러싸여 있다. 이 가시의 구조가 바뀌면 새로운 인플루엔자 균주가 만들어진다.

코염과 코곁굴염

코곁굴과 코안(비강, nasal cavity) 내층의 염증은 함께 잘 일어나며 급성 또는 만성이다. 감염이나 여타 원인 때문에 생긴다.

코염(비염, rhinitis)은 콧물, 재채기, 코 울혈을 야기한다. 알레르기비염(474쪽), 감염성비염(감기 따위), 혈관운동비염이 있다. 혈관운동비염은 코안 혈관이 날씨나 감정의 변화, 알코올, 자극적인 음식, 더러운 공기 같은 자극물질에 과민반응해서 일어난다. 자극물질을 피하고 비강분무제를 사용해서 치료한다.

코곁굴염(부비동염, sinusitis)은 12주 내에 낫는 급성이거나 12주 넘게 지속되는 만성일 수 있다. 급성코곁굴염이 아주 흔하며 대개 감기 뒤에 발생한다. 증상으로는 두통, 얼굴통증(안면통), 고개를 앞으로 숙일 때의 얼굴압박감(안면압박감), 코에서 고름 분비, 열이 있다. 진통제와 울혈제거제(decongestant)로 치료한다. 항생제는 세균성 또는 만성코곁굴염에 사용할 수 있다. 만성코곁굴염은 간혹 수술이 필요하다.

코곁굴(부비동, paranasal sinus)의 위치
코곁굴은 4쌍이 있으며 작은 관으로 통해 있다. 이 관은 염증이 생길 경우 막힐 수 있다. 그러면 굴 안에 액체가 쌓여 압박감이 느껴진다.

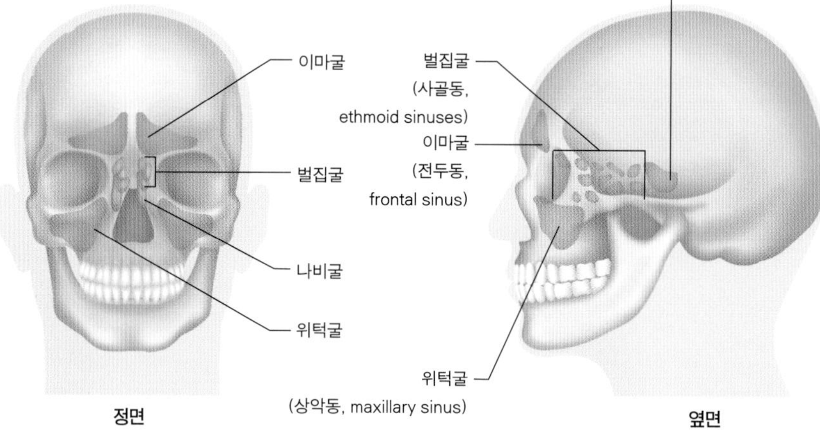
이마굴
벌집굴
나비굴
위턱굴
정면
나비굴(접형동, sphenoid sinus)
벌집굴 (사골동, ethmoid sinuses)
이마굴 (전두동, frontal sinus)
위턱굴 (상악동, maxillary sinus)
옆면

목구멍질환

편도나 인두에 염증이 생기면 목앓이(인두통)를 겪게 된다. 후두에서는 쉰소리가 나고 후두덮개(epiglottis)에서는 기도 차단이 일어난다.

인두는 입과 코의 뒷부분을 후두 및 식도와 연결한다. 편도나 인두 감염은 세균이나 바이러스에 의해 일어나며 목앓이, 삼킬 때의 통증과 곤란, 열, 오한, 목구멍 주변 림프절 비대가 나타난다. 휴식, 수액, 진통제, 로젠지(함당정제, lozenge), 분무제로 치료한다. 항생제를 투여할 수도 있다.

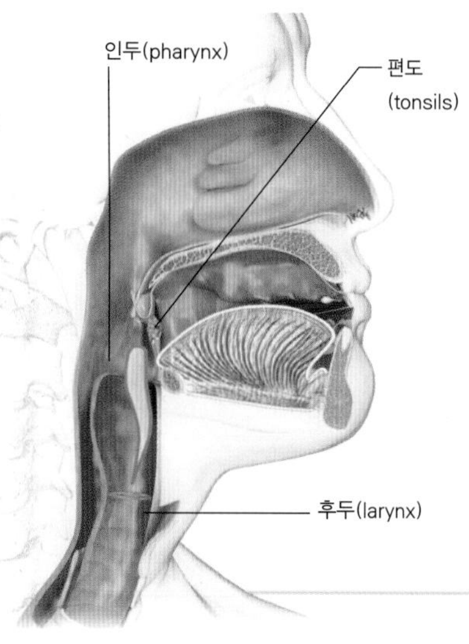
인두(pharynx)
편도 (tonsils)
후두(larynx)

후두덮개의 세균 감염(후두덮개염, epiglottitis)은 대개 아이들에게 일어난다. 열, 침흘림(유연, drooling), 쉰소리, 그렁거림(협착음, stridor, 비정상인 고음의 호흡 잡음) 증상이 나타나며, 응급 치료를 요한다.

후두염은 감염, 성대 혹사, 위식도역류(gastroesophageal reflux), 과도한 흡연이나 음주, 기침 때문에 일어날 수 있다. 쉰소리나 발성불능을 야기하며 감염으로 인한 경우 열이 나고 인플루엔자나 감기의 증상이 나타날 수 있다. 만성후두염은 선행 원인을 제거하고 목을 쉬게 하고 목소리 치료(voice therapy)를 해서 치료한다. 만성후두염은 성대에 발생하는 백색판증(백반, leukoplakia)을 일으킬 수 있다. 백색판이 암으로 변할 경우 전문의의 치료가 필요하다. 쉰소리나 목소리 변화가 2주 넘게 지속될 경우도 마찬가지다.

상기도감염의 위치
코, 굴(sinus), 인두, 후두의 감염은 대부분 바이러스에 의해 일어나기 때문에 항생제가 듣지 않지만 선행 폐질환이 있는 환자들에게는 항생제 투여가 필요할 수도 있다.

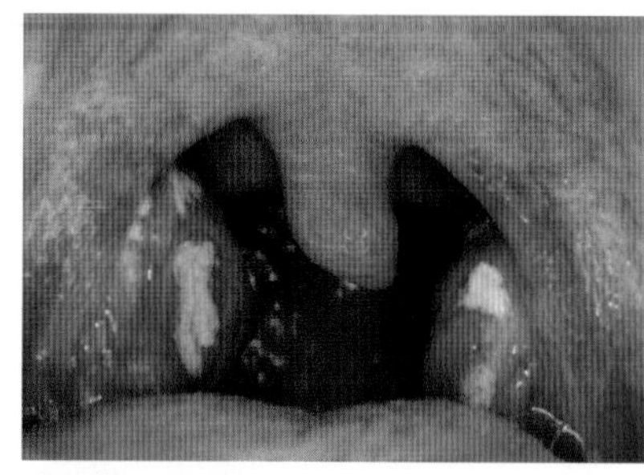

편도염(tonsillitis)
편도가 부어오르고 그 위에 고름 가득한 흰 점이 생긴다. 재발이 계속되거나 삼키기(연하)가 불가능해지면 편도를 제거하는 수술(편도절제술, tonsillectomy)이 필요하다.

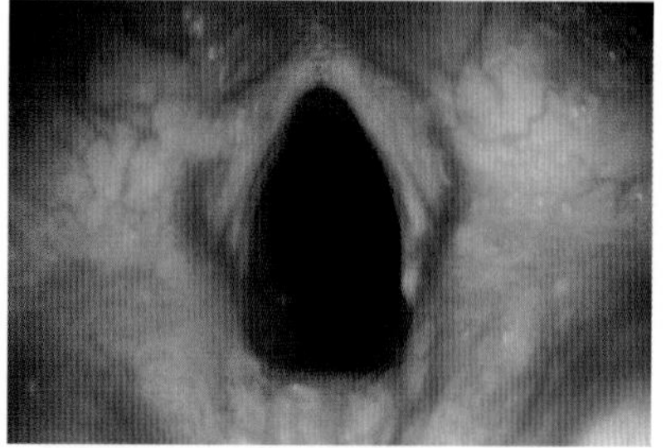

후두염(laryngitis)
내시경으로 들여다본 후두 안쪽. 급성감염 때문에 염증이 생겼다. 성대는 가운데 구멍 양 옆의 흰색 구조 한 쌍이며 공명해서 음성을 만들어 낸다.

급성기관지염

기관지 염증은 대개 바이러스나 세균 때문에 일어나며, 잦은마른기침(hacking cough)을 야기하고, 으레 2주 안에 낫는다.

급성기관지염은 흔히 감기나 인플루엔자에 이어 발생하며 흡연자에게 더 잦다. 마른기침으로 시작해 며칠 뒤에는 젖은기침으로 진행돼 초록색, 노란색, 또는 회색 가래(sputum)가 생기고 몸살, 피로감, 열, 숨참, 쌕쌕거림(천명)이 나타난다. 가슴 엑스선 촬영이나 가래에 대한 미생물 분석이 필요할 수도 있다. 90퍼센트는 바이러스성이라서 일반적으로 항생제 처방이 필요 없다. 기관지염 환자는 금연, 수분 섭취, 휴식을 취해야 한다. 비감염성 기관지염은 스모그, 담배 연기, 화학적인 증기 같은 허파 자극물질 때문에 일어날 수 있다.

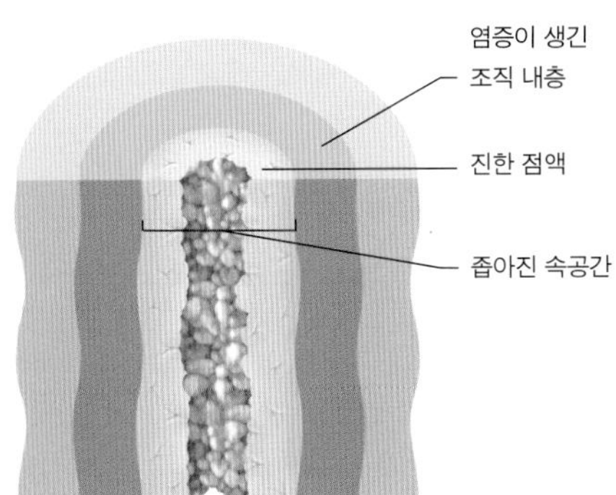
염증이 생긴 조직 내층
진한 점액
좁아진 속공간

염증이 생긴 기관지
점막에 감염이 일어나면 염증이 생겨 속공간(lumen)이 좁아진다. 아울러 감염에 맞서 싸우는 백혈구가 가득한 점액이 과잉 분비된다.

폐활량측정법

폐활량측정법(spirometry)이라고 불리는 폐기능검사는 들숨(흡기)과 날숨(호기) 때 기체의 부피와 유속을 측정한다. 최고날숨유속(peak expiratory flow rate, PEFR)을 재면 기도 막힘(폐쇄, obstruction)을 측정할 수 있다. 천식(464쪽) 및 COPD(오른쪽 참조) 환자에게 검사를 정기적으로 실시하면 질병 활성도와 치료 반응을 측정할 수 있다.

만성폐쇄폐질환

만성폐쇄폐질환(chronic obstructive pulmonary disease, COPD)은 기도의 장기간 협착을 의미하며, 허파로 통하는 공기 흐름이 막혀 숨이 찬다. 흔히 일차적으로 만성기관지염과 공기증(emphysema)이 한 환자에게 병발하며 주로 흡연 때문에 발생한다. 빈도는 낮지만 (이를테면 광업이나 섬유산업에서) 먼지나 증기에 직업적으로 노출되어 발생하기도 한다.

만성기관지염

과잉점액분비를 동반하는 만성기관지염은 기도 폐쇄와 기침을 야기한다. 또 기침할 때 가래가 나온다.

임상에서 만성기관지염(chronic bronchitis)은 가래를 동반하면서 2년 연속 최소 3개월간 지속되는 기침으로 정의된다. 장기간 규칙적으로 흡연한 40세 이상 남성에게서 가장 흔히 발생한다. 춥고 습할 때 기침이 가장 심하며, 말갛고 흰 가래가 나온다.

숨참이 심해지고 상기도 감염이 빈번하게 반복되며 가래가 초록색이나 노란색으로 변한다. 숨참과 쌕쌕거림이 악화되면 급기야는 (예후가 불량한) 진행성 심장기능상실(심부전)과 호흡기능상실(호흡부전)이 일어나 몸무게 증가, 청색증(cyanosis, 입술과 손가락의 푸른기), 관절 부종이 나타난다. 혈액검사, 폐기능검사, 가슴 엑스선, 가래 분석을 포함한 임상검사를 실시해야 한다. 흔히 처방되는 흡입제는 기관지벽 근육을 이완해 도움이 되긴 하지만 대개 기도 폐쇄가 비가역적이다. 금연은 필수이다. 코르티코스테로이드 경구 투여는 급성 증상 악화에 도움이 될 수 있다. 만성기관지염에서 상기도 감염은 대체로 바이러스성이지만 세균 감염이 의심되면 항생제를 처방한다. 상당수의 환자들은 질병 교육, 체력 단련, 영양 상태 평가 및 조언, 심리적 중재가 효과가 있다.

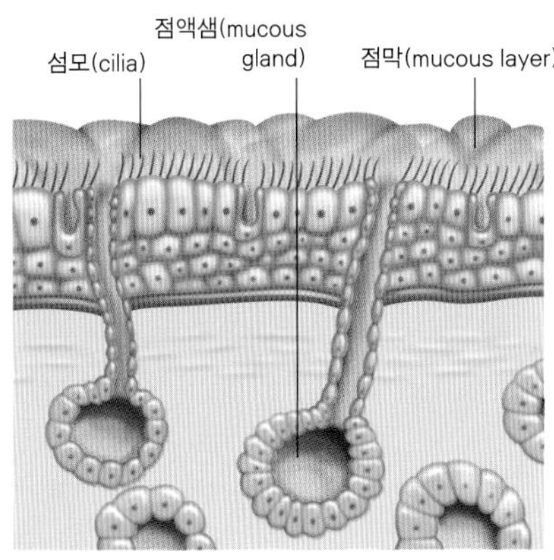
점액샘(mucous gland)
섬모(cilia)
점막(mucous layer)

정상 기도 내층
샘에서 점액이 분비되어 흡입된 먼지와 미생물을 붙잡는다. 세포 위의 가느다란 털(섬모, cilia)이 운동을 해서 점액을 목구멍 쪽으로 밀어내면 기침 때 배출하거나 삼키게 된다.

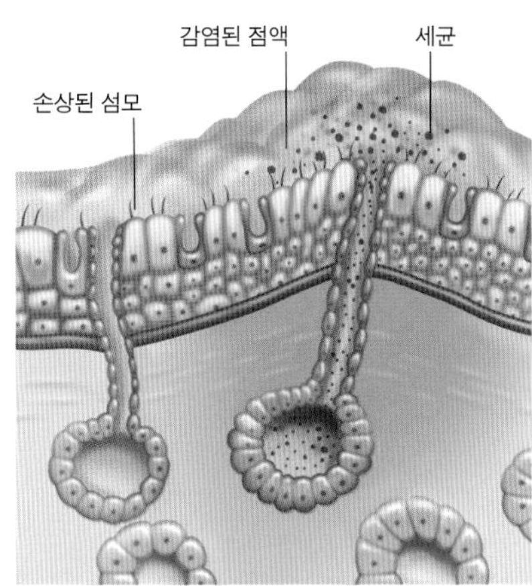
감염된 점액
세균
손상된 섬모

만성기관지염 상태의 기도
점막이 부어오르고 점액이 과잉 분비되어 기도 폐쇄가 일어난다. 섬모가 손상돼서 점액이 적절하게 밀려나지 못해 감염을 부채질한다.

공기증

공기증(폐기종, emphysema) 때문에 허파꽈리 벽이 파괴되면 가스 교환 영역이 줄어들고 기도가 좁아지므로 날숨 때 허탈이 일어난다.

일반적으로 흡연 때문이지만 알파-1 안티트립신 결핍증(alpha-1 antitrypsin deficiency)이라는 희귀 유전질환으로 생기기도 한다. 장기간 흡연한 40세 넘는 남성들에게 가장 흔하다. 공기증은 진행성 숨참을 일으킨다. 후기에는 가래 없는 기침이 날 수 있다. 몸무게가 줄고, 허파가 과잉팽창해서 가슴이 특징적인 와인통 모양이 된다. 대체로 입술을 오므려 내민 채 숨을 쉰다. 진단용 검사로는 동맥혈가스분석, 폐기능검사, 가슴 엑스선이 있다. CT 촬영으로 전형적인 허파 속 구멍(큰공기집, bullae)을 볼 수 있다. 돌이킬 수 없을 정도로 악화되지 않게 하려면 반드시 금연하고, 담배 연기, 허파 자극물질을 피해야 한다. 치료제로는 기관지근에 작용해 기도를 넓혀 주는 단기작용 및 장기작용 흡입제, 흡입형 스테로이드, 경구용 코르티코스테로이드가 있다. 환자에 따라 이따금 또는 지속적으로 산소 보충이 필요할 수 있다. 위역류와 알레르기는 상태를 악화시킬 수 있다. 중증인 경우에는 폐용적감축술이나 폐이식이 필요할 수 있다. 허파 기능 향상을 위한 질병 교육, 조언, 체력 단련 같은 폐재활은 대체로 효과가 있다. 공기증 환자는 매년 인플루엔자 백신을 접종하는 것이 좋다.

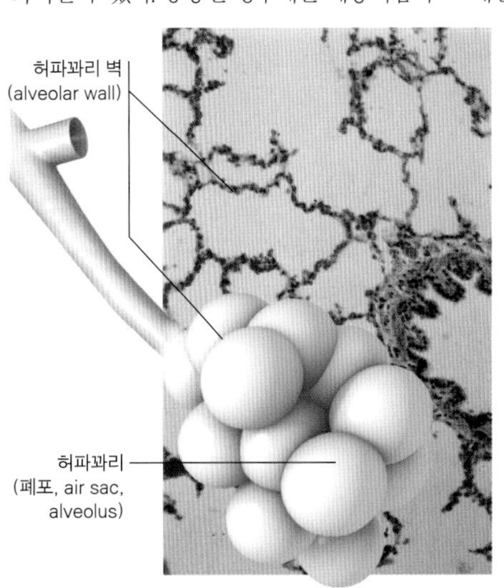
허파꽈리 벽
(alveolar wall)
허파꽈리
(폐포, air sac, alveolus)

건강한 조직
허파 속의 허파꽈리는 포도송이처럼 무리지어 있다. 각각의 허파꽈리는 서로 분리되어 있다. 허파꽈리 벽은 탄력이 있어서 날숨 때 공기를 내보내는 데 도움이 된다.

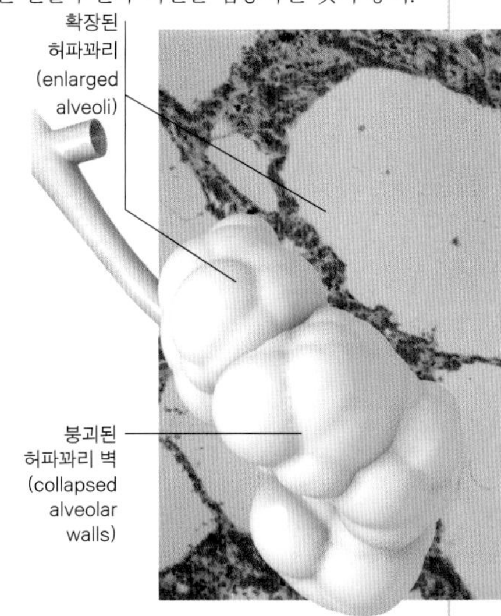
확장된 허파꽈리
(enlarged alveoli)
붕괴된 허파꽈리 벽
(collapsed alveolar walls)

손상된 조직
허파꽈리 벽이 파괴되면 탄력이 줄어든다. 허파꽈리가 확장되고 서로 결합하면 가스 교환에 필요한 가용면적이 줄어든다.

천식

허파 기도가 가역적으로 협착되는 천식(asthma)은 장기간의 감염 때문에 발생하며 가슴이 답답하고 숨이 찬다.

약 7퍼센트의 사람들에게 발생하며 흔히 가족력을 따른다. 주로 소아기에 발병하지만 어느 연령에서든 일어날 수 있다. 천식을 앓은 적이 있는 사람은 기도 벽 근육이 수축될 때 반복 발작을 일으켜 기도가 협착된다. 기도 협착은 가역적이며 일부 천식 환자들은 알레르기항원(allergen, 집먼지좀진드기, 애완동물 비듬, 꽃가루), 약물, 운동, 상기도 바이러스 감염, 스트레스, 흡입된 먼지나 화학물질 같은 일반적인 천식 유발물질 때문에 드물게 기도가 협착되기도 한다.

천식 발작은 갑작스럽게 숨참, 가슴 답답함, 쌕쌕거림, 기침을 일으킨다. 발작 사이사이에 야간의 만성기침, 약한 가슴조임, 운동성 숨참 같은 가벼운 증상도 있다. 기도 협착의 가역성을 확인할 수 있는 폐활량측정법 검사와 최대유량 판독(463쪽)으로 확진한다. 유발물질을 피하고 증상 완화용 흡입제를 사용해 치료한다. 경증천식은 기도를 직접 확장하는 단기작용 완화 흡입제가 필요하다. 흡입용 스테로이드(예방 흡입제)는 더 지속적인 증상에 규칙적으로 사용한다. 경구용 코르티코스테로이드는 중증에 사용한다.

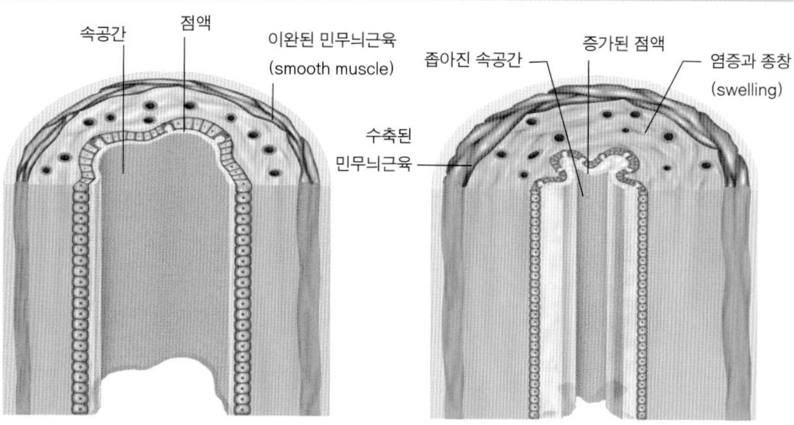
속공간
점액
이완된 민무늬근육 (smooth muscle)
수축된 민무늬근육
좁아진 속공간
증가된 점액
염증과 종창 (swelling)

건강한 기도
민무늬근육이 이완되어 있으며 자극물질에 반응해 곧바로 수축하지 않는다. 점액이 기도 내층을 덮는 얇은 층을 형성하고 있다. 공기 통로(속공간)가 넓다.

천식이 발생한 기도
민무늬근육이 수축되어 있다. 기도 내층에 염증이 생겼고 점액층이 두껍다. 속공간이 좁아져서 쌕쌕거림과 숨참을 일으킨다.

폐렴

허파꽈리에 염증이 생기는 폐렴(pneumonia)은 대개 감염 때문에 발생하지만 화학적, 물리적 손상 때문에 일어나기도 한다.

감염성폐렴은 아기, 소아, 흡연자, 노인, 면역이 억제된 사람에게 가장 흔히 발생한다. 가장 주된 원인은 폐렴사슬알균(*Streptococcus pneumoniae*)에 의한 세균 감염이며, 반점 형태로 드문드문 침범하거나 한 허파엽만 침범할 수 있다. 바이러스폐렴은 바이러스가 원인이며 감기, 인플루엔자, 수두를 일으킨다. 증상으로는 숨참, 빠른호흡(빈호흡, tachypnea), 혈액 섞인 가래가 나오는 기침, 열, 오한, 땀, 몸살, 가슴통증이 있다. 확진을 위해 가슴 엑스선을 실시한다. 가래와 혈액의 미생물 분석을 의뢰하기도 한다. 적절한 항생제를 투여하면 세균폐렴은 1개월 내에 치료가 되지만 바이러스폐렴은 더 오래 걸린다. 구토물 흡입, 음식물, 이물질이나 유해물질 때문에 발생하는 폐렴은 흡인폐렴(aspiration pneumonia)이라 부른다.

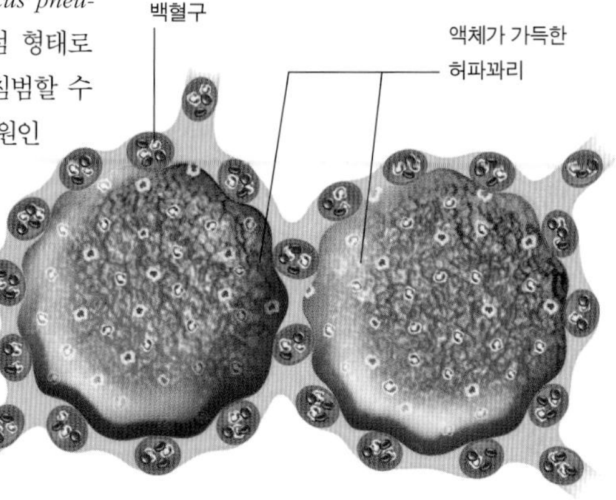
백혈구
액체가 가득한 허파꽈리

염증이 생긴 허파꽈리
공기로 차 있어야 할 공간이 세균을 죽이는 백혈구가 들어 있는 액체로 가득하다. 액체가 축적되면 산소 흡수가 줄어든다.

결핵

대개 허파에 발생하는 세균성 감염인 결핵(tuberculosis, TB)은 세계적으로 중요한 보건 문제이다. 세계인의 약 3분의 1이 잠복결핵감염 상태이다.

감염 환자의 기침이나 재채기 때 나오는 미세한 비말을 흡입함으로써 전파된다. 대부분의 사람은 흡입된 결핵균을 제거할 수 있지만 일부에게는 활동결핵이 발생한다. 증상 없는 잠복결핵인 사람들도 약 10퍼센트는 나중에 활동결핵이 발생한다. 결핵균이 느리게 증식하기 때문에 증상을 일으키는 데 여러 해가 걸릴 수 있다.

폐결핵은 피가 섞인 가래를 동반하는 만성기침, 가슴통증, 숨참, 피로감, 몸무게 감소, 열 같은 증상을 일으킨다. 결핵은 림프절, 뼈, 관절, 신경계통, 비뇨생식관으로 확산될 수도 있다. 수개월간 항생제를 복합처방해서 치료한다. 만약 치료하지 않으면 감염된 환자의 절반이 사망한다. 약제내성결핵(drug resistant tuberculosis)은 요즘 점점 큰 문제가 되고 있다. 백신 접종으로 이런 결핵을 예방할 수 있다.

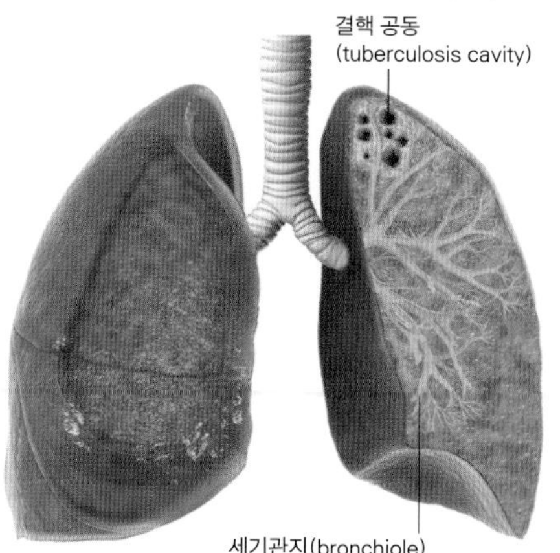
결핵 공동 (tuberculosis cavity)
세기관지(bronchiole)

허파 속 공간
활동결핵에서 결핵 공동은 주로 허파 윗부분에서 보인다. 이 공동은 괴사(necrosis, 세포와 조직의 죽음)가 일어난 곳이다. 감염된 조직과 세기관지 사이에 공기가 흘러서 결핵균이 기도로 방출된다.

사이질폐질환

허파꽈리 주변의 조직과 공간은 다양한 질병에 걸릴 수 있기 때문에 폐쇄성 기도 질환들과 구분되는 특징을 보인다.

사이질폐질환(간질성폐질환, interstitial lung disease, ILD)의 대부분의 유형에는 섬유화(fibrosis, 섬유성 결합조직의 과잉 발달)가 나타난다. ILD는 대개 성인에게 발생하며 (항암제와 일부 항생제 같은) 약물, 허파 감염, 방사선, 결합조직 질환(여러근육염(다발근육염, polymyositis), 피부근염(dermatomyositis), 전신홍반루푸스(SLE), 류마티스관절염(rheumatoid arthritis) 등), 이산화규소, 석면, 베릴륨 같은 화학물질에 대한 환경적 또는 직업적 노출 때문이다. 아무 선행 원인 없이 일어날 수도 있다. 증상은 대개 여러 해에 걸쳐 점진적으로 발현되며 운동성 숨참, 마른기침, 쌕쌕거림 따위가 나타난다. 손톱주름이 점점 볼록해지면서 손톱과 손가락 끝부분이 두꺼워질 수 있다. 폐기능검사와 고해상도 가슴 CT 촬영으로 진단한다. 허파 생검이 필요할 수도 있으며, 대개 기관지경(bronchoscope, 기도로 삽입하는 관)을 이용한다. 치료는 선행 원인에 따라 다르며, 일반적으로 섬유화는 비가역적이다. 특정한 환경 원인을 피해야 한다. 폐질환의 위험이 있는 직업에서는 보호복과 보호마스크를 착용하고 아울러 금연해야 한다.

사르코이드증

여러 계통을 침범하는 질환인 사르코이드증(sarcoidosis)은 허파와 림프절에 발생하는 작은 염증성 결절인 육아종(granuloma)이 특징이다.

주로 20~40세에서 발생하지만 어느 연령에서든 발생할 수 있으며 북유럽에 가장 흔하다. 또 면역질환이지만 정확한 원인은 모른다. 대개 증상이 없지만, 일부에게선 마른기침, 숨참 같은 허파 증상이나 눈 또는 피부 문제가 나타난다. 전형적인 피부 병터로는 판(플라크, plaque), 아프고 연약한 빨간색 덩이(종괴)인 결절홍반(erythema nodosum), 피부에 솟아오른 덩어리인 빨간색 또는 갈색 솟음(구진, papule)이 있다. 공통적으로 나타나는 눈 문제는 포도막염과 망막염이며(461쪽), 일반적인 증상으로는 몸무게 감소, 피로감, 열, 몸살이 있다.

사르코이드증은 심장, 간, 뇌를 비롯한 어느 기관에서든 나타날 수 있다. 증상이 허파에 나타나면 진행성 폐섬유화가 일어나 약 20~30퍼센트는 영구적인 허파 손상을 입는다. 대개 치료는 필요 없고 증상이 저절로 사라진다. 중증은 코르티코스테로이드 같은 약물로 치료한다. 대체로 1~3년 내에 완전히 회복하지만 10~15퍼센트는 증상이 심해지면서 악화되는 기간을 거쳐 만성사르코이드증으로 진행된다.

가슴막삼출

가슴막안(흉막강)에 액체가 과잉 축적되는 가슴막삼출(흉막삼출)은 원인이 다양하며 허파 팽창을 막아서 숨참을 일으킨다.

가슴막안은 두 가슴막(흉막, pleura, 허파와 안쪽 가슴벽의 경계를 지우는 막) 사이의 윤활 공간이다. 가슴막안의 과잉 액체가 숨참을 일으키고 가슴막이 자극받아 가슴막염(흉막염, pleurisy)이 생기면 찌르는 듯한 가슴통증이 전형적으로 들숨 때 심해진다. 심장기능상실, 간경화증, 폐렴, 폐암, 폐색전, 결핵, 전신홍반루푸스 같은 자가면역질환에서 공통적으로 나타난다. 과잉 액체는 빈 주사기를 이용해 제거하면 되고, 원인을 조사하기 위해 액체를 검사할 수도 있다.

다량의 삼출액은 가슴벽으로 관을 집어넣어 빼낼 수 있다. 삼출 재발은 두 가슴막 면을 화학적 또는 외과적으로 서로 붙이는 가슴막유착(pleurodesis)을 실시해 예방할 수 있다.

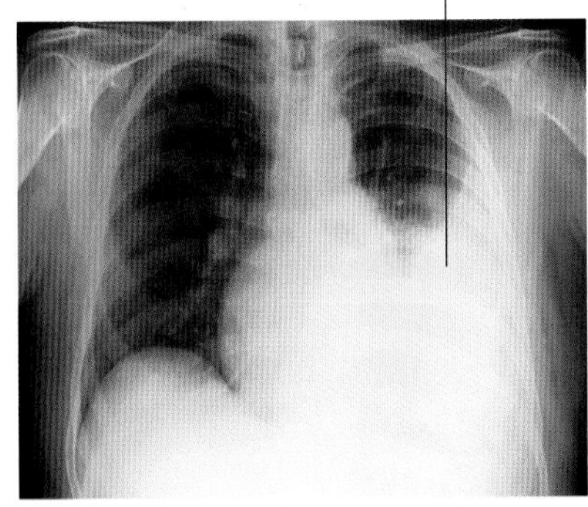
축적된 액체

가슴막삼출(흉막삼출, pleural effusion)
컬러 보정 가슴 엑스선 영상에 다량의 왼쪽 가슴막삼출이 보인다. 삼출액이 심장의 왼쪽 경계를 흐리게 하면서 왼쪽 가슴 아랫부분에 가득 차 있다.

공기가슴증

공기가 가슴막안으로 들어가서 발생하며 폐허탈을 일으켜서 가슴통증과 숨참을 유발한다.

공기가슴증(기흉, pneumothorax)은 (주로 키 크고 마른 젊은 사람에게) 저절로 발생하거나 천식, 상기도감염, 결핵, 낭성섬유증(cystic fibrosis), 사이질폐질환, 사르코이드증을 비롯한 폐질환과 가슴 외상에 때문에 발생한다. 관통상(penetrating trauma)은 긴장공기가슴증(긴장기흉, tension pneumothorax)을 일으켜 숨을 쉴 때마다 많은 공기가 가슴막안으로 빨려들어가 심장과 반대쪽 가슴의 주변 구조물을 압박한다. 이 경우 응급치료를 하지 않으면 치명적일 수 있으며 가슴 엑스선으로 확진한다. 증상으로는 급성숨참과 가슴통증이 나타난다. 작은(소규모) 공기가슴증은 저절로 낫기도 한다. 다량의 공기가 가슴막안으로 들어갔을 경우에는 가슴벽으로 주사기를 찔러넣어 빼내거나 가슴관삽입술(흉관삽관, tube thoracostomy)을 실시한다.

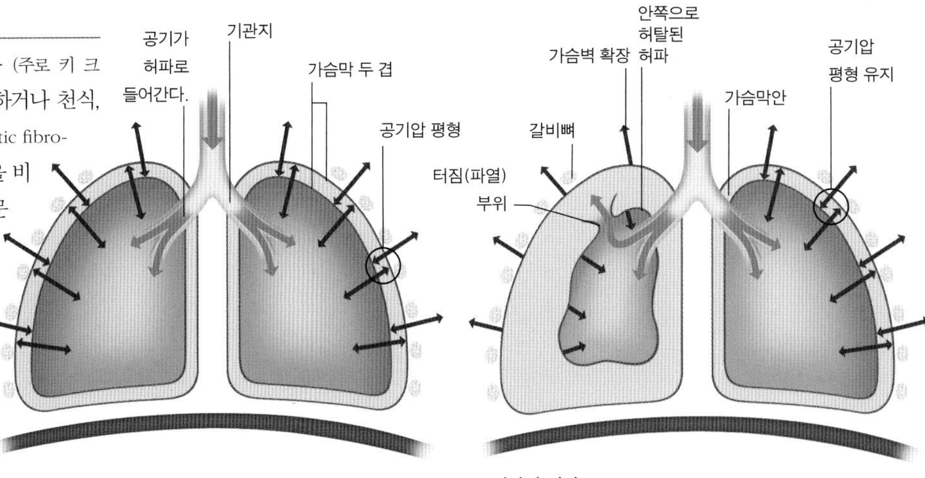
공기가 허파로 들어간다.
기관지
가슴막 두 겹
공기압 평형
터짐(파열) 부위
갈비뼈
가슴벽 확장
안쪽으로 허탈된 허파
가슴막안
공기압 평형 유지

정상 호흡
가슴벽이 확장하면 가슴막안과 허파 안의 공기압이 낮아져서 봉합된 공기주머니 역할이 제대로 발휘된다. 즉 공기압 차이 때문에 공기주머니가 바깥쪽으로 늘어난다.

허탈된 허파
오른쪽 허파에서 공기가 가슴막안으로 새 나와 허파가 수축된다. 그러면 더 이상 봉합된 공기주머니 역할을 하지 못해 허파가 공기압 차이에 따라 바깥쪽으로 늘어나지 못한다.

폐색전증

허파동맥 막힘은 대개 다리의 깊은정맥혈전증(심부정맥혈전증, deep vein thrombosis, DVT)에서 떨어져 나온 혈전 때문에 발생한다.

폐색전증은 정상적인 혈액 순환에서는 보이지 않는 물질 때문에 일어나는 허파동맥 막힘이다. 드물게 공기, 지방, (임신 때) 양수 때문에 일어나기도 하지만 일반적으로는 깊은정맥혈전증으로 인한 혈전 때문에 발생한다(470쪽) 증상으로는 숨참, 들숨 때 심해지는 가슴통증, 객혈이 있다. 중증인 경우에는 입술과 손가락이 파래지는 청색증, 폐허탈, 쇼크가 나타날 수 있다. 대개 특화된 CT 촬영으로 진단한다. 치료제로는 헤파린이나 와파린 같은 항응고제가 있다. 중증인 경우에는 혈전용해제로 혈전을 녹이거나 폐혈전절제술(pulmonary thrombectomy)을 이용해 외과적으로 혈전을 제거해야 한다. 내버려 두면 폐색전증 환자의 25~30퍼센트가 사망한다.

허파동맥
허파로 들어가는 혈전
오른심방
혈전 이동 경로
오른심실

폐색전증(pulmonary embolism)
혈전은 다리의 깊은정맥에서 올라와 오른심방으로 들어간다. 그러고 나서 오른심실을 거쳐 허파동맥으로 들어간다.

폐암

허파 조직에 발생하는 악성종양은 세계적으로 가장 흔한 암 사망 원인이다.

원발(일차) 폐암은 허파 안에서 발생하며 2가지 주요 유형이 있다. 더 공격적이고 확산 속도도 빠른 소세포폐암(small cell lung cancer, SCLC)은 전체 폐암의 20퍼센트 정도고, 나머지는 비소세포폐암(non-small cell lung cancer, NSCLC)이다. 폐암은 주로 70세 넘은 사람들에게 발생하며 그중 90퍼센트는 흡연이 원인이다. 위험도는 흡연량 및 흡연 기간과 관계 있다. 비흡연자에게는 흡연자의 담배 연기를 흡입하는 간접흡연도 위험인자이다. 드물게 석면, 독성 화학물질, 라돈 가스 때문에 발생할 수도 있다. 대개 진단 시점에 이미 여기저기 확산돼 있다. 증상으로는 일정한 기침 패턴의 변화나 지속적인 기침, 객혈, 가슴통증, 쌕쌕거림, 피로감, 몸무게 감소, 식욕 상실, 쉰소리, 삼키기(연하) 곤란이 있다.

초기 진단은 가슴 엑스선과 가슴 CT 촬영, 확진은 기관지보개술(기관지경술, bronchoscopy)하는 생검으로 한다. 치료는 종양의 유형, 발생 부위, 전이에 따라 다르다. 소세포폐암은 일반적으로 화학요법과 방사선요법으로 치료하며 예후가 불량한 편이다. 비소세포폐암은 대개 외과적으로 제거하며 치료율이 높은 편이다. 폐암 환자는 진단 후 1년 넘게 생존하는 비율이 약 25퍼센트밖에 되지 않는다.

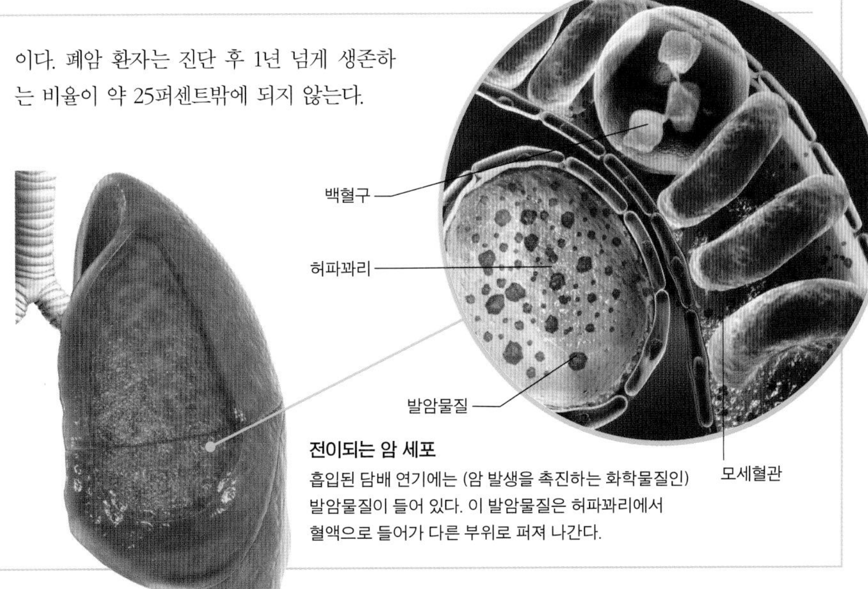
백혈구
허파꽈리
발암물질
모세혈관

전이되는 암 세포
흡입된 담배 연기에는 (암 발생을 촉진하는 화학물질인) 발암물질이 들어 있다. 이 발암물질은 허파꽈리에서 혈액으로 들어가 다른 부위로 퍼져 나간다.

심장혈관질환

심장과 혈관계통에는 많은 질병이 발생하며 중증일 경우 치명적일 수 있다. 식이 같은 생활양식 요소가 중요한 위험인자이기는 하지만, 몇몇 질환은 심장판막 및 심근의 결손 같은 구조적 이상 때문에 발생한다.

죽경화증

지방 침착물과 염증 부스러기가 여러 해에 걸쳐 동맥벽에 판(플라크, plaque)으로 쌓이면 죽경화증 또는 동맥협착이 발생한다.

고콜레스테롤(high cholesterol), 흡연, 비만, 고혈압, 당뇨병을 포함한 위험인자 때문에 발생률이 높아지기는 하지만 소아, 심지어 건강한 사람에게도 발생할 수 있다. 지방 침착물이 동맥벽에 쌓이면 덩이 또는 죽종(atheroma)이라는 판을 형성한다. 이 판은 염증을 자극하고 동맥 근육벽을 손상시킨다. 그러면 동맥 근육벽이 두꺼워져서 혈류가 제한되고 그 지점 이후의 조직에 산소와 영양이 결핍된다. 급기야 이 판이 동맥 속에서 파열될 경우 혈류가 완전히 차단된다. (심장에 혈액을 공급하는) 관상동맥에서 죽경화증은 협심증이나 심근경색증을 일으킬 수 있다. 뇌에서는 뇌졸중이나 치매(dementia)를, 콩팥에서는 콩팥기능상실(신부전, kidney failure)을, 그리고 다리에서는 괴저(gangrene)를 일으킬 수 있다. 이 질환은 비가역적이기는 하지만 금연하고 약을 복용해서 고혈압을 조절하면 진행을 늦추거나 멈출 수 있다.

죽종 판
혈관 내층의 지방 침착물과 염증 반응물은 혈관 안의 혈류를 제한하다가 파열돼서 동맥을 완전히 차단한다.

지방 침착물
적혈구
동맥 가지 경계
판의 지방 핵
섬유피막
협착된 혈관
동맥 바깥 보호층
동맥 근육층
동맥 내층

제한된 혈류
죽경화증(atherosclerosis)은 주로 동맥벽의 손상된 부위에서 일어난다. 판이 형성되고 동맥벽에 염증이 생겨 두꺼워지면 안쪽 공간이 줄어들어 혈류가 제한된다.

협심증

심장동맥에서 심장 자체로 혈액 공급이 불충분할 경우 심근에 전달되는 혈액이 너무 적어서 생기는 통증인 협심증(angina)이 생길 수 있다.

대개 죽경화증으로 인한 심장동맥 협착 때문에 발생하지만 혈전, 동맥벽 연축(spasm), 빈혈, 운동, 빈맥, 여타 심장질환 때문일 수도 있다. 협심증은 가슴, 목, 팔, 배에서 증상이 느껴지기도 하지만 주로 호흡곤란과 관련 있다. 또 일반적으로 운동할 때, 안정을 취할 때 또는 혈관확장제(혈관을 넓혀서 혈류를 원활하게 해 주는 약물)를 사용할 때 나타난다. 장기 치료법으로 생활양식 변화, 죽경화증 관리, 니트로글리세린(일명 glyceryl trinitrate), 저용량 아스피린, 심장약인 베타차단제를 이용한다. 간혹 협착된 동맥을 넓히거나 우회하는 수술이 필요하다.

협심증이 일어나는 이유
죽종이나 연축 때문에 심장동맥 속공간이 너무 좁아지면 통증이 생긴다. 그러면 심장동맥이 혈액을 공급하는 부위에 일시적으로 산소와 영양이 결핍된다.

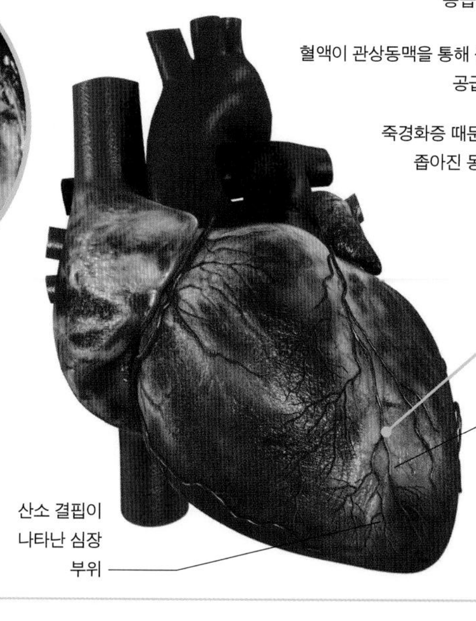
혈액이 관상동맥을 통해 심장에 공급된다.
죽경화증 때문에 좁아진 동맥
심근에 공급되는 혈액이 줄어든다.
산소 결핍이 나타난 심장 부위

손상된 심근
장기간에 걸쳐 혈류 및 산소 공급이 제한되면 일부 심근이 괴사한다. 그러면 손상된 부위의 혈액 펌프질 효율이 떨어진다.

혈관성형술

혈관성형술(angioplasty)은 심장이나 여타 신체 부위에서 좁아진 혈관을 넓힐 때 이용된다. 대개는 중증협심증을 치료하거나 심근경색증 후속 조치로 시술한다. 국소마취 상태에서 자그마한 풍선을 동맥 속으로 집어넣어 좁아진 부분을 넓혀 준다. 스텐트라는 그물관을 집어넣어 동맥을 넓어진 상태로 유지할 수도 있다. 다양한 죽경화성 문제를 해결하는 데 이용되는 기법과 스텐트 종류에는 여러 가지가 있다. 몇몇 스텐트는 판이 다시 형성되는 것을 막는 약물이 입혀 있다. 혈관성형술 후 아스피린이나 여타 항응고제를 투여해 혈액응고의 위험을 낮춰 준다.

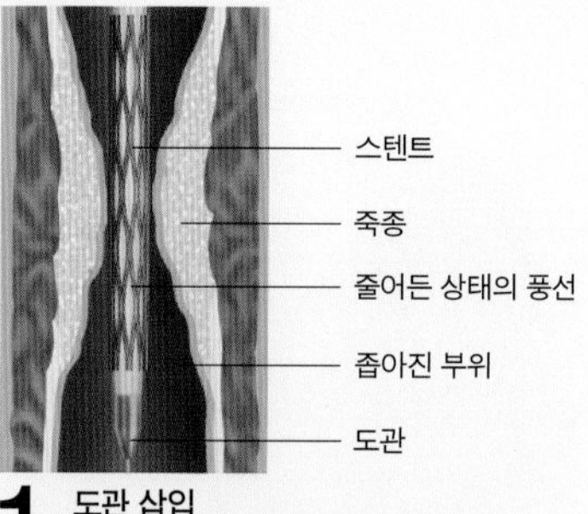
스텐트
죽종
줄어든 상태의 풍선
좁아진 부위
도관

1 도관 삽입
다리나 팔의 동맥을 절개해 유도도관(guide catheter)을 삽입한 뒤 관상동맥까지 밀어넣는다. 이 때 스텐트(stent)로 싸인 풍선도관이 좁아진 혈관 부위로 함께 운반된다.

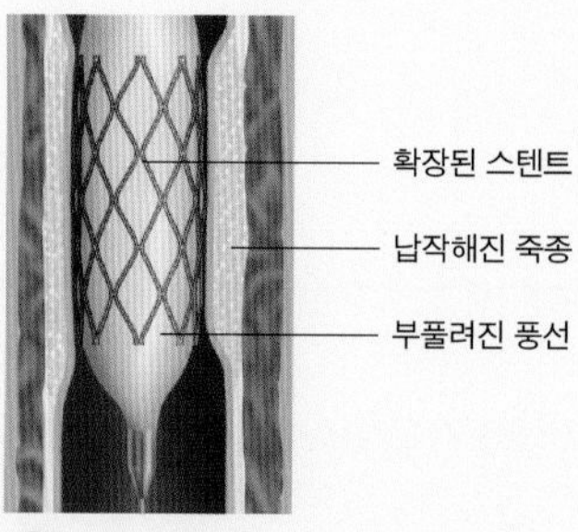
확장된 스텐트
납작해진 죽종
부풀려진 풍선

2 풍선 확장
풍선도관의 위치는 엑스선 영상으로 확인한다. 풍선이 정확한 위치에 도달하면 풍선을 부풀려서 스텐트를 확장하고 혈관을 넓힌다.

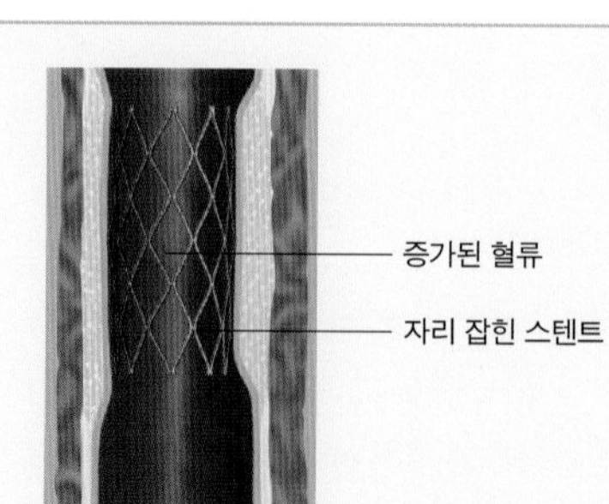
증가된 혈류
자리 잡힌 스텐트

3 도관 제거
스텐트를 적절한 너비로 확장하고 나서는 풍선을 쪼그리고 도관을 뒤로 물린다. 스텐트가 제 위치에 자리 잡히고 나면 도관을 몸에서 빼낸다.

심근경색증

심근경색증은 관상동맥이나 그 가지 가운데 하나가 완전히 차단되어 발생한다.

심근경색증이라는 용어는 심근 일부분의 괴사를 의미한다. 파열된 죽경화성 판이나 혈전(피떡) 때문에 관상동맥이 차단되면 관상동맥으로부터 혈액을 공급받는 근육 부위가 산소 결핍으로 괴사한다. 손상 정도나 합병증 여부는 어느 동맥이 차단되느냐에 따라 다르다. 넓은 근육 부위에 혈액을 공급하는 굵은 동맥이 차단되면 심근경색증으로 인한 심장기능상실 위험이 높아진다.(아래 참조)

심근경색증은 전형적으로 가운데 가슴통증과 허탈을 일으킨다. 노인에게서는 아무 증상이 나타나지 않을 수도 있다.(무증상 심근경색증) 진단은 (심장의 전기적 활성을 기록하는) ECG와 혈중 심장효소(손상된 근육에서 분비되는 화학물질) 증가도를 이용해서 내린다. 혈전용해제나 혈관성형술로 응급 치료를 하면 차단이 해소되어 혈류가 복원된다. 베타차단제를 투여해 부정맥을 막거나 아스피린으로 혈액응고를 예방하는 치료법도 있다.

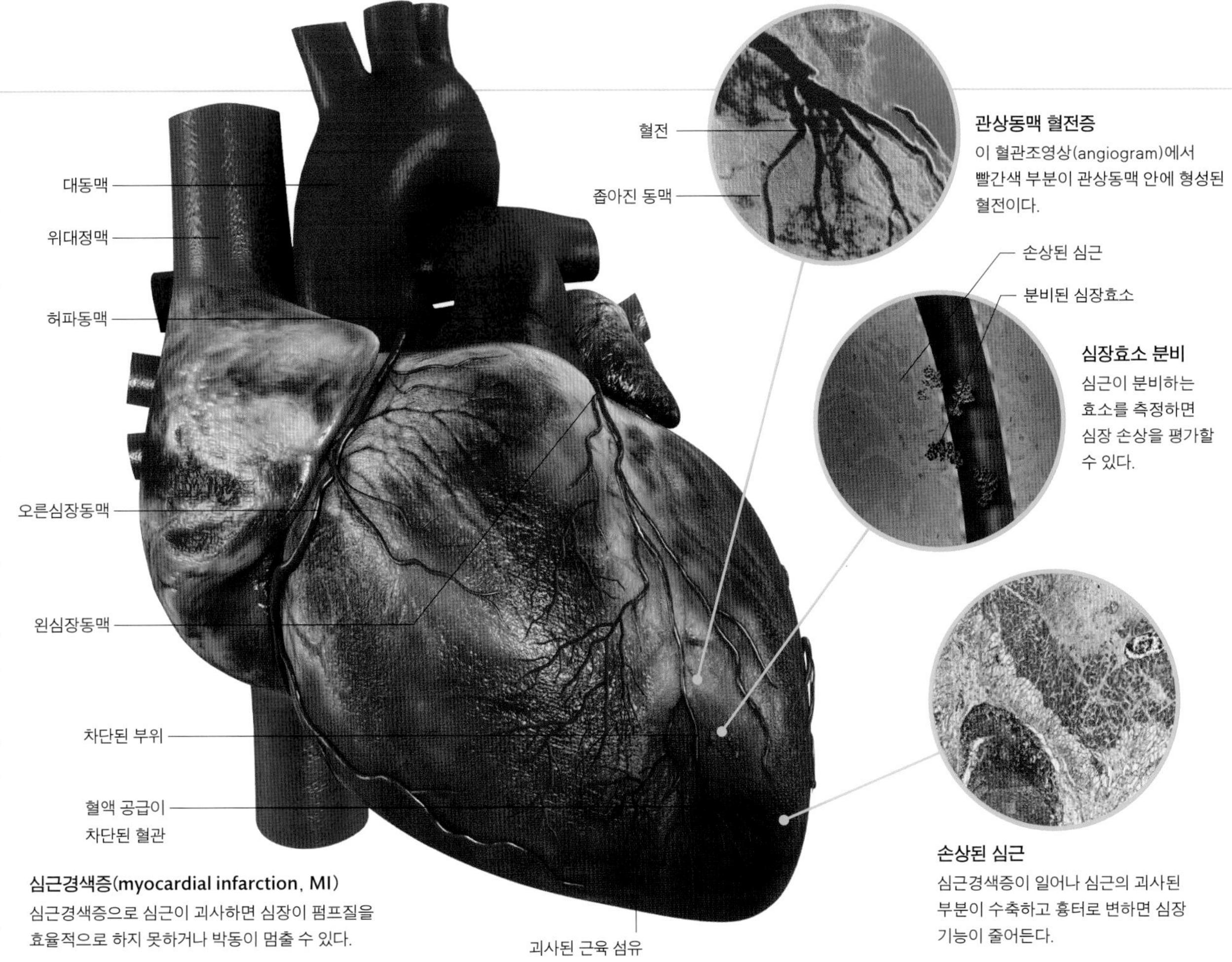
대동맥
위대정맥
허파동맥
오른심장동맥
왼심장동맥
차단된 부위
혈액 공급이
차단된 혈관
괴사된 근육 섬유
혈전
좁아진 동맥
손상된 심근
분비된 심장효소

관상동맥 혈전증
이 혈관조영상(angiogram)에서 빨간색 부분이 관상동맥 안에 형성된 혈전이다.

심장효소 분비
심근이 분비하는 효소를 측정하면 심장 손상을 평가할 수 있다.

손상된 심근
심근경색증이 일어나 심근의 괴사된 부분이 수축하고 흉터로 변하면 심장 기능이 줄어든다.

심근경색증(myocardial infarction, MI)
심근경색증으로 심근이 괴사하면 심장이 펌프질을 효율적으로 하지 못하거나 박동이 멈출 수 있다.

심장리듬질환

비정상인 심장박동수나 리듬은 심근 수축을 조절하는 전기계통에 장애가 생겨 발생한다.

오른심방 속 박동조율기(pacemaker)인 굴심방결절(동방결절, sinoatrial node)에서 나오는 전기파(electrical pulses)에 의해 발생하는 심근 수축 신호는 방실결절을 거쳐 두 심방을 지난 뒤 사이막(중격)을 통해 심실로 전달된다. 부정맥(arrhythmia, 비정상 심장 리듬)은 약한 신호 전달이나 비정상 전기활성 때문이다. 부정맥의 가장 흔한 형태 중 하나인 심방잔떨림에서는 비정상인 박동조율기 부위들이 굴심방결절을 압도하여 혈액 펌프질에 비효율적인 수축 패턴을 만들어 낸다. 심장에 전기 충격을 주어 정상 리듬으로 되돌림으로써 치료한다.

심실잔떨림(ventricular fibrillation)은 응급 상황으로, 심실 각각에 아주 빠른 무작위 수축이 일어나 심장의 혈액 펌프질에 장애가 생겨 뇌를 포함한 신체 조직으로 가는 혈류가 멈춘다. 즉각적인 잔떨림제거(세동제거, defibrillation)가 필요하며 약물 치료로 심장을 안정시켜야 한다. 심장차단 같은 문제는 신호가 정상적인 경로로 전달되지 않을 때 발생한다.

굴심방결절
심방
방실결절
(atrioventricular
node)
심실

굴빠른맥(동성빈맥, sinus tachycardia)
리듬은 정상이면서 분당 100회가 넘는 심박수가 불안이나 운동 때문에 나타날 수 있다. 또 열이나 빈혈, 갑상샘 질환 때문에 나타날 수도 있다.

신호가 차단된
부위
정상인
쪽에서 일부
신호가
전달된다.

다발갈래차단(각차단, bundle-branch block)
굴심방결절의 전기 신호가 일부 또는 완전히 차단되어 심실 수축이 느려진다. 전체적인 심장차단(heart block)이 일어날 경우에는 심실 수축 빈도가 분당 20~40회밖에 되지 않는다.

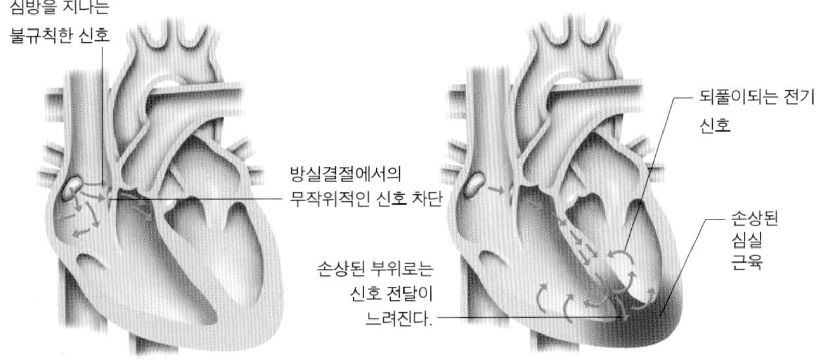
심방을 지나는
불규칙한 신호
방실결절에서의
무작위적인 신호 차단
손상된 부위로는
신호 전달이
느려진다.
되풀이되는 전기
신호
손상된
심실
근육

심방잔떨림(심방세동, atrial fibrillation, AF)
굴심방결절이 심방의 무작위 전기활성에 압도될 경우 전기 자극이 방실결절을 엉뚱한 경로로 지나가 매우 빠르고 불규칙한 심실 수축을 야기한다.

심실빠른맥(심실성빈맥, ventricular tachycardia)
심실 근육의 비정상 전기 자극은 심실을 빠르게 수축시키고 굴심방결절의 전기 자극을 압도해 빠르고 규칙적이지만 비효율적인 박동을 유발한다.

심장기능상실

혈액을 효율적으로 펌프질하는 심장의 기능 상실은 심근경색증, 판막 손상, 다른 질환 치료를 위해 투여된 약물 때문에 발생할 수 있다.

심장은 산소를 얻기 위해 허파로, 산소와 영양을 공급하기 위해 신체 조직으로 혈액을 펌프질한다. 펌프 기능을 상실할 경우 호흡곤란, 피로감, 부종(조직의 액체 과잉 축적)이 일어나며 간과 콩팥 같은 기관도 충분한 혈액을 공급받지 못해 기능 상실이 일어난다. 심장기능상실(심부전, heart failure)은 심근경색증 때문에 발생하면 급성이고 죽경화증, 고혈압, 만성폐쇄폐질환, 심장판막질환 같은 지속적인 질환 때문이면 만성이다. 영향 받는 부위와 펌프질 주기 양상에 따라 구분된다.

대개 액체가 허파 속에 축적되는 왼심실기능상실(좌심실부전)이다. 오른심실기능상실(우심실부전)은 액체가 간, 지라, 콩팥, 피부밑조직에 축적된다. 급성심장기능상실은 산소 공급, 부종 제거용 이뇨제 투여, 심근 수축 약물 처치로 치료한다. 만성심장기능상실은 베타차단제와 앤지오텐신전환효소억제제(ACE inhibitor, angiotensin converting enzyme inhibitor)를 투여하고 선행 원인을 관리해서 치료한다.

심장잡음

심장판막을 지나는 소용돌이 혈류 때문에 발생하는 심장잡음(heart murmurs)은 판막 질환이나 심장 내 비정상 혈액 순환을 알 수 있는 단서가 된다.

판막이 닫히거나 혈류가 심장을 지날 때 들리는 이상한 소리를 심장잡음이라 한다. 일반적인 원인은 판막결손이다. 판막이 지나치게 뻣뻣하거나 헐거운 경우 아니면, 제대로 닫히지 않는 경우이다. 비정상 혈류를 야기하는 선천결손으로는 심장 내 구멍(사이막결손)과 동맥관열림증(동맥관개존증, patent ductus arteriosus, 태아 심장 내 동맥관이 출생 후 닫히지 않은 상태)이 있다. 심장잡음은 심장이 정상이더라도 임신, 빈혈 때 역시 생길 수 있다. 잡음으로 원인을 추정할 수 있기는 하지만, 심장초음파상(심초음파상, echocardiogram)으로 결손 유형을 확인할 수 있다. 선행 문제로 인한 증상이 없다면 굳이 잡음을 치료할 필요는 없다. 수술은 판막결손이나 여타 결손을 교정할 때 이용한다.

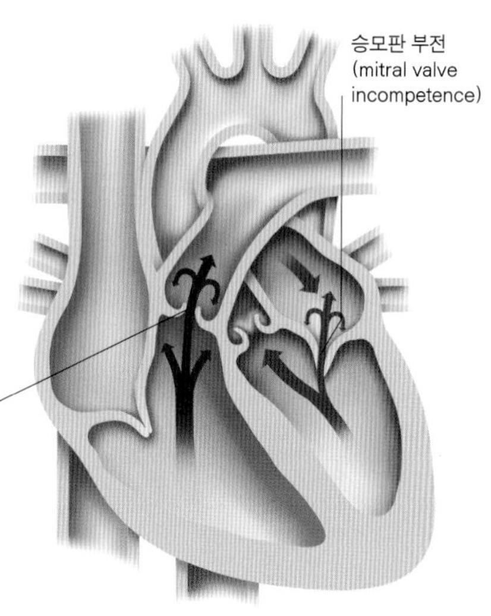
승모판 부전
(mitral valve
incompetence)
허파동맥판협착증(pulmonary valve stenosis)

비정상 혈류
정상적으로는 혈류가 판막을 일방통행으로 지나며 심장을 드나든다. 하지만 판막질환이 있을 경우에는 혈류가 불안정해져서 지나치게 높은 압력으로 판막을 통과하거나 일부 혈류가 반대 방향으로 새어나간다.

심장판막질환

4개의 심장판막은 혈액이 심장 속에서 올바른 방향으로 흐르게 한다. 하지만 질환이 생기면 판막이 뻣뻣해지거나 약해진다.

심장판막은 심방과 심실 사이, 혈액이 심실을 떠나는 지점에 위치해 있다. 류마티스열과 심내막염 같은 감염, 선천결손, 죽경화증 때문에 기능이 불완전해질 수 있다. 판막이 뻣뻣해지면(협착증) 심장은 펌프질이 어려워져 막힌 곳을 지나갈 정도로 혈액을 밀어내지 못한다. 판막이 약해져서 느슨해지면(부전) 일부 혈액이 새서 뒤로 역류하기 때문에 필요한 혈액량을 펌프질하려면 더 많이 움직여야 한다. 두 경우 모두 지나친 부하를 유발하기 때문에 심장이 커져서 효율이 떨어지고 심장기능상실(467쪽)이 올 수도 있다. 판막질환 또한 혈전과 뇌졸중의 위험을 높인다. 판막결손의 유형은 심전도(ECG), 엑스선, 심장초음파상으로 확인할 수 있다. 부하를 줄이는 약이 도움이 되긴 하지만 증상이 지속되면 수술로 판막을 교정하거나 대치할 필요가 있다.

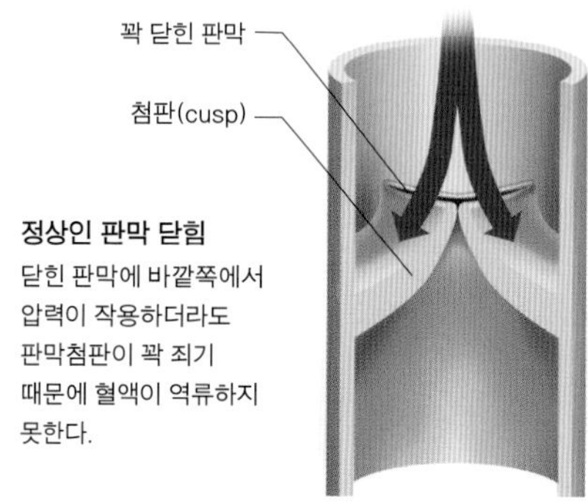
꽉 닫힌 판막
첨판(cusp)
불완전하게 닫힌 판막
비정상 첨판
혈액이 판막 뒤로 샌다.

정상인 판막 닫힘
닫힌 판막에 바깥쪽에서 압력이 작용하더라도 판막첨판이 꽉 죄기 때문에 혈액이 역류하지 못한다.

비정상인 판막 닫힘
판막이 제대로 닫히지 못하면 혈액이 새서 역류할 수 있어 심장 내 압력 변화를 야기한다.

판막 수술

손상된 판막을 교정하거나 대치하는 데는 몇 가지 수술법이 있다. 교정술로는 협착된 판막을 넓혀 주는 판막성형술이나 판막절개술이 있다. 손상된 판막은 정상인 제공자나 동물의 판막 또는 인공판막으로 대치할 수도 있다. 다른 수술법으로는 손상된 대동맥판 안에 새로운 판막을 삽입하는 피부경유대동맥판수술이 있다.

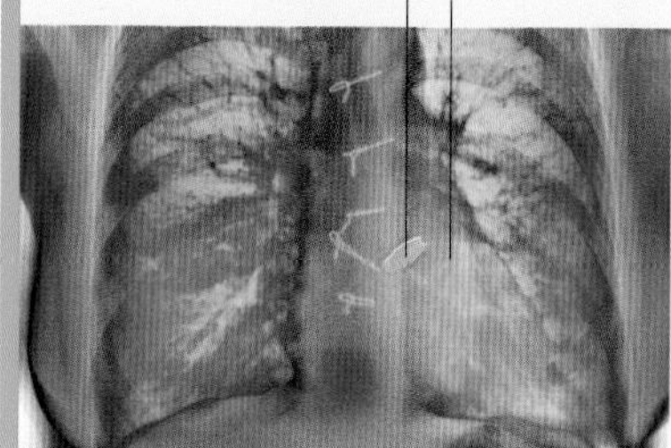
인공대동맥판
심장

심장판막
색 보정 가슴 엑스선 영상에 인공심장판막이 보인다. 초록색 고리들은 심장절개수술(개심수술, open heart surgery) 후에 가슴 중심부인 복장뼈(sternum)를 복원한 위치에 해당한다.

감염심내막염

심내막의 심각한 감염인 감염심내막염(infective endocarditis)은 판막대치술 후에 발생할 수 있다.

심장판막질환이 있거나 판막대치술(valve replacement)을 실시할 경우 혈류 속의 세균이 판막 표면에 달라붙을 수 있다. 그러면 감염이 일어나 심내막으로 확산된다. 판막을 비롯한 영역에 염증이 생겨 감염 물질과 혈전이 거기에 모인다. 증상으로는 지속적인 열, 피로감, 호흡곤란이 나타난다. 진단은 혈액검사, 심전도(electrocardiogram, ECG, 심장의 전기활성 측정), 심장초음파상을 이용해 내린다. 심내막염은 생명을 위협할 수 있기 때문에 응급 치료가 필요하다. 감염이 사라질 때까지 몇 주 동안 항생제를 투여하기도 한다. 질환이 지속되면 판막을 수술로 교정하거나 대치한다.

선천심장질환

신생아 1,000명 중 8명가량은 심장이상이 있다. 대부분은 위험하지 않은 이상이지만 몇몇은 생명을 위협할 정도이다.

태아의 심장 발달은 복잡하기 때문에 많은 유형의 이상이 발생할 수 있다. 심장판막이 제대로 형성되지 않아 허파동맥판협착증(허파로 혈류를 보내는 판막의 협착)이 생기거나 사이막결손처럼 심방벽이나 심실벽에 구멍이 생길 수도 있고 아예 심방이나 심실의 구분이 없을 수도 있다. 심장에 연결된 혈관의 모양, 크기, 위치가 비정상일 수도 있다. 예를 들면 대동맥축착이 있다. 태어난 뒤 닫혀야 할 혈관이 열려 있는 동맥관열림증은 혈액이 잘못된 방향으로 난 지름길로 가게 만든다. 팔로네징후(tetralogy of Fallot, 즉 허파동맥판협착증, 심실사이막결손, 대동맥 위치이상, 우심실비후) 등 이상이 나타날 수도 있다. 발달 문제를 일으킬 만한 원인으로는 염색체이상, 심장 발달에 영향을 미치는 태아기 질병, 어머니의 약 복용, 약물 남용, 음주, 흡연이 있다.

선천심장질환은 태아가 작더라도 임신 나이에 따라 진단이 가능할 수 있다. 출생 후 아기가 (산소 결핍으로 파랗게 되는) 청색증이 있다면 역시 진단이 필요하다. 치료는 결손 유형, 나이, 건강 상태, 선행 질병 유무에 따라 달라진다. 즉각적이고도 반복적인 수술이 필요한 극도의 결손부터, 나이가 들어서야 확실히 드러나는 경미한 판막결손까지, 편차가 아주 심하다.

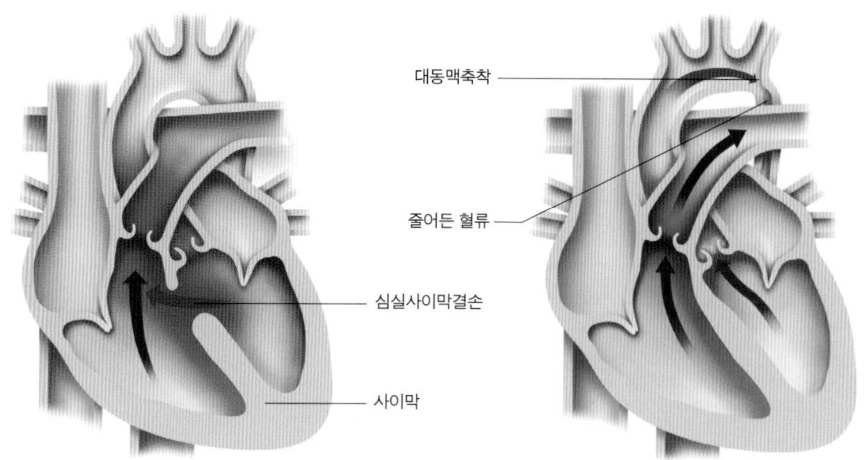
대동맥축착
줄어든 혈류
심실사이막결손
사이막

심실사이막결손
선천심장결손의 3분의 1은 심실사이막결손이다. 심실사이막에 구멍이 있어서 혈액이 왼심실에서 오른심실로 되돌아간다.

대동맥축착(aortic coarctation)
대동맥축착은 혈압과 혈류가 변하는 비정상 혈액 순환 패턴을 야기해 신체 아랫부분으로 가는 혈류가 줄어든다.

심근병

심근에는 많은 질환이 생길 수 있으며 원인이 분명하지 않은 4가지 유형이 있다.

심근병(cardiomyopathies)은 그로 인한 심근 변화에 따라 비대심근병(hypertrophic cardiomyopathy), 확장심근병(dilated cardiomyopathy), 제한심근병(restrictive cardiomyopathy), 부정맥유발심근병(arrhythmogenic cardiomyopathy, 지방이나 섬유 침착물이 펌프 작용을 방해해 부정맥을 유발하는 심근병)으로 분류된다. 유전적 관련 또는 특정 인자와 관련이 있을 수도 있다. 비대심근병은 고혈압과 관련 있고, 확장심근병은 과음과 관련 있다. 심근 변화가 야기하는 비효율적인 펌프 작용과 심장기능상실에는 가슴통증, 호흡곤란, 피로감, 부종 증상이 동반된다. 치료는 액체 축적을 줄이고 심장 기능을 향상시키는 약물로 한다. 수술이 도움이 되긴 하나 궁극의 치료법은 심장이식이다.

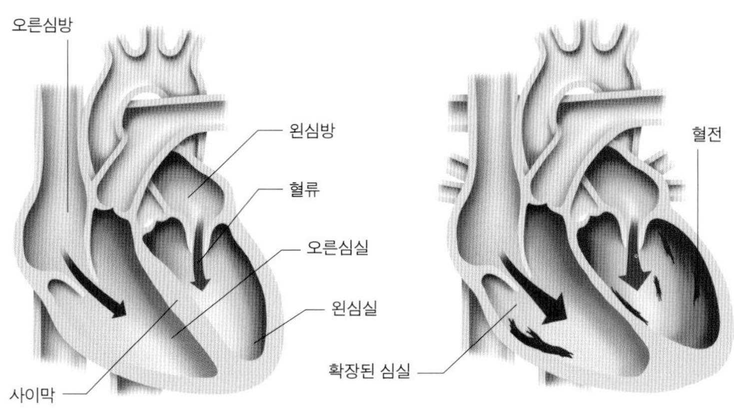
오른심방
왼심방
혈류
오른심실
왼심실
사이막
혈전
확장된 심실

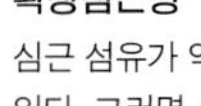

정상 심장
건강한 혈액 순환은 심근 수축의 효율성에 달려 있다. 심근은 혈액을 심장 오른쪽에서 허파로 펌프질해서 산소 농도를 높인 뒤 심장 왼쪽에서 신체 조직으로 내보낸다.

확장심근병
심근 섬유가 약해지면 심실이 확장해서 무기력해질 수 있다. 그러면 심장이 혈액을 펌프질하는 힘이 약해지고 결국 이런 비효율성은 심장기능상실을 야기할 수 있다.

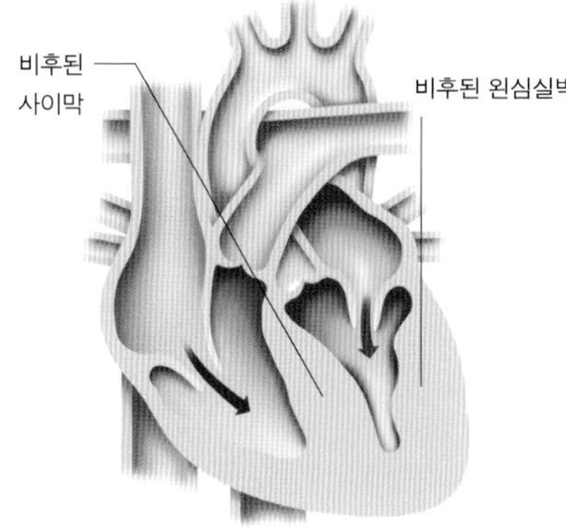
비후된
사이막
비후된 왼심실벽

비대심근병
왼심실이나 심실사이막의 심근이 비대해지면 심실에 혈액이 정상시만큼 차지 못해 판막이 새고 심장박출량이 줄어든다.

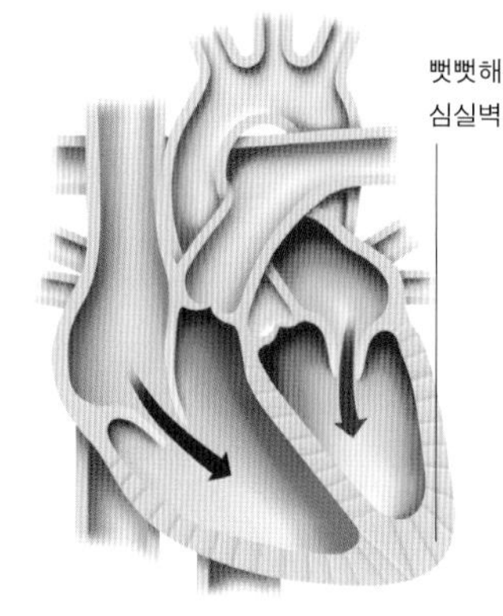
뻣뻣해진
심실벽

제한심근병
심근 섬유에 질병이 생기면 심실벽이 뻣뻣해져서 혈액을 심실에 제대로 채우지 못하거나 효율적으로 펌프질하지 못하기 때문에 심근이 심장박동 사이에 적절히 이완되지 못한다.

심장막염

심장을 둘러싼 이중막인 심장막에 염증이 생기면 심장의 펌프 작용이 제한될 수 있다.

손상, 감염, 심근경색증, 류마티스질환 같은 여타 감염질환 때문에 생긴다. 급성 또는 만성일 수 있으며, 심장막에 흉터를 남긴다. 액체가 두 심장막 사이에 축적될 수 있다. 증상으로는 가슴통증, 호흡곤란, 기침, 열, 피로감이 나타난다. 심장막염은 ECG, 가슴 엑스선이나 여타 촬영, 혈액검사로 확진할 수 있다. 소염제를 투여하고, 과잉 액체는 빼낸다. 흉터(섬유화)가 협착을 일으킬 경우에는 수술로 심장막을 제거할 필요도 있다.

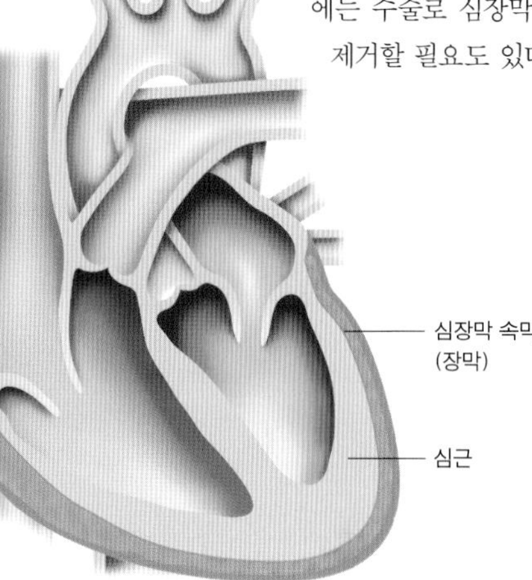
심장막(pericardium)
바깥막(섬유막)
심장막액(pericardial fluid)
심장막삼출액(pericardial effusion)
심장막 속막
(장막)
심근

심장막삼출액
두 심장막 사이에 액체가 축적되면 심장이 제대로 이완되지 못한다.

고혈압

고혈압(hypertension)은 심장, 혈관, 여타 조직에 서서히 손상을 입히며 대개는 치료가 쉽다.

정상 혈압은 심장이 순환계통에 혈액을 내보내서 생긴다. 대개 고혈압이 생기면 혈압이 권장 수준보다 지속적으로 높다. 거의 아무 증상이 나타나지 않지만 치료하지 않을 경우 심장이 비대해져서 펌프 작용의 효율이 떨어진다. 다른 조직에 미치는 장기적 영향으로는 눈과 콩팥의 손상, 심근경색증 및 뇌졸중 위험 증가가 있다. 고혈압의 원인으로는 유전적 소인, 염(salt) 과잉 섭취, 흡연, 과다체중 및 활동부족, 알코올 과잉 섭취가 있다. 스트레스도 위험인자로 볼 수 있다. 이차고혈압(secondary hypertension)은 콩팥질환, 호르몬질환, 대사질환 또는 약물 치료의 부작용으로 발생한다. 고혈압은 건강에 더 좋은 식사 등 생활방식에 변화를 주거나, 과잉 체액을 제거하여 혈압을 낮추는 약을 이용해 관리할 수 있다. 이뇨제로 과잉 액체를 제거해 혈압을 낮추거나 콜레스테롤 약, 저용량 아스피린을 써서 심장 위험을 줄일 수도 있다.

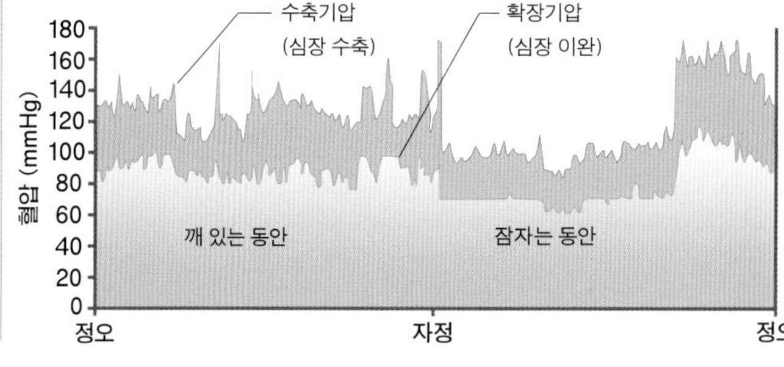
수축기압
(심장 수축)
확장기압
(심장 이완)
180
160
140
120
100
80
60
40
20
0
혈압 (mmHg)
깨 있는 동안
잠자는 동안
정오
자정
정오

혈압 변화
정상일 때 혈압은 하루 동안 이렇게 변한다. 지속적인 고혈압을 찾아내려면 여러 부분을 해석해야 한다.

허파동맥고혈압

허파로 혈액을 보내는 동맥에 비정상 고혈압이 발생하면 치료가 어려워 치명적일 수 있다.

정상일 때 심장 오른쪽에서 허파동맥으로 가는 혈액은 혈압이 낮다. 그런데 이 혈압이 너무 높아져 심장 오른쪽의 펌프질이 어려워진 상태로 오랜 시간이 지나면 심실이 비대해져 심장기능상실이 일어난다. 만성심장질환이나 만성폐질환 뒤에 생길 수 있다. 유전적 연관성을 보이는 가족이 있는가 하면 다른 질병과의 연관성을 보이는 가족도 있다. 대체로 원인을 알 수 없다. 가슴통증, 호흡곤란, 피로감, 어지럼이 나타난다. 산소요법과 혈류 개선 약물은 심장 기능 향상과 혈전 문제 감소에 도움이 되지만, 일반적으로 치료는 불가능하다. 약물치료가 소용없을 경우에 택하는 방법은 허파이식이다.

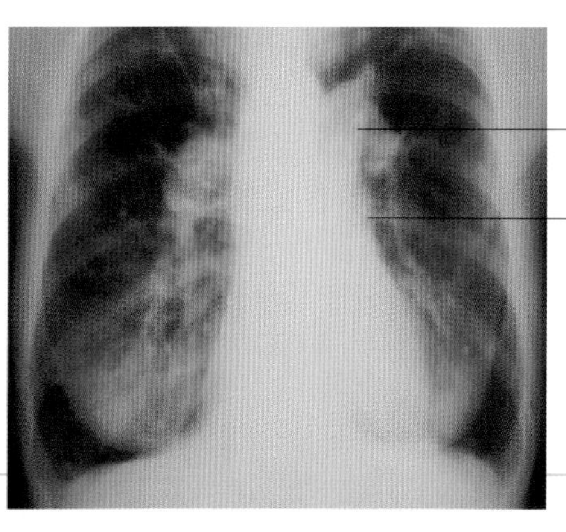
대동맥활(aortic arch)
허파동맥(pulmonary artery)

허파동맥고혈압의 영향
허파동맥의 혈압이 높아지면 허파동맥이 굵어진다. 이 엑스선 영상에는 허파로 혈액을 펌프질하려고 운동을 너무 많이 해 비대해진 심장이 보인다.

말초혈관질환

말초혈관계통은 심장에서 모든 신체 조직으로 혈액을 전달하는 동맥과, 그 혈액을 다시 심장으로 되돌려보내는 정맥을 아우른다. 질병 때문에 이 계통의 일부가 손상될 수 있으며, 그러면 다른 기관이나 조직이 영향을 받게 된다.

동맥류

동맥에 발생하는 종창이다. 우리 몸의 주 동맥인 대동맥에 동맥류가 생기면 생명이 위험할 수 있다.

동맥벽 일부에 결손이 생기면 동맥이 약해진 부분이 혈압 때문에 늘어나 파열될 수 있다. 어느 동맥에서든 일어날 수 있지만 특히 출혈로 인한 사망 위험이 가장 큰 대동맥에서 문제가 된다. 가슴대동맥류는 심장 부근에서 일어나지만, 대개 동맥류는 배 부분에서 잘 발생한다.(배대동맥류)

선행 원인으로는 죽경화성 손상(466쪽), 유전질환, 드물게 감염이 있다. 상당수의 경우 동맥류는 아무 증상이 없으며 파열이 일어나야만 발견되거나 다른 검사나 수술 도중에 확인된다. 작은 동맥류는 지속적인 관찰이 요구되며, 너무 커질 경우 수술이 필요할 수 있다.

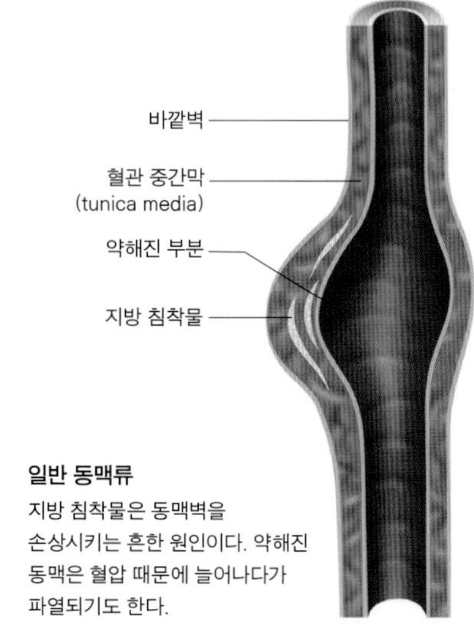
바깥벽
혈관 중간막
(tunica media)
약해진 부분
지방 침착물

일반 동맥류
지방 침착물은 동맥벽을 손상시키는 흔한 원인이다. 약해진 동맥은 혈압 때문에 늘어나다가 파열되기도 한다.

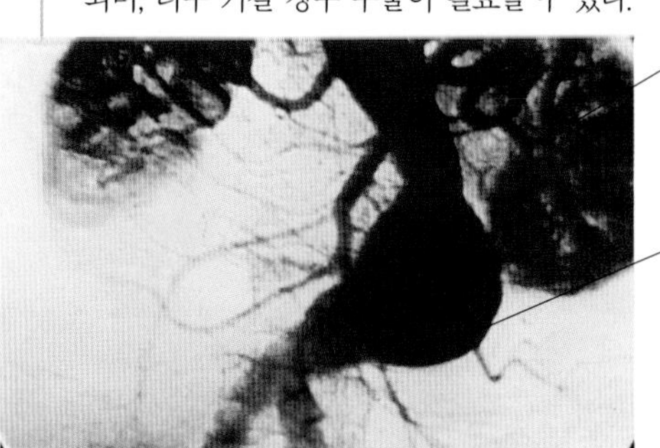
콩팥
배대동맥의
벽이 부풀어
올랐다.

배대동맥류(abdominal aortic aneurysm)
혈관조영상(방사선 비투과성 조영제를 혈류 속에 주입해서 찍은 엑스선 영상)에 팽창한 배대동맥이 두 콩팥 사이로 보인다.

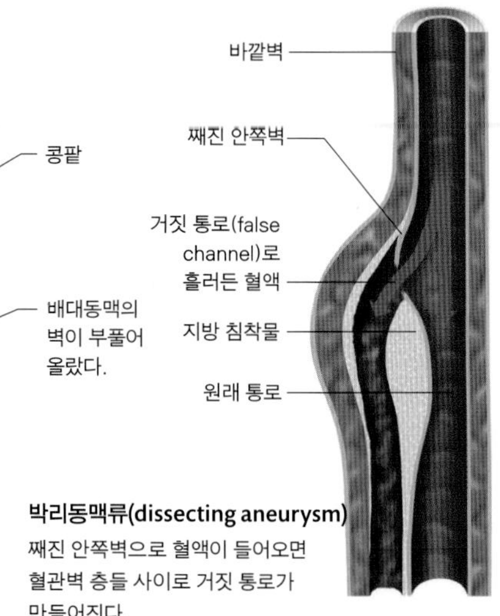
바깥벽
찢어진 안쪽벽
거짓 통로(false
channel)로
흘러든 혈액
지방 침착물
원래 통로

박리동맥류(dissecting aneurysm)
찢어진 안쪽벽으로 혈액이 들어오면 혈관벽 층들 사이로 거짓 통로가 만들어진다.

혈전증

혈전은 어느 혈관에서든 형성될 수 있으며, 혈류를 줄이거나 차단한다. 혈전의 일부가 떨어져나오면 혈류를 따라 돌아다니는 색전(embolus)이 된다.

혈전은 다양한 유형이 신체 어디서든 생길 수 있다. 정맥 속에서는 혈액이 특정 유전질환 때문에 걸쭉해지거나 정맥 안쪽벽이 손상되어 혈액이 거기에 달라붙을 때 혈류가 느려져 혈전이 형성된다. 동맥에서는 대개 지방 판(죽종, atheroma) 때문에 안쪽벽이 손상된 부위에 혈전이 생긴다.

일반적으로 혈전이 혈관을 차단해 산소가 결핍된 조직 부근에 통증, 발적, 염증이 생기기 전까지는 아무 증상이 없다. 항응고제를 투여하면 혈전 생성 예방에 도움이 된다. 혈전이 크거나 빨리 분해할 수 없을 경우에는 수술이 필요할 수도 있다.

깊은정맥혈전증

어느 깊은 정맥에서든 혈전증이 생길 수 있다. 대개는 장딴지에 생긴다. 깊은정맥혈전증(심부정맥혈전증, deep vein thrombosis, DVT)은 정체되거나 느린 혈류와 그로 인한 혈전 형성 때문에 발생해 그 위의 피부가 딱딱하고 아프며 빨갛게 부어오른다.

에스트로겐 농도가 높거나 부동자세를 취할 경우 혈전이 형성되기 쉽다. 색전이 심장이나 허파의 동맥 속에서 멈출 경우 심각하게 위험하다. 항응고제를 투여하고 필요할 경우 혈전 제거 수술을 한다.

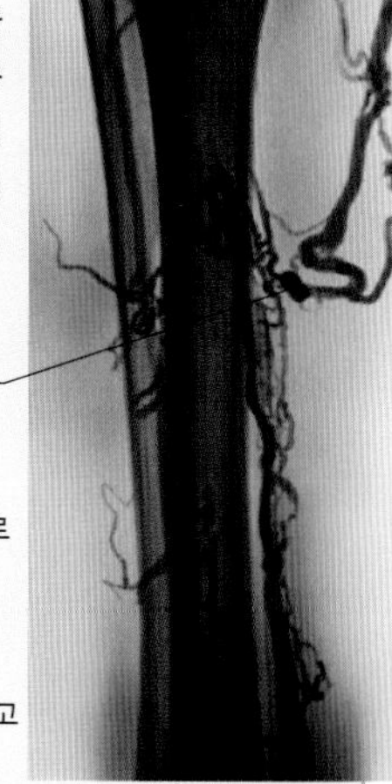
혈전

종아리 혈전증
깊은정맥혈전증이 주로 발생하는 곳은 장딴지 속의 깊은 정맥들이나, 이 영상에는 정강뼈 부근의 정맥을 차단하고 있는 혈전이 보인다.

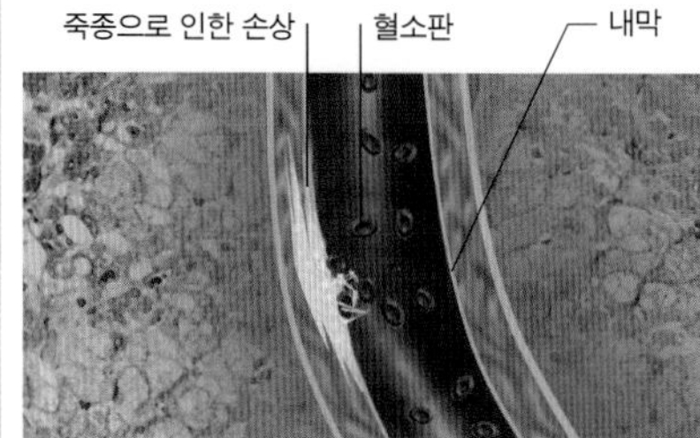
죽종으로 인한 손상
혈소판
내막

1 혈전증의 발생
지방성 물질, 대사산물, 칼슘, 섬유소, 혈전 형성을 부채질하는 실 같은 물질이 모여 죽종 판이 형성된다.

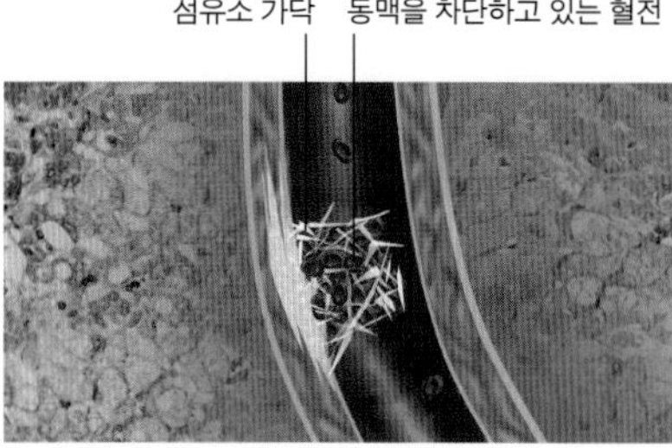
섬유소 가닥
동맥을 차단하고 있는 혈전

2 혈전 형성
죽종이 커지면서 조직으로 가는 혈류와 산소 공급이 줄어든다. 죽종 판이 파열되면 갑자기 혈전이 형성된다.

색전증

색전으로 인한 급성 동맥 차단, 즉 색전증은 치명적일 수 있다.

상당수의 색전은 혈관 속 혈전에서 떨어져나온 조각인 혈전색전이다. 색전은 지방이 혈액 속으로 들어가 형성될 수도 있는데(지방색전), 대개 골반이나 정강뼈가 골절될 경우 발생한다. 상처나 수술 때문에 공기가 혈류 속으로 들어가서 생기는 공기색전이나 다른 이물색전도 있다. 색전이 동맥을 차단하면 동맥으로부터 혈액을 공급받는 조직이 괴사한다. 폐색전증(465쪽)이 생기면 허파의 조직이 손상되어 호흡곤란, 가슴통증, 순환허탈을 야기한다. 뇌까지 올라가 돌아다니는 색전(대부분 혈전색전)은 뇌졸중을 일으킬 수 있다. 지방색전은 허파, 뇌, 피부 조직에 영향을 끼칠 수 있으며, 공기색전은 치명적일 수 있다.

색전이 의심되면 입원해서 혈전의 종류와 위치를 알아내야 한다. 혈전용해제를 이용해 혈전을 분해하고, 큰 색전(혈전, 지방, 이물)은 수술로 제거한다. 대개 색전은 작지만 같은 원인으로 인한 추가 색전 발생을 막으려면 혈전을 예방하는 항응고제 같은 약을 처방해야 한다.

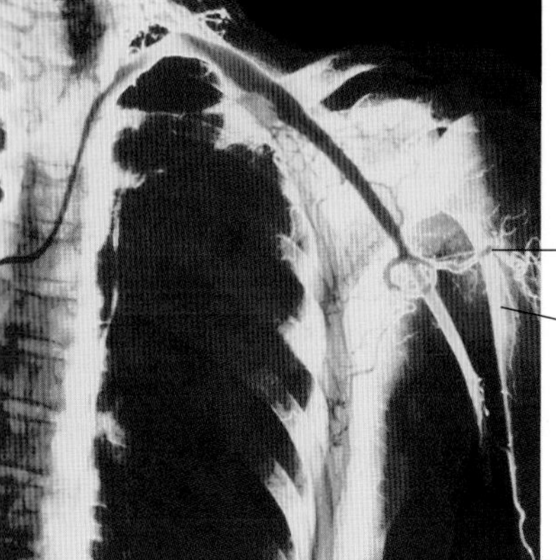
혈류를 막고 있는 색전
빗장밑동맥

동맥을 차단하고 있는 색전
대부분의 색전은 혈전색전(thrombo-emboli)이다. 혈전에서 떨어져나온 조각으로서, 혈류 속을 돌아다니다가 왼쪽 영상에서처럼 작은 동맥 속에 갇혀 옴짝달싹 못한다.

종아리허혈

종아리는 다른 조직보다 혈류가 줄어들어 산소 결핍, 즉 허혈(ischemia)이 생기기 쉽다.

종아리허혈은 혈전(피떡), 죽종(지방 침착물), 색전증, 손상이나 국소압박으로 인한 협착 때문에 동맥 속 혈류가 줄어들어 발생한다. 큰 혈전이 굵은 주요 동맥을 차단할 경우 오한, 통증, 창백, 청색증, 무맥박이 나타나는 급성이라서 쇼크나 괴저(gangrene) 예방 응급처치가 필요하다. 약물이나 외과적 제거로 혈류를 회복해야 한다. 조직이 죽을 경우 유일한 선택지는 절단이다.

만성허혈은 동맥이 좁아져 근육에 충분한 산소가 공급되지 못하기 때문에 간헐절뚝거림(간헐파행, 걸을 때 경련성 통증이 생긴다.)을 유발할 수 있다. 이런 경우 죽경화증도 동맥을 차단하는 한 원인이 될 수 있으며, 혈액희석요법(blood-thinning medication)으로 혈류를 개선하거나 혈관성형술로 동맥을 다시 확장해야 한다.

레이노병

팔다리 말단의 가느다란 혈관이 협착되는 레이노증후군(Raynaud's phenomenon)이 특징이다.

레이노증후군이 발생하면 혈관이 협착하면서 손가락, 발가락, 귀, 코가 하얘지고 차가워진다. 곧 혈중 산소 농도가 떨어지면서 창백하고 푸르스름하게 변한다. 그러고 나면 혈관이 다시 확장해서 혈류가 증가해 조직이 아프고 욱신거리며 빨갛게 변한다. 관절통, 종창, 발진, 근무력이 올 수도 있다. 대개 원인을 알 수 없는 이런 병증을 레이노병이라고 한다. 몇몇 사람들에게서는 류마티스관절염, 전신홍반루푸스, 피부군음증(피부경화증), 다발경화증 같은 질환이 속발성 레이노병을 야기하거나 레이노증후군에 이어 발생할 수 있다. 진동 공구를 사용하는 노동자들에게서 나타나는 손팔진동증후군(hand-arm vibration syndrome)도 레이노병을 유발한다. 레이노병과 속발성 레이노병 모두 한랭(추위)과 스트레스 때문에 일어날 수 있다.

증상은 따뜻한 속옷과 장갑과 양말로 팔다리 말단을 따뜻하게 하고 금연하고 혈관확장제를 사용하면 없앨 수 있다. 혈류개선제 투여가 필요할 수도 있다. 속발성 레이노병의 원인도 관리해야 한다.

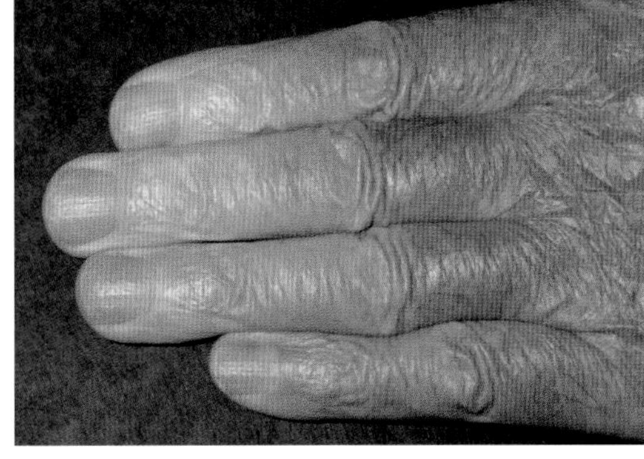

레이노증후군
동맥이 수축해 혈류가 줄어든면 팔다리 말단이 창백해지고 차가워진다. 혈관이 다시 확장하면 대개 아프고 저리고 욱신거린다.

혈관염

혈관에 생기는 염증, 즉 혈관염(vasculitis)은 드문 질환이긴 하지만 다른 기관이나 몸 전체에 영향을 끼칠 수 있다.

혈관염의 절반가량은 원인을 알 수 없지만, 나머지들은 감염, 류마티스관절염 같은 여타 염증 질환, 암, 약물 처치, 자극적인 화학물질 접촉 때문에 일어난다. 증상은 염증이 발생한 혈관의 크기와 위치에 따라 다르다. 흔히 피부병터(피부병변, skin lesions), 발적, 궤양이 나타난다. 신체 내부에서는 혈관이나 기관의 출혈, 종창, 혈류 차단이 발생할 수도 있다. 진단은 의사의 평가, 염증과 자가면역질환에 대한 혈액검사, 엑스선 같은 여타 임상검사로 한다.

치료는 선행 원인에 따라 다르다. 이를테면 원인이 되는 약물 처치를 중단하거나 감염을 치료할 수 있다. 추가 치료는 혈관염이 발생한 기관과 전반적인 건강 상태에 따라 달리한다. 드물게는 손상된 큰 혈관을 교정하기 위한 수술이 필요할 수도 있다.

정맥궤양

일반적으로 종아리나 발목에 발생하는 정맥궤양은 지속적이며 대개 개방성궤양(open sores)을 유발하는데, 특히 노인에게 흔하다.

정맥 벽이 약해지면 혈액이 심장으로 제대로 돌아오지 못해 정맥 혈압이 높아져 주변 조직으로 액체가 새 나간다. 따라서 그 위의 조직과 피부가 붓고 결국에는 피부 표면이 손상되어 궤양이 형성된다. 피부가 허물어져 개방된 조직은 통증을 유발하며 이차감염이 생길 수 있다. 만약 치료를 하지 않으면 넓은 피부 영역이 괴사해서 지방이나 근육이 노출된다. 정맥궤양은 겉으로 봐서 확인할 수 있다. 혈액순환이 잘 안 되므로 발목의 혈압이 낮다. 그래서 의사는 혈액 순환을 평가하기 위해 발목의 혈압과 손목의 혈압을 비교한다. 치료하려면 종아리에 압박붕대를 사용하거나 종아리 위치를 높여서 혈액이 심장으로 잘 돌아오도록 도와줘야 한다. 궤양 치료가 실패할 경우 정맥 수술을 하거나 피부 이식으로 궤양을 덮어 좀 더 지속적인 치료를 할 수 있게 해야 한다.

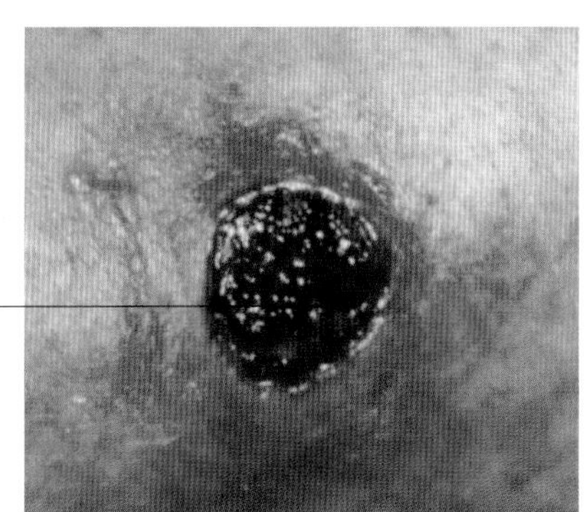
정맥궤양(venous ulcers)

궤양형성
불량한 혈액 순환은 만성조직손상과 궤양형성을 야기할 수 있다. 얕은 함몰 부위에 피부 밑 조직이 드러나는 이런 궤양은 치료가 어려울 수 있다.

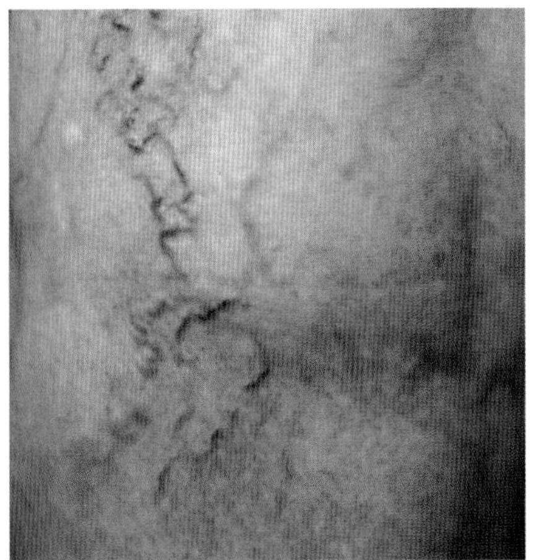

종아리의 정맥류
모든 정맥에는 정맥류가 생길 수 있지만 종아리에 가장 빈번하게 발생한다. 정맥이 붓고 구불구불해지는 이런 정맥류는 오랜 시간 서서 생활하는 사람들에게 특히 잘 발생한다.

정맥류

전형적으로 종아리에서 울퉁불퉁하게 정맥이 부어오르는 정맥류는 가족력과 관련이 있고 여성에게 더 잘 발생한다.

정상인 경우 종아리 근육이 수축하면 혈액이 정맥을 통해 심장으로 돌아가는 데 도움이 된다. 또 정맥 속의 일방판막(one-way valves)은 혈액이 역류하지 않게 해 준다. 판막이 제대로 닫히지 못하면 역류가 일어나고 정맥의 혈압이 높아져 정맥이 부어오른다. 대개 임신이나 비만으로 인한 복부종창 때문에 높아진 혈압에서 유발된다. 또는 장시간 서 있어서 종아리의 혈압이 높아지거나 드물게는 정맥 벽의 탄성이 비정상이거나 일부 판막이 소실되어 정맥이 정상 혈압에도 불구하고 지나치게 확장된다. 증상이 없을 수도 있지만 통증, 무기력, 종창을 야기할 수도 있다. 대개 임상검사로 진단하며, 합병증이나 재발이 있을 경우에는 혈류 조사용 초음파 촬영을 하기도 한다.

정맥류 치료

경미한 정맥류(varicose veins)는 대개 정맥 벽을 지지하는 압박 스타킹, 악화되는 것을 막기 위한 운동이나 체중 감량 같은 조치, 오랜 시간 서 있지 않는 것 외에 다른 치료가 필요하지 않다. 하지만 정맥류는 궤양, 습진(eczema), 발목 종창으로 인해 악화될 수 있다. 수술을 하면 약간 개선은 되나 재발할 수 있다. 경화요법, 고주파(radiofrequency), 레이저 시술 같은 치료 기술은 중증도(severity)와 위치에 따라 정맥을 막는 데 이용할 수 있다.

경화요법(sclerotherapy)
경화요법은 정맥에 화학 물질을 주사해서 정맥을 막아버리는 방법이다. 초음파를 이용해 해당 정맥을 찾아 아래에 보이는 것처럼 표시한다.

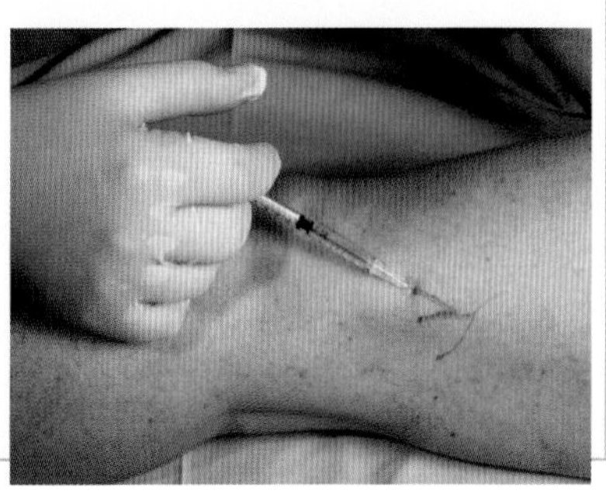

혈액질환

적혈구, 백혈구, 혈소판의 수와 모양은 빈혈과 백혈병을 포함한 다양한 질병으로 인해 비정상이 될 수 있다. 혈액응고 기전에 이상이 생기면 혈액이 너무 빨리 응고해 혈전이 생기거나, 제대로 응고하지 않아 출혈과 멍(타박상)이 생긴다.

빈혈

빈혈(anemia)이 있으면 적혈구 수나 헤모글로빈(hemoglobin, 온몸에 산소를 전달하는 적혈구 속에 들어 있는 색소) 농도가 줄어든다. 그러면 세포에 저산소증(hypoxia)이 생길 수 있다. 빈혈의 다양한 유형들은 적혈구의 크기에 따라 분류된다. 작은적혈구빈혈(소적혈구빈혈, microcytic anemia)은 적혈구가 정상보다 작고, 큰적혈구빈혈(대적혈구빈혈, macrocytic anemia)은 정상보다 크며, 정상적혈구빈혈(normocytic anemia)은 정상 크기이다. 헤모글로빈 분자에 이상이 있어도 다른 여러 빈혈이 생길 수 있다.

지중해빈혈

유전자 결손이 있으면 비정상 헤모글로빈 분자가 만들어져 빈혈이 생길 수 있다. 베타 지중해빈혈이 가장 흔하다.

유전질환인 중증 베타 지중해빈혈(beta thalassemia major)은 주로 지중해와 동남아시아에서 발생한다. 헤모글로빈 형성에 결함이 있어 적혈구가 뻣뻣하고 연약해서 쉽게 깨진다. 생후 6개월경에 중증빈혈이 생겨 성장지연(발육지연)이 온다. 적혈구를 더 많이 만들어 내려고 골수가 확장되다 보니 긴뼈의 겉질뼈가 얇아져서 골절이 생기기 쉽고, 머리뼈와 얼굴뼈가 변형된다. 간과 지라 역시 적혈구를 만들어 내기 위해 비대해진다.

헤모글로빈 농도를 확인하는 혈액검사로 진단한다. (철 과다를 막는) 철 킬레이트제(iron chelating agent)가 빈혈을 교정하는 데 도움이 된다. 골수 이식이 유일한 치료법이며 중증빈혈일 경우 실시한다.

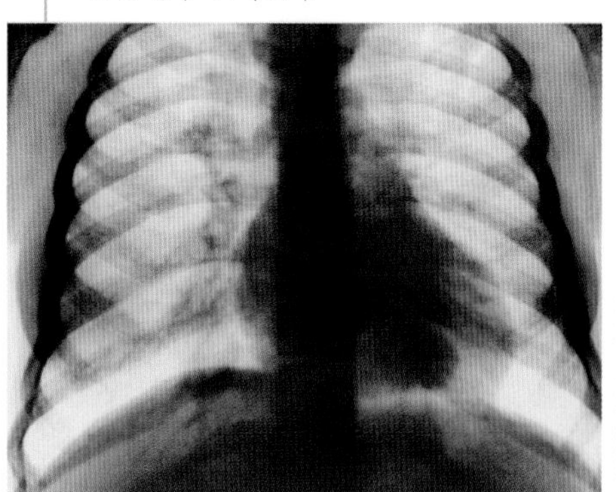

지중해빈혈 환자의 가슴 엑스선 영상
골수 확장 때문에 변형된 흉곽이 색보정 가슴 엑스선 영상에 보인다. 몸에서 더 많은 적혈구를 만들어 내려고 하다 보니 뼈가 비틀린다.

작은적혈구빈혈과 큰적혈구빈혈

작은적혈구빈혈은 대개 철분이 적은 식사 때문에 발생한다. 이보다 드문 큰적혈구빈혈은 주로 엽산 결핍 때문에 발생한다.

소실된 혈액이 식사를 통해 철과 함께 보충되지 않으면 철 결핍과 작은적혈구빈혈이 생길 수 있다. 그러면 적혈구가 정상보다 작아진다. 출혈의 원인으로는 기생충 감염, 위염, 소화궤양(peptic ulcer), 위암이 있다. 치료는 확인되는 선행 원인에 따라 다르지만 철 보충은 해야 한다. (적혈구가 정상보다 커지는) 큰적혈구빈혈은 갑상샘저하증(496쪽)이나 알코올중독 때문에 생길 수 있다. 엽산(folic acid)이나 비타민 B_{12} 결핍은 큰적혈구빈혈의 한 유형인 거대적혈모구빈혈(megaloblastic anemia)을 일으킨다. 대개 엽산을 식사로 보충해 주면 치료가 가능하다.

악성빈혈도 큰적혈구빈혈의 한 종류이며 내인인자 결핍 때문에 발생한다. 이 내인인자는 위에서 만들어지며 음식물 속 엽산을 흡수해야 생성이 가능해 엽산을 주사하면 치료할 수 있다. 정상적혈구빈혈은 적혈구 크기는 정상이지만 헤모글로빈 농도가 낮다. 재생불량빈혈, 만성질환, 적혈구 파괴 증가나 소실이 일어난 질환에서 발생한다. 증상으로 피로감, 활동 중 숨참, (손발톱바닥의) 창백이 나타난다. 치료는 원인에 따라 다르다.

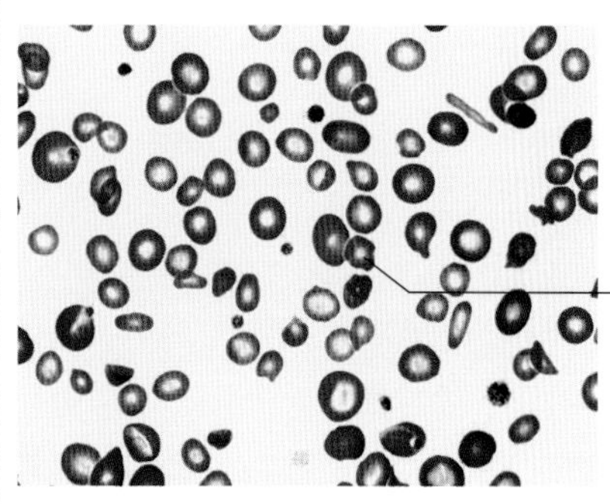
기형 적혈구

중증 작은적혈구빈혈
혈액펴바른표본(혈액도말표본, blood smear)에 정상보다 작고 색이 옅은 적혈구가 보인다. 몇몇은 기형 적혈구이다. 이것은 작은적혈구빈혈의 특징이다.

재생불량빈혈

정상 기능을 유지할 만큼 충분한 혈구와 혈소판을 골수에서 만들어 내지 못해 생긴다.

원인은 대개 알 수 없다. 하지만 독소, 방사선, 특정 약물에 의해 발생할 수 있다. 혈소판이 부족하면 멍과 과다출혈이 생긴다. 백혈구 수치가 낮으면 생명을 위협하는 비정상적인 감염이 일어난다. 적혈구가 감소하면 빈혈, 창백, 피로감, 숨참이 유발된다. 진단은 골수 생검으로 한다. 치료하려면 골수 이식을 해야 한다.

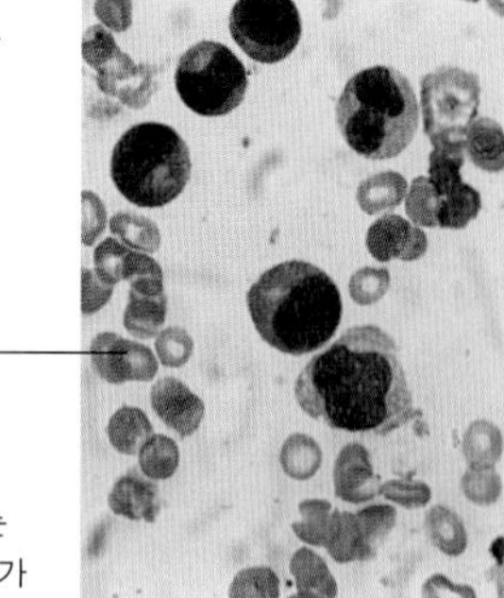
적혈구

골수펴바른표본
이 골수 표본에 보이는 적혈구와 백혈구의 수가 정상보다 적다.

낫적혈구빈혈

헤모글로빈 유전자에 돌연변이가 생기면 적혈구가 깨지기 쉽고 뻣뻣한 낫 모양으로 형성돼 작은 혈관을 쉽게 지나가지 못한다.

낫적혈구빈혈(겸상적혈구빈혈, sickle cell anemia)은 비정상 헤모글로빈이 적혈구에 들어 있다. 대개 생후 4개월부터 진단이 가능하다. 비정상인 낫적혈구는 혈류를 제한해서 낫적혈구 발증(sickle cell crisis)이라는 극심한 통증을 일으키며 나중에 장기 손상을 유발하기도 한다. 발증은 감염과 탈수 때문에 일어날 수 있으며 중증도, 빈도, 지속 시간은 다양하다. 증상으로는 뼈와 관절의 통증, 극심한 복통, 가슴통증, 숨참, 열이 나타난다. 혈액검사로 진단 한다. 수분 보충, 강력한 진통제, 항생제, 수혈로 발증을 예방하고 치료하며 중증은 골수 이식을 고려해야 한다.

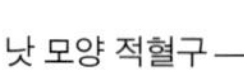
낫 모양 적혈구

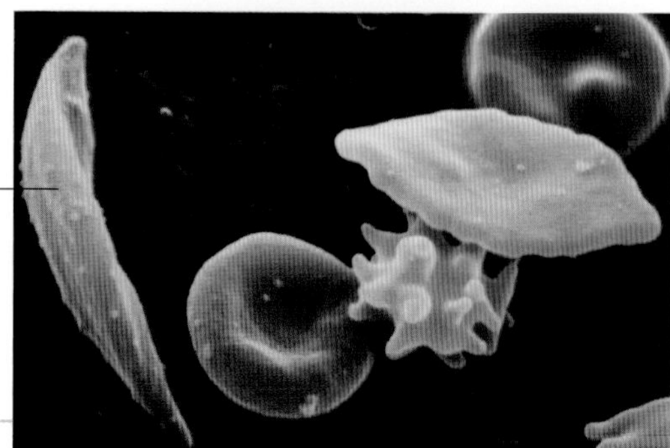

기형 적혈구
비정상 낫적혈구는 깨지기 쉬우며, 혈관 속을 지나가기가 어렵다. 그래서 수명이 짧아 만성 빈혈을 일으킨다.

백혈병

백혈병(leukemia)은 골수와 백혈구의 암으로, 골수기능상실을 일으켜 면역억제, 빈혈, 혈소판 감소를 야기한다.

급성백혈병에서는 미성숙 악성 백혈구가 급속도로 증식해 정상 혈구의 수가 줄어든다. 이런 백혈구가 혈액 속으로 들어와 넘쳐나면 몸속 다른 장기로도 확산된다. 혈소판 결핍은 멍, 과다출혈, 점출혈(petechiae, 용혈 때문에 생기는 빨간색 또는 보라색 반점)을 야기한다. 기능이 약화된 백혈구는 감염에 맞서 싸울 수 없기 때문에 생명을 위협하는 비정상적인 감염 위험이 커진다. 적혈구 감소는 빈혈을 일으킨다. 백혈병은 혈액검사와 골수 생검으로 진단한다.

급성백혈병은 화학요법, 골수 또는 줄기세포 이식을 비롯한 치료를 하지 않으면 치명적이다. 아동에서는 치료 예후가 아주 좋다. 만성백혈병은 성숙한 악성 백혈구가 수개월 내지 수년에 걸쳐 천천히 증식하기 때문에 골수기능이 더 오랫동안 유지된다. 이 백혈구는 간, 지라, 림프절로 확산되어 각각이 비대해지게 만든다. 만성백혈병은 대체로 노인에게 발생하며 화학요법이나 골수 이식으로 치료한다.

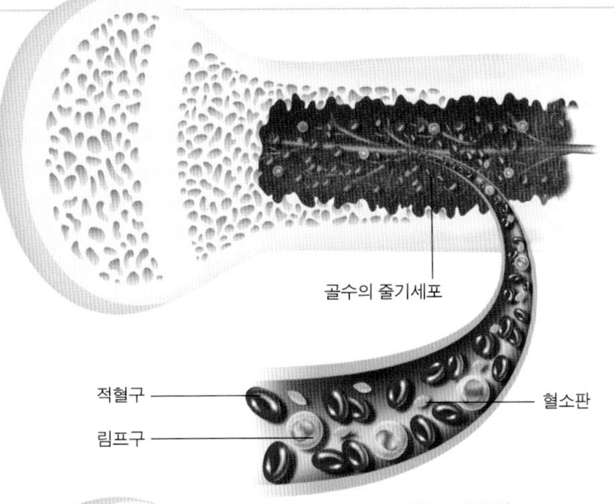
골수의 줄기세포
적혈구
림프구
혈소판

혈구 생산
모든 혈구는 골수의 줄기세포로부터 만들어진다. 적혈구는 산소를 운반한다. 림프구는 감염에 맞서 싸우는 백혈구이다. 혈소판은 손상 부위에 피떡을 형성해 혈액 손실을 줄인다.

림프모구 증식
감소한 혈소판
감소한 적혈구
혈류를 따라 순환하는 림프모구

급성림프모구백혈병 (acute lymphoblastic leukemia, ALL)
림프모구(lymphoblast, 미성숙 악성 림프구)는 골수에서 빠르게 증식한다. 그러면 정상 혈구 생산에 차질이 생긴다. 림프모구는 혈류 속으로 확산되어 몸속 다른 조직에 암을 전이시킨다.

골수 치료

정상 골수는 암에 걸리거나 결손된 골수를 대치하는 치료가 필요한 사람들에게 이식할 수 있다. 이런 치료는 백혈병이나 재생불량빈혈 같은 질병 때문에 위급한 환자들에게 실시한다. 우선 질병에 걸린 골수를 방사선으로 파괴한다. 그러고 나서 건강한 골수 세포를 환자의 혈관에 주입한다. 이 세포들은 골반 같은 큰 뼈에서 채취한다. 제공자는 환자와 조직형이 같아야 하므로 대개 제공자는 근친이거나 환자 자신이다. 골수 이식은 제공자나 제대혈(탯줄피, umbilical cord blood)에서 채취한 줄기세포를 이용해 실시하기도 한다.

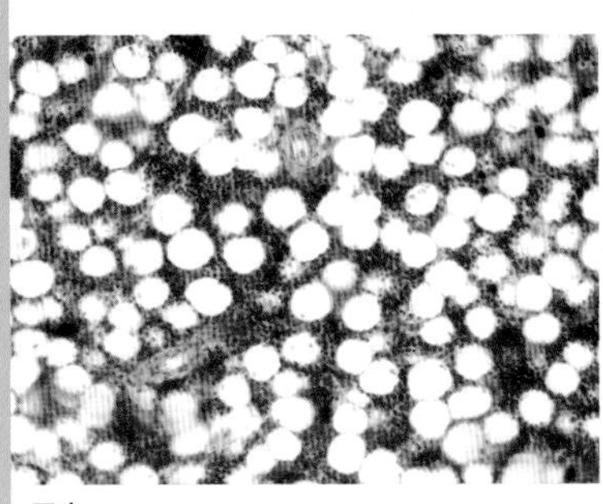

골수
현미경으로 본 건강한 골수. 채취를 하면 질병에 걸린 골수를 대치하는 데 이용할 수 있다.

림프종

림프종(lymphoma)은 면역계통의 백혈구인 림프구가 림프계통에서 고형종양(solid tumor)을 형성해서 발생하는 암이다.

림프종은 세포 유형에 따라 나뉘며, 40여 종이 있다. 주요 유형으로 성숙 B세포 신생물(mature B cell neoplasm), 성숙 T세포 신생물, 자연살해세포 신생물(natural killer cell neoplasm), 호지킨림프종(Hodgkin's lymphoma)이 있다. 모든 유형에서 목, 겨드랑이, 샅굴부위의 림프종 종창, 열, 몸무게 감소, 야간땀, 피로감이 나타난다. 호지킨림프종은 드물긴 하지만 15세부터 35세까지, 또는 50세 이상에서 발생하며, 아주 공격적으로 진행된다. 젊은 사람들은 쉽게 치료되지만 노인들은 약간 어렵다. 다른 림프종들은 주로 60세 이상에게 발생하며, 진행이 공격적일 수도 있고 증상 없이 천천히 진행될 수도 있다. 진단은 림프절 생검과 전이 확인 영상을 바탕으로 한다. 치료에는 화학요법, 방사선요법, 단클론항체요법(monoclonal antibody therapy), 코르티코스테로이드를 이용한다. 조기 치료일수록 예후가 좋다.

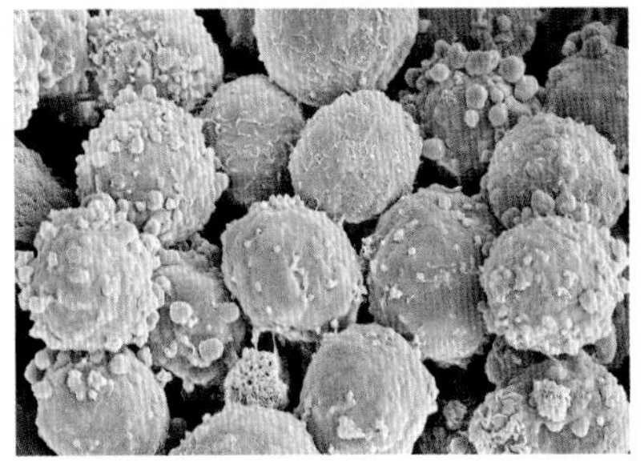

림프종 림프세포(lymphoma lymph cells)
림프종의 단계는 림프세포가 한 림프절 집단에 국한되어 있는지 아니면 림프계통을 벗어나 간이나 피부나 허파로 확산되어 있는지 확인하면 알 수 있다.

혈액응고 장애

혈액이 제대로 응고하지 못하는 것은 유전, 자가면역 또는 후천 요인 때문이며 멍과 과다출혈을 일으킬 수 있다.

A형 혈우병(Hemophilia A)은 혈액응고에 필수적인 혈액 단백질과 제8인자(factor VIII)의 결핍을 야기하는 희귀유전질환이다. 외상 후 지속출혈과 재출혈, 심지어 자연출혈이 일어나기도 한다. 근육과 관절 같은 내부 조직에도 출혈이 일어나 극심한 통증과 관절파괴가 발생할 수도 있다. 결핍된 혈액응고 인자를 정기적으로 주입해서 치료한다. 폰빌레브란트병(von Willebrand's disease)은 대개 아무 증상이 없는 흔한 유전질환인데 멍이 쉽게 들고, 코피가 잘 나고, 잇몸에서도 피가 날 수 있다. 대체로 치료가 필요 없다. 여타 혈액응고 장애들은 간기능상실, 백혈병, 비타민 K 결핍 때문에 발생할 수 있다. 혈액이 응고되는 데 걸리는 시간을 알아보는 검사로 진단할 수 있다. 출혈을 막을 수 있을 만큼 혈중 응고 인자 농도를 높게 유지하면 치료된다.

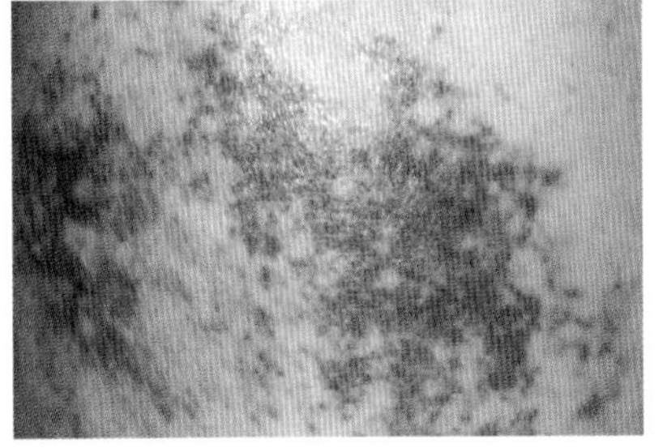

혈우병으로 인한 멍
경미한 외상 후에 중증혈우병 환자에게 발생한 광범위한 멍. 자연출혈은 대개 코피나 잇몸 출혈로 나타난다.

혈소판질환

혈액이 응고되도록 돕는 혈소판이 지나치게 많아지면 혈액 속에 혈전이 생기고 결핍되면 과다 출혈이 일어난다.

혈소판감소증(thrombocytopenia)은 재생불량빈혈(앞쪽 참조)과 백혈병 같은 질환 때문에 생기거나, 전신홍반루푸스와 특발저혈소판자색반병(원인을 알 수 없는 혈소판감소증) 같은 질병 때문에 혈소판 파괴가 증가해 발생할 수 있다. 골수를 억제하는 (화학요법에 사용되는 약물과 인터페론 같은) 특정 약물도 혈소판감소증을 일으켜 멍, 과다출혈, 점출혈 같은 증상이 나타난다.

혈구 수 검사나 골수 생검으로 진단한다. 혈소판 수는 감염, 수술, 출혈, 철 결핍, 여타 원인 때문에 증가할 수 있다. 대개는 치료가 필요 없다. 혈소판증가증(thrombocythemia)도 증상은 없으나 혈전증의 위험이 높아진다. 아스피린은 그런 위험을 줄이는 데 사용된다. 특발저혈소판자색반병은 코르티코스테로이드와 전문 약품이 필요하다.

알레르기와 자가면역질환

알레르기(allergy)란 기본적으로 면역계통이 특정 물질에 반응해서 나타나는 부적절한 반응이다. 자가면역질환(autoimmune disorder)이란 몸의 면역계통이 자기 세포와 조직에 반응해 일으키는 다양한 질병이다.

알레르기코염

공기 중 알레르기항원과 접촉하면 코 내층에 면역반응이 일어나 종창, 가려움(소양증), 점액 과잉 분비가 발생한다.

계절알레르기코염(계절알레르기비염, seasonal allergic rhinitis, 계절건초열(seasonal hay fever)) 증상은 특정 꽃가루가 공기 중에 있을 때 일어난다. 건초열은 6세 전에는 드물며 5명 중 1명에게 대개 30세 전에 발생한다. 주로 습진(436쪽) 및 천식(464쪽)과 관련 있다. 사계절코염(연중비염)은 1년 내내 일어날 수 있고 대개 집먼지좀진드기, 동물 털과 피부 조각(비듬, dander) 때문에 발생한다. 원인 물질에 노출되면 몇 분 이내에 재채기, 콧물, 간혹 눈물이 나고 눈이 가려우며 목구멍이 간질간질해지다 몇 시간이 지나면 코가 막힌다. 알레르기 검사에는 피부반응검사(피부단자시험)와 혈액검사가 있다. 건초열은 어떤 종류의 꽃가루가 관련 있는지를 연중 발생 시기로 알 수 있다. 원인 물질을 피하고 경구용 항히스타민제, 국소 코안 코르티코스테로이드, 소듐 크로모글리케이트 점안제로 예방하거나 완화할 수 있다. 면역요법과 탈민감화는 만성 중증인 경우에 실시한다.

집먼지좀진드기(house dust mite)
집 안의 이부자리와 카펫에는 수백만 마리의 집먼지좀진드기가 있다. 이들의 배설물은 많은 사람들에게 알레르기 반응을 일으킬 수 있다.

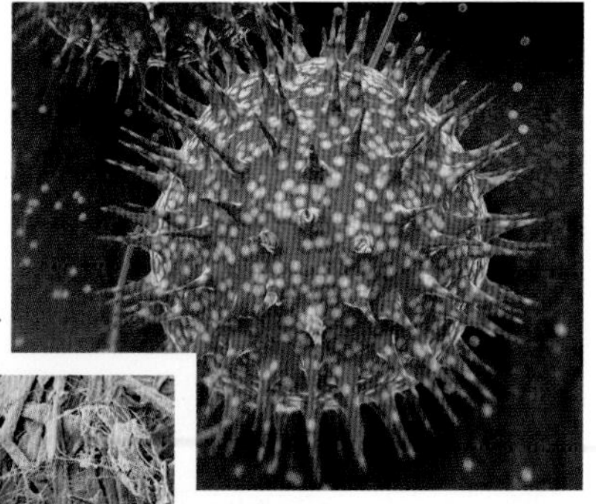

꽃가루 입자
풀 꽃가루는 건초열의 가장 흔한 원인이다. 공기 중 꽃가루 입자 수는 봄부터 초여름까지 가장 많다.

아나필락시스

알레르기항원에 대한 광범위면역반응은 치명적인 다계통반응인 아나필락시스(anaphylaxis)를 일으킬 수 있다. 항원에 노출된 지 몇 분 내지 몇 시간 안에 나타난다.

(견과류, 약물, 벌레 물림 등)알레르기항원에 노출되어 일어나는 치명적인 중증알레르기반응이다. 알레르기항원은 입으로 섭취되거나, 주사기 주입, 피부 접촉, 코나 입으로 흡입된 것일 수 있다. 가렵고 홍조가 나타나면서 불안감이 들다 곧이어 급격한 혈압 강하(아나필락시스 쇼크) 같은 문제가 엄습한다. 실신(기절), 의식상실, 쌕쌕거림, 기도 협착, 숨참, 호흡기능상실이 일어난다. 가슴통증, 두근거림, 욕지기(구역)와 구토, 설사, 혈관부종, 두드러기(437쪽) 같은 피부 문제가 나타날 수도 있다.

아나필락시스는 갑자기 일어나 급속도로 진행된다. 호흡계통과 순환계통이 불과 몇 분 내에 심각한 기능 상실에 빠질 수 있어 생명이 위험한 응급상황이다. 소생술, 에피네프린(아드레날린) 즉시 투여로 기도를 넓히고 심장을 자극하고 혈관을 수축시켜 치료한다. 반응 원인을 피하고 알레르기항원에 대한 내성을 점진적으로 키우며 응급을 대비해 에피네프린을 상비해야 한다.

혈관부종(맥관부종)

혈관부종(angioedema)은 혈관에서 액체가 새 나와 피부 밑에 발생하는 국소 종창(swelling)이다. 대개 알레르기반응 때문에 생긴다.

혈관부종은 흔히 얼굴과 입의 피부, 입과 혀와 목구멍의 점막(내층)에 종창을 일으킨다. 그러면 호흡이 곤란해지므로 기도에 삽관을 해야 할 수도 있다. 일반적인 알레르기 원인으로는 땅콩, 해산물, 벌레 물림이 있다. 약물 때문에 비알레르기 혈관부종이 유발될 수도 있다. 치료는 항히스타민제로 한다. 확인된 원인은 피해야 한다. 중증인 경우에는 반응 원인과 조금씩 접촉해서 내성을 키워야 한다.(탈민감화, desensitization)

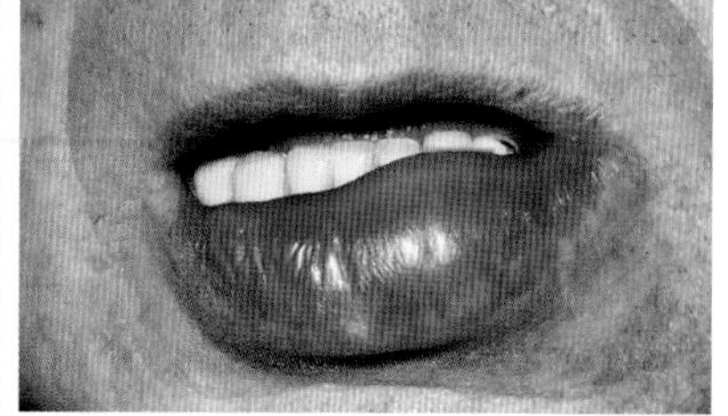

부어오른 아래입술
혈관부종 때문에 입술 피부 위가 아닌 밑에 종창이 일어나 있다. 몇 시간 내지 며칠 동안 지속될 수 있다.

음식알레르기

음식 단백질에 대한 유해 면역 반응은 아나필락시스 쇼크와 습진을 비롯한 다양한 문제를 일으킨다.

아동의 약 6퍼센트에게 발생하며 성인의 발생 빈도는 이보다 낮다. 가장 흔한 원인으로는 유제품, 달걀, 견과류, 해산물, 패류, 콩 식품, 밀, 참깨 제품이 있다. 가려움과 발적부터 욕지기, 복통, 설사까지 다양한 증상을 일으키며 기도 종창과 혈관부종(오른쪽 참조) 때문에 쌕쌕거림과 삼키기 곤란 같은 증상도 나타날 수 있다. 음식알레르기는 음식 독소(이를테면 세균성 식중독), (젖당못견딤증(젖당불내성) 같은) 소화효소 관련 문제, (떨림을 유발하는 카페인 같은) 음식 내 화학물질의 직접 작용 때문에 증상이 일어나는 음식못견딤증(음식불내성)과 다르다.

음식알레르기가 의심되는 사람들은 혈액검사나 피부반응검사로 문제의 원인을 알아내야 한다. 식사 일지와 항원배제식사(dietary exclusion)도 알레르기항원 확인에 도움이 된다. 이것들로 항원 확인이 안 되면, 의사 앞에서 의심되는 알레르기항원과 접촉해 반응을 일으켜 본다. 알레르기가 있는 사람들은 알레르기를 유발하는 음식을 피해야 한다. 가벼운 알레르기는 항히스타민제로 치료한다. 중증 환자는 응급처치에 대비해 에피네프린 자기주사기(autoinjector)를 상비해야 한다.

알레르기 피부반응검사

피부반응검사에서는 알레르기항원으로 추정되는 액체 방울을 바늘로 찌르거나 할퀸 피부에 떨어뜨려 본다. (가려움, 발적, 종창 같은) 양성 반응이 일어나면 그 물질에 알레르기가 있다는 의미이다. 알레르기접촉피부염(allergic contact dermatitis) 검사에 이용되는 패치검사(patch test)에서는 알레르기항원을 피부에 직접 접촉시켜 반창고로 감싼 다음 며칠 후에 반응을 확인한다.

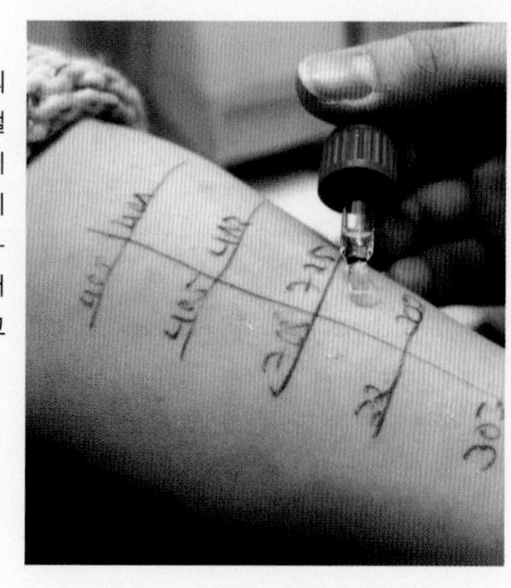

피부반응검사
피부반응검사(skin prick test)는 꽃가루, 먼지, 비듬(동물의 피부 조각과 털), 음식물에 대한 일반적인 알레르기를 진단하기 위해 실시한다.

전신홍반루푸스

흔히 루푸스라고 불리는 이 질환은 피부, 관절, 내부 장기의 구조를 이루는 조직에 발생하는 자가면역질환이다.

전신홍반루푸스(systemic lupus erythematosus, SLE)는 1만 명당 2~15명에게 발생하며 가족력을 따른다. 여성에게 더 흔하고 십대부터 발생한다. 신체 결합조직에 반응하는 면역계통 항체 때문에 일어나며 해당 조직에 염증을 야기한다.

루푸스는 감염, 사춘기, 폐경, 스트레스, 햇빛, 특정 약물 때문에 일어날 수 있다. 증상은 중증으로 매우 다양하며 호전됐다 악화됐다 한다. 몇 주 동안 증상이 심하게 재발되어 지속되고 나서 몇 달이나 심지어 몇 년 동안 사라지곤 한다. 병의 진행도 아주 느린 경우부터 급속한 경우까지 다양하다. 가장 흔한 증상은 피로감, 관절통, 열, 몸무게 감소이다. 환자의 절반가량은 코와 빰에 전형적인 나비모양발진이 나타난다. 특정 항체를 찾는 혈액검사로 진단한다. 치료법은 없지만 코르티코스테로이드와 면역억제제 같은 약물로 증상을 완화하고 재발을 예방하고 중증도를 낮출 수는 있다.

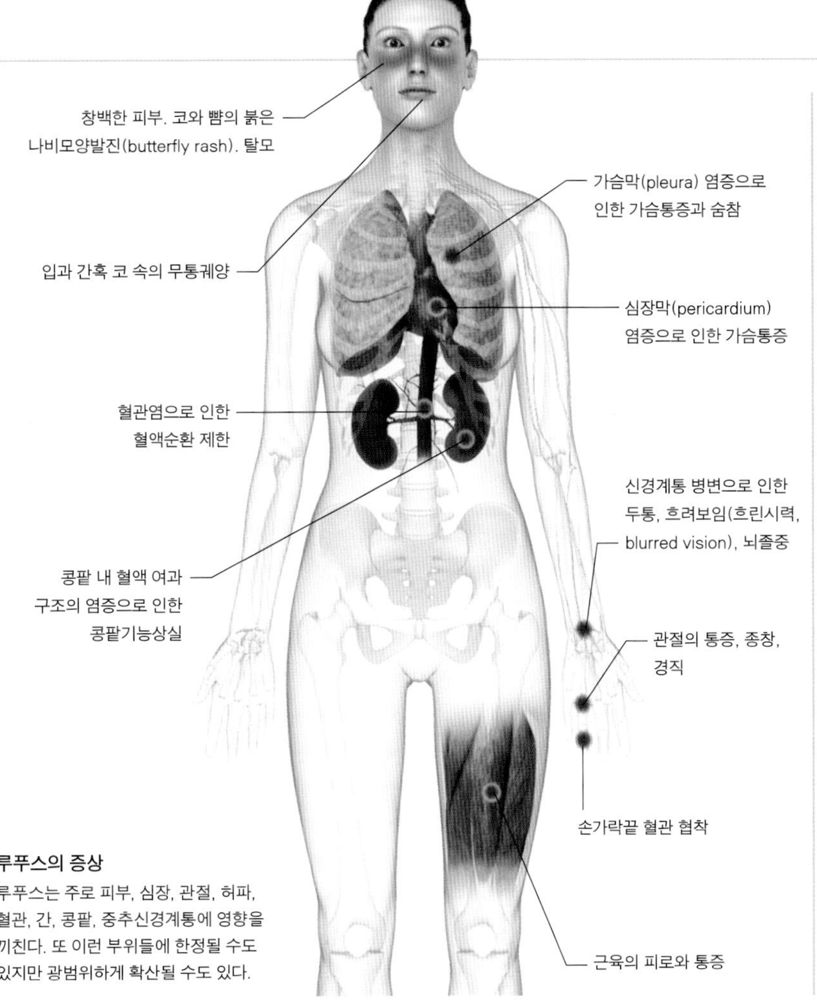
창백한 피부, 코와 뺨의 붉은 나비모양발진(butterfly rash), 탈모
입과 간혹 코 속의 무통궤양
혈관염으로 인한 혈액순환 제한
콩팥 내 혈액 여과 구조의 염증으로 인한 콩팥기능상실
가슴막(pleura) 염증으로 인한 가슴통증과 숨참
심장막(pericardium) 염증으로 인한 가슴통증
신경계통 병변으로 인한 두통, 흐려보임(흐린시력, blurred vision), 뇌졸중
관절의 통증, 종창, 경직
손가락끝 혈관 협착
근육의 피로와 통증

루푸스의 증상
루푸스는 주로 피부, 심장, 관절, 허파, 혈관, 간, 콩팥, 중추신경계통에 영향을 끼친다. 또 이런 부위들에 한정될 수도 있지만 광범위하게 확산될 수도 있다.

여러근육염과 피부근육염

이 두 희귀 자가면역질환은 근육섬유에 염증이 생기며 피부근육염은 피부에도 병변이 나타난다.

여러근육염(다발근육염, polymyositis)과 피부근육염(dermatomyositis)은 남성보다 여성에게 더 흔하고 중년에 발생하는 경향이 있다. 하지만 피부근육염은 아동에게도 발생할 수 있다. 두 질환에 걸리면 팔다리 근육이 약해져서 의자에서 일어나기가 어렵거나 팔을 머리 위로 들어올리기 힘들어진다. 여러근육염의 다른 증상으로는 피로감, 열, 몸무게 감소가 있다. 식도에 발병하면 삼키기 곤란이 나타나기도 한다. 가슴벽 근육과 가로막의 약화는 호흡곤란을 일으킬 수도 있다.

피부근육염도 주먹결절, 무릎, 팔꿉에 붉은 비늘모양발진을 비롯한 피부 변화를 일으킨다. 손가락끝 피부가 거칠어지고 균열이 생긴다. 눈 주변이 붓고 보라색으로 변한다. 얼굴, 목, 가슴에 탄력없고 붉은 부위가 나타난다. 혈액검사, 근육과 신경에 대한 전기검사, 근육 생검으로 진단해야 한다. 치료제로는 코르티코스테로이드와 면역억제제를 이용한다.

결절여러동맥염

작거나 중간 크기인 동맥의 벽에 염증을 일으켜 조직으로의 혈액 공급을 제한한다.

주로 40~60세에 발생하는 희귀 자가면역질환인 결절여러동맥염(결절다발동맥염, polyarteritis nodosa)은 심장, 콩팥, 피부, 간, 소화관, 이자, 고환, 골격근, 중추신경계통에 혈액을 공급하는 동맥에 영향을 미친다. 염증이 생긴 동맥으로부터 혈액을 공급받는 부위들은 궤양이 생기거나 죽거나 위축된다. 염증이 생긴 동맥은 확장되거나 파열되어 결절, 얼룩형성(반점형성, mottling), 궤양, 괴저를 야기한다. 여러동맥염 환자들은 대개 몸이 편치 않고, 몸무게가 줄고, 열이 나고, 식욕도 없어진다. 여러동맥염은 콩팥기능상실(483쪽), 고혈압(469쪽), 심근경색증(467쪽)을 일으킬 수도 있다.

창자(장)의 출혈과 천공(뚫림, perforation), 고환염이 생길 수 있다. 근골격계에 여러동맥염이 발생하면 근육통과 관절염이 생긴다. 진단은 해당 동맥이나 장기의 조직 생검에 근거한다. 코르티코스테로이드와 면역억제제로 치료한다.

약해진 동맥 벽

동맥염이 생긴 동맥
이 가로단면에 동맥 벽의 염증이 보인다. 동맥 벽이 약해져서 곧 파열될 지경이다.

피부굳음증

이 희귀 질환은 항체가 작은 혈관을 손상시켜 온몸의 결합조직을 뻣뻣하게 만든다.

피부굳음증(피부경화증, scleroderma)은 가족력을 따르고 여성에게 더 흔하며 대체로 30세 내지 50세에 발병한다. 국소피부굳음증(국소피부경화증, morphea)은 주로 피부에만 영향을 끼친다. 전신피부굳음증(전신피부경화증, systemic scleroderma)은 피부와 내부 장기의 광범위한 부위에 영향을 끼치며 급속도로 진행된다. 피부는 부어올라 두꺼워져서 윤기가 나고 팽팽해지며 관절, 특히 손가락 관절을 움직이기 어려워진다. 상당수의 피부굳음증 환자들은 레이노병(471쪽)도 일어난다. 허파, 심장, 콩팥 소화관의 결합조직이 모두 뻣뻣해진다. 삼키기 곤란과 위역류는 식도근육이 뻣뻣해져서 나타나는 가장 흔한 증상이다. 진단은 피부 생검과 혈중 (자기 조직을 공격하는) 항체 존재 여부 검사를 근거로 한다. 면역억제제가 병의 진행을 늦추거나 되돌리기는 하지만 치료제는 없다. 여타 처방들은 증상을 완화하기 위한 것들이다. 다른 합병증이 일어날 수 있기 때문에 정기 검진이 필수이다.

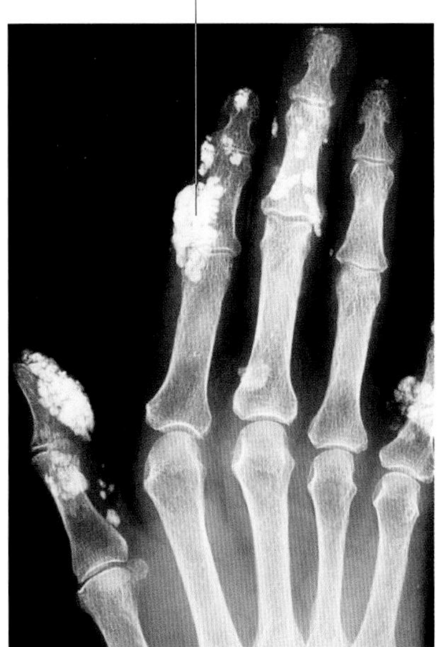
칼슘 덩이

피부굳음증에 걸린 손의 엑스선 영상
손가락이나 여타 신체 부위의 피부 밑에 칼슘 덩이를 형성할 수 있다. 이것은 수술로 제거해야 한다.

상부소화관질환

입, 식도, 위, 샘창자에 흔한 질환은 주로 궤양 같은 문제와 염증을 일으키는 자극 때문에 발생한다. 이 질환 가운데 몇몇은 위 속에 살고 있는 위나선균(*Helicobacter pylori*) 같은 세균 감염과 관련 있다.

잇몸염

잇몸염(치은염, gingivitis)은 대개 불량한 구강 위생으로 인한 치태 증가 때문에 발생한다.

치태(dental plaque)는 이와 잇몸이 만나는 부분에 쌓이는 세균 막이다. 세균은 잇몸에 염증을 일으켜 자주색을 띠게 하고 연약하게 만든다. 그래서 양치질 후에 피가 난다. 치료하지 않으면 이와 잇몸 사이에 깊은 잇몸주머니(gingival pocket)가 형성되고 치아주위조직염(치주염, periodontitis)이 생겨 이가 빠진다. 흡연과 알코올 섭취는 잇몸염의 위험을 높이지만 규칙적 양치질과 치실질, 치과 검진은 예방에 도움이 된다. 치태를 제거하는 것도 중요하다.

입궤양

입 점막이 손상되면 고통스러운 열린궤양이 생긴다. 아프타궤양은 입궤양 가운데 가장 흔한 종류이다.

아프타궤양(aphthous ulcer)은 입 안에 생기는 고통스러운 열린궤양이다. 작은 궤양은 대개 심한 양치질로 인한 손상, 볼 안쪽 깨물기, 날카로운 이빨, 치열교정기, 틀니 때문에 생긴다. 궤양은 전형적으로 작고 핏기가 없는 오목을 형성하며, 그 주변 부위가 부어오른다. 작은 궤양은 2주 내에 없어진다. 작은 입궤양이 재발하는 경우는 5명 중 1명꼴이며, 4~6개가 무리지어 생긴다. 큰 아프타궤양은 크고(폭이 1센티미터가 넘는다), 깊고, 더 고통스럽고, 낫는 데 몇 주가 걸리고 흉터도 남는다. 치료제로는 염수 입가심제, 스테로이드 연고 또는 로젠지(함당정제), 마취겔이 있다. 궤양이 3주 넘게 지속되면 검사를 받아 봐야 한다.

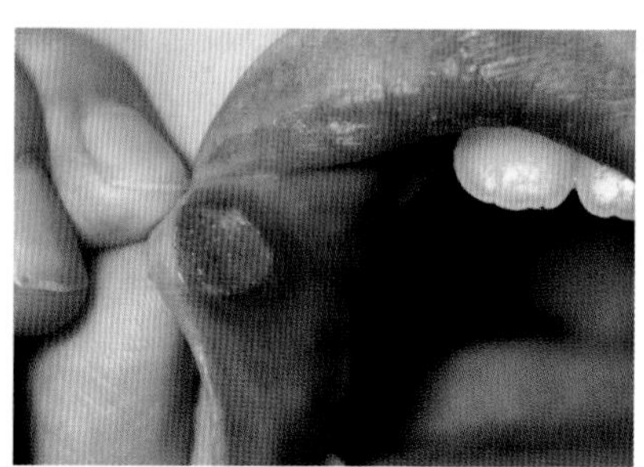

입술 안쪽의 궤양
작은 아프타궤양은 작고 고통스러우며 희거나 회색이거나 노란 부위로서 타원 모양의 오목을 형성한다. 염증이 생긴 가장자리는 붉은색이다.

내시경검사

내시경은 광섬유가 들어 있는 가늘고 잘 휘고 단단한 관이어서 빛이 광섬유를 따라 들어가 신체 내부 구조를 비춰주므로 대안렌즈나 모니터로 그 모습을 볼 수 있다. 또 관 안에는 기구나 조작기를 내려보낼 수 있는 통로가 있어서 조직을 잘라 떼어 내거나(생검) 대상을 잡을 수 있고, 레이저와 전기지짐기(electrocautery)로 치료할 수도 있다. 액체와 기체를 다른 통로로 내려보낼 수도 있다. 특정 신체 부위마다 다른 종류의 내시경이 사용되며 큰창자에는 대장내시경(잘록창자보개), 위에는 위내시경(위보개)이 쓰인다. 상부소화관질환 진단에서는 대개 (엑스선에 나타나는 흰색 액체를 삼키는) 바륨 검사 대신 내시경을 이용한다.

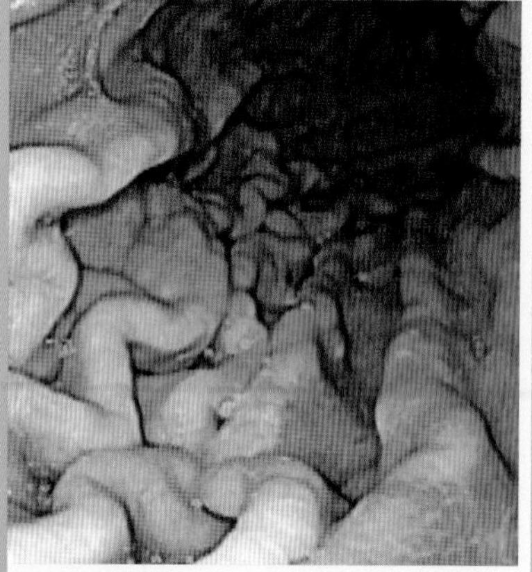

위 내시경 영상
내시경(endoscope)으로 들여다본 건강한 위의 위점막(gastric mucosa, 속막). 이 검사법은 상부소화관질환을 조사하는 데 이용된다.

식도암

식도의 악성 종양은 주로 흡연 및 지나친 음주와 관련 있으며, 예후가 좋지 않다.

60세 이상 남성에게 가장 빈번하며 대개 고형물을 삼키기가 곤란했다가 나중에는 부드러운 음식도 삼키기 어려워지며 결국에는 액체도 마시기 힘들어진다. 몸무게가 현저히 줄며 음식물 역류, 기침, 쉰소리, 토혈(혈액구토)도 나타난다. 바륨 검사, 내시경검사, 생검으로 진단한다. 하지만 암 진단이 내려질 경우 대체로 이미 전이된 상태이다. 종양은 제거해야 하지만 스텐트를 삽입해서 식도를 넓혀 음식물을 삼킬 수 있게 할 수도 있다.

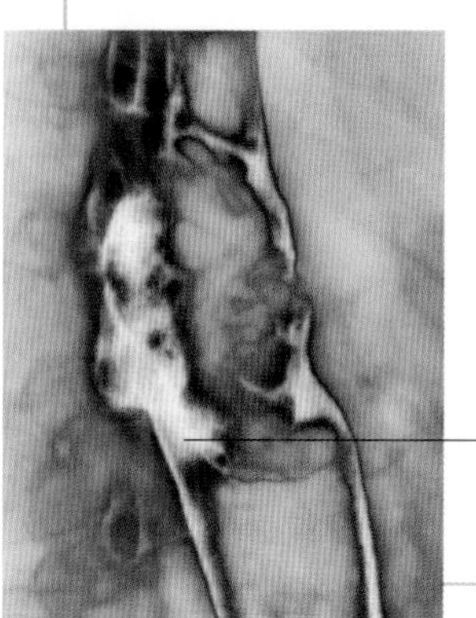
종양

식도의 종양
색 보정 바륨 검사 영상에 크고 울퉁불퉁한 종양 윤곽이 보인다. 종양이 식도 안으로 튀어나와 있다.

침샘결석

인산칼슘, 탄산칼슘, 여타 무기물로 이루어진 딱딱한 덩어리가 침샘에 생기면 고통스러운 종창이 발생한다.

침돌(타석, sialolith)로도 불리는 침샘결석(salivary gland stone)은 여러 개일 수도 있다. 침샘결석은 주로 아래턱뼈 옆 턱밑샘에서 형성되며 이 샘의 만성감염, 탈수, 침 분비 불량, 침샘관 손상과 관련 있다. 침샘결석은 고통스러운 종창을 일으켜서 식사 중에 침 분비가 증가해 악화될 수 있다. 샘 덩이를 눈으로 보거나 만져 진단하고 엑스선, 초음파, CT로 촬영해서 확진한다. 몇몇 결석은 그냥 마사지만 해도 침샘관 밖으로 밀어내 제거할 수 있다. 그렇지 않으면 수술을 해야 한다. 결석이 침샘관을 폐쇄할 경우에는 침샘에 세균 감염(침샘염, sialoadenitis)이 일어나면 항생제를 주사해서 치료하는데 때로는 수술로 배출시켜야 한다.

위역류

산성인 위 내용물이 식도로 역류하면(위식도역류, gastroesophageal reflux) 속쓰림(명치쓰림, heartburn)이라는 통증이 유발된다.

식도 하부는 가로막의 구멍을 지나 식도위이음부(식도위경계, esophagogastric junction)에서 위와 만난다. 이 구멍은 식도 기저부의 근육 고리인 식도조임근(식도괄약근)으로 단단하게 조여서 산성인 위 내용물이 식도로 올라오지 못한다. 이 구조가 약해지면 역류를 막을 수가 없어 복장뼈(흉골) 밑의 화끈감(작열감)인 속쓰림이 생긴다. 속쓰림의 일반적인 원인으로는 과식, 기름진 음식, 커피나 알코올 섭취 과다, 흡연, 비만, 임신이 있다. 역류가 지속되거나 중증이면 식도에 염증이 생겨 궤양과 출혈이 발생한다. 식도염이 오래 지속될 경우 식도가 좁아지거나 암이 생길 수 있다. 위역류 진단은 내시경으로 하며, 생활양식 변화로 증상을 완화할 수 있다. 위산 분비를 줄이고 식도조임근을 튼튼하게 만들거나 위산을 중화하는 약을 처방한다. 키홀수술로 식도조임근을 팽팽하게 할 수도 있다.

식도염
식도 내시경 영상에 위역류로 인한 궤양과 염증이 보인다. 염증이 오래 지속되면 식도가 좁아지거나 (협착되거나) 암이 생길 수 있다.

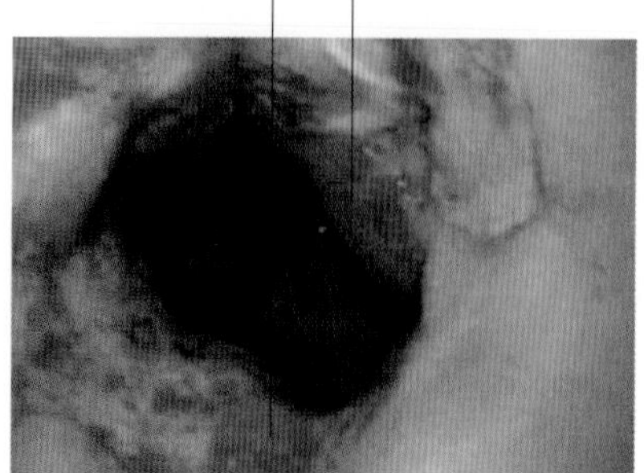
궤양이 생긴 조직
염증이 생긴 내막

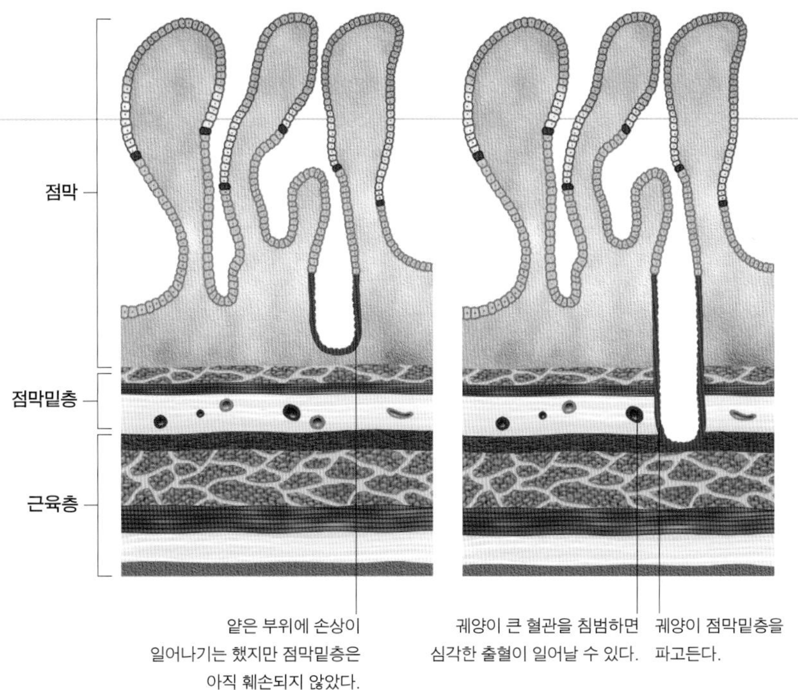
점막
점막밑층
근육층
얇은 부위에 손상이 일어나기는 했지만 점막밑층은 아직 훼손되지 않았다.
궤양이 큰 혈관을 침범하면 심각한 출혈이 일어날 수 있다.
궤양이 점막밑층을 파고든다.

초기 궤양
위 내벽을 보호하는 점막이 훼손되면 위산이 점막 세포를 엄습해 손상시킬 수 있다.

궤양의 진행
궤양이 더 아래의 층들을 침범한다. 위나 샘창자의 벽에 구멍이 뚫릴 수도 있다.

소화성궤양

샘창자 상부와 위 내벽(점막)이 벗겨지는 소화성궤양은 통증과 출혈을 유발할 수 있다.

위와 샘창자의 내벽을 이루는 세포들은 점액을 분비해 막을 형성함으로써 위산으로 인한 손상을 막는다. 이 막이 훼손되면 궤양이 형성될 수 있다. 대부분의 소화성궤양은 위나선균의 지속적인 감염 때문이다. 점액 분비를 억제하는 아스피린이나 이부프로펜 같은 비스테로이드항염증제(비스테로이드소염제, NSAIDs)의 사용 외에 흡연, 음주, 가족력, 다이어트도 소화성궤양의 한 원인이다.

식사 중 명치부위(윗배) 통증, 팽만감, 욕지기(구역)가 나타난다. 궤양은 며칠 내지 몇 주 동안 계속되며 몇 달마다 재발할 수 있다. 출혈성 궤양은 토혈(hematemesis)이나 흑색변을 야기할 수 있다. 심할 경우 위벽이나 샘창자 벽에 구멍이 나 응급 수술이 필요하다. 궤양은 내시경으로 찾아내며 위나선균 감염은 혈액검사, 대변검사, 호흡검사로 확인한다. 위산 분비를 줄여서 궤양을 치료하는 약과, 위나선균 감염을 근절하는 약을 투여한다.

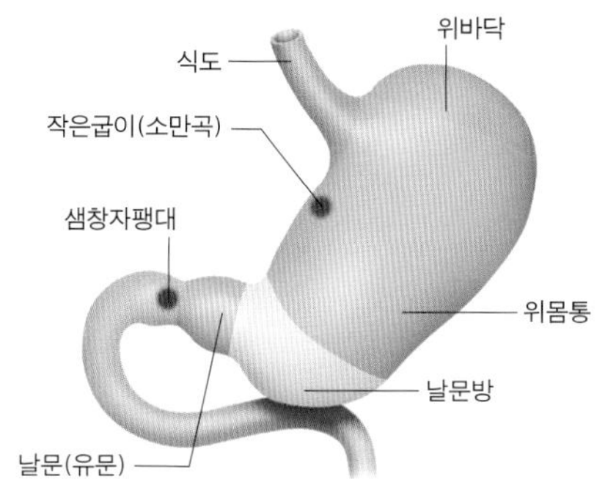
위바닥
식도
작은굽이(소만곡)
샘창자팽대
위몸통
날문방
날문(유문)

소화성궤양(peptic ulcer) 부위
가장 흔히 발생하는 부위는 샘창자 상부인 샘창자팽대(duodenal bulb)이며, 위에서 샘창자로 음식물이 넘어가는 곳이다. 위에서 궤양이 가장 흔한 부위는 작은굽이(소만곡, lesser curvature)이다.

위염

위벽의 염증은 급성 또는 만성으로 원인도 다양하지만 대개는 위벽 자극 및 감염과 관련 있다.

위벽은 정상일 때 점액 보호막을 형성해 산성인 위 내용물로부터 스스로를 보호한다. 하지만 이 방벽이 붕괴될 경우 위염(gastritis)이 생길 수 있다. 급성위염은 대체로 위벽을 자극하는 음주 과다로 일어난다. 아니면 위벽 세포의 점액 분비를 억제하는 아스피린, 이부프로펜, 나프록센 같은 비스테로이드항염증제 사용 때문에 일어나기도 한다. 증상으로는 명치부위(윗배) 통증, 욕지기(오심), 구토(간혹 혈액 섞임), 팽만감이 나타난다.

만성위염은 주로 위벽의 점액 보호막을 약화시키는 위나선균 감염 때문이다. 위염은 내시경으로 진단하며 선행 원인을 해결하고, 위산을 중화하거나 위산 분비를 억제하는 약을 사용해야 한다.

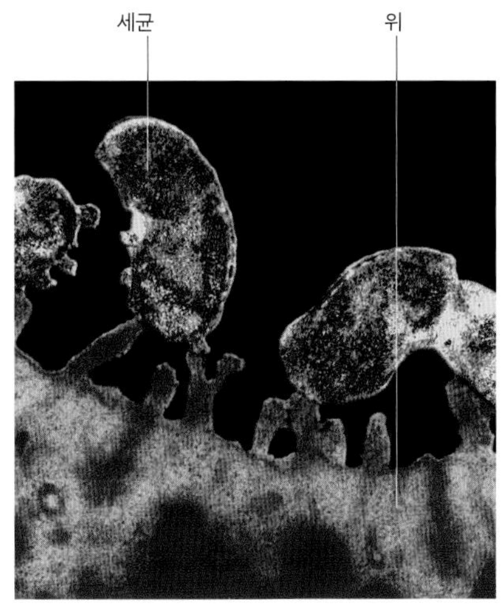
세균
위

위 속의 세균
50퍼센트가 넘는 사람들이 위나선균 보균자이다. 위나선균은 위에서 오랜 동안 경미한 감염을 일으켜서 소화성궤양, 만성위염, 위암을 유발할 수 있다.

틈새탈장

가로막(가슴과 배안을 경계짓는 넓고 편평한 근육)이 파열되거나 약해지면 위의 일부가 가슴 쪽으로 튀어나올 수 있다.

가장 흔한 미끄럼틈새탈장(활주열공탈장)은 식도와 위의 경계 부위가 가로막을 뚫고 미끄러져 올라가는 것이다. 특히 50세 이상에서 가장 흔하다. 대개 아무 증상이 없지만 큰 탈장은 위식도역류를 유발할 수 있다. 이런 문제를 해결하려면 침대 머리 쪽을 높이고 식사 후에 눕지 말고 몸무게를 줄이고, 위산 분비를 억제하고 식도조임근을 강화하는 약을 복용해야 한다. 이보다 훨씬 드문 식도곁탈장의 경우 위 꼭대기가 가슴 안에서 조여서 혈액 공급이 차단된다. 응급 수술이 필요하다. 틈새결장은 내시경이나 바륨검사로 진단한다. 중증이거나 장기간 위식도역류가 있었던 사람들은 수술로 탈장을 교정해야 한다. 수술 하면 식도 하부로 위 상부를 감싸므로 위가 틈새로 튀어나가지 않게 된다.

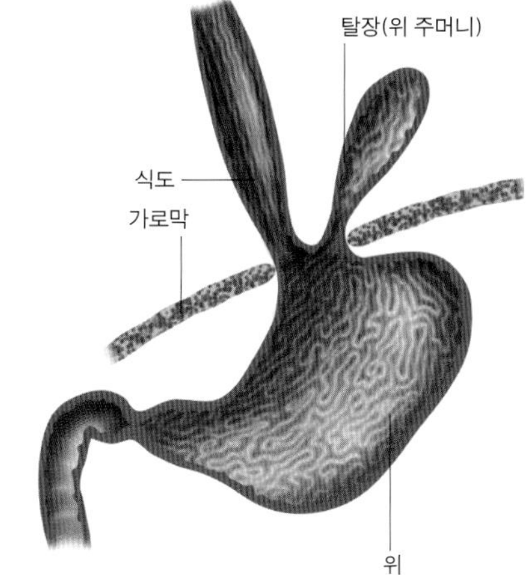
탈장(위 주머니)
식도
가로막
위

식도곁탈장
주머니 모양인 위 상부가 가로막의 틈새를 통과해 위로 튀어나와 있다. 정상일 경우 가로막의 이 부위는 식도가 위와 만나는 곳이다.

위암

위의 악성 종양은 세계적으로 흔한 암이다. 대개 진단 전에 이미 전이가 되므로 예후가 좋지 않다.

40세가 넘은 남성의 위암(stomach cancer) 발병률이 가장 높다. 위암 위험인자로는 위나선균 감염, 흡연, 가족력, 짠 음식, 탄 음식, 훈제 식품, 염장 식품(일본), 악성빈혈 같은 질환, 과거의 위 수술이 있다. 증상으로는 식욕 상실, 원인을 알 수 없는 몸무게 감소, 욕지기, 구토, 팽만감, 식사 후 지나친 배부름이 나타난다. 위 출혈이 있으면 토혈, 흑색변, 빈혈이 생길 수 있다. 진단은 내시경을 통한 생검이나 바륨검사로 한다. 위절제술(gastrectomy)이 가장 일반적인 치료법이다. 위 꼭대기에 종양이 있을 경우에는 식도도 제거 한다.(식도위절제술) 대개 위암은 발견되는 시점에 이미 전이되어 있어 방사선요법과 화학요법도 실시하지만 예후가 좋지 않다.

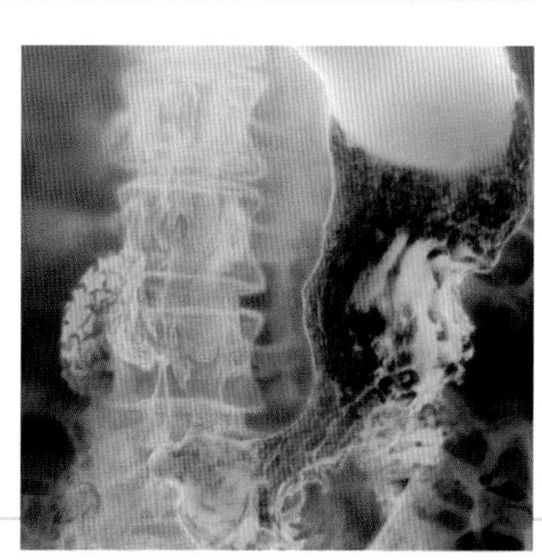

위 하부의 암
컬러 보정 바륨검사 영상에 위 하부의 크고 울퉁불퉁한 종양이 보인다. 종양이 다른 곳으로 전이됐는지 알아보는 데는 CT, MRI, 초음파 촬영을 이용한다.

하부소화관질환

창자(장)와 곧창자(직장)에 생기는 질환의 상당수는 염증창자질환(염증성장질환, inflammatory bowel disease, IBD)처럼 염증 때문에 발생한다. 다른 질환들은 곁주머니증(게실증, diverticulosis)처럼 구조 변화 때문에 발생한다. 암은 잘록창자와 곧창자에 잘 발생한다.

복강질환

작은창자에 생기는 질병인 복강질환은 밀 같은 곡물에 들어 있는 글루텐 단백질인 글리아딘(gliadin)에 대한 면역계통의 거부반응 때문에 일어난다.

작은창자 내벽의 손가락 모양 미세한 돌기인 융모(villi) 수백만 개는 음식물로부터 영양을 흡수한다. 복강질환이 생기면 면역계통이 소화계통의 글루텐과 거부반응을 일으켜 융모가 손상돼 평평해지므로 정상기능을 할 수 없게 된다. 그로 인한 증상은 광범위하며 복부팽만, 구토, 설사(대개 묽고 악취나고 양이 많음), 피로감, 몸무게 감소, 발육부전 등이 나타난다. 여성에게 더 흔하고 가족력을 따른다. 또 일반적으로 제1형당뇨병(type 1 diabetes mellitus) 같은 다른 자가면역질환과 함께 발생한다. 진단은 항글리아딘항체를 찾는 혈액검사나 내시경(476쪽), 작은창자 생검으로 한다. 환자는 평생 엄격하게 글루텐을 배제한(밀, 호밀, 보리를 뺀) 식사를 해야 증상을 없앨 수 있다. 영양결핍을 교정할 식이보충제도 섭취해야 한다.

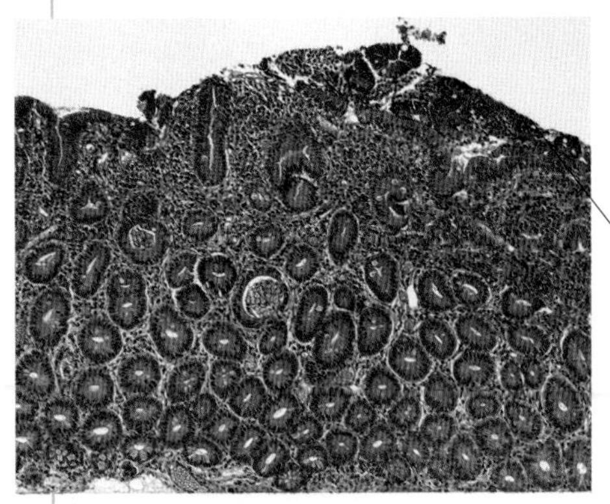
융모가 소실돼 평평해진 표면

복강질환(복강병, celiac disease)
복강질환이 있는 환자의 샘창자 단면 현미경 사진에 융모가 소실된 표면이 보인다. 이러면 창자의 영양소 흡수율이 떨어진다.

과민대장증후군(IBS)

구조적 또는 생화학적 원인 없이 장기간 흔한 병증이 나타나는 과민대장증후군(irritable bowel syndrome, IBS)은 복부불쾌감과 배변 습관 변화를 야기한다.

20~30세 5명 중 1명에게로 발생하는 과민대장증후군은 여성에게 2~3배 더 흔하다. 복통이 반복되고 팽만감이 나타나기도 하며 배변 빈도나 대변 모양도 변한다. 통증은 대개 배변 후 완화된다. 원인을 알 수 없으나 위창자염 때문에 발생할 수 있다. 장기간 간헐적으로 발병하지만 알코올, 카페인, 스트레스, 여타 음식 때문에 갑자기 일어날 수도 있다. 증상, 진찰, 혈액검사로 진단한다. 생활양식과 식사에 변화를 주고 식이섬유 섭취를 늘리면 증상을 줄일 수 있다. 갑자기 발생하는 경우 약물을 이용하면 배변 습관을 조절하고 복부경련을 완화할 수 있다.

설사와 변비

급성설사(잦은 묽은 액체 배변)는 주로 위창자염(gastroenteritis, 위와 작은창자의 염증)을 일으키는 바이러스 또는 세균 감염 때문에 발생한다. 설사는 그 외에도 많은 원인 때문에 발생할 수 있다. 변비(constipation, 지나치게 딱딱한 대변이나 빈도가 낮은 배변 또는 배변 곤란)는 대체로 식이섬유와 수분 섭취 부족 때문에 일어나지만 종양을 비롯한 다양한 창자 문제 때문에 발생할 수도 있다.

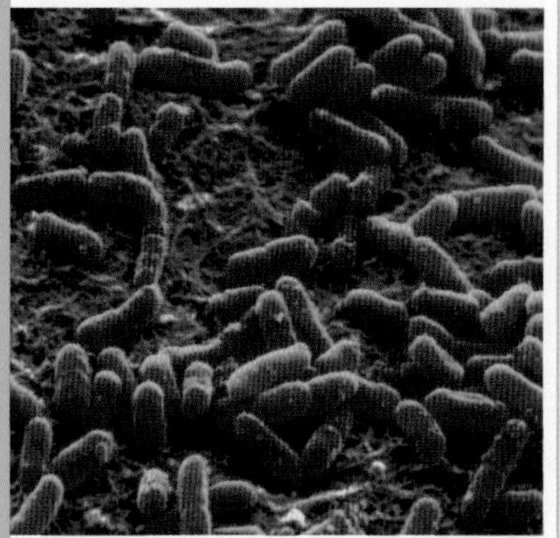

장내 세균
대장균(*E. coli*)은 창자 속에 살고 있다. 대부분의 균주는 무해하지만 몇몇 균주는 심한 경련, 구토, 피가 섞인 설사를 유발할 뿐만 아니라 독소를 분비해 콩팥을 손상시키기도 한다.

크론병

희귀 자가면역질환인 크론병은 소화관을 따라 어디든, 간혹 한 번에 여러 곳에 염증을 일으킨다.

발생 빈도는 남녀 똑같으며 가족력을 따르기도 한다. 대개 십대와 이십대 초반 또는 중년 후반에 발생한다. 크론병으로 인한 염증은 장벽 전체에 일어날 수 있으며 2가지 주요 양상을 보인다. 협착성인 경우에는 발병 부위가 좁아져 결국 폐쇄된다. 누공성(샛길형)인 경우에는 발병 부위와 주변 구조 사이에 비정상 경로가 형성된다. 몇 주 내지 몇 달에 걸쳐 복통, (대개 피가 섞인) 심한 설사, 식욕 상실, 몸무게 감소, 심한 피로감, 빈혈 같은 증상이 심해졌다 약해졌다 한다. 자가면역질환이기 때문에 간질환, 피부질환, 눈질환, 관절염도 일으킬 수 있다. 치료법은 없지만 약물로 염증을 줄이고 면역계통의 활성을 억제할 수는 있다. 대개는 환부를 수술로 제거해야 한다.

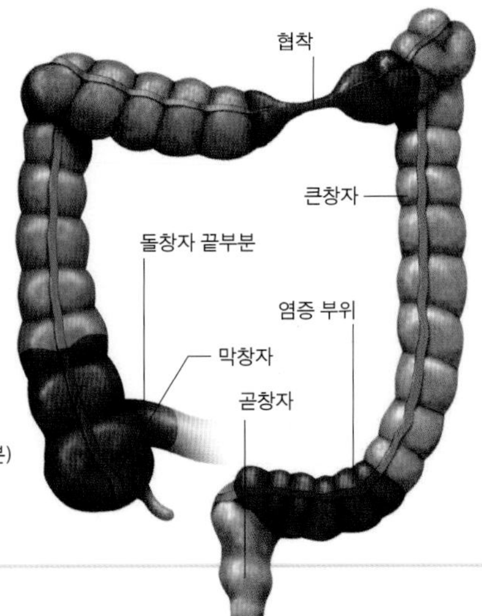
협착
큰창자
돌창자 끝부분
염증 부위
막창자
곧창자

염증 부위
크론병(Crohn's disease)은 주로 돌창자(작은창자 끝부분)에 발생하지만 입부터 항문까지 어느 부위에든 발생할 수 있다. 장 협착은 폐쇄(창자막힘)를 유발할 수 있다.

궤양큰창자염

큰창자의 희귀질환으로, 잘록창자와 곧창자에 염증과 궤양을 일으킨다.

궤양큰창자염은 대개 십대와 이십대 초반에 발생하지만 50~70세 성인에게 발생하기도 한다. 잘록창자와 곧창자의 내벽에 염증이 생겨 출혈과 고름을 동반하는 궤양을 일으킨다. 증상은 몇 주 내지 몇 달에 걸쳐 심해졌다 약해졌다 한다. 혈액과 점액이 섞인 설사, 복통, 피로감, 몸무게 감소 같은 증상이 나타난다. 궤양큰창자염은 자가면역질환으로 여겨진다. 피부질환, 눈질환, 관절염도 일으킬 수 있다. 궤양큰창자염 환자는 대장암 발병 위험이 월등히 높다. 내시경(462쪽), 바륨검사, 혈액검사로 진단한다. 약물을 이용해 면역계통, 염증, 설사를 조절해야 한다. 환자의 약 40퍼센트는 결국 잘록창자와 곧창자를 제거하는 수술을 받아야 치료가 된다.

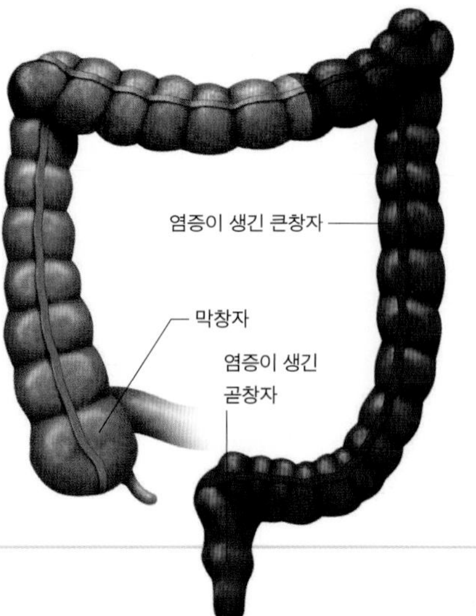
염증이 생긴 큰창자
막창자
염증이 생긴
곧창자

염증과 궤양
궤양큰창자염(ulcerative colitis, UC)은 염증이 일반적으로 곧창자부터 잘록창자를 거쳐 여러 부위까지 지속적으로 나타나는데, 간혹 막창자까지 쭉 이어지기도 한다.(범큰창자염, pancolitis)

곁주머니질환

잘록창자 벽에 곁주머니가 생기는 질환을 곁주머니증(게실증, diverticulosis)이라고 한다. 곁주머니에 염증이나 감염이 일어나면 병증이 나타날 수 있다.

완두콩부터 포도만 한 주머니가 40세부터 나타나며 노인에게 더 흔하다. 위험인자로는 노화, 변비, 저식이섬유 고지방 식사가 있다. 대개 곁주머니 자체 때문에 나타나는 증상은 없지만 혈변, 팽만감, 복통, 설사나 변비를 일으킬 수 있다. 세균이 들어가 염증(급성곁주머니염, acute diverticulitis)이 생기면 열과 함께 왼쪽 하부 복통이 유발되고 나중에 구토가 일어난다. 곁주머니증은 대장내시경검사나 영상의학 검사(바륨검사)로 진단하고 경우에 따라 고식이섬유 식사와 식이섬유 보충제로 치료한다. 급성곁주머니염은 CT 촬영으로 진단한다. 곁주머니증은 대개 항생제로 치료하고 창자를 쉬게 하지만, 중증인 경우 환부를 수술로 제거하기도 한다.

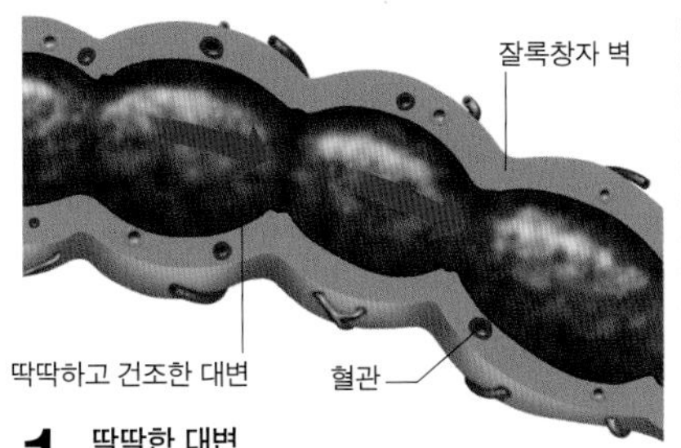
잘록창자 벽
딱딱하고 건조한 대변
혈관

1 딱딱한 대변
대변이 작고 딱딱하고 건조하면 장벽의 민무늬근육이 부드럽고 큰 대변일 때보다 더 강력하게 수축해야 대변을 밀어낼 수 있다.

곁주머니(게실, diverticulum)에 세균이 들어가면 염증이 생길 수 있다.
곁주머니가 잘록창자 벽을 밀며 튀어나온다.

2 곁주머니 형성
밀어내는 압력이 커지면 점막과 점막밑층이 잘록창자 벽의 약한 부위를 밀며 튀어나와 곁주머니가 형성된다.

막창자꼬리염(충수염)

막창자꼬리염(appendicitis)은 심한 복통을 일으키며, 응급 제거 수술이 필요하다.

막창자꼬리에 감염과 폐쇄가 일어나면 고름이 차면서 종창이 생긴다. 종창이 악화되면 괴사한 막창자꼬리 주위로 감염된 고름이 형성된다.(곪음(화농, suppuration)) 이 막창자꼬리가 파열될 경우에는 감염 물질이 새 나와 복막염(배막염, peritonitis, 배안 장기 대부분을 덮고 있는 막에 생기는 염증)이 생겨 치명적일 수 있다. 막창자꼬리염은 갑작스럽고 심한 통증이 배 가운데에서 시작해 오른쪽 아래로 이동한다. 흔히 식욕 감소를 야기하고 간혹 열, 욕지기, 구토를 유발하기도 한다. 진단은 증상과 진찰과 혈액검사로 한다. 즉시 막창자꼬리절제술을 실시해야 하는데, 배벽절개술(개복술) 또는 복강경(배안보개)을 이용하는 키홀수술을 한다.

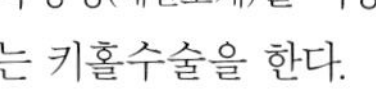

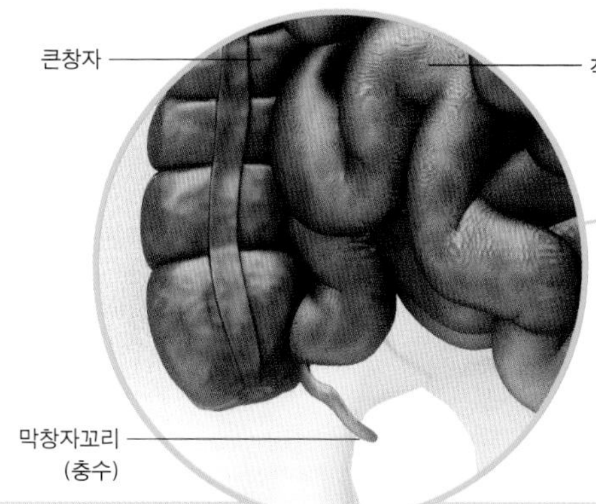
큰창자
작은창자
막창자꼬리
(충수)

막창자꼬리 위치
막창자꼬리는 막창자(맹장)에 이어진 막힌 관으로서 잘록창자의 일부이다. 이것을 제거해도 소화계통이나 면역계통의 기능에 아무 영향이 없는 것으로 보인다.

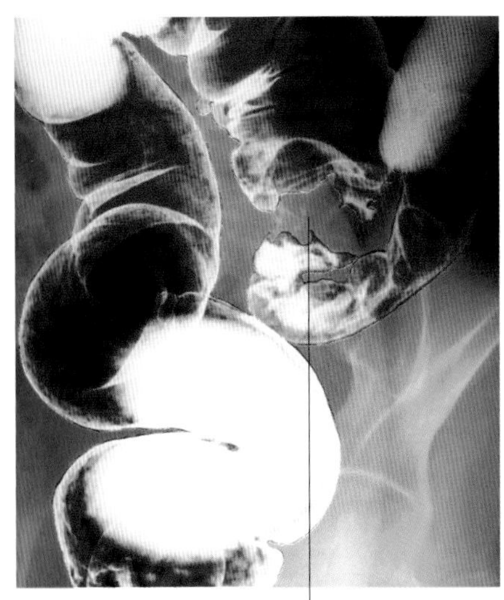
잘록창자의 종양

대장암
컬러 보정한 엑스선 영상에 대장 속 종양이 보인다. 환자에게 바륨관장(barium enema)을 했으며, 비정상인 부분이 눈에 띈다.

대장암

곧창자 그리고(또는) 잘록창자(장)의 악성 종양은 산업국가에서 가장 흔한 유형의 암 가운데 하나이자 암 사망의 주요 원인이다.

평생을 살면서 대략 20명 가운데 1명은 대장암에 걸린다. 남녀에게 똑같이 발생하며 50세 이상에서 가장 흔하다. 위험인자로는 잘록곧창자 폴립(잘록창자나 곧창자 내벽에서 천천히 생기는 과도증식), 가족력, 노화, 흡연, 붉은 가공육과다 섭취, 섬유질 섭취 부족, 운동 부족, 과음, 염증성장질환 병력 등이 있다. 배변 습관과 대변 경도에 변화가 나타난다. 대변에 점액이나 혈액이 보인다. 흑색변, 뒤무직(tenesmus), 복통, 빈혈, 몸무게와 식욕 감소도 나타난다.

큰 종양은 창자를 막아 구토와 변비를 동반하는 복통과 팽만감을 일으킬 수 있다. 종양은 영상의학(바륨검사, CT 및 PET 촬영), 내시경, 그리고 종양 표지자를 측정하는 혈액검사로 찾을 수 있다. 치료법은 종양이 얼마나 전이됐는지에 따라 다르며 수술과 화학요법이 이용된다. 조기암은 치료가 가능하다. 많은 나라들에서 암을 조기에 발견하기 위한 검사가 정책적으로 실시되고 있다.

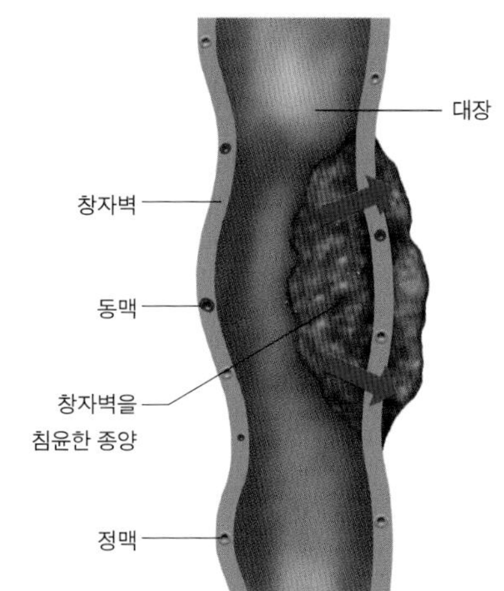
대장
창자벽
동맥
창자벽을
침윤한 종양
정맥

침습성 대장 종양
암은 창자벽 같은 국소 구조를 침윤해 직접 전이될 수도 있고 혈류와 림프계통을 통해 간접 전이될 수도 있다.

치핵(치질)

항문과 곧창자의 정맥에 정맥류가 생기면 튀어나와서 출혈이 일어나기 쉽다.

배변 힘주기 때문에 생길 수 있으므로 변비와 만성설사가 있을 때 가장 흔히 발생한다. 내치핵은 곧창자 안에서 발생하므로 통증은 없지만 출혈이 있을 경우 대변이나 화장지에 선혈이 보이거나 변기에 혈액 방울이 떨어진다. 큰 내치핵은 대개 배변 후에 항문 밖으로 튀어나오지만 보통 저절로 들어가거나 손으로 밀면 들어간다. 외치핵은 항문 밖에 생긴다. 두 종류 모두 가렵고 압통이 있으며 아픈 덩이를 형성할 수 있다. 치질은 곧창자보개검사(직장경검사)로 확인할 수 있다. 수분과 식이섬유 섭취를 늘리고 연고, 주사, 묶기, 레이저, 수술로 치료한다.

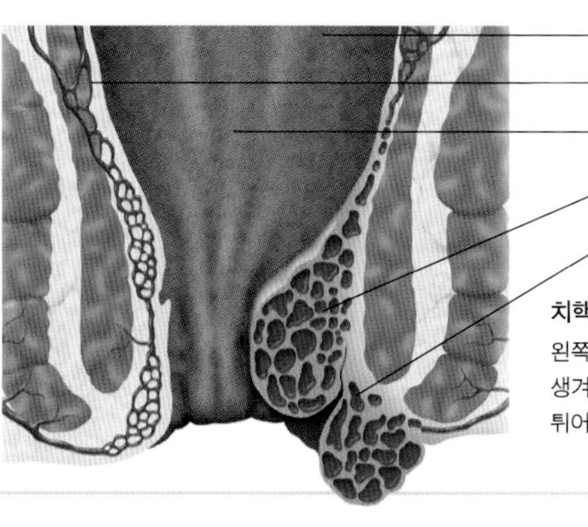
곧창자
정맥얼기
항문관
내치핵
외치핵

치핵(hemorrhoid)
왼쪽의 정맥얼기는 정상이다. 오른쪽의 정맥에는 종창이 생겨 항문 안으로 튀어나오거나(내치핵) 바깥쪽으로 튀어나와(외치핵) 있다.

간, 쓸개, 이자 질환

간, 쓸개(담낭), 이자(췌장)는 소화에 필수적인 물질을 생산해서 음식, 음료, 약 같은 화학물질의 흡수와 대사를 가능하게 한다. 그래서 이들은 감염, 암 발생, 알코올과 여타 독소로 인한 손상에 취약하다.

알코올성 간질환

알코올을 장기간 과다 섭취하면 간세포 손상이 증가해 결국 영구적인 손상을 일으킬 수 있다.

알코올은 작은창자에서 흡수되어 간으로 들어가 대사되어(분해되어) 지방과 화학 물질을 형성하며, 그중 일부는 간세포에 손상을 일으킬 수 있다. 손상의 초기 징후는 간세포에 큰 지방 방울이 축적되는 지방간이다. 지방간은 증상은 없지만 혈액검사에서 간기능장애가 보이고, 초음파 영상에서 비대와 지방 소견이 보인다. 금주를 하면 간이 회복된다.

지속적 음주로 인한 알코올간염에서는 간 비대, 황달(jaundice), 복수(ascites, 배안에 액체가 차는 증상)가 나타난다. 간기능 혈액검사로 진단한다. 가벼운 증상은 금주를 하면 사라지지만 중증인 경우 치명적일 수 있다. 간경화증인 경우에는 간조직이 섬유흉터조직(fibrous scar tissue)으로 대치되고 손상된 조직 일부에 결절이 형성되며 복수, 황달, 가슴 비대, 고환 위축, 붉어진 손바닥, 몸무게 감소, 정신착란, 간성혼수가 나타난다. 금주를 하면 진행을 멈추거나 늦출 수 있지만 간기능상실일 경우 간이식을 해야 한다.

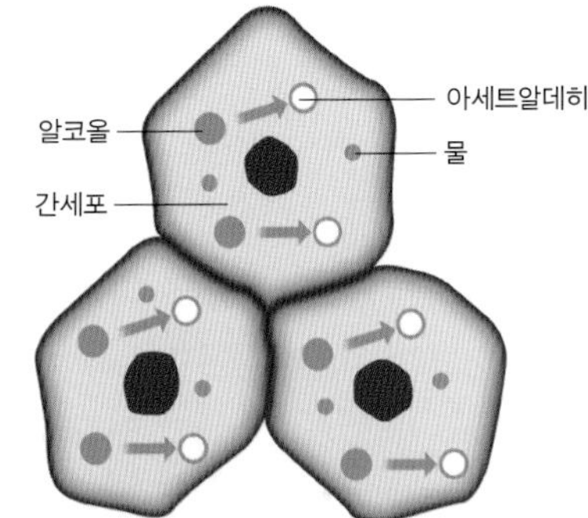
아세트알데히드
알코올
물
간세포

1 간손상이 일어나는 원리
알코올(에탄올)이 간에서 분해되면 아세트알데히드(acetaldehyde)라는 화학 물질과 지방이 만들어진다. 아세트알데히드는 간에 독성을 나타내지만 물과 이산화탄소로 처리된다.

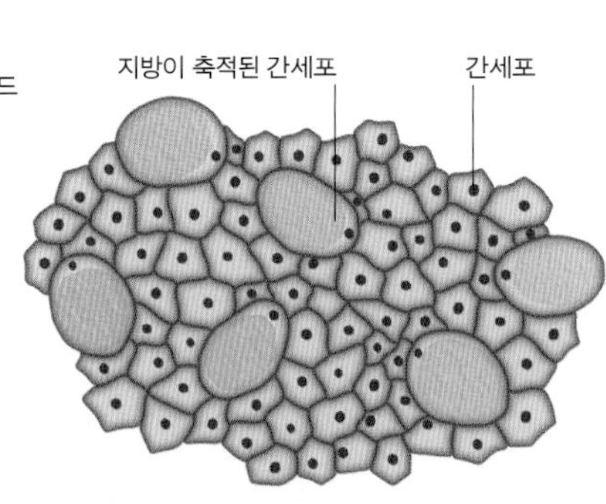
지방이 축적된 간세포
간세포

2 지방간(fatty liver)
지방이 간세포에 축적되어 부피가 커지면 간세포가 부으면서 핵이 옆으로 밀려난다. 간이 비대해진다.

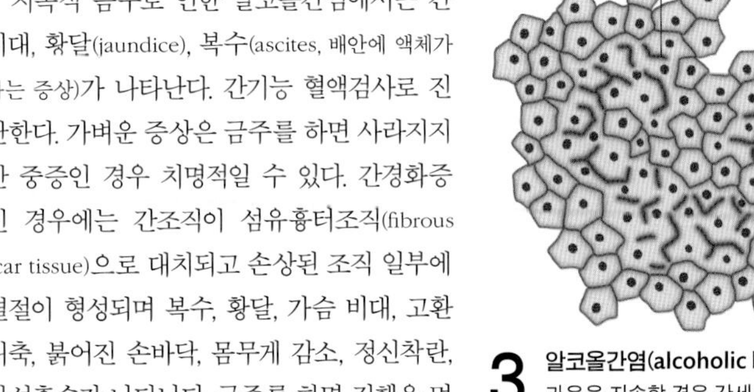
손상된 조직

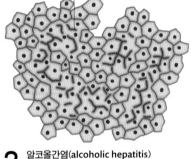

3 알코올간염(alcoholic hepatitis)
과음을 지속할 경우 간세포가 부어오르고 손상돼서 백혈구에 둘러싸이게 된다. 일부 간세포는 괴사해서 섬유조직으로 대치된다.(섬유화, fibrosis) 나머지 간세포는 재생된다.

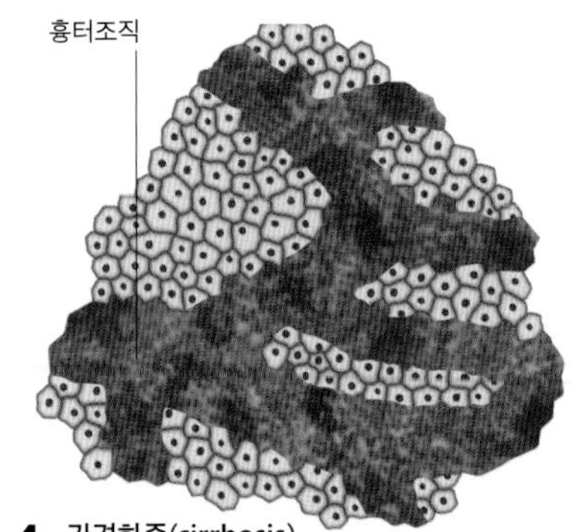
흉터조직

4 간경화증(cirrhosis)
반복적인 과음은 영구적인 흉터형성과 섬유화를 야기한다. 그러면 간은 결절이 형성되고 위축되어 정상 기능을 할 수 없다. 결국 간기능상실과 문맥고혈압(portal hypertension)이 발생한다.

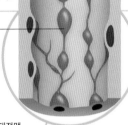

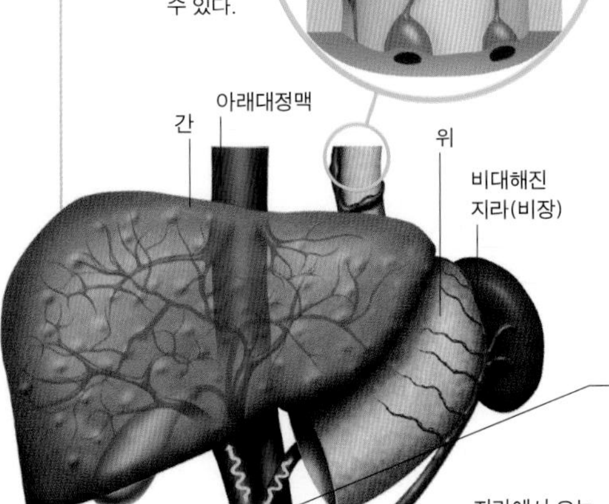
식도 정맥류 때문에 정맥이 팽창하면 식도 안으로 쉽게 출혈이 일어날 수 있다.
아래대정맥
간
위
비대해진 지라(비장)
위에서 오는 혈액
간문맥
지라에서 오는 혈액

문맥고혈압

간문맥의 혈압 상승은 대개 알코올간염 때문이나 세계적으로 보면 주혈흡충증(schistosomiasis, 기생충감염)이 주요 원인이다.

문맥계통에는 식도, 위, 창자, 지라(비장), 이자로부터 혈액이 모여든다. 정맥들이 합류해 문맥을 형성한 후 간으로 들어가서 작은 가지로 갈라져 간에 혈액을 공급한다. 간에 흉터가 형성되고 섬유화가 진행되면 혈류가 정체되어 문맥의 후방 압력이 높아지므로 정맥들이 팽창해 출혈이 일어나기 쉽다. 간혹 식도의 정맥류는 심각한 출혈을 일으켜 토혈이 발생하고 생명이 위태로울 수 있다. 출혈은 고무띠로 정맥을 묶거나 경화요법을 쓰면 멈출 수 있다.

지라가 비대해지고 액체가 배안에 축적된다. 게다가 간기능 저하는 간성뇌병증(hepatic encephalopathy)을 일으켜 정신착란과 건망증을 유발할 수 있다. 문맥고혈압은 혈압을 낮추는 베타차단제(beta-blocker drugs)로 치료하거나 문맥계통의 혈압을 낮추는 수술로 치료한다. 궁극적으로는 간이식이 필요하다.

정체된 혈류
문맥으로 가는 혈류가 제한되면 후방압력이 높아져 정맥이 팽창하고 지라가 비대해진다.

황달

황달의 노래지는 증상은 적혈구가 파괴돼 만들어지는 빌리루빈 과다 때문이다. 간은 빌리루빈을 분해해서 쓸개즙(bile)으로 분비한다. 용혈황달은 적혈구가 너무 많이 파괴돼, 폐쇄황달은 폐쇄 때문에 빌리루빈이 간에서 배출되지 못해서, 간성황달은 간이 빌리루빈을 정상적으로 대사하고 분비하지 못해 일어난다.

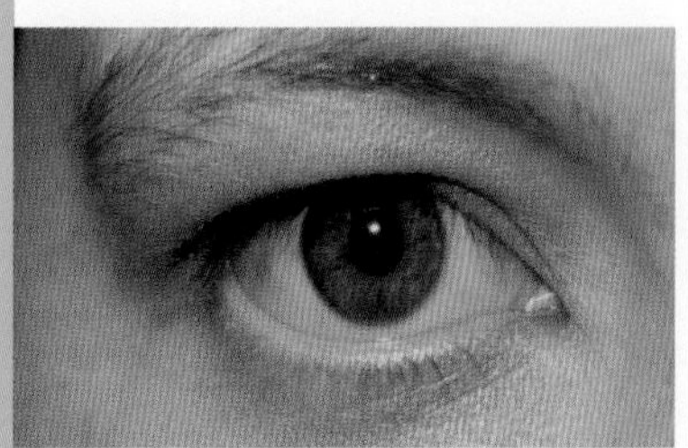

노란 공막
공막(흰자위막, sclera)이 그 위를 덮고 있는 결막(conjunctiva)에 빌리루빈(bilirubin)이 지나치게 많아 노랗게 보인다.

바이러스간염

간염을 일으키는 가장 흔한 바이러스는 A, B, C형 간염 바이러스이다.

A형간염 바이러스(hepatitis A virus, HAV)는 감염된 대변으로 오염된 음식과 물로 전파되며 황달, 열, 욕지기, 구토, 윗배 통증이 나타난다. 대부분 2개월 내에 회복된다. B형간염 바이러스(HBV)와 C형간염 바이러스(HCV)는 혈액이나 정액 같은 감염자의 액체로 전파된다. HBV는 급성간염을 일으키고, 급성감염 중 일부는 만성간염으로 진행하기도 한다. HCV는 증상이 없다가 만성간염을 일으킨다. 만성바이러스간염은 간경화증과 간암을 일으키긴 하지만 항바이러스제로 위험을 줄일 수 있다.

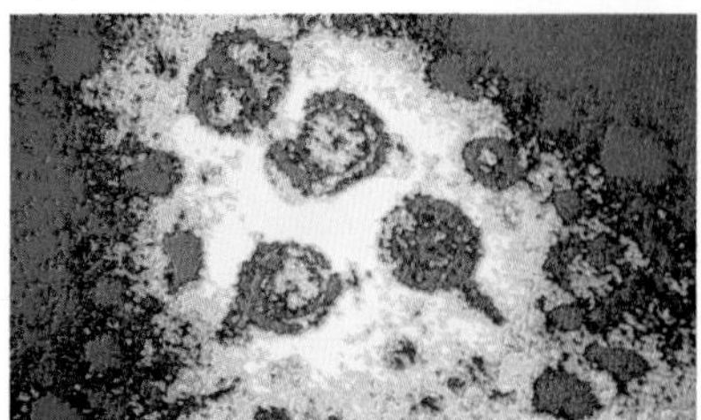

B형간염
B형간염 바이러스는 대개 성접촉, 수혈, 주사기 공동 사용, 멸균되지 않은 문신 도구 따위로 전파된다.

간종양

간 안에서 자라는 종양은 대개 양성이지만 암은 신체 다른 부위에서 전이될 수 있다.

양성 간종양은 대부분 혈관종(hemangioma)이거나 샘종(선종, adenoma)으로 아무 증상도 일으키지 않아 치료도 필요 없다. 간의 암종은 대체로 신체의 다른 부위에서 전이돼서 생긴다. 가장 암 전이가 잦은 부위는 잘록창자(대장), 위, 가슴, 난소, 허파, 콩팥, 전립샘이다. 간 안에 발생하는 주된 암(원발 간암)은 간암(hepatoma)이며, 이것은 만성바이러스간염, 간경화증, 독소 노출 때문에 발생해 복통, 몸무게 감소, 욕지기, 구토, 황달, 배안의 덩어리감 같은 증상이 나타난다. 진단은 초음파나 CT 촬영 같은 영상의학이나 생검으로 한다. 치료법으로는 종양 제거 수술, 화학요법, 방사선요법, 간이식이 있다. 예후는 암의 전이 여부에 달려 있다.

간고름집(간농양)

간 속의 고름 가득한 덩이인 고름집은 주로 신체 다른 부위에서 확산된 세균 때문에 생긴다.

화농성(세균성) 고름집은 대체로 (막창자꼬리염, 쓸개관염(cholangitis), 곁주머니염, 장천공 같은) 복부 감염이나 혈액에서 확산된 세균 때문에 발생한다. 갑작스러운 병감, 식욕 상실, 고열, 오른쪽 윗배 통증이 나타나며 몇몇 증상은 몇 주 동안 지속되기도 한다. 고름집은 초음파나 CT 촬영으로 찾아낼 수 있다. (피부로 찔러 넣거나 복부 수술 중에)주사기로 고름을 빼내고 항생제를 투여해 치료한다. 치료하지 않을 경우에는 사망률이 높다. 고름집은 특히 열대지방에서는 곰팡이나 아메바 감염 때문에 생기기도 한다.

화농성 고름집
고름집은 1개 또는 여러 개일 수 있으며, 대개는 간 오른엽에 생긴다. 당뇨병 환자나 면역계통이 약해진 사람에게 잘 생긴다.

정맥
고름 가득한 고름집 (농양, abscess)
온쓸개관
쓸개
간

쓸개돌(담석)

쓸개즙에서 형성되는 딱딱한 덩이인 쓸개돌은 쓸개관 어디에서든 생길 수 있지만 주로 쓸개 안에서 형성된다.

쓸개돌은 개수와 크기가 다양하며 폭이 몇 센티미터에 달하기도 한다. 콜레스테롤로 만들어지는 것이 가장 많고, 빌리루빈과 칼슘으로 만들어지는 색소쓸개돌(pigment gallstone)도 있으며, 앞의 두 종류가 섞인 것도 있다. 여성, 백인, 과체중인 사람, 노인에게 더 흔하다. 수년에 걸쳐 형성되며 쓸개나 이자의 분비관 속에 들어가 끼지 않는 이상 증상이 없다. (기름진 식사를 한 후처럼) 쓸개가 수축하면 쓸개돌이 분비관 속으로 들어가 쓸개급통증(담석산통, biliary colic)을 일으킬 수 있다. 서서히 심해지는 윗배 통증이 욕지기 및 구토와 함께 나타난다. 쓸개돌은 초음파로 찾는데, 통증이 있으면 수술(쓸개절제술)로 제거한다.

쓸개주머니관의 쓸개돌
돌 때문에 쓸개가 붓고 염증이 생기고 감염(급성쓸개주머니염, acute cholecystitis)이 일어날 수 있다. 응급 수술이 필요하다.

온간관
쓸개 주머니관
쓸개즙
쓸개
쓸개돌
온쓸개관

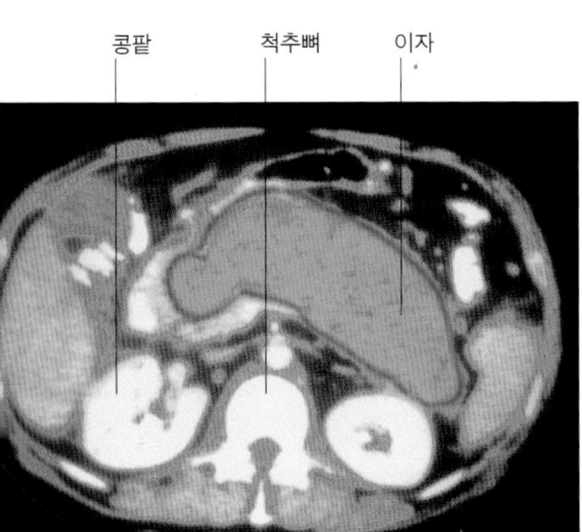
콩팥
척추뼈
이자
이자염(pancreatitis)이 보이는 복부 영상
상체를 찍은 CT 영상의 파란 부위는 이자염 때문에 비대해진 이자에 해당한다.

이자염(췌장염)

이자에 생기는 염증인 이자염은 이자에서 만들어지는 효소가 이자 조직 자체를 손상시켜 일어난다. (자가소화, autodigestion)

이자는 효소를 만들어 샘창자에서의 음식물 소화를 돕지만 효소가 이자 안에서 활성화되면 자신을 소화해 버린다. 이자에 일어난 염증은 급성일 수도 있고 만성일 수도 있다. 급성이자염(acute pancreatitis)은 심한 윗배 통증을 일으켜 등까지 아프며, 심한 욕지기와 구토 및 열을 동반해도 아무 기능 상실 없이 회복된다. 하지만 만성이자염은 재발되는 염증 때문에 영구적인 손상과 기능 상실이 초래되어 당뇨병이 생기고 지방 소화율이 떨어진다. 이자염의 주요 원인은 이자의 날관을 막는 쓸개돌과, 이자세포에 손상을 일으키는 장기간의 과음이다. 다른 원인으로는 이자 손상, 특정 약물, 바이러스 감염이 있다. 진단은 이자 효소 아밀라아제(amylase)의 혈중 농도 증가나 CT 영상에서의 특정 변화를 확인해서 내린다. 진통제와 항생제를 처방하고 선행 원인을 해결해서 치료한다.

이자암(췌장암)

이자의 악성 종양은 암 사망의 주요 원인이다. 초기에는 아무 증상도 없고 전이된 뒤에야 발견되기 때문이다.

60세 넘은 남성에게 가장 흔하다. 위험인자로는 흡연, 비만, 잘못된 식사(붉은 가공육 과다 섭취), 만성이자염, 가족력이 있다. 아무 증상이 나타나지 않다가 후기가 되면 등까지 아픈 윗배 통증, 심한 몸무게 감소가 나타난다. 이자머리의 암은 쓸개에서 오는 쓸개즙의 흐름을 막아서 황달, 전신가려움, 옅은색 대변, 짙은색 오줌을 유발한다. 진단은 혈액에서 종양표지자(암종에서 분비되는 화학물질)를 확인하고 CT 촬영과 생검을 해서 내린다. 수술을 하기도 하지만 치료는 증상 완화에 지나지 않는다. 진단 후 1년 이상 생존하는 환자는 20퍼센트밖에 안 된다.

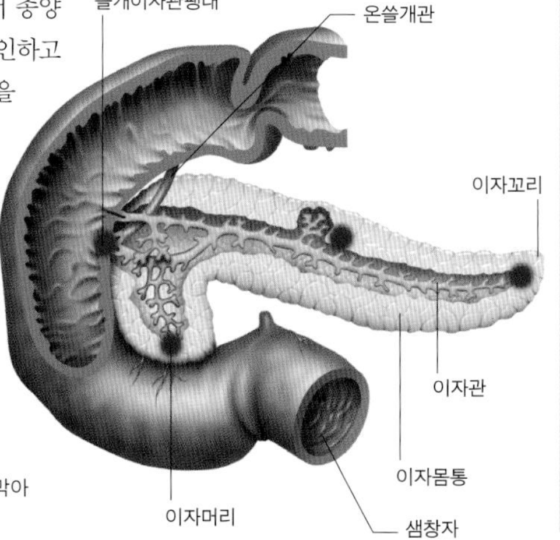
쓸개이자관팽대
온쓸개관
이자꼬리
이자관
이자몸통
이자머리
샘창자
이자암 발생 위치
대부분의 종양은 이자머리에 생긴다. 일부는 이자관과 온쓸개관이 만나는 쓸개이자관팽대(ampulla of Vater)에 생겨서 쓸개즙의 흐름을 막아 황달을 일으키기도 한다.

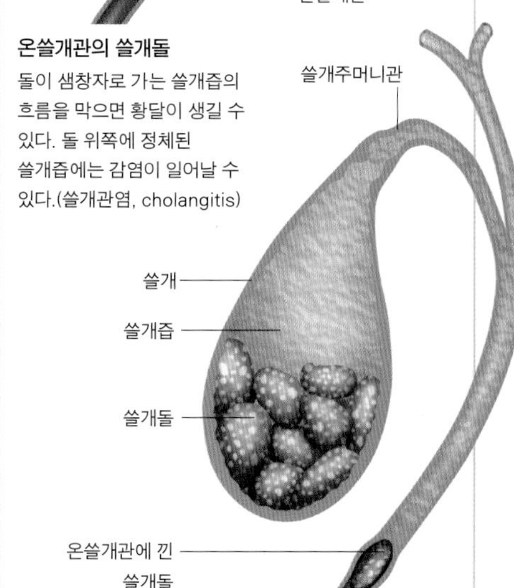
쓸개주머니관
쓸개
쓸개즙
쓸개돌
온쓸개관에 낀 쓸개돌
온쓸개관의 쓸개돌
돌이 샘창자로 가는 쓸개즙의 흐름을 막으면 황달이 생길 수 있다. 돌 위쪽에 정체된 쓸개즙에는 감염이 일어날 수 있다.(쓸개관염, cholangitis)

콩팥과 비뇨계통 질환

콩팥, 요관, 방광, 요도로 이루어진 콩팥계통(renal system)은 혈액에서 노폐물을 제거한다. 또 콩팥은 혈압을 조절하는 레닌앤지오텐신계통(renin-angiotensin system)과 비타민 D 대사에 관여하고 적혈구 생산을 자극하는 에리트로포이에틴(적혈구형성인자, erythropoietin)을 분비한다. 콩팥질환은 이 모든 기능에 영향을 미친다.

요로감염

가장 흔히 발생하는 감염 가운데 하나인 요로감염(urinary tract infections)은 정상일 때 무균 상태인 오줌이 창자 세균에 오염되어 일어난다. 세균은 요도를 따라 방광까지 올라가는데, 드물게는 혈류를 통해 요로에 이르기도 한다. 당뇨병처럼 오줌 속에 당이 있거나 요로에 돌이 있을 경우, 특히 오줌 흐름이 막히는 부위에 세균 감염이 일어날 수 있다.

토리콩팥염

콩팥 속의 미세한 여과 구조인 토리는 복잡한 환경 속에서 염증에 의해 손상된다.

토리콩팥염은 면역질환으로 자체에서 일어날 수도 있고 감염 또는 전신홍반루푸스(475쪽)나 결절여러동맥염(475쪽)처럼 온몸에 증상을 일으키는 다른 질환으로 발생할 수도 있다. 손상된 토리는 더 이상 혈액 속 노폐물을 효율적으로 여과하지 못해 콩팥기능상실, 콩팥증후군(신증후군, nephrotic syndrome, 신체조직이 붓고 단백뇨가 나온다.), 콩팥염증후군(신장염증후군, nephritic syndrome, 신체조직이 붓고 단백혈뇨가 나온다.)이 나타난다.

혈액검사, 오줌 분석, 엑스선, MRI, 콩팥 생검으로 진단한다. 치료법과 예후는 원인, 중증도, 여타 질병 유무에 따라 다르다.

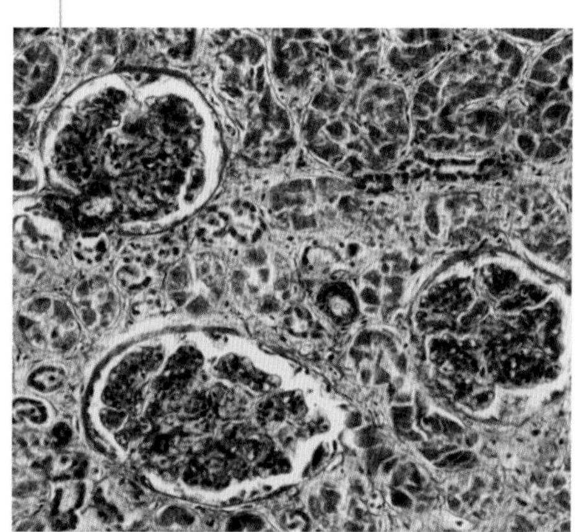

염증이 생긴 토리
토리콩팥염(사구체신염, glomerulonephritis)이 생긴 콩팥의 토리 3개(암청색 부분)를 촬영한 광학현미경 사진. 생검으로 채취한 콩팥 시료를 분석해 진단을 내린다.

방광염

방광 내벽에 염증이 생기는 방광염(cystitis)은 대개 창자 세균에 의한 감염 때문에 발생한다.

방광염은 (요도가 4센티미터밖에 되지 않아 세균 침입이 쉬운) 여성에게 더 많이 생기며 배뇨통, 빈뇨(잦은 배뇨), 복통, 열, 혈뇨 같은 증상을 일으킨다. 남성에서 방광염은 드문 편이며 주로 요로질환 때문에 발생한다. 세균이 많지 않으면 면역계통에서 처리할 수 있긴 하지만 일단 방광염이 생기면 항생제를 써서 만성감염을 예방하고 콩팥으로의 확산을 막아야 한다. 진단은 백혈구, 아질산염(nitrite), 혈액 등을 확인하는 오줌 분석과 증상을 바탕으로 내린다.

감염 원인 세균은 오줌 분석으로 확인할 수 있으며 이 분석에 근거해 적합한 항생제를 선택한다. 깨끗한 물을 많이 마시고 성교 후에 바로 배뇨를 하면 추가 감염을 막는 데 도움이 된다. 특정 음식이나 음료, 클라미디아(chlamydia), 요도증후군(urethral syndrome)에 의해 발생하는 다른 유형의 방광염도 있으며, 요도증후군에 걸릴 경우 요도와 방광에 염증을 일으키는 질병에 의해 방광염 증상이 나타난다.

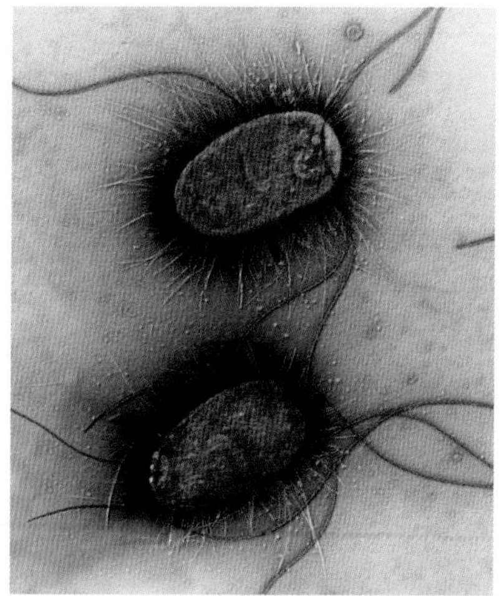

세균 감염
대장균은 창자와 샅(회음)에 상주하는 막대균이다. 대개는 무해하지만 다른 장기로 가면 거기서 감염을 일으킬 수 있다. 방광염도 대부분 대장균 때문에 생긴다.

깔때기콩팥염(신우신염)

세균 감염 때문에 생기는 콩팥의 염증을 깔때기콩팥염(pyelonephritis)이라고 한다. 흔히 요도를 통해 요로로 들어온 세균 때문에 발생한다.

곧바로 치료하면 영구적인 콩팥 손상은 일어나지 않지만 세균성 방광염(위 참조)보다 심각한 감염이다. 80퍼센트가량은 대장균의 독성 소집단(virulent subgroup)에 의해 일어난다. 이 세균은 방광에서 요관을 타고 콩팥으로 이동한다. 드물게는 프로테우스(proteus), 포도알균(포도구균) 같은 다른 유기체나 결핵에 의해 일어나기도 한다. 증상으로 배뇨통, 빈뇨, 열, 허리통증, 혈뇨, 욕지기, 피로감이 나타난다. 드물게 콩팥고름집이 형성되거나 감염이 혈액으로 확산될 수도 있다. 오줌분석으로 세균을 찾아 진단한다. 엑스선, 초음파, 여타 영상의학으로 돌을 찾거나 다른 콩팥 손상을 확인할 수도 있다. 감염을 제거하려면 항생제를 장기간 투여해야 하며, 콩팥돌(오른쪽 참조) 같은 문제를 해결하려면 수술이 필요할 수도 있다.

콩팥돌

콩팥을 지나가는 노폐물이 딱딱하게 침착되어 만들어지며 주로 젊은 사람에게 생긴다.

정확한 원인은 알 수 없지만 선행원인 인자로 탈수, 칼슘과 여타 복합물질을 많이 생성시키는 질병, 비뇨계통감염 등이 있다. 몇몇 경우는 유전질환이나 통풍(gout) 같은 대사질환과 관련 있다. 대개는 통증을 유발하지 않지만 요관으로 들어가면 복부경련이 일어나면서 혈뇨가 나오거나 감염이 일어난다.

엑스선이나 CT 촬영으로 진단한다. 콩팥돌의 40퍼센트가량은 오줌을 통해 배출되지만 일부는 요로 폐쇄, 감염, 오줌 역류, 콩팥기능 상실을 일으킨다. 수술 방법으로는 돌이 오줌을 따라 배출되도록 체외충격파로 돌을 깨는 돌깸술(쇄석술), 요로로 요관보개(요관경)를 밀어넣어 돌을 제거하는 방법, 배벽절개술(개복술)이 있다.

콩팥돌의 생성
대부분의 콩팥돌은 작아서 오줌과 함께 배출된다. 큰 콩팥돌은 콩팥 중심부의 콩팥잔(신배, calyx)과 콩팥깔때기(신우, renal pelvis)에서 사슴뿔 모양으로 서서히 만들어진다.

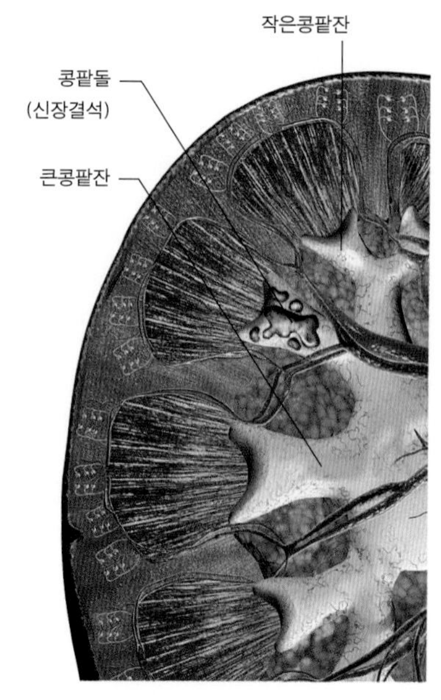
작은콩팥잔
콩팥돌
(신장결석)
큰콩팥잔

콩팥기능상실

급성콩팥기능상실은 생명을 위협할 수 있으며 만성콩팥기능상실은 점진적으로 악화된다.

혈액에서 노폐물을 제거하는 콩팥의 주된 기능은 쇼크, 화상, 실혈(혈액상실), 감염, 심장기능상실 같은 심각한 질환의 영향을 받을 수 있다. 콩팥 자체에 생기는 질환이나 소변의 흐름을 차단하는 질환의 영향도 받을 수 있다. 파라세타몰(해열진통제), 항염증제, 몇몇 항생제, 심장질환 약물, 항암제 같은 특정 약물도 콩팥기능을 약화시킬 수 있다. 급성콩팥기능상실이 발생하면 욕지기, 구토, 요량(소변배출량) 감소, 액체 저류(고임), 호흡곤란, 정신착란, 혼수 같은 증상이 나타난다. 이런 경우 콩팥이 회복될 때까지 혈액 속의 노폐물을 제거하는 장치로 투석을 실시해야 한다.

만성콩팥기능상실은 콩팥 세포가 점진적으로 소실되며, 뭇주머니콩팥 같은 유전질환, 콩팥질환, 당뇨, 고혈압 같은 만성질환의 특징이 나타난다. 콩팥기능상실은 선행 원인을 함께 해결해야 하며 비타민 D와 적혈구의 생성도 유지해 줘야 한다. 콩팥기능상실일 경우 투석을 해야 하며 나중에 콩팥이식이 필요하다.

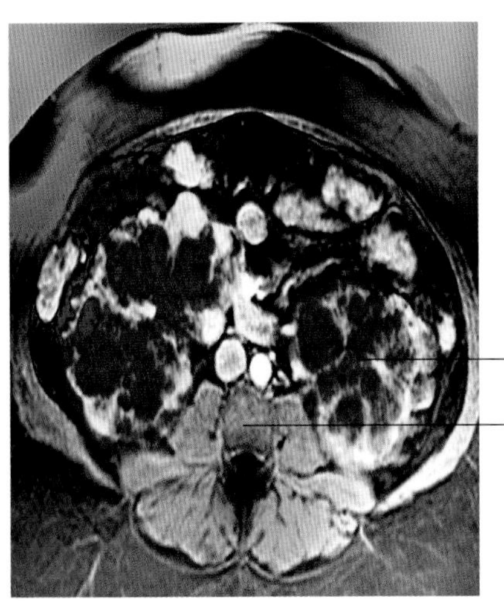
콩팥
척추뼈

뭇주머니콩팥(다낭신장, polycystic kidneys)
주머니가 콩팥요세관(renal tubules) 안에서 서서히 커진다. 성인이 되면 큼지막해진다. 이것은 정상 콩팥조직을 조금씩 손상시키면서 콩팥기능을 떨어뜨린다.

투석

급성콩팥기능상실 또는 진행된 만성콩팥기능상실 환자에게 투석(dialysis)은 혈액을 여과하는 콩팥 기능을 대신하기 위해 필요하다. 가장 흔한 투석 형태인 혈액투석(hemodialysis)에서는 혈액이 환자로부터 나와 큰 정맥에 끼운 삽입관을 통해 투석기로 들어간다. 투석기 안에서 노폐물과 과다 수분은 투석액(dialysate)으로 확산되고 여과된 혈액이 몸속으로 되돌아간다. 이 과정은 여러 시간이 걸리며 1주일에 2~3회 반복해야 한다. 다른 투석법으로는 배안 장기를 덮고 있는 막을 이용하는 배막투석이 있다.

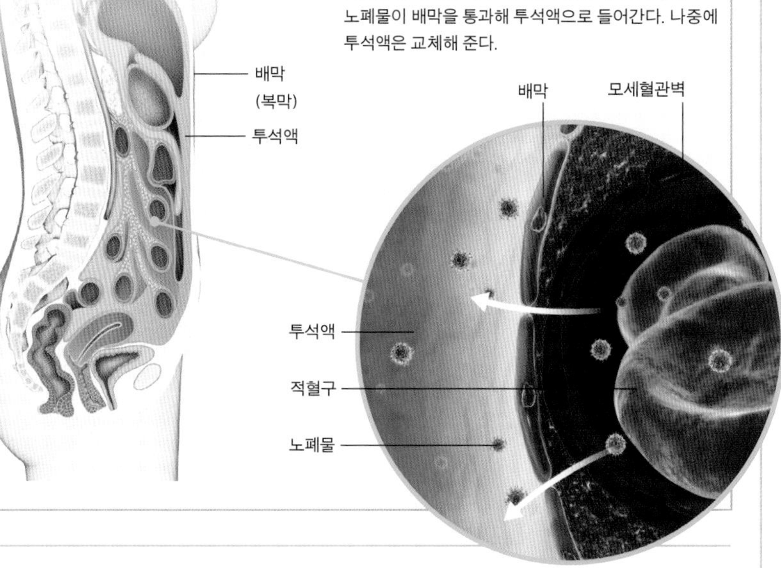
배막
(복막)
투석액
배막
모세혈관벽
투석액
적혈구
노폐물

배막투석(복막투석, peritoneal dialysis)
도관을 통해 배안에 투석액을 주입한다. 그러면 혈액 노폐물이 배막을 통과해 투석액으로 들어간다. 나중에 투석액은 교체해 준다.

요실금

통제불능인 오줌지림, 즉 요실금(urinary incontinence)은 남녀 모두 나이듦에 따라 점점 더 흔하게 나타난다.

운동할 때 나타나는 복압요실금, 오줌이 마려울 때 참을 수 없는 절박요실금, 오줌이 많이 마렵지만 오줌이 나오지 않는 과민성방광증후군 등 여러 유형이 있다. 남성의 전립샘 질환 같은 다양한 질병과 여성의 근육긴장도 약화 같은 신체 허약도 요실금의 원인일 수 있다. 요역동학검사(urodynamic test)로 유속, 방광 내 압력, 요도조임근 작용을 비롯한 요로기능을 평가해서 진단한다. 식사와 생활양식을 바꾸고 물리치료와 약물치료를 해야 하며 수술이 필요하기도 하다.

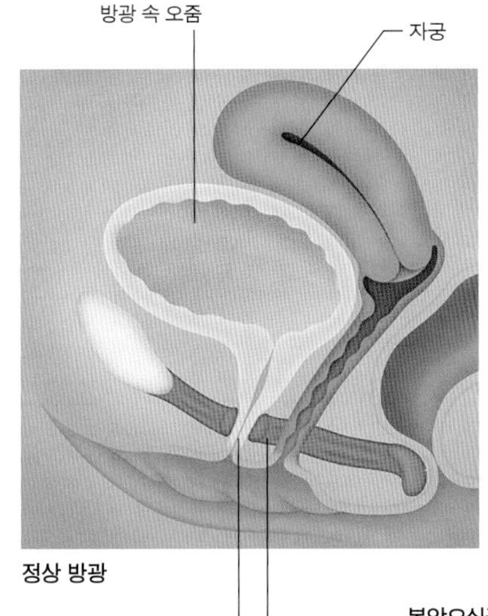
방광 속 오줌
자궁
약해진 골반바닥근육
정상 방광
요실금 방광
요도
골반
바닥근육

복압요실금(stress incontinence)
바깥요도조임근(external urethral sphincter)과 골반바닥근육(pelvic floor muscles)이 약해져서 일어난다. 기침이나 운동을 하면 방광에 압력이 가해져서 오줌이 요도 쪽으로 밀려 지리게 된다.

콩팥 종양

콩팥 종양은 대개 전이된 암이지만 콩팥 세관 세포에서 암이 생기기도 한다.

초기 징후로는 일반적으로 혈뇨(hematuria), 허리통증, 복부종창, 빈혈이 나타난다. 이보다 드물게 호르몬증후군과 고혈압 같은 콩팥의 다른 기능과 관련 있는 증상이 나타나기도 한다. 콩팥암은 초기에 특히 허파, 간, 뼈로 확산되어 뼈통증과 호흡곤란 같은 전이 증상이 먼저 나타날 수 있다. 초음파와 CT 촬영, 엑스선, 생검으로 종양의 단계를 판정한다. 치료법으로는 콩팥절제술, 방사선요법, 면역요법(immunotherapy)이 있다.

방광 종양

대부분은 방광벽의 상피세포에서 생긴다. 하지만 방광 내 근육이나 다른 세포에서 발생하기도 한다.

방광 종양(bladder tumor)은 남성에게 더 흔하며 공장(고무, 섬유, 인쇄)에서 발암물질에 노출되는 직종의 사람들, 흡연자, 방광돌의 만성자극을 받은 사람들, 열대지방 기생충감염증인 주혈흡충증 환자에게도 빈번하게 발생한다. 대개는 암이 자라도 인지하지 못한다. 혈뇨나 요로 차단, 몸무게 감소, 빈혈 같은 증상이 나타나야 비로소 발견된다. 치료법으로는 방사선요법, 종양이나 방광을 제거하는 수술, 창자로 오줌을 우회시키는 수술이 있다.

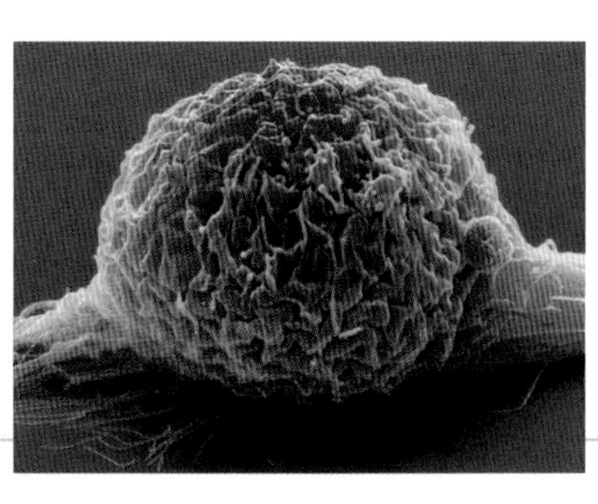

방광암 세포
대부분의 방광암은 방광벽의 상피세포에서 생긴다. 혈뇨나 복부종창 같은 전형적인 증상이 나타나기 전에 상당히 진행되는 경향이 있다.

여성 생식계통 질환

여성 생식계통의 기능은 복잡한 물리적 상호작용 및 호르몬 상호작용과 관련 있다. 그래서 이 계통의 질환은 다양한 조직의 장애에서 비롯될 수 있다. 몇몇 질환은 유전적 영향 때문에 일어난다.

유방암

가장 흔한 여성 암인 유방암(breast cancer)은 유방 일부 또는 주변 림프절에서 생길 수 있다. 유방암은 여성 암 사망의 15퍼센트를 차지한다.

유방암은 45~75세 여성에게 가장 흔히 발생하며 35세 전 여성에게는 드물다. 여성 11명 중 1명에게 발생한다. 아주 소수이긴 하지만 남성에게도 발생한다. 환자 10명 중 1명 남짓은 유전적 선행원인이 있다. 관련 있는 가장 중요한 유전자는 BRCA1과 BRCA2이다. 다른 위험인자로는 흡연, 비만, 과거의 난소암 또는 자궁내막암 병력이 있다.

가장 흔한 유형은 유관(젖샘관)에서 발생하는 유관 샘암종(선암종, adenocarcinoma)이나 종괴는 유방 조직이나 주변 림프절에서도 나타날 수 있다. 초기에는 통증 없는 종괴, 피부 변화, 함몰되거나 분비물이 나오는 젖꼭지 같은 증상이 나타난다. 진단은 진찰, 초음파나 유방촬영상, 생검으로 한다. 추가로 혈액검사, 엑스선, CT 촬영을 하면 전이 여부를 확인할 수 있다. 치료법으로는 종괴 제거 수술, 방사선요법, 화학요법이 있다. 치료 효과를 높이려면 증상을 가급적 조기에 인지해야 한다. 그래서 일부 국가들에서는 (고위험군인) 50~70세 여성들에게 유방촬영상 검진을 실시하고 있다.

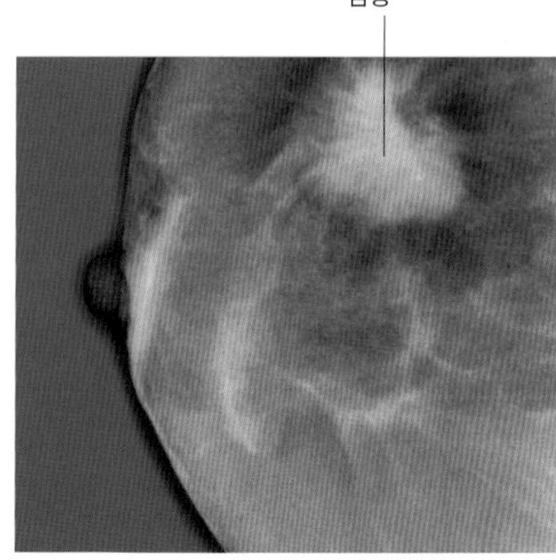
암종

유방암의 유방촬영상
유방촬영상(mammogram)은 유방을 찍은 엑스선 영상이다. 유방 조직 속의 종괴가 치밀하고 하얀 부분으로 보인다. 유방암 검진은 유방촬영상으로 실시한다.

유방 종괴

여러 종류가 있으며 그중 암은 단 한 종류이다. 폐경 전 여성에게 유방 종괴를 일으키는 가장 흔한 원인은 섬유샘증(fibroadenosis) 또는 섬유낭병(fibrocystic disease)이다. 유방 종괴는 일부 유방 세포가 호르몬 변화에 과잉반응해서 두꺼운 양성 섬유샘종(fibroadenoma)을 이룬 것으로, 촉진이 가능하다. 대개 여성들에게는 촉진하면 하나 이상의 아픈 종괴가 있으며 월경 주기에 따라 다르다. 낭종(액체가 가득한 종괴)은 폐경 전후 여성에게 가장 흔하며 젖꼭지에서 분비물이 나오기도 한다.(유두분비) 대개 종괴는 다음 월경 주기 중에 가라앉는데 가라앉지 않고 지속되면 검사를 받아서 암인지 확인해야 한다. 유방 종괴는 월경 전에 비특이적으로 덩어리지거나 압통이 있을 수 있는데, 이것도 호르몬 변화와 관련 있는 것으로 보인다.

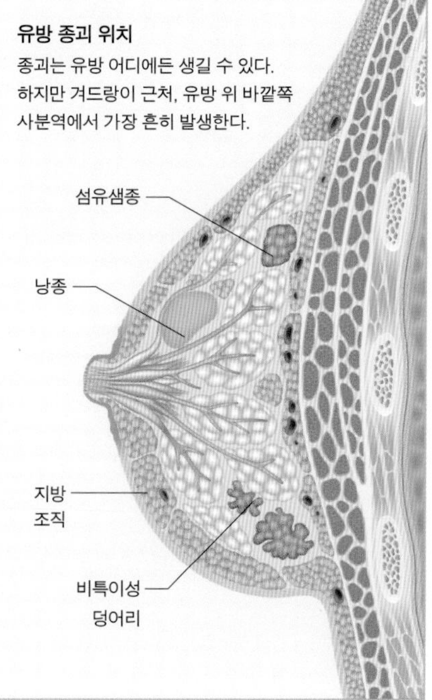
섬유샘종
낭종
지방 조직
비특이성 덩어리

유방 종괴 위치
종괴는 유방 어디에든 생길 수 있다. 하지만 겨드랑이 근처, 유방 위 바깥쪽 사분역에서 가장 흔히 발생한다.

자궁내막증

자궁내막증(endometriosis)은 자궁내막 세포가 자궁 밖 신체 부위에서 자라는 질환이다.

자궁내막 세포의 비정상적인 증식은 난소 표면과 배안에서 가장 빈번하며 허파, 심장, 뼈, 피부에서 일어나기도 한다. 원인은 알 수 없지만 월경 혈액이 역류하거나 자궁내막 세포가 혈관 및 림프관으로 확산되어 일어나는 것으로 추정하고 있다. 아무 증상이 나타나지 않는 여성들도 있지만 극심한 월경통, 질출혈이나 항문출혈, 성교통, 임신율 저하 등이 나타난다. 항염증제, 프로게스테론이나 피임약 같은 호르몬, 침착된 세포 제거 수술로 치료한다.

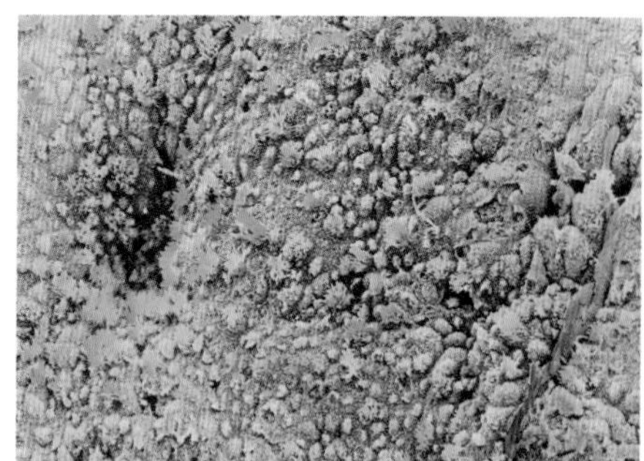

자궁내막증
전자현미경 사진에서 초록색과 노란색으로 보이는 자궁내막 세포가 난소낭 표면에 위치해 있다. 이 세포들은 주기성 호르몬에 반응해서 골반안(골반강)에 출혈을 일으킨다.

장막밑
자궁관(난관)
자궁벽속
점막밑
난소
자궁
자궁목

자궁근종 위치
자궁근종은 자궁 곳곳에 생길 수 있으며 위치에 따라 이름도 다르다. 이를테면 자궁목에 생길 수도 있고 조직층에 생길 수도 있다.

자궁근종(섬유종)

자궁 민무늬근에 증식하는 이 양성 종양은 대체로 증상을 일으키지 않지만 간혹 거대한 크기로 자란다.

여성 5명 중 1명에게 발생하며 임신한 적이 없는 여성에게 더 흔하다. 발생 원인은 알 수 없지만, 에스트로겐의 영향을 받기 때문에 폐경 이후 대개 위축된다. 팽만감, 종창, 복통, 허리통증, 월경과다, 월경통, 불임을 야기할 수 있다. 출산 때는 큰 섬유종이 산도(출산길) 폐쇄를 일으킬 수도 있다. 위치는 초음파로 알아낼 수 있으며 항염증제나 호르몬으로 치료한다. 지속적으로 문제를 일으키며 증식하는 자궁근종은 수술로 제거하기도 한다.

월경장애

여성의 정상 월경 주기는 육체적, 심리적 다양한 인자에 의해 교란될 수 있다.

월경 주기는 뇌, 난소, 여타 조직에서 분비되는 호르몬의 복잡한 영향을 받아 조절된다. 난포자극호르몬(follicle-stimulating hormone, FSH)은 월경 주기 전반에 난자 배출을 자극하고 황체형성호르몬(luteinizing hormone, LH)은 에스트로겐, 여타 관련 호르몬과 함께 월경 주기 후반에 자궁벽이 두꺼워지도록 자극한다. 급성 월경장애는 이런 호르몬의 변화, 다이어트, 면역력 저하 및 정서 불안, 여타 질병이나 약물 때문에 흔히 나타난다. 월경과다(menorrhagia), 월경통(dysmenorrhea), 무월경(amenorrhoea), 월경불규칙(월경불순)은 심각한 영향없이 나타나기도 한다. 하지만 주기 문제가 재발하고 지속되면 추가 검사가 필요하다.

난소낭종

난소의 액체 주머니(낭)는 월경주기 변화와 관련 있다. 대개 양성이지만 간혹 악성일 수도 있다.

월경 주기 중에 난소 안에서 난포는 난자 주위로 자란다. 난자가 배출되면 빈 난포(황체)는 위축된다. 자라는 난포와 빈 난포 모두 가장 흔한 유형인 기능성 낭종이 될 수 있으며, 대개 저절로 사라진다. 여성의 6~8퍼센트는 여러 낭종이 자라는 질환인 다낭난소증후군(polycystic ovarian syndrome, PCOS)을 겪는다. PCOS는 호르몬 불균형 및 테스토스테론 과다와 관련 있으며 탈모, 비만, 월경불규칙, 임신율 저하, 여드름을 일으킬 수 있다. 다이어트와 체중 감량으로 조절할 수 있으나 일부는 호르몬 치료가 필요하다. 특히 낭종이 폐경 이후까지 자랄 경우 악성이 될 수도 있다.

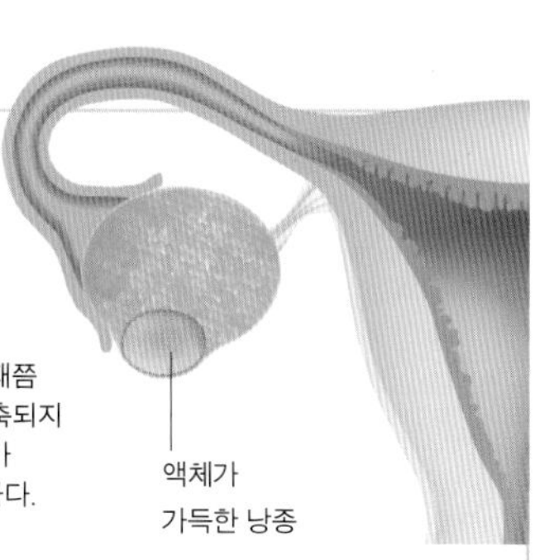
액체가
가득한 낭종
낭종
난포낭종과 황체낭종은 대개 월경 주기가 끝날 때쯤 위축된다. 위축되지 않을 경우 추가 검사가 필요하다.

난소암

유방암보다 덜 흔하긴 하지만 난소암은 그것들보다 더 위험할 수 있다. 대개 전이될 때까지 아무 증상이 나타나지 않기 때문이다.

40~70세 여성에게 가장 많이 발생한다. 가족력이 있는 여성, 임신 경험이 없거나 노산인 경우처럼 연속적으로 배란 기간이 길었던 여성, 비만인 여성과 흡연하는 여성에게 더 흔하다.

경구 피임약이 배란을 억제하므로 난소암 예방에 약간 도움이 되긴 하지만 호르몬대체요법(hormone replacement therapy, HRT)은 난소암 위험을 약간 높일 수도 있다. 난소암은 대개 에스트로겐에 민감하기 때문이다. 증상은 후기에 나타나며 지속적인 복부불쾌감과 종창, 허리통증, 몸무게 감소, 드물게 불규칙한 질 출혈, 방광의 오줌 저류, 복막염 등이다. 난소암은 림프관과 혈관을 통해 자궁, 창자로 전이될 수 있다. 각종 검사, 영상 촬영, 생검으로 진단한다. 종양은 수술로 가급적 충분히 제거하고 수술 전후에 화학요법으로 암을 파괴한다.

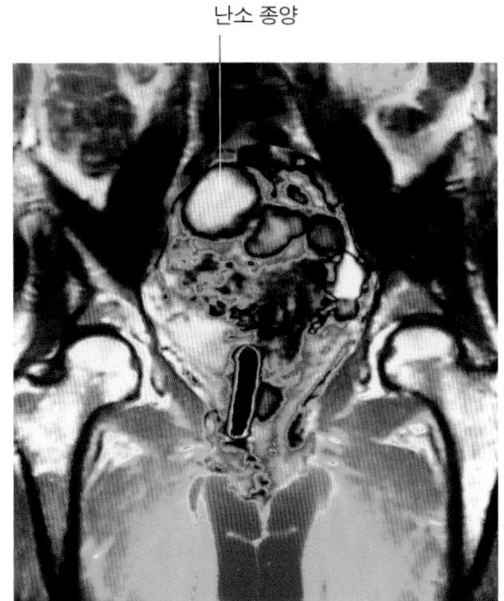
난소 종양
난소암(ovarian cancer)
색보정된 MRI 촬영 영상에 난소암(위쪽 갈색)이 보인다. 골반안(골반강) 속 조직에 들어 있다.

자궁목암(자궁경부암)

자궁목에 생기는 암은 30~40세인 여성에게 가장 흔하며 사람유두종바이러스(human papillomavirus, HPV) 감염과 관련 있다.

자궁목암(cervical cancer)은 정기 암 검진 덕분에 과거보다 덜 흔하다. 서서히 발생하며 암 검사로 찾아낼 수 있고 조기 치료가 가능하다. 위험인자로는 흡연, 다산이 있다. 가장 주된 증상은 비정상적인 질 출혈이다. 진단은 질보개검사(질확대경검사, colposcopy)와 생검으로 한다. 다른 검사를 해 보면 암의 전이 여부도 알 수 있다. 자궁목 일부나 전체를 제거하는 수술로 치료하며 화학요법이나 방사선요법이 필요할 수도 있다. 예후는 암으로 인한 변화의 중증도와 전이 정도에 따라 다르다. 사람유두종바이러스(HPV) 감염을 막는 백신의 접종률이 높아지면 발생 빈도가 줄어들 것이다.

자궁목암 검진

파파니콜로펴바른표본(Pap smear) 검사는 가장 일반적인 자궁목암 검사법으로, 이 암으로 인한 사망을 줄인 일등공신이다. 검사에서는 자궁목에서 채취한 세포 시료의 비정상성을 조사한다. 대부분의 세포 변화는 경미해서 6개월 내에 사라진다. 하지만 보다 심하고 지속적인 변화는 치료가 필요하다. 전암 세포를 조기에 찾아낼 수도 있다. 35세 미만인 여성에게서 가장 많이 발견된다.

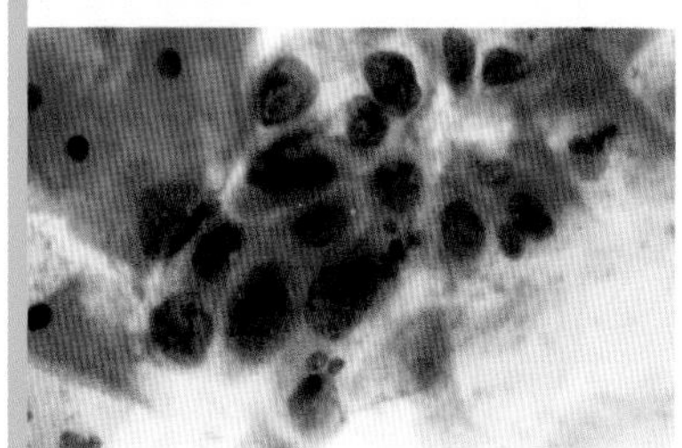
자궁목 파파니콜로펴바른표본 검사
이 펴바른표본 검사에서 어두운 부분이 전암 세포이다. 자궁목암 검사는 치료 가능한 조기 단계에 암을 찾아낼 수 있기 때문에 암의 진행을 막을 수 있다.

자궁암

자궁목을 제외한 자궁에서 생기는 암은 대부분 자궁속면(자궁내막)에 생기는 종양에서 비롯된다. 드물게 육종(sarcoma, 근육암)이 생길 수도 있다.

자궁내막암(endometrial cancer)은 50세 미만에서는 드물며, 대개 월경 불규칙, 폐경후 비정상 출혈, 성교후 출혈, 간혹 통증과 분비물 같은 증상이 나타난다. 원인은 알 수 없으나 에스트로겐 과다와 관련 있다. 위험인자로 비만(지방세포가 일부 에스트로겐을 생산한다.), 이른 초경, 늦은 폐경, 아이가 없음, 자궁내막과다형성(자궁내막증식증), 드물게 에스트로겐 분비 종양 등이 있다. 진단은 초음파와 생검으로 한다. 주된 치료법은 수술이지만 방사선요법, 호르몬 치료, 화학요법이 필요할 수도 있다.

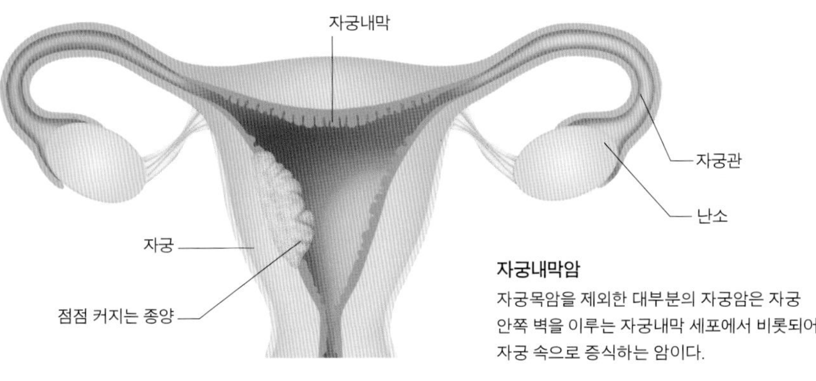
자궁내막
자궁관
난소
자궁
점점 커지는 종양
자궁내막암
자궁목암을 제외한 대부분의 자궁암은 자궁 안쪽 벽을 이루는 자궁내막 세포에서 비롯되어 자궁 속으로 증식하는 암이다.

골반염증질환

불임을 야기하고 자궁외임신(딴곳임신, ectopic pregnancy)의 위험을 높일 수 있다.

골반염증질환(골반염, pelvic inflammatory disease, PID)은 주로 몇 주나 몇 개월 동안 인지가 되지 않는 성매개 감염(STI) 때문에 일어난다. 위험인자로는 새로운 성교 상대, PID나 STI 병력, 자궁내 피임 장치(intra-uterine device, IUD) 삽입 등이 있다. 비정상 질 출혈, 통증, 분비물, 열, 허리통증이 나타나지만, 일부 여성은 아무 증상을 보이지 않는다. 치료하지 않으면 염증, 비후(두꺼워짐), 흉터 및 낭종 형성을 야기할 수 있다. 진단은 펴바른표본 검사, 초음파, 배안보개검사(복강경검사, 자궁관 검사를 위한 키홀 술기)로 내린다. 항생제로 치료하며 성교 상대도 감염 여부를 확인해야 한다.

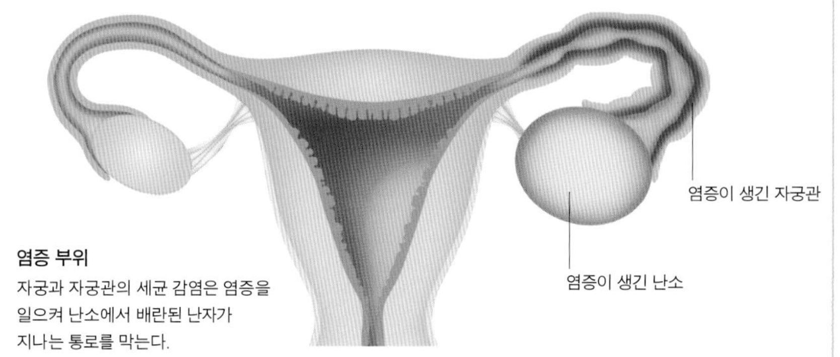
염증이 생긴 자궁관
염증이 생긴 난소
염증 부위
자궁과 자궁관의 세균 감염은 염증을 일으켜 난소에서 배란된 난자가 지나는 통로를 막는다.

남성 생식계통 질환

남성 생식계통의 기능은 고환, 음경, 전립샘, 정낭의 복잡한 물리적 상호작용 및 호르몬 상호작용과 관련 있다. 또 뇌의 뇌하수체 및 시상하부, 부신(콩팥위샘), 간, 여타 조직과도 관련 있다. 그래서 이 조직들 가운데 어느 것에든 이상이 있으면 질병이 생길 수 있다.

물음낭종

고환 주변에 액체가 축적되며 양성 종양이거나 추가 검사가 필요한 선행 질병의 징후이다.

물음낭종은 대개 신생남아에게 나타나며, 태아기에 고환이 배에서 음낭으로 내려가고 나서 그 통로가 닫히지 않아 배안의 액체가 음낭으로 흘러들어서 발생하는 것으로 보인다. 창자의 일부가 그 통로를 통해 음낭으로 튀어나오는 탈장과도 관련이 있을 수 있다. 물음낭종은 흔히 아기가 자라면서 재흡수된다. 만약 12~18개월 후에도 지속될 경우에는 수술로 배액을 하고 그 통로를 닫아 줘야 한다. 노인의 물음낭종은 서서히 진행될 수 있기 때문에 대개 상당한 크기가 되어야 의사를 찾는다. 확실한 원인은 알 수 없지만 감염, 손상, 악성 종양 때문에 액체가 축적되는 경우도 있다. 초음파를 이용하면 선행 질병을 찾아낼 수도 있다. 배액을 하고 선행 질병을 치료해야 한다.

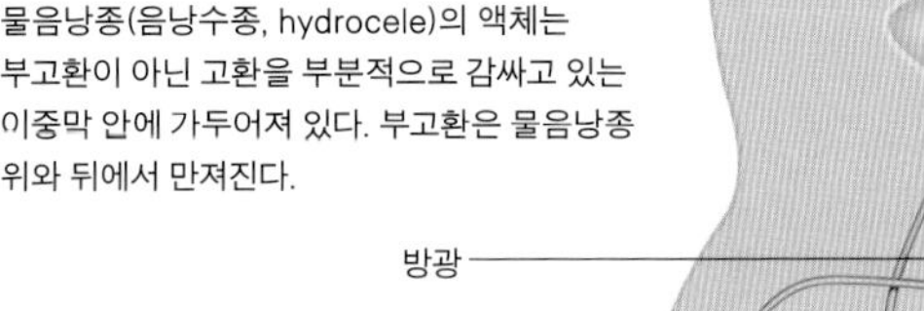

부어오른 고환
물음낭종(음낭수종, hydrocele)의 액체는 부고환이 아닌 고환을 부분적으로 감싸고 있는 이중막 안에 가두어져 있다. 부고환은 물음낭종 위와 뒤에서 만져진다.

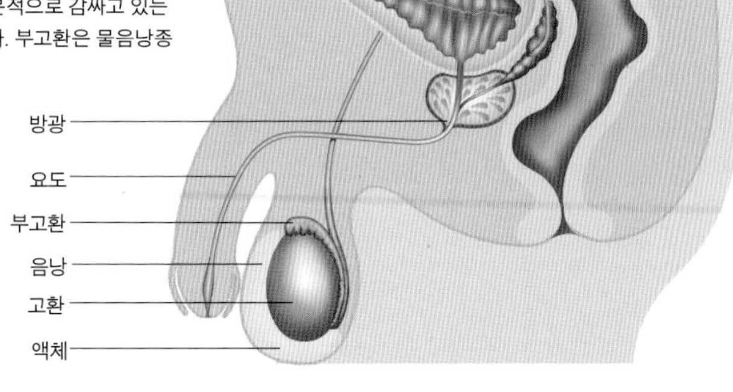
방광
요도
부고환
음낭
고환
액체

부고환낭종

이 아주 흔하고 양성인 액체 종창은 고환에서 나오는 정자가 저장되는 구불구불한 관인 부고환의 상부에 생긴다.

중년이나 노년 남성에게 가장 흔한 부고환낭종은 대개 두 고환 모두에 생기며 통증은 없다. 낭종은 여러 크기로 자라지만 통증이 없거나 너무 커지지 않는다면 제거할 필요 없다. 낭성섬유증과 뭇주머니콩팥병 같은 유전질환과 관련이 있다. 낭종은 의사가 종창을 만져서 알 수 있다는 사실에서 물음낭종과 다르다. 그리고 고환과 떨어져 있는 것으로 촉진된다는 점에서 고환낭종과도 다르다. 초음파검사나 드물게 낭종 액체 시료 검사를 해서 진단한다. 낭종이 아프거나 너무 커지면 수술로 제거한다.

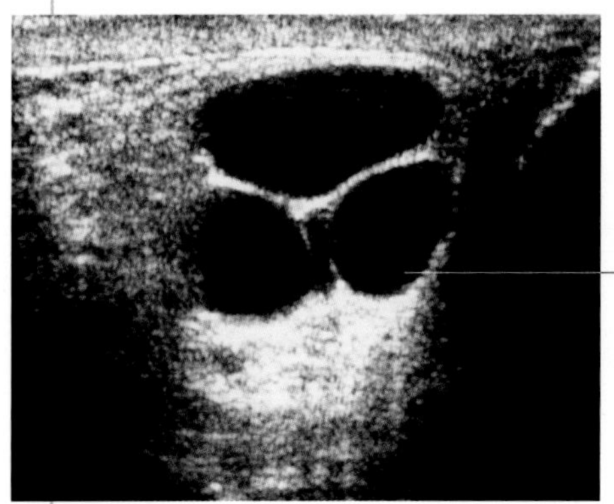
부고환낭종

부고환낭종 초음파검사
고환 위의 부고환 안에 위치한 액체 부고환낭종 3개가 초음파 영상에 보인다. 이 낭종들은 서서히 자라며 무해하다.

고환암

고환암은 15~45세 남성에게 가장 흔한 암으로, 대개 한쪽 고환 속에 통증 없는 종괴를 형성한다. 발생이 증가하고 있다.

위험인자로는 잠복고환(cryptorchidism), 가족력, 백인종, 드물게 불임 또는 HIV 감염 등이 있다. 고환암에는 여러 종류가 있다. 절반은 정세관(seminiferous tubule, 정자가 자라서 성숙하는 곳)에 생기는 고환종(seminoma)이다. 나머지는 주로 기형종으로, 다른 종류의 세포에서 발생한다.

진단은 초음파검사와 생검으로 한다. 암일 가능성이 아주 높을 경우에는 고환을 절제해서 검사한다. 혈액검사로 종양표지자를 확인해 종양의 종류를 가려내기도 하지만 음성이라고 해서 암이 전혀 아니라고 할 수는 없다. 90퍼센트 이상은 치료가 가능하다. 수술로 제거한 후에 화학요법이나 방사선요법을 실시하지만 불임을 초래하므로 정액을 미리 저장해 두었다가 인공정액주입(artificial insemination)에 이용할 수도 있다. 정기 자가검진을 하면 조기에 대부분의 종괴를 찾아내기 때문에 예후가 좋다.

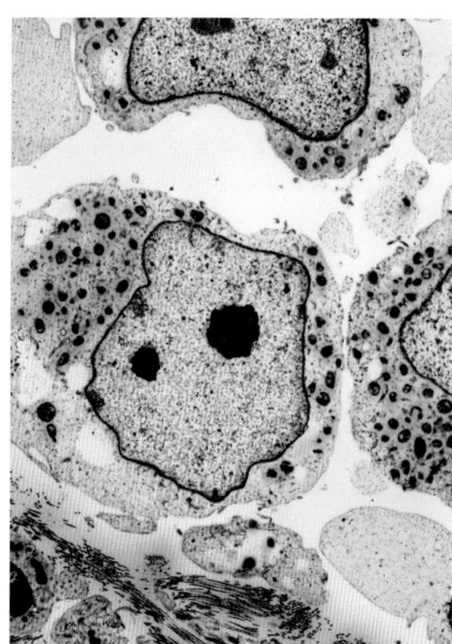

암세포 단면
고환암의 일종인 악성기형종(malignant teratoma)의 세포는 빠르게 분열하는 암세포이다. 위의 사진에 크고 부정형인 핵(옅은 갈색)과 녹색 세포질이 보인다.

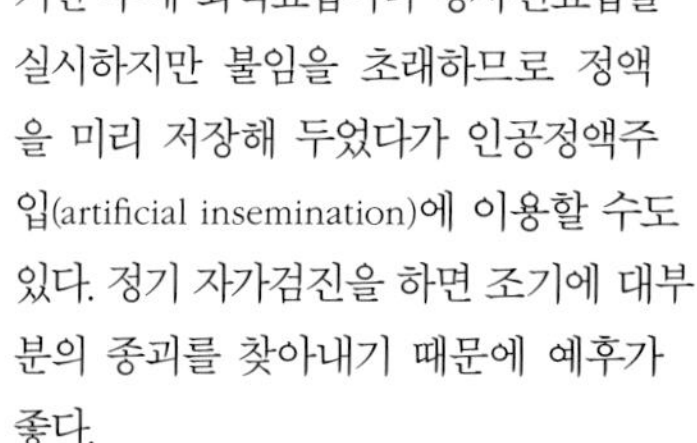

고환 종양
이 정도 크기의 고환 종양은 대개 통증은 없지만 스스로 만져서 사타구니나 고환에 덩어리가 있거나 아프고 전반적으로 부어 있으면 종양을 의심할 수 있다.

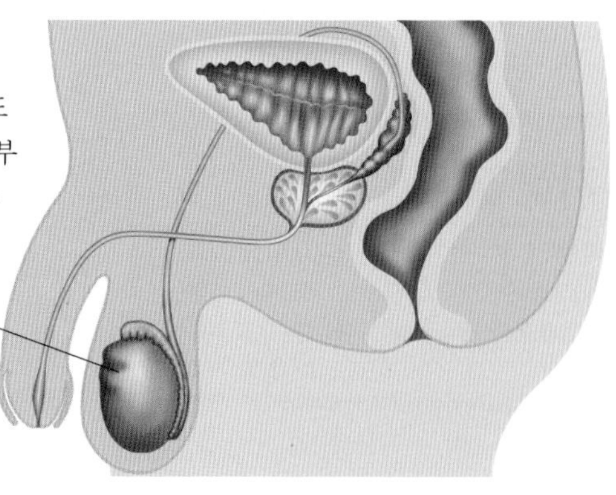
암

발기부전

음경 발기 및 발기 지속의 장애는 남성에게 흔한 문제이며, 심리적 스트레스나 육체적 질환이 있음을 뜻하기도 한다.

발기 및 발기 지속 불능으로 정의되는 발기부전은 경도(단단함) 부족부터 삽입 불능까지 다양하다. 가장 명확한 원인은 피로, 알코올, 스트레스, 우울증이다. 발기부전을 겪고 나면 증상이 지속될 것 같은 걱정을 하게 된다. 육체적 원인으로는 흔히 말초혈관질환 같은 혈액 공급 부족, 다발경화증 같은 신경질환, 방치되거나 진행된 당뇨병처럼 앞의 두 원인이 조합된 경우를 들 수 있다. 상담과 안심시키기, 선행 질병 치료가 필요하며, 증상이 지속될 경우에는 약물 치료도 실시한다.

전립샘질환

방광 밑의 호두만 한 샘으로 요도에 둘러싸여 있는 전립샘은 염기성 액체를 분비해 정자를 보호하며 영양을 공급한다. 가장 흔한 전립샘질환은 양성전립샘비대증(BPH, benign prostatic hyperplasia)이다. 즉 전립샘이 나이듦에 따라 커지면서 간혹 요도를 지나는 요류(오줌흐름)을 막는다. 원인은 알 수 없지만 남성 70퍼센트가 70세 전에 이 증상을 겪는다. 또 전립샘에는 감염이나 염증도 일어날 수 있다. 암은 전립샘을 이루는 모든 종류의 세포에서 발생할 수 있다.

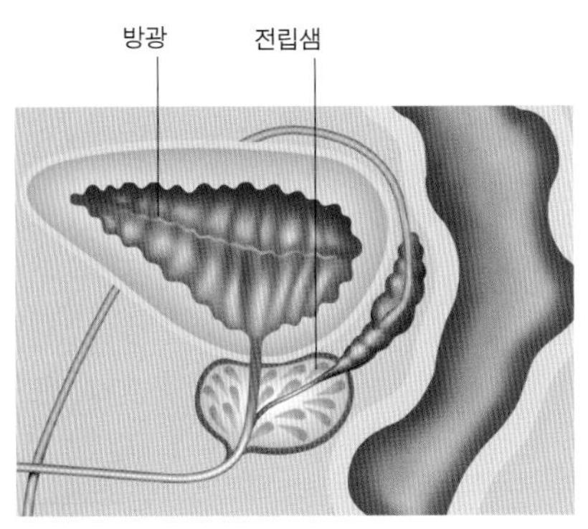
방광
전립샘

정상 전립샘
전립샘은 요도가 방광에서 나오는 지점에서 요도를 감싸고 있으며, 정자(정낭액)에 전립샘액을 분비한다.

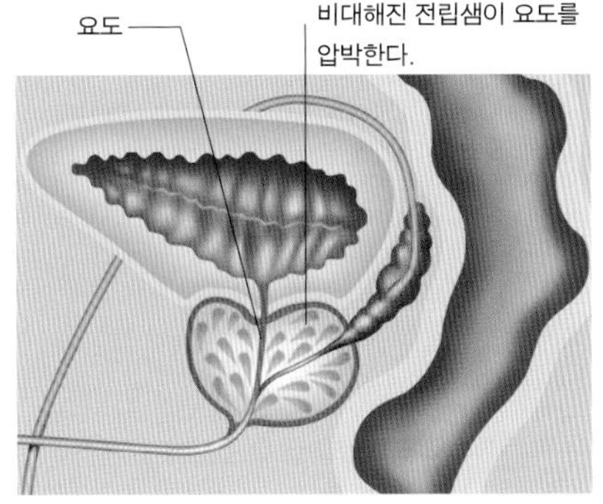
요도
비대해진 전립샘이 요도를 압박한다.

비대해진 전립샘
전립샘이 비대해지면 요도를 협착시켜 소변이 질질 흐르고 빈뇨를 유발한다. 요도가 완전히 차단되면 수술해야 한다.

전립샘비대증

전립샘이 비대해지는 원인으로는 양성전립샘비대증, 전립샘염, 양성 또는 악성 전립샘종을 비롯해 여러 가지가 있다.

대부분의 남성은 방광 바로 밑에 위치한 자신의 전립샘을 의식하지 못하고 살아가다가 전립샘 관련 질환이 빈번해지는 중년이 되어서야 그 존재를 인지하게 된다. 전립샘이 비대해지면 강한 배뇨 욕구, 배뇨 곤란, 배뇨량 감소, 방울떨어짐, 요실금, 잔뇨 같은 증상이 나타난다. 가장 일반적인 원인인 양성전립샘비대증(BPH)을 진단하고 이보다 훨씬 드문 전립샘암과 구분하려면 전립샘 진찰과 더불어 대개 초음파검사, 생검, PSA(전립샘특이항원, prostate-specific antigen) 검사를 함께 실시해야 한다. 오줌 유속 검사와 방광보개검사(방광경검사)를 실시하기도 한다. 증상 때문에 삶의 질이 나빠지면 약물로 방광목과 전립샘의 민무늬근육을 이완시켜 오줌 흐름을 개선해야 한다. 방광과 요도에 가해지는 압력을 줄여 주거나 전립샘을 제거하는 수술이 필요할 수도 있다.

전립샘염

전립샘의 염증이나 감염은 급성일 수도 있고 만성일 수도 있다.

전립샘염(prostatitis)이라는 용어는 비슷한 증상을 나타내는 질환 몇 가지를 포괄한다. 급성세균전립샘염은 비교적 드물긴 하지만 심각한 질환이어서 입원 치료가 필요하며 예후는 좋은 편이다. 만성세균전립샘염은 장기간 지속적인 세균 감염이어서 방광과 콩팥으로 확산될 수도 있다. 세균이 검출되지 않는데도 지속적인 통증이 일어나기도 한다. 열, 오한, 허리통증 같은 증상이 나타난다. 가장 흔한 종류의 전립샘염이다. 원인을 알 수 없어 치료가 좀 더 어렵다. 샅굴부위와 음경의 통증, 배뇨 곤란과 배뇨통이 나타난다. 모든 전립샘염은 성매개감염(STI) 여부를 확인하기 위한 소변검사나 혈액검사로 진단하며 전립샘을 마사지해서 전립샘액을 채취해 감염 원인을 검사하기도 한다. 만성세균전립샘염과 급성세균전립샘염은 항생제로 잘 치료가 되나 재발할 수 있다. 비세균전립샘염은 확실한 단독 치료법이 없다.

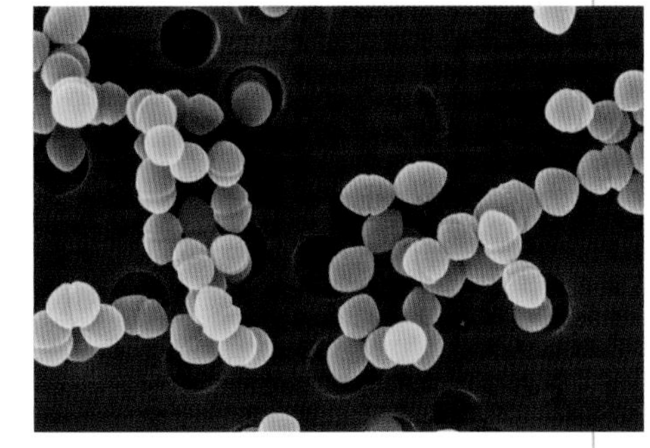

전립샘염과 관련 있는 세균
장 속에 엄청나게 많이 상주하는 대장균은 급성세균전립샘염을 일으키는 가장 흔한 원인이다.

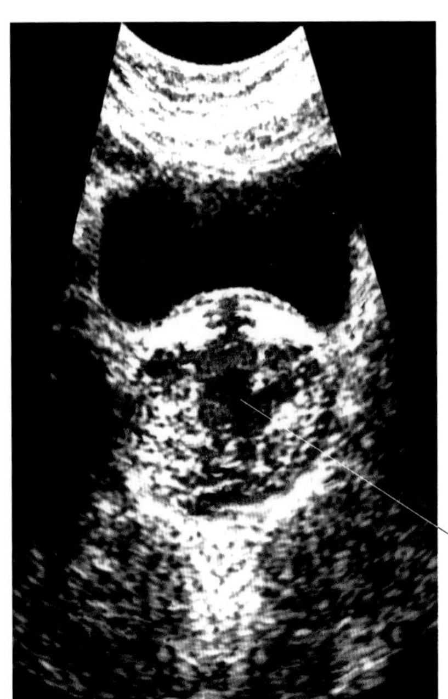
전립샘

암이 의심되는 전립샘의 초음파검사
전립샘을 곧창자 초음파검사로 살펴보면 비대 유형이 나타나서 종양인지 염증인지로 그 원인을 추정할 수 있다.

전립샘암

남성에게 가장 흔한 암인 전립샘암(prostate cancer)은 50세 전에는 드물며 대개 서서히 증상 없이 자란다.

몇 가지 증상을 일으키기는 하지만 대체로 전이된 후에 늦게 발견된다. 다른 건강 문제도 함께 지닌 노인 남성의 암이기 때문에 대개 사망 원인은 아니다. 가족력이 있거나 아프리카계 카리브해인 남성에게 더 흔하다. 암은 모든 종류의 전립샘 세포에서 생길 수 있으며, 샘 세포에서 생기는 샘암종(선암종)이 가장 흔하다. 진단은 진찰, 초음파검사, PSA 검사, 생검으로 내린다. 뼈와 간을 초음파나 MRI로 촬영해 보면 얼마나 전이됐는지 알 수 있다. 치료법은 암 단계, 나이, 건강상태, 환자의 의사에 따라 다르지만 방사선요법, 화학요법과 더불어 전립샘을 제거하고, 호르몬 치료를 실시해 테스토스테론의 영향을 차단함으로써 종양 성장을 제한한다.

PSA 검사

PSA는 전립샘 세포에서 만들어져 혈류를 순환하는 단백질이다. 전립샘암이 생기면 혈액 속의 PSA 수준이 높아진다. 그래서 혈액 샘플을 전립샘암 검사에 이용할 수 있다. 하지만 BPH(양성전립샘형성저하증, benign prostatic hypoplasia), 전립샘염 같은 다른 전립샘 질환도 혈중 PSA 수준을 높이므로 추가 검사가 필요하다. 전립샘 질환이 있는 남성은 PSA 수준을 감시함으로써 질병의 경과를 알아내거나 치료 계획을 세울 수 있다.

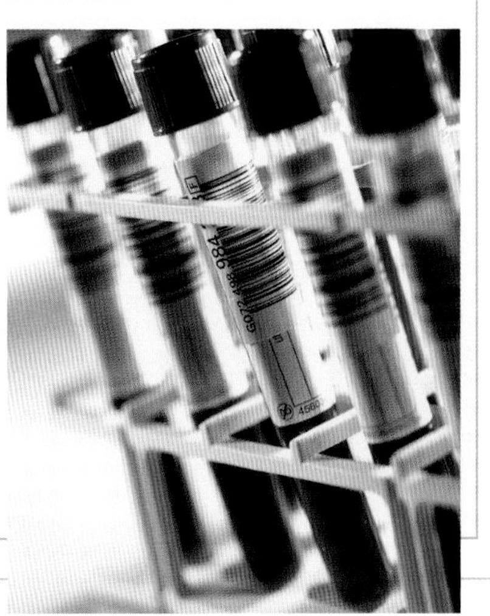

성매개 감염

대부분의 성매개 감염(sexually transmitted infection, STI)은 삶의 질을 떨어뜨리고 통증과 불임 같은 만성건강문제를 일으킨다. HIV와 매독(syphilis) 같은 심각한 감염은 치명적일 수 있다. 의학적인 예방법이 알려지고 있는데도 불구하고 모든 성매개감염은 점점 증가하고 있다.

클라미디아

세균성 성매개 감염의 가장 흔한 원인이다. 남녀 모두에게 감염을 일으키며, 장기간의 통증을 유발하고 생식능력을 떨어뜨린다.

오늘날 클라미디아(chlamydia) 감염은 성교 상대가 여럿인 젊은 사람들 10명 중 1에게 발생하고 있으며 많은 노인 남녀에게도 일어나고 있다. 클라미디아 감염을 일으키는 세균 클라미디아 트라코마티스는 정액과 질액을 통해 전파되며 생식기 접촉이나 성교로 감염이 이루어진다. 이 균은 자궁목, 요도, 곧창자, 목구멍의 세포에 서식하는데 드물게 눈에 서식하다가 결막염을 일으키도 한다.

상당수가 증상이 없거나 가벼운 증상만 나타나 몇 주나 몇 달 동안 감염 사실을 알지 못해 성교한 사람들이 모두 염증 때문에 생식능력이 떨어질 수 있다. 증상이 나타나면 여성은 질 분비물, 골반통, 성교통, 비정상 질 출혈을 겪는다. 남성은 배뇨통, 요도 분비물, 고환과 전립샘 불쾌감을 겪는다. 장기적으로는 여성의 자궁관이 손상되어 흉터가 형성되고 자궁외임신 및 불임의 위험이 높아진다. 감염은 간으로 확산될 수도 있다. 관절, 요도, 눈에 염증이 생기는 라이터증후군은 남성에게 더 흔하다. 임신 중에 클라미디아는 태아에게 전파되어 분만 때 폐렴과 결막염을 일으킬 수 있다. 감염 진단은 오줌 시료(남성)나 자궁목이나 질에서 채취한 펴바른표본(여성)을 이용해서 내리며, 항생제로 치료한다. 콘돔 사용과 성접촉 추적 관리는 클라미디아 전파를 막는 데 중요한 역할을 한다.

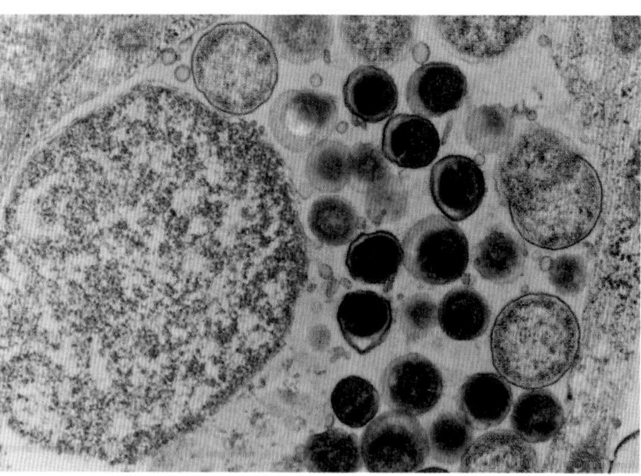

클라미디아에 감염된 세포
클라미디아는 48시간 넘게 증식한 후 세포를 터뜨리고 나와 주변 세포로 확산해 간다.

성병 예방법

성매개 감염의 전파를 막는 유일한 방법은 성접촉을 갖지 않는 것이지만 현실적으로 가장 효과적인 예방법은 어떤 종류의 성접촉이든 콘돔을 사용해 안전한 성생활을 하는 것이다. 그러면 대부분의 감염을 막을 수 있다. 물론 일부 성매개감염은 콘돔에 덮이지 않는 부위로도 일어날 수 있다. 성매개감염이 없고 다른 상대와는 성관계를 갖지 않는 상대하고만 성교하면 감염 위험을 더 낮출 수 있다.

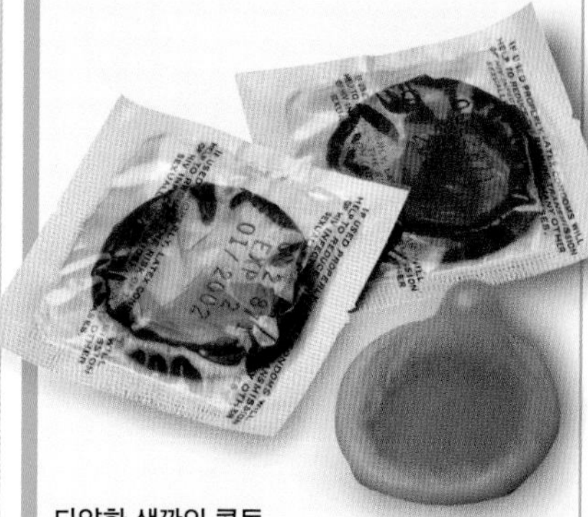

다양한 색깔의 콘돔
대부분의 콘돔은 라텍스로 만들어진다. 라텍스는 세면용품이나 화장품과 접촉하면 녹을 수 있기 때문에 수성 실리콘 윤활제를 함께 사용하면 더 안전하다.

임질

대개 생식관에 한정되는 세균 감염인 임질(gonorrhea)은 남녀 모두에게 영구적인 손상과 생식능력 감소를 일으킬 수 있다.

임균은 성접촉 중에 전파된다. 감염이 되면 며칠 후나 심지어 여러 달 후에 생식기 통증, 염증, 음경이나 질의 녹색 또는 노란색 분비물 같은 증상이 나타난다. 여성은 대개 반복되는 복통, 비정상 질 출혈, 월경과다를 겪는다. 남성에게는 고환이나 전립샘 통증이 나타난다. 임균은 자궁목, 요도, 곧창자, 목구멍에 서식할 수 있다. 간혹 혈액을 통해 관절 같은 다른 부위에 염증이 나타나기도 한다. 감염된 어머니가 질분만(vaginal delivery) 중에 아기에게 옮겨 눈이나 다른 부위에 감염을 일으킬 수도 있다.

임질은 소변검사나 음경, 자궁목, 목구멍, 눈의 펴바른표본 검사로 알아낼 수 있으며 대개 항생제로 쉽게 치료할 수 있다. 하지만 치료하지 않으면 만성감염 때문에 여성의 자궁목에 흉터가 형성되어 생식능력이 떨어지고 자궁외임신의 위험이 높아진다. 이를테면 난자가 자궁관을 제대로 통과하지 못한다. 만성 감염일 경우 이후의 성교 상대에게도 위험하다. 콘돔 사용과 성접촉 추적 관리는 임질 확산을 막는 데 도움이 된다.

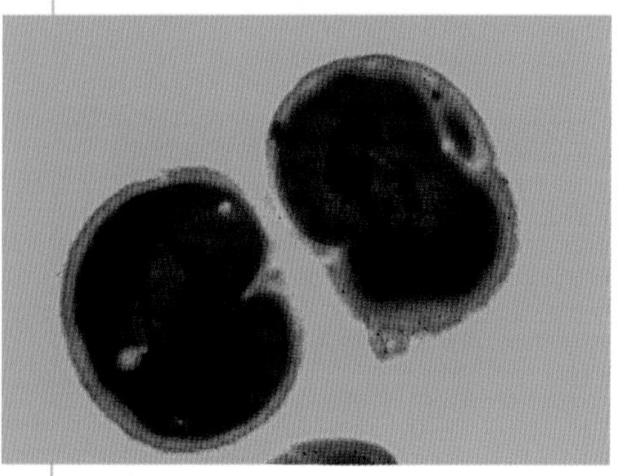

임균
임질을 일으키는 임균(*Neisseria gonorrhea*)의 현미경 사진. 대체로 현미경으로 신속하게 확인할 수 있다.

요도염

흔히 비특이요도염으로 알려진 요도 감염이나 여타 다양한 원인 때문에 생길 수 있다.

비특이요도염(nonspecific urethritis, NSU)은 남녀 모두에게 일어날 수 있다. 감염 원인으로는 헤르페스, 클라미디아, 질편모충 등의 성매개감염뿐만 아니라, 아구창(칸디다)과 세균질증 등의 비성매개감염도 있다. 비특이요도염의 증상은 감염 없이 비누, 살정자제, 방부제, 콘돔의 라텍스 성분에 민감하게 반응해서 일어나기도 한다. 증상은 원인에 따라 다르지만 분비물, 배뇨곤란 또는 배뇨통, 빈뇨, 요도 끝의 가려움과 과민증 등이 나타난다. 치료하지 않으면 염증이 확산되어 남성에서 고환과 전립샘의 통증, 여성에서 (클라미디아 감염과 함께) 골반염(485쪽 참조)이 일어난다. 소변검사와 펴바른표본 검사를 해 보면 감염 여부를 확인할 수 있으며 감염 원인균을 죽이는 약물로 치료한다. 예방하려면 비(非)라텍스 콘돔만 사용하는 것이 좋다.

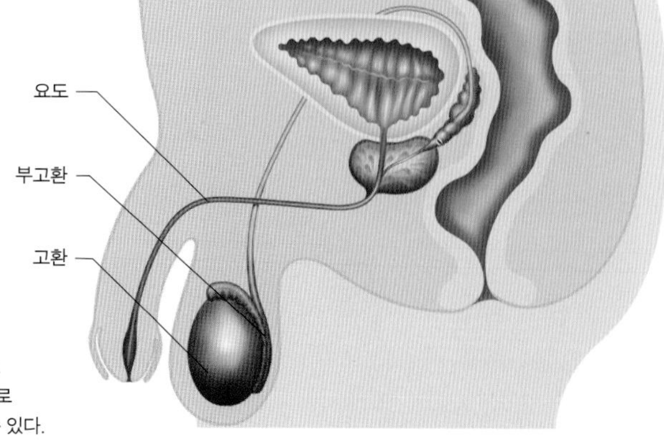
요도
부고환
고환

비특이요도염 증상
요도염은 요도에 염증을 일으킨다. 치료하지 않으면 고환과 부고환으로 확산되어 종창과 염증을 일으킬 수 있다.

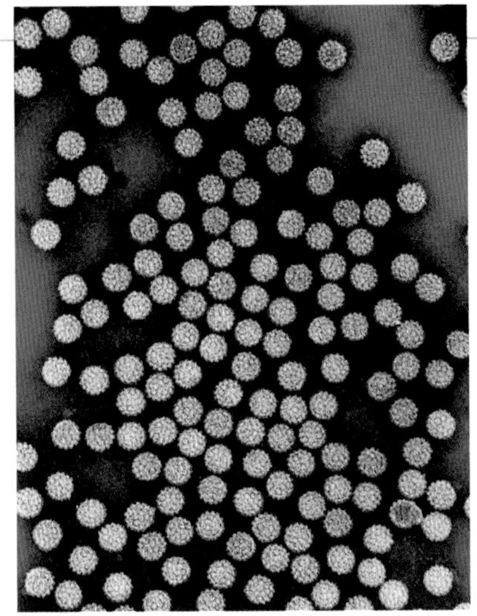

곤지름(생식기사마귀)

사람유두종바이러스(HPV) 가운데 일부 균주는 생식기와 항문 부위에 사마귀를 일으킬 수 있다.

HPV의 균주는 100개가 넘으며 모든 균주가 생식기사마귀를 일으키지는 않는다. 6형(type 6)과 11형(type 11) 균주가 생식기사마귀의 90퍼센트를 야기한다. HPV는 표피와 점막에 감염을 일으키며, 모든 종류의 생식기 접촉 중에 전파된다. 많은 사람들은 아무런 감염 증상이 나타나지 않으며 바이러스가 오랫동안 보균되지도 않아 곤지름이 생기기 몇 주, 몇 달, 몇 년 전에는 자신이 보균자인지 알지 못한다. 곤지름은 생식기나 항문 안팎에 작고 통증 없는 살덩이로 나타난다. 생식기사마귀는 심각한 병증을 나타내지 않으며 대부분은 나중에 사라진다. 하지만 사라지는 데는 몇 달이나 몇 년이 걸리며 감염성이 지속된다. 크림, 냉동요법, 전기소작기, 레이저를 이용해서 치료하면 좀 더 신속하게 제거할 수 있다. 치료 중에도 콘돔 사용은 감염 확산을 막는 데 도움이 된다.

사람유두종바이러스
생식기사마귀를 일으키는 이 바이러스는 생식기 부위의 피부를 통해 몸 속으로 들어갈 수 있다. 따라서 콘돔을 사용하더라도 완전히 막을 수는 없다.

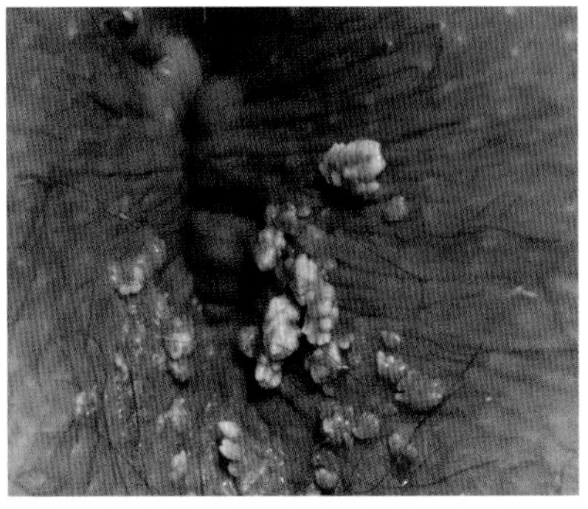

항문사마귀
뾰족콘딜로마(condyloma acuminatum)라고 불리는 생식기사마귀는 전염성이 높다. 작고 콜리플라워(꽃양배추) 모양인 이 병터는 가려움, 출혈, 분비물을 야기할 수도 있고 아무 증상을 나타내지 않을 수도 있다.

매독

항생제가 개발되기 전에는 환자가 많은데다 치료할 수 없었던 이 감염증은 오늘날 다시 증가하고 있다. 치료하지 않으면 많은 신체 부위가 침범당할 수 있다.

매독을 일으키는 세균은 성교 중에 아니면 매독 발진이나 궤양이 있는 피부와 접촉해서 전파된다. 통증 없는 굳은궤양(chancre)은 대개 생식기에 생기지만 손가락, 볼기, 입에도 생기며 치료하는 데 6주까지 걸릴 수 있고 아무 병증을 나타내지 않을 수도 있다. 제2기 매독은 몇 주 후에 일어난다. 인플루엔자 같은 병증, 가렵지 않은 발진, 간혹 사마귀 같은 피부반(patch)이 나타난다. 제3기 매독은 몇 년 뒤에 나타난다. 혈관, 콩팥, 심장, 뇌, 눈 같은 부위를 침범해서 정신질환과 사망을 일으킬 수 있다. 제1기와 제2기는 항생제로 치료할 수 있지만 제3기의 손상은 영구적이다.

HIV와 에이즈

사람면역결핍바이러스(human immunodeficiency virus, HIV) 감염은 평생 지속되며 후천면역결핍증후군(acquired immunodeficiency syndrome, AIDS)을 일으켜 생명을 위협할 수 있다.

HIV는 혈액, 정액, 질액, 모유를 비롯한 체액과 접촉하면 감염될 수 있다.(오줌과 침 속의 HIV는 농도가 너무 낮아서 감염성이 없는 것으로 보인다.) 초기에는 단기적인 인플루엔자 같은 병증(혈청전환(sero-conversion) 병증), 입궤양이 발생하거나, 발진이 4주가량 지속되거나, 아니면 아무 증상이 나타나지 않기도 한다. 바이러스는 몸 속에서 몇 년 동안 증식하며 면역계통을 손상시킨다. 이 손상은 CD4(T도움세포(T helper cell))의 숫자 감소로 측정할 수 있다. CD4는 면역계통이 감염에 맞서는 데 매우 중요한 역할을 한다. 질병이 진행됨에 따라 열, 야간땀, 설사, 몸무게 감소, 샘 종창, 감염 재발 같은 증상이 나타날 수 있다. 에이즈(AIDS)로 알려진 후기에는 CD4 수가 급격히 줄고 다양한 면역계통 관련 질병이 발생한다. 그중에는 폐포자충 폐렴, 칸디다, 거대세포바이러스, 피부암인 카포시육종처럼 건강한 사람에게는 무해한 미생물에 의해 일어나는 기회감염도 있다. HIV 감염은 백신도 치료법도 없다. 하지만 HIV 증식과 그로 인한 손상을 줄이기 위해 항레트로바이러스 치료요법이 이용된다.

HIV 환자는 정기검진을 받고 기회감염을 바로바로 치료해야 하며, 콘돔을 이용해 안전한 성교를 하면 전파를 막을 수 있다. 감염된 어머니는 분만 전이나 도중에 아이에게 수직감염을 일으킬 수 있고 모유수유를 통해서도 감염이 일어나므로 항레트로바이러스 약을 복용해야 하고 출산은 제왕절개로 해야 한다. HIV를 명확하게 진단할 수 있는 유일한 방법은 혈중 항체 검사이다. 이 검사는 HIV에 노출되고 나서 3개월이 지나야 가능하다.

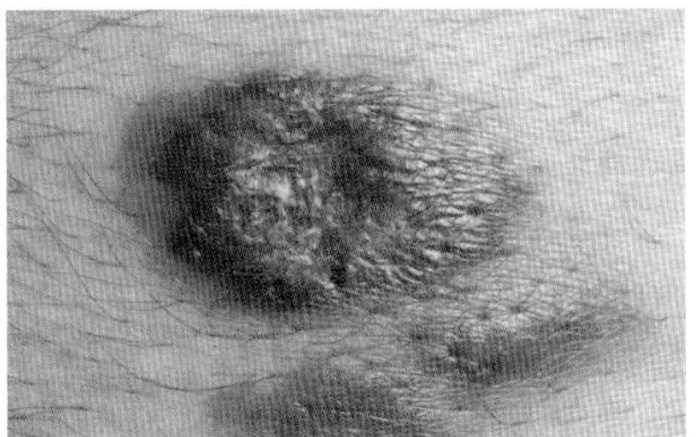

카포시육종 피부 병변
이 종양은 작고 통증 없는 평평한 부위 또는 덩이로 시작한다. 갈색, 빨간색, 파란색, 보라색을 띠어 멍든 것처럼 보이며, 점점 자라서 합쳐진다.

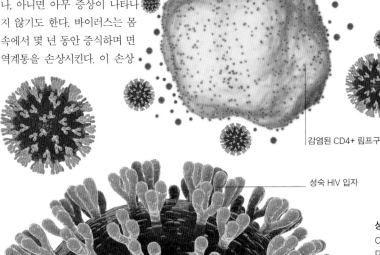

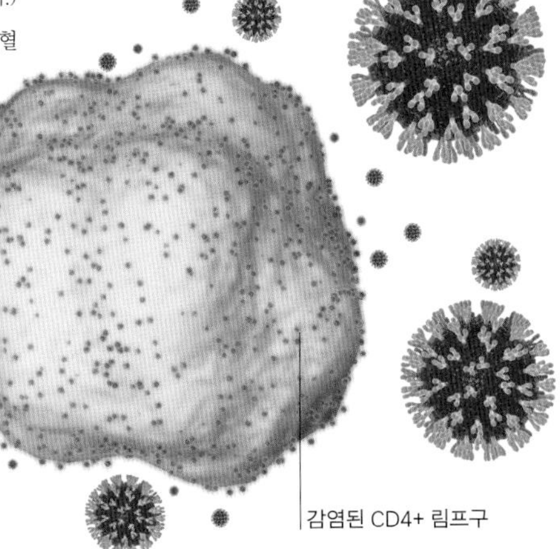
감염된 CD4+ 림프구
성숙 HIV 입자

성숙 HIV 입자와 감염된 CD4+ 림프구
CD4 세포는 표면에 CD4 단백질 분자가 있는 림프구(백혈구)이다. 대개 몸에 침입한 바이러스에 대한 반응을 일으킨다. HIV는 CD4와 결합해서 그 속으로 들어가 손상을 일으킨다.

생식기 헤르페스

단순헤르페스바이러스 HSV1과 HSV2에 의해 물집(수포)이 형성되고 동통성 발진이 생기는 이 감염은 재발될 수 있다.

단순헤르페스바이러스(herpes simplex virus)는 피부나 습윤성 막과 밀접한 접촉을 할 때 몸속으로 들어간다. HSV1과 HSV2 모두 감염된 지 며칠 내에 또는 몇 주나 몇 달 후에 생식기 병변과 구강 병변을 일으킬 수 있다. 이 작고 아픈 궤양은 몇 주 동안이나 지속된 뒤에야 진정된다. 다른 증상으로는 인플루엔자 같은 병증, 피로감, 통증, 배뇨통, 샘 종창 등이 나타난다. 많은 사람들은 가볍게 한 번만 감염되지만 어떤 사람들은 규칙적으로 재발된다. 재발은 주로 다른 질병이 촉발해서 일어나며, 대체로 매번 덜 심하기는 하지만, 병증이 더 강할 수도 있다. 잠복기에는 감염성이 높지 않다. 궤양이 진행중인 임신부는 분만 때 아기에게 수직감염이 일어날 수 있다. 항바이러스제로 치료한다. 증상이 나타나자마자 바로 사용하는 것이 가장 효과적이다.

단순헤르페스바이러스 병변
생식기 헤르페스의 병변은 전형적으로 아프고 부정형인 물집이다. 이 물집은 터져서 궤양을 형성한다. 궤양 바깥 가장자리는 빨갛게 솟아오르고 안쪽은 습윤성을 띤다.

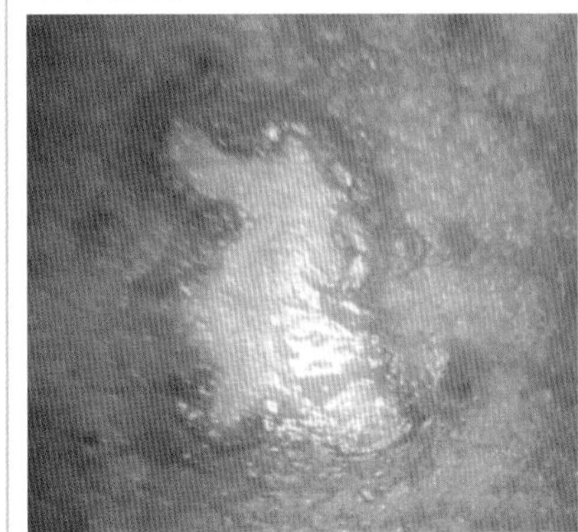

불임증

커플 10쌍 중 1쌍 이상은 임신이 어려운 불임증을 겪는다. 남성 불임증의 대부분은 정자 기능 불량이지만 여성 불임증은 호르몬 활성도, 난자 생산, 임신 유지 능력 간의 복잡한 상호작용에 따라 다양하다.

배란 문제

배란은 난자가 방출되어 수정 준비가 될 때 일어난다. 난자가 불규칙하게 방출되거나 전혀 방출되지 않으면 임신에 문제가 생길 수 있다.

정상 28일 생리 주기 중에 난자는 난소의 난포 안에서 발달한다. 대개 난자는 매달 1개씩 양쪽 난소에서 교대로 방출된다. 이 과정은 생식샘자극호르몬(성선자극호르몬), 난포자극호르몬(FSH), 황체형성호르몬(LH), 에스트로겐, 프로게스테론을 비롯한 많은 호르몬의 영향을 받는다. 대략 14일째 난포가 터지고 난자가 자궁관으로 방출되어 자궁으로 이동한다. 이 과정은 뇌의 시상하부 및 뇌하수체와 난소 간의 호르몬 상호작용에 따라 이루어진다. 이 과정을 방해할 만한 위험인자로는 뇌하수체질환과 갑상샘질환, 다낭난소증후군(polycystic ovary syndrome), 저체중이나 과체중, 운동 과다, 스트레스가 있다. 진단을 위해 호르몬 수준을 알아내 배란이 일어나고 있는지 확인하는 검사를 실시한다. 치료제로는 생식샘자극호르몬 분비 호르몬, 프로게스테론, 배란촉진제 클로미펜을 사용한다.

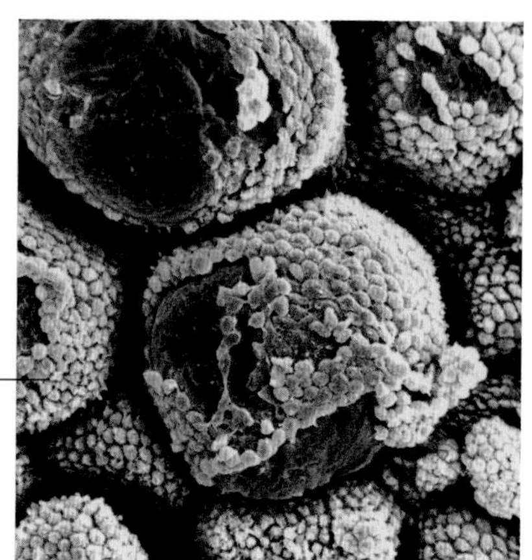
낭성난포(난포낭)

뭇주머니난소(다낭난소)
많은 난소낭과 호르몬 농도 이상을 야기하는 흔한 질환인 뭇주머니난소 증후군(polycystic ovary syndrome, PCOS)은 불임을 일으킬 수 있다.

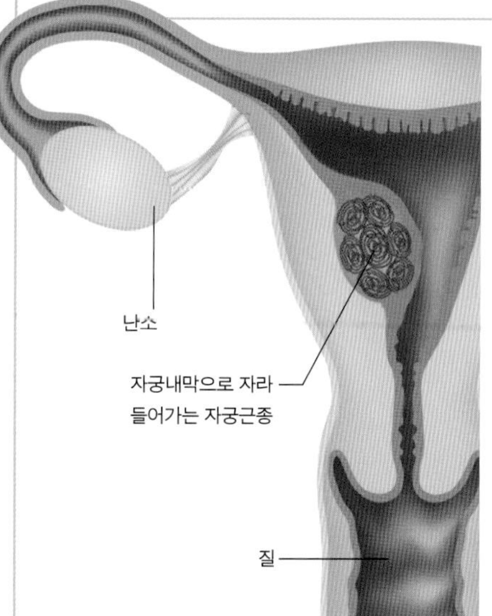
난소
자궁내막으로 자라 들어가는 자궁근종
질

섬유종
자궁에 생기는 양성 민무늬근 종양인 자궁근종은 너무 크게 자랄 경우 자궁 내부를 침범해 수정란 착상을 방해할 수 있다.

자궁 이상

자궁은 발생 이상에서부터 종양까지 다양한 이상 때문에 수정과 임신유지 능력에 문제가 발생할 수 있다.

여성 태아가 발달함에 따라 자궁과 질은 두 반쪽이 서로 결합해서 형성된다. 하지만 불완전한 융합은 2개의 자궁(쌍각자궁, bicornuate uterus)이나 자궁목, 질을 이분하는 사이막(중격) 같은 비정상을 야기한다. 간혹 이런 문제는 성인 여성에서 생식능력 저하를 일으킨다. 어떤 문제는 태아가 기형 자궁 때문에 정상 발달이 되지 않아 임신 초기에만 나타난다. 임신 후기 유산, 미성숙 태아 분만, 난산은 좀 더 흔한 문제이며 수정란 착상 불량이나 태아와 자궁의 발육 부전 때문에 일어날 수 있다. 이보다 더 흔하면서도 가벼운 발달 문제는 처녀막(hymen, 질 입구를 막는 막)이 파열되지 않을 경우 일어난다. 월경액(menstrual fluid, 생리혈)이 배출되지 못해 매월 혈액이 축적되면서 종창이 커진다. 또 성교 중에 관통이 되지 않아 수정이 일어날 수 없다.

질 사이막 등 일부 이상은 수술로 쉽게 치료할 수 있지만 어떤 기형은 재건 수술이 필요할 수도 있다. 원뿔생검(cone biopsy, 진입성 자궁목 이상 검사) 후에 자궁목 종양이나 자궁목 협착이 발생할 수 있다. 자궁 형태에 변화를 일으키는 가장 흔한 종양은 자궁근종과 자궁목폴립(cervical polyp) 또는 자궁내막폴립(endometrial polyp)이다. 생식능력 문제가 생길 위험은 이것들이 커질수록 증가한다. 자궁 안에서의 위치도 다양한 이 종양들은 대부분 양성이지만, 임신율을 높이려면 제거해야 한다.

난자 질 문제

난자의 양과 질은 나이듦에 따라, 특히 30대 중반부터 급격히 떨어진다.

저질 난자는 수정이 되지 않거나 수정되더라도 제대로 발달하지 못해 자궁에 착상하지 못하거나 유산율이 평균 이상이다. 난자 질은 염색체 정상도, 정자 속의 염색체와 결합할 수 있는 능력, 수정 후 세포분열할 수 있는 비축 에너지 등을 비롯한 몇 가지 인자에 따라 다르다. 미토콘드리아(사립체, mitochondria) 입자 속에 저장된 비축 에너지는 난자가 나이듦에 따라 줄어든다. 흡연은 난자 질을 떨어뜨리는 것으로 알려진 외부 요인 가운데 하나이다. 체외수정(in vitro fertilization, IVF)으로 우수한 난자와 배아를 가려낼 수 있긴 하지만, 치료가 어렵다.

자궁관 폐쇄

자궁관 손상은 난자 이동과 배아 착상에 악영향을 미쳐서 수정 불능을 야기할 수 있다.

자궁내막증, 골반염(PID), 복부 수술로 인한 유착, 유전질환은 자궁관의 기능을 방해하고 난자를 이동시키는 자궁관 내벽의 섬모 운동을 약화시킨다. 난자가 자궁관을 따라 내려가지 못하면 정자가 난자와 만나지 못하므로 수정이 이루어질 수 없다. 어쩌다 난자가 자궁관 안에서 수정될 수는 있지만 배아가 거기서 자라 자궁외임신이 이루어져 배아가 자람에 따라 자궁관이 파열되고 유산되어 출혈이 생기므로 어머니에게 심각한 위험을 초래할 수 있다. 수술로 막힌 자궁관을 열어 줄 수도 있지만 대개 자궁관의 건강을 위해 체외수정(IVF)을 하는 편이 임신율을 높이는 데 도움이 된다.

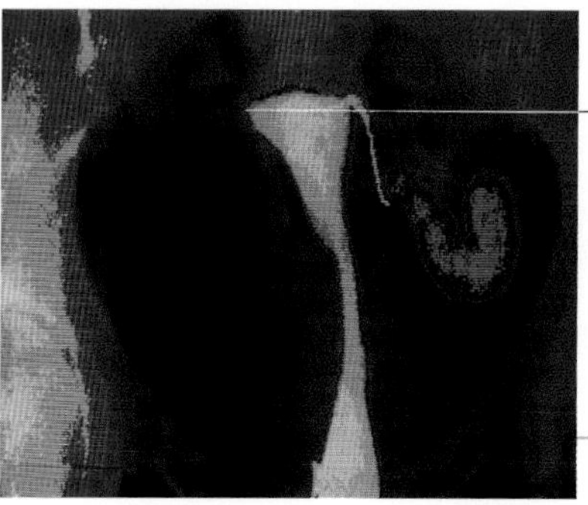
막힌 자궁관 입구

막힌 자궁관의 엑스선
자궁자궁관조영술(hysterosalpingography)을 이용하면 조영제를 자궁목으로 주입할 수 있다. 그러면 자궁관의 폐쇄된 부위가 드러난다.

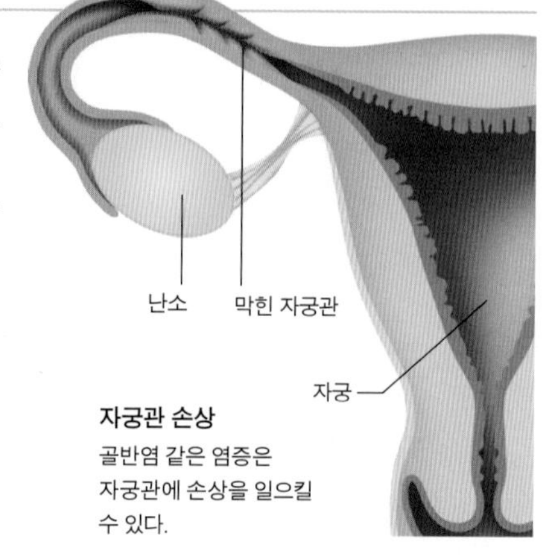
난소
막힌 자궁관
자궁

자궁관 손상
골반염 같은 염증은 자궁관에 손상을 일으킬 수 있다.

자궁목 문제

자궁목(자궁경부)은 자궁으로 통하는 관문이다. 정자는 이곳을 통해 들어가 난자와 수정이 된다. 따라서 이곳에 결손이 생기면 생식능력이 떨어지고 유산 위험이 높아질 수 있다.

자궁목 세포가 분비하는 점액은 호르몬의 영향을 받는 주기적 변화를 견디며 수정을 돕고 자궁을 보호한다. 주기 중에는 투명하고 묽고 많아져서 정자가 자궁 속으로 들어가기 쉽게 하고 나중에는 진해져서 감염 장벽을 형성해 자궁을 보호한다. 자궁목 질환은 구조 문제일 수도 있고 기능 문제일 수도 있다. 자궁목에 발생하는 모든 선천성 이상이나 폴립, 자궁근종(484쪽), 낭종은 정자의 통과를 막을 수 있다. 임신 중에 (대개 과거의 손상이나 수술 때문에) 자궁 입구가 제대로 닫히지 않는 자궁목 부전은 유산을 야기할 수 있다. 자궁목 점액이 너무 진하거나 산성도가 높아, 또는 정자를 적으로 오인하는 항체가 들어 있어서 정자가 통과할 수 없는 경우에는 체외수정이 필요하다.

난소
자궁
자궁목(cervix)
점액
항체
자궁목
점액
자궁목 입구
정자

정자 항체
여성이나 남성 자체에서 만들어지는 이 단백질은 자궁목 점액이나 정액 속에서 정자를 공격해 정자 이동을 막는다. 그래서 정자가 난자와 결합할 수 없다.

정자 질 및 생산 문제

불임의 3분의 1가량은 남성 탓이다. 특히 정자의 수, 운동성, 기형, 항체가 문제이다.

문제를 진단하려면 실험실에서 정액 분석을 해야 한다. 정액의 양과 pH, 정자의 수와 농도와 운동성과 형태, 그리고 항체(미생물을 공격하듯 남성 자신의 정자를 잘못 공격하는 면역계통 단백질) 유무 등을 모두 평가한다. 성교후검사(post-coital test)도 실시해서 여성의 자궁목 점액 속에서 이동할 수 있는 능력을 알아봐야 한다. 정자의 양과 질에 악영향을 미치는 위험인자로는 흡연, 알코올, 화학물질, 치료제 또는 약물 남용, 풍진과 성매개감염 같은 선행 질병, 높은 고환 온도 등이 있다. 정자 수가 적은 남성은 난자에 직접 정자를 주입하는 세포질내정자주입을 이용하면 아버지가 될 가능성을 높일 수 있다.

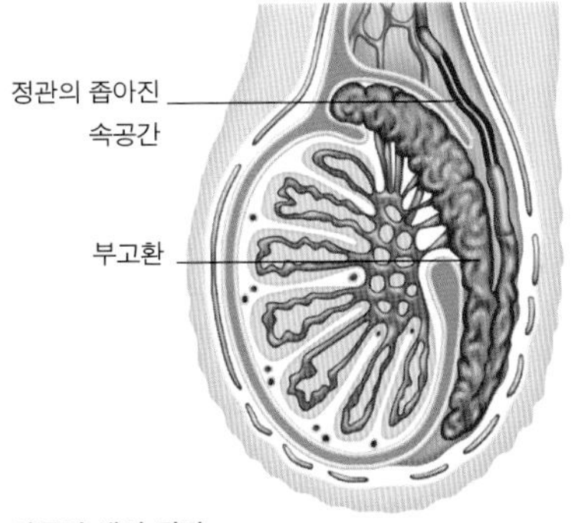
정관의 좁아진 속공간
부고환

염증이 생긴 정관
손상이나 감염은 부고환과 정관(vas deferens)에 염증을 일으킬 수 있다. 그러면 정자 방출이 막힐 수 있다.

정자 통과 문제

정액을 고환에서 음경으로 나르는 정관이 차단되거나 정자가 난자를 만나러 가는 과정에 문제가 생기면 생식능력이 떨어질 수 있다.

남성의 유전물질인 정자는 각 고환에서 만들어져 부고환이라는 각 방에 저장된다. 방출(사정)될 때 정자가 전립샘액과 섞여 형성한 정액은 남성의 요도로 방출되어 여성의 질 속으로 들어가며, 자궁목을 거쳐 자궁 속으로 들어가는 것은 10만 개가 안 된다. 자궁관 어딘가에서 난자에 도달하는 정자는 겨우 200개에 지나지 않는다. 모든 게 정상이라 하더라도 대부분의 정자는 잘못된 길로 가다가 지쳐서 더 이상 이동하지 못한다. 게다가 고환 질환, 역행사정(retrograde ejaculation, 정액이 사정되지 못하고 방광 속으로 들어간다.), 자궁목 점액 통과 불능, 자궁 이상, 자궁관 기능 부전 같은 요인은 모두 정자가 난자를 만날 가능성을 떨어뜨린다. 치료가 어렵지만 체외수정을 하면 극복할 가능성이 있다.

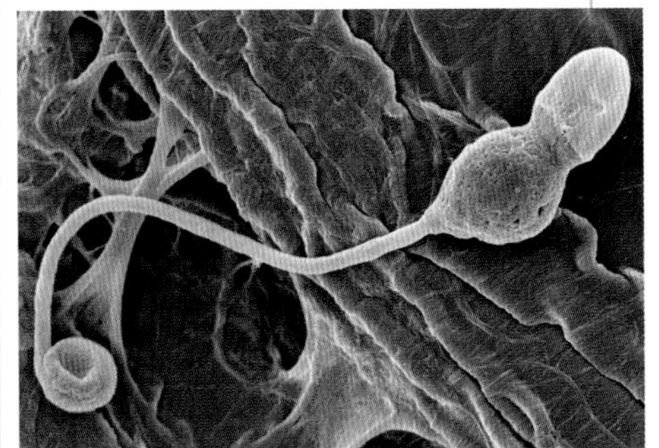

기형 정자
사정액에는 늘 기형 정자가 존재한다. 정액 분석에서는 정상 형태인 정자가 적어도 4퍼센트는 되어야 정상으로 판정한다.

체외수정

체외수정(in-vitro fertilization, IVF)은 몸 밖에서 난자를 인공적으로 수정시켜 실험실에서 배아를 배양한 뒤 자궁 속으로 이식하는 것이다. 체외수정은 자궁의 해부학적 이상을 제외한 대부분의 불임에 이용된다. 우선 여성에게 호르몬을 주사해서 많은 난자를 만들어 내도록 자극한 뒤 그 난자들을 채취한다. 배우자가 아닌 제공자의 난자나 정자를 이용하기도 한다. 채취한 난자는 정자와 함께 배양해서 수정시키는데, 체외수정 가운데 절반가량은 세포질내정자주입을 이용한다. 수정란은 5일 동안 배양하고 나서 자궁에 이식한다. 어떤 경우에는 부화보조(assisted hatching)를 실시해서 8세포기 배아의 막(투명띠)에 구멍을 뚫어 준다. 그러면 이식 및 임신 가능성을 높일 수 있다.

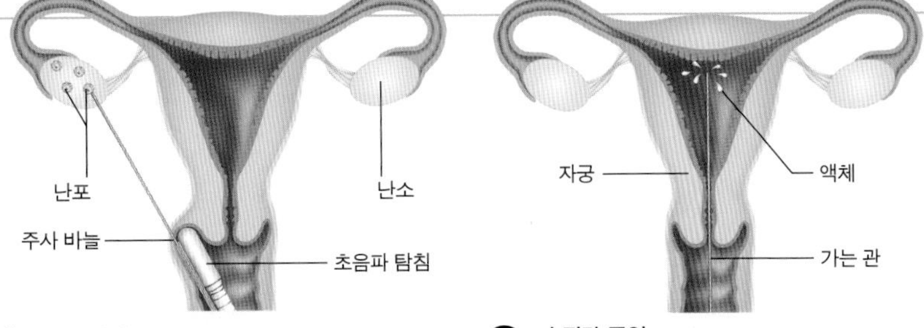
난포
난소
주사 바늘
초음파 탐침
자궁
액체
가는 관

1 난자 채취
주요 난자가 특정 성숙 단계에 도달하면 바늘과 탐침을 이용해 채취한 다음 시험관 안에서 정자와 함께 배양한다.

2 수정란 주입
배양된 배아 1~2개를 자궁목으로 삽입한 미세관을 통해 자궁안으로 주입하여 이식한다.

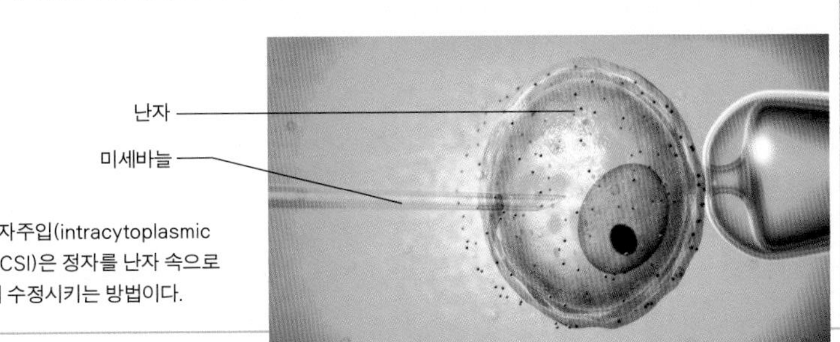
난자
미세바늘

정자 주입
세포질내정자주입(intracytoplasmic injection, ICSI)은 정자를 난자 속으로 직접 주입해 수정시키는 방법이다.

사정 문제

정자는 사정을 통해 방출된다. 정관, 정낭, 사정관, 요도 근육이 순차적으로 수축한다.

사정 문제는 사정기능완전상실부터 역행사정(정액이 요도로 방출되지 않고 방광 안으로 들어가는 현상)까지 다양하다. 이런 문제는 많은 근육질환, 뇌졸중과 척수손상 같은 신경질환, 당뇨병 때문에 생길 수 있으며 전립샘 수술이나 방광 수술 후에 나타나기도 한다. 정액 분석과 방광 기능 검사를 통해 진단한다. 사정기능상실을 치료할 수 없을 경우 세포질내정자주입이 도움이 될 수 있다.

임신 및 분만 질환

정상 임신은 수태일로부터 약 38주 또는 마지막 월경 이후 약 40주 동안 지속된다. 임신과 분만(아기를 해산하는 과정)은 대체로 무난하다. 하지만 어느 단계에서든 산모나 아기에게 문제가 생길 수 있다.

자궁외임신

배아가 자궁 밖, 주로 자궁관에서 자라는 것이다.

정상일 경우 난자는 자궁관에서 수정되어 자궁 내벽에 착상된 다음 배아로 자란다. 하지만 수정란이 자궁 밖에 착상하는 경우가 있다. 대개는 자궁관에 착상한다. 증상으로는 비정상 질 출혈, 확장된 자궁관 통증이 나타난다. 대부분의 자궁외임신은 유산된다. 배아가 계속 자라더라도 6~8주가 지나 자궁관이 파열되면 내출혈(internal bleeding), 쇼크, 통증이 일어난다. 자궁관이 감염, 특히 클라미디아(488쪽), 수술 때문에 손상될 경우 자궁외임신이 더 잘 발생한다.

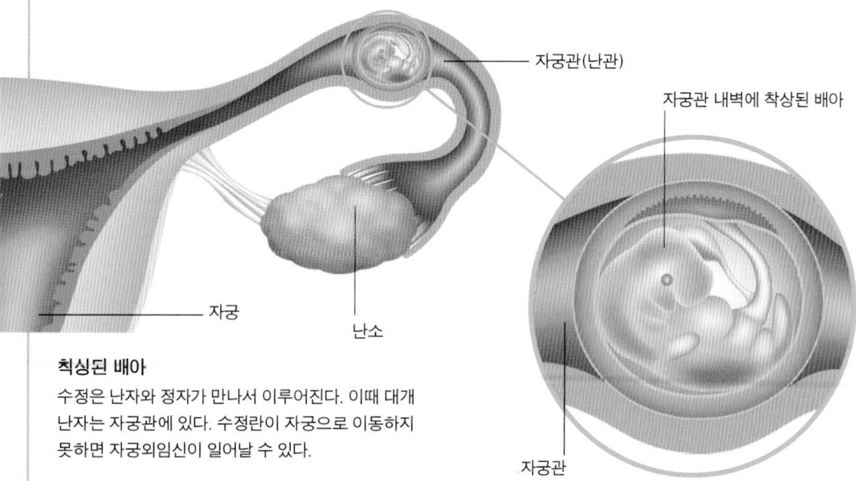
자궁관(난관)
자궁관 내벽에 착상된 배아
자궁
난소
자궁관

착상된 배아
수정은 난자와 정자가 만나서 이루어진다. 이때 대개 난자는 자궁관에 있다. 수정란이 자궁으로 이동하지 못하면 자궁외임신이 일어날 수 있다.

임신 초기의 출혈

임신부 8명 중 1명은 유산이나 자궁외임신 때문에 출혈이 발생할 수 있다. 하지만 대부분은 그리 심각하지 않은 원인 때문에 출혈이 생긴다.

임신 첫 4주 동안 일어나는 출혈은 배아가 자궁벽에 착상하느라 생기는 착상출혈(implantation bleeding)이나 약한 월경(생리혈)으로 여겨진다. 다른 일반적인 원인으로는 임신 호르몬의 영향으로 출혈이 발생하는 자궁목까짐(자궁경부미란, cervical erosion)이 있다. 또 출혈은 자라는 태반의 가장자리에서 발생하기도 하고 자궁외임신 때문에 일어나기도 한다. 임신 초기에 일어나는 출혈은 대부분 유산을 야기하지 않는다. 하지만 피떡(응고된 혈액)이 나오거나 경련통이 있으면서 출혈이 심할 때는 임신 실패일 가능성이 높다.

유산

임신 4건 중 많게는 1건까지 유산(24주 전의 자연유산)이 일어날 수 있다.

임신은 다양한 원인 때문에 실패할 수 있다. 배아가 제대로 착상하지 못했거나, 정자와 난자의 융합이 약긴 잘못돼서 수정란이 살아남지 못할 수 있다. 또 태아가 자라지 못하고 사망한 채 첫 초음파 검사 때까지 유산 여부가 확인되지 않기도 한다.(계류유산, missed miscarriage) 유산은 자궁목이 약하거나 감염이 있거나 당뇨병 같은 질환이 있는 등 어머니의 문제 때문에 일어나기도 한다. 대개는 명확한 원인을 알 수 없다. 가장 흔한 증상은 출혈과 통증이다. 상당수는 유산이 월경 즈음에 일어날 경우 임신했었는지도 모른다. 임신 후기에 유산이 일어나면 출혈이 많고 통증이 심하기 때문에 더 주의깊은 치료가 필요하다.

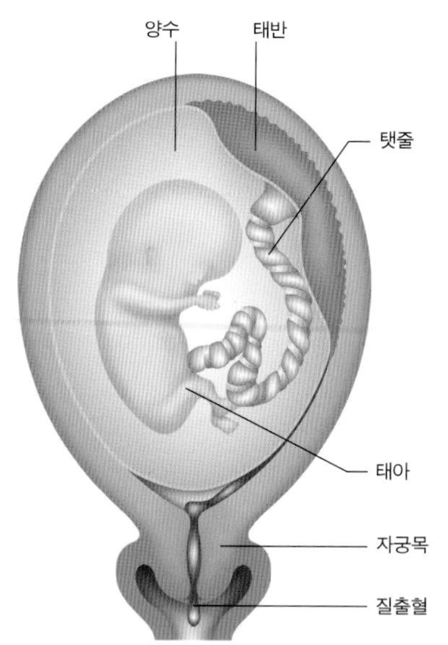
양수
태반
탯줄
태아
자궁목
질출혈

절박유산
여기서는 질출혈이 일어나고 있지만 자궁목이 여전히 닫혀 있고 태아도 살아 있다. 상당수는 임신이 지속되어 분만에 성공하지만 유산되고 마는 경우도 있다.

자간전증

고혈압과 부종(조직 종창)이 특징이며, 가벼울 수도 있고 생명을 위협할 수도 있다.

자간전증(전자간증, preeclampsia)은 임신 20주부터 분만 후 6주까지 언제든 일어날 수 있다. 첫 임신이거나 쌍둥이 임신일 때 더 흔하다. 태반이 제대로 발달하지 못하기 때문인 것으로 보인다. 주요 증상으로 고혈압, 부종(조직 내 액체 저류), 단백뇨가 나타난다. 중증인 경우 자간(eclampsia)으로 이어져 어머니에게 발작(경련, fit)과 뇌졸중이 발생해 어머니와 아이 모두의 생명을 위협할 수 있다. 출산이 유일한 치료법이지만 만기가 되기 전에 유도분만을 해야 한다.

태반 문제

임신 후기의 몇 가지 합병증이 태아의 생명을 유지시켜 주는 태반의 문제 때문에 발생할 수 있다.

전치태반(placenta previa)은 태반이 자궁 속에서 너무 아래쪽에, 즉 자궁목 부근이나 바로 위에 위치하는 경우이다. 통증은 없지만 선홍색 출혈이 있고, 태반이 급속히 자라는 임신 29~30주경에 일어난다. 자라는 태반이 위로 올라가서 문제가 생기기도 한다. 심각한 전치태반은 출혈 과다로 어머니와 아기의 생명이 위험할 수 있다. 태반의 위치가 너무 낮으면 정상 질분만이 불가능하다. 태반조기박리(placental abruption)는 분만 전에 태반이 자궁에서 떨어지는 것으로 질출혈이 일어나거나 태반 뒤에 혈액이 고여 어머니에게 심각한 통증을 유발하고 아기의 생명을 위협할 수 있다.

전치태반
태반이 자궁 속에서 너무 낮게 위치해 자궁목을 덮을 수 있다.

양수
자궁
탯줄
태반

태반조기박리
태반이 자궁에서 떨어지면 혈액이 질로 흘러나오거나 태반 밑에 고인다.

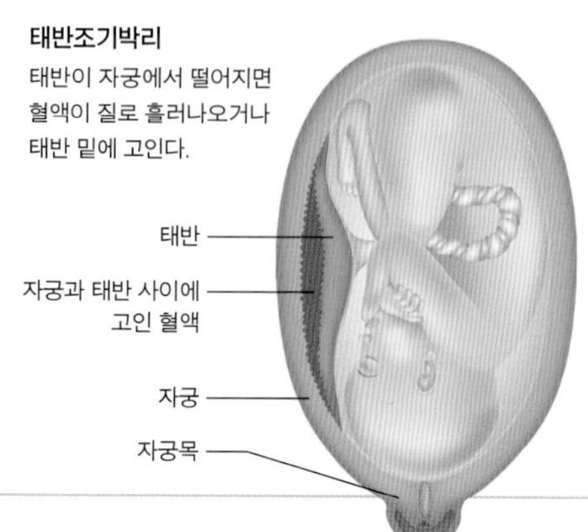
태반
자궁과 태반 사이에 고인 혈액
자궁
자궁목

성장과 발달 문제

태아가 자궁 안에서 제대로 자라지 못하는 자궁내성장지연은 출산 전후에 아기에게 위험을 야기할 수 있다.

성장지연은 태아에게 전달되는 산소와 영양소의 결핍 때문이며 산모, 태아, 태반에 영향을 주는 다양한 요인으로 일어날 수 있다.

산모 쪽 요인으로는 태아의 산소 공급 부족을 야기하는 빈혈, 태반으로 가는 혈류를 감소시킬 수 있는 자간전증, 태아에게 전파되어 발달 장애를 일으키는 풍진 같은 감염, 태반의 효율이 떨어지고 성장이 느려지는 지속임신(prolonged pregnancy) 등이 있다. 태반의 요인으로는 태반 혈류량을 감소시키는 산모의 흡연이나 음주, 혈전성향(thrombophilia, 높은 혈전 위험을 야기하는 질환), 자간전증이 있다. 태아의 요인으로는 풍진 같은 감염, 혈액 이상, 성장에 악영향을 미치는 유전적 이상, 콩팥 문제, Rh 질환(rhesus disease, 산모와 태아의 혈액형 불일치), 다태아 등이 있다. 이런 요인은 대개 태아를 보호하는 액체(양수) 감소와도 관련이 있다. 성장이 심하게 제한된 태아는 자궁 속에서 사망할 위험이 높고, 출산 중에 태아절박가사(fetal distress)의 위험이 높을 만큼 저체중아가 될 가능성 크며, 출생 후에 합병증에 걸리기도 쉽다. 자궁내성장지연은 대체로 임신 중에 의사가 자궁의 성장을 측정할 때 확인된다. 초음파검사를 하면 태아를 측정하고 태반으로 가는 혈류를 평가할 수 있다. 태아절박가사의 징후가 보이거나 성장이 중단될 것 같으면 출산을 앞당겨야 한다.

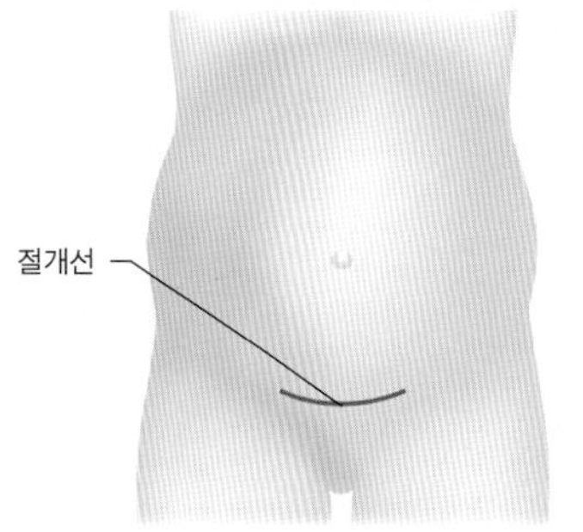
04:36:4
V4* 1
4.0MHz 22
OBS
PWR = -
56dB S/
GAIN=

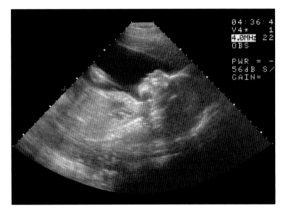

성장 감시
초음파를 이용하면 태아를 볼 수 있다. 또 성장을 감시하고, 태아가 정상적으로 발달하고 있는지 확인하고, 태반 혈관의 혈류도 측정할 수 있다.

분만 중의 문제

난산이거나 분만 시간이 너무 길어 지연분만일 경우 어머니와 아기 모두 스트레스가 크고, 지치고, 위험할 수 있다.

정상분만은 3단계를 거친다. 분만 1기에는 자궁 근육벽이 수축하기 시작하고 자궁목이 점점 이완되어 약 10센티미터까지 열린다. 분만 2기에는 아기가 나온다. 분만 3기에는 태반이 배출된다. 분만 중에 자궁 수축, 자궁목 이완, 아기의 맥박은 모두 감시되기 때문에 어떤 문제든 바로 알 수 있다. 분만 1기가 너무 길고 자궁목이 너무 천천히 열리면 어머니가 통증과 피로로 지칠 수 있어서 출산이 점점 어려워진다. 초산인 어머니에게 흔하며, 자궁 수축이 기능장애를 유발해서 자궁목 열림이 원활하지 않을 수 있다. 분만 1, 2기 중에 자궁이 수축할 때마다 아기로 가는 혈액 공급은 조금씩 줄어든다. 시간이 오래 걸려 특히 지연분만(prolonged labour)일 경우 아기는 지치고 스트레스를 받을 뿐만 아니라 혈중 산소 농도가 떨어지고 혈액 산성도가 높아진다. 저체중아나 미숙아, 빈혈 있는 어머니의 아기, 선행 문제가 있는 아기는 그럴 가능성이 더 높다. 자궁 수축이 너무 약하거나 아기의 절박가사 징후가 보이면 어머니에게 인공 호르몬을 투여해 수축력을 높이거나 보조분만(assisted delivery)을 실시한다.

태아 감시
어머니의 배에 2개의 센서(감응장치)를 부착해서 자궁 수축과 태아 심박수를 기록한다. 태아절박가사일 경우 지속적인 빈맥이나 심박수 감소가 나타난다.

보조분만

아기를 정상적으로 낳지 못하거나 출산을 좀 더 빨리 진행해야 할 경우 보조분만을 실시한다. 진공흡입기는 아기 머리에 부착하는 흡반으로서 산모가 아기를 밀어낼 때 아기를 부드럽게 잡아당기는 도구이다. 집게는 아기의 머리 둘레를 집는 도구이며 역시 산모가 아기를 밀어낼 때 아기를 잡아당기는 데 이용된다. 제왕절개는 복부로 아기를 꺼내는 외과적 분만법이다. 이때 산모는 전신마취를 하거나 허리 아래의 감각을 없애는 **경막바깥마취**(경막외마취, epidural anesthesia)를 한다.

절개선

제왕절개(caesarean section)
자궁 아래부분을 절개해 들어가 아기를 꺼낸다. 질분만(vaginal delivery)이 산모나 아기에게 너무 어렵거나 위험할 경우에 실시한다.

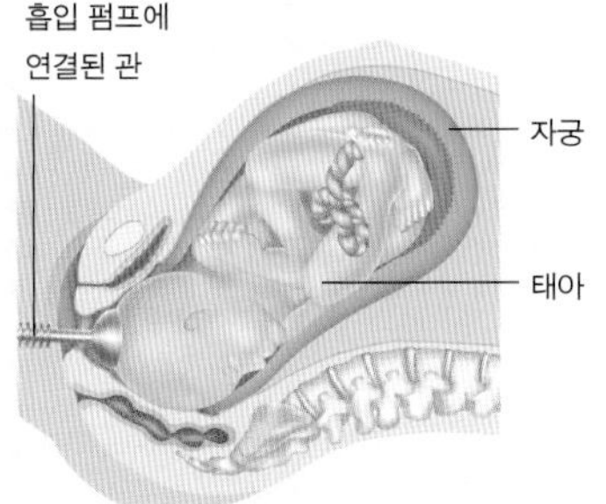
흡입 펌프에
연결된 관
자궁
태아

진공흡입기(ventouse) 분만
진공흡입기는 진공흡입으로 아기 머리에 부착하는 흡반이다. 나중에 아기 머리가 부어오를 수 있지만 곧 정상으로 돌아온다.

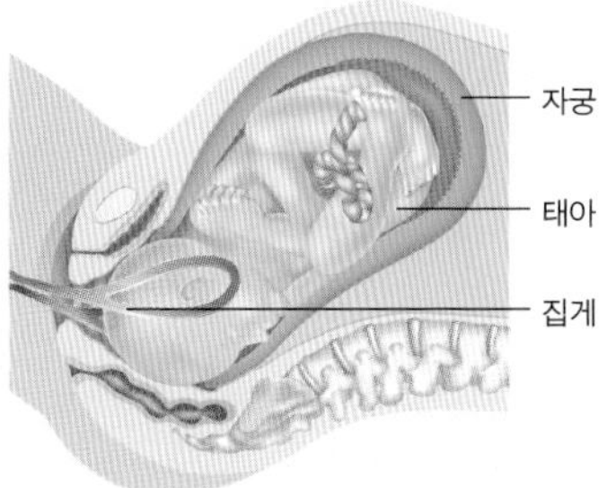
자궁
태아
집게

집게(겸자, forcep) 분만
숟가락 모양의 분만집게를 아기 머리 둘레에 조심해서 위치시킨다. 산모가 아기를 밀어낼 때마다 의사는 집게를 잡아당겨 머리가 질로 나오게 한다.

비정상 태위(이상 태위)

태아는 태어나기 전에 특정 위치로 자리 잡아야 한다. 모든 편위(치우침, deviation)는 비정상 태위(이상 태위)에 해당하며, 그럴 경우 출산이 어려워질 수 있다.

태아는 얼굴은 어머니 등쪽으로, 머리는 자궁목이 있는 아래로 향해야 자궁이 수축할 때 자궁목을 밀고나올 준비가 된다. 비정상 태위일 경우 태아는 엉덩이가 아래로 향하는 볼기태위(둔위, breech presentation)일 수도 있고, 머리가 아래로 향하지만 골반 속에 너무 높이 있어 자궁목을 밀고나가지 못할 수도 있다. 때로는 가로태위(횡태위)일 수도 있고, 기운태위(사위태위)라 팔을 자궁목에 얹고 있을 수도 있다. 비정상 태위인 태아를 분만시키는 여러 방법은 어머니에게 외상을 입히거나 태반 박리를 일으킬 수 있다. 태아를 돌려서 양수를 터뜨린 다음 태아 머리가 자궁목으로 내려오게 할 수는 있지만 태반이 산도에 위치하거나 어머니의 골반이 너무 작을 경우에는 위험할 수 있다. 태아가 세로로 위치하고 있다면 정상 분만이 가능하다. 어머니의 골반이 너무 작아 태아가 나올 수 없거나 태반이 산도에 위치해 있다면 제왕절개를 해야 한다.

조기분만

분만이 임신 37주 전에 시작되면 조기분만(조산, preterm labor)이다. 태아가 건강 문제를 겪거나 사망할 수도 있다.

조기분만의 원인은 태아, 태반, 어머니의 이상을 비롯해 굉장히 많다. 장기가 성숙하기 전에 태어나므로 태아의 위험이 크다. 진통이 너무 일찍 시작되면 약물로 자궁 수축을 지연하거나 중단시킬 수 있다. 분만을 일시적으로 중지시키거나 길게 지연할 경우 코르티코스테로이드를 충분히 투여하면 태아의 허파(폐) 성숙을 도울 수 있어 태아가 호흡기 문제를 일으킬 가능성이 줄어든다.

미성숙아
22주경에 자궁에서 나온 아기들이 생존하기도 했지만 허파, 뇌, 눈의 손상 위험이 극도로 높았다.

내분비계통 질환

내분비계통은 혈류에 호르몬을 분비해서 다른 장기와 신체 계통의 기능을 조절하는 샘과 조직으로 이루어져 있다. 내분비샘의 질환은 다른 내분비샘을 침범해서 하나 이상의 신체 계통을 파괴할 수 있다.

제1형 당뇨병

제1형 당뇨병에 걸리면 이자(췌장) 세포가 손상되어 인슐린을 거의 또는 전혀 생산하지 못해 몸이 포도당을 제대로 처리하지 못한다.

몸은 음식으로 포도당을 섭취해 에너지를 만들어 내는 데 사용한다. 그러고 나서 잉여분은 간과 근육에 저장한다. 혈당치(혈중 포도당 농도)는 음식 섭취에 반응해 이자에서 생산되는 호르몬 인슐린으로 조절된다. 인슐린은 신체 세포가 포도당을 흡수하도록 도움으로써 혈당치를 일정하게 유지한다. 만약 이 과정이 작동하지 않으면 혈당치가 너무 높아져 당뇨병이 생긴다.

당뇨병에는 3가지 주요 유형이 있다. 제1형 당뇨병, 제2형 당뇨병, 임신당뇨병(gestational diabetes). 제1형 당뇨병은 일종의 자가면역질환이며, 몸의 면역체계가 이자 세포를 공격하는 것이다. 이것을 유발하는 원인이 불분명하긴 하지만, 청소년기의 바이러스 또는 여타 병원체 감염이 관련있을 것으로 보인다. 그래서 인슐린 생산이 줄어들거나 중단된다.

인슐린이 없으면 세포는 당을 흡수할 수 없고, 몸은 지방을 대체 에너지원으로 이용하기 시작한다. 그러면 혈당치가 점점 증가해 갈증과 배뇨량 증가, 욕지기, 피로감, 몸무게 감소, 시야 흐려짐, 감염 재발 등이 유발된다. 치료하지 않으면 대사(신체 기능을 유지하는 지속적인 화학 반응) 장애와 급기야 케톤산증(ketoacidosis)을 야기해 혼수와 사망에 이른다.

당뇨병은 당과 케톤(ketone, 지방 분해의 산성 부산물)을 측정하는 소변검사와 혈액검사로 진단한다. 혈액검사를 해 보면 몸이 대사 장애를 해결하려고 할 때 일어나는 다양한 화학적 변화만큼이나 높은 혈당치가 나온다. 제1형 당뇨병은 완치할 수는 없지만 인슐린으로 혈당치를 조절하면 평생 관리가 가능하다. 아울러 건강식, 운동, 당뇨병 합병증 예방을 해야 한다. 또 고콜레스테롤혈증, 고혈압, 과식과 흡연과 과음을 비롯한 건강에 나쁜 생활 습관처럼 심장혈관계통질환(당뇨병의 주요 합병증)의 위험을 높이는 요인을 최소화해야 한다.

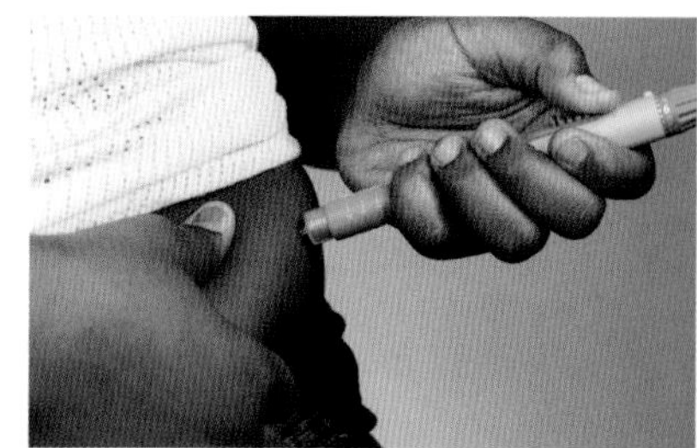

인슐린 주사
대체 인슐린(replacement insulin)은 주사나 펌프로 하루에 여러 번 투여해야 당 대사를 조절할 수 있다.

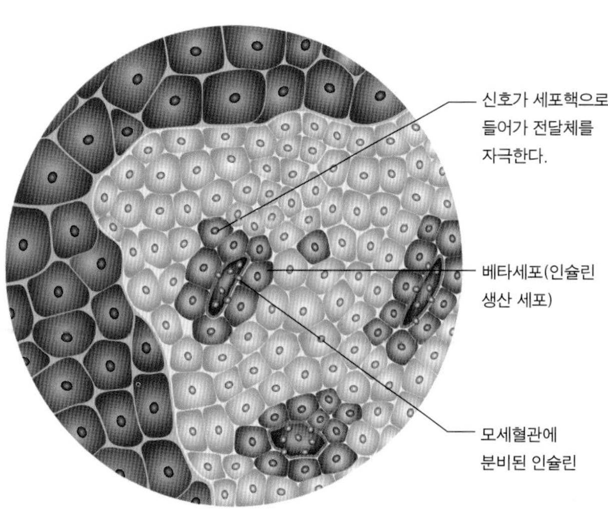
신호가 세포핵으로 들어가 전달체를 자극한다.
베타세포(인슐린 생산 세포)
모세혈관에 분비된 인슐린

정상 베타세포 기능
혈당은 이자섬(랑게르한스섬)이라는 세포 집단에 있는 베타세포(beta cell)에 의해 조절된다. 이 세포는 식사 중과 식사 후에 호르몬 인슐린, c펩티드(c-peptide), 아밀린(amylin)을 분비한다.

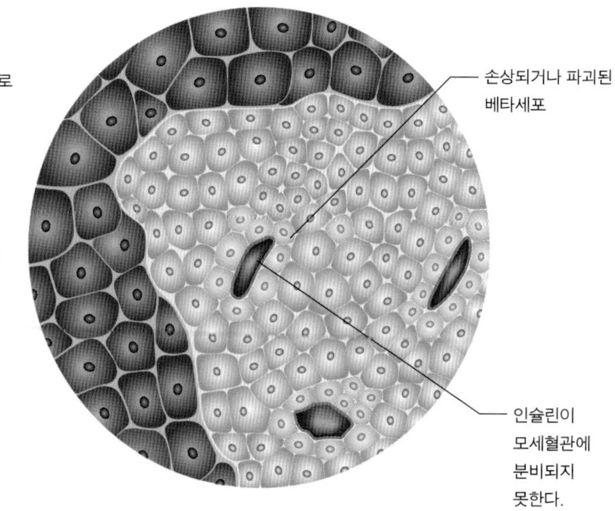
손상되거나 파괴된 베타세포
인슐린이 모세혈관에 분비되지 못한다.

손상된 베타세포
베타세포가 감염, 외상, 노화 때문에 손상되면 인슐린 같은 호르몬의 분비가 감소해 몸의 혈당 조절에 장애가 생긴다.

혈당 조절

몸의 혈당은 좁은 범위 내에서 유지되어야 세포가 충분한 포도당을 보유할 수 있으며, 혈당치가 너무 높아지면 독성이 야기된다. 포도당 조절에 관여하는 2가지 주요 호르몬은 인슐린과 글루카곤이며, 둘 다 이자섬의 세포에서 생산된다. 음식을 섭취하면 혈당치가 올라가면서 인크레틴(incretin)이 분비되어 이자의 베타세포가 인슐린을 생산하도록 자극한다. 이 호르몬은 대부분의 신체 세포를 자극해 혈액에서 포도당을 더 많이 흡수하도록 만든다. 또 더 많은 포도당을 에너지로 이용하도록 자극하고, 간과 근육세포를 자극해 잉여 포도당을 글리코겐(당원, glycogen)으로 저장하게 한다. 그리고 간과 지방세포의 지방 합성을 자극한다. 반대로 식간과 운동 중에 혈당이 떨어지면 저혈당 수준이 다른 무리의 이자 세포인 알파세포를 자극해 글루카곤을 분비하게 한다. 그러면 간과 근육세포에서 과거에 저장한 포도당을 방출하고 다른 음식 성분으로 포도당을 더 만들게 되며, 더 많은 지방이 지방산(fatty acid)과 글리세롤(glycerol)로 분해되어 세포에서 에너지로 쓰인다.

이자

인슐린을 생산하는 베타세포

글루카곤을 생산하는 알파세포

이자섬(랑게르한스섬)
이자 조직의 이 부분에는 5가지 내분비 세포가 들어 있다. 이자섬에서는 혈당 조절에 관여하는 인슐린(insulin), 글루카곤(glucagon), 소마토스타틴(somatostatin)을 생산한다.

제2형 당뇨병

이자가 인슐린을 분비하더라도 신체 세포가 그것을 포도당 흡수 신호로 받아들이지 않아 혈당치가 높게 유지된다.

신체 세포는 포도당을 흡수해서 에너지를 얻는다. 포도당은 소화 중에 음식물에서 분리되어 혈류를 타고 모든 조직으로 전달된다. 정상일 경우 이자에서 분비되는 인슐린은 세포가 포도당을 흡수하도록 돕는다. 하지만 인슐린이 너무 적게 생산될 경우 또는 세포가 포도당을 충분히 흡수하지 못할 경우, 혈당치가 너무 높아져 당뇨병이 발생한다.

제2형 당뇨병에는 몇 가지 종류가 있다. 우선 인슐린 분비 감소, 이자의 베타세포 수 감소, 세포의 인슐린 내성 증가가 조합되어 나타날 수 있다. 유전이 요인일 수 있지만 비만과도 큰 관련이 있다. 대부분의 나라에서 발병률이 급격히 증가하는 것은 몸무게 증가와 운동 부족으로 인해 특히 복부에 지방이 축적되는 것과 관련 있어 보인다. 이 질환은 처음에는 잘 모르지만 혈당치가 높아지면 피로감, 갈증, 경미한 감염 재발 같은 증상이 나타날 수 있다. 만약 치료하지 않거나 허술하게 관리하면 포도당 만성 과다로 온몸의 장기와 조직에 혈액을 공급하는 혈관에 손상이 생겨 망막 손상, 시력상실, 콩팥기능상실, 신경 손상이 야기된다. 뇌졸중, 심근경색증, 말초혈관질환(종아리와 발의 혈관을 침범하는 질환) 같은 심장혈관계통의 질환 가능성이 높아질 수 있다.

제2형 당뇨병은 혈액검사와 소변검사로 과잉 포도당을 측정해서 진단한다. 치료하려면 혈당치를 조절해야 한다. 우선 건강식, 규칙적인 운동, 몸무게 줄이기 같은 생활양식 변화부터 시작해야 한다. 또 환자는 자신의 혈당치를 감시하는 방법을 배워야 한다. 하지만 병이 진행되면 혈당치를 낮추는 약이 필요하다. 약물은 이자에서 더 많은 인슐린을 만들어 내게 하거나, 이미 만들어진 인슐린의 이용을 촉진하거나, 신체 세포가 인슐린에 더 잘 반응하게 만든다. 어떤 환자는 인슐린 치료(규칙적인 인슐린 투여)가 필요할 수도 있다. 아울러 고혈압과 고콜레스테롤혈증 같은 요인을 관리해 콩팥, 눈, 신경, 말초혈관의 손상 위험을 줄여야 한다.

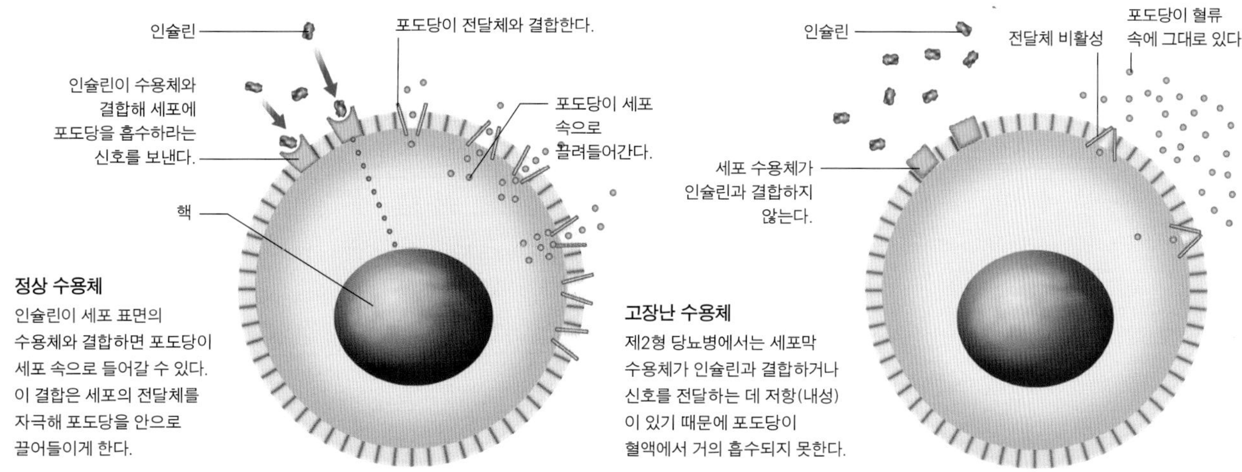
인슐린
포도당이 전달체와 결합한다.
인슐린이 수용체와 결합해 세포에 포도당을 흡수하라는 신호를 보낸다.
포도당이 세포 속으로 끌려들어간다.
핵
인슐린
전달체 비활성
포도당이 혈류 속에 그대로 있다.
세포 수용체가 인슐린과 결합하지 않는다.

정상 수용체
인슐린이 세포 표면의 수용체와 결합하면 포도당이 세포 속으로 들어갈 수 있다. 이 결합은 세포의 전달체를 자극해 포도당을 안으로 끌어들이게 한다.

고장난 수용체
제2형 당뇨병에서는 세포막 수용체가 인슐린과 결합하거나 신호를 전달하는 데 저항(내성)이 있기 때문에 포도당이 혈액에서 거의 흡수되지 못한다.

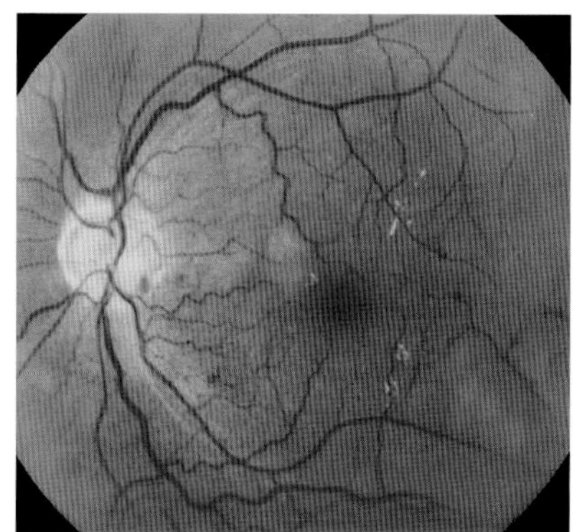

당뇨망막병(diabetic retinopathy)
당뇨병은 눈에서 출혈, 종창, 지방 침착, 망막 광수용세포 장애 같은 다양한 문제를 일으켜 작은 혈관을 손상시킨다.

비만

세계적으로 점점 증가하고 있는 문제인 비만(obesity)은 당뇨병, 심장질환, 고혈압, 관절염, 천식, 불임, 부인과질환, 췌장암이나 대장암 같은 암을 비롯한 많은 질병의 위험을 높인다. 과잉체중이 이런 위험을 높이는 방식은 다양하지만 알려진 바에 따르면 체지방(body fat), 특히 복부내장지방은 호르몬처럼 작용하는 조직이라서 다른 조직에 염증 반응을 일으킬 수 있다. 건강 위험은 체질량지수(body mass index, BMI)가 높아짐에 따라 증가한다. 많은 전문가들은 허리둘레(waist circumference)가 향후의 건강 문제 예측에 더 나은 지표라고 생각한다. 허리둘레를 측정해서 남성은 102센티미터(40인치), 여성은 88센티미터(35인치) 이상이면 복부비만이 과다하고 당뇨병 위험이 높다고 할 수 있다.

체질량지수
체질량지수(body mass index, BMI)는 몸무게(킬로그램)를 키(미터) 제곱으로 나눈 값이다. 체질량지수가 18.5~24.9이면 대체로 건강하다고 보지만, 나이와 근육량에 따라 범위가 달라질 수 있다.

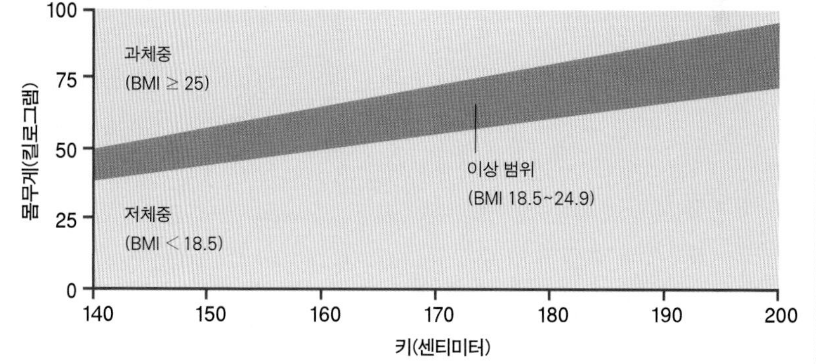
100
75
50
25
0
몸무게(킬로그램)
과체중
(BMI ≥ 25)
이상 범위
(BMI 18.5~24.9)
저체중
(BMI < 18.5)
140
150
160
170
180
190
200
키(센티미터)

임신당뇨병

임신 중에 일어나는 호르몬 변화는 임신당뇨병을 일으켜 어머니와 아기 모두에게 위협이 될 수 있다.

몇몇 임신 호르몬은 혈당치를 조절하는 인슐린의 효과를 방해할 수 있어서 혈당치가 지나치게 높아진다. 임신당뇨병은 과체중인 여성과 가족력이나 개인 당뇨병력이 있는 여성에게 더 흔하다. 갈증, 피로감, 다뇨증이 나타난다. 치료하지 않으면 거대태아(태아거대증), 선천성심장기형, 유산, 사산, 비정상 분만(이상분만)의 위험이 높아져 어머니와 신생아의 생명이 위험할 수 있다. 치료하려면 혈당치를 조절해야 한다. 식이조절과 적절한 운동이 요구되며 필요하면 인슐린을 투여한다. 태아는 초음파로 감시해야 한다. 관리를 잘하면, 어머니와 아기가 모두 문제없을 것이다. 출산 후 대부분의 여성은 혈당치가 빠르게 정상으로 돌아온다. 일부 여성은 당뇨병이 평생 지속되며 또 다음 임신 때 임신당뇨병이 재발할 위험도 높다.

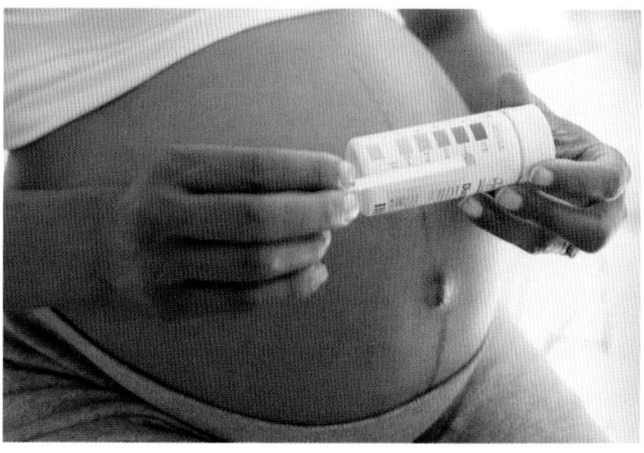

당뇨병 검사
당뇨병은 임신 중에 비교적 흔히 발생한다. 그래서 임신부는 정기적인 소변 검사로 요당을 확인한다. 검사 결과가 양성일 경우에는 혈액검사로 확진한다.

뇌하수체저하증

뇌하수체는 주요 신체 기능에 필수적인 호르몬을 분비하기 때문에 뇌하수체저하증(hypopituitarism)은 심각한 질환을 야기할 수 있다.

뇌하수체(pituitary gland)는 성장, 스트레스나 감염에 대한 반응, 생식 능력 같은 생체 기능을 조절한다. 다른 샘에 작용하는 되먹임 체제를 통해 시상하부, 콩팥위샘(부신), 난소, 고환과 함께 일한다. 뇌하수체저하증은 뇌졸중 같은 혈관질환, 종양, 감염, 자가면역질환 때문에 생길 수 있다. 증상은 특정 호르몬 결핍에 따라 다르며 성욕 상실, 불임, 아동의 성장지연이 나타날 수 있다. 질환의 원인을 제거하거나 갑상샘 호르몬 같은 작용 대상 호르몬의 결핍을 교정해야 한다.

뇌하수체 종양

뇌 종양의 약 10퍼센트를 차지하는 뇌하수체 종양은 대부분 양성이다. 대체로 천천히 자라면서 서서히 호르몬을 과다 분비한다.

가장 흔한 뇌하수체 종양에서는 성장호르몬과 프로락틴(젖분비호르몬)이 분비되어 과잉 성장, 말단비대증, 모유 과잉 생산 같은 증상을 야기한다. 때로는 종양이 자람에 따라 반대 효과가 나타나 뇌하수체 호르몬 분비가 줄어들기도 한다. 종양으로 인한 압박이 생기면 두통, 시각신경에 가해지는 압력으로 인한 부분 시력 상실, 얼굴 마비나 무감각이 유발된다. 진단하려면 머리 엑스선, MRI, CT 촬영을 해서 종양의 크기와 주변 조직에 미치는 영향을 확인하고, 혈액검사로 관련 호르몬 수준을 점검하고, 뇌하수체 기능도 검사해야 한다. 치료법은 나이, 종양의 크기와 성격에 따라 다르다. 프로락틴과 성장호르몬 분비를 억제하는 약을 투여한다. 방사선요법과 화학요법을 병행하면서 수술로 종양을 제거하기도 한다. 나중에 대체 호르몬 투여가 필요하다.(호르몬 대체요법)

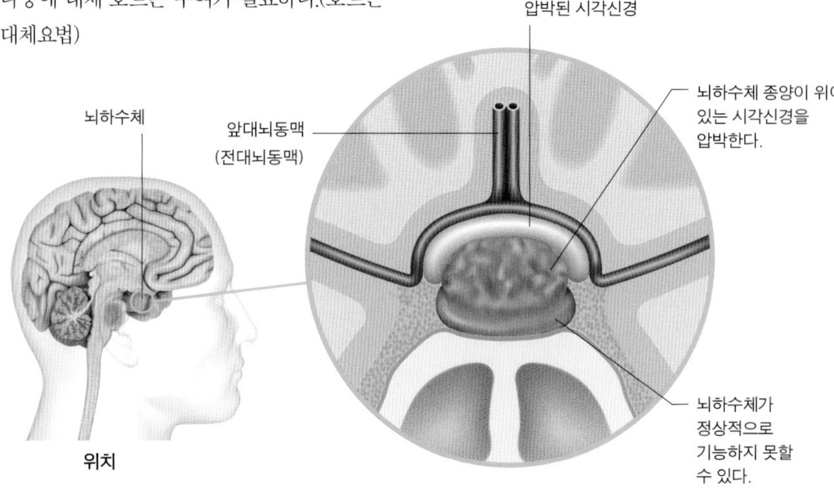
압박된 시각신경
뇌하수체
앞대뇌동맥
(전대뇌동맥)
뇌하수체 종양이 위에 있는 시각신경을 압박한다.
뇌하수체가 정상적으로 기능하지 못할 수 있다.
위치

뇌하수체 종양
종양이 바로 위를 지나는 시각신경을 압박할 수 있다. 그러면 두통과 부분 시력 상실이 일어날 수 있다.

갑상샘저하증

갑상샘 호르몬 생산 부족, 즉 갑상샘저하증(hypothyroidism)은 대사(신체 기능을 유지하는 지속적인 화학 반응) 속도를 떨어뜨린다.

성인에게 가장 흔하며, 면역계통이 자신의 갑상샘 조직을 공격해 일으키는 갑상샘염이라는 자가면역질환 때문에 발생한다. 여성, 특히 폐경 이후의 여성에게 더 흔하다. 발생이상이나 유전성대사질환 때문에 신생아에게도 발생할 수 있다. 신체 기능이 떨어지면서 피로감, 몸무게 감소, 털과 피부 건조, 액체 저류, 정신 기능 저하가 나타난다. 혈액검사를 해 보면 갑상샘에서 분비되는 티록신(thyroxine, T4)의 수준은 낮고, 갑상샘의 기능을 자극하는 갑상샘자극호르몬(TSH)의 수준은 높다. 대체 티록신 투여가 필요하다.

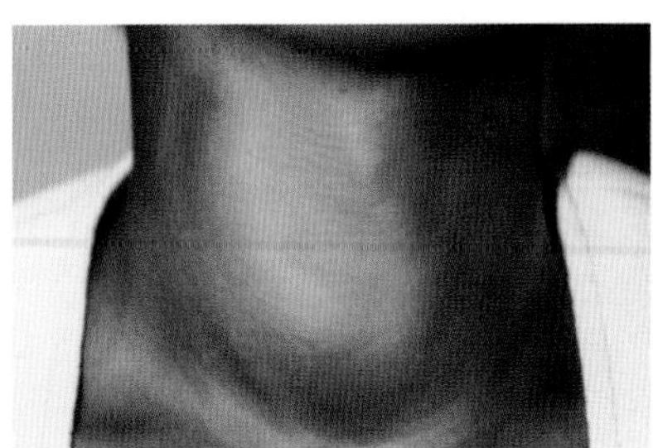

갑상샘종(goiter)
비대해진 갑상샘 때문에 생긴 종창이 목 앞쪽에 보인다. 갑상샘저하증 같은 질환이 원인이다.

갑상샘항진증

대개 갑상샘 호르몬 과다 분비 때문에 발생하며 중요한 신체 기능의 속도를 높인다.

갑상샘항진증(hyperthyroidism, thyrotoxicosis)을 유발하는 가장 흔한 원인은 면역계통이 갑상샘을 공격해서 호르몬을 과다 분비하게 만드는 자가면역질환의 일종인 그레이브스병(Graves' disease)이다. 다른 원인으로는 갑상샘결절(thyroid nodule)이라는 양성 종양과, 약물 부작용이 있다. 증상은 서서히 심해진다. 대사가 지나치게 왕성해지고 안절부절, 불안, 과민성(흥분성), 두근거림(심계항진), 몸무게 감소, 설사, 호흡곤란이 나타난다. 그레이브스병 환자는 안구돌출증이 나타나기도 한다. 합병증으로는 심장질환과 뼈엉성증이 있다. 혈액검사를 해 보면 갑상샘 호르몬인 티록신(T4)의 수준은 높고, 뇌하수체 호르몬인 갑상샘자극호르몬(TSH)의 수준은 낮다. 갑상샘 호르몬의 분비를 줄여야 하기 때문이다.

치료는 혈중 티록신의 수준을 낮추는 데 주안점을 둬야 한다. 증상이 가라앉을 때까지 카비마졸(carbimazole) 등을 1~2년 동안 투약해야 한다. 방사성 요오드를 투여해 과잉 갑상샘 조직을 파괴하거나 일부 갑상샘 조직을 제거하기도 한다.

그레이브스병
그레이브스병의 자가면역 반응은 눈 뒤의 근육과 결합조직에 염증과 비정상 침착물을 야기해서 눈의 모양과 기능에 이상을 일으킨다.

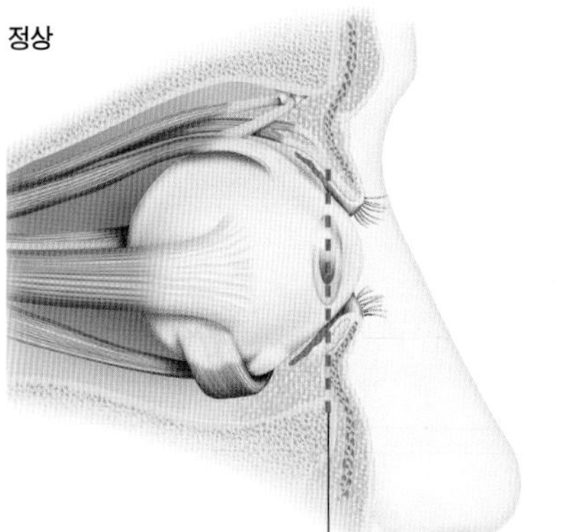
정상
안구가 눈확(안와)에 딱 들어맞는다.

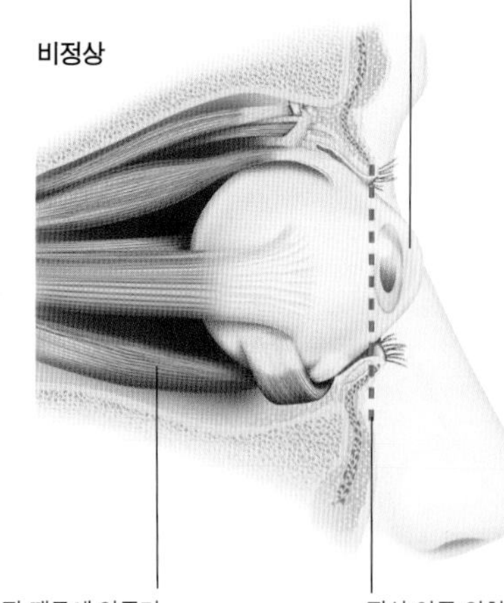
비정상
안구가 앞으로 튀어나와 있다. 비정상적으로 돌출되어 보인다.(안구돌출증)
부은 조직 때문에 안구가 튀어나온다.
정상 안구 위치

갑상샘암종

갑상샘암(thyroid cancer) 또는 갑상샘암종(thyroid carcinoma)은 드물긴 하지만 서서히 자라며, 치료 받을 경우 생존율이 양호하다.

발생하는 세포의 종류에 따라 다르다. 유두모양암종, 소포암종, 속질암종 중 가장 흔한 암종은 유두모양암종이다. 선행 갑상샘질환, 머리나 목의 방사선요법, 요오드 결핍 식사 등은 모두 암 발생률을 높인다. 속질암종은 유전성이다. 갑상샘암종은 서서히 자라서 덩이(종괴)를 이루어 갑상샘 종창을 유발한다. 쉰 소리가 나기도 한다.

초음파와 생검으로 종양의 존재 여부를 확인하고 MRI, CT, 방사성동위원소 조영술로 얼마나 전이됐는지 평가한다. 종양 발생 또는 조직 제거 또는 파괴 수술, 방사성 요오드 투여, 방사선요법이 있다. 경우에 따라서는 갑상샘 전체를 절제한다. 일반적으로 대체 티록신도 투여한다.

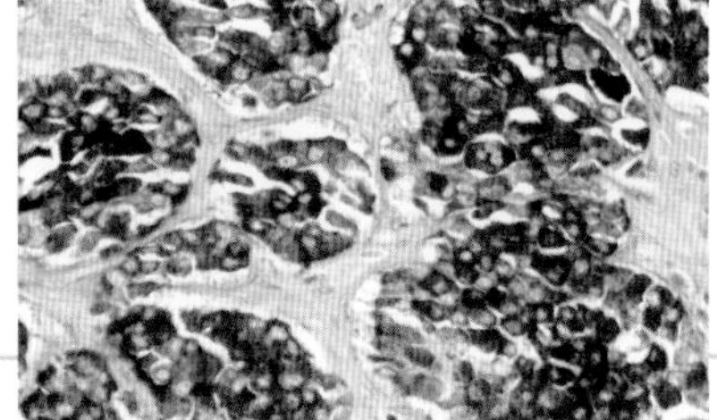

갑상샘암종
암은 모든 종류의 주요 갑상샘 세포에서 발생할 수 있다. 속질암종(medullary carcinoma, 왼쪽)은 다른 종류의 갑상샘 세포 암종보다 더 이른 단계에 전이된다.

성장 문제

성장은 많은 신체 계통과 관련 있다. 성장장애는 키뿐만 아니라 장기 발달, 상처와 질병으로부터의 회복, 심지어 피부, 털, 손발톱에도 악영향을 미친다. 뇌하수체에서 생산되는 성장호르몬은 주된 역할을 한다. 아동에게 성장호르몬이 과다하거나 결핍되면 키에 영향을 미치기도 한다. 성인에서는 과다할 경우 말단비대증이 생기고 결핍될 경우 근육 약화, 에너지(기력) 부족, 의기소침 등이 나타날 수 있다.

말단비대증

뇌하수체에서 성장호르몬이 과다 분비되면 말단비대증(acromegaly), 즉 얼굴, 손, 발, 연조직의 비정상적인 비대가 일어난다.

대부분 성장호르몬을 과다 분비하는 뇌하수체 종양 때문에 발생하며 뼈와 연조직에서 영향이 나타난다. 아동에서 거인증(gigantism) 또는 과잉 성장을 일으킬 수 있다. 사춘기 이후에는 더 이상 뼈가 자라지 않는데도 성장호르몬 과다 때문에 성인이 되어도 뼈가 계속 비대해질 수 있다. 이 과정은 매우 점진적이지만 나중에 명확한 변화가 나타난다. 특히 손, 발, 아래턱, 눈확이 비대해진다. 연조직 변화도 일어나 입술이 두꺼워지고 혀가 커지고 피부가 여드름이 나면서 뻣뻣해지고 기름기가 흐르고 거무튀튀해진다. 간, 심장, 갑상샘 같은 내부 장기도 커져서 심장기능상실 같은 문제를 일으킨다. 당뇨병과 여타 대사질환, 고혈압, 신경 및 근육 손상도 유발할 수 있다.

혈액검사를 하면 호르몬과 무기질 수준이 비정상이다. 엑스선, MRI, CT 촬영 시 뼈의 변화가 나타난다. 뇌하수체 종양 환자는 종양을 수술로 제거하거나 방사선요법으로 위축시킨다. 약물로 성장호르몬 수준을 낮추기도 한다.

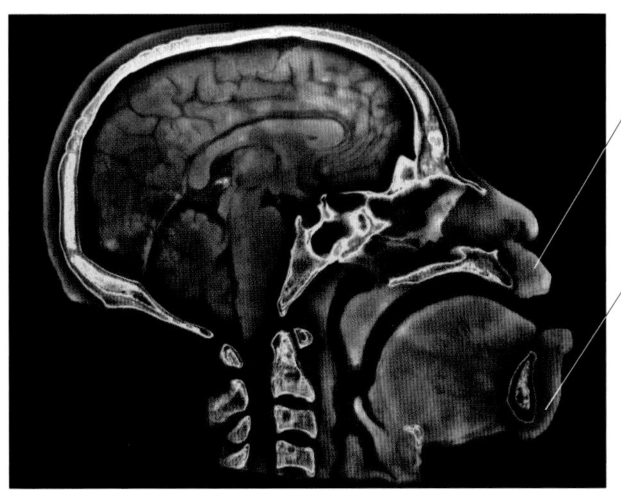
두꺼워진 입술
비대해지고 돌출된 아래턱

말단비대증의 영향
말단비대증 때문에 비대해진 턱과 얼굴의 특징이 MRI 영상에 보인다.

아동 성장장애

아동의 성장은 가족의 성장 패턴뿐만 아니라 유전자, 호르몬 기능, 영양, 전반적인 건강 이상으로부터 영향을 받을 수 있다.

아동의 정상 성장은 엄청나게 복잡하며 육체적, 정신적 건강의 모든 면이 영향을 미친다. 성장 이상에는 2가지 주요 유형이 있다. 저신장(작은 키)과 신체 불균형을 야기하는 비정상 성장 패턴은 대사질환이나 유전적 요인, 난쟁이증(왜소증, dwarfism)의 주요 원인 가운데 하나이자 연골무형성증(achondroplasia, 417쪽)의 원인인 염색체 이상에서 비롯된다. 일부 성장장애는 호르몬, 특히 뇌하수체에서 생산되는 성장호르몬의 과다나 결핍 때문에 일어난다. 성장호르몬 과다는 거인증 또는 극단적인 뼈 성장을 일으키고, 반대로 결핍은 성장 지연을 야기할 수 있다.

갑상샘에서 분비되는 티록신이 결핍되어도 성장과 발달 지연이 일어날 수 있다. 이에 반해 신체 균형은 맞으면서 (동갑내기와 비교해) 성장 부진인 경우는 영양 결핍이나 만성질환이 원인이다. 성장장애를 치료하려면 선행 원인을 확인해서 치료해야 한다.

애디슨병

부신의 겉질(피질)이 손상되면 호르몬 생산이 중단돼 애디슨병이 생길 수 있다.

부신 겉질은 대사와 혈압을 조절하고 체내 전해질 균형을 맞추는 호르몬을 생산한다. 코르티코스테로이드 결핍은 면역계통이 자신의 부신을 공격하는 자가면역질환 때문에 생길 수 있다. 이보다 드문 원인으로는 감염, 특정 약물, 갑작스러운 코르티코스테로이드 치료 중단 등이 있다. 피로감, 근육 약화, 욕지기, 피부 변색, 몸무게 감소, 우울증 외에 갑작스러운 질병, 손상, 여타 스트레스 때문에 애디슨위기(Addisonian crisis, 부신성 위기)가 올 수도 있다. 부신이 호르몬을 충분히 또는 전혀 생산하지 못해 순환허탈(circulatory collapse)이 일어나면 응급처치가 필요하다. 장기 치료법으로는 대체 코르티코스테로이드 투여가 있다.

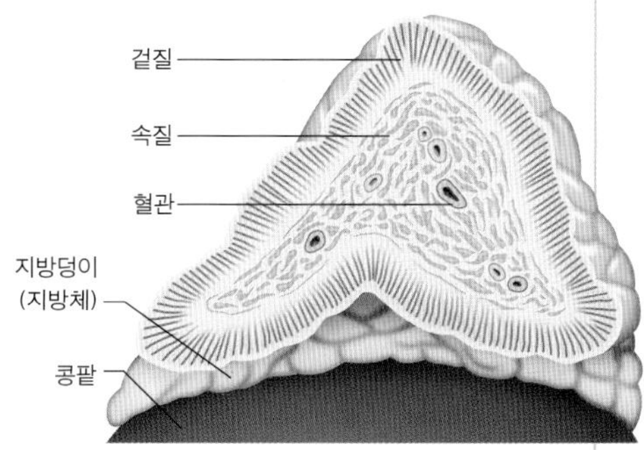
겉질
속질
혈관
지방덩이
(지방체)
콩팥

부신 단면
이 샘은 콩팥 위에 자리 잡고 있다. 속질은 아드레날린(adrenaline)과 노르아드레날린(noradrenaline)을 분비하고 겉질은 다양한 호르몬을 생산한다.

쿠싱증후군

부신에서 코티솔(cortisol, 코르티코스테로이드의 일종)을 너무 많이 생산하면 쿠싱증후군이 생길 수 있다.

가장 흔한 원인은 쿠싱병(Cushing's disease)이다. 쿠싱병은 뇌하수체가 부신을 자극해 코르티코스테로이드가 과다 분비되는 질환이다. 쿠싱증후군의 증상으로는 비만, 얼굴과 어깨의 지방 침착 과다, 털 성장 과다, 고혈압, 당뇨병 등이 나타난다. 또 피부가 얇아지고 털이 가늘어지며 몸이 허약해진다. 뼈엉성증 때문에 골절도 일어난다. 감염이 재발하고 성호르몬이 교란되어 남성에게는 발기장애(발기부전), 여성에게는 월경불규칙이 발생하기도 한다. 원인을 우선적으로 확인하고 치료해야 한다. 쿠싱병은 방사선요법이나 약물 처방과 더불어 수술로 부신에 대한 뇌하수체의 자극을 줄여 부신의 활성을 낮춰야 한다.

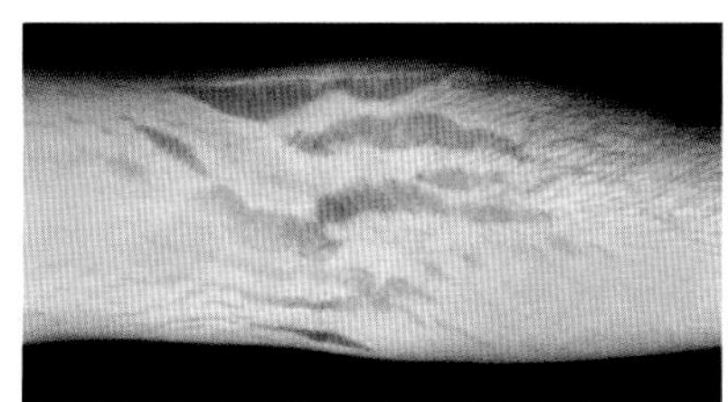

튼살
높은 코르티코스테로이드 농도에서 가장 눈에 띄는 징후 중 하나는 피부 층이 늘어나 벌어지는 튼살이다. 특히 몸통과 팔에서는 피하지방이 튼살로 나타난다.

칼슘 대사장애

부갑상샘의 기능 항진이나 저하는 체내 칼슘 수준에 영향을 미쳐 질병을 유발할 수 있다.

칼슘은 뼈와 조직의 성장, 근육과 신경의 기능에 필요하다. 칼슘 수준은 부갑상샘 호르몬으로 조절된다. 부갑상샘의 기능이 떨어지면 부갑상샘 호르몬 수준이 너무 낮아져 저칼슘혈증이 야기된다. 그러면 근육 경련과 신경 문제가 일어날 수 있다. 대개 부갑상샘의 종양 때문에 부갑상샘의 기능이 과도할 경우 부갑상샘 호르몬이 과다 분비되어 칼슘이 뼈에서 나와 혈액 속으로 들어간다. 그러면 뼈가 가늘어져 골절이 잘 일어나고 콩팥과 여타 조직에 칼슘이 침착된다. 주로 비타민 D와 칼슘 보충제로 치료한다. 수술로 종양을 제거하기도 한다.

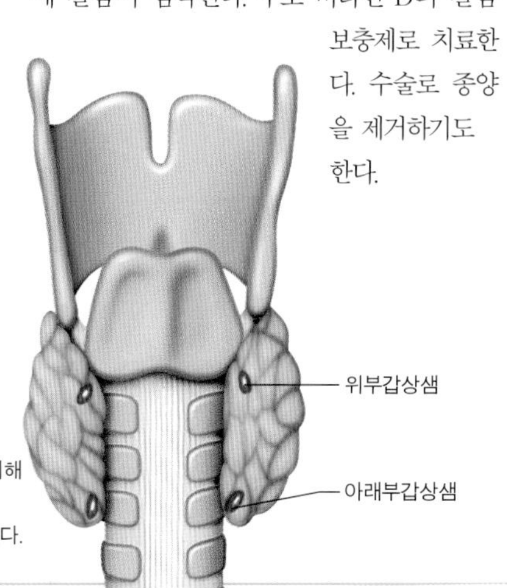
위부갑상샘
아래부갑상샘

부갑상샘(parathyroid gland)
4개의 부갑상샘이 목의 후두 바로 아래, 갑상샘 뒤에 위치해 있다. 칼슘 수준이 낮아지면 부갑상샘 호르몬을 분비해 뼈에서 칼슘을 끌어내고 음식으로부터 칼슘 흡수를 늘린다.

용어 해설

용어 해설에 표제어로 나온 용어는 이탤릭체(영어)와 *필기체*(한글)로, 중요한 관련 용어는 모두 고딕체로 표시했다.

A

abduction(벌림, 외전) 팔이나 다리를 인체의 정중선에서 멀리 이동시키는 운동. 벌림근(abductor)은 이 작용을 일으키는 근육을 가리킨다. *모음(adduction)*도 참조하라.

acetylcholine(아세틸콜린) 인체의 가장 중요한 *신경전달물질(neurotransmitter)* 중 하나. 신경에서부터 근육으로 신호를 전달할 뿐 아니라 수많은 신경세포들 사이에서 신호를 전달한다.

action potential(활동전위) *신경세포(neuron)*의 전기흥분파로, 축삭(*axon*)을 따라 이동한다.

adduction(모음, 내전) 팔이나 다리를 인체의 정중선에 가깝게 이동하는 운동. 모음근(adductor)은 이 작용을 일으키는 근육을 가리킨다. *벌림(abduction)*도 참조하라.

adipose tissue(지방조직) 지방을 저장하는 *조직(tissue)*.

adrenal gland(부신) *부신(suprarenal gland)*을 참조하라.

adrenaline(아드레날린) *에피네프린(epinephrine)*을 참조하라.

afferent(들-, 수입-) 혈관에서는 기관을 향해 혈액을 운반함을 뜻하고, 신경에서는 중추*신경계통(central nervous system)*을 향해 신경 자극을 전달함을 뜻한다. *날-(efferent)*도 참조하라.

aldosterone(알도스테론) *코르티코스테로이드(corticosteroid)*를 참조하라.

allergy(알레르기, 알러지) 성가시고 때로는 위험하기까지 한 *면역반응(immune response)*으로, 알레르기만 아니라면 전혀 위험하지 않은 꽃가루 같은 외부물질에 반응하여 일어난다.

alveolus(허파꽈리, 폐포; 치아확) (복수는 alveoli) 작은 공간. 구체적으로 허파(폐)에 있는 수백만 개나 되는 작은 공기주머니 중 하나로, 혈액과 가스를 교환하는 곳이다. 또한 턱뼈에서 치아가 박혀 있는 곳을 뜻하기도 한다.

amino acid(아미노산) 질소를 포함한 작은 *분자(molecule)*로, 최대 20가지나 되는 서로 다른 아미노산이 모여서 *단백질(protein)*을 구성한다. 아미노산은 다른 기능도 많다. *펩티드(peptide)*도 참조하라.

amnion(양막) *자궁(uterus)* 속에서 성장하는 *태아(fetus)*를 둘러싸는 *막(membrane)*. 양막 속에 들어 있는 액체인 양수(amniotic fluid)는 태아를 보호하고 완충장치로 작용한다.

anastomosis(연결, 문합) 독립된 두 혈관, 즉 두 *동맥(artery)* 사이나 동맥 하나와 *정맥(vein)* 하나 사이를 연결하는 혈관.

androgen(남성호르몬, 안드로겐) 남성의 신체 및 행동 특성을 증진하는 경향이 있는 *스테로이드 호르몬(steroid hormone)*. 여성보다 남성이 많이 분비한다.

anemia(빈혈) 혈액의 *혈색소(hemoglobin)* 농도가 위험할 정도로 낮은 상태. 빈혈의 원인은 본인도 모르게 일어나는 출혈에서부터 *비타민(vitamin)* 결핍에 이르기까지 나양하나.

angio- 혈관을 뜻하는 어근.

angiography(혈관조영술) 살아 있는 사람에서 혈관 영상을 제작하는 의학영상기법.

antagonist(1.대항근; 2.대항제, 길항제) 1. 다른 근육에 반대로 작용하는 근육. 2. *호르몬(hormone)*이나 *신경전달물질(neurotransmitter)*의 *수용체(receptor)*에 결합함으로써 그 작용을 방해하는 약물.

anterior(앞-) 서 있는 상태에서 인체의 앞면을 향한 방향. *뒤-(posterior)*도 참조하라.

antibiotic(항생제) 화학 성분과 관계없이 *세균(bacteria)*이나 이스트나 곰팡이 같은 미생물을 파괴하거나 성장을 억제하는 모든 화합물. 천연화합물도 있고 합성화합물도 있다.

antibody(항체) 백혈구가 생산한 방어 *단백질*. 인체에 침투한 *세균*이나 *바이러스* 표면 등에 있는 특정 '외부' 화학 성분인 항원(*antigen*)을 인식해서 이 항원에 들러붙는다. 인체는 다양한 침입자와 독소에 대항하는 서로 다른 수많은 맞춤 항체를 만들 수 있다.

anticoagulant(항응고제) 혈액 응고를 억제하는 물질.

antigen(항원) *면역체계(immune system)*를 자극하여 항체를 만들게 하는 모든 입자나 화학물질. 항체는 항원에 대항한다.

aorta(대동맥) 인체에서 가장 큰 *동맥*. 왼심실(left ventricle)이 뿜어낸 혈액을 운반한다. 대동맥은 아랫배까지 이어진 후 좌우 온엉덩동맥(common iliac artery)으로 갈라진다.

aponeurosis(널힘줄, 건막) 종이처럼 납작해진 *힘줄(tendon)*.

arteriole(세동맥) 매우 가는 *동맥*. *모세혈관(capillary)*으로 이어진다.

artery(동맥) 심장에서부터 조직이나 기관으로 혈액을 운반하는 혈관. 동맥은 *정맥*에 비해 굵고 벽에 근육성분이 많다.

articulation(관절) *관절(joint)*과 같은 뜻으로, 움직임이 없는 관절을 주로 지칭하지만 꼭 그렇지만은 않다. 또한 관절 내에서 두 뼈가 밀접하게 만나는 곳을 가리키기도 한다.

-ase *효소(enzyme)*를 뜻하는 접미사. 예를 들어 설탕분해효소(sucrase)는 *설탕(sucrose)*을 분해하는 효소다.

ATP 아데노신삼인산(adenosine triphosphate)의 약어. 모든 살아 있는 *세포가 사용하는 에너지 저장 분자*다.

atrium(심방) (복수는 atria) 심장의 두 작은 방을 뜻한다. *정맥*으로부터 혈액을 받아서 같은쪽 *심실(ventricle)*로 보낸다.

autoimmunity(자가면역) *면역체계*가 자신의 신체*조직*을 공격하는 상황으로, 종종 질병을 일으킨다.

autonomic nervous system(자율신경계통) 샘이나 창자 근육의 작용처럼 무의식 수준에서 일어나는 과정을 조절하는 신경계통의 한 부분. **교감신경계통**(sympathetic nervous system)과 **부교감신경계통**(parasympathetic nervous system)으로 나뉜다. 교감신경계통은 위급한 상황이 닥쳤을 때 맞서 싸우거나 도피하는 반응을 일으킨다. 부교감신경계통은 창자의 운동 및 분비와 음경 발기 등을 자극하고, 방광을 비우도록 자극한다.

axon(축삭, 축색) *신경세포*에서 돋아 나온 통신선 같은 구조. 전기 신호가 축삭을 따라 멀리 다른 곳으로 전달된다.

B

bacterium(세균) (복수는 bacteria) 단세포 생물 중 한 집단에 속한 구성원. 세균 중 일부는 위험한 *병원체(pathogen)*다. 세균은 동물이나 식물 *세포*보다 훨씬 작으며, *핵(nucleus)*이 없다.

basal ganglia(바닥핵, 기저핵) *대뇌(cerebrum)* 속 깊숙이 자리잡은 신경세포 집단. 꼬리핵(caudate nucleus)과 조가비핵(putamen)과 창백핵(globus pallidus)과 시상밑핵(subthalamic nucleus) 등으로 구성된다. 주된 기능은 운동 조절이다.

basophil(호염기구) *백혈구(leukocyte)*의 일종.

belly(힘살) 한 *뼈대근육(skeletal muscle)*에서 폭이 가장 넓은 부분. 근육이 수축하면 더 굵어진다.

bilateral(양쪽-, 양측-) 신체나 한 신체 부위의 양옆면을 뜻하거나 양옆면에 있는.

bile(쓸개즙, 담즙) 간에서 만들어진 후 *쓸개(gallbladder)*에 저장되었다가 쓸개관을 통해 창자로 방출되는 황녹색 액체. 지방 분해를 돕는 담즙산(bile acid)과 더불어 다른 배설물도 포함되어 있다.

biopsy(생검) 감염이나 암을 검사하기 위해 살아 있는 인체에서 채취한 표본이나 채취 과정.

blood-brain barrier(혈액뇌장벽) 원하지 않는 물질이 혈액으로부터 들어오지 못하도록 막는 뇌의 보호장치. 뇌는 이 장치가 다른 조직에 비해 발달되어 있다. 혈액뇌장벽에서 가장 중요한 것은 큰 분자에 대한 투과성이 여타 신체 부위에 비해 적은 *모세혈관*이다.

brachial(위팔-, 상완-) 위팔(상완,arm)에 관련된.

brainstem(뇌줄기, 뇌간) 뇌 중에 가장 아래에 위치한 부분. 나머지 뇌에서 시작하여 아래로 척수까지 이어진다. 뇌줄기는 위에서부터 순서대로 *중간뇌(midbrain)*와 다리뇌(pons)와 숨뇌(*medulla oblongata*)로 구성된다.

bronchus(기관지) (복수는 bronchi) *기관(trachea)*에서 갈라져 나오며 공기가 지나는 관. 허파(폐)로 이어진다. 좌우 기관지는 좌우 허파로 들어가서 엽기관지(lobar bronchus)로 갈라지고, 결국 가장 가는 기관지인 **세기관지**(bronchiole)가 된다.

C

calcitonin(칼시토닌) *갑상샘(thyroid gland)*을 참조하라.

cancer(암) 다른 인체 부위로 퍼져나가서 집락을 형성할 능력을 갖춘 *세포*들이 걷잡을 수 없이 증식한다. 전형적인 암세포는 현미경으로 보면 정상 세포와 모양이 다르다. 암은 다양한 조직에서 발생할 수 있다.

cannula(삽입관) 인체의 어느 부분에나 삽입하여 체액을 배출하거나 약물을 주입하는 관. *카테터(catheter)*도 참조하라.

capillary(모세혈관) 가장 가는 혈관으로, 벽 두께가 세포 하나에 불과하며, *세동맥(arteriole)*에서 시작하여 *정맥(vein)*으로 배출된다. 모세혈관은 그물처럼 연결된 얼기를 형성하는데, 인체 조직과 혈액 사이에 영양소와 가스와 노폐물 교환이 일어나는 곳이 모세혈관 얼기다.

carbohydrate(탄수화물) 탄소와 수소와 산소 원자로 구성된 천연 화학물질. 예로 *설탕*과 *녹말*과 *셀룰로오스*와 *글리코겐* 등이 있다.

cardiac(심장-) 심장에 관련된.

carpal(손목-) 손목에 관련된.

cartilage(연골) 고무처럼 탄력이 있거나 질긴 지지 *조직*으로, 온몸에 다양한 형태로 존재한다. 물렁뼈라고도 한다.

catheter(카테터, 도관) 인체 내부에 삽입하는 관. 예를 들어 요로 카테터(urinary catheter)는 *요도(urethra)*로 삽입해서 방광에 있던 소변을 배출시킨다.

cecum(막창자, 맹장) 큰창자(large intestine) 중 첫 부분.

cell(세포) *유전자*를 포함한 핵과 그 주위를 둘러싸는 액체 성분인 세포질(cytoplasm)과 *소기관(organelle)*들과 전체를 둘러싸는 *막*으로 구성된 작은 구조. 세포질에서는 화학 반응이 일어난다. *핵(nucleus)*도 참조하라.

central nervous system(중추신경계통) 뇌와 척수로 구성된다. 그 밖의 신체 부위를 지나는 *신경(nerve)*과는 다르다. 신경은 *말초신경계통(peripheral nervous system)*에 속하며, 뇌와 척수 이외의 부위를 지난다.

cerebellum(소뇌) 뇌 중에 모양이 독특한 부분으로, *대뇌(cerebrum)*의 뒤 및 아래에 위치한다. 복잡한 신체운동을 정밀하게 조정하고 평형과 자세를 유지하는 데 중요하다.

cerebrospinal fluid(뇌척수액) *뇌실(ventricle)*에 들어 있고 뇌와 척수를 둘러싸는 맑은 체액. 뇌와 척수에 일정한 환경을 제공하는 데 기여하며, 충격흡수장치로 작용한다.

cerebrum(대뇌) 뇌 중에 가장 큰 부분으로, 최상위 *정신* 작용이 일어나는 곳이다. 진화의 관점에서 보면 앞뇌(forebrain)의 일부분이다. 대뇌는 좌우 대뇌반구(cerebral hemisphere)로 나뉜다.

cervical(1. 목-; 2. 자궁목-, 자궁경부-) 1. 목에 관련된. 2. 자궁목(cervix of uterus)에 관련된.

cervix(자궁목, 자궁경부) *자궁*의 좁은 목 부분. 질(vagina) 중 윗부분에 열린다. 출산 때 넓어진다.

cholesterol(콜레스테롤) *세포막*의 필수 성분인 동시에 *스테로이드 호르몬*을 생산하는 과정에서 중간 단계 분자인 천연화학물질. 죽경화증(atherosclerosis)에서 *동맥*이 좁아지도록 만드는 플라크(plaque)의 한 성분이다.

chromosome(염색체) *세포*의 *핵* 속에 들어 있는 아주 작은 꾸러미 구조로, 유전정보를 DNA 형태로 보관하고 있다. 사람 염색체는 23쌍이며, 거의 모든 세포에 23쌍씩 들어 있다. 각 염색체는 여러 가지 *단백질*에 결합된 단일 *DNA 분자*로 구성되어 있다.

cilium(섬모) (복수는 cilia) 일부 *세포*의 표면에서 관찰되는 물장구치듯 박동하는 아주 작은 털 같은 구조. 예를 들어 기관지에 있는 섬모는 외부에서 온 입자를 제거하는 데 도움을 준다.

circadian rhythm(하루주기리듬) 몸 속에서 진행되는 하루 단위 인체 리듬. 이 리듬은 몸 밖에서 진행되는 낮과 밤 주기를 반영하여 정확하게 유지된다.

clone(클론, 한무리) 동일한 복제물이나 복제물의 조합. 문맥에 따라 (1) 복제된 *DNA 분자*나 (2) 한 *세포*에서 시작된 동일한 후손 세포들이나 (3) 다른 성체 동물에서 채취한 유전물질을 이용하여 인공적으로 복제한 동물 등을 뜻한다.

CNS(중추신경계통) Central nervous system의 약어.

cochlea(달팽이, 와우) *속귀(inner ear)*에 있는 복잡한 나선 구조. 달팽이관 속 액체를 통과하는 소리 진동은 전기 신호로 변환된 후에 뇌로 보내진다.

collagen(아교질, 콜라겐) 구조를 지탱하는 질긴 섬유*단백질*의 일종. 온몸에 널리 분포한다. 특히 뼈와 연골과 혈관벽과 피부에 많다.

colon(잘록창자, 결장) 큰창자 중 대부분을 차지한다. 오름잘록창자(ascending colon)와 가로잘록창자(transverse colon)와 내림잘록창자(descending colon) 등으로 구성된다.

commissure(맞교차) 두 구조 사이를 잇는 연결 구조의 일종. 특히 뇌와 척수에서 정중선을 가로질러 교차하는 몇몇 *신경로*를 가리킨다.

compartment(칸, 구획) (해부학 분야의 집단이나 영역에 적용) 근육에서는 구조와 기능이 명확히 구분되는 근육집단을 지칭하는 데 쓰인다. 대표적인 예로 아래팔 앞칸(flexor compartment of forearm)이 있다.

condyle(관절융기) 뼈에 있는 둥근 돌기로, 관절의 일부를 이룬다.

connective tissue(결합조직) *바탕질*에 파묻혀 있는 *세포*들로 구성된 모든 형태의 조직을 가리킨다. 바탕질은 세포를 제외한 성분이다. 결합조직에는 *연골*과 뼈와 *힘줄*과 *인대*와 혈액 등이 속한다.

cornea(각막) 안구의 앞을 덮고 있는 질기고 투명한 보호막. 빛이 *망막(retina)*에 초점이 모이도록 돕는다.

coronal section(관상단면) 인체를 양옆으로 지나는 가상 또는 실제 세로단면. *시상단면(sagittal section)*과 직각을 이룬다.

corpus callosum(뇌들보, 뇌량) 좌우 대뇌반구를 잇는 신경섬유로 구성된 커다란 *신경로*. *맞교차(commissure)*에 해당한다.

cortex(겉질, 피질) 껍질을 뜻하는 라틴 어. 몇몇 장기의 바깥 부분을 가리킨다. 주요 용례는 다음과 같다. 1. 대뇌겉질(cerebral cortex)이나 소뇌겉질(cerebellar cortex)–대뇌나 소뇌의 표면에 신경세포들이 모여 있는 회색질(gray matter) 층. 2. 부신겉질(suprarenal cortex)–부신(suprarenal gland)의 바깥 부분.

corticosteroid(코르티코스테로이드) 부신겉질(*suprarenal gland* 참조)에서 생산되는 모든 *스테로이드 호르몬*. 코티손이나 코티솔(히드로코르티손) 등이 속하는데, 이 호르몬들은 인체 *대사*에 수많은 영향을 미치며, *염증*도 억제한다. 무기질을 조절하는 호르몬인 *알도스테론*도 코르티코스테로이드에 속한다.

cranial(머리-) 1. *머리뼈*에 관련된. 2. 머리쪽.

cranial nerve(뇌신경) 척수가 아니라 뇌에 직접 연결된 12쌍의 *신경*. 주로 머리와 목에 있는 구조들에 분포한다.

cranium(머리뼈, 두개골) 전체 머리뼈에서 아래턱뼈(mandible)를 제외한 부분.

CSF(뇌척수액) Cerebrospinal fluid의 약어.

CT(컴퓨터단층촬영술) Computed tomography의 약어. 복잡한 X선 기법을 적용해서 단면 형태의 인체 영상을 제작한다.

cutaneous(피부-) 피부에 관련된.

cyst(낭, 물혹, 주머니) 몸 속에서 액체가 차 있는 주머니. 방광을 뜻하는 옛말이기도 하다. 그래서 cystitis(방광염)라는 용어를 쓴다.

D

deficiency disease(결핍병) *단백질*이나 *비타민* 같이 음식의 필수 성분이 부족해서 생긴 모든 질병.

dendrite(가지돌기, 수상돌기) 신경세포에서 시작된 나뭇가지처럼 생긴 돌기들. 전기신호를 세포체에 전달한다. 대개 한 신경세포에 수많은 가지돌기가 있다.

depressor(내림근) 끌어내리는 작용을 하는 근육들의 이름에 쓰이는 용어. 입꼬리내림근(depressor anguli oris) 등이 있다. *올림근(levator)*도 참조하라.

diabetes(당뇨병) Diabetes mellitus의 준말. 포도당의 혈중 농도가 높아지는 병이다. 원인은 호르몬인 *인슐린* 생산 부족이다.

diaphragm(가로막, 횡격막) 가슴과 배 사이를 가르는 얇은 판처럼 생긴 근육. 이완되면 위로 솟은 돔 지붕 모양이 된다. 수축하면 평평해져서 가슴 부피가 커지고, 그 결과 공기가 허파(폐)로 유입된다. 가로막은 호흡하는 데 가장 중요한 근육이다.

diastole(확장기) 심장주기 중에 심장이 이완되고 *심실*에 혈액이 다시 채워지는 단계.

diffusion(확산) 전체적으로 봤을 때 공기나 액체에서 분자가 농도가 높은 곳에서부터 낮은 곳으로 이동하는 현상.

dilated(확장-) 열렸거나 넓게 늘어난 상태.

distal(먼쪽-, 원위-) 인체의 중심이나 시작 지점에서 상대적으로 더 멀리 떨어진. 몸쪽-(*proximal*)도 참조하라.

DNA(데옥시리보핵산) Deoxyribonucleic acid의 약어. 뉴클레오티드라는 작은 개별 단위로 구성된 매우 긴 *분자*다. 뉴클레오티드는 네 염기 중 하나를 포함하고 있다. DNA는 살아 있는 *세포*의 *염색체*에 포함되어 있다. DNA의 염기 서열에 그 생물의 유전정보가 각인되어 있다. *유전자*(*gene*)도 참조하라.

dopamine(도파민) 뇌 속 깊은 곳에 모여 있는 어떤 *신경세포* 집단이 분비하는 신경전달물질의 일종. 도파민은 동기화, 기분, 운동 조절 등에 관여한다.

dorsal(등쪽-) 등이나 신체의 뒷면, 또는 대뇌의 윗면에 관련된. 손등(dorsum)이나 발등을 뜻하기도 한다.

duodenum(샘창자, 십이지장) 작은창자 중 첫 부분으로, 위에서 이어진다.

E

efferent(날-, 수출-, 원심-) 혈관에서는 기관에서 멀리 다른 곳으로 혈액을 운반함을 뜻하고, *신경*에서는 *중추신경계통*에서 멀리 말초로 신경자극을 전달함을 뜻한다. 들-(*afferent*)도 참조하라.

electrocardiography(심전도법) 환자의 피부에 전극을 부착한 후 심장근육에서 일어난 전기작용을 기록하는 검사.

embryo(배아) 자궁 속에서 발생 중인 개체의 초기 단계. 수정 후 8주까지만이며, 그 후로는 *태아*라 한다.

endocrine system(내분비계통) 호르몬을 생산하는 *샘*들로 구성된 계통.

endometrium(자궁내막, 자궁속막) *자궁*의 속면을 덮고 있는 막.

endorphin(엔도르핀) 뇌 속에 있는 *신경전달물질*의 일종. 통증을 덜 느끼도록 만드는 등의 기능이 있다.

endothelium(내피) 혈관의 속면을 덮고 있는 *세포*층.

enzyme(효소) 매우 다양한 *분자*들로 구성되며(거의 항상 *단백질*이다), 체내 특정 화학반응을 촉매한다.

eosinophil(호산구) 백혈구의 일종.

epicondyle(위관절융기) *관절* 근처에 있는 뼈에서 관찰되는 작은 융기. 대개 근육이 부착하는 곳이다.

epidermis(표피) 피부의 가장 바깥에 있는 층. 표면은 질긴 단백질인 각질이 가득 차 있는 죽은 세포들로 구성되어 있다.

epiglottis(후두덮개, 후두개) 목구멍에 있는 연골 덮개로, 탄력이 있으며 음식을 삼킬 때 기관(숨통)을 막도록 돕는다.

epinephrine(에피네프린) 스트레스를 받았을 때 *부신*이 분비하는 *호르몬* 중 하나. 인체가 스트레스에 맞서 싸우거나 도망치는 반응을 하도록 심장박동수를 늘이고 혈액을 근육에 집중시키는 등의 작용을 일으킨다.

epithelium(상피) 어떤 기관이나 구조의 표면을 이루는 모든 *조직*. 세포들이 모여서 단층을 이루거나 여러 층으로 쌓여 있다.

erythrocyte(적혈구) 일반 영어로 red blood cell이라고도 한다.

esophagus(식도) *인두*와 위 사이를 잇는 대롱처럼 생긴 소화관.

estrogen(에스트로겐) 주로 *난소*에서 생산된 *스테로이드 호르몬*. 여성의 성적 발달과 생식기능을 조절한다. 인공 에스트로겐은 경구피임약이나 호르몬 대체요법에 쓰인다.

extension(폄, 신전) *관절*에서 각을 증가시킴으로써 곧게 펴는 운동. 폄근(extensor)이라는 용어는 폄 작용이 있는 근육을 가리킨다. 예를 들어 손가락폄근(extensor digitorum)은 손가락을 곧게 편다. *굽힘*(*flexion*)도 참조하라.

external(바깥-) 바깥면에 더 가까움을 뜻하는 해부학용어.

extracellular(세포바깥-, 세포외-) *세포*의 바깥. *결합조직*에서 세포들 사이에 있는 액체나 *바탕질*을 가리킬 때 자주 쓴다.

F

Fallopian tube(자궁관, 난관) 다른 영어 용어로 oviduct나 uterine tube가 있다. 자궁의 옆에서 시작된 좌우 자궁관은 각각 좌우 *난소*까지 이어진다. *난자*는 *배란*된 후에 이 관을 통해 자궁까지 이동한다.

fascia(근막) (복수는 fasciae) 근육이나 혈관이나 장기를 둘러싸거나 그 사이에 위치한 섬유조직으로 이루어진 층.

fertilization(수정) *정자*와 *난자*가 합쳐지는 과정으로, 새로운 개체가 발생하는 첫 단계다. *접합자*(*zygote*)도 참조하라.

fetus(태아) 아직 *자궁* 속에 있는 태어나지 않은 개체. 수정 후 만 8주부터로, 사람다운 모습이 드러나기 시작한다. *배아*(*embryo*)도 참조하라.

flexion(굽힘, 굴곡) *관절*을 굽히는 운동. 굽힘근(flexor)이라는 용어는 이 작용을 일으키는 근육을 가리킨다. 예를 들어 자쪽손목굽힘근(flexor carpi ulnaris)은 손목을 굽힌다. *폄*(*extension*)도 참조하라.

follicle(소포, 주머니) 작은 공간이나 주머니처럼 생긴 구조. 털주머니(모낭, hair follicle)로부터 털이 자란다.

foramen(구멍) 입구 또는 구멍이나 연결통로.

fossa(오목, 우묵) 얕게 패인 곳이나 공간.

frontal(이마-, 앞-, 전두-) 이마에 관련된, 또는 이마부위에 있는. 이마뼈(frontal bone)는 이마에 있는 머리뼈다. 이마엽(frontal lobe)은 대뇌반구 중 가장 앞에 있는 엽으로, 이마 바로 뒤에 있다.

G

gallbladder(쓸개, 담낭) 간에서 분비된 *쓸개즙*을 저장하고 농축하는 속이 빈 기관. 자극이 오면 쓸개즙을 창자로 내보낸다.

gamete(생식자, 생식세포) *정자*나 *난자*. 정상 몸세포(체세포)는 염색체가 두 벌인 46개지만 생식자는 염색체를 23개만 갖고 있다. 수정 때 정자가 난자와 합쳐지면 두 벌 염색체 수가 회복된다. *접합자*(*zygote*)도 참조하라.

ganglion(1. 신경절; 2. 결절종) 1. *중추신경계통* 바깥에 모여 있는 신경세포체 집단. 2. 힘줄집에 생긴 혹.

gastric(위-) 위(stomach)에 관련된.

gene(유전자) 특정 유전정보를 포함한 기다란 *DNA 분자*. 대부분의 유전자는 특정 *단백질 분자*를 만드는 설계도인데, 일부는 다른 유전자를 조절하는 역할이 있다. 이 유전자들 외에 수천이 넘는 유전자가 수정란이 자라서 성인이 되는 지시 정보를 제공하거나 인체의 필수 기능을 수행하게 한다. 인체의 거의 모든 *세포*에 동일한 유전자가 들어 있지만 세포마다 주로 작동하는 유전자들이 다르다.

genome(유전체) 사람이나 기타 생명체가 갖고 있는 *유전자*들의 총합. 사람의 유전체는 대략 2만~2만 5000가지 유전자로 구성되는 것으로 추정된다.

genotype(유전형, 유전자형) 특정인의 유전자 특성의 완성체. 예를 들어 일란성쌍둥이는 동일한 *유전자*들을 공유하기 때문에 유전형이 같다.

gland(샘) 주된 목적이 특정 화학물질이나 액체를 분비하는 것인 인체 구조. 샘은 외분비샘과 내분비샘으로 나뉜다. 외분비샘(exocrine gland)은 분비물을 관을 통해 인체의 바깥면이나 속면에 분비하며, 예로는 침샘 등이 있다. 내분비샘(endocrine gland)은 *호르몬*을 혈류로 분비한다. *내분비계통*(*endocrine system*)도 참조하라.

glial cell(신경아교세포) *신경세포*를 제외한 신경계통의 *세포*들. 신경계통에서 여러 가지 지지와 보호 기능을 수행한다.

globulin(글로불린) 혈액에 포함된 대략 공처럼 둥그스름한 여러 가지 *단백질*을 총칭한다.

glomerulus(토리, 사구체) 신경종말이나 모세혈관이 포도송이 모양으로 모여 있는 구조. 대표적인 예로 *콩팥단위*(*nephron*)의 토리주머니에 둘러싸여 있는 작은 모세혈관 뭉치가 있다.

gloss-, glosso-(혀-) 혀를 뜻하는 어근.

glucagon(글루카곤) *이자섬*이 생산하는 호르몬 중 하나. 혈중 *포도당* 농도를 높인다. *인슐린*과 반대로 작용한다.

glucose(포도당) 인체 *세포*가 주된 에너지원으로 이용하는 단당류.

glycogen(글리코겐, 당원) 수많은 *포도당* 분자가 긴 사슬 모양으로 연결된 *탄수화물*. 인체는 포도당을 글리코겐 형태로 저장하는데, 주로 근육과 간에 저장한다. 동물성 녹말이라고도 한다.

gonad(생식샘, 성선) *생식자*(생식세포)를 만드는 장기로, *난소*나 *고환*이 있다. 생식샘자극호르몬(gonadotropin)은 생식샘에만 영향을 미치는 호르몬이다.

gyrus(이랑) (복수는 gyri) 대뇌 겉면에 있는 주름 중 하나. *고랑*(*sulcus*)도 참조하라.

H

head(갈래, 두) (근육 용어) 어떤 근육의 *이는*

곳(*origin*)이 여럿일 때 이를 '갈래'라 칭하기도 한다. 한 예로 위팔두갈래근(biceps brachii)은 긴갈래와 짧은갈래가 있다.

hematuria(혈뇨) 소변에 혈액이 섞임.

hemoglobin(혈색소, 헤모글로빈) *적혈구*에 들어 있는 붉은 색소 단백질. 산소를 *조직*에 배달하며, 혈액이 붉은 빛을 띠게 한다.

hepatic(간-) 간(liver)에 관련된.

histamine(히스타민) 손상을 입거나 자극을 받은 *조직*에서 만들어지는 물질로, *염증*을 초래한다.

homeostasis(항상성) 체내 환경을 안정되게 유지함. 화학성분의 균형이나 체온을 일정하게 유지하는 것 등이 있다.

hormone(호르몬) 인체의 한 부분에서 생산된 화학 신호물질로, 다른 기관이나 인체 부위에 영향을 미친다. 근처에 있는 세포나 조직에만 영향을 미치는 국소호르몬도 있다. 호르몬의 화학성분은 대부분 *스테로이드*나 *펩티드*, 또는 *아미노산*과 관련이 있는 작은 *분자*다. *신경호르몬*과 *신경전달물질*도 참조하라.

hydrocortisone(히드로코르티손) *코르티코스테로이드(corticosteroid)*를 참조하라.

hypothalamus(시상하부) 뇌의 바닥에 있는 작지만 생명 유지에 꼭 필요한 부분. 체온이나 식욕 같은 과정을 조절하는 *자율신경계통*의 조절 중추다. *뇌하수체*가 *호르몬*을 분비하는 과정도 조절한다.

I

ileum(돌창자, 회장) 작은창자 중 마지막 부분. 돌창자가 끝나고 큰창자와 이어진다. 골반뼈의 한 부분인 ilium(엉덩뼈)은 영어 발음이 같지만 뜻은 전혀 다르다.

immune response(면역반응) *세균*이나 *바이러스*나 독소가 인체를 침입할 때 일어나는 방어반응. 면역반응은 일반 반응과 특이 반응을 모두 포함한다. 일반 반응에는 *염증* 등이 있고, 특이 반응은 침입자에 대해 맞춤 *항체*가 만들어져서 항체가 침입자를 인식하고 파괴하거나 무능력하게 만드는 반응이다.

immune system(면역체계, 면역계통) 인체가 질병과 싸워서 방어하는 데 관여하는 *분자*와 *세포*와 기관과 작용.

immunity(면역, 면역성) 질병을 일으키는 병원체의 공격에 대한 저항. 특이면역은 *면역체계*가 특정 병원체와 싸우도록 준비했기 때문에 발달한다.

immunotherapy(면역요법) *면역체계*의 활성을 자극하거나 억제하는 모든 치료법으로, 그 범위가 다양하다.

implantation(착상) 초기 *배아*가 *자궁* 속면에 부착하는 과정. 수정 후 첫 주에 일어나며, 이어서 *태반*이 발달한다.

inferior(아래-) 선 자세에서 인체의 아래로, 발에 가까운 쪽이다. *위-(superior)*도 참조하라.

inflammation(염증) 손상에 대한 인체 조직의 즉각 반응. 염증 부위는 *백혈구*가 모여서 침입(용의)자를 공격하기 때문에 붉어지고 따뜻해지며 붓고 아프다.

inguinal(샅굴-, 서혜-, 샅고랑-) 사타구니에 관련된, 또는 사타구니 부위.

inner ear(속귀, 내이) 귀 중에 가장 속에 있는 부분으로, 액체가 차 있다. 반고리관 등의 평형기관과 청각기관인 달팽이관이 들어 있다. *가운데귀(middle ear)*도 참조하라.

insertion(닿는곳) 근육이 부착하는 지점 중에 근육이 수축할 때 주로 움직이는 곳. *이는곳(origin)*도 참조하라.

insulin(인슐린) *이자섬*(랑게르한스섬)에서 생산되는 *호르몬* 중 하나. 혈액에 있는 *포도당*이 세포 속으로 들어가도록 촉진하고, 포도당이 *글리코겐*으로 저장되도록 촉진한다. *당뇨병(diabetes)*도 참조하라.

integument(외피) 인체를 겉에서 덮고 있는 보호막.

internal(속-, 內-) 해부학용어로 표면에서 멀리 떨어진 인체 내부를 뜻한다. *바깥-(external)*도 참조하라.

interneuron(사이신경세포) 다른 *신경세포*에만 연결된 모든 신경세포. *감각신경세포*나 운동신경세포와 구별된다. 뇌에 있는 신경세포는 대부분이 사이신경세포다.

interstitial(사이질-, 간질-) *세포*나 *조직* 같은 것들 사이에 있는. 사이질액(interstitial fluid)은 세포를 둘러싼다.

intra- '속'을 뜻하는 접두사. Intracellular(세포속-)나 intramuscular(근육내-) 등으로 쓰인다.

intrinsic(내재-, 내인-, 고유-) 특정 기관이나 신체 부분 속에 위치하거나 이곳에서 시작하는.

ion(이온) 전하를 띤 원자나 *분자*.

ischemia(허혈) 신체의 한 부분에 혈액 공급이 감소하는 상황.

islets of Langerhans(이자섬, 랑게르한스섬) *이자(pancreas)* 참조.

-itis 염증을 뜻하는 접미사. 편도염(tonsillitis)이나 후두염(laryngitis) 같은 용어에 쓰인다.

J

joint(관절) 2개 이상의 뼈 사이에 이루어지는 모든 연결. 움직임이 일어날 수도 있고, 없을 수도 있다. *관절(articulation)*, *봉합(suture)*, *결합(symphysis)*, *윤활관절(synovial joint)* 등도 참조하라.

K

keratin(각질, 케라틴) 털과 손발톱의 성분을 구성하고 피부를 튼튼하게 만드는 질긴 *단백질*.

L

labia(음순) (단수는 labium) 여성 *음문*의 일부를 형성하는 두 쌍의 주름 중 하나. 바깥에 있는 쌍이 대음순(labia majora)이고 속에 있는 더 보드라운 쌍이 소음순(labia minora)이다.

labial(입술-, 음순-) 입술이나 여성 생식기인 음순에 관련된.

lactation(젖분비, 수유) 유방에서 젖을 분비하는 작용.

larynx(후두) 성대(vocal cord)를 포함하며 *기관*(숨통)의 위에 위치한 구조가 복잡한 장기. 성대는 필요할 때 기관으로 공기가 통하지 않도록 차단하며, 숨을 쉴 때 모서리가 떨리면 소리가 난다.

lateral(가쪽-, 외측-) 인체의 옆면에 관련된, 또는 옆면을 향한. *안쪽-(medial)*도 참조하라.

leukocyte(백혈구) 일반 영어로 white blood cell이라 한다. 백혈구는 몇 가지가 있는데, 각자 *면역반응*의 일부로서 서로 다른 방법으로 질병에 대항하여 인체를 보호한다. 백혈구는 온몸에 있는 *림프절*과 기타 조직에 분포하며, 혈액에도 있다.

levator(올림근) 위로 올리는 작용을 하는 몇몇 근육을 지칭하는 용어. 예로 어깨뼈를 위로 올리는 어깨올림근(levator scapula)이 있다. *내림근(depressor)*도 참조하라.

ligament(인대) 질긴 섬유조직으로 이루어진 띠로, 두 뼈를 서로 연결한다. 인대 중 상당수는 탄력이 있지만 늘어나지는 않는다. 이 용어는 일부 내장을 연결하거나 지지하는 띠처럼 생긴 조직을 가리키기도 한다.

limbic system(둘레계통, 변연계) 뇌의 바닥과 안쪽면에 있는 몇 가지 부위. 기억과 행동과 감정 등에 관여한다.

lingual(혀-) 혀에 관련된.

lipid(지질) 여러 가지 지방이나 지방과 비슷한 모든 물질. 생명체에 존재하는 천연 물질로, 물에 잘 녹지 않는다.

lumbar(허리-, 요부-) 맨 아래 갈비뼈와 골반뼈 꼭대기 사이에 있는 아랫등과 몸통의 옆면에 관련된. 이 부위에 있는 *척추뼈*는 허리뼈(요추, lumbar vertebra)다.

lumen(속공간, 내강) 혈관이나 분비관 같이 대롱처럼 생긴 구조의 내부 공간.

lymph node(림프절) 작은 림프기관의 일종. 림프절은 *세균*이나 *세포* 조각 같은 파편을 걸러서 제거한다.

lymphocyte(림프구) 백혈구의 일종으로, 항체를 만드는 세포를 포함한다. *자연살해세포*와 T세포와 B세포 등으로 구성된다.

lymphoid tissue(림프조직) 림프계통의 조직. 면역 기능이 있으며, *림프절*과 *가슴샘*과 *지라* 등으로 구성된다.

M

macromolecule(고분자, 대분자) 분자량이 큰 *분자*. 특히 구조가 비슷한 작은 '기본 단위'들이 사슬처럼 연결된 분자를 가리킨다. *단백질*과 *DNA*와 녹말 등이 고분자에 속한다.

macrophage(큰포식세포, 대식세포) 세포 파편이나 *세균* 등을 잡아먹고 처리하는 큰 백혈구.

mammary(유방-, 젖-) 유방의, 또는 유방에 관련된.

marrow(골수) 해부학 분야에서는 대개 뼛속 공간에 들어 있는 무른 조직인 골수(bone

marrow)를 뜻한다. 골수 중 일부는 지방이 많다. 다른 골수는 혈액세포를 생산하는 조직이다.

matrix(바탕질, 기질) *결합조직* 세포가 묻혀 있는 세포바깥 물질. 뼈처럼 단단할 수도 있고, 연골처럼 질길 수도 있으며, 혈액처럼 액체일 수도 있다.

meatus(길, 구멍) 통로나 길. 한 예로 귓구멍을 뜻하는 바깥귀길(external auditory meatus)이 있다.

medial(안쪽-, 내측-) 인체의 정중선을 향한.

medulla(1. 숨뇌; 2. 속질, 수질) 1. Medulla oblongata(숨뇌)의 준말. 뇌 중에 가장 아래에 있는 길쭉한 부분으로, 척수와 이어진다. 2. 콩팥이나 부신 같은 일부 장기의 중심부분이나 핵심.

melanin(멜라닌) 흑갈색 천연 색소*분자*. 검은 피부나 탄 피부에 매우 많고, 피부 밑에 있는 조직을 자외선으로부터 보호한다.

melatonin(멜라토닌) 뇌에 있는 솔방울*샘*이 분비하는 *호르몬*. 인체의 수면-각성 주기를 조절한다(하루주기리듬 참조).

membrane(막) 1. 장기를 둘러싸거나 한 신체 부분을 다른 부분으로부터 분리하는 얇은 조직판. 2. 세포의 겉면을 둘러싸는 벽 같은 구조, 또는 세포 속에 있는 소기관을 둘러싸는 그와 비슷한 구조. 세포막은 두 겹으로 이루어진 인지질 분자들과 여기에 파묻혀 있는 단백질 같은 다른 분자들로 구성된다.

meninges(수막, 뇌척수막) 뇌와 척수의 겉을 둘러싸는 *막*. 수막염(meningitis)은 수막의 염증으로, 대개 감염 때문에 일어난다.

menopause(폐경) 한 여성의 생애에서 *배란*과 *월경주기*가 영원히 멈추는 시기.

menstrual cycle(월경주기) 임신 가능한 나이지만 임신하지 않은 여성의 *자궁*에서 달마다 일어나는 주기. 자궁의 속면을 덮고 있는 *자궁내막*은 있을지도 모를 임신에 대비해서 두텁게 자란다. 이어서 난자가 *난소*에서 *배란*된다. 그 후 난자가 수정되지 않으면 자궁내막이 해체되어 질을 통해 배출되는데, 이 과정을 월경(menstruation)이라 한다.

mental(1. 정신-; 2. 턱끝-) 1. 정신에 관련된(라틴어 *mens*에서 유래). 2. 턱(턱끝)에 관련된(라틴어 mentum에서 유래).

mesentery(창자간막, 장간막) 배안과 내장을 덮고 있는 막인 *복막*(배막)이 판처럼 접힌 구조로, 창자와 뒤배벽 사이를 연결한다.

metabolism(대사) 체내에서 일어나는 화학 반응. 대사율(metabolic rate)은 대사 반응이 일어나는 전반적인 속도를 뜻한다.

midbrain(중간뇌, 중뇌) *뇌줄기*의 가장 윗부분.

middle ear(가운데귀, 중이) 귀에서 공기가 차 있는 가운데 공간. 고막의 속면과 속귀 사이에 위치한다. *귓속뼈*(*ossicle*)도 참조하라.

molecule(분자) 존재 가능한 화합물 중에 가장 작은 단위. 화학결합을 통해 연결된 2개 이상의 원자로 구성된다. 물 분자는 단순 분자의 한 예로, 수소 원자 둘과 산소 원자 하나가 결합해서 만들어진다. *고분자*(*macromolecule*)도 참조하라.

monocyte(단핵구) *백혈구*의 일종으로, *면역체계*에서 다양한 기능을 한다. 한 예로 단핵구에서 *큰포식세포*(*macrophage*)가 유래한다.

mosaicism(섞임증, 모자이크현상) 한 사람이 *유전형*이 서로 다른 두 세포 집단을 보유한 상태. 배아 발생 과정에서 *돌연변이*가 일부 세포에서만 일어나고 나머지 세포에서는 일어나지 않으면 이렇게 된다.

motor(운동-) 근육 움직임의 조절을 뜻하는 형용사. 운동신경세포(motor neuron)나 운동기능(motor function) 등으로 쓰인다. *감각-*(*sensory*)도 참조하라.

MRI scan(자기공명영상 스캔) Magnetic resonance imaging scan의 약어. 인체에 자기장을 가했다가 제거했을 때 방출되는 에너지를 분석해서 의학영상을 제작하는 기법. 인체의 무른 *조직*에 관한 매우 자세한 영상을 제작할 수 있다.

mucosa(점막) (복수는 mucosae) *점액*을 분비하는 막.

mucus(점액) 인체의 일부 *막*에서 분비되는 끈적끈적한 액체. 보호나 윤활 등의 기능이 있다. 형용사는 mucous다.

mutation(돌연변이) 한 *세포*의 유전자 구성에 일어난 모든 변화. 예를 들어 세포분열 중에 발생한 사고나 실수 때문에 일어난다. *생식자*(생식세포)에 돌연변이가 일어나면 자녀는 부모에 없던 특이한 유전자 특성을 나타낼 수 있다.

myelin(미엘린, 말이집, 수초) 일부 신경세포의 축삭을 여러 겹 에워싸는 막에 포함된 지방 물질. 이 *축삭*을 말이집축삭(myelinated axon)이라 한다. 미엘린은 축삭에 전기가 새지 않도록 절연층을 형성함으로써 신경자극이 더 빨리 전달되게 한다.

myelo-(1. 척수-; 2. 골수-) 1. *척수*를 뜻하는 어근. 2. 골수를 뜻하는 어근.

myo-(근육-) 근육을 뜻하는 어근.

N

natural killer cell(NK cell, 자연살해세포) *림프구*의 일종으로, *암*세포나 *바이러스*에 감염된 세포를 공격해서 죽일 수 있다.

necrosis(괴사) 장기나 조직의 일부분이 죽는

현상.

neocortex(새겉질, 신피질) 사람은 거의 모든 *대뇌겉질*이 새겉질이다. 후각에 관여하는 대뇌겉질과 해마체(hippocampal formation)는 새겉질이 아니다.

nephron(콩팥단위, 신원) 콩팥(신장)에서 여과가 일어나는 단위. 혈액을 여과하여 소변을 생산함으로써 체액의 부피와 성분을 조절한다. 요소나 요산 같은 노폐물도 콩팥단위에서 배설된다. 콩팥단위의 수는 한쪽 콩팥당 100만 개 이상이다.

nerve(신경) 인체에서 정보와 조절명령을 전파하는 케이블처럼 생긴 구조. 전형적인 신경은 많은 *신경세포*들에서 각각 시작해서 나란히 이어지지만 따로따로 절연된 *축삭*들로 구성되어 있다. 신경 전체는 섬유조직으로 구성된 보호막에 둘러싸여 있다. 신경에 포함된 신경섬유는 근육이나 *샘*을 조절하는 *날신경섬유*거나, 감각정보를 뇌로 전달하는 *들신경섬유*다. 대부분의 신경은 날신경섬유와 들신경섬유를 모두 갖고 있다.

neurohormone(신경호르몬) *샘*이 아니라 *신경세포*가 분비하는 *호르몬*.

neurology(신경학) 신경계통 질환을 전문으로 연구하는 의학의 한 분야. Neurological은 그 형용사로, 신경학 영역으로 간주되는 모든 증상이나 질환을 아우른다.

neuron(신경세포, 뉴런, 신경원) *신경*의 기본 *세포*. 전형적인 신경세포는 둥근 세포체와 나뭇가지처럼 자라나온 수많은 *가지돌기*들과 통신선처럼 길게 연장된 *축삭* 하나로 구성된다. 가지돌기는 받아들인 전기신호를 신경세포체를 향해 전달하고, 축삭은 다른 곳으로 신호를 보낸다. 그러나 이 기본 형태와 다른 신경세포도 많다는 점을 명심해야 한다.

neurotransmitter(신경전달물질) *신경세포*의 말단에 있는 시냅스에서 분비되는 다양한 화학물질들. 신경전달물질은 *시냅스*에서 신호를 다른 신경세포나 근육에 전달한다. 다른 세포의 작용을 주로 자극하는 신경전달물질도 있고, 억제하는 신경전달물질도 있다.

neutrophil(중성구, 호중구) 가장 많은 *백혈구*. 중성구는 손상 부위로 빠르게 이동해서 침입 *세균* 등을 삼켜 버린다.

nondisjunction(비분리염색체) 세포분열 기간에 복제된 *염색체*들이 분리되지 못함. 그 결과 딸세포에 염색체가 정상보다 많거나 적어진다.

noradrenaline(노르아드레날린) *노르에피네프린*과 동의어.

norepinephrine(노르에피네프린) *교감신경계통*에 중요한 신경전달물질.

nucleus(1. 핵; 2. 신경핵; 3. 핵) (복수는 nuclei) 1. *세포* 속에 있으며 *염색체*가 들어 있는 구조. 2. 중추신경계통 내에서 신경세포체가 모여 있는 모든 집단. 3. 한 원자의 중심 부분

O

occipital(뒤통수-, 후두-) 머리의 뒷부분에 관련된. 뒤통수뼈(occipital bone)는 뒤통수를 이루는 머리뼈다. 뒤통수엽(occipital lobe)은 좌우 대뇌반구에서 가장 뒤에 있는 엽으로, 뒤통수뼈보다 속에 있다.

olfactory(후각-) 냄새를 맡는 감각에 관련된.

optic nerve(시각신경, 시신경) 눈의 *망막*에서부터 뇌로 시각 정보를 전달하는 *신경*.

oral(입-) 입에 관련된.

orbit(눈확, 안와) 머리뼈에서 움푹 패인 공간으로, 두 눈이 들어 있다.

organelle(소기관) *세포* 내부에 있는 다양한 작은 구조. 대개 *막*에 둘러싸여 있다. 저마다 에너지 생산이나 분비 같은 기능에 특화되어 있다.

origin(이는곳) 근육이 부착하는 지점 중에 근육이 수축해도 움직이지 않는 곳. *닿는곳*(*insertion*)도 참조하라.

osmosis(삼투) 두 용액 사이에 반투과성 막이 가로놓인 상황에서 농도가 낮은 용액의 물이 농도가 높은 용액으로 이동하는 현상.

ossi-, osteo- 뼈를 뜻하는 어근.

ossicle(귓속뼈, 청소골) *가운데귀*에 있는 세 작은 뼈. 음파로 인해 발생한 고막의 진동을 속귀로 전달한다.

ovary(난소) *난자*를 생산하고 배란하는 여성 생식기관 한 쌍. 성호르몬도 분비한다.

ovulation(배란) *월경주기* 중 한 시점으로, *난자*가 *난소*에서 방출된 후 *자궁*을 향해 이동하기 시작한다.

ovum(난자) (복수는 ova) 아직 수정되지 않은 알
세포.

oxytocin(옥시토신) *뇌하수체*가 분비하는 호르몬 중 하나. 출산할 때 자궁목을 확장시키고 자궁을 수축시킨다. *젖분비*와 성적 반응에도 관여한다.

P

palate(입천장, 구개) 입안(구강)의 가장 윗부분. 속에 뼈가 있는 단단입천장(경구개)이 앞에 있고 근육이 있는 물렁입천장(연구개)은 그 뒤에 있다.

pancreas(이자, 췌장) 위 뒤에 위치한 크고 길쭉한 *샘*으로, 두 가지 기능이 있다. 이자 조직 중 대부분은 *샘창자*(십이지장)에 소화효소를 분비하지만 그 조직 속에 이자섬(랑게르한스섬)이라 불리는 세포 집단이 다도해의 섬처럼 흩어져 있다. 이자섬은 중요한 호르몬인 *인슐린*과 *글루카곤*을 분비한다.

parasympathetic nervous system(부교감신경계통) *자율신경계통(autonomic nervous system)*을 참조하라.

parathyroid gland(부갑상샘, 부갑상선) 4개로 구성된 *샘*으로, *갑상샘*에 파묻혀 있는 경우가 많지만 갑상샘과는 엄연히 분리되어 있다. 부갑상샘호르몬을 생산한다. 이 호르몬은 체내 칼슘 *대사*를 조절한다.

parietal(마루-, 벽쪽-) 벽을 뜻하는 라틴 어에서 유래한 용어로, 해부학 분야에서 다양하게 응용된다. 마루뼈(parietal bone)는 머리뼈의 옆벽을 형성하고, 대뇌 마루엽(parietal lobe)은 마루뼈의 속에 있다. *가슴막*이나 *복막* 같은 막은 몸통벽에 부착된 층을 벽층(parietal layer)이라 한다.

pathogen(병원체) 질병을 유발하는 모든 생명체. *세균*과 *바이러스* 등이 있다.

pathology(병리학, 병리) 질병을 연구하는 학문. 질병이 신체에 표현된 결과를 뜻하기도 한다.

pelvic girdle(다리이음뼈) 골반뼈는 엉치뼈(sacrum)와 연결되어 다리이음뼈를 형성한다. 이를 통해 다리뼈가 척주에 연결된다.

pelvis(1. 골반; 2. 깔때기) 1. 다리이음뼈에 둘러싸인 공간이나 다리이음뼈를 포함한 신체 부위. 2. 콩팥깔때기(신우, renal pelvis)는 콩팥 속 공간으로, 소변이 모여서 요관으로 내려간다.

peptide(펩티드) 둘 이상의 *아미노산*이 사슬처럼 연결되어 형성된 모든 *분자*. 사슬은 대개 짧다. 종류가 많으며, 그 중 일부는 중요한 *호르몬*이다. *단백질*은 아미노산 사슬이 긴 폴리펩티드다.

peri- 둥근 것이나 주위를 뜻하는 접두사

peripheral(말초-, 주변-) 신체의 바깥이나 말단에 가까운. 말초신경계통(peripheral nervous system)이라는 용어는 뇌와 척수를 제외한 신경계통 전부를 가리킨다. *중추신경계통(central nervous system)*도 참조하라.

peristalsis(꿈틀운동, 연동) 대롱처럼 생긴 장기에서 일어나는 근육의 수축 파동. 창자에서 소화된 음식을 밀어내고 *요관*에서 소변을 밀어 내리는 추진력이 된다.

peritoneum(복막, 배막) 뱃속에 있는 장기들을 둘러싸서 보호하는 얇고 매끄러운 막.

phagocyte(식세포, 포식세포) *세균* 같은 이물질이나 자신의 *세포*의 파편 등을 삼켜서 처분하는 모든 세포.

pharynx(인두) 코와 입과 후두 뒤에 있는 근육 대롱. *식도*로 이어진다.

phospholipid(인지질) 한쪽 끝에 인산기가 첨가된 *지질 분자*. 인산은 인에 산소가 결합된 물질이다. 인산기는 물에 끌리지만 나머지는 물을 밀쳐 낸다. 인지질은 이런 성질 덕분에 꽁무니를 마주 댄 채 두 층으로 배열되면 세포막을 만드는 데 이상적인 재료로 쓰인다.

physiology(생리학, 생리) 인체의 정상적인 기능이 일어나는 과정을 연구하는 학문이나 그 정상 기능이 일어나는 인체 과정 자체.

pituitary gland(뇌하수체) 영어로 hypophysis라고도 한다. 뇌의 바닥에 매달린 콩알만한 복합 장기로, 인체의 '우두머리 분비샘'이라는 별명이 있다. 뇌하수체는 여러 가지 *호르몬*을 생산하는데, 그 중 일부는 온몸에 직접 작용하고, 나머지는 다른 내분비샘에서 호르몬 분비를 조절한다.

placenta(태반) 임신 기간 동안 *자궁*의 속벽에 발생하는 특수 기관. 태반 덕분에 엄마와 태아 혈액 사이에 영양소나 산소 같은 물질이 교환될 수 있다. *탯줄(umbilical cord)*도 참조하라.

plasma(혈장) 세포를 제외한 혈액의 나머지 성분. 세포 성분은 *적혈구*와 *백혈구*와 *혈소판*이 있다.

platelets(혈소판) 혈액에 포함되어 순환하는 특수한 세포의 파편. 혈액 응고에 관여한다.

pleura(가슴막, 흉막) (복수는 pleurae) 가슴안(흉강)의 속면과 허파의 겉면을 덮고 있는 매끄러운 막.

plexus(얼기) 그물처럼 얽힌 구조. 대개 *신경*이나 혈관과 관련이 있다.

pneum-, pneumo- 1. 공기를 뜻하는 어근. 2. 허파(폐)를 뜻하는 어근.

portal vein(문맥) 창자에서 간으로 혈액을 운반하는 굵은 특수 *정맥*. 과거에는 간문맥(hepatic portal vein)이라 불렀다.

posterior(뒤-) 서 있는 자세에서 신체의 등쪽. *앞-(anterior)*도 참조하라.

process(돌기) 뼈나 세포 등에서 돌출되거나 뻗어 나온 구조를 뜻하는 해부학용어.

progesterone(프로게스테론) *난소*와 *태반*에서 생산되는 *스테로이드 호르몬*의 일종. *월경주기*에 관여하고, 임신의 유지 및 조절에 중요하다.

prolactin(프로락틴, 젖분비호르몬) *뇌하수체*가 분비하는 *호르몬* 중 하나. 유방을 자극하여 젖을 분비하게 만드는 등의 작용이 있다.

pronation(엎침, 회내) 아래팔에서 노뼈가 자뼈를 축으로 회전해서 손바닥이 아래 또는 뒤를 향하는 운동. 엎침근(pronator)은 엎침 작용이 있는 근육을 가리킨다. 예로 원엎침근(pronator teres)이 있다. *뒤침(supination)*도 참조하라.

prostate gland(전립샘, 전립선) 남성 방광 아래에 위치한 *샘*. 분비물이 *정액*의 한 성분이 된다.

protein(단백질) *아미노산*이라는 작은 단위들이 둘둘 말린 사슬처럼 길게 연결된 거대 *분자*. 인체에는 수천 가지가 넘는 다양한 단백질이 있다. 거의 모든 *효소*가 단백질이고, *각질*이나 *아교질* 같은 질긴 물질도 단백질이다. *펩티드(peptide)*도 참조하라.

proximal(몸쪽-, 근위-) 인체의 중심이나 시작 지점에 상대적으로 더 가까운. *먼쪽-(distal)*도 참조하라.

puberty(사춘기) 소아기와 성인기 사이에 성적으로 성숙하는 시기.

pulmonary(허파-, 폐-) 허파(폐)에 관련된.

pyloric(날문-, 유문-) 위의 마지막 부분인 날문(pylorus)에 관련된. 날문 끝부분의 근육벽은 두터워져서 날문조임근(pyloric sphincter)을 형성한다.

R

radiotherapy(방사선치료) 전리방사선을 이용한 암 치료법. 암 조직에 직접 방사선을 쏘거나 체내에 방사성 물질을 삽입해서 치료한다.

receptor(1. 수용기; 2. 수용체) 1. 정보를 수집하는 감각기관이나 감각기관 중 일부분. 2. 한 *세포*나 세포막에 있는 *분자*로, 호르몬 분자 같은 외부 자극이 부착하면 이에 반응한다.

rectum(직장, 곧창자) 큰창자 중 마지막 짧은 부분. 항문관으로 이어진다.

rectus(곧은근) 근육명으로는 곧은근육을 뜻한다.

reflex(반사) 특정 자극에 대한 신경계통의 불수의 반응. 대표적 예로 무릎반사가 있다. 반사 중에 조건반사(conditioned reflex)는 학습을 통해 수정할 수
있다.

renal(콩팥-, 신장-) 콩팥(신장)에 관련된.

respiration(호흡) 1. 숨쉬기. 2. 세포 속에서 연료 물질을 분해하여 에너지를 생산하는 생화학 반응으로, 세포호흡이라고도 한다. 대개 산소가 있는 상태에서 일어난다.

retina(망막) 눈의 속면을 덮고 있는 층으로, 빛 자극을 감지한다. 빛이 망막 세포에 도달하면 전기신호가 생성되고, 이 신호는 *시각신경*을 거쳐 뇌에 전달된다.

ribosome(리보솜, 리보소체) *단백질* 합성에

관여하는 *세포* 속 입자.

RNA(리보핵산) Ribonucleic acid의 약어. *DNA*와 유사한 긴 *분자*지만 대개 두 가닥이 아니라 한 가닥이다. RNA는 중요한 역할이 많은데, 한 예로 DNA 암호를 복제해서 *단백질* 합성에 이용한다.

S

sacral(엉치-, 엉치뼈-, 천골-) 엉치뼈(천골, sacrum)에 관련된, 또는 엉치부위에 있는. 엉치뼈는 하위 척주에 있는 몇몇 *척추뼈*들이 합쳐져서 형성하며, *다리이음뼈*의 일부를 이룬다.

sagittal section(시상단면) 인체를 좌우로 분할하는 가상 또는 실제 세로단면.

scrotum(음낭) 남성에서 두 고환을 받치고 있는 축 늘어진 피부 주머니.

sebum(피지, 피부기름) 피부에서 기름샘(피지선)이 분비하는 기름기가 많고 미끌미끌한 물질.

semen(정액) 남성이 사정할 때 음경을 통해 방출되는 체액. *정자*와 영양소 및 염분이 혼합되어 있다. Seminal fluid라고도 쓴다.

sensory(감각-) 인체의 감각기관에서 시작된 정보를 전달하는 기능에 관련된.

serotonin(세로토닌) *신경전달물질* 중 하나로, 뇌에서 기분을 포함한 여러 가지 정신 작용을 조절한다. 세로토닌은 소화관에도 작용한다.

serous membrane(장막) 인체를 구성하는 막의 일종으로, 윤활액을 분비하고 다양한 내장의 겉과 몸통공간의 속면을 덮는다. *심장막*과 *가슴막*(흉막)과 *복막*(배막)은 모두 장막에 속한다.

shock(쇼크, 충격) 순환쇼크는 혈액 손실이나 기타 원인으로 인해 신체가 필요한 만큼 혈액을 공급하지 못해서 생명이 위험한 상태를 뜻한다. 쇼크는 보다 막연하게 외상에 대한 심리 반응 등을 뜻하는 데 쓰이기도 한다.

sinus(굴, 동) 공간을 뜻하며, 대표적인 용례는 다음과 같다. 1. 얼굴을 구성하는 뼈속에 공기가 차 있는 공간. 코안(비강)에 연결된다. 2. 혈관에서 확장된 부분. 예로 목동맥팽대와 심장정맥굴(관상정맥동)이 있다.

skeletal muscle(뼈대근육, 골격근) 근육의 일종으로, 우리 의도에 따라 조절할 수 있기 때문에 *수의근*이라고도 하며, 현미경으로 관찰하면 줄무늬가 있기 때문에 *가로무늬근육*에 속한다. 뼈대근육은 대부분이 뼈에 부착되어 있으며(뼈에 부착되지 않은 것도 있다), 신체 운동에 중요하다. *민무늬근육*(*smooth muscle*)도 참조하라.

smooth muscle(민무늬근육, 평활근) 가로무늬근육과 달리 현미경으로 봐도 줄무늬가 없는 근육조직. 민무늬근육은 혈관이나 창자나 방광 같은 내부 기관의 벽을 구성한다. 우리 의도에 따른 조절을 받진 않지만 *자율신경계통*의 조절을 받는다.

somatic(1. 몸-; 2. 몸통벽-; 3. 몸-) 1. 몸의, 또는 몸에 관련된. 예로 몸세포(체세포)가 있다. 2. 몸통벽에 관련된. 3. 수의운동과 외부 환경 감지를 담당하는 신경계통 중 한 부분에 관련된.

somatosensory(몸감각-, 체성감각-) 피부와 근육과 관절에서 받은 감각과 관련된. 촉각, 온도감각, 통증, 고유감각(관절 위치감각) 등을 포함한다.

sperm(정자) 남성 *생식자*(생식세포). 길고 움직이는 꼬리인 편모가 있어서 여성 신체로 들어간 후 난자를 향해 헤엄쳐서 수정에 이를 수 있다. 일반 영어에서는 semen과 동의어로 사용하기도 한다.

sphincter(조임근, 괄약근) 고리 모양 근육으로, 속이 빈 대롱처럼 생긴 구조를 오므려 닫을 수 있다. 예로 날문조임근과 항문조임근이 있다.

spinal cord(척수) *중추신경계통*의 일부분으로, 뇌의 아랫부분에서부터 아래로 척주를 통해 이어진다. 척주는 척수를 둘러싸서 보호한다. 신체에 분포하는 *신경*은 대부분이 척수에서 시작한다.

spleen(지라, 비장) *림프조직*으로 구성된 뱃속 장기 중 하나. 혈액 저장고를 비롯해서 다양한 역할을 한다.

starch(녹말, 전분) 식물성 탄수화물의 일종. 포도당 분자들이 가지가 많은 긴 사슬 모양으로 결합해서 형성한다.

stem cell(줄기세포) 분열해서 더 많은 *세포*를 생산할 수 있는 인체 세포. 그 결과 줄기세포가 더 많이 생산될 수도 있고, 더욱 특화된 다양한 범위의 세포들이 생산될 수도 있다. 줄기세포의 반대는 고도로 특화된 세포다. 이 세포는 특정 역할만 수행하고, *신경세포*처럼 분열 능력을 완전히 상실하기도 한다.

steroids(스테로이드) 탄소 원자로 구성된 고리 4개가 결합되어 있는 기본 분자 구조를 지닌 물질들. 스테로이드는 천연물질이거나 합성물질이며, *지질*로 분류된다. *호르몬* 중 상당수는 스테로이드다. *에스트로겐*과 *프로게스테론*과 *테스토스테론*과 코티솔이 스테로이드 호르몬에 속한다.

striated muscle(가로무늬근육, 횡문근) 현미경으로 보면 줄무늬가 있는 근육조직. 가로무늬근육에는 *뼈대근육*과 심장근육이 속한다. *민무늬근육*(*smooth muscle*)도 참조하라.

sucrose(설탕) *설탕*(*sugar*)을 참조하라.

sugar(1. 설탕; 2. 당, 당질) 1. 식품에 널리 쓰이는 감미료. *Sucrose*라고도 한다. 2. 설탕과 유사한 수많은 천연화합물들 모두. 모두 탄수화물이며, 녹말 같은 고분자 탄수화물에 비해 크기가 작은 분자다.

sulcus(고랑) (복수는 sulci) 대뇌의 겉면에 있는 주름에서 속으로 패인 부분. *이랑*(*gyrus*)도 참조하라.

superficial(얕은-) 표면에 가까운. 반대말은 깊은-(deep)이다.

superior(위-, 上-) 사람이 서 있는 상태에서 머리에 가까운. *아래-*(*inferior*)도 참조하라.

supination(뒤침, 회외) 아래팔에서 노뼈가 자뼈를 축으로 회전해서 손바닥이 위나 앞을 향하는 운동. *엎침*의 반대. 뒤침근(supinator)은 뒤침을 일으키는 근육을 가리킨다. 예로 아래팔에 있는 손뒤침근이 있다.

suprarenal gland(부신, 콩팥위샘) Adrenal gland라고도 한다. 각각 좌우 콩팥 위에 있는 한 쌍의 샘이다. 각 부신은 겉에 있는 부신겉질과 속에 있는 부신속질로 이루어져 있다. 부신겉질은 *코르티코스테로이드 호르몬*들을 분비하고, 부신속질은 *에피네프린*을 분비한다. *코르티코스테로이드*도 참조하라.

suture(봉합) 1. 상처를 꿰매어 복구함. 2. 낱개머리뼈들 사이처럼 두 뼈가 연결된 단단한 관절

sympathetic nervous system(교감신경계통) *자율신경계통*(*autonomic nervous system*) 참조.

symphysis(결합, 섬유연골결합) 두 뼈 사이에 형성된 연골관절의 일종. 섬유연골을 포함하고 있다.

synapse(시냅스, 연접) 두 *신경세포* 사이에 형성된 접촉 구조. 시냅스 덕분에 첫 신경세포의 말단에서부터 다음 신경세포로 신호가 전달될 수 있다. 시냅스는 전기시냅스와 화학시냅스로 구분된다. 전기시냅스는 정보가 전기를 통해 전파되고, 화학시냅스는 첫 신경세포에서 *신경전달물질*이 분비되어 다음 신경세포를 자극한다. 시냅스는 신경과 근육 사이에도 있다.

synovial joint(윤활관절) 무릎이나 팔꿈치나 어깨처럼 움직임이 매끄러운 관절. 윤활관절을 이루는 뼈의 끝부분은 매끈한 연골로 덮여 있고, 윤활액(synovial fluid)이라는 매끄러운 액체 덕분에 움직임이 부드럽다.

systemic(전신성-, 온몸-) 신체 중 어느 한 부분이 아니라 온몸에 관련된, 또는 온몸에 영향을 미치는. 온몸순환(systemic circulation)은 허파를 제외한 신체의 모든 부위에 공급되는 혈액순환을 뜻한다.

systole(수축기) 심실이 수축해서 혈액을 뿜어내는 심장박동 주기 중 한 단계.

T

tarsal(1. 발목-; 2. 발목뼈) 1. 발목에 관련된. 2. 발목뼈 중 하나. 발목은 정강뼈(tibia) 및 종아리뼈(fibula)와 발허리뼈(metatarsals) 사이에 있는 발의 부분이다.

temporal(관자-) 머리의 측면인 관자놀이에 관련된. 관자뼈(temporal bone)는 머리의 좌우 옆면에 하나씩 있는 뼈로, *머리뼈*의 일부분이다. 대뇌 관자엽(temporal lobe)은 대략 관자뼈보다 속에 위치하고 있다.

tendon(힘줄, 건) 근육의 한쪽 끝부분을 뼈나 다른 구조에 부착시키는 질긴 섬유조직 끈. *널힘줄*(*aponeurosis*)도 참조하라.

testis(고환, 정소) (복수는 testes) 남성 생식세포인 *정자*를 생산하는 한 쌍의 기관. 남성 호르몬인 *테스토스테론*도 분비한다.

testosterone(테스토스테론) *고환*에서 주로 생산되는 *스테로이드 호르몬*. 남성의 신체 및 행동 특징이 발달하도록 촉진하고 이를 유지시킨다.

thalamus(시상) 뇌 속 깊숙이 위치한 한 쌍의 구조. 감각과 운동 신호를 중계한다.

thorax(가슴) 갈비뼈와 허파와 심장 등을 포

함하는 신체 부위.

thrombus(혈전) 혈관에 정체된 응고된 혈액. 순환을 방해할 가능성이 있다. 혈전증은 혈전이 형성된 질환이다.

thrombosis(혈전증) 혈액이 응고된 혈전이 형성되는 질병 과정.

thymus(가슴샘, 흉선) *림프조직*으로 구성된 가슴 속 장기. 어린이 때 가장 크고 활발하게 작용한다. 기능 중 하나가 T림프구를 성숙시키는 것이다.

thyroid gland(갑상샘, 갑상선) 목의 앞부분에서 후두 근처에 위치한 내분비샘. 갑상샘호르몬은 티록신(thyroxin) 등이 있으며, 대사 조절에 관여함으로써 전신의 대사율 등을 조절한다. 체내 칼슘 조절을 돕는 *칼시토닌*이라는 호르몬도 갑상샘이 분비한다.

tissue(조직) 특정 세포집단으로 구성된 모든 생체 물질. 대개 세포바깥물질과 함께 있다. 조직은 저마다 정해진 기능이 있다. 조직의 예로는 뼈조직과 근육조직과 신경조직과 *결합조직*이 있다.

trachea(기관) *후두*와 *기관지* 사이를 잇는 대롱. 숨통이라고도 한다. 기관은 비닐하우스 골조처럼 생긴 연골이 보강한 덕분에 쪼부라지지 않는다.

tract(길, 로, 신경로, 도관) 신체의 특정 부분을 지나는 길쭉한 구조나 연결로. *중추신경계통*에서는 서로 다른 곳을 연결하는 신경섬유다발을 가리키는 용어로 *신경*(*nerve*) 대신 신경로를 쓴다.

translocation(자리옮김, 전위) 1. 신체의 한 부분에서부터 다른 부분으로 물질을 운반함. 2. 돌연변이의 일종. 한 염색체나 그 일부가 다른 염색체나 본래 염색체의 다른 부분에 직접 부착된다.

transmitter(전달물) *신경전달물질*(*neurotransmitter*)을 참조하라.

tumor(종양) 양성 혹이나 악성 혹. 특히 세포가 제어를 받지 않고 증식함으로 인해 형성된 덩어리를 뜻한다.

U

umbilical cord(탯줄, 제대) *자궁* 속에서 발달 중인 *태아*를 산모의 *태반*에 연결하는 줄. 탯줄 속 혈관에 있는 태아 혈액은 영양소와 용해된 기체와 노폐물을 싣고 태반과 태아 사이를 흐른다.

urea(요소) 질소를 포함한 작은 *분자*로, 체내에서 형성된다. 질소함유 노폐물을 제거하는 편리한 수단이다. 요소는 소변으로 배설된다.

ureter(요관) 좌우 두 대롱 모양 구조로, 콩팥에서부터 방광까지 소변을 운반한다.

urethra(요도) 방광에서부터 몸 밖까지 소변을 운반하는 대롱. 남성 요도는 사정할 때 정액도 운반한다.

uterus(자궁) 임신기간 동안 *태아*가 자라는 아기집.

V

vascular system(혈관계통) *동맥*과 *정맥*과 *모세혈관*으로 구성된 연결망. 온몸에 혈액을 운반한다.

vaso- 혈관을 뜻하는 어근.

vein(정맥) 조직과 장기에 있는 혈액을 모아서 심장에 돌려보내는 혈관.

ventral(배쪽-, 복측-) 인체의 앞부분에 관련된, 또는 뇌의 바닥쪽.

ventricle(1. 심실; 2. 뇌실) 1. 심장에서 근육이 발달한 두 방으로, *심방*보다 크다. 오른심실은 혈액을 허파로 뿜어내서 산소를 공급받게 한다. 근육이 더 많고 수축력이 더 센 왼심실은 산소가 풍부한 혈액을 뿜어내서 허파를 제외한 온몸으로 보낸다. *심방*(*atrium*)도 참조하라. 2. 뇌 속에 있는 네 공간 중 하나. 뇌척수액이 차 있다.

venule(세정맥) 가장 가는 *정맥*. *모세혈관*을 흐르는 혈액을 거둔다.

vertebra(척추뼈) (복수는 vertebrae) 차곡차곡 쌓여서 척주(vertebral column)를 형성하는 낱개뼈.

villi(융모, 융털) (단수는 villus) 작은창자의 속면에 작고 촘촘하게 모여 있는 손가락처럼 생긴 돌기들. 융모 덕분에 작은창자의 속면이 벨벳처럼 보이며, 표면적이 넓어진다. 표면적이 넓어야 영양소를 많이 흡수할 수 있다.

virus(바이러스) *세포* 속에 기생하는 아주 작은 생명체. *단백질*에 둘러싸인 긴 *DNA*나 *RNA*로만 구성된 경우가 많다. 바이러스는 세포보다 훨씬 작으며, 세포를 강제로 장악해서 자신을 복제하는 방식으로 작동한다. 바이러스는 독자적으로 증식할 수 없다. 바이러스 중 상당수는 위험한 *병원체*다.

viscera(내장) 기관(장기, organ)을 뜻하는 또 다른 용어. 형용사인 visceral은 이 기관에 분포하는 *신경*이나 혈관에 적용된다.

vitamin(비타민) 소량이지만 인체에 꼭 필요하며, 인체가 스스로 합성하지 못하는 여러 가지 천연물질. 따라서 꼭 식사를 통해 섭취해야 한다.

voluntary muscle(수의근, 맘대로근) *뼈대근육*(*skeletal muscle*) 참조.

vulva(음문, 외음) 여성의 바깥생식기관. 질과 그 주위 구조로 들어가는 입구가 된다.

Z

zygote(접합자, 접합체) 수정이 일어나서 두 *생식자*가 합쳐지면 형성되는 *세포* 하나.

찾아보기

가

나

다

라

마

바

사

아

자

차

카

타

파

하

도판 저작권

Dorling Kindersley would like to thank the following people for help in the preparation of this book: Hugh Schermuly and Maxine Pedliham for additional design; Steve Crozier for colour work; Nathan Joyce and Laura Palosuo for editorial assistance; Anushka Mody for additional design assistance; Richard Beatty for compiling the glossary; Declan O'Regan at Imperial College London for MRI scans. **Medi-Mation** would like to thank: Senior 3D artists: Rajeev Doshi, Arran Lewis, 3D artists: Owen Simons, Gavin Whelan, Gunilla Elam. **Antbits Ltd** would like to thank: Paul Richardson, Martin Woodward, Paul Banville, and Rachael Tremlett. **Dotnamestudios** would like to thank: Peter Minister and Adam Questell.

The publisher would like to thank the following for their kind permission to reproduce their photographs: (Key: a-above; b-below/bottom; c-centre; f-far; l-left; r-right; t-top)

Action Plus: 322c, 323cl, 323cr; **Alamy Images:** Dr. Wilfried Bahnmuller 426r; Alexey Buhantsov 341cl; Kolvenbach 15bl; Gloria-Leigh Logan 408cl; Ross Marks Photography 418cl; Medical-on-Line 497cr; Dr. David E. Scott / Phototake 401c; Hercules Robinson 473b; Jan Tadeusz 339tr. **Sonia Barbate:** 414cl. **BioMedical Engineering Online:** 2006, 5:30 Sjoerd P Niehof, Frank JPM Huygen, Rick WP van der Weerd, Mirjam Westra and Freek J Zijlstra, Thermography imaging during static and controlled thermoregulation in complex regional pain syndrome type 1: diagnostic value and involvement of the central sympathetic system, with permission from Elsevier; (doi:10.1186/1475-925X-5-30) 355tr; **Camera Press:** 14bl. **Corbis:** Dr John D. Cunningham / Visuals Unlimited 404bl; 81A Productions 13br; 416tr, 421bl; Mark Alberhasky 438bc; G. Baden 424tr; Lester V. Bergman 436b, 437tr, 443br, 460bl, 475bl; Biodisc / Visuals Unlimited 358bl; Bernard Bisson / Sygma 431br; Blend Images / ER productions 435br; Markus Botzek 13bc; CNRI 49cl; Dr. John D. Cunningham 312c; Jean-Daniel Sudres/Hemis 324bc; Dennis Kunkel Microscopy, Inc. / Visuals Unlimited 487cr; Dennis Kunkel Microscopy, Inc. / Visuals Unlimited / Terra 455cl; Digital Art 426c; Doc-stock 474br; Eye Ubiquitous / Gavin Wickham 460br; Barbara Galati / Science Faction /Encyclopedia 495tr; Rune Hellestad 419br; Evan Hurd 305tr; Robbie Jack 299tr; Jose Luis Pelaez, Inc. / Blend Images 19c; Karen Kasmauski 324bl; Peter Lansdorp / Visuals Unlimited 424cl; Lester Lefkowitz 231bl; Dimitri Lundt / TempSport 305br; Lawrence Manning 488cr; Dr. P. Marazzi 438c; MedicalRF.com 22bl, 491b; Moodboard 324cla; NASA / Roger Ressmeyer 301cr; Sebastian Pfuetze 427bl; Photo Quest LTD 23 (Dense Connective); Photo Quest Ltd / Science Photo Library 23 (Spongy Bone), 47br; Steve Prezant 461cr; Radius Images 456br; Roger Ressmeyer / Encyclopedia 453t (D55); Martin Ruetschi / Keystone / EPA 456cr; Science Photo Library / Photo Quest Ltd 474cl; Dr. Frederick Skvara / Visuals Unlimited 292br; Howard Sochurek 480br; Gilles Poderins / SPL 443cl; Tom Stewart 493br; Jason Szenes / EPA 322bc; Tetra Images 324clb; Visuals Unlimited 47bc; Visuals Unlimited 438bl, 488bl; Ken Weingart 410bl; Dennis Wilson 412cl; **Lucky Rich Diamond:** 366bl; **Falling Pixel Ltd.:** 13cr. **Fertility and Sterility, Reprinted from:** Vol 90, No 3, September 2008, (doi:10.1016/j.fertnstert.2007.12.049) Jean-Christophe Lousse, MD, and Jacques Donnez, MD, PhD, Department of Gynecology, Université Catholique de Louvain, 1200 Brussels, Belgium, Laparoscopic observation of spontaneous human ovulation; © 2008 American Society for Reproductive Medicine, Published by Elsevier Inc with permission from Elsevier. 388bl; **Getty Images**: 3D4 Medical.com 474c; 19 (Berber), 311tc, 321br, 421bc, 421br, 421cl, 421cla, 422tr, 440cl; Asia Images Group 421tr; Cristian Baitg 418b, 493bl; Barts Hospital 364tr, 371c; BCC Microimagine 473cra; Alan Boyde 424br; Neil Bromhall 414t; Nancy Brown 19 (Mongolian); Veronika Burmeister 477c; Peter Cade 434cl; Greg Ceo 19crb; Matthias Clamer 19 (Blue Eyed); CMSP / J.L. Carson 434tr; CMSP / J.L. Carson / Collection Mix: Subjects 432bl (D62); Peter Dazeley 44bl, 493t; George Diebold 16br; Digital Vision 14-15 (darker backgrnd), 459bc; f-64 Photo Office / amanaimagesRF 14-15 (light sand); Dr Kenneth Greer 437tl; Dr. Kenneth Greer / Visuals Unlimited 496c; Jamie Grill 401br; Ian Hooton / Science Photo Library 495br; Dr. Fred Hossler 488c; Image Source 118t, 121tr, 324cb, 326bc, 353br; Jupiterimages 421cra; Kallista Images / Collection Mix: Subjects 452c; Ashley Karyl 19 (Brown Eyed); Dr Richard Kessel & Dr Gene Shih 435ca; Scott Kleinman 326bl; Mehau Kulyk / Science Photo Library 453b; PhotoAlto / Teo Lannie 383br; Bruce Laurance 19 (Asian); Wang Leng 310bl; S. Lowry, University of Ulster 434bl, 478tr; National Geographic / Alison Wright 19 (Seychelles); National Geographic / Robert B. Goodman 19 (Maori); Yorgos Nikas 391; Jose Luis Pelaez Inc 419cr; Peres 435crb; Peter Adams 19 (Bolivian), 19ftl; PhotoAlto / Michele Constantini 421crb; Steven Puetzersb 24fbl; Rubberball 422br; John Sann / Riser 431tr; Caroline Schiff / Digital Vision 447c; Ariel Skelley 321t; AFP 15cla, 295tr, 305cr; SPL 302cra, 303 (Hinge); SPL / Pasieka 6tl, 24cl; Stockbyte 19 (Red Hair); Siqui Sanchez 426b; Michel Tcherevkoff 408-409b; UHB Trust 461b; Alvis Upitis / The Image Bank 432br; Ken Usami 322cl; Nick Veasey 125l, 303 (Saddle); CMSP 18cl, 435tr, 438br, 438tr, 460t; Dr David Phillips / Visuals Unlimited 435tl; Ami Vitale 19 (Short Beard Indian); Jochem D Wijnands 19 (Indian); Dr Gladden Willis 23 (smooth tissue), 24bc, 403cl, 435bl, 472c; Dr. G.W. Willis 485cr; G W Willis / Photolibrary 496bl; Brad Wilson 19 (Asian Man); Alison Wright 19 (Bedouin); David Young-Wolff 420t. **Peter Hurst, University of Otago, NZ:** 22t, 23 (Nerve Tissue), 23 (Skeletal Muscle). **iStockphoto.com:** Johanna Goodyear 326br. **Lennart Nilsson Image Bank:** 412tr. **Dr Brian McKay / acld.com:** 457cl. **Robert Millard:** Stage Design (c) David Hockney / Photo courtesy LA Music Center Opera, Los Angeles 324br. **The Natural History Museum, London:** 15fcl, 335tr. **Mark Nielsen, University of Utah:** 76bl. **Oregon Brain Aging Study, Portland VAMC and Oregon Health & Science University:** 425br. **Photolibrary:** Peter Arnold Images 49bl. **Reuters:** Eriko Sugita 427cr. **Rex Features:** Granata / Planie 351br. **Dr Alice Roberts:** 15br, 15tl, 15tr. **Science Photo Library:** David M. Martin, M.D. 369cr, 476cr; Professors P.M. Motta & S. Correr 400cr; 17bl, 45bl, 63br, 335cr, 353cr, 364br, 373bc, 374, 381cr, 393br, 427crb, 436tc, 440bl, 468cr, 469br, 470cr, 477br, 490bl; AJ Photo 444cl; Dr M.A. Ansary 444c; Apogee 317c; Tom Barrick, Chris Clark, SGHMS 319cr; Alex Bartel 420cl; Dr Lewis Baxter 456bl; BCC Microimaging 473cr; Juergen Berger 361 (Fungus); PRJ Bernard / CNRI 76-77b; Biophoto Associates 23 (Loose Connective), 189tl, 303bc, 441bl, 448c, 463br, 472cb; Chris Bjornberg 361 (Virus); Neil Borden 71; BSIP VEM 431cr, 466c, 481cl; BSIP, Raguet 433br; Scott Camazine 447bl; Scott Camazine & Sue Trainor 420bl; Cardio-Thoracic Centre, Freeman Hospital, Newcastle-upon-Tyne 467tr; Dr. Isabelle Cartier, ISM 390bl; CC, ISM 458bl, 458tr, 462br; CIMN / ISM 416tl; Hervé Conge, ISM 292bc; E. R. Degginger 13bl; Michelle Del Guercio 471bl; Department of Nuclear Medicine, Charing Cross Hospital 451c; Dept of Medical Photography, St Stephen's Hospital, London 489c; Dept. Of Clinical Cytogenetics, Addenbrookes Hospital 430c; Du Cane Medical Imaging Ltd 393tc; Edelmann 415tr; Eye of Science 332tc, 360br, 361 (Protazoan), 364tc, 366cl, 368bl, 377c, 391, 482c; Don Fawcett 304cra, 393tl; Mauro Fermariello 302cr, 427c; Simon Fraser / Royal Victoria Infirmary, Newcastle Upon Tyne 455br; Gastrolab 476br; GJLP 454cr; Pascal Goetgheluck 471br; Eric Grave 361 (Parasitic Worm); Paul Gunning 301tc; Gustioimages 274bl; Gusto Images 44br, 45br, 298-299cl, 465cl; Dr M O Habert, Pitie-Salpetriere, Ism 431cl; Innerspace Imaging 302c, 404bc; Makoto Iwafuji 19cr; Coneyl Jay 408t, 494t; John Radcliffe Hospital 439bc; Kwangshin Kim 489tl; James King-Holmes 72bl; Mehau Kulyk 470bc; Patrick Landmann 444cr; Lawrence Livermore Laboratory 16tr; Jackie Lewin, Royal Free Hospital 472br; Living Art Enterprises 275tr, 318tl; Living Art Enterprises, LCC 459cl; Living Art Enterprises, Llc 303 (Pivot), 446br; Look At Sciences 430bl; Richard Lowenberg 392tr; Lunagrafix 375cr; Dr P. Marazzi 425c, 430bc, 436c, 436cr, 436tr, 438tc, 439tr, 446bl, 447br, 448bl, 449cr, 449tc, 458tl, 462crb, 471cr, 471t, 474cr, 476tc, 486bl, 489tr; Dr. P. Marazzi 449bc; David M. Martin, M.D. 369cr, 476cr; Arno Massee 380br; Carolyn A. McKeone 445cra; Medimage 20cl, 377cr; Hank Morgan 321c; Dr. G. Moscoso 413tr; Prof. P. Motta/Dept. of Anatomy/University 373br; Prof. P. Motta / Dept. of Anatomy / University 'La Sapienza', Rome 366cr; Professor P. Motta & D. Palermo 376cr; Professor P. Motta & G. Familiari 484tr; Professors P. M. Motta & S. Makabe 490tr; Zephyr 441cr, 443bl, 452tr, 455cr, 479cl, 483tl, 484ca, 485c; Dr Gopal Murti 424c; National Cancer Institute 348tl; Susumu Nishinaga 77br, 134bl, 295br, 349cl, 360tr, 377cl, 386cl, 388c, 423cl; Omikron 361tr; David M. Phillips 361 (Bacterium); Photo Insolite Realite 340cl; Alain Pol / ISM 470cl; K R Porter 20bc; Paul Rapson 463bl; Jean-Claude Revy ISM 377tr; Dave Roberts 300bc; Antoine Rosset 70b; Schleichkorn 350ca; W.W Schultz / British Medical Journal 390tr; Dr. Oliver Schwartz Institute Pasteur 362bl; Astrid & Hans-Frieder Michler 293cl; Martin Dohrn 294tl; Richard Wehr / Custom Medical Stock Photo 293bl; Sovereign, ISM 62bl, 62-63b, 303 (Ball), 316-317c, 446c, 453cr, 487bl, 497cl; SPL 300cl; St Bartholomew's Hospital, London 448br; Dr Linda Stannard, UCT 462bl; Volker Steger 12cr, 24bcl; Saturn Stills 430cr; Andrew Syred 410cl; Astrid & Hanns-Frieder Michler 367tr, 482bl; CNRI 299bc, 345bc, 345br, 437b, 442bl, 467cr, 472bl, 476bl; Dee Breger 339bl, 399c; Dr G. Moscoso 339br; Dr Gary Settles 345tr; Geoff Bryant 327bc, 327cb; ISM 342bc, 342br, 478cl; Manfred Kage 73br, 334ca; Michael W. Davidson 398bc; Pasieka 368tr, 373cr, 387cl, 394tr, 444bc; Paul Parker 328bl; Richard Wehr / Custom Medical Stock Photop710/226 383cr; Steve Gschmeissner 23 (Adipose Tissue), 23 (Epithelial Tissue), 76bc, 134cl, 301tr, 310br, 310cra, 312bl, 323br, 326cr, 328tc, 349c, 349cr, 350cl, 355cl, 362c, 366crb, 370tr, 376cl, 382tr, 388tc, 389tr, 398clb, 401cr, 405tr, 423clb, 423tr, 483br, 486tr, 491cr; Dr. Harout Tanielian 439br; TEK Image 487br; Javier Trueba / MSF 14cla, 15c, 15cr; David Parker 18cr; M.I. Walker 23 (Cartilage); Garry Watson 480tr; John Wilson 489br; Professor Tony Wright 458br. **SeaPics.com:** Dan Burton 344br; www.skullsunlimited.com <http://www.skullsunlimited.com> 14cl; **Robert Steiner MRI Unit, Imperial College London:** 8-9, 24bl, 34c, 34-35b, 34-35t, 54b, 55b, 136-137 (all), 168-169 (all), 198-199 (all), 242-243 (all), 286-287; **Claire E Stevens, MA PA:** 389b. **Stone Age Institute:** Dr. Scott Simpson (project palaeontologist) 14cb. **UNEP/GRID-Arendal:** Emmanuelle Bournay / Sources: GMES, 2006; INTERSUN, 2007. INTERSUN, the Global UV project, is a collaborative project between WHO, UNEP, WMO, the International Agency on Cancer Research (IARC) and the International Commission on Non-Ionizing Radiation Protection (ICNIRP). 294br. **Courtesy of U.S. Navy:** Mass Communication Specialist 2nd Class Jayme Pastoric 341br. **Dr Katy Vincent, University of Oxford:** 324-325t. **Wellcome Images:** 121br; Joe Mee & Austin Smith 387tr; Dr Joyce Harper 390clb; Wellcome Photo Library 475br. **Wits University, Johannesburg:** photo by Brett Eloff 14cra

All other images © Dorling Kindersley
For further information see: www.dkimages.com

옮긴이 후기

DK『인체 완전판』(1판)을 출간한 지 5년이 지났다. 독자들과 교육자들의 반응이 좋아서 기뻤다. 그리고 이제『인체 완전판 2판』의 출간을 앞두고 있다. 2판은 16쪽이 늘어났고 기존 내용도 업데이트되었다. 1판 번역서를 바탕으로 작업을 진행하면서 추가되거나 개정된 부분을 새로 번역했고, 1판 원서 그림 오류와 번역서 오류를 수정하고 전체를 종합해 다시 감수했다.

2판 번역에도 1판 역자 셋이 다시 모였다. 권기호는 1~19, 170~179, 182~213, 218~235, 238~257, 262~279, 282~287, 462~497쪽을 번역했다. 김명남은 288~295, 336~449쪽을 번역했다. 박경한은 20~169, 180~181, 214~217, 236~237, 258~261, 280~281, 296~335, 450~461, 498~503쪽을 번역했고, 권기호와 김명남의 번역을 감수했다. 그리고 5부「질병과 장애」중 일부는 1판 때 감수에 참여했던 강원대학교병원 교수 다섯 분의 의견을 다시 반영했다.

㈜사이언스북스 박상준 대표님과 직원 분들께 감사드린다. 교정을 도와준 강원대학교 의학전문대학원 해부학교실 김순정 조교와 심경선 대학원생에게도 고마움을 전한다.

이 책은 기본적으로 일반인과 대학생을 위한, 그림이 매우 정교하고 멋있는 인체 해부학 및 의학 분야의 교양 서적이다. 수준이 제법 높아서, 의예과나 일반 대학 과정에서 교양 해부학이나 의학 입문 과목의 교과서로 쓸 수 있을 정도라고 판단해 본문에 영어 의학 용어를 일부 병기했다. 과학을 배워서 기본 소양이 있는 고등학생이라면 이 책을 이해할 수 있겠지만 초등학생에게는 권하기 어렵다.

올해 초 ㈜사이언스북스에서 나온, 인포그래픽이 아주 예쁜 교양 인체 생리학 책『인체 원리』를 함께 읽어 보아도 좋겠다. DK 인체 시리즈가 이렇게 연달아 두 권이 끝났다. 이제 뇌, 세포, 발생 등 또 다른 DK 인체 시리즈를 기대한다.

2017년 4월

잠긴 봄꽃과 떠오르는 미세 먼지 사이에서

역자 일동

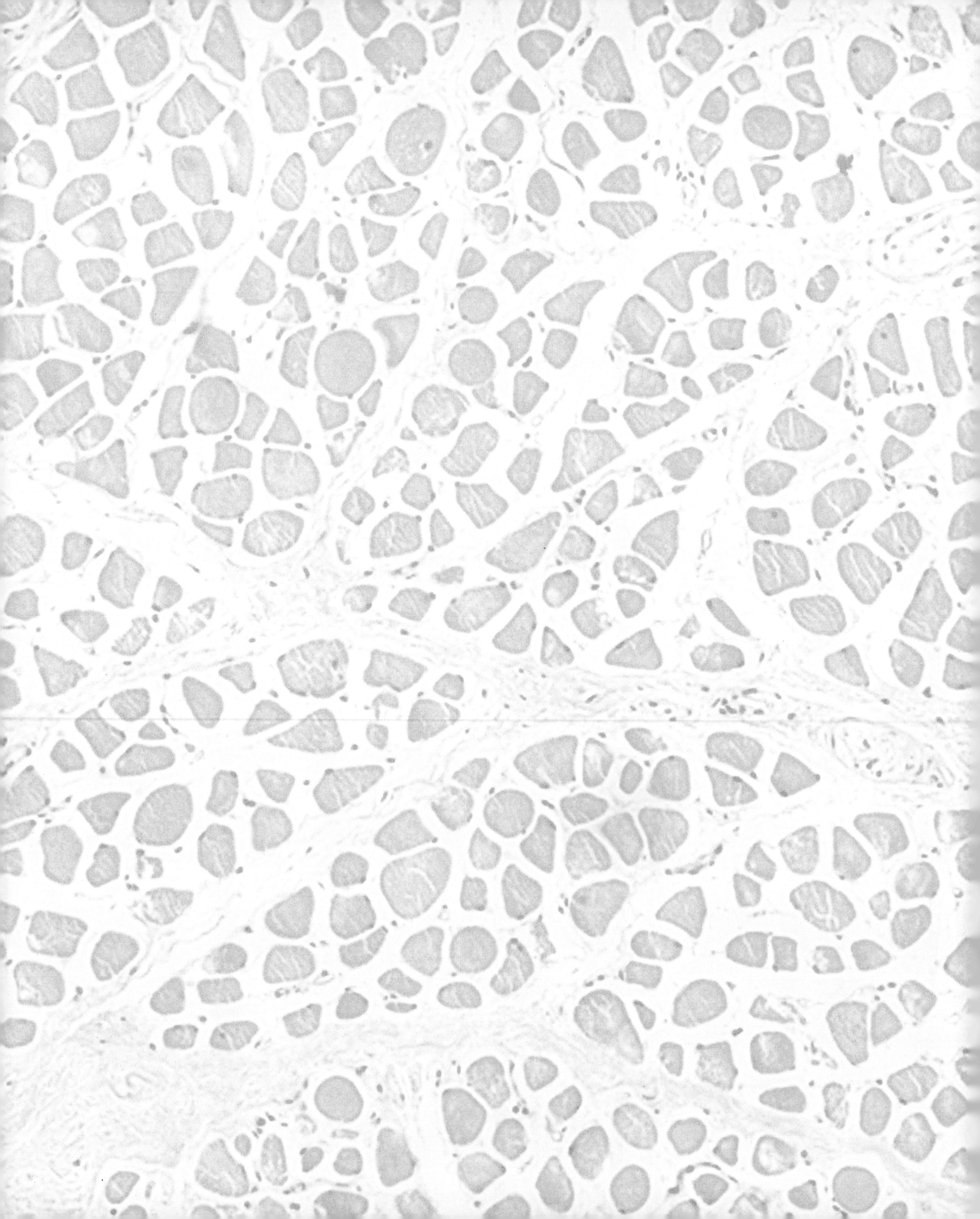